DEUXIÈME SUPPLÉMENT

AU

DICTIONNAIRE DE CHIMIE

PURE ET APPLIQUÉE

34 685. — PARIS, IMPRIMERIE LAHURE
9, rue de Fleurus, 9

DEUXIÈME SUPPLÉMENT

AU

DICTIONNAIRE DE CHIMIE

PURE ET APPLIQUÉE

DE AD. WURTZ

PUBLIÉ SOUS LA DIRECTION

DE CH. FRIEDEL

Membre de l'Institut (Académie des Sciences)
Professeur à la Faculté des Sciences de Paris

AVEC LA COLLABORATION DE MM.

P. Adam — A. Arnaud — A. Béhal — G. de Bechi — A. Bigot — L. Bourgeois — L. Bouveault
E. Burcker — C. Chabrié — P.-T. Cleve — Ch. Cloëz — A. Combes — C. Combes
A. Etard — Ad. Fauconnier — H. Gall — A. Gautier — H. Gautier — E. Grimaux — G. Griner
Ph.-A. Guye — A. Haller — M. Hanriot — L. Hugounenq
E. Lambling — L. Lindet — L. Maquenne — J. Meunier — P. Miquel
H. Moissan — E. Nœlting — F. Reverdin — Richard et Dépierre — L. Roux — O. Saint-Pierre
G. Salet — P. Schützenberger — C. Vincent — G. Vogt — E. Willm

J. **DUPONT**, secrétaire de la Rédaction

TOME TROISIÈME

D — E

PARIS

LIBRAIRIE HACHETTE ET CIE

79, BOULEVARD SAINT-GERMAIN, 79

1897

DICTIONNAIRE DE CHIMIE PURE ET APPLIQUÉE

DEUXIÈME SUPPLÉMENT

D

DAHLLITE (Min.) (Brögger et Helge Bäckström). — Phosphocarbonate de calcium hydraté, $4(PO^4)^2Ca^3, 2CO^3Ca, H^2O$, avec un peu de fer et d'alcalis. Croûtes blanc-jaunâtre, fibreuses, sur apatite à Odegaarden, près Bamle (Norvège). Les fibres sont biréfringentes uniaxes, et la substance ne renferme pas de calcite *libre*. Dureté = 5. Densité = 3,053.

DAMBONITE. — Voyez INOSITE.

DAMBOSE. — Voyez INOSITE.

DAMMARA. — La résine de dammara (voy. Dict., 1, 1132) est constituée par un mélange d'un terpène $C^{10}H^{16}$, de ses hydrates, et de produits résineux oxygénés. M. Franchimont [*Bijdrage tot de kennis der Zoogenamde Terpeenharsen*, Leyde, 1871, 88] a soumis la résine de dammara à un épuisement par l'alcool absolu. La solution, qui rougit le tournesol, renferme le *dammaryle* $C^{10}H^{16}$ et l'*acide dammarylique* $C^{36}H^{60}O^3$ découverts par M. Dulk. En la chauffant avec la potasse alcoolique et en étendant d'eau, M. Franchimont a obtenu le sel de potassium de ce dernier acide sous la forme d'un précipité amorphe de composition $C^{36}H^{58}O^5K^2$. La liqueur filtrée fournit, par addition d'acide chlorhydrique, un deuxième précipité qui a pour formule $C^{36}H^{62}O^7$.

En chauffant la résine de dammara avec de l'acide acétique concentré, on obtient un dérivé acétylé cristallisé, soluble dans l'alcool, ce qui permet de le séparer des produits résineux. Cette combinaison est décomposée par la potasse alcoolique, et fournit un corps cristallisé, soluble dans l'alcool, insoluble dans l'eau. La solution alcoolique n'est pas précipitée par l'acétate d'argent en présence d'alcool.

L'action du permanganate sur la résine de dammara fournit un acide bibasique $C^{20}H^{32}O^6$, amorphe, soluble dans l'alcool, l'éther et l'eau. Il se forme également d'autres acides de constitution peu certaine, ainsi que de l'aldéhyde et des acides acétique, propionique et butyrique.

Quand on chauffe la résine avec le bioxyde de manganèse et l'acide chlorhydrique, il se forme un dérivé chloré à réaction neutre, $C^{20}H^{31}ClO^2$. En faisant passer un courant d'acide chlorhydrique sec dans une solution alcoolique de résine, on obtient le corps $C^{36}H^{61}ClO^4$. Avec le brome en solution sulfocarbonique, il se fait le composé $C^{20}H^{28}Br^4O^4$; c'est une masse brun foncé insoluble dans l'eau, les alcalis, l'éther et l'alcool. M. Franchimont a encore préparé un acide nitré soluble dans l'eau $C^{10}H^{15}(AzO^2)O$ et un acide sulfoné $(C^{36}H^8)^{53}SO^6$).

En distillant la résine de dammara avec de l'eau, ou en la traitant par le chlorure de zinc ou la potasse fondante, on obtient de petites quantités d'une huile à odeur poivrée. M. Pattison-Muir [*Chem. Soc.*, 1874, 733] a extrait des produits de la distillation sèche de la résine de kauri (variété australienne de dammara) un liquide bouillant à 156°, renfermant $C^{10}H^{20}O^7$.

P. Freundler.

DANAÏNE, $C^{14}H^{14}O^5$. — Substance extraite de la racine de *Danaïs fragrans* [Schlagdenhauffen, *C. R.*, **101**, 955]. Soumise à l'hydrolyse, elle donne un sucre et de la *danaïdine* $C^{22}H^{20}O^6$.

DAPHNÉTINE (voyez Dict., 1, 1132 et Suppl., 1, 610). — La daphnétine est une dioxycoumarine qui doit être considérée comme l'anhydride d'un acide dioxycoumarique inconnu :

$$C^6H^2 \begin{cases} CH=CH.CO^2H_{(1)} \\ OH_{(2)} \\ OH_{(3)} \\ OH_{(4)} \end{cases}$$

ou *benzène-triol* (2.3.4)≐*propényl*1-*oïque*1³.

La daphnétine doit donc être représentée par le schéma suivant :

$$C^6H^2 \begin{cases} OH_{(1)} \\ OH_{(2)} \\ O_{(3)} - CO \\ \quad\quad\;\; | \\ CH_{(4)} = CH \end{cases}$$

On ne connaissait autrefois qu'un mode de production de la daphnétine, le dédoublement de la daphnine en daphnétine et en glucose sous l'influence de l'émulsine ou des acides dilués :

$$C^{15}H^{16}O^9 + H^2O = C^9H^6O^4 + C^6H^{12}O^6.$$

Daphnine. Daphnétine. Glucose.

Le procédé général de synthèse des coumarines de M. von Pechmann permet d'obtenir assez facilement la daphnétine. On traite un mélange équimoléculaire de pyrogallol et d'acide malique par le double de son poids d'acide sulfurique concentré ; on chauffe à feu nu ou sur une toile métallique jusqu'à apparition d'une mousse abondante. On retire la flamme, la réaction se poursuit d'elle-même, avec un abondant dégagement d'oxyde de carbone. Après refroidissement, le produit, qui ne doit pas être trop coloré, est versé dans 5 fois son poids d'eau glacée, et purifié par cristallisation dans l'eau bouillante, l'alcool faible ou l'acide acétique dilué [*D. chem. G.*, **17**, 933] :

$$\begin{array}{l} CH.OH - CO^2H \\ | \\ CH^2 —— CO^2H \end{array} + C^6H^3 \begin{array}{l} \diagup OH_{(1)} \\ - OH_{(2)} \\ \diagdown OH_{(3)} \end{array}$$

Acide malique. Pyrogallol.

$$= C^6H^2 \begin{array}{l} \diagup OH_{(1)} \\ - OH_{(2)} \\ - O_{(3)} - CO \\ \qquad\quad | \\ \diagdown CH_{(4)} = CH \end{array} + CO + 3H^2O.$$

Daphnétine.

Cette synthèse fixe la constitution de la daphnétine, et la caractérise comme étant la *benzènediol1.2-propényl4-olide4³.3*.

Si on dissout la daphnétine dans l'eau bouillante, et qu'on ajoute du bisulfite, l'addition de perchlorure de fer donne une intense coloration bleue ; en remplaçant le perchlorure de fer par de l'ammoniaque et du ferricyanure de potassium, on observe une teinte jaune-rouge [von Pechmann et Cohen, *D. chem. G.*, **17**, 2188].

Daphnétine plombique. — Zwenger a décrit une combinaison de daphnétine et d'oxyde de plomb, qui paraît avoir pour formule $C^9H^4O^4Pb$. C'est une substance amorphe, jaune clair, qu'on obtient en précipitant une solution aqueuse chaude de daphnétine par l'acétate de plomb. Ce composé, peu soluble, est partiellement décomposé par l'eau bouillante [*Ann. Chem.*, **115**, 13].

β-Méthyldaphnétine,

$$C^6H^2 \begin{array}{l} \diagup\!\!\diagup (OH)^2 \\ - O ——— CO \\ \qquad\qquad\quad | \\ \diagdown C(CH^3) = CH \end{array}$$

— Ce dérivé s'obtient, en quantité théorique, par l'action de l'acide sulfurique concentré sur un mélange équimoléculaire de pyrogallol et d'éther acétylacétique [von Pechmann et Duisberg, *D. chem G.*, **16**, 2127].

Aiguilles incolores, fusibles à 235°, insolubles dans l'eau froide, solubles dans l'eau chaude et l'alcool, solubles en jaune dans les alcalis. La solution hydro-alcoolique est colorée en vert par le perchlorure de fer. La β-méthyldaphnétine précipite en jaune l'acétate de plomb et réduit l'azotate d'argent ammoniacal.

Éthyldaphnétine,

$$C^6H^2 \begin{array}{l} \diagup OH \\ - OC^2H^5 \\ - O - CO \\ \qquad\quad | \\ \diagdown CH = CH \end{array}$$

— S'obtient, en même temps que le dérivé diéthylé, en faisant bouillir 6 parties de daphnétine en solution dans l'alcool absolu avec 4 parties de potasse caustique et 9 parties d'iodure d'éthyle. Après évaporation au bain-marie pour chasser l'alcool, on alcalinise légèrement et on épuise par l'éther, qui enlève le dérivé diéthylé : l'eau mère, acidifiée, abandonne à l'éther la monoéthyldaphnétine, qu'on purifie par cristallisation dans l'alcool faible.

Paillettes incolores, fusibles à 155°, peu solubles dans l'eau chaude, solubles dans l'alcool, l'éther, le benzène. Ses solutions sont très faiblement fluorescentes [Will et Jung, *D. chem. G.*, **17**, 1083].

Diéthyldaphnétine,

$$C^6H^2 \begin{array}{l} \diagup\!\!\diagup (OC^2H^5)^2 \\ - O - CO \\ \qquad\quad | \\ \diagdown CH = CH \end{array}$$

— Le produit brut de l'opération précédente, alcalinisé au préalable, cède à l'éther la diéthyldaphnétine, qu'on purifie par cristallisation dans l'alcool.

Aiguilles incolores, fusibles à 72°, insolubles dans l'eau, facilement solubles dans l'alcool, l'éther, le benzène.

L'acide sulfurique concentré dissout également la diéthyldaphnétine sans altération. L'addition de l'eau en précipite le produit inaltéré.

Comme la coumarine, la daphnétine est dissoute par les alcalis à chaud, sans décomposition ultérieure, du moins apparente. Les acides la précipitent intacte de ces solutions [Will et Jung, *D. chem. G.*, **17**, 1084].

Monobromodiéthyldaphnétine,

$$C^6HBr \begin{array}{l} \diagup\!\!\diagup (OC^2H^5)^2 \\ - O - CO \\ \qquad\quad | \\ \diagdown CH = CH \end{array}$$

— Quand on dissout dans du sulfure de carbone 3 parties de diéthyldaphnétine, et qu'on ajoute 2 parties de brome en solution sulfocarbonique, on obtient, après quelques heures de contact, une abondante cristallisation de diéthyldaphnétine monobromée, qu'on purifie par cristallisation dans l'alcool.

Cristaux incolores, soyeux, fusibles à 115°, facilement solubles dans l'alcool chaud, l'éther et le benzène, insolubles dans les solutions alcalines froides.

Par une ébullition prolongée, la potasse enlève du brome au produit et le transforme en *acide diéthyldaphnétilique*,

$$C^6H^2 \begin{array}{l} \diagup\!\!\diagup (OC^2H^5)^2 \\ - CH \\ \diagdown \; O \end{array} \!\!\!> C.CO^2H$$

Cet acide, en fines aiguilles fusibles à 154°, fixe 2 atomes d'hydrogène quand on le soumet à l'action de l'amalgame de sodium, et donne l'*acide diéthylhydrodaphnétilique*,

$$C^6H^2 \begin{array}{l} \diagup\!\!\diagup (OC^2H^5)^2 \\ - CH^2 \\ \quad O \end{array} \!\!\!> CH.CO^2H$$

[Will et Jung, *D. chem. G.*, **17**, 1085].

Diacétyldaphnétine,

$$C^6H^2 \begin{array}{l} \diagup\!\!\diagup (OC^2H^3O)^2 \\ - O - CO \\ \qquad\quad | \\ \diagdown CH = CH \end{array}$$

— Ce corps a été obtenu par M. von Pechmann en traitant la daphnétine de synthèse par l'anhydride acétique et l'acétate de sodium. Aiguilles incolores, fusibles à 128-129°, insolubles dans l'eau, solubles dans l'alcool et les dissolvants habituels [*D. chem. G.*, **17**, 935].

Dibenzoyldaphnétine,

$$C^6H^2 \begin{cases} (OC^7H^5O)^2 \\ -O-CO \\ CH=CH \end{cases}$$

— Obtenue par l'action du chlorure de benzoyle sur la daphnétine de synthèse.

Fines aiguilles fusibles à 152°, insolubles dans l'eau et dans l'éther, difficilement solubles dans l'alcool bouillant, plus solubles dans l'acide acétique cristallisable et dans le benzène [von Pechmann, *D. chem. G.*, **17**, 935]. L. Hugounenq.

DAPHNÉTIQUE (ACIDE) [Syn. *Acide dioxycoumarique* (OH : OH : OH : CH = 1.2.3.4). *Acide trioxycinnamique. Acide trioxyphénylacrylique. Acide benzène-triol1.2.3-propényloïque4*[3]],

$$C^6H^2 \begin{cases} (OH)^3_{(1.2.3)} \\ CH=CH-CO^2H_{(4)} \end{cases}$$

— Cet acide, inconnu à l'état de liberté, est celui qui correspond à la daphnétine, qui n'est autre chose que son anhydride interne, sa coumarine.

Quand on dissout la daphnétine dans les alcalis, elle se colore en jaune et se détruit, graduellement à froid, très rapidement à l'ébullition.

On connaît à l'état de liberté un dérivé éthylé de l'acide daphnétique, l'acide triéthyldaphnétique.

Acide triéthyldaphnétique,

$$C^6H^2 \begin{cases} (OC^2H^5)^3 \\ CH=CH-CO^2H \end{cases}$$

— Will et Jung ont obtenu ce dérivé en traitant 1 molécule de diéthyldaphnétine,

$$C^6H^2 \begin{cases} (OC^2H^5)^2 \\ -O-CO \\ CH=CH \end{cases}$$

par 2 molécules de soude en solution aqueuse. Par évaporation au bain-marie, on obtient un résidu jaune cristallin, qui est vraisemblablement le sel de sodium d'un *acide diéthoxycoumarique*,

$$C^6H^3 \begin{cases} (OC^2H^5)^2 \\ CH-CH-CO^2H \end{cases}$$

On chauffe à 100° pendant 6 heures, en tubes scellés, 4 parties de ce sel avec 4p,2 d'iodure d'éthyle et un peu d'alcool. Le contenu des tubes, débarrassé de l'alcool par distillation, est alcalinisé et épuisé par l'éther, qui abandonne, à l'état impur, l'éther éthylique de l'acide *triéthyldaphnétique*,

$$C^6H^2 \begin{cases} (OC^2H^5)^3 \\ CH=CH-CO^2.C^2H^5 \end{cases}$$

Cet éther, saponifié par la potasse alcoolique, fournit l'acide *triéthyldaphnétique*, mélangé avec un peu de diéthyldaphnétine inaltérée : on les sépare par des cristallisations répétées dans l'alcool; l'acide triéthyldaphnétique se dépose le premier. On peut aussi, et plus avantageusement, traiter le mélange des deux corps par une solution de carbonate de sodium, qui forme avec l'acide un sel soluble et laisse la diéthyldaphnétine.

L'*acide triéthyldaphnétique*,

$$C^6H^2 \begin{cases} (OC^2H^5)^3 \\ CH=CH-CO^2H \end{cases}$$

est une substance incolore, très bien cristallisée, insoluble dans l'eau et le sulfure de carbone, soluble dans l'alcool, l'éther et le benzène. Il fond à 193°.

Traité par l'amalgame de sodium, ce corps fixe 2 atomes d'hydrogène pour donner l'*acide hydrotriéthyldaphnétique* ou *triéthoxyphénylpropionique*,

$$C^6H^2 \begin{cases} (OC^2H^5)^3 \\ CH^2-CH^2-CO^2H \end{cases}$$

en aiguilles incolores, fusibles à 85° [Will et Jung, *D. chem. G.*, **17**, 1086].

Cet acide, oxydé en solution alcaline par le permanganate, donne deux dérivés que le carbonate de sodium sépare facilement, une petite quantité de *triéthoxybenzaldéhyde*,

$$C^6H^2 \begin{cases} (OC^2H^5)^3 \\ CHO \end{cases}$$

fusible à 170°, et une proportion beaucoup plus élevée d'acide *triéthoxybenzoïque*,

$$C^6H^2 \begin{cases} (OC^2H^5)^3 \\ CO^2H \end{cases}$$

fusible à 100°,5.

Le *triéthoxybenzoate d'argent*, décomposé dans un courant d'acide carbonique, à température peu élevée, fournit le dérivé triéthylique du pyrogallol, fusible à 39°, $C^6H^3(OC^2H^5)^3$, ce qui assigne aux groupements CO^2H, OH, OH, OH, de l'acide daphnétique, les positions 1, 2, 3 et 4 [Will et Jung, *D. chem. G.*, **17**, 1090].

L. Hugounenq.

DAPHNINE (voyez Dict., **1**, 1133; Suppl., **1**, 611). — La daphnine, extraite pour la première fois par Vauquelin de l'écorce du *Daphne alpina*, retrouvée par Gmelin et de Baer dans l'écorce de garou (*Daphne Mezereum*), a été caractérisée comme glucoside par Zwenger [*Ann. Chem.*, **115**, 1]. C'est Rochleder qui a démontré que la daphnine était isomérique avec l'esculine, et devait être représentée par la formule

$$C^{15}H^{16}O^9, 2H^2O$$

[*Ber. der Wien. Ak.*, 1863].

C. Stünkel a donné un bon procédé pour la préparation de la daphnine [*D. chem. G.*, **12**, 110]. On fait bouillir avec de l'eau l'extrait alcoolique de garou que fournit le commerce des produits pharmaceutiques; on précipite la liqueur par l'acétate neutre de plomb et on filtre; la solution qui passe, portée à l'ébullition, est additionnée d'un excès de sous-acétate de plomb, qui précipite la daphnine sous la forme d'un dérivé plombique peu soluble. Ce composé, lavé à l'eau et traité par l'acide sulfurique dilué, donne du sulfate de plomb et une liqueur d'où la daphnine se dépose par évaporation dans le vide.

La daphnine est en prismes incolores rectangulaires, qui fondent à 200°, en se décomposant. L'eau et l'alcool ne la dissolvent bien qu'à chaud.

L'acide azotique et les alcalis à l'ébullition la détruisent; le perchlorure de fer donne, en solution aqueuse, une teinte bleuâtre.

La daphnine se dédouble, sous l'influence de l'émulsine ou de l'acide chlorhydrique dilué, en glucose et daphnétine ou dioxycoumarine.

L. Hugounenq.

DAPHNITE (Min.) (Tschermak). — Variété de chlorite d'un beau vert laurier, formant des enduits sur de gros cristaux de quartz et de mispickel, à Penzance (Cornouailles). Lamelles d'apparence hexagonale, très clivables, mais sans doute clinorhombiques; optiquement à deux axes très rapprochés; dichroïsme vert-olive et jaune.

Fusible en une scorie gris d'acier, attaquable par l'acide chlorhydrique avec dépôt de silice pulvérulente.

DARAPSKITE (Min.) (A. Dietze). — Nitrate et sulfate de sodium hydratés,

$$AzO^3Na, SO^4Na^2, H^2O.$$

Lamelles quadratiques, transparentes, avec nitrate de sodium, anhydrite, blödite, etc., à la pampa del Toro, concession de Lautaro (Chili).

DATURINE. — Voyez ATROPINE et HYOSCIAMINE.

DATURIQUE (ACIDE). — M Gérard [*C. R.*, **111**, 305] a donné ce nom à un nouvel acide gras qu'il a retiré de l'huile des semences du *Datura stramonium.* Pour le préparer, on épuise les semences à l'éther, on saponifie par la litharge, on lave le savon à l'éther pour enlever les oléate et linoléate de plomb; on décompose le savon insoluble par l'acide chlorhydrique étendu, on fait cristalliser dans l'alcool le mélange d'acides, et on isole le nouvel acide par des cristallisations fractionnées au moyen de l'acétate de baryum.

L'acide daturique fond à 55°; il cristallise dans l'alcool en fines aiguilles groupées en faisceaux. Il est assez soluble dans l'alcool froid, très soluble dans l'alcool bouillant, l'éther ordinaire et l'éther de pétrole. Il a pour formule $C^{17}H^{34}O^2$: c'est donc le premier isomère de l'acide margarique trouvé dans la nature.

Le *sel de baryum* est anhydre, insoluble dans l'eau, ainsi que le *sel de zinc* et le *sel de magnésium.* L'*éther éthylique* fond à 27° et se solidifie à 25°.

En distillant 1 partie de sel de calcium avec 0g,25 de chaux, M. Gérard a obtenu la *daturone*, en feuillets nacrés, fusibles à 75°,5-76° [*Ann. Chim. Phys.*, (6), **27**, 563].

M. H. Nördlinger [*D. chem. G.*, **25**, 578, *Ref.*] a trouvé dans l'huile de palme, à côté des acides palmitique et stéarique, un acide qui serait identique à l'acide daturique de M. Gérard. Cet acide forme environ 1 0/0 des acides de l'huile de palme. Il fond à 57°, et distille à 223-225° sous 15 millimètres.

M. A. Arnaud (*communication particulière*) révoque en doute l'existence de l'acide daturique comme espèce chimique. Le produit désigné sous ce nom ne serait, d'après lui, qu'un mélange d'acides gras, renfermant principalement les acides stéarique et palmitique. L'erreur des auteurs précédents proviendrait des petites quantités de matière sur lesquelles ils ont opéré leurs fractionnements. J. Dupont.

DAUBRÉITE (Min.) (Domeyko). — Oxychlorure de bismuth, $2Bi^2O^3, BiCl^3$. Petites écailles nacrées, au Cerro de Tazna, mine Constancia (Bolivie). Dureté = 2 à 2,5. Densité = 6,4.

DAVIESITE (Min.) (Fletcher). — Oxychlorure de plomb, probablement. Trouvé en très petits cristaux, transparents, incolores, à éclat vitreux ou adamantin, avec caracolite, à la mine Beatriz, sierra de Gorda (Chili).

Caractères. — Peu soluble dans l'acide azotique étendu. Peu fusible. Réactions des oxychlorures de plomb. Densité > 3.

Forme cristalline. — Prisme orthorhombique : $a : b : c = 1,2594 : 1 : 0,6018$. Faces : m, h^1, p, a_3, e_3, $b^{1/4}$, $(b^{1/3} b^{1/7} h^1)$, e^1, a^1, $e^{1/3}$, $a^{1/3}$, $a^{1/5}$.

DAVREUXITE (Min.) (de Koninck). — Sorte de mica hydraté, très voisin de l'ottrélite, indiqué par erreur sous le nom de DAVREGÉNITE, Suppl., **1**, 611.

DÉCANAPHTÈNE. — Carbure d'hydrogène $C^{10}H^{20}$, découvert dans le pétrole de Bakou par MM. Markownikow et Oglobine [*Journ. Soc. chim. russe*, 1883, 15; *Ann. Chim. Phys.*, (6), **2**, 452]. Il bout à 160-162°; sa densité = 0,795 à 0°, son pouvoir réfringent moléculaire = 77,32 [Kanonnikow, *J. prakt. Chem.*, (2), **31**, 352]. L'action du chlore, au soleil, sur les vapeurs de décanaphtène a donné [M. et O., *Journ. Soc. chim. russe*, 1884, 333] un corps $C^{10}H^{19}Cl$, bouillant à 205-206°. Traité par l'acétate d'argent, ce *décanaphtène chloré* a fourni un carbure $C^{10}H^{18}$ et un éther bouillant à 220-227°. Traité par la potasse alcoolique, il donne des carbures $C^{10}H^{18}$ bouillant à 155-160° et 160-165°, qui fixent facilement le brome, s'échauffent quand on les mélange avec l'acide sulfurique, et ne forment pas de combinaisons argentiques. Bien que la constitution du décanaphtène n'ait pas encore été établie, elle est probablement celle d'un hydrure aromatique, ainsi qu'on l'a montré pour l'*octonaphtène* et le *nonaphtène* (voyez ces mots), qui l'accompagnent dans le pétrole de Bakou.

DÉCANES. — Hydrocarbures saturés $C^{10}H^{22}$. On a jusqu'ici décrit 6 décanes.

1° DÉCANE NORMAL. — La distillation sèche d'un mélange d'acétate et de nonylate de baryum donne la *méthyl-octylcétone normale* qui, traitée successivement par le perchlorure de phosphore et par l'acide iodhydrique, fournit le *décane normal* [Krafft, *D. chem. G.*, **15**, 1695].

Il a été préparé également [Krafft, *D. chem. G.*, **16**, 1717] en traitant par la potasse alcoolique le *chlorure de décyle normal*; on obtient un *carbure éthylénique*, que l'on transforme, au moyen de l'acide iodhydrique et du phosphore rouge, à 220-240°, en un carbure saturé. Enfin, M. Lachowicz [*Ann. Chem.*, **220**, 179] l'a obtenu par l'action du sodium sur un mélange de bromure d'éthyle et de bromure d'octyle normal dissous dans le benzène. C'est un liquide presque inodore, bouillant à 63° sous 15 millimètres, à 107° sous 100 millimètres, à 173° sous 760; il se solidifie à — 32°; sa densité à 0° est 0,7456.

2° DIISOAMYLE (*diméthyl-2-7-octane*),

$$\frac{CH^3}{CH^3}\!>\!CH\;(CH^2)^4 - CH\!<\!\frac{CH^3}{CH^3}$$

— Cet hydrocarbure a été décrit à l'art. DIAMYLE (Suppl. **1**, 625).

3° DIAMYLE ACTIF (*diméthyl-3-6-octane*),

$$CH^3-CH^2-\underset{CH^3}{CH}-CH^2-CH^2-\underset{CH^3}{CH}-CH^2-CH^3$$

— M. Just [*Ann. Chem.*, **220**, 155] a préparé ce carbure par action du sodium sur l'iodure d'amyle actif. Il bout à 160°, sa densité = 0,7463 à 22°, son pouvoir rotatoire spécifique est $[\alpha] = +8,69°$.

4° ISOBUTYLHEXANE (*méthyl-2-nonane*),

$$CH^3-(CH^2)^6-CH\!<\!\frac{CH^3}{CH^3}$$

— Cet hydrocarbure a été décrit (Dict., **1**, 1147).

5° Dans les produits de l'action de l'acide iodhydrique sur l'essence de térébenthine à 275°, M. Berthelot a signalé la présence d'un carbure $C^{10}H^{22}$, bouillant à 155-162° [*Bull. Soc. Chim.*, (2), **11**, 15 et 187].

6° Enfin, Jacobsen [*Ann. Chem.*, **184**, 202] a extrait de l'huile de pétrole un *décane* bouillant à 171°, ayant pour densité 0,7562 à 15°.

J. Dupont

DÉCAPAGE, DÉROCHAGE. — Le *décapage* est une opération soit chimique, soit mécanique, qui, appliquée à un métal quelconque, le débarrasse des impuretés superficielles, spécialement de l'oxyde, et lui rend ainsi son brillant naturel. On doit, d'après l'avis du Comité consultatif des Arts et Manufactures, réserver le nom de *dérochage* aux opérations du décapage qui donnent naissance à des vapeurs nuisibles.

C'est spécialement dans le but de recouvrir les métaux d'un dépôt qui leur donne un aspect plus riche (nickelage, argenture, dorure), ou qui les préserve des altérations (galvanisation, plombage, étamage), que le décapage est pratiqué dans toute sa perfection. La couche métallique ne peut, en effet, adhérer au métal que si la surface de celui-ci est d'une propreté parfaite; en outre, comme le dépôt est continu et possède partout la même épaisseur, il reproduirait, dans le cas où le décapage serait imparfait, toutes les irrégularités de la surface.

Nous allons examiner successivement de quelle façon devront être décapés les différents métaux en usage dans les arts.

Cuivre et ses alliages. — Le cuivre, ainsi que ses alliages ordinaires (bronze, laiton, maillechort, etc.), qui doivent subir le nickelage, l'argenture ou la dorure, au mercure, soit par la méthode électrochimique, soit enfin par la méthode dite au trempé, sont tout d'abord décapés de la façon suivante :

Les pièces sont recuites au rouge sombre sur un feu de mottes ou dans un four spécial, de façon à brûler les matières grasses qui se sont déposées à leur surface pendant le laminage, le martelage, etc. Si les pièces sont en laiton, si elles portent des soudures fusibles, si elles doivent conserver de la sonorité, on remplace la *recuisson* par le *dégraissage* ou *décrassage*. On les fait alors passer dans un bain alcalin chaud (carbonate de sodium ou de potassium, sel de soude, potasse d'Amérique ou potasse caustique). Elles sont, immédiatement après, lavées à grande eau.

On porte ensuite les pièces au *bain de dérochage*, qui n'est autre qu'une solution d'acide sulfurique chaude dont la concentration est d'environ 10 0/0. Le *dérochage* ou *déroché*, ou *déroche*, a pour effet d'éliminer le bioxyde de cuivre qui s'est formé surtout pendant la recuisson. Les objets sortent de ce bain avec une teinte rouge d'oxydule de cuivre que l'acide sulfurique est impuissant à enlever. Quelquefois le bain d'acide est employé froid : c'est alors un décapage, le terme de dérochage devant être réservé à l'action qu'exerce l'acide chaud et qui est accompagnée de dégagements gazeux.

Puis commence le décapage proprement dit, c'est-à-dire le *passé à l'eau forte*. L'acide nitrique employé doit marquer 36° B. et être mélangé de 1 0/0 de sel marin et de 1 0/0 de suie calcinée. M. Roseleur recommande de faire précéder le passé à l'eau forte vive d'un passé à l'eau forte vieille. En dehors de l'économie que présente cette manière de procéder, on risque moins d'altérer la surface du métal. Cette opération doit être, d'après notre définition citée plus haut, considérée comme un dérochage.

Les objets ainsi décapés sont ensuite passés dans un *bain de blanchiment* ou *bain de blanc* pour leur donner du brillant. Ce bain est composé d'un mélange à parties égales d'acide sulfurique à 66° et d'acide nitrique à 36°, auquel on ajoute de 1 à 5 0/0 d'acide chlorhydrique ou de sel marin.

Enfin les objets *blanchis* sont lavés à grande eau, puis séchés dans de la sciure de bois chaude.

Les bains acides dont nous avons parlé plus haut sont contenus dans des terrines de grès vernissées. Ces terrines sont placées sous la hotte d'une bonne cheminée. Une excellente disposition adoptée par la maison Christophle et Cie est celle qui consiste à placer les terrines sur la paillasse d'une cheminée et de faire au-dessous d'elle, à l'aide d'un ventilateur, un vigoureux appel d'air.

Le maniement des objets se fait au moyen de crochets en cuivre. Si les objets sont de petite dimension, on les place dans des paniers soit en grès, soit en porcelaine, soit en fils de laiton.

Le décapage des objets de cuivre destinés non plus à être argentés ou dorés, mais à être simplement vernis, se fait d'une façon très analogue au moyen des mêmes bains.

Il est d'usage, pour obtenir plus de finesse dans le décapage des objets à argenter ou à dorer, de faire succéder au décapage chimique un décapage mécanique. On porte alors les pièces devant une brosse rotative faite de poils de sanglier. Cette brosse est sans cesse arrosée par un filet d'eau dans laquelle on a au préalable délayé de la pierre ponce finement pulvérisée.

Argent. — Les objets d'argent destinés à la dorure sont tout d'abord recuits et placés encore chauds (*éteints*) dans de l'acide sulfurique à 8° B. (*eau seconde*). Ils sortent de ce bain avec un aspect mat particulier. A ce blanchiment succède un ponçage à la brosse.

Zinc. — Les objets de zinc qui doivent être cuivrés (bronze d'art) ou dorés sont décapés en les passant rapidement dans une solution de potasse chaude, en les lavant, puis en les plongeant pendant quelques instants dans une eau seconde d'acide sulfurique à 10 ou 20 0/0. Les objets sont ensuite poncés ou *gratte-bossés* au moyen de brosses en laiton.

Fer. — Fonte. — Acier. — La tôle de fer qui doit par immersion être recouverte de zinc, de plomb ou d'étain, c'est-à-dire *galvanisée*, *plombée* ou *étamée*, doit être au préalable décapée, soit au moyen de l'acide chlorhydrique, soit au moyen de l'acide sulfurique, suivant que l'on désire produire un décapage plus ou moins rapide. S'il s'agit de les galvaniser, les tôles seront décapées dans un bain d'acide chlorhydrique à 30 0/0, dans lequel on aura ajouté un peu de tourteau de colza ou de suie calcinée, puis, sans être lavées, elles seront séchées au four avant de passer dans le bain de zinc; s'il s'agit de les plomber, le décapage, qui devra être rapide, sera fait au moyen de l'acide sulfurique à 10 ou 20 0/0, et les tôles seront lavées et séchées; enfin, s'il s'agit de les étamer, après avoir subi le décapage à l'acide chlorhydrique ou sulfurique, elles seront passées au suif ou bien frottées avec du chlorure de zinc acide (acide muriatique décomposé), avant d'être plongées dans le bain d'étain.

Les objets de fer, de fonte, d'acier peuvent encore être soumis à la dorure. Le décapage a lieu alors dans des conditions analogues à celles qui viennent d'être citées. L. Lindet.

DÉCARBUSNIQUE (ACIDE). — Voyez Usnique (Acide).

DÉCATYLIQUE (ALCOOL). — Voyez Décyliques.

DÉCÉNYLÈNES [Syn. *Décines*], $C^{10}H^{18}$. — Un de ces carbures a été décrit (Dict., **1**, 1134). Il fixe peu à peu le brome dans un mélange réfrigérant en donnant un *bromure* liquide $C^{10}H^{18}Br^2$. Un contact plus prolongé donne naissance à un liquide visqueux $C^{10}H^{18}Br^4$, avec dégagement d'acide bromhydrique.

Propyl4-heptadiène1.4,

$$CH^2=CH.CH^2.C \lesssim \begin{matrix} CH^2.CH^2.CH^3 \\ CH.CH^2.CH^3 \end{matrix}$$

[Reformatsky, *J. prakt. Chem.*, (2), **27**, 389]. — Ce carbure, déjà obtenu par MM. Saytzeff et Nikolsky [*D. chem. G.*, **11**, 2152], se prépare en chauffant en tube scellé, à 130°, l'allyldipropylcarbinol (propyl4-heptène1-ol4)

$$CH^2=CH.CH^2.C(OH)<^{CH^2.CH^2.CH^3}_{CH^2.CH^2.CH^3}$$

avec de l'acide sulfurique additionné de son poids d'eau.

En partant de 20 grammes d'alcool, on a obtenu 17 grammes de carbure qu'on n'a pu rectifier complètement sur le sodium ou l'acide phosphorique, à cause de son avidité pour l'oxygène. Il faut, pour l'avoir pur, le chauffer en tube scellé avec du sodium, le distiller dans un courant d'acide carbonique et le conserver dans une atmosphère du même gaz. C'est un liquide bouillant à 158-160°, possédant une odeur caractéristique, insoluble dans l'eau, facilement soluble dans l'alcool, l'éther, le benzène. Densité à 0°, 0,7825; à 16°, 0,7705. L'acide sulfurique concentré le polymérise. Placé dans une éprouvette contenant de l'oxygène, il absorbe rapidement ce gaz. Le produit d'oxydation n'a pas été étudié. Il se produit aussi du carbure dans la préparation de l'allyldipropylcarbinol, en raison de la formation de l'iodure de zinc qui agit comme déshydratant.

Une solution à 20 0/0 du carbure (5 grammes) traitée par le dichromate de potassium (21 grammes) et l'acide sulfurique (33 grammes), au bain-marie, a donné un mélange d'acides butyrique et propionique, et, en moindre quantité, de l'acide acétique. Il distille en même temps un nouveau carbure sous la forme d'une huile jaune, mobile, et il se dégage de l'acide carbonique, produit d'oxydation de l'acide formique.

De cette réaction et du mode de formation du carbure par déshydratation de l'allyldipropylcarbinol, il résulte qu'on doit lui attribuer la formule ci-dessus.

Il fixe le brome en solution éthérée à froid. Après départ de l'excès de brome et du dissolvant dans le vide, en présence de chaux éteinte et d'acide sulfurique, il reste un liquide sirupeux, lourd, qui brunit en dégageant des vapeurs d'acide bromhydrique.

Les indices de réfraction du carbure correspondant aux raies α, β et γ du spectre de l'hydrogène sont à 21° :

$$n_\alpha = 1{,}444, \quad n_\beta = 1{,}45603, \quad n_\gamma = 1{,}4922.$$

On obtient un carbure $C^{10}H^{18}$ analogue à la camphine de M. Claus (Dict., 1, 713; Suppl., 1, 393) en chauffant à 200°, pendant 6 heures, du camphre avec une solution d'acide iodhydrique concentré, bouillant à 127°. Il y a dépôt d'iode et dégagement d'acide carbonique. Par distillation, on recueille un mélange de trois carbures, C^9H^{16}, $C^{10}H^{20}$ et $C^{10}H^{18}$. Ce dernier bout à 163°. Il fixe le brome à froid en donnant un bromure incolore, sans dégagement d'acide bromhydrique. Chauffé avec l'acide iodhydrique concentré à 210° en tube scellé, il donne un décylène $C^{10}H^{20}$ et de l'iode. Le mélange chromique l'oxyde facilement en donnant un peu d'acide acétique et trois acides aromatiques : l'un volatil avec la vapeur d'eau, facilement reconnaissable, est l'acide uvitique; les autres, différents par la solubilité des sels barytiques et formés en proportions très variables, sont peut-être les acides trimésique et mésitylénique [Weyl, *D. chem. G.*, 1, 96].

La distillation fractionnée de l'essence de résine provenant de la colophane fournit un mélange d'acides gras (butyrique, valérique), de térébenthène, qu'on polymérise par l'acide sulfurique, et d'un *décénylène* (*décine*) $C^{10}H^{18}$, bouillant à 154-157°. Inattaquable par l'acide chlorhydrique, par le brome même bouillant dans l'obscurité, et par l'acide nitrique ordinaire. Soluble dans l'acide concentré [Renard, *Bull. Soc. Chim.*, (2), 36, 215; 38, 252]. P. Freundler.

DÉCINES. — Voyez Décénylènes.

DÉCINIQUES (ACÉTONES), $C^{10}H^{14}O$. — L'oxydation du coriandrol par le permanganate en solution alcaline diluée fournit une acétone $C^9H^{11}OCH^3$ qui se combine lentement au bisulfite; cette combinaison, fusible à basse température, se carbonise lorsqu'on la chauffe et régénère l'acétone par distillation avec l'acide sulfurique étendu [Hjelt, *D. chem. G.*, 14, 2504]. L'acétone pure bout à 185-186°. Sa densité est 0,8970.

Par oxydation ménagée, elle donne, comme le coriandrol, les acides acétique, diméthylsuccinique et carbonique; en oxydant plus fortement, de l'acide oxalique. C'est donc une méthylcétone $C^9H^{11}.OCH^3$. P. Freundler.

DÉCINIQUES (ACIDES). — Voyez acide Géranique.

DÉCINIQUES (ALCOOLS) [Syn. *Décénylé-niques*). — Dans la préparation du diallylcarbinol, il se forme un alcool $C^{10}H^{18}O$, bouillant après fractionnement entre 207 et 215°, qui pourrait être un diallylpropylcarbinol [Schestakow, *J. prakt. Chem.*, (2), 30, 215].

On connaît d'autres alcools déciniques (voyez Hydrate de divalérylène, Diallylpropylcarbinol, Diallylisopropylcarbinol, Coriandrol. Géraniol, Linalool, etc.).

DÉCINIQUES (ALDÉHYDES). — Voyez Géranial.

DÉCIPIUM. — Nom donné à un métal spectroscopique qui paraît n'être qu'un mélange de samarium et de didyme.

DÉCONES, $C^{10}H^{16}$. — Carbures d'hydrogène isomères du térébenthène. On en a jusqu'ici décrit trois.

Le premier a été obtenu par M. Bauer (voyez Dict., 2, 1385), en faisant agir la soude alcoolique sur le bromure de rutylène, $C^{10}H^{18}Br^2$. C'est un liquide à odeur de térébenthène, bouillant entre 145 et 150° [Tugolesow, *Journ. Soc. Chim. russe*, 13, 447); il absorbe rapidement l'oxygène, il donne avec le brome un produit d'addition $C^{10}H^{16}Br^2$, qui, chauffé avec de l'aniline, ne fournit pas de cymène (Tugolesow); avec l'acide chlorhydrique gazeux, il donne un composé $C^{10}H^{16}HCl$, qui bout sans décomposition à 200°.

Les deux autres ont été extraits de l'huile animale [Weidel et Ciamician, *D. chem. G.*, 13, 73]. L'huile animale a été distillée plusieurs fois, traitée par les acides, par l'eau, et enfin fractionnée en trois parties. La fraction 98-150° renferme, entre autres produits, trois carbures, dont deux répondent à la formule $C^{10}H^{16}$, l'autre à la formule $C^{10}H^{14}$. Après des traitements répétés à l'acide chlorhydrique à 100°, en tube scellé, et à la potasse, on a rectifié sur le sodium le produit entraînable à la vapeur d'eau, et on a procédé à un fractionnement systématique qui a donné trois carbures bouillant respectivement à 153°, 165° et 172°.

Le corps bouillant à 153° répond à la formule $C^{10}H^{14}$; les deux autres à $C^{10}H^{16}$.

Le carbure bouillant à 165°,5 sous la pression de 748 millimètres est un liquide incolore, possédant une faible odeur de térébenthène. Il est inactif. Les auteurs lui donnent le nom d'*hydro-m-méthylcumène*.

Les différents agents d'oxydation le transforment en *acide isophtalique*. Traité à froid par le brome, il fournit un produit d'addition qui se décompose partiellement par une faible élévation de température, ce qui n'a pas permis de l'obtenir suffisamment pur pour l'analyser. Ce bromure, traité par l'aniline en tube scellé, à 180°, fournit du *cymène*.

Le carbure bouillant à 172° se comporte avec les différents réactifs d'une manière analogue au précédent. Il ne s'en distingue que par l'odeur et le point d'ébullition.

Ces corps se différencient du térébenthène en ce qu'ils fournissent, par oxydation, de l'acide isophtalique au lieu d'acide téréphtalique, et en ce qu'ils ne donnent, par l'action de l'eau et de l'acide chlorhydrique, ni hydrate, ni chlorhydrate analogues aux composés correspondants du térébenthène. J. Dupont.

DÉCYLÈNES [Syn. *Décènes*]. — Sous ce nom, on comprend une série de carbures $C^{10}H^{20}$ dont trois seulement ont une constitution connue.

Décylène normal (*décène* 1) [Grosjean, *D. chem. G.*, **25**, 478]. — La distillation de l'huile de ricin dans le vide fournit l'acide undécylique normal $CH^2=CH(CH^2)^8.CO^2H$, dont on chauffe le sel de baryum (2 parties) avec l'alcool sodé (1 partie) sous une pression de 50 millimètres; le carbure $C^{10}H^{20}$ passe sous la forme d'une huile mobile, insoluble dans l'eau, d'odeur douceâtre, bouillant à 61°,5 sous 15 millimètres, à 87-88° sous 50 millimètres, à 106-107° sous 100 millimètres, à 178° sans décomposition sous la pression ordinaire. Densité à 0°, 0,7630; à 15°, 0,7512. Dissous dans trois fois son volume de sulfure de carbone bien refroidi, il fixe 2 atomes de brome en donnant le *dibromure*

$$CH^2Br.CHBr.(CH^2)^7.CH^3,$$

qu'on rectifie dans le vide. Il bout à 135° sous 9 millimètres, à 145° sous 15 millimètres. Densité à 0° 1,3841, à 15° 1,3677, à 30° 1,3512.

Hexylbutylène [Reichelmann, *Ann. Chem.*, **255**, 135]. — Il se forme, en même temps que l'œnanthol, lorsqu'on distille rapidement, et par petites portions, l'acide α-méthylhexylparaconique

$$C^6H^{13}\diagup O \text{———} CO \quad \diagdown CH^2\text{-}CH\text{-}CH.CH^3 \quad (CO^2H \text{ sur } CH)$$

La masse jaunâtre, cristalline, obtenue est saturée par le carbonate de sodium et extraite à l'éther, chauffée avec un excès d'eau de baryte et entraînée à la vapeur. L'œnanthol est enlevé à l'état de combinaison bisulfitique, et le carbure rectifié et séché sur le chlorure de calcium bout à 160-161°.

Le *dibromure*, $C^{10}H^{20}Br^2$, s'obtient en ajoutant à une solution entourée de glace du carbure dans le sulfure de carbone, la quantité théorique de brome, en solution sulfocarbonique. Le dissolvant, chassé par un courant d'air, laisse un résidu huileux, jaunâtre, ne se solidifiant pas dans le mélange de glace et de sel, se décomposant à la distillation avec dégagement d'acide bromhydrique.

Diamylène. — Voyez Biamylène.

Les vapeurs du diisoamyle, soumises en plein soleil ou à la lumière diffuse à l'action de vapeurs de brome entraînées par un courant d'acide carbonique sec, fournissent un liquide noir, distillant en se décomposant partiellement à la pression ordinaire et dans le vide. A partir de 175°, on observe un fort dégagement d'acide bromhydrique. Le produit, distillé et fractionné, contient un décane et un carbure non saturé, qui, purifié, bout à 163°,7 sous 744 millimètres. Densité à 20° = 0,7387. Liquide incolore, mobile, à odeur aromatique, assez soluble dans les dissolvants organiques et plus que le diisoamyle dans l'acide acétique. L'acide sulfurique étendu de son poids d'eau le dissout complètement. Il fixe avidement le brome en solution éthérée sans dégagement d'acide bromhydrique. L'ébullition avec la potasse alcoolique le décompose en un mélange de divers carbures passant de 160 à 200°. Le brome se substituant à chaud dans les groupements extrêmes des chaînes, il est probable que la double liaison se trouve au bout [Lachowicz, *Ann. Chem.*, **220**, 177].

Le dérivé bromé du diisoamyle, chauffé, tel quel, avec de l'acétate de sodium en solution alcoolique, fournit le dérivé acétylé correspondant, qui se décompose aussi par distillation, en donnant un décane et un carbure non saturé passant à 159-164°. Ces hydrocarbures tantôt possèdent, tantôt ne possèdent pas l'odeur de l'essence de citron.

La distillation de la paraffine sous pression fournit un carbure en $C^{10}H^{20}$ [Thorpe et Young, *Ann. Chem.*, **165**, 22]. On s'est servi de deux bouteilles à mercure réunies par un tube en fer forgé et chauffées pendant 4 ou 5 heures. Il se forme peu de produits gazeux. La masse pâteuse est distillée. De 18 à 300° on recueille un mélange de carbures saturés et d'oléfines. La fraction passant entre 170 et 172° contient les carbures $C^{10}H^{22}$ et $C^{10}H^{20}$. Elle fixe le brome à froid, mais le bromure se décompose et le décylène n'a pu être isolé.

Dans les produits de distillation de l'huile minérale de Burmah, MM. Warren de la Rue et H. Müller [*Zeit. f. Chem.*, 1868, 231], par fractionnements successifs, ont recueilli entre 170 et 176° un décylène mélangé d'homologues supérieurs, de toluène, de naphtènes, etc. Rectifié sur le sodium, il bout à 175°,8. Densité à 0° = 0,823.

Par distillation du savon calcique provenant d'huile de hareng (*Alosa menhaden*), on obtient un carbure $C^{10}H^{20}$ [Warren et Storer, *Zeit.*, 1868, 230]. L'huile additionnée de lait de chaux (1 partie pour 4 d'huile) est saponifiée par un courant de vapeur. On distille le savon et on fractionne le produit après lavage à l'acide sulfurique et à la soude. Du mélange d'amylène, de pentanes, de benzène, etc., on isole le décylène, qui bout à 174°,6. Densité à 0°, 0,7912.

Le camphre, traité par l'iode, fournit un carbure $C^{10}H^{20}$ ressemblant à la camphine de M. Claus qui se comporte comme un carbure saturé [Armstrong et Easkwell, *D. chem. G.*, **11**, 151]. On le sépare du carvacrol formé simultanément par un lavage à la soude et à l'acide sulfurique, et l'on rectifie sur le sodium.

Le camphre [Armstrong et Miller, *D. chem. G.*, **16**, 2257], chauffé avec du chlorure de zinc, fournit le même carbure, qu'on purifie par un lavage à l'acide sulfurique fumant à 50-60°.

P. Freundler.

DÉCYLÉNIQUE (ACÉTONE), $C^{10}H^{18}O$ [Pawlow, *Ann. Chem.*, **188**, 139]. — Le zincméthyle réagit sur le chlorure d'isobutyryle en donnant un mélange de méthylisopropylcétone et d'une *acétone* $C^{10}H^{18}O$. Celle-ci est un liquide incolore, insoluble dans l'eau, bouillant à 189-191°, doué d'une odeur particulière. Sa densité à 0° = 0,8700, à 20° = 0,8550. C'est un corps non saturé, qui fixe les hydracides.

Le *dérivé chloré*, $C^{10}H^{19}ClO$, s'obtient lorsqu'on sature d'acide chlorhydrique l'acétone mélangée d'un peu d'eau et maintenue froide. Le produit, lavé et séché sur le chlorure de calcium, est une huile jaune pâle à odeur de térébenthène.

L'acide iodhydrique forme avec l'acétone une combinaison cristallisée brun foncé $C^{10}H^{19}IO$.

DÉCYLÉNIQUE (ALDÉHYDE), $C^{10}H^{18}O$. — Cette aldéhyde est un produit de condensation de l'aldéhyde valérique. Elle a été obtenue de diverses façons :

1° En chauffant le valéral en tube scellé à 240° [Borodine, *D. chem. G.*, 2, 552. — Kekulé, *D. chem. G.*, 3, 135]. Il se forme en même temps un polymère. L'aldéhyde valérique ne peut être régénérée par distillation.

Les mêmes produits s'obtiennent en chauffant la combinaison bisulfitique du valéral avec une lessive de potasse. L'aldéhyde $C^{10}H^{18}O$, qui bout au-dessus de 190°, donne par oxydation un acide $C^{10}H^{18}O^2$, caractérisé par son sel d'argent (Kekulé).

2° Le valéral, traité par la potasse diluée, à la température ordinaire, donne un *polymère* qui ne se combine pas au bisulfite et régénère l'aldéhyde valérique par distillation [Borodine, *D. chem. G.*, 3, 423; 6, 983; 7, 463]. C'est un liquide épais, incolore, qui perd facilement de l'eau en donnant des produits de condensation plus avancés. Il est stable à l'état de pureté; si on le met en contact avec son volume de carbonate de soude très dilué, on observe qu'il se fait un dépôt d'aiguilles, tandis que le reste du liquide devient plus fluide. Ce fait rapprocherait ce corps de l'aldol. Les cristaux ainsi obtenus, séchés, lavés à l'alcool faible et recristallisés dans l'alcool fort, représentent des prismes à 4 pans, cassants, insolubles dans l'eau, solubles dans l'alcool, plus solubles dans l'éther, et s'électrisant lorsqu'on les pulvérise. Ils se ramollissent à 65° et fondent à 70° en un liquide incolore qui recristallise par refroidissement. Lorsqu'on les maintient pendant quelque temps en tube scellé à 100°, on retrouve le polymère primitif. Chauffés à l'air au-dessus de leur point de fusion, ils se décomposent intégralement en valéral, en aldéhyde $C^{10}H^{18}O$, et en un autre polymère $C^{20}H^{38}O^3$. L'eau bouillante et l'acide sulfurique produisent le même résultat. Ces cristaux sont d'ailleurs peu stables et dégagent rapidement une odeur de valéral. Placés au-dessus d'acide sulfurique, ils fournissent un hydrate de composition $(C^{10}H^{20}O^2)^2H^2O$.

3° L'action du sodium ou de son amalgame sur l'aldéhyde valérique fournit un produit de condensation $C^{10}H^{18}O$, qui se combine au bisulfite. C'est un liquide huileux, doué d'une odeur aromatique forte et bouillant à 195°. Sa densité à 0° = 0,862, à 20° = 0,848 [Borodine, *D. chem. G.*, 5, 481]. Par oxydation, cette aldéhyde donne un acide $C^{10}H^{18}O^2$, et par réduction un alcool $C^{10}H^{22}O^2$. Elle se polymérise facilement.

4° Le valéral, traité en tube scellé par du zinc en copeaux, se transforme avec dégagement d'hydrogène et formation de $Zn(OH)^2$ en un liquide incolore, sucré (bivaléraldane), à odeur douce, qui répond à la formule $C^{10}H^{18}O$. Il a pour poids spécifique à 0° 0,944; sa densité de vapeur à 226° (vapeur de diphénylamine) sous une pression de 120 millimètres est 5,9, au lieu de 5,3 qu'exigerait la théorie. Cette aldéhyde s'oxyde facilement [Riban, *Bull. Soc. Chim.*, (2), 18, 64].

5° Lorsque l'aldéhyde valérique est mise en contact avec du carbonate de potassium pur et fraîchement calciné, à la température ordinaire, ou mieux à 40-50°, elle se transforme en un sirop contenant des polymères du valéral, qui régénèrent ce dernier lorsqu'on les distille ou qu'on les chauffe en tube scellé à 180° [Gaess et Hell, *D. chem. G.*, 8, 370]. Ce sirop durcit sans cristalliser à —45°. Il n'est pas volatil et ne s'oxyde pas à l'air. Il ne réagit pas sur l'ammoniaque aqueuse ou alcoolique, ni sur le bisulfite. Avec le sulfure d'ammonium en solution alcoolique, on obtient une combinaison sulfurée, visqueuse, incristallisable, à odeur pénétrante.

Lorsqu'on chauffe le valéral avec le carbonate de potasse pendant 2 heures au réfrigérant ascendant, il se forme un peu d'acide valérianique et d'alcool amylique; on retrouve la moitié du valéral inaltéré; le reste passe entre 200 et 300°. Par fractionnement, on isole une huile bouillant à 190-194°, qui possède les mêmes propriétés que l'aldéhyde de Borodine et de Kekulé. C'est un liquide visqueux, à odeur marquée de valérianate d'amyle, insoluble dans l'eau, facilement soluble dans l'alcool et dans l'éther. Il ne se solidifie pas à —45°. Sa densité à 0° = 0,861, à 14° = 0,851. Il ne se combine ni à l'ammoniaque aqueuse ni au bisulfite, mais il réduit la solution ammoniacale de nitrate d'argent et l'oxyde d'argent à l'ébullition.

L'anhydride phosphorique réagit violemment sur l'aldéhyde, en donnant un mélange de carbures $(C^5H^8)^n$ bouillant entre 100 et 300°.

Le brome donne des produits huileux. L'eau à 250° n'a pas d'action. La potasse alcoolique transforme l'aldéhyde en acide valérianique et en un produit de condensation neutre, non volatil avec la vapeur d'eau, et qui aurait pour composition $C^{30}H^{52}O^2$, soit $3\,C^{10}H^{18}O - H^2O$.

En continuant le fractionnement des produits de la réaction du carbonate de potassium sur le valéral, on obtient deux produits de condensation : l'un, $C^{15}H^{28}O^2$, bouillant à 234-240°; l'autre, $C^{20}H^{38}O^3$, bouillant à 265-270°, qui se décompose peu à peu par distillation en aldéhyde $C^{10}H^{18}O$ et en produits supérieurs.

L'aldéhyde $C^{10}H^{18}O$, oxydée par l'acide chromique, fournit un acide $C^{10}H^{18}O^2$.

6° Le valéral, mis en contact pendant quelques semaines ou chauffé pendant quelques heures avec de la chaux en poudre, fournit un mélange d'alcool amylique, d'acide valérianique et de divers autres corps. M. Fittig leur a attribué les formules $C^8H^{14}O$, $C^8H^{12}O$ et $C^7H^{14}O$, mais il ne semble pas que ces produits aient été obtenus à l'état de pureté [Fittig, *Ann. Chem.*, 117, 75].

7° L'aldéhyde valérianique réagit violemment sur le zinc-éthyle chauffé, en donnant lieu à la formation d'un gaz combustible [Rieth et Beilstein, *Ann. Chem.*, 226, 242].

On enlève par l'acide sulfurique dilué l'oxyde de zinc formé, on sépare l'huile qui surnage, on la lave, et on la sèche sur le chlorure de calcium. C'est un liquide bouillant entre 220 et 250°, qui répond à la formule $C^{10}H^{18}O$. La réaction qui lui a donné naissance peut s'écrire :

$$2\,C^5H^{10}O + Zn(C^2H^5)^2$$
$$= C^{10}H^{18}O + 2\,C^2H^6 + ZnO.$$

8° Lorsqu'on chauffe l'éther valérianique anhydre seul, ou mieux additionné de son volume d'éther sec, avec 16 0/0 de sodium, on obtient, en décomposant le produit brut par l'eau, un mélange de sels sodiques de divers acides et une huile qu'on fractionne. La partie qui passe à 250-300° possède une odeur piquante, agréable, et correspond à la formule $C^{10}H^{18}O$. Elle se dissout en toutes proportions dans l'alcool et dans l'éther [Greiner, *Zeit. f. Chem.*, 1866, 465].

Les réactions qui ont donné naissance à l'aldéhyde $C^{10}H^{18}O$ lui font attribuer l'une des deux formules suivantes :

$$(CH^3)^2.CH.CH^2.CH{=}CH.\overset{CH^3}{\overset{|}{CH}}.CH^2.CHO$$

ou

$$(CH^3)^2.CH.C{\lesssim}\begin{matrix}CHO\\ CH.CH^2.CH.(CH^3)^2\end{matrix}$$

DÉRIVÉS CHLORÉS DE L'ALDÉHYDE $C^{10}H^{18}O$ [Schröder, *D. chem. G.*, 4, 403]. — En saturant l'aldéhyde valérianique par le chlore, et chauffant le produit à 145° pour achever la réaction. on obtient, après élimination de l'excès de chlore par un courant d'acide carbonique, un liquide bouillant, après rectification, à 203-204°. Il a pour formule $C^{10}H^{12}Cl^{6}O$ et s'est formé d'après l'équation suivante :

$$2(C^{5}H^{10}O) + 6\,Cl^{2} = C^{10}H^{12}Cl^{6}O + H^{2}O + 6\,HCl.$$

C'est un dérivé de substitution chloré de l'aldéhyde $C^{10}H^{18}O$, obtenue par Fittig, Borodine, etc. Il est insoluble dans l'eau, soluble dans l'alcool et dans l'éther; il ne se combine ni à l'eau, ni aux sulfites alcalins, et possède une odeur de bouc très désagréable. La densité à 14° = 1,397.

L'acide azotique froid ne l'attaque pas. Une ébullition prolongée avec l'acide fumant produit un dérivé dinitré susceptible de donner une base par réduction avec le zinc et l'acide chlorhydrique.

La soude alcoolique bouillante lui enlève 2 molécules d'acide chlorhydrique en donnant une huile $C^{10}H^{10}Cl^{4}O$, qui bout après rectification à 208-210° et possède une odeur de menthe. Ce dérivé chloré est insoluble dans l'eau, soluble dans l'alcool et dans l'éther. Sa densité à 14° = 1,272.

P. Freundler

DÉCYLÉNIQUES (ACIDES). — Voyez Suppl., 1, 612.

Acide amydécylénique, $C^{10}H^{18}O^{2}$ [Borodine, *D. chem. G.*, 5, 481. — Gaess, *ibid.*, 10, 455. — Hell et Schoop, *ibid.*, 12, 193]. — L'oxydation du produit résultant de la condensation du valéral par le sodium donne un acide $C^{10}H^{18}O^{2}$, qui distille vers 235-245°. Pour le purifier, on le transforme en *sel de calcium*; celui-ci cristallise dans l'alcool en aiguilles ou paillettes brillantes qui s'électrisent lorsqu'on les pulvérise dans un mortier d'agate. Ce sel a pour formule

$$(C^{10}H^{17}O^{2})^{2}Ca\ ,\ 0,5\,H^{2}O.$$

Il devient anhydre à 105-110°. Il est insoluble dans l'eau. Pour obtenir l'acide libre, on décompose le sel par l'acide chlorhydrique additionné d'un peu d'éther.

L'acide amydécylénique est une huile incolore, faiblement odorante, qui fixe le brome à froid en s'échauffant notablement. Le produit rougeâtre ainsi obtenu, cristallisé dans le benzène, constitue l'*acide dibromocaprique* $C^{10}H^{18}Br^{2}O^{2}$, en prismes monocliniques brillants, fusibles à 131°. On peut le sublimer par petites portions, mais il se décompose à la distillation en dégageant de l'acide bromhydrique. Cet acide est peu soluble dans l'eau froide; l'eau bouillante le décompose, et les vapeurs entraînent une huile neutre contenant 34,6 0/0 de brome, possédant une odeur agréable de sauge et de dérivé amylique, et une saveur douceâtre. Les alcalis, la soude, et l'ammoniaque surtout, l'eau de baryte à un moindre degré, produisent la même décomposition en tube scellé. Comme il ne se dégage pas d'acide carbonique, on ne peut admettre une scission analogue à celle qui se passe avec l'acide dibromangélique. Par suite de ces diverses réactions, l'acide amyldécylénique doit avoir l'une des deux constitutions suivantes :

$$(CH^{3})^{2}.CH.CH^{2}.CH{=}CH\Big\langle\begin{array}{l}CH^{3}\\ CH.CH^{2}-CO^{2}H\end{array}$$

ou

$$(CH^{3})^{2}.CH.CH^{2}.CH{=}C\Big\langle\begin{array}{l}CO^{2}H\\ CH.(CH^{3})^{2}\end{array}$$

Acide décylénique, $C^{10}H^{18}O^{2}$ [Schneegans, *Ann. Chem.*, 227, 90]. — Lorsqu'on traite l'œnanthol par le succinate de sodium et l'anhydride acétique, on obtient un acide hexylparaconique $C^{11}H^{18}O^{4}$, qui perd facilement de l'acide carbonique lorsqu'on le chauffe au-dessus de 300°, en donnant un mélange de γ olide de l'acide *décanol4-oïque1-méthyloïque3* et d'un acide $C^{10}H^{18}O^{2}$, soluble dans le carbonate de soude, d'après l'équation

$$\begin{array}{c}\qquad\qquad CO^{2}H\\ \qquad\qquad |\\ C^{6}H^{13}.CH.CH.CH^{2}\\ \qquad\ \ |\qquad\quad |\\ \qquad\ \ O \text{———} CO\end{array}$$

$$\begin{array}{l}C^{6}H^{13}.CH{=}CH.CH^{2}\\ \qquad\qquad\qquad\ |\\ \qquad\qquad\qquad CO^{2}H\end{array} + CO^{2}.$$

Après sursaturation, on l'entraîne à la vapeur et on le purifie en le transformant en sel de baryum. C'est une huile incolore, plus légère que l'eau, où elle se dissout à peine, qui peut cristalliser par refroidissement et fond alors à + 10°. Elle est facilement volatile avec la vapeur d'eau.

Le *sel de baryum*, $(C^{10}H^{17}O^{2})^{2}Ba$, s'obtient en neutralisant par le carbonate de baryum l'acide en suspension dans l'eau bouillante. Il est très peu soluble dans l'eau chaude, encore moins dans l'eau froide. La solution aqueuse bouillante l'abandonne en petites aiguilles incolores, anhydres, difficilement solubles dans l'alcool chaud.

Sel de calcium, $(C^{10}H^{17}O^{2})^{2}Ca$. — On neutralise une solution de l'acide par l'ammoniaque et on précipite par le chlorure de calcium. Ce sont des croûtes mal cristallisées, peu solubles dans l'eau bouillante.

Le *sel d'argent*, $C^{10}H^{17}O^{2}Ag$, s'obtient, par addition de nitrate d'argent au sel de baryum, sous la forme d'un précipité blanc, peu soluble dans l'eau chaude.

L'acide décylénique, traité en tube scellé par 5 fois son volume d'acide bromhydrique saturé à 0°, se transforme en acide bromodécylique.

Acide aménylvalérianique, $C^{10}H^{18}O^{2}$ [Froelich Geuther, *Ann. Chem.*, 202, 297]. — Cet acide se produit lorsqu'on fait passer, jusqu'à saturation, un courant d'oxyde de carbone sur de l'amylate de sodium (préparé avec l'alcool de fermentation), ou sur un mélange de formiate et d'amylate, ou d'amylate et de soude caustique anhydre, ou enfin d'amylate et de valérianate de sodium, chauffés au bain d'air à 160-165°. La réaction est représentée, dans ce dernier cas, par l'équation

$$\begin{array}{c}C^{4}H^{9}\\ |\\ CO^{2}Na\end{array} + \begin{array}{c}C^{5}H^{11}\\ |\\ ONa\end{array} + CO$$

$$= \begin{array}{c}C^{4}H^{8}(C^{5}H^{9})\\ |\\ CO^{2}Na\end{array} + NaHCO^{3} + H^{2}.$$

On obtient, en outre, un peu d'alcool amylique et d'acide valérianique.

Cet acide se présente sous la forme d'une huile épaisse, à odeur particulière. bouillant à 268-270°. Sa densité à 12° = 0,961. Il forme un sel sodique très déliquescent et très soluble dans l'alcool.

Acide allylbuténytricarbonique (*heptène6-triméthyloïque3.4.4.*) $C^{10}H^{14}O^{6}$,

$$\begin{array}{c}CH^{2}{=}CH.CH^{2}.C.CH(CO^{2}H).CH^{2}.CH^{3}\\ \diagup\ \diagdown\qquad\qquad\qquad\qquad\\ CO^{2}H\ \ CO^{2}H\qquad\qquad\qquad\qquad\end{array}$$

[Hjelt, *D. chem. G.*, 25, 488]. — Cet acide se prépare en traitant par le sodium l'éther buténytricarbonique et l'iodure d'allyle, ou un mélange d'éther allylmalonique et d'éther α bromobutyrique. Le produit brut est fractionné; on saponifie par la potasse la portion passant entre 283 et 291°, et on précipite par l'acide chlorhydrique; l'acide fond à 123° et se décompose à 150° en acides p- et m-éthylallylsuccinique. L'*éther triéthylique* bout vers 282-291°. P. Freundler.

DÉCYLÉNIQUES (ALCOOLS) [Syn. *Décéniques*].

Allyldipropylcarbinol (*propyl4-heptène1-ol4*) [P. et A. Saytzeff, *Ann. Chem.*, **185**, 151; **196**, 109. — Schirokoff, *J. prakt. Chem.*, (2), **23**, 197]. — Cet alcool se prépare en traitant par le zinc en poudre un mélange maintenu froid d'iodure d'allyle et de dipropylcétone (heptanone4) :

$$(C^3H^7)^2CO + C^3H^5I + Zn$$
$$= (C^3H^7)^2 . C(OZnI) C^3H^5$$

On décompose le produit brut par l'eau froide, qui précipite une huile jaunâtre. Celle-ci est déshydratée sur le carbonate de potassium et sur la baryte, puis fractionnée. On obtient ainsi un peu de diallyle et de butyrone inaltérée, et 30 0/0 de dipropylallylcarbinol, qui passe entre 185 et 200°. C'est un liquide incolore, doué d'une faible odeur de térébenthine, bouillant à 192° sous 765 millimètres, soluble dans l'alcool et dans l'éther en toutes proportions, mais insoluble dans l'eau. Sa densité à 0° est 0,8427 et son coefficient de dilatation entre 0° et 1° est 0,00086.

L'*éther acétique*, $C^{10}H^{19}O . C^2H^3O$, s'obtient en chauffant l'alcool avec de l'anhydride acétique, en tube scellé, à 150° pendant 8 heures. Le produit distillé avec de l'eau est traité par une solution faible de carbonate de sodium, puis lavé à l'eau, séché sur le chlorure de calcium et rectifié. Il se présente sous la forme d'un liquide incolore, à odeur faible, bouillant à 210° sous 751 millimètres. Il a une densité à 0° de 0,8733 et un coefficient de dilatation $\alpha = 0,00092$.

Le dipropylallylcarbinol fixe le brome en solution éthérée. S'il y a excès de brome, on obtient des produits de substitution. Le *dibromure* n'a pas été purifié, car sa solution dans l'éther se décompose par évaporation en laissant un résidu sirupeux, noirâtre.

L'oxydation de l'alcool par le dichromate et l'acide sulfurique fournit de l'acide carbonique, les acides propionique et butyrique qu'on sépare à l'état de sels de plomb, et un acide solide, soluble dans l'éther, non volatil, qui n'a pas été étudié.

Avec le permanganate et l'acide sulfurique à froid, on obtient de l'acide carbonique, les acides formique et oxalique et un oxyacide sirupeux $C^9H^{18}O^3$, soluble dans l'alcool et dans l'éther, et dont le sel de calcium est soluble dans l'eau.

Allyldiisopropylcarbinol (*méthyl2-méthoéthyl3-hexène5-ol3*),

$$CH^2{=}CH.CH^2.C(OH)\left(CH{<}^{CH^3}_{CH^3}\right)^2$$

[Lebedinsky, *J. prakt. Chem.*, (2), **23**, 22]. — Cet alcool s'obtient comme le précédent, en remplaçant seulement la dipropylcétone par l'isobutyrone préparée au moyen de l'isobutyrate de calcium. Le produit de la réaction est distillé avec l'eau, séché sur la baryte et fractionné. On recueille la portion qui passe de 100 à 160° et qui fournit, après rectification, un liquide incolore à odeur de térébenthine, bouillant à 169-171°, insoluble dans l'eau, soluble dans l'alcool et dans l'éther. Sa densité à 0° est 0,8671; à 24°, 0,8477. Son coefficient de dilatation moyen entre 0 et 24° = 0,00095.

Il fixe le brome en solution éthérée; mais le dibromure formé, $C^{10}H^{20}Br^2O$, se décompose en dégageant de l'acide bromhydrique, lorsqu'on évapore la solution dans le vide sur la chaux ou l'acide sulfurique.

L'oxydation de l'alcool par le permanganate à froid (16 grammes d'alcool pour 40 grammes de permanganate dissous dans 2 litres d'eau) fournit des produits volatils consistant en isobutyrone et en acide isobutyrique, et un résidu dont l'éther extrait de l'acide oxalique et de l'acide β-diisopropyléthylénolactique $C^9H^{18}O^3$.

Allyldiméthylbutylcarbinol, $C^{10}H^{20}O$ [Schatzky, *J. prakt. Chem.*, (2), **30**, 216]. — Lorsqu'on traite par le zinc en poudre sec un mélange bien refroidi d'acétone (75 grammes), d'iodure de méthyle (100 grammes), d'iodure d'allyle (205 grammes) et d'iodure de butyle (230 grammes) provenant de l'alcool de fermentation, on obtient un produit huileux qu'on entraîne à la vapeur, et qui est formé surtout d'allyldiméthylcarbinol et d'une petite quantité d'un corps alcoolique $C^{10}H^{20}O$, bouillant à 192-196°.

Alcool isocaprinique, $C^{10}H^{20}O$ [Borodine, *D. chem. G.*, **5**, 481; *Jahresb. d. Chem.*, 1863, 438]. — Lorsqu'on décompose par l'eau le produit de l'action du sodium sur le valéral, on obtient du valérianate de soude, de l'alcool amylique, de la soude caustique, une aldéhyde $C^{10}H^{18}O$ et deux alcools, $C^{10}H^{22}O$ et $C^{10}H^{20}O$. Il se dégage en même temps de l'hydrogène.

Cet alcool $C^{10}H^{20}O$, isomère du camphol, est un liquide jaune clair, neutre, sans saveur, insoluble dans l'eau, facilement soluble dans l'alcool et dans l'éther. Il bout sans décomposition entre 250 et 290°. Les dernières portions ont une densité de 0,9027 à 17°. Le sodium le transforme, avec dégagement d'hydrogène, en une masse amorphe, translucide, décomposable par l'eau. Le brome et l'acide nitrique fournissent des produits de substitution huileux non étudiés [*Jahresb.*, 1864, 338]. P. Freundler.

DÉCYLÉNIQUES (GLYCOLS). — La propione donne, par hydrogénation avec le sodium, en couche sur une solution de carbonate de potassium, du diéthylcarbinol et une *tétraéthylpinacone* $C^{10}H^{22}O^2$, qui bout à 200-220°. Cette dernière cristallise par refroidissement en aiguilles fusibles à 27-28°, très solubles dans l'alcool et dans l'éther, presque insolubles dans l'eau. [Schramm, *D. chem. G.*, **16**, 1584].

Glycol décylénique, $C^{10}H^{22}O^2$ [Grosjean, *D. chem. G.*, **25**, 478]. — Son *diacétate* s'obtient en chauffant à 120-130° 1 partie de bromure avec 1p,35 d'acétate d'argent et 2p,5 d'acide acétique cristallisable. On lave le produit à l'acide acétique chaud, puis à l'eau, on l'extrait par l'éther et on le distille dans le vide. Le diacétate,

$$C^{10}H^{20}O^2(OC^2H^3)^2$$

est une huile incolore, qui bout à 142° sous 9 millimètres, à 152° sous 14 millimètres, et à 264-272° sous la pression normale en subissant une légère décomposition. Il n'a pas été obtenu tout à fait pur. Saponifié à chaud par la potasse alcoolique (1 partie d'acétate, 1p,4 de KOH et 10 parties d'alcool), il fournit le glycol. On précipite par l'eau, on extrait à l'éther et on distille dans le vide. Le rendement est de 98-99 0/0. Ce glycol est un liquide épais, incolore, inodore, bouillant à 145° sous 15 millimètres, à 255° sous la pression normale sans se décomposer, lorsqu'on le distille par petites portions. Sa densité à 0° = 0,9226, à 15° = 0,9115 et à 30° = 0,9011.

Lorsqu'on chauffe 10 parties de glycol avec 8 parties de chlorure de benzoyle à 120° pendant 5 heures, puis à 160° pendant 1 heure, on obtient un éther mixte *chlorodécylbenzoïque*,

$$C^{10}H^{20}Cl(O.COC^6H^5),$$

doué d'une faible odeur et bouillant à 101° sous 12 millimètres.

L'*éther mixte bromodécylacétique*,

$$C^{10}H^{20}Br(O.C^2H^3O),$$

a été préparé en chauffant à 120-130°, pendant 6 heures, 1 partie de bromure de décylène avec 0g,5 d'acétate d'argent et 2 parties d'acide acétique cristallisable. On précipite par l'eau, on extrait le produit à l'éther et on le distille dans le vide. Il passe à 146-147° sous 15 millimètres, mélangé d'un peu de dibromure. La potasse alcoolique saponifie cet éther en donnant un mélange de glycol et d'*oxyde de décylène*, liquide mobile à odeur pénétrante, bouillant à 85-86° sous 10-11 millimètres.

En traitant le bromure de diamylène par l'eau et l'oxyde de plomb, on obtient un *oxyde de diamylène*, $C^{10}H^{20}O$, qui bout à 192-194° [Eltekoff, *Jahresb.*, 1878, 374].

Quand on chauffe à 100° de l'amylène commercial (bouillant à 35-40°) avec du peroxyde de benzoyle $(C^7H^5O^2)^2$, en tube scellé, par portions de 3 grammes, on obtient une huile qui contient un peu d'acide et d'anhydride benzoïque [Lippmann, *Mon f. Chem.*, **5**, 563]. L'huile, lavée à la soude et séchée sur le chlorure de calcium, possède une odeur aromatique. Elle est moins dense que l'eau, ne se solidifie pas à 10° et n'est pas entraînable par la vapeur. Elle est formée d'un mélange d'*éthers benzoïques*, qu'on saponifie par la potasse alcoolique ajoutée peu à peu, afin d'éviter une décomposition du produit. Après évaporation à sec, le benzoate est enlevé par l'eau chaude, et l'huile qui se sépare est traitée de nouveau par la potasse. On obtient finalement un liquide neutre, plus léger que l'eau, à odeur très caractéristique et bouillant à 198-203°. Il ne réduit pas l'azotate d'argent ammoniacal et ne se combine pas au bisulfite. Sa composition correspond bien à la formule $C^{10}H^{20}O$, et sa densité de vapeur est 5,4.

L'oxydation du diamylène, qui provient de l'action de l'acide sulfurique sur l'amylène du commerce, fournit un corps à réaction neutre qui a pour composition $C^{10}H^{20}O$ [Schneider, *Ann. Chem.*, **157**, 203]. Schneider lui attribue une des deux formules suivantes :

$$(CH^3)^2.CH.CH\left\langle\begin{matrix} CH^2 \\ O \\ CH^2 \end{matrix}\right\rangle CH.CH.(CH^3)^2$$

ou

$$\begin{matrix} & O & \\ (CH^3)^2.CH.CH & & CH.CH.(CH^3)^2 \\ CH^2 & — & CH^2 \end{matrix}$$

Pour préparer ce corps, on traite à froid pendant 3 jours, puis à chaud pendant le même temps, le diamylène par l'acide sulfurique de densité = 1,84 (850 grammes), le dichromate (438 grammes) et l'eau (650 grammes). Il se forme de l'acide carbonique, de l'acide acétique, un acide $C^7H^{14}O^3$ faible dont les sels sont décomposés par l'acide carbonique, et un produit huileux qu'on dissout dans l'alcool à 90 0/0 et qu'on fait bouillir avec un excès de soude caustique. Cette huile, rectifiée et séchée, passe entre 180 et 190°. Elle est identique à l'oxyde de diamylène d'Eltekoff. C'est un liquide mobile, incolore, plus léger que l'eau, doué d'une odeur pénétrante analogue à celle du camphre, inactif, insoluble dans l'eau, mais soluble dans l'alcool et dans l'éther. Il brûle avec une flamme éclairante et fuligineuse, il réduit le nitrate d'argent ammoniacal et ne donne pas de combinaison bisulfitique.

Chauffé pendant quelques jours avec le dichromate de potassium et l'acide sulfurique, il fournit de l'acide carbonique, de l'acide acétique et une masse résineuse contenant l'acide améthénique $C^7H^{14}O^3$. Cet oxyde de diamylène est donc un produit d'oxydation intermédiaire.

Le perbromure de phosphore, agissant sur l'oxyde à la température ordinaire, donne, après décomposition par l'eau, une huile brun foncé soluble dans l'éther, formée d'un mélange d'oxyde et de bromure. On sépare ceux-ci par entraînement à la vapeur, et l'on obtient ainsi une huile plus dense que l'eau, ayant pour formule $C^{10}H^{19}Br$.

P. Freundler.

DÉCYLIQUE (ALDÉHYDE) [Syn. *Aldéhyde caprique, décanal.*1]. — Cette aldéhyde a a été préparée par M. Krafft [*D. chem. G.*, **16**, 1717] en distillant le sel de baryum de l'acide caprique normal avec un poids double de formiate de baryum. La distillation a été opérée sous une pression de 8 à 15 millimètres, en élevant insensiblement la température. L'aldéhyde, rectifiée, bout à 106° sous 15 millimètres.

DÉCYLIQUES (ALCOOLS), $C^{10}H^{22}O$. — Trois alcools décyliques ont été décrits (voyez Caproïques (Alcools), Suppl., **1**, 400).

Alcool normal [Syn. *Alcool décatylique, décanol.*1). — Cet alcool a été préparé en réduisant l'aldéhyde correspondante par la poudre de zinc en solution acétique. On chauffe pendant une semaine, à l'ébullition ; au bout de ce temps, on précipite par l'eau l'*éther acétique* formé. Cet éther, après avoir été lavé à l'eau, rectifié, soumis à la cristallisation sous l'action d'un froid énergique, se présente sous la forme d'un liquide bouillant à 125-126° sous 15 millimètres, mobile, très réfringent. Saponifié par la potasse alcoolique, il fournit l'alcool.

L'alcool décylique normal est un liquide épais, très réfringent, bouillant à 119° sous 15 millimètres; sa saveur est douceâtre d'abord, désagréable ensuite. Abandonné à lui-même, il se concrète en grandes tables rectangulaires, brillantes, fusibles à 7°. Sa densité = 0,8297 à 0°. Il conduit au *décane normal* (voyez ce mot) [Krafft, *D. chem. G.*, **16**, 1717].

Traité par le perchlorure de phosphore, il fournit le *chlorure de décyle normal.*

Propylhexylcarbinol (*décanol* 4),

$$C^3H^7-CH(OH-(CH^2)^5-CH^3$$

— Cet alcool prend naissance, en même temps que l'alcool heptylique normal, quand on fait réagir le zinc-propyle sur l'œnanthol. On détruit par l'eau le composé formé et on obtient une huile épaisse, bouillant à 210-211°; sa densité = 0,839 à 0°, 0,826 à 20° [Wagner, *Journ. Soc. Chim. russe*, **16**, 329].

J. Dupont.

DÉHYDRACÉTIQUE (ACIDE), $C^8H^8O^4$ (voyez Dict., **1**, 1134, 1312; Suppl., **1**, 612). — Indépendamment du mode de préparation par l'éther acétylacétique, l'acide déhydracétique a été obtenu de différentes façons plus pratiques.

MM. M. Dennstedt et J. Zimmermann le préparent en faisant agir le chlorure d'acétyle sur la pyridine. Dans la réaction, celle-ci n'intervient que pour fixer l'acide chlorhydrique, le chlorure d'acétyle se condensant d'après l'équation

$$4\,C^2H^3OCl = C^8H^8O^4 + 4\,HCl$$

[*D. chem. G.*, **19**, 75; *Bull. Soc. Chim.*, (2), **47**, 74].

Le procédé le plus avantageux pour en obtenir

de grandes quantités est le suivant : L'acide citrique, déshydraté par l'action de la chaleur (150°), est mélangé avec son poids d'acide sulfurique concentré et autant d'acide fumant à 12 0/0 d'anhydride, puis chauffé au bain-marie. Lorsque le dégagement de gaz carbonique a cessé, on ajoute de la glace ; il se précipite des cristaux d'acide acétone-dicarbonique, fusibles à 135°, que l'on purifie par cristallisation dans l'éther. Sous l'influence de l'anhydride acétique, cet acide acétone-dicarbonique perd de l'eau et de l'acide carbonique, en donnant un acide carbodéhydracétique fusible à 154°, qu'il suffit de saturer par la soude, d'évaporer à sec et de reprendre par l'acide acétique pour obtenir de l'acide déhydracétique presque pur. 1 kilogramme d'acide citrique fournit ainsi environ 300 grammes d'acide déhydracétique [H. von Pechmann, *D. chem. G.*, **24**, 3600 ; *Bull. Soc. Chim.*, (3), **8**, 740].

M. J. Hamonet a obtenu l'acide déhydracétique en mélangeant 4 molécules de chlorure d'acétyle avec 1 molécule de perchlorure de fer, laissant réagir, chauffant lentement à la fin, traitant par un peu d'eau après refroidissement, et reprenant par la ligroïne. Celle-ci dissout très bien l'acide déhydracétique, surtout à chaud, et le laisse déposer par refroidissement. On obtient ainsi un peu moins de 15 0/0 du rendement théorique [*Thèse de la Faculté des Sciences de Paris*, 1889].

Action des acides. — L'acide déhydracétique est facilement volatil avec la vapeur d'eau, mais il se décompose déjà partiellement, en donnant de la *diméthylpyrone*. Cette transformation est beaucoup plus complète lorsqu'on le chauffe en tube scellé avec les acides minéraux, surtout avec l'acide iodhydrique vers 200° [F. Feist, *D. chem. G.*, **22**, 1570 ; *Bull. Soc. Chim.*, (3), **3**, 657].

Lorsqu'on le chauffe à 130° avec de l'acide sulfurique concentré additionné de 10 0/0 d'eau, et que l'on verse dans l'eau le produit de la réaction, on obtient l'olide d'un *acide triacétique*,

$$C^8H^8O^4 + H^2O = C^6H^6O^3 + C^2H^4O^2$$

Cet acide triacétique se dédouble par les alcalis en acétone, acide acétique et acide carbonique, tandis que les acides le transforment en acétylacétone. Il donne deux séries de sels, répondant aux formules $C^6H^5O^3Na^2$ et $C^6H^7O^4Na$ [J.-N. Collie, *Chem. Soc.*, **59**, 607].

Par ébullition avec l'acide chlorhydrique concentré, l'acide déhydracétique perd de l'acide carbonique et fournit un produit chloré $C^7H^{11}O^3Cl$ (ou plutôt $C^7H^9O^2Cl, 2H^2O$), fusible à 83-85° [J.-N. Collie, *Chem. Soc.*, **59**, 617].

Ce dérivé chloré, abandonné dans le vide au-dessus de l'acide sulfurique, perd 2 molécules d'eau et son point de fusion s'élève à 154°. Il est alors extrêmement avide d'eau et semble avoir pour formule

$$CH^3.CCl = CH.CO.CH^2.CO.CH^3.$$

Par la distillation sèche ou par l'action de l'oxyde d'argent, il donne de la diméthylpyrone en perdant 1 molécule d'acide chlorhydrique ; mais on n'a pu l'obtenir en fixant l'acide sur la diméthylpyrone [F. Feist, *D. chem. G.*, **25**, 1068].

Action des alcalis. — Même à la température ordinaire, la potasse alcoolique détruit peu à peu l'acide déhydracétique en donnant les produits de dédoublement de 2 molécules d'acide acétylacétique [W.-H. Perkin et C. Bernhardt, *D. chem. G.*, **17**, 1522 ; *Bull. Soc. Chim.*, (2), **45**, 250].

Chauffé avec 5 parties de chaux, il donne de l'acétone, de l'oxyde de mésityle et un corps huileux, bouillant à 220-225°, qui se prend par refroidissement en cristaux fusibles à 62° et qui paraît être un p-m-xylénol [D. Tivoli, *Gazz. chim. ital.*, **24**, 414].

Avec la baryte, l'acide déhydracétique semble donner un véritable sel dérivé de l'acide tétracétique, ayant pour formule $(C^8H^9O^5)^2Ba$ [J.-N. Collie, *loc. cit.*].

Par l'action de l'ammoniaque, l'acide déhydracétique donne une lutidone cristallisée, qui, par distillation avec la poudre de zinc, fournit la lutidine bouillant à 147-151°. En outre, dans cette réaction, on obtient l'acide carboxylé correspondant. Cette réaction, tout à fait analogue à celle de l'acide chélidonique, établit l'analogie de constitution entre ces deux corps [L. Haitinger, *Mon. f. Chem.*, **6**, 103 ; *Bull. Soc. Chim.*, (2), **45**, 396].

L'acide déhydracétique donne une *oxime* qui cristallise dans l'alcool et qui fond à 171-173° ; le chlorure ferrique la colore en rouge. Il se combine également avec la phénylhydrazine, en donnant un dérivé soluble dans l'alcool qui cristallise en grandes lamelles jaunâtres, fusibles à 207° sans décomposition [W.-H. Perkin et C. Bernardt, *loc. cit.*]. MM. J.-N. Collie et H.-R. Lesueur ont préparé les sels $C^8H^9O^5Na, H^2O$; $C^8H^9O^5K, H^2O$; $(C^8H^9O^5)^2Mg, 0{,}5\,H^2O$; $C^8H^7O^4Ca, H^2O$; $(C^8H^9O^5)^2, Zn$; $(C^8H^9O^5)^2Cd$; $(C^8H^9O^5)^2Co, 0{,}5\,H^2O$; $(C^8H^9O^5)^2Mn$; $(C^8H^7O^5)^2Cu$; $C^8H^9O^5Ag$; $C^8H^9O^5Pb$, et l'éther $C^8H^7O^4.C^2H^5$. Les sels en O^5 perdent de l'eau à 145° et donnent alors des composés $C^8H^7O^4M$ [*Proc. Chem. Soc.*, 1893-1894, 31].

Traité par l'anhydride acétique, il ne fournit pas de dérivé acétylé.

L'*éther méthylique* correspondant fond à 90°,5. Il est très soluble dans l'eau, à laquelle il communique une réaction acide. Traité en solution éthérée par l'éthylate de sodium, il donne un précipité cristallin $C^8H^6NaO^4CH^3$, que l'eau dissout simplement, mais qui, par l'action des acides, reproduit l'éther déhydracétique.

Par l'action de l'aniline, cet éther méthylique fournit de la phényllutidone, ainsi que l'éther méthylique de l'acide carboxylé correspondant [W.-H. Perkin, *D. chem. G.*, **18**, 218, 682 ; *Bull. Soc. Chim.*, (2), **45**, 635 ; *Chem. Soc.*, **51**, 490].

CHLORURE DÉHYDRACÉTIQUE, $C^8H^6O^2Cl^2$. — Ce chlorure est obtenu par l'action du perchlorure de phosphore sur l'acide déhydracétique. Il se produit en même temps un *éther phosphorique* $C^8H^7O^3PO^4H^2$, qui fond à 205° en se décomposant, et cristallise en aiguilles incolores, peu solubles à froid dans l'eau et dans l'alcool.

Il donne avec la phénylhydrazine un produit de condensation insoluble dans l'eau, les acides et les alcalis et qui fond à 203°. Sa composition correspond à la formule $C^8H^6O^2.Az^2H.C^6H^5$.

Chauffé avec l'hydroxylamine en solution alcoolique, il donne naissance à trois composés : L'un, soluble dans l'eau, les acides et les alcalis, cristallise en longues aiguilles fusibles à 167° et répond à la formule $C^8H^8ClAzO^3.AzH^3O, 2H^2O$. Par l'action de la chaleur, ce corps perd de l'eau et de l'hydroxylamine, en donnant le second dérivé, $C^8H^8ClAzO^3$, corps fusible à 205°, soluble dans les alcalis et insoluble dans les acides. Enfin le troisième fond à 220°.

Réduit par l'amalgame de sodium, le chlorure déhydracétique donne un acide fusible à 202°, répondant à la formule $C^{16}H^{22}O^4, 0{,}5\,H^2O$.

L'eau agit sur lui de diverses façons : lorsqu'on le chauffe avec de l'eau en tube scellé à 200°, on n'obtient pas, comme l'ont annoncé MM. Oppenhim et Precht, de l'acide déhydracétique, ou seulement des traces de cet acide ; le produit de la réaction est, comme on pouvait s'y attendre, le composé chloré $C^7H^9O^2Cl$, que

M. Collie a obtenu en chauffant l'acide déhydracétique avec de l'acide chlorhydrique.

Ce chlorure se dissout dans l'acide sulfurique concentré ; l'eau le précipite sans altération de cette solution; mais, si on la chauffe vers 75°, il se dégage de l'acide chlorhydrique et l'addition d'eau ne détermine plus aucun précipité. Il s'est formé un nouvel acide isomérique avec l'acide déhydracétique et que l'on peut enlever par épuisement à l'éther. Cet acide fond à 98,5-99°. Il est beaucoup plus énergique que l'acide déhydracétique et décompose les carbonates. Par l'action de la chaleur et même par ébullition avec l'eau, il se détruit entièrement, en donnant de la diméthylpyrone et de l'acide carbonique, tandis que l'acide déhydracétique distille sans décomposition [F. Feist, *Ann. Chem.*, **257**, 253; *Bull. Soc. Chim.*, (3), **5**, 611; *D. chem. G.*, **25**, 335, 1068].

ACIDE BROMODÉHYDRACÉTIQUE. — Cet acide s'obtient par l'action du brome sur une solution chloroformique de l'acide.

Il convient, pour avoir un bon rendement, d'employer un énorme excès de brome (14 fois la quantité théorique) : le rendement atteint alors 80 0/0. L'acide cristallise dans l'alcool en lamelles fusibles à 135°. On peut le sublimer, mais il se décompose alors en partie.

Il est sans action sur le cyanure de potassium. La potasse alcoolique le convertit en *acide oxydéhydracétique* (voyez plus bas).

CONSTITUTION DE L'ACIDE DÉHYDRACÉTIQUE.

En se basant sur la transformation de l'acide déhydracétique en lutidone, M. Haitinger a proposé pour cet acide la formule (1)

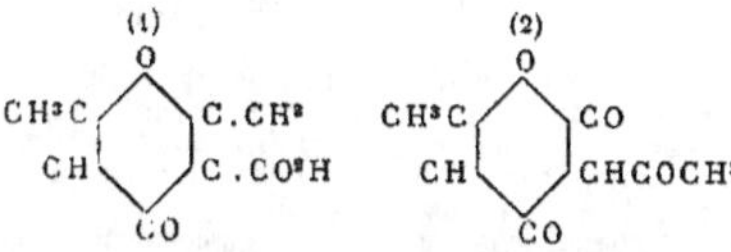

```
         (1)                        (2)
          O                          O
        /   \                      /   \
CH³C          C.CH³      CH³C          CO
 CH           C.CO²H      CH           CHCOCH³
        \   /                      \   /
          CO                         CO
```

ce qui en ferait l'acide diméthylpyrone-carbonique. Cette formule, qui rend compte de sa formation par l'éther acétylacétique, ainsi que de ses produits de dédoublement par l'action des alcalis, a été pendant longtemps adoptée. Mais, depuis que M. Feist, par l'action de l'eau sur le chlorure déhydracétique, a obtenu un acide isomérique, il a expliqué cette isomérie en admettant que l'acide déhydracétique n'est pas un acide proprement dit, mais une cétone (schéma 2 ci-dessus) dans laquelle l'atome d'hydrogène voisin des trois groupements CO doit avoir des propriétés acides, tandis que l'acide isomérique est le véritable acide diméthylpyrone-carbonique. La comparaison des propriétés des deux isomères rend cette manière de voir très probable : en effet, l'acide déhydracétique distille sans décomposition, tandis que son isomère se dédouble en acide carbonique et diméthylpyrone. En outre, celui-ci possède des propriétés acides beaucoup plus énergiques. Quant à leur transformation réciproque, elle s'explique très simplement par hydratation et déshydratation, la chaîne s'ouvrant d'abord pour se refermer à un autre endroit, d'après l'équation

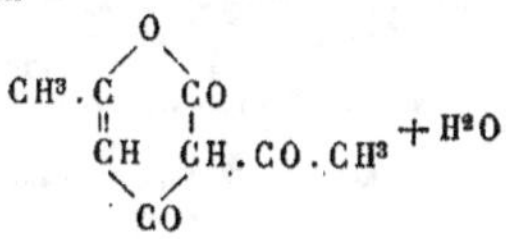

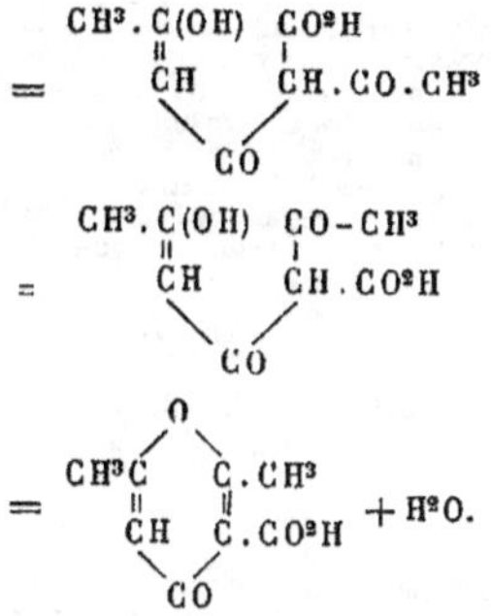

```
          O
        /   \
CH³.C         CO
    ||        |
    CH        CH.CO.CH³   + H²O
        \   /
          CO

   CH³.C(OH)   CO²H
       ||      |
=      CH      CH.CO.CH³
         \   /
           CO

   CH³.C(OH)   CO-CH³
       ||      |
=      CH      CH.CO²H
         \   /
           CO

           O
         /   \
   CH³C        C.CH³
      ||       ||
=     CH       C.CO²H   + H²O.
         \   /
           CO
```

Le seul point bien établi qu'il paraisse difficile d'expliquer avec ces formules, c'est l'existence des éthers déhydracétiques jouissant de propriétés acides.

M. G.-N. Collie a proposé récemment pour l'acide déhydracétique la formule

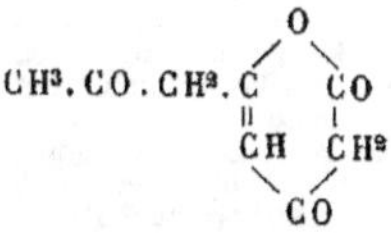

```
                      O
                    /   \
CH³.CO.CH².C              CO
           ||             |
           CH             CH²
                    \   /
                      CO
```

ce qui en ferait l'olide de l'acide tétracétique CH³.CO.CH².CO.CH².CO.CH².CO²H. Mais cette formule ne saurait rendre compte de la synthèse de l'acide déhydrobenzoylacétique, qui se forme aux dépens de l'éther benzoylacétique, comme l'acide déhydracétique, en partant de l'éther acétylacétique et qui présente des propriétés tout à fait analogues (voyez Suppl., **2**, 591), en sorte que la formule la plus probable reste celle de M. Feist.

ACIDE OXYDÉHYDRACÉTIQUE, $C^8H^8O^5$. — Cet acide a été obtenu par M. Perkin en chauffant l'acide bromodéhydracétique pendant 15 jours à 40°, avec de la potasse alcoolique,.

Il est très peu soluble dans l'eau, le chloroforme et le benzène, mais se dissout aisément dans l'éther ou dans l'alcool à l'ébullition. Il fond à 253-255° en se décomposant et donne avec le chlorure ferrique une coloration violette. Chauffé avec l'anhydride acétique, il fournit un *dérivé acétylé* facilement soluble dans l'alcool chaud et fusible à 167°. Par ébullition avec l'eau, cet éther est saponifié ; il ne donne pas de coloration avec le chlorure ferrique [W.-H. Perkin et C. Bernhardt, *D.chem. G.*, **17**, 1522; *Bull. Soc. Chim.*, (2), **45**, 250; *Chem. Soc.*, **51**, 490].

L'acide oxydéhydracétique se comporte comme un acide plus énergique que l'acide déhydracétique et paraît bibasique vis-à-vis de la phtaléine, tandis qu'avec le méthylorange il serait monobasique.

Chauffé vers 50° avec de l'acide chlorhydrique concentré, il donne naissance à trois composés cristallins; l'un, $C^{12}H^{12}O^8$, serait l'*acide diacétodicétylhexaméthylène-dicarbonique*,

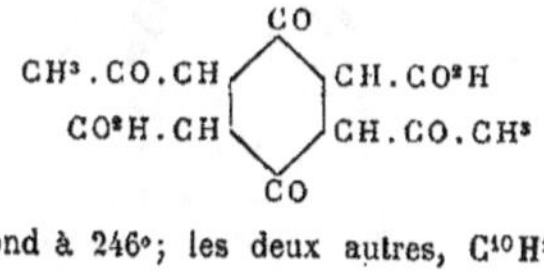

```
                   CO
                 /    \
CH³.CO.CH                CH.CO²H
   CO²H.CH               CH.CO.CH³
                 \    /
                   CO
```

qui fond à 246°; les deux autres, $C^{10}H^{10}O^7$ et

$C^{10}H^8O^6$, seraient l'*acide acétodiacétylhexaméthylène-carbonique* et son produit de déshydratation, et proviendraient de l'action ultérieure de l'acide chlorhydrique sur le premier.

D'après M. Feist, l'acide oxydéhydracétique ne proviendrait pas de la substitution d'un oxhydryle à un atome d'hydrogène de l'acide déhydracétique, mais posséderait une constitution toute différente, exprimée par le schéma

$$\begin{array}{l} \qquad\qquad\qquad\quad O \\ \qquad\qquad\qquad\diagup\quad\diagdown \\ CH^3.CO.CH \qquad C.CH^3 \\ \qquad\qquad\ | \qquad\quad \| \\ \qquad\qquad CO - C.CO^2H \end{array}$$

[F. Feist, *D. chem. G.*, **25**, 315; *Bull. Soc. Chim.*, (3), 8, 1120].

ACIDE ISODÉHYDRACÉTIQUE (*acide mésitène-olide-carbonique*). — Cet acide se produit par l'action des acides minéraux sur l'éther acétylacétique. Lorsque l'on ajoute peu à peu 250 grammes d'acide sulfurique concentré à 100 grammes d'éther acétylacétique, et que l'on abandonne le mélange pendant une quinzaine de jours, on obtient, en précipitant par l'eau, un composé cristallin qui se dépose de sa solution dans l'éther en cristaux compacts, fusibles à 61-62°. Ce corps, très soluble dans l'eau bouillante, l'alcool et le chloroforme, répond à la formule $C^{18}H^{22}O^9$ et possède une réaction acide.

Saturé par la potasse alcoolique, il se dédouble en acide isodéhydracétique $C^8H^8O^4$ et en l'éther correspondant $C^{10}H^{12}O^4$.

D'après M. Anschütz, le corps $C^{18}H^{22}O^9$ est seulement une sorte de combinaison moléculaire que l'on peut dédoubler par des dissolvants inactifs : ainsi l'addition de pétrole à la solution chloroformique en précipite l'acide, tandis que l'éther reste en dissolution.

Mlle Polonowska a montré que le corps obtenu par M. Duisberg [*Ann. Chem.*, **213**, 177] en saturant l'éther acétylacétique par l'acide chlorhydrique à — 6° et décrit sous le nom d'*éther carbacétylacétique* est identique avec ce composé [*D. chem. G.*, **19**, 2402].

L'acide isodéhydracétique est peu soluble dans l'eau froide, mais se dissout aisément à chaud. Il cristallise dans l'alcool en prismes fusibles à 155°, et peut être sublimé.

Le *sel de sodium*, $C^8H^7O^4Na$, est anhydre et cristallise difficilement.

Avec un excès d'alcali, l'acide se comporte comme une olide, en donnant des sels $C^8H^8O^5Na^2$ très peu stables, qui se dédoublent en carbonate et *oxymésitène-carbonate*, ce dernier perdant à son tour de l'acide carbonique pour donner de l'oxyde de mésityle.

Chauffé avec de la chaux, il se comporte de même.

Par l'action de la chaleur à 200°, ou de l'acide sulfurique à 160°, l'acide isodéhydracétique perd 1 molécule d'acide carbonique et fournit la *mésitène-olide*, qui fond à 51° et bout à 245°. Cette olide se produit d'ailleurs également dans le dédoublement du composé $C^{18}H^{22}O^9$. Elle fixe aisément de l'eau, en donnant un *acide oxymésitène-carbonique*.

D'après cela, on peut représenter la formule de l'acide isodéhydracétique par le schéma

$$\begin{array}{l} CO^2H.C - C.CH^3 \\ \qquad\quad \| \qquad \| \\ CH^3-C \quad\ CH \\ \qquad\quad | \qquad | \\ \qquad\quad O - CO \end{array}$$

D'ailleurs, M. Anschütz a réalisé la synthèse de l'éther isodéhydracétique par l'action de l'éther β-chlorocrotonique sur l'éther sodacétylacétique :

$$\begin{array}{l} \qquad\qquad\quad CO^2C^2H^5 \qquad CH^3 \\ \qquad\qquad\quad | \qquad\qquad\quad | \\ CH^3.CO.CHNa \ + C.Cl = CH \\ \qquad\qquad\qquad\qquad\qquad\quad | \\ \qquad\qquad\qquad\qquad\qquad CO^2C^2H^5 \end{array}$$

$$\begin{array}{l} \qquad\qquad\qquad\qquad\qquad\qquad\quad CO^2C^2H^5 \\ \qquad\qquad\qquad\qquad\qquad\qquad\quad | \\ = NaCl + C^2H^5OH + CH^3.C = C - C.CH^3 \\ \qquad\qquad\qquad\qquad\qquad\ | \qquad\quad \| \\ \qquad\qquad\qquad\qquad\qquad O-CO-CH \end{array}$$

ce qui confirme la constitution indiquée.

L'*éther méthylique*, obtenu par l'action de l'iodure de méthyle sur le sel de potassium, fond à 67° et bout à 167° sous 14 millimètres.

L'*éther éthylique* est liquide et bout à 166° sous 11 millimètres.

En dissolvant dans l'alcool ordinaire un mélange d'acide et d'éther, on reproduit le composé $C^{18}H^{22}O^9$, fusible à 61°.

Traité par le brome en solution dans le sulfure de carbone, cet éther donne un *dérivé bromé* fusible à 87°.

Le gaz ammoniac le transforme en un sel

$$C^{10}H^{12}O^5(AzH^4)^2$$

qui fond à 104° et qui perd facilement de l'ammoniaque en régénérant l'éther. D'après M. Anschütz, ce sel aurait pour formule $C^{12}H^{18}Az^2O^4$ et non $C^{12}H^{20}Az^2O^5$ et serait un sel analogue au carbamate d'ammonium répondant à la constitution

$$\begin{array}{l} CO^2C^2H^5.C(CH^3) - CH \\ \qquad\qquad\quad \| \qquad\qquad | \\ \qquad\quad CH^3.C - O - C \begin{cases} AzH^2 \\ OAzH^4 \end{cases} \end{array}$$

Traité par l'acide chlorhydrique, il reproduit, non l'olide, mais l'acide correspondant $C^{10}H^{14}O^5$ (*acide oxymésitène-éthyldicarbonique*), qui cristallise dans l'éther en tables fusibles à 76°, et qui régénère aisément l'olide.

A chaud, le gaz ammoniac sec convertit l'éther isodéhydracétique en éther lutidone-carbonique,

$$\begin{array}{l} CO^2C^2H^5.C(CH^3) = CH \\ \qquad\qquad\quad \| \qquad\qquad | \\ \qquad\quad CH^3.C - AzH - CO \end{array}$$

fusible à 137°.

On a la même réaction en dissolvant directement dans l'ammoniaque le composé $C^{18}H^{22}O^9$. Le produit de la réaction, abandonné pendant 2 jours et évaporé à sec donne, par addition d'acide chlorhydrique, un précipité d'acide lutidone-carbonique, qui fond à 250° en se dédoublant en acide carbonique et lutidone [A. Nieme et H. von Pechmann, *Ann. Chem.*, **261**, 190; *Bull. Soc. Chim.*, (3), 8, 124].

Par l'action de la potasse, l'éther isodéhydracétique se détruit en donnant de l'alcool, de l'acide acétique et de l'acide homomésaconique $C^6H^8O^4$, ainsi que de l'acide carbonique et de l'oxyde de mésityle. Dans cette réaction, M. Anschütz n'a pas obtenu d'acide homomésaconique, mais deux acides, l'un monobasique $C^8H^{10}O^3$, fusible à 149°, l'autre fusible à 221°, bibasique et répondant à la formule $C^{10}H^{12}O^4$ [A. Hantzsch, *Ann. Chem.*, **222**; *Bull. Soc. Chim.*, (2), **42**, 502. — Anschütz, P. Bendix et W. Kerp, *Ann. Chem.*, **259**, 148; *Bull. Soc. Chim.*, (3), **5**, 975].

O. Saint-Pierre.

DÉHYDRACÉTONE-BENZILE. — Voyez BENZILE, p. 515.

DÉHYDRACÉTONE-DIBENZILE. — Voy. BENZILE, p. 516.

DÉHYDRACÉTOPHÉNANTHRÈNE-QUINONE. — Voyez PHÉNANTHRÈNE-QUINONE.

DÉHYDRACÉTOPHÉNONE-ACÉTONE. — Voyez ACÉTOPHÉNONE-ACÉTYLACÉTIQUE, p. 42.

DÉHYDRACÉTOPHÉNONE-ACÉTONE-CARBONIQUE (ACIDE). — Voyez ACÉTOPHÉNONE-ACÉTYLACÉTIQUE.

DÉHYDRACÉTOPHÉNONE-BENZILE. — Voyez BENZILE, p. 516.

DÉHYDROBENZOYLACÉTIQUE (AC.). — Voyez BENZOYLACÉTIQUE, p. 591.

DÉHYDROBENZYLIDÈNE-DIACÉTYLACÉTIQUE (ACIDE). — Voyez BENZYLIDÈNE-DIACÉTYLACÉTIQUE.

DÉHYDROCARBONYL-DIACÉTYLIQUE (ACIDE), — Voyez ACÉTYLACÉTIQUE.

DÉHYDROCHOLALIQUE (ACIDE). — Voyez BILE.

DÉHYDROCHOLÉIQUE (ACIDE). — Voy. BILE.

DÉHYDROCINCHÈNE. — Voyez CINCHÈNE.

DÉHYDROCINCHONINE. — Voyez CINCHONINE.

DÉHYDRODIACÉTONAMINE. — Voyez DIACÉTONAMINE.

DÉHYDRODIACÉTOPHÉNANTHRÈNE-QUINONE. — Voyez PHÉNANTHRÈNE-QUINONE.

DÉHYDRODIPROTOCATÉCHIQUE (AC.) — Voyez PROTOCATÉCHIQUE.

DÉHYDRODIVANILLINE. — Voyez VANILLINE.

DÉHYDROMORPHINE. — Voyez MORPHINE.

DÉHYDROMUCIQUE (ACIDE) [Syn. *Furfurane-diméthyloïque*1.4] (voyez Suppl., 1, 613). — MM. Sohst et Tollens ont obtenu une petite quantité d'acide déhydromucique, en même temps que de l'acide pyromucique, de l'oxyde de diphénylène et peut-être aussi un peu de furfurane, en chauffant pendant 3 heures, à 150°, du saccharate monopotassique avec 3 parties d'acide chlorhydrique concentré [*Ann. Chem.*, **245**, 1].

Le *mucate neutre de potassium*,

$$C^6H^8O^8K^2, 2H^2O,$$

chauffé à 200°, perd 5 H^2O et se change en déhydromucate $C^6H^2O^5K^2$, presque insoluble dans l'eau [Schmitt et Cobenzl, *D. chem. G.*, **17**, 599].

La manière la plus avantageuse d'obtenir l'acide déhydromucique consiste à chauffer l'acide mucique pendant 8 heures, à 150°, avec son poids d'un mélange à parties égales d'acide chlorhydrique et d'acide bromhydrique concentrés. Le contenu des tubes est soumis à une longue ébullition avec un excès d'eau pour volatiliser l'oxyde de biphénylène $(C^6H^4)^2O$, puis traité par l'ammoniaque et précipité par l'acide chlorhydrique (Klinkhardt).

L'acide déhydromucique, chauffé avec une solution de perchlorure de fer, donne naissance à une masse gélatineuse transparente. Cette réaction, caractéristique pour l'acide déhydromucique libre, n'a plus lieu en présence d'un acide étranger.

L'eau de brome, à chaud, dédouble l'acide déhydromucique en acide fumarique et acide carbonique :

$$C^6H^4O^5 + 6Br + 3H^2O$$
$$= 6HBr + 2CO^2 + C^4H^4O^4$$

[Klinkhardt, *J. prakt. Chem.*, (2), **25**, 42].

Le mélange nitrique donne l'*acide nitropyromucique*, $C^5H^3O^3(AzO^2)$. Ce corps cristallise dans l'eau en tables rectangulaires, jaunâtres, fusibles à 138°; son éther éthylique, qu'on obtient en saturant d'acide chlorhydrique une solution alcoolique de l'acide libre, fond à 101°, et se saponifie au contact de l'eau bouillante.

L'acide nitropyromucique est réduit par l'étain et l'acide chlorhydrique, en solution aqueuse ou éthérée, à l'état d'acide succinique; il y a en même temps formation d'ammoniaque et dégagement d'acide carbonique [Klinkhardt, *loc. cit.*].

Le perchlorure de phosphore (2 molécules) transforme l'acide déhydromucique en un chlorure $C^4H^2O(COCl)^2$, qui distille pendant la réaction vers 245°.

Le *chlorure de déhydromucyle* fond à 80° et se sublime sous la forme d'aiguilles à une plus haute température; il cristallise en aiguilles blanches, solubles à froid dans l'alcool, l'éther et le chloroforme.

L'ammoniaque alcoolique donne avec ce corps l'*éther déhydromucique neutre*; l'ammoniaque sèche en présence d'éther absolu le transforme en *amide déhydromucique*.

L'*amide déhydromucique* est infusible à 240°, soluble dans l'eau chaude, presque insoluble dans l'eau froide, l'alcool et l'éther.

Le chlorure d'acétyle attaque l'acide déhydromucique, en donnant de l'acide acétique et du chlorure de déhydromucyle (Klinkhardt).

D'après M. Schrötter, l'acide déhydromucique ne réagit pas sur l'anhydride acétique, ni sur l'hydroxylamine. Il a été impossible au même auteur de reproduire, par hydrogénation de l'acide déhydromucique, les deux isomères fusibles à 146° et 173° qu'avait signalés M. Seelig; il n'a obtenu, dans cette réaction, qu'un seul acide, qui fondait régulièrement à 148-149° [*D. chem. G.*, **22**, *Ref.*, 658].

Il est, en effet, difficile de concevoir la production de ces deux isomères, si l'on admet pour l'acide déhydromucique la formule

```
        CH - CH
        ||    ||
CO²H - C      C - CO²H
         \   /
           O
```

qui se déduit immédiatement de la structure à chaîne longue de l'acide mucique et de l'acide saccharique. L. Maquenne.

DÉHYDROPHOTOSANTONIQUE (AC.). — Voyez SANTONIQUE.

DÉHYDROQUINÈNE. — Voyez QUINÈNE.

DÉHYDROTRIACÉTONAMINE. — Voyez TRIACÉTONAMINE.

DELAWARITE (Min.). — Variété d'orthose.

DEMANTOÏDE (Min.). — Variété de grenat à base de chaux et de fer, de Bobrowka (Oural).

DERNBACHITE (Min.). — Voyez BEUDANTITE, Dict., 1, 585.

DÉSAURINES. — Dérivés obtenus par l'action du thiophosgène $CSCl^2$ sur les désoxybenzoïnes.

M. V. Meyer donne le nom de *désaurines* à des composés sulfurés préparés en traitant les désoxybenzoïnes sodées par le chlorure de thiocarbonyle. Ces dérivés, dont la formule générale est

$$(C^6H^5 . CO . \underset{\underset{CS}{\|}}{C} . C^6H^5)^n$$

se distinguent des autres composés obtenus au moyen de la désoxybenzoïne par ce fait que les 2 atomes d'hydrogène du groupe méthylène sont remplacés par un radical bivalent. Ils s'en distinguent aussi par leur couleur, qui est d'un jaune d'or d'une intensité telle, qu'ils peuvent être rangés parmi les couleurs organiques les plus belles; leur caractère chromogène est surtout mis en évidence par l'acide sulfurique concentré, qui donne une coloration d'un beau violet foncé. A cause de leur insolubilité, ces corps ne sont toutefois pas propres à la teinture. L'aspect et les propriétés de ces composés font supposer à M. V. Meyer qu'ils ne possèdent pas une formule simple, comme par exemple

$$C^6H^5 . CO . \underset{\underset{CS}{\|}}{C} . C^6H^5.$$

Il croit plutôt à une polymérie, et est porté à attribuer à la thiocarbonyldésoxybenzoïne, c'est-à-dire à la *diphényldésaurine*, une formule plus complexe :

```
                          CO . C⁶H⁵
                           |
                 CS        C - C⁶H⁵
                  ________
C⁶H⁵ - CO . C   <          >  CS
           /      ‾‾‾‾‾‾‾‾
       C⁶H⁵      CS        CO . C⁶H⁵
                           |
                          C⁶H⁵
```

ou bien à la considérer comme un dérivé thiophénique condensé, dont la formation pourrait se traduire comme celle des thiazols de M. Hantzsch. Depuis, les déterminations de M. de Beckmann ont montré que la molécule doit être simplement doublée [V. Meyer, *D. chem. G.*, **21**, 353. — Bergreen, *ibid.*, 350. — E. Ney, *ibid.*, 2446. — H. Wege, *ibid.*, **24**, 3535; et pour le poids moléculaire, **23**, 1571].

M. V. Meyer a en outre constaté que la méthyldésoxybenzoïne obtenue au moyen du chlorure de phénylacétyle et du toluène,

$$C^6H^5 . CH^2 . CO . C^6H^4 . CH^3,$$

la phényldésoxybenzoïne,

$$C^6H^5 . CH^2 . CO . C^6H^4 . C^6H^5,$$

le composé $C^6H^5 . CH^2 . CO . C^4H^3 . S$, préparé au moyen du chlorure de phénylacétyle et du thiophène, traités dans les mêmes conditions que la désoxybenzoïne, fournissent avec le thiophosgène des composés analogues.

De tous ces dérivés, c'est celui qui renferme le groupe thiophénique qui donne la plus belle réaction avec l'acide sulfurique concentré. On obtient une magnifique coloration violette.

La désaurine correspondant à la phényldésoxybenzoïne fournit, avec l'acide sulfurique concentré, une coloration verte.

Diphényldésaurine (*thiocarbonyldésoxybenzène*),

$$(C^6H^5 . CO . \underset{\underset{CS}{\|}}{C} . C^6H^5)^2$$

[Bergreen, *loc. cit.*]. — Ce dérivé se prépare en faisant arriver goutte à goutte, dans la désoxybenzoïne sodée, une solution éthérée de thiophosgène contenue dans un entonnoir à robinet. Quand la réaction est terminée, on recueille sur filtre, et on lave le produit avec de l'eau qui dissout le chlorure de sodium, puis avec de l'éther qui enlève la désoxybenzoïne non entrée en réaction :

$$C^6H^5 . CO . CH^2 . C^6H^5 + Cl^2CS$$
$$= C^6H^5 . CO - \underset{\underset{CS}{\|}}{C} \cdot C^6H^5 + 2HCl$$

Cristallisé au sein du chloroforme bouillant, ce corps se présente sous la forme de petites aiguilles d'un beau jaune d'or, qui fondent vers 285-286° en commençant à se ramollir vers 279°. Il est peu soluble dans l'éther, le sulfure de carbone, l'alcool bouillant, la ligroïne. Il se dissout plus facilement dans le chloroforme bouillant, en donnant une solution d'une belle fluorescence verte. Il se dissout dans l'acide sulfurique concentré, en fournissant une liqueur d'un beau bleu ou violet. L'eau le précipite inaltéré de cette dissolution sous la forme de flocons jaunes. Quand on chauffe ce composé avec de l'acide pyrosulfurique, on obtient un acide sulfoné jaune dont les sels alcalins sont très solubles, tandis que le sel de baryum l'est difficilement [V. Meyer, *loc. cit.*].

Ce mode opératoire ne fournit pas de bons rendements. On arrive à de bien meilleurs résultats en faisant agir le sulfure de carbone sur la désoxybenzoïne. A 1 molécule de désoxybenzoïne on ajoute 4 molécules de potasse bien pulvérisée; on additionne le tout de sulfure de carbone (15 à 20 fois le poids de désoxybenzoïne) et on chauffe pendant 2 heures et demie au réfrigérant ascendant. La couleur de la masse devient d'un jaune orangé intense. On enlève l'excès de sulfure de carbone par distillation, et on lave le résidu à l'eau, puis à l'alcool et enfin à l'éther jusqu'à ce que les liquides ne se colorent plus en rouge. La désaurine pure reste sur le filtre. Pour achever la purification, on peut la faire cristalliser dans le chloroforme ou le xylène. On obtient ainsi de petites aiguilles jaunes. Le rendement en produit pur atteint environ 45 0/0 de la quantité de désoxybenzoïne. L'équation suivante rend compte de la réaction :

$$C^6H^5 . CO . CH^2 . C^6H^5 + CS^2 + 2KOH$$
$$= 2H^2O + K^2S + C^6H^5 . CO . C(CS) . C^6H^5.$$

Comme on l'a dit plus haut, le poids moléculaire de la désaurine correspond à la formule double. Jusqu'à présent la véritable constitution de ce corps n'est pas déterminée [V. Meyer et H. Wege, *D. chem. G.*, **24**, 3535]. Elle correspond peut-être à

```
      C⁶H⁵                CO . C⁶H⁵
       |                   |
       C = C < S > C = C
                 S
       |                   |
C⁶H⁵ . CO                 C⁶H⁵
```

Si l'on chauffe la désaurine au réfrigérant à reflux, pendant un jour, avec 10 fois son poids d'aniline, elle se décompose en désoxybenzoïne et triphénylguanidine,

$$C^6H^5 . CO . C(CS) . C^6H^5 + 3C^6H^5, AzH^2$$
$$= C^6H^5.CO.CH^2.C^6H^5 + H^2S + C \begin{cases} AzH . C^6H^5 \\ = Az . C^6H^5 \\ AzH . C^6H^5 \end{cases}$$

En continuant à chauffer et abandonnant à l'air, on obtient, de plus, de la benzanilide et du benzile [W. Wachter, *D. chem. G.*, **25**, 1731].

Dérivés nitrés de la désaurine. — En traitant la désaurine par 100 fois son poids d'acide sulfurique concentré, et ajoutant goutte à goutte de l'acide nitrique fumant jusqu'à ce que la liqueur soit devenue limpide, on obtient, en versant dans l'eau glacée, un précipité jaune qui ne donne plus avec l'acide sulfurique la coloration violette caractéristique; il se dissout en jaune dans ce véhicule et se décompose vers 60°. L'analyse conduit à la formule d'un composé azoté $C^{15}H^9SAz^3O^8$.

Les résultats sont meilleurs si l'on dissout la désaurine directement dans 5 fois son poids d'acide nitrique fumant, en opérant par très petites portions et refroidissant dans un mélange réfrigérant. En versant dans l'eau glacée, on voit se former un précipité volumineux, d'un jaune d'or ardent. Ce produit fond en se décomposant vers 60°. Il se dissout, ainsi que les autres composés nitrés, dans l'acide sulfurique concentré, avec une coloration jaune. La plupart des autres dissolvants le décomposent. Il est impossible de le faire cristalliser. Ce composé renferme moins de carbone que le précédent. Il répond, à peu près, à la formule $C^{14}H^{3}SAz^{3}O^{10}$.

Dans la nitration de la désaurine, il se forme en même temps un produit soluble dans l'eau et dans l'éther, l'acide métanitrobenzoïque, fondant à 142°. [W. Wachter, *ibid*, 1729].

P-Chlorodésaurine, $Cl.C^6H^4.C(CS).CO.C^6H^5$. — Obtenue en traitant la p-chlorodésoxybenzoïne par la potasse et le sulfure de carbone (procédé V. Meyer et Wege). Masse microcristalline, d'un jaune de feu, fondant à 280°, peu soluble dans l'alcool, facilement soluble dans le xylène chaud, qui l'abandonne par refroidissement. Les moindres traces de chlorodésaurine communiquent à l'acide sulfurique concentré une magnifique coloration violette caractéristique [Petrenko-Kritschenko, *D. chem. G.*, **25**, 2241].

Oxydiphényldésaurine (*dérivé acétique*),

$$(C^2H^3O.C^6H^4.\underset{\displaystyle CS}{\underset{|}{C}}.CO.C^6H^5)^n\ ?$$

[E. Ney, *D. chem. G.*, **21**, 2450]. — On le prépare en ajoutant, goutte à goutte, du chlorure de thiocarbonyle dans une solution d'acétyl-p-oxydésoxybenzoïne dans l'alcoolate de soude ; le précipité jaune qui se forme est lavé avec de l'eau et de l'éther. Ce produit se dissout dans l'acide sulfurique concentré, en prenant une coloration d'un rouge carmin. L'eau le précipite inaltéré de la liqueur. Il est soluble dans le chloroforme, et ses solutions possèdent une belle fluorescence verte. Il fond au-dessus de 300°.

Phénylanisyldésaurine,

$$(CH^3.OC^6H^4.\underset{\displaystyle CS}{\underset{\|}{C}}.CO.C^6H^5)^n\ ?$$

[E. Ney, *loc. cit.*, 2452]. — Ce dérivé se produit comme ses analogues lorsqu'on traite de la méthoxyldésoxybenzoïne dissoute dans de l'alcoolate de soude par du chlorure de thiocarbonyle. Il est jaune, possède en solution chloroformique la même fluorescence verte et fournit avec l'acide sulfurique une coloration d'un beau bleu.

A. Haller.

DESCLOIZITE (Min.). — La véritable formule de ce corps est $VO^4[Pb,Zn]^2OH$, formule analogue à celle de la libethénite, de l'olivénite, etc. Autrefois on admettait à tort que la descloizite était anhydre, soit $2PbO, V^2O^5$ (voyez Dict., **1**, 1140).

DESMOTROPIE et tautomérie. — Lorsqu'on débute dans l'étude de la chimie organique, on est frappé de l'élégance et de la précision avec laquelle on parvient à rassembler toutes les réactions d'un corps dans un symbole aussi simple qu'une formule de constitution.

On ne pouvait prévoir, *à priori*, qu'un tel résultat fût possible : une molécule chimique constitue une sorte d'édifice en équilibre. Si l'on vient à rompre cet équilibre en mettant cette molécule en présence d'autres, ou en changeant les conditions extérieures, on arrivera forcément à un nouvel état stable.

Il pourrait arriver que cet état définitivement atteint ne rappelât en rien l'équilibre primitif, que la structure des corps engendrés n'eût rien de commun avec celle des générateurs. Et, en réalité, nous savons que, quand les forces mises en jeu dans la réaction ont une grande intensité, dans certaines réactions pyrogénées par exemple, la parenté est souvent peu marquée entre les corps d'où l'on part et ceux auxquels on arrive.

Toutefois l'exemple d'un nombre immense de composés est là pour nous montrer que l'on peut assigner à chaque individualité chimique une sorte de squelette se retrouvant, plus ou moins démembré, à travers les réactions, et permettant de donner de celles-ci une interprétation simple.

S'il en est presque toujours ainsi, il se présente cependant des exceptions, alors même que la réaction observée n'est pas violente. Alors que tout concorde pour faire attribuer à un corps une certaine formule, il se trouve une ou deux réactions en désaccord avec elle. Ce désaccord n'est souvent qu'apparent. Si l'état initial et l'état final semblent étrangers l'un à l'autre, c'est qu'il existe un état intermédiaire dont on n'a pas tenu compte.

Le bromure de propyle normal,

$$CH^3.CH^2.CH^2Br,$$

par exemple, donne dans certains cas des dérivés du bromure d'isopropyle,

$$\begin{matrix}CH^3\\CH^3\end{matrix}\!>CHBr$$

La raison en est assez simple : le bromure normal se dissocie facilement en propylène et acide bromhydrique, et quand le propylène formé réabsorbe l'acide dégagé, il donne, comme on sait, du bromure secondaire. Le mécanisme de cette transformation peut être suivi expérimentalement, comme l'a fait M. Aronstein [*D. chem. G.*, **14**, 608].

De même, M. Pinner a montré que, si le cyanure d'allyle, traité par l'acide chlorhydrique, fournissait de l'acide butène2-oïque,

$$CH^3-CH=CH-CO^2H,$$

au lieu d'acide butène1-oïque,

$$CH^2=CH-CH^2-CO^2H,$$

c'est qu'il y a formation intermédiaire d'acide chloropropanoïque $CH^3-CHCl-CH^2-CO^2H$ isolable, puis départ de ClH [*D. chem. G.*, **12**, 2056].

On est bien loin d'avoir éclairci d'une façon aussi nette toutes les anomalies de ce genre actuellement connues (voyez, à ce sujet, V. Auger, *Conférences faites au laboratoire de M. Friedel*, 2e fascicule). Très souvent cependant une fixation de HBr, de H-OH suivie d'un départ de BrH ou de HO-H suffit à rendre compte du phénomène, et les exemples cités sont là pour nous montrer que ces explications doivent être prises en sérieuse considération.

Aussi quand, dans l'histoire d'un corps de formule bien établie, nous rencontrerons par hasard une anomalie, nous aurons le droit de croire qu'elle n'est qu'apparente et nous conserverons la formule admise auparavant.

Mais il peut se présenter des cas plus complexes : les faits exceptionnels peuvent être fort nombreux, si bien, qu'à dire vrai on ne sait plus où sont les exceptions. Aussi a-t-on, pour les corps en question, à hésiter entre plusieurs formules presque également vraisemblables.

L'exemple le plus simple que l'on puisse citer est celui de l'acide prussique. Les théories actuelles prévoient deux corps isomériques CAzH :

$$\dot{C}\equiv Az-H \quad \text{et} \quad H-C\equiv Az.$$

Or on ne connait pas d'isomère à l'acide prussique. Toutefois ses sels, en réagissant sur les iodures alcooliques, donnent, tantôt des nitriles, tantôt des carbylamines, et tantôt un mélange des deux. Il est donc fort difficile de décider entre les deux formules.

Bien que les corps présentant une telle particularité soient actuellement assez nombreux, on peut presque tous les rassembler dans les deux formules suivantes :

$$-\underset{\overset{\parallel}{O}}{C}-\underset{\overset{|}{H}}{C}= \qquad -Az-\underset{\overset{\parallel}{O}}{\overset{}{C}}- \;\; (\text{H sous Az})$$

en n'écrivant de la molécule que la partie qui nous intéresse. La difficulté consiste à savoir si l'on doit adopter les formules écrites ci-dessus ou les suivantes :

$$\underset{\overset{|}{OH}}{C}=C= \qquad -Az=\underset{\overset{|}{OH}}{C}-$$

(l'oxygène pouvant d'ailleurs être remplacé par du soufre).

On voit où gît la difficulté : c'est dans la fixation de la position de l'atome d'hydrogène. Lorsqu'on le remplace, en effet, par un groupe méthyle, éthyle, acétyle, on a, suivant le cas, en partant du même corps, des dérivés qui appartiennent nettement à l'une ou à l'autre forme. Ces sortes de transpositions moléculaires se rencontrent constamment. Avec M. Conrad Laar [*D. chem. G.*, **18**, 648], nous appellerons les corps offrant cette particularité des corps *tautomères*.

La phloroglucine réagissant sur l'alcool, en présence de l'acide chlorhydrique, donne l'éther

$$C_6H_3(OR)_3 \quad \text{(noyau : C–OR, HC, CH, ROC, COR, C–H)}$$

Si, au contraire, on veut remplacer les atomes d'hydrogène par des groupes éthyle en utilisant l'iodure d'éthyle, en présence de la potasse, on obtient l'éther

$$\text{noyau : } C{=}O,\ \tfrac{H}{R}{>}C,\ C{<}\tfrac{H}{R},\ O{=}C,\ C{=}O,\ C(R)(H)$$

Le carbostyrile donne un sel d'argent qui, par les iodures alcooliques, fournit les éthers

$$\text{HC, CH, HC, C, CH, HC, C, COR, CH, Az}$$

tandis que l'iodure d'éthyle, en présence de la potasse, donne

$$\text{CH (H), CH, HC, C, CH, HC, C, C{=}O, CH, Az–R}$$

L'isatine a pour formule

$$C^6H^4{<}\overset{\overset{O}{\parallel}}{C}{>}\,C{-}OH\,; \quad (\text{via } Az\text{, double liaison})$$

cependant, par ébullition avec l'anhydride acétique, elle fournit

$$C^6H^4{<}\begin{matrix}CO\\ \\ Az-COCH^3\end{matrix}{>}CO$$

M. Laar a essayé de donner une explication générale de ces anomalies. D'après lui, s'il est difficile, dans un corps tautomère, de fixer la position d'un atome d'hydrogène, c'est qu'en réalité il est mobile, et que, dans son mouvement, il passe d'un atome à un autre.

Dans le cas de l'acide prussique par exemple, l'hydrogène passe du carbone à l'azote, de l'azote au carbone, et cela continuellement. Voici alors comment on peut interpréter les réactions des corps tautomères : Un corps se trouve en présence de l'acide prussique ; il peut n'être susceptible de réagir sur l'hydrogène que quand celui-ci se trouve dans une phase déterminée de son mouvement : par exemple, quand il est relié au carbone, on aura des nitriles. Inversement on pourrait n'avoir que des carbylamines. Il se peut que le réactif agisse quelle que soit la phase du mouvement ; on aura alors un mélange de nitrile et de carbylamine.

Pourquoi la tautomérie disparaît-elle après la substitution d'un groupe éthyle à l'hydrogène? C'est que l'hydrogène est très léger, très mobile, tandis que le groupe substitué est lourd.

Cette théorie énoncée, M. Laar a classé les corps tautomères en deux catégories : les *artiades* et les *périssades* [*D. chem. G.*, **19**, 730]. Dans les premiers, les deux atomes entre lesquels oscille l'hydrogène sont séparés par un nombre impair d'atomes. La phloroglucine, le carbostyrile sont des artiades, des *triades* pour préciser. Dans les autres cas, on a des périssades. L'acide prussique par exemple est une *dyade*. Le cas des triades est de beaucoup le plus fréquent et n'offre d'ailleurs aucune différence essentielle avec les autres.

Selon M. Laar, sa conception n'est pas sans analogues ni sans précédents : Gerhardt admet [*Traité de chimie organique*, **4**, 576] qu'un même corps peut avoir plusieurs formules rationnelles. Cela est exact ; mais quand, développant sa pensée, Gerhardt montre qu'on peut considérer l'essence d'amandes amères comme l'hydrure d'un radical ou comme l'oxyde d'un autre, il est en complet accord avec les théories actuelles et l'on ne saurait se prévaloir de son texte en faveur des idées de M. Laar. Un exemple mieux choisi est la mobilité de la valence, admise par M. Kekulé pour justifier sa formule hexagonale du benzène, formule qui semble faire prévoir deux dérivés ortho. M. Zincke [*D. chem. G.*, **17**, 3030], cité aussi par M. Laar, se rapproche plutôt des idées de M. Hantzsch, dont il sera parlé plus loin.

La théorie de M. Laar a eu peu de succès auprès des chimistes. M. Baeyer, qui avait découvert un grand nombre de ces cas de tautomérie, n'avait pas été sans s'étonner de ces migrations fréquentes. D'après lui, chaque corps a une formule parfaitement déterminée. Si un même corps donne deux dérivés éthylés, l'un, dit *normal*, a la même constitution que le corps lui-même, l'autre correspond à une forme inconnue, instable, dite *pseudoforme* [*D. chem. G.*, **16**, 2188].

Les éthers cétoniques de la phloroglucine sont des pseudo-éthers. C'est là une simple dénomination. Nous aurons à voir comment on peut essayer d'interpréter la formation de ces pseudo-formes, mais auparavant il y a lieu d'exposer une théorie due à M. Hantzsch et à M. Herrmann [*D. chem. G.*, 20, 2801; 21, 1754].

DESMOTROPIE. — M. Jacobson [*D. chem. G.*, 20, 1732] avait remplacé le mot de *tautomérie* par celui de *desmotropie*. M. Hantzsch s'en empare en changeant sa signification. Pour lui, dans des circonstances physiques bien déterminées, un corps tautomère répond à une formule unique. Mais, ces circonstances venant à changer, il peut y avoir migration de l'atome d'hydrogène supposé mobile par M. Laar, et le corps répond alors à une deuxième formule. On dira dans ce cas que le corps tautomère a passé d'un état desmotropique à un autre. On se trouve en présence de corps différents répondant à des formules de constitution différentes : c'est l'isomérie la plus habituelle. Mais ce qu'il y a de particulier ici, c'est que, dans des conditions physiques déterminées, une seule des modifications desmotropiques est stable; si, la plupart du temps, on ne connaît qu'une des formes, dite *normale*, c'est qu'on n'a pas réalisé les conditions où une autre, dite *pseudoforme*, serait stable; toutefois, d'après M. Hantzsch, il n'en est pas toujours ainsi, et, dans la série des éthers succinylsucciniques et de leurs dérivés par exemple, on connaît diverses formes desmotropiques d'un même produit.

M. Lehmann a obtenu pour la plupart de ces corps de beaux cristaux microscopiques. Or ces corps sont polymorphes, et on peut passer facilement d'une forme à une autre par un simple changement de température. Pour MM. Hantzsch et Herrmann, ces différentes formes correspondent aux divers états desmotropiques.

Admettons ceci momentanément. Comment attribuer à chaque état la formule qui lui convient?

On s'appuiera sur une remarque de MM. Graebe et Liebermann : les corps quinoniques donnent des dérivés colorés. M. Hantzsch ajoute que les corps dérivant de l'anneau benzénique sont incolores (c'est-à-dire les corps où aucun des 6 atomes de carbone du noyau n'est le siège d'une double liaison extérieure à l'anneau).

Voici comment M. Hantzsch utilise cette règle :

M. Lehmann a trouvé trois modifications du quinone-dihydro-p-dicarbonate d'éthyle, deux colorées et une incolore. L'incolore correspondra à une formule hydroxylée, les deux colorées correspondront à des formules quinoniques. La plus stable de ces deux dernières aura son hydrogène mobile le plus près possible du groupe $CO^2C^2H^5$ dont l'attraction sur lui expliquera sa mobilité moindre :

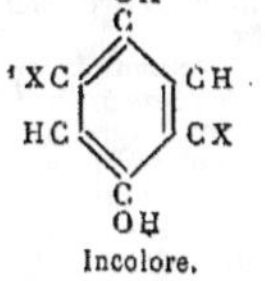

OH
C
[1] XC CH
HC CX
C
OH

Incolore.

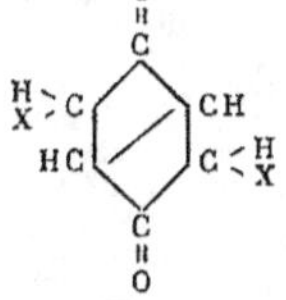

O
C
H X > C CH
HC C < H X
C
O

Stable.

O
C
XC CH²
H²C CX
C
O

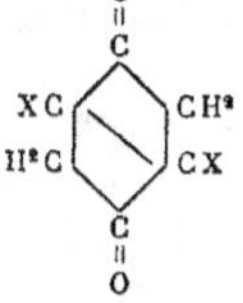

Instable.

Colorés.

1. X représente ici $CO^2C^2C^5$.

M. Hantzsch cite une douzaine de cas analogues. Un des plus remarquables est celui de l'éther $C^6H^2O^2Cl^2X^2$. Ce corps est incolore à la température ordinaire : on lui attribuera une formule hydroxylée. Quand il est à l'état liquide, fondu ou dissous, il est vert foncé : on lui donnera une formule cétonique. Cependant sa dissolution dans l'alcool est incolore; mais si l'on évapore cette solution, on trouve que l'alcool a réagi. Il s'est fixé deux groupes $O.C^2H^5$ qui, exerçant sur l'hydrogène mobile une certaine attraction, l'empêchent de se déplacer; la formule du corps est la suivante :

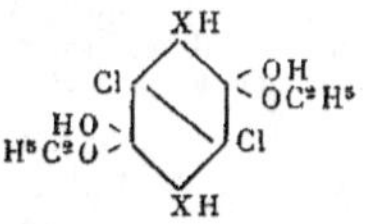

XH
Cl < OH OC²H⁵
HO H⁵C²O > Cl
XH

qui est bien celle d'un corps incolore.

Telles sont les affirmations de MM. Hantzsch et Herrmann. Elles ont été vivement combattues par M. Goldschmidt [*D. chem. G.*, 20, 253] et par M. Nef [*Am. Journ.*, 11, 1; 12, 382]. Voici un résumé de leurs objections :

Il n'y a d'abord aucune raison d'attribuer le polymorphisme à des changements de constitution chimique. Quant à la question de couleur invoquée, elle est tout à fait secondaire : d'une part, il est inexact que les dérivés purement benzéniques soient toujours incolores. M. Nef donne plusieurs exemples en contradiction avec cette règle [*Am. Journ.*, 12, 385]. D'autre part, les faits avancés sont inexacts : les trois modifications de l'éther trimorphe, cité ci-dessus, sont colorées. Celle que M. Hantzsch déclare incolore a été obtenue par M. Lehmann, puis par M. Muthmann en cristaux dichroïques verts.

En outre, à des formules de constitution différente devraient correspondre des propriétés différentes; or aucune des formes desmotropiques ne se distingue des autres vis-à-vis des réactifs chimiques. M. Goldschmidt, par exemple, ayant observé que l'isocyanate de phényle réagit sur les corps hydroxylés et non sur les cétones, a cherché à éclaircir, à l'aide de ce réactif, la constitution d'un certain nombre de corps tautomères, et en particulier de l'éther chloré dont il a été question plus haut, $C^3H^2O^2Cl^2X^2$.

Voici les résultats obtenus : A 100°, en l'absence d'un dissolvant, la réaction se fait très bien, et fournit le composé

$$C^6X^2Cl^2(OCOAzHC^6H^5)^2.$$

Mais à 150°, température où l'éther est fondu et vert, et correspond, d'après M. Hantzsch, à une formule quinonique, la réaction se fait encore mieux. On observe bien que la présence d'un dissolvant (benzène) diminue, et même empêche la réaction; mais cela ne prouve pas que le corps soit devenu cétonique, car cela tient, comme on s'en est assuré, à ce que le composé formé est très facilement dissociable.

Il convient donc, dans ce cas comme dans plusieurs autres, de rejeter les formules cétoniques. Une objection se présente alors : L'hydroxylamine et la phénylhydrazine réagissent sur des corps auxquels on attribue des formules hydroxylées non cétoniques. Si la phloroglucine est un phénol, comment donne-t-elle une trioxime? M. Nef répond à cet argument : Les corps en question ne sont pas des oximes, mais des composés d'oxyammonium.

Le quinone-dioxytéréphtalate d'éthyle a donné à M. Lœwy un corps qui, analysé, a fourni d'une manière constante 7,45 à 7,85 0/0 d'azote. La dioxime exigerait 8,9. M. Lœwy en a conclu qu'il avait un mélange de di- et de monoxime. C'est, en réalité, un composé d'oxyammonium :

$$\begin{matrix} X \diagdown & & \diagup CO - CO \diagdown & & \diagup X \\ & C & & C & \\ AzH^4O \diagup & & \diagdown CO - CO \diagup & & \diagdown OAzH^4 \end{matrix}$$

lequel exige 7,75 0/0 d'azote, M. Bœninger, qui a repris ces analyses, a confirmé les vues de M. Nef.

Il en est de même pour la phénylhydrazine : les soi-disant hydrazones sont des hydrazides, ainsi qu'il ressort des recherches de MM. Baeyer et Kocherdœrfer sur la phloroglucine. Les polyphénols, surtout s'ils contiennent des groupements électronégatifs, réagissent comme il suit :

$$C^6X^4(OH)^2 + 2\,AzH^2 . AzH . C^6H^5$$
$$= 2\,H^2O + C^6X^4 \begin{matrix} \diagup AzH . AzH . C^6H^5 \\ \diagdown AzH . AzH . C^6H^5 \end{matrix}$$

On peut ajouter que les essais tentés pour hydrogéner les soi-disant cétones et les transformer en alcools ont toujours échoué.

Enfin, leurs formules comporteraient des doubles liaisons analogues à celles que l'on rencontre dans les acides dihydrotéréphtaliques. Or ces acides fixent 1 ou 2 molécules de brome, et les corps en question n'en fixent pas.

Si, avec MM. Nef, Goldschmidt et la grande majorité des chimistes, nous rejetons la tautomérie et la desmotropie, nous admettrons que chaque corps répond à une formule unique. Comment expliquerons-nous alors les faits anormaux?

D'abord à la façon habituelle : par une fixation temporaire de groupements.

L'isatine est pour M. Baeyer

$$C^6H^4 \begin{matrix} CO \\ \diagup \diagdown \\ \diagdown \diagup \\ Az \end{matrix} COH;$$

l'ébullition avec l'anhydride acétique elle donne

$$C^6H^4 \begin{matrix} CO \\ \diagup \diagdown \\ \diagdown \diagup \\ Az - COCH^3 \end{matrix} C \begin{matrix} \diagup OH \\ \diagdown OCOCH^3 \end{matrix}$$

en fixant 1 molécule d'anhydride. Ce corps, perdant 1 molécule d'acide, devient

$$C^6H^4 \begin{matrix} CO \\ \diagup \diagdown \\ \diagdown \diagup \\ Az - COCH^3 \end{matrix} CO$$

Examinons, avec M. Nef, le cas du carbostyrile. Les sels d'argent donnent par les iodures alcooliques, des éthers « oxygénés » ; les sels de sodium, un mélange d'éthers oxygénés et azotés.

C'est que l'argent s'en va facilement. Le sodium au contraire est assez difficile à enlever. En même temps qu'il est remplacé, il se fait une addition de l'iodure IC^2H^5,

$$C^6H^4 \begin{matrix} CH = CH \\ \diagup \diagdown \\ \diagdown \diagup \\ Az \\ | \\ C^2H^5 \end{matrix} C \begin{matrix} \diagup ONa \\ \diagdown I \end{matrix}$$

suivie d'un départ de NaI.

Une autre explication est due à M. Goldschmidt : Pour remplacer l'atome d'hydrogène soi-disant mobile par un groupe C^2H^5, on a recours aux sels de potassium, d'argent, à l'iodure d'éthyle en présence de la potasse, etc. Or les théories actuelles sur les solutions nous conduisent à admettre que les électrolytes y sont dissociés en ions. Quand nous écrivons, à propos de la thioacétanilide,

$$C^6H^5AzH . CS . CH^3 + NaOH$$
$$= C^6H^5AzNa . CS . CH^3 + H^2O,$$

nous sommes étonnés de ce que l'iodure d'éthyle nous donne ensuite

$$C^6H^5Az = C \begin{matrix} \diagup SC^2H^5 \\ \diagdown CH^3 \end{matrix}$$

Remarquons au contraire que, la soude étant dissociée, la réaction s'est passée entre l'acétanilide et Na, OH.

Le sodium est naturellement attiré par le soufre, le groupe OH par l'hydrogène; plaçons-les vis-à-vis :

$$\begin{matrix} C^6H^5 . & Az . & C . CH^3 \\ & | & \| \\ & H & S \\ & & \\ & OH & Na \end{matrix}$$

Les attractions sont suffisantes pour rompre les liaisons, et le résultat se trouve être

$$\begin{matrix} C^6H^5 . Az = & C - CH^3 \\ & | \\ & S \\ & | \\ H^2O & Na \end{matrix}$$

Des explications analogues conviennent à tous les électrolytes.

On peut, à ce sujet, faire une remarque : La dissociation électrolytique peut exister; toutefois ce n'est encore qu'une hypothèse et on peut s'en passer dans le cas actuel. Il est tout naturel de penser que, dissocié ou non, le sodium de la soude est attiré par le soufre, l'oxhydryle par l'hydrogène. Le raisonnement de M. Goldschmidt subsistera.

Il semble résulter de cette étude que MM. Laar et Hantzsch ont introduit dans la science des hypothèses peu fécondes, car elles n'expliquent rien d'autre que les faits pour lesquels elles ont été créées, non démontrées par l'expérience, puisque celle-ci peut les contredire; c'est pourquoi, tant que de nouveaux faits ne viendront pas les appuyer, nous nous croirons autorisés à les rejeter. Les théories anciennes suffisent à expliquer les faits connus et il n'y a pas lieu de les abandonner à cause de quelques exceptions apparentes qui, examinées avec soin, se trouvent rentrer dans la règle.

Il n'y a toutefois aucun inconvénient à désigner sous le nom de *tautomères* les combinaisons chez lesquelles les migrations moléculaires sont fréquentes, à condition cependant de n'attacher aucune autre signification à ce vocable.

On conçoit qu'il s'attache une grande difficulté à la détermination des formules des corps tautomères. On s'en rendra compte, par exemple, en lisant les différents mémoires relatifs à la constitution de l'acide acétylacétique.

D'après ce que nous savons, il paraît plus sûr de n'employer, dans les réactions destinées à éclaircir des questions de ce genre, ni électrolytes, ni corps susceptibles de perdre HCl, H^2O, etc.

La physique apportera quelquefois des renseignements fort utiles; c'est ainsi que l'étude des indices de réfraction permet de décider entre les formules de l'acide acétylacétique. D'autres données physiques, quantités de chaleur, etc., pourront certainement être employées, à condition cependant d'avoir été bien étudiées chez des corps de constitutions connues et analogues à celles dont il s'agit. R. Lespieau.

DÉSOXYALIZARINE. — Voyez Anthracène, p. 300.

DÉSOXYAMALIQUE (ACIDE). — Voyez Amalique.

DÉSOXYBENZOÏNE [Syn. *Phénylbenzylcétone, diphényléthanone*], $C^6H^5.CO.CH^2.C^6H^5$. — Outre les procédés de préparation signalés dans le Dict., **1**, 549, et Suppl., **1**, 314, la désoxybenzoïne peut encore s'obtenir de différentes manières. Zinine l'a préparée en traitant une solution alcoolique de chlorobenzile par du zinc et de l'acide chlorhydrique [*Ann. Chem.*, **149**, 375] :

$$C^6H^5.CCl^2.CO.C^6H^5 + H^4 = 2HCl + C^6H^5.CH^2.CO.C^6H^5.$$

Elle se produit encore quand on chauffe la benzoïne avec de la poudre de zinc, ou que l'on porte un mélange de stilbène bromé et d'eau à une température de 180°.

L'hydrate de toluylène, $C^{14}H^{14}O$, oxydé à froid avec de l'acide azotique (d = 1,3), en fournit également.

M. Radziszewski [*D. chem. G.*, **6**, 490; **8**, 756] la prépare en calcinant un mélange de benzoate et de phénylacétate de chaux :

$$(C^6H^5.CO^2)^2Ca + (C^6H^5.CH^2.CO^2)^2Ca = 2C^6H^5.CH^2.CO.C^6H^5 + 2CO^3Ca.$$

M. Zincke [*D. chem. G.*, **9**, 1771] l'a obtenue en traitant un mélange d'acide phénylacétique et de benzène par de l'anhydride phosphorique :

$$C^6H^5.CH^2.CO^2H + C^6H^6 = C^6H^5.CH^2.CO.C^6H^5 + H^2O.$$

On l'obtient également en soumettant à l'action du chlorure d'aluminium un mélange de chlorure de phénylacétyle et de benzène [Græbe et Bungener, *D. chem. G.*, **12**, 1080] :

$$C^6H^5.CH^2.COCl + C^6H^6 = HCl + C^6H^5.CH^2.CO.C^6H^5.$$

Elle prend aussi naissance quand on traite le tolane par l'acide sulfurique ordinaire, en ayant soin d'éviter une trop grande élévation de température pendant l'addition du carbure. Quand celui-ci est dissous, on étend d'eau et on distille dans un courant de vapeur d'eau [Béhal, *Bull. Soc. Chim.*, (2), **49**, 338].

Préparation. — MM. V. Meyer et Oelkers conseillent le mode opératoire suivant [*D. chem. G.*, **21**, 1296] : Dans un ballon muni d'un réfrigérant ascendant on introduit 20 grammes de benzoïne, 60 grammes d'alcool à 75°, 10 grammes de zinc granulé. On chauffe au bain-marie, puis on ajoute au mélange 20 grammes d'alcool à 80°, saturé d'acide chlorhydrique, et on maintient le tout à l'ébullition pendant 2 ou 3 heures. La réaction est terminée lorsqu'une portion du mélange, versée dans de l'eau, donne naissance à un dépôt huileux et que le liquide surnageant chauffé au bain-marie devient clair. Dans le cas où l'on observe encore la présence de cristaux de benzoïne, il convient d'ajouter une nouvelle quantité d'alcool chlorhydrique et de réchauffer. Lorsque toute la benzoïne est réduite, on ajoute 10 grammes d'alcool acide, on réduit à moitié et on sépare par filtration le zinc non entré en réaction. Le résidu, traité par de l'eau chaude, donne un précipité de désoxybenzoïne qui se rassemble au fond, tandis qu'une faible partie reste en suspension dans l'eau. Il suffit de chauffer au bain-marie pour que la précipitation soit totale. On décante le liquide surnageant, qui, par refroidissement, fournit toujours un peu d'hydrobenzoïne, et on détermine la solidification de la désoxybenzoïne par addition d'eau froide. Le produit, pressé entre des doubles de papier-filtre, est ensuite distillé dans une cornue par portions de 10 grammes et enfin soumis à la cristallisation dans l'alcool (rendement en produit pur 60 0/0). Voyez aussi W. Wachter [*D. chem. G.*, **25**, 1728].

Propriétés. — La désoxybenzoïne se présente sous la forme de grosses tables fondant à 60° et bouillant, à la pression ordinaire, à 320-322° (V. M. et Oel.). Sous une pression de 12 millimètres, elle bout à 177,4-177°,6 [Anschütz et W. Berns, *D. chem. G.*, **20**, 1392]. La désoxybenzoïne est peu soluble dans l'eau bouillante, facilement soluble dans l'alcool et dans l'éther.

Chauffée à 180° avec de l'acide iodhydrique bouillant à 127°, elle fournit du stilbène, $C^{14}H^{12}$, et du dibenzyle, $C^{14}H^{14}$.

L'amalgame de sodium la convertit en une pinacone $C^{28}H^{26}O^2$ et en hydrate de toluylène, $C^{14}H^{14}O$.

Lorsqu'on abandonne, au contact de l'air, la désoxybenzoïne avec une solution alcoolique de potasse, il se forme de l'acide benzoïque et de la benzamarone [Zinine, *Zeit. f. Chem.*, **1871**, 127]. La même réaction se produit quand on fait agir à froid et en l'absence de l'air une molécule de désoxybenzoïne sur une molécule d'aldéhyde benzylique, au sein d'une solution de potasse [F. Rapp et Klingemann, *D. chem. G.*, **21**, 2935].

Chauffée en tube scellé avec de la potasse alcoolique, la désoxybenzoïne fournit de l'hydrate de toluylène et de l'acide diéthylcarbobenzoïque [Limpricht et Schwanert, *Ann. Chem.* **155**, 66] :

$$3C^6H^5.CH^2.CO.C^6H^5 + 2C^2H^5OH = 2C^{14}H^{14}O + C^{18}H^{18}O^2 + H^2O.$$

Lorsqu'on chauffe la désoxybenzoïne, en tube scellé à 220-230°, avec du formiate d'ammoniaque, on la convertit en formyldiphényléthylamine. Celle-ci, par l'action de la potasse alcoolique, fournit de la diphényléthylamine,

$$C^6H^5.CH^2.CH\left\langle\begin{matrix}AzH^2\\C^6H^5\end{matrix}\right.$$

[*D. chem. G.*, **22**, 1409].

Chauffée avec du soufre, la désoxybenzoïne se transforme en *tétraphénylthiophène*, corps qu'on peut isoler en épuisant par le benzène et la ligroïne, et qui fond à 181-182° :

$$\underset{\text{Désoxybenzoïne.}}{2C^{14}H^{12}O} + S = \underset{\text{Tétraphénylthiophène.}}{C^{28}H^{20}S} + 2H^2O$$

[Ziegler, *D. chem. G.*, **23**, 2473].

Traitée par le perchlorure de phosphore, elle se transforme en *stilbène monochloré*,

$$C^6H^5.CCl{=}CH.C^6H^5 \quad \text{(Zinine).}$$

La désoxybenzoïne, renfermant un groupe méthylène compris entre un radical phényle et un groupe carbonyle, se prête à des substitutions analogues à celles qu'on obtient avec les éthers malonique, acétylacétique, benzoylacétique, etc. Il suffit, comme nous le verrons plus loin, de traiter cette molécule par de l'alcoolate de sodium et les éthers iodhydrique, monochloroformique, monochloracétique, etc., pour obtenir toute une série de nouveaux composés dont la désoxybenzoïne constitue la matière fondamentale. Remarquons cependant qu'il n'a pas été possible de préparer, avec ce corps, des dérivés azoïques analogues à ceux qu'on obtient avec les éthers malonique, acétylacétique, benzoylacétique sodés et le chlorure de diazobenzène [V. Meyer, *D. chem. G.*, **20**, 535,2945; **21**, 1292. — V. Meyer et L. Oelkers, *ibid.*, **21**, 1295. — C. Rattner, *ibid.*, **21**, 1321, — Knœvenagel, **21**, 1349 et 1355. — E. Ney, **21**, 2445].

Désoxybenzoïne sodée,

$$C^6H^5 . CO . CHNa . C^6H^5.$$

— On fait réagir du sodium sur une solution de désoxybenzoïne dans le benzène (1 partie de désoxybenzoïne, 2 parties de benzène); au bout d'une quinzaine de jours, il se forme une quantité notable d'un produit jaune pâle, extrêmement hygroscopique, qu'on lave avec de l'éther anhydre et exempt d'alcool et qu'on sèche dans un courant d'hydrogène sec. C'est le dérivé monosodique. L'eau le décompose en désoxybenzoïne et soude. En traitant sa solution par un courant d'acide carbonique, on obtient probablement l'acide phénylbenzoylacétique,

$$C^6H^5 . CO . CH(CO^2H) . C^6H^5,$$

qui n'a cependant pas pu être isolé et qu'on a caractérisé par son oxime [Beckmann et Paul, *Ann. Chem.*, **266**, 19].

DÉRIVÉS DE LA DÉSOXYBENZOÏNE.

Les dérivés de substitution de la désoxybenzoïne sont de deux ordres :

1° Ceux qui résultent de la substitution d'éléments ou de radicaux à l'hydrogène du groupe $-CO-CH^2$;

2° Ceux qu'on peut considérer comme résultant du remplacement de l'hydrogène des groupes C^6H^5 par ces mêmes éléments ou radicaux.

Lorsque le même élément ou radical peut être introduit dans l'un ou dans l'autre des groupes $CH^2 . CO$ ou C^6H^5, il s'ensuit une confusion dans les dénominations, si l'on adopte pour ces dérivés toujours le mot *désoxybenzoïne*, comme préfixe ou comme terminaison.

Cette confusion existe déjà en partie pour les dérivés alcoylés, qui sont tous appelés méthyle-, éthyle-, désoxybenzoïne, que les radicaux méthyle, éthyle, substitués, le soient dans le groupe $CH^2 . CO$ ou dans un des noyaux benzéniques

$$C^6H^5 . CO . CH(CH^3)C^6H^5,$$
$$C^6H^5 . CO . CH^2 . C^6H^4 . CH^3.$$

Pour éviter cette confusion, M. V. Meyer, à l'occasion de ses travaux sur les produits de substitution de la désoxybenzoïne, et en particulier à propos des recherches de M. Knœvenagel sur les acides

$$C^6H^5 . CO . \underset{CO^2H}{CH}-C^6H^5 \quad \text{et} \quad C^6H^5 . CO . \underset{CH^2 . CO^2H}{CH}-C^6H^5$$

a proposé de donner le nom de *désyle* au radical $C^6H^5 . CO . CH . C^6H^5$, de sorte que les acides ci-dessus prennent les noms d'*acides désylformique* et *désylacétique*. Le nom d'*acide désoxybenzoïne-carbonique* est réservé à l'acide

$$C^6H^5 . CO . CH^2 . C^6H^4 . CO^2H,$$

isomère avec l'acide désylformique.

Dans le cours de notre exposition, nous nous proposons d'étendre ces dénominations à tous les dérivés de la désoxybenzoïne, d'appeler *dérivés désyliques* ceux dans lesquels les atomes d'hydrogène du groupe $CH^2 . CO$ se trouvent remplacés, et de réserver le préfixe ou la terminaison *désoxybenzoïne* aux composés qui résultent de la substitution de l'hydrogène des noyaux benzéniques par des éléments ou des radicaux.

Les composés $C^6H^5 . COCH\overset{+}{R}C^6H^5$ deviennent ainsi des alcoyle-désyles.

Les dérivés $C^6H^5 . CO . CH\bar{R} . C^6H^5$ s'appelleront de même des chlorure, bromure de désyle, tandis que les corps $C^6H^5 . CH^2 . CO . C^6H^4R$ et $C^6H^5 . CO . CH^2 . C^6H^4R$ garderont la terminaison *désoxybenzoïne*.

On conservera le nom de *désoxybenzoïne* toutes les fois qu'il ne peut y avoir confusion, comme cela arrive pour la désoxybenzoïne-oxime, la désoxybenzoïne-phénylhydrazone, etc.

Enfin, en regard des noms nouveaux, se trouveront inscrits ceux qui jusqu'à présent ont été employés dans la littérature chimique[1].

DÉRIVÉS CHLORÉS, BROMÉS, NITRÉS, ISONITROSÉS, AMIDÉS ET HYDROXYLÉS DE LA DÉSOXYBENZOÏNE.

Chlorure de désyle (*chlorodésoxybenzoïne, diphénylchloroéthanone*), $C^6H^5 . CHCl . CO . C^6H^5$ [Lachowicz, *D. chem. G.*, **17**, 1163]. — Ce composé, que l'auteur appelle *chlorure de benzoïne*, s'obtient en chauffant pendant 1 ou 2 minutes à 70-80° une dissolution de 5 grammes de dichlorodésoxybenzoïne (dichlorobenzile) dans de l'acide acétique aux 3/4 et ajoutant à la solution de la limaille de fer.

Huile épaisse et jaune à la température ordinaire, cristallisant au-dessous de 0°. Se dissout en toutes proportions dans les dissolvants ordinaires; est insoluble dans l'eau et dans les alcalis. Se décompose quand on la distille. L'acide acétique et le fer la réduisent en désoxybenzoïne. L'acide azotique l'oxyde en benzile.

MM. Curtius et Lang [*J. prakt. Chem.*, (2), **44**, 547] ont obtenu le même dérivé monochloré par l'action du gaz chlorhydrique sur une solution éthérée de diphénylbenzoylazométhylène ·

$$C^6H^5 . C(Az^2) . CO . C^6H^5 + HCl$$
$$= C^6H^5 . CHCl . CO . C^6H^5 + Az^2.$$

Ainsi préparé, il cristallise en aiguilles longues, incolores, très stables, fondant à 65°.

Dichlorodésoxybenzoïne (*chlorobenzile, diphényldichloroéthanone*), $C^6H^5 . CCl^2 . CO . C^6H^5$ [Zinine, *Ann. Chem.*, **119**, 177]. — Obtenue en traitant le benzile par un peu plus que la quantité équivalente de perchlorure de phosphore. Prismes rhombiques, durs et courts. Point de fusion 71° (Zinine), 61° [Lachowicz, *loc. cit.*, 1162].

Soumise à la distillation, elle se décompose en fournissant du chlorure de benzoyle. Une solution alcoolique d'azotate d'argent la décompose en benzile et chlorure d'argent. Bouillie avec une solution alcoolique de potasse, elle se dédouble en acide benzoïque et aldéhyde benzylique :

$$C^6H^5 . CCl^2 . CO . C^6H^5 + 2H^2O$$
$$= C^6H^5 . CHO + C^6H^5 . CO^2H + 2HCl.$$

Chauffée à 180° avec de l'eau et de l'alcool, elle se décompose en benzile et acide chlorhydrique.

Le zinc et l'acide chlorhydrique en solution alcoolique la réduisent en désoxybenzoïne. En solution acétique, le zinc en poudre la réduit

1. On éviterait toute confusion, sans convention nouvelle, en appliquant à ces composés les règles qui ont été formulées pour les corps renfermant deux groupes phényle. La désoxybenzoïne devient la *diphényléthanone*; la désoxybenzoïne méthylée dans le groupe CH^2, la *diphényl-méthyléthanone*; celle méthylée dans un noyau phényle, la *méthophényl-phényléthanone*, etc.

d'abord également en désoxybenzoïne, puis en stilbène [Zinine, *Jahresb.*, 1880, 614].

Chauffée à 200° avec du perchlorure de phosphore, elle fournit du tétrachlorure de tolane $C^{14}H^{10}Cl^4$ [Zinine, *Ann. Chem.*, **149**, 374. — Limpricht et Schwanert, *Ann. Chem.*, **155**, 68].

BROMURE DE DÉSYLE (*bromodésoxybenzoïne*),

$$C^6H^5 . CHBr . CO . C^6H^5.$$

— Obtenu en traitant une solution éthérée de désoxybenzoïne par du brome. M. Knœvenagel opère en solution sulfocarbonique. Croûtes cristallines fondant à 50° (L. et Schw.), à 54-55° (Knœvenagel).

La bromodésoxybenzoïne se dissout facilement dans l'éther et l'alcool bouillant. Chauffée à 160° avec de l'eau, elle se décompose en benzile et HBr. L'azotate d'argent en solution alcoolique y détermine un précipité de bromure d'argent.

DIBROMODÉSOXYBENZOÏNE (*bromobenzile*),

$$C^6H^5 . CBr^2 . CO . C^6H^5$$

[Limp. et Schw., *loc. cit.* — Zinine, *Ann. Chem.*, **126**, 221]. — Se prépare en faisant agir un excès de brome sur une solution éthérée de désoxybenzoïne, ou bien, d'après Curtius et Lang [*loc. cit.*], en traitant par le brome une solution de phénylbenzoylazométhylène dans le chloroforme.

Prismes fondant à 110-112°. Se dissout facilement dans l'éther et l'alcool bouillant (8 parties). Se décompose en benzile et HBr quand on la chauffe à 160° avec de l'eau. Le zinc et l'acide chlorhydrique la réduisent, en solution alcoolique, en désoxybenzoïne et hydrate de toluylène. Une solution alcoolique d'azotate d'argent la transforme en benzile et BrAg. Traitée par l'ammoniaque, elle fournit de longues aiguilles fines, difficilement solubles dans l'eau [W. Staedel, *D. chem. G.*, **26**, 24].

DIIODODÉSOXYBENZOÏNE (*iodobenzile*),

$$C^6H^5 . CO . CI^2 . C^6H^5.$$

— Préparée par MM. Curtius et Lang [*loc. cit.*] en faisant réagir l'iode sur le benzoylphénylazométhylène en solution alcoolique :

$$C^6H^5 . C(Az^2) . CO . C^6H^5 + I^2$$
$$= C^6H^5 . CI^2 . CO . C^6H^5 + Az^2.$$

Le produit se dépose sous la forme d'une poudre cristalline, incolore, qui, à l'air, se décompose rapidement en benzile et iode.

DÉSOXYBENZOÏNE MONOXIME,

$$C^6H^5 . CH^2 . C{=}AzOH - C^6H^5.$$

— Cette oxime se prépare en chauffant la désoxybenzoïne avec une solution alcoolique d'hydroxylamine [V. Meyer et OElkers, *D. chem. G.*, **21**, 1298. — Günther, *Ann. Chem.*, **252**, 68].

Elle cristallise dans l'alcool en longues aiguilles prismatiques et transparentes, fondant à 98°.

Elle se dissout difficilement dans la lessive de potasse et dans l'acide sulfurique concentré.

Quand on traite sa solution éthérée par du perchlorure de phosphore, on constate que l'oxime subit une transformation moléculaire, et qu'elle se convertit en phénylacétanilide [Günther, *loc. cit.*].

ISONITROSODÉSOXYBENZOÏNE,

$$C^6H^5 . CO . C{=}AzOH . C^6H^5$$

— Voyez BENZILMONOXIME.

PHÉNYLHYDRAZONE DE LA DÉSOXYBENZOÏNE,

$$C^6H^5 . CH^2 . \underset{\underset{\textstyle Az . AzH . C^6H^5}{\|}}{C} - C^6H^5$$

[E. Ney, *D. chem. G.*, **21**, 244]. — Obtenu par la méthode ordinaire, ce corps cristallise dans l'alcool en fines aiguilles à 106°. Quand on le conserve, il se convertit en une masse résineuse.

En tant que cétone, la désoxybenzoïne se combine à l'aminodiméthylaniline. On chauffe au bain de sable molécules égales des deux corps pendant 1 heure environ, jusqu'à l'ébullition. La masse qui reste est dissoute dans l'alcool et bouillie pendant un instant avec du noir animal.

Il se dépose, par refroidissement, des aiguilles jaunes fondant à 138-139°, très solubles dans l'alcool et dans l'éther. Les acides étendus scindent ce produit en base et désoxybenzoïne. Voici l'équation de sa formation

$$C^6H^5 . CO . CH^2 . C^6H^5 + AzH^2 . C^6H^4 . Az(CH^3)^2$$
$$= H^2O + C^6H^5 . \underset{\underset{\textstyle Az . C^6H^4 . Az(CH^3)^2}{\|}}{C} . CH^2 . C^6H^5$$

[H. Vogtherr, *D. chem. G.*, **25**, 639].

O-NITRODÉSOXYBENZOÏNE,

$$AzO^2_{(1)} . C^6H^4_{(2)} . CH^2 . CO . C^6H^5.$$

— M. Amé Pictet, en ajoutant de la désoxybenzoïne à de l'acide azotique fumant refroidi à 0°, obtint une nitrodésoxybenzoïne se présentant sous la forme d'une huile, et dont il ne donne point d'autres propriétés physiques. Cette huile, traitée par l'ammoniaque et la poudre de zinc, lui a fourni une substance qui a la composition et les propriétés du corps obtenu par M. Étard dans l'action de la chaleur rouge sur la benzylidène-toluidine, et qu'il a appelé *méthylphénantridine*.

L'auteur lui attribue toutefois une autre constitution et traduit sa formation de la façon suivante :

$$C^6H^4 \begin{cases} CH^2 . CO . C^6H^5 \\ AzH^2 \end{cases}$$

$$= C^6H^4 \begin{cases} CH \\ AzH \end{cases} C . C^6H^5 + H^2O.$$

Cette formule en fait un α-phénylindol [*D. chem. G.*, **19**, 1064].

M. O. List [*D. chem. G.*, **26**, 2352] a obtenu l'*o-nitrodésoxybenzoïne* sous la forme de cristaux fondant à 73-74°, assez solubles dans l'alcool, l'éther, le benzène, l'acide acétique cristallisable. Réduit par la poudre de zinc et l'ammoniaque, ce corps donne de l'α-phénylindol. Avec une solution alcoolique de potasse, on obtient une magnifique coloration bleue.

L'*oxime* se présente sous la forme d'aiguilles faiblement colorées en jaune et fondant à 118°. Elle se dissout dans les alcalis avec une coloration rouge.

P-CHLORODÉSOXYBENZOÏNE,

$$Cl . C^6H^4 . CH^2 . CO . C^6H^5$$

[Petrenko-Kritschenko, *D. chem. G.*, **25**, 2240]. — On part du chlorure de l'acide p-chlorophénylacétique brut $ClC^6H^4 . CH^2 . COCl$, que l'on traite par le benzène en présence du chlorure d'aluminium. Après avoir chauffé pendant 12 heures au bain-marie, on chasse l'excès de benzène, on traite par l'eau, puis par HCl concentré; on lave avec du carbonate de soude étendu et on fait cristalliser dans l'alcool. Produit fondant à 133°, peu soluble dans l'alcool froid, fort soluble dans le benzène, le chloroforme et l'alcool chaud.

Traité par l'alcoolate de sodium et 2 molécules de chlorure de benzyle, il ne donne qu'un dérivé *monosubstitué* $ClC^6H^4(C^7H^7) . CO . C^6H^5$, aiguilles cristallines fondant à 138°.

p-Nitrodésoxybenzoïne,

$AzO^2 . C^6H^4 . CH^2 . CO . C^6H^5$

[*ibid.*, 2242]. — Obtenue en partant du chlorure de l'acide p-nitrophénylacétique, par la méthode Friedel-Crafts. Beaux prismes fondant à 145°; peu solubles dans l'alcool et l'éther froids, assez facilement dans l'alcool chaud. Des traces de p-nitrodésoxybenzoïne communiquent à la potasse alcoolique une magnifique coloration rouge-violet.

p-Nitrodésoxybenzoïne, $C^{14}H^{11}AzO^3$ [Golubew, *J. Soc. chim. russe*, **11**, 99; *Beilstein's Handb.*, 3, 168. — G. Ney, *D. chem. G.*, **21**, 2448]. — Ce dérivé se prépare en ajoutant de la désoxybenzoïne, par portions de 1/3 de gramme, dans 5 parties d'acide azotique (d = 1,475) préalablement refroidi avec de la glace et précipitant par l'eau. Le précipité est recueilli, lavé avec de l'eau d'abord, puis avec de l'éther, enfin dissous dans l'alcool.

Prismes à base carrée, fondant à 140-142°. Ce corps se dissout dans 597 parties d'alcool froid et dans 22gr,5 d'alcool à 95° bouillant. Il est difficilement soluble dans l'éther bouillant, assez facilement dans l'acide acétique cristallisable bouillant et dans le toluène. Se colore en violet avec la potasse alcoolique. L'acide chromique l'oxyde en acides benzoïque et p-nitrobenzoïque (?).

L'*oxime* cristallise dans l'alcool en aiguilles jaune-brun fondant à 105°; elle se dissout dans la potasse en donnant une coloration rouge [O. List, *D. chem. G.*, **26**, 2453].

Dinitrodésoxybenzoïne, $C^{14}H^{10}(AzO^2)^2 . O$ [Golubew, *loc. cit.*, **13**, 23; *Beilstein's Handbuch*, 3, 108]. — Ce corps existe sous trois modifications isomériques qui, toutes trois, s'obtiennent en ajoutant 1 partie de désoxybenzoïne à 5 parties d'acide azotique fumant (d = 1,51) refroidi à 0°. On verse la solution dans de l'eau glacée; le précipité qui se forme est lavé à l'éther, mis ensuite à cristalliser dans ce dissolvant pour le débarrasser d'une résine, puis dissous dans un mélange d'alcool et de benzène. Les cristaux sont ensuite dissous dans de l'alcool bouillant acidulé avec de l'acide acétique; on obtient par refroidissement la modification γ. On filtre et on recueille ultérieurement les petites aiguilles de la modification α et β qui se déposent et qu'on sépare par des cristallisations dans l'alcool. Les cristaux β et γ ne se forment qu'en très petites quantités.

Ces mêmes dérivés dinitrés peuvent se préparer en dissolvant la résine qui se forme comme produit secondaire dans la préparation de la mononitrodésoxybenzoïne.

Modification α. — Petites aiguilles jaunes, fondant à 112-114°, solubles dans 565 parties d'alcool froid et 12 parties d'alcool à 95° bouillant, facilement solubles dans le benzène bouillant ou l'acide acétique cristallisable, difficilement solubles dans l'éther bouillant. Oxydé en solution acétique par l'acide chromique, il fournit de l'isodinitrobenzile et les acides m- et p-nitrobenzoïques.

Modification β. — Grosses aiguilles jaunâtres fondant à 124-125°, solubles dans 780 parties d'alcool froid et 24 parties d'alcool bouillant à 95 0/0. Moins facilement soluble dans le benzène bouillant et l'acide acétique que la modification α. Fournit avec l'étain et l'acide chlorhydrique une base cristalline, fondant à 280°, dont le chloroplatinate, $C^{14}H^{10}(AzH^2)^2 . 2HCl . PtCl^4$, cristallise. L'acide chromique l'oxyde au sein de l'acide acétique en acide m-nitrobenzoïque; il ne se forme point d'isodinitrobenzile.

Modification γ. — Grosses aiguilles jaunâtres, fondant à 154-155°, solubles dans 1497 parties d'alcool froid et 53 parties d'alcool bouillant. Elle fournit avec l'étain et l'acide chlorhydrique une base cristalline fondant au-dessus de 280°. Quand on oxyde sa solution acétique, on n'obtient que de l'isodinitrobenzile.

p-Amidodésoxybenzoïne, $C^{14}H^{11}(AzH^2)O$ [Golubew, *J. Soc. chim. russe*, **6**, 114; **11**, 101; *Beilstein's Handb.*, 3, 109. — E. Ney, *D. chem. G.*, **21**, 2449]. — Elle se prépare en réduisant le nitrobenzile ($C^{14}H^9AzO^2 . O^2$) ou la nitrodésoxybenzoïne [$C^{14}H^{11}(AzO^2) . O$] au moyen de l'étain et de l'acide chlorhydrique. Elle distille sans décomposition (E. Ney).

Aiguilles minces, fondant à 95°, solubles dans 302 parties d'eau bouillante, très solubles dans l'alcool chaud.

Son *chlorhydrate*, $C^{14}H^{11}OAzH^2 . HCl$, cristallisé dans l'alcool, constitue des tables rhombiques, facilement solubles dans l'eau chaude, difficilement dans l'alcool : 1 partie se dissout dans 396 parties d'eau froide.

Son *chloroplatinate* a pour formule

$$(C^{14}H^{13}AzOHCl)^2PtCl^4.$$

Son *sulfate*, $(C^{14}H^{13}AzO)^2 . SO^4H^2$, constitue des feuillets difficilement solubles dans l'eau et dans l'alcool. Il ne fond pas à 230°.

Oxime de la p-amidodésoxybenzoïne,

$$C^6H^5 . CAzOH . CH^2 . C^6H^4 . AzH^2.$$

— Elle se prépare en chauffant une solution acoolique de p-amidodésoxybenzoïne avec de l'hydroxylamine et de la soude caustique.

Le produit cristallisé dans l'alcool fond à 141° (E. Ney).

Chlorure de diazodésoxybenzoïne. — Il a été préparé en diazotant le chlorhydrate du dérivé p-imidé. Il donne, avec les solutions alcalines de l'α-naphtol et de l'acide α-naphtolsulfonique, des matières colorantes brunes (E. Ney).

p-Oxydésoxybenzoïne,

$$C^6H^4(OH) . CH^2 . CO . C^6H^5.$$

— A été obtenue en faisant bouillir avec de l'eau le produit de l'action de l'azotite de soude sur une solution sulfurique de chlorhydrate d'amidodésoxybenzoïne. Cristaux blancs réunis en houppes, fondant à 129°, solubles dans l'eau bouillante et dans les alcalis (E. Ney).

Le *sel de sodium*, $C^6H^4ONa . CH^2 . COC^6H^5$, a été obtenu en traitant la p-oxydésoxybenzoïne par la quantité calculée d'éthylate de sodium. Composé jaune, cristallisant dans l'eau en fines aiguilles.

Acétyl-p-désoxybenzoïne,

$$C^2H^3O . C^6H^4 . CH^2 . CO . C^6H^5.$$

— A été préparée en traitant le dérivé sodé par du chlorure d'acétyle. Feuilles d'un éclat d'argent fondant à 87°.

Formyldésoxybenzoïne (*aldéhyde benzoylphénylacétique, diphénylméthylaléthanone*)

$$C^6H^5 . CO . \underset{\underset{C^6H^5}{|}}{CH} - COH$$

— Ce composé a été obtenu en traitant un mélange d'éther formique et de désoxybenzoïne par de l'éthylate de sodium sec tenu en suspension dans l'éther :

$$C^6H^5 . CO . CH^2 . C^6H^5 + CHO . OC^2H^5 + NaOC^2H^5$$
$$= C^6H^5 . CO . \overset{\overset{C^6H^5}{|}}{C}Na \; COH + 2C^2H^5OH.$$

La formyldésoxybenzoïne cristallise en petits

cristaux d'un blanc jaunâtre, fondant à 110°. Elle se dissout facilement dans les alcalis et dans les carbonates alcalins. Le perchlorure de fer la colore en violet foncé. Avec l'acétate de cuivre elle fournit un sel d'un vert clair [Claisen et L. Meyerowitz, *D. chem. G.*, **22**, 3278].

P-MÉTHOXYDÉSOXYBENZOÏNE,

$$CH^3O . C^6H^4 . CH^2 . CO . C^6H^5$$

[E. Ney, *D. chem. G.*, **21**, 2450]. — 5 grammes de chlorure de phénylacétyle dissous dans 20 grammes de sulfure de carbone sont additionnés de 4 grammes d'anisol, puis le mélange est traité par du chlorure d'aluminium qu'on ajoute par petites portions. La réaction est très énergique au début; vers la fin, on chauffe pour la terminer.

La liqueur, d'un rouge intense, est traitée par de la glace; les flocons qui se déposent, après avoir été lavés avec de la soude, sont dissous dans l'alcool.

Cristaux fondant à 76° et bouillant à 360°.

L'*oxime*, $CH^3O . C^6H^4 . CH^2 . CAzOH . C^6H^5$, obtenue en faisant bouillir pendant plusieurs jours le dérivé ci-dessus avec de l'hydroxylamine, fond à 111°.

P-MÉTHOXYMÉTHYLDÉSOXYBENZOÏNE,

$$CH^3O . C^6H^4 . CH . CH^3 . CO . C^6H^5.$$

— Ce composé se produit quand on traite la p-méthoxydésoxybenzoïne par de l'alcoolate de sodium et de l'iodure de méthyle. Huile bouillant à 330° (E. Ney).

P-MÉTHOXYÉTHYLDÉSOXYBENZOÏNE,

$$CH^3O . C^6H^4 . CH . C^2H^5 . CO . C^6H^5$$

— Préparé comme le dérivé méthylé, ce composé cristallise en longs prismes fondant à 47°.

P-MÉTHOXYBENZYLDÉSOXYBENZOÏNE,

$$CH^3O . C^6H^4 . CH . C^7H^7 . CO . C^6H^5.$$

— Ce dérivé a été obtenu au moyen du chlorure de benzyle et la méthoxydésoxybenzoïne sodée. Cristaux fondant à 99-100°.

Hexaméthoxydésoxybenzoïne,

$$(CH^3O)^3C^6H^2 . CO . CH^2 . C^6H^2(OCH^3)^3$$

[H. Marx, *Ann. Chem.*, **263**, 255]. — Obtenu en réduisant l'hexaméthoxybenzile par le zinc en poudre et l'acide acétique cristallisable. Longues aiguilles soyeuses fondant à 161-162°, insolubles dans l'eau froide et les alcalis; facilement solubles dans l'alcool, l'éther et le chloroforme. Avec l'acide sulfurique concentré, on obtient une coloration rouge intense, passant bientôt au jaune brun.

O-DIMÉTHYLDÉSOXYBENZOÏNE (*benzyl-o-xylylcétone*), $C^6H^5 . CH^2 . CO . C^6H^3(CH^3)^2$ [H. Wege, *D. chem. G.*, **24**, 3540]. — Obtenue par l'action du xylène sur le chlorure de phénylacétyle, en présence de chlorure d'aluminium. Belles lamelles jaunes, brillantes, fondant à 95°, distillant sans décomposition à 210-220° (H = 25mm), solubles dans l'alcool, plus encore dans l'éther et la ligroïne.

Son *oxime* cristallise dans la ligroïne sous la forme d'aiguilles incolores, brillantes.

Le *dérivé benzylé*,

$$C^6H^5 . \underset{\displaystyle CH^2 . C^6H^5}{\underset{|}{CH}} . CO . C^6H^3(CH^3)^2$$

s'obtient par l'action du chlorure de benzyle sur le produit précédent, en présence d'alcoolate de sodium. Huile qui finit par se concréter à basse température, et qui cristallise dans la ligroïne en aiguilles brillantes, fondant à 75°.

Le *dérivé isobutylique*,

$$C^6H^5 . CH(C^4H^9) . CO . C^6H^3(CH^3)^2,$$

est constitué par des cristaux incolores ou faiblement colorés en jaune, fondant à 91°,5.

M-DIMÉTHYLDÉSOXYBENZOÏNE (*benzyl-m-xylylcétone*). — Se prépare comme son isomère Huile épaisse, de couleur jaune, fournissant des cristaux microscopiques après un séjour de plusieurs mois au froid. Peu soluble dans l'alcool, très facilement dans l'éther. Bout à 206-208° sous 22 millimètres.

Son *dérivé benzylé* bout sans décomposition à 365-375°.

P-DIMÉTHYLDÉSOXYBENZOÏNE (*benzyl-p-xylylcétone*). — Huile sirupeuse, jaune, ne cristallisant pas à la température de — 12°. Bout entre 220-230° sous 26 millimètres.

Son *oxime* fond à 99°.

Sa *phénylhydrazone* possède une couleur rouge-jaune et fond à 96°.

Le *dérivé benzylé* constitue une huile jaune, lourde, distillant entre 370-380°, et cristallisant, par refroidissement, en petits cristaux incolores, fusibles à 60°,5.

DÉRIVÉS ALCOYLÉS DE LA DÉSOXYBENZOÏNE. — Ces dérivés peuvent être de deux sortes, suivant que le radical alcoolique est substitué à l'hydrogène du groupe CH^2 ou à celui des radicaux phényle.

Les dérivés résultant de la substitution de radicaux alcooliques à l'hydrogène de CH^2 ont été préparés et étudiés par MM. V. Meyer et L. Oelkers, et par M. E. Bischoff [*D. chem. G.*, **21**, 1297 et **22**, 346]. On opère de la façon suivante : On dissout la quantité de sodium théorique dans environ 10 fois son poids d'alcool absolu, et on ajoute à cette dissolution le poids calculé de désoxybenzoïne réduite en poudre fine. Le mélange est ensuite chauffé au bain-marie jusqu'à ce qu'on obtienne une solution homogène d'un brun rougeâtre. Après refroidissement, on ajoute la quantité voulue de l'éther halogéné et on chauffe de nouveau au bain-marie jusqu'à ce que la solution soit neutre :

$$C^6H^5 . CO . CHNa . C^6H^5 + RI$$
$$= NaI + C^6H^5 . CO . CHR . C^6H^5.$$

Au lieu de se servir de l'alcoolate de sodium, on peut employer avec avantage la soude solide, mais dans ce cas il faut opérer en tube scellé à une température de 170° environ [Janssen, *Ann. Chem.*, **250**, 129].

La désoxybenzoïne renfermant un groupe méthylène ayant une fonction qui se rapproche, dans une certaine mesure, de celle que possèdent les éthers malonique, acétylacétique et benzoylacétique, il était intéressant de rechercher s'il était possible de remplacer, dans les alcoyldésoxybenzoïnes, le second atome d'hydrogène de ce groupe méthylène par des radicaux organiques. Les essais tentés par MM. V. Meyer et L. Oelkers ont été infructueux. Soit qu'on traite la désoxybenzoïne par la quantité double d'alcoolate de sodium et d'éther simple, soit qu'on parte des méthyl-, éthyl-, isobutyl-, benzyldésoxybenzoïnes, et qu'on les soumette à l'action d'une nouvelle portion de sodium dissous dans l'alcool et de l'éther simple, on ne réussit point à obtenir des corps de la formule $C^6H^5 . CO . CRR . C^6H^5$ [V. Meyer et L. Oelkers, *loc. cit.*, 1301].

On peut donner de ce fait l'explication suivante : Quand on remplace, dans le méthane, 1, 2, 3 atomes d'hydrogène par 1, 2, 3 radicaux négatifs, l'hydrogène restant prend un caractère acide variable avec la nature des radicaux négatifs, mais allant en augmentant avec le nombre de ces groupes négatifs introduits.

L'inverse se produit quand, au lieu de radicaux négatifs, on introduit dans ces molécules des radicaux positifs. Or l'hydrogène du groupe méthylène de la desoxybenzoïne se trouve influencé par le radical négatif CO et par C^6H^5, dont les propriétés sont encore négatives, mais moins que celles de CO. Si on substitue à 1 atome d'hydrogène de CH^2 un radical positif, l'influence des deux groupes négatifs est amoindrie, et la nouvelle molécule n'échange plus son hydrogène contre du sodium et par conséquent ne se prête plus aux substitutions [A. Haller, *Ann. Chim. Phys.*, (6), **16**, 403].

Méthyldésoxybenzoïnes, $C^{15}H^{14}O$. — Il existe trois composés répondant à cette formule

$$C^6H^5.CO.CH.CH^3.C^6H^5,$$
Méthyldésoxybenzoïne (méthyldésyle).

$$C^6H^5.CO.CH^2.C^6H^4.CH^3,$$
p-Xylylphényle-cétone.

$$CH^3.C^6H^4.CO.CH^2.C^6H^5.$$
p-Tolylbenzyle-cétone.

Méthyldésyle (*méthyldésoxybenzoïne, diphénylméthyléthanone*),

$$C^6H^5.CO.CH.CH^3.C^6H^5.$$

— On la prépare d'après la méthode indiquée. Elle cristallise au sein de l'alcool en longues aiguilles fines, fondant à 53° et se dissolvant facilement dans l'alcool. Elle distille à 317,5-318°,5 sans se décomposer.

Son *oxime* cristallise en longs prismes transparents, fondant à 120°.

Quand on ajoute à une solution de méthyldésoxybenzoïne dans l'alcool sodé de l'azotite d'amyle, et qu'on abandonne le mélange pendant 5 à 7 jours dans un vase bien bouché et entouré de glace, on obtient une liqueur jaune, qu'on étend d'eau. Après addition d'un peu de soude caustique, on agite avec de l'éther qui enlève la méthyldésoxybenzoïne et l'azotite d'amyle non entrés en réaction. On peut alors retirer de la solution aqueuse de l'acide benzoïque et de l'acétophénone-oxime. La réaction a donc lieu suivant l'équation

$$C^6H^5.CO-\underset{\displaystyle CH^3}{\underset{|}{CH}}.C^6H^5 + AzO^2H$$
$$= C^6H^5.CO^2H + C^6H^5.C \lessgtr^{CH^3}_{AzOH}$$

[E. Ney, *D. chem. G.*, **21**, 2445].

p-Tolylbenzyle-cétone (*méthophényl-phényléthanone*), $C^6H^5.CH^2.CO.C^6H^4.CH^3$ [Mann, *D. chem. G.*, **14**, 1646. — Strassmann, *ibid.*, **22**, 1230]. — Cette acétone prend naissance quand on fait agir le chlorure d'aluminium sur un mélange de chlorure de phénylacétyle et de toluène :

$$C^6H^5.CH^2.COCl + C^6H^5.CH^3$$
$$= HCl + C^6H^5.CH^2.CO.C^6H^4.CH^3.$$

Elle cristallise en fines tablettes blanches, fondant à 107°,5 (Mann.), 109° (Strassmann). L'alcool, l'éther la dissolvent assez bien, et elle est très soluble dans le benzène et le chloroforme. Elle distille au-dessus de 360° sans se décomposer. Oxydée au moyen de l'acide azotique, cette acétone se scinde en acide p-toluique et acide téréphtalique. L'hydrogène naissant (sodium et alcool) la convertit en p-toluylbenzylcarbinol, $C^6H^5.CH^2.CHOH.C^6H^4CH^3$, et en un acide $C^{19}H^{20}O^2$, fondant à 93°,5, qui paraît être un homologue de l'acide diéthylcarbobenzoïque. Chauffée à 160° avec du phosphore et de l'acide iodhydrique concentré, elle fournit du méthylstilbène ou p-toluylphényléthylène $C^6H^5.CH=CH.C^6H^4CH^3$.

L'*oxime de la p-tolylbenzyle-cétone*,

$$C^6H^5.CH^2.\underset{\underset{\displaystyle AzOH}{||}}{C}-C^6H^4.CH^3$$

s'obtient en chauffant, pendant 12 heures, équivalents égaux d'une solution alcoolique d'hydroxylamine et de l'acétone.

Feuilles blanches cristallines, fondant à 131°.

p-Xylylphényle-cétone,

$$CH^3.C^6H^4.CH^2.CO.C^6H^5$$

[Strassmann, *loc. cit.*]. — Elle se prépare en chauffant un mélange de chlorure d'acide tolylacétique para et de benzène avec du chlorure d'aluminium :

$$C^6H^4 \lessgtr^{CH^3}_{CH^2-COCl} + C^6H^6$$
$$= HCl + C^6H^4 \lessgtr^{CH^3}_{CH^2.CO.C^6H^5}$$

— Cristaux d'un blanc jaunâtre, fondant à 94°.

L'*oxime*,

$$CH^3.C^6H^4.CH^2.\underset{\underset{\displaystyle AzOH}{||}}{C}-C^6H^5$$

se prépare en dissolvant l'acétone (1 molécule) dans l'alcool et faisant digérer le liquide avec 1 molécule de chlorhydrate d'hydroxylamine et 3 molécules de soude caustique.

Cristaux blancs, fondant à 109°. L'acide chlorhydrique les décompose à chaud, en donnant du chlorhydrate d'hydroxylamine.

Diméthyl et éthyldésoxybenzoïnes, $C^{16}H^{16}O$. — Il existe 5 composés de cette formule.

1° *α-Diméthyldésoxybenzoïne* (*diméthophényl-phényléthanone*),

$$C^6H^5.CH^2.CO.C^6H^3(CH^3)^2 \quad (1.3.5?)$$

[C. Söllscher, *D. chem. G.*, **15**, 1682]. — S'obtient en petite quantité en même temps que son isomère β quand on traite un mélange de m-xylène et de chlorure de phénylacétyle par du chlorure d'aluminium.

Cristaux fondant à 92,5-93° et se dissolvant facilement dans l'éther et dans l'alcool bouillant.

2° *β-Diméthyldésoxybenzoïne*,

$$C^6H^5.CH^2.CO.C^6H^3(CH^3)^2,$$
$$CO.CH^3.CH^3 = 1.2.4$$

[C. Söllscher, *loc. cit.*]. — Cette acétone constitue le produit principal de la réaction du chlorure de phénylacétyle sur le xylène en présence du chlorure d'aluminium.

Liquide bouillant à 350° sans se décomposer. Par oxydation il fournit de l'acide α-xylidique,

$$C^6H^3 \begin{cases} CH_{(3)} \\ CO^2H_{(4)} \\ CO^2H_{(1)} \end{cases}$$

ce qui confirme la constitution admise.

3° *Désoxytoluoïne* (*bisméthophényléthanone*),

$$CH^3.C^6H^4.CH^2.CO.C^6H^4.CH^3$$

[R. Stierlin, *D. chem. G.*, **22**, 383]. — A une dissolution de 1 partie de toluoïne dans 3 à 4 parties d'alcool à 75°, on ajoute une demi-partie de zinc et on fait bouillir. On introduit ensuite peu à peu 2 parties d'alcool à 85° saturé de gaz chlorhydrique et on continue à chauffer pendant

2 ou 3 heures. Le liquide filtré abandonne par refroidissement des aiguilles blanches, qu'on fait recristalliser dans l'alcool.

La désoxytoluoïne fond à 102°, est insoluble dans l'eau, facilement soluble dans l'alcool et dans l'éther.

L'alcoolate de sodium la colore en rouge.

Benzyldézoxytoluoïne, $C^{16}H^{15}O(C^7H^7)$. — Elle se prépare comme la benzyldésoxybenzoïne, et cristallise en fines aiguilles blanches, solubles dans l'alcool, l'éther et le benzène. Ses cristaux fondent à 92-93°.

4° Éthyldésyle (*éthyldésoxybenzoïne, diphényléthyléthanone*),

$$C^6H^5 . CO . CH . C^2H^5 . C^6H^5$$

[V. Meyer et L. Oelkers, *loc. cit.*]. — Se prépare comme le dérivé méthylé. Elle constitue de longues aiguilles fines, fondant à 58° et bouillant à 323-324°.

L'*oxime*,

$$\begin{matrix} C^6H^5 . C - CH . C^2H^5 \\ \| \\ AzOH \end{matrix}$$

cristallise dans l'alcool en aiguilles fondant à 129-130°.

5° *p-Éthyldésoxybenzoïne* (*éthophényl-phényléthanone*),

$$C^6H^5 . CH^2 . CO . C^6H^4 . C^2H^5$$

[C. Söllscher, *loc. cit.*]. — Se prépare comme ses isomères diméthylés, en chauffant un mélange d'éthylbenzène et de chlorure de phénylacétyle avec du chlorure d'aluminium.

Cette désoxybenzoïne cristallise en petites aiguilles fondant à 64°, difficilement solubles dans l'alcool froid, facilement solubles dans l'éther, le benzène et l'alcool bouillant. Elle distille sans décomposition Chauffée à 190-200° avec du phosphore et de l'acide iodhydrique, elle fournit de l'éthyle-dibenzyle,

$$C^6H^4 < \begin{matrix} CH^3 \\ CH^2 . CH^2 . C^6H^5 \end{matrix}$$

Chauffée à 150-160° avec une solution alcoolique de potasse, elle se transforme en un carbinol

$$C^6H^5 . CH^2 . CHOH . C^6H^4C^2H^5.$$

Les agents oxydants la convertissent en acide téréphtalique.

Dibromo-p-éthyldésoxybenzoïne, $C^{16}H^{14}Br^2O$. — Obtenu en ajoutant du brome à une solution éthérée d'éthyldésoxybenzoïne, ce composé cristallise en tables fondant à 113°. Il est peu soluble dans l'alcool froid, mais facilement dans l'alcool bouillant. Traité par une solution d'azotate d'argent, il cède tout son brome [C. Söllscher, *loc. cit.*].

Propyldésyle normal (*propyldésoxybenzoïne-diphénylpropyléthanone*)

$$C^6H^5 . CO . CH < \begin{matrix} C^3H^7 \\ C^6H^5 \end{matrix}$$

[E. Bischoff, *D. chem. G.*, **22**, 346]. — Obtenu par la méthode générale, ce corps cristallise en aiguilles fines et feutrées, fondant à 33° et bouillant à 328-331° (corr.).

Son *oxime* fond à 100° et cristallise dans l'alcool en aiguilles blanches.

Isopropyldésyle (*isopropyldésoxybenzoïne, diphénylméthoéthyléthanone*),

$$C^6H^5 . CO . CH < \begin{matrix} CH < \begin{matrix} CH^3 \\ CH^3 \end{matrix} \\ C^6H^5 \end{matrix}$$

(E. Buch). — Ce corps fond à 48° et bout à 324-326° (corr.).

Son *oxime* cristallise dans l'alcool en aiguilles fondant à 69-70°.

Sa *phénylhydrazone* cristallise dans l'alcool en fines aiguilles blanches fondant à 72°, et se colorant en brun au bout de quelque temps de contact avec l'air, pour se convertir finalement en une masse résineuse.

Isobutyldésyle (*isobutyldésoxybenzoïne*),

$$C^6H^5 . CO . CH . C^4H^9 . C^6H^5$$

[V. Meyer et L. Oelkers, *loc. cit.*]. — Ce dérivé est un peu moins soluble dans l'alcool que ses homologues inférieurs; il cristallise en aiguilles courtes, fondant à 78° et bouillant à 329°,5-330°,5 (corr.).

Son *oxime* cristallise en longs prismes, qui fondent à 118°.

Hexyldésyle (*hexyldésoxybenzoïne*),

$$C^6H^5 . CO . CH . C^6H^{13} . C^6H^5$$

[E. Bischoff, *loc. cit.*]. — Cristallise dans l'alcool en aiguilles ou en feuilles, fondant à 59° et bouillant à 344-346 (corr.).

L'*oxime* constitue des aiguilles qui fondent 89°.

Octyldésyle (*octyldésoxybenzoïne*),

$$C^6H^5 . CO . CH < \begin{matrix} C^8H^{17} \\ C^6H^5 \end{matrix}$$

(E. B.). — Ce corps fond à 61° et bout à 350-355°.

L'*oxime* se présente sous la forme de fines aiguilles soyeuses, fondant à 101°.

Cétyldésoxybenzoïne,

$$C^6H^5 . CO . CH(C^{16}H^{33}) . C^6H^5.$$

— Fond à 76°. Se décompose partiellement à l'ébullition vers 430° [J.-J. Sudborough, *D. chem. G.*, **25**, 2239].

Phényldésoxybenzoïne (*phényldésyle-triphényléthanone*),

$$\begin{matrix} C^6H^5 . CH . CO . C^6H^5 \\ | \\ C^6H^5 \end{matrix}$$

— Obtenu en très petite quantité par M. Klingemann [*Ann. Chem.*, **275**, 88] dans l'action du benzène sur le chlorure de diphénylacétyle, en présence du chlorure d'aluminium. N'a pu être isolé dans un état de pureté complète. Aiguilles très légères, fondant à 125-128°, assez solubles dans l'alcool bouillant.

Benzyldésyle (*benzyldésoxybenzoïne-triphényl 1.2.3-propanone 3*),

$$C^6H^5 . CO . CH < \begin{matrix} C^7H^7 \\ C^6H^5 \end{matrix}$$

[V. Meyer et L. Oelkers, *loc. cit.*]. — Elle a été préparée avec le chlorure de benzyle et constitue des aiguilles courtes, fondant à 120°. L'alcool la dissout difficilement à froid, mais plus facilement à chaud. Chauffée avec de la soude solide et du chlorure de benzyle, elle paraît fournir de la benzylidène-désoxybenzoïne, fondant à 102° [Janssen, *Ann. Chem.*, **250**, 132].

L'*oxime*, après plusieurs cristallisations dans l'alcool étendu, dans lequel elle se dissout difficilement, se présente sous la forme d'aiguilles brillantes, qui fondent à 208°.

Traitées par PCl^5, les alcoyldésoxybenzoïnes se transforment en dérivés chlorés du stilbène. M. Sudborough [*D. chem. G.*, **25**, 2237] a obtenu ainsi

$$C^6H^5 . CR = CCl . C^6H^5, \text{ où } R = CH^3, C^2H^5, C^7H^7.$$

Nous avons vu qu'il n'a pas été possible jusqu'à présent de remplacer le deuxième hydrogène du groupement méthylénique de la désoxybenzoïne;

M. Buddeberg s'est proposé d'introduire dans cette molécule un radical *non saturé*, l'allyle, pour voir l'influence de ce radical sur la substitution du second hydrogène [Buddeberg, *D. chem. G.*, 23, 2066; *Bull. Soc. Chim.*, (3), 6, 101].

ALLYLDÉSOXYBENZOÏNE,

$$C^6H^5 . CO . CH(C^3H^5) . C^6H^5$$

— Se prépare, d'après la méthode générale, par l'action de l'iodure d'allyle sur la désoxybenzoïne sodée. Le produit traité par l'eau est repris par l'éther; il reste une huile d'un brun jaunâtre qui passe en majeure partie à 335-337°. Elle est soluble dans l'alcool, et possède une odeur un peu moins intense que l'iodure d'allyle. Il n'a pas été possible de préparer son oxime et son hydrazone à l'état de pureté.

En traitant l'allyldésoxybenzoïne par l'alcoolate de sodium et le chlorure de benzyle, on ne modifie pas le produit : il ne se forme que de l'éther benzylique.

O-NITROBENZYLDÉSOXYBENZOÏNE,

$$C^6H^5 . CO . CH . C^6H^5$$
$$CH^2_{(1)} . C^6H^4 . AzO^2_{(2)}$$

— Le chlorure d'o-nitrobenzyle réagit avec beaucoup de violence sur la désoxybenzoïne sodée. Pour réussir l'opération, il convient d'opérer avec une solution alcoolique de chlorure et d'éviter tout échauffement. On lave la masse avec de l'alcool et de l'eau, et on fait cristalliser dans l'alcool.

Aiguilles cristallines, fondant à 100-102°, solubles dans les véhicules usuels, se décomposant partiellement à la distillation.

Réduit par la limaille de fer et l'acide acétique à chaud, il se transforme en *α-β-diphénylquinoléine*, fondant à 95-96° :

[Formule développée : noyau benzénique portant CH^2 — $CH . C^6H^5$ — $CO . C^6H^5$ et AzO^2, $+ 2H^2$
$= 3H^2O +$ noyau quinoléique : CH, $C . C^6H^5$, $C . C^6H^5$, Az]

PARANITROBENZYLDÉSOXYBENZOÏNE. — Se prépare comme son isomère. Cristallise dans l'alcool sous la forme de fines aiguilles fondant à 110-112°. Se décompose pendant la distillation; sa solubilité dans l'alcool est un peu moindre que celle du dérivé en ortho. On a essayé, mais sans résultat, de remplacer dans ces deux corps le dernier atome d'hydrogène par le radical benzyle.

Le dérivé en para, réduit par le chlorure d'étain et l'acide chlorhydrique, ne donne pas de composé cyclique (cette propriété n'appartient en général qu'aux combinaisons en ortho); on n'obtient dans ce cas que la

P-AMIDOBENZYLDÉSOXYBENZOÏNE,

$$C^6H^5 . CO . CH . C^6H^5$$
$$CH^2_{(1)} . C^6H^4 . AzH^2_{(4)}$$

— Cristallisée dans l'alcool, cette base se présente sous la forme de belles aiguilles fondant à 140-141°; elle distille sans décomposition, et est soluble dans les solvants habituels.

Son *chlorhydrate* est très soluble dans l'alcool absolu; il cristallise dans l'alcool étendu en donnant de fines aiguilles. On l'obtient comme produit de réduction directe sous la forme d'un chlorostannate, qu'il suffit de décomposer par l'hydrogène sulfuré [Buddeberg, *loc. cit.*].

BENZYLIDÈNE-DÉSOXYBENZOÏNE,

$$C^6H^5 . CO . C . C^6H^5$$
$$\| $$
$$CH . C^6H^5$$

[E. Knœvenagel et R. Weissgerber, *D. chem. G.*, 26, 441]. — Se forme en même temps que la benzamarone dans l'action de l'aldéhyde benzylique sur la désoxybenzoïne, en présence des alcalis :

$$C^6H^5 . CH^2 . CO . C^6H^5 + C^6H^5 . CHO$$
$$= H^2O + \begin{matrix} C^6H^5 . C - CO . C^6H^5 \\ \| \\ C^6H^5 . CH \end{matrix}$$

A 5 grammes de désoxybenzoïne on ajoute 25 grammes d'aldéhyde benzylique étendue de son volume d'alcool, et dans le mélange plongé dans l'eau glacée on introduit 2 grammes de potasse dissous dans 5 centimètres cubes d'alcool et 5 centimètres cubes d'eau. La condensation met 2 ou 3 jours à s'effectuer; pendant les premières heures il faut avoir soin de refroidir. La bouillie cristalline qui se forme est lavée à l'alcool étendu, puis à l'eau et séchée. Pour enlever les benzamarones qui se forment simultanément, on profite de leur très faible solubilité dans l'alcool. Ce liquide dissout presque uniquement la benzylidène-désoxybenzoïne, qui se dépose sous la forme d'aiguilles brillantes, longues souvent de plusieurs centimètres. Le nouveau produit fond exactement à 100°; il est très soluble dans le benzène, le sulfure de carbone, l'acide acétique cristallisable et l'alcool chaud, soluble dans l'alcool froid et la ligroïne.

Son *oxime* fond à 208-209°; on l'obtient en chauffant l'acétone en solution alcoolique concentrée avec son poids de chlorhydrate d'hydroxylamine pendant 5 ou 6 heures, à 180°. Insoluble dans les acides et les alcalis.

Sa *phénylhydrazone* fond à 163-164°; elle est très soluble dans les solvants ordinaires. Ses solutions alcoolique, éthérée et benzénique possèdent une fluorescence bleu foncé.

La benzylidène-désoxybenzoïne, étant un produit non saturé, se combine facilement au brome, en présence d'une trace d'iode. On opère au sein de sulfure de carbone.

Le *dérivé bibromé*, cristallisé dans l'alcool, est constitué par de grands feuillets nacrés ou des aiguilles qui fondent à 135°, en se décomposant avec violence.

L'acide iodhydrique réagit à froid sur le mélange équimoléculaire de désoxybenzoïne et d'aldéhyde benzylique, pour donner un *produit d'addition iodé* de la benzylidène-désoxybenzoïne,

$$C^6H^5 . CH . CO . C^6H^5$$
$$C^6H^5 . CH$$

corps soluble dans le chloroforme, l'acide acétique cristallisable et la ligroïne, plus difficilement dans l'alcool, l'éther, le benzène. Son point de fusion varie entre 155 et 170°, suivant les véhicules employés à le faire cristalliser; peut-être est-ce un mélange de deux composés stéréo-isomériques [Klages et Knœvenagel, *D. chem. G.*, 26, 450].

CHLOROBENZYLDÉSOXYBENZOÏNE,

$$C^6H^5 . CH . CO . C^6H^5$$
$$C^6H^5 . CHCl$$

[*ibid.*, 447]. — On dissout, en chauffant, 1 molécule de désoxybenzoïne dans 1 molécule d'aldéhyde benzylique, puis on refroidit et on sature la solution de gaz chlorhydrique. Il ne tarde pas à se former des cristaux, qu'on exprime sur de la porcelaine dégourdie et qu'on fait recristalliser dans l'alcool, puis dans l'acide acétique cristallisable qui les dissout facilement. Ils fondent à 180-182° et sont assez peu solubles dans l'alcool, l'éther, la ligroïne et le benzène.

Dans les eaux mères se trouve un produit de même composition, qu'on n'a pu complètement isoler; il fond de 145 à 167°, suivant les solvants employés. Il se forme de préférence quand on sature avec le gaz chlorhydrique à une température très basse. On a là probablement, comme dans le cas précédent, un stéréo-isomère du produit fondant à 180-182°.

Chauffée à 190-200°, la chlorobenzyldésoxybenzoïne dégage du chlorure de benzoyle, et se transforme en *stilbène*; la réaction est *quantitative* :

$$\begin{array}{l} C^6H^5.CH.CO.C^6H^5 \\ \quad | \\ C^6H^5.CHCl \end{array}$$
$$= C^6H^5.COCl + C^6H^5.CH{=}CH.C^6H^5.$$

Enfin, quand on traite la chlorobenzyldésoxybenzoïne par de la potasse concentrée et très chaude, on lui enlève 1 molécule d'acide chlorhydrique et on obtient, avec d'excellents rendements, la *benzylidène-désoxybenzoïne.*

La benzylidène-désoxybenzoïne peut, en présence d'alcoolate de sodium, se condenser avec la désoxybenzoïne pour donner une *benzamarone*, fondant à 217-218° :

$$\begin{array}{l} C^6H^5.C.CO.C^6H^5 \\ \quad \| \\ C^6H^5.CH \end{array} + C^6H^5.CH^2.CO.C^6H^5$$
$$= \begin{array}{l} C^6H^5.CH.CO.C^6H^5 \\ \quad | \\ C^6H^5.CH \\ \quad | \\ C^6H^5.CH.CO.C^6H^5 \end{array}$$

Elle se condense, dans les mêmes conditions, avec le cyanure de benzyle pour former l'α-β-γ-*triphényl-γ-benzoylbutyronitrile* (*tétraphényl 1.2.3.4-butanone 1-méthylnitrile 4*

$$\begin{array}{l} C^6H^5.C.CO.C^6H^5 \\ \quad \| \\ C^6H^5.CH \end{array} + C^6H^5.CH^2.CAz$$
$$= \begin{array}{l} C^6H^5.CH.CO.C^6H^5 \\ \quad | \\ C^6H^5.CH \\ \quad | \\ C^6H^5.CH-CAz \end{array}$$

produit que l'on peut, par cristallisation fractionnée, séparer en deux stéréo-isomères, fondant l'un à 183-184°, l'autre à 219-220°.

On obtient encore, presque quantitativement, ce dernier produit, fondant à 219°, en copulant la désoxybenzoïne avec le nitrile α-phénylcinnamique, en présence d'alcoolate de sodium [Knœvenagel et Weissgerber, *D. chem. G.*, **26**, 444-446].

La désoxybenzoïne se condense avec l'*acétylbenzène* en présence de la potasse et de l'oxygène de l'air, en donnant un composé analogue à la benzamarone :

$$C^6H^5.CO.CH^3 + 2C^{14}H^{12}O + O^2$$
$$= C^{30}H^{28}O^3 + 2H^2O.$$

Aiguilles fondant à 198°, solubles dans l'alcool et dans l'éther acétique.

Enfin, elle se condense avec le *furfurol*, comme avec l'aldéhyde benzylique, en présence de l'alcoolate de sodium

$$C^4H^3O.CHO + 2C^{14}H^{12}O = H^2O + C^{32}H^{26}O^3.$$

Le rendement est extrêmement faible. Aiguilles incolores, fondant à 196°, solubles dans l'alcool [Klingemann, *Ann. Chem.*, **275**, 81-82].

DÉSYLANILIDES. — On prépare ces corps en faisant agir 1 molécule de bromure de désyle sur 2 molécules d'amine en solution alcoolique :

$$C^6H^5.CO.CHBr.C^6H^5 + 2C^6C^5.AzH^2$$
$$= \begin{array}{l} C^6H^5.CO.CH.C^6H^5 \\ \quad\quad\quad | \\ \quad\quad AzH.C^6H^5 \end{array} + C^6H^5.AzH^2.HBr$$

[A. Bischler et P. Fireman, *D. chem. G.*, **26**, 1337].

DÉSYLANILIDE (*diphényl-phénylamino-éthanone*), $C^6H^5.CO.CH(AzH.C^6H^5).C^6H^5$. — Aiguilles jaunes, fondant à 97-98°, peu solubles dans l'alcool froid et dans l'éther, très solubles dans l'alcool chaud et dans le benzène.

Grâce à leur nature basique, les désylanilides sont susceptibles de se combiner aux acides minéraux; mais ce sont des bases faibles.

Chlorhydrate de désylanilide,

$$C^{20}H^{17}AzO.HCl.$$

— Obtenu en faisant passer un courant d'acide chlorhydrique dans une solution éthérée de désylanilide. Corps blanc qu'on peut faire cristalliser dans de l'alcool chargé d'acide chlorhydrique; décomposé par l'eau, peu soluble dans l'alcool froid, facilement soluble dans l'alcool chaud. Se décompose peu à peu.

Dans les désylanilides, l'hydrogène uni à l'azote peut être remplacé par des radicaux acides; il suffit de chauffer la base avec l'anhydride acide au bain-marie.

Le *dérivé acétylé*,

$$\begin{array}{l} C^6H^5.CO.CH.C^6H^5 \\ \quad\quad\quad | \\ CH^3.CO.Az.C^6H^5 \end{array}$$

est un corps blanc, fondant à 155°, peu soluble dans l'eau chaude et dans l'éther, facilement soluble dans l'alcool et dans le benzène.

DÉSYL-P-TOLUIDE,

$$C^6H^5.CO.CH(AzH.C^6H^4.CH^3).C^6H^5.$$

— Aiguilles d'un jaune intense; se comporte pour la solubilité comme la désylanilide. Fond à 145°.

Son *chlorhydrate*, $C^{21}H^{19}AzO.HCl$, possède les propriétés du chlorhydrate de désylanilide. Son *dérivé acétylé* fond à 150°.

Le *désyl-o-toluide* n'a pu être obtenu cristallisé.

Le *désyl-β-naphtalide*,

$$C^6H^5.CO.CH(AzH.C^{10}H^7).C^6H^5,$$

s'obtient dans l'action du bromure de désyle sur la β-naphtylamine. Huile qui ne tarde pas à cristalliser. Point de fusion, 131-132°.

Son *chlorhydrate* se prépare et se comporte comme ceux de désylanilide et de désyltoluide.

ÉTHER DÉSYLFORMIQUE (*éther phénylbenzoylacétique, diphényl-éthanone-méthyloate de méthyle*),

$$\begin{array}{l} C^6H^5.CO.CH.C^6H^5 \\ \quad\quad\quad | \\ \quad\quad CO^2.CH^3 \end{array}$$

[C. Rattner, *D. chem. G.*, **21**, 1321]. — On dissout du sodium dans l'alcool absolu; on évapore la solution et on chauffe le résidu à 200° dans un courant d'hydrogène. A l'alcoolate sec on ajoute une solution de désoxybenzoïne dans l'éther, on chasse celui-ci et on chauffe de nouveau à 200° jusqu'à ce qu'il se produise un brouillard blanc dans le ballon. Après refroidissement, on ajoute de l'éther et un excès d'éther chlorocarbonique; la réaction commence à froid, on la termine au bain-marie. Le produit est ensuite traité par l'eau, qui sépare une huile qu'on dissout dans l'éther. Après avoir lavé cette solution avec de l'eau, on l'abandonne sous une cloche à dessiccation, dans laquelle on fait le vide. On obtient ainsi une huile qui, distillée, se décompose en acide carbonique, en stilbène et en un produit huileux accompagné d'une petite quantité d'acide benzoïque. Ce produit huileux peut être de l'acétylbenzène, de sorte qu'on peut traduire la réaction de la façon suivante (?) :

$$2\left(\begin{array}{l} C^6H^5.CO.CH-C^6H^5 \\ \qquad\qquad\;\; | \\ \qquad\qquad CO^2.CH^3 \end{array}\right)$$

$$= 2\,CO^2 + \underset{\text{Acétylbenzène.}}{C^6H^5.CO-CH^3} + \underset{\text{Stilbène.}}{C^{14}H^{12}}.$$

Quand on traite cet éther par de la potasse alcoolique et froide, le tout se prend en masse au bout de quelques jours, et on obtient de la désoxybenzoïne, de la benzoïne et du benzhydrol. Traite-t-on la désoxybenzoïne sodée par du chlorocarbonate d'éthyle, il se forme du stilbène en assez grande quantité dès le commencement de la réaction, et on n'obtient qu'une très petite quantité d'huile.

ACIDE DÉSYLACÉTIQUE (*acide diphényléthanone-éthyloïque*),

$$\begin{array}{l} C^6H^5.CO.CH.C^6H^5 \\ \qquad\qquad\; | \\ \qquad\quad CH^2-CO^2H \end{array}$$

[V. Meyer et L. Oelkers, *D. chem. G.*, **24**, 1305; Knœvenagel, **21**, 1349]. — Obtenu en traitant la désoxybenzoïne sodée par les éthers iodo, bromo, chloro-acétique.

L'éther chloracétique donnant des résultats peu constants, M. Knœvenagel conseille d'opérer de la façon suivante : On ajoute à 1 molécule de désoxybenzoïne dissoute dans de l'alcoolate de sodium en quantité voulue 1 molécule d'éther monobromacétique. La réaction commence aussitôt; on la termine en chauffant au bain-marie pendant 5 à 10 minutes. Le produit est ensuite additionné d'un excès d'une solution de potasse à 10-15 0/0, et chauffé au bain-marie pendant 2 heures, au bout desquelles la saponification est complète. Après refroidissement, on étend d'eau et on enlève, au moyen de l'éther, la désoxybenzoïne non entrée en réaction. La solution aqueuse est additionnée d'acide chlorhydrique; le précipité qui se forme est redissous dans l'ammoniaque, et la liqueur filtrée pour la débarrasser d'une nouvelle quantité de désoxybenzoïne. La solution ammoniacale acidulée fournit enfin un produit pur, qu'il suffit de faire cristalliser dans l'alcool.

Cet acide se présente sous la forme de petites aiguilles blanches, fondant à 156°. Il se dissout dans la potasse caustique, moins bien dans la soude.

Le *sel d'argent* est blanc, celui *de cuivre* est bleu, ceux *de zinc* et *de plomb* sont blancs et tous sont insolubles dans l'eau froide, mais un peu solubles dans l'eau chaude. Les *sels de calcium* et *de baryum* sont un peu plus solubles dans l'eau.

D'après E. Klingemann [*Ann. Chem.*, **269**, 134], l'acide désylacétique fond à 160-161°, sans décomposition. Vers 210-220° il se dégage de la vapeur d'eau, et l'acide se transforme en *diphénylcrotolactone* (*diphényl 1.2-éthène-éthylolide 1.2²*),

$$\begin{array}{l} C^6H^5.CH.CH^2 \\ \qquad\;\; | \quad\;\; | \\ C^6H^5.CO.CO^2H \end{array} = \begin{array}{l} C^6H^5.C - CH^2 \\ \qquad\;\; \| \quad\;\; | \\ C^6H^5.C \quad CO \\ \qquad\;\; \diagdown \; \diagup \\ \qquad\quad O \end{array} + H^2O.$$

Ce produit cristallisé dans un mélange de benzène et d'éther de pétrole forme des aiguilles blanches, fondant à 151°,5.

Si l'on fait réagir la phénylhydrazine sur l'acide désylacétique, soit en solution alcoolique à 100°, soit en chauffant directement le mélange des deux substances et distillant ensuite dans le vide, on obtient, après cristallisation dans l'alcool, un produit fusible à 110°, constitué par des tablettes incolores à 6 pans, appartenant au système rhombique. Ce composé est l'*anilidodiphénylpyrrolone*, formé d'après l'équation

$$\begin{array}{l} C^6H^5.CH.CH^2 \\ C^6H^5.CO.CO^2H \end{array} + C^6H^5.AzH.AzH^2$$

$$= \begin{array}{l} C^6H^5.C - CH^2 \\ \qquad\;\; \| \quad\;\; | \\ C^6H^5.C \quad CO \\ \qquad\;\; \diagdown \; \diagup \\ \quad Az.AzH.C^6H^5 \end{array} + 2\,H^2O$$

Le sodium, en solution dans l'alcool amylique, le réduit à l'état d'aniline et de *diphénylpyrrolidone*,

$$\begin{array}{l} C^6H^5.CH-CH^2 \\ \qquad\;\; | \quad\;\; | \\ C^6H^5.CH \quad CO \\ \qquad\;\; \diagdown \; \diagup \\ \qquad\; AzH \end{array}$$

fondant à 207°.

En même temps que la pyrrolone, il se forme dans l'action de la diphénylhydrazine sur l'acide désylacétique un composé peu soluble dans l'alcool, lequel, après cristallisation dans l'acide acétique cristallisable, constitue de petites aiguilles fines, ordinairement colorées en jaune orangé, fondant sans décomposition à 243°. C'est un *produit d'oxydation* de la pyrrolone :

$$\underset{\text{Anilidodiphénylpyrrolone.}}{2\,C^{22}H^{18}Az^2O} = C^{44}H^{34}Az^4O^7 + H^2.$$

L'acide désylacétique chauffé avec de l'aniline, puis distillé dans le vide, fournit une huile qui se concrète et qui, après cristallisation dans l'alcool étendu, dans le benzène et dans l'acide acétique cristallisable, se présente sous la forme d'aiguilles blanches, fondant à 189-190°. C'est la *triphénylpyrrolone*, dont l'équation suivante explique la formation :

$$\begin{array}{l} C^6H^5.CH.CH^2 \\ \qquad\;\; | \quad\;\; | \\ C^6H^5.CO.CO^2H \end{array} + C^6H^5.AzH^2$$

$$= \begin{array}{l} C^6H^5.C - CH^2 \\ \qquad\;\; \| \quad\;\; | \\ C^6H^5.C \quad CO \\ \qquad\;\; \diagdown \; \diagup \\ \quad Az.C^6H^5 \end{array} + 2\,H^2O.$$

Il reste dans le ballon un produit qu'on a purifié en le traitant par l'acide acétique bouillant, et le faisant bouillir ensuite dans l'alcool. Masse cristalline blanche qui ne fond pas encore à 300°, et qui est un produit d'oxydation de la pyrrolone,

$$\underset{\text{Triphénylpyrrolone.}}{2\,C^{22}H^{17}AzO} = C^{44}H^{32}Az^2O^2 + H^2.$$

ACIDE β-DÉSYLPROPIONIQUE (*diphényléthanone-propyloïque*),

$$C^6H^5.CO.\underset{\displaystyle CH^2.CH^2.CO^2H}{CH}.C^6H^5$$

[Knœvenagel, *loc. cit.*, 1351]. — Cet acide a été préparé, comme son homologue inférieur, en traitant la désoxybenzoïne sodée par l'éther β-iodopropionique et saponifiant :

$$C^6H^5.CO.CHNa.C^6H^5 + CH^2I.CH^2.CO^2C^2H^5 = \begin{matrix} C^6H^5.CO.CH.C^6H^5 \\ | \\ CH^2.CH^2.CO^2C^2H^5 \end{matrix} + NaI$$

L'acide β-désylpropionique est insoluble dans l'eau, soluble dans l'alcool, très soluble dans l'éther et dans l'alcool bouillant. Au sein de ce dernier dissolvant, il cristallise en aiguilles blanches et fines qui fondent à 136°.

Le *sel d'argent* est un précipité blanc et floconneux, soluble dans l'eau bouillante.

Les *sels de calcium* et *de baryum* constituent des précipités blancs, floconneux, un peu solubles dans l'eau froide.

Le *sel de zinc* est blanc, renferme de l'eau de cristallisation et est peu soluble dans l'eau chaude.

Le *sel de cuivre* est d'un vert bleuâtre, renferme également de l'eau de cristallisation et est peu soluble dans l'eau bouillante.

β-*Désylpropionate de méthyle*

$$C^6H^5.CO.\underset{\displaystyle CH^2.CH^2.CO^2CH^3}{CH}.C^6H^5$$

— Cet éther a été obtenu en traitant une solution de l'acide β-désylpropionique dans l'alcool méthylique par un courant d'acide chlorhydrique.

Aiguilles incolores, fondant à 63-64°, solubles dans l'alcool et dans l'éther, insolubles dans l'eau.

β-*Désylpropionate d'éthyle*,

$$C^6H^5.CO.\underset{\displaystyle CH^2.CH^2.CO^2C^2H^5}{CH}.C^6H^5$$

— Préparé comme son homologue, cet éther cristallise dans l'alcool en petites aiguilles légèrement jaunâtres, qui fondent à 33-34°. Il est facilement soluble dans l'alcool et dans l'éther, insoluble dans l'eau.

ACIDE α-DÉSYLPROPIONIQUE (*diphényléthanone-méthoéthyloïque*),

$$C^6H^5.CO.CH.C^6H^5$$
$$CH^3.CH.CO^2H$$

— Préparé comme son isomère ; seulement, au lieu d'employer de l'éther β-iodopropionique, on s'est servi de l'éther α-bromopropionique. Le rendement n'est pas aussi avantageux.

L'acide α-désylpropionique est insoluble dans l'eau et est moins soluble dans l'alcool et dans l'éther que son isomère β. Il cristallise dans l'alcool en aiguilles fines et incolores qui fondent à 213-215°.

Le *sel d'argent*, obtenu en précipitant une solution ammoniacale de l'acide par de l'azotate d'argent, est un précipité blanc, floconneux, difficilement soluble dans l'eau froide, un peu soluble dans l'eau chaude.

Le *sel ammoniacal* donne, avec les *sels de baryum* et *de calcium*, des précipités blancs, floconneux, solubles dans l'eau bouillante, avec les *sels de cuivre* et *de zinc* des précipités insolubles dans l'eau froide, un peu solubles dans l'eau bouillante.

ACIDE DÉSYLMALONIQUE. — M. Knœvenagel décrit sous ce nom une huile brunâtre provenant : 1° de la saponification du produit de l'action de l'éther bromomalonique sur la désoxybenzoïne sodée ; 2° du traitement à la potasse caustique du résultat de l'action de la bromodésoxybenzoïne sur l'éther sodomalonique. Cet acide ne cristallise pas et n'a pu être purifié.

DÉSYLACÉTOPHÉNONE (*triphényl* 1.2.4-*butanedione* 1.4),

$$C^6H^5.CO.\underset{\displaystyle CH^2.COC^6H^5}{CH}.C^6H^5$$

[Alex. Smith, 1890, *Chem. Soc.*, 643]. — Ce corps a été préparé en faisant bouillir 18 grammes d'acétophénone, 31 grammes de benzoïne, 4 grammes de cyanure de potassium, 75 grammes d'eau mélangée à un poids égal d'alcool. Au bout d'une demi-heure il commence à se former un produit huileux. On le rassemble après 5 quarts d'heure ; il ne tarde pas à se prendre en masse ; on essore et on fait cristalliser dans l'alcool bouillant. Cristaux jaunâtres, monocliniques, fondant à 126°. L'équation suivante explique la réaction :

$$C^6H^5.CO.CH(OH).C^6H^5 + CH^3.CO.C^6H^5 = H^2O + \begin{matrix} C^6H^5.CO.CH.C^6H^5 \\ | \\ CH^2.CO.C^6H^5 \end{matrix}$$

La désylacétophénone est très soluble dans l'alcool et l'acide acétique chauds, dans l'éther, le chloroforme et le benzène. Les alcalis, les acides étendus, même l'acide chlorhydrique fort, ne l'attaquent pas. L'anhydride acétique et le brome en solution chloroformique sont sans action sur elle.

L'acide sulfurique concentré et froid la transforme en *triphénylfurfurane* :

$$\begin{matrix} C^6H^5.CO.CH.C^6H^5 \\ | \\ CH^2.CO.C^6H^5 \end{matrix} = H^2O + \begin{matrix} C^6H^5-C = C(C^6H^5) \\ | \\ CH-C(C^6H^5) \end{matrix} \!\!>\! O.$$

Chauffée pendant 4-5 heures en tube scellé à 150° avec un excès d'ammoniaque alcoolique, la désylacétophénone donne de la *triphénylpyrroline* :

$$\begin{matrix} C^6H^5.CO.CH.C^6H^5 \\ | \\ CH^2.CO.C^6H^5 \end{matrix} + AzH^3 = \begin{matrix} C^6H^5.C = C(C^6H^5) \\ | \\ CH = C(C^6H^5) \end{matrix} \!\!>\! AzH + 2H^2O,$$

corps fusible à 140-141°.

Si l'on fait bouillir pendant 4 heures une solution de désylacétophénone dans l'acide acétique cristallisable avec de l'aniline, on obtient la *tétraphénylpyrroline*, qui fond à 196-197°.

Le pentasulfure de phosphore à 150° donne du *triphénylthiophène*, fusible à 127°

Dans les conditions ordinaires, même à 150°, la phénylhydrazine ne semble pas avoir d'action sur la désylacétophénone ; mais en présence d'acide acétique, en chauffant poids égaux des deux corps, il y a élimination de 2 molécules d'eau et formation de *tétraphényldihydrooïazine*,

$$C^{22}H^{18}O^2 + C^6H^5.AzH.AzH^2 = C^{28}H^{22}Az^2 + 2H^2O,$$

aiguilles jaunes, fusibles à 149°. Si l'on chauffe le mélange pendant quelques heures, et qu'avant le refroidissement on ajoute un peu d'eau, il se forme de la tétraphénylpyrroline. Ce même corps prend naissance lorsqu'on emploie un excès de phénylhydrazine.

Monohydroxime, $C^{22}H^{18}O = AzOH$. — On l'obtient en chauffant 1 molécule de désylacétophénone, 3 molécules de chlorhydrate d'hydroxylamine et 3 molécules d'acétate de soude dans de l'acide acétique étendu d'un peu d'eau. Par refroidissement l'hydroxime cristallise. Elle fond à 151°, se dissout dans l'éther et dans l'alcool, très facilement dans l'acide acétique chaud, est insoluble dans l'eau bouillante et dans les alcalis.

Dihydroxime, $C^{22}H^{18}(AzOH)^2$. — On chauffe pendant 4 heures, au réfrigérant à reflux, 1 molécule de désylacétophénone, 2^{mol},5 de chlorhydrate d'hydroxylamine et 6 molécules de soude en solution alcoolique étendue, puis on distille l'alcool et on précipite par l'eau. La dioxime fond à 215° en dégageant de l'azote ; elle est insoluble dans les alcalis, même à chaud.

p-Désylphénol (*diphényl-phénylolèthanone*),

$$\begin{array}{l} C^6H^5 . CH . CO . C^6H^5 \\ \quad\; | \\ \quad C^6H^4 . OH \end{array}$$

[F. Japp et G.-H. Wadsworth, *Chem. Soc.*, **58**, 965]. — Quand on traite un mélange de benzoïne (100 grammes) et de phénol (150 grammes) par de l'acide sulfurique concentré (1500 grammes), la masse s'échauffe spontanément et il se forme un acide sulfoconjugué du p-désylphénol :

$$C^6H^5 . CH(OH) . CO . C^6H^5 + C^6H^5 . OH + H^2SO^4$$
$$= \begin{array}{l} C^6H^5 . CH . CO . C^6H^5 \\ C^6H^3 \begin{cases} OH \\ SO^3H \end{cases} \end{array} + 2H^2O.$$

Le *sel de calcium* cristallise avec $7H^2O$.

Cet acide, chauffé en tube scellé à 150° avec de l'acide chlorhydrique concentré, se décompose en p-désylphénol, que l'on purifie en le faisant bouillir avec une solution de carbonate de soude. Cristallisé dans un mélange de benzène et d'éther de pétrole, il se présente sous la forme de lamelles incolores, fondant à 133°, bouillant à 309-314°, sous une pression de 45 millimètres. Ce corps est soluble dans les alcalis, d'où il est précipité par l'acide carbonique.

Le *dérivé acétylé*,

$$\begin{array}{l} C^6H^5 . CH . CO . C^6H^5 \\ \quad\; | \\ \quad C^6H^4 . O . C^2H^3O \end{array}$$

est constitué par des aiguilles blanches, fusibles à 106-107°, distillant à 325-330° sous 40 millimètres.

Le *dérivé diacétylé*,

$$\begin{array}{l} C^6H^5 . C = C(OC^2H^3O) . C^6H^5 \\ \quad\; | \\ \quad C^6H^4 . O . C^2H^3O \end{array}$$

fond à 186-187°.

Traité par l'iodure de méthyle, le sel de soude se transforme en *p-désylanisoïle*,

$$\begin{array}{l} C^6H^5 . CH . CO . C^6H^5 \\ \quad\; | \\ \quad C^6H^4 . OCH^3 \end{array}$$

fusible à 90-92°, insoluble dans les lessives alcalines.

Réduit par le sodium, en solution dans l'alcool amylique, le p-désylphénol est converti en *hydrodésylphénol*,

$$\begin{array}{l} C^6H^5 . CH . CH(OH) . C^6H^5 \\ \quad\; | \\ \quad C^6H^4 . OH \end{array}$$

Aiguilles blanches, fusibles à 161-162°.

Le *diacétylhydrodésylphénol* fond à 156-157°.

Chauffé à 130° avec de l'acide iodhydrique et du phosphore, le p-désylphénol se scinde en dibenzyle et phénol. La potasse en fusion le transforme en p-benzylphénol et acide benzoïque, fait qui met hors de doute la constitution de ce composé. Cependant on n'a pas réussi à combiner le p-désylphénol à l'hydroxylamine et à la phénylhydrazine. Enfin on a constaté que dans ce dérivé de la désoxybenzoïne, comme dans tous les autres, l'hydrogène du groupe CH ne peut pas être remplacé par un radical alcoolique.

Désylphtalimide,

$$\begin{array}{l} C^6H^5 . CO . CH . C^6H^5 \\ \qquad\qquad\;\; | \\ C^6H^4 \begin{cases} CO \\ CO \end{cases} Az \end{array}$$

[A. Neumann, *D. chem. G.*, **23**, 994]. — Obtenue en chauffant à 100° un mélange intime de bromure de désyle et de phtalimide potassique. On lave à l'eau bouillante, puis avec de la soude étendue et on fait cristalliser dans l'acide acétique bouillant. Petits cristaux, faiblement colorés en jaune, presque insolubles dans l'alcool, fondant à 157-158°.

Acide désylphtalamique,

$$\begin{array}{l} C^6H^5 . CO . CH . C^6H^5 \\ \qquad\qquad\;\; | \\ C^6H^4 \begin{cases} CO . AzH \\ CO^2H \end{cases} \end{array}$$

— On chauffe un mélange équimoléculaire de désylphtalimide et de soude jusqu'à dissolution complète, puis on précipite par l'acide chlorhydrique étendu. L'acide fond à 168°.

Le *sel d'argent* s'obtient en neutralisant l'acide par l'ammoniaque et précipitant par le nitrate d'argent. Masse cristalline spongieuse.

Désylamine, $C^6H^5 . CO . CH(AzH^2) . C^6H^5$. — Si l'on fait bouillir l'acide précédent avec de l'acide chlorhydrique concentré, il se décompose en acide phtalique et chlorhydrate de l'amine. Ce dernier est insoluble dans l'acide chlorhydrique concentré, et il fond à 210°. La base libre se décompose avec une extrême facilité, même quand on la sèche dans le vide.

Le *chloroplatinate* constitue des cristaux d'un brun jaune, fondant à 192-193°.

Le *picrate* se présente sous la forme de cristaux jaunes, peu solubles On obtient ces deux sels en traitant le chlorhydrate par le chlorure de platine et l'acide chlorhydrique, ou par une solution d'acide picrique.

Ajoutons que la désylamine paraît identique avec une base obtenue par M. E. Braun [*D. chem. G.*, **22**, 556] en réduisant la monoxime du benzile par le chlorure d'étain et l'acide chlorhydrique.

Bidésyle (*tétraphényle* 1.2.3.4-*butane-dione* 1.4),

$$\begin{array}{l} C^6H^5 . CH . CO . C^6H^5 \\ \qquad\quad | \\ C^6H^5 . CH . CO . C^6H^5 \end{array}$$

[Knœvenagel, *loc. cit.*, 1357]. — Ce composé s'obtient : 1° en traitant 1 molécule de désoxybenzoïne par 1 molécule d'alcoolate de sodium et ajoutant au mélange 1 molécule de bromure de désyle,

$$C^6H^5 . CO . CHBrC^6H^5 + C^6H^5 . CO . CHNaC^6H^5$$
$$= BrNa + \begin{array}{l} C^6H^5 . CH . CO . C^6H^5 \\ \qquad\quad | \\ C^6H^5 . CH . CO . C^6H^5 \end{array}$$

2° En dissolvant 2 atomes de sodium dans 10 fois leur poids d'alcool absolu, y ajoutant

1 molécule de désoxybenzoïne, chauffant légèrement pour favoriser la dissolution, et introduisant dans ce liquide refroidi une solution éthérée de 1/2 molécule d'iode. On agite le tout avec du mercure pour enlever l'iode non entré en réaction et on évapore au bain-marie. Le résidu est traité par de l'eau ; la partie insoluble est lavée avec de l'alcool bouillant et mise à cristalliser dans le benzène :

$$\begin{matrix} C^6H^5.CO.CHNa.C^6H^5 \\ C^6H^5.CO.CHNa.C^6H^5 \end{matrix} + I^2 = \begin{matrix} C^6H^5.CO.CH.C^6H^5 \\ | \\ C^6H^5.CO.CH.C^6H^5 \end{matrix} + Na^2I^2.$$

3° Dans la préparation de l'éther désylmalonique au moyen de l'éther monobromomalonique et de la désoxybenzoïne sodée. On peut expliquer sa formation par les équations suivantes :

$$[1] \quad C^6H^5.CHNa.CO\ C^6H^5 + CHBr \begin{cases} CO^2C^2H^5 \\ CO^2C^2H^5 \end{cases}$$

$$= C^6H^5.CHBr.CO.C^6H^5 + CHNa \begin{cases} CO^2C^2H^5 \\ CO^2C^2H^5 \end{cases}$$

$$[2] \quad C^6H^5.CHBr.CO.C^6H^5 + C^6H^5.CHNaCOC^6H^5$$

$$= \begin{matrix} C^6H^5.CH-CO.C^6H^5 \\ | \\ C^6H^5.CH-CO.C^6H^5 \end{matrix} + NaBr.$$

Le bidésyle cristallise dans le benzène en belles aiguilles qui fondent à 254-255°. Il est insoluble dans l'eau, l'alcool, l'éther, les alcalis et les acides. Chauffé pendant 2 heures avec de l'alcool, il devient plus soluble et fond alors à 260-261° [Fehrlin, *D. chem. G.*, **22**, 553].

Chauffé jusqu'à 340°, il entre en ébullition en se décomposant partiellement en aldéhyde benzylique, en désoxybenzoïne, et en d'autres produits.

Il est sans action sur la lumière polarisée.

Le bidésyle chauffé à 150-160°, en tube scellé, avec une solution alcoolique de chlorhydrate d'hydroxylamine n'a pas fourni d'oxime, mais un corps non azoté fondant à 171-172° et cristallisant dans l'alcool.

Lorsqu'on chauffe le bidésyle en tube scellé, à 150°, avec une solution alcoolique d'ammoniaque, il se transforme en *tétraphénylpyrrol*, fondant à 211-212° [J.-C. Garett, *D. chem. G.*, **24**, 310].

Chauffé dans les mêmes conditions avec de l'éthylamine et de la méthylamine, le bidésyle fournit l'*éthyltétraphénylpyrrol* et le *méthyltétraphénylpyrrol* fondant respectivement à 221 et à 214°.

L'aniline ne réagit pas à 250°, et à une température plus élevée on n'obtient qu'une masse foncée résineuse, qui n'a pas fourni de tétraphénylpyrrol [Fehrlin, *loc. cit.*].

Le bidésyle se dissout dans l'acide sulfurique concentré, en donnant une liqueur d'un vert clair, fonçant peu à peu pour passer au brun.

Isobidésyle (*tétraphényl* 1.2.3.4-*butane-dione* 1.4),

$$\begin{matrix} C^6H^5.CH.CO.C^6H^5 \\ | \\ C^6H^5.CH.CO.C^6H^5 \end{matrix}$$

[Knœvenagel, *loc. cit.*]. — Ce composé, qui a la même composition que le bidésyle, se forme en même temps que lui quand on le prépare d'après les deux premiers procédés indiqués plus haut. On le sépare de son isomère en épuisant par l'alcool bouillant le produit brut de la réaction. Par évaporation de la solution alcoolique, on obtient de beaux prismes incolores, fondant à 160-161° (le bidésyle fond à 254-255°). Ce corps est peu soluble dans l'alcool froid, l'éther et la ligroïne, facilement soluble dans l'alcool bouillant et dans le benzène. Il est sans action sur la lumière polarisée.

Les rapports de ce corps avec son isomère, le bidésyle, doivent être du même ordre que ceux qui existent entre les différentes hydrobenzoïnes.

Comme le bidésyle, il bout vers 340°, en se décomposant partiellement. Parmi les produits de la décomposition, on a isolé l'aldéhyde benzylique et la désoxybenzoïne.

Chauffé au bain-marie avec 3 ou 4 molécules de chlorhydrate d'hydroxylamine et 2 molécules de potasse, il fournit un produit amorphe,

$$C^{56}H^{47}Az^3O^4,$$

qui, après purification dans l'alcool, fond à 110-120°.

Chauffé à 100°, en tube scellé, avec de l'acide chlorhydrique concentré, ce corps ne produit pas d'isobidésyle.

L'isobidésyle se comporte, vis-à-vis de l'acide sulfurique concentré, de l'ammoniaque, de la méthylamine et de l'éthylamine, comme son isomère le bidésyle.

Désoxybenzoïne-pinacones (*tétraphényl* 1.2.3.4-*butane-diol* 2.3),

$$\begin{matrix} C^6H^5-COH.CH^2.C^6H^5 \\ | \\ C^6H^5-COH.CH^2.C^6H^5 \end{matrix}$$

— MM. Limpricht et Schwanert [*Ann. Chem.*, **155**, 62] obtinrent, les premiers, un corps de cette formule parmi les produits de réduction de la désoxybenzoïne. Ils lui attribuèrent le point de fusion 156°.

MM. Limpricht et Iena [*ibid.*, 96] observèrent la formation d'un corps $C^{26}H^{26}O^2$, fondant à 61°, quand on chauffe en tube scellé la benzoïne avec de l'éthylate de sodium. M. Blank attribue à ce corps la formule

$$\begin{matrix} C^6H^5-CHOH-CH-C^6H^5 \\ | \\ C^6H^5-CHOH-CH-C^6H^5 \end{matrix}$$

et ne le considère pas comme une pinacone [*Ann. Chem.*, **248**, 16].

M. Zagoumenny [*D. chem. G.*, **5**, 1102] prépara un dérivé $C^{28}H^{26}O^2$, fondant à 156°, en faisant bouillir la désoxybenzoïne avec du zinc et une solution alcoolique de potasse. Après purification, ce produit fondait à 213°.

Le même auteur trouva encore cette pinacone parmi les produits de réduction de la benzoïne au moyen de l'amalgame de sodium [*D. chem. G.*, **7**, 1650].

Enfin M. Blank [*Ann. Chem.*, **248**, 5] démontra que, dans la réduction de la benzoïne et de la désoxybenzoïne au moyen de la poudre de zinc et de l'acide acétique cristallisable, il se forme deux désoxybenzoïne-pinacones α et β en même temps que du stilbène et de l'hydrobenzoïne, cette dernière quand on emploie de l'acide acétique à 50 0/0.

Désoxybenzoïne-pinacone α. — A une dissolution chaude de 60 grammes de benzoïne dans 400 grammes d'acide acétique cristallisable, on ajoute peu à peu 20 grammes de poudre de zinc. L'addition du métal doit être terminée au bout de 2 heures. On continue encore à chauffer au bain-marie pendant 19 heures, puis on ajoute à la masse de 80 à 100 grammes d'eau qui dissolvent la majeure partie de l'acétate de zinc. La solution est ensuite filtrée et la poudre de zinc non entrée en réaction est lavée avec de l'acide acétique, puis traitée par le benzène bouillant.

Par évaporation du dissolvant, on obtient des

aiguilles qui, après plusieurs cristallisations, fondent à 213° et se trouvent être identiques avec la désoxybenzoïne-pinacone de M. Zagoumenny. La solution acétique étendue d'eau laisse déposer une masse cristalline qui renferme le même dérivé, à côté de l'isomère β, de la désoxybenzoïne, du stilbène et d'une huile non étudiée.

Les mêmes produits se forment lorsqu'on emploie de la désoxybenzoïne.

La désoxybenzoïne-pinacone α fond à 213°. Distillée, elle se décompose en désoxybenzoïne et hydrate de toluylène (Zagoumenny).

Désoxybenzoïne-pinacone β. — Cet isomère se retire de la masse cristalline qui se précipite quand on ajoute de l'eau au liquide acétique filtré. On traite cette masse par l'éther, jusqu'à ce que le point de fusion de la partie insoluble soit situé au-dessus de 200°. Les liqueurs éthérées abandonnent, au bout de quelques jours, des aiguilles qu'on lave avec de l'éther. Elles fondent à 156°, et sont constituées par un mélange des deux pinacones isomériques Pour les séparer, on dissout le produit dans l'acétone et on abandonne la solution dans un vase à col étroit pendant plusieurs jours. Par évaporation lente on obtient : 1° de fines aiguilles réunies autour d'un centre commun qui, après plusieurs cristallisations dans l'acétone et dans l'alcool, fondent à 172° : ce corps constitue la pinacone β ; 2° de petites aiguilles qui se convertissent peu à peu en prismes épais fondant à 213° et constitués par la pinacone α. La désoxybenzoïne-pinacone β cristallise toujours en aiguilles, et jamais en lamelles.

Elle se dissout à peine dans l'alcool froid : 100 grammes en dissolvent de 0gr,7 à 0gr,8 à la température ordinaire. Elle fond à 172°. Mélangée avec son isomère, elle présente un point de fusion qui descend à 156-160°. Elle est insoluble dans l'eau, mais très soluble dans le benzène et dans le chloroforme. Chauffée à 300°, cette pinacone se comporte comme son isomère et se dédouble en désoxybenzoïne et hydrate de toluylène.

En opérant d'après la méthode de M. Zagoumenny, M. Delacre [*Acad. roy. de Belgique*, **21**, 539; *D. chem. G.*, **24**, *Ref.*, 664] a obtenu une substance fondant à 158° et conservant ce point de fusion après plusieurs cristallisations de l'alcool. Une cristallisation très lente dans l'acide acétique cristallisable a permis à l'auteur de séparer deux combinaisons isomériques. Il se dépose d'abord des aiguilles brillantes fondant à 210°, puis des cristaux courts et gros, fortement réfringents, dont le point de fusion est 163°.

Constitution. — L'isomérie de ces deux pinacones s'explique par la présence de 2 atomes de carbone asymétriques qui sont unis entre eux. Les deux dérivés sont inactifs vis-à-vis de la lumière polarisée. L'un d'eux peut être considéré comme un inactif véritable correspondant à l'acide mésotartrique, tandis que l'autre constituerait l'inactif par compensation qui serait analogue à l'acide racémique. A. Haller.

DÉSOXYBENZOÏNE-O-CARBONIQUES (ACIDES). — Il existe deux acides répondant à cette constitution : un *acide* α et un *acide* β.

ACIDE DÉSOXYBENZOÏNE-O-CARBONIQUE α,

$$C^6H^5 . CH^2 . CO . C^6H^4 . CO^2H.$$

— Cet acide se prépare en faisant bouillir l'anhydride avec une lessive de potasse :

```
     C=CH . C⁶H⁵
C⁶H⁴<  >O         + KHO
     CO
  = C⁶H⁵ . CH² . CO . C⁶H⁴ . CO²K.
```

Il cristallise dans l'eau bouillante en longs prismes fondant à 74-76°, perd son eau de cristallisation déjà à 50° ou quand on l'abandonne sous un dessiccateur, et devient alors d'une consistance semi-liquide. Il est facilement soluble dans l'alcool.

Quand on le chauffe à 190° avec un mélange de phosphore et d'acide iodhydrique, il est réduit en acide biphénylcarbonique $C^{15}H^{14}O^2$. L'amalgame de sodium le convertit en l'anhydride d'un acide $C^{15}H^{14}O^3$.

Bouilli avec de l'ammoniaque, il fournit du phtalimidylbenzyle $C^{15}H^{11}AzO$.

Le *sel d'argent*, $C^{15}H^{11}O^3Ag$, a été obtenu par double décomposition. Il constitue un précipité confusément cristallin [Gabriel et Michael, *D. chem. G.*, **11**, 1018].

ANHYDRIDE (*benzylidène-phtalide, benzalphtalide*),

```
     C=CH . C⁶H⁵
C⁶H⁴<  >O
     CO
```

[G. et M., *loc. cit.*, 1017]. — Ce corps prend naissance quand on chauffe pendant 2 heures 100 grammes d'acide phénylacétique avec 110 grammes d'anhydride phtalique et 2gr,5 d'acétate de sodium, en évitant le retour dans le ballon de l'eau qui se produit dans la réaction. On remplit ensuite le vase d'alcool et on chauffe pendant un quart d'heure au bain-marie. Pendant le refroidissement, le tout se prend en une bouillie cristalline, qu'on essore et qu'on lave avec de l'alcool froid. Rendement 75-78 0/0 [Gabriel, *ibid.*, **19**, 3470].

Cet anhydride cristallise dans l'alcool en longs prismes clinorhombiques [Munzing, *ibid.*, **20**, 2863] qui fondent à 98-99°. Il est insoluble dans l'eau chaude, peu soluble dans l'alcool froid, très facilement soluble dans l'alcool chaud. L'ammoniaque étendue ne le dissout pas ; l'ammoniaque concentrée ne le dissout qu'à chaud et au bout d'un temps très long. Avec l'ammoniaque alcoolique, il donne d'abord de la désoxybenzoïne-carbonamide, puis du phtalimidylbenzyle. Avec l'éthylamine, il fournit de la désoxybenzoïne-carbonéthylamide.

Chauffé avec une solution de potasse, ce corps s'hydrate et donne de l'acide désoxybenzoïne-carbonique. Avec le brome, il fournit un *dérivé dibromé* et avec l'acide azoteux un *dérivé dinitré*.

DIBROMURE DE BENZYLIDÈNE-PHTALIDE,

```
     CBr . CHBr . C⁶H⁵
C⁶H⁴<  >O
     CO
```

[Gabriel, *ibid.*, **17**, 2527]. — Ce composé prend naissance quand on ajoute 1 molécule de brome à 1 molécule de benzylidène-phtalide dissoute dans le chloroforme. Le liquide s'échauffe, tandis que la couleur du brome disparaît. Par refroidissement, il cristallise des prismes durs, qu'on lave à l'alcool et qu'on dessèche.

Ce dibromure fond à 146° en perdant de l'acide bromhydrique et du brome. La masse restante se concrète par le refroidissement. Elle est constituée par la *bromobenzylidène-phtalide*,

```
     C=CBr-C⁶H⁵
C⁶H⁴<  >O
     CO
```

composé qui fond à l'état brut à 160°, et qui ne peut être purifié par cristallisation dans l'alcool.

Chauffé avec du phosphore et de l'acide iodhydrique, ce dérivé bromé se convertit, comme la benzylidène-phtalide, en acide dibenzyl-o-carbonique [Gabriel, *D. chem. G.*, **18**, 2444].

Le dibromure est difficilement soluble dans l'alcool; quand on le fait bouillir avec ce dissolvant, la liqueur devient peu à peu acide, et on obtient, par concentration et refroidissement, de beaux cristaux brillants, qui fondent à 149° et possèdent la composition $C^{17}H^{15}BrO^3$:

$$C^{15}H^{10}Br^2O^2 + C^2H^5OH = HBr + C^{15}H^{10}(C^2H^5O)BrO^2.$$

DIAZOTITE DE BENZYLIDÈNE-PHTALIDE,

$$C^6H^4 \langle \; CAzO^2 . CHAzO^2 . C^6H^5 \; ; \; O \; ; \; CO \; \rangle$$

[Gabriel, *ibid.*, **18**, 1251]. — Ce produit d'addition se forme quand on fait passer un courant de vapeurs nitreuses dans une solution de benzylidène-phtalide dans 3 parties de benzène; il faut avoir soin de refroidir le liquide pendant l'opération; on évapore à une température très douce (30-40°); au bout de 24 à 48 heures, il se forme sur les parois du vase une masse cristalline grumeleuse et jaune qui est constituée par un corps très instable. On dissout ces cristaux dans de l'acide acétique cristallisable légèrement chauffé, et on verse dans cette dissolution de l'eau, goutte à goutte, jusqu'à ce que le précipité qui se forme à chaque fois ait de la peine à se dissoudre par agitation. Le liquide, abandonné à lui-même, laisse déposer au bout de 1 à 2 heures des cristaux limpides à éclat vitreux, rhombiques. Lavés avec de l'acide acétique étendu et séchés sur de l'acide sulfurique dans le vide, ces cristaux fondent à 110-113° en donnant un liquide trouble et dégageant des bulles gazeuses. A 120° ce liquide est clair et jaunâtre.

L'alcool bouillant le décompose en nitrobenzylidène-phtalide. Quand on le dissout dans l'acide acétique cristallisable et bouillant, et qu'on ajoute de l'eau bouillante à cette dissolution, aussi longtemps que le précipité formé se redissout de nouveau par agitation, on ne tarde pas à observer un dégagement de bulles gazeuses constituées par de l'acide azoteux, tandis qu'il se dépose de la nitrobenzylidène-phtalide :

$$C^6H^4 \langle \; CAzO^2 . CHAzO^2 . C^6H^5 \; ; \; O \; ; \; CO \; \rangle = AzO^2H + C^6H^4 \langle \; C = CAzO^2 . C^6H^5 \; ; \; O \; ; \; CO \; \rangle$$

Ce diazotite se dissout dans la soude en donnant une liqueur colorée en jaune. Ajoute-t-on à cette solution 2 ou 3 volumes d'alcool, on obtient, au bout de peu de temps, de beaux prismes incolores d'un sel de sodium, qu'on recueille au bout de 24 heures. Les eaux mères renferment de l'acide azoteux. Ce sel donne, avec l'azotate d'argent, un précipité d'un jaune clair qui noircit quand on chauffe le liquide, et qui répond à la formule $C^{15}H^9AzO^5Ag^2$.

Le sel de sodium renferme $2^{mol},5$ d'eau de cristallisation; quand on le chauffe à 70-80°, il en perd $1^{mol},5$. Sa dissolution dans l'eau, traitée par de l'acide acétique ou oxalique dilué, ou même par un courant d'acide carbonique prolongé, fournit de l'anhydride phtalique et du phénylnitrométhane :

$$C^6H^4 \langle \; CNa . CNaAzO^2 . C^6H^5 \; ; \; O \; ; \; CO \; \rangle + 2C^2H^4O^2$$

$$= C^6H^4 \langle \; COH - CHAzO^2 . C^6H^5 \; ; \; O \; ; \; CO \; \rangle + 2C^2H^3O^2Na;$$

$$C^6H^4 \langle \; COH . CHAzO^2 . C^6H^5 \; ; \; O \; ; \; CO \; \rangle = C^6H^4 \langle {CO \atop CO} \rangle O + CH^2AzO^2 . C^6H^5.$$

Le même dédoublement s'opère quand on fait bouillir la solution aqueuse, mais non alcaline, de ce sel de sodium.

NITROBENZYLIDÈNE-PHTALIDE,

$$C^6H^4 \langle \; C = C . AzO^2 . C^6H^5 \; ; \; O \; ; \; CO \; \rangle$$

[Gabriel, *ibid.*, **18**, 1256, 3471]. — Comme il est dit plus haut, ce corps constitue un produit de décomposition du dérivé dinitré. Pour le préparer, on dissout 10 parties de ce produit dinitré brut dans 20 parties d'alcool bouillant, et on ajoute à cette solution 10 parties d'eau également bouillante. On chauffe encore la bouillie cristalline pendant une demi-heure au bain-marie.

La nitrobenzylidène-phtalide cristallise dans l'alcool en lamelles brillantes qui fondent à 195° en dégageant du gaz. Il est peu soluble dans l'alcool. Il se dissout dans la soude caustique en donnant le même dérivé disodé

$$C^6H^4 \langle \; CONa . CNa . AzO^2 . C^6H^5 \; ; \; O \; ; \; CO \; \rangle$$

qui résulte de l'action de la soude sur le diazotite (voyez plus haut).

Soumis à la distillation, il se scinde en anhydride phtalique et phénylcarbimide :

$$C^6H^4 \langle \; C = C . AzO^2 . C^6H^5 \; ; \; O \; ; \; CO \; \rangle = C^6H^4 \langle {CO \atop CO} \rangle O + C^6H^5 - Az = CO.$$

Traité par l'acide iodhydrique et le phosphore rouge, il se transforme en isobenzylidène-phtalide et en un composé $C^{15}H^{11}AzO^2$, difficilement soluble dans l'alcool bouillant, plus soluble dans l'acide acétique cristallisable bouillant. Ce corps forme des cristaux incolores, fondant à 255-257°. Il donne, avec les alcalis, des sels jaunes

$$C^{15}H^{10}MAzO^2,$$

que l'acide carbonique décompose. Lorsqu'on le traite par un mélange de potasse, d'alcool méthylique et d'iodure de méthyle, on obtient deux dérivés méthylés isomériques, ce qui conduit M. Gabriel à lui attribuer l'une ou l'autre des deux formules

$$\text{(I)} \quad C^6H^4 \begin{cases} COH = C . C^6H^5 \\ \qquad\quad | \\ CO - AzH \end{cases} \qquad \text{(II)} \quad C^6H^4 \begin{cases} CO . CH . C^6H^5 \\ CO - AzH \end{cases}$$

La seconde a son analogue dans le carbostyrile,

$$C^6H^4 < \begin{matrix} CH = CH \\ CO - AzH \end{matrix} >$$

qui, ainsi qu'on le sait, jouit de la propriété de donner, avec la potasse et un iodure alcoolique, deux éthers isomériques, un éther lactamique

$$(-CO-AzR-)$$

et un éther lactimique

$$(COR = Az-).$$

Des deux dérivés méthyliques, l'un fond à 235-237° et est difficilement soluble dans l'alcool; l'autre constitue de longues aiguilles fondant 119-121°.

DÉRIVÉS AZOTÉS DE L'ACIDE α-DÉSOXYBENZOÏNE-O-CARBONIQUE.

O-DÉSOXYBENZOÏNE-CARBONAMIDE,

$$C^6H^4 < \begin{matrix} CO \cdot CH^2 \cdot C^6H^5 \\ CO\,AzH^2 \end{matrix}$$

[Gabriel, *D. chem. G.*, **18**, 2434]. — Cette amide se forme quand on chauffe pendant 2 ou 3 heures, à 100°, un mélange de benzylidène-phtalide et d'ammoniaque alcoolique. On chasse l'excès d'ammoniaque; le liquide, au bout de quelque temps de repos, se prend en une bouillie de fines aiguilles d'un blanc de neige, qui se dissolvent assez bien dans l'alcool froid, mieux dans l'alcool chaud et dans l'eau bouillante. Ce corps fond à 165-166°; il se forme suivant l'équation

$$CO < \begin{matrix} C^6H^4 \\ O \end{matrix} > C = CH \cdot C^6H^5 + AzH^3$$
$$= C^6H^5 \cdot CH^2 \cdot CO \cdot C^6H^4 - CO\,AzH^2.$$

Sa solution dans l'acide acétique cristallisable et bouillant, ou dans l'acide sulfurique concentré et froid, traitée par l'eau, fournit de la benzylidène-phtalimidine :

$$C^6H^5 \cdot CH^2 \cdot CO \cdot C^6H^4 \cdot CO\,AzH^2$$
$$= H^2O + \begin{matrix} C^6H^5 \cdot CH = C \\ AzH < > C^6H^4. \\ CO \end{matrix}$$

Chauffée au-dessus de son point de fusion, elle fournit encore de la benzylidène-phtalimidine et de la benzylidène-phtalide.

La soude caustique bouillante la transforme partiellement en acide o-désoxybenzoïne-carbonique ou en benzylidène-phtalimidine.

Sa dissolution chloroformique traitée par le brome donne, par évaporation du dissolvant, de la bromobenzylidène-phtalimidine.

O-DÉSOXYBENZOÏNE-CARBONÉTHYLAMIDE,

$$C^6H^4 < \begin{matrix} CO \cdot CH^2 \cdot C^6H^5 \\ CO\,AzH \cdot C^2H^5 \end{matrix}$$

[Gabriel, *ibid.*, **18**, 1278 et 2435]. — Ce composé prend naissance quand on fait digérer, pendant plusieurs heures, à une température de 100°, la benzylidène-phtalide avec une solution aqueuse ou alcoolique d'éthylamine. Cristaux incolores, fondant à 139-140°. Ce corps est facilement soluble dans le benzène et dans une solution chaude de potasse caustique. L'acide carbonique le précipite de cette dernière dissolution. Chauffée à 170° avec son poids de chlorhydrate d'hydroxylamine et 10 parties d'alcool acidulé de quelques gouttes d'acide chlorhydrique, cette amide fournit un corps $C^{15}H^{11}AzO^2$, qui est l'anhydride interne de l'acide benzylphénylacétoxime-o-carbonique. Quand on le fait bouillir avec de l'acide acétique cristallisable, et qu'on ajoute de l'eau bouillante à cette dissolution, il se sépare des gouttelettes huileuses, qui se prennent en masse au bout de 24 heures. Ce corps n'est autre que la benzylidène-phtaléthylimidine.

BENZYLIDÈNE-PHTALÉTHYLIMIDINE,

$$\begin{matrix} C = CH \cdot C^6H^5 \\ C^6H^4 < > AzC^2H^5 \\ CO \end{matrix}$$

— Elle cristallise dans l'alcool étendu et tiède en lamelles fondant à 75-77°, qui se dissolvent aisément dans l'alcool, le sulfure de carbone, le chloroforme, le benzène et la ligroïne. Ce dérivé fournit, avec l'acide bromhydrique, un produit d'addition très instable. Il se combine également au brome en donnant un liquide visqueux et rouge, qui prend l'aspect d'un vernis quand on l'expose à l'air. Chauffée à 200° avec de l'iodure de méthyle, la benzylidène-phtaléthylimidine ne fournit point de produit de substitution.

ANHYDRIDE INTERNE DE L'ACIDE-α-BENZYLPHÉNYLACÉTOXIME-O-CARBONIQUE [Gabriel, *ibid.*, **18**, 1259]. — Ce composé se produit quand on chauffe à 170° poids égaux de chlorhydrate d'hydroxylamine et de désoxybenzoïne-o-carbonéthylamide avec 10 parties d'alcool acidulé

$$C^6H^4 < \begin{matrix} CO \cdot CH^2 \cdot C^6H^5 \\ CO \cdot AzH \cdot C^2H^5 \end{matrix} + HO \cdot AzH^2$$
$$= C^6H^4 < \begin{matrix} C(AzOH) - CH^2 \cdot C^6H^5 \\ CO \cdot AzH \cdot C^2H^5 \end{matrix} + H^2O$$
$$= C^2H^5 \cdot AzH^2 + \begin{matrix} C - CH^2 \cdot C^6H^5 \\ C^6H^4 < \gg OAz \\ CO \end{matrix} + H^2O.$$

Il prend encore naissance quand on abandonne pendant quelques heures à lui-même un mélange de 1 partie de désoxybenzoïne-carbonate de potassium, $0^g,5$ de chlorhydrate d'hydroxylamine et $0^g,5$ de carbonate de sodium.

Il se produit plus rapidement encore quand on chauffe pendant 4 heures, à 100°, de l'acide désoxybenzoïne-carbonique, du chlorhydrate d'hydroxylamine et quelques gouttes d'alcali. Le contenu du tube se prend par refroidissement en une bouillie cristalline.

Ce dérivé cristallise dans l'alcool en aiguilles plates, fondant à 116-117°. Il ne se dissout pas dans une solution froide de soude caustique, mais fournit à chaud un liquide qui reste clair à froid. La solution, traitée par un acide, donne un précipité gélatineux qui, dissous dans l'alcool, régénère la substance primitive.

BENZYLIDÈNE-PHTALIMIDINE (*phtalimidylbenzyle*),

$$\begin{matrix} C - CH^2 \cdot C^6H^5 \\ C^6H^4 < \gg Az \\ CO \end{matrix}$$

[Gabriel et Michael, *ibid.*, **16**, 1682. — Gabriel, *ibid.*, **18**, 1257 et 2434]. — Ce corps, que les auteurs ont appelé d'abord *phtalimidobenzyle*, se produit quand on chauffe la désoxybenzoïne-carbonamide au-dessus de son point de fusion, ou quand on la traite par l'acide acétique cristallisable bouillant ou par l'acide sulfurique concentré, ou encore par la soude caustique. On le prépare en chauffant, pendant 2 ou 3 heures, à 100°, un mélange de benzylidène-phtalide et d'ammoniaque alcoolique. On évapore la solution alcoolique; le résidu est dissous dans l'acide acétique cristallisable bouillant, et la liqueur est additionnée d'eau bouillante jusqu'à ce qu'il se produise un trouble. Il se dépose des lamelles jaunes fondant à 182-183°.

Ce corps donne avec le brome un produit de substitution $C^{15}H^{10}BrAzO$. Avec le perchlorure de phosphore, on obtient le *dérivé chloré*

$$C^{15}H^{10}ClAzO.$$

Quand on traite sa solution benzénique par l'acide nitrique, on obtient un mélange d'oxynitrobenzylphtalimide $C^{15}H^{12}Az^2O^4$ et de nitrobenzylidène-phtalimidine $C^{15}H^{10}Az^2O^5$. Chauffé avec du phosphore et de l'acide iodhydrique, il se convertit en benzylphtalidine.

CHLOROBENZYLIDÈNE-PHTALIMIDINE, $C^{15}H^{10}ClAzO$ [Gabriel, *ibid.*, **18**, 1261]. — On broie dans un mortier poids égaux de benzylidène-phtalimidine et de perchlorure de phosphore, et on chauffe le mélange à 100° dans des tubes scellés. Le produit de la réaction est d'un rouge violet; on le traite par l'alcool, qui laisse une poudre brune insoluble. Celle-ci est dissoute dans l'alcool bouillant ou dans l'acide acétique étendu, qui l'abandonne sous la forme de longues aiguilles brunâtres, fondant à 230-232°.

BROMOBENZYLIDÈNE-PHTALIMIDINE, $C^{15}H^{10}BrAzO$ [Gabriel, *ibid.*, **18**, 1260 et 2435]. — Ce dérivé se produit quand on soumet à l'évaporation spontanée une solution d'un mélange de benzylidène-phtalimidine et de brome. Il se forme encore quand on décompose une solution chloroformique de désoxybenzoïne-carbonamide par le brome

$$C^{15}H^{13}AzO^2 + Br^2$$
$$= C^{15}H^{10}AzOBr + H^2O + HBr.$$

Cette imidine cristallise dans l'alcool en aiguilles d'un éclat adamantin. Elle fond à 210-211°.

OXYNITROBENZYLPHTALIMIDINE,

$$C^6H^4\left\langle\begin{matrix}C(OH).CH.AzO^2.C^6H^5\\ \\CO\end{matrix}\right\rangle AzH$$

[Gabriel, *ibid.*, **18**, 1261 et 2439]. — Ce composé prend naissance, en même temps que la nitrobenzylidène-phtalimidine, quand on fait passer un courant d'acide azoteux ou d'hypoazotide dans une solution froide de 2 grammes de benzylidène-phtalimidine dans 30 grammes de benzène. Le liquide verdâtre, rempli d'une poudre blanche, est ensuite évaporé à une température de 30 à 40°; il reste une résine jaune et transparente, avec un dépôt blanc. La masse est chauffée avec du benzène qui dissout le corps $C^{15}H^{10}Az^2O^3$, et laisse le produit blanc à l'état insoluble. On le lave avec du benzène froid et de l'éther, et on le dessèche sur l'acide sulfurique.

L'oxynitrobenzylidène-phtalimidine se produit plus facilement, et en même temps que la nitrobenzylidène-phtalimidine quand on sature par l'acide azoteux une solution de 9 grammes de désoxybenzoïne-carbonamide dans 50 grammes de benzène.

Cette imidine se présente sous la forme d'une poudre cristalline constituée par des feuilles rhombiques; elle se colore lentement en jaune, en émettant des vapeurs aromatiques, quand on la chauffe à 85°. Elle se dissout facilement dans l'alcool et se décompose quand on la fait bouillir avec ce dissolvant, ou avec de l'eau, en nitrométhylbenzène et phtalimide :

$$C^6H^4\left\langle\begin{matrix}COH.CHAzO^2.C^6H^5\\ \\CO\end{matrix}\right\rangle AzH$$
$$= C^6H^5.CH^2AzO^2 + C^6H^4\left\langle\begin{matrix}CO\\CO\end{matrix}\right\rangle AzH.$$

Quand on ajoute du chlorure d'acétyle à l'oxynitrobenzylphtalimidine, elle perd 1 molécule d'eau et fournit la nitrobenzylidène-phtalimidine :

$$C^6H^4\left\langle\begin{matrix}COH.CHAzO^2.C^6H^5\\ \\CO\end{matrix}\right\rangle AzH$$
$$= H^2O + C^6H^4\left\langle\begin{matrix}C=CAzO^2.C^6H^5\\ \\CO\end{matrix}\right\rangle AzH$$

NITROBENZYLIDÈNE-PHTALIMIDINE,

$$C^6H^4\left\langle\begin{matrix}C=CAzO^2.C^6H^5\\ \\CO\end{matrix}\right\rangle AzH$$

— Ce composé se produit dans la même réaction que l'oxynitrobenzylidène-phtalimidine. Ainsi qu'on l'a vu, le résidu laissé par le benzène est constitué par une espèce de résine soluble dans le benzène, et une poudre blanche insoluble. Cette solution benzénique fournit, par évaporation, la nitrobenzylidène-phtalimidine, qu'il suffit de faire cristalliser dans l'alcool. La formation de ce dérivé peut s'interpréter de la façon suivante : Sous l'influence de l'acide azoteux, la benzylidène-phtalimidine donne le dérivé dinitré

$$C^6H^4\left\langle\begin{matrix}CAzO^2.CHAzO^2.C^6H^5\\ \\CO\end{matrix}\right\rangle AzH$$

qui perd ensuite 1 molécule d'acide nitreux

$$C^6H^4\left\langle\begin{matrix}CAzO^2.CHAzO^2.C^6H^5\\ \\CO\end{matrix}\right\rangle AzH\ .$$
$$= AzO^2H + C^6H^4\left\langle\begin{matrix}C=CAzO^2.C^6H^5\\ \\CO\end{matrix}\right\rangle AzH$$

La nitrobenzylidène-phtalimidine cristallise dans l'alcool en grandes écailles jaunes, fondant vers 199°. Elle se dissout à peine dans l'alcool bouillant, mais facilement dans la soude étendue et bouillante en donnant une solution rougeâtre; les acides précipitent, de cette liqueur, de l'acide nitrobenzylidène-phtalimidique :

$$C^6H^4\left\langle\begin{matrix}C=CAzO^2.C^6H^5\\ \\CO\end{matrix}\right\rangle AzH \quad + NaHO$$
$$= C^6H^4\left\langle\begin{matrix}C(AzH^2)CAzO^2.C^6H^5\\CO^2Na\end{matrix}\right.$$

Quand on chauffe la nitrobenzylidène-phtalimidine avec du phosphore et de l'acide iodhydrique, on la convertit en benzylidène-phtalimidine [Gabriel, *loc. cit.*].

ACIDE NITROBENZYLIDÈNE-PHTALIMIDIQUE,

$$C^6H^4\left\langle\begin{matrix}C(AzH^2)=CAzO^2.C^6H^5\\CO^2H\end{matrix}\right.$$

[Gabriel, *ibid.*, **18**, 2440]. — Cet acide prend naissance quand on chauffe la nitrobenzylidène-phtalimidine avec une solution étendue de soude caustique. Cristaux déliés d'un jaune de soufre, dont le point de fusion est situé entre 147 et 150°. Ce corps se dissout dans les alcalis et décompose les carbonates.

Quand on traite son sel d'argent par de l'iodure de méthyle, on obtient de la nitrobenzylidène-phtalimidine. Une transformation identique se produit quand on ajoute du chlorure d'acétyle à l'acide nitrobenzylidène-phtalimidique. Si l'on fait passer un courant d'acide azoteux dans sa solution benzénique, il se décompose en azote et en nitrobenzylidène-phtalide :

$$2\left(C^6H^4 <\begin{smallmatrix} CAzH^2=CAzO^2.C^6H^5 \\ CO^2H \end{smallmatrix}\right) + Az^2O^3$$

$$= Az^4 + H^2O + 2\left(C^6H^4 <\begin{smallmatrix} COH=CAzO^2.C^6H^5 \\ CO^2H \end{smallmatrix}\right)$$

$$= 2\left(C^6H^4 \begin{smallmatrix} C=CAzO^2.C^6H^5 \\ \diamond\ O \\ CO \end{smallmatrix}\right) + Az^4 + 2H^2O.$$

Sel d'argent, $C^{15}H^{11}Az^2O^4Ag$. — Poudre microcristalline, d'un blanc jaunâtre.

Sel de baryum, $(C^{15}H^{11}Az^2O^4)^2Ba, 7H^2O$. — Aiguilles longues et jaunes, ou prismes durs, devenant rouges quand on les chauffe à 100°, en perdant de l'eau.

Nitrobenzylidène-phtalimidate d'éthyle,

$$C^6H^4 <\begin{smallmatrix} CAzH^2=CAzO^2.C^6H^5 \\ CO^2C^2H^5 \end{smallmatrix}$$

— Cet éther a été préparé en abandonnant pendant 24 heures le sel d'argent ci-dessus avec un excès d'iodure d'éthyle. Il cristallise dans l'alcool en grains d'un jaune de soufre, qui fondent à 154-155°. Chauffé un peu au-dessus de son point de fusion, le produit commence à mousser, puis se prend de nouveau en une masse qui ne fond que vers 200°, en laissant de la nitrobenzylidène-phtalamidine.

BENZYLPHTALIMIDINE,

$$C^6H^4 \begin{smallmatrix} CH-CH^2.C^6H^5 \\ \diamond\ AzH \\ CO \end{smallmatrix}$$

— Ce dérivé, que M. Gabriel nomme *benzalphtalidine* dans son premier mémoire [*D. chem. G.*, **18**, 1263], se prépare de la façon suivante : Dans 36 centimètres cubes d'acide iodhydrique bouillant à 127°, on introduit par petites portions un mélange de 12 grammes de benzylidène-phtalimidine et de 6 grammes de phosphore rouge. Avant chaque nouvelle addition, on attend que les grumeaux qui se sont formés soient réduits en une huile homogène. Quand le mélange est fait, on chauffe pendant trois quarts d'heure et on laisse refroidir. La masse étendue d'eau laisse déposer une huile qui se solidifie; on la lave avec de l'eau et on la dissout dans l'alcool bouillant. On décolore cette solution alcoolique, qui est d'un rouge brun, en y ajoutant quelques gouttes de bisulfite de sodium. Par refroidissement, on obtient des cristaux, qu'on lave avec de l'alcool étendu [Gabriel, *ibid.*, **20**, 2864].

Ce corps cristallise dans l'eau en écailles découpées, fondant à 135-137°. Traité par l'acide azoteux, il fournit un *dérivé nitrosé*.

Quand on ajoute 10 grammes de benzylidène-phtalimidine à 12 centimètres cubes d'oxychlorure de phosphore, le mélange s'échauffe et prend une couleur rouge sang; on le laisse refroidir et on le chauffe de nouveau au bain-marie, jusqu'à cessation de dégagement d'acide chlorhydrique. Le produit foncé et visqueux ainsi obtenu est chauffé avec de l'eau; celle-ci se charge d'une matière rougeâtre, tandis qu'il reste une résine verdâtre qui devient pulvérulente par le refroidissement. On dissout cette matière dans l'alcool bouillant, et on additionne d'ammoniaque. Le précipité grumeleux qui se forme est desséché et mis à cristalliser deux fois dans le benzène. On obtient ainsi des aiguilles d'un rouge orangé ou d'un rouge cinabre, peu solubles dans l'alcool, solubles dans le benzène et dans le chloroforme bouillant. Ce corps répond à la formule $C^{15}H^{11}Az$, et se forme suivant l'équation

$$C^{15}H^{13}AzO = H^2O + C^{15}H^{11}Az$$

Il possède un caractère basique très faible, et forme avec les acides des sels pourpres, solubles dans l'alcool, qui sont décomposés par un grand excès d'eau. A l'état solide, ces sels ne se conservent pas sans décomposition.

Le *picrate*, $(C^{15}H^{11}Az)^2.C^6H^3(AzO^2)^3O$, s'obtient en ajoutant à une solution benzénique de la base une solution d'acide picrique dans le même dissolvant. Petits prismes d'un vert de cantharide par réflexion, mais rouge-violet par transparence.

Nitrosobenzylphtalimidine,

$$C^6H^4 \begin{smallmatrix} CH.CH^2.C^6H^5 \\ \diamond\ Az.AzO \\ CO \end{smallmatrix}$$

— Ce composé nitrosé se forme quand on fait passer un courant d'acide azoteux dans un mélange de benzène et de benzylphtalimidine. Il cristallise dans l'alcool en cristaux jaune de soufre, qui fondent à 92-93°, et se dissout facilement dans le benzène, la ligroïne et le chloroforme. Traité par le phénol et l'acide sulfurique, il fournit la réaction des dérivés nitrosés [Gabriel, *ibid.*, **18**, 1262].

ACIDE α-DICHLORODÉSOXYBENZOÏNE-O-CARBONIQUE,

$$C^6H^2Cl^2 <\begin{smallmatrix} CO.CH^2.C^6H^5 \\ CO^2H \end{smallmatrix} + xH^2O.$$

— Cet acide se prépare en traitant l'anhydride ci-dessous par les alcalis.

Il cristallise dans l'alcool étendu en aiguilles incolores qui perdent leur eau de cristallisation à 100°, et fondent alors à 117° [Gabriel et Hendess, *ibid.*, **20**, 2872].

ANHYDRIDE α-DICHLORODÉSOXYBENZOÏNE-O-CARBONIQUE,

$$C^6H^2Cl^2 \begin{smallmatrix} C=CH.C^6H^5 \\ \diamond\ O \\ CO \end{smallmatrix}$$

— Ce corps prend naissance quand on chauffe un mélange de 10 parties d'anhydride dichlorophtalique avec 5 parties d'acide phénylacétique et 0g,25 d'acétate de sodium. Il cristallise dans l'acide acétique en petites aiguilles d'un jaune brun, fondant à 210°, qui se dissolvent très facilement dans le benzène [G. et H., *ibid.*, **20**, 2871].

ACIDE α-TÉTRACHLORODÉSOXYBENZOÏNE-O-CARBONIQUE,

$$C^6Cl^4 <\begin{smallmatrix} CO.CH^2.C^6H^5 \\ CO^2H \end{smallmatrix} + x(H^2O).$$

— Cet acide se produit quand on dissout son anhydride dans les alcalis [G. et H., *loc. cit.*].

Il cristallise dans l'alcool étendu en aiguilles qui fondent à 175°, après avoir perdu leur eau de cristallisation à 100°. Il est soluble dans l'alcool, l'éther et le benzène.

Sel de baryum, $(C^{15}H^7Cl^4O^3)^2Ba$. — Aiguilles légèrement rosées.

ANHYDRIDE α-TÉTRACHLORODÉSOXYBENZOÏNE-O-

CARBONIQUE (*benzylidène-tétrachlorophtalide*),

$$C^6Cl^4\left\langle\begin{matrix} C = CH.C^6H^5 \\ \\ CO \end{matrix}\right\rangle O$$

(G. et H.). — Cet anhydride se produit quand on chauffe un mélange de 10 parties d'anhydride tétrachlorophtalique, 5 parties d'acide phénylacétique et de 0^p,25 d'acétate de sodium. Il cristallise dans le benzène en fines aiguilles jaunes, qui fondent au-dessus de 360° en se sublimant; il est, pour ainsi dire, insoluble dans l'alcool bouillant et dans l'acide acétique cristallisable, mais soluble dans le benzène et dans le nitrobenzène.

ACIDE β-DÉSOXYBENZOÏNE-O-CARBONIQUE,

$$C^6H^5.CO.CH^2.C^6H^4.CO^2H$$

[Gabriel, *D. chem. G.*, **18**, 2445]. — L'anhydride de cet acide prend naissance quand on chauffe 10 grammes de nitrobenzylidène-phtalide, 5 grammes de phosphore rouge et 40 grammes d'acide iodhydrique bouillant à 127°. Au bout d'une heure, on laisse refroidir et on décante le liquide aqueux de l'huile visqueuse qui s'est déposée. Celle-ci est reprise avec quinze fois son volume d'alcool, et la solution est filtrée pour séparer le phosphore, puis évaporée. Par refroidissement, on obtient une bouillie cristalline, qu'on essore et qu'on lave avec de l'alcool aqueux jusqu'à ce que la masse soit blanche. On fait enfin cristalliser dans l'alcool étendu :

$$C^6H^4\left\langle\begin{matrix} C = CAzO^2.C^6H^5 \\ \\ CO \end{matrix}\right\rangle O \quad + 4H^2$$

$$= C^6H^4\left\langle\begin{matrix} CH = C.C^6H^5 \\ \quad\;\; | \\ CO - O \end{matrix}\right. \quad + 2H^2O + AzH^3.$$

Comme on le voit, la nitrobenzylidène-phtalide, au lieu de se convertir, sous l'influence des réducteurs, en acide dibenzylcarbonique, comme la bromobenzylidène-phtalide, fournit, avec le phosphore et l'acide iodhydrique, de l'anhydride β-désoxybenzoïne-o-carbonique. Pour obtenir l'acide, on chauffe l'anhydride avec une solution de soude caustique et on précipite au moyen de l'acide chlorhydrique.

MM. von Miller et Rohde [*D. chem. G.*, **25**, 2098] ont encore obtenu l'acide β-désoxybenzoïne-o-carbonique en traitant une solution éthérée de phénylhydrindone par de la lessive de soude.

Aiguilles fondant à 162-163°, solubles dans l'ammoniaque et dans les alcalis.

Réduit au moyen de l'amalgame de sodium, cet acide fournit de l'acide β-toluylène-hydrate-o-carbonique (*phényléthanol* 1-*phényl* 2-*méthyloïque* 2^2),

$$C^6H^4\left\langle\begin{matrix} CH^2.CHOH.C^6H^5 \\ CO^2H \end{matrix}\right.$$

Quand on chauffe à 100°, en tube scellé, parties égales d'acide β-désoxybenzoïne-o-carbonique et de chlorhydrate d'hydroxylamine, le tout additionné de 20 parties d'alcool acidulé avec quelques gouttes d'acide chlorhydrique, on obtient des aiguilles cristallines, légèrement rougeâtres, d'un corps considéré comme l'anhydride de l'*acide β-benzylphénylacétoxime-o-carbonique*, formée suivant l'équation

$$C^6H^4\left\langle\begin{matrix} CH^2.CO.C^6H^5 \\ CO^2H \end{matrix}\right. + AzH^2OH$$

$$= C^6H^4\left\langle\begin{matrix} CH^2.CAzOH.C^6H^5 \\ CO^2H \end{matrix}\right. + H^2O$$

$$= C^6H^4\left\langle\begin{matrix} CH^2 - C - C^6H^5 \\ \qquad\; \| \\ CO^2 - Az \end{matrix}\right. + 2H^2O.$$

Ce corps est isomérique avec le dérivé obtenu dans des conditions analogues, en partant de l'acide α-désoxybenzoïne-o-carbonique. Il fond à 137-139° et se dissout facilement dans l'alcool et dans le chloroforme; il est insoluble dans l'ammoniaque et dans la soude étendue et froide, mais se dissout dans la soude bouillante. Si l'on ajoute à cette dissolution une lessive concentrée de soude, il se forme un précipité d'un sel de sodium. L'acide β-désoxybenzoïne-o-carbonique fournit, avec l'ammoniaque, de l'isobenzylidène-phtalimidine.

Le *sel d'argent*, $C^{15}H^{11}O^3Ag$, est un précipité floconneux, obtenu en traitant le sel de baryum par l'azotate d'argent.

ANHYDRIDE β-DÉSOXYBENZOÏNE-O-CARBONIQUE (*isobenzylidène-phtalide*),

$$C^6H^4\left\langle\begin{matrix} CH = C.C^6H^5 \\ \quad\;\; | \\ CO - O \end{matrix}\right.$$

[Gabriel, *loc. cit.*]. — Cet anhydride, préparé comme il a été indiqué plus haut, cristallise dans l'alcool en aiguilles plates fondant à 90-91°. Il se dissout facilement dans l'alcool et dans le benzène, difficilement dans la ligroïne. L'ammoniaque et les alcalis froids ne le dissolvent pas.

Chauffé à 200° avec de l'acide iodhydrique bouillant à 127° et du phosphore, il se convertit en acide dibenzyl-o-carbonique (*diphényl* 1.2-*éthane-méthyloïque* 2^2),

$$C^6H^4\left\langle\begin{matrix} CH = C.C^6H^5 \\ \quad\;\; | \\ CO - O \end{matrix}\right. \quad + H^4$$

$$= C^6H^4\left\langle\begin{matrix} CH^2.CH^2.C^6H^5 \\ CO^2H \end{matrix}\right.$$

Une solution alcoolique d'ammoniaque transforme l'anhydride en isobenzylidène-phtalimidine.

Avec la méthylamine, on obtient de la β-désoxybenzoïne-o-carbone-méthylamide.

ISOBENZYLIDÈNE-PHTALIMIDINE (*phényl* 3-*isodihydro* 1.2-*quinoléine-one* 1),

$$C^6H^4\left\langle\begin{matrix} CH = C.C^6H^5 \\ \quad\;\; | \\ CO.AzH \end{matrix}\right.$$

[Gabriel, *loc. cit.*]. — On obtient cette imidine en chauffant pendant 10 heures, à 100°, 1 partie d'isobenzylidène-phtalide avec 15 parties d'ammoniaque alcoolique. Aiguilles ou prismes tricliniques [A. Fock, *ibid.*, **18**, 3472], à éclat adamantin, fondant à 197°. Ce corps est peu soluble dans l'alcool froid, plus soluble dans l'alcool bouillant. Chauffé pendant 4 heures à 200-220°, en tube scellé, avec un mélange de protochlorure et de perchlorure de phosphore, il fournit deux produits, dont l'un fond à 77-78° et l'autre entre 161-162°. Ce dernier corps constitue la *phényldichlorisoquinoléine* :

$$C^{15}H^{11}AzO + 2PCl^5$$

$$= C^{15}H^9Cl^2Az + POCl^3 + PCl^3 + 2HCl.$$

Le produit fondant à 77-78° se forme encore quand on chauffe à 100-130° un mélange de 1 partie d'isobenzylidène-phtalimidine et de 2^p,5 de protochlorure de phosphore ou de 2 parties d'oxychlorure de phosphore. Ce corps représente de la phénylisoquinoléine monochlorée :

$$3C^{15}H^{11}AzO + PCl^3 = P(OH)^3 + 3C^{15}H^{10}ClAz.$$

Dans cette réaction, l'isobenzylidène-phtalimidine se comporte comme une molécule hydroxylée, puisqu'elle échange un groupe OH contre 1 atome de chlore [Gabriel, *ibid.*, 18, 3473].

NITRO-ISOBENZYLIDÈNE-PHTALIMIDINE (*phényl 3-nitro 4-isoquinoléine-ol 1*),

$$C^6H^4 \begin{matrix} \diagup C\,Az\,O^2 = C - C^6H^5 \\ \qquad\qquad | \\ \diagdown C(OH) = Az \end{matrix}$$

— Dans un mélange bouillant de 1 partie d'isobenzylidène-phtalimidine et de 8 parties d'acide acétique cristallisable, on fait passer un courant d'acide azoteux jusqu'à coloration verte ; la masse cristalline qui se forme au bout de quelque temps est recueillie et lavée avec de l'alcool, puis dissoute à chaud dans le même dissolvant. On obtient ainsi de petits cristaux jaunes et durs, qui se dissolvent facilement dans l'acide acétique cristallisable bouillant, peu dans l'éther, le sulfure de carbone et le benzène froid, mieux dans le benzène bouillant et dans le chloroforme, presque insolubles dans la ligroïne.

Ce corps fond vers 245° en brunissant et dégageant du gaz ; la soude caustique le dissout à chaud, et la solution, d'un rouge jaune, laisse déposer par refroidissement de petites aiguilles jaunes d'un sel sodique si elle renferme un excès d'alcali.

La formation de ce dérivé peut se traduire par l'équation

$$C^6H^4 \begin{matrix} \diagup CH = C \,.\, C^6H^5 \\ \qquad | \\ \diagdown CO - AzH \end{matrix} + Az^2O^4$$

$$= C^6H^4 \begin{matrix} \diagup CH\,Az\,O^2 \,.\, C \,.\, Az\,O^2 \,.\, C^6H^5 \\ \qquad | \\ \diagdown CO \text{———} AzH \end{matrix}$$

$$= C^6H^4 \begin{matrix} \diagup C\,Az\,O^2 \,.\, C \,.\, C^6H^5 \\ \qquad | \\ \diagdown C(OH) = Az \end{matrix} + Az\,O^2H.$$

M. Gabriel opte pour cette dernière formule, en raison de la grande solubilité de ce dérivé dans la soude caustique, et admet que ce corps renferme le groupe $-C(OH) = Az-$, et non $-CO \,.\, AzH-$; cette manière de le considérer en fait la phényl 3-nitro 4-isoquinoléine-ol 1.

Chauffée avec de l'oxychlorure de phosphore, la nitro-isobenzylidène-phtalimidine se transforme en (3.1.4) phénylchloronitro-isoquinoléine :

$$C^6H^4 \begin{matrix} \diagup C\,Az\,O^2 \,.\, C \,.\, C^6H^5 \\ \diagdown C\,Cl = Az \end{matrix}$$

L'acide iodhydrique réduit l'amidine en amido-isobenzylidène-phtalimidine ou (3.1.4) phényloxyamido-isoquinoléine [Gabriel, *D. chem. G.*, 19, 831].

NITRO-ISOBENZYLIDÈNE-PHTALIMIDINE MÉTHYLÉE (*phényl 3-méthoxy 1-nitro 4-isoquinoléine*),

$$C^6H^4 \begin{matrix} \diagup C\,Az\,O^2 = C \,.\, C^6H^5 \\ \diagdown C\,O\,CH^3 = Az \end{matrix}$$

[Gabriel, *loc. cit.*]. — Cet éther prend naissance quand on chauffe à 100°, pendant 2 heures, un mélange de 1 gramme de nitro-isobenzylidène-phtalimidine, 1 gramme de potasse caustique, 10 centimètres cubes d'alcool méthylique et 4 grammes d'iodure de méthyle. Ce corps cristallise dans l'alcool en cristaux plats d'un jaune de soufre qui fondent à 167-169°. Il se dissout modérément dans l'alcool bouillant, la ligroïne et le sulfure de carbone, facilement dans le chloroforme, le benzène et l'acide acétique cristallisable et bouillant.

AMIDO-ISOBENZYLIDÈNE-PHTALIMIDINE (*phényl-oxamido-isoquinoléine* 3.1.4),

$$C^6H^4 \begin{matrix} \diagup C\,Az\,H^2 = C - C^6H^5 \\ \qquad | \\ \diagdown C\,OH = Az \end{matrix}$$

— Ce dérivé prend naissance quand on réduit à chaud la nitro-isobenzylidène-phtalimidine par l'acide iodhydrique et le phosphore rouge. Le produit de la réaction est étendu d'eau, puis filtré ; la masse restant sur le filtre est dissoute dans l'alcool bouillant, et la solution concentrée traitée par l'ammoniaque et l'eau jusqu'à apparition d'un trouble ; il se dépose de fines aiguilles jaunes, fondant à 190°. Ce corps se dissout facilement dans l'acide acétique cristallisable et dans l'alcool bouillant, modérément dans le benzène bouillant, peu dans le chloroforme et dans l'éther, à peine dans le sulfure de carbone et dans la ligroïne. Quand on le fait bouillir avec de la soude caustique, il fournit une solution jaune.

β-DÉSOXYBENZOÏNE-CARBOMÉTHYLAMIDE,

$$C^6H^4 \begin{matrix} \diagup CH^2 \,.\, CO \,.\, C^6H^5 \\ \diagdown CO \,.\, AzH \,.\, CH^3 \end{matrix}$$

— Cette amide prend naissance lorsqu'on chauffe pendant 9 heures à 100° 10 grammes d'isobenzylidène-phtalide avec 10 grammes de méthylamine à 33 0/0 et 20 centimètres cubes d'alcool. Elle cristallise dans l'alcool en aiguilles fondant à 143-144°. Chauffée à 200°, elle se décompose en méthylamine et isobenzylidène-phtalide.

A. Haller.

DÉSOXYBENZOÏNE-O-DICARBONIQUE (ACIDE) (*éthanone-diphénylméthyloïque* 1², 2²),

$$CO^2H \,.\, C^6H^4 \,.\, CO \,.\, CH^2 \,.\, C^6H^4 \,.\, CO^2H.$$

[J. Ephraïm, *D. chem. G.*, 24, 2820]. — On prépare ce corps en chauffant à 180-190° l'acide phénylacétique-o-carbonique (benzène méthyloïque-éthyloïque 2) avec son poids d'anhydride phtalique et 1/10 d'acétate de sodium anhydre. On reprend la masse par l'eau, puis par une lessive de soude ; on précipite par l'acide chlorhydrique, on lave à l'alcool et on fait cristalliser dans l'acide acétique. Fines aiguilles blanches, fondant à 238-239° :

$$C^6H^4 \begin{matrix} \diagup CO \diagdown \\ \diagdown CO \diagup \end{matrix} O + C^6H^4 \begin{matrix} \diagup CH^2 \,.\, CO^2H \\ \diagdown CO^2H \end{matrix}$$

$$= C^6H^4 \begin{matrix} \diagup CO \,.\, CH^2 \,.\, C^6H^4 \,.\, CO^2H \\ \diagdown CO^2H \end{matrix} + CO^2.$$

Sel diargentique, $C^{16}H^{10}O^5Ag^2$. — Aiguilles floconneuses blanches, obtenues en précipitant par le nitrate d'argent une solution de l'acide neutralisée par l'ammoniaque.

Traité par l'acide iodhydrique en présence de phosphore rouge, l'acide désoxybenzoïne-o-dicarbonique est réduit à l'état d'acide dibenzyl-o-dicarbonique (*éthane-diphénylméthyloïque* 1², 2²),

$$CO^2H \,.\, C^6H^4 \,.\, CH^2 \,.\, CH^2 \,.\, C^6H^4 \,.\, CO^2H.$$

L'ammoniaque le transforme en un composé analogue aux benzylidène-phtalimidines, l'*acide désoxybenzoïne-o-dicarbonimidique*,

$$C^6H^4 \begin{matrix} C = CH \,.\, C^6H^4 \,.\, CO^2H \\ \diagup \quad \diagdown \\ \diagdown \quad \diagup AzH \\ CO \end{matrix}$$

ou

$$CO^2H \,.\, C^6H^4 - \begin{matrix} C = CH \,.\, C^6H^4 \\ | \qquad\quad | \\ AzH - CO \end{matrix}$$

On chauffe pendant 12 heures à 100°, en tube scellé, l'acide désoxybenzoïne-o-carbonique avec une solution concentrée d'ammoniaque alcoolique. La réaction terminée, il reste une masse blanche, soluble dans l'eau, constituant un sel ammoniacal. On précipite par l'acide chlorhydrique et on fait cristalliser dans l'alcool. On obtient ainsi l'acide sous la forme de rhomboèdres blancs :

$$C^{16}H^{12}O^5 + AzH^3 = C^{16}H^{12}AzO^3 + 2H^2O.$$

Traité par l'oxychlorure de phosphore, le nouveau produit perd 1 molécule d'eau et fournit un corps non chloré, d'un jaune intense, à réaction neutre, dont la formule est

$$C^6H^4 \begin{cases} -C=CH- \\ \quad\;\; | \\ CO-Az=CO \end{cases} C^6H^4.$$

L'*anhydride* interne de l'acide désoxybenzoïne-o-dicarbonique s'obtient en dissolvant l'acide dans l'alcool absolu et saturant à froid par le gaz chlorhydrique sec. On additionne ensuite d'eau, on lave le précipité jaune avec une solution de carbonate de sodium et on fait cristalliser le résidu dans l'alcool. Aiguilles blanches, fondant à 260°, insolubles dans les alcalis à froid, et ayant pour formule

$$\underbrace{CO.C^6H^4.CO.CH^2.C^6H^4.CO}_{O}$$

On tombe également sur cet anhydride lorsqu'on traite par l'iodure d'éthyle le sel d'argent de l'acide désoxybenzoïne-o-dicarbonique.

Soumis à l'action de l'hydroxylamine, l'acide désoxybenzoïne-o-dicarbonique donne un corps acide, monobasique, qui renferme 1 molécule d'eau de moins que le dérivé oximidé ; c'est une *oximidolactone* ayant pour formule

$$C^6H^4 \begin{cases} -CH^2.C.C^6H^4.CO^2H \\ \qquad\;\;\, \| \\ CO.O.Az \end{cases}$$

ou

$$CO^2H.C^6H^4.CH^2.C - C^6H^4 \\ \qquad\qquad\qquad \| \quad\;\; | \\ \qquad\qquad\qquad AzO.CO$$

Cristallisée dans l'alcool, elle est constituée par de fines aiguilles colorées en rose, fondant à 229-230°.

Enfin, si l'on réduit par l'amalgame de sodium l'acide désoxybenzoïne-o-dicarbonique, on obtient non pas l'acide toluylène-hydrate-o-dicarbonique (*éthanol* 1-*bisphényl* 1.2-*méthyloïque* $1^2.2^2$),

$$CO^2H.C^6H^4.CH(OH).CH^2.C^6H^4.CO^2H,$$

comme on pouvait s'y attendre, mais son *olide*,

$$CO^2H.C^6H^4.CH^2.\underbrace{CH.C^6H^4.CO}_{O}$$

Beaux cristaux solubles dans l'alcool, fondant à 201°. L'auteur a préparé et analysé le sel d'argent de cet acide monobasique.

L'olide, bouilli avec de l'eau de baryte, se transforme en sel de baryum de l'acide dicarbonique.

A. Haller.

DÉSOXYCHOLALIQUE. — Voyez Bile.

DESTINÉZITE (Min.) (Cesaro). — Variété de diadochite, trouvée à Argenteau (Belgique). — Voyez Dict., 1, 1142.

DEUTÉROALBUMOSE. — Voyez Albumoses.

DEXTRANE [Syn. *Viscose, gomme de fermentation*]. — M. Scheibler a donné le nom de *dextrane* à une substance gélatineuse qui se dépose pendant la macération du jus de betterave, et qui aurait la propriété d'empêcher le sucre de cristalliser.

Le dextrane a été signalé d'abord par Peligot [Dumas, *Traité de Chimie appliquée aux arts*, **6**, 335] et M. Kirchhoff parmi les produits de la fermentation lactique ou mannitique du sucre de canne. Sa formation serait due à la présence d'un bacille (*Leuconostoc mesenteroïdes*) [Van Tieghem, *Ann. des Sc. naturelles*, (6), **7**, 180].

D'après M. Béchamp [*C. R.*, **93**, 78], 50 grammes de sucre fournissent 20 grammes de dextrane ou viscose ; seul le sucre de canne serait susceptible d'en donner. M. Béchamp [*C. R.*, **74**, 187] avait déjà isolé dans les produits de décomposition de la levure une matière gommeuse dextrogyre ($\alpha = 59$-$61°$) analogue au dextrane. Aussi MM. Hauer [*Süddeutsche Apoth. Zeit.*, 1892, 24] et Nägeli [*J. prakt. Chem.*, (2), **17**, 409] ont-ils admis que ce dextrane est formé par les parties désagrégées des cellules des ferments. D'après M. Bräutigam, au contraire, le dextrane (gélatinose) qui se forme dans la gélatinisation du sucre, sous l'influence du *micrococcus gelatinogenus*, est un simple produit de fermentation [*Pharm. Centralhalle*, 1892, **33**, 534].

Pour séparer le dextrane des produits de fermentation du sucre, Nägeli traite le dépôt mucilagineux par l'eau bouillante et précipite ensuite les peptones et l'acide phosphorique par l'acétate de plomb. La liqueur débarrassée de l'excès de plomb est concentrée et additionnée de son volume d'alcool bouillant ; le dextrane est redissous dans de l'eau acidulée avec l'acide chlorhydrique et reprécipité par l'alcool. Son pouvoir rotatoire est $[\alpha]_D = +78°$. Il est très voisin du dextrane de Scheibler. Séché à 110°, il constitue une poudre amorphe renfermant $3C^6H^{10}O^5, H^2O$. Difficilement soluble à froid, il se dissout facilement dans l'eau chaude en formant une liqueur opalescente. Il diffuse lentement à travers un parchemin, il ne réduit pas la liqueur de Fehling, mais donne un précipité bleu clair dans une solution alcaline d'oxyde de cuivre. Les acides étendus le transforment en glucose. L'acide azotique l'oxyde en donnant un acide sirupeux et de l'acide oxalique, mais pas d'acide mucique. L'acide tannique et le borax ne le précipitent pas. L'acétate de plomb ne donne de précipité qu'en présence de potasse (le dextrane de Scheibler précipite sans addition de potasse). Le dextrane dissout l'iode avec une coloration brune.

Une solution d'acétate de plomb dans la potasse fournit une combinaison plombique insoluble. On obtient un dérivé cuprique renfermant 12,05 0/0 Cu et 3,39 0/0 K en précipitant une solution de dextrane par un mélange d'acétate de cuivre, de tartrate de potassium et de potasse. Le dépôt bleuâtre est lavé à l'alcool

MM. Bensch [*Jahresb.*, 1857, 511] et Brüning ont isolé un dextrane analogue dans les eaux mères du lactate de calcium produit par la fermentation du sucre ; on précipite la chaux par l'acide sulfurique, on filtre et on ajoute de l'alcool. Séché à 130°, ce dextrane a pour constitution $C^6H^{10}O^5$. Le précipité bleu clair qu'il donne avec l'oxyde de cuivre en solution alcaline est inaltérable par l'ébullition.

Le dextrane de Scheibler se rencontre surtout dans les betteraves mal mûries, en quantité variable suivant la saison [*Jahresb. der Chem. Technol.*, 1875, 790 ; *Zeit. des Vereins für Rübenzückerind.* **24**, 309 ; *Polyt. Centralb.*, 1875, 53 ; *Chem. Centralb.*, 1875, 164]. Il forme des amas sphériques mucilagineux renfermant 85-88 0/0 d'eau, 14,5 0/0 de matières combustibles et 0,25 0/0 de cendres. Pour le purifier, on le débarrasse des matières azotées et phosphorées, de la cholestérine et des acides gras par une digestion avec l'alcool à 95-96 0/0, puis le résidu est bouilli avec de l'eau acidulée ou mieux avec un lait de chaux pour éviter la formation de sucre. On filtre, on sature par l'acide chlorhydrique et on isole le dextrane par des précipitations fractionnées avec l'alcool sous la forme d'une gomme soluble dans l'eau.

Lorsqu'on dilue la mélasse, dans les distilleries, il se précipite souvent une modification insoluble de dextrane. Une petite quantité d'alcool lui rend sa solubilité, un excès le reprécipite. On peut l'obtenir plus facilement en ajoutant à la mélasse (200-300 grammes) de l'eau (100 centimètres cubes), un excès d'acide chlorhydrique et de l'alcool jusqu'à ce que le dépôt floconneux n'augmente plus. Il est alors mélangé de sucre de canne.

Le dextrane de Scheibler est une poudre blanche, amorphe, facilement soluble dans l'eau. L'iode ne le colore pas (Béchamp). L'alcool le précipite en masse visqueuse. La solution aqueuse possède un goût fade, une réaction neutre. L'acétate neutre de plomb ne donne pas de précipité. L'acétate basique en solution concentrée et l'eau de baryte moyennement concentrée fournissent des précipités visqueux. La liqueur de Fehling n'est pas réduite à l'ébullition.

Les solutions aqueuses de dextrane ont la même densité que celles de sucre de canne de même concentration. Le pouvoir rotatoire est $[\alpha]_j = +223°$ (Scheibler), $+222°,7$ à 24° C., $+223°,7$ à 21° C. et $+219°,8$ à 38° C. (Béchamp). L'ébullition avec l'acide sulfurique dilué transforme le dextrane en glucose et en un mélange de dextrines non fermentescibles dont le pouvoir rotatoire $[\alpha]_j$ varie de $+128°,7$ à $+180°,7$ (Béchamp). L'action est plus rapide et plus complète en vase clos à 120-125°.

L'acide azotique ordinaire donne de l'acide oxalique, mais pas d'acide mucique. L'acide concentré fournit deux dérivés nitrés solubles dans l'alcool. L'invertine et la salive sont sans action.

Le dextrane serait l'anhydride de la glucose (Scheibler). Sa chaleur de combustion moléculaire est de $666^{cal},2$; la chaleur de formation $242^{cal},8$ [Stohmann et Langbein, *J. prakt. Chem.*, (2), **45**, 325].

D'après M. Liebermann, il existerait un dextrane d'origine animale [*Arch. f. die Ges. Physiol.*, **40**, 454]. Le *Schizoneura lanuginosa* de l'orme sécrète une matière gommeuse qu'on retire des galles en les épuisant par l'eau et précipitant par l'alcool en présence d'acide chlorhydrique. Cette matière présente les réactions des gommes. Chauffée avec l'acide sulfurique, elle donne un corps réducteur. Elle renferme 45,2 0/0 de carbone, 7,15 0/0 d'hydrogène et 47,65 0/0 d'oxygène.

P. Freundler.

DEXTRINE (voyez Dict., **1**, 1141, Suppl., **1**, 622). — On désigne sous le nom de *dextrines* les divers produits d'hydratation de l'amidon, obtenus par l'action des acides dilués ou concentrés, de la diastase et de divers ferments organisés. Ce sont des hydrates de carbone $(C^6H^{10}O^5)^n$. Il résulte des derniers travaux que la dextrine commerciale est un mélange complexe d'amidon soluble ou *amylodextrine*, d'*érythrodextrines* et d'*achroodextrines*.

Outre les modes de préparation déjà décrits (*loc. cit*), on a proposé les procédés suivants :

1° On chauffe 500 parties de fécule, délayée dans 500 parties d'eau froide, avec 8 parties d'acide oxalique, jusqu'à ce que l'iode ne donne plus de coloration bleue. On neutralise par le carbonate de chaux, on filtre et on évapore [*J. Pharm. Chim.*, (4), **18**, 39].

2° L'amidon, chauffé à 100° avec de l'acide acétique additionné du $\frac{1}{20}$ de son poids d'eau, se transforme en une dextrine sirupeuse qu'on précipite par l'eau froide. Cette dextrine est soluble dans l'eau à 50°, mais elle redevient insoluble par évaporation.

On obtient un produit analogue en saccharifiant la fécule par la diastase, ou par l'eau acidulée avec un peu d'acide sulfurique. Dans le premier cas, la dextrine solide est bleuie par l'iode; sa solution aqueuse prend une teinte rouge vineux. Dans le second cas, elle se présente sous la forme de grains arrondis que l'iode colore en brun et dont la solution est colorée en violet [Musculus, *C. R.*, **68**, 1267; **70**, 853].

3° On obtient une dextrine en traitant la pomme de terre séchée et moulue par l'eau acidulée ou alcalinisée et en l'arrosant avec une solution d'acide fluosilicique (0,5-1 0/0 du poids de la fécule); on sèche la masse à 38°, puis à 70-75°, et enfin à 90°, jusqu'à poids constant. On termine la dessiccation dans des étuves portées à 100-125°. Une prise d'essai humectée d'eau froide doit être formée de globules vitreux [Anthon, *Dingler's Polyt. Journ.*, **218**, 182].

4° M. Schumann a préparé une dextrine exempte de sucre et susceptible de remplacer la gomme arabique en desséchant la fécule fraîche et en la chauffant en autoclave avec de l'eau acidulée jusqu'à consistance sirupeuse. On neutralise et on active la dextrination par une pression de 3-5 atmosphères.

On peut également délayer l'amidon dans l'eau froide, ajouter 1 0/0 du poids de l'amidon d'un acide minéral fort, et laisser reposer pendant 24 heures. Les cellules sont ainsi désagrégées, ce qui permet à la transformation de s'accomplir.

Pour avoir une dextrine absolument blanche, M. Schumann lave la masse pour enlever l'acide et la traite par une solution d'acide sulfureux à 1 0/0 sous une pression de 4 atmosphères. On arrête l'opération dès qu'il se forme des traces de glucose; on filtre et on chauffe la solution en autoclave à 150-160° [Aug. Schumann à Düttlenheim (Alsace), *D. chem. G., Ref.*, **21**, 113, 382; *Bull. Soc. industr. de Mulhouse*, 1889, 170].

5° En chauffant à 100-140° l'amidon additionné de 30 0/0 d'eau et d'un peu d'acide azotique, M. Petit obtient des dextrines réductrices presque incolores [*C. R.*, 1892, **114**, 76]. Pour une même quantité d'acide, le pouvoir réducteur de ces dextrines diminue quand la durée de chauffe augmente; il augmente pour une même durée de chauffe avec la proportion d'acide employée.

6° Limpricht a extrait une dextrine de la viande de cheval en précipitant par l'alcool les eaux mères qui ont laissé déposer la créatinine. Cette dextrine, dont le pouvoir rotatoire est $[\alpha]_j = 150°$, est transformée en glucose par la salive et par l'acide sulfurique [*Ann. Chem.*, **133**, 293].

7° L'amidon se transforme en dextrine sous l'action du ferment butyrique (*Bacillus amylobacter*) [A. Villiers, *C. R.*, **112**, 435, 536]. L'empois est abandonné 2 à 4 jours à 40° avec le ferment, jusqu'à ce qu'on n'obtienne plus de coloration rouge avec l'iode. On précipite alors par l'alcool. Le pouvoir rotatoire du produit varie entre $[\alpha]_D = +156°$ et $[\alpha]_{D'} = +207°,5$; le pouvoir réducteur entre $+5$ et $+28,9$. A la plus forte rotation correspond la réduction la plus faible.

Pendant cette fermentation, le *Bacillus amylobacter* laisserait déposer une substance soluble, capable de continuer la transformation en l'absence de tout ferment organisé [Villiers, *C. R.*, **113**, 144].

8° La saccharification ménagée de l'amidon par le sérum du sang de bœuf fournit de la glucose et deux dextrines; on précipite l'une d'elles (*dextrine I*) par l'alcool méthylique. L'autre (*dextrine II*) reste dans les eaux mères. On les purifie en précipitant les matières albuminoïdes par le tannin, ou mieux par l'acide phosphotungstique; on neutralise, on filtre, on dialyse pour enlever le sucre, et on précipite par l'alcool [Röhmann, *D. chem. G.*, **25**, 3655]. Suivant la durée de la saccharification, on obtient des proportions variables d'amidon soluble et des deux dextrines.

La dextrine I est une *achroodextrine* de pouvoir rotatoire $[\alpha]_D = +179$ à $+186°$; elle fermente difficilement par la levure. 100 parties réduisent comme 6g,9-14g,2 de glucose.

La dextrine II, ou *porphyrodextrine*, dont le pouvoir rotatoire est $[\alpha]_D = +158$ à $+166°$, fermente facilement par la levure. L'iode la colore en rouge brun. D'après Röhmann, l'érythrodextrine serait un mélange de cette porphyrodextrine et d'amidon soluble.

En chauffant une solution à 0,5-2 0/0 de ces dextrines avec la phénylhydrazine et l'acétate de sodium, Röhmann obtient, après refroidissement, une poudre amorphe mélangée de petits cristaux qui constituent probablement une combinaison hydrazinique.

9° La dextrine s'obtient enfin par l'hydrolyse de l'amidon au moyen de la diastase de l'extrait de malt (voyez Dict., **1**, 1141, Suppl., **1**, 622).

M. Dubrunfaut [*Ann. Chim. Phys.*, **11**, 379] a reconnu qu'il se formait, en outre, de la maltose, probablement par suite d'une hydratation incomplète, car le malt est sans action sur la maltose, tandis que les acides dédoublent celle-ci en glucose (Brown et Héron). M. Mering [*Journ. d. Thierchemie*, 1881, 87] a constaté aussi la formation de saccharose dans le cas où le malt agit sur l'amidon pendant plusieurs heures à 60-70°. La proportion de saccharose et de dextrines réductrices augmente encore après 30 heures de chauffe. Cette hydrolyse a servi de base à plusieurs hypothèses sur la constitution des dextrines.

Payen [*Ann. Chim. Phys.*, (2), **61**, 355; (2), **65**, 225] a constaté que l'amidon se dédouble sous l'influence du malt en une série de dextrines de plus en plus simples, et celles-ci, seulement ensuite, en sucre. D'après Musculus [*Ann. Chim. Phys.*, (3), **60**, 202; (4), **6**, 177; *C. R.*, **54**, 194], la formation des dextrines et du sucre serait simultanée.

M. O'Sullivan a admis que ces dextrines sont des métamères [*Chem. Soc.*, (2), **10**, 579; (3), **1**, 478; (3), **2**, 125]. D'après MM. Brown, Héron et Morris [*Ann. Chem.*, **199**, 165; **231**, 72], il existe, entre l'amidon et la maltose, une série de dextrines bien définies: l'*amylodextrine* (amiduline, amidon soluble), deux *érythrodextrines*, sept *achroodextrines* et une *maltodextrine*. Cette hypothèse est basée sur les faits suivants:

L'action du malt, qui varie avec la température, s'arrête au bout d'un temps assez court; on trouve alors qu'il s'est établi un certain équilibre entre les dextrines et la maltose, équilibre qui dépend de la température, etc. Suivant les conditions, le produit est coloré en rouge ou n'est pas coloré par l'iode. L'équilibre le plus stable est caractérisé par les valeurs de $[\alpha]_j = 162°$ et K (pouvoir réducteur rapporté à celui de la glucose) = 49,1. Ces chiffres sont déterminés sur le produit brut. On observe cet équilibre dans le cas où le malt agit sur l'empois au-dessous de 60°; le produit final est un mélange de dextrine non réductrice (19,6 0/0) $(C^{12}H^{20}O^{10})^{20}$, de pouvoir rotatoire $[\alpha]_j = +216°$, avec 80,4 0/0 de maltose. La saccharification serait représentée par l'équation

$$10\,C^{12}H^{20}O^{10} + 8\,H^2O = 8\,C^{12}H^{22}O^{11} + 4\,C^6H^{10}O^5.$$

Amidon. Maltose Dextrine.

Tous les autres équilibres peuvent être amenés à celui-là par une addition de malt frais, à une température convenable.

Le dédoublement des dextrines sous l'action du malt étant progressif (Brown et Morris), chaque terme de la série fournira une quantité déterminée de maltose en se transformant en une dextrine plus simple. On pourra donc déterminer sa place dans la série au moyen des valeurs de K et de $[\alpha]_j$ ou $[\alpha]_D$.

Pour expliquer cette hydrolyse progressive, MM. Brown et Héron ont admis que l'amidon soluble répond à la formule $[(C^{12}H^{20}O^{10})^{20}]^5$, c'est-à-dire qu'il est formé de cinq noyaux amylins, dont l'un, le noyau central, plus stable, constituera la dextrine non réductrice mentionnée plus haut, et qui est le dernier terme de la série. Les quatre autres, par contre, s'hydrateront plus ou moins complètement, pour donner, suivant les cas, des amylodextrines $(C^{12}H^{20}O^{10})^6 . C^{12}H^{22}O^{11}$, des érythrodextrines, etc.

L'action du malt est ralentie par la chaleur et les alcalis, et annihilée par le carbonate de soude.

D'après M. Lindet [*Bull. Soc. Chim.*, (3), **1**, 340], la saccharification de l'amidon par la diastase est arrêtée lorsqu'il y a une certaine quantité de maltose formée. On peut remettre l'hydrolyse en marche en précipitant cette maltose par la phénylhydrazine ou en la détruisant par fermentation (Payen).

D'après MM. Lintner et Düll [*D. chem. G.*, **26**, 2533], l'action du malt sur l'amidon donne naissance à cinq produits bien différenciés qu'on peut isoler par des précipitations fractionnées avec l'alcool aqueux. Ce sont l'amylodextrine, l'érythrodextrine, l'achroodextrine, la maltose et l'isomaltose de Fischer; celles-ci résulteraient d'un dédoublement progressif des premières. On obtient l'une ou l'autre en variant la durée de la saccharification. Cette réduction du nombre des dextrines à trois a été contestée par MM. Scheibler et Mittelmeier pour des raisons théoriques [*D. chem. G.*, **26**, 2930].

Purification de la dextrine. — La dextrine ne peut être débarrassée de la glucose ou de la maltose qu'elle renferme par digestion avec la liqueur de Fehling ou par la diastase, qui lui font subir une altération [Bondonneau, *Bull. Soc. Chim.*, (2), **23**, 98]. Bondonneau a proposé de chauffer la dextrine avec le chlorure cuivrique et la soude (voyez Suppl., **1**, 622). Wiley [*Chem. News*, **46**, 175], partant du principe que la dextrine pure n'est pas réductrice, soumet le produit précipité plusieurs fois par l'alcool à l'action d'une solution alcaline chaude de cyanure de mercure (parties égales de $Hg(CAz)^2$ et de NaOH). On filtre, on acidule par l'acide chlorhydrique, on précipite le mercure par l'hydrogène sulfuré, et on évapore jusqu'à consistance sirupeuse. Après addition d'un peu d'ammoniaque, on précipite par l'alcool à 60 0/0 [Brown et Morris, *Ann. Chem.*, **231**, 76]. D'après Wilson [*Chem. News*, **65**, 169], ce traitement modifierait le pouvoir rotatoire des dextrines.

MM. Scheibler et Mittelmeier ont obtenu la dextrine pure soit par des précipitations fractionnées avec l'alcool, soit en la dialysant dans un sac en parchemin plongé dans de l'eau chaude qu'on renouvelle. On précipite ensuite la dextrine par l'alcool [*D. chem. G.*, **23**, 3060].

Propriétés. — La dextrine est une poudre blanche, amorphe, plus ou moins soluble dans l'eau. Elle ne fermente pas par la levure [U.

Gayon et E. Dubourg, *C. R.*, **103**, 885], mais bien sous l'influence d'une espèce de *mucor* et de certains ferments secondaires, les *Saccharomyces ellipticus* et *pastorianus* (Brown et Morris].

La dextrine se transforme en glucose sous l'action des acides, du chlorure de sodium, du bicarbonate de soude, ou mieux d'un mélange de sel marin et de glycérine, soit à chaud, soit à la température ordinaire [W.-K. Schoor, *Rec. P.-B.*, **3**, 18]. Le malt la dédouble en dextrines plus simples et finalement en maltose.

D'après M. Bishop [*Monit. scient.*, (4), **2**, 64], la dextrine n'est pas saccharifiée complètement au bout de quelques heures par l'acide chlorhydrique dilué (2 à 4 centimètres cubes d'acide pour 50 centimètres cubes d'une solution de dextrine à 8 0/0).

M. Linebarger attribue à la dextrine la formule moléculaire $(C^6H^{10}O^5)^7$, qu'il a déterminée par la méthode osmotique de Pfeffer [*Am. Journ.*, (3), 426].

La chaleur de combustion de la dextrine est de 241 calories [Berthelot et Vieille, *Bull. Soc. Chim.*, (2), **47**, 869].

La dextrine n'est pas transformée en sucre réducteur par la potasse; elle ne réduit pas une solution de carbonate de cuivre basique dans le sel de Seignette [Herzfeld, *D. chem. G.*, **12**, 2120]. Elle ne précipite pas par le tannin [Griessmayer, *Ann. Chem.*, **160**, 40], ni par l'acétate de cuivre à la température ordinaire [Barfoed, *J. prakt. Chem.*, (2), **6**, 334].

D'après MM. Scheibler et Mittelmeier, . *chem. G.*, **23**, 3060], la dextrine pure est réductrice. Chauffée avec la potasse, elle se colore en jaune brun et réduit alors nettement la liqueur de Fehling. Elle possède donc le caractère des hydrates de carbone qui renferment un groupe carbonyle CO.

Mise en contact pendant 2 ou 3 jours avec un excès de phénylhydrazine, elle s'y dissout. L'alcool fort précipite de la liqueur une poudre jaune-blanc, soluble dans l'eau, insoluble dans l'alcool, et constituée probablement par un mélange d'hydrazones. L'acide chlorhydrique (densité = 1,19) la décompose en régénérant la phénylhydrazine et un produit dextrinique. Cette *dextrine-phénylhydrazine* a les mêmes propriétés que la dextrine. Elle réduit la liqueur de Fehling à chaud, l'iode la colore en rouge, la salive et la diastase la saccharifient. L'analyse lui assigne une composition très complexe.

En dissolvant cette hydrazone dans 5 fois son poids d'eau et autant de phénylhydrazine, puis neutralisant par l'acide acétique et chauffant pendant 2 heures au bain-marie, on obtient une *dextrine-dihydrazone* que l'alcool précipite sous la forme d'une poudre jaune clair, moins soluble dans l'eau que l'hydrazone. Sa teneur en azote est de 1,6 0/0 environ.

La dextrine est réduite par l'amalgame de sodium en solution neutre; la liqueur n'est plus réductrice; l'alcool en précipite une poudre blanche, inaltérable par la potasse, que MM. Scheibler et Mittelmeier ont appelée *dextrite*. Cette dextrite redevient réductrice quand on la traite par la diastase ou les acides forts.

En oxydant à froid la dextrine (en solution à 8 0/0) par le brome et précipitant le produit par l'alcool, les mêmes auteurs ont obtenu une poudre blanche dont la solution aqueuse rougit nettement le tournesol et décompose le carbonate de chaux à l'ébullition. Ce corps est soluble dans la phénylhydrazine et n'est pas précipité par l'acétate de plomb et l'eau de chaux.

M. Lintner [*Zeit. für angew. Chem.*, 1890, 546] a obtenu avec le permanganate des produits acides qui sont précipités par l'acétate de plomb.

La dextrine renfermerait donc, d'après MM. Scheibler et Mittelmeier, un groupe aldéhydique, et se rapprocherait du groupe de la maltose, tandis que l'amidon non réducteur serait analogue au sucre de canne. La dextrine posséderait une formule multiple de celle proposée par Fittig :

$$\mathrm{CHO.CH{-}CH{-}CHOH.CHOH.CH^2OH.}$$
$$\diagdown\ \diagup$$
$$\mathrm{O}$$

Amylodextrine (*amidon soluble*). — C'est le premier produit défini de l'hydrolyse de l'amidon. En laissant ce dernier pendant quelque temps en contact avec de l'acide chlorhydrique à 12 0/0, Nägeli a obtenu un résidu insoluble (*amylodextrine I*) que l'iode colore en jaune et qu'on purifie par des lavages à l'eau et à l'alcool. Cette amylodextrine est soluble dans l'eau bouillante, d'où elle se dépose par refroidissement. La liqueur acide donne avec l'iode un précipité bleu (*amylodextrine II*) qu'on purifie de la même façon [*Ann. Chem.*, **173**, 218].

Salomon obtient une amylodextrine en chauffant à 110° l'amidon avec 5 grammes d'acide sulfurique dissous dans 1 litre d'eau, puis neutralisant par le carbonate de soude, filtrant, concentrant et précipitant enfin par l'alcool [*J. prakt. Chem.*, (2), **28**, 82]. C'est une poudre blanche, très peu soluble dans l'eau froide, insoluble dans l'alcool et ne réduisant pas la liqueur de Fehling. L'iode la colore en bleu. Son pouvoir rotatoire est $[\alpha]_j = 190°,24$. Les acides minéraux dilués, les acides oxalique, citrique et tartrique la transforment en glucose, de même que les alcalis, dans lesquels elle est soluble [voyez aussi Musculus, Gruber, *Zeit. Physiol. Chem.*, (2), 188. — Maschke, *Jahresb.*, 1854, 622. — Bondonneau, *Bull. Soc. Chim.*, (2), **21**, 150]. D'après Musculus, l'amylodextrine serait douée de pouvoir réducteur; en suspension dans l'eau, elle est à peine colorée en jaune rougeâtre par l'iode. En solution diluée, la teinte passe du pourpre au rouge et disparaît si l'on ajoute quelques grains d'amidon. La solution aqueuse concentrée est bleuie nettement.

MM. Brown et Morris [*Chem. Soc.*, **55**, 452] ont obtenu, par l'action très prolongée de l'acide chlorhydrique à 12 0/0 sur l'amidon, une amylodextrine en sphères cristallines indistinctes, que l'iode colore en jaune rougeâtre et qui ne fermente pas par la levure. Son pouvoir réducteur serait $K_{3,86} = 9,08$ et son pouvoir rotatoire $[\alpha]_j = 206°,11$. Les auteurs lui attribuent la constitution $[(C^{12}H^{20}O^{10})^6 . C^{12}H^{22}O^{11}]$, d'après des expériences cryoscopiques. La diastase la transforme en maltose.

MM. Lintner et Düll auraient obtenu une amylodextrine $(C^{12}H^{20}O^{10})^{54}$ en traitant la fécule par le malt à 55-60° [*D. chem. G.*, **26**, 2537]. La liqueur additionnée d'alcool à 30-40 0/0 bouillant fournit un précipité blanc, amorphe ou renfermant quelques sphères cristallines, peu soluble dans l'eau froide, assez soluble à chaud. Cette amylodextrine n'est pas réductrice. L'iode la colore en bleu. Son pouvoir rotatoire est $[\alpha]_D = +196°$.

Érythrodextrine (*dextrine* α) (voyez Suppl., **1**, 622). — MM. Brown et Morris obtiennent une érythrodextrine en traitant l'amidon par le malt chauffé à 68°, ou additionné de carbonate de soude. C'est une masse amorphe, soluble dans l'eau froide, que l'iode colore en rouge.

M. Schulze [*J. prakt. Chem.*, (2), **28**, 327] a préparé une érythrodextrine non réductrice en traitant l'amidon sous pression par l'acide acétique à 20 0/0 et en précipitant le produit par l'alcool. Son pouvoir rotatoire est $[\alpha]_D = 186°$.

L'érythrodextrine de MM. Lintner et Düll,

$$(C^{12}H^{20}O^{10})^{17}.C^{12}H^{22}O^{11},$$

serait un produit de dédoublement de l'amylodextrine. On la débarrasse des sucres et de l'achroodextrine qu'elle retient, par des précipitations avec l'alcool à 50-60 0/0 bouillant. Elle se présente sous la forme de sphères cristallines, solubles dans l'eau, presque insolubles dans l'alcool. L'iode la colore en rouge brun. Son pouvoir rotatoire est $[\alpha]_D = 196°$. La diastase la dédouble en 3 molécules d'achroodextrine. 100 parties de cette érythrodextrine réduisent comme 1 partie de maltose.

ACHROODEXTRINES. — On a décrit plusieurs achroodextrines sous les noms de *dextrines* α, β, *dextrine I*, etc. [O'Sullivan, voyez Suppl., **1**, 622].

Les eaux mères de l'amylodextrine II (voyez plus haut) sont neutralisées par le carbonate de chaux et concentrées; l'alcool en précipite une poudre amorphe, soluble dans l'eau, faiblement réductrice, et que l'iode ne colore pas [Nägeli; Musculus, Mering, *Zeit. Physiol. Chem.*, **2**, 410]. On obtient des achroodextrines par l'action du malt sur l'amidon au-dessous de 60° (Brown et Morris), ou en chauffant l'amidon avec l'acide sulfurique à 2 0/0 jusqu'à ce que l'alcool ne donne plus de précipité.

Les achroodextrines ne sont pas colorées par l'iode. L'eau froide les dissout. Le malt les transforme en maltose plus difficilement que les précédentes. La levure et la diastase très fraîche en excès leur font subir la fermentation alcoolique. MM. Pfeiffer et Tollens ont préparé un *dérivé sodique* peu stable de la dextrine β en précipitant par l'alcool absolu la solution aqueuse d'achroodextrine additionnée d'alcool sodé [*Ann. Chem.*, **200**, 302].

En chauffant l'achroodextrine avec l'acétate de sodium et l'anhydride acétique, M. Herzfeld a obtenu le *dérivé triacétylé* $C^6H^7(C^2H^3O)^3O^5$, sous la forme d'une poudre amorphe, fusible à 180°, insoluble dans l'eau bouillante, l'acide acétique dilué, l'alcool et l'éther, soluble dans un mélange chaud d'alcool et d'éther acétique.

MM. Brown et Morris ont préparé, par l'action du malt sur l'amidon à froid, une achroodextrine assez stable, de pouvoir rotatoire $[\alpha]_j = 216°$.

MM. Lintner et Düll [*D. chem. G.*, **26**, 2537] obtiennent une achroodextrine

$$(C^{12}H^{20}O^{10})^5.C^{12}H^{22}O^{11}$$

comme produit de dédoublement de l'érythrodextrine dans l'action du malt sur la fécule. Ils la purifient par des traitements à l'alcool à 60-70 0/0, puis à 85-90 0/0. C'est une poudre amorphe, renfermant de petites sphères déliquescentes, et douée d'un goût douceâtre. Son pouvoir rotatoire est $[\alpha]_D = 192°$. 10 parties de cette achroodextrine réduisent comme 1 partie de maltose. Le malt la dédouble en isomaltose et maltose.

L'affinité de l'érythrodextrine pour l'iode est plus faible que celle de l'amidon soluble et de l'achroodextrine (Brown et Héron). Un mélange des deux premières se colorera d'abord en violet, puis en rouge. Avec un mélange d'érythro- et d'achroodextrines, la couleur disparaît d'abord presque instantanément.

MALTODEXTRINE. — Lorsque le malt agit sur l'empois au-dessus de 65°, il se forme une substance incristallisable, soluble dans l'alcool faible, que M. Herzfeld a nommée *maltodextrine* [*D. chem. G.*, **12**, 2120]. Il la purifie en la redissolvant dans l'eau et précipitant par l'alcool à 90 0/0. C'est une gomme incolore, soluble dans l'eau, insoluble dans l'éther et l'alcool absolu. Son pouvoir rotatoire est $[\alpha]_j = +164°,2$ [Bondonneau, *Bull. Soc. Chim.*, (2), **25**, 5] et 169,9-173°,4 d'après M. Herzfeld. 3 parties de cette maltodextrine réduisent autant que 1 partie de maltose. La salive la saccharifie instantanément. Elle donne un *dérivé acétylé* facilement soluble dans l'alcool froid et fusible à 98°.

MM. Brown et Morris [*Ann. Chem.*, **231**, 72] préparent la maltodextrine en traitant l'empois à 60-65° par du moût très actif séché à l'air à 30° au plus; on arrête la saccharification lorsque le pouvoir $[\alpha]_j$ a atteint la valeur + 198°. On concentre la liqueur jusqu'à avoir une densité 1,06 environ, on ajoute un peu de *Saccharomyces cerevisiæ* et on laisse fermenter vers 28-30°. La maltose est ainsi détruite. Le liquide décanté et évaporé est additionné d'alcool absolu, de façon à en contenir 90 0/0. On chauffe pendant quelques jours, on dilue jusqu'à concentration de 35 0/0 et on décante la solution qui renferme la maltodextrine. Cette maltodextrine est plus soluble dans l'alcool que les autres dextrines. Elle est infermentescible. Son pouvoir rotatoire est $[\alpha]_j = 193°,6$. L'alcool ne la dédouble pas. Le malt la transforme entièrement en maltose à 50-60°. Elle dialyse lentement, sans dissociation. Son pouvoir réducteur rapporté à la glucose est 20 0/0. MM. Brown et Morris lui assignent la composition

$$[(C^{12}H^{20}O^{10})^2, C^{12}H^{22}O^{11}].$$

D'après MM. Schmidt et Klaunig [*Inaug. Dissert.*, Kiel, 1892] et MM. Lintner et Düll, cette maltodextrine serait un mélange de dextrines et d'isomaltose.

CELLULODEXTRINE. — C'est le produit obtenu par M. Béchamp [*C. R.*, **42**, 1210] en traitant le coton par l'acide chlorhydrique ou sulfurique concentré. Son pouvoir rotatoire est $[\alpha]_j = + 88°,9$. L'acide sulfurique, à chaud, la transforme en sucre. Son dérivé dinitré est moins soluble dans l'alcool à 90 0/0 que celui de la dextrine [*C. R.*, **51**, 255].

DEXTRINES SYNTHÉTIQUES. — MM. Musculus et Meyer ont obtenu une achroodextrine de synthèse en chauffant la glucose avec l'acide sulfurique (voyez Suppl., **1**, 623).

MM. E. Grimaux et Lefèvre sont arrivés à un résultat analogue en dissolvant la glucose dans 8 parties d'acide chlorhydrique (d = 1,026). La solution distillée dans le vide abandonne un résidu sirupeux qu'on précipite plusieurs fois par l'alcool à 90 0/0. On obtient une gomme qui peut être séchée, et qui constitue alors une poudre hygroscopique. On la débarrasse du sucre par addition d'un peu de levure. Cette dextrine n'est pas colorée par l'iode; l'alcool ne la dissout pas. Sa composition est sensiblement $3\,C^6H^{10}O^5, H^2O$. Son pouvoir réducteur est K = 17,8 et son pouvoir rotatoire $[\alpha]_j = + 97°,48$. Le malt est sans action sur elle. Une ébullition de 20 heures avec l'acide sulfurique à 2 0/0 régénère la glucose. Les eaux mères alcooliques renferment des dextrines plus réductrices, de la maltose, etc.

Soumise au même traitement, la galactose fournit une *galactodextrine* dont le pouvoir réducteur est 10 et le pouvoir rotatoire $[\alpha]_j = + 80$ [Grimaux, Lefèvre, *C. R.*, **103**, 146].

M. Wohl a étudié spécialement cette réversion des glucoses en dextrine [*D. chem. G.*, **23**, 2084]. D'après lui, les acides concentrés dédoublent l'amidon d'abord en glucose, puis celle-ci reforme immédiatement des dextrines (glucosines) qui diffèrent probablement des produits d'hydratation directe de l'amidon.

Par contre, la dextrine de l'inuline obtenue par MM. Schubert et Hönig [*Mon. f. Chem.*, **8**, 544, 552] ne diffère pas du produit synthétique. Les acides à 20 0/0 la dédoublent avec la plus grande facilité. On la prépare en chauffant l'inuline en solution aqueuse (à 18-20 0/0) avec 0,5 0/0 d'acide sulfurique, jusqu'à ce qu'on observe un maximum de pouvoir rotatoire à gauche; le produit n'a pu être isolé, à cause de sa grande solubilité dans l'alcool.

En chauffant la lévulose avec l'acide chlorhydrique, on obtient une liqueur jaune d'or d'où l'alcool précipite après refroidissement une matière dextrinique (*lévulosine*) blanche, hygroscopique, qu'on lave à l'alcool absolu froid. Le pouvoir rotatoire de cette lévulosine est environ moitié, le pouvoir réducteur environ le tiers de celui de la lévulose. Les acides forts en solution diluée la dédoublent lentement en lévulose.

P. Freundler.

DEXTRONIQUE (ACIDE). — Voyez Gluconique.

DEXTROPIMARIQUE (ACIDE). — Voyez Pimarique.

DEXTROSE. — Voyez Glucose.

DI. — Pour les mots qui ne se trouvent pas ici à leur rang alphabétique, voyez le mot qui suit ce préfixe, ou le mot générique.

DIACÉTONAMINE (voyez Suppl., 1, 17). — Si la diacétonamine provient de la condensation de 2 molécules d'acétone et de 1 molécule de gaz ammoniac, suivant le schéma

$$CH^3-CO-CH^3 + \underset{CH^3}{\overset{CH^3}{\overset{|}{\underset{|}{C}}}}O + AzH^3$$

$$= H^2O + CH^3-CO-CH^2-\underset{CH^3}{\overset{CH^3}{\overset{|}{\underset{|}{C}}}}-AzH^2,$$

en remplaçant l'ammoniaque par une amine primaire, comme la méthylamine, ou par une amine secondaire grasse, comme la diméthylamine, on peut s'attendre à obtenir dans le premier cas la *diacétonamine monométhylée*, dans le second la *diacétonamine diméthylée*.

C'est ce que l'expérience a vérifié.

Diacétonamine monométhylée. — On sépare aisément la nouvelle base de l'excès de méthylamine en passant par les chloroplatinates. Le chloroplatinate de méthylamine, très peu soluble, se sépare par refroidissement, la solution filtrée en abandonne une nouvelle quantité par évaporation lente. En même temps, le *chloroplatinate de méthyldiacétonamine* se dépose en grands prismes rhombiques, accompagnés d'autres prismes de couleur plus foncée, qui sont constitués par le *chloroplatinite* de la même base. Il se dépose en même temps un sel visqueux qui rend les purifications pénibles. On s'en débarrasse en précipitant, au préalable, la méthylamine et la méthyldiacétonamine à l'état d'oxalates acides qui sont entièrement séparés par l'addition d'alcool.

Le *chlorhydrate de méthyldiacétonamine* se sépare de sa solution sirupeuse en aiguilles rayonnées, très hygrométriques, solubles dans l'alcool.

Le *chloraurate* se précipite en fines aiguilles, solubles dans l'eau bouillante, moins solubles dans l'eau froide.

La base libre est instable, et se dédouble en méthylamine et oxyde de mésityle.

L'*oxalate neutre* s'obtient en décomposant une solution neutre de chlorhydrate par l'oxalate d'argent; il se dépose en petits cristaux très solubles dans l'eau, peu solubles dans l'alcool absolu.

L'*oxalate acide* se dépose de sa solution dans l'alcool bouillant en prismes microscopiques.

L'*azotate* et le *sulfate* sont incristallisables.

Le *picrate* se précipite en fines aiguilles, lorsqu'on ajoute de l'acide picrique à la solution de chlorhydrate.

Diacétonamine diméthylée. — On sature l'acétone de diméthylamine gazeuse et on chauffe le mélange à 100-105° pendant 48 heures. En saturant par l'acide chlorhydrique le liquide obtenu et ajoutant un excès de chlorure de platine, on obtient un *chloroplatinate double de diméthylamine et de diacétonamine diméthylée*, sel peu soluble dans l'eau et indédoublable par cristallisation. Chauffés à 130°, ces cristaux se décomposent sans fondre.

Pour séparer les deux bases, on est obligé de recourir au *chloraurate*, peu soluble dans l'eau froide, très peu soluble dans l'alcool, insoluble dans l'éther. Le chloraurate de diméthylamine est très soluble dans l'eau et dans l'alcool. On décompose donc le chloroplatinate double par l'hydrogène sulfuré, et on précipite la liqueur filtrée par le chlorure d'or.

Le *chlorhydrate de diméthyldiacétonamine*, évaporé à consistance sirupeuse, se prend en une bouillie cristalline, très hygroscopique. La solution aqueuse de ce sel se décompose à la température du bain-marie, en répandant l'odeur de l'oxyde de mésityle.

Le *chloroplatinate* cristallise dans l'eau en petites tables allongées, rouge clair, insolubles dans l'alcool, solubles dans 19 parties d'eau froide.

Le *nitrate* forme de longues aiguilles très déliquescentes, insolubles dans l'alcool.

Le *sulfate* cristallise difficilement.

L'*oxalate neutre* se décompose en oxyde de mésityle, diméthylamine et *oxalate acide*, qui se dépose sous la forme de cristaux très solubles dans l'eau, un peu moins solubles dans l'alcool, insolubles dans l'éther [T. Gœtschmann, *Ann. Chem.*, **192**, 27; *Bull. Soc. Chim.*, (2), **32**, 519].

Oxydation de la diacétonamine. — D'après la règle de M. Popoff, l'oxydation de la diacétonamine devrait fournir de l'acide acétique et de l'acide amidodiméthylacétique.

Quand on abandonne pendant 15 jours le sulfate de diacétonamine avec le double de son poids de permanganate de potassium et de l'eau aciduléc d'acide sulfurique, on n'obtient que des traces des acides formique et acétique, qu'on chasse par la distillation. On trouve dans la solution deux acides; le premier, un acide amido-isovalérianique (amido-isopropylacétique),

$$CO^2H-CH^2-\underset{CH^3}{\overset{CH^3}{\overset{|}{\underset{|}{C}}}}-AzH^2,$$

est soluble dans l'alcool; le second, l'acide amido-isobutyrique,

$$CO^2H-\underset{CH^3}{\overset{CH^3}{\overset{|}{\underset{|}{C}}}}-AzH^2,$$

y est presque insoluble.

L'*acide β amido-isopropylacétique* se dépose en aiguilles microscopiques lorsqu'on ajoute de l'éther à sa solution alcoolique. Il est neutre au tournesol, fond à 217°, et se sublime déjà à 180° en fines aiguilles.

Le *sel de cuivre*, $(C^5H^{10}AzO^2)^2Cu, 2H^2O$, est soluble dans l'eau et dans l'alcool avec une couleur bleue; il cristallise en belles tables clinorhombiques.

Le *sel d'argent* est peu soluble dans l'eau froide.

Le *chlorhydrate* est très soluble dans l'eau et dans l'alcool, insoluble dans l'éther; il cristallise avec 1 molécule d'eau.

Le *chloroplatinate* est très soluble, mais non déliquescent.

L'*acide α-amido-isobutyrique* cristallise en tables rhombiques à peu près insolubles dans l'alcool.

Son *sel de cuivre* cristallise en lamelles violettes, peu solubles dans l'eau et très peu solubles dans l'alcool [W. Heintz, *Ann. Chem.*, **198**, 355; *Bull. Soc. Chim.*, (2), **34**, 355].

ACTION DE L'ACIDE CYANHYDRIQUE SUR LA DIACÉTONAMINE. — L'acide cyanhydrique se fixe sur la diacétonamine comme sur les acétones en général, en donnant le composé

$$\begin{array}{ccccc} & OH & & CH^3 & \\ & | & & | & \\ CH^3- & C & -CH^2- & C & -CH^3 \\ & | & & | & \\ & CAz & & AzH^2 & \end{array}$$

Ce dernier, traité par l'acide chlorhydrique, donne naissance à l'acide correspondant, qui perd aisément de l'eau pour fournir un anhydride interne auquel Heintz avait donné pour constitution

$$\begin{array}{ccccc} & & & CH^3 & \\ & & & | & \\ CH^3- & C & -CH^2- & C & -CH^3 \\ & / \ \backslash & & | & \\ & CO-O & & AzH^2 & \end{array}$$

tandis qu'il constitue au contraire le composé

$$\begin{array}{ccccc} & OH & & CH^3 & \\ & | & & | & \\ CH^3- & C & -CH^2- & C & -CH^3 \\ & | & & | & \\ & CO & \text{——} & AzH & \end{array}$$

que l'acide nitreux transforme, non pas en une oxylactide, mais bien en oxytriméthylbutyrolactone (*diméthyl2.4-pentanol2-olide*1.4)

$$\begin{array}{ccccc} & O & & CH^3 & \\ & | & & | & \\ CH^3- & C & -CH^2- & C & -CH^3 \\ & | & & | & \\ & CO & \text{——} & O & \end{array}$$

M. Weil a démontre l'exactitude de cette explication, en transformant cet anhydride en dérivés du pyrrol.

Si nous mettons sa formule sous la forme

$$\begin{array}{ccc} & AzH & \\ CO & & C<{CH^3 \atop CH^3} \\ (OH)C & \text{——} & CH^2 \\ | & & \\ CH^3 & & \end{array}$$

nous voyons qu'on peut nommer ce corps β'*oxy-αα*β'*triméthyl-α'pyrrolidone* (*dioxytriméthylpyrroline*). Cette base forme des cristaux fusibles à 202°.

Le perchlorure de phosphore remplace dans ce composé l'oxhydryle par 1 atome de chlore, en fournissant un produit cristallisé en cristaux blancs, fusibles à 158°.

L'acide sulfurique concentré lui enlève, à la température du bain-marie, 1 molécule d'eau, en donnant naissance au composé

$$\begin{array}{ccc} & AzH & \\ CO & & C<{CH^3 \atop CH^3} \\ CH^3-C & = & CH \end{array}$$

qui forme de belles aiguilles fondant à 141°,5 et bouillant à 240° avec une faible décomposition. Il est très soluble dans l'eau, l'alcool, l'éther, peu soluble dans le benzène et dans l'éther de pétrole. L'acide azoteux et l'iodure de méthyle sont sans action sur lui.

Quand on traite ce dernier compose par le sodium et l'alcool, ou par l'acide iodhydrique et le phosphore rouge, à 180°, on lui fait fixer 1 molécule d'hydrogène et l'on obtient l'*αα*β'*triméthyl-α'pyrrolidone* (*oxytriméthylpyrroline*),

$$\begin{array}{ccc} & AzH & \\ CO & & C<{CH^3 \atop CH^3} \\ CH^3-CH & \text{——} & CH^2 \end{array}$$

Cette base distille vers 220° et se prend en cristaux fusibles à 75°,5, très solubles dans l'eau, l'alcool, l'éther, le benzène, l'éther de pétrole.

Elle fournit un *dérivé nitrosé* en lamelles jaunes et brillantes, qui fondent à 98°.

Enfin, si l'on distille la nouvelle base avec de la poudre de zinc, on la convertit en *αα-*β'*triméthylpyrrolidine*,

$$\begin{array}{ccc} & AzH & \\ CH^2 & & C<{CH^3 \atop CH^3} \\ CH^3-CH & \text{——} & CH^2 \end{array}$$

liquide huileux, légèrement jaunâtre et fortement alcalin, peu soluble dans l'eau, très soluble dans l'alcool et dans l'éther. Elle se colore en rouge au contact de l'air; les acides minéraux la résinifient; elle donne, avec le chlorure mercurique, un précipité blanc presque insoluble dans l'eau [H. Weil, *Ann. Chem.*, **232**, 206; *Bull. Soc. Chim.*, (2), **47**, 287].

ACTION DES ALDÉHYDES SUR LA DIACÉTONAMINE. — On sait que l'acétone réagit sur la diacétonamine avec élimination de 1 molécule d'eau, en la transformant en un composé à chaîne fermée, qui est la *triacétonamine* :

$$\begin{array}{ccccc} & & & CO & \\ & & CH^3 & & CH^2 \\ {CH^3 \atop CH^3}>CO & + & & & C<{CH^3 \atop CH^3} \\ & & & AzH^2 & \end{array}$$

$$= H^2O + \begin{array}{ccc} & CO & \\ CH^2 & & CH^2 \\ {CH^3 \atop CH^3}>C & & C<{CH^3 \atop CH^3} \\ & AzH & \end{array}$$

Triacétonamine.

Les aldéhydes réagissent sur la diacétonamine de la même manière que les acétones. Le fait avait été établi par M. Heintz, qui avait reconnu que la vinyl-diacétonamine, qu'il avait extraite des eaux mères de la triacétonamine, provenait d'une certaine quantité d'aldéhyde existant dans l'acétone qu'il employait, et qui réagissait ensuite sur la diacétonamine formée.

Cette réaction a été étudiée à nouveau par M. E. Fischer et ses élèves, et généralisée. Les aldéhydes se combinent donc à la diacétonamine en donnant des composés de la formule générale :

CO
CH^2 CH^2
R-CH $C<{CH^3 \atop CH^3}$
AzH

que l'amalgame de sodium transforme en *alcamines* :

CH(OH)
CH^2 CH^2
C^6H^5-CH $C<{CH^3 \atop CH^3}$
AzH
Benzylidène-diacétonalcamine.

Ces alcamines sont elles-mêmes susceptibles de perdre 1 molécule d'eau, pour donner des bases non saturées de la série de la pipéridéine, qu'on nomme en faisant suivre le préfixe indiquant l'aldéhyde du mot *diacétonine* :

CH
CH CH^2
C^6H^5-CH $C<{CH^3 \atop CH^3}$
AzH
Benzylidène-diacétonine

Maintenant que l'on connaît avec certitude les constitutions de ces différents composés, il est inutile de conserver les dénominations proposées par W. Heintz, d'autant plus qu'elles sont absolument contraires aux principes adoptés, en général, dans la nomenclature chimique.

Nous désignerons dorénavant ces composés par les noms qu'ils doivent porter dans la série pyridique, dont ils font partie.

Les diacétonamines deviendront des γ *pipéridones*; les diacétonalcamines des γ *oxypipéridines*; les diacétonines des γ *pipérideines* :

CO
CH^2 CH^2
C^6H^5-CH $C<{CH^3 \atop CH^3}$
AzH
αα Diméthyl-α' phényl-γ pipéridone (benzylidène-diacétonalcamine).

AzH
CH^3-CH $C<{CH^3 \atop CH^3}$
CH^2 CH
CH
αα-α Triméthyl-βγ pipérideine (vinyldiacétonine).

L'*αα-α' triméthyl-γ pipéridone* (vinyl-diacétonamine, éthylidène-diacétonamine) a déjà été décrite dans le Supplément.

La réduction au moyen de l'amalgame de sodium et de l'alcool la transforme en *αα-α' triméthyl-γ oxypipéridine*, masse cristalline blanche, fusible à 123°, très soluble dans l'alcool et dans l'eau, moins soluble dans le chloroforme et le benzène, peu soluble dans la ligroïne et dans l'éther. Elle distille sans décomposition.

L'acide sulfurique concentré et chaud enlève 1 molécule d'eau à l'*éthylidène-diacétonalcamine*, et la transforme en *triméthylpipérideine* (*vinyldiacétonine*), $C^8H^{15}Az$, liquide huileux, bouillant à 137° sous 741 millimètres, volatil avec la vapeur d'eau et possédant une odeur analogue à celle de la conicine.

Son *bromhydrate*, $C^8H^{15}Az.HBr$, se présente en pyramides assez solubles dans l'eau ; l'*iodhydrate* cristallise en aiguilles. Chauffée avec l'acide iodhydrique concentré, la vinyldiacétonine le fixe en se convertissant en *iododiméthyl-pipéridine*, prismes rectangulaires fusibles à 60°, solubles dans l'éther et presque insolubles dans l'eau, et dont l'*iodhydrate*, $C^8H^{16}IAz=HI$, est peu soluble [E. Fischer, *D. chem. G.*, **17**, 1788; *Bull. Soc. Chim.*, (2), **44**, 383].

α' isobutyl-αα diméthyl-γ pipéridone (*valérodiacétonamine*). — On obtient l'*oxalate* de cette base en faisant bouillir, pendant 10 heures, 1 partie d'oxalate de diacétonamine avec 3 parties d'alcool et 1 partie d'aldéhyde amylique. Cet oxalate cristallise dans l'alcool faible en fines aiguilles étoilées, solubles dans l'eau bouillante, moins solubles dans l'alcool bouillant, presque insolubles dans l'alcool froid. Il fond à 190° en se décomposant.

La base libre cristallise en aiguilles qui fondent à 21-22°. Elle est insoluble dans l'eau ; ses solutions sont très alcalines.

Son *chlorhydrate* et son *sulfate* sont très solubles ; le *chloroplatinate* cristallise en prismes orangés et fond à 205°. Le *bromhydrate* est peu soluble dans l'acide bromhydrique concentré et fond à 216°.

La réduction par l'amalgame de sodium transforme cette base en une base huileuse, sans doute la *valérodiacétonalcamine*.

α' hexyl-αα diméthyl-γ pipéridone (*œnanthodiacétonalcamine*). — Préparée comme la précédente, elle cristallise dans l'alcool en aiguilles fondant à 29°,5 ; l'*oxalate* cristallise en aiguilles feutrées et se décompose à 150°.

α' phényl-αα diméthyl-γ pipéridone (*benzylidène-diacétonamine*. — Cette base se forme quand on fait bouillir l'oxalate de diacétonamine avec de l'aldéhyde benzylique et de l'alcool.

L'α' phényl-αα diméthyl-γ pipéridone est soluble dans l'alcool, peu soluble dans l'eau, à laquelle elle communique une réaction alcaline. Elle fond à 61°,2, bout à 230° et se décompose en partie en fournissant une autre base.

Le *sulfate de benzylidène-diacétonamine*,

$$C^{13}H^{17}AzO.SO^4H^2,$$

est aussi soluble à froid qu'à chaud, insoluble dans l'alcool absolu ; il cristallise dans l'alcool faible en tables rectangulaires allongées.

L'*azotate* est moins soluble à froid qu'à chaud et cristallise avec 12 molécules d'eau.

L'*oxalate* est insoluble dans l'alcool et très peu soluble dans l'eau.

Le *chlorhydrate* est très soluble ; le *chloroplatinate* forme des tables hexagonales allongées.

Le *picrate* est beaucoup plus soluble à chaud qu'à froid. Le *chloraurate* forme des prismes microscopiques jaunes ; le *phosphate*, des aiguilles rayonnées [W. Heintz, *Ann. Chem.*, **193**, 62 ; *Bull. Soc. Chim.*, (2), **32**. 155].

L'amalgame de sodium réduit la benzylidène-diacétonamine à l'état d'*α' phényl-αα diméthyl-γ oxypipéridine*, base huileuse qui perd assez facilement 1 molécule d'eau en fournissant l'*α' phényl-αα diméthylpipérideine*, qui distille assez facilement avec la vapeur d'eau, et possède une odeur analogue à celle de la pipéridéine [E. Fischer, *D. chem. G.*, **16**, 2236 ; *Bull. Soc. Chim.*, (2), **42**, 357].

L'*α' o-nitrophényl-αα diméthyl-γ pipéridone* (*o-nitrobenzylidène-diacétonamine*) se prépare à l'aide de la diacétonamine et de l'aldéhyde o-nitrobenzylique par le procédé ordinaire. La base libre est huileuse; l'*oxalate* forme de petits cristaux qui se décomposent vers 190°.

α' m-nitrophényl-αα diméthyl-γ pipéridone. — L'*oxalate* se décompose vers 200°; le *chlorhydrate*, peu soluble dans l'alcool, cristallise dans l'eau en fines aiguilles fusibles à 208°.

Le *chloroplatinate* est en aiguilles fusibles à 203°; le *sulfate* cristallise dans l'alcool en aiguilles et fond à 196°.

La réduction par le chlorure stanneux transforme cette base en *α' m-amidophényl-α² diméthyl-γ pipéridone*, dont l'*oxalate acide* forme de petits cristaux fusibles à 113°.

α' p-nitrophényl-αα diméthyl-γ pipéridone. — La *base libre* forme de belles aiguilles fusibles à 142°,5. Le *chlorhydrate* cristallise en aiguilles, avec 1 molécule d'eau; le *chloroplatinate* fond à 218° en se décomposant.

L'*α' p-amidophényl-α² diméthyl-γ pipéridone* est une base huileuse à *oxalate* cristallisable.

L'*α'p-oxyphényl-αα diméthyl-γ pipéridone* possède un *oxalate* cristallisé.

L'*α' p-oxyphényl-αα diméthyl-γ pipéridone* possède un *oxalate* qui cristallise en lamelles fusibles à 210°.

L'*α'phényléthényl-αα diméthyl-γ pipéridone* (*cinnamodiacétonamine*) cristallise en petites aiguilles jaunes contenant $0,5 H^2O$; tous ses sels sont solubles dans l'eau et dans l'alcool [O. Antrick, *Ann. Chem.*, **227**, 365; *Bull. Soc. Chim.*, (2), **45**, 451].

α'Oxy-méthoxyphényl-αα diméthyl-γ pipéridone (*vanillo-di-acétonamine*). — La base libre est peu soluble dans l'eau; elle n'a été obtenue que sous la forme d'une masse térébenthineuse.

L'*oxalate*, le *sulfate*, le *chlorhydrate* sont cristallisés; le *chloroplatinate* ne l'est pas. L'*azotate* cristallise avec 1 molécule d'eau.

L. Bouveault.

DIACÉTONE - PHÉNANTHRÈNE - QUINONE. — Voyez PHÉNANTHRÈNE-QUINONE.

DIACÉTONES. — Voyez DICÉTONES.

DIACÉTONIQUES. — Voyez DICÉTONIQUES.

DIACÉTYLACÉTIQUE (ACIDE) [Syn. *Acide acétylacétylacétique, pentane-dione* 2.4-*méthyloïque* 3],

$$\begin{matrix} CH^3CO \\ CH^3CO \end{matrix} > CH.CO^2H.$$

— Cet acide n'est pas connu à l'état de liberté.

ÉTHER ÉTHYLIQUE, $C^6H^7O^4.C^2H^5$. — L'éther éthylique a été préparé par M. Elion [*Rec. trav. chim. Pays-Bas*, **3**, 248] en mélangeant des solutions éthérées d'éther sodacétylacétique et de chlorure d'acétyle, ce dernier employé en excès. Il prend également naissance, à côté d'éther acétique, d'éther acétylacétique et du sel d'aluminium $(C^8H^{11}O^4)^3Al$, quand on fait réagir l'alcool, à froid, sur le composé organo-métallique obtenu dans l'action du chlorure d'aluminium sur le chlorure d'acétyle [A. Combes, *Ann. Chim. Phys.*, (6), **12**, 257. — Gustavson, *J. prakt. Chem.*, (2), **37**, 109].

Le produit de la réaction est précipité par l'eau et distillé, d'abord à l'air, puis dans le vide. L'éther diacétylacétique se trouve dans la fraction qui passe à 122-124° sous la pression de 18 millimètres.

Préparation. — On dissout 9 grammes de sodium dans 65 grammes d'éther acétylacétique, on étend d'un égal volume d'éther et on ajoute 30 grammes de chlorure d'acétyle dissous dans un volume double d'éther. On précipite par l'eau, on lave le résidu avec du bisulfite de sodium, on le dissout ensuite à froid dans une lessive de soude, on agite avec de l'éther, on décompose par l'acide sulfurique étendu, enfin on distille dans le vide après lavage et séchage [James, *Ann. Chem.*, **226**, 211. — Elion, *loc. cit.*].

Liquide bouillant sans décomposition entre 200 et 205° sous la pression ordinaire, à 122-124° sous 50 millimètres, à 103-105° sous 19 millimètres. Densité = 1,101 à 15°.

Il est peu soluble dans l'eau. Le chlorure ferrique y développe une coloration rouge-framboise. L'eau froide le décompose lentement en acide acétique et éther acétylacétique; avec l'éthylate de sodium, il fournit de l'éther sodacétylacétique et de l'acétate d'éthyle. Le sel de sodium réagit à 150° sur l'iodure d'éthyle, pour donner de l'acétylacétate d'éthyle. Le chlorure d'acétyle fournit, avec ce sel de sodium, de l'éther diacétylacétique.

Le *sel de sodium*, $C^8H^{11}O^4Na$, est pulvérulent, insoluble dans l'éther, le benzène et la ligroïne, soluble dans l'eau et dans l'alcool. Sa solution aqueuse se dédouble rapidement en acétate de sodium et éther acétylacétique.

Le *sel d'aluminium*, $(C^8H^{11}O^4)^3Al$, se forme, en même temps que l'éther éthylique, dans l'action de l'alcool sur le composé $C^6H^7O^3AlCl^4$, ou encore en traitant une solution d'acétate d'aluminium par l'éther diacétylacétique (A. Combes). Il cristallise dans l'alcool en aiguilles blanches, fusibles à 129-130°. Il n'est pas décomposé par les acides minéraux; l'ammoniaque le décompose en donnant de l'alumine.

Le *sel de mercure*, $2(C^8H^{11}O^4)^2Hg, HgCl^2$, fond à 105°.

Le *sel de nickel*, $(C^8H^{11}O^4)^2Ni, 2H^2O$, est cristallin, vert clair.

Le *sel de cuivre*, $(C^8H^{11}O^4)^2Cu$, est bleu de ciel, fusible à 148° en un liquide vert.

J. Dupont.

DIACÉTYLACÉTONE [Syn. *Heptanetrione* 2.4.6],

$$CH^3.CO.CH^2-CO-CH^2.CO.CH^3.$$

— Cette tricétone a été obtenue par M. Feist [*Ann. Chem.*, **257**, 276] en hydratant la diméthylpyrone

```
          O
        /   \
CH³.C        C.CH³
    ||       ||
   HC        CH
        \   /
         CO
```

par la baryte caustique et décomposant le sel de baryum ainsi obtenu par l'acide chlorhydrique à froid.

La diacétylacétone cristallise en paillettes incolores, fusibles à 49°. Peu soluble dans l'eau, elle se dissout en présence d'un alcali avec une coloration jaune; sa solution alcoolique est colorée en rouge de sang par le chlorure ferrique.

Elle se décompose lentement à froid, rapidement à chaud, en régénérant de la diméthylpyrone et de l'eau; elle décolore instantanément le permanganate.

Le *sel de baryum*, $C^7H^8O^3Ba, 4H^2O$, est une poudre jaune, insoluble dans l'eau, dont la constitution

$$CH^3.C \begin{matrix} \leqslant O - Ba - O \geqslant \\ \leqslant CH-CO-CH \geqslant \end{matrix} C.CH^3$$

correspondrait à la forme tautomère de la diacétylacétone.

Le *sel de cuivre*, $C^7H^8O^3Cu$, constitue un précipité cristallin vert brillant, insoluble dans l'eau, l'alcool, le chloroforme, le benzène et l'éther.

La *dihydrazone*, $C^{19}H^{22}Az^4O$, cristallise de sa

solution éthérée en prismes jaune d'or qui fondent vers 142° en se décomposant et qui détonent lorsqu'on les chauffe sur une lame de platine. Cette dihydrazone, qui est insoluble dans les alcalis, s'obtient encore en quantité notable lorsqu'on traite l'acide diméthylpyrone-carbonique par la phénylhydrazine.

Lorsqu'on dissout la diacétylacétone dans l'acide chlorhydrique et qu'on évapore la solution, on obtient des tables prismatiques, fusibles à 84-85°, auxquelles M. Collie a attribué la constitution d'un *chlorhydrate de diacétylacétone* [*Chem. Soc.*, 1891, 619]. Ce dérivé s'obtient encore lorsqu'on chauffe l'acide déhydracétique avec l'acide chlorhydrique, ou le chlorure déhydracétique avec l'eau à 200° [F. Feist, *D. chem. G.*, 25, 1068]. L'oxyde d'argent le décompose en donnant la diméthylpyrone; le perchlorure de fer ne colore pas sa solution aqueuse en rouge de sang. M. Feist lui assigne la formule

$$\begin{array}{ccc} CH^3.CCl & & CO.CH^3 \\ \| & & | \\ CH & & CH^2 \\ & \diagdown CO \diagup & \end{array} + 2H^2O$$

Les cristaux perdent leur eau lorsqu'on les maintient dans le vide et se transforment en une poudre hygroscopique fusible à 154°.

P. Freundler.

DIACÉTYLE. — Voyez Biacétyle.

DIACÉTYLÈNE. — Voyez Biacétényle.

DIACÉTYLÈNE-DICARBONIQUE (AC.). — Voyez Biacétényldicarboniques.

DIACÉTYLHYDROXAMIQUE (ACIDE),

$$CH^3.C(OH)=Az.O.CO.CH^3.$$

— Cet acide a été obtenu par M. Hantzsch en chauffant un mélange de chlorhydrate d'hydroxylamine (1 mol.) et d'anhydride acétique (2 mol). Il se présente sous la forme d'aiguilles fusibles à 89°, très solubles dans l'eau. Ce corps est instable : il se décompose en donnant de l'acide acétique et de l'acide hydroxamique [*D. chem. G.*, 25, 703].

DIACÉTYLSUCCINIQUE (ACIDE) (*hexanedione* 2.5-*diméthyloïque* 3.4),

$$\begin{array}{c} CH^3-CO-CH-CO^2H \\ | \\ CH^3-CO-CH-CO^2H \end{array}$$

— Pendant longtemps, on a cru que cet acide ne pouvait exister à l'état de liberté. Il est en effet très instable. On peut cependant l'obtenir en saponifiant son éther éthylique : pour cela on traite 4 parties d'éther diacétylsuccinique par 5 parties d'une solution de soude à 25 0/0. Le produit de la réaction est agité avec de l'éther employé en grande quantité. Celui-ci laisse par évaporation un sirop épais qui, mis dans le vide, ne tarde pas à cristalliser. On lave les cristaux avec de l'éther pour enlever un peu d'huile qui les souille, et on obtient l'acide pur.

Il n'est pas réducteur et ne se colore pas par le chlorure ferrique. L'acide chlorhydrique le transforme, à la température du bain-marie, en *acide carbopyrotritarique* [L. Knorr, *D. chem. G.*, 22, 168; *Bull. Soc. Chim.*, (3), 1, 805].

Éther éthylique. — On peut le préparer en faisant réagir l'éther acétylacétique sodé sur l'éther acétylacétique α-bromé. Pour cela, on mélange les deux éthers additionnés de 5 parties de soude à 25 0/0, et on les laisse en contact pendant 8 jours. On neutralise le mélange avec un acide et on épuise au moyen de l'éther [Nef, *Ann. Chem.*, 266, 88]

$$\begin{aligned} & CH^3-CO-CHNa-CO^2C^2H^5 \\ & + CH^3-CO-CHBr-CO^2C^2H^5 \\ & = NaBr + \begin{array}{c} CH^3-CO-CH-CO^2C^2H^5 \\ | \\ CH^3-CO-CH-CO^2C^2H^5 \end{array} \end{aligned}$$

On peut encore le préparer de la façon suivante : On fait avec le dérivé sodé de l'éther acétylacétique et de l'éther absolu une bouillie à laquelle on ajoute peu à peu de l'iode en solution éthérée :

$$\begin{aligned} & 2CH^3-CO-CHNa-CO^2C^2H^5 + I^2 \\ & = 2NaI + \begin{array}{c} CO^2-C^2H^5 \\ | \\ CH^3-CO-CH \\ | \\ CH^3-CO-CH \\ | \\ CO^2-C^2H^5 \end{array} \end{aligned}$$

On sépare l'éther par filtration et l'on évapore : l'éther diacétylsuccinique cristallise [Rügheimer, *D. chem. G.*, 7, 892. — Harrow, *Ann. Chem.*, 201, 144].

Propriétés. — Cet éther cristallise sous la forme de tables clinorhombiques, et fond à 88°.

Il est très soluble dans la plupart des dissolvants organiques, alcool, éther, benzène.

Il est très instable : soumis en effet à une longue ébullition, soit seul, soit en présence d'acide sulfurique étendu, il se dédouble en acide carbonique, alcool, éther pyrotritarique $C^7H^7O^3.C^2H^5$ et en éther carbopyrotritarique $C^8H^7O^5.C^2H^5$. Il se forme souvent aussi dans cette réaction de l'acide pyrotritarique libre.

On obtient, lorsqu'on chauffe l'éther diacétylsuccinique seul, à 170-190°, indépendamment des produits que nous venons de signaler, de l'éther isocarbopyrotritarique [L. Knorr, *D. chem. G.*, 22, 158; *Bull. Soc. Chim.*, (3), 1, 804].

Mis en contact avec de l'acide sulfurique concentré, il donne naissance à l'éther diéthylique de l'acide carbopyrotritarique.

Abandonné pendant quelques jours avec une solution de soude à 3 0/0, il se dédouble en donnant de l'acide carbonique, de l'alcool et de l'acétonylacétone (*hexanedione* 2.5)

$$\begin{aligned} & C^{12}H^{18}O^6 + 2H^2O \\ & = 2C^2H^6O + 2CO^2 + CH^3\text{-}CO\text{-}CH^2\text{-}CH^2\text{-}CO\text{-}CH^3 \end{aligned}$$

[L. Knorr, *D. chem. G.*, 22, 168; *Bull. Soc. Chim.*, (3), 1, 805].

L'ammoniaque et les amines primaires réagissent facilement sur l'éther diacétylsuccinique pour donner naissance à des dérivés du pyrrol, en même temps qu'il y a élimination de 2 molécules d'eau :

$$\begin{array}{c} CO^2.C^2H^5-CH-CH-CO^2.C^2H^5 \\ \quad | \qquad\quad | \\ CH^3-CO \quad CO-CH^3 \end{array} + AzH^3$$

$$= 2H^2O \quad \begin{array}{c} H^5C^2.O^2C-C — C-CO^2.C^2H^5 \\ \| \qquad \| \\ CH^3-C \qquad C-CH^3 \\ \diagdown \diagup \\ AzH \end{array}$$

Diméthylpyrrol-dicarbonate d'éthyle.

Les amines primaires donnent naissance à des pyrrols avec substitution dans le groupe AzH. La réaction a été faite avec l'ammoniaque, la méthylamine, la phénylamine, avec la p-toluidine et la β-naphtylamine [L. Knorr, *D. chem. G.*, 18, 299,

1558 et 1568; *Bull. Soc. Chim.*, (2), **45**, 906; **46**, 445, 447.

La phénylhydrazine réagit très facilement sur l'éther diacétylsuccinique : on mélange simplement des solutions des deux composés dans l'acide acétique ; il se forme alors de l'*éther phényldiméthyl-α-diazine-dicarbonique* :

$$\begin{array}{l} CH^3-CO-CH-CO^2-C^2H^5 \\ \qquad\qquad\quad | \\ CH^3-CO-CH-CO^2-C^2H^5 \end{array} + C^6H^5-Az^2H^3$$

$$= \begin{array}{c} HC-CO^2.C^2H^5 \\ CO^2.C^2H^5-C \qquad C-CH^3 \\ CH^3-C \qquad Az \\ Az \\ | \\ C^6H^5 \end{array} + 2H^2O.$$

L'hydroxylamine réagit, en solution alcaline, sur l'éther diacétylsuccinique et donne une dioxime

$$\begin{array}{l} CH^3-C(AzOH)-CH-CO^2-C^2H^5 \\ \qquad\qquad\qquad\quad | \\ CH^3-C(AzOH)-CH-CO^2-C^2H^5 \end{array}$$

Cette dioxime cristallise en aiguilles blanches qui détonent à 190°. Dissoute dans l'ammoniaque et additionnée d'acétate de plomb, elle donne un précipité blanc, insoluble, ayant pour formule

$$C^{12}H^{18}Az^2O^6Pb, PbO$$

[F. Münchmeyer, *D. chem. G.*, **19**, 1845; *Bull. Soc. Chim.*, (2), **46**, 722]. A. Béhal.

DIACÉTYLTARTRIQUE (ACIDE). — Voyez TARTRIQUE.

DIACRYLIQUE (ACIDE), $C^6H^8O^4$. — Cet acide a été obtenu à l'état de sel ou d'éther par M. Wislicenus en chauffant entre 200 et 250° les para-dipimalates correspondants (voyez PARA-DIPIMALIQUE, Suppl., **1**, 1140).

Les diacrylates repassent facilement à l'état de para-dipimalates en absorbant l'humidité atmosphérique.

Le *diacrylate de sodium*, $C^6H^6O^4Na^2$, est amorphe, très déliquescent.

Le *sel de calcium* s'obtient facilement en chauffant à 220° le para-lactate [Wislicenus, *Ann. Chem.*, **174**, 293; *Bull. Soc. Chim.*, (2), **24**, 196].

La constitution de l'acide diacrylique n'a pas été établie.

DIADELPHITE (Min.) (Sjögren). — Arséniate basique hydraté d'aluminium, fer, manganèse. $[Al, Fe, Mn]^2O^3, 8MnO, As^2O^5, 8H^2O$. Cristaux rouge-brun ou rouge-grenat, un peu transparents, à éclat gras ou métallique, avec arséniates divers, hausmannite, etc., dans un calcaire cristallin de Mossgrufvan, près Nordmark, Wermland (Suède).

Caractères. — Soluble dans les acides. Au chalumeau, infusible; donne de l'eau dans le tube.

Dureté $= 3,5$. Poussière brune. Densité $= 3,35$.

Forme cristalline. — Rhomboèdre :

$$a : c = 1 : 0,8885.$$

Faces : p, $e^{5/2}$, a^{10}. Clivage a^1.

DIALDANE. — Voyez ALDOL.

DIALLYLACÉTIQUE (ACIDE) (*heptadiène* 1.6-*méthyloïque* 4),

$$(CH^2=CH-CH^2)^2CH-CO^2H$$

(Suppl. **1**, 35, 623). — L'acide diallylmalonique chauffé dans un ballon jusqu'à cessation de dégagement d'acide carbonique fournit de l'acide diallylacétique [Conrad et Bischoff, *Ann. Chem.*, **204**, 173].

M. Schatzky l'a encore obtenu en traitant l'acide iododiallylacétique par l'amalgame de sodium en présence de l'acide sulfurique [*J. prakt. Chem.*, (2), **34**, 498].

Huile à odeur désagréable. Sa densité à 13° est 0,9578.

L'amalgame de sodium est sans action sur lui. Il se combine à l'acide bromhydrique, pour donner naissance à une olide bromée, $C^8H^{13}BrO^2$, qui se présente sous la forme d'une huile jaunâtre non solidifiable à —13° et dont la densité est 1,394 à 15°. Elle est insoluble dans l'eau froide et peu soluble dans l'eau chaude. Chauffée pendant longtemps avec une solution de carbonate de sodium, elle perd son brome, et se transforme en une nouvelle olide liquide, qui distille à 235-240° et qui fournit avec la baryte un sel amorphe

$$(C^8H^{13}O^3)^2Ba.$$

Cette olide a donc pour formule $C^8H^{12}O^2$.

Une solution chloroformique d'acide diallylacétique donne, avec le brome, l'olide bromée $C^8H^{11}Br^3O^2$ correspondant à l'acide $C^8H^{13}Br^3O^3$:

$$\begin{array}{l} CH^2=CH-CH^2 \\ CH^2=CH-CH^2 \end{array}\!\!> CH-CO^2H + Br^4$$

$$= \begin{array}{l} CH^2Br-CHBr-CH^2 \\ CH^2Br-CHBr-CH^2 \end{array}\!\!> CH-CO^2H$$

$$= HBr + \begin{array}{l} CH^2Br-CHBr-CH^2 \\ CH^2Br-CH \;—\; CH^2 \\ \qquad\quad | \\ \qquad\quad O \;———\; CO \end{array}\!\!> CH$$

Cette tribromolide constitue une huile épaisse, insoluble dans l'eau, très soluble dans l'alcool.

La lessive de soude ne la dissout pas à froid; elle la dissout lentement à chaud. Bouillie avec de la baryte, elle fournit un sel de baryum répondant à la formule $(C^8H^{15}O^6)^2Ba$ qui, traité par un acide, fournit une olide identique à celle obtenue avec la dibromodiolide [Hjelt, *Ann. Chem.*, **216**, 74].

Sel de calcium, $Ca(C^8H^{11}O^2)^2$. — Feuilles minces, moins solubles dans l'eau chaude que dans l'eau froide.

Sel de baryum, $Ba(C^8H^{11}O^2)^2$. — Il est amorphe et très soluble dans l'eau [Wolf, *Ann. Chem.*, **201**, 49].

Acide iododiallylacétique, $CI(C^3H^5)^2.CO^2H$. — Cet acide prend naissance quand on abandonne pendant plusieurs jours, dans un endroit frais, un mélange de 17 grammes d'acide diallylglycolique $C(C^3H^5)^2.OH.CO^2H$ et de 45 grammes d'acide iodhydrique fumant (Schatzky). Cristaux très instables, se dissolvant très facilement dans l'alcool et dans l'éther, insolubles dans l'eau.

A. Haller.

DIALLYLANILINE. — Voyez PHÉNYLAMINE.

DIALLYLCÉTONE [Syn. *Nonadiène* 1.8-*one* 5],

$$CO\!<\!\begin{array}{l} CH^2.C^3H^5 \\ CH^2.C^3H^5 \end{array}$$

— Cette acétone a été obtenue par M. Volhard [*Ann. Chem.*, **267**, 87] en chauffant l'acide diallylcétone-dicarbonique à 100°, par petites portions, jusqu'à ce que le dégagement d'acide carbonique ait cessé. On distille ensuite la diallylcétone, qui bout à 185-186°.

Il s'en forme aussi lorsqu'on traite l'éther diallylcétone-dicarbonique par la potasse à une température un peu élevée. On obtient en même temps des produits huileux acides. L'acétone constitue un liquide limpide, doué d'une odeur éthérée assez agréable, et qui bout à 116° sous

70 millimètres. Elle forme avec l'hydroxylamine et la phénylhydrazine des combinaisons incristallisables. P. Freundler.

DIALLYLE [Syn. *Hexadiène* 1.5],

$$CH^2=CH-CH^2-CH^2-CH=CH^2$$

(voyez BIALLYLE). — Depuis l'apparition de l'article BIALLYLE, les recherches de M. Griner ont fixé définitivement l'histoire de ce carbure [*Ann. Chim. Phys.*, (6), **26**, 323].

Préparation. — On prépare le biallyle pur, avec un rendement de plus de 95 0/0, par l'action de l'alliage étain-sodium (4 parties d'étain, 1 partie de sodium) sur l'iodure d'allyle à 110°. Le carbure ainsi obtenu bout à 58°,5-59°,5 sous 760 millimètres. Il doit être conservé à l'abri de l'air, sinon il prend une odeur piquante, et, à la rectification, on obtient un certain nombre de produits à point d'ébullition élevé, provenant sans doute d'une oxydation.

ACTION DU BROME. — En faisant agir peu à peu le brome sur le carbure dissous dans le chloroforme, et maintenant la température inférieure à — 10°, on obtient un mélange de deux *tétrabromures* isomériques, qu'on sépare par des cristallisations fractionnées dans le chloroforme froid.

Bromure α. — C'est le plus abondant; il fond à 53-54° et se présente en amas cristallisés. Ces cristaux paraissent appartenir au système clinorhombique.

Bromure β. — Prismes fusibles à 64-65°, paraissant orthorhombiques.

Ces bromures, qui possèdent tous deux la formule

$$CH^2Br-CHBr-CH^2-CH^2-CHBr-CH^2Br,$$

dérivent d'un carbure unique; leur isomérie, d'ordre stéréochimique, provient de l'introduction dans la molécule de deux carbones asymétriques, par rupture des liaisons éthyléniques 2-5. Il ne peut exister que deux de ces formes isomériques, les deux carbones asymétriques étant liés aux mêmes restes. L'un de ces isomères correspondrait alors à un composé *racémique*, l'autre à un *inactif indédoublable*, et il est vraisemblable que ce dernier est le corps fusible à 64-65°, qui se présente sous la forme de cristaux orthorhombiques, sa formule présentant un plan de symétrie de plus.

Le *tétrabromure liquide* de MM. Ciamician et Anderlini n'est sans doute qu'un produit de substitution, dont on ne peut empêcher la formation si on ne refroidit pas énergiquement.

La potasse alcoolique, réagissant sur l'un ou l'autre des tétrabromures, fournit, outre le *dipropargyle* (voyez ce mot), l'*allylénylallylène* (voyez plus bas).

ACTION DE L'ACIDE IODHYDRIQUE. — L'acide iodhydrique gazeux, réagissant sur le biallyle maintenu à — 20°, fournit, outre le *monoiodhydrate* liquide et le *biiodhydrate* solide fusible à 43°, décrits à l'article BIALLYLE, un second *biiodhydrate* liquide, distillant sans décomposition à 132-133° sous 15 millimètres. Ces deux biiodhydrates, qui possèdent la formule

$$CH^3-CHI-CH^2-CH^2-CHI-CH^3,$$

répondent à une isomérie de même ordre que celle des deux tétrabromures.

ISOMÈRES DU BIALLYLE.

ALLYLPROPÉNYLES (*hexadiènes* 1.4),

$$CH^2=CH-CH^2-CH=CH-CH^3.$$

— L'action de la potasse alcoolique sur le monoiodhydrate du biallyle fournit, comme produit principal (90 0/0), un mélange de deux carbures, isomériques avec le biallyle, auxquels M. Griner donne le nom d'*allylpropényles*. Ils n'ont pu être séparés, les fractionnements donnant deux parties principales entre 64-66° et 66-72°. Cette réaction fixe la position de l'iode dans le mono-iodhydrate : il ne peut occuper que la place 2 :

$$CH^3-CHI-CH^2-CH^2-CH=CH^2,$$

car autrement l'action de la potasse ne pourrait que régénérer le biallyle.

L'isomérie des deux allylpropényles est d'ordre stéréochimique, elle est représentée par les schémas

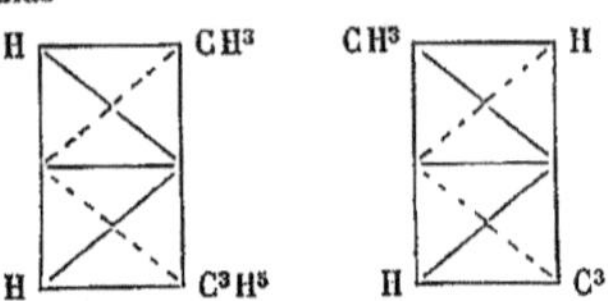

Le brome, réagissant sur ces deux carbures, donne deux *tétrabromures* stéréoisomériques, l'un qui se présente sous la forme de paillettes nacrées, fusibles à 63-64°, l'autre encore liquide à — 50°, indistillable. Ils donnent avec la potasse alcoolique un carbure unique, monoacétylénique vrai, l'*allylénylallylène* (*hexadiène* 1.4),

$$CH^3-C\equiv C-CH^2-C\equiv CH$$

(voyez DIPROPARGYLE).

L'action de la potasse alcoolique sur les biiodhydrates du biallyle donne des carbures qui seront décrits à l'article DIPROPÉNYLE.

En chauffant le biallyle avec la potasse alcoolique, à 170°, M. Faworsky [*J. prakt. Chem.*, (2), 44, 216] l'a transformé en un isomère qu'il n'a pas caractérisé, mais qui doit être, d'après M. Griner, le bipropényle (*hexadiène* 2.4).

J. Dupont.

DIALLYLMALONIQUE (ACIDE). — Voyez MALONIQUE.

DIALLYLOXALIQUE (ACIDE) [Syn. *Acide heptadiène* 1.6-*ol* 4-*méthyloïque* 4,

$$HO.C(CO^2H).(CH^2.CH=CH^2)^2$$

(voyez Suppl., 624). — M. Schatzky [*J. Prakt. Chem.*, (2), 34, 485] a perfectionné le mode de préparation de ce corps. Il chauffe le mélange d'iodure d'allyle, de zinc et d'oxalate d'éthyle au réfrigérant ascendant, puis il ajoute de l'eau et de l'acide sulfurique et distille le produit.

L'acide diallyloxalique cristallise en aiguilles fusibles à 48°,5. L'alcool et l'éther le dissolvent facilement, l'eau plus difficilement. Son pouvoir réfringent moléculaire est 69,7 [Kanonnikow, *J. prakt. Chem.*, (2), **31**, 349].

Lorsqu'on sature une solution aqueuse, froide, de cet acide par l'acide chlorhydrique, on obtient un *acide dichlorodipropyloxalique* (*dichloro* 1.7-*heptane-ol* 4-*méthyloïque* 4), $C^8H^{14}Cl^2O^3$. Le permanganate oxyde l'acide diallyloxalique en donnant des acides formique et oxalique, et deux autres acides $C^8H^{16}O^7$ et $C^7H^{12}O^7$. Avec l'acide azotique dilué on obtient seulement l'*acide pentaoxydipropylacétique*, $C^8H^{16}O^7$. L'acide diallyloxalique se transforme en *acide trioxydipropylacétique*, $C^8H^{16}O^5$, lorsqu'on le laisse en contact avec l'acide sulfurique à 0° et qu'on traite ensuite par l'eau.

M. Schatzky a décrit une série de diallyloxalates.

Le *sel de lithium*, $C^8H^{11}O^3Li, H^2O$, cristallise en paillettes minces. A 23°, 100 parties d'eau dissolvent 61p,3 de sel anhydre. A 17°,5, 100 parties d'alcool à 90 0/0 en dissolvent 8p,51.

Le *sel de sodium*, $C^8H^{11}O^3Na, 2H^2O$, forme de longues aiguilles, très fines.

Le *sel de magnésium*, séché sur l'acide sulfurique, correspond à la formule $(C^8H^{11}O^3)^2Mg$. Ce sont des paillettes très peu solubles dans l'alcool. 100 parties d'eau en dissolvent 23p,3 à 20° et 24p,1 à 22.

Le *sel de calcium* a pour formule

$$(C^8H^{11}O^3)^2Ca, 2H^2O.$$

Une solution aqueuse saturée renferme à 22°,5, dans 100 parties, 5p,64 de sel anhydre; 100 parties d'alcool à 90 0/0 en dissolvent 14p,9 à 19°.

Le *sel de baryum*, $(C^8H^{11}O^3)^2Ba$, se présente sous la forme d'aiguilles microscopiques. 100 parties d'eau à 17° dissolvent 7p,51 de sel anhydre, 100 parties d'alcool à 90 0/0 en dissolvent 16p,78 à 19°.

Le *sel de zinc*, $(C^8H^{11}O^3)^2Zn, 0,5H^2O$, cristallise en aiguilles microscopiques, très peu solubles dans l'alcool à 90 0/0. 100 parties de ce dernier ne dissolvent que 0p,43 de sel anhydre à 20°; 100 parties d'eau en dissolvent 0p,28 à 22°. Le sel anhydre s'obtient en précipitant par le sulfate de zinc une solution très diluée de diallyloxalate d'ammonium.

Le *sel de cadmium*, $(C^8H^{11}O^3)^2Cd, H^2O$, forme des aiguilles microscopiques. 100 parties d'eau à 25° dissolvent 16p,73 de sel anhydre, et 100 parties d'alcool à 90 0/0 en dissolvent 21p,12 à 21°.

Le *sel de plomb*, $(C^8H^{11}O^3)^2Pb, 2H^2O$, cristallise en tables clinorhombiques, fusibles à 93-94°. La solution aqueuse saturée renferme, dans 100 parties à 21°, 3p,56, et à 23°, 3p,67 de sel anhydre. 100 parties d'alcool à 90 0/0 en dissolvent 10p,54 à 22°.

Le *sel de cuivre*, $(C^8H^{11}O^3)^2Cu$, se présente en aiguilles microscopiques vert sale. 100 parties d'eau en dissolvent 1p,59 à 21°, et 2p21 à 23°,5. 100 parties d'alcool à 90 0/0 en dissolvent 12p,5 à 22°.

En traitant le diallyloxalate d'éthyle par le sodium et l'iodure de méthyle, M. Schatzky a obtenu le *dérivé méthylé* $CH^3O.C(C^3H^5)^2CO^2H$ sous la forme d'un sirop facilement soluble dans l'alcool, l'éther et l'eau bouillante [*Journ. Soc. Chim. russe*, **17**, 84]. Cet *acide méthoxydiallylacétique* se transforme en acide méthoxycarballylique $C^7H^{10}O^7$, lorsqu'on l'oxyde par l'acide azotique.

Son *sel de calcium*, $(C^9H^{13}O^3)^2Ca$, a été obtenu en petits cristaux.

Le *sel de baryum*, $(C^9H^{13}O^3)^2Ba, 2H^2O$, cristallise en aiguilles assez solubles dans l'eau, qui perdent 1 molécule d'eau sur l'acide sulfurique.

Le *sel de zinc*, $(C^9H^{13}O^3)^2Zn$, forme des aiguilles microscopiques.

Le *sel de plomb*, $(C^9H^{13}O^3)^2Pb, 6,5H^2O$, se dépose de sa solution aqueuse à 10° en grands prismes tricliniques, assez peu solubles dans l'eau, plus solubles dans l'alcool.

Le *sel de cuivre*, $(C^9H^{13}O^3)^2Cu, H^2O$, cristallise en prismes microscopiques d'un bleu verdâtre.

Le *sel d'argent*, $C^9H^{13}O^3Ag$, se présente sous la forme de filaments minces, assez solubles dans l'eau [Baratajew, *J. prakt. Chem.*, (2), **35**, 2].

L'*éther éthylique*, $C^9H^{13}O^3.C^2H^5$, est liquide. Il bout à 217-219° (Schatzky). Sa densité à 20° est 0,96228 et son pouvoir réfringent moléculaire 89,52 (Baratajew). P. Freundler.

DIALURIQUE (ACIDE) [Syn. *Tartronylurée*]. — Voyez Dict., **1**, 1144 et Suppl., **1**, 625.

ACIDE ISODIALURIQUE [Syn. *Isotartronylurée*]. — L'acide isodialurique a été préparé en ajoutant de l'eau bromée à de l'acide isobarbiturique en suspension dans l'eau [Behrend et Roosen, *Ann. Chem.*, **251**, 242] :

$$\underset{\text{Acide isobarbiturique.}}{C^4H^4Az^2O^3} + 2Br = \underset{\text{Acide isodialurique.}}{C^4H^4Az^2O^4} + 2HBr.$$

On l'obtient également en faisant agir l'eau de brome sur l'amido-uracile ou l'hydroxyxanthine.]

Il cristallise avec 2 molécules d'eau, en longs prismes orthorhombiques, facilement solubles dans l'eau et dans l'acétone, peu solubles dans l'alcool et dans l'éther, insolubles dans la ligroïne. A 100°, il perd 1 molécule d'eau; la seconde ne part qu'à 140-145°; ce départ est accompagné d'une décomposition partielle de l'acide.

L'acide isodialurique réduit le nitrate d'argent ammoniacal. Chauffé avec de l'urée, en présence de l'acide sulfurique, il fournit de l'acide urique,

$$C^4H^4Az^2O^4, H^2O + COAz^2H$$
$$= C^5H^4Az^4O^3 + 3H^2O.$$

Il se combine à l'hydroxylamine, en donnant deux dérivés.

Dérivé α, $C^4H^5Az^3O^4, H^2O$. — Obtenu en faisant réagir l'acide sur 1 molécule de chlorhydrate d'hydroxylamine, en présence d'une trace d'acide chlorhydrique. Tables brillantes, solubles dans l'eau, dans une lessive de potasse diluée, à froid. A 100°, il se décompose en se colorant en rouge.

Dérivé β, $C^4H^5Az^3O^4$. — On l'obtient en employant le chlorhydrate d'hydroxylamine en excès; il se présente en aiguilles soyeuses et ne se colore pas à 110°.

La constitution de l'acide isodialurique peut être représentée, d'après MM. Behrend et Roosen, par une des deux formules tautomères :

```
   ╱AzH-C.OH        ╱AzH-CH.OH
CO        ⫶C.OH   CO         >CO
   ╲AzH-CO          ╲AzH-CO
```

J. Dupont.

DIALYSE. — Voyez Diffusion.

DIAMÉNYLVALÉRIANIQUE. — Voyez Aménylvalérianique.

DIAMIDOBENZOÏQUES (ACIDES). — Voyez Benzoïques.

DIAMIDOBUTYLBENZÈNE. — Voyes Amidobutylbenzène, Suppl., **2**, 215.

DIAMIDODIPHÉNYLE. — Voyez Benzidine et Biphényle.

DIAMINES. — Les diamines résultent du remplacement de 2 atomes d'hydrogène par 2 restes amidogènes, soit dans un carbure de la série grasse, soit dans un carbure de la série aromatique ou dans un corps à chaîne fermée, soit enfin simultanément dans un noyau et dans une chaîne latérale fonctionnant comme chaîne grasse.

Les diamines peuvent se diviser, d'après cela, en trois classes :

Diamines grasses;

Diamines fixées sur un noyau;

Diamines à fonction mixte, possédant en même temps une fonction amine grasse et une fonction amine plus ou moins phénolique.

On pourrait y joindre, en appendice, les diamines à fonction complexe, renfermant à la fois une ou plusieurs fonctions à côté de la fonction amine.

DIAMINES DE LA SÉRIE GRASSE.

Le nombre des diamines de la série grasse est peu élevé.

Préparation. — On peut se servir, pour leur préparation, du procédé qui est employé pour l'obtention des amines de la série grasse (procédé d'Hofmann). En chauffant les bromures correspondant aux glycols, on obtient une réaction généralement complexe, mais qui donne naissance à la diamine cherchée. Le bromure d'éthylène réagit, en tube scellé, sur l'ammoniaque, pour donner de l'éthylène-diamine (*diamino* 1.2-*éthane*)

$$\begin{matrix} CH^2Br \\ | \\ CH^2Br \end{matrix} + 4\,AzH^3 = 2\,AzH^4Br + \begin{matrix} CH^2-AzH^2 \\ | \\ CH^2-AzH^2 \end{matrix}$$

Il se forme, à côté, de la diéthylène-diamine (pipérazine) engendrée par la réaction du bromure d'éthylène sur l'éthylène-diamine en présence de l'ammoniaque :

$$C^2H^4(AzH^2)^2 + C^2H^4Br^2 + 2\,AzH^3$$
$$= 2\,AzH^4Br + C^2H^4 \begin{matrix} \diagup AzH \diagdown \\ \diagdown AzH \diagup \end{matrix} C^2H^4.$$

On obtient d'une façon analogue la triéthylène-diamine.

On peut employer dans cette réaction des amines primaires ou secondaires, grasses ou aromatiques [Colson, *Bull. Soc. Chim.*, (2), **48**, 799].

2° Au lieu de faire réagir le bromure alcoolique sur l'ammoniaque, on peut employer la phtalimide potassée. Le bromure d'éthylène donne, dans cette réaction, naissance, à côté d'un autre produit, à l'éthylène-diphtalimide :

$$2\,C^6H^4 \begin{matrix} \diagup CO \diagdown \\ \diagdown CO \diagup \end{matrix} AzK + C^2H^4Br^2$$
$$= 2\,KBr + C^6H^4 \begin{matrix} \diagup CO \diagdown \\ \diagdown CO \diagup \end{matrix} Az.CH^2-CH^2.Az \begin{matrix} \diagup CO \diagdown \\ \diagdown CO \diagup \end{matrix} C^6H^4,$$

qui, saponifiée, donne l'éthylène-diamine en même temps qu'il se forme 2 molécules d'acide phtalique [Gabriel, *D. chem. G.*, **20**, 2224; *Bull. Soc. Chim.*, (2), **49**, 205].

3° On peut encore employer la méthode de M. Ladenburg, qui consiste à hydrogéner les dinitriles. On se sert, comme agent d'hydrogénation, du sodium et d'alcool absolu à l'ébullition. Ainsi le dicyanure de triméthylène (*pentane-dinitrile* 1.5) donne naissance à la pentaméthylène-diamine (*diamino-pentane* 1.5),

$$CAz-CH^2-CH^2-CH^2-CAz + H^8$$
$$= CH^2.AzH^2-CH^2-CH^2-CH^2-CH^2.AzH^2$$

[Ladenburg, *D. chem. G.*, **18**, 2956].

4° On obtient des diamines grasses substituées en combinant les amines secondaires, grasses ou aromatiques, avec les aldéhydes de la série grasse. Ainsi le trioxyméthylène réagit, avec élimination d'eau, sur la diéthylamine pour donner naissance à une diamine tétrasubstituée, la tétréthylméthylène-diamine (*bis-diéthylamino-méthane*)

$$(CH^2O)^3 + 6\,AzH(C^2H^5)^2$$
$$= 3\,H^2O + 3\,CH^2 \begin{matrix} \diagup Az \begin{matrix} \diagup C^2H^5 \\ \diagdown C^2H^5 \end{matrix} \\ \diagdown Az \begin{matrix} \diagup C^2H^5 \\ \diagdown C^2H^5 \end{matrix} \end{matrix}$$

[Ehrenberg, *J. prakt. Chem.*, (2), **36**, 117; *Bull. Soc. Chim.*, (2), **49**, 133].

5° Un mode de formation intéressant des diamines 1.4 résulte de la réaction des pyrrols sur l'hydroxylamine et de la réduction ultérieure par le sodium des produits formés.

Dans une première phase, les pyrrols donnent une dioxime qui, par hydrogénation, fournit la diamine correspondante,

$$\begin{matrix} CH - CH \\ \| \quad\ \| \\ CH \quad CH \\ \diagdown \ \diagup \\ AzH \end{matrix} + 2\,AzH^2.OH$$
$$= \begin{matrix} CH^2-CH(Az.OH) \\ | \\ CH^2-CH(Az.OH) \end{matrix} + AzH^3.$$

Dans une seconde phase, la dioxime est hydrogénée et donne la diamine

$$\begin{matrix} CH^2-CH(Az.OH) \\ | \\ CH^2-CH(Az.OH) \end{matrix} + H^8$$
$$= \begin{matrix} CH^2-CH^2(AzH^2) \\ | \\ CH^2-CH^2(AzH^2) \end{matrix} + 2\,H^2O$$

[Ciamician et Zanetti, *D. chem. G.*, **22**, 1968; *Bull. Soc. Chim.*, (3), **3**, 844; **4**, 201].

État naturel. — Ces amines sont des produits normaux de la putréfaction : la putrescine n'est autre chose que la butylène-diamine, et la cadavérine que la pentaméthylène-diamine.

Propriétés. — Ces amines possèdent deux fois les propriétés des amines grasses; elles peuvent être primaires, secondaires ou tertiaires, ou donner des sels d'ammonium. Cette tendance à passer à l'état d'ammonium est telle, que ces diamines se combinent à l'eau pour donner des oxydes d'ammonium stables; ainsi l'éthylène-diamine donne l'oxyde d'éthylène-diammonium,

$$C^2H^4 \begin{matrix} \diagup AzH^3 \diagdown \\ \diagdown AzH^3 \diagup \end{matrix} O.$$

Elles se combinent avec les chlorures métalliques à la façon des monamines [Jörgensen, *J. prakt. Chem.*, **39**, 1; *Bull. Soc. Chim.*, (3), **2**, 826].

On reconnaît si elles sont primaires, secondaires ou tertiaires au moyen de l'iodure d'éthyle [Hofmann, *Jahresb.*, 1861, 505].

Les chlorures d'acide, et en particulier le chlorure de benzoyle, réagissent facilement sur ces amines (primaires et secondaires), donnant naissance à des amides généralement bien cristallisées.

L'action de la chaleur sur ces amines, ou mieux sur leurs chlorhydrates, est particulièrement intéressante. Il s'élimine, en effet, 1 molécule d'ammoniaque et la chaîne se ferme. On obtient ainsi, avec les diamines en position 4, des dérivés hydrogénés du pyrrol, et, avec les diamines en position 5, des dérivés hydrogénés de la pyridine :

$$CH^2(AzH^2)-CH^2-CH^2-CH^2-AzH^2$$
$$= AzH^3 + \begin{matrix} CH^2-CH^2 \diagdown \\ | \qquad\quad AzH \\ CH^2-CH^2 \diagup \end{matrix};$$

Tétrahydropyrrol.

$$CH^2(AzH^2)-CH^2-CH^2-CH^2-CH^2-AzH^2$$
$$= AzH^3 + \begin{matrix} & CH^2 & \\ CH^2 & & CH^2 \\ CH^2 & & CH^2 \\ & AzH & \end{matrix}$$

Pipéridine.

[Ladenburg, *D. chem. G.*, **58**, 3100; *Bull. Soc. Chim.*, (2), **47**, 262].

Elles se combinent à l'acide cyanique, pour donner des cyanates transformables en urées.

Toutes ces amines, mises en présence du sulfocyanure d'allyle, donnent naissance à des disulfo-urées; ainsi l'éthylène-diamine donne naissance à la diallyléthylène-disulfo-urée,

$$C^2H^4(AzH.CS.AzHC^3H^5)^2$$

[E. Lellmann et Em. Wurthner, *Ann. Chem.*, **228**, 199; *Bull. Soc. Chim.*, (2), **45**, 916].

Le point le plus saillant de leur histoire est la condensation qui donne, ou peut donner naissance, à des produits bien différents, suivant que les 2 groupes amidogènes sont en 1, 2, 3, 4, 5, ou plus éloignés encore l'un de l'autre.

Parmi ces diamines, celles qui sont en position 1.2 réagissent sur les orthodicétones ou sur les orthoquinones, pour donner naissance à des dihydroazines qui se transforment facilement, par oxydation, en quinoxalines. Ainsi l'éthylène-diamine réagit sur la phénanthrène-quinone pour donner une dihydrophénanthrazine :

$$\begin{array}{l} C^6H^4-C=Az=CH^2 \\ \;|\qquad\;\;|\qquad\quad\;| \\ C^6H^4-C=Az-CH^2 \end{array}$$

[Mason, *D. chem. G.*, **19**, 112; *Bull. Soc. Chim.*, (2), **47**, 64].

Elles réagissent sur les glycols 1.2 ou sur les phénols 1.2, pour donner naissance à des hydrures correspondant aux corps désignés sous le nom de *quinoxalines*. Ils passent du reste facilement, par oxydation au moyen du ferrocyanure de potassium, à ces quinoxalines [Merz, *D. chem. G.*, **20**, 1193 et **21**, 378].

Ainsi, la pyrocatéchine réagit à 200° sur l'éthylène-diamine, pour donner naissance à une tétrahydroquinoxaline :

$$C^6H^4\begin{cases}OH_{(1)}\\OH_{(2)}\end{cases} + C^2H^4\begin{cases}AzH^2_{(1)}\\AzH^2_{(2)}\end{cases}$$

$$= 2H^2O + C^6H^4\begin{cases}AzH-CH^2\\ \qquad\quad\;|\\AzH-CH^2\end{cases}$$

Tétrahydroquinoxaline.

[C. Ris, *D. chem. G.*, **21**, 378; *Bull. Soc. Chim.*, (2), **49**, 1034].

Les dérivés amidés de ces bases donnent naissance, lorsqu'on les chauffe, à une dihydroglyoxaline; par exemple, le dérivé diacétylé de l'éthylène-diamine, chauffé au-dessus de son point de fusion, donne naissance à l'acétate de dihydrométhylglyoxaline :

$$C^2H^4\begin{cases}AzH-CO-CH^3\\AzH-CO-CH^3\end{cases}$$

$$= C^2H^4\langle\begin{matrix}Az\\AzH\end{matrix}\rangle C-CH^3-C^2H^3O-OH$$

[A.-W. Hofmann, *D. chem. G.*, **21**, 23; *Bull. Soc. Chim.*, (2), **51**, 142].

Les diamines 1.2 réagissent sur l'acétylacétone en donnant naissance à un produit de condensation. La réaction s'écrit de la façon suivante :

$$CH^3-CO-CH^2-CO-CH^3 + \begin{array}{l}CH^2-AzH^2\\ |\\CH^2-AzH^2\end{array}$$

$$= 2H^2O + \begin{array}{c}CH^3\\|\\C\\|\\CH^2-CO-CH^3\end{array}\!\!=Az-CH^2-CH^2-Az=\!\!\begin{array}{c}CH^3\\|\\C\\|\\CH^2-CO-CH^3\end{array}$$

[A. Combes, *Bull. Soc. Chim.*, (2), **50**, 547].

DIAMINES DE LA SÉRIE AROMATIQUE.

Les diamines aromatiques ou phénoliques sont les diamines qui résultent du remplacement de 2 atomes d'hydrogène des noyaux aromatiques par 2 groupements AzH^2. On pourrait donc faire autant de classes de ces diamines qu'il y a de carbures fondamentaux (phène ou benzène, naphtalène, anthracène, etc.), et il faudrait de plus prévoir, pour l'avenir, les diamines provenant du remplacement de 2 atomes d'hydrogène de noyaux azotés, oxygénés, sulfurés, etc., par 2 groupes amidogènes. Ces amines, au point de vue de leurs réactions, se classeront vraisemblablement à côté des diamines phénoliques. Le peu que l'on sait sur les monamines dérivées de ces noyaux nous les montre, en effet, comme se comportant à la façon de véritables amines phénoliques (diazotation, réduction de ces diazoïques par l'alcool, formation de corps à fonction phénolique en partant de ces diazoïques, etc.).

De plus, dans ces diamines, il y a à considérer la position relative des 2 groupements basiques, position extrêmement importante, car c'est elle, bien plus que le carbure fondamental, qui imprime à la molécule tout entière sa physionomie, et qui permet de généraliser certains faits.

Nous allons donc, dans ce bref exposé, faire abstraction du carbure fondamental, et ne considérer que les positions relatives des 2 groupements amidogènes de la troisième classe : diamines phénoliques ortho, méta et para.

Nous écarterons les bases qui, comme la benzidine, possèdent 2 groupements amine dans 2 noyaux différents, ces diamines possédant sensiblement deux fois les propriétés d'une amine phénolique.

DIAMINES PHÉNOLIQUES. — Les procédés de préparation de ces amines sont communs à tous les groupes. On les prépare :

1° En réduisant les dérivés dinitrés des carbures aromatiques par le fer et l'acide acétique, ou encore par l'étain et l'acide chlorhydrique.

Le sulfhydrate d'ammonium ne réduit parfois qu'un seul des groupements nitrés.

Le dinitrophène (dinitrobenzène) donne, par réduction, le diaminophène,

$$C^6H^4\begin{cases}AzO^2_{(1)}\\AzO^2_{(2)}\end{cases} + 6H^2 = 4H^2O + C^6H^4\begin{cases}AzH^2_{(1)}\\AzH^2_{(2)}\end{cases}$$

2° On peut encore, et c'est là généralement le chemin suivi, réduire par les agents précités une base phénolique nitrée : ainsi l'o-nitrophénylamine réduite par l'étain et l'acide chlorhydrique donne l'o-phénylène-diamine,

$$C^6H^4\begin{cases}AzH^2\\AzO^2\end{cases} + 3H^2 = 2H^2O + C^6H^4\begin{cases}AzH^2_{(1)}\\AzH^2_{(2)}\end{cases}$$

3° On prépare ces diamines par la distillation sèche, ou encore par la distillation des sels de calcium, des acides aromatiques possédant deux fonctions amines phénoliques. Ainsi, la distillation sèche des diaminobenzoates de baryum donne les phénylène-diamines correspondantes,

$$C^6H^3\begin{cases}CO^2H_{(1.1)}\\AzH^2_{(3.3)}\\AzH^2_{(4.5)}\end{cases} = CO^2 + C^6H^4\begin{cases}AzH^2_{(1.1)}\\AzH^2_{(2.3)}\end{cases}$$

[Wurster et Ambühl, *D. chem. G.*, **7**, 214].

Les 6 acides diaminobenzoïques donnent cette réaction.

4° La réduction des amines nitrosées par les réducteurs ordinaires donne naissance aux diamines : ainsi la paranitroso-diméthylaniline réduite par l'étain et l'acide chlorhydrique, ou encore par le sulfhydrate d'ammoniaque en solution aqueuse, donne naissance à la diméthylphénylène-diamine (*diméthylamino1-amino4-phène*),

$$C^6H^4 \begin{smallmatrix} \diagup AzO \\ \diagdown Az(CH^3)^2 \end{smallmatrix} + H^4 = H^2O + C^6H^4 \begin{smallmatrix} \diagup AzH^2 \\ \diagdown Az(CH^3)^2 \end{smallmatrix}$$

[Schraube, *D. chem. G.*, 8, 619. — E. Fischer, *D. chem. G.*, 16, 2235].

5° On peut remplacer, dans les phénols divalents, les 2 oxhydryles par 2 restes aminogènes ou 2 restes d'amines primaire ou secondaire, en les chauffant à haute température avec l'ammoniaque ou les amines correspondantes avec ou sans agent de déshydratation; on emploie, à cet effet, le chlorure de calcium ou le chlorure de zinc.

Ainsi, la di-o-tolylphénylène-diamine se prépare en chauffant à 280-290° l'hydroquinone avec l'o-toluidine employée en léger excès, en présence de 2 molécules de chlorure de calcium :

$$C^6H^4 \begin{smallmatrix} \diagup OH_{(1)} \\ \diagdown OH_{(2)} \end{smallmatrix} + 2\,CH^3_{(1)} - C^6H^4 - AzH^2_{(2)}$$

$$= C^6H^4 \begin{smallmatrix} \diagup AzH - C^6H^4 - CH^3 \\ \diagdown AzH - C^6H^4 - CH^3 \end{smallmatrix}$$

[Philip, *J. prakt. Chem.*, (2), 34, 65].

6° On prépare encore les diamines par un procédé détourné en partant des monamines. On combine ces dernières avec un diazoïque; on obtient ainsi un diazoamidé qui, par transposition moléculaire, donne un dérivé amido-azoïque. Ce dernier, hydrogéné par l'étain et l'acide chlorhydrique ou tout autre réducteur énergique, se scinde en 1 molécule de monamine et 1 molécule de diamine correspondant à la monamine cherchée :

$$C^6H^5 - Az = Az . Cl + C^6H^5 - AzH^2$$

$$= C^6H^5 - Az = Az - AzH - C^6H^5;$$

Diazoamidé.

$$C^6H^5 - Az = Az - AzH - C^6H^5$$

$$= C^6H^5 - Az = Az - C^6H^4 - AzH^2;$$

$$C^6H^5 - Az = Az - C^6H^4 - AzH^2 + H^4$$

$$= C^6H^5 - AzH^2 + AzH^2_{(1)} - C^6H^4 - AzH^2_{(4)}.$$

On ne peut obtenir de cette façon que les diamines ortho et para. Les dérivés diazo-amidés ne se transposent pas en amido-azoïques méta [Griess et Martius, *Jahresb.*, 1866, 136].

Propriétés générales. — Ces amines sont généralement solides et cristallisées; elles distillent pour la plupart sans décomposition, surtout dans le vide.

Elles sont incolores.

Elles sont plus solubles dans l'eau que les monamines phénoliques correspondantes. A l'état libre, elles s'altèrent pour la plupart à la lumière, ou en présence de l'air, en se colorant en brun.

Elles se combinent avec 2 molécules d'un acide monobasique ou 1 molécule d'un acide bibasique.

Chacun des groupements amidogènes pris isolément se comporte comme un groupement d'amine simple, c'est-à-dire qu'il est susceptible de perdre ses atomes d'hydrogène, remplacés soit par des restes de molécules alcooliques, soit par un reste de molécule acide.

Leurs cyanates sont très instables et se transforment à la température ordinaire en urées substituées. Ainsi, la paraphénylène-diamine donne la di-urée :

$$C^6H^4 \begin{smallmatrix} \diagup AzH - CO - AzH^2 \\ \diagdown AzH - CO - AzH^2 \end{smallmatrix}$$

[Lellmann, *Ann. Chem*, 221, 8].

RÉACTIONS GÉNÉRALES DES ORTHO-, MÉTA- ET PARADIAMINES.

O-DIAMINES. — Les o-diamines réagissent sur les chlorures d'acides, en donnant naissance à des dérivés diamidés; mais, tandis que les dérivés correspondants dans les méta et p-diamines sont stables, au contraire dans les o-diamines ces composés n'ont qu'une existence transitoire : ils se transforment, par élimination de 1 molécule d'acide, en une classe de corps que l'on a désignée improprement sous le nom d'*amidines*; car, si ces dérivés peuvent être engendrés au moyen des amidines, ils s'en écartent par leurs modes différents de formation et par leurs propriétés, et diffèrent autant des amidines que les amides diffèrent des amines.

L'o-phénylène-diamine, chauffée avec un acide organique, ou encore avec un anhydride ou un chlorure d'acide, par exemple l'anhydride acétique, donne naissance à l'éthénylphénylène-amidine :

$$C^6H^4 \begin{smallmatrix} \diagup AzH^2 \\ \diagdown AzH^2 \end{smallmatrix} + (C^2H^3O)^2O$$

$$= C^2H^4O^2 + C^6H^4 \begin{smallmatrix} \diagup Az \diagdown \\ \diagdown AzH \diagup \end{smallmatrix} C - CH^3.$$

Dans une première phase, il se forme un dérivé mono-acétylé ou diacétylé, qui donne dans le premier cas par perte d'eau, dans le second cas par perte d'acide acétique, naissance à l'amidine :

$$C^6H^4 \begin{smallmatrix} \diagup AzH^2 \\ \diagdown AzH - CO - CH^3 \end{smallmatrix}$$

$$= H^2O + C^6H^4 \begin{smallmatrix} \diagup Az \diagdown \\ \diagdown AzH \diagup \end{smallmatrix} C - CH^3;$$

$$C^6H^4 \begin{smallmatrix} \diagup AzH - CO - CH^3 \\ \diagdown AzH - CO - CH^3 \end{smallmatrix}$$

$$= C^2H^4O^2 + C^6H^4 \begin{smallmatrix} \diagup Az \diagdown \\ \diagdown AzH \diagup \end{smallmatrix} C - CH^3$$

[Ladenburg, *D. chem. G.*, 8, 677; *Bull. Soc. Chim.*, (2), 29, 260].

Ces amidines se forment, du reste, par une série d'autres réactions (voyez ce mot).

L'acide azoteux réagit sur les o-diamines en donnant naissance à des combinaisons azimidées [Ladenburg, *D. chem. G.*, 69, 222].

Les combinaisons qui prennent ainsi naissance sont de véritables diazo-amidés internes, une fonction amine seule a été diazotée, et le diazoïque formé a réagi sur la fonction amine formée :

$$C^6H^4 \begin{smallmatrix} \diagup AzH^2 \\ \diagdown AzH^2 \end{smallmatrix} + AzO^2H = C^6H^4 \begin{smallmatrix} \diagup Az = Az - OH \\ \diagdown AzH^2 \end{smallmatrix}$$

$$= H^2O + C^6H^4 \begin{smallmatrix} \diagup Az \diagdown \\ \diagdown AzH \diagup \end{smallmatrix} Az.$$

Les o-diamines réagissent sur les aldéhydes en éliminant 2 molécules d'eau et en donnant naissance à des amidines que l'on a désignées sous le nom d'*aldéhydines* :

$$C^6H^4(AzH^2)^2 + 2\,C^6H^5 - CHO$$

$$= 2\,H^2O + C^6H^4 \begin{smallmatrix} \diagup Az \diagdown \\ \diagdown Az \diagup \end{smallmatrix} C - C^6H^5$$

$$\qquad\qquad Az - CH^2 - C^6H^5$$

[Ladenburg, *D. chem. G.*, 11, 1649].

Cette réaction permet de caractériser les o-diamines, même en présence des méta et p-diamines [Ladenburg, *D. chem. G.*, **11**, 600; *Bull. Soc. Chim.*, (2), **29**, 261].

Les o-diamines réagissent facilement sur les dicétones 1.2, sur les orthoquinones, sur les chlorocétones 1.2 pour donner naissance, par élimination de 2 molécules d'eau, aux corps que l'on a désignés sous le nom de *quinoxalines*. Ainsi, en mélangeant à froid des solutions acétiques de β-naphtoquinone et d'o-phénylène-diamine, on obtient la naphtophénazine

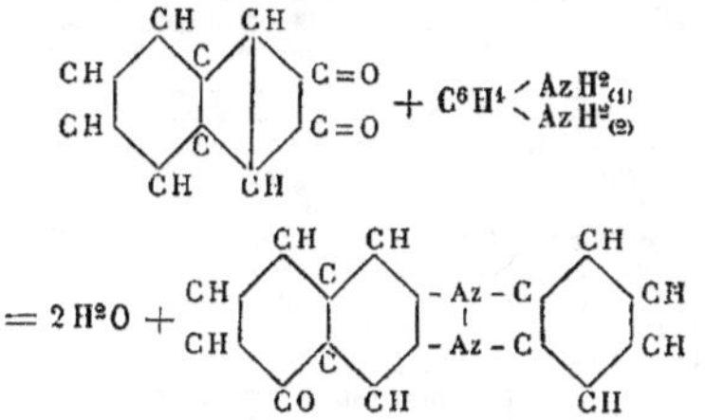

$$C_{10}H_6(CH)_4(C)_2\begin{cases}C=O\\C=O\end{cases} + C^6H^4\begin{cases}AzH^2_{(1)}\\AzH^2_{(2)}\end{cases}$$

$$= 2H^2O + C_{10}H_6\begin{cases}-Az-C\\-Az-C\end{cases}C_4H_4$$

[Witt, *D. chem. G.*, **20**, 573; Hinsberg, *Ann. Chem.*, **237**, 327; *Bull. Soc. Chim.*, (2), **49**, 652].

L'acide sélénieux réagit sur les o-diamines pour donner naissance à des corps désignés sous le nom de *piasélénols*. La méthophénylène-diamine réagit sur l'acide sélénieux avec élimination de 2 molécules d'eau et formation d'un piasélénol :

$$CH^3-C^6H^3\begin{cases}AzH^2\\AzH^2\end{cases} + SeO^2$$

$$= 2H^2O + CH^3-C^6H^3\begin{cases}Az\\Az\end{cases}Se$$

[Hinsberg, *D. chem. G.*, **22**, 863; *Bull. Soc. Chim.*, (3), **2**, 631].

Les o-diamines se combinent directement avec le cyanogène. Les produits d'addition qui se forment résultent de l'union de 1 molécule de cyanogène avec 1 molécule d'amine. Ces composés sont des bases fortes qui, chauffées avec l'acide chlorhydrique, fixent 1 molécule d'eau et perdent 1 molécule d'ammoniaque.

Les sulfocyanates des o-diamines se décomposent lorsqu'on les chauffe vers 130°, en donnant naissance à une thio-urée :

$$C^6H^4(AzH^2-CAzSH)^2$$

$$= C^6H^4\begin{cases}AzH\\AzH\end{cases}C=S + SC(AzH^2)^2.$$

Ces thio-urées ne cèdent pas de soufre à l'oxyde de plomb précipité [Lellmann, *Ann. Chem.*, **221**, 8 et **228**, 248].

Les o-diamines réagissent sur les hydrates de carbone (glucose, maltose, etc.), en donnant lieu à une séparation d'eau.

En l'absence d'acide, 2 molécules de glucose se combinent avec 1 molécule de diamine. En présence d'acide, au contraire, la combinaison a lieu molécule à molécule :

$$C^6H^4(AzH^2)^2 + 2C^6H^{12}O^6 = 2H^2O + C^{18}H^{28}Az^2O^{10}$$

$$C^6H^4(AzH^2)^2 + C^6H^{12}O^6$$
$$= H^2O + C^{12}H^{16}Az^2O^5 + H^2$$

[Griess et Harrow, *D. chem. G.*, **20**, 2205; *Bull. Soc. Chim.*, (2), **42**, 142].

Réactions des o-diamines. — On chauffe en solution alcoolique concentrée le dérivé ortho, avec une solution acétique de phénanthrène-quinone. Il se forme des aiguilles de phénanthrazine [Hinsberg, *Ann. Chem.*, **287**, 242].

Les sels des o-diamines forment, avec le croconate de potassium, un précipité formé d'un produit d'oxydation [Nietzki, *D. chem. G.*, **19**, 2727; *Bull. Soc. Chim.*, (2), **47**, 266].

La crésylène-diamine, par exemple, donne naissance au composé suivant :

$$C^7H^6\begin{cases}Az\\Az\end{cases}C^5O(OH)^2.$$

Ce composé n'est probablement autre chose qu'une azine, deux fonctions cétoniques de l'acide croconique ayant réagi sur les deux groupements aminogènes.

Les o-diamines traitées par les agents d'oxydation donnent des matières colorantes. C'est ce qui a lieu avec le perchlorure de fer.

M-Diamines et p-Diamines. — Les méta- et les p-diamines traitées par l'acide azoteux en présence des acides donnent naissance à un sel deux fois diazoïque :

$$C^6H^4\begin{cases}AzH^2\\AzH^2\end{cases} + 2AzO^2H + 2HCl$$

$$= C^6H^4\begin{cases}Az=AzCl\\Az=AzCl\end{cases} + 4H^2O.$$

La réaction avec les p-diamines peut s'effectuer en deux phases [Griess, *D. chem. G.*, **19**, 317; *Bull. Soc. Chim.*, (2), **43**, 452 et 622].

Les sulfocyanates des méta- et p-diamines se transforment, lorsqu'on les chauffe pendant longtemps, en dithio-urées, qui, traitées par une solution alcaline d'oxyde de plomb, donnent lieu à une séparation de sulfure de plomb.

Les m-diamines se combinent avec les sels de diazoïques pour donner des *chrysoïdines* (amido-azoïques), qui sont des couleurs basiques jaunes ou jaune-rouge.

Le chlorure de diazobenzène réagit, par exemple, sur la m-phénylène-diamine, pour donner une chrysoïdine :

$$C^6H^4(AzH^2)^2 + C^6H^5-Az^2Cl$$
$$= HCl + (AzH^2)^2C^6H^3-Az=Az-C^6H^5.$$

Les p-diamines, traitées par le perchlorure de fer ou le bioxyde de manganèse et l'acide sulfurique, ou encore par la plupart des agents d'oxydation, donnent naissance à des quinones.

L'oxydation de ces p-diamines, en présence des amines primaires ou des phénols, donne naissance, à la température ordinaire, aux *indoamines* ou aux *indophénols*; à haute température, au contraire, il se forme les corps désignés sous le nom de *safranines*.

L'oxydation des p-diamines, effectuée au moyen du perchlorure de fer en présence de l'hydrogène sulfuré, donne naissance aux couleurs dérivées de la thiodiphénylamine (Lauth).

Diagnose. — En résumé, les p-diamines se séparent des o-diamines en ceci que, par oxydation, elles donnent des quinones et non des matières colorantes.

Les o-diamines se séparent des m-diamines par la réaction de l'acide sulfocyanique qui, après avoir donné un bisulfocyanate, élimine 1 molécule de cet acide et donne naissance à une sulfo-urée en chaîne fermée qui ne donne plus, par l'action de l'oxyde de plomb en solution alcaline, de sulfure de plomb, tandis que les m-diamines, dans ces conditions, donnent lieu à la séparation de ce sel.

A. Béhal.

DIAMYLBENZÈNE (Voyez Suppl., 1, 625). — Suivant M. Costa, le mélange des diisoamylbenzènes, obtenu par la méthode de MM. Friedel et Crafts, bout à 254-264°, sous la pression de 747 millimètres [Costa, *Gazz. chim. ital.*, 19, 478].

DIAMYLE. — Voyez BIAMYLE et DÉCANES.

DIAMYLÈNE. — Voyez BIAMYLÈNE.

DIANILBENZÉNYLMALONIQUE (AC.). — Voyez MALONIQUE.

DIANILIDO-BUTYLÈNE-GLYCOL (*diphénylamino* 1.4-*butane-diol* 2.3),

$$C^6H^5-AzH-CH^2-CHOH-CHOH-CH^2-AzH-C^6H^5$$

[Przybytek, *Bull. Soc. Chim.*, (2), 42, 323; *D. chem. G.*, 17, 1095]. — Ce corps a été obtenu en mettant en présence, à froid, de l'aniline et le dioxyde de l'érythrite :

$$\underset{\diagdown \; O \; \diagup}{CH^2-CH}-\underset{\diagdown \; O \; \diagup}{CH-CH^2} + 2\,C^6H^5-AzH^2$$

$$= C^6H^5-AzH-CH^2-CHOH-CHOH-CH^2-AzH\cdot C^6H^5.$$

Le produit obtenu est cristallisé ; il est à peu près insoluble dans l'eau et dans l'éther.

Chauffé, il se décompose en donnant naissance à de l'eau.

Il donne, en se combinant avec l'acide chlorhydrique, naissance à un dichlorhydrate,

$$C^{16}H^{20}Az^2O^2.2\,HCl,$$

qui cristallise en grandes feuilles brillantes.

DIANILINE-HYDRINE [Syn. *Alcool dianilido-isopropylique*, *biphénylamino*l.3-*propanol*2],

$$C^6H^5-AzH-CH^2-CH.OH-CH^2-AzH-C^6H^5.$$

— On prépare ce corps en chauffant pendant 16-20 heures, à 120-130°, 1 molécule de dichlorhydrine $C^3H^6Cl^2O$ avec 4 molécules d'aniline.

Le produit de la réaction, purifié par cristallisation dans l'alcool étendu, cristallise en longues aiguilles [Claus, *D. chem. G.*, 8, 243]. Les acides étendus le décomposent à chaud en régénérant de l'aniline.

Son *chloroplatinate*, $C^{15}H^{18}Az^2O.2\,HCl.PtCl^4$, est en cristaux d'un rouge jaune.

Si, dans la préparation de la dianiline-hydrine, on élève la température à 200°, il se forme, entre autres produits, une base qui a pour formule $C^{15}H^{10}Az^2$ [Schiff, *Ann. Chem.*, 177, 227].

DIANTHRANYLE. — Voyez BIANTHRYLE.

DIANTHRYLE. — Voyez BIANTHRYLE.

DIASTASES. — Le terme *diastase*, qui désignait exclusivement, il y a quelques années, et désigne encore en Allemagne, la substance particulière qui opère, dans l'orge germé ou malt, la saccharification de l'amidon, tend à prendre une signification de plus en plus générale. Un certain nombre de savants désignent actuellement sous le nom de *diastases* cette classe de plus en plus nombreuse de corps singuliers qu'on appelle encore quelquefois à tort *ferments solubles* ou *ferments inorganisés*, et pour lesquels on a mis récemment en avant les dénominations de *zymases* et d'*enzymes*. Ces corps ont pris depuis quelque temps une importance telle, qu'ils exigent une étude spéciale ; aussi a-t-il semblé utile de leur faire ici une place à part et de les séparer de l'étude des fermentations [1].

1. Cet article ayant pour but de compléter les notions exposées dans le Dictionnaire et dans son 1er Supplément, on ne reviendra sur les faits anciens déjà mentionnés qu'autant qu'ils seront nécessaires à l'intelligence des faits nouveaux.

Nomenclature adoptée dans cet article. — Nous adopterons ici le nom de *diastases* avec le sens général que nous venons de définir, en nous rappelant que l'étude de l'un des plus importants de ces corps est due à un illustre chimiste français, Payen, qui a dénommé *diastase* la substance qu'on trouve dans le malt.

M. Duclaux a proposé, il y a quelques années, de désigner chaque diastase en particulier, en faisant suivre de la terminaison *ase* le nom du corps qu'elle est capable de transformer. Ainsi la diastase qui intervertit le sucre de canne, l'invertine, est dénommée *sucrase* ; celle qui saccharifie l'amidon, *amylase*. Nous emploierons ces termes, en remarquant l'utilité qu'il y a à suivre une règle uniforme pour désigner des diastases nouvelles par un nom qui indique leur fonction. Il faut cependant observer que l'adoption de cette règle ne saurait prévaloir contre l'emploi séculaire de noms qui s'appliquent à des diastases devenues industrielles, comme par exemple la *présure*, la *pepsine*, pour lesquelles les noms anciens, sur lesquels tout le monde est d'accord, sont à bon droit conservés.

I. DES DIASTASES EN GÉNÉRAL.

PROPRIÉTÉS GÉNÉRALES DES DIASTASES. — Les diastases jouent un rôle capital dans la nutrition de tous les êtres vivants. Produits de sécrétion de la cellule vivante, elles sont destinées à rendre la matière alimentaire assimilable, par un processus chimique dont le mécanisme est encore inconnu, mais qui se borne, dans la plupart des cas, à une transformation des plus simples, comme, par exemple, la fixation d'une ou plusieurs molécules d'eau.

Bien qu'on ne connaisse qu'un nombre relativement restreint de diastases, on peut prévoir que ce nombre est appelé à augmenter considérablement. Malgré l'état relativement peu avancé de nos connaissances sur les diastases, quelques-unes ont fait, dans ces dernières années, l'objet d'études suffisamment approfondies pour qu'il soit possible de réunir les résultats de ces études en un corps de doctrine et de formuler un certain nombre de lois générales, ainsi que l'a fait M. Duclaux dans sa *Microbiologie* [*Encyclopédie chimique de Frémy*, 9, 1883].

Chaque diastase a son individualité et sa spécificité, c'est-à-dire qu'elle est capable de transformer un corps déterminé et est sans action sur tout autre corps, quelque voisin qu'il soit du premier. La sucrase de la levure de bière, par exemple, qui intervertit le sucre de canne, est incapable de saccharifier l'amidon, d'intervertir le maltose [Duclaux, *loc. cit.* — Bourquelot, *C. R.*, 97, 1000 et 1522]. Il suit de là que toute substance capable d'une action diastasique sur plusieurs composés chimiques doit être considérée comme renfermant un mélange de diastases.

L'une des propriétés les plus remarquables des diastases, c'est la disproportion énorme entre la quantité de diastase et la quantité de matière qu'elle est capable de transformer. Ainsi Soxhlet [*Milchzeitung*, 1877, n° 38] a préparé une présure concentrée qui coagulait, à 35°, en 40 minutes, 50 000 fois son poids de lait, et qui ne renfermait que 8,1 0/0 de matière organique ; cette présure pouvait donc coaguler 600 000 fois son poids de lait ; encore faut-il ajouter que, sur les 8,1 0/0 de matière organique, il n'y avait peut-être qu'une proportion minime de présure : de sorte que, sans pouvoir représenter la disproportion que nous venons de signaler par un chiffre précis, on doit admettre qu'elle est beaucoup plus grande qu'on ne se l'imagine.

Siège de quelques diastases végétales. — Les

travaux tout récents de M. Guignard ont permis de déterminer avec beaucoup de précision le siège des diastases, et particulièrement de la myrosine, dans les tissus végétaux des crucifères, capparidées, tropæolées, résédacées, limnanthées, etc.

La myrosine ne figure que dans certaines cellules à l'exclusion des autres; elles sont facilement reconnaissables, non seulement par leur forme, mais surtout par leurs réactions chimiques : coloration rouge à chaud par le réactif de Millon, violette avec l'acide chlorhydrique additionné d'orcine.

Les cellules qui renferment de la myrosine ne présentent pas trace du glucoside qu'elles dédoublent quand la dilacération et la destruction mécanique des cellules permettent aux deux substances d'arriver en contact [L. Guignard, *C. R.*, **110**, 477; **111**, 249 et 920; **117**, 495, 587, 751, 861].

En faisant transsuder, à l'aide des vapeurs d'éther ou de chloroforme, le suc de certains champignons qui vivent en parasites sur les arbres ou le bois mort, M. Bourquelot a pu retirer de ce suc un ferment qui paraît identique à l'émulsine. Parmi les espèces qui fournissent cette diastase, on peut citer : *Hydnum cirrhatum*, diverses espèces de polypores (*P. applanatus*, *P. squamosus*, *P. betulinus*, *P. lacteus*), *Fuligo varians*, *Xylaria polymorpha*, *Claudopus variabilis*, *Collybia fusipes*, *Boletus parasiticus*, *Thallus impudicus*, etc., etc. [Bourquelot, *C. R.*, **117**].

Préparation des diastases. — Bien qu'on ait indiqué pour chaque diastase un ou plusieurs modes spéciaux de préparation, tous ces procédés reposent sur la propriété générale que possèdent les diastases d'adhérer comme une teinture aux précipités formés dans les liquides qui les renferment à l'état de solution. On voit tout de suite la conséquence de l'emploi de ces procédés relativement à la pureté de la diastase obtenue. Pour que la diastase puisse être enlevée au liquide qui la renferme, il faut qu'elle soit entraînée par un précipité formé au sein de ce liquide, et dès lors on n'est jamais sûr, même par une longue série de précipitations successives, d'avoir fait disparaître la totalité du substratum solide nécessaire à l'entraînement de la diastase. Il faut conclure de là à l'impossibilité d'isoler les diastases à l'état de pureté et à l'incertitude des affirmations tirées de l'analyse élémentaire de ces corps, relativement à la place qu'il faut leur faire occuper dans la série des composés chimiques.

Les procédés généraux de préparation des diastases consistent à obtenir une solution de la diastase, à isoler en épuisant par l'eau pure ou par l'eau légèrement alcoolisée la matière d'origine animale ou végétale qui la renferme. On traite ensuite la solution de manière à y produire un précipité aussi ténu et muqueux que possible, en tenant compte de ce fait que les phénomènes d'adhésion moléculaire sur lesquels repose l'entraînement de la diastase sont d'autant plus énergiques que le corps qui les met en jeu se rapproche plus des colloïdes. Le précipitant dont l'usage est le plus répandu est l'alcool fort en excès [Payen, *Ann. Chim. Phys.*, **66**. — Dubrunfaut, *C. R.*, 1823-1836. — Berthelot, *C. R.*, **50**, 1860. — Wurtz et Bouchut, *C. R.*, **86**, **100**, **101**. — O'Sullivan et Tompson, *Chem. Soc.*, 1890, 835. — Duclaux, *loc. cit.*]. Dans certains cas, la matière diastasifère est épuisée par la glycérine, et la solution précipitée également par l'alcool [von Wittich, *Arch. der Ges. Physiol.*, **3**, 339. — Claude Bernard, *Leçons sur la digestion*]. On a aussi employé la précipitation par l'acétate de plomb (Wassmann), par l'acide phosphorique et la chaux [Cohnheim, *Virchow's Archiv.*, **28**, 241], par la cholestérine [Brücke, *Zeit. f. Chem.*, **10**, 1871], par le collodion [Danilewski, *Virchow's Archiv.*, **25**, 279]. Ces procédés, dont nous retrouverons quelques-uns dans l'étude particulière des diastases, ne doivent être employés qu'avec ménagement, et en tenant compte de la fragilité des diastases, qui sont sujettes à perdre, dans des traitements successifs, même par des réactifs dont l'action est très ménagée, la presque totalité de leur activité.

Conditions physiques de l'action des diastases. — L'action des diastases dépend d'un certain nombre de conditions extérieures qui ne sont sûrement pas connues en totalité, mais au premier rang desquelles il faut placer des influences d'ordre physique.

La *température* à laquelle elles agissent possède tout d'abord une importance considérable. Chaque diastase présente, à ce point de vue, une température d'*optimum* d'action à laquelle, toutes choses égales d'ailleurs, elle est capable de transformer, dans un temps donné, une quantité de matière plus considérable qu'à toute autre température.

Si l'on fait agir une diastase à cette température optima, on constate que, toutes choses égales d'ailleurs, la quantité de matière transformée est proportionnelle au *temps*, c'est-à-dire à la durée de l'action; ou bien, en faisant varier la quantité de diastase, on constate qu'au bout du même temps la quantité de matière transformée est proportionnelle à la *quantité* de diastase. C'est ce qu'on peut exprimer dans une formule unique en disant que *les quantités de diastase nécessaires pour transformer une même quantité de matière sont inversement proportionnelles aux temps pendant lesquels elles agissent.* Si l'on appelle q la quantité de matière transformée, d la quantité de diastase employée pour opérer cette transformation, et t le temps nécessaire pour la produire, on peut représenter l'action d'une diastase par la formule générale

$$q = \mathrm{A} d t,$$

dans laquelle A représente une constante sur laquelle nous reviendrons plus loin.

On voit, d'après ces lois, que si la quantité absolue d'une diastase présente dans un liquide est impossible à déterminer, on peut comparer la richesse en diastase de divers liquides en dosant, lorsque cela est possible, la quantité de matière transformée par ces liquides dans des conditions identiques. Mais il faut bien remarquer que les lois que nous venons d'énoncer ne sont vraies qu'entre certaines limites, et ne se vérifient que si la quantité de diastase présente n'est ni très faible, ni très élevée. De plus, l'action d'une diastase est influencée par la matière résultant de la transformation produite, dès que la quantité de cette matière atteint dans la liqueur une certaine proportion, de sorte qu'elle finit par se ralentir et que la proportionnalité au temps n'existe plus. On trouvera plus loin, dans l'étude particulière de quelques diastases, des chiffres indiquant les limites entre lesquelles les lois que nous venons de formuler se vérifient.

Lorsqu'on dépasse la température d'*optimum* d'action d'une diastase, la transformation va en se ralentissant de plus en plus, et on arrive rapidement à une température à laquelle l'action est nulle, parce que la diastase est détruite. D'une manière générale, la température de destruction des diastases en solution dans l'eau est comprise entre 75 et 80°. Mais le résultat est tout différent si l'on chauffe la diastase à l'état sec : quand une diastase est parfaitement sèche, elle résiste à une température de 100° et même à une température sensiblement supérieure; c'est ce qui résulte des expériences de Ad. Mayer [*Die Lehre von den chemischen Fermenten oder Enzymologie;* Heidelberg, 1882] sur les diastases en général, et de E. Kayser [*Annales de l'Institut Pasteur*, 1890, 484] sur l'amylase du malt. Les recherches de M. Salkowski apportent aussi des renseignements à ce sujet.

A l'état sec, la pepsine portée à 150° conserve encore son activité [Salkowski, *Virchow's Archiv.*, **70**, 158; **81**, 552]. L'invertine et les ferments pancréatiques portés à 160° pendant 1 heure ne sont pas détruits. Au contact de l'eau, ils exercent encore leur action diastasique [Salkowski, *loc. cit*].

Conditions chimiques de l'action des diastases. — En dehors des influences d'ordre physique que nous avons définies plus haut, les diastases subissent, dans leur action, l'influence d'autres conditions qui sont implicitement contenues dans le terme A de notre formule. Ces influences n'ont été étudiées qu'en partie et pour un nombre très restreint de diastases; mais il ressort de ces études que leur importance est beaucoup plus grande qu'on ne l'avait soupçonné.

La réaction du milieu dans lequel une diastase agit se place au premier rang de ces influences. Certaines diastases agissent mieux en milieu acide qu'en milieu alcalin; pour d'autres, c'est l'inverse; d'autres semblent indifférentes à cette réaction : voilà ce qu'on peut dire d'une manière générale; il faut ajouter que l'acidité ou l'alcalinité qui conviennent le mieux à l'action d'une diastase déterminée, tout en restant généralement faibles, sont elles-mêmes bien déterminées et correspondent, pour chaque diastase, à une dose nettement définie, qui semble même, pour une diastase donnée, être différente suivant la nature de l'acide employé. De plus, des variations même faibles de cette dose semblent avoir, toutes choses égales d'ailleurs, une influence considérable sur la quantité de matière transformée.

De même que la réaction du milieu a une influence, de même les sels agissent par leur présence pour retarder ou pour favoriser l'action.

Ce ne sont pas seulement les sels qui influent sur les actions diastasiques. Indépendamment des substances toxiques ou antiseptiques, telles que le phénol, le chloroforme, les sels mercuriques, etc., certaines matières colorantes peuvent gêner considérablement ou même arrêter tout à fait l'activité chimique d'une diastase. C'est ainsi qu'en présence de la matière colorante des vins rouges ou de la fuchsine, la fibrine cesse d'être digérée par la pepsine ou ne l'est qu'avec une extrême lenteur. Par contre, le ponceau de xylidine, le bleu de méthylène, le bleu solide, les sulfoconjugués de rosaniline, les azoïques, etc., n'exercent aucune action [Hugounenq, *Thèse de pharmacie;* Paris, 1891].

Ajoutons enfin, parmi les autres influences d'ordre chimique, l'action de l'oxygène, à laquelle les diastases sont très sensibles. Elles apparaissent, en effet, comme des corps éminemment oxydables, et leur oxydation a toujours pour effet l'affaiblissement ou la perte totale du pouvoir diastasique. L'action de l'oxygène est singulièrement favorisée par celle de la lumière dans la destruction des diastases. De là la pratique indispensable de conserver les solutions de diastases à l'obscurité, et même dans un espace clos vide d'air, si l'on ne veut pas leur voir subir rapidement une perte notable d'activité toutes les fois qu'on n'a pas les moyens d'obtenir les diastases qu'on veut étudier à l'état sec, état sous lequel elles semblent résister presque indéfiniment aux causes de destruction auxquelles elles sont si sensibles à l'état humide.

Avant de terminer ces généralités, nous devons attirer l'attention sur une cause d'erreur capitale dans l'étude des diastases, cause d'erreur qui s'est glissée, à l'insu de leurs auteurs, dans un grand nombre de travaux et qui vient infirmer une partie de leurs résultats. Aux causes d'altération des diastases que nous avons signalées vient s'ajouter celle qui est due à l'ingérence des infiniment petits. C'est ainsi que les propriétés diastasiques qu'on avait pendant longtemps attribuées à la salive doivent être rapportées uniquement aux microbes qui sont constamment présents dans la bouche et que la salive entraîne avec elle. Il ne faut pas oublier que les solutions de diastases, aussi bien que les solutions des corps sur lesquels on les fait agir, constituent, pour les microbes, des terrains de culture des plus favorables, et ces microbes introduisent rapidement des perturbations dans l'action de la diastase qu'on étudie, soit en l'entravant, soit en la favorisant, par suite des produits acides ou alcalins qu'ils sécrètent autour d'eux, ou des diastases qu'ils sont eux-mêmes capables de produire.

Les moyens de s'opposer à cette cause d'erreur grave consistent à obtenir, autant que possible, des solutions exemptes de germes par filtration au travers d'un filtre en porcelaine; mais ce procédé, préconisé et employé avec succès par M. Duclaux, ne semble pas d'une application générale, parce que certaines diastases ne passent pas au travers de ces filtres. Un autre procédé plus général consiste à employer les antiseptiques; mais on ne devra avoir recours à ces substances qu'après s'être assuré que l'antiseptique employé ne nuit pas à l'action de la diastase, comme M. Müntz l'a fait pour le chloroforme [*C. R.*, **80**, 1250].

II. DES DIASTASES EN PARTICULIER.

On peut ranger les diastases en un certain nombre de classes, d'après la nature chimique des corps qu'elles sont capables de transformer. C'est ainsi qu'on peut distinguer les diastases des hydrates de carbone, celles des matières albuminoïdes, celles qui dédoublent les glucosides ou agissent d'une manière analogue sur des corps qui ne sont pas des glucosides proprement dits; il y a enfin une classe nouvelle de diastases dont on ne connaît que peu de représentants jusqu'ici, la classe des diastases pathogènes microbiennes ou *toxines*. L'ordre dans lequel nous venons de définir ces diverses classes est aussi celui que nous suivrons dans l'étude particulière des diastases; mais les représentants de certaines classes pourront manquer, parce qu'ils n'ont pas donné lieu à des recherches nouvelles depuis l'apparition du Supplément **1** de ce Dictionnaire.

Sucrase (*invertine, invertase, intervertase*). — La sucrase, diastase inversive du sucre de canne, est un produit de sécrétion de toutes les cellules, animales ou végétales, qui peuvent employer le saccharose comme matière alimentaire. On ne connaît jusqu'ici que quelques rares espèces microbiennes qui soient capables de vivre aux dépens du sucre de canne sans lui faire subir une interversion préalable. C'est dire que la sucrase est une diastase extrêmement répandue.

M. Berthelot l'a préparée en 1860, en faisant macérer de la levure de bière dans l'eau et précipitant la macération par l'alcool [*C. R.*, **50**]. La levure de bière et les autres levures, d'une manière générale, produisent de la sucrase en plus ou moins grande abondance et constituent, pour la préparation de cette substance, une matière première qu'il est facile de se procurer.

Les recherches de M. Duclaux [Microbiologie, *Encyclop. chim.*, IX] ont établi que la température d'optimum d'action de la sucrase est 56°. D'après Kjeldahl [*Meddelelser fra Carlsberg Laboratoriet*, 1881], la température d'optimum d'action de la sucrase de la levure haute est 56°, celle de la sucrase de la levure basse 52-53°; toutes deux sont détruites vers 70°.

M. A. Fernbach a repris l'étude de la sucrase [*Thèse de la Faculté des Sciences*, déc. 1890, et *Annales de l'Institut Pasteur*, 1889, 473 et 531; 1890, 1 et 641], en s'occupant surtout de la sucrase de l'*Aspergillus niger* et de diverses levures, et du dosage de cette sucrase. Voici le procédé, indiqué antérieurement par M. Duclaux, qu'il emploie pour obtenir la sucrase de l'*Aspergillus*.

Après avoir fait vivre cette mucédinée sur le liquide minéral dont M. Raulin a indiqué la composition [*Annales des Sc. natur.*, 1870], on remplace ce liquide par de l'eau pure au moment où la plante commence à fructifier, la face inférieure de cette plante ayant été, au préalable, lavée à l'eau distillée. La sucrase de la plante diffuse alors dans l'eau sous-jacente, et au bout de 2 ou 3 jours on a un liquide qui, en dehors de la sucrase, ne renferme que des traces indosables de matières étrangères. Si l'on a soin d'opérer dans un vase stérile, avec des liquides stériles eux-mêmes, on obtient une solution de sucrase stérile et on évite l'ingérence des microbes, dont nous avons signalé plus haut le grave inconvénient.

Pour obtenir la sucrase de la levure, M. Fernbach laisse également la levure cultivée à l'état de pureté (voyez FERMENTATIONS) en contact avec de l'eau distillée stérile. La diffusion de la sucrase est plus facile lorsqu'on produit cet épuisement dans un vase vide d'air.

M. Fernbach a pu constater que les sucrases des divers êtres qu'il a étudiés présentent entre elles des différences assez sensibles. Elles passent inégalement bien au travers des filtres en porcelaine, qui retiennent intégralement certaines d'entre elles et en laissent passer d'autres en partie ou en totalité. La méthode de la filtration au travers de la porcelaine, préconisée par M. Duclaux pour l'obtention de solutions de diastases stériles, ne peut donc être appliquée d'une manière générale pour la sucrase.

Le même auteur a reconnu que la sucrase est très sensible aux variations les plus faibles d'acidité ou d'alcalinité du milieu dans lequel elle agit. Elle agit toujours mieux en milieu acide; mais la dose la plus favorable dépend de l'acide employé. Avec l'acide acétique, la dose optima est de 1 0/0 pour la sucrase de l'*Aspergillus*, $\frac{1}{5000}$ pour certaines levures, $\frac{1}{2000}$ pour d'autres, etc. En milieu alcalin, l'oxydation et la destruction de la sucrase sont très rapides.

La formation de la sucrase chez la levure ne semble pas dépendre directement de la nature de l'aliment hydrocarboné offert à la levure; elle est sous la dépendance de la quantité d'azote que la levure a à sa disposition dans son milieu de culture, et surtout de la forme sous laquelle cet azote lui est offert. C'est toujours au début de la culture que la quantité de sucrase formée est la plus grande; elle reste dans l'intérieur des cellules et semble même localisée en certains points de la cellule; elle ne diffuse dans le milieu extérieur que lorsque la matière alimentaire commence à faire défaut, par suite d'un phénomène d'inanition. Brown et Morris ont donné [*Chem. Soc.*, mai 1893] une explication analogue de la sécrétion d'amylase par les cellules des feuilles, dans la consommation de l'amidon de réserve de ces feuilles. Nous dirons plus loin quelques mots du travail que nous venons de mentionner; signalons tout de suite ce fait que les savants anglais ont reconnu dans les matériaux de réserve de la feuille la présence de sucre de canne, qui disparaît après avoir été préalablement interverti, lorsque, à l'obscurité, la feuille commence à consommer ses réserves; ce fait exige donc la présence de sucrase dans les feuilles.

[Voyez aussi, au sujet de la sucrase de la levure : C. O' Sullivan et F.-W. Thompson, INVERTASE : *A contribution to the history of an enzyme or unorganised ferment* (*Chem. Soc.*, oct. 1890)].

M. Duclaux [*loc. cit.*] a montré l'influence de la quantité de matière transformée sur la marche de l'interversion du sucre par la sucrase; il a constaté que les lois de proportionnalité définies plus haut ne se vérifient qu'autant qu'il reste encore de 10 à 20 0/0 du sucre total n'ayant pas subi l'interversion. On trouvera aussi chez le même auteur l'étude de l'influence des sels, dont les uns sont paralysants, les autres favorisants, et dont les uns, favorisants à certaines doses, sont paralysants à d'autres. Nous ne saurions rendre compte de cette étude sans entrer longuement dans les détails et sans sortir des limites assignées à cet article.

MALTASE [Syn. *Glucase*]. — M. Bourquelot a montré en 1883 [*C. R.*, **88**, 1000 et 1522; *Journ. de l'Anat. et de la Physiol.*, 1886, 193] que l'*Aspergillus niger* vivant aux dépens du maltose sécrète une diastase, la *maltase*, qui dédouble le maltose en 2 molécules de glucose (voyez ci-dessous : TRÉHALASE).

Il est probable que cette maltase est identique avec une diastase décrite depuis sous le nom de *glucase*, si toutefois on peut admettre que le corps décrit sous ce nom ne soit pas un mélange de plusieurs diastases. En 1891 [*Journal de la Distillerie française*], R. Geduld a signalé dans les graines des céréales l'existence d'un corps qu'il a appelé *glucase*, comme l'avait déjà fait L. Cuisinier en 1886; ce corps serait partiellement soluble et partiellement insoluble, et se trouverait à l'état insoluble dans l'orge germée. Il transformerait la dextrine et le maltose en glucose. Pour E. Jalowetz [*Mitth. der œsterr. Versuchsstation für Brauerei und Maelzerei*, fasc. **5**, 33; 1892], ce corps serait soluble intégralement et existerait surtout dans le malt de maïs; contrairement à l'opinion de Geduld, il agirait très bien sur l'amidon à l'état d'empois, qu'il transformerait, à 57°, en dextrine et glucose.

Morris [*Transactions of the Institute of Brewing*, mars 1893] a repris cette étude et a constaté l'exactitude de certaines conclusions de Geduld, vérifiées d'ailleurs par C.-J. Lintner [*Zeitschr. f. das gesammte Brauwesen*, 1893, 123] : les extraits de maïs et de malt de maïs sont capables de transformer le maltose en glucose, à 50-55°; ils perdent cette propriété par la filtration; ils ne saccharifient l'amidon qu'avec une extrême lenteur, mais peuvent transformer la dextrine en glucose. On ne retrouve de glucase dans aucune céréale autre que le maïs.

TRÉHALASE. — M. Bourquelot [*C. R.*, **116**, 826] a rencontré dans l'*Aspergillus niger* une diastase qu'il nomme *tréhalase* et qui a la propriété de dédoubler le tréhalose en 2 molécules de glucose. Il a constaté qu'aucune autre diastase n'est capable de produire ce dédoublement. Le produit extrait de la mucédinée a, en outre, la propriété de dédoubler le maltose, ce qui, ainsi que nous l'avons dit au commencement de cet article, conduit à la conclusion que ce produit renferme deux diastases. M. Bourquelot a, en effet, donné un moyen de démontrer l'existence simultanée de deux diastases et de les séparer : la tréhalase est détruite entre 53 et 63°, tandis que la maltase ne commence à être atteinte qu'à partir de 64°, pour être détruite complètement vers 74-75°.

Amylase. — L'amylase se trouve dans l'orge germée ou malt. Elle peut facilement être obtenue à un état de pureté relative assez grand par le procédé de M. C.-J. Lintner [*J. prakt. Chem.*, 1886 et 1887; *Mon. scient. Quesneville*, 1888, 237]. On fait digérer pendant 24 heures 1 partie de malt vert finement moulu avec de 2 à 4 parties d'alcool à 20 0/0. On précipite la liqueur alcoolique filtrée par 2 fois ou 2,5 fois son volume d'alcool absolu. Le précipité, rapidement séparé, est broyé avec de l'alcool absolu, lavé sur un filtre avec de l'alcool absolu, broyé avec de l'éther et séché dans le vide sec. C'est une masse pulvérulente blanche ou jaunâtre, renfermant une proportion de cendres qui n'est pas négligeable, qu'on n'arrive pas à éliminer complètement (5 0/0 environ de phosphate tricalcique). Sa composition centésimale, abstraction faite des cendres, est la suivante :

C	46,66
H	7,35
Az	10,42
O	34,45
S	1,12
	100,00

La solution aqueuse, préparée à froid, est limpide; elle commence à se troubler vers 45°, en perdant peu à peu son activité, qui disparaît à 84°. Elle ne traverse pas les filtres en porcelaine.

M. Lintner a reconnu qu'en présence d'empois d'amidon l'amylase souffre moins de l'action de la chaleur à 55° que lorsqu'elle est seule.

D'après M. Petzoldt [*Wochenschrift für Brauerei*, 1890, 565], lorsqu'on chauffe de l'amylase à 61°, elle fournit d'autant moins de maltose, dans la saccharification de l'amidon, qu'elle a été chauffée plus longtemps. Nous devons rapprocher ce fait des expériences de Wijsmann, que nous rapporterons plus loin.

D'après M. Lintner, l'amylase saccharifie l'amidon *cru*, très lentement à froid, plus rapidement à chaud, à des températures variables avec l'origine de l'amidon, et qui sont plus ou moins éloignées et au-dessous de la température à laquelle ces divers amidons se transforment en empois. Ainsi, tandis qu'au bout d'un certain temps l'amidon du malt vert (qui ne se transforme en empois qu'à 85°) est presque totalement saccharifié à 65°, l'amidon de riz (qui se transforme en empois à 70-75°) n'est saccharifié à 65° que dans une proportion minime. Le même savant distingue, dans l'action de l'amylase sur l'amidon *à l'état d'empois*, deux états successifs : la *liquéfaction*, pour laquelle l'optimum de température est 50° pour la fécule de pomme de terre, et la *saccharification*, dont l'optimum est situé à 70°.

Ces considérations nous amènent à l'étude de l'influence de la température sur l'action de l'amylase. Contrairement à ce qu'on trouve pour les autres diastases, l'action de l'amylase varie avec les températures auxquelles elle agit, de telle sorte que les proportions relatives de maltose et de dextrine formées sont différentes suivant la température de saccharification. Ce fait a été établi par C. O'Sullivan, en 1876, après qu'il eut reconnu, comme l'avait fait Dubrunfaut près de quarante ans auparavant, que le sucre formé par l'amylase aux dépens de l'amidon n'est pas du glucose, mais du maltose. En 1879, les expériences d'O'Sullivan, reprises par Brown et Héron [*Chem. Soc.*], ont conduit aux conclusions résumées dans le tableau ci-dessous :

100 parties d'amidon donnent :	Dextrine.	Maltose.
Au-dessous de 60°	80	20
De 60 à 63°	67,8	32,2
De 64 à 68-70°	34,5	65,5
Au-dessus de 68-70°	17,4	82,6

L'étude de l'amylase, continuée par Brown et Morris [*Chem. Soc.*, 1885], a conduit ces savants à envisager la structure complexe de la molécule d'amidon sous un jour séduisant, bien qu'hypothétique, destiné à expliquer les phénomènes de la saccharification.

D'après ces savants, l'amidon soluble aurait pour formule $[(C^{12}H^{20}O^{10})^{20}]^5$. Pour eux, il n'existe qu'une seule dextrine stable, *non* réductrice de la liqueur de Fehling, répondant à la formule $(C^{12}H^{20}O^{10})^{20}$. Ce groupement, dénommé *amyline*, serait répété 5 fois dans la molécule d'amidon, quatre de ces noyaux étant groupés autour d'un cinquième. Pendant le premier stade de la saccharification, les cinq noyaux sont mis en liberté; le noyau central résiste, tandis que les quatre autres fournissent des produits intermédiaires entre le maltose et la dextrine, dénommés *amyloïnes*, et formés par la combinaison de groupes *amylines* $(C^{12}H^{20}O^{10})$ et de groupes *amylons* $(C^{12}H^{22}O^{11})$. Brown et Morris considèrent comme nettement caractérisées l'*amylodextrine* $(C^{12}H^{20}O^{10})^6 . C^{12}H^{22}O^{11}$ et la *maltodextrine* $(C^{12}H^{20}O^{10})^2 . C^{12}H^{22}O^{11}$ [voyez Herzfeld, *D. chem. G.*, 12, 2120].

Chacune de ces amyloïnes, en fixant de l'eau sous l'influence de l'amylase, fournit du maltose et une amyloïne d'un type moins compliqué. L'équation suivante exprime la marche de la saccharification au début :

$$\underset{\text{Amidon.}}{5\,(C^{12}H^{20}O^{10})^{20}} + nH^2O = \underset{\text{Dextrine stable.}}{(C^{12}H^{20}O^{10})^{20}} + 4\underset{\text{Amyloïnes de divers types.}}{\left\{\begin{matrix}(C^{12}H^{22}O^{11})^m\\(C^{12}H^{20}O^{10})^n\end{matrix}\right.}$$

[*Chem. Soc.*, 1885, 527].

Cette manière de voir a rencontré récemment des contradictions nombreuses de la part de M. Lintner et de ses élèves. M. A. Schifferer [*Inaug. Dissert.*, Kiel, 1892] a étudié, à l'instigation de M. Lintner, les produits de la saccharification, et n'a pas pu isoler de corps qui se rapprochât de la maltodextrine; tous les composés obtenus ont été résolus en maltose, isomaltose et dextrine. A la suite de ce travail, M. Lintner a repris l'étude de la question [*D. chem. G.*, 26, 2533] et est arrivé aux conclusions suivantes :

Dans l'action de l'amylase sur l'amidon, il se forme cinq corps : trois *dextrines* correspondant aux corps désignés jusque-là sous les noms d'*amylodextrine, érythrodextrine, achroodextrine*, et deux *sucres* : de l'*isomaltose* et du *maltose*. Ces divers corps ont été isolés et caractérisés par leur composition centésimale, leur pouvoir rotatoire, leur pouvoir réducteur, leur poids moléculaire (déterminé par la méthode de Raoult) et leur combinaison avec la phénylhydrazine, ainsi que par la réaction colorée qu'ils donnent avec l'iode.

L'*amylodextrine* répond à la formule

$$(C^{12}H^{20}O^{10})^{54};$$

elle ne réduit pas la liqueur de Fehling et est colorée en bleu par l'iode. $[\alpha]_D = +196°$. Elle forme la majeure partie du corps dénommé jusqu'ici *amidon soluble*.

Sous l'influence de l'amylase, l'amylodextrine est scindée en 3 molécules d'*érythrodextrine*,

$$(C^{12}H^{20}O^{10})^{17} . C^{12}H^{22}O^{11}.$$

Elle réduit faiblement la liqueur de Fehling et se colore en rouge brun par l'iode. $[\alpha]_D = 196°$. L'amylase la scinde en 3 molécules d'*achroodextrine*, $(C^{12}H^{20}O^{10})^5 . C^{12}H^{22}O^{11}$. Elle a un pouvoir réducteur 10 fois plus fort que l'érythrodextrine et 10 fois plus faible que le maltose. Pas de réaction avec l'iode. $[\alpha]_D = 192°$.

Par hydratation, l'achroodextrine fournit de l'*isomaltose*, qui se transforme ensuite en maltose. Ces divers stades de la saccharification sont exprimés par les formules suivantes :

$$\text{I} \quad (C^{12}H^{20}O^{10})^{54} + 3H^2O = 3[(C^{12}H^{20}O^{10})^{17} . C^{12}H^{22}O^{11}];$$

$$\text{II.} \quad 3[(C^{12}H^{20}O^{10})^{17} . C^{12}H^{22}O^{11}] + 6H^2O = 9[(C^{12}H^{20}O^{10})^{5} . C^{12}H^{22}O^{11}];$$

$$\text{III.} \quad 9[(C^{12}H^{20}O^{10})^{5} . C^{12}H^{22}O^{11} + 45H^2O = 54\,C^{12}H^{22}O^{11}.$$

Isomaltose.

Le travail de Brown et Morris, que nous avons rapidement résumé plus haut, avait été suivi d'un travail non moins important [*Chem. Soc.*, juin 1890], dans lequel ces savants ont étudié la marche de la formation de l'amylase dans l'orge en germination et le mécanisme de sa production. La formation de cette diastase est localisée dans l'embryon du grain d'orge, et même dans une petite portion de l'embryon, formée essentiellement par une couche de cellules en palissade qui sépare l'embryon du reste du grain et est dénommée *scutellum*. Les cellules scutellaires ne sécrètent pas seulement de l'amylase; la sécrétion de cette diastase est précédée de celle d'une autre diastase capable de dissoudre la cellulose qui forme les enveloppes des grains d'amidon, et dont l'action facilite celle de l'amylase. Cette diastase, que nous nommerons *cytase* ou *cellulase*, a pour effet de transformer le contenu de l'endosperme du grain d'orge en une masse farineuse et friable, et le malteur a depuis longtemps su tirer parti de cette transformation dans le maltage de l'orge.

Ainsi donc l'amylase est accompagnée, et même précédée à une certaine période, d'une autre diastase dans l'orge en germination. L'amylase elle-même est-elle un produit bien défini, est-elle une diastase unique, ou bien ne serait-elle pas formée de plusieurs diastases agissant en même temps et produisant une complexité d'action qu'on ne retrouve pas chez les autres diastases?

C'est là une question qui s'est éclairée d'un jour nouveau dans ces dernières années. Déjà en 1876, M. Maercker [*Landw. Versuchsstat*, 22, 69] avait émis l'opinion que l'amylase est formée de deux diastases, l'une fournissant du maltose, l'autre donnant de la dextrine aux dépens de l'amidon. On doit remarquer que cette hypothèse fournit une explication plausible de la variation dans les proportions de maltose et de dextrine, suivant la température de saccharification.

Il y a un autre fait, constaté par Brown et Morris, qui semble ne pouvoir être expliqué aussi que par cette hypothèse. Lorsque de l'amylase a été chauffée à une température relativement élevée, 68° par exemple, si ensuite on la laisse refroidir, par exemple jusqu'à 63°, et qu'on essaye de saccharifier de l'amidon à cette température, le rapport du maltose à la dextrine est le même que si on opérait la saccharification à 68°. Tout se passe comme si l'action de cette température de 68° avait eu pour effet de fixer le rapport entre deux diastases préexistant dans l'amylase, l'une à maltose, l'autre à dextrine, dont la première serait plus fragile que la deuxième et subirait plus facilement les atteintes d'une température de 68°.

Ce qui n'était qu'une hypothèse il y a quelques années a reçu un commencement de confirmation de la part de M. Wijsmann [*Recueil des travaux chimiques des Pays-Bas*, 9, 1890].

D'après M. Wijsmann, le malt renfermerait deux diastases, la *maltase* et la *dextrinase*. La maltase transforme l'amidon en maltose et en une dextrine à poids moléculaire élevé, colorable en violet par l'iode, l'*érythrogranulose*; la dextrinase fournit de la *maltodextrine*, non colorable par l'iode et voisine du maltose, que la maltase serait capable de transformer en maltose, tandis que la dextrinase transformerait l'érythrogranulose en achroodextrine.

Cette manière de voir est confirmée, dans une certaine mesure, par une expérience ingénieuse qui consiste à déposer de l'amylase au centre d'une lame formée par une solution de gélatine solidifiée, à laquelle on a incorporé 7 0/0 d'amidon. La maltase se diffuse plus vite que la dextrinase, et au bout de 1 à 2 jours l'iode révèle le champ d'action de cette diastase par un cercle violet, au milieu de la gélatine colorée en bleu, tandis que le centre reste incolore, par suite de la transformation ultérieure subie en ce point par l'érythrogranulose sous l'influence de la dextrinase. Un petit morceau de gélatine, excisé dans l'anneau violet extérieur, qui ne renferme que de la maltase, placé sur une gélatine à amidon, donne lieu, après traitement à l'iode, à une coloration violette uniforme; la région centrale incolore fait défaut par suite de l'absence de dextrinase. D'après M. Wijsmann, la maltase préexisterait dans le grain d'orge avant la germination, tandis que la dextrinase se formerait pendant la germination.

Le travail que nous venons de résumer tend à remplacer une explication très compliquée des phénomènes de la saccharification par une explication encore assez complexe, mais qui se rapproche cependant de l'hypothèse de M. Maercker, que nous avons mentionnée plus haut, et qui semble en tout cas plus conforme aux faits. Malheureusement, après les travaux de M. Lintner, l'existence de la maltodextrine semble problématique et le mécanisme de la saccharification paraît pouvoir encore fournir la matière de travaux importants.

M. Kjeldahl, qui a fait une longue étude de l'amylase [*Meddelelser fra Carlsberg Laboratoriet*, 1879], au cours de laquelle il a établi pour cette diastase les lois de proportionnalité que nous avons formulées plus haut d'une manière générale, est le premier qui ait indiqué une méthode précise pour la détermination du pouvoir diastasique de l'amylase dans le malt. Il a reconnu, entre autres, que l'action est proportionnelle à la quantité d'amylase tant que le pouvoir réducteur du mélange d'amylase et d'amidon ne dépasse pas 45 0/0 de celui qu'il prendrait s'il renfermait tout le maltose que l'amidon peut fournir, et que, dans ces conditions, le pouvoir réducteur est proportionnel à la quantité d'amylase présente. Au lieu d'opérer, comme il le faisait, sur de l'empois d'amidon, M. Lintner [*Zeitschr. für das gesammte Brauwesen*, 1886, 281] se sert d'une solution d'amidon soluble.

On prépare cet amidon soluble en traitant à 40°, pendant 3 jours, de la fécule de pomme de terre par de l'acide chlorhydrique à 7,5 0/0. On lave par décantation à l'eau froide jusqu'à ce que l'eau de lavage cesse d'être acide, et on sèche à l'air la poudre blanche obtenue, qui est de l'amidon soluble dans l'eau chaude.

Pour déterminer la puissance diastasique d'un malt, on en épuise 25 grammes, finement moulus, par 500 centimètres cubes d'eau, pendant 6 heures, à la température ordinaire. On filtre, et dans une série de 10 tubes à essais renfermant chacun 10 centimètres cubes d'une solution à 2 0/0 d'amidon soluble, on verse $0^{cc},1$, $0^{cc},2$, $0^{cc},3$..., 1 centimètre cube de l'extrait de malt. On agite, et, au bout d'une heure, on dose le sucre formé dans chaque tube au moyen de la liqueur de Fehling; à cet effet, on verse dans chaque tube 5 centimètres cubes de liqueur cupropotassique, on agite, et on place les tubes pendant 8 minutes dans un bain d'eau bouillante. Celui des tubes dans lequel la réduction est complète indique le volume d'extrait de malt nécessaire pour produire la quantité de sucre réduisant 5 centimètres cubes de liqueur de Fehling.

Prenant pour unité et désignant par 100 la puissance diastasique d'un malt dont l'extrait, préparé dans les conditions indiquées, suffit, à la dose de $0^{cc},1$, pour produire la réduction de 5 centimètres cubes de liqueur de Fehling, il suffit de calculer la valeur du rapport $\frac{100}{n}$, n étant le volume d'extrait employé dans le tube où la réduction est complète, pour avoir une expression de la puissance diastasique du malt étudié. On corrige, bien entendu, ce chiffre de la teneur en eau de ce malt.

L'amylase a encore été rencontrée dans l'urine normale [Béchamp, *Montpellier médical*, 1865, *Néfrozymase*, et Dubourg, *Recherches sur l'amylase de l'urine* (*Annales de l'Institut Pasteur*, 1889)].

L'amylase (peut-être une amylase de nature spéciale) existe également dans les cônes et les feuilles du houblon, ainsi qu'il résulte d'un travail de MM. Brown et Morris [*Transactions of the Institute of Brewing*, 6, févr. 1893), et joue un rôle dans la pratique, largement répandue en Angleterre, qui consiste à ajouter des cônes de houblon à la bière faite, au moment de l'introduction dans les foudres de garde. Cette addition provoque la saccharification lente de dextrines à poids moléculaire élevé, et favorise la fermentation secondaire de la bière. Ce n'est là qu'un cas particulier d'un fait général qui se retrouve dans les feuilles des végétaux, la présence d'amylase leur permettant, lorsqu'elles sont soustraites à l'action de la lumière et que leur assimilation cesse, de puiser dans leurs réserves nutritives, dont l'amidon forme une part importante [Brown et Morris, *Chem. Soc.*, mai 1893].

INULASE. — Découverte par J.-R. Green, qui en a reconnu la présence dans quelques plantes renfermant de l'inuline dans leurs racines et leurs tubercules [*Annals of Botany*, **1**, 1888], l'*inulase* a été obtenue par M. Bourquelot [*C. R.*, **116**, 1143] en faisant vivre de l'*Aspergillus niger* sur du liquide Raulin dont le saccharose est remplacé par de l'inuline. L'inulase transforme l'inuline en lévulose, de telle sorte qu'une solution d'inuline (non fermentescible) additionnée d'inulase fermente alcooliquement en présence de levure de bière. L'inulase résiste en solution aqueuse à la température de 64°.

PRÉSURE. — La présure, qui est utilisée pour la coagulation du lait dans l'industrie de la fabrication des fromages, a été étudiée [*Annales de l'Institut agronomique*, 1882] par M. Duclaux. Ce savant a constaté, avec cette diastase, l'existence des lois de proportionnalité définies plus haut et les limites entre lesquelles elles se vérifient. Il a vérifié, après Fleischmann, que l'optimum d'action est situé à 41°; au-dessous de 20° et au-dessus de 60°, la présure est inactive. Nous renvoyons au mémoire original pour les détails relatifs à l'influence des sels sur l'action de la présure, l'espace dont nous disposons ne permettant pas de les examiner.

M. Duclaux a également étudié quelques micro-organismes qui jouent un rôle important dans la maturation des fromages et qui ont la propriété de sécréter de la présure, et en même temps une autre diastase, la *caséase*, caractérisée par la propriété de dissoudre le coagulum formé par la présure.

URASE. — M. Miquel a étudié un certain nombre de ferments de l'urée [*Annales de Micrographie*], qui tous ont la propriété de sécréter, avec des activités diverses, une diastase spéciale, l'*urase*. Cette diastase, par un mécanisme signalé depuis longtemps par M. Pasteur, et étudié surtout par M. Van Tieghem, transforme l'urée en carbonate d'ammoniaque. Sa température d'optimum d'action est située vers 55°, température à laquelle les organismes qui la produisent deviennent inactifs. C'est un exemple remarquable d'une diastase agissant en milieu fortement alcalin.

TOXINES MICROBIENNES. — L'étude des diastases a pris une importance considérable dans ces dernières années, à la suite de travaux qui ont prouvé que le rôle pathogène de quelques microbes doit être rapporté à la sécrétion, par ces microbes, de substances qui se rapprochent par toutes leurs propriétés des diastases dont nous avons étudié quelques-unes dans les pages qui précèdent.

M. Arloing a reconnu dans les bouillons de culture d'un microbe extrait des poumons d'animaux morts de la péripneumonie contagieuse la présence d'une substance azotée, amorphe, soluble dans l'eau et la glycérine, insoluble dans l'alcool, et que toutes ses propriétés rapprochent des diastases [*C. R.*, **106**, 1365 et 1750].

Parmi les produits fabriqués par un microbe pathogène, le *Bacillus heminecrobiophilus*, le même auteur a rencontré une substance azotée, amorphe, qui peptonise la fibrine, intervertit le sucre candi, saccharifie faiblement l'amidon cuit, émulsionne et saponifie les graisses.

De ce mélange de zymases dont l'action rappelle celle du pancréas, M. Arloing a pu isoler, par la méthode de Danilewski, le ferment spécial aux albumines et celui qui agit sur les corps gras.

Cette diastase, ou plutôt ce mélange complexe de diastases, injecté dans le testicule, y provoque une infiltration gazeuse intense avec production d'acide carbonique, d'azote et d'un peu d'oxygène. C'est le seul cas de fermentation avec dégagement gazeux qu'on puisse attribuer aux diastases; aussi est-il très probablement susceptible d'une interprétation différente [Arloing, *C. R.*, **108**, 458, 532; **109**, 842].

MM. Roux et Yersin [*Annales de l'Institut Pasteur*, 1888, 629; 1889, 273; 1890, 385] ont étudié le poison sécrété par le bacille de la diphtérie, l'ont isolé par la méthode de Cohnheim (voyez plus haut) et ont reconnu que par sa facile oxydabilité, son peu de résistance à l'action de la chaleur, il se rapproche singulièrement des diastases.

La même observation a été faite récemment par MM. Vaillard et Vincent [*Annales de l'Institut Pasteur*, 1891, 1] dans l'étude du poison tétanique auquel est due l'action physiologique du bacille du tétanos. Le poison tétanique se différencie nettement, par son activité énorme, des corps analogues aux ptomaïnes auxquels Brieger avait attribué l'empoisonnement dans le tétanos. Ce poison est détruit par l'action d'une température de 65°.

Des bouillons de culture d'un microbe pathogène de l'orchite, l'*Orchiococcus urethræ*, MM. L. Hugounenq et J. Eraud ont extrait une substance albuminoïde possédant toutes les propriétés des peptones, mais exerçant sur le testicule, qu'elle enflamme par suite d'une réaction probablement diastasique, une action élective intense qui paraît limitée au tissu du testicule [L. Hugounenq et J. Eraud, *C. R.*, 1891 et 1893].

Des cultures du *Staphylococcus pyogenes aureus*, M. Christmas avait déjà, en 1888, extrait une sorte de diastase albuminoïde [*Annales de l'Institut Pasteur*, 1888].

On a pu retirer des substances analogues et encore fort mal connues : du venin des serpents (Weir Mitchell et E.-T. Reichardt, Wolfenden), des araignées (Kobert), des cultures de levure de bière (Roussy), du bacille de la tuberculose (Koch), du jequirity (Martin), de produits fabriqués par les microbes pathogènes (Bouchard, Charrin), etc., etc. A. Fernbach.

DIATÉRÉBILÉNIQUE (ACIDE) (*méthyl2-pentène3-ol2-oïque5-méthyloïque3*),

$$(CH^3)^2COH-C(CO^2H)=CH-CO^2H$$

(Suppl., 1, 1523). — Il n'existe pas à l'état libre. On ne connaît que le *sel de potassium*, qu'on obtient en chauffant l'olide avec une solution de potasse. Ce sel $C^7H^8O^5K^2$ bouilli avec de l'eau se scinde en térébilénate $C^7H^7KO^4$ et potasse caustique.

Olide diatérébilénique (*acide térébilénique*),

$$\begin{array}{l}(CH^3)^2C-C(CO^2H)=CH \\ \quad\;\; O \text{———————} CO\end{array}$$

— D'après M. Frost, cette olide se produit encore quand on évapore des dissolutions aqueuses des acides β-chloro- ou β-bromotérébique [*Ann. Chem.*, 226, 370] :

$$\begin{array}{l}(CH^3)^2C-CCl(CO^2H)-CH^2+H^2O \\ \quad\;\; O \text{———————————} CO \\ =(CH^3)^2C-C(CO^2H)=CH+HCl+H^2O. \\ \qquad\quad O \text{———————} CO\end{array}$$

Elle cristallise dans l'eau ou dans l'éther en prismes fondant à 168° (Frost), 169° (Roser); dans l'alcool ou dans l'acide bromhydrique, elle se dépose sous la forme de cristaux rhombiques, brillants et transparents, qui fondent à 162-163° (Frost). Elle se dissout facilement dans l'éther, l'alcool et le benzène bouillant, moins bien dans le benzène froid et est pour ainsi dire insoluble dans le sulfure de carbone.

L'amalgame de sodium la réduit à l'état d'acide térébique. Soumise à une série de distillations, elle fournit, indépendamment de produits secondaires, une substance bouillant à 207-208° et fondant à + 8° qui paraît être identique à la térélactone $C^6H^8O^2$ de Geisler [Frost, *loc. cit.*].

Bouillie avec de la potasse, elle donne naissance à du diatérébilénate de potassium.

Acide chlorotérébilénique,

$$\begin{array}{l}(CH^3)^2C-C(CO^2H)=CCl \;(?) \\ \quad\;\; O \text{———————} CO\end{array}$$

[Roser, *Ann. Chem.*, 220, 265]. — Cet acide prend naissance quand on chauffe à 130-135° l'acide α-chlorotérébique avec du perchlorure de phosphore.

Petits prismes fondant à 200-203°, solubles dans l'eau chaude. Ce corps est assez stable; il n'est guère attaqué par l'oxyde d'argent au sein de l'eau bouillante.

Le *sel de calcium*, $(C^7H^6ClO^4)^2Ca, 2H^2O$, cristallise en prismes ou en tables.

Le *sel d'argent*, $C^7H^6ClO^4Ag$, cristallise dans l'eau en longues aiguilles. A. Haller.

DIATÉRÉBIQUE (ACIDE) (*méthyl2-pentanol2-oïque5-méthyloïque3*),

$$(CH^3)^2COH-CH(CO^2H)-CH^2-CO^2H$$

(Dict., 3, 321). — N'existe pas à l'état libre. Au moment où on le met en liberté, il se transforme en son olide, l'acide térébique :

$$\begin{array}{l}(CH^3)^2COH-CH-CH^2-CO^2H \\ \qquad\qquad\quad CO^2H \\ =(CH^3)^2C-CH-CO^2H-CH^2+H^2O. \\ \qquad\quad O \text{———————} CO\end{array}$$

L'éther diéthylique, $C^7H^{10}O^5(C^2H^5)^2$, prend naissance par l'action de l'iodure d'éthyle sur le diatérébate d'argent en suspension dans l'éther [Svanberg et Ekmann, *Jahresb. f. Chem.*, 1855, 650].

Liquide épais, sur lequel le chlorure d'acétyle agit énergiquement avec formation d'*éther acétyldiatérébique*, $C^7H^9(C^2H^3O)O^5(C^2H^5)^2$. Celui-ci se présente sous la forme d'un liquide qui, à l'air humide, se scinde rapidement en acide térébique et éther acétique [Mielck, *Ann. Chem.*, 180, 69].

Olide diatérébique (acide térébique) (Dict., 3, 321; Suppl., 1, 1523), $C^7H^{10}O^2$. — L'acide térébique s'obtient encore en abandonnant un mélange d'acide téraconique et d'une solution concentrée d'acide bromhydrique [Geisler, *Ann. Chem.*, 208, 54] ou en chauffant le même acide avec les acides chlorhydrique ou sulfurique [Frost, *Ann. Chem.*, 226, 363] :

$$\begin{array}{l}[1]\quad (CH^3)^2C=C(CO^2H)-CH^2-CO^2H+HBr \\ \qquad =(CH^3)^2CBr-CH-CO^2H-CH^2-CO^2H; \\ [2]\quad (CH^3)^2CBr-CH-CO^2H-CH^2-CO^2H+H^2O \\ \qquad =HBr+(CH^3)^2C-CH-CO^2H-CH^2+H^2O. \\ \qquad\qquad\qquad\quad O \text{———————} CO\end{array}$$

Il se produit aussi quand on réduit l'acide térébilénique au moyen de l'amalgame de sodium [Frost, *Ann. Chem.*, 226, 370] :

$$\begin{array}{l}(CH^3)^2C-C(CO^2H)=CH^2+H^2 \\ \quad\;\; O \text{———————} CO \\ =(CH^3)^2C-CH(CO^2H)CH^2. \\ \qquad\quad O \text{———————} CO\end{array}$$

Bouilli avec de l'acide sulfurique étendu (2 parties d'acide pour 1 partie d'eau), cet acide se convertit au bout de 10 à 12 minutes en olide isocaproïque [H. Erdmann, *Ann. Chem.*, 228, 176-198] :

$$C^7H^{10}O^4 = CO^2 + C^6H^{10}O^2.$$

Chauffé avec de l'acide iodhydrique concentré, il se transforme en acide carbonique et acide isobutylacétique.

L'amalgame de sodium ou l'éthylate de sodium (1 molécule) convertissent l'éther térébique en éther téraconique.

Sous l'influence de la baryte concentrée, il se scinde, à une température de 150-170°, en acétone et acide succinique [Frost *loc. cit.*] :

$$\begin{array}{l}(CH^3)^2C-CH(CO^2H)-CH^2+H^2O \\ \quad\;\; O \text{———————} CO \\ =CH^3-CO-CH^3+C^2H^4(CO^2H)^2.\end{array}$$

Térébate d'éthyle, $C^9H^{14}O^4$ [Roser, *Ann. Chem.*, 220, 255]. — Déjà obtenu par M. Eckmann, cet éther a encore été préparé en faisant passer un courant d'acide chlorhydrique dans une solution alcoolique d'acide térébique. Liquide bouillant à 273-275°. Densité = 1,111 à 16°. Il se dissout lentement dans la soude étendue, pour fournir l'éthyldiatérébate de sodium,

$$C^7H^{10}O^5(C^2H^5)Na.$$

Acides chlorotérébiques, $C^7H^9ClO^4$. — Il existe deux acides monochlorés, qu'on obtient en traitant l'acide térébique par le perchlorure de phosphore et décomposant les chlorures formés en ajoutant peu à peu de l'eau. La bouillie cristalline obtenue est lavée à l'eau, puis cristallisée dans l'eau :

$$C^7H^{10}O^4 + 2PCl^5$$
$$= C^7H^8ClO^3Cl + POCl^3 + PCl^3 + 2HCl.$$

L'acide α cristallise en premier lieu et l'acide β reste dans les eaux mères [Williams, *D. chem. G.*, **6**, 1097 — Roser, *Ann. Chem.*, **220**, 255].

Acide α,

$$\begin{array}{l}(CH^3)^2C-CH(CO^2H)-CHCl\\ \quad\;\; O \text{———————} CO\end{array}$$

(Roser, Frost; voy. Suppl., 1524). — L'amalgame de sodium le transforme en acide térébique. Bouilli avec de l'éthylate de sodium, il fournit de l'acide térébilénique; et avec du carbonate de sodium, de l'acide oxytérébique, $C^7H^{10}O^5$.

Acide β,

$$\begin{array}{l}(CH^3)^2C-CCl(CO^2H)-CH^2\\ \quad\;\; O \text{———————} CO\end{array}$$

— On le retire des eaux mères de l'acide α. M. Frost [*Ann. Chem.*, **226**, 368] l'a préparé en faisant passer un courant de chlore dans de l'acide téraconique maintenu en suspension dans l'eau.

Cristallisé dans l'alcool, cet acide se présente sous la forme de cristaux rhombiques, fondant à 168° en se décomposant (Frost). Il est plus soluble dans l'eau que son isomère α. Ses solutions aqueuses soumises à l'évaporation fournissent de l'acide chlorhydrique et de l'acide térébilénique.

Acide β-bromotérébique,

$$\begin{array}{l}(CH^3)^2C-CBr(CO^2H)-CH^2\\ \quad\;\; O \text{———————} CO\end{array}$$

[Frost, *loc. cit.*]. — On l'obtient en introduisant 1 molécule de brome dans un mélange de 1 molécule d'acide téraconique et de 2 parties d'eau.

Cristallisé dans l'éther, cet acide constitue de gros cristaux brillants, qui fondent à 151° en dégageant des vapeurs. Il est assez soluble dans l'éther et se dissout difficilement dans le sulfure de carbone, le chloroforme et le benzène. Quand on évapore ses dissolutions aqueuses, il se transforme en acide bromhydrique et acide térébilénique. L'amalgame de sodium en régénère l'acide térébique.

Acide oxytérébique, $C^7H^{10}O^5$. — M. Roser a obtenu cet acide en chauffant l'acide α-chlorotérébique avec une solution de carbonate de sodium [*Ann. Chem.*, **220**, 263].

Sirop cristallisant lentement, se dissolvant dans l'eau, l'alcool et l'éther.

Le *sel de calcium*, $(C^7H^9O^5)^2Ca$, cristallise de ses solutions aqueuses en tables microscopiques quand on y ajoute de l'alcool.

Le *sel d'argent*, $(C^7H^9O^5)Ag$, est facilement soluble dans l'eau. A. Haller.

DIATERPÉNYLIQUE (ACIDE) (Dict., **3**, 325, sous le nom d'Acide Terpénique; Suppl., **1**, 1528). — Cet acide n'est pas connu à l'état libre. Son olide constitue l'acide terpénylique.

Olide diaterpénylique (*acide terpénylique*), $C^8H^{12}O^4$. — Il se produit par oxydation, au moyen du mélange chromique, de la terpine, de l'essence de térébenthine, des terpènes (bouillant à 175°), de l'essence de citron, de celui de l'essence de carvi (176°), de l'essence de persil (158°), de l'essence d'aspic (158°) [Hempel, *Ann. Chem.*, **180**, 77. — Sauer, Grunsling, *ibid.*, **208**, 74].

DIATOMITE (Min.). — Voyez Tripoli ou Kieselguhr. — Variété riche en oxyde ferrique.

DIAZINES. — Si, dans la pyridine,

```
        Az
  CH /    \ CH
  CH \    / CH
        CH
```

nous supposons qu'on remplace l'un des groupes CH trivalents par 1 atome d'azote également trivalent, on aura un nouveau noyau qui sera à la pyridine ce que la pyridine elle-même est au benzène.

Mais, tandis que le remplacement ne peut se faire que d'une seule manière dans le cas du benzène, on a, dans le cas de la pyridine, trois noyaux différents,

```
        Az               Az               Az
  Az /    \ CH     CH /    \ CH     CH /    \ CH
  CH \    / CH     Az \    / CH     CH \    / CH
        CH               CH               Az
```

suivant la position du groupe remplacé par rapport au premier atome d'azote.

De ces trois noyaux un seul a été isolé : c'est le troisième; mais on connaît des composés assez nombreux dérivés des deux autres. Pour nommer ces différents composés suivant les règles de la nomenclature par substitution, il a fallu leur donner des noms. Le premier a été appelé *pyridazine* [*D. chem. G.*, **17**, 2049; *Bull. Soc. Chim.*, (2), **44**, 402] par M. Knorr, qui l'a découvert; le second *pyrimidine* par M. Pinner [*D. chem. G.*, **16**, 1659 et *Bull. Soc. Chim.*, (2), **42**, 21]. Quant au troisième, on en connaît depuis très longtemps des dérivés, qui ont été décrits par A.-W. Hofmann [*Proceedings Roy. Soc. London*, **10**, 104; *Rép. Chim. pure*, **1**, 111], mais à une époque où la notion de chaîne fermée n'existait pas encore. Longtemps après [*D. chem. G.*, **20**, 425; *Bull. Soc. Chim.*, (2), **48**, 217], M. Wolff proposa pour ce noyau le nom de *pyrazine*, qui a été abandonné ensuite pour celui d'*aldine*, proposé par MM. E. Braun et W. Meyer [*D. chem. G.*, **21**, 19; *Bull. Soc. Chim.*, (2), **49**, 1038].

Nous avons déjà indiqué à l'article Chaînes fermées (Nomenclature) les raisons qui nous avaient conduit à donner le nom générique de *diazines* à ces trois noyaux isomériques par position[1]. Nous les distinguerons au moyen de la lettre grecque désignant le groupe CH qui a été remplacé par 1 atome d'azote.

Le premier noyau sera donc l'*α diazine*,
Le second la *β diazine*,
Le troisième la *γ diazine*.

La nomenclature que nous emploierons pour nommer leurs dérivés sera commune aux trois

1. De préférence aux dénominations d'*oiazine*, *miazine*, *piazine*, proposées par M. Widman.

noyaux et la désignation des sommets se fera comme pour la pyridine :

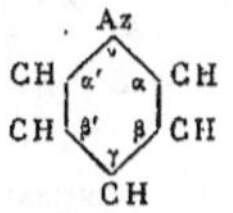

Az
CH (α') (α) CH
CH (β') (β) CH
(γ)
CH
Pyridine.

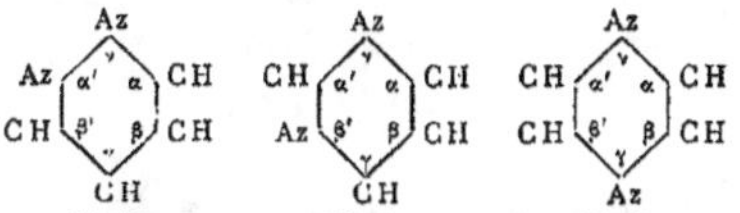

Az / Az CH / CH CH / CH CH / CH
α Diazine (pyridazine). β Diazine (pyrimidine). γ Diazine (pyrazine, aldine).

α DIAZINE.

L'*α diazine* elle-même est inconnue jusqu'ici ; mais on a pu préparer un assez grand nombre de ses produits de substitution, ainsi que de ceux des hydro-α diazines.

L'α diazine possède les analogies les plus étroites avec l'*α pyrazol* (pyrazol de M. Knorr), et leurs procédés de synthèse sont absolument parallèles.

1° Les hydrazines substituées se combinent aux β dicétones en fournissant des dérivés du pyrazol :

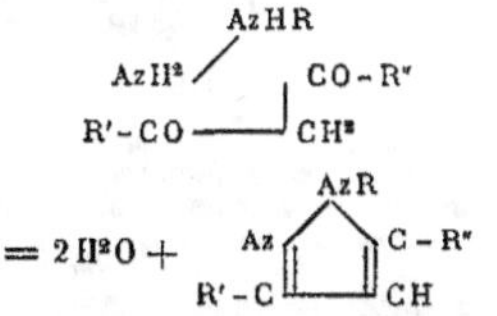

AzHR
AzH^2 / CO - R″
R′ - CO —— CH^2

$= 2H^2O +$ AzR ; Az / C - R″ ; R′ - C ═ CH

On obtient des dérivés de l'α diazine en faisant réagir les hydrazines substituées sur les γ dicétones. C'est ainsi que l'éther diacétylsuccinique réagit sur la phénylhydrazine en fournissant le *ν phényl - αβ′ diméthyl - νγ dihydrodiazine - βγ dicarbonate diéthylique* :

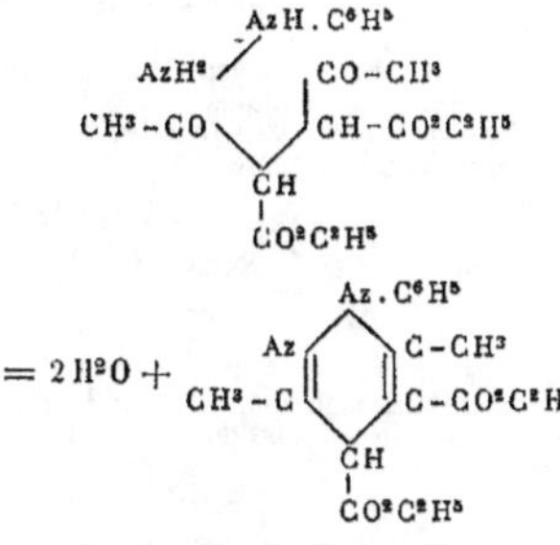

$AzH . C^6H^5$
AzH^2 / $CO - CH^3$
$CH^3 - CO$ \ $CH - CO^2C^2H^5$
CH
$CO^2C^2H^5$

$= 2H^2O +$ $Az . C^6H^5$; Az / $C - CH^3$; $CH^3 - C$ / $C - CO^2C^2H^5$; CH ; $CO^2C^2H^5$

Le cas le plus simple d'une γ dicétone est la dialdéhyde succinique, $CHO - CH^2 - CH^2 - CHO$. Son oxime fournit avec la phénylhydrazine la *ν phényl-νγ dihydrodiazine* (phénylsuccinazone) :

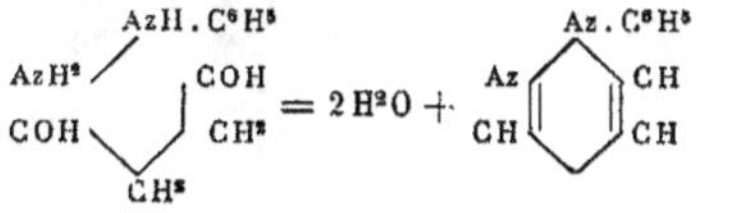

$AzH . C^6H^5$; AzH^2 / COH ; COH \ CH^2 ; CH^2 $= 2H^2O +$ $Az . C^6H^5$; Az / CH ; CH / CH

[L. Knorr, *D. chem. G.*, **18**, 304 ; *Bull. Soc. Chim.*, (2), **45**, 908. — J. Ciamician et C. Zanetti, *D. chem. G.*, **21**, 1968 et **22**, 1784 ; *Bull. Soc. Chim.*, (3), **3**, 845 et **5**, 488. — A. Smith, *D. chem. G.*, **26**, 64 ; *Bull. Soc. Chim.*, (3), **10**, 608].

2° Si, au lieu de faire réagir sur les hydrazines des β dicétones, on emploie des éthers β cétoniques, on obtient des pyrazolones ; de même, avec les hydrazines et les éthers γ cétoniques, on prépare les analogues des pyrazolones dans la série de l'α diazine, les *tétrahydro-α diazinones*.

Ainsi l'acétylsuccinate diéthylique et la phénylhydrazine donnent naissance à la *ν phényl-β′ méthyl-ναβγ tétrahydro-α diazine-α one* :

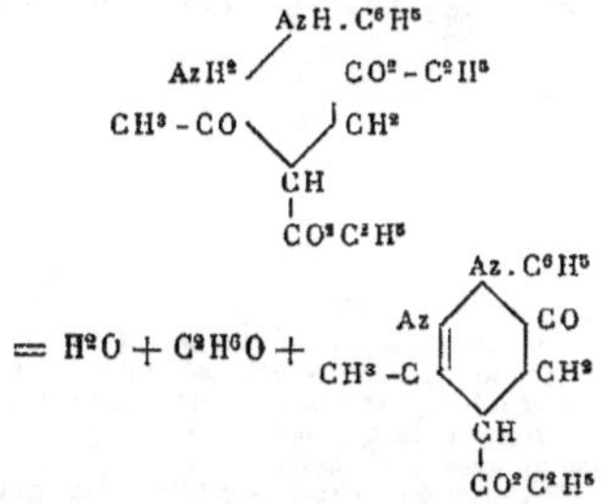

$AzH . C^6H^5$
AzH^2 / $CO^2 - C^2H^5$
$CH^3 - CO$ \ CH^2
CH
$CO^2C^2H^5$

$= H^2O + C^2H^6O +$ $Az . C^6H^5$; Az / CO ; $CH^3 - C$ / CH^2 ; CH ; $CO^2C^2H^5$

[L. Knorr, *D. chem. G.*, **17**, 2049 ; *Bull. Soc. Chim.*, (2), **44**, 402. — E. Fischer, *D. chem. G.*, **19**, 1568 ; *Ann. Chem.*, **236**, 147 ; *Bull. Soc. Chim.*, (2), **47**, 609. — W. Kues et C. Paal, *D. chem. G.*, **19**, 3145 ; *Bull. Soc. Chim.*, (2), **47**, 790].

3° Enfin on a annoncé avoir obtenu un dérivé de la tétrahydro-α diazinone au moyen de la phénylhydrazine et d'un acide non saturé α hydroxylé, l'acide α oxyphénylcrotonique :

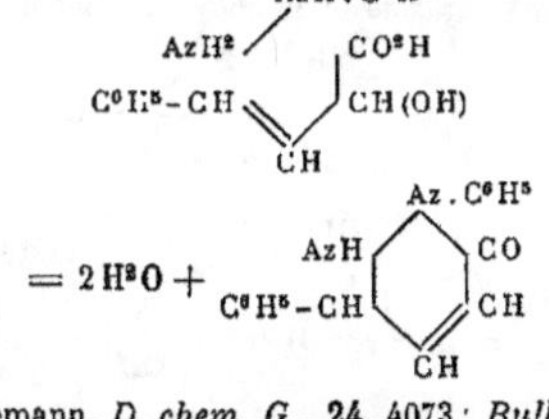

$AzH . C^6H^5$
AzH^2 / CO^2H
$C^6H^5 - CH$ ═ CH(OH)
CH

$= 2H^2O +$ $Az . C^6H^5$; AzH / CO ; $C^6H^5 - CH$ / CH ; CH

[F. Tiemann, *D. chem. G.*, **24**, 4073 ; *Bull. Soc. Chim.*, (3), **8**, 1067. — J. Biedermann, *D. chem. G.*, **24**, 4081] ; mais cette constitution a été révoquée en doute par un autre chimiste, qui exprime la réaction par cet autre schéma :

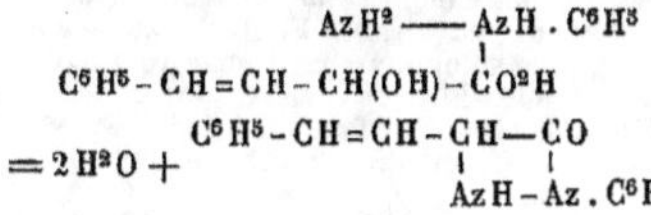

AzH^2 —— $AzH . C^6H^5$
$C^6H^5 - CH = CH - CH(OH) - CO^2H$

$= 2H^2O +$ $C^6H^5 - CH = CH - CH$ —— CO
$AzH - Az . C^6H^5$

[G. Pulvermacher, *D. chem. G.*, **26**, 462 ; *Bull. Soc. Chim.*, (3), **10**, 716].

4° Les hydrazides de l'acide malonique et des acides maloniques substitués,

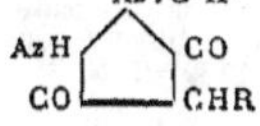

$Az . C^6H^5$
AzH / CO
CO —— CHR

peuvent jusqu'à un certain point être considérés comme des dérivés du pyrazol ; de même les phénylhydrazides des acides succiniques substitués sont considérés comme dérivés de l'α diazine. La phénylhydrazide succinique deviendra alors la *v phényl-hexahydro-α diazine-αβ' dione* :

$$\begin{array}{ccc} & Az.C^6H^5 & \\ AzH & & CO \\ CO & & CH^2 \\ & CH^2 & \end{array}$$

DÉRIVÉS DE L'α DIAZINE.

v Phényl-vγ dihydro-α diazine (*phényldihydropyridazine*),

$$\begin{array}{ccc} & Az.C^6H^5 & \\ Az & & CH \\ HC & & CH \\ & CH^2 & \end{array}$$

— MM. Ciamician et Zanetti [*D. chem. G.*, **23**, 1784; *Bull. Soc. Chim.*, (3), 5, 488] ont obtenu récemment un composé qui, par sa formule brute et son mode de synthèse, semblait devoir être une *dihydro-α diazine* dans laquelle l'atome d'hydrogène du groupement AzH était remplacé par un groupe phényle.

On sait que le pyrrol se combine à 2 molécules d'hydroxylamine, avec déplacement de 1 molécule d'ammoniaque et formation de la dioxime de l'aldéhyde succinique [G. Ciamician et C. Zanetti, *D. chem. G.*, **22**, 1968; *Bull. Soc. Chim.*, (3), 3, 845]. Cette dioxime, traitée par la phénylhydrazine à 180°, ou plus simplement additionnée, en solution aqueuse, d'acétate de phénylhydrazine, se transforme en *diphénylhydrazone de l'aldéhyde succinique*.

Cette dernière, abandonnée à froid avec 25 fois son poids d'acide chlorhydrique concentré, se transforme en un mélange de chlorhydrate de phénylhydrazine et du nouveau composé :

$$\begin{array}{ccc} & AzH.C^6H^5 & \\ Az & & CH{=}Az{-}AzHC^6H^5 \\ CH & & CH^2 \\ & CH^2 & \end{array}$$

$$= AzH^2{-}AzHC^6H^5 + \begin{array}{ccc} & Az.C^6H^5 & \\ Az & & CH \\ CH & & CH \\ & CH^2 & \end{array}$$

Ce corps est une base faible, dont le chlorhydrate est dissocié par l'eau. La base libre est insoluble dans l'eau, peu soluble dans l'alcool, assez soluble dans l'éther acétique bouillant, qui la dissout peu à froid. Elle est également beaucoup plus soluble à chaud qu'à froid dans l'éther de pétrole. Elle se dépose de sa solution en aiguilles blanches, fondant à 184-185°.

Son *chloroplatinate* est un précipité jaune amorphe.

Le mélange d'acide sulfurique et de dichromate de potassium se colore en bleu foncé au contact de cette base.

Le poids moléculaire de cette substance, déterminé par la cryoscopie, indique une formule double de celle que nous avons écrite. Il est probable qu'il s'est fait là une polymérisation analogue à celle qui a lieu pour la dihydroquinoléine [Lellmann, *D. chem. G.*, **22**, 1339; *Bull. Soc. Chim.*, (3), 3, 307].

Le nouveau corps aurait alors pour formule

$$2\begin{array}{ccc} & Az.C^6H^5 & \\ Az & & CH \\ CH & & CH \\ & CH^2 & \end{array} = \begin{array}{ccc} & Az.C^6H^5 & \\ Az & & CH{-}CH \\ CH & & CH{-}CH \\ & CH^2 & \end{array}\begin{array}{ccc} & Az.C^6H^5 & \\ & & CH \\ & & Az \\ & CH^2 & \end{array}$$

vαβγ Tétrahydro-α diazine-α one (*pyridazolone*),

$$\begin{array}{ccc} & AzH & \\ Az & & CO \\ CH & & CH^2 \\ & CH^2 & \end{array}$$

— Cette base est obtenue dans la distillation avec un excès de chaux sodée de l'*acide vαβγ-tétrahydro-α diazine-α one-β' carbonique* (*pyridazolone-carbonique*), dont nous indiquerons plus loin le mode de formation.

Elle constitue une huile brune, plus légère que l'eau, d'une odeur intermédiaire entre celle de la pyridine et celle de la pyrazolone ; elle bout entre 165 et 172° et n'a pas encore été obtenue dans un état de pureté parfaite [R. von Rothenburg, *D. chem. G.*, **26**, 2064].

v Phényl-β'α'vα tétrahydro-α diazine-αβ' dione,

$$\begin{array}{ccc} & Az.C^6H^5 & \\ AzH & & CO \\ CO & & CH \\ & CH & \end{array}$$

— Ce composé prend naissance quand on fait réagir le chlorure de fumaryle sur le chlorhydrate de phénylhydrazine [A. Michaelis et Klamroth, *D. chem. G.*, **26**, 2182].

v Phényl-hexahydro-α diazine-αβ' dione (1 *phényl-3.6 o-pipérazone*),

$$\begin{array}{ccc} & Az.C^6H^5 & \\ AzH & & CO \\ CO & & CH^2 \\ & CH^2 & \end{array}$$

— Ce composé est, à proprement parler, la phénylhydrazide de l'acide succinique ; on a donc cherché à l'obtenir au moyen de la phénylhydrazine et de l'acide succinique, de ses éthers ou de son anhydride ; mais, dans tous les cas, on obtenait à sa place son isomère :

$$\begin{array}{ccc} & AzH{-}AzH.C^6H^5 & \\ CO & & CO \\ CH^2 & & CH^2 \end{array}$$

On a enfin réussi à le préparer en faisant réagir le chlorure de succinyle sur la phénylhydrazine sodée en solution dans le benzène parfaitement sec :

$$\begin{array}{ccc} & AzNaC^6H^5 & \\ AzH^2 & + & COCl \\ COCl & & CH^2 \\ & CH^2 & \end{array}$$

$$= HCl + NaCl + \begin{array}{ccc} & AzC^6.H^5 & \\ AzH & & CO \\ CO & & CH^2 \\ & CH^2 & \end{array}$$

[A. Michaelis et R. Hermens, *D. chem. G.*, **25**, 2747; *Bull. Soc. Chim.*, (3), **8**, 1253].

On a pu, depuis, l'obtenir plus simplement en chauffant au réfrigérant ascendant pendant 2 heures un mélange de chlorhydrate de phénylhydrazine et de chlorure de succinyle en suspension dans le benzène [A. Michaelis et R. Hermens, *D. chem. G.*, **26**, 674].

La phényl-hexahydro-α diazine-dione ou β succinylphénylhydrazide est soluble dans l'eau bouillante et se dépose de sa solution en belles lamelles transparentes, fondant à 199°, solubles dans l'alcool bouillant. Elle réduit la liqueur de Fehling, se dissout aisément dans la potasse et dans l'ammoniaque et ne fournit pas de *dérivé nitrosé*, ce qui la différencie très nettement de son isomère l'α *succinylphénylhydrazide*.

Elle distille sans modification sous pression réduite, mais subit à la pression ordinaire une transposition moléculaire et se transforme en son isomère l'α succinylphénylhydrazide.

L'acide chlorhydrique concentré et chaud, de même que les lessives alcalines chaudes, la dédoublent en phénylhydrazine et acide succinique; la poudre de zinc réagit énergiquement et fournit une huile brune qui semble un produit de réduction.

La plupart des sels de la phényl-hexahydro-α diazine-dione sont solubles dans l'eau; les *sels de plomb* et *de baryum* sont gommeux.

Le *sel d'argent* cristallise par refroidissement si l'on chauffe une solution de phényl-hexahydrodiazine avec un excès d'oxyde d'argent fraîchement précipité. Il est également soluble dans l'alcool.

Le *sel de cuivre* est beaucoup plus soluble et se dépose dans un dessiccateur sous la forme de petits cristaux verts.

En traitant le sel de sodium ou d'argent de la phényl-hexahydrodiazine-dione par les iodures alcooliques, on obtient des produits de substitution :

```
          Az.C6H5
R-Az  /        \  CO
CO    \        /  CH2
           CH2
```

On a pu préparer ainsi :

La ν *phényl-α'méthyl-hexahydro-α diazine-dione* (1 *phényl*-2 *méthyl*-3.6 *o-pipérazone*), fusible à 180°, soluble dans l'eau et dans l'alcool, insoluble dans l'éther et dans le benzène;

La ν *phényl-α'éthyl-hexahydro-α diazine-dione* (1 *phényl*-2 *éthyl*-3.6 *o-pipérazone*), fusible à 60°,5, peu soluble dans l'eau et très soluble dans l'alcool.

La ν *phényl-α' benzyl-hexahydro-α diazine-dione* (1 *phényl*-2 *benzyl*-3.6 *o-pipérazone*), fusible à 159°, peu soluble dans l'eau froide, très soluble dans l'eau bouillante et dans l'alcool.

Tous ces composés réduisent à chaud la liqueur de Fehling; tous sont décomposés par l'acide chlorhydrique concentré en acide succinique et chlorhydrate de la phénylhydrazine substituée correspondante.

Quand on chauffe la phényl-hexahydrodiazine-dione avec un excès d'anhydride acétique, on la transforme en un *dérivé acétylé*,

```
                Az.C6H5
CH3-CO-Az  /        \  CO
CO         \        /  CH2
                CH2
```

qui brunit à 172° et fond à 179°. Il est très peu soluble dans l'eau, même chaude, un peu plus soluble dans l'alcool, insoluble à froid dans les alcalis, qui le saponifient à chaud.

On obtient aussi aisément la ν *phényl-α'benzoyl-hexahydro-α diazine-dione* (1 *phényl*-2 *benzoyl*-3.6 *o-pipérazone*) en traitant par le chlorure de benzoyle une solution alcoolique de phénylhexahydrodiazine-dione et d'éthylate de sodium [*loc. cit.*].

ν P-CRÉSYL-HEXAHYDRO-α DIAZINE-αβ' DIONE (*p-crésyl-o-pipérazone*). — Cette base prend naissance dans la réaction du chlorure de succinyle sur la p-crésylhydrazine [A. Michaelis et Eiger, *D. chem. G.*, **26**, 2182].

β' MÉTHYL-ναβγ TÉTRAHYDRO-α DIAZINE-α ONE (3 *méthylpyridazolone*). — On obtient ce composé en faisant réagir l'hydrate d'hydrazine sur le lévulate d'éthyle :

```
           AzH2
AzH2  /         CO2C2H5
         +
CH3-CO \      /  CH2
           CH2

                                 AzH
                          Az  /      \  CO
= H2O + C2H6O +     CH3-C  ||        /  CH2
                                 CH2
```

Ce corps est insoluble dans l'eau et fond à 94° [R. von Rothenburg, *Dissert. inaug.*, 1892. — T. Curtius, *D. chem. G.*, **26**, 409; *Bull. Soc. Chim.*, (3), **10**, 686].

ν PHÉNYL-β' MÉTHYL-ναβγ TÉTRAHYDRO-α DIAZINE-α ONE (*anhydride phénylhydrazine-lévulique, phénylméthyldihydropyridazine*),

```
          Az.C6H5
Az     /        \  CO
CH3-C  ||       /  CH2
          CH2
```

— L'acide phénylhydrazine-lévulique prend aisément naissance quand on mélange l'acide et la base en solution acétique. L'acide lui-même, chauffé à 170°, perd 1 molécule d'eau et se change en un anhydride interne qui fond à 107°, distille sans décomposition et constitue la *phénylméthyltétrahydro-α diazinone*.

Si, au lieu de chauffer l'acide phénylhydrazine-lévulique seul, on le chauffe en présence de chlorure de zinc, il se transforme en *acide méthylindolacétique* :

```
       AzH-Az
C6H5 /    \\ C-CH3
       /
     CH2-CH2-CO2H

                    AzH
= AzH3 + C6H4  /    \  C-CH3
               \    // 
                    C-CH2-CO2H
```

[E. Fischer, *D. chem. G.*, **19**, 1568; *Ann. Chem.*, **236**, 147; *Bull. Soc. Chim.*, (2), **47**, 609].

Si l'on traite la phénylméthyl-tétrahydrodiazinone par le perchlorure de phosphore, on la transforme en un mélange d'un composé moins riche en hydrogène de 2 atomes et d'un dérivé monochloré de celui-ci. L'opération se fait en chauffant pendant 5 minutes à 150-160° le mélange des deux composés et versant ensuite dans l'eau le produit de la réaction. La phénylméthyldihydrodiazinone reste dissoute, tandis que son *dérivé chloré* cristallise.

La *νphényl-β'méthyl-να dihydro-α diazine-α one (phénylméthylpyridazone)*,

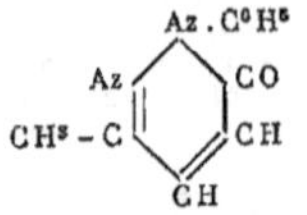

Az . C^6H^5 / Az — CO / CH^3 - C — CH / CH

est soluble dans l'alcool, l'éther, le benzène, peu soluble dans l'eau. Elle se présente sous la forme de cristaux limpides, fondant à 81-82°. C'est une base faible dont les sels sont décomposés par l'eau.

Le sodium agit sur sa solution alcoolique bouillante en donnant une base non oxygénée qui cristallise dans l'alcool en fines aiguilles blanches, fondant à 120°. Sa composition répond à peu près à la formule $C^{22}H^{24}Az^4$. Sa solution dans l'acide sulfurique étendu est colorée en bleu violacé par l'acide chromique [F. Ach, *Ann. Chem.*, **253**, 44; *Bull. Soc. Chim.*, (3), **3**, 623].

Il est probable que cette base est l'homologue immédiatement supérieur de celle qui a été obtenue avec la phénylhydrazine et la dioxime de l'aldéhyde succinique, et qu'elle a pour constitution

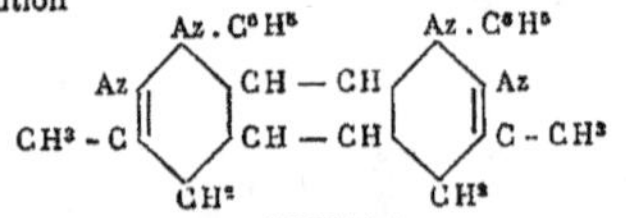

Az . C^6H^5 / Az — CH — CH / CH^3 - C — CH — CH / CH^2 ; Az . C^6H^5 / Az / C - CH^3 / CH^2

$= C^{22}H^{24}Az^4.$

La *νphényl-β'méthyl-βchloro-ανdihydro-α diazine-αone (phénylméthylchloropyridazone)*,

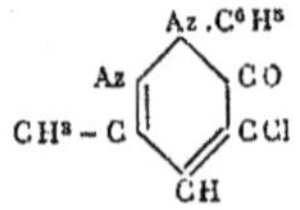

Az . C^6H^5 / Az — CO / CH^3 - C — CCl / CH

cristallise dans l'alcool bouillant en longs prismes aplatis, solubles dans le chloroforme, le benzène, l'acétone, peu solubles dans l'éther et la ligroïne, insolubles dans l'eau. Elle se dissout dans les acides concentrés et en est séparée par addition d'eau. Elle fond à 136-137°.

Quand on traite une solution alcoolique de ce dérivé chloré par l'éthylate de sodium, on obtient un *dérivé éthoxylé*, la *νphényl-β'méthyl-β éthoxy-αν dihydro-α diazine-α one (phénylméthyléthoxylpyridazone)*. Cette dernière cristallise en prismes aplatis, brillants, fusibles à 146°, solubles dans l'alcool, le benzène, l'acétone, peu solubles dans l'éther et dans l'eau bouillante.

Chauffé à 125-130° avec de l'acide chlorhydrique concentré, le dérivé éthoxylé est converti en *dérivé hydroxylé*, la *νphényl-β'méthyl-β oxy-αν dihydro-α diazine-α one (phénylméthyl-oxypyridazone)*. Ce composé ne fond qu'à 196°; il cristallise dans l'alcool chaud en fines aiguilles solubles dans l'alcool et dans l'éther, solubles dans les acides étendus et dans les alcalis.

Si l'on chauffe ce composé lui-même à 170°, il subit une transposition moléculaire et se transforme en un dérivé du pyrazol :

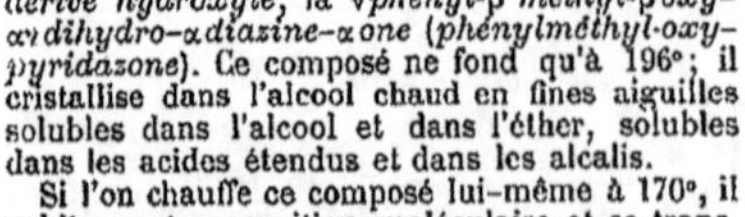

Az . C^6H^5 / Az — CO / CH^3 - C — C(OH) / CH $=$ Az . C^6H^5 / Az — C - CO^2H / CH^3 - C — CH

l'*acide νphényl-β'méthyl-α pyrazol-α carbonique* [F. Ach, *loc. cit.*].

La transformation d'un groupement

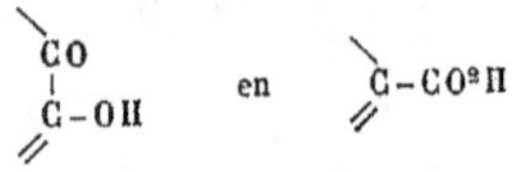

CO / C - OH en C - CO^2H

dans une chaîne fermée est un fait assez fréquent. M. Zincke en a observé plusieurs cas dans son travail sur les produits de chloruration du phénol.

ACIDE ναβγ TÉTRAHYDRO-α DIAZINE-α ONE-β' CARBONIQUE (*pyridazolone-3 carbonique*),

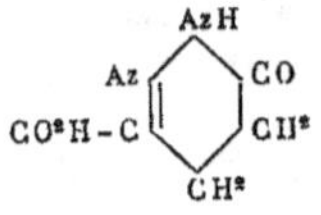

AzH / Az — CO / CO^2H - C — CH^2 / CH^2

— Cet acide, obtenu au moyen de son éther éthylique, dont nous indiquons plus loin le mode de formation, fond à 250° en se décomposant.

Son *sel d'argent* forme un précipité blanc, son *sel de calcium* un précipité blanc pulvérulent; le *sel de cuivre* est un précipité bleu-gris, le *sel de plomb* un précipité blanc.

Son *éther éthylique* prend naissance dans la réaction de l'hydrate d'hydrazine sur l'éther succinyloformique, qui fonctionne là comme éther γ-cétonique :

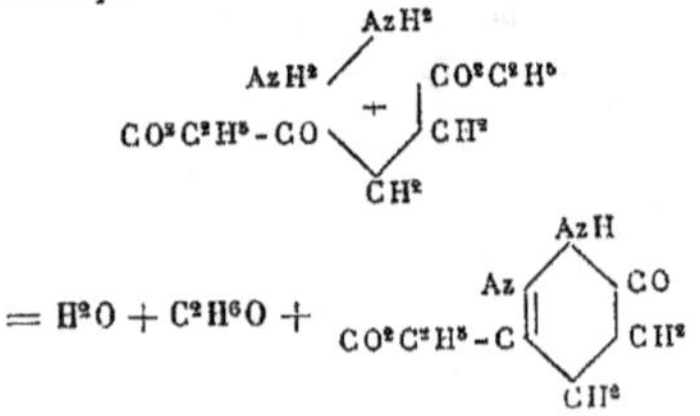

AzH^2 / AzH^2 + $CO^2C^2H^5$ / $CO^2C^2H^5$ - CO — CH^2 / CH^2

$= H^2O + C^2H^6O +$ AzH / Az — CO / $CO^2C^2H^5$ - C — CH^2 / CH^2

Cet éther forme de petits cristaux fondant à 171,5-172°. Quand on le chauffe pendant quelques heures au bain-marie avec l'hydrate d'hydrazine, il fournit l'*hydrazide* correspondante en petits cristaux fondant au-dessus de 250°, se combinant à l'aldéhyde benzylique pour fournir une *benzylidène-hydrazide* en flocons blancs, peu solubles dans l'alcool et fondant à 250° [R. von Rothenburg, *D. chem. G.*, **26**, 2061].

β MÉTHYL-ν PHÉNYL-HEXAHYDRO-α DIAZINE-α β' DIONE,

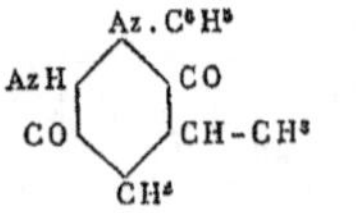

Az . C^6H^5 / AzH — CO / CO — CH - CH^3 / CH^2

— On obtient ce composé en faisant réagir sur le chlorhydrate de phénylhydrazine le chlorure de l'acide pyrotartrique [A. Michaelis et Creutz, *D. chem. G.*, **26**, 2181].

νPHÉNYL-αβ'DIMÉTHYL-νγ DIHYDRO-α DIAZINE (*phényldiméthylpyridazine*),

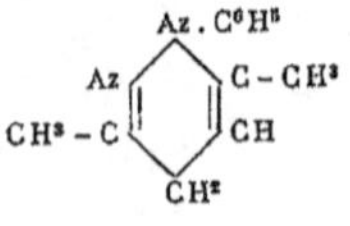

Az . C^6H^5 / Az — C - CH^3 / CH^3 - C — CH / CH^2

— Cette base s'obtient en chauffant au-dessus de son point de fusion l'acide v phényl-αβ'diméthyl-vγ dihydro-α diazine-βγ dicarbonique (phényldiméthylpyridazine-dicarbonique), dont nous décrirons plus loin la préparation.

Elle forme une huile incolore, se colorant assez rapidement en rouge à l'air, distillant à 176° sous une pression de 730 millimètres et se prenant dans le récipient en une masse cristalline rayonnée fondant à 82° [L. Knorr, *D. chem. G.*, **18**, 1568; *Bull. Soc. Chim.*, (2), **46**, 467].

Cette base est l'homologue supérieur des deux autres que nous avons décrites plus haut et qui se polymérisent en prenant naissance, comme le fait la dihydroquinoléine. Celle-ci ne se polymérise pas, à cause de la présence du groupe CH^3 dans la position α; il faut, en effet, d'après les idées de M. Lellmann, pour que la polymérisation ait lieu, qu'il existe dans la chaîne fermée le chaînon

$$\begin{matrix} \diagdown \\ CH \\ \| \\ CH \\ \diagup \end{matrix} \quad \text{qui devient} \quad \begin{matrix} -CH-CH- \\ | \quad\;\; | \\ -CH-CH- \end{matrix}$$

La phényldiméthyl-α dihydrodiazine est volatile dans la vapeur d'eau; ses vapeurs possèdent une odeur piquante et colorent en rouge cerise un copeau de pin imprégné d'acide chlorhydrique. Elle est insoluble dans l'eau et dans les alcalis; elle se dissout au contraire dans les acides forts, mais sa solution est décomposée par un excès d'eau.

L'ébullition avec les acides concentrés la transforme, mais avec une très grande difficulté, en une masse rouge qui ressemble au rouge de pyrrol. Une solution de phénanthrène-quinone dans l'acide acétique contenant un peu de cette base se colore en rouge foncé au contact de l'acide sulfurique concentré [L. Knorr, *loc. cit.*].

v PHÉNYL-β' MÉTHYL-vαβγ TÉTRAHYDRO-α DIAZINE-α ONE-γ CARBONATE D'ÉTHYLE (*phénylméthylpyridazone-carbonate d'éthyle*). — Ce composé, le premier connu de la série de l'α diazine, a été obtenu par M. L. Knorr en faisant réagir la phénylhydrazine sur l'acétylsuccinate diéthylique. Il se forme à froid une *hydrazine* avec départ d'eau; cette hydrazine, qui fond à 80°, chauffée à 150° au bain d'huile, perd 1 molécule d'alcool en même temps que la chaîne se ferme :

$$\begin{matrix} & AzH.C^6H^5 & \\ Az \diagup & & \diagdown CO^2C^2H^5 \\ CH^3-C \diagdown & & \diagup CH^2 \\ & CH & \\ & | & \\ & CO^2C^2H^5 & \end{matrix}$$

$$= C^2H^6O + \begin{matrix} & Az.C^6H^5 & \\ Az & & CO \\ CH^3-C & & CH^2 \\ & CH & \\ & | & \\ & CO^2C^2H^5 & \end{matrix}$$

Cet éther cristallise dans la ligroïne en cristaux incolores fondant à 138°. L'ébullition avec l'acide sulfurique à 10 0/0 le saponifie aisément.

L'*acide phénylméthyl-tétrahydro-αdiazinone-carbonique* (*phénylméthylpyridazine-carbonique*) est soluble dans l'eau bouillante et s'en dépose par refroidissement sous la forme de belles aiguilles fondant à 178° [L. Knorr, *D. chem. G.*, **17**, 2049; *Bull. Soc. Chim.*, (2), **44**, 402].

v PHÉNYL-αβ' DIMÉTHYL-vγ DIHYDRO-α DIAZINE-βγ-DICARBONATE DIÉTHYLIQUE (*phényldiméthylpyridazine-dicarbonate diéthylique*). — Cet éther prend naissance quand on fait réagir l'éther diacétylsuccinique sur la phénylhydrazine en solution acétique. On l'obtient par cristallisation dans la ligroïne en prismes incolores fondant à 127° :

$$\begin{matrix} & AzH.C^6H^5 & \\ AzH^2 \diagup & + & CO-CH^3 \\ CH^3-CO \diagdown & & CH-CO^2C^2H^5 \\ & CH & \\ & | & \\ & CO^2C^2H^5 & \end{matrix}$$

$$= 2H^2O + \begin{matrix} & Az.C^6H^5 & \\ Az & & C-CH^3 \\ CH^3-C & & C-CO^2C^2H^5 \\ & CH & \\ & | & \\ & CO^2C^2H^5 & \end{matrix}$$

[L. Knorr, *D. chem. G.*, **18**, 304; *Bull. Soc. Chim.*, (2), **48**, 908].

La potasse alcoolique le saponifie aisément; le *sel de potassium* de l'acide qui prend naissance est insoluble dans l'alcool. Ce sel traité par l'acide acétique étendu et bouillant se dissout, et donne par refroidissement l'*acide v phényl-αβ' diméthyl-vγ dihydro-α diazine-βγ dicarbonique* (*phényldiméthylpyridazine-dicarbonique*). Cet acide ne fond pas; chauffé à 220°, il se décompose en acide carbonique et *phényldiméthyl-dihydro-α diazine* déjà décrite [L. Knorr, *loc. cit.*]

Acide v phényl-vαβγ tétrahydro-αdiazinone-β' propionique. — On obtient la *phénylhydrazide* de cet acide en traitant par la phénylhydrazine en solution acétique la diolide de l'acide lévulinacétique (acétone diacétique) :

$$2\begin{matrix} AzH.C^6H^5 \\ | \\ AzH^2 \end{matrix} + \begin{matrix} & CH^2 & & CO & \\ CH^2 & & C & O & CH^2 \\ & CO & O & & CH^2 \end{matrix}$$

$$= \begin{matrix} & & Az.C^6H^5 & \\ & Az & & CO \\ \diagup CH^2-C & & & CH^2 \\ CH^2 & & CH^2 & \\ \diagdown COAzH-AzHC^6H^5 & & & \end{matrix} + 2H^2O.$$

Cette hydrazide se dépose au bout de quelque temps sous la forme d'une bouillie cristalline; elle cristallise dans l'alcool en fines aiguilles blanches insolubles dans les alcalis, infusibles à 290° et brunissant ensuite [J. Bredt, *Ann. Chem.*, **256**, 314; *Bull. Soc. Chim.*, (3), **4**, 680].

vβ' DIPHÉNYL-vαβγ TÉTRAHYDRO-α DIAZINE-α ONE (3-*phénylpyridazolone*),

$$\begin{matrix} & Az.C^6H^5 & \\ Az & & CO \\ C^6H^5-C & & CH^2 \\ & CH^2 & \end{matrix}$$

— Ce corps prend naissance quand on fait réagir

 DIAZINES.

l'hydrate d'hydrazine sur l'éther β benzoylpropionique. Il fond à 149° [R. von Rothenburg, *Dissert. inaug.*, 1892. — T. Curtius, *D. chem. G.*, **26**, 409; *Bull. Soc. Chim.*, (3), **10**, 686].

Si l'on remplace l'éther β benzoylpropionique par l'éther β benzoylisosuccinique, on obtient le νβ'*diphényl*-ναβγ *tétrahydro*-α *diazine*-α *one*-β *carbonate d'éthyle* (3 *phénylpyridazone* 5-*carbonate d'éthyle*) :

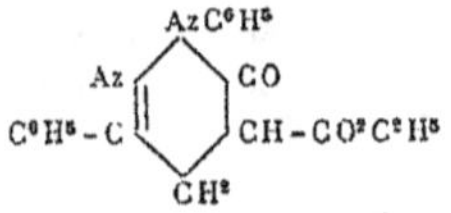

```
              AzC⁶H⁵
           Az /    \ CO
C⁶H⁵-C  ||        CH-CO²C²H⁵
              \    /
               CH²
```

νβ' Diphényl-ανα'β' tétrahydro-α diazine-α one (*diphényldihydropyridazone*),

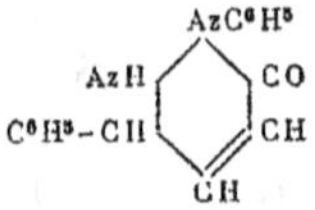

```
              AzC⁶H⁵
          AzH /    \ CO
C⁶H⁵-CH  |        CH
              \  // 
               CH
```

— On a attribué cette constitution à un composé obtenu en chauffant au réfrigérant ascendant, pendant 6 heures, une solution alcoolique d'un mélange d'acide phényl-α oxycrotonique et de phénylhydrazine. Nous avons dit, dans l'introduction de cet article, que cette explication de la réaction avait été révoquée en doute; mais la preuve du contraire n'a pas été faite jusqu'ici.

La nouvelle combinaison forme de belles aiguilles soyeuses, qui fondent à 98°, distillent sans décomposition, sont insolubles dans l'eau, la ligroïne, le benzène et le chloroforme, très solubles dans l'alcool et dans l'éther chauds.

Ce composé, dissous dans l'acide acétique et additionné de brome, fournit un *dérivé* de substitution *monobromé*, $C^{16}H^{13}BrAz^2O$, qui forme des cristaux jaunes fondant à 145° [F. Tiemann, *D. chem. G.*, **24**, 4073. — J. Biedermann, *D. chem. G.*, **24**, 4081; *Bull. Soc. Chim.*, (3), **8**, 1067. — G. Pulvermacher, *D. chem. G.*, **26**, 462; *Bull. Soc. Chim.*, (3), **10**, 716].

L'acide diphénacylacétique,

```
C⁶H⁵-CO-CH² >
C⁶H⁵-CO-CH² > CH-CO²H,
```

est à la fois une γ-dicétone et un acide γ-cétonique; il était donc intéressant de rechercher quelle action il pouvait avoir sur la phénylhydrazine. On a trouvé qu'il se comportait comme un acide γ-cétonique, le second groupement cétonique fournissant une hydrazone :

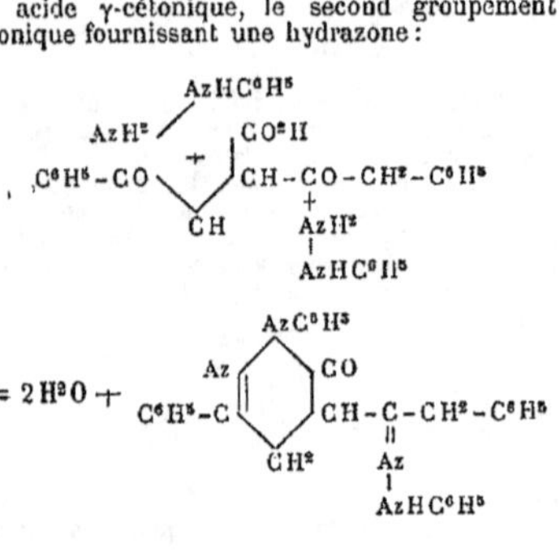

```
              AzHC⁶H⁵
        AzH² /       CO²H
                +   |
C⁶H⁵-CO \          / CH-CO-CH²-C⁶H⁵
          \      /          +
            CH             AzH²
                            |
                          AzHC⁶H⁵

                   AzC⁶H³
               Az /    \ CO
= 2H²O + C⁶H⁵-C ||      CH-C-CH²-C⁶H⁵
                  \    /     ||
                   CH²       Az
                             |
                           AzHC⁶H⁵
```

La νβ' *diphényl*-β *phénylhydrazophénacyl*-ναβγ *tétrahydro*-α *diazine*-α *one* prend aisément naissance quand on mélange l'acide et la base en solution acétique étendue et qu'on chauffe pendant quelque temps à l'ébullition. Il se dépose des gouttes huileuses, qui ne tardent pas à cristalliser. Ces cristaux constituent de petites aiguilles blanches groupées en buisson et fondant à 164-166°.

La phénacyldésoxycuminoïne,

```
(C³H⁷)C⁶H⁴-CO-CH-C⁶H⁴(C³H⁷)
               |
               CH²-CO-C⁶H⁵
```

constitue également une γ-dicétone et se comporte comme telle. En effet, la phénylhydrazine la transforme en un dérivé de l'α diazine :

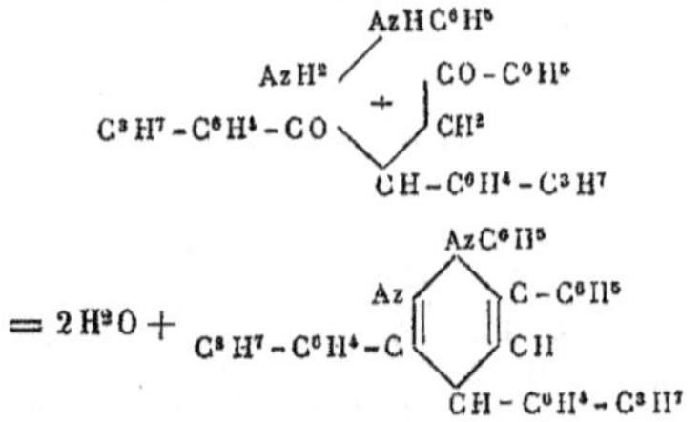

```
                   AzHC⁶H⁵
              AzH² /       CO-C⁶H⁵
                      +   |
C³H⁷-C⁶H⁴-CO \           / CH²
               \       /
                 CH-C⁶H⁴-C³H⁷

                          AzC⁶H⁵
                      Az /    \ C-C⁶H⁵
= 2H²O + C³H⁷-C⁶H⁴-C ||      || CH
                         \    /
                          CH-C⁶H⁴-C³H⁷
```

La να *diphényl*-β'γ *dicumyl*-νγ *dihydro*-α *diazine* forme de petites aiguilles groupées en buisson et fond à 162-163° [A. Smith, *D. chem. G.*, **26**, 64; *Bull. Soc. Chim.*, (3), **10**, 608].

Il nous reste à décrire un dérivé de l'α diazine qui est en même temps un dérivé du pyrrol et qui prend naissance dans des conditions très originales. M. A. Angeli [*D. chem. G.*, **23**, 1795; *Bull. Soc. Chim.*, (3), **45**, 336] a réussi à préparer l'acide α pyrrolpyruvique,

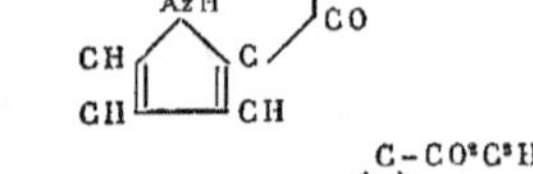

```
      AzH
CH /     \ C-CO-CH²-CO-CO²H
CH ||   || CH
```

Si l'on forme l'oxime de son éther éthylique en solution acétique, cette oxime perd 1 molécule d'eau en fournissant le composé en question :

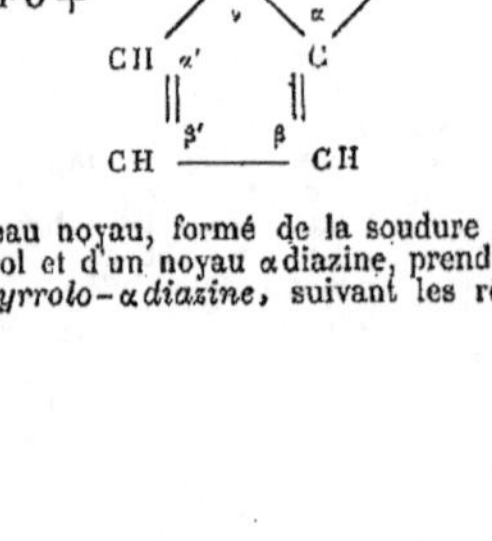

```
                  CO-CO²C²H⁵
AzH²OH          /
           +    CH²
    AzH         |
CH /   \ C  /   CO
CH ||  || CH

                     C-CO²C²H⁵
                   // β'    \
               Az  α'      γ  CH²
               |              |
= 2H²O +       Az  ν       β  CO
              /     ν   α  \
          CH  α'            C
          ||                ||
          CH  β'       β    CH
```

Ce nouveau noyau, formé de la soudure d'un noyau pyrrol et d'un noyau α diazine, prendra le nom de *pyrrolo*-α *diazine*, suivant les règles qui ont été exposées à l'article CHAÎNES FERMÉES (NOMENCLATURE). Pour distinguer ce noyau de ses isomères possibles, nous ferons précéder son nom des lettres indiquant la place de la soudure.

Le composé dont nous venons de décrire la préparation prendra le nom de *vαpyrrolo-vαβγ-tétrahydro-αdiazine-βone-β'carbonate d'éthyle*.

Cet éther se dépose de ses solutions alcooliques sous la forme d'aiguilles blanches, qui fondent à 123-124°.

La potasse alcoolique le saponifie aisément. L'acide pyrrolo-tétrahydro-αdiazinone-β'carbonique forme de petites aiguilles blanches, qui fondent à 179° en se décomposant complètement. Il est très soluble dans l'alcool, peu soluble dans le benzène et dans le chloroforme, insoluble dans l'eau.

L'acide nitrique le dissout en se colorant en vert foncé; l'acide sulfurique additionné de dichromate, en se colorant en rouge. La solution aqueuse de son sel ammoniacal donne : avec le nitrate d'argent, un précipité jaune; avec le sulfate de cuivre, un précipité vert, plus soluble à chaud; avec le sulfate de nickel, rien; avec le chlorure mercurique, un précipité caséeux blanc; avec le chlorure de zinc, un précipité blanc, soluble à chaud; avec le chlorure ferrique, un précipité jaune, brunissant à chaud; avec l'acétate de plomb, un précipité blanc, soluble à chaud.

βDIAZINE.

Il y a déjà bien longtemps que la cyanéthine a été découverte par MM. Frankland et Kolbe; mais il y a à peine cinq ans que sa constitution, ainsi que celle des autres cyanalkines (voyez ce mot), a été établie et qu'on sait qu'elle est un dérivé de la βdiazine.

Quelque temps auparavant, M. Pinner a décrit un procédé permettant d'obtenir un très grand nombre d'*oxy-βdiazines* de constitution connue [*D. chem. G.*, **17**, 2519; **18**, 760 et 2845; *Bull. Soc. Chim.*, (2), **45**, 29, 778, 852], et c'est en ramenant, par une opération simple, la cyanéthine à l'une d'elles que M. E. von Meyer a pu établir sa constitution [*J. prakt. Chem.*, (2), **39**, 156].

PROCÉDÉS GÉNÉRAUX DE SYNTHÈSE DU NOYAU βDIAZINE.

1° Le procédé le plus général pour obtenir un dérivé de la βdiazine est celui qui a été indiqué par M. Pinner [*loc. cit.*] et qui consiste à traiter une amidine par un éther βcétonique :

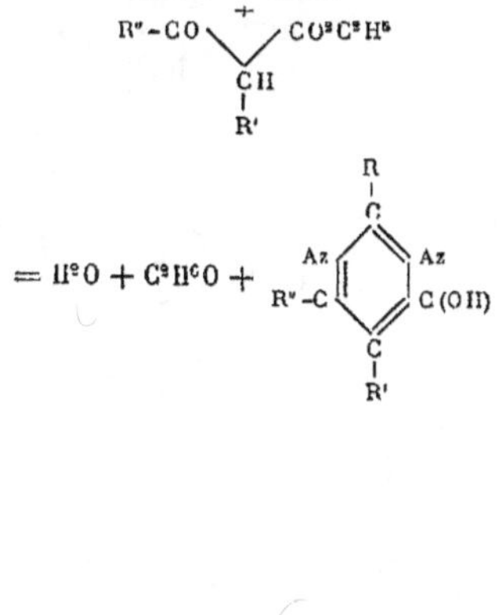

R
|
C
AzH² ⁄ ⟍ AzH
+
R''-CO ⟍ ⁄ CO²C²H⁵
CH
|
R'

= H²O + C²H⁶O +

R
|
C
Az ⁄ ⟍ Az
R''-C ‖ C(OH)
C
|
R'

On pourrait admettre pour le nouveau composé la constitution

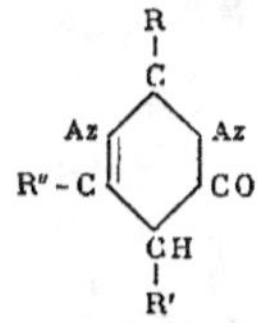

R
|
C
Az ⁄ ⟍ Az
R''-C ‖ CO
CH
|
R'

mais les expériences de M. Pinner semblent indiquer l'existence d'un oxhydryle. En effet, ces composés se dissolvent aussi bien dans les alcalis que dans les acides; leur solution alcaline, additionnée d'un éther halogéné, donne naissance à un dérivé alcoolique, de la même manière que le phénol est transformé en anisol; enfin le perchlorure de phosphore remplace cet oxhydryle par 1 atome de chlore, assez aisément remplaçable lui-même par un groupe

OC^2H^5 ou AzH^2.

Les oxy-βdiazines chauffées avec de la poudre de zinc sont réduites à l'état de βdiazines, mais l'opération se fait avec un très mauvais rendement [Pinner, *D. chem. G.*, **22**, 1620; *Bull. Soc. Chim.*, (2), **3**, 268].

On obtient bien plus simplement les βdiazines substituées en faisant réagir les amidines sur les βdicétones :

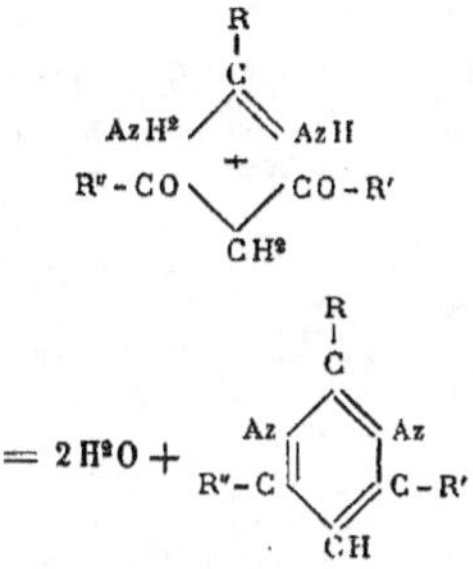

R
|
C
AzH² ⁄ ⟍ AzH
+
R''-CO ⟍ ⁄ CO-R'
CH²

= 2H²O +

R
|
C
Az ⁄ ⟍ Az
R''-C ‖ C-R'
CH

On n'a pu, en effet, obtenir par ce procédé, qui semble très général, que des βdiazines trisubstituées, car la formamidine ne donne pas cette réaction, non plus que les acétones-aldéhydes du genre de la formylacétone [A. Pinner, *D. chem. G.*, **26**, 2124].

2° Nous avons dit que les dérivés de la βdiazine les plus anciennement connus sont les cyanalkines. On obtient ces corps en chauffant les nitriles primaires avec un métal alcalin ou avec de l'éthylate de sodium [R. Schwarze, *J. prakt. Chem.*, (2), **42**, 1] et en décomposant ensuite par l'eau. Les cyanalkines sont des amido-βdiazines dans lesquelles le groupe AzH^2 occupe la même position que l'oxhydryle dans les oxy-βdiazines. On s'en est aperçu par ce fait que les cyanalkines, chauffées à 180° avec de l'acide chlorhydrique en tube scellé, se transforment dans l'oxy-βdiazine correspondante avec départ de chlorhydrate d'ammoniaque. On a pu identifier les oxy-βdiazines préparées au moyen des cyanalkines avec celles obtenues directement à l'aide des amidines et des éthers βcétoniques [E. von Meyer, *J. prakt. Chem.*, (2), **34**, 156, 262; *Bull. Soc. Chim.*, (3), **3**, 131. — A. Pinner,

D. chem. G., 22 1616 et 1617; *Bull. Soc. Chim.* (3), 3, 268] :

C^2H^5 – C ; Az, Az ; C^2H^5 – C, C – AzH^2 ; C – CH^3 $+ HCl + H^2O$

Cyanéthine.

$= AzH^4Cl +$ C^2H^5 – C ; Az, Az ; C^2H^5 – C, C (OH) ; C – CH^3

Oxy-méthyldiéthyl-β diazine.

On peut obtenir le même résultat en traitant les cyanalkines par l'acide nitreux; il se dégage alors de l'azote [R. Schwarze, *J. prakt. Chem.*, (2), **42**, 1].

Si, au lieu de chauffer le nitrile avec le sodium, on ajoute du sodium en menus copeaux à une solution de nitrile dans l'éther absolu, il se fait un mélange de cyanure de sodium, du dérivé sodé du nitrile et du dérivé sodé du même nitrile bipolymérisé [M. Hanriot et L. Bouveault, *Bull. Soc. Chim.*, (3), **1**, 548. — L. Bouveault, *Thèse de la Faculté des sciences*, Paris, 1890].

M. E. von Meyer a fait voir que ce mélange, chauffé à 140° avec un nitrile et décomposé ensuite par l'eau, fournit une cyanalkine. Si le nitrile employé est identique à celui qui a donné naissance au dérivé sodé, la cyanalkine est une cyanalkine simple, identique à celle qui se forme dans l'action du sodium sur le nitrile en question; dans le cas contraire, on obtient une cyanalkine mixte nouvelle [E. von Meyer, *J. prakt. Chem.*, (2), 39, 188; *Bull. Soc. Chim.*, (3), **14**. — R. Wache, *J. prakt. Chem.*, (2), 39, 245; *Bull. Soc. Chim.*, (3), 3, 130].

Cette expérience permet d'expliquer la genèse des cyanalkines dans leur préparation; il se fait sans doute d'abord à froid un dérivé sodé bipolymérisé qui, à une température plus élevée, réagit sur l'excès de nitrile. Ce qui peut s'exprimer par le schéma

R' – C ; AzH + Az ; R – CH^2 – C, C ≡ Az ; CNa – R

= R' – C ; Az, Az ; R – CH^2 – C, C = AzH ; CNa – R

dans le cas des cyanalkines ordinaires

R' = R – CH^2.

Quant au dérivé sodé polymérisé, il prend lui-même naissance par la réaction sur une seconde molécule de nitrile sur le dérivé sodé non polymérisé :

$$R - CH^2 - CAz + CHNa(R) - CAz$$

$$= R - CH^2 - C(AzH) - CNa(R) - CAz.$$

Nous représentons par le schéma R – CH^2 – CAz le nitrile sur lequel on fait réagir le sodium; l'inspection de la formule du dérivé sodé polymérisé montre, en effet, que la réaction ne peut avoir lieu si le nitrile n'est pas primaire. C'est ce que l'expérience a également démontré. Au contraire, le nitrile que l'on fait réagir sur le dérivé sodé polymérisé n'a pas besoin d'être primaire pour qu'il se forme une cyanalkine mixte. En effet, M. von Meyer a pu réaliser la préparation d'une cyanalkine mixte au moyen du dérivé sodé du propionitrile, réagissant sur le benzonitrile C^6H^5 – CAz [*loc. cit.*].

Revenons maintenant au dérivé sodé de la cyanalkine; sa décomposition par l'eau sera représentée par le schéma

R' – C ; Az, Az ; R – CH^2 – C, C = AzH ; CNa – R $+ H^2O$

$= NaOH +$ R' – C ; Az, Az ; R – CH^2 – C, C – AzH^2 ; C – R

La confirmation la plus éclatante de la formule des cyanalkines proposée par M. von Meyer serait la reproduction des cyanalkines au moyen des amidines et des composés β cétoniques. Le procédé qui semble le plus simple est de traiter par le gaz ammoniac les chloro-β diazines obtenues au moyen des oxydiazines et du perchlorure de phosphore; on ne l'a pas jusqu'ici employé à la reproduction des cyanalkines.

On pouvait également espérer obtenir une cyanalkine en combinant une amidine avec un nitrile β cétonique :

R' – C ; AzH^2 + AzH ; R – CH^2 – CO, C ≡ Az ; CH – R

$= H^2O +$ R' – C ; Az, Az ; R – CH^2 – C, C – AzH^2 ; C – R

L'expérience tentée dans le but de préparer la cyanéthine au moyen de la propionamidine et du nitrile α propionylpropionique n'a pas abouti; il n'y a pas eu combinaison [L. Bouveault, *Expér. inédites*].

La seule cyanalkine obtenue sans nitrile l'a été par M. Pinner, mais d'une manière qui ne semble pas susceptible de généralisation. En traitant le chlorhydrate d'acétamidine par l'anhydride acétique et l'acétate de sodium desséché, il a obtenu, entre autres produits, un dérivé acétylé de la cyanométhine qui, par l'action de la baryte, lui a fourni cette base à l'état de pureté. Il explique cette curieuse réaction en admettant qu'il se fait un dérivé acétylé de l'acétamidine,

$$CH^3-C \begin{matrix} \leqslant AzH-CO-CH^3 \\ \leqslant AzH \end{matrix}$$

et qu'une partie de l'amidine réagit sur l'anhydride acétique en donnant de l'acétonitrile et de l'acétamide. C'est cette acétamide qui, réagissant sur l'acétylacétamidine, fournirait la cyanométhine que l'excès d'anhydride acétique acétylerait ensuite :

CH³ — C ; AzH, AzH ; CH²-CO + CO-AzH² ; CH³

= H²O + [cycle : C(CH³), Az, Az, CH³-C, C-AzH², CH]

[A. Pinner, *D. chem. G.*, **22**, 1603; *Bull. Soc. Chim.*, (3), **3**, 268].

3° La diamidoacétone se combine aux chlorures ou aux anhydrides d'acides, avec élimination d'eau ou d'acide chlorhydrique, pour fournir des acétones qui appartiennent à la série de la β diazine tétrahydrogénée, des *tétrahydro-β diazinones* :

C⁶H⁵-COCl + [AzH², CH², CO, CH², AzH²]

= HCl + H²O + [cycle : C(C⁶H⁵), AzH, Az, CH², CH², CO]

Ces composés ont bien conservé leur oxygène à l'état de carbonyle, car ils sont encore capables de fournir des hydrazones avec la phénylhydrazine [L. Rügheimer et E. Mischel, *D. chem. G.*, **25**, 1562; *Bull. Soc. Chim.*, (3), **8**, 953].

Si, au lieu d'un chlorure d'acide, on emploie l'oxychlorure de carbone ou l'éther chloroxycarbonique, la réaction se passe de même, mais le produit qui prend naissance est, en même temps qu'un dérivé de la β diazine, une urée composée, l'*acétonylène-urée* [*loc. cit.*] :

[cycle : CO, AzH, AzH, CH², CH², CO]

4° Toutes les uréides et urées composées à chaîne fermée hexagonale peuvent être considérées comme des dérivés de la β diazine, ainsi que le montre l'exemple précédent. Nous ne le ferons pas cependant pour ceux qui, tels que l'alloxane

[cycle : CO, AzH, AzH, CO, CO, CO]

ne possèdent pas les propriétés générales qui caractérisent les chaînes fermées. Mais nous ferons remarquer que, ces propriétés que n'ont pas ces uréides, il suffit souvent de leur faire subir une faible transformation pour les leur donner. Ainsi, l'alloxane elle-même, traitée par le perchlorure de phosphore, devient la *tétrachloro-β diazine*,

[cycle : CCl, Az, Az, ClC, CCl, CCl]

qui, elle, est un véritable dérivé de la β diazine.

On doit donc s'attendre à trouver, au nombre des dérivés de cette base, un certain nombre de dérivés de ces urées ou uréides. Chaque fois que nous rencontrerons l'un d'entre eux dans lequel la fonction *urée* sera nettement prépondérante, comme pour l'alloxane, nous nous contenterons d'indiquer le nom qu'il porterait comme dérivé de la β diazine, et nous renverrons pour sa description à un autre article; au contraire, dans le cas où c'est la fonction chaîne fermée qui est dominante, nous décrirons l'urée ou l'uréide, comme dérivé de la β diazine. La même remarque s'appliquera naturellement aux dérivés de la sulfo-urée et de la guanidine.

On peut ranger ces dérivés de l'urée en trois catégories, suivant que les 2 azotes de l'urée sont unis à 2 groupes CH², comme dans l'acétonylène-urée, à un CH² et à un carbonyle, ou bien à deux carbonyles comme dans l'alloxane.

a. Nous avons déjà indiqué la préparation de l'acétonylène-urée, qui appartient à cette première catégorie. En traitant la triméthylène-diamine par le sulfure de carbone ou par le cyanate de potassium, on obtient d'autres composés de la même catégorie :

COAzH + [AzH², CH², CH², AzH², CH²] = AzH³ + [cycle : CO, AzH, AzH, CH², CH², CH²]

[A. Goldenring, *D. chem. G.*, **23**, 1168; *Bull. Soc. Chim.*, (3), **5**, 962].

Il est probable qu'il en serait de même avec toutes les γ diamines.

b. Nous n'avons pas rencontré de dérivés de la β diazine appartenant à la seconde catégorie.

c. A cette dernière classe appartiennent l'alloxane, l'acide barbiturique et leurs dérivés. Il n'y a jusqu'ici que l'alloxane qui ait été transformée en un dérivé de la β diazine.

5° Nous rencontrons encore des dérivés de l'urée qui doivent être considérés comme appartenant à la série de la β diazine. Ce sont les produits (uraciles) que l'on obtient en faisant réagir l'urée ou ses dérivés sur les acides β-cétoniques et sur les β dicétones :

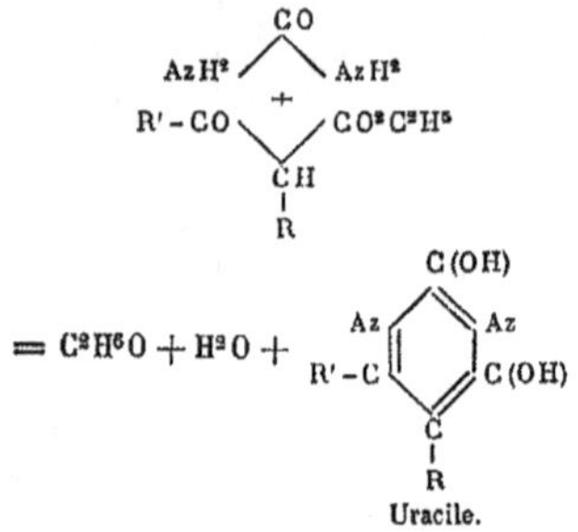

CO
AzH^2 / \ AzH^2
+
R' - CO \ / $CO^2C^2H^5$
CH
|
R

$= C^2H^6O + H^2O +$ C(OH) ; Az, Az ; R' - C, C(OH) ; C ; R

Uracile.

CO
AzH^2 / \ AzH^2
+
R'' - CO \ / CO - R
CH
|
R'

$= 2H^2O +$ C(OH) ; Az, Az ; R'' - C, C - R ; C ; R'

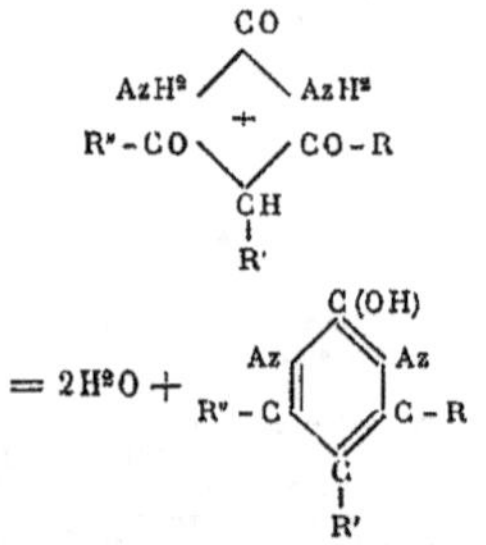

Le premier uracile, un thio-uracile, a été décrit, il y a assez longtemps, par MM. Nencki et Sieber [*J. prakt. Chem.*, (2), **25**, 72 ; *Bull. Soc. Chim.*, (2), **37**, 316] ; mais c'est M. R. Behrend [*Ann. Chem.*, **229**, 1 et **231**, 248 ; *Bull. Soc. Chim.*, (2), **46**, 360 ; *D. chem. G.*, **19**, 219 ; *Bull. Soc. Chem.*, (2) **46**, 645] qui en a établi la constitution et qui a généralisé leur mode de formation.

Quant aux produits de l'action de l'urée sur les β-dicétones, on n'en connaît qu'un seul, récemment décrit par MM. A. et C. Combes [*Bull. Soc. Chim.*, (3), **7**, 791].

NOMENCLATURE. — Pour donner des noms aux très nombreux dérivés de la β diazine que nous avons à décrire, il est nécessaire de désigner les sommets et de placer le noyau toujours de la même manière.

Nous placerons toujours l'un des atomes d'azote au sommet, le second atome d'azote devant être à gauche, dans la position β' :

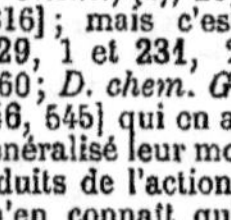

Az (γ)
CH (α') — (α) CH
Az (β') — (β) CH
CH (γ)

On choisira pour l'atome d'azote principal γ celui qui est directement relié à un oxhydryle ou à un groupe AzH^2 dans les oxy-β diazines et dans les amido-β diazines (cyanalkines). Dans le cas où ce critérium manquera, on placera la figure d'après les analogies de mode de formation du composé en question, et comme les corps dont il dérive.

Comme le nombre des dérivés de la β diazine est très grand, il est nécessaire d'indiquer en quelques mots l'ordre dans lequel ils seront décrits. Nous décrirons toujours ensemble les composés qui ont le même squelette de carbone, en commençant par ceux qui ont subi le moins de substitutions. Toutes les diazines isomériques seront ainsi décrites successivement, chacune suivie de ses produits de substitution.

Nous décrirons d'abord toutes les diazines à chaînes latérales grasses, en les groupant par nombre d'atomes de carbone croissant. Nous considérons le groupe *benzyle* comme un groupe gras, parce que la substitution aromatique est faite non pas dans le noyau, mais dans la chaîne latérale.

Toutes les phényldiazines seront classées à l'aide de leurs chaînes grasses ; elles passeront toutes avant la diphényldiazine.

Les polyphényldiazines seront décrites avant les diazines dans lesquelles le noyau aromatique est substitué, telles que les p-éthoxyphényldiazines.

Nous terminerons par les naphtyldiazines et les furyldiazines.

DÉRIVÉS DE LA β DIAZINE.

On ne connaît pas la β *diazine*, mais ses produits de substitution sont nombreux, ainsi que ceux de l'hexahydro-β diazine. Au nombre de ces derniers se trouvent :

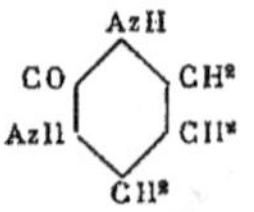

AzH ; CO, CH^2 ; AzH, CH^2 ; CH^2

Hexahydro-β diazine-α'one (triméthylène-urée).

AzH ; CO, CH^2 ; AzH, CO ; CH^2

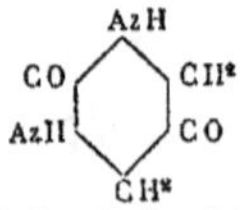

Hexahydro-β diazine-α'β dione (acétonylène-urée).

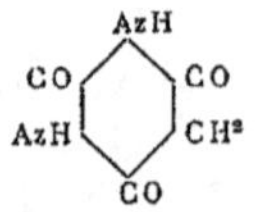

AzH ; CO, CO ; AzH, CH^2 ; CO

Hexahydro-β diazine-αα'γ trione (acide barbiturique).

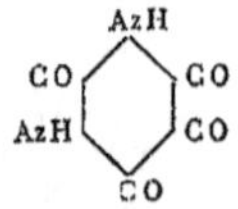

AzH ; CO, CO ; AzH, CO ; CO

Hexahydro-β diazine-tétrone (alloxane).

Les plus importants des dérivés immédiats de la β diazine sont les corps appelés *uraciles* par M. R. Behrend, qui les a découverts.

L'homologue supérieur de l'uracile, le *méthyl-uracile*, a été obtenu par M. Behrend en faisant réagir l'urée sur l'acétylacétate d'éthyle. Il se fait d'abord un produit de condensation partielle avec perte d'une molécule d'eau, l'*uramidocrotonate d'éthyle*,

$$CH^3 - C = CH - CO^2C^2H^5$$
$$AzH - CO - AzH^2$$

puis ce corps, qui est instable, perd à son tour une molécule d'alcool, en fournissant le méthyl-uracile :

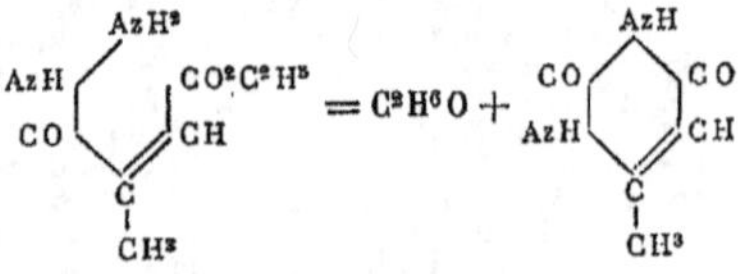

AzH^2 ; AzH, $CO^2C^2H^5$; CO, CH ; C ; CH^3 $= C^2H^6O +$ AzH ; CO, CO ; AzH, CH ; C ; CH^3

[R. Behrend, *D. chem. G.*, **19**, 219; *Bull. Soc. Chim.*, (2), **46**, 545; *Ann. Chem.*, **229**, 1; *Bull. Soc. Chim.*, (2), **46**, 360].

Certains auteurs admettent que le méthyluracile subit une légère transposition moléculaire au moment de sa formation et a en réalité pour constitution

```
            Az
   C(OH) /   \\ C(OH)
     Az  |    | CH
          \\ /
           C
           |
          CH³
```

ce qui en fait la γ*méthyl*-β*diazine*-$\alpha\alpha'$*diol*. Il n'y a aucune raison pour adopter cette constitution plutôt que l'autre; mais, afin de donner aux composés des noms qui indiquent leur constitution, nous sommes obligés de choisir, et nous choisirons la seconde manière de voir, parce qu'elle nous conduit à des noms beaucoup plus simples que ceux auxquels nous conduit la première.

En effet, avec celle-ci, le méthyluracile deviendrait la γ*méthyl*-$\alpha\alpha'\gamma\beta$ *tétrahydro*-β*diazine*-$\alpha\alpha'$*dione*.

Le méthyluracile devenant la γ*méthyl*-β*diazine*-$\alpha\alpha'$*diol*, l'uracile sera la β*diazine*-$\alpha\alpha'$*diol*. Ce corps n'est d'ailleurs connu que par ses produits de substitution.

βNitro-βdiazine-$\alpha\alpha'$diol (*nitro-uracile*),

```
             Az
   (OH) C /   \\ C(OH)
       Az |    | C-AzO²
           \\ /
            CH
```

— Ce composé prend naissance quand on chauffe à 170° le sel acide de potassium peu soluble de l'$\alpha\alpha'$*dioxy*-β*nitro*-β*diazine*-γ*carbonique* (*nitro-uracile-carbonique*). Cet acide est obtenu lui-même dans la nitration du méthyluracile (β nitro-γ méthyl-β diazine-$\alpha\alpha'$diol).

Le nitro-uracile forme des aiguilles jaunes, très peu solubles dans l'acide chlorhydrique et dans l'eau. Il détone par la chaleur. On peut également le préparer en chauffant avec de l'eau bouillante l'acide nitro-uracile-carbonique, ou le même acide sec à 150°.

Le *sel de potassium*, $C^4H^2Az^3O^4K$, H^2O, cristallise dans l'eau bouillante en aiguilles prismatiques à peine jaunâtres, insolubles dans l'eau froide.

Le *sel d'ammonium* se présente en prismes peu solubles.

Le *sel de calcium*, $(C^4H^2Az^3O^4)^2Ca$, $6H^2O$, forme de grandes lamelles; desséché, il est hygroscopique.

Le *sel de baryum*, $(C^4H^2Az^3O^4)^2Ba$, $5H^2O$, est en longues aiguilles soyeuses.

Le *sel de zinc*, $(C^4H^2Az^3O^4)^2Zn$, $3,5H^2O$, cristallise en lamelles brillantes.

Le *sel de cuivre*, $(C^4H^2Az^3O^4)^2Cu$, $7CuO$, forme de petites lamelles d'un vert émeraude [R. Behrend, *Ann. Chem.*, **240**, 1; *Bull. Soc. Chim.*, (2), **49**, 777].

Éthers de la nitro-β*diazine-diol*. — Les iodures alcooliques réagissent aisément sur le sel de potassium pour donner des éthers. Ces éthers renferment le radical alcoolique uni à l'azote; le potassium a pu occuper la même place : c'est là un des arguments de ceux qui soutiennent la formule du méthyluracile sans transposition des atomes d'hydrogène. Nous savons que cet argument n'est pas suffisant, puisqu'on n'est pas encore certain que l'éther acétylacétique, qui se comporte de même, ne soit pas un éther oxycrotonique.

Les dérivés monoalcoylés du nitro-uracile ont encore le caractère acide. Les dérivés dialcoylés ne l'ont plus. Ils ont pour constitution

```
            AzR
     CO  /     \  CO
  R'-Az  |     |  C-AzO²
          \\   /
            CH
```

L'*éther monométhylique*, préparé par l'action de l'iodure de méthyle sur le sel potassique à 140°, cristallise dans l'eau bouillante en longues aiguilles très réfringentes, fusibles à 255° et contenant une molécule d'eau de cristallisation. Cristallisé dans l'alcool, il est anhydre. Il est moins soluble dans l'éther, le benzène, l'iodure de méthyle que dans l'eau.

Son *sel de potassium* est en petites aiguilles qui se décomposent brusquement à 200°; le *sel d'argent* est en aiguilles microscopiques très peu solubles; le *sel de baryum*, en rhomboèdres très peu solubles.

L'*éther diméthylique*, $C^4H^3Az^3O^4(CH^3)^2$, H^2O, est obtenu par l'action de l'iodure de méthyle sur le sel argentique de l'éther monométhylique. Il cristallise dans l'eau en petites aiguilles efflorescentes, fusibles à 154°,5 et contenant 1 molécule d'eau de cristallisation.

L'*éther monoéthylique* forme de longues aiguilles soyeuses, contenant une molécule d'eau et fondant à 114°,5.

Son *sel potassique* est en petites aiguilles peu solubles, ainsi que le *sel argentique*.

Le *nitro-uracile éthylméthylique*, obtenu par l'action du bromure d'éthyle sur le *sel d'argent* du nitro-uracile méthylique, contient H^2O et fond à 109°; il est différent du nitro-uracile méthyléthylique obtenu à l'aide de l'iodure de méthyle et du sel argentique du nitro-uracile éthylique. Ce dernier contient également H^2O, mais fond à 73° [M. Lehmann, *Ann. Chem.*, **253**, 76; *Bull. Soc. Chim.*, (3), **3**, 705].

Action du brome. — Le nitro-uracile n'est pas attaqué par le brome à sec, même à la température du bain-marie; mais au contact de l'eau à 0° ce réactif le transforme en *nitrobromoxyuracile*, composé qui résulterait de la fixation d'une molécule d'acide hypobromeux sur le nitro-uracile :

```
            AzH
     CO  /     \  CO
    AzH  |     |  C < Br
          \   /       AzO²
           CHOH
```

Ce composé est une masse cristalline blanche, formée de prismes microscopiques. Soumis à l'ébullition avec l'eau, il se décompose en donnant une huile constituée par un mélange de dibromo- et de tribromonitrométhane et deux composés cristallins qui restent dans les eaux mères et dont l'un semble être le nitro-uracile.

Le second a pour formule $C^5H^7Az^5O^5$; il a la même composition qu'un produit d'addition de nitro-uracile et d'urée, et constitue en effet ce corps, comme l'expérience directe a permis de s'en convaincre.

La *nitro-uracilurée* n'est pas altérée par les acides; mais les alcalis et les carbonates alcalins déplacent l'urée, en formant des sels de nitro-uracile.

Le nitro-uracile, mélangé à chaud avec une solution de carbonate de guanidine, fournit également une combinaison cristallisée en aiguilles soyeuses, ayant pour composition

$$C^5H^8Az^6O^4, H^2O.$$

Le nitro-uracile ne se combine pas avec la sulfo-urée [R. Behrend, *Ann. Chem.*, **240**,1; *Bull. Soc. Chim.*, (2), **49**, 777].

Le nitro-uracile n'est pas attaqué par un mélange d'acides nitrique et sulfurique, même à l'ébullition. Le peroxyde de plomb et l'eau n'agissent sur lui que très lentement. Le permanganate de potassium le détruit entièrement.

Réduit par l'étain et l'acide chlorhydrique, le nitro-uracile se convertit en *amido-uracile*,

```
       AzH                         Az
  CO /    \ CO           (OH)C /    \ C(OH)
     |    |          ou        ||    |
 AzH \    // C-AzH²         Az \    // C-AzH²
       CH                         CH
```

La liqueur acide qui le contient laisse déposer, avant d'être traitée pour en extraire le composé amidé, une substance floconneuse, jaune, soluble dans la potasse et précipitable par les acides : c'est l'*oxy-uracile* (β*diazine-triol*),

```
       AzH                         Az
  CO /    \ CO           OH-C /    \\ C-OH
     |    |          ou       ||    |
 AzH \    // C-OH          Az \    // C-OH
       CH                        CH
```

Ce composé présente avec l'acide barbiturique

```
       AzH
  CO /    \ CO
     |    |
 AzH \    / CH²
       CO
```

une isomérie remarquable; aussi l'auteur le nomme-t-il également *acide isobarbiturique*.

Lorsqu'on traite la solution d'un sel d'amido-uracile par le cyanate de potassium, il se produit un précipité jaune-serin qui cristallise dans l'eau bouillante en aiguilles microscopiques ayant pour composition $C^5H^6Az^4O^3, \frac{3}{2}H^2O$:

```
       AzH
  CO /    \ CO
     |    |
 AzH \    // C-AzH
       CH       |
                CO
               /
           AzH²
```

Ce produit ne diffère que par une molécule d'eau en plus de la xanthine, comme composition et comme constitution, si l'on admet celle qu'en a donnée M. E. Fischer :

```
       AzH
  CO /    \ CO
     |    C
 AzH \    || \ AzH
   CH      \  / CH
        Az
```

C'est pourquoi l'auteur le nomme *hydroxyxanthine*. Nous l'appellerons *uréo-*β*diazine-diol* (le préfixe *uréo* indiquant la substitution de 1 atome d'hydrogène par un résidu monatomique d'urée).

L'hydroxyxanthine est soluble dans la potasse, mais l'acide carbonique l'en sépare de nouveau. Elle réduit le nitrate d'argent ammoniacal. Évaporée avec de l'eau de chlore, elle donne la coloration de la murexide. L'oxydation par le chlorate de potassium et l'acide chlorhydrique la convertit en alloxane.

On n'a pas pu convertir l'hydroxyxanthine en xanthine en lui enlevant de l'eau [R. Behrend, *Ann. Chem.*, **229**, 1 et **231**, 248; *Bull. Soc. Chim.*, (2), **46**, 363].

On n'a pas pu davantage la convertir en acide urique.

Les éthers du nitro-uracile, réduits par l'étain et l'acide chlorhydrique, se comportent comme lui-même.

Le *nitro-uracile méthylique* fournit de l'*acide isobarbiturique méthylé* et de l'*amido-uracile méthylé*. Le premier se sépare en aiguilles peu solubles, se colorant à l'air en rose; le second n'a pas été isolé, mais sa solution chlorhydrique donne, par l'action du cyanate de potassium, une poudre cristalline d'*hydroxyxanthine méthylée*, $C^6H^8Az^4O^3$, qui cristallise dans l'eau en petites aiguilles jaune-serin.

Le *nitro-uracile éthylique* réduit fournit de même un acide *isobarbiturique éthylé*, cristallisé dans l'eau en petits cristaux compacts, fondant à 250° et commençant à se décomposer à 230°. L'*hydroxyxanthine éthylée* cristallise en petites aiguilles très peu solubles dans l'eau [M. Lehmann, *Ann. Chem.*, **253**, 76; *Bull. Soc. Chim.*, (3), **3**, 705].

DIAZO-URACILE,

```
       AzH
  CO /    \ CO
     |    |
 AzH \    // C-Az
       CH      ||
              AzOH
```

— Ce composé se forme dans la décomposition de l'acide diazo-uracile-carbonique,

```
       AzH
  CO /    \ CO
     |    |
 AzH \    // C-Az
       C       ||
       |      AzOH
      CO²H
```

dont nous indiquerons plus loin la préparation. Si l'on introduit l'acide dans 15 ou 20 fois son poids d'alcool bouillant, il se produit un vif dégagement d'acide carbonique et il se sépare une poudre cristalline jaune qui constitue le diazo-uracile. Cristallisé avec 1 molécule d'alcool, ce composé perd son alcool à 100° et le résidu sec n'attire pas l'humidité de l'air. Traité par la potasse, il donne le *sel potassique du diazo-uracile* $C^4H^3KAz^4O^3$, cristallisé en fines aiguilles que l'acide chlorhydrique transforme en diazo-uracile, qui se sépare en petits cristaux d'un rouge rubis.

On obtient plus aisément le diazo-uracile en chauffant avec de l'eau les cristaux qui contiennent l'alcool de cristallisation.

Le diazo-uracile est converti par le chlorure stanneux en *hydrazine-uracile* $C^4H^6Az^4O^2$, dont le *chlorhydrate*, soluble dans l'eau, est précipité par l'acide chlorhydrique concentré en lamelles incolores et brillantes [R. Behrend et P. Ernst,

Ann. Chem., **258**, 347; *Bull. Soc. Chim.*, (3), **5**, 697].

TÉTRACHLORO-β DIAZINE (*tétrachloropyrimidine*). — Quand on chauffe à 120-130°, pendant 24 heures, un mélange d'alloxane bien desséchée, de perchlorure et d'oxychlorure de phosphore, il se fait dans les tubes une grande quantité d'acide chlorhydrique sec. Si l'on distille le produit de la réaction, il reste, après que l'oxychlorure de phosphore a passé, une huile brune qu'on lave soigneusement à l'eau et qu'on distille avec la vapeur d'eau. Il passe une huile incolore, d'odeur camphrée pénétrante, qui cristallise dans le récipient. Après une cristallisation dans l'alcool, on obtient des lamelles nacrées, fondant à 67-68° et qui constituent la tétrachloro-β diazine :

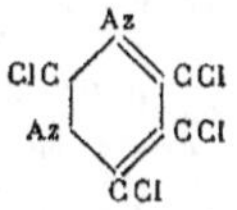

Az
ClC CCl
Az CCl
CCl

On n'a pas fait de tentative pour réduire ce corps [G. Ciamician et P. Magnaghi, *D. chem. G.*, **18**, 3444; *Bull. Soc. Chim.*, (2), **46**, 516].

HEXAHYDRO-β DIAZINE-α ONE (*triméthylène-urée*). — On chauffe pendant 6 heures à 180° un mélange en proportions moléculaires de triméthylène-diamine sèche et de carbonate d'éthyle. Le nouveau corps se dépose en fines aiguilles blanches, fusibles à 260°, très solubles dans l'eau, peu solubles dans l'alcool, insolubles dans l'éther; il distille sans décomposition. Sa solution est neutre et n'est précipitée ni par l'acide nitrique, ni par l'acide oxalique [E. Fischer et H. Koch, *Ann. Chem.*, **232**, 222; *Bull. Soc. Chim.*, (2), **47**, 195].

Chauffée pendant quelque temps dans un appareil à reflux avec un mélange de dichromate de potassium et d'acide sulfurique, la triméthylène-urée donne de fines lamelles fusibles vers 275° et paraissant avoir pour formule $C^4H^4Az^2O^2$ [*loc. cit.*].

γ PHÉNYL-HEXAHYDRO-β DIAZINE-α ONE (*phényltriméthylène-urée*). — Ce corps prend naissance quand on chauffe l'anilidopropylurée à 240° au bain d'acide sulfurique; il se dégage en même temps de l'ammoniaque :

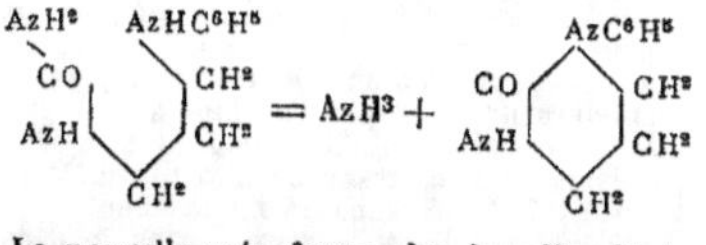

AzH² AzHC⁶H⁵ / CO CH² / AzH CH² / CH² $= AzH^3 +$ AzC⁶H⁵ / CO CH² / AzH CH² / CH²

La nouvelle urée forme des lamelles légèrement jaunâtres, fondant à 213-215°.

HEXAHYDRO-β DIAZINE-α THIONE (*triméthylène-sulfo-urée*). — Le sulfure de carbone réagit sur la triméthylène-diamine en donnant un produit d'addition. Ce dernier, chauffé à l'ébullition de sa solution aqueuse, est ensuite distillé dans la vapeur d'eau, tant qu'il passe de l'hydrogène sulfuré. La solution restée dans le ballon abandonne par refroidissement de beaux prismes incolores, fusibles à 215°, et qui constituent la triméthylène-sulfo-urée [A. Goldenring, *D. chem. G.*, **23**, 1168; *Bull. Soc. Chim.*, (3), **5**, 961].

HEXAHYDRO-β DIAZINE-αβ' DIONE (*acétonylène-urée*). — L'éther chloroxycarbonique réagit sur la diamidoacétone pour donner l'acétonylène-urée. Cette substance se dépose de sa solution dans l'alcool bouillant, sous la forme de houppes brillantes [L. Rügheimer et E. Mischel, *D. chem. G.*, **25**, 1562; *Bull. Soc. Chim.*, (3), **8**, 953].

HEXAHYDRO-β DIAZINE-αα'γ TRIONE. — Voyez ACIDE BARBITURIQUE.

HEXAHYDRO-β DIAZINE-TÉTRONE. — Voyez ALLOXANE.

γ MÉTHYL-β DIAZINE-α OL (*méthyloxypyrimidine*),

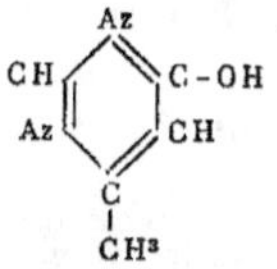

Az
CH C-OH
Az CH
C
CH³

— Cette substance, qui serait le dérivé le plus simple de la γ méthyl-β diazine, devrait prendre naissance quand on fait réagir la formamidine sur l'éther acétylacétique, selon la méthode générale indiquée par M. Pinner. Dans ce cas particulier la réaction n'a pas lieu; la soude, le carbonate de sodium ou l'acétate de sodium, que l'on ajoute au mélange de chlorhydrate d'amidine et d'éther pour mettre l'amidine en liberté, décomposent cette dernière en gaz ammoniac et acide cyanhydrique (A. Pinner, *D. chem. G.*, **18**, 2846; *Bull. Soc. Chim.*, (2), **45**, 852].

γ MÉTHYL-β DIAZINE-αα' DIOL (*méthyluracile*),

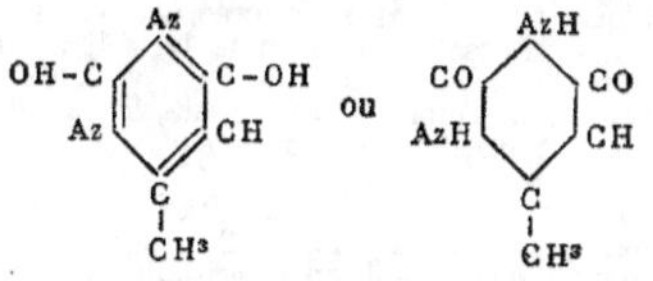

Az / OH-C C-OH / Az CH / C / CH³ ou AzH / CO CO / AzH CH / C / CH³

— Ce composé est le dérivé de beaucoup le plus important de la série de la β-diazine. Il a été obtenu par M. R. Behrend, en faisant réagir l'urée sur l'acétylacétate d'éthyle, et lui a servi de matière première pour l'obtention d'une foule de dérivés, et en particulier de ceux du nitro-uracile que nous venons de décrire.

M. Behrend espérait, en partant de ce corps, arriver à la synthèse des principaux termes de la série urique, l'acide urique et la xanthine. D'après les travaux de M. Fischer, ces deux substances ont respectivement pour constitution :

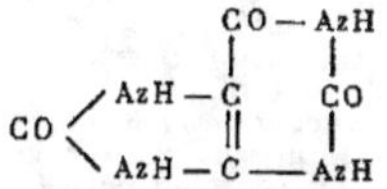

CO — AzH / CO < AzH — C, CO / AzH — C — AzH

Acide urique.

et

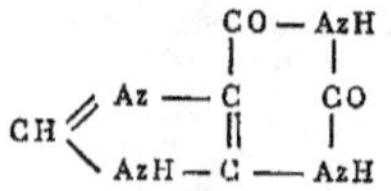

CO — AzH / CH ≪ Az — C, CO / AzH — C — AzH

Xanthine.

ou ... ou bien

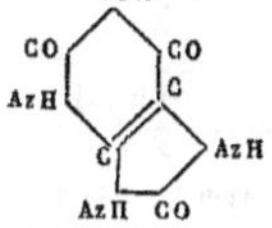

Acide urique. Xanthine.

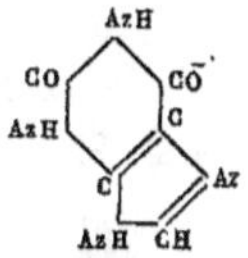

Si l'on compare ces deux formules à celles du méthyluracile et de l'amido-uracile,

AzH
CO CO
AzH CH
C
CH^3

AzH
CO CO
AzH C
CH AzH^2

on s'apercevra que la chaîne principale est la même dans les deux cas, et qu'il ne reste à reproduire que la chaîne latérale.

M. Behrend n'a pas atteint complètement son but, mais il a obtenu des composés donnant les réactions colorées de la série uroxanthique, et fournissant les mêmes produits d'oxydation. Il a pu, en effet, obtenir au moyen de ses produits l'alloxane et l'acide barbiturique.

Si l'on abandonne à froid, pendant plusieurs jours, un mélange en proportions moléculaires d'urée et d'éther acétylacétique en solution dans l'alcool, il se fait, avec élimination d'une molécule d'eau, du β *uramidocrotonate d'éthyle*[1]. Ce composé est en aiguilles soyeuses, fondant à 165-166°, solubles dans l'éther et dans l'alcool chaud. Il est très instable vis-à-vis de l'acide chlorhydrique, qui le dédouble aussitôt en acide carbonique, acétone, alcool et urée. Au contraire, la soude concentrée et chaude lui fait subir une nouvelle condensation interne. Tout se passe comme si l'éther était saponifié, le nouvel acide perdant aussitôt une molécule d'eau.

Par refroidissement, il se dépose un *sel de sodium* peu soluble dans l'eau, qui forme des agrégations sphériques de fines aiguilles renfermant 1 molécule d'eau de cristallisation, qu'elles perdent au-dessus de 100°. Ce sel, qui a pour formule $C^5H^7Az^2O^3Na$, est le *sel de sodium du méthyluracile*. Les acides et même l'acide carbonique le décomposent, en donnant le méthyluracile.

La méthyl-β diazine-diol (méthyluracile) est peu soluble dans l'eau froide et dans l'alcool, presque insoluble dans l'éther. Ce corps cristallise, par refroidissement de sa solution dans l'alcool, en petites aiguilles, qui se décomposent à 270-280° sans avoir fondu.

Il se dissout dans la soude en régénérant le *sel de sodium* primitif; le *sel ammoniacal* perd son ammoniaque à l'air [R. Behrend, *D. chem. G.*, **16**, 3027; **17**, 2846; *Bull. Soc. Chim.*, (2), **42**, 586; **44**, 467; *Ann. Chem.*, **229**, 1; *Bull. Soc. Chim.*, (2), **46**, 360].

Méthyluraciles alcoylés. — Les iodures alcooliques ne réagissent pas sur le méthyluracile, mais bien sur son sel monopotassique, en fournissant un mélange de méthyluraciles mono- et di-alcoylés.

Dans le cas de l'iodure de méthyle, le premier se forme suivant la réaction

AzK
CO CO
AzH CH
C
CH^3

$+ CH^3I = KI +$

$AzCH^3$
CO CO
AzH CH
C
CH^3

Une partie de ce nouveau dérivé déplace l'alcali du sel potassique du méthyluracile, et réagit sur une nouvelle partie d'iodure de méthyle en fournissant le méthyluracile diméthylé,

$AzCH^3$
CO CO
CH^3Az CH
C
CH^3

Le *méthyluracile monométhylé*,

$$C^5H^5(CH^3)Az^2O^2,$$

est insoluble dans l'éther, mais soluble dans l'alcool bouillant, d'où il se dépose en lamelles incolores, solubles dans l'eau et fusibles à 219°.

Le *méthyluracile diméthylé*,

$$C^5H^4(CH^3)^2Az^2O^2,$$

est soluble dans l'eau, insoluble dans l'éther; on peut le faire cristalliser dans l'alcool ou dans le chloroforme bouillant, qui l'abandonnent sous la forme de lamelles rhombiques incolores, fondant à 109°.

Le *méthyluracile monoéthylé*,

$$C^5H^5(C^2H^5)Az^2O^2,$$

a été obtenu en chauffant à 150°, en tube scellé, le méthyluracile avec 3 molécules de bromure d'éthyle. Il forme des aiguilles groupées en barbes de plume, insolubles dans l'éther, peu solubles dans l'eau et dans l'alcool froids, fusibles à 195°. Il est soluble dans la potasse froide, qui le décompose à chaud. Sa solution potassique froide donne, avec le nitrate d'argent, un précipité cristallin du *dérivé argentique*

$$C^5H^4(C^2H^5)Az^2O^2Ag.$$

Les eaux mères alcooliques du méthyluracile monoéthylé abandonnent une huile où se déposent des cristaux de *méthyluracile diéthylé*. Ce composé est soluble dans l'eau, l'éther, le chloroforme, peu soluble dans l'éther de pétrole. Il forme des tables rhombiques brillantes, fondant à 52-53° [R. Behrend, *Ann. Chem.*, **229**, 1; **231**, 248; **253**, 65; *Bull. Soc. Chim.*, (2), **46**, 360, (3), **3**, 703. — J. Hofmann, *Ann. Chem.*, **253**, 68; *Bull. Soc. Chim.*, (3), **3**, 704].

Action des halogènes. — Le *dichloro-oxyméthyluracile*, $C^5H^6Cl^2Az^2O^3$, se produit lorsqu'on fait passer un courant de chlore à travers le méthyluracile en suspension dans 4 ou 5 parties d'eau. Il est assez soluble dans l'eau et cristallise par évaporation en grandes tables dissymétriques; l'eau à 150° le décompose complètement.

L'alcool bouillant le dissout sans le décomposer; mais, sous pression, à 140-150°, il le réduit en lui enlevant les éléments de l'acide hypochloreux, et le transforme en *chlorométhyluracile*. Cette réduction s'effectue plus aisément à l'aide du chlorure stanneux à la température du bain-marie.

Le *chlorométhyluracile* est peu soluble dans l'eau, d'où il se dépose par refroidissement en aiguilles réfringentes, peu solubles dans l'alcool, presque insolubles dans l'éther.

Le dichlorométhyluracile, introduit dans l'acide azotique fumant chaud, se transforme en un mélange d'acide dichlorobarbiturique et d'acide barbiturique.

L'*acide dichlorobarbiturique* cristallise en prismes ou en tables orthorhombiques; il est isomorphe avec l'acide *dibromobarbiturique* décrit par M. A. Baeyer [R. Behrend, *Ann. Chem.*, **236**, 57; *Bull. Soc. Chim.*, (2), **47**, 591].

1. Le méthylacétylacétate d'éthyle et le diméthylacétylacétate d'éthyle ne réagissent pas sur l'urée.

Le brome sec, dissous dans le sulfure de carbone également sec, transforme le méthyluracile en un *dérivé monobromé*. Ce dernier est peu soluble dans l'eau, l'alcool et l'éther. Il cristallise en prismes microscopiques qui se décomposent à 240° sans fondre.

Si l'on traite le méthyluracile ou son dérivé bromé par le brome en présence de l'eau, on obtient un corps résultant de la fixation des éléments de l'acide hypobromeux, le *dibromoxyméthyluracile*,

AzH — CO, CO — AzH, CBr² — C-OH — CH³

qui cristallise en petits cristaux cubiques, très peu solubles dans les divers dissolvants, et se décompose à 230° sans avoir fondu. Les alcalis lui enlèvent tout son brome, et il se forme un nouvel acide qui n'a pas été déterminé [R. Behrend, *Ann. Chem.*, **229**, 1; *Bull. Soc. Chim.*, (2), **46**, 361].

Le *bromométhyluracile* se produit aisément par l'action de l'alcool bouillant sur le dibromoxyméthyluracile, aux dépens duquel il s'oxyde en lui enlevant BrOH. Le dibromoxyméthyluracile, introduit dans de l'acide azotique fumant et refroidi, se convertit en un acide dibromobarbiturique, identique avec celui décrit par M. A. Baeyer. Le point de fusion seul a été trouvé différent, 158° au lieu de 148° [R. Behrend, *Ann. Chem.*, **236**, 57; *Bull. Soc. Chim.*, (2), **47**, 591].

Lorsqu'on ajoute à une solution potassique de méthyluracile de l'iode, puis un acide, il se précipite des aiguilles d'un jaune d'or, ayant pour composition $C^{10}H^{12}I^2Az^4O^5$, et se décomposant à 180°.

β Amido-γ méthyl-β diazine-αα' diol (*amidométhyluracile*). — On obtient cette base par l'action de l'ammoniaque aqueuse à 150° sur le bromométhyluracile. Elle cristallise dans l'eau chaude en lamelles nacrées se décomposant à 250° sans fondre et renfermant 1 molécule d'eau qui se dégage à 100°.

Son *chlorhydrate*,

$$C^5H^5(AzH^2)Az^2O^2 \cdot HCl, H^2O,$$

est assez soluble dans l'eau; il cristallise en tables ou en prismes clinorhombiques.

Le *chloroplatinate*,

$$[C^5H^5(AzH^2)Az^2O^2 \cdot HCl]^2PtCl^4, 2H^2O,$$

se dépose en aiguilles d'un jaune clair par addition d'alcool éthéré à sa solution aqueuse.

Si on ajoute la quantité correspondante de cyanate de potassium à la solution de chlorhydrate, il se forme un dépôt de lamelles brillantes, qu'on purifie par cristallisation dans l'eau bouillante et qui constituent le dérivé suivant.

β *Uréo-γ méthyl-β diazine-αα' diol* (*méthylhydroxyxanthine*),

AzH — CO, CO — AzH, C — CH³-C — Az — AzH² — CO

— Ce corps est en aiguilles peu solubles dans l'eau froide, insolubles dans l'alcool; il ne diffère de la méthylxanthine que par 1 molécule d'eau en plus.

L'anhydride acétique, à 160-170°, le transforme en un *dérivé acétylé de l'amidométhyluracile*, décomposable sans fondre à 200-220° [R. Behrend, *Ann. Chem.*, **231**, 248; *Bull. Soc. Chim.*, (2), **46**, 364].

Diazo-isonitrosométhyluracile,

AzH — CO, CO — AzH, C — Az = AzOH — C — CH = AzOH

— Lorsqu'on fait agir 2 molécules d'azotite de sodium sur 1 molécule d'amidométhyluracile en solution chlorhydrique, on obtient un précipité cristallin incolore (prismes hexagonaux avec pointements), qui constituent le *diazo-isonitrosométhyluracile*, formé suivant l'équation

AzH — CO, CO — AzH, C — AzH² + AzO²H — C — CH³ + AzO²H

= 2 H²O + AzH — CO, CO — AzH, C — Az = AzOH — C — CH = AzOH

Il n'est pas nécessaire d'isoler l'amidométhyluracile; on peut partir du bromométhyluracile: On chauffe à 150° 200 grammes de celui-ci avec 35 centimètres cubes d'ammoniaque à 25 0/0, on évapore le contenu du tube au bain-marie et on épuise le résidu par l'acide chlorhydrique étendu; on étend la solution à 1/2 litre et on la traite par le nitrite de sodium, en refroidissant. Le composé diazoïque se précipite; il cristallise dans l'eau bouillante en petites aiguilles très réfringentes. Hydraté à 100°, il perd 1 molécule d'eau à 130°, mais il la reprend rapidement à l'air. Il détone violemment par la chaleur. Il est peu soluble dans l'alcool, qui ne le décompose qu'à l'ébullition. Il est soluble dans la soude et dans l'ammoniaque, d'où l'acide chlorhydrique froid le précipite sans altération. Sa grande stabilité le distingue des autres composés diazoïques libres; néanmoins une ébullition prolongée avec l'eau le décompose complètement.

L'action du chlorure cuivreux fournit un précipité cristallin de composition assez variable, paraissant indiquer un mélange de $C^6H^5Az^3O^4$ et $C^6H^4ClAz^3O^3$

Nitro-diazo-isonitrosométhyluracile,

$$C^5H^4Az^5O^4(AzO^2).$$

— On l'obtient en nitrant le précédent à l'aide de l'acide nitrique fumant. Il forme de petites aiguilles peu solubles dans l'eau. L'eau le décompose bien avant l'ébullition, avec dégagement de gaz; par refroidissement, il se dépose en aiguilles microscopiques formant des amas sphéroïdaux, solubles dans la soude avec une couleur jaune, et ayant comme composition $C^3H^2Az^3O^2, H^2O$. Cette eau se dégage à 125°.

Isoxanthine, $C^5H^4Az^4O^2$. — Digéré à froid avec une solution chlorhydrique de 3 fois son poids de chlorure stanneux, le diazo-isonitrosométhyluracile se transforme au bout de 24 heures en un précipité amorphe blanc, peu soluble dans l'eau bouillante, d'où il cristallise en aiguilles feutrées. Pour purifier ce composé, on le dissout dans l'acide azotique fumant et froid qui est sans action sur lui, puis on précipite par l'eau. Il a pour composition $C^5H^4Az^4O^2, 0,5H^2O$; cette eau est éliminée aisément à 110-120°. La réaction est représentée par l'équation

$$C^5H^5Az^5O^4 + 2H^2$$
$$= C^5H^4Az^4O^2 + AzH^3O + H^2O.$$

La présence de l'hydroxylamine a été nettement constatée.

L'isoxanthine présente des caractères communs avec la *pseudoxanthine* de MM. Schultzen et Filehne [*D. chem. G.*, **1**. 153 ; *Bull. Soc. Chim.*, (2), **11**, 497] ; mais celle-ci n'a été obtenue qu'amorphe.

L'action du brome sur l'isoxanthine fournit un *dérivé bromé*, $C^5H^3BrAz^4O^2, H^2O$, devenant anhydre à 150°, et cristallisant dans l'eau bouillante en petites tables hexagonales jaunâtres.

La constitution du diazo-isonitrosométhyluracile a conduit l'auteur à assigner à l'isoxanthine la formule (I)

(I)

AzH
CO CO
C
AzH AzH
C Az
CH

(II)

AzH
CO CO
C
AzH
C Az
AzH CH

Si on la compare à celle de la xanthine indiquée par M. Fischer (II), on constatera que, des deux noyaux dont chacune d'elles est formée, les deux noyaux hexagonaux sont identiques l'un à l'autre, tandis que les deux autres sont isomériques par position. La xanthine est un dérivé du β pyrazol ou glyoxaline[1], tandis que l'isoxanthine est un dérivé de l'α pyrazol [R. Behrend, *Ann. Chem.*, **245**, 213 ; *Bull. Soc. Chim.*, (3), **2**, 33].

Action du perchlorure de phosphore. — En chauffant à 120°, en tube scellé, un mélange de méthyluracile et de perchlorure de phosphore dissous dans l'oxychlorure, on obtient l'*αα'β tri-chloro-γ méthyl-β diazine* :

Az
ClC CCl
Az CCl
C
|
CH^3

1. Elle est l'anhydride interne de l'acide *α uréoglyoxaline-β carbonique*,

AzH^2
CO CO^2H
C
AzH
C Az
AzH CH

On isole ce produit en chassant l'oxychlorure de phosphore par la distillation et distillant le résidu dans la vapeur d'eau. C'est une huile douée d'une odeur persistante très désagréable, d'une densité de 1,6273 ; elle bout à 245-247° en se décomposant. Elle est insoluble dans l'eau, soluble dans l'alcool et dans l'éther, insoluble dans la potasse et dans l'acide chlorhydrique concentrés ; elle se dissout dans l'acide sulfurique et se précipite inaltérée quand on étend d'eau la solution.

Les agents hydrogénants sont sans action sur ce corps. L'éthylate de sodium y remplace une partie du chlore par de l'oxéthyle [R. Behrend, *Ann. Chem.*, **229**, 1 ; *Bull. Soc. Chim.*, (2), **46**, 361].

Action de l'acide nitrique fumant. — Cet acide agit sur le méthyluracile de manières différentes suivant les conditions dans lesquelles on opère.

Si l'on fait d'avance un mélange de volumes égaux d'acide sulfurique concentré et d'acide nitrique fumant et que dans ce mélange refroidi on introduise le méthyluracile, on obtient le *nitro-méthyluracile*,

AzH
CO CO
AzH C-AzO^2
C
|
CH^3

qu'on précipite par l'eau et qu'on fait cristalliser dans l'eau bouillante.

Si l'on fait la même préparation à la température de 80°, il se dégage des gaz pendant la dissolution du méthyluracile et il se dépose par refroidissement de l'*acide nitro-uracile-carbonique*,

AzH
CO CO
AzH C-AzO^2
C
|
CO^2H

[R. Behrend, *Ann. Chem.*, **240**, 1 ; *Bull. Soc. Chim.*, (2), **49**, 777].

En dissolvant le méthyluracile dans l'acide fumant (d = 1,5), ou dans un mélange à volumes égaux de cet acide et d'acide fumant rouge, abandonnant le tout au froid pendant une journée et chauffant ensuite doucement jusqu'à ce que la solution soit devenue d'un jaune clair, on obtient un mélange d'*acide nitro-uracile-carbonique* et d'un nouveau produit $C^5H^2Az^4O^5$. Si l'on étend d'eau, ce composé, qui y est insoluble, se dépose ; l'acide nitro-uracile-carbonique reste en solution.

Le composé $C^5H^2Az^4O^5$ cristallise dans l'eau bouillante en longues aiguilles blanches, qui brunissent à 210° et détonent à une température plus élevée.

On obtient ce corps avec un meilleur rendement en chauffant immédiatement le méthyluracile avec de l'acide nitrique fumant, au lieu d'abandonner au préalable le mélange au froid pendant 24 heures.

Ce composé est soluble dans les acides chlorhydrique et sulfurique concentrés et s'en sépare sans altération par refroidissement ou par dilution.

Son *sel de potassium*, $C^5HAz^4O^5K, H^2O$, se dépose en aiguilles rouges.

Le *sel d'ammonium*, $C^5HAz^4O^5 . AzH^4, H^2O$,

forme des aiguilles brillantes jaunes, détonant à 110°.

Le *sel de baryum*, $(C^5HAz^4O^5)^2Ba, 4H^2O$, se précipite en aiguilles rayonnées, jaunes, peu solubles dans l'alcool, d'où il cristallise en prismes; il est très explosif.

Réduit par l'étain et l'acide chlorhydrique, le corps $C^5H^3Az^4O^5$ se convertit en un *dérivé amidé*, cristallisable en petites aiguilles jaunes, peu solubles dans l'eau, solubles dans l'acide chlorhydrique concentré, mais s'en séparant par addition d'eau. Ce corps renferme

$$C^5H^4Az^4O^3, H^2O.$$

Il perd cette molécule d'eau à 120° [R. Behrend, *Ann. Chem.*, **229**, 1; *Bull. Soc. Chim.*, (2), **46**, 360. — A. Kœhler, *Ann. Chem.*, **236**, 32; *Bull. Soc. Chim.*, (2), **47**, 589].

ACIDE β NITRO-β DIAZINE-αα' OL-γ MÉTHYLOÏQUE (*nitro-uracile-carbonique*). — Cet acide, dont nous venons de décrire la préparation, est très soluble dans l'eau et dans l'alcool. La solution, évaporée dans le vide, abandonne l'acide nitro-uracile-carbonique, sous la forme de cristaux prismatiques orthorhombiques, renfermant 2 molécules d'eau de cristallisation.

Si l'on fait bouillir cette solution, elle se décompose en acide carbonique et *nitro-uracile*, que nous avons déjà décrit.

L'acide nitro-uracile-carbonique se décompose à 230° sans fondre; à 150°, il commence à perdre de l'acide carbonique. C'est un acide bibasique assez énergique, dont le *sel monopotassique* est peu soluble. Il cristallise en prismes aplatis, microscopiques, groupés en amas sphéroïdaux. La solution de ce sel précipite la plupart des solutions métalliques. Neutralisée par l'ammoniaque et additionnée à chaud de chlorure de baryum, elle fournit, par refroidissement, le *sel barytique neutre* $C^5H^3Az^3O^7Ba, 0,5H^2O$, qui cristallise en petits prismes d'un jaune serin.

Le *sel d'argent* est un précipité amorphe, aune, détonant sur la lame de platine.

Le *sel de plomb*, $C^5H^3Az^3O^7Pb, 0,5H^2O$, se précipite en petites aiguilles.

L'*éther éthylique*, $C^5H^2Az^3O^6(C^2H^5)$, obtenu par éthérification au moyen de l'acide chlorhydrique, cristallise en prismes clinorhombiques peu solubles dans l'eau et dans l'alcool, fusibles à 250° en se décomposant. L'ammoniaque le décompose aisément, en donnant le *sel d'ammonium*, cristallisable en aiguilles feutrées.

ACIDE β AMIDO-β DIAZINE-αα' DIOL-γ MÉTHYLOÏQUE (*amido-uracile-carbonique*). — On prépare cet acide par réduction de l'acide nitré au moyen de l'étain et de l'acide chlorhydrique. On obtient le meilleur résultat en traitant une solution aqueuse bouillante de nitro-uracile-carbonate de potassium par un excès de chlorure stanneux en solution alcaline; la réduction terminée, on filtre et on précipite par l'acide chlorhydrique.

Chauffé avec du cyanate de potassium, soit en solution aqueuse, soit en présence d'alcool à 180-200°, l'acide amido-uracile-carbonique se convertit simplement en son *sel de potassium*, $C^5H^4Az^3O^4K, H^2O$. Ce sel perd à 170° son eau de cristallisation [R. Behrend, *Ann. Chem.*, **240**, 1; *Bull. Soc. Chim.*, (2), **49**, 778] et forme des aiguilles jaunes.

Le *sel de baryum*, $(C^5H^4Az^3O^4)^2Ba, 1,5H^2O$, est un précipité amorphe.

Le *sel d'argent* est un précipité cristallin gris.

Le *sel de plomb* se dépose en petites aiguilles blanches très peu solubles.

Si l'on réduit à chaud le nitro-uracile-carbonate d'éthyle, il se fait presque exclusivement l'*éther éthylique de l'acide oxy-uracile-carbonique* (β *diazine-αα'* β *triol-γ méthyloate d'éthyle*. Il cristallise dans l'eau bouillante en aiguilles, qui fondent à 260° en se décomposant [A. Kœhler, *Ann. Chem.*, **236**, 32; *Bull. Soc. Chim.*, (2), **47**, 589].

ACIDE DIAZO-URACILE-MÉTHYLOÏQUE,

```
          AzH
     CO /    \ CO
   AzH \     // C — Az
          C        ‖
          |       AzOH
         CO²H
```

— On fait digérer l'acide amido-uracile-carbonique avec la quantité équivalente de nitrite de sodium et assez d'eau pour dissoudre le produit. On neutralise ensuite la solution par l'acide chlorhydrique en refroidissant à 0°. Le dérivé azoïque se sépare en petites aiguilles d'un jaune clair, renfermant de l'eau de cristallisation qu'elles ne perdent qu'en abandonnant en même temps de l'acide carbonique. Une fois desséché à 50°, le produit présente la composition du *diazo-uracile*.

L'acide diazo-uracile-carbonique encore humide, réduit par le chlorure stanneux à 0°, se transforme en *acide hydrazine-uracile-carbonique*,

```
          AzH
     CO /    \ CO
   AzH \     // C
          C        \
          |         AzH
         CO²H       |
                   AzH²
```

qu'on fait cristalliser dans l'acide chlorhydrique à 8 0/0.

L'alcool dédouble nettement à chaud l'acide diazo-uracile-carbonique en acide carbonique et diazo-uracile qui cristallise avec 1 molécule d'alcool [R. Behrend et P. Ernert, *Ann. Chem.*, **258**, 347; *Bull. Soc. Chim.*, (3), **5**, 697].

ACIDE BROMO-URACILE-MÉTHYLOÏQUE,

```
          AzH
     CO /    \ CO
   AzH \     // CBr
          C
          |
         CO²H
```

— On dissout le bromométhyluracile dans l'acide nitrique fumant; il suffit d'évaporer cette solution au bain-marie pour obtenir une masse cristalline d'où l'on peut extraire, par cristallisation dans l'eau bouillante, le nouvel acide en lamelles solubles dans l'alcool, se décomposant au-dessus de 170° [R. Behrend, *Ann. Chem.*, **240**, 1; *Bull. Soc. Chim.*, (2), **49**, 779].

γ MÉTHYL-β DIAZINE-α' THIOL-α OL (*thiométhyluracile*),

```
          Az                        AzH
 SH-C //    \ C-OH          CS /    \ CO
   Az \     // CH     ou   AzH \    // CH
          C                        C
          |                        |
         CH³                      CH³
```

— La sulfo-urée se comporte vis-à-vis de l'éther acétylacétique comme le fait l'urée. Il se fait d'abord un produit de condensation instable, sans doute l'*éther thio-uramidocrotonique*, qui, sous l'influence de la potasse alcoolique, se transforme dans le *sel potassique du thiométhyluracile* :

```
       AzH²                           AzH
CS ⁄      \ CO²C²H⁵           CS ⁄     \ CO
 |          |      = C²H⁶O +    |        |
AzH \     // CH              AzH \     // CH
        C                            C
        |                            |
       CH³                          CH³
```

Le sel potassique décomposé par l'acide chlorhydrique fournit le *thiométhyluracile* libre. Ce dernier est presque insoluble dans l'éther, l'alcool et l'eau froide et peu soluble dans l'eau bouillante, d'où il se sépare en lamelles dentelées qui se décomposent sans fondre à 280°.

Le *sel d'argent*, $C^5H^4Az^2SOAg^2$, est un précipité amorphe, à peu près insoluble dans l'ammoniaque et dans l'acide azotique faible.

Le *sel de cuivre*, $C^5H^4Az^2SOCu$, est un précipité floconneux jaune.

Le *sel de mercure* se précipite en aiguilles nacrées anhydres.

Le *sel de plomb* est cristallin.

Le *sel acide de potassium*,

$$C^5H^5Az^2SOK, 1,5H^2O,$$

forme de petites aiguilles très peu solubles dans l'eau.

Le *sel de sodium* est soluble dans l'alcool, d'où il se sépare en prismes volumineux renfermant $2H^2O$.

Les *sels alcalins* attirent l'acide carbonique de l'air et précipitent les sels métalliques. Les iodures alcooliques réagissent facilement sur eux pour donner les éthers correspondants.

L'*éther méthylique*, $C^5H^5Az^2SO(CH^3)$, cristallise dans l'alcool en lamelles prismatiques et dans l'eau en longues aiguilles feutrées; il fond à 219-220° et se sublime déjà à 120° avec une odeur désagréable. Il fournit des sels alcalins qui ne précipitent pas les solutions métalliques, sauf celles d'argent.

Le *sel d'argent* est cristallin.

La potasse concentrée et bouillante ne saponifie pas cet éther, tandis qu'il est saponifié par l'acide chlorhydrique à 190°. Il se fait en même temps du mercaptan méthylique, ce qui semble indiquer que le groupe méthyle est lié non pas à l'azote, mais au soufre.

L'*éther éthylique*, $C^5H^5Az^2SO(C^2H^5)$, cristallise en petites tables qui fondent à 144-145°.

L'éther monochloracétique transforme le sel de sodium du thiométhyluracile en *thiométhyluracilacétate d'éthyle*, fusible à 142-143°; l'acide correspondant fond à 203° en se décomposant. On n'a pas déterminé si, dans cet acide, le groupement acétique tient à l'atome de soufre ou à un atome d'azote.

Le thiométhyluracile, oxydé par l'acide nitrique fumant, se transforme en alloxane. Le brome et la chaux, en présence de l'eau, le désulfurent et donnent les mêmes produits qu'avec le méthyluracile, à savoir le dibromoxyméthyluracile et le dichloroxyméthyluracile.

L'oxyde d'argent et l'oxyde de mercure sont sans action sur le thiométhyluracile, mais l'oxyde de plomb en solution alcaline le désulfure complètement [M. Nencki et N. Sieber, *J. prakt. Chem.*, (2), **25**, 72; *Bull. Soc. Chim.*, (2), **37**, 316. — Behrend. *Ann. Chem.*, **229**, 1; *Bull. Soc. Chim.*, (2), **46**, 361. — R. List, *Ann. Chem.*, **236**, 1; *Bull. Soc. Chim.*, (2), **47**, 587].

Imidométhyluracile,

```
             AzH
AzH = C ⁄       \ CO
        |         |
    AzH \       // CH
             C
             |
            CH³
```

— La guanidine se comporte avec l'éther acétylacétique de la même manière que l'urée. En chauffant au bain-marie un mélange de carbonate de guanidine, d'éther acétylacétique et d'alcool, on obtient un précipité qui cristallise dans l'eau chaude en longs prismes groupés en faisceaux.

L'imidométhyluracile fond à 270° en se décomposant. Soluble dans l'eau bouillante, il l'est peu dans l'eau froide et dans l'alcool et insoluble dans l'éther. Il donne des sels avec les alcalis et avec les acides.

Le *chlorhydrate* forme des cristaux aciculaires fusibles à 215°.

Le *sulfate acide* est en petites tables fusibles à 180°.

L'*azotate* est en aiguilles soyeuses qui détonent à 120°.

Le brome sec fournit un *dérivé monobromé* sous la forme d'une poudre jaune; le brome en présence de l'eau fournit le *dibromoxy-imidométhyluracile*, qui cristallise dans l'eau en aiguilles blanches fusibles à 160°, que l'alcool chaud transforme dans le dérivé monobromé.

Ce dernier fournit, par l'action de l'ammoniaque à 200°, un composé cristallisé en aiguilles qui fondent à 275° et qui constituent l'*amidoimidométhyluracile*,

```
             AzH
HAz = C ⁄       \ CO
        |         |
    AzH \       // C - AzH²
             C
             |
            CH³
```

Chauffé à 140° avec de l'iodure de méthyle, l'imidométhyluracile fournit l'*iodhydrate d'un dérivé monométhylé* $(C^5H^6Az^3OCH^3)^2HI$, cristallisé en barbes de plume, fusible à 212° et soluble dans l'eau chaude; le carbonate de sodium précipite la base libre de cette solution. Elle est soluble dans l'eau chaude et s'en dépose sous la forme de longs prismes fusibles à 312°.

Son *chlorhydrate* cristallise avec 1 molécule d'eau; son *sulfate neutre* fond à 270° [R. Behrend, *D. chem. G.*, **19**, 219; *Bull. Soc. Chim.*, (2), **46**, 545. — F. Jaeger, *Ann. Chem.*, **262**, 365; *Bull. Soc. Chim.*, (3), **8**, 1].

α'Méthyl-vαβγ tétrahydro-β diazine (*triméthylène-éthényldiamine*),

```
              AzH
CH³ - C ⁄         \ CH²
      ||            |
   Az \           / CH²
              CH²
```

— Cette base est le dérivé tétrahydrogéné de l'α'méthyl-β diazine, base isomérique avec celle qui est le noyau du méthyluracile.

Elle prend naissance quand on maintient au-dessus de son point de fusion le dérivé diacétylé de la triméthylène-diamine. Il suffit pour l'obtenir de chauffer ensemble à l'ébullition un mélange d'anhydride acétique et d'hydrate de triméthylène-diamine, de distiller l'acide acétique formé et de chauffer ensuite le résidu dans une atmosphère d'acide chlorhydrique.

La base libre est une huile brune; son *chloroplatinate* forme de beaux cristaux rhombiques; son *chloraurate* se dépose d'abord huileux, puis forme des rosettes cristallines [A. Hofmann, *D. chem. G.*, **21**, 2336; *Bull. Soc. Chim.*, (3), **1**, 142].

DÉRIVÉS DES DIMÉTHYL-β DIAZINES.

Nous allons décrire des composés dérivant des trois diméthyl-β diazines différentes

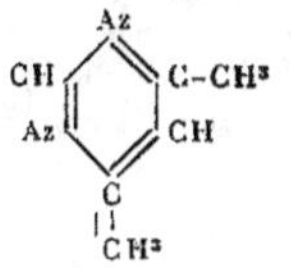

Az — CH, C-CH^3 — Az, CH — C — CH^3

αγ Diméthyl-β diazine.

Az — CH^3-C, C-CH^3 — Az, CH — CH

α'α Diméthyl-β diazine

Az — CH, CH — Az, C-CH^3 — C — CH^3

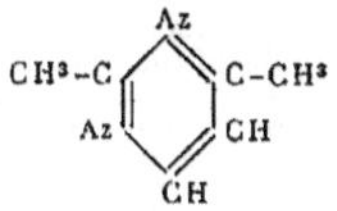

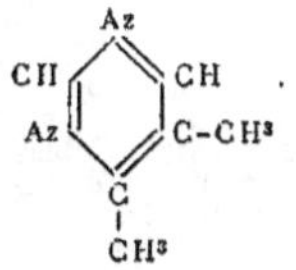

βγ Diméthyl-β diazine.

αγ DIMÉTHYL-β DIAZINE-α'OL. — L'acétylacétone et l'urée en solution alcoolique, additionnées de quelques gouttes d'acide chlorhydrique, donnent un précipité cristallin résultant de l'union de 1 molécule d'acétone avec 2 molécules d'urée. En présence d'une quantité plus considérable d'acide chlorhydrique, la condensation se produit :

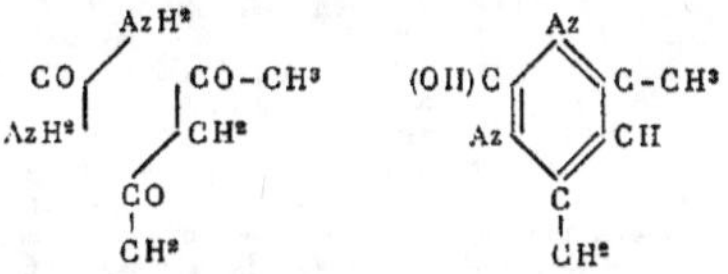

AzH^2 — CO — AzH^2 ; CO-CH^3 — CH^2 — CO — CH^3

Az — (OH)C, C-CH^3 — Az, CH — C — CH^3

On obtient ainsi le *chlorhydrate* de cette base; en présence d'acide sulfurique, la condensation fournit le *sulfate* de la même base.

Si l'on remplace l'urée par la sulfo-urée, on obtient une condensation analogue [P. Evans, *J. prakt. Chem.*, (2), **46**, 352; *Bull. Soc. Chim.*, (3), **10**, 346].

Si l'on traite l'acétylacétone molécule à molécule par le carbonate de guanidine, il se dégage de l'acide carbonique déjà à la température ordinaire; la réaction est très vive à 100°. On obtient ainsi une masse cristalline fondant à 153° et qui constitue l'*α' amino-αγ diméthyl-β diazine*,

Az — AzH^2-C, C-CH^3 — Az, CH — C — CH^3

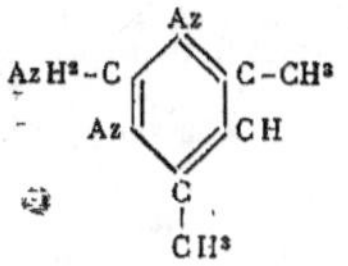

Cette base forme avec l'eau un hydrate, en cristaux volumineux et transparents, qui est dissocié par l'eau bouillante, d'où la base se dépose à l'état anhydre sous la forme de longues aiguilles soyeuses. Elle est monacide et sa solution a une réaction fortement alcaline. Le *chlorhydrate* et la plupart des sels sont extrêmement solubles.

Le *chloroplatinate*,

$$(C^6H^9Az^3 . HCl)^2PtCl^4, 2,5H^2O,$$

est assez soluble et forme de petits prismes orthorhombiques d'un jaune d'or; il perd son eau à 100° [A. et C. Combes, *Bull. Soc. Chim.*, (3), **7**, 792].

α'γ DIMÉTHYL-β DIAZINE-α OL (*diméthyloxypyrimidine*),

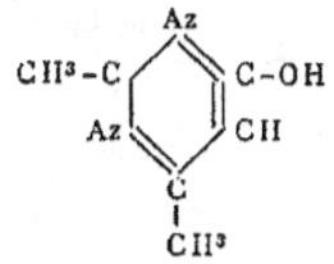

Az — CH^3-C, C-OH — Az, CH — C — CH^3

— Ce composé est le premier connu de la série de la β diazine; il a été obtenu par M. Pinner en abandonnant à lui-même un mélange d'éther acétylacétique, de chlorhydrate d'acétamidine et de soude caustique en solution. Il forme des aiguilles très brillantes fondant à 192°. Il est assez soluble dans l'eau et dans l'alcool, peu soluble dans l'éther et dans le benzène froid, assez soluble dans le benzène chaud qui est son meilleur dissolvant [A. Pinner, *D. chem. G.*, **17**, 2520; **18**, 2845; *Bull. Soc. Chim.*, (2), **45**, 29, 852].

Il se dissout aisément dans les alcalis en fournissant des sels; le *sel d'argent* forme un précipite blanc cristallin, soluble dans l'acide nitrique et dans l'ammoniaque.

Les iodures alcooliques transforment aisément ce composé en éther en présence de la potasse, ce qui caractérise nettement la fonction phénolique de son oxhydryle. On peut d'ailleurs en dire autant de tous ses homologues.

L'*éther éthylique*, obtenu par la décomposition de son bromhydrate, forme une huile bouillant à 258-260° et se concrétant lentement en cristaux fusibles à 55°.

Son *bromhydrate* est très soluble dans l'eau et dans l'alcool chaud, peu soluble dans l'alcool froid; il forme de petits prismes incolores [A. Pinner, *D. chem. G.*, **22**, 1617; *Bull. Soc. Chim.*, (3), **3**, 272].

Ce β diazine-ol peut être également obtenu en traitant la cyanométhine (aminodiméthyl-β diazine) par l'acide nitrique ou par l'acide chlorhydrique en tube scellé à 180°.

α AMINO-αγ DIMÉTHYL-β DIAZINE (*cyanométhine*). — Cette base a déjà été décrite à l'article CYANALKINES. Nous décrirons seulement ici son *dérivé acétylé*, qui a été obtenu d'une manière détournée par M. Pinner, au moyen du chlorhydrate d'acétamidine et de l'anhydride acétique en présence d'acétate de sodium desséché. Nous avons expliqué plus haut le mécanisme de cette réaction.

On obtient ainsi un mélange complexe d'où l'on a pu retirer deux substances, l'une insoluble dans l'eau (anhydrodiacétylacétamidine), fondant à 253°, et l'autre soluble, fondant à 185° (d'abord appelée *anhydrodiacétylacétamidile*). C'est cette dernière qui constitue l'*acétylcyanométhine* [A. Pinner, *D. chem. G.*, **17**, 171 et **22**, 1600; *Bull. Soc. Chim.*, (2), **43**, 253 et (3), **3**, 268].

ACIDE α'MÉTHYL-β DIAZINE-α OL-γ MÉTHYLOÏQUE (*méthyloxypyrimidine-carbonique*),

$$\mathrm{CH^3-C}\ (\mathrm{Az})\ \mathrm{C-OH}\ ;\ \mathrm{Az}\ \ \mathrm{CH}\ ;\ \mathrm{C-CO^2H}$$

— Le *sel de sodium* de cet acide prend naissance quand on traite molécules égales de chlorhydrate d'acétamidine et d'éther oxalacétique par une lessive de soude à 15 0/0. Il faut abandonner le tout à froid pendant 8 jours.

L'acide *libre* cristallise dans l'eau bouillante avec 1 molécule d'eau, qu'il perd à 100°; il n'est pas modifié à 300° [A. Pinner, *D. chem. G.*, **25**, 1423; *Bull. Soc. Chim.*, (3), **8**, 1189].

α'AMINO-βγ DIMÉTHYL-β DIAZINE (*imidodiméthyluracile*). — Le carbonate de guanidine et le méthylacétylacétate d'éthyle fournissent ce composé cristallisé en agrégats sphéroïdaux fusibles à 320°.

Le *sulfate acide* fond à 265° et cristallise en petites aiguilles; l'*azotate* est en lamelles fusibles à 200° [J. Jaeger, *Ann. Chem.*, **262**, 365; *Bull. Soc. Chim.*, (3), **8**, 1.

DÉRIVÉS DES MÉTHYLÉTHYL-β DIAZINES.

γ MÉTHYL-α' ÉTHYL-β DIAZINE (*méthyléthylpyrimidine*),

$$\mathrm{C^2H^5-C}\ (\mathrm{Az})\ \mathrm{CH}\ ;\ \mathrm{Az}\ \ \mathrm{CH}\ ;\ \mathrm{C-CH^3}$$

— Cette base s'obtient en distillant sur la poudre de zinc l'α oxybase correspondante. Elle constitue une huile bouillant à 160°; elle semble former avec l'eau un hydrate cristallisé. Ses sels sont déliquescents. Le *chloromercurate* et le *chlorozincate* ont seuls pu être obtenus cristallisés [A. Pinner, *D. chem. G.*, **22**, 1620; *Bull. Soc. Chim.*, (3), **3**, 272].

γ MÉTHYL-α' ÉTHYL-β DIAZINE-α OL (*éthylméthyloxypyrimidine*). — Cette base se prépare au moyen du chlorhydrate de propionamidine, de l'éther acétylacétique et de la lessive de soude. Elle forme de fines aiguilles blanches, facilement solubles dans l'eau et dans l'alcool, fusibles à 160°.

Le *chlorhydrate* forme de petits prismes très solubles dans l'eau, moins solubles dans l'alcool, fusibles à 240-246° avec décomposition.

Le *chloroplatinate* se décompose à 236°.

ACIDE α' ÉTHYL-β DIAZINE-α OL-γ MÉTHYLOÏQUE (*éthyloxypirimidine-carbonique*). — Cet acide est obtenu par condensation de la propionamidine et de l'éther oxalacétique en présence de soude. Il forme de fines aiguilles soyeuses, plus solubles dans l'eau chaude que dans l'eau froide, fondant à 216° et cristallisant avec 1,5 H^2O [A. Pinner, *D. chem. G.*, **25**, 1414; *Bull. Soc. Chim.*, (3), **8**, 1189].

DÉRIVÉS DES TRIMÉTHYL-β DIAZINES.

α'βγ TRIMÉTHYL-β DIAZINE-α OL (*triméthyloxypyrimidine*),

$$\mathrm{CH^3-C}\ (\mathrm{Az})\ \mathrm{C-OH}\ ;\ \mathrm{Az}\ \ \mathrm{C-CH^3}\ ;\ \mathrm{C-CH^3}$$

— Cette substance prend naissance par condensation de l'acétamidine avec le méthylacétylacétate d'éthyle. Elle forme des aiguilles brillantes, très solubles dans l'eau, ainsi que dans l'alcool, l'éther et le benzène chauds, peu solubles dans l'éther de pétrole, fondant à 168° et distillant presque sans décomposition [A. Pinner. *D. chem. G.*, **22**, 1618; *Bull. Soc. Chim.*, (3), **3**, 272].

α' OXYISOPROPYL-γ MÉTHYL-β DIAZINE-α OL (*oxyisopropylméthyloxypyrimidine*). — Cette base prend naissance par condensation de l'oxy-isobutyramidine avec l'éther acétylacétique. Elle forme de belles aiguilles fondant à 98° [A. Pinner, *D. chem. G.*, **22**, 2626; *Bull. Soc. Chim.*, (3), **3**, 940].

α' ÉTHYL-βγ DIMÉTHYL-β DIAZINE-α OL (*éthyldiméthyloxypyrimidine*). — On obtient ce composé en condensant l'éther méthylacétylacétique avec la propionamidine. Il forme de longues aiguilles blanches et soyeuses, très solubles dans l'eau, l'alcool et l'éther, assez solubles dans le benzène, peu solubles dans l'éther de pétrole et fusibles à 165° [A. Pinner, *D. chem. G.*, **22**, 1621; *Bull. Soc. Chim.*, (3), **3**, 272].

α'β DIMÉTHYL-γ ÉTHYL-β DIAZINE-α OL. — Cette substance, isomérique avec la précédente, a été obtenue par MM. Riess et von Meyer en traitant par l'acide chlorhydrique concentré la cyanométhéthine (α amino-α'β diméthyl-γ éthyl-β diazine). On pourrait l'obtenir directement en traitant l'acétamidine par l'éther propionylpropionique. Elle fond à 150° [C. Riess et E. von Meyer, *J. prakt. Chem.*, (2), **31**, 112. — E. von Meyer, *J. prakt. Chem.*, (2), **39**, 267; *Bull. Soc. Chim.*, (3), **3**, 131. — A. Pinner, *D. chem. G.*, **22**, 1621, *Bull. Soc. Chim.*, (3), **3**, 272].

α AMINO-α'β DIMÉTHYL-γ ÉTHYL-β DIAZINE (*cyanométhéthine*). — Voyez CYANALKINES.

β MÉTHYL-α'γ DIÉTHYL-β DIAZINE-α OL (*oxycyanoconicine, méthyldiéthyloxypyrimidine*). — Cette base peut être obtenue au moyen de la propionamidine et de l'éther propionylpropionique [E. von Meyer, *J. prakt. Chem.*, (2), **39**, 156 et 262; *Bull. Soc. Chim.*, (3), **3**, 131], mais elle avait été obtenue depuis longtemps par M. von Meyer. en traitant la cyanéthine par l'acide chlorhydrique en tube scellé à 180-190° [E. von Meyer, *J. prakt. Chem.*, (2), **22**, 261 et **26**, 337; *Bull. Soc. Chim.*, (2), **36**, 332 et **39**, 124].

C'est l'identification des bases obtenues par ces deux procédés qui lui a permis d'établir la constitution de la cyanéthine. On trouvera la description de cette base et celle de l'α *amino-β méthyl-α'γ diéthyl-β diazine* (*cyanéthine*), qui s'y rattache, à l'article CYANALKINES.

α'βγ TRIÉTHYL-β DIAZINE-α OL (*triéthyloxypyrimidine, oxyméthylmiazine*). — Voyez CYANALKINES.

α AMINO-α'βγ TRIÉTHYLPROPINE (*cyanodiéthylpropine*). — Voyez CYANALKINES.

DÉRIVÉS DES BENZYL-β DIAZINES.

α' BENZYL-ναβγ TÉTRAHYDRO-β DIAZINE-β ONE (*phényléthényldiamido-acétone*). — Cette base prend naissance quand on fait réagir sur la diamidoacétone le chlorure de l'acide phénylacétique.

Elle forme des lamelles incolores et brillantes, fondant à 189,5-190°. Elle est peu soluble dans l'alcool froid, un peu plus soluble dans l'alcool chaud, assez soluble dans l'eau et dans le benzène chauds, insoluble dans l'éther. Elle réduit la liqueur ammoniacale d'argent à chaud, et la liqueur de Fehling à la température ordinaire [L. Rügheimer et E. Mischel, *D. chem. G.*, **25**, 1566; *Bull. Soc. Chim.*, (3), **8**, 953].

γ Méthyl-β' benzyl-β diazine-α ol (*benzylméthyloxypyrimidine*),

$$C^6H^5-CH^2-C\langle Az, C-OH, CH, C-CH^3, Az \rangle$$

— On obtient ce composé en condensant la phénylacétamidine avec l'éther acétylacétique. Il forme de longs prismes, peu solubles dans l'alcool froid, mais très solubles dans l'alcool chaud; il fond à 175° [A. Pinner, *D. chem. G.*, **22**, 1622; *Bull. Soc. Chim.*, (3), **3**, 272].

γ Méthyl-β' oxybenzyl-β diazine-α ol (*oxybenzylméthyloxypyrimidine*). — Cette substance prend naissance par condensation de la phényloxyacétamidine avec l'éther acétylacétique. Elle forme de longues aiguilles, fusibles à 216°, à peine solubles dans l'eau, peu solubles dans l'alcool absolu, assez solubles dans l'alcool et l'alcool amylique chauds, très solubles dans les acides et dans les alcalis.

Le *chlorhydrate* se ramollit à 212° et fond à 217°; le *picrate* forme de fines aiguilles fondant à 175°. Le *sel d'argent* est un précipité blanc.

Le *dérivé acétylé* fond à 170°; son *picrate* à 160°; son *chlorhydrate* à 188°.

Le *dérivé benzoylé*, très peu soluble, fond à 205-208°; son *chlorhydrate* à 238° [A. Pinner, *D. chem. G.*, **23**, 2950; *Bull. Soc. Chim.*, (3), **6**, 485].

α' Benzyl-αγ diméthyl-β diazine (*benzyldiméthylpyrimidine*). — Cette substance prend naissance dans la réaction de la phénylacétamidine sur l'acétylacétone. Elle forme de longues aiguilles fondant à 80° et bouillant à 274° [A. Pinner, *D. chem. G.*, **26**, 2125].

βγ Diméthyl-β' benzyl-β diazine-α ol (*benzyldiméthyloxypyrimidine*). — On l'obtient au moyen de la phénylacétamidine et de l'éther méthylacétylacétique; masse cristalline, soluble dans l'eau, très soluble dans l'alcool et dans l'éther, fusible à 181°.

βγ Diméthyl-β' oxybenzyl-β diazine-α ol (*oxybenzyldiméthyloxypyrimidine*). — Ce composé se prépare en partant de la phényloxyacétamidine et de l'éther méthylacétylacétique; il est soluble dans l'eau, l'alcool, l'acide acétique et le benzène et fond à 155°.

γ Méthyl-β éthyl-β' benzyl-β diazine-α ol (*benzylméthyl-éthyloxypyrimidine*). — Ce produit s'obtient à l'aide de la phénylacétamidine et de l'éther éthylacétylacétique. Cristallisé dans l'alcool, il forme de longues aiguilles fondant à 193°,5.

γ Méthyl-β éthyl-β' oxybenzyl-β diazine-α ol (*oxybenzylméthyléthyloxypyrimidine*). — On part de la phényloxyacétamidine et de l'éther éthylacétylacétique; il forme de petites aiguilles fondant à 148-152°.

βα' Dibenzyl-γ méthyl-β diazine-α ol (*benzylméthylbenzyloxypyrimidine*). — Obtenu à l'aide de la phénylacétamidine et de l'éther benzylacétylacétique, ce corps forme de longues aiguilles, fusibles à 192°, beaucoup plus solubles dans l'alcool à chaud qu'à froid [A. Pinner, *loc. cit.*].

Dérivés des phényl-β diazines.

β' Phényl-β diazine-αα' diol (*phényluracile*). — On obtient ce composé en faisant réagir l'urée sur l'éther benzoylacétique.

Le phényluracile est un acide faible, se dissolvant dans les alcalis caustiques, mais précipitant par l'acide carbonique. Il forme des rhomboèdres incolores, fondant à 262°,5.

Le pentachlorure de phosphore le transforme au bain d'huile à 140-150° en *αα' dichloro-β' phényl-β diazine* (*dichlorophénylurazine*), combinaison soluble dans l'alcool chaud, s'en déposant sous la forme de lamelles fusibles à 86°,5.

L'éthylate de sodium transforme cette dernière combinaison en un *dérivé diéthoxylé*; l'ammoniaque alcoolique le transforme à 180-190° en un *dérivé diamidé* fusible à 147°, dont le *chlorhydrate* fond au-dessus de 290°.

En remplaçant l'urée par la sulfo-urée, on obtient le *phénylsulfo-uracile*, composé à peine soluble dans l'eau bouillante, fusible à 253-254°. L'acide chlorhydrique le transforme en phényluracile, l'ammoniaque alcoolique en imidophényluracile.

Le carbonate de guanidine et l'éther benzoylacétique fournissent également l'*imidophényluracile*, poudre blanche, soluble dans les alcalis concentrés, fusible à 293-294°.

Quand on chauffe à 160° les eaux mères incristallisables de ce corps, on obtient des cristaux fondant à 272-274° et possédant la même composition que le corps primitif.

Les *chlorhydrates* des deux bases sont également différents : celui de la première base fond à 269°, son *dérivé acétylé* à 248°; celui de la seconde base fond à 276-277°, son *dérivé acétylé* à 263°. L'acide nitreux transforme l'un et l'autre en phényluracile. On peut représenter cette isomérie par les deux schémas :

$$AzH^2-C\langle Az, C(OH), CH, C-C^6H^5, Az\rangle \qquad HAz=C\langle AzH, CO, CH, C-C^6H^5, AzH\rangle$$

[J. Jaeger, *Ann. Chem.*, **262**, 365; *Bull. Soc. Chim.*, (3), **8**, 1. — E. Warmington, *J. prakt. Chem.*, (2), **47**, 201; *Bull. Soc. Chim.*, (3), **10**, 867].

α' Phényl-γαβγ tétrahydro-β diazine (*triméthylène-benzénydiamine*). — On obtient cette base en chauffant dans un courant d'acide chlorhydrique sec le produit de l'action du chlorure de benzoyle sur la triméthylène-diamine.

Le *chloraurate* et le *chloroplatinate* sont des sels peu solubles [A. Hofmann, *D chem. G.*, **21**, 2337; *Bull. Soc. Chim.*, (3), **1**, 142].

α' Phényl-γαβγ tétrahydro-β diazine-β one (*benzényldiamidoacétone*). — Cette substance se forme dans l'action du chlorure de benzoyle sur la diamidoacétone. Elle se présente en lamelles incolores, solubles dans l'alcool chaud et fondant à 190-191°.

L'hydrazine réagit sur 2 molécules de cette base, en donnant un produit de condensation

$$Az^2\left(C\begin{matrix}<CH^2-AzH>\\<CH^2-Az>\end{matrix}C-C^6H^5\right)^2,$$

cristallisé en aiguilles peu solubles dans la plupart des dissolvants.

La *phénylhydrazone* fond à 173-175° [L. Rügheimer, *D. chem. G.*, **25**, 1562; *Bull. Soc. Chim.*, (3), **8**, 953].

α'Méthyl-γ phényl-β diazine-α ol (*méthylphényloxypyrimidine*),

$$CH^3.C \; Az \; COH \; Az \; CH \; C.C^6H^5$$

— Cette base prend naissance dans l'action de l'éther benzoylacétique sur l'acétamidine; elle cristallise en longues et fines aiguilles, fusibles à 238°, très peu solubles dans l'alcool froid, assez solubles dans l'alcool chaud [A. Pinner, *D. chem. G.*, 22, 1619; *Bull. Soc. Chim.*, (3), 3, 272].

α'Phényl-γ méthyl-β diazine-α ol (*phénylméthyloxypyrimidine*),

$$C^6H^5.C \; Az \; COH \; Az \; CH \; C.CH^3$$

— Cet isomère du précédent se forme dans la condensation de la benzamidine avec l'éther acétylacétique. Il forme de petits cristaux, très peu solubles dans l'eau, peu solubles dans l'éther, très solubles dans les acides et fondant à 216°.

Son *chloroplatinate*, $(C^{11}H^{10}Az^2O.HCl)^2PtCl^4$, forme de petites aiguilles jaunes.

Son *dichromate* forme de petits prismes orangés, peu solubles dans l'eau froide, assez solubles dans l'eau chaude; il fond à 177°.

Le *picrate* forme des aiguilles soyeuses, fondant à 189°.

Le *dérivé acétylé* fond à 40-41°.

Le brome s'unit avec le phénylméthyldiazineol en solution chloroformique; ce produit, qui a pour composition $C^{11}H^{10}Az^2O.Br^4$, fond en se décomposant à 245°; bouilli avec de l'alcool, il se transforme en un *dérivé monobromé* en aiguilles transparentes, fusibles à 260°.

La réduction par la poudre de zinc transforme le phénylméthyl-β diazine-ol en un produit non oxygéné, qui est l'*α' phényl-γ méthyl-β diazine* (*phénylméthylpyrimidine*), qui forme des aiguilles incolores fondant à 74-78°.

Le pentachlorure de phosphore transforme le β diazine-ol en une *chloro-β diazine* correspondante; cette dernière forme des lamelles plates, incolores, fondant à 71°, insolubles dans l'eau, très solubles dans l'alcool et dans le benzène, peu solubles dans l'éther de pétrole.

Les tentatives pour réduire le dérivé chloré par le sodium et l'alcool n'ont pas abouti; mais on a ainsi obtenu l'*éther éthylique* ou *méthoxyphénylméthyl-β diazine*. Cet éther forme des prismes volumineux, qui fondent à 30-31° et bouillent à 300-301°.

Le *chlorhydrate*,

$$C^{11}H^9Az^2O(C^2H^5).HCl,2H^2O,$$

se présente en fines aiguilles, fondant à 86° dans leur eau de cristallisation, et fondant anhydres à 148-149°; le *chloroplatinate* se décompose à 197°.

L'*iodhydrate* forme des prismes jaunes, peu solubles dans l'eau froide et fondant à 143°,5; il contient $0,5H^2O$.

L'aniline réagit sur le dérivé chloré, en donnant un *dérivé phénylamidé*, cristallisé en longues aiguilles fusibles à 150-153°; le *chlorhydrate* fond à 236-240°, le *nitrate* à 85-87° [A. Pinner, *D. chem. G.*, 17, 2519, 18, 760 et 2850; *Bull. Soc. Chim.*, (2), 45, 29, 778, 852].

Acide α' phényl-β diazine-α ol-γ méthyloïque (*phényloxypyrimidine-carbonique*). — Cet acide prend naissance dans la condensation de la benzamidine avec l'éther oxalacétique. Il est à peine soluble dans l'eau froide, plus soluble dans l'eau chaude, peu soluble dans l'alcool froid, et fond à 247°.

Le *sel neutre de baryum* est anhydre et cristallisé en fines aiguilles [A. Pinner, *D. chem. G.*, 22, 1631; *Bull. Soc. Chim.*, (3), 3, 272].

Il se forme dans cette même réaction, comme produit accessoire, un corps qui cristallise aisément dans l'eau bouillante en cristaux fusibles à 263°, et qui constitue la *benzamidine de l'acide α' phényl-β diazine-α ol-γ carbonique* :

$$C^6H^5-C \; Az \; COH \; Az \; CH \; C-CO-AzH-C(=AzH)-C^6H^5$$

[A. Pinner *D. chem. G.*, 22, 2609; *Bull. Soc. Chim.*, (3), 3, 940].

α' Éthyl-γ phényl-β diazine-α ol (*éthylphényloxypyrimidine*). — Cette base prend naissance quand on fait réagir la propionamidine sur l'éther benzoylacétylacétique. Elle est très peu soluble dans l'eau et dans l'alcool froids, un peu soluble dans l'alcool chaud, qui l'abandonne en longues aiguilles fondant à 238°.

α' Phényl-β γ diméthyl-β diazine (*phényldiméthylpyrimidine*),

$$C^6H^5.C \; Az \; CH \; Az \; C.CH^3 \; C.CH^3$$

— Cette base, obtenue par la condensation de la benzamidine et de l'acétylacétone, forme de longues aiguilles, fondant à 83° et distillant à 276° [A. Pinner, *D. chem. G.*, 26, 2124 *b*].

α' Phényl-β γ diméthyl-β diazine-α ol (*phényldiméthyloxypyrimidine*),

$$C^6H^5.C \; Az \; C.OH \; Az \; C.CH^3 \; C.CH^3$$

— Il se forme par le contact de la benzamidine et de l'éther méthylacétylacétique, et se présente en longues aiguilles blanches, peu solubles dans l'eau chaude, plus solubles dans l'acide acétique étendu, très solubles dans l'alcool, l'acide acétique cristallisable, les alcalis et les acides minéraux, fusibles à 203°.

α' Phényl-β éthyl-γ méthyl-β diazine-α ol (*phénylméthyléthyloxypyrimidine*). — Ce composé se produit dans la réaction de la benzamidine sur l'éther éthylacétylacétique. Il cristallise en prismes courts, fusibles à 167° [A. Pinner, *D. chem. G.*, 22, 1625; *Bull. Soc. Chim.*, (3), 3, 272].

Acide α' phényl-γ méthyl-β diazine-α ol-β méthyloïque (*phénylméthyloxypyrimidine-acétique*),

$$C^6H^5.C \; Az \; C.OH \; Az \; C.CH^2.CO^2H \; C.CH^3$$

— Cet acide se produit dans la condensation de la benzamidine et de l'éther acétylsuccinique. Il forme de fines aiguilles peu solubles dans l'eau, qui fondent à 259° en se décomposant

ACIDE β'PHÉNYL-γ MÉTHYL-β DIAZINE-α OL-β ÉTHANOÏQUE (*phénylméthyl-oxypyrimidine-propionique*). — Cet acide est obtenu par la condensation de la benzamidine avec l'éther acétylglutarique. Il forme une poudre cristalline fusible à 215°.

Son *éther éthylique* fond à 145° sans décomposition.

β'PHÉNYL-γ MÉTHYL-β ACÉTONYL-β DIAZINE-α OL. — Ce composé prend naissance dans la réaction de la benzamidine sur l'éther diacétylsuccinique :

$$C^6H^5-C(=AzH)-AzH^2 + CO^2C^2H^5-CH(COCH^3)-CH<\begin{smallmatrix}CO-CH^3\\CO^2C^2H^5\end{smallmatrix} + H^2O$$

$$= C^2H^6O + CO^2 + C^6H^5-C\begin{smallmatrix}\nearrow Az \searrow\\ \searrow Az \nearrow\end{smallmatrix}\begin{smallmatrix}C(OH)\\ \| \\ C-CH^2-CO-CH^3\end{smallmatrix}, \; C-CH^3$$

Il forme de longues aiguilles fusibles à 225° [A. Pinner, *D. chem. G.*, **22**, 2621; *Bull. Soc. Chim.*, (3), **3**, 940].

α'BENZYL-γ PHÉNYL-β DIAZINE-α OL (*benzylphényl-oxypyrimidine*). — Ce produit est obtenu par la condensation de la phénylacétamidine avec l'éther benzoylacétique. Il forme des cristaux peu solubles dans l'eau, plus solubles dans l'alcool, fondant à 233° [A. Pinner, *D. chem. G.*, **22**, 1624; *Bull. Soc. Chim.*, (3), **3**, 272].

α'OXYBENZYL-γ PHÉNYL-β DIAZINE-α OL (*oxybenzylphényl-oxypyrimidine*). — Obtenue à l'aide de la phényloxyacétamidine et de l'éther benzoylacétique, elle fond à 218° [A. Pinner, *D. chem. G.*, **23**, 2951; *Bull. Soc. Chim.*, (3), **6**, 485].

β'PHÉNYL-β BENZYL-γ MÉTHYL-β DIAZINE-α OL (*phénylméthylbenzyl-oxypyrimidine*). — Ce corps est obtenu par condensation de la benzamidine avec l'éther benzylacétylacétique; il forme des aiguilles soyeuses, fusibles à 243°.

α'γ DIPHÉNYL-β DIAZINE-α OL (*diphényl-oxypyrimidine*). — Cette base prend naissance dans l'action de la benzamidine sur l'éther benzoylacétique. Elle forme des aiguilles microscopiques, solubles dans les acides et dans les alcalis, fondant à 284° [A. Pinner, *D. chem. G.*, **22**, 1626; *Bull. Soc. Chim.*, (3), **3**, 272].

α'γ DIPHÉNYL-β MÉTHYL-β DIAZINE-α OL (*phénylméthylphényl-oxypyrimidine*, *oxyméthyldiphénylmiazine*). — Ce corps a été obtenu en décomposant par l'acide chlorhydrique à 180° la cyanodiphényléthine (α amino-αγ diphényl-β méthyl-β diazine). Il fond à 250°

Oxydé par le permanganate de potassium, il donne naissance à l'*acide α oxy-α'γ diphényl-β diazine-β méthyloïque*, qui cristallise dans l'alcool en prismes jaunâtres, fusibles à 236° avec perte d'acide carbonique. Maintenu à 250° tant qu'il perd de l'acide carbonique, il se transforme entièrement en une diphényloxypyrimidine, identique à celle que nous venons de décrire [E. von Meyer, *J. prakt. Chem.*, (2), **39**, 188 et **40**, 303; *Bull. Soc. Chim.*, (3), **3**, 14 et 955].

α AMINO-α'γ DIPHÉNYL-β MÉTHYL-β DIAZINE (*cyanodiphényléthine*). — Voyez CYANALKINES.

α'βγ TRIPHÉNYL-β DIAZINE-α OL (*oxytriphénylmiazine*). — Cette base s'obtient en décomposant par l'acide chlorhydrique concentré à 170° la cyanodiphénylbenzyline (α amino-α'βγ triphényl-β diazine); elle forme de fines aiguilles fusibles au-dessus de 340° [R. Wache, *J. prakt. Chem.*, (2), **39**, 245; *Bull. Soc. Chim.*, (3), **3**, 131).

α AMINO-α'βγ TRIPHÉNYL-β DIAZINE (*cyanodiphénylbenzyline*). — Voyez CYANALKINES.

α'-o-ÉTHOXYPHÉNYL-γ MÉTHYL-β DIAZINE-α OL (*o-éthoxyphénylméthyl-oxypyrimidine*). — Ce composé s'obtient par condensation de l'o-éthoxybenzamidine avec l'éther acétylacétique; il forme de courtes aiguilles, peu solubles dans l'eau, fusibles à 146°.

α'-p-ÉTHOXYPHÉNYL-γ MÉTHYL-β DIAZINE-α OL (*p-éthoxyphénylméthyl-oxypyrimidine*). — On l'obtient au moyen de la p-éthoxybenzamidine et de l'éther acétylacétique; elle forme des prismes incolores, fusibles à 204°.

ACIDE α'-p-ÉTHOXYPHÉNYL-β DIAZINE-α OL-γ MÉTHYLOÏQUE (*éthoxyphényl-oxypyrimidine-carbonique*). — Cet acide est obtenu sous la forme de combinaison avec l'amidine dans la condensation de la p-éthoxybenzamidine avec l'éther oxalacétique. Il forme des aiguilles fusibles à 248°.

Sa combinaison avec l'éthoxybenzamidine fond à 280°.

α'-p-ÉTHOXYPHÉNYL-βγ DIMÉTHYL-β DIAZINE-α OL (*p-éthoxyphényldiméthyl-oxypyrimidine*). — Obtenue par condensation de la même amidine avec l'éther méthylacétylacétique, elle forme de petits prismes fusibles à 216°

α'-p-ÉTHOXYPHÉNYL-β ÉTHYL-γ MÉTHYL-β DIAZINE-α OL (*p-éthoxyphénylméthyléthyl-oxypyrimidine*). — Même amidine et éther éthylacétylacétique; aiguilles fondant à 194°.

α'-p-ÉTHOXYPHÉNYL-β BENZYL-γ MÉTHYL-β DIAZINE-α OL (*p-éthoxyphénylbenzylméthyl-oxypyrimidine*). — Même amidine et éther benzylacétylacétique; aiguilles fondant à 242°.

α'-p-ÉTHOXYPHÉNYL-γ PHÉNYL-β DIAZINE-α OL (*p-éthoxyphényl-phényl-oxypyrimidine*). — Même amidine et éther benzoylacétique; aiguilles fusibles à 274° [A. Pinner, *D. chem. G.*, **23**, 2955; *Bull. Soc. Chim.*, (3), **6**, 485].

α'-p-CRÉSYL-γ MÉTHYL-β DIAZINE-α OL (*p-crésylméthyl-oxypyrimidine*). — Obtenue par condensation de l'amidine de l'acide p-toluique avec l'éther acétylacétique, cette base forme de longues aiguilles, fusibles à 216° [G. Glock, *D. chem. G.*, **21**, 2650; *Bull. Soc. Chim.*, (3), **1**, 394].

α-p-CRÉSYL-αγ DIMÉTHYL-β DIAZINE (*p-crésyldiméthylpyrimidine*). — Cette base est obtenue par condensation de l'amidine précédente avec l'acétylacétone; elle forme de longues aiguilles soyeuses, fondant à 128°; elle bout à 294° [A. Pinner, *D. chem. G.*, **26**, 2125].

α'-p-CRÉSYL-β ÉTHYL-γ MÉTHYL-β DIAZINE-α OL (*p-crésylméthyléthyl-oxypyrimidine*). — Obtenue par condensation de la même amidine avec l'éther éthylacétylacétique, elle forme de longues aiguilles, insolubles dans l'eau, fondant à 218°.

α'-p-CRÉSYL-β BENZYL-γ MÉTHYL-β DIAZINE-α OL (*p-crésylméthylbenzyl-oxypyrimidine*). — Obtenue par condensation de la même base avec l'éther benzylacétylacétique, elle fond à 240°.

α'-p-CRÉSYL-γ PHÉNYL-β DIAZINE-α OL (*p-crésylphényl-oxypyrimidine*). — Obtenue par condensation de la même base avec l'éther benzoylacétique, elle forme de fines aiguilles, peu solubles dans l'alcool, très solubles dans la pyridine et fondant au-dessus de 290° [A. Pinner, *D. chem. G.*, **23**, 3826; *Bull. Soc. Chim.*, (3), **8**, 999).

α'-p-Xylylène-di (γ méthyl-β diazine-α' ol) [*xylylène p-di* (*méthyloxypyrimidine*)],

$$\text{(OH)C}\langle\text{CH},\ \text{C(CH}^3\text{)},\ \text{Az}\rangle\text{C-CH}^2\text{-C}^6\text{H}^4\text{-CH}^2\text{-C}\langle\text{Az},\ \text{C(CH}^3\text{)},\ \text{CH}\rangle\text{C(OH)}\quad (1)\ (4)$$

— Cette substance est obtenue par condensation de la diamidine de l'acide p-phénylène-diacétique avec 2 molécules d'éther acétylacétique ; elle forme des cristaux presque insolubles dans les dissolvants neutres et fondant au-dessus de 250° [G. Glock, *D. chem. G.*, **21**, 2661; *Bull. Soc. Chim.*, (3), **1**, 392].

α'-β Naphtyl-γ méthyl-β diazine-α ol (β *naphtylméthyl-oxypyrimidine*). — Cette base est obtenue par condensation de la β naphtamidine avec l'éther acétylacétique; elle forme de longues aiguilles, assez solubles dans l'alcool et fondant à 210°.

Acide α'-β naphtyl-β diazine-α ol-γ méthyloïque. — Cet acide se prépare par condensation de la même base avec l'éther oxalacétique; il forme de petits prismes qui fondent à 167-168° en se décomposant [A. Pinner, *D. chem. G.*, **25**, 1425; *Bull. Soc. Chim.*, (3), **8**, 1189].

α'-β Naphtyl-αγ diméthyl-β diazine (β *naphtyldiméthyl-pyrimidine*). — Obtenue par condensation de la même amidine avec l'acétylacétone, elle forme des aiguilles incolores, fondant à 116-117° et bouillant sans décomposition au-dessus de 360° [A. Pinner, *D. chem. G.*, **26**, 2124].

α-β Naphtyl-βγ diméthyl-β diazine-α ol (β *naphtyldiméthyl-oxypyrimidine*). — Obtenue au moyen de la même amidine et de l'éther méthylacétylacétique, elle fond à 248°.

α'-β Naphtyl-γ phényl-β diazine-α ol (β *naphtylphényl-oxypyrimidine*). — Obtenu au moyen de la même amidine et de l'éther benzoylacétique, ce corps fond à 265° [A. Pinner, *D. chem. G.*, **25**, 1427; *Bull. Soc. Chim.*, (3), **8**, 1189].

α' Furyl-γ méthyl-β diazine-α ol (*furylméthyl-oxypyrimidine*). — Cette base est préparée par l'action de la furfuramidine sur l'acide acétylacétique; elle forme des aiguilles peu solubles, fusibles à 225° [A. Pinner, *D. chem. G.*, **25**, 1418; *Bull. Soc. Chim.*, (3), **8**, 1185].

α' Furyl-αγ diméthyl-β diazine (*furyldiméthylpyrimidine*). — Cette base, obtenue par condensation de la furfuramidine et de l'acétylacétone, fond à 54° et bout à 263° [A. Pinner, *D. chem. G.*, **25**, 2125].

α' Furyl-βγ diméthyl-β diazine-α ol (*furyldiméthyl-oxypyrimidine*). — Obtenu dans l'action de la furfuramidine sur l'éther méthylacétylacétique, ce corps forme de petites aiguilles fusibles à 231°.

α' Furyl-β benzyl-γ méthyl-β diazine-α ol (*furylméthylbenzyl-oxypyrimidine*). — Obtenu par condensation de la furfuramidine et de l'éther benzylacétylacétique, ce composé forme des aiguilles blanches, peu solubles, fusibles à 238°.

α' Furyl-γ phényl-β diazine-α ol (*furylphényl-oxypyrimidine*). — Obtenu au moyen de la furfuramidine et de l'éther benzoylacétique, ce produit forme de fines aiguilles blanches, fondant à 256° [A. Pinner, *D. chem. G.*, **25**, 1419; *Bull. Soc. Chim.*, (3), **8**, 1189].

γ DIAZINE.

La γ *diazine* est, après la quinoléine (Runge, 1843), le noyau azoté le plus anciennement connu. Son hexahydrure, la *pipérazine* ou *hexahydro-γ diazine*, a été obtenu pour la première fois par S. Cloëz, en 1853 [*l'Institut*, 1853, 213], dans les produits de l'action de l'ammoniaque sur le bromure d'éthylène. Cloëz, de même que M. Natanson [*Ann. Chem.*, **92**, 48; **98**, 200], qui obtint, peu de temps après, son dérivé diphénylique, ne pénétra pas sa véritable nature; c'est à A.-W. Hofmann que revient l'honneur d'avoir établi sa formule, sa constitution et celle des autres corps qui prennent naissance dans la réaction si compliquée du bromure d'éthylène sur l'ammoniaque [A.-W. Hofmann, *C. R.*, **46**, 255. — S. Cloëz, *C. R.*, **46**, 344; *l'Institut*, 1859, 233. — A.-W. Hofmann, *C. R.*, **47**, 453; *Rép. Chim. pure*, **1**, 109; *Ann. Chim. Phys.*, (3), **54**, 197; *C. R.*, **48**, 1085; *Rép. Chim. pure*, **1**, 511].

Depuis ce mémorable travail, on a trouvé un très grand nombre de dérivés de la γ diazine. Dans l'action de l'ammoniaque sur la benzoïne [*Ann. Chem.*, **135**, 181], M. Erdmann a rencontré un composé qu'il a nommé *benzoïnimide*; M. Staedel a obtenu l'iso-indol dans l'action de l'ammoniaque sur le chlorure de phénacyle [*D. chem. G.*, **10**, 1830; *Bull. Soc. Chim.*, (2), **30**, 550]; enfin M. Victor Meyer et ses élèves, en réduisant les acétones α-isonitrosées, ont indiqué une méthode générale pour préparer de nouvelles bases qu'ils ont appelées *kétines*, bases présentant beaucoup d'analogie avec les bases pyridiques. Tous ces savants n'avaient pas vu quels rapports étroits existent entre ces divers composés et quelle est leur commune constitution.

M. Œconomidès indiqua la vraie constitution des kétines [*D. chem. G.*, **19**, 2524; *Bull. Soc. Chim.*, (2), **47**, 573], mais ce fut surtout M. L. Wolff [*D. chem. G.*, **20**, 425; *Bull. Soc. Chim.*, (2), **48**, 277] qui montra la commune origine de tous les composés dont nous venons de dire quelques mots et qui fit voir le mécanisme des réactions qui leur donnent naissance.

Les bases de A.-W. Hofmann dérivent non pas directement de la γ diazine, mais de son hexahydrure, l'*hexahydro-γ diazine* (pipérazine), qui possède avec elle la même relation que la pipéridine avec la pyridine. Les dérivés de la γ diazine ne se firent pas attendre. En 1877, M. P.-J. Meyer remarqua que le phénylglycocolle, sous l'influence de la chaleur, se transformait en un composé à chaîne fermée, en doublant sa formule [*D. chem. G.*, **10**, 1967; *Bull. Soc. Chim.*, (2), **20**, 563]; mais c'est surtout à MM. Abenius et O. Widman et à M. Bischoff et ses élèves que l'on doit la connaissance des corps de cette série.

Il ne restait plus qu'à trouver le moyen de passer des dérivés de la γ diazine aux dérivés correspondants de l'hexahydro-γ diazine et inversement, en un mot de refaire le travail de A.-W. Hofmann relatif à la pyridine et à la pipéridine. M. C. Stoehr [*J. prakt. Chem.*, (2), **47**, 439] a récemment trouvé que la réduction par le sodium et l'alcool transforme les diazines en hexahydro-diazines et que la distillation sur la poudre de zinc transforme les hexahydro-diazines en diazines.

On peut dire actuellement que cette question des dérivés de la γ diazine est complètement élucidée et qu'elle est aussi bien connue que celle de la pyridine et de la pipéridine; nous verrons même que, à certains points de vue, comme celui des isoméries stéréochimiques, elle est plus avancée qu'elle.

NOMENCLATURE DES DÉRIVÉS DE LA γ DIAZINE

Az / CH α' α CH / CH β' β CH / γ Az   ou   Az / CH α' α CH / CH β' β CH / Az

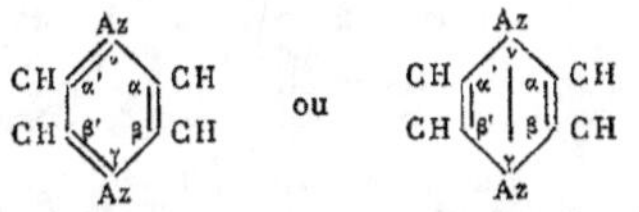

— Nous placerons toujours les formules des dérivés de la diazine de manière à donner au noyau la position sus-indiquée : la désignation des sommets se fera donc toujours aisément. La formule ayant deux axes de symétrie, il est clair que le même corps pourra avoir deux formules différant entre elles par les lettres qui indiquent la place des substitutions. On choisira celle des deux formules contenant le moins de lettres accentuées.

Dans le cas de dérivés di, tétra ou hexahydrogénés, cette symétrie de la formule pourra être rompue

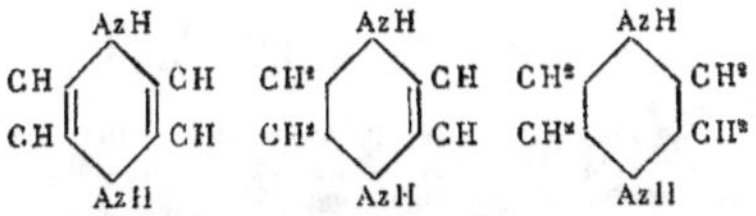

AzH / CH CH / CH CH / AzH — Dihydro-γ diazine.
AzH / CH^2 CH / CH^2 CH / AzH — Tétrahydro-γ diaz^ne.
AzH / CH^2 CH^2 / CH^2 CH^2 / AzH — Hexahydro-γ diaz^ne.

Si dans l'un des groupements AzH l'hydrogène est substitué, on aura soin de mettre ce groupement en haut et de désigner son atome d'azote par la lettre ν.

Les substitutions oxygénées se nommeront comme pour les autres diazines.

γ DIAZINE ET HOMOLOGUES. — *Modes de formation.* — Les composés de cette série sont les anciennes *kétines* de M. Victor Meyer; la plus simple des kétines est la diméthyl-γ diazine. Ces composés sont très nombreux, car ils comprennent toutes les kétines et leurs dérivés, ainsi que ceux de l'iso-indol et de la benzoïnimide (ditolanazotide); néanmoins on peut dire qu'ils prennent tous naissance par le même mécanisme.

Quand un composé renferme le chaînon

$$-CO-CH- \quad (AzH^2)$$

il peut doubler sa formule et donner naissance à une kétine :

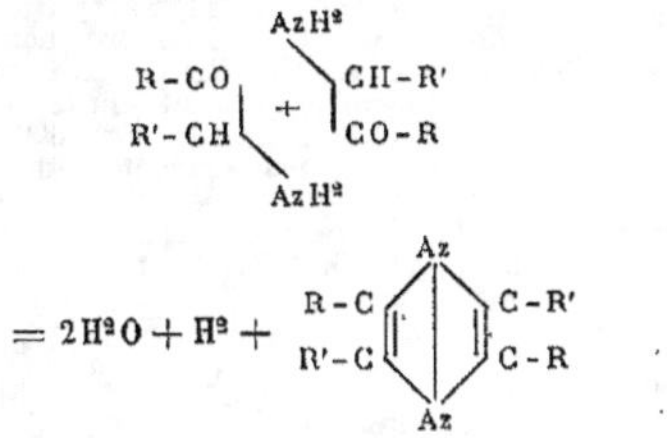

$$\begin{matrix} R-CO \\ R'-CH(AzH^2) \end{matrix} + \begin{matrix} (AzH^2)CH-R' \\ CO-R \end{matrix}$$

$$= 2H^2O + H^2 + \text{(Az / R-C C-R' / R'-C C-R / Az)}$$

En effet, tous les procédés employés pour obtenir les homologues de la γ diazine reviennent à donner naissance à ce chaînon.

On voit que, d'après l'équation ci-dessus, il se dégage de l'hydrogène. En réalité, cet hydrogène ne se dégage qu'en partie et est employé à produire des réactions secondaires souvent fâcheuses. On évite sa formation dans la condensation des α amidocétones au moyen d'un oxydant salin qui est le chlorure mercurique [L. Wolff, *D. chem. G.*, **26**, 1830. — S. Gabriel et G. Pinkus, *D. chem. G.*, **26**, 2199].

Un des moyens de provoquer la formation des chaînons

$$-CO-CH-(AzH^2) \qquad -CO-C-(=AzOH)$$

consiste à réduire les α *isonitrosocétones* (procédé de M. Victor Meyer) ; dans ce cas, il est probable que la condensation se fait sans que la réduction ait été complète :

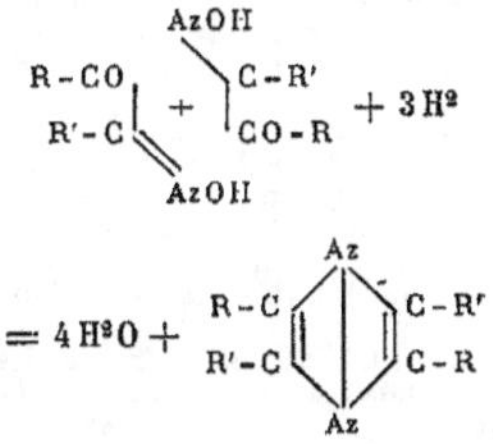

$$\begin{matrix} R-CO \\ R'-C(=AzOH) \end{matrix} + \begin{matrix} (AzOH=)C-R' \\ CO-R \end{matrix} + 3H^2$$

$$= 4H^2O + \text{(Az / R-C C-R' / R'-C C-R / Az)}$$

Un autre moyen de produire le groupement

$$CO-CH-(AzH^2)$$

consiste à traiter les acétones α halogénées par l'ammoniaque [L. Wolff, *D. chem. G.*, **20**, 425; *Bull. Soc. Chim.*, (2), **48**, 277. — D. Vladesco, *Bull. Soc. Chim.*, (3), **5**, 293; **6**, 820].

Ce procédé de condensation semble très général, car il réussit encore si dans le corps

$$R-CO-CH(AzH^2)-R'$$

on fait R et R' égaux à H. On a alors l'aldéhyde aminoéthylique de Fischer et on sait que sa condensation avec ou sans chlorure mercurique donne naissance à la γ diazine elle-même [S. Gabriel et G. Pinkus, *loc. cit.*]. L'acétalamine,

$$AzH^2-CH^2-CH(OC^2H^5)^2,$$

qui est un dérivé immédiat de l'aldéhyde aminoéthylique, réagit de même [L. Wolff, *D. chem. G.*, **26**, 1830].

On a obtenu une diméthyldiazine dont le mode de production semble à priori différent de celui que nous venons d'exposer. M. Étard a obtenu une base de cette composition en faisant réagir le chlorure d'ammonium sur la glycérine à haute température. M. Stoehr [*J. prakt. Chem.*, (2), **47**, 439] a repris ces expériences et montré que cette base est identique à la kétine (αβ'*diméthyl-γ diazine*). Cette base est accompagnée dans sa formation de la β méthylpyridine, qui prend naissance par l'action de l'acroléine sur l'ammoniaque. Il nous semble probable que l'ammoniaque se fixe sur l'acroléine à l'état naissant, suivant le schéma

$$COH-CH=CH^2 + AzH^3 = COH-CH-CH^3 \quad (AzH^2)$$

réalisant ainsi le chaînon favorable à la condensation

$$\begin{array}{ccc} & \mathrm{AzH^2} & \\ \mathrm{CH^3-CH} & & \mathrm{COH} \\ \mathrm{COH} & + & \mathrm{CH-CH^3} \\ & \mathrm{AzH^2} & \end{array}$$

$$= \mathrm{H^2O + 2H^2O} + \begin{array}{ccc} & \mathrm{Az} & \\ \mathrm{CH^3-C} & & \mathrm{CH} \\ \mathrm{CH} & & \mathrm{C-CH^3} \\ & \mathrm{Az} & \end{array}$$

[S. Stoehr, *J. prakt. Chem.*, (2), **47**, 349].

Réactions. — La réduction par le sodium et l'alcool transforme toutes les diazines en hexahydrodiazines correspondantes [C. Stoehr, *loc. cit.*].

L'oxydation par le permanganate de potassium en solution sulfurique détruit le noyau diazinique; mais le permanganate alcalin et l'acide chromique transforment les γ diazines substituées en acides diazine-carboniques [L. OEconomidès, *D. chem. G.*, **19**, 2524; *Bull. Soc. Chim.*, (2), **47**, 573. — L. Wolff, *D. chem. G.*, **26**, 721; *Bull. Soc. Chim.*, (3), **10**, 880]. Ces acides, distillés avec la chaux sodée, fournissent la γ diazine elle-même.

Homologues de l'hexahydro-γ diazine. — *Modes de formation.* — 1° On obtient des *hexahydro-γ diazines* (pipérazines) en réduisant par le sodium et l'alcool les γ diazines correspondantes.

2° Les $\alpha\beta$ dibromures alcooliques réagissent sur l'ammoniaque et les amines primaires en donnant, outre d'autres produits, des hexahydro-γ diazines. [Aux travaux de A.-W. Hofmann déjà cités traitant de cette question nous ajouterons : A.-W. Hofmann, *D. chem. G.*, **3**, 763; *Bull. Soc. Chim.*, (2), **14**, 443; *D. chem. G.*, **4**, 666; *Bull. Soc. Chim*, (2), **16**, 311; *C. R.*, **49**, 781; *Bull. Soc. Chim.*, (3) **2**, 39; *C. R.*, **51**, 395; *Bull. Soc. Chim.*, (3), **3**, 25; *C. R.*, **53**, 18; *Bull. Soc. Chim.*, (3), **3**, 349; *C. R.*, **53**; *Bull. Soc. Chim.*, (3), **3**, 352; *C. R.*, **53**, 307; *Bull. Soc. Chim.*, (3), **4**, 32; *C. R.*, **53**, 313; *Bull. Soc. Chim.*, (3), **4**, 38].

Il est probable que la réaction se passe en deux phases :

$$\mathrm{R-AzH^2 + \underset{\displaystyle R'}{C}HBr-CH^2Br + AzH^2-R}$$

$$= \mathrm{2HBr + RH-Az-\underset{\displaystyle R'}{C}H-CH^2-AzHR}$$

Le dibromure réagit ensuite sur le dérivé de la diamine formée, suivant le schéma

$$\begin{array}{ccc} & \mathrm{CH^2Br-CHBr-R'} & \\ \mathrm{R-AzH} & + & \mathrm{AzH-R} \\ & \mathrm{\underset{\displaystyle R'}{C}H — CH^2} & \end{array}$$

$$= \mathrm{2HBr + R-Az} \begin{array}{c} \mathrm{CH^2-CH-R'} \\ \\ \mathrm{R'-CH-CH^2} \end{array} \mathrm{Az-R}$$

Ce qui prouve bien la réalité de cette explication, c'est qu'on prépare souvent les hexahydrodiazines en faisant réagir les dibromures sur les diamines substituées [C. Bischoff, *D. chem. G.*, **22**, 1777; *Bull. Soc. Chim.*, (3), **3**, 833].

On peut rapprocher de ce mode de formation celui qui fournit les pipérazines en partant des monochlorhydrines de glycols et des amines primaires, ou de l'oxyde d'éthylène et de ces mêmes amines.

L'action de la monochlorhydrine du glycol a été étudiée par A. Wurtz [*Bull. Soc. Chim.*, (2), **11**, 273; **12**, 190]; celle de l'oxyde d'éthylène l'a été par M. E. Demôle [*D. chem. G.*, **7**, 635; *Bull. Soc. Chim.*, (2), **22**, 463].

Avec l'oxyde d'éthylène et la p-toluidine, il se fait à la fois les deux réactions

$$\mathrm{CH^3-C^6H^4-AzH^2} + \begin{array}{c} \mathrm{CH^2-CH^2} \\ \diagdown\mathrm{O}\diagup \end{array}$$

$$= \mathrm{CH^3-C^6H^4-AzH-CH^2-CH^2OH}$$

$$\mathrm{CH^3-C^6H^4-AzH^2} + \begin{array}{c} \mathrm{2\,CH^2-CH^2} \\ \diagdown\mathrm{O}\diagup \end{array}$$

$$= \mathrm{CH^3-C^6H^4-Az} \begin{array}{l} \mathrm{\diagup CH^2-CH^2OH} \\ \mathrm{\diagdown CH^2-CH^2OH} \end{array}$$

La base fournie par la première réaction, soumise à la distillation sèche, double sa molécule en perdant 1 molécule d'eau :

$$\begin{array}{ccc} & \mathrm{CH^2OH-CH^2} & \\ \mathrm{CH^3-C^6H^4-AzH} & + & \mathrm{AzH-C^6H^4-CH^3} \\ & \mathrm{CH^2 — CH^2OH} & \end{array}$$

$$= \mathrm{2H^2O + C^7H^7-Az} \begin{array}{c} \mathrm{CH^2-CH^2} \\ \\ \mathrm{CH^2-CH^2} \end{array} \mathrm{Az-C^7H^7.}$$

3° Hofmann a fait voir, dans son travail sur les bases éthyléniques, qu'il peut se faire un nombre assez grand de bases différentes à poids moléculaire de plus en plus élevé provenant de la réaction de l'excès de dibromures et d'ammoniaque sur les bases déjà formées. Par exemple :

$$\mathrm{AzH^2-CH^2-CH^2-AzH^2 + CH^2Br-CH^2Br + AzH^3}$$
$$\mathrm{= 2HBr + AzH^2-CH^2-CH^2-AzH-CH^2-CH^2-AzH^2.}$$

Il a obtenu avec l'ammoniaque et le bromure d'éthylène la *diéthylène-triamine* et la *triéthylène-tétramine*. Quand on soumet à l'action de la chaleur les chlorhydrates de ces diverses bases, ils se transforment en chlorure d'ammonium et chlorhydrate d'hexahydro-γ diazine [A.-W. Hofmann, *D. chem. G.*, **23**, 3723; *Bull. Soc. Chim.*, (3), **6**, 48]. Cette transformation a été réalisée pour la première fois par M. Ladenburg sur l'éthylène-diamine : il avait obtenu une base à laquelle il avait donné le nom d'*éthylène-imine*, et qui a depuis été reconnue identique à l'*hexahydro-γ diazine* (*pipérazine*) [A. Ladenburg et J. Abel, *D. chem. G.*, **21**, 758 et 2706; *Bull. Soc. Chim.*, (2), **50**, 443; (3), **1**, 389. — A.-W. Hofmann, *D. chem G.*, **23**, 3297, 3711, 3723; *Bull. Soc. Chim.*, (3), **3**, 678; **6**, 48, 49. — W. Majert et A. Schmidt, *D. chem. G.*, **23**, 3718; **24**, 241; *Bull. Soc. Chim.*, (3), **6**, 51, 458]. Il est infiniment probable que cette réaction, vraie pour les bases éthyléniques, le serait également pour les bases propyléniques ou autres.

4° En réduisant les *hexahydro-γ diazinediones*, et notamment les *hexahydro-diazine-$\alpha\beta$ diones*, au moyen de la soude et de la poudre de zinc ou du sodium et de l'alcool, on les transforme en hexahydrodiazines correspondantes. La transformation de l'*hexahydrodiazine-αβ dione* (*éthylène-oxamide*) en *pipérazine* a fait l'objet d'un brevet pris par la maison Schering [*D. chem. G.*, **26**, 262, *Ref.*] :

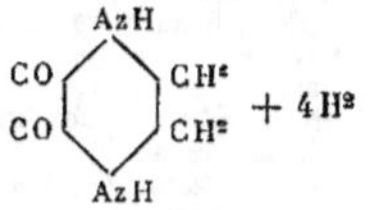

AzH
CO CH²
CO CH² + 4H²
AzH
Ethylène-oxamide.

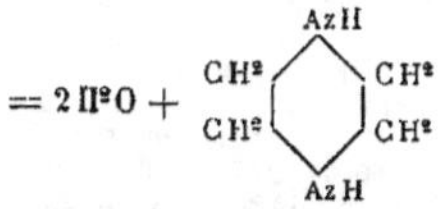

AzH
= 2H²O + CH² CH²
CH² CH²
AzH
Pipérazine.

Propriétés. — Les hexahydro-γ diazines, comme les γ diazines, sont des composés très stables, distillant sans décomposition à une température en général assez peu élevée. On peut transformer les hexahydro-diazines en les γ diazines correspondantes en les distillant avec la poudre de zinc.

Les γ diazines sont assez aisément oxydées en donnant naissance à des acides carboxylés; les hexahydro-diazines correspondantes sont très résistantes à l'oxydation ou sont complètement détruites par elle

Les pipérazines, dans lesquelles les atomes d'hydrogène des deux groupes AzH sont remplacés par des noyaux aromatiques, sont transformées par l'acide nitreux en *dérivés dinitrés* que l'étain et l'acide chlorhydrique réduisent ensuite à l'état de dérivés diamidés [H. Morley, *D. chem. G.*, **12**, 1796; *Bull. Soc. Chim.*, (2), **34**, 412. — C. Bischoff et C. Trapesonzjanz, *D. chem. G.*, **23**, 1977; *Bull. Soc. Chim.*, (3), **6**, 110. — C. Bischoff et A. Hausdörfer, *D. chem. G.*, **23**, 1981; *Bull. Soc. Chim.*, (3), **6**, 111. — C. Bischoff, *D. chem. G.*, **25**, 2943; *Bull. Soc. Chim.*, (3), **10**, 294].

Isomérie stéréochimique. — La présence des doubles liaisons dans la γ diazine et ses homologues empêche toute isomérie stéréochimique ou optique. Il n'en est plus de même dans la série de l'*hexahydro-γ diazine*. Les 4 atomes de carbone du noyau, les 2 atomes d'azote et les deux groupes qui y sont attachés sont dans un même plan; mais les 8 atomes d'hydrogène liés aux atomes de carbone ne sont pas dans le plan de ces atomes de carbone : 4 d'entre eux sont situés au-dessus, les 4 autres étant audessous de ce plan. Dans le cas d'une seule substitution, on voit qu'il ne peut y avoir d'isomérie stéréochimique; mais il doit y avoir isomérie optique, la figure obtenue ne pouvant pas être superposée à son image :

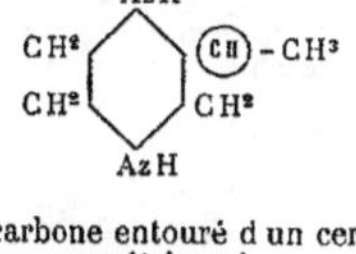

AzH
CH² (CH)-CH³
CH² CH²
AzH

(L'atome de carbone entouré d'un cercle est un atome de carbone asymétrique.)

Dans le cas d'un corps disubstitué, les deux isoméries peuvent avoir lieu. Il y a d'abord isomérie stéréochimique, suivant que les deux substituants sont du même côté du plan, ou chacun de leur côté, et chacun des isomères stéréochimiques possédant une image qui ne lui est pas superposable possédera l'isomérie optique. Les composés obtenus par synthèse seront donc des racémiques.

Il y a un cas cependant où l'un des isomères stéréochimiques (l'isomère cis-cis) sera inactif par constitution : c'est dans le cas d'une substitution αα' par un même radical :

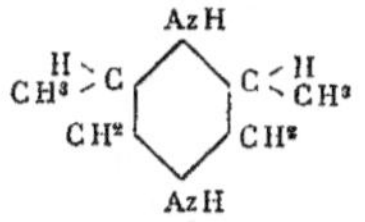

AzH
$\begin{smallmatrix}H\\CH^3\end{smallmatrix}$ > C C < $\begin{smallmatrix}H\\CH^3\end{smallmatrix}$
CH² CH²
AzH

La figure est alors symétrique par rapport à un plan passant par les 2 atomes d'azote, et son image lui devient superposable.

Le fait de l'isomérie stéréochimique a déjà été constaté séparément par MM. L. Wolff et Stoehr [*D. chem. G.*, **26**, 724 et *J. prakt. Chem.*, (2), **47**, 439], qui, en hydrogénant l'αβ' *diméthyl-γ diazine*, ont obtenu, non pas une, mais deux αβ' diméthyl-hexahydro-γ diazines [1].

On n'a pas encore fait de recherches tendant au dédoublement de ces isomères dans le but de vérifier les indications fournies par la théorie.

On connaît des dérivés de l'*hexahydro-γ diazine*, dans lesquels des groupes CH^2 sont remplacés par des groupes CO. Ces dérivés sont au nombre de 6 : 1 hexahydro-γ diazinone, 3 hexahydro-γ diazine-diones; 1 hexahydro-γ diazine-trione, 1 hexahydro-γ diazine-tétrone. Nous allons étudier successivement leurs modes généraux de formation et leurs dédoublements principaux.

Homologues de l'hexahydro-γ diazinone. — *Synthèse.* — Ces composés, désignés par M. Bischoff, d'après la nomenclature de M. Widmann, sous le nom de *monoacipipérazines*, ont été obtenus par lui en faisant réagir sur les dérivés bisubstitués de l'éthylène-diamine les éthers des acides gras α halogénés

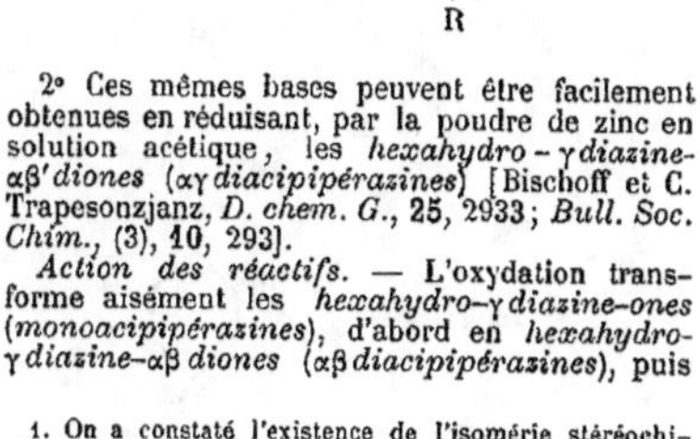

CH² — CH²
C^6H^5-AzH / + \ AzH-C^6H^5
CHBr-$CO^2C^2H^5$
|
R

CH²-CH²
= HBr + H^2O + C^6H^5-Az < > AzC^6H^5.
CH—CO
|
R

2° Ces mêmes bases peuvent être facilement obtenues en réduisant, par la poudre de zinc en solution acétique, les *hexahydro-γ diazine-αβ' diones* (*αγ diacipipérazines*) [Bischoff et C. Trapesonzjanz, *D. chem. G.*, **25**, 2933; *Bull. Soc. Chim.*, (3), **10**, 293].

Action des réactifs. — L'oxydation transforme aisément les *hexahydro-γ diazine-ones* (*monoacipipérazines*), d'abord en *hexahydro-γ diazine-αβ diones* (*αβ diacipipérazines*), puis

1. On a constaté l'existence de l'isomérie stéréochimique dans de nombreux composés oxygénés dérivés de l'hexahydro-γ diazine, chaque fois que cela était indiqué par la théorie.

facilement en *hexahydro-γ diazine-tétrones* (*tétracipipérazines*)

$$\text{R-Az}\langle\begin{smallmatrix} CH^2-CO \\ CH^2-CH^2 \end{smallmatrix}\rangle\text{Az-R} + O^2 = H^2O + \text{R-Az}\langle\begin{smallmatrix} CH^2-CO \\ CH^2-CO \end{smallmatrix}\rangle\text{Az-R}$$

$$\text{R-Az}\langle\begin{smallmatrix} CH^2-CO \\ CH^2-CO \end{smallmatrix}\rangle\text{Az-R} + 2\,O^2 = 2\,H^2O + \text{R-Az}\langle\begin{smallmatrix} CO-CO \\ CO-CO \end{smallmatrix}\rangle\text{Az-R}$$

La potasse alcoolique ouvre la chaîne des *hexahydro-γ diazinones* avec fixation d'une molécule d'eau et formation d'acides qui sont des glycocolles disubstitués.

Ces acides, chauffés au-dessus de leur point de fusion, perdent 1 molécule d'eau en fournissant à nouveau la pipérazine

$$C^6H^5\text{-Az}\langle\begin{smallmatrix} CH^2-CO \\ CH^2-CH^2 \end{smallmatrix}\rangle\text{Az-}C^6H^5 + H^2O = C^6H^5\text{-AzH}\langle\begin{smallmatrix} CH^2 \quad CO^2H \\ CH^2-CH^2 \end{smallmatrix}\rangle\text{Az-}C^6H^5$$

Ac. phénylaminoéthylphénylaminoéthanoïque (phénylamidoéthylphénylglycocolle).

Homologues de l'hexahydro-γ diazine-αβ dione. — On dispose de deux procédés pour produire ces composés ·

On peut oxyder d'une manière ménagée les monoacipipérazines, comme nous venons de l'indiquer.

On peut faire réagir l'acide oxalique sur les dérivés des αβ diamines :

$$\begin{matrix} \text{R-AzH-}CH^2 \\ \text{R-AzH-}CH\text{-R}' \end{matrix} + \begin{matrix} CO^2H \\ CO^2H \end{matrix} = 2\,H^2O + \text{R-Az}\langle\begin{smallmatrix} CH^2-CO \\ R'\text{-}CH-CO \end{smallmatrix}\rangle\text{Az-R}$$

[C. Bischoff et O. Nastvogel, *D. chem. G.*, 22, 1804; *Bull. Soc. Chim.*, (3), 3, 839. — C. Bischoff et A. Hausdörfer, *D. chem. G.*, 23, 1987; *Bull. Soc. Chim.*, (3), 6, 112. — C. Bischoff et O. Nastvogel, *D. chem. G.*, 23, 2031 et 2035; *Bull. Soc. Chim.*, (3), 6, 117 et 118].

L'oxydation prolongée par l'acide chromique transforme les hexahydrodiazines-αβ diones (αβ diacipipérazines) en hexahydro-γ diazine-tétrones (tétracipipérazines).

Inversement, la réduction des *hexahydro-γ diazine-αβ diones* par le sodium et l'alcool, ou la poudre de zinc et la soude, les transforme en hexahydro-γ diazines (pipérazines). Nous avons vu que cette réaction est exploitée pour la préparation industrielle de la pipérazine elle-même.

Homologues de l'hexahydro-γ diazine-αα' dione. — *Action des éthers α monohalogénés sur les amines primaires.* — Cette réaction, qui semble extrêmement simple, est en réalité plus compliquée, à cause du grand nombre de réactions secondaires dont elle est accompagnée. Appliquons-la à l'aniline ·

$$C^6H^5 . AzH^2 + ClCH^2 . CO^2C^2H^5 = HCl + C^6H^5 . AzH . CH^2 . CO^2C^2H^5.$$

$$C^6H^5 . AzH . CH^2 . CO^2C^2H^5 + C^6H^5 . AzH^2 = C^2H^6O + C^6H^5 . AzH . CH^2 . CO . AzHC^6H^5.$$

L'acide chlorhydrique qui prend naissance dans la réaction, met une partie du phénylglycocolle en liberté.

La condensation du phénylglycocolle avec lui-même, ou avec son anilide, ou avec son éther, conduit à un isomère du corps que nous étudions, l'*hexahydro-γ diazine-αβ' dione* :

$$C^6H^5\text{-AzH-}CH^2\text{-}CO^2C^2H^5 + C^6H^5\text{-AzH-}CH^2\text{-CO-AzH.}C^6H^5$$

$$= C^2H^6O + AzH^2C^6H^5 + C^6H^5\text{-Az}\langle\begin{smallmatrix} CH^2-CO \\ CO-CH^2 \end{smallmatrix}\rangle\text{Az-}C^6H^5$$

Mais l'aniline, au lieu de réagir sur une seule molécule d'acide chloracétique, peut aussi réagir sur deux à la fois

$$C^6H^5\text{-}AzH^2 + \begin{matrix} Cl-CH^2-CO^2H \\ Cl-CH^2-CO^2H \end{matrix} = 2\,HCl + C^6H^5\text{-Az}\langle\begin{matrix} CH^2-CO^2H \\ CH^2-CO^2H \end{matrix}$$

Or l'acide réagira sur l'excès d'aniline, en fournissant l'hexahydro-γ diazine-αα' dione :

$$\begin{matrix} AzH^2.C^6H^5 \\ + \\ CO^2H\text{-}CH^2\text{-Az}(C^6H^5)\text{-}CH^2\text{-}CO^2H \end{matrix} = 2\,H^2O + AzC^6H^5\langle\begin{smallmatrix} CO-CH^2 \\ CO-CH^2 \end{smallmatrix}\rangle\text{Az-}C^6H^5$$

Le dédoublement de ces bases par les alcalis donne naissance aux homologues de l'acide phénylimidodiacétique [Rebuffat, *Gazz. chim. ital.*, **17**, 231. — A. Hausdörfer, *D. chem. G.*, **22**, 1795; *Bull. Soc. Chim.*, (3), 837].

HOMOLOGUES DE L'HEXAHYDRO-γ DIAZINE-αβ' DIONE. — *Modes de formation.* — On a décrit plusieurs procédés pour préparer ces composés, mais, en réalité, ils peuvent tous être ramenés au premier, la condensation des acides α amidés de la série grasse :

$$\begin{matrix} & AzH^2 & \\ R-CH & & CO^2H \\ CO^2H & + & CH-R \\ & AzH^2 & \end{matrix}$$

$$= 2H^2O + \begin{matrix} & AzH & \\ R-CH & & CO \\ CO & & CH-R \\ & AzH & \end{matrix}$$

[P.-J. Meyer, *D. chem. G.*, **8**, 1152, 1158 et **10**, 1967; *Bull. Soc. Chim.*, (2), **25**, 311, 313 et **30**, 563].

Les acides α anilidés se prêtent à la même réaction

$$\begin{matrix} & AzHR & \\ R'-CH & & CO^2H \\ CO^2H & + & CH-R' \\ & AzHR & \end{matrix}$$

$$= 2H^2O + \begin{matrix} & AzR & \\ R'-CH & & CO \\ CO & & CH-R' \\ & AzR & \end{matrix}$$

Il suffit, pour opérer la condensation, de chauffer pendant quelque temps ces acides au-dessus de leur point de fusion [C. Curtius et Gœbel, *J. prakt. Chem.*, (2), **37**, 150; *Bull. Soc. Chim.*, (2), **49**, 965. — C. Bischoff et O. Nastvogel, *D. chem. G.*, **22**, 1786 et 1792; *Bull. Soc. Chim.*, (3), **3**, 835 et 836].

Le procédé que nous avons décrit à propos des hexahydro-γ diazine-αα' diones, et qui consiste à faire réagir les éthers α halogénés sur les amines primaires, ne diffère pas de celui que nous venons de décrire, car le premier produit de la réaction est précisément l'éther d'un acide α amidé. Les conditions de l'expérience varient seules : tandis que, dans le premier cas, il suffisait de chauffer pour produire la condensation avec départ d'eau, il faut, dans le second, ajouter un composé, soude, carbonate ou acétate de sodium, capable de saturer l'acide halogéné au fur et à mesure de sa formation

On peut en dire autant du procédé qui consiste à condenser les anilides de chloracétylglycocolles substitués ·

$$\begin{matrix} & C^6H^5 & \\ & Az & \\ CH^2 & & CO \\ CO & & CH^2Cl \\ & AzH & \\ & C^6H^5 & \end{matrix} = HCl + \begin{matrix} & C^6H^5 & \\ & Az & \\ CH^2 & & CO \\ CO & & CH^2 \\ & Az & \\ & C^6H^5 & \end{matrix}$$

Cela revient à faire, avec des phases différentes, la même réaction. L'anilide du phénylglycocolle est en effet produite par l'action de 2 molécules d'aniline sur l'éther chloracétique; on l'obtient chloracétylée par l'action d'une seconde molécule d'éther chloracétique [P. Abenius, *D. chem. G.*, **21**, 1665; *Bull. Soc. Chim.*, (2), **50**, 410].

La préparation qui consiste à condenser les glycocolles anilido-acétylés est toujours une variante de l'action des amines primaires sur les acides halogénés. La seconde molécule d'aniline a réagi sur l'atome de chlore, au lieu de réagir sur le carboxyle :

$$\begin{matrix} & C^6H^5 & \\ & Az & \\ CH^2 & & CO \\ CO^2H & & CH^2 \\ & AzH & \\ & C^6H^5 & \end{matrix}$$

$$= H^2O + \begin{matrix} & C^6H^5 & \\ & Az & \\ CH^2 & & CO \\ CO & & CH^2 \\ & A & \\ & C^6H^5 & \end{matrix}$$

[C. Bischoff, *D. chem. G.*, **22**, 1774; *Bull. Soc. Chim.*, (3), **3**, 832].

L'avantage de ces opérations faites en deux fois, en isolant les produits intermédiaires de la réaction, est qu'on peut obtenir de cette façon des composés mixtes.

Ainsi, si l'on fait réagir la p-toluidine sur le phénylchloracétylglycocolle, on obtiendra une *ν phényl-γ p-crésyl-hexahydro-γ diazine-αβ' dione* :

$$\begin{matrix} & C^6H^5 & \\ & Az & \\ CH^2 & & CO \\ CO^2H & & CH^2Cl \\ & + & \\ & AzH^2 & \\ & C^6H^4 & \\ & CH^3 & \end{matrix}$$

$$= HCl + H^2O + \begin{matrix} & C^6H^5 & \\ & Az & \\ CH^2 & & CO \\ CO & & CH^2 \\ & Az & \\ & C^6H^4 & \\ & CH^3 & \end{matrix}$$

Ces diverses réactions ont été principalement étudiées avec des amines primaires aromatiques, mais l'ammoniaque et les amines primaires grasses donnent également des résultats satisfaisants (Mylius, *D. chem. G.*, **17**, 287; *Bull. Soc. Chim.*, (2), **43**, 302]

Enfin, le procédé qui semble le plus détourné consiste à traiter les anilides par le brome et le produit ainsi obtenu par la potasse alcoolique.

On s'est rendu compte qu'on faisait ainsi des anilides des acides α-bromés qui se condensent ensuite :

$$\begin{array}{c} C^6H^5 \\ | \\ AzH \\ CO \diagup \quad\quad CHBr-R' \\ R'-CHBr \quad + \quad CO \\ AzH \\ | \\ C^6H^5 \end{array}$$

$$= 2HBr + \begin{array}{c} C^6H^5 \\ | \\ Az \\ CO \quad CH-R' \\ R'-CH \quad CO \\ Az \\ | \\ C^6H^5 \end{array}$$

Ici, au lieu de faire réagir le brome sur les acides gras pour combiner les acides bromés avec les amines, on commence par les combiner aux amines pour les bromer ensuite [P. Abenius et O. Widman, *J. prakt. Chem.*, (2), **38**, 296; *Bull. Soc. Chim.*, (3), **1**, 631. — P. Abenius, *J. prakt. Chem.*, (2), **40**, 425; *Bull. Soc. Chim.*, (3), **4**, 216].

La réduction par la poudre de zinc en solution acétique transforme les *hexahydro-γ diazine-αβ' diones* en *hexahydro-γ diazinones* (monoacipipérazines) [C. Bischoff et C. Trapesonzjanz, *D. chem. G.*, **25**, 2953; *Bull. Soc. Chim.*, (3), **10**, 293].

Réactions. — L'oxydation par l'acide chromique en solution acétique transforme les *hexahydro-γ diazine-αβ' diones* en *hexahydro-γ diazine-tétrones.*

Si l'on traite ces corps par un mélange d'oxychlorure et de perchlorure de phosphore, on les transforme en des dérivés dichlorés auxquels on a assigné pour constitution

$$\begin{array}{c} R \\ | \\ Az \\ CO \quad CCl \\ CCl \quad CO \\ Az \\ | \\ R \end{array}$$

D'après cette formule, ces corps seraient des *αβ' dichloro-γα' γβ' tétrahydro-γ diazine-α'β diones.* Les réducteurs, zinc et acide acétique, acide iodhydrique et phosphore, les convertissent en des composés non chlorés :

$$\begin{array}{c} R \\ | \\ Az \\ CO \quad CH \\ CH \quad CO \\ Az \\ | \\ R \end{array}$$

[P.-W. Abenius, *J. prakt. Chem.*, (2), **41**, 79; *Bull. Soc. Chim.*, (3), **4**, 317].

On a obtenu un composé dérivant d'une autre tétrahydrodiazine en traitant la diphényldiéthylène-diamine par l'acétophénone monobromée :

$$\begin{array}{c} AzHC^6H^5 \\ CH^2 \quad\quad CO-C^6H^5 \\ | \quad + \quad | \\ CH^2 \quad\quad CH^2Br \\ AzHC^6H^5 \end{array}$$

$$= H^2O + HBr + \begin{array}{c} AzC^6H^5 \\ CH^2 \quad C-C^6H^5 \\ CH^2 \quad CH \\ AzC^6H^5 \end{array}$$

[L. Garzini, *Atti Acad. dei Lincei*, 1891, **2**, 213; *D. chem. G.*, **24**. *Ref.*, 957].

Homologues de la γ diazine-dione. — On a tenté d'obtenir les *hexahydro-γ diazine-triones* (triacipipérazines) en faisant réagir l'acide oxalique sur les glycocolanilides :

$$\begin{array}{c} AzHR \\ CO \quad\quad CO^2H \\ | \quad + \quad | \\ CH^2 \quad\quad CO^2H \\ AzHR \end{array} = 2H^2O + \begin{array}{c} AzR \\ CO \quad CO \\ CH^2 \quad CO \\ AzR \end{array}$$

[Bischoff et O. Nastvogel, *D. chem. G.*, **23**, 2051; *Bull. Soc. Chim.*, (3), **6**, 120]; mais la réaction ne s'est pas faite dans le sens attendu.

Homologues de l'hexahydro-γ diazine-tétrone. — Ces composés prennent naissance dans l'oxydation de tous les corps que nous venons d'étudier. On pensait aussi les obtenir directement en faisant réagir l'acide ou l'éther oxalique, ou l'éther chloroxalique sur les oxamides substitués :

$$\begin{array}{c} AzHR \\ CO \quad\quad COCl \\ | \quad + \quad | \\ CO \quad\quad CO^2C^2H^5 \\ AzHR \end{array}$$

$$= HCl + C^2H^6O + \begin{array}{c} AzR \\ CO \quad CO \\ CO \quad CO \\ AzR \end{array}$$

mais la réaction ne s'est pas produite dans le sens attendu [C. Bischoff et O. Nastvogel, *D. chem. G.*, **23**, 2051; *Bull. Soc. Chim.*, (3), **6**. 120].

Une oxydation profonde transforme les hexahydro-γ diazine-tétrones d'abord en acides parabaniques substitués, puis en oxamides substituées :

$$\begin{array}{c} AzR \\ CO \quad CO \\ CO \quad CO \\ AzR \end{array} + O = CO^2 + \begin{array}{c} AzR \\ CO \\ \quad\quad CO \\ CO \\ AzR \end{array}$$

$$\begin{array}{c} AzR \\ CO \\ \quad\quad CO \\ CO \\ AzR \end{array} + H^2O = CO^2 + \begin{array}{c} AzHR \\ CO \\ | \\ CO \\ AzHR \end{array}$$

γ Diazine (*pyrazine, aldine, piazine*). — *Modes de formation.* — 1° En distillant le chlorhydrate de pipérazine (hexahydro-γ diazine) avec la poudre de zinc. Ce procédé, qui serait commode, car la pipérazine est un produit industriel, ne donne que de mauvais rendements et un produit très impur, qui a trompé M. Stœhr sur les véritables propriétés de la γ diazine [C. Stœhr, *J. prakt. Chem.*, (2), **47**, 451].

2° En distillant les acides γ diazine-carboniques obtenus par oxydation de la tétraméthyl-γ diazine (tétraméthylpyrazine), préparée elle-même au moyen de l'acide bromolévulique et de l'ammoniaque [L. Wolff, *D. chem. G.*, **26**, 723].

3° En décomposant l'acétalamine par l'acide sulfurique, ou par l'acide oxalique desséché [L. Wolff, *D. chem. G.*, **21**, 1481; *Bull. Soc. Chim.*, (2), **50**, 385], ou en l'oxydant par une solution bouillante de chlorure mercurique [L. Wolff, *D. chem. G.*, **26**, 1832] :

```
            AzH²  OC²H⁵
      CH² /      /
             CH-OC²H⁵
C²H⁵O-CH  +  |            + 2HgCl²
     /      CH²
 OC²H⁵    AzH²

                        Az
                   CH  /  \  CH
= Hg²Cl² + 2C²H⁶O +    ||  ||     + 2HCl
                   CH  \  /  CH
                        Az
```

4° En oxydant l'amino-aldéhyde

$$AzH^2-CH^2-CHO$$

au moyen du chlorure mercurique. Ce procédé est calqué sur le précédent [S. Gabriel et G. Pinkus, *D. chem. G.*, **26**, 2207].

Préparation. — Dans une solution concentrée de 3 parties de chlorure mercurique, on introduit 1 partie d'acétalamine à l'état de chlorhydrate, puis de l'acide chlorhydrique pour dissoudre le chloromercurate qui s'est déposé. On fait ensuite bouillir le liquide pendant 10 minutes, on filtre le chlorure mercureux, on ajoute un excès de soude dans la solution filtrée, et l'on distille avec la vapeur d'eau qui entraîne la nouvelle base. On sature exactement le liquide distillé par l'acide chlorhydrique, on le concentre et on précipite à nouveau par le chlorure mercurique. On obtient un sel double peu soluble, qu'on distille ensuite avec du carbonate de potassium en solution très concentrée. Il passe à la distillation un liquide neutre, qui ne tarde pas à se prendre en une masse d'aiguilles feutrées. Le rendement est de 18 à 22 0/0 de la théorie [L. Wolf, *loc. cit.*].

Propriétés. — La base parfaitement desséchée au moyen d'une distillation sur la baryte anhydre bout sans aucune décomposition à 115° sous une pression de 730 millimètres; elle se concrète aussitôt en une masse cristalline, fusible à 55°.

Elle cristallise dans une très petite quantité d'eau, car elle y est extrêmement soluble, en beaux prismes qui ne contiennent pas d'eau de cristallisation. Elle possède une odeur spéciale, intermédiaire entre celle de l'héliotrope et celle du fenouil. Ses solutions aqueuses sont sans action sur le tournesol. C'est une *base monoacide* dont les sels ont une réaction acide.

Cette base se caractérise par sa très grande volatilité. Elle est hygrométrique. Ses solutions éthérées ne laissent à l'évaporation presque aucun résidu.

Le *chlorhydrate*, $C^4H^4Az^2 . HCl$, forme de gros cristaux hygroscopiques, mais assez peu solubles dans l'alcool; il se sublime à 135° sans fondre et a une grande tendance à se dissocier.

Le *picrate*, $C^4H^4Az^2 . C^6H^2(OH)(AzO^2)^3$, cristallise dans l'eau bouillante en aiguilles jaunes fondant à 157°.

Le *chloraurate*, $C^4H^4Az^2HCl . AuCl^3$, forme de belles lamelles jaunes, très brillantes, qui fondent à 200°.

La *combinaison argentique*, $C^4H^4Az^2 . AzO^3Ag$, se précipite sous la forme de petits prismes fusibles à 257°.

Le *chloromercurate* se présente en aiguilles; l'*iodobismuthate* se précipite en solution azotique sous la forme d'un précipité très caractéristique d'un rouge cinabre [L. Wolff, *D. chem. G.*, **26**, 724].

PRODUITS D'HYDROGÉNATION DE LA γ-DIAZINE. — Les produits d'hydrogénation de la γ *diazine* sont théoriquement très nombreux, mais on ne connaît actuellement que l'*hexahydro-γ diazine* ou *pipérazine* et un dérivé de substitution de la vγ *dihydro-γ diazine*.

vγ DIBENZÈNE-SULFONE-DIHYDRO-γ DIAZINE. — Ce composé s'obtient aisément quand on abandonne à la température ordinaire le benzène-sulfoamidoacétal avec un excès d'acide chlorhydrique :

```
           C⁶H⁵                          C⁶H⁵
            |                             |
           SO²                           SO²
            |                             |
           AzH  OC²H⁵                    Az
      CH² /     /                   CH  /  \  CH
            CH-OC²H⁵                   ||  ||
OC²H⁵-CH    |                       CH  \  /  CH
     /     CH²                           Az
 OC²H⁵    AzH                             |
           |                             SO²
          SO²                             |
           |                             C⁶H⁵
          C⁶H⁵
```

Ce produit forme des cristaux incolores, fondant à 163°, insolubles dans l'eau et presque insolubles dans la plupart des dissolvants organiques neutres.

Les tentatives pour désulfoner ce composé et arriver à la vγ *dihydrodiazine* n'ont pas réussi; le corps se décompose complètement pendant ces tentatives. Il semble que cette dihydro-γ diazine ne soit pas stable.

Si, par contre, on réduit la nouvelle combinaison par l'alcool amylique et le sodium, on détache le groupement benzène-sulfoné et on donne naissance à l'*hexahydro-γ diazine* (*pipérazine*) [W. Marckwald et A. Ellinger, *D. chem. G.*, **26**, 98].

DÉRIVÉS DES TÉTRAHYDRO-γ DIAZINES. — On ne connaît pas plus les *tétrahydro-γ diazines* que les *dihydro-γ diazines*, mais en revanche on a préparé un certain nombre de *tétrahydro-diazinones*, dans lesquelles les atomes d'hydrogène des groupements AzH sont remplacés par des radicaux aromatiques.

vγ DIPHÉNYL-TÉTRAHYDRO-γ DIAZINE-αβ′DIONE (*diphényl-αγ-diacipiazine*). — Cette substance prend naissance dans l'hydrogénation de son dérivé dichloré au moyen de l'acide iodhydrique et du phosphore rouge. Ce dernier est lui-même obtenu en traitant par le perchlorure de phosphore la vγ *diphényl-dihydro-γ diazine-αβ′dione* (diphényl-αγ diacipipérazine, anhydride du phénylglycocolle) :

```
     AzC⁶H⁵          AzC⁶H⁵          AzC⁶H⁵
CH² /    \ CO   CCl /    \ CO   CH /    \ CO
CO  \    / CH²  CO  \  \ / CCl  CO \  \ / CH
     AzC⁶H⁵          AzC⁶H⁵          AzC⁶H⁵
```

Ce corps forme des cristaux incolores, fusibles au-dessus de 300°.

Le *dérivé dichloré* est en cristaux prismatiques retenant 1 molécule d'alcool de cristallisation qu'ils ne perdent qu'à 100°; ils fondent ensuite à 247° [P. Abenius, *J. prakt. Chem.*, (2), **41**, 79; *Bull. Soc. Chim.*, (3), 4, 317; *D. chem. G.*, **21**, 1665; *Bull. Soc. Chim.*, (2), **50**, 410; *J. prakt. Chem.*, (2), **47**, 183; *Bull. Soc. Chim.*, (3), **10**, 898].

νγ *Di-o-crésyl-tétrahydro-γ diazine-αβ'dione* (*di-o-crésyl-αγ diacipiazine*). — On obtient ce composé en passant par l'intermédiaire de son dérivé chloré, en suivant la méthode que nous venons de décrire et en partant de la νγ *di-o-crésyl-dihydro-γ diazine-αβ' dione.*

Ce corps fond à 232°; il est très peu soluble dans l'alcool froid, plus soluble dans l'alcool chaud [P. Abenius, *J. prakt. Chem.*, (2), **47**, 183; *Bull. Soc. Chim.*, (3), **10**, 899].

La νγ-*di-o-crésyl-α'β dichloro-γ diazine-αβ' dione* forme de fines aiguilles blanches fondant à 200-201° [P. Abenius, *D. chem. G.*, **21**, 1662; *Bull. Soc. Chim.*, (2), **50**, 410; *J. prakt. Chem.*, (2), **38**, 296; *Bull. Soc. Chim.*, (3), **1**, 634].

HEXAHYDRO-γ DIAZINE (PIPÉRAZINE, DIÉTHYLÈNE-DIAMINE, DIÉTHYLÈNE-IMINE). — *Modes de formation.* — 1° L'hexahydro-γ diazine a été obtenue pour la première fois par S. Cloëz [l'*Institut*, 1853, 213] dans les produits de l'action du bromure d'éthylène sur l'ammoniaque; sa constitution fut établie peu de temps après par A.-W. Hofmann [*C. R.*, **46**, 255].

2° On l'obtient également en faisant réagir le bromure d'éthylène sur l'éthylène-diamine; c'est d'ailleurs de cette manière qu'elle doit prendre naissance dans la réaction précédente.

3° Quand on chauffe vers 250° le chlorhydrate d'éthylène-diamine, on le transforme en un mélange de chlorhydrate d'ammoniaque et de chlorhydrate d'*hexahydro-γ diazine*.

M. Ladenburg, qui l'obtint le premier par ce procédé, ne s'aperçut que plus tard qu'il avait entre les mains l'hexahydro-γ diazine. Ce fait fut confirmé depuis par un grand nombre d'auteurs [A. Ladenburg et Abel, *D. chem. G.*, **21**, 758 et 2706; *Bull. Soc. Chim.*, (2), **50**, 443; (3), **1**, 389; W. Majert et A. Schmidt, *D. chem. G.*, **23**, 3718; **24**, 241; *Bull. Soc. Chim.*, (3), **6**, 50, 51].

4° Le chlorhydrate de pipérazine prend également naissance dans l'action de la chaleur sur les chlorhydrates de diéthylène-triamine et de triéthylène-tétramine [A.-W. Hofmann, *D. chem. G.*, **23**, 3711, 3723; *Bull. Soc. Chim.*, (3), **6**, 48, 49].

5° La condensation de la sulfobenzide de l'acétalamine, au moyen de l'acide chlorhydrique, fournit un produit que la réduction, au moyen du sodium et de l'alcool amylique, transforme en pipérazine [W. Marckwald et A. Ellinger, *D. chem. G.*, **26**, 98; *Bull. Soc. Chim.*, (3), **10**, 466].

6° La réduction de la γ diazine, dans les mêmes conditions, conduit au même résultat [L. Wolff, *D. chem. G.*, **26**, 724].

7° On obtient aussi la pipérazine en réduisant par le sodium et l'alcool, ou par la soude et la poudre de zinc, l'*hexahydro-γ diazine-αβ'dione* (*éthylène-oxamide*) [Brevet allemand n° 66461, du 15 juillet 1892; E. Schering à Berlin, *D. chem. G.*, *Ref.*, **26**, 262].

8° La νγ *diphényl-hexahydro-γ diazine* (*diphénylpipérazine*), traitée par l'acide nitreux, fournit un dérivé p-dinitrosé, $C^4H^8(AzC^6H^4-AzO)^2$, qui, à la manière de la nitrosodiméthylaniline, traité par la potasse caustique, se transforme en p-nitrosophénol et *hexahydro-γ diazine* (*pipérazine*) [A. Bischler, *D. chem. G.*, **24**, 716; *Bull. Soc. Chim.*, (3), **6**, 458].

Préparation. — La pipérazine est maintenant un produit industriel assez important, mais sa préparation est tenue secrète.

Propriétés. — La pipérazine a une grande tendance à former un hydrate et, même après dessiccation sur la potasse fondue, elle retient une certaine quantité d'eau, qu'on ne parvient à éliminer que par un traitement au sodium à la température du bain-marie. Ainsi purifiée, elle bout à 145-146°; elle se prend par refroidissement en petites lamelles chatoyantes fusibles à 104°, déliquescentes, très solubles dans l'eau et dans l'alcool, insolubles dans l'éther; sa solution alcoolique n'est pas précipitée par l'éther. Elle se carbonate rapidement au contact de l'air.

C'est une base énergique et di-acide.

Le *chlorhydrate*, $C^4H^{10}Az^2.2HCl$, cristallise en lamelles quadratiques; il est très soluble dans l'eau et peu soluble dans l'alcool.

Le *chloroplatinate*, $C^4H^{10}Az^2.2HCl.PtCl^4$, forme de belles aiguilles jaunes, assez solubles dans l'eau chaude, très peu solubles dans l'alcool, même chaud.

Le *chloromercurate*, $C^4H^{10}Az^2.2HCl.HgCl^2$, cristallise en petites aiguilles groupées en étoiles. Il est très soluble dans l'eau chaude et se précipite quand on ajoute de l'alcool à sa solution.

Le *picrate* forme des aiguilles jaunes, assez solubles même dans l'eau froide, presque insolubles dans l'alcool [S. Sieber, *D. chem. G.*, **23**, 326; *Bull. Soc. Chim.*, (3), **3**, 883].

La pipérazine jouit de l'intéressante propriété de fournir un *urate* soluble dans l'eau. 1 partie d'urate de pipérazine se dissout dans 50 parties d'eau à 17°. L'urate de lithium ne se dissout à 19° que dans 368 parties d'eau [W. Majert et A. Schmidt, *D. chem. G.*, **23**, 3723; *Bull. Soc. Chim.*, (3), **6**, 50].

L'iodobismuthate de potassium fournit, dans les solutions de pipérazine, un précipité formé de petites aiguilles écarlates, assez peu solubles à chaud, insolubles à froid.

Le *diphénolate* se forme en solution éthérée; il cristallise en prismes très solubles dans l'eau, fondant à 99-100°.

La pipérazine se combine de même à l'hydroquinone, mais n'en fixe qu'une molécule. La *pipérazine-hydroquinone* fond en se décomposant à 195° [A. Schmidt et G. Wichmann, *D. chem. G.*, **24**, 3237; *Bull. Soc. Chim.*, (3), **8**, 147].

Propriétés physiologiques. — La pipérazine n'est ni caustique, ni toxique. Sa curieuse propriété de dissoudre l'acide urique l'a fait employer à la place de la lithine dans le traitement des affections goutteuses.

On a cru pendant un certain temps que la pipérazine était identique avec la spermine, base qui existe à l'état de phosphate double calcique dans le sperme des animaux. On a reconnu depuis que cette base, découverte par M. Schreiner, était différente de la pipérazine, tout en possédant des propriétés physiques et chimiques et une odeur analogues [W. Majert et A. Schmidt, *D. chem. G.*, **24**, 241; *Bull. Soc. Chim.*, (3), **6**, 51. — A. Poehl, *D. chem. G.*, **24**, 359; *Bull. Soc. Chim.*, (3), **6**, 459; *Journ. phys. chim. russe*, **23**, 151; *Bull. Soc. Chim.*, (3), **6**, 869].

C'est sans doute cette soi-disant identité avec la spermine qui, rapprochée des célèbres expériences de Brown-Séquard, a fait prêter à la γ pipérazine des propriétés vivifiantes et une action spéciale sur le système nerveux. M. Poehl avait même cru expliquer cette action spéciale par ce fait que la pipérazine favorisait les oxydations (*C. R.*, 1892); mais de nouvelles expériences de M. Duclaux ont démenti ce prétendu pouvoir de la pipérazine.

Recherche de la pipérazine. — On sait que la

pipérazine se combine à l'acide urique en donnant un sel assez soluble; il y avait donc intérêt à étudier son mode d'élimination dans l'organisme. Sa grande stabilité lui permet de s'éliminer complètement en nature par la voie de l'urine. Sur 3 grammes ingérés, la majeure partie est éliminée au bout de quelques heures; mais au bout de 6 jours l'urine en présente encore la réaction.

Pour obtenir cette réaction, on ajoute de la soude à l'urine pour précipiter le phosphate de calcium, on filtre et on acidifie faiblement la liqueur par l'acide chlorhydrique; on chauffe à 40° et on ajoute quelques gouttes d'iodobismuthate de potassium; l'urine normale fournit un précipité amorphe qu'on filtre rapidement; s'il y a de la pipérazine, il se fait par refroidissement un précipité formé de fines aiguilles écarlates. La réaction est à la fois très sensible et très caractéristique [A. Schmidt et G. Wichmann, *loc. cit.*].

Produits de substitution dans le groupe AzH *de la pipérazine.* — *Dérivé dinitrosé.* — Ce corps fond à 158°; on l'obtient en traitant le chlorhydrate de pipérazine par une solution de nitrite de sodium. La réduction de ce dérivé dinitrosé conduit à la *dihydrazine* :

$$\begin{array}{c} AzH^2 \\ | \\ Az \\ CH^2 \quad CH^2 \\ CH^2 \quad CH^2 \\ Az \\ | \\ AzH^2 \end{array}$$

Cette base bout à 228° et fond à 100°. Elle réduit la liqueur de Fehling. Son *chlorhydrate* cristallise dans l'acide chlorhydrique bouillant; son *picrate* fond à 196°. Son *dérivé dibenzoylé* n'est pas encore fondu à 320°; il est insoluble dans l'eau, l'alcool, l'éther, le chloroforme et l'acide acétique.

Cette dihydrazine se combine à 2 molécules d'aldéhyde benzylique en donnant le composé

$$C^6H^5\text{-}CH{=}Az\text{-}Az \lt \begin{matrix} CH^2-CH^2 \\ CH^2-CH^2 \end{matrix} \gt Az\text{-}Az{=}CH\text{-}C^6H^5,$$

cristallisé en belles lamelles fusibles à 205°.

Dérivé diacétylé. — Ce produit s'obtient aisément au moyen de la pipérazine, de l'anhydride acétique et de l'acétate de sodium sec. Il bout à 310°, en se décomposant, et fond à 138°,5 [A. Schmidt et G. Wichmann, *loc. cit.*].

Dérivé dibenzoylé. — Ce composé s'obtient en traitant la pipérazine par le chlorure de benzoyle en solution aqueuse. Il forme des cristaux rhombiques transparents, fusibles à 191° [A.-W. Hofmann, *D. chem. G.*, **23**, 3297; *Bull. Soc. Chim.*, (3), **5**, 679].

ÉTHER HEXAHYDRO-γ DIAZYLOXAMIQUE,

$$\begin{array}{ccc} CO-Az \lt \begin{matrix} CH^2-CH^2 \\ CH^2-CH^2 \end{matrix} \gt Az-CO \\ | \qquad\qquad\qquad | \\ CO^2C^2H^5 \qquad\qquad CO^2C^2H^5 \end{array}$$

— On obtient cet éther en chauffant la pipérazine avec un excès d'éther oxalique; il forme des aiguilles incolores fusibles à 124°.

HEXAHYDRO-γDIAZYL-SULFOTHIOCARBAMATE D'HEXAHYDRO-γ DIAZINE. — La pipérazine réagit sur le sulfure de carbone en solution alcoolique en donnant une poudre blanc-verdâtre constituant ce sel; ce corps se sublime sans fondre vers 230-236°; il fond en tube scellé à 260° :

$$2\,CS^2 + 2\,AzH \lt \begin{matrix} CH^2-CH^2 \\ CH^2-CH^2 \end{matrix} \gt AzH$$

$$= (CS^2H-Az \lt \begin{matrix} CH^2-CH^2 \\ CH^2-CH^2 \end{matrix} \gt Az-CS^2H)\,C^4H^{10}Az^2.$$

vγ DICHLORO-HEXAHYDRO-γ DIAZINE,

$$\begin{array}{c} AzCl \\ CH^2 \quad CH^2 \\ CH^2 \quad CH^2 \\ AzCl \end{array}$$

— On obtient cette pipérazine dichlorée en traitant la solution aqueuse de la base libre par une solution de chlorure de chaux. Elle est très peu soluble dans l'eau, peu soluble dans l'éther, très soluble dans l'alcool. Elle possède une odeur extrêmement piquante; elle fond à 71° et fait explosion à 80-85°, ce qui rend sa préparation très délicate.

BIS-DIAZOBENZÈNE-HEXAHYDRO-γ DIAZINE. — Deux molécules de chlorhydrate de diazobenzène réagissent sur une molécule de pipérazine en fournissant un dérivé bis-diazoamidé

$$C^6H^5\cdot Az{=}Az-Az \lt \begin{matrix} CH^2-CH^2 \\ CH^2-CH^2 \end{matrix} \gt Az-Az{=}Az-C^6H^5$$

qui cristallise dans l'éther de pétrole et fond à 129°.

vγ DIMÉTHYL-HEXAHYDRO-γ DIAZINE. — Cette base prend aisément naissance quand on traite à chaud la solution aqueuse de pipérazine par une solution de méthylsulfate de potassium. La base libre est liquide et bout à 153-158°; son *chlorhydrate* fond à 247-250°.

vγ DIÉTHYL-HEXAHYDRO-γ DIAZINE. — Cette base a été, il y a bien longtemps, obtenue par A.-W. Hofmann dans l'action du bromure d'éthylène sur l'éthylamine. On l'obtient également à l'aide de la pipérazine et du sulfovinate de potassium. Elle est liquide et bout à 165°; son *chlorhydrate* fond à 270-277° [*C. R.*, **53**, 307, 313; *Répert. Chim. pure*, **4**, 32, 38. — A. Schmidt et G. Wichmann, *loc. cit.*].

HEXAHYDRO-γ DIAZINES AROMATIQUES.

vγ DIPHÉNYL-HEXAHYDRO-γ DIAZINE (*diphényldiéthylène-diamine, diphénylpipérazine*). — Cette base, obtenue par Natanson dans l'action du bromure d'éthylène sur l'aniline [*Ann. Chem.*, **92**, 48; **98**, 20], fut ensuite étudiée par Hofmann, qui découvrit sa véritable nature [*C. R.*, **47**, 453; **48**, 1085; *Répert. Chim. pure*, **1**, 109, 511; *Ann. Chim. Phys.*, (3), **54**, 197].

Elle fut, longtemps après, étudiée par M. Morley, qui en fit quelques dérivés [*D. chem. G.*, **12**, 1796; *Bull. Soc. Chim.*, (2), **34**, 412].

On l'obtient en petite quantité et mélangée à la monophénylpipérazine en chauffant en tube scellé la pipérazine avec le benzène monobromé [A. Schmidt et G. Wichmann, *loc. cit.*].

Préparation. — 1° On chauffe 100 grammes d'aniline avec un peu plus que la quantité théorique de bromure d'éthylène; la réaction, qui est assez vive, se fait au bain-marie; tout à coup le liquide se solidifie. On ajoute alors 110 grammes de bromure d'éthylène et l'on chauffe le ballon, muni d'un réfrigérant ascendant, à 130-140°. Puis on fait tomber dans le ballon, goutte à goutte, une solution de potasse très concentrée, en quantité suffisante pour déplacer tout le brome. Quand on a chauffé pendant plusieurs heures, le contenu du ballon devient entièrement solide.

Après refroidissement, on lave le produit à l'eau pour le débarrasser du bromure de potassium; on élimine ensuite l'excès de bromure d'éthylène par distillation dans la vapeur d'eau. On obtient de cette manière de 90 à 100 grammes de diphénylpipérazine pour 100 grammes d'aniline.

2° On emploie molécules égales d'aniline et de bromure d'éthylène, puis on ajoute au mélange la quantité d'acétate ou de carbonate de sodium nécessaire pour saturer le brome. Le mélange est chauffé entre 120 et 160° au réfrigérant ascendant; on reprend ensuite par l'eau, et l'on n'a qu'à faire cristalliser le produit dans l'alcool ou dans le chloroforme.

La $\nu\gamma$ diphényl-hexahydro-γ diazine fond à 163°,5; elle distille au-dessus de 300° [C. Bischoff, *D. chem. G.*, **22**, 1777; *Bull. Soc. Chim.*, (3), **3**, 833].

La diphénylpipérazine se combine aisément aux acides diazosulfonés en donnant des combinaisons azoïques. Elle donne, avec 2 molécules de sulfocyanate de sodium, une poudre jaune, moins soluble que l'héliantine. Elle donne également, avec l'α naphtylamine-sulfonate de sodium, un dérivé tétrazoïque analogue au rouge de Bordeaux.

$\nu\gamma$ DI-P-NITROSOPHÉNYL-HEXAHYDRO-γ DIAZINE,

$$AzO - C^6H^4 - Az \left\langle \begin{matrix} CH^2 - CH^2 \\ CH^2 - CH^2 \end{matrix} \right\rangle Az - C^6H^4 - AzO.$$

Cette base a été obtenue par M. Morley [*loc. cit.*] dans l'action du nitrite de sodium sur le chlorhydrate. Elle se présente sous la forme d'aiguilles noires, devenant plus foncées quand on les chauffe, et se décomposant vers 180°.

La potasse la transforme en p-nitrosophénol et pipérazine (Bischler).

La réduction de cette base à une douce chaleur par l'étain et l'acide chlorhydrique conduit au composé suivant :

$\nu\gamma$ DI-P-AMINOPHÉNYL-HEXAHYDRO-γ DIAZINE. — Cette base forme à l'état libre de petites tables brillantes, fusibles à 221°.

Elle est peu soluble dans l'éther, l'alcool et le benzène; ses solutions se colorent en rose à l'air. Les solutions de ses sels donnent avec le perchlorure de fer une coloration verte.

Son *chlorhydrate*, $C^{16}H^{20}Az^4 . 4HCl, 4H^2O$, cristallise très bien. Oxydé par le chlorure ferrique en présence de phénol, il se transforme en une matière colorante bleue, appartenant au groupe des indophénols; oxydé par le dichromate de potassium, il fournit une indamine [E. Lellmann et C. Schleich, *D. chem. G.*, **22**, 1387; *Bull. Soc. Chim.*, (3), **3**, 301].

La di-p-aminophénylpipérazine peut être diazotée; ses dérivés diazoïques se combinent avec les naphtylamine- et naphtolsulfonates en donnant des matières colorantes qui teignent le coton sans mordant [C. Bischoff, *loc. cit.*].

NITROPHÉNYL-HEXAHYDRO-γ DIAZINES. — En faisant réagir la pipérazine sur le benzène p-nitrochloré, on obtient en présence d'un excès de pipérazine la *ν-p-nitrophényl-hexahydro-γ diazine*,

$$AzO^2 - C^6H^4 - Az \left\langle \begin{matrix} CH^2 - CH^2 \\ CH^2 - CH^2 \end{matrix} \right\rangle AzH,$$

base facilement soluble dans l'alcool, le chloroforme, le benzène, très peu soluble dans l'éther et la ligroïne. Elle fond dans l'eau bouillante; sèche, elle fond seulement à 128°.

Quand on emploie un excès de benzène nitrochloré, on obtient la *$\nu\gamma$-di-p-nitrophényl-hexahydro-γ diazine*, qui fond en se décomposant à 248°.

$\nu\gamma$ DI-P-MÉTHOXYPHÉNYL-HEXAHYDRO-γ DIAZINE. — Ce composé se prépare à l'aide de la p-anisidine, du bromure d'éthylène et de l'acétate de sodium sec. Il fond à 233°.

Traité par l'acide nitreux, il fournit une combinaison cristallisée en aiguilles rouges et fondant à 155°, et une autre insoluble dans l'alcool et cristallisant en aiguilles rouges fusibles à 215°.

$\nu\gamma$ DI-P-ÉTHOXYPHÉNYL-HEXAHYDRO-γ DIAZINE. — Cette base a été préparée au moyen de la p-phénétidine, du bromure d'éthylène et de l'acétate de sodium sec. Elle fond à 223°.

L'acide nitreux réagissant à chaud sur cette base fournit des cristaux orangés, fusibles à 170° et constituant le dérivé

$$OC^2H^5 - C^6H^4 - Az \left\langle \begin{matrix} CH^2 - CH^2 \\ CH^2 - C = AzOH \end{matrix} \right\rangle Az - C^6H^4 - OC^2H^5.$$

Il se forme en même temps des cristaux colorés en rouge qui se décomposent à 120-130°, et qui ont comme constitution

$$OC^2H^5 - C^6H^4 - Az \left\langle \begin{matrix} CHOH - CHOH \\ \begin{matrix} C & — & C \\ \| & & \| \\ AzOH & & AzOH \end{matrix} \end{matrix} \right\rangle Az - C^6H^4 - OC^2H^5$$

[C. Bischoff, *D. chem. G.*, **22**, 1777; *Bull. Soc. Chim.*, (3), **3**, 833. — C. Bischoff et C. Trapesonzjanz, *D. chem. G.*, **23**, 1977; *Bull. Soc. Chim.*, (3), **6**, 111].

$\nu\gamma$ DI-O-CRÉSYL-HEXAHYDRO-γ DIAZINE (*di-o-crésylpipérazine*). — On obtient cette base en faisant réagir le bromure d'éthylène sur l'o-toluidine en présence de carbonate de sodium sec. Elle fond à 169-171° et est assez soluble dans l'éther.

Cette base fournit, quand on la dissout dans l'acide sulfurique concentré et qu'on sature la solution d'acide azoteux, des cristaux prismatiques d'un jaune citron, fondant à 232°.

Ce composé, qui fut d'abord pris par l'auteur pour un composé di-isonitrosé et oxydé dans le noyau pipérazique, est en réalité un produit dinitré en position para dans les deux noyaux aromatiques.

Il a donc pour constitution

$$\begin{matrix} CH^3 \\ AzO^2 \end{matrix} \rangle C^6H^3 - Az \left\langle \begin{matrix} CH^2 - CH^2 \\ CH^2 - CH^2 \end{matrix} \right\rangle Az - C^6H^3 \langle \begin{matrix} AzO^2 \\ CH^3 \end{matrix}$$

Soumis à la réduction par le chlorure stanneux, il se transforme en une base diamidée, qu'on purifie par cristallisation dans le benzène. Cette base

$$\begin{matrix} CH^3 \\ AzH^2 \end{matrix} \rangle C^6H^3 - Az \left\langle \begin{matrix} CH^2 - CH^2 \\ CH^2 - CH^2 \end{matrix} \right\rangle Az_{(1)} - C^6H^3 \langle \begin{matrix} CH^3_{(2)} \\ AzH^2_{(4)} \end{matrix}$$

forme de petits agrégats de cristaux transparents, fusibles à 195-196°; elle est assez soluble dans l'alcool étendu, l'éther et le benzène [Mauthner et Suida, *Mon. f. Chem.*, **7**, 233. — C. Bischoff, *D. chem. G.*, **22**, 1777 et **25**, 2943; *Bull. Soc. Chim.*, (3), **3**, 834 et **10**, 294. — C. Bischoff et A. Hausdörfer, *D. chem. G.* **23**, 1981; *Bull. Soc. Chim.*, (3), **6**, 111].

$\nu\gamma$ DI-P-CRÉSYL-HEXAHYDRO-γ DIAZINE (*di-p-crésylpipérazine*). — Ce composé, d'abord obtenu par Wurtz, à l'aide de la p-toluidine et de la monochlorhydrine du glycol [*Bull. Soc. Chim.*, (2), **11**, 278 et **12**, 190], puis par M. Demôle, par distillation de l'*oxéthène-p-toluidine* [*D. chem. G.*, **7**, 635; *Bull. Soc. Chim.*, (2), **22**, 463], se prépare aisément par la méthode ci-dessus énoncée en remplaçant l'o-toluidine par la p-toluidine. Il fond à 187°.

En introduisant du nitrite de sodium dans sa solution acétique, on obtient un *dérivé p-dinitrosé* fondant à 166-167°. Ce dernier, soumis à la réduction au moyen du chlorure stanneux, fournit une *base diamidée* qui fond à 193°,

$$\begin{matrix}CH^3\\AzH^2\end{matrix} > C^6H^3 - Az < \begin{matrix}CH^2 - CH^2\\CH^2 - CH^2\end{matrix} > Az - C^6H^3 < \begin{matrix}CH^3\\AzH^2\end{matrix}$$

Son *chlorhydrate* est incolore et fond à 286-292°.

Son *sulfate* forme des aiguilles soyeuses, fusibles à 217-218° [C. Bischoff, *D. chem. G.*, **22**, 1777 et **25**, 2943; *Bull. Soc. Chim.*, (3), **3**, 834 et **10**, 294. — C. Bischoff et A. Hausdörfer, *D. chem. G.*, **23**, 1981; *Bull. Soc. Chim.*, (3), **6**, 111].

vγDI-α NAPHTYL-HEXAHYDRO-γDIAZINE (*di-α naphtylpipérazine*). — Cette base, obtenue à l'aide de l'α naphtylamine et du bromure d'éthylène, fond à 265° [C. Bischoff, *loc. cit.*].

vγDI-β NAPHTYL-HEXAHYDRO-γ DIAZINE (*di-β naphtylpipérazine*. — Cette base, obtenue comme la précédente, en remplaçant l'α par la β naphtylamine, fond à 228° [C. Bischoff et A. Hausdörfer, *loc. cit.*].

HEXAHYDRO-γ DIAZINE-ONES.

L'hexahydro-γ diazine-one est inconnue, mais on a préparé un certain nombre de ses dérivés substitués dans les groupes AzH.

vγDIPHÉNYL-HEXAHYDRO-γ DIAZINE-ONE (*diphénylacipipérazine*). — Cette base a été obtenue pour la première fois en traitant la diphényléthylènediamine par l'éther monochloracétique, en présence d'acétate de sodium fondu [C. Bischoff et O. Nastvogel, *D. chem. G.*, **22**, 1783; *Bull. Soc. Chim.*, (3), **3**, 835].

On l'obtient plus aisément en réduisant la vγ diphényl-hexahydro-γ diazine-αβ'dione (diphényl-αγ diacipipérazine) par la poudre de zinc en solution acétique.

Elle fond à 146-147°: elle est peu soluble dans l'éther, assez soluble dans le benzène et dans l'acide acétique [C. Bischoff et C. Trapesonzjanz, *D. chem. G.*, **25**, 2932; *Bull. Soc. Chim.*, (3), **10**, 294].

Quand on la traite par la potasse alcoolique, on la transforme en un composé cristallisé en prismes incolores fondant à 116°, l'*anilidoéthylène-phénylglycocolle* :

$$C^6H^5 - Az < \begin{matrix}CH^2 - CH^2\\CH^2 - CO\end{matrix} > Az - C^6H^5 + H^2O$$

$$= C^6H^5 - Az < \begin{matrix}CH^2 - CH^2 - AzH - C^6H^5\\CH^2 - CO^2H\end{matrix}$$

L'*acide nitreux* la transforme en un *composé mononitrosé* qui se décompose entre 220 et 235° [C. Bischoff et O. Nastvogel, *D. chem. G.*, **23**, 2026; *Bull. Soc. Chim.*, (3), **6**, 117].

vγDI-P-ÉTHOXYPHÉNYL-HEXAHYDRO-γ DIAZINE-ONE (*di-p-éthoxyphénylacipipérazine*). — Cette substance s'obtient au moyen de l'éthylène di-p-éthoxyphénylamine et de l'éther monochloracétique. Elle fond à 162° [C. Bischoff et O. Nastvogel, *D. chem. G.*, **23**, 2031; *Bull. Soc. Chim.*, (3), **6**, 117].

vγ DI-O-CRÉSYL-HEXAHYDRO-γ DIAZINE-ONE (*di-p-crésylacipipérazine*). — On obtient ce composé soit au moyen de l'éthylène-di-o-crésylamine et du monochloracétate d'éthyle, soit par réduction de la vγ*di-o-crésyl-hexahydro-γdiazine-αβ'dione*.

Elle fond à 79° et est assez soluble dans le chloroforme, le benzène, le sulfure de carbone, l'alcool, l'éther, peu soluble dans l'éther de pétrole et insoluble dans l'eau [C. Bischoff et O. Nastvogel, *D. chem. G.*, **23**, 2031; *Bull. Soc. Chim.*, (3), **6**, 117. — C. Bischoff et A. Trapesonzjanz, *D. chem. G.*, **25**, 2935; *Bull. Soc. Chim.*, (3), **10**, 292].

vγDI-P-CRÉSYL-HEXAHYDRO-γDIAZINE-ONE. — Cette substance a été obtenue dans l'action de l'éther monochloracétique sur l'éthylène-di-p-crésylamine. Elle fond à 175-180°.

L'acide nitreux en solution acétique la transforme en un mélange de vγ *di-p-crésyl-hexahydro-γ diazine-αβ dione* et d'un dérivé nitrosé fusible à 171-174°.

L'acide chromique le transforme en vγ *di-p-crésyl-hexahydro-γ diazine-tétrone*.

L'hydratation par la potasse alcoolique donne naissance à l'acide *p-crésylaminoéthyl-p-crésylacétique*,

$$CH^3 - C^6H^4 - Az < \begin{matrix}CH^2 - CH^2 - AzH - C^6H^4 - CH^3\\CH^2 - CO^2H\end{matrix}$$

[C. Bischoff et O. Nastvogel, *D. chem. G.*, **22**, 1783 et **23**, 2035; *Bull. Soc. Chim.*, (3), **3**, 835 et **6**, 118].

vγ DI-α NAPHTYL-HEXAHYDRO-γ DIAZINE-ONE (*di-α naphtylacipipérazine*). — Cette base, de même que la suivante, ne peut pas s'obtenir au moyen de l'éther monochloracétique, mais on se la procure facilement par réduction de l'*hexahydro-γ diazine-αβ' dione* correspondante.

Elle forme une poudre blanche, fusible à 92°; elle est assez soluble dans le chloroforme, le benzène, l'alcool, l'acide acétique, le sulfure de carbone, peu soluble dans l'éther, très peu soluble dans l'éther de pétrole et insoluble dans l'eau.

vγ DI-β NAPHTYL-HEXAHYDRO-γ DIAZINE-ONE (*di-β naphtylacipipérazine*). — Obtenue par réduction de l'hexahydro-γ diazine-dione correspondante, cette base forme de petites tables hexagonales, fusibles à 222-224°, insolubles dans l'eau et dans l'acide chlorhydrique, assez soluble dans l'alcool, le chloroforme, l'acétone, la ligroïne et surtout dans le benzène [C. Bischoff et C. Trapesonzjanz, *D. chem. G.*, **25**, 293; *Bull. Soc. Chim*, (3), **10**, 293].

HEXAHYDRO-γ DIAZINE-αβ DIONES.

L'*hexahydro-γ diazine-αβ dione* n'est connue que par ses produits de substitution aromatiques.

vγ DIPHÉNYL-HEXAHYDRO-γ DIAZINE-αβ DIONE (*diphényl-αβ diacipipérazine*). — Cette base se prépare en faisant réagir l'acide oxalique desséché sur l'éthylène-diphényldiamine. On peut aussi l'obtenir en oxydant au moyen de l'acide chromique, mais d'une manière ménagée, la vγ diphényl-hexahydro-γ diazine-one.

Elle fond à 258°; elle est peu soluble dans l'alcool, l'éther, le benzène, la ligroïne et le sulfure de carbone, très soluble dans l'acide acétique et dans le chloroforme [C. Bischoff et O. Nastvogel, *D. chem. G.*, **22**, 1804 et **23**, 2026; *Bull. Soc. Chim.*, (3), **3**, 839 et **6**, 117].

vγDI-O-CRÉSYL-HEXAHYDRO-γ DIAZINE-αβ DIONE (*di-o-crésyl-αβ diacipipérazine*). — Cette base, obtenue par un procédé analogue, fond à 183°,5-186°.

La potasse la dédouble en acide *o-crésylamidoéthyl-o-crésyloxamique*,

$$CH^3 - C^6H^4 - AzH - CH^2 - CH^2 - \underset{\underset{\displaystyle CH^3}{|}}{\underset{\displaystyle C^6H^4}{\underset{|}{Az}}} - CO - CO^2H$$

vγ DI-α NAPHTYL-HEXAHYDRO-γ DIAZINE - αβ DIONE (*di-α naphtyl-αβ diacipipérazine*). — Obtenue à l'aide de l'éthylène-di-α naphtyldiamine et de l'acide oxalique desséché, cette base fond à 281-

283°. Elle forme de petites tables incolores très peu solubles dans les dissolvants organiques habituels, solubles seulement dans l'acide et l'anhydride acétiques, l'aniline et le nitrobenzène.

νγ DI-β NAPHTYL-HEXAHYDRO-γ DIAZINE-αβ DIONE (*di-β naphtyl-αβ'diacipipérazine*). — Cette base fond au-dessus de 300°; elle est insoluble dans l'eau, l'alcool, l'éther, le chloroforme, le benzene, etc., soluble dans l'aniline, le nitrobenzène et l'anhydride acétique, d'où elle se dépose sous la forme d'aiguilles incolores [C. Bischoff, *D. chem. G.*, **25**, 2948; *Bull. Soc. Chim.*, (3), **10**, 294].

HEXAHYDRO-γ DIAZINE-αα' DIONES.

ν PHÉNYL-HEXAHYDRO-γ DIAZINE-αα' DIONE. — Ce composé a été obtenu par l'action de la chaleur sur un mélange de monochloracétamide et d'aniline. Il se fait en même temps l'amide du phénylglycocolle :

$$C^6H^5-AzH^2+\begin{matrix}ClCH^2-COAzH^2\\ClCH^3-COAzH^2\end{matrix}$$

$$=2HCl+AzH^3+C^6H^5-Az\begin{matrix}<CH^2-CO>\\ CH^2-CO\end{matrix}AzH$$

Il forme des cristaux prismatiques incolores fondant à 158° [P. J. Meyer, *D. chem. G.*, **8**, 1152; *Bull. Soc. Chim.*, (2), **25**, 311. — C. Bischoff, *D. chem. G.*, **22**, 1809; *Bull. Soc. Chim.*, (3), **3**, 840].

νγ DIPHÉNYL-HEXAHYDRO-γ DIAZINE-αα'DIONE (*diphényl-αδ diacépipérazine*). — Cette substance est la phénylimide de l'acide phénylimidodiacétique.

$$C^6H^5-Az\begin{matrix}<CH^2-CO>\\ CH^2-CO\end{matrix}Az-C^6H^5.$$

On peut donc la préparer par l'action de l'aniline sur cet acide. Elle se fait également, en petite quantité, dans l'action de l'aniline sur l'éther monochloracétique, par suite de la formation préalable de l'acide phénylimidodiacétique.

Elle forme des aiguilles soyeuses, solubles dans l'alcool absolu et dans l'éther et fondant à 152-153°.

La potasse alcoolique brise sa chaîne et la transforme en l'acide

$$C^6H^5-Az\begin{matrix}<CH^2-CO^2H\\ \diagdown CH^2-CO-AzH-C^6H^5\end{matrix}$$

monanilide de l'acide phénylimidodiacétique, obtenu par M. Rebuffat dans l'action de l'acide monochloracétique sur l'aniline en solution aqueuse [*Gazz. chim. ital.*, **17**, 231; *D. chem. G.*, **21**, *Ref.* 136].

Cet acide chauffé au-dessus de son point de fusion redonne la même pipérazine [C. Bischoff, *D. chem G.*, **22**, 1774; *Bull. Soc. Chim.*, (3), **3**, 832. — A. Hausdörfer, *D. chem. G.*, **22**, 1795; *Bull. Soc. Chim.*, (3), **3**, 837. — C. Bischoff et A. Hausdörfer, *D. chem. G.*, **23**, 1987; *Bull. Soc. Chim.*, (3), **6**, 113].

νγ DI-P-ÉTHOXYPHÉNYL-HEXAHYDRO-γ DIAZINE-αα' DIONE (*di-p-éthoxyphényl-αδ diacipipérazine*). — Cette substance se forme dans la préparation des p-éthoxyphénylglycocolles par l'action de l'éther monochloracétique sur la p-anisidine. Il fond à 265° [C. Bischoff et A. Hausdörfer, *loc. cit.*].

ν PHÉNYL-γ-O-CRÉSYL-HEXAHYDRO γ DIAZINE-αα'DIONE. — Ce composé prend naissance dans l'action de l'aniline sur l'acide p-crésylimidodiacétique. Il fond à 165-166°. Il est isomérique et non identique avec le corps qu'on obtiendrait à l'aide de l'o-toluidine et de l'acide phénylimidoacétique :

$$\begin{array}{ccc} & Az-C^6H^5 & \\ CO & & CO \\ CH^2 & & CH^2 \\ & Az & \\ & | & \\ & C^6H^4-CH^3 & \end{array} \qquad \begin{array}{ccc} & Az-C^6H^4-CH^3 & \\ CO & & CO \\ CH^2 & & CH^2 \\ & Az-C^6H^5 & \end{array}$$

et qui serait la *ν o-crésyl-γ phényl-hexahydro-γ diazine-αα'dione* [C. Bischoff et A. Hausdörfer, *D. chem. G.*, **23**, 1991; *Bull. Soc. Chim.*, (3), **6**, 113].

νγ DI-P-CRÉSYL-HEXAHYDRO-γ DIAZINE-αα'DIONE (*di-p-crésyldiacipipérazine*). — Cette substance prend naissance dans l'action de l'éther monochloracétique sur la p-toluidine, en même temps que l'isomère αβ' que nous allons étudier plus loin. Elle forme de grandes et belles aiguilles soyeuses fondant à 185° [C. Bischoff et A. Hausdörfer, *D. chem. G.*, **25**, 2280; *Bull. Soc. Chim.*, (3), **6**, 1239].

γ DIAZINE-αβ' DIONES.

HEXAHYDRO-γ DIAZINE-αβ' DIONE (*anhydride glycocolliminique*, *αγ diacipipérazine*). — Cette substance est l'anhydride du glycocolle :

$$\begin{array}{ccc} & CH^2-CO^2H & \\ AzH^2\diagup & + & \diagup AzH^2 \\ & CO^2H-CH^2 & \end{array}$$

$$=2H^2O+AzH\begin{matrix}<CH^2-CO>\\ CO-CH^2\end{matrix}AzH.$$

Elle s'obtient en dissolvant dans l'eau froide le glycocolle éthylique; il se dépose au bout de quelques instants de grandes tables très solubles dans l'alcool et dans l'eau chaude, qui fondent vers 280° en se décomposant.

Ce corps possède de faibles propriétés basiques; il fournit un *chloroplatinate* cristallisé [T. Curtius, *D. chem. G.*, **16**, 754; *Bull. Soc. Chim.*, (2), **40**, 213].

νγ DIMÉTHYL-HEXAHYDRO-γ DIAZINE-αβ'DIONE (*anhydride de la sarcosine*). — Quand on chauffe de la sarcosine dans une cornue, elle commence à fondre à 210-215° et la fusion est complète à 220°. En même temps, il se dégage de l'acide carbonique, de l'eau et de la diméthylamine. Le résidu peut être à son tour distillé sans décomposition ultérieure et fournit des cristaux prismatiques incolores, fusibles à 149-150°, extrêmement solubles dans l'eau et ayant pour formule

$$CH^3-Az\begin{matrix}<CH^2-CO>\\ CO-CH^2\end{matrix}Az-CH^3.$$

Cet anhydride bout vers 350°; il est neutre au papier de tournesol. Il fournit un *chloroplatinate* cristallisé en grandes lames hexagonales renfermant $(C^6H^{10}Az^2O^2.HCl)^2.PtCl^4,4H^2O$.

Quand on fait cristalliser ce chloroplatinate dans l'alcool, il ne contient plus ensuite que 2 molécules d'eau.

Le *chloraurate*, $(C^6H^{10}Az^2O^2.HCl)^2AuCl^3$, est cristallisé en aiguilles prismatiques; le *chloromercurate* est cristallisé en grands prismes peu solubles.

Cette *hexahydro-γ diazine-αβ'dione*, traitée par l'eau de brome, fournit un produit d'addition instable, cristallisé en prismes rouges qui perdent peu à peu leur brome à l'air. Elle régénère la sarcosine par ébullition avec les acides chlorhydrique et sulfurique, ainsi que par la fusion avec la potasse.

Oxydée par le permanganate de potassium, elle donne de l'acide malique et de la diméthyloxamide $CH^3-AzH-CO-CO-AzH-CH^3$, fusible à 117° [F. Mylius, *D chem. G.*, **17**, 286; *Bull. Soc. Chim.*, (2), **43**, 302]

vγ DIPHÉNYL-HEXAHYDRO-γ DIAZINE-αβ' DIONE. — *Modes de formation.* — Ce composé prend naissance :

1° Dans l'action de la chaleur sur le phénylglycocolle [P.-J. Meyer, *D. chem. G.*, **10**, 1967; *Bull. Soc. Chim.*, (2), **30**, 563];

2° Dans l'action de la potasse sur la bromacétanilide [P.-W. Abenius et O. Widman, *D. chem. G.*, **21**, 1665; *Bull. Soc. Chim.*, (2), **50**, 410];

3° Au moyen de l'aniline et du chloracétylglycocolle [P.-W. Abenius et O. Widman, *loc. cit.*];

4° Dans l'action du monochloracétate d'éthyle sur l'aniline, procédé qui revient au précédent [C. Bischoff, *D. chem. G.*, **21**, 1257; *Bull. Soc. Chim.*, (2), **50**, 408.

Il forme de petites aiguilles blanches, insolubles dans l'eau, peu solubles dans l'alcool et dans l'éther chauds, et fond à 263°.

Par ébullition avec la potasse alcoolique, il fournit le *phénylglycocollyl-phénylglycocolle*, fusible à 129-130°,

$$C^6H^5-Az \begin{matrix} \swarrow CH^2-CO^2H \\ \searrow CO-CH^2-AzH-C^6H^5 \end{matrix}$$

Le perchlorure de phosphore donne naissance à des produits que nous avons déjà décrits (*α'β dichloro-vγ diphényl-vαβ'γ tétrahydrodiazine-αβ' dione*).

L'acide nitrique fumant le convertit en un *dérivé dinitré*, très peu soluble et difficilement fusible qui, par réduction, donne un *produit diamidé*, cristallisé en tables rhomboïdales.

vPHÉNYL-γ O-CRÉSYL-HEXAHYDRO-γ DIAZINE-αβ'DIONE (*phényl-o-crésyldiacidihydropiazine*). — On l'obtient en chauffant à 160° un mélange de chloracétyl-o-crésylglycocolle et d'aniline. Il forme de fines aiguilles blanches, fusibles à 165-166°, très solubles à chaud dans l'alcool et dans le benzène, insolubles dans l'éther [P.-W. Abenius, *J prakt. Chem.*, (2), **40**, 425; *Bull. Soc. Chim.*, (3), **4**, 218]. Contrairement à ce qui arrive pour son isomère de la série αα', ce corps est identique à celui qui serait obtenu au moyen du chloracétylphénylglycocolle et de l'o-toluidine.

vγ DI-O-CRÉSYL-HEXAHYDRO-γ DIAZINE-αβ'DIONE (*di-o-crésyldihydrodiacipiazine*). — On l'a obtenu en fondant l'o-crésylglycocolle à 150°, ou en traitant par l'o-toluidine le chloracétyl-o-crésylglycocolle ou la bromacéto-o-toluide par la potasse. Elle cristallise en tables fondant à 159-160°.

Quand on traite l'acéto-o-toluide par le brome, on obtient un dérivé tribromé,

$$CH^2Br-CO-AzH-C^6H^2Br^2CH^3,$$

qui, traité par la potasse alcoolique, fournit la *tétrabromo-di-o-crésyl-hexahydro-γ diazine-αβ'dione*,

$$CH^3-C^6H^2Br^2-Az \begin{matrix} \swarrow CH^2-CO \searrow \\ \searrow CO-CH^2 \swarrow \end{matrix} Az-C^6H^2Br^2-CH^3$$

cristallisée en feuillets fondant à 277°.

v-O-CRÉSYL-γ-P-CRÉSYL-HEXAHYDRO-γ DIAZINE-αβ' DIONE (*chloracétyl-o-crésylglycocolle* et *p-toluidine* à 140°). — Longues aiguilles blanches, fusibles à 179-180°, très solubles dans l'alcool bouillant et dans le benzène, insolubles dans l'éther.

vγ DI-P-CRÉSYL-HEXAHYDRO-γ DIAZINE-αβ'DIONE (*di-p-crésyldihydrodiacipiazine*). — Elle peut être obtenue par les méthodes qui ont été exposées pour son isomère ortho. Elle forme de longues aiguilles blanches, fusibles à 252-253°, insolubles dans la ligroïne et dans l'eau, peu solubles dans l'alcool bouillant et le benzène, très solubles dans l'acide acétique.

vγ DI-P-XYLYL-HEXAHYDRO-γ DIAZINE-αβ'DIONE (*di-p-xylyldiacidihydropiazine*). — Obtenue par l'action de la potasse alcoolique sur la bromacéto-p-xylide, elle forme de belles aiguilles, fusibles à 203°, assez solubles dans le benzène, l'acide acétique, l'alcool bouillant, insolubles dans l'éther et dans l'eau.

vγ DI-ISOPROPYLCARBOXYPHÉNYL-HEXAHYDRO-γ DIAZINE-αβ' DIONE (*di-p-crésylcarboxyphényldiacidihydropiazine*). — Cette subtance est obtenue dans l'action de la potasse alcoolique sur le m-chloracétamidocuminate de méthyle :

CO^2CH^3 (en haut), $AzH-CO-CH^2Cl$ (à droite), C^3H^7 (en bas) [formule développée : noyau hexagonal]

Cet acide forme une poudre insoluble dans l'eau, l'alcool, l'acide acétique bouillant, fusible avec décomposition à une haute température. Son *éther diéthylique* cristallise en aiguilles brillantes, fusibles à 192-193°.

vγ DI-α NAPHTYL-HEXAHYDRO-γ DIAZINE-αβ'DIONE (*di-α naphtyldiacidihydropiazine*). — Obtenue par la potasse alcoolique et la chloracéto-α naphtalide, elle forme des houppes brillantes, fusibles à 274-275°, insolubles dans l'éther, peu solubles dans le benzène et dans l'alcool bouillant [P.-W. Abenius et O. Widman, *J. prakt. Chem.*, (2), **40**, 425; *Bull. Soc. Chim.*, (3), **4**, 217].

HEXAHYDRO-γ DIAZINE-TÉTRONES.

vγ DIPHÉNYL-HEXAHYDRO-γ DIAZINE-TÉTRONE. — Ce composé est le produit de l'oxydation par l'acide chromique en solution acétique de la vγ *diphényl-hexahydro-γ diazine-αβ' dione* et de son isomère αβ.

Il cristallise en belles lamelles quadratiques, insolubles dans la plupart des dissolvants usuels et fusibles au-dessus de 300°. Chauffé pendant quelque temps avec de l'aniline, il se transforme en oxanilide. L'action prolongée d'un excès d'acide chromique le convertit en acide diphénylparabanique [P.-W. Abenius, *J. prakt. Chem.*, (2), **41**, 79; *Bull. Soc. Chim.*, (3), **4**, 317].

vγ DI-P-CRÉSYL-HEXAHYDRO-γ DIAZINE-TÉTRONE (*di-p-crésyltétracipipérazine*). — Cette substance s'obtient dans l'oxydation de la *di-p-crésyl-hexahydro-γ diazinone* par l'acide chromique en solution dans l'anhydride acétique. Elle fond au-dessus de 300° [C. Bischoff et O. Nastvogel, *D. chem. G.*, **23**, 2035; *Bull. Soc. Chim.*, (3), **6**, 118].

DÉRIVÉS DE LA MÉTHYL-γ DIAZINE.

On ne connaît pas la *monométhyl-γ diazine*, mais on a obtenu son produit d'oxydation, l'*acide γ diazine-méthyloïque* (pyrazine-monocarbonique).

Cet acide a été obtenu par M. L. Wolff dans la distillation rapide de l'acide γ diazine-αβ' dicarbonique, dont nous nous occuperons plus loin [L. Wolff, *D. chem. G.*, **26**, 723].

Il a été également obtenu par M. C. Stœhr [*loc. cit.*], dans l'oxydation de la diméthyléthyl-γ diazine au moyen du permanganate de potassium. Les descriptions qu'en font les deux auteurs ne s'accordent pas parfaitement.

Il ne possède aucune propriété acide : l'acide chlorhydrique ne fournit pas, avec lui, un chlorhydrate stable à 100°. Il est assez soluble dans l'eau, l'éther et l'alcool, et peu soluble dans le chloroforme. Quand on le chauffe avec précaution, il se sublime; à 225°, il se décompose en γ *diazine* et acide carbonique.

Son *sel de calcium*, $(C^4H^3Az.CO^2)Ca, 4H^2O$, et son *sel d'argent*, $C^4H^3Az.CO^2Ag$, cristallisent bien (L. Wolff).

Il est peu soluble dans l'eau froide, d'où il se sépare avec 1,5 molécule d'eau. Chauffé dans un tube capillaire, il se décompose à 177° avec un vif dégagement gazeux.

Son *sel ammoniacal* est très soluble dans l'eau et cristallise en fines aiguilles. Le *sel de baryum* est extrêmement soluble; celui *de calcium* l'est beaucoup moins; le *sel de plomb* est peu soluble, le *sel d'argent* est amorphe, ainsi que ceux *de cobalt*, *de nickel* et *de mercure* [C. Stœhr, *loc. cit.*].

νγ DIPHÉNYL-MÉTHYL-HEXAHYDRO-γ DIAZINE (*monométhyldiphényl-pipérazine*),

$$\begin{array}{ccc} & AzC^6H^5 & \\ CH^2 & & CH\text{-}CH^3 \\ CH^2 & & CH^2 \\ & AzC^6H^5 & \end{array}$$

— Tandis que le bromure d'éthylène réagit aisément sur l'éthylène-diphényldiamine pour donner la diphénylpipérazine, le bromure de propylène ne se prête pas à cette réaction. Mais on arrive à préparer la méthyldiphényl-pipérazine en faisant réagir le bromure d'éthylène sur la propylène-diphényldiamine en présence de soude caustique :

$$\begin{array}{l} CH^2Br \\ | \\ CH^2Br \end{array} + \begin{array}{l} AzHC^6H^5 \\ CH\text{-}CH^3 \\ CH^2 \\ AzHC^6H^5 \end{array}$$

$$= 2HBr + \begin{array}{ccc} & AzC^6H^5 & \\ CH^2 & & CH\text{-}CH^3 \\ CH^2 & & CH^2 \\ & AzC^6H^5 & \end{array}$$

Cette base forme de petits prismes d'une blancheur de neige, assez solubles dans le benzène, le chloroforme, le sulfure de carbone, l'alcool chaud et l'éther, peu solubles dans l'éther de pétrole.

νγ DI-P-CRÉSYL-MÉTHYL-HEXAHYDRO-γ DIAZINE. — Cette nouvelle base s'obtient en remplaçant dans la réaction précédente la propylène-diphényldiamine par la propylène-di-p-crésyldiamine. Elle fond à 105° [C. Bischoff, *D. chem. G.*, **25**, 2942; *Bull. Soc. Chim.*, (3), **10**, 294. — C. Trapesonzjanz, *D. chem. G.*, **25**, 3278; *Bull. Soc. Chim.*, (3), **10**, 201].

νγ DIPHÉNYL-α MÉTHYL-HEXAHYDRO-γ DIAZINE-β ONE (*diphényl-α monoaci-β méthylpipérazine*),

$$\begin{array}{ccc} & AzC^6H^5 & \\ CH^2 & & CH\text{-}CH^3 \\ CH^2 & & CO \\ & AzC^6H^5 & \end{array}$$

— On obtient cette base en chauffant molécules égales d'éthylène-diphényldiamine et d'α bromopropionate d'éthyle en présence de l'acétate de sodium desséché.

Après cristallisation dans le benzène, elle forme des tables quadratiques qui fondent à 137-138°. Elle est peu soluble dans l'eau, l'éther et le sulfure de carbone, assez soluble dans l'alcool et le benzène chauds, l'acétone, l'aniline, le chloroforme, le xylène, l'acide et l'anhydride acétiques.

La potasse alcoolique la transforme facilement en un acide

$$\begin{array}{ccc} & AzC^6H^5 & \\ CH^2 & & CH\text{-}CH^3 \\ CH^2 & & CO^2H \\ & AzHC^6H^5 & \end{array}$$

fusible à 89°, et qui redonne la pipérazine quand on le chauffe au-dessus de son point de fusion.

νγ DI-P CRÉSYL-α MÉTHYL-HEXAHYDRO-γ DIAZINE-β ONE (*di-p-crésyl-α méthyl-β acipipérazine*). — Cette substance, obtenue par la même méthode que la précédente au moyen de la *propylène-di-p-crésyldiamine*, fond à 117-118° [C. Bischoff et C. Trapesonzjanz, *D. chem. G.*, **25**, 2931; *Bull. Soc. Chim.*, (3), **10**, 293].

DÉRIVÉS DE L'ÉTHYL-γ DIAZINE.

νγ DIPHÉNYL-α ÉTHYL-HEXAHYDRO-γ DIAZINE-β ONE (*diphényl-α éthyl-β acipipérazine*),

$$\begin{array}{ccc} & AzC^6H^5 & \\ CH^2 & & CH\text{-}C^2H^5 \\ CH^2 & & CO \\ & AzC^6H^5 & \end{array}$$

— Ce composé se prépare à l'aide de l'éther monobromopropionique et de l'éthylène-diphényldiamine en présence d'acétate de sodium desséché. Il forme des prismes fusibles à 93-94°, très solubles dans le chloroforme et le sulfure de carbone, assez solubles dans le benzène, l'alcool, l'acide acétique, peu solubles dans l'éther et dans la ligroïne.

νγ DI-P-CRÉSYL-α ÉTHYL-HEXAHYDRO-γ DIAZINE-β ONE (*di-p-crésyl-α éthyl-β acipipérazine*). — Cette substance fond à 98-99°,5; elle est très soluble dans le chloroforme, le benzène chaud, l'alcool, l'acétone et le sulfure de carbone, peu soluble dans l'éther et la ligroïne, insoluble dans l'eau.

νγ DIPHÉNYL-α$^{\alpha}$ DIMÉTHYL-HEXAHYDRO-γ DIAZINE-β ONE (*diphényl-α diméthyl-β acipipérazine*),

$$\begin{array}{ccc} & AzC^6H^5 & \\ CH^2 & & C{<}^{CH^3}_{CH^3} \\ CH^2 & & CO \\ & AzC^6H^5 & \end{array}$$

— On l'obtient à l'aide de l'éthylène-diphényldiamine et du bromo-isobutyrate d'éthyle; elle forme des lamelles incolores, fusibles à 116°, très solubles dans la plupart des dissolvants neutres, peu solubles dans l'alcool froid et la ligroïne, insolubles dans l'eau.

νγ DI-P-CRÉSYL-α$^{\alpha}$ DIMÉTHYL-HEXAHYDRO-γ DIAZINE-β ONE (*di-p-crésyl-α diméthyl-β acipipérazine*). — Éthylène-dicrésyldiamine et dibromo-isobutyrate d'éthyle. Ce corps fond à 127-130° et est très soluble dans le chloroforme, l'éther, le benzène, l'alcool chaud, le sulfure de carbone et le xylène, peu soluble dans l'alcool froid et la ligroïne [C. Bischoff et C. Traposonzjanz, *loc. cit.*].

DÉRIVÉS DE L'αβ' DIMÉTHYL-γ DIAZINE.

αβ' DIMÉTHYL-γ DIAZINE (*kétine, β diméthylpyrazine, diméthylaldine, diméthylpiazine, glycoline*). — Cette base a été obtenue pour la première fois par M. Étard [*C. R.*, **92**, 795], qui l'a retirée des produits de l'action du chlorure d'ammonium sur la glycérine à haute température; ce savant, qui ne l'obtint pas à l'état de pureté, lui donna le nom de *glycoline*.

Elle fut retrouvée peu de temps après, d'une manière toute différente, par MM. F.-P. Treadwell et E. Steiger [*D. chem. G.*, **15**, 1059; *Bull. Soc. Chim.*, (2), **38**, 292], qui l'obtinrent dans la réduction de l'isonitrosocétone, et lui donnèrent le nom de *kétine*. Ces savants, qui ne l'eurent pas non plus à l'état de pureté, ne s'aperçurent pas de son identité avec la base de M. Étard.

Beaucoup plus tard, M. Stœhr [*J. prakt. Chem.*, (2), **43**, 156; *Bull. Soc. Chim.*, (3), **6**, 582; *D. chem. G.*, **24**, 4105; *Bull. Soc. Chim.*, (3), **10**, 65 et *J. prakt. Chem.*, (2), **47**, 454], en reprenant l'étude de la réaction de M. Étard, parvint à préparer cette base en quantité un peu importante et à l'état de pureté. Il fit la même étude sur la kétine et conclut à l'identité des deux bases.

La diméthyl-γ diazine, préparée au moyen de la glycérine, se trouve mélangée de bases pyridiques qui prennent naissance dans la même réaction, et qui bouillent à une température très voisine. On peut séparer de ces bases la diméthyldiazine en se fondant sur ce fait que son *chloromercurate* est très peu soluble dans l'eau; il est notablement plus soluble dans l'acide chlorhydrique bouillant, dans lequel on peut le faire cristalliser.

Une fois que l'on a le *chloromercurate* à l'état de pureté, on le décompose par la potasse caustique et on entraîne la base par un courant de vapeur d'eau. Cette solution aqueuse, saturée par l'acide chlorhydrique et évaporée, fournit un chlorhydrate cristallisé qu'on distille ensuite sur la potasse solide.

Préparation. — On part de l'isonitrosocétone obtenue au moyen de l'éther acétylacétique et de l'acide nitreux. Cette isonitrosocétone est introduite dans la quantité calculée de chlorure stanneux dissous dans l'acide chlorhydrique fumant. Le liquide limpide étendu d'eau contient alors le chlorhydrate d'amidocétone; on le sature, en refroidissant, avec une lessive de potasse à 33 0/0 et on y introduit un excès d'une solution aqueuse saturée de chlorure mercurique. On chauffe alors pendant quelques instants au bain-marie, et on distille le tout dans la vapeur d'eau.

Le liquide aqueux distillé contient la diméthyldiazine avec un rendement de 60 0/0. On l'isole à l'état de *chloromercurate*, qu'on distille d'abord avec une lessive de potasse concentrée.

Le liquide redistillé avec de la potasse solide fournit la base à l'état de pureté [E. Gabriel et G. Pinkus, *D. chem. G*, **26**, 2207].

L'αβ' diméthyl-γ diazine est un liquide limpide, très réfringent, bouillant sans décomposition et ressemblant à la pyridine; son odeur s'en rapproche également.

Cette base se dissout dans l'eau en toutes proportions, à froid comme à chaud. Quand on ajoute de l'eau à la base pure, il se produit une vive élévation de température, due à la formation d'un *hydrate*. Sa solution aqueuse est faiblement alcaline. La base est également soluble en toutes proportions dans l'alcool et dans l'éther. Elle est hygroscopique et volatile avec la vapeur d'eau. Elle bout à 155° (corrigé). Sa densité à 0° est 1,0079.

La diméthyldiazine préparée à l'aide de l'isonitrosocétone a sans doute été obtenue plus pure que celle provenant de la glycérine, car elle a cristallisé. Il s'est formé de grandes tables transparentes, cubiques ou rhomboédriques, qui fondent à 15°.

La diméthyldiazine est une base monacide.

Son *chlorhydrate* est cristallisé, mais très soluble dans l'eau; on l'obtient en saturant d'acide chlorhydrique sec la solution de la base dans l'éther absolu; il est peu soluble dans l'alcool. Il se colore au-dessus de 160°, puis se sublime entièrement à une température fort peu supérieure.

Le *nitrate* et le *sulfate* sont des sels bien cristallisés.

Les solutions fortement chlorhydriques de cette base, additionnées de chlorure de platine, abandonnent un *chloroplatinate*,

$$C^6H^8Az^2 . 2HCl . PtCl^4, 3H^2O,$$

très soluble dans l'eau et formant de beaux cristaux tabulaires non déliquescents; il possède la couleur du dichromate de potassium. Il ne perd pas son eau de cristallisation à l'air, mais dans le vide au-dessus de l'acide sulfurique ou à 100-110°. En même temps que ce *chloroplatinate*, il s'en sépare un second,

$$(C^6H^8Az^2 . HCl)^2 PtCl^4, 4H^2O.$$

Quand on chauffe à une douce température une solution de l'un de ces deux sels, elle laisse déposer, par refroidissement, des cristaux $(C^6H^8Az^2)^2 . HCl . PtCl^4$, d'un jaune foncé.

Enfin, si l'on soumet la dissolution à l'ébullition, le sel de platine devient $C^6H^8Az^2 . PtCl^4$, et se dépose sous la forme d'une poudre cristalline jaune, à peine soluble dans l'eau bouillante.

Le *chloraurate*, $C^6H^8Az^2 . HCl . AuCl^3, H^2O$, est peu soluble dans l'eau froide; il fond à 153°. L'ébullition le transforme en la combinaison $C^6H^8Az^2 . AuCl^3$.

Le *chloromercurate*, $C^6H^8Az^2 . 2HgCl^2$, est le sel qui sert à purifier la base; il est presque insoluble dans l'eau froide, et se dissout un peu dans l'eau chaude faiblement chlorhydrique, d'où il se dépose sous la forme de longs prismes. Si l'on traite les solutions de ce chloromercurate par une solution saturée et chaude de chlorure mercurique, on obtient, par refroidissement, le sel $C^6H^8Az^2 . 3HgCl^2$.

Le chlorure de zinc fournit un sel double peu soluble; le nitrate d'argent, une combinaison cristalline, peu soluble également.

Le *picrate* forme des aiguilles jaunes peu solubles, fusibles à 157°. Chauffé pendant quelque temps au bain-marie, ce sel perd toute sa base.

L'iodure de méthyle se combine à l'αβ' diméthyl-γ diazine en donnant un *iodométhylate* $C^6H^8Az^2 . CH^3I$, très soluble dans l'eau, peu soluble dans l'alcool absolu et formant des prismes jaunes, fusibles à 230°. Son *periodure* est en petites aiguilles d'un rouge brun. Son *iodocadmiate* est peu soluble et cristallisé.

Le *chlorométhylate* est peu soluble dans l'eau.

Le *chloroplatinate*, $(C^6H^8Az^2 . CH^3Cl)^2PtCl^4$, forme des cristaux moins solubles à chaud qu'à froid.

L'*iodéthylate* est très instable [C. Stœhr, *J. prakt. Chem.*, (2), **47**, 454].

ACIDE-α MÉTHYL-γ DIAZINE-β' MÉTHYLOÏQUE (2.5 *méthylpyrazine-carbonique*). — Cet acide se forme dans l'oxydation de la diméthyl-γ diazine au moyen du permanganate de potassium : on emploie la quantité nécessaire pour oxyder seulement un groupe méthyle. On opère en solution alcaline, on filtre le bioxyde de manganèse et l'on neutralise par l'acide nitrique, puis l'on précipite par le nitrate d'argent. Le sel d'argent qui se précipite est cristallisé dans l'eau bouillante, puis décomposé par l'hydrogène sulfuré.

L'acide méthyl-γ diazine-méthyloïque est très soluble dans l'eau chaude, assez peu soluble dans l'eau froide. Il se dépose de sa solution aqueuse, sous la forme de beaux prismes anhydres, fusibles à 200°. Il se sublime aisément en longues aiguilles soyeuses. Il se dédouble en acide carbonique et *méthyl-γ diazine* qui n'a pas encore été étudiée.

Le *sel d'argent* forme de fines aiguilles peu solubles dans l'eau froide.

Acide γ diazine-αβ' diméthyloïque. — Cet acide a été obtenu dans l'oxydation de la diméthyl-γ diazine au moyen du permanganate de potassium. Son meilleur mode de purification consiste à le transformer en sel ammoniacal et à décomposer la solution chaude du sel ammoniacal au moyen de l'acide nitrique étendu. Il cristallise dans l'eau bouillante en longues aiguilles qui contiennent 2 molécules d'eau.

L'acide desséché fond à 255-256°; il donne avec le sulfate ferreux une belle coloration violette. Il se décompose par la chaleur en acide carbonique et diazine.

Son *sel ammoniacal* forme des aiguilles peu solubles dans l'alcool.

Le *sel argentique* est peu soluble dans l'eau; il se dépose d'abord amorphe, puis, au contact de son eau mère, prend une structure cristalline.

Le *sel de baryum* est bien cristallisé, mais très peu soluble.

Les *sels de calcium* et *de plomb* sont bien cristallisés [C. Stœhr, *D. chem. G.*, **24**, 4108; *Bull. Soc. Chim.*, (3), **10**, 65].

Acide γ diazine-diméthyloïque. — M. L. Wolff a obtenu un acide isomérique ou identique avec le précédent, en soumettant à l'action de la chaleur l'acide γ diazine-tétraméthyloïque. Cet acide est peu soluble dans l'eau bouillante, d'où il se dépose en prismes retenant $2H^2O$. L'acide desséché fond à 282° en se décomposant en acide carbonique, γ diazine et acide γ diazine-monométhyloïque.

Le *sel d'argent* est floconneux; le *sel de calcium*, $C^4H^2Az^2(CO^2)^2Ca, 4H^2O$, cristallise dans l'eau bouillante en fines aiguilles [L. Wolff, *D. chem. G.*, **26**, 723].

αβ' diméthyl-hexahydro-γ diazines. — Quand on réduit par le sodium et l'alcool l'αβ' diméthyl-γ diazine obtenue à l'aide de l'éther acétylacétique ou au moyen de la glycérine, on la transforme, non pas en une base hexahydrogénée, mais bien en un mélange de deux bases qui sont des isomères stéréochimiques. On sépare ces deux bases en les transformant en chlorhydrates. Le chlorhydrate de la première, que nous désignerons provisoirement par la lettre *a*, est presque insoluble dans l'alcool froid, tandis que le chlorhydrate de l'autre y est très soluble.

a-αβ' Diméthyl-hexahydro-γ diazine. — Cette base est très soluble dans l'eau, mais non pas déliquescente : elle ne retient pas l'eau avec avidité. Elle est très soluble dans l'alcool, presque insoluble dans l'éther. Elle cristallise très bien dans le benzène ou dans le chloroforme en beaux prismes incolores fondant à 118° et ne contenant pas d'eau de cristallisation. Elle est extrêmement volatile.

La solution aqueuse est fortement alcaline : elle possède une saveur brûlante, faiblement amère, qui n'a rien de désagréable.

L'*a*-αβ' diméthyl-hexahydro-γ diazine (*a*-2.5 diméthylpipérazine) bout, sans la moindre décomposition à 162° sous 746mm,5 et cristallise immédiatement dans le récipient.

Une solution aqueuse de cette base précipite les oxydes des métaux lourds à la manière de l'ammoniaque. Elle dissout également l'acide urique.

Le *chlorhydrate*, $C^6H^{14}Az^2 . 2HCl$, est très soluble dans l'eau, et se dépose de sa solution en gros cristaux transparents prismatiques, très peu solubles dans l'alcool. Il se sublime sans fondre et sans se décomposer.

Le *bromhydrate*, $C^6H^{14}Az^2 . 2HBr$, est en grandes tables très solubles dans l'eau, peu solubles dans l'alcool et fondant à 290°.

Le *sulfate*, $C^6H^{14}Az^2 . SO^4H^2, H^2O$, est très peu soluble dans l'alcool.

Le *dichromate*, $C^6H^{14}Az^2 . Cr^2O^7H^2$, fait explosion sans fondre à 140-141°.

Le *phosphate neutre*, $3C^6H^{14}Az^2 . 2PO^4H^3$, se dépose en gros cristaux.

Le *phosphate acide*, $C^6H^{14}Az^2 . 2PO^4H^3$, peut être chauffé à 290° sans être altéré; il forme des cristaux prismatiques.

Le *tartrate*, $C^6H^{14}Az^2 . C^4H^6O^6, 3H^2O$, forme de beaux prismes fondant à 242-243°, perdant leur eau sur l'acide sulfurique.

L'*urate* se présente en petites aiguilles microscopiques.

Le *chloroplatinate*,

$$C^6H^{14}Az^2 . 2HCl . PtCl^4, 2H^2O,$$

forme des lamelles hexagonales peu solubles dans l'eau froide et dans l'eau chaude. L'acide chlorhydrique concentré le laisse déposer en petites aiguilles anhydres.

Le *chloraurate*, $C^6H^{14}Az^2 . 2HCl . AuCl^3$, est peu soluble à froid; il se réduit à l'ébullition.

Le *chloromercurate*, $C^6H^{14}Az^2 . 2HCl, 4HgCl^2$, est peu soluble à froid; il forme de grands prismes fondant à 235-236° en se décomposant.

Le *picrate* est très peu soluble dans l'alcool.

Le *dérivé dinitré* cristallise en longues aiguilles prismatiques jaunes, fusibles à 172°.

Le *dérivé dibenzoylé* est en cristaux rhomboédriques, fusibles à 225°.

b-αβ Diméthyl-hexahydro-γ diazine. — Le *chlorhydrate* de cette base est très soluble dans l'alcool ordinaire; il se dépose de sa solution dans l'alcool absolu en petites aiguilles qui noircissent à la lumière. Il est aussi facilement sublimable que son isomère.

La base libre (*b*-diméthylpipérazine) obtenue en décomposant le chlorhydrate par la potasse forme une masse blanche, cristalline, difficile à débarrasser de l'eau qu'elle retient. Elle bout, comme son isomère, à 161-162°.

Son *chloroplatinate* cristallise anhydre en prismes hexagonaux.

Le *chloraurate*,

$$C^6H^{14}Az^2 . 2HCl . 2AuCl^3, 3H^2O,$$

est très soluble dans l'eau.

Le *chloromercurate* a pour formule

$$C^6H^{14}Az^2 . 2HCl, 5HgCl^2.$$

La *dinitrosamine* forme de grandes lamelles jaunes, fondant à 95-96°.

Le *dérivé dibenzoylé* fond à 151-152° [E. Stœhr, *J. prakt. Chem.*, (2), **47**, 512; *D. chem. G.*, **24**, 4105; *Bull. Soc. Chim.*, (3), **10**, 65].

γγ Diphényl-αβ' diméthyl-hexahydro-γ diazine-α'β diones (*diphényl-αγ diméthyl-βδ diacipipérazine*). — L'acide α anilidopropionique a été soumis à l'action de l'anhydride acétique dans le but de préparer son anhydride. Mais, au lieu d'obtenir un seul corps, on a obtenu deux isomères stéréochimiques. On conçoit que les deux groupes C^6H^5 peuvent se trouver soit d'un même côté du plan de l'hexagone, soit de part et d'autre. Le corps porte dans le premier cas le nom d'isomère *para*, celui d'isomère *anti* dans le second :

$$\begin{array}{c} AzC^6H^5 \\ CO \quad CH{-}CH^3 \\ CH^3{-}CH \quad CO \\ AzC^6H^5 \end{array}$$

[O. Nastvogel, *D. chem. G.*, **22**, 1792 et **23**, 2010; *Bull. Soc. Chim.*, (3), **3**, 836 et **6**, 114. — C. Bischoff et A. Hausdörfer, *D. chem G.*, **25**, 2298; *Bull. Soc. Chim.*, (3), **8**, 1241. — A. Tigerstedt, *D. chem. G.*, **25**, 2919; *Bull. Soc. Chim.* (3), **10**, 276. — C. Bischoff, *D. chem. G.*, **25**, 2940; *Bull. Soc. Chim.*, (3), **10**, 294].

On obtient le même résultat en traitant par la potasse alcoolique la dibromopropionanilide [Tigerstedt, *loc. cit.*]. Il se fait dans cette réaction trois produits principaux : une *diphényl-hexahydrodiazine-dione* fusible à 183°,5 (isomère para), une *diphényl-hexahydrodiazine-dione* fusible à 172-173° (isomère anti) et l'*α éthoxypropionylanilide* qui fond à 62-63°. On les sépare en se servant d'éther, dans lequel le premier de ces corps est insoluble. On le purifie par cristallisation dans l'eau bouillante, d'où il se dépose sous la forme de belles aiguilles incolores.

La solution éthérée abandonne des cristaux qui, après cristallisation dans l'alcool à 50 0/0 et ensuite dans le benzène, fondent à 172-173° et constituent la modification anti. Les eaux mères éthérées retiennent l'éthoxypropionylanilide, qu'on obtient cristallisée après ébullition avec l'acide chlorhydrique étendu. On le fait ensuite cristalliser à nouveau dans la ligroïne.

Quand on chauffe avec la potasse alcoolique l'isomère para, il fixe 1 molécule d'eau et se transforme en un acide anilidé, l'*acide α anilidopropionyl-anilidopropionique* :

$$\begin{array}{c} AzC^6H^5 \\ CO \quad CH{-}CH^3 \\ CH^3{-}CH \quad CO^2H \\ AzHC^6H^5 \end{array}$$

Cet acide, chauffé pendant quelque temps à 120°, perd une molécule d'eau et se transforme en pipérazine ; mais, au lieu de redonner l'isomère para, on obtient la modification anti, fusible à 172-173°.

Si l'on opère la même réaction à l'aide de la seconde modification, on obtient le même acide, qui, par condensation, fournit le corps primitif (Tigerstedt).

γγ DI-P-CRÉSYL-α'β DIMÉTHYL-HEXAHYDRO-γ DIAZINE-αβ' DIONES (*di-p-crésyl-αγ diméthyl-βδ diacipipérazine*). — On obtient un mélange de deux composés isomériques de cette composition en traitant la *bromopropionyl-p-toluide* par la potasse alcoolique.

La *modification para* fond à 248° ; la *modification anti* à 195°. Ces deux corps ont des solubilités très voisines et sont difficiles à séparer.

γγ DI-O-CRÉSYL-αβ' DIMÉTHYL-HEXAHYDRO-γ DIAZINE-α'β DIONE (*di-o-crésyl-αγ diaci-βδ diméthylpipérazine*). — On obtient aussi par le même procédé un mélange de deux isomères stéréochimiques.

La *modification para* fond à 183-184° ; elle est en général moins soluble que la *modification anti*, qui fond à 155-162°.

γγ DI-α NAPHTYL-αβ' DIMÉTHYL-HEXAHYDRO-γ DIAZINE-α'β DIONE (*di-α naphtyl-αγ diaci-βδ diméthylpipérazine*). — Ce composé n'est connu que sous une seule modification, en cristaux tabulaires, fondant à 220-224°, solubles dans l'alcool et dans le chloroforme, peu solubles dans le benzène et l'éther, insolubles dans la ligroïne.

γγ DI-β NAPHTYL-αβ' DIMÉTHYL-HEXAHYDRO-γ DIAZINE-α'β DIONE. — Elle n'est connue également que sous une seule modification, fondant à 268-270°, cristallisée en petites aiguilles, peu solubles dans l'alcool et dans le chloroforme, insolubles dans l'eau [A. Tigerstedt, *D. chem. G.*, **25**, 2919 ; *Bull. Soc. Chim.*, (3), **10**, 276].

DÉRIVÉS DE LA TRIMÉTHYL-γ DIAZINE.

On connait deux acides dérivant de la triméthyl-γ diazine.

L'*acide αβ' diméthyl-γ diazine-β méthyloïque* (*2,5 diméthylpyrazine-3 carbonique*). — Cet acide est obtenu dans l'oxydation de l'αβ' diméthyl-β éthyl-γ diazine, au moyen d'une quantité insuffisante de permanganate de potassium. On se débarrasse par filtration du bioxyde de manganèse, on sature exactement par l'acide sulfurique, et on évapore au bain-marie. L'acide se dépose ; on le fait cristalliser dans l'eau bouillante en présence d'un peu de noir animal.

L'acide αβ' diméthyl-γ diazine-β méthyloïque se dissout facilement dans l'eau bouillante, peu dans l'eau froide. Il forme de longues aiguilles prismatiques groupées en rosettes. Il cristallise avec 1 molécule d'eau, qu'il perd dans le dessiccateur ou à 100°. Il se sublime déjà à la température du bain-marie. Il se dissout dans l'alcool beaucoup plus que dans l'eau ; il se dissout également dans l'éther, le chloroforme et le benzène.

L'acide déshydraté fond à 117° et cristallise par refroidissement.

Le *sel ammoniacal* forme des aiguilles incolores très solubles dans l'eau, moins solubles dans l'alcool absolu.

Le *sel de mercure* cristallise en fines aiguilles.

Le *sel de nickel* forme des aiguilles prismatiques presque incolores.

Le *sel de cobalt* est en beaux cristaux jaunes.

Le *sel de cuivre*, $(C^7H^7Az^2O^2)^2Cu, 4H^2O$, est très peu soluble dans l'eau froide, beaucoup plus soluble dans l'eau chaude ; il forme des tables à 4 ou 6 pans.

Le *sel d'argent* est peu soluble dans l'eau.

Quand on chauffe cet acide à 180-200° en tube scellé avec de l'acide acétique, il se dédouble en acide carbonique et αβ' diméthyl-γ diazine.

ACIDE γ DIAZINE-TRIMÉTHYLOÏQUE (*pyrazine-tricarbonique*),

$$\begin{array}{c} Az \\ CO^2H{-}C \quad C{-}CO^2H \\ CH \quad C{-}CO^2H \\ Az \end{array}$$

— Cet acide prend naissance en petite quantité dans la préparation du précédent. Il est très soluble dans l'eau et se dépose de ses solutions concentrées en aiguilles incolores qui ne tardent pas à rougir à l'air. Ces aiguilles contiennent 1 molécule d'eau de cristallisation, qu'elles perdent à 100°.

L'acide fond en se décomposant vivement à 250-251° [C. Stœhr, *J. prakt. Chem.*, (2), **47**, 490].

DÉRIVÉS DES γ DIAZINES EN C^8.

L'*αβ' diéthyl-γ diazine* n'est pas connue, mais on a préparé un certain nombre de dérivés de son produit hexahydrogéné.

γγ DIPHÉNYL-αβ' DIÉTHYL-HEXAHYDRO-γ DIAZINE-α'β DIONE (*diphényl-αγ diaci-βδ diéthylpipérazine*).

— Ce composé prend naissance quand on traite par l'anhydride acétique l'acide αanilidobutyrique [O. Nastvogel, *D. chem. G.*, **22**, 1792; *Bull. Soc. Chim.*, (3), **3**, 836]. On obtient ainsi un mélange de deux isomères stéréochimiques difficiles à séparer l'un de l'autre [O. Nastvogel, *D. chem. G.*, **23**, 2016; *Bull. Soc. Chim.*, (3), **6**, 114].

La *modification para* fond à 268°, la *modification anti* à 146°. Quand on soumet la modification para à l'action de la potasse alcoolique, elle fixe 1 molécule d'eau et donne un acide qui, chauffé quelque temps à 120°, perd 1 molécule d'eau et fournit la modification anti.

Cette dernière soumise au même traitement est régénérée [O. Nastvogel, *D. chem. G.*, **22**, 2022; *Bull. Soc. Chim.*, (3), **6**, 116].

Quand on traite l'αbromobutyrylanilide par la potasse alcoolique, on obtient aussi la γγ *diphényl-αβ' diéthyl-hexahydro-γ diazine-α'β dione*, mais seulement la *modification para* fusible à 268° [C. Bischoff et N. Mintz, *D. chem. G.*, **25**, 2314; *Bull. Soc. Chim.*, (3), **8**, 1244. — A. Tigerstedt, *D. chem. G.*, **25**, 2924; *Bull. Soc. Chim.*, (3), **10**, 276. — C. Bischoff, *D. chem. G.*, **25**, 2950; *Bull. Soc. Chim.*, (3), **10**, 294].

γγ Di-o-crésyl-αβ'diéthyl-hexahydro-γ diazine-α'β dione (*di-o-crésyl-αγ diaci-βδ diéthylpipérazine*). — Cette substance est obtenue par l'action de la potasse alcoolique sur l'α bromobutyryl-o-crésylamide.

La *modification para* fond à 218° et forme de petits prismes transparents, très solubles dans le chloroforme, solubles dans le benzène et dans l'alcool, insolubles dans l'éther et dans la ligroïne.

La *modification anti* fond à 178-180°, elle se sépare de son isomère par un traitement à l'alcool aqueux dans lequel elle est soluble [A. Tigerstedt, *D. chem. G.*, **25**, 2924; *Bull. Soc. Chim.*, (3), **10**, 276. — C. A. Bischoff, *D. chem. G.*, **25**, 2950; *Bull. Soc. Chim.*, (3), **10**, 294].

γγ Di-p-crésyl-αβ'diéthyl-hexahydro-γ diazine-α'β dione. — Ce composé se présente sous deux formes stéréo-isomériques dans l'action de l'anhydride acétique sur l'acide αp-crésyl-amidobutyrique, ou dans l'action de la potasse alcoolique sur l'αbromobutyryl-p-crésylamide. On les sépare par cristallisation dans l'alcool et dans l'éther.

La *modification para* fond à 254-256° et forme de fines aiguilles, peu solubles dans l'alcool, l'éther et le chloroforme.

La *modification anti* fond à 207-217° et est plus soluble dans les mêmes dissolvants [C. Bischoff et N. Mintz, *D. chem. G.*, **22**, 2322; *Bull. Soc. Chim.*, (3), **8**, 1244. — A. Tigerstedt, *D. chem. G.*, **25**, 2925; *Bull. Soc. Chim.*, (3), **10**, 276. — C. Bischoff, *D. chem. G.*, **25**, 2940; *Bull. Soc. Chim.*, (3), **10**, 294].

γγ Di-α naphtyl-αβ'diéthyl-hexahydro-γdiazine-αβ' dione. — Cette substance n'a été jusqu'ici obtenue que sous une seule modification, et cela dans l'action de la potasse alcoolique sur l'αbromobutyryl-αnaphtalide. Elle fond à 287-289° et forme une masse cristalline incolore, très peu soluble dans l'alcool, l'éther et le chloroforme, insoluble dans la ligroïne et dans l'eau [A. Tigerstedt, *loc. cit.*].

γγ Di-β naphtyl-αβ' diéthyl-hexahydro-γ diazine-α'β dione. — Cette substance ne se trouve que sous une seule modification au moment de sa préparation; mais on peut obtenir la modification anti au moyen de la potasse alcoolique.

La *modification para* forme de très fines aiguilles fusibles à 306°, très peu solubles dans la plupart des dissolvants, un peu solubles dans le benzène bouillant.

La *modification anti* fond à 247°; elle est assez soluble dans le chloroforme et dans l'acétone, très peu soluble dans l'alcool, le benzène et l'acide acétique, insoluble dans l'éther, la ligroïne et l'eau [A. Tigerstedt, *loc. cit.*].

αβ' Diméthyl-β éthyl-γ diazine (2.5 *diméthyl-3 éthylpyrazine*. — Cette base prend naissance en même temps que l'αβ'diméthyl-γ diazine dans l'action des sels ammoniacaux sur la glycérine à haute température. On peut la séparer de son homologue inférieur par la distillation fractionnée.

Cette base bout sans altération à 178-179°; elle forme un liquide fortement réfringent; densité = 0,9852 à 0°. Elle est miscible à l'eau froide en toutes proportions, ainsi qu'à l'alcool et à l'éther, mais non pas à l'eau chaude; son odeur est analogue à celle de son homologue inférieur. Elle est hygroscopique et forme un *hydrate* cristallisé.

Le *chloroplatinate*,

$$C^8H^{12}Az^2 . 2HCl . PtCl^4, 2H^2O,$$

est très soluble dans l'eau, et cristallise de ses solutions concentrées en petits prismes brillants assez solubles dans l'alcool. Quand il se dépose d'une solution aqueuse bouillante, il a pour composition $C^8H^{12}Az^2 . HCl . PtCl^4$.

Le *chloraurate* se dépose à l'état huileux et cristallise ensuite en lamelles brillantes; il est peu soluble dans l'eau.

Le *chloromercurate* est peu soluble dans l'eau; il forme des cristaux rhomboédriques fondant vers 180°. Il semble avoir pour formule

$$C^8H^{12}Az^2 . 6HgCl^2.$$

Il sert à séparer la base des bases pyridiques.

Le *picrate* forme des prismes brillants, solubles dans l'alcool bouillant et fondant à 142° sans se décomposer.

L'*iodométhylate*, $C^8H^{12}Az^2 . CH^3I$, fond à 236-237° en se décomposant. Il forme des lamelles à éclat vitreux très solubles dans l'eau, peu solubles dans l'alcool absolu [C. Stœhr, *J. prakt. Chem.*, (2), **47**, 474].

α β' Diméthyl - β éthyl - hexahydro - γ diazine (2.5 *diméthyl-3 éthylpipérazine*). — Cette pipérazine se prépare en réduisant par le sodium et l'alcool la base précédente. Elle est très avide d'eau et forme un *hydrate* très bien cristallisé, aisément sublimable, qui fond à 62° et bout à 173-174° sans perdre son eau. Cette eau ne s'en va pas dans l'air sec au-dessus de l'acide sulfurique.

La base anhydre peut être obtenue par distillation sur le sodium; elle bout plus haut que son hydrate, et cristallise dans le récipient; elle fond également plus haut que l'hydrate.

Le *chlorhydrate*, $C^8H^{18}Az^2 . 2HCl$, est très soluble dans l'eau, très peu soluble dans l'alcool.

Le *chloroplatinate*,

$$C^8H^{18}Az^2 . 2HCl . PtCl^4, 3H^2O,$$

se dissout très aisément dans l'eau chaude et assez bien dans l'eau froide. Il forme de beaux cristaux de la couleur du dichromate de potassium. Il perd son eau à 100-110°.

Le *picrate* est très peu soluble dans l'eau froide, assez soluble dans l'eau chaude et forme des aiguilles qui brunissent à 200°, et qui se charbonnent complètement à 260°.

La *dinitrosamine* se dissout dans l'eau bouillante, qui l'abandonne sous la forme de longues aiguilles fusibles à 92° [C. Stœhr, *J. prakt. Chem.*, (2), **39**, 520].

Dérivés de la tétraméthyl-γ diazine.

Tétraméthyl-γ diazine (*tétraméthylpyrazine, diméthylkétine, tétraméthylaldine, tétraméthylpiazine*). — Cette base, isomérique avec la précédente, est la première kétine connue. Elle a été obtenue par M. Gutknecht dans la réduction de l'isonitrosométhyléthylcétone :

$$\begin{array}{r} AzOH \\ CH^3-C \diagup\!\!\!\diagup \\ CH^3-CO \end{array} + \begin{array}{l} CO-CH^3 \\ C-CH^3 \\ \diagup\!\!\!\diagup \\ OHAz \end{array} + 3H^2$$

$$= 4H^2O + \begin{array}{c} Az \\ \begin{array}{l} CH^3-C \\ CH^3-C \end{array} \bigcirc \begin{array}{l} C-CH^3 \\ C-CH^3 \end{array} \\ Az \end{array}$$

[*D. chem. G.*, **12**, 2290 ; *Bull. Soc. Chim.*, (2), **34**, 484].

Plus tard, en traitant l'éther bromolévulique par l'ammoniaque, M. Wolff rencontra à nouveau la tétraméthyl-γdiazine, dont il indiqua la vraie constitution [L. Wolff, *D. chem. G.*, **20**, 425 ; *Bull. Soc. Chim.*, (2), **48**, 277].

M. Thal l'obtint également en réduisant l'acide isonitrosolévulique, préparé lui-même au moyen de l'éther acétylsuccinique et de l'acide nitreux [*D. chem. G.*, **25**, 1723 ; *Bull. Soc. Chim.*, (3), **8**, 1304].

Le meilleur procédé pour obtenir cette substance semble être celui qui a été indiqué par D. Vladesco [*Bull. Soc. Chim.*, (3), **5**, 293 et **6**, 820], et qui consiste à traiter par l'ammoniaque la méthyléthylcétone α chlorée,

$$CH^3-CO-CHCl-CH^3.$$

La tétraméthyl-γdiazine cristallise dans l'eau chaude, dans laquelle elle est très soluble, en longues aiguilles brillantes renfermant $3H^2O$ et fusibles à 74-77°. Elle est douée d'une odeur pénétrante et narcotique et se transforme dans l'air sec en prismes qui s'hydratent à nouveau dans l'air humide. La base sèche fond à 86° et bout sans décomposition à 190°.

Elle est soluble dans l'alcool, l'éther, et donne avec l'eau chaude des solutions neutres qui restent souvent sursaturées. Elle donne, avec les acides étendus, des sels à réaction acide que l'ammoniaque décompose.

Le *chlorhydrate*, $C^8H^{12}Az^2.HCl, 2H^2O$, est soluble dans l'eau et dans l'alcool et fond à 91° à l'état sec.

A ce sel correspond le *chloroplatinate*,

$$(C^8H^{12}Az^2.HCl)^2PtCl^4,$$

qui cristallise dans l'eau chaude en aiguilles rouges, décomposables à l'ébullition.

Si l'on précipite directement une solution chlorhydrique de la base par le chlorure de platine, on obtient le sel

$$C^8H^{12}Az^2.2HCl.PtCl^4, 4H^2O,$$

qui cristallise en aiguilles orangées.

L'iodure de méthyle fournit un *iodométhylate*, $C^8H^{12}Az^2.CH^3I, 2H^2O$, qui cristallise en aiguilles jaunâtres, solubles dans l'eau et dans l'alcool et fondant à 216° avec décomposition.

A cet iodure correspond un *chloroplatinate*, $C^8H^{12}Az^2.CH^3Cl.HCl.PtCl^4, H^2O$.

L'oxydation par le permanganate en solution acide décompose complètement la tétraméthyl-γdiazine ; le permanganate en solution alcaline la transforme principalement en *acide γdiazine-tétracarbonique*.

Acide αβ'diméthyl-γdiazine-α'βdiméthyloïque (*acide kétine-dicarbonique*). — Cet acide s'obtient aisément en réduisant par l'étain et l'acide chlorhydrique le nitrosoacétylacétate d'éthyle. On se procure ainsi l'*éther diéthylique* de l'acide en question :

$$\begin{array}{r} AzOH \\ CO^2C^2H^5-C \diagup\!\!\!\diagup \\ CH^3-CO \end{array} + \begin{array}{l} CO-CH^3 \\ C-CO^2C^2H^5 \\ \diagup\!\!\!\diagup \\ OHAz \end{array} + 3H^2$$

$$= 4H^2O + \begin{array}{c} Az \\ \begin{array}{l} CO^2C^2H^5-C \\ CH^3-C \end{array} \bigcirc \begin{array}{l} C-CH^3 \\ C-CO^2C^2H^5 \end{array} \\ Az \end{array}$$

L'acide kétine-dicarbonique a été décrit Suppl., **1**, 972.

En chauffant avec du chlorure de zinc l'imidoisonitrosobutyrate d'éthyle, M. L. Œconomidès a produit un corps qui lui a semblé identique à l'acide αβ'diméthyl-γdiazine-α'βdiméthyloïque [L. Œconomidès, *D. chem. G.*, **19**, 2524 ; *Bull. Soc. Chim.*, (2), **47**, 573].

Acide γdiazine-tétraméthyloïque (*acide pyrazine-tétracarbonique*),

$$\begin{array}{c} Az \\ \begin{array}{l} CO^2H-C \\ CO^2H-C \end{array} \bigcirc \begin{array}{l} C-CO^2H \\ C-CO^2H \end{array} \\ Az \end{array}$$

— Cet acide, obtenu par M. Wolff dans l'oxydation de la tétraméthyl-γdiazine, se présente en lamelles blanches, très solubles dans l'eau chaude, l'acétone et l'alcool, peu solubles dans l'éther et dans le benzène. Il cristallise avec 2 molécules d'eau. Il fond à 204-205° en se décomposant. Il fournit avec le sulfate ferreux une coloration violette qui disparait au contact des acides minéraux.

Les *sels acides de potassium* et *de sodium*, $C^4Az^2(CO^2H)^2(CO^2Na)^2, 2H^2O$, sont très peu solubles dans l'eau. Le *sel diacide de potassium* perd aisément 2 molécules d'acide carbonique à 200° en se transformant en acide γdiazine-diméthyloïque.

Les *sels neutres de potassium* et *de sodium* sont très solubles ; ceux *de baryum*,

$$C^4Az^2(CO^2)^4Ba^2, 1,5H^2O,$$

de calcium, $C^4Az^2(CO^2)^4Ca^2, 2,5H^2O$, et *d'argent*, $C^4Az^2(CO^2Ag)^4, 0,5H^2O$, sont presque insolubles [L. Wolff, *D. chem. G.*, **20**, 425 et **26**, 722 ; *Bull. Soc. Chim.*, (2), **48**, 277].

αβ'Diméthyl-α'βdiéthyl-γdiazine (*diéthylkétine*). — Cette substance se prépare en réduisant par l'étain et l'acide chlorhydrique la *nitrosométhylpropylcétone*,

$$\begin{array}{r} AzOH \\ C^2H^5-C \diagup\!\!\!\diagup \\ CH^3-CO \end{array} + \begin{array}{l} CO-CH^3 \\ C-C^2H^5 \\ \diagup\!\!\!\diagup \\ OHAz \end{array} + 3H^2$$

$$= 4H^2O + \begin{array}{c} Az \\ \begin{array}{l} C^2H^5-C \\ CH^3-C \end{array} \bigcirc \begin{array}{l} C-CH^3 \\ C-C^2H^5 \end{array} \end{array}$$

(voyez Diéthylkétine, Suppl., **1**, 972).

αβ'Diméthyl-α'β dipropyl-γ diazine (*dipropylkétine*). — Cette base se prépare aisément au moyen de la nitrosométhylbutylcétone (voyez Dipropylkétine, Suppl., 1, 972).

αβ'Diméthyl-α'β diisobutyl-γ diazine (*diisobutylkétine*). — On obtient cette base dans la réduction de la nitrosométhylisoamylcétone,

$$CH^3-CO-C(=AzOH)-CH^2-CH<^{CH^3}_{CH^3}$$

Elle constitue une huile bouillant à 242-244°. Le *chloroplatinate*, $C^{18}H^{24}Az^2 . 2HCl . PtCl^4$, est en belles aiguilles orangées.

La diisobutylkétine est une base diacide, tandis que la dipropylkétine est une base monoacide [E. Lang, *D. chem. G.*, **18**, 1364; *Bull. Soc. Chim.*, (2), **45**, 750].

γ diazines aromatiques.

On ne connaît pas la *phényl-γ diazine*, mais bien un de ses dérivés, obtenu par une méthode intéressante qui serait sans doute susceptible de généralisation.

γγ Diphényl-α phényl-γα'β'γ tétrahydro-γ diazine (*triphényl-tétrahydropyrazine*). — On condense 1 molécule d'éthylène-diphényldiamine avec 1 molécule de bromure de phénacyle en présence d'acétate de sodium desséché :

$$\begin{matrix} & AzHC^6H^5 & \\ CH^2 & & CO-C^6H^5 \\ CH^2 & + & CH^2Br \\ & AzHC^6H^5 & \end{matrix}$$

$$= HBr + H^2O + \begin{matrix} & AzC^6H^5 & \\ CH^2 & & C-C^6H^5 \\ CH^2 & & CH \\ & AzC^6H^5 & \end{matrix}$$

Cette substance cristallise dans un mélange d'alcool et de benzène sous la forme d'aiguilles prismatiques jaunes, fusibles à 130-131°, peu solubles dans l'alcool, solubles dans le benzène, le chloroforme et l'éther.

L'acide chlorhydrique concentré dissout ce corps, qui est précipité par l'eau. Il réduit les solutions des sels d'or, d'argent et de mercure [L. Garzini, *Atti R. Accad. dei Lincei*, 1891, II, 213; *Gazz. chim. ital.*, **23**, 1, 9; *D. chem. G.*, *Ref.*, **24**, 957].

αβ'Diphényl-γ diazine (*iso-indol, diphénylpyrazine*). — Ce corps a été obtenu pour la première fois par Stædel dans l'action de l'ammoniaque sur le chlorure de phénacyle (chloracétophénone), $C^6H^5-CO-CH^2Cl$ [W. Stædel, *D. chem. G.*, **10**, 1830; *Bull. Soc. Chim.*, (2), **30**, 550].

Depuis, il a été obtenu par MM. V. Meyer et Braun dans la réduction de l'isonitrosoacétophénone ou dans l'oxydation spontanée de l'isoamidoacétophénone, $C^6H^5-CO-CH^2AzH^2$ [E. Braun et V. Meyer, *D. chem. G*, **21**, 1269 et 1947; *Bull. Soc. Chim.*, (2), **50**, 473 et 649].

L'iso-indol se prépare aussi en faisant bouillir l'acétate de benzoylcarbinol avec de l'ammoniaque alcoolique; le moyen le plus commode pour se le procurer consiste à abandonner à la température ordinaire le bromure de phénacyle avec de l'alcool ammoniacal. L'iso-indol se sépare en beaux cristaux rouges [W. Stædel et F. Kleinschmidt, *D. chem. G.*, **13**, 836; *Bull. Soc. Chim.*, (2), **35**, 534].

L'iso-indol cristallise en lamelles; il est très peu soluble dans les dissolvants organiques; son meilleur dissolvant est l'acide acétique, qui l'abandonne sous la forme de beaux cristaux volumineux, à reflets d'un jaune verdâtre, fluorescents. Il fond à 194-195°.

Les cristaux d'iso-indol présentent souvent des colorations variées, jaunâtre, verdâtre, bleue, qui sont dues à un phénomène de polychroïsme. Ils appartiennent au système orthorhombique. Si on regarde le cristal par transparence en le faisant tourner lentement autour de son axe, il apparaît successivement coloré en vert, jaune, rouge foncé, bleu-indigo. Aussi, selon qu'en cristallisant il se développe suivant certaines faces, il possède des couleurs différentes.

Il se dépose dans l'acide acétique en petites lamelles d'un jaune verdâtre, dans l'alcool en aiguilles bleues; dans d'autres cas, il cristallise en aiguilles jaune-citron ou en aiguilles rouges [W. Stædel et F. Kleinschmidt, *D. chem. G.*, **11**, 1744; *Bull. Soc. Chim.*, (2), **32**, 463).

L'acide iodhydrique concentré réduit l'iso-indol et le transforme en une substance jaune, fusible à 125° et douée de propriétés basiques.

Le *dérivé acétylé* cristallise en aiguilles d'un jaune clair, fusibles à 190°.

La formation de l'αβ'diphényl-γ diazine, suivant le schéma

$$\begin{matrix} & AzH^3 & \\ CH^2Br & & CO-C^6H^5 \\ C^6H^5-CO & + & CH^2Br \\ & AzH^3 & \end{matrix}$$

$$= 2HBr + 2H^2O + \begin{matrix} & Az & \\ CH & & C-C^6H^5 \\ C^6H^5-C & & CH \\ & Az & \end{matrix} + H^2$$

avait fait croire qu'en remplaçant l'ammoniaque par l'aniline on aurait le composé

$$\begin{matrix} & AzC^6H^5 & \\ CH & & C-C^6H \\ C^6H^5-C & & CH \\ & AzC^6H^5 & \end{matrix}$$

La réaction se passe en réalité d'une manière différente et il se produit un dérivé de l'indol :

$$C^6H^5-AzH^2 + \begin{matrix} CH^2Br \\ CO-C^6H^5 \end{matrix}$$

$$= HBr + H^2O + \begin{matrix} & AzH & \\ C^6H^4 & & CH \\ & & C-C^6H^5 \end{matrix}$$

[R. Möhlau, *D. chem. G.*, **15**, 2480, 2490 et **21**, 510; *Bull. Soc. Chim.*, (2), **40**, 34, 37 et **49**, 1036. — L. Wolff, *D. chem. G.*, **20**, 425 et **21**, 123; *Bull. Soc. Chim.*, (2), **48**, 277 et **49**, 1037].

αβ' Diphényl-hexahydro-γ diazine-α'β dione (*anhydride amidophénylacétique*). — Ce composé s'obtient en chauffant pendant longtemps à 160° l'amidophénylacétate de méthyle; il distille de l'alcool méthylique et il reste après refroidissement une masse cristalline rougeâtre :

$$\begin{matrix} & AzH^2 & \\ CO^2CH^3 & & CH-C^6H^5 \\ & + & \\ C^6H^5-CH & & CO^2CH^3 \\ & AzH^2 & \end{matrix}$$

$$= 2CH^4O + \begin{matrix} & AzH & \\ CO & & CH-C^6H^5 \\ C^6H^5-CH & & CO \\ & AzH & \end{matrix}$$

Cet anhydride se présente sous la forme d'une poudre cristalline d'un blanc de neige, qui brunit à 250°, mais ne fond qu'à 274° en se décomposant complètement. Il est presque insoluble dans les dissolvants neutres [A. Kossel, *D. chem. G.*, **24**, 3357 ; *Bull. Soc. Chim.*, (3), **8**, 992].

αβ Diphényl-γ diazine (*diphénylpiazine*),

$$\begin{matrix} & Az & \\ CH & & C-C^6H^5 \\ CH & & C-C^6H^5 \\ & Az & \end{matrix}$$

— Cette base s'obtient en chauffant son dihydrure à 200-205°. Elle fond à 118-119° et distille presque sans décomposition à 340° ; c'est une base faible, que l'eau précipite de ses solutions acides.

Le *chloroplatinate*, $(C^{16}H^{12}Az^2 . HCl)^2 , PtCl^4$, forme de longues aiguilles jaunes.

On obtient un *dérivé dinitré* en chauffant la solution de la base dans l'acide nitrique concentré ; il est amorphe et soluble dans l'alcool chaud, insoluble dans l'éther et dans le benzène [T. Mason, *Chem. Soc.*, **28**, 97 ; *Bull. Soc. Chim.*, (3), **2**, 683].

αβ Diphényl-α'β' dihydro-γ diazine (*dihydrodiphénylpiazine*). — Cette base prend naissance quand on chauffe au bain-marie un mélange de benzile et d'éthylène-diamine en solution alcoolique :

$$\begin{matrix} & AzH^2 & \\ CH^2 & & CO-C^6H^5 \\ & + & \\ CH^2 & & CO-C^6H^5 \\ & AzH^2 & \end{matrix}$$

$$= 2H^2O + \begin{matrix} & Az & \\ CH^2 & & C-C^6H^5 \\ CH^2 & & C-C^6H^5 \\ & Az & \end{matrix}$$

Elle forme de beaux prismes jaunâtres, fusibles à 160-161°, insolubles dans l'eau, à peine solubles dans l'alcool froid, très solubles dans l'alcool chaud, l'éther, le benzène. L'acide chlorhydrique le décompose à chaud en chlorhydrate d'éthylène-diamine et benzile [T. Mason, *D. chem. G.*, **20**, 267 ; *Bull. Soc. Chim.*, (2), **47**, 804].

αβ Diphényl-hexahydro-γ diazine (*hexahydrodiphénylpiazine*),

$$\begin{matrix} & AzH & \\ CH^2 & & CH-C^6H^5 \\ CH^2 & & CH-C^6H^5 \\ & AzH & \end{matrix}$$

— Cette base s'obtient en hydrogénant au moyen du sodium et de l'alcool amylique la diphényl-γ diazine. Elle existe sous deux modifications stéréo-isomériques. La plus abondante, que l'on appelle modification α, fond à 122-123° et constitue une base énergique, soluble dans l'alcool et dans le benzène, insoluble dans l'eau.

Son *chlorhydrate*, $C^{16}H^{18}Az^2 , 2HCl$, forme de longues aiguilles blanches, fusibles au-dessus de 310°.

Le *chloroplatinate*,

$$C^{16}H^{18}Az^2 . 2HCl . PtCl^4 , 0,5 H^2O,$$

est une poudre cristalline jaune.

Le *dérivé nitrosé*, obtenu par le nitrite de sodium, ne possède pas la constitution normale des dérivés nitrosés ; l'auteur lui donne la formule

$$\begin{matrix} & Az-AzO & \\ OH-Az=C & & CH-C^6H^5 \\ OH-Az=C & & CH-C^6H^5 \\ & Az-AzO & \end{matrix}$$

Il se présente en prismes d'un jaune pâle, fusibles à 142-143°.

L'iodure de méthyle se combine à la diphényl-hexahydro-γ diazine en fournissant un *diiodométhylate* qui perd aussitôt 1 molécule d'acide iodhydrique pour fournir l'iodhydrate de la base tertiaire νγ *diméthyl*-αβ *diphényl-hexahydro-γ diazine*. Cette dernière est une base énergique, fusible à 263-264°.

La modification β de l'αβ diphényl-hexahydro-γ diazine fond à 108-109° et possède des propriétés très voisines de celles de son stéréo-isomère.

Le *chlorhydrate* a pour formule

$$C^{16}H^{18}Az^2 . 2HCl ;$$

le *chloroplatinate*, $C^{16}H^{18}Az^2 . 2HCl . PtCl^4 , 2H^2O$ [A. Mason, *Chem. Soc.*, **28**, 97 ; *Bull. Soc. Chim.*, (3), **2**, 683].

Tétraphényl-γ diazine (*benzoïnimide, ditolane-azotide, tétraphénylpyrazine, tétraphénylaldine, tétraphénylpiazine*). — Cette substance a été obtenue pour la première fois par M. Erdmann dans l'action de l'ammoniaque alcoolique en tube scellé sur la benzoïne [*Ann. Chem.*, **135**, 181 ; *Bull. Soc. Chim.*, (2), **5**, 368]. Il lui donnait la formule $C^{14}H^{11}Az$ et le nom de *benzoïnimide*.

Les expériences furent reprises par M. Japp. Celui-ci constata que la benzoïnimide a pour véritable formule $C^{28}H^{20}Az^2$ et qu'elle ne possède pas de fonction d'imide ; aussi lui donna-t-il le nom de *ditolane-azotide*,

$$\left(\begin{matrix} C^6H^5-C=C-C^6H^5 \\ | \\ =Az \end{matrix}\right)^2$$

[F. Japp et W. Wilson, *Chem. Soc.*, **49**, 825 ; *Bull. Soc. Chim.*, (2), **49**, 298. — F. Japp et C. Burton, *Chem. Soc.*, **50**, 98].

La formule de M. Japp impliquait la constitution actuelle, qui fut proposée pour la première fois par M. L. Wolff [*D. chem. G.*, **20**, 430 ; *Bull. Soc. Chim.*, (2), **48**, 277] et adoptée ensuite par tout le monde :

$$\begin{matrix} & Az & \\ C^6H^5-C & & C-C^6H^5 \\ C^6H^5-C & & C-C^6H^5 \\ & Az & \end{matrix}$$

Cette formule fut corroborée par les travaux de Mlle Polonowska [*D. chem. G.*, **21**, 488; *Bull. Soc. Chim.*, (2), **49**, 1034], qui l'obtint en réduisant par l'amalgame de sodium la β dioxime du benzile, et surtout par ceux de MM. E. Braun et V. Meyer, *D. chem. G.*, **21**, 19, 1269 et 1947; *Bull. Soc. Chim.*, (2), **49**, 1098 et **50**, 473 et 649]. Ces derniers obtinrent la tétraphényl-γ diazine en réduisant par l'amalgame de sodium la monoxime du benzile, opération en tout analogue à celle qui conduit aux kétines. On réalise en effet de cette manière le chaînon

$$-CO-\underset{\substack{|\\ AzH^2}}{CH}-$$

qui, en se condensant, donne naissance aux kétines de la série grasse.

On a depuis obtenu la tétraphényl-γ diazine en condensant la stilbène-diamine avec l'aldéhyde benzylique :

$$\begin{matrix} C^6H^5-CH-AzH^2 \\ C^6H^5-CH-AzH^2 \end{matrix} + \begin{matrix} COH-C^6H^5 \\ COH-C^6H^5 \end{matrix}$$

$$= H^4 + 2H^2O + \begin{matrix} C^6H^5-C \diagup Az \diagdown C-C^6H^5 \\ C^6H^5-C \diagdown Az \diagup C-C^6H^5 \end{matrix}$$

[G. Grossmann, *D. chem. G.*, **22**, 2298; *Bull. Soc. Chim.*, (3), **3**, 813] et en chauffant la benzoïne avec le formiate d'ammonium, mode de condensation qui ne diffère pas de celui de la benzoïne avec l'ammoniaque [R. Leuckart, *J. prakt. Chem.*, (2), **41**, 330; *Bull. Soc. Chim.*, (3), **4**, 559].

On peut en dire autant de la formation de la tétraphényl-γ diazine observée dans la condensation de l'aldéhyde benzylique avec les amides, et notamment avec la formiamide. Nous n'admettrons pas l'explication compliquée proposée par l'auteur : nous croyons que l'ammoniaque des amides rendue libre en partie par l'eau qui se forme dans la réaction, réagit simplement sur l'aldéhyde benzylique polymérisée à l'état de benzoïne (on a trouvé dans les produits de la réaction des cristaux de carbonate d'ammonium) [K. Bulow, *D. chem. G.*, **26**, 1972].

La tétraphényl-γ diazine est en petites aiguilles, fusibles à 245-246°, très peu solubles dans tous les dissolvants, excepté dans le chloroforme, qui la dissout abondamment. On la purifie par cristallisation dans l'alcool bouillant.

Ce corps ne possède aucune propriété basique; il se dissout dans l'acide sulfurique concentré en le colorant en rouge et en est précipité par l'eau sans altération. Il ne fournit ni chlorhydrate, ni picrate.

Les réducteurs n'ont pas d'action sur la tétraphénylaldine; le zinc et l'acide acétique, l'alcool et le sodium ont été employés sans succès.

La tétraphényl-γ diazine se dissout dans l'acide nitrique avec élévation de température. Il se fait un *dérivé tétranitré* amorphe, fusible à 130-140°, insoluble dans l'eau, l'alcool et l'éther, soluble dans le chloroforme et le benzène [E. Braun et V. Meyer, *D. chem. G.*, **21**, 1269; *Bull. Soc. Chim.*, (2), **50**, 473].

Quand on chauffe la tétraphényl-γ diazine avec de la chaux sodée, elle perd 4 atomes d'hydrogène et se transforme en *diphénanthro-γ diazine (phénanthrazine)* :

[Formule développée : deux noyaux phényle (CH) reliés par C au noyau diazinique (Az, Az)]

= 2 H² +

[Formule développée de la diphénanthro-γ diazine (CH, C, Az)]

[O. Erdmann, *Ann. Chem.*, **135**, 181; *Bull. Soc. Chim.*, (2), **5**, 368. — F. Japp et C. Burton, *Chem. Soc.*, **49**, 843; *Bull. Soc. Chim.*, (2), **49**, 364].

DINAPHTO-γ DIAZINES.

On appelle de ce nom des noyaux azotés formés par la copulation de deux noyaux naphtaliques avec un noyau de γ diazine. Tandis que cette copulation ne peut se faire que d'une seule manière avec deux noyaux benzéniques (voyez Diphéno-γ diazine), elle est au contraire possible de quatre manières différentes avec les noyaux naphtaliques. Il y a donc quatre *dinaphto-γ diazines* isomériques :

7.6 αβ - 2'3' α'β' Dinaphto-γ diazine (ββ naphtazine).

7.6 αβ - 1'2' α'β' Dinaphto-γ diazine (αβ - ββ naphtazine).

6.5 αβ - 1'2' α'β' Dinaphto-γ diazine (αβ naphtazine dissymétrique) Naphtalase.

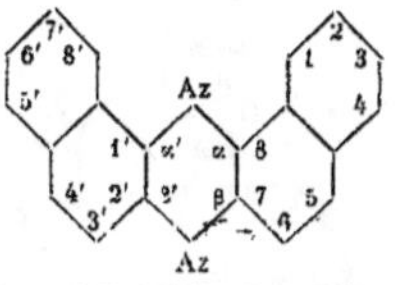

8.7 αβ-1′2′α′β′ Dinaphto-γdiazine (αβ naphtazine symétrique).

De ces quatre noyaux, les trois derniers sont connus et leur étude fera l'objet de cet article.

A cause de la parfaite symétrie du noyau γdiazine, on peut se dispenser d'indiquer dans les noms de ces noyaux les deux préfixes αβ et α′β′, puisque ces positions sont les seules libres dans le noyau diazinique. Les noms des trois noyaux isomériques dont nous allons décrire les dérivés deviennent alors 7.6-1′2′*dinaphto-γdiazine*, 6.5-1′2′*dinaphto-γdiazine* et 8.7-1′2′*dinaphto-γdiazine*.

7.6-1′2′Dinaphto-γdiazine (αβ-ββ *naphtazine*). — Cette base prend naissance, en même temps que son isomère la 8.7-1′2′*dinaphto-γdiazine*, dans l'action de la nitroso-β naphtylamine sur la β naphtylamine :

$$C^{10}H^{6}\begin{matrix}\diagup AzO\\ \diagdown AzH^{2}\end{matrix} + \begin{matrix}C^{10}H^{7}\\ | \\ AzH^{2}\end{matrix}$$

$$= AzH^{3} + H^{2}O + C^{10}H^{6}\begin{matrix}\diagup Az \diagdown\\ \diagdown Az \diagup\end{matrix}C^{10}H^{6}.$$

On dissout 5 grammes d'α nitroso-β naphtylamine, 5 grammes de β naphtylamine et 10 grammes de chlorhydrate de β naphtylamine dans 260-300 centimètres cubes d'alcool et l'on maintient le mélange pendant plusieurs heures à l'ébullition. Par refroidissement, il se précipite un chlorhydrate qu'on lave à l'éther et qu'on fait bouillir avec de l'eau.

La base est très peu soluble dans l'alcool bouillant, ce qui permet de la séparer des corps qui l'accompagnent.

La solution alcoolique contient la *naphtazine symétrique*, qui prend naissance en faible quantité. Le résidu, insoluble dans l'alcool, est cristallisé dans le benzoate d'éthyle, d'où il se dépose en aiguilles jaunes, fusibles à 295-296°.

La 7.6-1′2′*dinaphto-γdiazine* est très peu soluble dans les dissolvants habituels, plus soluble dans le nitrobenzène, l'aniline et le phénol.

L'acide sulfurique concentré la dissout en se colorant en bleu verdâtre; l'acide acétique cristallisable se colore en violet pourpre. Ses solutions dans le benzoate d'éthyle et dans le benzène possèdent une fluorescence vert foncé.

Le *chlorhydrate* forme de belles aiguilles d'un rouge foncé, très peu solubles dans l'alcool, en le colorant en rouge foncé; il est insoluble dans l'eau.

L'*iodométhylate* forme de belles aiguilles brunes, à éclat violacé; il se dissout dans l'acide acétique et dans l'alcool chaud en rouge foncé, mais sans fluorescence [O. Fischer et A. Junck, *D. chem. G.*, **26**, 183; *Bull. Soc. Chim.*, (3), **10**, 458].

6.5-1′2′Dinaphto-γdiazine (αβ *naphtazine dissymétrique, naphtalase* ou *naphtase*). — Cette base a été découverte par A. Laurent, qui l'a obtenue en distillant le nitronaphtalène avec de la chaux éteinte [*Ann. Chim. Phys.*, **59**, 384].

On la prépare en traitant l'o-naphtylène-diamine par la β naphtoquinone :

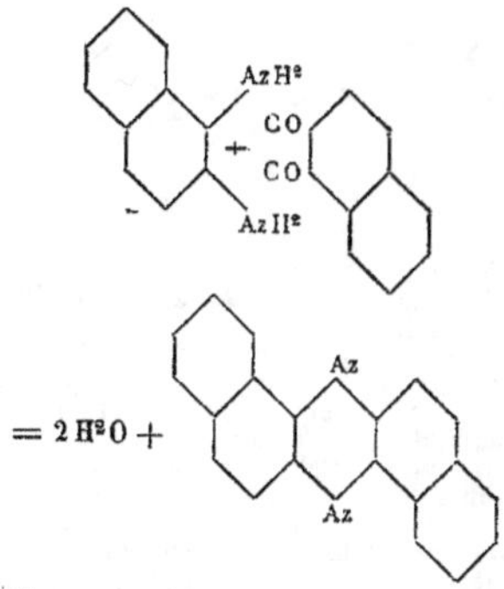

$$= 2H^{2}O +$$

On dissout le chlorhydrate d'o-naphtylène-diamine dans la plus petite quantité d'eau possible; après refroidissement, on ajoute son poids d'acétate de sodium cristallisé et 10 fois son poids d'acide acétique cristallisable. On refroidit dans un mélange réfrigérant et on ajoute une solution également refroidie de β naphtoquinone dissoute dans l'acide acétique cristallisable. Le produit de la réaction est ensuite lavé à l'alcool et sublimé. La naphtase seule résiste à l'action de la chaleur. On la dissout dans le naphtalène bouillant; on laisse refroidir et l'on reprend la masse solide par l'alcool et le benzène qui dissolvent le naphtalène. La 6.5-1′2′dinaphto-γdiazine reste sous la forme de belles aiguilles jaunes.

On obtient également ce composé :

1° En distillant le nitronaphtalène avec de la poudre de zinc [W. Dœr, *D. chem. G.*, **3**, 291 et **10**, 772; *Bull. Soc. Chim.*, (2), **14**, 322. — W. Klobukowski, *D. chem. G.*, **10**, 570; *Bull. Soc. Chim.*, (2), **29**, 21].

2° En faisant bouillir l'α naphtylamine avec de la litharge [Schichuzky, *D. chem. G.*, **7**, 1454]. Ce procédé est en tout analogue à celui qui fournit la diphéno-γdiazine à partir de l'aniline et de la litharge.

3° En chauffant une solution alcoolique d'α nitroso-β naphtylamine, d'α naphtylamine et de chlorhydrate d'α naphtylamine :

$$C^{10}H^{6}\begin{matrix}\diagup AzO\\ \diagdown AzH^{2}\end{matrix} + \begin{matrix}\diagup C^{10}H^{7}\\ AzH^{2}\end{matrix}$$

$$= AzH^{3} + H^{2}O + C^{10}H^{6}\begin{matrix}\diagup Az \diagdown\\ \diagdown Az \diagup\end{matrix}C^{10}H^{6}$$

[O. Tinher et E. Hepp, *Ann. Chem.*, **272**, 300; *Bull. Soc. Chim.*, (3), **10**, 1018].

4° En oxydant au moyen du dichromate de potassium en solution acétique le β naphtylamidonaphtalène-azobenzène :

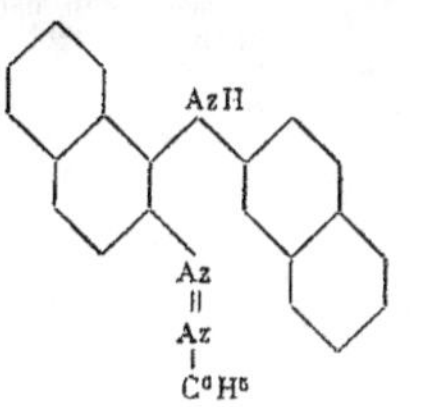

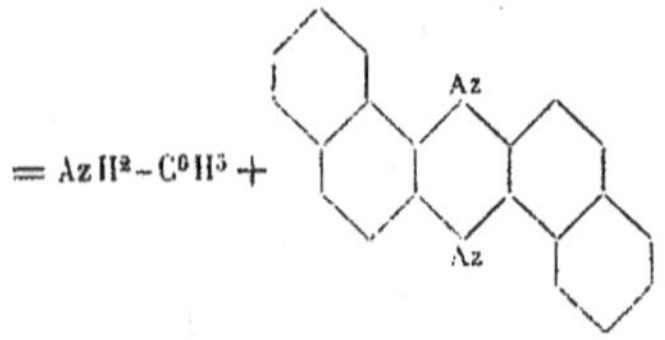

$= AzH^2 - C^6H^5 +$ [formule]

L'oxydant transforme l'aniline en quinone [P. Matthes, *D. chem. G.*, **23**, 1325; *Bull. Soc. Chim.*, (3), **4**, 752].

Cette dinaphto-γdiazine fond à 275° (O. Witt), à 283° (Tinher et Hepp). Elle est presque insoluble dans l'alcool, le benzène et l'acide acétique cristallisable; ces solutions possèdent une faible fluorescence violette; le phénol et l'aniline la dissolvent abondamment.

L'acide sulfurique concentré la dissout en se colorant en violet foncé; cette coloration passe à l'orangé par addition d'eau, puis disparaît. Elle est volatile sans décomposition et se sublime en longues aiguilles jaunes. Distillée rapidement, elle forme une huile qui se concrète aussitôt.

6.5-1'2'*dinaphto-γ diazine-8ol* (*naphto-eurhodol*). — Les dérivés amidés des γdiazines bicopulées, comme sont les diphéno-γdiazines et les dinaphto-γdiazines, portent le nom générique d'*eurhodines* (voyez plus loin Diphénodiazines); les dérivés oxhydrylés ont reçu celui d'*eurhodols*.

On obtient un eurhodol de la 6.5-1'2'dinaphto-γdiazine en faisant réagir la β-naphtoquinone sur l'acide o-naphtylène-diamine-sulfonique (βamidonaphtionique) :

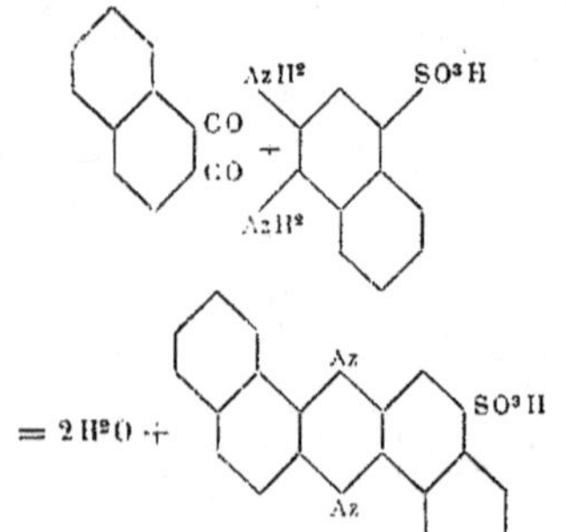

[formule : CO, CO + AzH², AzH², SO^3H]

$= 2H^2O +$ [formule : Az, Az, SO^3H]

On fond avec la potasse l'acide sulfoné obtenu, d'après la méthode de Wurtz, Kekulé et Dusart, et l'on a l'eurhodol. Ce dernier est insoluble dans les dissolvants ordinaires. Il se décompose sans fondre à une très haute température [O. Witt, *D. chem. G.*, **19**, 2791; *Bull. Soc. Chim.*, (2), **47**, 539].

8.7-1'2'Dinaphto-γdiazine (αβ*naphtazine symétrique*). — Cette base a été obtenue dans l'action de l'acide chlorhydrique concentré sur le βnaphtylamido-β naphtalène-azobenzène (benzène-azo-ββ dinaphtylamine) :

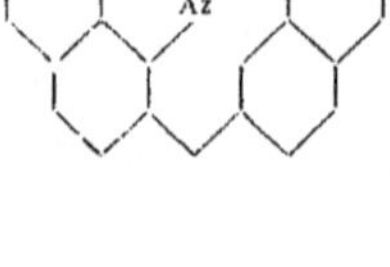

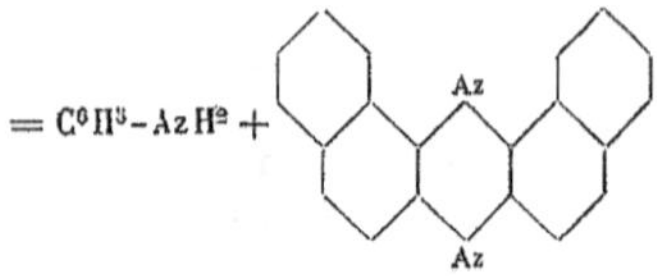

[formule : C^6H^5 — Az = Az]

$= C^6H^5 - AzH^2 +$ [formule : Az, Az]

Elle cristallise dans l'alcool en fines aiguilles fusibles à 242-243°. Ses solutions dans l'alcool et dans le benzène sont caractérisées par une forte fluorescence bleue, et sa solution dans l'acide acétique cristallisable par une fluorescence verte [P. Matthes, *D. chem. G.*, **23**, 1325; *Bull. Soc. Chim.*, (3), **4**, 751].

Elle prend également naissance en même temps que son isomère la 7.6-1'2'dinaphto-γdiazine, dans l'action de la nitroso-βnaphtylamine sur la βnaphtylamine (voir plus haut) [O. Fischer et A. Junck, *D. chem. G.*, **26**, 183; *Bull. Soc. Chim.*, (3), **10**, 458; *Ann. Chem.*, **255**, 147].

Elle se forme quand on distille avec de la poudre de zinc un eurhodol que nous décrirons plus loin [O. Fischer et E. Hepp, *Ann. Chem.*, **272**; *Bull. Soc. Chim.*, (3), **10**, 1018].

Cette base est plus importante que ses isomères, parce qu'on en a préparé un assez grand nombre de dérivés, appartenant aux groupes généraux des eurhodines et des eurhodols, des indulines et des indulones. Nous indiquons plus loin, à l'article Diphéno-γdiazines, les propriétés générales et les modes de formation divers de ces quatre intéressantes classes de composés.

5*Anilido*-8.7-1'2'*dinaphto-γdiazine*. — Cette base se forme quand on abandonne un mélange de nitroso-βnaphtylamine, de chlorhydrate d'αnaphtylamine et d'aniline. Quand on chauffe vivement le mélange, il se fait du *bleu* et du *violet de naphtyle*, dont nous parlerons plus loin. La réaction se fait d'abord avec formation d'une indamine :

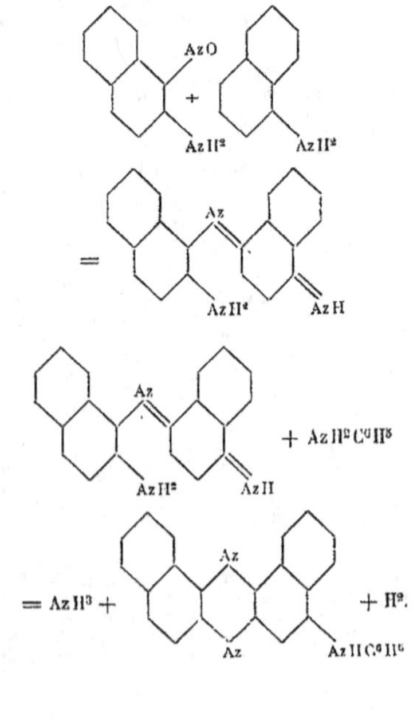

[formule : AzO, AzH^2 + AzH^2]

$=$ [formule : Az, AzH^2, AzH]

[formule : Az, AzH^2, AzH] $+ AzH^2C^6H^5$

$= AzH^3 +$ [formule : Az, Az, $AzHC^6H^5$] $+ H^2$.

Cette base cristallise en aiguilles brunes, fusibles à 280°.

L'acide acétique la transforme avec départ d'aniline en un eurhodol $C^{20}H^{12}Az^2O$, le 8.7-1'2'*dinaphto-γ diazine*-5*ol*, qui cristallise en aiguilles d'un rouge foncé que la distillation avec la poudre de zinc transforme en la base correspondante [O. Fischer et E. Hepp, *loc. cit.*]

INDULINES DE l'αβ DINAPHTO-γ DIAZINE SYMÉTRIQUE. — Les *indulines* sont des dérivés des γ diazines dicopulées que l'on obtient soit par oxydation des amines aromatiques (procédé Coupier), soit par fusion d'un mélange d'un amino-azoïque avec un chlorhydrate d'amine (procédé Martius et Caro).

La plus simple des indulines a pour constitution

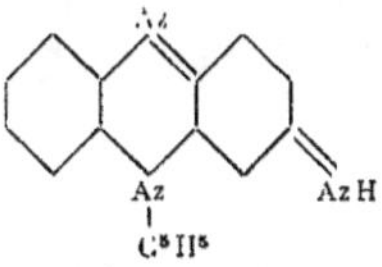

Az
Az AzH
C^6H^5

On lui a donné le nom d'*induline*.

Parmi les dérivés des indulines, le dérivé monoamidé

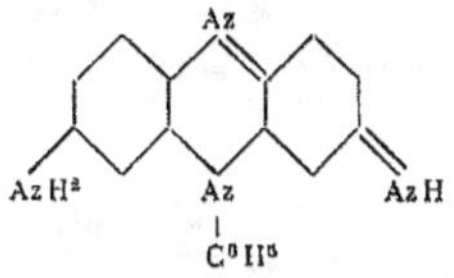

Az
AzH^2 Az AzH
C^6H^5

présente un intérêt tout spécial; car il est la substance fondamentale d'une classe de matières colorantes nommées les *mauvéines*.

Dans la série du naphtalène, il existe de même des *indulines* et des *mauvéines*, prenant naissance par des procédés calqués sur ceux qui ont conduit à l'obtention des indulines de la série benzénique.

Aux *indulines* correspondent les *naphtindulines*, dont la plus simple a pour formule

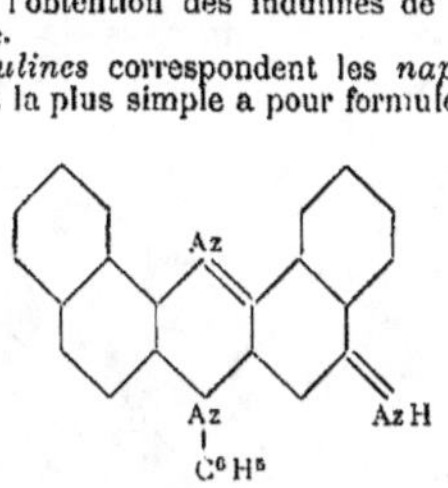

Az
Az AzH
C^6H^5

Naphtinduline.

Aux *mauvéines*, amino-indulines symétriques, correspondent de même les dérivés du *rouge de naphtyle*

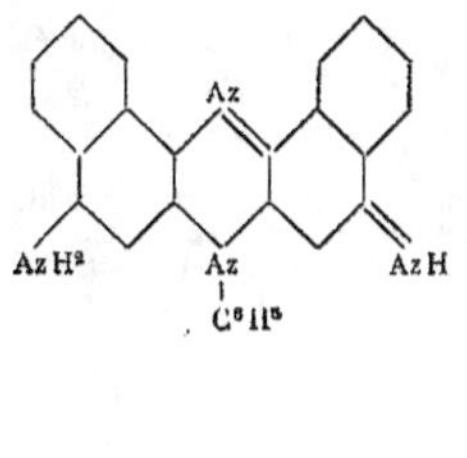

Az
AzH^2 Az AzH
C^6H^5

et le *rouge de Magdala*

Az
AzH^2 Az AzH
$C^{10}H^7$

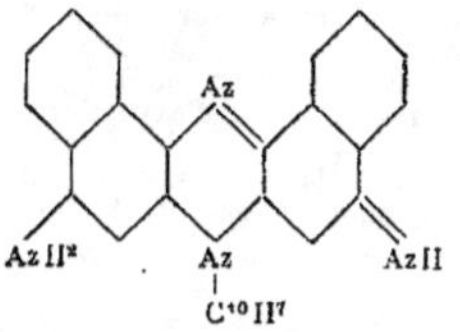

Il est fâcheux que l'on ait désigné sous le nom d'*induline* un corps déjà substitué, tel que l'induline la plus simple; car on ne peut nommer les composés dans lesquels le groupement phényle de l'induline est remplacé par un autre groupement, un groupe naphtyle par exemple.

Le *rouge de toluylène* est l'*amino-naphtinduline*, mais le *rouge de Magdala* ne peut être nommé en se servant du mot *induline*.

L'induline la plus simple est le dérivé phénylique du composé

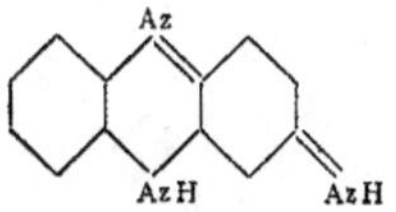

Az
AzH AzH

isomérique avec

Az
Az AzH^2

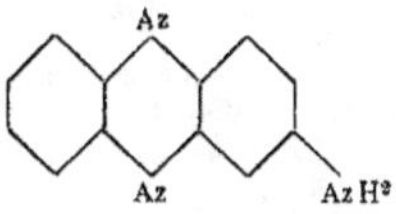

Nous nommerons donc l'induline la plus simple ν*phényl-isoamino-diphéno-γ diazine*.

En appliquant la même règle à la série naphtalique, la *naphtinduline* devient la ν*phényl-iso-5amino-8.7-1'2' dinaphto-γ diazine*,

7' 2
6' 8' 1 3
5' Az 4
1' 8
4' 2' 7 5
3' 6
Az AzH
C^6H^5

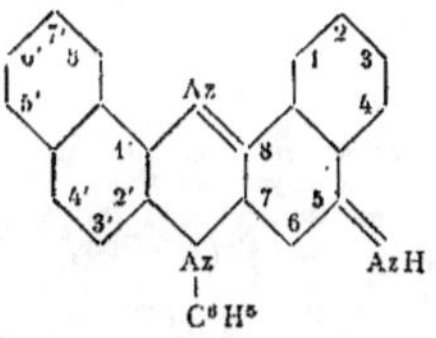

Ce procédé conduit à des noms un peu plus compliqués que ceux employés couramment, mais il ne prête jamais à ambiguïté, ne nécessite aucune convention nouvelle et s'applique dans tous les cas.

Le *rouge de naphtyle* devient alors la ν*phényl-4'amino-iso-5 imido-8.7-1'2'dinaphto-γ diazine*; le *rouge de Magdala*, la ν-α *naphtyl-4'amino-iso-5 imido-8.7-1'2' di-naphto-γ diazine*.

νPHÉNYL-ISO-5 PHÉNYL-AMINO-8.7-1'2' DINAPHTO-γ DIAZINE (αβ *phénylnaphto-induline, isonaphtylrosinduline*). — On obtient cette induline en chauffant à 160-170° la phénylazo-α dinaphtylamine avec de l'aniline et de l'alcool, ou bien à 110-120° la nitroso-α dinaphtylamine avec de l'aniline et du chlorhydrate d'aniline. On sait que ces deux réactions donnent le même résultat, qui serait également obtenu en oxydant un mélange d'α-naphtyl-p-naphtylène-diamine, d'aniline et d'alcool.

L'aniline réagissant sur l'α naphtyl-p-naphtylène-diamine ou sur ses produits d'oxydation fournit de l'α naphtylamine et la phényl-p-naphtylène-diamine, ou le produit d'oxydation correspondant (nitrosé ou amidoazoïque). La réaction se fait ensuite entre la phényl-p-naphtylène-diamine, l'α naphtylamine, l'aniline et l'alcool, suivant le schéma

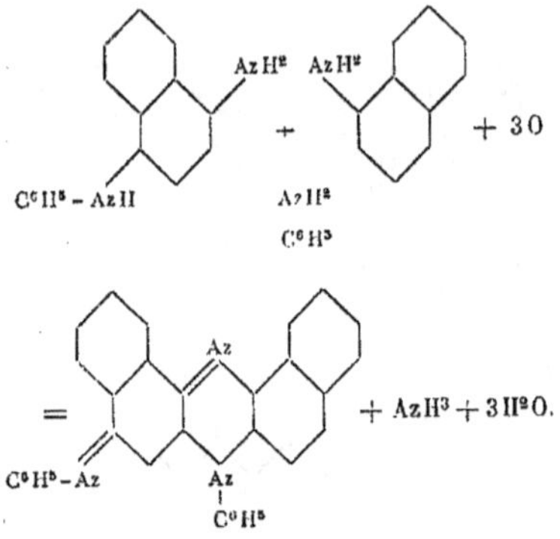

Ce composé est soluble dans l'alcool, fond à 260° et cristallise en lamelles d'un rouge foncé. L'acide chlorhydrique concentré le dédouble en chlorhydrate d'aniline et en *indulone* correspondante, la ν*phényl-iso*-8.7-1'2'*dinaphto*-γ *diazine*-5 *one*,

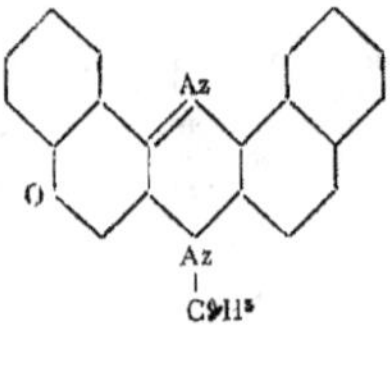

qui cristallise en tables hexagonales rouges, fusibles à 295°; ses solutions, qui sont rouges, offrent une fluorescence jaune [O. Fischer et E. Hepp, *Ann. Chem.*, **256**, 236; *Bull. Soc. Chim.*, (3), **4**, 591].

Cette naphtinduline peut être également obtenue dans la fusion des chlorhydrates de phénylazo-α naphtylamine et d'α naphtylamine par un procédé en tout analogue au procédé Caro pour la préparation des indulines de l'aniline; comme dans ce dernier cas, la réaction est des plus complexes et donne naissance à un grand nombre de sous-produits.

Chauffer ensemble la phénylazo-α naphtylamine et l'α naphtylamine revient à oxyder un mélange de p-naphtylène-diamine, d'aniline et d'α-naphtylamine. Cette seconde réaction ne diffère donc pas essentiellement de la précédente et peut être figurée par le même schéma.

Parmi les sous-produits de cette réaction se trouve la substance mère de la phényl-naphtinduline, la ν*phényl-iso-5-amino*-8.7.1'2'*dinaphto*-γ*diazine* (αβ *naphtinduline symétrique*), qui provient de la réaction sur la phényl-naphtinduline de l'ammoniaque naissante formée dans l'opération

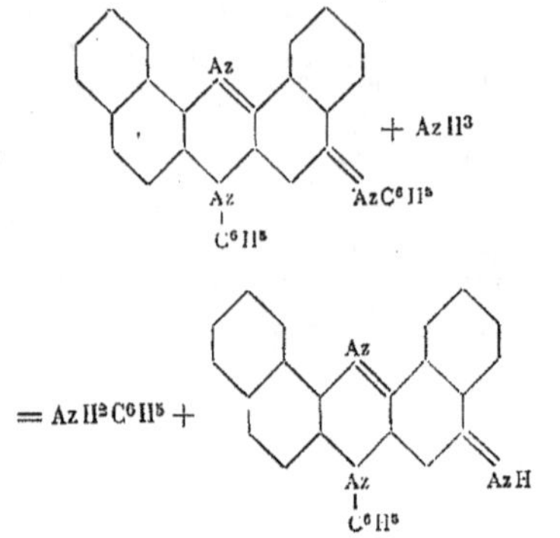

La naphtinduline, qui prend naissance notamment quand on diminue la quantité de chlorhydrate de naphtylamine, cristallise dans le xylène bouillant en cristaux aciculaires, noirs, brillants, fusibles à 248-250°. Chauffée à 200° avec de l'acide acétique et de l'eau, elle est convertie en *naphtindulone*, fusible à 295°.

Dans cette même réaction il se forme aussi du *violet de naphtyle*, que nous étudierons plus loin.

ν Phényl-4'amino-iso-5 imido-8.7.1'2'dinaphto-γ diazine (*rouge de naphtyle*). — Cette matière colorante se forme quand on chauffe à 120-130° la benzène-azo-α naphtylamine avec 3 parties de phénol. Cette condensation de la benzène-azo-naphtylamine revient à oxyder un mélange de p-naphtylène-diamine et d'aniline, suivant le schéma

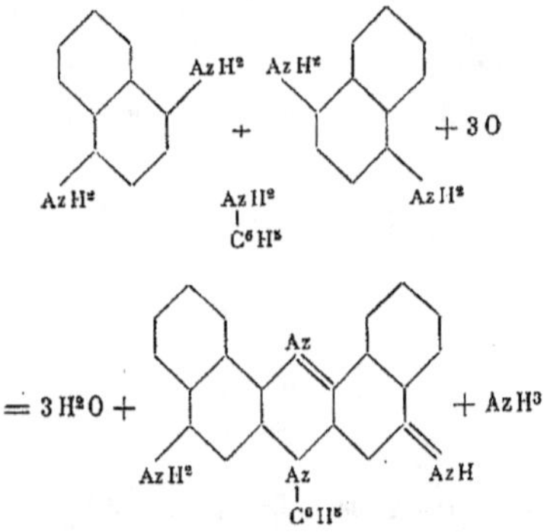

Cette matière colorante, traitée par l'acide chlorhydrique et l'eau à 200°, se dédouble en ν *phényl-iso*-8.7.1'2'*dinaphto*-γ*diazine*-4'*ol*-5*one* (*oxynaphtindulone*).

On obtient cette même substance dans le dédoublement dans les mêmes conditions du violet de naphtyle et du bleu de naphtyle, que nous étudions plus loin [O. Fischer et E. Hepp, *D. chem. G.*, **26**, 2235].

La ν*phényl-iso*-8.7.1'2'*dinaphto*-γ*diazine*-4'*ol*-5*one* (*oxynaphtindulone*),

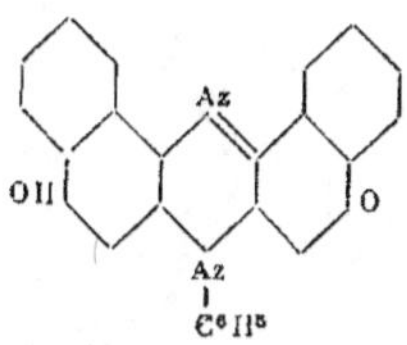

[Formule développée : Az, OH, O, Az—C^6H^5]

est soluble dans le benzène avec une couleur rose et une fluorescence orangée [O. Fischer et E. Hepp, *Ann. Chem.*, **262**, 237; *Bull. Soc. Chim.*, (3), **8**, 41].

Le *dérivé acétylé*,

$$C^{26}H^{15}Az^2O^2(C^2H^3O),$$

cristallise dans le benzène additionné d'alcool en aiguilles feutrées, rouges, fusibles à 290-295°.

Le *dérivé benzoylé* s'obtient à l'aide de l'anhydride benzoïque.

L'iodure de méthyle et la potasse alcoolique fournissent un éther méthylique cristallisé en aiguilles nacrées, rouges, fusibles au-dessus de 330°; l'*éther éthylique*, obtenu d'une manière analogue, fond au-dessus de 340°.

La bromuration fournit un *dérivé bromé*,

$$C^{26}H^{13}Br^3Az^2O^2,$$

cristallisé en lamelles rougeâtres, solubles dans l'alcool avec une couleur d'un rouge vineux qui vire au bleu par les alcalis [O. Fischer et E. Hepp, *Ann. Chem.*, **272**, 306; *Bull. Soc. Chim.*, (3), **10**, 1018].

νPhényl-4'amino-iso-5anilido-8.7-1'2'dinaphto-γdiazine (*violet de naphtyle*). — Ce composé prend naissance en même temps que son *dérivé acétylé*, le *bleu de naphtyle*, dans la fusion des chlorhydrates de phényl-azo-α naphtylamine et d'α naphtylamine :

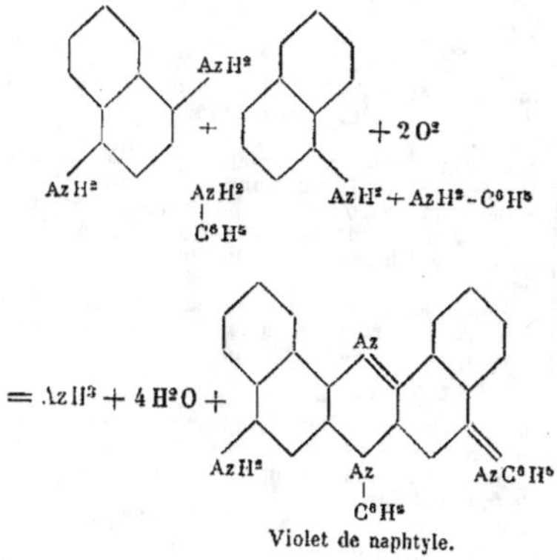

[Schéma : AzH^2, AzH^2 + AzH^2—C^6H^5 + AzH^2 + AzH^2—C^6H^5 + $2O^2$]

$= AzH^3 + 4H^2O +$ [Formule : Az, AzH^2, Az—C^6H^5, AzC^6H^5]

Violet de naphtyle.

Nous savons en effet que produire cette réaction revient à oxyder un mélange de p-naphtylène-diamine, d'α-naphtylamine et d'aniline.

En employant 1 molécule d'aniline de plus, on obtient le *bleu de naphtyle* :

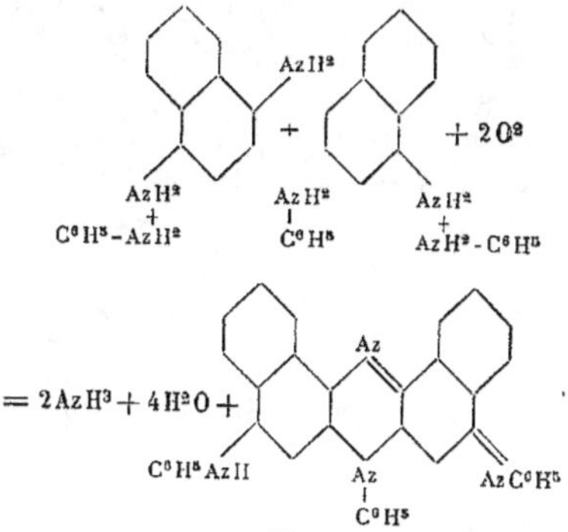

[Schéma : AzH^2 + C^6H^5-AzH^2 ; AzH^2 + AzH^2—C^6H^5 ; AzH^2 + AzH^2-C^6H^5 + $2O^2$]

$= 2AzH^3 + 4H^2O +$ [Formule : Az, C^6H^5AzH, Az—C^6H^5, AzC^6H^5]

Bleu de naphtyle.

Ces deux composés prennent également naissance ensemble quand on chauffe à 100° 1 partie de nitroso-β naphtylamine avec 2 parties de chlorhydrate d'α-naphtylamine et 10 parties d'aniline :

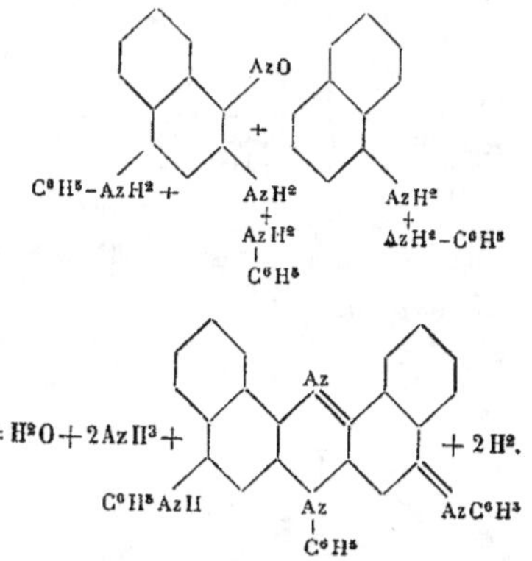

[Schéma : AzO, C^6H^5-AzH^2 + ; AzH^2 + AzH^2—C^6H^5 ; AzH^2 + AzH^2-C^6H^5]

$= H^2O + 2AzH^3 +$ [Formule : Az, C^6H^5AzH, Az—C^6H^5, AzC^6H^5] $+ 2H^2.$

Bleu de naphtyle.

L'ammoniaque qui prend naissance dans la réaction agit à l'état naissant sur le bleu de naphtyle et le transforme en violet de naphtyle avec départ d'une molécule d'aniline.

Le mélange des réactifs finit par se colorer en bleu et laisse déposer alors des aiguilles de *chlorhydrate* du *bleu de naphtyle*, qu'on débarrasse du violet produit en même temps par un lavage à l'alcool.

La ν*phényl*-4'*amino*-*iso*-5*phénylamino*-8.7-1'2'*dinaphtopyrazine* (violet de naphtyle), isolée de son chlorhydrate, cristallise en lamelles mordorées, solubles dans l'alcool et dans l'éther; ses solutions sont rouges par transparence et bleues par réflexion. Elle est convertie par l'acide chlorhydrique en ν*phényl-iso-dinaphto*-γ*diazine*-4'*ol*-5*one* (oxynaphtinduline) déjà décrite.

νPhényl-4'phénylamino-iso-5phénylamino-8.7-1'2'dinaphto-γdiazine (*bleu de naphtyle*). — Ce composé, dont nous venons de voir deux modes de formation en même temps que ceux du violet de naphtyle, prend également naissance en petite quantité dans la réaction de la phényl-azo-α naphtylamine sur l'aniline [O. Fischer et E. Hepp, *Ann. Chem.*, **262**, 237; *Bull. Soc. Chim.*, (3), **8**, 41].

Il se forme aussi par la condensation à 120-130° en présence du phénol de la phényl-azo-phényl-α naphtylamine, produit d'oxydation de la phényl-p-naphtylène-diamine et de l'aniline :

C^6H^5-AzH ... AzH^2 + AzH^2 ... AzH^2, C^6H^5 ... AzH-C^6H^5 + 3 O

$= AzH^3 + 3H^2O +$ [C^6H^5-AzH, Az, AzC^6H^5, Az—C^6H^5]

[O. Fischer et E. Hepp, *Ann. Chem.*, **272**, 306; *Bull. Soc. Chim.*, (3), **10**, 1017].

Le bleu de naphtyle est insoluble dans le benzène; il cristallise dans le xylène bouillant en aiguilles bronzées, fusibles à une très haute température.

L'acide sulfurique le dissout en se colorant en vert.

L'acide acétique à 50 0/0 dédouble le bleu de naphtyle en aniline et ν*phényl-4'anilido-iso-dinaphto-γ diazine*-5*one*,

[C^6H^5-AzH, Az, O, Az—C^6H^5] $= C^{32}H^{21}Az^3O$,

lamelles d'un noir bleuâtre, solubles dans l'alcool avec une couleur bleue et une fluorescence brune.

A 180-200°, un mélange d'acide chlorhydrique concentré et d'acide acétique cristallisable transforme le bleu de naphtyle en ν*phényl-iso-dinaphto-γ diazine-4'ol-5 one* (oxynaphtindulone) déjà décrite.

ν-α Naphtyl-4'amino-iso-5 imido-8.7-1'2' dinaphto-γ diazine (*rouge de Magdala*). — Le rouge de Magdala a déjà été décrit dans le Dictionnaire (2, 506); il a été étudié par Hofmann, qui en a fixé la composition sans arriver à en pénétrer la constitution [*D. chem. G.*, **2**, 374 et 412; *Bull. Soc. Chim.*, (2), **13**, 96].

Il se forme dans la fusion des chlorhydrates d'azoamino-α naphtylamine et d'α naphtylamine, ce qui revient à oxyder un mélange de p-naphtylène-diamine et d'α naphtylamine. Cette préparation est en tout analogue à celle de l'induline de l'aniline, et en effet le rouge de Magdala est l'induline la plus simple, ne contenant que des groupements naphtaléniques :

[AzH^2, Az, AzH, Az—$C^{10}H^7$]

La constitution de ce composé a été tout récemment établie par MM. O. Fischer et E. Hepp [*D. chem. G.*, **26**, 2235], qui l'ont également obtenu en condensant à 130° l'aminoazonaphtalène avec le phénol, ce qui revient à oxyder un mélange de p-naphtylène-diamine et d'α naphtylamine suivant le schéma indiqué plus haut.

L'acide chlorhydrique sous pression le dédouble en donnant l'*oxynaphtindulone* correspondante, la ν*naphtyl-iso*-8.7-1'2'*dinaphto-γ diazine-4'ol-5one*, soluble dans les alcalis avec une coloration rouge. Ses solutions dans les dissolvants jouissent d'une belle fluorescence couleur de feu.

DIPHÉNANTHRO-γ DIAZINE
[*diphénanthrylène-azotide*],

[Az, Az] $= C^{28}H^{16}Az^2$.

— Ce composé a été obtenu pour la première fois par M. Erdmann, en chauffant à haute température avec de la chaux vive la benzoïnimide, qui depuis a été trouvée être la tétraphényl-γ diazine :

$$C^4Az^2(C^6H^5)^4 = 2H^2 + C^4Az^2(C^6H^4)^4$$

[O. Erdmann, *Ann. Chem.*, **135**, 185; *Bull. Soc. Chim.*, (2), **5**, 368. — F. Japp et C. Burton, *Chem. Soc.*, **49**, 843; *Bull. Soc. Chim.*, (2), **49**, 364].

Il a été obtenu depuis par M. E. von Sommaruga, dans l'action de l'ammoniaque alcoolique sur la phénanthrène-quinone [*Wien. Acad. Ber.*, **81**, 204, *Bull. Soc. Chim.*, (2), **35**, 194].

Sa constitution a été établie par MM. Japp et Burton [*loc. cit.*], qui établirent en même temps celle de la benzoïnimide et la transformèrent en diphénanthro-γ diazine au moyen de la chaux sodée [F. Japp et C. Burton, *Chem. Soc.*, **51**, 98].

L'acétamide réagit sur la chaux sodée, en donnant également la diphénanthro-γ diazine [A.-T. Mason, *Chem. Soc.*, **28**, 107; *Bull. Soc. Chim.*, (3), **2**, 680].

Enfin, on obtient le même produit en chauffant en tubes scellés à 240-250° un mélange de phénanthrène-quinone et de formiate d'ammonium; on lave le produit à l'eau bouillante et on le fait cristalliser dans le nitrobenzène [R. Leuckart, *J. prakt. Chem.*, (2), **41**, 330; *Bull. Soc. Chim.*, (3), **4**, 560].

La diphénanthro-γ diazine forme de belles aiguilles brillantes, verdâtres, fusibles au-dessus de 300°, sublimables sans altération, solubles dans l'acide sulfurique concentré avec une coloration rouge qui vire rapidement au bleu.

DIPHÉNO-α DIAZINE

[Syn. *Diphénylène-azone*],

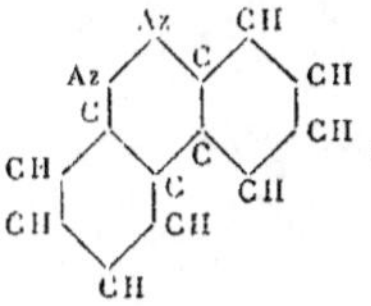

$= C^{12}H^{8}Az^{2}$.

— Il ne peut y avoir qu'une seule *diphéno-α diazine* et qu'une seule *diphéno-γ diazine*; il ne peut exister de *diphéno-β diazine*. En effet, les atomes communs à 2 noyaux ont forcément 4 atomicités satisfaites; le carbone seul peut donc être commun à 2 noyaux.

Cela cesserait d'être vrai si l'on avait affaire à des noyaux hydrogénés ne contenant que des liaisons simples, et on connaît en effet des noyaux composés contenant 1 atome d'azote commun à 2 noyaux.

Nomenclature. — Pour désigner clairement les isomères dans les produits de substitution de la diphéno-α diazine, nous désignerons chacun des atomes du squelette par un chiffre ou par une lettre, et nous emploierons pour chacun des noyaux la même notation que s'il était seul.

Pour former la figure, nous plaçons d'abord le noyau diazinique : la position des deux noyaux benzéniques est fixée par cela même. Le numérotage des sommets sera donc

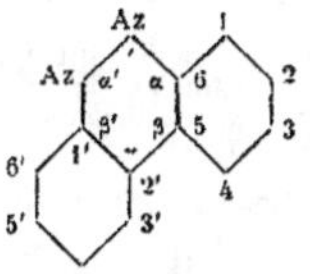

Propriétés. — La diphéno-α diazine (*biphénylène-azone*) prend naissance quand on réduit l'o-dinitrobiphényle en solution dans l'alcool méthylique par l'amalgame de sodium :

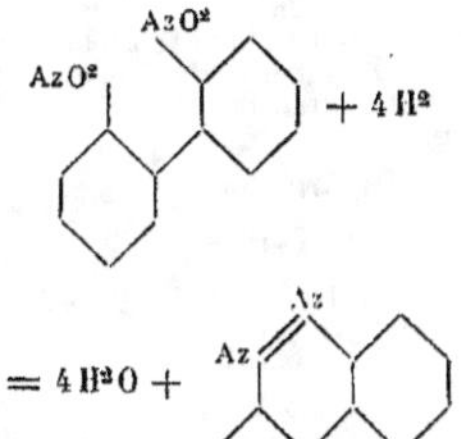

$+ 4 H^{2}$

$= 4 H^{2}O +$

Ce composé présente avec la *diphéno-γ diazine* (*phénazine*) le même rapport que le phénanthrène avec l'anthracène.

Il distille sans décomposition au-dessus de 360°; il se sublime aisément en belles aiguilles d'un jaune verdâtre, fusibles à 156°.

Le *chloraurate* et le *chloroplatinate* sont l'un et l'autre peu solubles dans l'eau et cristallisés en petites aiguilles jaunes; le *picrate* forme de petites aiguilles brunes très peu solubles, qui ne commencent à se décomposer qu'à 190° et fondent à 194°.

Cette base est très résistante à l'oxydation; soumise à l'action du mélange chromique bouillant, elle a fourni simplement des cristaux de *chromate*.

Elle fournit avec le brome une réaction qui la rapproche de la phénazine; elle donne, avec une solution benzénique de ce corps, un précipité cristallin d'un beau rouge.

Elle se dissout dans l'acide sulfurique, en lui communiquant une coloration d'un jaune de soufre.

Le sulfhydrate d'ammoniaque est sans action sur elle, mais la poudre de zinc et l'acide chlorhydrique la convertissent aisément en un *dérivé hydrazoïque*, cristallisé en fines aiguilles incolores.

DIOXYDE DE DIPHÉNO-α DIAZINE (*dioxyde de diphénylène-azone*),

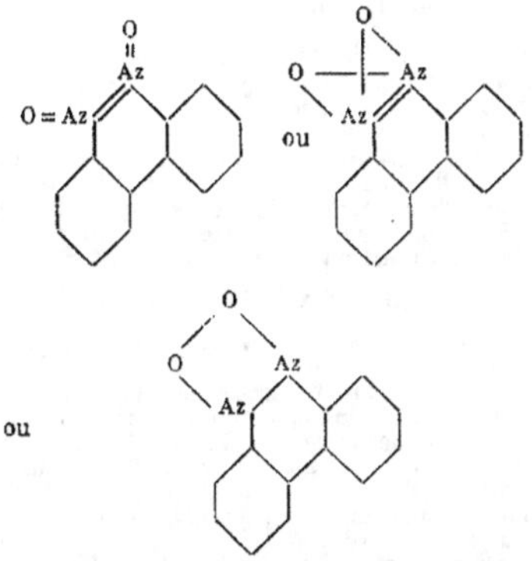

ou

ou

— Cette singulière combinaison prend naissance quand on réduit le dinitrobiphényle en solution dans l'alcool étendu au moyen de la potasse et de la poudre de zinc. On opère à chaud; il se dépose par refroidissement en aiguilles d'un jaune clair, qui fondent à 260° en se décomposant.

Dans la même réaction, il se fait en même temps un composé analogue aux oxyazoïques; il cristallise en aiguilles jaunes, fondant sans décomposition à 152°. Il est insoluble dans la ligroïne, très peu soluble dans l'eau froide et l'éther, assez peu soluble dans l'eau chaude, très soluble dans l'alcool et dans le benzène bouillants, dans le toluène, l'acide acétique et le chloroforme.

2.5′DIAMINODIPHÉNO-α DIAZINE,

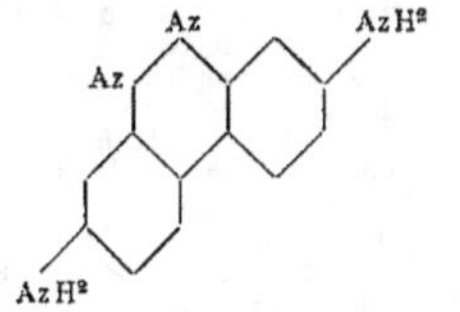

— Ce composé se produit dans la réduction de la dinitro-benzidine; il forme des prismes rouges cristallisant avec 2 molécules d'eau. Anhydre, il fond à 267° en se décomposant. Il est insoluble dans la ligroïne, extrêmement peu soluble dans l'eau, très soluble dans l'alcool [E. Täuber,

D. chem. G., **24**, 3081 et 3883 ; *Bull. Soc. Chim.*, (3), **8**, 152 et 1009].

3.4'Diméthyl-diphéno-α diazine (*dicrésylène-azone, tolazone*),

Az Az CH³ CH³

— Ce composé s'obtient en réduisant le *di-o-nitrobicrésyle* par l'amalgame de sodium en solution dans l'alcool méthylique. Ce dernier est obtenu lui-même au moyen de la dinitro-o-tolidine, en la traitant par l'acide nitreux et l'alcool.

La nouvelle combinaison fond à 187° en un liquide jaune-verdâtre, et bout au-dessus de 360° presque sans décomposition.

Elle se dépose de sa solution alcoolique en beaux prismes jaunes. Elle se dissout dans les acides avec une couleur jaune-orangé ; ses sels sont assez peu stables. Le *chlorhydrate* cristallise en cristaux brunâtres.

Elle est insoluble dans l'eau, très peu soluble dans la ligroïne, plus soluble dans l'éther, très soluble dans l'alcool, l'acide acétique cristallisable, le benzène, le toluène et le chloroforme.

Le *chloroplatinate* a pour composition

$$(C^{14}H^{12}Az^2 . HCl)^2PtCl^4.$$

Le *dioxyde de diméthyldiphéno-α diazine* se forme par l'action de la potasse et de la poudre de zinc en solution alcoolique, et forme des lamelles d'un jaune paille d'un vif éclat, fusibles à 128° en se décomposant. Il se fait dans la même réaction le *dérivé oxyazoïque* correspondant. On sépare les deux composés au moyen de l'acide chlorhydrique concentré, qui dissout l'oxyazoïque et laisse le dioxyde.

Ce dernier est insoluble dans l'eau, la ligroïne et l'éther, très peu soluble dans le benzène et dans le toluène, plus soluble dans l'alcool, très soluble dans l'acide acétique et dans le chloroforme.

2.5'Diamino-3.4'diméthyl-diphéno-α diazine (*diamidotolazone*) :

AzH² CH³ AzH² CH³

— Cette base prend naissance quand on réduit de la même manière la dinitro-o-tolidine qui a servi à préparer le dinitrobicrésyle.

Elle forme de longues aiguilles d'un rouge foncé, fusibles à 276° avec décomposition. Elle est très peu soluble dans la ligroïne et dans l'eau, plus soluble dans l'éther, le benzène et le toluène, très soluble dans l'alcool.

Quand on chauffe une solution alcoolique de cette base avec de l'aldéhyde benzylique, il se fait une *combinaison dibenzylidénique* en petits cristaux jaunes brillants qui fondent à 239° en se décomposant.

Acide 4'méthyl-diphéno-α diazine-3 méthyloïque. — Cet acide se forme quand on oxyde la diméthyldiphéno-α diazine par le mélange chromique.

Cet acide est extrêmement stable : on peut le chauffer à 290° sans lui faire subir de modification. Il forme de petites aiguilles jaunes, solubles dans les alcalis.

On n'a pas pu obtenir l'*acide diphéno-α diazine-3.4'diméthyloïque* [L. Meyer jeune, *D. chem. G.*, **26**, 2238].

DICYANODIAMIDE.

M. Baumann avait donné (voyez Cyanamide, Suppl., 1) à la dicyanodiamide une formule à chaîne fermée,

$$AzH = C \begin{matrix} < AzH > \\ < AzH > \end{matrix} C = AzH,$$

correspondant à celle de l'acide aminobicyanique,

$$HAz = C \begin{matrix} < AzH > \\ < AzH > \end{matrix} CO.$$

Nous allons voir que ces deux formules doivent être abandonnées l'une et l'autre et que la dicyanodiamide constitue simplement la *cyanoguanidine*,

$$AzH^2 - \underset{\underset{AzH}{\|}}{C} - AzH - CAz$$

et l'acide aminobicyanique la *cyano-urée*,

$$AzH^2 - CO - AzH - CAz.$$

L'atome d'hydrogène du groupe AzH possède des propriétés acides dues au voisinage immédiat des deux groupements fortement négatifs CO et CAz.

Les nouvelles réactions que nous allons exposer montrent dans la dicyanodiamide l'existence indéniable d'une fonction nitrile.

1° L'hydrogénation par le zinc et l'acide chlorhydrique convertit la dicyanodiamide en guanidine et méthylamine :

$$AzH^2 - \underset{\underset{AzH}{\|}}{C} - AzH - CAz + 3H^2 = AzH^2 - \underset{\underset{AzH}{\|}}{C} - AzH^2 + CH^3 - AzH^2$$

[E. Bamberger, *D. chem. G.*, **16**, 1459 ; *Bull. Soc. Chim.*, (2), **40**, 571. — A. Smolka, *Mon. f. Chem.*, **11**, 179 ; *Bull. Soc. Chim.*, (3), **5**, 185].

2° La dicyanodiamide fixe aisément 1 molécule d'eau sous l'influence de l'acide chlorhydrique concentré et se transforme en *dicyanodiamidine* ou *guanylurée* :

$$AzH^2 - \underset{\underset{AzH}{\|}}{C} - AzH - CAz + H^2O = AzH^2 - \underset{\underset{AzH}{\|}}{C} - AzH - CO - AzH^2$$

[E. Bamberger, *loc. cit.*].

3° L'hydrogène sulfuré en solution alcoolique et ammoniacale se fixe sur la dicyanodiamide, comme il se fixe sur le benzonitrile (Cahours), et donne la *guanylsulfo-urée*,

$$AzH^2 - \underset{\underset{AzH}{\|}}{C} - AzH - CAz + H^2S = AzH^2 - \underset{\underset{AzH}{\|}}{C} - AzH - CS - AzH^2$$

[E. Bamberger, *loc. cit.*].

4° La baryte hydratée transforme à chaud la dicyanodiamide (cyanoguanidine) en acide aminobicyanique (cyano-urée) avec dégagement d'ammoniaque :

$$AzH^2 - \underset{\underset{AzH}{\parallel}}{C} - AzH - CAz + H^2O$$

$$= AzH^2 - CO - AzH - CAz + AzH^3.$$

5° L'ammoniaque et les amines primaires se fixent sur la dicyanodiamide en donnant la biguanide et les biguanides substituées :

$$AzH^2 - \underset{\underset{AzH}{\parallel}}{C} - AzH - CAz + AzH^2R$$

$$= AzH^2 - \underset{\underset{AzH}{\parallel}}{C} - AzH - \underset{\underset{AzH}{\parallel}}{C} - AzHR$$

Cette transformation est analogue à celle des nitriles en amidines [A. Reibenschuh, *Mon. f. Chem.*, **4**, 388; *Bull. Soc. Chim.*, (2), **40**, 561. — A. Smolka et A. Friedreich, *Mon. f. Chem.*, **9**, 701 et **10**, 86; *Bull. Soc. Chim.*, (3), **2**, 684 et **3**, 12. — E. Bamberger et L. Seeberger, *D. chem. G.*, **24**, 899; *Bull. Soc. Chim.*, (3), **6**, 300].

Les bases secondaires, telles que la pipéridine, se comportent de même ; on a pu ainsi obtenir la pipéryl-biguanidine au moyen de la pipéridine.

La dicyanodiamide se forme par polymérisation de la cyanamide, suivant le schéma

$$AzH^2 - CAz + AzH^2 - CAz$$

$$= AzH^2 - \underset{\underset{AzH}{\parallel}}{C} - AzH - CAz$$

La dicyanodiamide réagit de la même manière sur un certain nombre de composés contenant le groupement AzH^2.

La guanidine fournit la mélamine.

L'urée, l'uréthane, l'acide cyanique donnent de l'ammélinc ; le carbonate d'ammonium, de l'ammélide.

Le mécanisme est le même pour les trois réactions :

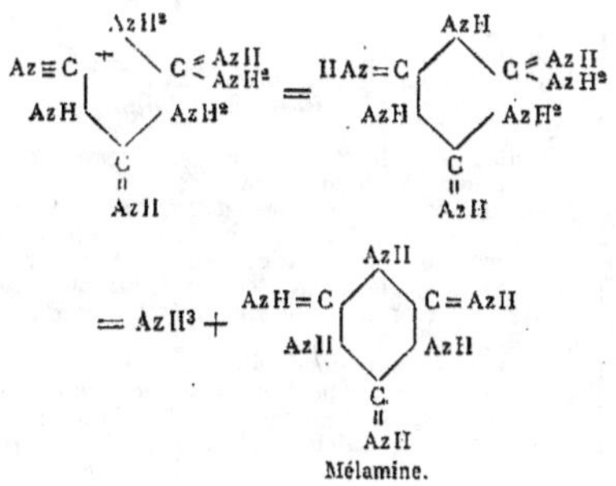

AzH²
Az≡C + C < AzH / AzH²
AzH AzH²
C
‖
AzH

=

AzH
HAz=C C < AzH / AzH²
AzH AzH²
C
‖
AzH

$= AzH^3 +$

AzH
AzH=C C=AzH
AzH AzH
C
‖
AzH

Mélamine.

AzH²
Az≡C + CO
OC²H⁵
AzH AzH²
C
‖
AzH

=

AzH
AzH=C CO
OC²H⁵
AzH AzH²
C
‖
AzH

$= C^2H^6O +$

AzH
AzH=C CO
AzH AzH
C
‖
AzH

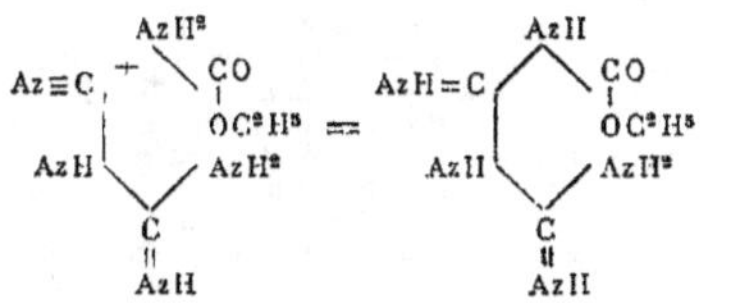

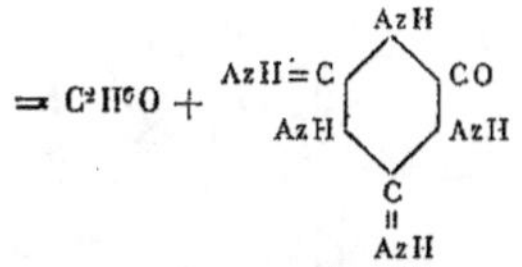

Ammélinc.

L'action des hydratants sur l'ammélinc fournit de l'*amménilide* ou *acide mélanurénique*. Cela explique sa formation dans l'action de l'eau à haute température sur la dicyanodiamide [E. Bamberger, *D. chem. G.*, **16**, 1074 et 1704 ; *Bull. Soc. Chim.*, (2), **40**, 565 et **41**, 62. — A. Smolka et A. Friedreich, *Mon. f. Chem.*, **9**, 227 et 701 ; **11**, 42 ; *Bull. Soc. Chim.*, (2), **50**, 302 ; (3), **2**, 684 et **4**, 540. — E. Bamberger, *D. chem. G.*, **23**, 1856 et 1858 ; *Bull. Soc. Chim.*, (3), **6**, 301. — A. Smolka, *Mon. f. Chem.*, **11**, 179 ; *Bull. Soc. Chim.*, (3), **5**, 185].

Sel de sodium. — On peut obtenir la dicyanodiamide sodique en additionnant la solution alcoolique de la dicyanodiamide d'une dissolution alcoolique d'éthylate de sodium. Le sel, soluble dans l'eau et dans l'alcool étendu, est décomposé par l'acide carbonique [E. Bamberger, *D. chem. G.*, **16**, 1459 ; *Bull. Soc. Chim.*, (2), **40**, 571].

La fusion de la dicyanodiamide avec la potasse donne lieu à la formation de cyanate de potassium [F. Emich, *Mon. f. Chem.*, **10**, 321].

DIPHÉNO-γ DIAZINE.

Le noyau γ *diazine* est susceptible de se copuler avec d'autres noyaux et principalement avec des noyaux aromatiques.

De même que la pyridine peut se copuler avec un noyau benzénique en donnant la quinoléine,

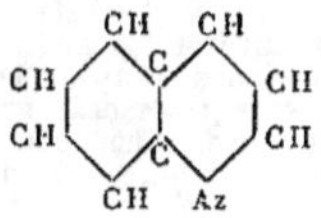

CH CH
CH C CH
CH C CH
CH Az

de même la γ diazine peut également se combiner à un noyau benzénique pour donner un nouveau noyau qu'on a désigné sous le nom de *quinoxaline* :

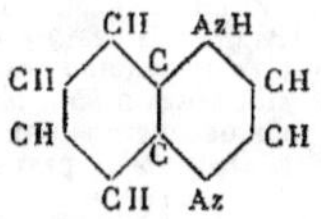

CH AzH
CH C CH
CH C CH
CH Az

On peut imaginer que le noyau benzénique est remplacé dans cette formule par un noyau de naphtalène ou de phénanthrène ; on peut également imaginer que cette copulation est double et peut se faire avec deux noyaux aromatiques identiques ou différents.

On a alors des noyaux de la forme

(I)

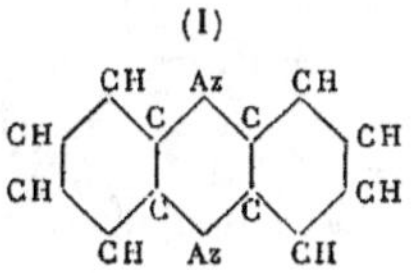

CH Az CH
CH C C CH
CH C C CH
CH Az CH

ou (II)

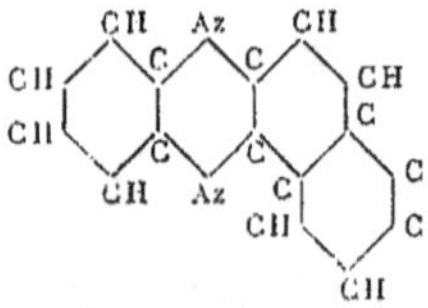

Tous ces composés existent et ont été étudiés avec soin. On les désignait au début sous le nom générique de *quinoxalines*, du nom du plus simple d'entre eux. Mais on reconnut au bout de peu de temps qu'il y a intérêt à les diviser en deux classes, suivant que la copulation était simple ou double.

M. Hinsberg [*D. chem. G.*, 20, 21; *Bull. Soc. Chim.*, (2), **48**, 200] proposa de conserver le nom de *quinoxalines* aux noyaux simplement copulés et d'adopter le mot d'*azines* pour les noyaux doublement copulés.

Peu de temps après, M. Widman [*J. prakt. Chem.*, **38**, 185; *Bull. Soc. Chim.*, (3), **1**, 183] publia une nomenclature assez complète pour ces noyaux. Il désignait le noyau générateur sous le nom de *paradiazine* (par abréviation, *piazine*) et nommait les noyaux copulés en énonçant d'abord le nom du ou des noyaux aromatiques, et terminés par la lettre *o* :

phène,	phéno;
naphtalène,	naphto;
phénanthrène,	phénanthro, etc.,

et mettait à la fin le mot *piazine*.

Le noyau I devient ainsi la *diphénopiazine*, le noyau II la *naphtophénopiazine*.

Nous avons adopté l'esprit de cette nomenclature et nous renvoyons, pour les quelques changements que nous y avons faits, à l'article CHAÎNES FERMÉES (NOMENCLATURE DES).

Comme nous avons changé le mot de *piazine* en celui de γ*diazine*, nous dirons *diphéno-*γ*diazine*, *naphtophéno-*γ*diazine*, *dinaphto-*γ*diazine*, etc.

Avec ces conventions, la division faite par M. Hinsberg n'est plus sensible dans les noms donnés aux noyaux. Comme cette division répond à un besoin et qu'il faut des noms génériques pour remplacer ceux que M. Hinsberg avait proposés, nous désignerons les *quinoxalines* par le vocable de γ*diazines monocopulées* et les *azines* par celui de γ*diazines dicopulées*.

Nous ne nous occuperons dans cet article que des γ*diazines dicopulées*. Après quelques généralités sur cette classe de noyaux, nous arriverons à l'étude spéciale du plus important d'entre eux, la *diphéno-*γ*diazine*.

Historique. — On a préparé depuis bien longtemps des γdiazines dicopulées et un grand nombre de leurs dérivés, bien avant même qu'existât la notion de chaîne fermée; on sait seulement depuis peu de temps quelle est la véritable constitution de ces corps et à quels noyaux ils se rattachent.

Le premier représentant de cette famille de corps est la *naphtalase* de A. Laurent [*Ann. Chim. Phys.*, **59**, 384], obtenue par lui en distillant l'α nitronaphtalène avec de la chaux éteinte. On sait actuellement, d'après les travaux de M. O. Witt [*D. chem. G.*, **19**, 2791; *Bull. Soc. Chim.*, (2), **47**, 539], que ce composé constitue la 6.5αβ-1'2'α'β'*dinaphto-*γ *diazine* :

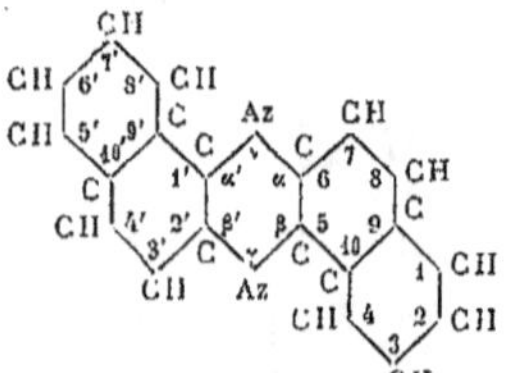

Quand on oxyde un mélange d'aniline et de toluidine, on obtient des dérivés du triphénylméthane; mais quand on fait l'opération sur de l'aniline pure, on arrive à des résultats tout différents. Par l'oxydation directe ou indirecte de l'aniline pure, on a obtenu un assez grand nombre de matières colorantes, dont certaines ont une grande importance industrielle. Toutes ces matières colorantes se rattachent directement ou indirectement à la diphéno-γdiazine. Nous montrerons, au début de cet article, de quelle manière on a établi ces rapports et de quelle nature ils sont.

La première en date de ces matières colorantes est la *mauvéine* de W. Perkin, obtenue par cet auteur en oxydant l'aniline pure par le chlorure de chaux ou par le dichromate de potassium.

Peu de temps après, Martius et Griess, en chauffant ensemble de l'amino-azobenzène (azodiphényldiamine) et de l'aniline, obtinrent une matière colorante bleue, mélange d'un assez grand nombre de corps, à laquelle ils donnèrent le nom de *bleu d'azodiphényle* [Martius et Griess, *Mon. d. Acad.*, 1865, 640; *Zeit. f. Chem.*, 1866, 132; *Bull. Soc. Chim.*, (2), **6**, 159].

Cette même substance fut obtenue presque en même temps par Coupier dans la réaction du chlorhydrate d'aniline sur le nitrobenzène à haute température (bleu Coupier) [A. Coupier, *Bull. Soc. Chim.*, (2), **6**, 502].

Plus tard M. Caro, modifiant le procédé de Martius pour la préparation du bleu d'azodiphényle, montra qu'il était formé des mêmes substances que le bleu Coupier et donna à ces substances le nom d'*indulines*.

Quand on oxyde l'amino-azobenzène au moyen de l'acide arsénique, on obtient une belle matière colorante d'un rouge violacé, à laquelle fut donné le nom de *safranine* [*Dingler's Polyt. Journ.*, **202**, 307; *Bull. Soc. Chim.*, (2), **16**, 383].

Toutes ces substances et un assez grand nombre d'autres analogues sont des dérivés de la diphéno-γdiazine. Le *noir d'aniline*, que l'on obtient en oxydant le chlorhydrate d'aniline par le dichromate de potassium en solution fortement chlorhydrique, en est sans doute aussi un dérivé; mais on n'a pas encore établi de quelle manière il s'y rattache.

La substance mère, la diphéno-γdiazine, a été obtenue peu de temps après la découverte des safranines par M. Rasenack, en distillant le m-azobenzoate de calcium [*D. chem. G.*, **5**, 367; *Bull. Soc. Chim.*, (2), **17**, 563]. Depuis on l'a retrouvée dans un grand nombre de réactions.

Quand on oxyde les o-diamines aromatiques au moyen du chlorure ferrique, on obtient des matières colorantes [*D. chem. G.*, **5**, 202; *Bull. Soc. Chim.*, (2), **17**, 416] que MM. Fischer et Hepp ont récemment démontré être des dérivés polyamidés de la diphéno-γdiazine [*D. chem. G.*, **22**, 355; *Bull. Soc. Chim.*, (3), **1**, 813].

Le *rouge de toluylène*, obtenu en oxydant le

produit de la réaction de la nitrosodiméthylaniline sur la m-crésylène-diamine [O. Witt., *D. chem. G.*, **12**, 931; *Chem. Soc.*, **35**, 356; *Bull. Soc. chim.*, (2), **34**, 109], est également un dérivé de la diphéno-γdiazine [A. Bernthsen et H. Schweitzer, *D. chem. G.*, **19**, 2604; *Bull. Soc. Chim.*, (2), **47**, 703].

Ce n'est que dans ces dernières années que l'on a pu établir les liens qui rattachent entre elles et à la diphéno-γdiazine ces substances si nombreuses et si diverses, et ce résultat est dû principalement aux beaux travaux de MM. Bernthsen, O. Witt, Nietzki, Barbier et Vignon, et enfin O. Fischer et E. Hepp.

Ces travaux ont permis de faire de ces diverses matières colorantes une classification raisonnée, basée sur leurs modes de synthèse et leur constitution. De plus, ces divers modes de synthèse ont été généralisés, de manière à s'étendre non seulement aux dérivés de l'aniline, mais aussi, dans certains cas, aux dérivés des naphtylamines. Dans ce cas, les matières colorantes correspondantes ne dérivent plus de la *diphéno-γ diazine*, mais d'une *naphtophéno-γ diazine* ou d'une *dinaphto-γ diazine*. Nous ferons la description détaillée de ces diverses substances en même temps que celle des autres dérivés du noyau auquel elles se rattachent, mais nous nous réservons d'indiquer ici même leur mode de synthèse et les expériences qui ont conduit à la connaissance de leur constitution, quand ces divers faits seront de nature à éclairer la constitution des dérivés analogues de la diphéno-γdiazine.

Les matières colorantes dérivant des *γdiazines dicopulées* ont été divisées en quatre groupes :

I. Groupe des *eurhodines*, comprenant les dérivés mono- ou polyamidés des γdiazines dicopulées. Au nombre des eurhodines se trouvent le rouge de toluylène, les produits d'oxydation des o-diamines, les composés provenant de la réaction des o-quinones sur les o-diamines, et de certaines amines primaires sur les composés o-aminoazoïques (*eurhodines proprement dites*).

Les eurhodines sont des bases tertiaires, capables de fournir des sels d'ammonium quaternaires dont le quatrième atome d'hydrogène est remplacé par un radical aromatique. Les composés correspondants forment le groupe suivant.

II. Groupe des *safranines*, qui comprend les *safranines proprement dites* et un certain nombre de composés de constitution analogue.

III Groupe des *indulines*. — L'*induline proprement dite* est un isomère de la *p-amino-diphéno-γ diazine*, qui ne diffère de cette base que par la position d'un atome d'hydrogène :

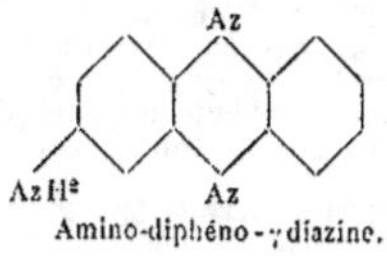

Amino-diphéno-γdiazine.

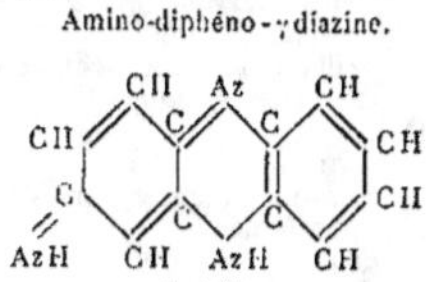

Induline.

Tous les produits de substitution amidés et anilidés de ce composé portent le nom générique d'*indulines*.

La *mauvéine* est une induline.

IV. Groupe des *fluorindines*. — Au lieu de copuler un noyau de γdiazine avec deux noyaux benzéniques, on peut faire la copulation de ce noyau benzénique avec deux noyaux de γdiazine :

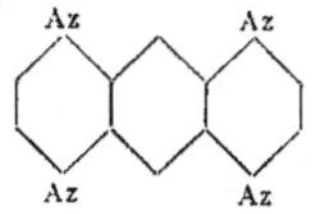

Ce noyau serait la *phéno-di-γdiazine*. Mais chacun des noyaux diaziniques qui le composent peut être copulé avec un noyau benzénique. Le noyau complexe ainsi formé

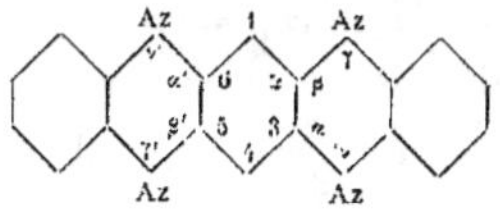

constitue la 2.3βα-5.6β'α'*phéno-di* (*phéno-γ diazine*), dont le *dérivé dihydrogéné* γγ'

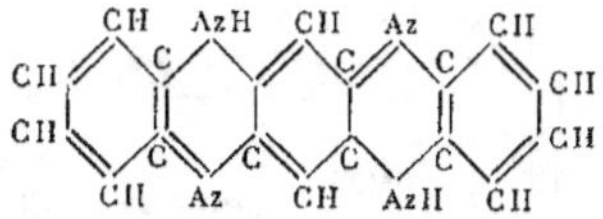

constitue la *fluorindine* la plus simple.

MODES DE SYNTHÈSE DU NOYAU DIPHÉNO-γDIAZINE. — La diphéno-γdiazine est déjà connue depuis assez longtemps; cependant on n'a pas encore réussi à la transformer en un grand nombre de dérivés. Les dérivés connus, qui sont nombreux, ont, pour la presque totalité, été obtenus par synthèse directe du noyau.

Nous allons étudier successivement les procédés synthétiques généraux qui permettent d'obtenir la diphéno-γdiazine et ses homologues, ainsi que les procédés généraux qui conduisent à l'obtention de ses dérivés de substitution dont nous venons d'exposer la classification.

I. PHÉNO-γ DIAZINES. — a. *Distillation des sels de calcium des azoacides aromatiques.* — La *diphéno-γdiazine* (*azophénylène, phénazine*) a été obtenue dans la distillation sèche des trois azobenzoates de calcium. Il est probable que l'on pourrait, à l'aide des acides azotoluiques, obtenir également ses homologues supérieurs :

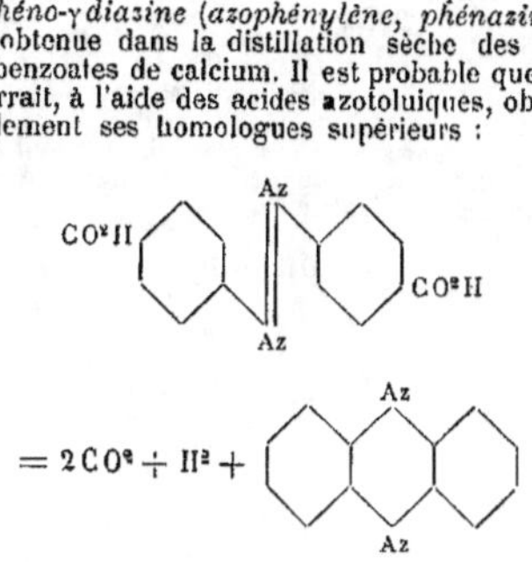

$$= 2CO^2 + H^2 +$$

[M. Rasenack, *D. chem. G.*, **5**, 367; *Bull. Soc. Chim.*, (2), **17**, 563. — A. Claus, *D. chem. G.*, **5**, 610 et **6**, 723; *Bull. Soc. Chim.*, (2), **18**, 355 et **20**, 457].

b. *Pyrogénation des amines.* — M. Bernthsen a obtenu la *phénazine* en faisant passer des vapeurs d'aniline dans un tube chauffé au rouge.

Il se fait en même temps de l'hydrogène et des produits de réduction de l'aniline :

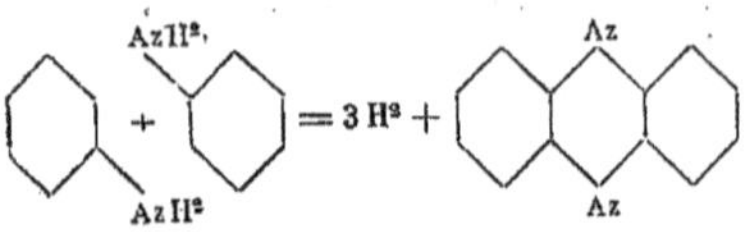

$$\text{AzH}^2 \quad \text{AzH}^2 \quad + \quad = 3\,H^2 + \quad \text{Az} \quad \text{Az}$$

A. Bernthsen, *D. chem. G.*, **19**, 420 et 3256 ; *Bull. Soc. Chim.*, (2), **46**, 842 et **47**, 360].

c. *Oxydation des amines par la litharge.* — On arrive également à déshydrogéner l'aniline en la faisant bouillir pendant longtemps avec de la litharge [Schichuzky, *D. chem. G.*, **7**, 1454 ; *Bull. Soc. Chim.*, (2), **24**, 453] ; il se fait dans la même réaction de l'azobenzène.

d. *Action des sels diazoïques sur l'éther acétylacétique.* — Quand on fait réagir le chlorure de diazobenzène sur l'éther acétylacétique molécule à molécule, il se fait une hydrazone,

$$CH^3-CO-\underset{\underset{Az-AzH\,C^6H^5}{\|}}{C}-CO^2C^2H^5$$

mais si l'on emploie 2 molécules ou plus de chlorure diazoïque, la réaction est tout autre : la molécule, est rompue avec séparation d'acide acétique :

$$CH^3-CO-\underset{\underset{Az-AzH\,C^6H^5}{\|}}{C}-CO^2C^2H^5 + C^6H^5\,Az-AzCl + H^2O$$

$$= CH^3-CO^2H + HCl + C\begin{cases} Az-AzH\,C^6H^5 \\ CO^2C^2H^5 \\ Az=Az\,C^6H^5 \end{cases}$$

Ce nouvel éther,

$$C\begin{cases} Az-AzH\,C^6H^5 \\ CO^2C^2H^5 \\ Az=Az\,C^6H^5 \end{cases}$$

que MM. Bamberger et Wheelwright ont nommé *éther formazylcarbonique*, et qui constitue la *phénylhydrazone de l'éther phényl-azoglyoxylique*, traité par les acides minéraux concentrés et chauds, se dédouble en aniline, *phénazine* (diphéno-γ diazine) et *α-phénotriazine*. Ce très curieux procédé sera sans doute généralisé [P. Bamberger et E. Wheelwright, *D. chem. G.*, **25**, 3201 ; *Bull. Soc. Chim.*, (3), **10**, 366].

e. *Action des o-diphénols sur les o-diamines.* — La pyrocatéchine réagit sur l'o-crésylène-diamine en fournissant la *méthyl-diphéno-γ diazine*. Il se fait d'abord un dérivé hydrogéné qui perd 2 atomes d'hydrogène :

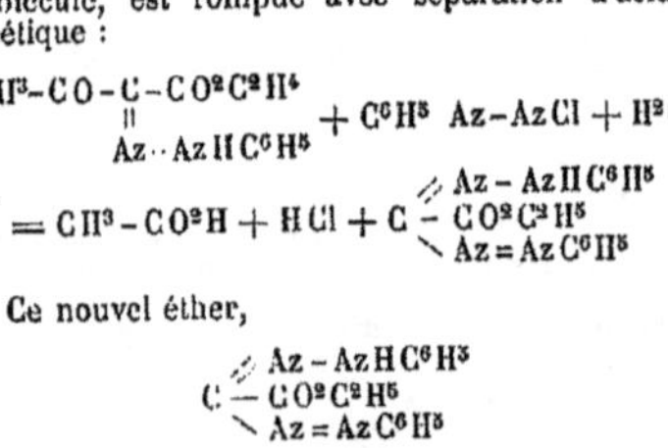

$$\text{OH} \quad \text{AzH}^2 \quad \text{CH}^3 \quad + \quad \text{OH} \quad \text{AzH}^2$$

$$= 2\,H^2O + H^2 + \quad \text{Az} \quad \text{CH}^3 \quad \text{Az}$$

[V. Merz, *D. chem. G.*, **19**, 725 ; *Bull. Soc. Chim.*, (2), **47**, 444. — C. Ris, *D. chem. G.*, **19**, 2206 ; *Bull. Soc. Chim.*, (2), **47**, 637].

f. *Action des o-dicétones sur les o-diamines.* — Ce procédé ne réussit dans la série de la phénazine que pour l'obtention de phénazine-quinones, parce que l'o-quinone benzénique est inconnue, tandis que la dioxydiquinone a été découverte par MM. Nietzki et Benckiser :

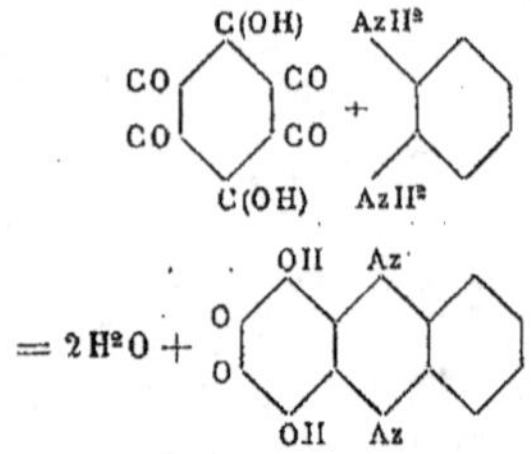

$$\text{C(OH)} \quad \text{CO} \quad \text{CO} \quad \text{CO} \quad \text{CO} \quad \text{C(OH)} \quad + \quad \text{AzH}^2 \quad \text{AzH}^2$$

$$= 2\,H^2O + \quad \text{OH} \quad \text{Az} \quad \text{O} \quad \text{O} \quad \text{OH} \quad \text{Az}$$

Au contraire, dans la série du naphtalène les o-quinones sont connues ; aussi ont-elles pu être employées à la synthèse des diazines correspondantes [R. Nietzki et F. Kehrmann, *D. chem. G.*, **20**, 322 ; *Bull. Soc. Chim.*, (2), **48**, 152. — R. Nietzki et A. Schmidt, *D. chem. G.*, **21**, 1227 ; *Bull. Soc. Chim.*, (2), **50**, 477. — O. Witt, *D. chem. G.*, **19**, 441 ; *Bull. Soc. Chim.*, (2), **47**, 276].

f. Les diverses *eurhodines* (amino-diphéno-γ diazines), traitées par l'acide nitreux et l'alcool, sont transformées dans les diphéno-γ diazines correspondantes :

$$AzH^2-C^6H^3\left\langle\begin{matrix} Az \\ | \\ Az \end{matrix}\right\rangle C^6H^4 + AzO^2H + C^2H^6O$$

$$= C^6H^4\left\langle\begin{matrix} Az \\ | \\ Az \end{matrix}\right\rangle C^6H^4 + Az^2 + C^2H^4O + 2\,H^2O$$

[A. Bernthsen et H. Schweitzer, *D. chem. G.*, **19**, 2604 : *Bull. Soc. Chim.*, (2), **47**, 703 ; *Ann. Chem.*, **236**, 332].

g. Toutes les indulines et leurs isomères les eurhodines, chauffées avec de la poudre de zinc, reproduisent la γ diazine dicopulée dont elles dérivent [O. Fischer et E. Hepp, *Ann. Chem.*, **266**, 249 ; *Bull. Soc. Chim.*, (3), **10**, 377].

PROPRIÉTÉS DES DIPHÉNO-γ DIAZINES. — Ces substances sont toutes distillables sans décomposition et présentent une grande stabilité. Elles jouissent de propriétés basiques assez faibles et se comportent comme des bases monacides. Elles fixent une seule molécule d'iodure de méthyle.

L'acide sulfurique fumant les transforme en dérivés sulfonés qui, par fusion avec les alcalis, sont transformés dans les phénols correspondants, auxquels on a donné le nom d'*eurhodols*.

L'acide nitrique fumant les transforme en dérivés nitrés.

AMINODIPHÉNO-γ DIAZINES (*eurhodines*). — On peut dire d'une manière générale que les dérivés amidés des γ diazines dicopulées sont les produits d'oxydation des amines et des polyamines aromatiques.

Nous avons vu en effet qu'on obtient les γ diazines dicopulées elles-mêmes par l'oxydation des amines correspondantes.

Les *eurhodines proprement dites*, dérivés monamidés des γ diazines dicopulées, proviennent de l'oxydation d'un mélange d'une diamine et d'une amine.

Les *dérivés diamidés* prennent naissance dans l'oxydation de 2 molécules de diamine ou d'un mélange de deux diamines, ou d'un mélange d'une triamine et d'une monamine.

De même on obtient des *dérivés triamidés* par l'oxydation de 1 molécule de triamine et de 1 molécule de diamine, etc., etc.

En général, le produit formé possède autant d'atomes d'azote que les 2 molécules qui ont contribué à le former en possèdent à elles deux. Il y a cependant des exceptions, dont nous tiendrons compte.

Pour donner un exemple de ces soudures de molécules, l'oxydation d'un mélange de p-phénylène-diamine et de m-phénylène-diamine se fait suivant le schéma

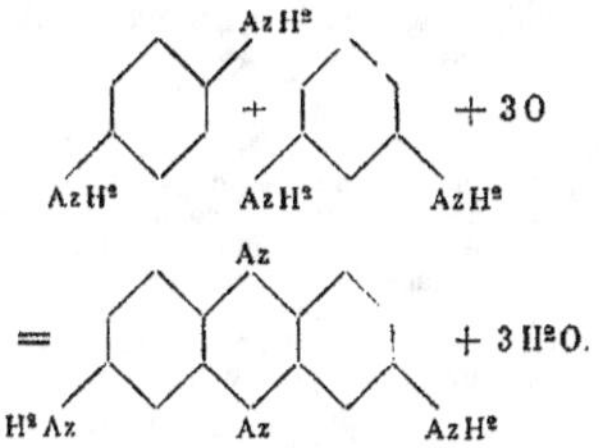

AzH² — AzH² + AzH² — AzH² + 3 O

= H²Az — Az — Az — AzH² + 3 H^2O.

On se demandera aussitôt si ces condensations sont toujours possibles, et si l'on pourra toujours par ce moyen obtenir par synthèse une γ diazine dicopulée polyamidée quelconque. L'expérience a jusqu'ici répondu par la négative. On n'a jamais obtenu de dérivé amidé dans lequel l'un des groupements AzH^2 fût en ortho par rapport à l'un des atomes d'azote du noyau diazinique. En un mot, on n'a jamais pu obtenir de dérivés du corps

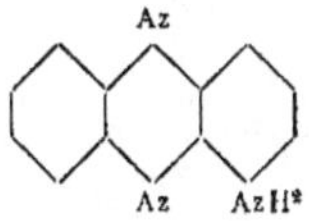

Az — Az — AzH²

quelles que fussent d'ailleurs les substitutions opérées aux autres sommets.

Il s'ensuit que, lorsque la condensation de 2 molécules de polyamine ne peut se faire qu'à la condition qu'il y ait un AzH^2 en ortho par rapport aux atomes d'azote du groupement diazinique, cette condensation ne se fait pas.

C'est pourquoi la condensation d'un mélange d'o- et de p-phénylène-diamine n'a pas lieu. En effet, pour que le produit formé contînt tous les atomes d'azote des 2 molécules constituantes, il faudrait que celles-ci se plaçassent suivant le schéma

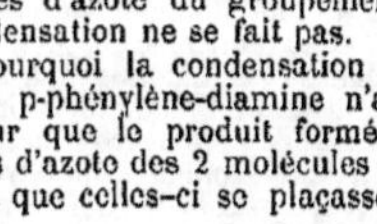

AzH² — AzH² + AzH² — AzH²

De même la condensation de l'o-phénylène-diamine et de la β naphtylamine ne fournira pas d'eurhodines. En effet

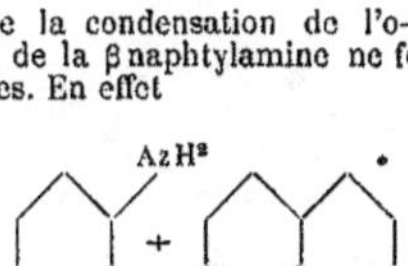

AzH² — AzH² + AzH²

ou

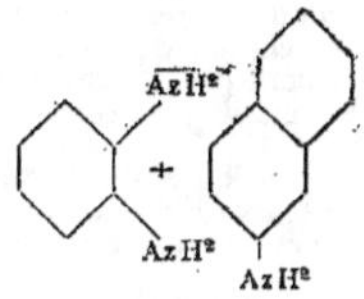

AzH² — AzH² + AzH²

sont les deux seuls schémas capables d'exprimer la réaction sans départ d'azote.

De ce que les dérivés amidés qui prennent naissance dans ces condensations doivent être des *dérivés p-amidés* par rapport aux atomes d'azote des noyaux diaziniques, il s'ensuit que souvent le départ d'hydrogène produit par l'oxydation se fera entre un AzH^2 et un atome d'hydrogène d'un noyau placé en para par rapport à un autre AzH^2.

Ainsi, dans le cas de l'o-phénylène-diamine le schéma sera

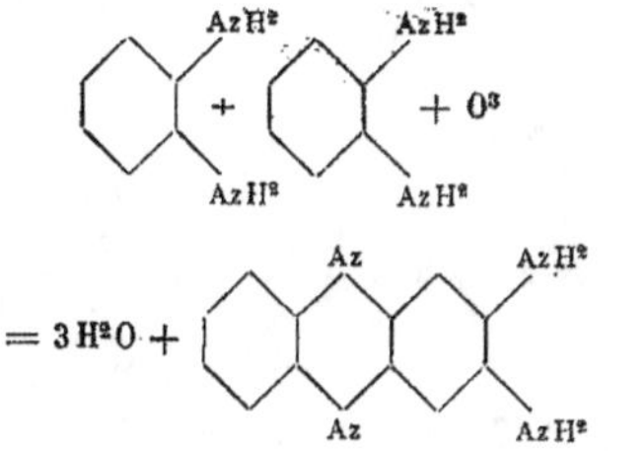

AzH² — AzH² + AzH² — AzH² + O^3

= 3 H^2O + Az — Az — AzH² — AzH²

Cette règle du départ des atomes d'hydrogène en para a été formulée par M. Nietzki [*D. chem. G.*, **22**, 3039; *Bull. Soc. Chim.*, (3), **4**, 324]. Elle n'est pas absolument générale, car dans certains cas la condensation peut se faire avec des atomes d'hydrogène en ortho, à condition qu'il ne se mette pas d'AzH^2 en ortho par rapport aux atomes d'azote du groupement diazinique.

Ainsi la β naphtylamine, qui ne fournit pas d'eurhodine avec l'o-phénylène-diamine, en fournit une avec la p-phénylène-diamine, suivant le schéma

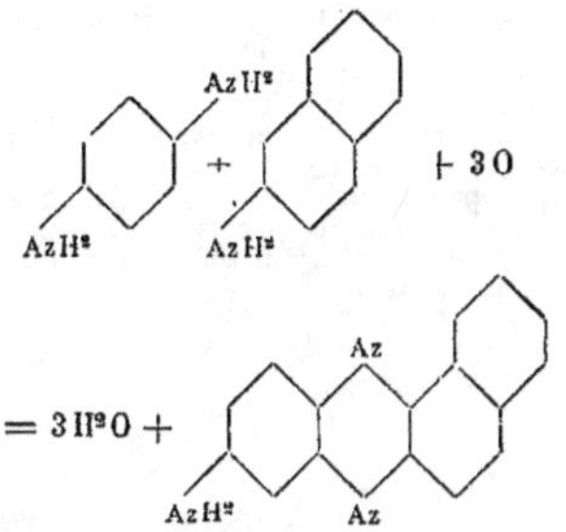

AzH² — AzH² + AzH² + 3 O

= 3 H^2O + Az — AzH² — Az

et l'oxydation se fait exclusivement aux dépens d'atomes d'hydrogène en position ortho par rapport aux groupements AzH^2.

Il nous reste à nous occuper des cas où la condensation se fait à la fois par oxydation et par départ d'ammoniaque. Ce cas se présente fréquemment dans l'oxydation des triamines et des tétramines

Si, pour que les molécules puissent se placer sans qu'il y ait de groupes AzH^2 en ortho, il est nécessaire que 2 groupements AzH^2 soient placés au contact l'un de l'autre, il y aura départ d'AzH^3 dans le cas où chacun de ces groupements AzH^2 se trouve en para par rapport à un autre AzH^2; dans le cas contraire, la condensation n'a pas lieu.

Ainsi, prenons le cas de l'oxydation du triamidobenzène 1.2.4, dérivé de la chrysoïdine. Ces 2 molécules doivent se placer suivant le schéma

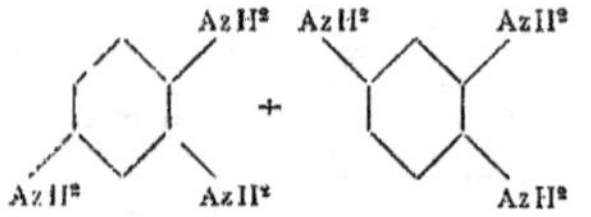

AzH² AzH² AzH² + AzH² AzH² AzH²

Les deux groupements AzH^2 sont l'un et l'autre en para par rapport à un autre AzH^2, et la condensation se fera suivant l'équation

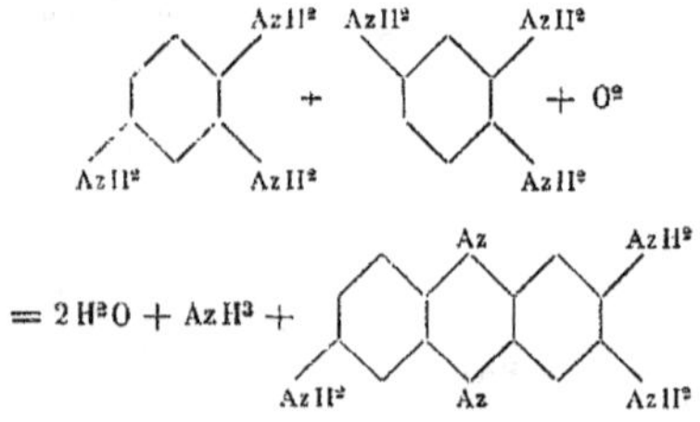

AzH² AzH² AzH² + + O² AzH² AzH² AzH²

$= 2H^2O + AzH^3 +$ Az AzH² AzH² Az AzH²

Au contraire, dans les cas de l'o-phénylène-diamine et de la p-phénylène-diamine, la condensation ne se fera pas suivant le schéma

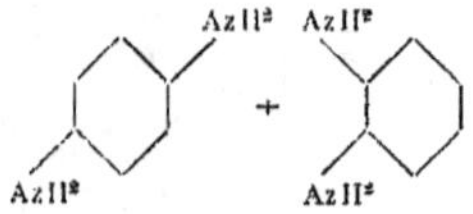

AzH² AzH² + AzH² AzH²

Il ne peut pas y avoir de départ d'ammoniaque, parce que l'un des AzH^2 au contact n'est pas en para par rapport à un autre AzH^2.

Mais il peut arriver qu'il y ait à la place d'un groupement AzH^2 un groupement plus stable, tel que CH^3 ou C^2H^5 : dans ce cas la condensation devient impossible [Nietzki, *loc. cit.*]. Ainsi cet empêchement, joint à la condition de ne pas avoir d'AzH^2 en ortho par rapport aux atomes d'azote du groupement diazinique, fait que l'o-crésylène-diamine ne fournit pas par son oxydation de γ diazine dicopulée. En effet, les seuls schémas possibles seraient

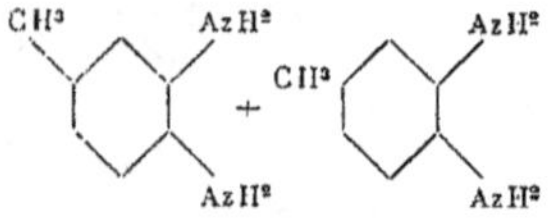

CH³ AzH² + CH³ AzH² AzH² AzH²

ou

CH³ AzH² AzH² + CH³ AzH² AzH² $- 2AzH^3$.

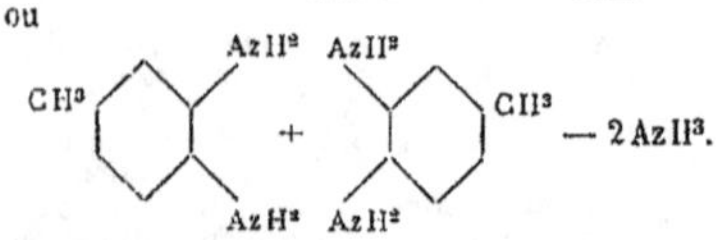

Les deux dernières conditions que nous venons d'indiquer montrent que ni l'un ni l'autre ne peuvent se réaliser.

Nous avons indiqué dans quels cas la condensation des diamines par oxydation est possible; il nous reste à exposer de quelle manière s'opère cette condensation et quel est son mécanisme.

Ces phénomènes d'oxydation peuvent être obtenus, soit en oxydant directement le mélange des deux amines, par exemple au moyen du chlorure ferrique ou du dichromate de potassium, soit en faisant réagir l'une d'elles sur un des produits d'oxydation de l'autre.

C'est ce que l'on fait quand on traite une amine par un dérivé amidoazoïque ou par une amine p-nitrosée; ces composés sont des produits d'oxydation des diamines, puisque la réduction les transforme en diamines.

Indamines. — La condensation des amines par oxydation ne se fait pas sans produits intermédiaires. La plupart du temps il se fait d'abord des produits de condensation à chaîne ouverte, qui constituent des matières colorantes auxquelles on a donné le nom générique d'*indamines*. Ce sont ces mêmes indamines qui prennent naissance dans la réaction de la p-nitrosodiméthylaniline sur les amines dans lesquelles est libre la position para par rapport au groupement AzH^2 :

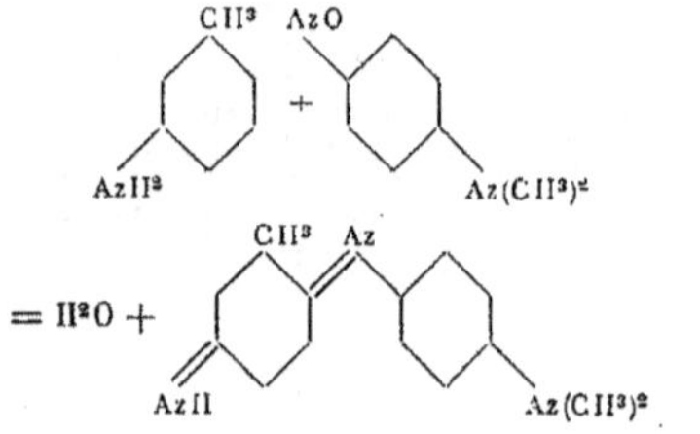

CH³ AzO + AzH² Az(CH³)²

$= H^2O +$ CH³ Az AzH Az(CH³)²

On voit que l'indamine la plus simple constitue la *di-p-amidophénylamine*, moins 2 atomes d'hydrogène :

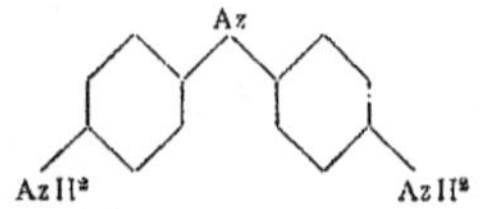

Az AzH² AzH²

par suite la di-p-amidophénylamine constitue la leucobase de cette matière colorante.

La formation de ces indamines à l'aide de la p-nitrosodiméthylaniline semble indiquer que ce corps est nécessaire pour leur formation ou qu'il faut la p-phénylène-diamine et un oxydant. Il n'en est rien et l'oxydation de l'o-phénylène-diamine peut parfaitement donner naissance à une indamine :

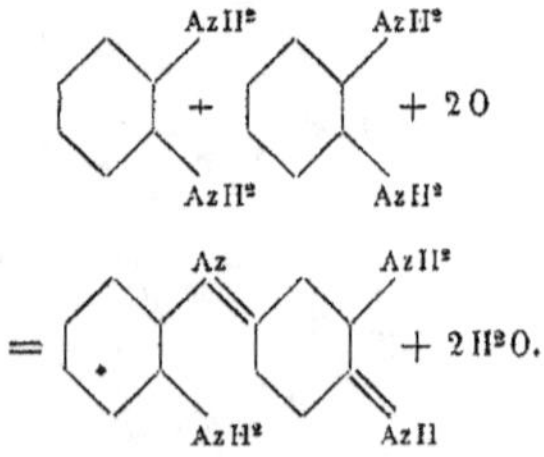

AzH² AzH² + + 2O AzH² AzH²

= Az AzH² + 2H²O. AzH² AzH

On peut dire qu'il peut se faire une indamine, comme produit intermédiaire, chaque fois que la règle de Nietzki est applicable, c'est-à-dire à chaque fois que l'atome d'hydrogène du noyau qui est enlevé par l'oxydation est placé en para par rapport à un groupement AzH^2.

Souvent on n'a pas observé la formation d'indamines, parce qu'on est placé dans des conditions expérimentales dans lesquelles ces substances sont détruites. Elles sont en effet instables et il suffit de les chauffer quelque temps à l'ébullition avec de l'acide chlorhydrique pour que, grâce à l'oxygène de l'air, elles soient transformées en *eurhodines* :

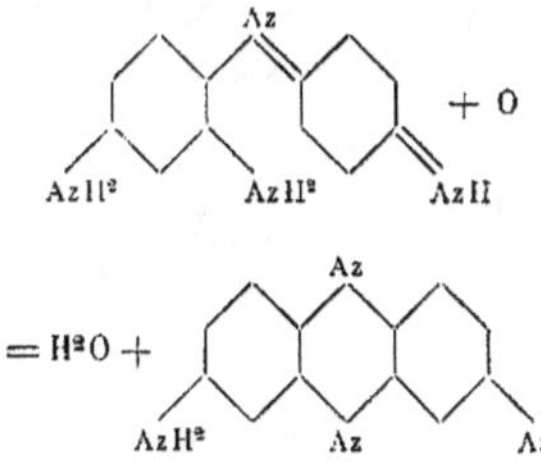

C'est sans doute pour cette raison qu'on n'a pas décrit la formation d'indamines dans l'oxydation de l'o-phénylène-diamine, cette oxydation se faisant au moyen du chlorure ferrique en solution fortement chlorhydrique.

Nous avons dit que la formation des γ diazines dicopulées polyamidées est en général précédée de la formation d'une indamine ; mais il ne faudrait pas en conclure que toutes les indamines soient susceptibles d'être converties par oxydation en eurhodines : il faut pour cela qu'elles soient o-amidées dans l'un de leurs deux groupements aromatiques.

On s'est demandé si la formation préalable d'une indamine et, ce qui revient au même, la soudure des deux noyaux par le départ d'un atome d'hydrogène en para, était la condition nécessaire de la formation d'une eurhodine. M. Witt a cru démontrer [*D. chem. G.*, **21**, 2418 ; *Bull. Soc. Chim.*, (3), **1**, 660] cette nécessité, en faisant voir que la m-xylène-diamine

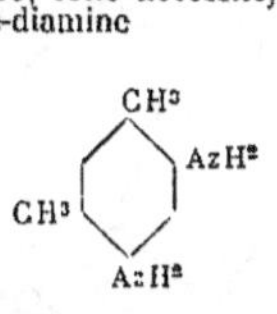

qui ne peut pas fournir d'indamine, était incapable de donner naissance à une eurhodine. Cette base ne peut pas, il est vrai, se condenser par oxydation, non pas parce qu'elle ne peut pas fournir d'indamine, mais bien parce que les deux molécules ne peuvent se placer pour la condensation qu'en laissant deux groupements AzH^2 en ortho par rapport aux atomes d'azote du noyau γ diazine :

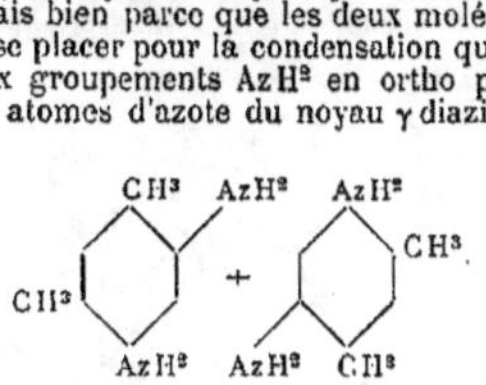

Ce qui le montre bien, c'est que la condensation se fait parfaitement dans le cas de la p-phénylène-diamine et de la β naphtylamine, cas où la formation d'indamine est évidemment impossible :

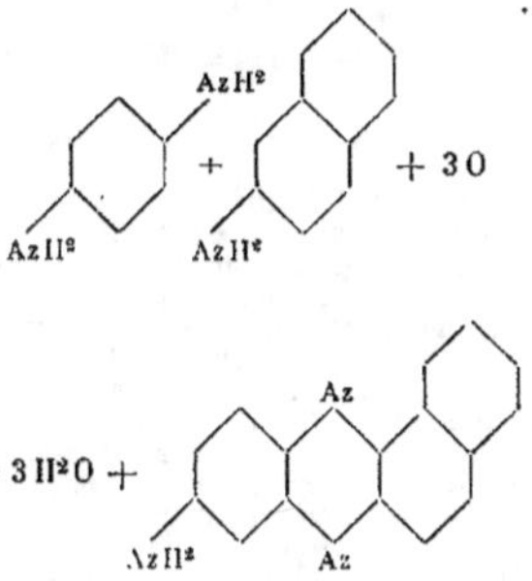

Nous avons vu que les indamines que l'oxydation transforme en eurhodines ont pour leuco-bases correspondantes des dérivés polyamidés de la diphénylamine, dont le plus simple est

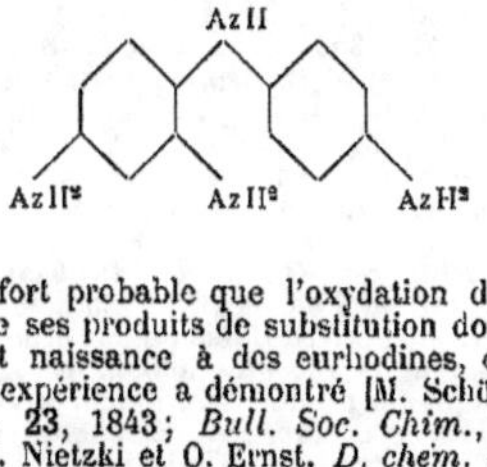

Il était fort probable que l'oxydation de cette base et de ses produits de substitution donnerait également naissance à des eurhodines, et c'est ce que l'expérience a démontré [M. Schöpff, *D. chem. G.*, **23**, 1843 ; *Bull. Soc. Chim.*, (3), **4**, 746. — R. Nietzki et O. Ernst, *D. chem. G.*, **23**, 1852 ; *Bull. Soc. Chim.*, (3), **5**, 40].

Il ne nous reste plus qu'à indiquer les conditions exactes dans lesquelles se font les condensations qui donnent naissance aux eurhodines, ainsi que les procédés de préparation fondés sur d'autres réactions.

1° γ *Diazines dicopulées monamidées.* — Quand on chauffe les diamino-diphéno-γ diazines avec de la poudre de zinc, on obtient le dérivé monamidé correspondant mélangé à la diphéno-γ diazine [O. Fischer et E. Hepp, *D. chem. G.*, **22**, 355 ; *Bull. Soc. Chim.*, (3), **1**, 813].

Dans la préparation des safranines, que nous indiquerons plus loin, il se fait une matière colorante bleue instable qui, soumise à la réduction, fournit une eurhodine [Ph. Barbier et L. Vignon, *Bull. Soc. Chim.*, (2), **48**, 338].

Les dérivés o-amidoazoïques se combinent à l'α naphtylamine en donnant des eurhodines. Ce procédé, qui a permis d'obtenir la première eurhodine, revient à oxyder un mélange d'une o-diamine et d'α naphtylamine [O. Witt, *D. chem. G.*, **18**, 1119 ; *Bull. Soc. Chim.*, (2), **46**, 135].

La nitrosodiméthylaniline se combine à la β naphtylamine en fournissant une diméthyleurhodine. On obtient également une eurhodine en oxydant un mélange de p-phénylène-diamine et de β naphtylamine [O. Witt, *D. chem. G.*, **21**, 719 ; *Bull. Soc. Chim.*, (2), **50**, 581].

On obtient également une eurhodine en remplaçant dans la préparation précédente la p-phénylène-diamine par la quinone-dichlorimide, mais il est alors inutile d'employer un oxydant. Dans ces sortes de réactions, la quinone-dichlorimide se comporte absolument comme un mélange de p-nitraniline et d'acide chlorhydrique :

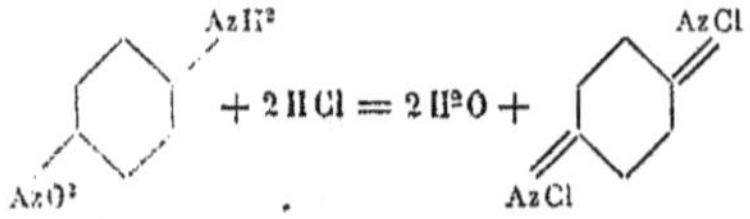

AzH² + 2 HCl = 2 H²O + AzCl
AzO² AzCl

[R. Nietzki et R. Otto, *D. chem. G.*, **21**, 1598; *Bull. Soc. Chim.*, (2), **50**, 421].

Les eurhodines se comportent comme des bases monacides assez énergiques. Elles constituent des matières colorantes de couleurs assez variées. Quand on les traite par l'acide nitreux en présence d'alcool, on les transforme en la γ diazine dicopulée dont elles dérivent.

2° γ *Diazines dicopulées diamidées.* — La plus simple de ces diamines s'obtient dans l'oxydation de l'o-phénylène-diamine, soit au moyen d'un courant d'air, en solution chlorhydrique, soit à l'aide du chlorure ferrique. Cette base fut découverte par Griess peu de temps après l'o-phénylène-diamine. Son oxydation a donné lieu à beaucoup de controverses [P. Griess, *D. chem. G.*, **5**, 202; *Bull. Soc. Chim.*, (2), **17**, 416. — H. Salkowski, *Ann. Chem.*, **173**, 58; *D. chem. G.*, **5**, 23 et 724; *Bull. Soc. Chim.*, (2), **17**, 226 et **18**, 463. — C. Rudolph, *D. chem. G.*, **12**, 2211; *Bull. Soc. Chim.*, (2), **34**, 404. — Wiesinger, *Ann. Chem.*, **224**, 353; *Bull. Soc. Chim.*, (2), **44**, 135. — O. Fischer et E. Hepp, *D. chem. G.*, **22**, 355; *Bull. Soc. Chim.*, (3), **1**, 813. — R. Nietzki, *D. chem. G.*, **22**, 3139; *Bull. Soc. Chim.*, (3), **4**, 324. — F. Kehrmann et J. Messinger, *J. prakt. Chem.*, (2), **46**, 565; *Bull. Soc. Chim.*, (3), **10**, 544. — O. Fischer et O. Heiler, *D. chem. G.*, **26**, 378; *Bull. Soc. Chim.*, (3), **10**, 545].

En traitant l'o-phénylène-diamine par l'iodure de cyanogène, MM. Hübner et Frerichs obtinrent un corps qui fut reconnu longtemps après comme identique au produit d'oxydation de cette diamine [H. Hübner et Frerichs, *D. chem. G.*, **9**, 777 et **10**, 1715; *Bull. Soc. Chim.*, (2), **27**, 131].

En oxydant un mélange de p-phénylène-diamine et de m-phénylène-diamine, on obtient une substance isomérique avec la précédente :

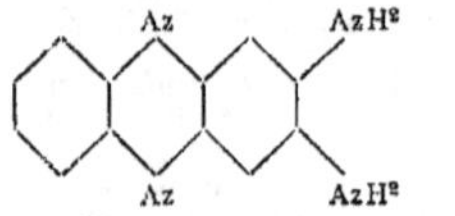

Az AzH²
Az AzH²

et

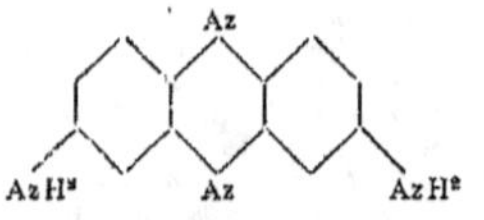

Az
AzH² Az AzH²

On obtient encore cette même substance isomérique en oxydant par un mélange de bioxyde de manganèse et de carbonate de calcium la combinaison double stannique de la triamido-diphénylamine,

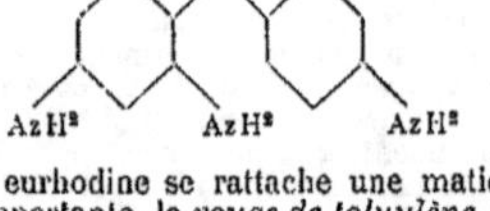

AzH
AzH² AzH² AzH²

A cette eurhodine se rattache une matière colorante importante, le *rouge de toluylène*, qui en est le dérivé triméthylé. Quand on fait réagir la nitrosodiméthylaniline sur la m-crésylène-diamine, il se fait une matière colorante bleue à laquelle on a donné le nom de *bleu de toluylène*. Cette matière bleue, soumise à l'oxydation, perd 2 atomes d'hydrogène et se transforme en une eurhodine substituée qui est le rouge de toluylène :

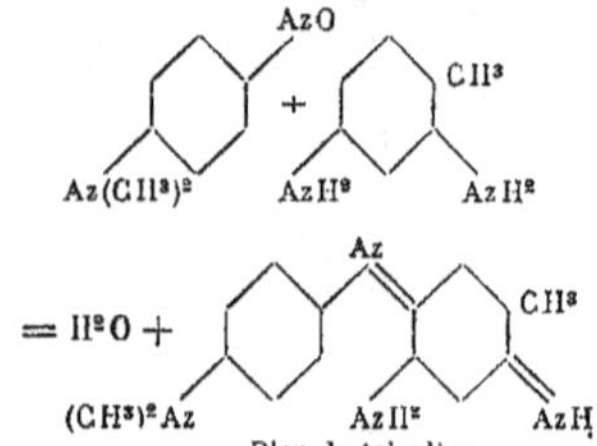

AzO + CH³
Az(CH³)² AzH² AzH²

Az
= H²O + CH³
(CH³)²Az AzH² AzH

Bleu de toluylène.

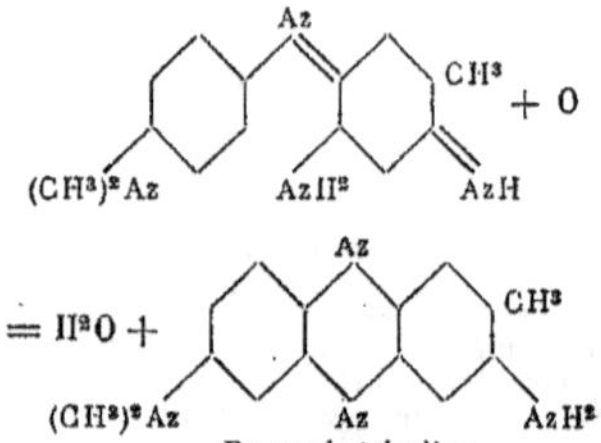

Az
CH³ + O
(CH³)²Az AzH² AzH

Az
= H²O + CH³
(CH³)²Az Az AzH²

Rouge de toluylène.

Ces composés ont été découverts par M. O. Witt [*D. chem. G.*, **12**, 931; *Bull. Soc. Chim.*, (2), **34**, 109], mais leur constitution a été établie par MM. A. Bernthsen et H. Schweitzer [*D. chem. G.*, **19**, 2604; *Bull. Soc. Chim.*, (2), **47**, 703].

On obtient par des procédés analogues les γ diazines dicopulées tri- et tétra-amidées.

L'oxydation du triamidobenzène 1.2.4 donne naissance à la *triamidodiphéno-γ diazine* :

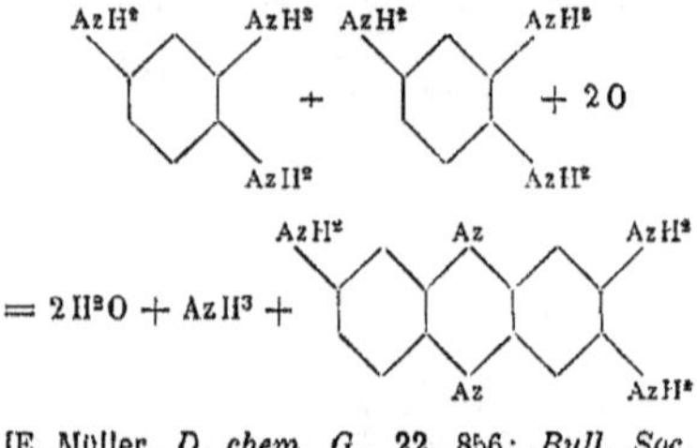

AzH² AzH² AzH² AzH²
+ + 2O
AzH² AzH²

AzH² Az AzH²
= 2 H²O + AzH³ +
Az AzH²

[E. Müller, *D. chem G.*, **22**, 856; *Bull. Soc. Chim.*, (3), **1**, 811].

L'oxydation du tétramidobenzène symétrique (1.2.4.5) fournit la *tétramidodiphéno-γ diazine* :

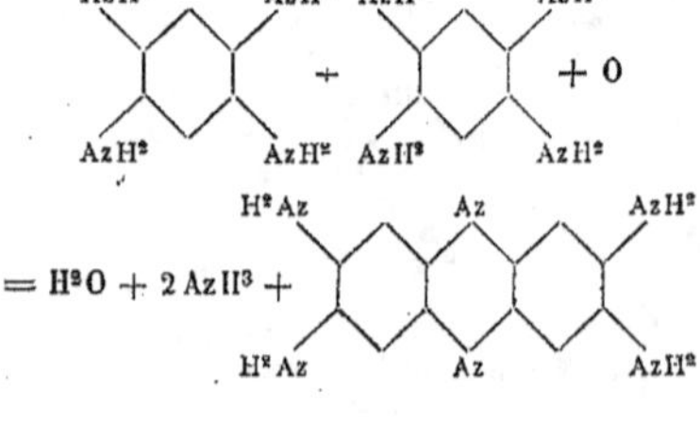

AzH² AzH² AzH² AzH²
+ + O
AzH² AzH² AzH² AzH²

H²Az Az AzH²
= H²O + 2 AzH³ +
H²Az Az AzH²

[R. Nietzki et E. Müller, *D. chem. G.*, **22**, 447; *Bull. Soc. Chim.*, (3), **3**, 756].

Eurhodols. — Aux dérivés amidés des γdiazines dicopulées correspondent des dérivés hydroxylés auxquels on a donné le nom d'*eurhodols*. Ces composés peuvent prendre naissance quand on traite les eurhodines par l'acide chlorhydrique fumant, sous pression, à haute température.

Ils se forment aussi quand on fond avec les alcalis les dérivés sulfonés des γdiazines dicopulées (azines).

Ils sont à la fois bases et phénols.

Safranines. — Nous avons vu que l'oxydation des polyamines ou des mélanges de polyamines donne naissance aux eurhodines. En particulier, l'oxydation d'un mélange de p-phénylène-diamine et d'une monamine peut donner naissance à une eurhodine; dans le cas où la monamine est telle qu'il ne peut pas se faire d'eurhodine, on obtient une *safranine*.

On peut dire en effet que l'oxydation des paradiamines mélangées aux monamines donne naissance à des safranines, chaque fois que, dans les conditions de l'expérience, il ne peut pas se faire d'eurhodine.

On peut même ajouter que, quelque variés que soient les procédés qui permettent d'obtenir les safranines, ils rentrent tous dans la définition précédente. On n'obtient de safranine qu'en oxydant un mélange de p-diamine et de monamine dans le cas où il ne peut pas se faire d'eurhodine.

On se souvient que, dans l'oxydation d'un mélange de p-diamine et d'une amine, il se fait une *indamine* dans le cas où l'amine possède 1 atome d'hydrogène en para par rapport à son groupe AzH^2. Nous avons fait voir que dans certains cas l'oxydation de cette indamine conduit aisément à une eurhodine. Dans d'autres cas, au contraire, cette condensation est impossible. L'indamine la plus simple qui puisse conduire à une eurhodine a pour constitution

Az
AzH^2 — AzH^2 — AzH

ou

Az
AzH^2 — AzH^2 — AzH

Dans le cas où ce groupement AzH^2 en ortho manque, il ne peut se faire d'eurhodine; il se fera une *safranine*, à condition qu'on emploie non pas 1, mais 2 molécules de la monamine en présence d'acide chlorhydrique. Le schéma est le suivant :

AzH^2 AzH^2 + + O^2
Cl — AzH
Indamine.
AzH

$= 2H^2O +$ AzH^2 Az
Cl Az
AzH^2
Phénosafranine.

On peut donc dire qu'on obtient une safranine en oxydant un mélange de 1 molécule de p-diamine, 1 molécule de monamine et 1 molécule de chlorhydrate de monamine, dans le cas où l'oxydation du mélange de p-diamine et de monamine ne peut pas fournir d'eurhodine.

Les safranines sont donc des chlorhydrates d'ammonium quaternaires d'une base tertiaire qui est une eurhodine, le quatrième atome d'hydrogène de l'ammonium étant remplacé par un reste monatomique d'amine aromatique.

On a généralisé le nom d'*eurhodine*, qu'on a appliqué à tous les dérivés amidés des *γdiazines dicopulées* : il était logique de généraliser de même le terme de *safranine*, qu'on applique maintenant à tous les chlorures d'ammonium quaternaires de ces mêmes eurhodines, le quatrième atome d'hydrogène étant remplacé par un groupement aromatique.

Puisque la formation des safranines se fait avec un stade intermédiaire, il est évident que l'on peut opérer en deux temps et oxyder un mélange de l'indamine et d'un chlorhydrate d'amine; il n'est même pas nécessaire que la seconde amine soit identique à celle qui a été condensée avec la p-diamine pour former l'indamine. On peut aussi, dans cette préparation, remplacer l'indamine par sa leucobase la *p-diaminodiphénylamine* correspondante [R. Bindschedler, *D. chem. G.*, **13**, 207 et **16**, 864; *Bull. Soc. Chim.*, (2), **40**, 332. — R. Nietzki, *D. chem. G.*, **16**, 464; *Bull. Soc. Chim.*, (2), **40**, 329].

Revenons au cas le plus général de l'oxydation de 1 molécule de p-diamine, 1 molécule d'une monamine et 1 molécule de chlorhydrate de monamine, cette seconde n'étant pas forcément identique à la première. Obtiendra-t-on toujours une safranine? Ces diverses amines ont un certain nombre de conditions à remplir.

Occupons-nous d'abord des safranines proprement dites, qui contiennent deux groupements AzH^2, et dont la plus simple est la *phénosafranine*, figurée plus haut. Il semble que la formation de ces safranines soit toujours précédée de la formation préalable d'indamine.

Pour qu'il puisse se faire une indamine et que la p-diamine ait au moins un de ses AzH^2 non substitué, il faut qu'elle soit primaire par un côté; la monamine sur laquelle elle réagira peut être secondaire ou tertiaire, mais elle doit avoir un atome d'hydrogène libre en para par rapport au groupe AzH^2.

Quelles sont maintenant les conditions pour que l'indamine puisse se condenser avec l'autre amine? Il faut que cette autre amine soit primaire; il faut aussi que ses deux positions ortho ne soient pas substituées; il faut également que les deux positions ortho par rapport à l'AzH^2 de la p-diamine ne soient pas non plus substituées.

En résumé, les divers corps qui sont destinés à réagir doivent posséder un certain nombre d'atomes d'hydrogène, comme le montre le schéma suivant :

$$>Az\text{-}C^6H^3(H)(AzH^2) + H^2Az\text{-}C^6H^4 + 4\,O$$

ClH H — C^6H^4 — Az<

$$= \text{(Az, AzCl)} + 4\,H^2O$$

Les traits placés près des atomes indiquent les substitutions possibles. On ne peut pas affirmer que la condensation sera toujours possible, quelles que soient les substitutions que l'on ait fait subir à ce schéma; mais il semble très probable que, si l'un des atomes d'hydrogène laissés sur la figure était substitué, la condensation deviendrait impossible.

Une seule exception à cette règle a été jusqu'ici indiquée. Elle a été signalée par MM. Barbier et Vignon, qui ont obtenu une matière colorante en oxydant un mélange de p-phénylène-diamine et de p-toluidine; mais ces auteurs n'ont nullement prouvé que la matière colorante en question possédait bien la constitution des safranines [*Bull. Soc. Chim.*, (2), **48**, 338].

Si l'on se reporte à la nouvelle définition des *safranines*, qui fait de la safranine la plus simple le chlorophénylate de l'*eurhodine* la plus simple

$$H^2Az-C^6H^3 \langle Az, Cl-Az-C^6H^5 \rangle C^6H^4$$

les conclusions précédentes cessent d'être nécessaires. En effet, la formation de ce corps n'est pas forcément précédée de celle d'indamine. D'ailleurs les expériences sur ce sujet ne sont pas encore bien nombreuses; une seule possède un grand intérêt, car elle fait bien voir les rapports qui lient les eurhodines et les safranines.

Si l'on oxyde un mélange de p-phénylène-diamine et de β naphtylamine, il se produit une eurhodine, suivant le schéma

$$AzH^2\text{-}C^6H^4\text{-}AzH^2 + AzH^2\text{-}C^{10}H^7 + 3\,O$$

$$= 3\,H^2O + \text{(AzH}^2\text{, Az, Az)}$$

mais si l'on remplace la β naphtylamine par une amine secondaire, telle que la phényl-β naphtylamine, il ne peut plus se faire d'eurhodine. On obtient alors une safranine, ce qui fournit un nouvel argument en faveur de la règle que nous avons énoncée sur la formation des safranines :

$$AzH^2\text{-}C^6H^4\text{-}AzH^2 + AzHHCl(C^6H^5)\text{-}C^{10}H^7 + 3\,O$$

$$= \text{(AzH}^2\text{, Cl, Az)} + 3\,H^2O.$$

La constitution des safranines a été établie peu à peu, à la suite d'un nombre assez considérable de recherches, dues à plusieurs savants. Il serait trop long d'analyser leurs travaux et de montrer comment on a été conduit à adopter la formule actuelle; mais nous donnons la liste de ces travaux, que l'on pourra consulter avec fruit [*Dingl. Journ.*, **202**, 307; *Bull. Soc. Chim.*, (2), **16**, 383. — A. Hofmann et A. Geyger, *D. chem. G.*, **5**, 472 et 526; *Bull. Soc. Chim.*, (2), **18**, 281. — *Reimann's Färbezeitung*, 1874, 146; *Bull. Soc. Chim.*, (2), **22**, 331. — A. Ott, *Monit. Scient.*, (3), **4**, 1068; *Bull. Soc. Chim.*, (2), **23**, 42. — O. Witt, *D. chem. G.*, **10**, 871; *Bull. Soc. Chim.*, (2), **29**, 180. — R. Bindschedler, *D. chem. G.*, **13**, 207 et **16**, 864; *Bull. Soc. Chim.*, (2), **40**, 332. — R. Nietzki, *D. chem. G.*, **16**, 464; *Bull. Soc. Chim.*, (2), **40**, 329. — W. Schweitzer, *D. chem. G.*, **19**, 150; *Bull. Soc. Chim.*, (2), **47**, 221. — M. Andersen, *D. chem. G.*, **19**, 2212; *Bull. Soc. Chim.*, (2), **47**, 466. — A. Bernthsen, *D. chem. G.*, **19**, 2690; *Bull. Soc. Chim.*, (2), **47**, 434. — O. Witt, *D. chem. G.*, **19**, 3121; *Bull. Soc. Chim.*, (2), **47**, 433. — R. Nietzki, *D. chem. G.*, **19**, 3017 et 3163; *Bull. Soc. Chim.*, (2), **47**, 467 et 433. — Ph. Barbier et L. Vignon, *Bull. Soc. Chim.*, (2), **48**, 338, 636 et 771. — A. Bernthsen, *D. chem. G.*, **26**, 179. — O. Witt, *D. chem. G.*, **20**, 1183 et **21**, 719; *Bull. Soc. Chim.*, (2), **48**, 575 et **50**, 581. — R. Nietzki et R. Otto, *D. chem. G.*, **21**, 1590; *Bull. Soc. Chim.*, (2), **50**, 420. — F. Kehrmann et J. Messinger, *J. prakt. Chem.*, (2), **43**, 268; *Bull. Soc. Chim.*, (3), **6**, 581; *D. chem. G.*, **24**, 2167; *Bull. Soc.*

Chim., (3), **8**, 390. — O. Fischer et E. Hepp, *Ann. Chem.*, **266**, 249; *Bull. Soc. Chim.*, (3), **10**, 377; *D. chem. G.*, **26**, 1655].

C'est M. Bernthsen qui a rattaché le premier les safranines à la phénazine, et c'est M. Witt qui a indiqué la formule qui est actuellement admise. Mais l'établissement de cette formule de constitution est dû principalement à MM. Barbier et Vignon.

Dans la préparation de la safranine par oxydation d'un mélange de p-phénylène-diamine et d'aniline, au moyen du dichromate de potassium, il se produit une matière colorante bleue assez fugace, qui, isolée, se transforme rapidement en safranine. Cette matière, qui doit posséder la composition de la safranine, a été soumise à la réduction aussitôt après sa formation; on a obtenu de cette manière l'*aminodiphéno-γ diazine*,

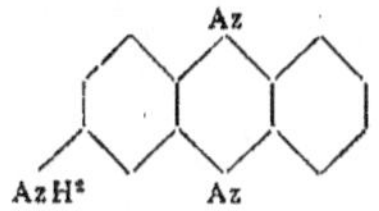

Az

AzH² Az

ce qui montre que cette substance, et par suite la safranine, est un dérivé de la *monaminodiphéno-γ diazine* et non pas de la *diaminodiphéno-γ diazine*,

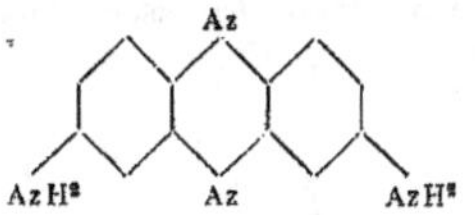

Az

AzH² Az AzH²

comme le voulait M. Bernthsen.

Arrivons maintenant à la description des procédés qui conduisent à l'obtention des safranines. Leur inspection permettra de se rendre compte que, tous, ils constituent des variantes du procédé théorique qui consiste à oxyder un mélange de p-phénylène-diamine, d'une monamine et d'un chlorhydrate de monamine.

1° La première safranine a été obtenue en oxydant au moyen de l'acide arsénique le *jaune d'aniline*, obtenu en faisant passer des vapeurs nitreuses dans l'aniline. On sait maintenant que ce jaune d'aniline était constitué par un mélange de p-aminoazobenzène et d'aniline (le p-aminoazobenzène est un produit d'oxydation de la p-phénylène-diamine) [*Ding. Journ.*, **202**, 307; *Bull. Soc. Chim.*, (2), **16**, 383. — A. Ott, *Monit. Scient.*, (3), **4**, 1068; *Bull. Soc. Chim.*, (2), **23**, 42].

On a légèrement modifié plus tard ce procédé, en chauffant ensemble un mélange d'un p-aminoazoïque et d'une amine primaire [O. Witt, *D. chem G.*, **10**, 853; *Bull. Soc. Chim.*, (2), **29**, 180].

A ce procédé se rattache celui de MM. Barbier et Vignon, qui consiste à chauffer ensemble un mélange d'un dérivé p-amidoazoïque, d'un hydrocarbure nitré, et de fer et d'acide chlorhydrique, destinés à réduire à l'état d'amine une partie du composé nitré, le reste fonctionnant comme oxydant [*Bull. Soc. Chim.*, (2), **48**, 771].

2° Oxydation au moyen du dichromate de potassium d'un mélange d'une p-diamine, d'une monamine et du chlorhydrate d'une autre monamine en solution aqueuse à l'ébullition [R. Nietzki, *D. chem. G.*, **16**, 464; *Bull. Soc. Chim.*, (2), **40**, 329].

3° Action d'une p-nitrosamine à l'état de chlorhydrate (chlorhydrate de nitrosodiméthylaniline) sur 2 molécules d'une amine primaire. La quantité d'oxygène fournie par le dérivé nitrosé n'étant pas suffisante pour déterminer la réaction, une partie de ce composé n'agit que comme oxydant en se réduisant elle-même à l'état de p-diamine [P. Barbier et L. Vignon, *Bull. Soc. Chim.*, (2), **48**, 636. — O. Witt, *D. chem. G.*, **21**, 719; *Bull. Soc. Chim.*, (2), **50**, 581].

4° Action de la quinone-dichlorimide sur les amines [R. Nietzki et R. Otto, *D. chem. G.*, **21**, 1538; *Bull. Soc. Chim.*, (2), **50**, 421].

5° Action d'une indamine sur un chlorhydrate d'amine en présence d'un oxydant [R. Bindschedler, *D. chem. G.*, **16**, 864; *Bull. Soc. Chim.*, (2), **40**, 332].

6° Action d'un oxydant sur le mélange d'un chlorhydrate d'amine et du leucodérivé d'une indamine (di-p-aminophénylamine substituée) [R. Nietzki, *D. chem. G.*, **16**, 464; *Bull. Soc. Chim.*, (2), **40**, 329].

Propriétés et réactions des safranines. — Les safranines sont en général de belles matières colorantes d'un rouge violacé, dont les sels et principalement les nitrates sont peu solubles dans l'eau et très bien cristallisés.

Ce sont des sels d'un ammonium quaternaire; en traitant le sulfate de ces bases par l'hydrate de baryum, on obtient les hydrates correspondants.

Si on emploie un excès d'hydrate de baryum, ou si on fait bouillir la matière colorante avec un excès d'un alcali caustique, on obtient, dans le cas des safranines proprement dites, des corps qu'on a appelés *safranols* et qui sont des diphénols; les 2 groupes AzH² ont été remplacés par 2 oxhydryles, avec départ de 2 molécules d'ammoniaque.

Les safranols sont insolubles dans l'eau et dans l'alcool, très solubles dans les alcalis et dans l'ammoniaque; les acides les précipitent de leur solution.

Il est beaucoup plus difficile de remplacer les groupements AzH² par des atomes d'hydrogène. On arrive, en traitant la safranine par l'acide nitreux et l'alcool, à enlever le groupement AzH² attaché au noyau aromatique qui fait partie de l'azonium, et on a obtenu ainsi dans le cas de la plus simple des safranines proprement dites, celle qu'on appelle la *phénosafranine*, le composé

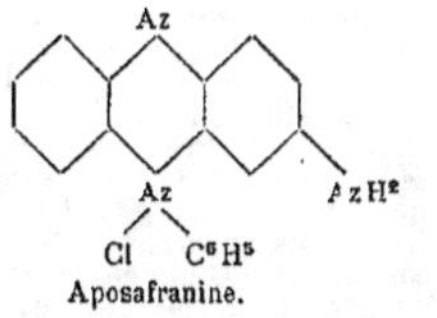

Az

Az AzH²

Cl C⁶H⁵

Aposafranine.

mais on n'a pu, dans aucun cas, enlever complètement le second groupement AzH² et obtenir la substance mère des safranines, le *chlorophénylate de diphéno-γ diazine* [R. Nietzki, *D. chem. G.*, **19**, 3017; *Bull. Soc. Chim.*, (2), **47**, 467. — R. Nietzki et R. Otto, *D. chem. G.*, **21**, 1590; *Bull. Soc Chim.*, (2), **50**, 420].

La réduction des safranines en solution aqueuse par le zinc et l'acide chlorhydrique a conduit à des bases oxygénées dont la constitution n'a pu encore être établie [R. Nietzki, *loc. cit.*].

Indulines. — Quand on chauffe un mélange d'aminoazobenzène et de chlorhydrate d'aniline, il se forme une matière colorante bleue qui jouit de propriétés différentes, suivant la durée et la température de la chauffe et les proportions employées. Dans tous les cas, la matière colorante est séparée par l'alcool en deux portions, l'une soluble et l'autre insoluble, la seconde augmentant aux dépens de la première avec la température à laquelle on a porté le mélange. Cette réaction fut découverte par Martius et P. Griess [*Mon. der Acad.*, 1865, 640; *Zeit. physiol. Chem.*, 1866, 132; *Bull. Soc. Chim.*, (2), 6, 159], qui donnèrent au produit ainsi obtenu le nom de *bleu d'azodiphényle*. M. Caro, qui perfectionna ensuite sa préparation, lui donna le nom d'*induline*.

A peu près à la même époque [*Bull. Soc. Chim.*, (2), 6, 502], M. Coupier obtint un produit analogue en chauffant à assez haute température un mélange de nitrobenzène, de chlorhydrate d'aniline et de limaille de fer. Plus tard, on s'aperçut que la limaille de fer n'est pas nécessaire à la réaction; on chauffe maintenant simplement le mélange de nitrobenzène et de chlorhydrate d'aniline. Il se déclare une réaction très vive et l'on obtient une matière colorante bleue, tout à fait analogue à l'induline de M. Caro, mais qui, sans doute à cause de la haute température à laquelle elle s'est formée, est plus riche en produits insolubles dans l'alcool.

L'induline Caro, aussi bien que l'induline Coupier, sont l'une et l'autre des produits assez complexes, mais il semble que ce soient des mélanges des mêmes constituants dans des proportions différentes. Ce fait nous permet de tirer une déduction : c'est que les indulines doivent être des produits d'oxydation de l'aniline pure, puisque c'est la seule manière dont on puisse se rendre compte de leur production dans le procédé Coupier.

On obtient en effet les indulines en chauffant le chlorhydrate d'aniline avec un grand nombre de ses produits d'oxydation, tels que l'azobenzène ou l'azoxybenzène [G. Staedeler, *Viertel. d. natur. Zürich*, 9, 1; *Bull. Soc. Chim.*, (2), 5, 218].

De plus, les récentes recherches qui ont été faites sur ce sujet ont permis de ranger dans le groupe des indulines les produits d'oxydation directe de l'aniline pure connus depuis longtemps, tels que la *mauvéine* de Perkins, la *violaniline* de MM. Ch. Girard, de Laire et Chapoteaut.

Quant au *noir d'aniline*, qui est également un produit d'oxydation directe de cette base, il est probable qu'il appartient également au groupe des indulines; mais sa constitution et même son poids moléculaire sont encore complètement inconnus.

Le mécanisme de la formation des indulines dans les deux réactions où elles prennent naissance est fort compliqué; aussi est-on resté près de vingt ans à manier les indulines sans connaître leur constitution. On n'y est arrivé qu'en reproduisant par des réactions à marche connue quelques-unes d'entre elles et en les identifiant à celles qui avaient été extraites des produits industriels. Nous suivrons cette marche dans notre exposé. Nous commencerons par indiquer les méthodes générales qui peuvent conduire à l'obtention des indulines, mettre en saillie les rapports que ces bases ont avec celles que nous avons déjà décrites et en déduire leur constitution. Nous nous servirons ensuite des notions que nous aurons ainsi acquises pour expliquer les réactions successives qui conduisent à la préparation industrielle des safranines.

Nous avons dit plus haut, à propos des eurhodines, que ces bases sont les produits d'oxydation des polyamines avec ou sans départ d'ammoniaque. On a pu remarquer que, dans ces oxydations, les groupes AzH^2 qui font la liaison des deux noyaux perdent leurs 2 atomes d'hydrogène. Il est nécessaire que ces groupements AzH^2 ne soient pas substitués. On peut donc ajouter aux conditions déjà assez nombreuses de la formation des eurhodines que les polyamines employées doivent être primaires dans les groupements AzH^2 qui servent à former la chaîne.

Il était intéressant de se demander ce qui arriverait dans l'oxydation des diamines substituées. Quand elles sont monosubstituées, il se fait des indulines. Ainsi l'oxydation de l'o-aminodiphénylamine au moyen du chlorure ferrique produit une *induline*. Ce mode de formation d'une induline nous sera précieux pour établir leur formule générale. La première phase de la réaction est la formation d'une indamine, comme si la diamine n'était pas substituée :

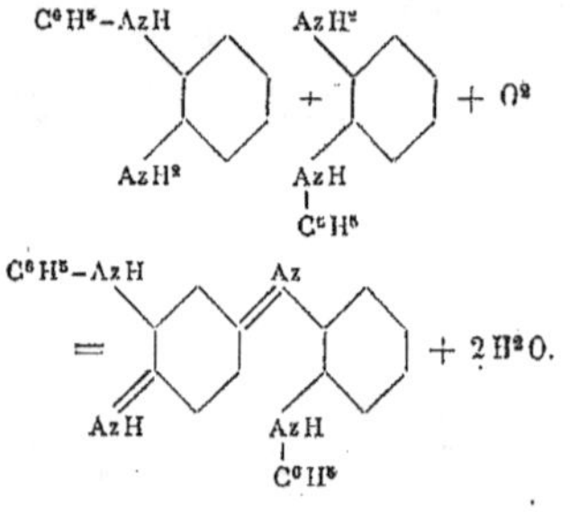

C^6H^5-AzH ... AzH^2 + AzH^2 ... $AzH-C^6H^5$ + O^2

$= C^6H^5-AzH$ ... Az ... AzH ... $AzH-C^6H^5$ + $2H^2O$.

L'oxydation transforme ensuite l'*indamine* en *induline* :

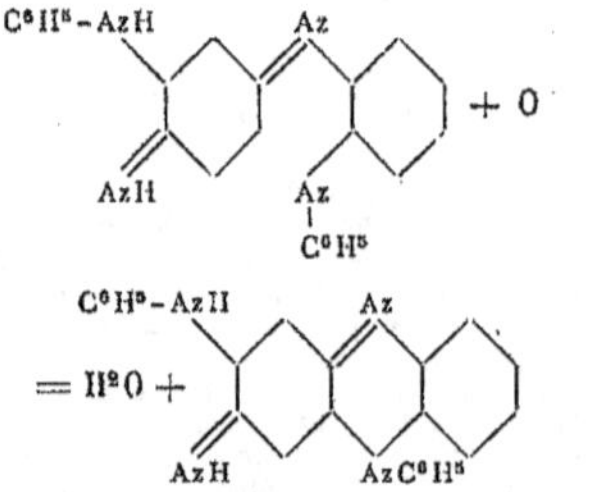

C^6H^5-AzH ... Az ... AzH ... $Az-C^6H^5$ + O

$= H^2O + C^6H^5-AzH$ ... Az ... AzH ... AzC^6H^5

Ce procédé synthétique nous conduit donc à donner à cette induline une formule dissymétrique, ne différant de celle de l'eurhodine correspondante que par la position d'un atome d'hydrogène.

Le mécanisme de la formation de cette induline est absolument le même que celui qui conduit à l'eurhodine correspondante; dans les deux cas, il y a formation préalable d'une *indamine* dérivée de la p-quinone-diimide,

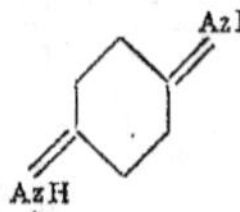

AzH ... AzH

Au moment de l'oxydation de cette indamine, on peut admettre que l'eurhodine a d'abord une constitution dissymétrique,

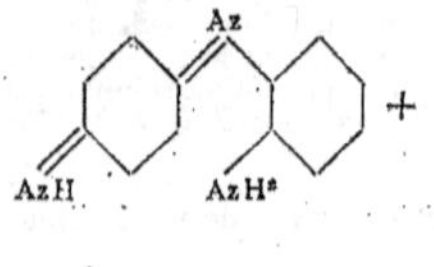

Az ... AzH ... AzH^2 +

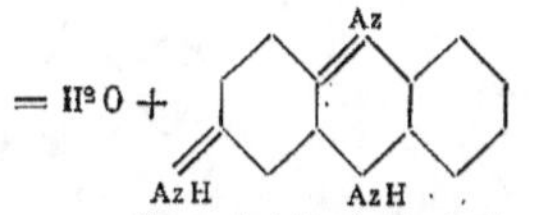

$= H^2O +$ Az — AzH — AzH

Forme instable de l'eurhodine.

qui en fait un dérivé de la p-quinonimide; mais, 1 atome d'hydrogène du groupement AzH diazinique subissant une transposition, la formule devenant symétrique, l'eurhodine se trouve être un dérivé de l'o-quinone :

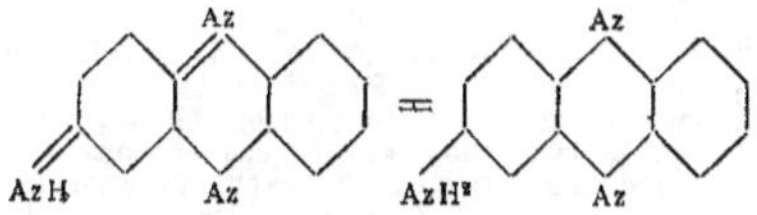

Az — AzH — Az $=$ Az — AzH^2 — Az

Dans le cas où, dans le groupement AzH diazinique, l'hydrogène est substitué, la transposition moléculaire n'est plus possible et, au lieu d'avoir une *eurhodine*, on a une induline.

On sait que la nitrosodiméthylamine réagit sur les m-diamines en fournissant des diméthylcurhodines; de même ce réactif fournira avec les m-diamines disubstituées des indulines. C'est ainsi que la nitrosodiméthylaniline se condense avec la diphényl-m-phénylène-diamine en fournissant une induline à laquelle on a donné le nom d'*indazine* :

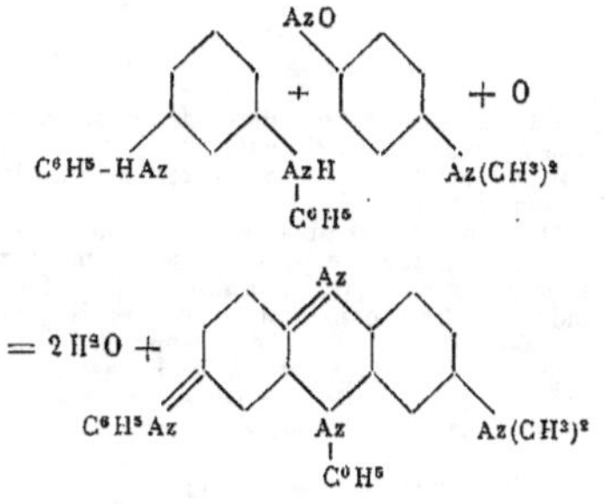

C^6H^5-HAz — AzH — C^6H^5 $+$ AzO — $Az(CH^3)^2$ $+ O$

$= 2H^2O +$ Az — C^6H^5Az — Az — C^6H^5 — $Az(CH^3)^2$

Un des principaux procédés de préparation des eurhodines consiste à faire réagir les oxy-o-quinonimides sur les o-diamines :

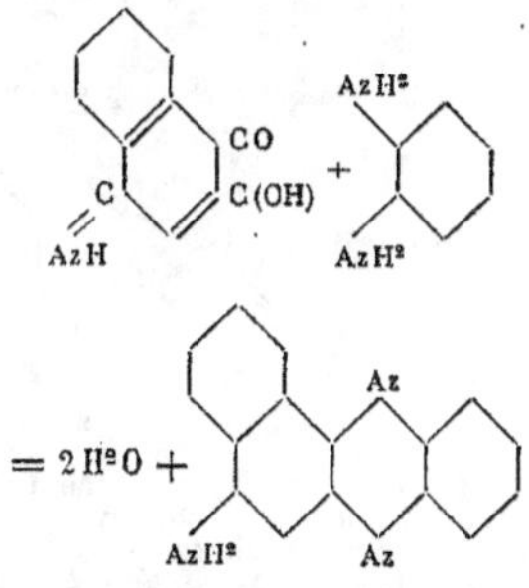

C — AzH — CO — C(OH) $+$ AzH^2 — AzH^2

$= 2H^2O +$ Az — AzH^2 — Az

Ici la transposition moléculaire peut se faire; elle ne le peut plus si l'on emploie une diamine monosubstituée; on aura alors une *induline* :

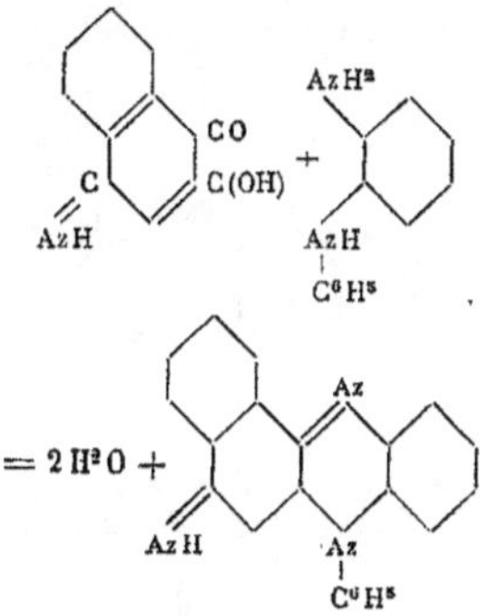

C — AzH — CO — C(OH) $+$ AzH^2 — AzH — C^6H^5

$= 2H^2O +$ Az — AzH — Az — C^6H^5

Ces trois méthodes de préparation des indulines peuvent être résumées de la manière suivante :

On obtient une induline dans les mêmes conditions où on obtiendrait une eurhodine, si l'on a soin de modifier par substitution l'un des groupes AzH^2 qui doivent fermer la chaîne. Il est à peine nécessaire d'ajouter qu'on ne doit pas remplacer les 2 atomes d'hydrogène, sous peine de rendre toute condensation impossible.

Nous venons d'indiquer quels rapports étroits d'isomérie relient les indulines aux eurhodines; nous allons maintenant faire voir comment elles peuvent être rattachées aux safranines.

La phénosafranine, soumise à l'ébullition avec l'aniline, se transforme en une matière colorante bleue qui est peut-être une induline, mais dont la constitution n'est pas encore connue. Mais on sait que cette phénosafranine, traitée par l'acide nitreux, se transforme en une base azonium contenant un AzH^2 de moins, que MM. O. Fischer et E. Hepp ont nommée *aposafranine*. Cette base a pour constitution

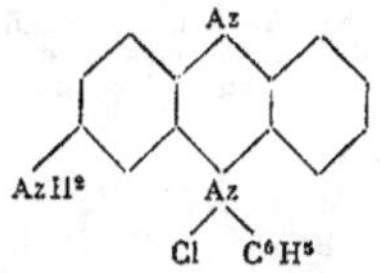

Az — AzH^2 — Az — Cl — C^6H^5

Si l'on fait bouillir cette base pendant longtemps avec de l'aniline, elle se transforme en une induline qui a pu être identifiée avec l'une des indulines de Caro. La réaction ne peut s'exprimer que par le schéma :

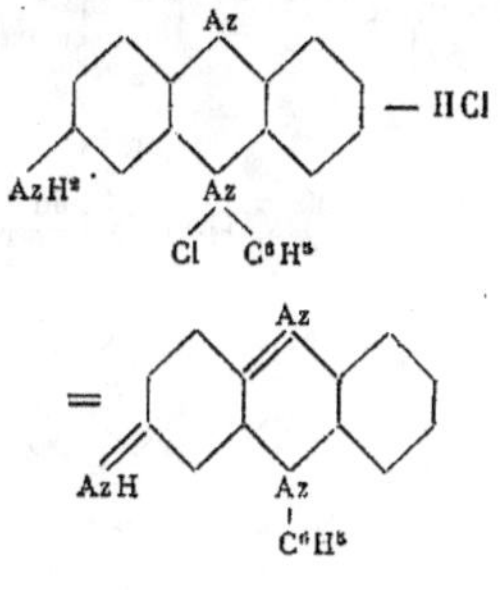

Az — AzH^2 — Az — Cl — C^6H^5 — HCl

$=$ Az — AzH — Az — C^6H^5

$C^6H^5-AzH^2$ +

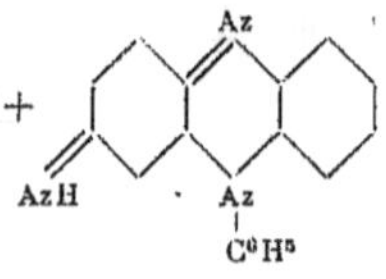

= AzH^3 +

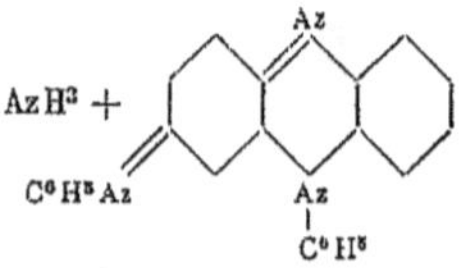

[O. Fischer et E. Hepp, *D. chem. G.*, **26**, 1655].

Les indulines sont donc des produits de substitution du corps

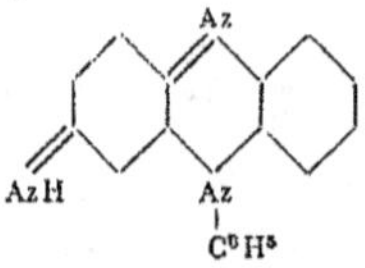

qui est l'induline la plus simple. Il s'agit maintenant de s'expliquer comment de semblables corps peuvent prendre naissance dans l'oxydation de l'aniline ou dans la fusion de l'aminoazobenzène avec le chlorhydrate d'aniline.

Le procédé Caro est un procédé d'oxydation brutale. Or on sait que l'oxydation transforme l'aniline en quinone, que l'aniline en excès transforme elle-même en *quinone-dianilide*,

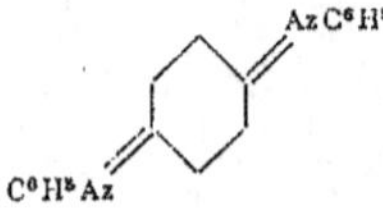

L'oxydation d'un mélange d'aniline et de quinone-dianilide donne naissance à une matière colorante d'un bleu violacé qui porte le nom d'*azophénine* et qui constitue la *dianilido-quinone-dianilide* :

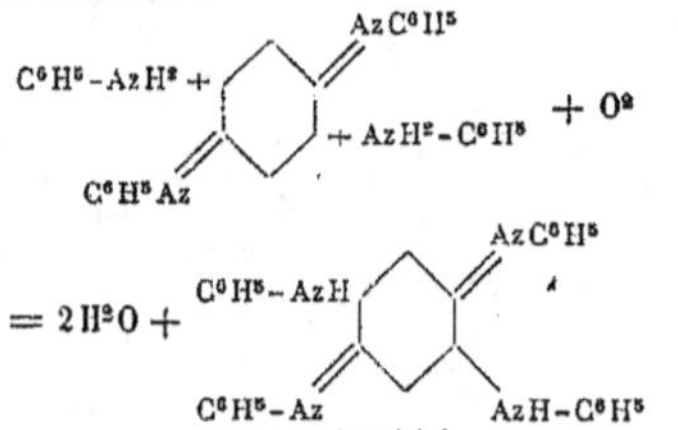

Azophénine.

Quand on chauffe cette azophénine au-dessus de son point de fusion, elle se transforme en une induline :

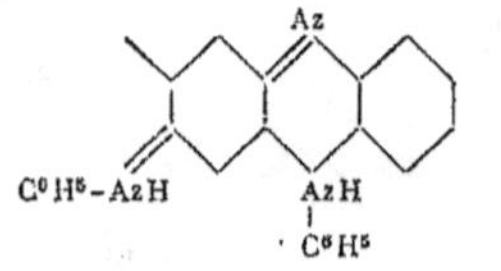

= $C^6H^5-AzH^2$ +

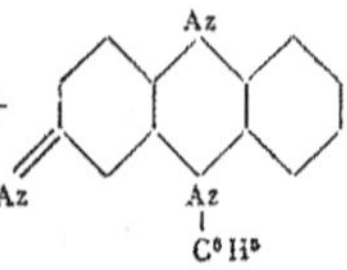

Si on la chauffe avec un excès d'aniline, on obtient des dérivés polyanilidés de cette induline.

Comme on le voit, la formation préalable d'azophénine ne peut fournir que des indulines d'une condensation moléculaire déjà élevée, c'est-à-dire des indulines insolubles dans l'alcool.

Dans le procédé à l'aminoazobenzène, il se fait aussi de l'azophénine, ou un produit intermédiaire, qui se transforme ensuite en indulines peu solubles. On a isolé l'azophénine des produits de la réaction et on l'a ensuite transformée en indulines, en la chauffant soit seule, soit avec de l'aniline. On s'explique d'ailleurs aisément la formation de cette azophénine aux dépens de l'aminoazobenzène :

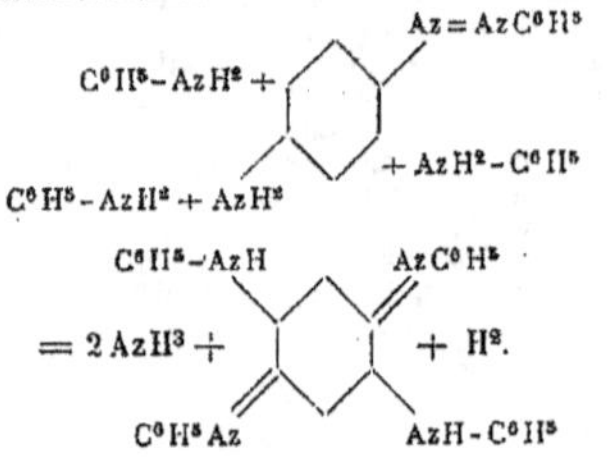

Il se fait d'abord de la dianilidoquinone-diimide, que l'excès d'aniline transforme en dianilidoquinone-diphénylimide avec départ de 2 molécules d'ammoniaque.

Mais nous avons dit que, quand on chauffe le mélange de deux corps à basse température et avec un grand excès d'aniline, il se fait des indulines beaucoup moins condensées, parmi lesquelles l'induline la plus simple. Elles proviennent sans doute de la condensation d'un produit intermédiaire de la formation de l'azophénine, la *dianilidoquinone-monophénylimide*

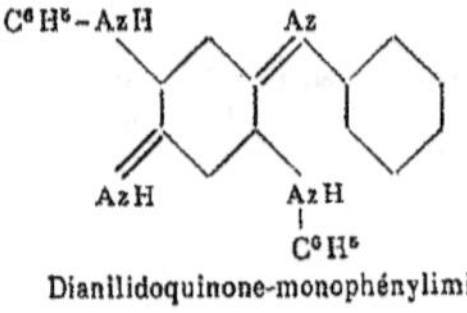

Dianilidoquinone-monophénylimide.

= $C^6H^5-AzH^2$ +

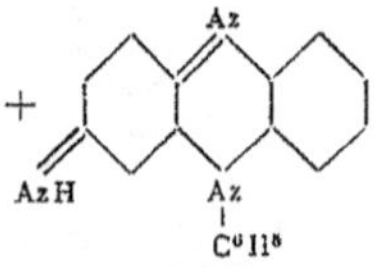

Induline.

On a trouvé dans le produit de l'action de l'aminoazobenzène sur le chlorhydrate d'aniline et l'aniline d'autres indulines d'un poids moléculaire assez élevé, plus azotées et aussi plus solubles que celles dont nous venons d'exposer la formation.

La plus simple d'entre elles a pour constitution

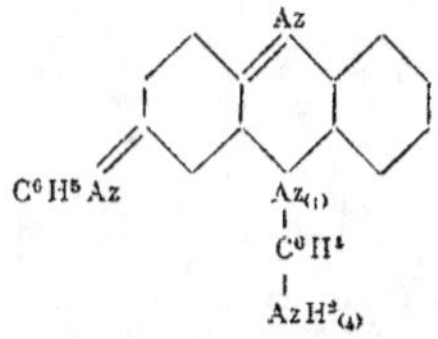

Az

C^6H^5Az — $Az_{(1)}$ — C^6H^4 — $AzH^2_{(4)}$

et porte le nom d'*aminophénylinduline*. Elle prend naissance, en même temps que l'induline la plus simple, quand on opère la fusion à une température assez basse et en présence d'un grand excès d'aniline. On a observé dans cette opération la formation d'une quantité notable de p-phénylène-diamine provenant de la réduction d'une partie de l'aminoazobenzène. C'est à l'action de cette p-phénylène-diamine qu'on doit attribuer la formation de ces indulines plus azotées et plus solubles.

En effet, si, dans la réaction qui donne naissance à l'azophénine, nous faisons réagir sur l'aminoazobenzène 2 molécules d'aniline et 1 molécule de p-phénylène-diamine, nous aurons le schéma

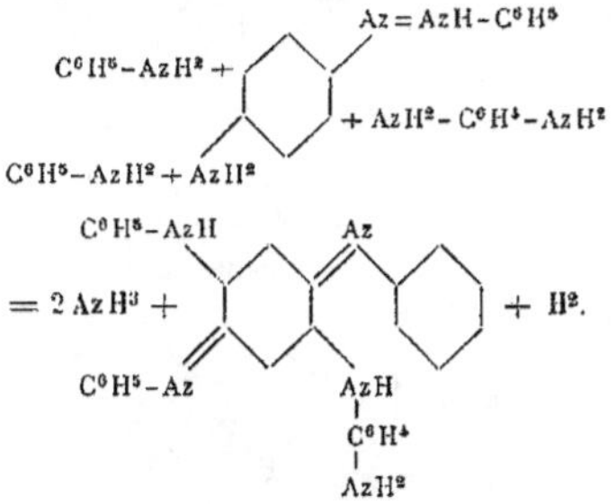

$C^6H^5-AzH^2+$; $Az=AzH-C^6H^5$; $+AzH^2-C^6H^4-AzH^2$

$C^6H^5-AzH^2+AzH^2$

C^6H^5-AzH ; Az

$=2AzH^3+$ ... $+H^2$.

C^6H^5-Az ; AzH — C^6H^4 — AzH^2

La condensation de cette azophénine donne naissance à l'induline en question :

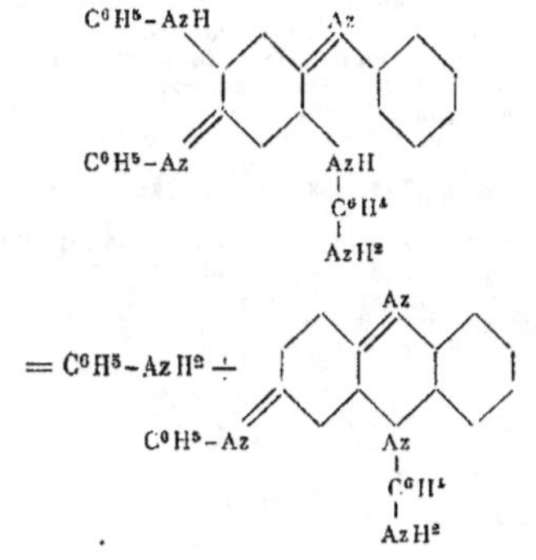

C^6H^5-AzH ; Az

C^6H^5-Az ; AzH — C^6H^4 — AzH^2

Az

$=C^6H^5-AzH^2+$

C^6H^5-Az ; Az — C^6H^4 — AzH^2

Si cette explication du phénomène est bien exacte, il est probable que le traitement de la phénosafranine par l'aniline donnera naissance à cette base, de même que l'*aposafranine* a fourni dans les mêmes conditions la *phénylinduline*.

L'action ultérieure de nouvelles molécules d'aniline sur les indulines fournit des dérivés anilidés, en même temps que 2 atomes d'hydrogène sont mis en liberté. C'est cet hydrogène qui est employé à réduire l'aminoazobenzène à l'état de p-phénylène-diamine.

Cette dernière base, quand elle entre dans la réaction, introduit dans la molécule des restes $C^6H^4AzH^2$ qui augmentent la solubilité de l'induline formée. En fondant les indulines insolubles avec la p-phénylène-diamine, on a sans doute pu remplacer un certain nombre de groupes

$$>AzC^6H^5 \quad \text{par} \quad >Az_{(1)}-C^6H^4-AzH^2_{(4)},$$

car on a réussi à solubiliser les indulines employées [K. OEhler, brevet allemand 53,357, juillet 1889; *D. chem. G.*, **23**, *Ref.*, 783].

Mauvéines. — Il nous reste à montrer comment les mauvéines de Perkin ont pu être rattachées au groupe des indulines.

Dans l'oxydation de l'aniline pure au moyen du chlorure de chaux ou du dichromate de potassium en solution neutre, on obtient une matière colorante violette, qui, comme les indulines, est un mélange de plusieurs substances. M. Perkin réussit à extraire l'une d'entre elles à l'état de pureté, et lui donna la formule $C^{24}H^{18}Az^4$ avec le nom de *pseudomauvéine*.

Quand on traite la nitrosoaniline par le chlorhydrate d'aniline à l'ébullition en solution neutre, il se fait de la phénosafranine et une induline violette de la formule $C^{24}H^{18}Az^4$, qui prend naissance suivant le schéma

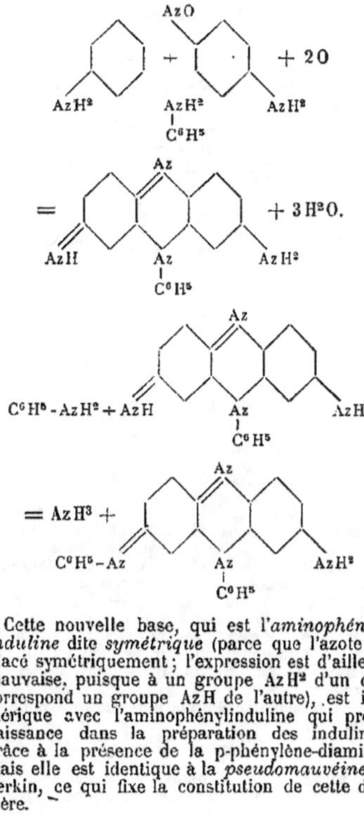

AzO

$+$ ... $+2O$

AzH^2 ; AzH^2 — C^6H^5 ; AzH^2

Az

$=$ ... $+3H^2O$.

AzH ; Az — C^6H^5 ; AzH^2

Az

$C^6H^5-AzH^2+AzH$; Az — C^6H^5 ; AzH^2

Az

$=AzH^3+$

C^6H^5-Az ; Az — C^6H^5 ; AzH^2

Cette nouvelle base, qui est l'*aminophénylinduline* dite *symétrique* (parce que l'azote est placé symétriquement ; l'expression est d'ailleurs mauvaise, puisque à un groupe AzH^2 d'un côté correspond un groupe AzH de l'autre), est isomérique avec l'aminophénylinduline qui prend naissance dans la préparation des indulines, grâce à la présence de la p-phénylène-diamine ; mais elle est identique à la *pseudomauvéine* de Perkin, ce qui fixe la constitution de cette dernière.

Jusqu'à cette synthèse, les mauvéines, à cause de leur couleur et de leurs propriétés tinctoriales, avaient été, sur la foi de W.-A. Hofmann et A. Geyger, considérées comme des safranines, et en particulier la pseudomauvéine comme une *phénylphénosafranine* [*D. chem. G.*, 5, 472 et 526; *Bull. Soc. Chim.*, (2), **18**, 281].

Cette interprétation était erronée, car les mauvéines ne possèdent pas la propriété caractéristique des safranines, qui est d'être des sels d'ammonium quaternaires. Les bases libres des safranines sont des hydrates d'ammonium quaternaires, tandis que les mauvéines libres sont dénuées d'oxygène.

On a tout récemment trouvé deux nouvelles synthèses de la pseudomauvéine, à laquelle MM. Fischer et Hepp donnent le nom de *phénomauvéine* [O. Fischer et E. Hepp, *D. chem. G.*, **21**, 2617; **26**, 1194; *Ann. Chem.*, **272**, 306; *Bull. Soc. Chim.*, (3), **1**, 659; **10**, 749 et 1013].

On obtient la *phénomauvéine* dans la réaction de la p-nitrosodiphénylamine sur l'aniline :

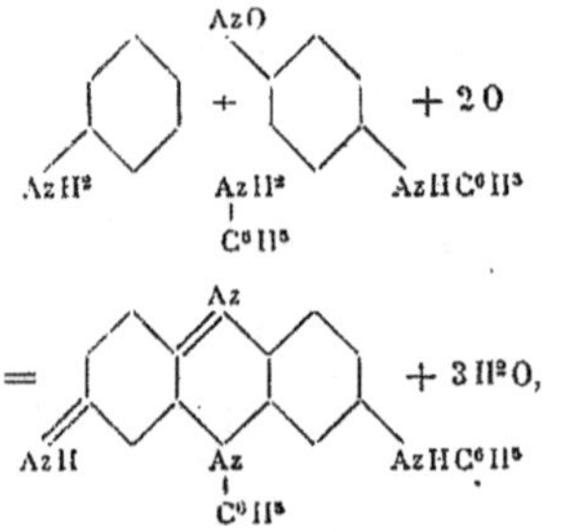

AzO; AzH^2 + AzH^2 (C^6H^5), $AzHC^6H^5$ + 2O

= AzH, Az (C^6H^5), $AzHC^6H^5$ + $3H^2O$,

et dans l'action de la nitrosoaniline sur la diphényl-m-phénylène-diamine :

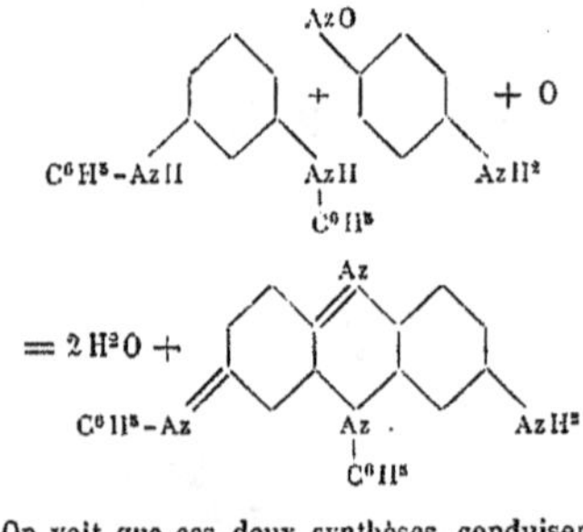

AzO; C^6H^5-AzH + AzH (C^6H^5), AzH^2 + O

= $2H^2O$ + C^6H^5-Az, Az, Az (C^6H^5), AzH^2

On voit que ces deux synthèses conduisent à deux formules isomériques et non identiques, mais à un seul produit, qui est la pseudomauvéine de Perkin. Il y a là un fait de tautomérie analogue à ceux que l'on rencontre dans la série de la quinone ou des polyphénols. D'ailleurs il est possible que l'une des deux formes seulement soit stable et que la seconde se transforme dans la modification stable, au moment où elle prend naissance, par transposition d'un atome d'hydrogène.

La pseudomauvéine la plus simple a pour composition

$$C^{24}H^{18}Az^4 = (C^6H^5Az)^4 - H^2.$$

A mesure que la molécule se complique, les atomes d'hydrogène sont remplacés par des groupements anilidés, $-AzH-C^6H^5$. Cette substitution se marque dans la formule brute par l'addition de AzC^6H^5. Les mauvéines plus compliquées ont donc pour formule générale $(C^6H^5Az)^n - H^2$ et on voit que leur formule se rapproche d'autant plus de C^6H^5Az que leur molécule se complique.

VIOLANILINE. — Cette base, découverte par MM. Ch. Girard, de Laire et Chapoteaut [*C. R.*, 63, 964] dans les produits accessoires de la fabrication de la fuchsine, a pour formule brute C^6H^5Az. Elle provient évidemment de l'oxydation individuelle de l'aniline. Ce composé est sans doute un mélange de mauvéines assez compliquées, ce qui explique la formule qu'on lui a donnée. Quant au *noir d'aniline*, qui possède la même formule brute $(C^6H^5Az)^n$, nous avons vu combien ses rapports sont étroits avec le groupe des indulines. Il constitue probablement un dérivé polyanilidé de l'induline à la p-phénylène-diamine, qui, comme nous l'avons vu, est isomérique avec la mauvéine.

FLUORINDINES. — La *fluorindine* a été obtenue par M. Witt en chauffant pendant longtemps l'azophénine à 360°; il se fait en même temps de l'aniline et une matière violette qui n'a pas été déterminée. La réaction s'explique par le schéma

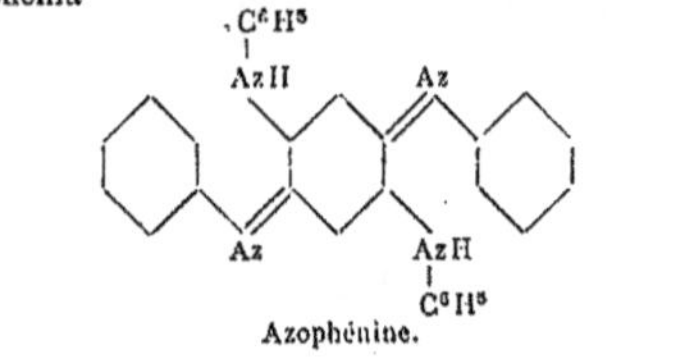

C^6H^5-AzH, Az, Az, AzH-C^6H^5

Azophénine.

= $2H^2$ + C^6H^5-Az, Az, Az, Az-C^6H^5

Fluorindine.

Cette substance prend naturellement naissance dans la préparation des indulines par le procédé Caro, quand on fond à haute température le produit de l'action de l'aminoazobenzène sur le chlorhydrate d'aniline.

La fluorindine est une matière colorante bleue à magnifique fluorescence rouge [O. Witt, *D. chem. G.*, **26**, 1538; *Bull. Soc. Chim.*, (3), **4**, 588].

M. Caro a obtenu un composé se rattachant à la fluorindine et possédant des propriétés analogues, en faisant réagir l'o-phénylène-diamine sur son produit d'oxydation, la *diaminodiphénoγdiazine* (diaminophénazine) :

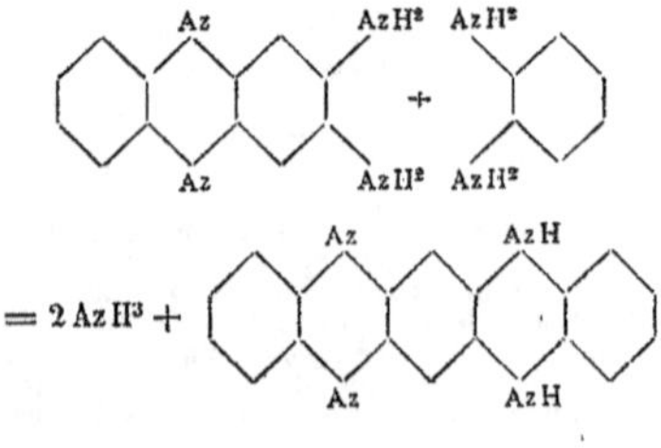

Az, Az, AzH^2, AzH^2 + AzH^2, AzH^2

= $2AzH^3$ + Az, Az, AzH, AzH

MM. O. Fischer et E. Hepp admettent qu'il se fait la transposition moléculaire

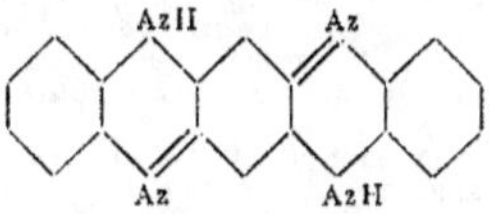

[D. chem. 23, 2789; Bull. Soc. Chim., (3), 5, 344].

La conséquence de cette hypothèse est que la fluorindine serait le dérivé diphénylé de ce dernier corps, auquel ils donnent le nom d'*homofluorindine*.

On a obtenu également un dérivé oxygéné de ce même noyau en condensant 2 molécules d'o-phénylène-diamine avec une quinone, et l'on a obtenu la *quinone-homofluorindine*.

Le procédé opératoire employé a été de réduire par le sulfure d'ammonium en solution alcoolique la *di-o-nitroanilidoquinone* :

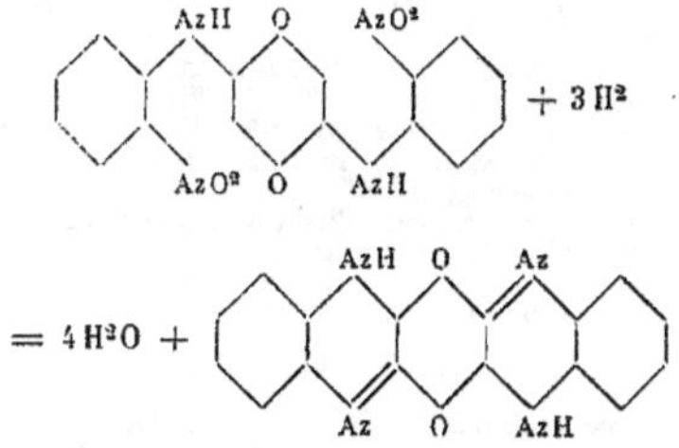

$$+ 3\,H^2$$

$$= 4\,H^2O +$$

[I. Leicester, *D. chem. G.*, **23**, 2793; *Bull. Soc. Chim.*, (2), **5**, 44].

On peut rapprocher de ces fluorindines les produits obtenus par MM. Nietzki, Kehrmann et Schmidt en faisant agir les o-diamines sur l'acide rhodizonique.

La réaction peut être effectuée en plusieurs phases. Les deux corps réagiront molécule à molécule en donnant :

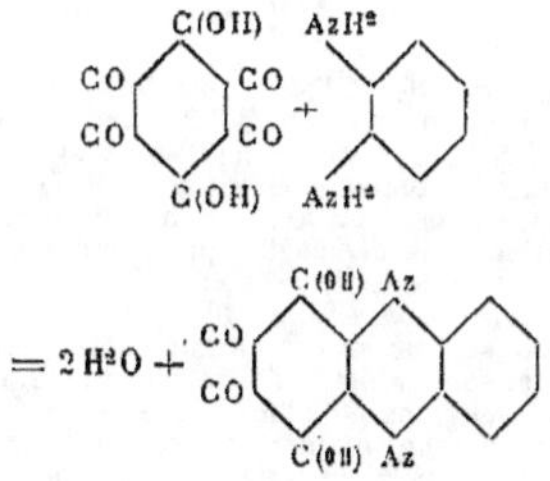

$$= 2\,H^2O +$$

Ce composé, oxydé par l'acide nitrique, est transformé dans le composé diquinonique

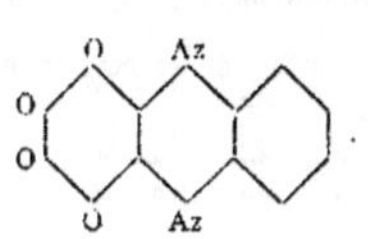

qui réagit ensuite sur la phénylène-diamine, suivant le schéma

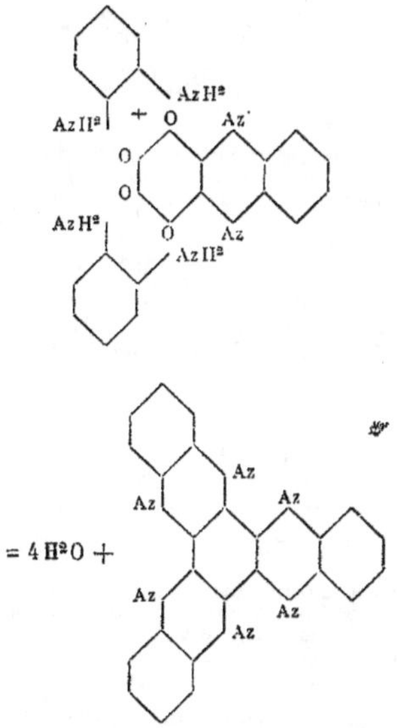

$$= 4\,H^2O +$$

[R. Nietzki et F. Kehrmann, *D. chem. G.*, **20**, 322; *Bull. Soc. Chim.*, (2), **48**, 152. — R. Nietzki et A. Schmidt, *D. chem. G.*, **21**, 1227; *Bull. Soc. Chim.*, (2), **50**, 477].

DÉRIVÉS DE LA DIPHÉNO-γ DIAZINE.

Nous décrirons ensemble tous les dérivés d'un même squelette hydrocarboné, d'abord tous les dérivés de la diphéno-γ diazine, ensuite ceux des méthyldiphéno-γ diazines, puis des diméthyl-, diphéno-γ diazines, etc.; chacune de ces substances sera suivie de ses produits de substitution.

Comme ceux-ci seront dans certains cas très nombreux, il est nécessaire de faire connaître l'ordre dans lequel ils se suivront.

Nous décrirons d'abord les dérivés monosubstitués, eurhodine, eurhodol, ensuite l'aposafranine dérivée de l'eurhodine, puis la safranine dérivée de cette aposafranine par substitution dans le noyau C^6H^5 qui est lié à l'azote diazinique. Après cela viendra l'induline isomérique avec l'eurhodine, et ses produits de substitution dans lesquels le substituant est lié à l'azote.

Nous prendrons ensuite les dérivés disubstitués, puis trisubstitués, en les faisant suivre chaque fois des safranines et des indulines correspondantes, s'il y a lieu.

Cette méthode de description, outre qu'elle est très logique, a le grand avantage de faire voir le parallélisme continuel qui existe dans les préparations des eurhodines, safranines et indulines correspondantes.

Pour la nomenclature des dérivés immédiats de la diphéno-γ diazine, il n'y a pas de règles spéciales à poser; il suffit d'indiquer de quelle manière les sommets seront numérotés.

Ils seront numérotés dans chaque noyau comme si ce noyau était seul ; par suite :

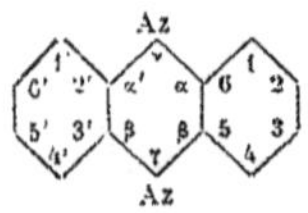

Les atomes de carbone appartenant à la fois à deux noyaux sont à la fois désignés par deux lettres; mais on ne s'en sert jamais, puisqu'ils ne sont jamais substitués. En faisant précéder le nom des noyaux composés des lettres indiquant les sommets communs, on distingue les isoméries des noyaux composés.

L'*aposafranine* est le *chlorophénylate de la 3amino-diphéno-γ diazine*, ou le *chlorure de phényl-3 amino-diphéno-γ diazinammonium*,

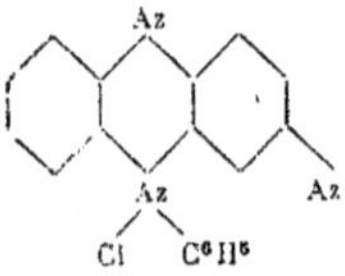

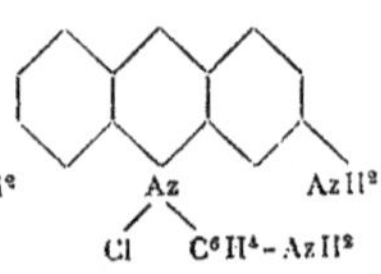

la *phénosafranine*, le *chlorure de p-amino-phényl-3 amino-diphéno-γ diazinammonium* ; mais, dans le fait, toutes les safranines sont des produits de substitution de la phénosafranine; pour les nommer, nous les considérerons comme tels; il sera entendu, une fois pour toutes, que le mot *phénosafranine* remplacera *chlorure d'amino-phényl-3 amino-diphéno-γ diazinammonium*.

De même pour les indulines; la plus simple d'entre elles

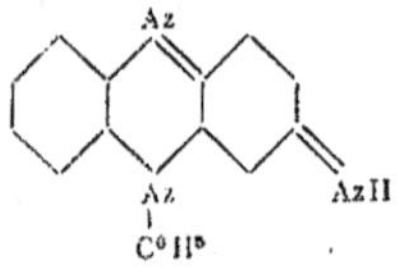

est la γ *phényl-3 amino-diphéno-γ diazine*. Au lieu de dire pour un dérivé phénylé

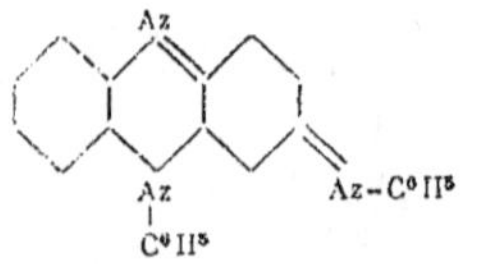

γ *phényl-3 phénylamino-diphéno-γ diazine*, nous dirons simplement *phénylinduline*.

DIPHÉNO-γ DIAZINE

(*azophénylène*, *phénazine*, *diphénazine*, *di-phéno-piazine*), $C^{12}H^8Az^2$. — Cette base, découverte par M. Rasenack, a été décrite dans le Suppl. 1, à l'article AZOPHÉNYLÈNE. A ses divers modes de formation nous ajouterons les suivants :

1° En traitant par la poudre de zinc en excès le produit de l'oxydation de l'o-phénylène-diamine, et d'une manière générale les diverses eurhodines :

2° En chauffant avec de la poudre de zinc l'*induline* ou l'*indulone*; il se fait en même temps du benzène [O. Fischer et E. Hepp, *Ann. Chem.*, **266**, 249; *Bull. Soc. Chim.*, (3), **10**, 377];

3° En oxydant l'o-aminodiphénylamine au moyen de la litharge [O. Fischer et O. Heiler, *D. chem. G.*, **26**, 378; *Bull. Soc. Chim.*, (3), **10**, 545];

4° En chauffant pendant 30 heures à 200-210° un mélange à parties égales de pyrocatéchine et d'o-phénylène-diamine [C. Reis, *D. chem. G.*, **19**, 2206; *Bull. Soc. Chim.*, (2), **47**, 637].

Préparation. — On se procure le plus facilement la diphéno-γ diazine en pyrogénant l'aniline. On traite la masse poisseuse brute par de l'acide chlorhydrique moyennement concentré et chaud. On précipite ensuite la solution aqueuse par l'ammoniaque; on dissout la base dans l'éther et on agite à plusieurs reprises la solution éthérée avec de l'acide chlorhydrique étendu, qui enlève les corps fortement basiques et laisse la phénazine. On distille l'éther, on épuise le résidu par l'acide chlorhydrique étendu et chaud; on laisse refroidir, on filtre, on précipite par l'ammoniaque et on soumet le produit obtenu à la sublimation qui fournit la phénazine pure [A. Bernthsen, *D. chem. G.*, **19**, 3256; *Bull. Soc. Chim.*, (2), **47**, 360].

La diphéno-γ diazine fournit avec l'acide picrique un *picrate* $C^{12}H^8Az^2 . C^6H^2(OH)(AzO^2)^3$, cristallisé en longues aiguilles d'un jaune clair, fusibles à 180-190° [C. Reis, *loc. cit.*].

La diphéno-γ diazine, chauffée à 100° en tube scellé avec son poids d'iodure de méthyle en solution méthylique, fournit un *iodométhylate* qui, au moment de sa formation, se combine avec l'iode pour fournir un *periodure*

$$C^{12}H^8Az^2 . CH^3I . I.$$

Ce corps se dissout aisément dans l'alcool, auquel il communique une fluorescence jaune; l'ébullition le détruit en régénérant la phénazine.

L'iodure d'éthyle se comporte d'une manière analogue [O. Fischer et E. Franck, *D. chem. G.*, **26**, 182].

3 AMINODIPHÉNO-γ DIAZINE (*aminophénazine*). — Cette base a été obtenue par MM. P. Barbier et Léo Vignon, en réduisant par le zinc et l'acide chlorhydrique le composé fugace bleu qui prend naissance dans la préparation de la phénosafranine. La réaction fournit la leucobase

$$C^6H^4 \lt \begin{matrix} AzH \\ AzH \end{matrix} \gt C^6H^3 - AzH^2.$$

Par oxydation à l'air, son chlorhydrate se transforme en chlorhydrate de 3 aminodiphéno-γ diazine [*Bull. Soc. Chim.*, (2), **48**, 340].

Elle a été obtenue depuis par MM. O. Fischer et Hepp, en distillant avec de la poudre de zinc la diaminodiphéno-γ diazine provenant de l'oxydation de l'o-phénylène-diamine [*D. chem. G.*, **22**, 355; *Bull. Soc. Chim.*, (3), **1**, 814].

Elle se sublime en aiguilles rouges magnifiques, semblables à l'alizarine et fondant à 265°.

Ses solutions étendues sont douées d'une fluorescence rouge-orangé; ses sels neutres donnent une solution d'un rouge violacé ressemblant à celle de la phénosafranine.

Le *chloroplatinate* est anhydre.

L'acide nitreux et l'alcool transforment aisément l'aminophénazine en phénazine (Fischer et Hepp).

La leucobase est extrêmement altérable; en l'oxydant à basse température en présence d'un sel d'aniline, on a pu observer la formation du composé bleu qui lui a donné naissance et sa transformation en safranine (Barbier et Vignon).

Chlorure de phényl-3 aminodiphéno-γ diazinammonium (*aposafranine*). — Cette substance s'obtient aisément en diazotant la phénosafranine au moyen de l'acide azoteux et de l'alcool. Ses sels se dissolvent dans l'eau avec une belle couleur rouge; leur solution alcoolique est dépourvue de fluorescence [R. Nietzki, *D. chem. G.*, **19**, 3017; *Bull. Soc. Chim.*, (2), **47**, 467. — R. Nietzki et R. Otto, *D. chem. G.*, **21**, 1590; *Bull. Soc. Chim.*, (2), **50**, 420].

Si l'on chauffe le *chlorhydrate* au bain-marie avec 2 fois et demie son poids d'aniline, on obtient la *phénylindulone* [O. Fischer et E. Hepp, *D. chem. G.*, **26**, 1655].

Chlorure de p-aminophényl-3 aminodiphéno-γ diazinammonium (*phénosafranine*). — Voyez Suppl. **1**, articles Safranines et Safranine (industrie).

Le chlorhydrate de p-nitrosodiméthylaniline réagit sur l'aniline en solution alcoolique à l'ébullition avec formation de phénosafranine; il se fait en même temps du tétraméthyl-p-diamino-azobenzène [P. Barbier et L. Vignon, *Bull. Soc. Chim.*, (2), **48**, 638].

On obtient également la phénosafranine en chauffant au bain d'huile, à la température de 180°, au réfrigérant ascendant, un mélange de chlorhydrate d'aminoazobenzène (1 molécule), de fer et d'acide chlorhydrique en quantité calculée pour dégager H^2, et de nitrobenzène en excès suffisant pour donner à la masse une fluidité convenable [P. Barbier et L. Vignon, *Bull. Soc. Chim.*, (2), **48**, 772].

3 Éthyl-phénosafranine (*æthylsafranine*),

Az
AzHC²H⁵
Az-Cl
AzH²

— Cette base prend naissance quand on oxyde par le bichromate de potassium un mélange d'éthyl-p-phénylène diamine et d'aniline en solution acétochlorhydrique.

Le *chlorhydrate*, $C^{18}H^{13}(C^2H^5)Az^4.HCl$, forme une poudre cristalline vert-bleuâtre, à éclat métallique, très hygroscopique. Il se dissout dans l'eau avec une magnifique couleur rouge-rubis. Ses solutions possèdent une belle fluorescence vert-olive.

On obtient un isomère de cette matière colorante, le *chlorure de p-éthylaminophényl-3 aminodiphéno-γ diazinammonium*,

Az
AzH²
Az-Cl
AzHC²H⁵

en oxydant un mélange de p-phénylène-diamine, d'aniline et d'éthylaniline [W. Schweitzer, *D. chem. G.*, **19**, 150; *Bull. Soc. Chim.*, (2), **47**, 221].

Hydrate de p-oxyphényl-3 oxydiphéno-γ diazinammonium (*safranol*),

Az
OH
Az-OH
C⁶H⁴OH

— En faisant bouillir le chlorhydrate de phénosafranine avec un excès d'hydrate de baryum ou avec de la potasse alcoolique, on remplace les 2 groupements AzH^2 de la safranine par 2 oxhydryles et l'on obtient un composé phénolique. Le safranol est presque insoluble dans l'eau, l'alcool et l'acide acétique cristallisable. Il se dissout facilement dans l'ammoniaque et dans les alcalis avec une belle couleur cramoisie [R. Nietzki et R. Otto, *D. chem. G.*, **21**, 1590; *Bull. Soc. Chim.*, (2), **50**, 421].

Induline, $C^{18}H^{13}Az^3$. — Cette base s'obtient en chauffant pendant peu de temps de l'aminoazobenzène avec une grande quantité de chlorhydrate d'aniline. On chauffe un mélange de 160 grammes d'aminoazobenzène, 400 grammes d'aniline et 320 grammes de chlorhydrate d'aniline jusqu'à coloration bleue; il se forme dans ces conditions un mélange de l'induline $C^{18}H^{13}Az^3$ et d'une autre induline que nous décrirons plus loin et qui a pour formule $C^{24}H^{18}Az^4$. On sépare ces deux bases au moyen de leurs acétates, puis en utilisant leurs solubilités différentes dans le benzène.

Cette même base se forme en petite quantité quand on fait bouillir des solutions aqueuses de chlorhydrate d'aminoazobenzène et de chlorhydrate d'aniline. On alcalinise par la soude et on agite le mélange avec de l'éther. L'induline se dissout avec une couleur jaune-brun et se dépose par la concentration en petits mamelons cristallins à reflets verdâtres.

Cette base se forme aisément quand on chauffe au bain-marie l'*aposafranine* avec un excès d'aniline. On chauffe pendant 3 heures environ; la réaction est terminée quand une prise d'essai se dissout dans l'acide sulfurique avec une couleur violette, tandis que cette couleur était vert-bleuâtre au début. Il se fait en même temps, par une réaction secondaire de la *phénylinduline*, qu'on sépare par cristallisation dans le benzène, dans lequel cette dernière est à peine soluble.

Cette induline est soluble dans l'éther; elle fond à 215°.

Elle constitue de beaux prismes d'un vert à éclat métallique. Il se forme en même temps de l'*aminodiphénylinduline* $C^{24}H^{18}Az^4$, de la p-phénylène-diamine et de la di-p-diaminodiphénylamine.

Les sels de cette base sont peu solubles [O. Fischer et E. Hepp, *D. chem. G.*, **23**, 838; *Ann. Chem.*, **262**, 237; **272**, 306; *Bull. Soc. Chim.*, (3), **4**, 426; **8**, 41 et **10**, 1016].

Cette induline distillée avec de la chaux vive fournit une huile qui renferme, à côté de benzène, d'aniline et de diphénylamine, principalement du carbazol [O. Witt, *D. chem. G.*, **20**, 1538; *Bull. Soc. Chim.*, (2), **48**, 563].

Chauffée avec de la poudre de zinc, elle est transformée en un mélange de benzène et de diphéno-γ diazine [O. Fischer et P. Hepp, *Ann. Chem.*, **266**, 249; *Bull. Soc. Chim.*, (3), **10**, 377].

Chauffée sous pression avec de l'acide sulfurique étendu, l'induline est transformée en *indulone* (*benzolindone*).

La réaction est la suivante :

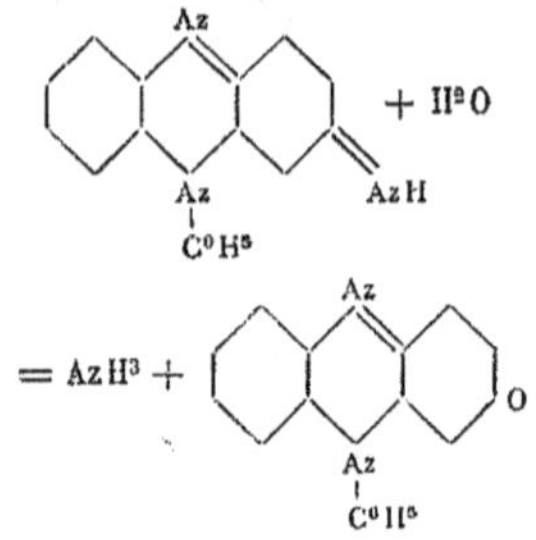

Az — AzH — Az — C^6H^5 + H^2O

= AzH^3 + Az — O — Az — C^6H^5

Si on la chauffe à 140-150° avec de l'aniline, elle est transformée en *phénylinduline*; c'est cette réaction qui était cause de la présence de cette dernière dans la préparation de l'induline au moyen de l'aposafranine :

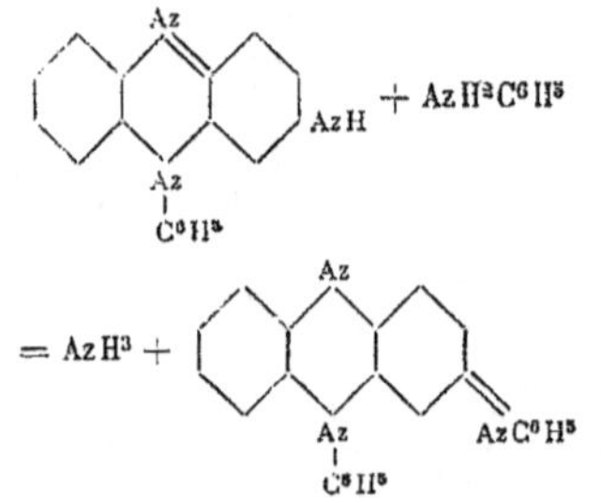

Az — AzH — Az — C^6H^5 + $AzH^2C^6H^5$

= AzH^3 + Az — AzC^6H^5 — Az — C^6H^5

[O. Fischer et E. Hepp, *D. chem. G.*, **26**, 1655].

3 Phénylinduline. — Nous venons de voir la formation de cette base au moyen de l'induline.

Elle a été obtenue pour la première fois par MM. O. Witt et E. Thomas [*Chem. Soc.*, 1883, **1**, 112; *D. chem. G.*, **16**, 1102], qui l'ont extraite du produit de la fusion de l'aminoazobenzène avec le chlorhydrate d'aniline. Elle reste dans les eaux mères alcooliques de l'épuisement de la masse indulique par l'alcool et constitue ce qu'ils appelaient l'induline B. L'acide sulfoné teint la laine et la soie en un bleu rougeâtre.

A l'état de pureté, cette induline forme des aiguilles fusibles à 231°.

Elle a été obtenue dans l'action de l'acide chlorhydrique aqueux sous pression sur l'azophénine. Elle prend naissance par arrachement de la molécule d'azophénine de 1 molécule d'aniline [O. Fischer et E. Hepp, *Ann. Chem.*, **256**, 233 et **262**, 207; *Bull. Soc. Chim.*, (3), **4**, 588 et **8**, 45]. On lui avait d'abord donné le nom d'*anilidoquinone-dianile*.

La phénylinduline est dédoublée par les acides en aniline et indulone.

Indulone (*benzolindone*). — La benzolindone, $C^{18}H^{12}Az^2O$, cristallise dans l'alcool en lamelles à éclat métallique; elle se dissout dans l'acide sulfurique avec une couleur verte. Distillée avec de la poudre de zinc, elle se transforme en phénazine.

Dans la réaction qui donne naissance à l'indulone, il se fait des produits secondaires intéressants :

1° *L'hydrate de* ν*phényl-3oxydiphéno-*γ*diazinammonium* (*oxy-*ν*phénylphénazonium*). — Ce corps est soluble dans les alcalis, ce qui permet de le séparer du précédent. Il cristallise dans le benzène et dans l'alcool en prismes et en lamelles d'un jaune brun, se ramollit à 230°, émet des vapeurs lourdes et fond à 280°.

Il se fait aussi dans cette réaction des corps dont la constitution n'est pas établie [O. Fischer et E. Hepp, *Ann. Chem.*, **266**, 249; *Bull. Soc. Chim.*, (2), **10**, 377].

Aminophénylinduline (γ*p-aminophényliso-3phénylliminodiphéno-*γ*diazine*),

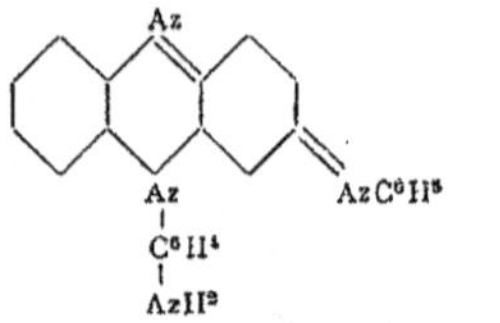

Az — AzC^6H^5 — Az — C^6H^4 — AzH^2

— Cette base a été décrite dans un brevet allemand (n° 50 534) comme obtenue en chauffant pendant peu de temps de l'aminoazobenzène avec un grand excès d'aniline et de chlorhydrate d'aniline. Elle cristallise en prismes à reflets verts, fusibles à 150-152° (et non pas 255-260°, comme l'indique le brevet). Chauffée à 150° avec de l'acide chlorhydrique concentré, elle perd de l'ammoniaque et de l'aniline et fournit une base soluble dans la potasse, par suite hydroxylée, et possédant une fluorescence brune [O. Fischer et E. Hepp, *Ann. Chem.*, **262**, 239; *Bull. Soc. Chim.*, (3), **8**, 45].

Cette même base s'obtient plus aisément quand on chauffe à 170° l'aminophénylinduline avec l'acide sulfurique étendu. Elle a pour composition $C^{18}H^{15}Az^3O^2$ et constitue l'*hydrate de p-aminophényl-3oxydiphéno*γ*diazinammonium*),

Az — OH — Az — OH — C^6H^4-AzH^2

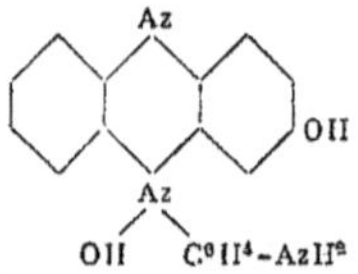

L'aniline, réagissant à 150-160° sur le *chlorhydrate d'aminophénylinduline*, donne naissance à deux nouvelles bases :

1° La *phénylaminophénylinduline*,

Az — AzC^6H^5 — Az — C^6H^4-$AzHC^6H^5$

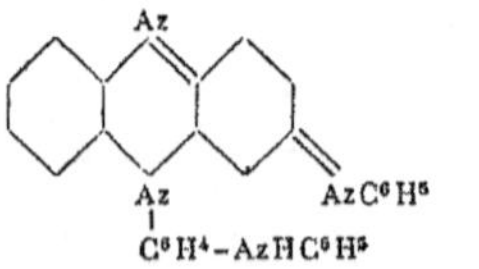

qui constitue des lamelles vertes en mamelons, fusibles à 254-256°, dont les sels sont bleus en solution alcoolique.

Ce composé a été obtenu également par MM. Witt et Thomas (*loc. cit.*) en chauffant le phénylaminoazobenzène avec de l'aniline, du chlorhydrate d'aniline et de l'alcool.

2° L'*anilidophénylaminophénylinduline*,

$C^{30}H^{22}Az^5$,

que nous décrirons plus loin [O. Fischer et E.

Hepp, *Ann. Chem.*, **266**, 249; *Bull. Soc. Chim.*, (3), **10**, 379].

2.3 Diaminodiphéno-γ diazine (*diaminophénazine*),

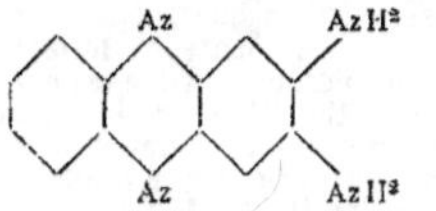

— Ce composé a été obtenu pour la première fois par Griess dans l'oxydation de l'o-phénylène-diamine au moyen du chlorure ferrique, mais il n'en connut pas la constitution [*D. chem. G.*, **1**, 202; *Bull. Soc. Chim.*, (2), **17**, 416].

MM. Hübner et Frerichs l'obtinrent également en traitant l'o-phénylène-diamine par l'iodure de cyanogène ; ce dernier agissait simplement comme oxydant. Ils méconnurent complètement non seulement sa constitution, mais même sa composition [*D. chem. G.*, **9**, 777 et **10**, 1715 ; *Bull. Soc. Chim.*, (2), **27**, 131. — O. Fischer et E. Hepp, *D. chem. G.*, **23**, 841 ; *Bull. Soc. Chim.*, (3), **4**, 434].

A peu près à la même époque, ce corps fut le sujet d'un assez grand nombre de travaux contradictoires [H. Salkowski, *Ann. Chem.*, **173**, 58 ; *D. chem. G.*, **5**, 23 et 724 ; *Bull. Soc. Chim.*, (2), **17**, 226 et **18**, 463. — C. Rudolph, *D. chem. G.*, **12**, 2211. — J. Wiesinger, *Ann. Chem.*, **224**, 353 ; *Bull. Soc. Chim.*, (2), **44**, 135] ; c'est aux travaux de MM. O. Fischer et E. Hepp et Nietzki que l'on doit d'être fixé sur sa véritable constitution [*D. chem. G.*, **22**, 355 et **23**, 841 ; *Bull. Soc. Chim.*, (3), **1**, 813 et **4**, 434. — R. Nietzki, *D. chem. G.*, **22**, 3039 ; *Bull. Soc. Chim.*, (3), **4**, 324].

Cette base se présente sous la forme de longues aiguilles d'un brun jaune ; elle est soluble dans l'acide sulfurique concentré avec une couleur verte ; ses solutions dans le benzène et dans l'alcool sont douées d'une fluorescence vert-jaune, tandis que la solution alcoolique de ses sels est caractérisée par une fluorescence rouge-orangé.

La poudre de zinc transforme ce composé en un mélange de phénazine et de monaminophénazine.

Le *chlorhydrate* a pour formule

$$C^{12}H^{10}Az^4 . HCl, 3H^2O ;$$

le *sulfate*, $(C^{12}H^{10}Az^4)^2SO^4H^2, 3H^2O$.

Le *dérivé acétylé*, $C^{16}H^{14}Az^4O^2$, est difficilement soluble dans la plupart des véhicules. Il cristallise en aiguilles jaune clair qui fondent vers 270°.

Quand on chauffe la base libre avec l'o-phénylène-diamine, dont elle est le produit d'oxydation, elle se transforme en *homofluorindine* [O. Fischer et E. Hepp, *D. chem. G.*, **23**, 2789 ; *Bull. Soc. Chim.*, (3), **5**, 344].

En chauffant la diaminophénazine avec de l'acide chlorhydrique à 200°, en tube scellé, on lui enlève 2 molécules d'ammoniaque et l'on donne naissance au *chlorhydrate de* 2.3 *dioxydiphéno-γ diazine*. Ce diphénol est purifié par dissolution dans la soude et cristallisation à l'état de sulfate ; sel peu soluble dans l'alcool étendu.

La 2.3 *dioxydiphéno-γ diazine* cristallise dans l'alcool étendu en aiguilles rouges qui contiennent 0^{mol},5 d'eau qu'elle perd à 100°.

Le *sulfate*, $(C^{12}H^8Az^2O^2)^2SO^4H^2, 2H^2O$, est peu soluble.

Le *dérivé acétylé* cristallise dans le benzène bouillant en tables d'un jaune clair, fondant à 230° [O. Fischer et E. Hepp., *D. chem. G*, **23**, 843].

MM. Nietzki et Hasterlik [*D. chem. G.*, **24**, 1337 ; *Bull. Soc. Chim.*, (3), **6**, 320] ont obtenu cette même dioxyphénazine en faisant réagir la dioxyquinone sur l'o-phénylène-diamine.

Chlorométhylate de 2 méthylamino-3 aminodiphéno-γ diazine. — Ce sel s'obtient en introduisant peu à peu dans une dissolution de méthyl-o-phénylène-diamine dans l'alcool absolu une dissolution concentrée de chlorure ferrique et d'acide chlorhydrique. Le mélange se colore en un rouge intense et laisse déposer des aiguilles brillantes à reflets métalliques du sol.

$$C^{14}H^{15}AzCl, HCl, 2H^2O,$$

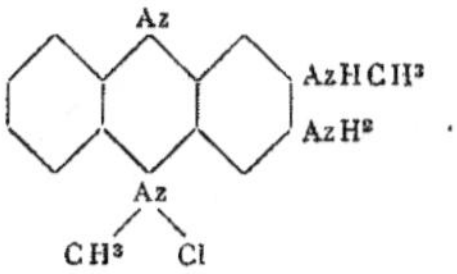

[O. Fischer et O. Heiler, *D. chem. G.*, **26**, 378 ; *Bull. Soc. Chim.*, (3), **10**, 545].

Peu de temps auparavant MM. Kehrmann et Messinger [*J. prakt. Chem.*, (2), **46**, 565 ; *Bull. Soc. Chim.*, (3), **10**, 544] avaient obtenu le même corps, mais lui avaient attribué une constitution différente.

2 Anilido-induline. — On obtient cette base en oxydant par le chlorure ferrique acide en solution alcoolique l'o-aminodiphénylamine :

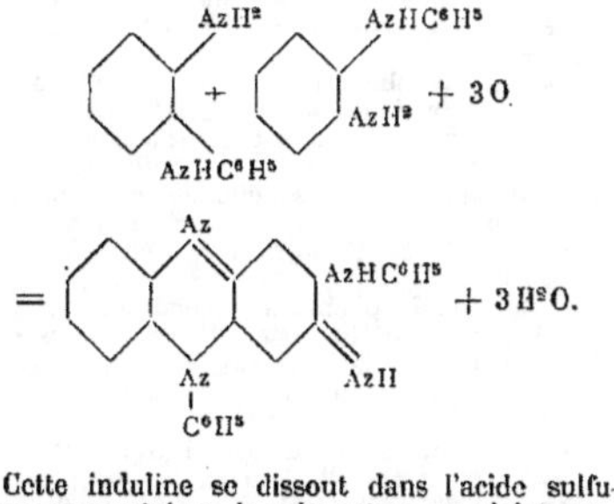

$$+ 3O$$

$$= \quad + 3H^2O.$$

Cette induline se dissout dans l'acide sulfurique concentré en le colorant en un violet rougeâtre, dans l'alcool en brun ; elle est insoluble dans l'eau [M. Schöpff, *D. chem. G.*, **53**, 1843 ; *Bull. Soc. Chim.*, (3), **4**, 746. — F. Kehrmann et J. Messinger, *loc. cit.* — O. Fischer et E. Hepp, *loc. cit.*].

Elle se scinde, quand on la chauffe en tube scellé à 150-160° avec de l'acide sulfurique étendu, en deux indulones, suivant que la chauffe a été plus ou moins longue :

L'*anilido-indulone* (*anilidobenzène-indone*),

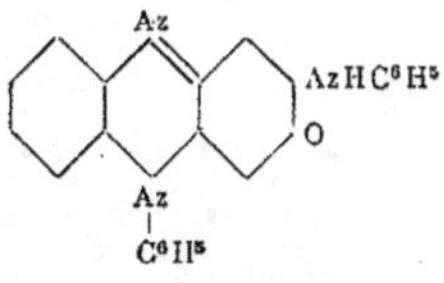

celle qui se forme le plus facilement, cristallise dans le benzène en aiguilles et se dissout dans l'acide sulfurique concentré avec une couleur verte qui passe au rouge par addition d'eau.

La seconde, la 2*oxy-indulone*,

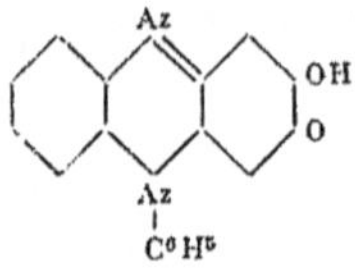

se forme par élimination de 1 molécule d'aniline; elle cristallise dans l'alcool en fines aiguilles d'un jaune orangé [O. Fischer et E. Hepp, *loc. cit.*].

3.6 Diaminodiphéno-γ diazine (*diaminophénazine*),

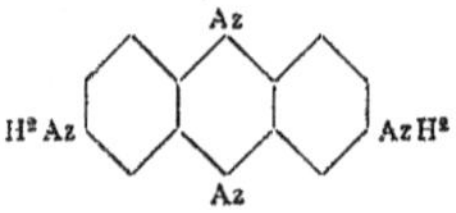

— Cette base a été obtenue en oxydant la triaminodiphénylamine

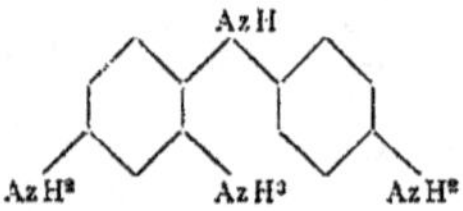

On chauffe la solution de chlorostannite de cette base avec du carbonate de calcium et du bioxyde de manganèse.

La diaminophénazine cristallise en longues aiguilles d'un jaune foncé, fusibles à 280°. Elle est facilement soluble dans l'alcool et dans l'éther, ainsi que dans l'eau bouillante. Elle se dissout dans les acides étendus avec une belle coloration rouge, fournit des sels monobasiques bien cristallisés et un *dérivé diacétylé* fusible vers 330°.

Cette diaminophénazine prend encore naissance par l'oxydation simultanée de la p- et de la m-phénylène-diamine, ainsi que par ébullition de la solution alcoolique de cette dernière base avec la quinone-dichlorimide.

L'acide nitreux et l'alcool la transforment en *diphéno-γ diazine* [R. Nietzki et O. Ernst, *D. chem. G.*, **23**, 1852; *Bull. Soc. Chim.*, (3), **5**, 41].

Aminophénylinduline (*pseudomauvéine, phénomauvéine, 5 amino-β phényliso-3 aminodiphéno-γ diazine*),

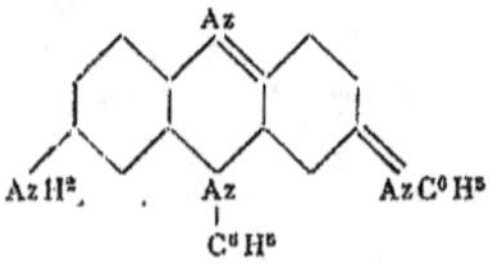

— M. Perkin a obtenu les *mauvéines* ou *aniléines* en oxydant l'aniline par le dichromate de potassium ou le chlorure de chaux (voyez Dict., art. Aniline, industrie). La plus simple d'entre elles, obtenue dans l'oxydation de l'aniline pure, a été nommée *pseudomauvéine*. On a récemment établi la constitution de cette substance en en faisant la synthèse.

On obtient la pseudomauvéine :

1° En faisant réagir la nitrosoaniline sur l'aniline et le chlorhydrate d'aniline;

2° Au moyen de la nitrosoaniline et de la diphényl-m-phénylène-diamine;

3° Par la p-nitrosodiphénylamine, l'aniline et le chlorhydrate d'aniline.

La base, mise en liberté par la potasse et cristallisée dans le benzène, forme des cristaux bronzés, fusibles à 246°. Elle est anhydre, comme les indulines $C^{24}H^{18}Az^{4}$, mais correspond, quant à ses propriétés, aux safranines, ce qui fait que A.W. Hofmann et Geyger en avaient fait la phénylphénosafranine [O. Fischer et E. Hepp, *D. chem. G.*, **21**, 261 et **26**, 1194; *Bull. Soc. Chim.*, (3), **1**, 659 et **10**, 749 et 1013; *Ann. Chem.*, **272**, 306].

Indazine (*diméthylphénomauvéine, β diméthylamino-γ phényliso-3 phénylaminodiphéno-γ diazine*). — Ce composé est obtenu en faisant réagir la nitrosodiméthylaniline sur la diphényl-m-phénylène-diamine. Purifiée par cristallisation dans le benzène, elle se présente sous la forme de prismes bronzés renfermant du benzène de cristallisation et fondant à 218-220°.

C'est une matière colorante bleue; elle se dissout dans l'acide sulfurique avec une couleur verte qui passe au violet par addition d'eau.

Le *chlorhydrate* et le *sulfate* sont solubles avec une couleur violette; l'*azotate* est peu soluble [O. Fischer et E. Hepp, *Ann. Chem.*, **262**, 237 et **272**, 306; *Bull. Soc. Chim.*, (3), **8**, 41 et **10**, 1013].

Anilido-phénylamino-induline,

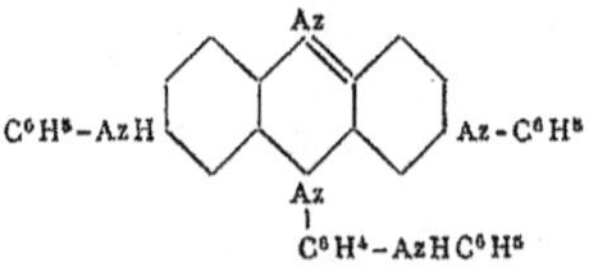

— Cette base a été obtenue par MM. O. Fischer et E. Hepp [*Ann. Chem.*, **266**, 249; *Bull. Soc. Chim.*, (3), **10**, 379] en chauffant l'aminophénylinduline décrite plus haut avec un excès d'aniline. Elle se forme dans cette réaction comme produit secondaire, mais on l'obtient aisément en chauffant à 170° 12 parties d'azobenzène, 24 parties de chlorhydrate d'aniline et 12 parties de nitrobenzène.

Elle cristallise dans le xylène bouillant en lamelles vertes, brillantes, fusibles à 286-288°.

Son *chlorhydrate* est très peu soluble dans l'alcool, avec une belle couleur bleue tirant sur le vert.

Cette matière colorante semble identique à l'*induline 6 B*, obtenue autrefois par MM. O. Witt et E. Thomas [*Chem. Soc.*, 1883, 1, 112; *D. chem. G.*, **16**, 1102] dans les produits de l'action de l'aminoazobenzène sur le chlorhydrate d'aniline.

2.3.6 Triaminodiphéno-γ diazine (*triaminophénazine*),

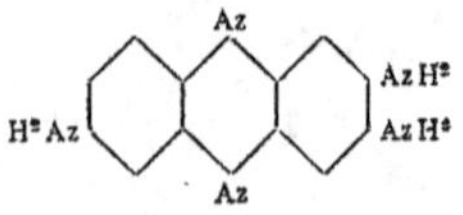

— Cette base s'obtient à l'état d'acétate quand on fait passer un courant lent d'oxygène dans une solution aqueuse de chlorhydrate de triaminobenzène additionnée d'acétate de sodium et légèrement chauffée. Cet *acétate* forme des aiguilles vertes.

La base libre cristallise en aiguilles brunes, solubles dans l'alcool et dans l'eau chaude. Sa solution acétique est colorée en rouge et présente une belle fluorescence jaune. L'acide sulfurique concentré la dissout en se colorant en jaune. L'addition d'eau fait passer cette coloration au violet, puis au rouge, puis au jaune.

Son *azotate*, peu soluble, a pour formule

$$C^{18}H^{11}Az^{5}.2AzO^{3}H, 2H^{2}O.$$

L'anhydride acétique fournit un *dérivé triacétylé* [E. Müller, *D. chem. G.*, **22**, 856; *Bull. Soc. Chim.*, (2), **4**, 811].

ANILIDOMAUVÉINE, $C^{30}H^{23}Az^{5}$. — Cette base s'obtient en même temps que la phénomauvéine, dans la préparation au moyen de la nitrosoaniline et de la diphényl-m-phénylène-diamine [O. Fischer et E. Hepp, *Ann. Chem.*, **272**, 306; *Bull. Soc. Chim.*, (3), **10**, 1015]. Son *chlorhydrate* se dissout dans l'acide sulfurique avec une couleur bleue.

2.3.6.7 TÉTRAMINODIPHÉNO-γ DIAZINE (*tétraminophénazine*),

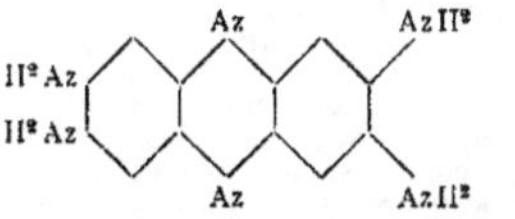

Az AzH²
H²Az
H²Az
Az AzH²

— Cette base s'obtient par oxydation du 1.2.4.5 tétraminobenzène. On dissout le chlorhydrate de cette base dans l'eau, on l'additionne d'acétate de sodium, et, dans la solution chaude, on fait passer un courant d'air. Il se dépose un précipité formé d'aiguilles vertes, *acétate* de la nouvelle base.

On fait cristalliser cette dernière dans l'aniline bouillante. On obtient des aiguilles jaunes qui contiennent de l'aniline. On les en débarrasse en dissolvant le corps dans l'acide acétique et le reprécipitant par la potasse.

Les solutions de la tétraminophénazine dans l'eau, l'éther, l'alcool, l'aniline ont une fluorescence jaune-verdâtre. La solution acétique est d'un bleu violacé à froid, rouge à chaud ou lorsqu'elle est étendue d'eau.

Chauffée à 130°, la base perd 1 molécule d'ammoniaque.

Le *nitrate acide* cristallise avec 2 molécules d'eau.

Le *chlorhydrate* cristallise en lamelles rouges.

Le *dérivé tétracétylé* forme une poudre orangée, insoluble dans tous les dissolvants.

Cette azine peut réagir sur les o-dicétones et sur les o-quinones pour fournir des azines plus compliquées. La réaction se passe entre 1 molécule de tétraminophénazine et 2 molécules de quinone.

Le benzile fournit un corps vert, soluble dans l'acide sulfurique en bleu. Cette coloration passe par l'addition d'eau au vert, au rouge, puis à l'orangé. Cette combinaison a pour constitution

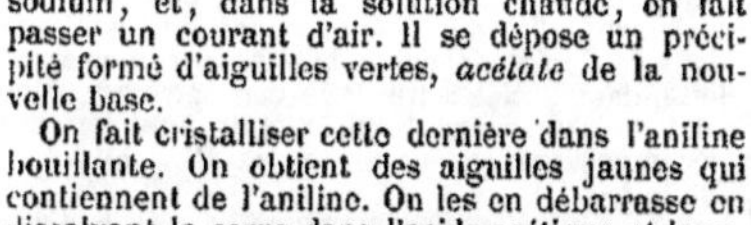

Az Az Az
C^6H^5-C C-C^6H^5
C^6H^5-C C-C^6H^5
Az Az Az

C'est l'α β α' β' *tétraphényl-γ diazinodiphéno-γ diazine.*

La phénanthrène-quinone en solution acétique fournit un composé cristallin vert, soluble dans l'acide sulfurique avec une couleur d'un beau vert. Ce composé a pour constitution :

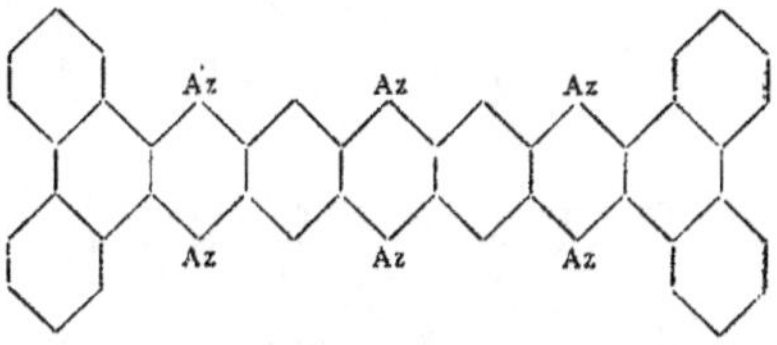

Az Az Az
Az Az Az

[R. Nietzki et E. Müller, *D. chem. G.*, **22**, 440; *Bull. Soc. Chim.*, (3), **3**, 753].

DIOXYQUINONE-DIPHÉNO-γ DIAZINE (*dioxyquinone-phénazine*),

Az OH
O
O
Az OH

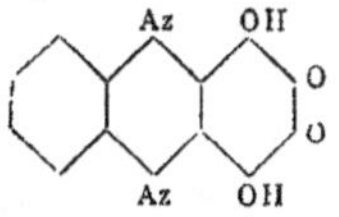

— Si l'on ajoute à une solution de rhodizonate de sodium dans l'acide chlorhydrique une solution de sulfate d'o-phénylène-diamine, il se produit au bout de quelque temps la dioxyquinone-phénazine.

Cette substance cristallise en aiguilles d'un rouge brun, assez peu solubles dans l'acide acétique cristallisable, ainsi que dans la plupart des dissolvants neutres. Elle se dissout avec une coloration violette dans les alcalis concentrés.

L'oxydation par l'acide nitrique étendu ou par le chlorure ferrique lui fait perdre 2 atomes d'hydrogène et la transforme en *diquinone-phénazine*,

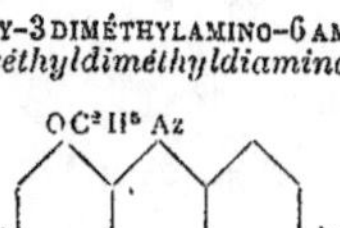

Az O
O
O
Az O

La nouvelle substance est en cristaux faiblement colorés en jaune. L'o-phénylène-diamine la transforme en *benzène-triphénazine* (*phéno-m-phéno-γ diazine*) [R. Nietzki et A. Schmidt, *D. chem. G.*, **21**, 1227; *Bull. Soc. Chim.*, (2), **50**, 478].

5.8 DIÉTHOXY-3 DIMÉTHYLAMINO-6 AMINODIPHÉNO-γ DIAZINE (*dioxéthyldiméthyldiaminophénazine*),

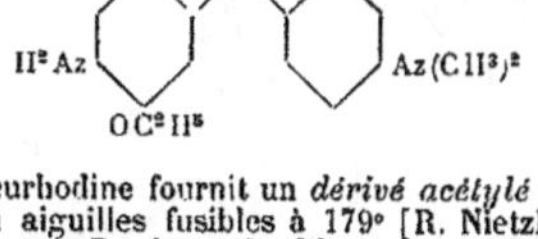

OC^2H^5 Az
H^2Az $Az(CH^3)^2$
OC^2H^5 Az

— Cette base s'obtient en oxydant à chaud la p-diméthylamino-p-diaminodiéthoxydiphénylamine :

OC^2H^5 AzH
H^2Az $Az(CH^3)^2$
OC^2H^5

Cette eurhodine fournit un *dérivé acétylé* cristallisé en aiguilles fusibles à 179° [R. Nietzki et H. Kaufmann, *D. chem. G.*, **24**, 3824; *Bull. Soc. Chim.*, (3), **8**, 505].

1 Méthyldiphéno-γ diazine,

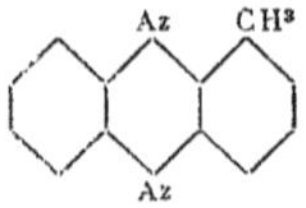

— Cette base n'est pas connue à l'état de liberté, mais on en a obtenu un dérivé intéressant par le fait de son isomérie avec le *rouge de toluylène*, que nous décrirons plus loin.

6 Diméthylamido-3 amido-1 méthyl-diphéno-γ diazine,

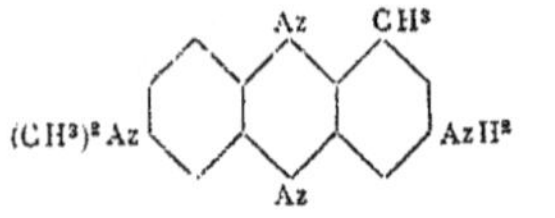

— Ce composé s'obtient en oxydant la diméthyltriamidophényl-o-crésylamine,

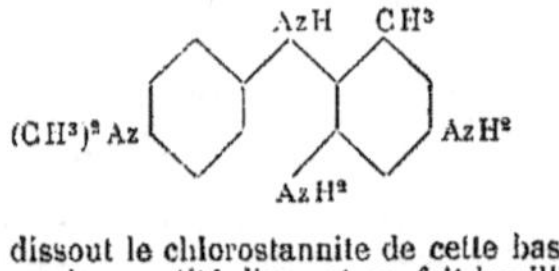

On dissout le chlorostannite de cette base dans une grande quantité d'eau et on fait bouillir avec un mélange de carbonate de calcium et de bioxyde de manganèse. On extrait l'azine du précipité en le faisant bouillir avec de l'alcool.

La base libre, séchée à 100°, est anhydre, ce qui la distingue du rouge de toluylène, qui ne perd son eau de cristallisation qu'à 160°.

Elle se dissout dans l'eau chaude en jaune brun; sa solution dans l'éther est douée d'une fluorescence jaune vert caractéristique. Ses sels ressemblent à ceux du rouge de toluylène; ils s'en distinguent par une nuance plus jaune [R. Nietzki et E. Rehe, *D. chem. G.*, **25**, 3005; *Bull. Soc. Chim.*, (3), **10**, 156).

5.8 Quinone-1 méthyldiphéno-γ diazine (*quinone-α méthylphénazine*). — Ce composé prend naissance quand on traite en tube scellé à 100° par le sulfhydrate d'ammoniaque en solution alcoolique la mononitrotoluidoquinone,

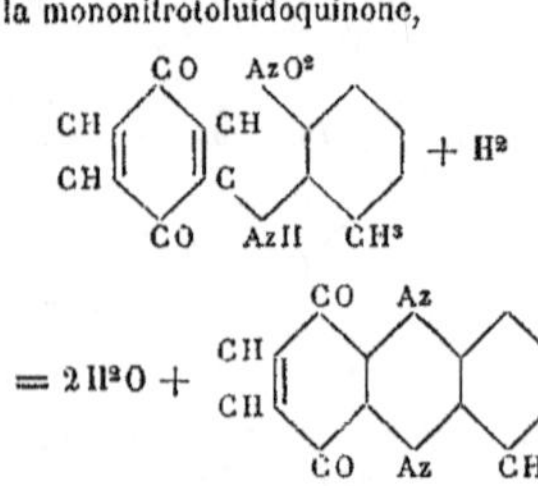

$$+ H^2$$

$$= 2H^2O +$$

Ce produit est soluble en violet dans l'alcool [J. Leicester, *D. chem. G.*, **23**, 2793; *Bull. Soc. Chim.*, (3), **55**, 45].

2 Méthyldiphéno-γ diazine,

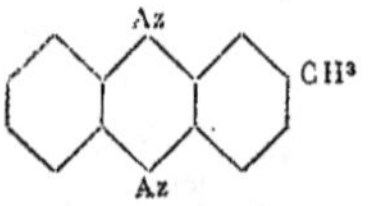

— Cette substance, qui porte aussi le nom de *méthylphénazine*, a été obtenue par M. V. Merz dans l'action de la pyrocatéchine sur l'o-crésylènediamine. On chauffe pendant 8 heures à 200-220° un mélange équimoléculaire des deux corps réagissants; on traite ensuite par l'eau bouillante le produit de la réaction et l'on épuise à l'alcool le résidu insoluble. Il se forme des aiguilles d'un jaune clair, fusibles à 117°, qui se subliment assez facilement, mais se décomposent à la distillation. La vapeur de ce corps provoque la toux et l'éternuement [V. Merz, *D. chem. G.*, **19**, 725; *Bull. Soc. Chim.*, (2), **47**, 444].

On obtient le même corps en traitant son dérivé 3.6-diamidé par l'acide nitreux et l'alcool [A. Bernthsen et H. Schweitzer, *D. chem. G.*, **19**, 2604; *Bull. Soc. Chim.*, (2), **47**, 703].

La méthylphénazine est une base bien caractérisée, qui se dissout dans les acides étendus en jaune clair. L'acide sulfurique fournit une coloration d'un rouge de sang.

Le *chloroplatinate*, $(C^{13}H^{10}Az^2 . HCl)^2 PtCl^4$, forme des lamelles orangées, anhydres.

Le *picrate* est peu soluble dans le benzène froid; il fond à 168°.

La *méthylphénazine* paraît pouvoir fixer de l'hydrogène; si, en effet, on fait passer de l'hydrogène sulfuré dans une solution ammoniacale alcoolique de la base, le liquide se prend en une masse composée de lamelles blanches, douées d'un éclat argentin. Ce corps se colore rapidement à l'air [V. Merz, *loc. cit.*].

6 Diméthylamido-2 méthyldiphéno-γ diazine, $C^{15}H^{15}Az^3$. — Cette substance s'obtient en décomposant par l'alcool le dérivé diazoïque du *rouge de toluylène*. Cette nouvelle base forme de belles aiguilles d'un rouge grenat, se dissolvant dans les acides étendus avec une couleur violette, dans l'acide sulfurique concentré avec une couleur d'un rouge brun. Elle se sublime sans décomposition [A. Bernthsen et H. Schweitzer, *loc. cit.*].

3.6 Diamido-2 méthyldiphéno-γ diazine. — Cette base prend naissance quand on oxyde un mélange de p-phénylène-diamine et de m-crésylène-diamine :

$$+ \quad + 3O$$

$$= 3H^2O +$$

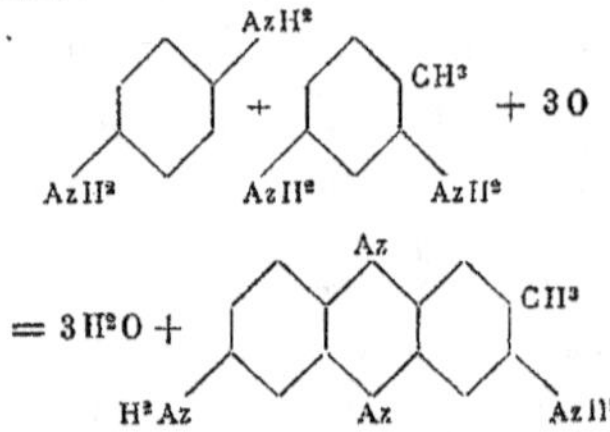

Traitée par l'acide nitreux, elle se transforme en 2 *méthyldiphéno-γ diazine* (*diméthylphénazine*) [A. Bernthsen et H. Schweitzer, *loc. cit.*].

3 Amido-6 diméthylamido-2 méthyldiphéno-γ diazine (*rouge de toluylène*),

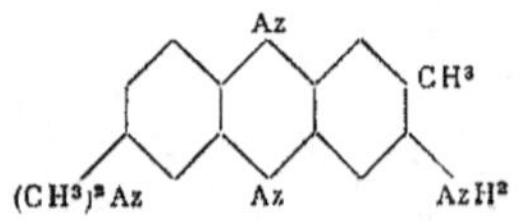

— Quand on oxyde un mélange de diméthyl-p-phénylène-diamine et de m-crésylène-diamine, ou mieux si l'on mélange une solution aqueuse chaude de chlorhydrate de nitrosodiméthylaniline

et de m-crésylène-diamine, molécule à molécule, on obtient une solution d'un bleu foncé d'où l'on peut précipiter une matière colorante que l'on a appelée *bleu de toluylène* :

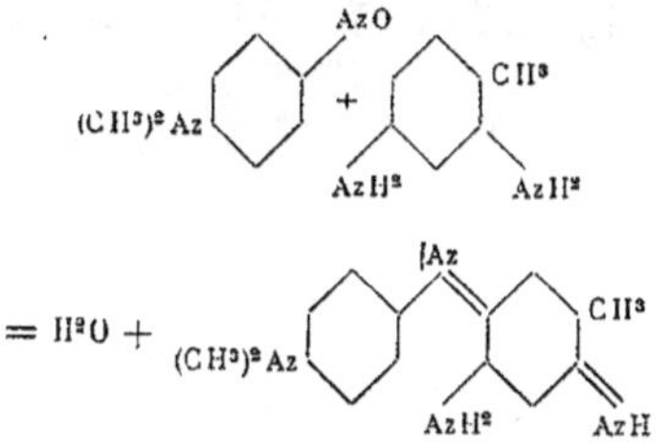

Ce bleu est une indamine que la réduction au moyen du chlorure stanneux transforme en une leucobase correspondante :

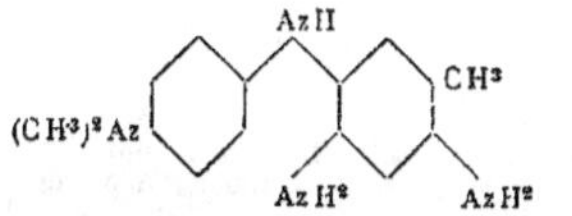

Si l'on fait bouillir pendant longtemps la solution de bleu de toluylène, une moitié se réduit en leucobase et l'autre se transforme en un produit d'oxydation rouge qui est le *rouge de toluylène* :

$$2\,C^{15}H^{18}Az^4 = \underset{\text{Leucodérivé.}}{C^{15}H^{20}Az^4} + \underset{\text{Rouge.}}{C^{15}H^{16}Az^4}.$$

Pour séparer le rouge du leucodérivé qui l'accompagne et qui en altère la couleur en s'oxydant, on ajoute à la solution rouge obtenue par ébullition du bleu un peu de chlorure stanneux. Celui-ci forme avec le leucodérivé un sel double, $C^{15}H^{20}Az^4 . HCl . SnCl^2$, qui reste dissous, tandis que le sel double du rouge cristallise.

La base du rouge de toluylène, mise en liberté par un alcali, cristallise dans l'alcool en aiguilles orangées contenant 4 molécules d'eau. Ces cristaux perdent leur eau seulement à 150-160°. La base anhydre est rouge sang, et très peu soluble dans l'alcool.

Cette base forme deux séries de sels. Les *sels neutres* sont roses, solubles dans l'eau et stables; les *sels acides* sont d'un beau bleu de ciel et se dédoublent par l'eau en sel neutre et acide libre. La solution alcoolique ou éthérée de la base est fluorescente [O. Witt, *D. chem. G.*, **12**, 931; *Chem. Soc.*, **35**, 356; *Bull. Soc. Chim.*, (2), **34**, 109].

Nous avons déjà vu par quels moyens M. Bernthsen a rattaché ce composé à la méthylphénazine.

2 Méthyl-diphéno-γ diazine-6.7 diol,

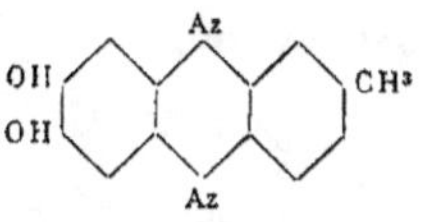

— Ce produit s'obtient en traitant la quinone-diol par l'o-crésylène-diamine; il cristallise avec 1 molécule d'eau et fond à 265°; son *dérivé diacétylé* fond à 160° [R. Nietzki et G. Hasterlick, *D. chem. G.*, **24**, 1337; *Bull. Soc. Chim.*, (3), **6**, 320].

La tétraoxyquinone réagit également sur l'o-crésylène-diamine en fournissant la 2 *méthyl-diphéno-γ diazine-5.6-7.8 tétrol* [F. Kehrmann, *D. chem. G.*, **23**, 2446; *Bull. Soc. Chim.*, (3), **6**, 487].

Quinone-2 méthyl-diphéno-γ diazine-diol,

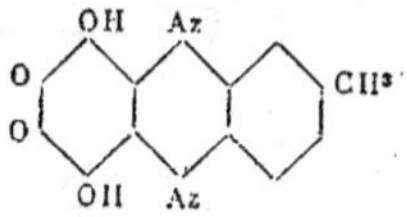

— En dissolvant le rhodizonate de sodium dans l'acide chlorhydrique étendu et ajoutant un sel d'o-crésylène-diamine, on obtient un précipité gélatineux soluble dans l'acide acétique bouillant. Par refroidissement, il se dépose des aiguilles répondant à la formule $C^{13}H^8Az^2O^4$.

Ce nouveau corps, traité au réfrigérant ascendant par l'acide azotique ordinaire, s'oxyde en donnant un produit presque insoluble dans l'eau froide, l'alcool et l'éther, mais se dissolvant bien dans l'acide acétique cristallisable; c'est la quinone-2 méthyl-diphéno-γ diazine-diol (diquinoneméthylphénazine),

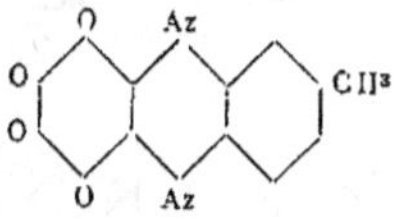

Ce corps, traité par l'o-crésylène-diamine (2 molécules), se transforme en benzène-tritolazine [R. Nietzki et F. Kehrmann, *D. chem. G.*, **20**, 322; *Bull. Soc. Chim.*, (2), **48**, 153].

5.8 Quinone-2.6 diméthyl-diphéno-γ diazine. — Cette substance s'obtient en réduisant par le sulfure d'ammonium en solution alcoolique la m-nitro-p-toluidotoluquinone :

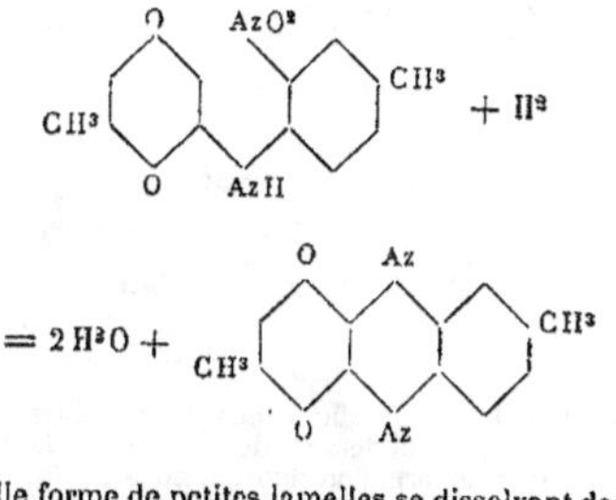

Elle forme de petites lamelles se dissolvant dans l'acide acétique en vert, et dans l'acide sulfurique avec une fluorescence rouge [J. Leicester, *D. chem. G.*, **22**, 2793; *Bull. Soc. Chim.*, (3), **5**, 45].

Acide diamidodiméthyl-diphéno-γ diazine-méthyloïque,

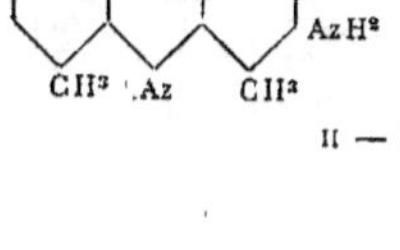

ou

CH³ Az CO²H

AzH²

AzH²

CO²H Az CH³

— Cet acide prend naissance dans l'oxydation de l'acide diamino-p-toluique. Il se présente sous la forme d'un précipité rouge sang, fusible vers 120° [F. Kehrmann, *D. chem. G.*, **22**, 1983; *Bull. Soc. Chim.*, (3), **3**, 559].

DIHYDRO-PHÉNO-DI-PHÉNO-γ DIAZINE. — Cette substance est obtenue en traitant l'o-phénylène-diamine par son produit d'oxydation, la 2.3 diaminodiphéno-γ diazine. On chauffe à 170° un mélange de 4 parties de chlorhydrate de diaminophénazine et de 3 parties d'o-phénylène-diamine, puis on élève brusquement la température à 200-210° en l'y maintenant pendant un quart d'heure. La masse noire obtenue, traitée à l'ébullition par l'eau, puis par l'acide sulfurique étendu, donne comme résidu une poudre verdâtre, insoluble, qui est le *sulfate de fluorindine.*

La base, obtenue au moyen de l'alcool ammoniacal, est insoluble dans la plupart des dissolvants. On arrive pourtant à la faire cristalliser dans un mélange d'alcool et de benzène. Ce sont des feuillets verts, brillants, très difficilement solubles dans l'alcool avec une couleur rouge-violet et une fluorescence rouge-jaune.

Les solutions de ses sels sont bleues et présentent une fluorescence jaune-brun. Elle doit avoir pour constitution :

Az AzH

Az AzH

[O. Fischer et E. Hepp, *D. chem. G.*, **23**, 2789; *Bull. Soc. Chim.*, (3), **5**, 345].

QUINONE-HOMOFLUORINDINE. — Cette matière colorante s'obtient quand on réduit la di-o-nitroanilidoquinone par le sulfure d'ammonium en solution alcoolique.

FLUORINDINE (*diphénylhomofluorindine*),

C^6H^5

Az Az

Az Az

C^6H^5

Quand on chauffe pendant plusieurs heures l'azophénine au-dessus de son point de fusion, elle se transforme en fluorindine avec formation, comme produit intermédiaire, d'une matière colorante violette.

La fluorindine se prépare également en chauffant l'azophénine avec 2 ou 3 parties de poudre de zinc.

Le dérivé sulfoné de l'azophénine, chauffé à 300°, se transforme en *sulfone de la fluorindine.*

La fluorindine forme des aiguilles brillantes à reflets mordorés, presque insolubles dans les divers dissolvants. Sa solution alcoolique, d'un violet-rouge, présente une magnifique fluorescence rouge rappelant celle du rouge de Magdala.

Cette solution rendue acide devient bleu-gris avec une fluorescence rouge-brun.

Son point de fusion n'a pu être déterminé; elle se sublime à haute température, en émettant des vapeurs violettes.

L'acide chlorhydrique à 250° et l'acide iodhydrique à 200° sont sans action sur elle [O. Witt, *D. chem. G.*, **20**, 1538; *Bull. Soc. Chim.*, (2), **48**, 563. — O. Fischer et E. Hepp, *D. chem. G.*, **23**, 2789; *Bull. Soc. Chim.*, (3), **5**, 345].

PHÉNOTRIPHÉNO-γ DIAZINE (*benzène-triphénazine*),

Az Az Az Az Az Az

$= C^{24}H^{12}Az^6$.

— On obtient cet intéressant composé en mettant en suspension 1 molécule de diquinone-phénazine (voyez plus haut) dans une solution de 2 molécules de sulfate d'o-phénylène-diamine. Le liquide se prend au bout de quelque temps en une bouillie de petits cristaux.

La benzène-triphénazine est peu soluble dans les dissolvants neutres. Elle se dissout assez bien dans l'aniline bouillante, d'où elle se dépose sous la forme d'aiguilles d'un brun rouge. Il se forme là une combinaison moléculaire des deux substances, qui est détruite par l'alcool.

Si l'on tient la benzène-triphénazine en suspension dans l'acide acétique cristallisable et qu'on fasse passer dans le mélange un courant d'acide chlorhydrique sec, le tout se dissout, et par refroidissement la base se dépose à l'état de pureté. C'est une base faible, dissoute seulement par les acides concentrés [R. Nietzki et G. Schmidt, *D. chem. G.*, **24**, 1227; *Bull. Soc. Chim.*, (2), **50**, 478].

PHÉNOTRI-2 MÉTHYL-PHÉNO-γ DIAZINE (*benzoltritolazine*), $C^{27}H^{18}Az^6$. — La *diquinone-2 méthyl-diphéno-γ diazine*, traitée par une solution aqueuse bouillante de sulfate d'o-crésylène-diamine, se convertit en flocons bruns d'où on peut extraire des aiguilles d'un jaune de soufre.

On peut obtenir directement ce composé en partant de l'acide rhodizonique; il suffit de dissoudre dans l'eau le rhodizonate de sodium et d'y ajouter un excès d'acétate de sodium et d'un sel d'o-crésylène-diamine. La triazine se sépare sous la forme d'un précipité gris-verdâtre.

Elle s'unit directement au chloroforme, molécule à molécule. Elle possède les propriétés d'une base faible, soluble seulement dans les acides concentrés. Le chlorure stanneux la réduit en donnant la combinaison $C^{27}H^{22}Az^6$.

L. Bouveault.

DIAZOACÉTAMIDE,

$$\begin{matrix} Az \\ \| \\ Az \end{matrix} \rangle CH - CO - AzH^2.$$

— L'éther diazoacétique se dissout sans décomposition dans l'ammoniaque aqueuse et concentrée; mais si l'on évapore cette solution dans le vide en présence d'acide sulfurique, il se dépose un corps qui, cristallisé dans l'alcool absolu, se présente sous la forme de magnifiques lamelles jaune d'or, fusibles à 114° en se décomposant. C'est la diazoacétamide. Il se forme en même temps dans cette réaction de la triazoacétamide et de la triaziminoacétamide (voy. ces mots).

L'eau bouillante décompose la diazoacétamide en azote, ammoniaque et acide glycolique.

L'iode en solution alcoolique donne naissance à un dérivé diiodé $CHI^2-COAzH^2$.

La soude caustique étendue fournit à froid de l'ammoniaque et de l'azote [T. Curtius, *Bull. Soc. Chim.*, (2), **45**, 901; *D. chem. G.*, **18**, 1283].

Pseudodiazoacétamide (*triaziminoacétamide*), $(C^2H^3Az^3O)^3$. — Ce corps est un trimère de la diazoacétamide. Son sel ammoniacal est le premier produit de l'action de l'ammoniaque sur l'éther diazoacétique; on le prépare en laissant en contact pendant 12 jours, à froid, 7 grammes d'éther méthylique de l'acide diazoacétique avec de l'ammoniaque à 25 0/0.

On dissout les cristaux obtenus dans l'eau et on les précipite à 0° par de l'acide acétique. C'est une poudre cristalline jaune, insoluble dans l'alcool, l'éther, le benzène, difficilement soluble dans l'eau froide, les acides chlorhydrique et acétique étendus.

Séché à l'air, ce corps fond à 132-135°. Il détone lorsqu'on le chauffe brusquement. Il réduit à chaud les sels d'argent et de mercure. Il colore en vert la liqueur de Fehling froide.

Ce corps est franchement acide au tournesol et se comporte comme un acide bibasique. Ses sels sont généralement peu solubles.

Le *sel d'ammonium*, $C^6H^9Az^9O^3, 2AzH^3$, est constitué par une poudre jaune, fondant à 155° en se décomposant. Ce sel, au contact de l'ammoniaque, se transforme de nouveau en diazoacétamide.

Le *sel d'argent*, $C^6H^7Az^9O^3Ag^2, 1,5H^2O$, est un précipité blanc volumineux, presque insoluble dans l'eau.

A. Béhal.

DIAZOACÉTIQUE (ACIDE) [Syn. *Diazo-éthanoïque*],

$$CO^2H-CH\Big\langle{Az \atop Az}$$

— L'acide diazoacétique n'est pas stable à l'état de liberté, ou du moins il n'est pas connu à cet état. Si l'on essaye de saponifier un de ses éthers, par exemple, en le traitant par une solution alcaline concentrée et chaude, l'acide formé se condense, en donnant un polymère désigné sous le nom impropre d'*acide triazoacétique* (voyez ce mot); en revanche, les dérivés correspondants, amide, éthers, sont stables à la température ordinaire.

Constitution. — La constitution de cet acide et des composés analogues a été établie plus haut (voyez Diazoïques gras).

Diazoacétate de méthyle (*diazo-éthanoate de méthyle*),

$$\begin{matrix}Az\\ \|\\ Az\end{matrix}\Big\rangle CH-CO^2CH^3.$$

— Cet éther se prépare en diazotant l'amino-éthanoate de méthyle : pour cela, on dissout le chlorure de cette base dans le moins d'eau possible, on ajoute une solution renfermant 1 molécule de nitrite de sodium, puis on verse peu à peu dans le mélange quelques gouttes d'acide sulfurique étendu. On épuise le produit de la réaction avec de l'éther. On ajoute de nouveau au résidu quelques gouttes d'acide et on renouvelle le traitement à l'éther. On continue ainsi jusqu'à ce que la réaction soit intégrale. On réunit les solutions éthérées, on les lave avec une solution de carbonate de soude, puis avec de l'eau, et enfin on les sèche sur le chlorure de calcium. On distille alors la solution éthérée jusqu'à ce que l'on atteigne la température de 65°. On laisse refroidir, on ajoute au résidu un volume égal d'une solution saturée de baryte caustique et on entraîne dans un courant de vapeur d'eau, en n'opérant que sur des quantités du mélange égales à 15 ou 20 grammes. Le produit passé à la distillation est épuisé à l'éther; la solution éthérée est séchée sur le chlorure de calcium et enfin distillée.

L'éther que l'on obtient ainsi est une huile jaune-citron, bouillant à 129° sous 721 millimètres et dont la densité à 21° est de 1,139.

Soumis au bain-marie à l'influence de la chaleur, il dégage de l'azote et donne l'azine-succinate de méthyle,

$$\begin{matrix} & \diagup CH-CO^2CH^3 \\ Az & \;| \\ | & \diagdown CH-CO^2CH^3 \\ | & \diagup CH-CO^2CH^3 \\ Az & \;| \\ & \diagdown CH-CO^2CH^3 \end{matrix}$$

qui se décompose à 150° en azote et en fumarate de méthyle.

Diazoacétate d'éthyle (*diazo-éthanoate d'éthyle*),

$$\begin{matrix}Az\\ \|\\ Az\end{matrix}\Big\rangle CH-CO^2C^2H^5.$$

— Le diazoacétate d'éthyle se prépare comme le dérivé méthylé correspondant; on part de l'amino-éthanoate d'éthyle.

C'est une huile jaune-citron, d'une odeur pénétrante, cristallisant dans un mélange réfrigérant et fondant à — 24°. Sa densité à 22° est de 1,073. Elle bout sans décomposition dans le vide; à la pression de 721 millimètres, elle bout en se décomposant légèrement, mais fait explosion à la fin de la distillation. Ce corps ne détone pas par le choc, mais fait explosion au contact de l'acide sulfurique concentré.

Il est soluble dans l'alcool, le benzène, la ligroïne et l'éther ordinaire, mais n'est pas dissous par l'eau.

Lorsqu'on soumet à l'action de la chaleur, au bain-marie, l'éther diazoacétique tant qu'il se dégage de l'azote, on obtient l'éther azine-succinique symétrique β,

$$\begin{matrix} & \diagup CH-CO^2C^2H^5 \\ Az & \;| \\ | & \diagdown CH-CO^2C^2H^5 \\ | & \diagup CH-CO^2C^2H^5 \\ Az & \;| \\ & \diagdown CH-CO^2C^2H^5 \end{matrix}$$

Cet éther, saponifié par la baryte, donne un sel ayant pour formule $C^8H^4Az^2O^8Ba^2$.

L'acide libre cristallise dans l'eau en aiguilles blanches et brillantes, fusibles en se décomposant à 245°.

Soumis en solution éthérée à l'action hydrogénante de la poudre de zinc et de l'acide acétique, l'éther diazoacétique donne d'abord l'hydrazine correspondante

$$AzH^2-AzH-CH^2-CO^2C^2H^5,$$

qui se transforme, par une réduction plus avancée, en aminoacétate d'éthyle et ammoniaque.

Le chlore, le brome et l'iode donnent naissance à l'éther dihalogéné correspondant,

$$CHX^2-CO^2C^2H^5$$

[T. Curtius, *Bull. Soc. Chim.*, (2), 44, 157].

Chauffé avec de l'eau, il dégage de l'azote avec formation de glycolate d'éthyle.

L'acide chlorhydrique concentré le détruit même à froid, en donnant de l'azote et du monochloracétate d'éthyle.

Les métaux alcalins se dissolvent dans l'éther diazoacétique en dégageant de l'hydrogène; les composés formés répondent à la formule

$$CAz^2Na - CO^2C^2H^5.$$

L'alcool à l'ébullition le transforme en éthylglycolate d'éthyle, $C^2H^5 - O - CH^2 - CO^2C^2H^5$ [T. Curtius, *Bull. Soc. Chim.*, (2), 41, 361; *D. chem. G.*, 16, 2230].

L'éther diazoacétique chauffé avec un grand excès d'un hydrocarbure aromatique donne lieu à une condensation, avec élimination d'une molécule d'azote; par exemple, avec le toluène, la réaction est exprimée par la formule

$$C^7H^8 + CHAz^2 - CO^2C^2H^5 = C^{11}H^{14}O^2 + Az^2$$

[E. Buchner et T. Curtius, *Bull. Soc. Chim.*, (2), 46, 86; *D. chem. G.*, 18, 2377].

L'acide benzoïque dans les mêmes conditions donne naissance à l'éther benzoïque de l'éther glycolique $C^6H^5 - CO^2 - CH^2 - CO^2C^2H^5$.

L'aldéhyde benzylique réagit en donnant le benzoylacétate d'éthyle, $C^6H^5 - CO - CH^2 - CO^2C^2H^5$, avec dégagement d'azote; si l'on opère à une température assez élevée, il se forme de l'acide benzylidène-dibenzoylacétique,

$$C^6H^5 - CH\left\langle\begin{array}{l} CH\left\langle\begin{array}{l} CO^2H \\ COC^6H^5 \end{array}\right. \\ CH\left\langle\begin{array}{l} CO^2H \\ COC^6H^5 \end{array}\right. \end{array}\right.$$

résultant de la condensation de l'aldéhyde benzylique avec 2 molécules d'acide benzoylacétique primitivement formé [E. Buchner et T. Curtius, *Bull. Soc. Chim.*, (2), 46, 47; *D. chem. G.*, 18, 2371].

L'éther diazoacétique se combine avec les éthers des acides non saturés pour donner des dérivés du pyrazol qui présentent une stabilité considérable.

Chauffé avec de l'aniline, l'éther diazoacétique fournit l'anilidoacétate d'éthyle,

$$C^6H^5 - AzH - CH^2 - CO^2C^2H^5.$$

PRODUITS DE CONDENSATION DES HYDROCARBURES AROMATIQUES AVEC LE DIAZOACÉTATE D'ÉTHYLE.

Benzène. — Le corps obtenu est liquide et possède l'odeur de l'acide benzoïque. La réaction ne s'effectue pas au-dessous de 150°.

Toluène. — On chauffe dans un ballon muni d'un réfrigérant à reflux 1 partie d'éther diazoacétique avec 4 parties de toluène jusqu'à cessation de dégagement d'azote. On distille l'excès de toluène et on entraîne par la vapeur d'eau. Le produit passé à la distillation est liquide, neutre au tournesol et bout à 238-239° sous 725 millimètres. Il se saponifie à l'ébullition sous l'influence des alcalis et donne un acide bouillant presque sans décomposition à 268-275° sous 720 millimètres. Il est soluble dans l'alcool et l'éther, peu soluble dans l'eau bouillante.

o-Xylène. — L'éther bout à 254-257° sous 725 millimètres.

DIAZOACÉTATE D'AMYLE. — Cet éther se prépare comme le dérivé méthylique. C'est une huile jaune-citron possédant une odeur de fruit, bouillant à 160° sous 720 millimètres, à 89° sous une pression de 14 millimètres [Curtius et Lang, *J. prakt. Chem.*, (2), 44, 564]. A. Béhal.

DIAZOAMIDÉS (CORPS) [Syn. *Diazoaminés*]. — Voyez Suppl., 1, 635.

Nomenclature. — On nomme successivement chacun des résidus en les considérant comme des corps complets, et en les séparant par les mots *diazoamino*. Exemples :

$$AzO^2 - C^6H^4 - Az = Az - AzH - C^{10}H^7;$$

Nitrobenzène-diazoamino-naphtène.

$$AzH^2 - C^6H^4 - Az = Az - AzH - C^6H^4 - CO^2H$$

Acide aminobenzène-diazoamino-benzoïque.

Les corps diazoaminés mixtes se nomment de la même façon; ils sont trop peu nombreux pour que nous en fassions une étude générale. On les trouvera décrits à propos de chaque corps en particulier.

Modes d'obtention. — On fait réagir un sel de diazoïque sur une amine, primaire ou secondaire. Les amines tertiaires ne peuvent pas donner naissance aux dérivés diazoaminés, puisque, en effet, on peut envisager la réaction comme résultant du remplacement de 1 atome d'hydrogène fixé à l'azote par un reste de molécule diazoïque. Il est important que l'amine soit toujours en excès, sans quoi le diazoïque se transforme en amino-azoïque. On peut, au lieu d'opérer avec un excès d'amine, se servir, pour absorber l'acide mis en liberté dans la réaction, soit de soude caustique, soit d'acétate de soude, soit de carbonate de soude.

La réaction ne se fait pas toujours : c'est ainsi que le chlorure de diazobenzène ne réagit pas sur la m-nitraniline. Les choses se passent généralement ainsi dès que la molécule de l'amine devient de plus en plus acide par l'adjonction de radicaux électronégatifs.

On obtient et on prépare les corps diazoaminés en faisant réagir les amines nitrosées sur les amines primaires :

$$R - Az\left\langle\begin{array}{l} AzO \\ CH^3 \end{array}\right. + R'AzH^2 = R - Az = Az - AzH - R'.$$

MM. Frieswell et Green ont obtenu le benzène-diazoamino-benzène en faisant réagir le diazobenzène sur le chlorhydrate d'aniline [*Chem. Soc.*, 47, 917].

Propriétés. — Les corps diazoaminés sont des combinaisons généralement cristallisées, de couleur jaune, insolubles dans l'eau, solubles dans l'éther, le benzène et l'alcool.

Ils détonent quand on les soumet brusquement à l'action de la chaleur.

Ils possèdent des propriétés à peine basiques, mais se combinent avec le chlorure de platine.

L'hydrogène du groupement aminogène est remplaçable par les métaux, en particulier par l'argent. Ce sont surtout les molécules possédant des groupes électronégatifs qui possèdent cette propriété au plus haut degré.

Ils sont solubles dans les alcalis et précipités par les acides faibles. Ils jouent donc eux-mêmes le rôle d'un acide faible (voyez Suppl., 1, 636).

Les faits les plus remarquables de leur histoire sont leur transformation en dérivés azoïques aminés, et l'identité des produits obtenus par des réactions métamériques lorsqu'on opère avec des amines primaires.

Ainsi, en faisant réagir la toluidine sur l'aniline diazotée, on obtient le même produit qu'en faisant réagir l'aniline sur la toluidine diazotée; or, comme le montrent les deux formules suivantes, les deux produits devraient être isomériques :

$$C^6H^5 - Az = Az - AzH - C^6H^4 - CH^3$$
$$CH^3 - C^6H^4 - Az = Az - AzH - C^6H^5$$

[Nœlting et Binder, *Bull. Soc. Ind. Mulhouse*, 1887; *Bull. Soc. Chim.*, (2), 42, 336, 341].

Action du chlorure de carbonyle. — Le chlorure de carbonyle réagit sur les corps diazoaminés en donnant naissance à des urées peu stables qui se décomposent, sous l'influence de l'eau, en fournissant des urées plus simples et des phénols. Les deux équations suivantes rendent compte de ces réactions :

$$2\,[C^6H^5 - Az = Az - AzH\,C^6H^4Br] + COCl^2$$
$$= 2\,HCl + CO\left[Az \begin{smallmatrix} \nearrow Az^2 - C^6H^5 \\ \searrow C^6H^4Br \end{smallmatrix}\right]^2$$
$$CO\left[Az \begin{smallmatrix} \nearrow C^6H^4Br \\ \searrow Az^2 - C^6H^5 \end{smallmatrix}\right]^2 + 2H^2O$$
$$= CO \begin{smallmatrix} \nearrow AzH - C^6H^4Br \\ \searrow AzH - C^6H^4Br \end{smallmatrix} + 2\,C^6H^5 - OH + 2\,Az^2$$

[Sarrauw, *D. chem. G.*, **15**, 42; *Bull. Soc. Chim.*, (2), **37**, 413].

Action de l'hydrogène naissant. — L'hydrogène naissant les scinde en donnant 1 molécule d'hydrazine et 1 molécule d'amine. Si le corps réducteur est trop énergique, il peut scinder à son tour l'hydrazine en base et ammoniaque :

$$C^6H^5 - Az = Az - AzH - C^6H^5 + H^4$$
$$= C^6H^5AzH^2 + C^6H^5 - AzH - AzH^2.$$

Action des iodures alcooliques. — Les iodures alcooliques réagissent en présence des éthylates alcalins en remplaçant l'atome d'hydrogène du groupement AzH par un radical alcoolique. Par exemple, le benzène-diazoamino-benzène donne, avec l'iodure d'éthyle et l'alcool sodé, le benzène-diazoéthylamino-benzène :

$$C^6H^5 - Az = Az - AzH - C^6H^5 + C^2H^5I + C^2H^5ONa$$
$$= NaI + C^6H^5 - Az = Az - \underset{\underset{C^2H^5}{|}}{Az} - C^6H^5 + H^2O.$$

Constitution. — La constitution des dérivés diazoaminés, qui paraîtrait devoir être très simple, n'est pas encore établie avec certitude.

L'identité des produits métamériques lorsqu'il s'agit de diazoaminés primaires, les dédoublements sous l'influence des divers réactifs qui ne fournissent pas les produits générateurs des réactions, ou les produits de dédoublement de ceux-ci, conduisent à leur attribuer une formule autre que celle qu'indiquerait leur genèse.

On pourrait résoudre la difficulté d'un mot, en disant que ces corps sont *tautomères*, c'est-à-dire ne possèdent pas de constitution propre, ou sont susceptibles de réagir comme s'ils en avaient plusieurs. Mais c'est là une explication analogue à celle des isoméries physiques, qu'on a créée autrefois pour se débarrasser des isoméries stéréochimiques trop encombrantes.

M. Friedel a proposé, pour résoudre la difficulté, de considérer les 3 atomes d'azote comme échangeant entre eux une valence. La molécule devient alors symétrique et les dédoublements ou les scissions peuvent se faire tantôt d'une façon, tantôt d'une autre.

Le benzène-diazoamino-toluène aurait pour formule

$$C^6H^5 - Az \text{ — } Az - C^6H^4 - CH^3$$
$$\searrow \; \swarrow$$
$$AzH$$

On voit que la scission peut se faire en donnant tantôt de la toluidine, tantôt de l'aniline; de plus, que les produits engendrés par métamérie doivent être identiques.

La formule de M. Friedel a encore l'avantage de montrer la fonction acide des corps diazoaminés : c'est l'atome d'hydrogène fixé dans le triangle azoté électronégatif qui est acide.

M. Béhal (*Thèse d'agrégation*, 1889, Carré) propose de les considérer comme répondant au schéma suivant, qui rend bien compte de leur instabilité; par exemple, le benzène-diazoamino-toluène aurait pour formule

$$C^6H^5 - Az = AzH = Az - C^6H^4 - CH^3.$$

Ici encore la formule est symétrique et les dédoublements peuvent se faire tantôt dans un sens, tantôt dans un autre.

Quant à la genèse de ces composés, on peut supposer que le sel de diazoïque réagit comme acide et donne naissance à un sel d'ammonium qui, par perte d'une molécule d'acide, fournit le produit symétrique :

$$C^6H^5 - Az = Az - Cl + C^6H^5 - AzH^2$$
$$= C^6H^5 - Az = \overset{\overset{H}{|}}{\underset{\underset{Cl}{|}}{Az}} - AzH - C^6H^5$$
$$= HCl + C^6H^5 - Az = \overset{\overset{H}{|}}{Az} = Az - C^6H^5.$$

Les formules de ces dédoublements peuvent être résumées dans les deux propositions suivantes :

1° Dans toute scission, le groupement amidogène restera de préférence fixé au résidu le plus électronégatif.

2°. Les substitutions par éthylation, par bromuration, par l'action du cyanate de phényle, portent toutes sur l'hydrogène relié à l'azote pentatomique [Nœlting et Binder, *loc. cit.*]. A. Béhal.

DIAZOBENZÉNIQUE (ACIDE). — Voyez Phénylamine nitrée.

DIAZOGUANIDINE, CH^5Az^5O,

$$AzH = C\,(AzH^2)\,AzH - Az = Az - OH.$$

— On prépare le nitrate de ce diazoïque en traitant le nitrate d'aminoguanidine en solution cinq fois normale par une solution de même concentration de nitrite de soude. On opère à une température voisine de 40°. La réaction terminée, ce que l'on voit à la teinte jaune que prend le liquide, on évapore dans le vide à une température inférieure à 70° et on reprend le résidu par l'alcool bouillant, d'où le nitrate de diazoguanidine cristallise par refroidissement en tables ou en prismes.

L'addition d'éther à la solution alcoolique détermine une nouvelle précipitation.

Le nitrate de diazoguanidine est très soluble dans l'eau et fusible à 129°. Il est beaucoup plus stable que les composés diazoïques en général.

Le chlorhydrate s'obtient comme le nitrate, en remplaçant le nitrate d'aminoguanidine par le chlorhydrate; il cristallise en tables.

Si l'on opère la diazotation en liqueur acétique, on obtient un produit jaune, amorphe, $C^2H^8Az^{10}O$, dont la constitution n'est pas établie, mais qui représente une double molécule d'hydrate de diazoguanidine moins une molécule d'eau.

Le nitrate d'argent ammoniacal ne renfermant pas un excès d'ammoniaque donne avec le nitrate de diazoguanidine un précipité jaune CAz^5Ag^3. L'addition d'acide azotique à la liqueur filtrée en précipite un azoture d'argent très explosible, qui se dissout dans les acides en dégageant l'odeur caractéristique de l'acide azothydrique.

Le précipité argentique CAz^5Ag^3 traité par

l'acide azotique étendu froid donne de l'azoture d'argent et de la cyanamide.

La soude agit sur le nitrate de diazoguanidine comme le nitrate d'argent ammoniacal; on obtient le dédoublement immédiat en sel sodique de la *diazo-imide* et *cyanamide*. En acidulant avec l'acide sulfurique étendu et distillant, on obtient l'*acide azothydrique*; c'est là un moyen commode de le préparer.

Si l'on soumet les sels de diazoguanidine à l'ébullition avec les acides étendus ou avec certains sels, on obtient, en même temps que l'acide azothydrique, l'*acide aminotétrazolique*,

$$AzH^2-C\begin{matrix}\nearrow Az - Az \\ \qquad\quad \| \\ \searrow AzH - Az\end{matrix}$$

Le mieux est d'opérer en employant une molécule d'acétate de sodium pour une molécule de nitrate de diazoguanidine.

L'acide aminotétrazolique est solide et fond à 203°; il renferme 1 molécule d'eau. Il est formé de lames brillantes ou de prismes peu solubles dans l'eau (1 partie pour 85 parties), dans l'alcool et dans l'éther.

C'est un acide monobasique.

Le *sel de sodium*, $CH^2Az^5Na, 3H^2O$, cristallise en prismes volumineux. Ce sel subit la double décomposition avec la plupart des sels métalliques, excepté toutefois avec ceux de plomb.

Le *sel de baryum*, $(CH^2Az^5)^2Ba, 5H^2O$, est très soluble et cristallise mal.

Le *sel d'argent*, CH^2Az^5Ag, est un précipité inaltérable à la lumière, très peu soluble dans l'acide azotique chaud.

Le *chlorhydrate*, $CH^3Az^5 . HCl, H^2O$, est plus soluble que l'acide lui-même et cristallise en prismes à troncatures obliques; il est dissociable par l'eau [J. Thiele, *Bull. Soc. Chim.*, (3), **10**, 470; *Ann. Chem.*, **270**, 1].

L'acide azoteux réagit sur l'acide aminotétrazolique pour donner un composé diazoïque tellement explosif, qu'il détone même en solution aqueuse à 0°.

Ce diazoïque donne avec la diméthylaniline et la naphtylamine des matières colorantes azoïques.

La *tétrazolazodiméthylaniline*,

$$CAz^4H-Az=Az-C^6H^4-Az(CH^3)^2,$$

est un précipité rouge-cinabre, qui cristallise en lamelles dans l'alcool; il donne un sel de sodium cristallisé en petits octaèdres orthorhombiques, d'un rouge cramoisi.

La *tétrazolazonaphtylamine*,

$$CAz^4H-Az=Az-C^{10}H^6-AzH^2,$$

est un précipité volumineux, rouge pâle, assez soluble dans l'eau. Ce corps cristallise dans l'alcool en amas hémisphériques presque noirs à reflets verts; il détone à 184° sans fondre.

A. Béhal.

DIAZO-IMIDÉS (CORPS) [Syn. *Diazo-iminés*]. — Voyez Suppl., **1**, 636.

Nomenclature. — On énonce d'abord le nom du carbure, et on le fait suivre du mot *diazo-imine*

$$\begin{matrix}C^6H^5-Az - Az \\ \searrow \;\nearrow \\ Az\end{matrix}$$

Benzène-diazo-imine.

$$\begin{matrix}CH^3 \searrow \\ AzO^2 \nearrow\end{matrix} C^6H^3-Az - Az \begin{matrix}\\ \searrow\;\nearrow \\ Az\end{matrix}$$

Nitrométhylbenzène-diazo-imine.

Ce sont en réalité des dérivés de l'acide azothydrique dont l'atome d'hydrogène est remplacé par un reste aromatique.

Propriétés. — Corps solides ou liquides, susceptibles, les uns, de passer à la distillation avec la vapeur d'eau, les autres de se sublimer.

La plupart détonent par une élévation brusque de température.

Ces composés sont neutres aux réactifs; ils sont susceptibles, au moins quand la molécule est suffisamment électronégative, de se scinder en donnant un phénol et de l'acide azothydrique. Ainsi la dinitrobenzène-diazo-imine se dédouble, sous l'influence de la potasse alcoolique, en donnant naissance au dinitrophénol et à la diazoimine de M. Curtius :

$$C^6H^3(AzO^2)^2-Az\begin{matrix}\nearrow Az \\ \| \\ \searrow Az\end{matrix} + 2KOH$$

$$C^6H^3(AzO^2)^2OK + K-Az\begin{matrix}\nearrow Az \\ \| \\ \searrow Az\end{matrix} + H^2O$$

[Nœlting et E. Grandmougin, *Bull. Soc. Chim.*, (3), **6**, 214].

A. Béhal.

DIAZOÏQUES (CORPS). — Voyez Suppl., **1**, 631.

NOMENCLATURE. — On a conservé pour les diazoïques la nomenclature employée de tout temps. On a seulement modifié les noms des carbures, conformément aux règles adoptées au Congrès de Genève : $C^6H^5-Az=Az-Cl$, chlorure de diazobenzène ou phène.

Vitesse de décomposition des dérivés diazoïques. — La décomposition des diazoïques par l'eau suit tantôt la loi des masses actives, et la formule

$$C = \frac{1}{\theta} \log \frac{A}{A-n}$$

s'applique très bien; tantôt, au contraire, pour certains diazoïques, la décomposition est donnée par la formule

$$y = \frac{1}{\theta} \log \frac{A}{A-n},$$

où y est une fonction linéaire du temps [J. Hauser et P. Th. Muller, *Bull. Soc. Chim.*, (3), **7**, 721].

Chaleur de formation. — La chaleur de formation des composés diazoïques à partir des éléments est négative, c'est-à-dire qu'ils sont formés avec absorption de chaleur. Cette propriété explique facilement leur décomposition explosive et leur instabilité [Léo Vignon, *Bull. Soc. chim.*, (2), **49**, 906].

DIAZOÏQUES AROMATIQUES.

Préparation. — 1° On peut remplacer, dans la préparation des diazoïques, l'acide nitreux par le bioxyde d'azote. Ainsi le nitrate d'aminophène (aniline) réagit sur le bioxyde d'azote en donnant naissance au nitrate de diazophène,

$$2C^6H^5-AzH^2, AzO^3H + 2AzO$$
$$= 2H^2O + 2C^6H^5-Az=Az-AzO^3 + H^2.$$

Les rendements sont bons [Ladenburg, *D. chem. G.*, **12**, 1212].

2° En opérant la réduction des nitrates d'amines primaires par le zinc, en présence de n'importe quel acide, on obtient des diazoïques.

Le mécanisme de cette réaction est facile à comprendre : le zinc, agissant comme réducteur, transforme l'azotate d'amine en azotite, qui, en liqueur acide, donne naissance au diazoïque [Möhlau, *D. R. P.*, n° 25146].

3° Les amines secondaires, diazotées par l'acide nitreux libre, donnent naissance à des diazoïques. Il s'élimine dans ce cas un reste alcoylé à l'état d'alcool. Ainsi le nitrate d'éthylphénylamine traité dans ces conditions donne du nitrate de diazophène, de l'alcool et de l'eau :

$$\begin{matrix} C^6H^5 \\ C^2H^5 \end{matrix} > AzH\,.\,AzO^3H + AzO^2H.$$
$$= C^6H^5-Az^2-AzO^3 + C^2H^5-OH + H^2O.$$

Stabilité des combinaisons diazoïques. — Certains diazoïques possèdent une stabilité beaucoup plus considérable que la généralité de ces composés. Cette stabilité leur est donnée par l'influence de groupements voisins dans la molécule. Ainsi, les dérivés monoacétylés des diamines diazotées, donnent naissance à des diazoïques relativement stables. Tel est le cas, par exemple, de l'o-crésylène-diamine acétylée et diazotée [O. Wallach, *Ann. Chem.*, **235**, 233 et *Bull. Soc. Chim.*, (2), **47**, 606. — Hirsch, *D. chem. G.*, 24. 324 et *Bull. Soc. Chim.*, (3), **5**, 990].

Les diazoïques à l'état de sels en solution aqueuse s'altèrent; ainsi le chlorure de diazobenzène donne naissance à de l'oxyde de phényle, le sulfate de diazobenzène donne naissance au p-biphénol. Il faut interpréter la réaction comme il suit : dans une première phase, il y a formation de phénol; dans une seconde, le sel diazoïque réagit sur le phénol et donne le p-biphénylol $C^6H^5-C^6H^4-OH$ [Hirsch, *D. chem. G.*, **23**, 3705 et *Bull. Soc. Chim.*, (3), **5**, 888].

L'étude de la détermination du poids moléculaire des sels de diazoïques, au moyen de la méthode de M. Raoult, a montré que ces sels sont à l'état de dissociation plus ou moins complète dans leurs solutions aqueuses. On trouve à peu près la moitié du poids moléculaire théorique [H. Goldschmidt, *D. chem. G.*, **23**, 3220 et *Bull. Soc. Chim.*, (3), **6**, 58].

Obtention des sels de diazoïques à l'état de siccité. — Les diazoïques préparés au moyen des nitrites ou des vapeurs nitreuses ne peuvent que rarement être obtenus à l'état solide. En opérant la diazotation avec le nitrite d'amyle en solution alcoolique, en présence de l'acide dont on veut avoir le sel, on obtient ces dérivés cristallisés et à l'état de siccité après essorage [E. Knœvenagel, *D. chem. G.*, **23**, 2294 et *Bull. Soc. chim.*, (3), **5**, 321].

Action des alcalis. — Les diazoïques en solution alcaline sont décomposés rapidement en présence de chlorure stanneux. Il se forme le carbure correspondant au diazoïque et l'azote se dégage.

Le chlorure de diazobenzène, versé dans une solution alcaline refroidie, puis additionné de chlorure stanneux également en solution alcaline, se décompose très rapidement à froid et donne naissance au benzène. L'acide diazobenzène-sulfonique donne, dans ces conditions, l'acide benzène-sulfonique, l'α-naphtylamine, le naphtalène.

Cette réduction, ainsi effectuée, serait préférable à celle que l'on obtient en réduisant les diazoïques par les alcools [Friedlænder, *D. chem. G.*, **22**, 587 et *Bull. Soc. Chim.*, (3), **2**, 531].

Action des sulfures alcalins. — Les combinaisons diazoïques réagissent sur les solutions alcooliques chaudes de sulfure de potassium, pour donner naissance à un thiophénol-potassé. Ainsi, l'acide diazophène-sulfonique traité par le sulfure de potassium donne le dérivé potassé du thiolphénylsulfonate de potassium :

$$C^6H^4 < \begin{matrix} Az=Az \\ SO^3 \end{matrix} > + K^2S = C^6H^4 < \begin{matrix} SK \\ SO^3K \end{matrix} + Az^2$$

[Klason, *D. chem. G.*, **20**, 349].

Action des sels cuivreux en présence des acides halogénés. — Cette réaction porte le nom de M. Sandmeyer, qui l'a découverte, et a reçu une grande extension.

Lorsqu'on fait réagir un acide halogéné sur un diazoïque, à chaud, il y a décomposition et formation du carbure halogéné correspondant, avec mise en liberté d'azote (voyez Suppl., **1**, 635); mais cette réaction est limitée et souvent fort complexe; l'addition de sel cuivreux ou même de poudre de cuivre [Gattermann, *D. chem. G.*, **23**, 1218 et *Bull. Soc. Chim.*, (3), **5**, 3:] au sel diazoïque à décomposer simplifie la réaction, qui conserve le même sens. Il se forme probablement un composé d'addition avec le sel de cuivre, composé qui a pu être isolé dans certains cas (Lellmann et Remy), par exemple avec le chlorure de diazonaphtène, où il a pour formule

$$C^{10}H^7Az=Az-Cl\,.\,Cu^2Cl^2$$

[Sandmeyer, *D. Chem. G.*, **17**, 1633; *Bull. Soc. Chim.*, (2), **44**, 627. — Lellmann et Remy, *D. chem. G.*, **19**, 810; *Bull. Soc. Chim.*, (2), **47**, 260].

Les corps possédant deux fois la fonction diazoïque sont susceptibles de donner deux fois la réaction de Sandmeyer. Ainsi le dichlorure de paradiazophène $C^6H^4(Az=AzCl)^2$ donne du paradichlorophène.

Formation et préparation des nitriles correspondant aux azoïques. — M. Sandmeyer a donné de l'extension à sa méthode; en effet, en faisant réagir sur les sels de diazoïques le cyanure de potassium en présence du cyanure cuivreux, on obtient le nitrile correspondant à l'azoïque employé. On réalise la réaction à une température voisine de 90°, en opérant en solution aqueuse. Le chlorure de diazobenzène donne, par cette méthode, 63 0/0 du rendement théorique :

$$C^6H^5-Az=AzCl + CAzK$$
$$= KCl + C^6H^5-C\equiv Az + Az^2$$

[Sandmeyer, *D chem. G.*, **17**, 2650 et *Bull. Soc. Chim.*, (2), **45**, 476].

Formation et préparation des cyanates (isocyanates). — En faisant réagir le cyanate de potassium sur les diazoïques en présence de poudre de cuivre, on remplace le groupement diazoïque par un reste de molécule cyanique. Ainsi le chlorure de p-diazotoluène donne, dans ces conditions, naissance au cyanate de tolyle :

$$CH^3-C^6H^4-Az^2Cl + O=C=Az-K$$
$$= KCl + Az^2 + CH^3-C^6H^4-Az=C=O$$

[L. Gattermann et A. Cantzler, *D. chem. G.*, **25**, 1086 et *Bull. Soc. Chim.*, (3), **8**, 785].

Action de l'acide sulfureux, des sulfites et des bisulfites alcalins sur les diazoïques en solution aqueuse. — Lorsqu'on met en présence, à froid, une solution aqueuse d'acide sulfureux et un diazoïque, on obtient des corps désignés sous le nom de *sulfazides* [Kœnigs, *D. chem. G.*, **10**, 1531 et *Bull. Soc. Chim.*, (2), **39**, 278].

Ainsi, le chlorure de diazobenzène réagit sur l'acide sulfureux en donnant le benzène-hydrazo-sulfone-benzène :

$$2C^6H^5\,.\,Az=Az\,.\,Cl + 3SO^2 + 4H^2O$$
$$= 2SO^4H^2 + 2HCl + Az^2$$
$$+ C^6H^5-AzH-AzH-SO^2-C^6H^5.$$

En remplaçant l'acide sulfureux par un sulfite alcalin, on obtient un sulfite double du métal employé et du diazoïque :

$$C^6H^5-Az=Az-AzO^3 + SO^3K^2$$
$$= C^6H^5-Az=Az-SO^3K + AzO^3K.$$

Sulfite double de diazobenzène et de potassium.

Si l'on emploie un bisulfite, on obtient à la fois et l'action du sulfite et celle de l'acide sulfureux, c'est-à-dire que l'on obtient un sel dérivé d'une hydrazine sulfonée :

$$\mathrm{C^6H^5-AzH-AzH-SO^3R.}$$

Ces composés sont importants, car, traités par les acides, ils donnent les sels de l'hydrazine correspondante [Wiesinger, Wiesinger et Muller, Schmidt et Glutz, Strecker et Römer, E. Fischer, *D. chem. G.*, **2**, 51; **4**, 478; **8**, 589; **10**, 1715; **12**, 1348].

Action des alcools et des phénols sur les diazoïques. — Généralement, les alcools mis en présence des diazoïques donnent naissance à un dégagement d'azote, en même temps qu'ils s'oxydent, et le groupe $\mathrm{Az^2}$ est remplacé par un atome d'hydrogène. Cependant certains diazoïques réagissent sur les alcools, en donnant naissance à l'éther alcoolique dérivé du phénol correspondant au diazoïque employé. Tels sont, par exemple, l'amino-tétraméthylphène, la cumidine, l'acide méta et para amino-benzoïque :

$$\mathrm{C^6H(CH^3)^4-Az=Az-Cl+C^2H^5\text{-}OH}$$
$$\mathrm{=HCl+Az^2+C^6H(CH^3)^4O-C^2H^5}$$

[A. W. Hofmann, *D. chem. G.*, **17**, 1905 et *Bull. Soc. Chim.*, (2), **44**, 376].

Les phénols réagissent d'une façon analogue; ainsi, en chauffant le sulfate méta ou paradiazobenzoïque avec le phénol, on obtient les acides phénoxybenzoïques correspondants :

$$\mathrm{C^6H^4}<\begin{matrix}\mathrm{CO^2H}\\ \mathrm{Az=AzSO^4H}\end{matrix}+\mathrm{C^6H^5-OH}$$
$$=\mathrm{C^6H^4}<\begin{matrix}\mathrm{CO^2H}\\ \mathrm{OC^6H^5}\end{matrix}+\mathrm{SO^4H^2+Az^2.}$$

Le dérivé ortho donne une réaction beaucoup plus compliquée : entre autres produits, de l'oxydiphénylène-cétone. Il se forme néanmoins de l'acide o-phénoxybenzoïque [Griess, *D. chem. G.*, 21 978; *Bull. Soc. Chim.*, (2), **50**. 52].

Action des diazoïques sur les mercaptans. — Les sels de diazoïques réagissent sur les mercaptans en solution aqueuse alcaline, pour donner naissance à un diazomercaptan. Ainsi, le chlorure de diazophène réagit sur l'éthanethiol pour donner naissance au phène-diazoéthane-thiol :

$$\mathrm{C^6H^5-Az=Az-Cl+C^2H^5-SH}$$
$$\mathrm{=HCl+C^6H^5-Az=Az-S-C^2H^5.}$$

Ces diazomercaptans sont instables et se décomposent avec explosion quand on les chauffe; ils donnent alors naissance à des disulfures et à des sulfures mixtes. Le corps cité plus haut donne naissance au bisulfure d'éthyle $\mathrm{(C^2H^5)^2S^2}$ et aux sulfures d'éthyle et de phényle [Stadler, *D. chem. G.*, **17**, 2075 et *Bull. Soc. Chim.*, (2), **44**, 377].

Action des diazoïques sur les anhydrides d'acides. — Certains diazoïques (et peut-être la réaction est-elle générale), mis en présence d'anhydride acétique, donnent naissance à un dégagement d'azote, à la formation d'un chlorure ou d'un bromure d'acide, et en même temps à l'éther acétique du phénol correspondant au diazoïque employé; ainsi l'orthocrésylène-diamine acétylée et diazotée donne, dans ces conditions, l'éther acétique d'un amidocrésol :

$$\mathrm{CH^3-C^6H^3}<\begin{matrix}\mathrm{Az=AzBr}\\ \mathrm{AzH-CO.CH^3}\end{matrix}+\mathrm{(C^2H^3O)^2O}$$
$$=\mathrm{CH^3-C^6H^3}<\begin{matrix}\mathrm{O-CO-CH^3}\\ \mathrm{AzH-CO-CH^3}\end{matrix}+\mathrm{CH^3-COBr+Az^2}$$

[Wallach, *Ann. Chem.*, **235**, 233 et *Bull.* [*Soc. Chim.*, (2), **47**, 607].

Action de la phénylhydrazine. — La phénylhydrazine réagit sur les diazoïques en solution aqueuse en donnant naissance à des triazoïques (*diazo-imides*) et aux combinaisons de ces triazoïques avec la phénylhydrazine.

Soit, par exemple, l'action de l'acide p-diazophéno-sulfonique sur la phénylhydrazine. On a

$$2\left(\mathrm{C^6H^4}<\begin{matrix}\mathrm{SO^3}\\ \mathrm{Az=Az}\end{matrix}>\right)+2\,\mathrm{C^6H^5.AzH.AzH^2}$$
$$=\mathrm{C^6H^4}<\begin{matrix}\mathrm{SO^3H}\\ \mathrm{Az-Az}\\ \diagdown\ \ /\!\!/\\ \mathrm{Az}\end{matrix}+\mathrm{C^6H^5}-\begin{matrix}\mathrm{Az-Az}\\ \diagdown\ \ /\!\!/\\ \mathrm{Az}\end{matrix}$$
$$+\mathrm{C^6H^4}<\begin{matrix}\mathrm{SO^3H}\\ \mathrm{AzH^2}\end{matrix}+\mathrm{C^6H^5-AzH^2}$$

[P. Griess, *D. chem. G.*, **20**, 1528; *Bull. Soc. Chim.*, (2), **28**, 202, **48** 411].

Action des oximes. — Les oximes réagissent sur les diazoïques en solution alcaline pour donner naissance à des dérivés résultant du remplacement de l'hydrogène typique de l'oxime par le groupement azoïque.

Ainsi le chlorure de diazobenzène et la benzaldoxime donnent naissance à la réaction suivante :

$$\mathrm{C^6H^5-Az=Az-Cl+C^6H^5-CH=AzONa}$$
$$\mathrm{=NaCl+C^6H^5-Az=Az-O-Az=CH-C^6H^5,}$$

puis celle-ci fixe une nouvelle molécule d'oxime, donnant finalement [J. Mai, *D. chem. G.*, **24**, 3418; **25**, 1685; *Bull. Soc. Chim.*, (3), **8**, 466, 1338] un corps ayant probablement comme constitution

$$\mathrm{C^6H^5-AzH-Az}<\begin{matrix}\mathrm{O-Az=CH-C^6H^5}\\ \mathrm{O-Az=CH-C^6H^5}\end{matrix}$$

Action des diazoïques sur les dérivés sodés ou potassés des corps à fonction acide, mais ne possédant pas le groupement fonctionnel $\mathrm{CO^2H}$. — Tels que dicétones β, éthers β-cétoniques, aldéhydes-cétones β, diacides β, etc.

Les sels de diazoïques réagissent facilement sur ces composés; mais, au lieu de donner, comme on devrait s'y attendre, naissance à un dérivé azoïque mixte, il y a, le plus souvent, transposition moléculaire et formation d'hydrazones (voyez Suppl., **2**, 392).

Emploi des combinaisons diazoïques. — Les combinaisons diazoïques n'ont généralement qu'une existence transitoire. Combinées aux amines et aux phénols, elles donnent, après transposition moléculaire, naissance à des matières colorantes variables à l'infini, le diazoïque et la base ou le phénol pouvant varier eux-mêmes d'une façon considérable.

Réduits par les bisulfites, ils servent à préparer les hydrazines.

Ils servent encore à obtenir les dérivés halogénés ou les nitriles correspondant à ces azoïques.

Enfin, M. Griess a proposé leur emploi pour caractériser la présence des matières organiques dans l'eau, surtout les produits d'origine animale. Ainsi, une solution faiblement alcaline d'acide p-diazobenzène-sulfonique se colore fortement en jaune lorsqu'on y ajoute de l'eau renfermant 1/5000 d'urine humaine ou 1/50 000 d'urine de cheval.

Ces colorations sont dues à la formation probable d'un azoïque avec les phénols sulfonés qui existent dans l'urine et aussi peut-être à la réaction du diazoïque sur l'indol ou le scatol [Griess, *D. chem. G.*, **21**, 1830; *Bull. Soc. Chim.*, (2), **50**, 591].

Réactions des diazoïques (*Réaction de Liebermann*). — Tous les composés diazoïques mis en présence de phénol et d'acide sulfurique concentré donnent naissance à des colorations variant du rouge au bleu.

Ces colorations ne sont pas spéciales aux diazoïques; en effet les dérivés diazoaminés, les dérivés nitrosés, les nitrites aussi bien organiques que minéraux la donnent.

Tous les diazoïques réduits par le zinc et l'acide acétique donnent des hydrazines qui précipitent soit à froid, soit à chaud, de l'oxydule de cuivre des solutions de tartrate cupropotassique ou des liqueurs analogues.

DIAZOÏQUES GRAS.

Les diazoïques gras forment aujourd'hui une classe de corps assez étendue, dont l'histoire a été écrite par M. Curtius et ses élèves.

Les diazoïques gras ne sont pas à proprement parler des diazoïques : ils répondent bien à cette définition de renfermer deux atomes d'azote pour un seul reste de molécule organique, mais ces deux atomes d'azote sont deux fois liés à un même atome de carbone, ce qui leur imprime en quelque manière le caractère azoïque.

Constitution. — La constitution de ces corps est mise en évidence par leurs modes de formation et par leurs réactions.

Soit, par exemple, l'éther diazoacétique : il répond à la formule

$$\left.\begin{matrix}Az\\ \|\\ Az\end{matrix}\right> CH-CO^2.C^2H^5.$$

Il résulte de la diazotation de l'aminoacétate d'éthyle, réaction qui peut être représentée par les deux équations suivantes :

$$[1]\quad CH^2-AzH^2-CO^2.C^2H^5+AzO^2H = CO^2.C^2H^5-CH^2-Az=AzOH+H^2O;$$

$$[2]\quad CO^2.C^2H^5-CH^2-Az=AzOH = H^2O+CO^2.C^2H^5-CH\left<\begin{matrix}Az\\ \|\\ Az\end{matrix}\right.$$

Dans la première phase, il se forme un hydrate, qui donne ensuite un anhydride interne.

Cette formule de constitution exige que les 2 atomes d'azote fixés par une valence au même atome de carbone soient remplacés simultanément par 2 atomes d'un élément univalent. Or, lorsqu'on effectue cette réaction, il se substitue en effet aux 2 atomes d'azote 2 atomes de chlore, de brome ou d'iode.

La formule de constitution proposée plus haut montre que ces corps doivent être plus stables que les diazoïques aromatiques et avoir, jusqu'à un certain point, une stabilité comparable à celle des azoïques; de plus, elle fait prévoir que ces composés, contrairement aux diazoïques aromatiques, ne doivent pas se combiner sans changer de structure avec les bases aromatiques ou les phénols. Ces prévisions sont vérifiées par les faits, et la formule de constitution proposée en est confirmée.

Il existe quelques composés appartenant à la série grasse, au groupe des uréides, qui possèdent la formule de véritables composés diazoïques ($Az=Az-OH$); mais ces composés sont à chaîne fermée et peuvent être considérés comme renfermant un noyau plus ou moins hydrogéné; de ce nombre sont l'uracile, l'isonitroso-uracile et l'acide uracile-carbonique (voyez Diazines).

Il faut encore signaler le dérivé diazoïque de la guanidine, qui constitue un type spécial. Nécessairement, le carbone auquel il est attaché n'ayant plus d'hydrogène directement lié, le corps qui prend naissance par diazotation est encore un dérivé diazoïque vrai.

Il en est de même de l'éthane-diazosulfonate de sodium $C^2H^5-Az=Az.SO^3Na$, mais on n'a pas pu jusqu'ici remplacer le groupement sulfoné par une autre molécule acide.

En dehors des composés que nous venons de mentionner, tous les diazoïques de la série grasse se rattachent aux acides (éthers, amides).

Préparations. — L'acide azoteux réagit sur les corps qui possèdent une fonction amine et une fonction dérivant d'une fonction acide pour donner tout d'abord naissance à un azotite; mais ces combinaisons, peu stables, perdent bientôt de l'eau et donnent naissance aux composés cherchés.

Les amines primaires grasses ne donnent pas cette réaction : elles se transforment, comme l'on sait, en alcools. Pour que le diazoïque puisse prendre naissance, il est nécessaire qu'il y ait dans son voisinage un groupement plus ou moins électronégatif.

La réaction s'effectue le plus souvent avec les éthers des acides. Les acides libres, en effet, ne donnent point naissance au diazoïque.

On traite par le nitrite de sodium les chlorhydrates des amines acides éthérifiées; il se sépare de l'eau spontanément, et l'on obtient le dérivé azoïque. Ainsi l'éther éthylique du glycocolle donne naissance à l'éther diazoacétique :

$$C^2H^5CO^2-CH^2-AzH^2+AzO^2H = 2H^2O+C^2H^5CO^2-CH\left<\begin{matrix}Az\\ \|\\ Az\end{matrix}\right.$$

On peut effectuer la réaction en présence d'éther sec et se servir de nitrite d'argent.

Il se forme ainsi l'azotite de l'amine qui, lentement à froid, ou plus rapidement à 50°, ou encore par distillation avec l'eau, se décompose en eau et en diazoacétate d'éthyle [Curtius, *D. chem. G.*, **16**, 2230; **17**, 983; *Bull. Soc. Chim.*, (2), **41**, 361, **44**, 57].

Les hydrazines (*cétazines*), obtenues en faisant réagir le diaminogène AzH^2-AzH^2 sur les corps à fonction cétonique, sont oxydées en solution benzénique par l'oxyde mercurique, en donnant naissance aux composés diazoïques. Ainsi l'hydrazine

$$\begin{matrix}CH^3-C-CO^2H\\ \diagup\ \diagdown\\ AzH-AzH\end{matrix}$$

obtenue en faisant réagir le diaminogène sur l'acide pyruvique (propanonoïque), traitée par l'oxyde mercurique, donne l'acide diazopropionique,

$$\begin{matrix}CH^3-C-CO^2H\\ \diagup\ \diagdown\\ Az=Az\end{matrix}$$

dont l'éther est identique à celui que l'on obtient en diazotant l'alanate d'éthyle [Curtius, *D. chem. G.*, **23**, 3033; *Bull. Soc. Chim.*, (3), **5**, 631].

Cette réaction n'est pas applicable aux corps qui possèdent deux fois cette fonction hydrazine. Si, en effet, l'on oxyde par la même méthode la dihydrazine du biacétyle (butanedione 2.3), on obtient, non pas le corps deux fois diazoïque, mais le carbure acétylénique correspondant, le butine2, $CH^3-C\equiv C-CH^3$.

Propriétés. — Les éthers des acides diazoïques sont des liquides jaunes, possédant une odeur propre. Ils sont entraînables par la vapeur d'eau et peuvent distiller sous pression réduite.

Ils sont peu solubles dans l'eau, mais miscibles à l'alcool et à l'éther.

Ils possèdent un caractère acide. Ils se dissolvent en effet dans les alcalis et dans l'ammoniaque et sont susceptibles de donner, sous l'influence des alcoolates ou des métaux alcalins, des dérivés métalliques. C'est l'atome d'hydrogène fixé au carbone que possède le groupement diazoïque qui est remplacé, ou l'atome d'hydrogène le plus voisin. Ces éthers sont stables vis-à-vis des alcalis, mais ils sont attaqués à l'ébullition par les acides.

Action des agents réducteurs. — Les diazoïques gras traités par la poudre de zinc et l'acide acétique en solution éthérée fixent deux atomes d'hydrogène, en donnant des hydrazines qui repassent très facilement, par l'action des agents d'oxydation peu énergiques, à l'état de diazoïques et qui par perte d'ammoniaque donnent l'amine génératrice du diazoïque :

$$CO^2 . C^2H^5 - CHAz^2 + H^4$$
$$= CO^2 . C^2H^5 - CH^2 - AzH - AzH^2.$$

Action des agents d'oxydation. — Ces diazoïques sont très facilement oxydables ; ils réduisent à froid une solution aqueuse d'azotate d'argent et à chaud la liqueur de Fehling.

Action des éléments halogènes. — Les éléments halogènes réagissent sur ces composés azoïques en remplaçant l'azote atome par atome. Cette réaction peut même être considérée comme donnant le meilleur procédé de préparation des composés diiodés où l'iode est fixé au même atome de carbone. Ainsi, si l'on fait réagir sur l'éther diazoacétique l'iode en solution alcoolique, on obtient le diiodoacétate d'éthyle,

$$CHAz^2 - CO^2C^2H^5 + I^2 = Az^2 + CHI^2 - CO^2C^2H^5$$

[Curtius, *J. prakt. Chem.*, (2), **38**, 433; *Bull. Soc. Chim.*, (3), **2**, 829].

Action des hydracides. — Les hydracides agissent d'une façon analogue et l'on obtient le remplacement des deux atomes d'azote par une molécule d'hydracide.

Traite-t-on une solution éthérée de diazoacétate d'éthyle par l'acide chlorhydrique, on obtient un dégagement d'azote et la quantité théorique de monochloracétate d'éthyle,

$$CHAz^2 - CO^2C^2H^5 + HCl$$
$$= Az^2 + CH^2Cl - CO^2C^2H^5$$

[Curtius, *J. prak. Chem.*, (2), **38**, 401 ; *Bull. Soc. Chim.*, (2), **41**, 361].

Ces sels de diazoïques sont moins stables que les éthers correspondants. Maintenus en effet pendant quelque temps en solution, ils se décomposent complètement.

Si l'on traite ces sels par un acide concentré, il se sépare de l'azote.

L'acide carbonique lui-même produit cette décomposition totale.

L'acide sulfurique décompose les éthers avec explosion.

L'acide nitreux (vapeurs nitreuses) réagit sur ces composés en donnant naissance à des composés colorés que M. Curtius envisage comme des dérivés diazoaminés.

Action de l'eau. — Chauffés avec de l'eau, les éthers des diazoacides donnent d'abord naissance au remplacement des deux atomes d'azote par une molécule d'eau ; puis il y a souvent saponification de l'éther à fonction alcoolique formé ; par exemple, l'éther diazoacétique donne naissance aux deux réactions exprimées par les équations :

$$CO^2C^2H^5 - CHAz^2 + H^2O$$
$$= CO^2C^2H^5 - CH^2OH + Az^2 ;$$
$$CO^2C^2H^5 - CH^2OH + H^2O$$
$$= C^2H^5OH + CO^2H - CH^2OH.$$

Action des alcalis. — La solution alcaline de ces éthers, neutralisée, laisse précipiter, par l'addition d'un acide, le composé inaltéré ; cependant, si on prolonge le contact, il y a saponification du groupement éther, mise en liberté d'alcool et formation du sel correspondant au diazoïque acide.

Ainsi, le diazoacétate d'éthyle traité par la soude donne de l'alcool et du diazoacétate de sodium :

$$C^2H^5CO^2 - CH\genfrac{}{}{0pt}{}{\diagup Az}{\diagdown Az}\Vert + NaOH$$
$$= C^2H^5OH + \genfrac{}{}{0pt}{}{Az\diagdown}{Az\diagup}\Vert CH - CO^2Na.$$

Les solutions alcalines chaudes et concentrées donnent naissance à des polymères désignés d'abord sous le nom de *pseudo-diazoïques* (voyez plus loin).

L'ammoniaque réagit d'une façon analogue ; mais, au lieu de donner naissance au sel ammoniacal, elle donne naissance à l'amide correspondante. Réaction facile à prévoir, puisque les éthers réagissent sur l'ammoniaque pour donner des amides :

$$CO^2C^2H^5 - CH\genfrac{}{}{0pt}{}{\diagup Az}{\diagdown Az}\Vert + AzH^3$$
$$= C^2H^5OH + COAzH^2 - CH\genfrac{}{}{0pt}{}{\diagup Az}{\diagdown Az}\Vert$$

[Curtius, *D. chem. G.*, **18**, 1283; *Bull. Soc. Chim.*, (2), **45**, 901].

Action des composés organiques. — *Alcools.* — Chauffés avec les alcools, ces diazoïques remplacent les deux atomes d'azote par une molécule d'alcool, donnant ainsi naissance à un éther oxyde. Par exemple, l'éther diazoacétique chauffé avec de l'alcool éthylique donne l'éthoxyacétate d'éthyle,

$$CO^2C^2H^5 - CHAz^2 + C^2H^5OH$$
$$= CH^2(OC^2H^5) - CO^2C^2H^5 + Az^2$$

[Curtius, *D. chem. G.*, **17**, 953; *Bull. Soc. Chim.*, (2), **44**, 57].

Aldéhydes. — Les aldéhydes se condensent avec eux pour donner naissance à des éthers à fonction cétonique. L'aldéhyde benzylique, par exemple, fournit le benzoylacétate d'éthyle,

$$C^6H^5 - CHO + CHAz^2 - CO^2C^2H^5$$
$$= Az^2 + C^6H^5 - CO - CH^2 - CO^2C^2H^5.$$

Carbures aromatiques. — Si l'on chauffe ces éthers avec un grand excès de carbure aromatique, on obtient l'éther d'un acide aromatique avec dégagement d'azote. Ainsi le toluène, chauffé avec le diazoacétate d'éthyle, donne naissance au crésylacétate d'éthyle,

$$CH^3 - C^6H^5 + CHAz^2 - CO^2C^2H^5$$
$$= Az^2 + CH^3 - C^6H^4 - CH^2 - CO^2C^2H^5.$$

Bases phénoliques. — Les bases phénoliques réagissent en donnant naissance au remplacement de Az^2 par une molécule d'amine aromatique,

$$CHAz^2 - CO^2C^2H^5 + C^6H^5 - AzH^2$$
$$= Az^2 + C^6H^5 - AzH - CH^2 - CO^2C^2H^5.$$

Transformation des éthers diazoïques en azines. — Les éthers des acides diazoïques chauffés vers 120-130° dégagent de l'azote et donnent naissance à des composés que M. Curtius désigne sous le nom d'*azines*.

L'équation de la réaction peut être représentée par la formule suivante :

$$4\,CHAz^2-CO^2.R = C^8H^4Az^2O^8R^4 + 3\,Az^2.$$

Les corps ainsi formés répondraient par exemple, dans le cas de l'éther diazoacétique, à la formule suivante :

$$\begin{array}{l} CO^2C^2H^5-CH \\ \quad | \\ CO^2C^2H^5-CH \end{array} \!\!\!> Az-Az < \!\!\! \begin{array}{l} CH-CO^2C^2H^5 \\ \quad | \\ CH-CO^2C^2H^5 \end{array}$$

ce serait l'*éther β-azine-succinique*.

L'éther diazosuccinique donne également un *éther azine-succinique*,

$$\begin{array}{ccc} C^2H^5-CO^2 & & CO^2C^2H^5 \\ & | & \\ CO^2C^2H^5-CH^2-C & =Az-Az= & C-CH^2-CO^2C^2H^5 \end{array}$$

[Curtius, *D. chem. G.*, **18**, 1293, 1302 ; *Bull. Soc. Chim.*, (2), **45**, 902, 903].

Composés pseudo-diazoïques. — Ces composés se forment dans diverses conditions. Ainsi, l'éther diazoacétique traité par la potasse concentrée et chaude donne naissance à un sel de potassium jaune, qui n'est autre que le sel potassique de l'acide triazoacétique.

Ces pseudo-diazoïques sont des polymères des diazoïques générateurs ; ils sont susceptibles de retourner au type simple ; ils répondent à une formule triple. Par exemple, l'éther diazoacétique donne naissance à l'acide qui, à l'état de liberté, répond à la formule $(CHAz^2-CO^2H)^3,3H^2O$ [Curtius et J. Lang, *J. prakt. Chem.*, **38**, 531, 558 ; *Bull. Soc. Chim.*, (3), **2**, 829 ; *D. chem. G.*, **18**, 1283 ; *Bull. Soc. Chim.*, (2), **45**, 902].

Ces pseudo-diazoïques se distinguent facilement des diazoïques, par ce fait que, sous l'influence des acides minéraux, ils ne dégagent pas d'azote, mais donnent un sel d'hydrazine (AzH^2-AzH^2) correspondant à l'acide employé [Curtius, *D. chem. G.*, **20**, 1632 ; *Bull. Soc. Chim.*, (2), **45**, 642 ; *J. prakt. Chem.*, **39**, 107, 140 ; *Bull. Soc. Chim.*, (3), **2**, 835]. A. Béhal.

DIAZO-OXYACRYLIQUE, $C^3H^2Az^2O^3$. — Cet acide n'est pas connu à l'état de liberté.

Éther éthylique,

$$C^3HAz^2O^3C^2H^5, \quad CAz^2=COH-CO^2C^2H^5 \; (?)$$

— On dissout la gélatine dans une petite quantité d'eau, on la précipite par l'alcool absolu et on soumet le tout à l'action du gaz chlorhydrique à la température du bain-marie pendant 20 heures. On obtient ainsi une dissolution complète. On chasse l'alcool par distillation et le sirop brun qui reste comme résidu est abandonné en présence de chaux pendant quelques semaines, de façon à éliminer l'excès d'acide.

On redissout ensuite dans l'eau et on traite par le nitrite de sodium ; on épuise enfin par l'éther et on évapore ce dernier dissolvant. 400 grammes de gélatine fournissent ainsi 150 grammes d'un produit brut qui n'est autre qu'un dérivé diazoïque de la série grasse.

Purifié par distillation dans un courant de vapeur d'eau, puis par fractionnement dans le vide, ce composé se présente sous la forme d'une huile jaune-citron, bouillant à 110-112° sous 150 millimètres et 141-142° sous 717 millimètres. Il possède une odeur forte.

Ce corps réduit à froid le nitrate d'argent. Traité en solution éthérée par la poudre de zinc et l'acide acétique, il donne un dérivé hydrazinique, puis, par action ultérieure du réducteur, de l'ammoniaque et une base dont le chlorhydrate est cristallisé.

Traité par une solution éthérée d'iode, ce dérivé diazoïque donne un liquide rouge qui, par l'ammoniaque aqueuse après expulsion de l'éther, donne au bout de 24 heures, à froid, des cristaux de diiodovinylamine, $CI^2=CH-AzH^2$ (*diiodo-éthénylamine*) (voyez ce mot).

La réaction qui donne naissance à ce corps peut être exprimée par les équations suivantes :

$$CAz^2=C(OH)-CO^2C^2H^5+I^2$$
$$=Az^2+CI^2=C(OH)-CO^2C^2H^5,$$
$$CI^2=C(OH)-CO^2C^2H^5+AzH^3$$
$$=CO^2+C^2H^6O+CI^2=CHAzH^2.$$

Les acides minéraux lui font perdre son azote à froid ; les alcalis bouillants ne l'attaquent que lentement, en lui enlevant de l'acide carbonique et de l'alcool ; l'ammoniaque aqueuse concentrée lui enlève à froid de l'acide carbonique [Buchner et Curtius, *D. chem. G.*, **19**, 850 ; *Bull. Soc. Chim.*, (2), **47**, 652]. A. Béhal.

DIAZOPROPIONIQUE (ACIDE),

$$CH^3-CAz^2-CO^2H.$$

— On ne connaît que son éther méthylique,

$$CH^3-CAz^2-CO^2CH^3.$$

On l'obtient par deux moyens différents : le premier consiste à oxyder au moyen de l'oxyde mercurique l'hydrazine obtenue en faisant réagir l'hydrazine AzH^2-AzH^2 sur le pyruvate de méthyle.

On obtient ainsi l'hydrazopropionate de méthyle,

$$\begin{array}{c} CH^3-C-CO^2CH^3 \\ / \quad \backslash \\ HAz — AzH \end{array}$$

fusible à 116°, qui, en s'oxydant, donne le composé cherché.

L'oxydation se fait en liqueur éthérée ; on agite l'hydrazine dissoute dans l'éther avec l'oxyde jaune de mercure. Par évaporation du solvant, on obtient le dérivé diazoïque.

On prépare encore ce même acide en diazotant à la façon ordinaire par le nitrite de sodium le chlorhydrate d'aminopropanoate de méthyle (alanate de méthyle), $CH^3-CH(AzH^2)-CO^2CH^3$. C'est un corps liquide, bouillant à 53-55° sous 32 millimètres. Il est instable [Curtius et Lang, *J. prakt. Chem.*, (2), **44**, 559 ; *Bull. Soc. Chim.*, (3), **5**, 631.] A. Béhal.

DIAZOSUCCINIQUE (ACIDE). — Comme l'acide diazoacétique, cet acide n'est pas stable et n'existe guère qu'à l'état de dérivé.

Éther éthylique,

$$C^2H^5CO^2-CH^2-CAz^2-CO^2C^2H^5.$$

— On le prépare en traitant l'acide aspartique en solution alcoolique par l'acide chlorhydrique. On obtient dans ces conditions le chlorhydrate de l'aspartate d'éthyle, que le nitrite de sodium transforme en dérivé azoïque. On opère en solution aqueuse et en présence de glace. Le dérivé diazoïque est enlevé à la solution aqueuse au moyen de l'éther, et celui-ci est ensuite chassé par évaporation.

C'est une huile d'un jaune citron, douée d'une odeur agréable et se décomposant en partie par la distillation avec la vapeur d'eau.

Les acides étendus transforment à froid cet éther en fumaramate et maléinamate d'éthyle,

$$COAzH^2-CH=CH-CO^2C^2H^5.$$

Lorsqu'on le fait bouillir avec les acides étendus, il se dégage de l'azote et l'on obtient de l'éther fumarique; si la décomposition se fait à froid et spontanément, il se dégage encore de l'azote et l'on obtient un corps provenant de l'union de deux restes de molécules d'éther diazosuccinique et que l'auteur nomme *éther azinesuccinique* :

$$2\,C^6H^8Az^2O^4 = C^{12}H^{16}Az^2O^8 + Az^2.$$

La poudre de zinc et l'acide acétique transforment ce dérivé diazoïque en éther aspartique et ammoniaque.

L'éther diazosuccinique, traité par l'ammoniaque froide et concentrée, donne, à côté de la fumaramide, un nouveau corps, l'éther diazosuccinamique,

$$C^2H^5CO^2-CH^2-CAz^2-COAzH^2$$

[Th. Curtius et Fr. Koch, *Bull. Soc. Chim.*, (2), 45, 902; *D. chem. G.*, 18, 1293].

DIAZOSUCCINAMATE DE MÉTHYLE,

$$AzH^2CO-CAz^2-CH^2-CO^2CH^3.$$

— On l'obtient comme l'éther éthylique (voyez plus loin); il forme de longs prismes jaune d'or, fusibles à 84°.

Le diazosuccinate de méthyle, abandonné pendant quelques jours à la température ordinaire, donne de l'azine-succinate de méthyle,

$$\begin{matrix} CO^2CH^3 \\ CO^2CH^3-CH^2 \end{matrix} > C=Az-Az=C < \begin{matrix} CO^2CH^3 \\ CH^2-CO^2CH^3 \end{matrix}$$

On précipite ce corps par addition d'éther; il se sépare des aiguilles blanches, qu'on purifie par des cristallisations répétées dans l'alcool. Ce corps fond à 149-150°.

Traité par les acides ou les alcalis, il donne de l'acide azine-succinique α, corps soluble dans l'eau et dans l'alcool, mais qui cristallise difficilement. Il ne faut pas confondre ce corps avec celui obtenu en partant de l'éther diazoacétique et qui a été désigné sous le nom d'*acide azinesuccinique* β.

Ses sels sont peu solubles dans l'eau, en particulier celui de baryum [T. Curtius et Fr. Koch, *Bull. Soc. Chim.*, (2), 45, 902; *D. chem. G.*, 18, 1293 et 1302].

ÉTHER DIAZOSUCCINAMIQUE,

$$C^2H^5CO^2-CH^2-CAz^2-COAzH^2.$$

— Obtenu par l'action prolongée de l'ammoniaque sur l'éther diazosuccinique, ce corps se présente en prismes d'un jaune d'or, fondant à 110-112° en se décomposant.

L'eau bouillante ne l'attaque pas; en revanche les acides et les alcalis le détruisent facilement. Chauffé brusquement, il déflagre.

Il réduit à froid le nitrate d'argent et l'acétate de cuivre, mais n'a pas d'action sur la liqueur de Fehling [Curtius et Fr. Koch, *Bull. Soc. Chim.*, (2), 45, 903; *D. chem. G.*, 18, 1293].

Il donne, sous l'influence du brome ou de l'iode, l'éther dibromo- ou diiodosuccinamique. Chauffé avec l'acide benzoïque à 140-150°, il donne l'éther benzoylmaléinamique. A. Béhal.

DIAZOTÉTRAZOL CAz^6,

$$\begin{matrix} Az=Az \\ | \quad\ | \\ Az-C=Az \\ | \quad\ | \\ Az = Az \end{matrix}$$

— Lorsqu'on opère la diazotation de l'acide aminotétrazolique CAz^5H^3 (voyez DIAZOGUANIDINE) en solution aqueuse concentrée, il y a explosion même à 0°; mais si l'on opère en solution étendue à 2 0/0 environ, le diazoïque qui prend naissance est relativement stable. Il dégage cependant, par l'ébullition, de l'azote et du cyanogène et donne naissance à un composé acide formant des sels d'argent et de cuivre insolubles. Ce corps est probablement l'*oxytétrazol* $HO-CAz^4H$.

L'acide diazotétrazolique est très instable; mais ses sels ont une résistance plus considérable. Pour les obtenir, on opère de la façon suivante: On traite l'acide aminotétrazolique en solution aqueuse additionnée de glace par la quantité théorique d'acide azoteux dissous dans le chloroforme (on peut se servir du papier ioduré et amidonné pour observer la fin de la réaction). La solution aqueuse est alors additionnée de la quantité calculée d'alcali exempt de carbonate. On évapore ensuite dans le vide au-dessous de 80°. Par refroidissement le sel se dépose.

Le *diazotétrazolate de sodium*,

$$CAz^4Na\,.\,Az^2ONa,$$

est en petites aiguilles incolores, très solubles dans l'eau à réaction alcaline.

Sa solution réagit avec les bases aromatiques pour donner des matières colorantes.

La stabilité du sel de diazoïque en opposition à celle du diazoïque libre a conduit MM. J. Thiele et J.-T. Marais à envisager ces deux corps comme n'offrant pas la même constitution. Le sel de sodium du diazotétrazol aurait pour formule de constitution

$$NaO-Az=Az-C \begin{matrix} \nearrow Az — Az \\ \quad\quad\ \| \\ \searrow AzNa-Az \end{matrix}$$

tandis que le tétrazol libre serait l'anhydride correspondant:

$$\begin{matrix} Az \\ \| \\ Az \end{matrix} > C \begin{matrix} \nearrow Az-Az \\ \quad\ \| \\ \searrow Az-Az \end{matrix}$$

Le diazotétrazol réduit par le chlorure stanneux en solution aqueuse donne naissance à la tétrazylhydrazine (voyez ce mot) [J. Thiele et J.-T. Marais, *Bull. Soc. Chim.*, (3), 10, 1007; *Ann. Chem.*, 273, 144]. A. Béhal.

DIBENZILIQUE (ACIDE). — Voyez BENZILIQUE, p. 521.

DIBENZOYLACÉTIQUE (ACIDE). — Voyez BENZOYLACÉTIQUE, p. 588.

DIBENZOYLACÉTONE. — Voyez DICÉTONES.

DIBENZOYLBENZOÏQUE (ACIDE),

$$C^{21}H^{14}O^4.$$

— Cet acide a été décrit au Suppl., 1, 637; mais la bibliographie a été omise [Weber et Zincke, *D. chem. G.*, 7, 1154; *Bull. Soc. Chim.*, (2) 23, 323].

DIBENZOYLCARBONYLE. — Voyez DICÉTONES.

DIBENZOYLDIACÉTYLÉTHANE. — Voyez DICÉTONES.

DIBENZOYLDICUMYLÈNE-DIAMINE. — Voyez BENZILE.

DIBENZOYLMÉSITYLÈNE. — Voyez BENZOYLMÉSITYLÈNE.

DIBENZOYLMÉTHANE. — Voyez DICÉTONES.

DIBENZOYLSUCCINIQUE (ACIDE) [Syn. *Diphényl 1.4-butane-dione 1.4-diméthyloïque 2.3*],

$$\begin{matrix} C^6H^5-CO-CH-CO^2H \\ | \\ C^6H^5-CO-CH-CO^2H \end{matrix}$$

— C'est l'éther éthylique de cet acide et ses sels qui sont connus.

L'acide lui-même n'a pas été isolé à l'état de liberté et doit être peu stable.

Le *sel de calcium* est un précipité amorphe, répondant à la formule $C^{18}H^{12}O^6Ca$ à 100°.

Le *sel d'argent* affecte la même forme et a une formule analogue, $C^{18}H^{12}O^6Ag^2$ [A. Baeyer et W.-H. Perkin, *D. chem. G.*, **17**, 59].

DIBENZOYLSUCCINATE D'ÉTHYLE. — On le prépare en traitant le benzoylacétate d'éthyle sodé par l'iode; l'équation suivante rend compte de sa formation :

$$2\,C^6H^5-CO.CHNa-CO^2C^2H^5 + I^2$$

$$= 2\,NaI + \begin{array}{l} C^6H^5-CO-CH-CO^2C^2H^5 \\ \qquad\qquad\quad | \\ C^6H^5-CO-CH-CO^2C^2H^5 \end{array}$$

On ajoute peu à peu une solution d'iode (2g,8) au benzoylacétate d'éthyle délayé dans l'éther absolu. L'iode se décolore très vite, puis la réaction va en s'atténuant. On sépare le précipité et on chasse l'éther ordinaire par une douce chaleur; le résidu constitue le dibenzoylsuccinate d'éthyle, que l'on purifie par cristallisations dans l'alcool.

Il forme de petits prismes fusibles à 125-126° (Baeyer et Perkin), 128-130° (Perkin). Il est peu soluble dans l'alcool froid, mais se dissout facilement dans l'éther et dans le benzène.

Cet éther possède une double fonction acide, grâce aux deux groupements CH placés entre un groupement cétonique et un groupement éther-sel; traité en effet par l'éthylate de sodium en solution éthérée, il donne le dérivé disodé

$$\begin{array}{l} C^6H^5-CO-CNa-CO^2C^2H^5 \\ \qquad\qquad\quad | \\ C^6-H^5-CO-CNa-CO^2C^2H^5 \end{array}$$

Chauffé pendant longtemps avec de l'acide sulfurique étendu (30 0/0), il se décompose en alcool et acide *diphénylfurfurane-dicarbonique*,

$$\begin{array}{ccc} CO^2H-C & — & C-CO^2H \\ \| & & \| \\ C^6H^5-C & & C-C^6H^5 \\ & \diagdown\ \diagup & \\ & O & \end{array}$$

fusible en se décomposant à 230°.

L'acide sulfurique concentré lui fait subir une décomposition plus profonde; il le colore d'abord en vert olive, puis en rouge bleuâtre.

Chauffé pendant quelques minutes vers son point d'ébullition, il se décompose, perd de l'alcool et de l'acétophénone. Quand l'opération ne dure que quelques minutes, on peut isoler du produit l'acide déhydrobenzoylacétique (voyez ce mot).

Di-p-nitrodibenzoylsuccinate d'éthyle [Perkin, *Chem. Soc.*, **47**, 264, **49**, 168],

$$\begin{array}{l} AzO^2-C^6H^4-CH-CO^2C^2H^5 \\ \qquad\qquad\quad | \\ AzO^2-C^6H^4-CH-CO^2C^2H^5 \end{array}$$

— Cet éther se prépare exactement comme le précédent : on remplace seulement le benzoylacétate d'éthyle par le p-nitrobenzoylacétate d'éthyle.

Il cristallise dans l'alcool en aiguilles à éclat adamantin et fond à 180°.

Il se dissout facilement dans les solvants organiques, alcool, éther, benzène, et ligroïne [Perkin et Bellenot, *Chem. Soc.*, **49**, 452]. A. Béhal.

DIBENZYLACÉTIQUE (ACIDE) (*diphénylpropane 2-méthyloïque*),

$$(C^6H^5-CH^2)^2CH-CO^2H.$$

Modes de production. — En outre des procédés indiqués Suppl., **1**, 637, cet acide a été obtenu :

1° En traitant l'acide benzylcinnamique par l'amalgame de sodium (Michael et Palmer);

2° En chauffant pendant 3 heures, dans un appareil à reflux, un mélange d'éther dibenzylmalonique (17 grammes) et de potasse alcoolique (11gr,2 KOH) [Bischoff et Siebert, *Ann. Chem.*, **239**, 92; *Bull. Soc. Chim.*, (2), **49**, 536. — Leilmann et Schleich, *D. chem. G.*, **20**, 434; *Bull. Soc. Chim.*, (2) **47**, 966];

3° En chauffant l'acide dibenzylmalonique sec (Michael et Palmer).

DIBENZYLACÉTONE. — Voyez DIBENZYLCÉTONE.

DIBENZYLACÉTYLACÉTIQUE (ACIDE) [Syn. *Ac. éthanoyl 2-diphényl 1.3-propane-méthyloïque 2*],

$$CH^3-CO-C(CH^2-C^6H^5)^2CO^2H.$$

— L'éther éthylique de cet acide s'obtient en traitant l'éther benzylacétylacétique (2e Suppl., **1**, 611) d'abord par le sodium, puis par le chlorure de benzyle.

C'est une huile visqueuse, qui ne distille pas sans décomposition [Ehrlich, *Ann. Chem.*, **187**, 24; *Bull. Soc. Chim.*, (2), **25**, 400].

DIBENZYLAMIDODIPHÉNYLMÉTHANE. — Voyez DIPHÉNYLMÉTHANE.

DIBENZYLAMINE. — Voyez BENZYLAMINE.

DIBENZYLANILINE. — Voyez BENZYLANILINE, 2e Suppl., **1**, 621.

DIBENZYLBENZÈNES. — Voyez Suppl., **1**, 638.

DÉRIVÉS NITRÉS. — *m-Dinitrodibenzylbenzène*, $C^6H^4=(CH^2_{(1)}-C^6H^4-_{(3)}AzO^2)^2$. — Ce composé s'obtient en traitant à froid par l'acide sulfurique concentré un mélange de m-nitrodiphénylméthane et d'alcool m-nitrobenzylique :

$$C^6H^5-CH^2-C^6H^4.AzO^2 + C^6H^4 \begin{cases} CH^2OH \\ AzO^2 \end{cases} - H^2O$$

$$= C^6H^4=(CH^2.C^6H^4.AzO^2)^2.$$

Il se forme également, comme produit accessoire, dans la préparation du m-nitrodiphénylméthane (action de l'acide sulfurique sur un mélange de benzène et d'alcool m-nitrobenzylique).

Le m-dinitrodibenzylbenzène est en cristaux fusibles à 165° [P. Becker, *D. chem. G.*, **15**, 2090; *Bull. Soc. Chim.*, (2), **39**, 479].

p-Dinitrodibenzylbenzène,

$$C^6H^4=(CH^2_{(1)}-C^6H^4-_{(4)}AzO^2)^2.$$

— Ce composé prend naissance, en même temps que le p-nitrodiphénylméthane, lorsqu'on traite à froid par l'acide sulfurique concentré (10 parties) un mélange d'alcool benzylique paranitré (1 partie) et de benzène (20 parties). On agite pendant quelques minutes, puis on traite par l'eau et on épuise par le benzène. La solution benzénique étant évaporée, il reste une huile qui, additionnée d'éther et d'alcool, abandonne au bout de quelque temps des cristaux de p-dinitrodibenzylbenzène, tandis que le p-nitrodiphénylméthane demeure en solution.

Le p-dinitrodibenzylbenzène, purifié par cristallisation dans l'alcool, se présente sous la forme de petites aiguilles, fusibles à 146°, très peu solubles dans les dissolvants ordinaires, sauf dans le benzène et dans l'acide acétique chaud [A. Basler, *D. chem. G.*, **16**, 2714, et *Bull. Soc. Chim.*, (2), **42**, 434. L. Boux.

DIBENZYLCARBINOL. — Voyez DIBENZYLCÉTONE.

DIBENZYLCARBONIQUE. — Voyez BIBENZYLCARBONIQUES, 2e Suppl., 1, 687.

DIBENZYLCARBONYLE. — Voyez DIBENZYLCÉTONE.

DIBENZYLCARBOXYLIQUE. — Voyez BIBENZYLCARBONIQUES, 2e Suppl., 1, 687.

DIBENZYLCÉTONE [Syn. *Dibenzylacétone, dibenzylcarbonyle, diphényl* 1.3-*propanone* 2], $(C^6H^5-CH^2)^2CO$. — Voyez Suppl., 1, 638.

Propriétés. — La dibenzylcétone fond à 33°,9 et bout à 330°,5. La tension de vapeur est donnée entre les températures de 230°,55 et 330°,85 par la formule de Biot

$$\log p = a + b\alpha^t,$$

dans laquelle

$$a = 4{,}75779, \qquad = -2{,}981088,$$
$$\log \alpha = 1{,}9980014. \qquad t = t^\circ - 230^\circ$$

[Sidney Young, *Chem. Soc.*, 39, 626; *Bull. Soc. Chim.*, (3), 8, 483].

DÉRIVÉS BROMÉS. — La *monobromodibenzylcétone*,

$$C^6H^5-CHBr-CO-CH^2-C^6H^5,$$

est en aiguilles facilement solubles dans l'alcool, fondant à 43-44°.

La *dibromodibenzylcétone* est en aiguilles fusibles à 110-111°. Chauffée avec de l'alcool en présence de magnésie, elle perd son brome pour fournir les combinaisons $C^{15}H^{10}O^2$ et $C^{15}H^{10}O$.

La *tribromodibenzylcétone*,

$$C^6H^5-CHBr-CO-CBr^2-C^6H^5,$$

est le composé qui se forme le plus facilement; il fond à 81° et cristallise bien par refroidissement dans la ligroïne; il abandonne son brome quand on le chauffe avec de l'eau.

Le *dérivé tétrabromé*,

$$C^6H^5-CBr^2-CO-CBr^2-C^6H^5,$$

plus soluble que le précédent dans la ligroïne, fond à 84-85°. Il abandonne aussi son brome quand on le chauffe avec de l'eau ou de l'alcool.

Par l'action de la phénylhydrazine sur ce dérivé, on arrive à éliminer tout le brome et tout l'oxygène.

Le nouveau composé

$$\begin{array}{l} C^6H^5=C=Az-Az-C^6H^5 \\ \quad\;\; | \\ \quad\;\; C \\ \quad\;\; | \\ C^6H^5-C=Az-Az-C^6H^5 \end{array}$$

est insoluble dans l'eau et dans les acides étendus, peu soluble dans la ligroïne, très soluble dans l'alcool, l'éther et le chloroforme. Il fond à 65-70°; c'est un dérivé de la diphényltricétone de M. von Pechmann (voyez DICÉTONES) [Bourcart, *Bull. Soc. Chim.*, (3), 2, 525].

Réactions, réduction, condensation. — Par ses réactions générales, la dibenzylcétone se rapproche plus des cétones de la série grasse que de la benzophénone.

M. von Meyer a montré que le radical phényle, comme le groupe CO, a un caractère négatif, et que le CH^2 placé entre les deux est facilement attaqué par les iodures alcooliques en présence d'éthylate de sodium [*D. chem. G.*, 20, 2944; *Bull. Soc. Chim.*, (2), 49, 462].

La réduction de cette cétone au moyen de l'acide iodhydrique et du phosphore est moins nette que celle de la benzophénone.

Elle est fortement attaquée par la potasse ou la soude alcoolique étendue. Bouillie avec de la potasse alcoolique et de la poudre de zinc, ou avec du sodium, elle fournit, au lieu du carbinol correspondant, une huile brune qui ne se concrète pas par le refroidissement, tandis que la benzophénone donne dans les mêmes conditions du benzhydrol.

Cette cétone ne se réduit pas non plus en milieu acide. Sa réduction se fait, comme dans la série grasse, au moyen du sodium agissant sur une solution éthérée de la cétone, en présence d'une dissolution de bicarbonate de sodium. On refroidit. La réaction dure de 6 à 7 jours.

Le *dibenzylcarbinol* (*diphényl* 1.3-*propanol* 2), $(C^6H^5-CH^2)^2CHOH$, est une huile incolore, transparente, très réfringente, d'une densité de 1,0619 à 16°,5. Il bout à 327° et se concrète au-dessous de 0°. Insoluble dans l'eau, il se dissout dans l'alcool et dans l'éther. L'oxydation le transforme en une cétone correspondante.

Il réagit facilement, soit avec le chlorure d'acétyle, soit avec le chlorure de benzoyle.

Le *dérivé benzoylé* fond à 50-51° et se décompose complètement à la distillation.

Le dibenzylcarbinol, réduit par l'acide iodhydrique et le phosphore, donne du dibenzylméthane. Chauffé pendant 3 heures, en tube scellé, à 265° avec de l'iodure de méthyle, il donne, à côté de produits résineux, du dibenzylméthane et une petite quantité d'un hydrocarbure fondant à 268°, correspondant à la formule empirique $C^{30}H^{22}$.

La dibenzylcétone se condense avec le phénol en présence d'acide sulfurique, pour donner le *dioxydiphényldibenzylméthane*,

$$(C^6H^5-CH^2)^2C(C^6H^5OH)^2,$$

soluble dans l'alcool et dans l'éther, donnant avec le chlorure de benzoyle un dérivé dibenzoylé

$$\begin{array}{l} C^6H^5-CH^2 \searrow \\ C^6H^5-CH^2 \nearrow \end{array} C \begin{array}{l} \nearrow C^6H^4-O-CO-C^6H^5 \\ \searrow C^6H^4-O-CO-C^6H^5 \end{array}$$

En cherchant à réduire la dibenzylcétone en solution alcaline, on a obtenu un acide fondant à 161°, donnant à la distillation un carbure qui paraît être le stilbène. Cet acide, dont la constitution serait

$$\begin{array}{l} C^6H^5-COH-CO^2H \\ \qquad\quad | \\ C^6H^5-CH^2 \end{array}$$

se formerait de la même manière que l'acide benzilique par l'ébullition d'une solution alcaline en présence de désoxybenzoïne [Vera Bogdanowska, *D. chem. G.*, 25, 1271; *Bull. Soc. Chim.*, (3), 8, 824 et 10, 129].

La dibenzylcétone, traitée par le chlorure de benzyle en présence d'éthylate de sodium, fournit un mélange de différents composés, parmi lesquels le *dérivé dibenzylique*

$$\begin{array}{lcl} C^6H^5-CH-CO & & CH-C^6H^5 \\ \qquad\;\; | & & \;\;| \\ C^6H^5-CH^2 & & CH^2-C^6H^5 \end{array}$$

est en cristaux blancs et brillants, fondant à 121°,5, insolubles dans l'eau, l'éther, le chloroforme, le sulfure de carbone [Rattner, *D. chem. G.*, 21, 1316; *Bull. Soc. Chim.*, (2), 50, 310].

Dibenzylcétoxime. — Ce corps fond à 119°,5 (Rattner). Réduit par le sodium, il donne la *dibenzylcarbinamine* (amino 2-diphényl 1.3-propane), $(C^6H^5-CH^2)^2-CH,AzH^2$, fondant à 47° et bouillant sans décomposition à 330°. Le *chlorhy-*

drate cristallise et fond à 205°. Le *chloroplatinate* est jaunâtre.

Le *nitrite*, $C^{15}H^{15}AzH^2.AzO^2H$, est stable, en solution étendue même à chaud. Mais la solution concentrée dégage de l'azote et il se fait du dibenzylcarbinol [W. Noyer, *Bull. Soc. Chim.*, (3), **10**, 993]. Paul Adam.

DIBENZYLDICARBONIQUE. — Voyez Bibenzyldicarboniques.

DIBENZYLE. — Voyez Bibenzyle.

DIBENZYLÉTHANE. — Voyez Suppl., **1**, 639.

DIBENZYLGLYCOLIQUE (ACIDE) (*Ac. diphényl 1.3-propanol 2-méthyloïque 2*),

$$(C^6H^5-CH^2)^2-COH-CO^2H.$$

— Cet acide est identique à l'acide *oxatoluique* ou *oxatolylique* (Dict., **2**, 694), comme le prouve la synthèse réalisée par M. Spiegel. La dibenzylcétone, traitée par le cyanure de potassium et l'acide chlorhydrique a, en effet, donné un *nitrile* (voyez plus bas) qui, saponifié, a fourni l'acide dibenzylglycolique.

Cet acide fond à 156-157°.

L'amalgame de sodium est sans action sur lui.

Le chlorure d'acétyle, l'anhydride acétique donnent, non un dérivé acétylé, mais un produit de déshydratation, sous la forme d'une huile incolore, insoluble dans la lessive de soude.

L'acide iodhydrique ne l'attaque qu'à haute température, en donnant des carbures non étudiés.

L'*éther méthylique*, soluble dans l'alcool, l'éther, le benzène, cristallise dans la ligroïne bouillante en aiguilles incolores, fusibles à 71°.

Éther phosphorique, $C^{16}H^{15}O^3PO^4H^2$. — On traite l'acide à 100° par le perchlorure de phosphore. Il ne se produit pas de composé chloré, mais un éther phosphorique beaucoup plus soluble dans l'eau que l'acide dibenzylglycolique lui-même, soluble dans l'alcool et dans l'éther. Il cristallise dans l'eau en prismes clinorhombiques, fondant à 160° avec décomposition.

Acide acétyldibenzylglycolique,

$$C^{16}H^{15}O^3, C^2H^3O.$$

— Le produit de l'action de l'anhydride acétique sur l'acide oxatoluique, privé de l'excès d'anhydride par distillation, se dissout dans la soude bouillante. L'*acétyldibenzylglycolate de sodium* cristallise par le refroidissement en lamelles nacrées.

L'acide libre cristallise, dans un mélange de ligroïne et de chloroforme, en rosettes fusibles à 106°, très solubles dans la plupart des dissolvants.

Si le produit brut de la préparation est débarrassé de l'excès d'anhydride acétique par ébullition avec l'alcool, on obtient un éther sirupeux, difficile à saponifier, du dérivé acétylé.

L'acide acétyldibenzylglycolique, chauffé à 190-200°, perd de l'acide acétique et donne le corps suivant :

Anhydride dibenzylglycolique, $C^{16}H^{14}O^2$. — On le fait cristalliser d'abord dans un mélange de ligroïne et de benzène, puis dans le benzène. Ce sont des prismes groupés en étoiles, fondant à 169°, solubles dans les dissolvants ordinaires, sauf la ligroïne. Une solution froide de soude l'hydrate et le dissout.

Nitrile dibenzylglycolique. — On triture dans un mortier un mélange de 1 molécule de dibenzylcétone et d'une quantité de cyanure de potassium pur un peu supérieure à 1 molécule; on verse goutte à goutte 1 molécule d'acide chlorhydrique fumant; puis on ajoute une seconde molécule d'acide chlorhydrique, on triture la masse dans beaucoup d'eau, et l'on sépare par filtration le nitrile insoluble.

Il cristallise en lames rhombiques, incolores, fondant à 113°. A une température plus élevée, il se scinde en dibenzylcétone et acide cyanhydrique.

L'acide chlorhydrique concentré ne saponifie ce nitrile que vers 140°.

Amide dibenzylglycolique. — On chauffe le nitrile avec de l'acide chlorhydrique à 120°. Ce corps est en longues aiguilles entrelacées, fondant à 192-193°, insolubles dans l'éther, solubles dans le benzène. Il est très stable [Spiegel, *D. chem. G.*, **13**, 2219; **14**, 1686; **17**, 1629; *Bull. Soc. Chim.*, (2), **37**, 223; **45**, 721]. Paul Adam.

DIBENZYLGUANIDINE. — Voyez Guanidine.

DIBENZYLHOMOPHTALIQUE (ACIDE),

$$C^6H^4\begin{cases}CO^2H\\C(C^7H^7)^2-CO^2H\end{cases}$$

— On ne connaît que l'anhydride de cet acide,

$$C^6H^4\begin{cases}CO\text{———}O\\C(C^7H^7)^2-CO\end{cases}$$

que l'on prépare en chauffant pendant 8 heures en vase clos, à 300°, 1 partie de dibenzylhomophtalimide avec 4 parties d'acide chlorhydrique fumant. La décomposition a lieu difficilement et la majeure partie des tubes fait explosion. Le produit de la réaction constitue une masse brune, résineuse, qu'on traite à chaud par la soude caustique étendue. Le liquide filtré est sursaturé par l'acide chlorhydrique, et le précipité qui prend naissance est purifié par cristallisation dans une petite quantité d'alcool bouillant [Pulvermacher, *D. chem. G.*, **20**, 2497].

L'anhydride dibenzylhomophtalique cristallise en aiguilles jaunes, fusibles à 191°, insolubles dans l'ammoniaque, peu solubles dans les alcalis.

Dibenzylhomophtalimide,

$$C^6H^4\begin{cases}C(C^7H^7)^2-CO\\CO\text{———}AzH\end{cases}$$

— On fait bouillir, pendant une demi-heure, une dissolution de 1gr,8 de sodium dans 50 centimètres cubes d'alcool avec 6 grammes d'homophtalimide, 9 grammes de chlorure de benzyle, 60 centimètres cubes d'eau et 60 centimètres cubes d'alcool; on élimine l'alcool par évaporation et on précipite par l'eau; on filtre et on purifie le produit insoluble par deux cristallisations dans l'alcool bouillant.

La dibenzylhomophtalimide cristallise en lamelles jaunes, fusibles à 174°, insolubles dans les alcalis. Ses propriétés acides sont beaucoup moins accentuées que celles des dérivés méthylés et éthylés.

Tribenzylhomophtalimide,

$$C^6H^4\begin{cases}C(C^7H^7)^2-CO\\CO\text{———}Az-C^7H^7\end{cases}$$

— On fait bouillir 1 molécule d'homophtalbenzylimide,

$$C^6H^4\begin{cases}CH^2-CO\\CO-Az-C^7H^7\end{cases}$$

(obtenue par l'action de la benzylamine sur l'acide homophtalique) avec 2 molécules de potasse caustique et 2 molécules de chlorure de benzyle.

La tribenzylhomophtalimide cristallise dans

l'alcool en lamelles jaunâtres, fusibles à 109°, qui résistent à l'acide chlorhydrique.

G. de Bechi.

DIBENZYLIDÈNE-ACÉTONE [Syn. *Diphényl* 1.5-*pentane-diène* 1.4-*one* 3],

$$(C^6H^5-CH=CH)^2.CO.$$

— On fait passer un courant de gaz chlorhydrique dans un mélange de 2 molécules d'aldéhyde benzylique et de 1 molécule d'acétone.

Le mélange devient épais, se colore peu à peu en rouge, et abandonne au bout de quelque temps des cristaux rouges. On additionne le produit d'eau ; il se prend en masse. On le lave à l'alcool, puis à l'éther et enfin on le fait cristalliser dans l'éther bouillant.

Ce composé doit être identique à l'acétone correspondant à l'acide cinnamique (cinnamone).

La soude réagissant en solution aqueuse sur un mélange d'acétone et d'aldéhyde benzylique donne entre autres produits de la dibenzylidène-acétone [Claisen, *D. chem. G.*, **14**, 2468 ; *Bull. Soc. Chim.*, (2), **37**, 509]

De même la benzylidène-acétone dissoute dans l'alcool et traitée par la soude en présence d'aldéhyde benzylique se transforme quantitativement en dibenzylidène-acétone.

Le meilleur procédé de préparation de ce corps est le suivant :

Dans un mélange fortement refroidi de 20 parties d'aldéhyde benzylique, 6 parties d'acétone et 40 parties d'acide acétique on ajoute goutte à goutte 30 parties d'acide sulfurique. On laisse en contact pendant 6 ou 8 heures dans l'eau glacée.

On précipite le produit par addition d'eau, le rassemble, on le lave avec une solution de soude et on le purifie par cristallisation dans l'éther [L. Claisen et A. Claparède, *D. chem. G.*, **14**, 2460 ; *Bull. Soc. Chim.*, (2), **37**, 507].

Ce corps cristallise de sa solution éthérée sous la forme de tables clinorhombiques incolores, fusibles à 112-112°,5. Il est soluble dans le chloroforme, mais peu soluble dans l'éther et encore moins dans l'alcool. La distillation le décompose en grande partie.

L'acide sulfurique le dissout avec une coloration orangée, l'acide chlorhydrique avec une coloration rouge qui disparaît par addition d'eau [L. Claisen et A. Claparède, *D. chem. G.*, **14**, 349 ; *Bull. Soc. Chim.*, (2), **36**, 586].

Traitée en solution chloroformique par le brome, la dibenzylidène-acétone donne un tétrabromure $C^{14}H^{14}OBr^4$ qui se dépose en petites aiguilles incolores peu solubles dans le chloroforme et l'alcool, fusibles à 206-208° en se décomposant [Claisen et Claparède, *loc. cit.*]. A. Béhal.

DIBENZYLMALONIQUE. — Voyez MALONIQUE.

DIBENZYLMÉSITYLÈNE. — Voyez BENZYLMÉSITYLÈNE.

DIBENZYLMÉTHANE. — Voyez DIPHÉNYLPROPANE.

DIBENZYLTOLUÈNE. — Voyez ACIDE DIBENZOYLBENZOÏQUE, Suppl., **1**, 637.

DIBIPHÉNYLCÉTONE [Syn. *Diphényldiphénylacétone*],

$$C^6H^5-C^6H^4-CO-C^6H^4-C^6H^5$$

(voyez Suppl., **1**, 654]. — Ce corps s'obtient en quantité théorique en faisant agir à froid 100 grammes de chlorure de carbonyle sur 150 grammes de biphényle dissous dans 200 grammes de sulfure de carbone tenant en suspension 150 grammes de chlorure d'aluminium.

L'acide chlorhydrique se dégage immédiatement. Il suffit de chauffer pendant quelques minutes à 40°, quand on a tout ajouté, pour voir cesser tout dégagement gazeux.

On fait cristalliser dans l'acétone bouillante.

Ce corps est en aiguilles blanches, entrelacées, assez solubles dans l'acétone, le benzène, le chloroforme, presque insolubles dans l'alcool et l'éther de pétrole.

Il fond à 229°.

Il est très stable et résiste à l'action de l'acide azotique fumant, mélangé d'acide sulfurique et chauffé à 100°. Il résiste au brome.

La réduction en est difficile. Par l'amalgame de sodium, l'alcool et le benzène, il donne le dibiphénylcarbinol ou diphénylbenzhydrol.

Traité par la potasse fondante, il donne du biphényle et de l'acide *p-biphénylcarbonique* fondant à 218° [Adam, *Bull. Soc. Chim.*, (2), **47**, 687 ; **49**, 102].

DIBIPHÉNYLÈNE-ÉTHÈNE,

$$\begin{matrix} C^6H^4 \\ | \\ C^6H^4 \end{matrix} \!\!> C=C <\!\! \begin{matrix} C^6H^4 \\ | \\ C^6H^4 \end{matrix}$$

— Le carbure $C^{26}H^{16}$ que MM. de la Harpe et van Dorp ont obtenu en faisant passer du fluorène sur de l'oxyde de plomb (Suppl., **1**, 833), peut s'obtenir encore en faisant agir le brome à 240-300° ou le chlore à 280-290° sur le même fluorène. Mais le meilleur procédé de préparation est celui de MM. de la Harpe et van Dorp ainsi modifié : On chauffe d'abord le fluorène mélangé d'oxyde de plomb jusqu'à l'ébullition, puis pendant quelques instants à 350°. On extrait ensuite le résidu au moyen du sulfure de carbone et on fait cristalliser dans l'alcool

Ce carbure, qui est bien le même dans tous les modes de préparation, fond à 187-188° et *sa couleur est rouge* et d'un rouge d'autant plus brillant qu'il est plus pur.

Son produit d'addition bromé, $C^{26}H^{16}Br^2$, *incolore*, traité dans le toluène par du sodium, régénère le carbure rouge. Le même bromure chauffé avec de la potasse alcoolique donne un carbure $C^{26}H^{18}$ incolore.

La constitution représentée par la formule ci-dessus est déduite des réactions suivantes :

1° Le dibiphénylène-éthène fixe 2 atomes de chlore ou de brome ;

2° Par oxydation, il donne de la biphénylène-cétone ;

3° La distillation sur la poudre de zinc donne du fluorène ;

4° Cette formule est confirmée enfin par la méthode de M. Raoult.

M. Graebe suppose que le carbure incolore $C^{26}H^{18}$ est du *dibiphénylène-éthane*

$$\begin{matrix} C^6H^4 \\ | \\ C^6H^4 \end{matrix} \!\!> CH-CH <\!\! \begin{matrix} C^6H^4 \\ | \\ C^6H^4 \end{matrix}$$

et que c'est le groupe

$$>C=C<$$

qui donne au bidiphénylène-éthène la propriété d'être coloré ; mais il faut une autre condensation du carbone dans la molécule, car le diphényléthène et le tétraphényléthène sont incolores [Graebe, *D. chem. G.*, **25**, 3146 ; *Bull. Soc. Chim.*, (3), **10**, 242]. Paul Adam.

DIBIPHÉNYLMÉTHANE [Syn. *Diphényldiphénylméthane*],

$$C^6H^5-C^6H^4-CH^2-C^6H^4-C^6H^5$$

(voyez Suppl., **1**, 654). — Ce corps se forme, en

même temps que le fluorène, dans l'action du chlorure de méthylène sur le biphényle en présence du chlorure d'aluminium [Adam, *Bull. Soc. Chim.*, (2), 47, 686].

DIBUTÉNYLE. — Voyez BIBUTÉNYLE.

DIBUTYLANILINE. — Voyez PHÉNYLAMINE.

DIBUTYLBENZÈNE, $C^6H^4(C^4H^9)^2$. — Un dibutylbenzène a été obtenu, en même temps qu'un butylbenzène, en chauffant pendant plusieurs jours à 260-270° un mélange de benzène, d'alcool isobutylique et de chlorure de zinc. On sépare l'excès de chlorure de zinc, on lave et on distille. On recueille d'abord du butylbenzène, puis, entre 230 et 240°, du dibutylbenzène [H. Goldschmidt, *D. chem. G.*, **15**, 1066].

Ces produits paraissent être le *triméshométhylbenzène* et un ou plusieurs *bistriméshométhylbenzènes*.

DIBUTYLE. — Voyez OCTANES.

DIBUTYLÈNE. — Voyez OCTÈNES.

DIBUTYL-LACTINIQUE [L. Balbiano, *Gazz. chim. ital.*, **8**, 371]. — Lorsque l'on traite l'éther chloro-isobutyrique,

$$\begin{matrix} CH^3 \\ CH^3 \end{matrix} > CCl . CO^2C^2H^5,$$

par les alcalis ou les terres alcalines, il se produit au moins trois acides distincts; on acidule par l'acide sulfurique le produit de la réaction, puis on chasse par distillation l'alcool qui a pris naissance, et, par addition d'éther, on obtient un précipité blanc amorphe qui constitue l'acide dibutyllactinique,

$$\begin{matrix} (CH^3)^2 \\ CO^2H \end{matrix} \gtrless C - O - C \lessgtr \begin{matrix} (CH^3)^2 \\ CO^2H \end{matrix}$$

Cet acide est très soluble dans l'eau, peu soluble dans l'alcool, mais complètement insoluble dans l'éther. Il est incristallisable et commence à se décomposer à 120°.

Le *sel de plomb*, $C^8H^{12}O^5Pb$, et le *sel d'argent* forment des précipités blancs gélatineux. Le *sel de sodium* constitue une masse vitreuse et déliquescente.

Une lessive de potasse bouillante, l'hydrogène naissant, l'acide azotique chaud et concentré sont sans action sur cet acide [L. Balbiano et Testa, *Gazz. chim. ital.*, **10**, 373].

DIBUTYLPHÉNYLSULFO-URÉE. — Voy. AMIDOBUTYLBENZÈNE, Suppl. **2**, I, 216.

DIBUTYLPHÉNYLURÉE. — Voyez AMIDOBUTYLBENZÈNE, Suppl. **2**, I, 216.

DIBUTYRYLBUTYRIQUE. — Voyez Dict., **1**, 823.

DIBUTYRYLE. — Ce nom a été donné par M. Freund au produit de l'action de l'amalgame de sodium sur le chlorure de butyryle [Freund, *Ann. Chem.*, **118**, 35].

M. Münchmeyer le prépare en ajoutant du sodium (45 grammes) à une solution de chlorure de butyryle (150 grammes) dans 5 volumes d'éther absolu. Quand tout le sodium a été ajouté, la liqueur éthérée est agitée avec une lessive de soude, puis l'éther chassé au bain-marie. Il reste dans le ballon une masse huileuse, que l'on soumet à la rectification dans le vide. La plus grande partie passe à 155-160°, à la pression de 12 millimètres, sous la forme d'une huile jaunâtre, qui constitue le dibutyryle de Freund.

On avait attribué à ce corps la formule

$$C^3H^7 . CO . CO . C^3H^7,$$

qui est celle d'une α-dicétone. Or ses propriétés ne sont pas celles d'une α-dicétone; il n'en possède pas la coloration jaune intense, il ne fournit qu'une *monoxime*, $C^8H^{14}O(AzOH)$. Aussi M. V. Meyer émit-il l'idée [*D. chem. G.*, **21**, 809] que le dibutyryle, pas plus que le divaléryle et l'isobenzile, ne devait être considéré comme une α-dicétone. MM. Klinger et Schmitz [*D. chem. G.*, **24**, 1271], en étudiant les produits de sa saponification par la potasse alcoolique, ont été amenés à le considérer comme le dibutyrate du glycol dipropylacétylénique,

$$\begin{matrix} C^3H^7 - C - O - CO(C^3H^7) \\ \| \\ C^3H^7 - C - O - CO(C^3H^7) \end{matrix}$$

En effet, l'isobenzile saponifié fournit de l'acide benzilique et de la benzoïne; dans les mêmes conditions, le prétendu dibutyryle a donné de l'acide butyrique et une huile passant à 175-190°. Cette huile, à laquelle les auteurs donnent le nom de *butyroïne*, traitée à l'ébullition par une lessive concentrée de potasse, en présence de l'air, fournit de l'acide dipropylglycolique, ce qui conduit à lui attribuer la formule

$$C^3H^7 . CO . CH(OH) . C^3H^7,$$

l'équation qui exprime la formation de l'acide glycolique étant

$$C^3H^7 . CO . CH(OH) . C^3H^7 + O + KOH$$
$$= (C^3H^7)^2(COH)CO^2K + H^2O.$$

Cette butyroïne donne avec la phénylhydrazine un composé cristallisé en aiguilles fusibles à 135°.

J. Dupont.

DICAMPHÈNE. — Voyez TERPÈNES.

DICARBINE - TÉTRACARBONIQUE. — C'est le nom donné à l'acide acétylène-tétracarbonique (voy. ACÉTYLÈNES CARBONIQUES, Suppl. 2, I, 88).

DICARBOCAPROLACTONE. — C'est l'olide de l'acide allyléthane tricarbonique (voy. Suppl. 2, I, 179).

DICARBONAMIDE (AZO-) (*méthanamide-azo-méthanamide*),

$$AzH^2 - \underset{\underset{O}{\|}}{C} - Az = Az - \underset{\underset{O}{\|}}{C} - AzH^2.$$

— On l'obtient en chauffant avec de l'eau au bain-marie pendant un quart d'heure le nitrate d'azodicarbonamidine, ou mieux en oxydant, au moyen du dichromate et de l'acide sulfurique, l'hydrazocarbonamidine.

C'est une poudre orangée, cristalline, fondant à 180-200° avec dégagement d'ammoniaque et en laissant surtout comme résidu de l'acide cyanurique.

Ce corps ne teint pas la laine à chaud, tandis que les sels d'azodicarbonamidine la teignent à froid en couleur chair.

L'hydrogène sulfuré transforme à chaud, en solution aqueuse, l'azodicarbonamide en *hydrazodicarbonamide* par fixation de H^2.

Le corps ainsi formé se dépose en tables microscopiques brillantes, peu solubles dans l'eau bouillante, insolubles dans l'alcool et dans l'éther. Elle réduit le nitrate d'argent ammoniacal.

Elle est identique à l'urée hydrazinique obtenue en faisant réagir le cyanate de potassium sur le sulfate d'hydrazine [Thiele, *Ann. Chem.*, **270**, 1; *Bull. Soc. Chim.*, (3), **10**, 470].

A. Béhal.

DICARBONAMIDINE (AZO-) (*méthanamidine-azo-méthanamidine*), $C^2H^6Az^6$,

$$AzH = \underset{\displaystyle AzH^2}{C} - Az = Az - \underset{\displaystyle AzH^2}{C} = AzH.$$

— On ajoute peu à peu à une solution refroidie de nitrate d'aminoguanidine du permanganate en solution saturée et froide. On laisse pendant quelque temps en contact à 0°, on essore le précipité formé et on le lave avec de l'alcool.

On obtient ainsi le nitrate sous la forme d'une poudre cristalline jaune, peu soluble dans l'eau froide. Il cristallise dans l'eau tiède en petites tables qui détonent sans fondre vers 180-182°.

Il se dissout dans la soude avec une couleur jaune foncé à chaud; il se décompose en présence de l'eau, en donnant de l'azotate d'ammonium et de l'azodicarbonamide,

$$AzH^2 - CO - Az = Az - CO - AzH^2.$$

L'hydrogène sulfuré et les réducteurs le transforment en hydrazodicarbonamidine.

L'azodicarbonamidine fournit au contact de l'acide picrique un sel cristallisant dans l'eau en lamelles orangées, fusibles à 179-180° en se décomposant.

L'*hydrazodicarbonamidine*, obtenue par réduction, donne un nitrate facilement soluble dans l'eau, d'où il se dépose en gros cristaux fusibles à 138° avec décomposition [J. Thiele, *Ann. Chem.*, 270, 1; *Bull. Soc. Chim.*, (3), 10, 469]. A. Béhal.

DICARBONIQUE (ACIDE AZO-) (*méthanoïque-azo-méthanoïque*), $CO^2H - Az = Az - CO^2H$. — On traite à 0° 10 grammes d'azodicarbonamide par 25 centimètres cubes d'une solution de potasse renfermant 1 partie de potasse pour 2 parties d'eau. Il se dépose un sel de potassium, dont on achève la précipitation au moyen d'alcool absolu. On essore le précipité obtenu et on le lave avec de l'alcool méthylique.

Le *sel de potassium*, $KO^2C - Az = Az - CO^2K$, est une poudre jaune, inaltérable à l'air, mais décomposable avec explosion à 100° en CO^3K^2, CO et Az^2.

Le *sel de baryum*, obtenu par double décomposition, est une poudre jaune clair, insoluble dans l'eau, qui la décompose rapidement. Il se forme dans cette réaction de l'azote, de l'hydrazine, de l'anhydride carbonique et du carbonate de potassium, d'après l'équation

$$2C^2Az^2O^4K^2 + 2H^2O$$
$$= 2CO^3K^2 + Az^2 + Az^2H^4 + 2CO^2$$

[Thiele, *Ann. Chem.*, 271, 127; *Bull. Soc. Chim.*, (3), 10, 526]. A. Béhal.

DICARBOXYLGLUTACONIQUE (ACIDE) [Syn. *Pentène2-dioïque-diméthyloïque* 2.4],

$$(CO^2H)^2C = CH - CH(CO^2H)^2.$$

— Ce corps n'est connu qu'à l'état d'éther.

ÉTHER DICARBOXYLGLUTACONIQUE,

$$(CO^2C^2H^5)^2C = CH - CH(CO^2C^2H^5)^2.$$

— On dissout 9gr,2 de sodium dans 200 centimètres cubes d'alcool absolu, puis on ajoute 32 grammes de malonate d'éthyle et 12 grammes de chloroforme pur; on chauffe alors légèrement, ce qui développe une coloration jaune, avec dépôt de sel marin, et on achève la réaction sur le bain-marie, au réfrigérant ascendant. Après une demi-heure, on décante le liquide encore chaud et on laisse refroidir : il se précipite alors une vingtaine de grammes de la combinaison sodée $C^{15}H^{21}O^8Na$, sous la forme d'une poudre cristalline que l'on purifie par une seconde cristallisation dans l'alcool absolu. Pour en isoler le produit cherché, on la projette, par petites portions, et en agitant, dans de l'acide chlorhydrique étendu, en présence d'éther ordinaire : ce dernier s'empare du dicarboxylglutaconate d'éthyle devenu libre. On décante, on lave à l'eau pour éliminer l'excès d'acide chlorhydrique et on laisse la liqueur éthérée s'évaporer à l'air libre : le résidu huileux constitue l'éther dicarboxylglutaconique sensiblement pur [Conrad et Guthzeit, *D. chem. G.*, 15, 2841. — Guthzeit et Dressel, *ibid.*, 22, 1413] :

$$4CHNa(CO^2C^2H^5)^2 + CHCl^3$$
$$= 3NaCl + 2CH^2(CO^2C^2H^5)^2$$
$$+ (CO^2C^2H^5)^2C = CH - CNa(CO^2C^2H^5)^2.$$

Ce corps bout en se décomposant vers 270-280°; sa densité à 15° est égale à 1,131.

En solution alcoolique, il donne, avec le perchlorure de fer, une coloration bleue caractéristique.

L'acide chlorhydrique, en présence d'alcool à chaud, donne, en même temps qu'une petite quantité d'éther triéthylcarboxylglutaconique,

$$(CO^2C^2H^5)CH = CH - CH(CO^2C^2H^5)^2,$$

de l'acide carbonique et de l'acide glutaconique,

$$(CO^2C^2H^5)^2C = CH - CH(CO^2C^2H^5)^2 + 4H^2O$$
$$= 2CO^2 + 4C^2H^5OH$$
$$+ (CO^2H)CH = CH - CH^2(CO^2H).$$

La potasse donne, par une réaction analogue, du glutaconate de potassium; l'amalgame de sodium fixe H^2 et transforme l'éther dicarboxylglutaconique en acide dicarboxylglutarique.

A cause de la présence d'un groupement malonique dans sa molécule, l'éther dicarboxylglutaconique possède nettement la fonction de pseudo-acide : la *combinaison sodique* signalée plus haut cristallise en prismes brillants peu solubles dans l'alcool ou l'eau froide, insolubles dans l'éther; elle se colore en bleu, comme l'éther lui-même, au contact du chlorure ferrique et fait la double décomposition avec la plupart des sels. La *combinaison calcique*,

$$(C^{15}H^{21}O^8)^2Ca,$$

est un précipité cristallin blanc; la *combinaison cuivrique* est jaune et caractéristique.

Tous ces corps réduisent à chaud l'azotate d'argent.

L'éther dicarboxylglutaconique sodé se comporte comme la combinaison correspondante du malonate d'éthyle vis-à-vis des chlorures ou iodures alcooliques; il se forme ainsi des dérivés alcoylés de l'éther primitif,

$$(CO^2C^2H^5)^2C = CH - CR(CO^2C^2H^5)^2.$$

ÉTHER MÉTHYLDICARBOXYLGLUTACONIQUE (*méthyl2-pentène3-dioïque-diméthyloïque*2.4). — On l'obtient en chauffant à 150-160° l'éther dicarboxylglutaconique sodé avec de l'alcool et de l'iodure de méthyle. La potasse le décompose en acide carbonique, alcool et acide *méthylglutaconique*, $(CO^2H)CH = CH - CH(CH^3)(CO^2H)$, fusible à 137°.

ÉTHER ÉTHYLDICARBOXYLGLUTACONIQUE (*hexène2-oïque1-triméthyloïque*2.4.4),

$$(CO^2H)^2C = CH - C(C^2H^5)(CO^2H)^2.$$

— Pour le préparer, on chauffe pendant 3 ou

4 heures à 170-180° l'éther dicarboxylglutaconique sodé avec un grand excès d'iodure d'éthyle; le liquide extrait des tubes est épuisé par l'éther, et la solution évaporée à une douce température; on dessèche enfin l'huile restante et on distille sous pression réduite. 12 grammes de la combinaison sodée donnent environ 10 grammes de produit pur.

L'éther éthyldicarboxylglutaconique est une huile incolore et incristallisable, qui bout sans décomposition vers 200° sous 11 millimètres de mercure; il ne donne aucune coloration avec le perchlorure de fer et se transforme, quand on le saponifie par la potasse alcoolique, en *acide éthylglutaconique* fusible à 118-120° [Guthzeit et Dressel, *D. chem. G.*, **23**, 3181].

ÉTHER BENZYLDICARBOXYLGLUTACONIQUE (*benzène-pentényl* 3-*oïque-triméthyloïque* 2.2.4),

$$C^6H^5-CH^2-C(CO^2C^2H^5)^2-CH=C(CO^2C^2H^5)^2.$$

— On le prépare en chauffant pendant 4 heures, à 140-150°, 7 grammes d'éther dicarboxylglutaconique sodé avec 3 grammes de chlorure de benzyle et 20 centimètres cubes d'alcool absolu.

Ce corps forme des cristaux fusibles à 78°, distillables dans le vide sans décomposition, vers 240°, solubles dans l'alcool chaud, l'éther et l'acide sulfurique concentré. Il n'est que très difficilement réduit par la poudre de zinc et l'acide acétique; il se transforme enfin, sous l'action de la potasse, en *acide benzylglutaconique* $C^{12}H^{12}O^4$, fusible à 145° [Conrad et Guthzeit, *Ann. Chem.*, **222**, 249; *D. chem. G.*, **23**, 3183].

ÉTHER OXÉTHYL 6-PYRONE-DICARBONIQUE 3.5 (*pentadiène* 2.4-*oxyéthane* 5-*diméthyloïque* 2.4-*olide* 1.5),

```
              CH
C²H⁵CO²-C //    \ C-CO²C²H⁵
      CO \       // C(OC²H⁵)
              O
```

— Chauffé dans le vide vers 200°, pendant 30 ou 40 minutes, l'éther dicarboxylglutaconique se décompose en dégageant des vapeurs d'alcool, et laisse un résidu qui se solidifie par le refroidissement et fond, après qu'on l'a purifié, à 94°. Ce corps distille dans le vide, au-dessus de 200°, en se décomposant en grande partie; il est insoluble dans l'eau, peu soluble dans l'éther et la ligroïne froide, plus soluble dans le chloroforme, l'acétone, le benzène et le sulfure de carbone : il cristallise aisément de ses solutions dans la ligroïne bouillante.

L'analyse conduit à la formule $C^{13}H^{16}O^7$, qui ne diffère de celle de l'éther primitif que par 1 molécule d'alcool, et comme ce produit présente, ainsi qu'on va le voir, tous les caractères d'une olide, que, d'autre part, il se transforme aisément, par l'action de l'ammoniaque aqueuse, en dérivés pyridiques, il semble devoir être considéré comme dérivant de l'α-pyrone :

```
    CH
  //  \
 CH    CH
 |     ||
 CO    CH
  \   /
    O
```

Sa production par l'action de la chaleur sur l'éther dicarboxylglutaconique peut s'expliquer par une migration d'hydrogène qui donnerait lieu au composé intermédiaire

```
                 CH
               //  \
C²H⁵CO²-C       C(CO²C²H⁵)
        |       ||
(C²H⁵O)-CO      C(OH)(OC²H⁵)
```

lequel, comme la plupart des acides-alcools, se transforme en la δ-olide correspondante, avec élimination d'alcool [Guthzeit et Dressel, *loc. cit.*].

La potasse ou l'acide chlorhydrique étendu, au réfrigérant à reflux, transforment cette olide en acide glutaconique, que l'on extrait aisément par l'éther du produit de la réaction :

$$C^{13}H^{16}O^7 + 4H^2O$$
$$= 3(C^2H^6O) + 2CO^2 + C^3H^4(CO^2H)^2.$$

L'alcool absolu, à froid, dissout lentement l'éther oxéthylpyrone-dicarbonique et le transforme, par simple addition d'une molécule d'alcool, en éther dicarboxylglutaconique ordinaire.

ÉTHER DICARBOXYLGLUTACONIQUE-TRIÉTHYLIQUE-MONOPROPYLIQUE,

$$CH \lessgtr \begin{matrix} CH(CO^2C^2H^5)^2 \\ C(CO^2C^2H^5)(CO^2C^3H^7) \end{matrix}$$

— Il se forme par l'action de l'alcool propylique sur l'éther oxéthylpyrone-dicarbonique. Cette substance présente tous les caractères essentiels de l'éther tétréthylique-dicarboxylglutaconique; la poudre de zinc et l'acide acétique à 100° la transforment, par fixation de deux atomes d'hydrogène, en éther triéthylmonopropyldicarboxylglutarique.

ÉTHER DICARBOXYLGLUTACONIQUE-TRIÉTHYLIQUE-MONOBUTYLIQUE,

$$CH \lessgtr \begin{matrix} CH(CO^2C^2H^5)^2 \\ C(CO^2C^2H^5)(CO^2C^4H^9) \end{matrix}$$

— On obtient ce produit, comme le précédent, en laissant digérer à froid pendant 24 heures l'éther oxéthylpyrone-dicarbonique avec de l'alcool butylique normal; très analogue à l'éther dicarboxylglutaconique neutre, il se colore comme lui en jaune au contact des alcalis, donne avec le perchlorure de fer une coloration bleu foncé, enfin forme avec le sulfate de cuivre une combinaison cuivrique insoluble.

ÉTHER MONOCARBOXYLGLUTACONIQUE - TRIÉTHYLIQUE,

$$CH \lessgtr \begin{matrix} CH(CO^2C^2H^5)^2 \\ CH(CO^2C^2H^5) \end{matrix}$$

— Ce composé prend naissance dans l'action de l'eau ou d'une lessive de soude très étendue et froide sur l'éther oxéthylpyrone-dicarbonique; avec l'eau pure, la réaction exige plusieurs semaines; elle est au contraire terminée en quelques minutes lorsqu'on emploie une solution alcaline :

$$C^{13}H^{16}O^7 + H^2O = CO^2 + C^{12}H^{18}O^6.$$

L'éther triéthylmonocarboxylglutaconique forme une huile qui bout à 170-171° sous la pression de 15 millimètres. Comme l'éther dicarboxylglutaconique, dont il renferme encore le groupement malonique, il se colore en jaune avec les alcalis, donne une combinaison cuivrique brune, soluble dans le benzène, et devient bleu avec le perchlorure de fer en solution alcoolique.

Ce corps paraît être identique à celui que MM. Conrad et Guthzeit ont appelé antérieurement *éther isaconitique* [*Ann. Chem.*, **222**, 255].

Éther monoéthyl 6-oxéthyl-α-pyridone 3.5-dicarbonique,

```
          CH
        //  \
CO²H - C     C - CO²C²H⁵
       |     ||
 OH - C      C(OC²H⁵)
        \\  /
          Az
```

ou

```
          CH
        //  \
CO²H - C     C - CO²C²H⁵
       |     ||
      CO     C(OC²H⁵)
        \   /
         AzH
```

— L'éther oxéthylpyrone-dicarbonique se dissout en jaune dans l'ammoniaque étendue; si on sursature la liqueur d'acide chlorhydrique, on voit se produire un précipité blanc, très volumineux, qui présente la composition indiquée; ce corps se forme d'après la réaction

$$C^{13}H^{16}O^7 + AzH^3 = C^2H^6O + C^{11}H^{13}AzO^6.$$

L'éther oxéthylpyridone-dicarbonique cristallise en aiguilles très fines, fusibles à 155°; il se décompose en dégageant des gaz à une température plus élevée; très peu soluble dans l'eau froide, le benzène et le chloroforme, il se dissout au contraire très bien dans l'eau bouillante, l'alcool et l'éther. Ses dissolutions sont légèrement acides; la potasse le dissout et les acides le précipitent inaltéré de ses solutions alcalines.

Sa solution ammoniacale donne des précipités blancs avec les sels de calcium, de baryum, de mercure et d'argent; il en est de même avec les acétates de zinc et de plomb. L'acétate de cuivre donne une coloration vert clair, et le chlorure ferrique une coloration rouge de sang.

Enfin, il dégage une odeur pyridique des plus manifestes lorsqu'on le chauffe avec la poudre de zinc.

Acide oxéthylpyridone-dicarbonique (*oxéthyloxydinicotinique*). — On obtient ce corps en saponifiant son éther éthylique par une solution concentrée de soude à l'ébullition; l'acide chlorhydrique précipite l'acide peu soluble; on le purifie par cristallisation dans l'eau chaude.

Aiguilles fusibles à 179°, avec dégagement d'acide carbonique; séché à froid, il retient une molécule d'eau de cristallisation qui s'échappe à 110°. Son sel ammoniacal neutre ne précipite pas les chlorures alcalino-terreux; par ses autres propriétés, il ressemble en tous points à l'éther précédemment décrit [Guthzeit et Dressel, *loc. cit.*].

Constitution. — Les rapports signalés plus haut entre l'acide dicarboxylglutarique et l'acide dicarboxylglutaconique suffisent à établir la formule de structure de ce dernier composé.

L. Maquenne.

DICARBOXYLGLUTARIQUE (ACIDE) [Syn. *Pentane-dioïque-diméthyloïque* 2.4],

$$CH^2[CH(CO^2H)^2]^2.$$

— On obtient facilement l'éther tétréthylique de cet acide en hydrogénant l'éther dicarboxylglutaconique par l'amalgame de sodium, ou encore en faisant réagir l'iodure de méthylène sur l'éther malonique sodé, en présence d'un excès d'alcool :

$$CH^2I^2 + 2\,CHNa(CO^2C^2H^5)^2 = 2\,NaI + C^3H^4(CO^2C^2H^5)^4$$

[Conrad et Guthzeit, *Ann. Chem.*, **222**, 249. — Guthzeit et Dressel, *D. chem. G.*, **21** 2233].

D'après M. Perkin [*D. chem. G.*, **19**, 1055], qui l'avait nommé *éther propane-tétracarbonique*, le même corps prend naissance dans l'action de l'aldéhyde méthylique sur le malonate d'éthyle :

$$CH^2O + 2\,CH^2(CO^2C^2H^5)^2 = H^2O + C^3H^4(CO^2C^2H^5)^4.$$

Enfin M. Kleber [*Ann. Chem.*, **246**, 97] a décrit sous le nom d'*acide méthylène-dimalonique* un corps qui se forme, entre autres produits, quand on fait agir l'oxyde de méthyle chloré sur l'éther malonique sodé, et qui paraît être encore identique à l'éther dicarboxylglutarique :

$$CH^2Cl-O-CH^3 + 2\,CHNa(CO^2C^2H^5)^2 + H^2O = NaCl + NaOH + CH^3OH + C^3H^4(CO^2C^2H^5)^4.$$

Ce composé est un liquide huileux, qui bout sans se décomposer à 200-203° sous la pression de 15 millimètres; sa densité à 15° est égale à 1,116.

Pour en isoler l'acide, on saponifie par la potasse à l'ébullition, on précipite par le chlorure de baryum et enfin on décompose le dicarboxylglutarate de baryum ainsi obtenu par l'acide sulfurique.

L'acide dicarboxylglutarique fond vers 170° en dégageant de l'acide carbonique; il se transforme alors en acide glutarique (*pentane-dioïque*) [Guthzeit et Dressel, *D. chem. G.*, **21**, 2233].

L'éther dicarboxylglutarique ne donne pas de dérivé monosodé; lorsqu'on le traite par l'éthylate de sodium, soigneusement desséché à 200°, on obtient uniquement un *sel disodique*, qui, avec les iodures alcooliques, donne des composés de la forme $CH^2[CR(CO^2C^2H^5)^2]^2$.

M. Dressel [*Ann. Chem.*, **256**, 171] a préparé les éthers suivants :

Éther diméthyldicarboxylglutarique (*pentane-tétraméthyloïque* 2.2.4.4],

$$CH^2[C(CH^3)(CO^2C^2H^5)^2]^2.$$

— Huile bouillant à 191° sous 12 millimètres de pression. L'acide libre $C^9H^{12}O^3$, obtenu par saponification au moyen de la potasse, est une masse blanche cristalline, qui fond à 164° et se décompose alors en anhydride carbonique et *acide diméthylglutarique* $CH^2[CH(CH^3)(CO^2H)]^2$, fusible à 90°.

Éther diéthyldicarboxylglutarique (*heptane-tétraméthyloïque* 3.3.5.5],

$$CH^2[C(C^2H^5)(CO^2C^2H^5)^2]^2.$$

— Solide, fondant à 61° et distillant à 195° sous 12 millimètres de pression. L'acide libre forme une masse cristalline, rayonnée, qui se décompose vers 163°, et se transforme alors en acide diéthylglutarique.

Éther dipropyldicarboxylglutarique (*nonane-tétraméthyloïque* 4.4.6.6), $C^{21}H^{36}O^8$. — Fond à 42° et bout vers 207-208° sous 12 millimètres de pression. L'acide libre fond en se décomposant à 167°; l'*acide dipropylglutarique* qui se forme ainsi fond lui-même à 89°.

Éther diallyldicarboxylglutarique (*nonadiène* 1.8-*tétraméthyloïque* 4.4.6.6), $C^{21}H^{32}O^8$. — Fond à 30-31° et distille à 213-215° sous 20 millimètres de pression.

Éther dibenzyldicarboxylglutarique (*diphénylpentane-tétraméthyloïque* $1^2 1^2 1^4 1^4$),

$$C^{29}H^{36}O^8.$$

— Bout dans le vide de 230 à 250° en se décomposant légèrement.

Le même corps paraît se former lorsqu'on fait réagir 2 molécules d'éther benzylmalonique sur

2 molécules d'éthylate de sodium et 1 molécule d'iodure de méthylène.

Éther triméthylène-tétracarbonique (*cyclopropane-tétraméthyloïque* 1.1.2.2),

$$CH^2 \begin{cases} C(CO^2C^2H^5)^2 \\ | \\ C(CO^2C^2H^5)^2 \end{cases}$$

— Ce corps, déjà signalé par M. Perkin [*D. chem. G.*, **19**, 1056], prend naissance dans l'action du brome sur l'éther dicarboxylglutarique sodé; il se présente sous la forme d'aiguilles fusibles à 43° et distillant à 187° sous 12 millimètres de pression. L'acide $C^7H^6O^8$ que l'on en retire par saponification donne des cristaux vitreux qui fondent vers 200°, en dégageant du gaz carbonique; si, après quelque temps de chauffe à 200-230°, on distille le résidu dans le vide, on voit passer, de 170 à 180°, un *anhydride triméthylène-dicarbonique*,

$$CH^2 \begin{cases} CH-CO \\ | \\ CH-CO \end{cases} O,$$

qui cristallise dans l'éther en aiguilles fusibles à 56–57° et se transforme sous l'action de l'eau, à 140°, en un acide correspondant $C^3H^4(CO^2H)^2$; ce dernier ne fond plus qu'à 137°.

Éther tétraméthylène-tétracarbonique (*cyclobutane-tétraméthyloïque* 1.1.3.3),

$$(CO^2C^2H^5)^2C \begin{matrix} CH^2 \\ CH^2 \end{matrix} C(CO^2C^2H^5)^2.$$

— Il se forme dans l'action de l'iodure de méthylène sur l'éther dicarboxylglutarique sodé. Huile bouillant à 220–250° sous 15 millimètres, avec décomposition partielle; la saponification n'a donné qu'une petite quantité d'un corps fondant à 115°, qui doit être un acide tétraméthylène-dicarbonique.

Éther benzyléthyldicarboxylglutarique (*benzène hexyle-tétraméthyloïque* $1^21^21^41^4$),

$$C^6H^5-CH^2-C(CO^2C^2H^5)^2-CH^2-C(CO^2C^2H^5)^2-CH^2-CH^3$$

— On obtient ce corps en traitant, à une douce chaleur, l'éther éthyldicarboxylglutarique par le chlorure de benzyle et l'éthylate de sodium, en solution alcoolique; quand la réaction est terminée, on précipite par l'eau, on extrait par l'éther et on distille dans le vide.

Le produit ainsi préparé a l'aspect d'une huile épaisse, qui bout dans le vide de 210 à 230°. Par saponification, il donne d'abord l'acide tétracarbonique correspondant, puis par perte d'acide carbonique, à 200°, l'acide *benzyléthylglutarique* (*benzène-hexyle 2-diméthyloïque* 2.4),

$$CH^2 \begin{cases} CH(C^2H^5)(CO^2H) \\ CH(CH^2C^6H^5)(CO^2H) \end{cases}$$

[Guthzeit et Dressel, *D. chem. G.*, **23**, 3184].

Éther éthyldicarboxylglutarique (*hexanoïque-triméthyloïque* 2.4.4),

$$(CO^2C^2H^5)^2CH-CH^2-C(C^2H^5)(CO^2C^2H^5)^2.$$

— Ce corps a été obtenu par MM. Guthzeit et Dressel (*loc. cit.*) en réduisant l'éther éthyldicarboxylglutaconique par la poudre de zinc et l'acide acétique; c'est une huile qui bout dans le vide (10 à 11 millimètres) à 195-197°.

Éther triéthylmonopropyldicarboxylglutarique

$$CH^2 \begin{cases} CH(CO^2C^2H^5)^2 \\ CH(CO^2C^2H^5)(CO^2C^3H^7) \end{cases}$$

— On l'obtient en réduisant l'éther triéthylmonopropyldicarboxylglutaconique par la poudre de zinc et l'acide acétique à la température du bain-marie. Liquide huileux, distillant à 195–202° sous 15 millimètres; l'acide sulfurique étendu et bouillant le transforme, avec perte d'acide carbonique, en acide glutarique [Guthzeit et Dressel, *D. chem. G.*, **22**, 1413].

Constitution. — La constitution de l'acide dicarboxylglutarique se déduit sans difficulté de ses différents modes de synthèse et de sa transformation par la chaleur en acide carbonique et acide glutarique (pyrotartrique normal ou *pentane-dioïque*). L. Maquenne.

DICÉTONES. — On donne le nom de *dicétones* aux composés qui renferment deux fois le groupement fonctionnel CO de l'acétone. Ces composés sont aujourd'hui extrêmement nombreux; les plus importants sont ceux qui contiennent les deux carbonyles dans la même chaîne linéaire d'atomes de carbone. Les propriétés tout à fait particulières de ces combinaisons dépendent surtout des positions des deux groupements CO l'un par rapport à l'autre. Nous n'étudierons dans cet article que les composés appartenant à cette série: ceux qui dérivent des corps cycliques par substitution de 2 radicaux acides à 2 atomes d'hydrogène seront étudiés en même temps que les noyaux auxquels ils se rattachent; ceux qui appartiennent à la série des combinaisons polyméthyléniques seront décrits dans des articles spéciaux.

Les indications contenues dans cet article sont destinées à compléter celles déjà données aux mots Acétylacétone, Acétonylacétone, Biacétyle, articles dans lesquels sont résumées la plupart des propriétés des dicétones; nous y joindrons, en terminant, l'étude du groupe des acétones-aldéhydes (céto-aldéhydes) qui n'ont pas été décrites.

On classe les dicétones en tenant compte de la position relative des deux carbonyles:

α ou 1.2 dicétones: type le biacétyle (*butane-dione* 2.3);

β ou 1.3 dicétones: type l'acétylacétone (*pentane-dione* 2.4);

γ ou 1.4 dicétones: type l'acétonylacétone (*hexane-dione* 2.5);

Etc....

α dicétones. — Les méthodes de préparation et les propriétés des α dicétones ont été exposées en détail à l'article Biacétyle; peu de choses ont été faites sur ce sujet depuis cette époque. M. H. von Pechmann [*D. chem. G.*, **24**, 3954] a considérablement perfectionné le procédé de préparation du biacétyle et de ses homologues immédiats.

On dissout l'éther méthylacétylacétique (100 gr.) dans 1 litre 3/4 d'eau contenue dans un grand flacon cylindrique; on ajoute 280 grammes de soude à 25 0/0: tout se dissout; on laisse digérer pendant 12 heures, on ajoute 50 grammes d'azotite de sodium et on refroidit à 0°. On introduit alors peu à peu de l'acide sulfurique dilué à 20 0/0 en faisant traverser le liquide par un vif courant d'air: il se dégage de l'acide carbonique; la réaction est terminée quand un papier à la tropéoline se teint nettement en violet: il faut pour cela de 700 à 800 centimètres cubes d'acide sulfurique à 20 0/0. Les vapeurs nitreuses ne doivent jamais apparaître. On rend alcalin par la soude, puis on sépare en deux portions égales, de manière à n'opérer que sur 50 grammes d'éther à chaque opération. On ajoute 150 grammes de carbonate de sodium et on distille vivement la moitié du liquide pour chasser l'alcool; il passe à la distillation un peu du produit nitrosé; on le retrouve en répétant le traitement. Le résidu débarrassé d'alcool est neutralisé au moyen d'acide sulfurique dilué, ramené à son volume primitif (environ 1l 3/4), enfin additionné de 250 grammes d'acide sulfurique concentré, sans refroidir ; puis on distille le biacétyle avec la vapeur d'eau. On le sépare de l'eau comme il a déjà été dit. On obtient ainsi 30 grammes de biacétyle pour 100 grammes d'éther méthylacétylacétique.

Les acétones-oximes se transforment également en α dicétones par l'action du nitrite d'amyle :

$$R-CO-\underset{\underset{AzOH}{\|}}{C}-R' + C^5H^{11}AzO = C^5H^{11}OH + Az^2O + R-CO-CO-R'.$$

On obtient, par exemple, facilement le benzoylacétyle (*benzène-propyldione*),

$$C^6H^5-CO-CO-CH^3,$$

en chauffant 1 molécule de benzène-propylone 1[1] avec 2 molécules de nitrite d'amyle [Manasse, *D. chem. G.*, **21**, 2177].

M. Thal [*D. chem. G.*, **25**, 1723] a obtenu le biacétyle par l'action de l'acide sulfurique dilué sur l'acide nitroso-lévulique (*pentanone* 4-*oxime* 3-*oïque* 1) :

$$CH^3-CO-\underset{\underset{AzOH}{\|}}{C}-CH^2-CO^2H$$

L'acide bibromo-lévulique (*bibromo* 2-*pentanone* 4-*oïque* 1) porté à l'ébullition avec 10 fois son poids d'eau fournit également un peu de biacétyle.

L'hydrate d'hydrazine réagit facilement sur les dicétones ; les deux carbonyles sont successivement remplacés par le groupe Az^2H^2 quand on chauffe une solution de dicétone avec l'hydrate d'hydrazine [Curtius, *J. prakt. Chem.*, (2), **44**, 168]. C'est ainsi que le benzile donne successivement les deux combinaisons :

$$\begin{array}{l}C^6H^5-C=Az^2H^2\\ \quad|\\ C^6H^5-CO\end{array} \quad \text{et} \quad \begin{array}{l}C^6H^5-C=Az^2H^2\\ \quad|\\ C^6H^5-C=Az^2H^2\end{array}$$

Avec le biacétyle, on ne parvient pas à isoler le premier terme de la réaction, mais on obtient facilement le second :

$$\begin{array}{l}CH^3-C=Az^2H^2\\ \quad|\\ CH^3-C=Az^2H^2\end{array}$$

Le biacétyle peut également se combiner à une seule molécule d'hydrazine ; mais il est la seule α dicétone qui donne lieu à cette réaction. Le produit obtenu,

$$\begin{array}{l}CH^3-C=Az\\ \quad|\quad\ |\\ CH^3-C=Az\end{array}$$

fond à 270° et est très difficilement soluble dans l'alcool et dans le benzène bouillant ; il est presque totalement insoluble dans l'eau.

Il est décomposé à l'ébullition par les acides dilués, en régénérant ses constituants.

La formule qui exprime la constitution des dérivés des α dicétones et de l'hydrazine est vraisemblablement la suivante :

$$\begin{array}{l}R-C\begin{array}{l}\diagup AzH\\ \ |\\ \diagdown AzH\end{array}\\ \ |\\ R-CO\end{array} \quad \text{et} \quad \begin{array}{l}R-C\begin{array}{l}\diagup AzH\\ \ |\\ \diagdown AzH\end{array}\\ \ |\\ R-C\begin{array}{l}\diagup AzH\\ \ |\\ \diagdown AzH\end{array}\end{array}$$

car, si on les traite à froid par l'oxyde de mercure, il y a réduction de cet oxyde avec formation d'un dérivé bisazoïque :

$$\begin{array}{l}R-C\begin{array}{l}\diagup Az\\ \ \|\\ \diagdown Az\end{array}\\ \ |\\ R-C\begin{array}{l}\diagup Az\\ \ \|\\ \diagdown Az\end{array}\end{array}$$

La solution benzénique de ces composés se détruit au bout de peu de temps, en dégageant de l'azote et laissant un hydrocarbure ; avec le dérivé du benzyle on obtient le tolane :

$$C^6H^5-C\equiv C-C^6H^5.$$

La combinaison de l'hydrazine et du biacétyle

$$\begin{array}{l}CH^3-C\begin{array}{l}\diagup AzH\\ \ |\\ \diagdown AzH\end{array}\\ \ |\\ CH^3-C\begin{array}{l}\diagup AzH\\ \ |\\ \diagdown AzH\end{array}\end{array}$$

s'obtient très facilement par l'action directe, à froid, de 1 molécule de biacétyle sur 2 molécules d'hydrate d'hydrazine. C'est un solide fusible à 158° après cristallisation dans l'alcool, décomposable à froid par les acides, stable vis-à-vis des alcalis, réduisant la liqueur de Fehling, même à froid.

β DICÉTONES. — On a déjà donné à l'article ACÉTYLACÉTONE les méthodes de préparation qui s'appliquent à cette dicétone et à celles qui en dérivent par substitution de radicaux hydrocarbonés aux 2 atomes d'hydrogène du groupement central CH^2. La méthode générale de préparation des β dicétones a été donnée par M. L. Claisen [*Bull. Soc. Chim.*, (3), **1**, 496] et indiquée également dans cet article : elle consiste à faire agir soit l'éthylate de sodium sec, soit le sodium sur le mélange d'un éther et d'une acétone ou de deux éthers ; on obtient alors, suivant le mélange employé, les réactions suivantes :

$$R-CO^2C^2H^5 + CH^3-CO^2C^2H^5 = R-CO-CH^2-CO^2C^2H^5 + C^2H^6O,$$

$$R-CO^2C^2H^5 + CH^3-CO-R' = R-CO-CH^2-CO-R' + C^2H^6O,$$

$$HCO^2C^2H^5 + CH^3-CO-R = CHO-CH^2-CO-R + C^2H^6O.$$

On peut expliquer ces réactions de la manière suivante : On sait [L. Claisen, *D. chem G.*, **20**, 648] que les éthers des acides organiques ont la propriété de se combiner directement avec l'éthylate de sodium ; le produit d'addition a sans doute la formule

$$R-CO^2C^2H^5 + C^2H^5ONa = R-C\begin{array}{l}\diagup ONa\\ -OC^2H^5\\ \diagdown OC^2H^5\end{array}$$

et la formation des dicétones peut se réaliser par l'action directe de ces produits d'addition sur les acétones :

$$R-C\begin{array}{l}\diagup ONa\\ -OC^2H^5\\ \diagdown OC^2H^5\end{array} + CH^3-CO-CH^3 = R-CONa=CH-CO-CH^3 + 2C^2H^6O.$$

Cette même théorie est applicable à la formation de l'éther acétylacétique, et paraît d'autant plus vraisemblable que le sodium n'agit pas sur l'éther acétique absolu (traité par le chlorure de silicium), mais qu'il suffit d'une trace d'alcool ou d'éthylate de sodium pour amorcer la réaction, et dès lors elle va en s'accélérant :

$$CH^3-C\begin{matrix}\diagup ONa \\ -OC^2H^5 \\ \diagdown OC^2H^5\end{matrix} + H^2CH-CO^2C^2H^5$$

$$= CH^3-CONa=CH-CO^2C^2H^5 + 2C^2H^6O.$$

Cette manière de considérer les faits permet d'expliquer pourquoi on ne peut introduire des radicaux acides que dans les éthers ou les acétones qui contiennent les groupements CH^3-CO ou $R-CH^2-CO$, tandis que cela est tout à fait impossible dans ceux qui renferment le groupe

$$\begin{matrix}R \\ R\end{matrix}\!>CH-CO-CH<\!\begin{matrix}R \\ R\end{matrix}$$

En effet, il ne peut y avoir élimination des 2 molécules d'alcool que nécessitent les équations précédentes. D'autre part, on ne peut se dissimuler qu'on ne s'explique nullement pourquoi dans certains cas, comme par exemple celui du camphre et du formiate d'éthyle, l'éthylate de sodium ne donne aucun résultat, tandis que le sodium métallique réagit très facilement.

La constitution des composés renfermant le groupement $-CO-CH^2-CO-$ a fait l'objet d'un très grand nombre de travaux, qui ont porté successivement sur la constitution de l'éther acétylacétique, $CH-CO-CH^2-CO^2R$, des β dicétones, $R-CO-CH^2-CO-R$, et des acétones aldéhydes, $R-CO-CH^2-CHO$, et celles des dérivés métalliques qu'ils sont capables de donner ; tous ces composés présentent au plus haut degré le phénomène de la tautomérie, c'est-à-dire qu'ils se comportent suivant les réactifs auxquels on les soumet et suivant les conditions des réactions auxquelles ils participent, soit comme des composés saturés renfermant réellement le groupe $CO-CH^2-CO$, soit comme des corps non saturés possédant une fonction alcool :

$$-COH=CH-CO-.$$

Après les recherches de MM. Michael [*J. prakt. Chem.*, (2), **37**, 473 ; **45**, 580 ; **46**, 189], von Pechmann [*D. chem. G.*, **25**, 1040], Freez [*J. prakt. Chem.*, (2), **47**, 236], Perkin senior [*Chem. Soc.*, 1892, 801, 808, 838], Brühl [*D. chem. G.*, **25**, 366] et Claisen [*D. chem. G.*, **25**, 1760, 1776], il n'est pas douteux que l'éther acétylacétique à l'état de liberté ne soit réellement représenté par la formule de Frankland et Duppa,

$$CH^3-CO-CH^2-CO^2C^2H^5;$$

car M. Claisen a fait connaître (voyez plus bas, CÉTO-ALDÉHYDES) des combinaisons qui renferment certainement le groupe

$$-C(OH)=CH-CO,$$

et dont les propriétés sont tout à fait différentes de celles de l'éther acétylacétique. D'autre part, les propriétés physiques de ce composé, réfraction moléculaire, pouvoir rotatoire magnétique, paraissent ne s'accorder qu'avec la formule cétonique. Cependant M. Nef [*Ann. Chem.*, **266**, 52 ; **276**, 200 ; **277**, 59] maintient encore la formule de Geuther, $CH^3-COH=CH-CO^2C^2H^5$, en se fondant principalement sur ce fait que l'anhydride acétique en grand excès peut, à 170-180°, transformer cet éther en un dérivé acétylé de formule

$$CH^3-C\begin{matrix}\leq OCOCH^3 \\ \leq CH-CO^2C^2H^5\end{matrix}$$

Mais cette transformation ne se fait jamais que sur une très petite partie de l'éther, environ 1/10, et peut aussi bien s'expliquer avec la formule cétonique.

A la vérité, le dérivé sodé de l'éther acétylacétique agit généralement comme s'il possédait à la fois les deux formules, mais il n'est pas évident que la constitution des sels de l'éther acétylacétique soit la même que celle de l'éther libre.

Entre cet éther et les céto-aldéhydes qui répondent certainement à la formule

$$-CO-CH=CH(OH),$$

viennent se placer les dicétones, qui, dans toutes leurs réactions, se comportent tantôt comme si elles possédaient la formule $CO-CH^2-CO$, tantôt comme si elles répondaient à la formule $CO-CH=COH$.

L'étude des réactions des dicétones à ce point de vue particulier a fait l'objet de deux mémoires très importants de MM. Claisen [*Ann. Chem.*, **277**, 162] et Nef [*ibid*, **277**, 59], et bien que cette étude soit encore loin d'être terminée, elle mène dès à présent à des conclusions assez nettes.

M. Claisen a étudié l'action de l'éther chlorocarbonique sur les sels alcalins de l'acétylacétone et obtenu deux produits différents ; la fraction principale est un composé neutre bouillant à 124-126° sous la pression de 18 millimètres ; il ne donne aucune des réactions de l'éther diacétylacétique :

$$\begin{matrix}CH^3-CO \\ CH^3-CO\end{matrix}\!>CH-CO^2C^2H^5;$$

il se dédouble très facilement, quand on le traite par une molécule de soude, en alcool, acide carbonique et acétylacétone, tandis que l'éther diacétylacétique vrai ne donne que de l'éther acétylacétique et de l'acide acétique, sans trace d'acétylacétone ; on peut donc avec certitude assigner au composé neutre la formule

$$CH^3-CO-CH=C<\!\begin{matrix}OCO^2C^2H^5 \\ CH^3\end{matrix}$$

Mais il se produit en même temps une quantité notable d'éther diacétylacétique bouillant à 208-210° à l'air, doué de propriétés très acides, et dont le sel de cuivre fond à 151°. On obtient dans ces conditions les produits répondant aux deux formules tautomères ; mais il est possible qu'il ne se forme tout d'abord qu'un seul de ces composés, et qu'il se transforme pendant la réaction partiellement en son isomère ; dans ce cas, il paraîtrait plus vraisemblable d'admettre que la transformation se fait de la manière suivante :

$$\begin{matrix}CH^3 \\ | \\ CO-CO^2C^2H^5 \\ \| \\ CH \\ | \\ CO \\ | \\ CH^3\end{matrix} \quad \text{devenant} \quad \begin{matrix}CH^3 \\ | \\ CO \\ | \\ CH-CO^2C^2H^5 \\ | \\ CO \\ | \\ CH^3\end{matrix}$$

plutôt que suivant le processus inverse.

L'étude de l'action des chlorures d'acides (chlorure d'acétyle et de benzoyle) sur les sels alcalins de l'acétylacétone et de la benzoylacétone conduit à des résultats plus nets.

M. A. Combes avait déjà montré [*Bull. Soc. Chim.*, (2), **50**, 82] que le dérivé sodé de l'acétylacétone traité par le chlorure d'acétyle donne naissance à un composé très acide bouillant à 110° dans le vide et dont le sel de cuivre fond à 205°. Ce composé a été envisagé par lui comme le triacétylméthane (*éthanoyl 3-pentane-dione* 2.4) :

$$\begin{array}{c} CH^3-CO-CH-CO-CH^3 \\ | \\ CO \\ | \\ CH^3 \end{array}$$

M. Nef [*Ann. Chem.*, **277**, 71] a obtenu le même résultat, mais il a trouvé en même temps un composé bouillant plus haut (120°) tout à fait neutre, que M. Combes considérait comme un tétracétylméthane et auquel M. Nef attribua la formule

$$CH^3-CO-CH=C\begin{array}{l}\swarrow OCOCH^3 \\ \searrow CH^3\end{array}$$

de l'isomère du triacétylméthane; mais il n'a pu en obtenir d'analyse satisfaisante. L'action de l'anhydride acétique sur l'acétylacétone, non plus que celle du chlorure d'acétyle sur son sel de cuivre, n'ont permis d'établir la présence d'un oxhydryle dans l'acétylacétone.

L'action du chlorure de benzoyle sur le sel de sodium de la benzoylacétone (*butyldione* 1[1].1[3]-*benzène*, $C^6H^5-CO-CH^2-CO-CH^3$, a donné à M. Claisen une substance solide, fusible à 101-102°, dont la composition répond à celle de la dibenzoylacétone.

C'est un acide énergique, qui rougit le papier de tournesol et se dissout dans les alcalis et les carbonates alcalins. Ces solutions sont colorées en jaune, comme cela arrive pour les sels des tricétones.

Traitée par l'acétate de cuivre, elle donne un sel bleu clair bien cristallin; le chlorure ferrique colore ses solutions en rouge foncé; l'addition d'acétate de potassium à la solution ferrique produit un précipité brun-rouge qui est le sel de fer $(C^{17}H^{15}O^3)^3Fe, 3H^2O$.

Son dédoublement par les alcalis donne du dibenzoylméthane et de l'acide acétique; on ne peut donc douter que le composé n'ait réellement la formule

$$\begin{array}{c} C^6H^5-CO-CH-CO-C^6H^5 \\ | \\ CO \\ | \\ CH^3 \end{array}$$

Ce composé se transforme très facilement en un isomère qui ne donne plus aucune des réactions de la dibenzoylacétone; il est insoluble dans les carbonates alcalins et ne se colore plus par le chlorure ferrique; il fond à 108-110°. Pour l'obtenir, il suffit de dissoudre la dibenzoylacétone dans une petite quantité d'alcool bouillant et de laisser cristalliser lentement; la nouvelle substance se précipite en petites aiguilles d'un blanc de neige; elle est beaucoup moins soluble que son isomère dans tous les dissolvants : mais si on la laisse pendant quelque temps en contact avec une solution d'un carbonate alcalin, elle se dissout peu à peu et se transforme intégralement en dibenzoylacétone. Cette transformation est très rapidement effectuée à la température ordinaire et en solution très diluée par l'éthylate de sodium.

Dans l'action du chlorure de benzoyle sur le sel de sodium, et plus facilement encore sur le sel de potassium de la benzoylacétone, on obtient une substance neutre : c'est une substance liquide, qui doit être considérée comme possédant la constitution

$$\begin{array}{l} C^6H^5-CO-C=C\begin{array}{l}\swarrow OCOC^6H^5 \\ \searrow CH^3\end{array} \\ \qquad\qquad\;\; | \\ \qquad\qquad CO \\ \qquad\qquad\;\; | \\ \qquad\qquad C^6H^5 \end{array}$$

car elle se dédouble immédiatement par l'action de l'éthylate de sodium en benzoate d'éthyle et dibenzoylacétone.

L'action du chlorure de benzoyle sur les sels de sodium ou de potassium de l'acétylacétone donne des résultats particulièrement nets. On obtient d'abord la benzoylacétylacétone,

$$\begin{array}{l} CH^3-CO-CH-CO-CH^3 \\ \qquad\quad\;\; | \\ \quad C^6H^5-CO \end{array}$$

fusible à 34-35°, dont le sel de cuivre fond à 224-225°. Mais en même temps on obtient un composé neutre ne présentant plus les réactions d'une di- ou d'une tricétone; c'est une substance solide, fusible à 102-103°. Son analyse conduit à lui donner la formule d'une dibenzoylacétylacétone, et son dédoublement, qui s'effectue par l'éthylate de sodium en éther benzoïque et benzoylacétone, lui assigne la formule

$$\begin{array}{l} CH^3-CO-C=C\begin{array}{l}\swarrow OCOC^6H^5 \\ \searrow CH^3\end{array} \\ \qquad\qquad\; | \\ \quad C^6H^5-CO \end{array}$$

En effet, il résulte des expériences de M. Claisen que quand, dans une tricétone, des groupes C^6H^5CO et CH^3CO sont reliés au même carbone, l'action des alcalis sépare d'abord le groupe acétyle; la benzoylacétylacétone donne dans ces conditions de l'acide acétique et de la benzoylacétone; la dibenzoylacétone donne l'acide acétique et le dibenzoylméthane, en sorte que le véritable dibenzoylacétylacétone se dédoublerait en éther acétique et dibenzoylméthane.

M. Nef (*loc. cit.*) paraît pourtant avoir obtenu la monobenzoylacétylacétone sous la forme

$$C^6H^5-HO-CH=C\begin{array}{l}\swarrow OCOCH^3 \\ \searrow CH^3\end{array}$$

par l'action du chlorure d'acétyle sur le sel de sodium de la benzoylacétone; mais la composition de cette substance n'a pas été établie avec certitude.

En résumé, le chlorure de benzoyle et le chlorure d'acétyle se comportent vis-à-vis des sels alcalins des dicétones comme si ces composés possédaient réellement la formule dicétonique

$$R-CO-CH^2-CO-R;$$

mais sur la tricétone résultante ils réagissent comme si ces tricétones répondaient plutôt à la formule

$$\begin{array}{c} R-CO-C=COH-R \\ | \\ CO \\ | \\ R \end{array}$$

Pour les dérivés du méthane, la transformation en la forme tautomère renfermant un hydroxyle paraît d'autant plus facile que les radicaux substitués sont plus électronégatifs, de sorte que dans la série

$$\begin{array}{cccc} CO^2R & CO-CH^3 & CO-CH^3 & CHO \\ | & | & | & | \\ CH^2 & CH^2 & CH^2 & CH^2 \\ | & | & | & | \\ CO^2R & CO^2R & CO-CH^3 & CO-CH^3 \end{array}$$

les deux premiers ne sont, à l'état de liberté, connus que sous la forme écrite ci-dessus; le dernier terme au contraire se présente toujours sous la forme

$$CH\begin{array}{l}\nearrow CHOH \\ \searrow CO-CH^3\end{array}$$

Il faut ajouter à cela que la tendance à prendre la forme non saturée s'accroît avec le nombre des radicaux électronégatifs substitués. De sorte que les dérivés du méthane obtenus par substitution de trois radicaux acides à trois atomes d'hydrogène réagissent toujours sur les chlorures d'acides comme s'ils avaient la forme

$$R-CO-\underset{\underset{\displaystyle R}{|}}{\underset{CO}{\underset{|}{C}}}=C(OH)-R$$

[L. Claisen, *Ann. Chem.*, **277**, 206].

Acétylacétone et homologues. — La méthode de préparation de l'acétylacétone a été modifiée par M. L. Claisen [*Ann. Chem.*, **277**, 168] de la manière suivante :

100 grammes de sodium divisé en fils ou en lames aussi minces que possible sont tassés dans le fond d'un ballon de 4 à 5 litres où l'on a, pour éviter l'oxydation, mis d'avance un peu (50 centimètres cubes) d'éther absolu; le récipient est adapté à un réfrigérant à reflux et plongé dans un mélange réfrigérant; on y ajoute 900 centimètres cubes d'éther acétique, au préalable refroidi dans le mélange réfrigérant, et aussi exempt d'alcool que possible. Puis on ajoute par petites portions 314 centimètres cubes d'acétone, en ayant soin d'agiter soigneusement après chaque addition, et d'attendre que la réaction très vive se calme; il ne faut du reste pas ajouter l'acétone trop lentement, pour éviter la formation d'une notable quantité d'éther acétylacétique. On laisse digérer pendant quelques heures dans le mélange réfrigérant ou dans la glace, puis on abandonne pendant 12 heures à la température ordinaire; on ajoute ensuite 1 litre et demi d'eau glacée, qui dissout le sel de sodium de l'acétylacétone. On sépare l'éther acétique surnageant, puis on acidule par l'acide acétique; on ajoute ensuite un demi-kilogramme d'acétate de cuivre, qui a été au préalable dissous dans 5 ou 6 litres d'eau et chauffé à 100° pendant quelques heures pour séparer l'acétate basique insoluble.

Le *sel de cuivre* de l'acétylacétone se précipite immédiatement; on le sépare par filtration et on le lave; après quoi il est mis en suspension dans l'éther, et décomposé par l'acide sulfurique dilué à 20 0/0. On continue ensuite comme il a été dit déjà; on obtient ainsi 160-170 grammes d'acétylacétone pure.

Action de l'ammoniaque et des amines (voyez Suppl. **2**, 1, 68). — Le produit de l'action de l'ammoniaque sur l'acétylacétone peut s'obtenir, comme l'a montré M. Claisen [*D. Chem. G.*, **24**, 3900], par hydrogénation du diméthylisoxazol, qui résulte de l'action de l'hydroxylamine sur l'acétylacétone [voy. aussi R. Dunstan et Dymond, *Chem. Soc.*, 1892, 410].

Ce composé peut avoir la formule d'une aminopentène-one :

$$CH^3-CO-CH=\underset{\underset{\displaystyle AzH^2}{|}}{C}-CH^3$$

ou d'une imino-pentanone :

$$CH^3-CO-CH^2-\underset{\underset{\displaystyle AzH}{\|}}{C}-CH^3$$

Mais on ne peut mettre en évidence la fonction cétonique ni par l'action de l'hydroxylamine, ni par celle de la phénylhydrazine, qui provoquent un dégagement d'ammoniaque en donnant l'isoxazol ou le pyrazol, qu'on obtient en partant de l'acétylacétone libre [A. et C. Combes, *Bull. Soc. Chim.*, (3), **7**, 779].

L'éthylamine réagit sur l'acétylacétone exactement comme l'ammoniaque; il se forme d'abord un produit d'addition solide, qui perd de l'eau en donnant un liquide bouillant de 210 à 215°, qui répond à l'une ou l'autre des formules

$$CH^3-CO-CH=\underset{\underset{\displaystyle HAzC^2H^5}{|}}{C}-CH^3$$

$$CH^3-CO\cdot CH^2-\underset{\underset{\displaystyle AzC^2H^5}{\|}}{C}-CH^3$$

La diéthylamine chauffée en tubes scellés à 90-100° avec l'acétylacétone donne un liquide bouillant à 155-156° sous une pression de 24 millimètres, et qui possède une composition répondant à la formule

$$CH^3-CO-CH=\underset{\underset{\displaystyle Az(C^2H^5)^2}{|}}{C}-CH^3$$

Les amines tertiaires ne réagissent en aucun cas; mais toutes les amines secondaires ne sont pas capables de donner la même réaction; la méthylaniline, par exemple, ne réagit en aucune façon. Si l'on considère que la méthylacétylacétone (*méthyl* 3-*pentane-dione* 2.4) réagit facilement sur l'ammoniaque en donnant un composé fusible à 105°, qu'il en est de même avec les amines primaires, et enfin que les dicétones deux fois substituées, comme la diméthyl 3.3-pentanedione 2.4, ne sont plus attaquées par l'ammoniaque, on est amené à penser que la formule de l'acétylacétone-amine est bien celle d'une aminopentène-one :

$$CH^3-CO-CH=\underset{\underset{\displaystyle AzH^2}{|}}{C}-CH^3$$

Il faut cependant remarquer que la méthylacétylacétone ne réagit jamais sur la diéthylamine, et que le composé obtenu par l'action de l'ammoniaque sur cette même dicétone est encore capable de donner des dérivés métalliques; ce qui amène à conclure que la tautomérie, possible chez les dicétones renfermant le groupe

$$CO-CH^2-CO,$$

ne l'est plus dans les composés où un atome d'hydrogène de ce groupe est remplacé par un reste hydrocarboné [A. et C. Combes, *loc. cit.*].

L'action de l'iodure de méthyle sur l'aminopentène-one donne lieu à une réaction singulière : il y a élimination d'iodure d'ammonium et formation de méthylacétylacétone. Ce fait s'accorde bien avec la formule proposée plus haut.

Action des diamines de la série grasse. — L'éthylène-diamine (*diamino* 1.2-*éthane*) se combine très facilement à l'acétylacétone, en donnant un composé solide fusible à 111°,5 et distillant dans le vide à 245°; une molécule d'éthylènediamine réagit sur 2 molécules d'acétylacétone; le composé résultant donne avec l'acétate de cuivre un sel de cuivre d'un beau violet; ce sel fond à 137°. Sa formule est $(C^{12}H^{18}Az^2O^2)Cu$, et celle du composé fusible à 111°,5, $C^{12}H^{20}Az^2O^2$: il peut être considéré comme représenté par la formule

$$\begin{array}{ccc}CH^3-CO-CH^2 & & CH^2-CO-CH^3\\ | & & | \\ CH^3-C=Az-CH^2-CH^2-Az=C-CH^3 & & \end{array}$$

L'urée réagit très facilement sur l'acétylacétone, soit simplement lorsqu'on chauffe à 100° un mélange des deux corps [A. et C. Combes, *loc.*

cit.], soit lorsqu'on ajoute au mélange des deux corps en solution alcoolique saturée de l'acide sulfurique ou de l'acide chlorhydrique concentré [Evans, *J. prakt. Chem.*, (2), **48**, 491]; par ce dernier procédé, on obtient deux substances différentes : la première résulte de la réaction d'une seule molécule d'urée sur une d'acétylacétone :

$$\begin{array}{l} CH^3-C=Az-CO-AzH^2 \\ \quad\;\; | \\ \quad\;\; CH^2 \\ \quad\;\; | \\ CH^3-CO \end{array}$$

elle fond vers 190°; la seconde, qui s'obtient très facilement par le premier procédé, fond à 200°, et résulte de l'action de 2 molécules d'urée sur une d'acétylacétone :

$$\begin{array}{l} CH^3-C=Az-CO-AzH^2 \\ \quad\;\; | \\ \quad\;\; CH^2 \\ \quad\;\; | \\ CH^3-C=Az-CO-AzH^2 \end{array}$$

La thio-urée donne lieu exactement aux mêmes réactions. M. Evans a également obtenu, au moyen de l'acétylacétone et de l'urée ou de la thio-urée, les combinaisons

$$\begin{array}{l} CH^3-C=Az \\ CH^2\langle \quad \rangle CO \\ CH^3-C=Az \end{array} \quad \text{et} \quad \begin{array}{l} CH^3-C=Az \\ CH^2\langle \quad \rangle CS \\ CH^3-C=Az \end{array}$$

Par l'action de la guanidine sur l'acétylacétone, il se forme immédiatement une α amino-α'γ diméthyl-β diazine :

$$\begin{array}{c} Az \\ CH^3C \quad\quad CAzH^2 \\ CH \quad\quad Az \\ C \\ | \\ CH^3 \end{array}$$

Il suffit de chauffer au bain-marie l'acétylacétone et le carbonate de guanidine en proportions équimoléculaires : il se produit un vif dégagement d'acide carbonique. On purifie la base par cristallisation dans l'eau : il se dépose à chaud des cristaux de la base anhydre qui, à froid, se transforment en présence d'eau en gros cristaux d'un hydrate se dissociant très facilement à l'air, et même dans l'eau à une température de 40°. La base anhydre fond à 153°. Son chlorhydrate a pour formule

$$(C^6H^9Az^3)^2PtCl^6H^2,\ 2,5\,H^2O$$

[A. et C. Combes, *loc. cit.*].

L'action de l'o-aminobenzaldéhyde (*amino 2-méthylal 1-benzène*) sur l'acétylacétone, en présence de quelques gouttes de soude étendue, a donné à M. Eliasberg [*D. chem. G.*, **25**, 1756] la méthylacétylquinoléine :

$$\text{(noyau quinoléique)}\ \begin{array}{l} CO-CH^3 \\ CH^3 \end{array}\ ,\ Az$$

solide fusible à 74°, distillant à 306°. Son chlorhydrate et son sulfate sont facilement solubles dans l'eau et dans l'alcool ; le chromate peu soluble cristallise bien ; cette base donne une *oxime* fusible à 143° et une *hydrazone* fondant à 130°.

L'acétylacétone traitée par le chlorure de sulfuryle donne d'abord la monochloracétylacétone (*chloro 3-pentane-dione 2.4*), qui, traitée par l'acétate de potassium en solution acétique, donne l'éther acétique de l'alcool correspondant (*pentanol 3-dione 2.4*),

$$CH^3-CO-CHOH-CO-CH^3.$$

L'acétylacétone monochlorée bout à 158-159° ; si on prolonge l'action du chlorure de sulfuryle, on obtient le dérivé dichloré (*dichloro 3.3-pentane-dione 2.4*), qui bout à 87° sous une pression de 18-20 millimètres, et ne donne plus de dérivés métalliques avec l'acétate de cuivre [A. Combes, [*C. R.*, **111**, 272 et 421]. MM. Zincke et Kegel [*D. chem. G.*, **23**, 230 et 1706] ont montré que l'action du chlore ou du brome sur la phloroglucine (*cyclohexane-trione 1.3.5*) en présence de l'eau donne naissance, avec dégagement d'acide carbonique, à des dérivés halogènes de l'acétylacétone.

L'*octochloracétylacétone* obtenue dans cette réaction cristallise facilement dans l'éther de pétrole ; c'est un solide fusible à 42-43° et bouillant à 165-168° sous une pression de 30 millimètres ; chauffée avec l'eau, elle se dédouble en acide trichloracétique et pentachloracétone.

L'*heptabromacétylacétone*,

$$CBr^3-CO-CBr^2-CO-CHBr^2,$$

s'obtient en même temps que l'octobromacétylacétone par l'action du brome sur une solution aqueuse de phloroglucine chauffée à 40°. Prismes monocliniques, qui cristallisent facilement dans un mélange de sulfure de carbone et d'éther de pétrole ; fusibles à 93-94°, facilement solubles dans le sulfure de carbone, l'éther, le chloroforme, moins facilement solubles dans l'éther de pétrole et dans l'acide acétique froids ; chauffée avec de l'eau, elle donne de la pentabromacétone.

L'octobromacétylacétone se sépare de la précédente grâce à sa faible solubilité dans le sulfure de carbone et l'éther de pétrole ; c'est un corps solide, fusible à 154-155° ; il se décompose déjà quand on le dissout dans l'alcool bouillant, en donnant de la pentabromacétone ; chauffé avec de l'eau à 140°, il donne cette même pentabromacétone, du bromoforme et de l'acide carbonique.

La trichloropentabromacétylacétone (*trichloro-1.3.5-pentabromo 2.2.3.5.5-pentane-dione 2.4*),

$$CBr^2Cl-CO-CBrCl-CO-CBr^2Cl,$$

s'obtient en traitant la trichlorophloroglucine en solution acétique par l'eau de brome en excès. Solide, fond à 93-98°.

L'hexachlorodibromacétylacétone (*dibromo 1.5-hexachloropentane-dione 2.4*) s'obtient de la même manière en partant de l'hexachloro-phloroglucine. Elle fond à 57-58° et bout à 200-201° sous la pression de 25 millimètres.

Homologues de l'acétylacétone. — 1° *Méthylacétylacétone* (*méthyl 3-pentane-dione*), $C^6H^{10}O^2$. — Voyez Suppl. **2**, I, 66.

2° *Acétylpropionylméthane* (*hexane-dione 2.4*), $CH^3-CO-CH^2-CO-CH^2-CH^3$. — On l'obtient par la méthode de M. Claisen en partant de la méthyléthylcétone (*butanone*) et de l'éther acétique. M. G. Griner l'a également obtenu [*Ann. Chim. Phys.*, (6), **26**, 362] par l'hydratation directe de l'hexadiine 2.4,

$$CH^3-C\equiv C-C\equiv C-CH^3,$$

au moyen du chlorure mercurique en solution alcoolique ou de l'acide sulfurique. C'est un liquide bouillant à 158°. Densité à 15° = 0,9538 ; son *sel de cuivre*, $(C^6H^9O^2)^2Cu$, cristallise dans l'alcool bouillant en petits prismes bleus, et fond à 197-198°.

3° *Diméthylacétylacétone* (*diméthyl* 3.3-*pentane-dione* 2.4), $C^7H^{12}O^2$. — Se prépare par l'action de l'iodure de méthyle sur la méthylacétylacétone sodée, qui s'obtient facilement en traitant la méthylacétylacétone par l'éthylate de sodium ; on la sépare de l'excès de monométhylacétylacétone par l'acétate de cuivre, qui précipite cette dernière.

Liquide incolore, bouillant à 175-177° ; ne précipite plus l'acétate de cuivre, et n'est pas attaquée par le gaz ammoniac [A. et C. Combes, *Bull. Soc. Chim.*, (3), **7**, 783].

4° *Éthylacétylacétone*. — Voyez Suppl. **2**, I, 66.

5° *Acétylbutyrylméthane* (*heptane-dione* 2.4),

$$CH^3-CO-CH^2-CO-CH^2-CH^2-CH^3.$$

— On le prépare au moyen de la *méthylpropylcétone* (*pentanone* 2), de l'acétate d'éthyle et de l'éthylate de sodium ou du butyrate d'éthyle, de l'acétone et du sodium [Claisen et Ehrhardt, *D. chem. G.*, **22**, 1015]. Liquide bouillant à 174-175°. Densité à 15° 0,9411. Son *sel de cuivre* fond à 160-161°.

6° *Acétylpropionyléthane* (*méthyl* 3-*hexane-dione* 2.4),

$$CH^3-CO-\begin{array}[t]{c}CH\\|\\CH^3\end{array}-CO\ \ CH^2-CH^3.$$

— On l'obtient par l'action de l'acétate d'éthyle sur la diéthylcétone (*pentanone* 3) en présence de sodium. Liquide bouillant à 167-170° ; son *sel de cuivre* fond à 192° [Claisen et Ehrhardt, *loc. cit.*].

7° *Propylacétylacétone* (*éthanoyl* 3-*hexanone* 2), $C^8H^{14}O^2$,

$$CH^3-CO-\begin{array}[t]{l}CH-CH^2-CH^2-CH^3,\\|\\CO-CH^3\end{array}$$

par l'iodure de propyle normal et l'acétylacétone sodée [A. Combes et J.-A. Le Bel, *Bull. Soc. Chim.*, (3), **7**, 552].

8° *Décane-dione* 2.4,

$$CH^3-CO-CH^2-CO-C^6H^{13},$$

par la méthylhexylcétone (*octanone* 2), l'éther acétique et le sodium [Claisen et Erhard, *loc. cit.*]. Liquide, bouillant à 228-229° ; son *sel de cuivre* fond à 122°.

9° *Isoamylacétylacétone* (*éthanoyl* 5-*méthyl* 2-*heptanone* 6),

$$CH^3-CO-\begin{array}[t]{c}CH\\|\\CO\\|\\CH^3\end{array}-CH^2-CH^2-\begin{array}[t]{c}CH\\|\\CH^3\end{array}-CH^3$$

— Voyez Suppl. **2**, I, 66.

β-Dicétones aromatiques. — MM. Béhal et Auger [*Bull. Soc. Chim.*, (3), **9**, 696], V. Auger [*Ann. Chim. Phys.*, (6), **22**, 348], ont donné un procédé commode de préparation des β-dicétones symétriques renfermant deux groupements aromatiques ; il consiste à faire agir le chlorure de malonyle sur un hydrocarbure aromatique en présence de chlorure d'aluminium anhydre.

1° *Benzoylacétone* (*butyldione* $1^1.1^3$-*benzène*),

$$C^6H^5-CO-CH^2-CO-CH^3$$

(voyez Suppl. **2**, I, 593). — Nous avons indiqué plus haut les résultats qu'ont obtenus MM. Claisen et Nef en faisant agir les chlorures d'acétyle et de benzoyle sur le sel de sodium de la benzoylacétone. Par l'action de l'iodure d'éthyle sur ce même dérivé sodé, MM. Claisen et Lowman [*D. chem. G.*, **21**, 1152] ont obtenu l'éthylbenzoylacétone (*éthyl* 1^2-*butyldione* $1^1.1^3$-*benzène*). C'est un liquide bouillant à 220°.

2° *Phénylacétylacétone* (*pentyldione* $1^2.1^4$-*benzène*), $C^6H^5-CH^2-CO-CH^2-CO-CH^3$. — Elle a été obtenue par MM. E. Fischer et Bulow [*D. chem. G.*, **18**, 2137] par l'ébullition de l'éther phénylacétylacétique avec 10 fois son poids d'eau ; c'est un liquide bouillant à 266-269°.

3° *Propionylacétophénone* (*pentyldione* $1^1.1^3$-*benzène*), $C^6H^5-CO-CH^2-CO-CH^2-CH^3$. — Se prépare par la méthode de M. Claisen, en partant de l'acétophénone (*éthanoylbenzène*) et du propionate d'éthyle. Liquide bouillant à 276-277° [Stylos, *D. chem. G.*, **20**, 2181]. Densité à 15° = 1,081.

4° *Butyrylacétophénone* (*hexyldione* $1^1.1^3$-*benzène*), $C^6H^5-CO-CH^2-CO-CH^2-CH^3$. — Liquide bouillant à 174° sous une pression de 24 millimètres. Densité à 15° = 1,061. On la prépare par l'action du butyrate d'éthyle sur l'acétophénone en présence d'éthylate de sodium.

5° Si l'on emploie l'isobutyrate d'éthyle, on obtient l'*isobutyrylacétophénone* (*métho* 1^4-*pentyldione* $1^1.1^3$-*benzène*),

$$CH^3-\begin{array}[t]{c}CH\\|\\CH^3\end{array}-CO-CH^2-CO-C^6H^5,$$

qui bout à 110° sous la pression de 26 millimètres [Stylos, *loc. cit.*]

6° Avec l'isovalérate d'éthyle on a la *valérylacétophénone* (*métho* 1^5-*hexyldione* $1^1.1^3$-*benzène*), qui bout à 183-184° sous une pression de 30 millimètres.

Dibenzoylméthane (*diphényl-propane-dione* 1.3), [$C^6H^5-CO-CH^2-CO-C^6H^5$]. — On obtient du dibenzoylméthane en décomposant l'acide dibenzoylacétique par l'ébullition avec de l'eau [Baeyer et Perkin, *D. chem. G.*, **16**, 2134] ; par la méthode de M. Claisen, au moyen de l'acétophénone et du benzoate d'éthyle ; par le chlorure de malonyle (*propane-dioyle*), le chlorure d'aluminium et le benzène [V. Auger, *Ann. Chim. Phys.*, (6), **22**, 349]. On l'obtient encore (L. Claisen) en traitant par un alcali la dibenzoylacétone,

$$C^6H^5-CO-\begin{array}[t]{c}CH\\|\\CO\\|\\CH^3\end{array}-CO-C^6H^5$$

C'est un solide fusible à 81°, distillant au-dessus de 200° ; il cristallise en gros cristaux orthorhombiques ; il est très facilement soluble dans l'alcool, l'éther et le chloroforme, ne décompose pas les carbonates, mais se dissout facilement dans les alcalis. Le dibenzoylméthane donne deux dérivés bromés :

$$C^6H^5-CO-CHBr-CO-C^6H^5,$$

solide fusible à 93°, et

$$C^6H^5-CO-CBr^2-CO-C^6H^5,$$

fusible à 95°

Si on les traite par l'acétate de potassium en solution acétique, on obtient avec le premier de ces deux corps

$$C^6H^5-CO-\begin{array}[t]{l}CH-CO-C^6H^5\\|\\O-CO-CH^3\end{array}$$

fusible à 94°, que l'action du brome transforme en

$$C^6H^5-CO-\begin{array}[t]{l}CBr-CO-C^6H^5\\|\\O-CO-CH^3\end{array}$$

fusible à 101°,5, que l'on peut obtenir directement par l'action de l'acétate de potassium sur le dérivé dibromé du dibenzoylméthane.

Si on chauffe cette nouvelle substance, soit seule, soit en solution, à une température supérieure à son point de fusion, elle se transforme en bromure d'acétyle et diphénylpropane-trione :

$$C^6H^5-CO-\underset{\underset{O-CO-CH^3}{|}}{C}Br-CO-C^6H^5$$

$$= C^6H^5-CO-CO-CO-C^6H^5 + CH^3-COBr.$$

Cette tricétone est un solide fusible à 69-70°, distillant sans décomposition au-dessus de 300° ; elle cristallise dans l'eau avec 1 molécule d'eau de cristallisation ; cet hydrate fond à 90° [H. v. Pechmann, *D. chem. G.*, **22**, 852].

Par l'action du chlorure de malonyle et de ses dérivés méthylé et éthylé sur le benzène et ses homologues, en présence du chlorure d'aluminium, MM. Auger et Béhal [*loc. cit.*] ont obtenu les β-dicétones suivantes :

Ditoluylméthane (*diméthophényl* 1.4-*propane-dione* $4^1.4^3$,

$$\underset{4^1}{CH^3-C^6H^4}-\underset{4^2}{CO-CH^2}-\underset{4^3}{CO-C^6H^4-CH^3}.$$

— Solide fusible à 126°.

Diéthobenzoylméthane (*diéthophényl* 1.4-*propane-dione* $4^1.4^3$,

$$C^2H^5-C^6H^4-CO-CH^2-CO-C^6H^4-C^2H^5.$$

— Fusible à 42°.

Di-o-xyloylméthane (*di-dimétho* 1.2-*phénylpropane-dione* $4^1.4^3$),

$$(CH^3)^2C^6H^3-CO-CH^2-CO-C^6H^3(CH^3)^2.$$

— Fond à 138°.

Di-m-xyloylméthane (*di-dimétho* 1.3-*phénylpropane-dione* $4^1.4^3$). — Fusible à 82°.

Di-p-xyloylméthane (*di-dimétho* 1.4-*phénylpropane-dione* $3^1.3^3$). — Fusible à 101-102°.

Di-p-mésitoylméthane (*di-trimétho* 1.3.5-*phénylpropane-dione* $2^1.2^3$). — Fond à 96-97°.

Dibenzoyléthylméthane (*diphényl-éthyl* 1^2-*propane-dione* $1^1.1^3$),

$$C^6H^5-CO-\underset{\underset{C^2H^5}{|}}{CH}-CO-C^6H^5.$$

— Fond à 87°, bout à 230° sous une pression de 25 millimètres.

Méthyl-di-toluylméthane (*dimétho* 1-*phénylméthyl* 4^2-*propane-dione* $4^1.4^3$),

$$CH^3-C^6H^4-CO-\underset{\underset{CH^3}{|}}{CH}-CO-C^6H^4-CH^3.$$

— Fond à 192° (?).

Diéthyl-benzoyléthylméthane (*diétho* 1-*phényléthyl* 4^2-*propane-dione* $4^1.4^3$),

$$C^2H^5-C^6H^4-CO-\underset{\underset{C^2H^5}{|}}{CH}-CO-C^6H^4-C^2H^5.$$

— Fond à 88-89°.

γ ou 1.4-DICÉTONES. — Les propriétés générales des γ-dicétones ont été exposées au mot ACÉTONYLACÉTONE.

1° *Acétonylacétone* (*hexane-dione* 2.5). — M. Knorr [*D. chem. G.*, **22**, 168 et 2100] a donné un procédé de préparation de l'acétonylacétone : On chauffe au bain-marie pendant quelques heures l'éther diacétylsuccinique (*éther hexanedione* 2.5-*diméthyloïque* 3.4), qu'on obtient facilement par l'action de l'éther monochloracétique sur l'éther acétylacétique sodé, avec une solution très étendue (3 0/0) de soude, employée en quantité juste suffisante pour satisfaire à l'équation

$$C^{12}H^{18}O^6 + 2NaOH$$

$$= C^6H^{10}O^2 + 2C^2H^6O + 2NaHCO^3,$$

soit 3,1 de soude pour 10 d'éther diacétylsuccinique ; on sépare l'acétonylacétone de la solution refroidie en saturant par le carbonate de potassium.

La *dioxime* de l'acétonylacétone (*hexane-dioxime* 2.5) s'obtient, d'après MM. Ciamician et Zanetti [*D. chem. G.*, **22**, 3176], par l'action de l'hydroxylamine sur le diméthylpyrrol :

$$\begin{array}{l} \quad CH^3 \\ \quad \;| \\ CH=C\diagdown \\ | \qquad\quad AzH + 2AzH^2OH \\ CH=C\diagup \\ \quad \;| \\ \quad CH^3 \end{array}$$

$$= AzH^3 + \begin{array}{l} \qquad CH^3 \\ \qquad\; | \\ CH-C=AzOH \\ | \\ CH.\;C=AzOH \\ \qquad\; | \\ \qquad CH^3 \end{array}$$

L'acétonylacétone traitée par 5 fois son poids d'acide nitrique (D = 1,45) réagit vivement si l'on élève légèrement la température ; on obtient un produit solide, fusible à 128-129°, possédant la formule $C^6H^4Az^2O^8$ [Angelo Angeli, *D. chem. G.*, **22**, 130]. La réfraction moléculaire de l'acétonylacétone est 48,88 [Eyckmann, *D. chem. G.*, **25**, 3074].

L'aldéhyde o-amidobenzoïque réagit sur l'acétonylacétone dans les mêmes conditions que sur l'acétylacétone ; on obtient une diméthyl-diquinoléine $C^{20}H^{16}Az^2$, qui cristallise dans l'alcool avec 2 molécules d'eau, et fond alors à 104-105° ; anhydre, la base fond à 144°.

2° *Acétophénone acétone*. — Voyez ACÉTOPHÉNONE ACÉTYLACÉTIQUE.

3° *Dibenzoyléthane* (*diphénylbutane-dione* $1^1.1^4$), $C^6H^5-CO-CH^2-CH^2-CO-C^6H^5$. — S'obtient par l'action du chlorure de succinyle et du chlorure d'aluminium sur le benzène [Claus, *D. chem. G.*, **20**, 1375. — V. Auger, *Ann. Chim. Phys.*, (6), **22**, 317]. Il fond à 143°.

4° *p-Ditoluyléthane* (*dimétho* 1-*phénylbutane-dione* $4^1.4^4$),

$$CH^3-C^6H^4-CO-CH^2-CH^2-CO-C^6H^4-CH^3.$$

— Se prépare par le toluène, le chlorure de succinyle et le chlorure d'aluminium. Solide, fusible à 159°, très difficilement soluble dans l'alcool et l'éther de pétrole.

5° En partant du m-xylène, du pseudo-cumène et du cymène, la même méthode a donné à M. Claus [*loc. cit.*] les dicétones suivantes :

6° *Di-m-xyloyléthane* (*di-dimétho* 1.3-*phénylbutane-dione* $4^1.4^4$),

$$(CH^3)^2C^6H^3-CO-CH^2-CH^2-CO-C^6H^3(CH^3)^2.$$

— Fusible à 129°.

7° *Di-triméthobenzoyléthane* (*di-trimétho* 1.2.4-*phénylbutane-dione* $5^1.5^4$),

$$(CH^3)^3C^6H^2-CO-CH^2-CH^2-CO-C^6H^2(CH^3)^3.$$

— Fond à 120°.

8° *Diméthylpropyldibenzoyléthane* (*dimétho* 1-*propylo* 4-*phénylbutane-dione*),

$$\frac{CH^3}{C^3H^7}\!>C^6H^3-CO-CH^2-CH^2-CO-C^6H^3\!<\!\frac{CH^3}{C^3H^7}$$

— Liquide épais, bouillant vers 320°.

δ ou 1.5-DICÉTONES [E. Knœvenagel, *D. chem. G.*, **26**, 1085; *Chem. Zeit.*, **28**, 839]. — Ces dicétones, dont aucune n'a encore été décrite d'une manière détaillée, peuvent s'obtenir par les deux procédés suivants : Action de la désoxybenzoïne (*diphényléthanone*) sur les produits de condensation d'une aldéhyde, avec la désoxybenzoïne, l'éther acétylacétique ou l'éther benzoylpyruvique, ou encore de l'éther acétylacétique sur le produit de condensation de l'éther benzoylpyruvique et d'une aldéhyde :

$$\begin{array}{l} C^6H^5-C-CO-C^6H^5 \\ \qquad \| \\ C^6H^5-CH \end{array} + C^6H^5-CO-CH^2-C^6H^5 = \begin{array}{c} CO-C^6H^5 \\ | \\ C^6H^5-CH \\ | \\ C^6H^5-CH \\ | \\ C^6H^5-CH \\ | \\ CO-C^6H^5 \end{array}$$

$$\begin{array}{l} CH^3-CO-C-CO^2C^2H^5 \\ \qquad\quad \| \\ \qquad\quad CH-C^6H^5 \end{array} + C^6H^5-CO-CH^2-C^6H^5 = \begin{array}{c} CH^3-CO-CH-CO^2C^2H^5 \\ | \\ CHC^6H^5 \\ | \\ C^6H^5-CO-CHC^6H^5 \end{array}$$

$$\begin{array}{c} C^6H^5-CO-CH-CO-CO^2C^2H^5 \\ | \\ CH-C^6H^5 \\ | \\ C^6H^5-CO-CH-C^6H^5 \end{array}$$

et

$$\begin{array}{c} C^6H^5-CO-CH-CO-CO^2C^2H^5 \\ | \\ CH-C^6H^5 \\ | \\ CH^3-CO-CH-CO^2C^2H^5 \end{array}$$

Tous ces éthers peuvent par saponification donner des δ-dicétones.

Le second procédé consiste à faire agir l'éther acétylacétique sur l'aldéhyde benzylique, en présence d'une amine primaire de la série grasse ; il se produit dans ce cas, en même temps que l'éther dicétonique

$$\begin{array}{c} CH^3-CO-CH-CO^2C^2H^5 \\ | \\ CH-C^6H^5 \\ | \\ CH^3-CO-CH-CO^2C^2H^5 \end{array}$$

un dérivé dihydropyridique [Hantzsch, *D chem. G.*, **18**, 2583] ; mais, quand on remplace l'aldéhyde benzylique par une aldéhyde grasse, l'aldéhyde formique, éthylique ou isobutylique, on obtient surtout les composés dicétoniques suivants :

$$\begin{array}{c} CH^3-CO-CH-CO^2C^2H^5 \\ | \\ CH^2 \\ | \\ CH^3-CO-CH-CO^2C^2H^5 \end{array}$$

$$\begin{array}{c} CH^3-CO-CH-CO^2C^2H^5 \\ | \\ CH-CH^3 \\ | \\ CH^3-CO-CH-CO^2C^2H^5 \end{array}$$

$$\begin{array}{c} CH^3-CO-CH-CO^2C^2H^5 \\ | \\ CH-CH\!<\!\begin{array}{l} CH^3 \\ CH^3 \end{array} \\ | \\ CH^3-CO-CH-CO^2C^2H^5 \end{array}$$

Tous ces composés qui renferment un groupement CH^3 voisin d'un carbonyle et en position 6 par rapport à l'autre carbonyle, donnent lieu, en présence des alcalis étendus, à une réaction extrêmement intéressante ; ils se transforment par élimination d'eau en dérivés du tétrahydrobenzène : par exemple, le dérivé obtenu au moyen de l'éther acétylacétique et de l'aldéhyde isobutylique donne naissance à une méthyl-méthoéthylcyclohexène-one, c'est-à-dire à un isomère du camphre appartenant à la série méta ; le camphre des laurinées, en adoptant la formule de Kekulé, est le terme correspondant à la série para :

$$\begin{array}{c} CH^3-CO-CH-CO^2C^2H^5 \\ | \\ CH-CH\!<\!\begin{array}{l} CH^3 \\ CH^3 \end{array} \\ | \\ CH^3-CO-CH-CO^2C^2H^5 \end{array} + 2H^2O$$

$$= 2CO^2 + 2C^2H^6O + H^2O + \begin{array}{c} CH^3-C = CH^2 \\ CH \!\!\ll \qquad \gg\!\! CH-C^3H^7 \\ CO-CH^2 \end{array}$$

Cet isomère bout à 244-245°. Cette réaction paraît générale. Le même résultat a été obtenu par la réaction de l'iodure de méthylène ou du chlorure d'isobutylidène (*méthyl 2-dichloro 1-propane*) sur l'éther acétylacétique sodé [Hagemann, *D. chem. G.*, **26**, 876].

ε ou 1.6-DICÉTONES (*diacétylbutane 2.7-octane-dione*). — On l'obtient par l'ébullition de l'éther diacétyladipique avec une solution concentrée de potasse dans l'alcool méthylique. Cet éther et ses homologues se préparent en faisant agir sur 2 molécules d'éther acétylacétique sodé une molécule de bromure d'éthylène ou d'un de ses homologues ($CH^2Br-(CH^2)^n-CH^2Br$) :

$$\begin{array}{c} CO^2C^2H^5-CH-CH^2 \\ | \\ CO-CH^3 \end{array} \begin{array}{c} CH^2-CH-CO^2C^2H^5 \\ | \\ CO-CH^3 \end{array} + 2H^2O$$

$$= 2CO^2 + 2C^2H^6O + CH^3-CO(CH^2)^4CO-CH^3.$$

Solide fondant à 43-44° [Marshall et Perkin, *Chem. Soc.*, **57**, 241].

L'αω *diacétylpentane* (*nonane-dione* 2.8),

$$CH^3-CO-(CH^2)^5-CO-CH^3,$$

s'obtient de même en faisant bouillir l'éther diacétylcaproïque avec 2 molécules de potasse dissoute dans très peu d'alcool méthylique et quelques gouttes d'eau. Solide fusible à 48-49°, distille sans décomposition sous pression réduite, se combine au bisulfite de sodium ; par réduction au moyen du sodium on obtient l'alcool $C^9H^{16}(OH)^2$, qui bout à 305-310° sous une pression de 220 millimètres [Kipping et Perkin, *Chem. Soc.*, **55**, 335 ; **59**, 229].

La *diméthyl* 3.7-*nonane-dione* 2.8,

$$\begin{array}{c} CH^3-CO-CH-(CH^2)^3-CH-CO-CH^3 \\ \qquad\; | \qquad\qquad\quad | \\ \qquad\; CH^3 \qquad\qquad CH^3 \end{array}$$

obtenue au moyen de l'éther diméthyldiacétylpimélique est liquide et bout à 190-192° sous une pression de 100 millimètres [Kipping et Mackensie, *Chem. Soc.*, **59**, 587].

Son homologue la *diéthyl* 3.7-*nonane-dione* 2.8, s'obtient en traitant une solution alcoolique de l'éther diéthyldiacétylpimélique par la potasse alcoolique concentrée ; c'est un liquide bouillant à 207-208° sous 110 millimètres ; il ne se combine pas au bisulfite de sodium [Kipping et Perkin, *Chem. Soc.*, **57**, 32].

ACÉTONES-ALDÉHYDES.

Les composés possédant la double fonction acétone et aldéhyde sont doués de propriétés tout à fait voisines de celles des dicétones. On les classe de la même manière, en considérant les positions relatives des groupements acétoniques et aldéhydiques.

α ou 1.2-CÉTO-ALDÉHYDES. — Ces composés ont été découverts par M. von Pechmann [*D. chem. G.*, 20, 2539, 2904]. Les dérivés isonitrosés des acétones traités par le bisulfite de sodium en excès donnent des combinaisons renfermant 3 molécules de bisulfite alcalin; par exemple,

$$CH^3-CO-CH=AzOH + 3SO^3HNa$$
$$= CH^3-COH(SO^3Na)-CH(SO^3Na)-AzH-SO^3Na + H^2O$$

On peut facilement faire cristalliser cette combinaison dans l'alcool étendu; on obtient alors des cristaux d'un sel contenant 3 molécules d'eau, facilement soluble dans l'eau, insoluble dans l'alcool absolu. Ce sel est décomposé par les acides dilués de la manière suivante :

$$CH^3-COH(SO^3Na)-CH(SO^3Na)-AzH-SO^3Na + H^2O$$
$$= CH^3-CO-CHO + SO^4Na^2 + SO^3HNa + SO^3HAzH^4.$$

Les propriétés des 1.2-céto-aldéhydes sont tout à fait semblables à celles du biacétyle et de ses homologues; la phénylhydrazine employée en excès donne toujours la dihydrazone; cependant on peut quelquefois isoler l'hydrazone, c'est dans ce cas le groupement cétonique qui réagit. L'hydrazone du phénylglyoxal par exemple a pour formule

$$C^6H^5-C\begin{matrix}\nearrow Az-AzHC^6H^5\\ \searrow CHO\end{matrix}$$

Les diamines aromatiques méta réagissent immédiatement sur les céto-aldéhydes en donnant les quinoxalines correspondantes : par exemple le propanone-al $CH^3-CO-CHO$ et la toluylène-diamine (*diaminométhylbenzène*) donnent la méthyltoluquinoxaline,

$$\begin{matrix}CH=Az\searrow\\ |\qquad\quad C^6H^3CH^3,\\ CH^3-C=Az\nearrow\end{matrix}$$

fusible à 54° et bouillant à 266-268°.

On ne peut employer pour la préparation des α-céto-aldéhydes la méthode abrégée que nous avons indiquée pour les α-dicétones; il faut faire agir successivement sur la combinaison isonitrosée (oxime) le bisulfite alcalin, et, après séparation de la combinaison bisulfitique, traiter cette dernière par l'acide sulfurique dilué (17 0/0) à l'ébullition [H. Müller et v. Pechmann, *D. chem. G.*, 22, 2556].

MÉTHYLGLYOXAL (*propanone-al*),

$$CH^3-CO-CHO.$$

— On ne peut l'isoler de sa solution aqueuse; mais, comme il est très facilement entraîné par la vapeur d'eau, on peut facilement le séparer de toutes les autres impuretés. La solution aqueuse réduit la liqueur de Fehling et le nitrate d'argent ammoniacal, recolore la fuchsine décolorée par l'acide sulfureux; elle est très rapidement détruite par les alcalis. On retire facilement de cette solution la dihydrazone,

$$\begin{matrix}CH=Az^2HC^6H^5\\ |\\ CH^3-C=Az^2HC^6H^5\end{matrix}$$

qui fond à 142°.

PHÉNYLGLYOXAL (*éthylone-al-benzène*),

$$C^6H^5-CO-CHO.$$

— On le prépare au moyen du nitrosoacétylbenzène, $C^6H^5-CO-CH=AzOH$, par la méthode indiquée plus haut. On le fait cristalliser dans l'eau chaude, d'où il se dépose sous la forme d'un hydrate $C^6H^5-CO-CHO,H^2O$, fusible à 73°. Débarrassé d'eau, le phénylglyoxal bout sans décomposition dans le vide; il est facilement soluble dans les dissolvants habituels; c'est dans l'eau et la ligroïne qu'il est le moins soluble; il possède les mêmes propriétés chimiques que le méthylglyoxal; les alcalis le transforment en acide benzoylformique

L'*α-hydrazone*,

$$\begin{matrix}C^6H^5-C-CHO\\ \|\\ Az^2HC^6H^5\end{matrix}$$

s'obtient en faisant agir sur une solution aqueuse d'une molécule de phénylglyoxal une molécule de phénylhydrazine dissoute dans l'acide acétique étendu. Solide, fusible à 142-143°.

La *dihydrazone*,

$$\begin{matrix}C^6H^5-C=Az^2HC^6H^5\\ |\\ CH=Az^2HC^6H^5\end{matrix}$$

s'obtient par l'action d'un excès de phénylhydrazine; elle fond à 151-152°.

Le phénylglyoxal se combine facilement à l'ammoniaque, mais la nature des combinaisons formées n'a pas été déterminée. L'hydroxylamine donne avec lui une combinaison $C^{16}H^{13}Az^3O^3$, fondant à 219° :

$$2C^8H^6O^2 + 3AzH^3OH = C^{16}H^{13}Az^3O^3 + 4H^2O.$$

p-TOLYGLYOXAL (*méthyléthylone-al-benzène*),

$$CH^3-C^6H^4-CO-CHO.$$

— Le p-méthylacétylbenzène nitrosé s'obtient facilement par la méthode de M. Claisen (acétyltoluène, nitrite d'amyle et éthylate de sodium); on traite cette nitrosocétone successivement par le bisulfite et l'acide sulfurique dilué.

L'*hydrate*, $CH^3C^6H^4-CO-CHO,H^2O$, fond à 101-102°; cette aldéhyde est facilement soluble dans l'alcool, le benzène et le chloroforme, moins soluble dans l'eau et dans l'éther de pétrole. La dihydrazone fond à 145°.

1.3 ou β-CÉTO-ALDÉHYDES. — Cette nouvelle fonction a été découverte par M. L. Claisen [*D. chem. G.*, 20, 2190; 21, 1135, 1144; *Bull. Soc. Chim.*, (3), 1, 496], qui l'obtint en appliquant au formiate d'éthyle sa méthode générale pour l'introduction des radicaux d'acide dans la molécule des acétones. On fait agir, sur une acétone renfermant l'un des groupements $CO-CH^3$ ou $CO-CH^2-R$, le formiate d'éthyle en présence d'éthylate de sodium ou de sodium métallique finement divisé.

La réaction est absolument la même que dans le cas des β dicétones :

$$R-CO-CH^3 + HCO^2C^2H^5 + NaOC^2H^5$$
$$= R-CO-CH=CHONa + 2C^2H^6O.$$

On obtient le sel de sodium de l'acétone aldéhyde; tous ces sels, comme nous allons le voir, doivent être formulés

$$R-CO-CH=CHONa$$

et non $R-CO-CHNa-CHO.$

Les propriétés générales des acétones-aldéhydes

sont très voisines de celles des 1.3-dicétones; ce sont des acides énergiques qui rougissent le papier de tournesol et décomposent les carbonates; ils donnent avec l'acétate de cuivre des sels bien cristallisés et stables. L'hydroxylamine agissant sur une acétone-aldéhyde donne naissance à un isoxazol comme les dicétones :

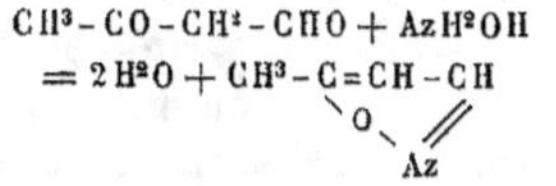

$$CH^3-CO-CH^2-CHO + AzH^2OH$$
$$= 2H^2O + CH^3-C{=}CH-CH \quad (\text{C et CH liés par } -O-Az{=})$$

Avec la phénylhydrazine, on obtient un pyrazol :

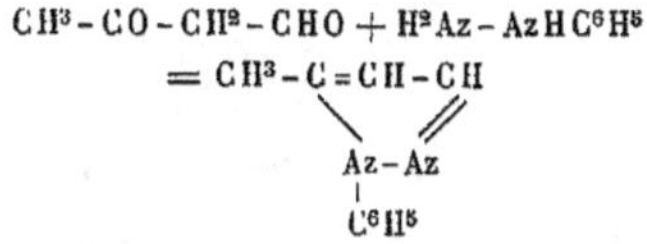

$$CH^3-CO-CH^2-CHO + H^2Az-AzHC^6H^5$$
$$= CH^3-C{=}CH-CH \quad (\text{cycle fermé par } Az-Az(C^6H^5))$$

Mais il est évident qu'on peut obtenir deux isoxazols ou deux pyrazols isomériques, suivant que c'est le groupement aldéhyde ou le groupement acétone qui entre le premier en réaction. En effet, M. Claisen a montré [*D. chem. G.*, **24**, 1888; **25**, 178] que, dans l'action de l'hydroxylamine sur l'acétylaldéhyde $CH^3-CO-CH^2-CHO$, on obtient deux isoxazols isomériques, bouillant l'un à 122°, l'autre à 118°, et dont l'isomérie s'exprime par les formules suivantes :

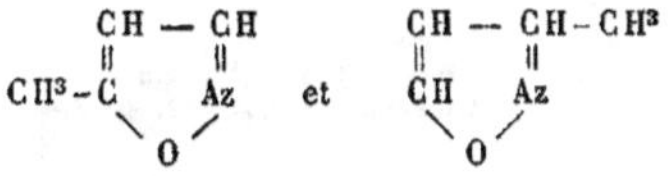

$$\begin{array}{ccc} CH - CH & & CH - CH-CH^3 \\ \| \quad\ \| & & \| \quad\ \| \\ CH^3-C \quad Az & \text{et} & CH \quad Az \\ \searrow O \swarrow & & \searrow O \swarrow \end{array}$$

Le premier de ces deux corps se transforme immédiatement par l'action de l'éthylate de sodium en sel de sodium de la cyanacétone :

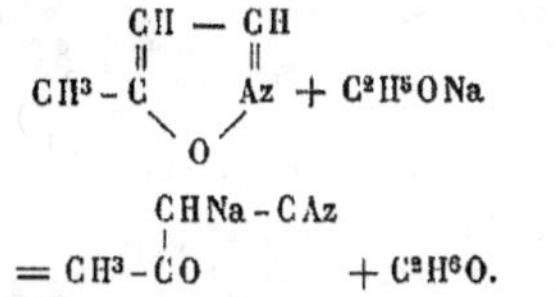

$$\begin{array}{c} CH - CH \\ \| \quad\ \| \\ CH^3-C \quad Az \\ \searrow O \swarrow \end{array} + C^2H^5ONa$$

$$= CH^3-CO \overset{CHNa-CAz}{|} + C^2H^6O.$$

En se servant de la phénylhydrazine, on obtient de la même manière les deux phénylméthylpyrazols isomères : l'un, solide, fusible à + 37°, répond à la formule

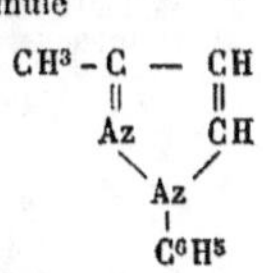

$$\begin{array}{c} CH^3-C - CH \\ \| \quad\quad \| \\ Az \quad CH \\ \searrow Az \swarrow \\ | \\ C^6H^5 \end{array}$$

l'autre, liquide, possède la constitution suivante :

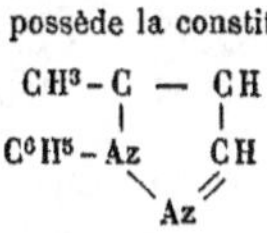

$$\begin{array}{c} CH^3-C - CH \\ | \quad\quad\quad | \\ C^6H^5-Az \quad CH \\ \searrow Az \swarrow \end{array}$$

Les acétones-aldéhydes à chaîne normale sont extrêmement instables à l'état de liberté : l'acétylaldéhyde, par exemple, se transforme presque instantanément en triacétylbenzène :

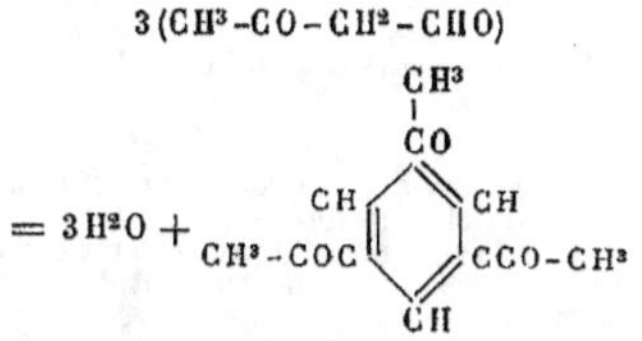

$$3(CH^3-CO-CH^2-CHO)$$

$$= 3H^2O + \begin{array}{c} CH^3 \\ | \\ CO \\ CH \quad\quad CH \\ CH^3-COC \quad\quad CCO-CH^3 \\ CH \end{array}$$

On ne peut les obtenir que sous la forme de sels métalliques. Il n'en est pas de même des composés à chaîne arborescente, dans lesquels un atome d'hydrogène compris entre le groupement acétonique et le groupement alcoolique terminal est remplacé par un radical hydrocarboné quelconque : comme, par exemple, l'acétylpropionaldéhyde (*méthyl-2-propène-2-one-3-ol-1*) :

$$CH^3-CO-\underset{CH^3}{\underset{|}{C}}{=}CHOH$$

En général les composés de cette forme sont stables et distillables dans le vide sans décomposition.

On ne doit pas considérer ces combinaisons, contrairement à ce que M. Claisen avait cru d'abord, comme des composés à fonction acétone-aldéhyde, mais comme des acétones-alcools non saturés. M. Claisen a en effet, dans une série de recherches très intéressantes, montré que ces combinaisons ne suivent pas la règle d'Erlenmeyer, qui veut qu'en général un composé contenant le groupe d'atomes $=C=CHOH$ passe immédiatement à la forme stable $=CH-CHO$ d'aldéhyde. Ici c'est le contraire, et la fonction acétone-aldéhyde en position β, $CO-CH^2CHO$, ne peut exister et prend la forme plus stable $CO-CH{=}CHOH$. En effet, l'action directe de l'anhydride acétique ou du chlorure de benzoyle transforme ces composés à réactions nettement acides en éthers complètement neutres, dont les formules doivent être écrites

$$CH^3-CO-O-CH{=}CH-CO-R$$
et
$$C^6H^5-CO-O-CH{=}CH-CO-R.$$

Ces mêmes éthers prennent naissance quand on fait agir les chlorures d'acides sur les sels de sodium en suspension dans l'éther anhydre.

Si sur ces mêmes sels alcalins on fait réagir les iodures alcooliques, on obtient des éthers, absolument comme dans le cas des fonctions acides proprement dites :

$$C^2H^5-O-CH{=}\underset{R}{\underset{|}{C}}-CO-R'$$

et ces éthers sont saponifiables par la potasse alcoolique, avec régénération du corps primitif, ce qui les différencie nettement des produits de substitution de l'éther acétylacétique. Le trichlorure de phosphore agit sur ces combinaisons oxyméthyléniques comme sur de véritables acides et on obtient un chlorure

$$R-CO-\underset{R}{\underset{|}{C}}{=}CHCl$$

qui n'est pas décomposable par l'eau, il est vrai, mais qui, traité par les alcoolates alcalins, donne des éthers identiques avec ceux qu'on obtient par l'action des iodures alcooliques sur les sels de sodium et qui par conséquent ont tous certainement la formule

$$R-CO-\underset{\displaystyle R}{\underset{|}{C}}=CH-O-C^2H^5.$$

Une réaction qui rapproche encore la fonction acétone-alcool non saturé 1.3 de la fonction acide vraie, est la suivante : On peut obtenir des éthers identiques avec ceux dont on vient de parler par éthérification directe au moyen des alcools et de l'acide chlorhydrique. Cependant les réactions sur l'hydroxylamine et la phénylhydrazine montrent bien qu'il existe une fonction acétone-alcool ou aldéhyde. On ne peut admettre la fonction acétone-aldéhyde pour les raisons que nous venons de donner, et en outre parce que l'oxydation ne permet jamais de remonter à un acide renfermant le même nombre d'atomes de carbone; il y a rupture de la molécule à l'endroit de la liaison éthylénique :

$$R-CO-\underset{\displaystyle R'}{\underset{|}{C}}=CHOH+3O$$

$$=R-CO-\underset{\displaystyle R}{\underset{|}{CO}}+CO^2+H^2O$$

[L. Claisen, *Sitzungs der. d. math. phys. Klasse d. K. Bayrischen Akad. d. Wissenschaften*, 1890, 445-479; *D. chem. G.*, **25**, 1776; **26**, 725, 1173, 2729].

On peut alors formuler la réaction de M. Claisen de la manière suivante :

$$R-CO-CH\begin{matrix}\diagup H\\ \diagdown H\end{matrix}+HC\begin{matrix}\diagup OC^2H^5\\ -OC^2H^5\\ \diagdown ONa\end{matrix}$$

$$=2C^2H^6O+R-CO-CH=CH-ONa.$$

Ce qui vient encore confirmer cette manière de voir, c'est la réaction décrite par le même auteur [*D. chem. G.*, **26**, 2729] de l'éther o-formique sur les dicétones β ou l'éther acétylacétique en présence d'anhydride acétique :

$$\begin{matrix}R-CO\\ R-CO\end{matrix}\!\!>CH^2+(C^2H^5O)^3\equiv CH$$

$$=\begin{matrix}R-CO\\ R-CO\end{matrix}\!\!>C=CHOC^2H^5+2C^2H^6O$$

$$\begin{matrix}R-CO\\ R-CO\end{matrix}\!\!>C=CHOC^2H^5+H^2O$$

$$=\begin{matrix}R-CO\\ R-CO\end{matrix}\!\!>C=CHO+C^2H^6O.$$

M. Claisen a ainsi préparé :

L'*éther éthoxyméthylène-acétylacétique* (*éthane-oxy-1-butène-1-one-3 méthyloate d'éthyle* 2),

$$\begin{matrix}CH^3-CO\\ C^2H^5-O-CO\end{matrix}\!\!>C=CHOC^2H^5,$$

qui bout à 265-266°, a pour densité à 15° 1,0736, et se combine à la phénylhydrazine en donnant le 1-phényl 5-méthylpyrazol 4-méthyloate d'éthyle fusible à 53°.

L'*éther oxyméthylène-acétylacétique* (*butène-1-ol-1-one-3 méthyloate d'éthyle*-2),

$$CH^3-CO-\underset{\displaystyle CO^2C^2H^5}{\underset{|}{C}}=CHOH$$

bouillant à 199-200°; densité = 1,141 à 15°.

L'*éthoxyméthylène-acétylacétone* (*pentane-dione-2.4 éthoxyméthène-3*),

$$CH^3-CO-\underset{\displaystyle CHOC^2H^5}{\underset{\|}{C}}-CO-CH^3$$

bouillant à 256-258°.

L'*oxyméthylène-acétylacétone* (*pentane-dione-2.4 méthénol-3*),

$$CH^3-CO-\underset{\displaystyle CHOH}{\underset{\|}{C}}-CO-CH^3$$

solide, fusible à 47°, bouillant à 100° sous une pression de 20 millimètres.

L'*éther éthoxyméthylène-malonique* (*éther éthoxy-1-propène-1-oïque-3-méthyloïque-2*),

$$CO^2C^2H^5-\underset{\displaystyle CHOC^2H^5}{\underset{\|}{C}}-CO^2C^2H^5$$

liquide, bouillant à 280°; poids spécifique à 15°, 1,0855.

Acétylaldéhyde (*butène* 1-*ol* 1-*one* 3),

$$CH^3-CO-CH=CHOH.$$

— Le sel de sodium seul est stable et peut s'obtenir par la méthode générale de M. Claisen. Le sel de cuivre peut se préparer par double décomposition au moyen de l'acétate de cuivre et du sel de sodium. Il est cristallisé, insoluble dans l'eau, se décompose sans fondre. Il est facilement soluble dans le benzène et dans l'éther bouillant, difficilement dans l'éther de pétrole [L. Claisen et Stylas, *D. chem. G.*, **21**, 1144].

Nous avons signalé plus haut sa transformation spontanée en triacétylbenzène.

Propionyl-propionaldéhyde (*méthyl* 2-*pentène*-1-*ol* 1-*one* 3),

$$CH^3-CH^2-CO-\underset{\displaystyle CH^3}{\underset{|}{C}}=CHOH$$

[L. Claisen et Meyerowitz, *D. chem. G.*, **22**, 3275]. — On réalise sa préparation en ajoutant peu à peu à un mélange de 13 grammes de pentanone-3 et de 11 grammes d'éther formique 10,5 d'éthylate de sodium sec en suspension dans l'éther absolu ; on laisse reposer pendant 12 heures ; le sel de sodium obtenu est dissous ensuite dans l'eau glacée et décomposé par l'acide chlorhydrique ; le produit se précipite sous la forme d'un liquide insoluble dans l'eau. Après distillation on obtient un corps solide fusible à 40° et distillant à 164-166° à l'air. Il est cependant préférable de le rectifier dans le vide.

L'ammoniaque se combine avec une très grande facilité à ce composé, mais les cristaux obtenus sont peu stables; les produits de décomposition n'ont pas été étudiés.

Le *sel de cuivre*, $(C^6H^9O^2)^2Cu$, fond à 167-168°.

Butyryle-aldéhyde (*hexène-1-ol-1-one-3*),

$$C^3H^7-CO-CH=CHOH.$$

— Il n'est stable qu'à l'état de sel métallique; son sel de sodium s'obtient par le même procédé que le terme précédent. Son sel de cuivre est facilement soluble dans l'alcool.

Benzoyl-aldéhyde (*propényl* 1³-*ol* 1³-*one* 1¹-*benzène*),

$$C^6H^5-\overset{1^1}{C}O-\overset{1^2}{C}H=\overset{1^3}{C}HOH$$

[L. Claisen et L. Fischer, *D. chem. G.*, **21**, 1135; **24**, 130]. — La benzoylaldéhyde se prépare par l'action du formiate d'éthyle sur l'acétylbenzène, en présence d'éthylate de sodium; le rendement est très bon et peut atteindre 90 0/0 du rendement théorique; c'est seulement sous la forme de son sel de sodium sec que cette substance est stable: dans l'eau à 100° ce sel se dédouble en acétylbenzène et acide formique.

La benzoylaldéhyde se combine facilement avec les amines aromatiques primaires et secondaires; ces combinaisons doivent se formuler de la manière suivante :

$$C^6H^5-CO-CH=CH-AzHR$$

et

$$C^6H^5-CO-CH=CH-Az\begin{matrix}\diagup R\\ \diagdown R'\end{matrix}$$

La phénylhydrazine réagit, comme nous l'avons indiqué plus haut, en donnant deux pyrazols isomériques. Avec l'hydroxylamine, on obtient d'abord une oxime, que l'anhydride acétique transforme en cyanacétophénone,

$$C^6H^5-CO-CH^2CAz$$

[L. Claisen, *D. chem. G.*, **24**, 133]; l'action prolongée de l'hydroxylamine donne naissance à deux isoxazols isomériques :

```
      CH — CH              CH — C-C⁶H⁵
      ||    ||             ||    ||
C⁶H⁵-C      Az     et      CH    Az
      \    /                \    /
        O                     O
```

Nous avons déjà signalé cette réaction.

A. Combes.

DICÉTYLACÉTIQUE (ACIDE). — Voyez ACIDE CÉTYLACÉTIQUE, Suppl. **2**, I, 1039.

DICÉTYLE. — Voyez BICÉTYLE, Suppl. **2**, I, 692.

DICÉTYLMALONIQUE (ACIDE). — Voyez ACIDE CÉTYLMALONIQUE, Suppl. **2**, I, 1042.

DICHROMATIQUE (ACIDE), $C^{20}H^{34}O^3$. — Cet acide, isomère des acides divalérylène-divalérique et pyrolithofellique, a été obtenu par M. Hoppe-Seyler en faisant réagir la potasse caustique sur la chlorophylle entre 200 et 250°. Le produit de la réaction est décomposé par l'acide chlorhydrique, puis agité avec de l'éther; après évaporation de ce dissolvant, on traite par la soude alcoolique et on évapore à sec. Le résidu est repris par l'alcool absolu; le liquide clair est évaporé une seconde fois à sec, puis dissous de nouveau dans l'eau et enfin précipité par le chlorure de baryum.

L'acide libre est d'un rouge pourpre; sa solution éthérée présente des bandes d'absorption tout à fait caractéristiques, en même temps qu'une fluorescence à deux teintes.

C'est un corps très instable. Si on abandonne à l'évaporation spontanée au contact de l'air une solution éthérée de cet acide, on voit bientôt se déposer dans la liqueur une substance d'un violet foncé, insoluble dans l'éther, mais soluble dans la soude; la solution alcoolique de ce sel de sodium est douée d'une fluorescence rouge.

Le *sel de baryum*, $(C^{20}H^{33}O^3)^2Ba$, est une poudre d'un rouge pourpre clair, insoluble dans l'eau, peu soluble dans l'éther et encore moins dans l'alcool. En agitant cette poudre avec de l'éther et de l'acide chlorhydrique étendu, on donne naissance à la *phylloporphyrine*; cette dernière est soluble dans l'acide chlorhydrique étendu, d'où on la précipite par la baryte sous la forme de flocons bruns qui, par la dessiccation, donnent une masse complètement noire [*Zeit. Physiol. Chem.*, **4**, 194].

H. Gautier.

DICINCHONINE, $C^{38}H^{44}Az^4O^2$. — La dicinchonine a été extraite par M. Hesse de différentes Cinchonées : le *Cinchona rosulenta* et le *Cinchona succirubra*. Les autres espèces ne paraissent pas en contenir. Cet alcaloïde est accompagné dans ces quinquinas de cinchonidine et de cinchonine, qui s'y trouvent en proportion très considérable par rapport à la dicinchonine, dont la teneur dans ces écorces n'est que de 2 à 3 millièmes.

On commence par extraire les bases suivant les méthodes ordinaires (voyez Dict., **2**, 1291). Les alcaloïdes en solution sulfurique sont neutralisés à chaud par l'ammoniaque; puis on élimine la cinchonidine par addition de sel de Seignette. Après refroidissement, on sépare le tartrate de cinchonidine, et la liqueur filtrée, rendue alcaline par un excès d'ammoniaque, est agitée avec une petite quantité d'éther qui dissout la dicinchonine, tandis que la plus grande partie de la cinchonine reste non dissoute. La solution éthérée est alors agitée elle-même avec de l'acide acétique. La solution acide séparée est neutralisée, puis précipitée par fractions par le sulfocyanure de potassium. Les premiers précipités renferment les restes non éliminés de la cinchonine et de la cinchonidine; les précipités qui suivent sont formés de sulfocyanate de dicinchonine presque pur, que l'on fait dissoudre dans l'eau bouillante, et qui se dépose par refroidissement. Ce sel est alors traité par la lessive de soude et l'éther qui dissout la dicinchonine. On a soin de laver la solution éthérée à l'eau, puis l'éther est mis à évaporer spontanément. Le résidu est repris par un peu d'alcool et neutralisé par l'acide chlorhydrique étendu. L'évaporation de cette solution laisse cristalliser le chlorhydrate de dicinchonine.

La dicinchonine est amorphe, fond à 40°; elle est facilement soluble dans l'éther, l'alcool, le chloroforme, le benzène et l'acétone; elle est peu soluble dans l'eau et dans la ligroïne, insoluble dans la lessive de soude. Elle est dextrogyre : $[\alpha]_D = +91°,7$, en solution dans l'alcool à 97° et à la température de 15°. Pour le chlorhydrate en solution aqueuse, $[\alpha]_D = +58°,7$.

La solution alcoolique de dicinchonine possède une forte réaction alcaline et une saveur très amère. Elle ne donne aucune coloration avec le chlore et l'ammoniaque. Chauffée avec l'acide chlorhydrique concentré, elle ne donne pas de chlorure de méthyle; mais avec ce même acide, d'une densité de 1,125 et à 140-150°, elle se transforme en *diapocinchonine*. La dicinchonine se dissout facilement dans les acides; l'ammoniaque et les lessives alcalines la séparent de ces dissolutions sous la forme d'un précipité résineux.

En se combinant avec les acides, elle les neutralise parfaitement et forme des sels qui cristallisent bien en général.

Le *chlorhydrate de dicinchonine*,

$$C^{38}H^{44}Az^4O^2, 2HCl,$$

cristallise en prismes quadrangulaires facilement solubles dans l'eau et dans l'alcool.

Le *chloroplatinate*,

$$C^{38}H^{44}Az^4O^2, 2HCl, PtCl^4, 4H^2O,$$

est un précipité floconneux jaune-orangé, peu soluble dans l'eau, plus soluble dans l'acide chlorhydrique.

Le *chloraurate* est un précipité floconneux jaune.

L'*iodhydrate* se prépare comme le chlorhydrate et forme des cristaux incolores, très solubles dans l'eau, insolubles au contraire dans l'eau contenant de l'iodure de potassium ou du chlorure de sodium.

Le *sulfocyanate* est amorphe, assez soluble dans l'eau chaude, qui par refroidissement le laisse déposer sous la forme d'une masse huileuse. Il est très peu soluble dans une solution de sulfocyanure de potassium.

L'*oxalate neutre* se présente en gros prismes incolores, facilement solubles dans l'eau froide. Sa préparation ne réussit que lorsqu'on ajoute peu à peu à la solution éthérée de dicinchonine une solution d'acide oxalique dans l'éther, tandis qu'en saturant la solution alcoolique de cette base par l'acide oxalique, et en laissant évaporer cette solution, on n'obtient qu'un résidu amorphe.

M. Hesse considère la dicinchonine comme formée par la combinaison de deux molécules de cinchonine sans élimination d'eau [Hesse, *Ann. Chem.*, **227**, 153]. A. Arnaud.

DICINNAMÉNYL-VINYLCÉTONE (*diphényl1.9-nonane-tétrène*1.3.6.8),

$$CO\begin{matrix}\swarrow CH=CH-CH=CH-C^6H^5\\ \searrow CH=CH-CH=CH-C^6H^5\end{matrix}$$

— Si, dans la préparation de la cinnaményl-vinyl-méthylcétone (Suppl. **2**. I, 1173), on emploie une dissolution de soude caustique plus concentrée, il se forme une certaine quantité de dicinnaményl-vinylcétone. Il est toutefois préférable de partir de la cinnaményl-vinylméthylcétone toute formée et de la combiner avec une deuxième molécule d'aldéhyde cinnamique.

La préparation s'effectue de la manière suivante : On dissout 7 parties de cinnaményl-vinyl-méthylcétone dans 150 parties d'alcool additionné de 5g,2 d'aldéhyde cinnamique; on ajoute à la liqueur 200 parties d'eau et 20 parties d'une dissolution à 10 0/0 de soude caustique; on agite fortement. Au bout de quelque temps la réaction est terminée : il se dépose en abondance des cristaux de dicinnaményl-vinylcétone; on filtre et on purifie le produit par cristallisation dans l'alcool absolu [Diehl et Einhorn, *D. chem. G.*, **18**, 2324].

On obtient ainsi de belles aiguilles d'un jaune d'or, fusibles à 142°, peu solubles dans l'éther et dans l'alcool froid, solubles dans l'alcool bouillant, l'acide acétique cristallisable et l'éther acétique. L'acide sulfurique les dissout en donnant une solution d'un violet magnifique qui disparaît lorsqu'on étend d'eau le liquide.

Dérivé phénylhydrazinique. — On ajoute 12 parties de phénylhydrazine à 30 parties de dicinnaményl-vinylcétone en dissolution dans 100 parties d'acide acétique cristallisable, on chauffe pendant quelques instants et on refroidit ensuite; on verse la liqueur dans 2 ou 3 volumes d'alcool; le dérivé hydrazinique se sépare; on filtre, on lave avec une petite quantité d'alcool et on fait cristalliser à plusieurs reprises dans l'alcool.

On obtient ainsi de fines aiguilles enchevêtrées, fusibles à 166°, peu solubles dans l'alcool froid, solubles dans l'alcool bouillant, le benzène, l'acide acétique cristallisable et l'éther acétique.

Dérivé mononitré,

$$C^6H^4\begin{matrix}\swarrow AzO^2\\ \searrow CH=CH-CH=CH=CO-CH=CH-CH=CH-C^6H^5\end{matrix}$$

— On dissout à chaud parties égales de cinnaményl-vinylméthylcétone et d'aldéhyde o-nitrocinnamique dans 20 parties d'alcool, on laisse refroidir jusqu'à commencement de cristallisation de l'aldéhyde nitrée, et on ajoute peu à peu une dissolution de soude caustique à 2 0/0 jusqu'à réaction alcaline persistante : le produit de condensation ne tarde pas à se séparer. On le purifie par cristallisation dans l'acétone [Diehl et Einhorn, *D. chem. G.*, **18**, 2329].

L'o-nitrodicinnaményl-vinylcétone forme de magnifiques cristaux d'un jaune d'or, fusibles à 136°,5, peu solubles dans l'alcool et dans l'éther, solubles dans l'acétone, le chloroforme, le benzène et l'acide acétique cristallisable. L'acide sulfurique donne une dissolution d'un rouge violet.

o-Dinitrodicinnaményl-vinylcétone,

$$\begin{matrix}CO-CH=CH-CH=CH-C^6H^4.AzO^2\\ |\\ CO-CH=CH-CH=CH-C^6H^4.AzO^2\end{matrix}$$

— La préparation de ce corps a été indiquée (Suppl. **2**, I, 1173). Il se forme en même temps que le dérivé nitré de la cinnaményl-vinylméthylcétone, dont on le sépare en vertu de sa moindre solubilité dans l'alcool. On le purifie par cristallisation dans l'acide acétique bouillant en présence de noir animal (Diehl et Einhorn).

On obtient ainsi le dérivé dinitré sous la forme de petites aiguilles jaunes, fusibles à 208°,5, solubles dans l'acétone, le chloroforme et l'acide acétique bouillant, moins solubles dans le benzène et presque insolubles dans l'alcool, l'éther et l'acétate d'éthyle. Sa dissolution dans l'acide sulfurique concentré est d'un rouge violet intense, qui disparaît par addition d'eau. G. de Bechi.

DICONIQUE (ACIDE). — Voyez ACIDE DIACONIQUE, Suppl., **1**, 507.

DICOUMARINE. — Voyez ACIDE COUMARIQUE, Suppl. **2**, I, 1403.

DICRÉSYLAMINE. — Voyez TOLUIDINES.

DICRÉSYLCARBINOL (PARA-). — On l'obtient en réduisant par l'amalgame de sodium la dicrésylcétone. Il cristallise dans l'alcool en fines aiguilles, fusibles à 69° (Weiler), à 61° [Ador et Crafts, *D. chem. G.*, **10**, 2175].

DICRÉSYLCARBOLACTONE, $C^{15}H^{10}O^2$. — Ce composé s'obtient par l'action de l'anhydride acétique sur l'acide homosalicylique,

$$C^6H^3.CH^3_{(1)}.CO^2H_{(3)}OH_{(4)}.$$

Il cristallise dans l'alcool faible en aiguilles jaunâtres qui fondent à 143°. Il se dissout dans l'acide sulfurique concentré avec une fluorescence d'un vert bleuâtre [A. Bistrzycki et St. von Kostanecki, *D. chem. G.*, **18**, 1988; *Bull. Soc. Chim.*, (2), **46**, 236].

DICRÉSYLCÉTONE (PARA-). — Ce composé se produit dans l'oxydation par l'acide chromique de tous les hydrocarbures renfermant le groupement $(CH^3C^6H^4)^2C=$ (dicrésylméthane, dicrésyléthane, dicrésyléthylène) ou par la distillation du p-toluate de calcium [Fuchs, *D. chem. G.*, **6**, 255]. Le procédé le plus avantageux pour le préparer est le suivant :

On chauffe doucement un mélange de 60 centimètres cubes de toluène, 50 centimètres cubes de sulfure de carbone et 50 grammes de chlorure d'aluminium avec 10 centimètres cubes de sulfure de carbone saturé de chlorure de carbonyle à 0°. Après une demi-heure environ, on chasse l'acide chlorhydrique et on ajoute une nouvelle quantité de la solution de chlorure, et ainsi de suite. On obtient ainsi un rendement de 60 à 70 0/0 de la quantité théorique [K. Elbs, *J. prakt. Chem.*, (2), **35**, 465; *Bull. Soc. Chim.*, (2), **48**, 737].

L'acétone cristallise dans l'alcool en rhombes fusibles à 92° et bout à 333° (H=725 millimètres) [Ador et Crafts, *D. chem. G.*, **10**, 2174]. Traitée par l'acide nitrique fumant, elle donne un dérivé nitré cristallisé soluble dans l'alcool [Errera, *Gazz. chim. ital.*, **21**, 94].

L'oxime correspondante cristallise dans l'alcool étendu en prismes fusibles à 163°. Chauffée avec de l'acide sulfurique concentré, elle se convertit en un isomère insoluble dans les alcalis, et que l'on doit considérer comme la p-toluide de l'acide p-toluique :

$$CH^3 . C^6H^4 . CO . AzH . C^6H^4 . CH^3.$$

Ce corps cristallise en aiguilles fusibles à 160°.

Cette oxime est réduite en solution alcoolique par l'amalgame de sodium et l'acide acétique, en donnant la tolhydrylamine,

$$(CH^3 . C^6H^4)^2 CH . AzH^2,$$

qui fond à 93° [H. Goldschmidt, *D. chem. G.*, **23**, 2747 et **24**, 2798].

Dioxydicrésylcétone. — En fondant avec de la potasse la phtaléine du p-crésol, M. Drewsen a obtenu une dioxydicrésylcétone qui cristallise en aiguilles jaunâtres, fusibles à 104-105° et volatiles sans décomposition. Ce corps est insoluble dans l'eau et dans les acides étendus, mais se dissout aisément dans les alcalis, l'alcool et l'éther [V. Drewsen, *Ann. Chem.*, **212**, 340; *Bull. Soc. Chim.*, (2), **38**, 447]. O. Saint-Pierre.

DICRÉSYLE. — Voyez Bicrésyles, Suppl. 2, I, 692.

DICRÉSYLÉTHANE, $(CH^3 C^6H^4)^2 CH . CH^3$. — Cet hydrocarbure, obtenu autrefois par M. O. Fischer dans l'action de l'acide sulfurique sur un mélange de toluène et de paraldéhyde, se produit aussi dans la réaction du chlorure d'éthylidène sur le toluène en présence du chlorure d'aluminium. C'est un liquide possédant une fluorescence bleue, bouillant à 294-295° à la pression ordinaire et à 153-156° sous une pression de 11 millimètres [Anschütz et Römig, *D. chem. G.*, **18**, 662; *Bull. Soc. Chim.*, (2), **45**, 579].

On l'obtient encore avec un bon rendement par la distillation de l'acide dicrésylpropionique avec de la chaux [A. Haiss, *D. chem. G.*, **15**, 1476; *Bull. Soc. Chim.*, (2), **39**, 85].

Oxydé par le dichromate et l'acide sulfurique, il donne de la p-dicrésylcétone, tandis que le permanganate le convertit en acides toluylbenzoïque et benzophénone-dicarbonique.

Le *dérivé trichloré* correspondant,

$$(C^7H^7)^2 CH . CCl^3,$$

obtenu par l'action du chloral sur le toluène et l'acide sulfurique, fond à 85°. Réduit par le zinc et l'ammoniaque en solution alcoolique, il donne du diméthylstilbène fusible à 177° [C. Elbs et M. Fœrster, *J. prakt. Chem.*, (2), **39**, 298; *Bull. Soc. Chim.*, (3), **3**, 24].

Dicrésyléthane symétrique. — En faisant réagir le toluène sur le bromure d'éthylène en présence de chlorure d'aluminium, M. Friedel a obtenu un hydrocarbure présentant cette composition; mais il ne semble pas que ce soit un produit unique, car par oxydation il fournit un mélange d'acides iso- et téréphtalique [C. Friedel et M. Balsohn, *Bull. Soc. Chim.*, (2), **35**, 52].

O. Saint-Pierre.

DICRÉSYLINE. — Voyez Bicrésyline.

DICRÉSYLMÉTHANE,

$$CH^3_{(1)} . C^6H^4 . CH^2_{(4)} . C^6H^4 . CH^3_{(4)}$$

(voyez Suppl., **1**, 640). — Indépendamment du mode de préparation donné par M. Weber, cet hydrocarbure a été obtenu de plusieurs façons différentes : MM. Ador et Rilliet le préparent en réduisant par l'acide iodhydrique et le phosphore la p-dicrésylcétone, fusible à 92° [*D. chem. G.*, **12**, 2302; *Bull. Soc. Chim.*, (2), **34**, 595]. Il se produit encore lorsque l'on traite par le chlorure d'aluminium un mélange de toluène avec du chlorure de méthyle, du chlorure de méthylène, du chloroforme ou de la chloropicrine [C. Friedel et Crafts, *Bull. Soc. Chim.*, (2), **41**, 323 et **43**, 50. — Elbs et Wittich, *D. chem. G.*, **18**, 347; *Bull. Soc. Chim.*, (2), **45**, 580]. Il bout à 285°,5-286°,5, et cristallise dans l'alcool en longs prismes fusibles à 22-23°.

DICRÉSYLPHÉNYLMÉTHANE (*ditolylphénylméthane*), $(CH^3C^6H^4)^2 . CH . C^6H^5$ (voyez Suppl., **1**, 641). — M. Griepentrog [*Ann. Chem.*, **242**, 332] aurait obtenu ce carbure en chauffant pendant 6 ou 8 heures à 300-360° un mélange d'aldéhyde benzylique (100 gr.), de toluène (167 gr.) et de chlorure de zinc (100 gr.).

C'est un liquide bouillant au-dessus de 300°. En traitant le diamidodicrésylphénylméthane fusible à 186° par l'iode, M. Ullmann a obtenu le *dérivé diiodé* correspondant,

$$C^6H^5 . CH . (C^6H^3ICH^3)^2,$$

sous la forme de tables prismatiques brun-rouge, fusibles à 167-168°, solubles dans l'éther et dans l'alcool chaud [*J. prakt. Chem.*, (2), **35**, 262].

Le *dicrésyl-m-nitrodiphénylméthane*,

$$C^6H^4AzO^2 . CH . (C^6H^4 . CH^3)^2,$$

a été préparé par M. Tschacher [*D. chem. G.*, **21**, 189] en chauffant un mélange de m-nitrobenzaldéhyde et de toluène avec l'acide sulfurique. Ce composé cristallise en prismes fusibles à 85°.

DICRÉSYLPROPIONIQUE (ACIDE),

$$(CH^3C^6H^4)^2 . C . (CH^3) . CO^2H.$$

— On l'obtient en ajoutant peu à peu 1 partie d'acide pyruvique à 15 parties d'acide sulfurique refroidi à — 10°, puis 3 parties de toluène et agitant fortement le mélange. Au bout d'une heure, la condensation est achevée et l'acide dicrésylpropionique se dépose en cristaux que l'on peut séparer de la résine formée en même temps en versant dans le mélange 4 parties d'alcool refroidi à — 5° et essorant la bouillie cristalline qui se précipite.

Il cristallise en prismes clinorhombiques fusibles à 151-152° et se dissout aisément dans les liquides organiques usuels. Chauffé au delà de son point de fusion, il se sublime sans se décomposer.

Le *sel d'ammonium* cristallise dans l'alcool en belles aiguilles qui se dissocient assez facilement et perdent de l'ammoniaque par des cristallisations répétées.

Les *sels de baryum, de calcium* et *de plomb* sont très peu solubles dans l'eau; le *sel d'argent*, insoluble, est peu stable et noircit à la lumière.

L'*éther éthylique* cristallise dans l'alcool en beaux prismes fusibles à 145°.

Par distillation avec de la chaux, il donne le dicrésyléthane.

L'acide dicrésylpropionique en solution dans le chloroforme, traité par le brome au bain-marie jusqu'à ce qu'il ne se dégage plus d'acide bromhydrique, donne un dérivé monobromé qui cristallise dans l'éther de pétrole en aiguilles groupées, fusibles à 143°. Ses sels sont généralement solubles dans l'eau.

Quand on le projette dans un mélange à parties égales d'acide nitrique fumant et d'acide sulfurique refroidi à — 5°, on obtient un *dérivé dinitré* $C^{17}H^{16}(AzO^2)^2O^2$, que l'on peut faire cristalliser dans l'acide acétique. Il fond à 129° en se décomposant et donne un sel de baryum soluble dans l'eau chaude. L'étain et l'acide chlorhydrique le réduisent en *acide diamidodicrésylpropionique*, dont le chlorhydrate est peu soluble dans l'alcool concentré.

Si on le dissout dans un mélange de 2 parties d'acide nitrique et de 1 partie d'acide sulfurique à 15°, on obtient au contraire un *dérivé tétranitré*, facilement soluble dans les liquides organiques, et dont le *sel de baryum* est très soluble dans l'eau. Il fond à 223-225° en se décomposant.

L'acide nitrique étendu ne l'attaque pas sensiblement; mais, par l'action du dichromate et de l'acide sulfurique, il donne de la dicrésylcétone, de l'acide benzophénone-dicarbonique et sans doute le composé intermédiaire

$$CH^3.C^6H^4.CO.C^6H^4.CO^2H,$$

tandis qu'en l'oxydant par le permanganate de potassium on obtient de l'acide diphényléthane-tricarbonique [Böttinger, *D. chem. G.*, **14**, 1596; *Bull. Soc. Chim.*, (2), **37**, 19. — A. Haiss, *D. chem. G.*, **15**, 1478; *Bull. Soc. Chim.*, (2), **39**, 85].

O. Saint-Pierre.

DICUMÉNOL (*dipseudocuménol*, *hexaméthyldiphénol*), $HO.(CH^3)^3.HC^6-C^6H.(CH^3)^3.OH$. — Ce composé a été obtenu par A.-W. Hofmann [*D. chem. G.*, **17**, 1918] soit comme produit secondaire dans la préparation de l'éthyloxypseudocuménol à partir de la pseudocumidine, soit en oxydant le tétraméthylphénol par le dichromate de potassium en solution acétique.

M. Auwers [*D. chem. G.*, **17**, 2982; **18**, 2659] a obtenu ce dipseudocuménol à côté de pseudocuménol en fondant le pseudocumène-sulfonate de potassium avec la potasse caustique. Enfin le même corps s'obtient lorsqu'on oxyde le pseudocuménol par l'acide azotique (1 partie d'acide fumant pour 4p,5 d'eau) ou par une solution aqueuse de chlorure ferrique, ou enfin par le dichromate de potassium en solution acétique. Cette dernière méthode fournit un rendement de 50-60 0/0.

Le dipseudocuménol cristallise dans l'alcool en aiguilles blanches fusibles à 174°, ou en prismes hexagonaux brillants, solubles dans l'éther et le chloroforme, peu solubles dans l'acide acétique. Il se dissout assez facilement dans les alcalis, d'où les acides le précipitent sans altération.

Son *éther méthylique*, $[C^6H.(OCH^3)(CH^3)^3]^2$, s'obtient en chauffant à 100° en tube scellé le dipseudocuménol avec de l'iodure de méthyle, de l'alcool méthylique et de la potasse. Il cristallise dans l'acide acétique en aiguilles fusibles à 126°, solubles dans l'alcool, insolubles dans les alcalis.

En bromant le dipseudocuménol en solution acétique, M. Auwers a obtenu un *dérivé dibromé* $C^{18}H^{20}Br^2O^2$ en petits cristaux brillants, fusibles à 186-187°, solubles dans l'alcool, l'éther, le chloroforme, l'acide acétique, peu solubles dans les alcalis et insolubles dans l'eau.

Il est à remarquer que, tandis que le cuménol se condense facilement sous l'action des agents oxydants, ses dérivés nitrés, bromés, etc., sont incapables de le faire dans les mêmes conditions.

P. Freundler.

DICYANODIAMIDE. — Par suite d'une erreur de mise en pages, cet article se trouve Suppl. **2**, II, 120.

DIDÉCYLE. — Voyez Bidécyle.

DIDÉNOLACTAMIDIQUE (ACIDE) (*acide α-imidopropionique*, *iminodipropanoïque* 2, *diéthylidénolactamidique*). — Cet acide, auquel M. Heintz attribue la constitution

$$\begin{array}{l} CH^3.CH.CO^2H \\ \quad\ \ | \\ \quad AzH \\ \quad\ \ | \\ CH^3.CH.CO^2H \end{array}$$

se forme en très petite quantité lorsqu'on traite l'acide α chloropropionique par l'ammoniaque, les produits principaux de la réaction étant l'alanine et l'acide lactique.

Le même acide a été obtenu accidentellement par M. Heintz en chauffant l'aldéhydate d'ammoniaque avec l'acide chlorhydrique et l'acide cyanhydrique. Pour le séparer de l'alanine, on précipite celle-ci par l'alcool, et on transforme l'acide didénolactamidique successivement en sels de plomb, de baryum et de cuivre; ce dernier sel est ensuite décomposé par l'hydrogène sulfuré.

L'acide didénolactamidique cristallise, par refroidissement lent d'une solution aqueuse concentrée, en fines aiguilles solubles dans l'alcool dilué et dans l'eau, insolubles dans l'alcool absolu.

Le *sel acide d'ammonium*, $C^6H^{10}(AzH^4)AzO^4$, s'obtient en saturant d'ammoniaque une solution aqueuse de l'acide. Il se présente en fines aiguilles ou en petites tables quadrangulaires solubles dans l'eau, peu solubles dans l'alcool, insolubles dans l'éther.

Le *sel de baryum* constitue un sirop incristallisable qui se décompose à la dessiccation.

Le *sel de zinc*, $C^6H^9ZnAzO^4$, s'obtient en saturant l'acide par le carbonate de zinc; il se dépose par évaporation de sa solution dans l'acide chlorhydrique en tables rectangulaires peu solubles dans l'eau.

Le *sel de cuivre*, $C^6H^9CuAzO^4$, se présente en grains cristallins bleus, hydratés, qui perdent leur eau déjà à la température ordinaire, et sont peu solubles dans l'eau et insolubles dans l'alcool.

Le *sel de cadmium*, $C^6H^9CdAzO^4,H^2O$, cristallise en fines aiguilles peu solubles dans l'eau, lorsqu'on fait bouillir une solution très diluée de l'acide avec du carbonate de cadmium. Maintenues pendant un certain temps au contact de l'eau, ces aiguilles se redissolvent en formant un sel plus hydraté.

Le *sel de plomb* se présente en grains cristallins solubles dans l'eau bouillante, insolubles dans l'alcool.

Le *sel d'argent*, $C^6H^9Ag^2AzO^4$, s'obtient en précipitant l'acide par l'azotate d'argent à l'abri de la lumière. Il cristallise d'une solution aqueuse très diluée en prismes ou en aiguilles rhombiques.

Lorsqu'on dissout l'acide didénolactamidique dans l'acide chlorhydrique fumant, qu'on évapore, et qu'on précipite par l'éther la solution alcoolique du résidu, on obtient de petits prismes rhombiques solubles dans l'eau et dans l'alcool qui répondent à la formule $(C^6H^{11}AzO^4)^2HCl$. L'acide azotique fournit une combinaison analogue, en petites aiguilles, qui n'a pas été étudiée.

En traitant la solution azotique de l'acide didénolactamidique par le nitrite de calcium, M. Heintz a obtenu le *nitrosodidénolactamidate de calcium*, $C^6H^8CaAz^2O^5,3H^2O$, en cristaux solubles dans l'eau et l'alcool. L'*acide nitrosodidénolactamidique* s'obtient par décomposition du sel de calcium au moyen de l'acide oxalique, en cristaux incolores solubles dans l'eau, l'alcool et l'éther [Heintz, *Ann. Chem.*, **160**, 35; **165**, 44].

MM. Erlenmeyer et Passavant [*Ann. Chem.*, **200**, 130] ont obtenu en saponifiant le nitrile α imidopropionique un acide $C^6H^9AzO^4$, auquel ils ont donné le nom d'*acide dilactamidique*, et qui devrait avoir la même constitution que l'acide didénolactamidique. Il en diffère cependant beaucoup par les propriétés et l'aspect de ses sels.

P. Freundler.

DIDYME. — En 1882, M. Brauner [*Mon. f. Chem.*, **3**, 491], en fractionnant les oxalates de didyme et de lanthane, trouva dans les fractions intermédiaires une substance dont la solution dans l'acide azotique avait une couleur verdâtre et qui donnait un peroxyde riche en oxygène. Il désigna cette substance par le symbole Di-β. Pour le didyme le plus pur, il a trouvé comme poids atomique 145,2-145,4.

Après la découverte du samarium, M. Cleve examina le didyme exempt de samarium. Il trouva son poids atomique égal à 142,3 [*Bull. Soc. Chim.*, (2), **39**, 289]. Le spectre à étincelle de ce didyme fut examiné par Thalén [*Ofvers. af K. Sv. Vetensk. Akad. Förh.*, 1883, 7, 3], qui trouva le spectre de l'ancien didyme composé des spectres du samarium et du didyme à 142. Un nouvel examen des composés du didyme fut publié par M. Cleve [*Bull. Soc. Chim.*, (2), **43**, 359; *Nova Acta Soc. Ups.*, **13**].

En 1886, M. Auer von Welsbach réussit à scinder le didyme de la cérite en deux parties [*Mon. f. Chem.*, **6**, 477]. Il se servit, pour la séparation, de la cristallisation fractionnée des azotates doubles de didyme, de lanthane et d'ammonium. L'un des éléments du didyme, nommé *praséodyme*, a un poids atomique de 143,6. Ses sels sont d'une couleur verte; son oxyde est blanc-verdâtre, mais donne par l'absorption de l'oxygène un peroxyde, Pr^4O^3, d'une couleur brune, presque noire. L'autre élément, le *néodyme*, qui forme la majeure partie de l'ancien didyme, a pour poids atomique 140,8. Son oxyde est bleu et ne se suroxyde pas. Ses sels ont une couleur rose ou améthyste.

Le praséodyme et le néodyme sont caractérisés par des bandes d'absorption dont l'ensemble constitue le spectre de l'ancien didyme.

Les recherches récentes de plusieurs savants tendent à prouver que le praséodyme et le néodyme sont eux-mêmes d'une nature complexe.

Ainsi M. Crookes [*Chem. News*, **54**, 27] conclut de ses recherches que le néodyme et le praséodyme ne sont que deux groupes d'éléments dans lesquels on a scindé le didyme.

M. Demarçay [*C. R.*, **102**, 1551; **104**, 580; **105**, 276] découvrit dans le spectre du didyme des bandes n'appartenant ni au praséodyme, ni au néodyme.

M. Becquerel [*C. R.*, **104**, 165, 777 et 1691] examina les spectres de divers cristaux des composés du didyme, et prouva que les directions principales d'absorption de certaines bandes observées au travers des cristaux permettaient de reconnaître dans ces cristaux plusieurs substances. En dissolvant les cristaux dans l'eau, il trouva qu'il y avait des déplacements inégaux ou disparition de ces mêmes bandes : d'où il suit qu'un certain nombre des substances contenues dans les cristaux sont inégalement altérées ou même détruites par l'eau. En détruisant progressivement par la chaleur les divers composés du didyme, il trouva dans leur spectre des bandes différentes apparaissant et disparaissant tour à tour.

En 1887, MM. Krüss et Nilson [*D. chem. G.*, **20**, 2134] publièrent les résultats d'un examen des spectres d'absorption que donnent les terres rares extraites de divers minéraux, ainsi que les fractions diverses contenant du didyme. D'après ces auteurs, le néodyme et le praséodyme ne sont que des mélanges complexes, et l'ancien didyme est composé au moins de neuf éléments différents.

M. Bailey a fait des remarques qui sont opposées à ces conclusions [*D. chem. G.*, **20**, 2769 et 3325; **21**, 1520]. Voyez aussi les réponses de MM. Krüss et Nilson [*loc. cit.*, **20**, 3067; **21**, 585].

Par des cristallisations répétées des azotates doubles de lanthane-praséodyme et d'ammonium M. Bettendorff [*Ann. Chem.*, **256**, 159] a obtenu des fractions dont les bandes d'absorption variables indiquent que le praséodyme est susceptible de se scinder en deux composants.

M. Schottländer [*D. chem. G.*, **25**, 378, 159] a décrit le procédé de séparation du praséodyme et du néodyme et examiné les spectres des diverses fractions. Il résulte de ces recherches que la variation de l'extrémité des bandes d'absorption, sur laquelle MM. Krüss et Nilson ont fondé leur opinion sur la grande complexité du didyme, est due, au moins en partie, à la superposition des bandes des diverses terres.

Les spectres d'absorption du didyme et du praséodyme en solutions d'une concentration variable ont été examinés par M. Forsling [*Bihang. till K. Sv. Vet. Akad. Handl.*, 1884, **1**, 4 et 10].

D'après tout ce qui précède, on peut admettre que l'ancien didyme, même après la séparation du samarium, est une substance complexe. On peut le scinder en deux composants, le praséodyme, à sels verts, et le néodyme, à sels rouges. Le praséodyme est très probablement composé de deux éléments, Pr α et Pr β, non encore isolés. Quant au néodyme Nd, sa nature complexe n'est pas encore prouvée d'une manière irréfutable. Nous donnons d'après M. Forsling une liste des bandes d'absorption des composants de l'ancien didyme :

Pr α l 596,5; 591,7; 588,5.

Pr β l 481,3; 468,7; 445,8; 442,5; 354,0-353,2.

Nd l 689,2; 679,8; 672,0; 636,0; 628,5; 625,0; 621,5; 583,4; 580,8; 578,5; 575,4; 573,3; 571,6; 532,3; 524,4; 521,6; 520,5; 512-511,0; 508,9; 474,5; 450,5; 434,0; 432,5; 427,3; 380,6-380,0.

Les composés ci-après ne sont que des mélanges isomorphes des sels de néodyme et de praséodyme.

Bromure de didyme et de zinc,

$$DiBr^3 + 3ZnBr^2, 12H^2O.$$

— Cristaux déliquescents (Cleve).

Fluorure de didyme et de potassium. — On peut obtenir, d'après M. Brauner, les sels suivants :

$$3KFl.2DiFl^3, H^2O;\ 3KFl.3DiFl^3, H^2O \text{ et } 3H^2O.$$

Borate de didyme, $DiBoO^3$. — Ce sel est obtenu en cristaux prismatiques par la fusion du borax avec l'oxyde de didyme. Il se dissout aisément dans les acides (Cleve).

Oxalazotate, $Di^2O^3.Az^2O^5.3C^2O^3, 12H^2O$. — Par évaporation de la solution de l'oxalate dans l'acide azotique sur de la chaux caustique, on obtient de grands cristaux bien formés (Cleve).

Carbonate de didyme, $Di^2.3CO^3, 8H^2O$. — Il a été obtenu en cristaux de 4 à 5 millimètres de diamètre, isomorphes avec la lanthanite, par l'action lente de l'acide carbonique de l'air sur l'azotate basique de didyme en suspension dans l'eau contenant de l'azotate d'ammonium (Cleve).

Phosphates de didyme. — 1° $Di^2O^3.5P^2O^5$. — Ce sel se forme par l'action de l'acide m-phosphorique en fusion sur l'oxyde de didyme. Il forme des cristaux microscopiques fort bien développés et insolubles dans les acides (Cleve).

2° $DiPO^4$. — Ce sel se forme par la fusion de l'oxyde de didyme avec le sel de phosphore et constitue des cristaux microscopiques bien formés, infusibles et insolubles dans les acides [Walbroth, *Bull. Soc. Chim.*, (2), **39**, 321].

Par la fusion de l'oxyde de didyme avec le métaphosphate de potassium, on obtient le même sel et en outre le phosphate double

$$3K^2O.2Di^2O^3.3P^2O^5$$

[Ouvrard, *C. R.*, **107**, 39].

Un autre sel double, $3Na^2O.Di^2O^4.2P^2O^5$, se forme par la fusion du pyro- ou de l'orthophosphate de sodium avec l'oxyde de didyme.

3° NaDiP²O⁷. — Ce sel se forme, d'après M. Ouvrard, par la fusion de l'oxyde de didyme avec le métaphosphate de sodium.

Vanadates de didyme. — 1° $DiVO^4$. — Il a été obtenu par la précipitation de l'azotate de didyme avec du métavanadate d'ammonium et fusion du précipité avec un excès de sel marin. Poudre amorphe.

2° $Di^2O^3 . 5V^2O^5, 28H^2O$. — L'azotate de didyme donne avec le bivanadate de sodium un précipité amorphe, qu'on sépare par filtration. La solution filtrée laisse déposer après quelque temps des cristaux rouges et brillants, du système clinorhombique : $a : b : c = 1,61389 : 1,63433$; $\beta = 81°,18$ (Cleve et Morton).

Molybdate de didyme, $Di(MoO^4)^3$. — On l'obtient à l'état cristallisé par la fusion du sel précipité avec du chlorure de potassium, ou par la fusion du sulfate de didyme avec du molybdate et du sulfate de sodium. Il forme des cristaux octaédriques quadratiques :

$$a : b : c := 1 : 1 : 1,569557.$$

Densité = 4,57. Le sel est isomorphe avec la scheelite et la stolzite [Cossa, *C. R.*, 98, 990; *Atti d. R. Acc. d. Lincei*, 1886, 320].

Tungstates de didyme et de sodium :

1° $NaDi(TuO^4)^2$. — On l'obtient par la fusion de quantités calculées d'oxyde de didyme et d'acide tungstique avec un excès de sel marin. Octaèdres réguliers violacés; densité = 6,598.

2° $Na^3Di(TuO^4)^3$. — On l'obtient en cristaux pyramidaux de couleur violacée, par la fusion de l'oxyde de didyme avec un excès d'acide tungstique et du tungstate de sodium [Högbom, *Ofvers. af K. Sv. Vetensk. Akad. Förh.*, 1884, 5, 115].

P.-T. Cleve.

DIÉRUCINE. — Voyez ÉRUCINE.

DIÉTHYLACÉTIQUE (ACIDE). — Voyez CAPROÏQUE (Suppl. 2, I, 964).

DIÉTHYLALLYLCARBINOL,

$$C(OH)(C^3H^5)(C^2H^5)^2.$$

— La préparation de ce corps a déjà été décrite (voyez Suppl., 1, 645).

C'est un liquide à odeur camphrée, bouillant à 156°. Sa densité est 0,8644 à 0°. Son coefficient de dilatation entre 0° et 33° est 0,00104, et son indice de réfraction $n_A = 1,438215 - 0,00048\,T$, d'où l'on déduit pour la réfraction moléculaire la valeur 64,62.

L'oxydation du diéthylallylcarbinol par le permanganate fournit de l'acide oxalique et de l'acide β diéthyléthylénolactique $C^7H^{14}O^3$ [Kanonnikoff, *Thèse présentée à Kasan*, 1880, 83].

DIÉTHYLBENZÈNES, $C^{10}H^{14} = C^6H^4(C^2H^5)^2$ (voyez Dict., 2, 890). — Les trois diéthylbenzènes peuvent être préparés soit par la méthode de M. Fittig, soit par celle de MM. Friedel et Crafts [1].

M. Fittig a obtenu le p-diéthylbenzène en traitant par le sodium un mélange de bromure d'éthyle et de p-bromoéthylbenzène, et M. Voswinkel l'o-diéthylbenzène en faisant réagir le sodium sur un mélange d'o-dichlorobenzène et de bromure d'éthyle.

D'après MM. Friedel et Crafts, on obtient les différents éthylbenzènes (mono, di, tri...) en faisant réagir sur le benzène, en présence du chlorure d'aluminium, le bromure ou l'iodure d'éthyle. On isole du mélange les diéthylbenzènes par la distillation fractionnée.

On peut remplacer avantageusement dans cette préparation le bromure ou l'iodure d'éthyle par l'éthylène. Le produit de la réaction étant soumis à la distillation, la portion bouillant entre 179 et 185° est formée par un mélange de diéthylbenzènes. Pour 400 grammes de benzène, 50 grammes de chlorure d'aluminium et 280 grammes d'éthylène, on obtient 135 grammes de produit bouillant à 179-185° [Balsohn, *Bull. Soc. Chim.*, (2), 31, 539].

D'après M. Voswinkel [*D. chem. G.*, 21, 2829], le produit bouillant à 180-185° et provenant de l'action du bromure d'éthyle sur le benzène est un mélange de m- et de p-diéthylbenzène.

Suivant MM. Anschutz et Immendorff, lorsqu'on chauffe de l'éthylbenzène avec du chlorure d'aluminium, on obtient, par suite d'un déplacement de la chaîne latérale (le radical déplacé se fixant sur une autre molécule d'hydrocarbure), un mélange de diéthylbenzènes méta et para, dans lequel domine le dérivé méta [*D. chem. G.*, 18, 657; *Bull. Soc. Chim.*, (2), 45, 572].

Enfin, d'après MM. Béhal et Auger, quand on traite l'éthylbenzène par le chlorure d'éthylmalonyle en présence de chlorure d'aluminium, il se forme du m-diéthylbenzène, en même temps qu'une très petite quantité de p-diéthylbenzène [*C. R.*, 110, 194].

Combinaison avec l'acide chlorochromique. — M. Étard a fait réagir l'acide chlorochromique sur le mélange des diéthylbenzènes obtenu au moyen du benzène, de l'éthylène et du chlorure d'aluminium. La combinaison chlorochromique traitée par l'eau a fourni l'aldéhyde $C^{10}H^{12}O$ [*Ann. Chim. Phys.*, (5), 22, 254].

DIÉTHYLBENZÈNES CHLORÉS. — En faisant réagir l'éthylène en présence du chlorure d'aluminium sur différents benzènes chlorés et soumettant à la distillation fractionnée le produit de la réaction préalablement traité par l'eau, M. Istrati a préparé des diéthylbenzènes mono-, di-, tri- et tétrachlorés.

Diéthylbenzènes monochlorés, $C^6H^3Cl(C^2H^5)^2$. — En employant, dans la réaction précédente, le chlorure de phényle, on recueille à la distillation entre 215 et 225° un liquide mobile (densité = 1,036 à zéro) qui possède la composition des diéthylbenzènes monochlorés. Oxydé par le dichromate de potassium et l'acide sulfurique, ce produit se transforme en deux acides chlorophtaliques $C^6H^3Cl(CO^2H)^2$, qu'on peut séparer l'un de l'autre par l'eau bouillante. Le premier, soluble dans l'eau bouillante, fond à 129-130° et se transforme facilement en un anhydride fusible à 114°. Le second, insoluble dans l'eau bouillante, fond à 123°, distille sans décomposition et ne donne pas d'anhydride.

Diéthylbenzènes dichlorés, $C^6H^2Cl^2(C^2H^5)^2$. — Des produits de la réaction de l'éthylène sur le p-dichlorobenzène, on isole par la distillation fractionnée un mélange de diéthylbenzènes dichlorés. C'est un liquide bouillant vers 247° et de densité 1,179 à zéro.

Ce produit, traité par un mélange d'acide nitrique et d'acide sulfurique, fournit deux dérivés dinitrés $C^6Cl^2(C^2H^5)^2(AzO^2)^2$, que l'on peut séparer l'un de l'autre par cristallisation dans l'alcool. Le composé le plus soluble fond à 150°, l'autre à 82°.

Diéthylbenzènes trichlorés, $C^6HCl^3(C^2H^5)^2$. — Avec le benzène trichloré (1 : 2 : 4), on obtient un mélange de diéthylbenzènes trichlorés. C'est un liquide bouillant à 268-273° et de densité 1,305 à zéro.

Diéthylbenzène tétrachloré, $C^6Cl^4(C^2H^5)^2$. — Avec le benzène tétrachloré (1 : 3 : 4 : 5), on obtient un diéthylbenzène tétrachloré, corps solide qu'on purifie dans un mélange chaud d'alcool et de benzène et qui est le tétrachloro-m-diéthyl-

1. M. Markownikoff [*Ann. Chem.*, 234, 100] a extrait des pétroles du Caucase un hydrocarbure $C^{10}H^{14}$ qu'il considère comme un diéthylbenzène.

benzène, à condition toutefois que le chlorure d'aluminium ne détermine dans la réaction aucune transposition des atomes de chlore.

Ce tétrachlorodiéthylbenzène est en prismes fusibles à 45°; il bout à 290°. Sa densité est de 1,431 à 15° [Istrati, *Ann. Chim. Phys.*, (6), **6**, 367].

o-Diéthylbenzène. — L'o-diéthylbenzène se prépare en traitant par le sodium un mélange de bromure d'éthyle et d'o-dichlorobenzène. Le produit de la réaction étant soumis à la distillation fractionnée, on recueille d'abord ce qui passe jusqu'à 220°, puis, dans une nouvelle rectification, ce qui bout entre 180 et 185°. Les rendements, dans cette préparation, sont très faibles : 300 grammes de dichlorobenzène fournissent seulement 25 grammes d'hydrocarbure.

Pour purifier l'o-diéthylbenzène, on le transforme en dérivé sulfonique, puis en dérivé sulfamidé, qu'on décompose enfin par l'acide chlorhydrique.

L'o-diéthylbenzène ainsi purifié est un liquide incolore, possédant une faible odeur aromatique. Il bout à 184-184°,5 et ne se solidifie pas à —20°. Sa densité est de 0,8662 à 18°. Il ne se combine pas avec l'acide picrique. Traité par l'acide nitrique, il fournit un dérivé incristallisable. Oxydé par le permanganate de potassium en solution alcaline, il se transforme en acide o-phtalique.

Dérivé tétrabromé, $C^6Br^4(C^2H^5)^2$. — Ce corps cristallise dans l'alcool en prismes incolores, fusibles à 64°,5.

Dérivé sulfonique. — On traite le diéthylbenzène par un mélange d'acide sulfurique ordinaire et d'acide fumant; on agite et on chauffe à 50-60°.

Le *sel de baryum*, $(C^{10}H^{13}SO^3)^2Ba, H^2O$, cristallise sous la forme de petits prismes, assez solubles dans l'eau.

Le *sel de potassium*, très soluble dans l'eau, n'a pu être obtenu cristallisé.

La *sulfamide*, $C^{10}H^{13}SO^2.AzH^2$, cristallise dans l'alcool étendu en lamelles blanches, fusibles à 119° [A. Voswinkel, *D. chem. G.*, **21**, 3499; *Bull. Soc. Chim.*, (3), **2**, 257].

m-Diéthylbenzène. — Le produit provenant de l'action du bromure d'éthyle sur le benzène en présence du chlorure d'aluminium, et bouillant à 180-185°, est constitué par un mélange de m- et de p-diéthylbenzène. On dissout le mélange de ces deux hydrocarbures dans l'acide sulfurique fumant, on sature par le carbonate de baryum et on sépare le sel de baryum du m-diéthylbenzène, peu soluble dans l'eau, du sel de baryum du p-diéthylbenzène, qui s'accumule dans les eaux-mères. On transforme l'acide m-diéthylbenzène-sulfonique en dérivé sulfamidé, qui, chauffé avec de l'acide chlorhydrique, fournit le m-diéthylbenzène à l'état de pureté.

Le m-diéthylbenzène est un liquide qui ne se solidifie pas à —20°, et bout à 181-182°, dont la densité = 0,8602 à 20°. Chauffé avec de l'acide nitrique étendu, il se transforme en acide m-éthylbenzoïque (aiguilles fusibles à 47°) et en acide m-phtalique[1].

Dérivés bromés. — Le *dérivé monobromé*, $C^6H^3Br(C^2H^5)^2$, est un liquide bouillant à 238°.

Le *dérivé tétrabromé*, $C^6Br^4(C^2H^5)^2$, cristallise dans l'alcool en prismes fusibles à 74°.

Dérivés nitrés. — Le *dérivé mononitré*,

$$C^6H^3(AzO^2)(C^2H^5)^2,$$

s'obtient en ajoutant l'hydrocarbure à de l'acide nitrique fumant fortement refroidi. C'est un liquide jaunâtre, bouillant à 280-285° avec commencement de décomposition.

Le *dérivé trinitré*, $C^6H(AzO^2)^3(C^2H^5)^2$, se prépare par l'action d'un mélange d'acide nitrique et d'acide sulfurique sur l'hydrocarbure; il cristallise dans l'éther de pétrole en prismes jaunes, fusibles à 62°.

Dérivé amidé, $C^6H^3(AzH^2)(C^2H^5)^2$. — Ce corps, qui se forme par réduction du dérivé nitré à l'aide du fer et de l'acide acétique, est un liquide incolore, qui distille facilement avec la vapeur d'eau. Son *chlorhydrate* cristallise en longues aiguilles très solubles dans l'eau. Chauffé avec de l'acide acétique, le dérivé amidé se transforme en *dérivé acétylé*, qui cristallise dans l'alcool sous la forme d'aiguilles fusibles à 104°.

Dérivé sulfonique, $C^6H^3(SO^3H)(C^2H^5)^2$.

Le *sel de potassium*, $K\bar{A}, H^2O$, est en tables quadratiques.

Le *sel de baryum*, $Ba\bar{A}^2, 3H^2O$, est en prismes mamelonnés, peu solubles dans l'eau froide.

Le *sel de cuivre*, $Cu\bar{A}^2, 4H^2O$, est en lamelles bleu clair.

Le *dérivé sulfamidé*, $C^{10}H^{13}SO^2.AzH^2$, cristallise dans l'alcool étendu en longues aiguilles, fusibles à 101-102°.

L'acide diéthylbenzène-sulfonique donne, par fusion avec la potasse, un *diéthylphénol*, liquide bouillant à 225°, qui ne se solidifie pas par le refroidissement. Ce phénol est peu soluble dans l'eau; sa solution aqueuse se colore en violet par le perchlorure de fer [A. Voswinkel, *D. chem. G.*, **21**, 2829; *Bull. Soc. Chim.*, (3), **1**, 333].

p-Diéthylbenzène. — Le p-diéthylbenzène a été obtenu par M. Fittig en traitant par le sodium un mélange de bromure d'éthyle et de p-bromoéthylbenzène (voyez Dict., **2**, 890).

On peut aussi le préparer directement en faisant réagir le sodium sur un mélange d'iodure d'éthyle et de p-dibromobenzène en solution benzénique [Aschenbrandt, *Ann. Chem.*, **216**, 212].

Enfin il prend naissance, dans la réaction au chlorure d'aluminium, en même temps que le m-diéthylbenzène, et on peut séparer l'un de l'autre ces deux hydrocarbures, ainsi qu'il est indiqué plus haut, en les transformant en sels de baryum des acides sulfoniques correspondants. Pour avoir le p-diéthylbenzène absolument pur, il convient de transformer le sel de baryum de son acide sulfonique en sel de cadmium, qu'on purifie par cristallisation, et de revenir de ce sel de cadmium à l'hydrocarbure par les méthodes habituelles [A. Voswinkel, *D. chem. G.*, **22**, 315; *Bull. Soc. Chim.*, (3), **1**, 753].

Le meilleur procédé pour régénérer le p-diéthylbenzène consiste à transformer le sel de cadmium en sel de sodium et à chauffer ce dernier, dans une cornue tubulée, à 150-170° avec de l'acide phosphorique sirupeux, en même temps que l'on fait passer dans l'appareil un rapide courant de vapeur d'eau [H. Fournier, *Bull. Soc. Chim.*, (3), **7**, 651].

Le p-diéthylbenzène est un liquide réfringent, possédant une odeur aromatique. Il bout à 182-183°. Sa densité = 0,8622 à 18°. Refroidi à l'aide d'un mélange d'acide carbonique et d'éther, il se prend en une masse cristalline qui fond vers —35° (Fournier). Oxydé par l'acide nitrique étendu, il fournit un mélange d'acide p-éthylbenzoïque et d'acide téréphtalique (Voswinkel).

Dérivé tribromé, $C^6H^4(C^4H^7Br^3)$. — Ce corps cristallise dans l'alcool en fines aiguilles fusibles à 106° (Fournier).

Dérivé tétrabromé, $C^6Br^4(C^2H^5)^2$. — Ce corps cristallise dans l'alcool en aiguilles fusibles à 112° (Voswinkel).

1. Suivant MM. Allen et Underwood [*Bull. Soc. Chim.*, (2), 40, 100], l'oxydation du m-diéthylbenzène par le mélange chromique fournirait un acide homo-isophtalique,

$$C^6H^4(CO^2H)(CH^2.CO^2H).$$

Dérivé tétrabromé, $C^6H^4(C^4H^6Br^4)$. — Ce corps est en belles aiguilles soyeuses, fusibles à 157°, très solubles dans le benzène, un peu solubles dans l'alcool chaud, presque insolubles dans l'alcool froid (Fournier).

Dérivé nitré, $C^6H^3(AzO^2)(C^2H^5)^2$. — Ce dérivé, qui s'obtient en ajoutant l'hydrocarbure à de l'acide nitrique fumant fortement refroidi, est un liquide visqueux, qui bout, en se décomposant partiellement à 155°, sous la pression de 23 millimètres.

Dérivé amidé, $C^6H^3(AzH^2)(C^2H^5)^2$. — Il se prépare par réduction du dérivé nitré à l'aide de l'acide acétique et du fer; c'est un liquide jaunâtre, à réaction faiblement alcaline, qui bout à 140-142° sous la pression de 20 millimètres. Son *chlorhydrate* cristallise dans l'eau en longues aiguilles qui se colorent rapidement à l'air. Chauffé avec de l'acide acétique, le dérivé amidé fournit un *dérivé acétylé*, en lamelles blanches fusibles à 99° (Voswinkel).

Dérivé sulfonique, $C^6H^3(SO^3H)(C^2H^5)^2$ (voyez Dict., **2**, 890). — Suivant M. Aschenbrandt, le dérivé sulfonique est un liquide épais, qui ne se solidifie pas dans un mélange réfrigérant.

Sel de sodium, $Na\bar{A}$. — Lamelles très solubles dans l'eau.

Sel de potassium, $K\bar{A}$, $3,5H^2O$. — Lamelles ou tables nacrées, très solubles dans l'eau.

Sel de calcium, $Ca\bar{A}^2$, $5H^2O$. — Lamelles.

Sel de strontium, $Sr\bar{A}^2$, $4H^2O$, et *sel de baryum*, $Ba\bar{A}^2$, $4H^2O$. — Lamelles peu solubles dans l'alcool.

Sel de plomb, $Pb\bar{A}^2$, $3H^2O$. — Lamelles brillantes.

Sel de nickel, $Ni\bar{A}^2$, $5H^2O$. — Lamelles vertes, peu solubles dans l'eau.

Sel de cobalt, $Co\bar{A}^2$, $5H^2O$. — Tables rouges.

Sel de cuivre, $Cu\bar{A}^2$, $6H^2O$. — Tables brillantes, bleu-verdâtre [Aschenbrandt, *loc. cit.*].

Sel de cadmium, $Cd\bar{A}^2$, H^2O. — Prismes blancs aplatis. Ce sel, qui cristallise très facilement, se prête tout particulièrement à la séparation du p- et du m-diéthylbenzène, le sel correspondant du m-diéthylbenzène étant très soluble dans l'eau et cristallisant mal (Voswinkel).

La *sulfamide*, $C^{10}H^{15}SO^2.AzH^2$, est en lamelles fusibles à 97,5 [Remsen et Noyes, *Am. Journ.*, 4, 197], en aiguilles microscopiques (dans l'alcool étendu) fusibles à 85° (Voswinkel). L'oxydation par le mélange chromique la transforme en acide sulfamido-éthylbenzoïque,

$$C^6H^3(SO^2.AzH^2)(C^2H^5)(CO^2H) \quad \text{(R. et N.).}$$

L'acide diéthylbenzène-sulfonique fondu avec la potasse se transforme en *diéthylphénol*, liquide jaunâtre, bouillant à 126-127° sous la pression de 17 millimètres et ne se solidifiant pas à −20°. Ce phénol est peu soluble dans l'eau; sa solution aqueuse n'est pas colorée par le perchlorure de fer, mais donne par l'eau de brome un précipité blanc.

La réduction du chlorure de l'acide diéthylbenzène-sulfonique fournit un *thiophénol*, liquide incolore, bouillant à 113° sous la pression de 18 millimètres (Voswinkel). Léon Roux.

DIÉTHYLBENZOÏQUE (ACIDE), $C^{11}H^{14}O^2$. — Ce corps se forme quand on chauffe, jusqu'à 210°, 2 parties du sel de potassium de l'acide diéthylcarbobenzoïque avec 1 partie de potasse caustique; il se produit en même temps de l'acide benzoïque et de l'hydrogène :

$$C^{18}H^{18}O^2 + 2H^2O = C^{11}H^{14}O^2 + C^7H^6O^2 + H^2.$$

La solution des deux sels alcalins est additionnée d'un léger excès d'acide acétique et le précipité oléagineux qui se produit est lavé à l'eau et dissous dans l'ammoniaque; cette dissolution, abandonnée à l'évaporation spontanée, laisse déposer l'acide diéthylbenzoïque sous la forme d'un liquide huileux, insoluble dans l'eau, facilement soluble dans l'alcool, l'éther, les alcalis et les carbonates alcalins.

Le *sel d'argent*, $C^{11}H^{13}O^2Ag$, obtenu en traitant par l'azotate d'argent la solution ammoniacale de l'acide, se présente en paillettes cristallines, incolores, facilement solubles dans l'eau bouillante [Zagoumenny, *Ann. Chem.*, **184**, 171].

D'après MM. Anschütz et Berns [*Ann. Chem.*, **261**, 298], l'acide diéthylbenzoïque de Zagoumenny est un acide phénylvalérianique : il fournit un éther éthylique qui bout à 144-146°, un chlorure qui bout à 129-131° : il diffère de l'acide benzyléthylacétique $C^6H^5-CH^2-CH-C^2H^5-CO^2H$ par le point d'ébullition, qui pour ce dernier est de 172-174°. E. Burcker.

DIÉTHYLBENZOYLACÉTIQUE (AC.). — Voyez Benzoylacétique (Suppl. **2**, **1**, 585).

DIÉTHYLCARBOBENZOÏQUE (ACIDE) (voyez Suppl., **1**, 645). — MM. Anschütz et Berns [*Ann. Chem.*, **261**, 298] ne considèrent pas cet acide comme un véritable acide carbobenzoïque, parce qu'il n'est soluble que dans les solutions de potasse très concentrées, et qu'il est insoluble dans l'ammoniaque et dans les carbonates alcalins. Avec l'alcool et l'acide chlorhydrique, il donne naissance à un *éther éthylique* $C^{20}H^{22}O^2$ qui bout à 207-209° sous une pression de 11 millimètres. Chauffé avec de l'acide iodhydrique et du phosphore rouge, il se transforme en acide isodiéthylcarbobenzoïque, qui cristallise en prismes fusibles à 132-134° et qui est identique à l'acide que MM. Limpricht et Schwanert ont obtenu en faisant agir l'acide chlorhydrique ou l'acide sulfurique sur l'acide diéthylcarbobenzoïque.

Quand on chauffe l'acide diéthylcarbobenzoïque pendant 3 jours avec de l'acide azotique (d = 1,18), qu'on neutralise, et qu'on acidifie ensuite par de l'acide chlorhydrique, on obtient un corps $C^{18}H^{16}O^3$, soluble dans l'éther et fusible à 120° [Anschütz et Berns, *loc. cit.*].

E. Burcker.

DIÉTHYLCARBONYLE. — Voyez Diéthylcétone.

DIÉTHYLCÉTONE (*pentanone* 3),

$$(C^2H^5)^2CO.$$

— Voyez Propione, Dict., **2**, 1196.

1° Cette acétone a été préparée en chauffant avec de l'acide sulfurique étendu l'éther diéthylique de l'acide diméthylcarbonyle-dicarbonique, $CO[CH(CH^3).CO^2-C^2H^5]^2$ [Dünschmann et Pechmann, *Ann. Chem.*, **261**, 183].

2° M. Hamonet [*Bull. Soc. Chim.*, (2), **50**, 356] l'a obtenue en traitant le chlorure d'acétyle par le perchlorure de fer. On fait réagir 5 molécules de chlorure d'acétyle sur 2 molécules de perchlorure de fer, jusqu'à ce qu'il se soit dégagé 2 molécules de gaz chlorhydrique; puis on décompose par l'eau la combinaison qui s'est formée.

3° Elle a été également préparée en agitant l'amylène monobromé C^5H^9Br (bouillant à 115°) avec de l'acide sulfurique concentré en refroidissant le mélange, et abandonnant pendant 24 heures au repos. On reprend par l'eau, on distille et l'on obtient un corps qui donne les réactions de la diéthylcétone [A. Bouchardat, *C. R.*, **93**, 316].

Ce corps bout à 102°,7; sa densité à 0° = 0,8335; son coefficient de dilatation entre 0° et 35° est 0,000973, et sa chaleur de combustion

736^{cal},964. Il se dissout dans 24 fois son poids d'eau.

Le chlore réagit à froid sur cette acétone, en donnant l'*α-chlorodiéthylcétone* ou *chloro 2-pentanone3*, qui bout à 145° et se transforme, sous l'action de l'ammoniaque alcoolique, en diméthyléthylpyrazine $C^{10}H^{16}Az^2$ [Vladesco, *Bull. Soc. Chim.*, (3), 6, 834].

Le nitrite d'isoamyle et l'acide chlorhydrique forment avec la diéthylcétone un dérivé nitrosé $C^5H^9AzO^2$, fusible vers 60°, l'*isonitrosodiéthylcétone* [Claisen et Manasse, *D. chem. G.*, **22**, 528].

L'acide azotique transforme la diéthylcétone en dinitro-éthane; le sodium en présence de l'eau donne avec cette acétone la pinacone

$$C^{10}H^{20}(OH)^2,$$

et du diéthylcarbinol. A. Bigot.

DIÉTHYLCINNAMYLACÉTIQUE (ACIDE) (*acide benzène-diéthyl4.4-pentène1-one3-oïque*),

$$C^6H^5-CH=CH-CO-C(C^2H^5)^2.CO^2H.$$

— On ne connaît que l'éther éthylique de cet acide, qui se prépare en faisant digérer pendant 8-10 jours un mélange d'aldéhyde benzylique et d'acide diéthylacétylacétique saturé de gaz chlorhydrique.

On l'obtient encore par l'action du sodium et de l'iodure d'éthyle sur l'éther benzylidène-éthylacétylacétique [Claisen et Matthews, *Ann. Chem.*, **218**, 184].

Le diéthylcinnamylacétate d'éthyle cristallise dans la ligroïne en prismes tricliniques, fusibles à 101-102°, solubles dans l'éther et dans le chloroforme, moins solubles dans la ligroïne et dans l'alcool froid. Il s'unit au brome pour donner un *dibromure*,

$$C^6H^5-CHBr-CHBr-CO-C(C^2H^5)^2-CO^2C^2H^5,$$

qui cristallise en petits prismes fusibles à 55°, solubles dans la ligroïne et dans l'alcool.

DIÉTHYLÈNE. — Voyez ÉRYTHRÈNE.

DIÉTHYLÉNIQUES. — On désigne par ce nom les corps qui possèdent deux fois la fonction carbure éthylénique.

Ils sont décrits sous les noms terminés en *ine*; ainsi le carbure en C^4, qui possède deux fois la fonction carbure éthylénique, est rangé dans les *butines* ou porte alors un nom empirique. La nouvelle nomenclature les fait dériver du carbure saturé suivi de *diène*, qui veut dire corps deux fois éthylénique; ainsi $CH^2=CH-CH=CH^2$ sera le *butane-diène* et le composé

$$CH^2=CH-CH^2-CH=CH^2$$

sera le *pentane-diène*. — Voyez CHIMIQUE (NOMENCLATURE).

DIÉTHYLFORMAMIDINES. — 1° DIÉTHYLFORMAMIDINE SYMÉTRIQUE ou plutôt *ab*,

$$CH \begin{cases} Az.C^2H^5 \\ AzH.C^2H^5 \end{cases}$$

— Ce corps a été obtenu par M. Pinner en chauffant un mélange d'éther imidoformique

$$CH.(OC^2H^5).AzC^2H^5$$

et d'éthylamine en solution alcoolique.

On chasse l'excès d'éthylamine et d'alcool; le chlorhydrate de la base cristallise par évaporation lente en grosses paillettes déliquescentes.

Le *chloroplatinate*, $(C^5H^{12}Az^2)^2.2HCl.PtCl^4$, se dépose d'une solution aqueuse bouillante en beaux prismes rouges, peu solubles dans l'eau froide, fusibles à 197-198° en se décomposant [Pinner, *D. chem. G.*, **16**, 1649].

2° DIÉTHYLFORMAMIDINE DISSYMÉTRIQUE ou plutôt *aa*,

$$CH \begin{cases} AzH \\ Az(C^2H^5)^2 \end{cases}$$

— Elle a été préparée par le même auteur en laissant réagir à froid pendant quelques semaines le chlorhydrate de l'éther imidoformique (1 mol.) et la diéthylamine (2 mol.) en solution dans l'alcool absolu. Il se forme dans la réaction, outre la diéthylformamidine, de l'ammoniaque, de l'alcool et une autre base $C^{10}H^{21}Az^3$, suivant l'équation

$$2CH(AzH)OC^2H^5.HCl + 3(C^2H^5)^2AzH$$
$$= (C^2H^5)^2.AzH.HCl + 2C^2H^5OH$$
$$+ C^{10}H^{21}Az^3.HCl + AzH^3.$$

On chasse l'alcool et l'ammoniaque au bain-marie, on précipite le chlorhydrate de diéthylamine par l'éther, et le chlorhydrate de diéthylformamidine cristallise en gros prismes hygroscopiques, fusibles à 125°, solubles dans l'alcool.

Le *chloroplatinate* forme des prismes d'un jaune rougeâtre, fusibles à 208-209°, peu solubles dans l'eau froide.

Lorsqu'on fait bouillir une solution alcoolique de chlorhydrate de diéthylformamidine, il se dégage de l'ammoniaque, et l'on obtient la base $C^{10}H^{21}Az^3$ mentionnée plus haut. La constitution de cette dernière ne semble pas encore bien établie [Pinner, *D. chem. G.*, **17**, 179].

P. Freundler.

DIÉTHYLGLYOXYLIQUE (ACIDE),

$$(C^2H^5O)^2.CH.CO^2H.$$

— Plusieurs synthèses de ce composé ont été décrites (voyez Suppl., 1, 886).

L'acide diéthylglyoxylique a été obtenu également par MM. Geuther et Fischer en chauffant vers 100-120° l'éthylène perchloré avec l'alcool sodé. Il se forme d'abord de l'éther dichloracétique $CHCl^2.CO^2C^2H^5$, puis ce dernier, étant en présence d'un excès d'éthylate, passe à l'état de diéthylglyoxylate de sodium.

L'acide libre est un liquide huileux, peu stable. Chauffé avec l'acide chlorhydrique, il se dédouble en alcool et acide glyoxylique. Ses sels sont tous très solubles.

Le *sel de baryum*, $(C^6H^{11}O^4)^2Ba$, est amorphe et déliquescent [Geuther et Fischer, *Jahresb.*, 1864, 316]. P. Freundler.

DIÉTHYLHOMOPHTALIQUE (ACIDE) (*acide benzène-méthyloïque1-diéthyl-éthyloïque2*),

$$C^6H^4 \begin{cases} CO^2H \\ C(C^2H^5)^2(CO^2H) \end{cases}$$

— On prépare l'acide diéthylhomophtalique en dissolvant l'anhydride (voyez plus loin) dans la potasse caustique bouillante et en précipitant la solution par l'acide chlorhydrique. Le produit obtenu est purifié par cristallisation dans l'alcool.

L'acide diéthylhomophtalique fond à 148° en se transformant en un anhydride fusible à 53° [Pulvermacher, *D. chem. G.*, **20**, 2495].

Sel de baryum, $C^9H^4(C^2H^5)^2O^4Ba$. — On le prépare en dissolvant l'anhydride dans l'eau de baryte bouillante : on élimine l'excès de baryte par l'acide carbonique et on évapore jusqu'à cristallisation. On obtient ainsi des lamelles soyeuses.

Sel d'argent, $C^9H^4(C^2H^5)^2O^4Ag^2$. — On le prépare en mélangeant des dissolutions bouillantes du sel de baryum et de nitrate d'argent. C'est un précipité jaune, pulvérulent, qui se colore peu à peu en brun à la lumière.

ANHYDRIDE,

$$C^6H^4 \begin{cases} CO \text{———} O \\ C(C^2H^5)^2 - CO \end{cases}$$

— On chauffe pendant 4 heures à 230° 1 partie de diéthylhomophtalimide

$$C^6H^4 \begin{cases} CO \text{———} AzH \\ C(C^2H^5)^2 - CO \end{cases}$$

avec 4 parties d'acide chlorhydrique; le produit de la réaction est filtré et le résidu insoluble purifié par cristallisation dans l'alcool bouillant. Par le refroidissement, il se dépose des lamelles incolores, fusibles à 53°, constituées par l'anhydride diéthylhomophtalique. Ce corps, soumis à la distillation sèche avec de la chaux sodée, fournit une huile rougeâtre qui renferme surtout du diéthyltoluène ou amylbenzène,

$$C^6H^5 - CH \begin{cases} CH^2 - CH^3 \\ CH^2 - CH^3 \end{cases}$$

DIÉTHYLHOMOPHTALIMIDE,

$$C^6H^4 \begin{cases} CO \text{———} AzH \\ C(C^2H^5)^2 - CO \end{cases}$$

— On prépare ce corps en faisant agir l'iodure d'éthyle sur l'homophtalimide en présence du sodium. On dissout 5gr,3 de sodium dans 100 centimètres cubes d'alcool, et on ajoute 19 grammes d'homophtalimide et 150 centimètres cubes d'eau. On chauffe : tout entre en dissolution; on ajoute alors 40 grammes d'iodure d'éthyle et une quantité d'alcool suffisante pour obtenir un liquide homogène; on chauffe pendant une demi-heure au bain-marie au réfrigérant ascendant. On chasse l'alcool par évaporation, on ajoute de l'eau, on filtre, et on purifie la matière insoluble par cristallisation dans l'alcool bouillant.

La diéthylhomophtalimide cristallise en lamelles blanches, fusibles à 144°, solubles dans les alcalis.

TRIÉTHYLHOMOPHTALIMIDE,

$$C^6H^4 \begin{cases} CO \text{———} Az(C^2H^5) \\ C(C^2H^5)^2 - CO \end{cases}$$

— Pour préparer ce corps, on chauffe pendant une demi-heure, à l'ébullition, 1 molécule du corps précédent avec 1 molécule d'iodure d'éthyle et 1 molécule de potasse en solution alcoolique. Par addition d'eau, il se sépare un liquide vert, qu'on purifie par distillation fractionnée.

Le dérivé triéthylique bout à 308-309°, et se solidifie par le refroidissement en une masse cristalline radiée, fusible à 50°, qui devient déliquescente avec tous les dissolvants.

La triéthylhomophtalimide est insoluble dans les alcalis; chauffée avec l'acide chlorhydrique en vase clos, elle ne se décompose qu'imparfaitement en éthylamine et anhydride diéthylhomophtalique. G. de Bechi.

DIÉTHYLMÉTHYLPROPYLCÉTONE [Syn. *Éthyl 3-heptane-one 4*],

$$(C^2H^5)^2 . CH . CO . (C^3H^7).$$

— Parmi les produits de l'action de l'oxyde de carbone sur un mélange bien sec d'acétate et d'éthylate de sodium, MM. Geuther et Frœhlich ont isolé une acétone $C^9H^{18}O$, bouillant entre 180 et 190°. Les autres corps qui se forment sont principalement les acides butyrique et diéthylacétique, ou plutôt leurs sels de sodium. Les auteurs admettent que l'acétone $C^9H^{18}O$, que l'on recueille en quantité d'autant plus grande que la température est plus élevée, prend naissance aux dépens d'une molécule de chacun de ces deux acides, suivant l'équation

$$C^3H^7 . CO^2Na + (C^2H^5)^2 . CHCO^2Na$$
$$= Na^2CO^3 + C^3H^7 . CO . CH(C^2H^5)^2.$$

C'est la seule preuve qui soit donnée en faveur de la constitution de cette diéthylméthylpropylcétone [*Ann. Chem.*, 202, 311].

DIÉTHYLOXALIQUE. — Voy. OXYDIÉTHYLACÉTIQUE.

DIÉTHYLOXYBUTYRIQUES (ACIDES). — On désigne sous le nom d'*acides diéthyloxybutyriques* des acides qui répondent à la formule brute $C^8H^{16}O^3$.

L'un d'eux est désigné par le nom d'*acide α diéthyl-β oxybutyrique* et répond à la formule $CH^3 - CH(OH) - C(C^2H^5)^2 - CO^2H$, qui dans la nouvelle nomenclature le ferait considérer comme l'acide *diéthyl 2.2-butanol 3-oïque 1*; l'autre est désigné par le nom de *γ diéthyloxybutyrique* et répond à la formule

$$HO - C(C^2H^5)^2 - CH^2 - CH^2CO^2H,$$

formule qui dans la nouvelle nomenclature est traduite par l'*acide éthyl 3-hexanol 3-oïque 6*.

ACIDE α DIÉTHYL-β OXYBUTYRIQUE (*diéthyl 2.2-butanol 3-oïque*), $CH^3CH(OH)C(C^2H^5)^2 - CO^2H$. — On obtient cet acide au moyen de l'éther éthylique de l'acide diéthylacétylacétique :

$$CH^3CO - C(C^2H^5)^2 - CO^2C^2H^5.$$

Pour cela, on dissout cet éther dans l'alcool, on refroidit la solution et on ajoute peu à peu de l'amalgame de sodium. On neutralise de temps en temps l'alcali formé, au moyen d'acide sulfurique étendu. Une fois l'hydrogénation terminée, on épuise la liqueur acide au moyen de l'éther; la solution abandonne par évaporation un sirop jaunâtre qui ne cristallise pas dans un mélange réfrigérant. Il est très hygroscopique, facilement soluble dans l'alcool, l'éther, le benzène, plus difficilement dans l'eau. Laissé longtemps dans le vide sec, il s'éthérifie, la fonction acide d'une molécule éthérifiant la fonction alcool d'une autre.

Chauffé, il se décompose à la distillation en aldéhyde et acide éthylbutyrique :

$$CH^3 - CH(OH)C - (C^2H^5)^2 - CO^2H$$
$$= CH^3 - CHO + C^2H^5 - CH(C^2H^5) - CO^2H.$$

Le perchlorure de phosphore fournit le chlorure de l'acide diéthylacétique

$$C^2H^5 - CH(C^2H^5)COCl$$

et du chlorure d'éthylidène, réaction comparable à la précédente. L'acide bromhydrique fumant et l'acide iodhydrique le dédoublent de même en acide diéthylacétique et aldéhyde.

Le *sel de sodium*, $C^8H^{15}NaO^3$, cristallise dans le vide en présence d'acide sulfurique sous la forme de petites feuilles. Il est soluble presque en toutes proportions dans l'eau et dans l'alcool absolu.

Le *sel cuprique*, $C^8H^{15}O^3Cu$, est obtenu par double décomposition entre le sel de sodium et le sulfate de cuivre. Il est soluble dans l'eau. Sa solution aqueuse soumise à l'ébullition donne un sel basique sous la forme d'une poudre d'un bleu foncé.

Le *sel d'argent* est constitué par un précipité amorphe floconneux [Schnapp, *Ann. Chem.*, 201, 65. — Burton, *Am. Journ.*, 3, 395].

ACIDE γ DIÉTHYLOXYBUTYRIQUE (*éthyl 3-hexanol 3 oïque 6*),

$$CH^3-CH^2-\underset{\displaystyle C^2H^5}{\underset{|}{C}}OH-CH^2-CH^2-CO^2H.$$

— On obtient l'anhydride de cet acide par l'action du chlorure de succinyle dissymétrique sur le zinc-éthyle :

$$\underbrace{CCl^2-CH^2-CH^2-C=O}_{O} + Zn(C^2H^5)^2$$

$$= (C^2H^5)^2=\underbrace{C-CH^2-CH^2-CO.}_{O}$$

C'est en somme l'olide de l'acide éthylhexanoloïque [Wischin, *Ann. Chem.*, **143**, 262].

Le *sel de calcium*, $Ca(C^8H^{15}O^3)^2, H^2O$, cristallise dans l'eau sous forme d'aiguilles.

Il perd toute son eau de cristallisation sur l'acide sulfurique. L'alcool l'abandonne à l'état amorphe.

Son *sel de baryum*, $Ba(C^8H^{15}O^3)^2$, est amorphe; facilement soluble dans l'eau et dans l'alcool.

L'olide correspondante, $C^8H^{14}O^2$, est liquide et bout sans décomposition à 228-233°. Elle est insoluble dans l'eau, facilement soluble dans l'alcool et dans l'éther. Elle perd de l'eau sous l'influence de l'anhydride phosphorique et donne naissance à un carbure bouillant à 260-270°.

A. Béhal.

DIÉTHYLPHÉNYLMÉTHANE. — Voyez DIÉTHYLTOLUÈNE.

DIÉTHYLPHÉNYLPROPIONIQUE (AC.) (Syn. *Acide diéthodiphénylméthylméthane-méthyloïque 1*[1]),

$$(C^2H^5 . C^6H^4)^2 C(CH^3)(CO^2H).$$

— Cet acide se forme quand on traite par l'acide sulfurique un mélange d'éthylbenzène et d'acide pyruvique. A cet effet, on ajoute peu à peu à de l'acide sulfurique employé en excès et refroidi à — 10°, d'abord de l'acide pyruvique, puis de l'éthylbenzène, on agite fortement et on verse le produit de la réaction dans l'eau froide.

L'acide diéthylphénylpropionique cristallise dans l'éther en tables allongées, fusibles à 116°. Il est très soluble dans le chloroforme et dans la ligroïne [Bœttinger, *D. chem. G.*, **14**, 1597].

DIÉTHYLPROPYLCARBINOL (*éthyl 3-hexane-ol 3*), $(C^2H^5)^2 . C(OH) . C^3H^7$. — Cet alcool a été obtenu pour la première fois par Boutlerow (voyez OCTYLIQUES, Suppl., **1**, 601). M. Sokoloff l'a préparé plus récemment en laissant en contact à froid, pendant plusieurs jours, un mélange d'éthylpropylcétone et d'iodure d'éthyle sur du zinc. Il se forme en même temps un carbure C^8H^{16} [*J. prakt. Chem.*, **39**, 440].

Le diéthylpropylcarbinol bout à 160°,5 et possède une densité = 0,83974 à 20° et = 0,83008 à 30°. Le mélange chromique l'oxyde en donnant des acides butyrique, propionique et acétique.

L'éther acétique bout à 176-178°.

DIÉTHYLISOPROPYLCARBINOL (*méthyl 2-éthyl 3-pentane-ol 3*), $(CH^3)^2 . CH . C(OH)(C^2H^5)^2$. — Cet alcool a été préparé en mélangeant dans un ballon entouré de glace 2 parties de zinc-éthyle et 1 partie de chlorure d'isobutyryle et laissant reposer ensuite la masse pendant quelques mois à la température ordinaire, jusqu'à ce que le dégagement d'éthylène ait cessé [Grigorowitch et Pawlow, *J. russ. Phys. et Chim.*, 1891, (1), 160]. On décompose ensuite par l'eau, on entraîne à la vapeur et l'on fractionne la partie volatile qui renferme, outre le diéthylisopropylcarbinol, de l'alcool éthylique, de l'éthylisopropylcétone et de l'éthylisopropylcarbinol.

Le diéthylisopropylcarbinol bout à 159°,5-161° sous 745mm,7; sa densité = 0,8463 à 0° et 0,8295 à 20°. Il fournit un *iodure* $C^8H^{17}I$ et un *chlorure* $C^8H^{17}Cl$, qui bout vers 150° en se décomposant. Traité par la potasse alcoolique, ce chlorure fournit un carbure non saturé, le *diméthyldiéthyléthylène*, $(CH^3)^2C=C(C^2H^5)^2$, qui bout à 114°,5-116°,5 sous 741 millimètres.

P. Freundler.

DIÉTHYLSUCCINIQUES (ACIDES). — On conçoit dans le plan deux acides diéthylsucciniques, l'un l'*acide dissymétrique* (*éthyl 3-méthyloïque 3-pentanoïque*),

$$(C^2H^5)^2-\underset{\displaystyle CO^2H}{\underset{|}{C}}-CH^2-CO^2H,$$

l'autre l'*acide diéthylsuccinique symétrique* (*hexane-diméthyloïque 3.4*),

$$C^2H^5-\underset{\displaystyle CO^2H}{\underset{|}{CH}}——\underset{\displaystyle CO^2H}{\underset{|}{CH}}-C^2H^5.$$

Le premier de ces acides n'est pas encore connu; quant au second, il présente deux isomères stéréochimiques. L'un de ces isomères porte le nom d'*acide paradiéthylsuccinique*, l'autre le nom d'*acide antidiéthylsuccinique*.

Les deux schémas suivants

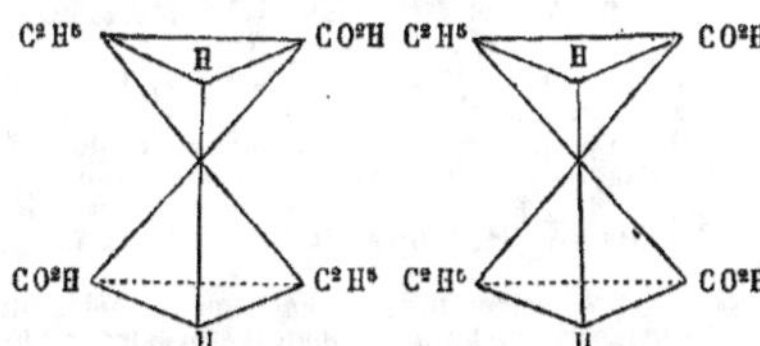

rendent compte de cette isomérie.

On admet généralement que les deux tétraèdres représentant deux carbones simplement liés sont mobiles autour de l'axe qui réunit leurs centres d'attraction, de sorte qu'ils ne donnent naissance qu'à un seul dérivé : tel est le cas de l'acide oxalique, de l'acide malonique, de l'acide succinique.

M. Victor Meyer a supposé au contraire que, dans les acides diméthylsucciniques, diéthylsucciniques et quelques autres dérivés, la mobilité de l'axe n'existe plus, soit que les groupements méthyle ou éthyle fassent obstacle par leur masse à la rotation autour de cet axe, soit qu'il se produise des attractions ou des répulsions entre les divers groupements de la molécule, amenant ainsi deux positions d'équilibre plus ou moins stables, qui sont représentées par les schémas inscrits plus haut. Il n'est pas nécessaire cependant de recourir à cette hypothèse; en effet, les deux acides diéthylsucciniques symétriques peuvent être ramenés au type tartrique; or on sait que dans ce cas on a un acide inactif par nature, indédoublable et possédant un plan de symétrie et qui dans l'exemple cité serait le dérivé *para*, et un autre qui, produit par synthèse, est le racémique dédoublable, qui serait dans ce cas l'*anti*. Il est bon d'ajouter que les essais de dédoublement de ce dernier n'ont pas réussi jusqu'ici.

ACIDE DIÉTHYLSUCCINIQUE SYMÉTRIQUE (*hexane diméthyloïque*),

$$C^2H^5-\underset{\displaystyle CO^2H}{\underset{|}{CH}}——\underset{\displaystyle CO^2H}{\underset{|}{CH}}-C^2H^5.$$

— On obtient le mélange des deux acides, ou plutôt de leurs éthers, en traitant l'acide iodo 2-butyrique ou l'acide bromobutyrique par la poudre d'argent :

$$2\,C^2H^5CHI-CO^2C^2H^5 + Ag^2$$
$$= 2AgI + \begin{array}{l} C^2H^5-CH-CO^2C^2H^5 \\ \quad\quad\;\, | \\ C^2H^5-CH-CO^2C^2H^5 \end{array}$$

En chauffant à 100° ce mélange d'éthers avec de l'acide bromhydrique (densité=1,65), on obtient les deux acides libres, que l'on peut séparer par cristallisation dans l'eau [Hell, *D. chem. G.*, 6, 30. — Hell et Muhlhauser, *D. chem. G.*, **13**, 475, 479; *Bull. Soc. Chim.*, (2), **34**, 570].

Il se forme en même temps un acide volatil que l'on entraîne par la vapeur d'eau et qui répond à la formule de l'acide subérique.

On obtient encore le mélange des deux acides *para* et *anti* en saponifiant, au moyen de l'acide sulfurique étendu, l'éther de l'acide éthylbuténoyltricarbonique. Il se forme, dans cette réaction, de l'alcool et il se dégage de l'acide carbonique :

$$\begin{array}{l} CO^2C^2H^5-CH — C(CO^2C^2H^5)^2 \\ \quad\quad\quad\quad | \quad\quad\;\; | \\ \quad\quad\quad C^2H^5 \quad C^2H^5 \end{array} + 3H^2O$$

$$= CO^2 + 3C^2H^5OH + \begin{array}{l} CO^2H-CH — CH-CO^2H \\ \quad\quad\quad | \quad\quad\quad | \\ \quad\quad C^2H^5 \quad C^2H^5 \end{array}$$

[Bischoff et Hjelt, *D. chem. G.*, **21**, 1089. — Hjelt, *D. chem. G.*, **20**, 3078; *Bull. Soc. Chim.*, (2), **50**, 293. — Bischoff et N. Hintz, *D. chem. G.*, **23**, 647; *Bull. Soc. Chim.*, (3), **4**, 413].

On le prépare encore en chauffant l'acide éthényldiéthyltricarbonique avec de l'acide sulfurique étendu [Bijtschichin et Zelinsky, *Journ. Soc. chim. russe*, **21**, 376; *Bull. Soc. Chim.*, (3), **2**, 402].

Enfin la saponification en liqueur acide du diéthylacétylène-tétracarbonate d'éthyle fournit les deux acides diéthylsucciniques symétriques [C.-A. Bischoff, *D. chem. G.*, 20, 2988; *Bull. Soc. Chim.*, (2), **49**, 967].

Acide paradiéthylsuccinique — On l'obtient à l'état de pureté lorsqu'on chauffe à 180-190° l'anhydride xéronique $C^8H^{10}O^3$ avec de l'acide iodhydrique (densité = 1,88) [Otto, *Ann. Chem.*, **239**, 279].

En traitant à 200° en tubes scellés l'acide *anti* par de l'acide chlorhydrique (densité=1,145), on obtient exclusivement de l'acide *para* [Bischoff, *D. chem. G.*, **21**, 2103].

Propriétés physiques. — Tables ou aiguilles monocliniques fusibles à 192° en se décomposant légèrement, et en se sublimant. 100 parties d'eau à 23° dissolvent 0g,61 d'acide et 6g,7 à 95°.

Il se dissout facilement dans l'alcool, l'éther et l'acétone, difficilement dans l'acide acétique et dans le chloroforme; il est à peine soluble dans le sulfure de carbone et dans le benzène, insoluble dans la ligroïne.

Chauffé pendant longtemps à 200°, il se transforme en partie en son isomère *anti*, en partie en anhydride avec perte d'eau.

Sels. — *Sel de sodium*, $C^8H^{12}O^4Na^2$. — Amorphe, facilement soluble dans l'eau.

Sel d'argent, $C^8H^{12}O^4Ag^2$. — Précipité cristallin.

Sel de calcium, $C^8H^{12}O^4Ca, 2H^2O$. — Petites lames facilement solubles dans l'eau.

Sel de zinc, $C^8H^{12}O^4Zn, 2H^2O$. — Petites lames plus solubles dans l'eau à froid qu'à chaud.

Sel de cuivre, $C^8H^{12}O^4Cu, H^2O$. — Précipité amorphe d'un bleu vert foncé.

Anhydride,

$$\begin{array}{l} C^2H^5-CH-CO \searrow \\ \quad\quad\quad\; | \quad\quad\quad\quad O. \\ C^2H^5-CH-CO \nearrow \end{array}$$

— On l'obtient en chauffant l'acide *para* ou l'acide *anti* pendant longtemps à 200°. Il est liquide et bout à 245-246°. Sa densité à 0° = 1,0861. Hydraté, il donne un peu d'acide *para* et beaucoup d'*anti*; traité par le brome, il fournit de l'anhydride xéronique.

Éther diéthylique,

$$\begin{array}{l} C^2H^5-CH-CO^2C^2H^5 \\ \quad\quad\quad\; | \\ C^2H^5-CH-CO^2C^2H^5 \end{array}$$

— On le prépare en chauffant le sel d'argent de l'acide *para* avec de l'iodure d'éthyle; il est liquide et bout à 235-237° sous 748 millimètres. Saponifié par la potasse alcoolique, il régénère l'acide *para*.

Acide antidiéthylsuccinique,

$$\begin{array}{l} C^2H^5-CH-CO^2H \\ \quad\quad\quad\; | \\ C^2H^5-CH-CO^2H \end{array}$$

— On l'obtient en chauffant pendant longtemps à 200° l'acide p-diéthylsuccinique.

Il se présente sous la forme de verrues appartenant au système rhombique; il fond à 129°. 100 parties d'eau en dissolvent 2g,4 à 23°. Il est très soluble dans l'eau chaude, l'alcool, l'éther, l'acétone et l'acide acétique. Le chloroforme le dissout facilement, mais le benzène et le sulfure de carbone n'en dissolvent que très peu. Il est insoluble dans la ligroïne.

Chauffé à 200° avec de l'acide chlorhydrique, il est transformé en acide *para*.

Chauffé vers 180°, il se transforme en anhydride.

Sels. — *Sel de sodium*, $C^8H^{12}O^4Na^2$. — Granuleux, soluble dans l'eau.

Sel d'argent, $C^8H^{12}O^4Ag^2$. — Précipité grenu, insoluble dans l'eau.

Sel de calcium, $C^8H^{12}O^4Ca, H^2O$. — Précipité cristallin.

Sel de zinc, $C^8H^{12}O^4Zn, 6H^2O$. — Petites feuilles plus solubles dans l'eau à froid qu'à chaud.

Sel de cuivre, $C^8H^{12}O^4Cu, H^2O$. — Précipité cristallin d'un bleu verdâtre.

Éther diéthylique, $C^8H^{12}O^4(C^2H^5)^2$. — On l'obtient en chauffant le sel d'argent de l'acide *anti* avec l'iodure d'éthyle.

Il bout à 237-239° sous 747 millimètres. Sa densité à 0° est de 0,9904. Saponifié par la potasse alcoolique, il donne de l'acide antidiéthylsuccinique. L'acide bromhydrique le saponifie plus facilement que les alcalis [Hjelt, *D. chem. G.*, **20**, 3078; *Bull. Soc. Chim.*, (2), **50**, 293. — Bijtschichin et Zelinsky, *Journ. Soc. chim. russe*, **21**, 376; *Bull. Soc. Chim.*, (3), **2**, 402].

A. Béhal.

DIÉTHYLSULFONES. — Voyez Sulfones.

DIÉTHYLTOLUÈNE (*diéthylphénylméthane, étho-propyle-benzène*),

$$C^6H^5-CH \begin{array}{l} \diagup C^2H^5 \\ \diagdown C^2H^5 \end{array}$$

— Cet hydrocarbure se prépare par l'action du zinc-éthyle sur le chlorure de benzylidène [Lippmann et Louguinine, *C. R.*, **65**, 349].

A du zinc-éthyle étendu de son volume de benzène on ajoute peu à peu du chlorure de benzylidène, $C^6H^5-CHCl^2$, préparé par le perchlorure de phosphore et l'aldéhyde benzylique. La réaction est énergique; on opère dans un courant d'acide carbonique pour éviter toute oxydation. On dissout le produit dans l'eau acidulée par l'acide chlorhydrique et on décante l'huile d'un jaune clair qui surnage; on lave avec une dissolution de carbonate de sodium, et on soumet le produit convenablement desséché à la distillation fractionnée. La fraction bouillant à 170-190° est chauffée en vase clos à 160° avec une dissolution concentrée de nitrate de plomb pendant 12 heures; on élimine ainsi tous les produits chlorés; on traite l'hydrocarbure par le bisulfite de sodium pour éliminer l'aldéhyde benzylique formée aux dépens des produits chlorés, et on rectifie.

Le diéthyltoluène est un liquide réfringent, incolore, bouillant à 178-180°; sa densité à 21° est 0,8731; il est doué d'une odeur aromatique et présente une grande stabilité [Dafert, *Mon. f. Chem.*, **4**, 617].

Diéthyltoluène monobromé,

$$C^6H^5-CH<\begin{matrix}CHBr.CH^3\\CH^2.CH^3\end{matrix}$$

— Ce corps se prépare en ajoutant peu à peu du brome au diéthyltoluène maintenu en ébullition. Le produit de la réaction est lavé à l'eau alcaline, desséché et rectifié dans le vide.

On obtient ainsi une huile jaunâtre, fumant à l'air et attaquant fortement les yeux. Sa densité à 21° est 1,2834; il distille à 77-80° sous la pression de 40 millimètres, en se décomposant en partie.

Le diéthyltoluène bromé, traité par l'eau bouillante et par la potasse alcoolique, donne un hydrocarbure non saturé, l'*aménylbenzène* (*éthyléthénylphénylméthane*, *éthényl*-1-*propyle-benzène*),

$$C^6H^5-CH<\begin{matrix}CH=CH^2\\CH^2-CH^3\end{matrix}$$

qui bout à 173° et qui tend à se polymériser pour donner un hydrocarbure bouillant à 208-212°, le *diaménylbenzène*,

$$\begin{matrix}CH^3 & CH^3\\ | & |\\ CH^2 & CH^2\\ | & |\\ C^6H^5-CH & CH-C^6H^5\\ | & |\\ CH - & CH\\ | & |\\ CH^2- & CH^2\end{matrix}$$

Cette polymérisation s'effectue peu à peu par distillation de l'aménylbenzène (Dafert).

Acide diéthyltoluène-sulfonique,

$$C^6H^4<\begin{matrix}SO^3H\\CH(C^2H^5)^2\end{matrix}$$

— On le prépare en dissolvant le diéthyltoluène dans l'acide sulfurique concentré; on étend d'eau, on sature par le carbonate de baryum en excès, on filtre et on évapore. Par le refroidissement de la solution concentrée, il se dépose des lamelles volumineuses, nacrées, du sel barytique,

$$\left(C^6H^4<\begin{matrix}SO^3\\CH(C^2H^5)^2\end{matrix}\right)^2 Ba, 1,5H^2O.$$

Ce sel est peu soluble dans l'eau et dans l'alcool et se décompose lorsqu'on le chauffe.

G. de Bechi.

DIFFLUANE. — Voyez Acide Allanturique.

DIFFUSION. — Depuis la publication de l'excellent article de Salet (Dict., **1**, 1163) sur ce sujet, on a rattaché les phénomènes de diffusion des solutions à ceux de pression osmotique, de telle sorte que la question de la diffusion n'apparaît plus seulement comme un ensemble de faits d'expérience très intéressants, mais comme une doctrine déjà assez complète, que nous allons essayer de résumer. Pour le détail des expériences, le lecteur voudra bien se reporter à l'article susmentionné; cependant, par motif de clarté, nous serons obligé de rappeler d'une façon sommaire quelques-uns des faits décrits dans l'étude de Salet. Comme bibliographie générale sur ces questions, on consultera avec fruit le chapitre sur la diffusion du Traité de M. Ostwald [*Lehrb. der allg. Chem.*, 2° édit., **1**, 674. Leipzig].

La découverte des phénomènes de diffusion est due à Parot (1815); mais ce sont les expériences de Graham (1850. Dict., **1**, 1164) qui en ont montré toute l'importance.

Les recherches de Graham ont porté sur les dissolutions aqueuses et ont établi que les quantités de substance diffusées dans l'unité de temps (pouvoir de diffusion) varient avec la nature du corps dissous et augmentent avec une élévation de température. De recherches ultérieures il résulte cette loi fondamentale : que la force qui pousse les molécules dissoutes des parties les plus concentrées aux parties les moins concentrées de la solution est proportionnelle à la différence des concentrations.

Cette conception des phénomènes de diffusion a certainement été entrevue par Berthollet dans son *Essai de Statique chimique* [Paris, 1803, 1re partie, ch. IV]; mais c'est M. Fick qui l'a éclaircie le premier, en s'appuyant sur des données expérimentales [*Philos. Mag.*, (4) **10**; *Pogg. Ann.*, **94**, 59].

Si l'on désigne par ds la quantité de sel qui traverse dans le temps dt la section q d'un cylindre de diffusion; si l'on désigne par x la position de cette section et par c la concentration supposée constante dans toute la section, cette concentration devenant $c+dc$ pour la section infiniment voisine de position $x+dx$, cette loi se traduit par la formule

$$ds = -Dq\frac{dc}{dx}dt.$$

D est ce qu'on a appelé le coefficient de diffusion de la substance dissoute. Il est très difficile de réaliser les conditions expérimentales dans lesquelles cette loi de Fick est rigoureuse, ainsi que l'ont démontré les recherches plus récentes, en particulier celles de M. Scheffer [*Zeit. Physik. Chem.*, **2**, 390 (1888)]; le coefficient de diffusion varie un peu avec la concentration. Voici cependant quelques-unes de ces valeurs de D qui expriment les quantités en grammes de substances dissoutes qui peuvent se diffuser à travers une section de 1 centimètre carré en 1 jour, en admettant que les concentrations de deux sections distantes de 1 centimètre diffèrent de 1 gramme pour 1 centimètre cube [Nernst, *Theor. Chem.*, Stuttgart, 1893, 142].

	t.	D.
Acide chlorhydrique	0°	1,4
— —	11°	1,84
Acide nitrique	9°	1,75
Acide sulfurique	7°,5	1,04
Acide acétique	14°	0,81
Potasse caustique	13°,5	1,66
Soude caustique	8°	1,06
Ammoniaque	4°,5	1,06
Chlorure de sodium	6°	0,75
Chlorure d'ammonium	17°,5	1,31
Chlorure de potassium	9°	0,66
Chlorure de baryum	8°	0,65
Nitrate de potassium	7°	0,92
Nitrate de sodium	13°	0,90
Nitrate d'argent	7°,5	0,90
Nitrate de plomb	12°	0,70
Urée	7°,5	0,81
Hydrate de chloral	9°	0,55
Mannite	10°	0,38

Les variations du coefficient de diffusion D avec la température s'expriment jusqu'à présent : pour les acides et les bases, par la formule

$$D_t = D_{18}\,[1 + 0{,}024\,(t - 18)] ;$$

pour les sels (et probablement aussi pour les corps non électrolytes), par

$$D_t = D_{18}\,[1 + 0{,}026\,(t - 18)].$$

Il est aisé de démontrer que la loi de Fick est une conséquence des théories actuelles sur la nature des solutions et sur le rôle qu'y joue la pression osmotique. Peu de temps après avoir développé son ingénieuse théorie des solutions, dont les principes fondamentaux ont été énoncés déjà en 1870 par M. Rosenstiel [*C. R.*, 1870, 617 ; voyez aussi *Revue générale des sciences*. Paris, **5**, 99], M. van 't Hoff a montré le parti que l'on pouvait tirer de la théorie de la pression osmotique pour l'étude des phénomènes de diffusion [*Zeit. Phys. Chem.*, **1**, 487]. Depuis, M. Nernst [*Zeit. Phys. Chem.*, **2**, 613] a donné des développements plus complets à cette question et a démontré que cette loi expérimentale de Fick pouvait être regardée comme un corollaire des phénomènes de pression osmotique. On sait que la pression osmotique d'une solution étendue est proportionnelle à la concentration de la solution ; or, si nous considérons deux sections successives d'une solution en voie de diffusion, la pression osmotique dans chacune de ces sections sera proportionnelle à la concentration ; la résultante de ces deux pressions aura évidemment pour effet de pousser le corps dissous du côté de la section de moindre concentration, et cette action sera proportionnelle à la différence des deux concentrations. On retrouve ainsi la loi de Fick.

Ce phénomène n'est pas sans analogie avec la diffusion des gaz ; si l'on mélange deux gaz primitivement sous des pressions différentes, ils se diffusent avec des vitesses proportionnelles à ces pressions ; seulement, dans ce cas, l'équilibre est rapidement établi. Si on laisse diffuser deux solutions d'un même corps de concentrations différentes, le même phénomène se reproduira, avec cette différence cependant que l'équilibre sera très lentement établi.

La cause de la lenteur de la diffusion des corps dissous a été attribuée aux pressions exercées par le dissolvant sur les molécules du corps dissous. On a même essayé d'évaluer ces pressions par les considérations suivantes [Nernst, *loc cit.*] : Les pressions osmotiques peuvent être calculées en valeur absolue ; par suite il en sera de même de la force qui tend à faire diffuser le corps dissous ; d'autre part, la vitesse de diffusion peut être mesurée directement. On peut donc évaluer en mesures absolues la résistance que le dissolvant oppose au mouvement des molécules dissoutes. Tous calculs faits, on est conduit à l'expression suivante :

$$K = \frac{1{,}99}{D} \cdot 10^9\,(1 + 0{,}00367\,t)$$

pour valeur de la résistance opposée au mouvement d'une molécule-gramme (c'est-à-dire d'un nombre de molécules dont le poids total est égal au poids moléculaire exprimé en grammes) se déplaçant avec une vitesse de 1 centimètre par seconde dans le dissolvant. D est le coefficient de diffusion mesuré à la température t. Pour le sucre, par exemple, à 18°, cette résistance est égale à $4{,}7 \times 10^9$ kilogrammes. Les valeurs considérables auxquelles on est ainsi amené ont leur raison d'être dans l'extrême petitesse des molécules, chez lesquelles la surface frottante par unité de poids est très considérable.

Les phénomènes de diffusion pour les sels métalliques offrent des particularités spéciales (voyez DISSOCIATION ÉLECTROLYTIQUE).

Recherches expérimentales. — Les mesures exactes des vitesses de diffusion présentent de grandes difficultés expérimentales. Parmi les recherches entreprises dans ce but, un petit nombre ont donné des résultats satisfaisants.

En 1856 M. Beilstein [*Ann. Chem.*, **99**, 165] entreprit une série de mesures au moyen d'un dispositif imaginé par M. Joly. Les résultats furent d'abord interprétés comme contraires à la loi de Fick ; mais l'année suivante MM. Simmler et Wild [*Pogg. Ann.*, **100**, 217] montrèrent que les écarts entre l'expérience et la théorie devaient être attribués à des irrégularités de diffusion dans l'appareil employé.

Plus tard, M. Hoppe-Seyler [*Med. Chem. Unters.*, Berlin, 1866] et presque en même temps M. E. Voit [*Pogg. Ann.*, **130**, 227 et 393] imaginèrent un procédé qui permettait de suivre tranche par tranche la diffusion entre des solutions de sucre ; la teneur en sucre était mesurée directement à diverses hauteurs de l'appareil au moyen d'un saccharimètre Dubosq-Soleil placé lui-même sur un cathétomètre. Cette méthode, à première vue très ingénieuse, ne conduisit pas à de bons résultats.

La principale cause d'erreur provient de ce qu'un rayon de lumière horizontal, pénétrant dans un liquide dont l'indice de réfraction croît ou décroît dans le sens de la hauteur, — ce qui était le cas dans ces expériences, — ne reste pas horizontal et est dévié de sa direction primitive [voyez Stefan, *Wien. Ertzungsber.*, 78]. La même critique peut être adressée aux expériences instituées par M. Johannisjanz [*Wied. Ann.*, **2**, 24] sur le même principe que les appareils de MM. Hoppe-Seyler et Voit.

Recherches de M. Weber. — Les premières recherches exactes sur cette question sont dues à M. H.-F. Weber [*Wied. Ann.*, **7**, 469 et 536], qui s'est servi du principe suivant : Si deux lames de zinc plongent dans deux solutions de sulfate de zinc de concentrations différentes, placées l'une au-dessus de l'autre et séparées par une paroi poreuse et diffusant librement entre elles, il se développera une force électromotrice proportionnelle à la différence des concentrations, surtout si cette différence est faible. Pour réaliser ce dispositif, on se sert d'un vase cylindrique en verre dont le fond est formé d'une plaque de zinc amalgamé ; dans ce vase on introduit en premier lieu une solution de sulfate de zinc, puis, avec certaines précautions, une seconde solution du même sel, moins concentrée, qui devra diffuser avec la première ; enfin on ferme l'appareil par une plaque de zinc amalgamé pareille à la première et placée autant que possible parallèlement à celle-ci. La force électromotrice qui se développe entre les deux plaques est la mesure de la différence de concentration ; comme on peut le prévoir, elle diminue avec le temps.

Cette force électromotrice en fonction du temps est donnée par une série très rapidement convergente, qui, dans le cas où la loi de Fick serait exacte, peut être prise seulement avec son premier terme (voyez le mémoire), soit

$$E = A e^{\frac{\pi^2}{H^2} K t},$$

dans laquelle E est la force électromotrice, A est une constante qu'on détermine par des expériences spéciales, e est la base des logarithmes naturels, H représente la hauteur qui sépare les deux plaques ; $\pi = 3{,}1415$ et t représente le temps.

La vérification de la formule consiste à déterminer tous les jours la valeur de $\frac{\pi^2}{H^2}$ K. Si la loi de diffusion est exacte, la valeur obtenue doit être constante. Voici ce que donne l'expérience :

Jours.	Constante.
4 à 5	0,2032
5 à 6	0,2066
6 à 7	0,2045
7 à 8	0,2027
8 à 9	0,2027
9 à 10	0,2049
10 à 11	0,2049
Moyenne	0,2042

La constance est aussi bien réalisée que le permet la précision des mesures; la loi de Fick est donc bien vérifiée par l'expérience.

Dans une seconde série de mesures, M. Weber a opéré d'après le principe suivant : On fait passer un courant électrique dans une auge contenant une solution de sulfate de zinc; les deux électrodes sont constituées par deux plaques de zinc amalgamé, placées horizontalement à une distance de $0^{cm},5$. Sur l'une des électrodes il se forme un dépôt de zinc, ce qui appauvrit la solution dans le voisinage de cette électrode; d'autre part, sur l'autre électrode, il y a attaque du zinc et enrichissement de la solution en sulfate de zinc. En même temps, il s'établit un courant de diffusion qui tend à rétablir la même concentration dans toute la solution. Il s'établit finalement un état stationnaire, et si l'on interrompt alors le courant pour mesurer la force électromotrice aux deux électrodes, celle-ci donne une mesure de la différence de concentration aux deux électrodes. On laisse alors l'équilibre de concentration se faire par simple diffusion et on mesure de temps en temps la force électromotrice aux deux électrodes à des temps déterminés. Ce mode opératoire qui permet de terminer en peu de temps des séries de mesures conduit à une vérification encore plus précise de la loi de Fick.

Calculs de M. Stefan. — La méthode de M. Weber est démonstrative; elle ne peut être employée que dans un nombre restreint de cas. M. Stefan [*Wien. Akad. Ber.*, 79, 161] a montré qu'on pouvait utiliser les nombreuses séries de mesures de Graham pour le calcul des coefficients de diffusion.

On rappelle que Graham se servait d'un vase cylindrique d'environ 15 centimètres de hauteur et de 9 centimètres de diamètre; il y introduisait d'abord $0^{lit},7$ d'eau, puis $0^{lit},1$ de la solution à étudier, au moyen d'une pipette terminée dans sa partie inférieure par un tube capillaire; les deux solutions se trouvent ainsi nettement séparées. A des intervalles de temps déterminés, on prélève 50 centimètres cubes de la solution au moyen d'un siphon; on pratique ainsi 16 prises d'essai, qui, soumises à l'analyse, donnent une idée de la marche des phénomènes de diffusion.

D'après l'hypothèse fondamentale de Fick, la quantité de substance dissoute qui se diffuse dans une section donnée est proportionnelle à la différence de concentration de la solution dans les deux sections infiniment voisines. Cette hypothèse rappelle celle qui est à la base de la théorie de la propagation de la chaleur telle qu'elle a été donnée par Fourrier : il suffit de remplacer les termes de *température* et *quantité de chaleur* par ceux de *concentration* et *quantité de substance* pour que les équations de Fourrier deviennent applicables aux phénomènes de diffusion. Dans le cas où la diffusion s'effectue suivant une seule direction telle, que dans chaque section perpendiculaire à cette direction la concentration soit homogène, l'équation différentielle, envisagée dans la théorie de la propagation de la chaleur, deviendra

$$\frac{dy}{dt} = -K\left(\frac{d^2y}{dx^2} + \frac{1}{Q}\frac{dQ}{dx}\frac{dy}{dx}\right).$$

Dans cette expression, x représente la longueur comptée sur la direction du courant de diffusion jusqu'à la section Q; y est la concentration, t le temps; K est une constante de diffusion qui exprime la quantité de substance dissoute qui, dans l'unité de temps, se diffuse à travers l'unité de section lorsque la différence de concentration est 1; le signe — du second membre signifie que le courant de diffusion se dirige du côté de la section de moindre concentration.

Lorsque la section est indépendante de x, c'est-à-dire lorsque le vase de diffusion est cylindrique ou prismatique, $\frac{dQ}{dx} = 0$, et la formule se réduit à

$$\frac{dy}{dt} = -K\frac{d^2y}{dx^2}.$$

Lorsque l'état stationnaire est atteint, la concentration est indépendante du temps,

$$\frac{dy}{dt} = 0, \quad \text{et par suite} \quad K\frac{d^2y}{dx^2} = 0;$$

d'où l'on déduit

$$\frac{dy}{dx} = a, \qquad y = ax + b;$$

a et b sont les constantes d'intégration qui se trouvent déterminées par les conditions des expériences.

Se basant sur ces analogies entre les phénomènes de diffusion et la propagation de la chaleur, — analogies qui avaient été signalées par Fick, — M. Stefan passe par l'artifice suivant du cas du cylindre indéfini, dans lequel l'intégration est facile, au cas où le cylindre est de dimensions finies. D'après le principe de la réflexion et de la superposition, il admet que la quantité de substance dissoute qui aurait passé à travers la section terminale si le cylindre était indéfini, est en quelque sorte réfléchie par cette section terminale et vient s'ajouter à la substance qui se trouve déjà en solution dans les couches inférieures. De la sorte, si la courbe abc (fig. 164) représente la

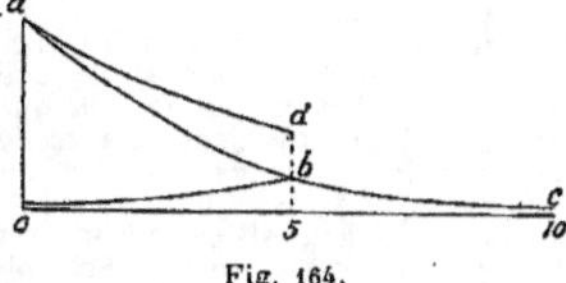

Fig. 164.

chute de concentration d'un système cylindrique infini en diffusion, à un moment déterminé, la chute de concentration dans un cylindre fini, terminé à l'ordonnée 5, sera représentée par une courbe ad obtenue par addition des ordonnées de ab et de bo, la courbe bo n'étant autre que la courbe bc réfléchie contre la section terminale.

Cette méthode a été employée par M. Stefan pour le calcul d'un certain nombre de coefficients de diffusion, qui ont été déterminés depuis avec plus de précision.

Expériences de M. Scheffer [*D. chem. G.*, **15**, 788; **16**, 1903; *Zeit. Physik. Chem.*, **2**, 390]. —

Ces mesures ont été faites au moyen de vases cylindriques ayant environ 10 centimètres de diamètre et 10 centimètres de hauteur, que l'on remplissait aux deux tiers avec la solution, puis avec de l'eau, et que l'on plongeait ensuite dans un grand vase contenant de l'eau pure. Les calculs des coefficients de diffusion ont été effectués au moyen de formules assez compliquées données par MM. Simmler et Wild [*loc. cit.*]. Ces expériences de M. Scheffer, notamment celles exécutées en 1888, sont certainement les plus importantes qui aient été effectuées sur cette question. C'est dans ces mémoires qu'on trouvera les données les plus précises sur ces coefficients de diffusion dans les solutions aqueuses.

Expériences de M. Voigtländer [*Zeit. Phys. Chem.*, 3, 316]. — Graham avait déjà constaté en 1862 que les matières qui ont la propriété de donner à l'eau une consistance gélatineuse, telle que l'amidon, ne produisent pas un changement appréciable dans la vitesse de diffusion du sel marin. M. de Vries [*Jahresb.*, 1884, 144], qui avait étudié la vitesse de diffusion du chromate de potassium en milieu d'agar, était arrivé à un résultat opposé. Les recherches très étendues effectuées par M. Voigtländer sur ce sujet ont prouvé que les phénomènes de diffusion s'accomplissent dans ces conditions exactement d'après les lois qui régissent ces phénomènes dans l'eau pure, que par conséquent, d'accord avec les expériences de Graham, la détermination des coefficients de diffusion peut se faire indifféremment par l'une ou l'autre méthode. Ce résultat est très important, car l'emploi de milieux visqueux ou gélatineux permet d'éviter facilement plusieurs des causes d'erreur des méthodes usuelles avec les solutions aqueuses (petites différences de température, agitation des liquides, courants, etc). Une confirmation indirecte de ce résultat important de M. Voigtländer se trouve dans les travaux de M. Reformatsky [*Zeit. Physik. Chem.*, 7, 37], qui a trouvé par exemple que la vitesse de saponification de l'acétate de méthyle n'est pas changée dans un milieu gélatineux.

Pour donner une idée de la précision des mesures de M. Voigtländer, voici comment il opère : Dans un cylindre indéfini dans lequel la concentration c reste constante à une des extrémités, la quantité de substance a qui pénètre dans une section donnée q, au bout du temps t, est donnée par la formule

$$a = cq\sqrt{\frac{Kt}{\pi}},$$

dans laquelle $\pi = 3.1416$ et K est le coefficient de diffusion. Cette formule a été établie par M. Stefan. En d'autres termes, la quantité de substance qui pénètre dans une section q est proportionnelle à la racine carrée du temps écoulé.

Le tableau suivant est relatif à une série d'expériences ; t représente le temps compté en minutes, a la quantité de substance diffusée en milligrammes (on se servait d'une solution d'acide sulfurique à 0,72 0/0). La dernière colonne donne les valeurs de $\frac{a\sqrt{60}}{\sqrt{t}}$, qui, d'après la formule ci-dessus, doivent être constantes :

t.	a	$\frac{a\sqrt{60}}{\sqrt{t}}$	t.	a	$\frac{a\sqrt{60}}{\sqrt{t}}$
5	0,30	1,04	420	2,00	1,10
10	0,45	1,09	960	4,50	1,11
50	0,96	1,05	1440	5,25	1,07
240	2,16	1,08	2880	7,05	1,02

M. Voigtländer a trouvé une loi analogue pour la marche du courant de diffusion ; ce dernier pénètre dans le cylindre d'agar avec une vitesse proportionnelle à chaque instant à la racine carrée du temps écoulé. La matière gélatineuse avait été imprégnée d'une solution extrêmement étendue de phénolphtaléine rendue alcaline. La substance soumise à l'expérience de diffusion était un acide, et a donc la propriété de décolorer la phénolphtaléine alcaline. Dans chaque tranche la décoloration se produit dès que la concentration de l'acide est suffisante pour neutraliser l'alcali. La tranche de séparation entre la partie colorée en rouge et la partie incolore avance, comme le veut la théorie, proportionnellement à la racine carrée des temps.

On trouvera dans le travail de M. Voigtländer un grand nombre de déterminations de coefficients de diffusion à 0°, 20 et 40°.

Ceux-ci varient considérablement avec la température, ainsi que cela ressort des exemples suivants :

	K_0	K_{20}	K_{40}
Acide formique.........	0,472	0,867	1,49
Acide acétique..........	0,318	0,64	1,04
Acide propionique......	0,245	0,514	0,882
Acide butyrique........	0,217	0,443	0,788
Acide tartrique..........	0,316	»	0,996
Acide sulfurique........	0,637	1,21	2,01
Chlorure de potassium..	0,786	1,40	2,18
Chlorure de nickel......	0,454	0,84	1,48

Expériences de M. Long [*Wied. Ann.*, 9, 613]. — Ces expériences, exécutées d'après un dispositif imaginé par M. Lothar Meyer, ne donnent pas les coefficients absolus de diffusion, mais seulement des valeurs relatives. La partie principale de cet appareil est représentée par la figure 165. Un tube plusieurs fois recourbé porte

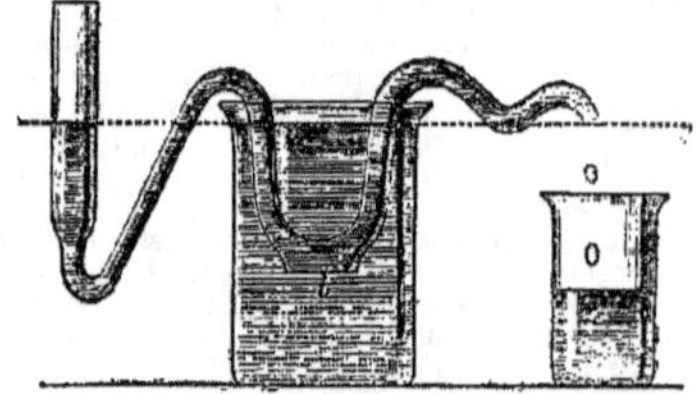

Fig. 165.

à l'une de ses extrémités un entonnoir, une large ouverture en son milieu i, et est terminé à l'autre extrémité par une partie étirée. Ce tube est plongé dans un vase contenant la solution saline ; par l'entonnoir, on dirige un courant lent et régulier d'eau pure, qui diffuse avec la solution saline par l'ouverture i et vient se déverser dans un second vase B. Dans des conditions identiques, la quantité de substance qui passe dans ce second vase est sensiblement proportionnelle à la concentration de la solution contenue dans le grand vase, au temps et à la constante de diffusion.

Les nombres publiés par M. Long sont des nombres relatifs ; en les divisant par les poids moléculaires des corps dissous, on obtient les *nombres de molécules* de ces divers corps qui se diffusent dans des conditions identiques. Voici quelques-uns de ces nombres relatifs aux sels minéraux :

	Cl	Br	I	AzO^3	SO^4
K..........	803	811	823	607	»
Na..........	600	509	680	512	678
AzH^4......	689	629	672	524	724
Li..........	541	»	»	512	»

	Cl	Br	I	AzO³	SO⁴
Ba.......	450	»	»	656	»
Sr.........	430	»	»	552	»
Ca........	429	»	»	»	»
Mg........	392	»	»	»	348
Zn.........	»	»	»	»	332
Mn........	»	»	»	»	298
Co........	306	»	»	»	»
Ni.........	304	»	»	»	»
Cu........	»	»	»	»	316

Ainsi que l'a fait remarquer M. Ostwald, il y a une certaine analogie entre ces vitesses de diffusion et la conductibilité électrique.

Diffusion simultanée de substances mélangées. — Dans ses travaux sur la diffusion, Graham indique diverses substances mélangées qui se diffusent d'une façon tout à fait indépendante, comme si chacune d'elles était seule. Cette propriété fut utilisée pour séparer des corps dissous. Ainsi une solution contenant 5 0/0 NaCl et 5 0/0 Na^2SO^4, soumise à la diffusion, permet de recueillir dans la partie supérieure du vase de diffusion un mélange des deux sels dont les 91/100 sont constitués par du sel marin.

Mais l'étude complète de cette question a été entreprise en 1874 par C. Marignac [*Ann. Chim. Phys.*, (5), **2**, 546], à qui on doit un très grand nombre de mesures effectuées sur des mélanges de plusieurs sels. Le dispositif employé était celui de Graham. Parmi les conclusions générales qu'on peut déduire de ce travail, il faut mentionner le fait que, dans un mélange, la vitesse de diffusion du sel qui se diffuse le plus vite est toujours un peu augmentée.

Ces recherches ont fourni l'occasion d'étudier diverses formules alors employées pour l'étude des phénomènes de diffusion, mais aujourd'hui abandonnées.

Un des résultats importants des recherches de C. Marignac concerne la détermination indirecte des coefficients de diffusion déduite des observations faites sur les mélanges; l'expérience donne directement le rapport des coefficients de diffusion des deux sels dissous; si l'un de ces coefficients est connu, le second se trouve ainsi déterminé. Mais les valeurs que l'on obtient ne sont pas tout à fait rigoureuses, car, on l'a vu plus haut, la vitesse de diffusion du sel le plus diffusible est toujours un peu augmentée. De ces valeurs approchées, il résulte cependant que, dans les sels, la vitesse de diffusion dépend de l'acide et de la base, en ce sens que chez tous les sels dérivés d'un même acide ces vitesses se suivent toujours dans le même ordre; de même aussi chez tous les sels dérivés d'un même métal. Cet ordre est le suivant :

Cl, Br, I.	H.
AzO^3.	K, AzH^4.
ClO^3, ClO^4, MnO^4.	Ag.
Fl.	Na.
CrO^4.	Ca, Sr, Ba, Pb, Hg.
SO^4	Mn, Mg, Zn.
CO^3.	Cu.
	Al.

M. Ostwald [*loc. cit.*] a fait remarquer que ce tableau présente la plus grande analogie avec celui qu'on peut dresser pour les conductibilités électriques, fait qui a une certaine importance pour la théorie de la dissociation électrolytique.

Influence de la pesanteur et des différences de température sur la diffusion. — On s'est demandé depuis longtemps si la pesanteur ne devait pas contribuer à enrichir les couches inférieures des solutions, surtout quand elles sont contenues dans des récipients plus hauts que larges, et par suite modifier un peu la marche des phénomènes de diffusion. Cette action de la pesanteur, affirmée par Beudant [*Ann. Chim. Phys.*, **8**, 15], niée par Gay-Lussac [*Ann. Chim. Phys.*, **41**, 306] à la suite d'expériences exécutées dans les caves de l'Observatoire de Paris sur des tubes de 2 mètres de longueur, affirmée de nouveau par Bischof et de nouveau contredite par M. Lieben [*Ann. Chem.*, **101**, 77], a été récemment l'objet d'études théoriques de la part de MM. Gouy et Chaperon [*Ann. Chim. Phys.*, (6), **12**, 384]. Par des considérations de thermodynamique, ces auteurs établissent que l'influence de la pesanteur sur la concentration des couches supérieures et inférieures d'une solution ne peut être nulle que si les changements de concentration ne sont accompagnés d'aucun changement de densité. Si une augmentation de la concentration amène une augmentation de la densité, les couches profondes tendront à se concentrer, et inversement. Mais les différences qui peuvent se produire ainsi sont extrêmement faibles et échappent à l'expérience. Le calcul indique, par exemple, les différences suivantes pour des tubes de 100 mètres de hauteur :

	Bas.	Haut.	Differ.
Solution de CdI^2........	0,166	0,153	0,013
Solution de CH^3CO^2Na.	0,200	0,196	0,004
Solution de NaCl.......	0,1100	0,1095	0,0005

Si l'influence de la pesanteur est à peu près négligeable, il n'en est pas de même de celle de la température. Ludwig [*Wien. Ber.*, **20**, 539] avait déjà constaté que, si l'on porte à des températures différentes deux parties d'une solution, c'est la partie froide qui se concentre le plus. Le fait avait été contesté par M. Möller, de telle sorte que la question était restée douteuse, lorsqu'elle fut reprise et étudiée avec beaucoup de soin par M. C. Soret [*Ann. Chim. Phys.*, (5), **22**, 293]. Par exemple, après avoir chauffé pendant 50 jours à 80° la partie supérieure d'un tube scellé contenant une solution de chlorure de potassium, tandis que la partie inférieure était maintenue à 20°, M. Soret trouve :

Dans la partie chaude.	Dans la partie froide.
23,19 0/0 de sel.	24,89 0/0 de sel.
16,71 —	17,94 —
9,83 —	10,54 —

Les expériences de M. Soret, qui ont porté entre autres sur les sels KCl, NaCl, LiCl, AzO^3K, $CuSO^4$, ont toujours donné des résultats analogues; elles établissent d'une façon indiscutable qu'en effet, comme le prétendait Ludwig, c'est la partie froide qui tend à se concentrer. M. Delebecque [*C. R.*, **118**, 612] a signalé depuis que ce fait était général dans les eaux des lacs.

L'interprétation théorique de ce phénomène a été donnée par M. van 't Hoff [*Zeit. Physik. Chem.*, **1**, 487]. On sait que la pression osmotique est proportionnelle à la température absolue; par conséquent, pour que la pression osmotique soit la même dans les deux parties de la solution, il faut qu'il s'établisse un courant de diffusion de la partie chaude à la partie froide, jusqu'à ce que la pression osmotique dans cette région soit égale à celle qui règne dans la région chaude. Les températures absolues de ces deux régions sont $273 + 20 = 293$ et $273 + 80 = 353$. Le rapport de ces deux températures est

$$\frac{353}{293} = 1{,}205.$$

Les concentrations devraient être dans le même rapport. Cette condition n'est remplie que dans un petit nombre des expériences de M. Soret, ce qui tend à prouver que le mécanisme de diffusion est extrêmement lent; cependant le fait que ce rapport soit atteint dans quelques expériences, notamment celle sur le sulfate de cuivre (rapport des concentrations = 1,23 à 1,25), paraît bien vérifier la théorie de M. van 't Hoff.

Ph.-A. Guye.

DIGALLIQUE. — Voyez Tannin.

DIGITALÉINE. — Voyez Digitalines.

DIGITALINES (voyez Dict., 1, 1165 et Suppl., 1, 645). — Depuis la publication des articles précédents, d'importants travaux ont été faits sur les digitalines, ou plus exactement sur les principes immédiats de la digitale.

Les recherches de M. Schmiedeberg d'abord et de M. Kiliani ensuite ont élucidé la question, rendue si complexe par la multiplicité des travaux, et souvent par leur contradiction apparente.

M. Schmiedeberg a étudié avec beaucoup de soin les substances préparées en grand et vendues dans le commerce sous le nom de *digitaline* (*digitaline française* et *digitaline allemande*), qui renferment, ainsi qu'il s'en est assuré, les principes actifs et non actifs de la digitale.

La digitaline française préparée d'après le procédé Homolle et Quévenne [Dict., *loc. cit.*] est une poudre amorphe, qui se dissout dans 2000 parties d'eau froide et dans 1000 parties d'eau bouillante.

Elle est peu soluble dans l'éther, très soluble dans l'alcool à 90° et dans l'acide acétique. La solution dans l'acide sulfurique se colore toujours en rouge carmin.

Elle est constituée par un mélange de *digitoxine* et de *digitogénine*.

La digitaline française préparée d'après le procédé de Nativelle est cristallisée; elle est facilement soluble dans le chloroforme, elle se dissout dans 12 parties d'alcool, est insoluble dans l'éther, le benzène et l'eau. La solution dans l'acide sulfurique concentré se colore par addition de brome en rouge groseille. Elle est formée, d'après M. Schmiedeberg, par de la digitoxine presque pure.

L'auteur de cet article a fait des recherches sur cette digitaline et est arrivé aux mêmes conclusions que M. Schmiedeberg.

La digitaline allemande est préparée essentiellement d'après le procédé Homolle, avec cette différence que le produit obtenu est encore une fois dissous dans l'eau et que la dissolution est mise à évaporer lentement à l'air.

C'est une poudre amorphe, facilement soluble dans l'eau et dans l'alcool, difficilement soluble dans le chloroforme; elle se dissout dans l'acide sulfurique et la solution devient peu à peu d'un rouge cerise; l'addition d'un peu de brome la fait passer au violet foncé.

Elle est surtout constituée par de la digitaléine et de la digitonine.

En résumé, les digitalines commerciales sont formées, d'après M. Schmiedeberg, par des mélanges en proportions différentes de quatre principes immédiats contenus dans les semences du *Digitalis purpurea* : la *digitoxine* ou *digitaline cristallisée*, substance très toxique, agissant sur le cœur, la *digitaline amorphe* et la *digitaléine*, deux glucosides amorphes également actifs, et la *digitonine*, glucoside cristallisé n'ayant aucune action physiologique caractérisée.

Digitoxine (Koppe, $C^{21}H^{32}O^{7}$, formule incertaine). — C'est la digitaline cristallisée préparée par le procédé de Nativelle [Dict., *loc. cit.*].

Celle-ci renfermant encore 2 à 3 0/0 d'impuretés, on peut, d'après M. Schmiedeberg, la préparer à l'état de pureté absolue par le procédé suivant :

On fait bouillir par deux fois les feuilles du *Digitalis purpurea* avec de l'eau, on presse le résidu et on l'épuise avec de l'alcool à 50°. La solution filtrée est précipitée par l'acétate de plomb et l'ammoniaque. On sépare le précipité, et on concentre le liquide clair, en ayant soin de maintenir continuellement la neutralité de la solution. Le dépôt qui se forme est traité par une solution de carbonate de sodium, puis lavé à l'eau pure et finalement dissous dans le chloroforme. Le chloroforme est chassé par distillation et le résidu, purifié par des lavages avec l'éther et le benzène, est alors dissous dans l'alcool, décoloré au noir animal, puis cristallisé dans le même dissolvant.

Le rendement en digitoxine pure est très faible, même avec les précautions les plus minutieuses. M. Schmiedeberg n'a retiré, de plus de 20 kilogrammes de feuilles sèches, que 2gr,5 de substance pure. Il est vrai qu'il en reste d'assez grandes quantités dans les eaux mères.

La digitoxine pure forme une masse incolore, légèrement nacrée, qui, au microscope, se présente sous la forme de fines aiguilles. La digitoxine est complètement insoluble dans l'eau, de sorte que, même à l'ébullition, elle ne communique à ce liquide aucun goût amer. Elle est également insoluble dans le benzène froid. Elle est peu soluble dans l'éther et dans l'alcool froid; beaucoup plus dans l'alcool chaud; très soluble dans le chloroforme, qui en dissout lentement de grandes quantités. Elle fond à 240° en un liquide incolore, qui se décompose quand on le chauffe davantage, en dégageant des vapeurs.

Par ébullition avec les acides étendus et en solution alcoolique, il se forme de la *toxirésine* amorphe, facilement soluble dans l'éther, le chloroforme et l'alcool; très peu soluble dans l'eau et dans le benzène. Il n'y a pas formation d'un sucre réducteur dans cette réaction; la digitoxine serait donc un anhydride à fonction chimique encore indéterminée.

Digitaline amorphe. — On peut retirer la digitaline amorphe de la digitaline allemande commerciale, en épuisant celle-ci par de l'éther exempt d'alcool, puis en traitant le résidu non dissous par l'alcool absolu, qui dissout très peu la digitonine. La solution alcoolique est additionnée d'au moins un demi-volume d'éther, qui précipite la partie de digitonine retenue par l'alcool, tandis que la digitaline reste dans la solution, accompagnée d'assez grandes quantités de digitaléine. On distille la solution afin de séparer l'éther; l'alcool étendu d'eau qui reste comme résidu abandonne alors de la digitaline impure. Pour la purifier, on la recueille sur un filtre et on la lave avec de l'eau qui enlève la digitaléine, puis avec un peu d'eau ammoniacale ou d'eau chargée de carbonate de sodium, afin d'enlever la matière colorante jaune. La purification s'achève par des lavages de la digitaline brute avec le chloroforme et l'alcool absolu contenant un peu de chloroforme; enfin, on dissout la substance dans l'alcool fort et on abandonne à l'évaporation spontanée. La digitaline pure se dépose alors sous la forme de sphéroïdes d'apparence gélatineuse, et cependant réfringents.

La digitaline ainsi préparée forme, après dessiccation, une masse incolore ou faiblement colorée en jaune, composée par l'agrégation de sphéroïdes de digitaline, peu soluble dans l'eau froide, facilement dans l'eau chaude ainsi que dans l'alcool ou dans un mélange d'alcool absolu et de chloroforme, presque insoluble dans le chloroforme pur et dans l'éther. Elle se dissout peu dans l'acide acétique froid, mais en assez grande proportion dans cet acide chaud.

La digitaline est un glucoside : traitée par les acides dilués à l'ébullition, et en solution alcoolique encore plus facilement qu'en solution aqueuse, elle fournit un sucre réducteur et une substance résineuse insoluble, la *digitalirésine*.

DIGITALÉINE. — Ce glucoside, encore très peu connu, est très soluble dans l'alcool absolu froid, ce qui le distingue de la digitonine qui l'accompagne dans la préparation indiquée par M. Schmiedeberg; il est encore plus soluble dans l'éther.

On le sépare de la digitaline amorphe grâce à sa solubilité dans l'eau froide.

La digitaléine donne avec l'acide chlorhydrique concentré la réaction vert-émeraude signalée par M. Homolle.

DIGITONINE. — C'est un glucoside qui a par ses propriétés générales beaucoup de rapport avec la saponine. Il est abondant dans la digitale et ne possède aucune activité physiologique.

On peut préparer cette digitonine à l'aide de la digitaline allemande, qu'on mouille d'abord avec de l'alcool absolu, puis qu'on traite par un mélange à parties égales d'alcool et de chloroforme. La partie insoluble est séparée par filtration et le liquide filtré additionné d'éther laisse déposer la digitonine, qui est soumise encore une fois au même traitement, puis deux fois de suite décolorée en solution alcoolique par le noir animal. Cette solution laisse déposer la digitonine spontanément, mais plus facilement encore par addition d'éther.

La digitonine se présente en masses amorphes, blanches; elle est facilement soluble dans l'eau, peu dans l'alcool froid, insoluble dans l'éther, le chloroforme, le benzène, soluble dans un mélange d'alcool et d'éther. La solution dans l'eau mousse beaucoup; elle est précipitée par l'acétate de plomb, le tannin, le sous-acétate de plomb ammoniacal. L'acide chlorhydrique dissout la digitonine à l'ébullition avec une coloration violette; il en est de même avec l'acide sulfurique étendu.

Par une longue ébullition (12 à 14 heures) avec l'acide chlorhydrique étendu, la digitonine donne du sucre réducteur et deux corps incristallisables, la *digitorésine* et la *digitonéine*. Le premier est facilement soluble dans l'éther et le chloroforme, peu soluble dans l'eau; le second est insoluble dans l'éther.

En faisant bouillir une solution alcoolique de digitonine avec de l'acide chlorhydrique, il se forme de la digitogénine, peu soluble dans l'alcool froid, le benzène et l'éther, très soluble dans le chloroforme.

La digitonine, sous l'influence des ferments, se transforme en *paradigitonine*. On obtient aussi la paradigitonine en chauffant la digitaline commerciale avec de l'eau à 210-220°. Elle est peut-être identique à la *digitalone* d'Homolle et Quevenne.

D'après M. Kiliani, qui a repris récemment la question, les feuilles et les graines de digitale contiennent, comme l'a indiqué le premier M. Schmiedeberg, la digitoxine, la digitaline amorphe, la digitaléine, enfin la digitonine. M. Kiliani les décrit de la manière suivante :

DIGITALINE AMORPHE. — La digitaline est maintenant préparée pure dans le commerce d'après le procédé inédit de M. Kiliani, sous le nom de *digitalinum verum*; elle possède les propriétés actives de la digitale. C'est une poudre blanche amorphe, insoluble dans le chloroforme et dans l'éther, qui se gonfle dans l'eau et s'y dissout dans la proportion de 1/1000. 1 partie de digitaline se dissout dans 100 parties d'alcool à 50°. Elle est beaucoup plus soluble dans l'alcool absolu. Elle possède une légère amertume. On reconnait sa pureté aux deux réactions suivantes :

1° Quelques particules placées dans un tube à essai avec 2 centimètres cubes de potasse à 10 0/0 donnent une solution qui doit rester incolore au moins pendant une minute; la présence des autres glucosides amorphes se reconnait à une coloration jaune immédiate.

2° On fait avec la digitaline et l'eau une pâte fine et on y ajoute, en agitant, 22 parties d'alcool amylique pour 100 parties d'eau employée; on place le tout dans un flacon bouché. S'il y a de la digitonine, elle se sépare après 24 heures en petites agglomérations cristallines.

La digitaline, chauffée en solution alcoolique avec de l'acide chlorhydrique, est dédoublée en *digitaligénine* $C^{16}H^{22}O^2$, en *dextrose* et en *digitalose* $C^7H^{14}O^5$, nouveau glucose qui n'a pu être obtenu cristallisé, mais qui, oxydé par le brome en présence de l'eau, donne la *lactone digitalonique* $C^7H^{12}O^5$. Cette substance est cristallisée en prismes déliés, incolores, facilement solubles dans l'eau et dans l'alcool, peu solubles dans l'éther; ces cristaux commencent à se liquéfier à 130° et fondent complètement entre 138 et 139°. Si on chauffe ce corps avec de la lessive de soude en solution diluée et qu'on y ajoute du nitrate d'argent, on obtient le *digitalonate d'argent* $C^7H^{13}AgO^6$, cristallisé en fines aiguilles.

M. Kiliani conseille de séparer de la manière suivante les acides d-gluconique et digitalonique qui proviennent de l'oxydation par le brome des sucres de la digitaline dédoublée.

La solution contenant les deux acides est évaporée et réduite à l'état d'un sirop clair, auquel on ajoute le tiers de son poids d'alcool à 93°. On agite ensuite quatre fois de suite avec de l'éther, afin d'extraire la lactone digitalonique; on la purifie en la faisant recristalliser dans l'eau. Elle cristallise en prismes courts, rhombiques, elle ne réduit pas la liqueur de Fehling et possède un pouvoir rotatoire $[\alpha]_D = -79°,4$. Quand cette lactone est chauffée avec un excès d'oxyde d'argent à 50° pendant 14 heures, en ajoutant continuellement de l'acide chlorhydrique, on recueille par distillation de l'acide acétique, ce qui semble indiquer un groupe méthyle dans l'acide digitalonique.

DIGITONINE. — M. Kiliani obtient la digitonine à l'aide de la digitaline allemande (*digitalinum purum*) par extraction à l'aide d'alcool à 85°. 1 partie de digitaline est dissoute dans 4 parties d'alcool à 85° et chauffée à 50-60°. La solution est mise ensuite au bain-marie, où elle est maintenue pendant 6 heures à la température de 45°, puis mise à refroidir lentement. Le glucoside se dépose alors sous une forme facile à essorer à la trompe. Le produit cristallisé ainsi obtenu est dissous dans 12 fois son poids d'alcool bouillant, à 85°, chauffé 2 minutes avec du noir animal et filtré. En frottant les parois du vase pendant que la solution refroidit, le produit se dépose en agrégats noduleux d'aiguilles fines. En ne frottant pas les parois et en laissant la solution refroidir lentement, les cristaux s'obtiennent plus compacts et le produit est plus pur.

La digitonine cristallise aisément dans l'alcool à 85°, mais on ne l'obtient qu'à l'état amorphe dans l'alcool plus fort. Les cristaux renferment 5 molécules d'eau qui se dégagent à 110° laissant une substance dont la formule peut être exprimée par $C^{27}H^{46}O^{14}$. La digitonine séchée à 110° et chauffée davantage ne perd plus d'eau qu'en se décomposant. Elle commence à fondre à 225° et est complètement fondue à 235°. Elle est lévogyre; pour $p = 2,8$ 0/0 dans l'acide acétique à 75 0/0 $[\alpha]_D = -50°$.

La digitonine amorphe de Schmiedeberg est soluble dans l'eau en toutes proportions. La substance cristallisée au contraire est difficilement soluble dans l'eau; en la chauffant, elle se dissout plus facilement, mais le produit ne cristallise pas par refroidissement et la solution reste toujours louche. Avec de l'acide sulfurique concentré, la solution se colore en rouge; l'addition d'une goutte d'eau de brome rend la coloration beaucoup plus intense. L'acide chlorhydrique concentré donne une solution incolore qui, après un certain temps, ou lorsqu'on la chauffe, devient jaune, puis rouge.

Dédoublement de la digitonine. — Pour préparer la digitogénine et les autres produits de dédoublement de la digitonine, il convient de procéder de la manière suivante :

On prend 1 partie soit de digitaline allemande, soit de digitonine pure et on la dissout dans 2 parties d'eau; on ajoute 1 partie d'acide chlorhydrique concentré (densité = 1,19) et on chauffe le mélange pendant 6 heures au bain-marie. On obtient de la sorte un précipité grisâtre et une solution qui contient en proportions à peu près égales deux glucoses qui ont été identifiés à l'aide du point de fusion de leurs osazones, et par leurs produits d'oxydation par le brome et l'eau, en galactose et en dextrose.

La digitogénine précipitée est recristallisée dans l'alcool; le poids obtenu est plus grand que celui de l'un ou de l'autre des deux glucoses qui prennent naissance en même temps. La formule de la digitogénine est, d'après l'analyse, un multiple de C^5H^8O. M. Kiliani adopte la formule $C^{15}H^{24}O^3$, l'hydrolyse de la digitonine pouvant alors s'exprimer par l'équation

$$\underset{\text{Digitonine.}}{C^{27}H^{46}O^{14} + H^2O}$$

$$= \underset{\text{Digitogénine.}}{C^{15}H^{24}O^3} + \underset{\text{Dextrose.}}{C^6H^{12}O^6} + \underset{\text{Galactose.}}{C^6H^{12}O^6},$$

qui s'accorde bien avec les quantités pondérales des différents corps qui prennent naissance pendant la réaction.

La *digitogénine* peut être préparée avantageusement, d'après M. Kiliani, en modifiant la méthode précédente, l'hydrolyse se faisant alors en solution alcoolique. La digitonine

$$C^{27}H^{46}O^{14}, 5H^2O$$

(1 partie) est chauffée avec de l'alcool à 93° (8 parties) et de l'acide chlorhydrique concentré, densité 1,19 (2 parties), pendant 1 heure 1/2 au réfrigérant à reflux au bain-marie. On laisse refroidir lentement le mélange. La digitogénine, qui se sépare dans la proportion d'environ 25 0/0 de la digitonine employée, est recueillie, la solution filtrée est saturée par la chaux, la plus grande partie de l'alcool distillé et le résidu dilué avec de l'eau est agité avec du chloroforme. On décante le chloroforme, on le dessèche avec du sulfate de soude, on le distille, et le résidu, recristallisé dans l'alcool, fournit encore 5 0/0 de digitogénine.

La digitogénine cristallisée se dissout dans 35 parties d'alcool à 90° bouillant et dans 100 parties d'alcool froid, dans 20 parties de chloroforme bouillant et dans 30 parties du même dissolvant froid, dans 30 parties d'acide acétique cristallisable.

Elle est insoluble dans l'eau et dans les alcalis. La digitogénine qui se sépare du chloroforme paraît retenir de ce dissolvant en combinaison; chauffée à 110°, elle le perd lentement. Avec la potasse alcoolique, elle forme un composé cristallisé très alcalin, peu soluble dans l'alcool. Elle se combine, mais d'une façon instable, avec la baryte et la phénylhydrazine. Elle est attaquée par les acides minéraux et les agents oxydants.

Dérivés de la digitogénine. — La digitogénine chauffée en tube scellé avec de l'acide iodhydrique et du phosphore rouge fournit une grande quantité d'une résine contenant de l'iode, mais ne donne ni iodure de méthyle, ni iodure d'éthyle.

Acétyldigitogénine, $C^{15}H^{23}(C^2H^3O)O^3$. — On l'obtient en chauffant 1 partie de digitogénine et 1 partie d'acétate de soude anhydre avec 6 parties d'anhydride acétique dans un appareil à reflux pendant 1 heure, puis en versant la solution, qui est d'un rouge vif, lentement, en filet mince dans une grande quantité d'eau. L'acétyldigitogénine cristallise dans une petite quantité d'alcool absolu en belles aiguilles, fond à 178°, est extrêmement soluble dans l'alcool chaud, l'éther et l'acide acétique. L'acide sulfurique peut être employé aussi comme agent de condensation à la place de l'acétate de soude. Quand on emploie le chlorure de zinc, il se forme des composés amorphes qui n'ont pas été examinés. M. Kiliani fait remarquer que la formation d'un dérivé monoacétylé ne concorde pas avec la production des deux glucoses dérivés de la digitonine, fait qui tendrait à prouver la présence de deux groupements oxhydryles dans la digitogénine.

L'oxydation de la digitogénine donne, suivant les conditions dans lesquelles elle se produit, naissance à trois acides, auxquels M. Kiliani donne les noms respectifs d'*acide digitogénique*, *oxydigitogénique* et *digitique*.

Acide digitogénique, $C^{14}H^{22}O^4$. — On le prépare en ajoutant lentement 0g,7 d'acide chromique dissous dans 1g,4 d'eau et 7 parties d'acide acétique, à une solution de 1 partie de digitogénine dans 30 parties d'acide acétique. Dès que l'acide chromique est réduit, on ajoute une partie égale d'eau et le mélange est extrait plusieurs fois de suite par l'éther. La solution éthérée, après 24 heures de repos, est séparée par décantation du dépôt formé; l'éther est distillé, et le résidu acide mis à évaporer au bain-marie jusqu'à formation d'une croûte cristalline. Le produit cristallise ensuite au bout de 12 heures. La quantité obtenue correspond à 60 0/0 de la digitogénine employée.

L'acide digitogénique cristallise dans l'alcool absolu en aiguilles incolores ou en prismes fins, commence à fondre à 146° et est complètement fondu à 150°, s'électrise par le frottement, possède une saveur amère; il est facilement soluble dans le chloroforme et dans l'acide acétique cristallisable bouillant, moins soluble dans l'acide acétique à 50 0/0, plus difficilement encore dans l'alcool froid et dans l'éther, insoluble dans l'eau; il fond dans l'alcool bouillant. Quand on le mouille avec de l'alcool dilué, il a une réaction acide marquée. Il se dissout facilement dans les carbonates et dans les oxydes alcalins.

Le *sel de magnésium*, $(C^{14}H^{21}O^4)^2Mg$, peut être préparé en ajoutant un excès d'une solution de nitrate de magnésium (1/10) à une solution neutre très étendue de l'acide; il se forme, si on laisse reposer le mélange durant 24 heures, une croûte composée d'agrégats de petites aiguilles.

Le *sel de calcium* est semblable au *sel de magnésium*.

Les produits secondaires de l'oxydation par l'acide chromique contiennent sans doute de l'aldéhyde formique ou de l'acide formique, car on n'observe aucune formation d'anhydride carbonique. Les eaux-mères contiennent une petite quantité d'un composé aldéhydique ou cétonique et une grande quantité d'un acide de poids moléculaire élevé, qui ne fournit pas de dérivés cristallisés.

En faisant bouillir l'acide digitogénique avec de la potasse et de l'alcool dilué, de l'acide carbonique est éliminé et il se forme deux acides : l'un d'eux, l'*acide hydrodigitoïque*, $C^{13}H^{22}O^3$, se dépose en petite quantité; il fond à 240°, cristallise dans l'alcool à 93° en aiguilles soyeuses et donne un *sel de magnésium*,

$$(C^{13}H^{21}O^3)^2Mg, 5H^2O,$$

formant des agrégats noduleux blancs. Par addition d'eau à l'eau-mère alcoolique et en laissant le mélange reposer un certain temps, il se dépose des prismes incolores d'*acide digitoïque*,

$$C^{13}H^{20}O^3, 0,5H^2O;$$

cet acide fond à 210°, donne un *sel de magnésium*, $(C^{13}H^{19}O^3)^2Mg, 8H^2O$, qui cristallise en agrégats noduleux à reflets gras et qui, par une oxydation subséquente, est transformé en *acide digitique*.

L'*acide oxydigitogénique* $C^{14}H^{20}O^4$ se prépare en dissolvant 1 partie d'acide digitogénique dans 10 parties de potasse; on étend la solution dans 100 parties d'eau et on ajoute une solution de permanganate de potassium (1/50). Quand l'oxydation est terminée, la solution est décolorée avec quelques gouttes d'alcool, filtrée, additionnée du tiers de son poids d'alcool à 93°; puis l'acide est précipité par l'acide acétique.

De cette manière, on l'obtient cristallisé en agrégats d'aiguilles; il commence à fondre à 250°. Cet acide est très peu soluble dans l'alcool et l'acide acétique, il s'électrise aisément par le frottement. Le rendement en acide oxydigitogénique correspond à 70 0/0 de l'acide digitogénique employé.

Son *sel de magnésium*, $(C^{14}H^{19}O^4)^2Mg$, est très peu soluble et cristallise en agrégats de petites aiguilles.

En réduisant l'acide digitogénique par l'amalgame de sodium, on obtient l'*acide dioxydigitogénique*, $C^{14}H^{22}O^3, 0,5H^2O$; il est formé de petites plaques nacrées et commence à fondre à 240°.

L'*acide digitique*, $C^{10}H^{16}O^4$, se forme, en même temps que l'acide oxydigitogénique, par l'oxydation au moyen du permanganate de l'acide digitogénique dissous dans 3 parties de potasse. Quand l'oxydation est terminée, la solution est décolorée à l'aide de quelques gouttes d'alcool, puis filtrée et additionnée du quart de son poids d'alcool à 93°; enfin, les deux acides sont précipités par l'acide chlorhydrique. Le précipité, qui consiste en un mélange d'acide oxydigitogénique et d'acide digitique, ce dernier en plus petite quantité, est rapidement séparé par filtration. La liqueur filtrée dépose au bout d'un certain temps la plus grande partie de l'acide digitique en agrégats de belles aiguilles. Si cependant on n'obtient pas la séparation des deux acides, on peut encore les dissoudre dans de la potasse. La solution est étendue jusqu'à ce qu'elle contienne 1 0/0 d'acide, puis elle est précipitée par l'acide chlorhydrique en fractionnant les précipitations. C'est l'acide oxydigitogénique qui se précipite le premier.

Une séparation par cristallisation fractionnée dans l'alcool et l'acide acétique est impossible, quoique la solubilité des deux acides soit très différente.

L'acide digitique fond à 192°; il se dissout facilement dans l'alcool, le chloroforme et l'acide acétique. Il cristallise immédiatement dans l'alcool bouillant à 50°, et ne cristallise pas dans l'alcool fort.

On prépare son *sel de baryum*,

$$(C^{10}H^{15}O^4)^2Ba, 6H^2O,$$

en ajoutant du chlorure de baryum à une solution du sel de potassium. Il cristallise en agrégats noduleux et est assez peu soluble dans l'eau.

Le *sel de potassium* cristallise bien aussi; il est extrêmement soluble dans l'eau.

En dissolvant l'acide digitique dans de la potasse décime normale à molécules égales en présence de la phtaléine du phénol, et ajoutant ensuite quelques gouttes d'alcali, la liqueur reste colorée en rouge, soit que l'on laisse reposer la solution, soit qu'on la chauffe : donc cet acide n'est pas une lactone.

L'action de réactifs variés sur l'acide digitique a été tentée, mais il n'a pas été possible d'obtenir des produits bien caractérisés. Les eaux mères de l'acide digitique (préparé par l'oxydation de l'acide digitogénique), oxydées au bain-marie par le permanganate alcalin, donnent un *acide bibasique* qui se présente sous la forme de grains durs ou d'aiguilles menues; il fond à 170°. Il donne un *sel de potassium*,

$$C^9H^{13}O^4K, C^9H^{14}O^4, 7H^2O,$$

cristallisant en petites aiguilles. Il pourrait bien être identique à l'acide isocamphroïque préparé par MM. Marsh, Balliol et Gardner en distillant l'acide camphroïque.

M. Houdas a fait récemment des recherches sur les glucosides solubles dans l'eau de la digitale et a signalé une réaction fort intéressante : Quand à une solution aqueuse contenant les digitalines solubles on ajoute de l'alcool amylique ou en général un alcool de la série grasse, un des glucosides se précipite en combinaison cristallisée avec l'alcool. On peut recueillir les cristaux, les essorer et ensuite détruire la combinaison par l'action de l'eau bouillante; l'alcool étant chassé par la vapeur d'eau, il est facile alors de régénérer le glucoside à l'état de pureté. Ce glucoside, M. Houdas le considère comme la digitaléine de Nativelle pure. Tel n'est pas l'avis de M. Kiliani, qui démontre, d'après les propriétés générales, les solubilités et le pouvoir rotatoire indiqués pour ce glucoside par M. Houdas, qu'il n'est autre que la digitonine déjà décrite par M. Schmiedeberg et récemment étudiée de nouveau en détail par M. Kiliani.

Ce savant, en cela d'accord avec M. Schmiedeberg, considère, en effet, la digitaléine de Nativelle comme un mélange de plusieurs substances et il admet que la digitaline amorphe du commerce contient jusqu'à 60 0/0 de digitonine facilement soluble dans l'eau, grâce à la présence de la digitaléine : il n'est donc pas étonnant que cette digitaline amorphe soluble dans l'eau donne un précipité cristallisé avec l'alcool amylique, puisque cette réaction appartient à la digitonine [Schmiedeberg, *Arch. expérim. Path*, **3**, 16. — Kiliani, *D chem. G.*, **23**, 1555, 1560; **24**, 339, 347, 3951, 3954; **25**, 2116, 2118; *Arch. Pharm.*, **230**, 250, 262; **231**, 448, 461. — Houdas, *C. R.*, **113**, 648, 651. — Arnaud, *ibid.*, **109**, 679, 682.]

A. Arnaud.

DIGITONINE. — Voyez Digitalines.

DIGITOXINE. — Voyez Digitalines.

DIGLUCOCOUMARYLCÉTONE. — Voyez Coumarylcétones, Suppl., 2, 1407.

DIGLUCOSE. — Ce composé a été obtenu par M. A. Gautier en traitant une solution de glucose dans l'alcool absolu par le gaz chlorhydrique, à la température de 0°. Pour isoler la diglucose de la solution ainsi obtenue, on évapore le liquide dans le vide, on sature le résidu par l'eau de baryte, on épuise par l'alcool, on évapore à basse température la solution alcoolique et enfin on lave à l'éther.

La diglucose présente l'aspect d'une gomme très hygrométrique, fort soluble dans l'eau; elle ne réduit pas la liqueur cupropotassique et ne fermente pas au contact de la levure; l'eau, à

160°, la transforme en un sucre $C^6H^{12}O^6$ qui réduit la liqueur de Fehling comme les glucoses, mais qui ne fermente qu'avec difficulté; ce fait avait conduit l'auteur à considérer cette substance comme un isomère des saccharoses $C^{12}H^{22}O^{11}$ [A. Gautier, *Bull. Soc. Chim.*, (2), **22**, 145].

En répétant l'expérience de M. Gautier, M. E. Fischer a obtenu un corps cristallisé qui présente la composition de l'éthylglucose, $C^6H^{11}O^6.C^2H^5$; il est probable dès lors que la diglucose est un mélange et non un composé défini [E. Fischer, *D. chem. G.*, **26**, 2402 et 2410].

La même observation doit être faite relativement à l'*octacétyldiglucose*, que MM. Schützenberger et Naudin ont obtenue en traitant la glucose triacétique par l'anhydride acétique à 160° [*Bull. Soc. Chim.*, (2), **12**, 204], et que M. Franchimont a retrouvée en chauffant la glucose avec un mélange d'anhydride acétique et d'acétate de sodium fondu à 100° [*D. chem. G.*, **12**, 1940]. Ce dernier auteur a du reste reconnu plus tard que l'octacétyldiglucose est un simple dérivé de la glucose ordinaire [*Trav. chim. Pays-Bas*, **11**, 106].

L. Maquenne.

DIHEPTINE, $C^{14}H^{24}$. — L'heptine C^7H^{12} provenant de la distillation de la colophane se polymérise facilement sous l'influence de l'acide sulfurique. On obtient ainsi un liquide bouillant à 245-247° et qui n'est autre que le corps désigné sous le nom de *diheptine*.

Ce carbure absorbe rapidement l'oxygène de l'air. Il se dissout dans l'acide sulfurique et la solution se colore lorsqu'on la chauffe. La solution sulfurique, mise en présence d'alcool, se colore en vert et laisse déposer au bout de quelque temps un précipité vert [Tilden, *D. chem. G.*, **13**, 1605; *Bull. Soc. Chim.*, (2), **36**, 103. — Harris, *Chem. Soc.*, **41**, 174].

DIHEPTYLACÉTIQUE (ACIDE) [Syn. *Pentadécane-méthyloïque* 7]. — Voyez Suppl., **1**, 646.

L'*éther éthylique*, $(C^7H^{15})^2.CH.CO^2C^2H^5$, a été obtenu comme produit accessoire dans la préparation de l'éther diheptylacétylacétique. C'est un liquide qui bout vers 308°,5-311° [Jourdan, *Ann. Chem.*, **200**, 114].

DIHEPTYLACÉTYLACÉTIQUE (ACIDE) [Syn. *Éthane 7-one 7², pentadécane-oïque* 7],

$$CH^3.CO.C(C^7H^{15})^2.CO^2H.$$

— M. Jourdan [*Ann. Chem.*, 200, 112] a préparé l'éther éthylique de cet acide de la façon suivante : On chauffe au réfrigérant ascendant, pendant deux jours, un mélange d'alcool sodé exempt d'humidité, d'éther heptylacétylacétique et d'iodure d'heptyle. On chasse ensuite l'alcool et on précipite par l'eau. L'huile qui se sépare est séchée et fractionnée. On obtient ainsi une certaine quantité de méthyloctylcétone, d'éther heptylacétylacétique, de diheptylacétate d'éthyle, et enfin, vers 329-340°, le *diheptylacétylacétate d'éthyle*.

C'est un liquide doué d'une faible odeur de graisse rance, qui bout à 331-333° et devient visqueux à — 18°. Sa densité = 0,8907 à 17°,5.

Lorsqu'on le chauffe pendant 30 heures avec une solution aqueuse de potasse à 20 0/0, il se dédouble en acide carbonique et en *méthyldiheptylcétone*, liquide de densité 0,827 à 17°, bouillant à 300-304°, doué d'une odeur poivrée. La potasse concentrée décompose rapidement l'éther diheptylacétylacétique en acides acétique et diheptylacétique (voyez Suppl., **1**, 646).

P. Freundler.

DIHEPTYLCÉTONE (*éthanoyl 8-pentadécanone*, $CH^3-CO-CH(C^7H^{15})^2$. — Cette acétone s'obtient en chauffant l'éther éthylique de l'acide diheptylacétylacétique avec de la potasse renfermant 20 0/0 d'eau.

Elle bout vers 302° et ne se solidifie pas à — 18°. Sa densité à 17° = 0,826°; elle se combine avec le bisulfite de sodium.

DIHEXYLCÉTONE [Syn. *Œnanthylone, acétone œnanthylique*] (voyez Dict., **2**, 603). — Cette acétone se forme quand on traite, en chauffant légèrement, le chlorure d'œnanthyle par le perchlorure de fer anhydre et qu'on décompose ensuite par l'eau le composé organo-métallique formé. On isole l'acétone en distillant le produit dans un courant de vapeur d'eau. Elle bout à 253-254° sous la pression ordinaire [J. Hamonet, *Bull. Soc. Chim.*, (2), **50**, 355].

DIHEXYLE. — Voyez Dodécane.

DIHEXYLÈNE. — Voyez Dodécylène.

DIHYDRACRYLIQUE (ACIDE) [Syn. *Propanoïque-oxy* 3.3-*propanoïque*],

$$O \begin{matrix} \diagup CH^2-CH^2-CO^2H \\ \diagdown CH^2-CH^2-CO^2H \end{matrix}$$

— Cet acide se forme comme produit secondaire dans la préparation de l'acide hydracrylique par l'oxyde d'argent et l'acide β-iodopropionique (Dict., **2**, 1441).

On traite le résultat de la préparation par le carbonate de sodium et on chauffe le mélange de sels sodiques avec de l'alcool à 95°. La partie insoluble dans l'alcool est dissoute dans l'eau, précipitée par un égal volume d'alcool, et la solution filtrée est évaporée. Le résidu est chauffé avec une grande quantité d'alcool à 90° et cristallise par refroidissement.

Le *dihydracrylate de sodium* est une masse cristalline, insoluble dans l'alcool à 95°, soluble dans l'alcool chaud à 90°.

L'acide iodhydrique donne de l'acide β-iodopropionique.

Les sels de baryum et de magnésium ne précipitent pas les dihydracrylates alcalins.

L'azotate de plomb donne un précipité floconneux qui se redissout dans un excès de réactif [Wislicenus, *D. chem. G.*, **3**, 809; *Bull. Soc. Chim.*, (2), **20**, 26].

DIHYDROCARBOXYLIQUE. — Voy. Rhodizonique.

DIHYDRONAPHTOÏQUE (ACIDE). — Voy. Naphtoïque.

DIHYDROQUINONE. — Voyez Bihydroquinone.

DIISOPRÈNE. — Voyez Isoprène.

DILACTYLIQUE (ACIDE) [Syn. *Dilactique*]. — Voyez Dict., **2**, 183.

L'*acide dilactylique bibasique*,

$$CO^2H.CH(CH^3).O.CH(CH^3)CO^2H,$$

aurait été obtenu par MM. Wurtz et Friedel [*Ann. Chim. Phys.*, (3), 63, 114] et plus récemment par MM. Tanatar et Tschelibiew [*Journ. russe Phys. et Chim.*, **22**, 107] en chauffant le lactate de calcium vers 280°. Il cristallise en prismes monocliniques fusibles à 105-107°, facilement solubles dans l'eau, l'éther, le chloroforme, très peu solubles dans le benzène.

Le *sel de potassium*, $KC^6H^9O^5$, forme des aiguilles très solubles dans l'eau.

Le *sel de calcium* desséché à 130° répond à la formule $Ca(C^6H^8O^5)$. C'est une poudre amorphe, très soluble dans l'eau.

Le *sel de zinc*, $ZnC^6H^8O^5, 3H^2O$ (à 160°), est également amorphe.

L'*éther diméthylique*, $C^6H^8O^5(CH^3)^2$, est liquide et bout vers 260°. Sa densité = 1,1578 à 20°.

DILITURIQUE (ACIDE) [Syn. *Nitrobarbiturique*], $C^4H^3Az^3O^5.6H^2O$. — Cet acide a été décrit partiellement (Dict., **1**, 502, 1171). Il a été obtenu plus récemment par M. Baeyer [*Ann. Chem.*, **130**, 140] en traitant l'acide barbiturique par l'acide azotique fumant.

Chauffé avec du chlorure de chaux, il fournit de la chloropicrine ; l'acide sulfurique l'attaque à peine ; l'acide iodhydrique le réduit en acide aminobarbiturique ; la glycérine le transforme partiellement à chaud en acide nitrosobarbiturique.

SELS. — Le *sel de baryum* est hydraté et ne se déshydrate qu'incomplètement à 140°. Il forme avec le chlorure de baryum un sel double,

$$C^4H^2Az^3O^5Ba^2Cl, 2H^2O.$$

Le *sel de calcium*, $C^4H^2Az^3O^5Ca, 4H^2O$, perd 2 molécules d'eau à la même température.

Le *sel de cuivre* a pour formule

$$C^4H^2Az^3O^5Cu, 6H^2O.$$

Le *sel ferreux*, $C^4H^2Az^3O^5Fe, 8H^2O$, perd 6 molécules d'eau à 120°.

Le *sel ferrique* aurait pour composition

$$C^{12}O^{15}Az^9Fe^2H^6.$$

Pour les autres sels, voyez Dict., **1**, 1171

P. Freundler.

DIMENTHÈNE. — Voyez MENTHÈNE.

DIMÉTHACRYLIQUE. — Voyez DIMÉTHYLACRYLIQUE.

DIMÉTHYLACÉTYLBENZÈNE. — Voyez XYLYLCÉTONE.

DIMÉTHYLACÉTYLÈNE-TÉTRACARBONIQUE (ACIDE) (*acide diméthyloïque* 2.3-*diméthyl* 2.3-*butane-dioïque*),

$$(CO^2H)^2=C \text{---} C-(CO^2H)^2. \quad (\text{avec } CH^3 \text{ sur chaque } C)$$

— On le prépare en traitant par l'éthylate de sodium et l'iodure de méthyle l'éther acétylène-tétracarbonique :

$$(CO^2C^2H^5)^2=CH-CH=(CO^2C^2H^5)^2.$$

Les rendements sont faibles, le produit principal de la réaction est l'éther monométhylacétylène-tétracarbonique. On peut encore le préparer en faisant réagir l'iode sur l'éther méthylmalonique sodé, $CH^3-CNa(CO^2C^2H^5)^2$; mais les rendements ne sont meilleurs que dans l'opération précédente.

On l'obtient enfin en faisant agir l'éther méthylmalonique chloré sur l'éther méthylmalonique sodé :

$$CH^3-CNa(CO^2C^2H^5)^2 + CH^3-CCl(CO^2C^2H^5)^2$$
$$= 2NaCl + \begin{matrix} CH^3-C & \text{---} & C-CH^3 \\ | & & | \\ (CO^2C^2H^5)^2 & & (CO^2C^2H^5)^2 \end{matrix}$$

L'éther éthylique est un liquide incolore, bouillant de 245 à 254° sous 170 millimètres. Sa densité à 15° est 1,114.

Chauffé avec un excès de potasse, il se saponifie et perd 2 molécules d'acide carbonique, ce qui fournit l'acide diméthylsuccinique symétrique [A. Bischoff et C. Rach, *Ann. Chem.*, **234**, 54 ; *Bull. Soc. Chim.*, (2), **47**, 404].

A. Béhal.

DIMÉTHYLACÉTYLSUCCINIQUE (AC.) (*diméthyl* 2.3-*méthyloate d'éthyle* 3-*pentanone* 4-*oate d'éthyle* 5),

$$\begin{matrix} CH^3-CO-C & \text{---} & CH-CO^2C^2H^5 \\ / \quad \backslash & & | \\ CH^3 \quad CO^2C^2H^5 & & CH^3 \end{matrix}$$

— On prépare son éther éthylique au moyen du β méthylacétylsuccinate d'éthyle. Celui-ci dissout un atome de sodium et donne un dérivé sodique qui, traité par une quantité équivalente d'iodure de méthyle, fournit l'éther diméthylacétylsuccinique.

Cet éther distille entre 270 et 272° et a pour densité à 27° 1,057 par rapport à l'eau à 17°,5.

Traité par la potasse alcoolique concentrée, il se scinde en acétate et en diméthylsuccinate de potassium. Mais la réaction n'est pas simple : il se forme en effet en même temps un acide acétonique, l'acide acétylpentylique (*diméthyl* 2.3-*pentanone* 4-*oïque* 5),

$$\begin{matrix} CH^3-CO-CH & \text{---} & CH-CO^2H. \\ | & & | \\ CH^3 & & CH^3 \end{matrix}$$

Celui-ci distille entre 210-220°, mais sa composition n'est pas établie avec certitude [Er. Hardmuth, *Ann. Chem.*, **192**, 142 ; *Bull. Soc. Chim.*, (2), **31**, 510].

A. Béhal.

DIMÉTHYLACROLÉINE. — De même qu'il n'y a qu'un seul acide diméthylacrylique,

$$(CH^3)^2C=CH-CO^2H,$$

l'isomère $CH^3-CH=C(CH^3)-CO^2H$ portant le nom d'acide *méthylcrotonique*, de même le seul corps pouvant porter le nom de *diméthylacroléine* serait

$$\begin{matrix} CH^3 \\ CH^3 \end{matrix} > C=CH-CHO.$$

Il n'est pas connu. Son isomère connu,

$$CH^3-CH=C(CH^3)-CHO$$

(*méthyl* 2-*butène* 2-*al* 1), est désigné sous les noms d'*aldéhyde tiglique* et de *gaïol*.

DIMÉTHYLACRYLIQUE (ACIDE) (*acide diméthacrylique*, *acide méthyl* 2-*butène* 2-*oïque* 1),

$$(CH^3)^2-C=CH-CO^2H.$$

— Voyez Suppl., **1**, 646.

Modes de formation. — Cet acide se forme :

1° Dans l'action de l'iodoforme sur l'isobutylate de sodium [Gorboff et Kessler, *Bull. Soc. Chim.*, (2), **40**, 191] ;

2° En distillant avec de l'acide sulfurique étendu l'acide β-diéthylénolactique, produit de l'oxydation du diméthylallylcarbinol [Oustinoff, *Bull. Soc. Chim.*, (2), **45**, 255] ;

3° Par l'action de la triméthylamine sur l'acide bromo-isovalérique [Duvillier, *Bull. Soc. Chim.*, (3), **3**, 507].

Propriétés. — Cet acide cristallise dans l'eau en longues aiguilles. Il fond à 70° et bout à 195°.

Chauffé à 210-220° pendant 30 heures, il se scinde en isobutylène et acide carbonique (Gorboff et Kessler).

Le *sel de sodium* est en agrégats blancs, non transparents, d'aiguilles microscopiques, très solubles dans l'eau et dans l'alcool.

Le *sel de calcium* forme de longues aiguilles soyeuses rhombiques, très solubles dans l'eau et dans l'alcool. Il renferme $4H^2O$. Les solutions alcooliques l'abandonnent par évaporation à l'état gommeux.

Le *sel de baryum*, $(C^5H^7O^2)^2Ba, 2H^2O$, est en prismes groupés en mamelons.

Le *sel de zinc* renferme $4H^2O$; il est en aiguilles groupées en étoiles, très peu solubles dans l'eau.

Le *sel de plomb* renferme H^2O ; longues lamelles soyeuses, très solubles.

Le *sel de cuivre* renferme $2H^2O$; il est en cristaux vert-bleuâtre.

Le *sel d'argent*, anhydre, est soluble dans l'eau bouillante.

Le *bibromure*, $CH^3-CHBr-CBr(CH^3)CO^2H$, fond à 105-106°.

Paul Adam.

DIMÉTHYLALLYLCARBINOL (*méthyl 1-pentène 1-ol 4*), $CH^2=CH-CH^2-C(CH^3)^2-OH$ (voyez Suppl. 1, 647). — Cet alcool bout à 119°,5; sa densité = 0,8438 à 0°; son coefficient de dilatation entre 0 et 32° = 0,00094; son indice de réfraction n_A = 1,424549; son pouvoir réfringent moléculaire = 48,94 [Kanonnikoff, *Thèse de Kasan*, 1880, 80].

Par l'action de l'acide sulfurique concentré à 100°, il fournit un carbure C^6H^{10}; à 120-150°, on obtient principalement un carbure $C^{12}H^{20}$ [Nikolsky et Saytzeff, *Journ. russe Phys. Chim.*, **15**, 132].

DIMÉTHYLAMYLBENZÈNE. — Voyez AMYLXYLÈNE, Dict., **2**, 891.

DIMÉTHYLANILINE. — Voyez PHÉNYLAMINE.

DIMÉTHYLANTHRACÈNE. — Voyez ANTHRACÈNE.

DIMÉTHYLANTHRACHRYSONE (*diméthyltétraoxyanthraquinone*),

OH CH³
CO
OH
OH
CO
CH³ OH

— On prépare la diméthylanthrachrysone en chauffant à 100° 1 partie d'acide crésorsellique,

$$C^6H^2(CO^2H)_{(1)}(CH^3)_{(2)}(OH)_{(3)}(OH)_{(5)},$$

avec 10 parties d'acide sulfurique concentré. On précipite par l'eau et on purifie le précipité par cristallisation dans l'alcool bouillant [Cahn, *Ann. Chem.*, **240**, 280].

Elle cristallise en petites aiguilles à éclat bronzé, infusibles à 360°; par sublimation, on obtient des lamelles orangées et une notable partie du produit se carbonise. La diméthylanthrachrysone est insoluble dans l'eau, le benzène et la ligroïne, peu soluble dans l'alcool et dans le sulfure de carbone, soluble dans le chloroforme, l'acétone et l'acide acétique cristallisable. Elle se dissout en rouge orangé dans les alcalis. La dissolution dans l'acide sulfurique concentré est rouge-fuchsine et, convenablement étendue, donne deux raies d'absorption dans le vert. La diméthylanthrachrysone ne teint pas les fibres mordancées.

Le *dérivé tétracétylé*, $C^{16}H^8O^2(OC^2H^3O)^4$, cristallise en aiguilles soyeuses jaunes, fusibles à 234°, solubles dans l'alcool bouillant, dans l'acide acétique et dans le benzène.

G. de Bechi.

DIMÉTHYLANTHRAFLAVIQUE (ACIDE), $C^{14}H^4O^2(CH^3)^2(OH)^2$. — Cette dioxydiméthylanthraquinone se forme, en même temps que la diméthylanthrarufine et la diméthylbenzodioxyanthraquinone, par l'action de l'acide sulfurique concentré sur l'acide oxytoluique :

$$C^6H^2(CO^2H)_{(1)}(CH^3)_{(3)}(OH)_{(5)}.$$

Le produit de la réaction est traité par l'eau de baryte, et le liquide filtré précipité par l'acide chlorhydrique; le précipité est purifié par un traitement à l'alcool, qui ne dissout pas l'acide diméthylanthraflavique; le résidu est soumis à la sublimation [Kostanecki et Niementowski, *Ann. Chem.*, **241**, 277].

L'acide diméthylanthraflavique forme des lamelles jaunes, infusibles à 360°, insolubles dans le benzène, peu solubles dans l'alcool et dans l'acide acétique, solubles en jaune dans les alcalis et dans l'acide sulfurique concentré.

L'acide diméthylanthraflavique jouit des propriétés de son homologue inférieur, l'acide anthraflavique; il ne teint pas les mordants.

Le *dérivé acétylé* cristallise en aiguilles fusibles à 223°.

DIMÉTHYLANTHRAQUINONE. — On connaît actuellement 9 modifications isomériques de la diméthylanthraquinone $C^{14}H^6O^2(CH^3)^2$. Toutefois ce nombre d'isomères n'est pas établi avec certitude, car les propriétés très voisines de ces corps n'excluent nullement la possibilité d'identité de quelques-uns d'entre eux. On les obtient, pour la plupart, par oxydation des diméthylanthracènes correspondants (Suppl. **2**, I, 307).

1. DIMÉTHYLANTHRAQUINONE 2.4,

$$C^6H^4 \genfrac{}{}{0pt}{}{<CO_{(1)}>}{<CO->} C^6H^2(CH^3)_{(2)}(CH^3)_{(4)}$$

[Louïse, *Ann. Chim. Phys.*, (6), **6**, 86]. — Ce corps se prépare en oxydant par l'acide chromique le méthylanthracène correspondant. On l'obtient également en chauffant l'acide o-benzoylmésitylénique avec de l'anhydride phosphorique (Louïse). La formation de la diméthylanthraquinone est accompagnée d'élimination d'eau :

$$C^6H^5.CO.C^6H^2 \genfrac{}{}{0pt}{}{\leqslant (CH^3)^2}{< CO^2H} = C^{16}H^{12}O^2 + H^2O.$$

La diméthylanthraquinone 2.4 cristallise en prismes d'un jaune clair, fusibles à 157-158°.

2. DIMÉTHYLANTHRAQUINONE FUSIBLE À 180°. — Ce corps s'obtient en chauffant à 130-140° de l'acide m-xylène-phtaloylique (diméthophénylméthanone-phénylméthyloïque),

$$(CH^3)^2C^6H^3CO-C^6H^4-CO^2H,$$

avec de l'acide sulfurique concentré [Gresly, *Ann. Chem.*, **234**, 240].

On obtient ainsi de petites aiguilles, fusibles à 180°, peu solubles dans l'alcool et dans le benzène. L'ammoniaque et le zinc en poudre transforment ce corps en un hydrocarbure fusible à 85° (Suppl. **2**, I, 307).

3. DIMÉTHYLANTHRAQUINONE FUSIBLE À 153°. — On l'obtient en oxydant par l'acide chromique l'hydrocarbure correspondant [Van Dorp, *Ann. Chem.*, 169-210].

4. DIMÉTHYLANTHRAQUINONE FUSIBLE À 170°. — On le prépare par oxydation de l'α-diméthylanthracène fusible à 218° [Louïse, *Ann. Chim. Phys.*, (6), **6**, 190]. Elle cristallise en fines aiguilles jaunes, fusibles à 170°.

5. DIMÉTHYLANTHRAQUINONE 2.3,

$$C^6H^4 \genfrac{}{}{0pt}{}{<CO_{(1)}>}{<CO->} C^6H^2 \genfrac{}{}{0pt}{}{<CH^3_{(2)}}{<CH^3_{(3)}}$$

— Ce corps prend naissance par l'action de l'acide sulfurique concentré et chaud sur l'acide o-xyloylo-benzoïque (diméthо 3.4-phénylméthanone-phénylméthyloïque 2),

$$C^6H^4 \genfrac{}{}{0pt}{}{<CO^2H}{<CO_{(1)}-C^6H^3} \genfrac{}{}{0pt}{}{<CH^3_{(3)}}{<CH^3_{(4)}}$$

Le produit est purifié par cristallisation dans le xylène bouillant.

On obtient ainsi des aiguilles jaunes, fusibles à 183°. L'ammoniaque et le zinc en poudre la transforment facilement en diméthylanthracène.

Chauffée à 210-220° avec de l'acide nitrique (d = 1,1), la diméthylanthraquinone fournit un acide anthraquinone-dicarbonique, fusible à 340°.

6. Diméthylanthraquinone fusible à 155°. — Elle a été obtenue, à côté d'acides anthraquinone-carboniques, par oxydation d'un diméthylanthracène, au moyen de l'acide chromique en solution acétique [Wachendorff et Zincke, *D. chem. G.*, **10**, 1482]. Elle cristallise dans l'alcool étendu en aiguilles d'un jaune clair, fusibles à 155°, sublimables en aiguilles presque incolores, solubles dans les dissolvants usuels. Elle est peut-être identique avec l'isomère décrit par M. Van Dorp et fusible à 153° (voyez ci-dessus).

7. Diméthylanthraquinone fusible à 162°. — Ce corps se prépare par oxydation du diméthylanthracène fusible à 215-216°, obtenu au moyen du toluène et du chloroforme en présence du chlorure d'aluminium.

Cette diméthylanthraquinone aurait donc la formule de structure suivante :

$$CH^3-C^6H^3<\begin{smallmatrix}CO\\CO\end{smallmatrix}>C^6H^3-CH^3.$$

Elle cristallise dans l'alcool en fines aiguilles presque blanches.

La diméthylanthraquinone fusible à 162° est peut-être identique avec l'isomère fusible à 170° (voyez plus haut).

8. p-Diméthylanthraquinone,

$$C^6H^4<\begin{smallmatrix}CO_{(1)}\\CO-\end{smallmatrix}>C^6H^2<\begin{smallmatrix}CH^3_{(2)}\\CH^3_{(5)}\end{smallmatrix}$$

— Elle prend naissance quand on chauffe à 130° avec de l'acide sufurique concentré l'acide p-xylène-phtaloylique,

$$CO^2H-C^6H^4-CO-C^6H^3<\begin{smallmatrix}CH^3\\CH^3\end{smallmatrix}$$

Elle cristallise en aiguilles jaunes, fusibles à 118° [Gresly, *Ann. Chem.*, **234**, 238].

9. Diméthylanthraquinone fusible à 236°,

$$CH^3-C^6H^3<\begin{smallmatrix}CO\\CO\end{smallmatrix}>C^6H^3-CH^3.$$

— On la prépare en oxydant par l'acide chromique le diméthylanthracène fusible à 243° ou l'hydrure de tétraméthylanthracène $C^{18}H^{20}$ [Anschütz, *Ann. Chem.*, **235**, 319].

Ce corps cristallise dans l'alcool en longues aiguilles soyeuses, fusibles à 236°, très peu solubles dans l'alcool et dans l'acide acétique cristallisable.

G. de Bechi.

DIMÉTHYLANTHRAQUINONE-CARBONIQUE (ACIDE), $(CH^3)^2-C^{14}H^5O^2.CO^2H$. — Cette substance se forme par l'action de l'acide sulfurique fumant et chaud sur l'acide pseudocumène-phtaloylique,

$$(CH^3)^2-C^6H^2-CO-C^6H^4-CO^2H$$

[Gresly, *Ann. Chem.*, **234**, 241].

L'acide diméthylanthraquinone-carbonique cristallise en petites aiguilles, fusibles à 239-240°, sublimables sans décomposition lorsqu'on les chauffe avec précaution. Il est peu soluble dans l'alcool bouillant et dans le benzène.

DIMÉTHYLANTHRARUFINE (*dioxydiméthylanthraquinone* 5),

$$\begin{smallmatrix}OH-\\CH^3_{(7)}\end{smallmatrix}>C^6H^2<\begin{smallmatrix}CO\\CO\end{smallmatrix}>C^6H^2<\begin{smallmatrix}CH^3_{(1)}\\OH_{(3)}\end{smallmatrix}$$

— Ce corps prend naissance, en même temps que deux isomères, quand on chauffe l'acide oxytoluique, $C^6H^3(CO^2H)_{(1)}(CH^3)_{(3)}(OH)_{(5)}$, avec de l'acide sulfurique concentré.

On traite le produit de la réaction par l'eau de baryte : les isomères se dissolvent, seule la diméthylanthrarufine reste à l'état insoluble ; on filtre, on épuise le précipité par le toluène bouillant; par le refroidissement, la diméthylanthrarufine cristallise en aiguilles brillantes, fusibles à 300° et sublimables en petites aiguilles orangées [Kostanecki et Niementowski, *Ann. Chem.*, **241**, 276].

La diméthylanthrarufine ne teint pas les mordants; elle se dissout en rouge cerise dans l'acide sulfurique concentré.

Le *diacétate*, $C^{16}H^{22}O^2(C^2H^3O^2)^2$, cristallise en petites lamelles jaunes, fusibles à 236-237°.

DIMÉTHYLBENZODIOXYANTHRAQUINONE. — On prépare ce corps en chauffant l'acide oxytoluique (*acide méthyl* 1-*benzénol* 5-*méthyloïque* 3),

$$C^6H^3(CO^2H)_{(1)}(CH^3)_{(3)}(OH)_{(5)},$$

avec de l'acide sulfurique concentré ; le produit de la réaction est traité par l'eau de baryte et le liquide filtré précipité par l'acide chlorhydrique ; le précipité est traité par l'alcool bouillant et la liqueur filtrée abandonnée au refroidissement. La diméthylbenzodioxyanthraquinone cristallise alors en aiguilles jaunes, fusibles à 213°, solubles dans l'acide acétique, peu solubles dans l'alcool et dans le benzène [Kostanecki et Niementowski, *Ann. Chem.*, **241**, 278].

La diméthylbenzodioxyanthraquinone ne teint pas les mordants. Son dérivé *acétylé* cristallise en aiguilles fusibles à 188°.

DIMÉTHYLBENZOÏQUE (ACIDE o-) (*acide hémellithique*, *diméthyl* 1.2-*benzène-méthyloïque* 3),

$$C^6H^3(CH^3)^2_{(1.2)}.CO^2H_{(3)}.$$

— Ce corps a été obtenu par l'oxydation du triméthylbenzène (hémellithol) à l'aide de l'acide azotique étendu [Jacobsen, *D. chem. G.*, **19**, 2518] ; il cristallise dans l'alcool bouillant en gros prismes brillants, et dans l'alcool étendu en tablettes rhomboïdales, fusibles à 144°, très peu solubles dans l'eau et distillant facilement avec la vapeur d'eau. Le *sel de calcium* cristallise en longs prismes solubles dans l'eau; distillé avec de la chaux, il donne naissance à de l'o-xylène.

Acides sulfonamidodiméthylbenzoïques (*sulfamine-triméthyliques*), $C^9H^{11}AzSO^4$. — Il en existe deux modifications isomériques :

$$C^6H^2-(CH^3)^2_{(1.2)}-CO^2H_{(3)}-AzH^2_{(5)}-SO^2,$$

Acide α.

$$C^6H^2-(CH^3)^2_{(1.3)}-CO^2H_{(2)}-AzH^2_{(5)}-SO^2.$$

Acide β,

On les obtient par oxydation de la triméthylbenzène-sulfamide (hémellitholsulfamide) à l'aide du permanganate de potassium en solution légèrement alcaline ; on sépare les deux acides en utilisant la solubilité différente de leurs sels de baryum [Jacobsen, *loc. cit.*].

L'acide α se présente sous la forme de longues aiguilles, fusibles à 238°, difficilement solubles dans l'eau. Chauffé à 190° avec de l'acide chlorhydrique, il donne de l'acide o-diméthylbenzoïque.

L'acide β est plus soluble dans l'eau que l'acide α; il cristallise en petites aiguilles groupées en étoiles, fusibles à 174°. Son *sel de baryum* est beaucoup plus soluble dans l'eau que celui de l'acide α.

Pour les autres acides diméthylbenzoïques, voyez Acide Mésitylénique et Acide Xylylique.

E. Burcker.

DIMÉTHYLBENZOYLACÉTIQUE (ACIDE o-m-) [Syn. *Acide diméthylbenzène-propanone* 1-*oïque* 3],

$$(CH^3)^2.C^6H^3.CO-CH^2.CO^2H.$$

— Acide β-cétonique produit par l'oxydation de l'éthyl-p-xylylcétone $C^{11}H^{14}O$. On mélange 16 grammes de ce dernier corps avec 4 litres d'eau et on y introduit par petites portions 13gr,6 de permanganate de potassium [Claus, *D. chem. G.*, **19**, 3183]. On obtient en même temps de l'acide xylylcarbonique : après filtration, les deux acides sont isolés à l'aide de l'acide chlorhydrique et de l'éther, et séparés ensuite en mettant à profit la moindre solubilité du sel de baryum de l'acide diméthylbenzoylacétique.

Ce dernier cristallise facilement de sa dissolution dans un mélange de chloroforme et d'éther de pétrole en longues aiguilles fusibles à 132°, difficilement solubles dans l'eau, facilement solubles dans l'alcool, l'éther, le benzène.

Le *sel de sodium* est très facilement soluble dans l'eau.

Les *sels de calcium* et *de baryum* sont difficilement solubles dans ce véhicule.

E. Burcker.

DIMÉTHYLBENZOYLFORMIQUE (ACIDE O-P-) [Syn. *Acide o-p-diméthylphénylglyoxylique, diméthyl2.4-benzène-éthanone-oïque*],

$$(CH^3)^2.C^6H^3-CO-CO^2H.$$

— Acide α-cétonique, obtenu par oxydation à froid, à l'aide du permanganate de potassium, de la diméthyl2.4-benzène-éthanone $C^{10}H^{12}O$ [Claus, *D. chem. G.*, **19**, 231].

Liquide incolore qui cristallise par dessiccation; fusible à 85°. Il ne peut pas être distillé : à 200°, il se décompose en acide carbonique et aldéhyde de l'acide diméthylbenzoïque (xylylique) fusible à 126°. Ses sels subissent la même décomposition; cette décomposition a lieu également par ébullition avec l'acide azotique étendu. Il est insoluble dans l'eau, facilement soluble dans l'alcool, l'éther, le benzène.

Les *sels de calcium* et *de baryum* cristallisent en petites aiguilles renfermant $2H^2O$.

DIMÉTHYLBENZOYL-β-PROPIONIQUE (ACIDE O-P-) [Syn. *Acide o-p-diméthylphényl-γ-cétone-carbonique, diméthyl2.4-benzène-butanone1-oïque1*],

$$(CH^3)^2-C^6H^3-CO.C^2H^4-CO^2H.$$

— On a obtenu cet acide chloré en faisant agir le chlorure de succinyle sur le m-xylène en présence du chlorure d'aluminium. Il se présente sous la forme d'aiguilles cristallines incolores, fusibles à 108°, presque insolubles dans l'eau froide, très facilement solubles dans l'eau bouillante, dans l'alcool, l'éther, le chloroforme, le benzène, l'acide acétique cristallisable.

Le *sel de sodium* cristallise avec $4H^2O$ en fines aiguilles incolores.

Le *sel de potassium*, qui renferme $4H^2O$, se présente sous la forme de croûtes facilement solubles dans l'eau.

Le *sel de baryum* cristallise avec $3H^2O$ en petites aiguilles groupées en rosaces.

Le *sel de plomb* forme un précipité pulvérulent presque insoluble dans l'eau.

Le *sel d'argent* est un précipité blanc, qui se colore à la lumière [Claus, *D. chem. G.*, **20**, 1376].

E. Burcker.

DIMÉTHYLBENZYLACÉTIQUE (AC.) — Voyez ACIDE BENZYLISOBUTYRIQUE, Suppl. **2**, I, 653.

DIMÉTHYL-O-BENZYLBENZOÏQUE (ACIDE M-) (*diméthophénylméthane-phényle-méthyloïque*),

$$(CH^3)^2-C^6H^3-CH^2-C^6H^4-CO^2H.$$

— Ce corps a été obtenu par l'action de la poudre de zinc sur une solution ammoniacale de l'acide m-diméthylbenzoylbenzoïque :

$$(CH^3)^2-C^6H^3-CO-C^6H^4-CO^2H+H^4$$
$$=(CH^3)^2-C^6H^3-CH^2-C^6H^4-CO^2H+H^2O.$$

Il cristallise de sa solution dans l'alcool en fines aiguilles, fusibles à 157-158°.

Le *sel d'ammonium* se présente en paillettes brillantes, facilement solubles dans l'eau.

Le *sel de baryum*, peu soluble dans l'eau, cristallise de sa solution dans l'alcool étendu avec 1 molécule d'eau [Gresly, *Ann. Chem.*, **234**, 237].

DIMÉTHYLBIBENZYLE (*diméthyldibenzyle, diméthodiphényl-éthane*),

$$CH^3-C^6H^4-CH^2-CH^2-C^6H^4-CH^3.$$

— Ce carbure a été obtenu en 1866 par M. Vollroth par l'action du sodium sur le xylène chloré [*Bull. Soc. Chim.*, (1), **7**, 342]. Liquide bouillant à 296°.

Son dérivé dibromé est le dibromodiméthylstilbène (Suppl., **1**, 648).

DIMÉTHYLDIBENZYLE. — Voyez DIMÉTHYLBIBENZYLE.

DIMÉTHYLDICHLOROSUCCINIQUE (ACIDE) (*acide diméthyl2.3-dichloro2.3-butane-dioïque*),

$$\begin{array}{c}CH^3-CCl-CO^2H\\ |\\ CH^3-CCl-CO^2H\end{array}$$

— On l'obtient en chauffant au bain d'huile, dans un appareil à reflux, une solution benzénique d'acide 2.2 dichloropropionique avec de l'argent en poudre; il se forme en même temps de l'acide dichlorodiméthylsuccinique, désigné sous le nom de *dichloroadipique*, et de l'anhydride pyrocinchonique. Les deux équations ci-dessous rendent compte de la formation de ces deux corps :

$$2C^3H^4Cl^2O^2+Ag^2=2AgCl+C^6H^8Cl^2O^4,$$
$$2C^3H^4Cl^2O^2+2Ag^2=4AgCl+H^2O+C^6H^6O^3.$$

Le produit de la réaction est jeté bouillant sur un filtre et le résidu épuisé au moyen du benzène bouillant. Par le refroidissement, le benzène laisse déposer l'acide dichlorodiméthylsuccinique. On le fait recristalliser dans l'eau [R. Otto et H. Beckurts, *D. chem. G.*, **18**, 825; *Bull. Soc. Chim.*, (2), **45**, 557].

PROPRIÉTÉS PHYSIQUES. — Il forme des cristaux peu distincts, fusibles à 185°, peu solubles dans le benzène même bouillant, très solubles dans l'eau froide et dans l'alcool.

Traité par le zinc et l'acide sulfurique à la température ordinaire, il donne un mélange des acides diméthylsuccinique anti et para, surtout du para.

Chauffé avec un excès de potasse alcoolique, il perd de l'acide carbonique et du chlore et donne naissance à la réaction suivante :

$$C^6H^8Cl^2O^4+4KOH$$
$$=KCl+CO^3K^2+3H^2O+C^5H^6ClO^2K;$$

il se forme l'acide α méthyl-β chlorocrotonique (*méthyl2-chloro3-butène2-oïque1*),

$$\begin{array}{c}CH^3-CCl=C-CO^2H.\\ \quad\quad\quad\quad |\\ \quad\quad\quad\quad CH^3\end{array}$$

L'acide diméthyldichlorosuccinique, chauffé à 80-85° avec une solution de carbonate de sodium, donne naissance à une certaine quantité de méthyléthylcétone (*butanone*). Voici les réactions qui expriment la formation de ce corps :

$$\begin{matrix} CH^3-CCl-CO^2H \\ | \\ CH^3-CCl-CO^2H \end{matrix} + H^2O$$
$$= 2HCl + 2CO^2 + CH^3-CO-CH^2-CH^3.$$

Il se produit en même temps de l'acide méthylchlorocrotonique, d'après l'équation

$$\begin{matrix} CH^3-CCl-CO^2H \\ | \\ CH^3-CCl-CO^2H \end{matrix}$$
$$= HCl + CO^2 + \begin{matrix} CH^3-CCl=C-CO^2H \\ | \\ CH^3 \end{matrix}$$

Ses sels sont instables, et déposent, pour la plupart, les chlorures correspondants lorsqu'on les évapore.

Le *sel de sodium* est anhydre; le *sel de potassium* cristallise avec $2H^2O$; ils sont détruits tous les deux à 100°.

Le *sel d'argent* perd au contact de l'eau bouillante de l'acide carbonique et laisse déposer du chlorure d'argent.

ANHYDRIDE,

$$\begin{matrix} CH^3-CCl-CO \searrow \\ | \qquad\qquad O. \\ CH^3-CCl-CO \nearrow \end{matrix}$$

— On le prépare en chauffant pendant 3 heures à 110° l'acide diméthyldichlorosuccinique avec du chlorure d'acétyle en excès.

L'anhydride cristallisé dans l'alcool absolu forme de petits cristaux ayant la consistance du camphre, fusibles à 160° en se sublimant; l'action de l'eau régénère l'acide primitif.

Il est facilement soluble dans l'alcool, l'éther, le chloroforme et le benzène.

Dissous dans l'alcool absolu, il donne, sous l'influence de l'ammoniaque en solution alcoolique, le *diméthyldichlorosuccinamate d'ammonium* :

$$\begin{matrix} CH^3-CCl-CO^2AzH^4 \\ | \\ CH^3-CCl-COAzH^2 \end{matrix}$$

Ce corps est insoluble dans l'alcool et dans l'éther, très soluble dans l'eau.

Il perd à chaud du chlorure d'ammonium et de l'anhydride carbonique et donne l'*amide α méthyl-β chlorocrotonique*,

$$\begin{matrix} CH^3-CCl=C-CO-AzH^2, \\ | \\ CH^3 \end{matrix}$$

fusible à 108°.

Traité par la phénylhydrazine en solution éthérée ou benzénique, il fournit, avec dégagement de chaleur, du chlorhydrate de phénylhydrazine et de la *β pyrocinchonylphénylhydrazine* :

$$\begin{matrix} CH^3-C-CO \searrow \\ \| \qquad\qquad Az-AzH-C^6H^5 \\ CH^3-C-CO \nearrow \end{matrix}$$

[R. Otto et G. Holst, *J. prakt. Chem.*, (2), **41**, 460; *Bull. Soc. Chim.*, (3), **5**, 177]. A. Béhal.

DIMÉTHYLDICRÉSYLÉTHYLÈNE-DIAMINE. — Voyez TOLUIDINES.

DIMÉTHYL-DIÉTHYL-MÉTHANE (*diméthyl* 3.3-*pentane*). — Voyez HEPTANES et Suppl., **1**, 910.

DIMÉTHYL-DIISOPROPYL-MÉTHANE (*tétraméthyl* 2.3.3.4-*pentane*). — Voyez NONANES, Suppl., **1**, 1086.

DIMÉTHYLDIPHÉNYLÉTHANE (*diphényldiméthyléthane, diphényl* 2.3-*butane*),

$$\begin{matrix} CH^3 \\ C^6H^5 \end{matrix} > CH-CH < \begin{matrix} CH^3 \\ C^6H^5 \end{matrix}$$

— Le brométhylbenzène de M. Berthelot,

$$C^6H^5-CHBr-CH^3,$$

traité par la poudre de zinc ou le sodium, donne le diméthyldiphényléthane fondant à 123°,5, bouillant à 270° [Radziszewsky, *D. chem. G.*, **7**, 142. — Engler et Bethge, *ibid.*, **7**, 1127].

Il fournirait, par oxydation, de la benzophénone, ce qui est en contradiction avec la constitution qu'on lui attribue.

Le brométhylbenzène obtenu par l'action de l'acide bromhydrique sur le styrol, qui est surtout composé de $C^6H^5-CH^2-CH^2Br$, ne donne par la poudre de zinc que des traces de diméthyldiphényléthane [Bernthsen et Bender, *Bull. Soc. Chim.*, (2), **39**, 173].

DIMÉTHYLDIPHÉNYLMÉTHANE [Syn. *Diphényl-diméthyl-méthane*],

$$\begin{matrix} CH^3 \\ CH^3 \end{matrix} > C < \begin{matrix} C^6H^5 \\ C^6H^5 \end{matrix}$$

— En faisant agir le benzène, en présence du chlorure d'aluminium, soit sur le *méthylchloracétol* $CH^3-CCl^2-CH^3$ (*dichloro* 2.2-*propane*), soit sur le propylène-β-monochloré (*chloro* 2-*propène*) $CH^3-CCl=CH^2$, Silva a obtenu un hydrocarbure liquide, bouillant à 282° et répondant à la formule ci-dessus [*Bull. Soc. Chim.*, (2), **34**, 674; **35**, 289].

DIMÉTHYLÈNE-DIÉTHYLDIAMINE,

$$(CH^2)^2Az^2(C^2H^5)^2.$$

— Cette amine s'obtient en traitant l'aldéhyde formique par l'éthylamine,

$$2H.CHO + 2C^2H^5.AzH^2$$
$$= (CH^2.Az.C^2H^5)^2 + 2H^2O.$$

On ajoute de l'éthylamine à du trioxyméthylène fortement refroidi; on introduit le mélange dans un tube qu'on ferme à la lampe, on le chauffe pendant quelque temps au bain-marie et on rectifie l'huile obtenue, après l'avoir séchée sur de la potasse caustique.

La diméthylène-diéthyldiamine est un liquide possédant une odeur désagréable. Elle bout à 205-208° en se dédoublant en $2(C^3H^7Az)$ (densité de vapeur = 2,01). Elle est soluble dans l'eau froide et dans l'alcool. L'acide chlorhydrique la décompose, même à froid, en aldéhyde formique (trioxyméthylène) et en éthylamine :

$$(C^3H^7Az)^2 + 2H^2O = 2CH^2O + 2C^2H^5.AzH^2.$$

Le *chloroplatinate*, $(C^6H^{14}Az^2, 2HCl)PtCl^4$, se sépare sous la forme d'un précipité jaune cristallin lorsqu'on traite l'amine par le chlorure de platine en solution alcoolique saturée d'acide chlorhydrique [Kolotoff, *Beilstein Handb.*, 2e éd., **1**, 918; *Bull. Soc. Chim.*, (2), **45**, 253].

DIMÉTHYLÈNE-DIMÉTHYLDIAMINE. — Voyez Suppl., **1**, 1017.

DIMÉTHYLÈNE-DIPHÉNYLDIAMINE,

$$\begin{matrix} & C^6H^5 & \\ & | & \\ CH^2 < & \begin{matrix} Az \\ Az \end{matrix} & > CH^2. \\ & | & \\ & C^6H^5 & \end{matrix}$$

— Ce corps se forme par l'action de l'alcool sur la méthylène-diphényldiamine,

$$CH^2 \begin{cases} AzH - C^6H^5 \\ AzH - C^6H^5 \end{cases}$$

d'après l'équation

$$2\,C^{13}H^{14}Az^2 = C^{14}H^{14}Az^2 + 2\,C^6H^7Az,$$

en même temps qu'une base liquide [Pratesi, *Gazz. chim. ital.*, 14, 351].

Ce même corps a été décrit par M. Tollens, qui l'a obtenu directement par l'action de l'aldéhyde méthylique sur l'aniline, et qui l'a nommé *anhydroformaldéhyde-aniline* [*D. chem. G.*, 17, 657].

La diméthylène-diphényldiamine forme des cristaux incolores, fusibles à 140-141°, peu solubles dans l'alcool, solubles dans le chloroforme, le benzène et le toluène.

Le *chloroplatinate* a pour formule

$$C^{13}H^{14}Az^2 . 2\,HCl . PtCl^4.$$

DIMÉTHYLÈNE-DI-P-TOLUIDINE,

$$CH^3 - C^6H^4 - Az \begin{cases} CH^2 \\ CH^2 \end{cases} Az - C^6H^4 - CH^3.$$

— On obtient ce corps en faisant agir à 100° le chlorure de méthylène sur la p-toluidine [Grünhagen, *Ann. Chem.*, 256, 285].

La diméthylène-di-p-toluidine cristallise dans l'alcool en aiguilles groupées en sphères; elle se ramollit à 80° et fond à 90°; elle est insoluble dans l'eau, et forme des sels très bien cristallisés, entre autres :

Le *chlorhydrate*, $C^{16}H^{18}Az^2 . 2\,HCl$,
Le *chloraurate*, $C^{16}H^{18}Az^2 . 2\,HAuCl^4$,
Le *bromhydrate*, $C^{16}H^{18}Az^2 . 2\,HBr$
Et le *sulfate*, $C^{16}H^{18}Az^2 . HSO^4$.

Le *dérivé nitrosé*, $C^{16}H^{17}Az^3O$, est une poudre légère, d'un jaune clair; son *chloroplatinate*, $(C^{16}H^{17}Az^3O)^2 . H^2PtCl^6$, est un précipité cristallin.

DIMÉTHYLÉTHYLALCOYLAMINE [Syn. *Diméthyléthylalkine*, *diméthyléthoxylamine*, *diméthylamino2-éthanol1*],

$$\begin{array}{l} CH^2 - CH^2OH \\ | \\ Az \begin{cases} CH^3 \\ CH^3 \end{cases} \end{array}$$

— Ce corps à fonction mixte s'obtient lorsqu'on chauffe l'alcool monochloré avec la diméthylamine :

$$CH^2Cl - CH^2OH + HAz = (CH^3)^2$$
$$= CH^2\left(Az \begin{cases} CH^3 \\ CH^3 \end{cases}\right) - CH^2OH . HCl$$

[Ladenburg, *D. chem. G.*, 13, 2408].

Il se forme encore lorsqu'on chauffe en tubes scellés, à 160-190°, la méthylmorphiméthine avec l'anhydride acétique [Knorr, *D. chem. G.*, 22, 114, 2092].

C'est un liquide bouillant à 130-134°.

Il fournit un *chloroplatinate*,

$$CH^2[Az(CH^3)^2] - CH^2OH . HClPtCl^4,$$

qui forme des prismes très facilement solubles dans l'eau froide. Le chlorure d'or donne un *chloraurate*, $(C^4H^{11}AzO^4 . HCl)AuCl^3$, en belles aiguilles soyeuses, peu solubles dans l'eau froide. Ces aiguilles fondent à 197°.

Le *dérivé acétylé*, $CH^2 - Az(CH^3)^2 - CH^2O^2C^2H^3$, obtenu par l'action de l'anhydride acétique, donne un chloraurate cristallisé en lamelles. A. Béhal.

DIMÉTHYLÉTHYLBENZÈNES (*Éthylxylènes*), $C^6H^3(CH^3)^2(C^2H^5)$. — On connaît les quatre carbures suivants :

1. Éthylxylène dérivant de l'o-xylène,

$$(CH^3 . CH^3 . C^2H^5 = 1 . 2 . 4);$$

2. Éthylxylène dérivant du m-xylène,

$$(CH^3 . CH^3 . C^2H^5 = 1 . 3 . 4);$$

3. Éthylxylène dérivant du m-xylène,

$$(CH^3 . CH^3 . C^2H^5 = 1 . 3 . 5);$$

4. Éthylxylène dérivant du p-xylène,

$$(CH^3 . CH^3 . C^2H^5 = 1 . 4 . 2).$$

Ces carbures ont été préparés isolément en traitant les xylènes bromés correspondants par l'iodure d'éthyle et le sodium.

En faisant réagir le bromure d'éthyle sur le m-xylène en présence du chlorure d'aluminium, on obtient, suivant M. Stahl, un mélange des deux hydrocarbures (1.3.4) et (1.3.5) [J. Stahl, *D. chem. G.*, 23, 988].

Enfin, les produits qui prennent naissance dans la distillation du camphre sur le chlorure de zinc et qui bouillent entre 180 et 190°, sont constitués par un mélange de diméthyléthylbenzènes. MM. Armstrong et Miller [*D. chem. G.*, 16, 2255] ont caractérisé dans ce mélange l'hydrocarbure (1.2.4). D'après M. Ulhorn [*D. chem. G.*, 23, 2348], ce mélange renfermerait les hydrocarbures (1.2.4), (1.4.2) et vraisemblablement aussi l'hydrocarbure (1.3.4).

DIMÉTHYLÉTHYLBENZÈNE (1.2.4). — Il a été préparé par M. Jacobsen, puis par M. Stahl, à l'aide de l'o-xylène bromé correspondant, de l'iodure d'éthyle et du sodium. C'est un liquide bouillant à 187-188° et ne se solidifiant pas à — 20°.

Son *dérivé tribromé* est en aiguilles fusibles à 93°; son *dérivé trinitré* en fines aiguilles fusibles à 121°.

L'acide sulfurique concentré dissout facilement l'hydrocarbure en donnant un *dérivé sulfonique* qui se sépare par addition d'un peu d'eau. Ce dérivé sulfonique se présente sous la forme de grandes lames.

Le *sel de baryum*, $Ba\bar{A}^2$, $3H^2O$, est assez soluble dans l'eau.

Le *sel de sodium*, $Na\bar{A}$, $1,5H^2O$, se présente sous la forme de lamelles blanches.

La *sulfamide* cristallise dans l'alcool en grands prismes fusibles à 126°.

L'acide nitrique étendu transforme l'hydrocarbure en acide p-xylylique, fusible à 163° [O. Jacobsen, *D. chem. G.*, 19, 2515; *Bull. Soc. Chim.*, (2), 47, 126. — J. Stahl, *loc. cit.*].

DIMÉTHYLÉTHYLBENZÈNE (1.3.4). — C'est le carbure décrit Dict., 2, 890. Il se forme en même temps que son isomère (1.3.5) quand on chauffe à 40° pendant 48 heures un mélange de m-xylène (250 gr.), de bromure d'éthyle (250 gr.) et de chlorure d'aluminium (50 gr.). Pour séparer les deux hydrocarbures, on les transforme en dérivés sulfoniques, puis en sulfamides (Stahl).

Au moyen du chlorure d'éthylidène, du m-xylène et du chlorure d'aluminium, M. Anschütz [*Ann. Chem.*, 235, 323] a obtenu un éthylxylène qui possède peut-être aussi la même constitution (1 3.4).

Le diméthyléthylbenzène (1.3.4) est un liquide bouillant à 185° (densité = 0,8783 à 20°). Il ne se solidifie pas à — 15°. L'acide nitrique étendu le convertit en acide xylylique, fusible à 125°.

Le *dérivé monobromé*,

$$C^6H^2(CH^3 . CH^3 . C^2H^5)Br_{(6)},$$

est une huile bouillant à 247-248°, que l'acide nitrique étendu convertit en acide bromoxylylique, fusible à 172°.

Le *dérivé tribromé* est en grandes aiguilles prismatiques blanches, fusibles à 94-95°.

Le *dérivé mononitré* est un liquide bouillant à 270-272° en se décomposant partiellement.

Le *dérivé trinitré* est en aiguilles blanches, assez peu solubles dans l'alcool, fusibles à 127°.

Le *dérivé amidé* est un liquide incolore, brunissant à l'air et bouillant à 145° sous la pression de 20 millimètres.

Son *sulfate*, $(C^{10}H^{15}Az)^2SO^4H^2, H^2O$, est en lamelles blanches.

Le *dérivé sulfonique* se prépare en dissolvant l'hydrocarbure dans l'acide sulfurique tiède; par addition d'un peu d'eau, il se précipite sous la forme d'une masse huileuse, qui devient bientôt cristalline.

Le *sel de baryum*, $Ba\bar{A}^2$, $2H^2O$, est en petites lamelles rhombiques, peu solubles dans l'eau froide.

Le *sel de sodium*, $Na\bar{A}$, $2H^2O$, très soluble dans l'eau, se sépare de sa solution saturée à chaud sous la forme d'une masse cristalline formée de prismes microscopiques.

La *sulfamide* cristallise dans l'alcool étendu en aiguilles, dans l'alcool fort en prismes fusibles à 148°. Oxydée par le permanganate en solution alcaline, cette sulfamide fournit l'*acide sulfamique*, déjà obtenu par MM. Jacobsen et Meyer [*D. chem. G.*, **16**, 190],

$$C^6H^2 . CH^3_{(1)} . CH^3_{(3)} . CO^2H_{(4)} . SO^2AzH^2_{(6)},$$

fusible à 266-267° [Jacobsen, *loc. cit.* — Stahl, *loc. cit.* — A. Töhl et A. Geyger, *D. chem. G.*, **25**, 1533].

Diméthyléthylbenzène (1.3.5). — C'est le composé décrit Suppl. **1**, 647. Le même carbure a été obtenu par la méthode de M. Fittig au moyen du xylène bromé correspondant [Wroblewski, *Ann. Chem.*, **192**, 217].

Il se forme, en même temps que le dixylyléthane dissymétrique, lorsqu'on fait agir, en présence du chlorure d'aluminium, le chlorure d'éthylidène sur le m-xylène [R. Anschütz et E. Romig, *D. chem. G.*, **18**, 662].

Il s'obtient en même temps que son isomère (1.3.4) quand on fait réagir le chlorure d'aluminium sur un mélange de m-xylène et de bromure d'éthyle [Stahl, *loc. cit.*].

Ce diméthyléthylbenzène est un liquide bouillant à 185°, de densité = 0,861 à 20°; il ne se solidifie pas à — 20°.

Le *dérivé monobromé*,

$$C^6H^2 . CH^3_{(1)} . Br_{(2)} . CH^3_{(3)} . C^2H^5_{(5)},$$

qui se forme quand on brome l'hydrocarbure en présence de l'iode, se transforme par oxydation en un acide bromomésitylénique de constitution connue.

Le *dérivé mononitré* est une huile qui bout en se décomposant partiellement à 270-272°.

Le *dérivé tribromé* (Suppl., **1**, 647) fond à 234-235°.

Dérivés sulfoniques. — 1°

$$C^6H^2 . CH^3_{(1)} . SO^3H_{(2)} . CH^3_{(3)} . C^2H^5_{(5)}.$$

— Ce dérivé s'obtient par sulfonation directe du carbure.

Le *sel de potassium*, $K\bar{A}$, $2H^2O$, est en petites aiguilles, très solubles dans l'eau.

La *sulfamide* correspondante est en aiguilles fusibles à 126° (Stahl). Oxydée par le permanganate, cette sulfamide se transforme en celle de l'acide mésitylénique, décrite par M. Jacobsen. Cette transformation fixe la constitution du dérivé sulfonique.

Le *dérivé bromé*,

$$C^6H . CH^3_{(1)} . SO^3H_{(2)} . CH^3_{(3)} . C^2H^5_{(5)} . Br_{(6)},$$

se sépare sous la forme d'un précipité huileux quand on traite par le brome le sel de sodium de l'acide sulfonique dissous dans l'acide chlorhydrique.

Le *sel de calcium* de cet acide bromé,

$$Ca\bar{A}^2, 6H^2O,$$

est en lamelles très peu solubles dans l'eau.

La *sulfamide* est en aiguilles jaunâtres, fusibles à 156°.

2° $C^6H^2 . CH^3_{(1)} . CH^3_{(3)} . C^2H^5_{(5)} . SO^3H_{(6)}$. — Ce composé s'obtient en faisant digérer avec de la poudre de zinc et de l'ammoniaque concentrée le sel de sodium de l'acide bromosulfonique suivant.

Le *sel de baryum*, $Ba\bar{A}^2, 6H^2O$, est en aiguilles.

La *sulfamide* est en petites aiguilles, fusibles à 116-117°.

Le *dérivé bromé*,

$$C^6H . CH^3_{(1)} . Br_{(2)} . CH^3_{(3)} . C^2H^5_{(5)} . SO^3H_{(6)},$$

se prépare en traitant par l'acide chlorosulfurique le dérivé monobromé signalé plus haut.

Le *sel de baryum* de cet acide bromé,

$$Ba\bar{A}^2, 4H^2O,$$

est en lamelles très solubles dans l'eau.

Le *sel de cadmium*, $Cd\bar{A}^2$, $3H^2O$, est en lamelles peu solubles [Töhl et Geyger, *loc. cit.*].

Diméthyléthylbenzène (1.4.2). — On le prépare, d'après la méthode de M. Fittig, au moyen du p-xylène bromé correspondant.

C'est un liquide qui bout à 185°, ne se solidifie pas à — 20° et fournit par oxydation l'acide

$$C^6H^3 . CH^3_{(1)} . CO^2H_{(2)} . CH^3_{(4)},$$

fusible à 132°.

Traité par un excès de brome en présence d'un peu d'iode, il fournit un *dérivé tribromé*, en fines aiguilles, très peu solubles dans l'alcool froid, fusibles à 91°.

Le *dérivé trinitré* est en prismes fusibles à 129°.

Ce diméthyléthylbenzène se dissout facilement dans l'acide sulfurique tiède et le *dérivé sulfonique* se sépare par addition d'eau sous la forme de grandes lames rhombiques.

Le *sel de potassium*, $K\bar{A}$, H^2O, est en aiguilles très solubles.

Le *sel de sodium*, $Na\bar{A}$, H^2O, est en tables peu solubles dans l'eau froide.

Le *sel de baryum*, $Ba\bar{A}^2$, est en lamelles très peu solubles.

Le *sel de cuivre*, $Cu\bar{A}^2$, $8H^2O$, est en lamelles bleu pâle.

La *sulfamide* cristallise dans l'alcool étendu en lamelles nacrées, dans l'alcool fort en grands cristaux fusibles à 117°.

Le sel de potassium chauffé avec de la potasse fondante fournit le *phénol* correspondant (*éthyl-p-xylénol*),

$$C^6H^2 . CH^3_{(1)} . C^2H^5_{(2)} . OH_{(3)} . CH^3_{(4)},$$

fusible à 37°, bouillant à 245°. L'action prolongée de la potasse le transforme en un acide

$$C^6H^2 . CH^3 . CO^2H . OH . CH^3,$$

fusible à 140-142° et de constitution connue [Jacobsen, *loc. cit.* — Stahl, *loc. cit.*].

Léon Roux.

DIMÉTHYL-ÉTHYL-CARBINAMINE. — Voyez AMYLIQUES (ALCOOLS), Suppl. 2, I, 259.

DIMÉTHYL-ÉTHYLCARBINOL. — Voyez AMYLIQUES (ALCOOLS), Suppl. 2, I, 259.

DIMÉTHYLÉTHYLÈNE. — Voyez BUTYLÈNE, Suppl. 2, I, 808.

DIMÉTHYLÉTHYLÉTHYLÈNE. — Voy. HEXYLÈNES.

DIMÉTHYLÉTHYLPHÉNYLMÉTHANE — Voyez DIÉTHYLTOLUÈNE.

DIMÉTHYLFUMARIQUE. — Voyez PYROCINCHONIQUE.

DIMÉTHYLFURFURANE. — Par la distillation sèche de l'acide carbopyrotritarique, MM. F. Dietrich et C. Paal ont obtenu un mélange d'acide pyrotritarique, d'uvinone et de diméthylfurfurane, que l'on purifie par rectification du produit lavé à la soude. Le rendement de cette opération est très faible (de 5 à 7 0/0).

On l'obtient également, et d'une façon plus avantageuse, en chauffant l'acétonylacétone avec du chlorure de zinc ou de l'anhydride phosphorique, d'après l'équation

$$\begin{array}{c} CH^2 - CH^2 \\ | \qquad\quad | \\ CH^3.CO \qquad CO.CH^3 \end{array}$$

$$= H^2O + \begin{array}{c} CH - CH \\ \| \qquad\quad \| \\ CH^3.C \qquad C.CH^3 \\ \diagdown \;\; \diagup \\ O \end{array}$$

C'est un liquide insoluble dans l'eau et dans les alcalis, possédant une odeur caractéristique, bouillant à 94°. Il se mêle en toutes proportions aux dissolvants organiques usuels.

A chaud, les acides minéraux concentrés le résinifient. L'eau ne l'attaque pas, même à 170°, tandis que l'acide chlorhydrique étendu le convertit en acétonylacétone par hydratation. Il est sans action sur la phénylhydrazine.

Chauffé avec de l'acide iodhydrique et du phosphore vers 150-170°, il donne une résine d'où l'on a pu extraire par distillation dans un courant de vapeur un composé huileux ne renfermant pas d'iode et contenant 80,18 de carbone et 11,22 d'hydrogène [F. Dietrich et C. Paal, *D. chem. G.*, 20, 1077; *Bull. Soc. Chim.*, (2), 48, 437 et 591].

Le diméthylfurfurane a encore été caractérisé dans les produits de la distillation du sucre avec la chaux vive, produit que Fremy avait considéré comme un corps unique, la *métacétone*, et qui est en réalité un mélange d'aldéhyde propylique et de diméthylfurfurane avec du furfurane et d'autres homologues [E. Fischer et W.-J. Laycock, *D. chem. G.*, 22, 101; *Bull. Soc. Chim.*, (3), 3, 139].

O. Saint-Pierre.

DIMÉTHYLFURFURANE-CARBONIQUE (ACIDE). — Voyez ACIDE PYROTRITARIQUE.

DIMÉTHYLFURFURANE-DICARBONIQUE (ACIDE). — Voyez ACIDE CARBOPYROTRITARIQUE.

DIMÉTHYLHOMOPHTALIQUE (ACIDE) (*benzène-méthyloïque* 1-*diméthoéthyloïque* 2[2]),

$$C^6H^4 \begin{cases} CO^2H \\ C(CH^3)^2 - CO^2H \end{cases}$$

— On prépare l'acide diméthylhomophtalique en dissolvant l'anhydride (voyez ci-dessous) dans une lessive bouillante de soude caustique; on étend la solution et on la précipite à froid par l'acide chlorhydrique. L'acide diméthylhomophtalique se dépose peu à peu en aiguilles douées d'un éclat vitreux, solubles dans l'eau chaude, l'alcool, l'éther et le chloroforme.

Il se dissout aisément dans les alcalis et dans l'ammoniaque. Chauffé brusquement, il fond vers 123°; chauffé graduellement, il entre en fusion à 115°, et ne tarde pas à perdre de l'eau et à se transformer en anhydride. Cette transformation s'effectue également au sein d'une solution aqueuse à l'ébullition.

Sel de potassium, $C^9H^4(CH^3)^2O^4K^2, H^2O$. — On le prépare en dissolvant l'anhydride dans la potasse alcoolique additionnée de quelques gouttes d'eau, et en ajoutant à la solution de 5 à 10 volumes d'alcool. Le sel de potassium cristallise en lamelles au bout de quelques heures; on le filtre, on le lave à l'alcool et on le dessèche en l'exposant au-dessus de l'acide sulfurique.

L'eau de cristallisation du sel potassique n'est éliminée que très lentement à 125°, rapidement à 180-190°.

Sel d'argent, $C^9H^4(CH^3)^2O^4Ag^2$. — On le prépare en mélangeant des dissolutions bouillantes de nitrate d'argent et du sel potassique. Il constitue une poudre cristalline.

Les *sels de baryum*, *de calcium* et *de plomb* sont blancs et insolubles dans l'eau.

Le *sel de cuivre* est un précipité pulvérulent bleu. Ces sels se préparent par double décomposition.

ANHYDRIDE DIMÉTHYLHOMOPHTALIQUE,

$$C^6H^4 \begin{cases} C \text{———} O \\ \qquad\qquad | \\ C(CH^3)^2 - CO \end{cases}$$

— On le prépare en chauffant pendant 4 ou 5 heures à 210-220°, en vase clos, 1 partie de diméthylhomophtalimide (voyez plus loin) avec 4 parties d'acide chlorhydrique fumant.

L'anhydride diméthylhomophtalique se dépose dans l'alcool en cristaux aplatis incolores, fusibles à 82,5-83° et bouillant à 311-312° sous la pression de 759 millimètres. Soumis à la distillation sèche avec de la chaux sodée et de la chaux, il se transforme en isopropylbenzène,

$$C^6H^5 - CH \begin{cases} CH^3 \\ CH^3 \end{cases}$$

[Gabriel, *D. chem. G.*, 19, 2363; 20, 1198].

DIMÉTHYLHOMOPHTALIMIDE,

$$C^6H^4 \begin{cases} C(CH^3)^2 - CO \\ \qquad\qquad\quad | \\ CO \text{———} AzH \end{cases}$$

— On chauffe au bain-marie 48 grammes d'homophtalimide pulvérisée, 50 centimètres cubes d'eau, 35 grammes de potasse caustique et 200 centimètres cubes d'alcool éthylique; lorsque la dissolution est complète, on laisse refroidir jusqu'à 40-50°, et on ajoute au liquide, par petites portions, 85 grammes d'iodure de méthyle. On laisse digérer pendant 1 heure, et on chauffe ensuite pendant 3 quarts d'heure au réfrigérant à reflux pour achever la réaction; on chasse alors l'alcool, on ajoute au résidu de l'eau bouillante et on filtre après quelques heures de repos; le produit desséché est soumis à la distillation et le liquide distillé purifié par un traitement à la soude caustique. La liqueur filtrée est précipitée par le chlorure d'ammonium; le précipité est filtré, lavé, séché et distillé; enfin, le produit distillé est cristallisé dans l'acide acétique à 85 0/0.

La diméthylhomophtalimide cristallise en aiguilles aplaties, fusibles à 119-120° et distillant sans décomposition à 318°,5 sous la pression de 770 millimètres (Gabriel).

Traitée par l'oxychlorure de phosphore, en vase clos, à 200°, elle se transforme en une base qui est probablement l'éthyldichloro-isoquinoléine,

$$C^6H^4 \left< \begin{matrix} \overset{C^2H^5}{\overset{|}{C}} = CCl \\ \qquad | \\ CCl = Az \end{matrix} \right.$$

La diméthylhomophtalimide, distillée avec de la poudre de zinc, se transforme en γ-méthylisoquinoléine,

$$\begin{matrix} C(CH^3) = CH \\ | \\ C^6H^4 — CH \end{matrix} \Big> Az$$

[Le Blanc, *D. chem. G.*, **21**, 2299].

TRIMÉTHYLHOMOPHTALIMIDE,

$$C^6H^4 \left< \begin{matrix} C(CH^3)^2 - CO \\ | \\ CO —— Az \\ | \\ CH^3 \end{matrix} \right.$$

— Ce corps se prépare par l'action de la potasse alcoolique et de l'iodure de méthyle sur l'homophtalimide ou sur la diméthylhomophtalimide.

Il cristallise dans l'eau en aiguilles dentelées, fusibles à 102-103° et bouillant à 294°,5 sous la pression de 770 millimètres; il se sublime lentement vers 100° et se dissout dans les dissolvants organiques usuels. Il est insoluble dans la soude caustique. L'acide chlorhydrique à haute température, et sous pression, l'attaque beaucoup plus difficilement que la diméthylhomophtalimide.

G. de Bechi.

DIMÉTHYLMALONIQUE (ACIDE). — Voy. MALONIQUE.

DIMÉTHYLNAPHTALÈNE, $C^{10}H^6(CH^3)^2$ (voyez Suppl., 1, 648). — M. Giovannozzi [*Bull. Soc. Chim.*, (2), **39**, 182; *Gazz. chim. ital.*, **12**, 147] prépare cet hydrocarbure en chauffant, au réfrigérant ascendant, 100 parties de dibromonaphtalène de Glaser, fusible à 81°, en dissolution dans le toluène, avec 350 parties d'iodure de méthyle et 40 parties de sodium. La réaction étant terminée, on élimine le toluène par distillation et on reprend le résidu par l'éther; on fractionne dans le vide et on traite encore à l'ébullition par le sodium pour enlever le dibromure non attaqué. Le diméthylnaphtalène est un liquide incolore, réfringent, doué de l'odeur du naphtalène; il distille à 110° sous 6 millimètres de pression et à 265° sous la pression ordinaire; refroidi à —18°, il ne se congèle pas. Sa densité = 1,057 à 20°.

Le diméthylnaphtalène fournit avec le brome des *dérivés bromés*, et avec l'acide sulfurique un *acide monosulfoné* $C^{12}H^{11}SO^3H$, dont le sel de potassium cristallise avec 1 molécule d'eau en lamelles blanches, nacrées.

M. Cannizzaro [*D. chem. G.*, **16**, 2685] a obtenu le diméthylnaphtalène par l'action du sulfure de phosphore sur le dihydrodiméthylnaphtol.

Enfin, MM. Emmert et Reingruber [*Ann. Chem.*, **211**, 365] ont retiré du goudron de houille un diméthylnaphtalène qui paraît être un isomère du précédent. Il distille à 264-266°, et donne un *picrate* cristallisé en prismes fins, orangés, fusibles à 118° (tandis que celui de son isomère fond à 139°). Traité par l'acide sulfurique fumant, il fournit un dérivé monosulfoné dont le *sel de baryum* est difficilement soluble, et un *acide disulfoné* dont le *sel de baryum* est facilement soluble dans l'eau.

F. Reverdin.

DIMÉTHYLNAPHTOL, $C^{10}H^5(CH^3)^2OH$. — Outre le mode de préparation indiqué (Suppl., 1, 648), ce composé prend également naissance, d'après M. Cannizzaro [*D. chem. G.*, **16**, 2685], par l'action du soufre sur le dihydrodiméthylnaphtol $H^2 . C^{10}H^5(CH^3)^2OH$.

DIMÉTHYLNICOTIANIQUE (ACIDE). — Voyez LUTIDINE CARBONIQUE.

DIMÉTHYLOMBELLIQUE (ACIDE). — Voyez OMBELLIQUE.

DIMÉTHYLOXALIQUE. — Voyez OXY-ISOBUTYRIQUE.

DIMÉTHYLOXYQUINIZINE. — Nom primitivement donné à l'ANTIPYRINE (voyez ce mot).

DIMÉTHYLPHÉNYLACÉTIQUE (AC.),

$$(CH^3)^2 . C^6H^3 . CH^2 . CO^2H.$$

— Le *nitrile* de cet acide se forme quand on chauffe à 120°, avec une solution alcoolique de cyanure de potassium, le mésitylène chloré ou bromé dans la chaîne latérale. En saponifiant ce nitrile par la potasse, on obtient l'acide diméthylphénylacétique symétrique,

$$(CH^3)^2C^6H^3 . CH^2 . CO^2H$$
$$(CH^3 . CH^3 . CH^2CO^2H = 1 . 3 . 5)$$

[G. Robinet, *C. R.*, **96**, 500; *Bull. Soc. Chim.*, (2), **40**, 316. — P. Wispek, *D. chem. G.*, **16**, 1577; *Bull. Soc. Chim.*, (2), **42**, 273].

L'acide diméthylphénylacétique est très soluble dans l'alcool et dans l'éther, peu soluble dans l'eau froide, assez soluble dans l'eau bouillante. Chauffé avec de l'eau, il fond avant d'être dissous et cristallise par refroidissement lent en longs prismes fusibles à 100°. Il bout à 273° sous la pression de 735 millimètres.

Il est difficilement entraîné par la vapeur d'eau.

Il réduit à chaud le permanganate de potassium alcalin; des produits d'oxydation formés on peut extraire, par l'éther, de l'acide uvitique. L'acide nitrique étendu, si on chauffe le mélange à l'ébullition pendant 8 ou 10 heures, en brûle complètement une partie. Il se fait en même temps de l'acide nitrodiméthylphénylacétique.

Le *sel de potassium*, $K\bar{A}, H^2O$, cristallise dans l'eau en fines aiguilles soyeuses.

Le *sel de calcium*, $Ca\bar{A}^2, 3H^2O$, très soluble dans l'eau, cristallise en aiguilles épaisses, transparentes, qui perdent la moitié de leur eau dans l'air sec.

Le *sel de baryum*, $Ba\bar{A}^2, 4H^2O$, cristallise en beaux prismes transparents, qui perdent leur eau dans l'air sec.

Le *sel de magnésium*, $Mg\bar{A}^2, 5H^2O$, cristallise en groupes étoilés de longues aiguilles fines et soyeuses.

Le *sel d'argent* est un précipité gélatineux qui cristallise dans l'eau bouillante en longues aiguilles. Le *sel de cuivre* est un précipité vert, le *sel de fer* un précipité rosé, les *sels de plomb* et *de mercure* des précipités blancs (Wispek).

DÉRIVÉ NITRÉ, $(CH^3)^2C^6H^2(AzO^2) . CH^2 . CO^2H$ (probablement

$$CH^3 . CH^3 . AzO^2 . CH^2CO^2H = 1 . 3 . 4 . 5).$$

— On chauffe pendant 6 ou 8 heures 2 grammes d'acide diméthylphénylacétique avec 120 ou 140 grammes d'acide nitrique étendu (1 partie d'acide nitrique, 2 parties d'eau). On obtient ainsi un mélange d'acide nitré et d'acide non attaqué, qu'on sépare facilement en mettant à profit la différence de solubilité de leurs sels calciques. Le sel de l'acide nitré, peu soluble dans l'eau, se dépose en aiguilles par le refroidissement de la liqueur.

L'acide nitrodiméthylacétique cristallise dans l'eau en fines aiguilles jaunâtres, fusibles à 139°. Il est insoluble dans l'eau froide, assez soluble dans l'eau bouillante, très soluble dans l'alcool et dans l'éther.

Le *sel de calcium*, $Ca\bar{A}^2, 4H^2O$, cristallise en aiguilles épaisses qui perdent leur eau de cristallisation et détonent à une température élevée.

Le *sel de baryum*, $Ba\bar{A}^2, 4,5H^2O$, cristallise en aiguilles.

Le *sel d'argent*, $Ag\bar{A}$, fond lorsqu'on le chauffe et brûle lentement en laissant une éponge d'argent.

Le *sel de cuivre* est un précipité vert pâle, le *sel de fer* un précipité rose, les *sels de plomb* et *de mercure* des précipités blancs. Le sel de plomb est soluble dans l'eau chaude.

DÉRIVÉ AMIDÉ, $(CH^3)^2C^6H^2(AzH^2).CH^2.CO^2H$. — Ce dérivé amidé n'a pas pu être obtenu. En effet, lorsqu'on réduit à chaud l'acide nitré par l'étain et l'acide chlorhydrique et qu'on verse le produit de la réaction dans l'eau, il se sépare un volumineux précipité blanc répondant à la formule $C^{10}H^{11}AzO$ et qui constitue l'*anhydride de l'acide aminodiméthylphénylacétique*,

$$(CH^3)^2 = C^6H^2 \begin{matrix} < AzH > \\ < CH^2 > \end{matrix} CO.$$

Cet anhydride (*carbomésyle*) est un corps très stable. Il cristallise dans l'alcool étendu et chaud en aiguilles blanches, feutrées, qui fondent à 231-232°, mais qui, chauffées lentement, se subliment sans fondre vers 215°. Il est soluble dans la potasse à chaud, insoluble dans l'ammoniaque. Il se dissout dans l'acide chlorhydrique concentré et chaud, dans l'acide sulfurique concentré et froid ; mais l'eau le précipite inaltéré de ces dernières dissolutions. Il ne réduit pas, même à chaud, les solutions ammoniacales des sels d'argent [Wispek, *loc. cit.*].

Léon Roux.

DIMÉTHYLPHÉNYLCARBINOL [Syn. *Oxyisopropylbenzène*, *méthyléthylol* 1[1] - *benzène*], $C^6H^5.COH:(CH^3)^2$. — Cet alcool n'est pas connu. On a préparé seulement son *dérivé sulfonique* (acide oxyisopropylbenzène-sulfonique), $(CH^3)^2COH.C^6H^4.SO^3H$, en oxydant l'acide isopropylbenzène-sulfonique par le permanganate de potassium en solution alcaline. L'oxydation terminée, on acidifie la liqueur, on filtre, on évapore à sec et on épuise le résidu par l'alcool. L'acide oxypropylbenzène-sulfonique cristallise mal ; il se sépare de sa solution alcoolique sous la forme de croûtes confusément cristallines.

Le *sel de baryum* et le *sel de plomb* de cet acide, chauffés à 110-140°, perdent une molécule d'eau et se transforment en sels de l'*acide propénylbenzène-sulfonique*. De même, le *sel de potassium*, traité par le perchlorure de phosphore, donne un chlorure que l'ammoniaque transforme en *propénylbenzène-sulfamide* [R. Meyer et Baur, *Ann. Chem.*, 219, 301.].

DIMÉTHYLPHÉNYLÉTHANE. — Voyez DICRÉSYLÉTHANE.

DIMÉTHYLPHÉNYLMÉTHANE. — Voy. DICRÉSYLMÉTHANE.

DIMÉTHYLPROPYLACÉTIQUE (ACIDE) [Syn. *Iso-œnanthylique*, *isoheptylique*, *diméthyl* 2.2-*pentanoïque* 1],

$$C^3H^7 - CH \begin{cases} (CH^3)^2 \\ CO^2H \end{cases}$$

— M. Poetsch a donné le nom de *diméthylpropylacétique* à un acide $C^7H^{14}O^2$ qu'il a isolé parmi les produits de l'action de l'oxyde de carbone sur un mélange intime et sec d'isoamylate et d'acétate de sodium chauffé à 180°.

Il se forme dans la réaction plusieurs acides qu'on sépare par distillation fractionnée : la portion bouillant à 210-215° est constituée par l'acide diméthylpropylacétique à peu près pur [Poetsch, *Ann. Chem.*, **218**, 67].

Cet acide aurait été préparé antérieurement par M. Grimshaw à partir de l'oxyde d'éthylisoamyle [*Ann. Chem.*, **166**, 163]. En chlorant ce dernier à l'ébullition, on obtient deux chlorures d'heptyle $C^7H^{15}Cl$, dont l'un fournit par saponification un alcool primaire, puis par oxydation un acide iso-œnanthylique bouillant au même point que celui de M. Poetsch. Les sels de calcium décrits par les deux auteurs paraissent identiques ; il y a donc lieu d'admettre que les acides le sont aussi.

L'acide iso-œnanthylique est un liquide huileux, doué d'une odeur désagréable, bouillant à 216°,5-218°. Sa densité à 15° = 0,926.

Le *sel de sodium*, $C^7H^{13}NaO^2, H^2O$, se dépose dans l'alcool faible en grains cristallins qui perdent leur eau à 100°.

Le *sel de baryum* n'a été obtenu qu'à l'état de croûtes amorphes.

Le *sel de calcium*, $Ca(C^7H^{13}O^2)^2, 2H^2O$, se prépare en saturant l'acide à chaud par de la craie ; il cristallise en prismes limpides ou en fines aiguilles.

Le *sel d'argent*, $C^7H^{13}AgO^2$, est obtenu par le même procédé en grains ou en fines aiguilles.

L'*éther méthylique*, $C^7H^{13}O^2.CH^3$, se forme lorsqu'on laisse digérer pendant quelques jours à 40° une solution d'acide dans l'alcool méthylique, saturé d'acide chlorhydrique. C'est un liquide d'odeur agréable, bouillant à 166-170°,5, de densité = 0,884 à 15°.

L'*éther éthylique* bout à 181°,5-182°,5 et possède une densité = 0,8720 à 15°.

Ces deux éthers ne sont pas attaqués par l'ammoniaque alcoolique concentrée, même à 120° en tube scellé.

P. Freundler.

DIMÉTHYLPROPYLCARBINOL [Syn. *Méthyl* 2-*pentane-ol* 2],

$$(CH^3)^2.C(OH).C^3H^7.$$

— Cet alcool s'obtient, suivant la méthode de Boutleroff (voyez Suppl., **1**, 916), en traitant le chlorure de butyryle par le zinc-méthyle. Les rendements sont médiocres ; la réaction fournit principalement de l'hexylène et un peu de méthyléthylcétone [Jawein, *Ann. Chem.*, **195**, 254].

Le diméthylpropylcarbinol bout à 122°,5-123°,5 et ne se solidifie pas à — 38°.

Son *iodure*, $C^6H^{13}I$, bout vers 142° en se décomposant.

DIMÉTHYLISOPROPYLCARBINOL (*diméthyl* 2.3-*pentane-ol* 2), $(CH^3)^2.C(OH).CH(CH^3)^2$. — Cet alcool a été préparé par plusieurs méthodes, dont quelques-unes ont été déjà décrites (voyez Suppl., **1**, 916).

On l'obtient en outre :

1° En faisant réagir le zinc-méthyle sur le chlorure de dichloracétyle [Bogomolez, *Ann. Ch* **209**, 82] :

$$CHCl^2.COCl + Zn(CH^3)^2 = CHCl^2.C(CH^3)ClOZnCH^3;$$

$$CHCl^2.C(CH^3)ClOZnCH^3 + 3Zn(CH^3)^2 = CH(CH^3)^2.C(CH^3)^2OZnCH^3 + 3ZnCH^3Cl;$$

$$CH(CH^3)^2.C(CH^3)^2OZnCH^3 + H^2O = (CH^3)^2.CH.C(OH)CH^3 + CH^4 + ZnO.$$

Le produit intermédiaire

$$CH.(CH^3)^2.C(CH^3)^2OZnCH^3$$

a pu être isolé et cristallise en belles aiguilles blanches.

2° En traitant le chloral (1 moléc.) par le zinc-méthyle (2 moléc.) [Rizza, *Journ. Soc. russe Phys. Chim.*, **14**, 99].

3° En chauffant le tétraméthyléthylène à 100° avec une solution aqueuse d'acide formique ou acétique, ou mieux d'acide oxalique à 5-10 0/0. L'hydratation est assez lente [S. Miklaschewsky, *Journ. Soc. russe Phys. Chim.*, 1890, (1), 495].

Le diméthylisopropylcarbinol est un liquide à odeur camphrée, bouillant vers 117-118°, dont la densité = 0,8387 à 0° et 0,8232 à 19° [Pawloff, *Ann. Chem.*, **196**, 123].

Chauffé à 200-220° avec de l'iodure de méthyle, il se dédouble en eau et tétraméthyléthylène [Volkoff, *Journ. Soc. russe Phys. Chim.*, **21**. 336]. Le permanganate en solution neutre l'oxyde en donnant de l'acétone, de l'acide acétique et une petite quantité de pinacone [Wagner, *J. prakt. Chem.*, (2), **44**, 310].

L'acide iodhydrique transforme l'alcool en un *iodure* $C^6H^{13}I$, qui bout vers 139-141° en se décomposant.

P. Freundler.

DIMÉTHYLPYRIDONE. — Voyez Lutidone.

DIMÉTHYLPYRIDONE - DICARBONIQUE (AC.). — Voyez Lutidone-dicarbonique.

DIMÉTHYLPYRONE,

```
            O
         /     \
CH³.C           C.CH³
     ‖           ‖
    CH          CH
         \     /
           CO
```

— Ce composé se produit par l'action de la chaleur et des acides minéraux, surtout de l'acide iodhydrique, sur l'acide déhydracétique. Il se produit également par l'action du chlorure de zinc sur le chlorure d'acétyle.

C'est un corps neutre, très soluble dans l'eau, que les alcalis séparent de ses solutions, et qui, par évaporation de sa solution éthérée, forme des cristaux brillants, fusibles à 132°. Il commence à se sublimer dès la température de 80° et bout sans décomposition à 248-249° sous 719 millimètres.

Il ne se combine pas à la phénylhydrazine et ne donne pas de coloration avec les sels ferriques. Ses solutions réduisent la liqueur de Fehling.

Chauffé avec de l'eau de baryte, la diméthylpyrone donne un sel $C^7H^8O^3Ba, 4H^2O$, qui, par l'action des acides, ne régénère pas la diméthylpyrone, mais un corps renfermant une molécule d'eau en plus et qui doit être la diacétylacétone.

Ce composé, fusible à 49°, se décompose par la chaleur en perdant de l'eau et régénérant la diméthylpyrone. Traité par l'ammoniaque, il donne de la lutidone, tandis que la diméthylpyrone elle-même ne peut être ainsi transformée [F. Feist, *D. chem. G.*, **22**, 1570; *Ann. Chem.*, **257**, 253; *Bull. Soc. Chim.*, (3), **3**, 657 et **5**, 611].

O. Saint-Pierre.

DIMÉTHYLPYRONE - DICARBONIQUE (ACIDE),

```
                 O
              /     \
     CH³.C           C.CH³
CO²C²H⁵.C            C.CO²C²H⁵
              \     /
                CO
```

— On ne connaît que son éther diéthylique, qui s'obtient par l'action du chlorure de carbonyle sur le sel de cuivre de l'éther acétylacétique, ou par l'action du chlorure d'acétyle sur le dérivé disodé de l'éther acétone-dicarbonique [Peratoner et Strazzeri, *Gazz. chim. ital.*, **21**, 292].

Il fond à 79-80° et est à peine soluble dans l'eau, mais se dissout aisément dans les liquides organiques ainsi que dans les acides concentrés. Sa solution alcoolique traitée par la potasse donne une coloration d'un jaune rouge. Si on y ajoute un excès d'ammoniaque concentrée, il se précipite des cristaux prismatiques fusibles à 221° qui constituent l'éther diméthylpyridone-dicarbonique ou lutidone-dicarbonique. De même, avec la méthylamine ou l'aniline, on obtient des dérivés analogues.

Cet éther, par l'ébullition avec l'eau de baryte, se décompose en acide carbonique, acétone, acides acétique et malonique.

Traité par le sulfure de phosphore, il donne un dérivé sulfuré

```
                 O
              /     \
     CH³.C           C.CH³
CO²C²H⁵.C            C.CO²C²H⁵
              \     /
                CS
```

fusible à 109-110° et qui possède, vis-à-vis de l'ammoniaque ou des amines, des propriétés analogues [Conrad et Guthzeit, *D. chem. G.*, **20**, 152 et 2111; *Bull. Soc. Chim.*, (2), **47**, 73; **48**, 154].

O. Saint-Pierre.

DIMÉTHYLPYRRYLBENZOÏQUE (AC.),

```
      ↗ CO²H   CH³
C⁶H⁴           |
      ↘      ↗ C = CH
        Az     |
             ↘ C = CH
               |
               CH³
```

— On prépare l'acide diméthylpyrrylbenzoïque par l'action de l'acétonylacétone sur l'acide m-amidobenzoïque,

$$CH^3-CO-CH^2-CH^2-CO-CH^3 + C^6H^4 \begin{cases} CO^2H \\ AzH^2 \end{cases} = 2H^2O + C^{13}H^{13}O^2Az.$$

L'acétonylacétone et l'acide m-amidobenzoïque sont chauffés pendant quelques minutes en solution dans l'alcool absolu; en versant le liquide dans de l'acide acétique étendu, on voit l'acide diméthylpyrrylbenzoïque se déposer sous la forme de flocons que l'on purifie par cristallisation dans l'alcool [Paal et Schneider, *D. chem. G.*, **19**, 559].

L'acide diméthylpyrrylbenzoïque fond à 134-135°; il est peu soluble dans l'eau, soluble dans l'alcool, l'éther, le benzène et la ligroïne. Ce produit est sensible à la lumière; chauffé avec de la phénanthrène-quinone, de l'acide acétique cristallisable et de l'acide sulfurique concentré, il donne une coloration d'un rouge brun.

Les sels alcalins de l'acide diméthylpyrrylbenzoïque sont solubles dans l'eau; les sels de baryum et de calcium sont blancs et insolubles. Le sel de cuivre ainsi que le sel de nickel sont des précipités d'un vert clair; le sel de cobalt est rose; le sel ferrique est jaune-rougeâtre.

G. de Bechi.

DIMÉTHYLPYRRYLPHÉNOL,

$$HO-C^6H^4-Az \begin{cases} C(CH^3) = CH \\ \quad\quad | \\ C(CH^3) = CH \end{cases}$$

— On prépare ce corps en chauffant, en présence d'une petite quantité d'alcool absolu, des quantités équimoléculaires d'o-amidophénol et d'acétonylacétone; on précipite par l'eau, on redissout le précipité dans la soude caustique étendue et on fait passer à travers le liquide un courant d'acide carbonique; il se sépare des aiguilles que l'on purifie par cristallisation dans l'alcool étendu [Paal et Schneider, *D. chem. G.*, **19**, 558].

Le diméthylpyrrylphénol cristallise en lamelles blanches, brillantes, fusibles à 95°, qui se colorent en rouge à l'air. Il est peu soluble dans l'eau, soluble dans l'alcool, l'éther, le benzène, l'acide acétique cristallisable et la ligroïne bouillante; il se dissout également bien dans les acides et dans les alcalis.

Le *sel sodique*, $C^6H^8Az-C^6H^4ONa$, se sépare d'une dissolution de diméthylpyrrylphénol dans la soude caustique concentrée, sous la forme d'un précipité cristallin.

Le *picrate* cristallise en lamelles d'un brun rouge.

G. de Bechi.

DIMÉTHYLSUCCINIQUES (ACIDES) [Syn. *Acides diméthylbutane-dioïques*]. — L'acide succinique peut donner naissance dans le plan à deux acides diméthylsucciniques; l'un a pour formule

$$\begin{array}{c}CO^2H-\underset{\displaystyle CH^3}{\underset{|}{C}H}-\underset{\displaystyle CH^3}{\underset{|}{C}H}-CO^2H\end{array}$$

c'est l'acide *diméthyl 2.3-butane-dioïque*; l'autre a pour formule

$$CO^2H-\underset{\displaystyle CH^3\;\;CH^3}{\underset{/\;\;\backslash}{C}}-CH^2-CO^2H$$

c'est l'acide *diméthyl 2.2-butane-dioïque*.

Le premier de ces deux acides est connu sous le nom d'*acide diméthylsuccinique symétrique*, le second sous le nom d'*acide isodiméthylsuccinique*.

ACIDE DIMÉTHYLSUCCINIQUE SYMÉTRIQUE,

$$CO^2H-\underset{\displaystyle CH^3}{\underset{|}{C}H}-\underset{\displaystyle CH^3}{\underset{|}{C}H}-CO^2H$$

— On sait que l'une des lois fondamentales de la stéréochimie consiste en ce que si deux atomes de carbone réunis par une seule valence sont mobiles autour de l'axe qui les réunit, ces deux atomes, repassant au bout d'un certain temps par la même position, ne peuvent donner naissance qu'à un seul corps (voyez Suppl., 1, 648).

Contrairement aux premiers principes de la stéréochimie, MM. V. Meyer et Riecke avaient pensé que, dans certains cas, il fallait modifier la loi de MM. Le Bel et Van't Hoff, à savoir que la rotation de l'axe qui réunit deux atomes de carbone échangeant entre eux une valence pouvait être annihilée. On pouvait alors obtenir des isomères stéréochimiques créés, soit par attraction, soit par répulsion de certains groupements. Ainsi il pouvait exister deux isomères stéréochimiques de l'acide diméthylsuccinique symétrique :

$$\begin{array}{l}CH^3-CH-CO^2H\\ \qquad\;\;|\\ CH^3-CH-CO^2H\end{array}\quad\text{et}\quad\begin{array}{l}CH^3-CH-CO^2H\\ \qquad\qquad\;|\\ CO^2H-CH-CH^3\end{array}$$

Les travaux de MM. Bischoff, Vort, Zelinski, Hell, Hjelt, Otto et V. Meyer ont montré en effet qu'on obtenait deux isomères de cet acide.

L'un des isomères a reçu le nom de *para*, l'autre le nom d'*anti*. Il n'est pas nécessaire cependant d'avoir recours à cette hypothèse pour trouver l'explication de la formation des deux isomères : l'acide diméthylsuccinique symétrique, de tout point comparable à l'acide tartrique, peut donner un acide inactif par nature et un racémique dédoublable en droit et gauche. Partant de l'hypothèse de la fixité de l'axe, on a désigné l'un des isomères sous le nom de *fumaroïde* et l'autre sous celui de *maléinoïde*. Ces qualifications ne pourront être acceptées que quand il sera démontré que l'un de ces isomères n'est pas dédoublable en composés actifs, droit et gauche.

Préparation. — On obtient à l'état de mélange et sous forme d'éthers éthyliques les deux isomères para et anti lorsqu'on électrolyse une solution concentrée de méthylmalonate d'éthyle et de potassium. Il y a oxydation, formation de carbonate de potassium, et les deux restes s'unissent pour donner du diméthylsuccinate d'éthyle :

$$2CH^3-CH\begin{matrix}\nearrow CO^2C^2H^5\\ \searrow CO^2K\end{matrix}+2KOH+O$$

$$=2CO^3K^2+H^2O+\begin{array}{l}CH^3-CH-CO^2C^2H^5\\ \qquad\quad\;|\\ CH^3-CH-CO^2C^2H^5\end{array}$$

En saponifiant l'éther formé, on peut, au moyen de la cristallisation fractionnée, séparer les deux acides isomériques para et anti, dont la solubilité n'est pas la même.

Le para, moins soluble, fond à 193°; l'anti fond à 120-121° [Al. Crum. Brown et J. Walker, *Ann. Chem.*, **274**, 41, 71].

La saponification de l'éther diméthyléthényltricarbonique par l'acide sulfurique donne surtout naissance à de l'acide anti :

$$CO^2C^2H^5-\underset{\displaystyle CH^3}{\underset{|}{C}H}-\underset{\displaystyle CH^3}{\underset{|}{C}}=(CO^2C^2H^5)^2+3HOH$$

$$=CO^2H-\underset{\displaystyle CH^3}{\underset{|}{C}H}-\underset{\displaystyle CH^3}{\underset{|}{C}H}-CO^2H+3C^2H^5OH+CO^2$$

On le purifie par cristallisation dans l'eau [C.-A. Bischoff et Vort, *D. chem. G.*, **23**, 639; *Bull. Soc. Chim.*, (3), **4**, 409].

Lorsqu'on éthérifie l'acide diméthylsuccinique ordinaire par l'alcool éthylique en présence d'acide chlorhydrique, on obtient un mélange des deux éthers anti et para, comme le montre la saponification qui permet de séparer ultérieurement les deux acides correspondants [N. Zelinski et S. Krapivin, *D. chem. G.*, **22**, 646; *Bull. Soc. Chim.*, (3), **3**, 722. — Hell et Rothberg, *D. chem. G.*, **22**, 60; *Bull. Soc. Chim.*, (3), **2**, 762. — Leuckart, *D. chem. G*, **18**, 2344; *Bull. Soc. Chim.*, (2), **46**, 342].

ACIDE ANTIDIMÉTHYLSUCCINIQUE [Syn. *Acide butane-dicarbonique, isomère maléinoïde*]. — On l'obtient en chauffant à 220° l'acide diméthylfumarique avec l'acide iodhydrique concentré. Il est solide et cristallise en prismes brillants groupés autour d'un centre; il fond à 123°. Il est soluble à 14° dans 33 fois son poids d'eau; très soluble dans l'éther, l'alcool, l'acétone, le chloroforme, très peu soluble dans le benzène et dans le sulfure de carbone, presque insoluble dans la ligroïne.

Sa solution ammoniacale neutre précipite en jaune rougeâtre par le chlorure ferrique et en bleu verdâtre par le sulfate de cuivre.

Le perchlorure de phosphore le transforme en un chlorure bouillant de 186 à 197° qui régénère l'acide par l'action de l'eau.

Sel d'argent. — Précipité cristallin, altérable à la lumière, insoluble dans l'eau.

Sel de calcium. — Insoluble dans l'eau froide; il renferme $2H^2O$.

Sel de baryum. — Petites aiguilles blanches renfermant $3H^2O$.

ANHYDRIDE,

$$\begin{matrix} CH^3-CH-CO \\ | \\ CH^3-CH-CO \end{matrix} \gt O.$$

— On l'obtient en chauffant l'acide para à 200°, ou encore par l'action du chlorure d'acétyle sur l'acide anti. Il fond à 87°. Hydraté par un contact prolongé avec l'eau, il régénère l'acide anti à l'état de pureté [Otto et Beckurts, *D. chem. G.*, **18**, 841].

IMIDE,

$$\begin{matrix} CH^3-CH-CO \\ | \\ CH^3-CH-CO \end{matrix} \gt AzH.$$

— Le sel ammoniacal de l'acide anti, chauffé, se déshydrate à 260-265° et laisse passer à la distillation l'imide, qui fond à 109-110°. Saponifiée par ébullition avec une lessive de potasse, elle régénère l'acide anti. Elle forme des lamelles hexagonales peu solubles dans l'éther et dans la ligroïne, très solubles dans l'acétone, le chloroforme, le benzène, l'alcool et l'eau.

ÉTHER MÉTHYLIQUE. — On l'obtient en chauffant en tubes scellés le sel d'argent de l'acide anti avec l'iodure de méthyle en léger excès. Il bout à 199-200°. C'est un liquide incolore, doué d'une odeur agréable, insoluble dans l'eau; saponifié, il régénère l'acide *anti* [N. Zelinski et S. Krapivin, *D. chem. G.*, **22**, 646; *Bull. Soc. Chim.*, (3), **3**, 721].

ÉTHER ÉTHYLIQUE. — On le prépare par la même méthode que le précédent en opérant en vase ouvert. Il est liquide et bout à 221-222° sous la pression de 761 millimètres. Sa densité à 0° = 1,0218, à 15° = 1,0315. A 310°, il se dissocie en anhydride et oxyde d'éthyle. Saponifié par la potasse alcoolique, il régénère l'acide *anti* à l'état de pureté.

ANILIMIDE,

$$\begin{matrix} CH^3-CH-CO \\ | \\ CH^3-CH-CO \end{matrix} \gt Az-C^6H^5.$$

— On l'obtient en chauffant l'acide anti avec 2 molécules d'aniline. Elle cristallise dans l'alcool chaud en fines aiguilles fusibles à 146°. Elle est peu soluble dans l'eau, très soluble dans l'éther, l'alcool et le benzène.

DIANILIDE. — On la prépare en faisant réagir le chlorure de diméthylsuccinyle sur l'aniline. Elle fond à 222°, est insoluble dans l'éther, l'acide acétique et les acides minéraux. Saponifiée, elle régénère exclusivement l'acide *anti*.

ACIDE PARA-DIMÉTHYLSUCCINIQUE [Syn. *Acide isoadipique, acide hydropyrocinchonique, isomère fumaroïde*]. — On l'obtient en hydrogénant par l'amalgame de sodium le diméthylfumarate de sodium [Weidel, *Ann. Chem.*, **173**, 109. — Weidel et Bux, *Mon. f. Chem.*, **3**, 612]. On l'obtient encore en hydrogénant au moyen de l'acide iodhydrique (densité = 1,905) l'anhydride fumarique [Otto et Beckurts, *D. chem. G.*, **18**, 838; *Bull. Soc. Chim.*, (2), **45**, 557].

On peut encore hydrogéner ce même anhydride par la poudre de zinc et l'acide sulfurique [Rach, *Ann. Chem.*, **234**, 52].

On obtient l'acide para en chauffant l'éther butény!tricarbonique avec de l'acide chlorhydrique :

$$CH^3-CH(CO^2C^2H^5)-C(CH^3)(CO^2C^2H^5)^2 + 3H^2O$$
$$= 3C^2H^5OH + CO^2$$
$$+ CH^3-CH(CO^2H)-CH(CH^3)-CO^2H$$

[Leuckart, *D. chem. G.*, **18**, 2344; *Bull. Soc. Chim.*, (2), **46**, 342].

La cyanéthine en solution dans l'acide sulfurique étendu donne, par l'action du brome, de l'ammoniaque, de l'acide propionique, de la cyanéthine bromée et une huile qui, par l'action de l'ammoniaque concentrée, fournit l'amide de l'acide p-diméthylsuccinique [E. von Meyer, *J. prakt. Chem.*, (2), **26**, 358; *Bull. Soc. Chim.*, (2), **39**, 125].

On l'obtient encore en chauffant l'éther diméthylacétosuccinique avec une solution alcoolique concentrée de potasse. La réaction a lieu d'après l'équation

$$CH^3-CO-C(CH^3)(CO^2C^2H^5)-CH(CH^3)(CO^2C^2H^5)$$
$$+ 3KOH$$
$$= C^2H^3KO^2 + 2C^2H^5OH + C^6H^8K^2O^4$$

[Hardmuth, *Ann. Chem.*, **192**, 143. — Bischoff et Rach, *ibid.*, **234**, 61].

Cet acide fond à 195°.

L'acide *para* est soluble dans 97 fois son poids d'eau à 14°; il est soluble dans l'alcool et dans l'éther; il cristallise de sa solution alcoolique en aiguilles tricliniques et de sa solution aqueuse en prismes. Sa densité = 1,314. Il se sublime facilement.

Traité par le perchlorure de phosphore, il fournit le chlorure correspondant, bouillant entre 186 et 197° et régénérant par l'action de l'eau l'acide primitif.

Sel d'ammonium, $C^6H^9O^4AzH^4$. — Prismes monocliniques, solubles dans l'eau.

Sel de calcium. — Renferme H^2O, peu soluble dans l'eau.

Sel de baryum. — Cristallise bien avec $4H^2O$.

Sel. de plomb, $C^6H^8O^4Pb$. — Précipité floconneux.

Sel de cuivre, $C^6H^8O^4Cu$. — Précipité vert, insoluble dans l'eau.

ANHYDRIDE. — Lorsqu'on chauffe cet acide à une température comprise entre 180 et 196°, on obtient un anhydride fusible à 87° qui est probablement constitué par un mélange des anhydrides des deux acides *anti* et *para*.

En effet, traité par l'eau, il régénère un mélange des acides *anti* et *para*. Si l'on maintient la température à 180-196° pendant 8 heures, on obtient un anhydride qui régénère seulement de l'acide *anti* par action ultérieure de l'eau.

On obtient l'anhydride para à l'état de pureté en faisant réagir l'acide para sur le chlorure d'acétyle. L'anhydride ainsi obtenu fond à 38° et régénère l'acide para par l'action de l'eau [Otto et Rossing, *D. chem. G.*, **20**, 2741. — Bischoff et Vort, *loc. cit.*].

IMIDE. — Préparée comme le dérivé anti, elle donne un dérivé identique à ce dernier (Zelinsky et Krapivin).

ÉTHER MÉTHYLIQUE. — Obtenu par l'action de l'iodure de méthyle sur le sel d'argent, il constitue un liquide bouillant à 198-199° qui, saponifié, régénère uniquement l'acide fusible à 192°.

ÉTHER ÉTHYLIQUE. — Préparé comme le précédent, c'est un liquide bouillant à 219°,5, ayant pour densité à 0°, 1,013. Il régénère par saponification l'acide fusible à 192°.

DIANILIDE. — Elle fond à 235°; saponifiée elle régénère l'acide para.

En résumé, les deux acides diméthylsucciniques, anti et para, éthérifiés par l'alcool éthylique en présence d'acide chlorhydrique, donnent tous les deux un mélange d'éthers *anti* et *para*, c'est-à-dire réalisent le passage d'une forme à l'autre.

Les deux acides, traités par le brome, donnent

tous deux naissance à un seul produit, l'anhydride pyrocinchonique,

$$\begin{matrix} CH^3-C-CO \\ \| \\ CH^3-C-CO \end{matrix} > O$$

[C.-A. Bischoff et E. Vort, *D. chem. G.*, **22**, 389; *Bull. Soc. Chim.*, (3), **3**, 719; *D. chem. G.*, **23**, 644; *Bull. Soc. Chim.*, (3), **4**, 412. — K. Auwers et A.-M. Hauser, *D. chem. G.*, **24**, 2233; *Bull. Soc. Chim.*, (3), **8**, 449].

La forme la plus stable vis-à-vis de la chaleur est la forme anti. Les deux acides donnent en effet, lorsqu'ils sont soumis assez longtemps à l'influence de cet agent, uniquement de l'anhydride anti.

L'isomérie de ces deux acides, qui peut être rapprochée de celle des acides tartriques, en diffère cependant parce que jusqu'ici on n'a pas pu obtenir, avec eux ou avec leurs dérivés, de produits possédant le pouvoir rotatoire, soit sous l'influence des ferments, soit par dédoublement après combinaison avec une base active; mais cela est peut-être dû à un défaut d'expérimentation.

Acide diméthylsuccinique dissymétrique (*acide diméthyl2.2-butane-dioïque*),

$$\begin{matrix} CO^2H-C-CH^2-CO^2H \\ \| \\ (CH^3)^2 \end{matrix}$$

— On le prépare d'un grand nombre de façons. On peut traiter le bromure d'isobutylène,

$$\begin{matrix} CH^3 \\ CH^3 \end{matrix} > CBr-CH^2Br,$$

par le cyanure de potassium et saponifier le nitrile obtenu. Pour cela, on traite à froid le bromure d'isobutylène par le cyanure de potassium dissous dans 2 fois son poids d'alcool et dans son poids d'acide cyanhydrique très étendu. Après quelques jours, la solution brunit, et, au bout de 15 jours, on observe un abondant dépôt de bromure de potassium. On chauffe à 140° pour chasser l'alcool et le bromure qui n'a pas réagi, on étend d'eau et on épuise à l'éther. La solution éthérée est séchée sur le chlorure de calcium et distillée. On obtient une huile incolore, bouillant à 218-220°. Ce dinitrile, très soluble dans l'eau, est chauffé en tubes scellés à 150° avec de l'acide chlorhydrique concentré. On épuise le contenu des tubes à l'éther. Après évaporation de ce solvant, l'acide ne tarde pas à cristalliser [C. Hell et M. Rothberg, *D. chem. G.*, **22**, 1737; *Bull. Soc. Chim.*, (3), **4**, 406].

On obtient encore cet acide en traitant l'éther de l'acide α bromo-isobutyrique,

$$(CH^3)^2=CBr-CO^2C^2H^5,$$

par le sodomalonate d'éthyle et saponifiant par l'acide chlorhydrique l'isobutényl-tricarbonate d'éthyle ainsi formé. Les deux équations ci-dessous rendent compte de la réaction :

$$(CH^3)^2=CBr-CO^2C^2H^5+CHNa(CO^2C^2H^5)^2$$
$$=NaBr+(CH^3)^2=\underset{\displaystyle CO^2C^2H^5}{\underset{|}{C}}-CH=(CO^2C^2H^5)^2$$

Isobutényltricarbonate d'éthyle.

$$(CH^3)^2=\underset{\displaystyle CO^2C^2H^5}{\underset{|}{C}}-CH=(CO^2C^2H^5)^2+3H^2O$$
$$=3C^2H^5OH+CO^2+(CH^3)^2=\underset{\displaystyle CO^2H}{\underset{|}{C}}-CH^2-CO^2H$$

[Leuckart, *D. chem. G.*, **18**, 2344; *Bull. Soc. Chim.*, (2), **46**, 342].

L'*imide* de l'acide diméthylsuccinique dissymétrique se forme, à côté de l'acide diméthylmalonamique, lorsqu'on oxyde l'acide mésitylique $C^8H^{13}AzO^3$ par le permanganate en solution acide. Cette imide, chauffée avec de la potasse en solution alcoolique, donne naissance au diméthylsuccinate de potassium, d'où l'on peut isoler l'acide libre [A. Pinner, *D. chem. G.*, **15**, 576, 586; *Bull. Soc. Chim.*, (2), **38**, 285].

L'oxydation par l'acide chromique des terpènes et du baume de copahu donne également naissance à cet acide.

D'après M. Ladenburg [*Ann. Chem.*, **217**, 139], l'oxydation du tropilène fournirait de l'acide diméthylsuccinique.

Propriétés physiques. — Prismes tricliniques à éclat vitreux [Liwels, *Ann. Chem.*, **242**, 194], fusibles à 137-138°. Chauffés à 165-170°, ils perdent de l'eau en fournissant un anhydride.

L'acide est facilement soluble dans l'eau, l'alcool, l'éther et l'acétone, très difficilement soluble dans le chloroforme, le sulfure de carbone, le benzène et la ligroïne.

Sa chaleur de combustion est égale à 671cal,4 [Stohmann, *J. prakt. Chem.*, (2), **40**, 213].

Traité par le perchlorure de phosphore, il fournit un chlorure d'acide qui bout en se décomposant légèrement à 200-202°; il possède une odeur piquante et provoque le larmoiement.

Sels. — $C^6H^9O^4AzH^4$. — Fines aiguilles.

$C^6H^8O^4(AzH^4)^2$. — Aiguilles.

$C^6H^9O^4Na$, $3,5H^2O$. — Prismes clinorhombiques, facilement solubles dans l'eau.

$C^6H^8O^4Na^2$, H^2O. — Aiguilles prismatiques à éclat soyeux, facilement solubles dans l'eau.

$C^6H^9O^4K$, $5H^2O$. — Tables très solubles dans l'eau, peu solubles dans l'alcool.

$C^6H^8O^4Ag^2$. — Précipité blanc.

$C^6H^8O^4Ca$, H^2O. — Lames microscopiques, peu solubles dans l'eau, insolubles dans l'alcool.

$C^6H^8O^4Ba$, $2WH^2O$. — Lames clinorhombiques, insolubles dans l'alcool.

$C^6H^8O^4Cd$, $6H^2O$. — Petits mamelons.

$C^6H^8O^4Pb$, H^2O. — Précipité cristallin.

$C^6H^8O^4Cu$, $2H^2O$. — Précipité amorphe bleu-verdâtre [Levy et Engländer, *Ann. Chem.*, **242**, 195. — Soret, *ibid.*, **242**, 199. — Barnstein, *ibid.*, **242**, 133].

Anhydride,

$$\begin{matrix} (CH^3)^2=C—CO \\ | \\ CH^2-CO \end{matrix} > O.$$

— L'anhydride se forme par la distillation de l'acide libre. Il cristallise dans le benzène et fond à 29°; il bout à 219-220° et est très peu soluble dans l'éther.

Éther diméthylique, $C^6H^8O^4(CH^3)^2$. — C'est un liquide bouillant à 200°, dont la densité à 16° = 1,0568.

Éther diéthylique, $C^6H^8O^4(C^2H^5)^2$. — Liquide bouillant à 213-215°, ayant pour densité à 17° 1,134 d'après M. Barnstein et 0,9976 d'après MM. Levy et Engländer.

A. Béhal.

DIMÉTHYLTARTRIQUE (ACIDE) [Syn. *Dioxyadipique, butane-diol2.2-diméthyloïque 2.3*],

$$\begin{matrix} CH^3-C<^{CAz}_{OH} \\ | \\ CH^3-C<^{OH}_{CAz} \end{matrix} \qquad \begin{matrix} CH^3-C<^{CO^2H}_{(OH)} \\ | \\ CH^3-C<^{(OH)}_{CO^2H} \end{matrix}$$

— Voyez Suppl., **1**, 648.

Le *nitrile* de cet acide a été obtenu en traitant à froid le biacétyle par une solution aqueuse d'acide cyanhydrique à 18 0/0. Il cristallise en fines aiguilles groupées en dendrites, qui fondent vers 110° en se décomposant; il est soluble dans l'eau, l'alcool et l'éther, presque insoluble dans le chloroforme, le sulfure de carbone, la ligroïne et le benzène. L'eau bouillante le dédouble en biacétyle et acide cyanhydrique.

L'acide chlorhydrique concentré saponifie ce nitrile en donnant l'acide diméthyltartrique qu'on extrait par l'alcool absolu, et qu'on purifie par l'intermédiaire du sel acide de potassium et du sel de plomb. L'acide cristallise en grands prismes incolores solubles dans l'eau, $C^6H^{10}O^6,H^2O$, qui ressemblent beaucoup à l'acide racémique. Il fond vers 178-179°, en se décomposant, en un liquide d'odeur piquante, sans laisser un résidu charbonneux.

Le *sel neutre de potassium*, $C^6H^8O^6K^2$, cristallise en aiguilles solubles dans l'eau.

Le *sel acide*, $C^6H^9O^6K$, se présente sous la forme de petites tables rhombiques solubles dans l'eau chaude, peu solubles dans l'eau froide et insolubles dans l'alcool.

Le *sel de calcium*, $C^6H^8O^6Ca,0,5H^2O$, est un précipité blanc cristallin qui se décompose à 220° et n'est soluble ni dans l'eau, ni dans l'acide acétique.

Le *sel de baryum*, $C^6H^8O^6Ba,2H^2O$, cristallise en aiguilles solubles dans l'acide chlorhydrique dilué, insolubles dans l'eau et dans l'acide acétique.

Le *sel de plomb* est un précipité formé de fines aiguilles groupées en rosettes, insolubles dans l'eau et dans l'acide acétique.

Le *sel de potassium* donne avec le sulfate de zinc un précipité blanc insoluble dans l'eau et dans l'acide acétique faible; avec l'azotate d'argent un précipité blanc gélatineux qui noircit à l'air; avec le chlorure mercurique un précipité blanc, et avec le chlorure ferrique un précipité d'un jaune brun [Fittig, Daimler et Keller, *Ann. Chem.*, 249, 207].

P. Freundler.

DIMÉTHYLTHIONINE. — La diméthylthionine se prépare en traitant la méthyl-p-phénylène-diamine par l'hydrogène sulfuré et le chlorure ferrique [A. Bernthsen et A. Goske, *D. chem. G.*, 20, 931] :

$$2(AzH^2.C^6H^4AzH.CH^3) + H^2S + 3O$$
$$= CH^3.AzH.C^6H^3 \lt^{Az}_{S} \gt C^6H^3O$$
$$+ 3H^2O + AzH^3.$$

Cette préparation est analogue à celle du bleu de méthylène. La matière colorante est précipitée par le chlorure de sodium et le chlorure de zinc, purifiée par des cristallisations répétées et finalement transformée en *iodhydrate*.

Ce sel forme une poudre d'un beau bleu foncé, à reflets métalliques, peu soluble dans l'eau froide, presque insoluble dans une solution étendue d'iodure de potassium. L'eau bouillante et l'alcool sont ses meilleurs dissolvants.

Le *chlorhydrate* est très soluble dans l'eau; cette solution est d'un beau bleu et possède une fluorescence rouge.

La base libre, précipitée par la soude d'une solution peu concentrée de l'un de ses sels, forme une poudre cristalline soluble dans l'éther. La solution est rouge.

La diméthylthionine, chauffée avec une grande quantité d'eau, se transforme en *méthylthionoline*,

$$(CH^3)^2Az.C^6H^3 \lt^{Az}_{S} \gt C^6H^3 = AzH,$$

poudre brune, peu soluble dans l'eau et dans l'alcool, teignant la soie en violet foncé.

Enfin cette thionoline, traitée par l'acide sulfurique à 70 0/0, se transforme en *thionol*

$$OH.C^6H^3 \lt^{Az}_{S} \gt C^6H^3O.$$

Toutes ces réactions montrent combien la diméthylthionine présente d'analogies avec la thionine ou violet Lauth (voyez DIPHÉNO-γ-DIHYDROTHIAZINE).

Ch. Cloëz.

DIMÉTHYLTOLANE. — Voyez Suppl., 1, 648.

DIMYRISTIQUE (NITRILE). — Voyez MYRISTIQUE.

DIMYRISTYLCARBINOL [Syn. *Heptaeicosane-ol-14*], $(C^{13}H^{27})^2CH.OH$. — M. Kipping a préparé cet alcool en hydrogénant la *myristone*. Il fond à 81°, et son *éther acétique* à 45°.

DIMYRISTYLCÉTONE. — Voy. MYRISTONE.

DINAPHTOL. — Voyez BINAPHTOL.

DINAPHTYLACÉTAL,

$$CH^3.CH \lt^{OC^{10}H^7}_{OC^{10}H^7}$$

[Claisen, *Ann. Chem.*, 237, 261; *Bull. Soc. Chim.*, (2), 47, 720]. — On obtient le dérivé β en chauffant au bain-marie 7 parties de β-naphtol, 3 parties de paraldéhyde, 15 parties d'acide acétique cristallisable et 1 partie d'acide chlorhydrique fumant. Il se sépare, au bout de peu de temps, une huile lourde qui se concrète en une bouillie cristalline et qui fournit, après purification, le glycol, poudre cristalline, fusible à 200-201°, très difficilement soluble dans tous les véhicules. Ce composé, purifié par cristallisation dans le chloroforme bouillant, est très stable; chauffé pendant plusieurs heures avec de l'acide acétique ou de l'acide chlorhydrique à 200°, il n'est pas décomposé.

DINAPHTYLCARBAZOL. — Voyez BINAPHTYLCARBAZOL.

DINAPHTYLDIACÉTYLÈNE,

$$C^{10}H^7.C \equiv C-C \equiv C.C^{10}H^7.$$

— Ce carbure a été obtenu par M. J. A. Leroy en agitant, au contact de l'air, une solution d'ammoniaque alcoolique renfermant de l'α-naphtylacétylure de cuivre. On peut aussi le préparer en oxydant le même dérivé cuivreux par le ferricyanure de potassium et la potasse caustique [*Bull. Soc. Chim.*, (3), 7, 644].

Le dinaphtyldiacétylène se présente en cristaux blancs fusibles à 171°, solubles dans le benzène, le sulfure de carbone et le chloroforme, peu solubles dans l'alcool et dans l'acide acétique.

Il fixe le brome en solution sulfocarbonique pour donner l'*octobromure*

$$C^{10}H^7.CBr^2-CBr^2-CBr^2.CBr^2.C^{10}H^7,$$

qui n'a pu être obtenu à l'état cristallisé.

Il s'unit à l'acide picrique pour donner le composé $C^{24}H^{14},C^6H^2(AzO^2)^3OH$, en aiguilles rouges fusibles à 180°.

P. Freundler.

DINAPHTYLDIQUINONE. — Voyez NAPHTOQUINONES.

DINAPHTYLE. — Voyez BINAPHTYLE.

DINAPHTYLÈNE. — Voyez BINAPHYLÈNE.

DINAPHTYLÈNE-GLYCOL. — Voyez BINAPHTYLÈNE-GLYCOL.

DINAPHTYLÉTHANE, $(C^{10}H^7)^2CH.CH^3$. — Voyez Suppl., **1**, 650.

αα-DINAPHTYLÉTHANE SYMÉTRIQUE,

$$\begin{array}{l} \alpha\,C^{10}H^7.CH^2 \\ \quad\quad\quad | \\ \alpha\,C^{10}H^7.CH^2 \end{array}$$

[Bamberger et Lodter, *D. chem. G.*, **21**, 54]. — On fait digérer à une température de 30-35°, en tube scellé, de l'α-naphtonitrile avec du sulfure d'ammonium en solution alcoolique, jusqu'à ce que le produit de la réaction coulé dans l'eau se prenne en une masse cristalline; l'α-naphtol-thiamide ainsi obtenue est ensuite traitée, en solution alcoolique, par le zinc en poudre en présence d'acide chlorhydrique; il se forme dans cette réaction de l'α-naphtobenzylamine et de l'αα-dinaphtyléthane. Ce dernier distille au-dessus de 360° en une huile épaisse qui se concrète par le refroidissement; il cristallise en tables hexagonales, fusibles à 160°, facilement solubles dans le benzène et dans le chloroforme, moins facilement solubles dans l'éther, difficilement solubles dans l'alcool. Sa solution alcoolique présente une magnifique fluorescence d'un vert bleu.

ββ-DINAPHTYLÉTHANE SYMÉTRIQUE,

$$\begin{array}{l} \beta\,C^{10}H^7.CH^2 \\ \quad\quad\quad | \\ \beta\,C^{10}H^7.CH^2 \end{array}$$

— Cet hydrocarbure s'obtient de la même manière que le précédent, au moyen du β-naphtonitrile. Le produit de la réaction est extrait au benzène bouillant. Le ββ-dinaphtyléthane cristallise en feuillets nacrés, brillants, fusibles à 253°; il est difficilement soluble dans la plupart des véhicules, un peu soluble dans l'éther et dans l'alcool à chaud; ses solutions sont douées d'une très belle fluorescence violette. F. Reverdin.

DINAPHTYLINE. — Voyez DINAPHTYLE.

DINAPHTYLMÉTHANE, $(C^{10}H^7)^2CH^2$. — Voyez Suppl., **1**, 650.

β-*Dinaphtylméthane* [H. Richter, *D. chem. G.*, **13**, 1728; *Bull. Soc. Chim.*, (2), **36**, 253]. — On l'obtient en réduisant l'acétone de l'acide β-naphtoïque par l'acide iodhydrique et le phosphore à 180°.

Il est très soluble dans l'alcool et dans le benzène et cristallise en aiguilles blanches, fusibles à 92°.

Son *dérivé tétranitré*, $C^{21}H^{12}(AzO^2)^4$, fond à 150-160°; son *dérivé dibromé* à 164°.

Il se combine, en solution benzénique ou chloroformique, avec l'acide picrique.

DINAPHTYLPHÉNYLCARBINOL

$$(C^{10}H^7)^2(C^6H^5)COH$$

[K. Elbs, *J. prakt. Chem.*, (2), **35**, 505; *Bull. Soc. Chim.*, (2), **45**, 541]. — On fait bouillir l'α-naphtylphényl-β-pinacoline,

$$(\alpha\text{-}C^{10}H^7)^2C.C^6H^5.CO.C^6H^5,$$

qui se forme comme produit secondaire dans la réduction de l'α-naphtylphénylcétone, avec une solution alcoolique de soude; après avoir chauffé à l'ébullition pendant 4 ou 5 heures, on ajoute de l'eau, qui provoque la séparation du carbinol sous la forme d'une huile jaune.

Il cristallise dans l'éther alcoolique en croûtes d'un gris jaune, fusibles à 160-170°, assez solubles dans l'alcool et dans le benzène, facilement solubles dans l'éther et dans l'acétone.

Il se forme en même temps, dans la réaction qui donne naissance au carbinol, de l'aldéhyde benzylique, qui se transforme elle-même par l'action de l'alcali en acide benzoïque et alcool benzylique.

Le dinaphtylphénylcarbinol donne, avec la poudre de zinc chauffée au rouge, du dinaphtylphénylméthane fusible vers 180°.

DINONYLE. — Voyez BINONYLE.

DIOCTYLACÉTYLACÉTIQUE (ACIDE) [Syn. *Éthanoyl 9-heptadécane-méthyloïque* 9], $CH^3COC(C^8H^{17})^2.CO^2H$. — L'*éther éthylique* de cet acide a été obtenu par M. Guthzeit en chauffant l'éther octylacétylacétique avec l'alcoolate de sodium et l'iodure d'octyle [*Ann. Chem.*, **204**, 9].

C'est un liquide qui bout à 263-265° sous 90 millimètres et à 340-342° sous la pression normale. La potasse alcoolique le dédouble en l'acétone $(C^{22}H^{17})^2CH.CO.CH^3$ et en *acide isostéarique* $C^{18}H^{36}O$.

DIOCTYLCARBINOL [Syn. *Nonadécane-ol* 9] $(C^8H^{17})^2CH(OH)$. — C'est le produit d'hydrogénation de la dioctylcétone. Il cristallise en prismes fusibles à 61° [Kipping, *Chem. Soc.*, **1**, 452].

DIOCTYLCÉTONE [Syn. *Nonylone, heptadécane-one* 9], $(C^8H^{17})^2CO$. — Cette acétone a été obtenue en chauffant l'acide nonylique avec l'anhydride phosphorique. Elle fond à 12° et fournit une *oxime* fusible à la même température [Kipping, *Chem. Soc.*, 1893, **1**, 452].

DIOCTYLES. — Voyez BIOCTYLES.

DIOCTYLMALONIQUE. — Voy. MALONIQUE.

DIOSCAMPHRE, $C^8H^{12}O$ [P. Spica, *Gazz. chim. ital.*, **15**, 195; *Bull. Soc. Chim.*, (2), **47**, 68]. — Ce composé se prépare en dissolvant du sodium dans le diosmaléoptène. Le liquide brun qui se forme est additionné d'eau, puis débarrassé par filtration de l'huile inattaquée et enfin traité par l'acide chlorhydrique. La solution acide est épuisée par l'éther; par évaporation du dissolvant, on obtient une huile brune, douée d'une forte odeur de thymol, dont la majeure partie distille à 220-230°. C'est un liquide jaunâtre, très peu soluble dans l'eau; sa solution n'est pas colorée par le chlorure ferrique. M. Spica envisage ce corps comme un homologue inférieur du camphre: d'où son nom.

DIOSMALÉOPTÈNE, $C^{10}H^{18}O$ (Spica). — Ce corps s'extrait de l'essence de *Diosma crenata* (rutacées), plante originaire du Cap de Bonne-Espérance. Cette essence s'obtient en épuisant les feuilles par l'éther. Le liquide verdâtre est évaporé et distillé à l'aide d'un courant de vapeur d'eau. Il forme une huile légère, douée d'une odeur rappelant à la fois la menthe et la bergamote.

Cette huile est constituée par un mélange d'un phénol et d'un corps insoluble dans la potasse caustique. Ce dernier, appelé *diosmaléoptène*, se présente, quand il est pur, sous la forme d'une huile incolore, dont l'odeur rappelle celle de la plante, et qui bout à 204-206°. C'est un isomère du bornéol. Il est probablement identique à un composé $C^{10}H^{18}O$, trouvé par M. Fluckiger dans les feuilles de bucco (*Barosma betulina*) [*D. chem. G.*, **13**, 2088].

DIOSMINE [*Gazz. chim. ital.*, **18**, 1-9]. — M. Spica donne ce nom à un glucoside qu'il a retiré du *Diosma crenata*. Pour le préparer, on traite les feuilles de cette plante par l'éther de pétrole pour en extraire l'huile essentielle, puis par de l'alcool à 80-85° froid.

On enlève ainsi des matières étrangères qui viendraient souiller l'extrait suivant; on traite alors le résidu de l'extraction par de l'alcool à 80-85° bouillant, on évapore, on lave le résidu à l'eau et au carbonate d'ammonium, et on reprend à plusieurs reprises par l'alcool à 85° pour avoir un produit aussi exempt de cendres que possible. On obtient ainsi la diosmine à peu près pure.

Propriétés. — Corps cristallin, blanc ou légèrement jaunâtre et fondant à 243-244°, si l'on a soin de porter le tube directement dans le bain chauffé à 235°. Si on le chauffe graduellement, il se colore déjà au-dessus de 200° et son point de fusion n'est pas net. Il est sans odeur ni saveur. Son meilleur dissolvant est l'alcool à 80-85° bouillant. L'alcool froid ne le dissout pas. Bouilli avec l'acide sulfurique étendu, il se dédouble en une substance cristalline fondant à 120-130° et en un glucose déviant à droite.

Toutes ces propriétés, sauf le point de fusion, semblent rapprocher la diosmine de l'hespéridine. L'auteur ne croit cependant pas à l'identité des deux, bien que M. Y. Shimoyama ait trouvé des cristaux ressemblant à l'hespéridine dans les feuilles de *Barosma betulina*.

DIOSTÉAROPTÈNE [Syn. *Diosphénol*],

$C^{10}H^{16}O^2$

[Spica, *Gazz. chim. ital.*, **15**, 195; *Bull. Soc. Chim.*, (2), **47**, 68]. — Ce produit constitue la partie de l'essence de *Diosma crenata* soluble dans les alcalis.

On l'isole en ajoutant de l'acide chlorhydrique à la solution alcaline de l'essence et en épuisant par l'éther; par évaporation du dissolvant, on obtient de longues aiguilles aplaties, souillées d'une huile brune qu'on enlève par expression dans du papier à filtrer. On achève la purification en dissolvant dans l'alcool bouillant et en ajoutant assez d'eau pour produire un trouble permanent. Par le refroidissement, il se dépose de beaux cristaux blancs, doués d'une odeur camphrée particulière, fusibles à 82° et bouillant vers 200° en se décomposant. Le chlorure ferrique colore sa dissolution alcoolique en un vert pomme qui vire au vert bouteille par un excès de réactif. Il se dissout dans les alcalis caustiques et est insoluble dans le carbonate d'ammonium.

Ce corps est identique au *diosphénol* trouvé par M. Flückiger dans les feuilles de bucco (*Barosma betulina*), composé auquel cet auteur attribua la formule $C^{14}H^{22}O^3$ (Suppl., **1**, 651). Sa densité de vapeur, prise par M. Y. Shimoyama, confirme la formule $C^{10}H^{16}O^2$ que lui attribue M. Spica.

Quand on traite le diosphénol en solution benzénique par du sodium, le métal se dissout avec dégagement d'hydrogène. Le dérivé formé n'a pu être isolé à l'état de pureté.

Une solution de ce phénol dans une quantité équimoléculaire de potasse alcoolique, chauffée avec un excès d'iodure de méthyle ou d'iodure d'éthyle, fournit les éthers correspondants.

Le *méthyldiosphénol* est un liquide incolore, bouillant à 232-235°.

L'*éthyldiosphénol* bout à 270-270°.

L'*acétyldiosphénol*, $C^{10}H^{15}O^2, C^2H^3O$, obtenu par digestion à 145° d'acétate de sodium, d'anhydride acétique et de phénol, est un liquide distillant à 269-272° en se décomposant. Ce composé se dissout facilement dans l'alcool et dans l'éther, mais il est insoluble dans l'eau.

Traité par de l'acide sulfurique, le diosphénol ne fournit pas de dérivé sulfoconjugué.

Des essais tentés pour introduire un groupement carboxylique n'ont donné aucun résultat. Le diosphénol, comme ses dérivés méthylé, éthylé et acétylé, possède des propriétés réductrices. De plus, il se combine au bisulfite de sodium pour fournir une combinaison cristalline à éclat argentin. Toutes ces propriétés prouvent qu'il renferme un groupement aldéhydique. En effet, quand on le chauffe pendant 15 heures avec une solution alcoolique de potasse, on obtient après distillation de l'alcool un liquide qui, traité par l'acide chlorhydrique, donne un précipité huileux qui ne tarde pas à se prendre en une masse cristalline.

On reprend par l'eau bouillante, et on obtient par refroidissement des cristaux blancs fondant à 96-97°, et dont la composition répond à la formule $C^{10}H^{18}O^3, H^2O$. M. Shimoyama donne à ce corps le nom d'*acide diolique*.

Son *sel de baryum*, $(C^{10}H^{17}O^3)^2Ba, 5H^2O$, cristallise dans l'eau bouillante.

Le *sel d'argent* est insoluble.

Lorsqu'on fait fondre le diosphénol avec de la potasse caustique, on obtient le même acide, mais son point de fusion est inférieur de 10° à celui de l'acide préparé avec la potasse alcoolique.

Une solution alcaline de diosphénol fournit, avec l'amalgame de sodium, un corps cristallisant en prismes fondant à 159°. Ce composé a pour formule $C^{10}H^{18}O^2$ et est appelé par l'auteur *alcool diolique* (diolalcool). Il se dissout peu dans l'alcool et dans l'éther.

Enfin, quand on traite le diosphénol par du brome, on obtient un dérivé $C^{10}H^{14}Br^2O^2$ [*D. chem. G.*, **21**, 535]. A. Haller.

DIOXYADIPIQUES (ACIDES),

$C^4H^6(OH)^2(CO^2H)^2$.

On connaît plusieurs acides dioxyadipiques; l'un d'eux a été déjà décrit (voyez Suppl., **1**, 651).

En traitant l'acide hydromuconique par le brome, M. Limpricht a obtenu un *acide dibromadipique*, qu'il a transformé ensuite en acide dioxyadipique au moyen de l'oxyde d'argent. Cet acide dioxyadipique, qui constitue un sirop incristallisable, fournit un *sel de baryum* bien défini sous la forme d'une poudre cristalline, déliquescente, répondant à la formule $C^6H^8O^6Ba, 4H^2O$. Ce sel perd 2 molécules d'eau à 150° et se décompose au-dessus. Sa solution précipite par l'azotate d'argent, l'acétate de plomb et l'acétate de cuivre à chaud [*Ann. Chem.*, **165**, 247]. Cet acide dioxyadipique est peut-être identique à celui que M. Przybytek a obtenu [*D. chem. G.*, **17**, 1094; *Journ. Phys. Chim. russe*, **78**, 428] en chauffant soit l'anhydride de l'érythrite

```
CH²-CH — CH-CH²
  \ /      \ /
   O        O
```

avec de l'acide cyanhydrique (2 molécules) à 50-55°, soit la dichlorhydrine

$$CH^2Cl.CHOH.CHOH.CH^2Cl$$

avec du cyanure de potassium et un excès d'alcool à 80 0/0. Cette dernière réaction se fait à 100° en tube scellé.

On obtient ainsi le *nitrile dioxyadipique* sous forme d'une poudre peu soluble dans l'eau, insoluble dans l'éther, que la potasse saponifie à chaud en donnant l'*acide dioxyadipique* (*hexanediol*-3.4-*dioïque*-1.6),

$$CO^2H.CH^2.CHOH.CHOH.CH^2.CO^2H.$$

L'acide est purifié en passant par son sel de plomb; il cristallise en prismes solubles dans l'eau et dans l'alcool, insolubles dans l'éther. Il est inactif; il se décompose à chaud en dégageant une odeur de sucre brûlé. L'eau bouillante le transforme en un acide isomérique dont le sel de potassium est peu soluble.

Lorsqu'on sature à moitié une solution alcoolique de l'acide par du carbonate de potassium, il se précipite un *sel acide* sous la forme d'une huile qui se prend en fines aiguilles, tandis que le liquide surnageant possède une réaction neutre.

Le *sel de cadmium*, $C^6H^8O^6Cd, 4H^2O$, est une poudre blanche microcristalline.

Le *sel de plomb*, $C^6H^8O^6Pb, 2H^2O$, est un précipité blanc insoluble dans l'eau.

Les *sels de calcium* et *de baryum*,

$$C^6H^8O^6Ba, 2H^2O,$$

sont solubles dans l'eau; ceux *de cuivre*, *de zinc* et *d'argent* ne le sont pas. P. Freundler.

DIOXYAMYLAMINE (ISO-)

$$\begin{matrix} C^5H^{10}OH \\ C^5H^{10}OH \end{matrix} > AzH.$$

— C'est une amine secondaire, dérivée d'un alcool isoamylique.

On l'obtient en chauffant la monochlorhydrine du glycol isoamylénique avec une solution aqueuse concentrée d'ammoniaque; il se forme simultanément de l'oxyisoamylamine

$$\begin{matrix} CH^3 \\ CH^3 \end{matrix} > CH - \underset{AzH^2}{\underset{|}{C}}H - CH^2OH$$

et de la dioxyisoamylamine. On sépare ces deux dérivés par distillation fractionnée.

C'est un corps liquide, bouillant à 249-251°. Sa densité = 0,9500 à 14°.

Elle est soluble dans l'eau, l'alcool et l'éther. Ses sels d'or et de platine sont amorphes [Radziszewski et Schramm, *D. chem. G.*, **17**, 839].

DIOXYANTHRACÈNE. — Voyez Suppl. 2, I, 299.

DIOXYBÉHÉNOLIQUE [Syn. *Dioxybénoléique*], $C^{22}H^{40}O^4$. — Cet acide a été préparé pour la première fois par M. Hausknecht (voyez Suppl., **1**, 265) en oxydant l'acide béhénolique

$$C^{22}H^{40}O^2$$

par l'acide azotique fumant froid. M. O. von Grossmann a repris l'étude des produits de cette oxydation; il est arrivé à des résultats assez différents [*D. chem. G.*, 26, 639].

Les produits qui sont volatils avec la vapeur d'eau, consistent exclusivement en *acide pélargonique* renfermant une trace de *pélargonate d'éthyle* bouillant à 215°.

La partie fixe renferme 3 acides :

1° *L'acide dioxybéhénolique*, qu'on ne peut purifier que par des cristallisations répétées dans l'éther de pétrole et qui se présente en paillettes fusibles à 93°,5;

2° *L'acide arachique*, $C^{20}H^{40}O^2$ (en petite quantité), qui cristallise en paillettes blanches fusibles à 73°,5, solubles dans l'éther, l'alcool bouillant, le benzène et la ligroïne;

3° *L'acide brassylique*, dont la formule est $C^{13}H^{20}O^4$ et non $C^{11}H^{20}O^4$ comme l'indique M. Hausknecht.

Cet acide brassylique, qui cristallise en aiguilles fusibles à 112°, est avec l'acide pélargonique (et l'acide dioxybéhénolique), le produit principal de l'oxydation de l'acide béhénolique.

Ce mode d'oxydation ne s'explique que si l'on admet que dans l'acide béhénolique la triple liaison est située entre le treizième et le quatorzième atome de carbone à partir du groupe CO^2H :

$$\begin{array}{l} CH^3 \\ | \\ (CH^2)^7 \\ | \\ C \\ ||| \\ C \\ | \\ (CH^2)^{11} \\ | \\ CO^2H \end{array} + O + H^2O = \begin{array}{ll} CH^3 & \\ | & \\ (CH^2)^7 & \text{Acide} \\ | & \text{pélargonique.} \\ CO^2H & \\ & \\ CO^2H & \\ | & \text{Acide} \\ (CH^2)^{11} & \text{brassylique} \\ | & \\ CO^2H & \end{array}$$

Telle est la réaction principale; mais il y a aussi une réaction secondaire, car, pendant la réaction qui commence spontanément, il se dégage une quantité appréciable d'acide carbonique et il se forme de l'acide arachique. En fondant l'acide béhénolique avec de la potasse, M. Fitz a obtenu aussi de l'acide arachique et de l'acide acétique. Cette réaction secondaire s'explique aisément si l'on admet, avec MM. Fileti et Ponzio [*J. prakt. Chem.*, (2), **48**, 323] et M. Baruch [*D. chem. G.*, **26**, 1867], que, par suite d'une transposition moléculaire, la triple liaison est venue se placer entre le deuxième et le troisième atome de carbone.

M. von Grossmann conclut de ce qui précède que la formule de l'acide dioxybéhénolique est la suivante :

$$CH^3(CH^2)^7 - CO - CO \cdot (CH^2)^{11} \cdot CO^2H.$$

L'acide brassylique obtenu par M. Hausknecht renfermait un peu d'acide dioxybéhénolique. M. von Grossmann l'a purifié aisément en le chauffant avec de l'acide azotique nitreux, qui décompose ce dernier acide en acide brassylique fixe et acide pélargonique volatil avec la vapeur d'eau. Ce savant a préparé quelques *brassylates* métalliques :

Le *sel de baryum*, $C^{13}H^{22}O^4Ba, 2H^2O$, est un précipité blanc insoluble dans l'eau, qui perd une molécule d'eau à 100°, une demi-molécule à 150° et qui brunit vers 185°.

Le *sel de calcium*, $C^{13}H^{22}O^4Ca$, est également une poudre blanche, qui devient anhydre à 170°.

Le *sel de cuivre*, $(C^{13}H^{22}CuO^4)^2, H^2O$, est vert-bleuâtre et se déshydrate à 160°.

Le *sel d'argent*, $C^{13}H^{22}O^4Ag^2$, constitue une poudre blanche insoluble dans l'eau, très stable à la lumière. P. Freundler.

DIOXYBENZHYDROL. — On connaît deux isomères pouvant se rattacher au dioxybenzhydrol : ce sont le *tétraphényloléthane* ou *bi-dioxybenzhydrol*

$$\begin{array}{l} CH < \begin{matrix} C^6H^4 \cdot OH \\ C^6H^4 \cdot OH \end{matrix} \\ | \\ CH < \begin{matrix} C^6H^4 \cdot OH \\ C^6H^4 \cdot OH \end{matrix} \end{array}$$

et l'*o-p-dioxybenzhydrol* ou *dioxydiphénylcarbinol*

$$\begin{array}{l} C^6H^4 \cdot OH \\ | \\ CHOH \\ | \\ C^6H^4 \cdot OH \end{array}$$

TÉTRAPHÉNYLOLÉTHANE. — On prépare le tétraphényloléthane en traitant par l'amalgame de sodium une dissolution aqueuse de dioxybenzophénone; il se forme en premier lieu un corps très peu stable, ayant probablement pour formule

$$\begin{array}{l} C = (C^6H^4 \cdot OH)^2 \\ || \\ C = (C^6H^4 \cdot OH)^2 \end{array}$$

qui est précipité sous la forme d'une résine rougeâtre par addition d'eau à la liqueur alcaline. Par l'action de la poudre de zinc sur la dissolution alcaline, le tétraphénoléthane prend naissance. En précipitant par un acide, on obtient une résine qui n'a pu être amenée à l'état cristallisé [Baeyer, *Ann. Chem.*, **202**, 133].

On obtient un *dérivé tétracétylique* en faisant bouillir le tétraphénoléthane avec de l'anhydride acétique (Baeyer). Par cristallisation dans l'alcool, on obtient le produit à l'état pur. Ce corps se charbonne sans fondre, lorsqu'on le chauffe; il est insoluble dans l'eau et dans la ligroïne, soluble dans le benzène et dans l'alcool bouillant, peu soluble dans l'éther; l'acide sulfurique concentré donne une solution d'un rouge foncé; il est saponifié par la potasse à l'ébullition.

O-P-DIOXYBENZHYDROL. — On prépare ce corps par l'action de l'amalgame de sodium sur une solution alcaline de salicylphénol,

$$OH-C^6H^4-CO-C^6H^4-OH$$

[Michael, *D. chem. G.*, **14**, 656].

Le salicylphénol en solution alcaline est additionné d'amalgame de sodium jusqu'à décoloration; on fait passer un courant d'acide carbonique à travers la liqueur, on redissout le précipité dans la soude, on précipite par l'acide carbonique, on filtre, on lave et on sèche dans le vide.

L'o-p-dioxybenzhydrol est blanc, amorphe, fusible à 160-165° en se décomposant; il s'électrise par le frottement. Il est insoluble dans l'eau froide, soluble à chaud dans l'alcool; il n'a pu être obtenu cristallisé. Chauffé avec de l'acide chlorhydrique étendu, il se colore en un bleu violet foncé. G. de Bechi.

DIOXYBENZOPHÉNONE. — Voyez BENZOPHÉNONE.

DIOXYBENZOYLBENZOÏQUE (ACIDE). — C'est le corps décrit (Suppl., **1**, 835) sous le nom de *monorésorcine-phtaléine*, obtenu par l'action de la soude sur la fluorescéine.

L'éosine donne de même, par l'action de la soude concentrée à 140°, l'*acide dibromodioxybenzoylbenzoïque* ou *dibromorésorcine-phtaléine*,

$$C^6H^4 \begin{cases} CO-C^6HBr^2(OH)^2 \\ CO^2H \end{cases}$$

Ce dernier fond à 218-220° et cristallise par le refroidissement; chauffé plus haut, il se décompose. Il est presque insoluble dans l'eau, soluble dans l'alcool bouillant et dans les alcalis. Ses solutions sont jaunes. L'amalgame de sodium lui enlève tout son brome [Baeyer, *Ann. Chem.*, **183**, 1; *Bull. Soc. Chim.*, (2), **27**, 77].

DIOXYBENZOYLCARBONIQUE (ACIDE). — Voyez PHÉNYLGLYOXYLIQUE.

DIOXYBIBENZYLDICARBONIQUE (AC.) — Cet acide, dont la constitution serait représentée par la formule

$$\begin{matrix} C^6H^4 \begin{cases} CO^2H \\ CH.OH \end{cases} \\ | \\ C^6H^4 \begin{cases} CH.OH \\ CO^2H \end{cases} \end{matrix}$$

n'est pas connu à l'état de liberté.

Son anhydride, l'*hydrodiphtalyle*,

$$\begin{matrix} C^6H^4 \begin{cases} CO \\ CH \end{cases} > O \\ | \\ C^6H^4 \begin{cases} CH \\ CO \end{cases} > O \end{matrix}$$

a été obtenu en traitant l'anhydride phtalique par le zinc et l'acide acétique cristallisable [Wislicenus, *D. chem. G.*, **17**, 2178; *Bull. Soc. Chim.*, (2), **45**, 43].

Quand on a dissous l'hydrodiphtalyle dans un alcali et qu'on essaye d'en isoler l'acide, on obtient l'hydrodiphtalyle primitif si l'on emploie l'acide chlorhydrique, et l'*acide déhydrodioxybibenzyldicarbonique*

$$\begin{matrix} C^6H^4 \begin{cases} CO^2H \\ CH \searrow \end{cases} \\ | \quad O \\ C^6H^4 \begin{cases} CH \nearrow \\ CO^2H \end{cases} \end{matrix}$$

si l'on s'est servi d'acide acétique [Hasselbach, *Bull. Soc. Chim.*, (3), **2**, 271]. Paul Adam.

DIOXYBIBENZYLE [Syn. *Dioxydibenzyle, diphénol 1.2-éthane*],

$$C^6H^4OH-CH^2-CH^2.C^6H^4OH.$$

— Ce corps s'obtient soit en fondant avec de la potasse le *bibenzyldisulfonate de potassium*,

$$\begin{matrix} CH^2-C^6H^4SO^3K_4 \\ | \\ CH^2-C^6H^4SO^3K_4 \end{matrix}$$

[Kade, *D. chem. G.*, **7**, 239; *Bull. Soc. Chim.*, (2), **22**, 216], soit en traitant le p-diaminodibenzyle par le nitrite de sodium et l'eau bouillante [Heumann et Wiernik, *D. chem. G.*, **20**, 909; *Bull. Soc. Chim.*, (2), **48**, 557].

Il cristallise dans l'eau bouillante en lamelles brillantes, presque insolubles dans l'eau froide, sublimables en fines aiguilles et fondant à 189°.

Il ne donne aucune matière colorante par oxydation.

DIOXYBUTYRIQUES (ACIDES). — Ils répondent à la formule brute $C^4H^8O^4$. Sans parler des isoméries stéréochimiques, la théorie prévoit 3 acides dioxybutyriques dérivés de l'acide butyrique normal; ce sont :

L'ACIDE α-β DIOXYBUTYRIQUE (*acide butanediol 2.3-oïque*), $CH^3-CHOH-CHOH-CO^2H$;

L'ACIDE α-γ DIOXYBUTYRIQUE (*acide butanediol 2.4-oïque*), $CH^2OH-CH^2-CHOH-CO^2H$;

L'ACIDE β-γ DIOXYBUTYRIQUE (*acide butanediol 3.4-oïque*), $CH^2OH-CHOH-CH^2-CO^2H$.

On prévoit encore 3 acides dioxybutyriques correspondant à l'acide normal; ce sont :

$$CH^3-CH^2-C(OH)^2-CO^2H,$$
$$CH^3-C(OH)^2-CH^2-CO^2H,$$
$$C(OH)^2-CH^2-CH^2-CO^2H.$$

Mais ces acides correspondent à des hydrates d'acétones ou d'aldéhydes qui ne sont stables que dans des conditons déterminées.

Le premier de ces acides cétoniques est connu : c'est l'acide propionylformique, dont l'hydrate n'est pas stable; le second est l'hydrate de l'acide acétylacétique, dont l'hydrate et l'acide lui-même ne sont pas stables; le troisième n'est pas connu.

L'acide isobutyrique peut donner naissance à 3 acides dioxyisobutyriques :

1° ACIDE α-β DIOXYISOBUTYRIQUE (*acide méthyl 2-diol 2.3-propanoïque*),

$$\begin{matrix} CH^2OH \\ CH^3 \end{matrix} > COH-CO^2H.$$

2° ACIDE β-β DIOXYISOBUTYRIQUE (*acide méthylol 2-propanol 3-oïque*),

$$\begin{matrix} CH^2OH \\ CH^2OH \end{matrix} > CH-CO^2H.$$

Enfin le troisième acide est un hydrate d'aldéhyde,

$$\begin{matrix} CH(OH)^2 \\ CH^3 \end{matrix} > CH - CO^2H,$$

dont l'aldéhyde libre est connue sous le nom d'aldéhyde méthylformylacétique (*acide méthyl 2-propanal 3-oïque*).

ACIDE α-β DIOXYBUTYRIQUE (*acide méthylglycérique, butane-diol 2.3-oïque*),

$$CH^3 - CHOH - CHOH - CO^2H.$$

— On l'obtient en petite quantité à côté de l'acide bromoxybutyrique quand on chauffe l'acide dibromobutyrique α-β de l'acide crotonique normal, avec de l'eau en présence de carbonate de sodium [Kolbe, *J. prakt. Chem.*, (2), **25**, 369; *Bull. Soc. Chim.*, (2), **38**, 403].

On le prépare encore en chauffant pendant 5 ou 6 heures à 100° l'acide β méthylglycidique avec de l'eau,

$$CH^3 - \underset{\diagdown O \diagup}{CH - CH} - CO^2H + H^2O$$

$$= CH^3 - CHOH - CHOH - CO^2H$$

[Melikoff, *Ann. Chem.*, **234**, 208; *Bull. Soc. Chim.*, (2), **43**, 115, 116].

En oxydant l'acide crotonique au moyen du permanganate en solution alcaline à 1 0/0, à 0°, MM. Fittig et Kochs ont obtenu l'acide dioxybutyrique [*Ann. Chem.*, **268**, 8; *Bull. Soc. Chim.*, (3), **10**, 391].

Il forme de longs prismes renfermant 1 molécule d'eau de cristallisation qu'il perd en présence de l'acide sulfurique. Il fond, lorsqu'il est déshydraté, à 74-75° (à 80°, Melikoff). Il n'est pas volatil avec la vapeur d'eau, et l'acide chlorhydrique ne le décompose pas à l'ébullition. Il est soluble dans l'alcool et à peu près insoluble dans l'éther.

SELS. — Le *sel d'argent*, $C^4H^7O^4Ag$, est en aiguilles microscopiques solubles dans l'eau bouillante.

Le *sel de calcium*, $(C^4H^7O^4)^2Ca$, est une masse vitreuse, très soluble dans l'eau.

Le *sel de baryum*, $(C^4H^7O^4)^2Ba, 2H^2O$, est cristallin, soluble dans l'eau, insoluble dans l'alcool.

Éther éthylique, $C^4H^7O^4C^2H^5$. — Liquide qui bout en se décomposant légèrement à 225-230°.

ACIDE β MÉTHYLISOGLYCÉRIQUE (*butane-diol 2.3-oïque*), $CH^3 - CHOH - CHOH - CO^2H$. — On l'obtient en chauffant avec de l'eau à 100° l'acide β méthylisoglycidique, isomérique avec l'acide β méthylglycidique,

$$CH^3 - \underset{\diagdown O \diagup}{CH - CH} - CO^2H$$

Il cristallise en prismes fusibles à 45° et est soluble dans l'eau et dans l'alcool. Son point de fusion s'élève à la suite de plusieurs fusions successives.

Le *sel de potassium*, $C^4H^7O^4K, H^2O$, est cristallisé.

Le *sel de baryum* renferme 2 molécules d'eau et ne fond pas à 150°.

Le *sel d'argent*, $C^4H^7O^4Ag$, est cristallisé et est très stable; il est soluble dans l'eau chaude [P. Melikoff et Petrenko-Kritschenko, *Ann. Chem.*, **266**, 358, 378; *Bull. Soc. Chim.*, (3), **10**, 388]. Son anhydride est l'acide β méthylglycidique.

Les auteurs ne se sont pas prononcés sur la nature de ces isoméries. Nous pensons qu'elle doit être d'ordre stéréochimique.

ACIDE β-γ DIOXYBUTYRIQUE (*acide butylglycérique, butane-diol 3.4-oïque*),

$$CH^2OH - CHOH - CH^2 - CO^2H.$$

— On commence par préparer le nitrile correspondant à cet acide, puis on le saponifie.

On ajoute peu à peu une partie de monochlorhydrine de la glycérine $CH^2OH - CHOH - CH^2Cl$ à une solution de cyanure de potassium portée à 50° et renfermant 1 partie de cyanure et 3 parties d'eau. On obtient ainsi le nitrile cherché. On le chauffe pendant 6 heures avec de l'acide azotique étendu renfermant pour 1 partie d'acide 5 ou 6 parties d'eau, enfin on concentre au bain-marie. On épuise alors le résidu au moyen de l'alcool [Hanriot, *Ann. Chim. Phys.*, (5), **17**, 104].

L'oxydation de l'acide isocrotonique par le permanganate de potassium en liqueur alcaline lui donne également naissance [R. Fittig et Ew. Kochs, *Ann. Chem.*, **268**, 6; *Bull. Soc. Chim.*, (3), **10**, 392].

L'acide butylglycidique au contact de l'eau se transforme lentement à froid, rapidement à chaud en acide butylglycérique [D. Melikoff, *D. chem. G.*, **15**, 2586; *Bull. Soc. Chim.*, (2), **39**, 448].

C'est une huile qui, déjà à 100°, se transforme en anhydride $C^8H^{10}O^5$. Elle est très soluble dans l'acétone, insoluble dans l'éther.

Ses sels cristallisent très difficilement.

Sel d'argent, $C^4HO^{40}Ag$. — Aiguilles solubles dans l'eau; 100 parties d'eau à 13°,5 en renferment 5g,1. Une longue ébullition réduit le sel; il se précipite de l'argent métallique.

Sel de calcium, $C^4H^6O^4Ca$. — Masse cornée très soluble dans l'eau. L'alcool précipite ce sel de sa solution aqueuse.

Sel de baryum, $C^4H^6O^4Ba$. — Masse gommeuse, que l'alcool précipite de sa solution aqueuse.

A. Béhal.

DIOXYCAPROÏQUES (ACIDES), $C^6H^{12}O^4$. — On connaît plusieurs acides bibasiques et diatomiques répondant à la formule brute $C^6H^{12}O^4$.

1° L'*acide méthyl 2-pentane-diol 2.3-oïque 1*, $CH^3.CH^2.CH(OH).C(OH).CH^3.CO^2H$, a été obtenu par MM. Lieben et Zeisel en oxydant la méthyléthylacroléine $C^6H^{10}O$ par un courant d'oxygène, par l'oxyde d'argent ou par le mélange chromique. Le même acide se forme lorsqu'on fait bouillir l'acide dibromométhylpropylacétique $CH^3.CH^2.CHBr.CBr(CH^3).CO^2H$ avec un excès d'eau [*Mon. f. Chem.*, **4**, 65, 82]. Il cristallise en fines aiguilles ou en prismes rectangulaires fusibles à 151-162°, solubles dans l'eau.

Le *sel de calcium*, $Ca(C^6H^{11}O^4)^2, 3H^2O$, est cristallisé.

Les *sels de zinc, de plomb* et *de cuivre* sont amorphes.

2° MM. Fittig et J. Hillert ont obtenu un mélange de deux *olides dioxycaproïques* en oxydant l'acide hydrosorbique par le permanganate [*Ann. Chem.*, **268**, 38; *Bull. Soc. Chim.*, (3), **10**, 393]. Lorsqu'on chauffe ces olides avec un excès d'eau de baryte, on les transforme en dioxycaproates qu'on peut facilement séparer par cristallisation : lorsqu'on évapore la solution aqueuse, elle dépose d'abord des cristaux de *dioxycaproate*, qui sont solubles dans l'eau, mais insolubles dans l'alcool.

L'*isodioxycaproate* de baryum se sépare à la fin sous la forme d'une masse amorphe très soluble dans l'alcool et dans l'eau.

Lorsqu'on décompose le dioxycaproate de baryum par un acide à froid, et qu'on épuise la masse par l'éther, on obtient d'abord des aiguilles d'*acide dioxycaproïque*,

$$CH^3.CH^2.CH^2.CHOH.CHOH.CO^2H.$$

Ces aiguilles se liquéfient très rapidement, surtout à chaud, en perdant de l'eau et en régénérant l'*oxycaprolactone* (*olide hexane-diol-dioïque*) $C^6H^{10}O^3$. Celle-ci constitue un liquide visqueux très soluble dans l'eau et dans l'éther, insoluble dans le carbonate de sodium, qui ne se solidifie pas à — 18° et se décompose partiellement à l'ébullition. L'eau l'hydrate très lentement.

Le *dioxycaproate de baryum*, $(C^6H^{11}O^4)^2Ba$, cristallise en prismes brillants.

Le *sel de calcium*, $(C^6H^{11}O^4)^2Ca$, forme des croûtes cristallines très solubles dans l'eau.

Le *sel d'argent*, $C^6H^{11}O^4Ag$, se dépose de sa solution aqueuse bouillante en aiguilles très stables.

On n'obtient pas l'*acide isodioxycaproïque* lorsqu'on décompose le sel de baryum amorphe par l'acide chlorhydrique : l'*olide* se sépare immédiatement sous forme d'une huile épaisse, soluble dans l'eau, très semblable à l'oxycaprolactone.

Les *isodioxycaproates* sont tous amorphes.

Les *sels de baryum* et *de calcium* sont très solubles dans l'eau.

Le *sel d'argent* est un précipité blanc qui noircit à la lumière.

L'olide oxycaproïque se transforme partiellement en dérivé iso lorsqu'on la chauffe avec un excès de soude pendant quelques heures. De même le dioxycaproate de baryum cristallisé passe en partie à l'état d'isodioxycaproate amorphe si on le traite par l'eau de baryte. Il semble donc que ces deux acides dioxycaproïques soient des isomères géométriques; toutefois la transformation inverse n'a pas été effectuée.

3° Un troisième *acide dioxycaproïque* (*acide isohexérinique* ou *isohexérique*) a été obtenu par MM. Fittig et Ruer [*Ann. Chem.*, **268**, 22], en oxydant l'acide éthylcrotonique par le permanganate. Cet acide est volatil avec la vapeur d'eau; il cristallise dans un mélange de benzène et de ligroïne en paillettes fusibles à 95-96°, solubles dans l'eau et dans le benzène bouillant, peu solubles dans le chloroforme et dans l'éther. D'après son mode de synthèse, sa formule doit être

$$CH^3.CHOH.C(OH)C^2H^5.CO^2H,$$

ce qui en fait un *acide pentane-diol* 3.4-*méthyloïque* 3. Il est nettement différent de l'*acide hexérique* obtenu par MM. Fittig et Howe à partir de l'acide dibromohydroéthylcrotonique (voyez Suppl., **1**, 696).

Le *sel de calcium*, $(C^6H^{11}O^4)^2Ca,3H^2O$, s'obtient en saturant de carbonate de calcium une solution aqueuse de l'acide; il forme des croûtes cristallines solubles dans l'eau chaude et qui perdent 2 molécules d'eau à 100°, la troisième à 125°.

Le *sel de baryum*, $(C^6H^{11}O^4)^2Ba$, est une poudre friable soluble dans l'eau, peu soluble dans l'alcool.

Le *sel d'argent* est très soluble dans l'eau.

Le *sel de zinc*, $(C^6H^{11}O^4)^2Zn,H^2O$, cristallise en prismes peu solubles.

L'acide isohexérinique ne fournit pas d'olide. Ni l'acide chlorhydrique, ni la baryte ne l'attaquent à l'ébullition. P. Freundler.

DIOXYCINCHONINIQUE (ACIDE) [Syn. *Acide dioxycinchonique*, *dioxyisoquinoléine carbonique*, *quinoléine-diol-méthyloïque*], $(OH)^2.C^9H^4Az.CO^2H$. — Cet acide a été obtenu en chauffant l'*acide diméthoxycinchoninique* avec l'acide iodhydrique concentré [Goldschmiedt, *Mon. f. Chem.*, **8**, 522]. C'est une poudre d'un jaune clair qui fond à 221° en se décomposant, et qui est peu soluble dans l'eau. Ses solutions sont colorées en un jaune rougeâtre par le sulfate ferreux, en violet par le chlorure ferrique. Les sels de l'acide dioxycinchoninique sont jaunes.

L'*acide diméthoxycinchoninique* (*diméthoxyisoquinoléine-carbonique*),

$$(CH^3O)^2C^9H^4Az.CO^2H,H^2O,$$

est lui-même un produit d'oxydation de la papavérine. Pour le préparer, on traite le chlorhydrate de papavérine par le permanganate à 50° environ, en maintenant la solution exactement neutre par l'addition d'acide sulfurique ou chlorhydrique. Il se forme en même temps de l'hémipinisoimide et de la papavéraldine qui se précipitent avec l'acide diméthoxycinchoninique et le bioxyde de manganèse. On filtre, on traite le résidu par l'eau et l'acide sulfureux pour redissoudre le bioxyde, et on lave la partie insoluble avec de l'acide chlorhydrique dilué bouillant, qui ne dissout pas l'imide.

L'acide diméthoxycinchoninique cristallise en aiguilles jaunes, peu solubles dans l'eau froide, solubles dans l'eau bouillante et dans l'alcool, et qui fondent à 205-210° en se décomposant en acide carbonique et en diméthoxyquinoléine

$$C^9H^5Az(OCH^3)^2.$$

Les solutions sont colorées en un rouge jaunâtre par le perchlorure de fer. Cet acide s'unit aux bases pour donner des précipités gélatineux, et forme avec l'acide chlorhydrique la combinaison

$$C^{12}H^{11}AzO^4.HCl,2H^2O,$$

qui cristallise en aiguilles soyeuses que l'eau dissocie complètement. P. Freundler.

DIOXYCITRIQUE (ACIDE). — Voyez DIOXYISOCITRIQUE.

DIOXYDIBENZYLDICARBONIQUE (ACIDE). — Voyez BIBENZYLDICARBONIQUE.

DIOXYDIBENZYLE. — Voyez DIOXYBIBENZYLE.

DIOXYDIÉTHYLANILINE,

$$\begin{array}{l}O-C^6H^4-Az(C^2H^5)^2\\ |\\ O-C^6H^4-Az(C^2H^5)^2\end{array}$$

— Ce corps se prépare par l'action du nitrate d'argent sur la dithiodiéthylaniline. On opère comme pour le dérivé diméthylique correspondant (voyez ci-dessous) [Holzmann, *D. chem. G.*, **20**, 1640].

La dioxydiéthylaniline cristallise dans l'alcool en aiguilles jaunâtres, fusibles à 67°, qui se décomposent entièrement lorsqu'on les chauffe. Elle est peu soluble dans l'eau bouillante, soluble dans l'éther et dans l'alcool, ainsi que dans les acides; les sels ainsi formés n'ont pu être obtenus à l'état cristallisé.

DIOXYDIMÉTHYLANILINE,

$$\begin{array}{l}O-C^6H^4-Az(CH^3)^2\\ |\\ O-C^6H^4-Az(CH^3)^2\end{array}$$

— On prépare la dioxydiméthylaniline par l'action d'une dissolution ammoniacale de nitrate d'argent sur la *dithiodiméthylaniline*,

$$\begin{array}{l}S-C^6H^4-Az(CH^3)^2\\ |\\ S-C^6H^4-Az(CH^3)^2\end{array}$$

[Hanimann et Hanhart, *D. chem. G.*, **12**, 681. — Merz et Weith, *ibid.*, **19**, 1573].

Le mode opératoire est le suivant : On dissout la dithiodiméthylaniline dans l'alcool, on additionne cette dissolution d'ammoniaque concentrée et de la quantité calculée de nitrate d'argent; en chauffant légèrement la totalité du soufre de la dithiodiméthylaniline se sépare à l'état de sulfure d'argent; on filtre, on évapore, on reprend par l'acide chlorhydrique, on décolore par le noir animal, on filtre et on précipite la base par l'ammoniaque; finalement on purifie le produit par quelques cristallisations dans l'alcool.

On peut, dans cette préparation, remplacer le nitrate d'argent par le chlorure ferrique; dans ce cas on opère en solution chlorhydrique.

La dioxydiméthylaniline cristallise en fines aiguilles soyeuses, jaunâtres, fusibles à 90°,5, peu solubles dans l'eau bouillante, solubles dans l'alcool, l'éther et le benzène. Elle est douée de propriétés basiques, se dissout dans les acides; les solutions alcalines ne l'altèrent pas.

Par l'action de l'alcool et de l'amalgame de sodium, la dioxydiméthylaniline se transforme en diméthylaminophénol soluble dans les alcalis.

G. de Bechi.

DIOXYDIPHÉNYLCARBINOL [Syn. *Dioxybenzhydrol, diphénol-méthanol*],

$$C^6H^4OH-CH(OH)-C^6H^4OH.$$

— Le salicylphénol, $C^6H^4(OH)-CO-C^6H^4OH$, réduit par l'hydrogène naissant, se transforme en dioxybenzhydrol, corps blanc amorphe, insoluble dans l'eau froide, très soluble dans l'alcool chaud, fondant à 160-165°.

Chauffé avec de l'acide chlorhydrique étendu, ce corps se colore en bleu violet intense [Michael, *D. chem. G.*, **14**, 656, *Bull. Soc. Chim.*, (2), **36**, 481].

DIOXYDIPHÉNYLE. — Voyez Biphénols, Suppl. 2, I, 715.

DIOXYDIPHÉNYLMÉTHANE (*diphénol-méthane*),

$$CH^2<{C^6H^4OH \atop C^6H^4OH}$$

— On fond avec 2 parties de potasse le diphénylméthane-disulfonate de potassium. On reprend la masse fondue par l'acide sulfurique étendu et on fait cristalliser dans l'eau bouillante, qui abandonne le corps par refroidissement, soit en lamelles nacrées, soit en aiguilles. Celles-ci se transforment peu à peu en lamelles au contact de ces dernières. Par évaporation lente de la solution alcoolique, ce diphénol se dépose en cristaux compacts, probablement clinorhombiques.

Il fond à 158°, est sublimable, mais ne distille pas avec la vapeur d'eau. Il est soluble dans l'alcool, l'éther, le chloroforme, insoluble dans le sulfure de carbone.

L'acide carbonique le met en liberté de sa solution alcaline. La solution aqueuse se trouble par addition d'acétate de plomb; elle donne avec le perchlorure de fer un trouble jaune-brun qui fait place à la longue à une coloration pourpre. L'eau de brome précipite en jaune les solutions les plus étendues.

La fusion avec la potasse donne du phénol et de l'acide *p-oxybenzoïque*, ce qui établit sa constitution de dérivé *para*.

On obtient la *combinaison potassique* sous la forme d'une poudre cristalline blanche, très altérable, en ajoutant une solution éthérée-alcoolique de potasse à la solution éthérée du phénol.

En employant des solutions alcalines titrées, on a pu préparer les combinaisons *mono-* et *disodiques*, très solubles dans l'alcool et dans l'eau avec une coloration verte.

La combinaison *barytique* cristallise, mais est instable.

L'*éther méthylique*, $CH^2(C^6H^4-OCH^3)^2$, s'obtient en chauffant sous pression la combinaison dipotassique du phénol avec l'iodure de méthyle. Il est insoluble dans l'eau, soluble dans l'alcool et dans l'éther et constitue des lamelles blanches fondant à 48-49°, bouillant à 330-340° [Beck, *Ann. Chem.*, **194**, 318; *Bull. Soc. Chim.*, (2), **32**, 227].

C'est probablement le même éther qu'a obtenu M. E. ter Meer en mélangeant 60 parties d'anisol, 15 parties de méthanal et 280 parties d'acide acétique cristallisable, et ajoutant peu à peu au mélange refroidi 36 parties d'acide sulfurique et 280 parties d'acide acétique. Au bout de 25 heures on neutralise et on extrait par l'éther.

Point de fusion 52° [*D. chem. G.*, **7**, 1200; *Bull. Soc. Chim.*, (2), **23**, 369].

L'*éther diéthylique*, obtenu par M. Beck, fond à 38-39°.

On n'a pu préparer d'éther monométhylique ou monoéthylique.

Par l'action des chlorures d'acétyle ou de benzoyle, on a obtenu le *diacétyldioxydiphénylméthane* fondant à 69-70°, et le *dérivé dibenzoylé* $CH^2(C^6H^4-O-CO-C^6H^5)^2$ fondant à 156°.

Tétrabromo-dioxydiphénylméthane,

$$CH^2(C^6H^2Br^2OH)^2.$$

— Le brome réagit énergiquement, et, pour obtenir un produit défini, il faut faire agir l'eau de brome sur la solution aqueuse chaude. Il se produit ainsi un corps résineux rouge qui cristallise dans l'alcool et donne de petits cristaux rouges, fusibles à 225° et qui représentent le dérivé tétrabromé. L'eau le précipite de sa solution alcoolique sous la forme d'un précipité soyeux blanc.

Si l'on ajoute lentement du brome à la solution éthérée du phénol, on le voit s'absorber; il se fait un produit d'addition $C^{13}H^8Br^4O^2, HBr$. Ce composé perd à l'air de l'acide bromhydrique, et se dissout dans l'alcool avec formation de bromure d'éthyle et du dérivé tétrabromé (Beck).

Homologues du dioxydiphénylméthane. — Par une méthode générale, M. Dianine a obtenu un grand nombre d'homologues du dioxydiphénylméthane.

Il chauffe à 80-90° un mélange de phénol ordinaire, d'acide chlorhydrique et d'une acétone. La réaction a lieu suivant l'équation

$${X \atop Y}>CO + {C^6H^5OH \atop C^6H^5OH}$$

$$= H^2O + {X \atop Y}>C<{C^6H^4OH \atop C^6H^4OH}$$

Avec l'acétone ordinaire on obtient le *diméthyldioxydiphénylméthane* (*diméthyl-diphénol-méthane*),

$${CH^3 \atop CH^3}>C<{C^6H^4OH \atop C^6H^4OH}$$

corps solide, peu soluble dans l'eau, soluble dans l'éther, l'alcool, l'acide acétique.

La soude caustique le transforme en *méthoéthylphénol*, $(CH^3)^2CH-C^6H^4OH$.

Le *dérivé dibenzoylé*,

$$(CH^3)^2C(C^6H^4O.COC^6H^5)^2,$$

fond à 153°,5.

Le *dérivé diméthylé* fond à 60°,5 et bout à 371°. L'acide chromique le transforme en acide anisique.

Avec d'autres acétones, on a eu les corps suivants :

Le *diéthyldiphénolméthane* fondant à 198-200°, que la soude dédouble en dioxybenzène et éthopropylphénol.

Son *éther benzoïque* fond à 162°,5.

Le *dipropyldiphénolméthane*, cristallisé, fusible à 155°.

Son *éther benzoïque* fond à 144-145°.

Le *méthylhexyldiphénolméthane* donne un *éther benzoïque* qui fond à 114°.

L'acide chlorhydrique fumant dédouble ce corps comme la soude et donne de l'octylphénol [*Bull. Soc. Chim.*, (3), **8**, 741, 744]. Paul Adam.

DIOXYÉTHYLÈNE. — Voyez ÉTHYLÈNE (OXYDE), Dict., **1**, 1371.

DIOXYISOBUTYRIQUE (ACIDE) [Syn. *Acide α méthylglycérique, acide méthyl 2-propanediol 2.3-oïque*],

$$CH^2OH-COH(CH^3)-CO^2H$$

— On l'obtient en chauffant pendant une demi-heure à 100° avec de l'eau l'acide α méthylglycidique; on évapore la solution, puis à la surface du sirop obtenu on verse un peu d'éther. L'acide cristallise lentement.

Il fond à 100° et est facilement soluble dans l'eau, difficilement dans l'éther [Melikoff, *Ann. Chem.*, **234**, 218].

SELS. — Les sels de cet acide peuvent être obtenus par l'ébullition des sels correspondants de l'acide α méthylglycidique.

Le *sel de potassium*, $C^4H^7CO^4K, 0,5H^2O$, forme de petits prismes très solubles dans l'eau; il perd son eau d'hydratation sur l'acide sulfurique.

Le *sel de calcium*, $C^4H^6O^4Ca$ (à 100°), est très soluble dans l'eau; l'alcool le précipite en flocons de cette solution [Melikoff, *Bull. Soc. Chim.*, (2), **43**, 116].

DIOXYISOCITRIQUE (ACIDE) [Syn. *Pentane-triol 1.2.3-dioïque 1-méthyloïque*],

$$CO^2H-CHOH-CHOH-C(OH)(CO^2H)^2.$$

— M. Pabst, en oxydant la mannite par une solution alcaline de permanganate, avait obtenu un acide auquel il assignait la formule ci-dessus et dont le sel ammoniacal était soluble dans l'eau et presque insoluble dans l'alcool [*C. R.*, **91**, 728].

MM. Hecht et Iwig, en répétant la même expérience, n'ont trouvé que les acides oxalique, tartrique et formique, et une petite quantité d'un corps incristallisable et réducteur [*D. chem. G.*, **14**, 1760].

DIOXYMALONIQUE (ACIDE). — Voyez MALONIQUE.

DIOXYMÉTHYLCOUMARIQUE (ACIDE) — Voyez ACIDES COUMARIQUES.

DIOXYNAPHTALÈNE-CARBOXYLIQUES (ACIDES) (*acides naphtalène-diol-méthyloïques*).

DÉRIVÉ 1.2.3,

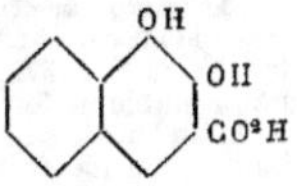

OH, OH, CO^2H

— On obtient cet acide par l'action de l'acide carbonique sur le sel sodique de la β-naphtohydroquinone [Möhlau *D. chem. G.*, **26**, 3066,]. Il se forme aussi lorsqu'on fait bouillir l'acide *amino-oxynaphtoïque* avec l'acide sulfurique dilué, sous l'influence duquel le groupement AzH^2 est remplacé par le groupement OH. Cet acide aminonaphtoïque se prépare par la réduction de l'acide naphtalène-azo-β-oxynaphtoïque. La constitution de l'acide β-oxynaphtoïque étant 2.3, celle des acides amino-oxy et dioxynaphtoïque doit être 1.2.3.

Ce dernier cristallise dans l'alcool en feuillets jaunes, et fond à 207° en se décomposant. Le perchlorure de fer colore sa solution alcoolique en vert.

DÉRIVÉ 1.7.6 (*acide dioxynaphtoïque S*),

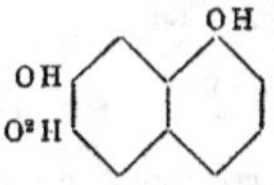

OH, OH, CO^2H

— Ce dérivé est le premier acide dioxynaphtoïque qui ait été connu. Il a été préparé par M. Hosaeus [*D. chem G.*, **26**, 672], mais ce chimiste a mal indiqué la constitution de ce corps, qui a été établie par les recherches de M. Schmid [*D. chem. G.*, **26**, 1117; *Ref.*, 735; brevet allemand n° 69357 du 19 août 1892; *Mon. scient.*, 1893, *br.* 71]. Il est préparé par la fusion de l'acide β-oxynaphtosulfonique S

$$C^{10}H^5(OH).(COOH).SO^3H \quad 2.3.8$$

avec les alcalis. La solution de l'acide sulfonique S est additionnée à chaud de sel marin; à froid le sel sodique acide cristallise. On filtre, on sèche d'abord à l'air, puis dans une étuve à 150°, et on introduit 1 partie de sel dans 5 parties de potasse caustique qu'on a fondue avec un peu d'eau et chauffée à 260° (d'après M. Schmid, il suffit de prendre 2 parties de potasse et de chauffer à 220-240°). On reste à cette température jusqu'à ce que la masse brunisse, ce qui peut durer 1 ou 2 heures, puis on laisse refroidir, on dissout dans l'eau et on ajoute de l'acide sulfurique. L'acide est précipité et peut être cristallisé dans l'eau en présence d'un peu de noir animal, dont il ne faut pas prendre un excès, car il est capable de retenir de grandes quantités de l'acide. Celui-ci cristallise en belles aiguilles jaunes et brillantes, fusibles à 265°. Cristallisé dans l'eau, l'acide contient 1 molécule d'eau de cristallisation. Comme le dioxynaphtalène 1.7, il réduit le nitrate d'argent à froid et la liqueur de Fehling à chaud. Il est facilement soluble dans l'éther. Le groupe COOH ne s'élimine pas sans que la molécule soit détruite en entier.

Dérivé diacétylé. — Fusible à 188°, cristallisable dans l'acide acétique, insoluble dans l'eau, facilement soluble dans l'alcool et dans l'éther.

Éther diéthylique. — On sature la solution alcoolique de l'acide par l'acide chlorhydrique. L'éther cristallise dans l'alcool et fond à 148-150°.

DÉRIVÉ 1.7.2.?,

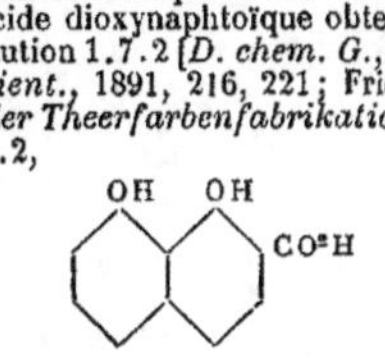

OH, OH, CO^2H?

— On chauffe le sel alcalin du dioxynaphtalène 1.7 avec l'acide carbonique à 140° environ, sous pression. L'acide dioxynaphtoïque obtenu a peut-être la constitution 1.7.2 [*D. chem. G.*, **24**, *Ref.*, 435; *Mon. scient.*, 1891, 216, 221; Friedlaender, *Fortschritt der Theerfarbenfabrikation*, **2**, 134].

DÉRIVÉ 1.8.2,

OH OH, CO^2H

— En traitant le sel mono-alcalin ou alcalino-terreux du dioxynaphtalène 1.8 à 140° environ par l'acide carbonique sous pression, on obtient un acide dioxynaphtoïque, qui a sans doute la constitution 1.8.2. Il est incolore, inodore, presque insoluble dans l'eau et fond à 170-173°. Ses sels alcalins sont facilement solubles dans l'eau [*Mon. scient.*, 1891, 216; brevet allemand du 16 mai 1890; *v. a.* 221; brevet français, 205838; *D. chem. G.*, **24**, *Ref.*, 435].

Cet acide est un antiseptique énergique; il donne des matières colorantes azoïques.

DÉRIVÉ (?).2.3. — M. Robertson [*J. prakt. Chem.*, (2), **48**, 535] a préparé un acide dioxynaphtoïque dont la constitution n'est pas entièrement connue. Il a nitré l'acide β-oxynaphtoïque fusible à 216°, réduit le corps nitré, diazoté et décomposé le dérivé diazoïque par l'acide sulfurique à 50 0/0 environ. Le nouvel acide cristallise dans l'alcool en longues aiguilles verdâtres.

DÉRIVÉ 2.6.7 (*acide dioxynaphtosulfonique* L),

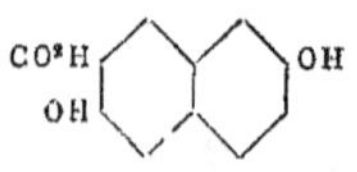

CO²H OH OH

— L'acide β-oxynaphtoïque fusible à 216°, traité par l'acide sulfurique, engendre deux acides monosulfoconjugués isomériques possédant la constitution 2.3.6 (acide L) et 2.3.8 (acide S). L'acide L fondu avec les alcalis n'échange pas aussi facilement S O³H contre O H que l'acide S. Il faut chauffer à 280-300° avec la potasse caustique pour obtenir l'acide dioxynaphtoïque 2.6.7 [*D. chem. G.*, **26**, 1117; *Mon. scient.*, 1893, *br.* 171; *D. chem. G.*, **26**, *Ref.*, 735]. Il forme de petites aiguilles jaunes qui brunissent à 200° et fondent à 225-228° en se décomposant; il est assez soluble dans l'eau bouillante.

DÉRIVÉ 2.7.6.

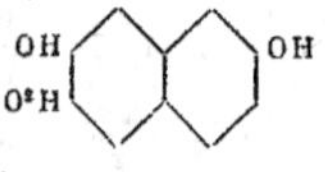

OH OH CO²H

— Le sel sodique du dioxynaphtalène 2.7 réagit à haute température sur l'acide carbonique dans des conditions où le groupe carboxylique entre sans aucun doute dans la position 6. Il forme de petites aiguilles jaunâtres qui brunissent à 240° et fondent à 254-256°.

DÉRIVÉ DIOXYNAPHTALÈNE-DICARBOXYLIQUE. — Un acide de cette composition a été obtenu en chauffant l'acide narcéique à 180-200° [*D. chem. G.*, **24**, *Ref.*, 249]. Il fond à 162°; il est difficilement soluble dans l'eau chaude et dans l'alcool, facilement soluble dans l'éther et dans le chloroforme et se sublime sans décomposition. Lorsqu'on le chauffe pendant quelques jours avec l'acide iodhydrique et le phosphore rouge, il est transformé en un acide naphtalique $C^{12}H^8O^4$, qui paraît être identique avec l'acide γ-naphtalène-dicarboxylique de MM. Wichelhaus et Darmstädter [*Ann. Chem.*, **152**, 309].

ACIDES DIOXYNAPHTOSULFONIQUES.

DÉRIVÉ 1.7.6.3,

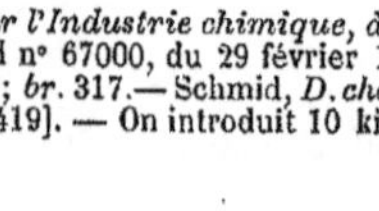

OH OH CO²H SO³H

[*Société pour l'Industrie chimique, à Bâle*, brevet allemand n° 67000, du 29 février 1892, *Mon. scient.*, 1892; *br.* 317. — Schmid, *D. chem. G.*, **26**, 1119; *Ref.*, 419]. — On introduit 10 kilogrammes d'acide β-naphtolcarbonique (p. f. 216°) dans 40 kilogrammes d'acide sulfurique fumant a 24 0/0 d'anhydride. Il se forme de l'acide disulfonique. La réaction est achevée en 2 ou 3 heures a une température de 125-150°. Le produit de la réaction est versé dans l'eau.

Le sel de sodium préparé de la manière usuelle se dépose de sa solution concentrée sous la forme d'une masse cristalline jaunâtre. Fondu à 210-220° et à la fin à 230-240° avec 2 fois son poids de soude caustique, ce sel se transforme en *sel de sodium* de l'acide dioxynaphtoïque-monosulfonique. On reconnaît la fin de la réaction en acidulant un échantillon dissous dans un peu d'eau, et constatant que le précipité n'augmente plus. La cuite est reprise par l'eau, traitée par l'acide chlorhydrique qui sépare un sel sodique acide en petites aiguilles jaunâtres. Ce sel est peu soluble dans l'eau froide; il cristallise dans l'eau chaude en tables rhombiques. Le *sel sodique neutre* cristallise en petites aiguilles rayonnant autour d'un centre. Le *sel barytique acide* est en longues aiguilles. Le *sel barytique neutre* est très peu soluble dans l'eau. L'acide libre, isolé des sels de baryum par l'acide sulfurique, cristallise dans l'acide chlorhydrique dilué en longues aiguilles d'un jaune pâle, fort solubles dans l'eau, brunissant sans fondre lorsqu'on les chauffe. Les solutions aqueuses des sels alcalins de l'acide dioxynaphtoïque-monosulfonique ont une belle fluorescence d'un vert jaune; le perchlorure de fer les colore en un bleu indigo foncé, le chlorure de chaux en un jaune orangé très intense.

Cet acide a été nommé *acide nigrotinique*, parce qu'il forme avec certains diazo-dérivés des azoïques gris et noirs, tirant sur mordants [*D. chem. G.*, **26**, *Ref.*, 1029].

Pour éliminer le dernier groupe sulfonique, il faut chauffer avec 3 parties de potasse à 310-320°; on obtient un acide qui cristallise dans le toluène en aiguilles jaunes, fusibles à 255-257°.

DÉRIVÉ 2.7.3.5.?,

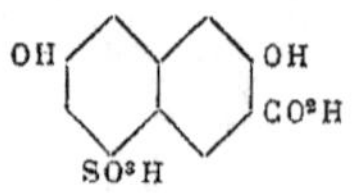

OH OH CO²H SO³H

[Schmid, *D. chem. G.*, **26**, 1120]. — En sulfonant l'acide β-oxynaphtoïque (p. f. 216°) on obtient, à côté de l'acide 2.3.6.8, un autre acide disulfonique isomérique, pour lequel M. Schmidt admet la formule

$C^{10}H^4(OH).COOH).(SO^3H)^2$ (2.7.3.5.)

Fondu avec les alcalis, il fournit très probablement l'acide $C^{10}H^4(OH)^2COOH.SO^3H$ (2.7.3.5) qui se trouve mélangé en petite quantité à l'acide 1.7.3.6 industriel décrit ci-dessus. La séparation des deux acides s'opère par cristallisation des sels barytiques dans l'eau chaude.

Le sel de l'acide 2.7.3.5, très difficilement soluble, reste insoluble et donne, par la décomposition au moyen de l'acide sulfurique, l'acide libre qui cristallise dans l'acide chlorhydrique dilué en longues aiguilles blanches. E. Nœlting.

DIOXYNAPHTALÈNE-DICARBOXYLIQUE (ACIDE) (*acide naphtalène-diol-diméthyloïque* [Claus et Meixner, *J. prakt. Chem.*, (2), **37**, 8; *Bull. Soc. Chim.*, (2), **49**, 832]. — L'acide narcéique, $C^{15}H^{15}AzO^8$, obtenu en oxydant le sulfate de narcéine par le permanganate de potassium, se décompose à 190-200° en acide carbonique, diméthylamine et acide dioxynaphtalène-dicarboxylique $C^{12}H^8O^6$.

Pour isoler cet acide à l'état de pureté, le mieux est de soumettre le résidu restant dans la cornue à la sublimation. On obtient ainsi de longues aiguilles blanches enchevêtrées en aigrettes, fusibles à 162°. Elles sont facilement solubles dans l'éther, le chloroforme, etc., difficilement solubles dans l'eau bouillante et dans l'alcool. Le produit cristallisé dans l'eau a le même point de fusion et la même composition que le produit sublimé. Il n'y a donc pas formation d'anhydride lors de la sublimation.

Le *sel de sodium normal*,

$$C^{12}H^6O^6Na^2\,,6\,H^2O\,,$$

cristallise en petites aiguilles incolores, très solubles dans l'eau.

Le *sel de sodium acide*,

$$C^{12}H^7O^6Na\,,\,5,5\,H^2O$$

forme de petites aiguilles microscopiques.

Le *sel de baryum normal*,

$$C^{12}H^6O^6Ba\,,2\,H^2O\,,$$

se sépare d'une solution évaporée jusqu'à formation d'une croûte cristalline, en petites aiguilles groupées en étoiles.

Le *sel d'argent normal*, $C^{12}H^6O^6Ag^2$, est un précipité blanc pulvérulent, absolument insoluble dans l'eau.

Pour transformer l'acide $C^{12}H^8O^6$ en acide naphtalène-dicarboxylique $C^{10}H^6(CO^2H)^2$, on le mélange avec 4 fois son poids de phosphore rouge et de l'acide iodhydrique concentré, de manière à former une bouillie ; on ajoute un peu d'iode et on chauffe pendant 6 ou 7 jours. On ajoute ensuite de l'eau, on neutralise à la potasse, on sépare le phosphore par filtration et on précipite le liquide filtré par un acide. L'acide naphtalène-dicarboxylique, qui se sépare sous la forme d'un précipité blanc floconneux, est absolument insoluble dans l'eau, même bouillante, ce qui permet de le séparer facilement de l'acide hydroxylique inattaqué. Il est soluble dans l'alcool et fond à 250-253°.

Le *sel de plomb*, $C^{12}H^6O^4Pb$, est un précipité blanc-grisâtre, insoluble dans l'eau.

En le distillant avec de la chaux, on obtient du naphtalène.

D'après ses propriétés, cet acide naphtalène-dicarboxylique se différencie nettement de l'acide naphtalique, obtenu par oxydation de l'acénaphtène. Il se rapproche de l'acide γ de MM. Wichelhaus et Darmstädter [*Ann. Chem.*, **152**, 309].

E. Nœlting.

DIOXYNAPHTALÈNES [1] [Syn. *Oxynaphtols*, *naphtalène-diols*] (voyez Dict., **2**, 519). — Les dioxynaphtalènes, phénols diatomiques de la série naphtylique, ont été obtenus d'après trois méthodes.

1° Fusion des acides naphtalène-disulfoniques avec les alcalis caustiques :

$$C^{10}H^6(SO^3Na)^2 + 2\,NaOH$$
$$= C^{10}H^6(OH)^2 + Na^2SO^3\,;$$

2° Fusion des acides naphtolsulfoniques avec les alcalis :

$$C^{10}H^6(OH)(SO^3Na)^2 + 2\,NaOH$$
$$= C^{10}H^6(OH)^2 + 2\,Na^2SO^3\,;$$

3° Réduction des naphtoquinones :

$$C^{10}H^6O^2 + H^2 = C^{10}H^6(OH)^2.$$

D'autres méthodes générales de préparation des phénols seraient sans doute applicables, mais elles n'ont pas encore été essayées. Ce seraient les suivantes :

4° Fusion des acides halogénosulfoniques du naphtalène avec les alcalis :

$$C^{10}H^6Cl(SO^3Na) + 2\,NaOH$$
$$= C^{10}H^6(OH)^2 + Na^2SO^3 + NaCl\,;$$

5° Fusion des naphtols halogénés avec les alcalis :

$$C^{10}H^6Cl(OH) + NaOH = C^{10}H^6(OH)^2 + NaCl\,;$$

6° Transformation des aminonaphtols en dérivés diazoïques et ébullition avec l'eau :

$$C^{10}H^6(OH)Az = AzCl + H^2O$$
$$= C^{10}H^6(OH)^2 + HCl + Az^2\,;$$

7° Transformation des naphtylène-diamines en dérivés diazoïques et ébullition avec l'eau :

$$C^{10}H^6(Az = AzCl)^2 + 2\,H^2O$$
$$= C^{10}H^6(OH)^2 + 2\,Az^2 + 2\,HCl.$$

Les dioxynaphtalènes sont plus solubles dans l'eau que les naphtols ; ils sont facilement oxydables, surtout quand ils sont humides, ou mieux encore en solution alcaline. Les produits noirâtres ainsi obtenus n'ont pas été étudiés. En général, l'étude des dioxynaphtalènes est encore extrêmement incomplète. Sous l'influence de l'acide sulfurique certains d'entre eux donnent des acides sulfoniques. Ils se combinent aux dérivés diazoïques, à l'exception de l'α-hydronaphtoquinone.

Les hydroxyles sont remplacés, dans plusieurs d'entre eux, par le groupe AzH^2 quand on les chauffe avec l'ammoniaque sous pression. Deux d'entre eux, les dérivés 1.5 et 1.8, donnent par oxydation l'oxynaphtoquinone 1.5.8.

Un seul, le dérivé 2.7, a fourni avec la nitrosodiméthylaniline une matière colorante bleue ; les autres n'ont pas été étudiées à ce point de vue, mais il est probable qu'un certain nombre se comporteraient d'une manière analogue.

Les dérivés nitrés et nitrosés ne sont pour ainsi dire pas connus ; il est probable qu'ils posséderaient des propriétés tinctoriales.

L'industrie ne fait que commencer à s'occuper des dioxynaphtalènes, mais il est à prévoir qu'ils acquerront par la suite de l'importance dans la fabrication des matières colorantes.

Des dix dioxynaphtalènes prévus par la théorie, neuf sont connus à l'état de pureté. Plusieurs autres ont été décrits, mais ils ne sont pas bien caractérisés ; nous les mentionnerons en dernier lieu.

Dérivé 1.2 β-naphtohydroquinone (*β-naphtochinol*) (voyez Suppl., **1**, 1063) [Liebermann et Jacobson, *Ann. Chem.*, **211**, 58]. — La β-naphtoquinone se dissout facilement déjà à froid dans l'acide sulfureux aqueux concentré ; au bout de peu de temps la β-naphtohydroquinone se sépare sous la forme de lamelles blanches allongées. Le point de fusion de la substance pure est situé vers 60°, mais souvent on le trouve différent, par exemple quand la solution sulfureuse a été abandonnée pendant longtemps et

1. Pour le naphtalène, on a adopté le schéma suivant :

8 1
7 2
6 3
5 4

s'est transformée en partie en acide sulfurique, ou si la quantité employée était insuffisante; le produit est alors souillé de dinaphtyldihydroquinone dont le point de fusion est plus élevé.

Les alcalis dissolvent la β-naphtohydroquinone en jaune; en présence de l'air la solution devient d'un vert intense. L'acide nitrique (d = 1,48) la convertit en nitro-β-naphtoquinone fusible à 158° [Korn, *D. chem. G.*, **12**, 3024].

La solution aqueuse de la β-naphtohydroquinone est extrêmement caustique; elle rougit la peau et provoque la suppuration. Si l'on trace des traits sur la peau avec un objet imprégné de cette solution, ils restent visibles en rouge pendant des semaines.

La β-naphtohydroquinone est, d'après sa constitution, l'analogue de la pyrocatéchine dans la série naphtalique, et il est probable qu'elle montrera toutes les réactions caractéristiques de cette dernière.

Les dérivés diazoïques, en réagissant sur le 1.2-dioxynaphtalène, donnent des matières colorantes azoïques qui ont la propriété de se fixer sur le coton mordancé en fer, alumine et chrome, ainsi que sur la laine chromatée [Witt, *Expér. inédites*]. MM. Reverdin et de la Harpe [*D. Chem. G.*, 22, R. 426] l'ont combiné à la diazo-p-phénylène-diamine et ont obtenu des colorants qui teignent la laine et la soie en bleu foncé.

L'éther diacétylique, $C^{10}H^6(OC^2H^3O)^2$, a été préparé par M. Korn [*D. chem. G.*, **17**, 3025] en chauffant la β-naphtohydroquinone avec l'anhydride acétique et l'acétate de sodium. Cristallisé dans l'acide acétique, il forme des lamelles blanches fusibles à 104-106° et facilement solubles dans les dissolvants usuels.

Des *acides mono-* et *disulfoniques* de la β-naphtohydroquinone ont été préparés par M. Witt (*Expér. inédites*) en réduisant les dérivés correspondants de la naphtoquinone. Ils servent à la préparation de matières colorantes azoïques teignant les mordants.

β-*Chloronaphtohydroquinone*,

$C^{10}H^5(OH)^2Cl$ 1.2.3.

— On la prépare en faisant passer un courant d'acide sulfureux dans une solution de β-chloronaphtoquinone dans l'acide acétique cristallisable, et on la purifie par cristallisation dans l'eau bouillante. Longues aiguilles incolores, fusibles à 116-117°. Dans l'action du chlore sur la β-naphtoquinone, il se forme, à côté de la chloronaphtoquinone, un corps blanc cristallin qui paraît être un produit d'addition de chloroquinone et d'acide chlorhydrique. Ce corps fournit également avec facilité la chlorohydroquinone sous l'influence de l'acide sulfureux (voyez aussi β-NAPHTOQUINONE) [Zincke, *D. chem. G.*, **19**, 2498].

α-β-*Dichloronaphtohydroquinone*,

$C^{10}H^4(OH)^2Cl^2$ 1.2.3.4.

— On la prépare en introduisant une solution acétique de dichloro-β-naphtoquinone dans un excès d'acide sulfureux aqueux légèrement chauffé, et portant ensuite à l'ébullition jusqu'à décoloration du liquide. Fines aiguilles fusibles à 125°, facilement solubles dans l'alcool, l'éther et l'acide acétique cristallisable. A côté de ce dérivé, il se forme une substance jaunâtre, peu soluble, fusible à 220°, qui est peut-être un dérivé de la diquinone [Zincke, *loc. cit.*, 2500].

β-*Bromonaphtohydroquinone*,

$C^{10}H^5(OH)^2Br$ 1.2.3.

— On l'obtient en dissolvant la bromo-β-naphtoquinone dans l'acide acétique cristallisable et en ajoutant de l'acide sulfureux aqueux [Brömme, *D. chem. G.*, **21**, 386]. Le précipité obtenu est soumis à la même opération et ainsi purifié. Petites aiguilles jaunes, fusibles à 193°. En oxydant l'hydroquinone en solution acétique avec l'acide chromique, on régénère la bromo-β-naphtoquinone. (Il nous semble qu'à l'état pur ce corps devrait être blanc. N.)

Nitro-β-naphtohydroquinone,

$C^{10}H^5(OH)^2(AzO^2)$ très probablement 1.2.3.

— On broie ensemble 8 parties de β-nitronaphtoquinone et 40 parties d'eau et on y verse 12 parties de solution de sel d'étain (contenant 400 grammes d'étain par litre) préalablement diluée dans 80 parties d'eau et 15 parties d'acide chlorhydrique concentré. La liqueur se colore d'abord en rouge foncé, par suite de la dissolution de la nitroquinone, puis elle se décolore. On filtre le précipité, on lave avec 40 parties d'eau, on sèche et on fait cristalliser dans l'acide acétique cristallisable, l'alcool ou le benzène; l'hydroquinone cristallise dans le benzène et dans l'alcool en tables rhomboïdales rouges, dans l'acide acétique en longs prismes. Le rendement est de 80 à 90 0/0 de la naphtoquinone. L'acide chromique dilué ou l'acide nitrique dilué et chaud régénèrent la nitronaphtoquinone; une ébullition un peu prolongée avec l'acide nitrique la transfome en acide phtalique, ce qui démontre que le groupe AzO^2 est dans le même noyau que les deux OH, mais on ne sait s'il est en α ou en β, en 4 ou en 3. Le perchlorure de fer la transforme en nitronaphtoquinhydrone, le sel d'étain ou l'étain et l'acide chlorhydrique à chaud en aminonaphtohydroquinone [Groves, *Chem. Soc.*, **45**, 299].

Amino-β-naphtohydroquinone,

$C^{10}H^5(OH)^2AzH^2$ très probablement 1.2.3.

— Elle se prépare en réduisant la nitro-β-naphtoquinone par le sel d'étain et l'acide chlorhydrique à chaud [Korn, *D. chem. G.*, **17**, 907] et faisant cristalliser le chlorostannate à plusieurs reprises dans l'acide chlorhydrique concentré. De cette manière le chlorure stannique reste dans les eaux mères et l'on obtient le chlorhydrate de l'aminonaphtohydroquinone. On peut naturellement aussi précipiter l'étain par l'hydrogène sulfuré. M. Groves [*Chem. Soc.*, **45**, 300] opère de la manière suivante : La nitro-β-naphtohydroquinone encore humide provenant de 10 parties de nitroquinone est introduite dans un grand vase avec 15 parties d'étain finement divisé (tel qu'on l'obtient par précipitation avec le zinc) et additionnée de 40 parties d'acide chlorhydrique concentré. Le vase est introduit dans l'eau bouillante et le contenu agité vivement. Une réaction énergique se produit et il est bon de la modérer en retirant le vase de l'eau bouillante et refroidissant. Au bout de peu de temps, le liquide est décoloré et la réaction achevée. Les cristaux séparés, qui constituent le chlorhydrate

$C^{10}H^5(OH)^2AzH^2 . HCl$,

sont cristallisés de nouveau dans l'eau bouillante. Fraîchement préparés, ils sont jaune pâle; ils brunissent rapidement à l'air. La base libre n'a pas été obtenue à l'état de pureté. En ajoutant de l'ammoniaque à la solution du chlorhydrate, on obtient une base jaunâtre qui, à l'air, se transforme d'abord en une fleurée verte, puis en une poudre bleue qui se dépose au fond du vase. L'acide chlorhydrique à 120 et même à 140° est sans action, tandis que l'amino-oxynaphtol de MM. Graebe et Ludwig est transformé dans ces conditions en oxynaphtoquinone.

L'aminonaphtohydroquinone réduit les sels d'argent à froid et donne avec le chlorure ferrique un précipité bleu-noirâtre [Korn, *loc. cit.*].

Amino-oxynaphtol, $C^{10}H^5(OH)^2AzH^2$ 1.2.4. — MM. Graebe et Ludwig [*Ann. Chem.*, **154**, 320] ont obtenu ce corps à l'état de chlorhydrate en traitant l'oximinonaphtol $C^{10}H^5O(OH)(AzH)$ 1.2 4 par l'étain et l'acide chlorhydrique, faisant cristalliser les cristaux qui se séparent dans l'eau, dans laquelle ils sont facilement solubles, et les lavant à l'acide chlorhydrique pour les débarrasser de l'étain. Le chlorhydrate d'aminodioxynaphtalène noircit facilement à l'air, surtout s'il est humide; l'ammoniaque ajoutée à sa solution à l'abri de l'air ne produit aucun précipité; dès que l'air a accès, il se forme à la surface du liquide de l'oximinonaphtol. La constitution de ce corps est établie par sa transformation en oxy-α-naphtoquinone; il est 1.2.4; le dérivé isomère de Korn ne peut donc être que 1.2.3.

Les *dérivés acétylés* ont été obtenus par MM. Kehrmann et Markusfeld [*Chem. Zeit.*, 1894, 468]. En traitant l'amino-α-naphtoquinone-imide $C^{10}H^5O.AzH^2.AzH$ 1.2.4 par l'eau bouillante, on obtient en plus grande partie l'oxy-α-naphtoquinone-imide $C^{10}H^5O.OH.AzH$ 1.2.4, qui fournit par réduction avec le sel d'étain l'amino-dioxynaphtalène sous la forme de chlorhydrate. Ce dernier donne avec l'acide acétique anhydre et l'acétate de sodium le *dérivé triacétylé*,

$$C^{10}H^5(OC^2H^3O)^2AzH.C^2H^3O \; 1.2.4,$$

en aiguilles incolores, cristallisables dans l'acide acétique et fusibles à 193-194°.

La soude caustique diluée saponifie les groupes oxyacétyliques et donne le *dérivé monoacétylé* dans le groupe AzH^2, qui cristallise dans l'eau bouillante en aiguilles incolores, fusibles à 220-225°. En l'oxydant en solution acide par le perchlorure de fer on obtient l'*aminoquinone acétylée* $C^{10}H^5O^2AzHC^2H^3O$ 1.2.4, qui se condense avec les o-diamines en formant des azines.

Dérivé 1.3 - naphtorésorcine. — La naphtorésorcine n'a pas encore été préparée; on pourrait évidemment l'obtenir au moyen du 1.3-dinitronaphtalène, en remplaçant successivement les deux groupes AzO^2 par OH, tout comme on a transformé le m-dinitrobenzène en résorcine.

Un certain nombre de dérivés de la naphtorésorcine ont été obtenus récemment par MM. de Kostanecki [*D. chem. G.*, **22**, 1342] et Kehrmann et Weichardt [*J. prakt. Chem.*, (2), **40**, 184] au moyen de dérivés de l'oxynaphtoquinone,

$$C^{10}H^5O^2(OH) \; 1.4.2.$$

Oxynaphtoquinone-monoxime (*mononitrosonaphtorésorcine*), $C^{10}H^5Az(AzOH)(OH)O$ 1.2.4 [de Kostanecki, *loc. cit.*]. — On l'obtient en ajoutant à la solution de 1 molécule d'oxynaphtoquinone dans 2 molécules de soude diluée 1 molécule de chlorhydrate d'hydroxylamine, et précipitant ensuite par un acide. Le produit est dissous à chaud dans l'acide acétique cristallisable et séparé ensuite de sa solution par addition d'eau. Aiguilles enchevêtrées jaunes, se décomposant à 180°.

L'oxime est insoluble dans l'eau à froid, peu soluble à chaud, facilement soluble dans l'alcool bouillant, insoluble dans l'éther, très soluble dans la soude caustique et le carbonate de sodium; elle colore l'acide sulfurique en brun. La solution alcoolique donne les précipités suivants : sels ferreux, verts; sels ferriques, brun foncé; sels de cobalt, jaunes; sels de nickel, écarlates. La nitrosonaphtorésorcine teint les étoffes mordancées en fer en olive, les mordants de nickel en rouge, mais les laques ne résistent pas au savon bouillant.

L'oxynaphtoquinone-oxime peut se préparer aussi au moyen de l'hydroxylamine-monosulfonate de potassium $Az(OH)H(SO^3K)$, qui, en présence d'un excès d'alcali, se scinde en sulfate alcalin et hydroxylamine libre. Il suffit de dissoudre l'oxynaphtoquinone dans un excès d'alcali, d'ajouter le sel en question et de précipiter ensuite par un acide.

Une autre oxynaphtoquinone-monoxime, différente de celle de M. de Kostanecki, mais qui peut-être dérive aussi de la naphtorésorcine, a été obtenue par M. Zincke [*D. chem. G.*, **25**, 1173] en faisant réagir le dioxydicétotétrahydronaphtalène sur l'hydroxylamine :

$$C^{10}H^8O^4 + AzH^2.OH = C^{10}H^4\left\{\begin{matrix}O\\AzOH\\OH\end{matrix}\right. + 2H^2O.$$

D'après l'auteur, la monoxime aurait la formule $C^{10}H^5O$ $AzOH.OH$ 1.2.3 ou 1.2.4; elle serait donc un dérivé du dioxynaphtalène 1.3 ou 1.4.

Monochloroxynaphtoquinone-oxime (*chloronitrosonaphtorésorcine*),

$$C^{10}H^4(AzOH)(OH)ClO \; 1.2.3.4.$$

— On la prépare au moyen de la chloroxynaphtoquinone, comme le dérivé précédent, auquel elle ressemble sous tous les rapports. Aiguilles jaunes, se décomposant à 178°.

Cette même combinaison a été obtenue par M. Zincke [*Ann. Chem.*, **257**, 148; *D. chem. G.*, **23**, *Ref.* 400] en traitant la dichloro-β-naphtoquinone-α-oxime par l'acide sulfurique à chaud :

$$C^{10}H^4(AzOH)_{(1)}O_{(2)}Cl^2_{(3.4)} + H^2O$$
$$= HCl + C^{10}H^4(AzOH)_{(1)}O_{(2)}Cl_{(3)}(OH)_{(4)}.$$

Elle donne des laques métalliques et teint les mordants [de Kostanecki, *loc. cit.*, 1344].

Aminoxynaphtoquinone-oxime (*aminonitrosonaphtorésorcine*), $C^{10}H^4(AzOH)(OH)(AzH^2)O$ [Kehrmann, *loc. cit.*, 185]. — Quand on ajoute à la solution bleue de l'aminoxynaphtoquinone (acide aminonaphtalique), $C^{10}H^4O^2(OH)(AzH)^2$ 1.4.2.3, une quantité suffisante d'hydroxylamine, la couleur passe au rouge de sang, et par addition d'acide acétique dilué on obtient un précipité jaune-verdâtre, gélatineux. On dissout dans l'acide chlorhydrique dilué, puis on sature, en refroidissant, par l'acide chlorhydrique gazeux. Le chlorhydrate de l'oxime se sépare sous la forme de petites aiguilles jaunes. On redissout dans l'alcali et l'on précipite l'oxime pure par l'acide acétique. Elle est presque insoluble dans les dissolvants ordinaires, mais elle se dissout facilement à l'état de chlorhydrate dans l'alcool et dans l'acide acétique additionné d'acide chlorhydrique. La solution dans peu d'alcali est violette; dans un excès, elle est rouge de sang; la solution acide est jaune-verdâtre clair.

Acétylaminoxynaphtoquinone-oxime (*acétylaminomononitrosonaphtorésorcine*),

$$C^{10}H^4(AzOH)(OH)(AzH.C^2H^3O)O \; 1.2.3.4$$

[Kehrmann et Weichardt, *loc. cit.*] — On l'obtient comme le composé précédent, au moyen de l'acide acétylaminonaphtalique. En acidulant la solution alcaline, on obtient un précipité volumineux, qui, cristallisé dans l'acide acétique cristallisable ou le xylène, forme des aiguilles jaunes, brillantes, groupées en étoiles, décomposables à 190-200°. Ce dérivé est insoluble dans l'eau, peu soluble dans l'alcool, l'éther, le benzène, le sulfure de carbone, assez facilement soluble dans l'acide acétique cristallisable et dans le xylène.

Dinitrosonaphtorésorcine, $C^{10}H^4[(AzOH)O]^2$ [de Kostanecki, *loc. cit.*, 1346]. — On dissout la mononitrosonaphtorésorcine dans l'alcali dilué, on ajoute une molécule de nitrite de sodium. On verse le mélange dans l'acide dilué, et on fait cristalliser le précipité dans l'alcool. Lamelles d'un jaune très clair, décomposables à 165°. Le produit séché à l'air contient 1 molécule d'eau de cristallisation. La dinitrosonaphtorésorcine est un colorant intense, tout à fait analogue à la dinitrosorésorcine, mais les nuances qu'elle fournit sont plus sombres. L'acide nitrique dilué bouillant la transforme en acide phtalique.

En réduisant la dinitrosorésorcine et en faisant passer de l'air à travers la solution réduite ou en l'oxydant au moyen du chlorure ferrique, on obtient de l'acide aminonaphtalique,

$$C^{10}H^4O^2(OH)(AzH^2).$$

Diaminonaphtorésorcine, $C^{10}H^4[(OH)(AzH^2)]^2$ [Kehrmann, *loc. cit.*, 186]. — Le chlorhydrate de cette base, $C^{10}H^4[(OH)AzH^2 . HCl]^2$, s'obtient en introduisant peu à peu l'aminonitrosonaphtorésorcine encore humide dans une solution diluée et froide de chlorure stanneux acide et ajoutant à la solution pas trop diluée son volume d'acide chlorhydrique fumant. Il se précipite alors presque quantitativement sous la forme d'aiguilles blanches, brillantes, qui au bout de quelque temps se changent en cristaux granuleux. Ce composé s'oxyde à l'air en rougissant, surtout en solution; la solution alcaline devient cramoisie à l'air; si on la fait bouillir, elle dégage de l'ammoniaque, passe au bleu et donne, par addition d'un acide, de l'acide aminophtalique. Si l'on acidule la solution rouge immédiatement, sans la chauffer, on la voit foncer seulement, sans donner de précipité; mais, au bout de quelques minutes à froid, instantanément à l'ébullition, de l'acide aminonaphtalique se précipite. La solution alcaline rouge contient évidemment le corps

$$C^{10}H^4(AzH^2)(OK)(AzH)O,$$

qui échange AzH contre O avec mise en liberté d'ammoniaque.

Phénylazonaphtorésorcine,

$$C^6H^5Az=Az . C^{10}H^5(OH)^2$$

[de Kostanecki, *D. chem. G.*, **22**, 3163]. — L'hydrazone de l'oxynaphtoquinone décrite par MM. Zincke et Thelen [*D. chem. G.*, **17**, 1809 et **21**, 2200] est, d'après l'auteur, la phénylazonaphtorésorcine. En effet, elle fournit un dérivé diacétylé, un dérivé nitrosé

$$C^6H^5Az=Az . C^{10}H^4(AzOH)(OH)O$$

avec l'acide nitreux, et un dérivé disazoïque

$$(C^6H^5Az=Az)^2C^{10}H^4(OH)^2$$

avec le chlorure de diazobenzène.

DÉRIVÉ 1.4-α-NAPHTOHYDROQUINONE. — Se prépare en chauffant l'α-naphtoquinone avec l'acide iodhydrique et le phosphore rouge [Groves, *Ann. Chem.*, **167**, 358; *Chem. Soc.*, (2), **11**, 209] ou avec l'étain et l'acide chlorhydrique [Plimpton, *Chem. Soc.*, **37**, 635]. L'acide sulfureux à froid attaque peu l'α-naphtoquinone; à chaud il la réduit. La naphtohydroquinone forme de longues aiguilles blanches, fusibles à 176° environ, assez facilement solubles dans l'eau bouillante, facilement solubles dans l'alcool, l'éther et l'acide acétique bouillants, difficilement solubles dans le benzène et presque insolubles dans le sulfure de carbone et dans la ligroïne. Les oxydants, tels que l'acide chromique, la transforment facilement en naphtoquinone.

Si l'on chauffe en solution aqueuse molécules égales d'α-naphtoquinone et d'hydroquinone, la solution brune laisse déposer à froid des cristaux de couleur pourpre constituant la *quinhydrone* $C^{20}H^{14}O^4$. Le même produit s'obtient en chauffant la quinone avec du phosphore et de l'acide iodhydrique dilué. Les oxydants la transforment en quinone, les réducteurs en hydroquinone.

L'éther diacétylique, $C^{10}H^6(OC^2H^3O)^2$, préparé comme l'isomère ci-dessus, cristallise dans l'alcool sous la forme de tables transparentes, fusibles à 128-130°. Il est facilement soluble dans les dissolvants usuels [Korn, *D. chem. G.*, **17**, 3025].

Dichloronaphtohydroquinone,

$$C^{10}H^4(OH)^2Cl^2 \ 1.4.2.3.$$

— On l'obtient en chauffant la dichloronaphtoquinone avec l'acide iodhydrique et un peu de phosphore blanc [Graebe, *Ann. Chem.*, **149**, 6] ou en agitant jusqu'à décoloration une solution éthérée de la quinone avec une solution aqueuse diluée de sel d'étain. Par évaporation de l'éther, on obtient l'hydroquinone mélangée avec du sel d'étain, dont on la débarrasse par un lavage à l'eau [Claus, *D. chem. G.*, **19**, 1144].

Elle cristallise dans l'alcool dilué en prismes incolores et fond en brunissant à 135-140° (Graebe), à 135° (Claus). A l'état humide, elle rougit rapidement à l'air. Elle est peu soluble dans l'eau bouillante, très facilement soluble dans l'alcool et dans l'éther. Les oxydants la transforment en dichloronaphtoquinone. Chauffée à l'air, elle rougit d'abord, puis se colore en un violet brunâtre. Si on la fait alors cristalliser dans l'éther, on obtient de longues aiguilles violettes, fusibles à 250°, qui représentent peut-être la *quinhydrone*; leur formule est $C^{20}H^{10}Cl^4O^4$ [Claus, *loc. cit.*].

L'éther diacétylique, $C^{10}H^4Cl^2(OC^2H^3O)^2$, obtenu par le chlorure d'acétyle, cristallise dans l'alcool en aiguilles blanches soyeuses, fusibles à 236° [Graebe, *loc. cit.*]. Il se dissout facilement dans l'alcool et dans l'éther bouillants, peu dans l'alcool froid.

Chloranilidohydronaphtoquinone,

$$C^{10}H^4(OH)^2Cl(AzH . C^6H^5).$$

— S'obtient en faisant bouillir la chloranilidonaphtoquinone, obtenue dans l'action de l'aniline sur la dichloronaphtoquinone, avec une solution concentrée de chlorure stanneux [Knapp et Schultz, *Ann. Chem.*, **210**, 190]. Cristallise dans le benzène en petits cristaux arrondis, légèrement rosés; fond en se décomposant à 170-171°. L'anhydride acétique la transforme en un *dérivé acétylé*, fusible à 168-169°, soluble dans l'alcool bouillant, insoluble dans l'alcool froid, et formant d'épais cristaux limpides.

Dibromonaphtohydroquinone,

$$C^{10}H^4(OH)^2Br^2 \ 1.4.2.3.$$

— On l'obtient en dissolvant la dibromonaphtoquinone dans l'acide acétique cristallisable et réduisant par la poudre de zinc. On filtre; par addition d'eau, l'hydroquinone se sépare en aiguilles blanches, qui prennent une coloration rouge lorsqu'elles sont exposées à l'air. Point de fusion 255° [Meldola et Hughes, *J. C. S.*, 1890, 810; *D. chem. G.*, **23**, *Ref.* 690]. La dibromonaphtohydroquinone se dissout facilement dans les alcalis.

L'éther monoacétylique est préparé en chauffant l'hydroquinone pendant quelques minutes à l'ébullition avec un excès d'anhydride acétique et un peu d'acétate de sodium. On obtient un produit qui, cristallisé dans l'alcool, forme des aiguilles blanches, fusibles à 238° environ, difficilement solubles dans l'alcool bouillant. Les alcalis aqueux ne le dissolvent pas à froid, quoiqu'il n'y ait qu'un seul groupe hydroxyle acétylé.

Aminonaphtohydroquinone,

$$C^{10}H^5(OH)^2 . AzH^2\ 1.4.2.$$

— Cette base n'est pas connue à l'état libre. MM. Kehrmann et Markusfeld [*Chem. Zeit.*, 1894, 468] en ont préparé les dérivés acétyliques. Lorsqu'on traite l'aminonaphtoquinone-imide par l'eau bouillante, il se forme (5 0/0 du rendement total) de l'*amino-α-naphtoquinone*,

$$C^{10}H^5 . O^2AzH^2\ 1.4.2,$$

qui est identique avec la quinone obtenue par M. Meerson [*D. chem. G.*, **21**, 1195, 2516] d'une autre manière. Cette quinone donne, par réduction au sel d'étain, le chlorhydrate de l'*aminohydroquinone*, $C^{10}H^5(OH)^2AzH^2$ 1.4 2. Celle-ci fournit avec l'anhydride acétique et l'acétate de sodium un *dérivé triacétylique*,

$$C^{10}H^5(OC^2H^3O)^2(AzHC^2H^2O)\ 1.4.2,$$

en aiguilles incolores, difficilement solubles, qui, cristallisées dans l'alcool, fondent à 259-260°. La soude caustique diluée saponifie à chaud les groupes hydroxyles acétylés et la solution alcaline contient la *monoacétylaminonaphtohydroquinone* $C^{10}H^5(OH)^2 . AzHC^2H^3O$ 1.4.2, qui est précipitée par les acides. En l'oxydant avec le perchlorure de fer, on la transforme en acétylaminoquinone, qui avec les o-diamines ne donne pas d'azines, fait qui justifie la constitution qui lui est attribuée. L'oxime obtenue avec la quinone et un excès d'hydroxylamine donne, lorsqu'elle est réduite, le diaminonaphtol $C^{10}H^5OH . (AzH^2)$ 1 2 4 de Martius et Griess, ce qui est une seconde preuve en faveur de la constitution admise.

DÉRIVÉ 1.5. — Il a été obtenu par MM. Armstrong et Wynne en fondant avec la potasse l'acide γ-naphtylène-disulfonique [*Chem. Zeit.*, 1886, 1431 et 1887, 380]; par MM. Bernthsen et Semper [*D. chem. G.*, **20**, 937] de la même manière; par M. Clève [*Bull. Soc. Chim.*, (2), **24**, 513] au moyen de l'acide 1.5 naphtosulfonique, et enfin par M. Erdmann [*Ann. Chem.*, **247**, 356] d'après le même procédé.

Dans le *Traité de Chimie organique* de Beilstein (2e édit., **2**, 629), les dérivés obtenus d'après ces deux procédés sont décrits comme différents sous les numéros 3 et 5. D'après leurs modes de formation et leurs propriétés, ils sont certainement identiques. MM. Bernthsen et Semper (*loc. cit.*) introduisent 50 grammes de δ-naphtylène-disulfonate de sodium dans 120-130 grammes de potasse caustique et 10 grammes d'eau fondus ensemble dans un creuset en nickel. On chauffe d'abord doucement, puis on élève la température jusqu'à 300°. Le produit de la fusion, coloré en jaune brun, est introduit encore chaud dans un excès d'acide chlorhydrique dilué et froid. Le dioxynaphtalène se sépare sous la forme d'un précipité volumineux. M. Erdmann chauffe le sel de sodium de l'acide 1.5-naphtolsulfonique pendant un quart d'heure avec la potasse caustique à 200°. La réaction est terminée lorsqu'un échantillon prélevé sur la masse en fusion donne avec l'acide diazonaphtionique une coloration bleue et non plus rouge. MM. Ewer et Pick [*D. chem. G.*, **21**, *Ref.* 118], dans un brevet allemand du 25 janvier 1887, n° 41934, prescrivent de chauffer 100 kilogrammes de naphtylène-disulfonate ou 120 kilogrammes de naphtolsulfonate de sodium avec 3-400 kilogrammes de soude caustique à 220-260°, dans une chaudière en fonte ou dans un autoclave, mais dans ce dernier cas avec une quantité d'eau suffisante pour former une bouillie épaisse. Quand la réaction est terminée, la masse est introduite directement dans la quantité calculée d'acide sulfurique ou chlorhydrique; le dioxynaphtalène se sépare.

Le 1.5-dioxynaphtalène est peu soluble dans l'eau froide, plus facilement soluble dans l'eau bouillante, facilement à chaud, moyennement à froid dans l'acide acétique cristallisable et dans l'alcool, d'où on peut le faire cristalliser, très facilement soluble dans l'éther et dans l'acétone, qui sont peu appropriés pour la cristallisation, car par évaporation ils abandonnent une masse goudronneuse et oxydée; il est presque insoluble dans le benzène, le toluène, le chloroforme et la ligroïne. Son point de fusion n'a pu être déterminé exactement, car il noircit avant de fondre; à 220° il n'est pas encore fondu. A l'état humide surtout il s'oxyde facilement à l'air. Il réduit le nitrate d'argent à froid, ainsi que les solutions alcooliques de sels de cuivre. La solution ammoniacale se colore à l'air et laisse à l'évaporation un résidu résineux presque noir, partiellement soluble dans l'eau. La solution aqueuse a une fluorescence vert-émeraude très prononcée.

L'acide chromique (mélange sulfo-chromique) oxyde le dioxynaphtalène à l'état d'α-oxynaphtoquinone ou *juglone* [Bernthsen et Semper, *loc. cit.*]:

OH / OH (naphtalène) $+ 2O = H^2O +$ O / OH O (naphtoquinone)

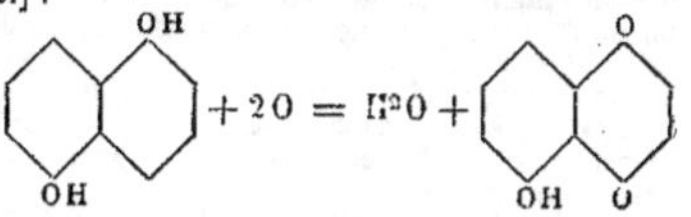

Mono- et dinitrosodioxynaphtalène. — La juglone donne une *monoxime* lorsqu'on la chauffe (5 grammes) avec le chlorhydrate d'hydroxylamine (4gr,2) dans 100 grammes d'alcool, 1 ou 2 heures au réfrigérant à reflux après avoir ajouté quelques gouttes d'acide chlorhydrique. La solution alcoolique est précipitée par l'eau, et le produit ainsi obtenu cristallise dans l'alcool. La monoxime fond à 187-188° en se décomposant; à 175° déjà la fusion commence lentement. La constitution peut être $C^{10}H^5O . AzOH . OH$ 1.4.5 ou 1.4.8.

A 140° la monoxime réagit sur une seconde molécule d'hydroxylamine et donne une dioxime qui cristallise en aiguilles jaunes dans l'acide acétique cristallisable. Elle brunit à 215° et se décompose rapidement au-dessus de 225°.

Chauffé sous pression avec 10 parties d'ammoniaque ordinaire commerciale ou 5 parties d'ammoniaque saturée à — 10°, d'abord à 150-180°, puis à 250-300°, pendant 8-10 heures, le dioxynaphtalène se transforme en naphtylène-diamine $C^{10}H^6(AzH^2)^2$, fusible à 188-190°, identique avec celle qu'on obtient par réduction de l'α-dinitronaphtalène d'Aguiar [Ewer et Pick, *D. chem. G.*, **21**, *Ref.* 922; Erdmann, *Ann. Chem.*, **247**, 361].

L'*éther diacétylique*, $C^{10}H^6(OC^2H^3O)^2$, cristallise bien dans le benzène; il fond à 159-160° [Bernthsen et Semper, *loc. cit.*].

Le *dioxynaphtalène*-1.5 donne, d'après MM. Ewer et Pick [*D. chem. G.*, **21**, *Ref.* 119], un *acide monosulfonique* si on le chauffe avec 2 parties d'acide sulfurique à 66°, et un *acide disulfonique* si on le chauffe pendant 10 heures à 100-160° avec 2 à 5 parties d'acide. Avec la benzidine diazotée, le dioxynaphtalène donne un colorant bleu insoluble dans l'eau; les acides sulfoniques donnent des colorants solubles.

Nous ne croyons pas que les matières colorantes azoïques dérivées du dioxynaphtalène-1.5 soient devenues commerciales jusqu'à présent.

Dérivé 1.6. — Ce corps n'a encore été étudié que très peu. MM. Ewer et Pick [*D. chem. G.*, **21**, *Ref.* 916] l'obtiennent au moyen d'un acide naphtylène-disulfonique préparé par l'action des agents sulfonants sur l'acide β-naphtylsulfonique à des températures inférieures à 150°, acide qu'ils considèrent comme nouveau, mais qui est identique avec l'acide obtenu par MM. Armstrong et Wynne [*Chem. Soc. Proceed.*, 1886, 230], ainsi que l'a démontré M. Armstrong [*Chem. Soc.*, 1889, 10]. Cet acide correspond au η-dichloronaphtalène (point de fusion 48°) et à l'acide β-naphtylaminesulfonique de Dahl, ce qui permet de lui assigner une formule de constitution.

La transformation en dioxynaphtalène s'effectue par fusion en vase ouvert ou en autoclave avec 4 à 5 parties d'alcali, à des températures comprises entre 220-350°. La masse est introduite dans l'acide et, si la solution est concentrée, le dioxynaphtalène se sépare. Les eaux mères sont extraites à l'éther ou au benzène. Le dioxynaphtalène cristallise dans le benzène en lamelles à bords irréguliers et se sublime sous la même forme; il fond à 135°,5. Chauffé avec l'ammoniaque sous pression, il fournit une naphtylène-diamine qui n'a pas été obtenue à l'état solide [Ewer et Pick, *D. chem. G.*, **22**, *Ref.* 42].

D'après une communication de M. Claus [*J. prakt. Chem.*, (2), **39**, 315], MM. Gaess et Schaefer ont obtenu le même dioxynaphtalène en transformant l'acide γ-monosulfonique de la β-naphtylamine (acide de Dahl) en l'acide naphtolsulfonique correspondant et fondant celui-ci avec quatre fois son poids de potasse à 260-270°. La masse est dissoute dans l'eau, acidulée, et extraite au chloroforme.

Tout récemment le dioxynaphtalène 1.6 a été obtenu par MM. Friedländer et Lucht [*D. chem. G.*, **26**, 3028] en traitant l'acide dioxynaphtalènemonosulfonique $C^{10}H^5(OH)^2.SO^3H$ 1.6.4 en solution diluée par l'amalgame de sodium à 4 0/0.

Cristaux blancs, peu solubles dans l'alcool et dans le chloroforme à froid, facilement solubles dans l'éther et dans le benzène, très facilement solubles dans l'acétone. Dans le benzène on obtient des prismes courts. Le dioxynaphtalène se colore en rouge à l'air, surtout en solution alcaline. La solution alcaline fraîchement préparée présente une magnifique fluorescence d'un bleu pur. La solution alcoolique ne présente pas de fluorescence.

Le nitrate d'argent est réduit déjà à froid, surtout en solution ammoniacale. Le perchlorure de fer donne dans les solutions étendues une coloration bleue, qui disparaît bientôt en faisant place à un précipité blanc; celui-ci, par addition d'un excès de perchlorure, devient rouge et s'agglomère, si l'on chauffe, sous la forme d'une masse résineuse.

L'acide chromique dilué ne réagit pas à froid; si l'on chauffe, le liquide fonce et dépose au bout de quelque temps un précipité noir. L'acide diazonaphtionique donne, avec la solution ammoniacale, une coloration d'un violet intense

L'éther diacétylique, $C^{10}H^6(OC^2H^3O)^2$, obtenu en chauffant pendant quelques heures le dioxynaphtalène avec l'anhydride acétique, cristallise dans l'alcool en beaux prismes fusibles à 73°.

Dérivé 1.7. — On l'obtient, d'après M. Emmert [*Ann. Chem.*, **241**, 369], en fondant le sel de sodium de l'acide β-naphtolsulfonique de Bayer avec la potasse caustique. La masse refroidie est introduite dans l'acide chlorhydrique très concentré, la bouillie de chlorure de potassium et de dioxynaphtalène est exprimée rapidement et épuisée plusieurs fois au benzène. La solution est concentrée et le dioxynaphtalène cristallisé à plusieurs reprises dans le benzène.

Aiguilles blanches, fusibles à 178°, très facilement solubles dans l'alcool et dans l'éther, facilement solubles dans le benzène, assez solubles dans l'eau. Ses solutions se colorent rapidement à l'air, surtout en présence d'alcali. D'après cela, il serait évidemment pratique de faire la fusion en vase clos.

L'éther diéthylique, $C^{10}H^6(OC^2H^5)^2$, s'obtient en chauffant le dioxynaphtalène en solution alcoolique avec 2 molécules de potasse et un excès d'iodure d'éthyle pendant un quart d'heure ou une demi-heure au réfrigérant ascendant. On distille l'alcool et on reprend le résidu à l'éther. Il est presque insoluble dans l'eau et dans l'acide acétique cristallisable, facilement soluble dans l'alcool, l'éther, l'acétone, le benzène et le sulfure de carbone. Il cristallise en aiguilles blanches ou en prismes fusibles à 67°.

L'éther diacétylique, $C^{10}H^6(OC^2H^3O)^2$, s'obtient en chauffant, pendant 4 ou 5 heures, le dioxynaphtalène avec 4 parties d'anhydride acétique. Il cristallise dans le benzène en tables rhombiques, fusibles à 108°.

Mononitroso-1.7-dioxynaphtalène. — On dissout 2kg,5 de dioxynaphtalène à froid dans la soude caustique, on ajoute 1kg,2 de nitrite de sodium et on acidule la solution filtrée avec l'acide acétique. Au bout de peu de temps, le dérivé mononitrosé se précipite. Il est rougeâtre; il se dissout dans l'acide sulfurique concentré avec une coloration rouge-violet, dans les alcalis en rouge; l'eau le précipite de la première solution et les acides de la seconde. Ce dérivé imprimé sur coton mordancé en chrome et fer donne des laques noires intenses, solides à l'air, à la lumière et au savon. La laine mordancée se teint en brun foncé [Bayer et Cie, Brevet allemand n° 53915. — Friedländer, *Fortschritte der Theerfarbenfabrikation*, **2**, 224]

Dérivé 1.8. — On l'obtient, d'après M. Erdmann [*Ann. Chem.*, **247**, 356], en fondant l'acide 1.8-naphtolsulfonique ou plus simplement la sulfone correspondante

$$C^{10}H^6 \begin{matrix} < SO^2 > \\ < O > \end{matrix} C^{10}H^6$$

avec la potasse caustique. 7 grammes de sulfone sont introduits dans 30 grammes de potasse et 10 centimètres cubes d'eau, chauffés à 200-230° et maintenus pendant 15 ou 20 minutes à cette température. On traite la masse refroidie par environ 160 centimètres cubes d'acide chlorhydrique à 13 0/0, on ajoute de l'eau, de manière à former environ un demi-litre, on chauffe jusqu'à dissolution et on filtre pour séparer une petite quantité de matières résineuses. Par refroidissement le dioxynaphtalène cristallise en longues aiguilles blanches, qui deviennent grises à l'air. Si le refroidissement est rapide, on obtient des lamelles.

Le dioxynaphtalène 1.8 fond à 140°; il est peu soluble dans l'eau, même bouillante, et dans la ligroïne, facilement soluble dans l'éther, le benzène et le toluène. Dans un mélange de toluène et de ligroïne il cristallise en mamelons compacts très colorés, composés de lamelles, fusibles à 137-138°. Il a un goût âcre persistant; même en quantité infinitésimale, il irrite les muqueuses du nez et provoque l'éternuement. La solution aqueuse donne les réactions suivantes :

Perchlorure de fer. — Précipité blanc, floconneux, dans un liquide vert. Le précipité augmente rapidement et se colore en vert foncé, tandis que le liquide surnageant se décolore.

Chlorure d'or. — Trouble violet-grisâtre.

Nitrite de sodium et acide. — Précipité jaune floconneux, soluble en un orangé intense dans la soude ou dans l'ammoniaque.

Acide diazonaphtionique. — Coloration violette (avec la solution alcaline) passant par les acides à un beau rouge.

Dichromate de potassium et acide sulfurique. — Coloration brune; en chauffant, odeur de quinone. L'éther extrait de la solution brune de la juglone est soluble en pourpre dans la soude ou dans l'ammoniaque très diluée.

Le rendement en dioxynaphtalène est satisfaisant. 7 grammes de sulfone donnent 3 grammes de produit pur et 1 gramme qu'on peut extraire à l'éther des eaux mères.

Chauffé avec l'ammoniaque en vase clos, comme il a été indiqué pour le dérivé 1.5, ce dioxynaphtalène se transforme en périnaphtylène-diamine, fusible à 67° [Erdmann, *loc. cit.*, 363].

La *Badische Anilin und Soda-Fabrik* a pris plusieurs brevets pour la préparation de matières colorantes par copulation des dérivés diazoïques avec le 1.8-dioxynaphtalène.

D'après une publication de MM. Meldola et Hughes [*J. C. S.*, **57**, 634, 808; *D. chem G.*, **23**, *Ref.*, 635], ces derniers auraient obtenu un dioxynaphtalène 1.8 par la réduction de la naphtoquinone 1.8 au moyen de la poudre de zinc en solution dans l'acide acétique cristallisable. Mais les propriétés de leur produit sont différentes de celles du produit de M. Erdmann, ci-dessus décrit. Le dioxynaphtalène de Meldola et Hughes ne fond pas, mais se décompose à 205° environ. En solution acétique il est oxydé par l'acide chromique, ou plus rapidement par l'acide nitrique, en naphtoquinone 1.8.

Le *dérivé diacétylé*, qui a été préparé en chauffant l'hydroquinone durant quelques minutes avec l'anhydride acétique et de l'acétate de sodium anhydre, forme de petites aiguilles groupées en étoiles, fusibles à 226-227°. Il n'est que très peu soluble dans l'alcool. Il est peu probable que ce corps soit réellement un dioxynaphtalène.

Mono- et dinitroso-1.8-dioxynaphtalène. — Le dioxynaphtalène 1.8 donne avec une molécule d'acide nitreux un mono- et avec deux molécules un dinitrosodioxynaphtalène [Bayer et Cie, Brevet allemand n° 51 478, Friedländer, 2, 222]. Ce dernier forme à l'état humide une pâte jaune, insoluble dans l'eau froide, soluble dans l'eau bouillante. La soude caustique et l'ammoniaque le dissolvent facilement en se colorant en un orangé intense. Cette pâte peut servir à la teinture de la laine mordancée en alumine et chrome en bain neutre ou acide, ainsi qu'à l'impression du coton avec l'acétate de chrome, de fer ou d'alumine. La laine mordancée se teint en brun foncé; les laques imprimées sur coton au chrome et au fer sont noires, celle à l'alumine est rouge-brunâtre.

DÉRIVÉ 2.3. — On l'obtient en fondant l'acide dioxynaphtalène-monosulfonique R avec les alcalis à 280-320°, ou en soumettant l'acide β-naphtol-disulfonique R à la même opération [*Mon. scient.*, 1891, 432; *D. chem. G.*, **27**, 761].

On fond le sel sodique de l'acide dioxynaphtalène-monosulfonique R avec deux fois son poids de soude caustique, additionnée de 12 0/0 d'eau et l'on porte la température à 300-320° pendant 1 heure environ. On cesse lorsque la quantité du produit soluble dans l'éther des échantillons, prélevés de temps en temps sur la masse et acidulés, n'augmente plus. Après la fusion on acidule, on extrait le dioxynaphtalène par l'éther ou l'alcool amylique, on chasse le dissolvant, on reprend le résidu par l'eau bouillante et on fait cristalliser.

L'acide dioxynaphtalène-monosulfonique R, qui de son côté s'obtient avec l'acide β-naphtol-disulfonique R [voyez DIOXYNAPHTALÈNE-SULFONIQUES (ACIDES)] et les alcalis, donne aussi le dioxynaphtalène 2.3 sous l'influence de l'eau surchauffée et mieux encore des acides dilués :

Sel sodique de l'acide R	100	kgr.
Eau	200	—
Acide sulfurique 66° B.	50	—

On chauffe et on maintient la température à 200° environ pendant 12 heures. On extrait, comme il est dit précédemment. à l'éther ou à l'alcool amylique.

Ainsi que l'acide dioxynaphtalène-monosulfonique R, l'acide β-naptholdisulfonique R donne le dioxynaphtalène 2.3 par l'action des acides dilués [*Mon. scient.*, *D. chem. G.*, *ibid.*].

On chauffe à 180-200° avec de l'acide sulfurique ou chlorhydrique dilué.

Le dioxynaphtalène 2.3 fond à 160-161°. Il forme des feuillets incolores, peu solubles dans l'eau froide, assez solubles dans l'eau chaude, l'alcool, l'éther et surtout dans l'alcool amylique. La solution aqueuse donne les réactions suivantes :

Perchlorure de fer. — Avec une petite quantité, coloration intense bleu foncé; avec un excès, précipité bleu foncé, qui donne à chaud une pâte résineuse.

Eau de brome. — Précipité blanc-jaunâtre.

Dichromate de potassium. — Précipité brun, insoluble dans l'éther.

Jusqu'à présent il n'a pas été possible de transformer au moyen des oxydants le dioxynaphtalène 2.3 en naphtoquinone 2 3.

Il se combine facilement à une, difficilement à deux molécules d'un dérivé diazoïque en formant des dérivés azoïques qui se fixent sur coton mordancé.

Chauffé avec 10 fois son poids d'ammoniaque concentrée à 135-140° pendant plusieurs heures, il fournit l'aminonaphtol 2.3, petites aiguilles brunâtres, fusibles à 234°, cristallisables dans l'eau [*D. chem. G.*, *ibid.*]. En le chauffant pendant 12 heures avec l'ammoniaque à 240° on obtient la naphtylène-diamine 2.3, en feuillets grisâtres, fusibles à 191°.

DÉRIVÉ 2.6. — On l'obtient, d'après M. Emmert [*Ann. Chem.*, **241**, 369], en fondant l'acide β-naphtolsulfonique de Schæffer avec la potasse à une température très élevée. La masse, après refroidissement, est dissoute dans l'eau; la solution acidulée est extraite à l'éther. Le résidu de l'évaporation de l'éther est mis à cristalliser dans l'eau bouillante en présence de noir animal. Lamelles très légèrement rougeâtres, fusibles à 215-216° (le produit tout à fait pur serait évidemment blanc). Dans l'éther, on obtient des lamelles blanches, nacrées, possédant le même point de fusion, qui restent incolores à l'abri de la lumière. Le 2.6-dioxynaphtalène est peu soluble dans l'eau froide, facilement soluble dans l'alcool et dans l'éther. La solution alcaline brunit à l'air; le perchlorure de fer produit dans la solution aqueuse un précipité blanc-jaunâtre.

L'éther diéthylique, $C^{10}H^6(OC^2H^5)^2$, s'obtient en chauffant les quantités calculées de dioxynaphtalène, de potasse alcoolique et d'iodure d'éthyle à 120°. Cristallisé dans l'alcool, il forme des lamelles soyeuses, fusibles à 162°.

L'éther diacétylique, $C^{10}H^6(OC^2H^3O)^2$, se prépare en chauffant le dioxynaphtalène pendant 4 ou 5 heures au réfrigérant à reflux avec suffisamment d'anhydride acétique pour qu'à chaud tout reste en solution. Par refroidissement, le diacétate se sépare en lamelles brillantes; il suffit, pour l'obtenir à l'état de pureté, de le laver à l'alcool; il fond à 175°.

Chauffé en vase clos avec l'ammoniaque, il fournit une naphtylène-diamine fusible à 216-218° [Ewer et Pick, à Berlin, Brevet allemand du 18 novembre 1887; *D. chem. G.*, **22**, *Ref.* 42].

Avec l'aniline ou la toluidine, on obtient les naphtylène-diamines phénylées ou tolylées,

$$C^{10}H^6(AzC^6H^5H)^2.$$

Le même dioxynaphtalène avait été obtenu dès 1869 par MM. Darmstaedter et Wichelhaus [*Ann. Chem.*, **152**, 306; *Bull. Soc. Chim.*, **12**, 315]; seulement ces auteurs trouvaient qu'il noircissait à 230°, sans fondre. Leur produit contenait probablement un peu de matière minérale. MM. Armstrong et Graham [*Chem. Soc.*, **39**, 141; *Jahresb.*, 1881, 866] trouvent qu'il noircit au-dessous de 200°, mais qu'il fond si on le chauffe sur une lame de platine.

Le dioxynaphtalène de Dusart (Dict., **1**, 519) était probablement un mélange des dérivés 2.6 et 2.7.

Le dioxynaphtalène fusible à 158° que MM. Armstrong et Graham [*Chem. Soc.*, **39**, 133–141] obtinrent en fondant avec la potasse la partie la plus soluble des naphtalène-disulfonates de potassium est sans doute aussi un mélange, contenant peut-être, à côté des dérivés 2.6 et 2.7, le dérivé 1.6. D'après les auteurs en question, ce produit, fusible à 158°, chauffé avec deux fois son poids d'acide sulfurique, donnerait un acide tétrasulfonique.

D'après MM. Darmstaedter et Wichelhaus, la solution aqueuse du 2.6-dioxynaphtalène présenterait une fluorescence très marquée bleu-verdâtre et brune; à la longue cette fluorescence disparaît.

La solution alcaline du 2.6-dioxynaphtalène additionnée d'acide diazo-o-phénolsulfonique,

$$C^6H^3\begin{cases} \diagup O \diagdown \\ -Az=Az \\ \diagdown SO^3H \end{cases} 1.2.4,$$

donne, par l'action de l'aniline, d'après MM. Armstrong et Graham (*loc. cit.*), une magnifique coloration rouge, réaction que le dérivé fusible à 158° ne montrerait pas.

Éther diéthylique du dérivé dinitré,

$$C^{10}H^4(OC^2H^5)^2(AzO^2)^2\ 2.6\ (??).$$

— Ce corps a été obtenu en chauffant le dinitro-ε-dichloronaphtalène $C^{10}H^4Cl^2(AzO^2)^2$ 2.6 (??) avec la potasse alcoolique [Alén, *Bull. Soc. Chim.*, (2), **36**, 435]. Petites aiguilles jaunes, fusibles à 228-229°.

Mononitrosodioxynaphtalène. — La solution alcaline du dioxynaphtalène 2.6 est additionnée de la quantité théorique de nitrite de sodium et acidulée [Bayer et Cie, Brevet allemand n° 55126; Friedländer, **2**, 223]. Le dérivé nitrosé se précipite; il possède une coloration jaune-brunâtre, et se dissout facilement dans l'eau bouillante. La laine mordancée au chrome se teint avec ce dérivé en un brun presque aussi solide au lavage, à la lumière et au foulon que le brun d'alizarine. Sur fer on obtient un olive brunâtre, tandis que sur alumine, étain et chaux le colorant ne se fixe pas.

Dérivé 2.7 (α) d'Ebert et Merz. — Il a été préparé par ces chimistes [*D. chem. G.*, **9**, 606] en fondant l'α-naphtalène-disulfonate de potassium, de sodium ou de calcium avec la soude ou la potasse caustique.

M. Weber [*D. chem. G.*, **14**, 2206] a étudié les conditions dans lesquelles on obtient le rendement maximum (jusqu'à 95 0/0) et prescrit d'opérer de la manière suivante : On dissout 1 partie de naphtalène-disulfonate de calcium dans un ballon spacieux au moyen de la plus petite quantité d'eau possible, on ajoute 2p,5 de soude caustique et on chauffe au bain d'huile à 290-300° pendant plusieurs heures en faisant passer dans le ballon un courant d'hydrogène. Comme la masse conduit mal la chaleur, il est avantageux de la remuer. Après refroidissement, la masse est traitée par l'acide chlorhydrique en excès; la plus grande partie du dioxynaphtalène se précipite, le reste est extrait à l'éther. Il est important de distiller immédiatement la solution éthérée et de faire cristalliser le résidu dans l'eau bouillante, sans quoi le dioxynaphtalène se décompose.

Industriellement on le prépare maintenant par fusion dans des autoclaves munis d'agitateurs mécaniques avec une lessive de soude très concentrée.

Ce dioxynaphtalène cristallise en longues aiguilles blanches, fusibles à 186° (Merz et Ebert), à 184-185° (Weber), à 190° [Clausius, *D. chem. G.*, **23**, 520]; il se sublime, avec légère décomposition, en lamelles. Il est facilement soluble dans l'eau bouillante, encore plus facilement dans l'alcool et dans l'éther, moyennement dans le chloroforme et dans le benzène, presque insoluble dans le sulfure de carbone et dans la ligroïne. Les solutions éthérées ou alcalines noircissent rapidement à l'air. Il n'est presque pas volatil avec la vapeur d'eau. Le chlorure de chaux donne une coloration rouge foncé fugace; le perchlorure de fer ne le colore pas. L'acide sulfurique à 120° fournit un *acide sulfonique* dont le *sel de calcium*, très soluble, cristallise en fines aiguilles; à 160-180° il le transforme, suivant la durée de l'action, en des corps solubles, soit dans l'eau, soit dans les alcalis, avec une coloration rouge. Ces derniers sont précipités par les acides sous la forme de flocons rouges. Ces corps teignent la soie et la laine en rouge. Des corps colorés analogues s'obtiennent aussi en chauffant le dioxynaphtalène avec le chlorure de zinc, et même avec l'acide chlorhydrique à 160–180°. Ce dernier mode de formation rappelle la transformation de la résorcine en un corps rouge que Barth [*D. chem. G.*, **9**, 308] a réalisée dans les mêmes conditions. Ce chimiste considère le dérivé ainsi obtenu comme un éther de la résorcine [Weber, *loc. cit.*].

L'*éther diméthylique*, $C^{10}H^6(OCH^3)^2$, obtenu en chauffant le dioxynaphtalène avec l'alcool méthylique, l'iodure de méthyle et la potasse au-dessus de 100°, purifié par distillation à la vapeur d'eau, cristallise en lamelles blanches, fusibles à 134°. Il se sublime facilement, se volatilise avec la vapeur d'eau et se dissout abondamment dans l'alcool et dans l'acide acétique cristallisable [Weber, *loc. cit.*].

L'*éther diéthylique*, $C^{10}H^6(OC^2H^5)^2$, a été obtenu par MM. Liebermann et Hagen [*D. chem. G.*, **15**, 1428] en chauffant le dioxynaphtalène avec l'alcool et l'acide chlorhydrique à 150°. Il cristallise dans l'alcool en lamelles nacrées, fusibles à 104°.

L'*éther diacétylique*, $C^{10}H^6(OC^2H^3O)^2$, préparé au moyen du chlorure d'acétyle, cristallise dans l'alcool en lamelles brillantes, fusibles à 129° (Weber).

L'*éther dibenzoylique*, $C^{10}H^6(OC^7H^5O)^2$, obtenu au moyen du chlorure de benzoyle, cristallise dans l'alcool en lamelles fusibles à 138–139° (Weber).

En chauffant le dioxynaphtalène avec l'aniline et la p-toluidine en présence des chlorhydrates de ces bases à 145-160°, on obtient la diphényl- et la di-p-tolyl-naphtylène-diamine,

$$C^{10}H^6(AzH.C^6H^5)^2 \quad \text{et} \quad C^{10}H^6(AzH.C^7H^7)^2;$$

avec l'ammoniaque, il se forme une naphtylène-diamine $C^{10}H^6(AzH^2)^2$, qui, d'après MM. Ewer et

Pick [*D. chem. G.*, **22**, *Ref.* 42], fond à 161° [Annaheim, *D. chem. G.*, 20, 1371. — Durand et Huguenin, Brevet allemand du 23 septembre 1886, n° 40 886, *D. chem. G.*, 20, *Ref.* 756].

Le dioxynaphtalène, chauffé avec le chlorhydrate de nitrosodiméthylaniline, donne une matière colorante bleue appelée *muscarine* :

$$Cl(CH^3)^2Az = C^{10}H^3 \lesssim {}^{Az}_{O} > C^{10}H^5OH$$

[Durand et Huguenin, cités par Nietzki : *Die organischen Farbstoffe*, 2° édit., 1889, 248].

Dichlorodioxynaphtalène,

$C^{10}H^4Cl(OH)^2Cl$ 1.2.7.8.

— Il s'obtient en dissolvant le dioxynaphtalène dans 10 fois son poids d'acide acétique et en faisant passer à froid du chlore jusqu'à ce qu'il se soit précipité une quantité considérable d'aiguilles blanches; on filtre, on lave à l'acide acétique et on fait cristalliser dans l'acide acétique cristallisable. Aiguilles blanches, fusibles à 192° [Clausius, *D. chem. G.*, **23**, 521].

Le *dérivé acétylé*, préparé au moyen du chlorure d'acétyle, fond à 195°; aiguilles blanches, facilement solubles dans l'alcool et dans l'acide acétique cristallisable.

Tétrachlorodioxynaphtalène,

$C^{10}H^2(OH)^2Cl^4$ 2.7.1.3.6.8.

— Il se forme par réduction du tétrachlorodicétohydronaphtalène, qui lui-même se forme par l'action prolongée du chlore sur le dioxynaphtalène [Clausius, *loc. cit.*]. On dissout la tétrachlorodicétone dans l'acide acétique et on ajoute peu à peu un excès de sel d'étain. Le liquide s'échauffe par la réaction; il se sépare de petites aiguilles et, après refroidissement, le tout se prend en une pâte épaisse. On filtre et on fait cristalliser dans l'alcool dilué. Longues aiguilles minces, fusibles à 176°, facilement solubles dans l'alcool et dans l'acide acétique.

Éther acétylique. — Aiguilles blanches, fusibles à 196°, facilement solubles dans l'alcool et dans l'acide acétique.

Mononitrosodioxynaphtalène (*oxy-β-naphtoquinone-monoxime*),

$C^{10}H^5(AzOH).O.OH$ 1.2.7.

— Le dioxynaphtalène 2.7, réagissant sur une molécule d'acide nitreux, donne un dérivé nitrosé [Leonhardt et Cie, Brevet allemand n° 55 204, *Friedländer*, 2, 225]. D'après M. Clausius [*D. chem. G.*, **23**, 521], on délaye le dioxynaphtalène finement divisé dans de l'eau, on ajoute un excès d'acide chlorhydrique et, en refroidissant à 0°, la quantité théorique de nitrite. Il se sépare un précipité rouge-brun, amorphe, qui, cristallisé dans l'alcool, forme de petites aiguilles brillantes d'un brun jaunâtre qui foncent à 200° et fondent à 235° environ. Il est impossible de faire entrer dans ce dérivé un second groupe AzOH; il ne réagit pas sur un excès d'acide nitreux. On n'a pas non plus réussi à préparer le dérivé acétylique. Le chlorure d'acétyle et l'acide acétique anhydre donnent des produits résineux.

La monoxime se dissout dans les carbonates alcalins avec une coloration rouge foncé et est précipitée par l'acide acétique. L'acide sulfurique concentré la dissout en se colorant en vert foncé; lorsque l'on verse cette solution dans l'eau, on obtient un précipité rouge-brunâtre. Sur laine mordancée la monoxime se fixe et donne des colorations très belles et très solides; la laque de fer est surtout remarquable : elle est d'un vert clair très pur et très solide. Sur coton mordancé par contre, la monoxime ne se fixe pas. Elle se trouve dans le commerce sous le nom de *dioxime*.

Aminodioxynaphtalène,

$C^{10}H^5(AzH^2)(OH)^2$ 1.2.7.

— La monoxime est délayée dans l'eau, additionnée d'acide chlorhydrique et de la quantité théorique de sel d'étain [Clausius, *loc. cit.*]. On chauffe légèrement jusqu'à ce que tout soit dissous, on filtre, on ajoute beaucoup d'acide chlorhydrique concentré, qui précipite le chlorhydrate de l'aminodioxynaphtalène en petites aiguilles ou en lamelles brillantes grisâtres. Pour le purifier, on dissout dans l'eau chaude et on précipite par l'acide chlorhydrique. On a soin de hâter les opérations, pour éviter la coloration bleue que le sel prend à l'air. En l'oxydant par le perchlorure de fer on obtient une *oxyquinone* $C^{10}H^5O^2OH$ 1.2.7, isomérique avec la juglone que l'on obtient par oxydation du dioxynaphtalène 1.5. Lorsqu'on oxyde le dioxynaphtalène 2.7 par l'acide chromique, il se forme un produit impur, mais qui ressemble à la quinone obtenue par oxydation de l'aminodioxynaphtalène 1.2.7.

Dioxynaphtalène-azobenzène,

$C^{10}H^5(OH)^2Az^2C^6H^5$ 2.7.8.

— Le dioxynaphtalène 2.7 se combine facilement au chlorure de diazobenzène [Clausius, *loc. cit.*]. On le dissout dans un excès de soude caustique diluée et on ajoute peu à peu à 0° la quantité théorique du composé diazoïque. Peu après on précipite le dérivé azoïque par un acide, on filtre et on fait cristalliser dans l'alcool bouillant. Aiguilles vert foncé à éclat métallique, facilement solubles dans l'alcool et dans le benzène bouillants, fusibles à 220°. Le dioxynaphtalène ne se combine qu'à une seule molécule du corps diazoïque; il est impossible d'y introduire un second groupe azoïque. D'après M. Zincke, ce corps serait à considérer comme l'hydrazone de l'oxynaphtoquinone

$C^{10}H^5OH.O.Az.AzHC^6H^5$ 2.7.8

et non comme un dérivé azoïque

$C^{10}H^5.(OH)^2Az^2C^6H^5$ 2.7.8

(voyez ci-dessus PHÉNYLAZONAPHTORÉSORCINE). La formule de M. Zincke semble être confirmée par ce fait, que ce corps ne donne qu'un dérivé monoacétylique, qui fond à 181° et forme de petites aiguilles ou lamelles très brillantes bleu d'acier avec un reflet rougeâtre.

L'*éther éthylique* est préparé en dissolvant le phénylazodioxynaphtalène dans l'alcool et ajoutant la quantité théorique de sodium avec un excès de bromure d'éthyle. On chauffe pendant quelque temps et on fait cristalliser le produit obtenu dans l'acide acétique. Cristaux cubiques verts, possédant un éclat métallique; facilement solubles dans l'alcool et dans l'acide acétique bouillants, fusibles à 137°.

Dioxynaphtalène-azonaphtalène,

$C^{10}H^5(OH)^2Az^2C^{10}H^7$ 2.7.8.

— Préparé comme le dérivé précédent avec le chlorure de diazo-β-naphtylamine. Cristallise dans l'alcool bouillant en aiguilles vertes à éclat métallique, fusibles à 202°.

DÉRIVÉS DE CONSTITUTION INCONNUE. — Un *dioxynaphtalène* fusible au-dessus de 100° a été obtenu par M. Clève [*Bull. Soc. Chim.*, (2), **24**, 515] en fondant avec la potasse l'acide α-naphtolsulfonique 1.4, dérivé de l'acide naphtionique. Il n'a pas été étudié. Dans cette réaction on devrait, à moins de transposition moléculaire, obtenir l'α-naphtohydroquinone.

Isohydronaphtoquinone. — En chauffant le glycol dichloronaphthydrénique $C^{10}H^8Cl^2(OH)^2$ pendant 20 ou 25 heures avec 30 fois son poids d'eau à 150°, on élimine tout le chlore et la majeure partie du produit est transformée en une masse résineuse noire. La solution aqueuse renferme le dioxynaphtalène cristallisé en aiguilles; on l'évapore au sixième de son volume, on laisse refroidir, on recueille les cristaux rapidement et on dessèche dans le vide. On obtient ainsi une masse jaune ou légèrement rosée, formée de petites aiguilles. L'analyse a donné trop peu de carbone (72,9 et 72,5) et trop d'hydrogène (6,1 et 5,6), au lieu de 75 et 5 0/0, de sorte qu'il se pourrait que le corps fût un dérivé hydroxylé d'un hydrure de naphtalène.

Il est excessivement altérable; sa solution aqueuse se colore immédiatement en rouge, à moins qu'elle ne contienne une petite quantité d'acide; évaporée à l'air, elle laisse déposer des matières résineuses insolubles. Il est insoluble dans le chloroforme et dans le benzène, soluble dans l'éther; mais, par évaporation de la solution éthérée, on obtient une masse rouge mêlée de cristaux. Les alcalis, l'eau de chaux, la baryte, les carbonates alcalins le dissolvent en jaune à l'abri de l'air; au contact de celui-ci, les solutions se colorent en rose, puis en un rouge pourpre intense. Les réducteurs décolorent ces solutions, qui reprennent leur teinte par agitation à l'air. Abandonnées à elles-mêmes pendant 24 heures, les solutions alcalines deviennent brunes.

La solution aqueuse, additionnée de chlorure ferrique, donne des flocons d'un jaune brun, solubles en rouge dans les alcalis. Le nitrate d'argent et le tartrate cupropotassique sont réduits à froid. Chauffée, l'isohydronaphtoquinone se colore en violet déjà au-dessous de 100°, puis se transforme en une résine noire, fusible à 180° [Grimaux, *Bull. Soc. Chim.*, (2), **19**, 397]. — Bibliographie : Reverdin et Fulda, *Tabellarische Uebersicht der Naphtalinderivate*; — Friedländer, *die Fortschritte der Theerfarbenfabrikation*: 1er vol., 1888; 2e vol., 1891.

E. Nœlting.

DIOXYNAPHTALÈNE - SULFONIQUES (ACIDES). — Dérivé 1.2.4 (*acide β-naphtohydroquinone-monosulfonique*),

OH
OH
SO³H

— D'après un brevet allemand pris par les *Farbenfabriken vorm. Fr. Bayer et Cie à Elberfeld* [*Mon. scient.*, 1893, 264; *D. chem. G.*, **26**, *Ref.* 996], on obtient cet acide en introduisant la β-naphtoquinone à froid dans une solution concentrée de bisulfite de sodium. Il se forme d'abord un produit d'addition, qui après un certain temps se transforme en *sel sodique* de la β-naphtohydroquinone sulfoconjugée, cristallisé en fines aiguilles jaunâtres. Le *sel potassique* est assez soluble dans l'eau froide, très soluble dans l'eau bouillante. La constitution de ce dérivé a été établie par la réaction suivante : Lorsqu'on le dissout dans 4 parties d'une solution de soude caustique à 20 0/0, la solution exposée à l'air prend rapidement une coloration foncée et, au bout de peu de temps, le sel sodique de la β-oxy-α-naphtoquinone fusible à 190° se sépare sous la forme de cristaux rouges. Cette oxynaphtoquinone ayant la constitution $C^{10}H^5OH.O^2$ 2.1.4, il est plusque probable que celle de l'hydroquinone sulfoconjuguée est $C^{10}H^5(OH)^2.SO^3H$ 1.2.4.

Cette β-naphtohydroquinone sulfoconjuguée donne par oxydation la β-naphtoquinone-monosulfonique, et peut être préparée en réduisant cette dernière. La quinone sulfonée a été préparée en premier lieu par M. Witt [*D. chem. G.*, **24**, 3163] en oxydant l'acide aminonaphtolmonosulfonique 2.1.4 par l'acide nitrique. M. Boeninger [*D. chem. G.*, **27**, 24] a obtenu la même β-naphtoquinone-monosulfonique par oxydation de l'acide aminonaphtolmonosulfonique 1.2.4. Pour réduire la quinone, on n'a qu'à introduire le sel potassique, qui est en paillettes d'un jaune d'or, difficilement solubles dans l'eau, dans de l'acide sulfureux aqueux, qui le dissout très vite en le décolorant. On concentre la solution par évaporation, on ajoute du chlorure de potassium; le sel potassique de l'hydroquinone se sépare en petites aiguilles incolores. Il peut être transformé par l'action de l'acide nitrique à 20 0/0 en β-naphtoquinone-sulfonée. Le groupe sulfonique s'élimine avec une assez grande facilité. En chauffant, par exemple, l'hydroquinone sulfoconjuguée avec la formaldéhyde en solution acide à 100°, on obtient le tétraoxydinaphtylméthane, $CH^2[C^{10}H^5(OH)^2]^2$.

Dérivé 1.2.5,

OH
OH
SO³H

— Cet acide a été obtenu par M. Witt [*D. chem. G.*, **24**, 3157] en réduisant la β-naphtoquinone sulfoconjuguée 1.2.5 par l'acide sulfureux. Cette dernière se forme par oxydation de l'acide aminonaphtolsulfonique $C^{10}H^5.AzH^2.OH.SO^3H$ 1.2.5, qui de son côté résulte de la réduction des dérivés azoïques de l'acide β-naphtolsulfonique 2.5 (acide de Dahl).

Dérivé 1.2.6,

OH
OH
SO³H

— S'obtient en réduisant la β-naphtoquinone sulfoconjuguée 1.2.6 par un excès d'acide sulfureux aqueux. Le sel ammonique de la quinone est préparé, d'après M. Witt [*loc. cit.*; *Mon. scient.*, 1890, 106; *Frdldr.*, **2**, 272], en introduisant peu à peu 10 grammes de l'acide amino-β-naphtol-β-sulfonique 1.2.6, dont le sel sodique se trouve dans le commerce à l'état de pureté sous le nom d'*iconogène*, dans 100 centimètres cubes d'acide nitrique (densité = 1,2). Peu à peu le sel ammonique de la quinone se sépare en cristaux jaunes et le tout se prend en une pâte épaisse. Le produit est séché sur une assiette poreuse et cristallisé dans un peu d'eau; il forme alors de belles aiguilles d'un jaune d'or. Ce sel se dissout facilement dans l'acide sulfureux aqueux, en donnant une solution foncée, qui devient incolore avec un excès d'acide sulfureux et contient alors l'hydroquinone. Pour préparer cette dernière, il est superflu d'isoler la quinone avant la réduction lorsqu'on opère de la façon suivante : 11 parties de l'acide aminonaphtolsulfonique sont délayées dans l'eau et oxydées avec 9 parties de brome, qu'on ajoute en agitant et en refroidissant le mélange avec de la glace. On obtient une solution jaune, qu'on verse dans un excès d'acide sulfureux.

Au lieu du brome on peut aussi se servir comme

oxydant du peroxyde de plomb, dont on ajoute peu à peu 1^{g},2 finement divisée à 11 parties d'acide aminonaphtolsulfonique délayées dans l'eau avec 6 parties d'acide sulfurique. On opère à froid, comme lorsqu'on oxyde avec le brome, on filtre le liquide jaune et on le verse dans un excès d'acide sulfureux aqueux. La solution ainsi obtenue contient en quantité presque théorique le sel ammonique de la naphtohydroquinone sulfoconjugée 1.2.6, qui est très stable et très facilement soluble dans l'eau. En évaporant la solution acide, on voit ce sel se séparer en paillettes blanches, qu'on recueille sur un filtre et qu'on lave à l'alcool. En solution alcaline, cette substance prend une coloration d'un brun foncé lorsqu'elle est en contact avec l'air. Elle réduit immédiatement les sels d'argent. L'acide nitrique dilué ne l'oxyde pas; il faut un acide d'un poids spécifique de 1,2 pour la transformer en quinone. Oxydée en présence de p-diamines, elle fournit des colorants rouge-violet du groupe des indophénols. Ainsi que la β-naphtohydroquinone elle-même, son dérivé sulfonique se combine aux dérivés diazoïques et donne des colorants azoïques se fixant sur mordants. Les laques de chrome sont très stables au lavage et à la lumière; leurs nuances varient entre le brun rouge et le bleu indigo.

Dérivé 1.2.7,

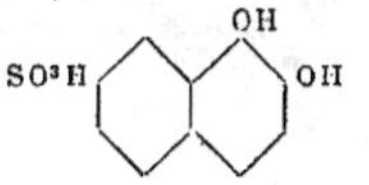

OH
SO^3H OH

— Ce dérivé a été préparé également par M. Witt [*loc. cit.*], d'une manière tout à fait analogue à celle qui a été décrite pour le dérivé 1.2.5.

Dérivé 1.2.3.6 (*acide β-naphtohydroquinone-disulfonique*),

OH
OH
SO^3H SO^3H

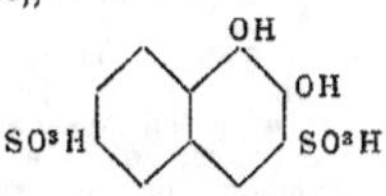

— Cet acide a été obtenu en premier lieu par Griess [*D. chem. G.*, **14**, 2042] sous la forme de sel ammonique acide; cet auteur croyait avoir obtenu l'acide aminonaphtoldisulfonique,

$$C^{10}H^4 . AzH^2 . OH . (SO^3)^2\ 1.2.3.6;$$

mais, comme M. Witt l'a démontré plus tard [*D. chem. G.*, **21**, 3480], celui-ci est très peu stable en solution aqueuse et se transforme en peu de temps en dérivé dioxynaphtalène-disulfonique. L'acide aminonaphtoldisulfonique 1.2.3.6 se forme par réduction du ponceau 2G (benzène-azo-β-naphtoldisulfoconjugué 1.2.3.6). D'après M. Witt [Brevet allemand du 13 janvier 1889; *Frdldr.*, 2, 271; *D. chem. G.*, *ibid.*], on dissout 40 grammes de ponceau dans 300 centimètres cubes d'eau bouillante et on ajoute à la solution tiède 45 grammes de sel d'étain dissous dans 50 centimètres cubes d'acide chlorhydrique (densité = 1,19). En peu de temps la solution est décolorée; on y ajoute alors 300 centimètres cubes d'une solution saturée de sel marin. Les cristaux qui se séparent instantanément et qui représentent le sel sodique acide du dérivé aminonaphtoldisulfonique,

$$C^{10}H^4NH^2 . OH . (SO^3H)^2\ 1.2.3.6,$$

sont immédiatement filtrés, lavés à l'alcoo. d'abord à 50 0/0, puis à 95 0/0 et en dernier lieu avec de l'éther, et bien desséchés. A l'état sec le produit se conserve très bien; mais, lorsqu'on le dissout dans l'eau et que l'on chauffe légèrement la solution, le corps se transforme en quelques minutes en dérivé du dioxynaphtalène,

$$C^{10}H^4\begin{cases}AzH^2\\OH\\SO^3H\\SO^3Na\end{cases} + H^2O = C^{10}H^4\begin{cases}OH\\OH\\SO^3AzH^4\\SO^3Na\end{cases}$$

Celui-ci est encore bien plus soluble dans l'eau que le dérivé de l'aminonaphtol et ne peut être précipité de la solution aqueuse qu'avec beaucoup de sel marin. Isolé de cette manière, il se présente sous la forme de lamelles grisâtres, assez solubles dans l'alcool, brunissant en solution alcaline. La solution aqueuse de l'acide dioxynaphtalène-disulfonique possède des propriétés qui rappellent celles du tannin. Elle donne un précipité avec une solution de gélatine légèrement acidulée par l'acide acétique, de sorte qu'on l'a proposée pour le tannage des peaux. Ainsi que le tannin, elle précipite les colorants basiques et donne des laques insolubles, de sorte que l'on a cru, pendant un certain temps, pouvoir l'employer comme mordant pour la teinture et l'impression des tissus. Cette idée ne s'est pas réalisée en pratique. A cause des propriétés que nous venons de citer, on a donné à ce dérivé, ainsi qu'au suivant, le nom de *naphtotannin*. Il se combine aux dérivés diazoïques en donnant des colorants azoïques tirant sur les mordants métalliques.

L'acide β-naphtohydroquinone-disulfonique 1.2.3.6 a aussi été préparé par M. Witt [*D. chem. G.*, **24**, 3157] de la même manière que les dérivés précédents, en oxydant l'acide aminonaphtoldisulfonique pour obtenir la quinone disulfonée, et réduisant ensuite par l'acide sulfureux. Ce mode de préparation n'offre qu'un intérêt théorique.

Dérivé 1.2.6.8,

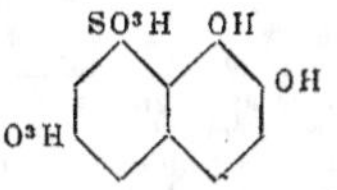

SO^3H OH
OH
SO^3H

— Cet acide s'obtient d'une façon absolument analogue à celle qui vient d'être décrite pour le dérivé 1 2.3 6. On n'a qu'à remplacer le ponceau 2G par l'orange G, en ne changeant aucune des autres données, et l'on obtient l'acide aminonaphtoldisulfonique 1.2.6.8 sous la forme du sel acide $C^{10}H^4(OH)^2 . SO^3Na . SO^3H$, qui est plus stable en solution aqueuse que le dérivé analogue 1 2.3.6 [*Frdldr.*, **2**, 271; *D. chem. G.*, **21**, 3481]. Il ne brunit que lentement en solution alcaline et ne réduit les sels d'argent que quelques minutes après qu'on a mélangé les solutions, tandis que le dérivé 1.2 3.6 précipite l'argent instantanément. En faisant bouillir la solution aqueuse, on produit également la transformation en dioxynaphtalène-disulfoné, mais plus lentement.

L'acide dioxynaphtalène-disulfonique 1.2.6.8 ainsi obtenu ne diffère pas dans ses propriétés de l'acide 1.2.3.6. Il possède la même solubilité, donne des colorants azoïques et précipite également la gélatine, ainsi que les couleurs d'aniline basiques.

On peut aussi l'obtenir en oxydant l'acide aminonaphtolsulfonique 1.2.6.8 à l'état de quinone disulfonée, qu'on réduit ensuite par l'acide sulfureux [*D. chem. G.*, **24**, 3157].

Dérivé 1.5 (?) (*acide 1.5 dioxynaphtalène-monosulfonique*) [Ewer et Pick, Brevet allemand du 25 janvier 1887, *Frdldr.* **1**, 400]. — On mélange 50 kilogrammes du dioxynaphtalène 1.5 finement pulvérisé avec 100 kilogrammes d'acide sulfurique à 66° B. et on chauffe peu à peu légèrement. On prélève de temps à autre sur la masse un échantillon qu'on essaye avec le chlorure de tétrazodiphényle; lorsqu'il ne donne plus de colorant insoluble dans le carbonate de sodium, la formation de l'acide sulfonique est terminée. On dissout le tout dans l'eau, on neutralise avec un lait de chaux, on filtre, on lave le sulfate calcique à l'eau chaude et on précipite de la solution filtrée la chaux au moyen du carbonate de sodium. On sépare le carbonate de calcium par filtration et on obtient ainsi une solution du sel sodique de l'acide monosulfonique.

DÉRIVÉ 1.5. (??) (1 5 *dioxynaphtalène-disulfonique*). — D'après les indications du même brevet [*loc. cit.*], on obtient le dérivé disulfonique du même dioxynaphtalène en chauffant 50 kilogrammes de ce corps avec 100 à 250 kilogrammes d'acide sulfurique à 66° B. pendant 10 heures à 100-160°. L'acide sulfurique concentré peut être remplacé par n'importe quel autre réactif connu qui puisse servir à la sulfonation, par exemple l'acide chlorosulfonique SO^3HCl, l'acide sulfurique fumant, qui réagissent déjà à froid, et d'autres. La constitution de ce dérivé et du précédent n'est pas encore connue. Ils n'ont d'ailleurs pris aucune importance pratique.

DÉRIVÉ 1.3.6 (?),

OH

OH SO³H

[*Actiengesells. für Anilinfabrikation in Berlin*, Brevet allemand du 30 juin 1886, n° 42261; *Frdldr.*, **1**, 400; *D. chem. G.*, **21**, *Ref.*, 157]. — 4 parties du sel de sodium de l'acide naphtyltrisulfonique de Guerke et Rudolph [*D. chem. G.*, **20**, *Ref.*, 125] sont introduites dans un mélange chauffé à 250° de 10 parties de soude caustique et 1 partie d'eau, et maintenues à cette température jusqu'à ce que la mousse soit tombée et qu'un échantillon de la masse, dissous dans l'acide chlorhydrique, donne par addition d'ammoniaque une coloration rouge avec fluorescence bleue. On traite ensuite par l'acide chlorhydrique, on chasse l'acide sulfureux par ébullition et on transforme l'acide dioxynaphtalène-sulfonique en sel de sodium.

Ce sel est très facilement soluble dans l'eau et dans l'alcool; on le sépare du sel marin en évaporant toute la masse à sec et reprenant par l'alcool à 80 0/0. Cet acide dioxynaphtalène-sulfonique donne, par copulation avec les dérivés diazoïques, des matières colorantes d'un brun jaunâtre ou rougeâtre, applicables à la teinture de la laine.

La dianisidine diazotée se combine à ce dérivé et donne un colorant tétrazoïque direct, teignant le coton en bleu [Brevet allemand n° 63597, du 14 juillet 1891; *D. chem. G.*, **25**, *Ref.*, 835].

M. Rudolph [*Chem. Zeit.*, 1892, 779] attribue à l'acide naphtyltrisulfonique la constitution 1 3.6 et admet pour le dérivé dioxynaphtalène-sulfonique les positions $OH.OH.SO^3H$ 1.6.3, mais cette constitution n'est pas encore suffisamment établie.

DÉRIVÉ 1.6.4,

OH

OH

SO³H

— Ce dérivé se forme lorsqu'on fond l'acide α-naphtylamine-disulfonique II de Dahl [Brevet allemand n° 41957, du 4 septembre 1886]

$$C^{10}H^5.AzH^2.(SO^3H)^2 1.4.6$$

avec les alcalis pendant 6 à 10 heures à 200-220° [*Frdldr.*, 274; *Dahl et Cie*, brevet allemand du 27 décembre 1889; *Mon. scient.*, 1890, 1204]. Pour la fusion on emploie, pour 100 kilogrammes d'α-naphtylamine-disulfonate sodique, 600 kilogrammes de soude caustique et 100 kilogrammes d'eau. Comme dans l'acide naphtionique le groupe sulfonique est très stable à la soude fondante, il est très probable que dans cette fusion c'est le groupe en 6 qui est remplacé par OH.

L'acide dioxynaphtalène-sulfonique 1.6.4 cristallise en feuillets minces, peu solubles dans l'eau froide. Son sel de sodium est facilement soluble dans l'eau et dans l'alcool.

Le perchlorure de fer colore facilement les solutions en un vert bleu; la coloration vire rapidement au brun. Avec l'acide nitreux, il fournit un nitrosodérivé peu soluble. Par copulation avec les dérivés diazoïques l'acide dioxynaphtalène-sulfonique donne naissance à d'intéressantes matières colorantes, variant du rouge pur au rouge bleuté.

Chauffé avec de l'ammoniaque à 20 0/0 sous pression à 140-180°, il se transforme en acide aminonaphtolsulfonique 6.1.4 ($AzH^2.OH.SO^3H$) [Brevet allemand n° 70285, du 1er sept. 1891; *D. chem. G.*, **26**; *Ref.*, 954].

DÉRIVÉ 1.7.3,

OH

OH

SO³H

[Demande de brevet allemand, *F.* 4153, *Farbwerke vorm. Meister Lucius et Brüning à Höchst-sur-le-Mein*; *F.*, **2**, 274; *Chem. Zeit.*, 1892, 1801]. — S'obtient en chauffant l'acide β-naphtoldisulfonique G avec les alcalis. 35 kilogrammes de naphtoldisulfonate de sodium sont dissous dans peu d'eau et chauffés avec 15 ou 20 kilogrammes de soude caustique pendant 3-7 heures à 220-230° dans un vase clos ou ouvert, muni d'un agitateur. On cesse lorsqu'un échantillon prélevé dans la masse ne montre plus en solution aqueuse la fluorescence caractéristique du sel G. On verse dans l'eau et on ajoute un excès d'acide. Après refroidissement le sel sodique du dioxynaphtalène-sulfoconjugué se sépare. Ce sel est facilement soluble à chaud dans une solution de sel marin et se dépose par le refroidissement de cette solution en grands cristaux. Le perchlorure de fer donne une coloration jaune-verdâtre fugace, le chlorure de chaux une coloration rouge ne disparaissant pas par un excès du réactif.

Sous l'influence de l'ammoniaque à chaud sous pression, l'acide dioxynaphtalène-sulfonique échange un groupe OH contre le groupe AzH^2 et se transforme en acide aminonaphtolmonosulfonique [*D. chem. G.*, **25**; *Ref.*, 830; *Aktienges. f. Anilin in Berlin*, Brevet allemand n° 62964, du 21 déc. 1890].

L'acide dioxynaphtalène-monosulfonique a acquis une grande importance pour la fabrication des matières colorantes: il donne, par copulation avec les dérivés diazoïques, des colorants qui offrent un intérêt pratique. Un grand nombre de brevets ont été pris par les *Farbenfabriken vorm. Bayer et Cie à Elberfeld* concernant la formation de ces colorants, qui tirent presque tous sur mordants, ce qui permet de faire des teintures très solides. En copulant les diazodérivés de l'acide amino-p-oxybenzoïque [*Mon. scient.*, 1892, *br.*, 40; brevet allemand, *F.*, 4288, du 27 janv. 1891] ou de l'acide m-aminobenzoïque ou aminobenzoïque sulfoconjugué [*D. chem. G.*, **25**; *Ref.*, 701; brevet allemand n° 63104, du 28 janv. 1890], ou bien de l'acide aminophtalique [*D. chem. G.*, **25**; *Ref.*, 833; brevet allemand n° 63304, du 28 janv. 1890] avec l'α-naphtylamine ou avec l'éther de l'α-amino-β-naphtol, on obtient des azoïques, qui sont de nouveau diazotés et combinés à l'acide dioxynaphtalène-sulfonique.

Les matières colorantes directes qu'on obtient en combinant le tétrazodiphényle ou le tétrazoditolyle avec l'acide dioxynaphtalène-sulfonique 1 7.3 sont bleues [*Mon. scient.*, 1891, 1220; brevet allemand n° 58681, du 30 août 1889; *D. chem. G.*, **24**; *Ref.*, 923]. Un autre brevet de Bayer, n° 52858, du 16 août 1889 [*D. chem. G.*, **23**; *Ref.*, 673] indique la formation de colorants tétrazoïques qu'on prépare en copulant les diazodérivés des éthers du diaminodiphénol avec l'acide dioxynaphtalène-monosulfonique; après teinture, les tissus sont traités à chaud par des sels de cuivre, de nickel ou de zinc pour augmenter la solidité des colorants à la lumière et au lavage et pour rehausser en même temps leur brillant.

Sous l'influence du chlorure de zinc, l'acide sulfonique se condense avec la nitrosodiméthylaniline et donne une couleur grise soluble dans l'eau [*Mon. scient.*, 1890, 1292].

DÉRIVÉ 1.7.3.6,

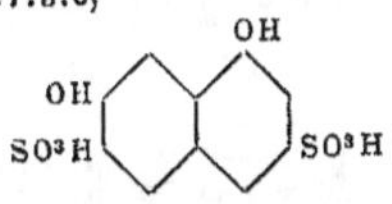

OH
OH
SO^3H SO^3H

[*Farbwerke vorm. Meister Lucius et Brüning à Höchst-sur-le-Mein*, demande de brevet allemand du 6 mai 1889; *Frdldr.*, **2**, 275]. — 45 kilogrammes de β-naphtoltrisulfonate de sodium sont chauffés avec 15-20 kilogrammes de soude caustique et un peu d'eau en vase clos ou ouvert muni d'un agitateur, pendant 3 ou 4 heures à 230-240°, jusqu'à ce qu'un échantillon prélevé sur la masse, dissous dans l'eau, ne montre plus de fluorescence verte. On verse dans l'eau et on ajoute un excès d'acide. Après refroidissement le *sel sodique* de l'acide disulfonique, qui est facilement soluble à chaud dans une solution de sel marin cristallise en petits cristaux. La solution neutre de ce sel prend avec le perchlorure de fer une coloration bleue, qui vire au gris et tourne avec quelques gouttes d'acide sulfurique au vert jaunâtre. Cet acide donne par copulation avec le diazoxylène des colorants rouges.

DÉRIVÉ 1.8.3,

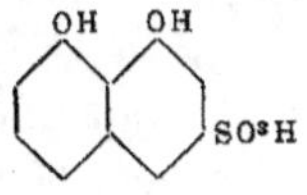

OH OH
SO^3H

— La constitution de ce dérivé n'est pas encore définitivement établie, mais la formule indiquée ci-dessus est probable d'après le mode de formation du dérivé. On l'obtient en fondant l'acide naphtoldisulfonique 1.3.8 avec les alcalis [Brevet allemand n° 58648, du 12 déc. 1890; *Mon. scient.*, 1891, 788, 1220; brevet français, n° 210393]. En copulant cet acide avec les diazodérivés de la phényltolylamine, de la ditolylamine et de leurs homologues, on obtient des colorants bleu et bleu-violet. Les *Farbenfabriken vorm. Bayer et Cie à Elberfeld* ont pris un brevet français pour la copulation de ce dérivé avec les diazodérivés d'un grand nombre d'amines et de diamines [Brevet français n° 212648; *Mon. scient.*, 1891, 1235].

DÉRIVÉ 1.8.4,

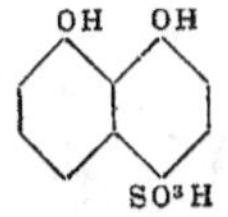

OH OH
SO^3H

[*Farbenfabriken vorm. F. Bayer et Cie à Elberfeld*, brevet allemand, *F.*, 5059, du 1er novembre 1890; *Mon. scient.*, 1891, 780; *Frdldr.*, **2**, 315; *D. chem. G.*, **26**; *Ref.*, 520]. — Le procédé consiste à fondre avec les alcalis, avec ou sans pression, à 200-280°, l'acide α-naphtoldisulfonique S, sa sulfone ou ses sels. On prolonge l'action de l'alcali fondant jusqu'à ce qu'une tâte dissoute dans l'eau cesse d'offrir la fluorescence de l'acide naphtoldisulfonique S et ne produise plus de coloration en solution acétique avec les dérivés diazoïques. On reprend le produit de la fusion par la quantité d'acide chlorhydrique nécessaire pour former une solution saturée de sel marin : le *sel sodique* acide de l'acide 1.8 dioxynaphtalène-α-monosulfonique, peu soluble, se sépare.

La réaction marche mieux et donne de meilleurs rendements lorsqu'on opère sous pression avec des lessives à 30 0/0 environ. On obtient également cet acide en chauffant le sel de sodium de l'acide α-naphtylamine-disulfonique S avec 3 fois son poids de lessive de soude à 60 0/0 pendant 24 heures à 250° [*Mon. scient.*, 1893, brevet français, 268; brevet allemand, *F.*, 4608 du 24 juin 1890; *D. chem. G.*, **27**; *Ref.*, 151].

Le *sel sodique acide* cristallise en lamelles soyeuses, le *sel barytique* en fines aiguilles. Les sels neutres sont très solubles. L'acide libre peut être obtenu cristallisé en décomposant le sel barytique par l'acide sulfurique et évaporant la solution aqueuse à froid.

Cet acide, ainsi que les deux dérivés suivants, a eu une grande importance pour la fabrication des matières colorantes azoïques. Un grand nombre de brevets ont été pris, surtout par les *Farbenfabriken vorm. F. Bayer et Cie à Elberfeld*, pour la copulation de cet acide avec des diazoïques de toute espèce. Dans la plupart de ces brevets sont également compris les acides disulfoniques 1.8.2 4 et 1 8.3.6; nous citerons les plus importants, après avoir traité de ces deux dérivés.

Quelques brevets n'ont rapport qu'à l'acide 1.8.4; nous allons en dire quelques mots. En copulant l'acide S avec les diazodérivés de l'aniline, de la toluidine, de la xylidine, etc., ou de leurs acides sulfoconjugués, on obtient des colorants de nuances d'un rouge violet, remarquables par leur solidité à la lumière, appelés *azofuchsines*, qui remplacent avec avantage les fuchsines acides du commerce [*Mon. scient.*, 1890, 756; 1892, *br.*, 173; *D. chem. G.*, **24**; *Ref.*, 286]. Avec 2 molécules de diazo-dérivés simples, tels que le diazobenzène, le diazotoluène, ou avec une molécule de tétrazodérivés, tels que le tétrazodiphényle, le tétrazoditolyle, etc., on obtient des colorants noirs [*Mon. scient*, 1892, *br.*, 207].

En copulant des acides aminosulfoniques diazotés avec l'α-naphtylamine, on obtient un dérivé aminoazoïque, qui peut de nouveau être diazoté et copulé avec l'acide S; dans ce cas on obtient des colorants gris-verdâtre et noirs, tirant sur mordants [*Mon. scient.*, 1891, 778, 779; 1893, *br.* 72; *D. chem. G.*, **24**; *Ref.*, 844, 923; **25**, *Ref.*, 488, 529, 532, 702, 833; **26**, *Ref.*, 462].

DÉRIVÉ 1.8.2.4 (*acide dioxynaphtalène-disulfonique S*),

OH OH, SO^3H, SO^3H

— En fondant avec les alcalis l'acide α-naphtoltrisulfonique 1.2.4.8, qui de son côté se prépare par la sulfoconjugaison ultérieure de la naphtosulfone 1.4.8, on obtient l'acide dioxynaphtalène-disulfonique S (1.8.2.4) [*Mon. scient.*, 1891, 887; *D. chem. G.*, **24**, *Ref.*, 922].

Dans la préparation des colorants azoïques, l'acide 1.8.2.4 remplace avec avantage l'acide 1.8.4, en donnant des colorants plus solubles et unissant mieux pour cette raison [*D. chem. G.*, **25**, *Ref.*, 702; **24**, *Ref.*, 685].

DÉRIVÉ 1.8.3.6 (*acide chromotropique*)

OH OH, SO^3H, SO^3H

[*Farbwerke vorm. Meister Lucius et Brüning à Höchst-sur-le-Mein*, brevet allemand du 10 mai 1890; *Mon. scient.*, 1892, *br.* **47**; Rudolph, *Chem. Zeit.*, 1892, 779, 1800]. — On fond l'acide naphtoltrisulfonique 1.3.8.6 ou la sulfone correspondante avec les alcalis. 17kg,900 d'une pâte contenant 6kg,650 de l'acide naphtoltrisulfonique ou une quantité équivalente du naphtosulfone-disulfonate de sodium correspondant sont mélangés à 100° environ avec 13kg,500 de soude caustique à 60 0/0 de NaOH. On chauffe à 170-220° jusqu'à ce que la masse, qui se boursoufle et mousse fortement, cesse de produire de l'écume. La réaction est alors achevée. Le sel de sodium du nouvel acide est en feuillets brillants, d'un blanc un peu jaunâtre. On l'obtient aussi, d'après un brevet français n° 222119 du 4 juin 1892, pris par *Bayer et Cie, à Elberfeld*, en chauffant sous une forte pression, avec une lessive diluée, l'acide aminonaphtoldisulfonique 1.8.3.6 [*Mon. scient.*, 1893, *br.*, 90]. 15 kilogrammes du sel sodique de l'acide aminonaphtol-β-disulfonique sont dissous dans 300 kilogrammes d'une solution de soude caustique à 5 0/0 et chauffés dans une chaudière fermée sous une pression de 25 atmosphères pendant 4 ou 5 heures. On chasse l'ammoniaque et on acidule par l'acide chlorhydrique; le sel sodique de l'acide dioxynaphtalène-disulfonique 1.8 se précipite. Il n'est pas nécessaire d'isoler l'acide aminonaphtoldisulfonique, mais on peut continuer à chauffer directement, sous pression, la cuite obtenue avec l'acide α-naphtylamine-trisulfonique et la soude, après avoir dilué avec de l'eau. D'une manière analogue, on obtient le même acide dioxynaphtalène-disulfonique si l'on traite suivant le procédé décrit ci-dessus l'acide diaminonaphtalène-disulfonique que l'on peut préparer au moyen de l'acide naphtalène-disulfonique 2.7 en nitrant et réduisant [*Mon. scient.*, 1893, *br.*, 129, 167, 301; *D. chem. G.*, **26**, *Ref.*, 519, 637, 733]. Ainsi que le dioxynaphtalène 1.8 et ses autres dérivés, celui-ci se copule avec les dérivés diazoïques et tétrazoïques [*D. chem. G.*, **24**, *Ref.*, 932], en donnant des colorants azoïques tirant sur mordants, et qui se distinguent par la propriété qu'ils possèdent de donner, avec les différents mordants, des colorations différentes. En ajoutant des sels métalliques au bain de teinture ou à la couleur à imprimer, on peut obtenir avec le même colorant azoïque des nuances variant entre le rouge cochenille et le noir foncé [*D. chem. G.*, **26**, *Ref.*, 659].

Pour ce qui concerne les brevets qui ont été pris, principalement par les *Farbenfabriken vorm. F. Bayer et Cie, à Elberfeld*, consistant à copuler les acides 1.8 dioxynaphtalène-sulfoniques avec le diazo-dérivé d'un produit intermédiaire, obtenu en unissant un diazo-dérivé d'une amine (aniline, toluidine, naphtylamine, etc., et leurs homologues et dérivés sulfoconjugués) à la naphtylamine ou aux éthers de l'aminonaphtol 1.5 ou à l'α-naphtylamine-β-naphtol, nous ne citerons que la bibliographie [*Mon. scient.*, 1891, 1235; 1892, *br.* 10, 40, 174, 207, 322; 1893, *br.* 72, 73; *D. chem. G.*, **24**, *Ref.*, 924; **25**, *Ref.*, 702; **26**, *Ref.*, 344].

L'acide chromotropique tire lui-même sur laine mordancée au dichromate en brun; il se fixe directement sur laine, sans coloration. Si l'on oxyde ensuite par le dichromate, on obtient un brun. Le *sel de sodium* de l'acide chromotropique se trouve dans le commerce sous le nom de *chromogène*.

DÉRIVÉ 2.3.6,

SO^3H, OH, OH

— Ce dérivé se prépare avec l'acide R, ainsi qu'il est décrit dans le brevet des *Farbwerke vorm. Meister Lucius et Brüning, à Höchst-sur-le-Mein*, n° 4153 du 5 mai 1889 [*Frdldr.*, **2**, 274; *Mon. scient.*, 1890, 104]. La préparation est absolument analogue à celle du dérivé 1.7.3 avec l'acide G (voyez celui-ci). Pour le préparer en petite quantité, MM. Friedländer et Zakrzewsky [*D. chem. G.*, **27**, 761] recommandent de chauffer 1 partie de β-naphtoldisulfonate R sodique sec avec 5 ou 6 parties de soude caustique et un peu d'eau à 200-220° en agitant. La réaction est terminée quand la mousse tombe, et que la masse devient bien liquide. Dans ces conditions le rendement est quantitatif. On verse dans l'eau, on neutralise avec l'acide chlorhydrique et on filtre la solution chaude, qui laisse déposer par le refroidissement le sel sodique de l'acide dioxynaphtalène-disulfonique, presque insoluble à froid dans une solution de sel marin, en petits cristaux blancs et brillants. La solution de ce sel se colore avec une goutte de perchlorure de fer en un bleu violet intense; la coloration est stable et ne disparaît pas. Le carbonate sodique la fait virer au brun rouge. La solution violette devient incolore avec quelques gouttes d'acide sulfurique; neutralisée par un alcali, elle reprend sa couleur. Une goutte d'une solution de chlorure de chaux produit une coloration d'un jaune ambré, qui disparaît par un excès de réactif.

Le chlorure de baryum précipite de la solution saturée du sel sodique un sel cristallin,

$$(C^{10}H^5.(OH)^2.SO^3)^2Ba.$$

En traitant le dérivé 2.3.6 par les acides dilués à chaud, on élimine le groupe SO^3H et l'on obtient le dioxynaphtalène 2.3 (voyez celui-ci). En le chauffant avec l'ammoniaque sous pression [*D. chem. G.*, **25**, *Ref.*, 830], on obtient un acide aminonaphtolsulfonique, isomérique avec l'acide aminonaphtolsulfonique préparé par la fusion de l'acide diaminosulfonique 2.3.6 avec les alcalis.

L'acide dioxynaphtalène-sulfonique 2.3.6 a été proposé pour la fabrication des colorants azoïques. Possédant deux OH en ortho, ces colorants sont à même, ainsi que les dérivés du dioxynaphtalène 1.8, de tirer sur mordants. Cet acide a pu être employé dans la plupart des cas déjà cités ci-dessus, où l'on s'est servi des acides 1.7.3 et 1 8.4 [*D. chem. G.*, **25**, *Ref.*, 532, 701, 833; *Mon. scient.*, 1892, *br.*, **40**].

DÉRIVÉ 2.3 5.7,

SO^3H — OH — OH — SO^3H

— S'obtient en fondant avec les alcalis l'acide β-naphtoltrisulfonique 2 3.6.8 [*Frdldr.*, **2**, 275; brevet allemand du 6 mai 1889, *Meister Lucius et Brüning*; *Chem. Zeit.*, 1892, 1801]. 45 kilogrammes du sel sodique de l'acide β-naphtoltrisulfonique sont chauffés avec 15-20 kilogrammes de soude caustique et un peu d'eau à 230-240°, avec ou sans pression, dans un vase muni d'un agitateur, jusqu'à ce qu'un échantillon ne montre plus en solution aqueuse la fluorescence verte. On verse dans l'eau et on ajoute un excès d'acide chlorhydrique. Après refroidissement le sel du nouvel acide se sépare à l'état cristallin. Il est facilement soluble dans l'eau et dans une solution de sel marin à chaud. Le perchlorure de fer colore sa solution neutre en bleu, et, lorsqu'on ajoute un excès, en gris bleu. L'acide sulfurique la fait virer au vert jaunâtre. Cet acide donne avec le diazoxylène, le diazocumène, etc., des colorants azoïques d'un rouge pur.

DÉRIVÉ 2.6.4,

OH — OH — SO^3H

— En traitant le dioxynaphtalène 2.6, à une température inférieure à 50°, par 4 fois son poids d'acide sulfurique à 100 0/0, on obtient un acide monosulfonique 2.6.4. Cet acide, chauffé avec 4 fois son poids d'ammoniaque à 20 0/0 et 1 partie de chlorure d'ammonium pendant 12 heures, à 200°, se transforme en acide naphtylène-diamine-sulfonique 2.6.4 [*Mon. scient.*, 1893, *br.*, 300; *D. chem. G.*, **27**, *Ref.*, 222].

DÉRIVÉ 2.6. (??) (*acide 2.6 dioxynaphtalène-disulfonique*) [Griess, *D. chem. G.*, **13**, 1959]. — On chauffe au bain-marie 1 partie de dioxynaphtalène avec 2 parties d'acide sulfurique. Quand tout le phénol est transformé, on verse dans l'eau, on sature au bouillon par le carbonate de baryum, on filtre et on purifie le sel de baryum par cristallisation en présence du noir animal.

L'acide libre, obtenu en décomposant le sel de baryum par la quantité théorique d'acide sulfurique, est facilement soluble dans l'eau et dans l'alcool, mais non déliquescent; il forme des aiguilles ou des lamelles blanches.

Le *sel de baryum*,

$$C^{10}H^4(OH)^2(SO^3)^2Ba, 2H^2O,$$

forme de petits grains ou des lamelles microscopiques, peu solubles même dans l'eau bouillante. L'acide chlorhydrique est sans action sur lui. Les dérivés diazoïques donnent avec cet acide sulfonique des matières colorantes jaunes, rouges et violettes.

DÉRIVÉ 2.6. $(SO^3H)^4$ (*acide dioxynaphtalène-tétrasulfonique*). — En chauffant au bain-marie le dioxynaphtalène 2.6 avec 2 fois son poids d'acide sulfurique concentré, on le transforme en dérivé tétrasulfoné [*Jahresbericht*, 1881, 864; *Chem. Soc.*, **39**, 139].

DÉRIVÉ 2.7.3 (*acide dioxynaphtalène-monosulfonique F*). — Par la fusion avec les alcalis l'acide β-naphtoldisulfonique 2.3.7 se transforme quantitativement en dérivé dioxymonosulfonique 2.7.3 [Friedländer et Lucht, *D. chem. G.*, **26**, 3029]. En chauffant cet acide disulfonique avec de l'ammoniaque à 30 0/0 à 120-150°, on lui fait échanger un groupe hydroxyle contre AzH^2, et fournir un acide aminonaphtolsulfonique [*D. chem. G.*, *Ref.* **25**, 831].

Colorants azoïques préparés avec cet acide [*D. chem. G.*, **24**, *Ref.*, 687; *Frdldr.*, **2**, 330, 396, 404].

DÉRIVÉ 2.7. (??) (*acide 2.7 dioxynaphtalène-disulfonique*). — M. Weber [*D. chem. G.*, **14**, 2208] a obtenu par sulfonation du dioxynaphtalène 2.7 avec l'acide sulfurique concentré à 120° un acide disulfonique dont le sel calcique est très soluble dans l'eau. Nous ne connaissons pas la constitution de cet acide.

DÉRIVÉS DE CONSTITUTION INCONNUE.

ACIDE DIOXYNAPHTALÈNE-DISULFONIQUE [*Farbenfabriken vorm. Fr. Bayer et Cie, à Elberfeld*, brevet allemand du 7 décembre 1886, n° 40 893; *Frdldr*, **1**, 397; *D. chem. G.*, **20**, *Ref.*, 754]. — L'acide naphtyltétrasulfonique de M. Senhofer [*D. chem. G.*, 8, 1486], qu'on prépare facilement en chauffant pendant longtemps à 160° le naphtalène avec l'acide sulfurique fortement fumant, peut servir à la préparation d'acide naphtholtrisulfonique et d'acide dioxynaphtalène-disulfonique. Le premier est obtenu en chauffant les sels de l'acide tétrasulfonique avec les alcalis caustiques à 200°; le second se forme à des températures plus élevées. Ce dernier est différent de celui obtenu par sulfonation du dioxynaphtalène (lequel?). Ces deux acides, combinés aux dérivés diazoïques, donnent des matières colorantes; celles dérivées du dernier se distinguent par leur plus grande solubilité dans l'eau et unissent très bien.

ACIDE AMINODIOXYNAPHTALÈNE-SULFONIQUE [*Frdldr* **2**, 283; brevet allemand 52023, du 7 septembre 1889; *Meister Lucius et Brüning, à Höchst-sur-le-Mein*, *Mon. scient.*, 1890, 431]. — En chauffant l'acide β-naphtoltrisulfonique 2.3.6.8 avec l'ammoniaque, on obtient un acide β-naphtylamine-trisulfonique, dans lequel on peut remplacer successivement 2 groupes SO^3H par OH, par fusion avec les alcalis.

100 kilogrammes de sel de sodium de l'acide naphtylamine-trisulfonique sont mélangés avec 50 kilogrammes d'eau et 200 kilogrammes de soude, et chauffés à 220-260°. Lorsque la température approche de 260°, la masse monte par la mousse qui se forme, et la formation de l'acide aminonaphtol-disulfonique peut être considérée comme terminée lorsque la mousse tombe et que la masse devient épaisse. Le sel de l'acide aminonaphtol-disulfonique ainsi obtenu est chauffé avec la soude pendant 2 heures à 270°; la seconde réacion se traduit par la fusion de la masse épaisse. On dissout dans l'eau, on ajoute un excès d'acide chlorhydrique qui précipite l'acide sous forme cristalline. En le faisant cristalliser dans un mélange d'eau et d'acide chlorhydrique, on l'obtient en longues et brillantes aiguilles. Il est difficilement soluble dans l'eau; ses sels alcalins se dissolvent facilement avec une fluorescence bleu-violet. La solution aqueuse des sels neutres se colore avec le perchlorure de fer en brun foncé, ainsi qu'avec le chlorure de chaux. Ce dernier, ajouté en excès, produit un précipité brun clair. L'acide nitreux donne un

dérivé diazoïque, qui fournit avec les amines ou les phénols des dérivés azoïques.

Il est possible que la constitution soit

$$C^{10}H^{4}AzH^{2}.(OH)^{2}.SO^{3}H\ 7.1.3.6;$$

peut-être est-elle 1.6.7.3 ou 2.7.3.5.

Les *Farbenfabriken vorm. F. Bayer et Cie, à Elberfeld*, ont pris tout récemment [*Chem. Zeit.*, 1894, 509] un brevet allemand, consistant à préparer un acide aminodioxynaphtalène-sulfonique en fondant l'acide naphtylamine-trisulfonique 1.3.6.8 avec les alcalis. Il n'existe pas encore de publication nous renseignant sur la constitution du nouvel acide. E. Nœlting.

DIOXYPALMITIQUES (ACIDES), $C^{16}H^{32}O^{4}$.

1° Voyez Acide Palmitolique, Dict., 2, 732.

2° M. Gröger [*Mon. f. Chem.*, 3, 497] a obtenu un acide $C^{16}H^{32}O^{4}$, en même temps qu'un grand nombre d'autres acides, en traitant l'acide palmitique par une solution alcaline de permanganate de potassium. Ce produit fond à 57°.

DIOXYPHÉNYLACÉTYLDICARBONIQUE (ACIDE),

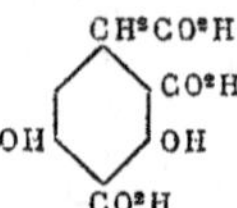

— L'*acide dioxyphénylacétyldicarbonique* libre n'est pas connu, mais on peut obtenir son éther triéthylique en traitant l'acétone-dicarbonate d'éthyle par le sodium [Cornélius et Pechmann, *D. chem. G.*, 19, 1448].

On chauffe peu à peu jusqu'à 120° un mélange de 100 grammes d'acétone-dicarbonate d'éthyle et de 21 grammes de sodium en rubans. Au bout d'une heure, on élève rapidement la température à 145°, puis on laisse refroidir jusqu'à 80°. A ce moment, on ajoute 500 grammes d'alcool et l'on fait bouillir au réfrigérant ascendant jusqu'à dissolution complète. On traite par l'acide sulfurique au cinquième, on filtre et l'on additionne d'eau jusqu'à trouble commençant. Par refroidissement le liquide se prend en une masse d'aiguilles que l'on purifie par cristallisation dans l'alcool chaud. On obtient ainsi de beaux prismes incolores, fusibles à 98°, peu solubles dans les liquides neutres, solubles dans les alcalis et dans les carbonates alcalins, et constituant l'éther

$$C^{6}H \begin{cases} CH^{2}.CO^{2}C^{2}H^{5}_{(1)} \\ (OH)^{2}_{(3.5)} \\ (CO^{2}C^{2}H^{5})^{2}_{(2.4)} \end{cases}$$

Ce corps se décompose vers 120° et ne peut être saponifié, car les alcalis lui enlèvent CO^{2} et le transforment en *acide dioxyphénylacétique*,

CH²CO²H

OH OH

Ch. Cloëz.

DIOXYPHÉNYLANTHRANOL [Syn. *Phénolphtaléidine*]. — Voyez Phtaléines.

DIOXYPHÉNYLBENZOÏQUE (ACIDE),

$$C^{6}H^{4}(OH)C^{6}H^{3}(OH)-CO^{2}H.$$

— Obtenu par fusion de l'acide diphénylènecétone-disulfonique avec de la potasse caustique. Cristaux fusibles à 270°, très difficilement solubles dans l'eau, facilement solubles dans l'alcool bouillant. Il se décompose en acide carbonique et diphénol $C^{12}H^{8}(OH)^{2}$ lorsqu'on le fond avec de l'oxyde de calcium; il donne avec l'hypochlorite de calcium une coloration verte, avec le chlorure ferrique un précipité brun-chocolat [Schmidt et Schultz, *Ann. Chem.*, 207, 346].

E. Burcker.

DIOXYPIPERHYDRONIQUE (ACIDE). — Voyez Piperhydronique.

DIOXYPROPÉNYLTRICARBONIQUE (ACIDE) [Syn. *Pentane-diol 2.4-dioïque-méthyloïque 2*],

$$(CO^{2}H)^{2}C(OH)-CH^{2}-CH(OH)-CO^{2}H.$$

— Ce corps est un produit d'oxydation de l'isosaccharine ou *pentane-diol 2.5-méthylol 2-olide 1.4*

Pour l'obtenir, on traite l'isosaccharine par 3 parties d'acide azotique concentré, à la température de 35°; l'attaque se déclare après 2 heures et dure environ 24 heures. Lorsqu'elle est terminée, on ajoute un excès d'eau chaude, on sature à l'ébullition par du carbonate de calcium, on filtre le liquide, qui conserve encore une réaction faiblement acide, et on achève de le neutraliser par l'eau de chaux bouillante. On concentre alors jusqu'à pellicule cristalline; par refroidissement, il se dépose le *sel calcique neutre* de l'acide dioxypropényltricarbonique; on le purifie par de simples lavages à l'eau froide.

Les eaux mères évaporées fournissent une nouvelle proportion du même corps, mélangé de glycolate de calcium.

Le sel tricalcique ainsi obtenu peut être transformé par l'acide oxalique pris en proportion convenable en un *sel acide* $(C^{6}H^{7}O^{8})^{2}Ca$, qui se dépose en petits cristaux brillants lorsqu'on évapore sa solution aqueuse dans le vide, à la température ordinaire.

L'acide libre s'obtient en décomposant le même sel tricalcique par une quantité équivalente d'acide oxalique; c'est un sirop incolore et incristallisable qui paraît pouvoir donner une lactone (*olide*) $C^{6}H^{6}O^{7}$ et se transforme vers 100°, avec perte d'acide carbonique, en acide αγ-dioxyglutarique ou *pentane-diol 2.4-dioïque*,

$$CO^{2}H-CH(OH)-CH^{2}-CH(OH)-CO^{2}H.$$

L'acide iodhydrique et le phosphore rouge à l'ébullition donnent de l'acide glutarique (*pentane-dioïque*), que l'on peut obtenir ainsi à l'état cristallisé; il y a en même temps dégagement d'acide carbonique :

$$C^{6}H^{8}O^{8} + 4H = CO^{2} + 2H^{2}O + C^{5}H^{8}O^{4}.$$

Ainsi qu'on l'a vu plus haut, l'acide dioxypropényltricarbonique est nettement tribasique.

Constitution. — L'acide dioxyglutarique, qui prend naissance dans l'action de la chaleur sur l'acide dioxypropényltricarbonique, est différent de celui qu'on obtient en hydroxylant l'acide glutaconique ou *pentène 2-dioïque*; or celui-ci ne peut être qu'un dérivé βγ, en d'autres termes l'*acide pentane-diol 2.3-dioïque*; le premier est donc nécessairement un dérivé αγ, c'est-à-dire l'*acide pentane-diol 2.4-dioïque*, et comme l'isosaccharine elle-même est la lactone (*olide*) d'un acide α-méthoxytrioxyvalérique normal (*méthyl 2-pentane-triol 2.4 5-oïque*), l'acide dioxypropényltricarbonique doit forcément contenir un carboxyle en chaîne latérale dans la position 2; il est facile de voir que la formule indiquée plus haut est la seule qui satisfasse à toutes ces conditions [Kiliani, *D. chem. G.*, 18, 638 et 2514].

L. Maquenne.

DIOXYPROPYLACÉTIQUE (ACIDE), (*heptane-diol* 2.6-*méthyloïque* 4),

$$(CH^3-CHOH-CH^2)^2=CH-CO^2H.$$

— Cet acide s'obtient par la décomposition du dioxypropylmalonate de baryum sous l'influence de la chaleur et en présence de l'eau; mais il est très instable et se dédouble facilement en *anhydride* $C^8H^{14}O^3$ et eau.

Son *sel de baryum* est anhydre à 100°; il est soluble dans l'eau et dans l'alcool.

Son anhydride est une *olide* renfermant en outre un groupe alcoolique secondaire; c'est un liquide qui se décompose à la distillation; il est beaucoup plus soluble dans l'eau que dans l'alcool [Hjelt, *Ann. Chem.*, **216**, 70].

DIOXYPROPYLMALONIQUE (ACIDE). — Voyez MALONIQUE.

DIOXYPYROMELLIQUE (ACIDE). — Voyez PYROMELLIQUE.

DIOXYQUINONE. — Voyez QUINONE.

DIOXYQUINONE-DICARBONIQUE (AC.). — Voyez QUINONE-CARBONIQUES.

DIOXYQUINONE - TÉRÉPHTALIQUE (ACIDE). — Voyez QUINONE-CARBONIQUES.

DIOXYRÉTISTÈNE. — Voyez Suppl., **1**, 1390.

DIOXYSTÉARIQUES (ACIDES), $C^{18}H^{36}O^4$.

1° ACIDE DIOXYSTÉARIQUE PROPREMENT DIT. — *Préparation.* — 1° On l'obtient en chauffant l'acide oxyoléique avec une solution de potasse [Overbeck, *Ann. Chem.*, 140, 72].

2° On oxyde l'acide oléique dissous dans la potasse au moyen du permanganate de potassium [Saytzeff, *J. prakt. Chem.*, (2), **34**, 304. — Gröger, *D. chem. G.*, **18**, 1268; **22**, 620].

Il se présente en lames cristallines fusibles à 125° d'après Gröger, à 136° d'après Saytzeff. Il est très peu soluble dans l'alcool et dans l'éther absolus. Il se décompose à la distillation dans le vide, en donnant un acide $C^{18}H^{34}O^3$. L'iodure de phosphore et l'eau le transforment en acide iodostéarique. Le permanganate de potassium en solution alcaline le dédouble en acides caprylique, subérique et azélaïque.

Le *sel de calcium* cristallise avec 1 molécule d'eau; les autres sels sont généralement anhydres; ceux *de sodium, de potassium* et *de calcium* cristallisent en grosses lamelles dans les solutions aqueuses étendues

L'*éther méthylique* fond vers 106°. L'*éther éthylique* fond vers 99°; ils sont peu solubles à froid dans l'alcool et dans l'éther.

Lorsque l'on chauffe pendant 10 heures l'acide dioxystéarique avec de l'anhydride acétique, on obtient un diacétate $C^{18}H^{34}O^2(C^2H^3O^2)^2$ incristallisable, soluble dans l'alcool et dans l'éther [Spiridonoff, *J. prakt. Chem.*, (2), **40**, 240]

2° ACIDE DIOXYSTÉARIDIQUE. — Il a été obtenu par Saytzeff [*loc. cit.*] dans l'action du permanganate de potassium sur l'acide elaïdique. Il fond vers 100°.

3° ACIDE PARADIOXYSTÉARIQUE. — On traite à chaud le dérivé dibromé de l'acide isooléique par l'oxyde d'argent, ou encore on oxyde l'acide isooléique par le permanganate de potassium en solution alcaline [Saytzeff, *J. prakt. Chem.*, (2), **37**, 276].

Cet acide se présente sous la forme d'une poudre cristalline qui fond vers 77°. Il est soluble dans l'alcool et dans l'éther. A. Bigot.

DIOXYTARTRIQUE (ACIDE) [Syn. *Acide butane-tétroldioïque*],

$$CO^2H-C(OH)^2-C(OH)^2-CO^2H$$

(voyez Suppl., **1**, 433). — La formule précédente correspond à l'acide dioxytartrique libre, mais dans la plupart de ses réactions il se comporte comme une α-dicétone : on peut donc le considérer aussi comme l'*acide butane-dione-dioïque* $CO^2H-CO-CO-CO^2H$.

L'acide dioxytartrique, appelé d'abord *carboxytartronique*, se prépare en traitant l'acide nitrotartrique en solution dans l'éther par l'azotite d'éthyle impur, tel qu'on l'obtient en dirigeant des vapeurs nitreuses dans l'alcool ordinaire. Après quelques jours de contact, on agite le liquide avec de l'eau, qui s'empare de l'acide dioxytartrique formé, et on précipite celui-ci par une lessive de soude.

La liqueur éthérée abandonne encore à l'eau un peu d'acide dioxytartrique après un nouveau repos de 3 ou 4 jours [Kekulé, *Ann. Chem.*, **221**, 247].

Le même corps prend naissance en petite quantité dans l'action de l'acide azoteux sur une solution éthérée d'acide protocatéchique [Gruber, *D. chem. G*, **12**, 514], de pyrocatéchine [Barth, *Mon. f. Chem.*, **1**, 869], ou de gaïacol (Herzig).

Pour obtenir l'acide dioxytartrique libre, il suffit de décomposer son sel de sodium en suspension dans l'éther absolu par l'acide chlorhydrique gazeux. La solution filtrée cristallise peu à peu par évaporation en présence d'acide sulfurique [Miller, *D. chem. G.*, **22**, 2015].

La moindre trace d'humidité suffit pour détruire l'acide dioxytartrique; ses solutions sont par suite fort instables; à l'état cristallisé, il renferme $C^4H^6O^8$ et se conserve indéfiniment sans altération. Il fond vers 98° en se décomposant.

Les dioxytartrates sont stables à la température ordinaire.

Le *sel de sodium*, $C^4H^4O^8Na^2$, $2H^2O$, presque insoluble dans l'eau, est caractéristique; à 80-90°, ce corps devient anhydre; à 100°, il perd de l'acide carbonique et se change en tartronate de sodium.

L'acide dioxytartrique est réduit par le zinc et l'acide chlorhydrique, qui le ramènent à l'état d'acide racémique, mélangé d'acide tartrique inactif.

ACTION DE L'HYDROXYLAMINE. — L'hydroxylamine réagit sur l'acide dioxytartrique comme sur les acétones et donne ainsi une dioxime $C^4H^4Az^2O^6$, qui a été observée pour la première fois par M. Müller [*D. chem. G.*, **16**, 2985]. M. Söderbaum a reconnu que ce produit existe sous deux modifications isomériques correspondant aux oximes du benzile [*D. chem. G.*, **24**, 1215].

ACIDE ββ-DIOXIMIDOSUCCINIQUE (*dioxime primaire de l'acide dioxytartrique*). — Pour obtenir ce corps, on dissout à froid 1 molécule de dioxytartrate de sodium et un peu plus de 2 molécules de chlorhydrate d'hydroxylamine dans la plus petite quantité possible d'acide chlorhydrique (d = 1,03); on abandonne le mélange à lui-même pendant 12 heures, puis on filtre et on épuise par l'éther, qui s'empare de l'oxime. On dessèche la solution sur du sulfate de sodium anhydre et on évapore, d'abord sur le bain-marie, puis vers 0° dans le vide sec, de manière à éviter toute transformation du produit en son isomère.

Aussitôt que la cristallisation commence, on ajoute 3 volumes de chloroforme sec qui précipite rapidement la presque totalité de l'oxime et retient l'acide isonitrosocyanacétique qui s'est formé en même temps. On purifie la matière en la redissolvant dans l'éther absolu et précipitant à nouveau par le chloroforme.

Le rendement est de 20 0/0 du sel de sodium employé, soit environ 30 0/0 du rendement théorique.

La dioxime dioxytartrique primaire cristallise

sous la forme de gros prismes incolores, déliquescents, très solubles dans l'alcool et dans l'éther, insolubles dans le benzène, l'éther de pétrole et le chloroforme. Ces cristaux retiennent $4H^2O$ quand ils se sont déposés d'une solution aqueuse et fondent à 70-75°; quand ils ont pris naissance au sein d'un mélange d'éther et de chloroforme, ils renferment seulement $2H^2O$ et ne fondent plus que vers 90° en se décomposant; les uns et les autres deviennent anhydres dans le vide sec; la matière fond alors vers 145-150° en se colorant en brun.

La dioxime dioxytartrique est un acide fort, bibasique, qui décompose vivement les carbonates et rougit le tournesol; ses sels sont en général solubles dans l'eau.

Le *sel de calcium*, $C^4H^2Az^2O^6Ca, 4H^2O$, forme de petites tables hexagonales qui perdent $2H^2O$ à 100° et se décomposent à plus haute température.

Le *sel d'argent*, $C^4H^2Az^2O^6Ag^2$, cristallise en fines aiguilles blanches, peu solubles.

Le sulfate ferreux, en présence de soude, donne une coloration d'un violet intense; le chlorure ferrique une coloration d'un rouge sombre; l'acétate de cuivre un précipité d'un vert sale, devenant bientôt brun.

L'eau bouillante et les alcalis étendus sont sans action, mais l'acide chlorhydrique concentré transforme la ββ-dioxime en son isomère αα.

L'anhydride acétique donne à froid un dérivé cristallisé fusible à 150°, qui répond à la formule $C^4H^2Az^2O^6(COCH^3)^2$; ce corps est peu stable et régénère l'oxime primitive par le seul contact de l'eau froide; la soude en sépare de l'acide carbonique et de l'acide acétique; il se forme alors de l'acide isonitrosocyanacétique, que l'auteur avait pris d'abord pour son isomère l'acide furazonecarbonique [*D. chem. G.*, 24, 1988].

Le chlorure d'acétyle donne une huile acétylée qui, comme le composé précédent, fournit de l'acide isonitrosocyanacétique sous l'action des alcalis; mais par saponification ce nouveau produit donne l'oxime isomérique αα.

Par analogie avec les autres oximes susceptibles d'isomérie stéréochimique, M. Söderbaum représente l'acide ββ-dioximidosuccinique par la formule

$$\begin{array}{ccc} CO^2H-C & \text{———} & C-CO^2H \\ \| & & \| \\ AzOH & & HOAz \end{array}$$

Acide αα-dioximidosuccinique (*dioxime dioxytartrique secondaire*). — Ce produit se forme toutes les fois que l'on chauffe ou qu'on acidule la solution de l'oxime primaire; le meilleur moyen de l'obtenir consiste à dissoudre celle-ci dans la quantité juste suffisante d'acide chlorhydrique fumant; au bout de peu de temps, l'oxime secondaire moins soluble se sépare d'elle-même sous la forme de petits cristaux renfermant 2 molécules d'eau, qui deviennent anhydres vers 40-45°.

Comme son isomère, ce corps se décompose à 140° en dégageant des gaz; il donne également des sels bien définis avec les différents métaux.

Le *sel de calcium* cristallise avec 3 molécules d'eau.

Le *sel d'argent*, $C^4H^2Az^2O^6Ag^2, H^2O$, est un précipité cristallin, qui brunit à 145° et détone vers 153°.

Le chlorure d'acétyle donne lieu à la même réaction qu'avec l'oxime primaire, mais l'anhydride acétique détermine une décomposition complète du produit, même à froid, avec production d'eau, de cyanogène et d'acide carbonique,

$$C^4H^4Az^2O^6 = 2H^2O + C^2Az^2 + 2CO^2.$$

C'est cette réaction, analogue à celle qu'on observe avec l'oxime phénylglyoxylique

$$\begin{array}{c} C^6H^5-C-CO^2H \\ \| \\ AzOH \end{array}$$

étudiée par M. Hantzsch, qui a conduit l'auteur à donner à l'oxime dioxytartrique secondaire la formule de structure

$$\begin{array}{cc} CO^2H-C & -\ C-CO^2H \\ \| & \| \\ HOAz & AzOH \end{array}$$

Le troisième isomère possible

$$\begin{array}{ccc} CO^2H-C & \text{———} & C-CO^2H \\ \| & & \| \\ AzOH & & AzOH \end{array}$$

semble ne pas exister.

Action de la phénylhydrazine. — *Hydrazone dioxytartrique*, $C^{10}H^8Az^2O^5$. — Le dioxytartrate de sodium en solution dans l'acide chlorhydrique à 18 0/0 réagit dès la température ordinaire sur le chlorhydrate de phénylhydrazine, à molécules égales; au bout de quelques heures, on voit se précipiter de fines aiguilles jaunes dont le poids répond sensiblement à la théorie.

Le produit qui se forme ainsi est l'acide monophénylhydrazine-dioxytartrique $C^{10}H^8Az^2O^5$, fusible en se décomposant; à peu près insoluble dans l'eau, ce corps se dissout en petite quantité dans le benzène et dans le sulfure de carbone, très facilement dans l'acide acétique et dans l'alcool bouillant. Il est également soluble sans décomposition dans l'acide sulfurique concentré, qu'il colore en brun; le chlorure de fer donne avec cette substance une coloration rouge caractéristique; le chlorure de chaux produit dans ses solutions un précipité brun.

Beaucoup plus stable que les autres dérivés dioxytartriques, cette hydrazone résiste fort longtemps à l'action de l'eau bouillante et même à celle de l'acide chlorhydrique. Les alcalis en séparent la phénylhydrazine et développent une odeur particulière de carbylamine.

L'amalgame de sodium donne de l'aniline et un acide amidé, sans doute un *acide oxyaspartique*.

L'acide phénylhydrazine-dioxytartrique est bibasique; son sel de sodium cristallise en lamelles jaunâtres; le sel de baryum est également jaune, il est peu soluble à froid et renferme

$$Ba \begin{array}{l} \diagup CO^2-C=Az^2HC^6H^5 \\ \diagdown CO^2-C(OH)^2 \end{array} + 3H^2O$$

[Ziegler et Locher, *D. chem. G.*, 20, 834].

Acide diphénylhydrazine-dioxytartrique,

$$\begin{array}{l} CO^2H-C=Az^2HC^6H^5 \\ \quad\quad\ \ | \\ CO^2H-C=Az^2HC^6H^5 \end{array}$$

— On obtient ce corps en chauffant l'acide phénylhydrazine-dioxytartrique avec la quantité équivalente de chlorhydrate de phénylhydrazine, ou en traitant directement à chaud 1 molécule d'acide dioxytartrique par 2 molécules de phénylhydrazine; il forme une poudre orangée, très peu soluble dans l'eau, soluble dans l'alcool et dans l'acide acétique, surtout à chaud, fusible au-dessus de 200° en se décomposant.

La dihydrazone-dioxytartrique, comme l'acide succinique, donne avec les alcalis des sels neutres très solubles et des sels acides peu solubles; tous ces sels sont jaunes ou rouges.

Le *sel acide d'ammonium* renferme 1 molécule

d'eau de cristallisation; distillé avec la poudre de zinc, il fournit un corps qui donne la réaction du pyrrol.

Le *sel de baryum* renferme $4H^2O$; on l'obtient par double décomposition entre le sel neutre d'ammonium et le chlorure de baryum.

Avec le nitrate d'argent en excès, le sel acide d'ammonium donne à chaud un précipité rouge-brique qui possède la composition d'une *imide argentique*,

$$AgAz\begin{matrix}\diagup CO-C=Az^2HC^6H^5 \\ | \\ \diagdown CO-C=Az^2HC^6H^5\end{matrix}$$

L'anhydride acétique donne une *combinaison monacétylée* $C^{18}H^{13}Az^4O^4$, fusible à 234°. Ce corps cristallise en magnifiques aiguilles rouges, brillantes, solubles seulement dans l'acide ou l'anhydride acétique et dans l'acide sulfurique concentré; l'eau le précipite inaltéré de cette dernière solution.

Avec l'acide sulfurique fumant, il se forme des *dérivés sulfonés*, que l'on peut obtenir plus aisément en traitant une solution chlorhydrique de dioxytartrate de sodium par l'acide phénylhydrazine-sulfureux.

Le dérivé disulfoné de la dihydrazone dioxytartrique donne un sel de sodium

$$\begin{matrix}CO^2H-C=Az^2C^6H^4(SO^3Na)_{(1.4)} \\ | \\ CO^2H-C=Az^2C^6H^4(SO^3Na)_{(1.4)}\end{matrix}$$

remarquable par sa belle couleur jaune-orangé. Soluble dans l'eau, stable à la lumière, ce corps est connu dans le commerce des matières colorantes sous le nom de *tartrazine* (voyez ce mot) [Ziegler et Locher, *loc. cit.*].

Les diphénylhydrazine-dioxytartrates alcalins sont décolorés par l'amalgame de sodium. Si on ménage l'action, on voit se produire alors de l'acide *aminophénylhydrazinobutane-dioïque*,

$$\begin{matrix}CO^2H-CH-AzH^2 \\ | \\ CO^2H-C=Az^2HC^6H^5\end{matrix}$$

Ce dernier composé se colore en rouge violet au contact des alcalis; l'acide sulfurique le dissout en vert et le transforme en un *anhydride*

$$C^{10}H^9Az^3O^3,$$

qui cristallise en lamelles incolores, à éclat gras, solubles dans le chloroforme et dans l'acide chlorhydrique concentré, peu solubles dans l'alcool, le benzène, l'acétone et l'acide acétique, insolubles dans l'eau et dans l'éther.

Ses dissolutions deviennent rouges à l'air en s'oxydant; elles réduisent la liqueur de Fehling à l'ébullition.

Par une réduction plus avancée, l'acide diphénylhydrazine-dioxytartrique se change en acide diaminosuccinique [Tafel, *D. chem. G.*, 20, 244].

L'acide diphénylhydrazine-dioxytartrique donne naissance à un anhydride interne quand on verse ses solutions alcalines dans l'acide acétique ou lorsqu'on le fait cristalliser dans le même réactif. Ce corps représente vraisemblablement l'acide *phénylhydrazine-4-céto-1-phénylpyrazolone-3-carbonique* :

$$\begin{matrix}C^6H^5Az^2H=C & — & C-CO^2H \\ | & & \| \\ CO & & Az \\ & \diagdown\ \diagup & \\ & AzC^6H^5 & \end{matrix}$$

Il se forme par une réaction semblable à celle qui donne la *phénylhydrazine-1-phényl-3-méthyl-4-céto-pyrazolone* $C^{16}H^{14}Az^4O$ en partant de la dihydrazone acétylglyoxylique :

$$\begin{matrix}CH^3-C=Az^2HC^6H^5 \\ | \\ CO^2H-C=Az^2HC^6H^5\end{matrix}$$

A 230-232°, ce corps fond, dégage de l'acide carbonique et laisse un résidu de phénylhydrazine-céto-phénylpyrazolone, fusible à 150° [Knorr, *D. chem. G.*, 21, 1203].

Les hydrazines homologues de la phénylhydrazine donnent avec l'acide dioxytartrique des réactions analogues aux précédentes; il en résulte toujours des produits colorés, dont la nuance passe peu à peu au rouge à mesure que leur poids moléculaire devient plus fort.

Action de la diphénylhydrazine. — Le dioxytartrate de sodium en solution chlorhydrique réagit à la température ordinaire sur le chlorhydrate de diphénylhydrazine. Après deux jours de contact, il se forme un précipité brun qui renferme deux produits distincts : l'un qui se dissout facilement à froid dans l'alcool, l'autre qui est très soluble dans ce réactif.

Le premier est fort instable et n'a pu être étudié; le second constitue un produit bicondensé que l'on obtient plus rapidement en chauffant sur le bain-marie une solution chlorhydrique de dioxytartrate de sodium (10 grammes de sel pour 40 centimètres cubes HCl et 500 centimètres cubes d'eau) avec du chlorhydrate de diphénylhydrazine (20 grammes).

Ce corps renferme $C^{28}H^{22}Az^4O^4$; il cristallise en petits prismes jaunes, qui prennent à l'air une coloration verte; il fond en se décomposant à 177°. Insoluble dans l'eau, il se dissout dans le chloroforme, l'acide acétique et l'acide sulfurique concentré; cette dernière solution, d'abord colorée en rouge, devient peu à peu verte.

Les phénols polyatomiques donnent par fusion des colorations caractéristiques; la résorcine forme ainsi une masse d'un rouge cramoisi qui devient bleue par addition de soude; l'hydroquinone développe une coloration verte et enfin le pyrogallol une coloration bleue.

Doué de propriétés acides, ce produit donne avec les alcalis des sels solubles et cristallisables. Le *sel de cuivre* est un précipité jaune-vert, les *sels de plomb* et *d'argent* sont insolubles et incolores.

Le brome fournit un dérivé cristallin incolore, $C^{28}H^{22}Az^4O^4Br$; l'anhydride acétique donne naissance à un *anhydride*,

$$\begin{matrix}(C^6H^5)^2Az^2=C-CO\diagdown \\ | \quad\quad O, \\ (C^6H^5)^2Az^2=C-CO\diagup\end{matrix}$$

fusible vers 220°, qui cristallise en magnifiques prismes rouges à reflets verts, solubles en vert d'herbe dans l'acide sulfurique; le phénol et l'acide nitreux donnent avec ce produit une coloration qui rappelle la réaction de Liebermann; les alcalis l'hydratent et le ramènent à son état primitif.

Cet anhydride, en solution chloroformique, est décoloré par le gaz ammoniac sec; il se forme ainsi des cristaux rhomboédriques d'un nouveau composé qui paraît être l'*imide*

$$\begin{matrix}(C^6H^5)^2Az^2=C-CO\diagdown \\ | \quad\quad AzH. \\ (C^6H^5)^2Az^2=C-CO\diagup\end{matrix}$$

Fusible à 192°, ce dernier corps se transforme par distillation avec la poudre de zinc en un produit qui donne les réactions caractéristiques du pyrrol [Ziegler et Locher, *D. chem. G.*, 20, 841].

Action du bisulfite de sodium. — Le bisulfite de sodium en solution concentrée et chaude décompose rapidement le dioxytartrate de sodium; il se dégage de l'acide carbonique et bientôt on voit se séparer des cristaux de glyoxal-bisulfite de sodium, faciles à caractériser au moyen de la phénylhydrazine ou de l'o-toluylène-diamine.

Cette réaction, qui s'exprime par la formule simple

$$\begin{matrix} CO-CO^2H \\ | \\ CO-CO^2H \end{matrix} = \begin{matrix} CHO \\ | \\ CHO \end{matrix} + 5\,CO^2,$$

ne paraît pas pouvoir fournir l'acide glyoxalmonocarbonique, intermédiaire entre le glyoxal et l'acide dioxytartrique, acide qui a été obtenu par MM. Friedel et A. et C. Combes dans l'électrolyse de l'acide tartrique [*Bull. Soc. Chim.*, (3), 3, 52, 770; Association française pour l'avancement des sciences. Congrès de Paris, 1890].

L'acide dinitrotartrique donne également, par l'action du bisulfite de sodium, une petite quantité de glyoxal [Hinsberg, *D. chem. G.*, 24, 3235].

Action des aldéhydes en présence d'ammoniaque. — Le dioxytartrate de sodium réagit à l'ébullition sur les aldéhydes ammoniacales et donne ainsi un acide glyoxaline-dicarbonique ou β-pyrazol-dicarbonique de la forme

$$\begin{matrix} CO^2-C-Az \\ \| \\ CO^2-C-Az \end{matrix} \gt CR.$$

La condensation se produit d'après l'équation générale

$$\begin{matrix} CO^2H-CO \\ | \\ CO^2H-CO \end{matrix} + 2\,AzH^3 + CHO-R$$
$$= 3\,H^2O + \begin{matrix} CO^2H-C-Az \\ \| \\ CO^2H-C-Az \end{matrix} \gt CR.$$

L'acide dinitrotartrique donne la même réaction, plus aisément encore que le dioxytartrate de sodium [Maquenne, *C. R.*, 111, 113 et 740].

Constitution. — L'action de l'hydroxylamine et de la phénylhydrazine montre que l'acide dioxytartrique prend, lorsqu'il se déshydrate, la fonction d'une α-dicétone; mais, comme il ne peut subsister à l'état libre ni à l'état de sel sans 2 molécules d'eau, on est forcément conduit à l'envisager comme un hydrate d'acétone, renfermant deux fois le groupe $C(OH)^2$; l'acide dioxytartrique est ainsi comparable à l'acide mésoxalique $CO^2H-C(OH)^2-CO^2H$. L. Maquenne.

DIOXYTÉRÉPHTALIQUE (ACIDE),

$$C^6H^2 \begin{cases} OH_{(3)} \\ OH_{(6)} \\ CO^2H_{(1)} \\ CO^2H_{(4)} \end{cases}$$

— Cet acide prend naissance par l'action de plusieurs réactifs sur le succino-succinate d'éthyle,

$$\begin{matrix} & CH^2-CO-CH-CO^2C^2H^5 \\ & | \qquad\qquad | \\ C^2H^5O-CO-CH-CO-CH^2 & \end{matrix}$$

On peut citer parmi ces réactifs :

1. Le perchlorure de phosphore [Lévy et Curchod, *D. chem. G.*, 22, 2106];
2. Le brome en solution sulfocarbonique [Herrmann, *Ann. Chem.*, 211, 327];
3. L'air en présence de potasse caustique [Herrmann, *D. chem. G.*, 10, 111].

L'acide dioxytéréphtalique se forme encore par l'action du sodium sur une dissolution de dibromo-acétoacétate d'éthyle dans l'éther absolu, d'après l'équation suivante :

$$2\,C^4H^3Br^2O^3 . C^2H^5 + 4\,Na$$
$$= C^8H^4O^4(OC^2H^5)^2 + 4\,NaBr + 2\,H$$

[Wedel, *Ann. Chem.*, 219, 74].

Dans ces réactions, on obtient l'acide dioxytéréphtalique à l'état d'éther diéthylique.

Enfin on obtient l'acide dioxytéréphtalique en oxydant par le permanganate de potassium l'hydrothymoquinone-diphosphate de potassium,

$$C^6H^2(CH^3)(C^3H^7)(OPO^3K^2)^2,$$

ou le p-hydroxyloquinone-diphosphate de potassium, $C^6H^2(CH^3)(CH^3)(OPO^3K^2)^2$ [Heymann et Kœnigs, *D. chem. G.*, 20, 2393].

Pour préparer l'acide dioxytéréphtalique libre en partant de son éther diéthylique, on dissout ce dernier dans un léger excès de soude caustique; la dissolution alcaline additionnée d'acide chlorhydrique donne un précipité volumineux d'un blanc verdâtre qui se transforme rapidement en une poudre cristalline. L'acide dioxytéréphtalique ainsi préparé renferme 2 molécules d'eau de cristallisation, qu'il perd en prenant une couleur jaune par exposition au-dessus de l'acide sulfurique.

L'acide dioxytéréphtalique fond en se charbonnant à une température très élevée; il est très peu soluble dans l'eau froide, peu soluble dans l'alcool bouillant et dans l'éther; il se dépose de sa dissolution alcoolique bouillante en lamelles brillantes d'un jaune foncé; ses dissolutions éthérées et alcooliques sont douées d'une fluorescence d'un bleu clair; le chlorure ferrique colore ses dissolutions en bleu foncé.

L'acide nitrique fumant agit énergiquement sur l'acide dioxytéréphtalique et donne de l'acide nitranilique, $C^6O^2(AzO^2)^2(OH)^2$ (dinitrodioxyquinone), et de l'anhydride carbonique; l'acide nitreux fournit également de l'acide nitranilique; l'eau de brome donne de la tétrabromoquinone, $C^6Br^4O^2$.

L'acide dioxytéréphtalique soumis à la distillation sèche se scinde en partie en anhydride carbonique et hydroquinone.

Sels [Herrmann, *Ann. Chem.*, 211, 337. — Duisberg, *ibid.*, 213, 162]. — L'acide dioxytéréphtalique peut donner deux séries de sels : les sels acides, contenant un seul atome d'un métal monovalent et les sels neutres. On connaît également des sels basiques qui s'oxydent rapidement à l'air. Ces derniers s'obtiennent en dissolvant les sels alcalins dans un excès de base; ils sont colorés en jaune foncé et doués d'une intense fluorescence verte. Les sels neutres sont insolubles dans l'alcool; leur dissolution aqueuse est faiblement colorée en jaune verdâtre et présente une légère fluorescence d'un vert émeraude. Une petite quantité de chlorure ferrique colore ces dissolutions en un violet bleu; une plus forte quantité de réactif donne une solution bleue. L'acide acétique précipite des dissolutions des sels neutres un sel acide que l'eau bouillante transforme en majeure partie en sel neutre et acide libre.

Sel ammoniacal, $C^8H^4O^6(AzH^4)^2, 2\,H^2O$. — Il cristallise en aiguilles très solubles dans l'eau.

Sel de sodium acide, $C^8H^5O^6Na, 2\,H^2O$. — Prismes jaunes, brillants.

Sel de sodium neutre, $C^8H^4O^6Na^2, 2\,H^2O$. — Il cristallise en prismes aplatis d'un brun clair, qui perdent leur eau de cristallisation par exposition sur l'acide sulfurique.

Sel de sodium basique,

$$C^8H^4O^6Na, 2\,NaOH, 10\,H^2O.$$

— On l'obtient en précipitant par une lessive de soude concentrée la dissolution du sel neutre. Il est d'un jaune verdâtre par transparence et d'un bleu clair par réflexion.

Sel acide de potassium, $C^8H^5O^6K$. — Précipité cristallin jaune.

Sel neutre de potassium, $C^8H^4O^6K^2$. — Aiguilles d'un jaune paille, beaucoup plus solubles dans l'eau bouillante que dans l'eau froide.

Sel de calcium acide, $(C^8H^5O^6)^2Ca, 5H^2O$. — Aiguilles courbées, d'un brun clair.

Sel de calcium neutre, $C^8H^4O^6Ca, 5H^2O$. — Aiguilles jaunes, microscopiques.

Sel de baryum neutre, $C^8H^4O^6Ba$. — Petites aiguilles soyeuses, aplaties, très peu solubles dans l'eau bouillante.

Sel de plomb neutre, $C^8H^4O^6Pb$. — Précipité à peine cristallin, d'un gris jaune.

Sel d'argent neutre, $C^8H^4O^6Ag^2$. — Précipité pulvérulent, d'un jaune verdâtre, presque insoluble dans l'eau.

ÉTHER MONOÉTHYLIQUE,

$$C^6H^2(OH)^2(CO^2H)(CO.OC^2H^5).$$

— Ce corps prend naissance quand on chauffe l'acide avec de l'alcool et de l'acide sulfurique ou quand on saponifie incomplètement l'éther diéthylique [Herrmann, *loc. cit.*]. Le meilleur mode de préparation est le suivant : On met l'éther diéthylique en digestion avec une lessive alcaline étendue pendant quelques minutes; on ajoute de l'acide acétique qui précipite l'éther diéthylique inattaqué. Le liquide filtré, additionné de chlorure de baryum, fournit le sel barytique de l'éther monoéthylique.

On le purifie par cristallisation dans l'eau et on le décompose ensuite par l'acide chlorhydrique; finalement on fait cristalliser l'éther monoéthylique mis en liberté dans l'eau bouillante ou dans l'alcool.

L'éther monoéthylique de l'acide dioxytéréphtalique cristallise dans l'eau en fines aiguilles d'un jaune clair, dans l'alcool en prismes jaunes doués d'un éclat vitreux; chauffé lentement, il brunit en se décomposant; chauffé brusquement, il fond à 184° et se sublime en partie sans décomposition; il est peu soluble dans l'eau froide; la dissolution aqueuse est douée d'une légère fluorescence d'un vert émeraude; il se dissout plus facilement dans l'alcool et dans l'éther; ces dissolutions présentent une fluorescence d'un bleu clair très intense. Le chlorure ferrique colore ses dissolutions en un violet bleu ou en bleu pur, suivant la quantité de réactif employée.

L'alcool en présence d'acide sulfurique concentré transforme l'éther monoéthylique en éther diéthylique; les alcalis le saponifient.

L'éther monoéthylique possède des propriétés acides nettement caractérisées; ses sels ne sont pas décomposés par l'acide acétique, mais bien par les acides minéraux et par l'acide oxalique.

Les *sels alcalins* sont solubles dans l'eau.

Le *sel de calcium*,

$$[C^6H^2(OH)^2(CO.OC^2H^5)(CO.O)]^2Ca, 5H^2O,$$

cristallise en aiguilles verdâtres.

Le *sel de baryum*, $(C^{10}H^9O^6)^2Ba, 5H^2O$, forme des aiguilles enchevêtrées, d'un jaune verdâtre, très solubles dans l'eau bouillante.

DIOXYTÉRÉPHTALATE D'ÉTHYLE,

$$C^6H^2(OH)^2(CO.OC^2H^5)^2.$$

— A une dissolution d'éther succino-succinique dans le sulfure de carbone, chauffée à 40°, on ajoute peu à peu une solution sulfocarbonique de brome; on évapore le sulfure de carbone, on dissout le résidu dans une lessive alcaline étendue, on ajoute de l'acide acétique jusqu'à trouble persistant et on fait passer un courant de gaz acide carbonique à travers la dissolution. Par cristallisation dans l'éther, on obtient de longues aiguilles aplaties ou des prismes courts et épais; si on emploie le benzène comme dissolvant, on obtient l'éther diéthylique sous la forme de tables symétriques, d'un jaune verdâtre. Ce corps fond à 133-133°,5 et se sublime sans se décomposer en lamelles aplaties, d'un vert brillant, douées d'une fluorescence bleue, peu solubles dans l'alcool froid, solubles dans 63p,5 d'éther absolu à 20°.

La dissolution alcoolique présente par réflexion une fluorescence bleue et par transparence une faible fluorescence d'un jaune verdâtre; le chlorure ferrique en petite quantité la colore en un vert bleuâtre; l'acide nitreux fournit le dioxyquinone-dicarbonate d'éthyle, $C^8H^2O^8(C^2H^5)^2$; lorsque l'acide nitreux agit sur une dissolution éthérée de dioxytéréphtalate d'éthyle, il se forme d'abord un corps azoté $C^{24}H^{25}AzO^{16}$ (voyez plus loin).

L'éther diéthylique est aisément soluble dans les alcalis étendus, en donnant une liqueur d'un jaune foncé d'où l'acide carbonique précipite l'éther inaltéré; les alcalis en solution concentrée donnent des précipités volumineux d'un rouge orangé; en dissolution très concentrée, la couleur de ce précipité est rouge-vermillon : ces précipités sont constitués par des sels $C^{12}H^{12}O^6R^2$ renfermant 2 atomes d'un métal monatomique R.

En additionnant d'acide acétique la solution alcaline de l'éther diéthylique jusqu'à trouble persistant, on obtient, par double décomposition avec des sels métalliques, des précipités colorés.

Les alcalis, même à froid, saponifient aisément l'éther diéthylique; en ajoutant de l'éthylate de sodium à une dissolution éthérée, on voit se précipiter un sel sodique [Baeyer, *D. chem. G.*, **19**, 429].

L'anhydride acétique est sans action à 150°; en revanche, le chlorure d'acétyle fournit un dérivé diacétylé (voyez plus loin).

Le zinc et l'acide chlorhydrique réduisent l'éther diéthylique en éther diéthylique de l'acide succino-succinique; le brome donne en premier lieu un dérivé ayant pour formule $C^8H^2Br^2O^6(C^2H^5)^2$ et, par action ultérieure, du dibromoquinone-dicarbonate d'éthyle, $C^8Br^2O^6(C^2H^5)^2$.

L'éther diéthylique paraît exister sous trois formes physiquement isomériques. Ces isomères peuvent même donner des cristaux mixtes [voyez pour les formules de structure de ces composés, Hantzsch et Herrmann, *D. chem. G.*, **20**, 2810. — Herrmann, *ibid.*, **19**, 2235].

L'éther diéthylique de l'acide dioxytéréphtalique peut donner un *hydrate* $C^{12}H^{14}O^6, 2H^2O$, auquel on attribue la formule de structure suivante :

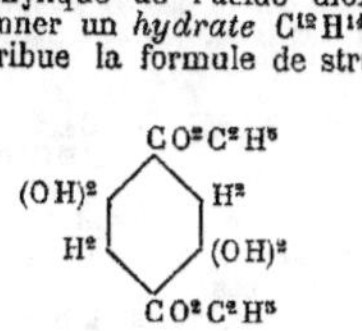

$CO^2C^2H^5$; $(OH)^2$; H^2 ; H^2 ; $(OH)^2$; $CO^2C^2H^5$

On obtient ce corps lorsqu'on fait passer rapidement du brome en vapeur dans l'éther succino-succinique. Il reste dans les eaux mères d'où s'est déposé le dioxytéréphtalate d'éthyle [Hantzsch et Zeckendorff, *D. chem. G.*, **20**, 2800].

Cet hydrate cristallise en petites aiguilles jaunâtres, fusibles à 113°, que l'alcool transforme par une ébullition prolongée en *éther diéthylique* anhydre, fusible à 133°.

L'hydrate se comporte avec le chlorure ferrique comme le corps anhydre; par saponification avec les alcalis, il fournit le même acide dioxytéréphtalique; avec la soude concentrée, l'hydrate donne un *sel sodique* d'un rouge intense.

Il diffère surtout du corps anhydre par l'action de l'hydroxylamine, qui n'attaque pas l'éther fusible à 133° et transforme l'hydrate en éther diéthylique de l'acide *hydroquinone-tétrahydro-dicarbonique* :

$$\begin{array}{c} CO^2C^2H^5 \\ (OH)H \quad \diagup\diagdown \quad H^2 \\ H^2 \quad \diagdown\diagup \quad H(OH) \\ CO^2C^2H^5 \end{array}$$

On le produit en ajoutant à la dissolution ammoniacale de l'hydrate une dissolution de chlorhydrate d'hydroxylamine et en purifiant le précipité par cristallisation dans l'alcool bouillant. On obtient ainsi des cristaux fusibles à 128°.

ACIDE DIOXYTÉRÉPHTALDIHYDROXAMIQUE,

$$C^6H^2 \begin{cases} OH \\ OH \\ CO.AzH.OH \\ CO.AzH.OH \end{cases}$$

— On prépare ce corps en dissolvant le dioxytéréphtalate d'éthyle dans la quantité calculée de soude caustique et en ajoutant à la dissolution un excès d'une dissolution aqueuse de chlorhydrate d'hydroxylamine; au bout de peu de temps, l'acide dioxytéréphtaldihydroxamique se dépose sous la forme de cristaux jaunes, brunissant à 165° et se charbonnant à 260°.

Ce corps est soluble dans les dissolvants usuels; la dissolution aqueuse additionnée de chlorure ferrique se colore d'abord en un violet bleu, puis, en présence d'un excès de réactif, en vert foncé; chauffé avec de l'acide chlorhydrique étendu, il régénère l'acide dioxytéréphtalique. Ses sels sont jaunâtres et peu solubles. Le *sel d'argent* est peu soluble et se réduit rapidement [Jeanrenaud, *D. chem. G.*, **22**, 1278].

ACIDE DIMÉTHOXYTÉRÉPHTALIQUE,

$$C^6H^2 \begin{cases} OCH^3 \\ OCH^3 \\ (CO^2H)^2 \end{cases}$$

— On obtient cet acide par saponification de son éther diéthylique (voyez ci-dessous). Il cristallise en longues aiguilles incolores, fusibles à 265°; la dissolution aqueuse est douée d'une fluorescence d'un violet bleu; en revanche, l'acide lui-même à l'état solide n'est pas fluorescent. Le chlorure ferrique ne colore pas sa dissolution aqueuse.

DIMÉTHOXYTÉRÉPHTALATE D'ÉTHYLE,

$$C^6H^2 \begin{cases} OCH^3 \\ OCH^3 \\ (CO^2C^2H^5)^2 \end{cases}$$

— On le prépare en chauffant le sel disodique du dioxytéréphtalate d'éthyle avec de l'iodure de méthyle en excès.

Ce corps cristallise en tables rhombiques, incolores, fusibles à 101°,5 et douées d'une fluorescence d'un violet bleu intense; l'hydroxylamine et la phénylhydrazine, ainsi que le zinc et l'acide acétique, sont sans action sur lui; le brome ne réagit qu'à 100°, avec formation d'acide bromhydrique et d'un composé cristallin non fluorescent [J.-U. Nef, *D. chem. G.*, **23**, *Ref.* 589].

DIBENZYLDIOXYTÉRÉPHTALATE D'ÉTHYLE,

$$C^6H^2 \begin{cases} (OCH^2.C^6H^5)^2 \\ (CO^2C^2H^5)^2 \end{cases}$$

— On prépare ce corps en chauffant le composé disodique de l'éther dioxytéréphtalique avec du chlorure ou de l'iodure de benzyle.

Il cristallise en aiguilles monocliniques, fusibles à 96°,5, douées d'une fluorescence d'un violet bleu. Par ébullition avec les acides et avec les alcalis, le groupe benzylique est éliminé (Nef).

DIACÉTYLDIOXYTÉRÉPHTALATE D'ÉTHYLE,

$$C^6H^2 \begin{cases} (O.COCH^3)^2 \\ (CO^2C^2H^5)^2 \end{cases}$$

— Ce corps se prépare en chauffant l'éther diéthylique en vase clos à 100° avec du chlorure d'acétyle [Wedel, *Ann. Chem.*, **219**, 81]. On chasse l'excès de chlorure au bain-marie, on lave le résidu avec de la soude caustique étendue et on purifie la partie insoluble par cristallisation dans l'alcool. Ce corps se forme également par l'action du chlorure d'acétyle sur le sel disodique de l'éther diéthylique (Baeyer).

Le diacétyldioxytéréphtalate d'éthyle cristallise en longues lamelles très brillantes, fusibles à 154°, sublimables sans décomposition en longues aiguilles, peu solubles dans l'éther et dans l'alcool bouillant, insolubles dans une lessive étendue et froide de soude caustique. Sa dissolution alcoolique n'est pas fluorescente. La soude caustique étendue le transforme à chaud en acide dioxytéréphtalique, alcool et acide acétique. Il ne se combine ni à l'ammoniaque, ni à l'hydroxylamine, ni à la phénylhydrazine.

On connaît un *isomère* du diacétyldioxytéréphtalate d'éthyle, que l'on prépare par le chlorure d'acétyle et le composé disodique du succinylosuccinate d'éthyle. Cet isomère fond à 169°; une dissolution de brome dans le chloroforme le transforme en éther dioxytéréphtalique, avec formation d'acide bromhydrique; dans ces mêmes conditions, l'isomère fusible à 154° reste inaltéré. Ces deux composés diacétyliques sont isomorphes (Nef).

DIBENZOYLDIOXYTÉRÉPHTALATE D'ÉTHYLE,

$$C^6H^2 \begin{cases} (O.COC^6H^5)^2 \\ (CO^2.C^2H^5)^2 \end{cases}$$

— Ce corps, obtenu par le chlorure de benzoyle et l'éther dioxytéréphtalique, cristallise en longues aiguilles incolores, fusibles à 174°, non fluorescentes. Il n'est pas attaqué par le brome en solution dans le chloroforme. Le chlorure ferrique ne le colore pas.

Une dissolution alcoolique de ce dérivé dibenzoylé, traitée par l'acide chlorhydrique concentré et le zinc en poudre, fournit un mélange de trois *éthers dihydro-dibenzoyldioxytéréphtaliques* isomériques, $C^6H^4(OCOC^6H^5)^2(CO^2C^2H^5)^2$ (Nef).

Composé $C^{24}H^{25}AzO^{16} = C^6O^2(OH)^2(CO^2C^2H^5)^2 + C^6O(OH)^2(AzOH)(CO^2C^2H^5)^2$ — On fait passer un courant d'acide nitreux dans du dioxytéréphtalate d'éthyle en suspension dans 30 parties d'éther jusqu'à dissolution. Au bout de quelque temps, le corps formé se dépose en une poudre cristalline jaune, fusible à 148°, soluble dans les lessives alcalines en un violet intense [Lœwy, *D. chem. G.*, **19**, 2393].

PRODUITS D'ADDITION DE L'ACIDE DIOXYTÉRÉPHTALIQUE,

α-DIHYDRODIBENZYLDIOXYTÉRÉPHTALATE D'ÉTHYLE

$$C^6H^4 \begin{cases} (OCH^2C^6H^5)^2 \\ (CO^2C^2H^5)^2 \end{cases}$$

— On prépare ce corps en chauffant pendant quelques minutes une dissolution alcoolique de dibenzyldioxytéréphtalate d'éthyle avec de l'acide chlorhydrique et du zinc en poudre.

L'α-dihydrodibenzyldioxytéréphtalate d'éthyle fond à 169°; il n'est pas possible de lui enlever les deux atomes d'hydrogène d'addition sans le détruire entièrement.

Isomères de l'α-dihydrodibenzyldioxytéréphtalate d'éthyle. — En faisant agir le chlorure et l'iodure de benzyle sur le composé disodique du succino-succinate d'éthyle, on obtient un mélange de deux isomères du corps décrit ci-dessus. On sépare ces isomères par des cristallisations fractionnées dans l'alcool.

L'*isomère* β est le moins soluble; il est très stable et fond à 148°,5.

L'*isomère* γ est le plus soluble et est fusible à 140°,5. Un mélange des deux isomères β et γ fond à 128°.

On obtient un quatrième isomère η par l'action de l'acide sulfurique concentré sur les dérivés β ou γ, ou sur le mélange des deux isomères.

L'*isomère* η peut être obtenu cristallisé par dissolution dans l'acide acétique bouillant; son point de fusion élevé, 272°, semble prouver qu'on a affaire à un polymère des modifications α, β et γ; il se volatilise également à une température beaucoup plus élevée que ces derniers.

Les dihydrodibenzyldioxytéréphtalates d'éthyle isomériques sont stables; il n'est pas possible de leur enlever 2 atomes d'hydrogène; ils résistent à l'action du zinc en poudre et de l'acide chlorhydrique, de la phénylhydrazine et de l'hydroxylamine (J.-U. Nef).

Dihydrodibenzoyldioxytéréphtalate d'éthyle,

$$C^6H^4 \lessgtr \begin{cases}(OCOC^6H^5)^2\\(CO^2C^2H^5)^2\end{cases}$$

— Ce corps existe sous trois modifications; il se prépare par l'action du zinc et de l'acide chlorhydrique concentré sur le dibenzoyldioxytéréphtalate d'éthyle.

L'*isomère* α, le moins soluble dans l'alcool, fond à 165° et cristallise en longues aiguilles; traité par l'acide sulfurique concentré et froid, il se scinde en acide benzoïque et éther succino-succinique. L'acide nitreux est sans action sur lui; le brome en quantité calculée lui enlève les 2 atomes d'hydrogène additionnels.

L'isomère α se forme également par l'action du chlorure de benzoyle sur le dérivé disodique de l'éther succino-succinique.

Les deux *isomères* β et γ s'obtiennent en évaporant la liqueur mère d'où s'est déposé l'isomère α, et redissolvant les cristaux dans la moindre quantité possible d'éther bouillant; par addition d'une petite quantité de ligroïne, il se sépare peu à peu un mélange de tables, de cubes et d'aiguilles aplaties que l'on sépare mécaniquement. Les tables et les cubes constituent l'*isomère* β, qui est dimorphe et fusible à 138°; les aiguilles constituant l'*isomère* γ fondent à 102°,5. les propriétés chimiques des isomères β et γ sont les mêmes que celles de l'isomère α [J.-U. Nef, *loc. cit.*].

Acide tétrahydrodioxytéréphtalique,

$$C^6H^6 \begin{cases} OH \\ OH \\ CO^2H \\ CO^2H \end{cases}$$

— On l'obtient en faisant agir le chlorhydrate d'hydroxylamine en excès sur le dioxytéréphtalate d'éthyle dissous dans la quantité calculée de soude caustique; au bout de quelque temps il se dépose de l'acide dioxytéréphtaldihydroxamique; on filtre et on précipite le liquide filtré par l'acide chlorhydrique étendu [Jeanrenaud, *D. chem. G.*, 22, 1280].

L'acide tétrahydrodioxytéréphtalique cristallise en houppes formées de prismes d'un brun jaunâtre, peu solubles dans l'eau froide, plus solubles dans l'eau bouillante, très solubles dans l'alcool et dans l'éther. Il commence à se décomposer vers 179° et fond entièrement à 189-191° en se carbonisant complètement. Sa dissolution aqueuse est colorée en brun par le chlorure ferrique.

Sel d'ammonium, $C^6H^6(OH)^2(CO^2AzH^4)^2$. — On le prépare en évaporant au-dessus de l'acide sulfurique la dissolution ammoniacale de l'acide. Il cristallise en aiguilles jaunâtres.

Sel de baryum,

$$C^6H^6(OH)^2 \begin{matrix} < CO > \\ < CO > \end{matrix} Ba.$$

— On dissout l'acide dans un excès d'ammoniaque et on précipite la dissolution par le chlorure de baryum. On obtient ainsi le sel barytique sous la forme d'une poudre blanche formée de cristaux microscopiques.

Sel d'argent, $C^6H^6(OAg)^2(CO^2Ag)^2, 2H^2O$. — On le prépare par double décomposition entre le sel ammoniacal et le nitrate d'argent. Il se forme un précipité cristallin de sel d'argent; on le purifie par cristallisation dans l'eau. Ce sel forme de longues aiguilles soyeuses, incolores.

Éther éthylique. — L'éther éthylique de l'acide tétrahydrodioxytéréphtalique fond à 128°; il est identique au corps obtenu par MM. Hantzsch et Zeckendorff [*D. chem. G.*, 20, 2801] par l'action de l'hydroxylamine sur l'hydrate du quinone-hydrocarbonate d'éthyle.

G. de Bechi.

DIOXYTHIODIPHÉNYLAMINE. — Voyez Diphéno-γ-dihydrothiazine.

DIOXYTHIOTOLUÈNE (*thio-bisméthylphénol*),

$$S_{(5)} \begin{cases} C^6H^3 \begin{matrix} < OH_{(4)} \\ < CH^3_{(1)} \end{matrix} \\ C^6H^3 \begin{matrix} < OH_{(4)} \\ < CH^3_{(1)} \end{matrix} \end{cases}$$

— On prépare ce corps en ajoutant une dissolution étendue de 2 molécules de nitrite de sodium à une dissolution de 1 molécule de thio-p-toluidine dans 4 molécules d'acide chlorhydrique; il se forme un dérivé diazoïque, qu'on laisse reposer pendant 12 heures et qu'on décompose par l'eau bouillante. On filtre et on ajoute du chlorure de sodium au liquide filtré; le précipité qui prend naissance est dissous dans le benzène et précipité à nouveau par la ligroïne [Truhlar, *D. chem. G.*, 20, 676].

Le dioxythiotoluène est amorphe, fusible vers 135°, très peu soluble dans l'eau, soluble dans l'alcool et dans l'éther, très soluble dans le benzène.

La dissolution dans l'acide sulfurique concentré, additionnée d'un nitrite, se colore en violet foncé; par addition d'acide nitrique on obtient une coloration jaune.

Le dioxythiotoluène se combine au dérivé diazoïque de la thio-p-toluidine pour donner une matière colorante amorphe d'un rouge bordeaux.

G. de Bechi.

DIOXYTOLUÈNE (*méthyl-phène-diol*). — On connaît actuellement les six dioxytoluènes prévus par la théorie. Ce sont :

1. La crésorcine, $C^6H^3(CH^3)_{(1)}(OH)_{(2)}(OH)_{(4)}$;
2. L'orcine, $C^6H^3(CH^3)_{(1)}(OH)_{(3)}(OH)_{(5)}$;
3. L'o-dioxytoluène, $C^6H^3(CH^3)_{(1)}(OH)_{(2)}(OH)_{(6)}$;
4. L'hydrotoluquinone, $C^6H^3(CH^3)_{(1)}(OH)_{(2)}(OH)_{(5)}$;

5. L'homopyrocatéchine,

$$C^6H^3(CH^3)_{(1)}(OH)_{(3)}(OH)_{(4)};$$

6. L'iso-homopyrocatéchine,

$$C^6H^3(CH^3)_{(1)}(OH)_{(2)}(OH)_{(3)}.$$

Nous ne décrirons ici que le troisième isomère.

L'o-dioxytoluène prend naissance dans la décomposition, par l'eau bouillante, du dérivé diazoïque de l'aminocrésylol, $C^6H^3(CH^3)_{(1)}(OH)_{(2)}(AzH^2)_{(3)}$ [Ullmann, *D. chem. G.*, **17**, 1963].

On opère de la manière suivante : On dissout 5 grammes de chlorhydrate d'aminocrésylol dans 65 grammes d'acide sulfurique additionné de son volume d'eau; on chasse par un courant d'air l'acide chlorhydrique mis en liberté et on ajoute 500 centimètres cubes d'eau au liquide; on refroidit avec de la glace aux environs de 0°; on ajoute peu à peu 2gr,4 de nitrite de sodium dissous dans 100 centimètres cubes d'eau et on chauffe graduellement jusque vers 100° pour décomposer le dérivé diazoïque; on épuise par l'éther, on décante la solution éthérée, on l'évapore et on soumet le résidu à la distillation. Il passe une huile qui se solidifie au bout de quelque temps; ce produit est exprimé sur une plaque poreuse et purifié par cristallisation dans le benzène.

L'o-dioxytoluène constitue de petites aiguilles légèrement brunâtres, fusibles à 63-66°, solubles dans l'eau et dans l'alcool, ainsi que dans la soude caustique et dans l'ammoniaque. La solution ammoniacale devient d'un bleu sale au bout de quelque temps.

Le dioxytoluène est doué d'une odeur phénolique et d'une saveur brûlante; l'eau de brome produit dans ses solutions un précipité blanc; le chlorure de chaux donne une coloration d'un rouge fuchsine magnifique, qui toutefois vire rapidement au brun jaune.

Chauffé avec du chloroforme et de la soude caustique, il donne une coloration rosée; il réduit, même à froid, la solution ammoniacale de nitrate d'argent; chauffé avec de l'anhydride phtalique, il donne une phtaléine soluble en rose dans l'eau et douée d'une fluorescence verte.

G. de Bechi.

DIOXYTRIPHÉNYLCARBINOL. — Voyez TRIPHÉNYLMÉTHANE.

DIOXYTRIPHÉNYLMÉTHANE. — Voyez TRIPHÉNYLMÉTHANE.

DIOXYTRIPHÉNYLMÉTHANE-CARBONIQUE (ACIDE). — Voyez TRIPHÉNYLMÉTHANE.

DIOXYVALÉRIANIQUE (ACIDE). — Voyez VALÉRIANIQUE.

DIOXYXYLÈNES. — Voyez XYLÈNES.

DIPENTÈNE. — Voyez TERPÈNES.

DIPHELLANDRÈNE. — Voyez TERPÈNES.

DIPHÉNACYLACÉTIQUE (ACIDE) [Syn. *Acide diphénylpentane* 1.5-*dione* 1.5-*méthyloïque* 3],

$$C^6H^5-CO-CH^2-\underset{\displaystyle CO^2H}{\underset{|}{CH}}-CH^2-CO-C^6H^5.$$

— On chauffe l'*acide diphénacylmalonique* à feu nu tant qu'il se dégage de l'acide carbonique, on laisse refroidir; on dissout le produit dans le benzène chaud, et on précipite par l'éther de pétrole. On obtient ainsi de fines aiguilles soyeuses, fusibles à 132-133°, très solubles dans l'alcool, l'éther, l'acide acétique.

Les *sels de sodium* et *de potassium* se présentent en aiguilles blanches très solubles.

Chauffé en solution acétique avec de la phénylhydrazine, l'acide diphénacylacétique donne un dérivé qui cristallise dans l'alcool bouillant en aiguilles blanches, fondant à 164-166°.

Ce composé est formé suivant l'équation

$$(C^6H^5-CO-CH^2)^2CH.CO^2H + 2C^6H^5Az^2H^3$$
$$= 3H^2O + C^{30}H^{26}Az^4O$$

[Kues et Paal, *D. chem. G.*, **19**, 3144; *Bull. Soc. Chim.*, (2), **47**, 791].

Si l'on fait agir à froid pendant 2 jours une solution alcoolique d'ammoniaque sur l'acide diphénacylacétique, on obtient le sel ammoniacal de l'acide *αα'-diphényl-dihydropyridine-γ-carbonique*, formé suivant l'équation

```
            CH-CO²H
           /       \
        CH²         CH²        + 2AzH³
         |           |
   C⁶H⁵-CO           CO-C⁶H⁵

                        CH-CO²AzH⁴
                       /         \
                     CH           CH
   = 2H²O +          ||           ||
                C⁶H⁵-C            C-C⁶H⁵
                       \         /
                          AzH
```

sel qui par l'action des acides minéraux régénère les deux corps qui lui ont donné naissance.

L'*acide* mis en liberté par l'acide sulfurique étendu est cristallin.

Si l'on chauffe le sel ammoniacal jusqu'à fusion (270°), il dégage de l'ammoniaque et donne les sels de l'acide *αα'-diphényl-pyridine-γ-carbonique* et un peu d'*acide αα'-pipéridine-γ-carbonique* :

```
3(C⁶H⁵CO-CH²)CH-CO²AzH⁴ + 3AzH³

                       C-CO²AzH⁴
                      / |      \
                    CH  |       CH
   = 6H²O + 2       ||  |       ||
               C⁶H⁵-C   |       C-C⁶H⁵
                      \ |      /
                         Az

                       CH-CO²AzH⁴
                      /          \
                   CH²            CH²
   +                |              |
               C⁶H⁵-CH            CH-C⁶H⁵
                      \          /
                          AzH
```

[Paal et Strasser, *D. chem. G.*, **20**, 2756; *Bull. Soc. Chim.*, (2), **49**, 634].

Paul Adam.

DIPHÉNACYLMALONIQUE (ACIDE). — Voyez MALONIQUE.

DIPHÉNIQUE (ACIDE). — Voyez BIPHÉNYLDICARBONIQUES, Suppl., 2, 717.

DIPHÉNO-γ DIHYDROTHIAZINE (*thiodiphénylamine*). — De même que l'oxygène, le soufre peut faire partie d'une chaîne fermée; mais, comme il est diatomique, il ne peut tenir la place que d'un chaînon diatomique. C'est ainsi que dans le thiophène, le plus important des noyaux sulfurés, le soufre tient la place de l'oxygène du furfurane ou de l'AzH du pyrrol :

```
        S                 O                 AzH
  CH  /   \  CH     CH  /   \  CH     CH  /   \  CH
     ||    ||          ||    ||          ||    ||
  CH -------- CH    CH -------- CH    CH -------- CH
   Thiophène.        Furfurane.          Pyrrol.
```

Les noyaux hexagonaux ne contiennent pas d'éléments diatomiques, et cependant il existe des noyaux hexagonaux sulfurés; on s'explique leur existence en admettant que le soufre remplace un chaînon diatomique dans un noyau hexagonal hydrogéné.

Prenons l'exemple de la *pyridine* ou *azine*; elle-même ne contient pas de chaînon diatomique, mais toutes les dihydrazines en contiennent chacune deux, en particulier la γ dihydrazine :

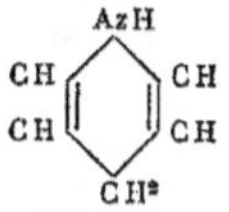

AzH
CH CH
CH CH
CH^2

γ Dihydrazine.

Si, dans cette dernière, nous remplaçons le chaînon CH^2 diatomique par 1 atome de soufre, nous donnons naissance à un nouveau noyau, qui prendra le nom de γ *dihydrothiazine* :

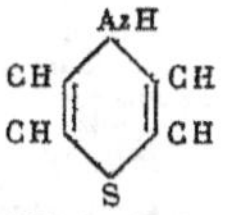

AzH
CH CH
CH CH
S

γ Dihydrothiazine.

Ce noyau, complété par $2\,C^4H^4$ qui forment de part et d'autre deux anneaux benzéniques, fournira la *diphéno-γ dihydrothiazine*,

CH AzH CH
CH 7 8 9 C C 12 1 2 CH
CH 6 10 C C 11 3 4 5 CH
CH S CH

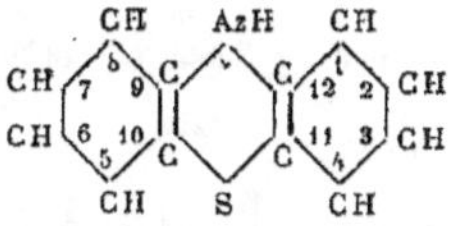

dont nous allons exposer l'histoire; ce corps a reçu de M. A. Bernthsen, qui l'a découvert [A. Bernthsen, *D. chem. G.*, **16**, 2896], le nom de *thiodiphénylamine.*

Il possède avec la *diphéno-γ dihydrofurazine* (*phénoxazine*) et avec la *diphéno-γ dihydrazine* (*dihydrophénazine*) des rapports de constitution et de propriétés très étroits, les mêmes rapports que le thiophène avec le furfurane et le pyrrol, ce qui est mis en évidence par la similitude de leurs noms [voyez Suppl. **2**, I, article CHAÎNES FERMÉES (Nomenclature des)]. Aussi numéroterons-nous les sommets de ce nouveau noyau de la même manière que ceux du noyau susdit, c'est-à-dire comme l'indique le schéma ci-dessus.

Par suite le dérivé

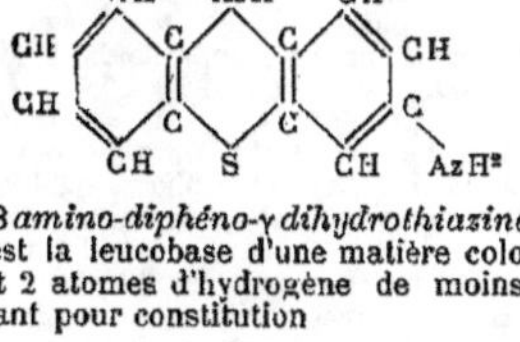

CH AzH CH
CH C C CH
CH C C C
CH S CH AzH^2

sera la 3 *amino-diphéno-γ dihydrothiazine*; ce produit est la leucobase d'une matière colorante possédant 2 atomes d'hydrogène de moins que lui, et ayant pour constitution

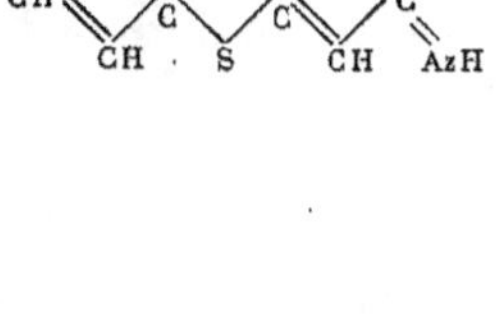

CH Az CH
CH C C CH
CH C C C
CH S CH AzH

Ce produit devrait porter le nom de 3 *aminodiphéno-γ thiazine*: mais il ne contient pas le groupement amino : aussi vaut-il mieux faire précéder son nom du préfixe *iso* et dire *iso-3 amino-diphéno-γ thiazine.* Nous avons déjà employé ce procédé pour la désignation de l'induline la plus simple, qui ne diffère du corps précédent que par le remplacement de S par AzH; nous avons donc pour tous ces corps autant d'homogénéité dans les noms que dans les formules.

Historique. — La *diphéno-γ dihydrothiazine* ou *thiodiphénylamine* a été découverte en 1883 par M. A. Bernthsen, qui l'obtint dans la réaction du soufre sur la diphénylamine, à la température d'ébullition de cette dernière; il en a préparé un assez grand nombre de dérivés intéressants; mais ce qui donne à son travail un intérêt capital, c'est qu'il a pu y rattacher, par une série d'expériences aussi variées que démonstratives, deux matières colorantes d'une grande importance, le *violet Lauth* et le *bleu de méthylène* de M. Caro.

En 1876, M. Lauth obtint une magnifique matière colorante violette en sulfurant, puis oxydant la p-phénylène-diamine. La p-phénylène-diamine était à cette époque assez difficile à obtenir; aussi, pour avoir un produit d'une préparation plus aisée, M. Caro eut-il l'idée de la remplacer par son dérivé diméthylé, que l'on se procure aisément par la réduction de la nitrosodiméthylaniline [C. Lauth, *C. R.*, **82**, 329 et 1441; *Bull. Soc. Chim.*, (2), **26**, 422. — Caro, brevet pris par le *Badische Anilin und Soda-fabrik*, 1886, 15 décembre 1877; brevet anglais 3751, 9 octobre 1877; *D. chem. G.*, **11**, 1705]; il obtint ainsi une très belle et très solide matière colorante bleue, à laquelle il donna le nom de *bleu de méthylène.*

Peu de temps après, M R. Möhlau réalisa une préparation plus commode du bleu de méthylène: elle consiste à traiter par l'hydrogène sulfuré, puis par un oxydant, le chlorure ferrique, le *vert de Bindschedler*, indamine résultant de l'action du chlorhydrate de diméthylaniline sur la nitrosodiméthylaniline. Cette nouvelle préparation ne différait pas essentiellement de celle indiquée par M. Caro; mais elle est cependant intéressante, car elle permit à M. Möhlau de mettre en évidence les rapports qui existaient entre le bleu de méthylène et les safranines.

C'est à M. Bernthsen que revient le mérite d'avoir fixé la véritable composition du violet Lauth et de son leuco-dérivé, du bleu et du blanc de méthylène, et d'avoir prouvé que le bleu de méthylène était le violet de Lauth tétraméthylé. Il ne put passer du premier au second par méthylation directe; mais il obtint, en méthylant le leuco-dérivé du violet Lauth et le blanc de méthylène, un seul et même produit, *dérivé pentaméthylé du premier.*

Il conclut de la formule brute du leuco-dérivé du violet Lauth, $C^{12}H^{11}Az^3S$, que ce dérivé devait être le dérivé diamidé d'un produit $C^{12}H^9AzS$,

$$C^{12}H^7(AzH^2)^2AzS = C^{12}H^{11}Az^3S,$$

possédant la composition d'une *thiodiphénylamine.*

$$AzH(C^6H^5)^2 + S^2 = H^2S + AzH(C^6H^4)^2S.$$

Il prépara alors cette thiodiphénylamine par l'action du soufre sur la diphénylamine, et obtint en la nitrant un mélange de dérivés nitrés. Le plus important de ceux-ci était un *dérivé dinitré* qui, réduit par l'étain et l'acide chlorhydrique, lui fournit une leucobase que les oxydants faibles transformèrent aisément en un produit identique au violet Lauth; de plus, la leucobase méthylée fournit bien le *dérivé pentaméthylé* déjà connu.

Il était donc établi que la leucobase du violet Lauth était une diaminothiodiphénylamine, et le *blanc de méthylène* le dérivé tétraméthylé de celle-ci ; il ne restait plus qu'à connaître la constitution de la thiodiphénylamine et la position des substitutions amidées.

La transformation de la thiodiphénylamine en acridine au moyen de l'acide benzoïque permit à M. Bernthsen de lui assigner la constitution

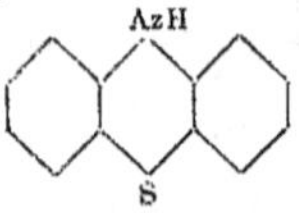

AzH — S

Thiodiphénylamine.

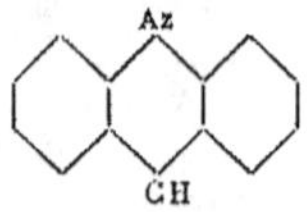

Az — CH

Acridine.

Quant à la position des substitutions, une expérience de M. Lauth permettait de la fixer ; il avait obtenu le leuco-dérivé de son violet par l'action du soufre sur la p-phénylène-diamine ; elles sont donc toutes deux en para par rapport à l'azote :

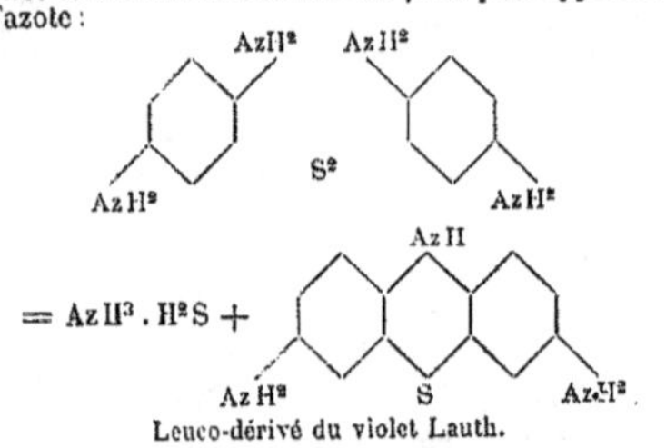

AzH² AzH² — S^2 — AzH² AzH²

$= AzH^3 . H^2S +$ AzH — AzH² S AzH²

Leuco-dérivé du violet Lauth.

et par suite

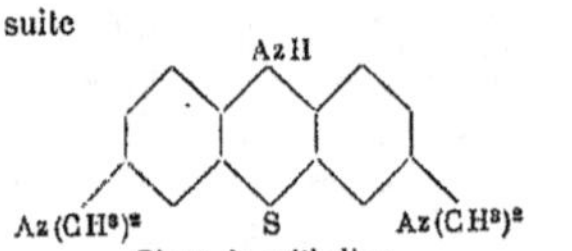

AzH — $Az(CH^3)^2$ S $Az(CH^3)^2$

Blanc de méthylène.

et

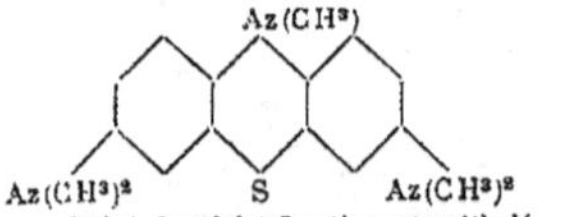

$Az(CH^3)$ — $Az(CH^3)^2$ S $Az(CH^3)^2$

Leuco-dérivé du violet Lauth pentaméthylé.

Étant connues les constitutions des deux leuco-dérivés, il faut leur enlever H^2 pour avoir les colorants eux-mêmes ; ces atomes d'hydrogène ne peuvent être enlevés qu'à 2 atomes d'azote : on adopta d'abord les constitutions :

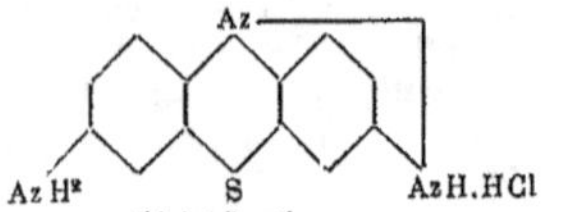

Az — AzH² S AzH.HCl

Violet Lauth.

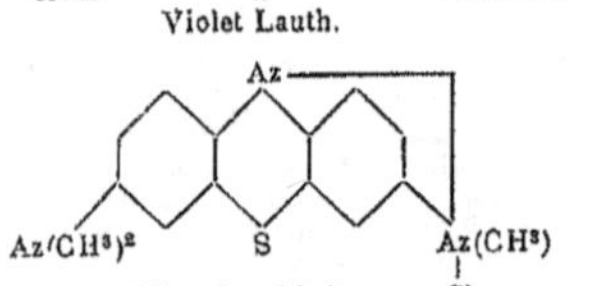

Az — $Az(CH^3)^2$ S $Az(CH^3)$ Cl

Bleu de méthylène.

mais les récents travaux sur les indulines et les quinoxazines, qui sont des dérivés en tout parallèles à ceux-ci, ont conduit à leur préférer les constitutions :

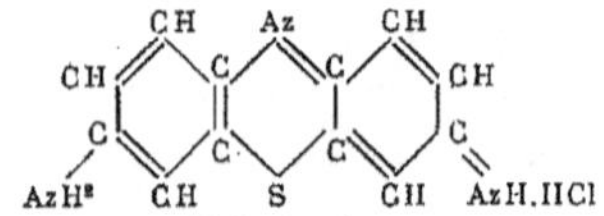

CH Az CH — CH C C CH — C C C C — AzH² CH S CH AzH.HCl

Violet Lauth.

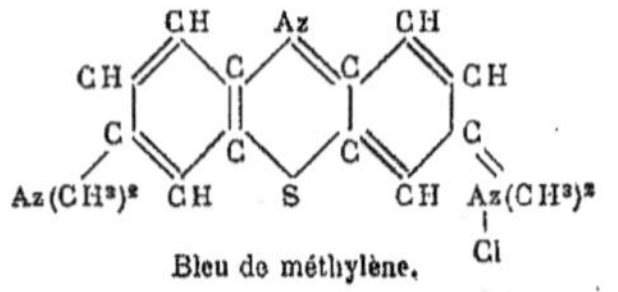

CH Az CH — CH C C CH — C C C C — $Az(CH^3)^2$ CH S CH $Az(CH^3)^2$ Cl

Bleu de méthylène.

On voit par ces deux formules que le premier corps est un chlorhydrate, tandis que le second est un chlorure d'ammonium quaternaire : ce qui explique que l'ammoniaque met aisément la base en liberté dans le premier cas, tandis qu'elle est sans action dans le second.

Modes de synthèse du noyau. — 1° *Procédé au soufre à chaud.* — On obtient les leucobases en traitant par le soufre les amines et diamines à leur point d'ébullition. M. Lauth obtint de cette manière directement la leucobase de son violet, au moyen de la p-phénylène-diamine et du soufre. M. Bernthsen a obtenu le même corps en traitant par le soufre la di-p-diamidodiphénylamine :

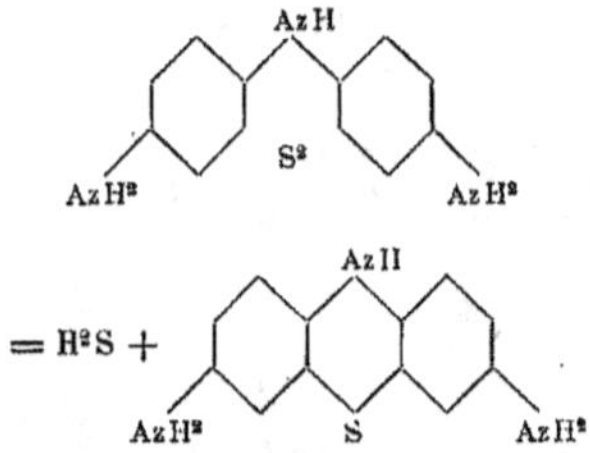

AzH — AzH² S^2 AzH²

$= H^2S +$ AzH — AzH² S AzH²

[C. Lauth, *C. R.*, **82**, 329 et 1441 ; *Bull. Soc. Chim.*, (2), **26**, 422. — A. Bernthsen, *D. chem. G.*, **16**, 2896 et **17**, 2860 ; *Bull. Soc. Chim.*, (2), **45**, 541].

2° *Procédé au chlorure de soufre.* — On peut remplacer dans cette réaction le soufre par son chlorure ; ce procédé, qui a d'abord été indiqué par M. A. Bernthsen [*D. chem. G.*, **16**, 2896] pour la préparation de la thiodiphénylamine, a fait l'objet d'une étude approfondie de M. E. Holzmann [*D. chem. G.*, **21**, 2056 ; *Bull. Soc. Chim.*, (2), **50**, 572].

3° Les deux procédés que nous venons de décrire conduisent à des leucobases qu'il faut ensuite oxyder ; on peut opérer la sulfuration et l'oxydation, tout à la fois, en traitant une indamine par une solution concentrée d'hydrogène sulfuré, puis par un excès d'oxydant (chlorure ferrique). On a de cette manière du soufre à l'état naissant, qui peut réagir à la température de l'ébullition de l'eau ou même plus bas.

On peut se procurer l'indamine de plusieurs manières différentes : ou en oxydant une diamine dont l'un des deux AzH^2 n'est pas substitué au moyen du dichromate de potassium

AzH^2 AzH^2 + $+ 2HCl + O$
$Az(CH^3)^2$ $Az(CH^3)^2$

Az
$+ AzH^4Cl + H^2O$
$Az(CH^3)^2$ $Az(CH^3)^2$
Cl

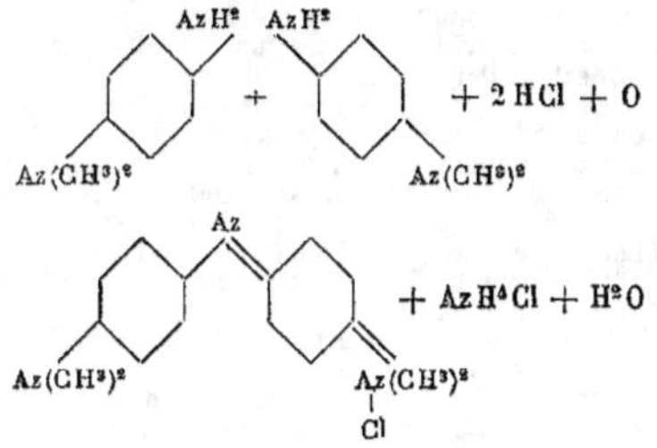

ou un mélange de cette diamine et d'une monamine

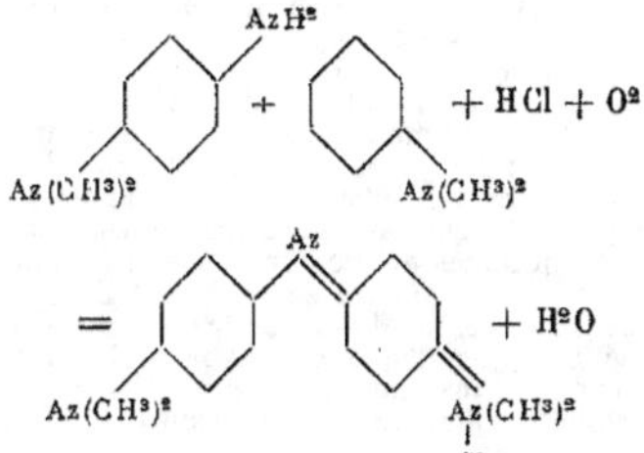

AzH^2
+ $+ HCl + O^2$
$Az(CH^3)^2$ $Az(CH^3)^2$

Az
= $+ H^2O$
$Az(CH^3)^2$ $Az(CH^3)^2$
Cl

ou enfin en faisant réagir la p-nitrosodiméthylaniline

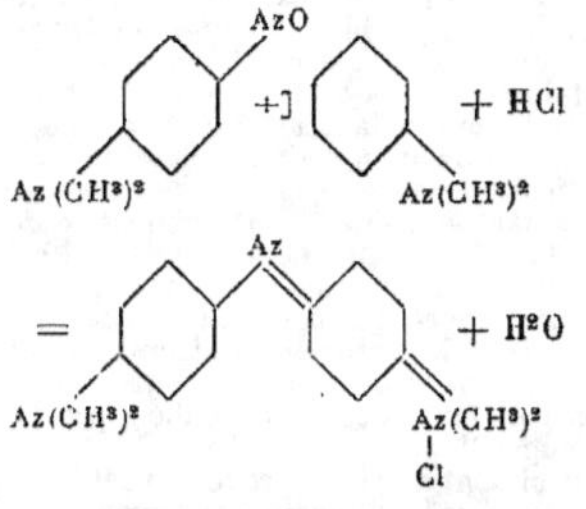

AzO
+ $+ HCl$
$Az(CH^3)^2$ $Az(CH^3)^2$

Az
= $+ H^2O$
$Az(CH^3)^2$ $Az(CH^3)^2$
Cl

C'est ce procédé, dû à M. Möhlau, qui semble le plus commode pour se procurer l'indamine [Brevet allemand, Cl., **22**, n° 2722; *D. chem. G.*, **16**, 2728].

L'indamine une fois obtenue, la sulfuration et l'oxydation simultanée se font suivant l'équation

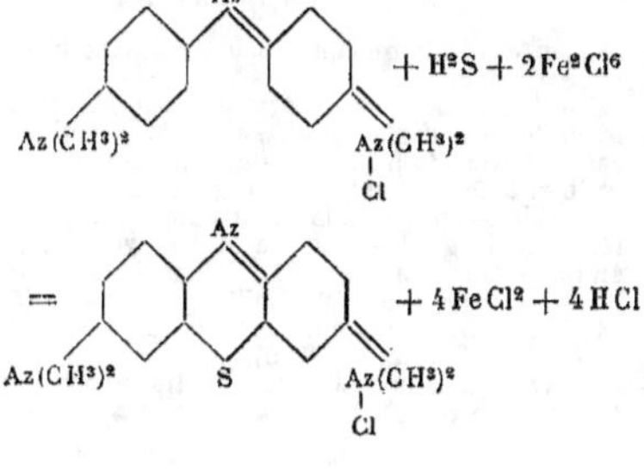

Az
$+ H^2S + 2Fe^2Cl^6$
$Az(CH^3)^2$ $Az(CH^3)^2$
Cl

Az
= $+ 4FeCl^2 + 4HCl$
$Az(CH^3)^2$ S $Az(CH^3)^2$
Cl

4° *Procédé à l'hyposulfite.* — On a préconisé plus récemment [Meister Lucius et Brüning, Brevets allemands n°s 38573 et 39757, 25 décembre 1885 et 8 juillet 1886; *D. chem. G.*, **20**, *Ref.* 240, 490] un procédé de sulfuration par l'emploi simultané d'un mélange d'hyposulfite de sodium et de dichromate de potassium réagissant sur l'indamine :

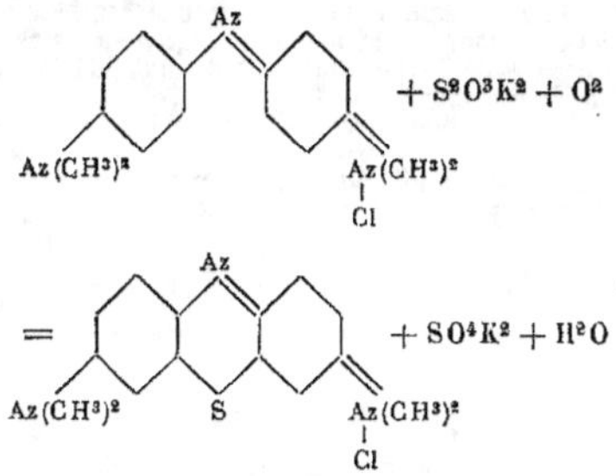

Az
$+ S^2O^3K^2 + O^2$
$Az(CH^3)^2$ $Az(CH^3)^2$
Cl

Az
= $+ SO^4K^2 + H^2O$
$Az(CH^3)^2$ S $Az(CH^3)^2$
Cl

5° Dans les eaux mères du violet Lauth se trouve une matière colorante rouge qui a d'abord été étudiée par M. A. Koch [*D. chem. G.*, **12**, 592; *Bull. Soc. Chim.*, (2), **33**, 39]. Un produit de même couleur a été trouvé par M. Bernthsen dans les eaux mères du bleu de méthylène; il l'a nommé *rouge de méthylène* et l'a soumis à une investigation complète. Ce composé a pour constitution

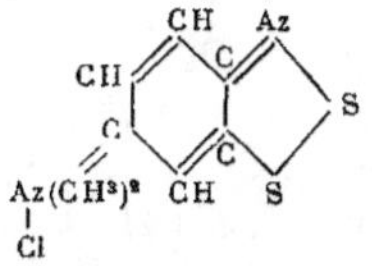

CH Az
CH C
S
C
C
$Az(CH^3)^2$ CH S
Cl

Soumis à l'action de la poudre de zinc, il fournit un mercaptan

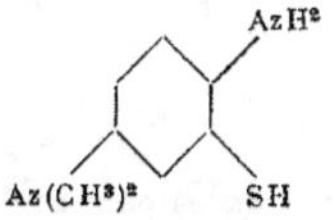

AzH^2
$Az(CH^3)^2$ SH

qui, oxydé en présence de diméthylaniline, fournit du bleu de méthylène et permet de réaliser une nouvelle et intéressante synthèse du noyau :

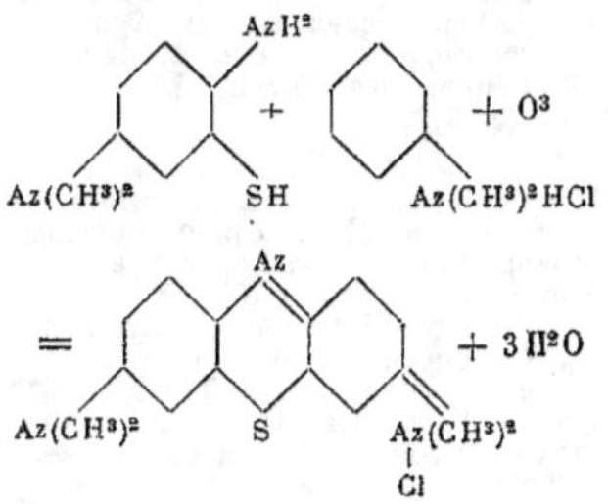

AzH^2
+ $+ O^3$
$Az(CH^3)^2$ SH $Az(CH^3)^2HCl$

Az
= $+ 3H^2O$
$Az(CH^3)^2$ S $Az(CH^3)^2$
Cl

Ce même *rouge de méthylène*, traité par les alcalis, donne naissance à un singulier acide,

possédant la constitution

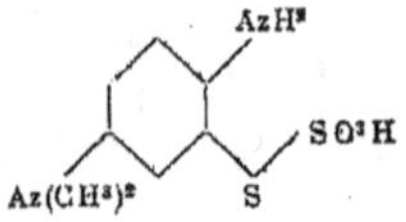

AzH²

SO³H

Az(CH³)² S

On a pu réaliser de cet acide une synthèse qui jette du jour sur la manière d'agir, encore assez obscure, de l'hyposulfite de sodium dans la sulfuration de l'indamine.

On reproduit aisément cet acide sulfuré en traitant par l'hyposulfite le produit d'oxydation de la p-aminodiméthylaniline par le dichromate de potassium. La réaction est alors

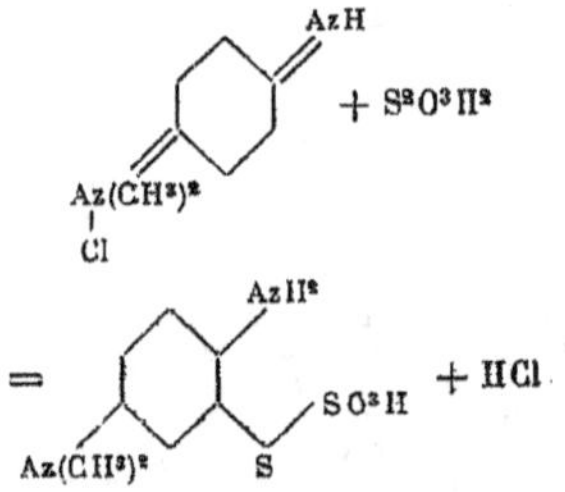

AzH

$+ S^2O^3H^2$

Az(CH³)²
Cl

AzH²

= SO³H $+ HCl$

Az(CH³)² S

L'oxydation par le dichromate de cet acide sulfoné, additionné de chlorhydrate de diméthylaniline, donne alors du bleu de méthylène :

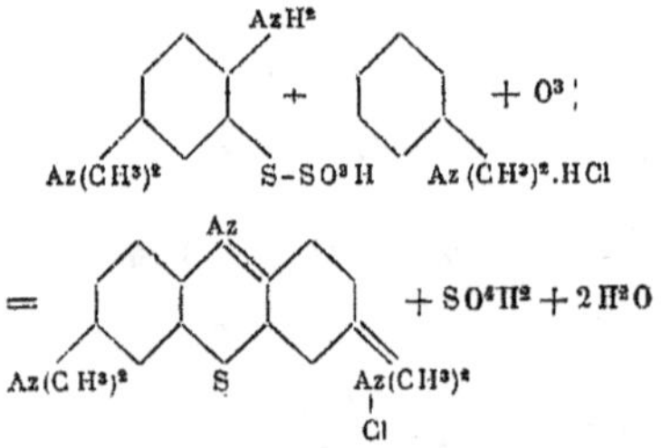

AzH²

$+$ $+ O^3$

Az(CH³)² S-SO³H Az(CH³)².HCl

Az

= $+ SO^4H^2 + 2H^2O$

Az(CH³)² S Az(CH³)²
Cl

Or, si l'on examine bien les deux opérations que nous venons de décrire, on s'apercevra qu'elles reviennent à traiter par un mélange d'hyposulfite et de dichromate de potassium l'indamine, produit d'oxydation du mélange de diméthyl-p-phénylènediamine et de diméthylaniline qui n'est autre que le vert de Bindschedler. Le mécanisme de l'action de l'hyposulfite se trouve donc ainsi établi [A. Bernthsen, *Ann. Chem.*, **251**, 1; *Bull. Soc. Chim.*, (3), **3**, 221].

DIPHÉNO-γ DIHYDROTHIAZINE (*thiodiphénylamine*). — Cette substance prend naissance quand on chauffe la diphénylamine soit avec le soufre, soit avec son chlorure SCl^2 [A. Bernthsen, *D. chem. G.*, **16**, 2896; *Ann. Chem.*, **230**, 73; *Bull. Soc. Chim.*, (2), **46**, 405].

Préparation. — On chauffe à 250-300° un mélange de 10 parties de diphénylamine et de 4 parties de soufre; il se dégage abondamment de l'hydrogène sulfuré; quand le dégagement s'arrête, on soumet le produit de la réaction à la distillation sèche. Il passe d'abord une huile à odeur désagréable, formée d'un mélange de diphénylamine et de sulfhydrate de phényle C^6H^5SH, puis, à température plus élevée, il passe abondamment un produit qui se solidifie aussitôt sous la forme de cristaux jaunes; on le purifie par cristallisation dans l'alcool bouillant.

La *thiodiphénylamine* cristallise dans l'alcool en lamelles brillantes d'un jaune clair; elle cristallise aisément aussi dans l'éther, le benzène et l'acide acétique cristallisable; elle est assez soluble dans l'éther, peu soluble dans l'alcool, le benzène et l'acide acétique froids. Elle fond à 180° et bout pour ainsi dire sans décomposition à 371°, et se solidifie aussitôt.

Cette substance est assez oxydable; sa solution alcoolique se colore en rouge par exposition à l'air; elle est colorée et précipitée en vert par le chlorure ferrique ainsi que par le brome. L'acide nitreux et les vapeurs nitreuses la colorent en un rouge brun foncé; l'acide sulfurique concentré et froid la dissout en se colorant en vert; l'eau fournit dans cette solution un précipité cristallin.

Si à une petite quantité de cette substance, broyée avec un peu d'acide acétique, on ajoute quelques gouttes d'acide nitrique fumant, il se produit une coloration rouge qui se transforme en un précipité jaune par addition d'eau. Le tout se dissout sous l'influence du chlorure stanneux; on précipite ensuite l'étain par le zinc et l'on ajoute quelques gouttes de chlorure ferrique; il se produit un volumineux précipité d'un violet rougeâtre que l'addition d'un excès d'eau dissout avec une magnifique coloration violette. Cette réaction est très sensible et permet de reconnaître quelques milligrammes de substance [A. Bernthsen, *D. chem. G.*, **16**, 2898].

Dérivé acétylé. — Si l'on chauffe la thiodiphénylamine avec un excès d'anhydride acétique, on obtient quantitativement un dérivé acétylé qui se dépose par le refroidissement en beaux cristaux incolores. Ce produit est peu soluble dans l'acide acétique chaud, l'alcool et le benzène froids; il cristallise dans l'alcool en beaux prismes incolores. Il fournit la réaction de la thiodiphénylamine et donne un dérivé nitré jaune.

γ MÉTHYL-DIPHÉNO-γ DIHYDROTHIAZINE (*méthylthiodiphénylamine*). — On obtient ce dérivé en chauffant à la température de 100-110° la thiodiphénylamine dissoute dans un mélange d'iodure de méthyle et d'alcool méthylique. Elle forme des prismes incolores de plusieurs centimètres de long, qui ne tardent pas à rougir à l'air. Cette substance fond à 99°,3 et distille à peu près sans décomposition.

On obtient aussi un produit ayant la composition de la méthylthiodiphénylamine, en faisant réagir le chlorure de soufre SCl^2 sur la méthyldiphénylamine en solution dans l'éther de pétrole; il semble que la réaction doive se passer suivant l'équation

$$SCl^2 + {C^6H^5 \atop C^6H^5} > AzCH^3$$

$$= 2HCl + S < {C^6H^4 \atop C^6H^4} > AzCH^3,$$

car on a vérifié qu'elle a lieu ainsi avec la diphénylamine.

Mais on obtient un produit qui est différent de la *méthylthiodiphénylamine* de M. Bernthsen, car il forme de fines aiguilles d'un jaune clair, fusibles à 78-79° et se décomposant sans bouillir. Il semble assez probable que l'atome de soufre a réagi sur le groupe CH^3 de la méthyldiphénylamine, comme l'a observé M. Möhlau dans l'action du soufre sur la diméthylaniline [*D. chem. G.*, **21**, 59. — E. Holzmann, *D. chem. G.*, **21**, 2056; *Bull. Soc. Chim.*, (2), **50**, 572].

ÉTHYLTHIODIPHÉNYLAMINE. — Cette substance a été obtenue par M. Bernthsen [*loc. cit.*] par un procédé analogue à celui qui lui a fourni le dérivé méthylé; elle forme de beaux et longs prismes fusibles à 102°.

La thiodiphénylamine est, par son groupement AzH, une amine secondaire : aussi jouit-elle de la propriété de donner naissance à des urées composées; M. S. Paschkowezky [*D. chem. G.*, 24, 2905; *Bull. Soc. Chim.*, (2), 8, 239] a préparé d'assez nombreux dérivés de ce genre.

Le chlorure de carbonyle réagit, en solution dans le toluène, sur la thiodiphénylamine en fournissant de petites aiguilles prismatiques appartenant au système clinorhombique; ces aiguilles d'un jaune vert clair, très solubles dans le toluène, peu solubles dans l'alcool, fondent à 171-172° et constituent le chlorure de l'acide *thiodiphénylamine-γ carbonique* :

$$C^6H^4 \langle {AzH \atop S} \rangle C^6H^4 + COCl^2$$

$$= HCl + C^6H^4 \langle {Az-COCl \atop S} \rangle C^6H^4$$

Une solution alcoolique de ce composé, additionnée de phénate de sodium en solution également alcoolique, se trouble aussitôt, pour laisser déposer un abondant précipité de sel marin. La liqueur filtrée, évaporée, laisse déposer des cristaux qui, après cristallisation dans l'alcool bouillant, fondent à 164° et constituent l'*éther phénylique*,

$$C^6H^4 \langle {Az-CO^2C^6H^5 \atop S} \rangle C^6H^4$$

En employant dans les mêmes conditions l'ammoniaque alcoolique, on obtient l'amide de l'acide *thiodiphénylamine-γ carbonique* (*thiodiphényl-urée dissymétrique*). Cette amide fond à 201-202°.

De même, en remplaçant l'ammoniaque par l'aniline alcoolique, on obtient l'*anilide* correspondante, qui fond à 168-169°.

Urée de la thiodiphénylamine (*dithiotétraphényl-urée*),

$$S \langle {C^6H^4 \atop C^6H^4} \rangle Az-CO-Az \langle {C^6H^4 \atop C^6H^4} \rangle S$$

— Cette substance s'obtient sans difficulté en chauffant dans un petit ballon à 220-260° un mélange de thiodiphénylamine et du chlorure de l'acide thiodiphénylamine-carbonique. On obtient ainsi une poudre cristalline jaune, qui se dépose du benzène bouillant sous la forme de petites aiguilles d'un rose pâle, fusibles à 231°.

On obtient le même produit en chauffant l'oxychlorure de carbone avec un excès de thiodiphénylamine.

Enfin, si l'on chauffe ce même chlorure d'acide avec la diphénylamine, on obtient la *diphénylamide* suivante :

Diphénylamide-thiodiphénylamine-γcarbonique (*monothiotétraphényl-urée*),

$$C^6H^4 \langle {Az-CO-Az(C^6H^5)^2 \atop S} \rangle C^6H^4$$

— Ce produit, peu soluble dans l'alcool froid, très soluble dans l'alcool chaud et dans l'éther, fond à 163-165°.

Quoique faisant partie d'une chaîne fermée, le soufre de la thiodiphénylamine est encore oxydable; on peut obtenir aisément des produits dans lesquels il est remplacé par les groupements S^2, SO ou SO^2; on ne sait pas encore exactement de quelle manière les atomes qui l'accompagnent sont rattachés au soufre; nous trancherons la difficulté en écrivant les formules de ces composés :

$$C^6H^4 \langle {S^2 \atop AzH} \rangle C^6H^4 \qquad C^6H^4 \langle {SO \atop AzH} \rangle C^6H^4$$

Dithiodiphénylamine. Oxythiodiphénylamine.

$$C^6H^4 \langle {SO^2 \atop AzH} \rangle C^6H^4$$

Sulfone-diphénylamine.

Diphéno-γ dithioazine (*dithiodiphénylamine*). — M. E. Holzmann [*loc. cit.*] a obtenu ce composé en traitant la diphénylamine en solution dans l'éther de pétrole par le sous-chlorure de soufre S^2Cl^2; il forme de fines aiguilles incolores, fondant à 59-60°, qu'on fait cristalliser dans le benzène bouillant.

Ce produit est insoluble dans l'eau, très peu soluble dans l'alcool, l'éther et le benzène froids, très soluble à chaud dans ces dissolvants. Il se charbonne à haute température sans se volatiliser.

Il y a entre ce corps et la thiodiphénylamine le même rapport qu'entre la résorufine et la résazurine, à cela près que le rôle du soufre est dans cet exemple tenu par l'oxygène :

$$C^6H^4 \langle {S \atop AzH} \rangle C^6H^4 \qquad C^6H^4 \langle {S^2 \atop AzH} \rangle C^6H^4$$

$$C^6H^3 \langle {Az \atop O} \rangle C^6H^3(OH) \qquad C^6H^3 \langle {Az \atop O^2} \rangle C^6H^3(OH)$$

Résorufine. Résazurine.

L'*oxythiodiphénylamine*,

$$C^6H^4 \langle {SO \atop AzH} \rangle C^6H^4,$$

n'a pas été obtenue à l'état de liberté, mais on en connaît d'assez nombreux dérivés nitrés.

La *diphéno-γ sulfonazine* (*diphénylamine-sulfone*) n'a pas non plus été préparée à l'état de liberté; mais M. A. Bernthsen [*loc. cit.*] a obtenu son dérivé méthylé, la *méthyldiphénylamine-sulfone*,

$$C^6H^4 \langle {SO^2 \atop Az(CH^3)} \rangle C^6H^4,$$

en oxydant la *méthylthiodiphénylamine* par le permanganate de potassium en solution aqueuse bouillante. La nouvelle substance forme de petits cristaux incolores ou faiblement rosés, peu solubles dans l'alcool et dans l'éther, insolubles dans l'eau; on peut les faire cristalliser dans l'acide acétique; ils fondent à 222°.

Nitration de la thiodiphénylamine. — Si l'on traite la diphéno-γ dihydrodiazine par l'acide nitrique fumant, on obtient un mélange de deux *dérivés dinitrés* et d'un *dérivé mononitré*, et en même temps l'atome de soufre s'oxyde et se transforme en le groupement SO. Si l'on emploie de l'acide fumant dissous dans deux fois et demi son poids d'acide acétique cristallisable, on obtient surtout le *dérivé mononitré*.

MONONITRO-DIPHÉNO-DIHYDRO-γ OXYTHIAZINE (*mononitro-oxythiodiphénylamine*),

$$C^6H^4 \langle {AzH \atop SO} \rangle C^6H^3(AzO^2).$$

— Il est très difficile de séparer par cristallisation ce dérivé nitré des deux dérivés dinitrés qui prennent naissance en même temps que lui; mais on peut séparer ses dérivés des dérivés des deux autres.

Si on réduit le mélange par le chlorure stanneux, et qu'on précipite l'étain par du zinc, on obtient un mélange de trois leucobases. La solution contenant du chlorure de zinc est ensuite additionnée de chlorure ferrique : il se fait un mélange de trois matières colorantes violettes; la matière colorante dérivée du dérivé mononitré se précipite à l'état de *chlorozincate*, tandis que celles dérivées des autres dérivés nitrés restent en solution.

La matière colorante insoluble est séparée ainsi, puis réduite à nouveau par le chlorure stanneux, l'étain chassé par le zinc et la solution traitée par un alcali. On obtient ainsi la leucobase, l'*amino-diphéno-γ thiodihydroazine*,

$$C^6H^4 \langle {AzH \atop S} \rangle C^6H^3(AzH^2),$$

sous la forme de belles lamelles soyeuses, incolores, très solubles dans l'alcool et dans l'éther, ainsi que dans l'eau bouillante. Elle est facilement oxydable, mais beaucoup moins que son dérivé aminé, la leucobase du violet Lauth (blanc Lauth).

On peut également l'obtenir en chauffant avec du soufre la p-aminodiphénylamine.

Son *chlorhydrate* se colore presque immédiatement en gris, par suite d'une oxydation légère; il est très peu soluble dans l'acide chlorhydrique concentré et donne, en solution concentrée, avec le chlorure de zinc un beau *chlorozincate* cristallisé en lamelles soyeuses.

Le chlorure ferrique la transforme par oxydation en une belle matière colorante d'un violet un peu rougeâtre, ressemblant au violet Lauth et possédant la constitution

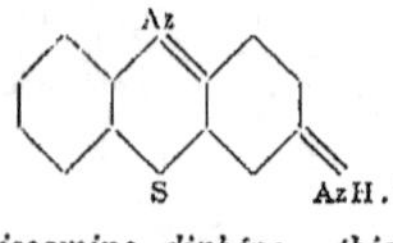

Az — S — AzH . HCl

La 3 *isoamino-diphéno-γ thiodihydroazine* (*imidothiodiphénylimide*) est d'une couleur brun-rouge, assez soluble dans l'alcool et très soluble dans l'éther, assez soluble dans l'eau; elle est aisément réduite en leucobase par le sulfure d'ammonium alcoolique.

Son *chlorhydrate*, qui forme la matière colorante proprement dite, est très soluble dans l'eau et l'alcool, et possède la composition

$$C^{12}H^8Az^2S . HCl.$$

Le *chlorozincate*, $2C^{12}H^8Az^2S.HCl, ZnCl^2$, est très bien cristallisé; il est très peu soluble dans l'eau, plus soluble dans l'alcool, presque insoluble dans une solution aqueuse de chlorure de zinc. Cristallisé dans l'acide chlorhydrique étendu et chaud, il forme de petites aiguilles d'un vert clair [A. Bernthsen, *D. chem. G.*, **17**, 611, 2857; *Ann. Chem.*, **230**, 73; *Bull. Soc. Chim.*, (2), **43**, 563; **45**, 541; **46**, 405].

L'auteur s'est proposé d'obtenir les dérivés hydroxylés de la thiodiphénylamine correspondant aux dérivés amidés que nous venons de décrire; n'arrivant pas au but à l'aide du nitrite de sodium, il a traité par le soufre la p-oxydiphénylamine (hydroquinone et aniline en présence de chlorure de zinc).

La leucobase ainsi obtenue, la 3 *oxydiphéno-dihydro-γthiazine* (p-oxythiodiphénylamine), jouit des propriétés d'un phénol. Elle se dissout dans les acides et dans les alcalis en donnant une sorte de cuve analogue aux cuves d'indigo. Le tissu qu'on y plonge se colore à l'air en brun rouge foncé.

En l'oxydant par le chlorure ferrique, on obtient la 3 *isooxydiphéno-γ thiazine* (*oxythiodiphénylimide*),

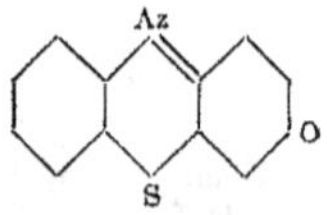

Az — S — O

Ce produit est une matière colorante d'un rouge brun; elle ne se dissout ni dans les acides ni dans les bases [A. Bernthsen et N. Frænkel, *D. chem. G.*, **17**, 2857; *Bull. Soc. Chim.*, (2), **45**, 541. — A. Bernthsen, *D. chem. G.*, **17**, 2860; *Bull. Soc. Chim.*, (2), **45**, 541].

DÉRIVÉS DINITRÉS DE LA DIPHÉNO-DIHYDRO-γ OXYTHIAZINE. — On projette la thiodiphénylamine finement pulvérisée dans 20 fois son poids d'acide nitrique fumant (densité = 1,44) refroidi avec un mélange de glace et de sel de manière que sa température soit comprise entre 0 et 8°. On abandonne le mélange à lui-même pendant la nuit et le lendemain on trouve une abondante cristallisation d'un dérivé dinitré que l'auteur a nommé *α dinitré* et qui en réalité est le dérivé 3.6 *dinitré*, ainsi que l'étude de ses produits de réduction va le faire voir. Ce composé, qui a pour constitution

$$AzO^2 - C^6H^3 \langle {AzH \atop SO} \rangle C^6H^3 - AzO^2,$$

est presque insoluble dans l'acide nitrique.

Dans les eaux mères se trouve un isomère soluble, auquel on a donné le nom de *dérivé β dinitré*; il s'y trouve mélangé avec une certaine quantité de son isomère α et un peu de dérivé mononitré. On le purifie par épuisement à l'alcool bouillant, après précipitation par l'eau de la solution acide; il se présente alors sous la forme d'une poudre cristalline d'un jaune clair.

Réduit par le chlorure stanneux, il fournit une leucobase isomérique avec celle du violet Lauth, qui, oxydée par le perchlorure de fer, donne un violet semblable au violet Lauth, mais plus rouge [A. Bernthsen, *D. chem. G.*, **17**, 611; *Ann. Chem.*, **230**, 73; *Bull Soc. Chim.*, (2), **43**, 563; **46**, 405].

Le *dérivé α dinitré* est très peu soluble dans la plupart des dissolvants, même dans l'acide acétique; il cristallise sans altération dans l'aniline bouillante, qui l'abandonne en petits prismes orangés.

Le *dérivé acétylé*,

$$\begin{array}{c} Az - CO - CH^3 \\ AzO^2 - C^6H^3 \diamond C^6H^3 - AzO^2, \\ SO \end{array}$$

est obtenu par nitration du dérivé acétylé de la thiodiphénylamine ; il forme de petites aiguilles d'un jaune clair.

De même la nitration de la méthylthiodiphénylamine donne naissance à un *produit dinitré*,

$$\begin{array}{c} AzCH^3 \\ AzO^2 - C^6H^3 \diamond C^6H^3 - AzO^2, \\ SO \end{array}$$

cristallisé en petites aiguilles jaunes, assez soluble dans l'acide nitrique fumant et dans l'acide acétique cristallisable. Le chlorure stanneux le transforme en une leucobase dont le chlorhydrate, très soluble dans l'eau, est presque insoluble dans l'acide chlorhydrique concentré ; la base est aisément précipitée par l'ammoniaque en flocons blancs très oxydables ; le chlorure ferrique donne naissance à une matière colorante d'un bleu vert que l'addition de chlorure de zinc et de sel marin précipite sous la forme d'aiguilles orangées solubles dans l'eau pure en un bleu verdâtre. Cette matière colorante, qui doit être le violet Lauth méthylé, est extrêmement altérable et ses solutions se décomposent rapidement, tandis que son homologue inférieur est une couleur d'une grande solidité [A. Bernthsen, *D. chem. G.*, **17**, 2856 ; *Bull. Soc. Chim.*, (2), **45**, 541].

3.6 Diamino-diphéno-dihydro-γ thiazine (*diamino-thiodiphénylamine, leucobase du violet Lauth, blanc de Lauth, leucothionine*). — Cette base prend naissance :

1° Par réduction du violet Lauth (C. Lauth) ;

2° Par l'action du soufre sur la p-phénylène-diamine (C. Lauth) ;

3° Par l'action du soufre sur la p-diamino-diphénylamine [A. Bernthsen, *D. chem. G.*, **17**, 2857 ; *Bull. Soc. Chim.*, (2), **45**, 541] ;

4° Par réduction au moyen du chlorure stanneux du dérivé α dinitré de la thiodiphénylamine [A. Bernthsen, *D. chem. G.*, **16**, 2896 ; **17**, 611, 2854 ; *Ann. Chem.*, **230**, 73 ; *Bull. Soc. Chim.*, (2), **43**, 563 ; **45**, 541, **46**, 405].

Le *chlorhydrate* de cette base est faiblement coloré en jaune ; il est peu soluble dans l'eau et dans l'alcool étendu, moins soluble encore dans l'éther ; il s'oxyde assez vite à l'air en devenant violet, surtout en solution aqueuse.

Le *sulfate* est peu soluble.

Le chlorure ferrique transforme cette solution en violet Lauth.

Le chlorhydrate provenant de la *thiodiphénylamine*, celui provenant de la réduction du violet Lauth, celui provenant du bleu de méthylène chauffé avec de l'alcool méthylique et un excès d'iodure de méthyle à 100°, se transforment tous en un même *diiodométhylate de pentaméthyl-diamino-diphéno-dihydro-γ thiazine* (*diiodométhylate de pentaméthyldiamidothiodiphénylamine*),

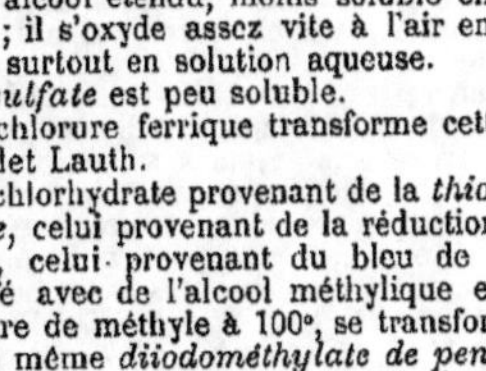

AzCH³'

I Az(CH³)³ S Az(CH³)³ I

6 Amino-3 isoamino-diphéno-γ thiazine (*base du violet Lauth, thionine*). — On peut obtenir cette matière colorante en chauffant la p-phénylène-diamine à 150-180° avec son poids de soufre. Il se dégage abondamment de l'hydrogène sulfuré ; quand la réaction est terminée, on reprend par l'acide chlorhydrique étendu et chaud pour éliminer le soufre en excès. La liqueur filtrée contient la leucobase de la matière colorante ; on obtient le violet Lauth en ajoutant à cette solution du perchlorure de fer [C. Lauth, *Bull. Soc. Chim.*, (2), **26**, 422].

Préparation. — Il est plus avantageux et plus expéditif de produire à la fois sulfuration et oxydation. On peut employer la liqueur qui contient le chlorhydrate de p-phénylène-diamine mélangé à du chlorure de zinc, sans qu'il soit nécessaire de mettre la base en liberté. Cette solution est saturée d'hydrogène sulfuré, puis additionnée de perchlorure de fer. On voit la matière colorante se développer peu à peu, puis se précipiter.

On filtre et on lave à l'eau salée pour éliminer quelques impuretés, puis on reprend par l'eau bouillante et on laisse refroidir ; on obtient ainsi le produit pur et magnifiquement cristallisé.

Les proportions à employer sont :

pour 20 gr. de p-phénylène-diamine,
4000 gr. d'eau saturée d'hydrogène sulfuré,
20 gr. d'acide chlorhydrique,
500 gr. d'une solution au dixième de perchlorure de fer [C. Lauth, *loc. cit.*].

Synthèse. — Le dérivé α dinitré décrit plus haut est soumis à la réduction par l'étain et l'acide chlorhydrique à la température du bain-marie ; quand la solution est décolorée, on ajoute des lames de zinc métallique pour précipiter l'étain. On filtre et la solution, riche en chlorure de zinc, est additionnée d'un excès de perchlorure de fer. La matière colorante se précipite aussitôt sous la forme de flocons d'un brun violet, qu'on filtre et qu'on lave avec une solution de sel marin. Pour éliminer le zinc, on traite par un alcali qui met la base colorante en liberté.

Les solutions alcooliques de cette base sont d'un violet plus ou moins bleuté avec une magnifique fluorescence brun-rouge ; la couleur de cette solution vire de plus en plus au rouge quand on la chauffe : elle peut même aller jusqu'au ponceau [A. Bernthsen, *loc. cit.*].

Son *chlorhydrate*, $C^{12}H^{10}Az^3SCl$, est la véritable matière colorante ; il forme de beaux cristaux d'un vert étincelant à reflets violets ; il est peu soluble dans l'eau froide, très soluble dans l'eau chaude. La présence des sels, et surtout du chlorure de sodium, diminue considérablement sa solubilité.

Chauffée avec l'aniline, cette nouvelle matière colorante donne un bleu insoluble dans l'eau, soluble dans l'alcool ; l'aldéhyde, l'iodure de méthyle, la transforment en des bleus de plus en plus verts.

Le *sulfate*, $(C^{12}H^9Az^3S)^2SO^4H^2, H^2O$, forme de petits cristaux verts à éclat métallique.

Le *nitrate*, $C^{12}H^9Az^3S.AzO^3H, 2H^2O$, forme de petites aiguilles brunes.

L'*oxalate*, $(C^{12}H^9Az^3S)^2C^2O^4H^2, 2H^2O$, est en aiguilles d'un vert foncé.

Tous ces sels peuvent être obtenus à l'état de pureté en traitant la base libre, précipitée à l'aide d'un alcali, par un acide étendu.

Le *chlorozincate*,

$$C^{12}H^9Az^3S.HClZnCl^2, 0,5H^2O,$$

est très peu soluble dans l'eau ; on l'obtient en traitant la solution du chlorhydrate par une solution de chlorure de zinc ; il forme de fines aiguilles vertes ressemblant à des cheveux.

Le *chloromercurate*, $C^{12}H^9Az^3S.HClHgCl^2$,

jouit de propriétés analogues à celles du précédent [A. Koch, *D. chem. G.*, **12**, 2069; *Bull. Soc. Chim.*, (2), **34**, 404. — A. Bernthsen, *Ann. Chem.*, **230**, 73; *Bull. Soc. Chim.*, (2), **46**, 406).

Quand on chauffe sous pression avec de l'eau le violet Lauth, on lui fait échanger un groupement AzH^2 contre un oxhydryle en donnant la 6 *oxy-3 isoaminodiphéno-γ thiazine*, que nous étudierons plus loin.

Rouge de Lauth. — Dans les eaux mères de la cristallisation du violet Lauth, on trouve une matière colorante plus riche en soufre que le violet. On peut augmenter la proportion de cette substance en employant une quantité plus grande d'hydrogène sulfuré et, pour ne pas avoir de solutions trop étendues, en opérant sous une pression de 5 à 10 atmosphères [W. Majert, brevet allemand n° 27277, 25 octobre 1883; *D. chem. G.*, **17**, 296].

Cette matière n'a pas été étudiée elle-même; mais dans la fabrication du bleu de méthylène, homologue du violet Lauth, on obtient aussi une matière colorante rouge qui doit être également l'homologue du rouge de Lauth. Or, le rouge de méthylène étant

Az, S, S, $(CH^3)^2Az$, Cl

le rouge de Lauth doit être

Az, S, S, AzH, HCl

6 Éthylamino-3 isoéthylamino-diphéno-γ thiazine (*violet Lauth diéthylé*). — Le traitement de la p-aminoéthylaniline ou monoéthyl-p-phénylène-diamine par le procédé de Lauth donne naissance à un produit *diéthylé* constituant une matière bleue [K. Œhler, brevet allemand n° 12932, juillet 1880; *D. chem. G.*, **14**, 553].

Cette matière colorante, connue dans le commerce sous le nom de *bleu méthylène N*, donne sur coton mordancé au tannin des nuances plus vives, mais plus violettes que le bleu méthylène ordinaire (*bleu méthylène B*).

3.6 Tétraméthyldiamino-diphéno-dihydro-γ thiazine (*tétraméthyldiaminothiodiphénylamine, blanc de méthylène, tétraméthyl-leucothionine*). — La réduction du bleu de méthylène, par exemple à l'aide de l'hyposulfite de sodium, fournit cette leucobase; on la purifie par cristallisation dans l'éther, qui l'abandonne sous la forme de fortes aiguilles, colorées en jaune clair.

Les sels sont incolores : c'est à peine si au bout de quelque temps leur surface prend une teinte d'un vert bronze; ils s'oxydent plus vite à l'air humide.

Le blanc de méthylène a pour constitution

AzH, $(CH^3)^2Az$, S, $Az(CH^3)^2$

$= C^{17}H^{21}Az^3S . 2CH^3I.$

Il donne aisément un *dérivé monoacétylé* gommeux.

L'iodure de méthyle le transforme en di-iodométhylate d'un dérivé monométhylé, identique au *di-iodométhylate de pentaméthyldiaminothiodiphénylamine*, obtenu par méthylation de la leucobase du violet Lauth; le chlorure d'argent le transforme en petites aiguilles blanches de *dichlorométhylate* $C^{17}H^{21}Az^3S . 2CH^3Cl$, que l'oxyde d'argent transforme à son tour en une base ammoniée $C^{17}H^{21}Az^3S(CH^3)^2(OH)^2$, convertie par la fusion en *pentaméthyl-leucothionine* ou *pentaméthyldiaminothiodiphénylamine*,

$$(CH^3)^2Az - C^6H^3 \langle {}^{AzCH^3}_{S} \rangle C^6H^3 - Az(CH^3)^2.$$

Ce produit traité par le chlorure ferrique fournit une matière colorante différente du bleu de méthylène, ce qui prouve que le groupement CH^3 lié à l'atome d'azote ne se sépare pas dans la réaction [A. Bernthsen, *D. Chem. G.*, **16**, 1025; *Bull. Soc. Chim.*, (2), **41**, 140; *Ann. Chem.*, **230**, 73; *Bull. Soc. Chim.*, (2), **46**, 405].

6 Diméthylamino-3 isodiméthylchlorammonio-diphéno-dihydro-γ thiazine (*bleu de méthylène*),

Az, $(CH^3)^2Az$, S, $Az(CH^3)^2$, Cl

Procédé Caro. — Ce procédé consiste à appliquer à la diméthyl-p-phénylène-diamine, obtenue par réduction de la p-nitrosodiméthylaniline, le procédé de Lauth sans modification.

La nitrosodiméthylaniline est produite par l'action du nitrite de sodium sur la solution chlorhydrique de la diméthylaniline. Elle est ensuite réduite à l'état d'aminodiméthylaniline au moyen de l'hydrogène sulfuré. La solution du chlorhydrate de cette dernière, saturée d'hydrogène sulfuré, est soumise à l'oxydation au moyen du chlorure ferrique. On peut aussi oxyder au préalable l'aminodiméthylaniline et mettre la couleur bleue en évidence au moyen de l'hydrogène sulfuré, à condition que les deux opérations se succèdent rapidement.

Le mélange est ensuite saturé de sel marin, puis précipité par le chlorure de zinc. La matière colorante est ainsi précipitée, puis séparée des eaux mères par filtration. Le précipité est ensuite repris par l'eau pure, qui le redissout; la solution est à nouveau saturée par le sel marin et précipitée par le chlorure de zinc; le précipité est filtré, pressé, séché et peut être livré directement au commerce. On peut, à la place de la diméthylaniline, employer des bases homologues [*Badische Anilin und Sodafabrik*, Brevet allemand n° 1886, 15 décembre 1877; *D. chem. G.*, **11**, 1705].

Procédé Möhlau. — Au lieu de préparer la p-aminodiméthylaniline pour l'oxyder avant de la traiter par l'hydrogène sulfuré, comme l'indique le second procédé du brevet précédent, M. Möhlau a eu l'idée de se servir d'une indamine, le *vert de Bindschedler*, qui prend naissance dans l'action de la nitrosodiméthylaniline sur la diméthylaniline et qui, chimiquement, est extrêmement voisine du produit d'oxydation de la p-aminodiméthylaniline. Cette indamine est ensuite traitée suivant la méthode de M. Lauth.

Cette modification a pour avantage de diminuer de moitié la quantité de nitrite de sodium employée, puisque la moitié seulement de la diméthylaniline qui entre en jeu a besoin d'être à l'état de dérivé nitrosé; de plus on évite ainsi la réduction de la nitrosodiméthylaniline à l'état de dérivé aminé [*Badische Anilin*, Brevet allemand n° 2722; R. Möhlau, *D chem. G.*, **16**, 2728, 2856].

Procédé à l'hyposulfite. — On oxyde un mélange de diméthyl-p-diphénylène-diamine, de chlorhydrate de diméthylaniline et d'hyposulfite de sodium au moyen du dichromate de potassium [Meister Lucius et Brüning, Brevet allemand n° 38 573, 25 décembre 1885; *D. chem. G.*, **20**, *Ref.*, 240].

Un certificat d'addition a modifié ce brevet : le produit d'oxydation du mélange de diméthyl-p-phénylène-diamine et de diméthylaniline étant précisément le vert de Bindschedler, il est plus économique de le préparer directement par la méthode la plus simple.

12 kilogrammes de diméthylaniline sont dissous dans 35 ou 40 kilogrammes d'acide chlorhydrique concentré et nitrosés avec 7^{kg},2 de nitrite de sodium. Le chlorhydrate de nitrosodiméthylaniline qui s'est déposé au bout de quelques heures est séparé par expression, puis dissous dans 2000 litres d'eau. On ajoute à cette solution 12 kilogrammes de diméthylaniline à l'état de chlorhydrate, 54 kilogrammes de chlorure de zinc et 25 kilogrammes d'hyposulfite de sodium; on porte ensuite le mélange à 90° pendant 1 heure. On ajoute ensuite 10 kilogrammes de dichromate de potassium, on fait bouillir pendant 2 heures environ et on décompose la laque chromique qui a pris naissance en ajoutant 28 kilogrammes d'acide sulfurique. Quand tout l'acide sulfureux a été chassé, on oxyde de nouveau avec 18 kilogrammes de chromate de sodium et l'on précipite la matière colorante sous forme de chlorozincate par addition de sel marin [Meister Lucius et Brüning, Brevet allemand n° 39 757, du 8 juin 1886; *D. chem. G.*, **20**, 490, *Ref.*].

On peut dans cette préparation remplacer la diméthylaniline qui est la matière première par la monométhylaniline, la diéthylaniline, la diméthyl-o-toluidine; enfin on peut faire réagir sur le dérivé nitrosé d'une de ces bases une autre base, telle que l'aniline, l'o-toluidine et ses dérivés éthylés ou méthylés.

Propriétés. — Le bleu de méthylène forme une poudre brune ou d'un bleu foncé, moins soluble dans l'alcool que dans l'eau. Il constitue non pas un chlorhydrate, mais un chlorure d'ammonium quaternaire et a pour formule

$$C^{16}H^{18}Az^3SCl, 3H^2O;$$

il perd $2H^2O$ à 100° et le reste à 150°. Les alcalis ne mettent pas sa base en liberté : il faut employer l'oxyde d'argent.

Son *iodhydrate*, très peu soluble dans l'eau, est obtenu par addition d'iodure de potassium à sa solution aqueuse; il cristallise dans l'eau bouillante en belles aiguilles bronzées [A. Bernthsen, *D. chem. G.*, **16**, 1025; *Bull. Soc. Chim.*, (2), **41**, 140].

L'acide sulfurique concentré dissout le bleu de méthylène en se colorant en un vert jaunâtre qui vire au bleu par addition d'eau.

Le bleu de méthylène n'est employé en teinture et en impression que pour le coton, qu'il faut au préalable mordancer au tannin. Il fournit de très belles nuances d'un bleu très solide.

Les propriétés spectroscopiques du violet de Lauth et du bleu de méthylène ont été étudiées par M. A. Bernthsen [*Ann. Chem.*, **230**, 73; *Bull. Soc. Chim.*, (2, **46**, 408. — J.-H. Stebbins, *Am. Journ.*, **6**, 304; *D. chem. G.*, **18**, 159; *Ref.*].

Rouge de méthylène. — Après la précipitation du bleu de méthylène par le chlorure de zinc, le liquide est filtré, puis la solution évaporée au bain-marie jusqu'à ce qu'elle se prenne en masse par le refroidissement; il se dépose un mélange de petites aiguilles et de petites lamelles vertes brillantes. En faisant cristalliser à plusieurs reprises dans l'eau bouillante ces cristaux séparés des eaux mères, on obtient un produit pur sous la forme de belles aiguilles à éclat bronzé.

Cette combinaison est aisément soluble dans l'eau et dans l'alcool; ses solutions, d'un beau rouge, sont décolorées par les alcalis; l'acide chlorhydrique ne fait pas reparaître la coloration. Le chlorure mercurique précipite la solution sous la forme de beaux cristaux.

La combinaison est le chlorozincate d'une nouvelle matière colorante,

$$2(C^8H^9Az^2S^2Cl), ZnCl^2, 2H^2O;$$

il devient anhydre dans le dessiccateur [A. Koch, *D. chem. G.*, **12**, 592; *Bull. Soc. Chim.*, (2), **33**, 39].

On peut aussi extraire le rouge de méthylène des eaux mères du bleu en les agitant avec du phénol. On le sépare de ce dissolvant en y ajoutant de l'alcool éthéré. On l'obtient alors sous forme de base libre $C^8H^8Az^2S^2$. C'est un composé insoluble dans l'alcool, peu soluble dans l'éther, soluble dans l'eau, où il cristallise en petits prismes verts. Son *chlorhydrate* est soluble avec une couleur d'un rouge de feu.

Ce rouge de méthylène a pour constitution

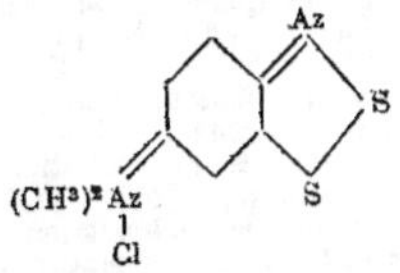

Az
S
S
$(CH^3)^2Az$
Cl

Soumis à l'action du zinc et de l'acide chlorhydrique ou à celle de l'hydrogène sulfuré, il fournit la *sulfhydrodiméthyl-p-phénylène-diamine*,

AzH^2
$Az(CH^3)^2$ SH

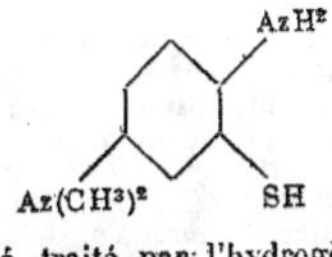

Ce composé, traité par l'hydrogène sulfuré en présence d'un agent oxydant et de diméthylaniline, fournit du bleu de méthylène.

Le rouge de méthylène traité par un alcali fournit, entre autres produits, le sel alcalin d'un acide bien cristallisé, l'*acide aminodiméthylaniline-thiosulfonique*,

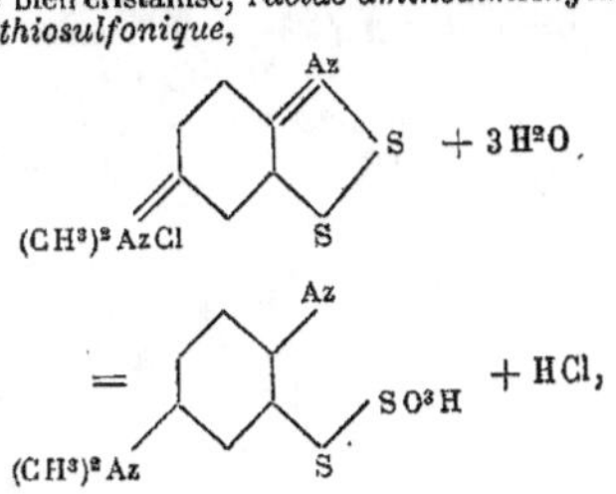

Az
S $+ 3H^2O$,
$(CH^3)^2AzCl$ S

Az
$=$ SO^3H $+ HCl$,
$(CH^3)^2Az$ S

dont la constitution est démontrée par sa synthèse au moyen de l'hyposulfite de sodium et du produit d'oxydation rouge de l'aminodiméthylaniline.

L'oxydation par le dichromate de potassium de cet acide thiosulfurique mélangé au chlorhydrate de diméthylaniline fournit une indamine qui n'est autre que le vert de Bindschedler thiosulfoné :

$$(CH^3)^2Az-C^6H^3 \begin{matrix} \swarrow AzH^2 \\ \searrow S-SO^3H \end{matrix} + C^6H^5-Az(CH^3)^2 + O^2$$

$$= (CH^3)^2Az-C^6H^3 \begin{matrix} Az \\ \langle \rangle \\ S-SO^3 \end{matrix} C^6H^4 = Az(CH^3)^2 + 2H^2O$$

Le produit qui prend naissance est vert et insoluble dans l'eau; on lui a donné le nom de *vert insoluble* ou *vert sulfurique*. Si on le traite à l'ébullition, surtout en présence de chlorure de zinc, il fixe une molécule d'eau pour une molécule d'acide sulfurique et se transforme en blanc de méthylène,

$$(CH^3)^2-C^6H^3 \begin{matrix} Az \\ \langle \rangle \\ S-SO \end{matrix} C^6H^4 = Az(CH^3)^2 + H^2O$$

$$= (CH^3)^2Az-C^6H^3 \begin{matrix} AzH \\ \langle \rangle \\ S \end{matrix} C^6H^3-Az + SO^4H^2.$$

Ce produit prend naissance également dans la préparation du bleu de méthylène, au moment où l'on ajoute l'hyposulfite et le dichromate; l'ébullition avec le chlorure de zinc le transforme en blanc de méthylène, que l'addition ultérieure d'une nouvelle quantité de dichromate transforme en bleu de méthylène [A. Bernthsen, *Ann. Chem.*, **251**, 1; *Bull. Soc. Chim.*, (3), **3**, 222].

Réactions du bleu de méthylène. — 1 partie du bleu de méthylène est dissoute dans 100 parties d'eau, la solution est additionnée de 10 parties d'acide sulfurique et de 0^{r},8 de nitrite de sodium. Au bout de quelques jours la solution se colore en vert; on la décompose alors par le sel marin. Il se dépose une matière colorante qui teint en bleu verdâtre le coton mordancé au tannin [Meister Lucius et Brüning, Brevet allemand n° 38979, 4 juillet 1886; *D. chem. G.*, **20**, 275, *Ref.*].

Action des alcalis. — Si l'on fait bouillir pendant peu de temps le bleu de méthylène avec de la potasse étendue, il se sépare de la diméthylamine et on obtient un mélange dans lequel se trouve son *leucodérivé*, de l'*azur de méthylène* et du *violet de méthylène*. Ces dérivés se produisent également lorsqu'on fait bouillir la solution de l'hydrate d'ammonium mis en liberté par l'oxyde d'argent. On peut les séparer en se fondant sur l'insolubilité du leuco-dérivé de l'azur de méthylène dans la potasse, qui dissout au contraire le leuco-dérivé du violet fonctionnant comme un phénol.

L'*azur de méthylène*, dont l'*iodhydrate*

$$C^{16}H^{18}Az^3SO^2I$$

cristallise en aiguilles mordorées, est un produit d'oxydation, sans doute la *sulfone du bleu de méthylène* :

Az

$(CH^3)^2Az$ — SO^2 — $Az(CH^3)^2$
I

Il ressemble au bleu, mais est plus violet et est immédiatement séparé de ses sels par la potasse.

Le *violet de méthylène* cristallise dans l'alcool en longues aiguilles; il est formé d'après l'équation

$$C^{16}H^{18}Az^3S(CH) = C^{14}H^{12}Az^2SO + AzH(CH^3)^2.$$

Son leuco-dérivé, à la fois base et phénol, cristallise en lamelles et s'oxyde rapidement en se transformant en violet, insoluble dans la potasse.

Le *chlorhydrate du violet*,

$$C^{14}H^{12}Az^2SO.HCl,$$

cristallise en longues aiguilles noires à reflets verdâtres brillants.

On voit que le violet de méthylène ne diffère du bleu que par le remplacement du groupe $=Az(CH^3)^2$ par un atome d'oxygène; il a donc pour constitution

Az

$HCl(CH^3)^2Az$ — S — O

et sa leucobase, qui est un phénol, est

AzH

$(CH^3)^2-Az$ — S — H

M. Bernthsen, qui a donné au violet Lauth le nom de *thionine* et par suite au *bleu de méthylène* celui de *tétraméthylthionine*, a désigné le violet sous le nom de *diméthylthionoline*, qui exprime bien le rapport de ces deux corps. D'après notre nomenclature, le *violet de méthylène* devient le *chlorhydrate de la* 6 *diméthylamino*-6 *isooxydiphéno-γthiazine*, et son *leuco-dérivé* la 6 *diméthylamino*-3 *oxydiphénodihydro-γ thiazine* [A. Bernthsen, *Ann. Chem.*, **230**, 73; *Bull. Soc. Chim.*, (2), **46**, 407].

Homologues du bleu de méthylène. — On a pu obtenir un assez grand nombre d'homologues du bleu de méthylène. Désignons pour simplifier, comme le fait M. Bernthsen, le violet de M. Lauth par le mot de *thionine*.

La *diméthylthionine dissymétrique*, dont l'iodure $C^{14}H^{14}Az^3SI$ cristallise en aiguilles microscopiques, a été obtenue en oxydant un mélange d'aniline et de mercaptan zincique de l'aminodiméthylaniline et faisant bouillir longtemps le précipité vert obtenu avec du chlorure ferrique ou du chromate de sodium.

Le *chlorure de diméthyldiéthylthionine* peut être obtenu en faisant bouillir avec une solution de chlorure de zinc, soit le produit d'oxydation du thiosulfonate d'aminodiéthylaniline en présence de la diméthylaniline, soit le produit d'oxydation du thiosulfonate d'aminodiméthylaniline et de la diéthylaniline; il forme une masse cuivrée $C^{18}H^{22}Az^3SCl$.

Le *chlorure de tétraéthylthionine* a été obtenu par M. Caro en appliquant la réaction de M. Lauth à la diéthylaniline; son sel de zinc cristallise en petites aiguilles bronzées et renferme $(C^{20}H^{26}Az^3SCl)^2ZnCl^2, 2H^2O$.

La *diméthyltoluthionine* provenant de la diméthyl-o-toluidine est soluble dans l'eau en violet.

La *diéthyltoluthionine*, sous forme de *chlorozincate*, forme une masse amorphe, verte, très soluble [A. Bernthsen, *Ann. Chem.*, **251**, 1; *Bull. Soc. Chim.*, (3), **3**, 225].

6 Amino-3 isooxydiphéno-γ thiazine (*thionoline*). — Nous avons obtenu, en traitant le bleu de méthylène par la potasse, un produit moins azoté, la *diméthylthionoline*; si on fait simplement bouillir avec de l'eau le *violet Lauth* ou *thionine*, il se dégage de l'ammoniaque et on obtient la *thionoline* :

$$AzH^2-C^6H^3\genfrac{}{}{0pt}{}{<Az\geqslant}{<S>}C^6H^3=AzH+H^2O$$

$$=AzH^3+AzH^2-C^6H^3\genfrac{}{}{0pt}{}{<Az\geqslant}{<S>}C^6H^3O.$$

On peut l'obtenir également en appliquant la réaction de Lauth au chlorhydrate de p-aminophénol.

La *thionoline* cristallise dans l'alcool en lamelles ou en aiguilles à reflets verts. Elle se dissout en pourpre dans l'alcool chaud, elle est insoluble dans l'éther, peu soluble dans le chloroforme et dans le sulfure de carbone.

Son *leucodérivé* est à la fois base et phénol.

La *thionoline* traitée à l'ébullition par un excès d'acide perd à son tour un groupement AzH^2 et se transforme en un phénol, le *thionol*.

6 Oxy-3 isooxydiphéno-γ thiazine (*dioxythiodiphénylimide, thionol*),

$$HO-C^6H^3\genfrac{}{}{0pt}{}{<Az\geqslant}{<S>}C^6H^3O.$$

— Ce corps se produit également lorsqu'on chauffe la thiodiphénylamine à 150-160° avec un excès d'acide sulfurique étendu du cinquième de son poids d'eau :

$$C^{12}H^9AzS+3SO^4H^2$$

$$=3SO^2+4H^2O+C^{12}H^7AzSO^2.$$

Le *thionol* est insoluble dans l'eau froide, très peu soluble dans l'eau bouillante, le benzène, le chloroforme, plus soluble dans l'acide acétique. Il se dissout dans les acides chlorhydrique et sulfurique en les colorant en rouge. Il cristallise en aiguilles vertes et affecte des formes qui rappellent celle de la feuille du chêne. Il se dissout dans les alcalis et dans les sels alcalins, y compris l'acétate de sodium, avec une couleur violette et une fluorescence brun-rouge. Par ébullition avec du carbonate de baryum, il donne une *combinaison barytique*,

$$C^{12}H^7AzSO^2BaO.$$

Le *leucothionol* (3.6 *dioxydiphénodihydro-γ thiazine*), $C^{12}H^9AzSO^2$, est soluble dans l'alcool avec une couleur jaune-brunâtre; il donne un *dérivé triacétylé* en cristaux fusibles à 155-156°.

L. Bouveault.

DIPHÉNO-γ FURODIHYDROAZINE. — La pyridine n'est autre chose que le benzène dans lequel un atome d'azote remplace un des 6 CH de l'anneau benzénique; l'azote étant trivalent, comme le reste -CH=, on se rend parfaitement compte que cette suppléance puisse se faire sans rompre la solidité de l'assemblage. L'introduction de l'oxygène dans les chaînes fermées ne peut s'expliquer de la même manière, parce que l'oxygène est bivalent; un atome d'oxygène bivalent ne peut évidemment pas suppléer un des groupes CH trivalents de la pyridine. Il existe cependant des noyaux qui doivent être rattachés à la pyridine et qui sont oxygénés; voici de quelle manière on peut s'expliquer leur existence :

On sait que la saturation de la pyridine n'est que relative et qu'elle peut fixer soit 2, soit 4, soit 6 atomes d'hydrogène. Parmi les assez nombreuses dihydropyridines prévues par la théorie considérons-en deux :

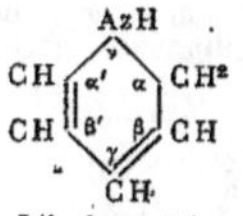

AzH / CH α' α CH² / CH β' β CH / γ CH — αα Dihydropyridine.

AzH / CH CH / CH CH / CH² — γγ Dihydropyridine.

Chacun de ces deux noyaux contient un groupement CH^2 diatomique; la place de ce groupe CH^2 peut alors être remplie par un atome d'oxygène. Les deux nouveaux noyaux

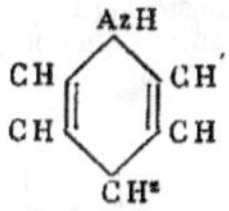

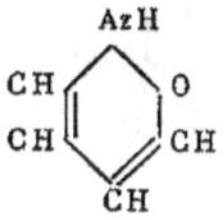

AzH / CH O / CH CH / CH — ou — AzH / O CH / CH CH / CH

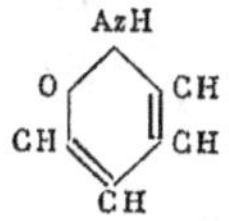

et

AzH / CH CH / CH CH / O

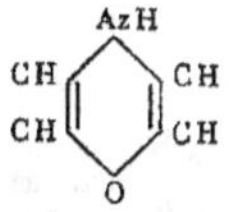

porteront le nom générique de *furodihydroazine*, le préfixe *furo* indiquant le remplacement d'un chaînon CH^2 par un atome d'oxygène dans une dihydropyridine ou, en admettant les conventions exposées à l'article Chaînes fermées, une *dihydroazine*.

Le premier noyau sera l'*α furodihydroazine*, puisque ce remplacement se fait dans la position α; le second sera la *γ furodihydroazine*.

Ces deux noyaux sont susceptibles de se copuler avec d'autres noyaux, comme le font deux noyaux de benzène pour donner le naphtalène; ils se copulent en particulier avec le noyau benzénique pour donner des *phéno-furodihydroazines* :

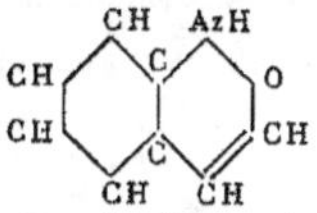

CH AzH / CH C O / CH C CH / CH CH — Phéno-α furodihydroazine.

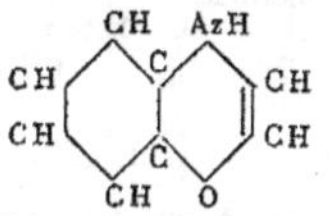

CH AzH / CH C CH / CH C CH / CH O — Phéno-γ furodihydroazine.

Si cette copulation se fait avec deux noyaux benzéniques directement soudés au noyau furazinique, on a de même les *diphéno-furodihydroazines*. L'un de ces noyaux, la *diphéno-γ furodihydroazine*,

CH AzH CH / CH 7 8 9 C C 12 1 2 CH / CH 6 10 C C 11 3 CH / 5 4 / CH O CH

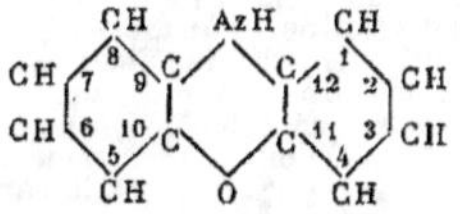

fait le sujet du présent article.

Historique. — On connaît depuis plus de vingt ans des dérivés de ce noyau, mais leur constitution était ignorée; c'est ainsi que tous les produits colorés décrits par M. Weselsky et obtenus par lui dans l'action de l'acide nitreux sur la résorcine se rattachent à la diphéno-γ furodihydroazine; il en est de même des nombreuses et très belles matières colorantes qui ont été obtenues par l'action de la nitrosodiméthylaniline sur certains polyphénols (*gallocyanine*, *prune*, etc.).

En 1887, M. Bernthsen prépara la diphéno-γ furodihydroazine elle-même et lui donna le nom de *phénazoxine* pour rappeler son analogie de constitution avec la phénazine (diphéno-γ diazine) :

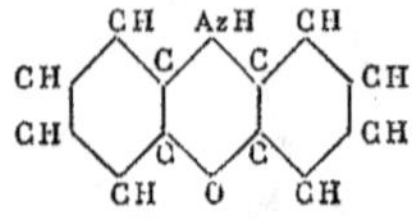

CH AzH CH / CH C C CH / CH C C CH / CH O CH

Phénazoxine.

CH Az CH / CH C C CH / CH C C CH / CH Az CH

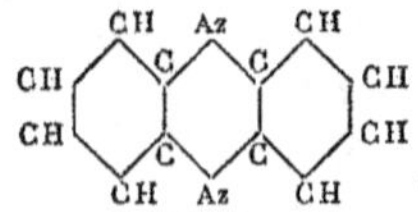

Phénazine.

Enfin, peu de temps après, M. R. Nietzki, en collaboration avec MM. R. Otto, A. Dietze et H. Mäckler, rattacha au nouveau noyau les matières colorantes de la résorcine et de la nitrosodiméthylaniline.

Les dénominations adoptées pour les dérivés de la diphéno-γ furodihydroazine ont été pendant longtemps tout à fait hétérogènes ; M. Weselsky avait donné aux deux produits principaux de l'action de l'acide nitreux sur la résorcine les noms de *diazorésorcine* et *diazorésorufine* ; ces noms furent plus tard changés par Brünner en ceux d'*azorésorcine* et d'*azorésorufine* ; plus tard encore, Ehrlich changea *azorésorcine* en *résazoïne*. Quant aux produits colorés dérivés de la nitrosodiméthylaniline, qu'on désigne sous le nom de *composés oxy-indophénoliques*, on leur donne simplement des noms commerciaux (*gallocyanine, bleu de Meldola, bleu de Nil, prune, bleu fluorescent, bleu gallique*, etc.).

Le premier essai d'une nomenclature raisonnée de tous ces composés a été tenté par MM. Möhlau et Nietzki, à la suite des beaux travaux de ce dernier, qui a réussi à les rattacher tous à un même noyau, la *phénazoxine*, dont la synthèse avait été faite peu de temps auparavant par M. Bernthsen.

Tous les composés colorés que nous avons à étudier contiennent l'un des deux groupements

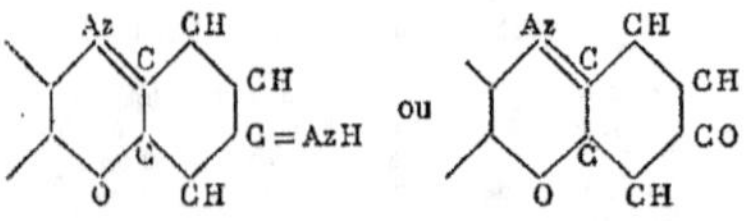

Az CH / C CH / C C = AzH / O CH — ou — Az CH / C CH / C CO / O CH

On donna au premier le nom de *quinoxazine*, au second celui de *quinoxazone*, pour rappeler le rapprochement des indulines avec les indulones. Ensuite le nom de *quinoxazine* fut changé par M. Nietzki en celui de *quinoxazime*. Pour nommer les différents noyaux contenant les deux chromogènes en question, on fait, suivant le cas, précéder le mot *quinoxazine* ou *quinoxazone* du nom du noyau qui se copule avec ce chromogène :

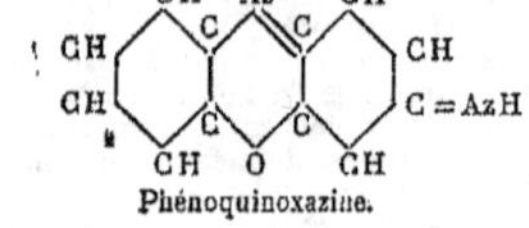

CH Az CH / CH C C CH / CH C C C = AzH / CH O CH

Phénoquinoxazine.

Az CH / C CH / C CO / O CH

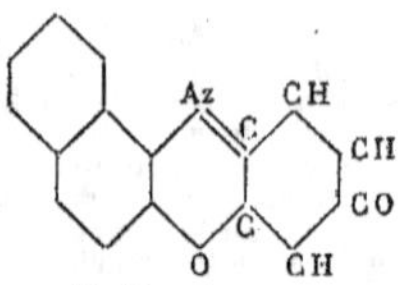

Naphtoquinoxazone.

Pour nommer ces différents corps, nous ne ferons aucune nouvelle convention et nous emploierons le procédé déjà usité pour désigner les indulines et les indulones. En effet,

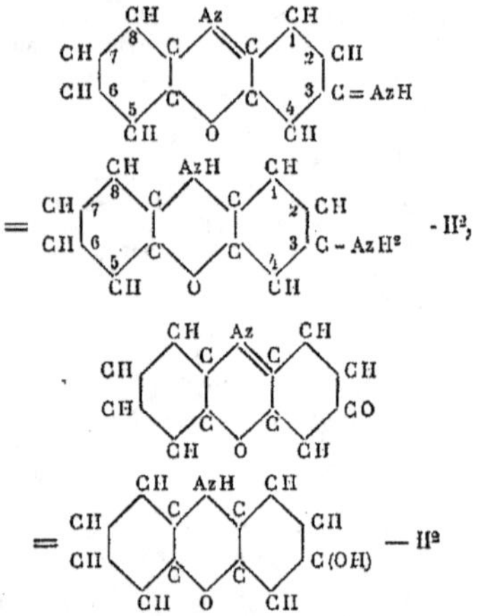

CH Az CH / CH 7 8 C C 1 2 CH / CH 6 5 C C 4 3 C = AzH / CH O CH

= CH AzH CH / CH 7 8 C C 1 2 CH / CH 6 5 C C 4 3 C - AzH^2 / CH O CH $- H^2$,

CH Az CH / CH C C CH / CH C C CO / CH O CH

= CH AzH CH / CH C C CH / CH C C C(OH) / CH O CH $- H^2$

Le composé saturé serait la 3 *amino-diphéno-γ furodihydrazine* ; le composé qui en dérive par soustraction de 2 atomes d'hydrogène sera donc la 3 *amino-diphéno-γ furazine* ; par le même procédé, la *phénoquinoxazone* deviendra la 3 *oxydiphéno-γ furazine*. Mais ces composés ne contiennent pas en réalité les groupements AzH^2 et OH, qui caractérisent les dérivés amidés et hydroxylés ; aussi ferons-nous précéder leurs noms du préfixe *iso*. Le nom que nous donnerons à la *phénoquinoxazine* sera 3 *isoaminodiphéno-γ furazine*, celui de la *phénoquinoxazone* sera 3 *iso-oxydiphéno-γ furazine*. Cette nomenclature est tout à fait homogène avec celle que nous avons adoptée pour les indulines et les indulones, qui sont respectivement les 3 *iso-aminodiphéno-γ diazines* et les 3 *iso-oxydiphéno-γ diazines*.

Modes de synthèse du noyau. — *Condensation avec l'o-aminophénol*. — La condensation de l'o-aminophénol avec la pyrocatéchine donne naissance à la *diphéno-γ furodihydroazine* elle-même :

AzH^2 OH / + / OH OH

$= 2H^2O +$ AzH / O

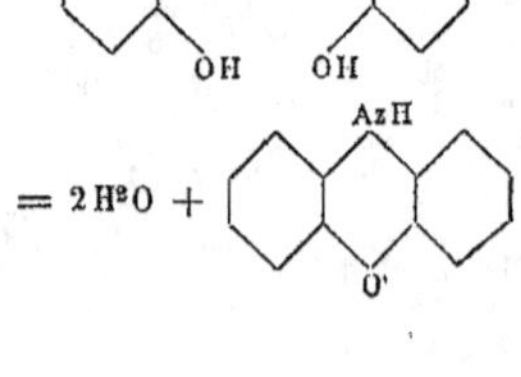

[A. Bernthsen, *D. chem. G.*, **20**, 942; *Bull. Soc. Chim.*, (2), 48, 328]; il est probable que les autres o-diphénols fourniraient de même les homologues.

Si l'on remplace l'o-diphénol par une oxyquinone, il se fait alors une *quinoxazone*, un dérivé de la 3 *iso-oxydiphéno-γ furazine* :

AzH² — OH + CO, CH, CH, CO, C—OH, CH

= 2 H²O + Az, CH, C, CH, CO, C, O, CH

[F. Kehrmann et F. Messinger, *J. prakt. Chem.*, 46, 566; *D. chem. G.*, 26, 2373 et 2375].

Enfin le chlorure de picryle subit une condensation analogue :

AzH², OH + AzO², Cl, AzO², AzO²

= HCl + AzO²H + AzH, AzO², AzO², O

1.3 Dinitro-diphéno-γ furodihydroazine.

[G. Turpin, *Chem. Soc.*, 1891, 1, 714].

Condensation des nitrosamines et des nitrosophénols avec les amines et les phénols. — On sait que les p-nitrosamines se combinent aux amines dans lesquelles la position para est libre en donnant des matières colorantes auxquelles on a donné le nom d'*indamines*; avec les phénols, elles fournissent de même les *indophénols* :

AzO, AzH² + AzH²

= H²O + Az, AzH², AzH

Indamine.

AzO, AzH² + OH

= H²O + Az, AzH², O

Indophénol.

On obtient les mêmes résultats en remplaçant la p-nitrosamine par une quinone-chlorimide.

On sait également qu'on obtient les mêmes réactions en oxydant le mélange d'une p-diamine et d'une amine ou d'un phénol.

Si, au lieu d'une p-nitrosamine, on emploie un p-nitrosophénol, les réactions qui se passent sont absolument comparables :

AzO, OH + AzH²

= H²O + Az, OH, AzH

AzO, OH + OH

= H²O + Az, OH, O

Les indophénols des phénols monatomiques, les indamines des monamines, comme les derniers corps dont nous venons d'écrire l'équation de formation, sont instables; mais nous savons que les indamines d'un certain nombre de polyamines sont au contraire assez stables, ce qui est dû à la formation d'un nouveau noyau, qui est un noyau diazinique (voyez l'article Diazines, *Diphéno-γ diazine*, bleu de toluylène); de même les indophénols de certains phénols polyatomiques se transforment avec fixation d'un atome d'oxygène en des corps beaucoup plus stables qui sont des dérivés de la diphéno-γ furodihydroazine. L'indophénol prend naissance à froid et se transforme à chaud en le produit le plus stable.

L'acide gallique réagit ainsi sur la nitrosodiméthylaniline en fournissant un indophénol que la chaleur transforme en un corps stable, la *gallocyanine* :

AzO, (CH³)²Az + CO²H, OH, OH, OH

= (CH³)²Az, Az, CO²H, OH, OH, O

Indophénol.

A chaud, la nitrosodiméthylaniline agit comme oxydant et se transforme elle-même en diméthyl-p-phénylène-diamine :

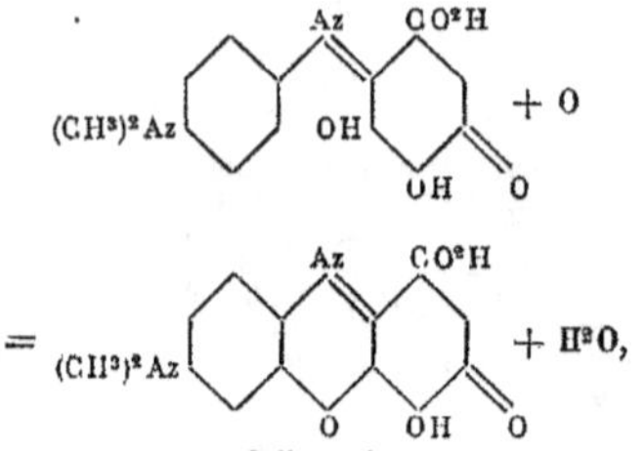

$(CH^3)^2Az$ … Az … CO^2H … OH … OH … O $+ O$

$=$ $(CH^3)^2Az$ … Az … CO^2H … O … OH … O $+ H^2O$,

Gallocyanine.

d'où le nom générique d'*oxy-indophénols.*

Si l'on remplace, vis-à-vis de la nitrosodiméthylaniline, les phénols de la série benzénique par ceux de la série naphtalénique, il se fait également des dérivés du noyau furodihydroazine. Un cas très intéressant est celui du β naphtol, qui donne naissance à une matière colorante intéressante, le *bleu de Meldola.*

Le β naphtol, par sa structure, ne se prête pas à la formation d'un indophénol, puisque la position para vis-à-vis de l'oxhydryle est occupée par un des atomes de carbone communs aux deux noyaux du naphtalène. Or il y a une telle tendance à ce que le noyau furodihydroazine prenne naissance, que, ne pouvant pas se faire par l'intermédiaire d'un indophénol, il se forme néanmoins à l'aide d'un processus différent :

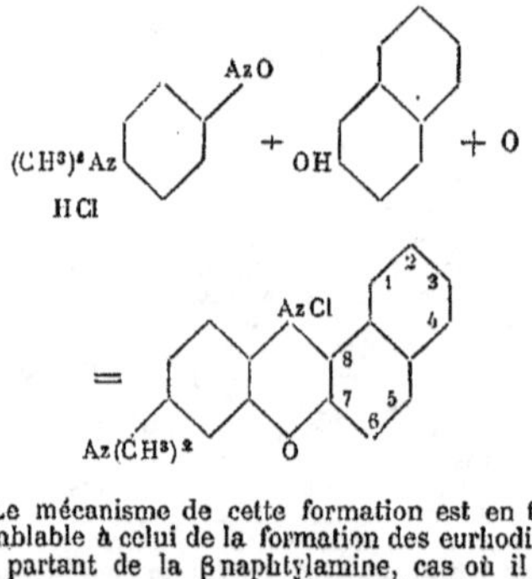

$(CH^3)^2Az$ … AzO … HCl $+$ OH … $+ O$

$=$ Az$(CH^3)^2$ … AzCl … O … 1 2 3 4 5 6 7 8

Le mécanisme de cette formation est en tout semblable à celui de la formation des eurhodines en partant de la β naphtylamine, cas où il ne peut pas non plus se produire d'amines intermédiaires.

Le bleu de Meldola appartient à un noyau homologue de la *diphéno-γ furodihydroazine*; ce noyau, que nous appellerons, vu sa structure, 7-8 *naphtophéno-γ furodihydroazine*, fera l'objet d'un article spécial, dans lequel nous étudierons ses dérivés.

Les composés obtenus par condensation des p-nitrosophénols avec certains polyphénols subissent une condensation analogue, soit par oxydation, soit par simple départ d'eau :

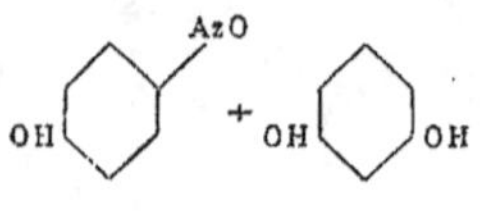

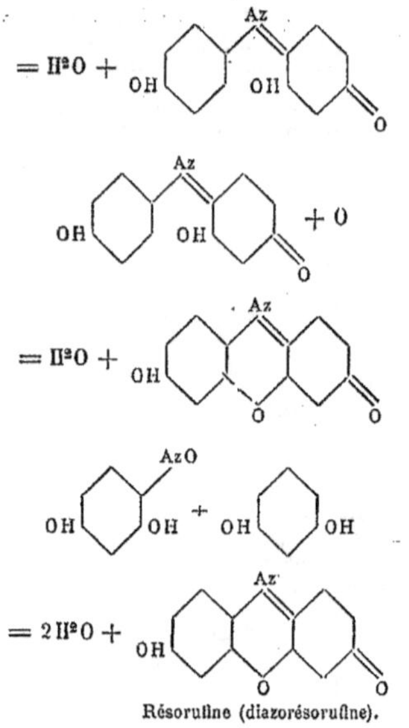

OH … AzO $+$ OH … OH

$= H^2O +$ OH … Az … OH … O

OH … Az … OH … O $+ O$

$= H^2O +$ OH … Az … O … O

OH … AzO … OH $+$ OH … OH

$= 2H^2O +$ OH … Az … O … O

Résorufine (diazorésorufine).

En même temps que le dernier corps prend naissance, il se fait un produit contenant un atome d'oxygène de plus, qui appartiendrait à un noyau différent, de forme tout à fait nouvelle, et qui serait

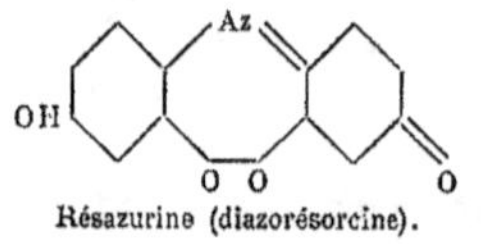

OH … Az … O O … O

Résazurine (diazorésorcine).

Ces divers schémas, qui sont dus à M. Nietzki, permettent d'expliquer d'une manière très satisfaisante les résultats, autrefois décrits par Weselski, de l'action de l'acide nitreux sur la résorcine et l'orcine. Il obtenait ainsi deux corps très complexes, auxquels il avait donné les noms de *diazorésorcine* et de *diazorésorufine*, noms que Brunner changea plus tard en ceux d'*azorésorcine* et d'*azorésorufine*. M. Nietzki, montrant que ces deux produits n'ont rien de commun avec les corps diazoïques ou azoïques, leur a donné les noms de *résazurine* et de *résorufine*. Ces corps sont ceux dont nous venons d'écrire les schémas, et ils prennent naissance par la réaction secondaire de la nitrosorésorcine formée sur celle qui n'a pas été modifiée; de plus, dans le cas de la résazurine, une partie de la nitrosorésorcine sert en même temps comme oxydant.

M. Nietzki a montré la valeur de ses explications en reproduisant la résorufine :

1° Par l'action de l'acide sulfurique concentré sur un mélange de nitrosophénol et de résorcine;

2° Par l'action du peroxyde de manganèse sur une solution sulfurique de p-aminophénol et de résorcine;

3° Par l'action du peroxyde de manganèse sur un mélange de phénol et d'aminorésorcine en solution sulfurique;

4° Enfin par l'action de la quinone-chlorimide $C^6H^4O = AzCl$ sur une dissolution sulfurique de résorcine.

Si, au lieu d'employer la quinone-chlorimide, qui agit comme un p-nitrosophénol, on emploie la quinone-dichlorimide $C^6H^4(AzCl)^2$, qui agit comme la p-nitraniline, on obtient un corps qui ne diffère de la résorufine que par le remplacement de OH par AzH^2, et auquel on donne le nom de *résorufamine* :

AzO^2 — AzH^2 + OH — OH

$= 2H^2O +$ Az — AzH^2 — O — O

L'action de l'acide nitreux sur les divers phénols a été l'occasion de publications aussi nombreuses que contradictoires. Nous ne pouvons avoir la prétention d'exposer ici les opinions très nombreuses qui ont été émises, dont le plus grand nombre d'ailleurs a été abandonné depuis. Nous avons adopté pleinement les explications qui ont été fournies par M. Nietzki, et c'est sur les données de ses expériences que le plan de cet article a été construit. Nous donnons toutefois ci-dessous la bibliographie aussi complète que possible de tout ce qui a été publié sur ce sujet [O. Lex, *D. chem. G.*, **3**, 457; *Bull. Soc. Chim.*, (2), **14**, 348. — P. Weselsky, *D. chem. G.*, **4**, 32 et 613; *Ann. Chem.*, **162**, 273; *Bull. Soc. Chim.*, (2), **15**, 103; **16**, 186; **18**, 130. — P. Weselsky, *Ann. Chem.*, **164**, 1; *D. chem. G.*, **7**, 439; *Bull. Soc. Chim.*, (2), **18**, 454; **22**, 304. — E. Kopp, *D. chem. G.*, **6**, 447; *Bull. Soc. Chim.*, (2), **20**, 210. — C. Liebermann, *D. chem. G.*, **7**, 248; *Bull. Soc. Chim.*, (2), **22**, 192. — A. Fèvre, *C. R.*, **96**, 790; *Bull. Soc. Chim.*, (2), **39**, 561 et 589. — H. Brünner, *D. chem. G.*, **15**, 174; *Bull. Soc. Chim.*, (2), **38**, 230.— P. Weselsky et R. Benedickt, *Mon. f. Chem.*, **1**, 889; *Bull. Soc. Chim.*, (2), **36**, 490. — R. Benedickt et A. von Hübl, *Mon. f. Chem.*, **2**, 323; *Bull. Soc. Chim.*, (2), **36**, 493. — P. Weselsky et R. Benedickt, *Mon. f. Chem.*, **5**, 605; *Bull. Soc. Chim.*, (2), **44**, 216. — R. Benedickt et Julius, *Mon. f. Chem.*, **5**, 534; *Bull. Soc. Chim.*, (2), **44**, 229. — H. Brünner et C. Kraemer, *D. chem. G.*, **17**, 1847, 1867, 1872, 1875; *Bull. Soc. Chim.*, (2), **44**, 229, 273, 309, 369. — C. Kraemer, *D. chem. G.*, **17**, 1875; *Bull. Soc. Chem.*, (2), **44**, 370. — E. Ehrlich, *Mon. f. Chem.*, **8**, 425; *Bull. Soc. Chim.*, (2), **49**, 174. — R. Nietzki et R. Otto, *D. chem. G.*, **21**, 1736 *a*; *Bull. Soc. Chim.*, (2), **50**, 574. — R. Nietzki, A. Dietze et H. Maeckler, *D. chem. G.*, **22**, 3020; *Bull. Soc. Chim.*, (3), **5**, 125. — R. Nietzki et H. Maeckler, *D. chem. G.*, **23**, 725; *Bull. Soc. Chim.*, (3), **4**, 424. — R. Nietzki et D. Schündelen, *D. chem. G.*, **24**, 3585 *b*; *Bull. Soc. Chim.*, (3), **8**, 482. — R. Nietzki et A. Bossi, *D. chem. G.*, **25**, 2994 *b*; *Bull. Soc. Chim.*, (3), **10**, 153].

DIPHÉNO-γ FURODIHYDROAZINE (*phénazoxine*)

CH AzH CH — CH C C CH — CH C C CH — CH O CH

— On chauffe en tubes scellés pendant 40 heures à 260-280° un mélange équimoléculaire d'o-aminophénol et de pyrocatéchine. Le contenu des tubes, confusément cristallin, est épuisé par l'eau, puis traité par la soude bouillante. Le résidu est extrait à l'éther, la solution éthérée traitée par la soude, puis par le noir animal. Après distillation de l'éther, il reste un résidu solide, brun, qu'on reprend par l'alcool étendu et bouillant. La solution filtrée abandonne des lamelles incolores, qu'on purifie par une nouvelle cristallisation dans l'éther, d'où le nouveau corps se dépose sous la forme de houppes à éclat argentin.

La phénazoxine est très soluble dans l'éther, l'alcool, le benzène, moins soluble dans l'alcool étendu, encore moins dans la ligroïne; elle fond à 148°. Elle se sublime aisément et distille presque sans décomposition.

L'acide nitrique fumant nitre aisément la phénazoxine. Le *dérivé nitré* est cristallin; réduit par l'étain et l'acide chlorhydrique, il fournit une base que le chlorure ferrique oxyde en la transformant en une matière colorante d'un rouge violacé.

L'acide sulfurique concentré dissout la phénazoxine en se colorant en un violet rougeâtre qui passe au violet foncé quand on chauffe et disparaît quand on ajoute de l'eau [C. Bernthsen, *D. chem. G.*, **20**, 942; *Bull. Soc. Chim.*, (2), **48**, 328].

2.4 *Dinitro-diphéno-γfurodihydroazine* (*dinitrophénazoxine*). — On obtient ce dérivé nitré en traitant par la potasse le picryl-o-aminophénol. Il forme des aiguilles pourpre foncé, fusibles à 213°. Il se dissout dans les alcalis caustiques chauds et dans l'ammoniaque alcoolique, en colorant le dissolvant en bleu foncé; il se précipite inaltéré par refroidissement; il est insoluble dans les acides étendus. L'atome d'hydrogène du groupe AzH ne peut pas être remplacé par un acétyle [G. Turpin, *Chem. Soc.*, 1871, **1**, 714; *D. chem. G.*, **24**, 949, *Ref.*].

3 ISO-AMINO-DIPHÉNO-γ FURAZINE (*quinoxazine*) et 3 ISO-OXY-DIPHÉNO-γ FURAZINE (*quinoxazone*),

CH Az CH — CH C C CH — CH C C C — CH O CH AzH

CH Az CH — CH C C CH — CH C C CO — CH O CH

— Ces deux composés n'ont pas encore été préparés par synthèse, mais presque toutes les matières colorantes dont nous avons sommairement indiqué les modes généraux de formation sont des produits de substitution de ces deux corps encore hypothétiques. Dans le but de simplifier et d'unifier la nomenclature de ces nombreux composés, M. Möhlau a proposé [*D. chem. G.*, **25**, 1055; *Bull. Soc. Chim.*, (3), **8**, 1087] de les nommer en les considérant comme produits de substitution de la *quinoxazine* ou de la *quinoxazone*, suivant les cas. Pour abréger, nous emploierons ces deux mots chaque fois qu'il n'y aura pas de confusion possible, comme nous avons déjà fait pour les *indulines* et les *indulones*, qui leur correspondent exactement par leur constitution (Voyez DIAZINES).

6*Amino-3 iso-oxy-diphéno-γ furazine* (6 *aminoquinoxazone*, *résorufamine*). — Cette combinaison prend naissance en petite quantité quand on traite la quinone-dichlorimide par la résorcine en solution alcoolique. Si l'on se souvient que la quinone-dichlorimide fonctionne comme la p-nitraniline, on pourra représenter la réaction par le schéma

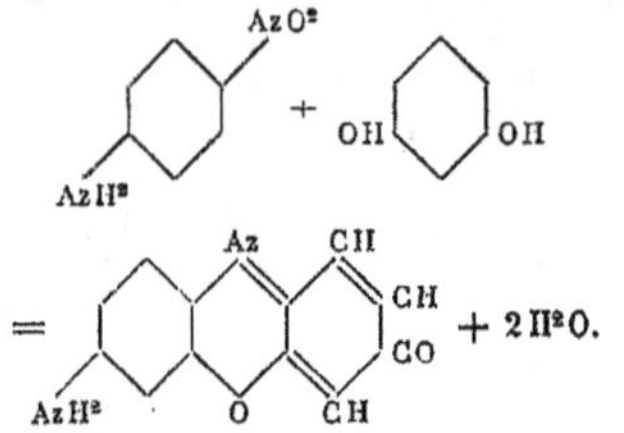

AzO² ; AzH² + OH OH

= Az CH CH CO AzH² O CH + 2H²O.

Cette substance est difficile à purifier; on y réussit en faisant cristalliser le *sulfate* dans l'eau en présence de noir animal [R. Nietzki et H. Maeckler, *D. chem. G.*, **23**, 725; *Bull. Soc. Chim.*, (3), **4**, 425].

6 *Diméthylamino-3 iso-oxy-diphéno-γfurazine* (*diméthylamidoquinoxazone*, *diméthylrésorufamine*. — Cette base prend naissance quand on traite par le nitrite d'amyle en solution sulfurique la 2 *amino-6 diméthylamino-3 iso-oxy-diphéno-γ furazine* (*diméthyldiamidoquinoxazone*).

Elle forme des cristaux presque noirs, fondant au-dessus de 250° en se sublimant et se décomposant tout à la fois.

La *diméthylamidoquinoxazone* se dissout dans l'eau bouillante, en la colorant en un rouge violacé. L'alcool la dissout plus aisément, avec une coloration carmin et une belle fluorescence rouge. Cette solution communique à la soie sa couleur et sa fluorescence. L'éther dissout ce corps en se colorant en rose; le benzène fournit une solution orangée, douée d'une fluorescence jaune.

L'acide acétique et les acides minéraux étendus dissolvent la nouvelle base avec une coloration rouge-fuchsine; les acides sulfurique et chlorhydrique concentrés la colorent en bleu foncé; la solution étendue d'eau devient rouge.

On obtient plus aisément cette base en faisant réagir la nitrosorésorcine sur le diméthyl-m-aminophénol :

(CH³)²Az OH + AzOH CH C CH C CO OH CH

= 2H²O + CH Az CH CH C C CH C C C CO (CH³)²Az CH O CH

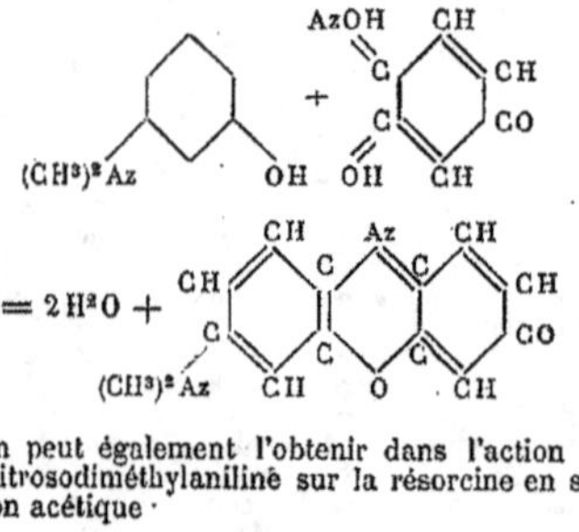

On peut également l'obtenir dans l'action de la nitrosodiméthylaniline sur la résorcine en solution acétique :

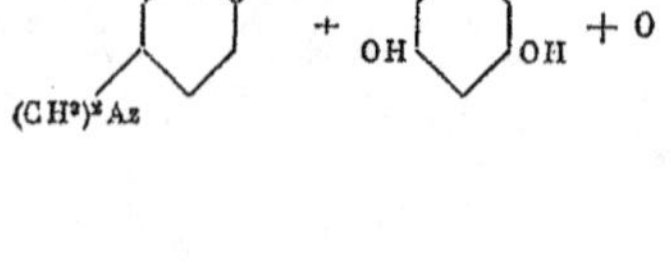

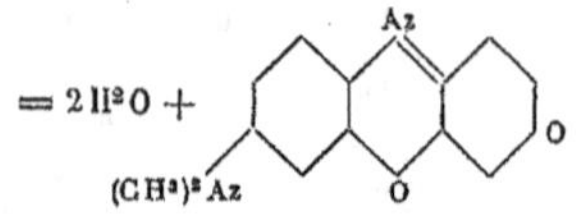

AzO (CH³)²Az + OH OH + O

= 2H²O + Az (CH³)²Az O O

[R. Möhlau, *D. chem. G.*, **25**, 1065; *Bull. Soc. Chim.*, (3), **8**, 1087].

2 *amino-6 diméthylamino-3 isoxydiphéno-γ furazine* (*diméthyldiamidoquinoxazone*). — Cette substance s'obtient en réduisant par le chlorure stanneux en solution chlorhydrique le *nitrosodiméthyl-m-aminophénol*; il se fait d'abord le dérivé amidé correspondant, qui réagit sur 1 molécule de dérivé nitrosé inaltéré, avec départ d'une molécule d'eau et d'une molécule de diméthylamine :

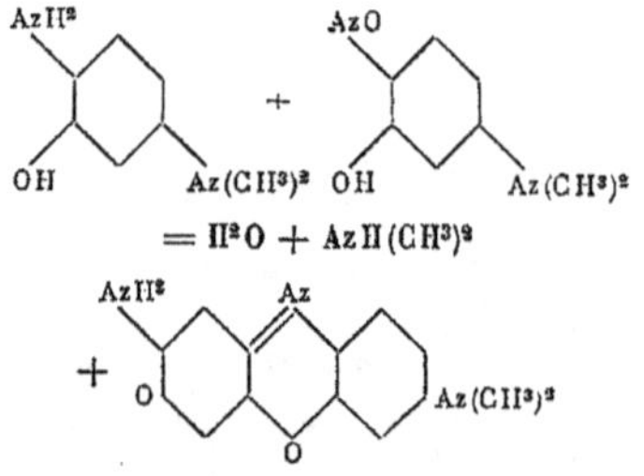

AzH² OH Az(CH³)² + AzO OH Az(CH³)²

= H²O + AzH(CH³)²

+ AzH² Az O Az(CH³)² O

Cette substance cristallise dans l'alcool en cristaux d'un gris d'acier, fusibles à 223°; elle se dissout dans l'eau bouillante en la colorant en bleu; elle teint directement la soie en bain acétique en un bleu violacé avec fluorescence d'un brun rougeâtre [R. Möhlau, *loc. cit.*].

2 *amino-6 diéthylamino-3 iso-oxydiphéno-γ furazine* (*diéthyldiamidoquinoxazone*). — Cette substance se forme comme la précédente aux dépens du nitroso-m-diéthylaminophénol. Elle fond à 211° et se sublime déjà à 200°. Elle se dissout mal dans l'eau bouillante, qu'elle colore en bleu, mieux dans les autres dissolvants neutres, qui l'abandonnent en fines aiguilles brillantes [R. Möhlau, *loc. cit.*].

3.6 Dioxydiphéno-γ furohydroazine,

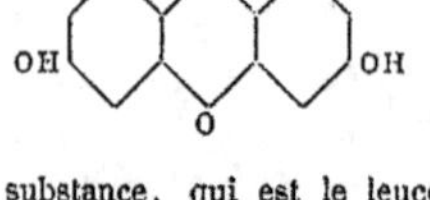

AzH OH O OH

— Cette substance, qui est le leucodérivé de la résorufine de Weselsky, s'obtient quand on chauffe avec une solution de chlorure stanneux la *résazurine* (*diazorésorcine*) ou la *résorufine* (*diazorésorufine*). Elle a été signalée pour la première fois par M. Weselsky [*D. chem. G.*, **4**, 613; *Bull. Soc. Chim.*, (2), **16**, 186].

Ce composé est incolore et forme de courtes aiguilles qui absorbent très rapidement l'oxygène de l'air en se colorant en vert. Au contact du carbonate de potassium, il se transforme presque aussitôt en *résorufine*.

Chauffé avec de l'anhydride acétique et de l'acétate de sodium desséché, ce produit fournit un *dérivé triacétylé* d'un jaune clair, qui, après une cristallisation dans l'acide acétique cristallisable, fournit de longues aiguilles soyeuses tout à fait incolores, fusibles à 216°.

Ce dérivé triacétylé est presque insoluble dans l'eau, peu soluble dans l'alcool et dans l'acide acétique froids.

Par distillation avec la poudre de zinc l'hydrorésorufine donne abondamment de la diphénylamine [R. Nietzki, A. Dietze et H. Maeckler, *D. chem. G.*, **22**, 3030; *Bull. Soc. Chim.*, (3), **5**, 125].

6 Oxy-3 isoxydiphéno-γ furazine (*diazorésorufine, azorésorufine, résorufine*),

Az
OH O
O

— Cette substance fut découverte par M. Weselsky [*loc. cit.*] dans l'oxydation de la résorcine par l'acide nitrique fumant en solution éthérée; il lui donna le nom de *diazorésorufine*. Ce nom fut changé, quelques années plus tard, par M. Brünner, en celui d'*azorésorufine*, puis par M. Nietzki en celui de *résorufine*, ce savant ayant montré que ce produit n'était pas plus un dérivé azoïque qu'un dérivé diazoïque. Il l'obtint à l'aide d'un grand nombre de réactions qui établissent avec certitude la constitution qu'il en a donnée.

La résorufine (*oxyquinoxazone*) prend naissance :

1° Quand on chauffe à 170° un mélange de résorcine et de nitrobenzène en solution sulfurique; le rendement est mauvais [Brünner et Kraemer, *D. chem. G.*, **17**, 1847; *Bull. Soc. Chim.*, (2), **44**, 473; Nietzki, Dietze et Maeckler].

2° Quand on chauffe en solution sulfurique un mélange à molécules égales de résorcine et de nitrosorésorcine

OHAz
OH OH + OH O

Az
$= 2H^2O +$ OH O
O

[Bindschedler et Busch. Brevet allemand 14622, déc. 1880; *Bull. Soc. Chim.*, (2), **39**, 363].

3° Quand on réduit la *résazurine* (*azorésorcine*) par un réducteur énergique, notamment par le bisulfite de sodium [Nietzki, *loc. cit.*].

4° Dans l'action de l'acide sulfurique concentré sur un mélange de nitrosophénol et de résorcine (Nietzki).

5° Par oxydation au moyen de bioxyde de manganèse d'une solution sulfurique de p-aminophénol et de résorcine.

6° Par oxydation au moyen du même réactif d'un mélange de phénol et d'aminorésorcine (Nietzki).

7° Dans l'action de la quinone-chlorimide sur la résorcine en solution sulfurique (Nietzki).

Préparation. — On prépare la résorufine en chauffant avec une solution de bisulfite de sodium la résazurine récemment précipitée; on la purifie par cristallisation dans l'acide chlorhydrique concentré ou dans l'aniline bouillante.

Dans la préparation de la résazurine, il se fait en même temps de la résorufine, on les sépare l'une de l'autre par cristallisation dans l'eau de leur sel de sodium. La résorufine sodique reste dans la solution et peut en être extraite par précipitation au moyen de l'acide chlorhydrique.

La *résorufine* forme une poudre brun-rouge, cristallisant dans l'acide chlorhydrique concentré en petits grains foncés et brillants. Elle est à peu près insoluble dans l'eau, l'alcool et l'éther. Elle se dissout dans l'acide sulfurique concentré avec une couleur cramoisie; l'eau la précipite inaltérée

Les alcalis la dissolvent avec la même couleur et les solutions étendues présentent une coloration d'un rouge cinabre.

Le *résorufinate de potassium*, traité en solution aqueuse par le nitrate d'argent, fournit un sel d'argent insoluble qui, chauffé avec de l'alcool et de l'iodure d'éthyle, donne naissance à l'*éther éthylique*

La *résorufine*, chauffée avec de l'anhydride acétique et de l'acétate de sodium desséché, fournit un *dérivé mono-acétylé*. Il cristallise dans l'alcool en longues aiguilles, fusibles à 220°; la soude le saponifie aisément en régénérant la résorufine

Tétrabromo-6 oxy-3 isoxydiphéno-γ-furazine (*tétrabromorésorufine, bleu fluorescent*). — Cette substance a été obtenue par MM. Weselsky et Benedikt [*Mon. f. Chem.*, **5**, 605; *Bull. Soc. Chim.*, (2), **44**, 216] en faisant réagir le brome sur la résorufine dissoute dans le carbonate de sodium. Sa composition $C^{12}H^2Br^4AzO^3Na, 2H^2O$ et sa constitution ont été établies par MM. Nietzki, Dietze et Maeckler [*loc. cit.*]. Elle constitue le *sel de sodium de la tétrabromorésorufine*, et cristallise en magnifiques aiguilles vertes, solubles dans l'alcool et dans l'acide sulfurique, en donnant des solutions d'un bleu fluorescent.

1 *Chloro-2 oxy-3 isoxydiphéno-γ-furazine.* — Cette substance prend naissance quand on traite l'o-aminophénol en solution aqueuse acide par la chloro-p-dioxyquinone, suivant le schéma

AzH^2 CCl
CO COH
\+ HOC CO
OH CH

CH Az CCl
C C
CH COH
$= 2H^2O +$
CH CO
C
CH O CH

Cette substance forme des aiguilles d'un jaune brun, solubles dans l'alcool, l'acide acétique et le benzène bouillants. Elle possède le caractère acide, se dissout dans les alcalis et les carbonates alcalins, en donnant des sels rouges. Elle fond à 235° en se décomposant.

L'anhydride acétique la transforme en un *dérivé mono-acétylé*, qui se dépose dans l'acide acétique en aiguilles brunes à reflets verts, qui fondent à 200° en se décomposant [F. Kehrmann et J. Messinger, *D. chem. G.*, **26**, 2375].

1 *Phénylamino-4 oxy-6 diméthylamino-3 isoxydiphéno-γ-furazine* (*gallocyaninanilide*). — La *gallocyanine*, traitée à l'ébullition par l'aniline, abandonne par refroidissement de longues aiguilles brillantes, de couleur verte, en même temps qu'il se dégage de l'acide carbonique; le carbonyle est remplacé par un groupement ani-

lidé. Le nouveau corps aura donc pour formule

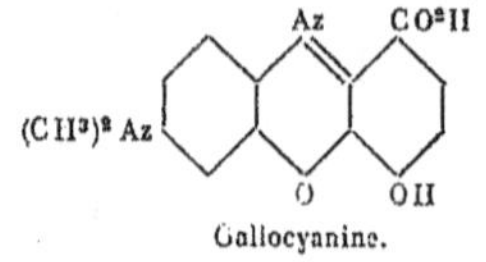

Az CO²H

$(CH^3)^2Az$

O OH

Gallocyanine.

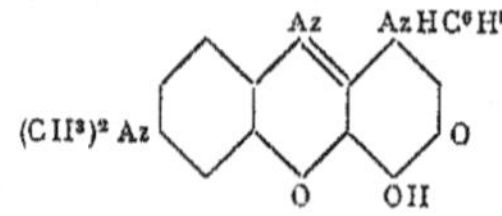

Az AzHC⁶H⁵

$(CH^3)^2Az$ O

O OH

Nouveau corps.

[A. Nietzki et R. Otto, *D. chem. G.*, **21**, 1741; *Bull. Soc. Chim.*, (2), **50**, 574. — R. Nietzki et A. Bossi, *D. chem. G.*, **25**, 2994; *Bull. Soc. Chim.*, (3), **10**, 153].

Résazurine (*diazorésorcine*, *azorésorcine*, *bleu de résorcine*). — La constitution de la résazurine ne semble pas établie avec autant de rigueur que celle de la résorufine; néanmoins celle qui a été indiquée par MM. Nietzki, Dietze et Maeckler est ce que l'on a trouvé de plus vraisemblable. Elle a, en tout cas, l'avantage de bien faire ressortir les rapports étroits qu'a ce composé avec la résorufine :

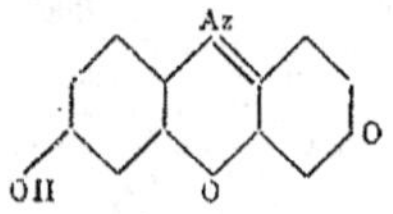

Az

O

OH O

Résorufine.

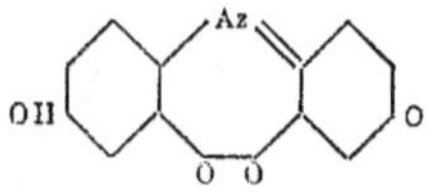

Az

OH O

O O

Résazurine.

Cette constitution est encore un peu hypothétique; mais ce qui est certain, ce sont les rapports du composé avec la résorufine : aussi le décrirons-nous à la suite de cette dernière.

La résazurine a été découverte en 1872 par M. Weselsky, qui lui donna le nom de *diazorésorcine* [*loc. cit.*]; sa constitution a été indiquée par M. Nietzki, qui l'a préparée d'après les indications de M. Weselsky.

Préparation. — A une solution de 8 parties de résorcine dans 500 parties d'éther on ajoute 8 parties d'acide azotique fumant rouge, et on abandonne le mélange à lui-même pendant 2 jours dans un endroit frais. Il se dépose des cristaux en quantité correspondant aux trois quarts du poids de la résorcine employée. Ces cristaux sont lavés à l'eau et broyés avec une solution chaude et moyennement concentrée de carbonate de sodium. Au bout de quelque temps, le tout se prend en une bouillie de cristaux vert de cantharide du sel de sodium de la résazurine, pendant que le sel de sodium de la résorufine, qui a pris naissance en même temps, reste en solution. On essore les cristaux et on les fait ensuite cristalliser à plusieurs reprises dans une lessive faible de carbonate de soude.

La *résazurine sodique* cristallise en longues aiguilles d'un vert éclatant, assez solubles dans l'eau pure, peu solubles dans le carbonate de sodium et dans le sel marin. La solution en couche mince est d'un bleu pur et montre, surtout si on ajoute un peu d'alcool, une magnifique fluorescence d'un rouge de cinabre.

Les acides précipitent de cette solution la *résazurine* en petites aiguilles d'un jaune brun; dans l'acide acétique, elle cristallise en petits prismes verts, fusibles avec décomposition.

Vis-à-vis des acides concentrés, la résazurine se comporte comme une base faible; elle donne avec l'acide chlorhydrique une bouillie d'un chlorhydrate décomposable par l'eau; elle se dissout dans l'acide sulfurique concentré, en lui communiquant une coloration rouge.

Le *sel de sodium* a pour formule

$$C^{12}H^{6}AzO^{4}Na;$$

le *sel de baryum* a une composition analogue et est peu soluble; le *sel d'argent* constitue un volumineux précipité.

On obtient un *éther éthylique* de la résazurine soit en traitant par l'acide chlorhydrique sa solution alcoolique [R. Weselsky et R. Benedikt, *Mon. f. Chem.*, **1**, 889; *Bull. Soc. Chim.*, (2), **36**, 490], soit en traitant son *sel d'argent* par l'iodure d'éthyle [Nietzki, Dietze et Maeckler, *loc. cit.*]. Quoique M. Weselsky ait indiqué pour le point de fusion de ce composé 212° et M. Nietzki 215°, il est probable qu'ils ont eu l'un et l'autre affaire au même produit. Ce corps forme de longues aiguilles d'un brun rouge.

On obtient un *dérivé monoacétylé* en faisant bouillir la résazurine avec un excès d'anhydride acétique et d'acétate de sodium desséché. Ce produit cristallise dans l'alcool en très longues aiguilles d'un rouge de rubis qui fondent à 222°.

Tétrabromorésazurine (*bleu non fluorescent*). — Ce produit a été obtenu par MM. Weselsky et Benedikt en bromant la résazurine en solution alcaline. Son *sel de sodium* se dissout dans l'alcool étendu et bouillant en le colorant en bleu, et s'en dépose sous la forme de belles aiguilles vertes; il a pour composition

$$C^{12}H^{2}Br^{4}AzO^{4}Na, 2H^{2}O$$

La réduction le transforme en *tétrabromorésorufine* ou bleu fluorescent, de même que la réduction transforme la résazurine en résorufine [P. Weselsky et R. Benedikt, *Mon. f. Chem.*, **5**, 605; *Bull. Soc. Chim.*, (2), **44**, 216. — R. Nietzki, A. Dietze et R. Maeckler, *loc. cit.*].

Dérivés de la méthyldiphéno-γ furodihydroazine.

Tous les produits que nous venons de décrire et qui proviennent de l'action de l'acide nitreux sur la résorcine, dérivent par substitution de la *diphéno-γ-furodihydroazine* (*phénazoxine*). Si, dans quelques-unes de ces réactions, on remplace la résorcine par son homologue l'orcine, ou par des acides oxybenzoïques, on a dans certains cas des produits de condensation analogues, mais dérivant des *méthyldiphéno-γ-furodihydroazines* (*méthylphénazoxines*) encore inconnues elles-mêmes.

3 *isooxy-6 amino-1 méthyldiphéno-γ-furodihydroazine* (*orcirufamine*). — Cette combinaison prend naissance dans l'action de la dichloroquinonimide sur l'orcine en solution dans l'alcool. On sait que, la dichloroquinonimide fonctionnant

comme la p-nitraniline, on peut représenter la réaction par le schéma

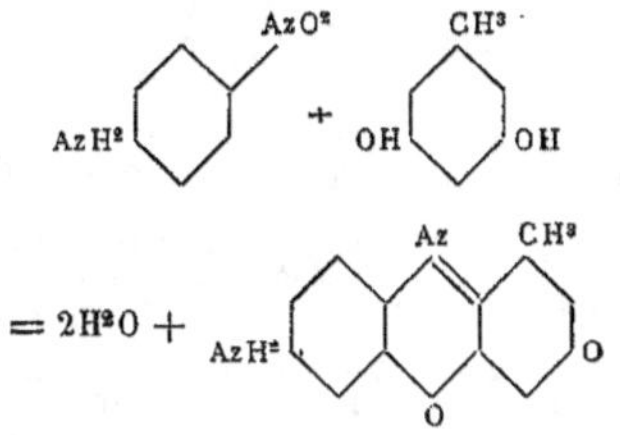

AzH^2 — AzO^2 + CH^3, OH, OH

$= 2H^2O +$ AzH^2 — Az — CH^3 — O — O

Cette base se précipite sous la forme d'un sulfate peu soluble dans l'alcool quand on ajoute de l'acide sulfurique à sa solution alcoolique; ce sel est également presque insoluble dans l'eau; mais on peut aisément le faire cristalliser dans l'acide chlorhydrique bouillant, d'où il se dépose sous la forme de belles aiguilles brunes.

Ce sel traité par l'ammoniaque abandonne la base elle-même sous la forme de fines aiguilles à éclat métallique vert. Cette base est presque insoluble dans l'eau; elle se dissout dans l'alcool avec une couleur d'un rouge violacé [R. Nietzki et H. Maeckler, *D. chem. G.*, **23**, 725; *Bull. Soc. Chim.*, (3), **4**, 424].

Elle fournit un *dérivé acétylé*

$$C^{13}H^9Az^2O^2(C^2H^3O),$$

formant de petites aiguilles brunes.

Olide de l'acide 3*isooxy*-4*oxy*-6*diméthylaminodiphéno-γ furodihydroazine-carbonique* (*gallocyanine*). — La *gallocyanine* ou *violet solide* a été découverte par M. H. Kœchlin [Brevet allemand n° 19580, 17 déc. 1881; *D. chem. G.*, **15**, 2645]. Ce chimiste a obtenu cette intéressante matière colorante en faisant réagir la nitrosodiméthylaniline sur l'acide gallique.

2 parties de tannin et 1 partie de chlorhydrate de nitrosodiméthylaniline sont dissoutes dans 10 parties d'eau, et chauffées ensemble jusqu'à ce que l'intensité de la coloration n'augmente plus. On verse ensuite la masse dans beaucoup d'eau et on précipite la matière colorante par le sel marin. On peut se servir aussi comme dissolvant de l'alcool ou de l'acide acétique; il faut alors, dans ce dernier cas, neutraliser avant d'ajouter le sel marin.

L'acide quinotannique, l'acide cachoutannique, l'acide morintannique, l'acide protocatéchique, l'acide gallique et un certain nombre d'oxyacides aromatiques peuvent remplacer le tannin dans cette réaction.

Les matières colorantes ainsi obtenues se dissolvent dans les alcalis avec des colorations violet-rougeâtre ou violet-bleuâtre; dans les acides, en les colorant en rouge-fuchsine. Le coton mordancé à l'alumine ou à l'étain est teint en nuances violettes.

De ces diverses matières colorantes, la *gallocyanine* ou *violet solide* est celle dont l'industrie a tiré le plus grand parti. Elle fournit notamment avec le sesquioxyde de chrome une laque d'un beau violet.

On la prépare aisément en chauffant en solution acétique ou alcoolique un mélange d'acide gallique et de chlorhydrate de nitrosodiméthylaniline.

Une partie de la nitrosodiméthylaniline agit dans cette réaction comme oxydant, et se retrouve à la fin sous forme de diméthyl-p-phénylènediamine; le reste se condense avec l'acide gallique, suivant le schéma

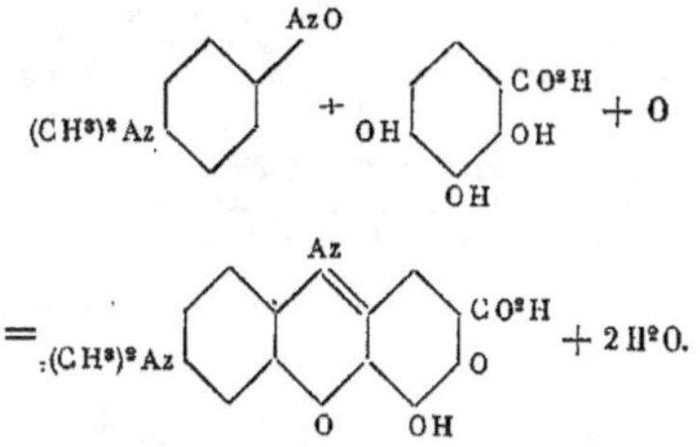

$(CH^3)^2Az$ — AzO + OH, CO^2H, OH, OH $+ O$

$= (CH^3)^2Az$ — Az — CO^2H — O — O — OH $+ 2H^2O.$

Cet acide subit à son tour une déshydratation interne déshydratation qui fournit la gallocyanine.

La formation du produit définitif est précédée de celle d'un indophénol, très oxydable, qui fournit aisément la gallocyanine.

L'étude chimique de cette substance a été faite par MM. R. Nietzki et R. Otto, qui ont établi sa constitution et expliqué son mode de formation [*D. chem. G.*, **21**, 1736; *Bull. Soc. Chim.*, (2), **50**, 574].

L'eau, l'alcool, l'acide acétique dissolvent à peine la gallocyanine; l'aniline la dissout abondamment, mais avec altération du produit. Il se dégage de l'acide carbonique, et le carboxyle est remplacé par un groupement anilidé.

3*isooxy*-4*oxy*-6*diméthylaminodiphéno-γ furodihydroazine*-2*carbonate de méthyle* (*Prune*). — En remplaçant dans la préparation de la gallocyanine l'acide gallique par son éther méthylique, on obtient une fort belle matière colorante qui a été exploitée, sous le nom de *Prune*, par la maison Kern et Sandoz, de Bâle.

Elle possède un caractère basique beaucoup plus prononcé que celui de la gallocyanine, et fournit avec les acides des sels stables, très solubles dans l'eau. Le *chlorhydrate* est très bien cristallisé.

Bleu gallique. — Quand on chauffe le tannin avec l'aniline, on obtient un produit bien cristallisé, que M. Cazeneuve a récemment montré être la *gallanilide* [*Bull. Soc. Chim.*, (3), **9**, 847]. Cette gallanilide se condense également avec la nitrosodiméthylaniline, en donnant une matière colorante intéressante, le *bleu gallique*.

On chauffe parties égales de chlorhydrate de nitrosodiméthylaniline et de gallanilide au sein de 10 parties d'alcool ou d'un autre solvant, comme l'acide acétique. On fait bouillir pendant plusieurs heures jusqu'à ce que le dérivé nitrosé ait disparu. On recueille sur un filtre une matière colorante brillante d'un vert-olive, qu'on lave à l'alcool froid. Cette matière est insoluble dans l'eau et dans les alcalis, ce qui la distingue de la gallocyanine et du Prune. Elle est à peine dissoute par les acides concentrés avec une couleur rouge. L'acide sulfurique concentré la dissout avec une coloration d'un bleu-violet, que l'addition d'eau transforme en un précipité violet foncé.

On peut faire cristalliser cette matière dans l'aniline qui abandonne un produit à reflets cuivrés.

Pour obtenir le corps soluble dans l'eau, c'est-à-dire le *bleu gallique soluble*, utilisable en teinture, il faut chauffer pendant quelque temps 5 parties du précipité vert-olive, avec 20 parties d'alcool et 20 parties d'une solution à 40 0/0 de bisulfite de sodium. La matière se sulfoconjugue: on a d'abord un mélange brunâtre qui se transforme peu à peu en une pâte cristalline d'un vert clair, qu'on dilue dans l'eau et que l'on conserve en pâte.

On peut aussi sulfoconjuguer avec l'acide sulfurique fumant à 24 0/0 d'anhydride.

Le *sel ammoniacal* sous forme de pâte d'un beau bleu est très utilisé en teinture (*indigo de tannin*) [Durand et Huguenin, Brevet du 27 juillet 1887].

M. Cazeneuve, qui a étudié cette réaction au point de vue chimique, représente les deux produits de la réaction par les schémas :

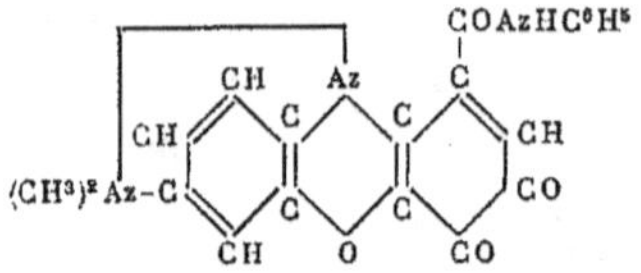

[Formule : $(CH^3)^2Az-C$ … CH, CH, Az, C, CO, COAzHC⁶H⁵]

et

[Formule : $(CH^3)^2Az-C$ … Cl, CH, Az, C, $C-SO^3Na$, O-OH, OH, COAzHC⁶H⁵]

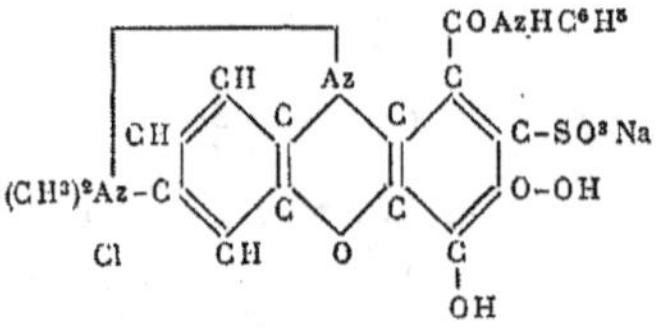

Il a constaté que la gallo-p-toluide se comportait vis-à-vis de la nitrosodiméthylaniline comme son homologue inférieur [P. Cazeneuve, *Bull. Soc. Chim.*, (3), **11**, 87].

Dérivés de la diméthyldiphéno-γ furodihydroazine.

M. Liebermann remarqua que, si l'on dissout l'orcine dans l'acide sulfurique concentré, et qu'on ajoute du nitrite de potassium pulvérisé, la solution se colore en pourpre. L'eau précipite de cette solution des flocons rouges qui se dissolvent dans les alcalis, en donnant une solution d'un beau rouge douée d'une fluorescence cinabre [*D. chem. G.*, **7**, 249; *Bull. Soc. Chim.*, (2), **22**, 192].

Cette remarque de M. Liebermann engagea M. Weselsky à rechercher si l'orcine ne donnait pas, avec l'acide nitreux, des substances analogues à celles qu'il a découvertes en partant de la résorcine.

En employant le même procédé qui lui avait servi à préparer la *diazorésorcine* (*résazurine*) et la *diazorésorufine* (*résorufine*), il obtint une petite quantité d'une substance se comportant vis-à-vis des réactifs comme cette dernière et constituant son homologue deux fois supérieur $C^{14}H^{11}AzO^3$ [*D. chem. G.*, **7**, 441; *Bull. Soc. Chim.*, (2), **22**, 302].

Le travail de M. Weselsky fut ensuite confirmé par M. Kraemer [*D. chem. G.*, **17**, 1875; *Bull. Soc. Chim.*, (2), **44**, 370].

MM. R. Nietzki et H. Maeckler [*D. chem. G.*, **23**, 720; *Bull. Soc. Chim.*, (3), **4**, 724] ont repris l'étude de cette réaction, et ont montré que son mécanisme était identique à celui qui donne naissance à la résorufine. Il se fait de la nitroso-orcine qui réagit ensuite sur une seconde molécule d'orcine :

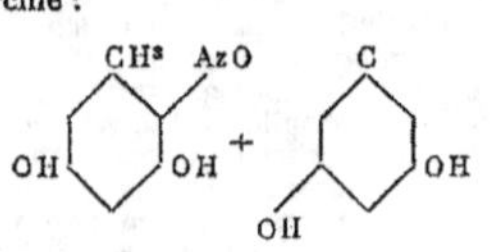

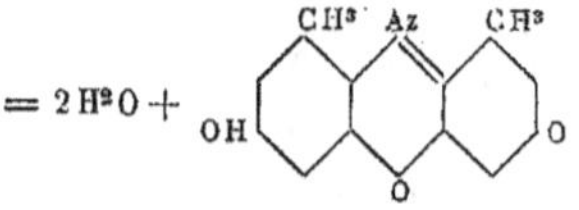

[Formule : nitroso-orcine (CH³, AzO, OH, OH) + orcine (C, OH, OH)]

$= 2H^2O +$ [Formule : CH³, Az, CH³, OH, O, O]

Dans le cas de l'orcine, il ne se fait pas en même temps de produit correspondant à la résazurine.

MM. Nietzki et Maeckler montrèrent de plus que ce produit, auquel ils donnèrent le nom d'*orcirufine*, était identique à celui qui prenait naissance dans la réaction de M. Liebermann.

On prépare la 3 *isooxy-6 oxy-1 . 8 diméthyldiphéno-γ-furodihydroazine* (*orcirufine*) en traitant l'orcine par l'acide nitrique nitreux en solution éthérée. On reprend ensuite la masse par une solution étendue et chaude de soude, qui abandonne par refroidissement, surtout s'il y a un excès de soude, de petites aiguilles bleues constituant le *sel de sodium*, peu soluble, de l'orcirufine.

Les acides séparent de ce corps l'*orcirufine* elle-même, sous la forme d'un précipité cristallin d'un jaune clair.

Cette substance donne aisément un *dérivé monoacétylé* cristallisant dans l'alcool ou dans le benzène en aiguilles orangées, fusibles à 204°.

Le sel de sodium traité par le nitrate d'argent fournit par double décomposition un *sel d'argent* insoluble, d'un gris foncé, qui, chauffé avec de l'alcool et de l'iodure d'éthyle, a donné naissance à des aiguilles orangées constituant l'*éther monoéthylique de l'orcirufine*, $C^{14}H^{10}AzO^3(C^2H^5)$.

Cet éther fond à 269°.

Le brome réagit sur l'orcirufine en donnant un *bleu fluorescent*, ressemblant au *bleu de résorcine*.

L. Bouveault

DIPHÉNOLCRÉSYLCARBINOL. — Voyez ROSOLIQUE (ACIDE).

DIPHÉNOLCRÉSYLMÉTHANE. — Voyez ROSOLIQUE (ACIDE).

DIPHÉNOLDICARBONIQUE (ACIDE). — Voyez BIPHÉNOLDICARBONIQUES, 2ᵉ Suppl., **1**, 715.

DIPHÉNOLÉTHANE (*méthyl-diphénylolméthane*), $CH^3-CH(C^6H^4OH)^2$. — Ce corps, outre le mode de préparation décrit au Suppl., **1**, 651, a été obtenu en faisant passer un courant de gaz chlorhydrique dans une dissolution éthérée d'aldéhyde et de phénol [Claus et Trainer, *D. chem. G.*, **19**, 3004; *Bull. Soc. Chim.*, (2), **47**, 419].

P-DIPHÉNOLTRICHLORÉTHANE (*trichlorométhyldiphénylolméthane*),

$$CCl^3-CH(C^6H^4OH)^2.$$

— A un mélange de 2 molécules de phénol et de 1 molécule de chloral on ajoute, en refroidissant, volume égal d'un mélange de 3 volumes d'acide sulfurique et de 1 volume d'acide acétique, et l'on retire ensuite le vase de la glace; la masse s'échauffe, devient d'un rouge foncé et entre violemment en réaction; à ce moment on la verse dans beaucoup d'eau froide en agitant. Il se sépare un produit rouge ou violacé, visqueux, qui, sous l'eau, devient grenu après quelques jours; ce produit est chauffé au bain-marie avec de l'eau jusqu'à ce que l'odeur du phénol ait disparu, ce qui exige plusieurs jours. On le sèche, on le pulvérise et on le purifie par cristallisation dans un mélange d'alcool et de benzène.

Ce corps est en petits cristaux blancs, fusibles à 202° avec décomposition. Il est très soluble dans l'alcool, l'éther, l'acide acétique, le benzène chaud.

La potasse alcoolique lui enlève du chlore et

se colore en rouge; les acides séparent de cette solution un produit visqueux, rouge.

L'acide sulfurique décompose à chaud le diphénoltrichloréthane; l'acide azotique fumant le convertit en *dérivés nitrés*, qui cristallisent facilement dans l'acide acétique.

Diacétate. — Quand on chauffe pendant longtemps à l'ébullition le diphénoltrichloréthane avec un grand excès d'anhydride acétique, on obtient le diacétate $CCl^3-CH(C^6H^4O.CO.CH^3)^2$ en aiguilles radiées, fusibles à 138° [E. ter Meer, *D. chem. G.*, 7, 1200; *Bull. Soc. Chim.*, (2), 23, 370]

Dérivés nitrés. — Le diphénoltrichloréthane, traité en solution acétique par 3 fois son poids d'acide azotique, se convertit en *dinitro-p-diphénoltrichloréthane* $CCl^3-CH[C^6H^3(AzO^2)OH]^2$. Ce dérivé cristallise en petits prismes jaunes fusibles à 139°, solubles dans le nitrobenzène et dans l'acétone. Ses *sels d'ammonium, de sodium, de potassium* se présentent en cristaux jaunes, solubles dans l'eau; ceux *de calcium, de baryum*, sont insolubles et amorphes.

Le dérivé dinitré donne un *éther diacétylé* en lamelles jaunâtres fusibles à 197°.

Le *tétranitrodiphénoltrichloréthane*,

$$CCl^3-CH[C^6H^2(AzO^2)^2OH]^2,$$

se produit par l'action ultérieure de l'acide nitrique sur le dérivé dinitré. Il est en aiguilles courtes et plates, d'un jaune de soufre, fusibles à 252°. Les *sels* de K, AzH^4, Na, Ca, Ba sont cristallisables; le *sel de cuivre* est amorphe.

Le *diaminodiphényltrichloréthane*,

$$CCl^3-CH(C^6H^3.OH.AzH^2)^2,$$

s'obtient en réduisant par l'étain et l'acide chlorhydrique le dérivé dinitré. Cette base se présente en aiguilles qui brunissent à 95° et se charbonnent sans fondre à une température plus élevée. Ses *sels* sont solubles.

Le *chloroplatinate* se réduit facilement [Elbs et Hoermann, *J. prakt. Chem.*, (2), 39, 498; *Bull. Soc. Chim.*, (3), 3, 435; *J. prakt. Chem.*, (2), 47, 44; *Bull. Soc. Chim.*, (3), 10, 592].

Diphénoléthène (*diphénoléthylène, diphénylolèthène*),

$$\begin{array}{l}CH-C^6H^4OH_{(4)}\\ \parallel\\ CH-C^6H^4OH_{(4)}\end{array}$$

— Ce corps prend naissance quand on traite le diphénoltrichloréthane en solution alcoolique bouillante par la poudre de zinc; après 24 heures d'ébullition, tout le chlore est généralement éliminé et on n'a qu'à précipiter la solution alcoolique par l'eau et à faire cristalliser la masse précipitée dans l'acide acétique cristallisable.

Le corps est en petits cristaux blancs, qui fondent vers 280° en se décomposant. Il se dissout facilement dans l'alcool, l'éther et l'acide acétique chaud, moins dans le benzène, peu dans le sulfure de carbone.

La potasse étendue le dissout à froid en formant une *combinaison potassique* cristallisable [E. ter Meer, *loc. cit.*].

Ce corps n'a pas, comme on aurait pu le croire et comme l'avait supposé l'auteur de sa découverte, la formule $CH^2=C(C^6H^4OH)^2$, mais bien la formule symétrique, comme l'ont prouvé MM. Elbs et Hoermann [*loc. cit.*]. En effet, l'oxydation du dérivé diacétylé (voyez plus bas) au moyen du permanganate de potassium en solution acétique fournit quantitativement 2 molécules d'acide p-oxybenzoïque pour 1 molécule du corps employé, qui peut être considéré comme le *dioxystilbène*. De plus, le p-dinitrostilbène a fourni, en passant par les dérivés amidés et diazotés, un corps identique au produit de réduction du diphénoltrichloréthane.

Le *diacétate*,

$$\begin{array}{l}CH-C^6H^4O-CO.CH^3\\ \parallel\\ CH-C^6H^4O-CO.CH^3\end{array}$$

obtenu en faisant bouillir le diphénoléthène avec un excès d'anhydride acétique, est en cristaux blancs, fusibles à 213°, peu solubles dans l'alcool chaud, l'éther, le benzène, l'acide acétique, l'acétone, presque insolubles dans l'alcool froid (ter Meer). Paul Adam.

DIPHÉNOLÉTHÈNE. — Voyez Diphénoléthane.

DIPHÉNOLÉTHYLÈNE. — Voyez Diphénoléthane.

DIPHÉNOLPROPIONIQUE (ACIDE) [Syn. *Méthyldiphénylolméthane-méthyloïque*],

$$(C^6H^4OH)^2.C.(CH^3).CO^2H.$$

— Cet acide se prépare en ajoutant peu à peu du phénol à une solution refroidie d'acide pyruvique dans l'acide sulfurique concentré. Au bout de quelque temps, on précipite par l'eau glacée et on obtient une masse amorphe, insoluble dans l'eau, l'éther, le chloroforme et le benzène, mais qui se dissout aisément dans l'acétone et dans l'éther acétique. Il se décompose sans fondre vers 268° en dégageant des vapeurs jaunâtres qui se condensent en un produit cristallin soluble dans l'éther.

Les *sels* qui en ont été obtenus sont tous amorphes.

Traité par l'anhydride acétique, il donne un *diacétate* soluble dans l'acide acétique et qui se précipite par addition de benzène à sa solution.

L'acide diphénolpropionique donne avec le brome un dérivé dibromé soluble dans l'alcool, qui, par l'anhydride acétique, se convertit en un *dérivé diacétylé*. Tous ces corps sont amorphes [C. Böttinger, *D. chem. G.*, 16, 2071; *Bull. Soc. Chim.*, (2), 42, 641].

DIPHÉNOLS. — Voyez Biphénols, 2e Suppl., 1, 715

DIPHÉNYLACÉTIQUE (ACIDE) [Syn. *Diphénylméthane-méthyloïque* 1],

$$(C^6H^5)^2CH.CO^2H.$$

— Voyez Suppl., 1, 653.

Éther méthylique, $(C^6H^5)^2CH.CO^2.CH^3$. — Il prend naissance par l'action de l'acide chlorhydrique sur une solution d'acide diphénylacétique dans l'alcool méthylique et cristallise dans l'alcool étendu en lamelles fusibles à 59-60° [C. Rattner, *D. chem. G.*, 21, 1316].

Cet éther n'entre en réaction, en présence de l'éthylate de sodium, ni avec l'iodure de méthyle (Rattner), ni avec le chlorure de benzyle [C. Neure, *Ann. Chem.*, 250, 140; *Bull. Soc. Chim.*, (3), 3, 110]

Diphénylacétamide, $(C^6H^5)^2CH.COAzH^2$. — Ce corps est en lamelles fusibles à 165-166° [R. Anschütz et E. Romig, *Ann. Chem.*, 233, 327; *Bull. Soc. Chim.*, (2), 47, 412].

Nitrile (*diphénylacétonitrile, diphénylméthane-méthylnitrile* 1), $(C^6H^5)^2CH.CAz$. — Indépendamment du mode de préparation déjà décrit (Suppl., 1, 653), ce nitrile se forme quand on traite le diphényléthylène-glycol dinitreux en solution alcoolique par le chlorure stanneux et l'acide chlorhydrique. Il se produit dans cette réaction un dépôt blanc peu abondant, tandis que la solution renferme de l'ammoniaque et du diphénylacétonitrile. On filtre, on évapore à sec, on reprend par l'éther et on distille dans le vide [Anschütz et Romig, *loc. cit.*].

Suivant M. Neure, le meilleur mode d'obtention de ce nitrile consiste à préparer, au moyen de l'acide benzilique et de l'acide iodhydrique, l'acide diphénylacétique et à convertir ce dernier en sel ammoniacal, puis en amide par chauffage sous pression à 230°, et enfin en nitrile à l'aide du perchlorure ou de l'oxychlorure de phosphore [Neure, *loc. cit.*].

Le diphénylacétonitrile cristallise dans l'alcool étendu en aiguilles fusibles à 75-76° (N.), peu solubles dans la ligroïne, très solubles dans l'éther. Il bout à 181-184° sous la pression 12 millimètres (A. et R.).

La potasse alcoolique le convertit d'abord en diphénylacétamide, puis en acide diphénylacétique

Le diphénylacétonitrile, traité par l'éthylate de sodium et le chlorure de benzyle, fournit un *dérivé benzylé* (*benzyldiphénylacétonitrile*), $(C^6H^5)^2 . C(C^7H^7) . CAz$. La réaction commence à froid et s'achève à la température du bain-marie; on chasse l'alcool et, en reprenant par l'eau, on sépare le benzyldiphénylacétonitrile. Ce corps cristallise en tables ou en fines aiguilles, fusibles à 126°, solubles dans l'éther, dans le benzène, dans le chloroforme et dans l'alcool chaud. Saponifié à 220° au moyen de l'acide chlorhydrique concentré, le benzyldiphénylacétonitrile se convertit en *acide benzyldiphénylacétique*, aiguilles brillantes, solubles à chaud dans l'alcool étendu, fusibles à 162° (Neure).

Si l'on traite le diphénylacétonitrile par l'éthylate de sodium et qu'on ajoute ensuite par petites portions de l'iode en solution dans l'éther, on obtient, après traitement par l'eau, un corps blanc qui, purifié par des lavages à l'eau et à l'alcool chaud, puis cristallisé dans l'acide acétique, possède la constitution du *dicyanure de tétraphényléthylène* (*nitrile de l'acide tétraphénylsuccinique*)

$$2(C^6H^5)^2 = CH . CAz + I^2$$
$$= 2HI + (C^6H^5)^2 = \underset{CAz}{C} - \underset{CAz}{C} = (C^6H^5)^2.$$

Le dicyanure de tétraphényléthylène est en petites aiguilles, très peu solubles dans l'alcool, même à chaud, peu solubles dans l'acide acétique, solubles dans le benzène, dans le chloroforme et dans le sulfure de carbone. Ce corps ne possède pas de point de fusion net : chauffé très lentement, il fond à 180°; chauffé rapidement, il n'entre en fusion qu'à 213-215° [K. Auwers et V. Meyer, *D. chem. G.*, **22**, 1227].

MM. Anschütz et Romig ont considéré comme un polymère du diphénylacétonitrile le corps blanc qui se forme en petite quantité dans leur mode de préparation du diphénylacétonitrile.

M. Neure, en traitant par l'acide nitreux le diphénylacétonitrile, a obtenu un produit qu'il a considéré également comme un polymère de ce dernier. Suivant MM. Auwers et Meyer, ces deux composés sont identiques avec le dicyanure de tétraphényléthylène. Léon Roux.

DIPHÉNYLACÉTONE-CARBONIQUES (ACIDES). — Voyez BIPHÉNYLÈNE-CÉTONE-CARBONIQUES, 2e Suppl., **1**, 727

DIPHÉNYLAMINE. — Voyez PHÉNYLAMINES.

DIPHÉNYLBENZÈNE, $C^6H^5 . C^6H^4 . C^6H^5$. — Les dérivés para et méta ont été décrits dans le Supplément (**1**, 653). Le p-diphénylbenzène, en outre des modes de préparation déjà indiqués, s'obtient encore en décomposant par l'eau ou par le bromure d'éthyle la combinaison du benzène avec le potassium [Abeljanz, *D. chem. G.*, **9**, 10; *Bull. Soc. Chim.*, (2), **26**, 294].

PERCHLORODIPHÉNYLBENZÈNE, $C^{18}Cl^{14}$. — On traite le carbure par un grand excès de pentachlorure d'antimoine. On obtient de cristaux sublimables dans le vide, peu solubles dans l'alcool, l'éther et l'acide acétique, un peu solubles dans le benzène, très solubles dans le nitrobenzène chaud. Ce corps résiste à l'action de l'acide azotique même au dessus de 300° [Merz et Weith, *D. chem. G.*, **16**, 2884; *Bull. Soc. Chim.* (2), **43**, 433].

DIPHÉNYLBUTINE. — On a désigné sous ce nom l'hydrocarbure $C^{16}H^{12}$ qui prend naissance dans l'action de l'acide sulfurique sur l'alcool styrolénique (Suppl. **1**, 1461).

M. Zincke, qui avait d'abord représenté ce composé par la formule

$$\begin{array}{l} C^6H^5 - C = CH \\ \qquad\quad | \qquad | \\ \qquad\; CH = C - C^6H^5 \end{array}$$

a été conduit depuis à lui attribuer la constitution

$$C^6H^4 \begin{array}{l} \diagup CH = CH \\ \qquad\qquad\; | \\ \diagdown CH = C - C^6H^5 \end{array}$$

et par suite à le considérer comme le β-phénylnaphtalène [Zincke et Breuer, *Ann. Chem.*, **226** 23. — Zincke, *Ann. Chem.*, **240**, 137]

DIPHÉNYLCARBINOL. — Voy. BENZHYDROL.

DIPHÉNYLCARBONIQUES (ACIDES). — Voyez BIPHÉNYLCARBONIQUES, 2e Suppl., **1**, 716.

DIPHÉNYLCRÉSOLS [Syn. *Diphényl-phénylolméthanes*],

$$(C^6H^5)^2 = CH - C^6H^4 . OH.$$

— Les diphénylcrésols ne sont autre chose que les oxytriphénylméthanes; leurs dérivés amidés, les seuls du reste qui soient connus, ont été décrits Suppl. **1**, 1597 et 1598.

DIPHÉNYLCRÉSYLCARBINOL. — Voyez MÉTHYLTRIPHÉNYLCARBINOL.

DIPHÉNYLCRÉSYLÈNE-DIAMINES. — Voyez CRÉSYLÈNE-DIAMINES, 2e Suppl., **1**, 1436.

DIPHÉNYLCRÉSYLGUANIDINE. — Voy. GUANIDINE.

DIPHÉNYLCRÉSYLMÉTHANE. — Voyez MÉTHYLTRIPHÉNYLMÉTHANE.

DIPHÉNYLDIACÉTYLÈNE [Syn. *Diphénylbutadiène*], $C^6H^5 - C \equiv C - C \equiv C - C^6H^5$ (voyez Dict., **2**, 835; Suppl., **1**, 1187). — Préparé d'après la méthode de MM. Baeyer et Landsberg (Suppl., **1**, 1187) et purifié en traitant par le noir animal sa solution alcoolique ou acétique, le diphényldiacétylène fond à 88° (Hollemann).

ACTION DU BROME. — Le diphényldiacétylène fixe à froid le brome en solution acétique ou éthérée, mais incomplètement, quand on emploie 4 atomes de brome pour 1 molécule de diphényldiacétylène. On obtient ainsi deux corps différents, qu'on purifie par cristallisation dans l'éther

Le premier se présente sous la forme de petits prismes incolores, fusibles à 173° et possède la composition d'un *tétrabromure de diphényldiacétylène* $C^{16}H^{10}Br^4$.

Le second, qui constitue la partie la plus importante du produit, est en gros cristaux jaunes, fusibles à 149-153°. Il répondrait à la formule $(C^{16}H^{10}Br^2, C^{16}H^{10}Br^4)$ (?) et ne se laisserait pas séparer en composés distincts par des cristallisations fractionnées [A.-F. Hollemann, *D. chem. G.*, **20**, 3080; *Bull. Soc. Chim.*, (2), **49**, 976].

DIPHÉNYLDIAMINOACÉTIQUE (ACIDE) (ou plutôt *bisphénylamino-acétique*).

— C'est le composé décrit sous le nom d'aniloglyoxylate d'aniline (Suppl., 1, 886). On peut en effet attribuer avec vraisemblance à ce corps la formule $(C^6H^5.AzH)^2=CH-CO^2H$.

DIPHÉNYLDIAMINOTRIPHÉNYLCARBINOL. — Voyez TRIPHÉNYLCARBINOL.

DIPHÉNYLDICARBONIQUE (ACIDE). — Voyez BIPHÉNYLDICARBONIQUES, 2° Suppl., 1, 717.

DIPHÉNYL - DIPHÉNYLACÉTONE. — Voyez DIBIPHÉNYLCÉTONE.

DIPHÉNYL - DIPHÉNYLMÉTHANE. — Voyez DIBIPHÉNYLMÉTHANE.

DIPHÉNYLE. — Voyez BIPHÉNYLE, 2° Suppl., 1, 720

DIPHÉNYLÈNE. — Voyez BIPHÉNYLÈNE, 2° Suppl., 1, 725.

DIPHÉNYLÈNE-ACÉTIQUE (ACIDE). — Voyez BIPHÉNYLÈNE-ACÉTIQUE, 2° Suppl., 1, 725.

DIPHÉNYLÈNE - ACÉTONE. — Voyez BIPHÉNYLÈNE-CÉTONE, 2° Suppl., 1, 725.

DIPHÉNYLÈNE - ACÉTONE - CARBONIQUE (ACIDE). — Voyez BIPHÉNYLÈNE-CÉTONE-CARBONIQUES, 2° Suppl., 1, 727

DIPHÉNYLÈNE-CARBONYLE-CARBONIQUE (ACIDE). — Voyez BIPHÉNYLÈNE-CÉTONE-CARBONIQUES, 2° Suppl., 1, 727.

DIPHÉNYLÈNE-GLYCOLIQUE (ACIDE). — Voyez BIPHÉNYLÈNE-GLYCOLIQUE, 2° Suppl., 1, 728.

DIPHÉNYLÈNE - MÉTHANE. — Voyez BIPHÉNYLÈNE-MÉTHANE, 2° Suppl., 1, 728.

DIPHÉNYLÈNE-NAPHTAZINE. — Voyez BIPHÉNYLÈNE-NAPHTAZINE, 2° Suppl., 1, 729.

DIPHÉNYLÈNE - PHÉNYLMÉTHANE. — Voyez BIPHÉNYLÈNE-PHÉNYLMÉTHANE, 2° Suppl., 1, 724.

DIPHÉNYLÉTHANE. — Deux carbures peuvent porter ce nom :

$$C^6H^5-CH^2-CH^2-C^6H^5 \quad \text{et} \quad CH^3.CH(C^6H^5)^2.$$

Le premier est le *bibenzyle* ; on ne s'occupera ici que du second, qui d'ailleurs doit plutôt être appelé *méthyldiphénylméthane*.

MODES DE PRODUCTION. — Outre les modes de production signalés au Suppl., 1, 657, ce carbure prend naissance :

1° Dans la distillation sur la chaux sodée de l'acide diphényléthane-tricarbonique (Haiss).

Par l'action sur le benzène, en présence du chlorure d'aluminium :

2° Du chlorure d'éthylidène [Silva, *Bull. Soc. Chim.*, (2), 36, 66 ; 41, 448].

3° De l'acétylène [Varet et Vienne, *Bull. Soc. Chim.*, (2), 47, 919].

4° Du bromure d'éthylidène, de l'éthylène bromé, du tribrométhane, du tétrabrométhane, du bromure d'éthylène, du brométhylbenzène, etc. (Angelbis et Anschütz).

5° Par la réduction du diphényltrichloréthane au moyen de l'amalgame de sodium (Goldschmidt).

PROPRIÉTÉS. — C'est un liquide fortement réfringent, dense, d'une odeur agréable, se concrétant dans un mélange réfrigérant, bouillant à 270°. Il possède une fluorescence bleue.

ACTION DE L'ACIDE NITRIQUE. — Le carbure, dissous dans 10 parties d'acide acétique, est traité par son poids d'acide azotique, quantité qui correspondrait à la formation d'un dérivé dinitré. On a soin de bien refroidir pendant l'addition de l'acide azotique. On abandonne le mélange à lui-même pendant 1 heure, on chauffe pendant 1 heure et demie au bain-marie et on précipite par l'eau. On fait cristalliser le précipité dans l'acide acétique cristallisable. Ce corps, obtenu en aiguilles blanches fusibles à 106-107°, est l'*éther mononitreux du glycol diphényléthylénique*.

Les eaux mères, traitées par l'eau, laissent déposer un liquide huileux qui se prend bientôt en masse ; on lave à l'eau et à la soude, et on fait cristalliser dans l'alcool. On obtient des aiguilles d'un jaune foncé, fusibles à 148-149°, qui constituent l'*éther dinitreux* du même glycol.

Les eaux mères alcooliques abandonnent par évaporation des cristaux d'un jaune clair, fondant à 87-88°, constituant l'*éther mononitreux de l'alcool diphénylvinylique*.

Enfin les dernières eaux mères, distillées dans le vide, donnent de la benzophénone.

L'éther mononitreux du glycol diphényléthylénique, $(C^6H^5)^2COH.CH^2OAzO$, fusible à 106°, est peu soluble dans l'acide acétique froid. Traité par l'acide chromique à chaud, il donne de la benzophénone et le nitrite diphénylvinylique ; par le chlorure d'acétyle, ce dernier corps seulement. Par la potasse alcoolique, il fournit du nitrite de potassium et de la benzophénone.

Chauffé en solution acétique avec de l'acide azotique (densité = 1,5), il se transforme, suivant la proportion, la durée ou la température de la réaction, soit en nitrite diphénylvinylique, soit en dinitrite.

Nitrite de diphénylvinyle,

$$(C^6H^5)^2C=CHOAzO.$$

— Outre les modes de production déjà indiqués, ce corps se prépare en traitant une solution chaude de 1 partie de diphényléthane dans 10 parties d'acide acétique, goutte à goutte par 1 partie d'acide azotique fumant ; on chasse l'acide acétique, on précipite par l'eau et on fait cristalliser dans l'alcool.

Ce corps cristallise dans le type hexagonal ; il est très soluble dans l'alcool, l'éther, le benzène, le chloroforme, l'acide acétique, peu soluble dans l'éther de pétrole. Il fond à 87-88°.

Oxydé par l'acide chromique en solution acétique, il fournit de la benzophénone. Chauffé avec de la potasse alcoolique, il donne du nitrite de potassium et de la benzophénone.

L'acide chlorhydrique concentré ne l'altère pas à 100°.

L'acide azotique en solution acétique le transforme à 100° en dinitrite.

Dinitrite, $C^{14}H^{10}Az^2O^4$. — Ce corps se forme dans l'action de l'acide azotique sur le diphényléthane et les composés nitreux précédents.

On le prépare en traitant une solution bouillante de 1 partie de diphényléthane dissous dans 2 ou 3 parties d'acide acétique par 2p,5 d'acide azotique fumant.

Il est en cristaux jaunes, clinorhombiques, fusibles à 148-149°, solubles dans l'éther, peu solubles dans le benzène, l'alcool, l'acide acétique, presque insolubles dans l'éther de pétrole.

Oxydé par l'acide chromique en solution acétique, il se convertit en benzophénone. La potasse ou l'ammoniaque alcoolique lui fait subir la même transformation.

L'acide chlorhydrique concentré ne l'altère pas à 120°.

Traité en solution alcoolique par le chlorure stanneux et l'acide chlorhydrique, il donne un dépôt blanc peu abondant et une solution qui renferme de l'ammoniaque et du *diphénylacétonitrile* $(C^6H^5)^2-CH.CAz$, fusible à 71-72°, transformable par la potasse alcoolique en diphénylacétamide et acide diphénylacétique.

Quant à la poudre blanche qui se dépose pendant la réduction par le chlorure stanneux, c'est un isomère du nitrile précédent, qui fond à 167-169° [Anschütz et Romig, *Ann. Chem.*, **233**, 327; *Bull. Soc. Chim.*, (2), **47**, 412] (voyez DIPHÉNYLACÉTIQUE).

DÉRIVÉS CHLORÉS ET BROMÉS.

Diphénylchloréthane, $CH^2Cl-CH(C^6H^5)^2$. — Lorsqu'on ajoute de l'acide sulfurique concentré à un mélange de 1 molécule d'éther bichloré (pouvant donner naissance, d'après M. Lieben, à de l'aldéhyde monochlorée) et de 2 molécules de benzène, il se dégage beaucoup de gaz chlorhydrique, et le mélange se colore peu à peu en rouge, puis en brun foncé. Si on verse le tout dans l'eau, il se sépare une huile qui constitue le corps $CH^2Cl-CH(C^6H^5)^2$.

Cette huile donne, à la distillation, de l'acide chlorhydrique et du *stilbène*, et non du diphényléthylène. Il y a donc transposition moléculaire.

Si, au contraire, on traite le diphénylchloréthane par la potasse alcoolique, la réaction faite à basse température est moins violente, et on obtient du *diphényléthylène* [E. Hepp, *D. chem. G.*, **6**, 1439; **7**, 1409; *Bull. Soc. Chim.*, (2), **21**, 504; **24**, 34].

Diphényldichloréthane, $CHCl^2-CH(C^6H^5)^2$. — Ce corps se forme, entre autres produits, dans l'action du chloral sur le benzène en présence du chlorure d'aluminium. Il fond à 74°. Par hydrogénation, il donne le diphényléthane [A. Combes, *Bull. Soc. Chim.*, (2), **45**, 226].

Diphényltrichloréthane, $CCl^3-CH(C^6H^5)^2$. — On traite 2 molécules de benzène et 1 molécule de chloral par un excès d'acide sulfurique.

Ce corps est cristallisé; il fond à 64° en se décomposant. L'ébullition avec la potasse alcoolique lui enlève les éléments de l'acide chlorhydrique, et il se fait du *diphényldichloréthylène*. L'amalgame de sodium lui enlève lentement son chlore, pour donner le diphényléthane [Baeyer, *D. chem. G.*, **5**, 1098; *Bull. Soc. Chim.*, (2), **20**, 207].

D'après MM. Elbs et Förster, on ne peut réussir à transformer le diphényltrichloréthane en acide diphénylacétique. Lorsqu'on le réduit par le zinc et l'ammoniaque en solution alcoolique à une température qui ne dépasse pas 80°, il y a transposition moléculaire partielle et formation de stilbène, en même temps que de diphényléthane [*J. prakt. Chem.*, (2), **39**, 298; *Bull. Soc. Chim.*, (3), **3**, 24. — Elbs, *J. prakt. Chem.*, (2), **47**, 44; *Bull. Soc. Chim.*, (3), **10**, 592].

Dichloro-phényltrichloréthane,

$$CCl^3.CH(C^6H^4Cl)^2.$$

— On fait digérer parties égales de monochlorobenzène et de chloral anhydre avec de l'acide sulfurique. On obtient des aiguilles feutrées fusibles à 105°.

La potasse alcoolique transforme ce corps en dichloro-phényldichloréthylène.

Le *dérivé dinitré*, $CCl^3-CH(C^6H^3ClAzO^2)^2$, cristallise bien et fond à 143°. Réduit par le sulfure d'ammonium en solution alcoolique, il donne un *dérivé amidé* en petites aiguilles jaunes.

Dibromo-phényltrichloréthane,

$$CCl^3.CH(C^6H^4Br)^2.$$

— Ce corps se prépare comme le dérivé chloré correspondant, en employant le benzène monobromé à la place du chlorobenzène. On agite fréquemment et on chauffe modérément le produit de temps en temps au bain-marie. Il se sépare une masse pâteuse qu'on lave à l'eau. Cette masse cristallise peu à peu. Le corps, purifié dans l'alcool éthéré bouillant, est en aiguilles soyeuses, incolores, ou en grands cristaux, fusibles à 139-141°, insolubles dans le benzène, très peu solubles dans l'alcool froid et dans l'acide acétique, moins solubles dans l'alcool, l'éther et le chloroforme chauds et surtout dans le sulfure de carbone.

La potasse alcoolique le transforme en un dérivé éthylénique, $CCl^2=C(C^6H^4Br)^2$.

L'acide azotique le transforme en *dérivé dinitré*, $C^{14}Cl^3Br^2H^7(AzO^2)^2$, aiguilles jaunes, fondant à 168-170° [Zeidler, *D. chem. G.*, **7**, 1180; *Bull. Soc. Chim.*, (2), **23**, 359].

Diphényltribrométhane, $CBr^3-CH(C^6H^5)^2$. — On abandonne pendant 1 jour à lui-même un mélange de bromal, de benzène et d'acide sulfurique; on verse dans l'eau et on fait cristalliser le précipité dans l'alcool absolu.

On obtient ainsi des aiguilles clinorhombiques, fusibles à 89°, très solubles dans l'éther, le chloroforme, le sulfure de carbone, l'acide acétique chaud, peu solubles dans l'alcool et dans le benzène froids.

La potasse alcoolique à chaud donne du diphényldibrométhylène [Goldschmidt, *D. chem. G.*, **6**, 985; *Bull. Soc. Chim.*, (2), **20**, 547].

Paul Adam.

DIPHÉNYLÉTHANE - DICARBONIQUE (ACIDE), $C^{14}H^{12}(CO^2H)^2$. — Cet acide s'obtient en chauffant au bain d'huile à 280° l'acide diphényléthane-tricarbonique,

$$C^{17}H^{14}O^6 = C^{16}H^{14}O^4 + CO^2$$

(voyez l'article suivant).

Il se sublime en longues aiguilles, solubles dans l'alcool, l'éther, le sulfure de carbone, l'acide acétique; fusibles à 275°.

Distillé sur la chaux sodée, il donne du diphényléthane.

Le *sel de calcium* est peu soluble [Haiss, *D. chem. G.*, **15**, 1481; *Bull. Soc. Chim.*, (2), **39**, 87].

DIPHÉNYLÉTHANE-TRICARBONIQUE (ACIDE),

$$C(CH^3)(CO^2H)(C^6H^4.CO^2H)^2.$$

— On obtient cet acide en traitant une solution aqueuse bouillante de dicrésylpropionate de sodium $C(CH^3)(CO^2H)(C^6H^4.CH^3)^2$ par le permanganate de potassium. Quelques gouttes d'alcool détruisent l'excès d'oxydant, et l'addition d'acide sulfurique dans la liqueur filtrée et concentrée détermine la précipitation d'une masse blanche, cristalline, peu soluble dans l'eau, très soluble dans l'alcool chaud, l'éther, le sulfure de carbone.

Cet acide fond à 253-255°. Chauffé à 280°, il perd de l'acide carbonique et se transforme en acide diphényléthane-dicarbonique. Avec la chaux sodée, il donne du diphényléthane. Il n'est pas attaqué à chaud par l'acide azotique concentré.

Le *sel neutre de baryum* est peu soluble dans l'eau chaude.

Le *sel acide de baryum* forme un précipité cristallin qui se dissout à chaud.

Le *sel d'argent*, $C^{17}H^{12}O^6Ag^2$, se dissout dans l'eau chaude

Le *sel neutre*, $C^{17}H^{11}O^6Ag^3$, cristallisé, est peu soluble dans l'eau bouillante [Haiss, *D. chem. G.*, **15**, 1479; *Bull. Soc. Chim.*, (2), **39**, 88].

Paul Adam.

DIPHÉNYLÉTHYLÈNE, $(C^6H^5)^2C=CH^2$. — Outre les modes de production indiqués au Suppl., **1**, 657 et 2ᵉ Suppl., DIPHÉNYLÉTHANE, ce carbure se forme

1° Par l'action du benzène sur l'éthylène dibromé $CH^2=CBr^2$ en présence de chlorure d'aluminium [Demole, *Bull. Soc. Chim.*, (2), **32**, 547];

2° Par une méthode analogue à la précédente, en remplaçant l'éthylène dibromé par l'éthylène tribromé [Anschütz, *D. chem. G.*, **12**, 2207].

Le diphényléthylène fond à 40°.

Le *diphényldibrométhylène* (voyez DIPHÉNYLÉTHANE, *in fine*) est en aiguilles fusibles à 83°. Il a pour formule $(C^6H^5)C=CBr^2$ et bout au-dessus de 300° sans trop se décomposer. Il est soluble dans le sulfure de carbone, le chloroforme, l'éther, peu soluble dans l'alcool et dans le benzène.

Il ne se combine pas au brome, même à 140°.

NITRODIPHÉNYLÉTHYLÈNE,

$$\begin{matrix} C^6H^4AzO^2 \\ C^6H^5 \end{matrix} > C=CH^2.$$

— Ce corps se forme par l'action du chlorure d'acétyle sur le nitrodiphénylméthylcarbinol. Il est en cristaux jaunes, fusibles à 86° [Anschütz et Roswig, *D. chem. G.*, **18**, 662; *Bull. Soc. Chim.*, (2), **45**, 579]. Paul Adam.

DIPHÉNYLÉTHYLÈNE-GLYCOL. — Voy. STILBÉNIQUE, Dict., **2**, 1677.

DIPHÉNYLFUMARIQUE (ACIDE). — Voyez FUMARIQUE.

DIPHÉNYLISOBUTYLGUANIDINE. Voyez AMIDOBUTYLBENZÈNE, 2e Suppl., **1**, 216.

DIPHÉNYLMÉTHANE, $C^6H^5-CH^2-C^6H^5$. — Voyez Dict., **2**, 907.

PRÉPARATION. — La benzophénone est très facilement réduite à 150° par l'acide iodhydrique et le phosphore (10 grammes de benzophénone, 2 grammes à 2gr,2 de phosphore amorphe et 10 à 13 grammes d'acide iodhydrique bouillant à 127°). Le rendement est théorique [Graebe, *D. chem. G.*, **7**, 1623; *Bull. Soc. Chim.*, (2), **24**, 80]. On peut employer également comme réducteurs le zinc et l'acide sulfurique, ou la poudre de zinc.

En traitant par l'acide sulfurique un mélange de méthanal et de benzène [Baeyer, *D. chem. G.*, **6**, 221; *Bull. Soc. Chim.*, (2), **20**, 207] ou de benzène et d'alcool benzylique (Meyer et Wurster), en distillant sur de la chaux sodée l'acide diphénylacétique $(C^6H^5)^2CH.CO^2H$, on obtient du diphénylméthane.

Les moyens les plus commodes de préparation ont été indiqués par M. Friedel. On mélange 100 grammes de chlorure de benzyle à 500 grammes de benzène pur, et on ajoute, par petites portions, de 20 à 40 grammes de chlorure d'aluminium. La réaction est vive. On la complète en chauffant pendant quelques instants vers le point d'ébullition du benzène. On obtient ainsi de 50 à 60 grammes de produit pur [Friedel et Balsohn, *Bull. Soc. Chim.*, (2), **33**, 337]. On peut encore traiter dans les mêmes conditions le chlorure de méthylène et le benzène [Friedel et Crafts, *ibid.*, (2), **41**, 324].

RÉACTIONS. — Le diphénylméthane (qui fond, rappelons-le, à 27° et bout à 261-262°) fournit, par son passage à travers un tube chauffé au rouge, du biphénylène-méthane accompagné de benzène et de toluène [Graebe, *loc. cit.*].

Traité par le chlore et l'iode à haute température, il donne du tétrachlorure de carbone et du benzène perchloré C^6Cl^6 [Ruoff, *D. chem. G.*, **9**, 1485; *Bull. Soc. Chim.*, (2), **28**, 118].

Chauffé au bain d'huile à 240-250° avec 8 grammes de soufre, le diphénylméthane (20 grammes) donne lieu à un dégagement d'acide sulfhydrique et il se forme du *tétraphényléthylène*

$$\begin{matrix} C^6H^5 \\ C^6H^5 \end{matrix} > C=C < \begin{matrix} C^6H^5 \\ C^6H^5 \end{matrix}$$

[Ziegler, *D. chem. G.*, **21**, 779; *Bull. Soc. Chim.*, (3), **1**, 121].

Le potassium, réagissant à 230° sur le diphénylméthane, donne un *dérivé potassé* que le chlorure de benzyle convertit en αββ'-triphényléthane fusible à 57°. Par l'action du chlorure de benzoyle, le même dérivé se transforme en un composé

$$\begin{matrix} C^6H^5 \\ C^6H^5 \end{matrix} > C=C < \begin{matrix} O.COC^6H^5 \\ C^6H^5 \end{matrix}$$

Traité par l'éther chloroxycarbonique, il fournit l'éther de l'acide diphénylacétique [O. Saint-Pierre, *Bull. Soc. Chim.*, (3), **5**, 292; *Thèse*, Paris, 1892].

DÉRIVÉS CHLORÉS. — MM. Friedel et Crafts ont obtenu un diphénylméthane chloré en faisant agir le benzène monochloré sur le chlorure de benzyle en présence du chlorure d'aluminium (*Bull. Soc. Chim.*, (2), **41**, 370].

Le chlorure $(C^6H^5)^2CHCl$ s'obtient par l'action de l'acide chlorhydrique sur le benzhydrol fondu. C'est une masse cristalline qui fond à 14° et se décompose facilement en acide chlorhydrique et tétraphényléthylène. Traité en solution benzénique par le sodium, il donne du tétraphényléthane [Engler et Bethge, *D. chem. G.*, **7**, 1128. — Engler, *ibid.*, **11**, 926; *Bull. Soc. Chim.*, (2), **32**, 329].

Chlorure $(C^6H^5)^2CCl^2$. — Voyez Suppl., **1**, 335.

DÉRIVÉS BROMÉS. — DIPHÉNYLMÉTHANE MONOBROMÉ, $C^6H^5-CHBr-C^6H^5$. — Obtenu par l'action du brome à 150° sur le diphénylméthane, ce corps est cristallisé. Il fond vers 45° et se décompose partiellement à la distillation en acide bromhydrique et tétraphényléthylène. Il est extrêmement soluble dans le benzène.

La solution alcoolique réagit très vivement à une douce température sur la potasse alcoolique pour donner l'*éther* $(C^6H^5)^2CH.OC^2H^5$. Une solution de potasse dans l'alcool amylique, l'acétate de potassium donnent les éthers correspondants du benzhydrol (2e Suppl., **1**, 478].

L'eau, à chaud, donne du benzhydrol et de l'éther benzhydrolique; à froid, exclusivement le premier corps [Friedel et Balsohn, *Bull. Soc. Chim.*, (2), **33**, 337].

Une solution alcoolique d'ammoniaque donne à froid, au bout d'un certain temps, du bromhydrate d'ammoniaque et l'éther mixte éthylbenzhydrolique.

L'ammoniaque aqueuse agit autrement. Il se fait de la benzhydrylamine et de la dibenzhydrylamine (2e Suppl., **1**, 479).

Le cyanure de mercure fournit, après saponification, l'acide diphénylacétique [Friedel et Balsohn, *Bull. Soc. Chim.*, (2), **33**, 587 et 589].

DIPHÉNYLMÉTHANE DIBROMÉ, $(C^6H^5)^2.CBr^2$. — On chauffe à 140-150° 2 molécules de brome et 1 molécule de diphénylméthane. On obtient un liquide brun qui finit parfois par se prendre en une masse cristalline. Ce liquide ne peut être purifié par distillation, même dans le vide. Il se fait du diphényléthylène.

Le diphénylméthane dibromé, traité par l'eau à chaud, donne de la benzophénone. Traité par l'hydrogène naissant, il donne du diphényléthane [Friedel et Balsohn, *loc. cit.*].

DÉRIVÉS OXYGÉNÉS. — DIOXYDIPHÉNYLMÉTHANE, $CH^2(C^6H^4OH)^2$. — Voyez ce mot, 2e Suppl., **1**.

OXYDE DE DIPHÉNYLMÉTHANE (*oxyde de diphénylène-méthane*),

$$CH^2 < \begin{matrix} C^6H^4 \\ C^6H^4 \end{matrix} > O.$$

— Ce corps se forme dans des circonstances très diverses. Obtenu en faisant passer de l'œnanthone sur de la poudre de zinc [Wichelhaus et Salzmann, *D. chem. G.*, **10**, 1399; *Bull. Soc. Chim.*, (2), **30**, 402. — Graebe et Ehrard, *D.*

chem. G., 15, 1675; *Bull. Soc. Chim.*, (2), 38, 660], il a été reproduit plus facilement en distillant l'oxyde de diphénylcarbonyle sur de la poudre de zinc [Richter, 2e Suppl., 1, 577]. Enfin il s'en forme lorsqu'on distille un mélange de phénate et de m-phosphate de sodium [Niederhäusern, *D. chem. G.*, 15, 1119; *Bull. Soc. Chim.*, (2), 38, 422], en chauffant du phénol avec du chlorure d'aluminium [Merz et Weith, *D. chem. G.*, 14, 187; *Bull. Soc. Chim.*, (2), 36, 465], ou mieux en chauffant un mélange de phénol et de crésol avec du chlorure d'aluminium (Graebe).

L'oxyde de diphénylméthane fond à 98°,5. Il bout à 300-301° et peut se sublimer sans décomposition. Peu soluble dans l'alcool, l'éther de pétrole et l'acide acétique, il se dissout fort peu dans l'eau et facilement dans l'éther, le sulfure de carbone, le chloroforme, le benzène.

Avec l'acide sulfurique, il donne une coloration jaune avec fluorescence verte. L'acide iodhydrique n'a pas d'action à 180°. Les oxydants donnent l'anhydride de la dioxybenzophénone.

Le perchlorure de phosphore à 130° donne un *chlorure* $C^{13}H^8Cl^4$ (Wichelhaus et Salzmann).

Le perchlorure de phosphore mélangé d'oxychlorure donne à chaud un composé chloré qui, traité par l'eau glacée, se transforme en un acide $C^{13}H^9O$, PhO^3H^2. Celui-ci, purifié en passant par le sel de sodium, cristallise en aiguilles blanches et brillantes, fusibles avec décomposition à 255-260°, très solubles dans l'alcool, peu solubles dans l'éther et dans l'eau. Il est inattaquable par l'acide chlorhydrique, mais est transformé par l'acide azotique en acide phosphorique et oxyde de diphénylcarbonyle.

Le *sel d'ammonium*, $C^{13}H^9O$, $HO(OAzH^4)^2$, est en longues aiguilles blanches.

Le *sel d'argent* est un précipité blanc volumineux (Richter).

L'oxyde de diphénylméthane, traité par le brome en présence de l'eau, donne deux *dérivés bromés*

L'un, $C^{13}H^4Br^6O$, noircit sans fondre vers 220°.

L'autre, $C^{13}H^3Br^7O$, est séparé du premier par le chloroforme, dans lequel il est beaucoup plus soluble. Il se présente en prismes obliques d'un jaune clair, fusibles à 136°, peu solubles dans l'alcool, solubles dans le benzène, l'éther, le sulfure de carbone [Salzmann et Wichelhaus, *loc. cit.*].

COMPOSÉ SULFURÉ.

$$CH^2 \begin{smallmatrix} \nearrow C^6H^4 \searrow \\ \searrow C^6H^4 \nearrow \end{smallmatrix} S.$$

Le *sulfure de diphénylène-méthane* (ou de *diphénylméthane*) a été obtenu en réduisant par l'acide iodhydrique et le phosphore rouge à 180° la thioxanthone,

$$CO \begin{smallmatrix} \nearrow C^6H^4 \searrow \\ \searrow C^6H^4 \nearrow \end{smallmatrix} S.$$

La distillation avec la poudre de zinc fournit le même produit.

Ce corps prend aussi naissance lorsqu'on dirige à travers un tube chauffé au rouge sombre le sulfure phényl-o-crésylique,

$$C^6H^5-S-C^6H^4.CH^3.$$

Ce corps fond à 128° et distille 1° ou 1°,5 plus bas que l'anthracène. Il se sublime en aiguilles. Il est très soluble dans le chloroforme, peu soluble dans l'alcool froid. Il se dissout dans l'acide sulfurique avec une couleur orangée [Graebe et Schultess, *Ann. Chem.*, 263, 1; *Bull. Soc. Chim.*, (3), 8, 27].

DÉRIVÉS AMINÉS. — Les corps provenant de la substitution du groupe AzH^2 dans le groupe CH^2 portent le nom de *benzhydrylamines* (voyez 2e Suppl., 1, 479).

AMINODIPHÉNYLMÉTHANE,

$$C^6H^5-CH^2-C^6H^4AzH^2.$$

— On a décrit les dérivés *méta* et *para*.

Le *m-aminodiphénylméthane* s'obtient en réduisant le dérivé nitré correspondant par l'étain et l'acide chlorhydrique. La base libre se présente en gros cristaux fusibles à 46°. Elle cristallise bien dans l'éther de pétrole. Son *dérivé acétylé* est en lamelles fusibles à 91° [Becker, *D. chem. G.*, 15, 2092; *Bull. Soc. Chim.*, (2), 39, 478].

Le *p-aminodiphénylméthane* s'obtient en chauffant au réfrigérant ascendant le dérivé nitré avec de l'étain et de l'acide chlorhydrique; on sursature par la soude et on épuise par l'éther. On évapore l'éther et on fait cristalliser le résidu dans l'éther de pétrole.

Les cristaux obtenus fondent à 34-35° et s'altèrent rapidement à l'air en se colorant en jaune. L'acide azoteux donne le p-benzylphénol [Basler, *D. chem. G.* 16, 2714; *Bull Soc. Chim.*, (2), 42, 435]

Le *diméthylaminodiphénylméthane*,

$$CH^2 \begin{smallmatrix} \nearrow C^6H^4.Az(CH^3)^2 \\ \searrow C^6H^5 \end{smallmatrix}$$

s'obtient par transposition moléculaire en chauffant à 230° l'hydrate de diméthylbenzylphénylammonium (Suppl., 1, 1197).

Le *phénylaminodiphénylméthane*,

$$CH^2 \begin{smallmatrix} \nearrow C^6H^4AzH(C^6H^5) \\ \searrow C^6H^5 \end{smallmatrix}$$

se forme quand on chauffe pendant une demi-heure en proportions équimoléculaires la diphénylamine et le chlorure de benzyle avec du chlorure de zinc. On fait bouillir avec de l'eau, on reprend par l'alcool, on dissout dans l'aniline chaude et on précipite par une grande quantité d'alcool.

C'est un corps pulvérulent, se ramollissant peu à peu jusqu'à fusion complète à 89°, soluble dans l'éther, le chloroforme, le sulfure de carbone, le benzène, insoluble dans l'alcool, l'acétone, l'acide acétique.

Le *phénylbenzylaminodiphénylméthane* s'obtient comme le précédent, mais en doublant la proportion de chlorure de benzyle. Il possède des propriétés analogues.

Enfin le *dibenzylaminodiphénylméthane*

$$C^6H^5-CH^2-C^6H^4Az(CH^2.C^6H^5)^2,$$

se forme lorsqu'on chauffe à 120° avec du chlorure de zinc un mélange de chlorhydrate d'aniline ou d'acétanilide et de chlorure de benzyle. Ce corps ressemble aux précédents. Ses solutions ont une fluorescence bleue [Meldola, *Chem. Soc.*, 41, 198; *Bull. Soc. Chim.*, (2), 36, 680].

DIAMINODIPHÉNYLMÉTHANES. — Voyez Dict., 2, 90

p-Diaminodiphénylméthane

$$CH^2 \begin{smallmatrix} \nearrow C^6H^4AzH^2_{(4)} \\ \searrow C^6H^4AzH^2_{(4)} \end{smallmatrix}$$

— L'industrie des matières colorantes est arrivée à fabriquer en grand ce produit, dans le but de s'en servir pour la préparation de la fuchsine.

La série des réactions serait celle-ci. Le méthanal et l'aniline donnent

$$H.COH + C^6H^5AzH^2 = H^2O + CH^2{=}AzC^6H^5.$$

On condense ensuite ces substances avec 2 autres molécules d'aniline en présence d'oxydants, tels que le nitrobenzène ou l'acide arsénique,

$$CH^2{=}AzC^6H^5 + C^6H^5AzH^2 = CH^2\left\langle\begin{matrix}C^6H^4AzH^2\\C^6H^4AzH^2\end{matrix}\right.$$

puis

$$CH^2\left\langle\begin{matrix}C^6H^4AzH^2\\C^6H^4AzH^2\end{matrix}\right. + C^6H^5AzH^2 + O^2$$

$$= H^2O + HO.C\left\langle\begin{matrix}C^6H^4AzH^2\\C^6H^4AzH^2\\C^6H^4AzH^2\end{matrix}\right.$$

On peut remplacer l'aniline par des mélanges appropriés d'amines, et employer des dérivés de substitution du diaminodiphénylméthane [*Bull. Soc. Chim.*, (3), **9**, 397].

Préparation. — On chauffe au bain-marie dans une marmite à agitateur 50 parties d'anhydroformaldéhydaniline, 70 parties de chlorhydrate d'aniline et un excès d'aniline. La masse épaissit peu à peu. Après 12 heures environ, on alcalinise et on distille l'excès d'aniline. L'huile restante se concrète en un bloc cristallin de diaminodiphénylméthane, que l'on purifie par cristallisation dans le benzène [Brevet allemand F, n° 4639. — *Mon. scient.*, 1890, 1086].

Autre procédé. — On chauffe à 100° un mélange de 100 kilogrammes d'anhydroformaldéhyde-p-toluidine, 250 kilogrammes de chlorhydrate d'aniline et 800 kilogrammes d'aniline. Lorsqu'un échantillon traité par l'acide sulfurique dilué ne donne plus trace de méthanal, on ajoute 250 litres d'eau et 230 kilogrammes de soude à 30 0/0. On distille l'excès d'aniline par entraînement dans la vapeur d'eau, ainsi que la p-toluidine régénérée [Brevet allemand F, n° 4639. — *Mon. scient.*, 1891, 202].

Le diaminodiphénylméthane se dépose de sa solution benzénique en cristaux durs, fusibles à 87°. Il est soluble dans l'alcool et dans le benzène, peu soluble dans l'eau.

Le *sulfate* est assez soluble dans l'eau, moins soluble dans l'alcool.

Le *dérivé diacétylé* fond à 228° [Gram, *Bull. Soc. Chim.*, (3), **8**, 645].

Un *diméthyldiaminodiphénylméthane*, fusible à 93°, a été obtenu par M. Albrecht en réduisant par le zinc et l'acide chlorhydrique le diméthylaminobenzhydrol fusible à 69° [*D. chem. G.*, **21**, 3292; *Bull. Soc. Chim.*, (3), **2**, 450].

Le *diphényldiaminodiphénylméthane*

$$CH^2\left\langle\begin{matrix}C^6H^4AzH.C^6H^5\\C^6H^4AzH.C^6H^5\end{matrix}\right.$$

insoluble dans les dissolvants neutres, soluble seulement dans l'acide sulfurique concentré, se prépare en chauffant à 60° 22kgr,2 de méthanal, 100 kilogrammes de diphénylamine et 200 litres d'alcool [Brevet allemand F, n° 4662. — *Mon. scient.*, 1891, 650].

TÉTRAMÉTHYLDIAMINODIPHÉNYLMÉTHANE,

$$CH^2\left\langle\begin{matrix}C^6H^4Az\left\langle\begin{matrix}CH^3\\CH^3\end{matrix}\right.\\C^6H^4Az\left\langle\begin{matrix}CH^3\\CH^3\end{matrix}\right.\end{matrix}\right.$$

— Ce corps, dont l'importance industrielle tend à s'accroître, s'obtient de plusieurs manières :

1° Action de l'iodure de méthylène, du chloroforme ou du tétrachlorure de carbone sur la diméthylaniline [Hanhardt, *D. chem. G.*, **12**, 680].

2° On chauffe la diméthylaniline au bain-marie et l'on introduit le chlorure de l'acide trichlorométhylsulfureux. La réaction est énergique, il se dégage de l'acide sulfureux et le produit de la réaction se transforme en une masse verte. On distille dans la vapeur d'eau l'excès de diméthylaniline et l'on reprend le résidu par l'éther, qui enlève la tétraméthyldiaminobenzophénone formée par l'action de l'eau sur le chlorure :

$$2C^6H^5Az(CH^3)^2 + CCl^3SO^2Cl$$
$$SO^2 + 2HCl + CCl^2[C^6H^4Az(CH^3)^2]^2.$$

Le résidu insoluble dans l'éther est additionné d'ammoniaque. On distille avec la vapeur d'eau la diméthylaniline mise en liberté et on dissout le résidu dans l'éther, puis on fait cristalliser dans l'alcool. Le corps se forme sans doute par l'action réductrice de l'acide sulfureux mis en liberté par l'eau [Michler et Moro, *D. chem. G.*, **12**, 1168; *Bull. Soc. Chim.*, (2), **34**, 275].

3° On chauffe 2 molécules de diméthylaniline, et on ajoute peu à peu le chlorure de l'acide α-naphtylsulfonique. Les deux composés entrent tout de suite en réaction. Le produit obtenu est fortement coloré en bleu. On sursature par l'ammoniaque et on chasse la diméthylaniline par un courant de vapeur d'eau. Il reste une masse pâteuse qui est un mélange de l'amine cherchée et d'α-naphtyldiméthylaminophénylsulfone. L'acide chlorhydrique étendu enlève facilement à la masse le composé basique [Michler et Salathé. — Michler et Meyer, *D. chem. G.*, **12**, 1789, 1791; *Bull. Soc. Chim.*, (2), **34**, 422, 423].

4° Il se forme comme produit secondaire dans la préparation du vert malachite [Dœbner, *D. chem. G.*, **12**, 812; *Bull. Soc. Chim.*, (2), **23**, 491].

5° On fait digérer à 120° du méthanal avec de la diméthylaniline et du chlorure de zinc [O. Fischer, *D. chem. G.*, **12**, 1685; *Bull. Soc. Chim.*, (2), **34**, 400].

6° On dissout 19 parties de diméthylaniline dans 150 parties d'acide chlorhydrique concentré, on ajoute 8 parties de méthanal, et on sature de gaz chlorhydrique; on fait bouillir pendant 2 heures, on ajoute de l'eau et on précipite par la potasse [Tröger, *J. prakt. Chem.*, (2), **36**, 225; *Bull. Soc. Chim.*, (2), **50**, 149].

7° Un procédé analogue comme mécanisme de réaction consiste à faire réagir le sulfure de carbone sur la diméthylaniline en présence d'alcool, de zinc et d'acide chlorhydrique. L'hydrogène naissant donne du méthane-thial

$$CS^2 + 2H^2 = CSH^2 + H^2S,$$

et cette thialdéhyde se condense avec la diméthylaniline, comme le fait le méthanal [Wiernick, *D. chem. G.*, **21**, 3204; *Bull. Soc. Chim.*, (3), **1**, 529].

8° De même la *tétraméthyldiaminothiobenzophénone*, $CS[C^6H^4Az(CH^3)^2]^2$, décrite au 2e Suppl., **1**, 574, chauffée avec du zinc en poudre, donne la base.

9° La diméthylaniline traitée seule par le perchlorure de phosphore se transforme nettement en tétraméthyldiaminodiphénylméthane [Michler et Walder, *D. chem. G.*, **14**, 2175; *Bull. Soc. Chim.*, (2), **37**, 244].

10° Le perchloréthane ou le perchloréthène chauffés avec la diméthylaniline et le chlorure de zinc fournissent également l'amine [Heumann et Wiernik, *D. chem. G.*, **20**, 909].

11° La même base prend naissance quand on chauffe la diméthylaniline avec 5 fois son poids d'acide acétique cristallisable [Reverdin et de La Harpe, *Bull. Soc. Chim.*, (3), **1**, 600].

12° Elle s'obtient, comme produit secondaire, quand on traite la diméthylaniline par le méthylbenzoyle, ou par le méthylhexylcarbonyle [Dœbner et Petschow, *Ann. Chem.*, **242**, 333; *Bull. Soc. Chim.*, (3), **1**, 626].

Propriétés. — Le tétraméthyldiaminodiphénylméthane fond à 90-91°. Il distille sans décomposition, mais n'est pas entraîné par la vapeur d'eau. Peu soluble dans l'alcool froid, il se dissout bien dans l'éther et dans le benzène.

Ce corps semble être parmi les plus simples qui puissent donner par oxydation des leucobases de matières colorantes (Heumann et Wiernick). Par une oxydation ménagée, il donne une véritable matière colorante d'un bleu-verdâtre. Des traces d'iode le colorent en vert émeraude.

La potasse alcoolique et le chloranile à chaud développent une coloration bleue. Une oxydation plus énergique dégage l'odeur de la quinone. La chloruration poussée à bout le convertit en perchlorobenzène.

L'acide azotique fournit des dérivés nitrés (voyez plus loin).

Il donne un *chloroplatinate*. Il se dissout facilement dans l'iodure de méthyle, et le produit cristallisé dans l'eau correspond à la formule

$$CH^2[C^6H^4Az(CH^3)^2]^2, 2CH^3I.$$

On obtient le chlorure correspondant en traitant l'iodure par le chlorure d'argent récemment précipité.

Le *picrate*, $C^{17}H^{22}Az^2, 2C^6H^2(AzO^2)^3OH$, détone facilement et fond à 178°.

Ce corps donne des combinaisons cristallisées avec le m-dinitrobenzène (cristaux rouge-grenat fondant à 74°) et avec le trinitrobenzène (1.3.5). Cette dernière combinaison est en aiguilles d'un violet foncé, fusibles à 114°.

Chauffé avec du soufre à 230°, il dégage de l'hydrogène sulfuré et se convertit en *tétraméthyldiaminothiobenzophénone.*

Thermochimie. — Quantités de chaleur dégagées par l'action de 1, 2, 3 molécules d'acide chlorhydrique (HCl en gr. = 4 litres) sur 1 molécule de base solide :

	cal.
Aq dégage	+ 0,06
1re molécule HCl dégage	+ 3,50
2e — —	+ 2,35
3e — —	+ 0,61

[Vignon, *Bull. Soc. Chim.*, (3), 7, 657].

L'acide sulfurique fumant donne une *sulfone* [Brevet allemand n° 4665; *Mon. scient.*, 1890, 1297].

Le *tétraméthyldiamino-dioxydiphénylméthane*,

$$CH^2 \begin{cases} C^6H^3 \begin{cases} Az \begin{cases} CH^3 \\ CH^3 \end{cases} \\ OH \end{cases} \\ C^6H^3 \begin{cases} OH \\ Az \begin{cases} CH^3 \\ CH^3 \end{cases} \end{cases} \end{cases}$$

obtenu en faisant agir à froid le méthanal sur le diméthyl-m-aminophénol, traité à 100° par les déshydratants, tels que le chlorure de zinc ou l'acide sulfurique, se transforme en un *anhydride*

$$CH^2 \begin{cases} C^6H^3 - Az \begin{cases} CH^3 \\ CH^3 \end{cases} \\ \quad O \\ C^6H^3 - Az \begin{cases} CH^3 \\ CH^3 \end{cases} \end{cases}$$

Cet anhydride oxydé produit la *pyronine*, belle matière colorante rouge fluorescente, identique avec le *rose de Kasanlick*, préparé en partant du tétraméthyldiaminodiphénylméthane dinitré [*Bull. Soc. Chim.*, (3), 9, 400; *Mon. scient.*, 1891, 359].

Diaminodiphényl-aminométhane. — Le dérivé tétraméthylé

$$AzH^2.CH \begin{cases} C^6H^4Az(CH^3)^2 \\ C^6H^4Az(CH^3)^2 \end{cases}$$

est la *leucauramine* (2e Suppl., 1, 387).

Tétraminodiphénylméthane, $C^{13}H^8(AzH^2)^4$. — On réduit le dérivé nitré correspondant par l'étain et l'acide chlorhydrique. On précipite l'étain par l'hydrogène sulfuré, puis la base par l'ammoniaque. On la purifie en la chauffant en tubes scellés avec du benzène dans lequel elle est peu soluble, mais qui permet de la séparer ainsi d'une résine tout à fait insoluble.

Le tétraminodiphénylméthane est en aiguilles fusibles à 161°, assez solubles dans l'eau bouillante et dans l'alcool. Ses sels sont très solubles dans l'eau. Le *chlorhydrate* est en petites aiguilles.

Traitée pour l'anhydride acétique, la base libre fournit le *dérivé tétracétylé*, cristallisable dans l'eau, dans laquelle il est peu soluble; il est très soluble dans l'alcool [Staedel, *Ann. Chem.*, **218**, 339; *Bull. Soc. Chim.*, (2), **41**, 199].

DÉRIVÉS NITRÉS.

o-Nitrodiphénylméthane,

$$CH^2 \begin{cases} C^6H^4AzO^2_{(2)} \\ C^6H^5 \end{cases}$$

— On dissout 20 grammes de chlorure d'o-nitrobenzyle dans 400 grammes de benzène, on chauffe au bain-marie et on ajoute peu à peu 40 grammes de chlorure d'aluminium. On reprend par l'eau. On sépare et on distille la solution benzénique, d'abord au bain-marie, puis dans un courant de vapeur d'eau surchauffée, le résidu étant lui-même chauffé à 160-170°. Le liquide distillé est repris par l'éther; ce dernier, évaporé, fournit une huile qui se décompose à la distillation [Geigy et Kœnigs, *D. chem. G.*, **18**, 2400; *Bull. Soc. Chim.*, (2), **46**, 31].

m-Nitrodiphénylméthane. — On dissout 1 partie d'alcool m-nitrobenzylique dans 10 parties de benzène et on verse ce mélange dans 20 fois son poids d'acide sulfurique refroidi. Après avoir agité fortement, on décante la liqueur benzénique, on la verse dans l'eau, on distille le benzène. Il se sépare une huile brunâtre qui ne peut être distillée, même dans la vapeur d'eau, et qui est le m-nitrodiphénylméthane, soluble dans l'alcool, l'éther et le benzène. Par oxydation il donne la m-nitrobenzophénone; par réduction, l'amine correspondante.

Lorsqu'on opère sur des quantités notables de matière, on remarque la formation d'un produit secondaire, qui cristallise par un repos prolongé du liquide. C'est un *m-dinitrobenzylbenzène* fondant à 165°. On a donc les deux réactions

$$C^6H^4(AzO^2)CH^2OH + C^6H^6 = H^2O + C^6H^4AzO^2.CH^2.C^6H^5$$

et

$$2C^6H^4(AzO^2).CH^2OH + C^6H^6 = 2H^2O + C^6H^4 \begin{cases} CH^2.C^6H^4AzO^2 \\ CH^2.C^6H^4AzO^2 \end{cases}$$

D'ailleurs le m-nitrodiphénylméthane fournit le même corps par condensation avec l'alcool m-nitrobenzylique [Becker, *loc. cit.*].

P-nitrodiphénylméthane. — On ajoute 1 partie d'alcool p-nitrobenzylique à 20 parties de benzène et on verse 10 parties d'acide sulfurique. On agite pendant quelques minutes, on décante le benzène, on verse dans l'eau le liquide acide; on épuise par le benzène le liquide aqueux, on distille les solutions benzéniques. Le résidu est dissous dans un peu d'éther et additionné d'alcool. Au bout de 12 à 24 heures, le dinitrodibenzylbenzène, formé comme dans le cas du dérivé méta, s'est séparé. On filtre, on évapore et on fait cristalliser dans l'éther de pétrole.

Le diphénylméthane mononitré est en longues aiguilles, fusibles à 31°. Il se volatilise difficilement dans la vapeur d'eau. Soluble dans l'alcool, l'éther, le benzène, il donne par réduction l'amine correspondante, par oxydation la p-nitrobenzophénone.

Traité par l'acide nitrique fumant, il donne le *dérivé dinitré*, fusible à 175° [Basler. *loc. cit.*].

Dinitrodiphénylméthanes. — La constitution des dérivés dinitrés du diphénylméthane n'est pas encore connue.

D'après M. Doer, la nitration du carbure par l'acide nitrique de 1,4 à 1,5 de densité donne les deux dérivés, fusibles respectivement à 183° et à 172°, décrits Dict., **1**, 907.

D'après MM. Stædel [*loc. cit.*] et Prætorius [*D. chem. G.*, **11**, 744; *Bull. Soc. Chim.*, (2), **31**, 370], on obtient, outre le corps fondant à 183°, non pas le dérivé fondant à 172°, mais un autre, fusible à 118°, qui se dépose de sa solution dans le benzène en prismes durs, jaunâtres, et donne par oxydation la dinitrobenzophénone, fondant à 196° (2e Suppl., **1**, 568).

Le m-nitrodiphénylméthane, traité par l'acide azotique fumant, se convertit en un autre *dérivé dinitré*, fusible à 94° (Becker).

Tétranitrodiphénylméthane. — Ce dérivé, déjà obtenu par M. Doer (Dict., **2**, 907), peut se préparer en introduisant par petites portions le diphénylméthane dans 12 fois son poids d'acide azotique de 1,53 de densité, maintenu dans un mélange réfrigérant. L'addition terminée, on laisse pendant quelque temps le mélange exposé à la température ordinaire, puis on le chauffe peu à peu à 70°, après quoi on le verse dans l'eau, qui précipite le dérivé tétranitré. Si l'addition du carbure à l'acide refroidi a lieu rapidement et qu'on verse immédiatement le mélange dans l'eau, on obtient le dérivé dinitré.

Le dérivé tétranitré cristallise bien dans l'acide acétique en aiguilles jaunes, fusibles à 172°. Il est insoluble dans l'alcool et dans l'éther, très peu soluble dans le benzène.

Par oxydation, il donne la tétranitrobenzophénone; par réduction, le tétraminodiphénylméthane (Stædel).

Dérivés aminés-nitrés. — Le dérivé diacétylé du p-diaminodiphénylméthane traité par l'acide nitrique donne un dérivé nitré cristallisant en aiguilles jaune-citron, fondant au-dessus de 300°. Ce corps, saponifié au moyen de la potasse en présence d'un peu d'alcool, donne le *m-dinitro-p-diaminodiphénylméthane*, qui cristallise dans un mélange d'alcool et de phénol en aiguilles rouges, fusibles à 224°.

Par nitration directe du diaminodiphénylméthane au moyen de l'acide sulfurique et du nitrate de potassium, on obtient l'*o-dinitro-p-diaminodiphénylméthane*, en lamelles d'un jaune d'or, fusibles à 202° [Gram, *loc. cit.*]

Tétranitro-diméthyldiamino-diphénylméthane,

$$CH^3.HAz-C^6H^2(AzO^2)^2-CH^2-C^6H^2(AzO^2)^2-AzHCH^3$$

— Ce corps se forme lorsqu'on chauffe le dérivé hexanitré décrit plus bas avec du phénol.

Il est en cristaux orangés, fusibles vers 250° en se décomposant, peu solubles dans l'alcool, l'éther de pétrole et le benzène.

L'acide chromique en solution acétique le transforme en tétranitrobenzophénone.

L'acide azotique fumant le transforme en dérivé hexanitré.

Hexanitro-diméthyldiamino-diphénylméthane,

$$\genfrac{}{}{0pt}{}{AzO^2}{CH^3}>Az-C^6H^2(AzO^2)^2-CH^2-C^6H^2(AzO^2)^2-Az<\genfrac{}{}{0pt}{}{AzO^2}{CH^3}$$

— On dissout le tétraméthyldiaminodiphénylméthane dans de l'acide azotique (densité 1,5) refroidi; puis on chauffe.

Ce corps est en cristaux jaunes, devenant bruns à 210° et se décomposant à 220°.

Presque insoluble dans l'éther, le chloroforme, le sulfure de carbone et l'alcool, il se dissout assez bien dans l'acétone.

Chauffé avec de la potasse concentrée, il donne de la méthylamine; avec le phénol, le dérivé tétranitré précédent.

Oxydé par l'acide chromique en solution acétique, il donne la tétranitrodiméthyldinitraminobenzophénone (2e Suppl., **1**, 572) [Romburgh, *Rec. P.-B.*, **7**, 228].

En chauffant une solution acétique de tétraméthyldiamino-diphénylméthane avec de l'acide azotique fumant, M. Tröger [*loc. cit.*] a obtenu un dépôt de prismes jaunes et brillants, insolubles dans la plupart des réactifs, et auxquels il attribue la formule

$$CH^2<\genfrac{}{}{0pt}{}{C^6H(AzO^2)^3.Az(CH^3)^2}{C^6H(AzO^2)^3.Az(CH^3)^2}$$

Paul Adam.

DIPHÉNYLMÉTHANE - CARBOXIQUE (ACIDE). — Voyez Acides Benzylbenzoïques, 2e Suppl., **1**, 622.

DIPHÉNYLMÉTHYLACÉTIQUE (AC.) (*diphényl 2-propanoïque*),

$$(C^6H^5)^2CH(CH^3)CO^2H$$

(voyez Suppl., **1**, 658). — On peut préparer cet acide en ajoutant de l'acide pyruvique à 10 volumes d'acide sulfurique refroidi à — 10° et additionné de benzène. On agite le tout fortement. Il se manifeste une vive réaction, et on doit éviter que la température ne s'élève au-dessus de + 10°. On verse ensuite dans un excès d'eau; le produit qui se sépare contient du benzène; on évapore dans un courant d'air, on lave à l'eau, on dissout dans la soude, on précipite par l'acide chlorhydrique et on fait cristalliser dans l'éther anhydre [Böttinger, *D. chem. G.*, **14**, 1595; *Bull. Soc. Chim.*, (2), **37**, 18]

DIPHÉNYLMÉTHYLCARBONYLE [Syn. *Diphénylacétyle, biphényle-éthanoyle*],

$$[C^6H^5.C^6H^4.CO.CH^3.]$$

— Il a été obtenu par M. Adam en faisant agir à froid, en solution sulfocarbonique, le chlorure d'acétyle sur le biphényle en présence du chlorure d'aluminium. Cristaux blancs, flexibles, légèrement nacrés, fusibles à 121° et bouillant à 325-327°; ils sont facilement solubles dans l'alcool et dans l'acétone [*Bull. Soc. Chim.*, (2), **47**, 688].

E. Burcker.

DIPHÉNYLMÉTHYLPHTALIDE. — Voyez Diphénylxylylméthane.

DIPHÉNYLNAPHTYLMÉTHANE,

$$(C^6H^5)^2-CH-C^{10}H^7.$$

— Ce carbure se prépare par l'action du benzhydrol (10 parties) sur le naphtalène (15 parties) en présence du pentachlorure de phosphore (15 parties) à 140-150°.

Il est très difficilement soluble dans l'alcool

absolu et dans la ligroïne, plus facilement dans l'éther et dans l'acide acétique, très soluble dans le benzène.

Suivant les dissolvants, il se présente sous deux modifications, fusibles l'une à 134°, l'autre à 149°, et qui se transforment facilement l'une dans l'autre [Lehne, *D. chem. G.*, **13**, 358].

DIPHÉNYLPHÉNYLÈNE-DIAMINE. — Voyez PHÉNYLÈNE-DIAMINE.

DIPHÉNYLPHTALAMIQUE (ACIDE),

$$C^6H^4 \langle {CO^2H \atop CO-Az(C^6H^5)^2}$$

— On prépare ce corps en fondant ensemble des quantités équimoléculaires de diphénylamine et d'anhydride phtalique et en élevant ensuite la température pendant 1 heure à 250°; on dissout le produit de la réaction dans une petite quantité d'alcool bouillant, on précipite la diphénylamine par addition d'ammoniaque et on évapore le liquide filtré; il se dépose une certaine quantité d'acide diphénylphtalamique; on isole le reste en évaporant la liqueur filtrée, précipitant par l'acide chlorhydrique et reprenant le précipité successivement par l'eau bouillante et par l'éther [Piutti, *Ann. Chem.*, **227**, 190].

L'acide diphénylphtalamique cristallise dans l'alcool en petits prismes brillants, fusibles à 147-148°, insolubles dans l'eau, peu solubles dans l'éther, très solubles dans l'alcool.

Le *sel d'argent* s'obtient sous la forme d'une poudre cristalline un peu soluble dans l'eau, en précipitant par le nitrate d'argent la dissolution ammoniacale de l'acide. G. de Bechi.

DIPHÉNYLPHTALIDE - CARBONIQUE (ACIDE). — C'est l'anhydride de l'acide triphénylcarbinoldicarbonique (voyez TRIPHÉNYLMÉTHANE).

DIPHÉNYLPHTALOYLIQUE (ACIDE) (*phéno-diphényl-méthanone-méthyloïque* 1[2]),

$$C^6H^4 \langle {CO^2H \atop CO-C^6H^4-C^6H^5}$$

— On prépare cet acide par la méthode de MM. Friedel et Crafts en faisant agir l'anhydride phtalique sur le biphényle en présence de chlorure d'aluminium [Kaiser, *Ann. Chem.*, **257**, 95]. Le mode opératoire est le suivant : On ajoute peu à peu 4 parties de chlorure d'aluminium à un mélange chauffé au bain-marie de 6 parties de biphényle et de 3 parties d'anhydride phtalique. Le produit brut est épuisé par l'eau chaude additionnée d'acide chlorhydrique pour éliminer le chlorure d'aluminium et l'acide phtalique, puis dissous dans le carbonate de sodium et précipité par l'acide chlorhydrique. L'acide, purifié enfin au moyen de son sel de calcium, est très peu soluble dans l'eau, soluble dans l'alcool bouillant, le benzène, le chloroforme et l'éther, et cristallisé en aiguilles incolores fusibles à 220°.

L'acide diphénylphtaloylique se dissout en rouge dans l'acide sulfurique concentré; la solution chauffée à 100° n'est plus précipitée par l'eau. L'acide diphénylphtaloylique n'a pas pu être converti en phénylanthraquinone.

Le *sel calcique*, $(C^{20}H^{13}O^3)^2Ca$, se dépose l'état cristallin de sa solution concentrée chaude.

Le *sel d'argent* est un peu soluble dans l'eau bouillante.

L'*éther méthylique* cristallise dans la ligroïne sous la forme d'une poudre cristalline blanche, fusible à 85-90°.

La *phénylhydrazone*,

$$C^6H^4 \langle {C-C^{12}H^9 \atop CO-Az^2-C^6H^5}$$

cristallise dans l'alcool en fines aiguilles, fusibles à 192-194°, insolubles dans les alcalis bouillants.

L'*acétoxime*,

$$C^6H^4 \langle {C(C^{12}H^9) \atop CO-O-} \rangle Az,$$

est en lamelles fusibles à 180°, peu solubles dans l'alcool, très solubles dans le chloroforme.

G. de Bechi.

DIPHÉNYLPROPANES, $C^{15}H^{16}$. — On connaît trois diphénylpropanes :

αβ-DIPHÉNYLPROPANE (*méthyl* 1-*diphényléthane*, $CH^3.CH(C^6H^5).CH^2(C^6H^5)$ (voy. Suppl., **1**, 658). — Le même diphénylpropane se formerait, suivant MM. Kræmer, Spilker et Eberhardt, quand on traite par l'acide sulfurique un mélange refroidi de toluène et de styrolène. Cet hydrocarbure, dirigé à travers un tube chauffé au rouge, ne fournit qu'une petite quantité d'anthracène [*D. chem. G.*, **23**, 3269; *Bull. Soc. Chim.*, (3), **5**, 496].

ββ-DIPHÉNYLPROPANE (*diméthyl* 1.1-*diphénylméthane*), $CH^3.C(C^6H^5)^2.CH^3$ (voyez Suppl., **1**, 658). — Silva a obtenu le même hydrocarbure en faisant réagir sur le benzène, en présence du chlorure d'aluminium, le propylène monochloré $CH^3.CCl:CH^2$. Il se forme en même temps un cumène, des diisopropylbenzènes, ainsi qu'un produit cristallin bouillant entre 300 et 320°, non étudié [*Bull. Soc. Chim.*, (2), **35**, 289].

αγ-DIPHÉNYLPROPANE (*dibenzylméthane*),

$$(C^6H^5)CH^2.CH^2.CH^2(C^6H^5)$$

— Ce composé, déjà décrit (voyez Suppl., **1**, 639), prend naissance, comme produit secondaire, mais en assez forte proportion, quand on fait réagir la trichlorhydrine sur le benzène en présence de chlorure d'aluminium. Il bout à 290-300° [A. Claus et H. Mercklin, *D. chem. G.*, **18**, 2932; *Bull. Soc. Chim.*, (2), **46**, 423].

DIPHÉNYLPROPIONIQUES (ACIDES), $C^{15}H^{14}O^2$. — On connaît deux acides diphénylpropioniques :

Le premier est l'*acide αα-diphénylpropionique* (*méthyl* 1-*diphénylméthane-méthyloïque* 1),

$$CH^3.C(C^6H^5)^2.CO^2H.$$

Le second est l'*acide αβ-diphénylacétique* (*bibenzylcarbonique*, *diphényléthane-méthyloïque* 1), $CH^2(C^6H^5).CH(C^6H^5).CO^2H$.

ACIDE αα-DIPHÉNYLPROPIONIQUE (voyez Suppl., **1**, 658, ACIDE DIPHÉNYLMÉTHYLACÉTIQUE). — Cet acide, déjà préparé par M. Zincke, a été obtenu en traitant par l'acide sulfurique un mélange d'acide pyruvique et de benzène.

$$CH^3.CO.CO^2H + 2C^6H^6 - H^2O$$
$$= CH^3.C(C^6H^5)^2.CO^2H$$

Dans 10 parties d'acide sulfurique concentré refroidi à — 10°, on dissout peu à peu 1 partie d'acide pyruvique; on ajoute ensuite du benzène en agitant constamment. On verse le produit dans l'eau froide d'où se sépare l'acide diphénylpropionique formé, et l'on chasse l'excès de benzène en faisant passer dans le liquide un courant d'air. On recueille l'acide, on le dissout dans une lessive de soude, on le précipite par l'acide chlorhydrique et on le fait cristalliser dans l'éther [C. Böttinger, *D. chem. G.*, **14**, 1595].

ACIDE αβ-DIPHÉNYLPROPIONIQUE (voyez Dict., **2**, 911). — Cet acide, déjà préparé par Wurtz, a été obtenu en traitant par l'amalgame de sodium l'acide phénylcinnamique,

$$C^6H^5-CH=C(C^6H^5)-CO^2H$$

[Oglialoro, *Gazz. chim. ital.*, **8**, 429].

SELS. — Les sels de cet acide cristallisent mal. Le *sel de calcium* se sépare sous forme de croûtes. Le *sel de plomb* est un précipité fusible à 146°. Le *sel d'argent* est un précipité amorphe (Oglialoro).

Éther méthylique dibromé,

$$(C^6H^5)CHBr-CBr(C^6H^5)-CO^2.CH^3.$$

— Il s'obtient en traitant par le brome le phényl-cinnamate de méthyle. Il cristallise dans le chloroforme en tables hexagonales fusibles à 105-108° [Cabella, *Gazz. chim. ital.*, **14**, 114; *Bull. Soc. Chim.*, (2), **44**, 298].

Suivant M. Hodgkinson [*Chem. Soc.*, **37**, 480], on obtiendrait un acide diphénylpropionique en traitant par le sodium à 100° le phénylacétate de benzyle $C^6H^5.CH^2.CO^2.CH^2.C^6H^5$. Mais la formule proposée, $C^6H^5.CH^2.CH(C^6H^5).CO^2H$, ne paraît pas admissible; car cet acide serait identique avec l'acide de Wurtz. Or celui de Wurtz fond à 84°, tandis que celui de M. Hodgkinson fond à 120°. Léon Roux.

DIPHÉNYLSULFONE. — Voyez SULFONES.

DIPHÉNYLTRICARBONIQUE. — Voyez BIPHÉNYLTRICARBONIQUE, 2e Suppl., **1**, 729.

DIPHÉNYLVALÉRIQUE (ACIDE). — Voyez Suppl. **1**, 1240.

DIPHÉNYLXYLYLMÉTHANE (*diphényl-méthophénylméthane*)

$$\begin{matrix} C^6H^5 \\ C^6H^5 \end{matrix} > C < \begin{matrix} C^6H^3 < \begin{matrix} CH^3 \\ CH^3 \end{matrix} \\ H \end{matrix}$$

— On connaît trois carbures de cette composition, alors que la théorie prévoit l'existence de six.

DIPHÉNYL-O-XYLYLMÉTHANE,

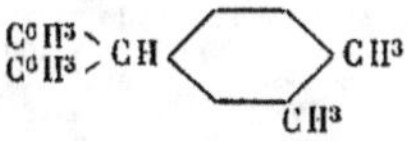

$$\begin{matrix} C^6H^5 \\ C^6H^5 \end{matrix} > CH \langle \bigcirc \rangle CH^3 \quad (CH^3)$$

— On l'obtient en dissolvant le benzhydrol dans un excès d'o-xylène, ajoutant de l'anhydride phosphorique et chauffant à l'ébullition pendant 4 heures. On traite le produit de la réaction par l'eau et par la soude, et on distille l'huile qui se sépare.

Ce corps fond à 68°,5 et bout au-dessus de 360°. Il se dissout facilement dans l'alcool, l'éther, le benzène et l'acide acétique cristallisable.

La constitution de cet hydrocarbure semble être établie par la nature des produits d'oxydation. En effet, en l'oxydant par le dichromate et l'acide sulfurique d'abord, et par le permanganate ensuite, on obtient de la benzophénone et un acide triphénylcarbinol-diméthyloïque,

$$(C^6H^5)^2COH.C^6H^3(CO^2H)^2,$$

commençant à fondre à 178° et se transformant en anhydride à 180°. Or cet acide ne peut avoir pour constitution que

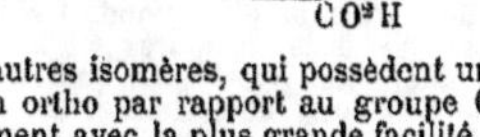

$$(C^6H^5)^2COH \langle \bigcirc \rangle CO^2H \quad (CO^2H)$$

car ses autres isomères, qui possèdent un groupe CO^2H en ortho par rapport au groupe COH, se transforment avec la plus grande facilité en composés doués des propriétés d'une phtalide, ce que ne fait pas l'acide en question.

DIPHÉNYL-M-XYLYLMÉTHANE

$$\begin{matrix} C^6H^5 \\ C^6H^5 \end{matrix} > CH \langle \bigcirc \rangle CH^3 \quad (CH^3)$$

— On obtient ce corps comme le précédent, mais en partant du m-xylène.

Soluble dans les mêmes corps que son isomère, il cristallise en prismes à six pans fusibles à 61°,5. Il bout au-dessus de 360°.

Oxydé par le dichromate de potassium et l'acide sulfurique, il donne de la *diphénylméthylphtalide,*

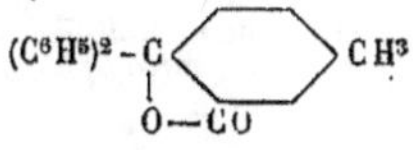

$$(C^6H^5)^2-C \langle \bigcirc \rangle CH^3 \quad (O-CO)$$

fusible à 147°, et de l'*acide diphénylphtalide-méthyloïque,*

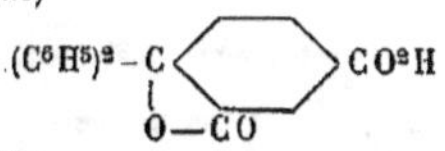

$$(C^6H^5)^2-C \langle \bigcirc \rangle CO^2H \quad (O-CO)$$

fusible à 228°.

La phtalide traitée par la soude donne un sel de l'acide $(C^6H^5)^2COH.C^6H^3(CO^2H).CH^3$, qui, par réduction, se transforme en le corps

$$(C^6H^5)^2CH.C^6H^3(CO^2H)CH^3,$$

fusible à 203°, donnant par l'acide sulfurique du *méthylphénylanthranol*, et par distillation sur la baryte le *diphényl-o-méthylphénylméthane,*

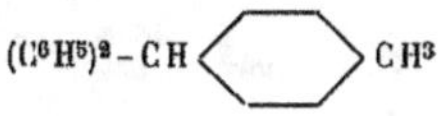

$$(C^6H^5)^2-CH \langle \bigcirc \rangle CH^3$$

[Hemilian, *D. chem. G.*, **19**, 3061; *Bull. Soc. Chim.*, (2), **47**, 435].

DIPHÉNYL-P-XYLYLMÉTHANE,

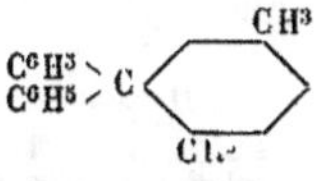

$$\begin{matrix} C^6H^5 \\ C^6H^5 \end{matrix} > C \langle \bigcirc \rangle \quad (CH^3,\ CH^3)$$

— Ce carbure a été obtenu par M. Hemilian par le même procédé que les précédents [*D. chem. G.*, **16**, 2360; *Bull. Soc. Chim.*, (2), **34**, 326; **41**, 316; **42**, 411]

On le purifie par cristallisation dans l'alcool et dans l'éther. Il est en prismes clinorhombiques fusibles à 92°.

Le permanganate ne l'attaque pas, mais le dichromate de potassium et l'acide sulfurique donnent naissance à des corps présentant un certain intérêt à cause de leur transformation en dérivés de l'anthracène.

Ces produits sont: 1° la *méthyldiphénylphtalide,* fusible à 179°,

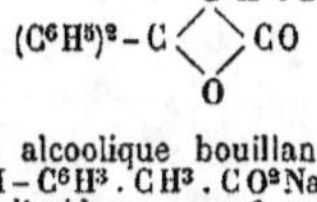

$$(C^6H^5)^2-C \langle C^6H^3.CH^3 \rangle CO \quad (O)$$

La soude alcoolique bouillante fournit le sel $(C^6H^5)^2COH-C^6H^3.CH^3.CO^2Na$, dont on ne peut isoler l'acide sans reformer la phtalide, mais qui, traité en solution alcaline par le zinc en poudre, fournit l'acide libre

$$(C^6H^5)^2CH-C^6H^3.CH^3.CO^2H,$$

fusible à 217°. Cet acide, chauffé au bain-marie avec de l'acide sulfurique, se transforme en *méthylphénylanthranol*

$$CH^3-C^6H^3 \langle \begin{matrix} C.C^6H^5 \\ COH \end{matrix} \rangle C^6H^4$$

fusible à 156°, qui, oxydé par le dichromate, fournit le *méthylphényloxyanthranol*,

$$CH^3-C^6H^3\langle C(OH)(C^6H^5), CO \rangle C^6H^4$$

fusible à 195°; ce dernier, distillé sur la poudre de zinc, se réduit en *méthylphénylanthracène*,

$$CH^3-C^6H^3\langle C(C^6H^5), CH \rangle C^6H^4$$

cristaux très réfringents, fusibles à 119°.

L'acide $(C^6H^5)^2 . CH . C^6H^3(CH^3)CO^2H$, distillé sur de la baryte, se transforme en

$$(C^6H^5)^2 . CH . C^6H^4 . CH^3,$$

aiguilles fusibles à 62°.

2° L'oxydation du diphényl-p-xylylméthane fournit également l'acide isomérique

$$(C^6H^5)^2 . COH\langle C^6H^3 \rangle (CO^2H)(CH^3)$$

fusible à 250-255° en se décomposant, peu soluble dans les dissolvants usuels.

3° Enfin, le dernier terme d'oxydation du carbure que l'on obtient en suroxydant par le permanganate, est l'acide

$$\frac{C^6H^5}{C^6H^5} > C\langle C^6H^3(CO^2H) \rangle, \quad O - CO$$

qui fond à 244-246° et que la poudre de zinc transforme, en solution alcaline, en acide

$$\frac{C^6H^5}{C^6H^5} > CH - C^6H^3(CO^2H)^2,$$

fondant à 278° et donnant du triphénylméthane par distillation sur les alcalis. Paul Adam.

DIPHTALIQUE (ACIDE). — Voyez BIPHTALIQUE.

DIPHTALYLE. — Voyez BIPHTALYLE.

DIPHTALYLLACTONIQUE (ACIDE). — Voyez BIPHTALIQUE.

DIPICOLYLE. — Voyez BIPICOLYLE.

DIPIPÉRIDÉINE. — Voyez BIPIPÉRIDEINE.

DIPROPARGYLE (*hexadiine* 1.5),

$$CH \equiv C - CH^2 - CH^2 - C \equiv CH$$

(voyez 2° Suppl., 1, 734). — Ce carbure se prépare au moyen de l'un des tétrabromures de diallyle (voyez 2° Suppl., 2, 52) ou de leur mélange, que l'on soumet par petites portions à l'action de la potasse alcoolique très concentrée qui est placée dans un ballon chauffé au bain d'huile à 110° et muni d'un réfrigérant descendant; le produit formé distille avec une partie de l'alcool. En opérant de la sorte, on évite de maintenir le carbure en contact avec un excès de potasse alcoolique, qui agit sur le dipropargyle pour lui faire subir une transposition moléculaire et une polymérisation. Le produit distillé est lavé à l'eau un grand nombre de fois pour le débarrasser de l'alcool, et le liquide surnageant est séché sur le chlorure de calcium, puis soumis à la distillation fractionnée. La portion qui passe au-dessus de 88° est composée de produits bromés; quant à la fraction 83-88°, elle est soumise à une réfrigération intense (— 60°), ce qui détermine une solidification partielle. La masse pâteuse est scindée par l'essoration en un carbure solide et un liquide qui ne se congèle plus à — 50°. Ce dernier est un mélange du carbure précédent, qui est le dipropargyle, et du carbure monoacétylénique, l'hexadiine 1.4, $CH^3-C \equiv C-CH^2-C \equiv CH$, qui est le résultat d'une transposition moléculaire du carbure biacétylénique vrai sous l'influence de la potasse alcoolique dans la préparation précédente.

Le dipropargyle fond à — 6° et bout à 86-87° sous une pression de 760 millimètres. Sa densité à zéro est 0,8191. Il ne se polymérise pas à la température ordinaire, à la condition qu'on le conserve à l'abri de l'air. Soumis à l'action de la potasse alcoolique vers 100°, il se transforme rapidement dans son isomère; après quelques heures de chauffe, il est entièrement polymérisé. Son *dérivé argentique*, obtenu au moyen du nitrate d'argent en solution alcoolique, répond à la formule $C^6H^4Ag^2, 2AgAzO^3$.

ALLYLÉNYLALLYLÈNE (*hexadiine* 1.4),

$$CH^3 - C \equiv C - CH^2 - C \equiv CH.$$

— On l'obtient par l'action de la potasse alcoolique sur les bromures d'allylpropényle,

$$CH^3 - CHBr - CHBr - CH^2 - CHBr - CH^2Br$$

(voyez 2° Suppl., 2, 52). On procède comme pour la préparation du dipropargyle.

Ce carbure bout vers 80°. Il donne avec le chlorure cuivreux ammoniacal un précipité jaune et avec les réactifs argentiques des précipités blancs. La solution de nitrate d'argent dans l'alcool à 95° laisse déposer un précipité qui répond à la formule $C^6H^5Ag, AgAzO^3$. Ce carbure est donc monoacétylénique vrai. La potasse alcoolique le polymérise rapidement à chaud.

DIMÉTHYL-BIACÉTYLÈNE (*hexadiine* 2.4),

$$CH^3 - C \equiv C - C \equiv C - CH^3$$

(voyez 2° Suppl. 1, 178). — La combinaison cuivreuse de l'allylène, employée par portions de 16 grammes rapportés à l'état sec, est délayée dans 200 grammes d'eau; on introduit le tout dans une cornue et l'on ajoute d'un seul coup une solution contenant 90 grammes de ferricyanure de potassium. On chauffe et l'on fait passer en même temps un courant de vapeur d'eau, de façon à entraîner le plus rapidement possible le carbure qui se condense dans le récipient sous la forme d'une matière solide que l'on sépare par filtration.

Un autre procédé de préparation consiste à faire réagir la potasse alcoolique concentrée et chaude sur les tétrabromures de dipropényle, $CH^3 - CHBr - CHBr - CHBr - CHBr - CH^3$ (voyez DIPROPÉNYLE); on suit la méthode employée pour obtenir le dipropargyle.

Ce carbure fond à 64° et bout sans décomposition à 129-130° sous la pression ordinaire. Il se sublime avec la plus grande facilité. Il est à peine soluble dans l'eau, très soluble dans l'alcool, l'éther, etc. Il est remarquablement stable et il ne fuse qu'à une température voisine du rouge en laissant un résidu charbonneux.

Il ne donne pas de précipité avec les réactifs cuivreux et argentiques. Il fixe avec énergie le brome, en donnant naissance à un *tétrabromure* unique, $CH^3 - CBr = CBr - CBr = CBr - CH^3$, fusible à 48°.

L'hydratation, soit au moyen de l'acide sulfurique ordinaire, soit au moyen du chlorure mercurique, conduit à une monocétone non saturée C^6H^8O, qui bout à 149-150° sous une pression de 760 millimètres dont la densité = 0,9137 à 0°, et à une dicétone $C^6H^{10}O^2$, l'acétylpropionylméthane de M. Claisen. La potasse alcoolique concentrée transforme ce carbure à 130°, au bout de 4 heures, en un liquide jaune, mobile, qui bout à 169-170° sous la pression ordinaire et dont la densité à 0° est 0,8956; c'est une oxéthyline, $C^8H^{12}O$, qui provient de la fixation de l'alcool sur le carbure. [Griner, *Ann. Chim. Phys.*, (6), **26**, 305].

La chaleur de combustion est, d'après M. Louguinine [*C. R.*, 1888, **1**, 1472], de 847 calories.

G. Griner.

DIPROPARGYLIQUE (ACIDE). — Voyez Biacétényle-carbonique.

DIPROPÉNYLE [Syn. *Bipropényle, hexadiène* 2.4],

$$CH^3-CH=CH.CH=CH-CH^3.$$

— M. Griner a donné ce nom aux carbures stéréo-isomériques qui prennent naissance par l'action de la potasse alcoolique sur les bi-iodhydrates du biallyle (voy. Diallyle). Il a été établi que l'acide iodhydrique se fixe sur le biallyle en donnant deux bi-iodhydrates stéréo-isomériques, l'un solide, l'autre liquide, possédant la formule

$$CH^3-CHI-CH^2-CH^2-CHI-CH^3.$$

Ces deux isomères fournissent les mêmes produits quand on les traite par la potasse alcoolique, au réfrigérant à reflux. On obtient dans ces conditions, comme produit principal, un mélange de carbures bouillant entre 77-88°, la plus grande partie passant de 77 à 82°. La densité de la première partie, à 0°, =0,7273; celle de la seconde =0,739. Ces carbures possèdent une composition exprimée par la formule C^6H^{10}. Leur odeur est éthérée, plus agréable que celle du biallyle. Ils s'oxydent peu à peu à l'air, et leur odeur devient piquante.

Action du brome. — Ils fixent le brome, à froid, en fournissant un mélange de trois *tétrabromures* solides, $C^6H^{10}Br^4$, fusibles respectivement à 182-183°, 95-97°, 64-65°. On observe en même temps la production d'une petite quantité d'un bromure liquide correspondant à l'*allylpropényle* (voy. Diallyle) qui se forme en petite quantité à côté des dipropényles. On n'observe pas la formation d'allylpropényle si l'on emploie de la potasse alcoolique très concentrée, en prolongeant le contact des carbures et de la potasse. L'action prolongée de la potasse transforme en effet l'allylpropényle en bipropényle. Sous l'influence de ce réactif, les carbures tendent à prendre une forme plus symétrique et les groupes CH^3 à se former à l'extrémité de la chaîne. L'allylpropényle,

$$CH^2=CH-CH^2-CH=CH-CH^3,$$

se transforme en bipropényle,

$$CH^3-CH=CH-CH=CH-CH^3.$$

Les tétrabromures, traités par la potasse alcoolique, fournissent un seul et même carbure, fusible à 64°, le diméthylbiacétylène (*hexadiine* 2.4),

$$CH^3-C\equiv C-C\equiv C-CH^3,$$

identique avec le carbure obtenu par oxydation de l'allylénure cuivreux. On doit donc attribuer à ces tétrabromures la formule

$$CH^3-CHBr-CHBr-CHBr-CHBr-CH^3.$$

Ce sont trois isomères stéréochimiques correspondant aux trois bipropényles que prévoit la théorie :

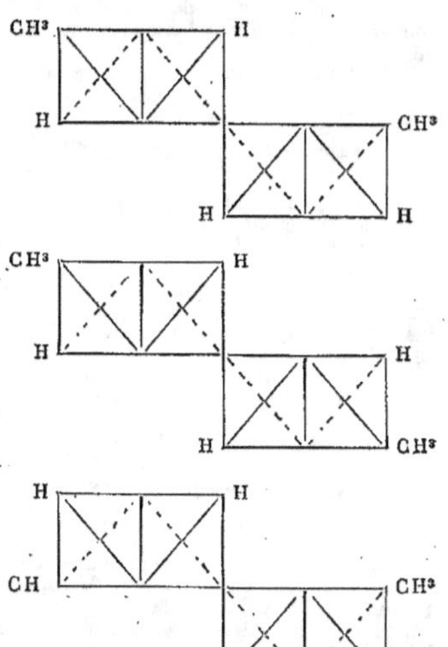

[G. Griner, *Ann. Chim. Phys.*, (6), **26**, 297].

J. Dupont.

DIPROPIONITRILE [Syn. *Imino-3-méthyl-2-pentane-nitrile*],

$$C^2H^5.C(AzH).CH<^{CH^3}_{CAz}$$

— Ce composé a été obtenu par M. E. Meyer, en faisant réagir le sodium sur une solution éthérée de propionitrile. Au bout de quelque temps le dérivé sodique du dipropionitrile se dépose sous la forme d'une poudre blanche qu'on essore et qu'on décompose par l'eau. On extrait ensuite le nitrile par l'éther. La réaction se passe en trois phases :

$$2C^2H^5.CAz+Na^2$$
$$=CH^3.CHNa.CAz+CAzNa+C^2H^6,$$

$$NaC^2H^4.CAz+C^2H^5.CAz$$
$$=C^2H^5.C(AzNa).CH<^{CH^3}_{CAz}$$

$$C^2H^5.C(AzNa).CH<^{CH^3}_{CAz}+H^2O$$
$$=C^2H^5.C(AzH).CH<^{CH^3}_{CAz}+NaOH.$$

Le dipropionitrile cristallise en tables aplaties, solubles dans l'alcool, peu solubles dans l'eau, fusibles à 47-48°. Il distille à 257-258° sous la pression normale, et se décompose vers 330° en régénérant le propionitrile.

L'acide chlorhydrique concentré le dédouble à froid en ammoniaque et en méthyl2-pentaneone3.nitrile

$$C^2H^5.C(AzH).CH<^{CH^3}_{CAz}+H^2O$$
$$=C^2H^5.CO.CH<^{CH^3}_{CAz}+AzH^3.$$

La même décomposition a lieu lorsqu'on fait bouillir pendant quelques heures une solution aqueuse du dipropionitrile. Il se forme en outre de l'acide carbonique et de l'acide cyanhydrique.

Le sodium réduit le dipropionitrile fondu en donnant du nitrile propionique et de la cyanéthine.

En solution alcaline on obtient de la propylamine [E. Meyer, *J. prakt. Chem.*, (2), 39, 191].

Le *benzoyldipropionitrile*

$$C^2H^5 . C(CAzCOC^6H^5) . CH \Big\langle \begin{matrix} CH^3 \\ CAz \end{matrix}$$

se prépare en traitant le nitrile par le chlorure de benzoyle en solution éthérée. Si l'on part du dérivé sodé, on obtient un *dérivé benzoylé isomérique*.

Le *dérivé acétylé*, $C^8H^{12}Az^2O$, est un liquide huileux, soluble dans les acides, et qui ne distille pas sans décomposition [Burns, *J. prakt. Chem.*, (2), 47, 128].

Le dipropionitrile se combine à l'hydroxylamine pour donner l'oximino 3-méthyl 2-propanenitrile. Lorsqu'on le chauffe avec de l'anhydride phtalique, on obtient de la phtalimide et du méthyl 2. pentane-one 3. nitrile. P. Freundler.

DIPROPYLACÉTIQUE (ACIDE),

$$(C^3H^7)^2 = CH - CO^2H.$$

— Cet acide s'obtient en chauffant avec de la potasse alcoolique l'éther dipropylacétylacétique [Burton, *Am. Journ.*, 3, 389].

Il se produit également dans la décomposition de l'acide dipropylmalonique maintenu à 200° [*Mon. f. Chem.*, 9, 319].

C'est un liquide ayant une densité = 0,92 à 0°; il bout vers 219° et est presque insoluble dans l'eau.

L'éther éthylique, $(C^3H^7)^2 = CH - CO^2 . C^2H^5$, bout à 183°.

Le *dipropylacétate de calcium* cristallise avec 2 molécules d'eau en aiguilles brillantes, un peu solubles dans l'eau.

DIPROPYLACÉTYLACÉTIQUE (ACIDE) [Syn. *Éthanoyl 4-heptane-méthyloïque 4*],

$$CH^3 . CO . C(C^3H^7)^2 . CO^2H.$$

— *L'éther éthylique* de cet acide a été obtenu par M. Burton en traitant le propylacétylacétate d'éthyle par le sodium et l'iodure de propyle en présence d'alcool [*Am. Journ.*, 3, 386].

C'est un liquide dont la densité = 0,9585 à 0° et qui distille sans décomposition vers 235°. La potasse étendue ou concentrée dédouble cet éther en donnant de l'alcool, de l'acide acétique et de l'acide dipropylacétique. L'action de l'amalgame de sodium, en solution neutre ou alcaline, fournit également les acides acétique et dipropylacétique et de la dipropylcétone.

DIPROPYLACRYLIQUE (ACIDE) (*heptane-éthénycloïque*),

$$\begin{matrix} CH^3 - CH^2 - CH^2 - C - CH^2 - CH^2 - CH^3 \\ \| \\ CH \\ | \\ CO^2H \end{matrix}$$

— Ce corps se forme soit par l'action de l'acide sulfurique étendu sur l'acide dipropyllactique $(C^3H^7)^2COH - CH^2 - CO^2H$, soit par l'action du pentachlorure de phosphore sur une solution éthérée du même acide.

Il fond à 80°, est peu soluble dans l'eau et se dissout bien dans l'éther, l'alcool et le benzène.

Le *sel de lithium*, ($+ 2H^2O$), se dépose au sein de l'alcool en amas sphéroïdaux.

Le *sel de calcium*, ($+ H^2O$), se dissout dans 30 fois son poids d'eau.

Le *sel de baryum*, ($+ H^2O$), peu soluble dans l'eau, se dissout mieux dans l'alcool.

Le *sel de zinc* est absolument insoluble.

Le *sel de plomb*, ($+ 2,5 H^2O$), est en petites aiguilles peu solubles dans l'eau, solubles dans l'alcool [Albitzky, *J. prakt. Chem.*, (2), 30, 209; *Bull. Soc. Chim.*, (2), 41, 310].

DIPROPYLALLYLAMINE. — Voyez BIALLYLAMINE, 2e Suppl., 1, 77.

DIPROPYLANILINE. — Voyez PHÉNYLAMINE.

DIPROPYLANTHRACÈNES. — Les dipropylanthracènes ne sont pas connus; mais on peut y rattacher les composés suivants, précédemment décrits :

DIHYDRURES DE DIPROPYLANTHRACÈNE. — Voyez 2e Suppl., 1, 310;

DIPROPYLANTHRONE. — Voyez 2e Suppl., 1, 340;

DIPROPYLANTHRANOL. — Voyez 2e Suppl., 1, 340.

DIPROPYLBENZÈNES, $C^{12}H^{18}$.

A. DIPROPYLBENZÈNES,

$$CH^3 . CH^2 . CH^2 . C^6H^4 . CH^2 . CH^2 . CH^3.$$

M-DIPROPYLBENZÈNE. — Suivant M. Heise, cet hydrocarbure se formerait, en même temps que son isomère para, quand on chauffe à 100° le propylbenzène avec du chlorure d'aluminium. On sépare les deux carbures l'un de l'autre en les transformant en dérivés disulfoniques. Le sel de plomb de l'acide m-dipropylbenzène-disulfonique, qui cristallise sous forme de lamelles, est plus soluble dans l'eau froide que le sel de plomb dérivé du carbure para et qui cristallise en aiguilles.

Le m-dipropylbenzène n'a pas été isolé à l'état de pureté. Son *dérivé disulfonique* présente les caractères suivants :

L'acide m-dipropylbenzène-disulfonique,

$$C^6H^2(SO^3H)^2(C^3H^7)^2,$$

cristallise en longues lames déliquescentes. Le *sel de plomb* $Pb\bar{A}, 1,5H^2O$ est en lamelles; le *sel de baryum* $Ba\bar{A}, 1,5H^2O$ est en lamelles; le *sel de potassium* est en tables. Ces sels sont très solubles dans l'eau. La *disulfamide* cristallise dans l'eau chaude en longues aiguilles fusibles à 195° [R. Heise, *D. chem. G.*, 24, 768; *Bull. Soc. Chim.*, (3), 8, 122].

P-DIPROPYLBENZÈNE. — Ce composé a été obtenu par M. Kœrner au moyen du p-dibromobenzène, du bromure de propyle et du sodium (voyez Suppl., 1, 660). Il a été préparé par M. Fileti au moyen du p-bromopropylbenzène, du bromure de propyle et du sodium [*Gazz. chim. ital.*, 21, 22]. Enfin, il se formerait, suivant M. Heise, quand on chauffe le propylbenzène avec du chlorure d'aluminium (voyez plus haut).

Dérivé dibromé, $C^6H^2Br^2(C^3H^7)^2$. — Il se forme par l'action du brome en excès et à froid sur l'hydrocarbure et cristallise dans l'alcool en aiguilles ou en tables rectangulaires fusibles à 48° [Kœrner, *Ann. Chem.*, 216, 223]. Traité par l'acide nitrique (d = 1,51), il fournit un *dérivé dinitré*, $C^6H^2Br^2(AzO^2)^2(C^3H^7)^2$, qui cristallise dans la ligroïne sous la forme de prismes fusibles à 145° (Fileti).

Dérivé dinitré. — Voyez Suppl., 1, 660.

Dérivés sulfoniques [voyez Suppl., 1, 660; Remsen et Kaiser, *Am. Journ.*, 5, 162]. — Suivant M. Fileti, en traitant par l'acide sulfurique le p-dipropylbenzène, on obtient un mélange de deux acides sulfoniques α et β, qu'on sépare l'un de l'autre en mettant à profit la différence de solubilité de leurs sels de plomb ou de magnésium.

Acide α. — C'est celui qui a été décrit par

M. Kœrner. Le *sel de sodium*, NaĀ, $4H^2O$, est en lamelles très solubles dans l'eau (Kœrner). Le *sel de potassium*, KĀ, $4H^2O$, est en grandes tables transparentes (Remsen et Kaiser). Le *sel de magnésium*, $Mg\bar{A}^2$, $7H^2O$, est en tables peu solubles (F.). Les *sels de calcium, de baryum*, et *de plomb* ont déjà été décrits (Suppl., **1**, 660); mais, d'après M. Fileti, le sel de baryum renfermerait H^2O. Le *sel de zinc*, $Zn\bar{A}^2$, $8H^2O$, cristallise sous la forme de lames peu solubles (F.). La *sulfamide* cristallise dans l'alcool en grands cristaux hexagonaux, fusibles à 103°. Le mélange chromique la transforme en acide sulfaminepropylbenzoïque (R. et K.).

Acide β. — Cet acide se forme en même temps que le précédent, mais en bien plus faible proportion. La *sulfamide* cristallise dans le sulfure de carbone en lamelles nacrées, fusibles à 106-107° (Fileti).

B. PROPYL-ISOPROPYL-BENZÈNES (*propylméthoéthylbenzènes*),

$$CH^3.CH^2.CH^2.C^6H^4.CH\begin{matrix}\diagup CH^3\\ \diagdown CH^3\end{matrix}$$

— On ne connaît que le dérivé para.

P-PROPYLISOPROPYLBENZÈNE. — Cet hydrocarbure a été obtenu :

1° Au moyen du chlorure de p-cymyle,

$$\begin{matrix}CH^3\diagdown\\ CH^3\diagup\end{matrix}CH-C^6H^4.CH^2Cl$$

et du zinc-éthyle. Les rendements sont faibles; on ne recueille que 20 grammes d'hydrocarbure pour 220 grammes de chlorure de cymyle [Paterno et Spica, *D. chem. G.*, **9**, 582; **10**, 1746; *Bull. Soc. Chim.*, (2), **27**, 40; **30**, 308].

2° Au moyen du sodium (9 grammes), du p-bromocumène (25 grammes) et du bromure de propyle (31 grammes), dissous dans de l'éther anhydre (50 grammes). On chauffe pendant quelques heures au bain-marie, on ajoute 3 grammes de sodium et 8 grammes de bromure de propyle et on chauffe de nouveau. Le rendement est d'environ 60 0/0 du rendement théorique [M. Fileti, *Gazz. chim. ital.*, **21**, 4; R. Heise, *D. chem. G.*, **24**, 768].

Suivant M. Heise [*loc. cit.*], en faisant agir à — 2° le bromure d'isopropyle sur le propylbenzène en présence du chlorure d'aluminium, on obtiendrait un mélange de m- et de p-propylisopropylbenzènes.

Le p-propyl-isopropyl-benzène bout à 211-213°. $d_0 = 0,8713$. L'acide nitrique étendu le transforme en acides propylbenzoïque et téréphtalique.

Dérivés bromés. — En traitant à froid l'hydrocarbure par le brome en présence d'iode, on obtient un *dérivé monobromé*, liquide qui bout à 265° et qui fournit par oxydation au moyen de l'acide nitrique étendu les acides o- et m-bromopropylbenzoïques, m-bromocuminique et bromotéréphtalique.

Avec un excès de brome, on obtient un *dérivé dibromé*, liquide qui se décompose à la distillation. Ce dernier, traité par l'acide nitrique (d = 1,51), fournit un *dérivé dinitré*,

$$CH^3.CH^2.CH^2.C^6Br^2(AzO^2)^2.CH\begin{matrix}\diagup CH^3\\ \diagdown CH^3\end{matrix}$$

fines aiguilles, fusibles à 124-125°, très solubles dans les dissolvants usuels (Fileti).

Dérivés nitrés. — En traitant le propylisopropylbenzène par l'acide nitrique (d = 1,48), on obtient un *dérivé mononitré*, liquide huileux se décomposant à la distillation. C'est un mélange de deux isomères, qui fournit par réduction deux *dérivés amidés*. Le premier de ces dérivés amidés, qui se forme en très petite quantité, bout entre 240 et 260°; son *dérivé acétylé* est en lamelles fusibles à 87-88°. Le second dérivé amidé bout à 260-265°; son *dérivé acétylé* est en aiguilles fusibles à 70-71°.

En traitant le propylisopropylbenzène par l'acide nitrique (d = 1,51, on obtient un *dérivé dinitré*, liquide huileux, ne se solidifiant pas dans un mélange réfrigérant, se décomposant par la distillation, mais entraînable par la vapeur d'eau (Fileti).

Dérivés sulfoniques. — D'après M. Heise, le dérivé sulfonique est en aiguilles non déliquescentes, fusibles à 59-60°. D'après M. Fileti, en traitant le propyl-isopropyl-benzène (50 grammes) par un mélange d'acide sulfurique ordinaire (75 grammes) et d'acide sulfurique fumant (75 grammes) et chauffant à la fin, on obtient un mélange de deux dérivés sulfoniques α et β, que l'on peut séparer l'un de l'autre en mettant à profit la différence de solubilité de leurs sels magnésiens.

Acide α. — C'est une masse cristalline, déliquescente, très soluble dans l'alcool, fusible à 74°. Le *sel de sodium*, NaĀ, $4H^2O$, est en grandes tables. Le *sel de magnésium*, $Mg\bar{A}^2$, $7H^2O$, est en tables nacrées; 100 parties d'eau à 22° dissolvent $1^p,04$ de sel cristallisé. Le *sel de calcium*, $Ca\bar{A}^2$, $8H^2O$, est en longues aiguilles (H.). Le *sel de baryum*, $Ba\bar{A}^2$, H^2O, est en aiguilles très peu solubles. Le *sel de zinc*, $Zn\bar{A}^2$, $8H^2O$, est en tables peu solubles. Le *sel de plomb*, $Pb\bar{A}^2$, H^2O, est en aiguilles très peu solubles.

Le *chlorure d'acide* est liquide; la *sulfamide* est en longues aiguilles, fusibles à 93-94°; la *sulfanilide*, insoluble dans l'eau et dans l'éther de pétrole, soluble dans les autres dissolvants, fond à 107-109°.

Acide β. — Le *sel de magnésium*,

$$Mg\bar{A}, 6H^2O$$

est très soluble dans l'eau. La *sulfamide* cristallise dans le sulfure de carbone en lamelles nacrées, fusibles à 100-101° (Fileti).

C. DIISOPROPYLBENZÈNES,

$$\begin{matrix}CH^3\diagdown\\ CH^3\diagup\end{matrix}CH-C^6H^4-CH\begin{matrix}\diagup CH^3\\ \diagdown CH^3\end{matrix}$$

— D'après Silva [*Bull. Soc. Chim.*, (2), **43**, 317], on obtient comme produit secondaire dans la préparation de l'isopropylbenzène (action du chlorure d'isopropyle sur le benzène en présence du chlorure d'aluminium) un mélange de diisopropylbenzènes, liquide bouillant à 202-206°.

Suivant M. Uhlhorn, le produit, provenant de cette réaction et bouillant à 200-210°, renferme les deux diisopropylbenzènes ortho et méta, que l'on peut séparer en les transformant en dérivés sulfoniques et mettant à profit la différence de solubilité des sels de cuivre de ces derniers. Le sel de cuivre dérivé de l'hydrocarbure ortho est moins soluble dans l'eau que le sel de cuivre dérivé de l'hydrocarbure méta et se sépare le premier. On obtient les hydrocarbures en chauffant à 130° en vase clos les sulfamides avec de l'acide chlorhydrique.

O-DIISOPROPYLBENZÈNE. — C'est un liquide bouillant à 209°, qui par oxydation au moyen de l'acide nitrique étendu fournit de l'acide o-phtalique.

Dérivé sulfonique. — Le *sel de cuivre*,

$$Cu\bar{A}^2, 6,5H^2O,$$

est en lamelles bleues. Les *sels de calcium, de magnésium* et *de sodium* sont très solubles et cristallisent mal. Le *sel de baryum* très soluble cst en cristaux mamelonnés. La *sulfamide* fond à 102°.

M-Diisopropylbenzène. — C'est un liquide bouillant à 204°, qui par oxydation fournit de l'acide isophtalique.

Dérivé trinitré. — Aiguilles jaunâtres, fusibles à 110-111°.

Dérivé sulfonique. — Le *sel de baryum*, $Ba\bar{A}^2, 2H^2O$, est en longues aiguilles peu solubles. Le *sel de magnésium*, $Mg\bar{A}^2, 4H^2O$, est en tables prismatiques peu solubles dans l'eau. Les *sels de calcium* et *de sodium* sont en aiguilles très solubles. Le *sel de cuivre*, $Cu\bar{A}^2, 4,5H^2O$, est en longues aiguilles d'un bleu pâle. La *sulfamide* est en lamelles blanches, fusibles à 145° [E. Uhlhorn, *D. chem. G.*, **23**, 3142]. Léon Roux.

DIPROPYLCÉTONE. — Voyez Butyrone.

DIPROPYLCRÉSOL [Syn. *Dipropylméthylphénol*],

$$(C^3H^7)^2 . C^6H^2 . CH^3_{(1)} . OH_{(3)}.$$

— Lorsque l'on chauffe vers 200° pendant 10 heures un mélange d'alcool propylique, de m-crésol et de chlorure de magnésium, on obtient un mélange de propyl- et de dipropylcrésol, en même temps que des éthers propyliques correspondants que l'on peut séparer par distillation fractionnée après épuisement à la potasse.

Le dipropylcrésol donne un *dérivé acétylé* qui bout vers 255-260°.

Avec l'alcool isopropylique, on obtient des dérivés analogues. Le diisopropyl-m-crésol bout à 251°; il est très peu soluble dans l'eau ainsi que dans les alcalis étendus, mais se dissout bien dans les alcalis en solution concentrée.

Son *éther méthylique* bout à 242-245°, le *dérivé acétylé* vers 255-260° [G. Mazzara, *Gazz. chim. ital.*, **12**, 510; *Bull. Soc. Chim.*, (2), **39**, 467].

DIPROPYLE. — Voyez Hexane.

DIPROPYLÈNE-DIAMINE. — Voyez Propylène-amines.

DIPROPYLÉTHYLÈNE. — Voyez Octène.

DIPROPYLÉTHYLÈNE-GLYCOL. — Voy. Octène-glycol.

DIPROPYLMÉTHANE. — Voyez Heptane.

DIPROPYLOXALIQUE (ACIDE) (*acide heptanol 4-méthyloïque 4*),

$$(C^3H^7)^2 = C(OH) - CO^2H$$

— Ce composé est probablement identique avec l'acide dipropylglycolique obtenu en chauffant la butyroïne

$$C^3H^7 . CO - CH(OH) . C^3H^7$$

avec de la potasse caustique concentrée. Cet acide fond vers 73°, son sel de baryum a été analysé [Klinger et Schmitz, *D. chem. G.*, **24**, 1273].

On prépare l'*éther éthylique* de l'acide dipropyloxalique en faisant réagir sur l'éther oxalique de l'iodure de propyle et du zinc. C'est un liquide épais, bouillant à 210° et possédant une odeur aromatique; la potasse alcoolique le saponifie rapidement. L'acide ainsi obtenu fond à 80°; on le fait cristalliser dans l'eau; on peut le distiller avec la vapeur d'eau qui l'entraîne.

Son *sel de potassium* cristallise sous la forme de prismes.

Le *sel d'argent* est soluble dans l'eau bouillante; mais celle-ci le décompose partiellement [Rafalsky, *J. Soc. Chim. russe*, **13**, 237].

Voir pour les dérivés chlorés et bromés de l'acide dipropyloxalique, l'article Diallyloxalique.

DIPROPYLPHÉNYLÈNE-DIAMINE. — Voyez Phénylène-diamine.

DIPROPYLSULFONE. — Voyez Sulfones.

DIPYRIDINE. — Voyez Pyridine.

DIPYRIDYLES. — Voyez Bipyridyles.

DIPYROGALLOCARBONIQUE (ACIDE), $C^{14}H^{10}O^9$. — Cet acide est un anhydride de l'acide pyrogallocarbonique $C^6H^2(OH)^3CO^2H$. On le prépare de la manière suivante : On chauffe pendant quelques heures à 80-90° de l'acide pyrogallocarbonique additionné d'une quantité d'oxychlorure de phosphore suffisante pour donner un magma liquide; on reprend le produit de la réaction par l'éther et on verse dans 10 parties d'eau froide; on précipite par l'acide sulfurique en excès. On filtre, on lave le précipité à l'acide chlorhydrique, puis à l'eau; on sèche d'abord sur une plaque poreuse, puis dans le vide sur de la chaux. Le produit est redissous dans une petite quantité d'alcool étendu d'eau et précipité par l'acide chlorhydrique [Schiff, *Gazz. chim. ital.*, **17**, 554].

L'acide dipyrogallocarbonique jouit des principales propriétés du tannin, dont il possède au surplus la constitution chimique. C'est une poudre jaune, douée d'une saveur astringente; il est décomposé par l'eau bouillante avec dégagement d'acide carbonique et formation de pyrogallol. La solution aqueuse décolore la teinture d'iode, coagule l'albumine et la gélatine et est précipitée par les acides minéraux, les sels et les alcaloïdes. Le chlorure ferrique étendu donne une faible coloration violette; la solution dans l'acide sulfurique concentré est colorée en rouge cerise par l'addition d'une trace d'acide nitrique fumant.

La formation d'un *sel barytique* $(C^{14}H^9O^9)^2Ba$ et l'action de l'anhydride acétique montrent que l'acide dipyrogallocarbonique est monobasique et pentahydroxylé. G. de Bechi.

DIPYROGALLOPROPIONIQUE (ACIDE) (*méthyl 1-diphényltrol-méthane-méthyloïque*),

$$\begin{matrix}(OH)^3-C^6H^2 > \\ (OH)^3-C^6H^2 >\end{matrix} C \begin{matrix}< CH^3 \\ < CO^2H\end{matrix} \; (?)$$

— On prépare ce corps en ajoutant peu à peu 5 grammes de pyrogallol à une dissolution fortement refroidie de 3 centimètres cubes d'acide pyruvique dans 50 centimètres cubes d'acide sulfurique concentré. La réaction qui a lieu est exprimée par l'équation suivante :

$$CH^3-CO-CO^2H + 2C^6H^3(OH)^3 = H^2O + C^{15}H^{14}O^9.$$

On abandonne la liqueur à la température ordinaire et, lorsqu'elle atteint 15°, on la verse sur de la glace. Le liquide brun-rouge est épuisé alors par l'éther acétique; le dissolvant étant évaporé, il reste un sirop rouge qu'on reprend par l'eau; on filtre et on évapore à basse température [Böttinger, *D. chem. G.*, **16**, 2404; **23**, 1093].

Le corps ainsi obtenu paraît être un produit d'oxydation de l'acide dipyrogallocarbonique et renferme 2H de moins que ne l'indique la formule. Traité par le zinc en poudre et l'acide acétique, le corps rouge devient incolore et la solution renferme alors le véritable acide dipyrogallopropionique. Ce corps est très oxydable, sa solution rougit rapidement à l'air en donnant le produit d'oxydation décrit plus haut.

L'acide dipyrogallopropionique oxydé est une masse brillante rouge, soluble dans l'eau, l'alcool, l'acétone et l'acide acétique cristallisable, moins soluble dans le sulfure de carbone, très peu soluble dans l'éther et insoluble dans le chloroforme. Chauffé à 100°, ce corps se transforme en un *anhydride* $C^{15}H^{12}O^7$, rouge, soluble dans l'eau, qui à 155° donne un second anhydride $C^{15}H^{10}O^{6}$ insoluble dans l'eau froide.

L'acide dipyrogallopropionique oxydé se dissout en violet dans l'ammoniaque, en bleu dans la soude et dans le carbonate de sodium. La solution de l'acide pyrogallopropionique (obtenue en réduisant le corps rouge par le zinc en poudre et l'acide acétique) additionnée d'un excès de soude caustique reste d'abord incolore, mais absorbe rapidement l'oxygène en se colorant en bleu.

Dérivé diacétylé, $C^{15}H^{10}(C^{2}H^{3}O)^{2}O^{7}$. — On l'obtient à côté du dérivé tétracétylé

$$C^{15}H^{8}(C^{2}H^{3}O)^{4}O^{7}$$

en traitant l'acide dipyrogallopropionique oxydé par l'anhydride acétique bouillant. Si on verse dans l'éther le produit de la réaction, le dérivé tétracétylé seul se dépose. Le dérivé diacétylé est une poudre grise qui, une fois desséchée, ne se dissout plus dans l'éther; il fond à 110°, est soluble dans l'alcool, dans la soude caustique étendue, insoluble dans une dissolution étendue de carbonate de sodium.

Le *dérivé tétracétylé* est jaune-brun et insoluble dans l'éther. Il se décompose vers 200°.

Dérivés bromés. — Le brome transforme l'acide dipyrogallopropionique en un mélange d'un *dérivé tribromé* et d'un *dérivé pentabromé*. Ces corps sont des poudres brunes, qui se décomposent sans fondre lorsqu'on les chauffe; l'anhydride acétique bouillant les transforme en *dérivés diacétylés*

Acide anhydro-dipyrogallopropionique,

$$C^{15}H^{12}O^{7}.$$

— Ce corps se forme en même temps que l'acide dipyrogallopropionique oxydé dans l'action de l'acide sulfurique sur un mélange d'acide pyruvique et de pyrogallol. Il est d'un rouge brun, insoluble dans l'eau froide, peu soluble dans l'éther acétique, soluble en violet dans l'ammoniaque. Le brome en solution acétique le transforme en un *dérivé tribromé*, soluble dans l'éther; en même temps, il se forme un *dérivé pentabromé*, insoluble dans ce dissolvant.

G. de Bechi

DIPYRRYLCARBONYLE (*pyrrone*),

$$CO(C^{4}H^{3}AzH)^{2}.$$

— On obtient ce corps par l'action de l'oxychlorure de carbone sur la combinaison potassique du pyrrol.

On ajoute goutte à goutte une dissolution de 10 grammes d'oxychlorure de carbone dans 50 grammes de benzène à 20 grammes de pyrrol potassé en suspension dans 250 centimètres cubes d'éther absolu. Lorsque la réaction s'est calmée, on chauffe pendant une heure au bain-marie, on filtre, on lave à l'éther et on évapore la liqueur éthérée; le résidu est distillé avec la vapeur d'eau; il passe de la ditétrolurée

$$CO(AzC^{4}H^{4})^{2}$$

et le dipyrrylcarbonyle reste dans l'appareil. Le résidu de la distillation est soumis à l'action de l'eau bouillante et le liquide aqueux épuisé par l'éther; on évapore la dissolution éthérée et on purifie le produit par des cristallisations successives dans l'alcool étendu et dans le benzène bouillant [Ciamician et Magnaghi, *D. chem. G.*, **18**, 419].

Le dipyrrylcarbonyle prend également naissance lorsqu'on chauffe pendant quelques heures à 250° le carbonylpyrrol (ditétrolurée) [Ciamician et Magnaghi, *D. chem. G.*, **18**, 1829].

Le dipyrrylcarbonyle est en aiguilles fusibles à 160°, presque insolubles dans l'eau et dans la ligroïne, très solubles dans l'alcool, l'éther et le benzène. Ce corps résiste à l'action de la potasse et de l'acide chlorhydrique bouillant.

Le *sel d'argent*, $C^{9}H^{6}Az^{2}O\,Ag^{2}$, est un précipité jaune.

G. de Bechi.

DIQUINHYDRONE. — Voyez Diquinone.

DIQUINOLÉINE. — Voyez Biquinoléine

DIQUINOLÉYLES. — Voyez Biquinoléyles.

DIQUINONE, $C^{12}H^{6}O^{4}$. — Ce corps a été obtenu par MM. Barth et Schreder en fondant l'hydroquinone avec la soude; on sait qu'il se forme dans cette réaction une certaine quantité d'oxyhydroquinone, isomérique de la phloroglucine et du pyrogallol.

Pour extraire la diquinone du produit fondu, on dissout celui-ci dans un léger excès d'acide sulfurique étendu et on agite à quatre reprises différentes avec de l'éther. On évapore la solution éthérée, on redissout le résidu dans l'eau, ce qui sépare une substance peu soluble, qui bientôt se colore en bleu par oxydation à l'air, et on précipite l'oxyhydroquinone par l'acétate neutre de plomb. Le liquide filtré est alors additionné de sous-acétate de plomb qui sépare la dihydroquinone $(OH)^{2}C^{6}H^{3}-C^{6}H^{3}(OH)^{2}$ à l'état de combinaison plombique insoluble; on décompose le précipité par l'acide sulfhydrique et on agite de nouveau avec de l'éther. On obtient ainsi une solution de dihydroquinone, que l'on évapore jusqu'à siccité; on reprend par l'eau et on ajoute goutte à goutte une solution étendue de perchlorure de fer. Il se précipite d'abord de petits cristaux d'un bleu violacé, à reflets verts, de *diquinhydrone* $C^{24}H^{16}O^{8}$, puis de fines aiguilles jaunes de diquinone $C^{12}H^{6}O^{4}$.

La diquinone fond à 186–187°; elle cristallise sans altération de ses solutions aqueuses ou alcooliques.

La diquinhydrone se décompose lorsqu'on la chauffe, sans fondre; presque insoluble dans l'eau, elle se dissout en rouge dans l'alcool ou dans l'éther. Elle est réduite par l'acide sulfureux et ramenée à l'état de dihydroquinone [Barth et Schreder, *Mon. f. Chem.*, **5**, 589].

L. Maquenne.

DIRÉSORCINE. — Voyez Birésorcine.

DIRÉSORCINE-DICARBONIQUE (ac.). — Voyez Birésorcine.

DISAZOÏQUES ET POLYAZOÏQUES. — La nomenclature des composés azoïques est rendue très difficile par suite de leur complexité, et aussi parce que les noms choisis par P. Griess prêtent à confusion. En effet, étant donné que le groupe *azo* comprend les composés du type $RAz{=}AzR'$, la logique exigerait que l'on ne nommât pas *diazo* un composé $RAz{=}AzX$, X représentant un halogène ou un radical acide. Ce préfixe *di* devient fort gênant lorsqu'on aborde l'étude des composés contenant deux fois le groupe *azoïque*.

Ainsi l'on parle couramment d'un *tétrazoïque* pour désigner un double diazoïque, tandis qu'on devrait réserver cette appellation pour les composés contenant quatre fois le groupe azoïque. On nomme aussi *tétrazoïques* les azoïques dérivant de ces doubles diazoïques, tandis que ce sont des *disazoïques*.

Griess avait employé pour les doubles azoïques une autre nomenclature : il les nommait *azotriplebases*, parce qu'ils fournissent trois amines par réduction. Exemple :

$$C^{6}H^{5}-Az{=}Az-C^{6}H^{4}Az{=}Az-C^{6}H^{4}OH\,;$$

ce composé donne naissance par réduction à de

l'aniline, de la p-phénylène-diamine et de l'amidophénol. De même le composé

$$C^6H^5-Az=Az-C^6H^4-Az=Az-C^6H^2<\begin{matrix}(AzH^2)^2\\ Az=Az-C^6H^5\end{matrix}$$

provenant de l'amidoazobenzène-diazoté, uni à la chrysoïdine, fournissant quatre amines par réduction, est une *azoquadruplebase*. Ces dénominations n'ont jamais été adoptées dans le langage courant. Les composés polyazoïques sont, pour la plupart, si complexes, qu'on a renoncé à les nommer; on se contente d'en écrire la formule et d'indiquer successivement les opérations qui leur ont donné naissance. Pour indiquer en gros la classe à laquelle ils appartiennent, nous pensons qu'il est tout simple de mettre devant les noms *azo* ou *diazo* les préfixes *bis, ter, quater*. On aura ainsi :

$$C^6H^4<\begin{matrix}Az=Az-Cl\\ Az=Az-Cl\end{matrix}$$

Chlorure de bis-diazobenzène.

$$C^6H^4<\begin{matrix}Az=Az-C^6H^4OH\\ Az=Az-C^6H^4OH\end{matrix}$$

Benzène bis-azophénol.

Bien que l'on connaisse un nombre considérable de polyazoïques, leur étude est très incomplète, ces corps ayant été préparés, pour la plupart, dans le but de les utiliser comme matières colorantes.

Voici leurs principaux modes de formation, avec les règles générales auxquelles ils obéissent.

Diazotation des diamines. — 1° Les diamines aromatiques contenant les deux groupes amidogène dans le même noyau fournissent des résultats fort différents suivant la position de ces groupes.

a. Les o-diamines ne se diazotent pas : ainsi l'o-phénylène-diamine donne, par l'action de l'acide nitreux, l'azimidobenzène

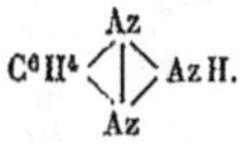

$$C^6H^4<\begin{matrix}Az\\ |\\ Az\end{matrix}>AzH.$$

b. Les m-diamines sont susceptibles de donner des sels bis-diazoïques, mais seulement en solution bien froide, diluée et très acide. Ces sels ont tendance à réagir sur une ou plusieurs molécules de diamine non diazotée en donnant naissance à différents produits colorants dont la nuance varie du jaune brun au brun foncé, et qu'on nomme les *bruns de phénylène*. Il est possible, toujours en solution diluée et acide, de ne diazoter qu'un groupe amidogène de la m-diamine; le diazoïque obtenu étant combiné à un phénol, par exemple, contient encore un groupe amidogène qu'on peut encore diazoter et combiner à un autre phénol ou amine; de cette façon on peut obtenir des composés bis-azoïques mixtes. Ainsi

$$C^6H^4<\begin{matrix}Az=AzCl\\ AzH^2\end{matrix}+C^6H^5OH$$

donne $C^6H^4<\begin{matrix}Az=Az-C^6H^4OH\\ AzH^2\end{matrix}$

puis

$$C^6H^4<\begin{matrix}Az=Az-C^6H^4OH\\ Az=AzCl\end{matrix}+C^{10}H^7AzH^2$$

donne $C^6H^4<\begin{matrix}Az=Az-C^6H^4OH\\ Az=Az-C^{10}H^6AzH^2\end{matrix}$

En général toutes les couleurs azoïques obtenues au moyen des m-diamines sont brunes, jaunes ou brun-rouge.

c. Les p-diamines se bis-diazotent très facilement. On peut obtenir ainsi des bis-azoïques. Cependant il est à remarquer que l'un des groupes du double diazoïque entre facilement en réaction avec les phénols ou amines, mais que l'autre groupe diazoïque ne réagit bien qu'avec le temps ou sous l'influence d'une élévation de température. On subit toujours une perte d'une partie du diazoïque, détruit par suite de son peu de stabilité dans ces conditions de réaction. Pour éviter cet inconvénient, on emploie un moyen détourné qui donne d'excellents résultats : l'un des groupes amidés étant *bloqué* (c'est-à-dire garni) par un groupe acétyle par exemple, on soumet l'autre à la diazotation; après l'avoir transformé en azoïque, on saponifie le second groupe et on le soumet ensuite au même traitement. Exemple : Le *violet noir coton* est obtenu en faisant réagir un sel de la diazoacétyl-p-phénylènediamine sur l'α naphtylamine-sulfonée 1.4, puis en saponifiant l'azoïque obtenu, diazotant à nouveau, et l'unissant au sulfonaphtol 1.4.

Ainsi successivement :

$$C^6H^4<\begin{matrix}AzH^2_{(1)}\\ AzH.COCH^3_{(4)}\end{matrix}$$

donne $C^6H^4<\begin{matrix}Az=Az-C^{10}H^5<\begin{matrix}SO^3Na\\ AzH^2\end{matrix}\\ AzH.COCH^3\end{matrix}$

puis $C^6H^4<\begin{matrix}Az=Az-C^{10}H^5<\begin{matrix}SO^3Na\\ AzH^2\end{matrix}\\ AzH^2\end{matrix}$

enfin $C^6H^4<\begin{matrix}Az=Az-C^{10}H^5<\begin{matrix}SO^3Na\\ AzH^2\end{matrix}\\ Az=Az-C^{10}H^5<\begin{matrix}OH\\ SO^3Na\end{matrix}\end{matrix}$

2° Les diamines dont chaque groupe amidé se trouve dans un noyau particulier, c'est-à-dire du type $AzH^2-R-R'-AzH^2$, sont de beaucoup les plus importantes comme matières premières des azoïques. Cette classe, en effet, contient la grande majorité des matières colorantes azoïques dites *substantives*, c'est-à-dire teignant la fibre végétale directement, en bain alcalin. Les principales de ces diamines sont

la benzidine,

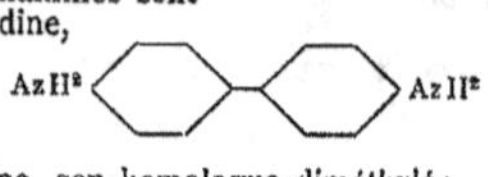

AzH² AzH²

la tolidine, son homologue diméthylé;

le diamidostilbène disulfoné,

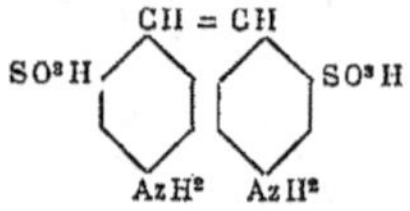

CH = CH

SO³H SO³H

AzH² AzH²

le diamidocarbazol,

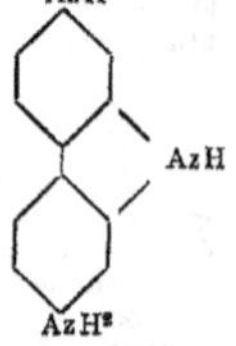

AzH²

AzH

AzH²

la p-diamidodiphénylthio-urée

$$CS<\begin{matrix}AzH-C^6H^4AzH^2\\ AzH-C^6H^4AzH^2\end{matrix}$$

les diamidobenzénylamido-thiophénylmercaptans,

$$AzH^2C^6H^3\begin{cases}(1)\\(2)\end{cases}\begin{matrix}< Az \\ < S\end{matrix}\geq C-C^6H^4AzH^2,\quad \text{etc.}$$

Toutes ces bases fournissent, à la diazotation, directement le sel bis-diazoïque. Si la quantité d'acide nitreux employé est trop faible, une partie de la base se bis-diazote, l'autre reste non attaquée, mais il ne se fait pas de dérivé amido-diazoïque. Les sels bis-diazoïques de ces bases réagissent sur les phénols ou les amines d'après les règles connues, mais cette réaction a lieu en deux phases : il se fait à froid, avec grande facilité, une moitié de la réaction avec un des groupes diazoïques; le second groupe ne réagit que lentement et à l'aide de la chaleur. Cette propriété a été mise à profit dans la préparation des matières colorantes bis-azoïques; on prépare facilement des composés dits « mixtes », dans lesquels chaque groupe azoïque est relié à un phénol ou une amine différents. Exemple : Le *congo-corinthe* est obtenu en faisant réagir sur le chlorhydrate de bis-diazobenzidine une molécule d'acide naphtionique, puis une molécule d'α-sulfo α-naphtol :

$$C^{12}H^8\begin{cases}Az=Az-C^{10}H^5\begin{cases}AzH^2_{(1)}\\SO^3Na_{(4)}\end{cases}\\Az=Az-C^{10}H^5\begin{cases}OH_{(1)}\\SO^3Na_{(4)}\end{cases}\end{cases}$$

On voit le parti qu'on peut tirer de cette réaction pour donner à une matière colorante les fonctions chimiques, la solubilité, ou les nuances désirées.

Les triamines du type

$$\begin{cases}R\ AzH^2\\R'\ AzH^2\\R''AzH^2\end{cases}$$

se ter-diazotent très facilement, et donnent aussi des azoïques correspondants. On les a peu étudiés : ceux qui sont connus dérivent du tri-p-amidotriphénylméthane

$$CH\equiv(C^6H^4.AzH^2)^3$$

Dis-azoïques provenant de monamines. — *a.* Les composés méta, contenant deux hydroxyles, deux groupes amidés, ou un hydroxyle et un groupe amidé, et dont deux positions para ou ortho relativement aux groupes fonctionnels sont libres, peuvent fournir, avec un sel diazoïque en excès, un composé bis-azoïque.

Ainsi la résorcine peut donner

$$2\,C^6H^5-Az=AzCl+C^6H^4(OH)^2$$

$$=\ \begin{matrix}C^6H^5Az=Az\quad OH\\ \text{[noyau benzénique]}\\ C^6H^5Az=Az\quad OH\end{matrix}$$

l'orcine fournira

$$\begin{matrix}C^6H^5-Az=Az\quad OH\\ OH\ \text{[noyau benzénique]}\ CH^3\\ C^6H^5-Az=Az\end{matrix}$$

la m-phénylène-diamine donne

$$\begin{matrix}C^6H^5-Az=Az\quad AzH^2\\ \text{[noyau benzénique]}\\ C^6H^5-Az=Az\quad AzH^2\end{matrix}$$

La m-crésylène-diamine réagit comme l'orcine.

b. Les phénols peuvent aussi, dans certaines conditions, fixer directement deux groupes azoïques. Ainsi, P. Griess a préparé la première de ses *azotriplebases* en combinant le nitrate de diazobenzène au p-oxyazobenzène :

$$C^6H^5-Az=Az-C^6H^4OH$$

donne

$$\begin{matrix}C^6H^5-Az=Az\quad OH\\ \text{[noyau benzénique]}\\ C^6H^5-Az=Az\end{matrix}$$

L'α-naphtol réagit sur le diazosel de l'acide sulfanilique en donnant d'abord un azoïque simple, l'*orangé I*; mais si l'on insiste sur la réaction avec un excès de diazosel sulfanilique, on parvient à fixer une seconde molécule d'azoïque et l'on obtient le *brun acide*

$$\begin{matrix}OH\\ \text{[noyau naphtalénique]}\ Az=Az-C^6H^4SO^3Na\\ Az=Az-C^6H^4SO^3Na\end{matrix}$$

Il est à remarquer que tous les composés préparés par cette méthode possèdent les groupes azoïques en position méta.

Méthode des diazotations successives. — Une marche très employée, et qui fournit de nombreuses matières colorantes, est celle qui consiste à préparer une azobase au moyen d'un diazosel et d'une base primaire. L'azobase formée est ensuite diazotée à nouveau et peut réagir sur un phénol ou une amine en donnant un composé bis-azoïque. Ainsi un amidoazoïque simple

$$C^6H^5-Az=Az-C^6H^2\begin{cases}(SO^3H)^2\\AzH^2\end{cases}$$

diazoté, puis uni au β-naphtol, donne l'*écarlate de Biebrich*

$$C^6H^5Az=Az-C^6H^2\begin{cases}(SO^3Na)^2\\Az=AzC^{10}H^6OH\end{cases}$$

Un diamido-bis-azoïque

$$C^{10}H^8\begin{cases}Az=Az-C^{10}H^6AzH^2\\Az=Az-C^{10}H^6AzH^2\end{cases}$$

donnera, dans les mêmes conditions, un quater-azo-dérivé.

On pourra aussi bien préparer un ter-azo-dérivé en diazotant une amine de la forme

$$C^{10}H^8\begin{cases}Az=Az-C^{10}H^6AzH^2\\Az=Az-C^6H^3\begin{cases}OH\\CO^2H\end{cases}\end{cases}$$

Théoriquement cette série d'opérations devrait pouvoir être continuée indéfiniment, puisqu'on peut obtenir un azoïque de plus en plus complexe possédant des groupes amines; mais dans la pratique la limite est très vite atteinte : généralement un dérivé amido- ter ou quater-azoïque se laisse mal diazoter et les réactions du diazosel obtenu ne sont plus nettes. On ne saurait cependant poser de règle générale fixant à quel moment un dérivé azoaminé n'est plus diazotable.

Il est encore important de remarquer que les dérivés azoaminés dans lesquels le groupe azoïque est placé en position ortho par rapport au groupe aminogène, ne sont plus diazotables.

Exemple : Un diazosel réagissant sur l'acide

naphtionique 1.4 donne une azobase non diazotable :

$$AzH^2 \quad Az=Az-C^6H^5 \quad SO^3H$$

Un diazosel réagissant sur la β naphtylamine donne un dérivé du type

$$Az=Az-C^6H^5 \quad AzH^2$$

qui n'est pas non plus diazotable.

Réactions des polyazoïques. — Il est actuellement impossible d'énoncer des généralités sur les diverses réactions des polyazoïques. On peut dire cependant qu'ils suivent les lois de décomposition et de substitution observées pour les azoïques simples. Ainsi le ter-diazotriphénylméthane $HC\equiv(C^6H^4Az=AzCl)^3$ se transforme en leucaurine par ébullition avec l'eau et en triphénylméthane sous l'action de l'alcool bouillant.

V. Auger.

DISSOCIATION ÉLECTROLYTIQUE. — La théorie connue sous ce nom est en relations étroites avec les conceptions relatives à la nature et à la constitution des solutions étendues. Pour donner une idée un peu exacte de cette conception de la dissociation électrolytique, il convient donc de rappeler d'abord en quelques mots les bases fondamentales de la théorie actuelle des solutions.

Éléments de la théorie des solutions. — Les phénomènes de pression osmotique étudiés par Pfeffer, les lois de Raoult sur l'abaissement du point de congélation et l'abaissement de tension de vapeur des solutions étendues constituent la base expérimentale sur laquelle M. Van't Hoff a édifié la théorie des solutions.

Si l'on considère une solution étendue, par exemple du sucre dissous dans l'eau, les molécules de sucre se trouvent à des distances relativement considérables les unes des autres, séparées qu'elles sont par un grand nombre de molécules d'eau. A ce point de vue, une solution étendue n'est pas sans analogie avec un gaz ou une vapeur, dans lesquels on doit aussi admettre des distances intermoléculaires considérables, comparées aux dimensions qu'on peut attribuer aux molécules elles-mêmes. Entre une solution étendue et un gaz ou une vapeur, il n'y a donc qu'une différence de milieu; les molécules du corps dissous se meuvent au sein du dissolvant, comme les molécules d'un gaz se meuvent dans l'éther qui les environne. Ce rapprochement important avait été fait déjà en 1870 par M. Rosenstiehl [*C. R.*, **70**,617 ; voyez *Rev. générale des Sciences*, février 1894], qui en avait tiré plusieurs conséquences intéressantes. Malheureusement, il manquait à ce travail des preuves expérimentales; et ce n'est qu'en 1885 seulement que M. Van 't Hoff, reprenant cette question, et mettant à profit les expériences importantes exécutées entre temps sur la pression osmotique, montra tout le parti que l'on pouvait tirer de ce rapprochement entre l'état gazeux et les solutions, et comment il pouvait servir à édifier une théorie déjà très complète et embrassant un nombre de faits très considérable [*Zeit. physik. Chem.*, **1**, 481].

La pression exercée par un gaz sur les parois d'un récipient dépend, d'après la conception cinétique, du nombre de molécules contenues dans l'unité de volume; toutes autres conditions égales d'ailleurs, cette pression est directement proportionnelle à ce nombre de molécules. Par analogie, un corps dissous doit exercer une certaine pression contre les parois du vase contenant la solution. De fait, dans les conditions ordinaires, cette pression est masquée par une pression en sens contraire, la pression qui maintient les molécules liquides en une masse mobile, il est vrai, et les empêche de se répandre dans l'espace environnant. Mais si l'on introduit une solution, par exemple une solution de sucre dans l'eau, dans un vase dont les parois soient perméables à l'eau, et imperméables pour les molécules de sucre, que l'on plonge ensuite ce vase dans de l'eau pure, la pression développée par les molécules dissoutes deviendra mesurable. A l'aide de dispositifs spéciaux, cette pression a été mesurée, en particulier, par M. Pfeffer [*Osmotische Untersuchungen*, Leipzig, 1877], et, ce qui est du plus haut intérêt, cette pression est précisément égale à celle qu'on obtiendrait en transformant en vapeur, à la même température et sous le même volume, la quantité de sucre contenue dans la solution, en supposant, bien entendu, que cette vapeur suive les lois de Mariotte et de Gay-Lussac. Cette pression, qui n'est autre que la *pression osmotique*, est donc calculable au moyen de ces deux lois, et de la façon la plus simple : 32 grammes d'oxygène, soit 1 molécule-gramme d'oxygène, ou 2 grammes d'hydrogène, ou 28 grammes d'azote, etc., ou d'une manière plus générale 1 molécule-gramme d'un corps quelconque supposé à l'état de gaz parfait, et, par suite, obéissant aux lois de Mariotte et de Gay-Lussac, occupe à 0° et sous la pression de 760 millimètres un volume de $22^{lit},35$. Par suite, 1 molécule-gramme d'un corps quelconque comprimée au volume de 1 litre exercera à 0° une pression de $22^{atm},35$. Ces mêmes calculs s'appliqueront aux pressions osmotiques, et, dans le cas particulier du sucre, 1 molécule-gramme de ce corps (soit 342 grammes) dissoute dans 1 litre d'eau exercera à 0° une pression osmotique de $22^{atm},35$; un dixième de molécule-gramme dans 1 litre exercera dans les mêmes conditions une pression osmotique de $2^{atm},235$; une solution contenant 10 grammes dans 1 litre exercera une pression osmotique de $\frac{10\times 22,35}{342}=0^{atm},65$, etc. L'expérience confirme l'exactitude de ces calculs [consulter aussi sur la théorie de la pression osmotique, Boltzmann, *Zeit. phys. Chem.*, 6, 474; 7, 88. — Lorentz, *ibid.*, 7, 36. — Riecke, *ibid.* 7, 97. — Planck, *ibid.*, 6, 187].

Ce qui est plus important encore, ce sont les relations qui, d'une part, ont été établies entre la pression osmotique et l'abaissement du point de congélation, l'élévation du point d'ébullition (ou l'abaissement de tension de vapeur) des solutions d'autre part. On a démontré que ces abaissements ou ces élévations sont directement proportionnels à la pression osmotique des solutions, et par suite au nombre de molécules qu'elles contiennent [Van 't Hoff, Arrhenius, *Zeit. physik. Chem.*, **3**, 115; **10**, 51. — Gouy et Chaperon, *Ann. Chim. Phys.*, (6), **13**, 124. — Lespieau, *Conférences du laboratoire Friedel*, Paris, 1889-1890]. D'une manière générale, il résulte de ces travaux que l'abaissement moléculaire t du point de congélation (ou l'élévation moléculaire du point d'ébullition), c'est-à-dire le produit obtenu en multipliant par le poids moléculaire l'abaissement (ou l'élévation) produit par 1 gramme de substance dissoute dans 100 grammes de dissolvant, est donné par l'expression

$$t = \frac{2}{100} \frac{T^2}{L},$$

dans laquelle T représente la température de fusion (ou d'ébullition) comptée depuis le zéro absolu, et L la chaleur spécifique latente de fusion (ou de vaporisation).

Cette relation très importante est actuellement vérifiée par un nombre considérable de déterminations cryoscopiques ou ébullioscopiques, qui toutes ont donné des résultats parfaitement d'accord avec les prévisions de la théorie. Cependant une classe nombreuse de corps ne vérifie pas la formule : *Ce sont exclusivement tous les corps dont les solutions aqueuses conduisent l'électricité.*

Ceci nous amène tout naturellement à dire quelques mots de l'électrolyse, qui constitue la seconde notion fondamentale sur laquelle repose la théorie de la dissociation électrolytique.

L'électrolyse. — On admet généralement, depuis les célèbres travaux de Faraday (1833), que l'électrolyse des solutions salines a pour résultat de séparer les éléments constitutifs d'un sel en deux parties distinctes, les *ions*. Par exemple, lorsqu'on électrolyse une solution de sel marin, le sodium, chargé d'électricité positive, se porte au pôle négatif, tandis que le chlore, chargé d'électricité négative, se porte au pôle positif. On dit que le chlorure de sodium est ainsi décomposé par le courant en ion chlore Cl et en ion sodium Na. Le sulfate de cuivre, $CuSO^4$, est décomposé de même en ion SO^4 et en ion Cu; l'acide chlorhydrique en ion Cl et ion H, etc. Dans un très grand nombre de cas, il est vrai, cette séparation est masquée par des réactions secondaires.

Toutes les données relatives à l'électrolyse pouvant être exprimées en unités dites absolues, on a pu calculer la vitesse absolue des ions [Budde, *Pogg. Ann.*, 156-118 (1875). — Kohlrausch, *Wied. Ann.*, **6**, 160], et récemment ces vitesses ont été l'objet de vérifications expérimentales dont voici le principe :

On introduit dans un tube de la gélatine imprégnée de phénolphtaléine; les deux extrémités du tube sont plongées dans des solutions contenant le sel de l'acide à électrolyser; on fait alors agir sur ce système un courant dont les constantes sont mesurées : les ions se portent vers les deux pôles à travers le tube et font virer la phénolphtaléine; la tranche de séparation se déplace avec une vitesse facile à mesurer. On a trouvé ainsi pour l'hydrogène $0^{cm},0029$ par seconde, au lieu de 0,0030, valeur déduite des calculs de M. Kohlrausch [Lodge, *Brit. Assoc.*, Report 1886, 389].

Lorsqu'on fait ensuite la liste des corps qui peuvent être décomposés par le courant, et de ceux qui sont réfractaires à toute action électrolytique, on constate que les corps conducteurs sont seuls des électrolytes, tandis que les corps de la seconde catégorie sont de mauvais conducteurs. Cette distinction est si nette, que Faraday, vivement frappé de ce fait, s'était déjà demandé « si la propriété d'un corps d'être décomposé par le courant ne dépendait pas directement de sa conductibilité et ne lui était pas directement proportionnelle » [Ostwald, *Lehrb. d. Allgem. Chem.*, 2e édit., Leipzig, 1893, **2**, 774].

On connaît l'interprétation classique de Grotthus [*Ann. Chim. phys.*, 58, 54] d'après laquelle, dans la décomposition d'un sel AM par le courant, les molécules se décomposent et se recomposent de proche en proche.

Cette interprétation, qui figure encore dans un grand nombre de manuels destinés à l'enseignement, a été cependant l'objet de critiques très fondées de la part de M. Clausius dès 1857 [*Pogg. Ann.*, 101-338]. Si l'on se représente les détails du phénomène du passage du courant à travers un électrolyte, il faut, d'après les idées de Grotthus, distinguer deux phases :

En premier lieu, toutes les molécules s'orientent de la même manière, les deux parties de chaque molécule chargées d'électricités contraires devant être tournées du côté des pôles qui doivent les attirer.

En second lieu, le courant doit séparer en ions une molécule au pôle positif et une molécule au pôle négatif, et mettre ces deux ions en mouvement dans des sens opposés; ceux-ci une fois en mouvement, l'élément électronégatif d'une molécule se recombine avec l'élément électropositif d'une molécule voisine, dont l'élément électronégatif mis en liberté agit de la même manière sur la molécule suivante, et ainsi de suite.

Mais, pour décomposer cette première molécule, il faut vaincre la force attractive qui en réunit les deux parties ; cette force, quoique très petite, a cependant une certaine grandeur. Il semble donc que, tant que le courant n'aura pas une intensité suffisante, aucune molécule ne sera décomposée, et qu'au contraire, dès que cette intensité sera atteinte, la décomposition commencera subitement, plusieurs molécules étant alors décomposées; en d'autres termes, le courant, qui auparavant ne passait pas, passera subitement pour une intensité donnée.

Or l'expérience démontre que les courants les plus faibles passent et, qui plus est, suivent exactement la loi d'Ohm.

Les faits sont donc en contradiction formelle avec la théorie de Grotthus, et M. Clausius en conclut que toute hypothèse d'après laquelle les deux parties constituant un électrolyte sont considérées comme unies et liées ensemble pour former une molécule, est inadmissible, et en contradiction formelle avec la loi d'Ohm.

THÉORIE DE M. ARRHENIUS. — C'est ce point de vue qui, repris et précisé en 1887 par M. Arrhenius, constitue la théorie de la dissociation électrolytique [*Zeit. phys. Chem.*, **1**, 631]. Pour ce savant, les électrolytes sont déjà décomposés en leurs ions électropositifs et électronégatifs; cette décomposition peut n'être que partielle, surtout pour des solutions de concentration moyenne : d'où le nom de *dissociation électrolytique*. De là résulte que, lorsqu'un électrolyte est décomposé par le courant, c'est parce que des molécules étaient préalablement séparées en leurs ions; le courant ne fait que transporter les ions aux deux pôles, il ne les sépare pas; au contraire, s'il passe, c'est que ces ions étaient primitivement séparés.

Examinons les conséquences qu'on peut déduire de cette conception, et voyons comment elles se vérifient.

1° *Conductibilité électrique.* — La conductibilité électrique c est donnée par la loi d'Ohm

$$c = \frac{i}{e},$$

i étant l'intensité, e la différence de potentiel.

Dans le système des unités absolues, on devrait la déterminer entre les deux faces d'un cube d'un centimètre de côté. Pratiquement, on la rapporte à une colonne de 100 centimètres de longueur et de $0^{mm2},01$ de section, ce qui revient au même.

Pour les électrolytes on considère surtout la *conductibilité moléculaire*, définie par les considérations suivantes

Si l'on mesure la conductibilité d'une solution au moyen de deux électrodes distantes de 1 centimètre et de section telle que le volume de liquide compris entre les deux électrodes contienne exactement une molécule-gramme, le nombre obtenu est ce qu'on appelle la *conductibilité moléculaire*.

Pratiquement ce résultat sera obtenu en multipliant la conductibilité spécifique, telle qu'elle a été définie plus haut, par le volume de liquide contenant une molécule-gramme en dissolution. En effet, les deux électrodes étant supposées à 1 centimètre de distance, le volume compris entre elles est égal à $1 \times s$, la lettre s désignant la surface des électrodes; le produit $1 \times s$ devant être égal au volume v contenant une molécule-gramme, il en résulte que $s = v$; la conductibilité moléculaire sera donc bien égale à la conductibilité spécifique multipliée par v, abstraction faite d'un facteur constant dépendant du choix des unités. Elle est désignée par la lettre μ, affectée d'un indice indiquant le nombre de litres dans lequel la molécule-gramme a été dissoute.

Exemple : Acide monochloracétique, à 14°.

μ_{20}	= 51,6	μ_{1030}	= 274
μ_{205}	= 132	μ_{10100}	= 295
μ_{408}	= 170	μ_{20700}	= 300
μ_{2060}	= 251	μ_{∞}	= 311

Le détail des précautions à prendre pour ces mesures, telles qu'on les effectue dans les laboratoires de chimie, a été indiqué par M. Ostwald [*Zeit. physik. Chem.*, 2, 561; *Lehrb. allg. Chem.*, 2, 628].

D'après la conception de M. Arrhenius, la conductibilité moléculaire, qui ne dépend que du nombre des molécules dissociées, doit augmenter avec la dilution, pour devenir constante aux grandes dilutions, lorsque toutes les molécules sont décomposées en leurs ions. Tel est en effet le cas : les nombreuses expériences de M. Kohlrausch et celles faites plus tard par plusieurs expérimentateurs ont démontré que ce fait est absolument général.

Le rapport $\frac{\mu_v}{\mu_\infty} = \alpha$ a été désigné sous le nom de *coefficient de dissociation*; il donne en effet la mesure du nombre des molécules dissociées comparé au nombre total des molécules.

2° *Anomalies des électrolytes au point de vue de la théorie des solutions.* — Tous les électrolytes conduisent à des pressions osmotiques supérieures à celles indiquées par la théorie de M. Van 't Hoff. Il en est de même des abaissements de points de congélation et des élévations de points d'ébullition; tous les électrolytes fournissent des valeurs trop fortes

La dissociation électrolytique rend compte de ces anomalies. On sait en effet que la pression osmotique, ainsi que les abaissements de congélation et les élévations d'ébullition sont directement proportionnels au nombre de molécules dissoutes dans l'unité de volume de solution. Si donc nous avons dissous N molécules dans un volume donné, et si α est égal au rapport du nombre des molécules dissociées à celui des molécules primitivement dissoutes, le nombre total des molécules dissociées sera $N\alpha$, et celui des molécules non dissociées $N(1-\alpha)$. Enfin si chacune des $N\alpha$ molécules dissociées est décomposée en n parties ou ions, la solution contiendra $N(1-\alpha) + Nn\alpha$ molécules ou ions, au lieu de N primitivement dissoutes. La pression osmotique, les retards de congélation ou d'ébullition que nous avions calculés dans l'hypothèse de N molécules dissoutes, devront être multipliés, s'il y a réellement dissociation, par

$$\frac{N(1-\alpha) + Nn\alpha}{N} = 1 + (n-1)\alpha = i,$$

et comme $\alpha = \frac{\mu_v}{\mu_\infty}$,

$$i = 1 + (n-1)\frac{\mu_v}{\mu_\infty}.$$

On peut donc déterminer cette valeur de i soit par les conductibilités moléculaires, soit par le rapport de l'abaissement observé t_o à l'abaissement calculé t_c d'expériences cryoscopiques; de même aussi par des mesures ébullioscopiques, soit

$$i = \frac{t_o}{t_c}, \qquad i = \frac{e_o}{e_c}.$$

Dans le cas d'un corps non dissocié, il est évident que l'on aura $i = 1$; dans le cas où toutes les molécules seraient dissociées en 2 ions,

$$\frac{\mu_v}{\mu_\infty} = 1 \quad \text{et} \quad n = 2, \qquad \text{d'où} \quad i = 2;$$

enfin si toutes les molécules étaient dissociées en 2, 3, 4, ions, on trouverait $i = 3, 4, 5$.

Les tableaux suivants reproduisent les vérifications numériques consignées par M. Arrhenius dans son premier mémoire. On en a publié depuis de plus exactes; mais ces premières sont peut-être plus intéressantes encore, attendu qu'elles résultent d'observations antérieures à la théorie de la dissociation électrolytique, faites par des expérimentateurs différents : MM. Raoult, Kohlrausch, Ostwald, Grotrian, Klein. Les mémoires auxquels sont empruntées ces données numériques sont indiqués dans la publication de M. Arrhenius [*Zeit. physik. Chem.*, 1, 631].

1. *Non conducteurs.*

	α	$\frac{t_o}{t_c}$	$1+(n-1)\alpha$
Alcool méthylique	0,00	0,94	1,00
— éthylique	0,00	0,94	1,00
— butylique	0,00	0,93	1,00
Glycérine	0,00	0,92	1,00
Mannite	0,00	0,97	1,00
Sucre interverti	0,00	1,04	1,00
Sucre de canne	0,00	1,00	1,00
Phénol	0,00	0,84	1,00
Acétone	0,00	0,92	1,00
Éther éthylique	0,00	0,90	1,00
Acétate d'éthyle	0,00	0,96	1,00
Acétamide	0,00	0,96	1,00

Conducteurs.

2. *Bases.*

	α	$\frac{t_o}{t_c}$	$+(n-1)\alpha$
Hydrate de baryum	0,84	2,69	2,67
— strontium	0,86	2,61	2,72
— calcium	0,80	2,59	2,59
— lithium	0,83	2,02	1,83
— sodium	0,88	1,96	1,86
— potassium	0,93	1,91	1,93
— thallium	0,90	1,79	1,90
Ammoniaque	0,01	1,03	1,01
Méthylamine	0,03	1,00	1,03
Triméthylamine	0,03	1,09	1,03
Éthylamine	0,04	1,00	1,04
Propylamine	0,04	1,00	1,04
Aniline	0,00	0,83	1,00

3. *Acides.*

	α	$\frac{t_o}{t_c}$	$1+(n-1)\alpha$
Acide chlorhydrique	0,90	1,98	1,90
— bromhydrique	0,94	2,03	1,94
— iodhydrique	0,96	2,03	1,96

	α	$\frac{}{t_c}$	$1+(n-1)\alpha$
Acide fluosilicique.....	0,75	2,46	1,75
— nitrique........	0,92	1,94	1,92
— chlorique.......	0,91	1,97	1,91
— perchlorique....	0,94	2,09	1,94
— sulfurique......	0,64	2,06	2,19
— sélénique.......	0,66	2,10	2,31
— phosphorique...	0,08	1,32	1,24
— sulfureux.......	0,14	1,03	1,28
— iodique.........	0,73	1,30	1,73
— phosphoreux....	0,46	1,29	1,46
— borique.........	0,00	1,11	1,00
— cyanhydrique...	0,00	1,05	1,00
— formique.......	0,03	1,04	1,03
— acétique........	0,01	1,03	1,01
— butyrique.......	0,01	1,01	1,01
— oxalique........	0,25	1,25	1,49
— tartrique........	0,06	1,05	1,11
— malique........	0,04	1,08	1,07
— lactique........	0,03	1,01	1,03
— sulfhydrique....	0,00	1,04	1,00

4. *Sels.*

		$\frac{t_0}{t_c}$	$1+(n-1)\alpha$
Chlorure de potassium.	0,86	1,82	1,86
— sodium....	0,82	1,90	1,82
— lithium....	0,75	1,99	1,75
— ammonium.	0,84	1,88	1,84
Iodure de potassium....	0,92	1,90	1,92
Bromure — ...	0,92	1,90	1,92
Cyanure — ...	0,88	1,74	1,88
Nitrate — ...	0,81	1,67	1,81
— de sodium......	0,82	1,82	1,82
— d'ammonium...	0,81	1,73	1,81
Acétate de potassium...	0,83	1,86	1,83
— de sodium.....	0,79	1,73	1,79
Formiate de potassium.	0,83	1,90	1,83
Nitrate d'argent........	0,86	1,60	1,86
Chlorate de potassium..	0,83	1,78	1,83
Carbonate — ..	0,69	2,26	2,38
Sulfate — ..	0,67	2,11	2,23
— de sodium.....	0,67	2,11	2,23
— d'ammonium...	0,59	2,00	2,17
Oxalate de potassium...	0,66	2,43	2,32
Chlorure de baryum....	0,77	2,63	2,54
— strontium..	0,75	2,76	2,50
— calcium....	0,75	2,70	2,50
Nitrate de baryum....	0,57	2,19	2,13
— strontium..	0,62	2,23	2,23
— calcium....	0,67	2,02	2,33
— plomb.....	0,54	2,02	2,08
Sulfate de magnésium.	0,40	1,04	1 40
— ferreux........	0,35	1,00	1,35
— de cuivre.....	0,35	0,97	1,35
— de zinc.......	0,38	0,98	1,38
Acétate de cuivre.......	0,33	1,68	1,66
Chlorure de magnésium.	0,70	2,64	2,40
— mercurique...	0,03	1,11	1,05
Iodure de cadmium....	0,28	0,94	1,56
Nitrate —	0,73	2,32	2,46
Sulfate —	0,35	0,75	1,35

Les valeurs de $\frac{t_0}{t_c}$ et de $1+(n-1)\alpha$ devraient être rigoureusement les mêmes; de fait elles ne concordent pas toujours très exactement; cependant, si l'on tient compte des procédés expérimentaux si différents sur lesquels repose la détermination de ces deux constantes, l'accord est certainement très satisfaisant.

Les écarts sont attribuables à diverses causes, parmi lesquelles on a mentionné : 1° le fait que les mesures de conductibilité n'ont pas été effectuées à la même température que les déterminations cryoscopiques (18 à 25° pour les premières, 0° pour les dernières); 2° le fait que certains corps sont décomposés par l'eau d'une façon différente de celle prévue par la théorie de la dissociation électrolytique. Ainsi l'acide fluosilicique serait partiellement décomposé en acide fluorhydrique et en acide silicique (Ostwald)

3° Certains sels paraissent former en solution des molécules complexes; tel serait le cas de certains sels de cadmium, s'il faut en croire les résultats d'expériences ultérieures de M. Arrhenius [*Zeit. physik. Chem.*, **2**, 491].

Sans approfondir autrement les causes de ces écarts, sur lesquels les partisans et les adversaires de la théorie de la dissociation ont longuement discuté, examinons maintenant quelques propriétés caractéristiques des solutions étendues pouvant être considérées comme des conséquences de la conception de la dissociation en ions dans les solutions étendues.

Il semble à première vue que l'on peut tenter, avec quelques chances de succès, la séparation des ions d'une solution saline par des expériences analogues à celles qui ont été instituées pour mettre en évidence la dissociation de certains corps portés à l'état de vapeur. En pratique, il n'en est cependant pas ainsi, car, s'il y a réellement analogie entre l'état gazeux et l'état d'un corps dissous, il n'y a cependant pas identité entre ces deux manières d'être d'un même corps. Si l'on ne parvient pas, par exemple, à séparer les ions par des expériences de diffusion, comme on le fait pour des vapeurs dissociées, on peut, dans une certaine mesure, s'en rendre compte en ce sens que les ions doivent être considérés comme chargés de quantités considérables d'électricité positive et négative; ils tendent par conséquent à se combiner de nouveau; on peut ainsi concevoir avec M. Arrhenius [*Zeit. physik. Chem.*, **1**, 638] que la séparation des ions à un degré appréciable absorbe une assez grande quantité d'énergie; M. Ostwald [*Zeit. physik. Chem.*, **2**, 271], puis MM. Ostwald et Nernst [*Zeit. physik. Chem.*, **3**, 120], ont tenté d'effectuer cette séparation en utilisant des charges électrostatiques. Mais leurs expériences n'ont pas paru absolument à l'abri de la critique, en tant que preuves de la dissociation en ions.

Des observations très importantes ont été invoquées à l'appui de la théorie de M. Arrhenius; nous voulons parler de celles qui peuvent se résumer dans cet énoncé général : *Les propriétés des solutions étendues sont des propriétés additives.* En d'autres termes, les propriétés des solutions salines étendues peuvent toujours être envisagées comme étant données par la somme des propriétés de l'élément acide et de l'élément métallique. Parmi les exemples plus particulièrement frappants, il convient de mentionner en premier lieu les faits relatifs à la couleur des solutions.

En 1857, M. Gladstone [*Phil. Mag.*, (4), **14**, 418] avait déjà remarqué que les spectres d'absorption des solutions étendues pouvaient être considérés comme résultant de la superposition des spectres de l'élément acide et de l'élément basique. Cette conclusion ayant été partiellement infirmée par des recherches ultérieures [Krüss, *Zeit. phys. Chem.*, **2**, 320. — Knoblauch, *Wiedmann's, Ann.*, **43**, 767], M. Ostwald a entrepris de nouvelles recherches sur ce sujet, et a démontré que la thèse soutenue par M. Gladstone était d'autant plus exacte que les solutions sont plus étendues [*Zeit. physik. Chem.*, **9**, 584]. Voici, par exemple, un tableau indiquant la position des bandes d'absorption de 13 permanganates en solution très étendue (une molécule-gramme dans 500 litres) :

Permanganates.	I.	II.	III.	IV.
—	—	—	—	—
Hydrogène.........	2601	2698	2804	2913
Potassium.........	2600	2697	2803	2913
Sodium............	2602	2698	2803	2913
Ammonium........	2601	2698	2802	2913
Lithium...........	2602	2700	2804	2914
Baryum............	2600	2699	2804	2914
Magnésium.........	2602	2700	2802	2912
Aluminium........	2603	2699	2804	2914

Permanganates.	I.	II.	III.	IV.
—	—	—	—	—
Zinc	2602	2699	2802	2912
Cobalt	2601	2698	2803	2912
Nickel	2603	2700	2604	2913
Cadmium	2600	2700	2803	2913
Cuivre	2602	2698	2803	2913

Dans le même ordre d'idées, on sait que tous les chromates sont jaunes, les dichromates rouges, en solution ; ces deux colorations seraient propres aux ions CrO^4 et Cr^2O^7.

Les mêmes remarques s'appliquent aux régions invisibles du spectre. Ainsi M. Soret [*C. R.*, 1878, 710] a constaté que tous les nitrates présentent dans l'ultra-violet une bande d'absorption commune, celle-ci serait donc caractéristique de l'ion AzO^3; ce qui est plus frappant, c'est qu'on ne la retrouve plus chez les éthers nitriques, qui ne sont plus des électrolytes et ne se présentent donc pas avec des ions AzO^3 libres.

Neutralisation des bases par les acides. — La neutralisation des bases par les acides, en solution étendue, donne lieu à un effet thermique à peu près constant, notamment pour les acides et les bases énergiques. Ce fait, connu bien avant qu'il fût question de dissociation électrolytique, apparaît aujourd'hui comme une conséquence de cette conception. En effet, supposons le cas où l'on mélange deux solutions très étendues d'une base et d'un acide suffisamment étendus pour que la dissociation soit totale. Si nous désignons d'une manière générale l'acide par AH, la base par MOH, la première solution ne contiendra, d'après la conception de M. Arrhenius, que des ions A et des ions H; la seconde solution, des ions M et des ions OH. Supposons enfin qu'après le mélange le sel MA soit aussi totalement dissocié en ions M et ions A; la réaction devra donc s'écrire :

$$\underbrace{\bar{A} + \overset{+}{H}} + \underbrace{\overset{+}{M} + \bar{O}H} = \underbrace{\overset{+}{M} + A} + H^2O,$$

le phénomène chimique se réduit ainsi à la formation d'eau à partir des ions H et OH, quels que soient l'acide et la base qui aient été mis en présence. Par conséquent, un acide quelconque neutralisé en solution très étendue par une base quelconque doit toujours donner lieu au même effet thermique, lorsque l'acide, la base et le sel sont totalement dissociés au degré de dilution de l'expérience.

Voici quelques données [Ostwald, *Zeit. physik. Chem.*, 3, 588] qui montrent que tel est bien le cas :

Acides.	Bases.	Chaleur de neutralisation.
—	—	
Ac. chlorhydrique...	Soude	13,7 cal.
— bromhydrique...	—	13,7
— iodhydrique.....	—	13,7
— azotique.......	—	13,7
— chlorique.......	—	13,8
— bromique.......	—	13,8
— iodique.........	—	13,8
— perchlorique....	—	14,1
— chloroplatinique.	—	27,2 = 2 × 13,6
— hyposulfurique..	—	27,1 = 2 × 13,55
— chlorhydrique...	Lithine.	13,7
— — ...	Potasse.	13,7
— — ...	Baryte.	27,8 = 2 × 13,9
— — ...	Strontiane.	27,6 = 2 × 13,8
— — ...	Chaux.	27,9 = 2 × 13,95
— chlorique.......	Baryte.	28,1 = 2 × 14,05
— hyposulfurique..	—	27,8 = 2 × 13,9
— éthylsulfurique..	—	27,6 = 2 × 13,9
— chlorhydrique...	Hydrate de tétréthylammonium.	,8
— — ...	Hydrate de platodiamine.	27,4 = 2 × 13,7
— — ...	Hydrate de triéthylsulfine.	13,7

D'après des mesures de conductibilité, tous les acides et toutes les bases qui sont mentionnés dans ce tableau doivent être fortement dissociés (85 à 94 0/0). C'est pourquoi la chaleur de neutralisation est à peu près constante ; la moyenne 13cal,7 représente la chaleur de formation d'une molécule d'eau à partir des ions H et OH ; cependant ce nombre doit subir une petite correction pour tenir compte de la dissociation incomplète [Arrhenius, *Zeit. physik. Chem.*, 4, 96], correction qui ramène le nombre 13cal,7 à 13cal,5.

Si l'on passe maintenant aux acides, bases et sels incomplètement dissociés, on peut établir que la chaleur de neutralisation L d'une base par un acide est donnée par la formule

$$L = 13,5 + ab,$$

expression dans laquelle a représente la chaleur de dissociation de l'acide en ses deux ions, b celle de la base. Cette relation est due à M. Arrhenius [*loc. cit.*], qui a indiqué en même temps un moyen de calculer ces quantités a et b. Encore ici, nous renvoyons au mémoire original pour l'étude de ce mode de calcul ; ce qu'il importe de constater, c'est qu'il conduit à des valeurs très approchées des chaleurs de neutralisation dans les cas où celles-ci diffèrent notablement de la moyenne 13cal,7. Le tableau suivant, emprunté au mémoire de M. Arrhenius, en donne la preuve :

Acides.	Chaleurs de neutralisation par la soude à 21°,5	
—	calculée.	observée.
Acide chlorhydrique......	13,74	13,70
— bromhydrique......	13,75	13,76
— nitrique...........	13,68	13,81
— acétique...........	13,40	13,07
— propionique........	13,48	13,40
— butyrique..........	13,80	13,75
— succinique.........	12,40	12,24
— dichloracétique.....	14,83	14,98
— phosphorique.......	14,83	14,91
— hypophosphorique..	15,16	15,46
— fluorhydrique.......	16,27	16,12

La confirmation indirecte de ces interprétations a été fournie par des recherches de MM. van Deventer et Reicher [*Zeit. physik. Chem.*, 5, 177, et 8, 536], qui ont montré que les chaleurs de neutralisation deviennent toutes différentes lorsqu'on opère dans un milieu non dissociant, par exemple en solution alcoolique :

Acides.	Chaleurs de neutralisation avec la soude	
—	en solution aqueuse.	en solution alcoolique.
Acide chlorhydrique.....	13,7	11,2
— bromhydrique.....	13,7	12,4
— iodhydrique.......	13,7	11,2
— acétique..........	13,4	7,3

M. Wiedemann a cherché à interpréter ces faits sans faire intervenir la théorie de la dissociation électrolytique [*Sitzungsber. der physik. medizin. Societät Erlangen*, 1891. — Voir la réponse de M. Arrhenius, *Zeit. physik. Chem.*, 8, 419].

On remarquera que la théorie de la dissociation électrolytique oblige à modifier les idées reçues sur les mélanges de solutions salines. Ainsi, on admet généralement qu'en mélangeant des solutions de chlorure de potassium et de nitrate de sodium, on obtient une solution contenant les quatre sels NaCl, KCl, AzO^3Na, AzO^3K. D'après les idées de M. Arrhenius, une solution suffisamment étendue ne contiendra plus aucun de ces sels, mais seulement les ions, K, Na, Cl et AzO^3.

On sait cependant depuis longtemps qu'en

traitant par un acide « fort » un sel d'un acide « faible », ce dernier est déplacé par l'acide fort : par exemple, l'acide chlorhydrique déplace l'acide acétique de l'acétate de sodium. Voici comment ces faits s'expliquent lorsqu'on se place au point de vue de la dissociation électrolytique :

Les acides que l'on appelle généralement acides « forts » sont presque totalement dissociés en solution aqueuse, ainsi que cela résulte de mesures cryoscopiques ou de conductibilité électrique. Les acides dits acides « faibles » sont au contraire fort peu dissociés en solution aqueuse ; ainsi l'acide acétique donne dans l'eau un abaissement cryoscopique presque normal ; d'autre part, les sels, comme l'acétate de sodium, sont fortement dissociés dans l'eau. De là résulte que, lorsqu'on ajoute une solution d'acide chlorhydrique (contenant surtout les ions Cl et H) à une solution d'acétate de sodium (contenant les ions $CH^3.COO$ et Na), les ions CH^3COO vont se trouver en présence des ions H et se réunir pour régénérer de l'acide acétique, assez stable, avons-nous vu, en solution, ainsi que l'exprime l'équation

$$\underbrace{\overset{+}{H} + \overset{-}{Cl}} + \underbrace{\overset{-}{CH^3.CO^2} + \overset{+}{Na}}$$

$$= \underbrace{Na + \overset{-}{Cl}} + CH^3.CO^2H$$

Si l'on ajoute au contraire au sel d'un acide fort un autre acide fort, il n'y aura pas de réactions, les corps qui pourraient se former par double décomposition étant eux-mêmes dissociés en leurs ions.

Densités des solutions salines. — D'expériences antérieures de M. Ostwald [*J. prakt. Chem.*, (2), 18, 328] on peut conclure que le changement de densité qui résulte de la neutralisation d'un acide par différentes bases est indépendant de la nature de la base et de l'acide, surtout si l'on considère les acides forts et les bases fortes en solutions un peu étendues. Exemples :

Acides	Augmentation de volume par neutralisation.	
—	avec KOH	avec NaOH
	cm³	cm³
Acide nitrique	20,1	19,8
— chlorhydrique	19,5	19,2
— bromhydrique	19,6	19,3
— iodhydrique	19,8	19,6

Au point de vue de la théorie de la dissociation électrolytique, ce résultat est compréhensible ; ainsi qu'on l'a vu plus haut, la neutralisation a seulement pour résultat la formation d'une certaine quantité d'eau aux dépens des ions H et OH, et quelle que soit la nature de l'acide et de la base, à la condition cependant que ces derniers soient fortement dissociés en ions.

Comme contre-épreuve, on devra naturellement trouver des variations de volume notablement différentes si l'acide ou la base ne sont que peu ou pas dissociés. Tel est le cas de l'acide acétique et de ses dérivés chlorés, qui conduisent en effet à des constantes cryoscopiques normales :

Acides.	Augmentation de volume par neutralisation	
—	avec KOH	avec NaOH
	cm³	cm³
Acide acétique	9,5	9,3
— monochloracétique	10,9	10,6
— dichloracétique	13,0	12,7
— trichloracétique	17,4	17,1

De ces trois acides, le moins dissocié est l'acide acétique ; le plus dissocié est l'acide trichloré : c'est du moins ce que prouvent les mesures de conductibilité ; c'est donc bien ce dernier qui doit conduire aux valeurs les plus voisines de celles trouvées plus haut pour les acides minéraux.

On remarquera d'autre part que la nature de la base est à peu près sans influence sur chacun des acides ; c'est qu'en effet la soude caustique et la potasse caustique présentent à peu près le même degré de dissociation, du moins à dilutions égales.

Affinité. — On a cherché depuis longtemps à mesurer de diverses manières l'*affinité* des acides ; sans insister sur la signification théorique précise de ce qu'il faut entendre par ce terme, voici deux des procédés mis en œuvre pour mesurer cette constante :

D'après une première méthode, on détermine l'affinité des acides par l'influence qu'ils exercent dans des conditions identiques sur la vitesse de saponification d'un éther, par exemple de l'acétate de méthyle ; ces résultats se trouvent dans la première colonne du tableau suivant, comparés à ceux fournis avec l'acide chlorhydrique, auxquels on a affecté arbitrairement la valeur 100.

Un second procédé consiste à mesurer l'influence exercée par les acides sur la vitesse d'inversion de la saccharose ; les résultats sont réunis dans la deuxième colonne. Bien qu'ils ne concordent pas complètement avec ceux fournis par la première méthode, il est incontestable que les deux méthodes conduisent à des résultats comparables, surtout si l'on tient compte du fait que les nombres observés varient dans le rapport de 1 à 100, et que les mesures ne sont pas effectuées aux mêmes degrés de dilution.

Or il se trouve que les conductibilités électriques pour les solutions normales, exprimées dans la même unité (c'est-à-dire HCl = 100), conduisent, à de rares exceptions près, à des nombres à peu près identiques à ceux des deux premières colonnes (voir la 3e colonne).

Il y a là un fait évidemment digne de remarque, dont les partisans de la théorie de la dissociation électrique ont conclu que ce sont les ions, et les ions seuls, qui participent aux réactions, et que l'aptitude d'un corps à entrer en réaction ou à provoquer une réaction dépend uniquement de la fraction dissociée en ions.

Acides. —	Vitesse de décomposition. Acétate de méthyle.	Vitesse d'inversion du sucre.	Conductibilité électrique.
Ac. chlorhydrique	100	100	100
— bromhydrique	98	111	100,1
— nitrique	92	100	99,6
— éthane-sulfonique	90	91	79,9
— iséthionique	92	91	77,8
— benzène-sulfonique	99	104	74,8
— sulfurique	73,9	73,2	65,1
— formique	1,31	1,53	1,68
— acétique	0,345	0,400	1,424
— monochloracétique	4,30	4,89	4,90
— dichloracétique	23	27,1	25,3
— trichloracétique	68,2	75,4	62,3
— glycolique	—	1,31	1,34
— méthylglycolique	—	1,82	1,76
— éthylglycolique	—	1,37	1,30
— diglycolique	—	2,67	2,58
— propionique	0,30	—	0,325
— lactique	0,90	1,07	1,04
— β-oxypropionique	—	0,80	0,606
— glycérique	—	1,72	1,57
— pyrotartrique	6,70	6,49	5,60
— butyrique	0,300	—	0,316
— isobutyrique	0,268	0,335	0,311
— oxalique	17,6	18,6	29,7
— malonique	2,87	3,08	3,10

Acides. —	Vitesse de décomposition. Acétate de méthyle.	Vitesse d'inversion du sucre.	Conductibilité électrique.
Ac. succinique	0,50	0,55	0,581
— malique	1,18	1,27	1,34
— tartrique..........	2,30	—	2,28
— racemique.........	2,30	—	2,63
— citrique..........	1,63	1,73	1,66
— phosphorique......	—	6,21	7,27
— arsénique.........	—	4,81	5,38

Pouvoir rotatoire. — M. Ostwald et plus récemment M. Van 't Hoff ont montré [*Lagerung der Atome im Raume*, 1894, 100] que les pouvoirs rotatoires des bases actives et des acides actifs sont en relation avec la dissociation électrolytique.

Ainsi, M. Oudemans a constaté depuis longtemps [*Rec. P.-B.*, **1**, 18] que le pouvoir rotatoire d'une base active est indépendant de l'acide avec lequel elle est combinée, à la condition toutefois que les solutions soient assez étendues. Le fait s'explique aisément si les sels sont dissociés en ions. Voici quelques-unes des observations de M. Oudemans [*loc. cit.*] et de M. Fykociner [*Rec. P.-B.*, **1**, 144], qui concernent plus de douze alcaloïdes actifs :

Pouvoirs rotatoires calculés sur la base

	ClH	AzO^3H	ClO^3H	$C^2H^4O^2$	CH^2O^2	SO^4H^2	$C^4H^2O^4$	PO^4H^3	BrH	ClO^4	$C^6H^8O^7$
Quinamine.......	+ 110	118	117	118	118	117	118	117	—	—	—
Conquinamine..	+ 228	—	—	229	228	229	228	229	229	—	—
Quinine.........	— 279	284	286	279	281	279	272	280	—	288	—
Quinidine.......	+ 326	329	329	318	326	322	316	325	—	334	—
Apocinchonine...	+ 212	213	216	206	216	213	208	214	213	218	206

Les observations récentes de M. Carrara [*Gazz. chim. ital.*, (2), **23**, 593] et celles de M. Hädrich [*Zeit. physik. Chem.*, **12**, 476] confirment absolument ces résultats :

Chlorhydrate de morphine.

Dilution de 1 mol.-gr. dans :	$[M]_D$
10 litres	— 359
20 —	
40 —	— 37
60 —	— 370
80 —	— 374

Nous empruntons à ce dernier travail les deux séries suivantes, qui mettent en évidence l'action de la dilution. En solution étendue, le pouvoir rotatoire devient constant

Nitrate de quinine.

Dilution de 1 mol.-gr. dans :	$[M]_D$
20 litres	— 546
40 —	— 570
60 —	— 587
80 —	— 584
120 —	— 586

Les observations de M. Wyrouboff [*C. R.*, **115**, 832; *Ann. Chim. Phys.*, (7), **1**, 5] sur l'identité des pouvoirs rotatoires des sulfates et séléniates isomorphes de strychnine et de cinchonine doivent être interprétées dans le même sens.

Les sels minéraux des acides actifs donnent lieu aux mêmes constatations; cela résulte d'un grand nombre d'observations dues à M. Oudemans [*Rec. P.-B.*, **4**, 166], M. Landolt [*D. chem. G.*, **6**, 1073], M. Hartmann [*D. chem. G.*, **21**, 221]. Le tableau suivant contient une partie de ces observations :

	Li	Na	K	AzH^4	Ca	Sr	Ba	Mg	Zn	Cd
Acide podocarpique........	—	+ 133	+ 134	+ 133	—	—	—	—	—	—
— quinique............	—	— 48,9	48,8	47,9	48,7	48,7	46,6	47,8	51	—
— camphorique.........	+ 19,5	20,2	19,4	19,7	19,6	—	19,9	19,8	—	—
— tartrique (S. neutres).	+ 38,6	39,9	43	42	—	—	—	41,2	—	—
— — (S. acides)..	+ 28,5	27,5	28,3	28,5	—	—	—	—	—	—

Les observations récentes de M. Walden [*Zeit. Physik. Chem.*, **18**, 196] mettent encore plus nettement ces faits en évidence. Le pouvoir rotatoire de l'acide α-bromocamphosulfonique devient constant lorsque la limite de dissociation (mesurée par la conductibilité électrique) est atteinte :

Volume en litres contenant 1 mol.-gr.	Déviation α.	Rotation spécifique $[\alpha]_D$.	Rotation moléculaire $[M]_D$.	Nombre 0/0 de molée. dissoutes.
,03	+ 55,200	+ 92,3	+ 287	68,5
30	+ 3,640	+ 87,7	+ 273	92,7
60	+ 1,795	+ 86,6	+ 269	94,4
120	+ 0,901	+ 86,9	+ 270	95,5
240	—	—	—	96,3
480	—	—	—	96,9
960	—	—	—	97,5

Les observations sur les sels donnent lieu à des observations semblables.

De là résulte aussi que, si l'on combine une base active à un acide actif, le pouvoir rotatoire du sel en solution très étendue sera égal à la somme des pouvoirs de l'ion-acide et de l'ion-base. Ainsi on a vu plus haut que la rotation moléculaire $[M]_D$ de l'ion-morphine est — 370; celle de l'ion-acide α-bromocamphosulfonique est + 270. On devra donc trouver pour l'α-bromocamphosulfonate de morphine complètement dissocié une rotation moléculaire

$$[M]_D = -370 + 270 = -100.$$

M. Walden a trouvé en effet.

Dilution de 1 moléc.-gr. dans 30 litres. $[M]_D = -100$
— — 60 litres. $[M]_D = -101$

Pour le sel de conquinine, on trouve

$$[M]_D = +1008,$$

tandis que les valeurs de $[M]_D$ pour les deux ions, obtenues comme précédemment, sont

Ion-conquinine....................	$[M]_D = +726$
Ion-acide α-bromocamphosulfonique.	$[M]_D = +270$
Total.......	+ 996

nombre très voisin de celui donné par l'expérience.

Toutes ces expériences démontrent bien que le métal est à peu près sans influence sur le pouvoir rotatoire des acides actifs; il n'en est plus de même si l'on effectue ces observations sur des dissolutions alcooliques, ainsi que M. Cerkez [*C. R.*, **117**, 173] l'a fait sur les quinates, dont les pouvoirs rotatoires sont alors compris entre — 9° et

— 40°; dans ce cas les métaux paraissent exercer une influence qui leur est propre, de même qu'un groupe méthyle, éthyle, etc. D'après M. Walden [*loc. cit.*], les sels de l'acide α-bromocamphosulfonique donnent lieu à des remarques analogues lorsqu'on les étudie en solution acétonique. A titre de comparaison, voici par exemple les pouvoirs rotatoires des éthers tartriques :

Tartrate de méthyle.......	$[\alpha]_D = + 2,14$
— d'éthyle..........	+ 7,66
— de propyle.......	+ 12,44
— d'isobutyle.......	+ 19,87

On remarquera aussi que les acides bibasiques conduisent à deux limites, une pour les sels neutres, l'autre pour les sels acides; dans le cas de l'acide tartrique, ces deux limites correspondent aux pouvoirs rotatoires des ions, soit :

CHOH . CO²	CHOH . CO²H
CHOH . CO²	CHOH . CO²
ion des sels neutres.	ion des sels acides.

Les valeurs de $[\alpha]_D$ obtenues par ces deux ions sont différentes de celles observées avec des solutions d'acide tartrique dans l'eau; par exemple, une solution à 10 0/0 donne $[\alpha]_D = + 9,95$. C'est qu'en effet, en solution aqueuse, à la température ordinaire, l'acide tartrique est peu dissocié en ions; il donne un abaissement cryoscopique normal. Ces faits ne pourraient s'expliquer dans l'hypothèse d'une dissociation des sels purement hydrolytique, c'est-à-dire en acide et en base.

M. Van 't Hoff désigne sous le nom de *demi-électrolytes* la plupart des acides organiques, qui conduisent assez mal l'électricité en solution aqueuse, et donnent des abaissements cryoscopiques à peu près normaux. Ces demi-électrolytes peuvent être considérés comme faiblement dissociés en ions.

Ce qui les distingue des non-électrolytes (qui ne se dissocient pas du tout) et des vrais électrolytes (c'est-à-dire des bons conducteurs presque totalement dissociés), c'est que leur pouvoir rotatoire varie généralement beaucoup avec la concentration. La dilution ayant en effet pour action d'augmenter le nombre de molécules dissociées, il doit en résulter nécessairement de fortes variations de $[\alpha]_D$. Exemple : Le pouvoir rotatoire de l'acide tartrique varie de + 8,5 à + 14,3 pour des concentrations comprises entre 5 et 50 0/0 [Arndtsen, *Ann. Chim. Phys.*, (3), **54**, 403].

D'autre part, le sucre, un non-électrolyte, a un pouvoir rotatoire à peu près invariable, soit $[\alpha]_D = 64,5$ à 65,2 pour des concentrations comprises entre 70 0/0 et 0,2 0/0; il en est de même de l'électrolyte constitué par le tartrate disodique qui, pour des concentrations de 5 0/0 à 15 0/0, donne des valeurs de $[\alpha]_D$ comprises entre + 25,3 et + 27 [Hesse, *Ann. Chem*, **176**, 122].

La théorie de M. Arrhenius permet de prévoir plusieurs des règles auxquelles les pouvoirs rotatoires des demi-électrolytes sont soumis. Les voici, telles qu'elles ont été formulées par M. Van 't Hoff.

1. *La dilution doit produire le même effet sur le pouvoir rotatoire qu'une élévation de température;* en effet, dans l'un et l'autre cas, la dissociation augmente. L'acide tartrique en fournit un exemple; par la dilution, ou par une élévation de température, $[\alpha]_D$ augmente :

	40 0/0	20 0/0	10 0/0
à 0°.... $[\alpha]_D =$	+ 5,53	+ 8,66	+ 9,95
à 100°....	+ 17,66	+ 71,48	+ 23,97

Le pouvoir rotatoire de l'acide phénylglycolique diminue par dilution ou par élévation de température [Lewkowitsch, *D. chem. G.*, **16**, 1567].

2. *Les pouvoirs rotatoires dans des dissolvants autres que l'eau se rapprochent des valeurs fournies par les solutions aqueuses de plus en plus concentrées.* En effet, on obtient ainsi des valeurs de $[\alpha]_D$ qui sont celles de l'acide et non plus celles de ses ions.

Exemple. — Le pouvoir rotatoire de l'acide tartrique diminue dans les solutions aqueuses de plus en plus concentrées; on sait que dans les dissolvants organiques son pouvoir rotatoire est très faible, et même presque nul.

3. *Les changements de pouvoir rotatoire produits par la dilution ont pour limite le pouvoir rotatoire des sels (ou des sels acides).* En effet, la dilution tend à dissocier l'acide en ions, et cette dissociation est déjà presque totale chez les sels.

Exemple. — On trouve pour $[\alpha]_D$ de l'acide tartrique

$[\alpha]_D =$	+ 14,3	+ 16,3
C 0/0 =	5 0/0	0,35

et à 100° une solution à 10 0/0 donne

$$[\alpha]_D = + 23,97$$

On a vu plus haut que la valeur moyenne pour les sels acides est + 28.

4. *Les acides dont le pouvoir rotatoire n'est pas altéré par la dilution, sont aussi ceux qui ont à peu près la même activité optique que leurs sels (ou sels acides).*

Exemples. — Les acides méthoxysuccinique et éthoxysuccinique [Purdie et Walker, *Chem. Soc.*, 1893, 238] ont des pouvoirs rotatoires à peu près indépendants de la dilution :

Acide méthoxysuccinique.		Acide éthoxysuccinique.	
à 11 0/0 $[\alpha]_D$	= 33,3	à 11 0/0 $[\alpha]_D$	= 33
5,6	= 33	5,6	= 32,5

Ces nombres correspondent à ceux des sels acides compris entre $[\alpha]_D = 29$ et $[\alpha]_D = 37$.

Le pouvoir rotatoire de l'acide quinique reste à peu près constant et égal à — 43,9 pour des solutions contenant de 2 à 53 0/0 d'acide; pour les sels on trouve en moyenne $[\alpha]_D = - 49$.

Il doit en effet en être ainsi : si le pouvoir rotatoire ne varie pas, c'est que la solution a atteint sa limite de dissociation, limite qui est donnée d'autre part par le pouvoir rotatoire des sels (ou sels acides).

Objections. — Malgré le nombre considérable de faits et d'observations entre lesquels elle permet d'établir un lien, la théorie de la dissociation électrolytique a soulevé une vive opposition. Elle a été très vivement attaquée au Congrès de Leeds en 1890 [*Zeit. physik. Chem.*, **7**, 378]. Récemment encore elle a été l'objet de plusieurs critiques au cours de diverses séances de la Société de Physique de Paris [*C. R. des séances de la Soc. de Phys.*, 1894].

Au premier abord, il est incontestable que cette existence des ions libres, sodium et chlore par exemple, au sein d'une solution de chlorure de sodium, choque et heurte vivement ce qu'on pourrait appeler le *sens chimique*. A cela les partisans de la théorie répondent que les ions sodium et chlore ne peuvent être confondus avec ces éléments tels que nous les connaissons à l'état libre; qu'en effet l'ion sodium, par exemple, se sépare avec une charge d'électricité négative qui le protège contre l'action décomposante de l'eau, de la même manière qu'une lame de zinc en relation avec le pôle d'une pile n'est plus attaquée par une solution diluée d'acide sulfurique; qu'en ce qui concerne enfin l'objection de sentiment, la dissociation du chlorure de sodium en chlore et en sodium ne doit pas paraître plus étrange que ne l'était autrefois la dissociation du chlorure d'ammonium en vapeur.

Les adversaires de la théorie de la dissociation électrolytique ont cherché à interpréter les faits que cette conception prétend mettre en lumière, et tout particulièrement les anomalies cryoscopiques. M. Pickering [*Chem. Soc.*, 1890, 331; *Phil. Mag.*, (5), 1890, 29, 490; 1891, 32, 90; *D. chem. G.*, 24, 1469, 1579, 3317, 3328, 3629; 25, 1099], à qui on doit de nombreuses séries de mesures cryoscopiques, distingue trois causes à l'abaissement du point de congélation des solutions : une cause mécanique, qui réside dans le fait même de la séparation des molécules du dissolvant par celles du corps dissous; une cause physique, qui ne serait autre qu'une diminution de la chaleur latente de fusion; enfin une cause chimique, en ce sens qu'au moment où le dissolvant (l'eau) se congèle, les hydrates qui se trouvent en solution sont décomposés pour former de nouveaux hydrates avec un plus petit nombre de molécules d'eau. Suivant la part plus ou moins prépondérante de ces trois causes, on s'expliquerait les anomalies cryoscopiques des solutions aqueuses. A l'appui de sa manière de voir, M. Pickering démontre l'existence des hydrates par l'étude minutieuse des courbes de points de congélation dont les points d'inflexion correspondraient à ces hydrates; de fait, il en a isolé un très grand nombre

Les partisans de la theorie de M. Arrhenius ne voient pas dans l'existence de ces hydrates une objection sérieuse; en effet, d'après la théorie cinétique de M. Van't Hoff, l'abaissement cryoscopique est proportionnel à la pression osmotique et celle-ci l'est au nombre des molécules dissoutes dans l'unité de volume; or, à moins que la formation des hydrates ne soit accompagnée de changements de volume considérables, ce qui ne paraît pas être le cas, ce nombre de molécules dissoutes dans l'unité de volume reste sensiblement le même, qu'il se forme ou ne se forme pas d'hydrate : par conséquent la pression osmotique reste à peu près la même, et pareillement aussi l'abaissement du point de congélation. Au point de vue de la détermination du poids moléculaire, il n'y a donc pas à en tenir compte.

On voit par là que partisans et adversaires de la théorie de la dissociation électrolytique sont loin de s'entendre. Il nous semble que cette conception doit être appréciée au point de vue du nombre des faits qu'elle explique ou fait prévoir. Comme le répétait, il y a peu de temps encore, M. Poincaré à propos de la conception cinétique des gaz, se demander si une théorie est vraie ou fausse est un non-sens; il s'agit de savoir si elle est fructueuse. Envisagée à ce point de vue, il est incontestable que la théorie de M. Arrhenius a permis d'expliquer et de prévoir un nombre considérable de faits entre lesquels on n'avait su discerner auparavant aucune espèce de relations. Évidemment, plusieurs de ces faits pourraient être interprétés dans l'hypothèse d'une dissociation purement chimique; telles sont, par exemple, les propriétés des solutions colorées. Cependant il faut reconnaître qu'un certain nombre échappent aujourd'hui à toute autre interprétation que celle fournie par la dissociation électrolytique. Ce sont plus particulièrement les relations entre anomalies cryoscopiques et conductibilités électriques, la loi d'égalité des chaleurs de neutralisation des acides étendus par les bases étendues, les coefficients d'affinité des acides, et les règles déduites par M. Van't Hoff pour les pouvoirs rotatoires des acides et sels actifs. Peut-être a-t-on été un peu loin en affirmant qu'il y avait séparation complète et absolue des deux ions constitutifs d'un sel ou d'un acide dissocié électrolytiquement, et serait-il plus logique d'admettre entre ces deux ions une liaison extrêmement lâche, comme l'admettait au fond M. Clausius, pour lequel les ions s'unissent et se séparent constamment au sein d'une solution. C'est évidemment une question que l'on pourrait discuter. Mais il nous paraît plus important de ne retenir que l'ensemble considérable de faits et d'observations qui se groupent autour de la conception de M. Arrhenius

Ph.-A. Guye.

DISTERRITE (Min.). — Voyez Brandisite, Dict., 1, 660.

DISTILLATION (INDUSTRIE). — Voyez aussi Alcools et Flegmes.

C'est principalement aux industries qui ont pour but de produire de l'alcool, sous quelque forme que ce soit, que les appareils distillatoires sont réservés; sans doute le travail des eaux ammoniacales, des huiles de houille, des benzols, etc., exige également des appareils de ce genre; mais l'importance des industries que nous venons de rappeler est restreinte quand on la compare à celle de l'industrie de l'alcool. La construction des appareils que l'on y emploie rappelle de très près celle des appareils destinés à la distillerie proprement dite, et a pu ou pourra être décrite aux articles spéciaux. Nous croyons donc devoir restreindre cette étude à l'examen des appareils employés pour la fabrication de l'alcool.

Nous tenons également à faire remarquer que, depuis la publication de l'article Alcools (industrie) (1, 111), la construction des appareils distillatoires a fait des progrès considérables. Certains appareils, comme les colonnes Savalle, ont été, à cette époque, jugés par l'auteur de cet article trop nouveaux pour y être décrits. Ils se sont répandus depuis dans le monde entier, et comme le Supplément 1 du Dictionnaire n'a pas consacré un article spécial à l'industrie de l'alcool, nous devons, au risque d'être accusé de décrire ici des appareils déjà anciens, leur consacrer quelques lignes

Lorsque l'on distille, dans un appareil distillatoire quelconque, un moût alcoolique, vin, cidre, moût de betteraves, de grains, de mélasses, de pommes de terre, etc., on donne naissance à un produit brut qui contient, à côté de l'alcool éthylique, toutes les impuretés volatiles qui l'accompagnaient dans le moût. Ces impuretés sont dues en partie à la fermentation alcoolique et aux fermentations secondaires (aldéhydes, acides gras volatils, alcools supérieurs, bases, etc.), en partie aux méthodes qui ont présidé soit à la préparation du moût, soit à sa distillation (furfurol), en partie enfin à la présence de corps mal déterminés, variables avec la nature de la matière première, dont l'odeur rappelle soit le vin, soit le cidre, soit la betterave, soit la mélasse, soit le grain, et que, faute de les connaître, on a désignés sous le nom vague de *bouquets* ou de *goûts d'origine*.

Lorsque ces diverses impuretés, par leur mélange, donnent à l'alcool une saveur agréable, le produit brut de la distillation est destiné à être bu au sortir de l'alambic et reçoit alors le nom d'*eau-de-vie*. Lorsque, au contraire, l'arome du liquide distillé est repoussant, on s'attache par la rectification à séparer les différentes impuretés. Le produit qui est destiné à être rectifié porte alors le nom de *flegme* (voyez ce mot). La rectification du flegme donne de l'alcool pur, qui, habilement mélangé à des eaux-de-vie de vin à arome accentué, à du rhum, à du thé, etc., fournit les eaux-de-vie dites *artificielles*.

Nous aurons donc à examiner successivement :

1° Les modifications qui ont été apportées, depuis la publication du tome 1 du Dictionnaire, dans la construction des appareils distillatoires destinés à la fabrication des eaux-de-vie ;

2° Celles qui se sont produites dans la disposition des colonnes à distiller qui fournissent le flegme ;

3° Celles qui ont donné lieu à la construction des appareils à rectifier le flegme.

C'est presque toujours par des distillations intermittentes, c'est-à-dire en plaçant dans l'alambic le moût, le vin à distiller, pour ne l'évacuer que quand il est débarrassé entièrement d'alcool, que l'on produit les eaux-de-vie, les alcools de consommation directe.

C'est en ayant recours, au contraire, à la distillation continue, c'est-à-dire en faisant arriver continûment au sommet d'une colonne le moût alcoolique, pour retirer continûment aussi, à sa base, de la vinasse épuisée, que l'on fabrique le flegme

Enfin, c'est en soumettant le flegme soit à des distillations intermittentes, soit à une distillation continue, qu'on le rectifie.

Nous pouvons donc envisager l'étude des appareils distillatoires dont l'industrie des alcools fait usage, comme l'étude :

1° Des appareils à distillation intermittente ;

2° Des appareils à distillation continue

3° Des appareils à rectifier, intermittents ou continus.

Nous aurons soin, pour compléter cette étude des appareils distillatoires, de préciser la nature des produits qu'ils fournissent et les conditions dans lesquelles le distillateur se place pour obtenir un travail complet et régulier.

APPAREILS A DISTILLER A FONCTIONNEMENT INTERMITTENT.

Les alambics dont la petite distillerie fait usage sont extrêmement nombreux et variés.

Tous se composent essentiellement, comme l'ancien alambic, d'une chaudière et d'un réfrigérant reliés au moyen d'un col de cygne ; mais l'appareil reçoit des modifications diverses, suivant le but auquel le constructeur le destine.

Il est difficile de faire de ces alambics une classification régulière, et nous croyons préférable d'énumérer les conditions spéciales que les alambics doivent remplir pour tel ou tel genre de travail, en décrivant, en même temps, les appareils qui remplissent les conditions énoncées.

a. Alambics portés sur roues. — Les alambics à distillation intermittente sont souvent montés sur chariot, de façon à pouvoir être aisément transportés de ferme en ferme, pour y distiller les vins, les cidres, les marcs et les fruits des petits cultivateurs. L'alambic appartient souvent à un industriel spécial, l'*ambulant*, qui traite à façon avec le propriétaire.

b. Alambics a bascule. — Les chaudières des alambics sont en général munies d'un tuyau de vidange pour l'évacuation des vinasses épuisées ; mais lorsque l'on distille, au moyen de ces alambics, des marcs de raisin ou de pommes, des fruits, on éprouve une certaine difficulté à retirer par ce tuyau les résidus solides de la distillation. On préfère alors suspendre la chaudière au-dessus du foyer à l'aide de deux tourillons et la disposer de telle façon, qu'une fois la distillation terminée, la chaudière séparée de son couvercle et de son fourneau puisse basculer et abandonner aisément les résidus qu'elle contient.

La figure 166 représente un appareil à deux chaudières que l'on peut faire travailler séparément ou simultanément. Chacune d'elles communique avec un serpentin, et les deux serpentins

Fig. 166. – Appareil à deux chaudières de M. Bréhier (système Gieffe).

sont noyés dans la même bâche. Les chaudières, dont les chapiteaux peuvent être détachés par le jeu d'une potence ABC, sont à bascule et sont en outre portées sur roues. L'appareil remplit donc les deux conditions dont nous avons déjà parlé.

c. Alambics a faux-fond ou a paniers. — Pour éviter, lorsque l'on distille des marcs ou des fruits, que la pulpe ne vienne s'attacher au fond de la chaudière et donner au produit distillé un goût empyreumatique désagréable, on dispose quelquefois dans la chaudière un faux-fond percé de trous. Dans l'appareil de M. Vieux-Gauthier, représenté fig. 167, les marcs ou les fruits sont placés dans un panier fait d'une tôle de cuivre perforée. A l'intérieur se dresse un tuyau, percé de trous également, dans lequel le liquide circule de bas en haut, pour se déverser ensuite d'une façon automatique sur les résidus solides contenus dans le panier. — Un système de levier permet d'enlever aisément de la chaudière le panier chargé de matières épuisées, et de l'y remettre chargé de matières neuves.

d. Alambic a chauffe-vin. — On peut, pour économiser le combustible, disposer entre la chaudière et le réfrigérant un réfrigérant intermédiaire, que l'on remplira, non plus avec de l'eau, mais avec le vin qui doit servir à alimenter la chaudière dans la distillation suivante ; ce vin s'échauffe alors économiquement au contact des gérant à eau, et se trouve déjà chaud quand on le fait pénétrer dans la chaudière.

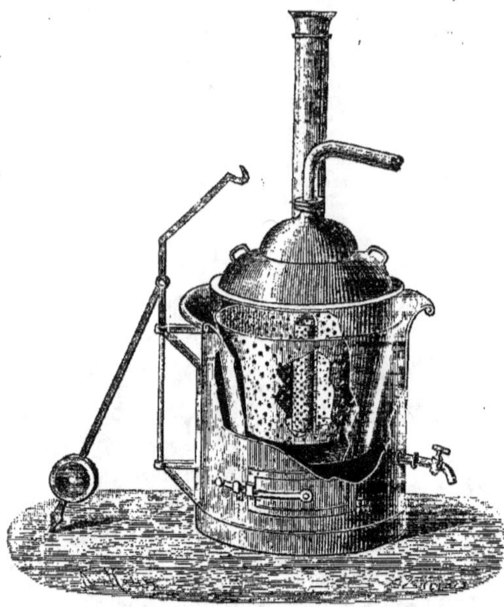

Fig. 167. — Alambic avec panier de M. Vieux-Gauthier.

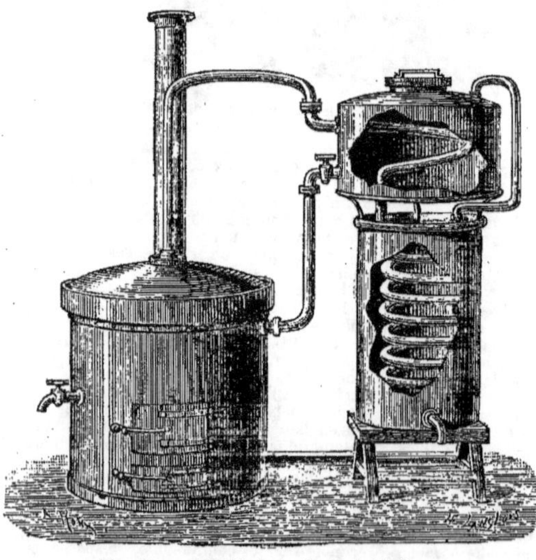

Fig. 168. — Alambic à chauffe-vin de M. Deroy

La figure 168 représente l'un de ces appareils que construit M. Deroy. Le chauffe-vin est muni d'un tuyau, permettant de faire communiquer ce chauffe-vin avec la chaudière. Le chauffe-vin porte un petit tuyau, qui est destiné à récolter les produits volatils qui se dégagent pendant le chauffage même du vin. Ces produits sont alors ramenés, au moyen de ce tuyau, soit dans le serpentin du réfrigérant, soit dans un serpentin spécial, quand il y a intérêt à séparer ces produits, qui sont naturellement les plus volatils et peuvent posséder un goût désagréable.

e. Alambics munis de rectificateurs. — M. Deroy place au-dessus de sa chaudière un couvercle qui forme déjà rectificateur. Au-dessous de ce couvercle est établi, en effet, un diaphragme de cuivre, et, entre les deux parois ainsi constituées, les vapeurs issues de la chaudière et qui ne se sont pas condensées déjà sous ce diaphragme, sont obligées de circuler pour gagner la partie supérieure de l'appareil. Un système de cloisonnement en colimaçon, disposé entre le diaphragme et le couvercle de l'alambic, force, en outre, les vapeurs à circuler méthodiquement de la périphérie vers le centre. Le couvercle est enfin muni, en général, d'une toile ou d'une flanelle sur laquelle on fait écouler au contraire, du centre à la périphérie, de l'eau tiède, de façon à régulariser et augmenter la condensation des vapeurs les moins alcooliques, qui retournent à la chaudière (fig. 169).

Au-dessus de l'alambic, on peut placer une ou plusieurs lentilles de cuivre, qui, par la condensation qu'elles produisent, augmentent encore la concentration de l'alcool. Dans l'intérieur de ces lentilles se trouve disposé également un diaphragme semblable au précédent, et à la partie supérieure on peut faire, comme dans le premier cas, écouler un léger courant d'eau froide ou tiède.

Cette eau est prise soit dans un bac spécial placé au-dessus de l'appareil, soit à la partie supérieure du réfrigérant.

On retrouve cette disposition des rétrogradateurs lenticulaires dans l'appareil de Pistorius, employé dans les petites distilleries agricoles allemandes.

M. Égrot obtient la concentration de l'alcool en faisant usage d'un serpentin ascendant, dans lequel se rendent les vapeurs alcooliques avant

vapeurs alcooliques qui se rendent dans le réfri-

de passer au réfrigérant. Ce serpentin S est con-

Fig. 169. — Appareil lenticulaire pour la rectification (système Deroy).

tinuellement arrosé au moyen de l'eau qui, après avoir passé dans le réfrigérant R, où se condense l'alcool, remonte, déjà tiède, par le tuyau *ab* et se déverse dans une cuvette percée de trous; une autre partie de cette eau tiède va arroser également le serpentin R', où l'alcool, qui est sorti à l'état de vapeurs du réfrigérant ascendant S, commence à se liquéfier, pour achever sa condensation dans le réfrigérant R (fig. 170).

Depuis deux ans, M. Égrot construit un rectificateur sphérique, qu'il place au-dessus du réfrigérant. L'appareil est formé de deux sphères concentriques, et c'est dans l'espace compris entre ces deux sphères que pénètrent, par la partie inférieure, les vapeurs alcooliques qu'il s'agit de concentrer. Dans le trajet qu'elles parcourent pour atteindre le tuyau vertical qui les dirige vers le serpentin condenseur, elles abandonnent une partie de leur eau, qui retourne à la chaudière. Dans la sphère intérieure, on fait pénétrer continûment un courant d'eau, qui s'échauffe au contact des vapeurs alcooliques et régularise la condensation. L'eau s'échappe ensuite par le petit tube supérieur et vient ruisseler et s'évaporer au contact de la sphère extérieure, que l'on a eu soin, pour assurer l'uniformité du ruissellement, de garnir d'une grosse toile (fig. 171).

On peut encore, pour produire la concentration et la rectification de l'alcool, faire usage des colonnes à plateaux qui seront décrites plus loin.

f. Appareils a distillation méthodique.— Ces appareils permettent d'obtenir, même sans rectification, un alcool concentré. Ils se composent, comme l'indique la figure 172, d'une série de vases ou chaudières semblables les unes aux autres, et qui sont chauffées à la vapeur. Chacune des chaudières peut communiquer avec un réfrigérant destiné à condenser l'alcool; chacune d'elles est, en outre, reliée à la chaudière voisine. On chauffe tout d'abord l'une des chaudières, et l'on recueille l'alcool qui se dégage, assez concentré au commencement de la distillation. Quand le degré de cet alcool vient à baisser, on ferme la communication de la chaudière avec le serpentin et on fait communiquer cette chaudière avec la chaudière voisine, que l'on vient de remplir de matières neuves et que l'on met alors en communication avec le serpentin à alcool.

Si l'on considère les appareils ci-dessus décrits, on se rend compte aisément de la tendance qu'ont aujourd'hui nos distillateurs d'eaux-de-vie à rechercher les alambics qui leur permettent, par le fait de la rectification partielle, d'obtenir des liquides à haut degré alcoolique. Ces produits

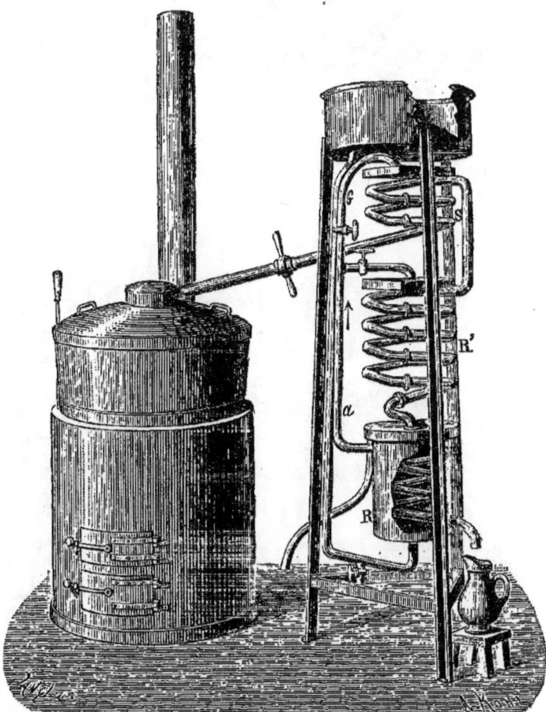

Fig. 170. — Alambic à réfrigérant ascendant (système Égrot)

n'ont pas la finesse de ceux que l'on obtenait autrefois par la méthode des *brouillis*, c'est-à-dire par une double distillation dans un alambic sans rectificateur. Mais on se préoccupe aujourd'hui de produire, avec un appareil déterminé, le plus

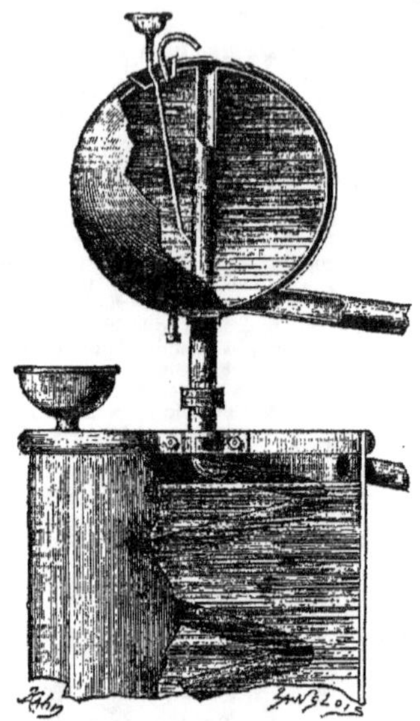

Fig. 171. — Rectificateur sphérique (système Égrot).

de travail possible dans le temps le plus court.

C'est dans ce but également que l'on voit quelques distillateurs adopter, pour la distillation des eaux-de-vie, des appareils continus; M. Égrot, M. Deroy construisent ces appareils, dont nous jugeons l'emploi encore trop nouveau pour nous permettre de les exposer.

Bien entendu, nous n'avons parlé ici que des appareils pris dans leur type le plus simple, et répondant aux conditions de travail que nous leur avons imposées. Mais il est évident que tous les appareils que nous venons de décrire peuvent être montés sur roues; qu'ils peuvent également être placés sur bascule, munis de faux-fonds, de rectificateurs, etc. De là une diversité infinie dans la construction des alambics à distillation intermittente.

II. — APPAREILS A DISTILLER A FONCTIONNEMENT CONTINU.

Les appareils que nous allons décrire servent à distiller d'ordinaire des moûts de betteraves, de mélasses, de grains, de pommes de terre, dont la teneur en alcool varie de 5 à 7 0/0, et à produire, d'une façon continue et du premier coup, des flegmes marquant de 60 à 70° G. L.

Ces appareils doivent donc être munis de rectificateurs, et ces rectificateurs sont constitués, en général, par une série de plateaux portant des orifices recouverts d'une calotte de forme quelconque. Les bords de ces orifices sont relevés dans le but de maintenir les liquides condensés sur chacun des plateaux, et la calotte est construite de telle façon que les vapeurs issues d'un plateau inférieur soient obligées, pour traverser le plateau qui se trouve au-dessus d'elles, de barboter dans le liquide répandu à sa surface. Des tubes de retour, dont l'extrémité supérieure, fixée à l'un des plateaux, affleure au niveau du liquide,

Fig. 172. — Appareil à distillation méthodique.

et dont l'extrémité inférieure plonge dans le liquide du plateau de dessous, permettent de faire rétrograder de plateau en plateau, jusqu'à la chaudière, les liquides condensés.

La colonne à distiller peut alors être considérée comme formée d'une série d'appareils distillatoires, où chacun des plateaux représente la chaudière et envoie ses vapeurs alcooliques à la condensation dans le liquide du plateau situé au-dessus de lui.

Le calcul et l'expérience montrent que les vapeurs issues d'un liquide alcoolique en ébullition sont plus riches en alcool que le liquide qui leur a donné naissance, en sorte que sur les plateaux on obtient des liquides condensés de plus en plus riches en alcool, au fur et à mesure que l'on s'élève le long de la colonne. Il est d'ailleurs une autre considération scientifique qui aboutit à la même conclusion. La tension de vapeur mixte qui s'établit entre deux plateaux est égale à la somme des pressions des liquides condensés sur les plateaux supérieurs, et comme la couche de liquide répandue sur chaque plateau est la même, il est évident que la tension de vapeur mixte augmente proportionnellement au nombre des plateaux au-dessous desquels elle agit; elle devient alors de plus en plus faible, au fur et à mesure qu'elle franchit un plateau. Or cette tension est fonction de la température du liquide générateur; le point d'ébullition des liquides contenus sur les plateaux doit donc être de moins en moins élevé, ce qui revient à dire que ces liquides doivent être de plus en plus riches en alcool, et qu'ils se débarrassent peu à peu de leur excès d'eau, laquelle, au moyen des tubes de retour, rétrograde vers la chaudière.

Les vapeurs mixtes qui traversent les plateaux se dépouillent de plus en plus de leur vapeur d'eau, car la tension de la vapeur d'eau dans la vapeur mixte est celle qui correspond à la température d'ébullition du liquide sous-jacent.

Il suit de là que, dans une colonne à plateaux, deux courants s'établissent : l'un, de liquides de plus en plus pauvres, qui font retour à la chaudière ; l'autre, de vapeurs de plus en plus alcooliques, qui se dirigent vers le serpentin.

Ce serpentin est souvent refroidi, non pas avec de l'eau, mais avec le moût alcoolique, le vin, qui doit entrer d'une façon continue dans la partie supérieure de la colonne. Les vinasses épuisées sortent continuellement aussi du bas de la colonne, et c'est, en général, en chauffant ces vinasses au moyen d'un chauffoir tubulaire, que l'on produit la vapeur nécessaire à l'établissement du régime de distillation.

Appareil Champonnois. — Dans presque toutes les distilleries de betteraves, et principalement dans les distilleries agricoles, on fait usage d'une colonne construite par M. Champonnois et profondément modifiée par lui depuis la publication du tome I (p. 128).

Les colonnes à distiller sont, en général, construites en cuivre ; la colonne Champonnois se distingue tout d'abord de celles-ci en ce qu'elle est toute en fonte.

Chacun de ses plateaux, que l'on aperçoit à travers l'arrachement fait sur le dessin ci-contre (fig. 173), dont on comprend mieux encore la disposition dans la figure 174, porte au centre une ouverture ; mais cette ouverture est recouverte d'une calotte de fonte qui se prolonge horizontalement sous la forme d'une étoile à six branches. Chacune de ces branches est soutenue, à quelques

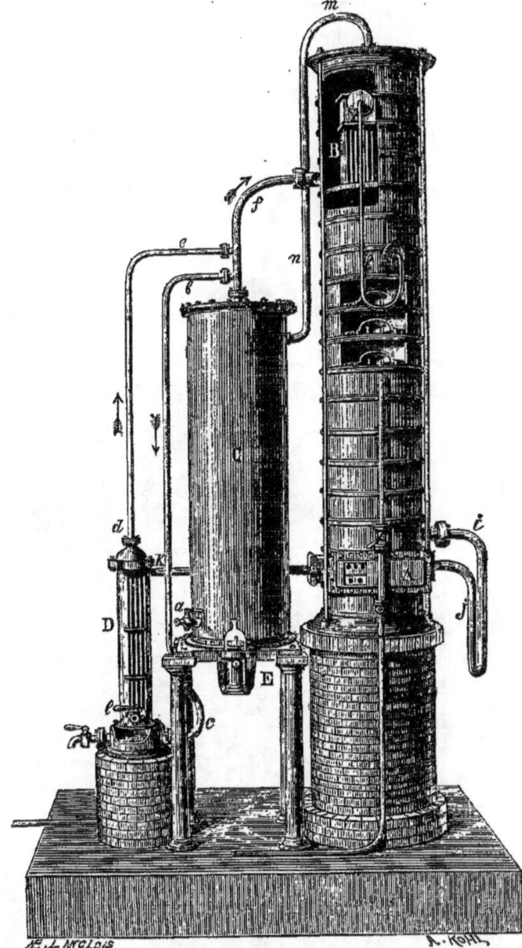

Fig. 173. — Appareil Champonnois

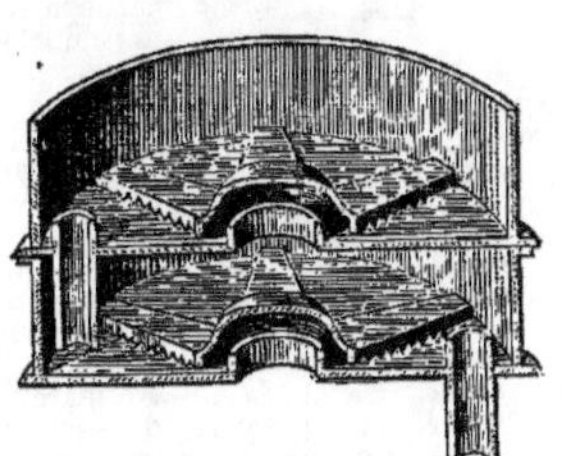
Fig. 174. — Plateaux de l'appareil Champonnois.

centimètres du plateau, au moyen d'un rebord dentelé La vapeur qui ne s'est pas condensée sur la face interne de la calotte, est obligée, pour gagner l'espace compris entre le plateau qu'elle traverse et le plateau situé immédiatement au-dessus d'elle, de barboter à travers les dentelures de ces branches. Le barbotage, qui détermine l'analyse des vapeurs, peut être alors considéré comme parfait, puisqu'il se produit à la fois sur toute la surface du plateau.

La méthode suivie dans les distilleries agricoles montées d'après le système Champonnois (voyez Alcools, I, 127) exige l'emploi d'un appareil additionnel. Cet appareil est un réfrigérant à vinasses, destiné à refroidir jusqu'à 60° les vinasses qui sortent de la colonne et qui doivent rentrer dans les cuves de macération pour produire l'épuisement de nouvelles quantités de betteraves. Ce réfrigérant à vinasses D fait, en général, partie de l'appareil distillatoire tel qu'il est construit aujourd'hui, et c'est au moyen du moût qui va entrer dans la colonne que l'on refroidit ces liquides.

A la partie supérieure de la colonne et occupant la hauteur de trois ou quatre plateaux, est disposé un analyseur B, formé d'une série de tubes de cuivre, disposés verticalement, et de section elliptique aplatie. Cet analyseur concentre les vapeurs alcooliques qui s'échappent de la colonne et circulent à l'intérieur des tubes avant de se rendre au réfrigérant C.

A la partie inférieure se trouve l'appareil de chauffage A, formé d'une série de tubes de fonte recourbés en forme d'U, à l'intérieur desquels circule continuellement de la vapeur.

Le moût alcoolique qui doit être soumis à la distillation entre en *a* dans le réfrigérant à alcool; là il s'échauffe et sort du réfrigérant par le tuyau *bc*, pour entrer dans le réfrigérant à vinasse, extérieurement aux tubes où circule continûment la vinasse chaude. Il remonte alors par le tube *def* et entre dans l'analyseur extérieurement aux tubes où les vapeurs alcooliques se déshydratent. Il s'échappe ensuite de l'analyseur et entre dans la colonne au moyen du tube *gh*, vers le cinquième ou sixième plateau. Il descend les plateaux, se débarrassant de plus en plus de ses vapeurs alcooliques, se trouve à l'état de vinasse, chauffé par le système tubulaire A, se rend par le tuyau *ijk* dans le réfrigérant à vinasses, intérieurement aux tubes, et sort d'une façon continue à la partie inférieure par le robinet *c*.

Les vapeurs alcooliques, déflegmées à l'intérieur des plateaux, analysées par l'appareil B, se rendent par le tuyau *mn* dans le réfrigérant *c*, et sont recueillies à l'état de flegme dans l'éprouvette E.

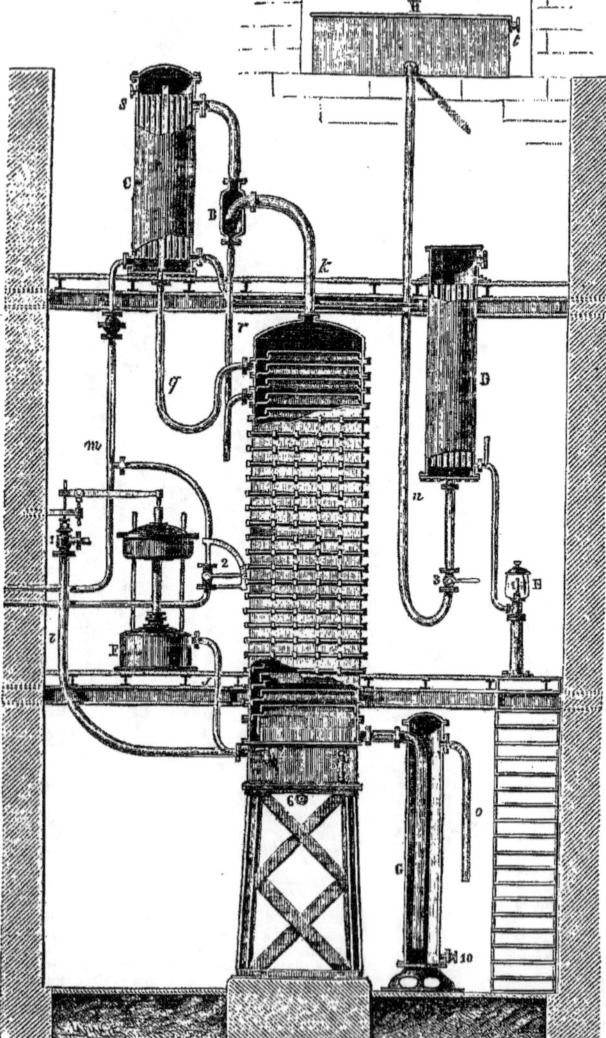

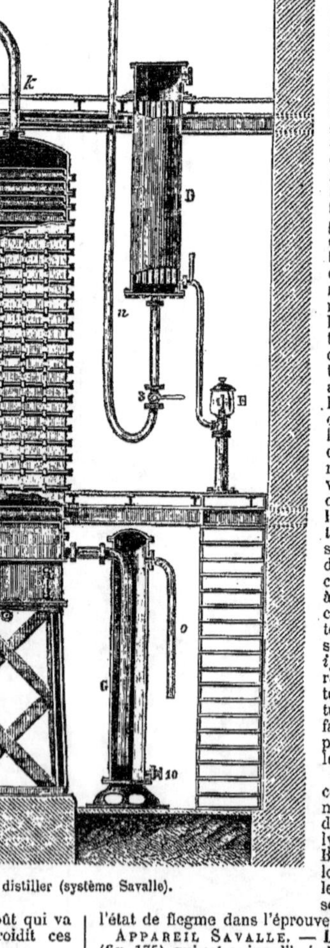

Fig. 175. — Appareil à distiller (système Savalle).

Appareil Savalle. — L'appareil Savalle (fig. 175), qui est aujourd'hui, dans les distilleries de grains et de mélasses, uniformément répandu, se compose essentiellement d'une colonne formée par la superposition de plateaux en cuivre. Ces plateaux (fig. 176), au lieu d'être ronds comme dans la colonne Champonnois, sont rectangulaires. Ils portent sur le côté une tubulure

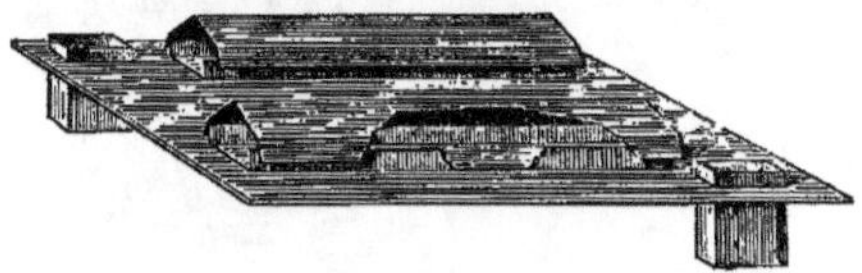

Fig. 176. — Plateau de l'appareil Savalle

au moyen de laquelle on peut aisément nettoyer, à l'aide d'un ringard, dans le cas où l'un des plateaux viendrait à s'obstruer. Ces obstructions sont, en effet, à craindre, la colonne étant destinée souvent à la distillation des matières pâteuses.

Les plateaux portent deux ouvertures rectangulaires munies de rebords, et qui sont recouvertes d'une calotte longitudinale disposée en forme de toit.

Cette calotte est distante de quelques centimètres du plateau, et c'est encore à travers la

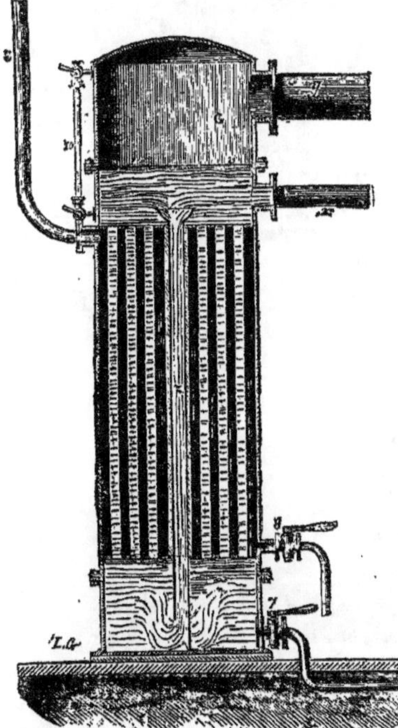

Fig. 177. — Chauffage des vinasses (appareil Savalle).

couche de liquide condensé sur le plateau que viennent barboter les vapeurs alcooliques.

Le moût pâteux pénètre par le tuyau *m* dans le chauffe-vin C, intérieurement aux tubes autour duquel se condense déjà une partie de l'alcool issue de la colonne, et reprend à la partie supérieure de ce chauffe-vin un tube descendant, qui le conduit dans l'intérieur de la colonne par le tuyau *q*. Il descend ensuite de plateau en plateau et arrive au pied de la colonne. Là il est chauffé par une injection de vapeur directe, et s'écoule ensuite continûment en traversant un tube-siphon à contre-pression.

Quelquefois, lorsque l'on veut éviter d'étendre d'eau les vinasses, du fait de la condensation de la vapeur destinée à leur échauffement, comme dans le cas où l'on distille des mélasses, dont les résidus devront ensuite être évaporés pour fournir le salin, on préfère chauffer les vinasses par la vapeur formée, et envoyer dans la colonne la vapeur issue des vinasses elles-mêmes. On adopte alors une caisse tubulaire spéciale, où les vinasses, sortant de la colonne, arrivent continûment par le tuyau *x* (fig. 177), passent dans l'intérieur du système tubulaire et sortent par le robinet 7. Durant ce trajet, elles s'échauffent et donnent de la vapeur qui entre dans la colonne par le tuyau *y*.

Sous l'influence du chauffage, les vapeurs alcooliques s'échappent de la colonne et se rendent tout d'abord dans un vase de sûreté B (fig. 175), destiné à recueillir les liquides entraînés mécaniquement, et qui retournent à la colonne par le tuyau *r*.

Les liquides condensés dans le chauffe-vin C, ainsi que les vapeurs non condensées, se dirigent ensuite vers un réfrigérant tubulaire D, que l'on refroidit au moyen de l'eau emmagasinée dans le réservoir H.

Le flegme produit par cette distillation descend dans l'éprouvette E, pour aller rejoindre ensuite les bacs où il doit être emmagasiné.

Appareil L. Fontaine. — L'appareil à distiller que construit M. L. Fontaine comporte, comme celui de M. Savalle, une colonne à plateaux, un chauffe-vin et un réfrigérant.

Les plateaux de cet appareil sont non plus rectangulaires, mais circulaires. L'orifice est recouvert

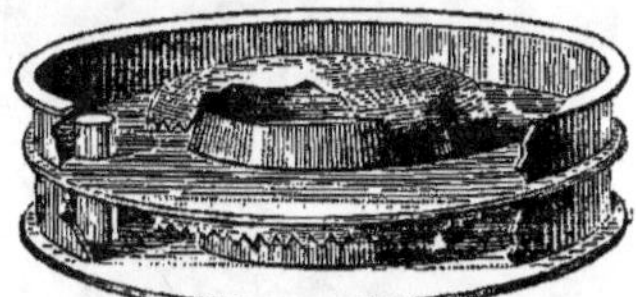

Fig. 178. — Plateau de l'appareil L. Fontaine.

d'une calotte hémi-elliptique, de forme légèrement aplatie, et dont les bords sont entièrement dentelés pour donner passage à la vapeur (fig. 178).

Appareil Égrot. — M. Égrot construit un appareil à distiller continu, dont les faibles dimensions se prêtent fort bien au travail des petites usines (fig. 179).

Le colonne comprend deux parties, dont l'une porte le nom de *déflegmateur*, l'autre de *rectificateur*.

Le déflegmateur comporte une série de plateaux (fig. 180 et 181), et chacun d'eux est formé par une succession de rigoles concentriques, disposées en cascade du centre vers la périphérie. Le liquide alcoolique qui s'écoule du plateau précédent par le tuyau *a* circule dans cette série de rigoles, suivant le sens des flèches indiquées dans le plan du plateau. Dans tout ce trajet, le liquide rencontre les vapeurs issues du plateau inférieur qui, débouchant par de petits orifices recouverts de calottes, viennent barboter à son contact.

La partie supérieure D de la colonne, le rectificateur, est formée d'une série de plateaux percés d'un orifice central et munis de calottes.

Les vapeurs alcooliques se rendent dans un premier serpentin, d'où les parties condensées reviennent à la colonne par un tuyau dit *retour de flegme*, et se dirigent ensuite vers un second serpentin.

Ce second serpentin est refroidi à l'eau ; le premier est au contraire refroidi avec du vin ou du

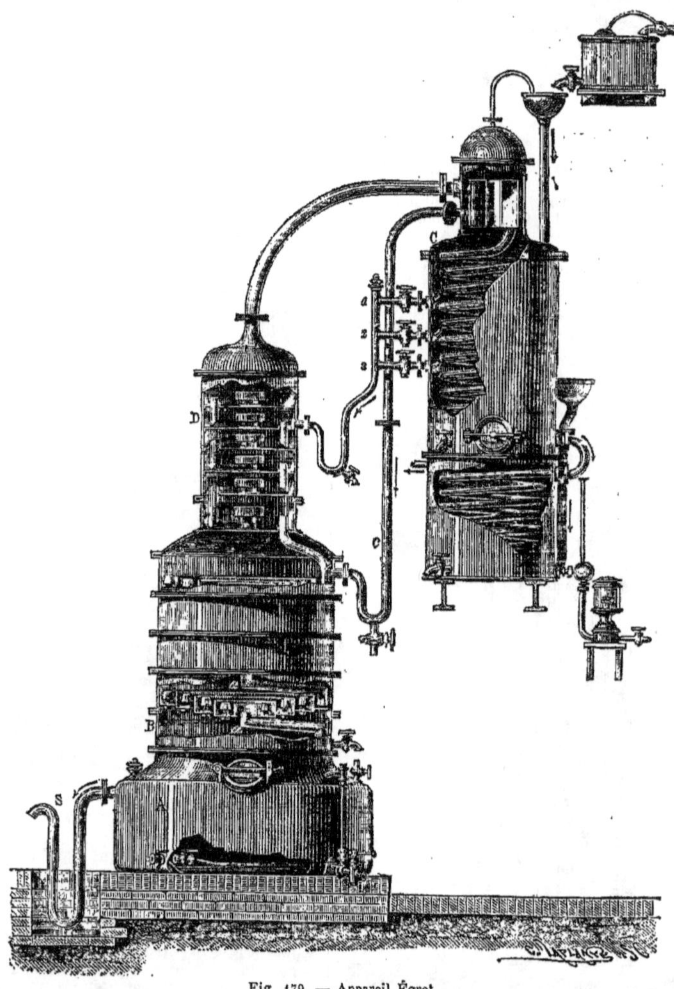

Fig. 179. — Appareil Égrot.

moût : celui-ci s'échauffe au contact des vapeurs alcooliques, sort du chauffe-vin, arrive sur le plateau supérieur du déflegmateur, cascade comme il a été dit plus haut, et s'écoule enfin par le tube S à l'état de vinasse épuisée.

Le chauffage de la vinasse a lieu au moyen de la vapeur

M. Égrot a fait subir dans ces derniers temps à cet appareil des modifications heureuses, que nous ne saurions décrire ici sans dépasser la limite de notre cadre.

Appareil Collette. — La colonne Collette, construite par MM. Warein et Defrance, est formée à l'intérieur par une série de plateaux rectangulaires, disposés en chicane. Le plateau est fixé par trois de ses côtés sur la paroi de la colonne ; le quatrième côté est libre et distant de plusieurs centimètres de la paroi qui est placée vis-à-vis de lui. Ce quatrième côté est terminé par une lame de cuivre qui se replie verticalement et est

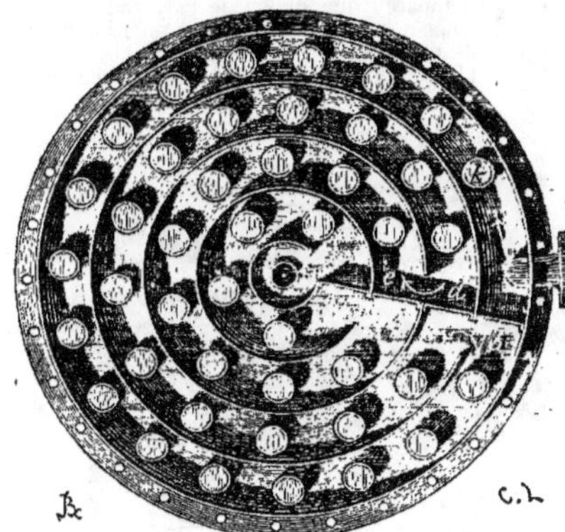

Fig. 180. — Plan du plateau de l'appareil Égrot.

dentelée sur toute sa longueur. Chacun des plateaux est percé de trous (fig. 182).

Fig. 181. — Coupe d'un plateau (appareil Égrot).

Le moût que l'on veut distiller est dirigé au sommet de la colonne; il ruisselle le long d'un plateau, cascade à son extrémité, pour retomber

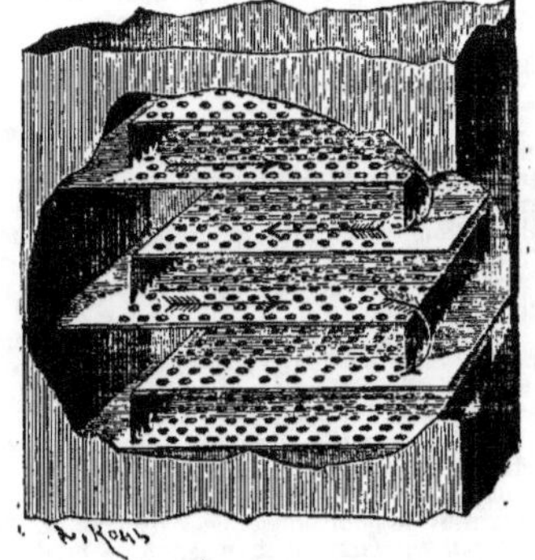

Fig. 182. — Détail des plateaux de la colonne Collette.

sur le plateau situé au-dessous de lui. Les vapeurs issues d'un plateau traversent alors les trous du plateau qui lui est immédiatement supérieur, et viennent barboter à travers le liquide répandu à sa surface.

Nous retrouverons l'application de ces plateaux percés de trous dans la colonne à rectifier (système Savalle).

L'appareil Coffey, dont on fait usage en Angleterre (Dict., 1, 129), l'appareil Siemens de Charlottenbourg, dont on se sert en Allemagne [Mœrker, *Traité de distillerie*, 2, 356], sont construits d'une façon analogue.

Il existe encore d'autres appareils employés en Allemagne, et que nous ne saurions décrire ici : ce sont ceux de Vernicke, de Hecht, de Christophet d'Ilgès [Mœrker, *Traité de distillerie*, 2, 348, 350, 352, 354].

Appareil Sorel. — M. Sorel, directeur technique de la maison Savalle fils, a imaginé un appareil entièrement différent de ceux précédemment décrits. La colonne, au lieu d'être verticale, est disposée horizontalement, et déjà l'on saisit les avantages que présente cette disposition pour la mise en place de l'appareil; on évite de cette façon la construction de bâtiments élevés, capables de contenir les hautes colonnes dont l'emploi était jugé jusqu'ici comme indispensable, et l'on peut (cet appareil étant destiné spécialement à la petite distillerie agricole) installer l'usine dans les bâtiments existants de la ferme.

Mais ce qui différencie surtout l'appareil de M. Sorel des appareils ordinaires, c'est le principe nouveau sur lequel son fonctionnement repose. Le barbotage nécessaire pour établir le contact entre les vapeurs qui s'enrichissent en alcool et les liquides qui s'en appauvrissent, est complètement supprimé. Les vapeurs alcooliques viennent lécher les couches minces de liquide répandu sur les disques dont il va être question, et l'échange de température et de richesse se produit par un simple contact de surface. M. Sorel a démontré par l'expérience que le résultat était identique.

L'appareil, long de 2 ou 3 mètres, est en cuivre; la caisse est constituée par un berceau inférieur, dont la coupe est celle d'une demi-ellipse aplatie; ce berceau est recouvert d'un dôme, dont la forme est celle de deux demi-cylindres juxtaposés; les deux pièces, munies de brides, sont réunies au moyen de boulons. A l'intérieur se trouve une série de cloisons C, C' (fig. 183 et 184), et ces cloisons sont formées aussi de deux tôles de cuivre, l'une inférieure, l'autre supérieure, attachées l'une et l'autre aux parois des pièces correspondantes de la caisse. Elles portent nécessairement des ouvertures, destinées à laisser passer les arbres, et portent également, tantôt à droite CC (fig. 184), tantôt à gauche C'C' (fig. 184), des échancrures, qui permettent au liquide, comme on le verra plus loin, de se déverser de l'un dans l'autre des compartiments.

Dans chacun de ces compartiments se trouvent deux disques de cuivre D, D' (fig. 183 et 184); ces disques sont montés sur deux arbres parallèles qui, comme il est facile de s'en rendre compte, tournent en sens inverse l'un de l'autre. Le disque D, dans la figure 184, est placé en arrière du disque D'. Celui-ci porte, attenant à sa surface, deux raclettes qui ont pour mission de répandre en nappe circulaire le liquide à sa surface, de faire sauter le liquide dans le compartiment suivant, et en même temps de gratter la paroi de la cloison, qui, lorsque l'on distille des matières pâteuses, ne tarderait pas, sans cette précaution, à s'encrasser. C'est dans le but également de gratter la paroi de la cloison qui se trouve en avant de D' que le disque D' est muni d'une raclette, montée cette fois sur l'arbre même. Dans le compartiment qui précède, et dans le compartiment qui suit celui que nous venons d'envisager, la disposition est inverse, c'est-à-dire qu'il y a à droite un disque D' et à gauche un disque D.

Le moût alcoolique à distiller entre dans l'appareil par le tuyau M (fig. 183), circule en chicane de compartiment en compartiment, poussé par les raclettes des disques D', et, traversant les échancrures contrariées des cloisons, il chemine peu à peu, se débarrassant d'alcool, et sort à l'état de vinasse par le tuyau V. C'est à cet endroit de l'appareil que débouche le tuyau qui amène la vapeur H. Cette vapeur échauffe la vinasse et établit le régime de distillation.

L'appareil se trouve donc rempli à moitié de

Fig. 183. — Colonne à distiller horizontale de M. Sorel, construite par Savalle fils.

moût, et c'est dans ce moût que les disques viennent plonger. La partie émergeante de chaque disque se trouve donc, pendant la rotation, re-

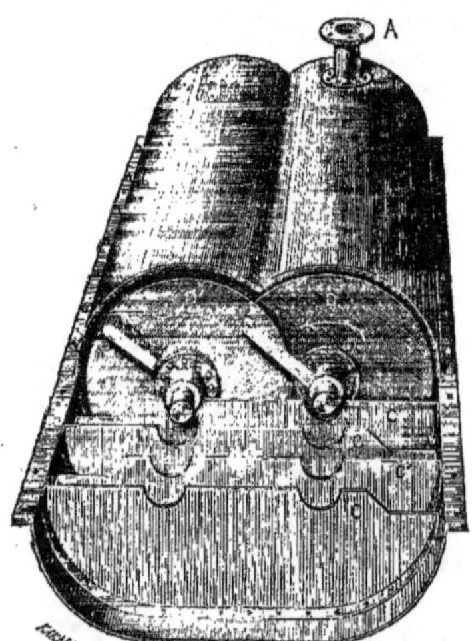

Fig. 184. — Colonne à distiller horizontale de M. Sorel.

couverte de moût qui ruisselle à sa surface. Les vapeurs issues de la vinasse s'engagent successivement, en traversant les mêmes échancrures contrariées, dans chacun des compartiments, et échangent leur température avec celle du moût étalé sur les disques. Elles marchent en sens inverse du moût, et peu à peu elles s'enrichissent progressivement en alcool et s'appauvrissent en eau. Les vapeurs alcooliques s'échappent alors par le tuyau A et se rendent à un serpentin réfrigérant, ou mieux encore à un chauffe-vin.

Cette colonne, dont l'essai a été fait avec succès dans une distillerie de pommes de terre, se prête d'autant mieux à la distillation des matières pâteuses qu'elle ne s'encrasse jamais. Elle produit directement des flegmes à 60°.

Il serait injuste de méconnaître que l'idée d'un semblable dispositif fut chose entièrement nouvelle; Galand a autrefois breveté et expérimenté un appareil à distiller horizontal; mais cet appareil, dont le fonctionnement était imparfait, est tombé dans l'oubli. M. Sorel, qui l'ignorait comme bien d'autres, a le mérite d'avoir construit le premier appareil pratique de ce genre.

III. — APPAREILS A RECTIFIER.

Ces appareils, comme il est dit au commencement de cet article, sont destinés à faire subir aux flegmes de betteraves, de mélasses, de grains, etc., une rectification, c'est-à-dire une distillation fractionnée qui sépare d'un côté les produits plus volatils que l'alcool, d'un autre l'alcool, d'un autre enfin les produits moins volatils que l'alcool.

Aux produits qui passent au commencement de la distillation on donne le nom de *têtes*; aux produits qui distillent à la fin de l'opération, on donne le nom de *queues*.

Mais la séparation n'est pas aussi tranchée que cela, et, à cause de la tension de vapeur que prend chacun des constituants dans la vapeur mixte, les têtes sont toujours mélangées d'alcool pur, l'alcool pur est facilement mélangé de produits de queue.

On obtient alors, par la rectification, d'abord des *mauvais*, puis des *moyens*, puis des *bons goûts de tête*; on obtient ensuite des *alcools de cœur* et des *extra-fins*, complètement débarrassés d'impuretés et constituant de l'alcool éthylique pur; on obtient enfin des *bons*, puis des *moyens*, et enfin des *mauvais goûts de queue*, comprenant les huiles ou fusels.

Les extra-fins, les cœurs et même les bons goûts de tête et de queue sont vendus pour la fabrication des liqueurs.

Les moyens goûts de tête et de queue mélangés sont redistillés et fournissent, non pas un alcool de cœur, mais un alcool dont les qualités correspondent à celles des bons goûts de tête et de queue de la première distillation, et qui entre également dans la consommation.

La production de cet alcool est nécessairement accompagnée de produits de tête et de queue (moyens et mauvais), qui sont mélangés aux liquides de première distillation de qualité correspondante, et redistillés en même temps qu'eux.

Les mauvais goûts de tête et de queue de première distillation sont également redistillés, mais ne donnent ni extra-fins ni bons goûts. Ils ne donnent que des moyens goûts que l'on mélange à ceux précédemment obtenus, des mauvais goûts, des têtes et des queues.

Lorsque l'on ne peut plus rien retirer des mauvais goûts et des têtes et queues, on vend les premiers pour la fabrication des alcools à brûler, destinés à être dénaturés au moyen de l'esprit de bois; on vend les seconds pour la fabrication des vernis à l'alcool.

Le tableau suivant résume d'une façon schématique le travail que nous venons d'exposer :

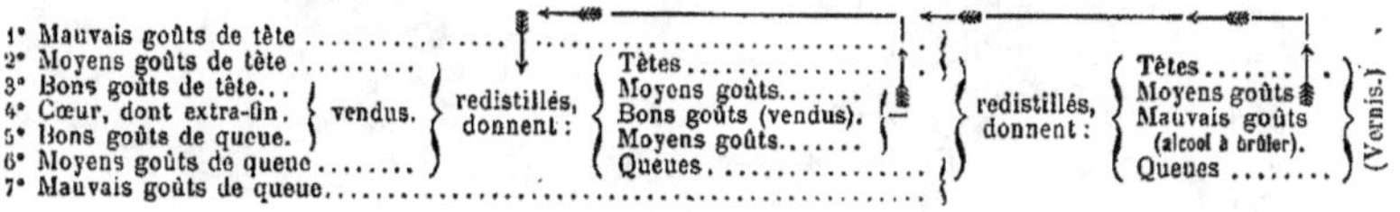

1° Mauvais goûts de tête ....
2° Moyens goûts de tête ....
3° Bons goûts de tête...
4° Cœur, dont extra-fin. } vendus.
5° Bons goûts de queue.
6° Moyens goûts de queue .... } redistillés, donnent : { Têtes ....; Moyens goûts.......; Bons goûts (vendus).; Moyens goûts.......; Queues................
7° Mauvais goûts de queue.................................... } redistillés, donnent : { Têtes ....; Moyens goûts; Mauvais goûts (alcool à brûler).; Queues .... } (Vernis.)

Par une première distillation, le rectificateur ne peut donc espérer obtenir tout l'alcool propre à être consommé que renferme le flegme. Il n'en retire que de 75 à 80 0/0 de l'alcool préexistant, dont 25 à 30 0/0 à l'état d'extra-fin, 50 0/0 à l'état de bons goûts de tête et de bons goûts de queue. Le reste constitue la *repasse*, et peut fournir une nouvelle quantité d'alcool commercial.

M. Mohler [*C. R.*, **112**, 815] a recherché, au moyen de méthodes que nous ferons connaître à l'article Flegme, quel était l'état de pureté relative des différentes fractions obtenues par une première distillation d'un flegme de mélasse. Il a montré que certaines des impuretés, l'aldéhyde, les alcools supérieurs, le furfurol, se localisent aisément, l'aldéhyde dans les produits de tête, les alcools supérieurs et le furfurol dans les produits de queue, mais que les acides gras et les éthers correspondants, logés en grande partie dans les produits de tête et de queue, se retrouvent encore dans les produits de cœur, et que l'élimination complète de ces impuretés présente de grandes difficultés.

Le tableau ci-dessous fait connaître les résultats obtenus par M. Mohler : il donne la composition en grammes de 1 hectolitre d'alcool (supposé à 100° G.-L.), prélevé sur chacun des fractionnements obtenus; les acides sont estimés en acide acétique, les éthers en acétate d'éthyle, les aldéhydes en aldéhyde éthylique, les alcools supérieurs en alcool amylique, les produits azotés enfin en ammoniaque :

Proportion de chaque fractionnement		Acides	Éthers	Aldéhydes	Furfurol	Alcools supérieurs	Produits azotés
		—	—	—	—	—	—
1,63 0/0	Mauvais goûts de tête	7,2	267,5	463,2	0	0	0,5
8,55 —	Moyens goûts de tête......	3,0	79,2	144,0	0	0	0,3
24,20 —	Bons goûts de tête........	3,0	13,2	2,4	0	0	0,1
28,32 —	Cœur.....................	1,8	5,2	traces	0	0	0,1
27,84 —	Bons goûts de queue......	1,8	8,8	0	traces	2,6	0,2
5,52 —	Moyens goûts de queue....	2,4	13,6	traces	0,6	2500,0	0,2
1,91 —	Mauvais goûts de queue ...	6,0	70,4	8,0	6,6	9000,0	0,2

Si l'on veut se rendre compte des quantités relatives des impuretés que chacun des fractionnements a enlevées au flegme, il faut multiplier les nombres ci-dessus par le volume correspondant du fractionnement; on obtient alors un autre tableau, plus instructif peut-être que le précédent, en ce sens qu'il montre de quelle façon se fait la répartition d'une impureté donnée, contenue dans le flegme entre les différents produits obtenus à la rectification. 1 hectolitre de flegme fournit (en grammes), à chaque fractionnement, les quantités suivantes d'impuretés :

	Acides	Éthers	Aldéhydes	Furfurol	Alcools supérieurs	Produits azotés
	—	—	—	—	—	—
Mauvais goûts de tête..............	0,12	4,36	7,54	0	0	0,01
Moyens goûts de tête..............	0,27	6,77	12,31	0	0	0,03
Bons goûts de tête..............	0,73	3,19	0,58	0	0	0,03
Cœur..............	0,51	1,47	traces	0	0	0,02
Bons goûts de queue..............	0,50	2,44	0	traces	0,72	0,04
Moyens goûts de queue..............	0,13	0,75	traces	0,03	138,00	0,01
Mauvais goûts de queue..............	0,11	1,34	0,15	0,13	172,00	0,03
Totaux..........	2,37	20,32	20,58	0,16	310,72	0,18

Le fractionnement de ces différents produits semble ne pouvoir se faire qu'à la condition de conduire la distillation d'une façon intermittente; c'est, en effet, en opérant ainsi que dans la généralité des cas on rectifie les flegmes, et la colonne Savalle, répandue dans le monde entier, se prête admirablement bien à ce genre de travail.

Cependant, depuis quelques années, M. L. Fontaine construit un appareil imaginé par M. Barbet, qui opère la rectification d'une façon continue.

Nous aurons donc à examiner les appareils à rectification intermittente (rectificateur Savalle) et les appareils à rectification continue (rectificateur Barbet-Fontaine).

a. Appareil a rectification intermittente (*Rectificateur Savalle*). — Le rectificateur de Savalle comprend, comme partie essentielle, une chaudière dans laquelle on introduit le flegme que l'on veut rectifier; cette chaudière est chauffée au moyen d'un puissant serpentin de vapeur.

Au-dessus de la chaudière est montée une colonne à plateaux, qui constitue le rectificateur

Fig. 185. — Appareil rectificateur Savalle.

proprement dit. Chacun de ces plateaux, fait de cuivre, est percé d'une multitude de petits trous, dont le diamètre est d'environ 4 millimètres. Le liquide qui s'est condensé et qui recouvre la surface des plateaux, comme il la recouvre dans les appareils dont nous avons déjà parlé, est maintenu au-dessus de ces orifices par l'effet de la pression qu'exercent sur lui les vapeurs du plateau inférieur. Ces vapeurs, quand leur pression augmente, sont obligées alors, pour passer et gagner l'étage supérieur, de barboter à travers cette couche de liquide, et en barbotant ainsi elles produisent, comme il a été indiqué plusieurs fois, l'analyse des vapeurs alcooliques. Des tubes de retour, placés tantôt à droite, tantôt à gauche des plateaux, sont chargés de faire passer les liquides condensés d'un étage sur l'étage inférieur.

La communication de la chaudière et de la colonne se fait au moyen d'un dôme *f* (fig. 185), qui forme vase de sûreté et empêche l'entraînement des gouttelettes liquides dans l'intérieur de la colonne.

Les vapeurs alcooliques concentrées qui se dégagent au sommet de la colonne se rendent dans un premier condenseur C, qui fait office d'analyseur. Dans cet analyseur, si l'opération est bien conduite, les 2/3 des vapeurs alcooliques issues du dernier plateau doivent se condenser pour retourner par le tube *m* à la colonne. Le dernier tiers, c'est-à-dire la partie non condensée, gagne par le tuyau *n* un second condenseur tubulaire D, pour se rendre finalement à l'éprouvette; on peut alors, en tournant le robinet de l'un des tuyaux 1, 2 ou 3 placés au-dessous de l'éprouvette, diriger le liquide condensé dans tel ou tel bac, suivant la qualité de l'alcool que l'on obtient à ce moment. Nous reviendrons d'ailleurs plus bas sur cette disposition.

Le condenseur D reçoit l'eau froide nécessaire à la liquéfaction de l'alcool; déjà échauffée, cette eau pénètre dans le condenseur C, et de là dans un appareil K, dont la construction est analogue à celle des régulateurs de vapeur E dont il sera parlé plus bas, et qui est chargé de régulariser l'entrée de l'eau froide dans le premier condenseur. Dans les nouveaux appareils, cette disposition est supprimée et remplacée par un robinet à cadran placé sur le tuyau d'amenée d'eau, et qui peut en régler le débit avec la plus grande précision.

La conduite de l'opération demande des soins spéciaux : il faut tout d'abord, si l'on veut que la rectification se fasse dans de bonnes conditions, diluer le flegme au moyen de l'eau jusqu'à ce qu'il marque 35 ou 40°.

Au commencement de l'opération, il faut s'attacher tout d'abord à couvrir, à *faire* les plateaux; pour cela, le chauffage doit avoir lieu progressivement, de façon à placer sur les plateaux les produits les plus volatils, les produits de tête, qui doivent nécessairement distiller les premiers. On s'aperçoit que les plateaux sont couverts quand la pression, qui n'a cessé de monter pendant toute cette opération préliminaire, devient constante au manomètre du régulateur; à ce moment, elle est égale à la somme des hauteurs des couches liquides déposées sur les plateaux. Il faut alors, à l'aide du régulateur, maintenir cette pression pendant toute la durée de l'opération.

On a vu plus haut la nature des produits que l'on recueille successivement, et la dénomination sous laquelle on les désigne. L'odeur et la saveur qu'ils présentent permettent à un ouvrier exercé de diriger, au fur et à mesure qu'ils arrivent à l'éprouvette, vers les bacs spéciaux, d'abord les alcools de tête, puis les cœurs, puis les alcools de queue.

M. Sorel a eu l'obligeance de me communiquer une série de résultats fort intéressants, qui montrent à quel point le travail d'une colonne de ce genre est régulier. Ils font voir que, pendant la marche même de l'appareil, le flegme se trouve tout analysé sur les plateaux, et que les différents fractionnements que l'on recueille à l'éprouvette sont d'avance localisés dans une zone, formée d'un certain nombre de plateaux; cette zone, comprenant les mauvais, les moyens ou les bons goûts, se déplace et s'élève peu à peu, au fur et à mesure que le travail avance. M. Sorel a prélevé des échantillons sur un certain nombre de plateaux, au plein moment du passage des cœurs, six heures avant le passage des moyens goûts de queue, et au moment où ceux-ci commencent à distiller. Il a pris le degré de ces échantillons et estimé leur valeur industrielle. Ce sont les résultats de cette expérience qui sont consignés dans le tableau suivant :

	En plein cœur		6 heures avant le passage des moyens goûts de queue		Au commencement du passage des moyens goûts de queue	
Éprouvette	96°,7	G.-L.	96°,7		0	
49e plateau	96°,3		96°,3	Bons goûts.	94°,3	Moyens goûts.
44e —	95°,8		96°,2		87°,1	
39e —	95°,6		96°,0		13°,6	Mauvais goûts et huiles.
34e —	95°,1		95°,7	Moyens goûts.	3°,4	
29e —	95°,0		95°,2		3°,4	
24e —	94°,6	Moyens goûts.	94°,4		0	
19e —	94°,0		92°,7	Mauvais goûts et huiles.	0	
14e —	93°,3		87°,4		0	
9e —	92°,0		9°,7		0	
4e —	87°,5		0°,5		0	
Chaudière	33°,6		0		0	

b. APPAREIL A RECTIFICATION CONTINUE (*Rectificateur Fontaine, système Barbet*). — Cet appareil permet d'opérer la rectification d'une façon continue et d'obtenir simultanément des produits de tête, des alcools de cœur et des produits de queue. Le principe de l'appareil est des plus simples, mais il fallait, pour obtenir la régularité dans le travail, recourir à un dispositif tout spécial.

Au lieu de constituer l'appareil d'une seule colonne suffisamment haute pour que l'on puisse, pendant la distillation même, tirer, pour ainsi dire, à trois hauteurs différentes de la colonne, au dernier plateau des produits de tête, vers le milieu des produits de cœur, aux premiers plateaux, au contraire, des produits de queue, M. Barbet a préféré construire deux colonnes séparées l'une de l'autre.

L'une de ces colonnes constitue l'épurateur E (fig. 186); elle reçoit le flegme brut, en retire les produits de tête et le renvoie ainsi épuré dans l'autre colonne, qui constitue le rectificateur proprement dit R. Celui-ci dégage à sa partie supérieure des vapeurs qui, une fois condensées, constituent l'alcool de cœur, tandis qu'à sa partie inférieure on retire des produits de queue.

Le flegme, préalablement dilué à 35-40°, arrive dans l'épurateur E par le tuyau *a b*. Dans cet épurateur, formé par la superposition de plateaux à recouvrements (analogues à ceux de l'appareil

Fontaine précédemment décrits), le flegme se débarrasse de ses éthers, de ses aldéhydes, de ses produits légers, qui se dégagent par *mn*, et qui, analysés dans un premier condenseur analyseur A, retournent en partie à la colonne par le tuyau *op*, et passent en partie dans le condenseur à eau M, pour se rendre ensuite dans l'éprouvette des têtes T.

Le flegme ainsi épuré, débarrassé de ses produits les plus volatils, se rend alors par le tuyau *cdef* dans le rectificateur R. Ce qui s'est produit pour les têtes dans l'épurateur va se pro-

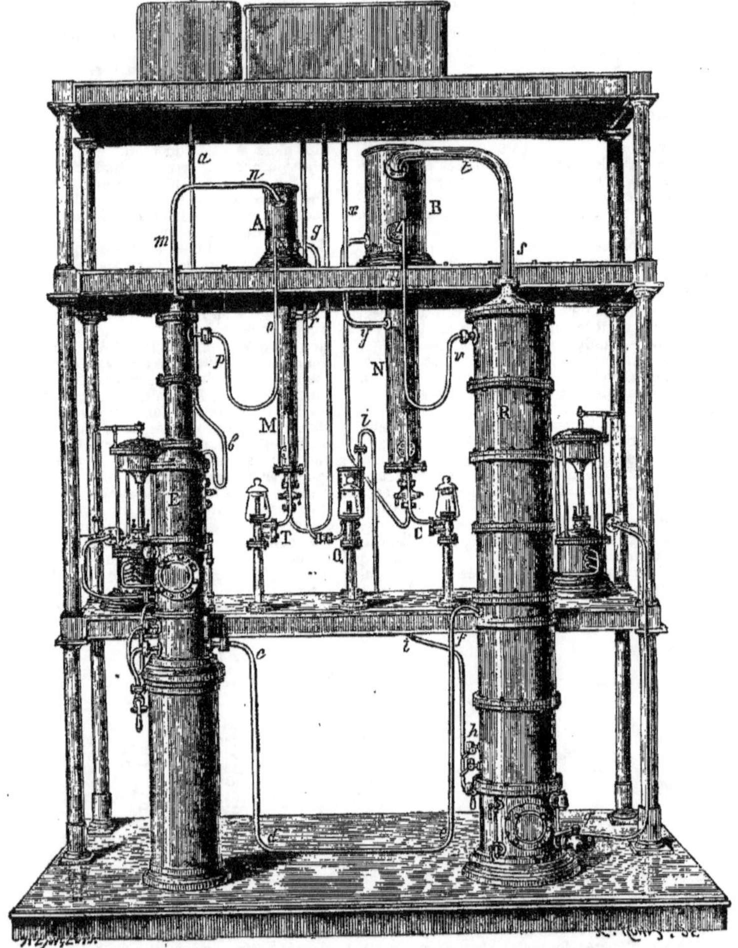

Fig. 186. — Appareil rectificateur continu de M. Fontaine (système Barbet).

duire pour les alcools de cœur dans le rectificateur, c'est-à-dire que ceux-ci, se dégageant au sommet de la colonne par le tube *st*, passent dans le condenseur analyseur B, qui renvoie les parties condensées dans la colonne, au moyen du tuyau *uv*, et dirige les parties non liquéfiées vers le condenseur tubulaire N. L'alcool bon goût, ainsi condensé, est recueilli dans l'éprouvette C.

Quant aux produits de queue, ils sortent d'une façon continue, à l'état de vapeur, par le tuyau *hij*, se condensent dans un réfrigérant et vont de là dans l'éprouvette des queues Q.

Enfin les vinasses épuisées s'échappent de la partie inférieure du rectificateur, d'une façon continue également, par le robinet *g*. On se sert quelquefois de la chaleur qu'elles sont susceptibles d'abandonner pour échauffer le flegme qui doit entrer dans la colonne.

Pour rendre le travail plus régulier, il est bon de ne pas faire passer directement le flegme de l'épurateur au rectificateur par le tuyau *cdef*, mais d'intercaler précisément sur le parcours de ce tuyau un petit bac de quelques litres, qui fera ainsi l'office de régulateur.

D'après M. Barbet, on réaliserait, au moyen de cet appareil, une grande économie de combustible et de main-d'œuvre. En outre, la *freinte*, c'est-à-dire la quantité d'alcool que l'on perd forcément pendant les distillations successives, qui font l'objet du travail intermittent, serait réduite à son minimum. Malheureusement, on ne saurait espérer obtenir, avec cet appareil, des extra-fins possédant la qualité de ceux produits par les colonnes discontinues. L'alcool de cœur ne s'y trouve pas fractionné et représente un alcool de moyenne qualité. Tout l'avantage de l'appareil est dans son économie.

M. Prangey a imaginé un appareil de rectification continue qui est également constitué par deux colonnes, dont l'une sépare la plus grande partie des produits de tête, l'autre achève le départ de ces mêmes produits, et sépare en outre l'alcool bon goût de l'eau et des produits de queue. Les valeurs alcooliques sont prélevées dans une partie de la colonne, au-dessus et au-dessous de laquelle on fait rentrer les rétrogradations du condenseur. La rentrée de ces rétrogradations au-dessus de la prise a pour effet d'augmenter la pureté; leur rentrée au-dessous de la prise a pour effet d'augmenter le degré. Les rétrogradations sont munies de renflements constituant autant de réservoirs de sûreté et assurant la régularité du débit.

c. Appareils annexes. — 1. *Régulateur de vapeur* (*système Savalle*). — Pour que le travail de la rectification se fasse d'une façon régulière, il faut que la couche du liquide condensé sur chaque plateau soit de même hauteur, et que cette hauteur ne varie pas pendant la durée de l'opération. Or on a vu plus haut que la somme des pressions exercées par les couches liquides à la surface des plateaux est égale à la pression des vapeurs à l'intérieur de la colonne. Il faut donc, pour que la rectification se poursuive dans de bonnes conditions, que la pression intérieure soit constante.

Cette régularisation de la pression est indispensable également au travail de la distillation dans les colonnes à plateaux, et les appareils régulateurs, imaginés dans ce but, peuvent être appliqués indistinctement aux appareils de distillation comme aux appareils de rectification.

Le régulateur de M. Savalle fils proportionne l'admission de vapeur dans le serpentin de la chaudière avec la pression qui existe dans l'appareil même.

Il se compose (fig. 187) de deux bâches, reliées par un tube vertical qui, partant du fond de la bâche inférieure, rejoint le fond de la bâche supérieure. La bâche inférieure, à moitié remplie d'eau, reçoit la pression de la colonne et fait, par le tube central, monter l'eau dans la bâche supérieure. Un flotteur, placé dans cette bâche, peut alors soulever ou abaisser le levier, qui ferme ou qui ouvre le robinet de distribution de vapeur. La simple inspection de la figure montre que, si la pression devient excessive, le robinet se ferme et l'ébullition se ralentit; si la

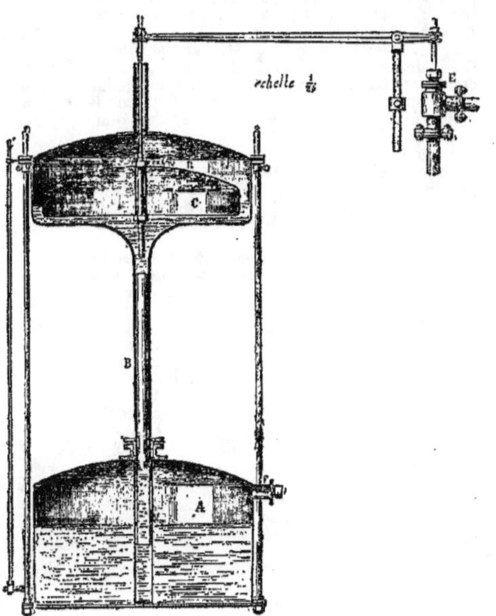

Fig. 187. — Régulateur de vapeur de M. Savalle fils.

pression s'abaisse, au contraire, l'admission de

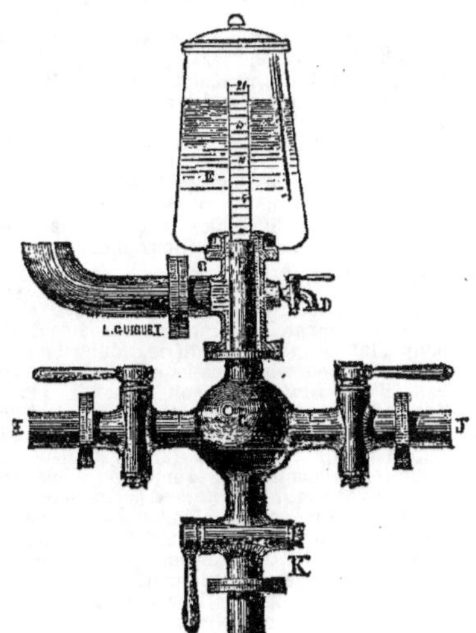

Fig. 188. — Éprouvette-jauge de M. Savalle fils.

vapeur dans la chaudière la ramène à son état primitif.

En Allemagne, on fait usage d'un régulateur

imaginé par M. Ilgès et qui est fondé sur le même principe. On se sert également du régulateur Christoph de Nisky [Mœrker, *Traité de distillerie*, 2, 378, 380].

2. *Éprouvette-jauge de M. Savalle fils.* — Cet instrument permet au distillateur de se rendre compte à chaque instant de la qualité du produit qui distille. Il permet, en outre, d'estimer la quantité de liquide distillé à l'heure, c'est-à-dire la production de l'appareil.

A l'intérieur d'une cloche en verre (fig. 188) se trouve placé un tube de cuivre F, creux et portant des graduations arbitraires. Le flegme ou l'alcool (car l'appareil peut servir aussi bien aux colonnes à distiller qu'aux colonnes à rectifier) arrive par le tube C et, passant dans l'espace annulaire, arrive dans l'éprouvette. Le tube F est percé d'un petit orifice, qui communique avec l'intérieur du tube, et dont le diamètre est soigneusement calculé. C'est par cet orifice que doit s'écouler tout le liquide arrivant à l'éprouvette par le tuyau C; or, comme cet orifice est petit par rapport au diamètre du tuyau d'arrivée, le liquide monte dans l'éprouvette jusqu'au moment où la hauteur du liquide au-dessus de l'orifice est suffisamment grande pour augmenter la vitesse d'écoulement, et l'augmenter à ce point qu'il y ait dans le même temps une quantité de liquide sortant de l'éprouvette égale à celle qui y entre. A ce moment, la hauteur du liquide dans l'éprouvette mesure le débit de l'appareil distillatoire. Si le débit diminue, le niveau baisse; il augmente, au contraire, si la colonne se met à débiter davantage.

Un robinet D, placé contre l'éprouvette, permet de soutirer une certaine quantité de l'alcool distillé et d'observer le goût qu'il possède.

Si cette éprouvette-jauge est adaptée à un rectificateur, on dispose au-dessous de l'éprouvette plusieurs tuyaux par lesquels il est facile d'évacuer, soit dans un bac, soit dans un autre, les produits de tête, les cœurs et les produits de queue. L. Lindet.

DISTILLATION (APPAREILS DE LABORATOIRE). — Distillation fractionnée. — Fort peu de choses restent à dire sur cette question, après le très complet article qui lui a été consacré par Henninger et M. Le Bel dans le 1er Supplément. Nous y renvoyons le lecteur pour tout ce qui a trait à la théorie de la distillation fractionnée. Le côté pratique de la question ne prête pas non plus à de nombreux développements. On a proposé différentes modifications à leur appareil devenu classique. Nous allons les passer rapidement en revue.

Appareil Claudon-Henninger. — M. Winssinger avait décrit en 1883 [*D. chem. G.*, 16, 2640] un appareil à fractionner composé d'un simple tube de verre à l'intérieur duquel se trouvait un second tube dans lequel passait un courant d'eau froide. Il avait annoncé que cet appareil donnait des résultats équivalents à ceux de la colonne Henninger-Le Bel. M. Claudon publia [*Bull. Soc. Chim.*, (2), 42, 613] une critique expérimentale de l'appareil Winssinger, démontrant son infériorité sur la colonne à plateaux. Ses expériences sur l'influence du barbotage dans la rectification le conduisirent à établir un appareil formé d'une colonne analogue aux colonnes Henninger-Le Bel, mais avec des étranglements beaucoup plus larges et des tubes de retour d'un diamètre plus grand. Dans l'axe de l'appareil s'engage un tube qui peut être parcouru par un courant d'eau. Les plateaux sont remplacés par des tores en toile de cuivre serrés sur le tube intérieur, de telle sorte qu'ils demeurent en place et puissent être enlevés ou retirés avec lui. Ce dispositif a donné de bons résultats, surtout dans le cas de liquides à points d'ébullition peu élevés.

Appareil Otto. — L'appareil de M. Otto (fig. 189) est constitué par une série d'ampoules de forme ovoïde communiquant entre elles par des tubes de diamètres différents. Leurs grands axes sont verticaux; elles sont étagées régulièrement de telle sorte que leurs centres se trouvent sur une

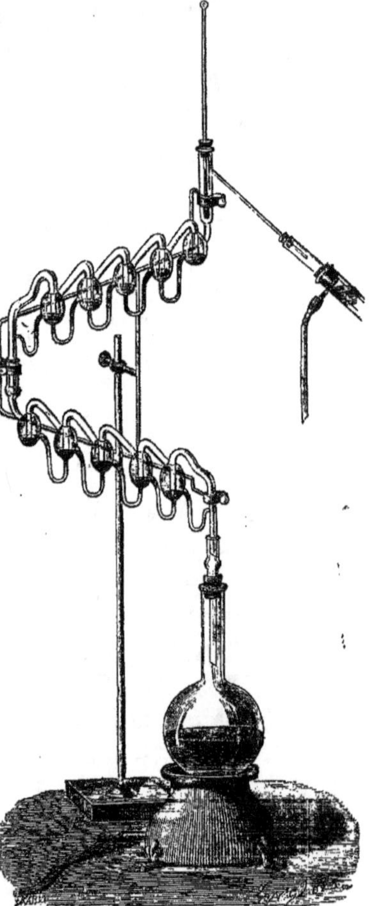

Fig. 189. — Appareil Otto à dix boules.

droite faisant avec l'horizontale un angle d'environ 20°. Les vapeurs arrivent (fig. 190) par un tube large qui descend jusqu'à environ 1 centimètre du fond de la boule. De ce fond part un tube de retour, d'un diamètre moindre, qui se recourbe pour venir déboucher dans la boule suivante, quelques millimètres au-dessus du plan de l'orifice du tube d'amenée. Les vapeurs émises dans le ballon distillatoire arrivent dans la première boule et s'y condensent partiellement. La portion condensée se rassemble au fond de la boule, le trop-plein retourne au ballon par le tube inférieur, le reste sert à la rectification des vapeurs. Le même phénomène se passe successivement dans chaque boule.

L'amorçage produit, il s'établit dans les tubes inférieurs un courant de vapeurs de plus en plus riches en produits plus volatils, et dans les tubes de retour un courant de liquide d'autant plus riche en produits supérieurs qu'ils sont plus rapprochés du ballon [*Bull. Soc. Chim.*, (3), **11**, 197].

Cet appareil présente quelques avantages sur l'appareil Henninger-Le Bel; le barbotage des vapeurs est plus énergique, ce qui lui donne un pouvoir de rectification un peu plus grand; par suite de la disposition des boules, il y a moins de chances d'entraînement de particules liquides par les vapeurs; enfin l'analyse des vapeurs se fait mieux, l'ensemble des boules se trouvant hors du courant des gaz chauds du foyer.

Son nettoyage est rendu facile par suite de l'absence de corbeilles ou de spirales de platine, dont la mise en place est souvent une opération fastidieuse.

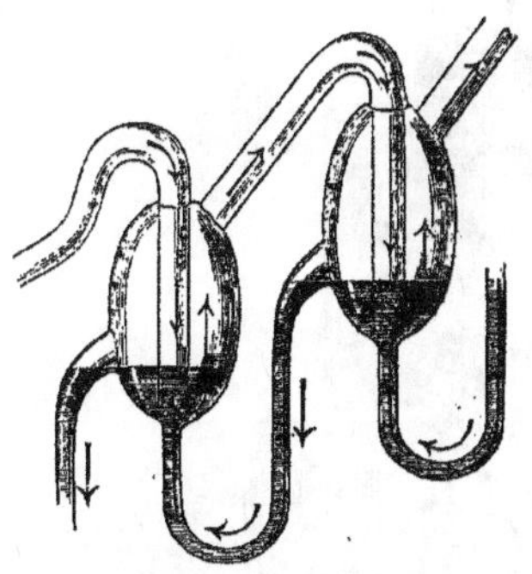

Fig. 190. — Appareil Otto.

En revanche, son emploi n'est pas sans présenter quelques inconvénients. La construction en est un peu plus difficile, le prix plus élevé; il est aussi plus fragile. Lorsqu'on dépasse 5 boules, il faut réunir des unités de 5 boules au moyen de rodages, et avoir alors recours à un support spécial comme celui que représente la figure.

Appareil Varennes. — L'appareil de M. E. Varennes [*Bull. Soc. Chim.*, (3), **11**, 289] comprend une série d'ampoules ovoïdes disposées les unes au-dessus des autres. Elles communiquent entre elles par deux systèmes de tubes, un tube d'amenée qui, pénétrant à la partie supérieure, descend verticalement pour amener la vapeur au sein du liquide condensé, et un tube de retour. Cet appareil a été essayé pour la rectification de l'alcool; il a fourni de bons résultats.

Appareil E. Barillot. — M. E. Barillot [*Bull. Soc. Chim*, (3), **11**, 929] a décrit un appareil où se trouvent combinés la colonne Le Bel et des barboteurs semblables à ceux de l'appareil Otto. Mais la construction d'un semblable système devient un véritable tour de force de souffleur de verre, et son emploi n'est guère pratique.

Appareil Hempel. — L'appareil imaginé par M. W. Hempel [*Zeit. f. Chem.*, **20**, 503] est fort employé dans les laboratoires allemands. Il se compose d'un simple tube de verre d'un diamètre de 15 à 20 millimètres, à la partie inférieure duquel on a ménagé un rétrécissement. Ce tube est rempli par des perles de verre d'un diamètre de 4 millimètres environ. La partie supérieure porte un appendice destiné à recevoir le thermomètre et communiquant avec l'appareil de réfrigération.

Ce dispositif permet un barbotage énergique des vapeurs. Il présente sur les autres ce grand avantage qu'il peut être établi sans le secours d'un souffleur; il est très robuste. Mais il ne peut guère être employé pour des liquides bouillant au-dessus de 140-150°. En effet, à ces températures, quel que soit le soin que l'on prenne de l'entourer de substances mauvaises conductrices, le tube se trouve rapidement engorgé, il s'établit une pression à l'intérieur du ballon distillatoire, et l'on se trouve contraint d'interrompre l'opération.

Appareil Anderlini. — M. Anderlini a combiné un appareil qui lui a fourni d'excellents résultats. Il se compose d'un serpentin terminé à la partie supérieure par deux boules, à la partie inférieure par une boule. Chaque boule attenante à l'extrémité supérieure du serpentin communique par un tube en siphon avec la première spire; les autres spires communiquent avec la boule inférieure par des tubes semblables. Cette disposition évite l'engorgement du serpentin par les liquides condensés. On augmente la puissance de l'appareil par l'emploi de corbeilles semblables à celles de la colonne Le Bel [*Gazz. chim. ital.*, **24**, 153].

Les appareils suivants ont été établis en vue d'étudier, dans les laboratoires de distilleries, les produits des fermentations. Ils permettent d'opérer sur des quantités de liquides variant de 10 à 50 litres. Leur emploi est précieux dans les laboratoires où l'on a souvent à fractionner de grandes quantités de liquides (étude des pétroles, des produits de distillation du bois, etc.).

Appareil Claudon-Morin. — Cet appareil se compose (fig. 191) d'une chaudière B, d'une colonne de rectification C, d'un émousseur-analyseur D, d'un réfrigérant E et d'appareils accessoires : manomètre K, éprouvette-jauge F, etc.

La colonne est formée d'une enveloppe extérieure renfermant dix plateaux, dont l'un est figuré en plan en H. Le barbotage s'y effectue soit sur des toiles métalliques, soit sur des lames minces en cuivre percées de trous. Les plateaux sont montés sur un tube dans lequel on peut faire circuler un courant d'eau. Cette disposition permet de faire varier la condensation dans le but d'obtenir le meilleur barbotage possible. Un premier thermomètre se trouve au sommet de la colonne. Un second, placé dans l'émousseur, donne des indications plus précises, étant à l'abri de la surchauffe. Les essais comparatifs auxquels se sont livrés les auteurs de cet appareil leur ont prouvé que sa puissance était la même que celle d'une colonne Henninger-Le Bel à 15 boules [*Bull. Soc. chim.* (2), **48**, 804].

Appareil Sorel. — M. Sorel a fait établir un appareil qui remplit le même but que celui de MM. Claudon et Morin. Cet appareil comprend une colonne de rectification et un analyseur (fig. 192).

La disposition de la colonne de rectification supprime toute chance d'entraînement mécanique. En effet, les liquides qui parcourent de haut en bas la colonne et les vapeurs qui s'y élèvent sont maintenus en contact sans qu'il y ait barbotage. C'est le principe appliqué dans l'appareil industriel décrit p. 303. Dans ce but, les plateaux des colonnes ordinaires sont supprimés; le contact est assuré au moyen de spirales de cuivre étamé très serrées, remplissant toute la colonne et séparées l'une de l'autre par des toiles métalliques à mailles très larges.

Dans la partie moyenne se trouve un réfrigérant qui permet de maintenir toute la partie supérieure à la température la plus favorable à une bonne rectification (79-80° dans le cas de l'alcool).

L'analyse se produit par condensation des vapeurs à chaud. A la sortie de la colonne de rectification, les vapeurs pénètrent dans un serpentin (*dd*) maintenu à 78° (dans le cas de l'alcool) au moyen d'un bain à température constante. A chaque spire du serpentin, les liquides condensés sont extraits par un tube (*ee*) et dirigés dans des collecteurs (*ff*), d'où ils sortent après s'être refroidis dans le réfrigérant D traversé par un courant d'eau froide. Les premières parties du serpentin retiennent les corps de queue, dont le taux va en décroissant tandis que celui de corps de tête va en augmentant au fur et à mesure qu'on s'éloigne de l'entrée. On obtient ainsi une séparation qui évite un grand nombre de rectifications successives[1].

Comparaison des appareils à fractionner. — Des études entreprises par différents expérimentateurs pour comparer la valeur des appareils qui viennent d'être décrits, on peut tirer les conclusions suivantes :

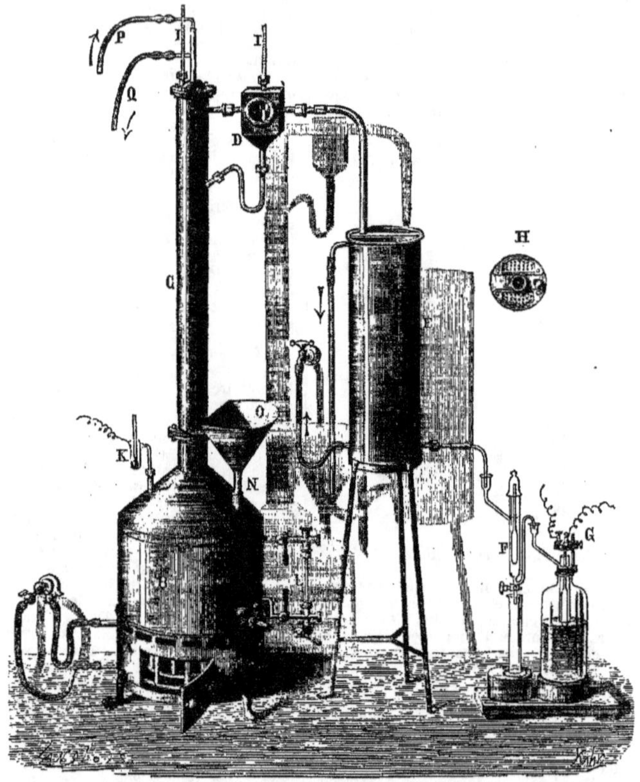

Fig. 191. — Appareil Claudon-Morin.

Le serpentin Schlœsing, malgré l'absence de barbotage, est, à cause de son grand pouvoir d'analyse, un appareil très puissant. Il est très robuste, peut être facilement établi et se monte aisément sur les vases distillatoires. On s'en servira donc avec avantage, pourvu que la température de la distillation ne dépasse pas 110-120°. Au delà, son emploi est rendu impossible par l'énorme reflux des liquides condensés.

Parmi les appareils à barbotage, la colonne Henninger-Le Bel semble bien être encore le meilleur. Les modifications qu'on a proposées ne présentent pas de bien grands avantages au point de vue de la puissance, ils sont plus coûteux et au moins aussi fragiles.

La colonne Henninger-Le Bel présente sur les autres appareils tout avantage lorsqu'on dépasse 130°. Une colonne à 15 plateaux peut facilement être employée jusqu'à cette température; pour aller jusqu'à 200°, il est bon de ne prendre que 10 plateaux et des boules plus petites; au delà, il faut employer une colonne à 6 plateaux, avec un gros tube de reflux et des boules très petites.

1. Cet appareil est construit par M. Adnet, à Paris.

Ce dispositif fonctionne bien jusqu'à 310°. Il faut enfin ne jamais négliger, pour chaque distillation, de corriger les plateaux, ainsi que le conseille M. Le Bel (Suppl., 1, 664).

DISTILLATION FRACTIONNÉE DANS LE VIDE. — *Régulateur de pression.* — Lorsqu'on opère des distillations fractionnées dans le vide, il est indispensable d'employer un appareil capable de maintenir constante la pression réduite sous laquelle s'accomplit la distillation. Nous décrivons ici le régulateur imaginé par M. l'abbé Godefroy [*Ann. Chim. Phys.*, (6), 1, 139].

Cet appareil, représenté dans la figure 193, se compose de deux tubes verticaux A, B, communiquant à leur partie inférieure par un tube de petit diamètre. La partie supérieure de la branche

Fig. 192. — Appareil Sorel.

A est munie d'un robinet surmonté d'un entonnoir. La branche B est terminée par un ajutage sur lequel s'ajuste un caoutchouc à vide. En R' est un robinet à trois voies; sur la partie latérale, à une distance de 0m,010 à 0m,012 naissent deux tubes qui se recourbent à angle droit et s'élèvent verticalement; l'un d'eux est terminé par une boule surmontée d'un ajutage, l'autre pénètre en se recourbant à l'intérieur de la boule. Au repos, la branche A est complètement remplie de mercure; pour faire fonctionner l'appareil, on fait communiquer M avec la trompe, N avec les appareils. Le vide se fait, le mercure descend en A et monte en B; le niveau devient stationnaire lorsqu'il a atteint l'ouverture C. L'air qui est aspiré se dégage par l'ouverture E, entraînant un peu de mercure qui se déverse par le tube CD. On obtient ainsi une pression constante, qui est mesurée par la différence de niveau en A et en B. Pour faire fonctionner l'appareil à des pressions variables, on vide presque complètement la branche B, on fait fonctionner la trompe, puis par le robinet R on fait couler du mercure en A jusqu'à ce que l'on ait obtenu la pression voulue.

On a décrit un grand nombre d'appareils permettant de séparer les produits successifs de la

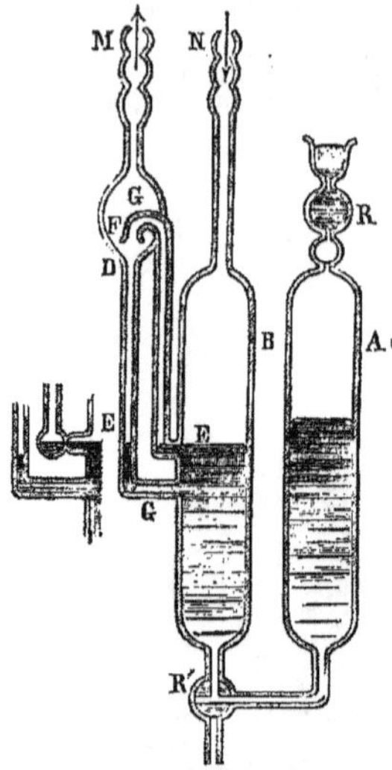

Fig. 193. — Régulateur de M. l'abbé Godefroy.

distillation sans interrompre l'opération. Leur description ne saurait trouver place dans les limites de cet article. J. Dupont.

DISTYROL [Syn. *Dicinnamène*], $C^{16}H^{16}$. — On connaît deux polymères du styrolène répondant à la formule $(C^8H^8)^2$. L'un d'eux est liquide, l'autre est solide.

Le *distyrol solide* a été obtenu par divers procédés, dont quelques-uns sont déjà décrits (voyez Suppl., **1**, 501). Il se forme en petite quantité lorsqu'on distille lentement l'acide cinnamique [Miller, *Ann. Chem.*, **189**, 340]. M. Liebermann l'a obtenu mélangé d'acide cinnamique en soumettant l'acide β-truxillique

$$\begin{array}{l} C^6H^5.\underset{|}{C}H-\underset{|}{C}H.CO^2H \\ C^6H^5.CH-CH.CO^2H \end{array}$$

à la distillation sèche, ou en chauffant le cinnamate d'éthyle à 300° en tube scellé [*D. chem. G.*, **22**, 2255].

Ce distyrol cristallise en paillettes blanches qui fondent à 124° et sont volatiles avec la vapeur d'eau. Il fixe le brome à froid en solution sulfocarbonique pour donner un *dibromure* $C^{16}H^{16}Br^2$, cristallisé en aiguilles fusibles à 238°, solubles dans le benzène.

La constitution de ce carbure n'est pas encore établie.

Le *distyrol liquide* a été préparé par M. Erdmann en chauffant pendant 4 heures au réfrigérant ascendant de l'acide cinnamique (1 partie) avec de l'acide sulfurique à 50 0/0 (5 parties). Il se forme en même temps de l'*acide distyrénique* $C^{17}H^{16}O^2$, que l'on élimine par des traitements au carbonate de sodium [*Ann. Chem.*, **216**, 187].

MM. W. Kœnigs et C. Mai ont obtenu le même distyrol soit en chauffant un mélange équimoléculaire de styrolène et de m-crésol avec de l'acide sulfurique et de l'acide acétique, soit en laissant le styrolène en contact avec un mélange de 1 partie d'acide sulfurique et de 9 parties d'acide acétique [*D. chem. G.*, **25**, 2655].

Le distyrol liquide possède une fluorescence bleuâtre qui s'accentue par la chaleur. Sa densité est égale à 1,027 à 0° et à 1,016 à 15°. Il bout presque sans altération vers 310-312°. Mais lorsqu'on le distille très lentement, il se décompose partiellement en toluène, en styrolène et en isopropylbenzène. L'oxydation du dicinnamène par le dichromate de potassium et l'acide sulfurique dilué ne fournit que de l'acide benzoïque.

Le distyrol fixe facilement le brome en solution sulfocarbonique pour donner un *dibromure* $C^{16}H^{16}Br^2$, qui cristallise en aiguilles soyeuses, fusibles à 102°, solubles dans tous les dissolvants organiques. Ce dibromure régénère le distyrol lorsqu'on le traite par l'amalgame de sodium ou par le phosphore et l'acide iodhydrique fumant à 140°. La considération du mode de décomposition du dicinnamène par la chaleur a conduit M. Erdmann à lui attribuer la constitution suivante :

$$C^6H^5.CH=CH.CH\Big\langle\begin{matrix} CH^3 \\ C^6H^5 \end{matrix}$$

P. Freundler.

DISULFINIQUES (ACIDES). — Les *acides disulfiniques* ont été très peu étudiés jusqu'ici, bien que leur mode de préparation ne semble pas présenter de grandes difficultés.

On les obtient en réduisant par la poudre de zinc les chlorures des acides disulfoniques. Ainsi le chlorure de l'acide benzène-m-disulfonique se transforme en acide benzène-m-disulfinique.

Ces acides sont en général sirupeux, solubles dans l'eau et non volatils sans décomposition. Ils sont peu stables et se transforment rapidement en acides disulfoniques. Leurs sels sont le plus souvent bien cristallisés et ils sont plus stables que l'acide libre.

Dans la série grasse, on ne connaît qu'un seul corps appartenant à cette classe de composés : c'est l'*acide amylène-disulfinique*,

$$\begin{matrix} C^2H^5 \\ C^2H^5 \end{matrix}\Big\rangle C \Big\langle\begin{matrix} SO^2H \\ SO^2H \end{matrix}$$

On l'obtient par une voie détournée, en traitant par le zinc-éthyle le chlorure de l'*acide trichloro-méthane-sulfonique*,

$$2\,CCl^3SO^2Cl + 2\,Zn(C^2H^5)^2$$
$$= ZnCl^2 + 2\,C^2H^5Cl + CCl^4 + C \Big\langle\begin{matrix} (C^2H^5)^2 \\ (SO^2)^2Zn \end{matrix}$$

[Ilse, *Ann. Chem.*, **147**, 145].

DITARTRYLIQUE (ACIDE) [Syn. *Tartrélique*]. — Voyez Dict., **3**, 241.

DITÉRÉBENTHYLE. — Voyez Bitérébenthyle.

DITÉRÉBENTHYLÈNE. — Voyez Bitérébenthylène.

DITÉTROLURÉE (*carbonylpyrrol*),

$$CO(AzC^4H^4)^2.$$

— On obtient ce corps en faisant agir une solution de 10 grammes d'oxychlorure de carbone dans 50 grammes de benzène sur 20 grammes de pyrrol potassé mis en suspension dans 250 centimètres cubes d'éther absolu. Lorsque la réaction, qui est très énergique, s'est calmée, on chauffe pendant une heure au bain-marie, on filtre, on lave le précipité à l'éther absolu, on évapore la liqueur éthérée et on entraîne la ditétrolurée par un courant de vapeur d'eau. Le liquide distillé est épuisé par l'éther, et le résidu de l'évaporation de la solution éthérée est purifié par cristallisation dans la ligroïne bouillante en présence de noir animal [Ciamician et Magnaghi, *D. chem. G.*, **18**, 414].

La ditétrolurée forme des cristaux clinorhombiques volumineux, fusibles à 62-63°, bouillant à 238°, solubles dans l'alcool et dans l'éther, moins solubles dans la ligroïne, insolubles dans l'eau. La potasse caustique bouillante la scinde en pyrrol et acide carbonique. La ditétrolurée réduit la solution ammoniacale d'argent avec formation de miroir; chauffée à 250°, elle fournit du dipyrrylcarbonyle et du pyrroylpyrrol.

G. de Bechi.

DITHIÈNE (γ-) [Syn. *Biophène*], $C^4H^4S^2$,

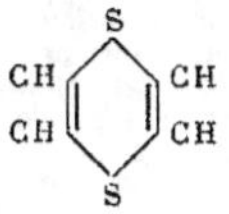

S
CH CH
CH CH
S

— Nous avons admis pour le composé

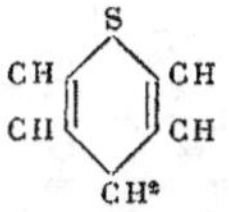

S
CH CH
CH CH
CH^2

le nom de *thiène*; il était donc naturel de donner celui de *dithiène* au noyau

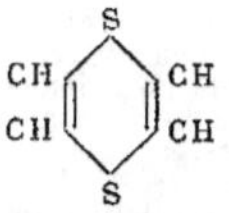

S
CH CH
CH CH
S

On obtient ce produit en chauffant pendant 2 heures à 170° en tube scellé de l'acide thiodiglycolique avec deux fois son poids de pentasulfure de phosphore et trois fois son poids d'éther :

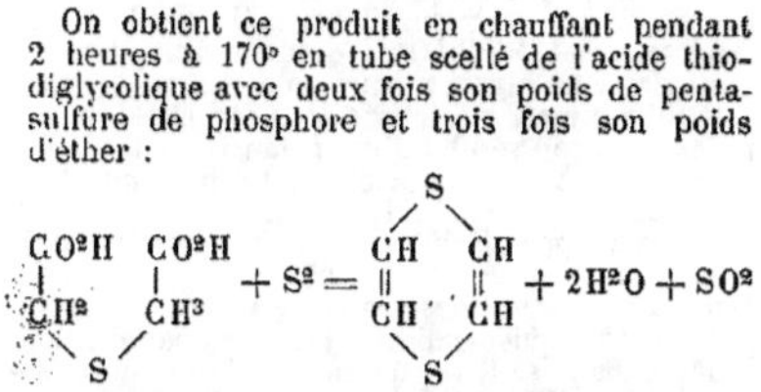

$$\begin{matrix} CO^2H & CO^2H \\ | & | \\ CH^2 & CH^2 \\ \diagdown & \diagup \\ & S \end{matrix} + S^2 = \begin{matrix} & S & \\ CH & & CH \\ \| & & \| \\ CH & & CH \\ & S & \end{matrix} + 2H^2O + SO^2$$

Le γ-dithiène est une substance huileuse, bouillant à 165-170°, donnant la réaction du thiophène (coloration violette avec l'acide sulfurique et un cristal d'isatine).

Traité par le chlorure d'acétyle et le chlorure d'aluminium, il fournit une acétone analogue à l'acétothiène, l'*acétodithiénone* (*acétobiénone*), ou mieux *acétyldithiène*,

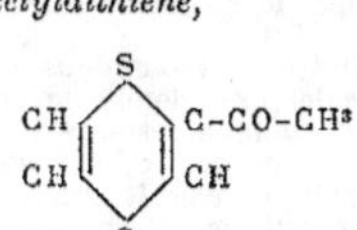

S
CH C-CO-CH^3
CH CH
S

Cette acétone est une huile lourde, à odeur aromatique rappelant celle du géranium. Elle distille à 300° en se décomposant, et se colore en rouge à la lumière.

L'*hydrazone* forme de belles aiguilles rouges, fusibles à 128°.

Si l'on remplace le chlorure d'acétyle par le chlorure de benzoyle, on obtient de même la *phényl-γdithiénylcétone* (*benzoyldithiène*), huile brune, soluble dans l'alcool et dans l'éther et bouillant à 241°.

Cette acétone traitée par l'acide nitrique fumant fournit un *dérivé nitré* en longues aiguilles fusibles à 112° [L. Levi, *Chem. News*, **62**, 216; *Bull. Soc. Chim.*, (3), **6**, 64].

L'éther bromacétylacétique, obtenu par bromuration directe de l'éther acétylacétique, a pour formule $CH^2Br-CO-CH^2-CO^2C^2H^5$. Cet éther réagit sur la thioacétamide suivant l'équation

$$\underset{\underset{AzH}{\|}}{CH^3-C}-SH + CH^2Br-CO-CH^2-CO^2C^2H^5$$

$$= \underset{\underset{AzH\,.\,HBr}{\|}}{CH^3-C}-S-CH^2-CO-CH^2-CO^2C^2H^5$$

Ce bromhydrate bouilli avec de l'eau se dédouble en bromhydrate d'ammonium et en *dérivé acétylé de l'éther sulfhydro-acétylacétique* :

$$\underset{\underset{AzH\,.\,HBr}{|}}{CH^3-C}-S-CH^2-CO-CH^2-CO^2C^2H^5 + H^2O$$

$$= AzH^4Br + CH^3-CO-S-CH^2-CO-CH^2-CO^2C^2H^5.$$

Ce dérivé acétylé, dissous dans l'acide chlorhydrique ou dans l'acide sulfurique concentré, subit la condensation suivante :

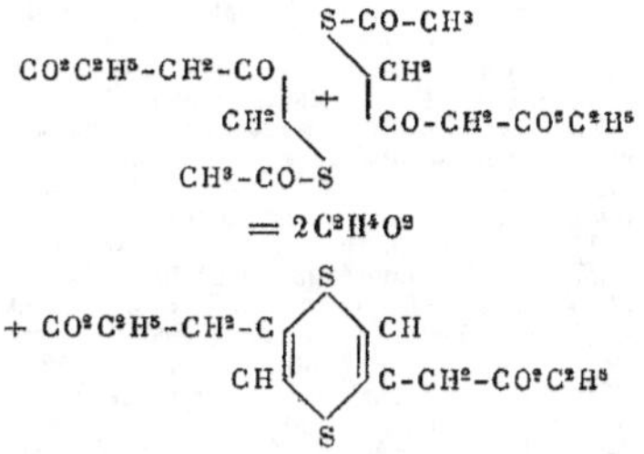

S-CO-CH^3
$CO^2C^2H^5$-CH^2-CO CH^2
CH^2 + CO-CH^2-$CO^2C^2H^5$
CH^3-CO-S

$= 2C^2H^4O^2$

S
+ $CO^2C^2H^5$-CH^2-C CH
CH C-CH^2-$CO^2C^2H^5$
S

Le *γ-dithiène-αβ' diacétate d'éthyle* cristallise dans l'alcool en fines aiguilles fusibles à 168°.

On obtient plus simplement le même composé en traitant par un sulfhydrate alcalin l'éther bromacétylacétique. On obtient ainsi l'éther sulfhydro-acétylacétique, qui se condense avec départ de 2 molécules d'eau :

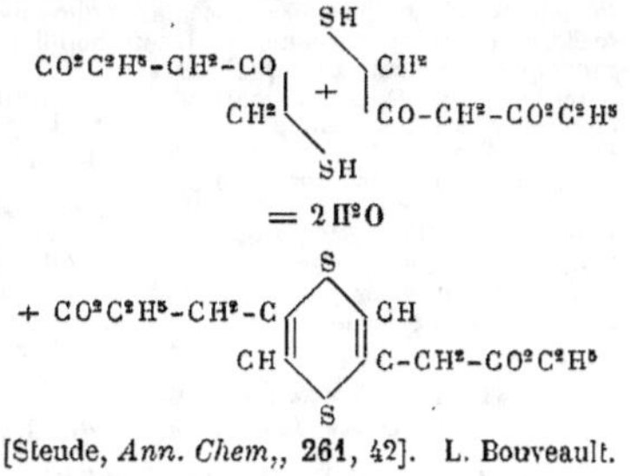

SH
$CO^2C^2H^5$-CH^2-CO CH^2
CH^2 + CO-CH^2-$CO^2C^2H^5$
SH

$= 2H^2O$

S
+ $CO^2C^2H^5$-CH^2-C CH
CH C-CH^2-$CO^2C^2H^5$
S

[Steude, *Ann. Chem.*, **261**, 42]. L. Bouveault.

DITHIÉNYLE. — Voyez Thiophène.

DITHYMOL. — Voyez Bithymol.

DITOLYLE. — Voyez BICRÉSYLES, 2e Suppl., 1, 692.

DIUNDÉCYLIQUE. — Voyez BIUNDÉCYLIQUE.

DIVALÉRIQUE — Voyez VALÉRIQUE.

DIVALÉRYLE. — Voyez VALÉRYLE.

DIVALÉRYLÈNE. — Voyez VALÉRYLÈNE.

DIVALONIQUE (ACIDE),

$$C^7H^9O^2(CH^3)^2.CO^2H.$$

— L'*olide* correspondant à cet acide a été obtenue en chauffant pendant 12 heures au réfrigérant ascendant 10 parties de valérolactone

$$CH^3.CH.CH^2.CH^2.CO$$
(pont O entre CH et CO)

avec 25 parties d'alcool absolu et 2g,5 de sodium. Le produit brut est lavé avec de l'acide chlorhydrique [Hoeffken, *Ann. Chem.*, 267, 203].

La divalolactone, $C^{10}H^{14}O^3$, cristallise en fines aiguilles, fusibles à 39°, très solubles dans l'eau et dans les dissolvants organiques. Elle distille sans décomposition vers 309-310°. Lorsqu'on la chauffe avec l'eau ou les acides dilués, elle se transforme en *diméthyloxétone* :

$$CH^3-CH-CH^2-CH^2-C-CH^2-CH^2-CH-CH^3.$$
(ponts O entre le premier CH et C, et entre C et le dernier CH)

Cette diméthyloxétone est un liquide mobile, soluble en toutes proportions dans les dissolvants organiques, assez soluble dans l'eau froide, et qui possède une odeur de coing. Elle est volatile avec la vapeur d'eau, et distille sans décomposition à 69°,5. Sa densité à 0° est égale à 0,978.

La diméthyloxétone n'est attaquée ni par les acides ou les alcalis dilués, ni par le sodium, ni par l'anhydride acétique. Elle réduit l'azotate d'argent ammoniacal et se combine au bisulfite, à l'hydroxylamine et à la phénylhydrazine en donnant des composés mal cristallisés. Le brome et l'acide iodhydrique fumant la transforment en produits résineux. Avec l'acide bromhydrique à 0°, on obtient par contre un *dérivé dibromé* $C^9H^{16}Br^2O$, qui cristallise en aiguilles fusibles à 42°, solubles dans les liquides organiques, insolubles dans l'eau froide. L'eau bouillante et les carbonates alcalins décomposent ce dérivé bromé en régénérant la diméthyloxétone [Fittig et Rasch, *Ann. Chem.*, 256, 128].

L'*acide divalonique* s'obtient en chauffant la lactone avec de la soude à 80-90°. Il cristallise en tables hexagonales solubles dans les alcalis caustiques ou carbonatés, peu solubles dans l'eau froide, l'éther et le chloroforme, et qui fondent vers 130° en se décomposant en diméthyloxétone et acide carbonique. L'eau bouillante provoque la même décomposition.

Le *sel d'argent*, $C^{10}H^{15}O^4Ag$, s'obtient en précipitant la solution ammoniacale de l'acide par l'azotate d'argent. Il cristallise en tables groupées en rosettes, solubles dans l'eau bouillante.

Le *sel de baryum*, $(C^{10}H^{15}O^4)^2Ba$, et celui de *calcium*, $(C^{10}H^{15}O^4)^2Ca$, constituent des poudres blanches peu solubles dans l'eau et dans l'alcool.

La constitution de l'acide divalonique n'a pas été établie d'une façon certaine.

P. Freundler.

DIVINYLE. — Voyez BIVINYLE.

DIVINYLGLYCOL (*hexadiène* 1-5.*diol* 3.4),

$$CH^2=CH-CH(OH)-CH(OH)-CH=CH^2.$$

— Ce composé a été obtenu par M. Griner en hydrogénant l'acroléine au moyen du couple zinc-cuivre, en solution acétique. 200 grammes d'acroléine sont dissous dans 800 grammes d'eau glacée, le tout est mis dans une fiole de 4 litres renfermant 250 grammes de rubans de zinc enroulés en spirale, préalablement recouverts d'une mince couche de cuivre par immersion dans une solution de sulfate de cuivre à 2 0/0. Il se produit un échauffement considérable, et il est nécessaire de maintenir la fiole dans un mélange réfrigérant. On verse par petites portions l'acide acétique (350 grammes) et on laisse en digestion pendant 12 heures. La liqueur est filtrée et épuisée par l'éther un grand nombre de fois. Le dissolvant étant chassé au bain-marie, on distille dans le vide. Le divinylglycol brut passe à 99-102° sous 15 millimètres; purifié, il bout à 101-102° sous la même pression.

C'est un liquide incolore, d'une consistance semblable à celle du glycol ordinaire, d'une odeur douce, mais devenant rapidement piquante sous l'action de l'air. Il bout sans altération à 197-198° sous la pression normale. Sa densité à 0° = 1,017. Il ne se congèle pas à — 60°; il est soluble en toutes proportions dans l'eau, l'alcool, l'éther, le chloroforme.

L'examen de la formule du divinylglycol montre qu'il peut exister sous deux modifications différentes : elle contient en effet deux atomes de carbone asymétrique, et la molécule peut posséder un plan de symétrie. Les essais tentés en vue d'en opérer le dédoublement n'ont pas abouti. On est donc fondé à le considérer comme un *inactif par nature.*

Action de l'anhydride acétique. — L'anhydride acétique réagissant en tube scellé à 150° pendant 5 heures fournit un *éther diacétique* $C^{10}H^{14}O^4$ bouillant à 128-129° sous 40 millimètres. Cet éther fixe 4Br pour donner un produit fusible à 195-205°, constitué probablement par un mélange d'isomères.

Action du brome. — L'action du brome sur le divinylglycol en solution dans le chloroforme refroidi à — 15° fournit un mélange de *tétrabromures* $C^6H^{10}Br^4O^2$. L'examen de la formule attribuée au glycol montre qu'il doit exister trois tétrabromures stéréo-isomériques; c'est ce que l'expérience vérifie. Du mélange obtenu par action du brome, on a en effet séparé un tétrabromure soluble à froid dans le benzène, cristallisé en houppes, fusible à 98-99°; un autre insoluble à froid dans le benzène, soluble à l'ébullition, cristallisant en prismes fusibles à 174°; enfin un composé liquide qui n'a pu être parfaitement déterminé, car il retient en dissolution une certaine quantité des deux précédents. On devrait, au moyen de ces composés, pouvoir obtenir un alcool hexatomique isomérique ou identique avec la mannite; mais les essais tentés dans ce but n'ont pas donné de bons résultats.

Les tétrabromures mis en solution dans l'éther, traités par la potasse, ont fourni un *dioxyde bromé* $C^6H^8Br^2O^2$, paillettes nacrées fusibles à 102°, accompagné de produits isomériques non étudiés.

Le divinylglycol dissous dans l'eau à 0° fixe l'acide hypochloreux et donne une *dichlorhydrine* $C^6H^{12}Cl^2O^4$ cristallisée, fusible à 204-206°, accompagnée sans doute de produits isomériques, qui n'est pas identique avec la dichlorhydrine de la mannite. Cette dichlorhydrine fournit avec l'anhydride acétique un *dérivé tétracétylé* fusible à 169-170°.

Le tribromure de phosphore réagissant à basse température sur le divinylglycol fournit une *dibromhydrine* $C^6H^8Br^2$ fusible à 84,5-85°, qu'on obtient également par action de l'acide bromhydrique gazeux sur le glycol. Elle fixe le brome à froid en donnant deux isomères fusibles respectivement à 112° et 108-109°.

Ces mêmes bromures sont obtenus dans l'action sur le glycol du pentabromure de phosphore, qui agit comme s'il était dissocié en brome et tribromure de phosphore.

La potasse alcoolique fournit avec la dibromhydrine une *diéthyline* $C^{10}H^{18}O^2$, liquide bouillant à 111-113° sous 10 millimètres.

Avec les bromures de bromhydrine, on a obtenu un carbure qui doit posséder la constitution

$$CH^2{=}CH{-}C{\equiv}C{-}C{\equiv}CH.$$

Les mauvais rendements ont empêché d'en faire une étude complète [G. Griner, *Ann. Chim. Phys.*, (6), **26**, 367]. J. Dupont.

DIXYLITONE. — M. Pinner a donné ce nom à un produit qu'il a obtenu sous la forme d'un sirop épais dans la condensation de l'acétone par l'acide chlorhydrique. Ce corps bout vers 310-320° et a sans doute pour formule $C^{18}H^{28}O^2$, car il a la composition de la phorone [A. Pinner, *D. chem. G.*, **15**, 589; *Bull. Soc. Chim.*, (2), **28**, 283].

DIXYLYLBENZÈNE,

$$C^6H^4(CH^2_{(4)}.C^6H^4.CH^3_{(1)})^2.$$

— Cet hydrocarbure se produit en même temps que du benzyltoluène lorsque l'on fait agir le chlorure de p-tolyle $CH^3.C^6H^4.CH^2Cl$ sur le benzène en présence du chlorure d'aluminium. C'est un liquide bouillant vers 395°. Il se dissout facilement dans l'alcool, l'éther et l'acide acétique [P. Senff, *Ann. Chem.*, **220**, 234].

DIXYLYLCÉTONE, $[(CH^3)^2C^6H^3]^2CO$. — On a décrit deux composés isomériques répondant à cette formule et qui s'obtiennent tous les deux par l'action du xylène sur l'oxychlorure de carbone en présence du chlorure d'aluminium.

Le dérivé du m-xylène est encore liquide à — 60° et bout à 340°. Maintenu longtemps à l'ébullition, il perd de l'eau et donne du triméthylanthracène [Rilliet et Ador, *D. chem. G.*, **11**, 399. — K. Elbs, *J. prakt. Chem.*, (2), **41**, 9].

La *di-p-xylylcétone* a été obtenue d'abord par MM. Elbs et Olberg [*J. prakt. Chem.*, (2), **35**, 481] sous la forme d'un sirop épais bouillant vers 325°; mais on peut la faire cristalliser dans l'alcool et alors elle forme des cristaux semblables à ceux du gypse et fond à 54°.

L'*acétoxime* correspondante fond à 106°. La chaleur la décompose de même que son isomère en donnant du triméthylanthracène [G. Errera, *Gazz. chim. ital.*, **21**, 94].

Réduite en solution alcoolique par la poudre de zinc et la potasse, elle se transforme en *dixylylcarbinol*. Celui-ci cristallise dans l'alcool en aiguilles fusibles à 131° [K. Elbs, *loc. cit.* et *D. chem. G.*, **19**, 408].

DIXYLYLE. — Voyez Bixylyle.

DIXYLYLÉTHANE,

$$[(CH^3)^2C^6H^3]^2 = CH.CH^3.$$

— Cet hydrocarbure s'obtient par l'action du chlorure d'aluminium sur un mélange de m-xylène et de chlorure d'éthylidène.

Il est liquide et bout à 323-325°, à 169-172° sous la pression de 11 millimètres. Sa densité est 0,966 à 20°. Il possède une fluorescence bleue [Anschütz, *Ann. Chem.*, **235**, 326].

Le *dérivé chloré* correspondant,

$$(C^8H^9)^2CH.CH^2Cl,$$

s'obtient par l'action du xylène et de l'acide sulfurique sur l'éther bichloré. Par la distillation, il perd de l'acide chlorhydrique et donne du tétraméthylstilbène [Hepp, *D. chem. G.*, **7**, 1416].

Avec le chloral, on a de même un *dixylyltrichloréthane* qui fond à 106° et qui, par l'action de la chaleur, donne également du diméthylstilbène.

Le dérivé obtenu par le chloral et le p-xylène fond à 87°; la potasse alcoolique le convertit en dixylyldichloréthylène $(C^8H^9)C = CCl^2$ [K. Elbs et H. Förster, *J. prakt. Chem.*, (2), **39**, 298].

DIXYLYLÉTHYLÈNE-DICÉTONE,

$$(CH^3)^2.C^6H^3.CO.CH^2.CH^2.CO.C^6H^3.(CH^3)^2.$$

— Ce composé s'obtient par l'action du chlorure d'aluminium sur le chlorure de succinyle et le xylène en solution dans le sulfure de carbone.

Le dérivé du m-xylène fond à 129° et cristallise en aiguilles incolores, solubles dans l'alcool, l'éther, le chloroforme. Il donne une dihydrazone qui fond à 169° et une dioxime fusible à 140°. Oxydé par le permanganate, il se convertit en acide diméthylbenzoïque $C^6H^3(CH^3)^2_{(1.3)}CO^2H_{(4)}$.

Le dérivé du p-xylène cristallise en aiguilles incolores qui fondent à 123° [Ad. Claus, *D. chem. G.*, **20**, 1375].

DOCOSANE, $C^{22}H^{46}$. — Cet hydrocarbure s'obtient en réduisant par l'acide iodhydrique et le phosphore rouge le chlorure $C^{22}H^{44}Cl^2$ produit par l'action du perchlorure de phosphore sur l'acétone $C^{13}H^{31}.CO.C^6H^{13}$, obtenue en distillant un mélange de palmitate et d'heptylate de baryum.

Il fond à 44°,4 et bout à 224,5 sous une pression de 15 millimètres. Sa densité à 44°,4 est de 0,7782 [F. Krafft, *D. chem. G.*, **15**, 1711].

DODÉCANAPHTÈNE, $C^{12}H^{24}$. — Carbure extrait du pétrole de Bakou. Il bout à 179-181°, sa densité à 0° est de 0,8002. Sa constitution n'a pas été établie; il fournirait par oxydation au moyen du mélange chromique de l'acide acétique et un peu d'acide butyrique [Markownikoff et Ogloblinc [*Journ. phys. chim. russe*, **15**, 335].

DODÉCANE, $C^{12}H^{26}$. — M. Krafft a obtenu le dodécane normal en réduisant l'acide laurique par l'acide iodhydrique et le phosphore rouge. Ce carbure fond à — 12°. Il bout à 98° sous 15 millimètres, à 113,8 sous 30 millimètres, à 214,5 sous la pression ordinaire. Sa densité à 0° est 0,7655, à 20° 0,7511 [*D. chem. G.*, **15**, 1687].

En traitant l'iodure d'hexyle par le sodium, M. Wahl a obtenu un dodécane bouillant à 198°. Ce carbure est facilement attaqué par le brome [*D. chem. G.*, **13**, 210].

DODÉCYLÈNE, $CH^3(CH^2)^9CH{=}CH^2$. — Ce carbure s'obtient dans la distillation sèche de l'éther palmitique de l'alcool dodécylique. Cet éther peut distiller sans altération sous une pression très réduite. Mais sous la pression atmosphérique, ou mieux avec une contre-pression de 60 centimètres, il se décompose par la chaleur en acide palmitique et dodécylène. Ce carbure fond à — 31,5, il bout à 96° sous une pression de 15 millimètres. Sa densité à 0° est de 0,7732 [Krafft, *D. chem. G.*, **16**, 3018].

Il donne un dibromure $C^{12}H^{24}Br^2$, huile incolore qui se solidifie au-dessous de — 15° [*D. chem. G.*, **17**, 1371].

DODÉCYLIDÈNE, $C^{12}H^{22}$. — Ce carbure a été préparé par M. Krafft [*D. chem. G.*, **17**, 1371] par l'action de la potasse alcoolique sur le bromure de dodécylène. On commence l'attaque en vase ouvert, puis on traite par l'eau et l'on chauffe le produit précipité avec de la potasse alcoolique en tubes scellés à 150°. Le carbure précipité par l'eau est rectifié par distillation sous pression réduite. Il fond au-dessous de — 9° et bout à 105°

sous une pression de 15 millimètres. Sa densité à 0° est 0,8030.

DODÉCYLIQUE (ALCOOL),

$$CH^3(CH^2)^{10}CH^2OH.$$

— Cet alcool a été obtenu par M. Krafft en saponifiant l'éther acétique qui se produit dans la réduction de l'aldéhyde laurique par la poudre de zinc et l'acide acétique cristallisable bouillant.

Cet alcool fond à 24° et bout à 143°,5 sous une pression de 15 millimètres. Les solutions dans l'alcool dilué l'abandonnent en grands feuillets brillants, d'une densité de 0,8309 à 24°.

L'*éther acétique* est solide et bout à 150,5-151,5 sous une pression de 15 millimètres [*D. chem. G.*, **16**, 1714].

DOGNACSKAÏTE (Min.) (Krenner). — Sulfure de plomb et de bismuth (15,75 0/0 de soufre, 71,79 0/0 de bismuth, 12,28 0/0 de cuivre). Masses possédant un clivage facile, prenant à l'air une coloration superficielle grisâtre ou brunâtre, avec or, pyrite, chalcopyrite, bismuthocre, à Dognacska (Hongrie).

DOLIANITE (Min.). — Voyez APOPHYLLITE, **1**, 359.

DOMINGITE (Min.) (Eakins). — Sulfantimonite de plomb, $3 PbS, 2 Sb^2S^3$. Fines aiguilles, trouvées à Domingo Mine (Colorado).

DOTRIACONTANE [Syn. *Dicétyle*], $C^{32}H^{66}$. — L'iodure de cétyle traité par le sodium en présence d'éther ou de benzène donne très facilement le dotriacontane ou dicétyle. Ce corps après cristallisation dans l'éther forme des feuillets brillants, fusibles à 70° et bouillant à 310° sous une pression de 15 millimètres. Sa densité à 70° est 0,7816 [Krafft, *D. chem. G.*, **19**, 2219].

DOUGLASITE (Min.) (Precht). — Chlorure potassico-ferreux, $FeCl^2 . 2 KCl, 2 H^2O$. Petits cristaux verts dans un sel gemme riche en chlorure de potassium, de Stassfurt.

DOUNDAKINE [Syn. *Dondacine*]. — MM. Bochefontaine, Seris et Marcus avaient indiqué, dans les *Comptes rendus* du 23 juillet 1883, que l'écorce de doundaké renferme un alcaloïde cristallisé en rhomboèdres.

MM. Heckel et Schlagdenhauffen ont montré que cet alcaloïde n'existe pas. Le doundaké fourni par le *Sarcocephalus esculentus* Afzelius est une rubiacée que l'on trouve depuis la Sénégambie jusqu'au Gabon. C'est l'écorce qui est utilisée. Elle renferme, à côté de matières inertes, deux principes colorants, azotés, de nature résinoïde, répondant aux formules

$$C^{20}H^{19}AzO^{13} \text{ et } C^{19}H^{16}AzO^9.$$

Ces deux résines possèdent des propriétés fébrifuges. Les belles matières colorantes jaunes que fournit l'écorce, surtout celle venant de Boké, la rendront peut-être utilisable en teinture. Cette écorce présente avec celle de Morinda une grande analogie; cette dernière fournit en effet une matière tinctoriale jaune-orangé employée par les indigènes océaniens, et elle est également amère et astringente [*C. R.*, **100**, 69, 71].

A. Béhal.

DREELITE (Min.). — Variété de barytine. — Voyez ce mot, Dict., **1**, 503.

DRUPOSE, $C^{12}H^{20}O^8$ (?). — M. Erdmann a désigné sous le nom de *drupose* le produit qui se forme, en même temps qu'un sucre réducteur, lorsqu'on fait bouillir les concrétions des poires (glycodrupose) avec de l'acide chlorhydrique étendu.

La drupose est une substance brunâtre, insoluble dans la plupart des dissolvants neutres, ainsi que dans la liqueur de Schweitzer [*Ann. Chem.*, **138**, 7].

DUDGEONITE (Min.) (Heddle). — Arséniate de nickel et de calcium hydraté,

$$(AsO^4)^2 Ni^2Ca, 8 H^2O,$$

c'est-à-dire, variété calcifère d'annabergite, matière blanc-grisâtre, dans les cavités d'un kupfernickel, à Pibble Mine, Kirkcudbridgeshire, près Creetown (Écosse). Dureté > 3.

DULCITE. — Voyez Dict., **1**, 1188 et Suppl., **1**, 669].

Chaleur de formation. — D'après MM. Berthelot et Vieille [*Bull. Soc. Chim.*, (2), **47**, 868], la chaleur de formation de la dulcite est sensiblement égale à celle de la mannite, soit à 317^{cal},6 pour 1 molécule.

Oxydation. — Le brome, en présence de la soude en excès (5 gr. Br, 12 gr. NaOH et 5 gr. $C^6H^{14}O^6$ dans 40 grammes d'eau) transforme la dulcite (naturelle ou dérivée par réduction de la galactose) en un sucre réducteur qui donne avec l'acétate de phénylhydrazine une dihydrazone cristalline semblable à celles que fournissent les glucoses naturels.

Ce produit, qui a reçu le nom de *phényldulcitazone*, se distingue de son isomère la phénylgalactosazone par son point de fusion plus élevé, 205-206° au lieu de 196° [Fischer et Tafel, *D. chem. G.*, **20**, 3390].

Réduction. — D'après MM. Wanklyn et Erlenmeyer [*Jahresb.*, 1862, 480], l'iodure d'hexyle qui se forme dans la réduction par l'acide iodhydrique de la dulcite, est identique à celui que donne la mannite dans les mêmes circonstances; il présente donc la constitution de l'*iodo 2-hexane*,

$$CH^3 - CH^2I - (CH^2)^3 - CH^3$$

[voyez à ce sujet Combes et Le Bel, *Bull. Soc. Chim.*, (3), **7**, 551].

Fermentation. — La dulcite n'est pas attaquée par le *Mycoderma aceti*, qui transforme partiellement la mannite en lévulose [Brown, *Chem. Soc.*, 1887, 638].

Sous l'action d'un organisme particulier, que MM. Frankland et Frew ont nommé *Bacillus ethacetosuccinicus*, et que ces auteurs ont recueilli par hasard dans un vieux bain photographique de citrate de fer ammoniacal, la dulcite additionnée de matières nutritives convenables donne un mélange d'acides formique, acétique et succinique, avec un peu d'alcool; il se dégage en même temps de l'acide carbonique et de l'hydrogène.

Action sur la lumière polarisée. — On sait que la dulcite est inactive par elle-même et qu'elle reste inactive en présence de borax ou de tungstate de sodium [Klein, *C. R.*, **99**, 144]; cependant M. Bouchardat avait autrefois signalé quelques dérivés de la dulcite, notamment sa diacétine et la tétracétyldulcitane, qui, d'après cet auteur, possédaient un faible pouvoir rotatoire.

MM. E. Fischer et Hertz, en se fondant sur l'étude de l'acide mucique et de ses dérivés, qui se comportent dans toutes leurs réactions comme des corps inactifs par structure, ont récemment émis des doutes sur l'exactitude de ces observations [*D. chem. G.*, **25**, 1247]. La question a été alors reprise par M. Crossley, qui a reconnu que la diacétyldulcite pure (point de fusion non corrigé 174°,5) et la tétracétyldulcitane, préparées d'après les indications mêmes de M. Bouchardat, sont rigoureusement inactives [*D. chem. G.*, **25**, 2564]. Les résultats obtenus par ce dernier auteur tiennent sans doute à ce que les produits qu'il a examinés renfermaient quelque matière étrangère active.

Production artificielle. — La dulcite a été obtenue artificiellement par MM. Fischer et Hertz (*loc. cit.*) en réduisant la galactose lévogyre (provenant de la fermentation de la galactose racémique) par l'amalgame de sodium ; le produit qui se forme ainsi est identique à la dulcite naturelle et à celle qui provient de la galactose ordinaire.

La dulcite a été rencontrée par M. von Lippmann dans un échantillon de sucre de canne impur provenant de Mozambique [*D. chem. G.*, **25**, 1261].

Les solutions de dulcite deviennent acides lorsqu'on y ajoute moins de $0^{mol},5$ de borax ; avec cette proportion exacte, elles restent neutres ; au delà, elles prennent une réaction alcaline.

Le p-tungstate de sodium donne lieu à des phénomènes analogues [Klein, *loc. cit.*].

D'après M. Meunier, la dulcite ne donne pas d'acétal avec les aldéhydes (différence avec la mannite).

DULCITIDE PHÉNYLCARBAMIQUE,

$$C^6H^8(OH)(CO^2AzHC^6H^5)^5.$$

— On obtient ce corps en chauffant rapidement au bain de sable 1 molécule de dulcite avec 6 molécules de cyanate de phényle. Quand la réaction est terminée, on traite par le benzène, qui enlève l'excès de réactif, puis on lave à l'eau froide.

Ce composé présente l'aspect d'une poudre cristalline, peu soluble dans l'eau, qui se ramollit par la chaleur un peu au-dessous de 250° et fond à 252° en se décomposant. La baryte le saponifie en donnant de l'acide carbonique, de l'aniline et de la dulcite régénérée [Tessmer, *D. chem. G.*, **18**, 971].

Constitution. — D'après l'ensemble de ses propriétés, la dulcite ne peut être qu'un des deux hexane-hexols inactifs prévus par la théorie, dont les formules stéréochimiques, en projection sur un plan parallèle à l'axe de la chaîne, sont

$$\begin{array}{c} \quad\ \ H \quad\ H \quad\ H \quad\ H \\ CH^2OH-\overset{|}{\underset{|}{C}}-\overset{|}{\underset{|}{C}}-\overset{|}{\underset{|}{C}}-\overset{|}{\underset{|}{C}}-CH^2OH \\ \quad\ OH \ OH \ OH \ OH \end{array}$$

et

$$\begin{array}{c} \quad\ \ H \quad OH \ \ OH \quad H \\ CH^2OH-\overset{|}{\underset{|}{C}}-\overset{|}{\underset{|}{C}}-\overset{|}{\underset{|}{C}}-\overset{|}{\underset{|}{C}}-CH^2OH \\ \quad\ OH \quad H \quad\ H \quad OH \end{array}$$

Mais, à cause du manque de relations expérimentales entre ces produits et ceux dont la constitution est établie avec certitude, il est encore impossible de faire un choix entre ces deux expressions. Tout ce que l'on peut dire actuellement, c'est que, si l'une d'elles est attribuée à la dulcite ordinaire, l'autre représente l'allodulcite (non encore isolée) correspondant à l'acide allomucique de M. Fischer [E. Fischer, *D. chem. G.*, **24**, 1836 et 2683]. L. Maquenne.

DUMASINE, C^5H^8O (voyez Dict., **1**, 1190). — Cette acétone, à laquelle Kane et Fittig avaient attribué la formule $C^6H^{10}O$, est identique avec celle retirée par Claisen des esprits de bois bruts [Claisen, *D. chem. G.*, **8**, 1257]. De nouvelles analyses effectuées sur des produits retirés des huiles de bois provenant de la rectification de l'esprit de bois et purifiés ensuite par combinaison avec le bisulfite conduisent à la formule C^5H^8O.

La dumasine bout à 129-131° et possède une odeur bien différente de celle de l'oxyde de mésityle [Pinner, *D. chem. G.*, **15**, 594].

La distinction de ces deux acétones par la formation d'une combinaison bisulfitique que la dumasine serait seule à donner n'est pas suffisante, l'oxyde de mésityle pouvant aussi se combiner au bisulfite de sodium [Pinner, *D. chem. G.*, **15**, 592].

DUMASITE (Min.). — Variété de chlorite.

DUMREICHERITE (Min.) (Doelter). — Sulfate d'aluminium et de magnésium hydraté,

$$4MgO \, . \, Al^2O^3 \, . \, 7SO^3, 36H^2O.$$

Croûtes cristallines formées d'un agrégat de très petits prismes clinorhombiques, solubles dans l'eau, d'une saveur astringente, fusibles dans leur eau de cristallisation. Dans les fentes d'une lave à la vallée de Saint-Paul, Rio das Patas, île Saint-Antoine, îles du Cap-Vert.

DUPLOTHIOCÉTONE,

$$(CH^3)^2=C\left\langle\begin{matrix}S\\S\end{matrix}\right\rangle C=(CH^3)^2$$

(Suppl., **1**, 17). — La *duplothiocétone* se prépare en chauffant en tubes scellés à 120-130°, pendant 6-8 heures, un mélange de 50 grammes d'acétone pure et 50 grammes de trisulfure de phosphore [W. Autenrieth, *D. chem. G.*, **10**, 373]. Le produit brut est distillé dans un courant de vapeur d'eau, séché et rectifié ; il passe à 180-190°.

L'amalgame de sodium la transforme en mercaptan isopropylique,

$$(C^3H^6S)^2 + 2H^2 = 2C^3H^8S,$$

et réciproquement ce mercaptan traité par l'acide chromique régénère la duplothiocétone [Claus et Kühtze, *D. chem. G.*, **8**, 532].

OXYTHIOCÉTONE [Spring, *Bull, Soc. Chim.*, (2), **40**, 66]. — Lorsque l'on traite l'acétone par le pentasulfure de phosphore, d'abord à froid, puis à une douce chaleur, on remarque que par refroidissement le mélange se sépare en deux couches. La couche supérieure est distillée dans un courant de vapeur d'eau ; elle renferme des mercaptans méthylique et isopropylique, de la duplothiocétone et de plus un liquide sans point d'ébullition fixe, mais que la distillation décompose en duplothiocétone et acétone. Ce liquide est l'*oxythiocétone*, $C^3H^6S \, . \, C^3H^6O$.

L'acide azotique étendu de son volume d'eau l'attaque assez énergiquement. On obtient de l'azote et ses composés oxygénés, du gaz carbonique, des acides cyanhydrique, formique et acétique, les acides méthyl et isopropylsulfoniques, un acide sulfonique nitré et un acide sulfonique nitrosé $C^9H^{10}SO^3H(AzO)^2$.

L'eau de chlore transforme l'oxythiocétone en acide isopropylsulfonique $C^3H^7SO^3H$. On observe en outre la formation de deux composés chlorés mal étudiés ; le plus connu aurait pour formule $C^6H^6SCl^2O$.

DUPLODITHIOCÉTONE [C. Willgerodt, *D. chem. G.*, **29**, 2467]. — Si l'on fait réagir le sulfure d'ammonium jaune sur l'acétone, le mélange se colore, on observe une légère élévation de température et l'on voit bientôt se séparer des gouttelettes huileuses. On les sépare et on les purifie par distillation dans un courant de vapeur d'eau. On obtient ainsi un corps solide, fusible à 98° et distillant à 243° en éprouvant une décomposition partielle.

Ce corps, soluble dans tous les liquides organiques neutres, constitue la duplodithiocétone $[(CH^3)^2CS^2]^2$; il possède une odeur repoussante, mais caractéristique. Ch. Cloëz.

DURDÉNITE (Min.) (Dana et Wells). — Tellurite ferrique hydraté, $(TeO^3)^3Fe^2, 4H^2O$, petites concrétions, très friables, à cassure écailleuse, jaune-verdâtre, provenant sans doute de l'oxydation du tellurure de fer, trouvé à la mine del Plomo, district d'Ojojama (Honduras). Dureté $< 2,5$.

DURÈNE [Syn. *Tétraméthylbenzène*]. — Voyez Dict., 2, 890 et Suppl., 671 et 1530.

Les trois tétraméthylbenzènes prévus par la théorie sont aujourd'hui connus et ont reçu les noms suivants :

Durène....	$C^6H^2(CH^3)^4$	1.2.4.5	fusible à 79-80°.
Isodurène..	$C^6H^2(CH^3)^4$	1.2.3.5	liquide.
Prehnitène.	$C^6H^2(CH^3)^4$	1.2.3.4	fond à — 4°.

DURÈNE.

Le durène a été obtenu dans l'action du chlorure de méthyle sur le benzène ou le toluène en présence de chlorure d'aluminium. La portion qui bout entre 185-205° le laisse déposer par refroidissement; il suffit de le purifier par cristallisation dans l'alcool, où il est très soluble à chaud et presque insoluble à — 10°. Il se produit en même temps de l'isodurène, qui reste dans les eaux mères [E. Ador et A. Rilliet, *D. chem. G.*, **12**, 331; *Bull. Soc. Chim.*, (2), **31**, 244. — Friedel et Crafts, *Ann. Chim. Phys.*, (6), **1**, 461].

D'ailleurs ces deux carbures prennent naissance dans l'action du chlorure d'aluminium sur tous les dérivés méthylés du benzène, les composés polyméthylés donnant par décomposition du chlorure de méthyle qui réagit sur le reste de la molécule. C'est ainsi qu'on les a obtenus avec l'hexaméthylbenzène, le pentaméthylbenzène, le pseudo-cumène, le mésitylène et le m-xylène [O. Jacobsen, *D. chem. G.*, **18**, 340; *Bull. Soc. Chim.*, (2), **45**, 570].

On a aussi trouvé le durène dans le goudron de houille, d'où on peut l'isoler en traitant par l'acide sulfurique concentré la portion bouillant de 170 à 210° et décomposant par la vapeur surchauffée le dérivé sulfoné obtenu [E. Schulze, *D. chem. G.*, **18**, 3032].

Il se produit encore en petite quantité lorsque l'on fait passer de l'essence de térébenthine en vapeurs dans un tube chauffé au rouge [Montgolfier, *Ann. Chim. Phys.*, (5), **19**, 164.

Le durène cristallise dans le système clinorhombique, est fusible à 80° et possède une odeur rappelant celle du camphre. Il se dissout aisément dans l'alcool chaud, l'éther et le benzène, peu dans l'acide acétique, et se sublime lentement même à basse température.

Oxydé par le mélange de dichromate et d'acide sulfurique, le durène est détruit complètement, avec formation d'acide acétique et d'acide carbonique; mais si l'on ajoute peu à peu de l'anhydride chromique à sa solution acétique, on obtient seulement de l'acide durylique,

$$C^6H^2(CH^3)^3_{(1.2.4)}CO^2H_{(5)},$$

fusible à 150°. Cette réaction fixe la constitution du durène, car l'acide ainsi obtenu est identique au produit que l'on obtient par fusion de l'acide pseudo-cumène sulfonique (1.2.4.5) avec le formiate de sodium.

Par ébullition avec l'acide nitrique étendu, le durène donne un mélange des acides durylique et cumidique $C^6H^2(CH^3)^2(CO^2H)^2$, tandis que par l'action répétée plusieurs fois du permanganate en solution alcaline on arrive jusqu'à l'acide pyromellique $C^6H^2(CO^2H)^4$ [R. Gissmann, *Ann. Chem.*, **216**, 200. — O. Jacobsen, *D. chem. G.*, **17** 2516; *Bull. Soc. Chim.*, (2), **44**, 635).

Le durène traité par l'anhydride phtalique en présence de chlorure d'aluminium fournit de l'acide duroyle-benzoïque,

$$C^6H(CH^3)^4 . CO . C^6H^4CO^2H$$

[Friedel et Crafts, *Bull. Soc. Chim.*, (2), **35**, 508].

Avec le chlorure de carbamyle $ClCOAzH^2$ on obtient de même l'*amide* d'un acide tétraméthylbenzoïque. Elle cristallise en tables fusibles à 172-173°, tandis que l'acide qui en dérive fond à 112° et cristallise en aiguilles [L. Gattermann, *Ann. Chem.*, **244**, 29; *Bull. Soc. Chim.*, (3), **1**, 198].

D'autre part, M. Jacobsen a obtenu au moyen de l'oxychlorure de carbone un acide qui devrait être identique au précédent, puisque le durène possède une formule symétrique. Or cet acide, peu soluble dans l'eau froide, cristallise en prismes fusibles à 179° et est volatil avec la vapeur d'eau. L'*éther méthylique* correspondant fond à 59° et bout à 268-269°. Le *nitrile* s'obtient en distillant l'acide avec du sulfocyanure de plomb ; il cristallise dans l'alcool en aiguilles fusibles à 76-77° [O. Jacobsen, *D. chem. G.*, **22**, 1215; *Bull. Soc. Chim.*, (3), **2**, 518].

DÉRIVÉS DE SUBSTITUTION. — *Chlorodurène.* — On l'obtient en faisant passer un courant de chlore sec dans le durène en solution dans la ligroïne, en présence d'une trace d'iode. Il se produit en outre dans cette réaction le *dérivé dichloré*, qui est beaucoup moins soluble et cristallise en aiguilles fusibles à 189-190°, tandis que les eaux mères renferment le chlorodurène. Celui-ci, purifié par cristallisation dans l'alcool, fond à 48° et bout à 237-238°.

Ce chlorodurène traité vers 60° par l'acide sulfurique concentré donne du chloropentaméthylbenzène et un mélange d'acides sulfonés dérivés du chlorotriméthylbenzène [A. Töhl, *D. chem. G.*, **25**, 1521, 1527; *Bull. Soc. Chim.*, (3), **8**, 1097, 1099].

Par l'action du perchlorure de phosphore à 185-195°, le durène donne un composé cristallin, soluble dans le trichlorure de phosphore et qui, après cristallisation dans l'éther, fond à 144°. Il répond à la formule $C^{10}H^{10}Cl^4$ et constitue sans doute le composé $C^6H^2(CH^2Cl)^4$. L'eau bouillante le décompose en donnant un liquide sirupeux, difficilement soluble dans l'eau et dans l'éther, susceptible d'être éthérifié par les acides. D'après cela, ce composé aurait pour formule

$$C^6H^2(CH^2OH)^4$$

[A. Colson, *Bull. Soc. Chim.*, (2), **46**, 198].

Bromodurène. — Lorsque l'on ajoute peu à peu du brome à une solution acétique de durène refroidie à 0°, on obtient un mélange de dérivés mono- et dibromé.

Le premier, qui est très soluble dans l'alcool à chaud, et peu à froid, cristallise en lamelles brillantes et fond à 61°. Il distille très aisément avec la vapeur d'eau et bout à 260°. Abandonné avec de l'acide sulfurique concentré, il se transforme en dibromodurène, hexaméthylbenzène et en un dérivé sulfoné se rattachant au prehnitène.

Le *dibromodurène* est très peu soluble dans l'alcool, même à chaud; il cristallise en longues aiguilles fusibles à 202° et bout sans décomposition à 317°. L'acide sulfurique est également sans action sur lui [R. Gissmann, *Ann. Chem.*, **216**, 200. — O. Jacobsen, *D. chem. G.*, **20**, 2837; *Bull. Soc. Chim.*, (2), **49**, 501].

L'*iododurène* se prépare en fondant le durène avec de l'iode et ajoutant peu à peu de l'oxyde de mercure jusqu'à ce que tout l'iode ait disparu. On épuise la masse par la ligroïne, qu'il suffit ensuite de distiller. L'iododurène bout sans décomposition à 285-290° et cristallise en prismes épais, fusibles à 80°, très solubles dans l'alcool, le benzène et la ligroïne [A. Töhl, *D. chem. G.*, 25, 1521; *Bull. Soc. Chim.*, (3), 8, 1097].

Dérivé nitré. — On ne connaît pas de dérivé mononitré correspondant au durène. Par l'action de l'acide nitrique fumant sur cet hydrocarbure, on obtient immédiatement, même à froid, le *dérivé dinitré*, que l'on peut purifier par cristallisation dans l'alcool bouillant. Il fond vers 205° [E. Ador et A. Rilliet, *loc. cit.* — Nef, *D. chem. G.*, 18, 2801].

Dérivés sulfonés. — Le durène est attaqué très lentement à froid par l'acide sulfurique concentré et il se produit alors de l'*acide monosulfoné*; mais si l'on chauffe, l'acide est réduit et la masse se charbonne.

On l'obtient plus aisément de la façon suivante : Le durène additionné de chlorhydrine sulfurique à la température de 0° donne un mélange de chlorure sulfoné $C^{10}H^{13}SO^2Cl$, de sulfone $(C^{10}H^{13})^2SO^2$ et d'acide monosulfoné. Si l'on reprend le mélange par l'eau glacée, ce dernier se dissout seul et on peut le purifier par la cristallisation de son sel de sodium. Quant au mélange de chlorure et de sulfone, on l'épuise à l'alcool bouillant, qui abandonne le chlorure par refroidissement, tandis que la sulfone reste dans les eaux mères.

L'acide durène-sulfoné est peu soluble dans l'acide sulfurique étendu. Les *sels de potassium* et *de sodium* sont insolubles dans un excès de l'alcali correspondant. Ceux des métaux lourds ou alcalino-terreux cristallisent dans l'eau bouillante.

Le *chlorure* forme des prismes fusibles à 99°.

L'*amide*, presque insoluble dans l'eau, fond à 155°.

La *durène-sulfone* fond à 37° et peut être distillée dans le vide sans décomposition. A 200° l'acide chlorhydrique la dédouble en durène et acide sulfurique [O. Jacobsen et Schnapauff, *D. chem. G.*, 18, 2841; *Bull. Soc. Chim.*, (2), 46, 93].

Trituré avec de l'acide sulfurique concentré et abandonné pendant quelques jours à la température de 40 ou 50°, le durène-sulfonate de sodium est décomposé. La masse épuisée par l'éther lui cède de l'hexaméthylbenzène, tandis que la solution sulfurique renferme des acides sulfonés dérivés du pseudocumène et du prehnitène, que l'on peut isoler à l'état d'amides.

Par l'action de l'acide sulfurique fumant très riche en anhydride, le durène donne un *dérivé disulfoné* plus stable que le précédent et qui, distillé dans un courant de vapeur, régénère le durène. L'*amide* correspondante est très soluble dans l'alcool bouillant et fond vers 310° [O. Jacobsen, *D. chem. G.*, 19, 1209; *Bull. Soc. Chim.*, (2), 47, 202].

Durénol. — On l'obtient par fusion du dérivé monosulfoné avec la potasse. L'acide chlorhydrique le précipite immédiatement à l'état solide et il n'y a plus qu'à le purifier par cristallisation dans l'alcool. Il fond à 117° et commence dès lors à se sublimer; il est aussi très volatil avec la vapeur d'eau et bout à 249-250°.

Traité par le brome en solution acétique, il donne le *bromodurénol*, qui fond à 118° et est insoluble dans l'eau, soluble dans l'alcool et dans l'éther.

A 0° l'acide nitrique ordinaire le convertit de même en un dérivé nitré, que l'on précipite par de la glace. Le *nitrodurénol* est très soluble dans l'alcool et fond à 130° [O. Jacobsen et E. Schnapauff, *D. chem. G.*, 18, 2841; *Bull. Soc. Chim.*, (2), 46, 93].

Durène-quinone, $C^6(CH^3)^4O^2$. — Lorsque l'on réduit par le zinc et l'acide acétique le dinitrodurène, on obtient le dérivé diamidé correspondant, qui n'a pu être isolé à l'état de pureté, à cause de son oxydation rapide à l'air. Si on traite la solution acide de ce dérivé diamidé par le nitrite de sodium ou mieux par le chlorure ferrique, on obtient d'abord une coloration verte, puis un précipité jaune de quinone. Celle-ci, purifiée par cristallisation dans l'éther de pétrole, fond à 111°. C'est un corps très stable, cristallisé en aiguilles jaunes, soluble dans la plupart des liquides organiques [J.-U. Nef., *D. chem. G.*, 18, 2801; *Bull. Soc. Chim.*, (2), 46, 91].

On obtient également la durène-quinone par l'action des alcalis étendus sur l'acétylpropionyle (*pentanedione* 2.3).

L'*hydroquinone* correspondante se prépare en réduisant la quinone par la poudre de zinc et la soude caustique. Elle fond à 220° et est très altérable à l'air. La *dihydrazone* fond vers 223-225° [H. von Pechmann, *D. chem. G.*, 21, 1420].

ISODURÈNE, $C^6H^2(CH^3)^4_{(1.3.4.5)}$.

Ce carbure s'obtient par l'action de l'iodure de méthyle et du sodium sur le bromomésitylène en solution benzénique. Il prend également naissance dans l'action du chlorure de méthyle et du chlorure d'aluminium sur tous les dérivés méthyliques du benzène, et en particulier sur le mésitylène [Jannasch, *D. chem. G.*, 8, 356. — M. Bielefeldt, *Ann. Chem.*, 198, 380; *Bull. Soc. Chim.*, (2), 34, 692. — O. Jacobsen, *D. chem. G.*, 14, 2624; 15, 1853 et 18, 340; *Bull. Soc. Chim.*, (2), 39, 127 et 45, 570].

On peut le séparer du durène qui l'accompagne dans ces dernières réactions : la portion bouillant de 185 à 205° abandonnée au refroidissement laisse déposer des cristaux de durène. Si on reprend l'huile par l'acide sulfurique concentré, une partie s'y dissout à froid, et, en régénérant l'hydrocarbure de son dérivé sulfoné par l'action de l'acide chlorhydrique, on obtient l'isodurène absolument pur.

L'isodurène se produit encore dans l'action de l'iode ou du chlorure de zinc sur le camphre [Armstrong et Miller, *D. chem. G.*, 16, 2259], ainsi que dans la condensation de l'acétone par l'acide sulfurique concentré [W.-R. Orndorff et S.-W. Young, *Am. chem. Journ.*, 15, 249].

Cet hydrocarbure est encore liquide à — 20°. Il bout à 195-197°. Sa densité = 0,8961.

Oxydé par l'acide nitrique étendu, il donne un mélange de trois acides isoduryliques

$$C^6H^2(CH^3)^3CO^2H,$$

que l'on sépare des produits nitrés formés en même temps en entraînant ceux-ci dans un courant de vapeur. Ces trois acides ont pour constitution

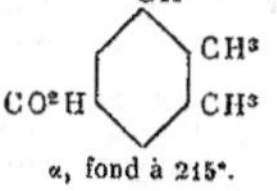

[hexagone : CH^3 (haut), CH^3, CH^3 (droite), CO^2H (gauche)]
α, fond à 215°.

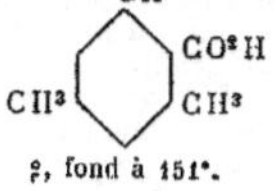

[hexagone : CH^3 (haut), CO^2H, CH^3 (droite), CH^3 (gauche)]
β, fond à 151°.

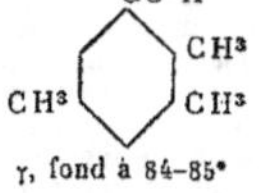

[hexagone : CO^2H (haut), CH^3, CH^3 (droite), CH^3 (gauche)]
γ, fond à 84-85°

Les deux derniers, oxydés par une solution alcaline de permanganate, fournissent de l'acide cumidique $C^6H^2(CH^3)^2_{(1.3)}(CO^2H^2)_{(4.5)}$ ainsi que de l'acide mellophanique [O. Jacobsen, *D. chem. G.*,

15, 1853 et 17, 2516; *Bull. Soc. Chim.*, (2), 39, 127 et 44, 635].

Dérivé dibromé. — L'isodurène traité par un excès de brome en présence d'un peu d'iode donne un dérivé dibromé peu soluble dans l'alcool froid et qui cristallise en aiguilles fusibles à 209° [O. Jacobsen, *D. chem. G.*, 15, 1853].

Dérivé dinitré. — Il se produit par l'action du mélange d'acide sulfurique et d'acide nitrique fumant sur l'isodurène. Ce corps cristallise en prismes fusibles à 156°, peu solubles à froid dans l'alcool, facilement à chaud [O. Jacobsen, *loc. cit.*].

L'*isoduridine*, $C^6H(CH^3)^4_{(1.2.3.5)}AzH^2_{(6)}$, a été obtenue de la façon suivante : On chauffe pendant une vingtaine d'heures d'abord à 200°, puis à 300°, du chlorhydrate de pseudo-cumidine ou de mésidine avec de l'alcool méthylique, puis la base mise en liberté est soumise à la rectification. Elle bout à 250° et cristallise dans un mélange réfrigérant. Le chlorhydrate forme de petites aiguilles peu solubles dans l'acide chlorhydrique. Le dérivé acétylé correspondant fond à 210-211° et se dissout peu dans l'eau, beaucoup plus dans l'alcool.

Oxydée par l'acide chromique, l'isoduridine perd un groupement méthyle en donnant de la pseudo-cumoquinone [E. Nœlting et Th. Baumann, *D. chem. G.*, 18, 1149; *Bull. Soc. Chim.*, (2), 42, 335].

Lorsque l'on introduit peu à peu du nitrate d'isoduridine finement pulvérisé dans de l'acide sulfurique concentré refroidi à — 10° et que l'on précipite par la glace pilée et le carbonate de sodium le produit formé, on obtient un *dérivé nitré* $C^6(CH^3)^4AzH^2AzO^2$, qui cristallise dans l'alcool en aiguilles d'un jaune brun, fusibles à 87-88° [E. Nœlting, *Bull. Soc. Chim.*, (3), 5, 387].

Dérivé sulfoné. — On l'obtient en chauffant au bain-marie l'isodurène avec de l'acide sulfurique fumant ou simplement concentré. L'acide, mis en liberté de son sel de plomb par l'hydrogène sulfuré, cristallise par évaporation au-dessus de l'acide sulfurique concentré en lamelles déliquescentes fusibles vers 100°, renfermant 2 molécules d'eau.

Le *sel de plomb*,

$$[C^6H(CH^3)^4SO^3]^2Pb . 3H^2O.$$

cristallise en belles aiguilles nacrées.

Les *sels de cuivre* et *d'argent* sont anhydres et cristallisés. Ils s'altèrent à la température de 120° en brunissant.

Le *sel de baryum* est anhydre et soluble dans 200 parties d'eau.

Les *sels de calcium* et *de strontium* renferment 3 et 9 molécules d'eau.

Le *sel de sodium*, $C^{10}H^{13}SO^3Na, 0,5H^2O$, et celui *de potassium*, $C^{10}H^{13}SO^3K, H^2O$, sont plus stables sous l'action de la chaleur [M. Bielefeldt, *Ann. Chem.*, 198, 380; *Bull. Soc. Chim.*, (2), 34, 692].

L'*isodurène-sulfamide*, obtenue par l'action de l'ammoniaque sur le chlorure, cristallise dans l'eau ou dans l'alcool étendu en longues aiguilles fusibles à 118° (O. Jacobsen).

Isodurénol. — Il se produit par fusion de l'isodurène-sulfonate de sodium avec la potasse. Les acides le précipitent sous la forme d'une masse cristalline fusible à 108°. Son odeur rappelle celle du phénol; il ne colore pas le perchlorure de fer.

Si on prolonge la fusion avec la potasse, il s'oxyde en donnant un acide oxyisodurylique volatil dans un courant de vapeur et qui donne une coloration bleue avec le chlorure ferrique [O. Jacobsen, *D. chem. G.*, 15, 1853; *Bull. Soc. Chim.*, (2), 39, 127].

PREHNITÈNE.

Jusqu'ici cet hydrocarbure n'a pas été trouvé dans le goudron de houille ni dans les produits de méthylation du benzène; mais il se produit par suite de transpositions moléculaires dans ces derniers composés.

Lorsque l'on abandonne pendant 4 ou 5 jours le durène-sulfonate de sodium avec de l'acide sulfurique concentré, en chauffant à la fin vers 40-50°, le produit de la réaction, épuisé à la ligroïne, lui cède de l'hexaméthylbenzène. La solution sulfurique décomposée par l'eau est transformée en sulfamides, que l'on sépare en trois fractions fusibles à 110, 170 et 187°. Traitées par l'acide chlorhydrique à 170°, les deux premières donnent du pseudo-cumène, la dernière du prehnitène [O. Jacobsen, *D. chem. G.*, 19, 1209; *Bull. Soc. Chim.*, (2), 47, 202].

On l'a obtenu également par synthèse directe au moyen du bromo-pseudo-cumène.

$$C^6H^2(CH^3)^3_{(1.2.4)}Br_{(3)}.$$

On chauffe à 150° 100 grammes de bromo-pseudo-cumène avec 500 grammes de benzène, 120 grammes d'iodure de méthyle et 50 grammes de sodium; la pression monte à 9 atmosphères. Après refroidissement, on soumet le liquide à la distillation fractionnée, et la portion bouillant de 170 à 210° traitée par l'acide sulfurique concentré, auquel on ajoute ensuite un tiers de son volume d'eau, laisse déposer, par refroidissement, de l'acide prehnitène-sulfoné, qu'il n'y a plus qu'à purifier et à décomposer par l'acide chlorhydrique; il renferme encore un peu de pseudo-cumène [W. Kelbe et K. Pathe, *D. chem. G.*, 19, 1546; *Bull. Soc. Chim.*, (2), 47, 422].

M. O. Jacobsen a réalisé la même synthèse plus simplement en faisant bouillir au réfrigérant à reflux pendant 3 jours un mélange de 20 grammes de bromo-pseudo-cumène, 14 grammes de sodium et 40 grammes d'iodure de méthyle en solution dans l'éther. Cet hydrocarbure se produit également avec le dibromo-m-xylène

$$C^6H^2(CH^3)^2_{(1.3)}Br^2_{(2.4)}$$

[O. Jacobsen, *D. chem. G.*, 21, 2821; *Bull. Soc Chim.*, (3), 1, 513].

Le pentaméthylbenzène traité à la température ordinaire par l'acide sulfurique concentré se dédouble quantitativement en hexaméthylbenzène et acide prehnitène-sulfoné [O. Jacobsen, *D. chem. G.*, 20, 901; *Bull. Soc. Chim.*, (2), 48, 285].

On peut l'obtenir d'une autre façon en partant du pentaméthylbenzène. Cet hydrocarbure, par ébullition avec l'acide nitrique étendu, donne un acide tétraméthylbenzoïque fusible à 165°, qui, par distillation avec de la chaux, se transforme en prehnitène [M. Gottschalk, *D. chem. G.*, 20, 3287; *Bull. Soc. Chim.*, (2), 49, 714].

Cet hydrocarbure est liquide à la température ordinaire, mais se solidifie par le froid en cristaux fusibles à — 4°. Il bout à 204°. Il donne un *picrate* assez stable qui cristallise dans l'alcool et fond à 92-95°.

Chauffé au bain-marie avec une solution étendue de permanganate, le prehnitène donne d'abord de l'*acide prehnitylique*,

$$C^6H^2(CH^3)^3_{(1.2.3)}CO^2H_{(4)},$$

fusible à 167°,5, puis de l'*acide prehnitique*, $C^6H^2(CO^2H)^4$ [A. Töhl, *loc. cit.*].

Dérivés chlorés et bromés. — Par l'action d'un courant de chlore sur le prehnitène en solution dans la ligroïne contenant une trace d'iode, on obtient le *chloroprehnitène*, $C^6H(CH^3)^4Cl$, qui bout à 240°. Il se produit en même temps un *dérivé dichloré* qui cristallise dans le chloroforme en prismes fusibles à 195° et distille sans décomposition vers 280°.

Le *bromoprehnitène* se produit de même par l'action du brome sur une solution acétique de prehnitène, et se précipite par addition d'eau sous la forme d'une huile épaisse qui cristallise bientôt. Il fond à 30° et bout à 265°. Traité par l'acide sulfurique concentré vers 30°, il se dédouble à peu près quantitativement en *dibromoprehnitène* et acide prehnitène-sulfoné. Le dibromoprehnitène cristallise en prismes incolores qui fondent à 210° [A. Töhl, *D. chem. G.*, **25**, 1521 et 1526; *Bull. Soc. Chim.*, (3), **8**, 1097 et 1098].

L'*acide prehnitène-sulfoné* s'obtient par l'action de l'acide sulfurique concentré à la température ordinaire et peut être précipité par l'eau sous la forme d'aiguilles peu solubles.

Le *sel de sodium* cristallise avec une molécule d'eau. Celui *de baryum* est peu soluble dans l'eau. L'*amide* correspondante cristallise en prismes fusibles à 187°

Par fusion avec la potasse, il donne le *prehniténol*, qui cristallise dans la ligroïne en aiguilles soyeuses, fusibles à 86-87°, et bout à 266°. Il ne donne pas de coloration avec le chlorure ferrique. L'*acétate* correspondant fond à 56-57°. Traité par le brome, il donne un *dérivé bromé* fusible à 151°.

Dérivés nitrés et amidés. — Abandonné pendant quelques jours à la température du laboratoire avec de l'acide nitrique ordinaire, le prehnitène donne un *dérivé mononitré* volatil avec la vapeur d'eau et qui cristallise en aiguilles étoilées fusibles à 61°. Il bout à 295° en se décomposant partiellement.

Par l'action du mélange sulfonitrique on obtient le *dérivé dinitré*, qui fond à 178°. Ce même dérivé dinitré se produit encore en même temps que de l'hexaméthylbenzène lorsque l'on traite par l'acide nitrique fumant le pentaméthylbenzène [M. Gottschalk, *loc. cit.*].

La *prehnidine*, obtenue en réduisant le dérivé mononitré par le fer et l'acide acétique, est facilement volatile avec la vapeur d'eau et fond à 70°. Son *chlorhydrate* est peu soluble dans un excès d'acide et cristallise anhydre. Le *sulfate* forme de grandes lamelles anhydres peu solubles dans l'eau froide. Le *dérivé acétylé* correspondant fond à 172° et fournit avec l'acide nitrique un *dérivé nitré* fusible à 225°

Réduit par le sulfhydrate d'ammoniaque, le dinitroprehnitène se transforme en un *dérivé nitro-amidé* qui fond à 131° et ne se dissout que dans les acides concentrés.

Le dérivé nitroacétamidé réduit par l'étain et l'acide chlorhydrique donne de l'*éthényl-prehnitylène-amidine*,

$$C^{10}H^{12}\langle {}^{AzH}_{Az} \rangle C.CH^3,$$

dont le chlorhydrate cristallise avec 2 molécules d'eau.

Le *diamidoprehnitène* s'obtient par réduction de la nitramine ou du dérivé dinitré au moyen de l'étain et de l'acide chlorhydrique. Il forme de grandes lamelles blanches peu solubles dans l'alcool ou dans la ligroïne, fusibles à 140°. Son *chlorhydrate*, $C^{10}H^{12}(AzH^2)^2 2HCl, H^2O$, est très peu soluble dans l'acide chlorhydrique concentré.

O. Saint-Pierre.

DURÈNE-QUINONE. — Voyez DURÈNE.

DURÉNOL. — Voyez DURÈNE

DUROL. — Ancien synonyme de DURÈNE.

DUROYLBENZOÏQUE (ACIDE) [Syn. *Diphénylméthanone-tétraméthyle* 2.3.5.6-*méthyloïque* 2'],

$$C^6H(CH^3)^4.CO.C^6H^4.CO^2H.$$

— Pour préparer cet acide, on chauffe au bain-marie pendant 2 ou 3 heures un mélange de durène et d'anhydride phtalique auquel on ajoute peu à peu du chlorure d'aluminium. Lorsqu'il ne se dégage plus d'acide chlorhydrique, on décompose la masse par l'eau, on neutralise par l'ammoniaque et on filtre. Par addition d'acide chlorhydrique, il se précipite de l'acide duroylbenzoïque, que l'on purifie par cristallisation à l'état de sel de baryum. Cet acide fond à 265-268°; mais il suffit de traces d'impuretés pour abaisser notablement son point de fusion. Il est insoluble dans l'eau, soluble dans l'alcool, l'acétone, le benzène, l'éther et l'acide acétique.

Les *sels alcalins* correspondants sont facilement solubles dans l'eau; ceux *de baryum* et *de calcium* ne s'y dissolvent bien qu'à chaud.

Par fusion avec la potasse, cet acide se dédouble en durène et acides carbonique et benzoïque [Friedel et Crafts, *Bull. Soc. Chim.*, (2), **35**, 508].

O. Saint-Pierre.

DURYLBENZOÏQUE. — Voyez BENZOYLDURÈNE.

DURYLGLYOXYLIQUES (ACIDES) [Syn. *Tétraméthylbenzène* 1.2.4.5-*éthanone-oïque*],

$$C^6H(CH^3)^4.CO.CO^2H.$$

— Les trois isomères connus s'obtiennent par oxydation des durylméthylcétones ou des carbinols correspondants, au moyen d'une solution étendue de permanganate.

L'acide durylglyoxylique cristallise en houppes soyeuses qui fondent à 124° et se décomposent vers 280°. Il est à peu près insoluble dans l'eau, même chaude

Le *sel de potassium* renferme 5 molécules d'eau, celui *de calcium* 9, celui *de baryum* 3.

Réduit par l'amalgame de sodium, il donne de l'*acide durylglycolique*, fusible à 146°. Les *sels alcalins* sont indéfiniment solubles dans l'eau et n'ont pu être obtenus cristallisés; ceux *de calcium* et *de baryum* renferment respectivement 8 et 2 molécules d'eau

Si l'on effectue l'oxydation de la durylméthylcétone avec une quantité plus considérable de permanganate et à chaud, on obtient de l'*acide durylcarbonique* (tétraméthylbenzoïque), qui est cristallisé en lamelles fusibles à 109°.

L'*acide isodurylglyoxylique*,

$$C^6H(CH^3)^4_{(1.2.3.5)}CO_{(4)}CO^2H,$$

est liquide et se décompose par ébullition avec l'eau ou les alcalis. Le *sel de sodium*, ceux *de baryum* et *de cuivre* renferment $5H^2O$; celui *de calcium* est extrêmement soluble et cristallise avec 3 molécules d'eau.

L'*acide isodurylglycolique* cristallise en prismes courts, fusibles à 156°, peu solubles dans l'eau. Les *sels alcalins* sont très solubles; ceux *de baryum* et *de calcium* cristallisent avec 3 et 8 molécules d'eau.

Réduit par l'acide iodhydrique, il se transforme en *acide durylacétique*.

L'*acide isodurylcarbonique* correspondant est un liquide huileux qui n'a pu se solidifier même dans un mélange réfrigérant.

L'*acide prehnitylglyoxylique* est incristallisable. Les *sels alcalins* sont très solubles; ceux *de baryum* et *de calcium* renferment $4H^2O$, celui de cuivre $3H^2O$.

L'*acide prehnitylglycolique* est soluble dans l'eau bouillante, insoluble dans l'eau froide; il fond à 160°. Ses sels sont très solubles; celui *de baryum* cristallise avec 3 molécules d'eau, celui *de calcium* en renferme 2,5.

L'*acide prehnitylacétique* cristallise dans l'eau chaude en aiguilles brillantes, fusibles à 125°. Son *sel de calcium* renferme 3 molécules d'eau.

L'*acide prehnitylcarbonique* est un liquide incristallisable qui se décompose par la chaleur vers 270° en donnant un composé cristallin fusible à 150° [Ad. Claus et F. Focking, *D. chem. G.*, **20**, 3097; *Bull. Soc. Chim.*, (2), **49**, 516. — Ad. Claus et E. Fohlisch, *J. prakt. Chem.*, (2), **38**, 230; *Bull. Soc. Chim*, (3), **1**, 210].

O. Saint-Pierre.

DURYLIQUES (ACIDES) [Syn. *Cumylique, triméthylbenzène-méthyloïque*],

$$C^6H^2(CH^3)^3CO^2H.$$

— Par suite de la formule symétrique du durène, on ne peut concevoir qu'un seul acide monobasique correspondant au durène, l'acide durylique.

On l'obtient en oxydant le durène en solution acétique par l'acide chromique, ou par l'action de l'acide nitrique étendu; mais, dans ce cas, il se produit en outre du dinitrodurène. L'acide durylique fond à 149°. Le *sel de baryum* cristallise avec 7 molécules d'eau et est efflorescent; celui *de calcium* avec 2 molécules [R. Gissmann, *Ann. Chem.*, **216**, 200. — J.-U. Nef, *D. chem. G.*, **18**, 2801].

L'acide durylique se produit encore lorsque l'on fond de l'acide pseudo-cumène-sulfoné avec du formiate de sodium [O. Jacobsen, *D. chem. G.*, **17**, 2516; *Bull. Soc. Chim.* (2), **44**, 635], ou bien encore en partant de la pseudo-cumidine, que l'on transforme en nitrile par la méthode de M. Sandmeyer [Wende, *D. chem. G.*, **20**, 867; *Bull. Soc. Chim.* (2), **48**, 428].

Traité par l'acide nitrique fumant, il donne de l'*acide dinitrodurylique*, peu soluble dans l'eau froide, mais qui s'y dissout aisément à chaud, ainsi que dans l'éther, le chloroforme et le benzène. Il fond à 205°. Le *sel de calcium* correspondant cristallise avec 3 molécules d'eau et fait explosion lorsqu'on le chauffe; celui *de baryum* forme des aiguilles soyeuses d'une couleur de fleur de pêcher et se dissout facilement dans l'eau.

Oxydé par le permanganate, cet acide se transforme en acide dinitropyromellique,

$$C^6(AzO^2)^2(CO^2H)^4$$

[J.-U. Nef, R. Gissmann., *loc. cit.*].

L'*acide diamidodurylique* se produit lorsque l'on réduit le dérivé dinitré en solution acétique par le zinc en poudre; on le purifie par cristallisation dans l'eau. Cet acide fond vers 221° en se décomposant. Lorsqu'on traite à froid par le chlorure ferrique sa solution chlorhydrique, on obtient par épuisement à l'éther de l'acide quinone-durylique qui se décompose vers 130°. L'éther correspondant fond à 60° et peut être sublimé [J.-U. Nef, *D. chem. G.*, **18**, 396 · *Ann. Chem.*, **237**, 1].

Lorsqu'on fond pendant longtemps avec de la potasse l'acide durène-sulfoné, le durénol formé s'oxyde partiellement en donnant un *acide oxydurylique*, que l'on purifie par cristallisation dans l'alcool étendu. Il fond à 148° et peut être sublimé sans décomposition. Chauffé à 200° avec de l'acide chlorhydrique, il se décompose en donnant du pseudo-cuménol. Le sel de calcium correspondant est peu soluble dans l'eau froide; il cristallise en prismes qui renferment 2 molécules d'eau [O. Jacobsen et E. Schnapauff, *D. chem. G.*, **18**, 2841].

L'*acide dioxydurylique* se produit lorsqu'on réduit par la poudre de zinc l'acide quinone-durylique. Il fond à 190° et est peu soluble dans l'eau froide. Avec le chlorure ferrique, il se colore en vert et régénère la quinone [J.-U. Nef, *loc. cit.*].

Acides isoduryliques. — De l'isodurène dérivent par oxydation trois acides isoduryliques :

CH³ / CH³ / CH³ / CO²H
α (1.2.3.5).

CH³ / CO²H / CH³ / CH³
β (1.3.5.6).

CO²H / CH³ / CH³ / CH³
γ (1.2.4.6).

On les obtient simultanément et en quantités presque équivalentes lorsqu'on fait bouillir l'isodurène avec de l'acide nitrique étendu à 20 0/0. Pour les séparer et les purifier, on sépare d'abord les acides des dérivés nitrés par les procédés ordinaires, puis on les distille dans un courant de vapeur d'eau, on sature les acides par la baryte, et, par cristallisation, on obtient d'abord le sel de l'acide α. Les eaux mères sont ensuite décomposées par l'acide chlorhydrique et le précipité épuisé à la ligroïne.

Par évaporation de ce dissolvant l'acide β se dépose le premier. Enfin l'acide γ est transformé en sel de calcium et on le sépare ainsi de ce qui reste d'acide β, dont le sel est beaucoup moins soluble [O. Jacobsen).

L'acide α est peu soluble dans l'eau, même bouillante, d'où il se dépose en petites aiguilles fusibles à 215-216° · il est légèrement volatil avec la vapeur d'eau.

Le *sel de calcium* renferme 5 molécules d'eau, celui *de strontium* 5, celui *de baryum* 4 [M. Bielefeldt, *Ann. Chem.*, **198**, 384; *Bull. Soc. Chim.*, (2), **34**, 692]. Par distillation avec de la chaux, il donne de l'*hémellithène* $C^6H^3(CH^3)^3_{(1.2.3)}$.

L'acide β se présente sous la forme de prismes épais, fusibles à 151°. Il peut être distillé sans décomposition; mais avec de la chaux il donne du mésitylène, ce qui fixe sa constitution. Le *sel de calcium* correspondant est presque insoluble dans l'eau, même bouillante et cristallise avec 2 molécules d'eau.

L'acide γ, presque insoluble dans l'eau, cristallise dans l'alcool en aiguilles fusibles à 84-85°. Il est facilement volatil dans un courant de vapeur et distille sans décomposition en présence de la chaux; il se dédouble en donnant du pseudo-cumène. Les *sels de potassium* et *de baryum* sont amorphes, celui *de calcium* est soluble dans l'eau et cristallise avec 2 molécules d'eau.

Dans la préparation des acides isoduryliques on peut éviter la formation de l'acide α en traitant par une solution alcaline de permanganate l'isodurène-sulfamide et décomposant par l'acide chlorhydrique, à 180°, les acides sulfamiques β et γ ainsi formés. On peut même aisément séparer ces acides sulfamiques à l'état de sels de calcium, dont le premier seul cristallise, tandis que l'autre est amorphe [O. Jacobsen, *D. chem. G.*, **15**, 1853; *Bull. Soc. Chim.*, (2), **39**, 127].

L'acide β isodurylique, fusible à 151°, a été encore obtenu en même temps que de l'éthanoylmésitylène par l'action des alcalis sur le dimésitylméthane $[(CH^3)^3_{(1.3.5)}C^6H^2CO_{(2)}]^2CH^2$, qui se produit lorsqu'on fait réagir le chlorure de malonyle sur le mésitylène en présence du chlorure d'aluminium [A. Béhal et V. Auger, *Bull. Soc. Chim.*, (3), **9**, 703].

Acide prehnitylique. — On ne connaît qu'un seul des deux acides dérivés du prehnitène. Il se produit lorsqu'on fait bouillir ce carbure avec de l'acide nitrique étendu, et cristallise en longs prismes brillants, fusibles à 167°,5. Il est légèrement volatil dans un courant de vapeur. Le *sel de calcium* correspondant se dissout assez facilement dans l'eau [O. Jacobsen, *D. chem. G.*, **19**, 1214; *Bull. Soc. Chim.*, (2), **47**, 202].

O. Saint-Pierre.

DURYLMÉTHYLCÉTONES. — Ces composés s'obtiennent par l'action du chlorure d'acétyle et du chlorure d'aluminium sur les durènes en solution sulfocarbonique.

Le dérivé du durène proprement dit,

$$C^6H(CH^3)^4_{(1.2.4.5)}COCH^3_{(3)},$$

cristallise en lamelles brillantes qui fondent à 63°. Il bout à 251° et peut être distillé dans un courant de vapeur. Son *hydrazone* se décompose sans fondre à 225°; il ne se combine pas d'une façon stable à l'hydroxylamine.

Réduit par la poudre de zinc en solution alcoolique, il donne le durylméthylcarbinol, qui fond à 72°.

Le dérivé de l'isodurène,

$$C^6H(CH^3)^4_{(1.2.3.5)}CO.CH^3_{(4)},$$

est liquide et bout à 253-255°. Il ne se solidifie pas dans un mélange réfrigérant et se colore peu à peu à la lumière. Il se combine à l'hydroxylamine en donnant un dérivé qui se décompose à 215° sans fondre; l'*oxime* correspondante fond à 148°. Réduit par le zinc en poudre et l'alcool, il donne un carbinol liquide qui bout au-dessus de 300°. En opérant la réduction par le zinc et l'acide chlorhydrique, on obtient en outre une très petite quantité de la pinacone correspondante [Ad. Claus et F. Focking, *D. chem. G.*, **20**, 3097; *Bull. Soc. Chim.*, (2), **49**, 516].

Le dérivé du prehnitène est une huile réfringente, d'odeur agréable, qui bout à 258-260°. Son *hydrazone* fond à 129° [Ad. Claus et E. Fohlisch, *J. prakt. Chem.*, (2), **38**, 230; *Bull. Soc. Chim.*, (3), **1**, 210].

O. Saint-Pierre.

DUXITE (Min.). — Résine fossile.

DYNAMIQUE CHIMIQUE. — L'affinité été fort étudiée dans ces derniers temps, non pas en ce qui regarde son essence même, laquelle nous restera sans doute toujours cachée, mais dans son mode d'action et dans ses rapports avec les autres agents naturels. Le sens des réactions chimiques qui peuvent se produire entre diverses quantités de matières, leur vitesse, la température où elles se manifestent, les changements de pression, d'état thermique ou électrique qu'elles provoquent, telles sont les données d'observation entre lesquelles on a cherché des relations théoriques que l'expérience a dû vérifier. On s'est préoccupé surtout des réactions dites *limitées*. Ces réactions, dont l'existence même était presque inconnue jusqu'aux travaux de H. Sainte-Claire Deville sur la dissociation, se trouvent être extrêmement communes : de fait, elles représentent le cas général de l'action chimique, celui où les produits restés en présence de leurs générateurs peuvent avoir sur ceux-ci une influence qui n'est pas nulle. On a supposé que la limitation des réactions était simplement due à la coexistence de deux actions chimiques inverses, les produits de l'une devenant les générateurs de l'autre; dans ce cas, il est clair que l'équilibre est atteint quand il se reforme dans un temps donné autant de chaque corps qu'il s'en détruit, c'est-à-dire quand les réactions antagonistes ont même vitesse. La vérification de la théorie portait donc surtout sur l'étude des vitesses des réactions : elle a pu être effectuée dans différents cas et a donné des résultats satisfaisants. En se plaçant à ce point de vue, qui est tout à fait chimique, l'influence de l'élévation de la température ne peut être déterminée à l'avance; il n'en est pas de même si l'on cherche, à l'exemple des physiciens, à prévoir les conditions d'équilibre des réactions d'après les principes de la thermodynamique, ce qui peut se faire de plusieurs manières, et a été réalisé d'abord par M. Horstmann [*Ann. Chem.*, **170**, 192; 1873], puis d'une façon très générale et très approfondie par J.-W. Gibbs [*Transact. of the Connecticut Acad.*, **3**, 108; 1875]. A vrai dire, la vitesse des réactions devient à son tour indéterminée et l'on ne peut guère préciser les conséquences expérimentales qu'en partant de gaz parfaits. Les deux méthodes ont donc chacune leur avantage. Nous les exposerons successivement [1].

1. Qu'il nous suffise de donner ici, sur le second principe de la théorie mécanique de la chaleur, quelques idées générales qui ont été d'abord développées par Clausius.

Ce principe règle l'application du premier; il est distinct de celui-ci et il est né avant lui, car Carnot l'a déduit, en 1824, d'une théorie abandonnée aujourd'hui, — celle du *calorique-matière*. La voici sous son énoncé le plus connu.

Pour transformer une quantité donnée de chaleur en travail mécanique dans une machine parfaite fonctionnant entre les deux températures *absolues* $\mathfrak{T}$ et $\mathfrak{T}'$ ($\mathfrak{T} > \mathfrak{T}'$), il faut emprunter à la source chaude une quantité de chaleur Q plus grande que celle qui doit être changée en travail. La différence Q' entre ces deux quantités est versée sur le corps froid. Il y a une relation déterminée entre la chaleur transformée Q — Q' et la quantité *minima* de chaleur Q' qu'il faut nécessairement transporter du corps chaud sur le corps froid et qu'on ne peut plus utiliser mécaniquement. Ce *rendement maximum* est déterminé par les températures $\mathfrak{T}$ et $\mathfrak{T}'$ seulement; en voici l'expression algébrique :

$$\frac{Q - Q'}{Q} = \frac{\mathfrak{T} - \mathfrak{T}'}{\mathfrak{T}}$$

Ce principe est démontré pour les machines à gaz : on admet avec Carnot qu'il est applicable à toutes les autres machines thermiques, car il faudrait admettre, sans cela, qu'on peut, par l'intermédiaire de deux machines thermiques fonctionnant d'une façon inverse, porter indéfiniment, et sans perte de chaleur ou de travail, de la chaleur d'un corps froid sur un corps chaud. Ainsi, pour rappeler les mots mêmes de Carnot, « il n'y a pas de travail produit dans les machines sans une *chute de chaleur*, c'est-à-dire sans transport de chaleur d'un corps chaud sur un corps froid. Le rendement maximum d'une machine thermique est déterminé par les températures entre lesquelles elle fonctionne ».

Tout cela est de la mécanique pure; mais voici une généralisation, due à Clausius, qui mène à des conséquences fort importantes pour la philosophie naturelle et pour la chimie. La formule précédente, qui exprime le rendement d'une machine réversible parfaite, et dans laquelle la quantité de chaleur Q — Q' = q, qui se transforme en travail, *disparaît* en tant que chaleur à la température $\mathfrak{T}$, peut s'écrire ainsi :

$$\frac{q}{\mathfrak{T}} = \frac{Q'}{\mathfrak{T}'} - \frac{Q'}{\mathfrak{T}}.$$

Clausius a fait voir que, si l'on se sert du passage de la même quantité de chaleur Q' de $\mathfrak{T}$ à $\mathfrak{T}'$ pour transformer en travail une autre quantité de chaleur Q'' disparaissant à la température $\mathfrak{T}''$, on pourra l'écrire encore

$$\frac{Q''}{\mathfrak{T}''} = \frac{Q'}{\mathfrak{T}'} - \frac{Q'}{\mathfrak{T}}.$$

Ainsi, la même chute de chaleur, le passage de la quantité Q' de $\mathfrak{T}$ à $\mathfrak{T}'$, peut, dans un cycle d'opérations réversibles, occasionner la transformation en travail de quantités de chaleur très inégales; mais ces quantités Q'', Q''',... sont déterminées par les températures $\mathfrak{T}''$, $\mathfrak{T}'''$...

Les vues générales les plus nettes qui aient été exprimées sur le mécanisme des réactions chimiques, et en particulier sur leur vitesse, sont, semble-t-il, celles de M. van 't Hoff. Elles dérivent plus ou moins directement de la théorie de la dissociation de M. Pfaundler et de celle des échanges chimiques de M. Williamson [1]; elles ont

de la source qui les fournit, de telle sorte que l'on a toujours

$$\frac{Q'}{\mathcal{T}'}-\frac{Q'}{\mathcal{T}}=\frac{Q''}{\mathcal{T}''}=\frac{Q'''}{\mathcal{T}'''}\cdots$$

Il est naturel de considérer ces *transformations* de chaleur en travail, caractérisées par les quotients $\frac{Q''}{\mathcal{T}''}$, $\frac{Q'''}{\mathcal{T}'''}$, comme *équivalentes*, puisqu'elles demanderont pour être produites une même chute de chaleur. Les quantités de chaleur transformées, qui sont entre elles comme les températures où elles disparaissent, subissent donc des *transformations équivalentes*. Si, au contraire, les quantités de chaleur transformées en travail étaient les mêmes, l'*équivalent* de leur transformation serait d'autant plus petit que la température serait plus élevée : ce qui revient à dire que le phénomène serait produit par une moindre chute de chaleur, ou enfin que la chaleur serait d'autant plus facile à transformer, plus aisément utilisable, qu'elle serait à une température plus élevée.

Le quotient $\frac{Q}{\mathcal{T}}$ représenterait l'*équivalent des transformations*.

Dans la formule

$$\frac{Q'}{\mathcal{T}'}-\frac{Q'}{\mathcal{T}}=\frac{Q''}{\mathcal{T}''},$$

ou bien

$$\frac{Q'}{\mathcal{T}'}-\frac{Q'}{\mathcal{T}}-\frac{Q''}{\mathcal{T}''}=0,$$

la différence $\frac{Q'}{\mathcal{T}'}-\frac{Q'}{\mathcal{T}}$, qui se rapporte au passage de la chaleur Q' de la source à $\mathcal{T}$ à la source à $\mathcal{T}'$, se présente sous la même forme que les deux équivalents de transformation que nous écririons d'après la convention précédente pour exprimer la transformation de Q' calories en travail à $\mathcal{T}$ et celle de la même quantité de travail en Q' calories à $\mathcal{T}'$.

De fait, dans la chute de chaleur, il y a aussi un emprunt de Q' à la source à $\mathcal{T}$ degrés et une restitution de la même quantité de chaleur à la source à $\mathcal{T}'$. En comptant positivement les quantités de chaleur qui sont cédées aux sources et négativement celles qui leur sont empruntées pour être transformées en travail, ou abaissées de température, on pourra donc écrire :

$$\text{Somme des quotients}\left(\frac{\text{chaleurs cédées à } \mathcal{T} \text{ degrés}}{\mathcal{T}}\right)=0.$$

Telle est l'expression du second principe de la théorie mécanique de la chaleur, lorsqu'il s'agit de cycles réversibles, c'est-à-dire d'une suite d'opérations qu'on peut toutes accomplir en sens inverse et où le corps qui sert à utiliser la chaleur est ramené finalement à son état primitif. Mais cette dernière condition peut être seule remplie; alors le cycle d'opérations n'est plus réversible et l'on ne peut pas l'accomplir de deux façons, en ayant toujours un dégagement de chaleur là où dans l'autre manière on a une absorption égale de chaleur, un transport de chaleur d'un corps froid sur un corps chaud là où on constatait une *chute* égale, etc. Dans ce cas, une chute de chaleur d'équivalent A occasionne une transformation de chaleur en travail d'un équivalent B, tel que A n'est pas égal à B, ou bien une transformation de travail en chaleur d'un équivalent A occasionne un transport de chaleur d'un corps froid sur un corps chaud d'un équivalent B tel, que B n'est pas égal à A; mais on remarque alors que l'on a toujours $A>B$, c'est-à-dire que la chute de chaleur a un équivalent plus grand que la transformation de chaleur en travail, ou que l'équivalent de la transformation du travail en chaleur est plus grand que celui de l'élévation de chaleur qu'elle accompagne. De sorte que dans tous les cycles fermés possibles l'on a

$$\text{Somme des quotients}\left(\frac{\text{chaleur cédée à } \mathcal{T} \text{ degrés}}{\mathcal{T}}\right)\geqq 0.$$

En définitive, les opérations *positives*, comme la transformation du travail en chaleur ou le transport de la chaleur d'un corps chaud sur un corps froid, *sont seules possibles sans compensation.*

Nous avons considéré jusqu'ici des cycles d'opérations dans lesquels il n'y a pas à tenir compte d'un changement définitif dans l'état du corps employé pour mettre en jeu les diverses quantités de chaleur et de travail. Nous devons maintenant éliminer cette restriction, c'est-à-dire supposer que le cycle n'existe plus et qu'on ne ramène plus le corps considéré à son état primitif.

Clausius admet que dans ce cas encore, et lorsqu'il s'agit de changements réversibles, on peut écrire une égalité semblable à la précédente et qui se transforme comme elle en une inégalité dans un certain sens, si on considère les changements non réversibles. Pour cela, il a imaginé une grandeur nouvelle, la *disgrégation*, qui est déterminée par l'état du corps et dont la variation constitue une transformation dont l'équivalent peut être formulé de façon à prendre une valeur égale et inverse de l'équivalent $-\frac{Q}{\mathcal{T}}$ de la transformation de chaleur en travail qui accompagne le changement réversible en question. On aura donc dans ce cas

$$\text{Somme des quotients}\left(\frac{\text{chaleur cédée à } \mathcal{T} \text{ degrés}}{\mathcal{T}}\right)$$

et de l'équivalent de la variation de disgrégation = 0.

On peut assez facilement déterminer cet équivalent lorsqu'il s'agit d'un gaz parfait. Supposons qu'un certain volume de gaz soit maintenu à $\mathcal{T}^{\circ}$ par le contact avec une source et que nous lui fassions effectuer un certain travail en le laissant se dilater d'une façon réversible, c'est-à-dire en lui opposant une pression différant infiniment peu de la sienne. La quantité de chaleur qui se transformera ainsi en travail pendant que le gaz doublera de volume par exemple, variera proportionnellement à la température $\mathcal{T}$ à laquelle nous ferons l'expérience, mais l'équivalent de cette transformation $-\frac{Q}{\mathcal{T}}$ sera toujours le même. Correspondamment, nous dirons que nous constatons un accroissement de disgrégation d'un équivalent égal; nous lui donnerons donc la valeur $\frac{Q}{\mathcal{T}}$, et la somme des équivalents sera nulle. Si le gaz double de volume sans vaincre de pression, ce qui constitue un changement non réversible, il n'y aura pas de chaleur transformée en travail, mais l'accroissement de disgrégation pourra être considéré comme ayant le même équivalent que tout à l'heure (de là un moyen de le déterminer). La somme des équivalents sera donc positive.

Clausius assimilait à une augmentation de disgrégation la fusion, la vaporisation, la séparation des composés chimiques en leurs éléments; Horstmann prit même cette idée comme guide dans une théorie thermochimique qui ne fut pas généralisée. Dans tous ces cas, on obtenait l'équivalent du changement de disgrégation par la mesure des transformations compensatrices dans des changements *réversibles* : c'est dire que cette détermination n'était en général possible que pour les gaz.

Les conclusions du mémoire de Clausius sur l'extension du second principe sont de la plus grande simplicité et de la plus grande importance; les voici : « Si l'on confond sous le nom d'*énergie* d'un corps la somme de la chaleur et de l'*œuvre* (travail intérieur évalué en calories) qu'il contient, et si l'on désigne d'une façon analogue par le mot *entropie* la somme de l'équivalent de transformation de sa chaleur à la température qu'il possède et de sa *disgrégation*, laquelle peut être considérée aussi comme un équivalent de transformation (puisque la mesure d'un accroissement de disgrégation est l'équivalent de la transformation d'œuvre en chaleur qui serait nécessaire pour produire un décroissement inverse et égal) et revêt une expression algébrique semblable, on arrivera à ces deux énoncés extrêmement généraux : *Dans toutes les transformations possibles, l'énergie se conserve, et l'entropie se conserve ou s'accroît, mais ne décroît jamais.* »

1. Nous rappellerons seulement que M. Williamson [*Chem. Soc.*, 4, 110, 1851], dans sa théorie de l'éthérification, admet que, dans les composés fluides, les molécules sont incessamment détruites et reconstituées par un perpétuel échange d'atomes, et que M. Pfaundler [*Poggendorff's Annalen*, 131, 55] a précisé cette notion en supposant que les différentes molécules d'un fluide peuvent avoir au même instant des vitesses très différentes, ou pour ainsi dire des températures particulières, et conséquemment que, dans certaines d'entre elles, les liens de l'affinité peuvent être assez affaiblis pour que les échanges d'atomes admis par M. Williamson aient lieu.

été adoptées par deux savants auxquels on devait déjà de très belles et très importantes recherches dans le même ordre d'idées, MM. Guldberg et Waage. Comme elles sont très simples, et bien qu'elles n'aient été émises qu'assez récemment (1885), nous les exposerons en premier lieu.

L'origine du beau travail de M. van 't Hoff est un point fort délicat de philosophie chimique, l'explication de l'isomérie des acides fumarique et maléique. Ces acides ont la même formule de constitution si l'on écrit les symboles dans un plan, comme Kekulé nous a appris à le faire; ils peuvent en avoir deux si l'on se représente les atomes dans l'espace. Comme leurs propriétés paraissent, à première vue, assez différentes, Fittig et d'autres ont préféré leur donner deux formules de structure distinctes en altérant les notions connues de valence et en admettant la présence d'atomes non saturés. Selon M. van 't Hoff, les deux corps renferment les mêmes groupes, mais dans des positions relatives qui ne sont pas identiques; dès lors, ce savant, pour appuyer ses vues, dut chercher à comparer les propriétés des deux corps et voir s'ils diffèrent réellement autant que les premiers expérimentateurs l'avaient prétendu.

On avait mis en avant la facilité particulière avec laquelle l'acide maléique réagit sur le brome, l'acide bromhydrique et l'alcool. Pour caractériser cette facilité autrement que par un mot vague, il fallait définir ce qu'on doit appeler correctement *vitesses de réaction* et comparer les deux isomères à ce point de vue. Ce fut l'origine des recherches de dynamique chimique de M. van 't Hoff. Selon lui, la vitesse avec laquelle un corps subit une transformation chimique est une fonction de la *concentration*, c'est-à-dire de la quantité de matière non encore décomposée existant dans l'unité de volume, et de plus cette fonction diffère selon que les molécules se transforment spontanément et sans avoir besoin d'en rencontrer d'autres, ce qui arrive par exemple quand un acide bromé perd HBr, ou qu'à l'inverse l'action chimique exige le concours de plusieurs molécules, comme dans la réaction : chloracétate de soude + soude = glycolate de soude + sel marin

Dans le premier cas, si chaque molécule subit sa transformation indépendamment du volume qu'elle occupe et du nombre de molécules déjà transformées, conditions qui paraissent se rencontrer le plus souvent, on peut écrire qu'il se transforme d'autant plus de matière qu'il y en a davantage à transformer, et que, en appelant C la concentration ou la quantité de matière non transformée contenue dans l'unité de volume[1], la diminution infinitésimale de C dans un temps infiniment court est proportionnelle à C,

$$-\frac{dC}{dt} = KC.$$

Telle est l'expression de la vitesse de réaction.

Intégrant cette équation, il vient

$$-\log C = K(\log e)\,t + \text{const} = K'\,t + \text{const.},$$

ce qui veut dire que, le temps croissant en progression arithmétique, la concentration décroîtra en progression géométrique. Les vérifications expérimentales faites par différents auteurs, et dont quelques-unes remontent plus loin que l'énoncé de M. van 't Hoff[2], ont toutes confirmé l'exactitude de la formule[3].

Les choses se passent autrement si chaque molécule a besoin d'en rencontrer une autre pour se transformer. On peut, pour une première approximation, supposer négligeable le volume même des molécules, ce qui revient à opérer avec des systèmes suffisamment dilatés; alors le nombre de rencontres dans l'unité de volume sera proportionnel à la fois à la concentration de chacune des espèces de molécules, c'est-à-dire au produit de ces concentrations, et la vitesse de réaction, proportionnelle à son tour à ce nombre de rencontres, sera

$$-\frac{dC}{dt} = KCC',$$

ou, si le nombre de molécules de chaque espèce est égal,

$$-\frac{dC}{dt} = KC^2,$$

équation bien différente de celle de la transformation unimoléculaire et qui donne par intégration

$$\frac{1}{C} = Kt + \text{const.}$$

En considérant cette formule, on trouve que K ne dépend plus seulement du choix de l'unité de temps, comme dans le cas des transformations unimoléculaires, mais encore de l'unité de concentration; en d'autres termes, *la quantité transformée varie maintenant avec le volume occupé par ce qui se transforme* : conséquence à prévoir, puisque le nombre de rencontres diminue par la dilution[1].

La vérification expérimentale, facile à exécuter à l'aide d'un essai alcalimétrique si l'on prend l'action de la soude sur le chloracétate de soude (mélange alcalin devenant neutre par la formation du glycolate), conduisit, après la discussion de certaines anomalies, à la confirmation de l'exactitude de la formule[2].

Lorsque les corps réagissants ne sont pas em-

1. $C = 1$ si la quantité de matière exprimée par la formule chimique en *grammes* occupe 1 litre.

2. Le mémoire le premier en date est sans doute celui de Vernon-Harcourt et W. Esson, *Phil. Transact.*, 1866, 156, 193.

3. C'est-à-dire que si l'on élimine les constantes d'intégration qui ont été obtenues après des temps différents, d'après diverses valeurs expérimentales de C (on détermine K à l'aide de la formule $K = \frac{1}{t}\log\frac{C_1}{C_n}$), on obtient un nombre sensiblement constant.

1. On élimine comme tout à l'heure les constantes d'intégration, et en déterminant K pour diverses valeurs de C et de t, on trouve, d'après la formule $K = \frac{1}{t}\left(\frac{1}{C_n} - \frac{1}{C_1}\right)$, du moins pour les expériences ayant duré quelques minutes, des nombres extrêmement voisins. Dans cette formule intervient, comme on voit, non pas seulement le rapport de concentration, mais les *différences* de leurs mesures.

2. Les anomalies proviennent surtout de la trop faible dilution de la liqueur; elles disparaissent dans les liqueurs étendues : ce qui nous enseigne que les molécules ne peuvent être assimilées à des masses de volume négligeables lorsqu'il s'agit de prévoir le nombre de leurs rencontres. Conformément à ces idées, la constante de vitesse K augmente avec la concentration.

M. van 't Hoff prévoit le cas théorique où 3 (ou plusieurs) molécules ont besoin de se rencontrer pour donner naissance à une transformation :

Exemple : $3\,COAzH = C^3H^3Az^3O^3$;
Acide cyanique. — Cyamélide.

mais il n'a guère trouvé que cette dernière transformation où la marche de la réaction calculée d'après cette hypothèse donne des résultats conformes à l'expérience. Les réactions uni- et bimoléculaires paraissent ainsi de beaucoup les plus fréquentes. Par exemple, la formule $4\,AsH^3 = As^4 + 6H^2$, déduite des grandeurs moléculaires déterminées par les densités gazeuses, n'exprime vraisemblablement pas la réaction, car la marche est unimoléculaire, ce qui conduit à l'expression simple

$$AsH^3 = As + H^3$$

ployés dans les proportions exprimées par l'équation chimique, la marche de la réaction est changée, et si l'un des corps est en grand excès, de façon que sa concentration ne se modifie pratiquement pas pendant la réaction, celle-ci s'accomplira comme si elle était unimoléculaire. Telle est l'action de l'eau (1 litre) sur l'acide chloracétique (4 grammes). Il y a production d'acide glycolique et d'acide chlorhydrique; l'acidité tend donc à doubler, et l'on peut vérifier, comme pour les réactions nettement unimoléculaires, l'exactitude de la relation

$$-\frac{dC}{dt}=KC.$$

De la même façon, toute réaction, unimoléculaire ou plurimoléculaire dans laquelle la concentration ne change pas, les volumes diminuant comme les quantités de matières actives elles-mêmes, doit suivre une loi identique. Les *quantités* Q transformées dans des temps égaux sont alors proportionnelles aux quantités transformables, et l'on peut vérifier la formule

$$-\log Q = Kt + \text{const.}$$

Mais il s'en faut de beaucoup que toutes les transformations chimiques s'accomplissent avec la simplicité que nous avons rencontrée dans le cas précédent; de nombreuses *actions perturbatrices* peuvent en modifier totalement la marche, même dans un système liquide restant liquide, et en premier lieu l'action de contact des corps en présence. Quelle que soit l'idée qu'on se forme de cette action, elle est très manifeste, puisque MM. Bunsen et Roscoë ont vu la vitesse de transformation du mélange $H + Cl$, sous l'influence de la lumière, réduite à 38 0/0 de sa valeur par l'addition de $\frac{3}{1000}$ d'hydrogène. M. van 't Hoff et ses élèves ont établi de même que le sel marin ralentit la transformation de l'acide bibromosuccinique à 100° et accélère l'action de la soude sur le chloracétate de soude à froid et à chaud. Or, dans cette dernière équation, le sel marin est un des termes de la réaction; celle-ci se poursuit donc dans des conditions de vitesse qui ne sont pas celles avec lesquelles elle a pris naissance. On atténue l'influence de ces causes perturbatrices en opérant à des dilutions très grandes. L'influence de la pression sur des réactions entre liquides a été aussi étudiée. Elle est négligeable.

Les actions perturbatrices sont plus nombreuses et plus considérables dans les gaz : elles voilent souvent complètement la marche normale de la réaction; c'est ainsi qu'on n'a pu représenter par aucune équation de la théorie ni la polymérisation de l'aldéhyde méthylique, ni celle de l'acide cyanique, ni la transformation lente du mélange tonnant en eau à 440°. En revanche, on a signalé l'influence indéniable, dans chacun de ces cas, soit des parois, soit d'un dépôt déjà existant, etc. Par exemple, la vitesse de transformation de l'acide cyanique dans un vase de verre sphérique est les 100/133 de celle de la même masse de vapeur contenue dans un appareil de surface sextuple. Cette même vitesse est triplée dans un appareil préalablement revêtu intérieurement de cyamélide. Enfin le verre à 440° subit, en présence du mélange tonnant, une altération peu visible, mais dont l'influence sur la formation de l'eau est telle, que, au bout de 130 heures de chauffe, et avec une nouvelle dose de mélange tonnant pur, la vitesse de transformation est réduite au dixième de ce qu'elle était au début.

En ce qui concerne les irrégularités causées par les *mouvements atomiques* ou mieux les *interférences atomiques*, pour employer un mot qui caractérise l'hypothèse de M. van 't Hoff, voici en quoi elles consistent : En 1817, Houton de Labillardière fait voir que l'hydrogène phosphoré PH^3, qui ne s'enflamme pas dans l'air ou l'oxygène à la pression ordinaire, s'enflamme au contraire dans les mêmes gaz lorsque ceux-ci ont une tension moindre. Ce phénomène est très réel, et s'il y a des cas où l'inflammation se produit ou ne se produit pas dans des compositions de mélange ou des pressions identiques, c'est que l'agitation du mercure peut déterminer l'explosion, ou que, le mélange étant fait lentement, il présente en un point une composition différente de la composition moyenne. Dans les meilleures circonstances possibles, on voit que la pression de l'oxygène doit être comprise entre deux limites déterminées pour que la combinaison se produise. Ces résultats ont été retrouvés dans l'étude de l'oxydation du soufre et de l'arsenic par M. Joubert [*C. R.*, **78**, 1855]. M. van 't Hoff tenta de les expliquer en supposant que la rencontre d'une molécule de gaz combustible avec une molécule d'oxygène, si elle n'amène pas la combustion, doit faire subir à la première quelque changement dans la vitesse ou la distance de ses atomes. Après la rencontre, la molécule tend à reprendre son état normal, ce qui doit conduire à un mouvement périodique de ses atomes. Survient-il une seconde rencontre, celle-ci pourra augmenter les effets de la première ou les diminuer, selon le temps qui se sera écoulé. Un certain intervalle entre deux rencontres consécutives avec l'oxygène, correspondant à une certaine tension de ce gaz, peut encore favoriser la transformation.

On peut essayer de combattre les actions perturbatrices ainsi définies en employant des ballons de grand diamètre, ce qui revient à diminuer proportionnellement l'action des parois, ou en humectant celles-ci d'une légère couche d'eau (dans certains cas), ou encore en diluant les corps réagissants dans un liquide ou dans un gaz inerte; on atténue ainsi à la fois l'influence des parois et des dépôts qui s'y forment et même celle dite des mouvements atomiques. D'après l'auteur, on peut expliquer par les actions perturbatrices étudiées plus haut ou par des réactions secondaires le phénomène particulier offert par beaucoup de transformations chimiques, et consistant en ce que la vitesse de la réaction, laquelle devrait décroître à partir du commencement, augmente d'abord pour passer bientôt par un maximum, présentant ainsi une *accélération initiale* qui a fait admettre à beaucoup d'auteurs une inertie chimique de la matière, sorte de résistance à vaincre apportant un retard à la combinaison dans les premiers instants.

Quoi qu'il en soit, et avec les restrictions nécessaires, on peut à l'avance, sachant qu'on a affaire à une transformation unimoléculaire ou bimoléculaire, déterminer la marche d'une réaction chimique, ou inversement, d'après cette marche étudiée expérimentalement, savoir si la transformation chimique s'effectue spontanément dans chaque agrégat atomique ou si elle a besoin pour se manifester du concours de deux, de trois molécules, etc.

L'auteur a décomposé l'hydrogène arsénié et l'hydrogène phosphoré par la chaleur dans un bain de vapeur de diphénylamine (310°) ou de soufre (440°). Il a mesuré les pressions au bout de différents temps, le volume étant maintenu constant, et il a constaté que, si l'on tire de ces valeurs de P les valeurs correspondantes de la concentration et enfin du produit Kt, en supposant exacte l'équation unimoléculaire

$$\log\frac{1}{C} = kt + \text{const.},$$

on trouve effectivement une valeur de k sensiblement constante. Si on supposait exacte l'équation quadrimoléculaire $4\,AsH^3 = As^4 + 6\,H^2$, ce qui mènerait à appliquer la formule

$$\frac{1}{C^3} = Kt + \text{const.},$$

on trouverait pour K des nombres très différents et variant par exemple de 0,42 à 0,97, tandis que dans l'autre hypothèse ils variaient de 0,0395 à 0,0394. Chaque molécule d'hydrogène arsénié ou phosphoré se décompose donc d'une manière indépendante en ses atomes; ce n'est qu'après coup que les molécules As^4 ou H^2 se forment.

Un autre procédé se présente pour déterminer le nombre de molécules en jeu dans une réaction : il consiste à étudier l'influence de la variation du volume sur la vitesse de transformation. Cette influence est très grande, ce qui rend cette méthode bien plus sensible que la première; en effet, on a pour valeur de la vitesse $V = -\frac{dC}{dt}$, soit KC, soit KC^2, soit KC^3, soit KC^n, etc., selon que la réaction met en jeu 1, 2, 3, n molécules; le rapport de ces vitesses, si l'on change le volume sans changer la réaction, sera donc, selon la valeur de n,

$$\frac{V}{V'} = \frac{C}{C'}, \quad \text{ou} \quad \frac{C^2}{C'^2}, \quad \text{ou} \quad \frac{C^3}{C'^3};\ \frac{C^n}{C'^n},$$

et l'on aura n par la formule

$$n = \frac{\log \frac{V}{V'}}{\log \frac{C}{C'}}.$$

On trouve ainsi que la fixation du brome sur l'acide fumarique, qui donne de l'acide dibromosuccinique, est bien une réaction bimoléculaire, et que la polymérisation de l'acide cyanique, laquelle fournit de la cyamélide, en est une réellement trimoléculaire.

On peut aussi, par une semblable méthode, savoir si on a affaire à un corps unique ou à deux isomères, bien entendu si ces deux isomères n'ont pas la même vitesse de transformation; mais il est inutile d'insister sur ce point. Nous passons aussi rapidement sur les expériences faites par l'auteur précisément au sujet de la discussion qui a été l'origine de tout le travail, à savoir la nature de l'isomérie des acides fumarique et maléique. M. van 't Hoff a cherché à établir que la différence de vitesse de l'éthérification, qui est considérable selon Menchoutkine, est probablement fort petite, et que les deux acides s'éthérifient surtout différemment parce que l'acide maléique à 100° se transforme très rapidement en anhydride; c'est un exemple de plus de transformations non normales dans lesquelles, par conséquent, la vitesse de transformation n'est pas réglée par les formules simples établies plus haut. Dans un cas normal, comme celui de la saponification de l'acétate d'éthyle par une base, on peut au contraire constater l'exactitude de la formule bimoléculaire par l'invariabilité de la constante de vitesse K. Cette constante est d'ailleurs presque la même pour la potasse, la soude ou la chaux.

L'influence de la température sur la transformation chimique a été d'abord l'objet de quelques recherches pratiques portant sur la décomposition de l'acide dibromosuccinique en solution aqueuse au-dessous de 100°; sur l'action de la soude sur le chloracétate de la même base, enfin sur la vitesse de décomposition de l'acide trichloracétique par l'eau. Dans chacun des cas, on a déterminé la constante de vitesse K pour diverses températures, puis on a cherché théoriquement une relation entre ces deux variables. On n'y est pas parvenu d'une façon complète; du moins la forme de la relation a-t-elle été reconnue comme étant sans doute la suivante :

$$\frac{d.\log \text{nép}\, K}{dT} = \frac{A}{T^2} + B,$$

T étant la température absolue et A et B des constantes qu'on peut d'abord supposer indépendantes de T, mais dont cependant la première au moins doit très probablement être fonction, car elle dépend de la chaleur dégagée par la réaction, qui dépend elle-même de T. Une vérification de première approximation consiste à calculer K d'après la formule en se donnant A et B et une valeur de K : on arrive en effet à retrouver les nombres expérimentaux [1].

Étant donnée l'action, reconnue expérimentalement, de la température sur la vitesse des transformations, on ne s'explique pas tout d'abord l'existence des températures d'inflammation au-dessous desquelles l'action chimique ne se manifesterait aucunement pour prendre à un degré donné une vitesse explosive. En réalité, l'action chimique se manifeste bien au-dessous du point d'inflammation, et celui-ci n'est que le degré de l'échelle des températures pour lequel la perte de chaleur due à la conductibilité, etc., est égale à la production de chaleur imputable à la transformation chimique dans le même temps.

Après avoir étudié la transformation chimique ordinaire, M. van 't Hoff passe à la considération des réactions qui peuvent être limitées par leur inverse, c'est-à-dire aux *équilibres chimiques*. Il les note ainsi :

$$Az^2O^4 \rightleftarrows 2\,AzO^2.$$

C'est à propos de semblables réactions que l'on a fait intervenir pour la première fois la thermodynamique en chimie.

On peut distinguer trois formes d'équilibre : 1° celui qui existe entre corps tous gazeux ou tous dissous (*équilibre homogène*); 2° celui qui est caractérisé par la présence simultanée de corps gazeux (ou dissous) et de corps liquides (ou non dissous) (*équilibre hétérogène*); 3° enfin celui que présentent les corps solides qui peuvent se transformer de l'un en l'autre : par exemple l'acide cyanurique et la cyamélide (*équilibre condensé*).

1° *Équilibre homogène.* — Soit l'un des plus simples et des plus anciennement connus,

$$Az^2O^4 \rightleftarrows 2\,AzO^2.$$

1. La relation précédente est elle-même obtenue à l'aide des considérations thermodynamiques sur lesquelles l'auteur donne peu de détails et qui reviennent à celles-ci : Les tensions de vapeur ont été reliées par Clausius aux chaleurs latentes, aux volumes spécifiques et aux températures à l'aide du théorème de Carnot; l'analogie du phénomène de dissociation avec celui de vaporisation a permis à MM. Peslin et Moutier de déterminer d'une façon analogue les tensions de dissociation à l'aide de la chaleur dégagée dans la réaction et des autres constantes. Dans le cas d'équilibre chimique, et pour les corps gazeux, la thermodynamique permet donc, en définitive, d'écrire une relation analogue à la suivante, qui se rapporte à l'équilibre entre les deux réactions simultanées se limitant mutuellement; par exemple, $2\,AzO^2 = Az^2O^4$ et $Az^2O^4 = 2\,AzO^2$; les constantes de vitesses sont représentées par K' et K'', q étant la quantité de chaleur dégagée par une des deux réactions,

$$\frac{d.\log \text{nép}\, K'}{d.T} - \frac{d.\log \text{nép}\, K''}{d.T} = \frac{q}{2\,T^2}.$$

C'est cette équation, d'où l'on ne peut tirer la véritable relation entre K et T, qui rend probable la forme donnée ci-dessus pour cette dernière.

Supposons que la réaction unimoléculaire $Az^2O^4 = 2\,AzO^2$ soit caractérisée par une constante de vitesse $K_,$ et la réaction bimoléculaire $2\,AzO^2 = Az^2O^4$ par la constante $K_{,,}$. Les concentrations étant $C_,$ et $C_{,,}$ ($C = 1$ pour $Az^2O^4 = 92$ gr. de peroxyde d'azote par litre), on aura égalité de vitesse des deux réactions quand les deux expressions suivantes,

$$-\frac{dC_,}{dt} = K_, C_, \quad \text{et} \quad -\frac{dC_{,,}}{dt} = K_{,,} C_{,,}^2,$$

seront égales ; d'où $K_, C_, = K_{,,} C_{,,}^2$ et, en général, pour des réactions m et n moléculaires, l'équilibre sera atteint pour $K_, C_,^m = K_{,,} C_{,,}^n$. C'est une loi formulée d'abord par Guldberg et Waage. Le rapport $K = \frac{k_,}{k_{,,}} = \frac{C_{,,}^n}{C_,^m}$ peut être appelé *constante d'équilibre* ; c'est cette quantité dont on peut fixer la valeur d'après les principes de la thermodynamique, si l'on connaît la température absolue T et la quantité de chaleur q qui serait absorbée par la conversion intégrale du premier système dans le second (petites calories).

Voici l'équation donnée par M. van 't Hoff :

$$[\alpha] \qquad \frac{d.\log \text{nép}\, K}{dT} = \frac{q}{2T^2};$$

elle est dérivée de l'équation de Clapeyron et est rigoureuse pour le système supposé à l'état gazeux parfait, et très vraisemblable pour les dissolutions diluées ; elle contient un coefficient numérique fort simple, grâce à la valeur des constantes employées dans le calcul (équivalent mécanique de la chaleur, pression normale, volume du poids moléculaire en grammes, zéro absolu). L'auteur, du reste, n'entre dans aucun détail à ce sujet, mais nous verrons plus tard comment l'on obtient des relations semblables. Une première conséquence de celle-ci, c'est que, pour $q = 0$, K ne varie plus avec la température ; on sait en effet, depuis les recherches de MM. Berthelot et de Fleurieu, que dans l'éthérification des acides organiques le dégagement de chaleur est négligeable et la limite à peu près indépendante de la température. De même, quand l'acide nitrique chasse l'acide chlorhydrique du chlorure de calcium, il y a un phénomène thermique presque nul ; aussi l'équilibre est-il à peu près le même à zéro et à 100°. M. van 't Hoff a présenté cette conséquence d'une façon frappante en disant que, *si le déplacement de l'équilibre n'influe pas sur la température, le changement de la température n'influe pas sur l'équilibre*. Mais la vérification la plus intéressante de la formule se rapporte aux cas où q n'est pas nul, et l'auteur traite en détail le plus simple de ceux-ci, la dissociation polymérique de Az^2O^4. Le travail de MM. Berthelot et Ogier sur la chaleur spécifique du peroxyde d'azote entre 27° et 150° permet d'évaluer q. En effet, l'absorption de chaleur manifestée dans cet intervalle de température par 92 gr. de peroxyde a été trouvée de 12620 calories. De ce nombre considérable on doit retrancher la quantité de chaleur que le peroxyde d'azote absorberait s'il ne se dissociait pas, et que l'on calcule en se servant de la chaleur spécifique déterminée aux températures où il n'y a plus dissociation, c'est-à-dire 16,86 pour Az^2O^4. Le résultat de ce calcul est 2074 calories. Il est facile de connaître le travail extérieur dû au changement de volume : il est de 577 calories ; le reste, c'est-à-dire 9969 calories, correspond à la chaleur absorbée pour passer de l'état de dissociation commençante (à 27°) à l'état de dissociation presque totale (150°). Or, d'après la densité aux diverses températures, on déduit à l'aide d'une ancienne relation[1] : $x = \frac{3,179}{D} - 1$ (où 3,179 est la densité normale de Az^2O^4), la fraction x de peroxyde d'azote étant à l'état de $2\,AzO^2$. On a ainsi $x = 20$ 0/0 environ à 27° et 100 0/0 à 150°. Une dissociation de 80 0/0 ayant absorbé 9969 calories, la dissociation totale en absorberait $q = 12500$.

La vérification de la formule de M. van 't Hoff consiste à retrouver ce nombre en partant de l'équation différentielle $\frac{d.\log \text{nép}\, K}{dT} = \frac{q}{2T^2}$. Pour cela, on l'intègre, ce qui donne

$$[\beta] \qquad \log \text{nép} \frac{K_2}{K_1} = \frac{q}{2}\left(\frac{1}{T_1} - \frac{1}{T_2}\right),$$

expression où K_2 et K_1 représentent des constantes d'équilibre aux températures absolues T_2 et T_1. Ces constantes expriment, comme on l'a vu, le rapport $\frac{C_{,,}^2}{C_,}$ ($C_{,,}$ étant la concentration en $2\,AzO^2$ (= 92 gr. par litre), et $C_,$ la concentration en Az^2O^4).

En se servant, pour les calculer, des valeurs de x correspondant aux températures T_2 et T_1, on peut écrire

$$\frac{K_2}{K_1} = \frac{\dfrac{x_2^2}{T_2(1-x_2^2)}}{\dfrac{x_1^2}{T_1(1-x_1^2)}}.$$

En somme, la relation à vérifier deviendra

$$\log \text{nép} \frac{x_2^2}{T_2(1-x_2^2)} - \log \text{nép} \frac{x_1^2}{T_1(1-x_1^2)} = \frac{q}{2}\left(\frac{1}{T_1} - \frac{1}{T_2}\right),$$

ce qui, pour les valeurs expérimentales de MM. Deville et Troost, de la densité du peroxyde d'azote à 26°,7 et à 111°,3, conduit à une valeur de $q = 12900$. La coïncidence est très satisfaisante.

M. van 't Hoff en cite une autre qui l'est moins, mais qui se rapporte à un cas intéressant. On a appelé *avidité relative* d'un métal pour deux acides, par exemple les acides sulfurique et nitrique, le rapport $\frac{C_{,,}}{C_,}$, dans lequel ces deux acides se trouvent sous la forme de sels dans la réaction représentée par la formule suivante :

$$M.AzO^3 + H(SO^4)^{\frac{1}{2}} \rightleftarrows HAzO^3 + M(SO^4)^{\frac{1}{2}}.$$

Cette avidité, qu'on peut formuler $A\frac{SO^4H^2}{AzO^3H}$, sera déterminée très facilement, étant connue la constante K de l'équilibre. En effet, on a

$$K = \frac{C_{,,}^2}{C_,^2} = \left(A\frac{SO^4H^2}{AzO^3H}\right)^2.$$

Si l'on détermine cette constante, ou l'avidité pour deux températures absolues T_1 et T_2, on devra avoir, d'après la formule [α] intégrée,

$$\log \text{nép} \frac{K_2}{K_1} = \frac{q}{2}\left(\frac{1}{T_1} - \frac{1}{T_2}\right),$$

q étant la chaleur dégagée pendant la transformation indiquée par l'équation chimique.

1. Elle a servi en 1868 à l'auteur de cet article à calculer la dissociation et la coloration du peroxyde d'azote [*C. R.*, 67, 488].

On a encore

$$\log \text{nép}\left(A^{SO^4H^2}_{AzO^3H}\right)_{T_2} - \log \text{nép}\left(A^{SO^4H^2}_{AzO^3H}\right)_{T_1} = \frac{q}{4}\left(\frac{1}{T_1} - \frac{1}{T_2}\right).$$

On trouve, dans les expériences de M. Ostwald [*J. prakt. Chem.*, (2), **23**, 534], les éléments nécessaires au calcul :

$A^{SO^4H^2}_{AzO^3H}$ pour $Ca^{\frac{1}{2}} = 0,89$ à $T_1 = 273$, et $0,579$ à $T_2 = 373$;

$A^{SO^4H^2}_{AzO^3H}$ pour $Zn^{\frac{1}{2}} = 0,882$ à $T_1 = 273$, et $0,604$ à $T_2 = 373$.

On en tire pour valeur de q (quantité de chaleur dégagée par l'acide sulfurique agissant sur un équivalent d'azotate) 1750 pour $Ca^{\frac{1}{2}}$ et 1540 pour $Zn^{\frac{1}{2}}$. Or, d'après les nombres de M. Berthelot [*Mécanique chimique*, **1**, 384], ces valeurs seraient réellement 1700 et 1900.

En généralisant, on peut dire que l'avidité relative d'un acide par rapport à un autre s'élèvera à mesure qu'on opérera à une température plus basse, si sa chaleur de neutralisation est supérieure à celle de l'autre acide.

2° *Équilibre hétérogène.* — Cet équilibre est caractérisé par la présence simultanée de corps gazeux et de corps liquides ou solides, ou encore de corps dissous et de corps non dissous. Exemple :

$$\underset{\text{Solide.}}{AzH^5S} \rightleftarrows \underset{\text{Gaz.}}{AzH^3 + H^2S}.$$

On peut ramener ce cas au cas précédent de l'équilibre homogène, en supposant que, tout étant d'abord gazeux, l'on diminue le volume jusqu'à ce qu'il y ait précipitation. Ainsi on suppose que AzH^5S se trouve d'abord à l'état gazeux en présence de ses produits de dissociation également gazeux, et que l'on arrive par un changement du volume à la tension maxima de AzH^5S, de telle sorte que l'équilibre ait lieu désormais entre le solide AzH^5S, ses vapeurs saturantes et ses produits de dissociation. Il y a donc maintenant à tenir compte de la loi qui régit l'équilibre physique du corps condensé et de ses vapeurs, équilibre qui, comme on sait, ne dépend que de la température et non du volume. Mais, cette correction faite, on peut démontrer, d'après les principes de la thermodynamique, que la formule [α] reste applicable, K étant donné par l'équation $K = \frac{C_{//}^{n_{//}}}{C_{/}^{n_{/}}}$, mais $n_/$ et $n_{//}$ ne se rapportant qu'aux corps qui ne sont pas partiellement condensés. Si la conclusion est juste, l'équilibre ne sera pas déplacé par un changement de T si $q = 0$, et q pourra se calculer d'après deux valeurs de K. Cette dernière vérification a été faite avec les nombres de M. Isambert [*C. R.*, **92**, 919] pour l'exemple cité ci-dessus. Voici comment : pour le composé solide $n_/ = 0$, $n_{//} = 2$, d'où $K = C_{//}^2$; quant aux concentrations $(C_{//})_1$, $(C_{//})_2$ à deux températures T_1 et T_2, elles seront données par les tensions maxima p_1 et p_2 observées pour le mélange $AzH^3 + H^2S$ à ces températures. On a en effet

$$\frac{(C_{//})_1}{(C_{//})_2} = \frac{\frac{p_1}{T_1}}{\frac{p_2}{T_2}}.$$

On peut donc éliminer K de l'équation [β] et écrire

$$\log \text{nép}\frac{p_2}{T_2} - \log \text{nép}\frac{p_1}{T_1} = \frac{q}{4}\left(\frac{1}{T_1} - \frac{1}{T_2}\right).$$

Les valeurs de p sont égales à 175mm et 500mm pour les températures (centigrades) 9°,5 et 25°,1. On en tire $q = 21\,550$. Le dégagement de chaleur correspondant à $AzH^3 + H^2S = AzH^5S$, corrigé du travail extérieur, est de 21 460 ou 21 830 calories, selon les expérimentateurs

3° *Equilibre de systèmes condensés.* — Certains cristaux se changent entièrement en cristaux présentant une autre forme, à une température fixe et telle qu'une des deux formes est seule stable au-dessus et l'autre au-dessous de cette température, qu'on appelle *point de transition* (iodure de mercure jaune et rouge, soufre octaédrique et clinorhombique, et aussi cyamélide et acide cyanurique). Si les corps considérés sont volatils et émettent les mêmes vapeurs, ce qui est probable, ils n'ont cependant pas la même tension; le corps qui a la tension la plus grande à une température donnée est celui qui ne peut persister à cette température. Au point de transition *les tensions maxima sont égales*; elles diffèrent en sens inverse au-dessus et au-dessous de ce point. Telle est la loi pour les cas simples des systèmes condensés. On la retrouve encore dans les cas compliqués où le mélange de corps solides émet des vapeurs différentes, mais qui s'équilibrent par leur action chimique. Dans ce cas, la loi de vaporisation exige que chaque corps volatil se trouve dans la partie vaporisée à la tension maxima qui correspond à la température, ce qui détermine les concentrations dans cette portion gazeuse. Mais les lois de l'équilibre chimique imposent aussi un rapport à ces concentrations, et généralement ce rapport n'est pas le même que le précédent. S'il l'est pour une température donnée, les deux systèmes pourront persister à la fois dans la partie condensée; mais au-dessus et au-dessous un des deux systèmes sera seul stable.

On peut, par une construction graphique, arriver à déterminer, au moins approximativement, l'influence de la température sur les équilibres et en particulier à fixer le point de transition dans un équilibre de système condensé pour lequel on connaît un certain nombre de données expérimentales. Soit, par exemple, l'équilibre du soufre octaédrique et prismatique. Supposons que la ligne R_1R_2 représente la relation qui existe entre la température absolue et les concentrations gazeuses correspondant aux tensions maxima de vapeurs émises par le soufre octaédrique; cette ligne a donc pour équation

$$\frac{d \log \text{nép}\, C_r}{dT} = \frac{q_r}{2T^2},$$

où q_r est la chaleur dégagée par la vapeur de soufre pour se condenser en soufre octaédrique, abstraction faite du travail extérieur.

La ligne M_1M_2 représentera les relations analogues qui se rapportent au soufre prismatique.

Ces lignes se coupent en A, correspondant à la température Trm; c'est le point de transition des deux variétés de soufre, puisque celles-ci ont alors même tension (même concentration de la vapeur)

Mais on peut tracer encore la ligne F_1F_2 qui se rapportera au soufre fondu et coupera les lignes précédentes en B et en C. Ce sont aussi des points de transition : le premier correspond à la température Trf, au-dessous de laquelle le soufre fondu se change en soufre octaédrique. C'est le point de fusion de cette variété. Tmf est de même le point de fusion de la variété prismatique. La résolution du triangle A B C permet de connaître la position de A d'après celle de B et de C, ou de déterminer le point de transformation du soufre octaédrique en soufre prismatique d'après les points de fusion des deux variétés, la chaleur de fusion du soufre prismatique et la chaleur de transformation d'une variété dans l'autre, toutes données expérimentales connues. On trouve en effet, par un calcul trop long pour être rapporté, que le point de transformation doit être à 93°,3 (centigr.). La détermination expérimentale donne 95°,6.

Les trois cas d'équilibre chimique correspondent aux cas connus d'équilibre physique, comme on pouvait le prévoir d'après les vues primitives de Deville sur l'analogie des phénomènes chimiques avec ceux du changement d'état.

L'équilibre physique correspondant à l'équilibre chimique homogène

$$Az^2O^4 \rightleftarrows 2\,AzO^2$$

paraît, d'après M. van 't Hoff, répondre aux phénomènes qui amènent des déviations aux lois de Mariotte et de Gay-Lussac, lorsqu'on n'a pas à tenir compte de la formation d'un produit spécial (de molécules nouvelles). Nous pensons pour notre compte que ces déviations proviennent dans tous les cas de la formation de molécules particulières; ce n'est donc pas une analogie, mais une identité, que nous admettons entre les deux séries de phénomènes.

L'équilibre physique hétérogène correspondant à l'équilibre chimique

$$AzH^5S \rightleftarrows AzH^3 + H^2S$$

est celui qui s'établit dans la vaporisation,

$$\text{eau liquide} \rightleftarrows \text{vapeur eau.}$$

L'analogie entre de semblables phénomènes de dissociation et la vaporisation a été signalée la première; elle se poursuit très loin; aussi M. van 't Hoff, reprenant la formule [β], dans laquelle K_2 et K_1 ne sont autre chose que la concentration C_2 et C_1 de la vapeur d'eau (18^{kg} par mètre cube) à deux températures T_2 et T_1 où les tensions sont p_2 et p_1, a-t-il pu calculer la valeur de q, c'est-à-dire la chaleur latente de vaporisation de 18 kilogrammes d'eau à une température moyenne entre T_2 et T_1 (200 et + 11°,54 centigr.). Cette valeur a été trouvée égale à 10 100 calories; or elle est, d'après la calorimétrie, 10 296, si l'on tient compte du travail extérieur. L'accord est satisfaisant.

L'équilibre physique des systèmes condensés correspondant à l'équilibre chimique,

$$\text{soufre octaédrique} \rightleftarrows \text{soufre prismatique,}$$

et caractérisé comme celui-ci par l'existence d'un point de transition, est celui traduit par le symbole

$$\text{glace} \rightleftarrows \text{eau liquide.}$$

M. Th. Reicher s'est occupé à poursuivre l'analyse jusque dans le calcul de l'influence de la pression sur l'élévation du point de transition du soufre octaédrique et du soufre prismatique, d'après la formule thermodynamique appliquée pour la première fois à l'abaissement du point de fusion de la glace. En appelant T le point de transition (273 + 95,6), $\mathfrak{T}' - \mathfrak{T}$ la différence de volume en petits cubes de 1 kilogramme de soufre sous ses deux modifications à cette température (0,000014 d'après Reicher), $r = 2{,}52$ les calories dégagées par la transformation rapportées à 1 kilogramme de soufre, on doit avoir, d'après la formule de thermodynamique,

$$\frac{dT}{dp} = 10\,333\,\frac{T(\mathfrak{T}' - \mathfrak{T})}{424.r},$$

ce qui fait pour l'élévation de température du point de transition correspondant à 1 atmosphère, 0,049. L'expérience a donné 0,05.

Principe de l'équilibre mobile. — En étudiant l'influence de la température sur différents équilibres physiques et chimiques, M. van 't Hoff est arrivé à une conclusion très générale que M. Le Chatelier a retrouvée plus récemment et qui me paraît le point le plus important de son analyse. Il la formule ainsi : « Tout équilibre entre deux états différents de la matière se déplace par un abaissement de température vers celui des systèmes dont la formation développe de la chaleur. » (On suppose qu'il n'y a pas de variation de volume ou que celle-ci est sans influence, ce qui est généralement le cas.)

Ainsi, de même que le refroidissement amène la condensation des vapeurs et la solidification des liquides (phénomène thermopositif), de même le peroxyde d'azote Az^2O^4 formé avec dégagement de chaleur par polymérisation de $2\,AzO^2$ prédominera à froid et disparaîtra du mélange en dissociation à une température élevée. On peut démontrer l'exactitude du principe pour les différents cas d'équilibre chimique en s'appuyant uniquement sur la relation précédemment établie, c'est-à-dire sur la formule

$$\frac{d.\log \text{nép}\,K}{dT} = \frac{q}{2T^2}.$$

α. On a vu en effet que dans le cas de l'équilibre hétérogène $K = \frac{C_{\prime\prime}^{n_{\prime\prime}}}{C_{\prime}^{n_{\prime}}}$, le système formé avec dégagement de chaleur étant supposé celui dont la concentration est appelée $C_{\prime}$ et les exposants $n_{\prime}$ et $n_{\prime\prime}$ se rapportant seulement aux corps qui ne se trouvent pas à l'état condensé. Supposons $n_{\prime} = 0$ et $n_{\prime\prime} = 1$, ce qui correspond à l'équation classique

$$CO^3Ca \rightleftarrows CO^2 + CaO\,;$$

on a $K = C_{\prime\prime}^{n_{\prime\prime}}$, d'où

$$n_{\prime\prime}\,\frac{d.\log \text{nép}\,C_{\prime\prime}}{dT} = \frac{q}{2T^2}.$$

Selon le signe de q, le système $C_{\prime\prime}$ augmentera ou diminuera par une élévation de T; mais dans les deux cas un abaissement de T déplacera l'équilibre vers $C_{\prime}$ ou $C_{\prime\prime}$, mais toujours vers celui qui se formera avec dégagement de chaleur.

Le cas d'équilibre hétérogène où $n_{\prime}$ et $n_{\prime\prime}$ diffèrent de zéro revient au cas de l'équilibre homogène, comme on s'en convaincra facilement.

β. Dans ce cas, en effet, on a la relation générale $K = \frac{C_{\prime\prime}^{n_{\prime\prime}}}{C_{\prime}^{n_{\prime}}}$ et l'on suppose que q se rapporte à la formation du système $C_{\prime}$. Si $q > 0$ ou si $C_{\prime}$ se forme avec dégagement de chaleur, K diminuera par un abaissement de température, d'où $C_{\prime}$ augmentera aux dépens de $C_{\prime\prime}$. Il en sera inversement si $q < 0$.

γ. Enfin, pour les systèmes condensés, systèmes où l'équilibre se déplace brusquement au point de transition, on pourrait prouver d'une façon générale que l'équilibre au-dessous de ce point est en faveur du système qui dégage de la chaleur en partant de l'autre. En se bornant aux modifications d'un même corps (soufre, cyamélide) qui émettent les mêmes vapeurs, la démonstration devient très simple à l'aide d'une construction semblable à celle employée plus haut pour le soufre.

La conclusion tirée par M. van 't Hoff de ces lois est qu'en général les réactions thermopositives auront la prépondérance aux températures les moins élevées, par exemple à la température ordinaire, mais qu'il n'est pas possible d'admettre en principe que tout changement chimique tend vers la production du système qui dégage le plus de chaleur. Il démontre que l'application rigoureuse de ce principe n'est possible, d'après la thermodynamique, qu'au zéro absolu, et que c'est uniquement parce que les températures terrestres ne sont pas en définitive énormément différentes de — 273, qu'il régit encore un grand nombre de réactions. Aux températures élevées, le plus grand nombre des équilibres chimiques se renversent du côté des systèmes qui se forment avec absorption de chaleur, comme les solides et les liquides se transforment en gaz, et la production de systèmes endothermiques devient ainsi la règle et non plus l'exception[1].

Les études de dynamique chimique de M. van 't Hoff se terminent par une recherche de la véritable formule de l'affinité chimique considérée comme la force qui produit une transformation chimique donnée. Le travail A de cette force évalué en calories n'est pas généralement égal à la chaleur q produite par la transformation, cette égalité n'aurait lieu qu'au zéro absolu de température, mais à q multiplié par $\frac{P-T}{T}$, P étant le point de transition, température où le sens de la réaction s'intervertit, et T la température considérée (températures absolues). D'après cette formule, $A=0$ au point de transition, ce qui était à prévoir, et change de signe à cette température. Voici comment l'auteur conduit la démonstration. Évaluons d'abord la *force* dite *affinité* dans un cas très simple, l'attraction exercée sur l'eau par une solution saline. On enferme dans un vase clos E deux récipients ouverts par le haut et séparés par un septum tel que ceux que M. Pfeffer a appris à préparer et qui retient les sels sans retenir l'eau. Les récipients renferment de l'eau; on fait passer dans l'un, A, un sel donné; l'eau de l'autre compartiment B pénètre alors dans le premier par la cloison poreuse, et en même temps, comme la tension du liquide salin a diminué, par vaporisation dans la cellule contenant l'eau pure et condensation dans l'autre. Si l'on admet que la solution saline de A exerce la même attraction sur une molécule d'eau, que celle-ci soit liquide (en B) ou à l'état de vapeur (en E), les deux forces correspondantes dD et $-dS$ seront entre elles comme le poids du litre d'eau liquide (1^{kg}) au poids du même volume de vapeur ou $0{,}000806\ S\frac{273}{T}$, S étant la tension maxima à T, ou encore $\frac{S}{4{,}55\ T}$. Or on connaît dD : c'est la pression osmotique de M. Pfeffer, c'est-à-dire le nombre d'atmosphères qui suffisent à empêcher l'action de l'eau à travers le septum; on peut mesurer $-dS$, c'est-à-dire la diminution de tension maxima qui est produite lorsqu'on additionne l'eau de A de sel. La vérification de l'hypothèse a donné celle de la formule

$$\frac{-dS}{dD}=\frac{S}{4{,}55\ T},$$

qui, intégrée, devient

$$-\log \text{nép } S=\frac{D}{4{,}55\ T}+\text{const.}$$

On peut éliminer la constante en remarquant que D est nul si la tension de la solution (appelons-la Sz) est égale à celle de l'eau pure Se. On a ainsi

$$D=4{,}55\ T.\log \text{nép}\frac{Se}{Sz}$$

ou en logarithmes vulgaires

$$D=10{,}5\ T.\log\frac{Se}{Sz}.$$

M. van 't Hoff calcule $\frac{Se}{Sz}$ d'après le point de congélation de la solution et les principes de la thermodynamique. M. Guldberg a en effet démontré que, si la solution se congèle à $t°$ au-dessous de zéro centigrade, on peut écrire

$$[\gamma]\qquad \frac{Se}{Sz}=\frac{1}{1-0{,}096\,t}.$$

Or la mesure du point de congélation pour des solutions données de sucre de canne donne, d'après cette formule, une valeur de D qui correspond très exactement à celle mesurée directement par M. Pfeffer.

En généralisant, on voit qu'on peut connaître de la même façon la force avec laquelle les hydrates liquides ou solides attirent et retiennent l'eau d'après leur tension de vapeur. On trouve de la sorte des nombres considérables. C'est ainsi que le sulfate de soude à 10 Aq retient son eau avec une force de 604 atm.; c'est-à-dire que s'il était possible de l'enfermer partiellement déshydraté dans une cellule de M. Pfeffer, l'eau y pénétrerait de l'extérieur à travers le septum jusqu'à ce que la pression intérieure fût de 604 atm.

Le sulfate de cuivre à 5 Aq retient de même son eau avec une force $D=1100$ atm. à 50°. Si on a pris une quantité moléculaire (en kilogr.) de ce sel et si on lui a enlevé H^2O, c'est-à-dire 18 kilogrammes d'eau, le travail de la force que nous venons d'évaluer, c'est-à-dire le travail de l'affinité qui fixera de nouveau H^2O sur le corps $SO^4Cu.4H^2O$, sera (en kilogr.)

$$A=1100\times 10333\times\frac{18}{1000},$$

ou, en calories, ce même nombre divisé par 423. Pour un autre sel on aurait pour le travail cor-

1. Cette très importante remarque avait été déjà faite en 1877 par M. J. Moutier [*Soc. philomathique*, (3), 1, 39 et 96]. On peut la retrouver aussi dans le mémoire de Gibbs en 1876; enfin, elle a été le sujet d'une généralisation remarquable par M. Le Chatelier, comme on verra plus loin. La démonstration spéciale de ce principe du *déplacement de l'équilibre*, en partant du principe de Gibbs, c'est-à-dire du potentiel thermodynamique minimum, est dû à Duhem [*Ann. de la Faculté de Toulouse*, 4, 1890].

Voici l'origine de la remarque de M. Moutier : Ce savant considère le carbonate de chaux qui se dissocie absolument comme un corps qui se vaporiserait. Il démontre très facilement que si le système à l'état de dissociation est en équilibre pour une certaine température, et qu'on élève celle-ci, il se produira une transformation absorbant de la chaleur (dégagement d'acide carbonique). De même l'abaissement de température amène une transformation dégageant de la chaleur. Généralisant alors, il écrit : « Il faut entendre par *transformation* les changements d'état physique, les modifications isomériques, les combinaisons ou les décompositions chimiques. D'après cela, si deux corps se combinent à une certaine température avec dégagement de chaleur, à une température plus élevée le composé se dissocie ou bien les éléments peuvent se combiner; à une température plus élevée encore, les éléments ne peuvent plus se combiner. Au contraire, lorsque deux corps se combinent avec absorption de chaleur, il existe également une température pour laquelle le phénomène est réversible; mais au-dessous les éléments ne peuvent plus se combiner, tandis qu'au-dessus la combinaison est possible. »

respondant au déplacement de 18 kilogrammes d'eau (toujours exprimé en calories)

$$A = \frac{D}{423} 10{,}333 \times 18;$$

mais nous avons vu que

$$D = 4{,}55\,T.\log\text{ nép}\frac{Se}{Sz}.$$

D'après cela, et en effectuant les calculs numériques, on obtient la valeur simple

$$A = 2\,T.\log\text{ nép}\frac{Se}{Sz}.$$

Passons maintenant à une réaction plus compliquée, celle d'un sel, tel que le sulfate de fer, $SO^4Fe + 7\,H^2O$, auquel on ait enlevé H^2O et qui soit mis en présence d'un hydrate, tel que $SO^4Mg + 7\,H^2O$, auquel il soit apte à reprendre cette molécule d'eau. La réaction ne sera possible que si la tension du sel de fer est inférieure à celle du sel de magnésie, ce qui est exact vers 40°,2. La force D qui produira le transport de l'eau sera exprimée par

$$D = 4{,}55\,T\left(\log\text{ nép}\frac{Se}{S'z} - \log\text{ nép}\frac{Se}{S''z}\right)$$

ou

$$D = 4{,}55\,T.\log\text{ nép}\frac{S''z}{S'z},$$

formules où S' se rapporte au sel de fer et S'' au sel de magnésie, et dont on tire pour valeur de D 205 atmosphères.

On aura le travail correspondant à cette force appliquée à 18 kilogrammes d'eau par la formule

$$A = 205 \times 10{,}333 \times 18 = 38\,130 \text{ kilogrammètres},$$

équivalant à 90 calories, nombre qu'on trouve plus simplement en appliquant la formule plus générale

$$[\delta] \qquad A = 2\,T.\log\text{ nép}\frac{S''z}{S'z}.$$

Nous avons vu qu'à 40°,2 $S'z$, ou la tension du sel de fer, est inférieure à $S''z$, ou la tension du sel de magnésie; il y a égalité pour ces tensions à 50°,4 et à des températures supérieures telles que 60°, $S'z > S''z$. Jusqu'à 50°,4 le transport de l'eau se fera donc au bénéfice du sel ferreux,

$$SO^4Fe, 6\,H^2O + SO^4Mg.7\,H^2O = SO^4Fe, 7\,H^2O + SO^4Mg.6\,H^2O;$$

au-dessus, au bénéfice du sel de magnésie, et à 50°,4 l'équilibre sera indifférent

D'après les valeurs des tensions obtenues par M. Wiedemann et en appliquant la formule [δ], on a pour la *force* qui donnera naissance au second système en partant du premier (dans l'équation chimique ci-dessus) :

	D en atm.	A en kgm.	A en cal.
à 40°,2......	+ 205	+ 38130	+ 90
à 50°,4......	0	0	0
à 60°.......	— 105	— 19530	— 46

Donc, au point de transition, la différence d'affinité des deux systèmes, ou l'affinité qui produit la transformation, ou encore le travail que cette force peut effectuer, passe par zéro et change de signe.

Il ne reste plus, pour arriver à la formule du travail de l'affinité donnée en commençant, qu'à faire intervenir les quantités de chaleur. Soit q le nombre de calories dégagées dans l'équation chimique

$$SO^4Fe.6\,H^2O + SO^4Mg.7\,H^2O = SO^4Fe.7\,H^2O + SO^4Mg.6\,H^2O$$

(les poids moléculaires exprimés en kilogrammes), on peut écrire que

$$q = q' - q'',$$

q' étant la chaleur produite par la transformation

$$SO^4Fe.6\,H^2O + H^2O = SO^4Fe.7\,H^2O,$$

q'' étant la chaleur produite par la transformation

$$SO^4Mg.6\,H^2O + H^2O = SO^4Mg.7\,H^2O.$$

Or la tension maxima de l'eau de cristallisation dans les sels, par exemple $SO^4Fe.7\,H^2O$, est donnée en fonction de T par la formule que nous avons déjà employée :

$$\frac{d.\log\text{ nép }C'}{dT} = \frac{q'}{2T^2},$$

C étant la concentration de la vapeur d'eau à la tension maxima. On a de même, pour le sel de magnésie :

$$\frac{d.\log\text{ nép }C''}{dT} = \frac{q''}{2T^2},$$

d'où, par soustraction,

$$\frac{d.\log\text{ nép}\frac{C''}{C'}}{dT} = -\frac{q}{2T^2}.$$

Si l'on admet que q varie peu avec la température, ce qui est vrai les corps étant solides, on peut intégrer et écrire

$$\log\text{ nép}\frac{C''}{C'} = \frac{q}{2T} + \text{const}.$$

Cette constante est éliminée en considérant qu'au point de transition $C'' = C'$, ce qui donne

$$\text{const} = -\frac{q}{2P},$$

par conséquent

$$\log\text{ nép}\frac{C''}{C'} = \frac{q}{2T}\left(\frac{P-T}{P}\right);$$

mais $\frac{C''}{C'}$, ou le rapport de concentration, est égal à $\frac{S''z}{S'z}$. L'on a donc

$$\log\text{ nép}\frac{S''z}{S'z} = \frac{q}{2T}\left(\frac{P-T}{P}\right).$$

Mais l'on vient de démontrer, en établissant la formule [δ], que

$$\log\text{ nép}\frac{S''z}{S'z} = \frac{A}{2T}.$$

Il s'ensuit que, d'une façon générale,

$$[\varepsilon] \qquad A = q\left(\frac{P-T}{P}\right);$$

c'est la formule posée au commencement, et à laquelle on pourrait encore arriver directement en considérant le travail mécanique que la transformation pourrait effectuer. Supposons en effet $SO^4Mg, 7\,H^2O$ à 40°,2; il a une tension maxima $= S''z$. On se sert de cette tension pour élever un poids dans un cylindre. On arrête l'opération lorsque le sel a perdu $H^2O = 18$ kilogr. et l'on enlève le sel. La température restant la même, on détend progressivement la vapeur en enlevant des poids jusqu'à ce que la tension devienne égale à celle de $SO^4Fe, 7H^2O$. On introduit alors $SO^4Fe + 6H^2O$; le piston peut alors descendre avec les poids qui restent, et on a reconstitué $SO^4Fe, 7H^2O$. Toutes ces opérations sont réversibles. Le travail est mesuré par l'élévation des poids; on peut l'évaluer facilement d'après les formules connues : c'est celui que fournissent 18 kilogrammes de vapeur d'eau à 40°,2 pour passer de la tension $S''z$ à la tension $S'z$, c'est-à-dire

$$2T . \log \text{nép} \frac{S''z}{S'z}.$$

En identifiant ainsi le travail de l'affinité avec celui que la transformation chimique effectue, à condition qu'elle s'accomplisse d'une façon réversible, on peut arriver encore plus simplement à l'établissement de la même formule s'il s'agit de systèmes condensés. Soit la réaction

$$KI + NaCl \rightleftarrows KCl + NaI.$$

P est la température du point de transition; pour passer du système de droite au système de gauche, il y a q calories dégagées et l'on admet que cette quantité est constante dans l'intervalle de températures considéré. On peut effectuer alors le cycle d'opérations réversibles que voici :

Le système de gauche, considéré au point de transition, se transforme dans le système de droite en absorbant q cal.; on refroidit ce système à T et on le laisse se transformer dans le système de gauche en effectuant d'une manière réversible un travail qui sera alors celui de l'affinité A. Il développe conséquemment $(q - A)$ cal. On chauffe, pour former le cycle, le système de gauche jusqu'à P. On a, d'après la seconde loi de la thermodynamique, toutes les transformations étant réversibles,

$$\frac{q}{q - A} = \frac{P}{T}, \text{ c'est-à-dire } A = q\left(\frac{P - T}{P}\right).$$

Nous ne ferons qu'indiquer quelques conséquences de ces formules. D'abord le travail de l'affinité A n'est égal à q que pour $T = 0$. La chaleur dégagée mesurerait alors ce travail. Si l'on élève progressivement la température, A sera différent de q, mais du même signe; au point de transition, $A = q$. Plus haut, le travail de l'affinité change de sens et est opposé au dégagement calorifique.

Ensuite, comme applications particulières, on a cherché quelle influence la pression pouvait avoir sur le point de transition (dans la transformation du soufre octaédrique en soufre clinorhombique) et quelle devait être la température de ce point d'après la valeur des chaleurs de fusion et des points de fusion des deux variétés de soufre. Les résultats ont été très satisfaisants.

Le cas de la transformation chimique qui engendre un travail électrique rentrant dans la catégorie des changements réversibles, la formule [ε] lui est applicable, A étant le travail chimique (en calories) ou la force électromotrice (également en calories), les quantités de matière considérées étant le poids moléculaire.

C'est ainsi qu'on explique que généralement A (la force électromotrice) n'est pas égal à q dans les piles et que la chaleur a sur cette force électromotrice une influence précisée déjà par Helmholtz. En effet, on tire de la formule [ε]

$$\frac{dA}{dT} = -\frac{q}{P},$$

ou, en éliminant P d'après la même formule,

$$\frac{dA}{dT} = \frac{q - A}{T};$$

c'est la relation trouvée par Helmholtz.

Une vérification se présenterait si les données expérimentales étaient suffisamment exactes : c'est la détermination du point de transition de la réaction $2Cu + 2AgCl = 2Ag + Cu^2Cl^2$. Dans ce système condensé, c'est le membre de droite de l'équation qui se forme au zéro absolu et aussi à la température ordinaire, d'après la valeur de q et celle de A. Or la théorie indique que vers 51° centigrades on atteindrait le point de transition, c'est-à-dire qu'au-dessus l'argent décomposerait le sel de cuivre.

Une dernière conséquence des vues de l'auteur, c'est que, dans une réaction d'équilibre hétérogène telle que $2Ag + Br^2 = 2AgBr$, il doit y avoir réellement un équilibre aussi voisin qu'on peut l'imaginer de la combinaison totale, mais non pas absolument identique avec elle. En un mot, la vraie réaction doit être représentée ainsi :

$$2AgBr \rightleftarrows 2Ag + Br^2,$$

et il y a toujours à considérer les trois corps en présence. En d'autres termes, le brome dans le bromure d'argent a une tension de vapeur; il s'agit de faire voir que, d'après les valeurs connues des données d'après lesquelles on peut la calculer, elle est réellement extraordinairement petite. On a en effet $A = 85000$ (force électromotrice) et S_{Br} (tension du brome) $= 760$ millimètres à son point d'ébullition $273 + 58,6$.

En portant ces valeurs dans la formule

$$A = 2T . \log \text{nép} \frac{S_{Br}}{S_{AgBr}},$$

on a

$$S_{AgBr} = 1,7 \times 10^{-83} \text{ millimètres}.$$

Nous avons tenu à donner un certain développement à l'analyse de ce travail déjà ancien, où l'auteur paraît s'être préoccupé beaucoup de la validité du principe, alors communément accepté dans la science, à savoir que le sens du dégagement de chaleur règle toutes les actions chimiques, parce que beaucoup de savants sont arrivés aujourd'hui à des conclusions analogues et les ont présentées d'une façon peut-être plus générale et plus philosophique, mais qu'aucun ne semble l'avoir fait d'une façon plus claire. M. Le Chatelier, à qui l'on doit une étude très approfondie des réactions limitées, a formulé des opinions très voisines de celles de M. van 't Hoff. Comme lui, il conclut que ce n'est pas, d'une manière générale, le sens du mouvement calorifique qui décide de celui des réactions, et on doit s'attendre à cette conclusion, d'après le point de départ de son travail : l'application aux phénomènes chimiques des lois physiques trouvées pour les changements d'état.

Il est certain que dans les phénomènes physiques, si bien étudiés aujourd'hui en thermodynamique, l'absorption de chaleur est fréquente et prévue. Or, dans un certain nombre de réactions chimiques, on constate également une absorption de chaleur qu'on peut expliquer de deux manières : ou bien en assimilant entièrement les phénomènes chimiques aux phénomènes physiques, selon les idées de Henri Sainte-Claire Deville, ou en admettant avec MM. Berthelot et Thomsen que dans toute réaction endothermique il y a superposition d'une action chimique qui dégage de la chaleur et d'un phénomène connexe qui en absorbe. Mais ce phénomène connexe est-il forcément d'ordre physique? Si l'on admet qu'il peut être représenté par la dissociation ou même, comme dans l'éthérification, par une réaction entre deux corps en présence, il devient évident que de véritables phénomènes chimiques doivent être ainsi considérés comme endothermiques. Dès lors le principe du dégagement obligatoire de chaleur sera singulièrement restreint dans son application, puisqu'il ne sera valable que dans le seul cas où il n'y a pas à tenir compte de réactions limitées et que ces dernières sont fort nombreuses et représentent même, selon plusieurs savants, le type général de l'action chimique (voir à ce sujet le calcul de M. van 't Hoff cité plus haut pour la tension de vapeur du brome dans le bromure d'argent).

M. Le Chatelier [*Annales des Mines*, mars 1888, et *Revue scientifique*, 18 nov. 1888] admet que les phénomènes chimiques, étant, en général, réversibles à la façon des phénomènes physiques, doivent être traités de la même manière que ceux-ci, et aussi que les phénomènes mécaniques de compression et de dilatation. Il s'efforce de faire rentrer dans une même formule les lois qui régissent les différentes transformations d'énergie qui accompagnent ces phénomènes. Pour lui, un système mécanique, physique ou chimique est *en équilibre* lorsqu'il ne peut éprouver de déformation, c'est-à-dire de changement soit de volume, soit d'état physique, soit de constitution chimique, que par suite de la variation de certaines circonstances extérieures, et quand, de plus, ces déformations sont *réversibles*, c'est-à-dire quand le système revient à son état primitif lorsque les circonstances extérieures dont les variations ont occasionné la déformation reviennent à leur état initial. En appelant *facteurs de l'équilibre* ou *tensions* ce qu'on nomme les *forces externes* en mécanique, on voit que ces facteurs se présentent sous trois formes qui correspondent aux trois modes de l'énergie libre, chaleur, électricité, travail; ces formes des facteurs sont la *température* T, la *force électromotrice* F et la *pression* P. L'équilibre est *stable* quand toute déformation du système occasionnée par le changement de grandeur d'un seul des facteurs amène une variation dans l'énergie libre, telle qu'elle tende à faire éprouver au facteur considéré un changement de signe contraire à celui qui a amené la déformation. C'est une application aux phénomènes physico-chimiques de la *loi d'opposition de la réaction à l'action*. On ne la considère ici que comme expérimentale, mais elle s'est trouvée vérifiée dans tous les cas étudiés. Elle avait été formulée, en ce qui concerne le facteur température, par M. van 't Hoff, comme on l'a vu plus haut, et permet de prévoir que dans les transformations réversibles le système qui se produit avec absorption de chaleur, c'est-à-dire dont la formation tend à *abaisser* la température, sera celui qui prédominera lorsqu'on *élèvera* celle-ci. C'est le cas de la fusion, de la volatilisation, des transformations dimorphiques, de la dissociation des carbonates de chaux, etc., et de la solubilité des sels; cette dernière croît en effet ou décroît avec la température selon que la chaleur de dissolution est positive ou négative.

De même, l'*augmentation de pression* d'un système en équilibre amène une transformation qui tend à faire *diminuer* le volume et par conséquent la *pression*, et c'est ainsi que la compression élève ou abaisse le point de fusion, suivant que le corps fond en augmentant ou en diminuant de volume. Elle abaisse de même le point de transformation dimorphique de l'iodure d'argent. Elle agit de même sur les systèmes gazeux, homogènes ou non, et amène la condensation des vapeurs, la combinaison de l'acide carbonique avec la chaux; elle s'oppose également à la dissociation accompagnée d'accroissement de volume du perchlorure de phosphore, du soufre, de l'iode, etc. Inversement, quand la réaction n'est accompagnée d'aucun changement de volume (éthérification, dissociation de l'acide iodhydrique), l'équilibre est indépendant de la pression.

L'*action des masses* peut aussi s'expliquer en partant du principe d'opposition de l'action à la réaction; en effet, d'après celui-ci, l'addition, c'est-à-dire l'augmentation de condensation d'un seul des éléments, détermine une transformation dans un sens tel, qu'une certaine quantité de cet élément disparaisse, de telle sorte que sa *condensation tend à diminuer* [1].

On peut se représenter facilement le cas où l'équilibre d'un système serait *indifférent* : ce serait celui où les déformations ne pourraient se produire sans amener de variation dans la grandeur d'aucun des facteurs de l'équilibre. Exemples : la glace à zéro qui fond intégralement en eau à zéro sous l'influence d'une élévation de température infiniment petite, les autres facteurs demeurant constants; le carbonate de chaux qui se décompose intégralement à une température donnée si on enlève constamment le gaz carbonique à une pression égale à la tension de dissociation.

Lorsqu'un système est en équilibre, il est impossible de faire varier isolément un des facteurs sans changer l'état d'équilibre. Si l'on connaît la grandeur de tous les facteurs moins un, celle du dernier est déterminée. Il y a donc une fonction des facteurs qui doit rester nulle pour qu'il y ait équilibre, et cette fonction est vraisemblablement continue d'après toutes les expériences faites, et malgré l'opinion aujourd'hui abandonnée de Bunsen sur la combustion des mélanges détonants. On ne la connaît pas complètement, mais on peut, en s'aidant des principes de la thermodynamique, exprimer les conditions nécessaires et suffisantes pour que, un système étant en équilibre, les trois facteurs puissent subir des variations simultanées sans qu'il éprouve aucune déformation.

Cette condition peut être mise sous la forme d'une équation différentielle d'une grande symétrie :

$$[\zeta] \qquad \alpha \frac{dT}{T} + \beta \frac{d\varepsilon}{\varepsilon} + \gamma \frac{dP}{P} = 0,$$

dans laquelle α, β et γ représentent des quantités d'énergie gagnées par le système sous forme de chaleur, d'électricité et de travail dans une transformation effective à température, force électromotrice et pression constantes.

Voici le calcul qui permet d'arriver à l'équation [ζ], du moins sans faire intervenir le terme en β qu'on peut déduire d'une façon analogue de la formule des piles de Helmholtz.

Clapeyron a donné entre la tension maxima des vapeurs saturées P et leur chaleur latente de vaporisation rapportée à l'unité de poids L la relation

$$L = A \frac{dP}{dT} \cdot (v' - v),$$

A étant fonction de la température absolue T

1. Cette loi du déplacement de l'équilibre, formulée pour la dissociation par la température par M. van 't Hoff, généralisée comme nous le voyons ici par M. Le Chatelier et par M. Braun [*Wiedmann's Annalen*, 33, 237], a été rattachée par M. Duhem, en 1890 [*Ann. de la Faculté de Toulouse*, 4], à la théorie du potentiel thermodynamique dont nous parlerons plus loin. Elle est une conséquence de cette proposition : Un système est un état d'équilibre stable lorsque son potentiel thermodynamique est minimum.

seulement, et v et v' le volume avant et après vaporisation.

W. Thomson a précisé la valeur de la fonction A en écrivant

$$L = \frac{T}{E} \cdot \frac{dP}{dT}(v' - v),$$

E étant l'équivalent mécanique de la chaleur.

M. Peslin [*Ann. Chim. Phys.*, (5), **24**, 208] a appliqué la formule à une véritable décomposition chimique, la dissociation du carbonate de chaux. L devient la chaleur latente de décomposition rapportée à 1 gramme de CO^2 et P la tension de dissociation.

M. Le Chatelier retrouve la même formule

$$[\eta] \quad L\frac{dT}{T} + \frac{P}{E}(v' - v)\frac{dP}{P} = 0,$$

mais il fait remarquer qu'elle peut s'appliquer au cas *général* d'équilibre physico-chimique, à condition que la déformation soit nulle; c'est l'équation qui lie les variations simultanées de P et de T dans ce cas spécial, que l'on peut appeler le cas de l'*isodissociation.* La formule est donc très analogue à celle donnée en mécanique par le théorème du travail virtuel. Elle avait déjà été signalée par M. Gibbs, comme on le verra tout à l'heure. $\frac{P}{E}(v' - v) = \gamma$ exprime, dans la même unité que $L = \alpha$, la quantité de travail que donnerait la déformation correspondante. En partant de la formule des piles de Helmholtz, on arrive à ajouter à la formule le troisième terme, relatif à l'électricité, $\beta\frac{d\varepsilon}{\varepsilon}$, dont la signification est tout à fait semblable.

L'équation $[\eta]$ peut se mettre sous une forme un peu différente si l'on remplace la chaleur latente de réaction L à pression constante par la chaleur latente de réaction L' à volume constant. On a alors

$$L'\frac{dT}{T} + \frac{V}{E}(V' - V \; d\log \text{nép}\left(\frac{P}{T}\right) = 0,$$

et en rapportant au poids moléculaire et supposant bien entendu qu'il ne s'agisse que de gaz suivant les lois de Mariotte, de Gay-Lussac et d'Avogadro, c'est-à-dire en posant

$$PV = RT \quad \text{et} \quad R = \frac{10\,333 \cdot 0{,}0223}{273},$$

d'où

$$\frac{R}{E} = \frac{R}{423} = 0{,}002,$$

et en divisant par T,

$$L'\frac{dT}{T^2} + 0{,}002(n + n' \ldots - n_1 - n'_1 \ldots)\, d\log.\text{nep}\frac{P}{T} = 0,$$

équation où n, n' expriment le nombre de molécules avant la réaction et n_1, n'_1 après, et qui doit être rapprochée de l'équation $[\alpha]$ de M. van 't Hoff.

L'auteur l'applique, après l'avoir intégrée, à différents cas étudiés de dissociation, par exemple au carbonate de chaux et au bromhydrate d'amylène, ce qui permet de mettre en évidence l'influence de la température et de la pression.

Une application intéressante a été faite à l'hydrate de chlore $Cl^2 . 8H^2O$, dont M. Le Chatelier a mesuré la chaleur de formation (105 calories pour $8H^2O$ gaz). La formule de l'équilibre isotherme de la réaction montre que de très faibles variations dans la tension de la vapeur d'eau amèneraient des variations considérables de la tension du chlore. On a fait l'expérience en ajoutant du sel marin à l'eau, ce qui réduit sa tension; une augmentation beaucoup plus forte et très voisine de celle calculée s'est manifestée pour la tension du chlore.

L'auteur étudie ensuite l'équilibre isotherme des systèmes liquides. L'artifice employé pour appliquer les principes de la thermodynamique à ces cas est différent de celui de M. van 't Hoff; il mène à la même théorie. On considère une masse gazeuse à l'état d'équilibre au contact d'un liquide; chaque gaz ou vapeur se dissout suivant sa loi de solubilité propre pour donner un système dissous qui sera également en équilibre en vertu d'un principe analogue à celui du point triple et que M. Le Chatelier généralise en l'appelant *principe d'équivalence*, et qu'il énonce ainsi : *Quand deux systèmes font équilibre à un troisième, ils se font équilibre entre eux.*

La loi d'équilibre du système gazeux étant déterminée, il sera possible d'en déduire celle du système dissous à l'aide des lois de la solubilité. Il est vrai que celles-ci, surtout en ce qui concerne les mélanges, sont peu connues.

Soit le cas d'un solide soluble et volatil, l'iode par exemple. La loi de sa tension de vapeur peut se mettre sous la forme

$$\frac{dP}{P} - 500\frac{L_1 dT}{T^2} = 0,$$

formule déduite de l'équation de Clapeyron en divisant par T et en donnant leurs valeurs aux constantes.

La loi de la dissolution de sa vapeur sera donnée par une expression analogue :

$$[\eta'] \quad \frac{dP}{P} - i\frac{dC}{C} - 500\frac{L_2 dT}{T^2} = 0,$$

où le terme $i\frac{dC}{C}$ caractérise l'influence de la solubilité : C est en effet la concentration de l'iode dans la dissolution, quantité proportionnelle à son coefficient de solubilité, et le terme prendrait la forme $\frac{dC}{C}$ si la solubilité croissait proportionnellement à la pression selon la loi d'Henry $P = \frac{KC}{i}$. On admet ici que cette loi n'est pas générale, mais qu'elle peut être remplacée par $P = KC$.

Si l'on retranche les deux équations différentielles de tout à l'heure, on a

$$[\theta] \quad i\frac{dC}{C} - 500\frac{L\,dT}{T^2} = 0.$$

i peut être calculé d'ailleurs à l'aide de la pression osmotique par une méthode indiquée par M. van 't Hoff.

La formule $[\theta]$ fait voir clairement que la solubilité croît, décroît ou reste constante selon que la chaleur de dissolution est positive, négative ou nulle; comme en élevant la température la chaleur de dissolution décroît, puis devient nulle et enfin négative, la solubilité doit présenter dans le cas général une marche croissante, un maximum, puis une marche décroissante représentée par une courbe asymptotique à l'axe des températures. De fait on trouve dans la science, pour divers corps, des courbes de solubilité présentant la forme de fragments de cette courbe générale.

Voici comment on peut appliquer ces formules à l'équilibre chimique des dissolutions salines en partant de la supposition que tous les sels sont volatils :

L'équilibre du système H^2O vapeur et H^2 dans l'attaque du fer par la vapeur d'eau paraît indépendant de la pression. Il en est de même dans le système HI et $H + I$; dans ces deux cas, il n'y a pas de changement de volume et l'expérience montre que

$$\frac{p_{H^2O}}{p'_{H^2}} = \text{const.} \quad \text{et} \quad \frac{P(I) \times p'(H)}{p''^2(HI)} = \text{const.}$$

Parmi les rares expériences portant sur des réactions à changement de volume, on a pour les sels ammoniacaux, d'après M. Isambert,

$$p^n \times p'^{n'} = \text{const.},$$

n et n' étant le nombre de molécules de sel et d'acide qui réagissent. On peut supposer, en généralisant, que si on appelle p, p' les pressions des corps gazeux correspondant à l'un des états du système, p''... la pression ou les pressions du ou des corps opposés, n, n', n''... les nombres de molécules réagissantes, on aura en général

$$\frac{p^n \times p'^{n'}}{p''^{n''}} = \text{const.}$$

ou

$$n\frac{dp}{p} + n'\frac{dp'}{p'} - n''\frac{dp''}{p''} \cdots = 0.$$

Si nous écrivons l'équation [η], qui représente l'équilibre à déformation nulle, avec la valeur connue des composants pour les poids moléculaires et en exprimant le changement de volume à l'aide de n, n', etc., nous aurons

$$(n + n' - n''\ldots)\frac{dP}{P} + 500\frac{L\,dT}{T^2} = 0,$$

où L représente la chaleur latente de réaction à pression constante. Mais nous admettons dans ce cas que

$$\frac{dP}{P} = \frac{dp}{p} = \frac{dp'}{p'} = \frac{dp''}{p''}.$$

On peut donc écrire

$$\Sigma\frac{n}{p}\frac{dp}{dT}\,dT + 500\frac{L\,dT}{T^2} = 0$$

et même

$$\Sigma\, n\frac{dp}{p} + 500\frac{L\,dT}{T^2} = 0,$$

si l'on fait intervenir l'équation de l'équilibre isotherme; ou, en intégrant,

$$\log\frac{p^n \times p'^{n'}\ldots}{p''^{n''}\ldots} + 500\int\frac{L\,dT}{T^2} = \text{const.}$$

La formule de dissolution [η'] de chaque vapeur donnera après l'intégration et les transformations nécessaires

$$\Sigma\log p^n - \Sigma\log C^{ni} + 500\,\Sigma\int\frac{L_1\,dT}{T^2} = \text{const.},$$

C étant la concentration exprimée par le nombre de molécules contenues dans le volume 1 de solution, et L_1 la chaleur latente de dissolution.

Retranchant les deux équations membre à membre, on aura

$$[\mu] \quad \log\frac{C^{ni} \times C'^{n'i'}\ldots}{C''^{n''i''}\ldots} + 500\int\frac{L\,dT}{T^2} = \text{const.}$$

L est alors la chaleur latente de réaction dans une transformation altérant infiniment peu l'état du système.

Une conséquence de cette formule, c'est que pour l'équilibre isotherme

$$\frac{C^{\nu} \times C'^{\nu'}}{C''^{\nu''}} = \text{const.}$$

Or M. Schlœsing et plus tard M. Engel étaient arrivés par l'expérience à une formule semblable en étudiant la dissociation du bicarbonate de chaux en solution étendue. M. Le Chatelier a varié les vérifications en étudiant l'action de l'eau sur le sulfate de mercure, du carbonate de potasse sur le sulfate de baryte, de l'acide sulfhydrique sur le sulfure de zinc, etc.

Il a été possible dans les derniers cas, en connaissant les valeurs de i, d'arriver à une vérification numérique précise.

Soit, par exemple, la réaction

$$BaSO^4 + K^2CO^3 = BaCO^3 + K^2SO^4;$$

les sels insolubles agissant à concentration constante ne figurent pas dans l'équation d'équilibre : celle-ci se réduit à

$$\frac{C^{ni}}{C'^{n'i'}} = \frac{C^{1.1}}{C'^{1}} = \text{const.},$$

C étant la concentration de K^2CO^3 et C' celle de K^2SO^4.

En faisant varier ces concentrations dans des limites assez étendues, on remarque que le rapport $\frac{C}{C'}$ varie peu, puisque 1,2 est voisin de 1, mais qu'il varie, comme l'indique la formule.

La formule doit changer à chaque température, mais, en vertu du principe général du sens des déformations, celui-ci doit dépendre du signe de la chaleur latente. La décomposition endothermique du sulfite de mercure par l'eau croît avec l'élévation de température; celle du chlorure d'antimoine, qui est exothermique, croît au contraire avec l'abaissement de celle-ci.

L'auteur étudie ensuite les équilibres complexes, ceux où le même système peut exister sous plus de deux états différents, comme l'eau à zéro ou comme un sel qui donne avec l'eau plusieurs hydrates, ou enfin deux sels qui font la double décomposition (cas qui ne diffère pas en réalité de plusieurs cas précédents). Dans ce cas il y a formation d'un précipité. La réaction tendra à être plus complète, mais elle restera limitée; on s'en convaincra par le raisonnement suivant. L'équation générale [μ] pourra s'écrire

$$\log\frac{C^{ni}.C'^{n'i'}}{C''^{n''i''}.C'''^{n'''i'''}} - 500\int\frac{L\,dT}{T^2} = \text{const.}$$

Posons, pour simplifier,

$$ni = n'i'\ldots = 1,$$

et supposons qu'on opère à équivalents égaux,

$$C = C', \qquad \text{d'où} \qquad C'' = C''':$$

on aura
$$\frac{C.C'}{C''.C'''} = \frac{C^2}{C''^2} = K,$$

K étant une constante,

ou
$$\frac{C}{C''} = \sqrt{K}.$$

Si on augmente progressivement la valeur de C (la quantité des premiers sels dans l'unité de volume), la double décomposition maintiendra constant le rapport des deux états opposés. Il arrivera un moment où l'un des sels formés atteindra une concentration S telle, qu'il sera à sa limite de saturation. On aura à partir de ce moment

$$\frac{C^2}{C''.S} = K \quad \text{ou} \quad \frac{C}{C''} = K\frac{S}{C}.$$

Le rapport $\frac{C}{C''}$, constant jusque-là, ira en diminuant à mesure que C augmentera, et cela d'autant plus que la solubilité du sel formé S ou que le coefficient de pression K sera plus petit. Les lois de Berthollet ne mettent en ligne de compte que S; l'influence de K n'est pourtant négligeable que si K est voisin de l'unité, ce qui correspond à $L = 0$, ou à la thermoneutralité saline.

L'auteur passe en revue, en finissant, plusieurs phénomènes conduisant à des équations intégrales telles que nous les avons transcrites, par exemple pour les tensions de vapeur et les tensions de dissociation, et où figurent des constantes. Il calcule les valeurs numériques de ces constantes d'après les expériences. Elles se trouvent varier seulement de 0,0397 à 0,0476, mais on ne peut affirmer qu'elles soient égales. Si elles l'étaient, on pourrait calculer, comme le fait l'auteur, la tension de dissociation de l'oxyde d'argent d'après sa chaleur de formation et la réciproque.

M. Le Chatelier, après avoir tiré ces importantes conséquences de l'équation générale de l'équilibre physico-chimique des systèmes ne subissant pas de déformation, équation à laquelle il a donné la forme [ζ], et après avoir prouvé qu'elle est intégrable, — car l'expérience montre que, deux des facteurs de l'équilibre étant déterminés, le troisième l'est également, — s'est demandé si elle était réellement différente des deux expressions données par MM. Gibbs et Duhem aux conditions de l'équilibre chimique.

Ce dernier savant avait trouvé pour le système présentant une tension fixe, — vaporisation, dissociation d'un solide en produits gazeux, — la condition d'équilibre suivante :

$$\sum n H' = 0,$$

n représentant le nombre de molécules entrant en réaction et H' ce que M. Massieu a appelé une des deux fonctions caractéristiques de chaque corps en présence.

On a par définition

$$H' = ST - U - APV - A'EI,$$

S étant l'entropie $\left(\int \frac{dQ}{T}\right)$, U l'énergie intérieure — on verra dans un instant l'établissement de cette formule. — Or, si on se souvient que

$$dQ = dU - APdV - A'EdI,$$

c'est-à-dire que le dégagement de chaleur dQ est égal au changement de l'énergie intérieure moins le dégagement d'énergie recueilli à l'état de travail ou d'électricité, on aura pour $\int \frac{dQ}{T}$ une valeur telle que

$$H' = -T\left[\int U d\left(\frac{1}{T}\right) + A\int V d\left(\frac{P}{T}\right) + A'\int I d\left(\frac{E}{T}\right)\right],$$

ce qui mène, par la formule

$$\alpha\frac{dT}{T} + \beta\frac{dE}{E} + \gamma\frac{dP}{P} = 0,$$

dans laquelle

$$\alpha = \sum n(U + APV + A'EI), \quad \beta = -A'EI, \quad \gamma = -APV,$$

à l'expression

$$\sum n\left(\frac{dH'}{dT}dT - \frac{H'}{T}dT + \frac{dH'}{dP}dP + \frac{dH'}{dE}dE\right) = 0$$

où encore, en divisant par T,

$$\sum n\left(\frac{dH'}{T} - \frac{H'}{T}\right) = 0,$$

ou encore

$$\sum n d\left(\frac{H'}{T}\right) = 0.$$

Cette équation intégrée, multipliée par T et prise avec une valeur convenable de la constante arbitraire de l'entropie, devient $\sum n H' = 0$, équation identique à celle de M. Duhem, mais plus générale, et s'appliquant à tous les systèmes en équilibre à composition invariable et aux systèmes homogènes sans restriction.

En ce qui concerne l'hypothèse de M. Gibbs, on verra plus loin qu'elle consiste à supposer que, pour les mélanges gazeux à constituants convertissables par voie chimique, on retrouve la même loi que pour les mélanges gazeux sans action chimique. Cette loi, c'est que la somme des entropies est invariable; elle n'a de démonstration que par les vérifications expérimentales. En appelant S l'entropie du mélange, S_1, S_2... celles des gaz constituants rapportés aux poids moléculaires et m_1, m_2... le nombre des poids moléculaires constituant le mélange, on pourra écrire $S = \sum m S_1$.

Si l'on fait varier P ou T, il y aura un nouvel arrangement chimique avec une autre valeur de m, mais l'on pourra écrire

$$dS = \sum m . dS_1 + \sum S_1 . dm.$$

La quantité de chaleur mise en jeu est attribuable à la chaleur de réaction, au travail de la détente et à la variation de la température. Si le même mélange gazeux avait subi la même variation de P et de T sans action chimique, la variation de l'entropie eût été seulement

$$dS_1 = \sum m dS_1;$$

retranchant cette égalité de la précédente, vient

$$dS - dS_1 = \sum S_1 dm; \quad \text{mais} \quad dS - dS_1 = \frac{L}{T},$$

L étant la chaleur de réaction à T et P constants.

Appelant n, n' le nombre de molécules qui représentent l'accroissement dm, dm'..., et donnant à L sa valeur $\sum n U + A\sum n PV$, il vient, en se servant de la formule de l'entropie employée tout à l'heure,

$$\sum n\int U d\left(\frac{1}{T}\right) + A\sum\int V d\left(\frac{P}{T}\right) = 0,$$

c'est-à-dire $\sum n H' = 0$, comme dans le cas précédent.

Nous avons tenu, ici encore, à mettre sous les yeux du lecteur non pas les seules lois et considérations générales données par l'auteur, mais les applications principales faites par lui. M. Le Chatelier a donné dans la *Revue scientifique* (19 novembre 1887) un abrégé de son premier travail; plus récemment, il a repris le même sujet dans la *Revue générale des Sciences* (t. 2, p. 97, 138) en collaboration avec M. Mouret. Dans cette dernière rédaction, les expressions sont simplifiées et se rapprochent de celles employées par M. Gibbs et les phénomènes électriques passés sous silence. En voici les conclusions

1° Dans toute transformation qui s'accomplit d'elle-même et avec des facteurs d'énergie fixes (P et T constants), il y a diminution du potentiel thermodynamique[1] π, quantité exprimée par la formule

$$\pi = U - ST + PV.$$

Cette diminution constitue l'énergie utilisable à l'extérieur. L'équilibre stable correspond à π minimum.

2° L'équilibre d'un système chimique homogène correspond à des potentiels égaux de ses éléments (rapportés à l'unité de masse).

3° L'état chimique d'un système en équilibre tend à être modifié par les variations de P et de T; il y a des accroissements de ces deux facteurs qui se compensent et laissent le système en l'état, il faut pour cela que l'on ait

$$L\frac{dT}{T} + \gamma\frac{dP}{P} = 0.$$

4° S'il n'y a pas compensation, la transformation qui s'accomplit est celle pour laquelle

$$L\frac{dT}{T} + \gamma\frac{dP}{P} > 0,$$

d'où il suit que, si P ou T augmente seul, ce sera la réaction qui aura lieu avec diminution de volume ou absorption de chaleur qui se produira.

D'après la première conclusion, ce qui décide de la production d'une réaction, ce n'est pas, à proprement parler, un dégagement de chaleur, mais un dégagement d'une énergie utilisable, la production d'une quantité positive de travail

$$d\pi = L\,dm - T\,dS > 0,$$

m étant la masse transformée.

Si plusieurs réactions sont possibles, celle qui tendra finalement à se produire correspondra à la production du *travail maximum*; mais celui-ci n'est pas le travail équivalent à la chaleur de réaction LdM, mais bien celui qu'on pourrait tirer de cette réaction avec une machine parfaite utilisant le cycle de Carnot et qu'on vient de décrire plus haut.

En essayant de préciser les cas où les deux théories mèneraient à des conséquences plus ou moins différentes, M. Le Chatelier arrive à faire intervenir le point de transition T_0 de M. van 't Hoff. Au-dessous de cette température, c'est le dégagement de chaleur qui décide du sens de la réaction; c'est le contraire à une température supérieure, ainsi qu'il résulte de la formule

$$\int_{T_0}^{T} \frac{L\,dT}{T^2} > 0.$$

En somme, le principe du dégagement de chaleur comme dirigeant la réaction reste applicable lorsque les variations d'entropie sont nulles ou faibles vis-à-vis de la valeur de L. Il est d'autant plus exact que la température est plus basse et que la réaction se rapproche davantage des doubles décompositions [*Ann. Chim. Phys.*, (6), **27**, 566, et *Note* de M. Berthelot, *ibid*, 569].

La plupart de ces résultats et beaucoup d'autres avaient déjà été donnés d'une façon générale par M. Willard Gibbs, dans une série de mémoires de la plus haute importance publiés dans les *Transactions de l'Académie du Connecticut*, de 1875 à 1878, sous le titre *Équilibre des substances hétérogènes*.

Nous n'avons pas voulu donner dès l'abord l'analyse de ce travail considérable et presque entièrement mathématique; au point où nous en sommes arrivés dans cette étude, il nous sera plus aisé d'en faire comprendre les résultats les plus importants.

L'épigraphe de l'ouvrage est la conclusion du célèbre mémoire de Clausius de 1863 : *Dans l'univers, l'énergie est constante et l'entropie tend vers un maximum.* — Partant de ce principe, Horstmann, en 1873 [*Ann. Chem.*, **170**, 192], avait déjà formulé une théorie de la dissociation. Quelques vérifications en étaient possibles dans le cas des gaz, corps pour lesquels on sait évaluer les variations de l'entropie : elles ont donné des résultats satisfaisants. Horstmann avait donc le premier discerné l'importance pour la mécanique chimique du principe général de Clausius, qui permet non seulement de fixer à l'avance les cas de transformation, mais de poser les conditions de l'équilibre chimique, celui-ci devant être atteint lorsque toute modification dans l'état du système amènerait une dérogation à la loi de Carnot-Clausius, une diminution d'entropie.

Les vérifications dont nous avons parlé tout à l'heure n'ont porté que sur quelques points particuliers, ceux où l'on avait les données expérimentales nécessaires (dissociation des carbonates de chaux, des perchlorures de phosphore, des bromhydrates d'amylène, action de l'eau sur le fer, etc.).

Plus tard, en 1877 [*Ann. Chem.*, **187**], le même auteur examina le cas de la dissociation du carbonate d'ammoniaque, qui se résout en deux gaz à volumes inégaux (1 mol. CO^2, 2 mol. AzH^3), et il fit voir que sa théorie menait aux mêmes conclusions que celle de Naumann, déjà vérifiée par l'expérience, à savoir que l'équilibre est atteint lorsque les pressions partielles de deux gaz p et p' sont telles, que $pp'^2 = \delta$, δ étant une fonction de la température seule. Si le nombre des molécules était autre, m et n par exemple, il faudrait, d'après Horstmann, que $p^m p'^n = \delta$. On voit par ces citations que le principe directeur d'une mécanique chimique était formulé et vérifié dans ses conséquences; mais la marche des raisonnements était bien moins générale et bien plus pénible que celle employée par M. Willard Gibbs et plus tard par Helmholtz [*Berl. Akad.*, 1882, 227].

Voici les principaux traits du premier mémoire de M. Gibbs :

Supposons, avec Clausius, un gaz parfait et soit c sa chaleur spécifique, v son volume, p sa pression. La quantité dQ de chaleur qu'il dégagera dans une modification infiniment petite de température ou de volume sera

$$dQ = c\,dT + Ap\,dv,$$

A étant toujours l'équivalent calorifique du travail. D'où il suit que la variation de l'entropie

$$dS = \frac{dQ}{T}$$

sera donnée par la formule

$$dS = c\frac{dT}{T} + A\frac{p\,dv}{T},$$

que l'on peut mettre sous la forme

$$dS = c\frac{dT}{T} + AR\frac{dv}{v},$$

1. C'est le potentiel thermodynamique à pression constante de Gibbs, U et S étant exprimés en unités mécaniques.

à cause de la relation connue qui représente les lois de Mariotte et de Gay-Lussac $pv = RT$, R étant une constante variant pour chaque gaz. Sous la dernière forme, l'équation de dS peut s'intégrer immédiatement et donne

$$S = S_0\, c \log \text{nép} \left(\frac{T}{T_0}\right) + AR \log \text{nép} \left(\frac{v}{v_0}\right).$$

Or on peut démontrer que l'entropie S d'un mélange homogène de deux gaz parfaits est égale à la somme des entropies que posséderaient les deux gaz si chacun d'eux occupait le volume entier du mélange. Pour cela, on commence par faire voir, ce qui est évident, que, l'entropie interne d'un gaz étant indépendante de son volume, l'énergie d'un volume gazeux est la somme des énergies internes que posséderaient à la même température les deux gaz supposés occuper chacun le volume entier du mélange :

$$V = V' + V_2.$$

Cette énergie interne V est d'ailleurs reliée à la chaleur spécifique par la relation $dV = c\,dT$.

Il s'agit de prouver que la somme de ces deux dernières équations est égale à S, ou encore que

$$(m + m')\gamma = mc + m'c'.$$

Or cela est évident, car nous savons que

$$V = V' + V_2,$$

et on a

$$(m + m')\gamma = \frac{dV}{dT}; \quad mc = \frac{dV'}{dT}; \quad m'c' = \frac{dV_2}{dT}.$$

On peut donc écrire pour le mélange, qui contient m parties en poids du premier gaz et m' du second, et dont la chaleur spécifique est γ,

$$dS = (m + m')\gamma \frac{dT}{T} + A\frac{p\,dv}{T},$$

et pour chaque gaz d'une façon semblable,

$$dS_1 = mc\frac{dT}{T} + A\frac{p\,dv}{T},$$

$$dS_2 = m'c'\frac{dT}{T} + A\frac{p\,dv}{T}.$$

M. Gibbs, au lieu d'employer directement l'entropie, trouve avantageux d'exprimer à son aide une fonction nouvelle, dont l'importance avait déjà été signalée par M. Massieu dès 1869 [*C. R.*, 69, 858 et 1057; *Mémoires des savants étrangers*, 1869 et 1876].

Cette fonction est le *potentiel thermodynamique*, ici le potentiel thermodynamique interne à volume constant. Cette fonction est ainsi définie : potentiel thermodynamique interne à volume constant $\psi = E\,(U - TS)$.

Elle jouit des mêmes propriétés et a la même importance que la fonction caractéristique H de M. Massieu : c'est le produit changé de signe de la fonction H par l'équivalent E de la chaleur.

M. Massieu a fait voir le premier que les diverses équations de la thermodynamique peuvent être amenées à ne plus contenir les coefficients de dilatation, chaleur spécifique, etc., — mais seulement la fonction H et ses dérivés. M. Gibbs a surtout insisté sur ce fait que la fonction ψ joue le rôle de *potentiel*, c'est-à-dire que son augmentation ou sa diminution correspond exactement au travail subi ou effectué par le corps. On pourra donc savoir dans quel sens une transformation pourra s'effectuer et à quelle condition aucune transformation ne sera plus possible. Ce dernier cas sera celui d'un système pour lequel toute transformation augmenterait le potentiel thermodynamique. L'équilibre stable correspond donc au minimum de ψ.

On voit tout d'abord que le minimum de $U - TS$ ne correspond pas nécessairement au minimum de U. C'est le terme TS, lequel est une quantité de chaleur, puisque S est une quantité de chaleur divisée par T, qui fait toute la différence entre les théories primitives de MM. Thomsen et Berthelot, et celle que l'on déduit d'une façon correcte de la théorie mécanique de la chaleur. Malheureusement cette quantité ne se détermine pas directement par les mesures calorimétriques ordinaires. Elle ne peut être calculée que pour les gaz parfaits, et naturellement, pour tout corps réel, le calcul n'est qu'approximatif.

La rigueur de la théorie ne serait donc qu'illusion si l'on n'avait pas une vérification suffisante dans le cas des gaz voisins de l'état parfait (dissociation du peroxyde d'azote, du perchlorure de phosphore, etc.) et de plus une application très intéressante au cas de réaction électrolytique. On peut alors, par une détermination de la force électromotrice, connaître directement la valeur du *travail non compensé interne* qui mesure la diminution du potentiel thermodynamique.

Ce nom « travail non compensé », qui joue un grand rôle en mécanique chimique, est très facile à définir de la façon suivante [voyez Duhem, *Introduction à la Mécanique chimique*, 1893].

Pour un ensemble de transformations toutes réversibles menant un système de corps de l'état a à l'état b et dégageant des quantités de chaleur Q, Q'... à des températures absolues T, T'..., on a

$$\frac{Q}{T} + \frac{Q'}{T'} \cdots = S_a - S_b,$$

S_a et S_b désignant l'entropie correspondant l'état a et à l'état b.

Si quelques-unes des transformations n'étaient pas réversibles, la somme du facteur $\frac{Q}{T}$ serait plus grande que la diminution de l'entropie ; ce qu'on pourrait exprimer par la formule

$$\frac{Q}{T} + \frac{Q'}{T'} \cdots = S_a - S_b + P,$$

P étant une quantité positive

Le changement d'entropie compense une portion seulement de transformation, P représente les transformations non compensées.

Si l'on suppose T constant et que l'on appelle Q la somme algébrique des quantités de chaleur dégagées dans le passage de l'état a à l'état b, on aura de la même façon

$$\frac{Q}{T} = S_a - S_b + P, \quad \text{ou} \quad Q = T(S_a - S_b) + PT.$$

Si l'on préfère exprimer Q sous la forme d'un travail, on multipliera par l'équivalent mécanique de la chaleur et l'on aura

$$EQ = \underset{\text{Travail compensé.}}{ET(S_a - S_b)} + \underset{\text{Travail non compensé total.}}{ETP.}$$

Le travail non compensé sera positif comme P. Donc toute modification isothermique réalisable engendrera un travail non compensé positif. Si donc toutes les modifications infiniment petites possibles d'un système correspondent à un travail nul ou négatif, aucun n'est réalisable.

En somme, le système est en équilibre si toutes les transformations isothermiques virtuelles correspondent à un travail non compensé nul ou négatif. Ce travail non compensé joue donc le même rôle que le travail des forces en mécanique.

D'un autre côté, le principe de l'équivalence de la chaleur et du travail s'exprime, en ne tenant pas compte des mouvements sensibles, par la formule

$$E Q = E(U_a - U_b) + \mathfrak{T}_e,$$

U exprimant l'énergie interne et $\mathfrak{T}_e$ le travail effectué par les forces extérieures. On a donc, en comparant avec la précédente équation,

$$\begin{aligned} ETP &= -ET(S_a - S_b) + E(U_a - U_b) + \mathfrak{T}_e \\ &= E(U_a - TS_a) - E(U_b - TS_b) + \mathfrak{T}_e \\ &= \psi_a \qquad\qquad - \psi_b \qquad\qquad + \mathfrak{T}_e, \end{aligned}$$

d'après la définition du potentiel thermodynamique interne ψ.

Cette différence de potentiel $\psi_a - \psi_b$ pourra s'appeler, d'après les analogies mécaniques, du *travail non compensé interne.*

Dans cette formule, on fait la part du travail *interne* non compensé et du travail des forces extérieures $\mathfrak{T}_e$. Celui-ci n'admet de potentiel que dans des cas spéciaux, par exemple dans celui où l'on opère en vase clos.

Dans ce cas les forces extérieures n'effectuent aucun travail; c'est comme si le potentiel extérieur était invariable. De même si le système est soumis à une pression extérieure constante, le travail est mesuré par la diminution d'une quantité ΠV, qui peut être considérée comme un potentiel.

Dans ces cas, ou d'autres semblables, si les forces extérieures admettent un potentiel, $\mathfrak{T}_e$ peut être déterminé par la différence $\Omega_a - \Omega_b$ de ce potentiel, d'où il suit qu'on peut calculer entièrement le travail non compensé total, ETP, lequel est égal à $(\psi_a + \Omega_a) - (\psi_b + \Omega_b)$.

Si l'on appelle potentiel thermodynamique total la somme $\psi + \Omega = \Phi$, l'on pourra, dans le cas où la transformation admet un pareil potentiel, poser le théorème suivant :

Un système est en équilibre stable si la valeur Φ est minima parmi toutes celles que cette quantité peut prendre à la température considérée.

L'importance de la fonction ψ avait déjà frappé Maxwell et a été mise en lumière par Helmholtz [*Sitzungsberichte der Berlin. Akad.*, 1882, 22]. Ces deux savants lui ont donné des noms spéciaux (énergie libre ou disponible), qui montrent bien son rôle en thermodynamique. En effet, reprenons l'équation

$$\text{Travail non compensé total} = \psi_a - \psi_b + \mathfrak{T}_e > 0,$$

$\mathfrak{T}_e$ étant le travail effectué par les forces extérieures.

Si l'on considère au contraire le travail $\mathfrak{T}'_e$ effectué par le système, on aura

$$\psi_a - \psi_b > \mathfrak{T}'_e.$$

La diminution du potentiel thermodynamique interne dans une transformation isothermique est donc la limite supérieure des valeurs que peut prendre le travail mécanique effectué par le système.

On retrouvera dans l'étude de l'électricité ces utiles distinctions entre le travail compensé ou non des forces chimiques. Lorsqu'il s'agit des réactions qui se passent dans la pile, la détermination du travail non compensé, dont l'importance est majeure selon les théories actuelles, peut même se faire expérimentalement. Malheureusement les réactions électrolytiques ne sont pas les seules en chimie, ce qui restreint singulièrement le nombre de cas où le nouveau principe s'applique, et enfin, même lorsque le travail non compensé est déterminé, on n'a pas réussi jusqu'à ce jour à expliquer nettement son origine. G. Salet.

DYSPROSIUM. — En 1886, M. Lecoq de Boisbaudran annonça [*C. R.*, **102**, 1003 et 1005] que l'holmine n'est pas homogène et renferme au moins deux éléments. Pour l'élément donnant les bandes 640,4 et 536,3, il réserva le nom de *holmium*, et pour un élément donnant les bandes 753 et 451,5, il proposa le nom de *dysprosium*. Outre ces deux bandes, il assigna au dysprosium les bandes 804, 756,5, 475, 451,5, 427,5. Plus tard sir W. Crookes [*Chem. News*, **54**, 13] prouva que les bandes 451,5 et 753 appartiennent à des éléments différents. Selon MM. Krüss et Nilson, les bandes 451,5, 475 et 427,5 appartiennent à des éléments distincts [*D. chem. G.*, **20**, 2155].

E

EAU. — Voyez Dict., **1**, 1190 et Suppl., **1**, 672.

Synthèse de l'eau. — 1° En faisant la synthèse de l'eau par la pesée de l'oxyde de cuivre, du cuivre réduit et de l'eau formée, et en déduisant de ces données le rapport de $\frac{O}{H}$, M. Schützenberger a trouvé que ce rapport n'était pas constant; il varie avec l'état de division et de saturation de l'oxyde de cuivre, la durée du contact de l'eau formée avec l'oxydant, et avec la température : ainsi, toutes choses égales d'ailleurs, $\frac{O}{H}$ est plus petit lorsque le tube qui contient l'oxyde de cuivre n'est pas aussi rempli, et offre un large canal permettant à la vapeur d'eau de s'échapper sans se saturer entièrement d'oxygène : ce rapport varie de 7,95 à 8,15. Ce dernier chiffre a été obtenu avec un oxyde préparé par calcination de l'azotate, saturé et divisé, et remplissant le tube à combustion. Le premier chiffre correspond à de l'oxyde de cuivre en grains, remplissant le tube sur une longueur de 25 centimètres; avec ce même oxyde et un large canal, on a trouvé souvent le rapport 7,9.

2° La synthèse de l'eau a été faite encore par M. Schützenberger en pesant l'eau et l'hydrogène (obtenu en dissolvant un poids connu de zinc pur dans l'acide chlorhydrique) : le rapport $\frac{O}{H}$ a été trouvé de 7,96 à 7,98 avec de l'oxyde en grains chauffé au rouge sur une longueur de 80 centimètres; avec le même oxyde, à température aussi basse que possible, le rapport est égal à 7,90 et à 7,93. Si, dans cette expérience, on remplace l'oxyde de cuivre par le chromate de plomb, le rapport trouvé est toujours plus petit (7,89 à 7,93); dans ce genre de synthèse, il est nécessaire de terminer par un courant d'oxygène pour réoxyder le cuivre ou le plomb, et utiliser l'hydrogène qui pourrait être retenu par le métal réduit.

3° Lorsque, dans les expériences de synthèse de l'eau, on a trouvé un rapport supérieur à 8, l'eau formée, tout en étant neutre, possède des caractères oxydants analogues à ceux que présente l'acide carbonique suroxygéné, et distincts de ceux du peroxyde d'hydrogène.

La plupart de ces essais ont été faits à des températures relativement basses (400° environ). M. Schützenberger n'admet pas que l'on puisse faire intervenir la dissociation de l'oxyde de cuivre pour expliquer ces résultats : en effet, une fois l'expérience commencée, l'hydrogène est intégralement absorbé; il ne se dégage plus de gaz, et il y a plutôt tendance à la production d'un vide partiel [*Bull. Soc. Chim.*, (2), **39**, 260].

Dissociation de la vapeur d'eau. — Reprenant les expériences de M. Berthelot relatives à la dissociation de la vapeur d'eau par l'étincelle d'induction, A.-W. Hofmann [*D. chem. G.*, **23**, 3310] s'est servi du dispositif suivant : Dans un eudiomètre plein de mercure, placé sur une cuve à mercure, on fait passer quelques gouttes d'eau que l'on réduit en vapeur à l'aide d'un manchon de verre parcouru par un courant d'eau bouillante; on y fait éclater une série d'étincelles fournies par une bobine de Ruhmkorff, actionnée par trois éléments Bunsen, on voit alors le mercure baisser dans l'éprouvette et laisser un espace de quelques centimètres qui est rempli de gaz tonnant.

On n'observe pas d'augmentation de volume lors de la dissociation partielle de la vapeur d'eau, comme cela a lieu pour l'anhydride carbonique; cela tient à ce que l'on opère sur de la vapeur saturée, qui occupe tout l'espace chauffé à 100°; pour observer l'augmentation de volume, il faudrait opérer sur la vapeur non saturée. Si, après avoir fait passer une série d'étincelles dans la vapeur d'eau, on laisse refroidir l'appareil jusqu'à la température ordinaire tout en continuant le passage de l'électricité, le mercure remonte progressivement jusqu'au sommet de l'éprouvette; ce fait s'explique par la coexistence de deux effets opposés exercés par l'étincelle. Avec la vapeur d'eau, on ne voit jamais une expulsion brusque succéder à sa dissociation progressive, ni le système revenir à l'état initial, puis donner lieu au retour périodique des mêmes phases; cela provient, comme l'a fait voir M. Berthelot, de ce que l'eau n'est pas très facilement dissociable par l'étincelle, en sorte que la masse dissociée est toujours très faible par rapport à la masse totale. En reprenant ces expériences dans un appareil manométrique spécial, on peut opérer la dissociation de la vapeur d'eau sous des pressions variables.

Cette dissociation peut encore s'effectuer en faisant passer la vapeur d'eau dans un tube de verre, où on fait éclater une série d'étincelles; en recueillant les gaz dans un eudiomètre, on voit qu'en 10 minutes on peut obtenir ainsi environ 3 centimètres cubes de gaz tonnant. Le phénomène de la dissociation de la vapeur d'eau s'observe encore lorsqu'on en fait circuler un courant dans un tube renfermant une spirale de platine rendue incandescente par un courant électrique; dès que le platine atteint le rouge blanc, on peut recueillir des quantités notables de gaz tonnant; si, au lieu d'opérer avec un courant de vapeur d'eau, on opère sur de la vapeur renfermée dans une cloche, on n'observe pas de dissociation.

On peut encore décomposer la vapeur d'eau en plaçant $0^{gr},5$ à 1 gramme de magnésium en poudre dans un tube à analyse que l'on met en communication avec un ballon contenant de l'eau; en chauffant doucement le tube, et en portant l'eau à l'ébullition d'une façon ménagée, on observe que le magnésium devient incandescent et qu'il se produit un dégagement régulier d'hydrogène; si l'ébullition de l'eau est violente, le magnésium brûle avec une flamme éblouissante, et le dégagement de l'hydrogène devient tumultueux.

M. A. Gautier a décomposé l'eau à froid, au moyen du couple zinc-platine, et a pu ainsi transformer l'acide oxalique en acide glyoxylique [*Bull. Soc. Chim.*, (2), **45**, 418].

Chaleurs spécifiques de l'eau à température élevée. — D'après les mesures effectuées par MM. Berthelot et Vieille, à des températures comprises entre 1800 et 4500°, la chaleur spécifique moyenne de la vapeur d'eau à volume constant croît avec la température, assez lentement d'ailleurs, et conformément à la formule empirique

$$16,2 + 0,0019\,(T - 2000).$$

La chaleur spécifique moyenne de la vapeur d'eau entre 130 et 230° peut être évaluée à 6,65 (à volume constant) : elle serait donc plus que doublée vers 2000°, triplée à 4000°. La chaleur spécifique élémentaire, c'est-à-dire le rapport $\frac{dQ}{dT}$, sera vers 2000° 16,2; vers 3000° 20,0; vers 3500° 21,9; vers 4000° 23,8 [*Bull. Soc. Chim.*, (2), **41**, 566].

Propriétés chimiques. — *Décomposition par les métalloïdes* [Cross et Higgin, *D. chem. G.*, **16**, 1195]. — Lorsqu'on distille de l'eau avec de la fleur de soufre, l'eau distillée entraîne du soufre, et il se forme des traces d'hydrogène sulfuré; la nature du soufre est sans influence sur le phénomène; l'eau distillée offre les réactions des acides thioniques formés aux dépens des produits de décomposition de l'eau par le soufre, selon l'équation

$$2\,H^2O + 3\,S = 2\,H^2S + SO^2.$$

Action du chlore en présence de la lumière [Pedler, *Chem. Soc.*, **57**, 613]. — Le chlore a très peu d'action sur l'eau, même sous l'action des rayons d'un soleil très chaud, à moins que l'eau ne soit en énorme excès (400 molécules H^2O pour une molécule Cl); la réaction a lieu alors avec formation d'oxygène et d'acide chlorhydrique; à la lumière diffuse faible, la réaction est différente; il se produit de l'acide hypochloreux :

$$Cl^2 + H^2O = HCl + HClO.$$

Sous l'influence d'une lumière un peu plus forte, l'acide hypochloreux se dédouble en acides chlorique, chlorhydrique et en oxygène, en sorte que l'action finale d'une lumière modérée sur l'eau et le chlore peut s'exprimer par l'équation

$$4\,Cl^2 + 4\,H^2O = 7\,HCl + HClO^3 + O$$

Action du trichlorure de phosphore [Bothamley et Thompson, *Chem. News*, **62**, 191]. — Elle peut être représentée de la manière suivante :

$$PCl^3 + 3\,H^2O = PO^3H^3 + 3\,HCl,$$

quelle que soit la quantité d'eau en excès; mais si le chlorure est en excès, il se forme, par suite d'une réaction secondaire, un oxyde jaune P^4O; et l'on obtient finalement le produit soluble P^4OH, qui devient insoluble quand on le chauffe au-dessus de 70°.

ANALYSE DES EAUX. — DOSAGE VOLUMÉTRIQUE DES CARBONATES ALCALINO-TERREUX [Houzeau, *C. R.*, 95, 1064]. — Cette méthode est basée sur ce fait que l'acide oxalique précipite beaucoup plus rapidement le bicarbonate que le sulfate de calcium; le mode opératoire diffère sensiblement selon que les eaux sont simplement bicarbonatées ou à la fois bicarbonatées et sulfatées.

1° *Eaux bicarbonatées.* — Dans 100 centimètres cubes d'eau colorée par 1 centimètre cube de teinture de cochenille, on verse goutte à goutte une solution d'acide oxalique dont 1 centimètre cube contient 28mgr,6 d'acide cristallisé, et correspond à 10 milligrammes d'acide carbonique; on s'arrête quand on voit apparaître une teinte jaune persistante. Le volume d'acide oxalique fait connaître tout de suite le poids d'acide carbonique combiné aux bases à l'état de carbonates neutres. L'oxalate de calcium recueilli sur filtre est dosé volumétriquement à l'aide d'une solution titrée de permanganate de potassium contenant 1gr,6 de sel par litre; du poids de l'acide oxalique trouvé on déduit celui de l'acide carbonique qui lui est équivalent, et par suite celui de la chaux : en défalquant du poids total de l'acide carbonique trouvé par l'acide oxalique titré celui correspondant à l'oxalate de calcium, la différence fait connaître l'acide afférent au carbonate de magnésium. Les résultats sont exacts pour les eaux qui ne renferment pas de carbonates alcalins.

2° *Eaux bicarbonatées et sulfatées.* — Il faut éliminer le sulfate de calcium avant de procéder à l'essai alcalimétrique par l'acide oxalique. Pour cela, à 100 centimètres cubes d'eau on ajoute un volume convenable d'alcool saturé d'acide carbonique, qui précipite le sulfate sans toucher aux bicarbonates; après repos l'on décante et l'on filtre; on prend alors 100 centimètres cubes du liquide filtré, qu'on additionne de son volume d'eau distillée, et l'on procède à l'essai alcalimétrique comme il a été dit plus haut.

DOSAGE DE L'OXYGÈNE. — Le dosage de l'oxygène dans l'eau offre un grand intérêt, parce que la diminution de cet élément est un indice certain de la présence des matières organiques. Plusieurs méthodes sont usitées pour effectuer ce dosage.

Procédé de MM. Schützenberger, Risler et Gérardin. — Ce procédé, déjà décrit, Dict. 2, 712, a subi, de la part de M. Raulin, une modification qui dispense du titrage de la solution d'hydrosulfite à l'aide du sulfate de cuivre ammoniacal : cette solution est étendue suffisamment pour que 1 litre d'eau agitée à l'air et teintée en bleu par du carmin d'indigo ou du bleu Coupier se décolore après une addition de 30 à 40 centimètres cubes du réactif. On place ensuite 1 litre de l'eau à analyser dans un bocal à large ouverture de 2 litres de capacité, on y ajoute un peu de bleu Coupier, puis la solution d'hydrosulfite jusqu'à décoloration complète; on note le volume du réactif employé et on effectue la même opération avec 1 litre de la même eau agitée pendant quelques minutes avec de l'air; cette eau se sature ainsi d'oxygène à la température de l'opération, et, à l'aide des tables de solubilité de Bunsen, on connaît, pour cette température, le volume d'oxygène dissous dans 1 litre d'eau; en divisant ensuite ce chiffre par 5 (puisque l'oxygène de l'air est à 1/5 d'atmosphère), on sait quel est le volume réel de ce gaz qui se trouve dans 1 litre d'eau saturée : on connaît donc ainsi deux volumes d'hydrosulfite, qui correspondent, l'un à un volume d'oxygène connu, et l'autre au volume d'oxygène qu'il s'agit de déterminer : une simple règle de trois permet de résoudre le problème.

Ce procédé si simple et si rapide, qu'on peut exécuter avec un petit nombre de réactifs, donne des indications précieuses sur la valeur d'une eau, si l'on détermine d'abord l'oxygène qui s'y trouve au moment de la prise d'essai, puis celui qui y existera après 24 heures de séjour dans un vase fermé : une diminution de ce gaz indiquera la présence et la proportion relative des matières organiques.

Le *procédé de Mohr* (sulfate ferreux et permanganate de potassium) a été rendu très pratique par M. Albert Lévy. A l'eau rendue alcaline par la potasse, on ajoute un volume déterminé d'une solution de sulfate double de fer et d'ammonium, dont le titre est exactement connu par rapport à une solution titrée de permanganate de potassium. L'oxygène de l'eau se porte sur le sel de protoxyde de fer; on détermine ensuite à l'aide du caméléon la proportion de sel de fer qui n'a pas été peroxydée. L'opération s'effectue à l'abri de l'air dans une pipette à double robinet, dont le volume intérieur, d'environ 100 centimètres cubes, est parfaitement connu; on la remplit de l'eau à analyser et on y introduit successivement 2 centimètres cubes de potasse au dixième et 4 centimètres cubes d'une solution de sulfate double de fer et d'ammonium contenant 39gr,2 de sel par litre, et dont la teneur a été exactement déterminée à l'aide d'une solution de caméléon $\frac{N}{10}$ (3gr,162 de sel par litre). Pendant cette manipulation, l'eau qui s'écoule par le robinet inférieur est reçue dans un vase contenant de l'acide sulfurique dilué : la réaction se fait au bout de quelques instants et les oxydes de fer qui se forment tombent au fond du liquide; on les dissout à l'aide de 4 centimètres cubes d'acide sulfurique dilué dans son volume d'eau, que l'on introduit en ouvrant seulement le robinet supérieur, et dès que tout le liquide est devenu incolore, on détermine à l'aide du caméléon la proportion de sel de fer restée à l'état de protoxyde; on en déduit facilement la quantité d'oxygène contenue dans le volume d'eau sur lequel on a opéré.

RECHERCHE ET DOSAGE DES AZOTATES ET DES AZOTITES. — La recherche des azotates se fait le mieux à l'aide de la brucine et de l'acide sulfurique; la coloration rouge se manifeste immédiatement quand on met ces deux corps en contact avec le résidu d'évaporation d'un certain volume d'une eau contenant des azotates. Leur dosage s'effectue le plus exactement par la méthode de M. Schlœsing (action de l'acide azotique sur les sels de protoxyde de fer en liqueur acide, et dégagement de bioxyde d'azote) : il suffit de multiplier ensuite par 2,413 le volume de bioxyde d'azote ramené à 0° et à 760 pour avoir le poids d'acide azotique exprimé en milligrammes.

La recherche des azotites se fait à l'aide de différents réactifs : celui de *Trommsdorff* (solution d'iodure de zinc amidonné) donne naissance à une coloration bleue, qui se manifeste presque immédiatement.

Une dissolution acide de m-phénylène-diamine ajoutée à une eau contenant des azotites développe une coloration jaune; enfin l'α-naphtylamine et l'acide sulfanilique produisent une coloration qui varie du rose faible au rouge rubis. Ce dernier réactif est très sensible.

Le dosage colorimétrique de l'acide azoteux s'effectue à l'aide de l'un ou de l'autre de ces réactifs : dans un volume d'eau exactement mesuré on introduit un volume également mesuré de réactif, et l'on compare la teinte produite à celle que détermine la même quantité de réactif ajoutée à un volume d'eau distillée égal à celui de l'eau à analyser et dans lequel on fait couler, à l'aide d'une burette graduée, une solution titrée d'azotite de potassium dont chaque centimètre cube contient 0^{mgr},10 d'acide azoteux (0^{gr},2237 d'azotite de potassium dans 1 litre d'eau distillée).

DÉTERMINATION DE LA MATIÈRE ORGANIQUE TOTALE. — *Procédé de M. Albert Lévy.* — On évalue la proportion de matière organique d'après le poids d'oxygène emprunté au permanganate de potassium qui a servi à opérer l'oxydation de cette matière en liqueur alcaline : 100 centimètres cubes de l'eau filtrée sont introduits dans un ballon avec 3 centimètres cubes d'une solution de bicarbonate de sodium au dixième, et 10 centimètres cubes (ou plus, mais toujours un volume exactement mesuré) d'une solution de permanganate de potassium à 0^{gr},50 par litre; on porte à l'ébullition pendant 10 minutes; le liquide doit rester rouge, sinon il faut y ajouter un nouveau volume exactement mesuré de permanganate; après refroidissement on ajoute 2 ou 3 centimètres cubes d'acide sulfurique pur, et immédiatement après 5 centimètres cubes d'une solution de sulfate double de fer et d'ammonium préparée en dissolvant 20 grammes de sel additionnés de 10 grammes d'acide sulfurique dans une quantité d'eau suffisante pour faire un litre. On titre ensuite au caméléon jusqu'à coloration rosée, et on note le nombre de divisions nécessaire pour obtenir ce résultat. On recommence ensuite l'opération avec 200 centimètres cubes d'eau (en réalité les deux opérations sont menées de front) et en employant les mêmes quantités de réactifs que la première fois; on note encore le nombre de divisions de permanganate nécessaire pour produire la teinte rose : la différence entre ce chiffre et celui de la première analyse permet de calculer le poids d'oxygène que le permanganate a cédé à la matière organique contenue dans 100 centimètres cubes d'eau, sachant que 1 centimètre cube de la solution de permanganate peut céder 0^{mgr},125 de ce gaz.

DOSAGE DE L'AMMONIAQUE LIBRE ET DE L'AMMONIAQUE ALBUMINOÏDE. — *Procédé de MM. Wanklyn et Chapman.* — Ce procédé a pour objet de déterminer d'une part l'ammoniaque libre et les sels ammoniacaux, le tout sous le nom d'*ammoniaque libre*, et d'autre part, sous le nom d'*ammoniaque albuminoïde*, la quantité d'ammoniaque produite par l'action du permanganate de potassium en solution alcaline sur certaines matières organiques azotées.

On opère sur 500 centimètres cubes d'eau que l'on distille dans une cornue munie d'un réfrigérant, après y avoir ajouté une quantité de bicarbonate de sodium suffisante pour la rendre alcaline : on recueille d'abord 50 centimètres cubes de liquide, dans lequel on dose l'ammoniaque par le procédé indiqué plus bas, puis encore 150 centimètres cubes que l'on rejette : l'ammoniaque des 50 premiers centimètres cubes représente les 3/4 de l'ammoniaque libre contenue dans l'eau. Aux 300 centimètres cubes d'eau qui restent, on ajoute 50 centimètres cubes d'une solution alcaline de permanganate de potassium (8 grammes par litre, plus 200 grammes de potasse caustique), et l'on recueille successivement par distillation 3 volumes de 50 centimètres cubes de liquide dans lesquels on dose l'ammoniaque qui représente la totalité de l'ammoniaque albuminoïde. Le dosage s'effectue par la méthode colorimétrique à l'aide du réactif de Nessler (iodomercurate de potassium), par comparaison de la teinte produite par ce réactif dans les liquides provenant de la distillation, avec celle que l'on obtient avec le même réactif introduit dans de l'eau distillée, à laquelle on ajoute un volume exactement mesuré d'une solution titrée de chlorhydrate d'ammoniaque contenant 0^{gr},00001 de sel par centimètre cube. D'après les résultats obtenus on classe les eaux en trois catégories :

1° Eaux d'une très grande pureté, donnant moins de 0^{mgr},05 d'ammoniaque albuminoïde;

2° Eaux potables, donnant à l'analyse de 0^{mgr},05 à 0^{mgr},10 d'ammoniaque albuminoïde;

3° Eaux impures, qui contiennent plus de 0^{mgr},10 d'ammoniaque albuminoïde.

E. Burcker.

EAU (ANALYSE BIOLOGIQUE). — Les eaux qui ont circulé quelque temps à la surface du sol charrient, avec des bactéries, une foule de productions animales et végétales, des insectes microscopiques, des protozoaires, des œufs et des larves d'origine très diverse, des moisissures, des algues vertes ou jaunes, etc. Déterminer avec soin le nombre et la nature de ces êtres si différents, c'est pratiquer l'*analyse micrographique complète* d'une eau.

Dans la pratique habituelle, on simplifie beaucoup ces sortes d'analyses, par la raison que l'énumération complète des microorganismes qui peuplent les eaux n'offre souvent qu'un intérêt très secondaire, et qu'on recherche surtout dans les eaux potables les êtres vivants dont l'ingestion peut constituer un danger pour la santé. En effet, les algues endochromées ne sauraient être considérées comme des agents malfaisants, puisque leur rôle paraît se borner à épuiser divers éléments chimiques des eaux (sels minéraux, matières organiques dissoutes), à s'assimiler le carbone de l'acide carbonique, et à restituer aux eaux l'oxygène que les microphytes sans chlorophylle leur ont enlevé. Cet oxygène naissant que les algues vertes et jaunes mettent en liberté détruit souvent une foule de gaz fétides, entre autres l'hydrogène sulfuré. D'autres algues, les *Beggiatoa*, assimilent directement l'acide sulfhydrique, en donnant de l'eau et du soufre, qu'on rencontre à l'état cristallisé dans l'intérieur de leurs filaments. Il est donc plus intéressant pour le naturaliste que pour l'analyste de dresser la liste toujours longue des Protococcacées, des Conferves, des Spirogyres, des Desmidiées, des Diatomées, des Cénobiées, etc., qui élisent domicile dans les cours d'eau, les réservoirs, les abords des sources et des fontaines, car on semble aujourd'hui d'accord sur leur parfaite innocuité.

Quant aux Protozoaires, dont la liste est également très étendue, tout ce qu'on en peut dire, c'est qu'ils vivent de proies tenues en suspension dans les eaux, de quelques algues peu volumineuses et surtout de bactéries, dont ils dévorent en peu de temps les immenses zooglées et les individus isolés qu'ils rencontrent sur leur passage. Les infusoires se présentent donc à nous comme des agents purificateurs, comme des cellules phagocytaires, dont le rôle mériterait d'attirer l'attention des hygiénistes. On a, il est vrai, attribué une certaine nocivité à quelques Rhizopodes qui seraient, d'après quelques auteurs, les agents de plusieurs affections du tube digestif, notamment de la dysenterie; mais ces affirmations n'ont pas été suffisamment confirmées pour mériter de prendre rang parmi les vérités bien établies.

Une analyse micrographique complète des eaux devrait comprendre encore l'étude des éléments inorganiques et des détritus inanimés qu'on peut de même y rencontrer; par ce côté, elle confine donc de très près à la microchimie et aux recherches qui ont pour but la détermination des substances mortes, dont la présence peut devenir un indice précieux pour l'expert chargé de déterminer la nature et les causes d'infection dont une rivière ou un fleuve est souvent l'objet de la part de certaines industries.

Toutes ces analyses sont tributaires du microscope, et se font au moyen de l'œil armé de grossissements plus ou moins puissants. Après avoir traité les eaux par des réactifs colorants ou fixateurs (couleurs d'aniline, iode, sublimé, acide osmique, etc.), l'essentiel est d'amener les parties sédimentaires des eaux sur le porte-objet du microscope, soit au moyen d'une décantation prolongée, soit, pour aller plus rapidement, en utilisant la force centrifuge de quelques appareils construits à cet effet. Nous ne croyons pas devoir entrer ici dans le détail de ces analyses spéciales : nous pensons qu'il est surtout utile au chimiste de savoir comment il peut compléter le dosage des éléments inorganisés des eaux par l'analyse bactériologique, très fréquemment demandée par les conseils d'hygiène et les simples particuliers.

ANALYSE BACTÉRIOLOGIQUE DES EAUX. — L'analyse bactériologique d'une eau comprend trois opérations :

1° Le prélèvement de l'eau et son transport au laboratoire;

2° La détermination du nombre des bactéries qu'elle renferme;

3° La détermination de la nature de ces bactéries.

Il importe d'indiquer brièvement et avec précision ces diverses opérations.

PRÉLÈVEMENT DES EAUX. — Pour ne soumettre à l'observation que les bactéries contenues dans une eau considérée, il importe que les vases mis en usage soient stérilisés. Autrefois on se servait de tubes ou de ballons effilés en pointe, scellés à une haute température, dont on cassait l'extrémité capillaire dans l'eau qu'on désirait prélever; sous l'influence du vide partiel existant dans le vase, l'eau se précipitait dans le tube ou dans le ballon qu'elle remplissait à moitié, puis la pointe était de nouveau scellée. Cette façon de procéder est la plus exacte et la plus scientifique, mais elle est difficile à appliquer par un correspondant peu au fait des choses de la chimie; d'ailleurs ces sortes de vases sont fragiles et malaisément transportables : on doit, dans la plupart des cas, leur substituer des flacons de verre ordinaire de 150 à 200 centimètres cubes, simplement bouchés au liège, et auxquels on aura fait subir le traitement suivant :

Ces flacons, bouchés avec une bourre d'ouate, sont exposés pendant une heure au bain d'air, graduellement chauffé jusqu'à 180°. Les vases refroidis, la bourre est enlevée avec un fil métallique flambé, et remplacée par un bouchon de liège fin légèrement carbonisé à sa surface par son passage dans la flamme d'une lampe à alcool ou d'un bec de gaz; finalement on entoure les flacons d'une feuille de papier qu'on cachette à la cire. Ces vases restent indéfiniment stérilisés, d'abord parce qu'ils sont privés de tout microbe et de toute humidité, ensuite parce que la partie extérieure de ces vases, surtout la fente circulaire qui sépare le goulot du bouchon, reste à l'abri des poussières atmosphériques et de toute autre impureté.

Si l'eau est *courante* et *accessible* à la main, le flacon stérilisé, débarrassé, sur le lieu de la prise, de son enveloppe protectrice de papier, est débouché et plongé à quelques centimètres de profondeur dans la masse liquide, le col du vase dirigé en amont du cours d'eau, c'est-à-dire en sens inverse du courant. Le flacon à peu près complètement rempli, retiré de l'eau, est fermé avec le bouchon de liège, qu'on a constamment tenu au bout des doigts, sans l'appuyer contre les habits, le sol, ou un objet quelconque; on scelle enfin le flacon avec un bâton de cire enflammée, après avoir arasé le bouchon.

Si l'eau était peu profonde, il faudrait prendre toutes les précautions possibles pour éviter de soulever le limon ou le sable sous-jacent.

Quelques eaux pures jaillissant du sol avec une certaine violence en provoquant des tourbillons de matières vaseuses, siliceuses ou calcaires souvent souillées de productions microphytiques, pour avoir la composition bactériologique approchée de ces eaux de source, il est naturellement indiqué d'en effectuer le puisage à une certaine distance du point où elles s'échappent du sol.

Très souvent l'eau qu'on désire prélever est *inaccessible à la main* (puits, citerne, réservoir, canal) : c'est le cas le plus fréquent; on pourra alors se servir avec avantage du petit système représenté dans la figure 194, qui consiste en

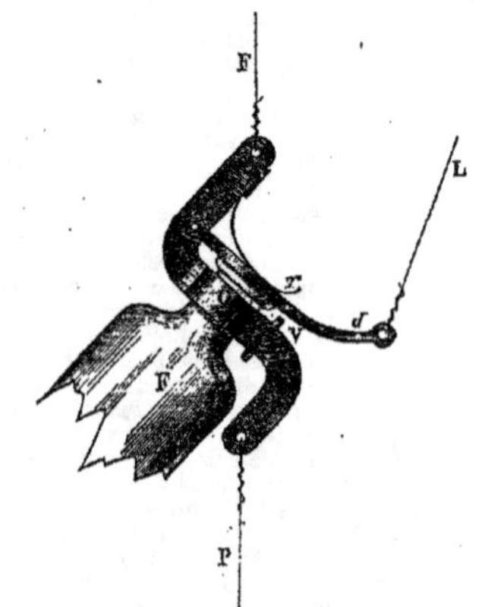

Fig. 194. — Appareil pour prélever les eaux à diverses profondeurs.

une pince, fixant le flacon par le col, aux extrémités recourbées de laquelle se trouve un fil suspenseur métallique et un fil portant un contrepoids.

La même figure montre le dispositif adopté à l'Observatoire de Montsouris pour prélever les eaux à des profondeurs variables et déterminées. Le fil suspenseur porte des anneaux espacés de 50 en 50 centimètres, et sur la pince se trouve un obturateur à ressort, qu'on soulève, au moyen d'un second fil, à la profondeur voulue. Quand on se sert d'une pince ou de tout autre système de contention, il faut toujours avoir le soin de le flamber exactement avant la descente du récipient dans l'eau.

Bien souvent on est de même appelé à doser en bactéries l'eau d'une fontaine publique ou d'un robinet branché sur une canalisation urbaine; dans ce cas, il est utile de laisser couler pendant quelque temps l'eau des robinets, grandement ouverts, afin de chasser les dépôts qui se forment fréquemment dans les tuyaux de plomb et l'eau qui a pu séjourner longtemps, stagner et s'échauffer dans les conduites secondaires.

Pour récolter les eaux météoriques, on peut employer l'appareil représenté dans la figure 195.

Dans une tige de fer horizontale T, solidement fixée à plusieurs mètres du sol sur un poteau vertical, s'engagent deux pinces soutenant, l'une un entonnoir de cuivre nickelé E, l'autre un creuset de platine P'; au moment de l'expérience,

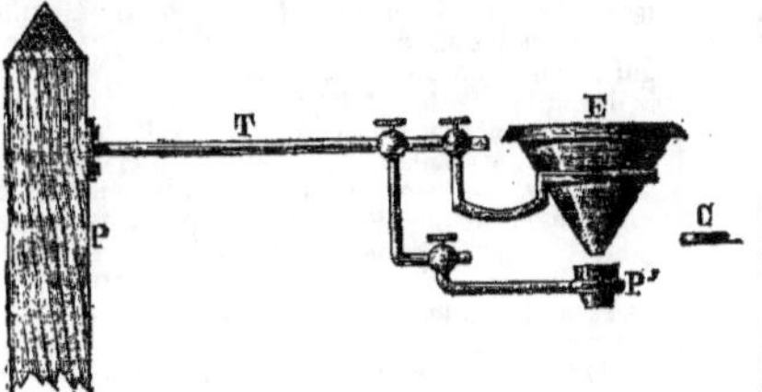

Fig. 195. — Appareil pour récolter les eaux météoriques.

l'entonnoir et le creuset sont fortement flambés, puis on transporte dans le laboratoire l'eau recueillie, en ayant le soin de recouvrir le creuset de son couvercle C; puis on pratique sans tarder l'analyse bactériologique.

La neige et la grêle se récoltent aussi très aisément, en exposant à l'air extérieur, au moment de la chute de ces eaux météoriques, une boîte de cuivre cylindrique brasée, nickelée ou argentée, parfaitement stérilisée. Après la récolte, la boîte est fermée par un couvercle purgé de germes, exposée à l'étuve à 30°, puis après la fusion de l'eau congelée, qui exige de quelques minutes à un quart d'heure, on dose le liquide en bactéries.

Telles sont à peu près les principales manières de prélever les eaux destinées à l'analyse microbiologique; les précautions les plus grandes doivent présider à cette opération, si l'on désire obtenir des résultats sincères. Il est cependant une cause d'erreur qui accompagne toujours le prélèvement des échantillons d'eau, et dont plusieurs esprits méticuleux se sont à tort exagéré les conséquences : je veux parler de la contamination fortuite de ces échantillons par les poussières voyageant dans l'atmosphère. Il est évident que toutes les opérations, non seulement du prélèvement des eaux, mais de l'analyse proprement dite, s'effectuant au contact de l'air, ce dernier élément peut accidentellement déposer un ou deux germes dans l'eau destinée à être dosée. Mais en quoi ce fait peut-il fausser le dénombrement des bactéries d'une eau renfermant bien rarement moins de 100 microbes par centimètre cube? En admettant que le volume de l'eau manipulée atteigne 100 centimètres cubes, il faudrait, pour qu'il y eût une cause d'erreur réelle, saisir, par le plus grand des hasards, la bactérie accidentelle perdue au sein de 100 000 autres bactéries. D'ailleurs, dans ces sortes d'essais, les unités sont habituellement négligées, et même parfois, avec les eaux de rivière, il est saugrenu de tenir compte des dizaines et des centaines. Il importe beaucoup plus de se préoccuper d'une cause d'erreur autrement sérieuse : de la pullulation des bactéries dans les eaux abandonnées à elles-mêmes.

Dès qu'une eau est prélevée, c'est-à-dire dès qu'elle cesse d'être en mouvement, elle s'auto-infecte : autrement dit les bactéries qu'elle contient se mettent à pulluler, même à la température normale. Voici un exemple de cette recrudescence des bactéries dans les eaux abandonnées à elles-mêmes.

Un échantillon d'eau de la Vanne prélevé à la bâche d'arrivée du réservoir de Montrouge (temp. = 12°), laissée pendant 3 jours à la température du laboratoire (temp. moy. = 18°,6), soumise à une série d'analyses successives, donne les résultats suivants :

A l'analyse immédiate.	48 bactéries p. cmc.
2 heures après........	125 —
1 jour plus tard.......	38 000 —
2 jours —	125 000 —
3 jours —	590 000 —

Ces recrudescences peuvent avoir lieu même quand l'eau est abandonnée à elle-même à sa température naturelle, qui varie de 8 à 12° pour les eaux de source.

Il ne faut donc pas hésiter à porter les eaux dont l'analyse immédiate n'est pas possible à une température beaucoup plus basse que leur degré de chaleur propre, à un froid voisin de 0° : ce qu'on a réalisé dans la pratique en enfermant l'échantillon d'eau dans une boîte métallique qu'on entoure de glace saupoudrée de sciure de bois. Dans ces conditions, l'eau peut voyager en été pendant plusieurs jours sans que sa température s'élève au-dessus de 2 à 3°.

Du matériel nécessaire pour la détermination du chiffre des bactéries des eaux. — Le matériel nécessité pour l'analyse bactériologique des eaux se réduit, à peu près, à quelques appareils de verre très simples, faciles à se procurer dans le commerce et dans les laboratoires de chimie bien outillés. L'instrument le plus coûteux, qu'il est indispensable d'avoir à sa disposition, est l'autoclave Chamberland, généralement employé par les bactériologistes. Concurremment avec lui, on utilisera les bains à air chaud pour stériliser les flacons à prise d'eau, les pipettes, etc.

Les appareils de verre usités pour l'analyse bactériologique des eaux consistent :

1° En matras de verre à fond plat, destinés à recevoir, en vue des dilutions ultérieures, des volumes d'eau variables;

2° En pipettes jaugées et graduées;

3° En tubes à essais, plaques ou flacons à cultures, dans lesquels on introduit la gélatine nutritive propre à favoriser le développement des bactéries.

Fig. 196. — Matras et flacons pour diluer les eaux.

Pour diluer convenablement les eaux, on se sert de matras de verre d'une capacité variant de 30 à 2 000 centimètres cubes; la figure 196 représente plusieurs types de ces vases à dilutions et à cultures, munis de capuchons rodés. On peut, pour simplifier, employer de simples matras garnis d'une forte bourre d'ouate; il est utile d'avoir à sa disposition plusieurs séries de ces vases de grandeurs diverses prêts à servir, contenant des volumes connus d'eau parfaitement stérilisée, égaux à 10, 50, 100, 500 et 1000 centimètres cubes.

Dans les analyses biologiques, les pipettes les plus employées sont celles qui sont jaugées à 1 centimètre cube ou graduées en dixièmes de centimètre cube; on les stérilise à 180° dans des tubes à essais, ainsi que le représente la figure 197, de façon à les conserver toujours à

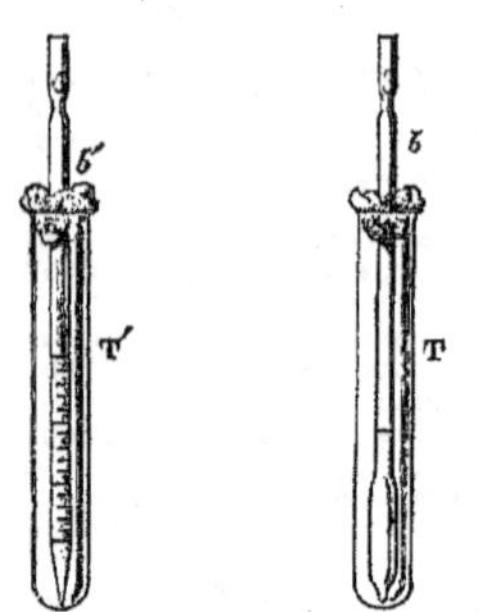

Fig. 197. — Pipettes stérilisées à l'abri des poussières.

l'abri des impuretés atmosphériques; il est inutile d'ajouter que pour écarter ces impuretés, comme celles qui peuvent venir des doigts, leur extrémité est munie de bourres de coton, de verre ou d'amiante.

Les vases à cultures qu'on peut adopter pour le rajeunissement et la numération des germes, peuvent posséder diverses formes, consister en tubes à essais, en boîtes de cristal, matras Pasteur, etc.; je donne la préférence au flacon conique de 5 à 6 centimètres de diamètre à la base, dessiné dans la figure 198. Il importe d'adopter dans les opérations délicates du dénombrement un système de fermeture mettant le plus possible à l'abri des cas fortuits d'infection, surtout quand on opère au sein d'une grande ville, où l'air est 10 et 20 fois plus impur qu'à la campagne; or les vases à col étroit, et à capuchon de verre rodé, semblent présenter à cet égard les meilleures garanties.

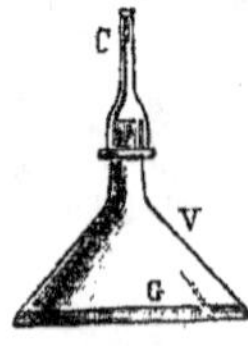

Fig. 198. Flacon conique pour la numération des bactéries.

Comme milieu nutritif, on emploie ordinairement de la gélatine peptonisée, dont la composition est la suivante :

Peptone	20	grammes.
Sel marin	5	—
Gélatine	100	—
Eau ordinaire	1000	—

La préparation de ce milieu solide, propice au développement des bactéries, demande quelque apprentissage, car il importe qu'il reste de la plus parfaite limpidité après sa stérilisation à l'autoclave.

L'eau, la peptone, le sel, sont placés sur le feu dans une capsule. Quand la peptone est dissoute et le liquide amené à l'ébullition, on enlève le feu, et on ajoute en agitant avec une spatule les 100 grammes de gélatine; la gélatine dissoute, la capsule est replacée sur le fourneau et chauffée lentement; à ce moment on projette dans le liquide deux blancs d'œufs battus avec 60 ou 80 centimètres cubes d'eau distillée. Quand l'albumine coagulée est venue former à la surface du liquide une croûte traversée par des bouillons, on l'enlève à l'écumoire, puis on passe le contenu de la capsule à travers une étamine placée au-dessus d'un entonnoir dont le col est garni d'une bourre, modérément serrée, de coton hydrophile. Cette gélatine, très limpide, reste claire durant la stérilisation dans la vapeur a 110°, et fond seulement à une température voisine de 23-24°. On profite généralement de ce que la gélatine qui vient d'être préparée est fondue pour la répartir dans les vases de verre, où elle constitue un très bon milieu nutritif, après, cela va sans dire, une stérilisation définitive à l'autoclave.

Dosage des germes. — L'eau parvenue au laboratoire est quelque temps agitée dans le vase qui a servi à son prélèvement et à son transport; puis, suivant son plus ou moins grand degré d'impureté, diluée au 1/10, 1/100, 1/1000, etc., avec de l'eau stérilisée privée de germes, contenue dans les matras dont il vient d'être parlé. 1 centimètre cube, ou une fraction de centimètre cube de cette eau diluée, est introduit séparément dans une douzaine de flacons coniques dont la gélatine a été au préalable liquéfiée à l'étuve, chauffée vers 35°; on agite doucement les flacons de façon à mélanger l'eau ajoutée avec le milieu nutritif, qui ne tarde pas à faire prise et qu'on maintient à partir de ce moment vers 20°. Après une période d'incubation de 15 jours, on compte le nombre des bactéries qui se sont développées à l'état de colonies sur le substratum nutritif solide; comme on connaît la quantité d'eau ajoutée, et le titre de la dilution, on déduit de cette numération le chiffre des bactéries contenues dans 1 centimètre cube de l'eau naturelle soumise au dosage.

Si on suppose, pour donner un exemple de ce calcul, que le total des colonies contenues dans les douze flacons coniques s'élève à 55, et que chaque vase ait reçu 1/3 de centimètre cube d'eau à 1/1000, on trouve qu'un centimètre cube d'eau naturelle renfermait 13 750 bactéries.

Telle est, dans toute sa simplicité, la technique de l'analyse quantitative d'une eau; néanmoins nous devons fournir ici quelques explications qui sont de nature à seconder puissamment l'expérimentateur qui aborde pour la première fois ces sortes de dosages.

Remarques. — D'abord, à quel titre faut-il diluer une eau que l'on reçoit pour obtenir un chiffre de colonies bactériennes convenable, permettant d'établir la teneur de cette eau en microbes?

L'expérience démontre que les eaux de source doivent être diluées à 1/10 et à 1/100; les eaux de rivière à 1/1000 et à 1/10000; les eaux d'égout et de vidange à 1/500000 et à 1/1000000. Quant aux eaux de puits, rien n'étant plus variable que leur teneur en bactéries, on doit, pour obtenir avec certitude un résultat utile, les diluer à 1/100, à 1/1000 et à 1/10000. On peut évidemment se dispenser de faire ces doubles et triples analyses quand on connaît déjà par des expériences antérieures la teneur approchée des eaux qu'on est appelé à analyser. Dans le cas contraire, il ne faut pas hésiter à pratiquer au moins un double essai.

Pourquoi doit-on diluer les eaux? Par la raison qu'en ensemençant directement les milieux nutritifs avec de l'eau naturelle, il arriverait presque toujours qu'au bout d'un court espace de temps le nombre des colonies serait si considérable, qu'il échapperait à une évaluation précise ; d'autre part, un grand nombre de bactéries jouissant de la faculté de liquéfier la gélatine et d'envahir promptement les milieux de culture, les expériences devraient être suspendues dès le troisième, quatrième ou cinquième jour, c'est-à-dire avant que beaucoup de microbes aient pu se manifester aux yeux de l'observateur (voyez fig. 199).

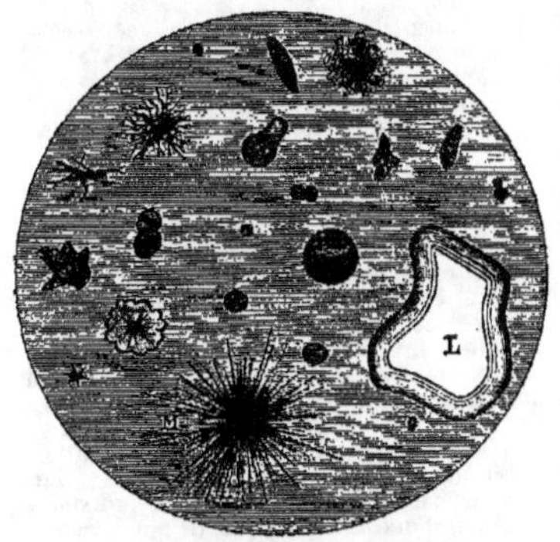

Fig. 199. — Plaque de gélatine chargée de colonies. M, moisissure; L, colonie bactérienne liquéfiante.

Il faut environ 15 jours d'incubation pour que la majeure partie des bactéries puisse donner des colonies nettement visibles; si l'on supprime promptement les plaques de culture, les facteurs obtenus sont d'autant plus faibles que le nombre de jours d'incubation est plus restreint. Voici du reste un tableau basé sur l'observation de 60000 plaques de gélatine, qui donne avec une grande approximation le nombre de colonies devenues perceptibles au bout d'un mois d'attente.

Durée d'incubation des bactéries des eaux dans la gélatine nutritive.

	Nombre 0/0 des colonies perceptibles.	Différences.
Au bout de 2 jours......	14	14
— 3 —	30	16
— 4 —	40	10
— 5 —	49	9
— 6 —	57	8
— 7 —	65	8
— 8 —	71	6
— 9 —	76	5
— 10 —	81	5
— 11 —	85	4
— 12 —	88	3
— 13 —	90	2
— 14 —	91	1
— 15 —	92	1
Au bout d'un mois.....	100	8
	Total.......	100

En faisant au bout de 15 jours la numération des colonies écloses dans les *substrata* nutritifs on néglige donc environ 8 0/0 de celles qui auraient pu apparaître après un mois d'attente. Si on supprime seulement les plaques de gélatine au bout de 2 ou 3 mois, on s'aperçoit que plusieurs autres colonies peuvent de même se manifester après 50 et 60 jours; mais les analyses bactériologiques quantitatives ayant surtout un intérêt comparatif, on met habituellement un terme à la durée d'incubation des germes des eaux à la fin d'une quinzaine de jours. Pour les bactéries atmosphériques, généralement maltraitées par la sécheresse, on prolonge l'attente pendant 1 mois.

Les eaux soumises aux dosages quantitatifs peuvent offrir, suivant les cas, peu ou beaucoup de bactéries; il est donc nécessaire de fixer, au point de vue de la quantité, ce qu'on entend par une eau *pure* ou *impure*.

En comparant les nombreux résultats analytiques qui ont été publiés, on est amené à considérer une eau naturelle : comme *très pure*, quand elle contient un chiffre de bactéries variant de 10 à 100 par centimètre cube; comme *pure*, quand elle en renferme de 100 à 1000.... Voici du reste un tableau qui exprime clairement les termes de cette convention, indispensable bien qu'arbitraire :

	Bactéries par centim. cube.
Eau extrêmement pure.....	0 à 10
Eau très pure............	10 à 100
Eau pure..............	100 à 1 000
Eau médiocre............	1 000 à 10 000
Eau impure..............	10 000 à 100 000
Eau très impure.........	100 000 et au-dessus.

Il nous reste maintenant à donner quelques exemples des teneurs en bactéries de quelques eaux; nous allons les puiser dans les publications officielles de la Ville de Paris, où sont insérées les analyses bactériologiques exécutées depuis près de vingt ans à l'Observatoire de Montsouris.

Les eaux distribuées à Paris, soit pour l'alimentation des habitants, soit pour le service public d'arrosage et de nettoyage, peuvent être classées de la façon suivante, suivant leur richesse moyenne annuelle en bactéries :

Eaux de source.

Eau de la Vanne (réservoir de Montrouge)....	1 215
Eau de la Dhuis (— de Ménilmontant).	3 860
Eau de l'Avre (— de Villejuif)......	3 650

Eaux de rivière.

Eau de la Seine à Ivry..................	56 000
Eau de la Marne à Saint-Maur............	77 300
Eau de la Seine au pont d'Austerlitz.......	84 300
Eau de la Seine au pont de l'Alma.........	249 000

Les eaux d'égout déversées dans la Seine à Clichy et à Saint-Ouen, en attendant qu'elles puissent être totalement utilisées pour l'épandage sur le sol, accusent une teneur moyenne de 18 300 000 bactéries par centimètre cube.

Au point de vue du nombre des bactéries, les eaux de source distribuées aux Parisiens doivent donc être rangées parmi les eaux médiocres, et les eaux de rivière parmi les eaux impures ou très impures; mais on doit ajouter que rien n'est plus variable que la teneur en microbes des eaux de source et de rivière : dans la même semaine, le chiffre des bactéries qu'elles charrient peut passer du simple au décuple, et en comparant les résultats obtenus pendant une année, l'eau de la Vanne, par exemple, peut offrir des nombres de bactéries variant de 50 à 15 000. On observe des faits semblables avec les eaux de rivières, de puits, de drains, etc.

Dans les deux tableaux qui suivent, les écarts qui viennent d'être signalés sont fortement adoucis; néanmoins l'examen des chiffres moyens mensuels des bactéries par centimètre cube de ces eaux offre un certain intérêt.

Moyennes mensuelles des bactéries des eaux de source.

Mois.	Vanne (réservoir).	Dhuis (réservoir).
Janvier	1 245	5 595
Février	2 830	6 845
Mars	2 210	4 885
Avril	1 185	4 335
Mai	1 020	2 165
Juin	760	1 065
Juillet	960	1 125
Août	965	775
Septembre	510	830
Octobre	1 015	1 265
Novembre	885	7 165
Décembre	980	10 275
Moyennes annuelles.	1 215	3 860

Moyennes mensuelles des bactéries des eaux de rivière.

Mois.	Seine à Ivry.	Seine au pont d'Austerlitz.	Ourcq.	Marne à St-Maur.
Janvier	59 920	78 310	120 600	72 480
Février	87 225	156 260	114 790	185 750
Mars	62 655	88 915	134 040	116 715
Avril	70 260	77 440	46 915	50 140
Mai	40 290	57 770	63 165	38 475
Juin	37 700	58 820	31 255	28 175
Juillet	21 790	37 850	35 125	34 100
Août	33 990	55 965	18 585	21 375
Septembre	25 890	99 105	15 195	11 425
Octobre	41 550	70 490	63 845	31 795
Novembre	57 635	100 960	107 765	129 465
Décembre	133 500	130 115	182 250	207 335
Moyennes annuelles	56 035	84 335	77 795	77 270

En effet, ces données numériques établissent que les eaux de source et de rivière sont plus pures en été que durant les autres saisons de l'année.

Pour expliquer ces recrudescences bactériennes dans les eaux de rivière, il suffit de remarquer que les chiffres des microbes durant les crues des cours d'eau sont beaucoup plus élevés que quand leur niveau baisse au-dessous de l'étiage; donc ce sont les eaux de lavage du sol qui viennent enrichir les fleuves et les rivières en bactéries.

Pour expliquer les recrudescences bactériennes observées dans les eaux de source, de drainage de la nappe d'eau souterraine, on est forcé d'admettre, ce qui est beaucoup plus grave, ou que les filtres naturels, qui durant les saisons chaudes épurent d'une façon satisfaisante les eaux venues de la surface du sol, deviennent insuffisants quand la pluie se prolonge pendant quelques jours en hiver, au printemps et en automne, ou que la plupart des sources peuvent être à ces époques directement contaminées par les eaux des ruisseaux qui se forment à la surface de la terre.

On remarquera, en outre, que c'est au moment des fortes chaleurs, à l'époque où la température des eaux est le plus élevée, que les microbes sont en plus faible nombre. Cela n'est cependant pas exact pour certaines catégories d'eaux, pour celles par exemple qui sont fortement souillées par des immondices de toutes sortes, comme les eaux d'égout et de la Seine en aval de Paris; quand l'été arrive, leur chiffre de bactéries augmente, contrairement à ce qui s'observe dans les rivières faiblement contaminées.

Moyennes mensuelles des bactéries des eaux d'égout (Eaux des égouts collecteurs de Clichy et Saint-Ouen).

Mois	
Janvier	6 570 000
Février	21 963 000
Mars	23 298 000
Avril	18 525 000
Mai	21 575 000
Juin	19 805 000
Juillet	26 085 000
Août	27 075 000
Septembre	21 525 000
Octobre	13 330 000
Novembre	5 880 000
Décembre	14 390 000
Moyenne annuelle	18 335 000

Bien d'autres faits intéressants peuvent être mis en relief par l'analyse quantitative des eaux : c'est à elle qu'on s'adresse, tout d'abord, pour mesurer le pouvoir filtrant des terrains et des appareils inventés pour débarrasser les eaux des microbes, pour apprécier la valeur des substances antiseptiques, pour établir la pureté des eaux dont le captage semble devoir apporter une amélioration sensible dans l'alimentation des habitants des villes et des villages; dans ce dernier cas, il faut, avant de se prononcer sur la valeur d'une eau, pratiquer de nombreuses analyses à des époques diverses, en été et en hiver, pendant les périodes sèches et pluvieuses, afin d'obtenir des résultats moyens qui permettent de porter un jugement éclairé sur la valeur de telle ou telle eau.

Analyse qualitative. — L'analyse qualitative d'une eau a pour but de déterminer la *nature* des bactéries qui y vivent ou dont les germes peuvent s'y rencontrer d'une façon permanente ou accidentelle. Ces bactéries sont très diverses, généralement en nombre d'espèces d'autant plus variées que les eaux sont plus impures. Les eaux de sources *très pures* charrient ordinairement quelques bactéries et microcoques venus du sol ou des parois humides des conduites de captation contre lesquelles ils peuvent végéter. Les cours d'eau, au contraire, offrent de nombreuses races de microbes. Pour mettre un peu d'ordre dans la flore de ces algues infiniment petites, les expérimentateurs les ont classées en quatre groupes principaux, savoir :

1° En bactéries vulgaires et saprogènes;
2° En bactéries chromogènes;
3° En bactéries zymogènes;
4° En bactéries pathogènes.

Cette façon de ranger les bactéries suivant leurs fonctions n'a rien de botanique : elle est uniquement adoptée par les bactériologistes pour cataloguer, plus ou moins méthodiquement, les espèces qu'on découvre journellement. Nous pouvons, du reste, donner la classification botanique des algues bactériennes rangées dans l'ordre des Cyanophycées

Parmi ces genres, les plus fréquemment rencontrés sont :

1° Les *Micrococcus*, cellules le plus habituellement sphériques ou ovalaires, vivant isolées ou associées deux à deux (*Diplococcus*), en chaînes (*Streptococcus*), en petites zooglées de 6 à 12 (*Staphylococcus*);

2° Les *Sarcina*, dont les cellules sont réunies en cube au nombre de 8, et les *Merista*, *Merispodia*, offrant 4 cellules en carré contenues dans un même plan;

3° Les *Bacterium*, formés de couples de cellules ovales très mobiles;

Cyanophycées à spores.........	exogènes ou kystes	NOSTOCACÉES.
	endogènes	BACTÉRIACÉES.

BACTÉRIACÉES.

		Genres principaux.
Tribu I. — MICROCOCCÉES. Cellules sphériques immobiles avec	Une direction de cloisonnement.	*Micrococcus, Streptococcus, Hyalococcus. Leucocystis, Punctula, Ascococcus. Leuconostoc.*
	Deux directions..	*Lampropedia, Merista.*
	Trois directions..	*Lamprocystis, Sarcina, Thiocystis.*
Tribu II. — BACILLÉES. Cellules cylindriques se dissociant en tronçons plus ou moins longs		*Bacterium, Chromatium. Rhabdochromatium, Bacillus, Vibrio. Spirillum, Microspora, Spirochæte. Myconostoc, Polybacteria. Ascobacteria, Cystobacter.*
Tribu III. — LEPTOTHRICHÉES. Cellules cylindriques associées en longs filaments		*Leptothrix, Crenothrix. Beggiatoa, Thiothrix, Cladothrix. Sphærotilus, Actinomyces.*

4° Les *Bacillus,* formés d'articles cylindriques de longueur très variable, mobiles ou immobiles;

5° Les *Vibrio,* consistant en longues cellules, progressant à la manière des anguilles;

6° Les *Spirillum,* tournés en spirale, progressant comme les hélices;

7° Les *Spirochæte,* constitués par de longs spirilles, possédant à la fois, de même que certaines oscillaires, la faculté de tourner sur eux-mêmes et d'onduler;

8° Les *Leptothrix,* formés de gros et de très longs filaments privés de toute mobilité.

Mais, avant de passer en revue quelques-uns de ces genres le plus fréquemment trouvés dans les eaux, exposons brièvement les procédés pratiques qui permettent d'isoler facilement les uns des autres ces divers microorganismes.

Comme pour les dosages quantitatifs, on a ici également recours aux milieux nutritifs demi-solides. Le professeur Koch conseille de mélanger l'eau dont on veut déterminer les espèces bactériennes avec un peu de gélatine fondue et stérilisée, puis de couler ce mélange sur des plaques flambées. Cette méthode n'est applicable qu'à la recherche des bactéries pouvant se développer à 20-22°; pour celles qui se multiplient à 30, 40 et 50°, la gélatine ne constitue pas un milieu convenable, et on a recours à l'agar, autrement appelé *gélose.*

La gélose nutritive s'obtient de la même façon que la gélatine : Il suffit d'ajouter au bouillon chargé de 2 0/0 de peptone 20 grammes par litre d'agar commercial lavé et haché, soit 5 fois moins que de gélatine. La dissolution de la gélose n'est complète qu'après une ébullition prolongée pendant trois quarts d'heure à une heure. La solution est alors clarifiée avec un blanc d'œuf, passée à l'étamine, et le liquide obtenu recueilli sur un filtre de papier, qu'on peut placer soit sur un entonnoir à filtration chaude, soit dans une atmosphère de vapeur d'eau à 100°. On ajoute ordinairement à la gélose 2 à 3 0/0 de glycérine pour retarder sa dessiccation, et retenir l'eau qu'elle rejette en se solidifiant. La gélose, se liquéfiant vers 70-75°, peut donc être exposée dans les étuves à des températures assez élevées, mais on ne peut la mélanger fondue avec les eaux à analyser, car elle fait prise très promptement, et à sa température de solidification elle détruit déjà un grand nombre des bactéries qu'il importe de déterminer; enfin, la gélose fondue, très claire après sa filtration au papier, devient opalescente en se coagulant.

On obvie aux divers inconvénients que présente la gélose nutritive en l'utilisant d'après la méthode de Ed. de Freudenreich, qui consiste à la couler dans des plaques de Petri (deux boîtes plates de verre de Bohême, entrant l'une dans l'autre, et d'un diamètre variant de 5 à 10 centimètres), à la laisser s'y solidifier, puis à verser ultérieurement à la surface des couches de gelées obtenues l'eau dont on veut étudier les bactéries; on laisse égoutter l'eau, puis on place à l'étuve les plaques de Petri, en renversant les boîtes de façon que la couche de gélose nutritive se trouve en haut. Ce même procédé est employé très avantageusement avec la gélatine.

Quand on a ainsi humecté une demi-douzaine de plaques de gélose et de gélatine avec l'eau naturelle si elle est pure ou peu chargée de bactéries, diluée au 1/100 ou au 1/1000 si elle est très riche en microorganismes, on possède ordinairement, sur ces *substrata* demi-solides, plusieurs spécimens des bactéries de l'eau considérée, qui se développent en surface, sous la forme de taches diverses, suffisamment éloignées les unes des autres, et dont quelques-unes offrent un aspect caractéristique (voyez fig. 199). Plus tard on prélève une petite parcelle des colonies au moyen d'un fil de platine flambé au préalable, et on les sème dans les milieux nutritifs ordinaires, ou dans des milieux d'une composition spéciale, ce qui facilite la détermination des fonctions zymogènes ou pathogènes des bactéries qui les constituent. Les milieux sucrés servent à déterminer les ferments lactiques, les milieux alcoolisés les microbes acétifiants, les milieux chargés de carbamide les microbes de la fermentation ammoniacale, ceux qui contiennent des azotates les microbes dénitrifiants, etc.

Pour déterminer les fonctions pathogènes des microbes, on les inocule aux animaux (rats, cobayes, lapins), tantôt dans le tissu cellulaire sous-cutané, tantôt dans la cavité péritonéale, les veines, la masse du tissu cellulaire, ou dans le liquide céphalo-rachidien, après avoir trépané le crâne de l'animal endormi par le chloroforme.

Nous ne pourrions sans dépasser les limites assignées à cet article nous étendre sur ces diverses opérations de bactériologie; leur énumération suffit pour démontrer que la détermination des bactéries réclame des connaissances spéciales, et qu'elle ne peut être abordée avec fruit qu'après de fortes études microbiologiques.

BACTÉRIES VULGAIRES OU SAPROGÈNES. — Ces bactéries appartiennent pour la plupart au groupe des microorganismes comburants, ou capables de causer des fermentations peu importantes; on les rencontre en abondance à la surface du sol et dans les eaux; ce sont :

Les *Micrococcus flavus, liquefaciens, agilis, fuscus, fervidosus, fœtidus, radiatus, albicans, candidus, aquatilis, concentricus, plumosus, ovalis, albus, brevis, tetragenus,* etc.

Les *Sarcina alba, candida, pulmonum, ventriculi.*

Les *Bacillus hyalinus, delicatulus, aquatilis,*

gracilis, punctatus, mycoïdes, mesentericus, graveolens, ulna, inflatus, subtilis, ramosus, thermophilus, liquefaciens, communis, etc.

Les *Vibrio rugula, flavus, saprophiles, serpens*, etc.

Les *Spirillum sputigenum, plicatile, flavescens, undula, tenue*, etc.

C'est parmi ces microbes vulgaires, dont beaucoup restent encore à étudier, qu'on découvre journellement quelques espèces curieuses et intéressantes; c'est de ce stock de schizophytes peu connus qu'on isolera vraisemblablement les agents de quelques maladies très communes dont l'étiologie reste à découvrir.

Bactéries chromogènes. — On nomme ainsi les bactéries qui, pendant leur croissance, produisent des pigments colorés; comme les précédentes, elles sont abondamment répandues dans la nature; les principales sont :

Les *Micrococcus flavus, citreus, aurantiacus, luteus, agilis, citreus*; les *Sarcina lutea, flava*; les *Bacillus ochraceus, fulveus, citreus, cadaveris, aureus, constrictus*, etc.; les *Spirillum flavum, aureum*, etc., qui donnent des pigments jaunes ou jaunâtres.

Les *Micrococcus fuscus, roseus, cinnabareus*; les *Bacillus prodigiosus, indicus, mycoïdes, roseus, rubidus*, rouge de Kiel, etc., qui donnent des pigments rouges.

Le *Micrococcus violaceus*; les *Bacillus xanthinus, amethystinus, lividus*, etc., qui sécrètent une substance violette.

A côté de ces espèces chromogènes, il en existe beaucoup d'autres qu'il serait trop long d'énumérer : citons seulement les *Bacterium* et *Bacillus* fluorescents, liquéfiant ou non la gélatine; le *Bacillus pyocyaneus*, qui donne à la gélatine ou aux cultures sur pomme de terre des colorations vertes ou jaune-verdâtre; le *Bacillus cyanofuscus*, qui, dans un stade de son développement, produit un pigment bleu, etc.; c'est sous l'influence de ces diverses bactéries chromogènes qu'on voit parfois le lait, le pain humide, les gélatines et colles de pâtes acquérir des nuances variées, semblables à celles que peuvent acquérir les fromages sous l'action des moisissures. Ces pigments, souvent mordorés, surtout ceux qui proviennent des érythrobacilles, sont si vifs et si beaux, que plusieurs observateurs ont songé à les utiliser dans la teinture; nous pensons néanmoins qu'ils feront difficilement concurrence aux couleurs de l'aniline, car l'obtention des nuances désirées se trouve sous la dépendance de la température, des milieux de culture, et des associations fortuites que le hasard et la moindre impureté atmosphérique peuvent créer; d'ailleurs, les bactéries chromogènes perdent avec le temps leur faculté de sécréter des matières colorantes et donnent de simples cultures blanches

Bactéries zymogènes. — De même que les bactéries saprogènes et vulgaires, les schizomycètes, capables de déterminer des fermentations variées, sont très fréquemment rencontrées dans les eaux. Parmi ces sortes de bactéries, on peut citer :

Les ferments lactiques, qui sont en nombre considérable, et qu'on désigne sous les qualificatifs génériques et spécifiques de microcoques et bacilles du lait acide;

Les bacilles producteurs d'acide butyrique;

Les bacilles producteurs d'alcools;

Les microorganismes capables de décomposer l'urée;

Les microbes de la nitrification;

Les bactéries oxydantes pouvant fournir de l'acide acétique;

Les bactéries capables d'hydrogéner le soufre et le phosphore;

Les bactéries dénitrifiantes;

Les microbes réducteurs employés dans la préparation des cuves d'indigo;

Les bactéries peptonisantes, putréfiantes, dissolvant les substances albuminoïdes, etc.

Si ces espèces, dont quelques-unes sont utilisées ou redoutées par les industriels, ne paraissent pas offrir de danger pour la santé de l'homme et des animaux, il importe néanmoins au chimiste de les connaître, afin qu'il puisse se prononcer sur les qualités des eaux que les usiniers peuvent être appelés à employer; car c'est souvent du plus ou moins grand degré de pureté de ces eaux que dépend le succès de plusieurs opérations industrielles. On doit également savoir déterminer ces mêmes microbes pour être en mesure, le cas échéant, d'apprécier dans quelle mesure une fabrique contamine les cours d'eau où elle déverse ses eaux résiduaires.

Bactéries pathogènes. — Les eaux charrient parfois des bactéries pathogènes; ces espèces s'y rencontrent en nombre d'autant plus élevé que les eaux sont encore ici plus chargées de microbes. Les espèces nocives abondent dans les eaux d'égout; elles sont de même fréquentes dans les fleuves et les rivières; on les observe plus rarement dans les eaux de source.

Parmi les microbes nocifs que l'observateur peut retirer des eaux, on doit citer :

Le *Staphylocoque doré*, qui provoque de volumineux phlegmons et détermine souvent l'infection purulente chez les animaux auxquels on l'inocule à l'état de culture pure. Il existe, surtout dans les eaux d'égout, plusieurs streptocoques pyogènes, capables de communiquer aux cobayes et aux souris une septicémie mortelle. En outre, plusieurs races de vibrions et de bacilles virulents s'isolent facilement des eaux de rivière, où le bacille du tétanos et quelques autres bactéries malfaisantes sont pour ainsi dire en permanence; mais il ne semble pas que ces diverses espèces pathogènes ingérées avec les aliments puissent fréquemment devenir nuisibles pour l'homme; on se préoccupe, du moins bien peu, dans les analyses bactériologiques actuelles, de ces microorganismes assez répandus dans les eaux d'alimentation.

Au contraire, on admet, sans toutefois l'avoir encore suffisamment démontré, que le bacille d'Eberth et le spirille de Koch jouissent de la faculté d'envahir l'économie humaine et de produire des épidémies plus ou moins meurtrières. S'il n'est pas établi d'une façon incontestable que ces bactéries puissent vivre et se multiplier dans les eaux, pourtant, depuis les travaux du docteur Burdon Sanderson, il est devenu évident que la fièvre typhoïde est, le plus souvent, d'origine hydrique; aussi tous les efforts des analystes doivent-ils tendre à découvrir dans les eaux le bacille pathogène considéré comme l'agent du typhus.

On a écrit de nombreux volumes sur le bacille d'Eberth, et malgré les recherches multiples dont ce bacille a fait l'objet, son histoire présente de nombreux points obscurs. Pour quelques auteurs, ce bacille serait simplement une variété virulente du *Bacillus coli commune*; pour d'autres, il ne saurait vivre dans les eaux; pour d'autres enfin, il ne serait pas l'agent de la fièvre typhoïde, pas plus, du reste, que le spirille de Koch l'agent du choléra asiatique (Klein, Pettenkofer). Ces doutes persisteront certainement jusqu'au moment où, avec les cultures pures de ces microbes, on parviendra à reproduire chez les animaux les maladies qu'ils sont accusés de déterminer, et non ces sortes d'intoxications expérimentales qui rappellent de trop loin l'évolution clinique du typhus et du choléra. Quoi qu'il en soit, notre tâche est de résumer impartialement ce qu'on enseigne sur les bacilles prétendus très dangereux pour l'espèce humaine.

Le *Bacillus Eberthi*, ou d'Eberth-Gaffki, du typhus abdominal, de la fièvre typhoïde (voyez figure 200) est formé de bâtonnets d'une longueur variable, généralement 3 ou 4 fois plus longs que larges, mobiles, progressant en tremblotant, ce qui paraît dû aux nombreux cils qui les entourent; on ne leur connaît pas de spores; ils meurent

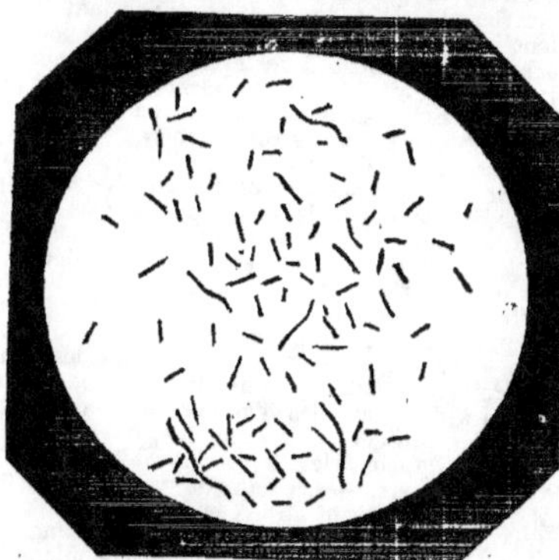

Fig. 200. — Bacille d'Eberth.

entre 50 et 60°, et ne résistent pas longtemps à la dessiccation. Semé dans le bouillon, ce bacille le trouble légèrement au bout de 24 heures et, en vieillissant, le bouillon devient légèrement rougeâtre. Le bacille d'Eberth croît dans le lait sans le coaguler; il se développe d'une façon peu visible sur les tranches de pommes de terre cuites; porté sur la gélatine, il y donne des colonies translucides à contour irrégulier, à reflets nacrés, non liquéfiantes; mais ces divers aspects n'ont rien de caractéristique, car, du jour au lendemain, ils peuvent changer, se modifier, et induire en erreur les observateurs non prévenus. Malgré tout ce qu'on a pu dire sur les cultures du bacille d'Eberth, elles sont si voisines, comme aspect, de celles des bacilles du côlon, que leur différenciation constitue l'une des recherches les plus délicates de la bactériologie.

Les bacilles du côlon sont très répandus dans la nature : sur 500 puits de Paris et de la banlieue dont les eaux ont été analysées, les bacilles du côlon ont été trouvés 455 fois. Ces mêmes microorganismes sont toujours en grand nombre dans les cours d'eau; on peut également les rencontrer dans les eaux de source, surtout au moment des recrudescences bactériennes qui succèdent aux fortes chutes de pluie. Ce fait s'explique aisément quand on considère que les coli-bacilles abondent dans l'intestin de l'homme et de tous les mammifères. Si donc, par une insuffisance des filtres naturels, les eaux météoriques qui lavent la surface du sol atteignent, sans se purifier complètement, la nappe d'eau souterraine, ces bacilles avec bien d'autres peuvent se répandre, non seulement dans toutes les eaux de puits d'une région, mais contaminer encore les eaux de source dont la pureté a pu être maintes fois constatée aux saisons sèches de l'année.

La présence dans une eau d'une ou plusieurs des vingt variétés du *Bacillus coli commune* doit-elle, comme on le prétend, la faire rejeter de l'alimentation? Une pareille détermination serait d'une extrême gravité, car on devrait, pour s'y conformer, supprimer à peu près complètement l'usage des eaux distribuées aux habitants des villes et de la campagne. Tant qu'on ne sera pas parvenu, par des moyens qui ne paraissent guère pratiques, à mettre les nappes d'eaux souterraines à l'abri des microbes qui vivent à la surface du sol, et que l'agriculture y apporte périodiquement chaque année avec les fumiers et engrais de toute sorte, la présence des bacilles du côlon dans les eaux sera plutôt la règle que l'exception. L'usage des eaux contenant les coli-bacilles démontre que ces microorganismes, d'ailleurs toujours présents dans l'intestin, ne sont pas dangereux; mais nous estimons que les eaux qui renferment le bacille d'Eberth doivent être proscrites avec sévérité, et nous ne croyons pas à l'identité de ce dernier bacille avec ceux du côlon, bien que ces espèces se rapprochent beaucoup au point de vue morphologique.

Voici quelques caractères qui permettent de les différencier assez nettement :

1° Sur plaque de gélatine et à la même température, le bacille du typhus croît plus lentement que les bacilles du côlon;

2° Sur pomme de terre, les cultures du bacille d'Eberth sont peu apparentes; celles produites par les coli-bacilles sont au contraire très visibles et colorées;

3° Les bâtonnets du bacille d'Eberth sont, durant les premiers jours, très mobiles dans les cultures en milieux liquides, ceux du côlon moins mobiles ou immobiles;

4° Le bacille de la fièvre typhoïde est dépourvu de facultés fermentaires, les bacilles du côlon font fermenter la lactose; le premier ne coagule pas le lait, les seconds le coagulent toujours;

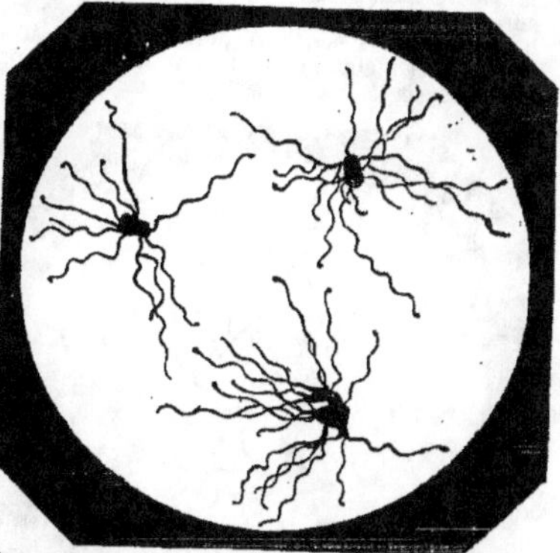

Fig. 201. — Bacilles d'Eberth, fortement grossis et dont les cils ont été colorés.

5° Le bacille d'Eberth possède des cils longs et nombreux (voyez fig. 201); chez les bacilles du côlon, ces cils sont moins nombreux, et plus rares (voyez fig. 202);

6° Enfin, les cultures liquides des bacilles du côlon donnent la réaction de l'indol après addition de nitrite de potassium; les cultures du bacille d'Eberth ne la donnent pas.

Pour isoler le bacille du typhus des microbes qui l'accompagnent ordinairement en grand nombre dans les eaux, on a conseillé de verser un volume considérable de l'eau à analyser dans un bouillon phéniqué, de manière à obtenir un mélange titrant de 0,7 à 0,8 d'acide phénique par litre, puis de maintenir la culture ainsi obtenue entre 37 et 42°. Ce procédé permet surtout d'isoler les bacilles du côlon, mais ne donne aucun résultat satisfaisant dans la recherche du bacille d'Eberth. Quand l'eau est très impure, les coli-bacilles peuvent être eux-mêmes étouffés par de nombreuses variétés de microbes pour lesquels les bouillons phéniqués sont encore d'excellents milieux de culture. La seule méthode recommandable est celle que nous avons décrite pour déterminer la nature des bactéries des eaux; malheureusement elle ne permet d'opérer que sur de faibles volumes de liquide et, dans ce cas, on ne doit pas hésiter à porter à 20 et 40 le nombre des plaques de Petri pour avoir la chance de découvrir le bacille pathogène en question.

Fig. 202. — Bacilles du côlon, fortement grossis et dont les cils ont été colorés.

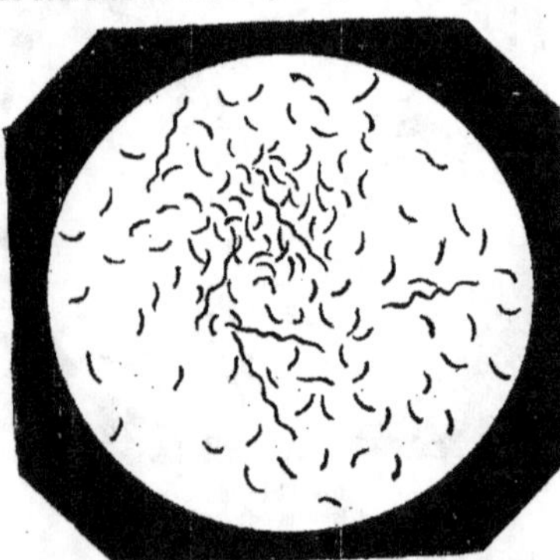

Fig. 203. — Spirilles du choléra asiatique, dits de Koch.

Le spirille du choléra découvert par Koch est formé par des filaments hélicoïdaux, mobiles, se résolvant en articles courbes ou arqués qui ont reçu le nom de comma-bacilles ou de bacilles-virgules (voyez fig. 203). Semé dans le bouillon, ce microorganisme s'y développe au bout de 24 heures, en le troublant et en fournissant à la surface un voile léger facilement dissociable. Le spirille du choléra ne coagule pas le lait. Piqué sur la gélatine peptonisée, il s'y développe lentement en donnant d'abord une dépression en infundibulum, puis il liquéfie entièrement le milieu; il se développe de même très aisément à 37° sur gélose, où il donne des traînées blanches qui n'ont rien de caractéristique. Les cultures liquides du bacille-virgule additionnées d'acide chlorhydrique pur se colorent en rouge (*Cholera-roth*); pour quelques auteurs, cette réaction est particulière au microbe du choléra.

On est également parvenu à produire une sorte de choléra expérimental chez les animaux, en neutralisant les acides de l'estomac avec du bicarbonate de sodium, et en endormant leurs fonctions physiologiques avec la morphine donnée à haute dose; mais il reste encore incertain si les animaux ainsi traités périssent du choléra ou meurent simplement des suites d'une intoxication due aux toxines que sécrète ce microbe.

Pour retirer des eaux le bacille du choléra, M. Koch recommande d'opérer sur un volume considérable de liquide, de charger, par exemple, 100 centimètres cubes de l'eau suspecte de 1 0/0 de sel, de 1 0/0 de peptone, de maintenir ce bouillon à 37°, puis avec quelques gouttes de cette culture de fabriquer des plaques de gélose. Ce procédé n'a rien de précis, et il est à regretter que, pour isoler les microbes réputés les plus dangereux pour l'espèce humaine, il faille recourir ou à des méthodes d'une extrême longueur, ou à des procédés, dits expéditifs, qui n'ont pas toute la rigueur scientifique désirable.

Prophylaxie. — Les eaux de rivière, de puits, de source, pouvant être, comme l'établit l'analyse micrographique, l'objet d'une contamination permanente ou accidentelle par les microbes répandus sur le sol (fumiers, purins, fosses, puisards, eaux industrielles, lavoirs), il est de la plus grande importance que les populations puissent se défendre en temps d'épidémie contre les maladies dont l'étiologie échappe quelquefois aux médecins et aux hygiénistes, mais dont on soupçonne la transmission par les eaux d'alimentation. C'est dans ce but qu'ont été créés un grand nombre de filtres, les uns dits *chimiques*, dont nous n'avons pas à parler dans cet article, les autres *mécaniques*, capables, affirme-t-on, de *stériliser* les eaux, c'est-à-dire de les priver de tout microbe.

Parmi les filtres inventés, il en est quelques-uns qui stérilisent réellement les eaux; ce sont ceux qui sont fabriqués avec le biscuit, la porcelaine d'amiante et la terre d'infusoires; mais il a été reconnu que, si l'eau qu'on y dirige est très impure, non seulement leur débit tend à s'arrêter à peu près complètement, mais encore que les microbes ne tardent pas à les traverser; quand l'eau est au contraire relativement pure, ils peuvent la débarrasser des bactéries pendant quinze jours ou un mois. Ces filtres ne donnent donc pas toute la sécurité souhaitable; en outre, ils ont le tort d'exiger des stérilisations fréquentes et un contrôle bactériologique journalier.

Les appareils à stérilisation des eaux à haute température, à 115-130°, sont préférables, mais ils les privent des gaz dissous, et si elles ne sont pas consommées immédiatement, ou dans les 24 ou 48 premières heures, il peut arriver que l'embouteillage devienne une cause d'infection, et alors les eaux primitivement purgées de germes se chargent de nombreuses bactéries. Heureusement, il est au pouvoir de tous un moyen de se procurer aisément une eau dépourvue de propriétés pathogènes : il consiste à détruire toutes les bactéries infectieuses par une ébullition soutenue pendant 10 ou 15 minutes; si, dans ce cas, quelques rares spores de bactéries survivent à la température de 100°, l'expérience établit que ces microbes n'appartiennent pas à la classe des espèces pathogènes étudiées jusqu'à ce jour. Dr P. Miquel.

EAU OXYGÉNÉE. — PRÉPARATION. — Pour préparer l'eau oxygénée pure au moyen du produit commercial, on ajoute à celui-ci environ 0,25 0/0 d'une solution sirupeuse d'acide phosphorique pur, afin de précipiter le fer, le cuivre, le manganèse ; la petite quantité d'acide libre est éliminée par l'eau de baryte ajoutée avec précaution. On décante le liquide clair et on y ajoute un excès d'eau de baryte : il se précipite du bioxyde de baryum hydraté, qu'on recueille sur filtre, qu'on lave et qu'on délaye dans l'eau. On y ajoute alors goutte à goutte de l'acide sulfurique à 10-12 0/0 jusqu'à réaction faiblement acide et on sature par de l'eau de baryte très étendue; on laisse déposer le sulfate de baryum et on décante le liquide clair. Cette eau oxygénée pure est très stable [*Bull. Soc. Chim.*, (3), **1**, 853].

L'eau oxygénée du commerce renferme toujours une certaine quantité d'impuretés provenant des produits employés dans sa fabrication : ce sont des traces d'acides, chlorhydrique, sulfurique, phosphorique, fluosilicique, de l'alumine, de la chaux, de la magnésie, de la baryte, du fer, etc. Ces impuretés la rendent très altérable et, pour éviter sa décomposition, on l'additionne généralement d'une petite quantité d'acide. Cet excès d'acide peut gêner pour certains usages, notamment quand on veut l'employer comme antiseptique.

Dans la fabrication industrielle de l'eau oxygénée, il importe d'hydrater préalablement le bioxyde de baryum : pour cela on le mélange avec de l'eau après l'avoir finement pulvérisé et on laisse en contact pendant 3 ou 4 heures en agitant fréquemment. Cette bouillie épaisse est ensuite attaquée par l'acide fluorhydrique placé dans un vase doublé de plomb et maintenu vers 10°; on agite le mélange pendant plusieurs heures, et, après avoir laissé déposer le fluorure de baryum, on décante le liquide clair qui doit être acide et qui tient en dissolution la plupart des impuretés du bioxyde de baryum; on le sature par le bioxyde de baryum : il se décolore par suite de la précipitation des bases qu'il tenait en dissolution. On filtre rapidement, et on additionne le liquide filtré d'une petite quantité d'acide sulfurique pour éliminer la baryte; on laisse déposer et on sépare la solution claire d'eau oxygénée. Les précipités sont lavés à l'eau et passés au filtre-presse; les eaux de lavage rentrent dans le travail : 30 kilogrammes de bioxyde de baryum, traités ainsi par 12k,500 d'acide fluorhydrique à 33 0/0, en présence de 200 litres d'eau, peuvent fournir environ 200 litres d'eau oxygénée [*Zeits. f. Chem.*, 1890, 272].

M. Hanriot [*Bull. Soc. Chim.*, (2), **43**, 468], ayant remarqué que la décomposition du peroxyde d'hydrogène est à peu près nulle lorsqu'on le distille dans le vide, emploie le procédé suivant pour préparer de l'eau oxygénée pure et concentrée : Il sature par de l'eau de baryte, jusqu'à réaction alcaline, de l'eau oxygénée du commerce à 10-12 volumes; après filtration, il précipite l'excès de baryte par l'acide sulfurique, et distille ensuite dans le vide dans un ballon surmonté d'un déphlegmateur, jusqu'à ce qu'il ait recueilli environ la moitié du liquide. On peut aussi concentrer l'eau oxygénée marquant 12 à 15 volumes en la soumettant à des congélations successives à l'aide d'un mélange de glace et de sel, ou à l'aide du chlorure de méthyle; on l'amène ainsi, après 4 ou 5 congélations, jusqu'à 70 ou 80 volumes et on termine la concentration dans le vide sec. On peut obtenir ainsi, par l'un ou l'autre de ces procédés, de l'eau oxygénée à 200 volumes (Hanriot).

Pour la préparation de solutions de peroxyde d'hydrogène absolument pures, M. Crismer [*Bull. Soc. Chim.*, (2), **56**, 24] a utilisé la solubilité de ce corps dans l'éther. Le bioxyde de baryum titrant de 85 à 90 0/0 est dissous dans un léger excès d'acide chlorhydrique dilué (D = 1,1), et la solution est traitée par un volume égal d'éther, qu'on recueille et qu'on agite avec un peu d'eau distillée, laquelle enlève à l'éther la majeure partie de l'eau oxygénée; on la sépare et on recommence cette opération 5 ou 6 fois avec la dissolution primitive de bioxyde de baryum. La solution d'eau oxygénée que l'on obtient ainsi est absolument neutre et débarrassée de matières fixes; elle ne trouble pas l'azotate d'argent et ne contient qu'un peu d'éther, qui favorise du reste sa conservation; on peut s'en débarrasser par distillation dans le vide. Ce procédé permet de concentrer les solutions de même que la congélation proposée par M. Hanriot.

Pour obtenir de l'eau oxygénée ne contenant ni sels, ni acides minéraux, M. Schiloff (*Journ. Soc. Phys. et Chim. russe*, 1893) procède de la manière suivante : A une solution de 3 0/0 d'eau oxygénée du commerce, il ajoute du carbonate de sodium jusqu'à réaction franchement alcaline; la solution filtrée est agitée avec 10 ou 12 fois son volume d'éther pendant trois à cinq minutes; la solution éthérée de peroxyde d'hydrogène est ensuite séparée de la couche aqueuse alcaline, puis concentrée.

Si l'on concentre au bain-marie, sous la pression de 68 millimètres, une eau oxygénée commerciale à 3 0/0, bien exempte de substances à réaction alcaline, de sels de métaux lourds et de toute matière solide, même inerte chimiquement, on peut amener sa richesse à 20, à 30 et même à 38 0/0 avec un rendement de 99 à 100 0/0; la liqueur distillée renferme un peu d'eau oxygénée. Si l'on opère la concentration sous la pression ordinaire, en chauffant une eau oxygénée à 10 0/0, au bain d'huile à 160-170°, jusqu'à ce qu'il y ait un vif dégagement d'oxygène, la richesse du résidu peut être portée à 20 0/0 avec rendement de 87 0/0 et la portion distillée renferme 2,5 0/0 d'eau oxygénée. Ces expériences font voir que l'eau oxygénée est beaucoup plus résistante à l'action de la chaleur qu'on ne l'a pensé généralement. D'autres essais de concentration pratiquée au bain-marie à l'air libre, à une température de 75°, ont permis de constater que les rendements décroissent à mesure que la solution s'enrichit : ce fait provient principalement de ce que l'eau oxygénée est, sous l'action de la chaleur, volatile sans une notable décomposition; elle se retrouverait donc en grande partie, si l'on recueillait la vapeur dégagée. Pour préparer de l'eau oxygénée pure et anhydre, on peut donc, par simple concentration à l'air libre, élever le titre de 3 à 50 0/0, agiter le liquide avec de l'éther et, après séparation, évaporer cette solution éthérée pour obtenir une eau oxygénée à 73 0/0. Cette dernière, soumise à la distillation fractionnée sous la pression de 65 millimètres, donne à la température de 81-85° un liquide au titre de 90 0/0 avec un rendement de 90 0/0 et ce liquide soumis à une nouvelle rectification à 84-85° fournit de l'eau oxygénée anhydre et pure au titre de 99,1 0/0. Cette dernière constitue un liquide incolore, limpide, sirupeux, ne mouillant pas le verre aussi facilement que l'eau et volatilisable à l'air. Lorsqu'on opère sur de petites quantités d'eau oxygénée commerciale (500 gr. à 1 kgr.), on peut se dispenser du traitement par l'éther [Wolfenstein, *D. Chem. G.*, **27**, 3307].

L'éther ordinaire contient quelquefois de l'eau oxygénée, dont on peut le débarrasser en l'abandonnant dans un flacon bien bouché avec des fragments de potasse.

MM. Dunstan et Dymond [*Chem. Soc.*, **57**, 988] ont observé que, sous l'influence de la lumière solaire faible ou de la lumière électrique, l'éther parfaitement pur, abandonné au contact de l'eau et de l'air, ne fournit pas d'eau oxygénée. En remplaçant l'air par de l'oxygène pur, et en exposant le mélange pendant plusieurs mois d'été aux rayons solaires à des températures pouvant s'élever jusqu'à 50 et 55°, la production de l'eau oxygénée a lieu, et en même temps l'éther fournit des produits d'oxydation, tels que l'aldéhyde et l'acide acétique.

L'eau acidulée par l'acide sulfurique, au contact de l'oxygène et sous l'influence de la lumière solaire, ne donne pas d'eau oxygénée.

M. Ilosvay de Ilosva a nié la présence de l'ozone et de l'eau oxygénée dans l'air, et attribue les réactions observées par M. Schöne aux oxydes d'azote : par des expériences nouvelles M. Schöne [*D. chem. G.*, **26**, 3011] a prouvé que l'air renferme effectivement du peroxyde d'hydrogène.

M. Bach (*D. Chem. G.*, **27**, 340) explique de la manière suivante la formation de l'eau oxygénée atmosphérique, que M. Schöne suppose être formée, du moins en partie, lors de l'oxydation à l'air, sous l'influence des radiations solaires, de divers principes essentiels exhalés par les plantes :

Il suppose que l'acide carbonique, en présence de l'eau et sous l'influence de la radiation solaire, se décompose en acide percarbonique et en aldéhyde méthylique, selon l'équation

$$2CO^3H^2 = CO^4H^2 + CH^2O.$$

L'acide percarbonique se détruit aussitôt, pour former de l'acide carbonique et de l'oxygène ou de l'eau oxygénée.

Une autre origine pourrait encore être assignée à l'eau oxygénée atmosphérique : elle pourrait provenir de la sève des plantes où elle existe toute formée et dont elle serait exhalée en même temps que la vapeur d'eau et les gaz.

Réactions. — On ne peut appliquer la réaction de Schönbein (iodure de zinc amidonné et sulfate ferreux) à la recherche de l'eau oxygénée que lorsque la solution est neutre ; d'après M. Traube [*D. chem. G.*, **17**, 1062], on peut l'utiliser en toute circonstance en ajoutant au réactif une trace de sulfate de cuivre. Pour cela, à 6-8 centimètres cubes d'une eau renfermant de l'eau oxygénée, neutre ou acide, on ajoute de l'iodure de zinc amidonné, puis 1 ou 2 gouttes d'une solution de sulfate de cuivre à 2 0/0, et enfin quelques gouttes de sulfate ferreux : la coloration bleue est immédiate ou bien se produit après quelques secondes.

Une dissolution aqueuse récente à 10 0/0 de molybdate d'ammoniaque, additionnée de son volume d'acide sulfurique concentré, donne avec quelques gouttes de peroxyde d'hydrogène une coloration jaune très accentuée, qui paraît correspondre à la formation d'un acide permolybdique : cette réaction permet de déceler 1/10 de milligramme d'eau oxygénée [Denigès, *Bull. Soc. Chim.*, (3), **3**, 797].

Le même auteur signale encore [*Bull. Soc. Chim.*, (3), **5**, 293] le chlorhydrate de m-phénylène-diamine comme un excellent réactif de ce corps. Si l'on fait bouillir pendant quelques minutes une goutte d'une solution à 10 0/0 avec quelques gouttes d'eau et une goutte d'eau oxygénée, on observe une coloration rouge-carmin très marquée ; on peut reconnaître ainsi moins de 5 millièmes de milligramme d'eau oxygénée dans une goutte d'eau ; si elle est trop concentrée, il est nécessaire de la diluer.

M. Bach (*Mon. scient.*, 4ᵉ ser., **9**, 184), a fait connaître un nouveau réactif qui lui a permis de démontrer l'existence de l'eau oxygénée dans les plantes vertes : A 30 centimètres cubes d'une solution aqueuse au millième de dichromate de potassium on ajoute une quantité d'eau suffisante pour faire un litre ; dans cette solution on verse 5 gouttes d'aniline pure et on agite jusqu'à dissolution. D'autre part, on prépare une solution à 5 0/0 d'acide oxalique, que l'on place dans un flacon compte-gouttes débitant 20 gouttes au centimètre cube.

Pour rechercher la présence de l'eau oxygénée, on verse dans une éprouvette 5 cent. cubes de la solution de dichromate de potassium-aniline et 5 cent. cubes de la solution à essayer ; on ajoute une goutte de la solution d'acide oxalique et on agite 2 ou 3 fois. En présence de l'eau oxygénée la solution prend une coloration rose plus ou moins violacée, qui apparaît plus ou moins rapidement suivant la quantité de H^2O^2.

M. Crismer [*Bull. Soc. Chim.*, (3), **6**, 22] conseille d'employer pour le même usage des solutions de molybdate d'ammoniaque acidulées avec de l'acide citrique.

Propriétés, analyse et emploi de l'eau oxygénée. — L'eau oxygénée a une odeur qui se rapproche beaucoup de celle de l'acide azotique ; elle est acide au papier de tournesol, et conduit mieux l'électricité que l'eau pure : on peut l'électrolyser sans addition préalable d'acide ; dans ce cas l'oxygène se rend au pôle positif, et l'on constate au pôle négatif le dégagement d'un mélange d'oxygène et d'hydrogène.

L'eau oxygénée réduit à froid la liqueur de Fehling ; elle est employée surtout pour le blanchiment des fibres textiles et autres matières sur lesquelles on ne peut pas faire agir le chlore. C'est aussi un excellent antiseptique ; elle doit ses propriétés à la facilité avec laquelle elle perd de l'oxygène. Sa stabilité est augmentée par la présence d'un peu d'acide. Sa vitesse de décomposition n'est pas constante : elle varie avec la température et surtout avec le degré de pureté du produit ; la lumière a aussi une certaine influence ; la vitesse de décomposition est accélérée considérablement par la présence de traces de sesquioxyde de fer. Certains corps, comme l'éther, l'alcool, la glycérine, le chloroforme, le phénol, l'acide acétique, le bisulfate de potassium, le thymol, l'acide camphorique, favorisent sa conservation, surtout si elle est neutre. Certains corps qui provoquent la décomposition lente de l'eau oxygénée peuvent être utilisés dans les opérations du blanchiment : ce sont surtout les bases ; pour cela on a fait usage de l'ammoniaque, du carbonate de sodium, etc., mais ces corps agissent trop énergiquement ; dans ces derniers temps on a proposé de les remplacer par le borax [*Bull. Soc. Chim.*, (3), **4**, 171].

L'avantage qu'il y a à ajouter de la magnésie à l'eau oxygénée pour le blanchiment du coton tient à la formation d'un peroxyde de magnésium plus stable à 100° que le peroxyde d'hydrogène.

Le blanchiment du coton par l'eau oxygénée ne s'explique pas si on la considère comme un simple agent décolorant ; elle a une action sur les différents corps que le blanchiment a pour but de modifier et d'éliminer, tels que les corps gras, la cellulose [Prudhomme, *C. R.*, **112**, 1374].

L'eau oxygénée étendue est plus stable que l'eau oxygénée concentrée. Quand on la distille, la majeure partie se concentre et la décomposition est nulle tant que la concentration ne dépasse pas 12 volumes ; elle augmente avec la concentration. On arrive à une limite beaucoup plus élevée en faisant la distillation dans le vide ; la décomposition est alors sensiblement nulle jusqu'à la concentration de 200 volumes [Hanriot, *loc. cit.*].

L'eau oxygénée a servi à préparer des peroxydes; on connaît ceux des métaux alcalins et alcalino-terreux préparés ainsi (Schöne), ceux d'uranium; l'acide chromique donne un produit bleu soluble dans l'éther et dont la formule est CrH^2O^5 (Moissan); les acides molybdique et tungstique forment aussi des peroxydes. Les oxydes d'yttrium, de lanthane, de didyme, de samarium, qui ont pour composition R^2O^3, donnent des peroxydes R^4O^9; la zircone et l'oxyde de cérium ayant pour formule RO^2 donnent des peroxydes RO^3; la thorine donne un peroxyde R^2O^7 [P. T. Cleve, *Bull. Soc. Chim.*, (2), 43, 53].

L'eau oxygénée agit comme oxydant sur les corps organiques, surtout sur ceux de la série aromatique : le benzène est transformé en phénol, et, en maintenant le mélange vers 80-90°, ce dernier donne de l'acide pyrocatéchique, du pyrogallol, de l'hydroquinone et de la quinone. En présence d'un sel ferrique ou ferreux, on obtient, en même temps que ces corps, des précipités bruns ou noirs qui contiennent des proportions différentes de fer variant de 3 à 9 0/0; ces produits sont légèrement solubles dans l'eau, plus solubles dans l'alcool et dans l'acide sulfurique concentré [Martinon, *Bull. Soc. Chim.*, (2), 43, 155]. La résorcine donne des réactions analogues à celles du phénol. Dans les mêmes conditions, le toluène donne des corps phénoliques. Ces réactions se produisent en présence de l'acide sulfurique. La strychnine donne de l'acide strychnique. Les nitriles, traités par l'eau oxygénée, sont transformés en dérivés amidés :

$$R-CAz + 2H^2O^2 = R-CO-AzH^2 + O^2 + H^2O;$$

la réaction se fait en solution alcaline à 40° : on transforme ainsi le cyanogène en oxamide [Radziszewski, *D. chem. G.*, **18**, 355].

L'eau oxygénée ajoutée à une solution ammoniacale de phénol donne naissance à une coloration bleue due à la formation de la phénolquinonimide C^6H^5AzO. En opérant de même sur les divers phénols, on obtient des composés analogues [Wurster, *D. chem. G.*, **20**, 2934].

Les acides organiques à faible molécule, comme l'acide oxalique, sont rapidement brûlés par l'eau oxygénée : il y a production d'acide carbonique; les acides et les corps gras supérieurs résistent très bien. L'empois d'amidon se transforme en érythrodextrine, puis en sucre. Un mélange d'eau oxygénée et de sulfate ou de chlorhydrate d'hydroxylamine chauffé à 40° dégage un peu d'oxygène et se transforme en acide azotique et sulfurique ou chlorhydrique; en liqueur alcaline, il se forme en plus de l'acide azoteux et du protoxyde d'azote.

Un mélange de phénol, d'hydroxylamine et d'eau oxygénée donne naissance à du nitrosophénol.

La phénylhydrazine se dissout dans l'eau oxygénée et donne d'abord de la nitrosophénylhydrazine, puis du benzène et de la diazobenzénimide.

L'albumine de l'œuf en solution acide (par l'acide lactique et en présence du chlorure de sodium) se transforme, sous l'influence de l'eau oxygénée, en une substance insoluble : cette transformation se fait rapidement à 37-40°; le précipité se dissout dans l'alcool bouillant, dans le carbonate de sodium, dans les acides concentrés et froids, dans les alcalis caustiques; le sérum du sang se comporte comme l'albumine de l'œuf [Wurster, *loc. cit.*].

Quand on fait agir, en solution fortement acide, le peroxyde d'hydrogène sur le bioxyde de manganèse, il se dégage de l'oxygène et il se forme un sel manganeux,

$$MnO^2 + H^2O^2 + 2HCl = MnCl^2 + 2H^2O + O^2.$$

En milieu neutre ou alcalin, le bioxyde de manganèse se retrouve inaltéré et il ne se dégage qu'un atome d'oxygène pour un atome d'eau oxygénée.

Avec le sesquioxyde de manganèse en liqueur acide, il se forme un sel de protoxyde et il se dégage 2 atomes d'oxygène pour 1 atome d'eau oxygénée :

$$Mn^2O^3 + H^2O^2 + 2SO^4H^2$$
$$= 2(MnSO^4) + 3H^2O + O^2;$$

en liqueur alcaline, il se forme d'abord du bioxyde de manganèse qui provoque ensuite la décomposition de l'eau oxygénée; il en est de même pour l'oxyde 4 : 3.

Si l'on ajoute du permanganate de potassium à du peroxyde d'hydrogène acide, la totalité de l'oxygène de ce dernier se dégage, et il se forme un sel manganeux correspondant à l'acide ajouté :

$$Mn^2O^8K^2 + 5H^2O^2 + 6HCl$$
$$= 2MnCl^2 + 2KCl + 8H^2O + O^{10}.$$

Cette réaction est utilisée pour le dosage de l'eau oxygénée : à 1 centimètre cube de l'eau à analyser on ajoute de 10 à 15 centimètres cubes d'eau distillée, on acidule fortement et on ajoute jusqu'à coloration rose une solution de permanganate de potassium contenant 5gr,659 de sel par litre; le nombre de centimètres cubes employés indique le volume d'oxygène combiné à H^2O.

M. Engel [*Bull. Soc. Chim.*, (3), **6**, **17**] a observé que, dans ce dosage de l'eau oxygénée acidulée par l'acide sulfurique, il arrive parfois que la décoloration des premières gouttes de permanganate n'ait pas lieu; mais, une fois la réaction commencée, elle se poursuit toujours; le sulfate de manganèse formé est ici un intermédiaire nécessaire entre le permanganate et l'eau oxygénée : il est transformé en sulfate manganique, qui réagit ensuite sur l'eau oxygénée pour former du sulfate manganeux. Lorsque l'eau oxygénée est très pure, que l'acide sulfurique employé ne renferme ni acide sulfureux, ni produits nitreux, susceptibles de réagir sur le permanganate et de former du sulfate de manganèse, le permanganate n'agit pas sur l'eau oxygénée; l'addition d'une trace de sulfate de manganèse détermine immédiatement la réaction.

Si, au lieu d'ajouter le permanganate à l'eau oxygénée acide, on ajoute cette dernière au permanganate, il se forme un précipité de bioxyde de manganèse et tout l'oxygène de l'eau oxygénée se dégage comme plus haut. En liqueur neutre ou alcaline, il se produit d'abord du sesquioxyde de manganèse qui passe à l'état de bioxyde sous l'influence de l'eau oxygénée alcaline, et la décomposition complète de cette dernière a lieu.

Pour le dosage volumétrique de l'eau oxygénée, M. Hanriot a utilisé l'uréomètre de M. de Thierry, dont l'entonnoir à robinet était remplacé par une petite burette graduée; on introduit du bioxyde de manganèse dans le ballon et on fait couler sur lui 1 centimètre cube ou une fraction de centimètre cube d'eau oxygénée : le gaz dégagé se rend dans la cloche graduée où on lit son volume, dont il faut défalquer celui de l'eau oxygénée que l'on a introduite dans le ballon.

Action sur le bioxyde de plomb. — En liqueur acide, il se forme un sel de protoxyde de plomb et il se dégage O^2; en liqueur alcaline, il se dégage O et PbO^2 se retrouve inaltéré.

L'*oxyde de mercure* HgO est réduit seulement en liqueur alcaline : il se forme de l'oxyde mercureux et il se dégage 2 atomes d'oxygène.

On a vu plus haut l'action que l'eau oxygénée exerce sur l'acide chromique; après disparition de la coloration bleue, il reste en dissolution un sel de sesquioxyde de chrome et de l'oxygène se dégage. Cette réaction a été utilisée par M. Carnot pour le dosage volumétrique de l'acide chromique (voyez 2e Suppl., 1, 1131).

Si l'on fait agir l'eau oxygénée sur le bioxyde de chrome CrO^2 en liqueur alcaline, il y a formation d'un chromate sans dégagement d'oxygène; en liqueur neutre la réaction est lente, il se forme un peu d'acide chromique; en liqueur acide, il y a production d'un sel de sesquioxyde de chrome avec dégagement d'oxygène.

Avec le sesquioxyde de chrome en milieu neutre ou acide, on n'observe aucune réaction; en milieu alcalin, il y a formation immédiate d'un chromate; cette réaction peut être employée pour déceler les sels de chrome et pour les doser volumétriquement (voyez 2e Suppl., 1, 1131) [Martinon, *Bull. Soc. Chim.*, (2), 45, 862]. On peut doser de même les sels manganeux, qui sont suroxydés en liqueur alcaline par l'eau oxygénée.

Le sulfure d'antimoine précipité se dissout dans un mélange d'eau oxygénée et d'ammoniaque : il se forme du sulfate d'ammoniaque et de l'acide antimonique, qui reste presque totalement en dissolution à l'état d'antimoniate d'ammoniaque [Raschig, *D. chem. G.*, 18, 2743].

Sous l'action de l'eau oxygénée alcalinisée par la potasse, la soude ou l'ammoniaque, et à l'aide d'une légère élévation de température, le sous-nitrate de bismuth se transforme en un corps jaune-brunâtre et il se dégage de l'oxygène; la même chose se produit avec l'hydrate de bismuth. Le corps formé est de l'anhydride bismuthique Bi^2O^5 contenant un peu de carbonate de bismuthyle $CO^3(BiO)^2$. Cette réaction peut être utilisée en chimie analytique [*D. chem. G.*, 20, 213].

L'eau oxygénée peut être utilisée pour le dosage du chlorure de chaux : le dosage du chlore actif est ainsi ramené à la mesure d'un volume d'oxygène, d'après l'équation

$$ClOH + H^2O^2 = HCl + H^2O + O^2;$$

il se dégage le double de l'oxygène actif contenu dans le chlorure. L'opération s'effectue dans un nitromètre ou un uréomètre [Lunge, *D. chem. G.*, 19, 869].

On peut utiliser l'eau oxygénée pour certaines analyses volumétriques : c'est ainsi que l'on peut doser les sulfures solubles dans l'acide chlorhydrique, en se fondant sur la transformation complète de l'hydrogène sulfuré en acide sulfurique sous l'influence de ce corps.

Le procédé consiste à placer le sulfure dans un ballon muni d'un entonnoir à robinet et d'un tube de dégagement qui communique avec un deuxième ballon contenant de l'eau oxygénée neutre, additionnée d'un volume exactement mesuré d'une solution de soude titrée : on verse de l'acide chlorhydrique ($d=1,1$) sur le sulfure, on chasse l'hydrogène sulfuré par ébullition en s'aidant d'un courant d'acide carbonique, et on le reçoit dans l'eau oxygénée; une partie de la soude est neutralisée par l'acide sulfurique formé, dont on connaîtra la proportion en prenant le titre de la solution de soude après l'opération.

La même méthode est applicable au dosage des hyposulfites et des tétrathionates, qui sont convertis en sulfates :

$$[1] \quad S^2O^3Na^2 + 4H^2O^2 + H^2O = SO^4Na^2 + SO^4H^2 + 4H^2O;$$

$$[2] \quad S^4O^6Na^2 + 7H^2O^2 + 3H^2O = SO^4Na^2 + 3SO^4H^2 + 7H^2O.$$

Pour la recherche de traces d'eau oxygénée, l'essai à l'acide chromique est rendu très sensible en opérant de la manière suivante : A 5 centimètres cubes d'une solution à 0,005 0/0 d'eau oxygénée, on ajoute de 1 à 2 centimètres cubes d'éther, puis une trace de solution à 1/10 d'acide chromique; c'est à peu près la limite de sensibilité de cette réaction.

On a utilisé aussi l'action des sels d'uranium sur l'eau oxygénée pour retrouver des traces de l'un ou de l'autre de ces corps. L'eau oxygénée précipite l'uranium à l'état de tétroxyde, qu'on peut recueillir et peser. Quand on mélange des solutions contenant 1 0/0 d'eau oxygénée et 1 0/0 d'urane, on obtient un précipité immédiat; avec 1 0/00 d'eau oxygénée et 1 0/0 d'urane le précipité demande 30 secondes pour se former; en ajoutant un peu d'alcool, on augmente beaucoup la sensibilité de la réaction; on peut déceler ainsi jusqu'à 0,0005 0/0 d'eau oxygénée [Fairley, *Chem. News*, 62, 227; *Bull. Soc. Chim.*, (3), 6, 127].

L'eau oxygénée a été employée pour la séparation quantitative, en solution alcaline, du manganèse d'avec le nickel et le cobalt, du manganèse d'avec le zinc, du plomb d'avec l'argent, du bismuth d'avec le cuivre et du plomb d'avec le cuivre, le zinc et le nickel [Janasch et Franzeck, *D. chem. G.*, 24, 3024. — Janasch et Niederhofheim, *D. chem. G.*, 24, 3945; *ibid.*, 26, 1496, 2908, 2331].

E. Burcker.

ÉBULLIOSCOPIE. — Depuis la publication des articles Ébullition (Dict., 1, 1212) et Distillation (Dict., 1, 1183; Suppl., 1, 662), la mesure des tensions de vapeur a acquis une importance nouvelle, M. Raoult ayant montré le parti qu'on en pouvait tirer pour déterminer les poids moléculaires des corps dissous. Cette mesure peut se faire soit par la méthode statique, soit par la méthode dynamique.

La première sera traitée à l'article Tonométrie, où l'on trouvera également quelques renseignements relatifs aux principes sur lesquels on aura à s'appuyer dans cet article. Il ne sera question ici que de la recherche des poids moléculaires des corps dissous fondée sur la mesure des points d'ébullition de leurs solutions.

Loi de M. Raoult. — Dissolvons dans un liquide volatil une substance fixe, c'est-à-dire pratiquement bouillant au moins 120° plus haut que le dissolvant; la tension de vapeur de ce dernier se trouve diminuée, en sorte que son point d'ébullition s'élève quand la pression supportée par le liquide reste constante.

Supposons qu'on dissolve n molécules d'un corps de poids moléculaire M dans n' molécules d'un corps de poids moléculaire M', et soient f et f' les tensions de vapeur du dissolvant pur et de la solution à la même température.

Dans tout ce qui suivra nous supposerons que les solutions sont étendues.

Les recherches de MM. von Babo, Wüllner, Tammam et autres ont établi qu'entre certaines limites le rapport $\frac{f-f'}{f}$ est indépendant de la température s'il s'agit de dissolutions aqueuses. M. Raoult a généralisé cette loi en montrant qu'elle se vérifie encore si l'on a recours à d'autres dissolvants que l'eau. Il a de plus établi que :

En principe, quelle que soit la nature du corps fixe dissous dans un liquide volatil, la diminution relative de tension de vapeur $\frac{f-f'}{f}$ *d'une dissolution étendue est égale au rapport qui existe entre le nombre de molécules physiques dissoutes* n *et le nombre total de molécules du mélange* n + n' ; c'est-à-dire que l'on a

$$[\alpha] \qquad \frac{f-f'}{f} = \frac{n}{n+n'}.$$

En fait, si on calcule le produit

$$\frac{f-f'}{f}\,\frac{n+n'}{n},$$

on trouve dans la plupart des cas des nombres très voisins de l'unité. Du reste, comme il s'agit ici d'une loi limite, il faut opérer d'une manière analogue à celle indiquée en cryoscopie. Si en effet on construit une courbe en portant en abscisses les valeurs de $\frac{n}{n+n'}$ et en ordonnées les valeurs de $\frac{f-f'}{f}\,\frac{n+n'}{n}$, on obtient, tant que $\frac{100\,n}{n+n'}$ est inférieur à 15, une courbe sensiblement rectiligne. On fera donc deux mesures, à la suite desquelles on connaîtra deux points de la droite. Il sera alors facile d'en calculer l'ordonnée à l'origine.

Or on ne trouve pas que cette quantité soit égale à l'unité, comme il semblerait résulter de la formule [α], du moins si on déduit n et n' de la connaissance des poids moléculaires chimiques. C'est que, dans les conditions de l'expérience, les molécules du dissolvant peuvent être formées, au moins en partie, par la réunion de plusieurs molécules chimiques. Dans ce cas, en donnant à n' la valeur qu'il aurait si on avait uniquement des molécules chimiques, on le prend trop grand, et par suite la valeur du rapport

$$\frac{f-f'}{f}\,\frac{n+n'}{n}$$

se trouve augmentée.

On trouve en effet expérimentalement des nombres supérieurs à l'unité.

Voici quelques-uns des résultats obtenus par M. Raoult :

A. Dissolvants.	Valeur de $\frac{f-f'}{f}\,\frac{n+n'}{n}$.
Eau	1,02
Mercure	— (*Ramsay*.)
Éther	1,04
Sulfure de carbone	1,061
Amylène	1,062
Chloroforme	1,094
Bromure d'éthyle	1,091
Acétone	1,050
Alcool méthylique	1,048
Benzène	1,010
Alcool	1,013
Acide acétique	1,63
— formique	1,55

Toutes ces valeurs sont très voisines de l'unité, sauf les deux dernières. Mais il y a lieu de remarquer que l'acide acétique, par exemple, présente de fortes anomalies dans sa densité de vapeur au voisinage de son point d'ébullition.

On est forcé d'admettre que, dans ces conditions, les molécules chimiques de l'acide gazeux sont plus ou moins associées, et l'on peut supposer que si les molécules de la vapeur saturée sont en partie associées, celles provenant de sa condensation le sont également et dans la même proportion. Or on connaît cette proportion : elle est fournie par le rapport de la densité de vapeur observée d' à la densité de vapeur théorique d. En sorte que si n' est le nombre des molécules physiques et n'_1 le nombre des molécules chimiques,

$$n' = \frac{d}{d'}\,n'_1.$$

La relation [α], si on y reporte cette valeur de n', devient

$$\frac{f-f'}{f}\,\frac{n+\frac{d'}{d}\,n'_1}{n} = 1.$$

Il s'agit ici de dissolutions très étendues; or $f-f'$ tend vers zéro quand la dilution augmente, par contre $\frac{n'_1}{n}$ croît et la relation limite devient

$$[\alpha'] \qquad \frac{f-f'}{f}\,\frac{n'_1}{n} = \frac{d'}{d}.$$

$\frac{n'_1}{n}$ se calcule facilement en fonction du poids moléculaire du dissolvant M', de celui du corps dissous M et du nombre de grammes P de ce dernier corps dissous dans 100 grammes de dissolvant :

$$\frac{n'_1}{n} = \frac{100\,M}{P\,M'}.$$

La relation [α'] peut alors s'écrire

$$[\beta] \qquad \frac{f-f'}{f}\,\frac{100\,M}{P\,M'} = \frac{d'}{d}.$$

Dans la formule [β] on doit faire figurer la valeur limite de $\frac{f-f'}{f\,P}$ pour P diminuant constamment, puisqu'il s'agit de dissolutions très étendues. La mesure directe étant susceptible d'incertitudes, on s'appuiera sur ce que la courbe obtenue en portant en ordonnées les valeurs de $\frac{f-f'}{f\,P}$ et en abscisses celles de P est sensiblement rectiligne quand les valeurs de P ne sont pas trop grandes.

Comme en cryoscopie, on fera deux mesures en se plaçant dans des conditions où $f-f'$ soit mesurable avec assez d'exactitude. A l'aide des nombres ainsi obtenus on pourra déterminer la droite dont il s'agit. La limite de $\frac{f-f'}{f\,P}$ en est l'ordonnée à l'origine.

Les nombres qui figurent dans le tableau A ont été trouvés par M. Raoult à la suite de mesures directes de tensions de vapeur avant même qu'il se fût aperçu que leurs valeurs théoriques étaient celles du rapport $\frac{d'}{d}$.

On jugera à la fois de l'exactitude de la formule [β] et de la précision des méthodes employées en comparant les nombres trouvés par M. Raoult et les valeurs du rapport $\frac{d'}{d}$ obtenues par des voies toutes différentes, en ayant soin de rapporter à la même température les deux nombres correspondant à un même liquide.

Nature du liquide	Température.	Valeur de $\frac{f-f'}{f}\,\frac{n+n'}{n}$.	Valeurs de $\frac{d'}{d}$[1]	
Eau	100	1,02	1,03	F. P.
Alcool	78	1,01	1,02	R. Y.
Éther	20	1,04	1,04	R. Y.
Sulfure de carbone	24	0,99	1,01	B.
Benzène	80	1,01	1,02	R. Y.
Acide acétique	118	1,63	1,66	R. Y.

Pour établir la relation β indiquée sous cette forme

$$\frac{f-f'}{f}\,\frac{100\,M}{P\,M'} = \frac{d'}{d}$$

1. B., *Battelli* ; F., *Fairbairn* ; P., *Pérot* ; R. Y., *Ramsay* et *Young*.

par MM. Raoult et Recoura [*C. R.*, 24 fév. 1890], nous avons fait quelques hypothèses, mais la formule n'en est pas solidaire; on peut en effet la considérer comme purement expérimentale en écrivant

$$\frac{f-f'}{f}\,\frac{100\,M}{P\,M'}=K,$$

K étant une constante dont la valeur figure dans la deuxième colonne du tableau A.

Loi de M. Arrhenius. — De la formule [β] on peut en déduire une autre, indiquée pour la première fois par M. Arrhenius et relative aux points d'ébullition.

Conservant les notations précédentes, nous appellerons T la température absolue d'ébullition du dissolvant pur et $T+\Delta_T$ celle de la solution, toutes deux correspondant à la même pression f. Δ_T restant petit, en pratique inférieur à 1 degré, on peut écrire

$$[\gamma] \qquad f-f'=\frac{\partial f}{\partial T}\,\Delta_T,$$

car f et f' sont les tensions maxima de vapeur de la solution aux températures $T+\Delta_T$ et T.

D'autre part, la formule de Clapeyron nous fournit la relation

$$[\delta] \qquad L=\frac{T}{J}\,\frac{\partial f}{\partial T}\,(v_1-v_2),$$

où L désigne la chaleur latente de vaporisation du dissolvant, v_1 et v_2 ses volumes spécifiques à l'état de vapeur et de liquide, J l'équivalent mécanique de la chaleur. Négligeons v_2 devant v_1 et combinons les équations [β], [γ], [δ]. Il vient

$$100\,\frac{L\,\Delta_T}{T}\,\frac{M}{P}=\frac{d'}{d}\,\frac{f\,v_1\,M'}{J}.$$

Comme $v_1\,\frac{d'}{d}$ est le volume spécifique théorique de la vapeur, celui qu'elle aurait si elle obéissait aux lois de Mariotte et de Gay-Lussac, il s'ensuit que le deuxième membre est égal à 1,988 T.

(On sait en effet que, V étant le volume gazeux théorique d'une molécule-kilogramme d'un corps quelconque, P la pression en kilogrammes par mètre carré, on a la relation

$$\frac{PV}{J}=1{,}988\ T.)$$

D'où la formule de M. Arrhenius

$$[\varepsilon] \qquad \frac{M}{P}\,\Delta_T=0{,}0198\,\frac{T^2}{L}.$$

Application de la formule de M. Arrhenius. — On peut utiliser, en vue de déterminer les valeurs de M, soit la formule [β] de M. Raoult, soit la formule [ε] de M. Arrhenius. Toutefois, dans ce dernier cas, il sera nécessaire de poser

$$[\eta] \qquad M=B\,\frac{P}{\Delta_T}$$

et de déterminer *expérimentalement* la valeur de B par des expériences préalables. En opérant ainsi on a beaucoup plus d'exactitude : les constantes dont on doit faire usage sont celles que fournit la pratique, surtout dans le cas actuel, où les valeurs de L sont fort mal déterminées. (Beaucoup d'entre elles se rapportent à des échantillons impurs fondant jusqu'à 15° trop bas.)

Ces restrictions faites, on peut cependant remarquer que les valeurs de la constante B, déduites des données expérimentales de M. Raoult d'une part, calculées d'autre part à l'aide de la formule de M. Arrhenius, ont donné à M. Beckmann des concordances remarquables. En voici quelques-unes :

Tableau des valeurs de B ($f=760$).

Dissolvants.	*Arrhenius.*	*Raoult.*
Eau	5,2	5,2
Alcool	11,5	11,5
Éther	21,1	21,5
Acide acétique	16,7	16,8
Benzène	26,7	25,0

B varie d'ailleurs avec la pression; de plus, le dissolvant bout à une température moins élevée que la solution; mais à la pression de 760 millimètres une variation de 1° dans la valeur de T n'introduit dans B qu'une variation égale aux six millièmes de sa valeur, ce qui peut être négligé au point de vue qui nous occupe.

Si donc on se sert de la formule [η] de M. Arrhenius, on utilisera dans le voisinage de la pression 760 les valeurs de B inscrites dans la seconde colonne du tableau précédent.

Il restera à mesurer Δ_T, l'élévation du point d'ébullition du dissolvant, après l'addition du corps dissous.

Emploi de la formule de M. Raoult. — Nous rappelons qu'il ne sera question ici que de la méthode dynamique.

Le dissolvant pur étant en ébullition, on note sa température T, et sa pression f_1 indiquée par le baromètre si on opère à l'air libre, par exemple.

Ayant ajouté le corps dissous, on note les mêmes quantités $T+\Delta_T$ et f'. Or la quantité f qui figure dans la formule [α] est la tension maxima du dissolvant pur à la température $T+\Delta_T$. On l'obtient en ajoutant à f_1 la variation de f_1 produite par la variation de température Δ_T. Ces variations de f_1 se déduisent des courbes données par Regnault pour les tensions de vapeur maxima.

Prenons un exemple : Soit à la pression 760 une dissolution aqueuse; pour l'eau au voisinage de 100°, une élévation de 1° dans la température d'ébullition correspond à une augmentation de tension de 27 millimètres. Il s'ensuit que, exprimant les pressions en millimètres de mercure,

$$f=f_1+27\,\Delta_T.$$

Si durant l'expérience le baromètre est resté fixe,

$$f'=f_1, \qquad f-f'=27\,\Delta_T,$$

et si $f=760$, comme $M'=18$ et que $\frac{d'}{d}$ est très voisin de l'unité (1,02),

$$\frac{27\,\Delta_T}{760}\,\frac{M}{P}=0{,}18.$$

L'emploi de la formule de M. Raoult comporte la connaissance de la valeur limite de $\frac{\Delta_T}{P}$, mais en pratique on aura généralement des résultats très suffisants avec une seule observation.

S'il ne s'agit que de décider entre deux poids moléculaires multiples l'un de l'autre, on pourra même prendre $\frac{d'}{d}=1$ pour le corps du tableau A, sauf pour les acides acétique et formique, où l'on prendra 1,63 et 1,55.

Remarque. — On pourrait, en exerçant une pression suffisante, obliger le dissolvant pur à bouillir aussi à la température de $T+\Delta_T$ et observer alors directement f. Cette méthode, plus exacte que la précédente, est moins commode à employer dans un laboratoire de chimie non spécialement outillé.

Quant à la connaissance de la variation des tensions de vapeur avec la température, on pourra utiliser les tables de Regnault relatives à un grand nombre de corps : mercure, eau, sulfure de carbone, trichlorure de phosphore, benzène, essence de térébenthine, chloroforme, tétrachlorure de carbone, chlorure d'éthyle, bromure d'éthyle, iodure d'éthyle, bromure d'éthylène, alcool méthylique, alcool éthylique, éther, acétone, chlorure de cyanogène. Pour un grand nombre de corps bouillant au-dessus de 100°, on pourra utiliser la règle suivante donnée par Dalton et qui, d'après les expériences de M. Raoult, est très suffisamment précise pour les recherches qui nous occupent :

A des distances égales de leur point d'ébullition sous la pression atmosphérique, tous les liquides possèdent sensiblement la même tension de vapeur.

C'est ce qui a lieu, par exemple, pour l'aniline, le nitrobenzène, le benzoate d'éthyle et l'essence de térébenthine.

Marche d'une opération. — Quelle que soit la formule que l'on veuille utiliser, on est ramené en définitive à mesurer la différence des points d'ébullition du dissolvant et de la dissolution employés. Cette mesure présente quelques difficultés : aussi exige-t-elle des appareils spéciaux, connus sous le nom d'*ébullioscopes*. On en a construit de plusieurs modèles.

Ébullioscope de M. Raoult. — Celui qu'utilise

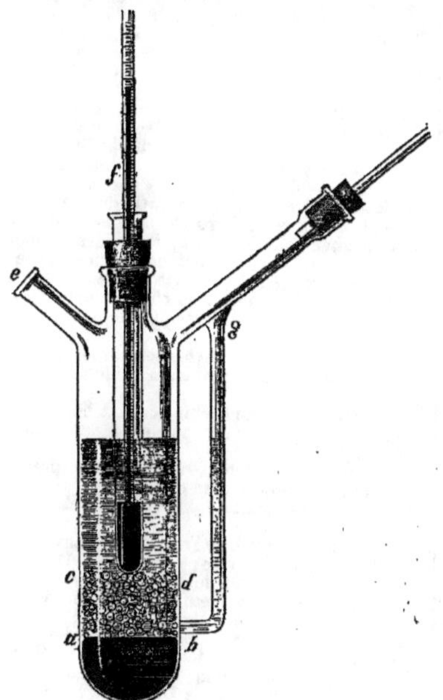

Fig. 204. — Ébullioscope de M. Raoult.

M. Raoult est un vase de verre, ou de métal doré intérieurement, ayant la forme indiquée par la figure 204. Il a l'aspect général d'un cylindre terminé à sa partie inférieure par une demi-sphère. Il mesure environ 15 centimètres de haut sur 6 centimètres de diamètre. Il est muni de trois tubulures. L'une d'elles est mise en communication avec un réfrigérant ascendant ; une seconde sert à l'introduction du corps à dissoudre et, en temps habituel, se trouve fermée par un bouchon. La tubulure du milieu porte un bouchon dans lequel passe à frottement dur un tube à essai de faible diamètre. C'est dans ce tube que sera placé le thermomètre. Ce dernier instrument est maintenu par un support indépendant. Afin qu'il indique bien la température du liquide situé à l'intérieur du vase, on a eu soin d'introduire dans le tube à essai assez de mercure pour immerger complètement le réservoir du thermomètre.

Pour régulariser l'ébullition, on introduit dans l'ébullioscope une couche de 2 centimètres de hauteur environ de verre grossièrement pilé. Cela suffit si le vase est en métal ; s'il est en verre, il se produit malgré cela de violents soubresauts. On supprime ces derniers en versant dans l'appareil du mercure jusqu'au point de soudure du petit tube latéral. Le fond devient alors bon conducteur ; les bulles de gaz qui proviennent des morceaux de verre régularisant l'ébullition aucune surchauffe ne se produit.

Il reste à protéger l'appareil contre les causes extérieures de refroidissement.

On se sert pour cela d'une petite étuve annulaire en métal dans laquelle on fait bouillir du dissolvant pur. Elle est reliée également à un réfrigérant ascendant. Le chauffage se fait par une série de becs de gaz disposés circulairement au-dessous de cette étuve. L'ébullioscope est placé dans le puits central et chauffé directement par un bec Bunsen. Il doit descendre un peu plus bas que le fond de l'étuve. Il est bien entendu que les becs de gaz doivent être protégés contre les courants d'air. Dans l'étuve, un moufle permet l'introduction du thermomètre.

Il est de toute nécessité, pour obtenir des résultats exacts, d'habituer le thermomètre à la température à laquelle se fera l'observation. On y arrive en le laissant au moins une demi-heure dans le moufle de l'étuve pendant que le liquide qui s'y trouve est en pleine ébullition. On ne le retirera qu'au moment de faire les mesures pour le transporter alors dans le moufle de l'ébullioscope.

On peut à la rigueur se passer de l'étuve en entourant tout l'appareil avec de la toile d'amiante, y compris le brûleur, sauf ce qui est nécessaire pour sa combustion [Lespieau, *Bull. Soc. Chim.*, (3), 3, 855].

Le petit tube latéral destiné à ramener le liquide condensé et froid dans les parties chauffées, afin d'avoir plus d'homogénéité dans la température du liquide, n'est pas indispensable et a l'inconvénient d'augmenter la fragilité de l'appareil.

Voici quelle est la marche d'une opération : Le thermomètre étant habitué à la température qu'il va marquer par un séjour suffisant dans l'étuve, on amène le liquide de l'ébullioscope à l'ébullition ; dans son moufle, on plonge le thermomètre, qu'on observe de minute en minute avec une lunette. Quand il est resté fixe pendant 5 minutes, on note sa température et la pression barométrique.

On laisse refroidir un peu et, par la tubulure réservée à cet effet, on projette le corps à dissoudre, on bouche et on recommence comme ci-dessus.

Ébullioscope de M. Beckmann [*Zeits. Physik. Chem.*, 3, 603 ; 4, 532]. — L'appareil de M. Beckmann est en verre également. Il a une forme tout à fait analogue à celle de l'ébullioscope précédent. Il en diffère en ce que, au point le plus bas, est soudé un gros fil de platine dont l'effet est de répartir plus également la chaleur, étant donnée sa conductibilité, et qui se trouve aussi être le siège de dégagement de bulles gazeuses. Le thermomètre est placé dans le liquide même; il est protégé contre les rayonnements et les courants de liquide par une enveloppe simple ou double d'amiante. Il est essentiel pour le succès des mesures que cette amiante ne soit jamais plongée dans le liquide quand il n'est pas en ébullition. Toutefois le thermomètre ainsi protégé ne se fixe qu'au bout d'un temps fort long. On est obligé d'attendre quelquefois plus de 40 minutes avant de le voir s'arrêter. Aussi dans la plupart des cas il y a avantage à ne pas mettre ce manteau d'amiante et à introduire dans l'appareil du verre pilé comme ci-dessus.

Exceptions et anomalies. — Elles sont du même genre que celles qui se présentent en cryoscopie.

Les unes peuvent s'expliquer par des condensations de molécules, généralement deux à deux; c'est le cas des combinaisons hydroxylées dissoutes dans le benzène (acide benzoïque par exemple), de l'aniline, du nitrobenzène, de l'acide valérianique, du thymol dissous dans le sulfure de carbone.

Un autre genre d'exceptions se présente quand on a des sels dissous dans l'eau. Comme pour la cryoscopie, l'effet produit peut se calculer en faisant la somme de deux constantes dépendant, l'une uniquement du radical électropositif, l'autre uniquement du radical électronégatif.

Les valeurs des diminutions partielles de tension produites par les radicaux salins dissous dans 100 grammes d'eau, sous des poids égaux à leurs poids atomiques, sont égales à :

Radicaux négatifs	monatomiques (Cl, OH, AzO^3).		0,18
—	—	biatomiques (SO^4, CrO^4)......	0,09
—	positifs	monatomiques...............	0,16
—	—	biatomiques.................	0,08

L'hypothèse de la dissociation électrolytique des sels dissous dans l'eau rend assez bien compte de ces faits, en supposant toutefois que, vis-à-vis de phénomènes de ce genre, les ions se comportent comme les molécules chimiques, alors que l'on est conduit à admettre que, vis-à-vis des autres phénomènes, leurs propriétés (volatilité, solubilité, diffusibilité) les en séparent complètement.

Les anomalies qui se présentent quand on examine des solutions de sels dans l'eau ne se retrouvent d'ailleurs pas quand on dissout ces mêmes sels dans l'alcool, ce qui est en faveur de la théorie de M. Arrhenius.

Sensibilité. — A concentration égale, la méthode ébullioscopique est beaucoup moins sensible que la méthode cryoscopique. Dans l'eau, par exemple, on produira un abaissement de congélation de 1° avec une concentration telle que le quotient du poids moléculaire par la quantité dissoute dans 100 grammes d'eau soit égal à 18,5. L'élévation du point d'ébullition de cette eau ne sera que de 0°,27. Mais on peut d'une part racheter cet inconvénient en employant des concentrations impossibles à réaliser à froid (on peut aller jusqu'à 20 0/0), et en outre certains corps n'ont pas de dissolvant solidifiable à des températures facilement réalisables. R. Lespieau.

ECBOLINE. — Voyez Ergotinine.

ECDÉMITE ou **EKDÉMITE** (Min.) (Nordenskjöld). [Syn. *Héliophyllite* (Flink)]. — Chlorure-arsénite de plomb, $nPbO \cdot As^2O^3, 2PbCl^2$; dans lequel n est égal à 4, ou à 4,5 ou à 5. Cristaux jaune de soufre, éclat gras, trouvés à Langban et à la mine Harstigen, près Pajsberg, Wermland (Norvège). Dureté = 2. Densité = 6,886.

Forme cristalline. — Prisme orthorhombique très voisin du système quadratique :

$$a : b : c = 0,966 : 1 : 2,204.$$

Faces $p, b^{1/2}, e^1$. Macles m. Clivages p. Les cristaux se montrent en partie uniaxes, en partie biaxes. Il est possible qu'il y ait juxtaposition de deux substances, dont l'une serait l'ecdémite, l'autre l'héliophyllite.

Voir du reste au Suppl., **1**, 676. On a écrit par erreur (1re col., l. 16) Ekdéinite, au lieu de Ecdémite. L. Bourgeois.

ECGONINE. — Ce produit fondamental du dédoublement de la cocaïne a été décrit à l'article Cocaïne (Dict., **1**, 950; et 2e Suppl., **1**, 1241). Depuis cette récente publication, il a paru sur ce sujet un assez grand nombre de travaux intéressants pour motiver un second article.

Préparation industrielle. — La reproduction de la cocaïne à partir de l'ecgonine a une grande importance au point de vue industriel, car elle permet d'obtenir de la cocaïne à l'aide de tous les alcaloïdes susceptibles de fournir de l'ecgonine par leur dédoublement.

Les alcaloïdes qui accompagnent la cocaïne dans la coca se dédoublent presque tous en donnant de l'ecgonine. Le mode d'extraction de cette ecgonine, dont l'idée première est due à MM. C. Liebermann et F. Giesel, a été modifié d'une manière heureuse par MM. A. Einhorn et R. Willstätter [*D. chem. G.*, **27**, 1523; *Bull. Soc. Chim.*, (3), **12**, 1343. — Meister Lucius et Brüning. Brevets allemands n° 76433, 22 février 1893; *D. chem. G.*, **27**, *Ref.*, 953. — Voir aussi C. Liebermann, *D. chem. G.*, **27**, 2051; *Bull. Soc. Chim.*, (3), **14**, 428 et A. Einhorn, *D. chem. G.*, **27**, 2960; *Bull. Soc. Chim.*, (3), **14**, 428].

50 grammes des alcaloïdes de la coca, résidus de l'extraction de la cocaïne, sont dissous dans 300 grammes d'alcool méthylique additionné de 100 grammes d'acide sulfurique concentré. Le tout est chauffé pendant 3 ou 4 heures au bain-marie au réfrigérant ascendant. On distille ensuite l'alcool et l'on verse le résidu sirupeux dans une assez grande quantité d'eau; les acides aromatiques se précipitent; ils sont en grande partie à l'état d'éthers méthyliques. On les sépare et l'on extrait le liquide aqueux au chloroforme pour en enlever les dernières traces. Ce liquide est ensuite saturé avec du carbonate de potassium, qui précipite l'ecgonine méthylée sous la forme d'une huile qu'on enlève également à l'aide du chloroforme.

On peut arriver au même résultat en saturant d'acide chlorhydrique sec la solution dans l'alcool méthylique.

L'éther ainsi obtenu en proportion presque théorique est tranformé en chlorhydrate, et ce sel est purifié par cristallisation dans l'alcool; il fond à 212°.

On peut aussi purifier l'ecgonine méthylée par distillation dans le vide; elle bout à 177° sous 15 millimètres, en se décomposant légèrement.

L'emploi de l'alcool éthylique au lieu de l'alcool méthylique permet d'obtenir l'ecgonine éthylée, quoique l'ecgonine soit dans les alcaloïdes à l'état d'éther méthylique. L'alcool méthylique est alors déplacé par son homologue supérieur. Ce fait n'est pas isolé dans cette série, car MM. A. Einhorn et F. Konek de Norwall [*D. chem. G.*, **26**, 969; *Bull. Soc. Chim.*, (3), **12**, 193] ont remarqué que l'ecgonine méthylée *droite* chauffée à 100° en tube scellé avec de l'ammoniaque alcoolique est transformée en ecgonine éthylée droite.

Le *chlorhydrate d'ecgonine méthylée* obtenu

par ce procédé si simple est ensuite transformé directement en chlorhydrate de cocaïne.

1 kilogramme de chlorhydrate bien sec et pulvérisé est chauffé dans un ballon de verre au bain-marie avec son propre poids de chlorure de benzoyle. L'opération dure quelques heures : elle est terminée quand il ne se dégage plus d'acide chlorhydrique et que le contenu du ballon s'est complètement liquéfié. On verse le produit dans 10 litres d'eau, dans laquelle l'acide benzoïque en excès se dépose. La solution contient alors du chlorhydrate de cocaïne. Pour le purifier, on sursature avec une solution de carbonate de sodium ; la cocaïne se précipite, on la lave à l'eau, on la sèche et on la purifie de la manière ordinaire. Le rendement est très bon.

La méthode est absolument générale ; on peut partir d'une ecgonine alcoylée droite ou gauche, et d'un chlorure d'acide également quelconque [A. Einhorn, breveté par C. Bœhringer et fils, à Waldhof près Mannheim, D. P. 47713, 3 novembre 1888 ; *D. chem. G*, **22**, *Ref.*, 619].

Extraction des alcaloïdes de la feuille de coca. — La cocaïne et les autres alcaloïdes qui se dédoublent en fournissant de l'ecgonine précipitent les solutions de sulfocyanate de zinc en donnant un *sel double* $Zn(CSAz)^2, 2(A.CSAzH)$ (A représentant un de ces alcaloïdes), qui est très peu soluble dans l'eau, plus soluble dans les acides minéraux et tout à fait insoluble dans une solution de 2 à 4 0/0 de sulfocyanate de zinc. Ce sel double fond, dans le cas de la cocaïne, à 80°.

Les sulfocyanozincates des alcaloïdes se rattachant à l'ecgonine sont décomposés à froid par les alcalis caustiques ou les carbonates alcalins, avec mise en liberté de la base, d'oxyde ou de carbonate de zinc et formation de sulfocyanate alcalin.

L'existence de ce sel double est très précieuse pour extraire de la feuille de coca tous les alcaloïdes à base d'ecgonine, en les séparant des nombreuses matières extractives solubles dans l'eau et dans l'alcool dont il est habituellement difficile de se débarrasser.

Pour cela on traite l'extrait des feuilles par une solution de sulfocyanate de zinc, ou bien par un mélange de sulfate de zinc et de sulfocyanate de potassium. On peut aussi procéder à l'extraction avec une solution de sulfocyanate de potassium et précipiter ensuite par le sulfate de zinc, ou inversement. Le sel double précipité est filtré, lavé avec une solution étendue de sulfocyanate de zinc et décomposé par les carbonates alcalins qui mettent en liberté le mélange des bases dérivées de l'ecgonine. Ce mélange pourra ensuite être traité pour l'extraction de l'ecgonine par le procédé que nous avons indiqué plus haut [R. Henriques, Brevet allemand n° 77437 du 29 mars 1894 ; *D. chem. G.*, **28**, *Ref.*, 83].

Bases dérivées de l'ecgonine. — Les bases dérivées de l'ecgonine doublement éthérifiée, et dans sa fonction alcool et dans sa fonction acide, reçoivent communément le nom générique de *cocaïnes*. Un assez grand nombre de ces bases existent naturellement dans les feuilles de coca ; un plus grand nombre encore a été obtenu par synthèse partielle à l'aide de l'ecgonine. Nous allons passer en revue celles de ces bases qui ont été ou découvertes ou obtenues depuis la publication de l'article Cocaïne de ce 2e Supplément.

Benzoyl-ecgonine-méthylée (cocaïne). — Le *chlorhydrate de cocaïne* fond complètement à 185-186° quand on le porte rapidement à cette température ; mais si on le chauffe à 162°, il éprouve déjà partiellement une semi-fusion, en même temps que la masse se boursoufle en dégageant des gaz [O. Hesse, *Ann. Chem.*, **276**, 342 et 277, 308 ; *Bull. Soc. Chim.*, (3), **12**, 288].

La cocaïne se combine déjà à froid, mais mieux par chauffage sous pression à 100°, avec les iodures alcooliques.

L'*iodométhylate*, $C^{17}H^{21}AzO^4CH^3I$, cristallise dans l'alcool absolu en lamelles fusibles à 164°. Il est soluble dans l'eau et physiologiquement actif. Traité en solution aqueuse par le chlorure d'argent en suspension, il se transforme en *chlorométhylate* qui se dépose par addition d'éther à sa solution alcoolique en cristaux blancs, fusibles à 152°,5.

Le *bromométhylate* forme également des cristaux blancs [C. Bœhringer et fils, Brevet allemand du 9 octobre 1888, n° 48273 ; *D. chem. G.*, **22**, *Ref.*, 620].

Cocaïnes substituées dans le noyau benzoïque. — En traitant l'ecgonine méthylée par des chlorures de benzoyle substitués, on a obtenu des cocaïnes substituées.

L'*o-chlorococaïne*, obtenue au moyen du chlorure d'o-chlorobenzoyle, se présente sous la forme d'une masse poisseuse qui cristallise peu à peu. Recristallisée dans l'alcool aqueux, elle fond à 63-64°.

Son *chloroplatinate* cristallise dans l'alcool très étendu en lamelles orangées ; son *chloraurate* en petites lamelles jaunes.

L'*iodhydrate* se dépose de sa solution alcoolique en lamelles transparentes, fusibles à 196-197°.

La *m-nitrococaïne* a été obtenue par nitration dans un mélange d'acide sulfurique et d'acide nitrique fumant. Elle cristallise dans l'alcool en grands prismes incolores, fusibles à 76-77°.

Son *chlorhydrate* cristallise dans un mélange d'alcool et d'éther acétique ; son *nitrate* se dépose au sein du même dissolvant en aiguilles blanches, fusibles à 164°. Son *chloroplatinate* cristallise dans l'alcool étendu en lamelles rectangulaires, fusibles à 237° ; le *chloraurate* forme des lamelles jaunes, fusibles à 207°,5-208°.

La *m-amidococaïne*, obtenue par réduction de la précédente au moyen de l'étain et de l'acide chlorhydrique, cristallise dans l'alcool en cristaux compacts, fusibles à 125°.

Son *dichlorhydrate* cristallise dans l'alcool étendu en petites tables prismatiques, fondant à 227-228° ; son *diiodhydrate* se dépose, par addition d'éther acétique à sa solution alcoolique, en une poudre d'un jaune clair, fusible à 49°.

L'éther chloroxycarbonique en solution acétique dans l'acétate d'éthyle transforme la m-amidococaïne en *chlorhydrate de m-cocaïne-uréthane*,

$$C^{10}H^{16}AzO^3 - CO - C^6H^4 - AzH - CO^2C^2H^5.$$

La *base libre* cristallise dans l'alcool étendu en petits cristaux fondant à 143°. Son *chlorhydrate* est extrêmement hygroscopique ; le *bromhydrate* est huileux.

Le nitrite de sodium transforme la m-amidococaïne en *m-oxycocaïne*, qui cristallise dans le benzène en petites lamelles fusibles à 123°. Le *chlorhydrate* de cette base est en petits cristaux confus, très solubles ; le *chloroplatinate* cristallise dans l'eau en lamelles prismatiques ; le *chloraurate* fond à 181-182° [A. Einhorn et H. His, *D. chem. G.*, **27**, 1874 ; *Bull. Soc. Chim.*, (3), **14**, 255].

Cinnamylcocaïne. — Cet alcaloïde, préparé synthétiquement par M. C. Liebermann, existe dans la coca et a été extrait à l'état de pureté par MM. B. Paul et A. Cowxley [*Pharm. Journ. Transact.*, **20**, 166 ; *D. chem. G.*, **22**, *Ref.*, 835, et **23**, *Ref.*, 66] et par M. F. Giesel, [*D. chem. G.*, **22**, 2251]. D'après M. Hesse, la coca à feuilles étroites de l'Amérique du Sud en renferme 1 0/0 sur les 1,9 à 2,1 0/0 d'alcaloïde total; $[\alpha]_D = -4°,7$ en solution chloroformique à 15°.

Son *chlorhydrate*, $C^{10}H^{23}AzO^4, HCl, 2H^2O$, cristallise en lames brillantes; desséché, il fond à 170°; $[\alpha]_D = -104°,1$ en solution aqueuse.

L'*iodométhylate*, $C^{10}H^{23}AzO^4CH^3I$, cristallise dans l'alcool en aiguilles anhydres, ainsi que le *chlorométhylate* [O. Hesse, *Ann. Chem.*, **271**, 180; *Bull. Soc. Chim.*, (3), **10**, 559].

Produits existant dans l'écorce de coca qui ne fournissent pas d'ecgonine par leur dédoublement. — Au nombre des alcaloïdes de la coca se trouvent la *benzoylpseudotropéine* et l'*hygrine*. Mais cette dernière base, qui y a été découverte par M. Lossen, et qui a pour formule $C^{12}H^{13}Az$, n'existe pas, d'après M. Hesse, dans la feuille de coca, mais provient de l'huile de lignite employée pour le traitement de cette plante [O. Hesse, *Ann. Chem.*, **271**, 9; *Bull. Soc. Chim.*, (3), **10**, 557].

Ce dernier savant a aussi étudié les principes indifférents cédés aux dissolvants par la feuille de coca.

La cire de la coca de Truxillo renferme à côté d'un peu de *β-cérotinone*, $C^{53}H^{106}O$, lamelles blanches fusibles à 60°, de la *palmityl β-amyrine* $C^{46}H^{80}O^2$, soluble dans l'alcool chaud, l'éther, le benzène, etc., $[\alpha]_D = 54°,5$ en solution benzénique à 15°, dédoublable en acide palmitique et *β-amyrine*, $C^{30}H^{50}O$, alcool fusible à 196° et cristallisable dans l'alcool chaud en prismes incolores, pour lesquels $[\alpha]_D = 94°,2$ en solutions benzéniques. Ses *éthers acétique* et *benzoïque* cristallisent en prismes, fondant respectivement à 236 et 228°.

La cire de la coca du Pérou renferme les mêmes principes, avec plus de β-cérotinone. Il en est de même pour la coca de Java, dont la cire renferme en outre de la *cérine*, un *éther de l'acide myristique* et de l'*acide oxycérotique*. Ce dernier acide $C^{27}H^{54}O^3$ cristallise dans l'alcool en lamelles fusibles à 82°, et est converti par l'anhydride acétique en *acide cérotoléique*, fusible à 70°.

La coca de Java renferme en outre un tannin (Niemann), et de la *cocétine* $C^{17}H^{22}O^{10}, 2H^2O$, composé analogue à la quercétine.

Le même auteur a également obtenu une matière colorante qui paraît identique à la carotine dans une coca de Bolivie [O. Hesse, *Ann. Chem.*, **271**, 180; *Bull. Soc. Chim.*, (3), **10**, 561].

Dérivés immédiats de l'ecgonine. — *Amide et nitrile.* — Si l'on chauffe à 101° pendant 4 ou 5 heures, en tube scellé, l'éther méthylique de l'ecgonine gauche avec une solution alcoolique d'ammoniaque saturée à 10°, on obtient l'*amide* correspondante, qui, après cristallisation dans l'alcool, forme de beaux prismes brillants et se dépose dans le chloroforme en aiguilles incolores, fusibles à 198°.

Cette amide est très soluble dans l'eau, insoluble dans l'éther, le benzène et l'acétone; elle se sublime sans se décomposer et perd de l'ammoniaque par ébullition avec les alcalis. Elle n'a pas de propriétés anesthésiques.

Son *chlorhydrate* forme des tables déliquescentes, très solubles dans l'alcool et fondant à 275°.

Le *chloraurate*,

$$C^9H^{16}O^2Az^2 . HCl . AuCl^3, 1,5H^2O,$$

cristallise dans l'eau bouillante en longues aiguilles, fusibles à 70-80°; desséché, il fond à 140-142°.

Le *chloroplatinate* est anhydre et cristallise dans l'eau en aiguilles brillantes, fusibles à 239°.

Le *bromhydrate* se dépose dans l'alcool en grands prismes transparents, fusibles à 260°; l'*iodhydrate* forme des tables monocliniques présentant la macle de la staurotide et contenant une molécule d'eau.

Le *picrate* cristallise avec une molécule d'eau; desséché, il fond à 150°.

L'*iodométhylate*, peu soluble dans l'alcool, même bouillant, forme des aiguilles fusibles à 203°.

Quand on fait réagir le chlorure de benzoyle en présence de soude étendue sur cette amide afin de la benzoyler, on produit en même temps une déshydratation et on obtient le *nitrile* de la benzoyl-ecgonine, très soluble dans la plupart des dissolvants et fondant à 105°.

Son *chlorhydrate*, très soluble dans l'eau, possède à peu près les réactions physiologiques du chlorhydrate de cocaïne, mais très fortement atténuées.

Son *chloraurate*, assez soluble dans l'alcool, cristallise avec une molécule d'eau; desséché, il fond à 188°.

Dans la préparation du nitrile benzoylé, il se forme en même temps, mais en moindre quantité, le nitrile de l'ecgonine lui-même. Ce produit, après cristallisation dans l'éther ou dans le benzène, forme des aiguilles brillantes, fusibles à 125°,5 [A. Einhorn et F. Konek de Norwall, *D. chem. G.*, **26**, 962; *Bull. Soc. Chim.*, (3), **12**, 193].

Constitution de l'ecgonine et de ses produits de dédoublement. — Nous avons montré dans l'article Cocaïne comment on a établi que l'anhydroecgonine était un acide tropidine-carbonique; la formule de la tropidine ayant été établie par M. Merling d'une manière qui semble définitive, on en a conclu deux formules pour l'anhydroecgonine et l'ecgonine :

```
                CH                                  CH
        CH²  /  |  \  CH²                  CH²  /   |   \  CH
            |   CH   |                         |   CH²  ||
            |   ||   |          ou             |    |   ||
CH³-Az      |   CH   |  CH²       CH³-Az       |   CH²  ||  CH
             \  |  /                            \   |   /
                CH                                  CH
             Tropidine.

                CH                                  CH
        CH²  /  |  \  CH                   CH²  /   |   \  CH-OH
            |   CH²  ||                        |   CH²   |
            |   |    ||                        |    |    |
CH³-Az      |   CH²  ||  C-CO²H   CH³-Az       |   CH²   |  CH-CO²H
             \  |  /                            \   |   /
                CH                                  CH
          Anhydroecgonine.                       Ecgonine.
```

Mais il convient de remarquer que la position du carboxyle dans ces deux formules a été choisie arbitrairement. De récentes expériences de MM. A. Einhorn et Y. Tahara [*D. chem. G.*, **26**, 324; *Bull. Soc. Chim.*, (3), **10**, 649] sont venues montrer que ce choix arbitraire avait aussi été malheureux.

L'iodométhylate de l'anhydroecgonine éthylée traité en solution aqueuse par l'oxyde d'argent perd une molécule d'*iodure d'éthyle*, en fournissant un produit isomère de l'éther méthylique de l'anhydroecgonine, mais différent de lui et sur la constitution duquel nous reviendrons. Ce nouveau produit, traité à chaud par le carbonate de sodium ou la soude caustique, fournit de la diméthylamine et le sel de sodium d'un acide possédant la composition des acides toluiques $C^8H^8O^2$:

$$C^9H^{12}AzO^2(C^2H^5) . CH^3I = C^2H^5I + C^{10}H^{15}AzO^2,$$

$$C^{10}H^{15}AzO^2 = AzH(CH^3)^2 + C^8H^8O^2.$$

Ces deux réactions sont pour ainsi dire quantitatives.

Le nouvel acide n'est pas un acide toluique; il fixe aisément une molécule de brome et deux molécules d'acide bromhydrique. Par ébullition avec de la soude caustique, ce dernier produit d'addition se transforme en acide p-toluique.

Ces diverses réactions s'expliquent si l'on considère cet acide comme un *acide p-méthylène-dihydrobenzoïque*. Les auteurs lui avaient d'abord assigné la constitution

CH^2 = C ; CH, CH^2, CH, CH ; C — CO^2H qu'ils ont changée en CH ; CH, CH, CH^2, CH, CH ; C — CO^2H

Que ce soit l'une ou l'autre de ces deux formules qui soit adoptée, un fait est établi par ces expériences : c'est que le carboxyle se trouve dans le noyau benzénique en para par rapport au groupement CH^2 du noyau pipéridique.

Cette remarque conduit à modifier la formule de l'anhydroecgonine :

CH ; CH^2, CH^2, CH ; CH^3-Az, CH^2, CH ; C ; CO^2H

Anhydroecgonine.

CH ; CH^2, CH^2, CH ; $(CH^3)^2$Az, CH^2, CH ; C ; $CO^2C^2H^5$

Iodométhylate d'anhydroecgonine éthylée.

fournissant par dédoublement $AzH(CH^3)^2$ et

C ; CH^2, CH, CH ; CH, CH ; CH ; CO^2H ou CH ; CH^2, CH, CH ; CH, CH ; C ; CO^2H

La formule de l'ecgonine dérive immédiatement de celle de l'anhydroecgonine, mais la position de l'oxhydryle reste incertaine; on a admis provisoirement qu'il est attaché à l'atome de carbone voisin de celui auquel tient le carboxyle :

CH ; CH^2, CH^2, CH^2 ; CH^3-Az, CH^2, CH-OH ; C ; CO^2H

Ecgonine.

Hâtons-nous de dire que cette formule de l'ecgonine n'est pas celle qui a été définitivement adoptée par M. A. Einhorn; ce savant a été conduit à la modifier, légèrement il est vrai, à la suite de travaux fort intéressants que nous allons rapidement rapporter.

L'anhydroecgonine, pas plus que l'ecgonine, ne sont des acides; ni l'une ni l'autre ne se combinent avec les alcalis.

Toutes les deux sont très solubles dans l'eau, insolubles dans l'éther, le benzène et le chloroforme. Ces propriétés ne sont pas celles des acides pipéridine-carboniques avec lesquels l'anhydroecgonine devrait avoir de grands rapports si elle possédait un carboxyle.

L'étude approfondie du produit obtenu dans l'action de l'oxyde d'argent sur l'iodométhylate de l'ecgonine éthylée a donné des résultats aussi curieux qu'inattendus.

Ce produit, qui a pour formule $C^{10}H^{15}AzO^2$, est, comme l'anhydroecgonine, très soluble dans l'eau, insoluble dans l'éther et dans le benzène. Les auteurs avaient d'abord admis qu'il se formait un hydrate d'ammonium quaternaire qui perdait une molécule d'alcool, en même temps que la chaîne pipéridique s'ouvrait :

CH ; CH^2, CH^2, CH ; $(CH^3)^2$Az, CH^2, CH ; OH ; C ; $CO^2C^2H^5$

$= C^2H^6O +$ CH ; CH^2, CH^2, CH ; $(CH^3)^2$Az, CH, CH ; C ; CO^2H

Mais ils ont été obligés de renoncer à cette explication, pour deux raisons : 1° le traitement du produit par l'acide chlorhydrique en solution alcoolique donne naissance au chlorométhylate d'anhydroecgonine éthylée, ce qui forcerait à admettre que cette chaîne de carbone se ferme aussi facilement qu'elle s'ouvre; 2° le composé $C^{10}H^{15}AzO^2$ donne facilement un *iodométhylate* qui, avec l'interprétation en question, devrait être

CH ; CH^2, CH^2, CH ; $(CH^3)^3$Az, CH, CH ; I ; C ; CO^2H

Il devrait fournir par la potasse de la triméthylamine, tandis qu'il donne de la diméthylamine; bien plus, il est identique avec l'iodométhylate d'anhydroecgonine méthylée.

Ces différents faits s'expliquent aisément en faisant du corps $C^{10}H^{15}AzO^2$ une *bétaïne* :

CH ; CH^2, CH^2, CH ; $(CH^3)^2$Az, CH^2, CH ; I ; C ; $CO^2C^2H^5$

Iodométhylate d'anhydroecgonine éthylée.

$= C^2H^5I +$ CH ; CH^2, CH^2, CH ; $(CH^3)^2$Az, CH^2, CH ; C ; O — CO

[A. Einhorn et Y. Tahara, *D. chem. G.*, 26, 324; *Bull. Soc. Chim.*, (3), 10, 649].

On comprend immédiatement que l'action des iodures sur ce corps alcoylé produise la réaction inverse.

Comme l'anhydroecgonine possède elle-même des propriétés générales qui la rapprochent plus des bétaïnes que des acides, on lui a donné, ainsi qu'à l'ecgonine, une formule inspirée par la même manière de voir :

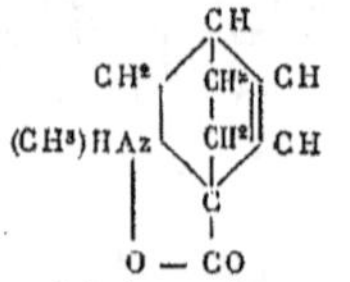

```
        CH                          CH
 CH²  / CH² \ CH             CH²  / CH² \ CH²
(CH³)HAz \ CH² // CH      CH³-HAz \ CH² / CH-OH
  |       C                  |       C
  O  —   CO                  O  —   CO
```

Anhydroecgonine. 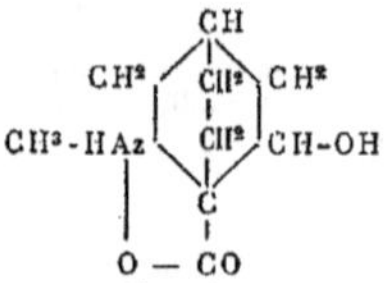 Ecgonine.

Le composé $C^{10}H^{15}AzO^2$ devient alors la *ν-méthylanhydroecgonine*, ce qui s'accorde parfaitement avec son mode de formation.

Cette manière d'envisager la question explique aussi pourquoi l'iodure de méthyle, réagissant sur les ecgonines substituées par des radicaux acides, se fixe intégralement sur elles en les transformant dans les iodhydrates des cocaïnes correspondantes :

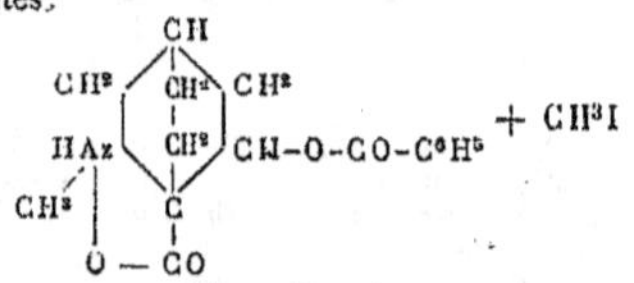

```
        CH
 CH²  / CH² \ CH²
 HAz  \ CH² / CH-O-CO-C⁶H⁵        + CH³I
CH³ |    C
    O — CO
```

Benzoylecgonine.

```
          CH
   CH²  / CH² \ CH²
=  (CH³)²Az \ CH² / CH-O-CO-C⁶H⁵
     H  I    C
             CO-OCH³
```

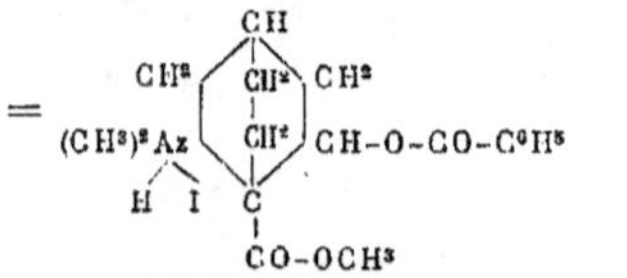

Iodhydrate de cocaïne.

[A. Einhorn et R. Willstätter, *D. chem. G.*, 27, 2439; *Bull. Soc. Chim.*, (3), 14, 598].

Cette nouvelle formule de l'ecgonine a conduit M. Einhorn à modifier l'interprétation des curieux phénomènes qu'il a observés dans l'action des carbonates alcalins sur le bromure de l'anhydroecgonine (2ᵉ Suppl., 1, 1245).

La lactone (olide) obtenue par l'action du carbonate de potassium sur le bromhydrate de bibromure d'anhydroecgonine se forme suivant l'équation

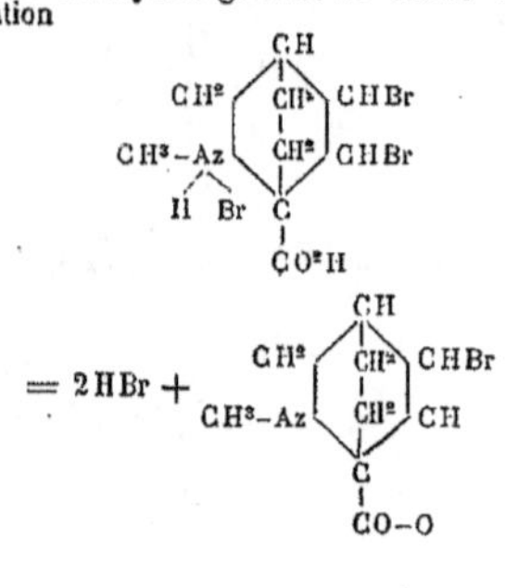

```
          CH
   CH²  / CH² \ CHBr
 CH³-Az \ CH² / CHBr
   H  Br   C
           CO²H

             CH
      CH²  / CH² \ CHBr
= 2HBr + CH³-Az \ CH² / CH
              C
              CO-O
```

Cette olide chauffée à 170° en présence de l'acide acétique perd CO^2 :

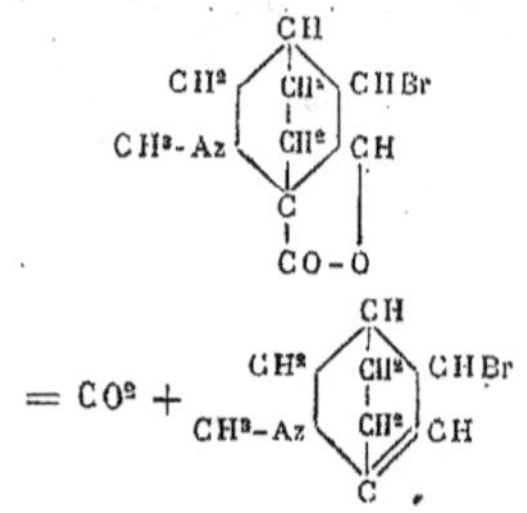

```
          CH
   CH²  / CH² \ CHBr
 CH³-Az \ CH² / CH
          C     |
          CO-O

               CH
        CH²  / CH² \ CHBr
= CO² + CH³-Az \ CH² // CH
               C
```

Ce produit, que M. Einhorn avait d'abord désigné sous le nom de *ω-bromométhyltétrahydropyridyléthylène*, devient simplement une *isotropidine monobromée*.

Elle perd à son tour une molécule d'acide bromhydrique, pour fournir un composé nommé d'abord *méthyltétrahydropyridylacétylène*, qui prend naissance suivant le schéma

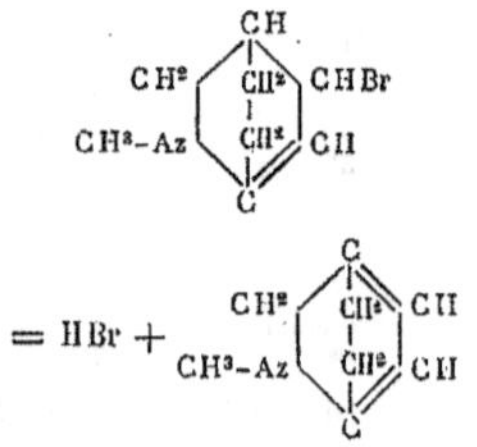

```
          CH
   CH²  / CH² \ CHBr
 CH³-Az \ CH² // CH
          C

              C
        CH²  / CH² \\ CH
= HBr + CH³-Az \ CH² // CH
              C
```

Ce nouveau produit, qui contient deux atomes d'hydrogène de moins que la tropidine avec le même squelette, sera la *déhydrotropidine* ou *tropénidine*. Une hydratation plus profonde la transforme en méthylamine et *aldéhyde dihydrobenzylique*. La constitution de cette aldéhyde se trouve par là même établie :

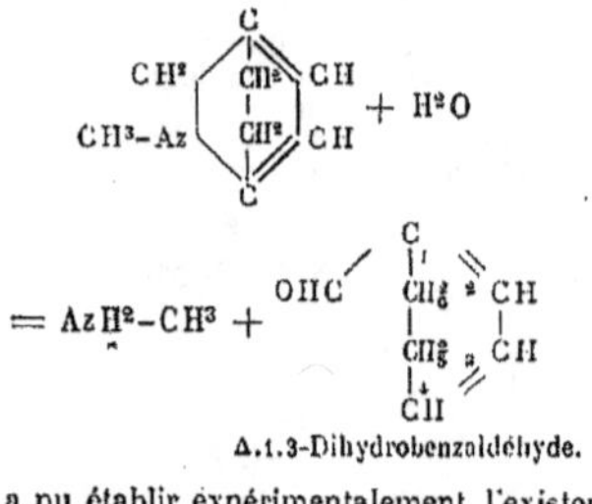

```
          C
   CH²  / CH² \\ CH
 CH³-Az \ CH² // CH        + H²O
          C

                        C
                 OHC  / ‖ \\
= AzH²-CH³ +        CH²  CH
                    CH²  CH
                      CH
```

Δ.1.3-Dihydrobenzaldéhyde.

On a pu établir expérimentalement l'existence dans cette aldéhyde de la double liaison 1.2. L'oxydation par l'oxyde d'argent sodicoammoniacal la transforme en un acide dihydrobenzoïque qui, réduit par l'amalgame de sodium, fixe H^2 en donnant l'*acide Δ-tétrahydrobenzoïque*, identique à celui obtenu par M. Aschan par hydrogénation de l'acide benzoïque et dont il a établi la constitution.

ν-Méthylanhydroecgonine (*méthylbétaïne de l'anhydroecgonine*), $C^{10}H^{15}AzO^2$. — Cette substance prend naissance par l'action de l'oxyde d'argent humide ou de l'oxyde jaune de mercure sur l'iodométhylate de l'anhydroecgonine éthylique. Cristallisée dans l'alcool absolu, elle retient de l'eau de cristallisation, qu'elle perd peu à peu à 100°; anhydre, elle fond à 169° en se décomposant. Elle est extrêmement soluble dans l'eau et déliquescente.

Sa solution aqueuse, qui est neutre, possède un goût amer.

L'iodure de méthyle la transforme en *iodométhylate d'anhydroecgonine méthylée*, fusible à 195-196°.

L'iodure d'éthyle la transforme en *iodométhylate d'anhydroecgonine éthylée*, qui fond à 207-208°.

L'acide chlorhydrique en solution alcoolique fournit le *chlorométhylate d'anhydroecgonine méthylée*, dont le *chloraurate* fond à 217°.

L'action de l'acide sulfurique en solution dans l'alcool absolu fournit, à la température du bain-marie, un mélange de deux bases qu'on met en liberté après avoir chassé l'alcool en ajoutant avec précaution du carbonate de potassium dans la solution aqueuse glacée. Il se précipite une huile que l'éther sépare en deux parties. L'une, insoluble, fournit un *chloraurate* fusible à 65-70°; son étude n'est pas encore terminée. La seconde, soluble, doit avoir pris naissance suivant l'équation

```
                  CH
                 /|\
          CH²   / CH² \ CH
               |  |   ||           + C²H⁶O
  (CH³)²Az     \ CH²  // CH
     |          \ |  /
     |            C
     |            |
     O     —      CO

                  CH
                 /|\
          CH²   / CH² \ CH
 =             |  |   ||
  (CH³)²Az     \ CH²  // CH
      /         \ |  /
    OH            C-CO²C²H⁵
```

car sa solution chlorhydrique additionnée de chlorure d'or dépose un sel identique au *chlorométhylate d'anhydroecgonine éthylée*.

La base soluble dans l'éther chauffée avec une solution de carbonate de sodium se dédouble quantitativement en diméthylamine et *méthylène-dihydrobenzoate d'éthyle* :

```
                  CH
                 /|\
          CH²   / CH² \ CH
               |  |   ||
  (CH³)²Az     \ CH²  // CH
      /         \ |  /
    OH            C-CO²C²H⁵

                                      CH
                                     /|\
                                    / CH \ CH
 = H²O + AzH(CH³)² + CH²           |  ||  ||
                                    \ CH // CH
                                     \|  /
                                      C-CO²C²H⁵
```

Cet éther distille sans décomposition à 225-227° à la pression ordinaire; par son odeur et son point d'ébullition, il présente le plus grand rapport avec le *p-toluate d'éthyle*; il s'en différencie en ce qu'il réduit instantanément le permanganate en solution alcaline [A. Einhorn et R. Willstätter, *D. chem. G.*, **27**, 2439; *Bull. Soc. Chim.*, (3), **14**, 598].

Acide méthylène-dihydrobenzoïque, $C^8H^8O^2$. — Cet acide s'obtient par saponification de l'éther précédent ou, plus simplement, quand on traite par la soude étendue et bouillante l'iodométhylate d'anhydroecgonine éthylée. Il se forme avec un très bon rendement; on le purifie en le faisant passer à l'état de *sel de baryum* soluble.

L'acide libre forme des aiguilles prismatiques fusibles à 33-34°. Il est très peu soluble dans l'eau froide, assez soluble dans l'eau bouillante, très soluble dans l'alcool, l'éther, le benzène, le sulfure de carbone et l'éther de pétrole.

Son *sel argentique* est en fines lamelles soyeuses, qu'on peut faire cristalliser dans l'eau bouillante

Les *sels de calcium* et *de baryum* sont très solubles; le *sel de cuivre* est un précipité vert amorphe.

Son *amide* fond à 125°,5.

Cet acide, dissous dans le chloroforme, fixe deux atomes de brome. Le *bibromure*, $C^8H^8Br^2O^2$, cristallisé dans l'alcool, forme des aiguilles incolores, fusibles à 135°. Il est presque insoluble dans l'eau froide, peu soluble dans l'éther de pétrole, très soluble dans l'alcool chaud, l'éther, le chloroforme et le sulfure de carbone.

Ce même acide chauffé à 100° en tube scellé avec une solution saturée d'acide bromhydrique dans l'acide acétique fixe deux molécules d'acide bromhydrique.

Le nouvel acide $C^8H^{10}Br^2O^2$ forme de petits cristaux incolores, qui fondent à 153° en se décomposant. Ils sont très solubles dans l'éther et dans l'alcool bouillant, peu solubles dans l'alcool froid et dans l'eau.

Cet acide est décomposé par ébullition avec la soude étendue, avec formation d'acide p-toluique [A. Einhorn et Y. Tahara, *D. chem. G.*, **26**, 324; *Bull. Soc. Chim.*, (3), **10**, 649].

L'acide méthylène-dihydrobenzoïque réduit par l'amalgame de sodium à la température ordinaire fixe 4 atomes d'hydrogène et se transforme en un acide $C^8H^{12}O^2$, qui constitue un *acide tétrahydro-p-toluique*.

Cet acide, liquide, bout sans décomposition à 250-253°; il a une odeur pénétrante et cristallise entièrement dans un mélange réfrigérant en aiguilles incolores. Il réduit immédiatement le permanganate.

Son *sel de calcium* cristallise en aiguilles incolores contenant $4H^2O$; le *sel de cuivre*, peu soluble, forme un agrégat de petites lamelles contenant $2H^2O$.

Son *éther méthylique* possède une odeur pénétrante ressemblant à celle du benzoate; il bout à 210-220°.

Son *amide* fond à 157-158°.

Quand on fait bouillir cet acide avec un excès de soude, il se transforme en un acide isomérique solide à la température ordinaire, l'acide *tétrahydro-p-toluique II*. Ce nouvel acide bout à 254-260° et cristallise dans l'alcool en lamelles incolores et inodores, fusibles à 45-47°.

Son *sel de calcium* cristallise avec 4 molécules d'eau. Son *éther méthylique* ressemble beaucoup à celui de son isomère; son *amide* fond à 134-135° [A. Einhorn et R. Willstätter, *D. chem. G.*, **26**, 2009; *Bull. Soc. Chim.*, (3), **12**, 244].

Aldéhyde dihydrobenzylique $\Delta_{1.3}$. — Cette aldéhyde est obtenue avec un bon rendement lorsqu'on traite le dibromhydrate de dibromure d'anhydroecgonine par le carbonate de sodium bouillant et en excès.

L'*oxime* de cette aldéhyde a été décrite (2e Suppl., **1**, 645); le brome en solution chloroformique réagit sur cette aldoxime en fournissant de très beaux cristaux en forme de queue d'hirondelle qui fondent à 122° et sont insolubles dans l'eau. L'acide bromhydrique aqueux les transforme à l'ébullition en aldéhyde benzylique. Cette combinaison semble avoir pour constitution

```
        CH
CH² /      \ CH
CH² \      / CH
        C-CH=Az-OBr.HBr
```

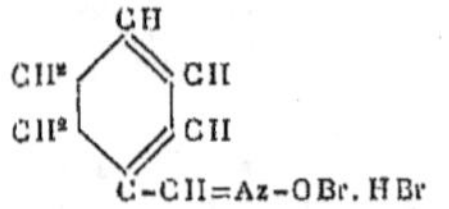

On voit combien les hydrures d'aldéhydes aromatiques sont des propriétés chimiques différentes de celles des aldéhydes aromatiques. Dans les mêmes conditions l'α-benzaldoxime est seulement transformée en β-benzaldoxime [A. Einhorn et F. Konek de Norwall, *D. chem. G.*, 26, 623; *Bull. Soc. Chim.*, (3), 10, 824].

L'action du nitrate d'argent ammoniacal en présence de soude étendue transforme l'aldéhyde dihydrobenzylique en *acide dihydrobenzoïque*; le rendement ne dépasse pas 30 0/0.

Ce nouvel acide est cristallisé; l'emploi successif du pentachlorure de phosphore et de l'ammoniaque le transforme en une *amide* qu'on fait recristalliser dans l'éther. Cette amide forme de fines aiguilles blanches, fondant à 105°. Elle est différente de la *dihydrobenzamide* que M. Hutchinson a obtenue par hydrogénation directe de la benzamide.

L'*acide dihydrobenzoïque* dissous dans le chloroforme fixe une molécule de brome seulement; on obtient un *dibromure*, cristallisant dans l'alcool en belles tables prismatiques qui fondent à 166°. Mais si l'on chauffe en tube scellé à 101° l'acide dihydrobenzoïque avec une solution de brome dans l'acide acétique cristallisable, on lui fait fixer deux molécules de brome.

Le *tétrabromure de l'acide dihydrobenzoïque* cristallisé dans le benzène bouillant forme de petits cristaux incolores fusibles à 183°.

L'*acide dihydrobenzoïque* est réduit sans difficulté par l'amalgame de sodium en solution aqueuse; on obtient un *acide tétrahydrobenzoïque*, qui a été transformé en son *amide* qui fond à 127° et est identique avec celle obtenue à partir de l'acide Δ_1-tétrahydrobenzoïque préparé par réduction directe de l'acide benzoïque [A. Einhorn, *D. chem. G.*, 26, 251; *Bull. Soc. Chim.*, (3), 10, 807].

Oxydation de l'ecgonine: nor-ecgonine. — L'oxydation de l'ecgonine par le permanganate de potassium en solution alcaline et en proportion calculée a fourni à M. Einhorn, depuis longtemps déjà (2e Suppl., 1, 1241), un produit possédant la composition d'un homologue immédiatement inférieur de l'ecgonine, auquel il donna le nom d'*acide cocaylglycolique*. Une étude plus approfondie de cette réaction lui a fait voir que ce produit n'était autre chose que le produit de déméthylation de l'ecgonine et devait par suite avoir pour constitution

```
           CH
CH² /    CH²    \ CH²
H²Az \   CH²    / CH-OH
           C
  |        |
  O   —   CO
```

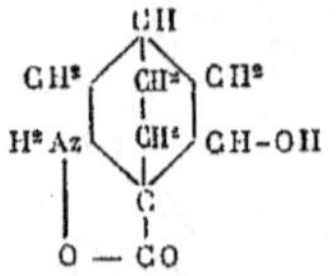

Ce produit, traité par l'acide sulfurique en solution dans les divers alcools, fournit, comme l'ecgonine, des éthers

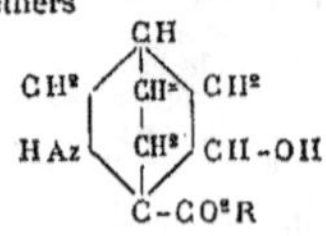

```
         CH
CH² /   CH²   \ CH²
HAz \   CH²   / CH-OH
         C-CO²R
```

que les chlorures d'acides transforment en cocaïnes diméthylées :

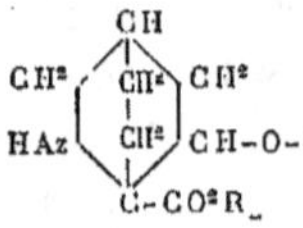

```
         CH
CH² /   CH²   \ CH²
HAz \   CH²   / CH-O-CO-R'
         C-CO²R
```

Il est facile de démontrer dans ces produits la présence du groupe AzH, car ils fournissent des *dérivés nitrosés*. Enfin l'éther éthylique de cet homologue inférieur, que M. Einhorn appelle *nor-ecgonine*, réagit sur deux molécules d'iodure de méthyle en fournissant l'iodométhylate de l'ecgonine éthylée :

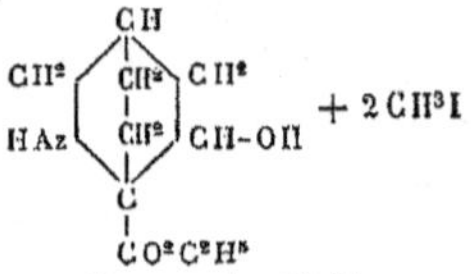

```
         CH
CH² /   CH²   \ CH²
HAz \   CH²   / CH-OH      + 2CH³I
         C
         |
         CO²C²H⁵
```

Nor-ecgonine éthylée.

```
                   CH
          CH² /   CH²   \ CH²
= HI +  (CH³)²Az \  CH²  / CH-OH
             /      C
            I       |
                    CO²C²H⁵
```

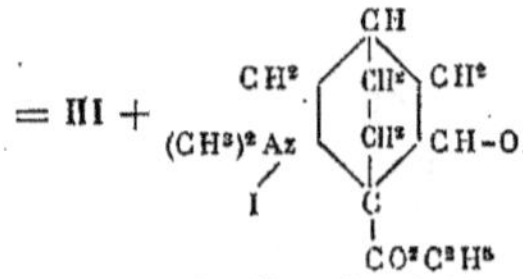

Iodométhylate d'ecgonine éthylée.

[A. Einhorn et A. Friedländer, *D. chem. G.*, 26, 1482; *Bull. Soc. Chim.*, (3), 12, 195].

L'oxydation de l'ecgonine par l'acide chromique fournit un mélange d'acide tropinique et d'acide ecgonique. La constitution du premier a été établie par M. Merling; quant à celle du second, elle n'est pas encore connue; on sait seulement qu'il doit être un produit d'oxydation de la nor-ecgonine, c'est-à-dire qu'il ne doit plus contenir de groupement $AzCH^3$, car il a été obtenu également dans l'oxydation de la tropigénine, qui diffère de la tropine par déméthylation de son groupement $AzCH^3$ [C. Liebermann, *D. chem. G.*, 24, 614; *Bull. Soc. Chim.*, (3), 6, 492].

ECGONINE DROITE.

Cet isomère droit de l'ecgonine a déjà été décrit (2e Suppl., 1, 1246). On sait qu'il fournit la même anhydroecgonine, le même acide tropinique, le même acide ecgonique que l'ecgonine gauche ou ordinaire. Leur isomérie tient donc à la position dans l'espace de l'oxhydryle alcoolique.

Cette nouvelle ecgonine éthérifiée, puis traitée par les chlorures d'acides, fournit aussi des cocaïnes droites, dont un assez grand nombre a été préparé; il ne semble pas qu'aucune de ces cocaïnes existe dans les plantes. On a trouvé la benzococaïne droite dans les alcaloïdes de la feuille de coca, mais il semble qu'elle n'y préexistait pas et qu'elle s'est formée grâce à la potasse employée pour l'extraction.

Cocaïnes droites. — Un grand nombre de ces alcaloïdes préparés par M. Einhorn et ses élèves a été décrit (2e Suppl., 1, 1246); il faut y ajouter les suivants :

L'*o-chlorobenzoylecgonine méthylée droite* (*o-chlorococaïne droite*) prend naissance quand on traite le chlorhydrate de l'éther méthylique de l'ecgonine droite par le chlorure d'o-chlorobenzoyle. Cet alcaloïde est huileux, mais son *chlorhydrate* cristallise dans l'eau bouillante en lamelles fusibles à 208°.

Son *chloroplatinate* fond à 210-211° en se décomposant; son *chloraurate* se dépose en solution hydroalcoolique sous la forme d'aiguilles jaunes fusibles à 152°.

m-Nitrococaïne droite. — La cocaïne droite, nitrée dans les mêmes conditions que son isomère gauche, fournit également un dérivé m-nitré, mais ce dernier est sirupeux. Son *chlorhydrate* cristallise dans l'alcool en cristaux lamellaires fondant à 196-197°; son *bromhydrate* cristallise dans l'eau et fond à 198-199°; son *iodhydrate* se dépose de sa solution dans l'eau bouillante en lamelles peu colorées, fusibles à 205-206°.

Le *nitrate* est en aiguilles blanches fondant à 169°, le *chloraurate* fond à 163° et le *chloroplatinate* à 232°.

Son produit de réduction, la *m-amidococaïne droite,* forme de beaux cristaux rhomboédriques fusibles à 116-117°; son *dichlorhydrate,* très soluble dans l'eau et dans l'alcool, fond à 208-209°; son *chloraurate,* $C^{17}H^{22}Az^2O^4, 2HCl, AuCl^3$, fond à 98°.

Le *dérivé acétylé,* très soluble dans l'eau et dans l'alcool, très peu soluble dans la ligroïne, est en petites lamelles fondant à 44-45°; son *chlorhydrate* fond à 206-207°.

Le *dérivé benzoylé* est en petites aiguilles fondant à 216-217°.

Le *dérivé m-benzoylsulfamidé* est en petites lamelles jaunes, fondant à 69°.

La *cocaïne-uréthane droite,* obtenue en traitant la *m-amido-cocaïne* par l'éther chlorocarbonique, forme des prismes incolores fusibles à 101°. Son *chlorhydrate* fond à 215° en se décomposant.

La *cocaïne-urée droite,* provenant du même produit et du cyanate de potassium, fond à 72° et son chlorhydrate à 135°.

La *cocaïne-phénylsulfo-urée droite,*

$$C^{10}H^{16}AzO^3-CO-C^6H^4-AzH-CS-AzHC^6H^5,$$

obtenue à l'aide de la m-amidococaïne et de l'isosulfocyanate de phényle, fond à 190-193°; la *dicocaïne-sulfo-urée droite,*

$$(C^{10}H^{16}AzO^3-CO-C^6H^4-AzH)^2CS,$$

prend naissance quand on chauffe au bain-marie une solution de m-amidococaïne dans le sulfure de carbone; elle fond à 63°.

La *m-oxycocaïne droite* cristallise dans le benzène en prismes fusibles à 82°; son *chlorhydrate* fond à 201°.

Le dérivé *diazoïque de la m-amidococaïne droite* réagit sur la diméthylamine en fournissant la *m-cocaïne-azodiméthylamine droite,* qui forme des lamelles d'un rouge cinabre fusibles à 220°.

On obtient de même la *cocaïne-azodiphénylamine droite* en lamelles d'un rouge foncé fondant à 172-173° et la *cocaïne-azo-α-naphtylamine droite,* qu'on n'a pu obtenir cristallisée [A. Einhorn et H. His, *D. chem. G.*, **27**, 1874; *Bull. Soc. Chim.*, (3), **14**, 255. — A. Einhorn et E. Faust, *D. chem. G.*, **27**, 1880; *Bull. Soc. Chim.*, (3), **14**, 256].

Amide et nitrile. — L'éther méthylique de l'ecgonine droite se comporte vis-à-vis de l'ammoniaque alcoolique comme le fait son isomère gauche (voir plus haut).

L'*amide de l'ecgonine droite* forme de fines aiguilles extrêmement solubles dans l'eau, moins solubles dans l'alcool absolu, insolubles dans l'éther, le benzène et l'éther acétique; elle fond à 173°.

Le *chlorhydrate* cristallise dans l'alcool absolu en grands prismes brillants fusibles à 268°.

Le *chloraurate* qui sert à l'extraire des produits au milieu desquels elle prend naissance, forme de belles lamelles d'un jaune d'or, fusibles à 153°; il est peu soluble dans l'acide chlorhydrique.

Le *picrate* est en longues aiguilles fusibles à 177°.

L'*iodométhylate* forme des cristaux plumeux, $C^9H^{16}Az^2O^2.CH^3I, H^2O$, qui, après dessiccation, fondent à 220°.

Le chlorure de benzoyle transforme cette amide en un *nitrile benzoylé,* qui est huileux, mais dont les sels sont cristallisés.

Le *bromhydrate* est en petites aiguilles fusibles à 217°; il est peu soluble dans l'alcool absolu. Le *chloroplatinate* est anhydre et peu soluble. Le *picrate* forme des flocons de petites aiguilles fusibles à 227°.

L'anhydride acétique fournit de même le *nitrile de l'acétyl-ecgonine droite,* qui est huileux, mais dont l'*iodhydrate* forme de petites aiguilles soyeuses fondant à 243°.

Tous ces produits ont pu être facilement transformés, par saponification, en ecgonine droite [A. Einhorn et F. Koneck de Norwall, *D. chem. G.*, **26**, 962; *Bull. Soc. Chim.*, (3), **12**, 193].

Oxydation de l'ecgonine droite : nor-ecgonine droite. — L'oxydation du chlorhydrate d'ecgonine droite par le permanganate de potassium en solution alcaline et en quantité calculée donne naissance à un produit de déméthylation de l'ecgonine. La *nor-ecgonine droite* est isolée par transformation en *éther éthylique,* cristallisation de celui-ci et saponification subséquente.

Elle forme de petites aiguilles semblables à la nor-ecgonine gauche; son *chlorhydrate* se dépose de ses solutions hydroalcooliques en grands cristaux incolores.

Son *éther méthylique* fond à 160°.

Son *éther éthylique* à 137°.

Cet éther éthylique forme un *dérivé nitrosé* huileux établissant l'existence d'un groupe AzH dans cet éther.

Ce même éther éthylique traité par le chlorure de benzoyle fournit la *nor-cocéthyline,* isomère de la cocaïne; cet alcaloïde forme de longues aiguilles groupées, fondant à 127°. Il possède de fortes propriétés anesthésiques, mais est plus toxique que la cocaïne.

Son *chlorhydrate,* peu soluble, fond à 142°.

Cette cocéthyline fournit également un *dérivé nitrosé* huileux. L'ébullition avec l'eau lui enlève son alcool éthylique et la transforme en *benzoyl-nor-ecgonine droite,* qui forme de longues aiguilles transparentes. Cette combinaison est également une bétaïne, car elle ne fournit aucun sel avec les bases, pas même avec les sels de cuivre ou d'argent.

On a pu établir directement la constitution de la nor-ecgonine droite en la transformant en ecgonine droite au moyen de l'iodure de méthyle en présence de potasse alcoolique.

On constate qu'il se fait un mélange d'ecgonine droite et de son éther méthylique; la première est caractérisée par sa transformation en *chloraurate* fusible à 220°, tandis que le second est transformé par le chlorure de benzoyle en *cocaïne droite.*

Une tentative pour transformer l'éther éthylique de la nor-ecgonine droite en iodométhylate d'ecgonine droite au moyen de l'iodure de méthyle n'a pas fourni des résultats aussi nets. L'*iodométhylate* obtenu, qui résulte de la réaction de deux molécules d'iodure de méthyle et qui fond à 178°, traité successivement par le chlorure d'argent et par le chlorure d'or, forme un *chloraurate* fusible à 182°, tandis que l'iodo-méthylate de l'éther éthylique de l'ecgonine droite fond à 190°; il est vrai que le chloraurate du chlorométhylate correspondant fond aussi à 182°. L'auteur attribue la divergence entre les points de fusion des deux iodométhylates à une impureté de celui dérivé de la nor-ecgonine, impureté qui s'élimine dans la cristallisation du chloraurate.

On sait que l'action de la lessive de soude sur l'iodométhylate d'anhydroecgonine donne naissance à de la diméthylamine et à un acide méthylène-dihydrobenzoïque. Les auteurs ont répété cette même expérience sur les iodométhylates dérivés des éthers éthyliques de la nor-ecgonine droite et de l'ecgonine droite. Ils ont obtenu également de la diméthylamine; mais l'acide qui prend naissance est un isomère de l'acide méthylène-dihydrobenzoïque, qui fond à 55-56°.

Cet acide est très soluble dans l'alcool, l'éther et l'acétate d'éthyle, encore plus soluble dans le benzène et dans le chloroforme, moins soluble dans la ligroïne et presque insoluble dans l'eau.

Pour éclaircir cette isomérie inattendue, les auteurs se proposent de répéter l'action comparative de la soude sur les iodométhylates des éthers méthyliques de l'ecgonine droite et de l'ecgonine gauche [A. Einhorn et A. Friedländer, *D. chem. G.*, **26**, 1482; *Bull. Soc. Chim.*, (3), **12**, 195].

Action physiologique des dérivés de l'ecgonine. — Tandis que la cocaïne possède une forte action anesthésique, ses produits de dédoublement en sont dépourvus. Ni la benzoyl-ecgonine, ni l'ecgonine méthylée, ni l'ecgonine, ne possèdent de pouvoir anesthésique; en revanche, elles sont environ vingt fois moins toxiques que la cocaïne.

On peut préparer une foule d'alcaloïdes en variant les alcools qui servent à éthérifier l'ecgonine et les chlorures d'acides que l'on fait réagir sur elle; on peut même, en partant de la nor-ecgonine, remplacer le radical méthyle lié à l'azote par d'autres radicaux; enfin, comme il y a deux ecgonines, chacune de ces combinaisons donnera naissance à deux alcaloïdes différant par le pouvoir rotatoire.

Il a fallu comparer l'action physiologique de ces divers produits, en examinant de quelle manière elle variait avec les produits employés pour les préparer. Il a fallu également rechercher un signe anatomo-pathologique caractéristique de l'emploi de la cocaïne. La dilatation de la pupille qui est produite par la cocaïne l'est également par l'atropine, et, quoiqu'il y ait des différences dans le mode d'action de ces deux agents, la mydriase ne peut pas être considérée comme signe caractéristique de la cocaïne.

M. Ehrlich a remarqué que la cocaïne provoquait une augmentation considérable du volume du foie, et une dégénérescence vacuolaire de ses cellules absolument caractéristique [P. Ehrlich, *D. chem. G.*, *med. Wochenschrift*, 1890, n° 32].

M. Falck a établi [*Dissert. inaug.* de W. Menk, Kiel, 1886] que les benzoyl-ecgonines éthylée, propylée, isopropylée et isobutylée avaient le même mode d'action que la cocaïne, et que les dérivés de l'ecgonine droite ne différaient à ce point de vue de leurs isomères gauches que par une action plus rapide.

Les cocaïnes dans lesquelles le groupe benzoïque est remplacé par un autre radical acide jouissent de propriétés physiologiques très différentes. Parmi elles, l'isatropylcocaïne se distingue par sa toxicité; seul le dérivé phénylacétique possède des propriétés anesthésiques, mais à un degré moindre que la cocaïne.

Les nor-cocaïnes sont beaucoup plus anesthésiantes que les cocaïnes correspondantes; malheureusement elles sont aussi beaucoup plus toxiques.

Les iodométhylates sont dénués de tout pouvoir anesthésique.

Les cocaïnes o-chlorée et m-chlorée dans le noyau benzoyle ne possèdent pas de pouvoir anesthésique; la m-amidococaïne ne jouit pas non plus de ce pouvoir, mais elle a l'action caractéristique sur le foie, ce qui lui crée une physionomie à part, cette action sur le foie accompagnant toujours l'action anesthésique. La cocaïne-uréthane est beaucoup plus fortement anesthésique que la cocaïne et aussi beaucoup plus toxique; elle agit vivement sur le foie.

Si l'on se souvient que nombre de produits n'ayant aucun rapport ni entre eux ni avec la cocaïne, la benzoylmorphine, la benzoylhydrocotarnine, la benzoylquinine, la benzoylcinchonine, l'éthoxycaféine, l'eugénolacétamide, l'éther o-nitrophénylacétyl β-oxypropionique, etc., possèdent également des propriétés anesthésiantes, on conclura, avec M. Ehrlich, que ce pouvoir ne semble avoir aucun rapport avec la constitution chimique [P. Ehrlich et A. Einhorn, *D. chem. G.*, **27**, 1870].

Toxicologie de la cocaïne. — M. le Dr A. Sonnié-Moret a fait sur cette question un travail très documenté [*Thèses de la Fac. de méd. de Paris*, 1892], dont nous donnons les conclusions :

1° La cocaïne forme avec le chlorure d'or une combinaison cristalline présentant un aspect spécial, tel qu'on pourra utiliser cette particularité pour caractériser le premier de ces corps dans une recherche toxicologique.

Quoique la combinaison, également cristalline, que donne la cocaïne avec l'acide picrique soit moins typique que la précédente, elle a néanmoins, elle aussi, un aspect spécial qui permettra de tirer de ce caractère une réaction de contrôle.

2° Introduite dans l'organisme, la cocaïne ne tarde pas à y subir des modifications telles que ses caractères chimiques disparaissent, en partie du moins, ce qui ne permet plus de la retrouver à l'aide des réactions dont il vient d'être question.

Par suite de cette transformation de l'alcaloïde, sa recherche dans un empoisonnement ne pourra être faite avec chance de succès qu'autant que la dose mise en jeu aura été un peu notable. De petites quantités du toxique auront le temps en effet de subir en totalité la transformation dont il est question, et ne pourront plus être retrouvées à l'analyse.

3° A la suite d'un empoisonnement par la cocaïne, si celle-ci a pénétré par le tube digestif, sa recherche devra avoir lieu de préférence dans le contenu de l'estomac, ainsi que dans celui de l'intestin grêle. Cette recherche devra, de plus, porter sur l'urine et sur le sang.

Si, au contraire, le toxique a pénétré dans l'organisme par voie hypodermique, on s'efforcera de le retrouver dans l'urine, le sang, le cerveau et la rate.

4° A la suite d'une intoxication survenue lentement et attribuée à l'usage répété de petites doses de cocaïne, à part l'urine qu'on pourra examiner par acquit de conscience, on procédera vainement à la recherche du poison dans le corps de la victime.

5° Enfin, l'expert appelé à faire la recherche de la cocaïne à la suite d'un empoisonnement devra procéder le plus promptement possible à cette recherche. En attendant qu'il puisse commencer ses opérations, les pièces mises à sa disposition seront conservées à une aussi basse température que faire se pourra, et même soumises à la congélation toutes les fois que la chose sera possible.

L. Bouveault.

EDISONITE (Min.) (Penfield-Hidden). — Anhydride titanique, $Ti O^2$, sous une quatrième forme cristalline. Petits fragments cristallins, jaune-brunâtre, transparents par places, à éclat résineux ou adamantin et cassure faiblement conchoïdale, trouvés avec anatase, rutile, xénotime, monazite, etc., à la mine Whistnant, comté de Polk, et Pilot Mount, comté de Burke (Caroline du Nord).

Caractères. — Semblables à ceux du rutile. Dureté = 6. Densité = 4,285.

Forme cristalline. — Prisme orthorhombique : $mm = 90°25'$; $a^{1/3}a^{1/3}$ (base) = 140°34'. Faces : $a^{1/3}$ $e^{1/3}$ prédominantes, m. Clivages $a^{1/3}$ facile, $e^{1/3}$ moins facile, m difficile.

EGGONITE (Min.) (Schrauf). — Probablement silicate cadmifère en très petits cristaux brun-grisâtre clair, sur calcaire, à Altenberg (Saxe). Dureté = 4 à 5. Anorthique, pseudo-orthorhombique.

EICHWALDITE (Min.) (Websky). — Voyez JÉRÉMÉIEWITE. Nom proposé pour les parties optiquement biaxes de la jérémélewite.

EICOSANE [Syn. *Bidécyle*], $C^{20}H^{42}$. — L'eicosane normal a été retiré des produits de la distillation fractionnée de la paraffine, qui en renferme de 30 à 40 0/0 [Lippmann et Hawliczek, *D. chem. G.*, **12**, 69. — Krafft, *ibid.*, **21**, 2261].

Ce carbure a été reproduit synthétiquement par M. Krafft en traitant l'iodure de décyle par le sodium (voy. Suppl., **2**, 694). Le même auteur l'a encore obtenu en traitant par le perchlorure de phosphore l'acétone obtenue par distillation sèche d'un mélange de myristate et d'heptylate de baryum; on réduit ensuite le dérivé dichloré $C^6H^{13}.CCl^2.C^{13}H^{27}$, ainsi préparé, par l'acide iodhydrique et le phosphore rouge en tube scellé [Krafft, *D. chem. G.*, **15**, 1717].

L'eicosane normal cristallise en paillettes nacrées, fusibles à 36°,6; il distille vers 204-205° sous 15 millimètres. Sa densité est égale à 0,7777 à 37°, à 0,7487 à 80°,2 et à 0,7363 à 92°,2.

MM. Lippmann et Hawliczek ont préparé un *dérivé chloré* $C^{20}H^{41}Cl$ de l'eicosane en le chauffant vers 200° avec du perchlorure de phosphore. Le *chlorure d'eicosyle* est un liquide assez mobile, qui bout vers 225-230° en se décomposant partiellement. Il fournit de l'eicosylène lorsqu'on le traite par le sodium (Suppl., **1**, 675).

P. Freundler.

EICOSÉNIQUE (ACIDE), $C^{20}H^{38}O^2$. — Cet acide se forme en même temps qu'une certaine quantité d'acides stéarique et acétique lorsqu'on traite l'acide bénoléique par la potasse en fusion vers 270° [M. Bodenstein, *D. chem. G.*, **27**, 3403]. Pour le purifier, on le transforme en *sel de plomb*; celui-ci est soluble dans l'éther.

L'acide eicosénique cristallise dans l'alcool en lamelles fusibles à 50° et distille à 267° sous 15 millimètres.

Les *sels de sodium* $C^{20}H^{37}O^2Na$ et *de baryum* $(C^{20}H^{37}O^2)^2Ba$ sont cristallins et solubles dans l'alcool. Le *sel d'argent* est un précipité blanc, altérable à la lumière. Celui *de plomb* constitue une poudre blanche, fusible sous l'eau bouillante, soluble dans 6 parties d'éther.

L'acide eicosénique s'unit directement au brome pour donner un *dibromure* sirupeux, que la potasse alcoolique sous pression transforme en un *acide eicosinique* $C^{20}H^{36}O^2$, qui fond à 69° et distille vers 270° sous 15 millimètres.

La constitution de l'acide eicosénique n'a pas été fixée directement. On sait toutefois, depuis les recherches de M. J. Baruch (voy. ÉRUCIQUE), que l'acide bénoléique a pour formule

$$CH^3.(CH^2)^7.C \equiv C(CH^2)^{11}.CO^2H.$$

M. Bodenstein admet que, sous l'action de la potasse fondante, la triple liaison se dédouble, pour donner naissance à deux liaisons éthyléniques. L'une de celles-ci reste à la place qu'occupait la triple liaison, l'autre vient s'intercaler entre le 18° et le 19° atome de carbone,

$$CH^3.(CH^2)^7.CH=CH.(CH^2)^7.CH=CH.CO^2H,$$

pour se rompre ensuite en donnant naissance à une molécule d'acide acétique et à une molécule d'acide eicosénique.

Ce dernier n'est d'ailleurs qu'un produit de la première phase de l'action de la potasse. La double liaison qui reste se déplace à son tour de la façon suivante :

$$CH^3.(CH^2)^7.CH^2.CH^2.(CH^2)^7.CH=CH.CO^2H.$$

Une nouvelle rupture amènera la formation d'acide stéarique et d'acide acétique.

On sait que ces déplacements de la double liaison sous l'action de la potasse fondante sont caractéristiques des acides éthyléniques de la série oléique.

P. Freundler.

EISENSINTER (Min). — Voyez DIADOCHITE, PITTIZITE, CACOXÈNE.

EITLANDITE (Min.) (Waage). — Niobate et titanate d'yttrium et d'uranyle hydraté voisin de l'euxénite (voyez Dict., **1**, 1396), mais plus riche en urane. Masses à structure confusément cristalline par places, trouvées à Eitland, près du cap Lindesnæs (Norvège).

Caractères. — En général ceux de l'euxénite, sauf qu'au chalumeau, au lieu d'être tout à fait infusible, l'eitlandite s'effrite difficilement sur les bords. Dureté = 6. Poussière gris-brunâtre. Densité = 5,28 à 5,33.

ÉKAZOTE ou ARGON. — Ce nouvel élément avait été désigné à l'origine sous le nom d'*ékazote*, par analogie avec l'ékabore, l'ékasilicium, l'éka-aluminium de M. Mendéléef.

Maintenant que ce corps est mieux connu, en raison de son inertie à entrer en combinaison, on l'appelle *argon*, de ἀργόν (inactif) et on le représente par le symbole A.

Son existence a été établie par lord Rayleigh et M. William Ramsay [*Roy. Soc. Proc.*, **57**, 110]; cependant il paraît avoir déjà été isolé antérieurement par Cavendish, ainsi qu'il résulte de l'extrait suivant d'un de ses mémoires [*Phil. Trans.*, **78**, 271] : « Tout ce que nous savons sur la partie phlogistiquée de notre atmosphère (azote) se résume en ceci : elle n'est pas absorbée par l'eau de chaux ou par les alcalis caustiques; elle ne se combine pas à l'air nitreux (bioxyde d'azote); elle n'entretient pas la combustion et la vie; son poids spécifique est un peu plus faible que celui de l'air ordinaire.

« L'acide azotique, par son union au phlogistique (hydrogène), est transformé en un gaz ayant les propriétés de l'air phlogistiqué (azote); aussi est-il raisonnable de supposer qu'une partie au moins de l'air phlogistiqué (azote) de l'atmosphère provient de cet acide uni au phlogistique; mais il est douteux que le tout soit de cette nature. N'y a-t-il pas là un grand nombre de substances comprises par nous sous cette dénomination d'air phlogistiqué (azote)?

« J'ai fait diverses expériences pour voir si tout ou seulement une partie de l'air phlogistiqué de l'atmosphère pouvait se transformer en acide nitrique, s'il n'y avait pas là un corps de nature différente refusant d'entrer en combinaison. Ces expériences démontrent que la plus grande partie de l'air, traité comme je l'ai déjà dit, est absorbée; mais il y a un résidu non fixé. Est-il de même nature que le reste? Pour m'en rendre compte, j'ai traité comme ci-dessus un mélange d'air ordinaire et d'air déphlogistiqué (oxygène) jusqu'à ce qu'il ne restât plus qu'une très faible partie de gaz non combiné.

« Pour enlever autant que possible l'air phlogistiqué (azote), j'ai additionné le gaz restant d'air déphlogistiqué (oxygène) et continué l'étincelle jusqu'à cessation d'absorption. Ayant ainsi condensé autant que possible l'air phlogistiqué (azote), je l'ai abandonné sur une solution de sulfure de potassium pour absorber l'excès d'air déphlogistiqué (oxygène).

« Il me resta alors une petite bulle d'air non absorbée, environ 1/120 de la quantité de gaz primitivement traitée. Il y a donc une partie de l'air phlogistiqué (azote) de notre atmosphère qui diffère du reste et ne peut être transformée en acide nitrique. Elle constitue tout au plus 1/120 du tout. »

Une différence de densité nettement constatée entre l'azote atmosphérique et l'azote chimique fut le point de départ des recherches qui conduisirent lord Rayleigh et M. Ramsay à isoler ce nouvel élément. L'azote atmosphérique est en effet 0.5 0/0 environ plus lourd que l'azote chimique, quels que soient d'ailleurs les modes de préparation employés pour l'obtention de ces corps.

Il faut nettement définir les termes *azote atmosphérique* et *azote chimique*.

L'azote *atmosphérique*, c'est l'azote de l'air extrait par les procédés habituels et n'étant point entré lui-même en combinaison. Si l'on fixe successivement les différents gaz constituant l'atmosphère (vapeur d'eau, acide carbonique, oxygène), on obtient comme résidu ce que jusqu'à maintenant on considérait comme de l'azote pur.

L'azote *chimique*, c'est le gaz pur préparé par destruction totale d'un composé azoté quelconque défini, que ce composé provienne d'ailleurs lui-même d'un autre produit défini, ou que son azote provienne directement de l'atmosphère et soit entré en combinaison par fixation.

L'azote obtenu par décomposition d'un dérivé azoté n'est pas pur, même celui qui provient de la décomposition de l'urée par l'hypobromite de sodium. Ce gaz pour être pur, réellement inodore et sans action sur le mercure, pour ne pas en ternir la surface, doit passer sur un métal, le cuivre par exemple, chauffé au rouge. Il en est de même pour l'azote préparé à l'aide du protoxyde ou à l'aide du peroxyde d'azote. On peut aussi purifier de cette manière le gaz provenant de la décomposition du nitrite d'ammonium. Cependant, dans ce dernier cas, la purification peut être réalisée à froid. Il suffit de faire passer le gaz à travers l'acide sulfurique, qui enlève un peu d'ammoniaque et des traces de composés oxygénés de l'azote. Le nombre représentant la densité dans ce dernier cas est le même que ceux obtenus avec l'azote préparé par les procédés énoncés plus haut. Ce dernier résultat est intéressant : il prouve que l'emploi de la chaleur pour la purification de l'azote chimique ne modifie pas sa densité.

Le poids moyen du litre d'azote chimique préparé par différents procédés est de 1gr,2505.

Le poids moyen du litre d'azote atmosphérique obtenu, soit par l'action du cuivre au rouge, soit par celle du fer dans les mêmes conditions, soit à l'aide de l'hydrate ferreux en partant de l'air sec et dépourvu d'acide carbonique, est de 1gr,2572.

Des expériences répétées [Rayleigh, *Roy. Soc. Proc.*, 55, 340] en tenant compte de toutes les corrections [Rayleigh, *Roy. Soc. Proc.*, 53, 134] donnent toujours des chiffres présentant une pareille dissemblance.

De l'azote chimique fut aussi préparé par l'action de l'eau sur l'azoture de magnésium, le gaz ammoniac condensé dans l'acide chlorhydrique et le sel formé décomposé par l'hypochlorite de calcium. Dans ce cas encore, on obtint des résultats identiques aux précédents. Quelles que soient la marche et les conditions des expériences, l'azote chimique a toujours une densité notablement plus faible que celle de l'azote atmosphérique.

D'autre part, l'ammoniaque provenant de l'azoture de magnésium, préparé lui-même par l'action de l'azote atmosphérique sur le métal, est identique à l'ammoniaque ordinaire et ne contient pas d'autres composés à caractères basiques.

Si 16 est la densité de l'oxygène par rapport à l'hydrogène, on a pour l'azote chimique $Az^2 = 13,9954$.

Dans ce cas le rapport est très près de 16 à 14 ; dans le cas de l'azote atmosphérique ce rapport est notablement différent.

Comment expliquer cette différence de poids? Elle n'est pas due à la présence de traces d'hydrogène dans l'azote chimique, car l'addition intentionnelle de faibles quantités de ce gaz à l'azote le plus lourd ne modifie pas son poids lorsqu'on le traite par l'oxyde de cuivre, traitement subi bien entendu par l'azote chimique pour sa purification.

Le gaz le plus léger, ou même l'un des deux gaz, aurait-il subi une dissociation partielle de ses molécules Az^2 en atomes? Soumis tous deux à l'action de l'étincelle électrique, ils conservèrent leur poids inaltéré. On pourrait supposer, en raison des caractères chimiques de l'azote, que ses atomes dissociés possèdent un caractère d'activité plus grand et que, même au cas où ils pourraient être mis en liberté tout d'abord, ils ne tarderaient probablement pas à se recombiner.

Pour contrôler cette dernière hypothèse, des échantillons d'azote furent conservés pendant 8 mois : au bout de ce temps leur densité n'avait pas changé [*Roy. Soc. Proc.*, 55, 344].

On arrive ainsi forcément à admettre que l'un ou l'autre de ces gaz doit être un mélange. Sauf dans l'hypothèse précédente de la dissociation, on ne voit pas comment l'azote chimique pourrait être un mélange. S'il en était ainsi, il devrait exister deux espèces d'acide azotique ; or cette supposition est inadmissible d'après les travaux de Stas et des différents chimistes qui se sont occupés du poids atomique de cette substance.

C'est donc dans l'air débarrassé d'oxygène, d'acide carbonique et de vapeur d'eau, c'est-à-dire dans ce que jusqu'à maintenant nous avons considéré comme de l'azote pur, que doit être cherché le nouveau gaz. La proportion ne doit du reste pas en être très grande : si la densité du nouveau gaz est double de celle de l'azote, l'air en contiendrait 0,5 0/0 ; si elle n'est qu'une fois et demie cette dernière, l'air en contiendrait 1 0/0.

On peut facilement vérifier par la méthode de la diffusion si un gaz est pur ou formé par un mélange de composants de diverses densités.

Appliquée à l'azote atmosphérique, cette méthode permet de reconnaître immédiatement que ce gaz est bien un mélange.

On se sert d'un diffuseur constitué par une série de tubes identiques aux tuyaux de pipe. Ces tubes sont disposés dans l'axe d'un tube plus grand dans lequel on fait le vide. On recueille une certaine quantité de l'air ayant traversé l'appareil. Cet air, traité par les méthodes habituelles pour en isoler l'azote, donne un gaz plus lourd que celui que l'on extrait de l'air. Ce résultat se comprend facilement. Si l'azote atmosphérique renferme un gaz plus lourd que lui, la proportion de ce gaz sera augmentée lorsque l'on extraira l'azote atmosphérique de l'air ayant traversé l'appareil de diffusion, car, en raison de sa plus grande densité, ce gaz se sera diffusé à travers la paroi poreuse moins rapidement que l'azote.

Ces expériences apportent une nouvelle preuve en faveur de l'existence d'un gaz inconnu dans l'air, mais ne permettent pas de l'isoler à l'état de pureté ou tout au moins d'obtenir un mélange gazeux riche en ce nouvel élément.

Il faut, pour cela, s'adresser à des méthodes plus spécialement chimiques.

Séparation de l'argon. — Nous savons maintenant que c'est de l'azote atmosphérique qu'il nous faudra chercher à extraire l'argon. D'abord quels sont les procédés qui permettent de fixer l'azote? Les éléments qui s'y combinent directement sont : le bore, le silicium, le titane, le lithium, le strontium, le baryum, le magnésium, l'aluminium et le mercure. Il s'unit aussi, sous l'influence de la décharge électrique, avec l'hydrogène en présence des acides et avec l'oxygène en présence des bases. Il est aussi fixé par un mélange de carbonate de baryum et de charbon au rouge. De tous ces procédés, c'est encore l'emploi du magnésium qui donne les meilleurs résultats. Un tube à combustion rempli de tournure tassée de ce métal peut fixer de 7 à 8 litres d'azote. Il suffit de porter le magnésium au rouge : il commence à brûler avec incandescence à l'extrémité par laquelle arrive le gaz. Cette réaction continue peu à peu régulièrement et s'entretient presque d'elle-même jusqu'à ce que tout le métal soit converti en azoture, substance poreuse, sèche, de couleur orangée.

On peut aussi employer, pour fixer l'azote et isoler l'argon, la méthode de Cavendish, c'est-à-dire l'action de l'étincelle en présence d'oxygène et d'un alcali.

Une bobine de Ruhmkorff de grandeur moyenne, actionnée par une batterie de 5 éléments Grove, l'étincelle ayant 5 millimètres environ de longueur, donne une absorption d'environ 30 centimètres cubes à l'heure. Cette méthode est très lente.

Une série d'essais effectués dans ces conditions sur des volumes de gaz variables a permis de constater que le résidu non fixé était d'environ 0,8 0/0 et présentait des propriétés spectroscopiques spéciales.

M. W. Crookes a appelé tout récemment l'attention sur les aigrettes existant à l'extrémité des électrodes en platine entre lesquelles s'effectue la décharge électrique alternante à haute tension. Elles proviendraient de la combustion de l'azote de l'air dans l'oxygène.

En employant un alternateur de Méritens actionné par un moteur à gaz, les courants étant transformés en courants à potentiel élevé par une bobine de Ruhmkorff, l'absorption la plus considérable à laquelle on puisse parvenir est d'environ 3 litres à l'heure. Elle est 3000 fois plus rapide que dans les expériences de Cavendish. Il faut constamment refroidir l'appareil et il y a de plus de nombreuses causes d'insuccès; la fixation des dernières traces d'azote à la fin de l'expérience est extrêmement longue.

C'est le procédé au magnésium qui permet d'obtenir le plus rapidement une certaine quantité d'argon.

Tout d'abord, l'air est débarrassé d'oxygène par le cuivre chauffé au rouge; il est ensuite séché sur la chaux sodée, qui arrête en même temps l'acide carbonique, puis sur l'anhydride phosphorique. Dans cette partie de l'opération on lui fait traverser un étroit tube en U à acide sulfurique qui permet de suivre et de régler le passage du gaz. Il traverse ensuite un tube à combustion contenant de la tournure de magnésium fortement tassée et chauffée au rouge. La température doit être presque celle de la fusion du verre et le courant de gaz soigneusement réglé, sinon la chaleur développée par la réaction pourrait déterminer la fusion du tube.

En traitant de cette manière de 100 à 150 litres d'azote atmosphérique, on obtient un résidu d'environ 4 à 5 litres. Ce gaz passe ensuite à travers un tube contenant dans sa première moitié du cuivre, dans la seconde de l'oxyde de cuivre, puis à travers un second tube disposé de même et renfermant de la chaux sodée et de l'anhydride phosphorique. Il passe ensuite à travers un tube contenant de la tournure de magnésium chauffée au rouge brillant. Le gaz est ainsi débarrassé entièrement de toute trace d'oxygène, d'hydrogène et d'hydrocarbures, l'azote est absorbé peu à peu par une série de passages successifs sur le magnésium. L'enlèvement total est très lent; on y parvient cependant habituellement en deux jours. Le gaz doit être recueilli sur l'eau saturée d'argon ou de préférence sur le mercure pour empêcher l'entrée d'oxygène ou d'azote.

Il était intéressant de voir si dans les mêmes conditions l'azote chimique ne laisserait pas un résidu.

3 litres de gaz traités par l'oxygène et l'étincelle comme plus haut donnèrent un résidu de 3^{cm3},3 seulement, après traitement par le pyrogallate de potassium pour enlever l'excès d'oxygène.

Pour un volume identique d'azote atmosphérique le résidu aurait été de 30 centimètres cubes.

De nouvelles expériences répétées avec 6 litres et avec 15 litres donnèrent un résidu à peu près semblable. L'acide carbonique traité dans les mêmes conditions laisse aussi un résidu de quelques centimètres cubes.

La source de cet argon restant comme résidu doit être attribuée à l'eau employée pour les manipulations de telles quantités de gaz, peut-être aussi à quelques fuites des appareils permettant l'entrée d'air pendant les opérations.

Propriétés physiques. — L'identification des deux gaz obtenus l'un par le magnésium, l'autre par l'oxygène et l'étincelle résulte et ressort très nettement de l'étude des propriétés physiques qui va suivre.

Densité. — Il n'a pas été possible encore de préparer par l'oxygène et l'étincelle une quantité d'argon assez grande pour en déterminer directement la densité par pesée. Cette densité a été déterminée en pesant un volume donné d'oxygène pur et le même volume d'un mélange d'oxygène et d'argon pur, le volume d'argon existant dans ce mélange étant connu. L'excès de poids permet de calculer la densité du gaz. On a trouvé pour la densité par rapport à l'hydrogène 19,45; en tenant compte de la présence d'un peu d'azote, une correction conduit à 19,7.

Pour la densité de l'argon préparé par le magnésium, une première expérience a donné 19,09. Ce gaz renfermait encore de l'azote. Traité par l'oxygène et l'étincelle, sa densité s'éleva à 20. Une série de bonnes déterminations a donné comme moyenne 19,90. Comme on le voit, ces deux densités peuvent être considérées comme identiques.

Solubilité de l'argon dans l'eau. — Cette propriété permet aussi d'identifier les deux gaz. A 12° l'eau dissout 3^{vol},94 0/0 d'argon préparé par l'étincelle et à 13°,9 elle dissout 4^{vol},05 0/0 d'argon préparé par le magnésium.

Ce corps est donc deux fois et demie plus soluble que l'azote et presque autant que l'oxygène. L'air extrait de l'eau renfermera donc une proportion d'argon plus grande que celle qui est contenue dans l'atmosphère. C'est ce que l'expérience confirme. L'azote provenant de l'air extrait de l'eau présente un notable excès de poids par rapport à l'azote chimique pur et aussi un excès moins considérable par rapport à l'azote extrait de l'atmosphère.

Caractères à basse température. Pression et température critiques [*Bull. internat. de l'Acad. de Cracovie*, juin 1894, et *Wiedemann's Beiblätter*, 15, 29]. — A —90° sous 100 atmosphères il n'y a pas trace de liquéfaction. M. Charles Olszewski a d'abord déterminé les constantes critiques de ce gaz dans un appareil Cailletet. Il employait comme réfrigérant l'éthylène liquide bouillant à basse pression. La partie du tube de verre immergée dans l'éthylène avait des parois relativement minces (1 millimètre) pour égaliser autant que possible les températures extérieure et intérieure. Pour mesurer ces basses températures, M. Olszewski se servait d'un thermomètre à hydrogène.

Quand la température de l'éthylène liquide s'est abaissée à —128°,6, l'argon se condense en un liquide incolore sous une pression de 38 atmosphères. En laissant lentement s'élever la température, le ménisque de l'argon liquide devient de moins en moins distinct; dans une série de 7 déterminations, il s'est évanoui aux températures et pressions suivantes :

Expér.	Température.	Pression.
1..........	— 121°,2	50,6 atm.
2..........	— 121°,6	50,6 —
3..........	— 120°,5	50,6 —
4..........	— 121°,3	50,6 —
5..........	— 121°,4	50,6 —
6..........	— 119°,8	50,6 —
7..........	— 121°,3	50,6 —

Comme on le voit, la pression critique est de 50^{atm},6; pour la température critique, il y a de légères différences. En déterminant les tensions de vapeur de l'argon à des températures inférieures à sa température critique, on a remarqué aussi de légères différences de pression, suivant qu'on produisait plus ou moins de liquide à la même température. Ce fait serait causé par la présence d'une quantité appréciable d'un autre gaz plus difficile à liquéfier, probablement une trace d'azote.

La moyenne des 7 déterminations de la température critique est de —121°. Ce nombre peut être considéré comme exprimant cette température pour l'argon.

Pour des tensions de vapeur de ce gaz à des températures inférieures à sa température critique, on a pu dresser le tableau suivant :

Expér.	Température.	Pression.
8..............	128°,6	38,0 atm.
9..............	129°,6	35,8 —
10..............	129°,4	35,8 —
11..............	129°,3	35,8 —
12..............	129°,6	35,8 —
13..............	134°,4	29,8 —
14..............	135°,1	29,0 —
15..............	136°,2	27,3 —
16..............	138°,3	25,3 —
17..............	139°,1	23,7 —

Points de fusion et d'ébullition. — Dans ces expériences, l'argon contenu dans une burette fermée aux deux extrémités par des robinets de verre était transvasé, à l'aide du mercure, dans un tube de verre étroit soudé par sa partie inférieure à la partie supérieure de la burette. C'est dans ce tube que fut liquéfié l'argon et qu'on mesura son volume à l'état liquide. On se servit comme réfrigérant d'oxygène liquide bouillant sous la pression atmosphérique ou sous pression réduite. A la température d'ébullition de l'oxygène sous la pression atmosphérique (—182°,7) l'argon n'est pas liquéfié, même en augmentant d'un quart d'atmosphère la pression atmosphérique que le gaz supporte.

En abaissant par ébullition sous pression réduite la température du liquide réfrigérant à —187°, on voit l'argon se liquéfier.

On équilibre alors la pression du gaz avec celle de l'atmosphère et on règle la température; 4 expériences ont donné pour points de liquéfaction 186°,7, —186°,8, —187°, —187°,3; en moyenne 186°,9 sous une pression de 740^{mm},5.

Dans cette expérience, on employa 99^{cm3},5 de gaz, qui donnèrent 0^{cm3},114 de liquide. La densité de ce dernier à son point d'ébullition peut être facilement calculée : elle est d'environ 1,5. Deux expériences effectuées avec des quantités de gaz plus faibles ont donné des nombres plus faibles. On ne peut évidemment pas attribuer à ces nombres une grande exactitude. Il n'en résulte pas moins que l'argon liquide a une densité notablement supérieure à celle de l'oxygène dans les mêmes conditions (1,124). Si l'on abaisse la température à —191°, le liquide cristallise en une masse ressemblant à de la glace; à température plus basse la masse devient blanche et opaque. Quatre opérations successives ont donné les nombres suivants : —189°,0, —190°,6, —189°,6, —189°,4; comme moyenne —189°,6.

Le tableau suivant permet de comparer les constantes physiques de l'argon avec celles des autres gaz dits permanents :

Gaz	Température critique	Pression critique	Point d'ébullition	Point de solidification	Densité du gaz par rapport à l'hydrogène	Densité du liquide au point d'ébullition	Couleur du liquide
Hydrogène H^2..........	— 220°,0	20^{atm}	?	?	1,0	?	Incolore.
Azote Az^2..........	— 146,0	35,0	194°,4	— 214°,0	14,0	0,885	—
Oxyde de carbone (CO)..	— 139,5	35,5	190,0	— 207,0	14,0	?	—
Argon A^1..........	— 121,0	50,6	187,0	— 189,6	19,9	1,5 env.	—
Oxygène O^2..........	— 118,8	50,8	182,7	?	16,0	1,124	Bleu.
Bioxyde d'azote (AzO)...	— 93,5	71,2	153,6	— 167,0	15,0	?	Incolore.
Méthane (CH^4)........	— 81,8	54,9	164,0	— 185,6	8,0	0,415	—

Il occupe la quatrième place au point de vue de la liquéfaction; la façon dont il se comporte pendant cette liquéfaction le rapproche de l'oxygène. Il en diffère d'un autre côté, car on peut le solidifier, et l'oxygène n'a pas encore pu l'être.

Spectre de l'argon. — L'étude du spectre de l'argon permet aussi d'identifier le gaz obtenu par le magnésium avec celui que donne l'étincelle.

Comme l'azote, l'argon donne deux spectres distincts, suivant l'intensité du courant employé; mais, tandis que les deux spectres de l'argon sont constitués par des lignes fines, l'un de ceux de l'azote est un spectre de bandes et l'autre un spectre de lignes.

Il est assez difficile d'obtenir de l'argon ne présentant plus les raies de l'azote. Toutefois les bandes de l'azote disparaissent quand l'étincelle d'induction a passé pendant un certain temps dans le tube. Les tubes convenant le mieux pour ces recherches sont ceux de Plücker, avec une partie capillaire au milieu.

Sous la pression de 3 millimètres, on obtient la plus grande luminosité et le spectre le plus brillant. Dans ces conditions la décharge est rouge-orangé et le spectre riche en radiations rouges. Deux lignes de longueur d'onde 696,56 et 705,64 sont particulièrement intenses; elles sont moins refrangibles que les lignes rouges de l'hydrogène et du lithium et permettent d'identifier l'argon. Lorsque le courant a passé pendant quelque temps, les traces des bandes de l'azote disparaissent : on a le spectre de l'argon absolument pur; l'azote dans ces conditions paraît fixé par le platine.

Si l'on diminue encore la pression et si l'on intercale une bouteille de Leyde dans le circuit, la couleur de la décharge lumineuse passe du rouge au bleu d'acier et le spectre présente un ensemble de lignes presque entièrement différent. Il n'est pas facile d'obtenir la décharge et le spectre bleus entièrement privés de rouge; la pression la plus favorable paraît être d'environ 1 quart de millimètre.

En photographiant les deux spectres de l'argon partiellement superposés, on peut facilement reconnaître leur dissemblance. On a pu compter 119 raies dans le spectre bleu et 80 dans le rouge, en tout 199; 26 seulement paraissent communes aux deux spectres.

Pour enlever à l'argon toutes traces d'azote, on a essayé, pour les expériences spectroscopiques, d'opérer avec des tubes à électrodes de diverse nature.

Nous avons vu déjà plus haut qu'avec des électrodes en platine l'azote disparaît, probablement par fixation; avec des électrodes en aluminium, il en est de même; mais si les raies de l'azote disparaissent, on voit apparaître celles de l'hydrogène. Ce gaz est probablement contenu dans l'aluminium, et le courant le met en liberté.

On peut aussi déceler par l'analyse spectrale et sans condensation préalable la faible quantité d'argon contenue dans l'atmosphère. On remplit un tube d'azote atmosphérique sous une pression de 52 millimètres, et on fait passer le courant pendant plusieurs heures. Ce courant passe de plus en plus difficilement; si finalement on augmente son intensité et si on intercale dans le circuit une petite bouteille de Leyde, on ne tarde pas à voir disparaître le spectre jaune-rougeâtre de l'azote et à obtenir le spectre bleu très pur de l'argon. Le tube cesse bientôt d'être conducteur et on ne peut contraindre l'étincelle à y passer qu'en employant une intensité dangereuse. Lorsqu'une lueur passe dans ces conditions, elle est bleu foncé : l'argon obtenu ainsi dans le tube serait à une pression voisine de celle où la conductibilité disparaît. Dans ces conditions le spectre est toujours celui du gaz bleu à l'incandescence : on ne peut voir qu'un petit nombre de raies rouges.

Le passage du rouge au bleu dépend surtout de la force et de la température de l'étincelle et de la pression du gaz.

On pourrait supposer que l'argon n'est pas un corps simple, mais un mélange de deux éléments, l'un donnant le spectre rouge, l'autre le spectre bleu. Cette dualité du spectre n'est cependant pas une raison suffisante : elle existe aussi pour l'azote; les mêmes causes permettent dans les deux cas de passer d'un spectre à l'autre. L'oxygène a aussi plusieurs spectres; il en est de même de divers éléments : aussi l'étude spectrale seule ne permet-elle pas de justifier une semblable conclusion.

On n'a pas trouvé d'autre gaz ou vapeur donnant un spectre semblable à ceux de l'argon. On en peut donc conclure que ce corps est un nouvel élément, sinon deux.

Propriétés chimiques. — On n'a pas encore réussi à faire entrer l'argon en combinaison. Sous l'influence de l'étincelle, l'argon ne se combine ni avec l'oxygène en présence des alcalis, ni avec l'hydrogène en présence des acides, ni avec le chlore sec ou humide. Au rouge vif, il ne réagit pas sur le soufre, ni sur le phosphore. On peut distiller le tellure dans un courant de ce gaz; le potassium et le sodium conservent leur éclat dans les mêmes conditions. La soude caustique ou la chaux sodée ne l'absorbent pas au rouge blanc. Le nitrate de potassium, le peroxyde de sodium, les persulfures de sodium et de calcium ne réagissent pas sur lui à la même température. Il n'est absorbé ni par le noir ni par l'éponge de platine. Il n'est pas transformé par les oxydants, l'eau régale, l'eau de brome, les alcalis, l'acide chlorhydrique, le permanganate de potassium. Un mélange de sodium et de silice, de sodium et d'anhydride borique est aussi sans action sur lui; l'argon résiste donc à l'action du silicium et du bore naissant.

M. Moissan (*C. R.*, **120**, 966) a essayé sans succès de combiner l'argon au titane, au bore, au lithium, à l'uranium et au fluor.

M. Roberts Austen a cherché à se rendre compte si dans le procédé Bessemer l'argon ne jouait pas un rôle. Dans ce procédé, 10 tonnes de fer environ sont traversées par 100 000 pieds cubes d'air en moyenne pour brûler le carbone, le silicium, le phosphore. Il passe donc dans la masse 1000 pieds d'argon. Ne serait-ce pas à ce corps que l'acier Bessemer devrait ses propriétés spéciales? M. Roberts Austen a pu extraire du métal Bessemer environ 40 fois son volume de gaz : 1/20 était de l'azote sans trace d'argon. Il reste à voir si l'argon est fixé partiellement par le fer ou s'il traverse la masse sans jouer aucun rôle.

Rapport des chaleurs spécifiques. — Pour déterminer si l'argon est un élément ou un corps composé, on a mesuré la vitesse de propagation du son dans ce milieu.

Comme on le sait, de la vitesse de propagation du son dans un gaz on peut déduire le rapport de la chaleur spécifique à pression constante à la chaleur spécifique à volume constant d'après l'équation

$$n\lambda = v = \sqrt{\frac{e}{d}\,(1+\alpha t)\,\frac{C}{c}}$$

dans laquelle n est le nombre de vibrations, λ la longueur d'onde, v la vitesse, e le coefficient d'élasticité isothermique, d la densité, $1+\alpha t$ le binôme de dilatation, C la chaleur spécifique à pression constante, c la chaleur spécifique à volume constant.

Si on considère deux gaz obéissant avec une approximation suffisante à la loi de Mariotte, et qu'on emploie le même son, certains termes disparaissent.

Le rapport des chaleurs spécifiques de l'un des gaz peut être déduit de celui de l'autre, si ce dernier est connu, par l'équation

$$\frac{\lambda^2 d}{\lambda'^2 d'} = \frac{1,41}{x},$$

où λ et d se rapportent à l'air, pour lequel ce rapport est 1,41 d'après Röntgen, Wüllner, Kayser, Jamin et Richard.

On fit deux séries complètement différentes

d'expériences : la première dans un tube étroit (2 millimètres), la seconde dans un tube large (8 millimètres), avec des échantillons de gaz de provenances diverses. On trouva, comme rapport, pour la première série 1,65, pour la seconde 1,61.

Comme contrôle, on reprit l'expérience dans le premier tube. Avec l'acide carbonique on trouva 1,276 au lieu de 1,288, moyenne des déterminations faites jusqu'à maintenant. La demi-longueur d'onde du son dans l'hydrogène a été trouvée de 73,6 au lieu de 74,5, moyenne antérieure, et le rapport des chaleurs spécifiques pour l'hydrogène 1,39 au lieu de 1,402. L'argon donne comme rapport des chaleurs spécifiques 1,66 : c'est donc, comme on va le voir, un gaz dans lequel toute l'énergie est de translation. Il reste à vérifier que l'argon obéit bien aux lois de Mariotte et de Gay-Lussac. Seule la vapeur de mercure à haute température donne des résultats semblables.

Nature de l'argon. — L'argon est-il un élément ou un mélange d'éléments? Clausius a montré que, si K est l'énergie de translation des molécules d'un gaz et H leur énergie cinétique, on a

$$\frac{K}{H} = \frac{3(C-c)}{2c},$$

C et *c* étant respectivement les chaleurs spécifiques à pression et à volume constants.

Si pour l'argon, comme pour la vapeur de mercure, le rapport des chaleurs spécifiques

$$\frac{C}{c} = 1 + \frac{2}{3},$$

il s'en suit que K = H; donc l'énergie cinétique totale du gaz est employée au mouvement de translation de ses molécules.

On regarde l'absence d'énergie interatomique comme une preuve du caractère monatomique de la vapeur d'un corps : c'est le cas du mercure. Cette conclusion doit également s'appliquer à l'argon, si l'on admet comme légitime l'application de la méthode de Clausius à la détermination de l'atomicité d'un gaz. La seule hypothèse possible serait d'admettre, si la molécule de l'argon est di- ou polyatomique, que les atomes n'acquièrent aucun mouvement relatif, même de rotation. Cela conduit à considérer comme sphérique un semblable assemblage d'atomes : aussi c'est là une conclusion extrêmement improbable en elle-même. Comme un gaz monatomique ne peut être qu'un élément ou un mélange d'éléments, il s'ensuit que l'argon ne peut être considéré comme un corps composé.

M. Fitzgerald a fait remarquer que la raison pour laquelle on admet qu'un rapport de 1,66 entre les chaleurs spécifiques prouve la monatomicité d'un gaz, est que, dans un gaz monatomique, il n'y a pas de mouvements internes de quelque importance. Si donc les atomes dans une molécule sont liés entre eux de telle façon qu'il ne se produise presque pas de mouvements internes, ce gaz se comporterait, en ce qui concerne la chaleur spécifique, comme un élément monatomique. Que les atomes de l'argon soient unis très intimement, cela semble probable, étant donnée sa très grande inertie chimique. Par suite, la conclusion à tirer du rapport de ses chaleurs spécifiques est peut-être, non pas qu'il est monatomique, mais que ses atomes sont reliés entre eux dans sa molécule de telle façon que la molécule se comporte dans son ensemble comme si elle était monatomique.

On peut, il est vrai, rapprocher l'argon de l'azote; l'azote gazeux en effet est très inerte : si nous n'avions pas l'étincelle, et encore faut-il fixer les composés formés, nous n'aurions guère de moyens de combiner l'azote libre, et cependant, dans les composés azotés, c'est une des formes de la matière les plus actives que nous connaissions. Peut-être l'argon présente-il des propriétés analogues, mais encore plus accentuées.

On peut cependant remarquer que nous possédons maintenant de nombreux procédés pour faire entrer l'azote en combinaison : action du sodium, du magnésium, du lithium, du baryum, du titane.

Il est certain cependant qu'admettre une molécule diatomique, et telle qu'elle se comporte dans son ensemble comme si elle était monatomique, cela revient à peu près à admettre la monatomicité de cette molécule.

D'après la loi d'Avogadro, la densité d'un gaz par rapport à l'hydrogène est la moitié de son poids moléculaire. Comme la densité de l'argon est 20, son poids moléculaire doit être 40. Mais ici molécule et atome sont identiques; donc le poids atomique, ou, si nous avons affaire à un mélange, la moyenne des poids atomiques du mélange, doit être 40 (les gaz étant pris dans les mêmes proportions que dans le mélange).

Malgré la dualité du spectre de l'argon, on peut actuellement incliner à regarder ce corps comme un corps simple, et à éloigner l'hypothèse d'un mélange. En effet, M. Olszewski a constaté l'existence d'un point de fusion et d'un point d'ébullition constants, d'une température et d'une pression critiques définies. Si l'on comprime le gaz en présence du liquide, la pression reste sensiblement constante jusqu'à ce que tout le gaz soit liquéfié. Ces diverses expériences caractérisent habituellement la pureté d'une substance.

Place de l'argon dans la classification de Mendéléef. — Reste à discuter les relations de l'argon de poids atomique 40 avec les autres éléments. On avait d'abord pensé qu'avec le poids atomique 20 il devait prendre place entre le fluor 19 et le sodium 23. La découverte de la nature monatomique de sa molécule conduit à examiner les corps ayant un poids atomique voisin de 40; ce sont :

Le chlore........	35,5	Le calcium......	40,0
Le potassium.....	39,1	Le scandium.....	44,0

Dans la classification de M. Mendéléef, le potassium, le calcium et le scandium sont à juste titre dans les séries verticales avec le lithium, le glucinium et le bore; ils présentent aussi certaines relations avec le rubidium, le strontium et l'yttrium.

L'argon étant un élément simple, on aurait une raison de douter que la classification des éléments soit complète, et qu'il ne puisse exister d'autres éléments que ceux que prévoit cette classification.

L'argon étant un mélange de deux éléments, ils pourraient trouver place dans le huitième groupe, l'un après le chlore, l'autre après le brome. On peut supposer que 37, moyenne approximative entre les poids atomiques du chlore et du potassium, est le poids atomique de l'élément le plus léger. 40 étant le poids atomique moyen du mélange des deux corps inconnus, si le second élément a un poids atomique compris entre ceux du brome 80 et du rubidium 85,5, soit 82, le mélange contiendrait alors 93,3 0/0 du corps le plus léger, et 6,7 0/0 du corps le plus lourd.

Il est bien difficile d'admettre que 6,7 0/0 d'un élément à poids atomique aussi élevé aient pu échapper à l'observation durant la liquéfaction.

Si l'argon appartient au huitième groupe de la classification périodique, ses propriétés cadreront bien avec ce que nous pouvons supposer.

La série qui contient :

$$Si_n^{IV} \qquad Ph_4^{III\ et\ V} \qquad S_{8\ à\ 2}^{II\ à\ VI} \qquad Cl_2^{I\ à\ VII}$$

peut se terminer par un élément à molécule monatomique et sans valence, incapable de donner de composés, ou, s'il en donne, formant des composés octatomiques.

Ce corps serait, d'autre part, une forme de transition nous amenant au potassium monovalent.

M. Lecoq de Boisbaudran (*C. R.*, **120**, 361, 1097), en se fondant sur des données qu'il n'a pas encore complètement publiées, a pu calculer le poids atomique de l'argon. Il le considère comme étant 20. On sait qu'antérieurement ce savant avait ainsi calculé le poids atomique du gallium et rectifié le poids atomique du germanium que venait de déterminer M. C. Winkler. M. Lecoq de Boisbaudran incline aussi à ranger l'argon dans le huitième groupe de la classification périodique.

Comme on le voit, l'argon avec ses propriétés spéciales est difficile à placer dans la classification périodique. Il faut noter d'ailleurs que cette classification n'est après tout qu'une loi empirique, qui n'est basée actuellement sur aucune théorie dynamique; on ne peut la mettre en parallèle avec les grandes généralisations mécaniques de la théorie des gaz, qu'on ne peut abandonner sans détruire immédiatement l'ensemble de nos notions fondamentales sur la science.

L'indifférence de l'argon vis-à-vis des autres corps s'explique facilement; en effet, le mercure, également monatomique, donne des composés qu'on ne peut maintenir stables à haute température à l'état gazeux. Essayer à la température ordinaire de produire des composés de l'argon, c'est, semble-t-il, comme si l'on essayait de combiner le mercure à 800°.

Quant à l'état physique de l'argon, pourquoi est-ce un gaz, malgré son poids atomique 40? On peut remarquer que nous ne savons pas pourquoi le carbone, de poids atomique faible, est un solide, alors que l'azote est un gaz. Nous attribuons au premier une grande complexité moléculaire, et au second une simplicité moléculaire relative.

On doit s'attendre à ranger l'argon parmi les gaz, en raison de sa densité relativement faible et de sa molécule simple.

L'inertie de l'argon nous explique pourquoi il n'a pas encore été découvert comme partie constituante de corps composés. E. Charon.

EKDÉMITE (Min.). — Voyez Ecdémite.

ÉLAÏDIQUE (ACIDE), $C^{18}H^{34}O^2$. — On connait actuellement trois acides à chaine normale répondant à la formule brute $C^{18}H^{34}O^2$. Ce sont : l'*acide oléique*, l'*acide élaïdique* et l'*acide isooléique* découvert récemment par M. Saytzeff. La constitution des deux premiers est fixée aujourd'hui d'une façon certaine; il n'en est pas de même pour celle de l'acide isooléique.

L'acide élaïdique a été décrit en partie (pour ce qui concerne son mode de préparation et ses propriétés, voyez Dict., **1**, 1217).

C'est une substance solide, cristallisée en paillettes fusibles à 51-52°; il distille à 234° sous 15 millimètres, à 251°,5 sous 30 millimètres, à 266° sous 50 millimètres, à 287°,5-288° sous 100 millimètres [Krafft et Nördlinger, *D. chem. G.*, **22**, 819].

Les sels alcalins de l'acide élaïdique, l'élaïdate de sodium en particulier, se décomposent lorsqu'on porte leur solution aqueuse à l'ébullition. Ils se comportent en cela comme les stéarates, et non pas comme les oléates. Après refroidissement il se dépose un *sel acide*, tandis que la liqueur qui surnage renferme de l'alcali libre et des gouttelettes huileuses d'acide élaïdique en suspension.

L'acidité du sel croît avec la dilution. En traitant l'élaïdate neutre de sodium par 300 parties d'eau, on obtient un sel acide qui renferme 5,8 0/0 de sodium, tandis qu'avec 1500 parties d'eau le sel acide ne contient plus que 3,24 0/0 de sodium. Ce dernier sel est donc plus acide encore que le sel acide normal

$$C^{18}H^{34}O^2, C^{18}H^{33}O^2Na,$$

dont la teneur en sodium est de 3,92 0/0 [Krafft et Stern, *D. chem. G.*, **27**,1754].

L'acide élaïdique, comme l'acide oléique, se combine directement au chlorure de nitrosyle pour donner un *nitrosochlorure* fusible à 92°, $C^{18}H^{34}AzO^3Cl$. On devrait obtenir un nitrosochlorure distinct à partir de chaque acide, mais il est possible que l'acide oléique soit transformé, dans une première phase de la réaction, en acide élaïdique [W. Tild et M. Forster, *Chem. Soc.*, **65**, 324].

L'acide élaïdique se combine à la phénylhydrazine vers 150° pour donner une *hydrazide*,

$$C^{18}H^{33}O . AzH . AzH . C^6H^5,$$

qui cristallise en aiguilles fusibles à 98-99°, solubles dans le chloroforme et dans l'acide acétique, peu solubles dans l'éther. L'acide chlorhydrique dédouble quantitativement cette hydrazide à 100° en tube scellé [P. Duden, *D. chem. G.*, **26**, 122]. M. Duden a montré que les acides de la série acrylique, $R . CH = CH . CO^2H$, réagissent tous sur la phénylhydrazine pour donner naissance à des dérivés pyrazoloniques ; il faut donc admettre que les acides oléique, élaïdique, érucique et brassidique, qui ne se comportent pas de la même manière, possèdent une constitution différente.

M. Rowney [*Jahresb.*, 1855, 532] a obtenu une *amide élaïdique* $C^{18}H^{33}OAzH^2$ en traitant l'élaïdine (triélaïdate de glycérine) par l'ammoniaque alcoolique. Cette amide est en cristaux fusibles à 92-94°.

Constitution de l'acide élaïdique. — L'acide élaïdique ne peut être qu'un isomère géométrique de l'acide oléique ordinaire, à partir duquel on peut le préparer au moyen des vapeurs nitreuses. En effet, les dibromures de ces deux acides fournissent un même acide acétylénique, l'*acide stéaroléique*, lorsqu'on les traite par la potasse alcoolique à 140° [Overbeck, *Ann. Chem.*, **140**, 49]. La potasse fondante dédouble l'acide oléique comme l'acide élaïdique en *acides palmitique* et *acétique*. L'oxydation des deux acides par le permanganate en solution neutre fournit de l'acide azélaïque. Lorsqu'on distille dans le vide un mélange de méthylate de sodium avec de l'oléate ou de l'élaïdate de baryum, on obtient un même carbure, l'*heptadécylène* $C^{17}H^{34}$, qui bout vers 160° sous 10 millimètres, et dont la densité = 0,8042 à 0° et 0,8006 à 6° [J. Mai, *D. chem. G.*, **22**, 2135]. Enfin, l'acide oléique et l'acide élaïdique fixent tous deux l'acide iodhydrique [J. Lebedeff, *J. prakt. Chem.*, (2), **50**, 61] ou l'acide chlorhydrique en solution acétique [S. Piotrowski, *D. chem. G.*, **23**, 2531] pour donner un même *acide monoiodostéarique* $C^{18}H^{35}ClO^2$ fusible à 38°, et un même *acide monochlorostéarique* $C^{18}H^{35}IO^2$ (pour la description de ces acides, voyez Stéarique). Il résulte de ces diverses réactions que l'acide élaïdique et l'acide oléique doivent être représentés par la même formule schématique $CH^3 . R . CH = CH . R' . CO^2H$, dans laquelle R et R′ sont des chaînes méthyléniques normales, puisque l'acide oléique fournit de l'acide stéarique par réduction [Goldschmiedt, *Jahresb.*, 1876, 579] et de l'acide palmitique par fusion avec la potasse.

Il reste maintenant à déterminer la position de la double liaison. L'examen des produits d'oxydation des deux acides ne peut être d'un grand secours pour résoudre le problème : en effet, avec le permanganate en solution alcaline, on obtient deux *acides dioxystéariques* $C^{18}H^{36}O^4$ isomériques, qui diffèrent nettement par leur point de fusion et leur solubilité dans l'eau et dans l'alcool [A. Saytzeff, *J. russe Chim. phys.*, 1885, (1), 417]. Si l'oxydation est poussée plus loin, il se forme de l'*acide azélaïque* $C^9H^{16}O^4$, de l'*acide caprylique* $C^8H^{16}O^2$ et de l'*acide subérique* $C^8H^{14}O^4$ [Saytzeff, *J. prakt. Chem.*, (2), 31, 541 ; (2), 33, 302. — Spiridonon, *J. prakt. Chem.*, (2), 40, 2444 ; Gröger, *D. chem. G.*, 22, 620]. L'action de l'acide azotique donne naissance à toute la série des acides gras depuis l'acide formique jusqu'à l'acide caprique, ainsi qu'aux acides succinique, glutarique, subérique, azélaïque, etc. [Arppe, Carette, voyez Dict., 2, 610]. Cependant M. Overbeck, et plus récemment M. Limpach, n'ont obtenu, par oxydation ménagée de l'acide stéaroléique au moyen de l'acide azotique fumant refroidi, que de l'*acide pélargonique* $C^9H^{18}O^2$ et de l'*acide azélaïque* [Overbeck, *Ann. Chem.*, 140, 39. — Limpach, *Ann. Chem.*, 190, 294].

Ils ont admis par suite que la double liaison se trouvait placée dans le milieu de la molécule :

$$C^8H^{17}.CH{=}CH.C^7H^{14}.CO^2H.$$

Cette formule a été confirmée d'une façon très nette par M. Baruch [*D. chem. G.*, 27, 172]. En effet, ce chimiste a établi la constitution de l'acide stéaroléique,

$$CH^3.(CH^2)^7.C{\equiv}C.(CH^2)^7.CO^2H,$$

en le transformant en *acide cétostéarique*

$$CH^3.(CH^2)^7.CO.CH^2.(CH^2)^7.CO^2H$$

$$\text{ou}\quad CH^3.(CH^2)^7.CH^2.CO.(CH^2)^7.CO^2H,$$

puis en soumettant l'oxime de cet acide à l'action de l'acide sulfurique concentré (migration moléculaire de M. Beckmann), et en étudiant les produits du dédoublement de l'*aminoacide* obtenu dans cette dernière réaction (voyez STÉAROLÉIQUE). Or l'acide stéaroléique s'obtient directement à partir du dibromure de l'acide oléique ou de l'acide élaïdique. La formule proposée par M. Limpach doit donc être adoptée.

La formation d'acide palmitique dans la fusion de l'acide oléique avec la potasse ne va pas à l'encontre de ce qui précède, car on sait qu'une pareille réaction provoque presque toujours un déplacement de la liaison éthylénique vers le carboxyle. La formule de M. Wislicenus,

$$CH^3.(CH^2)^{14}.CH{=}CH.CO^2H$$

qui fait de l'acide oléique un homologue de l'acide acrylique, doit donc être rejetée.

M. Saytzeff et ses élèves ont été conduits assez récemment à adopter une constitution un peu différente :

$$CH^3.(CH^2)^{13}.CH{=}CH.CH^2.CO^2H,$$

et cela par suite d'un fait assez singulier qui doit être signalé.

Lorsqu'on traite par la potasse alcoolique l'*acide iodostéarique* préparé au moyen de l'acide oléique ou de l'acide élaïdique, on obtient un mélange d'acide oléique ordinaire et d'un isomère, l'*acide isooléique*, qui cristallise en lamelles nacrées fusibles à 45° (voyez OLÉIQUE ACIDE).

Cet acide isooléique diffère nettement de l'acide élaïdique par sa forme cristalline et par le point de fusion (79°) de l'*acide dioxystéarique* qui en dérive [A. Saytzeff, *J. prakt. Chem.*, (2), 37, 269].

Il se transforme d'ailleurs en acide élaïdique lorsqu'on le chauffe en tube scellé avec une solution saturée d'acide sulfureux à 200°, ou avec du bisulfite de sodium à 175-180°, pendant 10 heures. L'acide oléique se comporte de même [A. et C. Saytzeff, *J. prakt. Chem.*, (2), 50, 73].

Cet acide isooléique fixe facilement l'acide iodhydrique pour donner un nouvel *acide iodostéarique*. Mais lorsqu'on traite ce dernier par la potasse alcoolique, on retombe toujours sur l'acide isooléique [A. Saytzeff, *J. prakt. Chem.*, (2), 37, 269 ; (2), 45, 300. — J. Lebedeff, *ibid.*, (2), 50, 61].

M. Saytzeff en avait conclu que l'acide isooléique et l'acide iodostéarique correspondant devaient être représentés par les formules

$$CH^3.(CH^2)^{13}.CH^2.CH{=}CH.CO^2H,$$

$$CH^3.(CH^2)^{13}.CH^2.CH^2{-}CHI.CO^2H$$

On voit en effet que, dans celle-ci, le départ d'acide iodhydrique ne peut se faire que d'une seule façon pour régénérer l'acide isooléique. Par contre, les acides oléique et élaïdique et l'acide iodostéarique correspondant auraient eu les constitutions suivantes :

$$CH^3.(CH^2)^{13}.CH{=}CH.CH^2.CO^2H,$$

$$CH^3.(CH^2)^{13}.CH^2{-}CHI.CH^2.CO^2H.$$

L'action de la potasse alcoolique peut alors donner naissance simultanément à l'acide oléique et à l'acide isooléique.

Ces réactions semblent difficilement explicables si l'on admet la formule de MM. Limpach et Baruch ; néanmoins les preuves directes apportées par ce dernier auteur doivent prévaloir dans l'établissement de la constitution de l'acide oléique et la formule de l'acide isooléique doit être encore envisagée comme douteuse.

La formule

$$CH^3.(CH^2)^7.CH{=}CH(CH^2)^7.CO^2H$$

permet de prévoir l'existence de deux isomères stéréochimiques [Wislicenus, *Ueber die räumliche Anordnung der Atome*, 1889] :

$$\begin{array}{ll} CH^3.(CH^2)^7.CH & CH^3(CH^2)^7.CH \\ \quad\quad\quad\ \| & \quad\quad\quad\ \| \\ CO^2H(CH^2)^7CH & HC.(CH^2)^7.CO^2H \end{array}$$

Il faut montrer que ces formules s'accordent bien avec l'expérience. Les deux acides oléique et élaïdique donnent un même produit d'addition avec l'acide chlorhydrique ou l'acide iodhydrique, mais deux produits différents avec le chlore, le brome, etc. Ainsi l'acide élaïdique en solution chloroformique fixe le chlore pour donner un *dichlorure* $C^{18}H^{34}Cl^2O^2$, qui cristallise en paillettes nacrées fusibles à 32°, insolubles dans l'eau, solubles dans les dissolvants organiques. Le *dichlorure de l'acide oléique* est incristallisable [S. Piotrowski, *D. chem. G.*, 23, 2531]. Il est facile de voir sur les schémas suivants que les formules proposées satisfont bien à ces deux conditions :

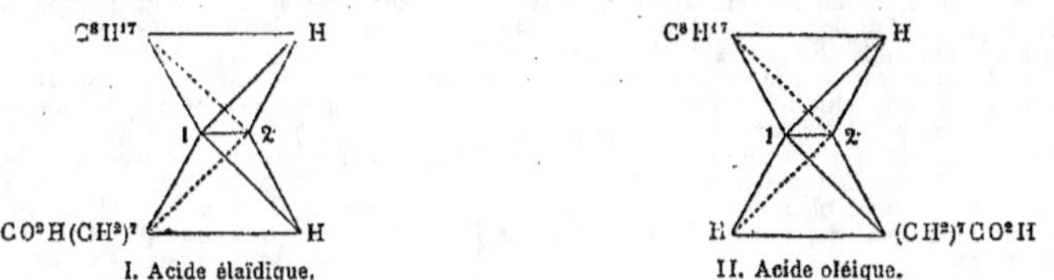

I. Acide élaïdique.

II. Acide oléique.

Fixons une molécule de chlore sur les deux acides ; en raison de l'absolue symétrie des sommets 1 et 2 par rapport au plan perpendiculaire à l'arête commune, la rupture se fera aussi bien en 1 qu'en 2. Il en résultera pour chaque acide, deux produits d'addition en quantités égales :

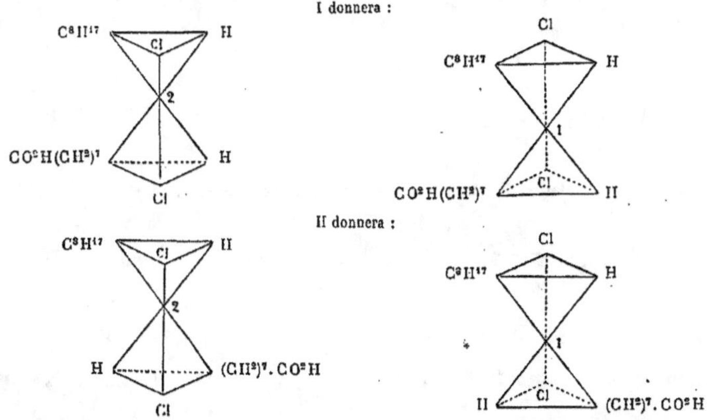

Or on voit, par une simple rotation autour du sommet commun, que les deux isomères dérivant de I sont énantiomorphes ; ils posséderont exactement les mêmes propriétés chimiques et physiques, sauf que leur pouvoir rotatoire sera de signe contraire. Ils formeront donc un racémique et le produit de la réaction n'aura pas le pouvoir rotatoire. On peut en dire autant des isomères dérivés de II.

Mais les deux racémiques ainsi obtenus ne sont ni identiques, ni énantiomorphes, car si l'on fait coïncider les tétraèdres supérieurs, les inférieurs ne se superposeront pas et *vice versa*. On obtient donc bien deux dérivés d'addition différents.

En second lieu, si l'on fixe une molécule d'acide chlorhydrique sur les deux acides, et si l'on admet, comme c'est généralement le cas, que le chlore se fixe sur le carbone le plus voisin du carboxyle, on obtiendra les quatre schémas suivants en répétant le raisonnement exposé plus haut :

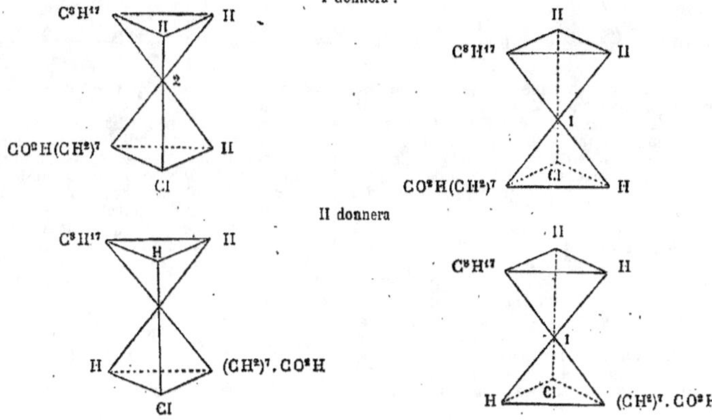

On se trouve encore en présence de deux racémiques, mais cette fois les deux racémiques sont identiques. On doit donc obtenir un même acide stéarique monosubstitué à partir des deux isomères. Un raisonnement analogue est applicable au cas où l'acide chlorhydrique se fixerait des deux manières possibles sur l'acide oléique et sur l'acide élaïdique. On obtiendrait alors deux dérivés monochlorés distincts, mais ces deux dérivés se formeraient aussi bien et en même quantité, par raison de symétrie, à partir de chaque acide non saturé.

Il est intéressant de signaler ici cette confirmation des théories stéréochimiques par l'expérience. Reste à savoir à quel acide on doit attribuer chacune des formules I et II.

M. Overbeck (*loc. cit.*) a remarqué que le dibromure de l'acide oléique perd très facilement deux molécules d'acide bromhydrique pour donner l'acide monobromoléique, puis de l'acide stéaroléique, tandis qu'avec le dibromure de l'acide élaïdique la réaction ne commence que vers 100° et la deuxième phase en particulier s'effectue avec beaucoup plus de difficulté.

Or, si l'on fixe du brome sur les deux acides I et II, on obtient les deux schémas suivants :

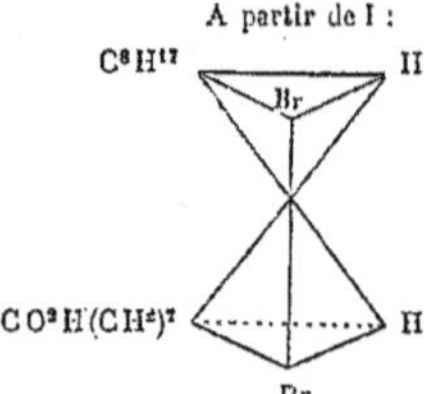

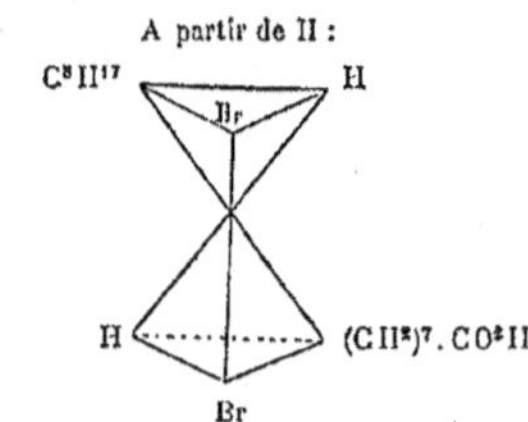

ou par une simple rotation du tétraèdre supérieur autour de l'axe commun :

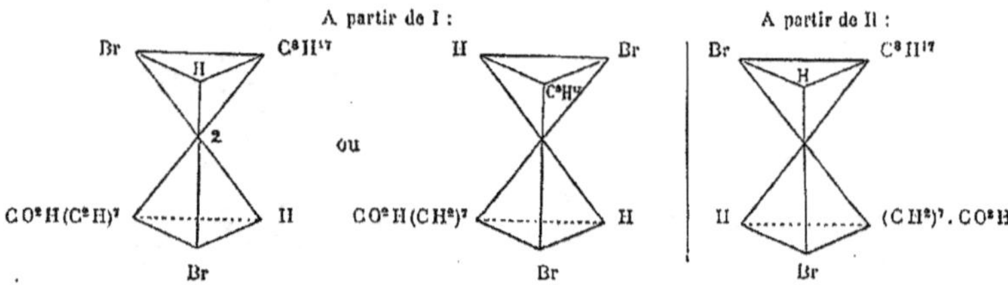

Ces trois isomères perdront avec une égale facilité une molécule d'acide bromhydrique pour donner *trois acides monobromés non saturés* :

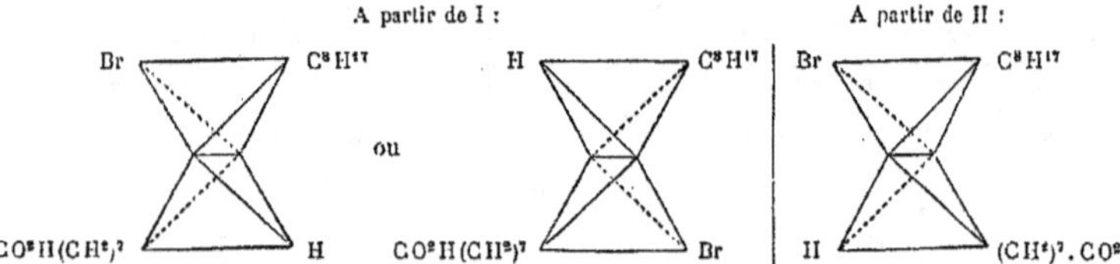

Mais, dans la deuxième phase, le troisième acide monobromé, qui dérive de la formule II, perdra une deuxième molécule d'acide bromhydrique bien plus facilement que les deux premiers qui se rattachent à la formule I (Wislicenus, *loc. cit.*). Il en résulte que la formule II devra être attribuée à l'acide oléique et la formule I à l'acide élaïdique.

Les raisonnements qui viennent d'être exposés ont été appliqués à la détermination de la structure de tous les acides non saturés, gras ou aromatiques. P. Freundler.

ÉLASTINE. — Voyez ALBUMINOÏDES.

ÉLECTROCHIMIE. — « L'opération mystérieuse qui s'exécute dans le voltamètre doit être étudiée à la fois avec les méthodes de la physique et de la chimie. On peut espérer qu'elle éclairera d'une vive lumière les problèmes les plus délicats de la mécanique des atomes » (Dict., 1, ÉLECTRICITÉ).

Comme l'avait prévu Salet, les travaux de ces dernières années ont fait faire de grands progrès à la connaissance des réactions du voltamètre et ont enrichi les diverses branches de la chimie de beaucoup de faits nouveaux. Ils ont amené en outre la création de nouvelles industries, basées sur les applications des phénomènes électriques aux réactions chimiques. Ces industries, toutes récentes, sont actuellement en voie de développement et promettent une ample moisson.

Nous nous proposons, au cours de cet article, de donner un exposé aussi complet que possible de l'état de la science électrochimique et de ses applications industrielles. Nous diviserons donc ce travail en deux grandes parties :

I. EXPOSÉ THÉORIQUE ; — II. APPLICATIONS.

I. — PARTIE THÉORIQUE.

Nous distinguerons, avec M. Berthelot, quatre modes principaux suivant lesquels l'électricité intervient en chimie, savoir :

1° *L'électrolyse;*
2° *L'action de l'arc électrique;*
3° *L'action de l'étincelle électrique;*
4° *L'action de l'effluve électrique.*

Les trois derniers modes d'action de l'électricité ont permis de provoquer des phénomènes dont beaucoup sont le privilège de l'énergie électrique qui nous les a révélés; les belles recherches de M. Moissan ont donné une importance toute particulière à ce genre de réactions, qui enrichissent chaque jour la chimie de nouvelles conquêtes.

L'électrolyse, au contraire, doit plutôt être considérée comme l'action d'un courant produit hors du voltamètre, se substituant au travail produit dans les réactions chimiques à l'aide de l'énergie calorifique et quelquefois électrique, dégagée dans le milieu même. L'électrolyse permet ainsi de réaliser directement au sein d'un électrolyte qui affecte presque toujours l'état dissous ou fondu, une transformation qui ne pouvait être obtenue que par des voies chimiques en faisant intervenir des réactions secondaires.

Aussi longtemps que la production de l'énergie électrique est restée limitée aux piles, l'étude des phénomènes d'électrolyse n'était pas sans difficultés et n'offrait qu'un faible intérêt pour les applications industrielles. Grâce aux immenses progrès réalisés dans la production des courants continus par les générateurs mécaniques d'électricité, on a pu opérer dans des conditions plus favorables. On a ramené à des unités semblables les notions d'intensité, de force électromotrice, de résistance exprimées en des langages différents par les savants qui ont ouvert la voie, et l'étude autrefois empirique des phénomènes électrolytiques se trouve aujourd'hui subordonnée aux mesures qui lui assignent toute la précision des autres branches des sciences physico-chimiques.

ÉLECTROLYSE.

Définitions. — On désigne généralement sous le nom de *voltamètre* l'appareil de forme et de contenance variables à l'infini où se produit la décomposition ou la réaction électrolytique.

Le courant agit sur les *électrolytes* par des électrodes, constituées par un corps conducteur de l'électricité et plongées dans le liquide.

On admet que le courant entre par l'*anode* (pôle +) et sort par la *cathode* (pôle —).

Les produits de la décomposition des électrolytes sont les *ions* (*anions* +, *cathions* —).

La Chambre des délégués du Congrès international des Électriciens de Chicago a adopté, en 1893, un certain nombre d'unités fondamentales, généralisant ainsi le système d'unités recommandé dès 1881 par le premier Congrès international. Ce système est désigné sous le nom de *système* C. G. S. (centimètre, gramme, seconde), parce qu'on a pris pour base ces trois grandeurs, dont toutes les unités *pratiques* adoptées deviennent ainsi des multiples ou des fractions (ainsi le nombre 220.000.000 s'écrira 22.10^6 et 0.000.00022 sera représenté par 22.10^{-6}).

A côté de ces unités purement théoriques, on a adopté des *unités pratiques,* multiples ou fractions des unités absolues.

La connaissance de ces *unités pratiques* est suffisante pour l'étude de l'électrochimie.

L'énergie électrique, comme les autres formes de l'énergie, doit être considérée comme un produit de deux facteurs, la *masse électrique* et la *tension* ou *force électromotrice.*

Unité pratique de quantité ou de masse électrique. — C'est le *coulomb,* correspondant à la quantité d'électricité qui traverse un circuit pendant une seconde, lorsque l'intensité du courant est égale à un ampère. Le coulomb correspond à 10^{-1} unités C. G. S.

On a pris l'habitude, dans les anciens ouvrages, d'exprimer les quantités d'électricité en fonction du poids de métal déposé par le courant dans la cuve électrolytique ou du volume de gaz recueilli au voltamètre à eau acidulée. On trouvera ci-dessous un tableau des équivalents électrochimiques permettant de réduire ces chiffres en unités de quantité.

Un *coulomb* traversant un voltamètre produit $0^{cc},172$ de gaz ($H = 760$ millimètres; $t = 0^0$). Le poids d'hydrogène produit correspond à $0^{mgr},01038$.

Le Congrès de Chicago admet que l'ampère international traversant une solution aqueuse d'azotate d'argent dépose l'argent à raison de 0,00118 grammes par seconde.

Le coulomb correspondant à une quantité d'électricité très minime, on exprime sous le nom d'*ampère-heure* la quantité correspondant à 3600 coulombs pendant une heure.

Unité de force électromotrice. — L'unité pratique de force électromotrice correspond à 10^8 unités C. G. S.

C'est la force électromotrice nécessaire pour faire passer un courant d'un ampère dans une résistance égale à un ohm.

Unité pratique de résistance. — Sa valeur est représentée par une colonne de mercure de 1 millimètre carré de section et de 106 centimètres de longueur à la température de la glace fondante.

L'unité de résistance porte le nom d'*ohm*.

On définit la résistance : le rapport de la force électromotrice E et de l'intensité I.

On a

$$R = \frac{E}{I} \quad \text{et} \quad I = \frac{E}{R}.$$

Unité d'énergie électrique. — C'est la quantité de chaleur développée par le passage de l'électricité dans un conducteur, quand une quantité d'électricité correspondant à un coulomb traverse un conducteur avec une tension de 1 volt :

$$W = QE.$$

1 calorie (g-d) équivalant à $0^{kgm},425$, on a pour la quantité de chaleur dégagée par un coulomb dans une résistance d'un ohm

$$0^{cal},243 \text{ (g-d)}.$$

On nomme *joule* cette unité d'énergie.

Action de l'électricité sur les conducteurs. — On considère qu'il n'y a pas de corps *tout à fait* réfractaires au passage de l'électricité. Toutefois on distingue deux classes de conducteurs :

1° Les *conducteurs de la première classe,* à laquelle appartiennent les métaux et leurs alliages, le charbon, etc., sur lesquels le courant électrique n'exerce aucune action décomposante; leur constitution intime ne se trouve pas modifiée par le passage du courant et ils s'échauffent conformément à la loi de Joule, proportionnellement à leur résistance et à la quantité d'électricité qui les traverse.

2° Les *conducteurs de la deuxième classe.* Ils comprennent tous les corps fondus ou dissous. Ces corps, en livrant passage au courant, subissent en même temps une décomposition chimique, qui toutefois n'est rendue sensible qu'aux points où ils sont en contact avec les conducteurs de la première classe.

Les *électrolytes* sont, naturellement, des substances composées. Les métaux et l'hydrogène des acides se rendent au pôle négatif. Les radicaux acides ou les éléments correspondants, tels que le brome, l'iode ou l'hydroxyle des corps basiques, se rendent au pôle positif.

La différence la plus sensible entre les deux classes de conducteurs réside dans la modification de leur résistance par l'action de la chaleur.

La résistance des métaux, et en général des corps dont la composition n'est pas modifiée par le passage du courant électrique, croît avec la température.

La résistance des électrolytes, au contraire, diminue avec l'accroissement de température.

Les acides, les bases et les sels sont plus spécialement des électrolytes. L'état physique d'un corps, son état allotropique, modifient sa conductibilité. Le graphite est conducteur; le diamant est classé parmi les isolants, ainsi que le verre, qui laisse passer le courant à l'état fondu.

D'une manière générale, ne sont électrolytes que les corps qui contiennent le fluor, le chlore, le brome, l'iode, l'oxygène et le soufre. Des corps ne renfermant aucun de ces éléments ne sont pas susceptibles d'être électrolysés.

Comme on le verra plus loin, certaines solutions ne deviennent conductrices que par l'introduction de substances étrangères.

Les éléments indiqués ci-dessus ne sont pas conducteurs, soit purs, soit dans leurs combinaisons avec l'hydrogène; ils deviennent électrolysables soit par dissolution dans l'eau, soit par leur combinaison avec les métaux.

Loi de Faraday. — On sait que Faraday a reconnu, en 1833, la proportionnalité entre la quantité de substance décomposée, la quantité d'électricité traversant l'électrolyte et les équivalents chimiques.

Cette loi est formulée par M. Ostwald comme suit : *Des masses d'électricité égales traversant des électrolytes différents déplacent des quantités équivalentes des différents ions.*

On peut en déduire cette autre loi importante dégagée par M. Nernst : *Des masses équivalentes de différents ions ont une même capacité d'énergie électrique*, en quoi la loi de Faraday n'est pas sans analogie avec la loi de Dulong et Petit.

M. Buff a démontré, en faisant varier la quantité d'électricité dans la proportion de 1 à 40, l'absolue proportionnalité de la loi.

L'équivalent électrochimique du coulomb a été déterminé par M. Mascart et par lord Rayleigh et trouvé égal à 1,112, 1,1179 et 1,1183 milligrammes d'argent.

La moyenne de ces chiffres étant 1,1181, on a, en prenant 107,938 pour poids atomique de l'argent, l'équivalent électrochimique

$$D = 0^{\text{mgr}},00001036.$$

Les masses d'ions mis en liberté par un coulomb sont donc en proportion *équivalente* de ce chiffre.

La loi de Faraday a paru en contradiction avec la théorie atomique et a pu prêter à une confusion qu'on a dissipée en introduisant la notion de valence (voyez Affinité, Dict., 1, 81).

L'équivalent électrochimique d'un élément est le quotient de son poids atomique par sa valence.

C'est ainsi que, si l'on met dans le même circuit des solutions de nitrate d'argent, de sulfate de cuivre et de trichlorure d'antimoine, les masses des métaux mises en liberté sont dans le rapport de 108 d'argent, $1/2 \times 63,3$ de cuivre et $1/3 \times 120$ d'antimoine.

M. Chassy [*C. R.*, **114**, 998] a proposé de formuler la loi de la façon suivante :

Lorsqu'on électrolyse une substance quelconque, il se dégage toujours 1 équivalent d'hydrogène, ou la quantité correspondante du radical électropositif.

Les molécules électrolytiques d'égale valence se comportent comme si chacune d'elles possédait la même capacité électrique.

Quand on dispose dans un même circuit des dérivés des métaux à plusieurs valences, chaque atome met en mouvement une quantité d'électricité proportionnelle au nombre de valences du métal dans le composé considéré.

Ainsi la même quantité d'électricité qui libère 200 grammes de mercure dans un sel mercureux n'en libère que 100 grammes dans un sel mercurique.

Réciproquement, Renault a montré que équivalents égaux de divers éléments dissous dans la pile dégagent une même quantité d'électricité : on obtient toujours 96450 coulombs quand un élément de pile consomme un équivalent en grammes d'une substance active. Pour un même métal, la quantité d'électricité dépend pourtant du rôle que joue le métal quand il possède plusieurs degrés de combinaison. Ainsi, il faut 200 grammes de mercure pour obtenir 96450 coulombs quand on forme le nitrate mercureux. Au contraire, cette même quantité d'électricité prend naissance si on dissout 100 grammes de mercure dans le cyanure de potassium, de façon à obtenir le cyanure mercurique.

On doit donc en déduire que l'équivalent électrochimique d'un élément est fonction de la valence.

Le tableau suivant (I) est dû à MM. Vogel et Rössing; on a fait figurer en regard des poids atomiques les équivalents déduits de la loi de Faraday. Ainsi la quantité d'aluminium équivalente à 1 d'hydrogène est égale à $\frac{27,3}{3}$, etc.

Force électromotrice minima. Limites d'électrolyse. Loi de M. Berthelot. — La loi de Faraday est une loi d'équivalence de quantités et n'implique aucune considération sur la tension nécessaire à l'électrolyse d'un composé chimique.

M. Berthelot a déterminé ces conditions et a déterminé les rapports entre les données thermiques et la tension nécessaire à la décomposition électrolytique :

Pour électrolyser un composé donné, il faut employer une force électromotrice déterminée, laquelle est proportionnelle à la chaleur consommée par la formation inverse du composé.

Si le courant électrique est développé au moyen d'une pile, la force électromotrice de celle-ci est proportionnelle à la chaleur dégagée par l'action chimique qui y produit l'électricité.

M. Berthelot a montré qu'un élément de pile pourra produire seulement des décompositions telles qu'elles absorbent moins de chaleur que la réaction originelle qui développe le courant. Aussi l'électricité développée par un élément Daniell, laquelle résulte de la substitution du zinc au cuivre dans le sulfate de cuivre dissous, ne peut-elle décomposer l'eau. Cette substitution dégage + 26,2 cal., tandis que la décomposition de l'eau absorbe + 34,5 cal. [*Ann. Chim. Phys.*, (5), 27, 88].

La réaction chimique ne commence que lorsque l'électricité atteint un certain potentiel dans la pile.

TABLEAU I.

Noms des corps.	Symboles.	Degré d'oxydation.	Valence.	Poids atomique.	Équivalent déduit de la valence.	Équivalent électro-chimique (1 coulomb)	Poids dégagé par ampère-heure.
Aluminium	Al	»	3	27,04	9,1	0,0938	0,3377
Antimoine	Sb	Sb^2O^3	3	119,6	39,87	0,415	1,494
Argent	Ag	»	1	107,66	107,66	1,1183	4,026
Arsenic	As	As^2O^3	3	74,9	24,97	0,260	0,936
Azote	Az	Az^2O^5	3	14,01	4,67	0,0486	0,175
Baryum	Ba	»	2	136,9	68,4	0,7123	2,566
Bismuth	Bi	»	3	207,3	69,1	0,7194	2,590
Bore	Bo	»	3	10,9	3,63	0,0378	0,136
Brome	Br	»	1	79,75	79,75	0,8303	2,989
Cadmium	Cd	»	2	111,7	55,85	0,5814	2,093
Calcium	Ca	»	2	39,91	19,95	0,2077	0,7477
Carbone	C	»	4	11,97	2,99	0,03113	0,1118
Chlore	Cl	»	1	35,37	35,37	0,3682	1,326
Chrome	Cr	»	2	52,4	26,2	0,2728	0,982
		Cr^2O^3	3	52,4	17,47	0,1819	0,6548
Cobalt	Co	»	2	58,6	29,3	0,3050	1,098
		Co^2O^3	3	58,6	19,63	0,2033	0,732
Cuivre	Cu	Cu^2O	2/2	63,18	63,18	0,6578	2,368
		CuO	3	63,18	31,59	0,3289	1,180
Étain	Sn	»	2	118,8	59,4	0,6184	2,226
Fer	Fe	»	2	55,88	27,94	0,2909	1,047
Fluor	Fl	»	1	19,1	19,1	0,1989	0,7159
Glucinium	Gl	»	2	9,8	4,54	0,0473	0,1702
Hydrogène	H	»	1	1,0	1,0	0,010411	0,03748
Iode	I	»	1	126,54	126,54	1,3174	4,743
Lithium	Li	»	1	7,1	7,1	0,07298	0,2627
Magnésium	Mg	»	2	24,30	12,15	0,1265	0,4554
Manganèse	Mn	MnO	2	54,8	27,4	0,2853	1,027
Mercure	Hg	»	2/2	199,8	199,8	2,080	7,488
Nickel	Ni	NiO	2	58,6	29,3	0,3050	1,098
Oxygène	O	»	2	15,96	7,98	0,08308	0,299
Palladium	Pd	»	2	106,2	53,1	0,5528	1,999
Phosphore	Ph	Ph^2O^3	3	30,96	10,32	0,1074	0,3868
Platine	Pt	»	4	194,3	48,77	0,5078	1,1828
Plomb	Pb	»	2	206,4	103,2	1,0744	3,868
Soufre	S	»	2	31,98	15,99	0,1664	0,5993
Sélénium	Se	SeO^2	2	78,0	39,5	0,4112	1,480
Silicium	Si	»	4	28,3	7,7	0,0736	0,2649
Sodium	Na	»	1	23,0	23,0	0,2394	0,8620
Strontium	Sr	»	2	87,3	43,65	0,4545	1,636
Tellure	Te	»	2	125,0	63,5	0,151	2,343
Thallium	Th	»	2	203,7	101,85	1,0604	3,8174
Titane	Ti	»	4	48,0	12,0	0,102	0,450
Zinc	Zn	»	2	65,2	32,55	0,3389	1,220

Le tableau suivant donne les résultats des mesures de M. Thomsen pour la chaleur dégagée par un certain nombre de piles, la force électromotrice de l'élément Daniell étant prise pour unité :

		Réactions chimiques.	Données thermiques.	Chaleur dégagée.	Force électromotrice.
Elément Daniell	Zinc, Acide sulfurique, Sulfate de cuivre, Cuivre	+ Zn,O,SO^3Aq	+ 106,090	50,130	1,00
		— Cu,O,SO^3Aq	— 55,960		
Élément Smée	Zinc, Acide sulfurique, Platine	+ Zn,O,SO^3Aq	+ 106,090	37,730	0,75
		— H^2O	— 68,360		
Élément Grove (Bunsen).	Zinc, Acide sulfurique, Acide nitrique, Charbon ou platine	+ ZnO,S,O^3Aq	+ 106,090	96,080	1,92
		— Az^2O^4,O,H^2O (dissous dans le reste de l'acide azotique).	— 10,010		
Élément au bichromate.	Zinc, Acide sulfurique, Acide chromique, Charbon	+ Zn,O,SO^3Aq	+ 106,090	99,760	1,99
		$-\frac{1}{3}Cr^2O^3,O^3,Aq$	— 6,300		

La force électromotrice des piles est donc en rapport direct avec la chaleur dégagée dans les réactions chimiques qui s'y produisent.

Réciproquement, l'électrolyse n'est possible avec un générateur électrique quelconque que si la force électromotrice est au moins égale à l'équivalent mécanique de l'action chimique à laquelle est soumis un équivalent électrochimique du métal considéré (Thomsen).

On a reconnu que, pour déterminer la force électromotrice en volts nécessaire aux décompositions chimiques, il suffit de connaître la quantité de calories dégagées dans la formation de l'équivalent chimique de la combinaison à électrolyser et de diviser cette quantité par 23,2.

En effet, le travail à fournir pour électrolyser un corps est représenté par la formule

$$\frac{QE}{9,8} \text{ kilogrammètres.}$$

On a vu qu'un coulomb dégage $0^{gr},0001036$ d'hydrogène par seconde; il en résulte qu'il faut 96 525 coulombs ou 268 ampères-heures pour libérer un gramme d'hydrogène ou un équivalent d'un corps simple monovalent quelconque.

Pour dégager un équivalent de ses combinaisons à l'aide de l'électrolyse, il faut donc

$$\frac{96\,525 \text{ E}}{9,8 \times 425} = 23,2 \text{ E calories.}$$

Le travail de décomposition étant égal au travail de formation, le nombre de 23,2 E calories est égal à la chaleur de formation

$$C = 23,2 \text{ E}, \quad \text{d'où} \quad E = \frac{23,2}{C}.$$

On est parvenu à trouver d'autres analogies entre les données thermiques et les résultats de l'électrolyse.

Ainsi M. Nourrisson a montré [*C. R.*, **118**, 190] que la force électromotrice nécessaire à l'électrolyse d'un sel alcalin est constante, d'une part pour tous les oxysels, d'autre part pour les sels haloïdes dérivant du même acide.

On a ainsi, en volts :

	Chlorures.	Bromures.	Iodures.	Sulfates.	Nitrates.	Chlorates.
Potassium	1,97	1,74	1,15	2,40	2,32	2,45
Sodium	2,10	1,71	1,19	2,40	2,36	2,42
Lithium	2,01	»	»	2,43	2,45	»
Calcium	1,95	1,71	1,16	»	2,28	»
Baryum	1,94	1,72	1,17	»	2,37	2,48
Ammonium	1,83	1,46	»	2,29	»	»
Valeurs calculées	2,02	1,75	1,16	2,15	2,07	2,07

Cette force électromotrice minima se trouve être, pour les oxysels, sensiblement la somme de deux quantités équivalentes, l'une à la chaleur absorbée par la séparation de l'acide et de la base en solutions étendues, l'autre à la chaleur de décomposition en oxygène et hydrogène de l'eau qui dissout ces corps.

Aussi, pour décomposer le sulfate de soude, on a comme état initial :

1° $SO^4Na^2 = S + O^4 + Na^2$	Absorption de	329 cal.
2° $2H^2O = 2H^2 + O^2$	—	136.8
		465,8

et comme résultat de l'électrolyse :

3° H^2, O dégagés	
4° $S + O^3] + Aq = SO^4H^2$ étendu	142,5
5° $Na^2 + O^2 + H^2 + Aq = 2NaOH$ dissoute.	223,6
	366,1

Différence $99^{cal},7$.

L'acide sulfurique étant bibasique, il faut diviser ce chiffre par 2 pour avoir celui correspondant à un équivalent, soit

$$\frac{9.98}{2 \times 23,2} = 2^{volts},15$$

comme force électromotrice minima pour décomposer le sulfate de sodium.

MM. Arrhenius, Ostwald et Le Blanc ont combattu l'exactitude de la loi de M. Berthelot.

L'électrolyse a pu être observée dans certaines conditions avec des forces infiniment faibles.

M. Le Blanc a fait remarquer [*C. R.*, **118**, 705] que, si l'on change la nature des électrodes dans l'expérience, on constate des forces électromotrices différentes, et il voit un simple effet du hasard dans les multiples observations qui ont amené M. Berthelot à formuler la loi des « limites de l'électrolyse ». Sans nier qu'on ait pu constater le passage du courant dans certaines conditions, nous pensons que la loi de M. Berthelot est en concordance avec les faits, dans la grande majorité des cas. D'ailleurs, de nouveaux travaux faits en Allemagne sur l'électrolyse de solutions renfermant un mélange de plusieurs sels métalliques établissent d'une façon certaine une concordance entre les chaleurs de formation et l'ordre de décomposition des électrolytes.

Constitution des électrolytes. — On trouvera à l'article Dissociation électrolytique un exposé de l'état actuel des théories sur la constitution des électrolytes. L'hypothèse de M. Arrhenius est en concordance avec les considérations les plus élevées sur l'état des corps dissous. La théorie des ions libres jette une certaine lumière sur des faits observés dans la chimie analytique. Ainsi, le nitrate d'argent précipite le chlore de l'acide chlorhydrique et des chlorures; il n'agit pas de même sur ce corps dans l'acide chlorique ou dans l'acide chloracétique. De même, les combinaisons du fer sont précipitées par le sulfhydrate d'ammoniaque, tandis que le fer à l'état de ferrocyanure de potassium ne donne aucune réaction. On en conclut que seules les combinaisons dans lesquelles les corps envisagés se trouvent à l'état d'ions, présentent les réactions indiquées pour une catégorie de réactifs. Dans le chlorate de potasse les ions sont H et ClO^3, et l'ion plus complexe dans lequel le chlore est engagé ne présente pas la réaction du chlore.

M. Arrhenius est arrivé aux conclusions suivantes :

Les électrolytes, ou du moins la partie « active » des molécules des sels conducteurs, doivent être considérés comme dissociés au sein des solutions. Ceci est prouvé tant par les données acquises depuis les travaux de MM. Raoult et Van 't Hoff que par l'étude de la conductibilité des solutions très étendues.

En effet, la conductibilité, ramenée à l'équivalent en grammes, croît avec la dilution; or il en est de même de la dissociation et il est permis d'en conclure que cette augmentation de conductibilité est due à une plus grande facilité de mouvement des ions.

Conductibilité électrique des électrolytes. — Nous avons défini ci-dessus les conducteurs de la deuxième classe qui livrent passage au courant en subissant une décomposition ou une transformation chimique.

Quelle que soit l'interprétation admise sur la façon dont le courant traverse un électrolyte, le chimiste doit se préoccuper de la détermination des coefficients, tant au point de vue des réactions que des indications qui peuvent en être la conséquence relativement à la constitution des composés chimiques.

Au point de vue de la conductibilité électrique, on classe les divers composés chimiques de la façon suivante :

SELS HALOÏDES

Famille I. { A : Li, Na, K, Rb, Cs;
B : Cu, Ag, Au.

Les sels haloïdes du groupe A sont tous conducteurs à l'état fondu.

Quant au groupe B, le chlorure cuivreux est bon conducteur; le chlorure cuivrique ne peut être fondu sans décomposition. Sa solution alcoolique conduit légèrement.

L'iodure d'argent présente cette particularité qu'il conserve presque tout son pouvoir conducteur jusque vers 145°, température à laquelle il se solidifie à l'état cristallin.

Le chlorure d'or ne peut être fondu; sa solution dans le sulfure de carbone est isolante. Les solutions aqueuses sont conductrices, mais présentent une réaction acide qui est l'indice de la présence d'acide chlorhydrique

Famille II. { A : Gl, Mg, Ca, Sr, Ba;
B : Zn, Cd, Hg.

Les principaux dérivés connus du groupe A sont conducteurs.

Les chlorure, bromure et iodure de zinc sont bons conducteurs à l'état fondu; ils perdent cette propriété par la solidification. Leurs solutions dans l'éther sont conductrices; il en est de même des solutions dans l'alcool.

Les sels de cadmium se comportent de la même façon.

Le chlorure mercurique est très mauvais conducteur à l'état de fusion, comme en solution aqueuse, alcoolique ou éthérée.

Le chlorure mercureux est, au contraire, bon conducteur quand il est fondu.

Le bromure mercurique est un peu meilleur conducteur que le chlorure; l'iodure conduit mieux encore.

Famille III. { A : B, Al, Se, Y, La, Yb;
B : Ga, In, Tl.

Le chlorure de bore est isolant, ainsi que les chlorure et bromure d'aluminium absolument purs; il en est de même pour ce dernier en dissolution dans le sulfure de carbone.

Le chlorure de lanthane est conducteur.

Le chlorure de gallium $GaCl^2$ est très bon conducteur; le chlorure $GaCl^3$ l'est moins. Le chlorure d'indium est isolant.

Le protochlorure de thallium est assez peu conducteur

Famille IV. { A : C, Si, Ti, Zr, Ce, Th;
B : Ge, Sn, Pb.

Les chlorures et bromures CCl^4, $SiCl^4$, $SiBr^4$, $TiCl^4$, $TiBr^4$ sont isolants.

Le chlorure de zirconium n'a pu être fondu.

Les chlorures de cérium et de thorium sont conducteurs.

Le chlorure stanneux est conducteur, le chlorure stannique est isolant.

Les sels haloïdes du plomb sont tous conducteurs.

Famille V. { A : Va, Nb, Di, Ta;
B : Az, P, As, Sb, Bi.

Le tétrachlorure de vanadium, ainsi que l'oxychlorure, ne sont pas conducteurs.

Le trichlorure n'est pas fusible.

Le pentachlorure de niobium est non conducteur.

Le trichlorure de didyme et le pentachlorure de tantale sont très bons conducteurs.

Les dérivés de l'azote, du phosphore, de l'arsenic ne se laissent pas traverser par le courant.

Le trichlorure d'antimoine est un peu conducteur, ainsi que l'iodure d'antimoine.

Les chlorures de bismuth, ainsi que les bromures, sont au contraire de bons conducteurs

Famille VI. { A : Cu, Mo, W, U;
B : O, S, Se, Te

Le protochlorure de chrome est conducteur, ainsi que le tétrachlorure d'uranium et le chlorure d'uranyle UO^2Cl^2, qui sont de très bons électrolytes.

Les chlorures de soufre et de sélénium sont réfractaires au passage du courant, tandis que les chlorures de tellure sont conducteurs.

Famille VII. { A : Mn;
B : Fl, Cl, Br, I.

Le chlorure de manganèse est conducteur, tandis que les combinaisons des halogènes entre eux sont toutes isolantes.

Famille VIII. { A : Fe, Co, Ni;
B : Ru, Rh, Pd;
C : Os, Ir, Pt.

Le chlorure ferreux, ceux de cobalt et de nickel sont bons conducteurs, ainsi que le chlorure de palladium.

La plupart des autres chlorures ne peuvent être fondus sans décomposition.

D'une manière générale, on peut conclure de cette énumération que les protochlorures conduisent mieux le courant électrique que les chlorures supérieurs. Les chlorures des métaux univalents sont tous conducteurs, ainsi que ceux des métaux bivalents, jusqu'au chlorure de mercure qui paraît être à la limite.

Corps dissous. — Le tableau suivant, établi d'après les recherches de M. Kohlrausch, donne la résistance en ohms d'un certain nombre de solutions à divers degrés de concentration.

Les données qui figurent sur ce tableau sont établies pour une colonne de liquide de 1 décimètre de longueur et de 1 décimètre carré de section.

On a pour une colonne de liquide de longueur l, de section s, la relation

$$R = a\frac{l}{s}.$$

Ainsi la résistance d'une colonne de soude caustique en dissolution à 10 0/0 NaOH, de 1 mètre de longueur et de 1 décimètre carré de section, sera

$$0,32 \times \frac{10}{1} = 3^{\text{ohms}},20.$$

Dans le système C. G. S. l'unité pratique de résistance spécifique est l'ohm-centimètre, c'est-à-dire la résistance d'une colonne de liquide de 1 centimètre de section et de 1 centimètre de longueur.

Dans le cas de la même dissolution de soude caustique, on a

$$0,32 \times \frac{0^{\text{dcm}},1}{0^{\text{dcmq}},01} = 3^{\text{ohms}},2.$$

Il suffit donc de multiplier par 10 les coefficients du tableau pour avoir la résistance spécifique en ohms-centimètres, d'où on déduit la conductibilité spécifique

$$c = \frac{1}{2}.$$

TABLEAU II.

Tableau des résistances électriques d'un certain nombre de solutions salines à divers degrés de concentration.

TENEUR de la solution en centièmes.	Poids spécifiques	Résistances en ohms, à 18°, d'une col. d'un décim. de long et d'un décim.² de section.	Diminution de la résistance par degré centigrade (*en centièmes*).
Chlorure de potassium	18°		
5	1,0308	1,4626	2,02
10	1,0638	0,7422	1,89
15	1,0978	0,4994	1,80
20	1,1335	0,3767	1,69
25	1,1408	0,3590	1,67
Chlorure d'ammonium	18°		
5	1,0142	1,0983	1,99
10	1,0289	0,5680	1,87
15	1,0430	0,3900	1,72
20	1,0571	0,2998	1,62
25	1,0710	0,2505	1,55
Chlorure de sodium	18°		
5	1,0345	1,5022	2,18
10	1,0707	0,8334	2,15
15	1,1087	0,6146	2,13
20	1,1477	0,5155	2,17
25	1,1898	0,4726	2,28
26	1,1982	0,4691	2,31
26,4	1,2014	0,4680	2,3
Chlorure de lithium	18°		
2,5	1,0132	2,4632	2,28
5	1,0274	1,3772	2,24
10	1,0563	0,8283	2,19
20	1,115	0,6166	2,2,
30	1,181	0,7218	2,29
40	1,255	1,1957	2,85
Chlorure de baryum	18°		
5	1,0445	2,5900	2,15
10	1,0939	1,3752	2,07
15	1,1473	0,9507	2,01
20	1,2047	0,7577	1,96
24	1,2559	0,6574	1,93
Chlorure de strontium	18°		
5	1,0443	2,0871	2,15
10	1,0932	1,1380	2,09
15	1,1456	0,8196	»
20	1,2023	0,6748	»
22	1,2259	0,6374	»
Chlorure de calcium	18°		
5	1,0409	1,5697	2,14
10	1,0852	0,8841	2,07
15	1,1311	0,6705	2,03
20	1,1794	0,5838	2,01
25	1,2305	0,5666	2,05
30	1,2841	0,6086	2,17
35	1,3420	0,7388	2,37
Chlorure de magnésium	18°		
5	1,0416	1,4764	2,23
10	1,0859	0,8942	2,21
20	1,1764	0,7196	2,38
30	1,2779	0,9520	2,84
34	1,3201	1,3158	3,19
Chlorure cuivrique	9,25°	9,25°	
— — saturé à 9,35	1,4308	1,455	»
— — étendu de son volume	»	2,379	»
— — étendu de 4 v.	»	4,157	»

TENEUR de la solution en centièmes.	Poids spécifiques.	Résistances en ohms, à 18°, d'une col. d'un décim. de long et d'un décim.² de section.	Diminution de la résistance par degré centigrade (*en centièmes*).
Bromure de potassium	15°		
5	1,0357	2,1637	2,07
10	1,0741	1,0844	1,95
20	1,1583	0,5276	1,78
30	1,2553	0,3443	1,65
36	1,3198	0,2870	1,55
Iodure de potassium	18°		
5	1,0363	2,9760	2,06
10	1,0762	1,4810	2,01
20	1,1679	0,6948	1,58
30	1,273	0,4380	1,67
40	1,3966	0,3185	1,52
50	1,545	0,2572	1,44
55	1,630	0,2388	1,41
Iodure d'ammonium	18°		
10	1,0652	1,3066	2,02
20	1,1397	0,6315	1,93
30	1,2260	0,4070	1,80
40	1,3260	0,2980	1,67
50	1,4415	0,2408	1,54
Iodure de sodium	18°		
5	1,0374	3,3813	2,22
10	1,0803	1,7374	2,16
20	1,1735	0,8825	2,04
30	1,2836	0,6106	1,98
40	1,4127	0,4784	1,99
Iodure de lithium	18°		
5	1,0361	3,4058	2,19
10	1,0756	1,7600	2,16
15	1,1180	1,2048	2,12
20	1,1643	0,9222	2,07
25	1,2138	0,7499	2,03
Cyanure de potassium	15°		
3,25	1,0154	1,910	2,08
6,5	1,0316	0,9806	1,94
Fluorure de potassium	18°		
5	1,041	1,5465	2,14
10	1,084	0,8349	2,17
20	1,176	0,4858	2,19
30	1,272	0,3947	2,28
40	1,378	0,4007	2,05
Nitrate de potassium	18°		
5	1,0305	2,2145	2,09
10	1,0632	1,2002	2,06
15	1,097	0,8484	2,03
20	1,133	0,6686	1,98
22	1,148	0,6194	1,95
Nitrate d'ammonium	15°		
5	1,0201	1,7059	2,04
10	1,0419	0,9010	1,95
20	1,0860	0,4888	1,80
30	1,1304	0,3546	1,69
40	1,1780	0,2987	1,61
50	1,2279	0,2773	1,57
Nitrate de sodium	18°		
5	1,0327	2,3122	2,22
10	1,0681	1,2887	2,19
20	1,1435	0,7739	2,16
30	1,2278	0,6281	2,21

TENEUR de la solution en centièmes.	Poids spécifiques.	Résistances en ohms, à 18°, d'une col. d'un décim. de long et d'un décim.^{2} de section.	Diminution de la résistance par degré centigrade (*en centièmes*).
Nitrate de baryum	18°		
4,2	1,0340	4,813	2,36
8,4	1,0712	2,859	2,46
Nitrate de calcium	18°		
6,25	1,0487	2,055	2,19
12,5	1,1016	1,254	2,18
25	1,2198	0,9626	2,19
37,5	1,3546	1,152	2,54
50	1,5102	2,154	3,37
Nitrate de magnésium	18°		
5	1,0378	2,301	2,17
10	1,0763	1,310	2,13
15	1,1181	0,9878	2,09
17	1,1372	0,9150	2,09
Nitrate d'argent	18°		
5	1,0422	3,947	2,19
10	1,0893	2,120	2,18
15	1,1404	1,478	2,16
20	1,1958	1,157	2,13
25	1,2555	0,9538	2,11
30	1,3213	0,8147	2,10
35	1,3945	0,7179	2,08
40	1,4773	0,6453	2,06
45	1,5705	0,5885	2,05
50	1,6745	0,5443	2,06
55	1,7895	0,5091	2,07
60	1,9158	0,4808	2,10
Nitrate de cuivre	14-15°		
24,47 gr. diss. dans 1000 cc.	»	5,961	»
45,81 — —	»	3,335	»
68,72 — —	»	2,403	»
91,63 — —	»	2,019	»
Chlorate de sodium	15°		
5	1,0316	2,742	2,12
Acétate de potassium			
5	1,0228	2,903	2,24
10	1,0466	1,610	2,20
20	1,0960	0,9626	2,23
30	1,1484	0,8015	2,32
40	1,2028	0,7974	2,51
50	1,2598	0,8976	2,77
60	1,3152	1,194	3,25
70	1,3714	2,106	4,11
Acétate de sodium			
5	1,025	3,418	2,52
10	1,051	2,096	2,60
20	1,104	1,549	2,99
20	1,159	1,679	3,52
32	1,170	1,770	3,73
Sulfate neutre de potassium	18°		
5	1,0393	2,199	2,17
10	1,0813	1,170	2,04
Sulfate d'ammonium	15°		
5	1,0292	1,825	2,16
10	1,0581	0,9962	2,04
20	1,1160	0,5659	1,94
30	1,1730	0,4392	1,92
31	1,1787	5,4337	1,92
Sulfate neutre de sodium	18°		
5	1,0450	2,463	2,37
10	1,0915	1,465	2,50
15	1,1426	1,136	2,57

TENEUR de la solution en centièmes.	Poids spécifiques	Résistances en ohms, à 18°, d'une col. d'un décim. de long et d'un décim.^{2} de section.	Diminution de la résistance par degré centigrade (*en centièmes*).
Sulfate de lithium	15°		
5	1,0430	2,515	2,37
10	1,0877	1,649	2,40
Sulfate de magnésium	15°		
5	1,0510	3,819	2,27
10	1,1052	2,431	2,42
15	1,1602	2,096	2,53
20	1,2200	2,115	2,70
25	1,2861	2,425	2,90
Sulfate de zinc	18°		
5	1,0509	5,270	2,26
10	1,1069	3,134	2,24
15	1,1675	2,425	2,29
20	1,2323	2,149	2,42
25	1,3045	2,096	2,59
30	1,3788	2,268	2,74
Sulfate de cuivre	18°		
2,5	1,0246	9,249	2,14
5	1,0513	5,330	2,17
10	1,1073	3,144	2,19
15	1,1675	2,388	2,32
17,5	1,2003	2,194	2,37
Alun de potasse	15°		
5	1,0477	3,997	2,03
Carbonate de potassium	15°		
5	1,0449	1,793	2,22
10	1,0919	0,9696	2,13
20	1,1920	0,5702	2,11
30	1,3002	0,4531	2,20
40	1,4170	0,4645	2,47
50	1,5728	0,2866	3,20
Carbonate de sodium	18°		
5	1,0511	2,235	2,53
10	1,1044	1,431	2,72
15	1,1590	1,206	2,95
Oxalate de potassium	18°		
5	1,0367	2,064	2,16
10	1,0751	1,090	2,06
Hydrate de potassium	15°		
4,2	1,0382	0,6873	1,88
8,4	1,0777	0,3697	1,87
12,6	1,1177	0,2675	1,89
16,8	1,1588	0,2209	1,94
21,0	1,2088	0,1972	2,00
25,2	1,2439	0,1864	2,10
29,4	1,2008	0,1854	2,22
33,6	1,3332	0,1929	2,37
37,8	1,3803	0,2104	2,58
42,0	1,4298	0,2392	2,84
Hydrate de sodium	15°		
2,5	1,0280	0,9258	1,95
5	1,0568	0,5113	2,02
10	1,1131	0,3223	2,18
15	1,1700	0,2908	2,50
20	1,2262	0,3081	3,01
25	1,2823	0,3710	3,70
30	1,3374	0,4986	4,50
35	1,3907	0,6695	5,54
40	1,4421	0,8671	6,52
42	1,4615	0,9481	6,95
Hydrate de lithium	18°		
1,25	1,0132	1,292	1,92
2,5	1,0276	0,7131	1,97
5	1,0547	0,4217	2,04
7,5	1,0804	0,3371	2,22

TENEUR de la solution en centièmes.	Poids spécifiques.	Résistances en ohms, à 18°, d'une col. d'un décim. de long et d'un décim.² de section.	Diminution de la résistance par degré centigrade (*en centièmes*).
Hydrate de baryum.	18°		
1,25	1,0120	4,031	1,88
2,5	1,0253	2,106	1,86
Sulfate de potassium.	18°		
5	1,0354	1,225	0,85
10	1,0726	0,6575	0,86
15	1,1116	0,4615	0,86
20	1,1516	0,3631	0,88
25	1,192	0,3089	0,92
27	1,2116	0,2941	0,94
Bicarbonate de potassium.	—		
5	1,0328	2,711	2,06
10	1,0674	1,462	1,98
Phosphate acide de potassium.			
5	1,0341	4,230	2,21
10	1,0691	2,515	2,23
15	1,1092	1,725	2,28
Acide sulfurique.			
1	»	2,199	1,12
2,5	1,0161	0,9249	1,15
5	1,0331	0,4833	1,21
10	1,0673	0,2574	1,28
15	1,1036	0,1855	1,36
20	1,1414	0,1544	1,45
25	1,1807	0,1406	1,54
30	1,2207	0,1365	1,62
35	1,2625	0,1392	1,70
40	1,3056	0,1483	1,78
45	1,3508	0,1636	1,86
50	1,3984	0,1866	1,93
55	1,4487	0,2204	2,01
60	1,5019	0,2705	2,13
65	1,5577	0,3466	2,30
70	1,6146	0,4679	2,56
75	1,6734	0,6639	2,91
78	»	0,8147	3,23
80	1,7320	0,9141	3,49
81	»	0,9577	3,59
82	»	0,9962	3,65
83	»	1,021	3,69
84	»	1,031	3,69
85	1,7827	1,030	3,65
86	»	1,018	3,57
87	»	0,9993	3,49
88	»	0,9775	3,39
89	»	0,9568	3,30
90	1,8167	0,9387	3,20
91	»	0,9230	3,08
92	»	0,9159	2,95
93	»	0,9213	2,85
94	»	0,9424	2,80
95	1,8368	0,9847	2,79
96	»	1,066	2,80
97	1,8390	1,258	2,86
99,4	1,8354	11,8	4,00
Acide chlorhydrique.			
5	1,0242	0,2554	1,59
10	1,0490	0,1598	1,57
15	1,0744	0,1352	1,56
20	1,1001	0,1323	1,55
25	1,1262	0,1394	1,54
30	1,1524	0,1522	1,53
35	1,1775	0,1704	1,52
40	1,2007	0,1955	»
Acide bromhydrique.			
5	1,0322	0,5273	1,53
10	1,0669	0,2835	1,53
15	1,1042	0,2038	1,51
Acide iodhydrique.			
5	1,0370	0,7553	1,58
Acide phosphorique.			
5	1,0270	3,231	1,00
10	1,0548	1,777	1,04
20	1,1151	0,8908	1,14
30	1,1808	0,6086	1,30
40	1,2530	0,5007	1,50
50	1,3328	0,4855	1,74
60	1,4208	0,5494	2,07
70	1,5155	0,7014	2,52
80	1,6192	1,029	3,09
Acide oxalique.			
3,5	1,0156	1,982	1,42
7	1,0326	1,285	1,44
Acide tartrique.			
5	1,0216	16,8	1,86
10	1,0454	12,36	1,91
20	1,0950	10,10	1,87
30	1,1484	10,44	2,00
40	1,2064	12,80	2,28
50	1,2672	18,9	2,65
Acide acétique.			
1	»	172,2	»
5	1,0058	82,25	1,63
10	1,0133	66,0	1,69
20	1,0257	62,7	1,79
30	1,0393	71,9	1,86
40	1,0496	93,1	1,96
50	1,0600	136,0	1,94
60	1,0655	219,0	2,06
70	1,0685	429,0	2,10
80	1,0690	1240	2,10
99,7	1,0485	2400000	»

Les mesures de la conductibilité électrique sont dues plus particulièrement à M. Kohlrausch, qui a déduit d'un nombre considérable d'observations la formule à deux termes

$$K = xp + x'p^2$$

exprimant la conductibilité à la température de 18° en fonction du poids p de sel contenu dans l'unité de poids de la dissolution.

Les graphiques (fig. 205 à 208) dus à M. Wiedemann [*Die Lehre der Elektricität*, **1**, 610], dans lesquels les abscisses indiquent en m (fig. 207 et 208) le nombre de molécules du corps dissous dans l'unité de volume, les ordonnées, la conductibilité, résument les recherches de M. Kohlrausch.

Une simple inspection du graphique montre l'énorme différence entre la conductibilité électrique des acides minéraux et celle des sels, celle des chlorures et celle des bromures, etc.

M. Kohlrausch, en déterminant les conductibilités moléculaires (produit de la conductibilité spécifique c par les poids atomiques), a reconnu certaines analogies : ainsi la conductibilité atomique d'un sel de potassium est généralement la même que la conductibilité du sel correspondant d'ammonium ; le chlorure, le bromure, l'iodure et le cyanure d'une même base alcaline ont une même conductibilité moléculaire, etc.

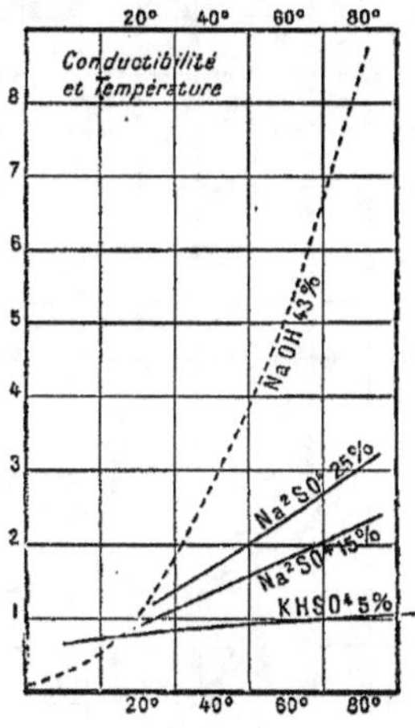

Fig. 205.

M. Bouty a soumis les recherches de M. Kohlrausch à une nouvelle étude en opérant sur des solutions plus étendues, et il a formulé la loi suivante : *La conductibilité moléculaire de tous les sels neutres est la même.* Cette loi se vérifie à une extrême dilution et n'a pas peu contribué à appuyer l'hypothèse de M. Arrhenius.

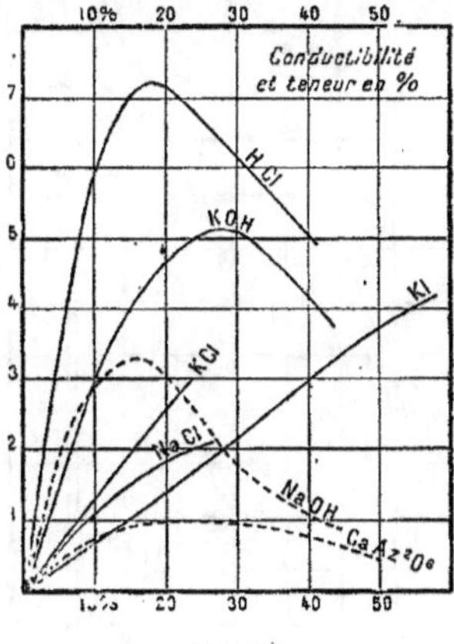

Fig. 206.

Dans un mémoire sur la conductibilité des liquides [*Journal de Physique*, **1**, 346, 1884], M. Bouty a établi qu'un électrolyte n'a qu'une seule manière de conduire le courant, quelles que soient les réactions particulières dont les électrodes sont le siège, que ce courant soit intense ou qu'il se réduise au faible courant qui se produit quand la force électromotrice intercalée dans le circuit est insuffisante pour produire l'électrolyse ordinaire et complète.

Dans un mémoire ultérieur [*Ann. Chim. Phys.*, (6), **14**, 36], M. Bouty a fait connaître les résultats d'une étude sur la conductibilité d'un grand nombre de corps et indiqué une méthode de mesure basée sur la comparaison des conductibilités avec une solution de chlorure de potassium. Ces importantes recherches ont conduit à des conclusions qui ne confirment pas sur tous les points celles de M. Kohlrausch.

On sait que les différents observateurs ont montré que l'eau distillée absolument pure ne conduit pas le courant électrique.

D'après MM. Kohlrausch et Heydweiller, la résistance spécifique à 18° correspond à $24,75 \times 10^{10}$ unités de mercure ; l'eau doit être considérée comme un corps non conducteur au premier chef, au même titre que le benzène, le toluène, etc. ; elle devient conductrice par la dissolution des électrolytes qui sont également non conducteurs par eux-mêmes.

M. Foussereau [*Ann. Chim. Phys.*, (5), **16**, 241] a fait une étude très approfondie des conductibilités des substances isolantes. Il a employé des méthodes d'une exactitude remarquable, et l'on consultera utilement ce travail si l'on veut s'initier à l'étude des conductibilités.

Cette conductibilité résulte d'une dissociation des électrolytes ; cette considération d'où découle la théorie de M. Arrhenius, s'affirme d'autant plus si l'on considère que le gaz acide chlorhydrique en dissolution dans le chloroforme est absolument non conducteur ; le courant ne passe que si l'on ajoute de l'eau.

M. Bouty a constaté que pour la plupart des sels neutres normaux, qui cristallisent anhydres, la conductibilité moléculaire est la même.

Si l'on prend une dissolution de certains sels neutres déjà assez étendue et qu'on double la quantité d'eau qu'elle contient, la résistance spécifique ne double elle-même qu'à partir d'une certaine limite ; elle se multiplie par un coefficient λ plus petit que 2.

Pour le chlorure de potassium, le coefficient λ est presque le même en solution relativement concentrée $\left(\text{pour } \frac{1}{30}, \lambda = 1,921\right)$ qu'en solution très étendue $\left(\text{pour } \frac{1}{960}, \lambda = 1,945\right)$.

Au contraire, pour le sulfate de zinc, le coefficient λ varie de 1,684 pour une solution à 1/10 à 1,953 pour une solution étendue à 1/1280.

Transport des ions. — Que l'on suppose un voltamètre à lames de platine dont les électrodes soient suffisamment écartées et construit de telle façon qu'on puisse aisément séparer après l'électrolyse les liquides des deux compartiments pour en faire l'analyse. Si l'on a opéré sur une dissolution de sulfate de potassium, on trouve que la liqueur s'est également appauvrie aux deux pôles ; si, par exemple, un équivalent a été décomposé, il manque un demi-équivalent de part et d'autre ; à la place on trouve un équivalent d'acide sulfurique autour du pôle positif et un équivalent de potasse autour du pôle négatif. C'est une électrolyse normale.

Si, au contraire, on a opéré dans les mêmes conditions sur le nitrate de sodium, la perte de concentration au pôle négatif correspond à 0,614 d'équivalent, et au pôle positif à 0,386 seulement.

M. Hittorf a publié de 1853 à 1859 une série de mémoires complétés par des tableaux résumant les résultats obtenus dans l'étude des *nombres de transport* des ions, où S représente

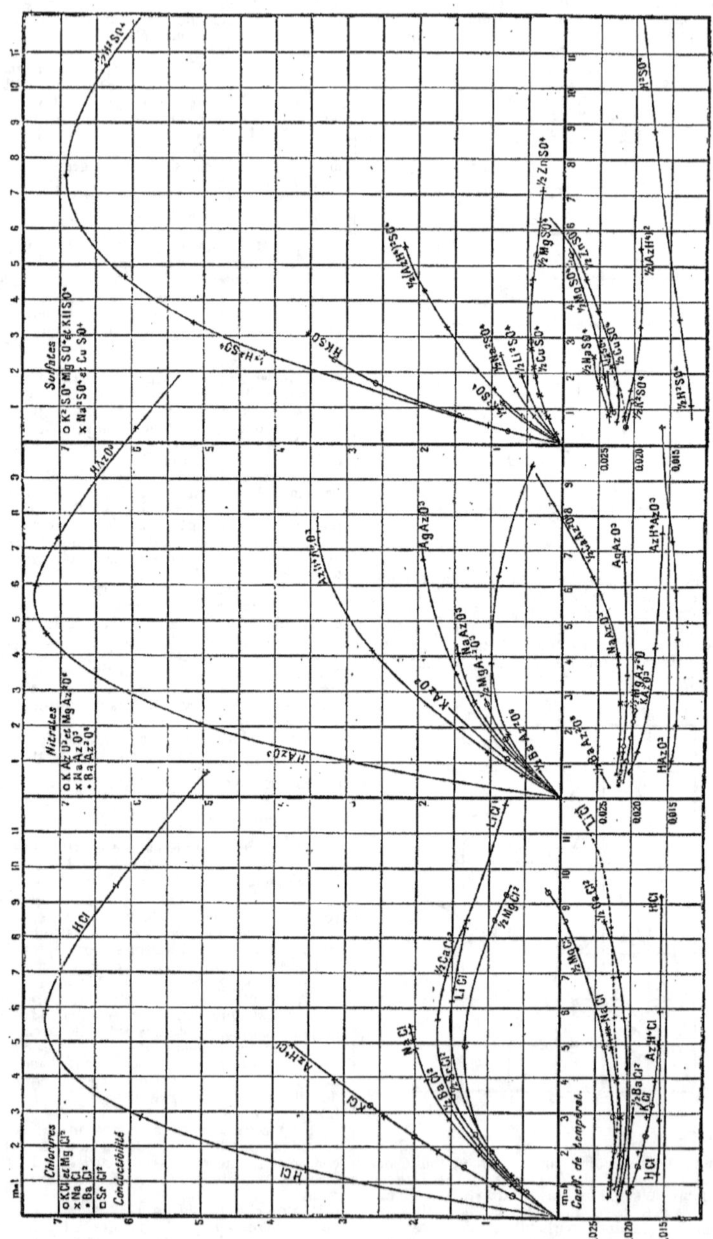
Chlorures
Nitrates
Sulfates
Conductibilité
HCl
AzH⁴Cl
KCl
NaCl
LiCl
½ MgCl²
½ CaCl²
½ BaCl²
HAzO³
KAzO³
NaAzO³
AgAzO³
½ H²SO⁴
½ MgSO⁴
½ ZnSO⁴
½ CuSO⁴
HKSO⁴

Fig. 207.

le poids d'eau uni à 1 gramme de sel, et n la perte de concentration au pôle négatif.

Pour les sels neutres normaux (AzH^4Cl, KCAz, KCl, etc.), le nombre n est très voisin de 0,5 et varie peu avec la dilution, la quantité d'eau S variant de 5 à 412 pour le sulfate de potassium.

Pour les sels hydratés, le nombre de transport

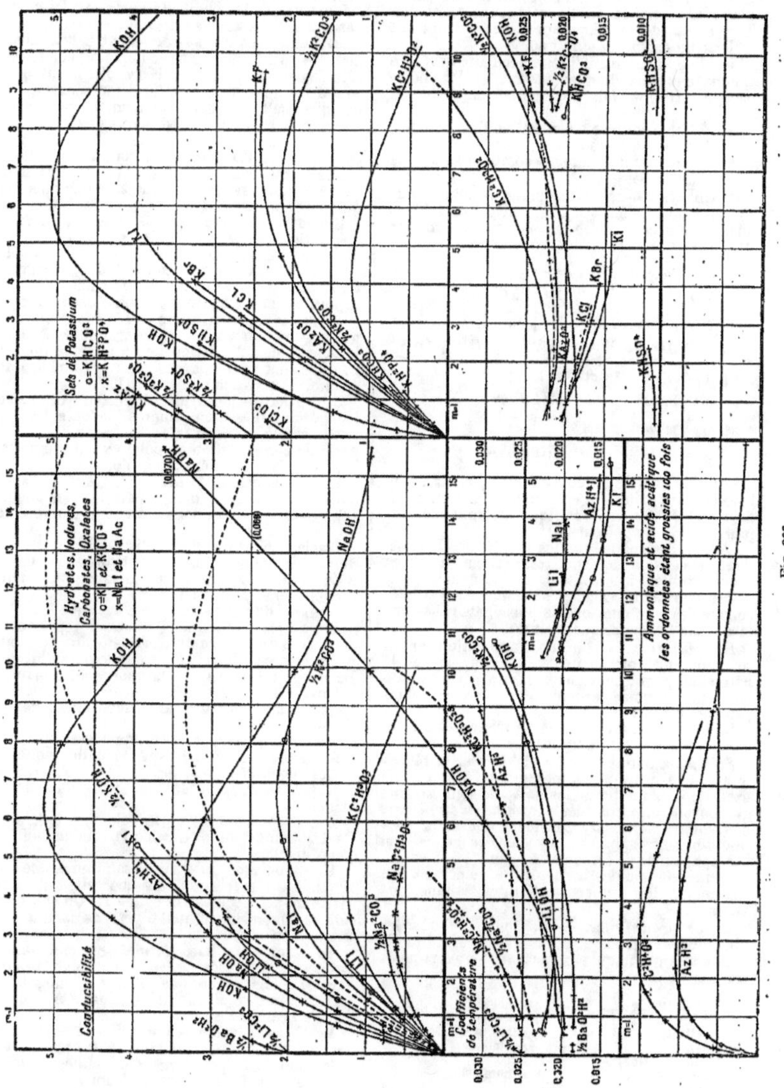

Fig. 208.

tend à se rapprocher de 0,5, à mesure que la dilution augmente.

Un certain nombre de sels minéraux (LiCl, NaCl, $NaAzO^3$, $NaClO^3$, CaI) se comportent au contraire d'une façon anormale, tant au point de vue de la migration des ions que de la loi de conductibilité en solution étendue.

M. Kohlrausch a énoncé, il y a quelques années, une loi d'après laquelle la conductibilité d'un électrolyte en solution étendue peut être calculée, à la condition d'attribuer à chacun des ions une conductibilité moléculaire propre.

M. Bouty a montré que la détermination des coefficients de M. Kohlrausch a été influencée par la nature des sels hydratés soumis aux expériences; la loi de l'identité de conductibilité moléculaire des sels se vérifie au contraire si l'on tient compte de certaines anomalies qui ont fait l'objet d'un examen approfondi.

La loi de la conductibilité moléculaire peut être étendue aux sels doubles et aux acides polybasiques, si l'on fait application de la loi de Faraday.

Les sulfates doubles de nickel et d'ammonium, de cobalt et d'ammonium, les bisulfates de potassium et d'ammonium, se comportent comme de simples mélanges.

Phosphates. — M. Wiedemann a montre que les phosphates s'électrolysent suivant le tableau suivant, que nous reproduisons avec les mêmes formules ($O = 8$) :

Sels de l'acide tribasique :

$3MO, PhO^5$	$M(\frac{1}{3}PhO^5 + O)$
$2MO, HO, PhO^5$	$M(\frac{1}{2}PhO^5HO + O)$
$MO, 2HO, PhO^5$	$M(PhO^5, 2HO + O)$

Pyrophosphates neutres :

$2MO, PhO^5$	$M(\frac{1}{2}PhO^5 + O)$

Métaphosphates :

MO, PhO^5	$M(PhO^5 + O)$

Les quantités de sel équivalentes pour la loi de Faraday sont celles qui contiennent un équivalent de métal. L'hydrogène basique accompagne toujours l'acide au pôle positif.

L'étude des conductibilités montre que le phosphate tribasique équivaut très nettement par sa conductibilité à 3 équivalents de sel neutre.

Les phosphates acides se comportent plutôt comme des combinaisons de phosphate tribasique et d'acide phosphorique hydraté.

Bicarbonates. — Le sel d'ammonium paraît se comporter comme un sel neutre; le sel de potassium paraît se décomposer en carbonate de potassium et acide carbonique, ce dernier n'étant pas conducteur.

La loi des conductibilités se trouve en défaut dans le cas des bicarbonates.

Sels mercuriques. — Le bichlorure, le bibromure et le cyanure de mercure présentent une exception unique parmi les sels; ils sont isolants et peuvent être considérés *comme n'étant pas électrolytes.* M. Bouty considère que cette propriété bizarre rapproche ces sels des acides non susceptibles de se combiner à l'eau.

Leurs sels doubles, au contraire, se comportent suivant la loi des conductibilités équimoléculaires.

Corps organiques. — M. Bouty a étudié les dissolutions aqueuses d'un grand nombre de substances organiques appartenant aux groupes les plus variés :

Alcool éthylique,	Aldéhyde éthylique,
Glycérine,	Acétone,
Érythrite,	Éther ordinaire,
Phénol,	Acétamide,
Dichlorhydrine,	Urée,
Glucose,	Albumine.
Sucre candi,	

Tous ces corps conduisent fort mal; plusieurs d'entre eux n'augmentent pas sensiblement la conductibilité de l'eau distillée commerciale, et ceux qui conduisent le mieux résistent encore de 50 à 200 fois plus que ne le feraient les sels neutres de même équivalent.

D'une manière générale, on peut conclure des recherches de M. Bouty que, pour qu'un corps devienne électrolyte, il faut qu'il se dissolve dans l'eau en formant avec celle-ci une combinaison.

L'examen de la conductibilité des acides et des bases a montré tout particulièrement que seuls ceux d'entre eux qui se combinent à l'eau d'une manière plus ou moins complète, conduisent comme les sels; ceux qui s'y dissolvent sans contracter de combinaison (acides arsénieux, carbonique, sulfhydrique) n'augmentent pas sensiblement la conductibilité de l'eau distillée.

Acide sulfureux. — L'acide sulfureux, qui se combine avec l'eau, est plus conducteur que les acides carbonique et sulfhydrique. Une dissolution à 28gr,35 par litre conduit 2,33 fois plus mal qu'un sel neutre qui aurait pour équivalent 32.

Quand on abaisse à 0° la température de la dissolution préparée à 20°, sa conductibilité diminue cinq fois moins que ne le ferait celle d'un sel neutre, ce qui tend à indiquer qu'il se forme aux dépens du gaz dissous une quantité supplémentaire d'hydrate combiné conducteur.

Acides minéraux divers.— L'acide sulfurique, qui présente un maximum de conductibilité pour la densité de 1,25, donne lieu à un ensemble de considérations qui tendent à prouver que l'hydrate électrolysé correspond à $SO^3, 3H^2O$.

Les acides chlorhydrique, bromhydrique et iodhydrique présentent comme l'acide sulfurique une électrolyse anormale, en ce sens que la perte de concentration au pôle négatif (migration des ions) est très inférieure à 0,5.

Leur conductibilité est très grande; l'acide chlorhydrique est de tous les électrolytes connus celui dont les dissolutions présentent le minimum de résistance.

L'acide chlorhydrique en dissolution très étendue se comporte comme un hydrate contenant 3 équivalents d'hydrogène basique, ou comme 3 équivalents d'un sel neutre.

Il en est de même de l'acide azotique.

Les acides chromique et chlorique représentent 1équiv.,5 d'un sel neutre, c'est-à-dire la moitié des acides chlorhydrique, azotique ou sulfurique. Les dissolutions d'acide borique sont isolantes; cet hydrate doit avoir une constitution différente de celle des hydrates des acides énumérés ci-dessus.

Acides organiques. — Les acides organiques ne deviennent électrolytes qu'en solution aqueuse.

Les conductibilités des acides oxalique et picrique se rapprochent de celles des acides minéraux.

Bases. — L'aniline et la toluidine à la dose de 1/200 augmentent à peine la conductibilité de l'eau distillée.

L'ammoniaque pure en dissolution a une conductibilité 110 fois moindre que celle qui caractérise un sel d'équivalent égal à 17. On sait qu'on admet généralement qu'il n'y a pas combinaison proprement dite.

Pourtant cette base forme des combinaisons salines conductrices avec les acides isolants (acides arsénieux, borique, etc.). Leur dissolution possède une conductibilité analogue à celle de l'acide acétique.

Les bases alcalines et alcalino-terreuses ont, au contraire, une conductibilité supérieure aux sels neutres à équivalent égal. Elles forment, comme on sait, des hydrates définis.

Influence de la température sur la conductibilité des solutions. — La conductibilité C_t des sels neutres croît proportionnellement à l'élévation de la température :

$$C_t = C_0 (1 + Kt)$$

Le coefficient K est le même pour tous les sels normaux. Au contraire, on constate que dans la presque totalité des cas où la conductibilité a présenté des anomalies par suite de l'existence supposée d'hydrates plus ou moins conducteurs, la conductibilité diminue ou augmente en même temps que la température.

Sels fondus. — On doit à MM. Bouty et Poincaré une série de déterminations des conductibilités spécifiques des principaux sels fondus [*Ann. Chim. Phys.*, (6), **17**, 52; **21**, 292]. La résistance considérable des sels solides décroît subitement avec la fusion et se rapproche de celle des dissolutions de concentration moyenne, à laquelle elle est le plus souvent inférieure.

Le tableau suivant, dû à M. Foussereau, montre d'une façon très nette l'énorme différence entre la résistance aux deux états :

	Sels solides.		Sels fondus.	
	Température.	Résistance en ohms.	Température.	Résistance en ohms.
Chlorate de potassium	352°	79,800	359°	4,19
Azotate de sodium	289	64,600	300	2,27
— de potassium	320	7,100	329	1,66
$AzO^3K + AzO^3Na$	212	2,920	219	2,40
Azotate d'ammonium	130	2,840	154	3,09
$2AzH^4AzO^3 + AzO^3K + AzO^3Na$	125	1,530	140	4,86
Chlorure de zinc	240	139	258	4,47

MM. Bouty et Poincaré ont démontré la possibilité de vérifier, par l'étude de la conductibilité, la composition d'un mélange de deux sels fondus, comme les azotates de potassium et de sodium, dans des conditions de température déterminées.

En effet, la conductibilité de ces sels croît considérablement avec la température. C'est ainsi qu'on a pour l'azotate de potassium :

à 335° .... $r = 1,516$ $c = 0,6574$
à 513° .... $r = 0,780$ $c = 1,314$

On a aussi déterminé la conductibilité spécifique d'un certain nombre de sels à différentes températures. On trouvera ci-dessous les coefficients obtenus, avec le facteur permettant de déterminer la conductibilité à une température différente :

Conductibilité spécifique à la température t.

AzO^3K	0,7241	$[1 + 0,005\ (t - 350°)]$
AzO^3Na	1,302	$[1 + 0,005\ (t - 350°)]$
AzO^3Ag	1,220	$[1 + 0,0272\ (t - 350°)]$
AzO^3AzH^4	0,400	$[1 + 0,0073\ (t - 200°)]$
KCl	1,788	$[1 + 0,0068\ (t - 750°)]$
$NaCl$	3,40	$[1 + 0,060\ (t - 750°)]$
$CaCl^2$	1,16	$[1 + 0,046\ (t - 750°)]$
$PbCl^2$	1,97	$[1 + 0,0020\ (t - 600°)]$
KBr	1,40	$[1 + 0,0045\ (t - 750°)]$
$NaBr$	2,85	$[1 + 0,0045\ (t - 750°)]$
KI	1,16	$[1 + 0,004\ (t - 650°)]$
NaI	2,30	$[1 + 0,004\ (t - 650°)]$

L'étude des conductibilités spécifiques de ces divers sels appelle l'attention sur l'énorme différence existant entre les sels de potassium et de sodium; il en est de même chez l'azotate et les sels haloïdes.

La connaissance des coefficients de conductibilité des sels fondus nous paraît de nature à faciliter considérablement l'étude des réactions par voie sèche. Ainsi, M. Poincaré a montré [*loc. cit.*] que si l'on ajoute du chlorure d'ammonium à de l'azotate de sodium en fusion dont la conductibilité spécifique à 350° est 1,30, on obtient un résidu solide qui fond vers 700°, dont la conductibilité est égale à 3,40 : c'est la conductibilité du chlorure de sodium.

L'acide borique fondu ne présente aucune variation de conductibilité par l'addition de l'alumine; on en conclut qu'il n'y a pas combinaison, etc.

Densité du courant. — L'étude plus approfondie des questions d'électrolyse a appelé l'attention sur l'importance de la densité du courant.

On sait depuis longtemps qu'il est indispensable de ne pas dépasser une certaine densité du courant électrique. Ainsi la limite pour obtenir un bon dépôt de cuivre métallique est de 4 ampères par décimètre carré. Pour le nickel, on ne dépasse pas 1,5 ampère.

Dans les réactions électrolytiques qui ne sont pas accompagnées d'un dépôt métallique, il y a lieu de se préoccuper également de la densité du courant, et l'on sait aujourd'hui d'une façon certaine que celle-ci exerce une très grande influence sur le résultat final. M. Oettel a montré que la formation des hypochlorites exige des densités de courant relativement faibles. Au contraire, c'est grâce à l'emploi d'une énorme densité de courant que M. Berthelot a réussi à obtenir l'acide persulfurique et que M. Bunsen a pu isoler le manganèse de la solution aqueuse du chlorure.

La densité du courant électrique nous paraît devoir être considérée dans les études électrolytiques au même titre que les autres données, force électromotrice et intensité.

Nous venons d'exposer ci-dessus, aussi complètement que possible, l'état actuel de nos connaissances sur les phénomènes électrochimiques.

Cet exposé nous a paru indispensable pour que le lecteur puisse se faire de lui-même une idée approximative de la valeur des procédés industriels qui seront décrits ci-après. L'industrie électrochimique est en effet de création trop récente pour avoir permis l'accumulation de documents précis, reposant sur une exploitation régulière, et permettant de se rendre compte de la valeur réelle des procédés préconisés par les divers inventeurs.

Les notions théoriques sur l'action de l'étincelle, de l'effluve et de l'arc seront données lors de la description des applications à l'industrie de ces phénomènes électriques. H. Gall.

II. — APPLICATIONS.

Sauf l'industrie galvanoplastique, qui remonte à cinquante ans environ, les applications de l'électricité à l'industrie chimique sont de date récente et ne remontent guère au delà de dix années.

La substitution des générateurs mécaniques d'électricité aux piles est, il est vrai, plus ancienne, mais, dans les premiers temps, les efforts des chercheurs se sont surtout portés sur l'éclairage électrique, au détriment des applications chimiques proprement dites du courant.

Il n'en est pas de même actuellement : le nombre des brevets concernant les applications chimiques de l'électricité suit une progression constante, et il est difficile, dans une industrie à ses débuts, de déterminer *a priori* la valeur des procédés préconisés par les inventeurs. Nous devons donc nous borner, pour ne pas dépasser les limites assignées à notre travail, à donner une vue d'ensemble de l'industrie électrochimique, tout en ne nous dissimulant pas que nous serons exposés à passer sous silence bien des procédés qui peuvent acquérir rapidement une grande importance industrielle.

Nous renvoyons donc, pour tous les détails sur les brevets récents, et dont on ne saurait connaître le résultat qu'après une pratique de quelques années, aux publications spéciales, telles que le journal *la Lumière électrique* (actuellement l'*Éclairage électrique*) en France ; le *Zeitschrift für Elektrochemie* et l'*Elektrochemische Zeitschrift* en Allemagne, etc.

Nous donnons au surplus, à la fin de notre article, la bibliographie aussi complète que possible du sujet que nous nous proposons de traiter.

Nous allons, en premier lieu, pour plus de clarté, exposer le plan que nous avons adopté pour la rédaction de la partie industrielle de notre article. Nous divisons les applications de l'électricité aux réactions chimiques en six grandes catégories :

1. *Production de dépôts métalliques* (galvanoplastie, raffinage électrolytique des métaux).
2. *Électrométallurgie.*
3. *Fabrication des produits chimiques par électrolyse.*
4. *Réactions produites par l'effluve et l'étincelle électriques.*
5. *Applications du creuset électrique.*
6. *Analyse électrochimique.*

I. — PRODUCTION DE DÉPOTS MÉTALLIQUES.

La production de dépôts métalliques à l'aide du courant est la plus ancienne industrie électrochimique connue. En effet, la galvanoplastie se rattache à ce chapitre.

Le raffinage des métaux, principalement du cuivre, par l'électrolyse, n'est venu que longtemps après et ne pouvait du reste être possible que grâce à l'invention des générateurs mécaniques d'électricité.

Tout récemment, une application électrochimique qui se rattacherait à la galvanoplastie plutôt qu'au raffinage, a pris naissance : nous voulons parler de la production directe des tubes de cuivre (procédés Elmore). Toutefois, comme elle dérive indirectement du raffinage et qu'elle applique les mêmes principes, nous la traiterons au chapitre *raffinage*.

Nous divisons donc la production des dépôts métalliques en deux parties :

1° *Galvanoplastie* ;
2° *Raffinage électrolytique des métaux.*

La galvanoplastie a été l'objet d'un article détaillé dans le Dictionnaire : nous nous bornons à le compléter ; en revanche, la question du raffinage n'ayant pas été traitée encore dans le corps de l'ouvrage, nous nous étendrons avec quelque détail sur ce sujet important.

GALVANOPLASTIE.

Depuis la publication de l'article GALVANOPLASTIE dans le Dictionnaire (1, 1516), on a réalisé de nombreux progrès dans l'application du courant à la production de dépôts métalliques ; quelques-uns de ces perfectionnements sont d'ordre chimique et sont relatifs soit à l'obtention de nouveaux dépôts, soit aux perfectionnements des bains d'électrolyse employés au début de cette industrie. Nous compléterons donc sur ce point l'article principal. D'autres perfectionnements sont d'ordre purement électrique ; nous les exposons ci-dessous en quelques lignes.

Le progrès le plus important, au point de vue électrique, est la substitution des générateurs mécaniques d'électricité aux piles ; le résultat de cette application de l'énergie électrique a été un abaissement considérable du prix de revient du dépôt. En effet, tandis que le kilogramme d'argent déposé par la pile coûtait environ 4 francs comme frais de courant, le prix du dépôt d'un kilogramme d'argent obtenu à l'aide d'une bonne dynamo n'est guère que de 0fr,65. Cette économie, qui paraît insignifiante lorsqu'elle s'applique à des métaux précieux comme l'or et l'argent, dont la valeur intrinsèque est considérable, est très importante lorsqu'il s'agit du dépôt électrochimique d'un métal usuel et à bas prix, tels que le cuivre ou le nickel. C'est ainsi que l'emploi des dynamos est le facteur principal du développement du nickelage, qui a pris l'extension que tout le monde connaît.

Toutefois il convient de faire remarquer que les dynamos peuvent, pour certaines applications délicates, difficilement remplacer la pile sans inconvénients, le courant produit par les générateurs mécaniques d'électricité étant soumis à des variations périodiques qui, bien que légères, influent sur la régularité du dépôt. Dans ces cas spéciaux qui, hâtons-nous de le dire, ne se présentent que très rarement, on intercale entre la dynamo et le bain d'électrolyse une batterie d'accumulateurs, et on obtient alors un courant qui dépasse comme régularité celui produit par les meilleures piles usitées en galvanoplastie, et donne des dépôts métalliques d'une parfaite régularité. Il est évident que l'emploi des accumulateurs augmente le prix de premier établissement, ainsi que le prix de revient du métal déposé, mais cette augmentation, nullement comparable à la différence de prix qui existe entre le travail des piles et celui d'une dynamo, peut être admise quand on tient à avoir un travail irréprochable.

Nous examinerons successivement le mode d'obtention des dépôts des différents métaux dans l'ordre suivant : nickel, argent, or, cuivre.

NICKELAGE.

L'industrie du nickelage est une des plus récentes applications de la galvanoplastie ; elle a pris un grand développement depuis l'abaissement considérable du prix du nickel, qui a permis de l'appliquer au revêtement de pièces métalliques de toute nature.

Un bon nickelage doit être blanc et solide ; ces qualités dépendent des trois conditions suivantes : 1° préparation de bains convenables avec des produits purs ; 2° emploi d'un courant de force électromotrice et d'intensité déterminées ; 3° traitement judicieux des objets à nickeler avant, pendant et après l'immersion dans le bain chimique.

Cuves de nickelage et préparation des bains. — Les cuves de nickelage doivent avoir une capacité supérieure de 10 0/0 à celle réellement nécessaire au travail qu'on exige d'elles ; elles sont confectionnées en sapin de 6 à 7 centimètres d'épaisseur, bien assemblé, comme le représente la figure 209.

On garnit de plomb l'intérieur de la cuve et

on la revêt intérieurement d'un doublage en bois mince, fixé avec des traverses, sans clou ni boulon d'aucune sorte; pour les petits bains on se sert de vases en grès.

Le sel de nickel généralement employé pour les bains de nickelage est le sulfate double

$$(AzH^4)^2SO^4, NiSO^4, 6H^2O.$$

L'eau servant à la dissolution doit être de l'eau distillée, ou, à défaut, de l'eau de pluie bien propre.

Il existe un grand nombre de formules pour la composition des bains de nickelage; la plus simple, qui est en même temps une des meilleures, consiste à dissoudre à chaud dans un vase émaillé 80 grammes de sulfate double par litre d'eau employé, et à filtrer directement dans la cuve la solution refroidie; ce bain marque 6-8° à l'aréomètre Baumé et doit légèrement rougir le papier de tournesol. Cette question d'acidité a une très grande importance pour la réussite des opérations; le bain doit être presque neutre et en aucun cas alcalin; le dépôt n'est beau et résistant que dans ces conditions; si l'ammoniaque est à l'état libre dans le bain, le dépôt devient grisâtre et cassant; les autres alcalis ont la même action. Si le bain obtenu par la dissolution directe du sel double n'était pas légèrement acide, il faudrait y ajouter une petite quantité d'un acide organique, tel que l'acide citrique.

Fig 209. — Cuve de nickelage.

Bien qu'il soit avantageux parfois d'avoir une épaisse couche de nickel, le bain simple indiqué plus haut donne difficilement une couche épaisse assez résistante et ne s'exfoliant pas. Dans ce cas, on emploie un bain ayant la composition suivante :

Sulfate de nickel pur...........	1000	gr.
Tartrate neutre d'ammonium....	725	—
Tannin à l'éther................	5	—
Eau..............................	20	litres.

Ce bain se régénère indéfiniment par addition des mêmes produits dans les mêmes proportions.

Le dépôt obtenu est très blanc, doux, homogène, et, quoique pouvant donner une très forte épaisseur, il ne produit pas de rugosités à la surface et ne s'écaille pas si les pièces ont été bien décapées.

Il faut surtout éviter un excès d'acide, qui tend à donner des dépôts peu adhérents.

Conduite de l'opération. — En raison de la faible conductibilité des solutions de nickel, comparées à celle des bains d'or et d'argent, il est nécessaire de placer les anodes de chaque côté de l'objet à nickeler, sinon le dépôt ne serait que partiel; pour la même raison le nickel contourne mal les arêtes : il se dépose assez facilement sur les surfaces planes ou sur les parties saillantes, mais il se fixe plus difficilement dans les concavités, les fissures intérieures, les angles rentrants; il est préférable, dans ce cas, de recouvrir au préalable de cuivre les pièces à nickeler. Cette observation s'applique surtout aux pièces mécaniques en fonte, dont le grain laisse souvent à désirer.

On peut, dans le nickelage, employer des *anodes insolubles* ou des *anodes solubles*; les meilleures anodes insolubles sont en platine; leur inconvénient est leur prix élevé. Les anodes en charbon sont beaucoup moins coûteuses, mais elles se désagrègent assez vite, ce qui trouble les bains et rend plus difficile un bon nickelage.

L'inconvénient des anodes insolubles est l'enrichissement du bain en acide, en même temps que son appauvrissement en métal, deux conditions très défavorables à l'obtention de bons dépôts, l'acide en excès s'opposant à la production de dépôts adhérents et l'appauvrissement en métal ralentissant les opérations; on peut, il est vrai, remédier à ces inconvénients en maintenant le bain à une composition constante par des additions successives de carbonate de nickel, mais il est préférable de remplacer les anodes insolubles par des anodes solubles en nickel pur.

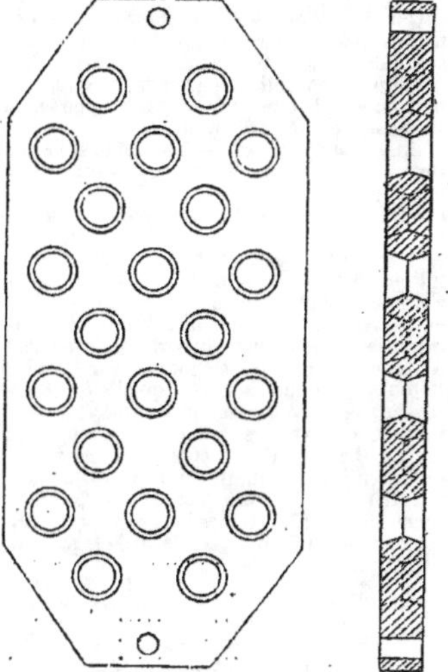

Fig. 210. — Anode perforée.

Les meilleures anodes sont les anodes perforées, représentées par la figure 210.

Ces anodes s'usent régulièrement, sans se désagréger, et permettent d'obtenir une plus grande épaisseur de dépôt.

On emploie généralement 40-50 décimètres

carrés de surface d'anode pour 100 litres de solution de nickel.

Après un certain temps d'emploi, les bains de nickel deviennent alcalins, si on emploie des anodes solubles; il se produit alors une boue d'un jaune verdâtre qui trouble le bain, et donne aux pièces nickelées une apparence jaunâtre désagréable; il faut donc examiner fréquemment la réaction des bains, et les additionner d'une petite quantité d'acide citrique s'ils deviennent alcalins. D'autres conditions de succès sont : la conservation d'une composition uniforme des bains, leur agitation ou une circulation active du liquide et une température constante d'au moins 15-20°. Nous retrouverons du reste toutes ces conditions dans le raffinage du cuivre, qui est une opération de tous points analogue au nickelage.

On obtient de très beaux dépôts de nickel si on ajoute de temps en temps aux bains une petite quantité d'une émulsion de sulfure de carbone dans une dissolution de borax. Le mode d'action de ces réactifs n'est pas connu. Il est sans doute analogue à celui de la gélatine, préconisé pour les bains de cuivrage (Dict., 1, 1518)

Force électromotrice et intensité du courant. — Lorsqu'on nickelait exclusivement avec la pile, les galvanoplastes, habitués aux faibles résistances des bains, couplaient toujours les éléments en série et ils ne pouvaient obtenir la véritable couleur du métal.

Le dépôt était d'un jaune pâle, au lieu d'avoir comme aujourd'hui la blancheur de l'argent. L'expérience a démontré qu'une bonne machine dynamo employée au nickelage doit avoir une force électromotrice pouvant varier de 1 à 8 volts.

Il est préférable d'employer au début une force électromotrice de 5 volts et de terminer par 1 volt. Ces chiffres s'appliquent naturellement à des bains pour lesquels on emploie des anodes solubles en nickel.

Quant à l'intensité du courant, elle doit être d'environ 50 ampères par mètre carré de cathode, soit 0,5 ampère par décimètre carré. Dans ces conditions, on obtient par un passage du courant pendant 4 heures un dépôt d'une épaisseur suffisante et très adhérent.

Bains auxiliaires. — Ces bains sont ceux qui servent à préparer les pièces avant leur entrée dans les cuves de nickelage. On emploie comme *bain de décapage*, surtout pour la fonte brute, de l'acide sulfurique à 4-5 0/0; le *bain de potasse* sert au dégraissage; il est composé d'une dissolution à 10 0/0 de carbonate de potassium et s'emploie naturellement à chaud; le *bain de cyanure* contient une dissolution à 5 0/0 de cyanure de potassium : il sert à enlever les taches d'oxyde qui ont pu se former sur les pièces de laiton ou de cuivre après qu'elles ont été nettoyées; le *bain d'acide chlorhydrique* remplace le bain de cyanure lorsqu'il s'agit de pièces de fer ou d'acier; il est composé de 1 vol. d'acide chlorhydrique ordinaire et de 1 vol. d'eau.

Bain de cuivre au trempé. — Ce bain, usité pour donner à certaines pièces un premier revêtement métallique avant le nickelage, est composé de :

Sulfate de cuivre	100 gr.
Acide sulfurique	100 —
Eau distillée	10 litres.

Pour le nickelage du zinc on ne peut employer de bain de cuivrage acide. On se sert d'un bain alcalin, composé de la manière suivante :

Acétate de cuivre cristallisé	200 gr.
Carbonate de sodium	200 —
Bisulfite de sodium cristallisé	200 —
Cyanure de potassium	300 —
Eau distillée	10 litres.

Ce bain doit être soumis à une ébullition énergique avant son emploi.

Voici maintenant comment s'effectuent les opérations préliminaires du nickelage :

On commence par dégraisser la pièce à nickeler en la plongeant à chaud dans le bain de potasse; on la rince ensuite à l'eau pure et on la décape, soit dans le bain de cyanure s'il s'agit de cuivre ou de laiton, soit dans le bain d'acide sulfurique ou d'acide chlorhydrique s'il s'agit de fonte ou de fer. On rince à nouveau à grande eau et l'on introduit *immédiatement* l'objet dans le bain à nickeler, dans lequel le courant doit circuler avant l'introduction de l'objet.

Bien que la fonte, le fer et l'acier puissent être nickelés directement, il y a avantage à les revêtir au préalable d'une mince couche de cuivre, parce que le nickel adhère mieux au cuivre qu'au fer, et que les défauts de nettoyage sont plus faciles à reconnaître sur une surface cuivrée que sur une surface nue de fonte ou de fer. On se sert pour cela des bains de cuivrage indiqués plus haut.

Lorsque le dépôt de nickel a atteint une épaisseur suffisante, on retire les pièces du bain, on les rince à l'eau froide d'abord, à l'eau chaude ensuite afin d'élever leur température, et on les plonge dans un récipient contenant de la sciure de bois chaude; pour les objets creux on sèche à l'étuve. On termine par un polissage approprié. La description de ces dernières opérations ne présentant rien de chimique, nous les passerons sous silence. Les détails du mode opératoire sont du reste susceptibles de varier à l'infini.

Pour le nickelage du zinc, il est nécessaire de prendre quelques précautions; en effet, ce métal se dissolvant dans le bain de nickelage rend ce dernier absolument impropre à tout emploi; il faut donc opérer avec des objets en zinc recouverts au préalable sur toute leur surface d'un excellent dépôt de cuivre, ce qui s'exécute au moyen du bain dont la composition a été donnée plus haut.

Nous terminerons le chapitre de nickelage par quelques mots au sujet de la purification des bains.

Le nickel étant un métal dont le prix est relativement élevé, il y a intérêt à conserver le plus longtemps possible les bains de nickelage. Lorsqu'on opère d'une façon rationnelle, les bains peuvent durer plusieurs années, surtout lorsqu'ils sont alimentés avec des produits purs; il est possible toutefois qu'il s'y introduise accidentellement des sels de métaux étrangers, soit par les anodes composées de métal incomplètement affiné, soit par les objets à nickeler, ou pour toute autre cause. Les impuretés qui peuvent se trouver dans le bain de nickelage sont des sels de cuivre et des sels de fer. On élimine le cuivre par addition de sulfure de sodium; pour cela il est nécessaire que le bain soit acide, pour éviter des entraînements de nickel avec le cuivre, qui seul précipite par l'hydrogène sulfuré en solution acide.

On se débarrasse du fer à l'aide du chlorure de chaux mélangé de craie; le chlore peroxyde le fer et la chaux précipite l'oxyde ferrique, qui est une base plus faible que l'oxyde de nickel.

Quoi qu'il en soit, il arrive un moment où les bains ont besoin d'être entièrement renouvelés; le plus simple alors est d'en extraire le nickel de la manière suivante : On concentre le bain en l'évaporant, on filtre, et l'on ajoute à chaud à la liqueur filtrée une dissolution saturée et en excès de sulfate d'ammonium; par le refroidissement le sulfate double de nickel et d'ammonium, presque insoluble dans le sulfate d'ammonium, se dépose; on filtre et on lave le sel double avec une dissolution faible de sulfate d'ammonium. Le produit obtenu est très pur et peut servir à la confection d'un nouveau bain de nickelage.

ARGENTURE.

Nous n'avons que peu de chose à ajouter à ce qui a été décrit dans l'article du Dictionnaire (1, 1521).

L'argenture électrochimique a bénéficié naturellement des nouveaux moyens de production du courant et a pris un grand développement. On estime qu'actuellement la quantité d'argent déposée par l'électrolyse dans les divers ateliers des deux mondes dépasse 150 000 kilogrammes par an, représentant une valeur intrinsèque de 16 millions, au cours actuel de l'argent.

Le bain d'argenture le plus usité est toujours la dissolution de cyanure d'argent dans le cyanure de potassium ; ce bain renferme normalement 25 grammes d'argent par litre, ce qui est la proportion la plus convenable pour obtenir un bon dépôt ; le cyanure libre doit être égal à peu près à la moitié du poids de l'argent dissous : avec une quantité moindre le bain est mauvais conducteur ; avec une quantité plus grande, la solution dissout l'argent de l'anode et même celui déjà déposé sur les cathodes. Les alliages stannifères soumis à l'argenture demandent beaucoup plus de cyanure de potassium libre qu'il n'en faut pour le cuivre, le laiton et le maillechort.

Les anodes doivent être en argent pur et plonger entièrement dans le bain, sinon elles se coupent à la surface du bain ; leur surface doit être approximativement égale à la surface totale des pièces à argenter, la distance entre les anodes et les cathodes doit être de 10 centimètres au moins.

L'intensité du courant employé doit être de 50 ampères par mètre carré ; une densité plus grande occasionne des piqûres. Cette intensité correspond à un dépôt de 2 grammes d'argent par heure et par décimètre carré.

On commence le dépôt avec un courant dont la force électromotrice n'excède pas 2 ou 3 volts ; après un quart d'heure de séjour dans le bain, on retire les objets à argenter et l'on s'assure qu'ils se recouvrent bien régulièrement d'argent et qu'il ne s'y produit aucune tache ni aucun autre défaut ; on les brosse alors avec du bitartrate de potassium, on les rince, on les plonge dans une solution chaude de cyanure de potassium, on les rince de nouveau à l'eau pure et on les suspend, soit dans ce premier bain, soit dans un deuxième bain d'argent, où on les laisse séjourner jusqu'à ce que le dépôt ait acquis son épaisseur réglementaire, ce qui a lieu au bout de 3 ou 4 heures.

Pour mesurer le poids d'argent déposé sans interrompre l'opération, on peut se servir de la balance argyrométrique de Roseleur (Dict., 1, 1523). Cet appareil a été remplacé dans ces derniers temps par un coulombmètre enregistreur, qui interrompt le courant lorsqu'il a passé dans le bain le nombre voulu de coulombs pour donner un dépôt d'un poids déterminé d'argent. Cet appareil, agissant extérieurement à une distance quelconque du bain, est beaucoup plus commode que la balance de Roseleur qui agit dans le bain même.

Argenture du fer. — Pour revêtir les objets en fer d'une couche d'argent, on commence par chauffer ces objets avec de l'acide chlorhydrique étendu, puis on les plonge dans une dissolution de nitrate mercurique en les prenant comme cathode, l'anode étant constituée par une lame de platine ; les pièces en fer se recouvrent rapidement d'une couche de mercure, on les retire du bain, on les rince à grande eau et on les passe au bain d'argenture pour achever l'opération.

Argenture de l'aluminium. — Pour obvier à l'action dissolvante du bain d'argenture sur l'aluminium, on commence par recouvrir ce dernier d'une couche d'amalgame d'argent en le plongeant dans une dissolution bouillante de cyanure d'argent et de cyanure de mercure dans le cyanure de potassium ; l'objet ainsi amalgamé est recouvert d'une mince couche de zinc par voie électrolytique, puis soumis à l'argenture.

DORURE.

On emploie pour la dorure galvanique des dissolutions de cyanure d'or dans le cyanure de potassium, renfermant généralement 1 gramme d'or par litre ; il faut éviter un excès de cyanure de potassium qui ralentit les opérations et donne à la dorure un ton gris. En général, on interpose une légère couche de cuivre galvanique quand il s'agit de dorer des pièces d'argent ; ce cuivrage, précédant la dorure, rend celle-ci plus solide et plus durable, surtout lorsqu'on dore à faible épaisseur ; les angles blanchissent rapidement lorsqu'une couche de cuivre ne sert pas d'intermédiaire entre les deux métaux précieux.

Le courant doit avoir une faible intensité et peu de force électromotrice ; une chute de potentiel d'un demi-volt entre l'anode et la cathode, ce qui correspond à 1 volt aux bornes du générateur, permet d'obtenir un bon dépôt d'or. L'intensité du courant doit être de 10 ampères par mètre carré de cathode. En principe, l'or doit être déposé lentement, car une marche rapide produit une coloration rouge désagréable ; dans un bain renfermant 1 gramme d'or par litre, on peut déposer environ 25 centigrammes par heure et par décimètre carré.

Un procédé pour obtenir une dorure très solide consiste à employer un bain de dorure renfermant du mercure, ou d'amalgamer au préalable la pièce par électrolyse. Lorsque le dépôt d'or a atteint l'épaisseur voulue, on chauffe l'objet de façon à chasser le mercure ; on obtient ainsi à moins de frais, et par un procédé beaucoup moins insalubre, les mêmes résultats que par l'ancienne dorure au mercure.

CUIVRAGE.

Nous avons vu précédemment qu'il est quelquefois utile, et même indispensable, de cuivrer au préalable les objets qu'on se propose de nickeler, argenter ou dorer. Ce cuivrage, qui s'effectue généralement en bain alcalin, en présence de cyanures, doit être très soigné dans toutes ses parties et exécuté au moment même de l'argenture ou des autres opérations qu'on se propose d'exécuter ; l'objet cuivré est lavé rapidement et porté directement dans le bain électrolytique, de façon à éviter l'action prolongée de l'eau et de l'air sur la mince couche de cuivre déposée. Cette condition est indispensable si l'on veut obtenir une adhérence parfaite du second revêtement métallique.

Cuivrage du zinc. — Le cuivrage du zinc présente une certaine importance pour l'industrie du zinc d'art.

Le meilleur procédé pour la préparation du bain de cuivrage est le suivant :

On dissout 230 grammes de sulfate de cuivre dans 1 litre d'eau chaude, on ajoute de l'ammoniaque en excès à la solution refroidie de manière à dissoudre tout le précipité d'hydrate d'oxyde de cuivre ; la liqueur est additionnée jusqu'à décoloration d'une dissolution de cyanure de potassium ; on emploie même un léger excès de cyanure. Ce bain de cuivrage est employé à la température de 50-55°. Les pièces à cuivrer y sont introduites après avoir subi un décapage dans l'acide sulfurique à 5 0/0.

Cuivrage de l'aluminium. — Le bain de cuivrage pour l'aluminium est préparé en dissolvant dans 1 litre d'eau :

31 gr. d'acétate de cuivre.
26 — de sulfite neutre de sodium.
18 — d'ammoniaque.
45 — de cyanure de potassium.

Le courant employé pour le cuivrage doit être faible; ce bain permet de déposer une couche de cuivre d'une certaine épaisseur sur l'aluminium, ce qui n'est pas possible par l'emploi d'un bain acide; en effet, le bain acide ne peut donner qu'un dépôt ayant une grande tendance à s'écailler dès qu'il a atteint une certaine épaisseur.

PLATINAGE.

Le platinage des métaux aurait une grande importance, surtout au point de vue des applications chimiques, si on parvenait à obtenir un dépôt convenable de ce métal. Il n'en est malheureusement rien; les objets platinés soumis à l'action des réactifs qui n'attaquent point le platine, ne résistent pas à leur action; la couche de métal sous-jacente est bientôt mise à nu et le but du platinage n'est pas atteint. On retrouve ici, exaltées, certaines propriétés des métaux déposés par électrolyse; ces dépôts sont plus ou moins poreux, grâce à leur nature cristalline.

Nous ne nous étendrons pas non plus sur les dépôts métalliques divers qu'on peut obtenir par voie électrolytique, et nous renverrons pour ces applications du courant électrique, applications du reste de peu d'importance, aux ouvrages spéciaux.

Nous terminons par quelques mots sur le revêtement métallique appliqué à des corps non conducteurs.

Il peut quelquefois être intéressant de recouvrir le verre ou la porcelaine d'une couche résistante de cuivre. On peut atteindre ce but par l'emploi de dissolutions organiques d'or ou d'argent. En appliquant, par exemple, au pinceau une dissolution de chlorure d'or dans le baume de soufre, et en chauffant au rouge naissant l'objet à métalliser, il se forme une couche adhérente d'or qui permet alors l'application des procédés galvanoplastiques usuels.

RAFFINAGE ÉLECTROLYTIQUE.

De même que la galvanoplastie, le raffinage des métaux repose sur le principe suivant : Si on fait passer un courant électrique dans un bain dont l'anode est constituée par le métal à raffiner et la cathode par une lame qu'on choisit du même métal déjà purifié, l'anode se dissout et, si l'on a soin d'opérer dans des conditions déterminées de force électromotrice et d'intensité de courant, le métal recueilli à la cathode est pur. L'énergie consommée par la dissolution du métal à l'anode est compensée par celle rendue libre à la cathode; on pourrait ainsi considérer le travail comme nul, mais en réalité le courant doit vaincre les diverses résistances qui s'opposent à son passage dans le bain, soit : résistance métallique des conducteurs, polarisation des électrodes et transport des ions. Cette dépense d'énergie est d'autant plus forte que le métal à raffiner qui constitue l'anode est plus impur.

Quand les métaux étrangers contenus dans l'anode sont plus électropositifs que le métal à raffiner, ils s'accumulent à l'état de sels dans le bain, qui doit être renouvelé d'autant plus fréquemment que ces impuretés sont plus abondantes dans le métal à raffiner; quand, au contraire, les métaux étrangers sont plus électronégatifs, ils se déposent à l'état de boues au fond du voltamètre.

Si, par exemple, il s'agit de raffiner un cuivre contenant du fer, de l'argent et de l'or, le fer, métal plus électropositif que le cuivre, se dissoudra dans le bain et y restera à l'état de sulfate, en déplaçant une quantité proportionnelle de cuivre qui se déposera à la cathode, tandis que l'argent et l'or s'accumuleront au fond du bain électrolytique sous la forme de boues.

La seule application réellement importante du raffinage par voie électrolytique s'applique au cuivre. Nous la décrirons donc en détail; en revanche, nous ne mentionnerons que brièvement l'application du courant à la purification des métaux autres que le cuivre.

RAFFINAGE DU CUIVRE.

Après la galvanoplastie, le raffinage du cuivre par l'électrolyse constitue, par ordre de date, la première des applications des générateurs mécaniques d'électricité; il a été appliqué, à l'origine surtout, aux cuivres contenant des métaux précieux; il présentait à ce point de vue l'avantage de séparer relativement à peu de frais les divers éléments sous forme métallique marchande. Depuis, le développement de l'industrie électrique a amené à traiter même des cuivres à peu près exempts de métaux précieux; en effet, l'industrie électrique demande pour ses conducteurs un métal résistant aussi peu que possible au passage du courant, et ce n'est justement que par voie électrolytique qu'on obtient le cuivre (dit *cuivre électro*) présentant le maximum de conductibilité électrique.

L'affinage électrolytique du cuivre est soumis aux règles suivantes, fixées par les recherches de M. Kiliani :

Si l'on classe les métaux qui se rencontrent dans le cuivre brut suivant leurs chaleurs d'oxydation, on remarque qu'ils se suivent dans l'ordre suivant : manganèse, zinc, fer, étain, cadmium, cobalt, nickel, plomb, arsenic, bismuth, antimoine, cuivre, argent, or.

On voit que, lorsqu'un alliage de cuivre avec les métaux ci-dessus est employé comme anode dans un bain, les métaux qui précèdent le cuivre passeront avant lui dans la solution. L'or et l'argent seuls y passeront après. Réciproquement, si les métaux sont dissous, ils se déposeront dans l'ordre opposé.

Toutefois l'expérience a montré que l'exactitude de cet ordre tient à certaines conditions, savoir : l'intensité du courant, les propriétés de la solution et la quantité des métaux étrangers qui se trouvent dans l'anode.

Lorsque les métaux étrangers sont à l'état d'oxydes ou de sulfures, interviennent encore d'autres considérations. Les sulfures conduisent bien le courant électrique, tandis que les oxydes ne subissent nullement l'action du courant; ils se déposent sans être dissous dans l'électrolyte, ou ne le sont que sous l'action chimique de ce dernier.

Les expériences de M. Kiliani ont porté sur un électrolyte normal renfermant 150 grammes de sulfate de cuivre cristallisé et 50 grammes d'acide sulfurique par litre. La densité du courant était de 20 ampères par mètre carré. Dans ces conditions, on a observé les phénomènes suivants :

Oxydule de cuivre. — Se dépose dans l'électrolyte sans être modifié par le courant, mais se dissout peu à peu en saturant l'acide sulfurique libre, surtout si le liquide est soumis à une circulation énergique qui facilite l'action de l'oxygène de l'air.

Sulfure de cuivre. — Quand il est en petite quantité dans l'anode, il se dépose tel quel dans les boues; en plus grande quantité, il est décomposé par le courant et il se dépose du soufre.

Argent, or et platine. — Quand la solution est acide et que la teneur de l'anode en métaux précieux est faible, comme c'est généralement le cas, ceux-ci se déposent dans les boues.

Quand le bain est neutre, l'argent est également dissous et se rend à la cathode avec le cuivre.

Bismuth et oxyde de bismuth. — Le métal et son oxyde se déposent, soit directement, soit à l'état de sels basiques dans les boues. On ne rencontre pas de bismuth dans le métal de la cathode.

Étain. — L'étain se dissout et se précipite de nouveau à l'état de sel basique. Quand l'anode est riche en étain, la plus grande partie du métal reste sur l'anode à l'état de sel basique.

Fait digne de remarque, la présence de l'étain dans le métal de l'anode a pour effet de favoriser le dépôt du cuivre à la cathode; sa seule présence suffit à rendre ce dépôt uni et très malléable, tandis que l'électrolyse d'une solution de cuivre pur donne un produit raboteux et fragile.

Arsenic. — Quand il est contenu dans l'anode à l'état métallique, il se dissout à l'état d'acide arsénieux et ne se dépose dans les boues qu'après sursaturation de la solution.

Quand il se trouve à l'état d'arséniate de cuivre, il se dépose dans le bain à l'état de boue.

On n'a pas à craindre de dépôt d'arsenic à la cathode tant que la composition du bain reste normale au point de vue de la teneur en cuivre et en acide libre. Il n'en est pas moins nécessaire de surveiller très scrupuleusement la composition du bain à ce point de vue.

Antimoine. — L'antimoine métallique exerce la même action que l'étain. Avec un électrolyte acide ou neutre, il passe en partie dans la solution et se dépose plus tard à l'état de sel neutre; en partie, il reste sur l'anode à l'état de

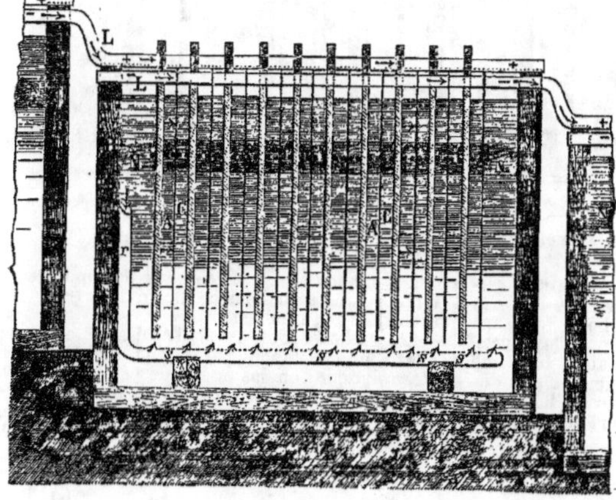

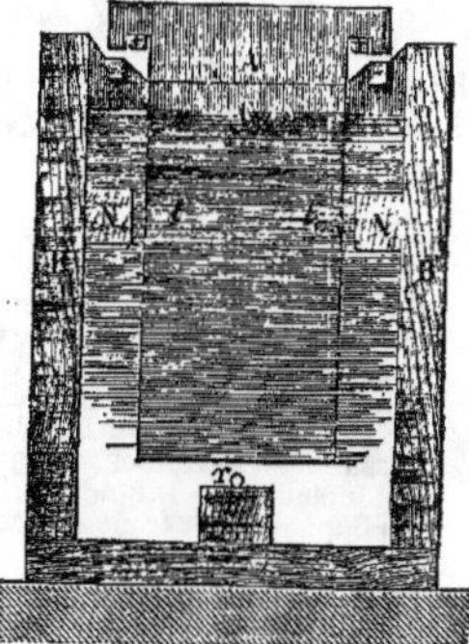

Fig. 211 et 212. — Cuve servant au raffinage du cuivre.
B, B, B, cuves en bois doublées de plomb; — A, anodes; — C, cathodes; — L, L, conducteurs; — N, N, lattes en bois servant à maintenir l'écartement des plaques; — *t, t,* tiges en bois; — *r*, tube d'arrivée de l'électrolyte; — *s, s,* trous par lesquels s'échappe le liquide.

sulfate basique d'antimoine qui se comporte sous l'action de l'air comme le sulfate basique d'étain. Quant aux dérivés de l'antimoine qui se trouvent dans l'anode, le courant électrique n'exerce sur eux aucune influence. L'antimoine ne se dépose pas sur la cathode si la teneur du bain en cuivre et en acide est à peu près normale.

Plomb. — Le courant électrique agit sur le plomb plus vite que sur le cuivre; le plomb passe dans l'électrolyte à l'état de sulfate de plomb insoluble. Il ne se dépose pas sur la cathode.

Fer, zinc, nickel, cobalt. — Ces métaux se dissolvent par l'action du courant avant le cuivre.

Le fer est contenu dans le bain à l'état de sulfate de protoxyde, et on ne trouve de sulfate ferrique à l'anode qu'en cas de travail avec de fortes densités de courant qui ont pour corollaire une augmentation de tension.

En général, le fer, le nickel, le cobalt et le zinc ne gênent l'électrolyse que quand le liquide s'est considérablement appauvri en cuivre.

L'attaque des anodes ne se produit pas, comme on pourrait le croire, de la surface au centre. On constate, au contraire, que les parties centrales sont rongées avant que tout le cuivre de la périphérie soit entré en solution.

Nous avons vu qu'avec le progrès de la dissolution des anodes, le bain électrolytique changeait de composition en s'appauvrissant en cuivre et en acide sulfurique. L'appauvrissement en cuivre est compensé par la réaction qui a lieu entre le cuivre, le sulfate de cuivre et l'air; en effet, une dissolution acide de sulfate de cuivre est transformée par le cuivre partiellement en sulfate cuivreux. Si l'on fait en sorte que le liquide circule beaucoup d'un bain à l'autre en présence d'air, il y a transformation du sulfate cuivreux en sulfate cuprique, de sorte qu'une partie du cuivre de l'anode est en quelque sorte dissoute par l'action, par voie détournée, de l'oxygène de l'air. On peut accélérer cette oxydation par une insufflation d'air dans le liquide cuivreux en intercalant une cuve-réservoir sur son trajet (procédé Thofehrn).

En ce qui concerne l'acidité du bain, il est

indispensable de la maintenir à peu près constante, par des additions d'acide neuf. En général, on peut affirmer que, plus la composition du bain en cuivre et en acide restera constante, plus le cuivre électrolytique produit approchera de la pureté absolue. Si on raffine du cuivre très impur, il conviendra, à un moment donné, de changer, même totalement, la dissolution de sulfate de cuivre. Un contrôle analytique rigoureux est donc un facteur important de la bonne marche du raffinage.

D'autres conditions de succès sont encore :

1° Une circulation rapide et l'agitation du liquide; 2° une intensité ne dépassant pas 30-40 ampères par mètre carré d'électrode.

Les figures 211-213 donnent une idée approximative des dispositifs des cuves et des électrodes.

Les cuves B sont généralement en bois doublé intérieurement de plomb, d'une construction aussi robuste que possible et de dimensions variables suivant le mode de raffinage employé.

On fixe sur les parois du bain électrolytique des lattes en bois N dans lesquelles sont fichées des tiges également en bois *t, t,* qui ont pour but de maintenir un écartement normal entre les anodes et les cathodes, de manière à éviter tout court-circuit par contact des plaques. Les anodes A et les cathodes C sont accrochées aux conducteurs L, L, formés de barres de cuivre électrolytique de plusieurs centimètres carrés de section; elles

Fig. 213. — Cuve servant au raffinage du cuivre.
B, B, B, cuves en bois doublées de plomb; A, anodes; C, cathodes; — L, L, conducteurs

ne plongent dans le bain que jusqu'à une certaine profondeur, de manière à laisser au fond des bacs un espace suffisant pour les boues, qui sans cette précaution pourraient occasionner des courts-circuits. Le niveau du liquide est aussi haut que possible et s'arrête à quelques centimètres des conducteurs. Le liquide arrive par le tube *r* et s'échappe par les trous *s, s,* comme l'indiquent les flèches de la figure 211.

Les anodes sont coulées dans des moules en fonte et présentent deux oreilles qui servent à les accrocher aux conducteurs.

Les cathodes ont $0^{mm},3$ d'épaisseur environ; elles sont constituées par des lames de cuivre électrolytique; on les enduit de pétrole et on en vernit les bords à la paraffine, ce qui permet de retirer le dépôt de cuivre électrolytique à la fin du raffinage. Les dimensions des anodes repré-

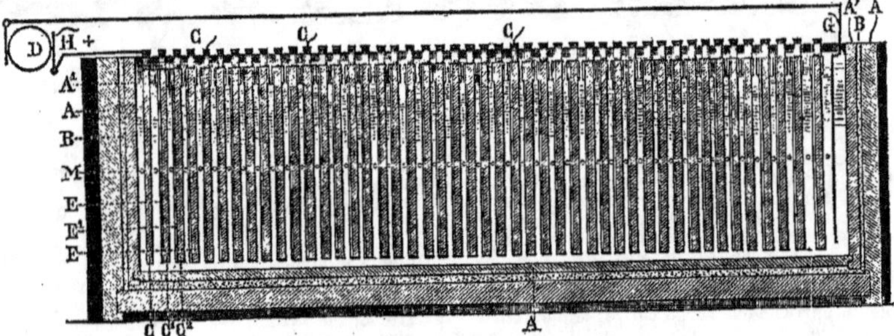

Fig. 214. — Raffinage de cuivre à Anaconda.
A, A', cuves en bois; — B, espace entre les cuves rempli de ciment; — C, C¹, C², anodes; — E, E¹, E², cathodes; D, dynamo; — H, G, conducteurs; — M, tiges en bois servant à assurer l'écartement des plaques.

sentées dans la figure 212, sont les suivantes : 1 mètre de longueur, 50 centimètres de largeur et 15 millimètres d'épaisseur; la distance entre les électrodes est de 5 centimètres.

Les figures 214 à 222 montrent l'ensemble et les détails d'un dispositif un peu différent, appliqué aux usines d'Anaconda (États-Unis); le procédé se rattache aux procédés préconisés, il y a environ dix ans, par M. Hugon et repris plus tard en Amérique par M. Hayden.

Dans le système usité à Anaconda, étudié par M. Stalmann, la première anode et la dernière cathode de chaque bain sont seules indépendantes et réunies aux deux pôles de la génératrice; les électrodes intermédiaires sont réunies deux à deux, l'anode étant fixée à la cathode et les deux lames étant séparées l'une de l'autre par un isolant, tel que le verre, l'amiante ou l'air. Voici maintenant quelle est la marche du courant : il se rend d'abord à la première anode, de là à la première cathode par l'intermédiaire de l'électrolyte et à la seconde anode, qui est réunie à la cathode ; de la seconde anode, il va à la cathode de la deuxième paire de plaques par l'électrolyte, et ainsi de suite jusqu'à la cathode indépendante à la fin du bain. Suivant que les bains sont associés en tension ou en quantité, la deuxième cathode du premier bain est réunie à l'anode du deuxième bain, ou au pôle négatif de la génératrice.

Les cuves électrolytiques sont composées de deux cuves en bois A, A¹ entrant l'une dans l'autre,

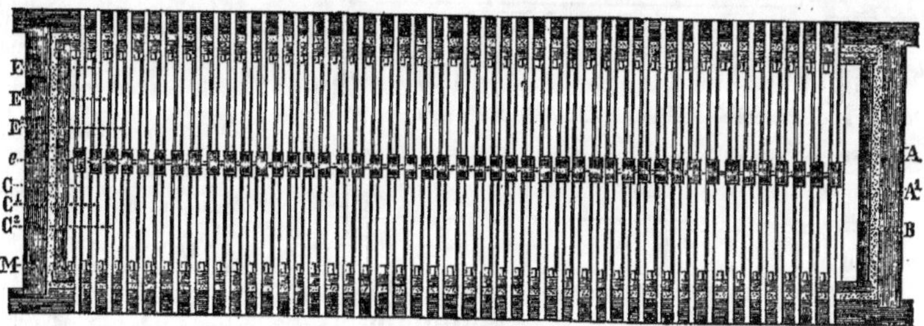

Fig. 215. — Raffinage du cuivre à Anaconda.

A, A¹, cuves en bois ; — B, espace entre les cuves rempli de ciment ; — C, C¹, C², anodes ; — E, E¹, E², cathodes ; *e*, boulons d'assemblage des plaques ; — M, tiges en bois servant à assurer l'écartement des plaques.

l'espace intermédiaire B étant rempli d'une matière imperméable à l'électrolyte, telle que l'asphalte ou le ciment. Les anodes C, C¹, C² reposent par les oreilles C C (fig. 216) sur les bords de la cuve et sont réunies aux cathodes E, E¹, E², comme l'indiquent les figures 217 et 218.

La première anode C est réunie au conducteur H qui est fixé au pôle positif de la dynamo D, la dernière cathode est réunie au pôle négatif par le conducteur G ; l'écartement de chaque paire de plaques est assuré par les tiges en bois M M.

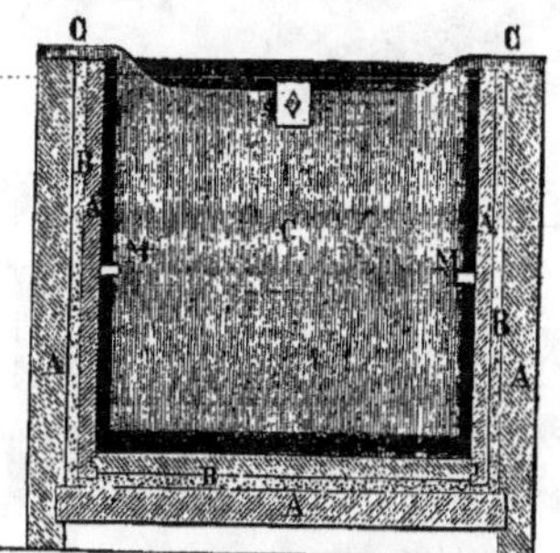

Fig. 216. — Raffinage du cuivre à Anaconda.

A, A', cuves en bois ; — B, espace intermédiaire rempli de ciment ; — C, C, anodes ; — M, tiges en bois pour assurer l'écartement des paires de plaques.

La figure 219 montre le dispositif appliqué lorsque les bains sont associés en tension et la figure 220 celui applicable aux bains montés en quantité. Les figures 217-218 montrent les détails d'assemblage des paires de plaques et les figures 221-222 une vue d'ensemble de l'installation à l'échelle approximative de 1/200.

La machine à vapeur M est accouplée par une courroie à la dynamo D ; les flèches indiquent le sens du courant ; la circulation du liquide est assurée par une pompe P, qui, puisant le liquide dans le réservoir inférieur B', le renvoie dans le réservoir B et par les siphons en plomb *r*, *r* qui font communiquer les cuves les unes avec les autres ; la partie inférieure des siphons est perforée sur toute la longueur du tube, de manière à assurer une répartition uniforme du liquide.

Nous venons de donner dans les pages précédentes des modèles d'ateliers de raffinage de cuivre. La description complète des nombreux dispositifs proposés par les divers inventeurs qui se sont occupés de la question sortirait du cadre de cet article, qui ne saurait donner qu'une vue d'ensemble sur les applications de l'électricité aux réactions chimiques.

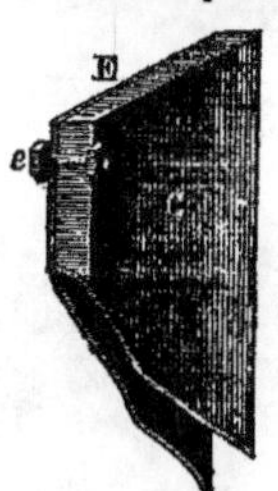

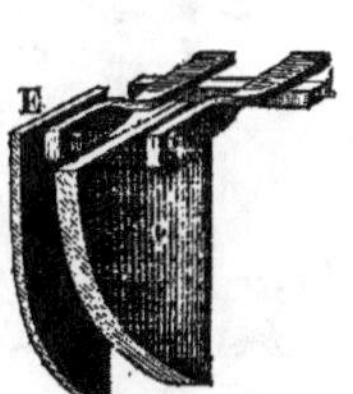

Fig. 217. Fig. 218.

Assemblage des anodes et des cathodes.

Fig. 217 : C, anode ; — E, cathode ; *e*, boulon de serrage.

Fig. 218 : C, anode ; E, cathode.

Nous dirons toutefois quelques mots des procédés préconisés par M. Thofehrn, parce qu'il existe, en France notamment, quelques installations appliquant ces procédés qui ont donné toute satisfaction.

Les perfectionnements réalisés par M. Thofehrn portent surtout sur l'oxydation des anodes et de l'électrolyte, l'oxydation de l'électrolyte étant au surplus une conséquence de l'oxydation des anodes.

Le cuivre destiné à la fabrication des anodes est fondu dans un four à réverbère et est oxydé à la sortie du four grâce à une entrée d'air ménagée près de l'autel. Par l'emploi d'une flamme très oxydante près de l'autel, on réalise facilement, avec certaines précautions, le degré d'oxydation voulu. Cette oxydation augmente naturellement beaucoup la solubilité du cuivre.

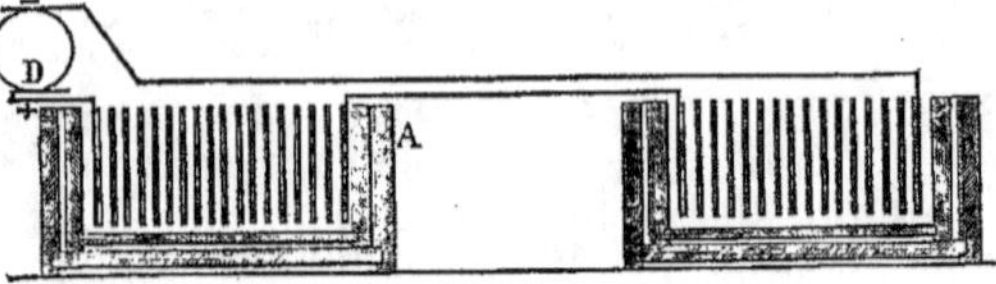

Fig. 219. — Raffinage du cuivre à Anaconda. Bains associés en tension.
A, bacs; — D, dynamo.

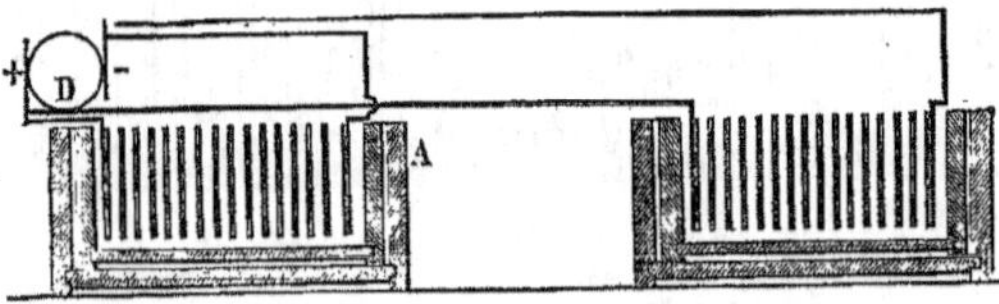

Fig. 220. — Raffinage du cuivre à Anaconda. Bains associés en quantité.
A, bacs; — D, dynamo.

Pendant l'électrolyse, le liquide se charge d'une grande quantité d'impuretés; on s'en débarrasse par une oxydation produite par une insufflation d'air dans le liquide à la sortie des bains électrolyseurs. Pour être efficace, cette opération doit s'effectuer à une température de 35-40°; dans ces conditions, l'insufflation d'air produit dans le liquide des écumes rougeâtres de peroxyde de fer insoluble, qui se dépose dans des caniveaux *ad hoc*, de sorte que le liquide revient aux bacs dans un état de pureté suffisant pour que la marche de l'électrolyse ne soit pas entravée.

Le bain, grâce à cette insufflation d'air, renferme toujours une certaine quantité d'oxygène libre qui s'accumule par l'action du courant près de l'anode et oxyde les impuretés du cuivre en les transformant en corps insolubles; le produit de l'oxydation forme sur l'anode une petite couche de boue adhérente, qui s'écoule le long des parois et tombe au fond du bac, sans se mélanger au liquide. Cette boue, grâce à l'immobilité du liquide au fond des bacs, n'est soumise à aucune action mécanique ou chimique. On l'enlève lorsque son volume a augmenté au point de risquer de produire des courts-circuits par contact avec les anodes suspendues dans le bain.

Prix de revient de l'affinage électrolytique du cuivre. — Dans les pages précédentes, nous venons de décrire aussi complètement que le comporte le cadre de cet article les divers procédés employés pour obtenir par l'électrolyse du cuivre pur.

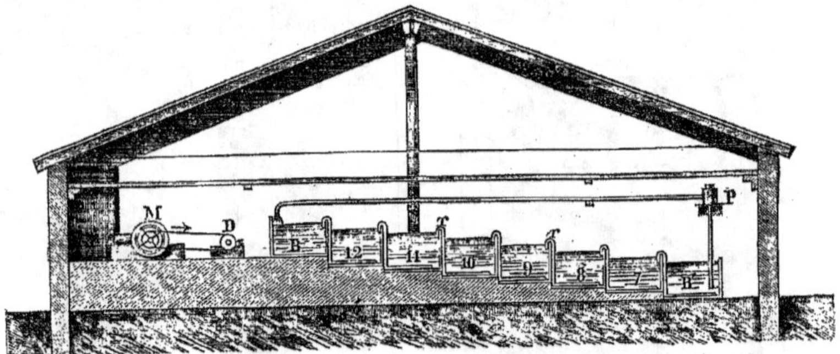

Fig. 221. — Raffinage du cuivre à Anaconda. Vue d'ensemble.
M, moteur; — D, dynamo; — B, réservoir contenant la dissolution de sulfate de cuivre; — P, pompe; — B', réservoir recevant la dissolution de sulfate de cuivre qui a traversé les bacs d'électrolyse; — r, r, siphons en tube de plomb assurant la circulation du liquide.

Il nous reste à dire quelques mots du prix de revient de ce raffinage.

Tout d'abord nous écarterons du calcul les profits accessoires de l'opération, c'est-à-dire l'obtention de l'or et de l'argent contenus dans les cuivres bruts, ce facteur, essentiellement variable, étant de nature à donner une idée tout à fait fausse du prix de revient réel du raffinage proprement dit; nous remarquerons en outre que la question force motrice joue également un grand rôle dans ces calculs. Suivant que l'on emploiera de la force motrice hydraulique à bas prix ou de la force vapeur, on aura intérêt à avoir un régime électrique tout à fait différent dans chacun des deux cas.

Les chiffres que nous donnons ci-dessous, et que nous empruntons à M. Fontaine, n'ont donc rien d'absolu.

Pour une usine fonctionnant à bas régime (20 ampères par mètre carré) avec de la force vapeur, les frais de raffinage sont de 192 francs par tonne; ils se décomposent comme suit :

Force motrice	40 francs.
Main-d'œuvre	40 —
Frais généraux	40 —
Entretien	12 —
Intérêt du capital	60 —
Total par tonne	192 francs.

D'après M. Ponthière, on peut arriver, en se basant sur une production de 900 tonnes par an, à 148 francs la tonne, se décomposant ainsi :

Exploitation proprement dite	79 francs.
Intérêt et amortissement	69 —
	148 francs.

Par le procédé Thofehrn on obtient un prix notablement moins élevé, soit 98 francs la tonne. Ce total se décompose comme suit :

Exploitation :		
Fonte des anodes	12 fr. 78	51 fr. 18
Fabrication des cathodes	7 , 38	
Service des bacs	6 , 67	
Force motrice	13 , 34	
Frais généraux d'usine	11 , 11	
Intérêt et amortissement :		
Terrain (intérêt 5 0/0)	1 fr. 25	46 , 82
Frais d'installation	9 , 11	
Cuivre dans les bacs	14 , 25	
Cuivre en stock	7 , 50	
Approvisionnements divers	1 , 58	
Amortissement du matériel et des bâtiments	13 , 13	
Total égal		98 fr. »

On remarquera dans ce dernier cas l'économie

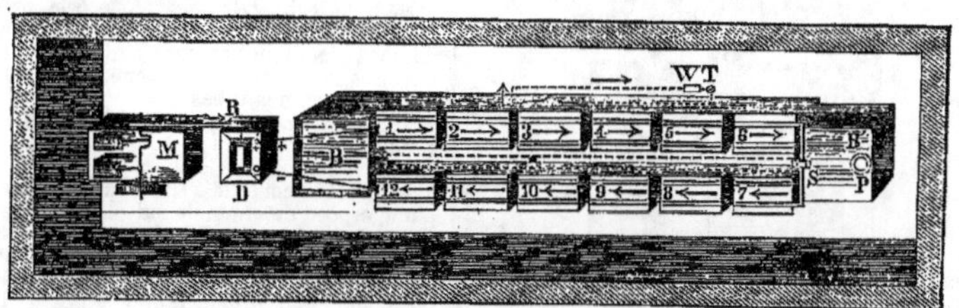

Fig. 222. — Raffinage du cuivre à Anaconda. Plan.

M, moteur ; — D, dynamo ; — B, réservoir contenant la dissolution de sulfate de cuivre ; — P, pompe ; —, B', réservoir recevant la dissolution de sulfate de cuivre qui a traversé les bacs d'électrolyse.

sur l'amortissement et l'intérêt du capital engagé ; cette économie est due, d'après M. Fontaine, à l'élévation exceptionnelle du régime que permet seule l'oxydation normale du liquide et des anodes recommandée par M. Thofehrn.

Procédé Elmore pour la fabrication directe du cuivre ouvré électrolytique. — Le procédé de M. Elmore a pour but la production par voie électrochimique des tubes, des fils et des lames de cuivre. Il repose sur le principe suivant : Déposer le cuivre électrolytique sur un mandrin cylindrique tournant dans le bain et comprimer le dépôt métallique au fur et à mesure de sa production.

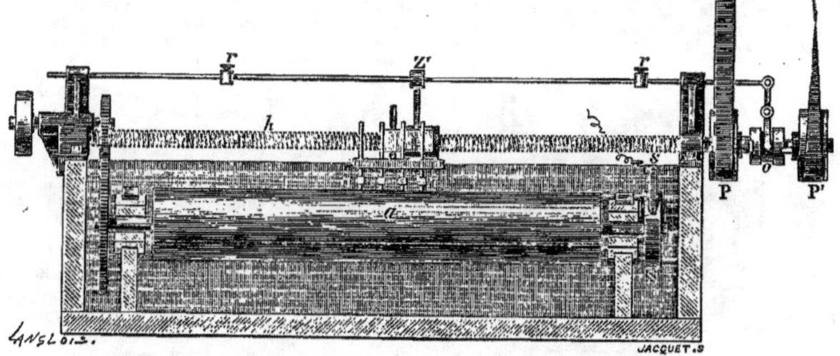

Fig. 223. — Fabrication du tube électrolytique. Procédé Elmore.

a, mandrin métallique ; — *n*, *n*, brunissoirs en agate ; — *r*, *r*, taquets d'arrêt ; — *h*, vis sans fin ; — Z', butée actionnant l'embrayage ; — *o*, embrayage ; — P, P', poulies ; — *s*, balai amenant le courant au disque S.

Le but que s'est proposé M. Elmore est surtout de produire des tubes en cuivre de grand diamètre sans soudure, présentant le maximum de résistance mécanique ; or on sait que le cuivre électrolytique est cristallin, comme tous les dépôts métalliques produits par le courant électrique ; pour obtenir la résistance convenable, il fallait donc faire intervenir dans l'opération une action mécanique ; M. Elmore a très heureusement réalisé ce desideratum par l'emploi d'un compresseur mobile en agate, qui donne au dépôt les qualités requises.

Les figures 223 à 225 représentent les appareils employés dans le procédé Elmore

Le dépôt de cuivre destiné à former le tube se précipite sur un mandrin métallique *a*, de construction spéciale, plongé dans le bain électrolytique et animé d'un mouvement de rotation.

Les brunissoirs en agate *n*, *n* reçoivent le long de ce mandrin un mouvement alternatif de va-et-vient dont l'amplitude est égale à l'écartement des taquets *r*, *r*. Ces taquets viennent, lorsqu'ils sont poussés par la butée Z', mettre en prise avec l'embrayage *o* tantôt la poulie P, tantôt la poulie P'; ces poulies, commandées par des courroies, l'une ouverte, l'autre croisée, sont animées de mouvements en sens contraires et changent ainsi périodiquement la rotation de la vis *h* qui fait écrou dans les supports des brunissoirs et par conséquent leur imprime un mouvement de va-et-vient le long du cylindre *a*. Les brunissoirs attaquent

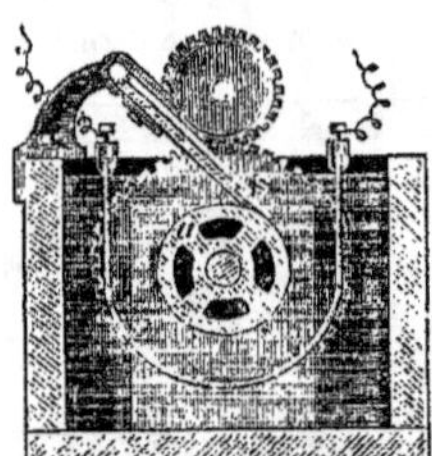

Fig. 224. — Fabrication du tube électrolytique. Procédé Elmore.

a, mandrin métallique creux; — *t*, anode en forme d'U; S, balai amenant le courant au mandrin.

ainsi, couche par couche, toute la surface du dépôt dans toute son épaisseur à mesure qu'il se forme et lui donnent une résistance, une homogénéité et un brillant parfaits. Les cylindres *a*, entourés par les anodes *t* en forme d'U, reçoivent le courant du balai S; ils étaient primitivement en alliage d'imprimerie saupoudré de poudre de bronze pour empêcher l'adhérence du dépôt, dont on les séparait en faisant circuler de l'eau froide à l'intérieur du manchon : ce dernier, en se contractant plus que le tube électrolytique, l'abandonnait facilement.

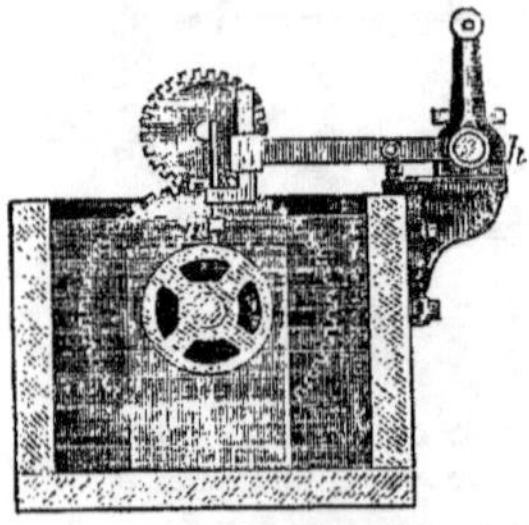

Fig. 225. — Fabrication du tube electrolytique. Procédé Elmore.

a, mandrin métallique creux; — *n*, brunissoir en agate; *h*, vis sans fin.

M. Elmore emploie actuellement, au lieu des mandrins en plomb antimonieux, des tubes en acier poli montés sur une âme en bois. Ces tubes servant de cathode commencent par tourner entre les anodes en cuivre dans une dissolution à 5 0/0 de cyanure double de potassium et de sodium. Au bout d'un quart d'heure le mandrin est recouvert d'une couche de cuivre; en exposant le mandrin à l'air, la mince couche de cuivre se transforme en un dépôt d'oxyde de cuivre qui reçoit le cuivre électrolytique venant y adhérer. Grâce à l'emploi d'un bain riche en sulfate de cuivre et aux compresseurs en agate, on peut opérer avec une densité de courant de 180 ampères par mètre carré de cathode, c'est-à-dire à un régime beaucoup plus élevé que dans le raffinage proprement dit.

Pour obtenir des tôles de cuivre, on se sert d'un mandrin de très grand diamètre, et, le tube étant une fois produit à l'épaisseur voulue, on le coupe suivant une de ses génératrices et on le développe peu à peu jusqu'à ce que la feuille soit plane.

Le fil est produit en découpant les tubes en un ruban sans fin, qu'on passe ensuite sans le recuire dans un grand nombre de filières.

M. Elmore a également proposé la production directe des fils dans le bain électrolytique; nous ne nous étendrons pas sur cette partie du procédé, qui repose du reste sur les mêmes principes que la production des tubes.

Tout dernièrement, la Société des Cuivres de France a pris un brevet pour la préparation des tubes en cuivre par l'électrolyse.

Le procédé consiste à se servir comme cathodes d'une espèce de laminoir qui plonge dans le bain électrolytique; si on imprime un mouvement de rotation à l'un des cylindres, l'autre se trouve entraîné en sens inverse et le cuivre qui se dépose sur les deux cylindres est soumis à une pression uniforme qui lui donne les qualités requises.

On voit que le principe de ce procédé est le même que celui qui sert de base au procédé Elmore.

RAFFINAGE ÉLECTROLYTIQUE DU PLOMB.

Dans le procédé de raffinage de M. Keith, on coule le plomb à affiner en plaques que l'on suspend à des traverses métalliques reliées au pôle positif de la dynamo; les cathodes en plomb pur placées entre les anodes sont reliées au pôle négatif; le bain est formé d'une dissolution de sulfate de plomb dans l'acétate de soude.

Le courant décompose le sulfate de plomb; le plomb se dépose à la cathode, tandis que l'acide sulfurique se rend à l'anode en dissolvant une quantité correspondante du plomb à affiner; les métaux positifs contenus dans le plomb, tels que le fer et le zinc, restent en dissolution, tandis que les métaux précieux se retrouvent dans les boues.

Les procédés Keith ont été pendant un certain temps appliqués, sur une grande échelle, aux États-Unis, mais ils ont dû être abandonnés comme trop coûteux relativement aux procédés métallurgiques. Ce fait est dû surtout au peu de valeur de la matière mise en œuvre.

RAFFINAGE ÉLECTROLYTIQUE DE L'ARGENT.

Dans la coupellation du plomb argentifère on arrive à obtenir de l'argent à 95 0/0. Ce métal, coulé en anodes, est avantageusement transformé en argent chimiquement pur par le raffinage électrolytique. On emploie comme électrolyte une dissolution étendue de nitrate d'argent; les cathodes sont formées de lames d'argent fin et les anodes sont enveloppées de sacs en toile d'où l'on retire chaque semaine les boues formées pendant l'opération.

L'argent se dépose sur la cathode sous la forme de cristaux, et est précipité au fond du bac par des tiges en bois animées d'un mouvement de va-et-vient qui frottent contre les anodes, et agitent en même temps l'électrolyte. La tension employée est de 1,4-1,5 volt par bain.

Les deux usines de Pittsburg et de Saint-Louis, qui emploient le procédé ci-dessus, peuvent raffiner chacune 1000 kilogrammes d'argent par jour.

Le procédé Möbius, employé au Mexique pour l'extraction de l'argent des minerais argentifères, repose également sur l'électrolyse. Ce procédé consiste à traiter en premier lieu les minerais par la voie sèche, de manière à obtenir un alliage renfermant de 80-90 0/0 d'argent et à couler cet alliage en anodes. L'électrolyte se compose d'un mélange de nitrate d'argent et de nitrate de cuivre, et les cathodes de minces lames d'argent. Quand on fait passer le courant à travers le liquide, le cuivre et l'argent contenus dans l'alliage se dissolvent, tandis que l'or et les métaux du groupe du platine restent avec le plomb, qui s'est transformé en peroxyde, dans les sacs qui enveloppent les anodes. Quant à l'argent, il se dépose à l'état cristallisé sur les cathodes, le cuivre restant en dissolution. Lorsque l'électrolyte est très chargé en cuivre, on est obligé de le remplacer par du liquide neuf; pour ne pas perdre le métal des vieux bains, on soumet ces derniers à l'électrolyse, en employant des anodes insolubles en charbon; on précipite ainsi tout l'argent et la majeure partie du cuivre.

L'usine de Pinos Altos produit d'après ce procédé 300 kilogrammes d'argent fin par jour; une des usines de la Pensylvania Lead Company produit à elle seule, d'après ce système, 600 kilogrammes d'argent par jour.

La production de l'argent pur par électrolyse peut également s'appliquer aux écumes de pattinsonage, qui sont un mélange de zinc, de plomb et d'argent. Toutefois la teneur en argent est dans ce cas généralement trop faible pour que le procédé soit avantageux.

Séparation électrolytique du cuivre et du nickel. — Lorsque le minerai de nickel est cuprifère, on a proposé de préparer par voie sèche un alliage de cuivre et de nickel et de le soumettre ensuite au raffinage par l'électrolyse; les deux métaux se dissolvent, mais le cuivre se dépose en premier lieu à la cathode; les eaux qui ne renferment que du nickel sont traitées ensuite par la voie métallurgique ordinaire. Il n'y aurait en effet aucun avantage à isoler le nickel à l'état de pureté à l'aide du courant, car la fabrication des alliages de nickel exige presque toujours l'emploi de nickel carburé, tel qu'il s'obtient par voie métallurgique.

II. — ÉLECTROMÉTALLURGIE.

L'électrométallurgie est de date plus récente que le raffinage électrique; le problème à résoudre, l'extraction des métaux de leurs minerais par voie électrique, est en effet beaucoup plus complexe que le simple raffinage; il demande généralement un développement d'énergie électrique beaucoup plus considérable, ce qui n'est pas sans occasionner des frais quelquefois hors de proportion avec le résultat obtenu; c'est notamment le cas pour l'électrométallurgie du zinc et de tous les métaux dont le prix n'est pas assez élevé pour permettre l'emploi d'un agent relativement coûteux, comme est l'énergie électrique.

Pour l'extraction des métaux lourds de leurs minerais, on opère généralement sur des solutions aqueuses; pour l'aluminium, le magnésium et les métaux alcalins, on opère au contraire de préférence sur un électrolyte en fusion ignée.

Il convient de classer à part le traitement des oxydes métalliques dans le four électrique, car il ne s'agit pas dans ce cas d'une électrolyse proprement dite, mais plutôt d'une réduction par le charbon à une température qui ne peut être obtenue que par l'intermédiaire de l'arc. Ces réactions seront traitées dans un chapitre spécial.

Les bases de l'électrométallurgie ont été indiquées par Becquerel en 1836, mais le coût de l'énergie électrique à cette époque ne pouvait permettre d'en développer l'application. C'est seulement depuis l'introduction dans l'industrie des machines dynamo-électriques que l'électrométallurgie est venue s'ajouter aux anciens modes de traitement des minerais; il est probable que cette nouvelle branche de l'industrie acquerra une importance de plus en plus grande.

Avant de passer à l'étude spéciale du traitement électrométallurgique des différents minerais, nous exposerons en quelques mots les principes généraux de l'électrométallurgie.

Quand les minerais sont conducteurs et attaquables par les ions négatifs, on les utilise directement comme anodes; avec une densité de courant convenable, les éléments constituants du minerai se divisent en deux fractions : les substances électropositives entrent en solution en formant des sels avec les ions négatifs, les substances moins positives sont mises ainsi en liberté et se détachent de l'anode.

Les métaux entrés en dissolution se précipitent ensuite successivement en fonction de la densité du courant et de la force électromotrice; le cuivre est précipité avant le fer, celui-ci avant le zinc, etc.

Les méthodes basées sur le traitement direct des minerais employés comme anodes ont donné peu de résultats jusqu'ici.

On peut aussi traiter les minerais pulvérisés préparés mécaniquement, et quelquefois même soumis à un grillage ou à une fusion préalable avec des solutions salines ou acides; on obtient ainsi des solutions qu'on soumet à l'électrolyse avec des anodes insolubles.

Ces procédés ont deux inconvénients : nécessité d'une force électromotrice élevée, et impossibilité de saturer les ions négatifs. C'est ainsi qu'une solution de sulfate de cuivre fournira des ions (SO^4) qui, au contact d'une anode inattaquable, décomposeront l'eau, suivant l'équation

$$SO^4 + H^2O = H^2SO^4 + O.$$

L'oxygène ainsi dégagé détermine une polarisation qui entrave la marche de l'opération.

On a cherché à combattre la polarisation par l'emploi de corps oxydables. Citons les oxalates alcalins dont l'emploi, préconisé par M. Classen, a permis d'appliquer l'électrolyse à la séparation analytique des métaux.

Dans ce cas, le résidu $-CO^2-CO^2-$ se décompose en acide carbonique. L'oxygène résultant de la décomposition de l'eau par le radical acide est utilisé pour l'oxydation de l'acide oxalique :

$$C^2O^4H^2 + O = 2CO^2 + H^2O.$$

Il est évident que l'emploi d'un agent d'un prix aussi élevé que l'acide oxalique s'oppose à toute application industrielle, étant donné que ce corps est entièrement transformé par l'action du courant en produits sans valeur (eau et acide carbonique).

En revanche, on peut utiliser des substances organiques de faible valeur, telles que les crésylates alcalins, préconisés par M. W. Borchers.

Lorsqu'on opère en milieu acide, il faut au préalable amener les phénols à l'état soluble en les transformant en acides sulfonés. Si l'on prolonge l'électrolyse, ces acides sulfonés sont brûlés complètement et transformés en eau et en acides sulfurique et carbonique, mais les phénomènes de désagrégation moléculaire n'ont lieu que progressivement, et, en interrompant à un moment donné l'électrolyse, on parvient à isoler toute la série des produits intermédiaires d'oxydation. Cette oxydation ménagée pourra peut-être permettre à l'avenir de combiner l'électrométallurgie avec certaines opérations ayant pour but la préparation de produits du domaine de la chimie organique.

Dans ces derniers temps, on a utilisé pour le traitement des minerais la propriété de certains sels métalliques de passer facilement à des degrés d'oxydation différents.

Ainsi, un bain de sulfate ferreux fixera facilement le radical SO^4, d'après l'équation

$$2FeSO^4 + SO^4 = Fe^2(SO^4)^3.$$

Grâce à la formation de ce sulfate ferrique, on évite tout dégagement d'oxygène et la polarisation qui en est la conséquence; en outre, le sulfate ferrique est assez actif pour faire entrer en dissolution une quantité équivalente d'oxyde métallique; il se régénère du sulfate ferreux, qui sert à nouveau de dépolarisant. On a fondé sur ces réactions un procédé d'extraction du cuivre que nous décrirons ci-dessous.

ÉLECTROMÉTALLURGIE DU CUIVRE.

Nous commencerons la description des procédés électrométallurgiques par l'électrométallurgie du cuivre. Ce métal est jusqu'à présent le seul qui se soit prêté à des applications industrielles soutenues.

Nous décrirons donc successivement :

1. Les procédés Siemens;
2. Les procédés Höpfner;
3. Les procédés Marchese;

et nous terminerons ce chapitre par quelques mots sur les procédés Rovello, basés sur l'utilisation des eaux de cémentation.

Procédé Siemens pour l'extraction électrolytique du cuivre des minerais. — Il existe dans de nombreuses usines à cuivre des minerais qui ne peuvent supporter les frais du traitement métallurgique usuel, à cause de leur faible teneur en métal et du prix parfois élevé du combustible. De même certains gisements, qui se trouvent dans les conditions ci-dessus, ne sont même pas exploités. Le procédé Siemens se propose de traiter les minerais pauvres en réduisant au

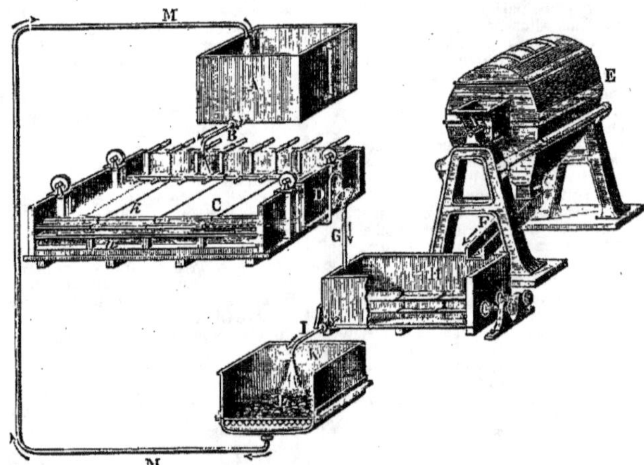

Fig. 226. — Procédé Siemens pour l'électrométallurgie du cuivre.

E, broyeur pour la pulvérisation du minerai; — H, cuve d'attaque du minerai pulvérisé; — F, canal amenant le minerai pulvérisé à la cuve d'attaque H; — K, filtre à vide; — L, minerai épuisé; — MM, tuyau d'amenée du liquide chargé de sulfate de cuivre au bac-réservoir A; — C, bains d'électrolyse; — *k*, compartiment des cathodes; — *a*, compartiment des anodes; — D, tuyau d'écoulement du liquide épuisé se rendant par G dans la cuve d'attaque H.

minimum la consommation de combustible et en utilisant les forces motrices naturelles, souvent très abondantes dans les cas précités. Par ce procédé, on obtient directement, en partant de minerais à 4 ou 5 0/0 de cuivre, du cuivre électrolytique, c'est-à-dire un métal d'une valeur bien supérieure à celle du cuivre obtenu par les procédés métallurgiques ordinaires, tout en ne laissant dans le minerai que de 0,1 à 0,5 0/0 de métal. La durée totale de l'opération n'est que de 10 heures.

Le procédé Siemens est basé, comme il a été indiqué plus haut, sur l'emploi de sulfate ferreux comme dépolarisant.

La figure 226 donne une vue schématique de l'ensemble de l'installation.

Le minerai est pulvérisé dans un broyeur à boulets E et traité par la solution de sulfate ferrique provenant des bains électrolytiques C, dans une cuve en bois H munie d'un agitateur et chauffée par un tuyau en plomb dans lequel circule un courant de vapeur. Le sulfate ferrique dissout le cuivre du minerai en se transformant en sulfate ferreux, et la solution ainsi chargée de cuivre se rend au filtre à vide K. Le liquide cuprifère se rend par le tuyau II dans le réservoir A, et s'écoule dans les bains électrolytiques C par le tube B. L'opération est continue, car, lorsque le liquide a parcouru toute la série des bains, il a abandonné à peu près tout son cuivre et s'est chargé à nouveau, par l'action du courant, de sulfate ferrique; il est par conséquent devenu capable d'extraire une nouvelle quantité de cuivre du minerai.

Grâce à l'action du sulfate ferrique qui agit comme dépolarisant, la tension à chaque bain est de 0^v,7, bien inférieure par conséquent à celle nécessaire pour la décomposition de l'eau, ce qui est une condition indispensable pour ce genre d'opération, si on veut obtenir un rendement convenable et éviter un gaspillage de force motrice.

Un des dispositifs les plus caractéristiques du procédé Siemens est constitué par les bains où s'effectue l'électrolyse et surtout par l'anode insoluble.

Cette dernière (fig. 227) se compose d'un bâti en plomb durci BB convenablement verni, dans lequel sont encastrées 200 tiges *t*, *t* d'un charbon spécial qui servent d'anode. Le système représenté dans la figure a 1^m,35 de long sur 0^m,405 de large; le courant arrive par les lames recourbées L. Ces charbons résistent indéfiniment à l'action chimique des liquides environnants, et, en tout cas, la rupture de quelques éléments n'exerce aucune influence fâcheuse sur la marche de l'opération.

Fig. 227. — Procédé Siemens. Anode insoluble.
B, B, bâti en plomb durci; — L, L, conducteurs; — *t*, *t*, tiges en charbon servant d'anodes insolubles.

Les bains (fig. 228) sont des cuves plates en bois, rendues étanches par du tissu de jute asphalté; les anodes reposent sur le fond du bac, qui est incliné de façon à permettre l'écoulement des liquides; au-dessus des anodes se trouve une sorte de filtre, composé d'une toile tendue sur un cadre en bois; enfin les cathodes, formées d'une mince lame de cuivre, sont fixées sur des châssis en bois situés au-dessus du filtre et à une certaine distance de la toile filtrante. Entre la cathode et le filtre se trouve un agitateur non visible sur la figure, destiné à assurer une composition uniforme au liquide en contact avec la cathode.

Fig. 228. — Procédé Siemens. Bains d'électrolyse.

La densité du courant est assez élevée : elle atteint 120 ampères par mètre carré de cathode.

Les cuves à agitateurs pour la régénération de l'électrolyte et l'épuisement des minerais sont formées par des cuves en bois garnies de plomb H (voy. fig. 229-230) de 4 à 5 mètres de long, 0^m,75 de large et 1 mètre de haut; la partie inférieure contient l'agitateur Q, formé d'un tube prismatique en acier doublé de plomb sur lequel sont fixées des palettes en bois P, P... S'il est nécessaire de chauffer le liquide pour faciliter l'attaque de certains minerais, on fait circuler de la vapeur ou des gaz chauds dans le tube en plomb TT.

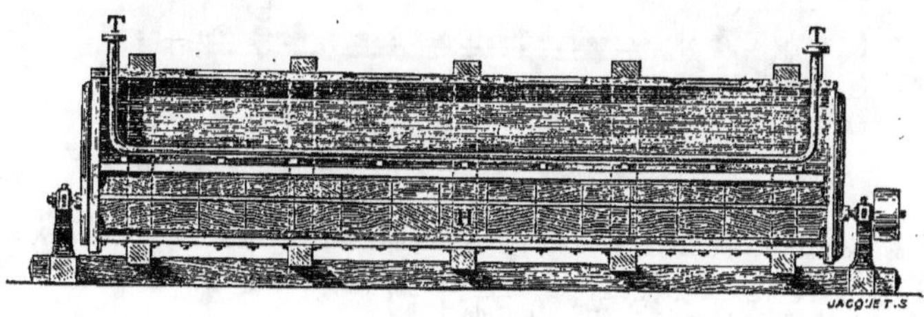

Fig. 229. — Procédé Siemens. Cuve de traitement du minerai.
H, Cuve en bois garnie de plomb; — TT, tuyau en plomb dans lequel circule la vapeur servant au chauffage.

Le filtre à vide pour séparer le minerai épuisé du liquide électrolytique est représenté par les figures 231 et 232. Il se compose d'une cuve en bois doublée de plomb, divisée en deux compartiments par une grille G sur laquelle repose une plaque en plomb perforée munie d'une toile filtrante. On fait le vide dans la partie inférieure de l'appareil, et le liquide cuprifère s'écoule en M pour retourner au bain A (fig. 226).

L'appareil est monté sur un axe robuste et peut être culbuté mécaniquement par une vis sans fin

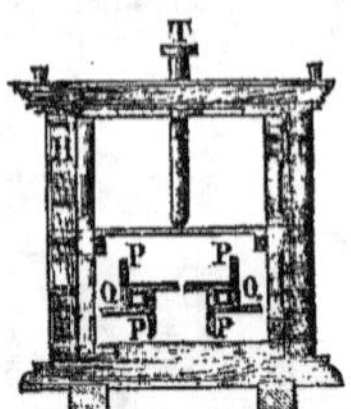

Fig. 230. — Procédé Siemens. Cuve de traitement du minerai.

H, cuve; — T, tuyau de vapeur; — Q, Q, agitateurs; P, P, palettes.

V, de façon à pouvoir être vidé en une seule fois et très rapidement.

Les frais d'installation du procédé Siemens sont relativement peu élevés. Ils atteignent environ de 200 à 250 000 francs pour la production d'une tonne de cuivre électrolytique par jour, non compris l'installation de la force motrice et des bâtiments.

La force nécessaire est de 120 chevaux, se décomposant comme suit :

Électrolyse....................	65 chevaux.
Extraction du cuivre...........	10 —
Pulvérisation des minerais.....	45 —

Les frais du traitement, en supposant la force motrice hydraulique à 0,025 par cheval-heure, sont de 285 francs à la tonne pour du minerai à 14 0/0 et s'abaissent à 225 francs pour des minerais à 35 0/0. Si l'on fait entrer en ligne de compte l'amortissement des bâtiments et si l'on suppose la force motrice produite à l'aide de moteurs à gaz pauvre, qui sont plus économiques que le meilleur moteur à vapeur, les frais de traitement donnés ci-dessus seraient à majorer d'environ 50 à 60 francs à la tonne.

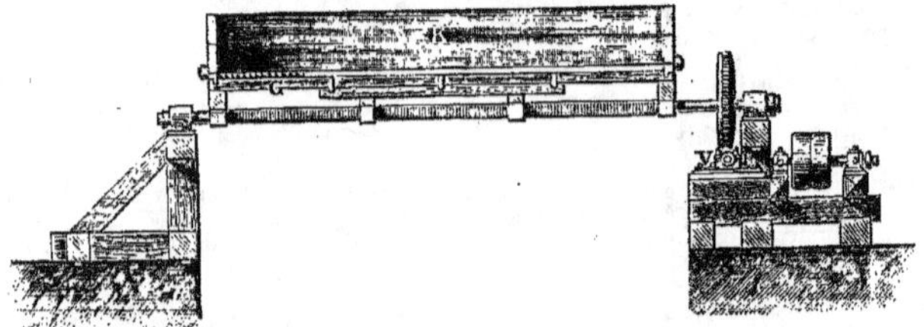

Fig. 231. — Procédé Siemens. Filtre à vide.
K, cuve en bois doublée de plomb; — G, grille; — V, vis sans fin.

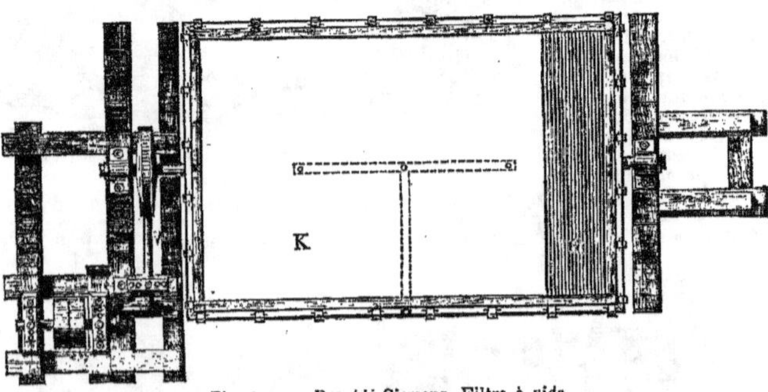

Fig. 232. — Procédé Siemens. Filtre à vide.
K, cuve en bois doublée de plomb; — G, grille; — V, vis sans fin.

PROCÉDÉ HÖPFNER. — Tandis que le procédé Siemens décrit ci-dessus fait intervenir dans la réaction un sel d'un métal autre que le cuivre, M. Höpfner met à profit la propriété de ce dernier de former deux séries de sels, dont l'un sert de dépolarisant et joue ainsi le rôle du sulfate ferrique du procédé Siemens.

L'électrolyte est constitué par une dissolution de chlorure cuivreux dans le sel marin; le liquide arrive en deux courants distincts aux électrodes, qui sont séparées par un diaphragme approprié; il se dépose du cuivre à la cathode, tandis que le chlore qui se dégage à l'anode en charbon transforme le chlorure cuivreux en chlorure cuivrique; les deux dissolutions se réunissent à la sortie des bains et se rendent à l'appareil d'extraction, où elles dissolvent une nouvelle quantité de cuivre, d'après l'équation

$$Cu^2S + 2\,CuCl^2 = 2\,Cu^2Cl^2 + S.$$

Le chlorure cuivreux est dissous dans le sel marin; après clarification, on soumet le liquide à un traitement par la chaux ou par des matières renfermant de l'oxyde de cuivre. On élimine ainsi l'arsenic, l'antimoine, le bismuth et le fer avant de faire parvenir la dissolution cuprifère dans les bains électrolytiques.

Si les minerais à traiter renferment de l'argent, celui-ci se dissout également dans le sel marin à l'état de chlorure,

$$Ag^2S + 2CuCl^2 = Cu^2Cl^2 + 2AgCl + S,$$

et vient par l'électrolyse se déposer sur la cathode; toutefois, dans le cas de minerais argentifères, il est préférable d'éliminer d'abord l'argent.

Le procédé Höpfner est donc caractérisé par l'emploi d'un sel cuivreux, ce qui présente l'avantage de donner, relativement à l'énergie électrique employée, un rendement double de celui qu'on obtient avec le sulfate comme électrolyte. 1 ampère-heure dépose en effet 1,18 de cuivre en partant du sulfate et 2,36 en partant du chlorure cuivreux.

La tension à chaque bain ne dépasse pas 0,8 volt, grâce à l'action dépolarisante du sel cuivreux.

D'après les indications données par M. Höpfner, une usine électrolytique pouvant produire 1000 kilogrammes de cuivre par jour reviendrait comme frais d'installation à 150000 francs environ, en supposant l'emploi comme minerai de pyrites à 5 0/0 de cuivre. Les frais de transformation, basés sur l'emploi de la vapeur comme force motrice, ne seraient que de 240 francs pour 1000 kilogrammes de cuivre produit, inférieurs par conséquent à ceux du procédé Siemens, qui exige une force motrice plus élevée de 25-30 0/0.

Procédé Marchese. — Le procédé de production électrométallurgique du cuivre que préconise M. Marchese consiste à traiter, après une première fusion, les mattes cuivreuses par l'électrolyse en vue d'obtenir du cuivre pur, sans recourir aux nombreuses opérations de grillage et de fusion employées dans la plupart des usines à cuivre.

Les minerais à gangue serpentineuse employés par l'usine de Casarza n'ont qu'une teneur de 15 0/0 de cuivre; ils sont fondus sans addition dans de petits fours à manche, pouvant produire chacun journellement 5 tonnes de mattes renfermant 35 0/0 de cuivre, 38 0/0 de fer et 25 0/0 de soufre. La matte est coulée dans des moules en fonte ayant 80 × 80 sur 3 centimètres d'épaisseur; au moment de la coulée, on insère dans les anodes des bandelettes de cuivre, servant à augmenter leur conductibilité et qui se rattachent au conducteur positif.

Les bains et les cathodes sont ceux employés usuellement pour le raffinage.

Quant à la dissolution électrolytique, on la prépare sur place en grillant au four à réverbère les mattes et en lessivant méthodiquement par l'acide sulfurique étendu le produit grillé; le peroxyde de fer ne se dissout pas et on obtient une dissolution suffisamment pure de sulfate de cuivre.

Pour assurer la circulation du liquide, on dispose les bacs par séries de 6 en cascade, en donnant à deux bassins consécutifs une différence de niveau de 15 centimètres.

Au fur et à mesure de l'électrolyse, le liquide se charge de sulfate de fer et il est nécessaire de le ramener à l'atelier de lessivage pour dissoudre une nouvelle quantité de cuivre; mais il arrive un moment où, la solution étant saturée, le liquide doit être entièrement changé; on l'utilise alors pour l'obtention de sulfate de fer par cristallisation.

Le procédé Marchese a été employé pendant quelques années sur une grande échelle, et c'est la raison pour laquelle nous l'avons mentionné avec quelques détails; mais il présente de nombreux inconvénients, qui ont amené son abandon de la part des usines qui l'avaient introduit à titre d'essai.

En effet, les anodes sont friables et se désagrègent facilement dans le bain; elles conduisent difficilement le courant, ce qui est une cause de pertes notables d'énergie; le bain doit être renouvelé fréquemment, et comme il se dépose plus de cuivre à la cathode qu'il ne s'en dissout à l'anode, il s'ensuit que la majeure partie des mattes est employée au grillage pour la préparation du sulfate.

Il se forme du sulfate ferrique à l'anode et ce produit agit comme dissolvant sur le cuivre déposé à la cathode; enfin le cuivre produit est loin de valoir comme qualité le cuivre raffiné électrolytiquement.

Il résulte de ces divers inconvénients que le procédé Marchese n'est pas avantageux pour des minerais donnant des mattes riches en fer; d'autre part, des minerais riches en cuivre et contenant peu de fer se traitent d'une manière plus avantageuse par la voie sèche; quant aux minerais argentifères, il est préférable de les transformer en cuivre par les procédés usuels et de soumettre alors le cuivre obtenu au raffinage par l'électrolyse.

Procédé Rovello. — Le procédé Rovello utilise les eaux cuprifères que l'on obtient dans les méthodes d'extraction du cuivre par voie humide, ou par le lavage des cendres provenant du grillage des pyrites résidus de la fabrication de l'acide sulfurique. Généralement ces eaux sont traitées par des déchets de fer et de fonte qui précipitent le cuivre sous la forme d'un produit impur renfermant de 50-75 0/0 de cuivre (cuivre de cémentation), qu'il faut dessécher, fondre et affiner.

Le procédé Rovello a pour but de transformer en une seule opération les eaux cuprifères en cuivre électrolytique.

On arrive à ce résultat en composant une pile Daniell de grandes dimensions où le zinc est remplacé par des lames de tôle.

Les batteries électrolytiques sont constituées par une série de châssis en bois garnis de membranes en parchemin végétal séparant les cathodes des anodes; les anodes et les cathodes sont respectivement reliées entre elles par des barres de cuivre, et la pile est fermée en court-circuit. Un dispositif spécial permet la circulation du liquide à électrolyser.

La force électromotrice d'un élément de cette espèce étant de 0,6 volt, on obtient, si la résistance de la batterie est réduite par l'emploi d'électrodes de grandes dimensions à 0,003 ohm, un courant de 200 ampères capable de précipiter 5 kilogrammes et demi de cuivre par 24 heures (1gr,19 de cuivre par ampère-heure).

ÉLECTROMÉTALLURGIE DU ZINC.

Le zinc est le métal qui, après le cuivre, a provoqué le plus de recherches au point de vue électrochimique. Jusqu'ici aucun des procédés n'a atteint complètement le but. Les raisons qui se sont opposées au succès du traitement électrométallurgique du zinc sont multiples : d'abord la valeur du métal, bien inférieure à celle du cuivre, restreint singulièrement les dépenses que peut supporter l'exploitation industrielle d'un procédé électrique; en outre, les minerais de zinc sont de très mauvais conducteurs et ne se prêtent nullement à la formation d'anodes solubles. Cette propriété des minerais de zinc conduit à l'emploi dans l'électrolyse de forces électromotrices doubles au moins de celles nécessaires dans l'électrométallurgie du cuivre; or ces forces électromotrices élevées présentent le grave inconvénient de coûter plus cher en nécessitant une plus grande quantité d'énergie électrique, et de diminuer le rendement par suite des réactions secondaires que le courant provoque dans l'électrolyte et qui sont inutiles, telles que, par exemple, la décomposition de l'eau en ses éléments.

L'impossibilité d'employer les minerais de zinc comme anodes solubles conduit à en effectuer le traitement chimique en dehors du bain d'électrolyse.

Enfin, si on tient à obtenir le zinc en lames résistantes et non en une sorte de mousse, il faut de hautes densités de courant, que l'on n'obtient qu'aux dépens de la pureté du métal produit et avec des forces électromotrices élevées.

On comprendra donc sans peine l'insuccès actuel des méthodes électrométallurgiques appliquées à la production d'un métal d'un prix aussi peu élevé que le zinc.

Quoi qu'il en soit, nous donnerons à titre d'exemple une courte description du procédé préconisé par M. Létrange.

Il consiste en principe :

1° A griller modérément les blendes sans coup de feu, pour obtenir du sulfate de zinc, en dirigeant les vapeurs sulfureuses sur les minerais oxydés, blendes grillées, calamines calcinées, pour les transformer également en sulfates;

2° A dissoudre le sulfate de zinc obtenu, de manière à en faire une dissolution concentrée;

3° A précipiter le métal de cette solution en employant comme anodes des plaques de graphite ou d'un métal inattaquable par l'acide sulfurique.

Le point caractéristique de ce système est l'emploi comme dissolvant de l'acide sulfurique emprunté au minerai lui-même. L'inventeur traite n'importe quel minerai, et tout spécialement ceux qui sont peu recherchés ou même délaissés dans les procédés usuels.

La préparation est économique, car il n'est pas nécessaire de séparer les substances plombeuses, et on peut, dans bien des cas, laisser dans le minerai les gangues calcaires, lorsqu'on doit absorber l'acide sulfurique produit en excès dans le traitement par réduction du sulfate.

La calamine n'a pas besoin d'être calcinée. Pour la blende, le grillage doit être effectué à température modérée, de façon à favoriser la formation de la plus grande quantité possible de sulfate de zinc. Les vapeurs sulfureuses qui ne sont pas retenues en combinaison avec le minerai sont mises en contact avec la blende grillée ou la calamine pour en convertir le zinc en sulfite, lequel, exposé à l'action oxydante de l'air, se transforme en sulfate.

Une faible proportion de blende employée avec la calamine suffit à fournir l'acide consommé par la chaux, le fer et autres matières étrangères.

Dans le grillage de la blende, on doit éviter le broyage, ou du moins ne l'appliquer qu'aux résidus restés réfractaires à une première attaque et devenus plus friables après la calcination.

Après cette préparation sommaire, les minerais se trouvent transformés en sulfate et livrés au traitement électrique. A cet effet, on les dispose dans de grands bassins où un faible courant d'eau vient dissoudre le sulfate de zinc formé. La liqueur chargée de sulfate de zinc traverse lentement une série de bacs électrolytiques, où elle se dépouille d'une partie du zinc qui est précipité par l'action du courant. L'anode étant insoluble, la liqueur s'enrichit en acide et devient apte à dissoudre une nouvelle quantité d'oxyde. L'opération est conduite d'une manière continue, grâce à une différence de niveau entre les bassins et à un élévateur de liquide établi en un point du circuit.

L'acide étant indéfiniment reproduit dans les bassins de précipitation, il suffit que les minerais contiennent une quantité de soufre suffisante pour fournir l'acide absorbé par les matières étrangères du bain.

Le plomb, l'argent et les autres matières insolubles dans l'acide sulfurique sont recueillis dans le résidu et traités séparément.

Pour la transformation de la blende en sulfate, il suffit de conduire les vapeurs sulfureuses dans des chambres qui contiennent le minerai de zinc entretenu humide par une pluie d'eau; l'acide sulfureux forme des sulfites solubles, qu'il est facile de transformer en sulfates par une exposition prolongée à l'air. Comme nous l'avons vu plus haut, la production de sulfate n'est nécessaire que dans la proportion utile pour remplacer l'acide sulfurique absorbé par les calcaires et oxydes métalliques autres que le zinc.

Dans des essais effectués sur une échelle industrielle, on a obtenu, avec une différence de potentiel de 2v,6 par bain, 4 kilogrammes de zinc pour 24 chevaux-heures, ce qui correspond à environ 50 0/0 du rendement théorique.

ÉLECTROMÉTALLURGIE DE L'OR.

Procédé Siemens. — On sait qu'on emploie actuellement au Transwaal le procédé au cyanure sur une très grande échelle pour l'extraction de l'or. D'après le procédé ordinairement usité, on traite le minerai finement pulvérisé ou les résidus d'amalgamation (*tailings*) par une dissolution à 3 0/00 de cyanure de potassium; l'or se dissout sous l'influence du cyanure et de l'air, d'après l'équation

$$4Au + 8KCy + O^2 + 2H^2O$$
$$= 4AuCy . KCy + 4KOH.$$

En traitant la liqueur ainsi obtenue par le zinc en copeaux, on met l'or en liberté.

Le procédé Siemens remplace l'action du zinc par celle du courant électrique. On recueille l'or sur des cathodes formées d'une mince lame de plomb. L'or est ensuite extrait par coupellation.

Le mode opératoire est le suivant : Dans des cuves en tôle de 100 mètres cubes de capacité, munies d'agitateurs, on introduit successivement le minerai à traiter et une dissolution à 0,5 0/00 de cyanure de potassium: lorsque la dissolution est complète, on décante le liquide dans les bacs à électrolyse constitués par des cuves en tôle de 20 mètres cubes. Les cathodes sont formées par de minces feuilles de plomb, les anodes sont en tôle. Après le passage du courant, le liquide épuisé est additionné de la quantité nécessaire de cyanure de potassium et sert à une nouvelle opération.

Pour faciliter l'épuisement d'une dissolution naturellement si étendue, on a soin de faire circuler activement le liquide. La tension appliquée est de 4 volts, l'intensité de 0,6 ampère par mètre carré de cathode.

Le procédé Siemens présente des avantages sérieux sur le procédé au zinc : il économise une grande quantité d'un réactif coûteux, le cyanure de potassium, et il fournit l'or sous une forme plus facile à recueillir sans perte. On estime que l'économie des frais de traitement dépasse 5 francs par tonne de tailings, ce qui, pour une usine moyenne, opérant sur 100 tonnes par jour, représente une économie annuelle de 150000 francs pour 300 jours de travail.

Procédé C. Lossen. — M. Lossen emploie pour dissoudre l'or des minerais une dissolution obtenue par électrolyse du bromure de potassium.

Cette dissolution, qui renferme principalement de l'hypobromite à côté de bromate de potassium, dissout l'or des minerais à l'état d'aurate soluble, tandis que les métaux étrangers se transforment en hydrates insolubles. Après élimination de l'or par un procédé convenable, le liquide renfermant du bromure de potassium régénéré est soumis à nouveau à l'action du courant. De cette manière les pertes en brome sont réduites au minimum.

MÉTAUX DIVERS.

Préparation du manganèse. — D'après les indications de M. Diehl, on obtient facilement le manganèse métallique par l'électrolyse des sels doubles de manganèse

$$MnCl^2.2KCl \quad \text{et} \quad MnCl^2.2NaCl$$

maintenus en fusion. Le métal se dépose sous la forme d'une poudre cristalline. Ce procédé ne paraît pas être actuellement utilisé en grand.

On sait, d'après les recherches de Bunsen, qu'il est possible de préparer le manganèse métallique par l'électrolyse des dissolutions aqueuses des sels de manganèse en employant une densité de courant suffisamment élevée.

Les inconvénients de l'emploi de ces fortes densités de courant s'opposent à l'utilisation pratique de ces réactions, qui peuvent, ainsi que pour le chrome, être remplacées avantageusement par l'emploi du four électrique.

Préparation de l'antimoine. — Quoiqu'on ait proposé de nombreuses méthodes pour la production électrolytique de l'antimoine, aucune d'elles n'est parvenue jusqu'ici à supplanter les méthodes métallurgiques. Nous estimons donc inutile de nous y attarder.

Préparation de l'étain. — Il n'existe pas actuellement de procédé électrolytique pour l'obtention de l'étain en partant de ses minerais. Toutefois on utilise le courant électrique pour la régénération des déchets de fer-blanc.

Dans ce cas, l'électrolyte est une dissolution étendue d'acide sulfurique, la cathode une lame de cuivre étamé et l'anode est constituée par les déchets à traiter, convenablement nettoyés, et contenus dans un panier.

L'étain commence à se déposer à l'état spongieux, puis sous la forme de poudre; le fer qui reste en solution est transformé en sulfate ferreux. Quant à l'étain produit, il est très pur et apte à la fabrication du sel d'étain.

Ce procédé est surtout avantageux lorsqu'on dispose de petites eaux d'acide sulfurique et qu'on a un débouché avantageux pour le résidu de fer.

Préparation du chrome. — On peut, comme l'a indiqué Bunsen il y a longtemps déjà, préparer facilement le chrome métallique par électrolyse des dissolutions aqueuses; avec des dissolutions d'alun de chrome on parvient même à obtenir des dépôts adhérents de métal; toutefois la nécessité d'employer de fortes densités de courant détermine un dégagement d'hydrogène dû à la décomposition de l'eau, qui absorbe une grande partie de l'énergie électrique mise en jeu. Comme nous le verrons plus loin, il est plus avantageux de produire le chrome par voie ignée à l'aide du four électrique.

ÉLECTROMÉTALLURGIE DES MÉTAUX ALCALINS ET ALCALINO-TERREUX.

On sait que les métaux alcalins ont été obtenus pour la première fois par Davy, en 1807, par l'électrolyse des alcalis solides. Plus tard, Bunsen remplaça les alcalis par les chlorures et opéra par l'électrolyse des sels maintenus en fusion. Seules pendant longtemps les méthodes chimiques de préparation des métaux alcalins ont été employées sur une grande échelle, grâce aux travaux de Sainte-Claire Deville. Ce n'est que dans ces derniers temps qu'on a préparé industriellement le magnésium d'abord, l'aluminium ensuite, par voie électrolytique. Quant à la préparation des métaux alcalins, dont le sodium est le représentant le plus intéressant au point de vue des applications industrielles, ce n'est que tout dernièrement qu'on paraît être arrivé à des résultats favorables, et le temps ne semble plus éloigné où tout le sodium employé dans l'industrie sera préparé par électrolyse. Il est même probable que des perfectionnements seront apportés aux méthodes récemment proposées, qui permettront d'appliquer les précieuses propriétés du sodium à la grande industrie chimique, lorsque le prix de cet agent se sera suffisamment abaissé.

Les causes de l'insuccès des anciennes méthodes électrolytiques de préparation des métaux alcalins sont nombreuses.

En premier lieu, il faut citer l'action corrosive sur les vases électrolytiques des chlorures et autres sels haloïdes, ainsi que des alcalis en fusion.

En outre, les sels haloïdes présentent un point de fusion plus élevé que les points d'ébullition des métaux alcalins; or la vapeur de métal alcalin est des plus corrosives et amène rapidement la destruction des appareils où s'exécute l'électrolyse.

Pour obvier à cet inconvénient, on a préconisé l'emploi de chlorures doubles, dont le point de fusion est suffisamment bas pour permettre de recueillir le métal à l'état liquide. Malheureusement les métaux alcalins sont beaucoup moins denses que leurs sels; au lieu de gagner le fond du creuset où il serait soustrait ainsi à toute action chimique, le métal alcalin vient surnager et est difficilement préservé de toutes les altérations provoquées par ses puissantes affinités.

Quand on électrolyse un chlorure alcalin, on remarque en outre un fait extrêmement curieux : au bout de quelque temps, la résistance de l'électrolyte s'accroît d'une façon tout à fait anormale, jusqu'à devenir telle que toute décomposition s'arrête. Il semble que le métal primitivement mis en liberté se combine au chlorure en excès pour former un sous-chlorure non conducteur; ce sous-chlorure fondu diffuse jusqu'à l'anode en régénérant du chlorure, ce qui correspond naturellement à une grande perte d'énergie.

On a cherché alors à faire intervenir le mercure, en n'opérant plus avec des sels en fusion, mais avec des dissolutions aqueuses de ces derniers. Dans ce cas la cathode est constituée par une couche de mercure. Le principe sur lequel reposent les divers procédés qui ont été préconisés dans ce but n'est pas nouveau, car Seebeck d'une part, Berzelius de l'autre, ont employé autrefois le mercure comme cathode, soit en se servant des alcalis caustiques sous la forme d'un bloc évidé, soit en employant une dissolution aqueuse de l'alcali caustique.

Enfin, on a proposé de se servir comme cathode d'autres métaux, tels que le plomb. En faisant passer le courant à travers du chlorure de sodium fondu, en employant du charbon comme anode, une couche de plomb en fusion comme cathode, on obtient un alliage de plomb et de sodium. Ici encore il y a de nombreuses difficultés à surmonter : le sodium mis en liberté a une tendance à former un alliage riche, plus léger, qui demeure à la surface de la cathode en plomb; le point de saturation ne tarde pas à arriver, et le sodium ne trouvant plus de dissolvant se dégage alors à l'état libre et vient s'altérer à la surface du bain électrolytique.

En résumé, si l'on est actuellement fixé d'une manière précise sur les conditions à réaliser pou.

fabriquer à bas prix du sodium par voie électrolytique, il n'en est pas de même sur le dispositif à appliquer. Nous croyons toutefois devoir donner ci-dessous la description sommaire des principaux procédés qui ont été proposés, car il est possible que de très légères modifications des appareils suffiraient pour rendre l'un ou l'autre des procédés proposés absolument pratiques.

ÉLECTROMÉTALLURGIE DU SODIUM.

Procédés basés sur l'emploi du mercure. — On verra plus loin, lorsque nous parlerons de la fabrication électrolytique du chlore et de la soude, que certains appareils nécessitent l'emploi du mercure. Si, au lieu de décomposer par l'eau l'amalgame formé, pour produire de la soude caustique, on le recueille dans des appareils appropriés et qu'on le soumette à la distillation, on obtient un résidu de sodium métallique; il est évident que, grâce à la haute température d'ébullition du mercure, il doit passer à la distillation une certaine quantité de sodium; mais cette quantité ne saurait être perdue si on fait rentrer le mercure distillé en fabrication.

Peut-être pourrait-on diminuer la proportion de sodium entraînée en opérant dans le vide.

Un inconvénient des procédés au mercure consiste dans la grande quantité de ce dernier métal mise en jeu; en effet, si l'on veut que l'amalgame reste liquide, ce qui paraît indispensable pour une fabrication continue, il faut se borner à n'y introduire que peu de sodium, un alliage à 3 0/0 de sodium étant déjà presque solide et s'opposant à une marche continue des appareils. Il faut nécessairement une quantité assez grande de combustible pour opérer la séparation des deux métaux par distillation.

Dans le procédé Hermite et Dubosc, par exemple, il suffirait pour obtenir du sodium de soumettre à la distillation l'amalgame de sodium qui s'échappe du tube *t* (fig. 253).

De même, si dans l'appareil de M. Greenwood (fig. 239) on introduit par le tube *m* un lent courant de mercure, celui-ci au contact de l'anode en fer *i* se charge de sodium et l'amalgame liquide est évacué par le tube T.

L'anode *d* est, dans ce cas, constituée par une tige en cuivre enveloppée d'une gaine de charbon, de manière à avoir une électrode résistant au chlore et possédant une conductibilité suffisante.

Procédés basés sur l'emploi du plomb. — Pour obvier à l'inconvénient signalé plus haut, relatif à l'enrichissement trop rapide des couches supérieures de la cathode de plomb, M. Walter a proposé de soumettre la cathode pendant l'électrolyse à une agitation continue, ou de produire une circulation de métal comme on le fait pour le mercure dans les procédés mentionnés ci-dessus (*communication particulière*).

L'emploi du plomb comme cathode a été également préconisé plus tard par M. Vautin. Cet inventeur a observé en outre un fait intéressant que nous mentionnerons en passant : l'alliage de plomb et de sodium, fondu avec de la soude caustique, donne de l'oxyde de sodium Na^2O avec dégagement d'hydrogène. Cette réaction peut avoir une certaine importance pour la fabrication économique du peroxyde de sodium, qui peut remplacer l'eau oxygénée dans la plupart de ses applications. En effet, la soude anhydre Na^2O se transforme aisément en peroxyde Na^2O^2 lorsqu'on la chauffe au contact de l'air.

L'alliage de plomb et de sodium peut également, d'après MM. Goerlich et Wichmann, être utilisé pour la fabrication du cyanure double de sodium et de potassium, corps qui peut remplacer sans inconvénients le cyanure de potassium dans la plupart de ses applications.

En effet, en chauffant à une température aussi basse que possible le ferrocyanure de potassium avec l'alliage de plomb et sodium contenant de 10 à 11 0/0 de ce dernier métal, on obtient du cyanure double de potassium et de sodium avec dépôt de fer; le plomb inattaqué rentre en fabrication. L'action du sodium sur le ferrocyanure est exprimée par l'équation suivante :

$$K^4FeCy^6 + Na^2 = 4KCy . 2NaCy + Fe.$$

Electrolyse des sels alcalins en fusion. — M. Grabau a proposé, pour préparer le sodium sur une grande échelle par voie électrolytique, d'employer un mélange correspondant à 3 molécules de chlorure de sodium, 3 molécules de chlorure de potassium et 1 molécule de chlorure de strontium.

Le point de fusion de ce mélange étant peu élevé permet de recueillir le sodium à l'état liquide, et, si l'on opère avec une force électromotrice convenable, le métal qui est mis en liberté est du sodium exempt de strontium et ne renfermant guère plus de 3 0/0 de potassium.

Il paraît en outre que, par l'emploi de ce mélange, on évite la formation des sous-chlorures dont il a été question plus haut.

Le rendement en sodium est presque théorique; on alimente le bain avec un mélange de chlorure de potassium et de chlorure de sodium correspondant au mélange décomposé.

L'appareil employé par M. Grabau est représenté par la figure 233.

Le creuset en terre A reçoit le mélange préalablement fondu dans un creuset voisin; l'électrolyte est maintenu en fusion par le passage du courant; on règle la distance entre les électrodes de manière à ne maintenir en fusion que la partie comprise entre elles; les chlorures solidifiés le long des parois du creuset protègent le récipient contre l'attaque par les chlorures en fusion.

Au lieu d'employer comme diaphragme la porcelaine dégourdie, dont on se servait d'habitude, M. Grabau a adopté une cloison étanche en porcelaine, en forme de cloche à double paroi BB; l'air circule dans l'intervalle BB et les bords de la paroi extérieure dépassent le bain liquide. Ce dispositif a l'avantage de provoquer la solidification partielle du mélange salin sur les parois extérieures, et d'éviter ainsi la corrosion trop rapide de la cloche en porcelaine; le courant électrique traverse l'électrolyte en circulant le long des parois de la cloison et non au travers; on réduit ainsi beaucoup l'attaque de la porcelaine, attaque qui est toujours très rapide lorsque le courant la traverse. M. Grabau a tout récemment modifié la forme de la cloche BB en augmentant les dimensions de l'espace annulaire qui reçoit à l'intérieur un réfrigérant formé par un anneau creux en métal dans lequel circule de l'eau.

La cloche de porcelaine entoure la cathode de fer qui est supportée par un tube en même métal sur lequel est pratiquée une tubulure latérale *a* servant à conduire le métal alcalin fondu au dehors de l'appareil. Un foret H peut se mouvoir dans le tube et permet d'éviter l'engorgement du tube à dégagement. Autour de la cathode I on place une série d'anodes en charbon C, C; le chlore produit se dégage par le tube *d*. Une ouverture V permet l'alimentation intermittente du bain d'électrolyse.

Le métal alcalin, plus léger que le liquide du bain, se rassemble à la partie supérieure de la cloche et monte à un niveau plus élevé que celui du bain liquide dans le creuset; il suffit alors de régler convenablement ce dernier pour que le métal liquide arrive à la naissance du tube de dégagement; de là le sodium est amené dans un récipient M plein d'un gaz inerte où il se refroidit; il tombe ensuite dans un réservoir S contenant du pétrole.

Tout récemment M. Borchers a exposé les conditions auxquelles doit satisfaire un appareil apte à la production économique du sodium par l'emploi de chlorures fondus, et a décrit un appareil satisfaisant à ces conditions, qui sont les suivantes :

1. Le métal doit être mis en liberté à une cathode métallique.
2. Le compartiment négatif doit permettre de recueillir et d'éliminer le métal sans qu'il se trouve en contact avec des substances oxydantes.
3. L'anode doit être constituée par du charbon.
4. Le compartiment positif doit permettre l'élimination rapide de l'halogène; il doit être construit en une matière inattaquable par les sels haloïdes et les halogènes libres.
5. Il ne doit y avoir aucun métal interposé entre le pôle positif et le pôle négatif.
6. Tous les matériaux de construction de l'appareil doivent résister à l'action d'une température élevée.

Les figures 234 et 235 représentent l'appareil répondant, d'après M. Borchers, à ces divers desiderata.

L'appareil se compose de deux vases communicants A et K. La partie K est en fer et sert de cathode; la partie A forme le compartiment positif et est en terre réfractaire; l'anode est représentée par le charbon *a*; le chlore qui se dégage pendant l'électrolyse s'échappe en *c* sans pouvoir pénétrer dans le compartiment négatif; les deux parties A et K sont réunies par un anneau métallique creux R, dans

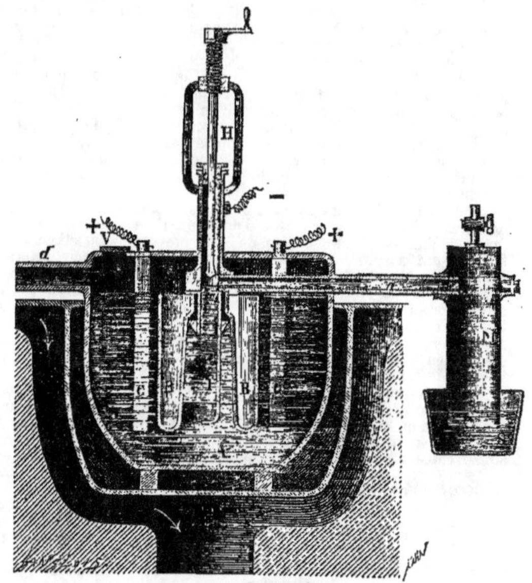

Fig. 233. — Appareil Grabau pour la fabrication du sodium.

A, creuset en terre recevant le mélange salin en fusion; — B, B, cloche à double paroi en porcelaine; — C, C, anodes en charbon, — I, cathode en tôle; — V, trou de chargement; — H, foret; — *d*, tube de dégagement du chlore; — *a*, tube conduisant le sodium dans le récipient M; — S, réservoir à sodium plein de pétrole.

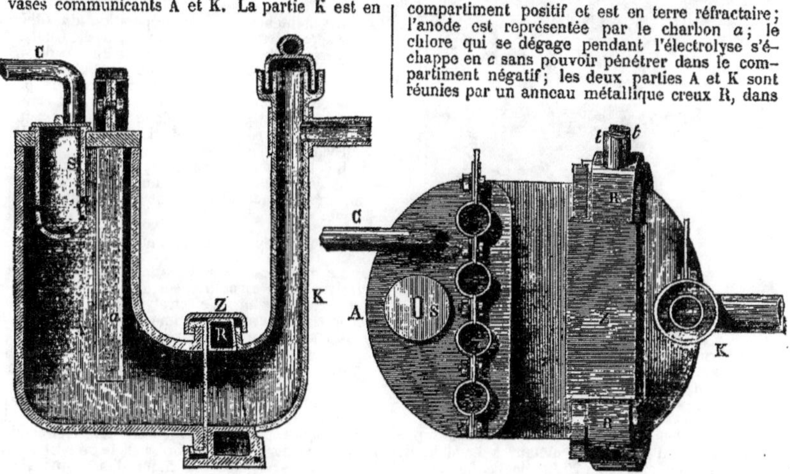

Fig. 234 et 235. — Appareil Borchers pour la fabrication du sodium.

A, récipient en terre réfractaire servant de compartiment positif; — *a*, *a*, anodes en charbon; — K, récipient tubulaire en tôle servant de compartiment négatif; — R, anneau métallique creux dans lequel circule de l'eau par les tubes *t*, *t*; — Z, pince de serrage; — S, panier en terre recevant le chlorure de sodium; — C, tube de dégagement pour le chlore.

lequel on fait circuler de l'eau par les tubes t, t; le joint est assuré par des pinces Z. On interpose entre le métal de l'anneau R et la terre réfractaire une rondelle d'amiante, pour éviter toute rupture due à la grande différence de température de ces deux parties de l'appareil. L'alimentation en sel se fait par le panier S, qui est garni au fond d'un peu d'amiante : l'emploi de ce panier a pour but d'éviter la rupture de la partie A lorsqu'on jette du sel froid dans l'appareil.

La densité du courant à la cathode est de 5000 ampères par mètre carré; elle peut être moindre à l'anode si l'on multiplie le nombre des charbons.

Grâce à l'emploi d'un courant d'eau au point de jonction des deux parties de l'appareil, il se forme à l'intérieur une croûte de chlorure de sodium qui assure le joint et s'oppose à tout écoulement de sel fondu dans le foyer.

M. Castner, en revenant à l'ancien procédé de Davy, a proposé d'employer comme électrolyte de la soude caustique. Il opère à une température aussi basse que possible, en se servant d'un creuset en fer qui reçoit le bain électrolytique; la cathode est en fer et le sodium mis en liberté se rend dans une espèce de cloche qui entoure la cathode. On l'élimine au fur et à mesure de sa production, en le puisant avec une espèce d'écumoire en fer dont les trous laissent passer la soude caustique et retiennent le métal.

ÉLECTROMÉTALLURGIE DES MÉTAUX ALCALINO-TERREUX.

M. Borchers a proposé d'employer l'appareil représenté par la figure 236 pour l'électrolyse des

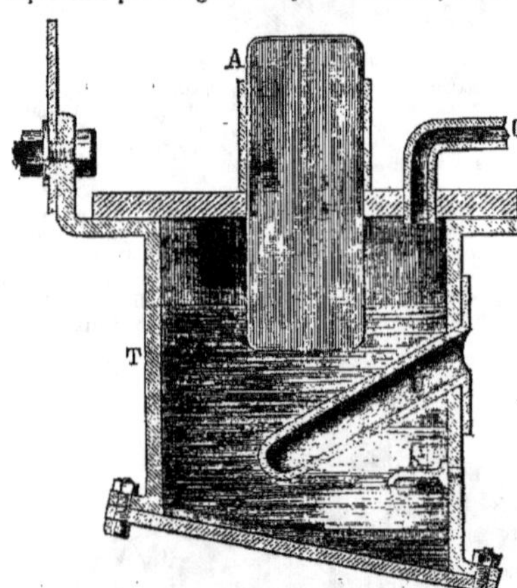

Fig. 236. — Appareil Borchers pour la préparation par l'électrolyse des métaux alcalino-terreux.

T, creuset en fer forgé recevant l'électrolyte; — U, tôle recourbée servant à isoler le métal mis en liberté; — K, tiges servant de cathodes; — A, anode en charbon; — C, tube de dégagement du chlore.

sels de calcium, baryum et strontium. Cet appareil permet d'obtenir les métaux à l'état liquide avec un rendement de 20 0/0 de la théorie, tandis qu'on atteint à peine 5 0/0 avec les méthodes usuelles.

L'appareil consiste en un creuset en fer forgé T, muni d'une fente assez large dans laquelle s'engage une tôle recourbée U; au-dessous de cette tôle se trouvent des tiges K, vissées dans les parois du creuset et qui servent de cathodes; leur surface est calculée de manière à obtenir une densité de courant de 1 ampère par millimètre carré, c'est-à-dire un million d'ampères par mètre carré.

On emploie comme anode un gros charbon A ou un faisceau de charbons d'un moindre diamètre; le chlore produit se dégage en C.

Le mode opératoire est le suivant : On introduit l'électrolyte fondu dans le creuset, et immédiatement après on plonge dans l'électrolyte le charbon A, préalablement chauffé. Le sel commence par se solidifier contre les parois du creuset et forme ainsi une couche isolante que l'on entretient par des affusions d'eau froide sur les parois extérieures du creuset; la résistance du bain doit être calculée de telle sorte que le passage du courant suffise à maintenir en fusion l'électrolyte. Par suite de la grande densité du courant, la température s'élève considérablement dans les environs immédiats de la cathode et atteint le point de fusion des métaux mis en liberté; le métal alcalino-terreux se dépose donc en gouttelettes qui gagnent le fond du vase ou viennent à la surface, et sont soustraites à toute action décomposante par la tôle U.

Nous avons vu plus haut que le rendement de cet appareil est loin du rendement théorique; en effet plusieurs causes concourent à le réduire : D'abord une notable partie du courant est transformée en énergie calorifique et sert à maintenir l'électrolyte en fusion; une partie du métal isolé à la cathode pénètre dans le compartiment positif à la faveur des courants énergiques produits dans le liquide électrolytique par la haute densité du courant employé : or le métal qui pénètre dans le compartiment positif y est naturellement détruit par le chlore mis en liberté à l'anode; enfin une autre partie du métal est attaquée par l'électrolyte, avec formation de sous-sels.

ÉLECTROMÉTALLURGIE DU LITHIUM.

Le meilleur mode de préparation du lithium par électrolyse a été indiqué par M. Guntz. Il consiste à électrolyser à la température de 450° un mélange à poids égaux de chlorures de lithium et de potassium. Comme électrode positive on emploie une tige en charbon, et comme cathode une tige en fer plongeant dans un tube en verre où se rassemble le lithium qui vient surnager sur le chlorure fondu.

Le lithium ainsi préparé ne renferme guère plus de 1 à 2 0/0 de potassium. Cette préparation ne présente actuellement qu'un intérêt scientifique.

ÉLECTROMÉTALLURGIE DU MAGNÉSIUM.

Le magésium se prépare facilement par l'électrolyse de la carnallite, sel double de potassium et de magnésium. L'électrolyse ignée des sels de magnésium a même été une des premières applications du courant électrique à l'industrie.

L'appareil employé est représenté par la figure 237. Il se compose d'une série de creusets en acier fondu A contenus dans le four Q et reposant sur un fromage en terre réfractaire posé sur la grille. Le fourneau est fermé à sa partie supérieure par une plaque en terre réfractaire en deux parties qui embrassent le creuset A. Ce dernier est également muni d'un couvercle c percé de deux trous dans lesquels s'engagent deux tubes z et e. Dans l'intérieur du creuset se trouve un vase poreux G percé de fentes à sa partie inférieure; ce vase poreux renferme à l'intérieur l'électrode positive en charbon qui s'engage à frottement dans le couvercle du vase poreux.

Les bains électrolytiques sont associés en tension. Voici quel est le mode opératoire : La carnallite $MgCl^2, KCl, 6H^2O$ employée doit être aussi pure que possible ; on la dessèche au préalable et on la fond dans un creuset spécial. D'autre part on chauffe les creusets vides A et, après avoir enlevé le vase poreux G, on y introduit avec précaution la carnallite fondue ; on replace lentement le vase poreux et on maintient la température de façon à avoir un bain bien liquide. On fait arriver alors par le tube *o* qui communique avec une conduite générale O un gaz inerte, tel que le gaz d'éclairage, afin d'éviter l'oxydation du magnésium mis en liberté par le courant. On fait passer le courant électrique à travers les bains à électrolyser ; le magnésium se rend à la cathode constituée par le creuset lui-même, tandis que le chlore se dégage à l'anode en charbon et se rend dans la conduite générale P ; on l'absorbe soit

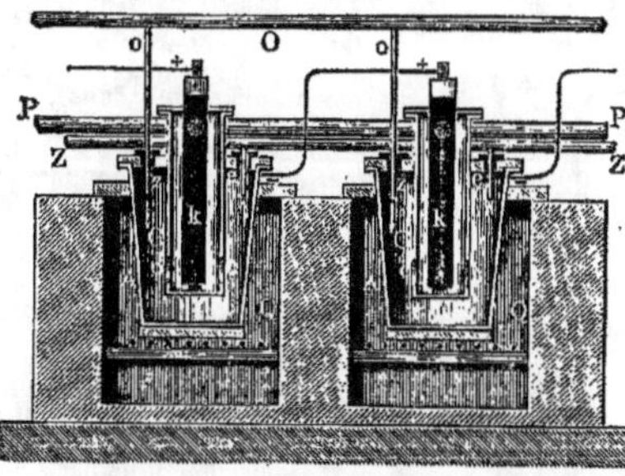

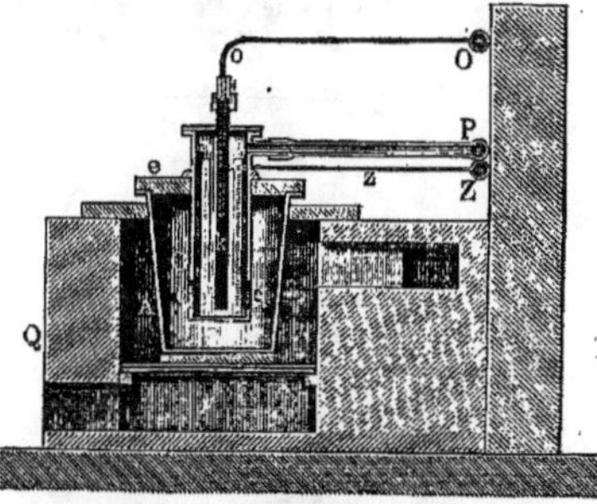

Fig. 237. — Appareil pour la préparation électrolytique du magnésium.

A, A, creusets en acier fondu ; — Q, four chauffé au coke ; *z*, *e*, tubes servant à la circulation d'un gaz inerte ; — G, vase poreux percé de fentes *c* à la partie inférieure ; — *k*, anode en charbon ; — O, conduite générale amenant le gaz inerte aux appareils ; — *o*, tube amenant le gaz inerte dans le creuset A ; — Z, conduite générale servant au dégagement du gaz inerte qui a traversé l'appareil ; — *a*, orifice de dégagement du chlore ; — P, conduite générale pour le chlore.

par une lessive alcaline, soit par la chaux dans un appareil approprié. Lorsque l'électrolyse a duré un certain temps et que le métal s'est accumulé dans le creuset en quantité suffisante, on interrompt le courant, on retire le couvercle et le vase poreux et on détache le métal fondu des parois du creuset avec un outil approprié.

Le contenu du creuset est ensuite versé dans un plateau en tôle, et la masse est concassée après solidification. La séparation du métal s'effectue à la main.

Le raffinage s'exécute de la manière suivante : On fond dans un creuset en fer de la carnallite et on introduit le métal brut dans la matière en fusion. On comprime le métal avec un instrument en fer de manière à le rassembler en une seule masse liquide ; on élève alors la température jusqu'au rouge cerise ; la densité du magnésium fondu diminue et le métal monte à la surface du liquide. On le puise à l'aide d'une passoire en fer ; la tension superficielle du magnésium fondu étant beaucoup plus élevée que celle de la carnallite, le métal reste dans la passoire, tandis que le fondant s'écoule par les trous dans le creuset.

Le métal ainsi purifié est refroidi à nouveau dans un creuset en fer pour éliminer les dernières traces de carnallite, et coulé dans des lingotières.

ÉLECTROMÉTALLURGIE DE L'ALUMINIUM.

La préparation électrolytique de l'aluminium a déjà été décrite dans le second Suppl. (p. 193). Depuis la publication de l'article ALUMINIUM, il n'y a rien à signaler de nouveau au point de vue de la préparation industrielle de ce métal par l'électrolyse. Les efforts des chercheurs se sont principalement portés sur les applications de l'aluminium et sur la production de nouveaux alliages.

L'industrie de l'aluminium est encore trop récente pour avoir donné des résultats comparables à ceux qu'on est en droit d'attendre d'un métal doué d'aussi précieuses propriétés. Ses applications se développent toutefois de jour en jour, et le temps est proche où l'aluminium sera un métal tout à fait usuel, au même titre que le zinc ou le cuivre. Notons ici que le prix de l'aluminium en lingots est descendu aux environs de 5 francs le kilogramme.

III. — FABRICATION DES PRODUITS CHIMIQUES PAR ÉLECTROLYSE.

La fabrication des produits chimiques par électrolyse est de date récente et cette nouvelle branche de l'industrie chimique est loin d'avoir atteint le développement qu'il est possible de prévoir.

Nous nous efforcerons de décrire aussi complètement que possible l'état actuel de cette industrie, mais nous tenons à faire remarquer que, contrairement à ce qui existe pour les autres industries décrites dans le Dictionnaire, la fabrication des produits chimiques à l'aide de l'électricité est encore dans l'enfance, de sorte que les quelques usines qui exploitent des procédés électrochimiques sont, à quelques exceptions près, des usines d'études, qui gardent secrets leurs tours de main de fabrication.

Ceci explique la difficulté que l'on éprouve lorsqu'on veut s'appuyer, pour juger un procédé électrochimique, sur des données résultant d'exploitations régulières qui ont fait défaut jusqu'ici.

Quoi qu'il en soit, nous ne croyons pas inutile d'illustrer, à l'aide de quelques exemples, les principes qui sont appliqués dans l'industrie électrochimique, en indiquant en même temps les principaux appareils qui ont été imaginés pour réaliser des réactions chimiques à l'aide du courant.

Nous diviserons donc cette partie de notre article en deux catégories :

1° *Fabrication de produits chimiques se rattachant à la chimie minérale ;*

2° *Fabrication électrolytique des composés organiques.*

FABRICATION ÉLECTROLYTIQUE DES PRODUITS INORGANIQUES.

Les deux industries de cette catégorie les plus importantes sont : la préparation du chlore et de la soude par électrolyse du chlorure de sodium, et la préparation du chlorate de potassium par l'électrolyse du chlorure de potassium. Nous en parlerons avec détail à leur place. Nous devons d'abord dire quelques mots de l'*électrolyse industrielle* de l'eau.

La décomposition de l'eau en ses éléments est en effet le phénomène d'électrolyse le plus simple. Il a été appliqué sur une grande échelle par le commandant Renard pour la préparation de l'hydrogène destiné aux aérostats militaires. On sait en effet que les aérostats militaires, qui doivent réaliser le maximum de puissance ascensionnelle sous le minimum de volume, sont gonflés à l'hydrogène pur, que les parcs d'aérostation emmagasinent à l'état de gaz comprimé à 100-200 atmosphères dans des récipients en acier.

On obtient accessoirement de l'oxygène, mais malheureusement les applications restreintes de ce dernier gaz n'ont que peu d'influence sur le prix de revient de l'hydrogène électrolytique.

PRÉPARATION DE L'HYDROGÈNE ET DE L'OXYGÈNE PAR LA DÉCOMPOSITION DE L'EAU PAR LE COURANT.

L'eau pure ne conduit pas le courant ; il faut, si on veut décomposer l'eau en ses éléments par le courant électrique, l'additionner d'une substance étrangère. On a employé pendant longtemps pour cela l'acide sulfurique ; dans ce cas il est nécessaire, pour l'anode du moins, de se servir de platine. A la suite de nombreuses expériences, le commandant Renard est parvenu à construire des voltamètres pratiques et peu coûteux et à décomposer l'eau d'une manière tout à fait industrielle.

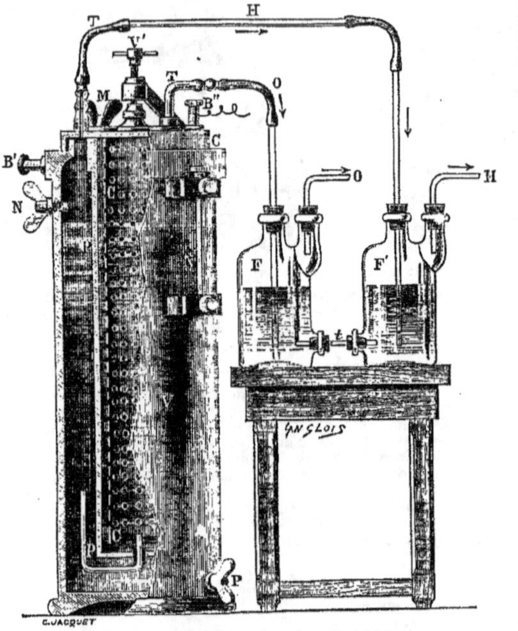

Le voltamètre Renard repose sur les deux principes suivants :

1° Emploi d'une liqueur alcaline comme électrolyte ;

2° Application de diaphragmes présentant une faible résistance électrique.

La substitution de la soude à l'acide sulfurique permet d'employer le fer aux deux électrodes. L'emploi des cloisons poreuses de faible résistance permet l'application de courants d'une grande intensité et l'obtention de rendements élevés.

Nous décrirons avec quelque détail le voltamètre Renard de laboratoire, tel qu'il est construit par M. Ducretet. Le voltamètre industriel n'en diffère que par les dimensions et par des modifications de peu d'importance dont il sera question plus loin.

Le voltamètre du commandant Renard (fig. 238) se compose d'un vase cylindrique en fonte V, servant à la fois de récipient pour l'électrolyte et de cathode. Ce vase est pourvu d'un niveau d'eau N', d'un bouchon de vidange P et d'une borne B' qui sert à amener le courant. Un bouchon à vis N sert de contrôle au niveau.

Fig. 238. — Voltamètre du commandant Renard.

V, récipient en fonte recevant la dissolution de soude caustique et servant de cathode ; — N', niveau d'eau ; — N, bouchon contrôleur du niveau ; — PP, vase poreux ; — P', bouchon de vidange ; — C, C, anode en tôle perforée ; — B', borne reliée au pôle négatif ; — B'', borne reliée au pôle positif ; — T, O, tubes de dégagement de l'oxygène ; — T, H, tubes de dégagement de l'hydrogène ; — M, bonde de remplissage ; — V', vis assurant le joint du couvercle et du récipient V ; — F, F', compensateurs hydrauliques. ; — *t*, tube de communication.

Le vase cylindrique en fonte reçoit un couvercle qui porte l'anode CC, faite d'un cylindre de tôle perforée recouvert d'une toile d'amiante qui fait fonction de vase poreux PP ; le couvercle porte la borne B'' qui communique avec le pôle positif de la dynamo, la bonde de remplissage M, et la tubulure de dégagement d'oxygène TO.

L'électrolyte est une dissolution alcaline de soude à 15 0/0 qui a la même conductibilité que l'eau acidulée ordinaire.

Il importe de s'arranger de manière que, quelles que soient les pressions à vaincre par les gaz dégagés, le liquide reste au même niveau dans les deux compartiments, une dénivellation pouvant faire déborder le liquide et déterminer des fuites à travers le scellement du vase poreux; le commandant Renard a imaginé dans ce but un appareil compensateur fort ingénieux, qui a pour but d'assurer l'équilibre des deux niveaux à l'intérieur du voltamètre.

Le compensateur que l'on voit à droite de la figure 238 se compose de deux flacons de 2 litres F et F' en verre fort, portant à la base une tubulure à grande section. Les tubulures inférieures sont réunies par un tube T de caoutchouc ou de verre. Ces flacons sont à moitié remplis par de l'eau acidulée par 1/20 d'acide tartrique destiné à arrêter les gouttelettes de soude entraînées. L'hydrogène et l'oxygène se dégagent dans ces deux flacons, comme le représente la figure, au moyen de deux tubes dont les extrémités inférieures doivent être au même niveau.

Après avoir barboté dans l'eau acidulée, les gaz se rendent au gazomètre, où on les utilise. Si, dans ces conditions, une résistance anormale se produit dans la canalisation de l'hydrogène au delà du compensateur, le niveau du liquide baissera en F' et montera en F, mais les pressions resteront les mêmes aux extrémités inférieures des tubes plongeants H et O. La dénivellation ne se transmettra donc pas au voltamètre, les niveaux resteront les mêmes à l'intérieur et à l'extérieur du vase poreux.

Le voltamètre du commandant Renard est un appareil très pratique et très simple à la fois. Grâce à l'emploi d'un électrolyte alcalin, l'oxygène dégagé est absolument exempt d'ozone et n'attaque pas les métaux. Le modèle de laboratoire mesure 40 centimètres de hauteur et 18 de diamètre; c'est celui que représente notre figure. Avec une tension de 3 volts et une intensité de 25 ampères, il produit 11 litres d'hydrogène et 5 litres 1/2 d'oxygène à l'heure.

L'appareil destiné à des applications industrielles est construit d'une façon analogue. Le vase poreux est supprimé et remplacé par un sac en toile d'amiante qui enveloppe l'anode; malgré sa grande porosité, la toile d'amiante s'oppose efficacement au mélange des gaz, grâce à l'appareil compensateur décrit plus haut; sa résistance électrique est pratiquement négligeable.

D'après le commandant Renard, une usine pouvant produire environ 140 mètres cubes d'hydrogène et 70 mètres cubes d'oxygène par jour ne coûterait que 40000 fr. Le prix de revient de ces gaz, en tenant compte de tous les frais accessoires, y compris ceux de leur compression à 120 atmosphères, ne dépasserait pas 0fr,60 le mètre cube, prix de beaucoup inférieur, tant pour l'hydrogène que pour l'oxygène, aux prix de revient donnés par les autres procédés de fabrication.

FABRICATION DE LA SOUDE ET DU CHLORE PAR L'ÉLECTROLYSE.

On connaît l'importance industrielle que présente la fabrication de la soude. Jusqu'ici le procédé Leblanc, imaginé il y a plus d'un siècle, a pu soutenir la lutte avec les procédés plus récents à l'ammoniaque, parce que seul il permettait de produire économiquement du chlore.

Les procédés électrolytiques ont fait depuis peu leur apparition; il ne paraît pas téméraire d'affirmer qu'ils sont destinés à devenir à bref délai des concurrents sérieux du procédé Leblanc, car ils permettent la production de la soude combinée avec celle du chlore. Quoi de plus simple en effet? Une dissolution de chlorure de sodium est traversée par un courant électrique; sous l'action de l'électricité le sel est décomposé en chlore et en sodium; ce dernier se rend à la cathode où il est transformé en soude caustique par l'eau de la dissolution; le chlore se dégage à l'anode et peut être utilisé de la même manière que le chlore produit par l'acide chlorhydrique et le peroxyde de manganèse. Théoriquement, rien ne s'oppose à ce que la décomposition soit complète; qu'on trouve un dispositif convenable permettant de séparer les produits de l'électrolyse sans perte d'énergie et qu'on arrive à trouver des anodes résistant à l'action destructive du chlore et du courant, et le problème sera pratiquement résolu d'une manière complète.

Ce résultat n'est pas encore complètement atteint à l'heure actuelle, mais tout fait prévoir un prochain et complet succès. Dans ce cas, il ne paraît pas téméraire d'affirmer qu'on verra se développer une industrie de la soude et de ses dérivés qui dépassera probablement en importance tous les anciens procédés de fabrication.

Vu l'importance du sujet, nous nous étendrons avec quelque détail sur les principaux procédés qui ont été préconisés. Le nombre des dispositifs plus ou moins nouveaux est légion; il nous sera naturellement impossible, non seulement de les décrire, mais même de les mentionner tous, tout comme il est difficile de se prononcer à priori sur leur valeur industrielle. Les essais qui sont exécutés un peu partout sont généralement tenus secrets, et ce n'est qu'en envisageant les propriétés générales des diaphragmes et les autres conditions du problème que le lecteur pourra de lui-même apprécier le fort et le faible de chaque appareil.

Une des plus grandes difficultés de l'électrolyse du chlorure de sodium consiste dans l'emploi de diaphragmes; en effet, il faut séparer aussi complètement que possible le compartiment négatif où se produisent la soude et l'hydrogène, du compartiment positif où se dégage le chlore; la diffusion de la liqueur alcaline du compartiment négatif au positif doit également être réduite au minimum pour éviter la formation d'hypochlorites, sauf dans certains cas spéciaux. Nous verrons en effet, lors de la description de la fabrication électrolytique du chlorate de potassium, que, dans ce cas, il faut conserver au liquide du compartiment positif une réaction alcaline.

Il faut recourir nécessairement aux diaphragmes poreux. Or il ne paraît pas actuellement exister de cloison poreuse qui résiste convenablement à l'action des alcalis. L'amiante, le parchemin et les diverses cloisons poreuses à base de silicates sont rapidement, sous l'influence combinée de la soude et du courant, mis hors de service, et des dépôts abondants de silice gélatineuse ne tardent pas à envahir le compartiment positif en entravant la marche de l'opération.

C'est principalement sur la question des diaphragmes qu'ont porté les recherches des inventeurs: les uns les suppriment entièrement en produisant la soude par décomposition du sodium en dehors de l'électrolyte; d'autres emploient des diaphragmes incomplets, etc.

Quoi qu'il en soit, on trouve déjà, dans le commerce, du chlore et de la potasse produits par voie électrolytique, ce qui donne à supposer que la question pratique est sinon entièrement résolue, du moins en voie d'exécution sérieuse. On ne sait malheureusement rien de précis sur les détails des appareils employés.

Nous décrirons dans les pages suivantes quelques types d'appareils aptes à la décomposition électrolytique du chlorure de sodium.

Nous avons vu plus haut que la principale, si ce n'est la seule difficulté de préparation de la soude et du chlore par voie électrolytique, consistait dans l'emploi de diaphragmes appropriés.

Les *Vereinigten chemischen Fabriken* de

Leopoldshall, qui exploitent les brevets Spilker, Lœwe et Knöfler pour la décomposition du chlorure de potassium, emploient un procédé de fabrication des diaphragmes des plus intéressants. Les liquides des compartiments positif et négatif sont séparés au début de l'opération par un diaphragme de parchemin végétal. Sous l'influence de l'alcali caustique et du chlore produits aux deux électrodes, ce parchemin est rapidement détérioré, et les liqueurs se mélangent.

Mais si on ajoute au liquide de l'anode 2 0/0 environ de chlorure de calcium ou de magnésium, le liquide du compartiment négatif étant constitué par une lessive alcaline caustique, il se forme rapidement à la surface du parchemin un dépôt adhérent, homogène, constitué par de l'oxychlorure plus ou moins basique de calcium ou de magnésium. Lorsque la couche d'oxychlorure a atteint 7-8 millimètres d'épaisseur, on continue d'alimenter la liqueur de l'anode en sel calcaire ou magnésien, de manière à conserver au dépôt faisant fonction de diaphragme une épaisseur à peu près constante.

Procédé Greenwood. — Chacun des éléments

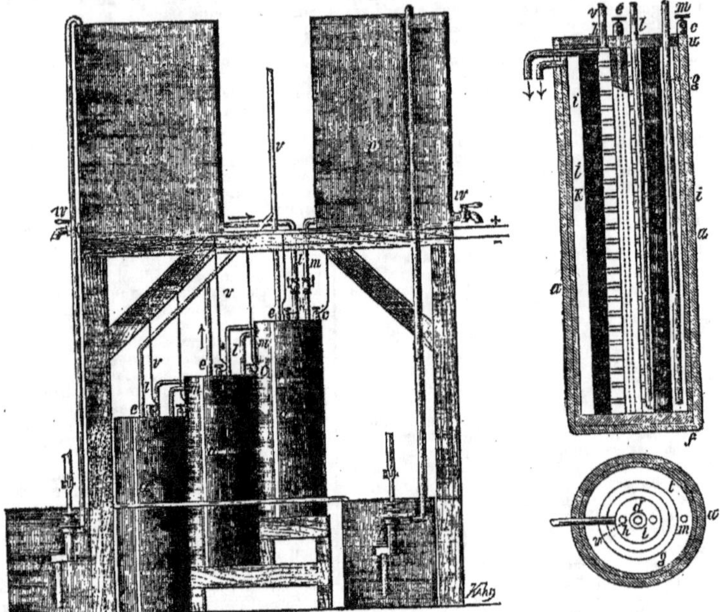

Fig. 239. — Appareil Greenwood pour l'électrolyse du chlorure de sodium.

a, a, a, cylindres en tôle servant de cathode; — *c*, borne correspondant au pôle négatif; — *l, m*, tubes servant à l'introduction du chlorure de sodium; — *o, p*, réservoirs renfermant la dissolution du chlorure de sodium; — *i*, auges circulaires biseautées constituant le diaphragme; — *h*, tube de dégagement du chlore; — *g*, cloison poreuse, — *q, z*, réservoirs recevant le liquide électrolysé; — *s, t*, pompes ramenant le liquide électrolysé dans les réservoirs *o* et *p*; — *e*, borne reliée au pôle positif; — *v, v*, conduite générale pour le chlore; — *w, w*, robinets de vidange; — *f*, ardoise isolante.

de l'appareil électrolyseur de M. Greenwood (fig. 239) se compose d'un cylindre en fer *a* qui sert de cathode et qui est relié en *c* au pôle négatif de la dynamo; l'anode *d* est en charbon métallisé; elle est séparée de la cathode par une ardoise isolante *f*. La cloison poreuse *g* divise l'élément en deux parties : le compartiment positif *h* pour le chlore, et le compartiment négatif *i* pour la soude.

Cette cloison est constituée par l'emboîtement d'une pile d'auges circulaires biseautées *i* en porcelaine, en verre ou en ardoise, remplies d'une matière poreuse inattaquable, telle que fibre d'amiante, stéatite en poudre, etc. Au moyen des tubes *l* et *m* qui vont jusqu'au fond de l'électrolyseur, on remplit l'appareil d'une dissolution de chlorure de sodium provenant des réservoirs *o* et *p*; la dissolution circule rapidement de bas en haut de manière à réduire la polarisation au minimum; le chlore se dégage en *h* et la soude en *i*; la dissolution électrolysée est repompée des réservoirs *q* et *z* par les pompes *s* et *t* dans les réservoirs *o* et *p*, et ces opérations se renouvellent jusqu'à ce que le liquide soit suffisamment chargé en soude; la lessive contenue dans le réservoir *p* est évaporée et séparée par les méthodes usuelles du chlorure de sodium non décomposé.

Les anodes en charbon métallisé se préparent en cuivrant, puis en étamant des plaquettes de charbon de cornue maintenues dans une cuve, de manière à constituer une grande plaque évidée au centre, dont on forme un tout compact en coulant au centre du métal d'imprimerie; on peut laisser dans ce métal des languettes de cuivre, permettant d'assembler solidement les éléments des plaques; les charbons doivent être rendus imperméables à l'électrolyte par immersion dans un bain de paraffine.

L'électrolyse est interrompue lorsque la teneur en soude atteint 10 0/0; on élimine le sel par évaporation et par pêchage.

L'appareil Greenwood présente les défauts inhérents à tout appareil utilisant des cloisons poreuses; les anodes en charbon sont détruites au bout de 1 à 2 mois de travail, avec formation de composés volatils renfermant du chlore; ces impuretés ne s'opposent du reste pas à l'emploi de ce corps et ne sont qu'une cause de perte; la question des anodes paraît, au point de vue du prix de revient, moins importante que celle des cloisons poreuses. On peut encore espérer que la substitution au charbon de substances difficilement attaquables, telles que le ferrosilicium, etc., viendra encore atténuer ces inconvénients.

Procédé Lambert. — MM. Knöfler et Gebauer ont proposé, dès 1892, l'emploi d'un appareil électrolyseur rappelant en quelque sorte un

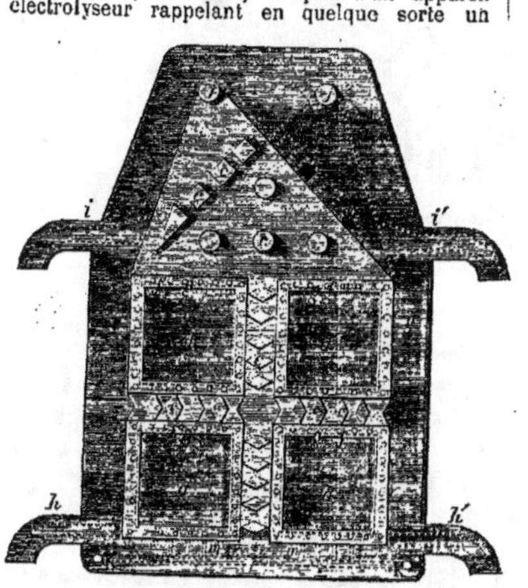

Fig. 240. — Électrolyseur Lambert. Détails de la plaque à lames conductrices.

a, cadre; — *c*, *c*, nervures; — *d*, *d*, lames conductrices; — *f*, cadre; — *g*, boulons en ébonite; — *h h'*, canal d'arrivée de la dissolution de chlorure de sodium; — *i i'*, canal d'écoulement de la lessive de soude caustique; — *j*, *j*, canaux d'évacuation du gaz; — K, K, ouvertures permettant d'insuffler de l'air dans l'appareil; — *l m*, canal d'insufflation.

filtre-presse et caractérisé par des électrodes doubles ayant chacune une polarité différente sur leurs deux faces. Cet appareil était destiné principalement à la production des hypochlorites. Cette idée a été reprise récemment par M. Lambert, ingénieur à la Manufacture de Produits chimiques du Nord, qui, par un ensemble de dispositions très heureuses, est arrivé à construire un appareil permettant de recueillir à part le chlore et la soude produits par l'électrolyse. L'appareil Lambert peut servir indistinctement à toutes sortes d'électrolyses avec séparation des ions gazeux et liquides quelconques.

Ce système d'électrodes doubles permet de supprimer toutes connexions et contacts ; le courant électrique lancé dans l'appareil traverse ces électrodes perpendiculairement à leur surface : de cette façon la résistance est réduite au minimum et peut être presque égale à zéro si les dissolutions à électrolyser sont quelque peu conductrices et si les électrodes présentent une certaine surface.

Les figures 240 à 243 représentent les diverses parties de l'électrolyseur Lambert.

La figure 240 montre en élévation une des plaques à lames conductrices constituant les électrodes.

La figure 242 est une élévation longitudinale

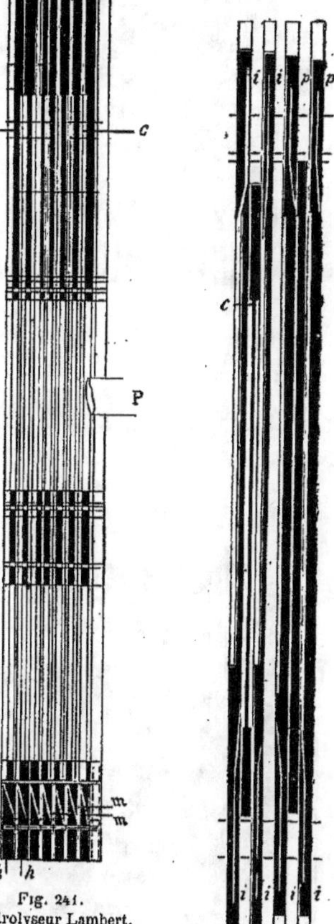

Fig. 241. Électrolyseur Lambert.

P, tirants; — *c*, *c*, nervures; — *j*, canal d'évacuation du gaz; — *m*, *m*, canaux d'insufflation d'air; — *h*, *h*, canaux d'arrivée de la dissolution de chlorure de sodium.

Fig. 242. Électrolyseur Lambert.

c, nervures; — *i i*, canal d'évacuation de la lessive de soude caustique.

de l'appareil, dont le détail est représenté par une coupe verticale.

La figure 243 enfin est une coupe horizontale d'une partie de l'appareil.

Les plaques *a* à lames conductrices sont séparées par les plaques *b* à lames poreuses ; ces plaques présentent de chaque côté une sorte de cuvette de manière à constituer, lorsqu'elles sont appliquées les unes contre les autres, une sorte de compartiment dans lequel circule l'électrolyte.

Les plaques présentent un certain nombre d'ouvertures, disposées de façon à former par leur assemblage des canaux servant à la circulation des liquides électrolysés et à électrolyser, et à recueillir les gaz produits pendant l'électrolyse.

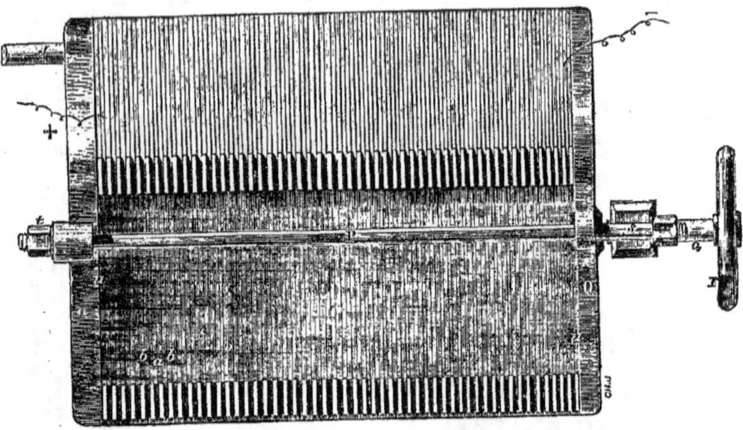

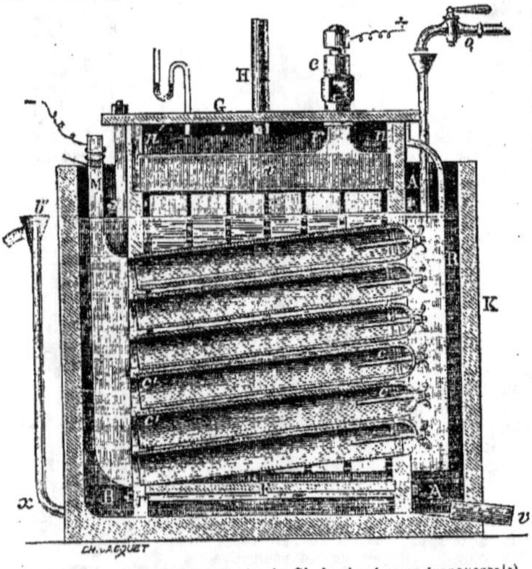

Fig. 243. — Électrolyseur Lambert.

a, plaques à lames conductrices ; — *b*, *b*, plaques à lames poreuses ; — *n*, cadre d'assemblage fixe ; — P, tirants ; Q, tige filetée ; — *r*, volant ; — *s*, bride formant écrou. ; — *u*, *u*, plaques pleines en ébonite ; — J, tuyau d'évacuation des gaz ; — *t*, écrou portant le tirant P.

Les plaques sont maintenues appliquées les unes contre les autres par les cadres *n* O reliés entre eux par les tirants P ; l'un de ces cadres *n* est fixe et l'autre O est mobile et reçoit la pression de l'extrémité d'une tige filetée Q, sur laquelle on agit au moyen d'un volant *r* et qui traverse la bride *s* qui forme écrou.

Les deux plaques extrêmes sur lesquelles sont fixés les conducteurs sont complètement isolées des cadres *n* O par les plaques pleines *u* en ébonite ; dans chaque plaque extrême, le câble d'arrivée du courant est relié aux quatre lames conductrices.

Lorsque le courant traverse l'appareil, la solution de chlorure de sodium qui pénètre par les canaux *h* est électrolysée ; la soude caustique s'écoule par le canal *i*, tandis que les gaz produits par l'électrolyse (chlore et hydrogène) remontent à la partie supérieure de chaque compartiment, et se dégagent par les conduits J.

Appareil Outhenin-Chalandre. — L'appareil proposé par MM. Outhenin-Chalandre fils et Cie pour l'électrolyse du chlorure de sodium est caractérisé par l'emploi de diaphragmes tubulaires poreux dans lesquels sont placées les cathodes.

Fig. 244. — Électrolyseur Outhenin-Chalandre (coupe transversale).

A, B, plaques perforées recevant les tubes ; — *c c'*, diaphragmes tubulaires ; — *e*, écrou de serrage à godet ; — F, plaque inférieure du cadre ; — G, couvercle en ébonite ; — H, tuyau d'évacuation du chlore ; — K, bac extérieur ; — M, cathode formée d'un peigne métallique dont les dents s'engagent dans les tubes ; — *n*, rainures ménagées dans les plaques A, B ; — Q, robinet d'introduction d'eau ; R, cloison permettant de recueillir l'hydrogène ; — *v r*, tête de plomb réunie aux anodes : — *x b''*, tuyau d'évacuation de la lessive de soude caustique.

La figure 244 est une élévation ou mi-coupe de l'appareil, qui est représenté en coupe transversale sur les figures 245-247. La figure 248 est une vue en plan dans laquelle le couvercle est en partie enlevé. La figure 247 donne les détails de montage des tubes. La figure 248 représente un bac à sel.

Le bac extérieur qui enveloppe l'appareil se compose d'un premier bac extérieur K étanche qui contient les électrodes et l'électrolyte; le compartiment des anodes est une caisse étanche formée de cinq plaques en ébonite assemblées par des joints en caoutchouc et des tiges filetées en métal situées à l'extérieur.

Comme l'indiquent les figures, les tubes-diaphragmes sont fixés sur les parois de la caisse et la traversent de part en part. Les anodes sont placées perpendiculairement entre deux rangées de tubes poreux; elles sont en charbon ou en platine et scellées dans une tête de plomb *u* (fig. 245) convenablement vernie et située en dehors du liquide.

Les cathodes situées à l'intérieur des tubes poreux sont de simples lames en tôle.

Pour mettre l'appareil en marche, on remplit le compartiment des anodes d'une dissolution saturée de sel marin, et le bac extérieur K d'eau additionnée d'une petite quantité de soude caustique; le chlore produit est évacué par le tuyau H et l'hydrogène qui se dégage à la partie supérieure des tubes poreux peut être recueilli à l'aide d'une cloison R plongeant dans le liquide et embrassant tous les orifices O, par lesquels se produit le dégagement d'hydrogène à travers les étriers ajourés S.

Appareil Gall et de Montlaur. — Le dispositif breveté récemment par MM. Gall et de Montlaur est également applicable à l'électrolyse des dissolutions de chlorure de sodium. Il présente entre autres avantages celui de recueillir le chlore sous pression et d'opérer l'électrolyse à une température déterminée.

La figure 249 indique le principe de l'appareil et en donne une vue théorique d'ensemble; la figure 250 est une vue intérieure en élévation de l'électrolyseur; la figure 251 une coupe par la ligne pointillée à droite de la figure 250; la figure 252 la disposition de l'appareil vu de bout.

Le récipient rectangulaire en tôle A renferme la dissolution de chlorure de sodium; ce récipient est en dérivation sur le pôle négatif; il est traversé de part en part par des tubes poreux B servant de diaphragmes et fermés aux deux bouts par de gros bouchons en caoutchouc dans lesquels s'engage l'anode *b*; les cathodes *c* en tôle

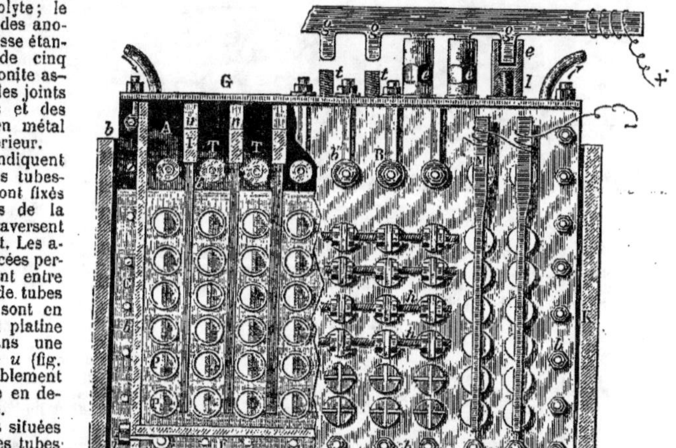

Fig. 245. — Électrolyseur Outhenin-Chalandre.

A, B, C, cadre dans lequel s'engagent les diaphragmes tubulaires P; — *b*, bouton d'assemblage; — *b''*, écrou des entretoises T; — *e*, écrou de serrage relié à la tige *t* et muni à la partie supérieure d'un godet à mercure; — *g*, partie du conducteur plongeant dans le godet à mercure; — G, couvercle en ébonite; — *h*, vis d'assemblage; — I, anodes; — K, bac extérieur; — M, cathode; — *n*, rainures ménagées dans les plaques A, B; — P, diaphragmes tubulaires; — *t*, tiges filetées de prise de courant; — T, entretoises tubulaires en ébonite.

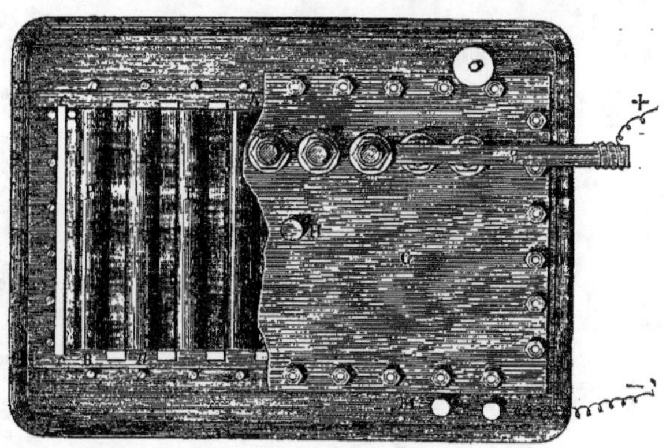

Fig. 246. — Électrolyseur Outhenin-Chalandre. (Plan de l'appareil montrant le couvercle en partie enlevé.)

A, B, cadre recevant les tubes P; — *g*, tête de l'anode; — G, couvercle en ébonite; — H, tuyau d'évacuation du chlore; — K, bac extérieur; — M, cathode; — P, P, diaphragmes tubulaires recevant les cathodes; — *r*, *n*, rainures d'assemblage du cadre.

sont disposées autour des tubes B de manière à réduire la résistance au minimum, le chlore dégagé par l'électrolyse se rend dans le collecteur D par l'intermédiaire des tubes *dd*.

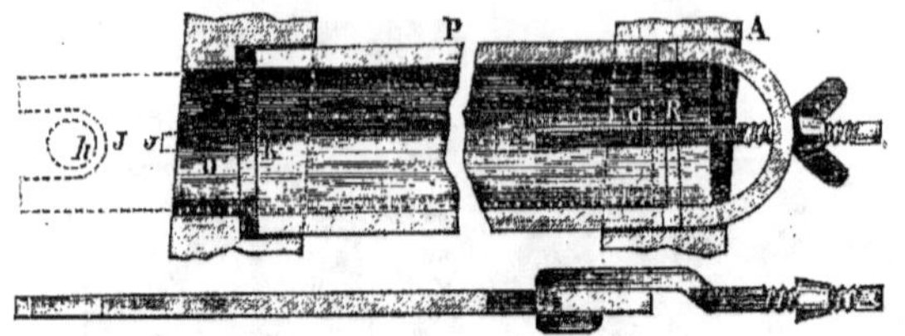

Fig. 247. — Électrolyseur Outhenin-Chalandre. (Détail de montage des tubes.)

A, plaque d'assemblage; — *h*, tiges métalliques filetées supportant les cathodes; — J, pointillé indiquant la forme des cathodes; — K', rondelle en caoutchouc souple; — O, O', orifices de dégagement de l'hydrogène; — P, diaphragmes tubulaires recevant les cathodes; — R, joint en caoutchouc; — S, écrou à oreilles; — S', mortaise dans laquelle vient s'agrafer la tige.

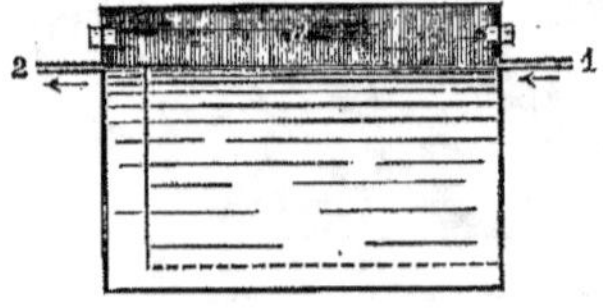

Fig. 248. — Électrolyseur Outhenin-Chalandre. (Bac à sel à deux compartiments.)

a, compartiment principal.

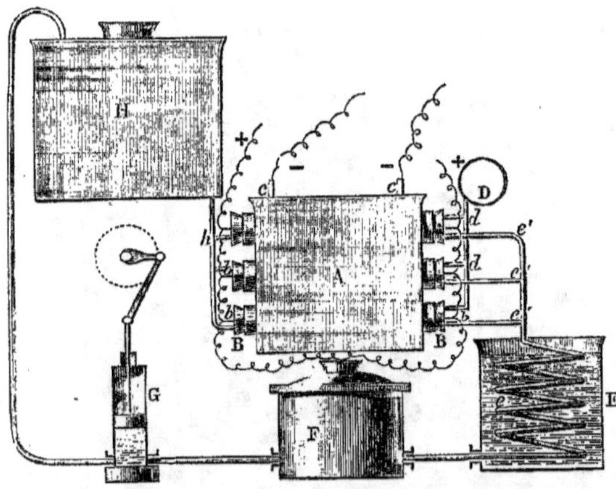

Fig. 249. — Électrolyseur Gall et de Montlaur.

A, récipient rectangulaire en tôle; — B, B, tubes poreux; — *b*, *b*, anodes; — *c*, *c*, cathodes; — *d*, *d*, tubes de dégagement du chlore: — D, tube collecteur du chlore; — *e'*, *e'*, tubes de réglage de niveau; — E, bac du serpentin réfrigérant *e*; — F, récipient intermédiaire; — H, réservoir d'alimentation des compartiments positifs; — G, pompe; — *h*, tuyaux amenant le liquide du bac H aux tubes B.

La disposition adoptée au moyen des tubes *e'* permet de régler le niveau du liquide dans les tubes B, de façon que chaque tube forme cloche dans sa partie supérieure; on peut ainsi recueillir le chlore sous une pression qui n'a pour limite que les conditions d'étanchéité des tubes B.

La température de l'électrolyte peut être réglée en le faisant circuler, comme l'indique la figure 249 dans le serpentin *e*.

Enfin le vase A peut affecter, comme le montre la figure 252, une forme cylindrique; dans ce cas les tubes B sont disposés verticalement, et si on ferme complètement ce récipient, on peut recueillir les gaz sous pression élevée, la contrepression du gaz de la cathode dominant les fuites entre les tubes et le milieu qui les contient.

L'appareil Gall et de Montlaur nous paraît surtout très intéressant appliqué à la production du chlore en partant de l'acide chlorhydrique. Dans ce cas il est évident qu'on ne peut employer de cathodes en fer. De même le voltamètre doit être constitué par une matière inattaquable aux acides : le grès ou la fonte émaillée paraissent tout indiqués.

PROCÉDÉS BASÉS SUR L'EMPLOI DU MERCURE.

Nous avons examiné jusqu'ici les procédés électrolytiques de décomposition du chlorure de sodium, d'après lesquels les réactions s'exécutent dans un seul et même appareil, c'est-à-dire que le sodium mis en liberté à la cathode s'y transforme immédiatement en soude caustique qui reste dans le bain électrolytique; or cette présence de soude caustique n'est pas sans présenter de graves inconvénients. En effet, tout comme le chlorure de sodium, l'hydrate est électrolysable; la force électromotrice qui suffit à scinder le chlorure de sodium en ses éléments, suffit amplement pour l'électrolyse de la soude qui a lieu d'après l'équation

$$\underset{\text{}}{NaOH} = \underset{\text{Cathode.}}{(Na + H)} + \underset{\text{Anode.}}{O}.$$

En pratique, cette réaction secondaire revient à admettre que la partie du courant qui agit sur la soude caustique ne sert qu'à électrolyser de l'eau, et à produire inutilement, avec une grande consommation d'énergie, de l'hydrogène et de l'oxygène.

La présence de la soude dans l'électrolyte donne encore lieu à d'autres réactions secondaires. En effet, l'action de l'électricité sur une dissolution aqueuse de chlorure de sodium est un phénomène des plus complexes, pouvant donner lieu à huit réactions différentes, que nous donnerons ci-dessous :

1. Électrolyse du chlorure de sodium avec formation de soude caustique, d'hydrogène et de chlore. C'est la réaction principale, qu'il faut s'efforcer autant que possible de rendre exclusive.

2. Électrolyse de la soude caustique avec formation d'hydrogène et d'oxygène.
3. Formation d'hypochlorite de sodium par l'action du chlore sur la soude.
4. Formation de chlorate de sodium par oxydation de l'hypochlorite.
5. Électrolyse de l'hypochlorite de sodium avec formation de soude caustique, d'hydrogène, d'oxygène et d'acide hypochloreux.
6. Électrolyse du chlorate de sodium avec formation de soude caustique, d'hydrogène, d'oxygène et d'acide chlorique.
7. Transformation de l'hypochlorite diffusé à la cathode en chlorure par l'action de l'hydrogène.
8. Réduction par la même action du chlorate de sodium en chlorure.

Toutes les réactions de 2 à 8 consomment naturellement de l'énergie en pure perte si on se propose de fabriquer simplement le chlore et la soude par électrolyse du chlorure de sodium.

Les inventeurs qui se sont occupés du problème se sont appliqués à le résoudre de deux manières différentes : les uns ont cherché à éliminer la soude de l'électrolyte au fur et à mesure

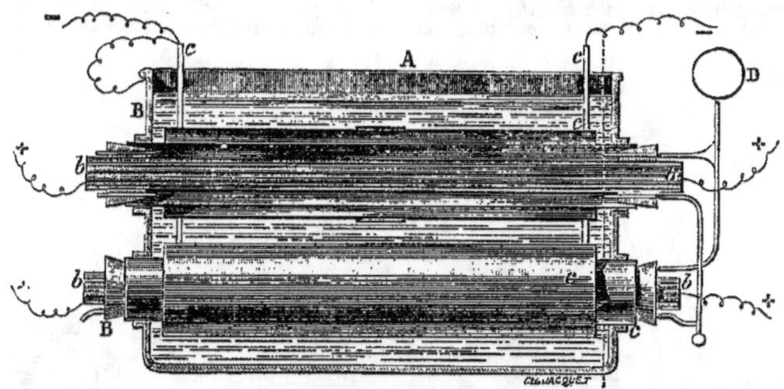

Fig. 250. — Électrolyseur Gall et de Montlaur.
A, récipient rectangulaire en tôle; — B, B, tubes poreux; — b, b, anodes; — c, c, cathodes; — D, tube collecteur de chlore.

de sa formation; les autres au contraire ont cherché à opérer en dehors du voltamètre la décomposition de l'eau par le sodium formé en premier lieu. Nous dirons donc quelques mots des procédés employés dans les deux cas.

Pour éviter l'action décomposante du courant sur la soude formée pendant l'électrolyse, M. Kellner précipite la soude par l anhydride carbonique au fur et à mesure de sa formation; il se produit ainsi du bicarbonate de soude, pratiquement insoluble, qu'on peut recueillir et transformer en soude comme dans le procédé Solvay. Cette opération s'exécute naturellement en dehors du voltamètre; le liquide débarrassé de la majeure partie de la soude rentre en fabrication.

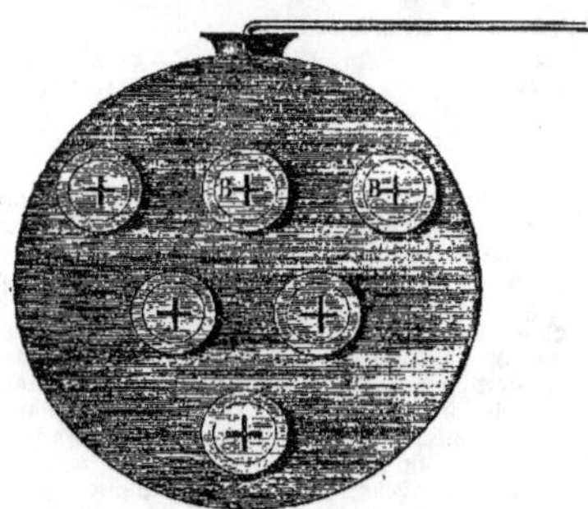

Fig. 251. — Électrolyseur Gall et de Montlaur, vu de bout

Ce mode de procéder présente un très grave inconvénient. Il fournit en effet la soude sous une forme de valeur beaucoup moindre que la soude caustique. La différence est même si considérable, que le seul fait de produire du bicarbonate de soude au lieu de soude caustique frappe ce procédé d'incapacité au point de vue économique.

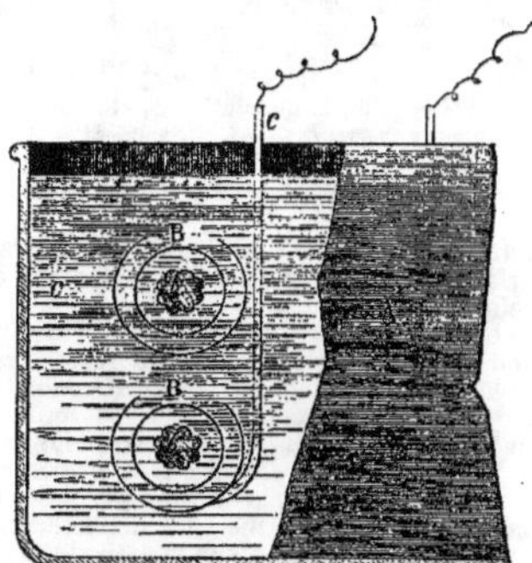

Fig. 252. — Électrolyseur Gall et de Montlaur.
A, récipient rectangulaire en tôle; — B, tubes diaphragmes; — b, anodes; — c, cathodes.

L'appareil proposé par MM. Atkins et Applegarth réalise d'une manière différente l'élimination de la soude formée dans l'électrolyse. Il consiste en principe à employer comme cathode un cylindre métallique amalgamé sur lequel s'écoule du mercure; ce métal faisant fonction d'électrode négative absorbe le sodium formé par l'action du courant électrique; l'amalgame qui prend naissance de cette manière est conduit en dehors du bain et soumis à l'action de l'eau; il se forme de la soude caustique et le mercure régénéré rentre en fabrication.

Le dispositif indiqué par MM. Hermite et Dubosc, représenté par la figure 253, repose sur le même principe. Comme celui de MM. Atkins et Applegarth, il évite l'emploi d'une cloison poreuse, ce qui doit être envisagé comme un progrès sérieux.

La solution de chlorure de sodium est contenue dans la cuve C, au milieu de laquelle plonge une cathode en cuivre amalgamé PP inclinée convenablement. Du mercure placé dans le vase V peut couler en nappe uniforme sur la cathode. L'anode est située en AA, et aussi près que possible de la cathode pour diminuer la résistance; elle est constituée par une lame de platine.

L'amalgame, dont la richesse en sodium est fonction de la vitesse d'écoulement du mercure et de l'intensité du courant, se rend dans la rigole SS à la partie inférieure de la cathode. Le fond de cette rigole communique avec le réservoir R.

Sur la paroi latérale de la rigole est pratiquée une ouverture servant de trop-plein à l'amalgame. Une couche de sulfure de carbone recouvre l'amalgame et empêche son contact avec la solution, s'opposant ainsi à sa décomposition. Quand on lance le courant dans l'appareil en même temps qu'on fait écouler le mercure, l'amalgame alcalin arrive dans la rigole, et comme cet amalgame est plus léger que le mercure, il reste à la surface et s'écoule par le tube *t* dans une cuve C' pleine d'eau.

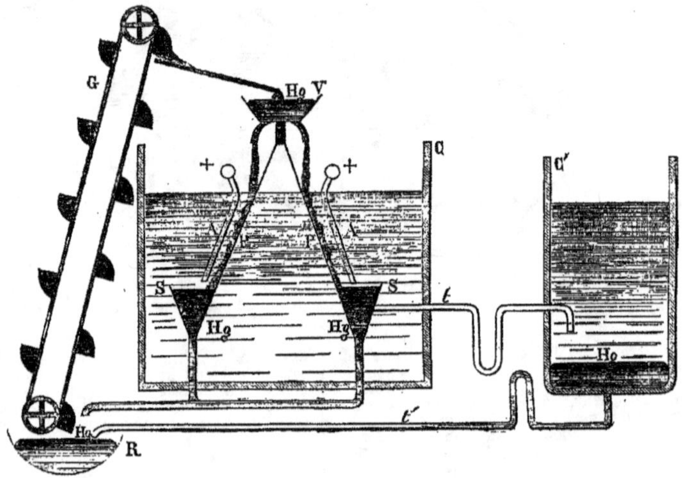

Fig. 253. — Vue schématique de l'électrolyseur Hermite et Dubosc.

C, cuve recevant la dissolution de chlorure de sodium; — PP, cathode en cuivre amalgamé; — V, vase distributeur de mercure; — A, A, anodes; — S S, rigole réceptrice de l'amalgame; — R, réservoir recevant le mercure exempt de sodium; — *t*, tube amenant l'amalgame dans la cuve de décomposition C'; — *t'* tube amenant le mercure régénéré au réservoir R; — G, chaîne à godets déversant le mercure dans le distributeur V.

Le mercure non combiné au sodium tombe au fond de la rigole et retourne au réservoir R.

L'amalgame au contact de l'eau contenue dans la cuve C' s'y décompose; il se forme de la soude caustique avec dégagement d'hydrogène, et le mercure provenant de sa décomposition revient au réservoir par le tube *t'*. Une chaîne à godets G ramène le mercure du réservoir R au vase V, d'où il retombe sur la cathode.

On voit, d'après cette description, que l'appareil de MM. Hermite et Dubosc est à marche continue, le même mercure servant indéfiniment et permettant d'obtenir des lessives alcalines exemptes de chlorure de sodium et d'une concentration quelconque. Les auteurs ne donnent aucun détail sur la construction de l'appareil, ni sur les procédés qu'ils emploient pour recueillir le chlore et éviter l'attaque du sulfure de carbone; la figure 253 représente au surplus un simple schéma théorique.

Procédé Castner. — Le procédé imaginé par M. Castner pour la décomposition électrolytique du sel marin repose également sur l'emploi du mercure comme cathode; il diffère notablement, par la disposition des appareils, des procédés ci-dessus.

Le voltamètre de M. Castner se compose d'une auge divisée en trois compartiments par des cloisons verticales qui s'arrêtent à quelques millimètres du fond du récipient. Les dimensions de ce dernier sont de 91 centimètres de large sur 182 de long et 15 de profondeur; chaque voltamètre renferme 82 kilogrammes de mercure, ce qui correspond à une couche de 3,5 à 4 millimètres d'épaisseur; les cloisons affleurent le mercure, de sorte que les liquides des trois compartiments ne se mélangent pas.

Les cuves à électrolyse sont mobiles autour d'un axe horizontal et peuvent osciller de quelques millimètres autour de l'horizontale. Cette inclinaison suffit à faire passer le mercure d'une extrémité à l'autre de l'appareil.

Les compartiments extérieurs du voltamètre reçoivent une dissolution saturée de sel qui circule constamment dans l'appareil et se maintient saturée par son passage dans un réservoir à sel marin. Les anodes sont en charbon.

Le compartiment du milieu renferme une dissolution de soude caustique qui s'enrichit par la décomposition de l'amalgame de sodium formé dans les compartiments extérieurs. Comme il ne se forme pas d'hypochlorite à l'anode, les charbons ont une très longue durée; dans les expériences exécutées à la Compagnie de l'Aluminium à Oldbury, qui exploite les procédés Castner, on n'a constaté, au bout de 3 mois de marche ininterrompue, aucune usure des anodes en charbon.

Un voltamètre des dimensions indiquées plus haut décompose 26 kilogrammes de chlorure de sodium par 24 heures.

En admettant 350 jours de travail par an, on voit qu'un élément décompose 8750 kilogrammes de sel par an. La perte en mercure ne dépasse pas 5 0/0 de la quantité de métal employée, soit pour 8750 kilogrammes de sel décomposé 4^{kgr},100 de mercure, ce qui représente une dépense de 0^{fr},25 à peine pour 100 kilogrammes de sel décomposé, ou 0^{fr},40 par 100 kilogrammes de soude caustique produite.

En ce qui concerne la consommation d'énergie, 1 cheval-jour mécanique décompose 7^{kgr},500 de sel et produit 5 kilogrammes de soude caustique.

L'usine d'Oldbury possède 30 bains d'électrolyse en deux groupes de 15; le chlore dégagé est transformé en chlorate de potassium.

En 91 jours de travail, 14 bains des dimensions ci-dessus indiquées ont produit 23 tonnes de soude caustique, provenant de la décomposition de 34 tonnes de chlorure de sodium; la force employée a été de 50 chevaux. La production de chlore a été de 20 tonnes et demie.

Comme nous le verrons plus loin, ces chiffres concordent sensiblement avec les calculs donnés par M. Häussermann sur le prix de revient du chlore et de la soude électrolytiques. Ils présentent une certaine importance, étant empruntés à une exploitation qui, quoique modeste, paraît marcher d'une manière satisfaisante.

Si, après avoir exposé successivement les divers procédés proposés pour l'électrolyse du chlorure de sodium, nous cherchons, faute d'indications précises, à tirer des conclusions sur l'état actuel de cette industrie, nous voyons que les difficultés principales de l'opération industrielle sont au nombre de trois :

1. Emploi d'une anode appropriée;
2. Emploi d'un diaphragme résistant aux agents chimiques et présentant la plus petite résistance électrique possible;
3. Élimination rapide de la soude formée par électrolyse.

Il nous semble qu'aucun des procédés que nous venons de décrire ne réalise entièrement ces desiderata. Si les procédés au mercure permettaient réellement d'éviter toute perte appréciable de ce précieux réactif, ils seraient évidemment à préférer; mais, comme nous l'avons dit au début, ce n'est qu'après une période plus ou moins longue, d'exploitation normale, qu'on pourra décider à quel procédé il convient de donner la préférence.

Dans le cas où les procédés produisant la soude dans le voltamètre même remporteraient la victoire, il resterait encore à séparer la soude du chlorure de sodium inattaqué. Heureusement cette opération ne présente aucune difficulté sérieuse; les triple et quadruple effets permettent d'évaporer 20 kilogrammes d'eau pour 1 kilogr. de charbon brûlé sous les générateurs, et si les liquides électrolysés renferment de 80 à 100 gr. de soude caustique par litre de liquide à évaporer, ce qu'il est facile de réaliser pratiquement, l'opération peut s'exécuter sans une dépense excessive de combustible

En ce qui concerne le chlore produit par électrolyse, il peut être employé aux mêmes réactions que celui produit par le Weldon ou par tout autre procédé. Nous avons dit plus haut que les impuretés volatiles éventuelles provenant de l'attaque des anodes en charbon ne sauraient entraver sérieusement l'emploi du chlore électrolytique.

Les procédés au mercure suppriment la question du diaphragme, mais laissent subsister celle de l'anode; en pratique, il n'y a guère actuellement que le charbon ou le platine qui puissent servir d'anodes. Ces points importants auront besoin d'être précisés, car l'altération progressive des anodes en charbon peut amener, si elle n'est pas très lente, des troubles de nature à rendre l'électrolyse pratiquement impossible.

On a remarqué que les anodes en charbon sont d'autant moins résistantes qu'elles renferment plus de composés hydrogénés, produits provenant de l'agglomérant employé pour leur fabrication.

M. Castner propose de purifier les anodes en charbon de la manière suivante :

Les anodes entourées d'une couche de charbon de bois pulvérisé sont soumises à l'action d'un courant électrique d'une intensité de 0,6-0,7 ampère par millimètre carré de section; au bout de quelques minutes, les anodes atteignent la température du blanc éblouissant; il se dégage des gaz combustibles et on constate une perte de poids de 5-7 0/0.

Les anodes ainsi traitées sont exemptes de composés hydrogénés et résistent beaucoup mieux à l'action du courant electrique dans des dissolutions aqueuses.

Cette augmentation de résistance est due également à la transformation du moins partielle du carbone en graphite qui est la forme la plus stable de cet élément.

Quant aux anodes en platine, elles ne sont pratiques qu'autant qu'on évite d'une manière *absolue* toute attaque du métal. Il ne paraît pas impossible d'arriver à ce résultat, et dans ce cas, comme pour la fabrication du chlorate de potassium, le platine constituera, malgré son prix élevé, la meilleure anode connue.

M. Höpfner a proposé de remplacer les anodes en charbon ou en platine par des anodes en ferrosilicium ou simplement en fer recouvert de ferrosilicium.

Voici quel est le mode de préparation de ces dernières :

On soumet un silicate à l'électrolyse ignée en employant comme anodes du charbon, et comme cathode le fer qu'on veut recouvrir de ferrosilicium.

L'électrolyse est exécutée à une température voisine du point de fusion du fer; les tiges en fer servant de cathode se recouvrent rapidement d'une couche de siliciure bon conducteur et inattaquable par les acides.

L'emploi des anodes en ferrosilicium est encore trop récent pour qu'on puisse se faire une idée précise de leur valeur pratique.

Prix de revient du chlore et de la soude électrolytiques

Nous terminerons cet exposé des méthodes de production du chlore et de la soude par électrolyse par la discussion du prix de revient de l'opération.

Ici toutefois nous ne pouvons guère procéder que par hypothèse; le nombre des usines qui exploitent avec succès les procédés électrolytiques est des plus restreints, et on ne connaît ni leur manière exacte d'opérer et encore moins leur prix de revient réel. Ce prix de revient dépend du reste de la quantité produite journellement, et d'une foule d'autres facteurs dont la plupart peuvent toutefois être calculés d'avance avec quelque vraisemblance.

M. Haüssermann, à qui nous empruntons avec quelques modifications les chiffres ci-dessous, a donné une étude assez complète du problème.

Nous supposerons donc une usine électrolytique produisant journellement 5000 kilogr. de soude caustique à 96 0/0, et la quantité correspondante de chlorure de chaux, soit 12 500 kilogr., en faisant abstraction de la production d'hydrogène, considéré comme sans valeur.

Nous admettons que l'usine est placée avantageusement, à proximité des matières premières et du combustible, et convenablement située au point de vue des transports, et enfin qu'on se sert comme force motrice de machines à vapeur travaillant d'une manière ininterrompue pendant 350 jours par an. L'énumération et le calcul des divers facteurs ci-dessous donnent une idée de leur importance respective.

1. *Énergie nécessaire.* — En supposant un rendement de 80 0/0 du rendement théorique, 1 ampère-heure peut produire $1^{gr},19$ de soude caustique et $1^{gr},05$ de chlore, soit par 24 heures 28,56 NaOH et 25,2 Cl. Pour produire 1 kilogr. de NaOH en 24 heures, il faut donc employer un courant d'une intensité de 35 ampères; en admettant une tension de 3,5 volts par bain, on trouve que 1 kilogr. de NaOH exige pour sa production $132,5 \times 24 = 2940$ watts-heures.

En partant de ces données numériques, on trouve que 5000 kilogr. de soude caustique exigent pour leur production 832 chevaux électriques pendant 24 heures. Il se forme en même temps 4410 kilogr. de chlore. En prenant 1,1 cheval mécanique pour 1 cheval électrique, on arrive à 915 chevaux mécaniques et à 1000 chevaux en chiffres ronds, en tenant compte de la force motrice nécessaire aux autres parties de l'atelier.

Ces 1000 chevaux mécaniques exigent avec des moteurs perfectionnés $0^{kgr},8$ de houille par cheval-heure, soit 19 200 kilogr. de combustible supposé valoir 15 francs la tonne, ou 288 fr. par 24 heures. Doublons ce chiffre pour tenir compte des frais de production du courant, y compris l'amortissement, réparations, main-d'œuvre, etc., nous arrivons à ce résultat : l'énergie électrique pour la production par voie électrolytique de 5000 kilogr. de NaOH par 24 heures coûte 576 francs.

Les chiffres donnés par M. Haüssermann peuvent, à notre avis, être considérablement réduits. En effet, en admettant pour le charbon au pied de la mine le prix de 10 francs, et en substituant les moteurs à gaz pauvres aux moteurs à vapeur, on peut économiser 300 grammes de charbon par cheval-heure.

Dans ces conditions, qui sont il est vrai quelque peu exceptionnelles, mais possibles, la consommation du charbon serait, pour 24 000 chevaux-heures, de 12 tonnes, valant 120 francs

Les frais de main-d'œuvre, entretien, amortissement et intérêt des machines, gazogènes et dynamos, peuvent être estimés à 250 francs par jour : ce qui représente pour la dépense totale d'énergie 370 francs, ou environ 200 francs de moins par jour que ne l'indique M. Haüssermann, soit 70 000 francs par an.

2. *Consommation de sel.* — Théoriquement 100 kilogr. de NaOH exigent 146,2 NaCl; en pratique on peut admettre un rendement de 90 0/0, ce qui porte la quantité de sel nécessaire à 160 kilogr.; 5000 kilogr. de soude exigent donc 8000 kilogr. de sel supposé valoir $1^{fr},85$ les 100 kilogr. : total 148 francs par jour.

Si on a à sa disposition une dissolution saturée de sel, ce chiffre est susceptible d'être notablement réduit.

3. *Consommation de combustible.* — En admettant que les liquides sortant des bains d'électrolyse renferment 80 grammes de soude caustique au litre, ce qui est un minimum qui sera toujours dépassé, il faut évaporer journellement 63 mètres cubes de solution. L'évaporation peut s'effectuer jusqu'à une densité de 1,45 dans un triple effet évaporant 20 kilogr. d'eau pour 1 kilogr. de charbon; le sel se dépose pendant l'évaporation, on le sépare dans des essoreuses ou par tout autre moyen approprié; la liqueur concentrée est finalement amenée par évaporation et fusion à l'état de produit marchand. L'évaporation jusqu'à une densité de 1,45 exigera 2500 kilogr. de charbon, l'évaporation subséquente et la fusion de la soude 5 tonnes de charbon : total 7500 kilogr à 15 fr., soit 112 fr. Si nous admettons le prix de 10 fr. pour la tonne de charbon, la dépense de ce chef s'abaisse à 75 francs, soit une différence de 37 francs par jour ou 12 950 fr. par an.

4. *Consommation de chaux vive.* — Pour produire 100 kilogr. de chlorure de chaux, il faut employer 60 kilogr. de chaux. La consommation de chaux pour une production de chlorure de chaux de 12 500 kilogr. sera donc de 7500 kilogr. Supposons la chaux à $1^{fr},85$, prix moyen : la dépense en chaux sera par jour de 140 francs environ.

5. *Emballage.* — On peut admettre pour les frais d'emballage de la soude en tambours en tôle 15 francs la tonne, et 20 francs la tonne pour les fûts à chlorure de chaux, ce qui donne une dépense totale de 325 francs pour l'emballage de toute la production journalière.

6. *Main-d'œuvre.* — Nous admettons, avec M. Lunge, $1^{fr},10$ pour la production de 100 kilogrammes de soude caustique, chiffre basé sur la transformation de la soude Solvay en soude caustique, et pour le chlorure de chaux $0^{fr},60$ aux 100 kilogrammes. Le total de la main-d'œuvre sera donc de 55 francs pour la soude et 75 francs pour le chlorure de chaux : total 130 francs. Mais il faut encore faire intervenir une nouvelle main-d'œuvre pour certains services généraux, tels que dissolution du sel, surveillance et manutention des bains d'électrolyse, etc. On peut estimer qu'un personnel de 25 ouvriers en deux équipes suffira largement pour assurer ces services; admettons $3^{fr},75$ pour le coût de la journée de travail, la dépense de ce chef sera de 94 francs. Total de la main d'œuvre, 224 francs par jour.

7. *Entretien.* — Il est difficile de donner ici ces chiffres avec une approximation suffisante. Pour fixer les idées, nous admettrons toutefois *arbitrairement* une dépense totale de 220 francs par jour pour le renouvellement des anodes et des diaphragmes, la main-d'œuvre afférente à ces opérations, etc., etc. Ce chiffre représente environ 15 fr. par 1000 kilogrammes de produit en bloc.

8. *Amortissement.* — L'amortissement de l'outillage nécessaire à la production de l'énergie électrique a été compris dans le prix de revient de la force; nous n'en parlerons pas ici. Nous ne considérerons que l'amortissement des bâtiments et de l'appareillage chimique, ainsi que des bains d'électrolyse. Nous admettons que les bâtiments, puits, cheminées, clôtures, etc., coûteront environ 500 000 francs, qui représentent une charge d'amortissement à 5 0/0 de 25 000 francs par an, ou 72 francs par jour environ.

Nous admettrons pour les frais de premier établissement de la partie électrochimique (bains, appareil évaporatoire, machines auxiliaires, etc.) une somme de 750 000 francs qui, amortie à 10 0/0 par an, représente une charge de 216 francs par jour. Le total des charges d'amortissement est donc de 288 francs par jour.

9. *Frais généraux.* — Nous admettrons pour les frais généraux, en prenant pour base les frais

généraux d'industries similaires, environ 25 0/0 du prix de revient, ce qui représente une charge journalière de 500 francs environ.

En résumé, les dépenses journalières pour la production de 5000 kilogrammes de soude caustique et 12500 kilogrammes de chlorure de chaux peuvent être résumées comme suit :

1. Énergie.......	576 fr.	pouvant être réduite à 310 fr.
2. Sel marin.....	148	
3. Combustible...	112	— — 75 »
4. Chaux vive....	140	
5. Emballage.....	325	
6. Main-d'œuvre..	224	
7. Entretien.....	220	
8. Amortissement.	288	
9. Frais généraux.	500	
Total....	2533 fr.	et au minimum 2290 fr.

Ces chiffres, nous tenons à le répéter, ne présentent rien d'absolu. Ils ont principalement pour but de donner une idée approximative du prix de revient d'une usine électrolytique importante, en possession d'un procédé réellement pratique de décomposition du chlorure de sodium par l'électricité, et convenablement située.

Si on peut disposer de forces hydrauliques dans de bonnes conditions, il est évident que le facteur 1 (dépenses d'énergie) peut encore beaucoup s'abaisser [1]; mais d'autre part il est infiniment probable que d'autres facteurs augmentent, les forces hydrauliques étant généralement éloignées des centres de consommation. Les dépenses de combustible notamment seraient dans ce cas susceptibles de doubler d'importance.

En résumé, nous avons vu que, dans les conditions les plus favorables, on pourra produire par jour 5000 kilogrammes de soude caustique et 12500 de chlorure de chaux pour une somme globale de 2290 francs.

Le coût d'une usine pouvant produire les quantités ci-dessus indiquées peut se résumer approximativement comme il suit :

Gazogènes..................	150 000 fr.
Moteurs à gaz pauvres......	150 000 »
Bâtiments..................	50 000 »
Dynamos....................	75 000 »
Bâtiments et accessoires de l'usine chimique........	500 000 »
Bains électrolytiques, appareils évaporatoires, etc.....	750 000 »
Divers.....................	125 000 »
Total......	1 800 000 fr.

En admettant comme minimum de fonds de roulement 200000 francs, on arrive à un total de 2 millions de francs.

Or on peut admettre qu'aux prix de vente actuels la production journalière donnerait :

5000 kgr. de soude caustique à...	250 fr. la T.	1 250 fr.
12500 — de chlorure de chaux à.	200 —	2 500 »
	Total......	3 750 fr.

soit un bénéfice de 1460 francs par jour ou 511000 francs par an. On voit d'après ces chiffres que la rémunération du capital serait largement assurée.

Il ne paraîtra pas inutile, pour terminer cet exposé, de comparer le prix de revient du chlore et de la soude électrolytique avec le prix de revient des mêmes produits préparés par d'autres procédés.

En admettant pour la soude à l'ammoniaque un prix de revient de 7 francs aux 100 kilogrammes, le coût de la soude caustique atteint 20 francs.

De même, en partant d'acide chlorhydrique à 1fr,50, le chlorure de chaux revient à 15 francs les 100 kilogrammes. Nous aurons donc les chiffres suivants :

5000 kgr. de soude caustique à.......	20 fr.	1 000 fr.
12500 — de chlorure de chaux à.....	15 »	1 875 »
	Total......	2 875 fr.

Nous voyons donc que l'économie du procédé électrolytique sur les anciens procédés peut être, dans le cas il est vrai le plus favorable, de 585 fr. par jour ou 205000 fr. par an, ce qui représente environ 10 0/0 du capital engagé.

Nous nous sommes étendus avec quelque détail sur la question de la production électrolytique du chlore et de la soude, vu le grand intérêt de la question, et nous croyons avoir démontré par les chiffres ci-dessus l'importance que pourra présenter tout procédé électrolytique qui sera parvenu à surmonter les difficultés d'anode et de diaphragme. Il nous paraît que, lorsque ce résultat sera atteint, les usines travaillant d'après les anciens procédés pourront difficilement lutter à armes égales avec les procédés électrolytiques.

FABRICATION DU CHLORATE DE POTASSIUM
(Procédés Gall et de Montlaur).

Si, au lieu d'effectuer l'électrolyse des chlorures dans les conditions décrites plus haut, on travaille à chaud et avec des concentrations déterminées, l'hypochlorite formé en premier lieu se transforme sous l'influence de la température en chlorate d'après l'équation bien connue

$$3\,KOCl = KClO^3 + 2\,KCl.$$

Cette transformation de l'hypochlorite en chlorate s'effectue au fur et à mesure de sa production et le chlorate de potassium, peu soluble, se précipite en paillettes au fond du voltamètre. En pratique, la réaction peut être exprimée simplement par l'équation suivante :

$$KCl + 3H^2O = 3H^2 + KClO^3.$$

Mais il importe de noter que la tension électrique nécessaire à la production du chlorate est supérieure à celle exigée par la décomposition de l'eau ; si l'on se bornait à électrolyser avec une tension inférieure à 2 volts, on n'obtiendrait que de l'hydrogène et de l'oxygène, le chlorure de potassium du bain restant inaltéré. Voici maintenant comment se pratique l'opération industrielle :

Des cuves rectangulaires en lave de Volvic ou de toute autre matière peu attaquable sont divisées en deux compartiments étanches par un diaphragme poreux. Un compartiment reçoit la cathode en fer, l'autre l'anode en platine.

La cathode est constituée par une simple lame de tôle, l'anode par une feuille de platine de 1/10 de millimètre d'épaisseur supportée par un châssis en fer protégé par du caoutchouc. L'emploi de platine, qui est un inconvénient du procédé, n'a pu jusqu'ici être évité. Heureusement la quantité qu'on en emploie est relativement peu élevée, et le métal est inusable si on a soin de toujours maintenir le liquide alcalin.

Toutes les cuves sont isolées du sol de l'atelier par des godets à huile en porcelaine ; pour permettre aux ouvriers de toucher aux cuves et de remettre en état les électrodes pendant la marche, le sol de l'atelier est lui-même isolé ; il est constitué par un plancher reposant, comme les cuves, sur des godets de porcelaine.

Notons enfin que les cuves sont associées en tension par groupes de 15 à 20 à la fois, et que la densité du courant est de 10 ampères par décimètre

1. La dépense de force par jour peut s'abaisser à 100 fr. pour une usine hydraulique bien située (voyez plus loin, CHLORATE DE POTASSIUM, usine de Vallorbe).

carré d'électrode (1000 ampères par mètre carré). Lors de la mise en marche d'une nouvelle série de cuves électrolytiques, on les remplit d'une dissolution à 25 0/0 de chlorure de potassium raffiné qu'on additionne d'une certaine quantité de potasse caustique; cette solution est chauffée, au préalable, vers 50-60°; lorsque le courant passe, les résistances du circuit suffisent à maintenir la température au degré voulu; il faut éviter de dépasser 70°, car, dans ce cas, on observe un dégagement d'oxygène qui est une cause de diminution du rendement.

Le chlorure de potassium est décomposé par le courant; le chlore se rend à l'anode, se combine à la potasse caustique du liquide qui l'environne pour donner successivement de l'hypochlorite et du chlorate de potassium; le potassium qui se forme sur la cathode est immédiatement décomposé par l'eau avec formation de potasse caustique. Pour amener ce produit au contact du chlore qui se dégage sur l'anode, on établit une circulation continue dans les cuves par l'intermédiaire de monte-jus et d'une canalisation spéciale. De cette manière, la seule potasse nécessaire à l'exploitation, et qu'il faut se procurer dans le commerce, est la quantité introduite dans les bains lors de la mise en marche de l'usine, dont le chlorure de potassium constitue la seule et unique matière première.

Le chlorate de potassium formé par l'action du courant se dépose, grâce à sa faible solubilité, au fond des cuves; on le recueille par pêchage, on le lave, on l'essore et on le purifie par cristallisation dans l'eau. Le raffinage du chlorate électrolytique s'effectue du reste exactement comme celui du produit obtenu par les anciennes méthodes chimiques.

Le rendement en fonction du rendement théorique fixé par les équivalents électrochimiques est de 65 à 70 0/0 pour le chlorate et de 80 à 90 0/0 pour la potasse; cette différence s'explique par le fait que l'hydrogène provenant de la décomposition de l'eau par le potassium réduit à l'état naissant une certaine quantité du chlorate qui demeure en dissolution. Cette action réductrice est également le motif de l'emploi d'un diaphragme, qui s'oppose ainsi à la réduction du chlorate contenu en dissolution dans le liquide du compartiment positif, dont on a, par là même, intérêt à augmenter les dimensions aux dépens de celles du compartiment négatif.

L'hydrogène formé dans la réaction, qui représente par 1000 kilogr. de chlorate produit environ 100 mètres cubes, se dégage en nombreuses bulles qui viennent crever à la surface du liquide et qui entraînent dans l'atmosphère, par les cheminées d'appel, une certaine quantité de la solution de chlorure de potassium, si bien que les toits des ateliers ne tardent pas à se couvrir d'une couche blanchâtre, pouvant acquérir par des temps secs une certaine épaisseur, en donnant à l'usine un aspect de moulin à plâtre ou à farine. Cette perte en chlorure est du reste peu importante.

Au fur et à mesure de la production de chlorate, le bain s'appauvrit en chlorure; on a soin de remplacer le chlorure transformé en chlorate d'une manière à peu près continue, afin de maintenir aussi constante que possible la composition des bains d'électrolyse.

En résumé, c'est toujours la même eau qui sert de véhicule à l'électrolyte et aux produits de sa décomposition; malgré l'accumulation de toutes les impuretés des matières premières, on peut marcher pendant plusieurs semaines sans avoir à remplacer les solutions, si on se sert de chlorure raffiné titrant 99,5 de pureté.

Cependant il est nécessaire de vider de temps en temps les cuves pour se débarrasser des poussières introduites mécaniquement dans les liquides, et surtout pour permettre la mise en état des électrodes et des contacts. Il est en effet indispensable qu'aucune trace d'oxydes métalliques ne soit introduite dans l'électrolyte, car ces oxydes exercent une action décomposante sur l'hypochlorite formé en premier lieu, action qui peut aller jusqu'à sa décomposition complète avec dégagement d'oxygène, et par conséquent formation nulle de chlorate. Ces phénomènes de décomposition ont conduit à proscrire d'une façon absolue certains métaux dans la construction des électrolyseurs, pour éviter l'introduction possible d'oxydes par l'attaque du métal dans les solutions.

Fabrication du chlorate de sodium. — La fabrication du chlorate de sodium s'effectue comme celle du sel de potassium; seulement, le chlorate de sodium étant très soluble dans l'eau, il faut évaporer les solutions électrolysées et pêcher le sel marin non transformé. Le chlorate de sodium cristallise par le refroidissement des liqueurs.

La solubilité du chlorate de sodium donne lieu également à une destruction plus importante par l'hydrogène dégagé pendant l'électrolyse; on obvie autant que possible à cet inconvénient en diminuant le volume du compartiment négatif où se produit la destruction du chlorate formé dans le compartiment positif.

Au point de vue industriel, la fabrication électrolytique des chlorates présente des avantages importants sur les procédés chimiques. Le prix de revient des chlorates électrolytiques dépend surtout de celui de la force; il est bien entendu que seules des forces hydrauliques peuvent être employées : encore faut-il que les travaux hydrauliques de captage n'atteignent pas un prix trop élevé.

Nous citerons ici comme exemple le prix de revient de la force à l'usine de Vallorbe, qui exploite les procédés Gall et de Montlaur, et qui est la première installation de ce genre ayant fonctionné sur une grande échelle.

L'usine de Vallorbe utilise la cascade connue sous le nom du Saut du Day et provenant de la rivière Orbe; la hauteur de la chute atteint 70 mètres; la force utilisée 3000 chevaux. Les dépenses de premier établissement ont été les suivantes :

	fr.
Concession et terrains.....	30 000
Barrage....................	20 000
Tunnel d'arrivée d'eau et accessoires.	50 000
Tuyaux d'amenée d'eau aux turbines.	30 000
Turbines et vannes..................	110 000
Bâtiments des turbines........... .	20 000
Dynamos............................	300 000
Dépenses diverses..................	40 000
Total..........	600,000

Ce qui met le cheval électrique à 200 francs. Les charges d'amortissement et d'intérêt du capital de l'usine hydraulique représentent donc par cheval :

Intérêts à 5 0/0...............	10 fr.
Amortissement à 5 0/0.......	10 »
Total.........	20 fr. par an.

soit, pour 300 jours de travail par an, 0f,07 environ par jour. Or, 1 cheval-jour pouvant produire au minimum 1 kilogr. de chlorate, on voit quel faible rôle joue la force hydraulique pour la production du chlorate de potassium dans une usine bien située comme celle de Vallorbe.

FABRICATION DES PERSULFATES.

L'acide persulfurique, découvert par M. Berthelot, forme des sels doués d'un grand pouvoir oxydant, qui pourraient remplacer dans certaines applications l'eau oxygénée. Le persulfate d'ammonium est déjà fabriqué industriellement sur une grande échelle par la Société d'Electrochimie à Vallorbe.

On obtient un rendement satisfaisant en persulfate d'ammonium en appliquant les méthodes préconisées par M. Berthelot et perfectionnées par M. Elbs.

On opère avec une forte densité de courant à l'anode en platine, environ 500 ampères par décimètre carré (50 000 ampères par mètre carré) et en ayant soin de maintenir la température du compartiment positif entre 10 et 20° au maximum. L'électrolyte du compartiment négatif, dans lequel plonge une cathode en plomb de grandes dimensions, est de l'acide sulfurique à 50 0/0. Le liquide qui entoure l'anode est une dissolution saturée de sulfate d'ammonium ; les deux liquides sont séparés par une cloison poreuse. Il convient d'enlever le persulfate, autant que possible, au fur et à mesure de sa formation, en le remplaçant par du sulfate d'ammonium. Par suite du transport des ions négatifs à la cathode, l'acide sulfurique se sature peu à peu en se transformant en sulfate d'ammonium. Lorsque le liquide devient basique, il faut le remplacer par une nouvelle quantité d'acide; quant au sulfate d'ammonium formé, il rentre naturellement en fabrication. De même le liquide de l'anode s'enrichit en acide sulfurique, et il est nécessaire de le ramener de temps en temps à saturation par l'addition d'une dissolution ammoniacale de sulfate d'ammonium. Cette addition doit se faire avec ménagement en refroidissant le liquide avec soin, de manière à éviter toute élévation de température qui détruirait du persulfate.

On conçoit, d'après la description précédente, que l'on puisse transformer facilement l'opération en mode de fabrication continu.

On obtient ainsi du persulfate d'ammonium à 95-97 0/0, suffisamment pur pour être employé dans l'industrie. Le rendement atteint 66 0/0 du rendement théorique.

FABRICATION DES DICHROMATES ALCALINS.

Dans la fabrication des dichromates par les procédés usuels, on obtient comme produit intermédiaire une dissolution qui renferme de l'alcali caustique et du chromate neutre; pour la transformer en dichromate, on est obligé d'y ajouter de l'acide sulfurique et de séparer le sulfate alcalin du dichromate par cristallisation fractionnée. Ce mode opératoire entraîne des dépenses considérables en acide sulfurique et en alcali, le sulfate formé étant à peu de chose près sans valeur.

M. Häussermann opère économiquement cette transformation par électrolyse.

Dans une cuve divisée en deux parties par une cloison poreuse, on introduit dans le compartiment négatif de l'eau rendue alcaline par addition d'une petite quantité de soude caustique, et dans le compartiment positif la liqueur chromique à transformer en dichromate. Sous l'influence du courant, le chromate neutre est scindé en sodium et en CrO^4. :

$$Na^2CrO^4 = Na^2 + CrO^4.$$

Le sodium qui se rend à la cathode se transforme en soude caustique avec dégagement d'hydrogène; l'ion CrO^4 de l'anode se décompose en CrO^3 et oxygène.

L'acide chromique se trouvant à l'anode en présence de chromate neutre de sodium s'y combine pour fournir du dichromate, et l'oxygène se dégage.

Quant à la soude formée à l'anode, elle est utilisée pour la préparation par voie chimique d'une nouvelle quantité de chromate neutre.

FABRICATION DES PERMANGANATES.

On peut également se servir de l'action oxydante du courant pour la fabrication des permanganates; dans ce cas, on traite la dissolution verte de manganate (obtenue par voie chimique en grillant du peroxyde de manganèse avec du carbonate de potassium) par le courant électrique en opérant comme ci-dessus.

Le liquide du compartiment positif ne tarde pas à se transformer en permanganate ; quant à la potasse du compartiment négatif, elle est utilisée pour une nouvelle attaque de peroxyde de manganèse. Ces réactions peuvent être exprimées par les équations suivantes :

$$K^2MnO^4 = K^2 + MnO^4,$$
$$MnO^4 + K^2MnO^4 = 2KMnO^4,$$
$$K^2 + 2H^2O = 2KOH + 2H.$$

PRÉPARATION DE L'ALUMINE PURE PAR ÉLECTROLYSE.

On sait que, pour la préparation de l'aluminium, il est de la plus haute importance d'employer une alumine exempte de fer; M. Lœwig a proposé d'éliminer le fer des dissolutions d'alumine à l'aide du courant électrique.

La solution neutre de sulfate d'alumine chargée de sulfate de fer est électrolysée dans de grands bacs doublés en plomb; la doublure de plomb sert d'anode, les cathodes sont des lames de fer ou de cuivre. Par l'action du courant, le sulfate de fer est décomposé; le fer se dépose à la cathode; l'ion SO^4 se rend à l'anode, où il forme du sulfate et du bioxyde de plomb ; le courant doit être réglé de manière à éviter le dégagement d'oxygène; on y arrive en augmentant convenablement la surface de l'anode. Lorsque les réactifs ne décèlent plus la présence de fer dans la liqueur, on interrompt le courant et on transforme le sulfate d'alumine ainsi purifié en alumine par les procédés usuels.

PRÉPARATION DE COULEURS MINÉRALES PAR ÉLECTROLYSE.

Préparation du vert de Scheele. — On fait passer un courant électrique à travers un électrolyte composé d'une dissolution à 8 0/0 de sulfate de sodium.

Les électrodes sont constituées par des plaques de cuivre, et le bain est chauffé à une température convenable par un serpentin de vapeur; il est maintenu saturé d'acide arsénieux au moyen d'un sac plongeant dans le liquide et contenant ce réactif.

Par l'action du courant, il se forme de la soude caustique à la cathode et du sulfate de cuivre à l'anode; la soude dissout l'acide arsénieux et l'arsénite de sodium ainsi formé réagit sur le sulfate de cuivre avec formation d'arsénite (vert de Scheele) et régénération de sulfate de soude. Le vert de Scheele insoluble tombe au fond du liquide et se trouve soustrait ainsi à l'action du courant. Lorsque les plaques de cuivre sont usées, on les remplace sans interrompre l'opération.

Préparation du jaune de cadmium. — On l'obtient en faisant passer un courant d'hydrogène sulfuré à travers une dissolution de chlorure de sodium traversée par un courant électrique qui est amené par des électrodes constituées par des lames de cadmium.

Ce procédé ne paraît pas présenter d'avantages sérieux sur le procédé usuel de préparation de sulfure de cadmium.

Préparation du vermillon. — On fait passer le courant électrique, au moyen d'une anode de mercure et d'une cathode en fer, à travers un bain électrolytique ayant la composition suivante :

Eau	100 litres.
Nitrate d'ammonium	4 kilogr.
Nitrate de sodium	4 —
Sulfure de sodium	4 —
Soufre	4 —

Le sulfure de mercure formé est d'une belle couleur rouge et gagne le fond du récipient; on le recueille par filtration, on le lave et on le sèche.

En remplaçant au fur et à mesure le soufre et le mercure entrés en réaction, on arrive à rendre l'opération continue.

Préparation de la céruse. — On a proposé plusieurs méthodes de préparation de la céruse par électrolyse. Nous dirons quelques mots du procédé Ferranti.

Ce procédé consiste à électrolyser une dissolution d'acétate d'ammonium avec des électrodes en plomb. Il se forme de l'acétate de plomb, qui est additionné, en dehors du voltamètre, d'une dissolution de carbonate d'ammonium; l'hydrocarbonate de plomb (céruse) se précipite, on le sépare par filtration et on distille l'ammoniaque et le carbonate d'ammonium; le liquide distillé est saturé d'acide carbonique et rentre en fabrication; le résidu de la distillation, constitué par l'acétate d'ammonium, est électrolysé à nouveau.

Ce procédé ne paraît guère présenter d'avantages sur le procédé de Clichy; il évite, il est vrai, l'oxydation du plomb, qui n'est pas sans occasionner quelques frais, mais il fait, d'autre part, intervenir le courant électrique qui n'est rien moins que gratuit, et l'ammoniaque, corps essentiellement volatil, dont la moindre perte, impossible à éviter, a pour suite une notable augmentation du prix de revient.

Il resterait encore à déterminer si le procédé électrique fournit régulièrement la qualité de céruse douée des propriétés couvrantes réclamées par le commerce, propriétés qui dépendent beaucoup de l'état physique du produit.

CÉMENTATION PAR ÉLECTROLYSE.

On sait que, pour empêcher la pénétration des projectiles dans les plaques de blindage des cuirassés, les couches superficielles de la plaque doivent être très dures et que, d'autre part, pour éviter la rupture de ces plaques par le choc, il est nécessaire que les couches profondes soient malléables.

On obtient ce résultat en carburant superficiellement les blindages. Cette cémentation exigeant un temps fort long, M. Garnier a proposé de faire intervenir une action électrique, en prenant le blindage pour cathode, pour anode une plaque de tôle recouvrant la surface à cémenter, et en intercalant entre les deux surfaces métalliques une mince couche de charbon de bois. L'ensemble du dispositif étant placé dans un four et chauffé au rouge, on fait passer un courant de 3 à 4 volts et 50 ampères qui détermine un transport de carbone à la cathode, et cémente ainsi dans un temps assez court la plaque soumise à l'expérience.

BLANCHIMENT ÉLECTROCHIMIQUE.

Nous avons vu plus haut, en décrivant la préparation électrolytique du chlore et de la soude et celle du chlorate de potassium, que par l'action du courant les chlorures de sodium ou de potassium étaient décomposés en métal et en halogène, le premier donnant de l'hydrate au contact de l'eau et l'hydrate formé se combinant à l'halogène pour donner un hypochlorite qui jouit de propriétés oxydantes énergiques. Cette réaction peut être appliquée avec avantage au blanchiment et à la désinfection des matières les plus diverses.

Le principe sur lequel reposent les procédés préconisés pour l'obtention d'un liquide actif, est le suivant : Électrolyser une dissolution étendue d'un chlorure alcalin ou alcalino-terreux, et employer *tel quel* le produit de l'électrolyse.

On voit, d'après cela, que le problème est beaucoup plus simple que celui de la préparation du chlore et de la soude à l'état pur; cette simplicité se retrouve également dans les appareils servant à la fabrication des liquides décolorants.

Dans certains cas, le liquide peut servir plusieurs fois. En effet, dans le cas du blanchiment, après avoir agi sur la matière à blanchir, le sel initial se trouve régénéré, et si le liquide n'est pas trop souillé par les impuretés abandonnées par la matière à traiter, il peut être régénéré par l'électrolyse; dans ce cas, qui se présente assez souvent dans la pratique, la seule dépense est celle déterminée par la production du courant.

Le procédé le plus employé pour la production des liquides décolorants est celui de M. Hermite, que nous décrivons ci-dessous.

M. Hermite emploie un mélange de chlorure de sodium et de chlorure de magnésium, ou plus simplement dans certains cas de l'eau de mer. C'est le chlorure de magnésium qui est décomposé en premier lieu par le courant, avec formation, d'abord de chlore et de magnésie, puis d'un hypochlorite qui est l'agent de décoloration.

L'opération s'exécute dans un *électrolyseur*, représenté par la figure 254. Cet appareil se compose d'une cuve en fonte galvanisée C, présentant à la partie inférieure un tube T perforé d'une grande quantité de trous, par lesquels entre le liquide à électrolyser. La partie supérieure de la cuve possède un rebord R, formant canal d'évacuation; le liquide est donc en circulation continuelle de bas en haut de l'appareil. Les cathodes sont formées par des disques en zinc Z, montés sur deux arbres parallèles qui tournent lentement; elles sont maintenues propres par des lames flexibles en ébonite qui frottent légèrement sur la surface du zinc et enlèvent, au fur et à mesure de sa formation, tout dépôt qui pourrait gêner l'électrolyse.

Entre chaque paire de disques en zinc sont placées les électrodes positives, représentées en détail par la figure 255. Ces électrodes sont constituées par un cadre en ébonite E, maintenant une toile de platine P, dont la partie supérieure est soudée à une pièce de plomb L.

Chaque cadre ou électrode positive communique par la pièce en plomb L avec une lame de cuivre, qui traverse l'électrolyseur; le contact est assuré par des écrous de façon à rendre chaque anode indépendante et à permettre de l'enlever sans gêner le bon fonctionnement de l'appareil. La cuve en fonte est munie à sa partie inférieure d'un trou d'homme servant au nettoyage et d'un robinet de vidange V. La barre de cuivre est reliée par des conducteurs au pôle positif de la dynamo, le courant arrive aux cathodes en zinc par l'intermédiaire de la cuve en fonte qui est reliée au pôle négatif. On emploie généralement plusieurs électrolyseurs montés en tension; la chute de potentiel aux bornes atteint 5 volts et l'intensité du courant de 1000 à 1200 ampères.

Il est nécessaire d'avoir toujours un excès de magnésie libre dans la dissolution de chlorure de magnésium pendant le blanchiment, afin de maintenir cette dissolution neutre. On obtient ce résultat de la manière la plus simple, en additionnant la solution de chlorure de magnésium d'une certaine quantité de soude caustique; il se forme de la magnésie et du chlorure de sodium; ce dernier ne gêne en aucune façon les opérations.

Les procédés de blanchiment électrolytique présentent de sérieux avantages sur les procédés reposant sur l'emploi de chlorure de chaux : ils donnent des résultats plus réguliers, avec une moindre dépense, et altèrent moins les fibres textiles que le chlorure de chaux.

On peut appliquer le blanchiment électrolytique aux fibres végétales brutes ou tissées, à la pâte à papier, à la cire, à la fécule; dans ce dernier cas on atteint un double but : décoloration et désodorisation du produit.

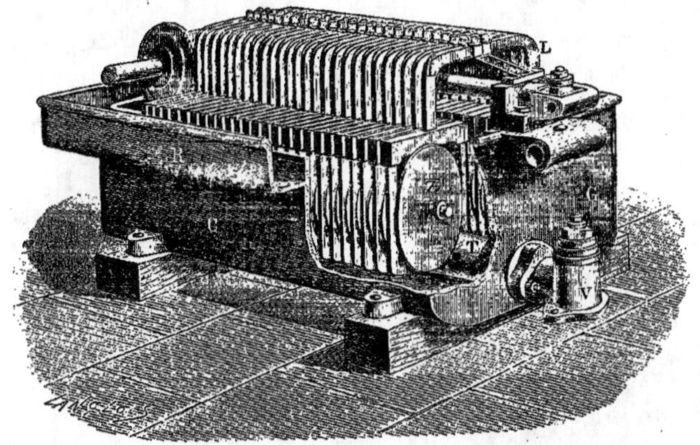

Fig. 254. — Électrolyseur Hermite.

C, cuve en fonte galvanisée servant de voltamètre; — T, tube perforé amenant le liquide; — R, rebord formant canal d'évacuation; — Z, cathodes en zinc; — L, conducteur en plomb amenant le courant; — V, robinet de vidange.

On a proposé plusieurs variantes du procédé de fabrication des liquides décolorants décrit ci-dessus; nous ne nous étendrons pas sur ces détails, tous les procédés revenant à former par électrolyse des composés oxygénés du chlore, libres ou combinés, dans des appareils analogues aux électrolyseurs ci-dessus décrits.

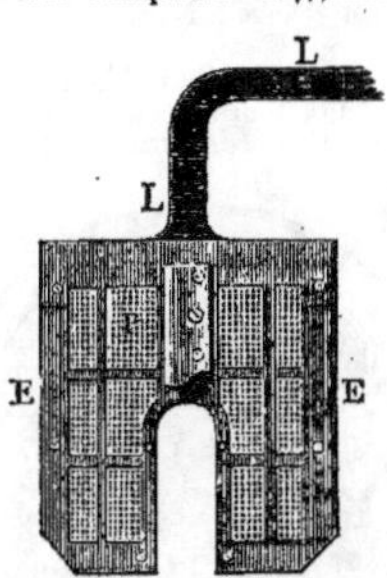

Détails de l'anode de l'électrolyseur Hermite.

E, cadre en ébonite; — P, toile de platine; — L, conducteur en plomb amenant le courant.

MM. Knöfler et Gebauer, par exemple, emploient pour la préparation de la liqueur décolorante le filtre-presse à électrolyse dont il a été question en parlant de la production du chlore et de la soude par le courant électrique.

M. Villon a proposé de se servir pour le blanchiment de la laine d'une dissolution d'*hydrosulfite de sodium* préparée par électrolyse du bisulfite : On emploie comme voltamètre une cuve en sapin divisée en deux compartiments par une cloison poreuse. Le bisulfite de sodium à 35° est introduit dans le compartiment négatif, tandis que le compartiment positif renferme de l'acide sulfurique à 10 0/0; les cathodes sont en charbon; sous l'influence de l'hydrogène dégagé par le courant, le bisulfite de sodium est réduit et transformé en hydrosulfite; la solution d'hydrosulfite qui a servi au blanchiment peut être régénérée par le courant un certain nombre de fois.

DÉSINFECTION ÉLECTROCHIMIQUE.

Les liquides obtenus par électrolyse d'une dissolution de chlorure de magnésium et de sodium sont, comme nous l'avons vu, des oxydants énergiques; ils peuvent donc être appliqués non seulement à la décoloration, mais encore à la désinfection des matières les plus diverses et jouer par cela même un rôle important dans l'assainissement.

Ces liquides, en effet, détruisent l'hydrogène sulfuré et les sulfhydrates, ainsi que tous les organismes inférieurs. Appliqués au lavage des égouts, des cabinets d'aisances, ils ont donné d'excellents résultats. Il n'y a rien là à la vérité de bien nouveau, car cette action désinfectante du chlore et de ses dérivés oxygénés est connue depuis longtemps; l'électrolyse n'est qu'un moyen commode de produire, à relativement peu de frais, le liquide désinfectant.

Au point de vue de l'assainissement rationnel des villes, le système consiste à établir une usine centrale produisant le liquide désinfectant et le refoulant dans une canalisation placée dans toutes les rues, comme celles de l'eau et du gaz. Des bouches de lavage établies au bord des trottoirs permettent de laver tous les ruisseaux et égouts avec le liquide désinfectant; des branchements permettent de distribuer le désinfectant dans les maisons et d'alimenter les réservoirs de chasse des cabinets d'aisances.

Les villes situées au bord de la mer peuvent avec avantage remplacer la solution sodico-magnésienne par de l'eau de mer; il en est naturellement de même à bord des navires.

L'inconvénient de ce mode de procéder est le coût très élevé de la canalisation, qui vient en outre encombrer le sous-sol déjà si occupé des grandes villes.

M. Hermite a imaginé un appareil domestique représenté par la figure 256, qui utilise le courant

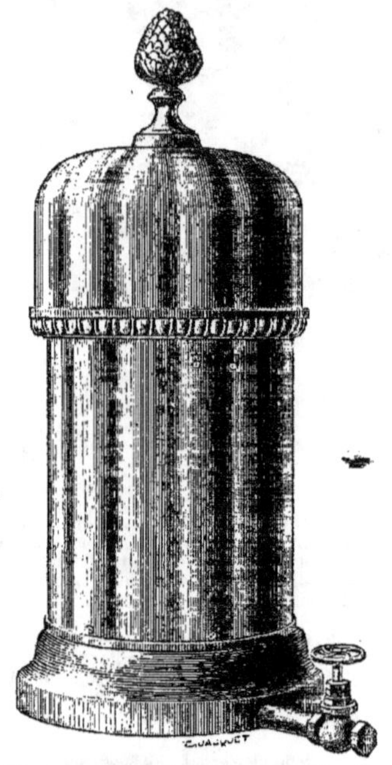

Fig. 256. — Électrolyseur domestique Hermite.

électrique servant à l'éclairage; il est évident que ce système ne peut s'appliquer qu'aux immeubles reliés à la canalisation d'éclairage électrique, ou aux usines éclairées à l'électricité.

L'appareil électrolyseur domestique présente l'aspect extérieur d'une cloche (fig. 256); il peut être peint et décoré soigneusement, de façon à dissimuler son aspect; on le place sur une étagère en fonte scellée dans le mur.

Cet appareil se compose d'une série de tubes en fonte galvanisée d'une forme spéciale FFF, formant pôles négatifs et dans lesquels passe le liquide à électrolyser (fig. 257 et 258).

Dans ces tubes prennent place les anodes en platine P, comme l'indique la figure; les éléments sont associés en tension, la première cathode ou premier tube en fonte étant relié au pôle négatif de la dynamo, et la dernière anode en platine au pôle positif.

Le liquide à électrolyser pénètre en lent courant par O dans l'appareil et se déverse par D dans l'entonnoir E, qui le conduit hors de l'appareil par le tube MN. Le montage de ces appareils peut s'exécuter en les reliant à n'importe quelle canalisation urbaine d'électricité, en

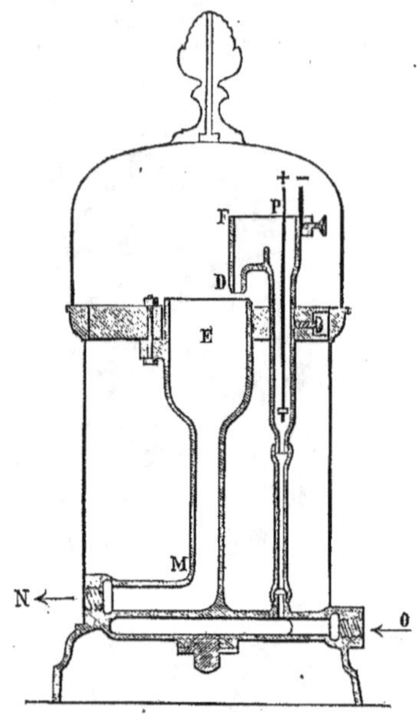

Fig. 257. — Électrolyseur domestique Hermite. (Coupe verticale.)

F, tubes en fonte galvanisée servant de cathodes; — P, anodes en platine; O, entrée du liquide à électrolyser; — D, orifice de déversement du liquide électrolysé; — E, entonnoir amenant le liquide électrolysé au dehors par le tube MN

déterminant, à l'aide d'un chercheur de pôles, le signe des conducteurs électriques.

Les applications de ces appareils sont fort nombreuses. Ils peuvent servir à alimenter les réservoirs de chasse des urinoirs et cabinets d'aisances, à désinfecter les éviers, à remplacer

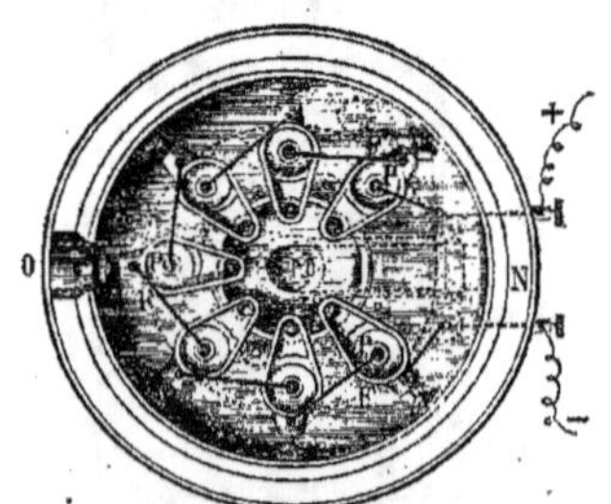

Fig. 258. — Électrolyseur domestique Hermite. (Coupe horizontale.)

F, tubes en fonte servant de cathodes; — P, anodes en platine; — O, entrée du liquide à électrolyser; — MN, sortie du liquide électrolysé.

l'eau de Javel pour le blanchissage du linge, etc. Voir les critiques adressées au procédé Hermite par M. Lambert [*Bull. Soc. Chim.*, (3), **11**, 650].

FABRICATION ÉLECTROLYTIQUE DES PRODUITS ORGANIQUES.

Lorsqu'on soumet une substance organique en dissolution à l'action du courant, on remarque deux genres d'action. Les ions positifs, tels que l'hydrogène ou les métaux facilement oxydables, mis en liberté par le courant, déterminent des phénomènes de réduction, tandis que les ions négatifs OH, AzO^3, SO^4, CO^3, Cl, Br, I peuvent donner lieu à des oxydations. Les halogènes peuvent, outre leur action oxydante, produire des phénomènes de substitution, en donnant des produits chlorés, bromés, etc.

On conçoit que, dans des conditions déterminées, il y ait avantage à réaliser à l'aide du courant quelques-unes de ces réactions.

Les recherches de M. Goppelsroeder sur la formation des matières colorantes artificielles par l'électrolyse et la préparation électrolytique de l'iodoforme par la maison Schering sont les premiers exemples de réactions électrochimiques appliquées au domaine de la chimie organique.

La formation de matières colorantes par le courant est due uniquement à un phénomène d'oxydation ; celle de l'iodoforme aux dépens de l'alcool est un phénomène d'oxydation combiné avec une substitution de l'halogène, ion négatif, à l'hydrogène.

Les réactions électrochimiques qui ont une importance industrielle au point de vue de la production de substances organiques sont actuellement en très petit nombre.

Nous citerons comme les principales : la production de l'iodoforme, la fabrication du ferricyanure de potassium, l'oxydation en dissolution sulfurique à l'anode des matières colorantes anthracéniques.

ACTIONS RÉDUCTRICES.

Il ressort des recherches de MM. Elbs, Häussermann, Gattermann et d'autres auteurs que le courant électrique agit à la cathode sur le nitrobenzène en solution ou en suspension, en donnant lieu à la formation de tous les produits intermédiaires entre le nitrobenzène et l'aniline, tels que l'*azobenzène* $C^6H^5-Az=Az-C^6H^5$, l'*azoxybenzène*

$$C^6H^5-Az-Az-C^6H^5,\quad \text{(pont } \diagdown O \diagup \text{)}$$

l'*hydrazobenzène* $C^6H^5-AzH-AzH-C^6H^5$ et son produit de transformation la *benzidine*

$$AzH^2-C^6H^4-C^6H^4-AzH^2,$$

l'*aniline* et la *phénylhydroxylamine*

$$C^6H^5-AzH-OH.$$

La formation de ce dernier corps présente un certain intérêt, en raison de la transposition moléculaire qu'il subit facilement en dissolution sulfurique, en donnant du *p-aminophénol*

$$C^6H^4 \begin{matrix} \diagup AzH^2_{(1)} \\ \diagdown OH_{(4)} \end{matrix}$$

Pour exécuter ces réductions par l'électrolyse, on introduit la dissolution sulfurique de nitrobenzène dans un vase poreux qui sert de compartiment négatif et qui plonge à son tour dans de l'acide sulfurique concentré; les électrodes sont en platine.

Comme exemple d'une réaction réductrice nette et pouvant être utilisée industriellement, nous citerons la transformation de l'*acide nitrobenzène-m-sulfonique* $C^6H^4(AzO^2)(SO^3H)$ en *dérivé aminé* $C^6H^4(AzH^2)(SO^3H)$.

Ce dérivé m-sulfoné de l'aniline est utilisé pour la fabrication de matières colorantes (voyez COLORANTES [MATIÈRES]).

La préparation d'aminophénols par l'électrolyse des dérivés nitrés a été brevetée par la maison F. Bayer et Cie d'Elberfeld, qui a indiqué sommairement le mode opératoire. Nous donnons ci-dessous un extrait des brevets se rattachant à ces réactions.

Préparation du p-aminophénol. — On dissout 20 kilogrammes de nitrobenzène dans 150 kilogrammes d'acide sulfurique à 90 0/0 et on introduit cette dissolution dans le compartiment négatif du voltamètre; le compartiment positif renferme de l'acide sulfurique à 75-90 0/0; la force électromotrice employée varie de 4 à 6 volts, les électrodes sont en platine; la réaction est achevée lorsqu'une prise d'essai, additionnée d'eau, ne donne plus de gouttelettes huileuses du composé nitré.

Le liquide ne tarde pas à se solidifier en une masse formée d'aiguilles enchevêtrées, que l'on essore, et qui constituent le *sulfate de p-aminophénol.*

Préparation des amino-crésylols. — On peut opérer soit avec l'ortho, soit avec le m-nitrotoluène. Une dissolution de 30 kilogrammes de nitrotoluène dans 150 kilogrammes d'acide sulfurique donne, après passage du courant pendant un temps suffisant, un magma formé d'aiguilles de sulfate d'aminocrésylol ; par cristallisation dans une dissolution d'acétate sodique on obtient, lorsqu'on a électrolysé l'o-nitrotoluène, de l'*o-amino-m-crésylol*, $C^6H^3(CH^3)_{(1)}(AzH^2)_{(2)}(OH)_{(3)}$. Avec le m-nitrotoluène on obtient le *m-amino-o-crésylol* $C^6H^3(CH^3)_{(1)}(AzH^2)_{(3)}(OH)_{(2)}$.

Préparation de l'o-p-diaminophénol,

$$C^6H^3 \begin{matrix} \diagup OH_{(1)} \\ -AzH^2_{(2)} \\ \diagdown AzH^2_{(4)} \end{matrix}$$

— On soumet à la réduction électrolytique une dissolution de 10 kilogrammes de m-dinitrobenzène dans 150 kilogrammes d'acide sulfurique. On purifie le sulfate de la diamine formée par cristallisation dans l'alcool étendu.

L'o-p-diaminophénol peut également être préparé par réduction électrolytique de la m-nitraniline. Si l'on substitue à la m-nitraniline la *m-nitro-diméthylaniline* $C^6H^4(AzO^2)[Az(CH^3)^2]$, on obtient le *dérivé diméthylique du diaminophénol* :

[Formule développée : noyau benzénique portant OH en haut, $Az(CH^3)^2$ à droite, AzH^2 en bas]

Préparation du diaminocrésylol. — On l'obtient d'une manière analogue à la précédente en substituant l'o-p-dinitrotoluène au dinitrobenzène et en opérant à la température du bain-marie. Par le refroidissement, le sulfate de diaminocrésylol cristallise en longues aiguilles.

Préparation du diaminophénylcrésylméthane. — On dissout le p-nitrotoluène dans 6-8 fois son poids d'acide sulfurique concentré et on soumet cette dissolution à l'action réductrice du courant à la cathode. Par transposition moléculaire du dérivé hydroxylaminique formé dans une première phase, il se forme d'abord de l'*alcool p-aminobenzylique* $C^6H^4(AzH^2)(CH^2OH)$, qui, sous l'influence du nitrotoluène inattaqué et de l'acide sulfurique, subit une condensation moléculaire et fournit, d'après l'équation ci-dessous, du *nitraminophénylcrésylméthane* :

$$\underset{AzH^2}{\overset{CH^2OH}{C^6H^4}} + AzO^2\text{-}C^6H^3\text{-}CH = AzH^2\text{-}C^6H^4\text{-}CH^2\text{-}\underset{AzO^2}{\overset{CH^3}{C^6H^3}} + H^2O.$$

En prolongeant l'action du courant, la réduction s'étend au groupe AzO^2 et on obtient en définitive un magma formé de cristaux de *sulfate de diaminophénylcrésylméthane.*

Préparation d'acides aminoxycarboxyliques. — Si, dans les réactions précédentes, on remplace les dérivés nitrés des hydrocarbures par les dérivés nitrés des acides aromatiques, ou par leurs éthers, on obtient les acides aminoxycarboxyliques et les éthers correspondants.

C'est ainsi que l'*acide m-nitrobenzoïque*

$$C^6H^4(AzO^2)(CO^2H)$$

fournit l'*acide p-aminosalicylique*

$$C^6H^3(CO^2H)_{(1)}(OH)_{(2)}(AzH^2)_{(4)};$$

l'*acide m-nitro-p-toluique* se transforme en l'*acide aminocrésotique*

$$C^6H^2(CO^2H)_{(1)}(AzH^2)_{(3)}(CH^3)_{(4)}(OH)_{(6)}, \text{ etc.}$$

Les composés décrits ci-dessus sont employés pour la préparation de produits pharmaceutiques et de matières colorantes.

Nous ne nous étendrons pas davantage sur ces réactions, qu'on peut varier à l'infini. Ce mode de réduction des composés aromatiques est surtout intéressant en ce sens qu'il ne fait intervenir aucun corps étranger dans la réaction, comme on est contraint de le faire par l'emploi des réducteurs usuels, tels que l'amalgame de sodium, le fer, le zinc, etc. Il peut y avoir, pour la préparation des corps facilement altérables, un grand avantage à remplacer les réactifs ci-dessus par le courant électrique.

ACTIONS OXYDANTES.

La formation par l'électrolyse des matières colorantes, telles que la fuchsine, le noir d'aniline, etc., repose sur une action oxydante; mais ici la faiblesse du rendement s'est toujours opposée à une application industrielle.

En général, la réduction par électrolyse des composés organiques est une opération infiniment plus facile que l'oxydation, qui donne lieu à des réactions beaucoup plus complexes, surtout quand la molécule est aussi compliquée que celle de la plupart des composés organiques. C'est ainsi que, dans le cas d'une oxydation d'un composé relativement simple, tel que l'alcool (préparation de l'iodoforme) ou des ferricyanures, les rendements peuvent être avantageux.

Nous dirons d'abord quelques mots de la préparation du ferricyanure de potassium par oxydation électrolytique du ferrocyanure.

PRÉPARATION DU FERRICYANURE DE POTASSIUM.

On sait qu'on prépare généralement le ferricyanure de potassium par l'action du chlore sur le ferrocyanure. La formation de ferricyanure peut être exprimée par l'équation suivante :

$$2K^4FeCy^6 + Cl^2 = 2KCl + K^6Fe^2Cy^{12}.$$

Le chlore peut être remplacé par un corps oxydant ou par l'action du courant électrique (Dict., 1, 1104).

Si en effet on soumet à l'électrolyse une dissolution de ferrocyanure de potassium, l'ion positif $FeCy^6$ mis en liberté à l'anode s'unit au ferrocyanure qui l'environne pour le transformer en ferricyanure d'après les équations suivantes :

$$K^4FeCy^6 = FeCy^6 + K^4,$$
$$3K^4FeCy^6 + FeCy^6 = 2K^6Fe^2Cy^{12},$$
$$K^4 + 4H^2O = 4KOH + 4H.$$

L'opération s'exécute dans un voltamètre à cloison poreuse; le compartiment positif renferme la solution de ferrocyanure et une anode en platine; le compartiment négatif, de dimensions moindres, renferme de l'eau rendue conductrice par addition de potasse. Cette eau se charge de potasse au fur et à mesure de l'opération. Le liquide oxydé est traité par l'anhydride carbonique, pour transformer en carbonate la potasse caustique qui a pu diffuser à l'anode, et évaporé jusqu'à cristallisation. Le carbonate de potassium plus soluble que le ferricyanure reste dans les eaux mères. Quant à la potasse caustique formée dans la réaction et qui s'accumule dans le compartiment négatif, elle est utilisée dans la fabrication du ferrocyanure.

Une réaction assez intéressante due à l'oxydation par le courant est la formation d'alizarine-cyanine (voyez COLORANTES [MATIÈRES], 1335). Rappelons ici que cette matière colorante s'obtient par oxydation au moyen du peroxyde de manganèse du *bordeaux d'alizarine* ou *tétroxyanthraquinone*

$$C^6H^2(OH)^2 \left\langle \begin{matrix} CO \\ CO \end{matrix} \right\rangle C^6H^2(OH)^2.$$

Cette oxydation s'exécute par l'électrolyse en dissolution sulfurique; la tétroxyanthraquinone fixe de l'oxygène, et se transforme en alizarine-cyanine ou *pentoxyanthraquinone.*

On peut également partir de dioxy- et de trioxyanthraquinones, par exemple d'alizarine, de flavopurpurine, etc., et obtenir, par un passage suffisamment prolongé du courant, de l'alizarine-cyanine.

La préparation de l'alizarine-cyanine s'effectue dans des appareils analogues à ceux employés pour les réactions réductrices, si ce n'est que le corps à oxyder se trouve naturellement dans le compartiment positif, au contact de l'anode en platine.

M. Foelting a appliqué l'électrolyse à la production d'extraits de bois de teinture. On procède d'abord à l'épuisement, par l'eau sous pression, du bois convenablement divisé et on refroidit l'extrait aqueux à — 12°. On soumet cette liqueur à l'électrolyse pendant une demi-heure pour 10 000 litres de liquide. Le courant employé est de 60 volts et 12 ampères; la matière colorante, hématéine si on se sert d'extrait de campêche, brésiléine si on emploie le bois de Brésil, se dépose à l'anode où des brosses mues mécaniquement la détachent au fur et à mesure de sa formation; le liquide ainsi électrolysé est évaporé ensuite au triple effet comme d'habitude.

Une des applications les plus anciennes du courant électrique à la fabrication des produits chimiques se rattache également à la catégorie des actions oxydantes. Nous voulons parler de la *production électrolytique de l'iodoforme.* Voici quel est le mode opératoire : On dissout 50 kilogrammes d'iodure de potassium dans 300 litres d'eau, et on ajoute à cette dissolution environ 32 kilogrammes d'alcool à 90° ; on électrolyse à chaud en présence d'un courant d'anhydride carbonique. L'iodoforme qui prend naissance à l'anode, étant insoluble dans l'eau alcoolisée, gagne le fond du vase sous la forme d'une poudre cristalline. Si on désire obtenir le produit en cristaux plus volumineux, on opère avec une dissolution d'iodure de potassium dans de l'alcool à 20 0/0, qui maintient plus longtemps en dissolution l'iodoforme produit.

La préparation du chloral CCl^3-CHO par électrolyse repose sur une action analogue.

Dans ce cas l'électrolyseur est placé dans un alambic ; il est à diaphragme poreux et plein d'une dissolution de chlorure de potassium.

Le compartiment négatif reçoit une cathode en cuivre ; le compartiment positif contient une anode en charbon, qui sert en même temps d'agitateur. On chauffe l'alambic et on fait couler un filet d'alcool dans le compartiment positif. Sous l'influence du chlore dégagé par l'électrolyse du chlorure de potassium, l'alcool se transforme en aldéhyde et en aldéhyde trichloré ou chloral.

Ce procédé ne paraît pas être utilisé sur une très grande échelle, car il ne présente guère sur le procédé usuel d'autre avantage que celui de la suppression des appareils à chlore.

APPLICATION DE L'ÉLECTROLYSE A LA PRODUCTION D'ANTITOXINES.

Une application intéressante de l'électrolyse consiste dans la production d'antitoxines, étudiée par M. Smirnoff. On sait quel rôle jouent déjà ces substances dans la médecine ; nous n'avons qu'à rappeler les résultats obtenus par MM. Roux, Behring, etc., dans le traitement de la diphtérie par le sérum d'animaux immunisés.

M. Smirnoff s'est proposé de remplacer en partie la voie pastorienne par une méthode purement chimique, en ayant recours aux phénomènes d'électrolyse.

Nous donnons ci-dessous un extrait sommaire des résultats observés par M. Smirnoff, en faisant remarquer que ces recherches sont encore trop récentes pour que leur application thérapeutique soit encore très avancée.

Si dans un tube en U, muni d'un robinet dans la partie recourbée, on introduit du sérum de chien et que l'on fasse passer un courant électrique sous une tension de 110 volts et une intensité de 0,12 à 0,16 ampère, on remarque que le liquide contenu dans la branche du tube en U communiquant avec le pôle négatif se trouble et devient acide, tandis que celui du pôle positif reste clair et prend une réaction alcaline. Au bout de quelques heures, on interrompt le courant et on s'oppose à tout mélange des deux liquides en fermant le robinet du tube en U ; le trouble et les dépôts du liquide de la cathode ont disparu en grande partie. Ce sérum ainsi électrolysé a acquis des propriétés nouvelles : l'un et l'autre liquide convenablement neutralisés déterminent, lorsqu'on les injecte à un lapin, une forte élévation de température.

L'auteur s'est assuré que cette action est due aux produits de transformation de l'albumine, et non à ceux de la globuline du sérum.

Ce sérum électrolysé ne jouit pas de propriétés curatives. Si, en revanche, on soumet à l'électrolyse des cultures virulentes, les toxines, qui sont de nature albuminoïde, sont altérées par le courant et transformées en antitoxines. L'auteur s'est assuré que, par exemple, le liquide provenant de cultures de diphtérie, soumis à l'électrolyse, a acquis des propriétés curatives nettement caractérisées et guérit la diphtérie chez le lapin.

Pour préparer des antitoxines par l'électrolyse il n'est pas nécessaire d'employer le sérum ; tout liquide de culture virulent est transformé par l'action du courant en antitoxine. On a remarqué en outre que plus la culture est virulente, plus l'antitoxine électrolytique est active.

La principale difficulté de préparation des antitoxines par l'électrolyse consiste dans la détermination de la durée du courant nécessaire pour arriver au résultat le plus favorable. Il est préférable de faire agir un courant faible pendant un temps assez prolongé ; toutefois l'action ultérieure du courant paraît affaiblir les propriétés curatives de la liqueur.

Voici ce qui a été remarqué pour la toxine de la diphtérie : Par électrolyse d'une culture de bouillon, le liquide devient plus foncé au pôle négatif et plus clair au pôle positif ; au bout d'un certain temps il se manifeste des colorations de sens contraire et le liquide s'éclaircit à la cathode. Lorsque la liqueur alcaline à la cathode arrive au maximum de décoloration, on interrompt l'opération ; c'est dans ces conditions que l'on obtient l'antitoxine la plus efficace ; le liquide obtenu est neutralisé, filtré et peut être alors employé tel quel.

Cette antitoxine est par elle-même inoffensive ; elle conserve ses propriétés curatives pendant un temps assez long si on la conserve dans des tubes en verre scellés à la lampe.

Le procédé de préparation des antitoxines par électrolyse pourra sans doute être généralisé ; il paraît donner des antitoxines plus actives que celles obtenues par immunisation, et il présente l'avantage de remplacer un processus physiologique assez compliqué par une méthode purement chimique, plus facile à surveiller et susceptible de grands perfectionnements.

APPLICATION DE L'ÉLECTROLYSE A LA PURIFICATION DES ALCOOLS.

On a proposé à plusieurs reprises d'utiliser l'action des courants électriques pour la purification des alcools de consommation. Sous l'influence de l'électrolyse, on croit avoir remarqué parfois une amélioration de qualité du produit : dans ces applications, les courants électriques sont de faible intensité, car il ne s'agit que d'éliminer par voie de réduction et oxydation accessoires les impuretés qui communiquent à l'alcool une saveur et une odeur peu agréables. Or ces impuretés n'existent dans l'alcool bien rectifié qu'en quantité minime et n'exigent par conséquent pour leur destruction que l'intervention d'une faible quantité d'électricité.

Quoi qu'il en soit, il ne paraît pas qu'on ait obtenu jusqu'ici dans cette voie des résultats bien saillants.

APPLICATION DE L'ÉLECTROLYSE A LA PURIFICATION DES JUS SUCRÉS.

Le traitement électrique des mélasses a été essayé dès 1848 par M. Clément. Les sels contenus dans les mélasses sont décomposés par le courant électrique ; plus tard ces recherches ont été reprises sur une échelle industrielle par MM. Collette, avec le concours de M. Gramme.

Enfin M. Despeissis a appliqué le traitement électrolytique aux jus sucrés de saturation en se servant, à peu de chose près, du même matériel que ses devanciers, soit des électrodes en platine et des cloisons en parchemin.

Tout récemment, MM. Schollmeyer, Behm et Dammeyer ont repris l'étude de la purification du jus sucrés par l'électrolyse et paraissent, grâce à l'emploi d'appareils simples et peu coûteux, être arrivés à un résultat favorable.

L'installation se compose de deux cuves en tôle qui contiennent 6 lames verticales en zinc servant d'électrodes. Les lames 1, 3 et 5 sont réunies au pôle positif, les lames 2, 4 et 6 au pôle négatif de la dynamo; le liquide à électrolyser ne séjourne que de 8 à 10 minutes dans la cuve, où il est traversé, à la température de 70 à 75°, par un courant électrique d'une tension de 5 à 7 volts et d'une intensité de 50 à 60 ampères; il est additionné ensuite de 2 1/2 0/00 de chaux, qui agglomère les albuminoïdes, filtré et traité ensuite par les procédés usuels des sucreries.

Le courant électrique paraît agir ici surtout sur les impuretés organiques des jus sucrés. D'après les auteurs, les jus électrolysés fournissent un rendement plus élevé en sucre, et le produit obtenu est d'une qualité supérieure; on économise de la chaux et on cuit dans un temps plus court que d'habitude.

Les procédés de MM. Schollmeyer, Behm et Dammeyer sont à l'essai dans de nombreuses usines; mais il est actuellement difficile de se prononcer d'une manière certaine sur leur véritable valeur industrielle.

TANNAGE ÉLECTRIQUE.

L'idée d'appliquer le courant électrique aux opérations du tannage est déjà ancienne; comme auteurs s'étant occupés de cette question, nous citerons : Crosse (1850), Ward (1860), de Méritens (1874), Gaulard (1876), etc. A notre connaissance, le procédé Worms et Balé (1887) est seul l'objet d'une exploitation industrielle.

Le principe du procédé préconisé par MM. Worms et Balé pour le tannage rapide des peaux repose sur l'emploi de l'électricité combiné avec celui des tambours rotatifs, qui mettent les peaux en contact direct avec les jus tanniques. Par cette action combinée de l'agitation et du courant électrique, on réalise un tannage très rapide.

Le rôle du courant électrique dans cette opération n'est pas établi avec certitude. Il paraît probable que le transport des ions dû à l'électrolyse facilite l'action du tannin et des phénomènes osmotiques qui amènent les jus tanniques en contact avec la gélatine.

Les appareils employés sont des tambours rotatifs de grandes dimensions dans lesquels on introduit les peaux à tanner et les extraits tannants; ces tambours portent sur les deux faces des couronnes métalliques qui communiquent à l'intérieur avec des lames disposées le long des génératrices du cylindre; le réseau des lames positives s'entre-croise, sans le toucher, avec le réseau des lames négatives. Le courant est amené de la dynamo par des balais qui frottent sur les couronnes tout comme les balais sur le collecteur du générateur d'électricité. Si l'on met le tambour en rotation, le circuit se trouve fermé par les peaux et par le liquide dans lequel elles sont immergées. Des expériences de contrôle ont prouvé que ni l'action du courant seule, ni la simple rotation sans courant, n'avaient une action comparable à celle des deux agents réunis.

On associe généralement plusieurs tambours en quantité : la tension employée est de 70 volts et l'intensité du courant de 10 ampères par appareil.

La durée de l'opération varie de 24 à 108 heures selon la nature des peaux; les procédés usuels exigent de 3 à 15 mois.

D'après ces données, il est facile de se rendre compte de l'avantage du procédé électrique sur les anciens procédés, qui, entre autres inconvénients, avaient celui d'être très insalubres. Quant au cuir obtenu par tannage électrique, il est, au dire des auteurs, équivalent, comme qualité, aux meilleurs cuirs obtenus par le procédé des fosses.

RÉACTIONS PRODUITES PAR L'EFFLUVE ET PAR L'ÉTINCELLE ÉLECTRIQUES.

Nous avons jusqu'ici envisagé l'action de l'électricité au point de vue électrolyse : la caractéristique des courants servant à la production des phénomènes d'électrolyse est leur tension très faible. Au contraire, dans les réactions que nous allons passer en revue, l'électricité agit à une tension énorme, qui peut atteindre jusqu'à 100 000 volts.

L'action de l'étincelle électrique n'est pas toujours la même que celle de l'effluve; rappelons ici que l'étincelle résulte de la recombinaison instantanée des deux électricités de signe contraire, tandis que l'effluve est caractérisée par une véritable dissémination de l'étincelle, qui n'est accompagnée d'aucune élévation sensible de température.

Avant de passer à la description des applications de ces phénomènes à l'industrie chimique, nous allons exposer en quelques mots l'action de l'effluve et de l'étincelle électriques en général.

ACTIONS CHIMIQUES DE L'ÉTINCELLE ÉLECTRIQUE.

Il existe deux moyens principaux de production d'étincelles électriques : elles s'obtiennent par les machines statiques ou par les courants de haute tension produits industriellement, à l'aide d'un transformateur, par une bobine de Ruhmkorff pour les expériences de laboratoire.

L'étincelle agit à la fois par la température qu'elle développe et par des actions électrolytiques (A. Perrot, *Ann. Chim. Phys.*, **61**, 161). De là résultent divers phénomènes chimiques, tels que la combinaison des gaz combustibles avec l'oxygène, la décomposition, totale ou partielle, de tous les corps composés amenés à l'état gazeux, la formation partielle de quelques-uns : par exemple, acétylène, bioxyde d'azote, ammoniaque; enfin la transformation de corps simples en modifications isomériques : oxygène en ozone.

Il convient de mettre à part la combinaison des mélanges gazeux détonants sous l'influence de l'étincelle; dans ce cas, c'est à l'effet initial et purement calorifique d'une seule étincelle qu'est due la combinaison.

Sauf pour les mélanges gazeux explosifs, chaque étincelle ne transforme sur son trajet qu'une très petite quantité de matière; mais les effets s'accumulent sous l'influence d'une série prolongée d'étincelles, de telle sorte que le système tend normalement vers un état final déterminé, qui est précisément l'état d'équilibre développé sur le trajet même de l'étincelle. Cet état répond parfois à une réaction unique, telle que l'élimination totale à l'état solide de l'un des composants primitifs : c'est ainsi que le cyanogène, l'hydrogène silicé et l'hydrogène phosphoré sont complètement décomposés en leurs éléments.

Quelquefois l'état final résulte de deux réactions contraires qui se limitent l'une l'autre; c'est ce qui arrive, par exemple, pour les mélanges binaires d'acétylène et d'hydrogène et pour les mélanges plus complexes d'acétylène d'azote, d'hydrogène et d'acide cyanhydrique.

L'une des deux réactions contraires que nous envisageons dégage en général de la chaleur, tandis que l'autre action, qui est souvent une combinaison (acétylène, acide cyanhydrique), absorbe de la chaleur, le travail nécessaire pour accomplir cette dernière réaction étant continuellement fourni par l'électricité.

Nous allons maintenant examiner les différentes réactions dues à l'étincelle.

Azote et oxygène. — L'étincelle électrique agit sur un mélange d'azote et d'oxygène secs : il se forme des composés nitreux ; toutefois la réaction n'est jamais complète, car une série d'étincelles électriques décompose même l'hypoazotide, qui est le plus stable des composés oxygénés de l'azote. M. Berthelot, en prolongeant pendant 18 heures l'action de l'étincelle, a obtenu un mélange, probablement voisin de l'équilibre, qui renfermait en volumes

Azote	28
Oxygène	56
Hypoazotide	14
Total	98

Mais il est facile de déterminer la combinaison complète de l'azote et de l'oxygène ; il suffit en effet de faire intervenir un alcali, qui fixe les composés nitreux au fur et à mesure de leur production ; dans ce cas, on obtient finalement un nitrate. C'est la célèbre expérience de Cavendish (1785) qui, étudiée récemment d'une manière approfondie, a conduit à la découverte de l'argon (voyez ÉKAZOTE).

La combinaison de l'azote et de l'oxygène exige l'intervention d'une énergie étrangère, représentée par — $21^{cal},6$ s'il s'agit de former le bioxyde d'azote ; ce composé s'unit ensuite à un excès d'oxygène pour former l'hypoazotide ; la formation définitive de

$$Az + O^2 = Az\,O^2 \text{ gazeux}$$

répond seulement à une absorption de $-2^{cal},6$ à la température ordinaire, quantité qui s'élève à — 7 calories environ vers 200°.

Azote et hydrogène. — Ces deux corps éprouvent un commencement de combinaison sous l'action d'une série d'étincelles électriques : toutefois la proportion d'ammoniaque formée est si faible, qu'elle ne se traduit pas par un changement de volume. Ce fait est facile à expliquer ; en effet, l'ammoniaque est décomposée par une série d'étincelles en ses éléments, le volume de gaz étant sensiblement doublé au bout d'un temps assez court. Si donc on veut produire, par l'action de l'étincelle, une quantité notable d'ammoniaque en partant du mélange d'azote et d'hydrogène, il est nécessaire d'opérer en présence d'un acide qui, en fixant l'ammoniaque au fur et à mesure de sa production, la soustrait à l'action décomposante de l'étincelle.

Notons ici en passant que l'action de l'effluve est bien plus efficace que celle de l'étincelle pour déterminer l'union de l'azote et de l'hydrogène.

Azote et acétylène. — En faisant agir l'arc électrique ou l'étincelle sur un mélange à volumes égaux d'acétylène et d'azote, on détermine la formation d'acide cyanhydrique.

La production d'acide cyanhydrique est accompagnée de celles de charbon et d'hydrogène, engendrés en vertu d'une décomposition distincte, mais simultanée, de l'acétylène. Mais cette réaction accessoire peut être évitée aisément, en ajoutant à l'avance de l'hydrogène au mélange à raison de 10 fois le volume de l'acétylène, c'est-à-dire en soumettant à l'action de l'étincelle un mélange de 10 volumes d'hydrogène, 1 vol. d'acétylène, 1 vol. d'azote.

On n'observe plus alors aucun dépôt de carbone et la réaction correspond intégralement à l'équation

$$C^2H^2 + Az^2 = 2\,HC\,Az.$$

L'acide cyanhydrique étant décomposé par l'étincelle en sens inverse, il faut, pour rendre complète la réaction ci-dessus, absorber par un alcali l'acide cyanhydrique au fur et à mesure de sa formation.

Contrairement à ce qui a lieu pour le mélange d'azote et d'hydrogène, l'acide cyanhydrique ne se forme que par l'action de l'étincelle ou de l'arc, mais non par celle de la décharge silencieuse ou effluve. Comme nous le verrons plus loin, cette dernière donne des combinaisons toutes différentes.

Anhydride carbonique. — Le gaz anhydride carbonique traversé par une série d'étincelles se décompose rapidement ; la décomposition ne tend vers aucune limite fixe et atteint 29 0/0 avec des étincelles courtes et faibles

Vapeur d'eau. — La décomposition de la vapeur d'eau sous l'influence de l'étincelle paraît ne pas dépasser 2 0/0 de la quantité mise en œuvre.

Méthane. — Le méthane est décomposé par l'étincelle en hydrogène et acétylène.

ACTIONS CHIMIQUES DE L'EFFLUVE

Dans la plupart des cas, on observe une similitude d'effets entre les actions chimiques dues à l'effluve et celles dues à l'étincelle. Cette similitude des effets les plus généraux n'a rien qui doive surprendre, l'effluve représentant en quelque sorte la dissémination de l'étincelle ordinaire en des milliers de décharges, dont chacune est trop faible pour produire un trait de lumière ; mais leur ensemble produit dans l'obscurité une lumière très visible.

L'analyse spectrale, autant qu'elle est possible avec un si faible éclairage, indique que les raies de cette lumière sont les mêmes pour l'effluve que pour l'étincelle ordinaire. Chacune de ces décharges parcourt un intervalle bien plus petit que l'étincelle proprement dite ; la durée de chaque décharge isolée produite par effluve doit être dès lors bien plus courte que la durée de l'étincelle ordinaire. En même temps la masse influencée est plus faible et son refroidissement plus rapide. Ce sont là des circonstances fort importantes pour expliquer les différences qui existent entre un certain nombre de réactions spéciales développées par l'effluve.

L'action de l'effluve, comme celle de l'étincelle, tend à résoudre les gaz composés en leurs éléments. Ces décompositions ont généralement une limite due à la tendance à la recombinaison des éléments mis en liberté. C'est ainsi que l'effluve, comme l'étincelle, permet de réaliser certaines synthèses, telles que celle de l'ammoniaque ; elle détermine des changements isomériques, comme la transformation de l'oxygène en ozone.

L'action de l'effluve peut s'exercer de plusieurs manières : On peut faire varier brusquement le potentiel par l'effet de décharges rapides, tantôt toutes de même sens, tantôt de sens alternatif. On peut encore maintenir le potentiel constant pendant toute la durée de l'expérience.

Si, par exemple, on enferme les gaz que l'on veut soumettre à l'action de l'effluve dans des espaces annulaires compris entre deux cylindres de verre mince et qu'on munisse les deux parois extérieures d'armatures soit métalliques, soit liquides, en communication avec la source d'électricité, on obtient avec les machines statiques à grand débit une effluve à potentiel brusquement variable, mais toujours de même sens ; si au contraire on a recours à la bobine de Ruhmkorff, le signe des pôles change à chaque décharge plusieurs fois par seconde. Il en est de même si on emploie une dynamo à courant alternatif associée à un transformateur.

Si, au contraire, la source d'électricité est une pile, une batterie d'accumulateurs ou une dynamo à courant continu, elle détermine entre les deux surfaces de verre, dont l'ensemble renferme le gaz à influencer, une différence de potentiel constante et définie.

Avant de décrire les principales reactions dues à l'effluve, nous ferons remarquer que le sujet n'a été guère qu'effleuré; notamment en ce qui concerne les mesures électriques, la plupart des travaux ne donnent aucun renseignement précis sur le potentiel employé; or il y a certainement une relation entre la valeur du potentiel et les effets produits par l'effluve. Il paraît également que la nature du courant, au point de vue du nombre d'alternances, joue un rôle assez important dans les phénomènes chimiques dus à l'effluve. (Voy. plus loin OZONE.)

Nous avons dit plus haut que les effets chimiques de l'effluve électrique pouvaient être des changements isomériques, des décompositions et des combinaisons : nous allons décrire les principales de ces réactions.

Changements isomériques provoqués par l'effluve. — La plus remarquable des transformations isomériques que développe l'effluve est celle de l'oxygène ordinaire en ozone. La formation de ce corps s'effectue également par l'action de toute décharge disruptive, quelle que soit sa forme, étincelle, aigrette ou effluve; mais seule l'effluve peut donner naissance à de notables quantités d'ozone.

Il ressort des recherches de MM. Hautefeuille et Chappuis que la production d'ozone varie très peu avec la pression de l'oxygène soumis à l'effluve.

Les travaux de MM. Bichat et Guntz [*Ann. Chim. Phys.*, (6), **19**, 131] ont déterminé les conditions les plus favorables pour la transformation de l'oxygène en ozone. Il ressort de leurs expériences que l'appareil de M. Berthelot employé à basse température (— 20°) constitue un excellent appareil de transformation de l'oxygène en ozone. On a obtenu dans ces conditions un rendement voisin du rendement théorique.

Ce résultat s'explique en admettant que l'énergie électrique n'agit que par la température développée. En effet, l'électricité sous forme d'effluve passe en une multitude de traits lumineux entourés par une gaine d'oxygène, qui constituent en un mot une série de tubes chauds et froids. Si le courant gazeux est suffisamment rapide ou les décharges suffisamment espacées pour qu'une même masse de gaz ne subisse pas deux fois l'influence de l'étincelle, on peut admettre que toute réaction inverse sera empêchée et que la totalité de l'oxygène transformé en ozone pourra être recueillie sans perte.

La formation de l'ozone répond à une condensation moléculaire; en même temps que l'oxygène se change en ozone, il se produit une absorption de chaleur :

$$3\,O = O^3 \text{ absorbe pour 48 gr. } -29^{cal},6,$$

ce qui correspond à une énergie mécanique de 262 kilogrammètres par gramme d'ozone produit. Nous verrons un peu plus loin que le rendement *actuel* des meilleurs appareils à ozone atteint à peine 2 0/0 du rendement théorique.

Combinaison de l'azote et de l'oxygène. — La formation de composés nitreux aux dépens de l'air ne se produit pas seulement par l'action de l'étincelle électrique, mais aussi par l'action de la décharge silencieuse, toutes les fois que les tensions électriques sont très considérables. Toutefois l'action de l'étincelle est beaucoup plus efficace. Par l'action de l'effluve à haute tension sur un mélange d'oxygène et d'hypoazotide, on obtient de l'acide perazotique.

Azote et eau. — Sous l'influence de fortes tensions électriques, l'azote libre et la vapeur d'eau se combinent pour fournir de l'azotite d'ammoniaque,

$$Az^2 + 2H^2O = AzO^2.AzH^4,$$

l'énergie nécessaire à cette réaction (— 73^{cal},2) étant fournie par l'électricité.

Azote et hydrogène. — L'effluve détermine aisément la combinaison de l'azote et de l'hydrogène; si on a soin d'opérer en milieu acide, de manière à soustraire l'ammoniaque formée en premier lieu à toute action inverse, on a une réaction complète.

La combinaison de l'azote et de l'hydrogène ne se produit que sous l'influence de fortes tensions; toute action cesse au-dessous d'une certaine tension, qui est notablement plus élevée que celle qui commence à déterminer la production de l'ozone.

Azote et acétylène. — Tandis que l'étincelle transforme le mélange d'azote et d'acétylène en acide cyanhydrique, l'effluve au contraire donne comme produit principal une substance polymérique découverte par P. Thenard. Ce produit de condensation, soumis à l'action de la chaleur, se détruit et dégage vers la fin quelques traces d'ammoniaque.

Azote et méthane. — Le méthane soumis à l'action de l'effluve en présence d'azote fournit de l'ammoniaque libre et un produit de condensation amidé, solide, qui dégage de l'ammoniaque par l'action de la chaleur.

Azote et essence de térébenthine. — Il se produit un corps résineux, dégageant de l'ammoniaque par décomposition pyrogénée.

Azote et benzène. — Il se produit une résine solide qui, chauffée fortement, dégage de l'ammoniaque et une certaine quantité d'acétylène, lequel apparaît d'ailleurs constamment dans la réaction de l'effluve sur les hydrocarbures.

Azote et hydrates de carbone. — Les hydrates de carbone, entre autres la cellulose, principe constitutif des végétaux, sont susceptibles de fixer de l'azote sous l'influence de l'effluve. Il se produit ainsi des composés azotés très condensés.

Ces réactions présentent la plus haute importance au point de vue de la physique végétale. Elles contribuent en effet à expliquer la fixation directe de l'azote par les végétaux sous l'influence de l'électricité atmosphérique.

Les actions décomposantes de l'effluve sont beaucoup moins importantes. Nous signalerons en passant la décomposition partielle de l'anhydride carbonique, celle de l'oxyde de carbone et la transformation des hydrocarbures en acétylène.

Nous venons de passer rapidement en revue le côté théorique de l'action chimique de l'effluve et de l'étincelle électriques. Nous terminerons ce chapitre par l'étude sommaire des applications à l'industrie chimique de ces phénomènes électriques.

APPLICATIONS CHIMIQUES DE L'ÉTINCELLE ET DE L'EFFLUVE

Contrairement à ce que nous avons vu pour l'électrolyse industrielle, les réactions dues à l'effluve et à l'étincelle, susceptibles d'être utilisées industriellement, s'appliquent aux corps amenés à l'état gazeux; elles provoquent en général la *combinaison* des différents corps. En un mot, tandis qu'en électrolyse industrielle on procède surtout par *analyse*, l'effluve et l'étincelle électriques s'appliquent industriellement à des *synthèses*.

La seule application de l'effluve est actuellement la préparation en grand de l'ozone, que nous décrirons à la fin de ce chapitre. Nous ne croyons pas toutefois inutile de revenir sur quelques-unes des réactions dues à l'action de l'effluve et de l'étincelle électriques et ayant pour but la préparation des *composés azotés*.

Industriellement parlant, l'azote se présente sous trois formes · *ammoniacale nitrique*, *cyanogénée*.

L'ammoniaque et ses sels se préparent principalement à l'aide des sous-produits de la distillation de la houille et par l'utilisation des eaux vannes. Les cyanures n'existent pas dans la nature à cause de leur instabilité; les nitrates seuls se trouvent tout formés à l'état naturel, la source principale des composés oxygénés de l'azote étant le nitrate de sodium du Chili.

Or il est aisé de concevoir que l'on peut arriver plus directement à la synthèse, de l'ammoniaque d'une part, des acides oxygénés de l'azote de l'autre, à l'aide des actions électriques.

Nous ne reviendrons pas sur les conditions à remplir pour réaliser ces synthèses. Contentons-nous de rappeler qu'il est nécessaire de soustraire les produits formés à l'action de l'agent électrique pour éviter toute réaction inverse.

C'est ainsi que l'action de l'effluve sur le mélange d'hydrogène et d'azote doit s'exécuter en présence d'acide sulfurique qui retient l'ammoniaque formée dans la réaction, tout comme l'action de l'étincelle sur le mélange d'azote et d'oxygène doit s'exécuter en présence d'une base.

Il est facile de concevoir des dispositifs permettant de réaliser ces réactions sur une échelle industrielle, et il ne paraîtra pas téméraire d'affirmer que l'on arrivera à produire d'une manière économique aussi bien de l'ammoniaque que de l'acide nitrique en partant de l'air; le fait que la matière première est absolument gratuite pour cet ordre de réactions est de nature à faciliter leur réussite en grand, puisqu'il ne s'agit que d'une utilisation rationnelle de l'énergie électrique.

Or, théoriquement, un cheval-heure peut produire 1^{kgr},840 d'acide nitrique. En effet, la formation du bioxyde d'azote absorbe 21^{cal},6 pour 30 grammes, et cette quantité de bioxyde d'azote pouvant donner par oxydation et hydratation successives, en dehors de toute influence électrique, 63 grammes d'acide nitrique, il en résulte que 63 grammes de ce dernier corps absorbent une quantité d'énergie électrique correspondant à 21^{cal},6 ou 9180 kilogrammètres. Le cheval-heure, valant 270 000 kilogrammètres ou 635 calories, pourrait donc produire 1840 grammes d'acide nitrique.

En supposant un rendement total de 40 0/0 depuis l'énergie mécanique, cette quantité serait encore de 636 grammes. Comme nous le verrons en parlant de l'ozone, il ne paraît pas impossible d'arriver à un rendement satisfaisant par rapport à l'énergie électrique mise en jeu.

Dans des conditions favorables au point de vue du prix de revient de l'énergie électrique, on voit que les procédés qui font intervenir cet agent ont quelque chance de réussite.

Nous avons fait allusion plus haut à une troisième forme sous laquelle se présentent industriellement les composés azotés, celle des cyanures. La formation de l'acide cyanhydrique sous l'influence de l'arc ou de l'étincelle électrique à l'aide d'acétylène et d'azote est susceptible d'acquérir une grande importance industrielle, depuis que l'on a réussi à préparer d'une manière économique au four électrique (voyez plus loin) le carbure de calcium, et partant l'acétylène.

Il est même probable que cette réaction recevra, une des premières, des applications industrielles, étant donné le prix relativement énorme de l'azote dans le cyanure de potassium et les applications toujours croissantes de ce composé dans la métallurgie de l'or.

Quoi qu'il en soit, les réactions dues à l'effluve et à l'étincelle électrique, qui ont pour but d'engager l'azote atmosphérique dans des combinaisons susceptibles d'être utilisées dans l'industrie, ne sont encore qu'à l'état d'étude et seule la transformation de l'oxygène en ozone par l'effluve a été l'objet d'applications industrielles de quelque importance.

PRÉPARATION INDUSTRIELLE DE L'OZONE.

La préparation industrielle de l'ozone, ou mieux de l'air ozoné, s'effectue exclusivement par l'action de l'effluve; les procédés chimiques pour la préparation de l'ozone n'ont en effet aucune importance industrielle.

Nous avons vu plus haut quelles sont les conditions de production de l'ozone; nous ne rappellerons ici que les deux principales, c'est-à-dire la tension électrique et la température.

En ce qui concerne cette dernière, l'industrie possède des moyens efficaces pour produire à volonté et à bon compte des gaz à de basses températures. Il nous semble que le procédé le plus simple consisterait dans l'emploi de gaz comprimés; dans le cas de l'air, on utiliserait ainsi le froid produit par la détente, et on obtiendrait avec facilité une température très basse.

En ce qui concerne la tension électrique nécessaire à la production de l'effluve, elle peut être obtenue de deux manières différentes : à l'aide de machines statiques, ou avec le courant produit par une dynamo à courants alternatifs accouplée à un transformateur. Un troisième mode de production consiste dans l'emploi de courants continus combinés avec un transformateur; mais dans ce cas il est nécessaire d'avoir un interrupteur de courant qui abaisse le rendement final en consommant en pure perte une certaine quantité d'énergie électrique.

En outre, lorsque l'intensité du courant dépasse 2 ou 3 ampères, l'étincelle de rupture devient tellement intense, que l'interrupteur est très rapidement mis hors de service. On pourrait, il est vrai, obvier à cet inconvénient en employant un courant de haute tension (1000 volts, par exemple). Dans ce cas, l'intensité du courant dont il s'agirait de porter la tension à 6000 volts, par exemple, ne serait que 2 ampères pour une force de 3 chevaux et le commutateur pourrait encore être employé.

Pour la préparation industrielle de l'ozone sur une grande échelle, on donne la préférence à un courant alternatif combiné avec un transformateur approprié, le nombre des alternances du courant employé doit être au moins de 200 par seconde.

En revanche, lorsqu'il s'agit de produire de petites quantités d'ozone avec des appareils aussi économiques que possible, on emploie l'effluve donnée par une puissante machine statique. Les machines genre Whimhurst sont surtout appropriées à cet usage; elles sont d'un prix peu élevé et donnent sous un petit volume des quantités d'électricité relativement grandes.

Nous décrirons ici à titre d'exemple l'ozoneur de M. Bonetti. Cet appareil se compose d'un ballon en verre à 4 tubulures. Deux tubulures latérales sont fermées par des bouchons dans lesquels passent deux tiges métalliques terminées à l'intérieur et à l'extérieur par des boules. Ces tiges constituent les *électrodes* et c'est sur les boules extérieures qu'on dirige les décharges simultanées des deux pôles de la machine statique quand on veut actionner l'appareil. Les autres tubulures servent, l'une à l'entrée, l'autre à la sortie du gaz. Il est préférable que les électrodes de la machine statique ne touchent pas celles de l'ozoniseur et en soient éloignées d'environ un centimètre de chaque côté.

Dès que la machine fonctionne, l'effluve se produit entre les boules intérieures du ballon et détermine la production d'ozone

Pour la préparation en grand de l'ozone, on a proposé de nombreuses formes d'ozoniseurs : les uns sous la forme générique de lamelles d'une dimension plus ou moins grande, les autres sous forme de tubes ou de batteries de tubes. Il convient de faire remarquer ici qu'il est préférable d'employer des batteries d'appareils de petites dimensions plutôt que des unités à grande surface; en effet, dans ces derniers, malgré la précision de construction qu'on est susceptible d'y

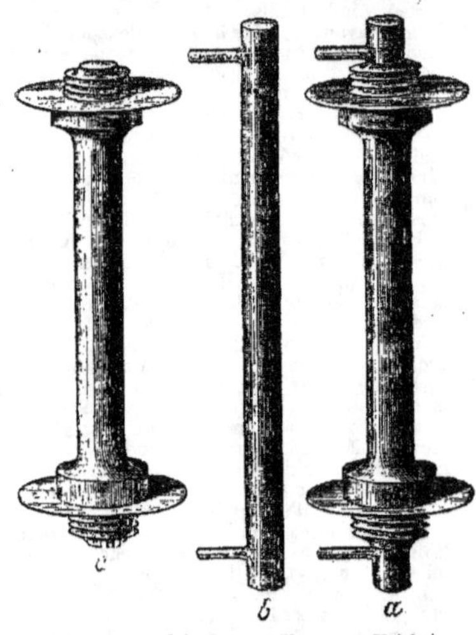

Fig. 259. — Tube à ozone Siemens et Halske.

a, tube monté; — *b*, tube métallique verni; *c*, diélectrique.

apporter, il est difficile d'éviter que certaines parties de l'appareil ne travaillent plus que d'autres, de sorte que le rendement est presque toujours loin de correspondre aux dimensions de l'appareil, l'ozone se formant dans une partie de l'appareil et se détruisant plus loin en vertu d'une réaction inverse.

Un des meilleurs producteurs d'ozone est encore le tube Siemens; pour la fabrication de l'ozone sur une grande échelle, on emploie des tubes à armatures de mica; pour la production de l'ozone en petit, on emploie l'appareil de M. Berthelot, constitué par un tube en verre dont le col entre à frottement dans un tube de plus grand diamètre; le tube intérieur est rempli d'eau et le tube extérieur plongé dans un vase plein d'eau; l'air circule entre les deux tubes et vient s'y charger d'ozone.

Les tubes employés par MM. Siemens et Halske[1] dans leurs installations industrielles sont représentés par les figures 259 et 260. Le tube métallique *b* situé à l'intérieur sert de support et d'armature intérieure; il est convenablement verni de manière à résister à l'action destructive de l'ozone, et recouvert par le diélectrique *c*; ces cylindres sont munis de garnitures en celluloïd ou en ébonite qui se vissent sur le tube in-

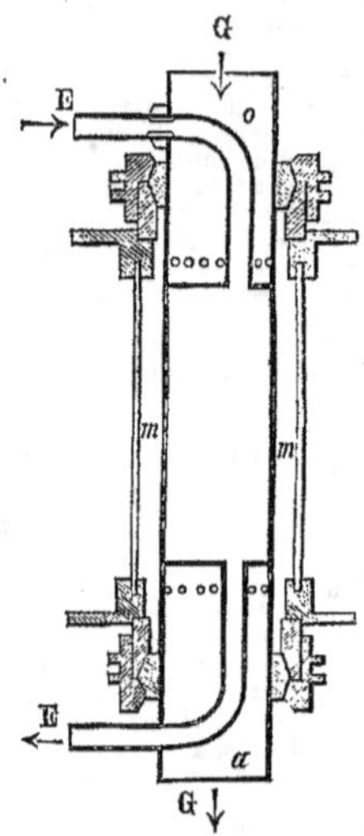

Fig. 260. — Tube à ozone Siemens et Halske. (Coupe verticale.)

a o, tube métallique verni servant d'armature intérieure, dans lequel circule le liquide réfrigérant; — E, E, tubes servant à l'écoulement de l'eau; — G. G, circulation de l'air à ozoniser; — *m*, *m*, espace annulaire refroidi dans lequel circule le gaz à soumettre à l'action de l'effluve.

térieur *b*; ce dernier est muni de deux fonds sur lesquels se fixent les deux tubes *u* et *o* qui servent à amener de l'eau et à refroidir l'appareil; le passage de l'effluve est en effet accompagné d'un dégagement de chaleur, qu'il faut réduire au minimum pour avoir un rendement

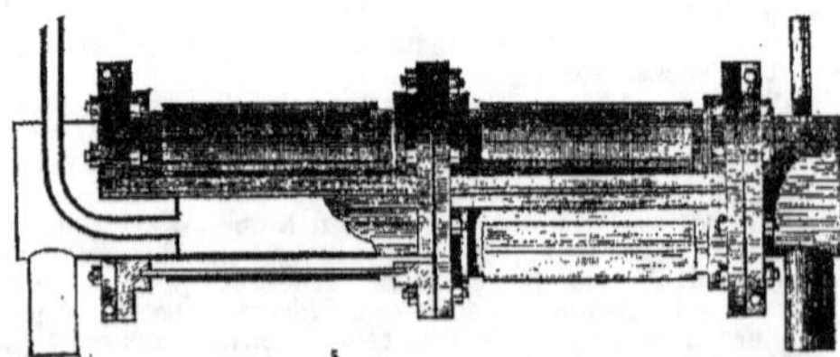

Fig. 261. — Tube à ozone Siemens et Halske de grandes dimensions.

aussi élevé que possible. Il va sans dire que l'eau peut être remplacée par un liquide refroidi artificiellement à une température quelconque; le tube *b* est percé de trous au-dessus du fond supérieur et au-dessous du fond inférieur le gaz G pénètre par ces trous dans l'espace *m*, où il subit l'action de l'effluve.

Le modèle représenté par la figure 261 est

1. Nous nous faisons un devoir d'exprimer ici toute notre reconnaissance à M. le Dr Erlwein, chimiste en chef aux établissements Siemens et Halske, pour la parfaite bonne grâce avec laquelle il s'est mis à notre disposition pour la visite des ateliers Siemens. G. de B.

composé de plusieurs parties qui s'assemblent par des boulons, comme l'indique la figure.

Lorsqu'on emploie des courants continus, on se sert comme interrupteur d'un commutateur tournant, analogue au collecteur des dynamos, qui interrompt le courant jusqu'à 600 fois par seconde.

L'air destiné à être ozonisé doit être aussi sec que possible ; on le dessèche soit par l'acide sulfurique, soit par le chlorure de calcium ; la dessiccation à l'acide sulfurique présente l'avantage de détruire en même temps les matières organiques et les poussières qui, à la longue, entravent la marche régulière de l'opération.

APPLICATIONS DE L'OZONE.

Malgré son prix de revient relativement élevé, l'ozone est appliqué actuellement à de nombreuses industries chimiques.

Il présente en effet sur les oxydants usuels un avantage capital : c'est de ne laisser aucun résidu de son action oxydante ; il agit donc à ce point de vue comme l'eau oxygénée ou le courant électrique employé directement.

L'emploi principal de l'ozone est le blanchiment des tissus ; il remplace avec avantage le blanchiment au pré, qui exige beaucoup de temps et des espaces considérables.

Le traitement du tissu avant l'ozonisation est le même que le traitement habituel qui précède l'exposition au pré. Toutefois, avant de pénétrer dans la chambre à ozone, le tissu est légèrement imprégné d'acide chlorhydrique ou d'essence de térébenthine ; on ne connaît pas le mode d'action de ces deux corps ; mais il est certain qu'ils facilitent l'action de l'ozone.

Le tissu est introduit à l'état humide dans la chambre à ozone et soumis pendant douze heures à l'action du réactif ; l'ozone est absorbé rapidement par le tissu, de sorte que l'on peut aisément pénétrer dans la chambre à ozone, garnie du tissu à blanchir ; en revanche, le séjour y est insupportable quand l'ozone y pénètre en l'absence de la matière à blanchir.

Il se produit parfois une attaque assez notable des fibres textiles après traitement à l'ozone ; ce fait est dû vraisemblablement à la présence de composés oxygénés de l'azote, formés aux dépens de l'air par l'action de l'électricité ; on peut éviter la formation de ces corps en ozonisant l'air à très basse température, ou en remplaçant l'air par l'oxygène pur : dans ce dernier cas, il est nécessaire d'employer pour le blanchiment des appareils plus compliqués qui permettent de se servir plusieurs fois du même oxygène, afin d'éviter une dépense hors de proportion avec le résultat à obtenir. Le blanchiment par l'ozone peut s'appliquer, outre les fibres textiles, à l'amidon, à la dextrine et à la cire.

Blanchiment de la cire. — On sait que le blanchiment de la cire s'effectue au soleil en exposant ce produit à l'air, en couche mince. L'ozone peut ici avec avantage remplacer l'action décolorante de la lumière solaire.

Blanchiment de l'amidon. — On a appliqué avec succès l'ozone au blanchiment de l'amidon et de ses produits de transformation : dextrine, leiogomme, etc. L'emploi de l'ozone, combiné avec celui de l'eau de chlore, donne des résultats tout à fait remarquables ; dans le cas de l'emploi d'eau de chlore, l'ozone paraît agir comme antichlore et remplace avantageusement l'hyposulfite de sodium ; il est probable que l'action du chlore est due à la formation d'acide chlorhydrique aux dépens de l'eau, d'après l'équation

$$2Cl + H^2O + O^3 = 2HCl + 2O^2.$$

Emploi de l'ozone comme désinfectant. — L'ozone pur ne se prête pas à la désinfection des locaux contaminés ; on paraît toutefois avoir obtenu de meilleurs résultats en employant de l'ozone chargé de vapeurs d'essence de térébenthine.

En revanche, l'ozone paraît susceptible d'applications importantes au point de vue de la stérilisation de l'eau.

Il importe de noter ici que l'ozone, pour agir avec efficacité, doit être appliqué à la stérilisation d'eaux qui ne renferment que peu de substances organiques.

Il nous semble que pour des eaux souillées par des matières organiques, comme c'est le cas pour toutes les eaux de fleuves, on arriverait à un résultat qui ne laisserait rien à désirer en faisant précéder le traitement par l'ozone d'un traitement par voie chimique, ayant pour but d'éliminer, à l'état de laque insoluble, la majeure partie de la matière organique. Dans ce cas, on pourrait transformer l'eau de Seine, par exemple, en une eau valant, au point de vue hygiénique, les meilleures eaux de source.

Amélioration des liqueurs alcooliques par l'ozone. — On a tenté d'appliquer l'ozone à l'amélioration des alcools, eaux-de-vie et vins liquoreux. Les résultats obtenus ont été quelque peu contradictoires ; cependant on croit, dans la plupart des applications, avoir observé un changement favorable.

Il est préférable, pour ce genre d'opération, de procéder par des ozonisations légères et fréquemment répétées, en suivant par la dégustation le progrès de l'opération.

Amélioration du tabac et du café par l'ozone. — L'ozone paraît agir sur le tabac en exaltant son arome et sa finesse. Il en est de même pour le café, qui paraît gagner en qualité lorsqu'il est soumis à l'action modérée d'un courant d'air ozonisé.

Nous mentionnerons, pour terminer, une curieuse application de l'ozone à la fabrication des instruments de musique ; on a, en effet, employé cet agent pour vieillir rapidement le bois qui sert à construire les tables de résonance des divers instruments de musique.

Le bois, contenu dans une chambre close et convenablement chauffée, est soumis pendant 12-24 heures à l'action de l'air ozonisé ; ce traitement durcit le bois et en augmente la sonorité. Il est probable que l'ozone agit dans ce cas sur les résines contenues dans le bois.

Prix de revient de l'ozone. — Le prix de revient de l'ozone peut se calculer à l'aide des données qui servent à établir le prix de revient de l'énergie électrique, car, dans le cas où l'on prépare l'ozone à l'état d'air ozonisé, il n'y a à faire intervenir dans le prix de revient que le prix de l'énergie électrique ; théoriquement, 1 cheval-heure peut produire 1030 grammes d'ozone. En effet, 48 grammes d'ozone absorbent $29^{cal},6$, ce qui correspond à un travail de 12 580 kilogrammètres. 1 cheval-heure de 270 000 kilogrammètres peut donc donner théoriquement 1030 gr. d'ozone.

En admettant un rendement final de 40 0/0 du rendement théorique, chiffre qui n'a rien d'excessif si l'on considère les résultats obtenus par MM. Bichat et Guntz, 1 cheval-heure pourrait produire industriellement 412 grammes d'ozone. Jusqu'ici on n'a guère dépassé 20 grammes par cheval-heure, ce qui correspond à 2 0/0 du rendement théorique.

Un kilogramme d'ozone exige donc actuellement la mise en action d'une énergie électrique correspondant à 50 chevaux-heures ; autrement dit, 1 cheval-jour ne produit pas tout à fait un demi-kilogramme d'ozone. Dans les conditions les plus favorables, le kilogramme d'ozone reviendra donc à 2 fr. 50; le chlore coûtant dans le chlorure de chaux environ 0 fr. 70 le kilogramme, et 1 kilogr. d'ozone correspondant à 1kgr,500 de chlore, valant par conséquent 1 fr. 05, on voit que l'ozone coûte, avec les moyens actuels de production, environ deux fois et demie plus que le chlore du chlorure de chaux.

Il est évident que le rendement en ozone des appareils Siemens en fonction du rendement théorique est encore très faible; mais, comme le fait remarquer M. Frölich, cette quantité d'ozone de 20 grammes par cheval-heure peut néanmoins produire des effets très énergiques. C'est ainsi que 20 grammes d'ozone permettent de blanchir 50 kilogrammes de toile de lin au même degré qu'une exposition de trois jours au soleil, ou de blanchir et raffiner 40 kilogrammes d'amidon. Si on continue l'ozonisation de l'empois d'amidon, on obtient un produit rappelant la gomme arabique et valant le double du prix de l'amidon. 20 grammes d'ozone suffisent pour l'obtention de 30 kilogrammes de ce produit; la même quantité d'ozone suffit pour assainir une salle de 8000 mètres cubes.

Au point de vue du blanchiment, 20 grammes d'ozone ont la même action qu'un demi-kilogramme d'eau oxygénée du commerce. En admettant pour l'eau oxygénée le prix de 0 fr. 40 le kilogramme, si l'ozone ressort à 2 fr. 50, ce prix correspond à 0 fr. 10 le kilogramme pour l'eau oxygénée.

Le coût de l'ozone est donc intermédiaire entre celui de l'eau oxygénée et celui du chlore du chlorure de chaux.

Si on atteignait le rendement de 40 0/0 du rendement théorique, le prix de revient s'abaisserait à 0 fr. 10 ou 0 fr. 15 le kilogramme. L'ozone pourrait, dans ce cas, lutter victorieusement avec tous les agents décolorants connus.

Le plus grand obstacle à l'emploi de l'ozone réside dans sa nature gazeuse qui exclut tout transport, de sorte que l'ozone doit être toujours préparé sur place, à l'aide d'appareils relativement coûteux, une installation pouvant produire 1 kilogramme et demi d'ozone en 24 heures revenant à 12 000 francs environ.

APPLICATIONS DU CREUSET ÉLECTRIQUE.

Avant de passer en revue les applications de l'arc électrique à l'industrie chimique, nous devons dire quelques mots des divers modes d'action de l'électricité sous cette forme.

Ces actions sont de deux sortes : tantôt l'arc agit comme une étincelle continue de grande puissance, tantôt comme agent calorifique. Dans le premier cas l'action de l'arc est purement électrique, dans le second elle est calorifique, à l'exclusion de toute action électrique.

Nous nous occuperons ici plus spécialement du dernier mode d'action de l'énergie électrique, le premier pouvant être ramené à l'action de l'étincelle, qui a été exposée plus haut.

Lorsque le potentiel et le débit d'un générateur d'électricité atteignent une certaine grandeur, et que l'on rapproche les deux extrémités d'un conducteur constitué par une substance peu fusible, par exemple du charbon, la résistance offerte au passage du courant détermine l'incandescence, et il s'établit un arc électrique par le transport de particules du pôle positif au pôle négatif. La force électromotrice minima nécessaire pour produire l'arc est de 30 volts environ. Pratiquement, on emploie pour la production de l'arc électrique des courants d'une tension notablement plus élevée (50-60 volts).

L'arc électrique envisagé comme source de chaleur présente un très grand intérêt; il nous offre en effet le seul moyen connu pour l'obtention de températures très élevées, dépassant de beaucoup la température du chalumeau oxhydrique. La température de l'arc peut être déduite de la loi de Joule : elle est proportionnelle à l'intensité et à la résistance du conducteur considéré.

Des expériences dues à M. Violle [*C. R.*, **15**, 1273], et exécutées avec des arcs produits par des courants dont l'intensité variait de 10 à 100 ampères, ont montré que la température du charbon positif est constante, quelle que soit la dépense d'énergie. Cette température atteint 3500°; c'est la température de volatilisation du carbone, qui possède la propriété de passer sans fondre de l'état solide à l'état gazeux.

Dans l'arc électrique, il y a en somme transformation de l'énergie mécanique en chaleur par l'intermédiaire de la machine dynamo-électrique, comme cette transformation s'exécute dans un très petit espace, la température que peut atteindre une enceinte soumise à l'action de l'arc est très élevée.

Un courant électrique d'une force électromotrice de 1 volt donne dans une résistance de 1 ohm une intensité de 1 ampère; 1 watt équivalant à 0,24 petites calories et le cheval-électrique valant 736 watts, il en résulte que la chaleur dégagée par seconde par un cheval électrique équivaut à 0,175 grandes calories.

Si donc on dispose d'une force P exprimée en chevaux-vapeur, la chaleur C dégagée dans le circuit extérieur, exprimée en grandes calories, est donnée par l'expression

$$C = 0{,}175\ PA,$$

A indiquant le rendement définitif de l'ensemble.

Si I indique l'intensité en ampères, la quantité de chaleur C exprimée en grandes calories, en S secondes, dans un circuit ayant une résistance R en ohms, est donnée par l'expression

$$C = 0{,}24\ I^2RS.$$

Il ressort de ces indications que, théoriquement, 1 cheval-heure représentant 270 000 kilogrammètres peut produire 635 calories; on peut admettre que pratiquement 1 cheval-heure produira par l'intermédiaire d'une dynamo une énergie calorifique équivalant au moins à 500 calories.

Comme nous le verrons plus loin, la température déterminée par l'arc électrique permet d'amener la fusion de nombre de corps réputés réfractaires et d'opérer des réductions d'oxydes métalliques qui ne pourraient être réalisées aux températures les plus élevées, en dehors de celle due à l'arc.

Nous devons signaler ici une réaction intéressante : c'est la combinaison de l'hydrogène avec le carbone. Cette combinaison paraît due à l'union de l'hydrogène et de la vapeur de carbone produite par la chaleur de l'arc; il vient peut-être s'y ajouter une action électrique analogue à celle de l'effluve ou de l'étincelle qui détermine la combinaison de deux corps amenés à l'état gazeux par l'action calorifique de l'arc, et produit ainsi l'acétylène.

Cette synthèse, découverte par M. Berthelot, à qui nous empruntons les considérations qui vont suivre, est donc simplement représentée par l'équation

$$2C + H^2 = C^2H^2.$$

Nous avons ici l'exemple d'une combinaison directe accomplie avec une absorption de chaleur considérable, qui atteint 61 calories pour C^2H^2 (26 grammes). Une telle absorption est due nécessairement au travail accompli par l'arc électrique. Mais deux effets distincts sont produits ici : la vaporisation du carbone et la combinaison proprement dite. La vaporisation du carbone ne paraît pas pouvoir être assimilée à la vaporisation d'un élément solide ordinaire, tel que, par exemple, l'iode ou le mercure; elle représente en outre toute la série des travaux nécessaires pour détruire l'effet des condensations et polymérisations successives qui ont mis le carbone dans son état actuel. Cet état, en effet, ne répond pas au véritable carbone élémentaire, lequel devrait être comparable à l'hydrogène et probablement gazeux, tandis que le charbon et le diamant en représentent les polymères. En passant de l'état gazeux à l'état polymérique et condensé, le carbone élémentaire dégagerait une quantité de chaleur considérable et supérieure à la chaleur absorbée dans la formation de l'acétylène.

Si l'on supposait que la formation successive des deux degrés d'oxydation du carbone, oxyde de carbone et anhydride carbonique, dégage la même quantité de chaleur depuis le carbone gazeux, la quantité de chaleur développée par la condensation du carbone élémentaire pourrait être évaluée à $+ 42^{cal},6$ pour le diamant et à $39^{cal},6$ pour le charbon.

Avant de passer à l'étude des réactions chimiques produites par l'arc électrique et susceptibles d'être utilisées industriellement, nous dirons quelques mots des phénomènes généraux déterminés par la température de l'arc électrique.

En opérant dans l'un des fours électriques dont on trouvera plus loin la description, on arrive à fondre et à volatiliser tous les corps connus; les composés les plus stables de la chimie minérale disparaissent dans le four électrique, soit par dissociation, soit par volatilisation. Il ne reste plus, pour résister à ces hautes températures, qu'une série de composés d'une stabilité exceptionnelle, qui sont les borures, les siliciures et surtout les carbures métalliques.

M. Daubrée a déjà fait remarquer que de tous nos composés organiques actuels le carbone a pu se trouver originairement combiné aux métaux à l'état de carbures métalliques. Le four électrique semble bien réaliser les conditions de cette époque géologique reculée; il est vraisemblable que ce sont ces composés qui seuls peuvent subsister dans les astres à température élevée.

D'après M. Moissan, l'azote devait se rencontrer à cette même période sous la forme d'azotures métalliques, tandis que, vraisemblablement, l'hydrogène existait en grande quantité à l'état de liberté dans un milieu gazeux complexe renfermant des carbures d'hydrogène et peut-être des composés cyanogénés.

DESCRIPTION DES FOURS ÉLECTRIQUES.

La nouvelle chimie des hautes températures produites par l'arc électrique nécessite un matériel spécial pour l'utilisation rationnelle de l'énergie calorifique. Avant de décrire les différentes formes du four électrique étudié par M. Moissan, nous rappellerons en peu de mots les appareils qui ont été employés en premier lieu pour réaliser des réactions chimiques à l'aide des phénomènes calorifiques produits par des courants de haute intensité.

A l'exception du four breveté en 1879 par Siemens (*Mon. scientifique*, 1895, 623), les anciens appareils proposés pour l'utilisation de la chaleur dégagée par l'arc électrique ne permettaient pas de séparer nettement l'action calorifique du courant de son action électrolytique; de plus, le carbone des électrodes, réduit en vapeur à la température élevée de l'arc, venait encore compliquer les réactions.

Cette observation s'applique aussi bien aux anciennes recherches de Despretz qu'aux fours électriques de Cowles, Grabau, etc.

Dans le four Cowles notamment, utilisé pour la préparation de l'aluminium (voyez ALUMINIUM), la source de chaleur est constituée plutôt par un court-circuit qui détermine sur une certaine longueur l'incandescence des matériaux servant de conducteurs.

Il en est de même pour le four utilisé par M. Acheson pour la préparation du carborundum (voyez plus loin).

C'est à M. Moissan que revient le mérite d'avoir étudié d'une façon approfondie un four électrique dans lequel seule l'action calorifique du courant détermine les réactions chimiques. Dans les mains de ce savant distingué, l'action calorifique du courant a permis de produire dans un état de pureté inconnu jusqu'ici, et en grandes masses, des corps réputés infusibles aux plus hautes températures connues, et des corps auparavant inaccessibles, dont la production industrielle n'est plus qu'une question de détails, que la pratique suggérera rapidement.

Les expériences de M. Moissan ont contribué à poser les bases d'une nouvelle industrie des hautes températures qui, encore à ses débuts, promet de révolutionner certains procédés métallurgiques et de créer de toutes pièces des industries absolument nouvelles.

Le principe du four électrique consiste à placer dans une cavité aussi petite que possible et à une certaine distance au-dessus de la substance à chauffer un arc de grande intensité. On conçoit donc les dispositifs relativement simples qui permettront d'arriver, par l'emploi d'un ou de plusieurs arcs, aux résultats désirés.

Mais il existe une manière un peu différente de réaliser des phénomènes calorifiques intenses à l'aide du courant électrique. Au lieu de produire un arc au-dessus et à distance de la matière à chauffer, on peut, comme pour la préparation du carborundum, produire une sorte de court-circuit en intercalant une résistance; c'est généralement le corps à chauffer qui constitue cette résistance, ou bien on emploie une substance semi-conductrice, telle que le charbon.

Les lois qui régissent la transformation de l'électricité en chaleur interviennent ici comme dans le cas de l'arc, et le résultat est le même.

Si, dans ce mode de procéder, on veut éliminer toute cause d'erreur due à l'action électrolytique du courant, on opère avec un courant alternatif qui peut même donner des résultats plus avantageux au point de vue de la régularité du rendement.

Nous décrirons successivement le four électrique de laboratoire tel qu'il est construit par MM. Ducretet et Lejeune, les fours de plus grandes dimensions préconisés par M. Moissan, et nous terminerons par l'exposé des principes généraux qui doivent guider le chimiste pour la construction de fours continus réellement industriels, fondés sur l'emploi de l'arc électrique comme moyen de chauffage.

Four électrique Ducretet et Lejeune. — L'ensemble du four Ducretet et Lejeune forme un espace clos, voûté, à parois réfractaires R recevant le creuset mobile S. Le courant est amené par des charbons obliques, mobiles, dans les montures métalliques P, P', ce qui permet de les amener facilement au contact ou de les écarter l'un de l'autre; des conduits servent à la circulation des gaz ou à l'introduction des matières soumises à l'action de l'arc électrique. Les phénomènes de fusion et de réduction peuvent être directement observés, les parois de cet appareil étant à fermetures mobiles garnies de mica.

Le creuset mobile S se déplace de l'extérieur au gré de l'opérateur, la sole sur laquelle il est posé est commandée par la tige T, le creuset, suivant la matière à étudier, est en charbon, plombagine, magnésie, pierre calcaire, chaux ou métal.

L'arc qui jaillit entre les charbons C et C' peut être transformé à distance en une flamme allon-

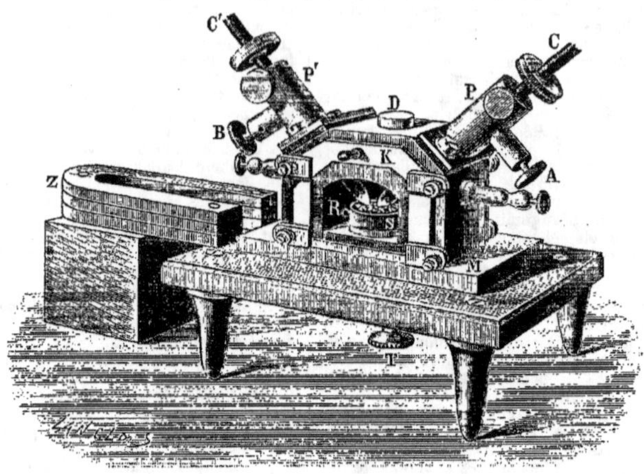

Fig. 262. — Four électrique Ducretet et Lejeune.

R, parois du four; — S, creuset mobile commandé par la tige T; — K, paroi mobile garnie de mica; — C, C', électrodes en charbon; — P, P', montures métalliques recevant les électrodes; — A, B, bornes amenant le courant électrique aux électrodes; — Z, aimant directeur; — D, ouverture de chargement; — M, plaque isolante.

gée, formant un véritable chalumeau électrique, par suite de l'action directrice d'un aimant Z placé près de l'appareil; on peut ainsi à volonté, s'il est nécessaire, éloigner l'arc ou le diriger au-dessus de la matière contenue dans le creuset S.

Le four électrique Ducretet et Lejeune est un instrument très commode pour tous les essais de laboratoire qui exigent l'intervention d'une température très élevée.

Fours électriques de M. Moissan. — Le premier modèle de four électrique employé par M. Moissan se composait de deux briques en chaux vive, bien dressées et appliquées l'une sur l'autre. L'emploi de la chaux présente des avantages et des inconvénients; en effet, avec la chaux vive on n'a pas, comme avec la pierre calcaire, de dégagement d'acide carbonique qui, au contact des électrodes portées au rouge et de la vapeur de

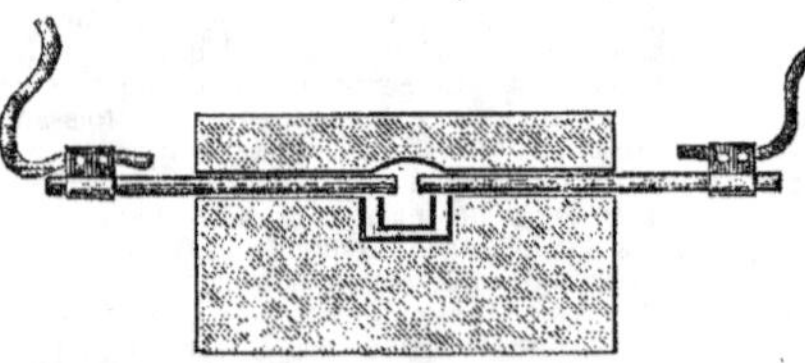

Fig. 263. — Coupe du four électrique de M. Moissan.

carbone, produit d'une façon continue un dégagement d'oxyde de carbone; en revanche, il est difficile de trouver des blocs de chaux un peu grands, non gercés et bien homogènes et se prêtant à la construction du four électrique.

La brique supérieure du four en chaux vive est, comme l'indique la figure 263, légèrement creusée dans la partie qui se trouve au-dessus de l'arc; comme la chaleur dégagée par le courant ne tarde pas à fondre la surface de la chaux et à lui donner par cela même un beau poli, on obtient dans ces conditions un dôme qui réfléchit toute la chaleur sur la petite cavité qui contient le creuset.

Les électrodes sont rendues facilement mobiles au moyen de deux supports que l'on déplace, ou mieux de deux glissières qui se meuvent sur un madrier : l'appareil est un four électrique à réverbère avec électrodes mobiles; cette mobilité des électrodes donne une très grande facilité pour établir l'arc, pour l'étendre ou le raccourcir à volonté; en un mot, elle simplifie beaucoup la conduite des expériences.

Les électrodes doivent être formées par des charbons aussi purs que possible et exempts de matières minérales; on les fabrique avec du charbon de cornue réduit en poudre et choisi dans le dôme de la cornue à gaz. Cette poudre est débarrassée du peu de fer qu'elle contient par des lavages à l'acide chlorhydrique. On la lave ensuite à l'eau, on la calcine et on l'agglomère au moyen de goudron; les cylindres qui constituent les électrodes sont formés par une pression très régulière et très élevée; ils sont séchés avec précaution et fortement calcinés. Une des électrodes est terminée en pointe; la section de l'autre reste plane.

Creusets. — Les creusets en charbon employés dans le four électrique sont fabriqués au moule, d'une façon analogue aux électrodes, et soumis à l'aide d'une presse hydraulique à une compression aussi énergique que possible. Comme nous le verrons plus loin, la chaleur de l'arc électrique transforme en graphite toutes les variétés de carbone; après l'expérience, le creuset se trouve formé par un feutrage assez fin de lamelles de graphite possédant une rigidité suffisante; il est utile de maintenir un espace annulaire vide autour du creuset, de façon que les rayons calorifiques réfléchis par le dôme puissent l'envelopper complétement.

Nous verrons, en parlant de la préparation de l'acétylure de calcium, que la chaux est facilement réduite par le carbone à ces hautes températures; il est donc nécessaire, pour éviter une destruction rapide du creuset, de le faire reposer non sur le bloc de chaux constituant la partie inférieure du four, mais sur une couche de magnésie qui le protège contre l'action de la chaux. L'oxyde de magnésium en effet est le seul oxyde irréductible par le charbon à la température du four électrique

Cette irréductibilité de la magnésie par le charbon étant établie, il paraîtrait indiqué de constituer le four lui-même en magnésie; il n'en est rien cependant et le four électrique en magnésie donne des résultats très inférieurs, car ici intervient un facteur physique, qui est la conductibilité pour la chaleur : la magnésie étant un corps beaucoup plus conducteur que la chaux donne lieu à une perte considérable de calorique par rayonnement.

Four électrique en carbonate de chaux. — On choisit un carbonate de chaux à grain aussi fin que possible et on taille la pierre sous la forme de parallélépipèdes réguliers. Les dimensions ci-dessous sont celles du four représenté par la figure 264, destiné à fonctionner sous un courant de 110 volts et 1000 ampères, ce qui met en jeu une énergie de plus de 150 chevaux.

Longueur de la brique inférieure, environ 40 centimètres, largeur 30 centimètres; hauteur de la brique, 20 centimètres; de la brique supérieure ou couvercle, 15 centimètres.

Il est très important de dessécher avec soin les blocs de pierre qui servent de four. Pour cela, on les maintient pendant 24 heures à la partie supérieure d'un générateur à vapeur ou dans les cendres d'un foyer de calorifère ou de chaudière à vapeur.

Lorsque le bloc de pierre est bien sec, il ne se fendille plus sous l'action de la chaleur produite par l'arc; il est toutefois utile d'armer le four avec des bandes en forte tôle, qu'on a bien soin de tenir à distance des électrodes pour éviter tout court-circuit. Un autre procédé consiste à introduire le parallélépipède inférieur dans une boîte en tôle de dimensions déterminées. Avant la dessiccation, on perce au milieu du bloc un cylindre de dimensions appropriées à celles du creuset qu'il est appelé à recevoir; deux rainures permettent de faire glisser les électrodes, et leur largeur dépend du diamètre de ces dernières; pour un four fonctionnant avec un courant de 100 chevaux, les électrodes ont 60 centimètres de longueur et 4 centimètres de diamètre. Le mode d'assemblage des électrodes et des câbles servant à amener le courant est indiqué par la figure 264.

Pour des fours de grande puissance, on a quelquefois intérêt à remplacer les creusets en charbon par des creusets en magnésie; la magnésie servant à la confection des creusets se prépare de la manière suivante, imaginée par M. Schlœsing : L'hydrocarbonate de magnésium qui sert de matière première est calciné pendant plusieurs heures à une température élevée; la magnésie calcinée réduite en poudre fine est mise à digérer avec une dissolution étendue de carbonate d'ammonium, puis lavée à grande eau et calcinée à la plus haute température que puisse fournir un bon fourneau à vent. Par addition d'eau, on forme avec cette magnésie une pâte épaisse qui est comprimée dans des moules appropriés; les objets ainsi préparés, plaques, disques, creusets, etc., sont soumis à une dessiccation lente et cuits au moufle.

Cette magnésie, comme l'a établi M. Schlœsing, ne présente plus de retrait à la température du fourneau à vent; aux températures du four électrique, elle subit un nouveau retrait : elle prend alors un aspect cristallin, et sa densité et sa solidité augmentent.

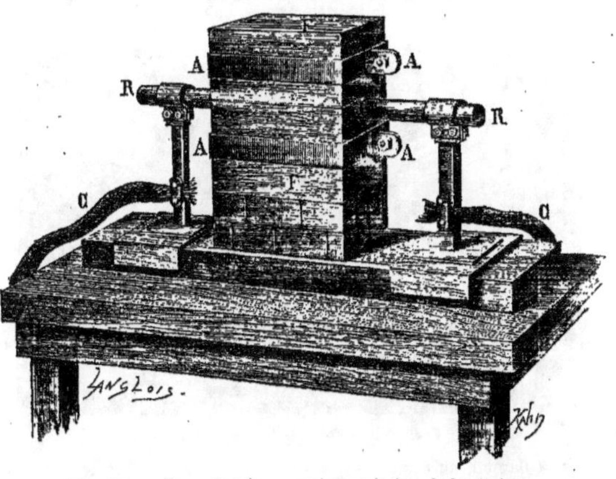

Fig. 264. — Four électrique en pierre calcaire, de M. Moissan.
F, F, blocs en pierre calcaire; — R, R, électrodes en charbon; — C, C, conducteurs; — A, A, armatures du four.

A ces températures élevées, comme l'a remarqué M. Ditte, la magnésie paraît subir une polymérisation; sa densité s'élève de 3,193 à 3,569, atteint 3,589 d'après M. Moissan lorsqu'elle a subi la température élevée du four électrique et peut monter à 3,654 lorsqu'elle a subi la fusion ignée.

Emploi de plaques alternées de charbon et de magnésie. — Lorsqu'on emploie des courants de très grande intensité, il est impossible de se servir de fours en chaux, qui sont rapidement mis hors de service par suite de la volatilisation de la matière du four.

Dans ce cas, on creuse au milieu de la pierre une cavité assez grande qui présente aussi la forme d'un parallélépipède et qui contient des plaques alternées de 10 millimètres d'épaisseur, d'abord de magnésie et ensuite de charbon; ces plaques, au nombre de quatre, sont disposées de telle sorte que la magnésie soit toujours au contact de la chaux vive et la plaquette de charbon à l'intérieur du four.

L'oxyde de magnésium étant irréductible par le charbon, ne pourra donc disparaître que par volatilisation, tandis qu'à ces hautes températures la chaux fondrait au contact du charbon et produirait avec facilité un carbure de calcium liquide. Le dessus de la cavité du four peut se fermer de même par un ensemble de plaques de magnésie et de charbon, mais cela n'est pas indispensable et on peut se contenter du couvercle en pierre portant une cavité de forme ellipsoïdale de 3 à 4 centimètres de profondeur.

Conduite du four électrique. — La conduite du four électrique à marche discontinue est excessivement simple : la matière que l'on veut soumettre à l'action de la chaleur produite par l'arc étant introduite dans le creuset ou à même dans la cavité creusée dans la pierre calcaire, on place les électrodes dans les rainures (fig. 264) et on les rapproche à 2 ou 3 centimètres l'une de l'autre; on fait passer le courant dans le circuit et l'on approche lentement l'une des électrodes jusqu'à ce que l'arc jaillisse. On perçoit aussitôt une odeur très pénétrante d'amandes amères, due à la formation d'acide cyanhydrique aux dépens de l'azote de l'air et de l'acétylène produit par l'action de la vapeur d'eau sur le carbone en présence de l'arc électrique (voyez plus haut).

La lumière émise par le four électrique, colorée

Fig. 265. — Four électrique en marche.

par la flamme du cyanogène, a pris tout d'abord une belle teinte pourpre, qui disparaît bientôt; il faut avoir soin, dès le début, de ne pas trop écarter les électrodes, car l'arc s'éteint avec facilité lorsque le four est encore froid. Il n'en est plus de même lorsque la température de l'enceinte s'est élevée; on peut donner alors à l'arc une longueur plus grande. Au début, la longueur de l'arc atteint à peine 1 centimètre; à la fin d'une expérience, il possède en général une longueur de 2 à 3 centimètres. Si ce four est rempli d'une vapeur métallique bonne conductrice (aluminium par exemple), on doit éloigner les électrodes de 5 à 6 centimètres. La grandeur de l'arc sera donc réglée d'après les indications des instruments de mesure, de façon à avoir toujours une résistance à peu près constante.

Au bout de quelques minutes, les électrodes ne tardent pas à rougir; des flammes éclatantes de 40 à 50 centimètres de longueur, colorées en rouge jaune par le calcium, jaillissent avec force par les ouvertures qui donnent passage aux électrodes de chaque côté du four; ces flammes sont surmontées d'abondantes fumées blanches, produites par la volatilisation de la chaux.

La figure 265 donne une idée de l'aspect du four électrique en marche normale.

Au début de la chauffe, l'arc possède une certaine mobilité et le four ronfle beaucoup; mais en peu d'instants les vapeurs métalliques augmentent la conductibilité, l'écoulement de l'électricité se fait avec régularité et sans bruit et la chaleur atteint son maximum. Lorsque l'expérience est terminée, on remarque que la partie supérieure formant dôme est entièrement fondue; avec un courant très intense, il se forme même des stalactites de chaux fondue qui coulent lentement du dôme, puis qui se solidifient à la fin de l'expérience; elles ont alors l'apparence de la cire.

La conductibilité de la chaux est tellement faible, qu'on peut sans ressentir la moindre chaleur poser la main sur le couvercle du four en marche; comme nous l'avons vu plus haut, cette condition est très favorable à l'expérience et ces propriétés ne se trouvent à aucun degré aussi complètes dans les autres matériaux pouvant servir à la construction d'un four électrique.

Après l'expérience, le charbon positif ne présente que peu d'usure, tandis que le négatif est rongé plus ou moins profondément. Les extrémités des électrodes, sur une longueur de 8 à 10 centimètres, sont entièrement transformées en graphite.

Four électrique à tube. — Lorsqu'on veut éviter l'action des gaz sur les produits soumis à l'action de l'arc électrique, le dispositif décrit ci-dessus ne peut plus être employé. En effet, pendant toute la durée de l'expérience, il se produit de l'acide carbonique par suite de la décomposition du carbonate de chaux; ce corps est transformé en partie en oxyde de carbone au contact des électrodes en charbon; en outre, comme il est impossible d'éviter la présence d'un peu d'humidité dans la pierre calcaire, quel que soit le soin qu'on ait apporté à sa dessiccation, il y a production, de ce chef, d'hydrogène et d'oxyde de carbone.

Pour éviter l'action de ces gaz, ou pour opérer au sein d'une atmosphère d'une composition déterminée, M. Moissan a imaginé le four à tube décrit ci-dessous et représenté par la figure 266.

Un bloc de pierre à grain fin, aussi complètement exempt de silice que possible, est coupé sous la forme d'un parallélépipède de 15 centimètres de hauteur, 30 de longueur et 25 de largeur; les parois de la cavité intérieure sont garnies de plaques alternées de magnésie et de charbon, comme il a été indiqué précédemment, et la fermeture se produit au moyen d'un bloc de la même pierre. Enfin, et c'est là le point caractéristique du four, un tube de charbon le traverse perpendiculairement aux électrodes. Ce tube, dont le diamètre peut varier de 5 à 40 millimètres, est disposé à 1 centimètre au-dessous de l'arc et à 1 centimètre au-dessus du fond de la cavité.

Le tube de charbon doit être préparé avec un soin tout spécial et avoir été soumis à une forte pression lors de sa fabrication; il ne doit pas toucher la chaux des parois et doit en être isolé par une rondelle de magnésie ou par une petite couche de cet oxyde; il est même bon, pour obvier à l'inconvénient de la porosité du tube, de le recouvrir de magnésie.

La partie du tube de charbon exposée à la haute température de l'arc se transforme entièrement en graphite, qui forme un véritable feutrage sans que le diamètre change sensiblement.

Si l'on veut éviter l'action directe du carbone sur les corps mis en expérience, on peut donner au tube de charbon un revêtement intérieur en magnésie ; dans ces conditions, l'expérience est limitée par la vaporisation de cet oxyde.

Les tubes en charbon sont fermés à leurs extrémités par des bouchons en magnésie moulée et percés de trous de manière à permettre le passage d'un courant gazeux. Pour réaliser une fermeture étanche, on lute les bouchons au moyen d'un mélange de magnésie et de silicate alcalin.

Ce modèle de four est très intéressant, car il permet d'étudier les réactions entre les corps gazeux aux hautes températures de l'arc.

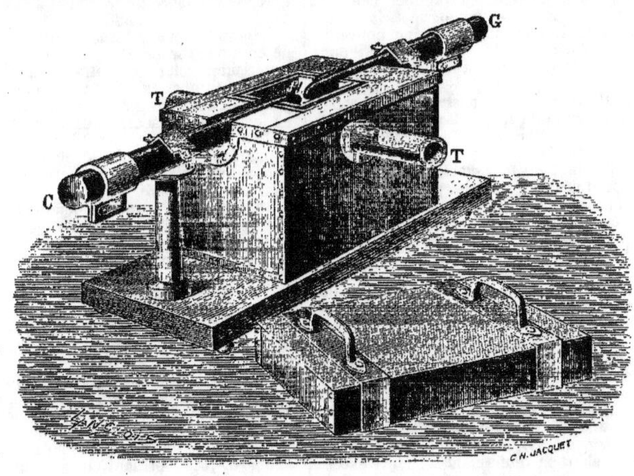

Fig. 266. — Four électrique à tube.
C, G, électrodes en charbon ; — T T, tube en charbon recevant la matière à chauffer.

Four électrique continu. — L'appareil que nous venons de décrire possède un tube de charbon horizontal ; si l'on incline ce tube de 30° environ, le four se transforme en un appareil continu. Si, en effet, on amène par glissement un mélange d'oxydes métalliques et de charbon dans le tube, le mélange est réduit dans la partie chauffée et le métal liquide s'écoule avec facilité sur ce plan incliné. Par exemple, avec un courant de 60 volts et 600 ampères, il est facile d'obtenir au four à tube continu, en une heure, un culot de chrome fondu de 2 kilogrammes ; le métal est reçu dans une cavité creusée dans la pierre calcaire et brasquée intérieurement de sesquioxyde de chrome. Le métal y reste liquide un certain temps et le carbone qu'il contient réduit une certaine quantité d'oxyde de la brasque ; le métal subit ainsi un commencement d'affinage (voyez p. 448, PRÉPARATION DU CHROME).

Four à plusieurs arcs. — Les fours électriques que nous venons de décrire dans les pages précédentes sont des appareils qui ne peuvent servir qu'à une marche discontinue. Tout en pouvant utiliser sous un volume très restreint une quantité d'énergie électrique correspondant à 150 chevaux, la capacité de production de ces appareils par opération est forcément limitée. Quant au four continu à tube décrit plus haut, son maniement est délicat et cet appareil se prêterait difficilement à une production régulière sur une grande échelle.

Un autre inconvénient du four discontinu réside dans son peu de solidité ; il ne peut supporter qu'un petit nombre d'opérations, au bout desquelles il est mis hors de service par suite de la complète désagrégation des matériaux qui le constituent.

Le four à employer industriellement ne peut être qu'un four à sole très réfractaire, légèrement inclinée de façon à laisser écouler le produit que l'on se propose de fabriquer ; il est nécessaire dans ce cas d'employer plusieurs arcs pour régulariser et répartir la chaleur sur une plus grande surface. Pour cela, on amène à la partie supérieure le produit à traiter, par exemple, dans le cas d'une application métallurgique, le mélange aggloméré d'oxyde et de charbon. Sous l'action d'un ou deux arcs, le métal se produit, coule sur la sole, s'accumule à la partie inférieure, où un autre arc le maintient liquide pendant que l'affinage se produit. On peut faire écouler le métal liquide par un trou de coulée que l'on débouche de temps en temps, le haut de la sole étant alimenté d'une manière appropriée par le mélange à traiter.

On peut donc concevoir le four électrique industriel comme un massif en maçonnerie servant d'enveloppe, l'intérieur du four étant principalement constitué par une sole et un dôme en matériaux aussi réfractaires que possible ; le charbon ou la magnésie paraissent ici tout indiqués. Ce four devra être muni de plusieurs ouvertures donnant passage à des charbons inclinés destinés à produire une série d'arcs, ainsi que d'ouvertures de chargement des matériaux à traiter et d'orifices de coulée.

Nous allons maintenant passer rapidement en revue les applications du four électrique, et nous diviserons cette partie de notre travail en trois sections :

1. *Préparation des métaux réfractaires ;*
2. *Préparation des métalloïdes ;*
3. *Préparation des corps composés ne se formant qu'à une très haute température.*

PRÉPARATION DES MÉTAUX RÉFRACTAIRES.

La préparation des métaux réfractaires au four électrique est une opération des plus simples ; elle s'exécute en soumettant à la chaleur de l'arc un mélange de l'oxyde dont on cherche à obtenir le métal et de charbon. Suivant que le métal est plus ou moins fusible, on opère avec des courants d'intensité croissante, afin de concentrer en un seul point la plus grande quantité possible d'énergie calorifique.

On obtient généralement en premier lieu un métal combiné au carbone, analogue à la fonte de fer. Ce métal impur, soumis à une nouvelle fusion en présence d'oxyde, perd son carbone en s'affinant et fournit alors le métal à l'état de pureté.

Pendant l'affinage, il faut soustraire aussi rapidement que possible le métal liquide à l'action de la vapeur de carbone, afin d'éviter une régénération du carbure métallique.

Grâce à l'emploi du four électrique, on a pu arriver à produire à l'état de pureté certains métaux, qui présentent alors des propriétés toutes nouvelles, en contradiction avec les anciennes données qui s'appliquaient aux métaux impurs et pulvérulents.

Nous décrirons successivement la préparation du chrome, du manganèse, du tungstène, du molybdène et de l'uranium. Toutes ces recherches sur la production des métaux réfractaires sont l'œuvre de M. Moissan.

Préparation du chrome. — Jusqu'ici on préparait industriellement le chrome au haut fourneau en produisant un alliage de fer et de chrome fortement carburé, le *ferrochrome*. Pour obtenir du chrome pur, on traite dans le four à tube incliné décrit page 447 un mélange d'oxyde de chrome et de charbon renfermant un léger excès de ce dernier corps; le tube en charbon reçoit à l'extrémité supérieure le mélange à réduire et laisse couler à l'extrémité inférieure le métal liquide. La fonte ainsi obtenue renferme de grandes quantités de carbone pouvant varier de 8 à 13 0/0. Le chrome est en effet susceptible de former deux carbures bien cristallisés répondant à la formule C^2Cr^3 (13,33 0/0 de C) et CCr^4 (5,45 0/0 de C).

Lorsqu'on a obtenu cette fonte de chrome, il est nécessaire, pour obtenir le métal pur, de l'affiner par une seconde opération. Pour cela on la concasse en grossiers fragments, on l'introduit dans un creuset en charbon brasqué à l'oxyde de chrome et on la recouvre du même oxyde. Ce mélange est soumis à nouveau à l'action de l'arc; l'oxyde superposé fond, puis le métal entre aussi en fusion et perd alors peu à peu tout le carbone qu'il renferme. Ce procédé présente l'inconvénient de fournir un métal saturé d'oxygène. C'est, au point de vue métallurgique, un métal brûlé.

On peut effectuer l'affinage d'une manière différente, en mettant à profit la facilité avec laquelle le carbone réagit sur la chaux pour donner un carbure de calcium (voyez plus loin). L'affinage de la fonte de chrome effectué en présence de chaux fondue fournit un métal dont la teneur en carbone oscille entre 1,5 et 1,9 0/0. Pour obtenir un métal absolument exempt de carbone, on soumet la fonte de chrome à une fusion dans un creuset en chaux vive brasqué avec de l'oxyde double de calcium et de chrome. Dans ces conditions, on obtient le chrome sous la forme d'un métal brillant, pouvant se limer et se polir avec facilité.

Le chrome préparé au four électrique possède les propriétés suivantes : Sa densité à 20° est 6,92; au chalumeau à oxygène, à la pointe du dard bleu, la fonte de chrome affinée à 1,5-1,9 0/0 de carbone fournit de brillantes étincelles, brûle en partie, mais ne paraît fondre superficiellement que grâce à l'excès de chaleur dégagée par cette combustion. La fusion n'est jamais totale, elle n'est que superficielle et la partie fondue est encore riche en carbone.

Quand le chrome est bien exempt de carbone, il brûle rapidement et sa combustion au chalumeau est encore plus brillante que celle du fer. L'oxydation se complète avec rapidité et il reste après l'expérience un fragment arrondi de sesquioxyde de chrome fondu.

Le chrome pur est plus infusible que la fonte de chrome; son point de fusion est notablement supérieur à celui du platine et ne peut pas être atteint non plus au moyen du chalumeau à oxygène. Au contraire, au four électrique, le chrome en fusion se présente sous l'aspect d'un liquide brillant, très fluide, possédant dans le creuset l'apparence et la mobilité du mercure. On peut même le sortir du four électrique et le verser dans une lingotière.

Le chrome est d'autant plus malléable et facile à travailler et d'autant moins dur qu'il renferme moins de carbone : c'est ainsi que le carbure C^2Cr^3 raye le quartz avec facilité et même la topaze; le carbure CCr^4 raye profondément le verre et plus difficilement le quartz. Quant au chrome pur, il n'a aucune action sur le quartz et raye le verre avec beaucoup de difficulté. Certains fragments de chrome pur ne rayent même plus le verre.

La fonte de chrome à grain fin, dont la teneur en carbone oscille entre 1,5 et 3 0/0, ne peut être travaillée et polie qu'avec des meules armées de diamants. Au contraire, le chrome pur peut être limé avec facilité, prendre le poli du fer et présenter un beau brillant, un peu plus blanc que celui de ce dernier métal.

Propriétés chimiques. — La fonte de chrome ne s'attaque pas à l'air sous l'action de l'acide carbonique et de l'humidité; le chrome pur bien poli se ternit légèrement après quelques jours dans un air humide; mais cette légère oxydation n'est que superficielle et ne se continue pas, de sorte que le chrome peut être regardé comme inaltérable à l'air.

Le chrome est peu attaquable par les acides; il résiste à l'eau régale et aux alcalis en fusion.

L'oxyde de carbone est réduit à 1200° par ce métal, avec formation à la surface d'un dépôt de sesquioxyde et carburation du chrome. Cette réaction fait comprendre les difficultés de l'affinage; elle explique pourquoi, même en opérant dans des creusets de chaux vive, il est impossible d'obtenir à la forge du chrome exempt de carbone.

Le nitrate de potassium fondu attaque le chrome au rouge sombre avec énergie; en substituant le chlorate au nitrate, l'action est encore plus énergique; le chrome se meut sur le chlorate en fusion comme le potassium sur l'eau, en produisant une très belle incandescence.

Les alliages de chrome présentent un très grand intérêt; le cuivre pur, allié à 0,5 0/0 de chrome prend en effet une résistance presque double, et cet alliage, susceptible d'un beau poli, s'altère moins que le cuivre au contact de l'air humide.

Les alliages de chrome et d'aluminium paraissent également susceptibles d'applications intéressantes.

Préparation du manganèse. — On mélange du protoxyde de manganèse avec du charbon; avec un excès de ce dernier corps on obtient des fontes renfermant jusqu'à 15 0/0 de carbone; si la réduction a lieu en présence d'un excès d'oxyde, la quantité de carbone diminue beaucoup et on obtient un métal qui ne renferme que de 4 à 5 0/0 de carbone.

La fonte de manganèse peu carburée se conserve facilement dans des vases ouverts; mais aussitôt que la quantité de carbone augmente, l'humidité de l'air ne tarde pas à la décomposer. De petits fragments placés dans l'eau sont détruits en 24 heures, en fournissant un mélange gazeux d'hydrogène et de carbures d'hydrogène.

Préparation du molybdène. — En chauffant au four électrique un mélange d'oxyde de molybdène et de charbon, on prépare aisément une fonte de molybdène qui peut se couler et se mouler avec facilité. Cette fonte s'affine par un nouveau traitement en présence d'oxyde, et donne du molybdène pur, sous la forme d'un métal à grain très fin et à surface brillante ne ressemblant en rien au molybdène obtenu par les anciens procédés.

On peut également préparer le molybdène pur en une seule opération, en opérant de la manière suivante :

On mélange 10 parties d'oxyde de molybdène MoO^2 avec une partie de charbon de sucre; la poudre est tassée dans un creuset de charbon et soumise à l'action calorifique de l'arc de manière à éviter de fondre complètement le métal, afin de laisser une couche solide au contact du creuset qui, sans cette précaution, serait rapidement attaqué par le molybdène liquide; dans ces conditions, on obtient un métal complètement exempt de carbone.

Le molybdène pur a une densité de 9,01; c'est un métal aussi malléable que le fer. Il se lime et se polit avec facilité; il se forge à chaud. Il ne raye ni le quartz ni le verre.

Chauffé dans une brasque de charbon, le molybdène se cémente et, par la trempe, fournit un acier beaucoup plus dur que le molybdène pur.

La fonte de molybdène possède une densité de 8,6-8,9, suivant sa teneur en carbone : à une teneur de 5-6 0/0 de carbone, elle est grise et cassante; à 2 1/2 0/0 de carbone, elle devient blanche et ne peut être que très difficilement limée sur l'enclume; elle présente tous les caractères du molybdène étudié par Debray.

Elle dissout rapidement le carbone et, lorsqu'elle se refroidit, elle abandonne ce dernier sous la forme de graphite, exactement comme la fonte de fer; cependant, lorsqu'elle est saturée de carbone, elle fournit un carbure Mo^2C cristallisé en fines aiguilles, d'une densité de 8,9.

La fonte de molybdène à 4 0/0, chauffée dans une brasque de bioxyde de molybdène s'affine; sa surface peut dès lors être limée et polie. Cette décarburation de la fonte solide, à une température très éloignée de son point de fusion, paraît être due à la facile diffusion des vapeurs d'acide molybdique au travers du métal. Ces propriétés pourront vraisemblablement trouver quelques applications dans la métallurgie.

Lorsque dans un métal saturé d'oxygène, tel que celui que l'on obtient dans la première période du convertisseur Bessemer, on veut enlever l'oxygène, on ajoute du manganèse qui s'oxyde plus facilement que le fer, puis passe dans la scorie. On a proposé aussi d'employer l'aluminium, qui a donné de bons résultats parce qu'il est très combustible, c'est-à-dire parce qu'il fixe l'oxygène, mais qui a l'inconvénient de produire de l'alumine solide. Le molybdène paraît appelé à remplacer avec avantage ces deux métaux, car il présente l'avantage de fournir un oxyde volatil, l'acide molybdique, qui se dégagerait immédiatement à l'état gazeux, en brassant toute la masse; employé en léger excès, le molybdène laisserait dans le bain un métal aussi malléable que le fer et pouvant se tremper comme lui.

La poudre de molybdène qu'on a cherché à utiliser jusqu'ici ne peut rendre les mêmes services, parce qu'elle brûle rapidement sur le bain au contact de l'air avant d'avoir produit aucune action utile.

Préparation du tungstène. — Le tungstène s'obtient avec facilité par réduction de son oxyde; ce métal est plus infusible que le chrome et que le molybdène; il ne paraît pas avoir une grande affinité pour le carbone et s'obtient en une seule opération dans un état de pureté presque parfaite. Le métal obtenu au four électrique, soumis à l'analyse, ne renferme en effet que des traces de carbone et de calcium.

Préparation de l'uranium. — Pour obtenir avec facilité ce métal, on calcine l'azotate d'uranium, qu'on peut préparer dans un grand état de pureté. Il reste un mélange rougeâtre de sesquioxyde d'uranium et d'oxyde vert U^3O^4. On additionne ce mélange d'un léger excès de charbon en poudre, et le tout est fortement comprimé dans un creuset de charbon. Ce mélange chauffé au four électrique donne une fonte d'uranium, qu'on affine par les procédés usuels.

La fonte d'uranium possède une propriété très curieuse. Lorsqu'on agite des fragments de ce corps dans un flacon de verre, on voit se produire de magnifiques étincelles d'un éclat éblouissant, dues à la combustion de traces de matière. Le phénomène est particulièrement brillant lorsqu'on projette de la limaille d'uranium carburé dans la flamme d'un bec Bunsen.

PRÉPARATION DES MÉTALLOÏDES.

Le four électrique a été appliqué jusqu'ici à la production du titane et du phosphore.

En outre, M. Moissan a étudié la reproduction du diamant par l'action combinée de la chaleur et de la pression sur le charbon.

Nous donnerons ci-dessous un résumé de ces intéressantes recherches.

Préparation du titane. — La préparation du titane au four électrique est loin d'être aussi simple que celle des corps décrits ci-dessus ; il est nécessaire de mettre en jeu, sous le plus petit volume possible, une quantité considérable d'énergie électrique, si on veut obtenir le titane à l'état fondu.

Avec une machine de 4 chevaux, un mélange d'acide titanique et de charbon donne du protoxyde de titane; avec une machine de 45 chevaux, on n'obtient que de l'azoture de titane. Ce n'est qu'en faisant intervenir des courants électriques développés par une énergie mécanique de plus de 100 chevaux, qu'on obtient le titane fondu.

On obtient en premier lieu une fonte de titane fortement carburée, qu'on purifie par l'affinage. Le titane ainsi préparé renferme encore environ 2 0/0 de carbone.

Les propriétés du titane fondu sont complètement différentes de celles que l'on attribuait aux poudres grises qui portaient ce nom. Il constitue une masse fondue à cassure d'un blanc brillant, assez dure pour rayer le cristal de roche et l'acier, friable néanmoins, et pouvant se réduire en poudre au mortier d'Abich. Sa densité $=4,87$. Ce corps prend feu dans le fluor; il ne décompose l'eau qu'au rouge vif et il possède la curieuse propriété de brûler dans l'azote à 800° en fournissant l'azoture de titane, étudié par MM. Friedel et Guérin. Cette combinaison se fait avec dégagement de chaleur, et la nacelle est portée à une température supérieure à celle du tube. C'est le premier exemple bien net d'une combustion d'un corps simple dans l'azote.

L'azoture de titane Ti^2Az^2, préparé directement au four électrique, se présente sous la forme de masses fondues, bronzées, très dures, rayant le rubis, taillant le diamant et dont la densité $=5,18$. Il se combine avec facilité au carbone pour former des composés définis. Il se combine également au silicium et au bore, en donnant des borures et des siliciures fondus ou cristallisés, qui possèdent une dureté aussi grande que celle du diamant.

Le point de fusion du titane est très élevé; sous ce rapport, il se rapproche du carbone. Il en diffère cependant en ce que le carbone à la pression ordinaire et par une grande élévation de température passe de l'état solide à l'état gazeux sans prendre l'état liquide, tandis que le titane peut être liquéfié, puis volatilisé dans le four électrique.

Il est probable que le titane pourra trouver un emploi dans la fabrication d'aciers d'une grande dureté.

Allié avec de 30 à 40 fois son poids d'aluminium, il donne un métal très résistant, qui présente l'avantage d'être en même temps très léger.

Préparation du phosphore (procédés Readmann et Parker). — Dans la préparation du phosphore au four électrique, on part des phosphates naturels; les phosphates sont intimement mélangés avec du sable et du charbon et soumis à l'action de la chaleur dégagée par l'arc électrique.

A une température élevée, l'acide silicique du sable met de l'acide phosphorique en liberté avec formation d'un silicate. Cet acide phosphorique est réduit par le charbon, et le phosphore distille.

Il faut, autant que possible, employer des matières exemptes de fer, sinon une notable partie du phosphore reste dans la scorie à l'état de phosphure ou de phosphosiliciure de fer. Avec des matériaux de composition convenable, on arrive à extraire 86 0/0 du phosphore contenu dans le mélange.

Les fours employés sont de petites dimensions et munis d'ouvertures de chargement pour le mélange à traiter et d'un trou de coulée pour les laitiers. Un large tube de dégagement conduit les gaz mélangés de vapeur de phosphore dans deux condenseurs en cuivre de grandes dimensions; le premier est rempli d'eau chaude, le second d'eau froide. Quant à la scorie liquide que l'on fait écouler de temps en temps à la partie inférieure du four, elle ne renferme que peu de phosphore.; elle est remplacée au fur et à mesure de son écoulement par une nouvelle quantité du mélange à réduire, de sorte que l'opération est continue.

Le procédé de préparation du phosphore au four électrique est beaucoup plus simple et plus rapide que l'ancien procédé; par l'emploi de forces hydrauliques à bon marché, il doit donner du phosphore à un prix de revient beaucoup moins élevé. Quant à la qualité du produit obtenu, elle paraît être supérieure à celle du phosphore brut obtenu par les anciennes méthodes.

Reproduction du diamant au four électrique. — Avant de donner les résultats des expériences de M. Moissan sur la reproduction artificielle du diamant, nous dirons quelques mots de l'action de l'arc électrique sur le charbon. Cette action peut se résumer en ceci : sous l'influence de la température excessive de l'arc, toutes les variétés de carbone, coke, charbon de bois, charbon de cornue, diamant, sont transformées en graphite lorsqu'on opère à la pression ordinaire. Rappelons ici que la variété de carbone dénommée graphite est caractérisée par sa transformation, sous l'action de certains oxydants, en un corps explosif, l'*oxyde graphitique*.

Les choses se passent autrement quand on fait intervenir la pression. Dans ce cas on obtient, suivant les conditions de l'expérience, des diamants incomplets (*carbonados*) et parfois de véritables diamants.

Pour obtenir ce résultat, il faut refroidir la fonte, saturée de carbone à la haute température du four électrique, en l'introduisant dans un bain de plomb maintenu à une température voisine de son point de fusion; il se forme immédiatement une croûte de fonte solidifiée, et comme la fonte a, ainsi que l'eau, la propriété d'augmenter de volume par la solidification, le centre de la masse encore liquide est soumis à une pression considérable. Dans ces conditions, une partie du carbone dissous cristallise par le refroidissement à l'état de diamant.

On peut également employer l'argent comme dissolvant, ce métal augmentant de volume par la solidification, comme la fonte.

A la température de sa fusion, l'argent ne dissout que des traces de carbone, mais à la température du four électrique la solubilité devient beaucoup plus grande. Si on laissait le métal se refroidir lentement dans le four, on ne trouverait, après attaque par l'acide nitrique, que du carbone sous forme de graphite. Si au contraire on plonge dans l'eau le métal en fusion, la partie extérieure rapidement solidifiée englobe au centre une portion d'argent liquide qui se refroidira tout en étant soumise à une forte pression.

Après dissolution de l'argent dans l'acide nitrique, on trouve une quantité assez notable de diamant noir, soit en masses à cassures rhomboïdales, soit en plaques pointillées et même en cristaux à arêtes arrondies. La densité du carbone cristallisé ainsi obtenu varie de 2,5 à 3,5.

Jusqu'ici, les diamants obtenus par M. Moissan sont de très petites dimensions et inutilisables en joaillerie; peut-être pourrait-on, en opérant sur des masses métalliques plus considérables, en variant à volonté la pression, et surtout en laissant refroidir lentement le métal liquide environné d'une gaine solide, arriver à un meilleur résultat.

Ce qu'il importait d'établir, c'était les conditions de formation du diamant, et, sur ce point, les expériences de M. Moissan jettent une vive lumière sur le mode de formation dans la nature de cette pierre précieuse, puisque la condition principale de la formation du diamant, c'est-à-dire l'intervention de la pression, est réalisée dans les couches profondes de l'écorce terrestre.

PRÉPARATION DES COMPOSÉS DES MÉTALLOÏDES AU FOUR ÉLECTRIQUE.

Par l'action de l'arc électrique sur le bore, le silicium et le carbone, il se produit des composés cristallisés possédant une stabilité telle qu'ils sont inattaquables par la plupart des réactifs. Ces corps sont remarquables par leur extrême dureté, qui atteint et dépasse parfois même celle du diamant, comme c'est le cas pour le borure de carbone. Le représentant le plus important de cette classe de corps est le *siliciure de carbone*, qui, sous le nom de *carborundum*, est employé sur une grande échelle pour remplacer l'émeri. Avant de passer à la description de la fabrication du carborundum, nous dirons quelques mots du *borure de carbone* découvert et étudié par M. Moissan. Le meilleur mode de préparation de ce corps consiste à chauffer au four électrique dans un creuset de charbon 12 parties de carbone, 66 parties de bore amorphe et 150 parties de grosse limaille de cuivre bien propre.

Le culot de cuivre est attaqué par l'acide azotique, qui abandonne le borure de carbone cristallisé, mélangé d'une petite quantité de graphite dont on le débarrasse au moyen de traitements par le mélange de chlorate de potassium et d'acide nitrique.

Le borure de carbone Bo^6C se présente en cristaux noirs, brillants, d'une densité de 2,51 et d'une très grande dureté. Pulvérisé au mortier d'Abich et mélangé d'huile, il peut tailler les diamants. Sa dureté est bien supérieure à celle du siliciure de carbone, qui ne peut que polir le diamant sans parvenir à le tailler.

Siliciure de carbone, SiC. — Le siliciure de carbone a été découvert par M. Schützenberger, qui l'a obtenu à l'état amorphe en chauffant au rouge vif, dans un creuset, du charbon de cornue et du silicium mélangés de silice pour diviser la masse.

L'étude de ce corps a été reprise par M. Moissan en utilisant le four électrique, ce qui lui a permis de préparer le siliciure à l'état cristallisé et parfaitement pur. Précédemment, M. Acheson, en Amérique, en utilisant la chaleur produite par un courant électrique de grande intensité, avait fondé l'industrie du *carborundum*, siliciure de carbone cristallisé déjà employé dans les arts, soit en poudre, soit sous la forme de meules.

Le siliciure de carbone pur se prépare en chauffant au four électrique un mélange de 28 parties de silicium amorphe et de 12 parties de charbon; on obtient dans ces conditions un amas de cristaux, que l'on purifie très bien en les maintenant d'abord dans un mélange à l'ébullition d'acide fluorhydrique et d'acide azotique monohydraté, puis en les traitant par le mélange oxydant de chlorate de potassium et d'acide azotique. Les cristaux sont le plus souvent colorés en jaune, mais peuvent être tout à fait transparents et quelquefois présenter la couleur bleue du saphir. Les cristaux transparents se préparent en opérant rapidement dans un creuset de charbon fermé et en employant du silicium aussi exempt de fer que possible.

Un procédé élégant de préparation du siliciure de carbone consiste à faire réagir la vapeur de carbone sur la vapeur de silicium. L'opération s'exécute dans un creuset en charbon de forme allongée et renfermant un culot de silicium; le bas du creuset est porté à la plus haute température du four électrique. L'expérience étant terminée, on trouve dans l'appareil des aiguilles prismatiques très peu colorées, très dures et très cassantes de siliciure de carbone.

Le siliciure de carbone est un corps doué d'une très grande stabilité; les réactifs les plus énergiques sont sans action sur lui; l'azotate et le chlorate de potassium en fusion ne produisent aucune attaque. Seule la potasse caustique en fusion transforme le siliciure de carbone en un mélange de carbonate et de nitrate de potassium.

La densité du siliciure de carbone est 3,12; les cristaux possèdent une grande dureté et rayent avec facilité le rubis.

Préparation industrielle du carborundum. — Le carborundum est obtenu par le passage du courant électrique au sein d'un mélange de charbon de cornue, de sable de verrier et de sel marin, dans les proportions suivantes :

Charbon de cornue............	45,5
Sable..........................	36,5
Sel marin......................	18,0

Le chlorure de sodium ne joue qu'un rôle mécanique.

Ce mélange donne environ 25 0/0 de son poids de carborundum commercial.

Le four employé pour la réduction du mélange, dont les figures schématiques 267 et 268 représentent des sections à angle droit, ne sert qu'à une opération. Ce n'est du reste, à proprement parler, qu'une enceinte rectangulaire en briques réfractaires de 1,83 de long sur 0,46 de large et 0,30 de profondeur.

On a trouvé en effet que l'emploi d'un four pour plusieurs opérations successives réduisait la production en raison de la conductibilité qui se développe dans les incrustations formées sur les briques, si celles-ci ne sont pas désunies, grattées et nettoyées avant d'être employées à nouveau.

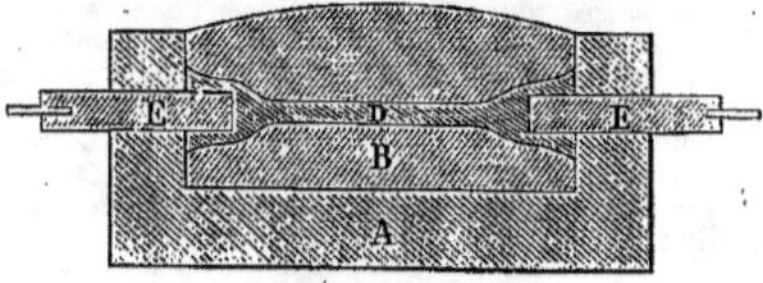

Fig. 267.

Fig. 268.

Fig. 267-268. — Four électrique pour la préparation industrielle du carborundum.

A, massif en maçonnerie; — B, mélange soumis à l'action calorifique du courant; — C, couche de carborundum commercial; — D, noyau central conducteur; — E, électrodes en charbon; — G, couche de carborundum impur; — W, siliciure de carbone amorphe.

Une enceinte présentant les dimensions indiquées ci-dessus, suffit à la transformation d'une quantité de mélange ternaire suffisant pour produire 22-23 kilogrammes de carborundum; l'opération dure de 7 heures et demie à 8 heures avec un courant de 200 ampères et 50 volts, ce qui correspond à peu près à une consommation d'énergie de 120 chevaux-heures.

Après refroidissement, on trouve que les différentes parties de l'intérieur de la masse sont les suivantes :

1° G, une enveloppe d'un noir brillant autour d'un noyau central conducteur; au voisinage immédiat de celui-ci on trouve des cristaux de graphite; plus loin un mélange de cristaux de carborundum et de graphite à raison de 66 0/0 de graphite et de 34 0/0 de carborundum. Le carborundum de cette zone G renferme 30,5 0/0 de carbone et 68,3 0/0 de silicium à côté d'une petite quantité de fer et de chaux. Le carborundum est séparé du graphite par un courant d'air à chaud.

2° La zone C est constituée par le carborundum marchand.

3° La zone W est une gaine d'un blanc verdâtre, constituée par du siliciure de carbone amorphe, de valeur nulle.

4° Enfin la zone B représente le mélange primitif inattaqué.

On peut représenter la formation du carborundum par la formule suivante :

$$SiO^2 + 3C = SiC + 2CO.$$

Pendant la réaction, il se dégage en effet des torrents d'oxyde de carbone.

Le carborundum de la zone C a la composition suivante :

Si..............................	62,70
C..............................	36,26
$Fe^2O^3 + Al^2O^3$............	0,93
MgO............................	0,11

Les cristaux sont désagrégés par trituration dans un bac de fonte où tournent deux lourdes meules de même métal, puis placés dans des réservoirs en pierre, où on les laisse dans l'acide sulfurique étendu pendant 7 jours, afin de les débarrasser de tout le fer qu'ils contiennent.

Les cristaux sont alors triés et classés en différentes grosseurs dans une série de bacs, et les diverses qualités sont désignées par le nombre de minutes pendant lesquelles la poudre cristallisée reste en suspension dans l'eau, 6 minutes étant la poudre la plus fine, 1 minute la plus grossière.

Fabrication des meules de carborundum. — Pour fabriquer des meules à base de carborundum, on commence par y incorporer 30 0/0 d'un ciment qui est un mélange d'argile et de silice; on forme la masse et on la comprime à l'aide d'une presse hydraulique dans des moules appropriés. Les pièces sont ensuite disposées sur des plaques d'argile, puis, quand on en a préparé un nombre suffisant, on les laisse sécher à l'air et on les étage enfin dans un four à potier qui est muré. On dirige la cuisson lentement au début, puis on élève la température progressivement jusqu'à ce qu'un échantillon du produit commence à montrer des signes manifestes de fusion.

Quand on en arrive à ce point, on maintient pendant quelque temps le feu à cette température, puis on l'abaisse progressivement et on laisse refroidir lentement. Toute l'opération dure de 60 à 80 heures. Au bout de ce temps on ouvre le four et on retire les objets, qui ont une couleur verte.

Usages industriels. — 1° A l'état de poudre impalpable dite 6 *minutes*, le carborundum est utilisé par les lapidaires des États-Unis pour le polissage après taille du diamant et d'autres pierres précieuses.

2° La poudre de 4 *minutes* peut s'employer pour le dépolissage du verre.

3° En roues minces et de petit diamètre, le carborundum est employé par les dentistes pour couper, égaliser, scier les dents naturelles et artificielles.

4° La Compagnie d'Éclairage électrique Westinghouse consomme par mois plusieurs milliers de roues épaisses et d'un petit diamètre employées au calibrage intérieur des goulots de lampes à incandescence.

5° Des roues de tous diamètres sont employées à tous les usages pour lesquels on se sert de l'émeri, polissage de pièces d'acier, aiguisage et affutage, etc., avec, dit-on, l'avantage que le renouvellement de la surface se fait assez rapidement pour éviter l'échauffement de la pièce, et par suite la perte de sa trempe.

PRÉPARATION DES CARBURES MÉTALLIQUES.

On sait depuis longtemps que les métaux peuvent se combiner au carbone pour former des carbures, dans lesquels le métal domine généralement. Le type de ces carbures est la fonte de fer. Nous avons eu souvent l'occasion, dans les pages précédentes, de mentionner la formation de ces carbures, qui sont un produit intermédiaire de la fabrication des métaux réfractaires au four électrique.

Il existe une autre classe de composés, provenant de l'union des métaux alcalino-terreux avec le carbone; ces carbures se distinguent nettement des corps mentionnés ci-dessus, en ce sens qu'ils sont de composition constante et représentent une espèce chimique déterminée. Ils diffèrent en outre des carbures des métaux lourds par leur facile décomposition sous l'influence de l'eau. C'est sur cette dernière propriété que reposent leurs applications industrielles, qui ne sont devenues possibles que depuis que l'on a appris à les produire avec facilité au four électrique.

En effet, les carbures de calcium, de baryum ou de strontium, soumis à l'action de l'eau, se décomposent en fournissant de l'acétylène pur:

$$C^2Ca + 2H^2O = Ca(OH)^2 + C^2H^2.$$

Le *carbure de calcium*, qui est le composé le plus intéressant de la série, a été préparé pour la première fois par Wöhler en 1862 [*Ann. Chem.*, **125**, 120] en chauffant à une température élevée un alliage de zinc et de calcium avec du charbon.

Dans les conditions observées par Wöhler, on obtient un produit amorphe, très impur, ne donnant, par décomposition au moyen de l'eau, que des quantités relativement faibles d'acétylène impur.

Trente ans plus tard, M. Maquenne a préparé le carbure de baryum amorphe, en faisant agir le magnésium en poudre sur le carbonate de baryum [*Ann. Chim. Phys.*, (6), **22**, 257]. La réaction qui a lieu est exprimée par l'équation

$$2BaCO^3 + 6Mg = 6MgO + Ba + C^2Ba.$$

Le carbure ainsi obtenu fournit, quand on le décompose par l'eau, de l'acétylène renfermant de 3 à 7 0/0 d'hydrogène libre.

Chose curieuse, le carbonate de calcium réagit beaucoup plus difficilement avec le magnésium pour former un carbure; le gaz obtenu par décomposition du produit de la réaction ne renferme que de petites quantités d'acétylène.

M. Moissan a observé, en 1892, qu'à la température de 3000° obtenue au four électrique, le charbon réduit avec rapidité l'oxyde de calcium; le métal mis en liberté s'unit au charbon des électrodes pour former un carbure de calcium liquide au rouge, qu'il est facile de recueillir [*C. R.*, **115**, séance du 12 déc. 1892].

Dans un brevet américain, déposé le 9 août 1892, et publié en 1893, M. Wilson a indiqué qu'on pouvait obtenir au four électrique, sous forme de masse pulvérulente, un carbure de calcium dont il n'a pas décrit les propriétés (Wilson, brevet américain n° 492 377, déposé le 9 août 1892, accordé le 21 février 1893).

Dans les conditions relatées par M. Wilson, on obtient un carbure amorphe assez impur; en effet M. Wilson empêche la formation d'un bain fondu par l'emploi d'un excès de charbon; dans ces conditions, il est à peu près impossible d'obtenir un carbure de composition chimique déterminée.

En 1894, M. Moissan, en étudiant au four électrique l'action du charbon sur la chaux à une haute température, a le premier préparé un carbure de calcium pur et cristallisé, ainsi que les carbures de baryum et de strontium, et a décrit d'une manière complète les propriétés physiques et chimiques de ces carbures; il a démontré que le carbure de calcium, préparé d'après ses indications, donnait par l'action de l'eau un acétylène chimiquement pur, et que le rendement était, à peu de chose près, égal au rendement prévu par la théorie [*C. R.*, **118**, séance du 5 mars 1894].

Contrairement à M. Wilson, M. Moissan opère en pleine fusion du mélange formé conformément aux quantités théoriques, et c'est à l'aide de la chaleur intense produite par un fort courant qu'il arrive à obtenir à l'état fondu un produit unique, répondant à la formule CaC^2, et qui se prend par le refroidissement en une masse cristalline.

La préparation industrielle du carbure de calcium à l'aide du procédé indiqué par M. Moissan est des plus simples: il suffit de chauffer à la température du four électrique un mélange de charbon et de chaux vive ou de charbon et de carbonate de calcium, correspondant aux équations suivantes :

$$CaO + 3C = CaC^2 + CO,$$
$$CaCO^3 + 4C = 3CO + CaC^2.$$

L'emploi de la chaux vive est, de beaucoup, plus avantageux que celui du calcaire. C'est le mélange employé industriellement.

Le carbure de calcium préparé au four électrique se présente sous la forme d'une masse fondue, noirâtre, à cassure nettement cristalline. Sa densité à 18° = 2,22.

Le carbure de calcium est insoluble dans tous les réactifs ; l'hydrogène n'agit pas sur lui ; le chlore à 245° le décompose avec incandescence en chlorure de calcium et charbon ; à froid et avec du chlore sec, l'action est nulle.

Le carbure de calcium, comme les autres carbures alcalino-terreux, est doué de propriétés réductrices énergiques. C'est un excellent agent de désulfuration et de déphosphoration ; il paraît donc pouvoir être appliqué avec avantage pour la purification des métaux par voie métallurgique.

L'action de l'eau sur le carbure est des plus énergiques : l'acétylène produit est entièrement absorbable par le sous-chlorure de cuivre.

Grâce à la découverte de ce nouveau mode de production, l'acétylène est devenu un corps susceptible d'être fabriqué à bas prix, et ses applications deviendront certainement sous peu la base d'une industrie importante. Nous citerons parmi ces applications, et en première ligne la production d'un gaz d'éclairage d'un très grand pouvoir éclairant, aisément transportable, l'acétylène pouvant être liquéfié tout comme l'anhydride carbonique.

Dans de bonnes conditions, au point de vue de la production de l'énergie électrique, on peut espérer arriver à produire le carbure de calcium à 100-125 francs la tonne. Or, une tonne de carbure donnant environ 300 mètres cubes de gaz acétylène, on voit que le prix de revient du mètre cube de ce gaz peut osciller entre 0 fr. 35 et 0 fr. 40. Ce prix peut paraître élevé à première vue ; mais il ne faut pas oublier que le pouvoir éclairant de l'acétylène, brûlé il est vrai dans un bec papillon dit type Ville de Paris, est équivalent à 25 fois le pouvoir éclairant du gaz de houille.

L'emploi de l'acétylène présente toutefois un inconvénient que nous devons signaler. Ce gaz, en effet, est formé avec absorption de chaleur, et jouit de propriétés explosives nettement caractérisées. Comme l'a prouvé M. Berthelot, soumis à l'action du choc brusque produit par la décomposition du fulminate de mercure, il se décompose en charbon et en hydrogène.

Si ces propriétés se retrouvent dans l'acétylène liquéfié, il y aurait lieu de ne l'employer qu'avec certaines précautions que la pratique indiquera ; peut-être même serait-il nécessaire de n'employer l'acétylène qu'à l'état de gaz, en le produisant au fur et à mesure des besoins.

Carbure d'aluminium, Al^4C^3. — La préparation du carbure d'aluminium peut s'effectuer aisément dans le four à tube décrit p. 447, en présence d'un courant d'hydrogène ; on obtient ainsi un carbure jaune, cristallisé, doué de propriétés réductrices bien marquées. Ce corps décompose lentement l'eau à la température ordinaire en dégageant du méthane, d'après l'équation

$$Al^4C^3 + 12H^2O = 3CH^4 + 2Al^2(OH)^6.$$

Le *carbure de glucinium* se comporte de même. C'est le premier exemple d'une semblable décomposition. Peut-être ces carbures interviennent-ils dans les phénomènes géologiques qui produisent depuis des siècles des dégagements de gaz des marais.

ANALYSE ÉLECTROCHIMIQUE.

L'analyse électrochimique est de date récente ; elle a acquis toutefois un très grand développement, car elle permet d'exécuter des analyses en un temps relativement court et sans grande surveillance ; de plus, les résultats ne laissent rien à désirer au point de vue de l'exactitude.

Ce sont principalement les laboratoires des usines métallurgiques qui emploient les procédés d'analyse électrochimique ; ces derniers sont surtout avantageux lorsqu'on a toujours les mêmes dosages à effectuer, ce qui est généralement le cas pour ces établissements.

Nous ne nous occuperons pas ici des détails de dosage de chaque corps, qu'on trouvera lors de la description des méthodes analytiques applicables à chaque métal ; nous nous proposons simplement de décrire brièvement l'outillage nécessaire à l'exécution des analyses électrochimiques.

Sources d'électricité. — Pendant longtemps, les seules sources d'électricité étaient les piles ; depuis l'application des générateurs électromécaniques, il existe nombre d'usines munies d'une canalisation électrique ; dans ce cas, on peut avec facilité se brancher sur la canalisation et utiliser ainsi le courant fourni par les dynamos. Toutefois, comme les opérations analytiques n'exigent qu'une faible quantité d'électricité, on peut sans trop d'inconvénients employer les piles. Nous ne décrirons pas ici les divers modèles de piles à liquides qui ont été proposés dans ce but ; nous nous bornerons, à titre d'exemple, à une courte description des piles thermo-électriques qui, combinées avec une batterie d'accumulateurs, peuvent rendre d'excellents services partout où l'on dispose de gaz d'éclairage au laboratoire.

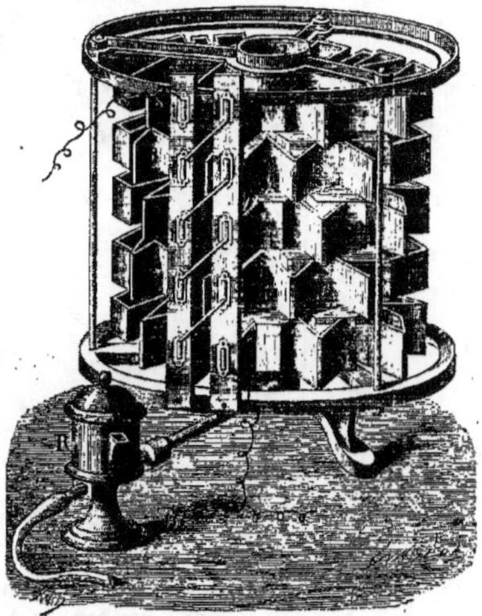

Fig. 269. — Pile thermo-électrique Clamond.

Pour des laboratoires qui exécutent un très grand nombre d'analyses, il peut être avantageux de recourir à une dynamo chargeant des accumulateurs.

Le courant fourni par les accumulateurs est plus constant que celui des meilleures piles et donne en conséquence des dépôts d'une remarquable régularité.

Lors même qu'on emploie des piles comme sources d'électricité, il est toujours préférable de les employer à charger des accumulateurs, qui ont, entre autres avantages, celui d'être toujours prêts à fournir du courant et de ne pas consommer d'énergie à circuit ouvert.

La figure 269 représente la pile thermo-électrique Clamond. Cet appareil se compose d'un grand nombre de barres formées d'un alliage d'antimoine et de zinc et de lames de fer-blanc qui constituent chacune un élément de pile. Ces lames de fer-blanc reposent sur la partie supérieure des barres de l'alliage antimonieux, de manière à constituer un assemblage d'éléments en tension. Les pôles de chaque couronne d'éléments aboutissent à des serre-fils, et chaque élément ainsi que chaque série d'éléments est isolé par une couche d'amiante. Au centre de l'appareil se trouve un cylindre en porcelaine ou en terre réfractaire, perforé de nombreux trous et qui fait fonction de brûleur; un régulateur R maintient constante la pression du gaz, afin d'éviter une surchauffe qui mettrait rapidement l'appareil hors de service.

Lorsqu'on veut interrompre la production du courant, il faut avoir soin, avant de fermer le robinet à gaz, de fermer l'ouverture C pour éviter un refroidissement trop brusque du brûleur en terre qui occasionnerait sa rupture.

Pile Gülcher. — La pile thermo-électrique

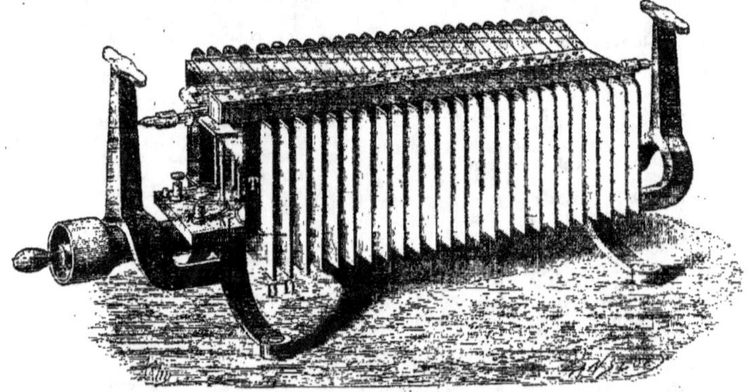

Fig. 270. — Pile thermo-électrique Gülcher.

T, tubes en maillechort constituant les électrodes positives et servant en même temps de brûleurs; — M, plaque isolante en ardoise; — D, lames de cuivre servant de réfrigérant et reliant les éléments entre eux.

imaginée par M. Gülcher est très employée en Allemagne; elle est représentée par la figure 270, la figure 271 donnant le détail d'un élément.

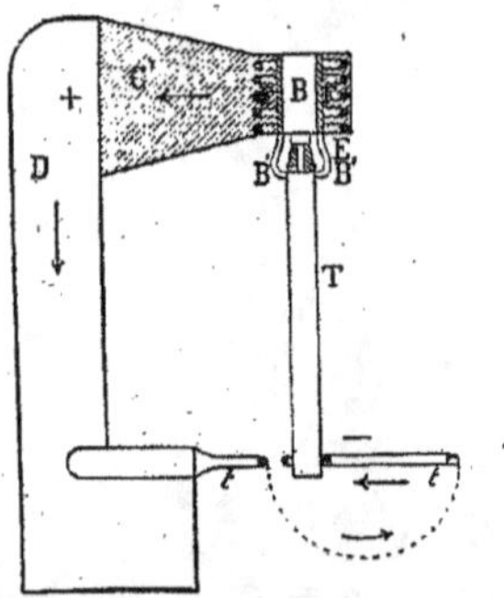

Fig. 271. — Détails de la pile Gülcher.

T, tube en maillechort servant d'électrode positive et de brûleur; — E, brûleurs en stéatite; — B, tube réunissant les deux électrodes par les griffes B', B'; — C, électrode négative; — D, lames de cuivre servant de réfrigérant et reliant les éléments entre eux par les tiges *t*, *t*; — F, spirale métallique.

La pile Gülcher de la figure 270 est composée de deux séries parallèles de 25 éléments; les électrodes positives sont constituées par des tubes minces en maillechort, T, qui servent de brûleurs. Ces tubes sont fixés sur une plaque d'ardoise M et munis à leur partie supérieure de brûleurs en stéatite E à un seul trou.

Le tube B qui réunit les deux électrodes porte quatre griffes B' qui sont brasées sur le tube T; quant aux électrodes négatives C, elles sont constituées par un alliage antimonieux et coulées autour de la partie cylindrique B, de manière à constituer un point soumis à l'action de la chaleur des cylindres évidés C; autour de ces cylindres se trouve une spirale métallique F qui a pour objet d'éviter la production de fissures par l'action de la chaleur.

Les électrodes négatives portent à l'extérieur un prolongement triangulaire C', auquel est soudée une queue D formée d'une lame de cuivre; ces lames de cuivre sont prises dans des fentes pratiquées sur le plateau en ardoise M et servent à la fois au refroidissement par surface et comme conducteurs pour associer entre eux les différents éléments par l'intermédiaire des tiges de cuivre *t*, *t*.

Pour mettre la pile en marche, on allume avec précaution chaque brûleur, et au bout de 10 minutes la pile est assez chaude pour donner la force électromotrice normale. Il est nécessaire, si la pression du gaz est susceptible de changer aux différentes heures de la journée, d'intercaler entre la conduite et la pile un régulateur comme on le fait pour la pile Clamond.

Le plus grand modèle de la pile Gülcher est composé de 66 éléments; sa résistance est de 0,65 ohm et sa force électromotrice de 4 volts;

ce modèle remplace donc aisément 2 gros éléments Bunsen. Avec une résistance extérieure égale à la résistance de la pile, l'intensité du courant est de 3 ampères. Quant à la consommation de gaz, elle est de 170 litres à l'heure, de sorte qu'un mètre cube de gaz d'éclairage peut produire une énergie de 70 watts-heures. On voit d'après ces

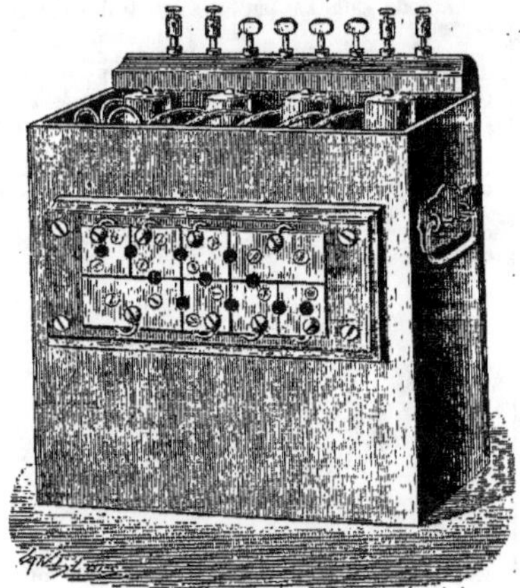

Fig. 272. — Batterie d'accumulateurs.

chiffres quel rendement défavorable ont encore les générateurs thermo-électriques, puisque un mètre cube de gaz brûlé dans un moteur à gaz actionnant une dynamo peut produire une énergie électrique au moins décuple.

On a quelquefois besoin, pendant quelques heures, d'un courant d'une intensité plus considérable que celui que peut fournir la pile; dans ce cas l'emploi des accumulateurs est tout indiqué. On charge les accumulateurs par le courant de la pile pendant 24 heures, et on utilise ensuite un courant plus intense, en déchargeant les accumulateurs en un laps de temps moindre. On peut également faire fonctionner en même temps les accumulateurs et la pile, de façon à avoir l'intensité maxima.

La figure 272 montre une batterie d'accumulateurs contenant 4 éléments à 8 ampères-heures de capacité; la figure 273 indique les divers modes d'accouplement des quatre éléments. En A, tous les éléments sont réunis en quantité, la tension est alors de 2 volts aux bornes; en D, tous les éléments étant réunis en tension, la force électromotrice atteint 8 volts; naturellement l'intensité du courant est alors quatre fois moindre que dans le premier cas; B et C représentent des groupements intermédiaires, pouvant donner, l'un une force électromotrice de 4 volts, l'autre de 6 volts; les connexions entre les divers éléments s'effectuent à l'aide de chevilles bien décapées, qui se fixent dans les trous de la plaque métallique fixée sur la boîte des accumulateurs.

Réglage de l'intensité du courant. — Si la batterie de piles, d'accumulateurs, etc., dont on dispose pour l'analyse électrochimique donne un courant d'une intensité de 2 ampères par exemple, et qu'on ait besoin d'un courant de 1 ampère, il faut réduire l'intensité du courant en intercalant entre la source d'électricité et l'appareil où s'exécute l'analyse un rhéostat; nous décrirons ici, à titre d'exemple, deux modèles de rhéostats.

Rhéostat à liquide. — Cet appareil se compose d'un cylindre en verre de 8 centimètres de diamètre et 22 centimètres de longueur, muni à une de ses deux extrémités d'un couvercle métallique et à l'autre d'un bouchon dans lequel s'engage à frottement une tige métallique fixée à un disque d'un diamètre légèrement inférieur à celui du cylindre de verre et qui peut se mouvoir librement à l'intérieur de celui-ci. Le cylindre est rempli entièrement d'une dissolution saturée de sulfate de zinc; la tige du piston ainsi que le fond opposé du cylindre sont munis de serre-fils qui permettent d'intercaler l'appareil entre la source d'énergie électrique et l'appareil d'électrolyse. On conçoit aisément que la résistance du circuit augmente au fur et à mesure qu'on éloigne le piston du fond du cylindre.

Un appareil encore plus simple et facile à construire soi-même est le suivant, dû à M. Smith (fig. 274). Ce rhéostat se compose d'un châssis en bois de 2 mètres de long et 50 centimètres de large sur lequel on tend, comme l'indique la figure, un fil de fer de faible diamètre et de 100-150 mètres de longueur. A l'aide de serre-fils et d'une simple pince mobile que l'on peut fixer à volonté en n'importe quel point du circuit, on peut faire varier la résistance dans des limites aussi grandes qu'on le désire.

Appareils de mesure. — Pour les analyses électrochimiques comme pour toute autre application de l'énergie électrique, il est nécessaire de mesurer la force électromotrice et l'intensité du courant employé; on se sert pour cela des appareils de mesure usuels, *voltmètre* et *ampèremètre*. Ces appareils ne diffèrent des appareils de contrôle des stations d'éclairage électrique que par leurs dimensions; en effet, on opère en analyse électrochimique avec des courants de faible intensité, ne dépassant pas quelques ampères; la force électromotrice ne varie également que de 2 à 6 volts. Les voltmètres et ampèremètres sont donc gradués par dixièmes de volt ou d'ampère, avec une course maxima de 10 unités, ce qui suffit dans la plupart des cas.

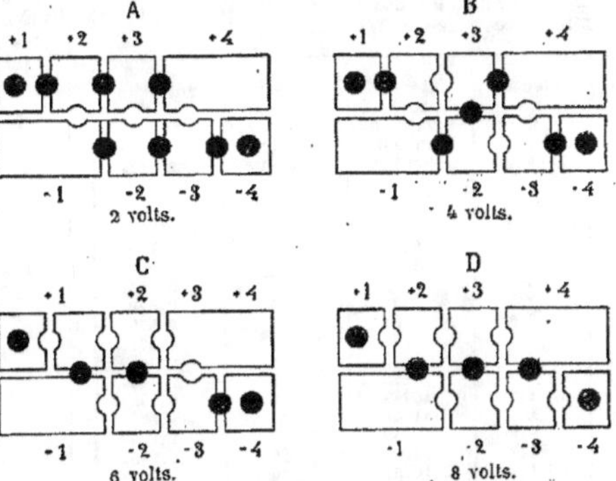

Fig. 273. — Différents modes de couplage des accumulateurs.

On a l'habitude, dans les ouvrages et mémoires anciens traitant des procédés d'analyse électrochimique, d'indiquer l'intensité du courant en centimètres cubes de gaz tonnant dégagé par minute, et la force électromotrice en éléments Daniell; 1 daniell équivaut, à très peu de chose près, à 1 volt. En ce qui concerne les données d'intensité exprimées en centimètres cubes de gaz

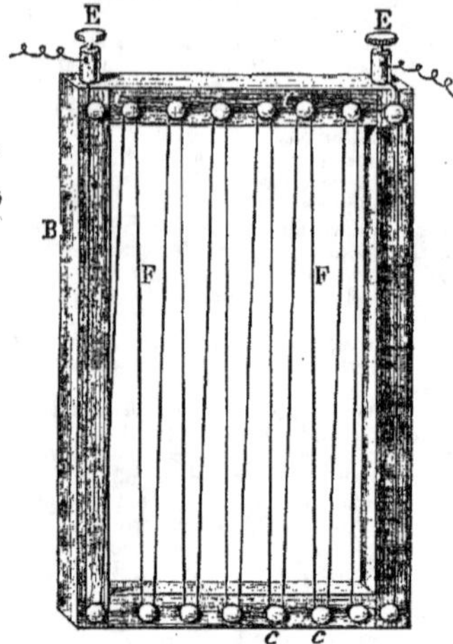

Fig. 274. — Rhéostat Smith.

B, cadre en bois; — c, c, chevilles recevant le fil F; — F, fil de fer constituant la résistance; — E, E, bornes.

tonnant à la minute, notons que 1 ampère = 10^{cc},436 gaz tonnant par minute, à 0° et 760 millimètres.

Le tableau suivant donne le moyen de transformer les indications d'intensité exprimées en ampères en centimètres cubes de gaz tonnant par minute, et vice-versa.

Intensité du courant en ampères	Intensité du courant en cc. de gaz tonnant par minute	Intensité du courant en cc. de gaz tonnant par minute	Intensité du courant en ampères
0,1	1,04	1	0,096
0,2	2,09	2	0,192
0,3	3,13	3	0,287
0,4	4,18	4	0,383
0,5	5,22	5	0,479
0,6	6,62	6	0,575
0,7	7,31	7	0,671
0,8	8,35	8	0,766
0,9	9,39	9	0,862
1,0	10,44	10	0,958
1,1	11,48	11	1,054
1,2	12,52	12	1,150
1,3	13,57	13	1,245
1,4	14,61	14	1,341
1,5	15,65	15	1,437
1,6	16,70	16	1,533
1,7	17,74	17	1,629
1,8	18,78	18	1,724
1,9	19,83	19	1,820
2	20,87	20	1,916
3	31,31	30	2,874
4	41,75	40	3,832
5	52,18	50	4,790
6	62,62	60	5,748
7	73,05	70	6,706
8	83,51	80	7,664
9	93,92	90	8,622
10	104,36	100	9,580

Appareils pour l'exécution des analyses. — L'exécution d'une analyse quantitative par l'électrolyse exige en premier lieu la plus grande propreté; les cathodes destinées à recevoir les dépôts métalliques, les contacts, doivent tous être décapés avec le plus grand soin. Faute d'observer ces précautions minutieuses, on obtient, ou un courant irrégulier, ou des dépôts se détachant de la cathode, donnant par conséquent des résultats erronés.

Il est avantageux d'employer des cathodes de dimensions relativement grandes, qui permettent d'obtenir plus facilement des dépôts très adhérents. Il en est de même pour les analyses donnant des dépôts des éléments à l'état de peroxydes (peroxyde de plomb, peroxyde de manganèse) dont l'adhérence laisse parfois à désirer. Dans ce cas, au lieu d'employer des anodes en métal poli, on se sert de capsules en platine, dépolies au préalable à l'extérieur par un jet de sable.

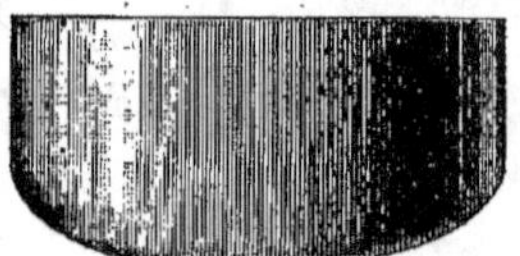

Fig. 275. — Cathode en platine.

Une excellente cathode est représentée par la figure 275; c'est une capsule en platine mince de 9 centimètres de diamètre, 4^c,2 de profondeur et d'une capacité de 200 centimètres cubes environ. Son poids est de 35-37 grammes. Cette capsule doit être soigneusement polie et conservée avec une surface aussi lisse que possible.

Comme anode on emploie, ou une capsule de la forme indiquée figure 275, de 50 millimètres de diamètre et de 20 millimètres de profondeur, ou un disque en platine fixé sur une tige de même métal; l'anode doit être perforée en plusieurs endroits, pour faciliter la circulation du liquide.

Supports. — Les figures 276 et 277 repré-

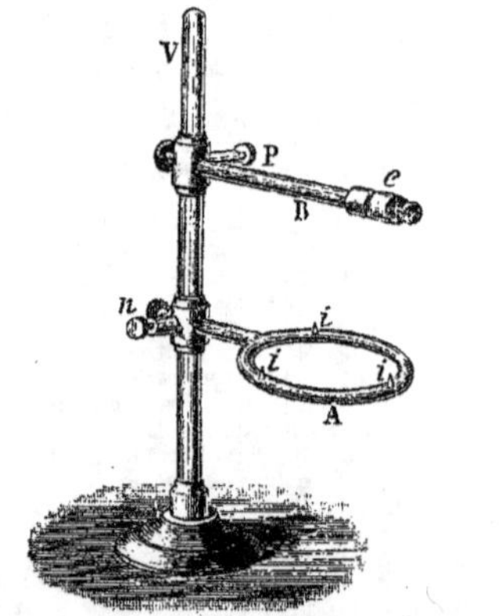

Fig. 276. — Support pour l'analyse électrolytique.

V, tige en verre; — B, tige en métal communiquant avec le pôle positif; — e, partie recevant l'anode par le serre-fil P; — A, support métallique muni de trois cales en platine i, i, i recevant la capsule qui sert de cathode; n, serre-fil relié au pôle négatif.

sentent des supports très pratiques, imaginés par M. Classen. Le support H consiste en une tige en verre V, qui porte un bras B communiquant en P avec le pôle positif du générateur d'électricité.

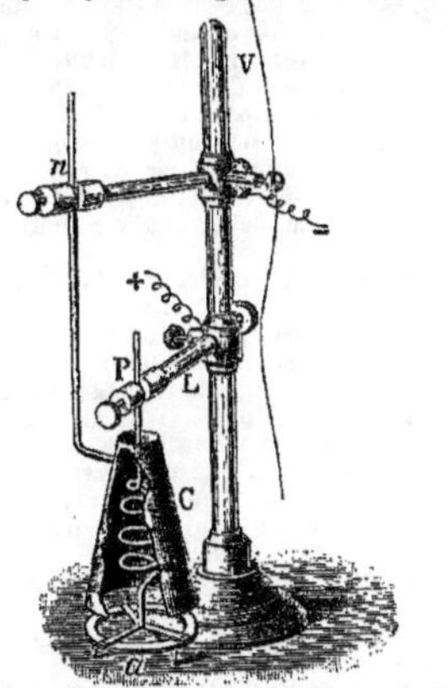

Fig 277. — Support et électrodes pour l'analyse électrolytique.

V, tige en verre; — C, lame en platine servant de cathode, reliée en *n* à la tige communiquant avec le pôle négatif; — L, tige métallique reliée en P à l'anode *a*.

L'anneau en métal A est muni de trois petites cales en platine *i*, *i*, *i*, sur lesquelles vient se placer la capsule qui sert de cathode; le serre-fils *n* est relié au pôle négatif; quant à l'anode, elle est fixée en *e* et reliée au pôle positif par le serre-fils P.

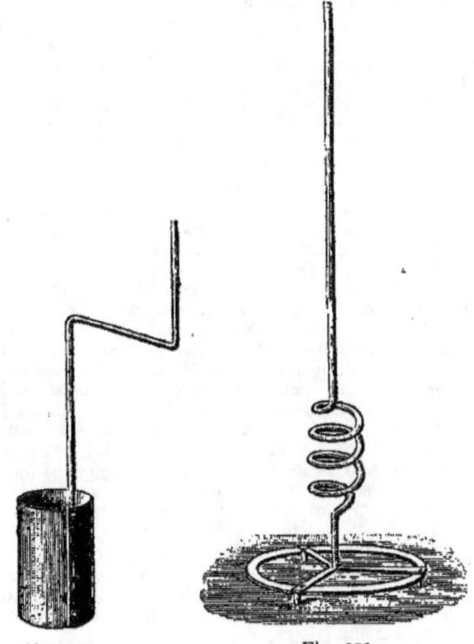

Fig. 278. Fig. 279.

Électrodes pour le dosage électrolytique du cuivre.

Lorsqu'on emploie comme cathode un cône en platine représenté en C dans la figure 277, on se sert d'un support construit d'une manière analogue au précédent, si ce n'est que l'anneau A est remplacé par un bras L sur lequel on fixe l'anode *a*, la cathode C, qui enveloppe l'anode, étant fixée en *n*.

Ce dernier dispositif est surtout commode lorsqu'on doit déposer des métaux d'une liqueur acide; l'opération étant terminée, on enlève rapidement le support avec les électrodes, que l'on plonge tout de suite dans l'eau distillée; on élimine ensuite l'eau adhérant à la cathode en se servant d'une pipette remplie d'alcool.

Les électrodes représentées dans les figures 278 et 279 servent principalement pour les dosages du cuivre.

Les figures 280 et 281 représentent l'appareil

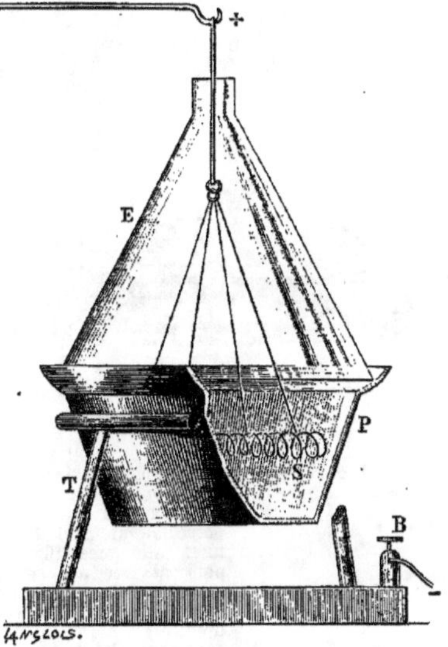

Fig. 280. — Appareil Herpin, pour l'analyse électrolytique.

T, trépied communiquant par la borne B avec le pôle négatif; P, capsule en platine servant de cathode; — S, anode (détail fig. 281); — E, entonnoir en verre.

imaginé par M. Herpin pour l'analyse par électrolyse.

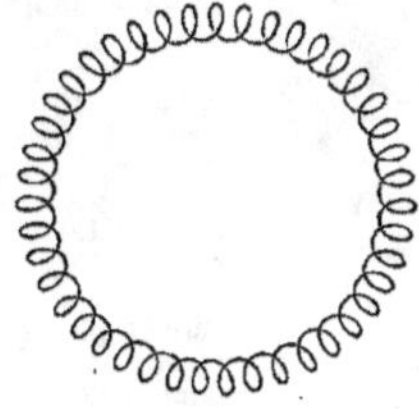

Fig. 281.

Anode en fil de platine de l'appareil Herpin.

La capsule en platine P de forme spéciale repose sur le trépied T, qui est en communication par la borne B avec le pôle négatif; l'anode est constituée par une spirale S en fil de platine reliée au pôle positif; l'entonnoir E est destiné à éviter toute perte éventuelle par projection.

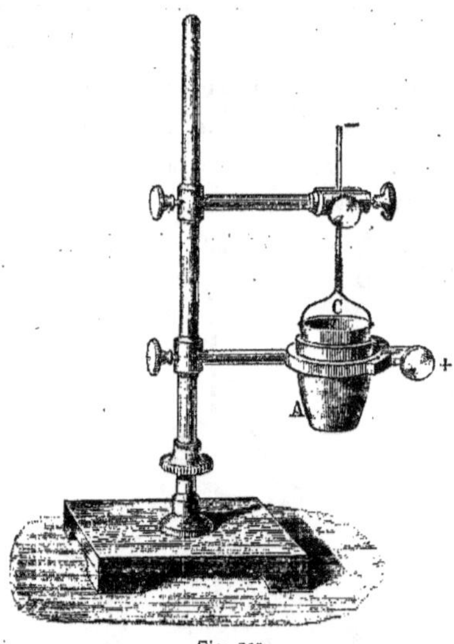

Fig. 282.
Appareil Riche pour l'analyse électrolytique.
C, cathode; — A, anode.

Les figures 282 et 283 représentent l'appareil de M. Riche; il se compose d'une cathode C formée d'un cône en platine ouvert aux deux extrémités et percé latéralement d'ouvertures allongées (fig. 283) pour assurer une circulation facile du liquide pendant l'électrolyse; cette cathode est immergée dans un creuset en platine A qui sert d'anode, de manière à maintenir entre les deux électrodes un espace annulaire de 2-4 millimètres.

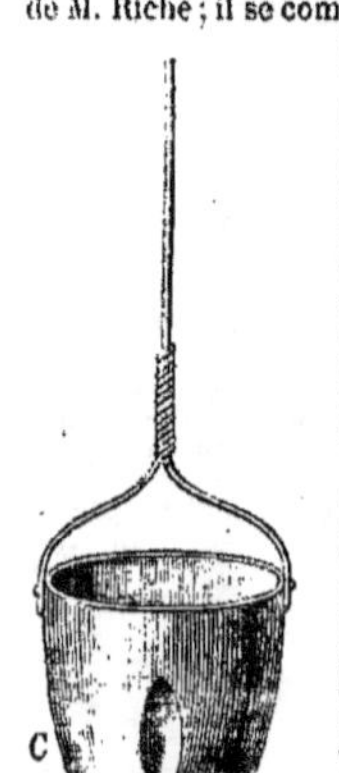

Fig. 283.
Appareil Riche, pour l'analyse électrolytique.
Détail de la cathode C.

Exécution des analyses électrochimiques. — Lorsqu'on emploie comme liquide électrolytique des oxalates doubles, il est préférable de partir, ce qui est généralement le cas, d'un sulfate, sel qui se prête très bien à la transformation en oxalate; les chlorures sont moins à recommander et les nitrates à proscrire absolument.

Si on est parti d'un chlorure et que l'on observe un dégagement de chlore pendant l'électrolyse, il faut ajouter au liquide, peu à peu, de l'oxalate d'ammonium jusqu'à disparition de l'odeur de chlore. Pour la formation des oxalates doubles, on emploie tantôt l'oxalate de potassium, tantôt l'oxalate d'ammonium, tantôt un mélange de ces deux sels.

Les liquides chauds étant plus conducteurs que les liquides froids, on exécute souvent l'électrolyse à une température de 40-50°; l'opération est alors 2 ou 3 fois plus rapide qu'à la température ordinaire, et si l'on dispose d'assez de temps, on peut réduire à la moitié ou au tiers l'intensité du courant pour arriver au même résultat.

Il est toutefois des analyses qui doivent être exécutées à la température ordinaire.

En tout cas, on ne doit jamais opérer à la température de l'ébullition, car, dans ce cas, le dépôt métallique n'adhère plus à la cathode et rend par conséquent une détermination quantitative impossible.

Lorsque l'analyse électrolytique effectuée vers 50° dure un certain temps, il importe d'éviter autant que possible l'évaporation de l'électrolyte, afin de ne pas risquer d'altérer par l'action de la vapeur d'eau et de l'air le dépôt mis à nu sur la cathode; on atteint ce résultat en versant de temps à autre de l'eau froide sur le verre de montre qui recouvre la capsule servant de récipient, pour condenser et faire refluer la vapeur d'eau qui se dégage du liquide chauffé, et maintenir ainsi son niveau constant.

L'opération étant achevée, on verse le liquide épuisé dans un vase à précipité, on lave la capsule trois fois à l'eau distillée froide, puis trois fois avec de l'alcool absolu; un séjour de 5 minutes de la cathode dans l'étuve chauffée à 70-90°, suffit pour enlever toute trace d'humidité; on laisse refroidir la cathode dans le dessiccateur et on pèse.

Oxydation des sulfures par le courant électrique. — Si on traite les sulfures naturels, tels que les pyrites et les sulfures de cuivre, par la potasse caustique en fusion, en faisant agir en même temps sur le mélange un courant électrique, on arrive à transformer rapidement la totalité du soufre en sulfate. Les métaux contenus dans le minerai se séparent à l'état libre ou à l'état d'oxydes, lorsqu'on dissout dans l'eau le produit de la réaction.

Ce procédé d'oxydation électrique est beaucoup plus commode et plus rapide que les procédés analytiques usuels; nous en donnerons une description sommaire.

On chauffe 20 grammes de potasse caustique dans un creuset en nickel de 3 centimètres de hauteur et 3 cent. et demi de diamètre, et on modère la flamme du bec Bunsen servant au chauffage, de manière à avoir un liquide recouvert d'une pellicule de potasse. On introduit alors de 0gr,1 à 0gr,2 du sulfure à analyser dans le creuset qui communique avec le pôle négatif de la source d'électricité et l'on plonge dans la masse l'anode, qui est formée d'un gros fil de platine, en ayant soin de recouvrir le creuset d'un verre de montre perforé pour éviter toute projection. Par l'action du courant, le soufre des sulfures est transformé en acide sulfurique qui se transforme à son tour en sulfate au contact de la potasse. Il est quelquefois avantageux d'intervertir brusquement le sens du courant en prenant le creuset comme anode et le fil comme cathode; ceci a pour but de redissoudre les métaux et les oxydes déposés sur les parois, et qui emprisonnent quelquefois des sulfures qui échappent ainsi à l'attaque. Pour opérer commodément cette inversion, on se sert de l'appareil représenté par la figure 284. Suivant que le bloc B est placé comme l'indique la figure, ou en faisant un angle de 90°, c'est tantôt le fil de platine, tantôt le creuset qui fait fonction d'anode.

Dans la plupart des oxydations, on ne doit pas dépasser une intensité de 1 à 1,5 ampère; mais, dans des cas spéciaux, il est nécessaire de porter l'intensité du courant à 4 ampères. Au bout de

10 à 20 minutes de passage du courant, l'oxydation est achevée.

En opérant dans les conditions décrites ci-dessus avec des minerais arséniés, on transforme la totalité de l'arsenic en arséniate.

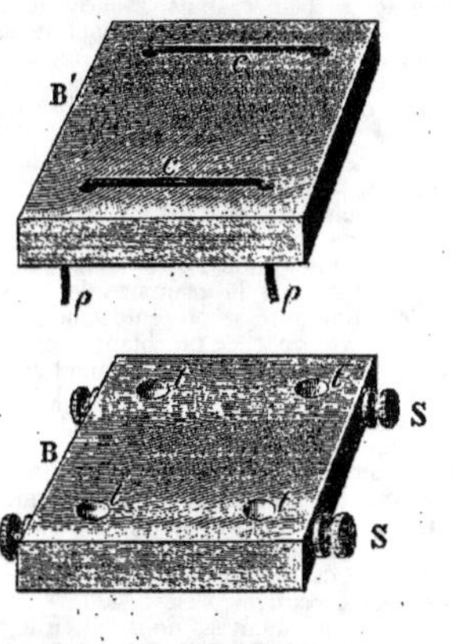

Fig. 284. — Inverseur de courant.

B, bloc en bois percé de 4 trous t, t, t, t; — S, serre-fils communiquant avec le mercure des cavités t par la vis en fer V; — B', bloc en bois servant à l'inversion du courant à l'aide des fils de fer c, c, dont les extrémités ρ, ρ plongent dans le mercure en t.

Ce procédé peut également rendre des services dans l'analyse du fer chromé. Pour 0,1 à 0,5 de ce minerai, on emploie de 30 à 40 grammes de potasse caustique et on fait agir un courant de 1 ampère pendant une demi-heure.

Bibliographie. — Fontaine, *Electrolyse*. — Schnabel, *Handbuch der Metallhüttenkunde*. — Borchers, *Elektrometallurgie*. — Nernst et Borchers, *Jahrbuch der Electrochemie*. — Elbs, *Chemikerzeitung*, 1894, (18), 1563. — Classen, *Elektrochemische Analyse*. — Smith, *Elektrochemische Analyse*. — Berthelot, *Mécanique chimique*. — Haller, *Rapport sur l'Exposition de Chicago*. — Moissan, *Ann. Chim. Phys.*, (7), 4; *Lumière électrique*, 52, 213. — *Elektrochemische Zeitschrift*. — *Elektrotechnische Zeitschrift*. — *Zeitschrift für Elektrochemie*.

G. de Bechi.

ÉLÉMIQUE (ACIDE), $C^{35}H^{56}O^4$. — La liqueur mère alcoolique provenant de la préparation de l'amyrine (voyez ce mot) fournit par évaporation une résine brune, amorphe, qui renferme l'acide élémique. Ce dernier peut en être extrait soit au moyen d'éther de pétrole bouillant vers 60°, soit au moyen de l'éther ordinaire.

1re *méthode*. — On dissout la matière résineuse dans son poids d'éther de pétrole et on ajoute de ce dernier dissolvant jusqu'à ce qu'il commence à se produire un trouble. La dissolution est agitée avec un égal volume de potasse à 10 0/0; par le repos, le liquide se sépare en deux couches et en une masse demi-fluide ressemblant à du savon mou. Cette dernière, agitée avec de l'eau, produit une émulsion qu'on éclaircit avec de l'éther; ce dissolvant s'empare d'une résine amorphe, indifférente, tandis que l'acide élémique se dissout dans l'eau. En saturant par l'acide chlorhydrique le liquide aqueux, on obtient un précipité qui est un mélange d'acide élémique et d'une résine amorphe de nature acide; après lavage et dessiccation, il est traité comme il sera indiqué à propos de la seconde méthode.

2e *méthode*. — La résine est dissoute dans le double de son poids d'éther officinal et la dissolution agitée avec une solution de potasse à 10 0/0; l'acide forme une combinaison potassique qui est retenue par l'éther. En agitant ensuite cette solution éthérée avec de l'eau, on fait passer le sel de potassium dans ce dernier liquide et, si on le sature d'acide chlorhydrique, on obtient le même précipité (mélange d'acide élémique et d'une résine amorphe) que dans la première méthode.

Le précipité obtenu par l'une ou l'autre de ces deux méthodes est dissous dans l'alcool bouillant; par refroidissement, on obtient un dépôt cristallin d'acide élémique encore impur qu'on lave à l'alcool froid. En répétant la même opération un certain nombre de fois, on finit par obtenir l'acide élémique complètement pur.

L'acide élémique forme de petits cristaux incolores, d'un éclat particulier. Il fond à 215° et se solidifie par le refroidissement en une masse amorphe, qu'on peut de nouveau faire cristalliser par dissolution dans l'alcool.

Cet acide est insoluble dans l'eau, facilement soluble dans l'éther, l'alcool, l'alcool méthylique, peu soluble dans le sulfure de carbone.

La solution d'acide élémique possède un faible pouvoir rotatoire à gauche.

Élémate de potassium, $C^{35}H^{55}KO^4, 18H^2O$. — On chauffe au bain-marie de l'acide élémique pulvérisé avec une solution de potasse à 10 0/0; le sel de potassium se sépare très rapidement, en une masse solide, de la potasse en excès. Au contact de l'eau, il subit une décomposition partielle et donne une solution trouble qui s'éclaircit par addition d'une très petite quantité de potasse; le sel se précipite de nouveau si on en ajoute un excès. Il se dissout dans l'alcool étendu et dans l'éther.

Élémate de sodium. — Il se prépare comme celui de potassium, mais n'a pas été analysé.

Élémate d'argent, $C^{35}H^{55}AgO^4$. — En versant une solution alcoolique d'élémate de potassium dans une solution aqueuse de nitrate d'argent, on obtient un précipité volumineux qui se colore en violet. Après lavage et dessiccation, on traite par l'éther qui, par évaporation, abandonne une masse blanche d'élémate d'argent.

Les solutions d'élémate de potassium dans l'alcool étendu fournissent, dans les sels des métaux alcalino-terreux et des métaux lourds, des précipités qui sont solubles dans l'alcool [Buri, *Arch. Pharm.*, (3), 12, 385].

H. Gautier.

ÉLÉOXORITE (Min.) (Nies). — Phosphate ferrique basique hydraté, $2P^2O^5, 8H^2O, 3Fe^2O^3$, voisin de la béraunite, sinon identique avec elle. Très petits cristaux feuilletés, croûtes radiées rouge-brun ou rouge-hyacinthe, avec limonite et dufrénite, de la mine Éléonore, près Bieber, et de la mine Rothläufchen, près Waldgirmes, entre Wetzlar et Giessen, et aussi du comté de Sevier (Arkansas).

Caractères. — Soluble dans l'acide chlorhydrique. Fusible sur le charbon, en un globule noir brillant.

Dureté = 3 à 4. Poussière rouille. Densité = 2,95.

Forme cristalline. — Prisme clinorhombique : $a : b : c = 2{,}751 : 1 : 4{,}0157$; $\beta = 48°33'$. Faces : $d^{1/2} h^1 p$, avec aplatissement suivant h^1. Macles h^1. Clivage h^1.

L. Bourgeois.

ELFSTORPITE (Min.) (Igelström). — Arséniate manganeux, fortement hydraté, en petits cristaux ou druses, jaune pâle, transparents, offrant l'aspect de l'épidote, friables. Se trouve en veinules dans la calcite, avec basiliite, téphroïte, etc., aux mines de Sjögrufvan, gouvernement d'Œrebro (Suède). Clivable, sans doute rhombique. Dureté = 4. Poussière gris-blanchâtre. Chauffé à l'air, noircit; donne de l'eau dans le tube. Réactions du manganèse et de l'arsenic.

ELLAGIQUE (ACIDE), $C^{14}H^6O^8, 2H^2O$. — Aux réactions citées au Dict., 1, 586 et au Suppl., 1, 676, il faut ajouter la suivante, qui est caractéristique : On ajoute à l'acide de l'acide azotique nitreux, puis un peu d'eau; il se produit une coloration rouge de sang [Griessmayer, *Ann. Chem.*, 140, 40].

Constitution. — La formule de Schiff, admise par Henninger au Suppl., 1, se trouve partiellement confirmée. Cette formule admettait quatre OH phénoliques, à cause de la formation d'un dérivé tétracétylé. D'autre part, MM. Barth et Goldschmiedt étaient portés à admettre l'existence d'un dérivé pentacétylé [Suppl., 1, 677]. Mais les expériences ultérieures ont réfuté cette assertion. M. G. Zolffel n'a obtenu qu'un dérivé tétracétylé [*Arch. Pharm.*, (3), 29, 123; *Bull. Soc. Chim.*, (3), 6, 776].

Enfin M. G. Goldschmiedt lui-même, en collaboration avec M. H. Jahoda, reconnaît que la détermination du nombre des oxhydryles de l'acide ellagique ne peut être effectuée avec certitude par l'analyse des dérivés acétylés : en effet, pendant la saponification du dérivé acétylé, une partie de l'acide ellagique se détruit avec formation d'acides qui viennent s'ajouter à l'acide acétique mis en liberté; il en résulte que l'on trouve des chiffres d'acide acétique variables avec les conditions de la saponification et constamment compris entre 4 et 5 molécules d'acide acétique pour une molécule d'acide ellagique.

Le *chlorure de benzoyle* transforme à 100° l'acide ellagique en un *dérivé tétrabenzoylé*, poudre cristalline jaunâtre qui n'est plus attaquée par un excès de chlorure de benzoyle à 300°. Il résulte de là que l'acide ellagique contient seulement 4 oxhydryles.

Les auteurs proposent la formule

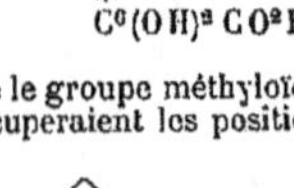

$$CO \left\langle \begin{array}{c} C^6H(OH)^2 \\ | \\ C^6(OH)^2 CO^2H \end{array} \right\rangle O$$

dans laquelle le groupe méthyloïque et le groupe cétonique occuperaient les positions suivantes :

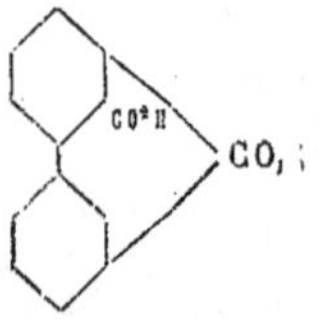

CO^2H CO, ;

[*Mon. f. Chem.*, 13, 49; *Bull. Soc. Chim.*, (3), 8, 1008]. Paul Adam.

ELPASOLITE (Min.) (Cross et Hillebrand). — Flualuminate de potassium (et de sodium), $Al^2Fl^6 . 6[K,Na]Fl$, ou cryolithe potassique, avec un peu de calcium et de magnésium. Masses compactes ou petites druses avec pachnolite compacte; très rarement en cristaux, du reste mal formés et paraissant être des cubes. Incolore, optiquement isotrope. Du comté de El Paso (Colorado). On a obtenu artificiellement les cryolithes potassique et ammonique en octaèdres réguliers.

ÉMÉTINE [H. Kung, *Arch. Pharm.*, (3), 25, 461]. — L'auteur prépare l'émétine de la façon suivante : La poudre d'ipécacuanha est d'abord épuisée à l'éther, puis séchée et traitée par l'alcool fort; la solution alcoolique est distillée et le résidu additionné de 10 à 13 0/0 de son poids d'une solution concentrée de chlorure ferrique; on détermine ainsi la précipitation des tannins. Le magma obtenu est additionné de carbonate de sodium en poudre jusqu'à réaction alcaline, puis évaporé à sec au bain-marie, et enfin épuisé par l'éther de pétrole. Ce liquide abandonne par évaporation l'émétine absolument pure. 10 kilogrammes de racine d'ipécacuanha fournissent ainsi 80 grammes de base.

L'émétine pure se présente sous la forme d'une poudre amorphe, d'un blanc de neige. A la lumière, elle se colore rapidement en jaune, puis en brun; sa saveur est amère et âpre. Elle est peu soluble à froid dans l'eau, l'éther, l'éther de pétrole, plus soluble dans les mêmes liquides bouillants; ses meilleurs dissolvants sont le chloroforme, le benzène et les alcools méthylique et éthylique; l'évaporation de sa solution dans l'éther la fournit parfois cristallisée en aiguilles. Son point de fusion, qui est de 68°, peut, par des fusions successives, s'élever à 74°.

D'après les analyses de M. H. Kung, l'émétine a pour formule $C^{30}H^{40}Az^2O^5$.

Le *chloroplatinate*, $C^{30}H^{40}Az^2O^5 . 2HCl . PtCl^4$, est une poudre amorphe, d'un blanc jaunâtre, qui s'altère rapidement au contact de l'eau bouillante.

Le *chromate*, $C^{30}H^{40}Az^2O^5 . 2HCl . Cr^2O^7H^2$, est une poudre amorphe, jaune, soluble dans l'alcool, qui s'altère et brunit à 50°.

Le *chloraurate* est très instable; c'est un précipité brunâtre, amorphe, très soluble dans l'alcool et dans un mélange d'alcool et de chloroforme.

Le *chlorhydrate d'émétine* est constamment amorphe. Lorsqu'on évapore une solution d'émétine en présence de chlorhydrate d'ammoniaque, il se dégage de l'ammoniaque, et il se dépose des cristaux que M. Glénard avait considérés comme un chlorhydrate double d'émétine et d'ammonium, et qui sont en réalité constitués par un mélange de sel ammoniacal cristallisé et de chlorhydrate d'émétine amorphe.

La potasse, la soude, l'ammoniaque et les carbonates alcalins dissolvent une certaine quantité d'émétine; et, lorsqu'on les emploie pour précipiter cette base d'un de ses sels, la liqueur filtrée renferme encore une certaine quantité d'alcaloïde, qui se dépose par une concentration ultérieure.

L'émétine se combine à froid avec l'iodure de méthyle; la réaction s'effectue avec dégagement de chaleur, et donne naissance à une sorte de laque d'un rouge brun, assez soluble dans l'eau, et répondant à la formule $C^{30}H^{40}(CH^3)Az^2O^5 . I$; l'auteur appelle ce composé *iodure de méthylémétonium*. L'*hydrate* correspondant,

$$C^{30}H^{40}(CH^3)Az^2O^5 . OH,$$

est une masse amorphe jaune; sa solution est extrêmement alcaline.

Le *sulfate de méthylémétonium* forme de fines aiguilles très solubles dans l'eau, peu solubles dans l'alcool et dans l'éther.

Le *chlorhydrate* est amorphe.

Le *chloroplatinate*,

$$C^{30}H^{40}(CH^3)Az^2O^5Cl . HCl . PtCl^4,$$

est un précipité amorphe, jaune-rougeâtre, insoluble dans l'eau, soluble dans l'alcool.

Le *picrate* est un précipité jaune, amorphe, compact.

L'*iodomercurate* est un précipité volumineux, d'un blanc jaunâtre.

Les sels de méthylémétonium paraissent avoir la même action physiologique que le curare; en injections sous-cutanées, le sulfate provoque la paralysie des nerfs moteurs.

L'iodure d'éthyle réagit aussi sur l'émétine, mais beaucoup moins énergiquement que l'iodure de méthyle; le produit qui se forme lorsqu'on chauffe les deux corps entre 150 et 180° cristallise en aiguilles facilement solubles dans l'eau [H. Kunz-Krauze, *Arch. Pharm.*, 232, 466].

Lorsqu'on traite une molécule d'émétine par un excès d'acide iodhydrique, 4 molécules d'iodure de méthyle prennent naissance : l'émétine renferme donc 4 groupements OCH^3.

D'après l'action de l'anhydride acétique sur l'émétine, l'auteur pense que cet alcaloïde renferme aussi un groupe OH : de sorte que, selon lui, l'émétine peut être représentée par la formule $C^{26}H^{27}Az^2 . (OCH^3)^4 (OH)$ [*loc. cit.*].

Ch. Moureu.

EMMONSITE (Min.) (Hillebrand). — Tellurite ferrique hydraté en petites écailles cristallines, translucides, jaune-verdâtre, des environs de Tombstone (Arizona). Densité = 5 environ.

EMPHOLITE (Min.) (Igelström). — Silicate d'aluminium hydraté, $Al^2O^3, 2SiO^2 + 3H^2O$. Petits cristaux fibreux, trouvés avec pyrophyllite, damourite, disthène, etc., à Hörrsjöberg (Suède). Caractères semblables à ceux du diaspore.

Forme cristalline. — Prisme orthorhombique $mm = 129°$ environ. Faces m, g^1, g^2, g^3. Clivage g^1.

ENDLICHITE (Min.) (Genth). — Mélange isomorphe de mimétèse et de vanadinite,

$$([As,V]O^4)^3Pb^5Cl,$$

jaune-paille, dans les mines du Nouveau Mexique.

ENGRAIS. — La question des engrais a été déjà, dans le Dictionnnaire (**1**, 1228), traitée avec beaucoup d'autorité par M. Dehérain; nous n'exposerons ici que les travaux, les procédés, les produits parus depuis 1876. Nous ne reviendrons pas sur les engrais de poisson, les engrais de viande, les guanos, les tourteaux, etc., dans la fabrication desquels l'industrie ne semble avoir réalisé aucun progrès important.

Nous laisserons de côté la fabrication du sulfate d'ammoniaque au moyen des eaux du gaz ou des eaux de condensation que l'on obtient dans le travail du noir animal, la production de l'ammoniaque ayant été traitée déjà dans le Supplément (**2**, 243).

Nous ne dirons rien non plus des questions relatives à l'emploi de ces engrais et au mécanisme de leur assimilation, à la fraude dont ils sont l'objet, aux procédés employés pour les analyser, les premières questions relevant plutôt de l'agriculture que de la chimie proprement dite, la dernière relevant des procédés d'analyse qui ont été ou seront décrits dans des articles spéciaux.

Les autres sujets traités, qui viennent compléter l'article de 1876, seront placés dans l'ordre alphabétique, et nous examinerons successivement :

Les déchets animaux torréfiés (cuirs, cornes, sabots, etc.);
Les engrais verts;
Les eaux d'égout et eaux industrielles;
Les eaux-vannes et matières de vidange;
Les fumiers;
Les nitrates;
Les phosphates et superphosphates minéraux;
Les phosphates et superphosphates d'os;
Le sang desséché;
Les sels de potasse;
Les scories de déphosphoration.

DÉCHETS ANIMAUX TORRÉFIÉS.

Certains déchets animaux, comme les cornes, les sabots, les ergots, les fausses baleines (cornes de buffle), etc., se présentent avec une élasticité qui ne permet pas de les pulvériser. Ils sont en outre trop compacts pour pouvoir, en nature, être assimilés par les agents du sol; il faut les torréfier pour leur donner de la friabilité en même temps que de la porosité.

Cette torréfaction s'exécute en soumettant d'abord dans des autoclaves les débris animaux à l'action de vapeur dont la température varie entre 120 et 130°, puis en desséchant le produit dans des étuves chauffées à 200°. Ce n'est donc pas, à proprement parler, une torréfaction, c'est une hydratation, qui a pour effet de transformer la matière azotée des cornes, des sabots, etc., en produits moins complexes, et qui est suivie immédiatement d'une déshydratation énergique.

Les autoclaves sont disposés tantôt verticalement, tantôt horizontalement; tantôt les matières y sont introduites en vrac, tantôt on les place sur les tablettes d'un wagonnet que l'on peut rouler à l'intérieur de l'autoclave. La vapeur entre par la partie inférieure, et la pression que l'on maintient varie avec la dureté de la matière que l'on traite. Les cornes doivent être moins chauffées que les sabots. Quand la température s'élève au delà de 120 ou 130°, on risque de voir la matière fondre dans l'autoclave. La cuisson dure de 2 heures à 2 heures et demie.

Les matières ainsi cuites sont disposées ensuite dans des étuves, où elles sont déshydratées à la température de 200°. Pendant cette opération, on voit s'échapper une petite quantité de carbonate d'ammoniaque.

La perte en poids des matières ainsi torréfiées représente de 15 à 20 0/0. La perte d'azote est insignifiante.

On a proposé à plusieurs reprises de torréfier ces matières en présence d'un peu d'acide sulfurique, destiné à retenir l'ammoniaque. Mais les opérations laissent dégager une odeur nauséabonde et le procédé paraît assez peu avantageux au point de vue industriel pour que plusieurs fabricants d'engrais l'aient abandonné et aient repris le procédé ordinaire de torréfaction dont nous venons de parler.

ENGRAIS VERTS.

La pratique bien connue de l'enfouissement des engrais verts, et spécialement des Légumineuses (trèfles, luzernes, lupins, fèves, vesces, etc.), jusqu'ici assez inexpliquée, a été démontrée scientifiquement utile par les recherches de MM. Hellriegel et Wilfarth [*Ann. de la science agronomique*, **1**]. Ces savants ont montré le rôle que jouent dans l'absorption de l'azote atmosphérique les corps organisés, bactériformes, que l'on rencontre dans les nodosités des Légumineuses. Ces recherches ont été confirmées par celles de M. Bréal [*C. R.*, **107**, 397], de MM. Schlœsing fils et Laurent [*C. R.*, **111**, 750 et **113**, 776], de M. Berthelot [*C. R.*, **116**, 482], de M. Winogradsky [*C. R.*, **116**, 1385], etc.

On conçoit alors l'intérêt que présente l'enfouissement de ces Légumineuses, qui ont ainsi formé de la matière azotée aux dépens de l'azote atmosphérique, si l'on a soin de ramener vers le sol, par l'action de la charrue, les racines qui ont pénétré dans les profondeurs.

M. Müntz a montré [*C. R.*, **110**, 972] que la matière azotée des engrais verts est plus aisément nitrifiable que celle du sang, plus nitrifiable également que le sulfate d'ammoniaque.

EAUX D'ÉGOUT ET EAUX INDUSTRIELLES.

On s'est beaucoup préoccupé, dans ces dernières années, de purifier les eaux d'égout des villes et les eaux industrielles (eaux de sucrerie, de féculerie, de lavages de laines, etc.), non seulement pour débarrasser les cours d'eau des impuretés et des microbes qu'on y introduit, mais aussi pour récupérer les matières fertilisantes que l'agriculture peut utiliser.

Parmi les procédés que l'on a proposés pour cela, les uns sont d'ordre mécanique, les autres d'ordre chimique.

I. FILTRATION DES EAUX A TRAVERS LE SOL. — La filtration des eaux d'égout à travers des lits de graviers, de sable, de coke, donne, au point de vue de l'épuration, des résultats très incomplets. Il n'en est pas de même quand, disposant d'un sol perméable, on fait filtrer à son contact des quantités limitées d'eaux d'égout. Des expériences nombreuses ont montré qu'au point de vue microbiologique, les eaux ainsi filtrées sont stérilisées; c'est que, comme l'a exposé M. Duclaux [*Annales de l'Institut Pasteur*, 1893, 823], au fur et à mesure que l'on s'abaisse dans les profondeurs du sol, on rencontre des colonies de moins en moins nombreuses et de plus en plus inoffensives. Celles qui habitent les parties superficielles sont celles qui, pour leur alimentation, sont les plus exigeantes. Elles transforment les matières organiques et ne pourraient vivre en présence des produits qu'elles ont dédoublés; ceux-ci sont entraînés plus loin, alimentent d'autres microbes moins difficiles, qui font subir à leur tour à ces produits une nouvelle décomposition, et le même phénomène se renouvelle jusqu'à une profondeur que la porosité du terrain, la quantité de matière organique délivrée déterminent, où on ne rencontre plus que de l'acide carbonique et de l'ammoniaque, produits ultimes de la décomposition, et où ne vivent que des microbes incapables de se revivifier dans des milieux très nutritifs.

La matière organique, pendant cette décomposition, et grâce à la puissance absorbante du sol, demeure dans les couches superficielles assez de temps pour que la végétation puisse l'utiliser.

La Ville de Paris a appliqué avec succès le système d'irrigation dont nous venons de donner le mécanisme scientifique. Elle envoie annuellement dans la presqu'île de Gennevilliers environ 12 0/0 des eaux d'égout sortant de Paris. Des canalisations spéciales desservent les champs; l'eau est délivrée gratuitement aux cultivateurs qui en font la demande et qui la prennent dans la mesure des besoins de leurs terres. Les résultats ont été si heureux, que les terrains ont quintuplé de valeur et que la population, en dix ans, a augmenté de 86 0/0. La superficie totale irriguée en ce moment est d'environ 800 hectares. D'autres terrains, ceux d'Achères par exemple, seront un jour aménagés pour recevoir la quantité d'eau d'égout qui n'a pu jusqu'ici être utilisée.

La quantité d'azote renfermée dans les eaux d'égout de la Ville de Paris représente de 20 à 80 grammes par mètre cube. Les quantités de potasse et d'acide phosphorique varient, l'une et l'autre, entre 10 et 60 grammes.

II. ÉPURATION CHIMIQUE. — a. *Procédé à la chaux.* — L'épuration des eaux d'égout et des eaux industrielles par la chaux est insuffisante; elle rend les eaux alcalines et favorise l'évolution des bactéries.

b. *Procédé au sulfate d'ammonium.* — Ce procédé a été expérimenté par Durand-Claye sur les eaux d'égout de la Ville de Paris; il a été jugé trop dispendieux.

c. *Procédé au phosphate de calcium.* — M. Lagrange a proposé d'employer à la purification des eaux industrielles du phosphate acide de calcium et de l'hydrate de calcium. Le phosphate tribasique forme une laque gélatineuse qui entraîne les impuretés en suspension.

d. *Procédés aux sels de fer.* — Les procédés qui reposent sur l'action des sels de fer sont extrêmement nombreux.

Il convient de citer tout d'abord ceux qui emploient le perchlorure de fer ou le sulfate ferrique associé à la chaux. Le peroxyde de fer, en dehors de l'entraînement qu'il détermine des produits en suspension, offre l'avantage de brûler les matières organiques. MM. Gaillet et Huet ont imaginé un dispositif ingénieux pour permettre au précipité boueux de se déposer. Les eaux chargées de ce précipité se rendent d'une façon continue dans des caisses de tôle terminées en tronc de cône, et l'appareil est disposé de telle façon que les eaux qui ont traversé la première caisse se rendent dans deux caisses semblables, et celles qui sortent de ces deux caisses se déversent dans trois autres caisses. La marche de l'eau se trouve donc d'autant plus ralentie que le précipité a plus de peine à se déposer. Les boues extraites du fond des caisses sont passées au filtre-presse et vendues comme engrais.

M. Oppermann a proposé pour la purification des eaux industrielles un mélange de protochlorure de fer, de sulfure de sodium et de dolomie calcinée.

Dans ces derniers temps, M. Buisine a fait connaître les avantages que l'on peut retirer de l'emploi du sulfate ferrique fabriqué économiquement au moyen des pyrites grillées et de l'acide sulfurique à 66° [*C. R.*, **112**, 875]. Il a appliqué industriellement ce produit à la purification des eaux de l'Espierre, affluent de l'Escaut, qui sont chargées de nombreuses matières organiques. Le précipité que le sulfate ferrique détermine est recueilli dans des bassins de décantation et les boues sèches à 20 0/0 d'eau peuvent être livrées à la culture. Ces boues, qui représentaient, dans le cas des eaux de l'Espierre, de 2 à 5 kilogr. par mètre cube, renfermaient de 18 à 19 0/0 de matières azotées.

e. *Procédé Hermite.* — M. Hermite [*Bull. Soc. Chim.*, (3), **11**, 650] a proposé de désinfecter les eaux au moyen d'une solution riche en hypochlorites, et qu'il prépare par l'électrolyse de l'eau de mer.

EAUX-VANNES ET MATIÈRES DE VIDANGE.

Les avantages que présente la récupération, sous forme de sels ammoniacaux, de l'azote contenu dans les déjections humaines, ont sollicité de nombreux industriels à venir s'établir aux portes des grandes villes et à transformer les dépotoirs, où l'on ne fabriquait que de la poudrette par dessiccation des matières, en usines produisant à la fois des tourteaux azotés et du sulfate d'ammoniaque.

Les exigences légitimes des municipalités ont obligé ces industriels à travailler dans des conditions telles, que le fonctionnement de ces usines ne puisse incommoder la population, ni en aucun cas menacer la salubrité.

Cette situation a amené nécessairement cette industrie des matières de vidange à réaliser de grands progrès, qui n'étaient pas encore connus au moment de la publication du tome I (p. 1232).

Les vidanges arrivent au dépotoir soit dans des tonneaux montés sur roues, soit dans des vases métalliques (tinettes) que l'on ferme d'un couvercle pendant leur transport, soit dans des bateaux-citernes. Ceux-ci sont vidés au-dessus d'une grille destinée à retenir les corps étrangers, qui boucheraient les tuyauteries ou obstrueraient les pompes à travers lesquelles la matière doit passer. Celle-ci tombe tout d'abord dans de grands bassins capables de contenir le travail de trois ou quatre journées.

La matière peut alors être traitée de deux façons différentes : ou bien on la laisse se décanter et l'on travaille séparément les liquides et les boues, ou bien on dirige le *tout venant* dans les appareils distillatoires; cette dernière manière de faire présente des difficultés spéciales.

I. Travail avec décantation. — *a. Traitement des liquides.* — La matière est dirigée dans une série de bassins où elle circule méthodiquement. Ces bassins sont soit en tôle et ouverts, soit en ciment et fermés. On donne en général à ceux-ci la forme d'un œuf dont le petit bout serait dirigé vers le bas, de façon à extraire plus aisément au moyen d'une pompe les matières épaisses ou fortes (barbots) qui vont s'y déposer.

Les liquides sont alors envoyés d'une façon continue dans une colonne semblable aux colonnes où l'on distille l'alcool (voyez 2e Suppl., 2, Distillation). Ces colonnes sont en fonte, formées d'une série de plateaux munis de calottes et de tubes de retour qui assurent le parfait fonctionnement de la colonne, tant au point de vue de la distillation de l'ammoniaque que de la circulation régulière des liquides. A la partie inférieure de la colonne, on fait arriver un jet de vapeur qui établit le régime de la distillation.

Les liquides pénètrent dans la colonne en débouchant dans un des plateaux supérieurs; à quelques plateaux au-dessous de celui-ci, débouche un tuyau amenant un lait de chaux à 10° Baumé. Celui-ci est refoulé dans la colonne par une pompe accouplée à la pompe qui refoule les liquides de vidange, en sorte que la quantité de lait de chaux, la pompe une fois réglée, est proportionnelle à la quantité de liquide à traiter. La chaux nécessaire à la décomposition de l'urée représente de 1 à 2 0/0 du liquide. On a intérêt à faire arriver le lait de chaux au-dessous de la tubulure qui amène la vidange, de façon que la chaux n'absorbe pas inutilement l'acide carbonique, l'acide sulfhydrique, etc., combinés à l'ammoniaque, et qui sont logés à l'état de vapeur dans le haut de la colonne. En barbotant dans l'acide sulfurique, ces sels ammoniacaux seront décomposés.

Le mélange de liquide de vidange et de lait de chaux descend les plateaux de la colonne et, après avoir subi à la partie inférieure l'action de la vapeur, s'échappe automatiquement par un tube en U. Il passe alors d'une façon continue entre les tubes d'un réchauffeur tubulaire à l'intérieur desquels circulent les liquides froids de vidange qui doivent entrer dans la colonne. Ceux-ci ne peuvent en effet pénétrer dans l'appareil distillatoire qu'à la condition d'avoir été réchauffés à 85-90°, sous peine de condenser les sels ammoniacaux et l'ammoniaque dont les vapeurs remplissent les plateaux supérieurs et de produire des à-coups dans la marche de la distillation.

Les sels ammoniacaux et l'ammoniaque se dégageant d'une façon continue du haut de la colonne, chauds à 90°, barbotent dans un bac doublé de plomb rempli d'acide sulfurique concentré, où se dépose au fur et à mesure de la production le sulfate d'ammoniaque (voyez 2e Suppl., 1, Ammoniaque). Les gaz non condensés, dont l'odeur est nauséabonde, sont tout d'abord lavés en traversant un appareil muni de plateaux en chicane sur lesquels ruisselle de l'eau froide, puis ils sont brûlés en traversant une petite colonne à coke que l'on rend incandescent au moyen d'une insufflation d'air.

Le travail doit être conduit lentement, la décomposition par la chaux de l'urée que la fermentation n'a pas encore transformée en carbonate d'ammoniaque n'étant pas instantanée. On compte que le liquide met de 30 à 35 minutes à descendre la colonne.

La hauteur des liquides sur chaque plateau ne doit pas dépasser 5 centimètres, de façon à assurer une large surface d'évaporation.

On obtient en général de 9 à 13 kilogrammes de sulfate d'ammoniaque par mètre cube de vidange.

Les liquides résiduaires qui sortent des réchauffeurs marquent 30° C.; on les dirige vers des filtres-presses qui recueillent les matières insolubles primitivement contenues dans les liquides de vidange, les matières précipitées par la chaux et le carbonate de chaux. Les eaux, qui renferment encore de 100 à 300 grammes d'azote par mètre cube, sont rejetées à la rivière, et les tourteaux sont desséchés pour en faire de l'engrais.

b. Traitement des matières épaisses. — Les boues qui se sont déposées dans les bassins de décantation représentent 10 0/0 environ de la quantité totale de vidange. Elles sont traitées par 5 0/0 de chaux vive et passées dans un malaxeur muni d'agitateurs à palettes. Dans ce malaxeur, on fait arriver de la vapeur et l'on voit, sous l'influence de la chaleur et du malaxage, la matière se liquéfier peu à peu. Pendant cette opération, qui dure une vingtaine de minutes, une certaine quantité d'ammoniaque se dégage : un dispositif ingénieux permet de renvoyer ce gaz vers les générateurs, et celui-ci rentre avec la vapeur par injection directe dans la colonne où l'on distille les liquides.

La matière liquéfiée est alors repoussée dans un filtre-presse; l'addition de chaux a coagulé certains produits et la filtration se fait aisément. Les tourteaux sont ensuite desséchés et vendus à la culture.

Dans un certain nombre d'usines, on distille la matière liquéfiée du malaxeur dans de petites colonnes assez courtes, pour éviter les engorgements, puis on passe aux filtres-presses; on évite, de cette façon, de perdre l'ammoniaque qui était, dans le cas précédent, dissoute par les eaux d'égouttage du filtre-presse. On récupère ainsi de 20 à 25 kilogrammes de sulfate d'ammoniaque par mètre cube.

II. Traitement sans décantation. — L'industrie des matières de vidange a été depuis longtemps frappée des avantages qu'il y aurait à traiter les matières sans décantation préalable, à décomposer et à distiller le *tout venant.* La question est difficile à résoudre, à cause des obstructions que les matières produisent à chaque instant dans les appareils. Ces inconvénients n'existent plus aujourd'hui, grâce aux dispositions prises par M. Chevalet, M. P. Mallet, M. Malézieux, etc.

M. Chevalet introduit les matières de vidange, au préalable bien brassées au moyen d'agitateurs, dans une série de trois chaudières superposées où le produit s'épuise peu à peu en ammoniaque. Une disposition ingénieuse permet aux gaz non condensés par l'acide sulfurique de traverser un serpentin noyé dans la bache d'alimentation des eaux-vannes, de s'y refroidir et de se condenser partiellement en présence de la vapeur d'eau qu'ils ont entraînée, tandis que l'excès de gaz incondensable et pesant se rend aux foyers spéciaux où il est brûlé.

M P. Mallet fait usage d'une colonne dont la partie supérieure est identique aux colonnes Champonnois (voyez 2e Suppl., 2, DISTILLATION) et munie comme elle d'un analyseur. Au-dessous de cette colonne s'en trouve une autre, munie de larges plateaux dont les calottes, mues par un engrenage extérieur, tournent sur elles-mêmes en brassant la matière déposée sur les plateaux. A la partie inférieure de la colonne, les vinasses sont décantées : la partie boueuse s'écoule continûment pour être dirigée aux filtres-presses; les liquides clairs se rendent continûment aussi dans les réchauffeurs, où ils portent à la température convenable les liquides qui doivent entrer dans la colonne.

Le lait de chaux est introduit à la partie supérieure de la colonne à calottes tournantes.

M. Malézieux, après avoir produit le malaxage des matières au moyen d'une pompe rotative qui les prend au fond d'un bac pour les rejeter à la partie supérieure de ce même bac, les envoie dans une colonne ordinaire. Mais il empêche l'obstruction des plateaux de cette colonne en établissant à l'intérieur une dépression de 1/8 d'atmosphère

FUMIERS.

Aux diverses litières, destinées à absorber et à retenir les excréments des animaux, indiquées déjà au tome 1, p. 1238, il convient d'ajouter la tourbe, dont l'usage se répand aujourd'hui, d'ajouter encore la sciure de bois, et même la terre. Ces diverses substances ont des propriétés absorbantes plus marquées que les pailles; la sciure, d'après M. Müntz, retient deux fois plus, et la tourbe deux fois et demie plus de déjections liquides que les litières communément employées. MM. Müntz et A.-Ch. Girard [*C. R.*, **115**, 1318] ont montré que la perte d'azote représente, pour les fumiers de tourbe, les deux tiers de la perte que subirait un fumier de paille dans les mêmes conditions, et que cette perte est encore plus réduite quand on emploie la terre comme litière.

M. Joulie [*Bull. Soc. Chim.*, (3), **4**, 1] a annoncé que le fumier perd pendant sa fabrication de 11 à 50 0/0 de l'azote primitivement contenu.

MM. Müntz et A.-Ch. Girard [*loc. cit.*] ont étudié la perte d'azote que subit le fumier fait, abandonné pendant 3 et 6 mois. Cette perte a représenté, suivant les conditions dans lesquelles se sont placés les expérimentateurs, de 5 à 21 0/0 de l'azote initial.

Ils ont mesuré également la perte qu'éprouve le fumier à l'étable même, par le fait du dégagement d'ammoniaque. La méthode a consisté à doser l'azote dans les fourrages donnés aux animaux (chevaux, vaches, moutons) à l'étable, ainsi que dans leurs litières, à déduire de cette quantité la somme de l'azote dosé dans les produits, fumier, laine, viande, lait, etc., pour établir ensuite la quantité d'azote perdu à l'état d'ammoniaque. Dans ces conditions, la perte d'azote s'est élevée depuis 29 jusqu'à 50 0/0 de l'azote délivré à l'état de fourrage. Cette déperdition est plus rapide l'été que l'hiver, plus rapide également quand on délivre aux animaux des aliments verts, qui fournissent des fumiers plus liquides que quand on leur délivre des aliments secs. Elle est en outre d'autant plus forte que la quantité de litière destinée à recueillir les déjections est plus faible.

L'étude des phénomènes microbiologiques et chimiques qui président à la fabrication du fumier a été, depuis la publication du Dictionnaire, l'objet de nombreuses recherches. La théorie de la fabrication du fumier s'arrêtait alors à la transformation en ammoniaque de l'urée, de l'acide urique et de l'acide hippurique, et à la production d'acides aux dépens des matières végétales, que Thenard avait nommés acides humique, fumique, etc.

M. Dehérain [*C. R.*, **106**, 987] a montré depuis que cet acide fumique, qui constitue la matière noire du fumier, est un mélange d'un corps analogue, si ce n'est identique, à la vasculose de Fremy, et d'une matière azotée dont l'azote représente de 2 à 3 0/0 du produit sec. Cette vasculose se trouve dissoute par les carbonates de potasse et d'ammoniaque, et peut être précipitée par les acides.

En dehors de la transformation des matières azotées en ammoniaque, on considère aujourd'hui, dans la fabrication du fumier, deux ordres de phénomènes. L'un est une action oxydante, l'autre une action réductrice.

L'action oxydante est à la fois chimique et microbiologique, comme l'a montré M. Dehérain [*C. R.*, **98**, 377; **99**, 45]. Celle-ci a lieu dans les parties superficielles et aérées du tas de fumier; c'est elle qui donne naissance à la chaleur que le tas de fumier dégage. MM. Schlœsing père et fils [*Ann. agr.*, 1892, 5] ont mesuré l'importance relative de l'oxydation chimique et de l'oxydation microbiologique : ils ont disposé à des températures fixes variant entre 30 et 80° C. des lots de fumier, les uns stérilisés, les autres ensemencés. Les appareils renfermant ces échantillons étaient traversés par un courant d'air, et l'on dosait de temps à autre l'acide carbonique dégagé à l'extrémité de chacun d'eux. Dans ces conditions MM. Schlœsing ont pu voir que l'action microbienne se fait sentir encore à la température de 72°, mais qu'elle cesse à celle de 81°, pour laisser le champ entièrement libre à la combustion chimique.

L'action réductrice, qui se poursuit dans les profondeurs du tas de fumier, est une action purement microbiologique, donnant naissance à de l'acide carbonique et à du formène. La présence du formène avait été déjà signalée par M. Reiset en 1857. Depuis, M. U. Gayon [*Soc. des Sc. phys. et nat. de Bordeaux* (1883) et *C. R.*, **98**, 528] et M. Dehérain [*loc. cit.*] ont repris cette question au point de vue microbiologique. MM. Schlœsing père et fils [*loc. cit.*] ont constaté que la fermentation forménique se poursuit encore à la température de 52°, mais qu'elle est annulée à celle de 66°. M. Hébert [*C. R.*. **115**, 1321] a montré que pendant cette fermentation la paille perd 50 0/0 de sa cellulose, 50 0/0 de sa gomme de bois et environ 20 0/0 de sa vasculose. M. Dehérain a émis l'hypothèse que les microbes producteurs de ce formène sont identiques avec les anaérobies que M. Tappeiner [*Bull. Soc. Chim.*, (2), **38**, 43] a rencontrées dans les intestins des animaux, et qu'ils sont par les déjections de ceux-ci ensemencés dans les fumiers.

M. Dehérain a constaté en outre la production accidentelle de la fermentation butyrique, donnant naissance à de l'acide butyrique et à de l'hydrogène.

M. Dehérain a confirmé [*C. R.*, **106**, 987] ce qu'avait dit autrefois M. Reiset, que la déperdition de l'azote dans les fumiers se fait à l'état d'azote gazeux, et que l'ammoniaque est capable, en présence des microbes, de former de la matière azotée. M. Hébert [*C. R.*, **115**, 1321] est arrivé aux mêmes résultats.

Cette opinion est contestée par M. Th. Schlœsing [*C. R.*, **109**, 835], qui n'a pu, dans des fermentations forméniques faites à 52°, produire de l'azote gazeux, mais a vu au contraire de l'azote sortir des combinaisons azotées sous forme d'ammoniaque.

NITRATES.

I. Nitrate de soude. — L'emploi agricole du nitrate de soude s'est, depuis 1876 (époque de la publication du tome I du Dictionnaire), vulgarisé avec une très grande rapidité. C'est aux immenses gisements du Pérou, du Chili et de la Bolivie que l'agriculture s'est adressée.

Le plus célèbre est le gisement de Tarapaca, cédé par le Pérou au Chili après la guerre de 1881. Les gisements du Pérou couvrent une superficie de 21 millions d'hectares, et renferment en moyenne 12 000 tonnes par hectare. On estime la production annuelle de ces gisements à 2 millions de tonnes. Il convient de citer également le grand gisement d'Antofagasta, cédé au Pérou par la Bolivie.

Les gisements, qui ont une étendue variant de 100 à 600 mètres carrés, ont une profondeur de 2 à 3 mètres. Ils ne sont recouverts que par une mince couche de terre argileuse. Le minerai (*caliche*) est exploité à la poudre ou à la dynamite, concassé sur place en morceaux de 1 à 2 kilogrammes, et dirigé, au moyen de chemins de fer à voie étroite, vers les raffineries. Le caliche ne renferme en effet pas plus de 20 à 65 0/0 de nitrate de sodium, et il faut le purifier par cristallisation avant de l'envoyer en Europe. Cette purification ne peut être faite sur place, l'eau manquant d'une façon absolue. Dans les raffineries mêmes, où on ne possède qu'une quantité restreinte d'eau, on a soin, pendant les évaporations, de la condenser et de la recueillir. Dans ces raffineries, le caliche est, au moyen de cristallisations, amené à contenir de 94 à 95 0/0 de nitrate.

Les eaux mères de ces cristallisations, principalement celles qui proviennent des caliches jaunes, renferment de l'iode à l'état d'iodure et d'iodate, qui donne aux exploitants un bénéfice important.

En 1894, la France a reçu 173 000 tonnes de nitrate de soude du Chili et du Pérou.

II. Nitrate de potasse. — Le nitrate de potasse destiné à l'agriculture est obtenu par l'action du nitrate de sodium sur le chlorure de potassium.

PHOSPHATES ET SUPERPHOSPHATES MINÉRAUX.

La question des phosphates a pris, depuis la publication du Dictionnaire, une importance considérable, tant par le fait de la découverte de nouveaux gisements en France comme à l'étranger que par la vulgarisation de leur emploi en agriculture. Nous énumérerons d'abord les gisements qui sont en exploitation, puis nous examinerons les procédés qui permettent de donner aux phosphates une forme marchande en les enrichissant, les séchant et les pulvérisant; nous examinerons enfin la fabrication des superphosphates.

I. Gisements. — *France*. — A l'époque de la publication du Dictionnaire, les seuls phosphates connus en France étaient ceux du Lot (phosphorite concrétionnée), ceux des Ardennes et de la Meuse (phosphorite en nodules, coprolithes). Les premiers sont aujourd'hui presque complètement épuisés et ne produisent plus guère que 5000 tonnes par an; quant aux seconds, leur exploitation, bien que très avancée déjà, peut fournir de 60 à 65 000 tonnes. Les principales exploitations sont à Grandpré, Imécourt, Sory, etc., dans les Ardennes; aux Islettes, à Récourt, etc., dans la Meuse.

Depuis, on a reconnu l'existence de nodules assez semblables à ceux des Ardennes et de la Meuse, empâtés comme eux au milieu des sables verts de la gaize, dans le Pas-de-Calais (Lottinghem, Longueville, Fiesme); ces phosphates, dits du Boulonnais représentent environ 20 000 tonnes. C'est un chiffre analogue qu'atteint annuellement l'exploitation des nodules jaunes de la Côte-d'Or dits de l'Auxois (Semur), de l'Yonne (Pourrain, Saint-Aubin-Châteauneuf), du Cher (Saint-Amand, la Guerche, etc.), de l'Indre (Argenton, la Châtre, Celon, etc.), des deux-Sèvres (Niort, Saint-Maixent, etc.).

Dans la Somme se trouve le fameux gisement de sable phosphaté de Beauval, dont il ne reste plus guère que les poches formées par la craie sénonienne, dans lesquelles ce sable était venu autrefois s'accumuler. Cette craie est plus ou moins phosphatée; mais la quantité de phosphate de chaux qu'elle renferme est trop faible et trop irrégulière pour qu'elle soit, quant à présent du moins, sujette à une exploitation sérieuse. A côté de ce gisement de Beauval, et dans le Pas-de-Calais, à quelques kilomètres de la limite de la Somme, se découvre le gros gisement d'Orville, puis les gisements moins importants de Beauquêne, Terraménil, Puschevillier, Toutancourt, Hem-Monacu, etc., puis ceux d'Auxi-le-Château, Haravesne, Buire-aux-Bois. Tous ces gisements de sable phosphaté, qui portent le nom de gisements de la Somme, fournissent à eux seuls plus de la moitié de la production (300 000 tonnes).

Le phosphate s'y présente sous la forme de grains sableux jaunes, plus ou moins empâtés d'argile. Ceux que l'on trouve au fond des poches sont les plus riches, et en général on distingue trois sortes commerciales, dont l'analyse nous a donné les résultats suivants :

	N° 1	N° 2	N° 3
Phosphate de chaux.	79,95	65,75	27,39
Carbonate de chaux.	3,71	2,88	1,82
Silice............	2,70	8,48	31,30
Alumine et fer.....	4,13	10,20	15,13

Les gisements de Quiévy, dans le Cambrésis, sont épuisés, mais ceux du Cateau sont en pleine exploitation (10 000 tonnes).

Depuis deux ans environ on exploite encore des sables phosphatés dans l'Aisne, à l'ouest de Saint-Quentin, à Hargicourt, Bellicourt, Templeux et Villeret; à l'est de Saint-Quentin, à Étaves, Méricourt et Frénoy-le-Grand.

Dans l'Oise, à Hardivilliers, près de Breteuil, l'étage sénonien présente une couche profonde de 10 à 25 mètres de craie phosphatée, riche de 25 à 35 0/0 de phosphate de chaux, et qui est l'objet d'une exploitation régulière et prospère (40 000 tonnes).

Voici la composition d'un échantillon de cette craie phosphatée :

Phosphate de chaux..........	26,20
Carbonate de chaux..........	62,50
Silice......................	0,73
Alumine et fer..............	4,20

M. Arm. Gautier a signalé récemment dans les Causses de l'Hérault des gisements fort intéressants de phosphate bicalcique (brushite) et de phosphate d'alumine (minervite) [*C. R.*, **116**, 928, 1022, 1171].

Europe. — Les phosphates allemands que l'on rencontre sur les bords de la Dill et de la Lahn, dans le duché de Nassau, sont connus depuis longtemps. Ils sont aujourd'hui à peu près épuisés.

En Belgique, on a découvert sur les territoires de Ciply, Cuesmes, Havré, Mesvin, Spiennes, près de Mons, un immense gisement de craie phosphatée analogue à celui que nous avons signalé à Hardivilliers, mais plus étendu. En outre, au-dessus de la craie phosphatée, on rencontre dans une poudingue des nodules jaunes qui n'offrent pas pour l'exploitation une très grande importance (production annuelle 300 000 tonnes).

En Espagne, on connaît depuis longtemps, et le Dictionnaire les a signalées, les apatites de Logrozan ou de Cacérès (Estramadure); ces apatites se présentent tantôt sous la forme de roche cristallisée, de teinte blanche, bleutée ou verte, tantôt sous forme de masse terreuse.

En Norvège, ce sont encore des apatites, cristallisées, d'aspect plus foncé, que l'on rencontre dans les environs de Krajeroë et d'Arendal, dans la Laponie.

En Russie centrale, sur tout le territoire compris entre Saint-Pétersbourg, Odessa et Orenbourg, s'étend un immense gisement de phosphate. On rencontre également en Podolie des gisements dont on ne connaît pas encore toute l'étendue; le phosphate s'y présente sous la forme de gros galets sphériques ayant une contexture fibreuse, concrétionnée à partir du centre, d'aspect gris ou noir. L'exploitation de ces phosphates est encore très restreinte.

Amérique. — On connaît depuis longtemps les phosphorites en nodules que l'on rencontre dans la Caroline du Sud, près de Charlestown, sur les bords et dans le lit de la rivière Aschley. Le gisement fournit annuellement 600 000 tonnes, dont les deux tiers sont consommées aux États-Unis.

On connaît également les apatites du Canada, qui se présentent à l'état cristallisé, colorées en vert (production annuelle 10 000 tonnes).

Les phosphates de la Floride sont de découverte plus récente. M. Le Baron les rencontre en 1881 à Charlotte Harbor, M. d'Orlando en 1887 dans le comté de Sotto, et M. A. Vogt en 1889 près d'Orala.

On les trouve soit dans le fond des rivières (Rivière Peace, principalement à Arcadia et Solfosprings), d'où on les extrait à la drague, présentant l'aspect de cailloux noirâtres, soit dans la terre, au fond de poches plus ou moins profondes creusées dans un lit calcaire; ce sont tantôt des amas compacts analogues à l'argile, tantôt des roches (Hard Rock), tantôt des cailloux, des graviers ou des nodules. La production annuelle est de 450 000 tonnes.

Afrique. — Les gisements de l'Algérie et de la Tunisie, découverts récemment par M. Philippe Thomas [*C. R.*, **101**, 1184; **104**, 1321; **106**, 379], semblent, tant par leur importance que par la qualité des phosphates qu'ils renferment, destinés à un grand avenir.

Ces phosphates, qui contiennent souvent de 60 à 75 0/0 de phosphate de chaux, se présentent soit sous la forme de coprolithes cylindriques, soit sous la forme de gros nodules jaunes, soit enfin sous la forme d'une craie analogue à celle de Ciply.

Le sol de la Tunisie semble entièrement phosphaté; M. Ph. Thomas a constaté en effet la présence du phosphate sur tout le territoire compris entre la latitude de Kairouan et les Chotts, ainsi que le long de la frontière algérienne sur une bande qui passe par le Kef, comprend Guelaat-es-Snam, Haydra, Thala, Tébessa, et descend jusqu'à Tamerza et Gafsa. M. G. Rolland a retrouvé les gisements dans le puissant massif qui sépare Kairouan de la Medjerda (Djebel-Doussala), et M. Le Mesle au-dessus de la Medjerda, à la limite orientale de la Kroumirie (Sidi-Ayet).

Ce sont ces mêmes gisements que M. Wetterlé a découverts, qui s'étendent en amont de la Medjerda, du côté de Souk-Ahras, dans la province de Constantine.

L'exploitation des phosphates algériens et tunisiens n'est pas encore très développée; des difficultés locales, des difficultés de transport empêchent, sur presque tous les points, l'industrie du phosphate de se développer. Les seules exploitations importantes sont à Souk-Ahras et à Tébessa. Elles exportent leurs produits par le chemin de fer Bône-Guelma et par le port de Bône.

L'Algérie et la Tunisie ont exploité en 1894 50 000 tonnes de phosphate.

On rencontre encore des phosphates en Algérie, à Nedroma, au N.-O. du département d'Oran, dans le massif des M'fatah, au S. de Boghar, sur la rive droite du Chéliff. Là se trouve un calcaire marneux pétri de grains phosphatés.

M. Ad. Carnot a fait connaître un phosphate d'alumine et de potasse qui a été découvert dans la province d'Oran [*C. R.*, **121**, 151].

(Consulter *Mémoire* de M. Levat [*Ann. des Mines*, janvier et février 1895].)

II. Enrichissement et dessiccation des phosphates. — *Enrichissement des nodules.* — Dans la Meuse et les Ardennes, on débarrasse les nodules des sables verts argileux qui les accompagnent, soit par criblage ou fanage, soit par lavage. Le premier procédé consiste à exposer le minerai au soleil, de façon à dessécher le sable argileux, puis à le passer à travers un crible dont les mailles sont de 15 à 20 millimètres, crible qui laissera passer les cailloux et le sable et retiendra les nodules; on peut activer la désagrégation des matières étrangères en foulant aux pieds le minerai. Si un seul criblage est insuffisant pour mettre à nu le nodule, on étale une seconde fois le minerai et l'on recommence la même opération.

On peut également procéder par lavage. Le minerai est placé dans des auges plates en bois de 5 mètres de long sur 3 de large, hautes de 20 à 30 centimètres, dans lesquelles on fait circuler de l'eau. Les nodules sont, au moyen d'un croc ou d'un rateau de forme spéciale (rafle), agités au contact de l'eau jusqu'à ce que tout le sable vert, délayé et entraîné, ait disparu.

Ces procédés, plus ou moins modifiés, sont appliqués à tous les cas où le nodule doit être débarrassé de sa gangue. Dans le Boulonnais, dans le centre de la France, en Floride, dans la Caroline du Sud, etc., on opère par lavage. Dans ces mêmes pays, on doit pratiquer également le fanage; en Floride on voit même activer la dessiccation et par conséquent la désagrégation de l'argile au moyen de la chaleur directe. Le minerai est disposé sur un bûcher de bois de sapin auquel on met le feu.

Enrichissement des sables phosphatés. — L'enrichissement des sables phosphatés pauvres se pratique peu en France. Partout où l'on trouv des sables riches, on néglige les produits infé rieurs. Cet enrichissement, quand il a lieu, s'exé cute dans des conditions défectueuses, et l'o voit par exemple les phosphatiers de la Somm recourir à des procédés de lavage tant soit pe rudimentaires.

On se contente, en général, de délayer le sabl argileux dans un malaxeur à bras, de tamiser l liquide boueux obtenu à travers un trommel po en séparer les silex, et de le diriger ensuite da une série de caniveaux soit en bois, soit en m çonnerie, où le phosphate, plus dense, se dépo le premier; l'argile, contenant encore malhe reusement une certaine quantité de phosphate chaux, est entraînée vers de grands bassins elle se dépose à son tour. Ce procédé est tr imparfait; on compte en effet que pour obte une tonne à 60 0/0 il faut sacrifier 3 tonnes 35 0/0. On perd donc de 40 à 45 0/0 du phospha contenu dans le sable argileux, et c'est au p de ce sacrifice que l'on peut faire, au moyen d produit qui n'est pas commercial, un prod possédant une valeur marchande.

Cependant on peut faire mieux. Nous avons visité en effet, à Doullens, une usine d'enrichissement munie d'appareils perfectionnés et ingénieux. M. Lasne, qui a créé cette usine, s'est proposé d'y traiter les sables argileux pauvres que les exploitants de la Somme négligent. L'eau boueuse renfermant le phosphate et l'argile, après avoir subi une première décantation dans un *spitzkasten*, est dirigée dans une batterie de trois caisses cylindriques, hautes de 4 mètres environ, où elle circule de bas en haut. Le diamètre de ces caisses va en croissant depuis la première jusqu'à la troisième, de façon que le liquide boueux soit obligé, en passant d'une caisse à l'autre, de ralentir sa marche. Il perd alors une partie de la force vive dont il était animé, et laisse déposer le phosphate. Le liquide met alors à traverser l'appareil un temps d'autant plus long que le phosphate qu'il contient en exige davantage pour se déposer.

III. Enrichissement des craies phosphatées. — C'est également en utilisant la différence de densité du phosphate de chaux et du carbonate de chaux que l'on parvient, par une simple lévigation, à enrichir la craie et à éliminer une partie du carbonate de chaux.

A Hardivillers-Breteuil, on enrichit de cette façon la craie qui titre en moyenne 35 0/0 de phosphate de chaux, jusqu'à ce qu'elle en titre 50 ou 55 0/0. La craie, après avoir été broyée et délayée dans l'eau, au moyen d'appareils spéciaux, est placée dans le décanteur; celui-ci est constitué par une caisse demi-cylindrique en tôle, longue de 2 mètres, profonde d'un mètre, portée sur deux tourillons; elle peut basculer pour déverser le produit qu'elle contient dans l'un ou l'autre des caniveaux placés à droite et à gauche de l'appareil. Dans la caisse est disposé soit un agitateur à bras, soit mieux encore un gros serpentin horizontal en cuivre, percé de trous, par lequel on peut projeter, à l'intérieur de la caisse, de l'eau dans toutes les directions. Le liquide boueux est introduit dans la caisse; on l'abandonne pendant quelque temps au repos, puis on décante en basculant l'appareil d'un côté. On remet les produits lourds en suspension dans l'eau, soit en faisant arriver de l'eau dans la caisse et en mettant l'agitateur en mouvement, soit en envoyant de l'eau par le serpentin percé de trous; on décante encore les parties légères en inclinant la caisse du même côté, et l'on recommence l'opération six, sept et huit fois; puis on remet une dernière fois le produit en suspension et l'on sort le phosphate enrichi en basculant la caisse du côté opposé et en faisant tomber le produit qu'elle contient dans le caniveau destiné à le recevoir.

Dans la région de Ciply, où se trouvent, comme nous l'avons dit plus haut, des carrières de craie phosphatée, on procède à l'enrichissement au moyen d'appareils perfectionnés.

La craie, qui titre de 18 à 20 0/0, est enrichie à deux degrés. Ou bien on porte le titre à 40 0/0 en soumettant la craie délayée à un courant d'eau ascendant qui entraîne une partie du carbonate de chaux et laisse au fond de l'appareil, d'où il s'écoule peu à peu, le phosphate plus lourd (colonne Solvay); ou bien on reprend cette craie enrichie à 40 0/0, pour l'amener à contenir 50-55 0/0 de phosphate de chaux. A cet effet, on dirige le produit, délayé dans l'eau, sur une série de plans inclinés percés de trous avec une vitesse telle que les parties légères soient entraînées et que le phosphate, débarrassé d'une partie de son calcaire, se dépose et traverse les trous de ces plans inclinés (appareils Bouchez).

Ces procédés de lévigation ne sont pas les seuls que l'on ait proposés pour enrichir la craie phosphatée, mais aucun d'eux n'est pratique, étant donné le bas prix auquel il faut vendre le phosphate.

On peut, par exemple (et ce procédé a été appliqué à Cuesmes, près de Ciply), soumettre la craie phosphatée pulvérisée à un violent courant d'air qui entraîne de préférence le carbonate de chaux. Mais cette manière de faire n'enrichit la craie que de 20 à 40 0/0.

Ce procédé a été repris dernièrement par M. Beyer et appliqué à l'usine d'Étaves (Aisne). La craie (titrant 30-35 0/0) est tout d'abord séchée et passe ensuite dans un broyeur-ventilateur. Le nuage de craie phosphatée est reçu dans un cylindre horizontal (détendeur) où il arrive tangentiellement. Le cylindre est garni sur les deux tiers de sa surface d'une toile métallique qui laisse passer les particules fines de carbonate de chaux, tandis que le phosphate de chaux, qui, grâce à sa dureté, n'a été que peu écrasé par le broyeur, et qui d'ailleurs est plus dense, retombe dans le cylindre. Il est repris par un nouveau jeu de broyeur et de détendeur, qui achève son enrichissement à 50-55 0/0.

On peut traiter la craie, comme l'a indiqué M. Brochon, par l'acide carbonique, de façon à faire disparaître le carbonate de chaux à l'état de bicarbonate.

On peut encore traiter la craie par une solution d'acide sulfureux, qui attaque le carbonate de chaux pour le transformer en sulfite de chaux avant d'attaquer le phosphate de chaux pour le dissoudre. Le sulfite de chaux est presque insoluble dans l'eau, mais il est plus léger que le carbonate dont il provient, et la différence de densité entre le sulfite et le phosphate étant plus grande que celle qui existait entre le carbonate et le phosphate, il devient plus facile de séparer par lévigation les deux produits. C'est là le procédé de M. Ortlieb, qui a fonctionné à l'usine de M. Solvay à Ciply. Les appareils dont le procédé nécessite l'emploi sont encore en place, prêts à fonctionner quand le prix du phosphate en permettra l'application.

Les autres procédés que l'on a proposés reposent tous sur la calcination préalable de la craie et la transformation du carbonate de chaux en chaux caustique.

La craie une fois cuite peut être délayée dans l'eau et traitée encore par lévigation. La chaux, étant plus légère que le carbonate de chaux primitif, se sépare aisément du phosphate de chaux.

M. Lhôte a proposé de traiter cette craie cuite par de l'acide chlorhydrique étendu, qui dissout la chaux à l'état de chlorure de calcium et respecte le phosphate de chaux.

M. Pellet a proposé de dissoudre la chaux au moyen du sucre contenu dans la mélasse. Le sucrate de chaux est soluble et le phosphate de chaux se sépare, puis on régénère le sucre ou plutôt la mélasse en carbonatant le sucrate de chaux.

M. Braconnier a proposé enfin de dissoudre la chaux par l'action du chlorhydrate d'ammoniaque, qui fournit une solution d'ammoniaque et de chlorure de calcium. Le phosphate de chaux est recueilli; puis, pour récupérer l'ammoniaque, on fait passer un courant d'acide carbonique qui donne du carbonate de chaux insoluble, et du chlorhydrate d'ammoniaque qui rentre en travail.

Ces dernières réactions, extrêmement élégantes, ne peuvent être aisément appliquées, surtout aux craies de Ciply. Les craies de Ciply, en effet, qui contiennent 4 0/0 de silice, se cuisent fort mal, et quand on est parvenu à les cuire, elles se délitent difficilement. Il se forme pendant la cuisson des silicates fusibles qui nuisent à la dissociation du carbonate de chaux et qui forment en outre à la surface des fragments un enduit impénétrable par l'eau.

Ce n'est pas seulement dans le but de les rendre propres à subir les procédés d'enrichissement que l'on a proposé de soumettre les phosphates à la calcination. Certaines expériences avaient permis de croire que les phosphates calcinés (craie, sable ou nodules) étaient devenus plus perméables aux agents du sol, plus assimilables par conséquent. Ces expériences n'ont pas reçu confirmation, et la fabrication des *thermophosphates* a été abandonnée.

Dessiccation des phosphates. — Les produits phosphatés tels qu'ils sortent du sol, craie et sable, renferment de 20 à 25 0/0 d'eau; quand ils ont été enrichis par le lavage, ils se présentent avec un degré d'hydratation analogue. Les nodules eux-mêmes sont humides et ils doivent, comme le sable et la craie, subir la dessiccation.

Les fours au moyen desquels on dessèche les phosphates sont extrêmement nombreux.

Ceux qui sont de beaucoup les plus répandus, mais qui sont aussi les moins parfaits, sont les fours à plaques de fonte. Pour les établir, on creuse le sol sur une profondeur de 80 centimètres, sur une longueur de 12 à 15 mètres et une largeur de 8 à 10 mètres. Puis on établit parallèlement à la longueur une série de petits murs en briques qui vont, lorsqu'on les aura recouverts de plaques de fonte juxtaposées, déterminer une série de carneaux dans lesquels circuleront les gaz chauds provenant d'un ou de plusieurs foyers extérieurs. A l'une des extrémités, en effet, se placent des foyers à la houille dont chacun dessert plusieurs carneaux; à l'autre extrémité se dresse une cheminée d'appel à laquelle aboutissent tous ces carneaux. Le phosphate (sable, craie ou nodules) est étalé d'un côté du four, en une bande parallèle à la longueur; au fur et à mesure qu'il se dessèche, les ouvriers, au moyen de pelles ou de râteaux, le poussent vers l'extrémité opposée, tandis que le four est continuellement rechargé du côté laissé libre. Le travail dans ces conditions exige une assez grosse main-d'œuvre et entraîne une dépense de charbon qui représente 10 ou 11 kilogrammes pour 100 kilogrammes de phosphate obtenu sec.

M. Solvay a fait construire un four qui s'applique très bien à la dessiccation de la craie enrichie. C'est une caisse en maçonnerie mesurant 15 mètres de longueur sur 3 de largeur et 2 de profondeur. Cette caisse, montée sur des piliers en maçonnerie, à 1 mètre du niveau du sol, est fermée à sa partie inférieure par une grille à barreaux rapprochés. A l'intérieur se trouvent deux rangées de tuyaux en fonte de 20 centimètres de diamètre, disposés en échiquier, et à travers lesquels circulent continûment les gaz chauds d'un foyer à la houille. La craie est étalée à la partie supérieure de la caisse d'une façon continue; tant qu'elle reste encore humide, elle présente assez de plasticité pour se maintenir entre les tuyaux de fonte. Puis, à mesure que la dessiccation se produit, que la craie devient plus pulvérulente, elle glisse à la surface de ces tuyaux, s'échappe à travers les barreaux de la grille, tombe à la partie inférieure du four, d'où l'on vient la retirer de temps à autre.

Fig. 285. — Séchoir Ruelle.

Pour obtenir la dessiccation des sables enrichis, M. Solvay a imaginé un autre four, qui est constitué par un double foyer à la houille, à l'extrémité duquel se trouve établie une cheminée en maçonnerie, à section carrée, longue de 10 à 12 mètres, formant carneau, et dirigée suivant une pente de 30 centimètres par mètre. Dans ce carneau se meut, avec une vitesse de 1 mètre à la minute, un tablier sans fin formé d'une série de plaques en tôle de 70 centimètres de large, attachées au tablier par l'un de leurs côtés et pouvant se recouvrir les unes les autres comme se recouvrent des écailles de poisson. Les plaques sont, à la pelle, chargées du sable que l'on se propose de dessécher. Le sable entraîné par le tablier sans fin est soumis alors à la chaleur rouge du four et du carneau, et à l'endroit où le tablier sans fin tourne et revient en arrière, il tombe presque déshydraté dans un autre appareil, formé de plateaux superposés sur lesquels il cascade et où il achève sa dessiccation.

Le séchoir qui paraît répondre le mieux au travail de la dessiccation des phosphates est le séchoir Ruelle. C'est celui que l'on rencontre dans presque toutes les installations nouvelles, et cela permet de supposer que nos phosphatiers en ont reconnu la supériorité.

Ce séchoir (fig. 285) comprend deux organes, un four où on brûle de la houille, et un cylindre rotatif où on dessèche le phosphate. Le four est construit de telle façon qu'il puisse envoyer dans le cylindre, en même temps que les gaz de la houille, un courant d'air chaud. A cet effet, au-dessus du foyer sont disposés des tuyaux en fonte recourbés en forme d'U renversé, à travers lesquels circule d'une façon continue de l'air poussé par un ventilateur. Le cylindre mesure 12 mètres de long et 2 mètres de diamètre; il est porté à droite et à gauche par un jeu de galets, et une grande roue dentée entourant sa surface cylindrique en son milieu et engrenant sur deux pignons peut lui communiquer un mouvement lent de rotation de 8 tours à la minute. A l'intérieur de ce cylindre et près de celui-ci est établie concentriquement une enveloppe cylindro-conique qui tourne en même temps que lui. Sur la surface intérieure de chacun des cylindres sont placés des rubans hélicoïdaux en tôle qui auront pour office de diriger le phosphate dans le trajet qu'il va avoir à parcourir. Le phosphate humide, introduit à la pelle dans une trémie, tombe dans le cylindre intérieur à l'extrémité opposée au foyer; il est peu à peu conduit par les hélices d'un bout à l'autre du cylindre; il rencontre de petites fenêtres percées dans la paroi de ce cylindre, entre alors dans l'espace annulaire formé par les deux cylindres concentriques, puis, poussé par les hélices du cylindre extérieur, il chemine encore dans une direction inverse de celle qu'il suivait tout à l'heure et s'échappe enfin de l'appareil par de petites trappes disposées à l'extrémité.

Les gaz chauds du foyer pénètrent dans l'appareil dessiccateur à 450°; ils en sortent à 100°, entraînant la vapeur d'eau. En queue de l'appareil, on dispose une chambre à poussières pour retenir le phosphate que le courant d'air aurait chassé des cylindres.

Mouture des phosphates. — Quelle que soit la nature du phosphate extrait et desséché, l'exploitant se trouve dans la nécessité de l'amener à un état de finesse tel, qu'il puisse, soit être assimilé rapidement s'il est destiné à être employé en nature, soit être attaqué aisément par l'acide sulfurique s'il est réservé à la fabrication du superphosphate. Le degré de finesse est considéré comme suffisant quand le produit passe à travers un tamis d'une toile n° 70.

Les nodules sont tout d'abord concassés dans un broyeur à mâchoires ou un broyeur à cylindres, en fragments de la grosseur d'une noisette, puis pulvérisés au moyen d'une paire de meules horizontales en pierre, semblables aux meules de meunerie; le produit est ensuite bluté. Quant aux craies et aux sables, ils sont tout d'abord passés à la bluterie, recouverte de toile n° 70, et le rejet de la bluterie est passé ensuite sous les meules de pierre.

IV. Fabrication des superphosphates. — La fabrication des superphosphates prend chaque jour une importance plus grande. Grâce au bas prix des matières premières, on a vu, dans ces dernières années, des fabriques d'acide sulfurique s'installer de tous côtés, ayant pour but unique de fabriquer des superphosphates. Les usines de la Compagnie de Saint-Gobain ont déployé une activité surprenante. En 1878, la Compagnie produisait 20 000 tonnes de superphosphates; en 1889, elle accusait une production de 110 000 tonnes; en 1892, cette production a dépassé 200 000 tonnes. M. Joulie, dans un rapport récent fait à la Société des Agriculteurs de France, estime que la quantité de superphosphates fabriqués en France représente 500 000 tonnes, ce qui exige environ 280 000 tonnes de phosphate et à peu près autant d'acide sulfurique.

On recherche toujours pour la fabrication des superphosphates les produits pauvres en fer et en alumine. Millot [*Annales agron.*, 1875] a montré en effet que le phénomène désigné sous le nom de *rétrogradation*, et dont le résultat est de diminuer la quantité d'acide phosphorique soluble que renferme un superphosphate, est dû à la présence de l'alumine et du fer et à la formation de phosphates complexes insolubles.

A cette action spéciale de l'alumine et du fer sur l'acide phosphorique soluble, s'ajoutent d'autres actions qui ont pour effet d'insolubiliser l'acide phosphorique à l'état de phosphate bicalcique (action de l'acide phosphorique libre ou du phosphate monocalcique sur le phosphate tricalcique).

Les nodules ne sont pas, à cause de leur teneur en fer et en alumine, employés à la fabrication du superphosphate. Pendant un certain temps, les nodules jaunes de l'Auxois ont été assez recherchés pour cette fabrication; mais, depuis la découverte des gisements de Beauval, on les a abandonnés pour les craies et les sables phosphatés, qui seuls aujourd'hui sont traités par l'acide sulfurique.

La craie, même pauvre en phosphate, est aujourd'hui assez appréciée des superphosphatiers. Son emploi leur permet de travailler plus rapidement et de faire produire à leurs appareils un rendement plus considérable. Pour qu'un superphosphate fasse prise rapidement et puisse être manipulé, séché et expédié en quelques jours, il faut en effet qu'il renferme une assez grande quantité de sulfate de calcium. Dans ces conditions, par suite du dégagement d'acide carbonique provenant de l'action de l'acide sur le carbonate de calcium, le produit se boursoufle, *lève*, et la masse une fois solidifiée peut être aisément désagrégée. Or certains phosphates sont pauvres en carbonate de calcium et donnent un superphosphate qui peut être riche en acide phosphorique, mais qui se travaille mal, et l'on voit alors le fabricant ajouter à ces phosphates de la craie phosphatée pour former le sulfate de chaux dont il a besoin et produire un superphosphate poreux qui fasse prise rapidement. Cette pratique est d'ailleurs d'accord avec les exigences du commerce des engrais, qui refuse souvent d'acheter et d'employer les superphosphates à haut dosage, et oblige alors le superphosphatier à abaisser le titre de ses produits en y ajoutant une matière inerte, du plâtre par exemple.

La fabrication du superphosphate s'est, dans ces dernières années, modifiée, non pas dans son principe, mais dans son mode opératoire. Les superphosphatiers, en effet, avaient autrefois une tendance générale à adopter des appareils continus, dans lesquels le phosphate et l'acide, arrivant en tête, cheminaient le long de l'appareil, mélangés par l'action d'agitateurs, et sortaient à l'extrémité à l'état de superphosphate. On a reconnu que l'arrivée du phosphate et de l'acide était sujette à des irrégularités, et que le superphosphate ne se présentait pas, pendant toute la durée du travail, avec une composition constante. On a donc abandonné ces malaxeurs continus et on a installé dans la plupart de nos usines des malaxeurs discontinus.

Le malaxeur est une caisse de fonte ayant la forme d'un cylindre, dont l'axe est tantôt horizontal, tantôt vertical. A l'intérieur de ce malaxeur est disposé un agitateur puissant; le cylindre est muni à la partie inférieure d'un tampon de fermeture permettant l'évacuation du superphosphate encore liquide dans les *caves* où il fait prise par le repos. 100 ou 200 kilogrammes de phosphate sont versés dans le malaxeur; on y ajoute la quantité mesurée d'acide sulfurique à 50-52° B.; on met les agitateurs en mouvement, et en quelques minutes le superphosphate est fabriqué. Les opérations se succèdent avec une telle rapidité, que l'on peut, à l'aide d'un malaxeur de ce genre, fabriquer à l'heure autant de superphosphate qu'avec un appareil continu.

Dans toutes les fabriques de superphosphate, on s'est préoccupé de rendre les opérations moins insalubres. Les malaxeurs, ainsi que les caves où le superphosphate fait prise, sont aujourd'hui en communication avec un aspirateur. Sur le trajet des vapeurs, on dispose une colonne de bois, dans laquelle tombe une pluie d'eau, que les vapeurs sont obligées de traverser de bas en haut. Pour répartir cette eau et augmenter la surface d'absorption, on remplit cette colonne de coke. Dans un certain nombre d'usines, on a abandonné cette manière de faire, à cause de l'inconvénient que présente le dépôt de silice gélatineuse provenant de la décomposition du fluorure de silicium, et l'on remplace ces surfaces de coke par une série de grillages en bois sur lesquels l'eau vient ruisseler.

La dessiccation des superphosphates, qui se fait d'une façon générale aujourd'hui, peut encore être considérée comme un progrès accompli. Les superphosphatiers ont hésité longtemps à dessécher ces superphosphates, qui rétrogradent souvent à la chaleur. Les fours dont ils font usage et les procédés spéciaux dont ils disposent pour conduire la dessiccation leur permettent de réduire au minimum cette rétrogradation. Ces fours sont, ou bien des fours fixes à plaques de fonte, ou bien des étuves, ou bien des fours au milieu desquels circulent d'une façon continue des plaques de tôle montées sur une chaîne sans fin et chargées de superphosphate, etc. (appareil

Fig. 286. — Fabrication des superphosphates.

Solvay), ou bien enfin des tours à étages, analogues aux tourailles de brasserie, sur lesquelles le phosphate se dessèche peu à peu.

Superphosphates fabriqués à l'acide phosphorique. — On a proposé bien souvent d'obtenir des superphosphates riches en attaquant le phosphate par l'acide phosphorique même. Des tentatives industrielles ont eu lieu, et ont lieu encore aujourd'hui, sans que ces procédés semblent devoir se généraliser. La fabrication est coûteuse et le commerce ne consent pas aisément aujourd'hui à acheter des superphosphates riches.

Le procédé consiste à attaquer des phosphates pauvres par l'acide sulfurique, à diluer d'eau le produit boueux, de façon à le faire passer au filtre-presse, à recueillir les liquides qui renferment, après lavage, de 7 à 8 0/0 d'acide phosphorique, à concentrer cet acide et à le faire agir sur du phosphate.

L'*American phosphate and chemical Company* a breveté en 1892 un procédé qui consiste à diluer l'acide sulfurique non pas avec de l'eau, mais avec une solution phosphorique obtenue comme précédemment, à recueillir au filtre-presse la solution phosphorique qui s'est ainsi concentrée, à diluer à l'aide de cette nouvelle solution de l'acide sulfurique destiné à attaquer une nouvelle quantité de phosphate, et ainsi de suite, de façon à avoir finalement une solution d'acide phosphorique à 30° B. Les eaux de lavage des tourteaux rentrent dans le travail.

Fabrication de superphosphates azotés. — M. Aimé Girard [*C. R.*, 97, 74] a montré que l'on pouvait utiliser la propriété que l'acide sulfurique d'une certaine concentration possède de dissoudre les tissus animaux à la température ordinaire, pour faire disparaître à la ferme les cadavres des bêtes mortes de maladies contagieuses, les basses viandes, etc. On obtient de cette façon un acide sulfurique azoté, que l'on emploie avec avantage à la fabrication du superphosphate.

Ce procédé est aujourd'hui appliqué dans un certain nombre de fabriques d'engrais. L'acide sulfurique à 52° B. est réchauffé et passe méthodiquement dans une série de vases en plomb remplis de chiffons de laine, de débris de cornes, de sabots, etc.

Autres procédés proposés pour l'utilisation de l'acide phosphorique des phosphates minéraux. — Il convient de citer le procédé qui, il y a plusieurs années, a fonctionné à Salindres pour la fabrication du phosphate précipité. Les nodules étaient traités par l'acide chlorhydrique et les eaux acides saturées par la chaux.

M. Lasne obtient également du phosphate précipité en traitant par l'acide sulfurique étendu les boues qu'il obtient dans le lavage des sables phosphatés. L'argile n'est pas attaquée par l'acide; on la recueille au filtre-presse et les eaux acides sont également précipitées par la chaux.

M. Dufourmantel, puis M. Jœhne, ont proposé de traiter les phosphates naturels par le bisulfate de soude, qui, d'après ces auteurs, ne dissoudrait pas le fer et l'alumine (brevets).

M. Glaser a proposé de séparer le phosphate d'alumine par une lessive de soude, qu'il faut ensuite carbonater, ou par une solution de carbonate de sodium ou de phosphate alcalin. Le phosphate d'alumine se déposerait par refroidissement (brevet).

M. Winssinger prépare un phosphate précipité exempt de fer en ajoutant à la solution phosphorique, avant sa précipitation par la chaux, du carbonate de calcium, puis du sulfate et du carbonate de sodium [*Bull. Soc. Chim.*, (3), **3**, 491].

M. Schucht a montré que les sels ferreux n'ont pas la même action rétrogradatrice que les sels ferriques, et il propose de traiter les superphosphates ferrugineux par un réducteur, par exemple l'acide sulfureux provenant des fours à pyrites [*Mon. scient.*, 1892, 453].

PHOSPHATES ET SUPERPHOSPHATES D'OS.

On peut estimer à 300000 tonnes la quantité d'os fournie annuellement par l'abatage des animaux. Sur ces 300000 tonnes, l'industrie en reçoit environ 100000. 90000 tonnes sont employées soit à la fabrication des colles et gélatines, et fournissent des os dégélatinés ou du phosphate précipité, utilisés par l'agriculture, soit à la fabrication des poudres d'os verts; 5 à 6000 tonnes sont réservées à la fabrication du noir animal, dont la consommation, en sucrerie notamment, est devenue insignifiante; 2000 tonnes servent à la production du phosphore.

I. Poudre d'os verts. — Les os sont dégraissés soit par une courte ébullition au contact de l'eau et à l'air libre, soit par une digestion dans le benzène mélangé de toluène. Ils sont ensuite pulvérisés au moyen de moulins munis de deux roues verticales en fonte. Quelquefois l'une des roues est en tôle, à double paroi, et tout autour de sa circonférence sont disposés des augets, qui, à chaque rotation, viennent prendre le produit broyé; ce produit tombe dans l'intérieur de la roue, qui, par un système de danaïdes, le relève et le rejette sur un crible disposé au centre de la meule; ce crible laisse passer les parties moulues et renvoie sur la piste les parties qui ne le sont pas encore. Cet appareil est employé d'ailleurs à la pulvérisation et au criblage des os dégélatinés, des phosphates minéraux, de la viande et du sang desséchés, etc.

La poudre d'os verts renferme de 3,5 à 4 0/0 d'azote et de 40 à 55 0/0 de phosphate de chaux.

L'analyse d'un échantillon de poudre d'os verts dégraissés au benzène nous a donné les résultats suivants :

Eau	5,85 0/0
Phosphate de chaux	44,83 —
Carbonate de chaux	9,91 —
Osséine	29,31 —
Matière grasse	3,34 —

II. Poudre d'os dégélatinés. — Les os qui ont servi à la fabrication de la gélatine et qui ont perdu dans l'eau sous pression leur osséine sont retirés des autoclaves, séchés et pulvérisés comme il a été dit précédemment. Ces os ne contiennent que de 1 à 1,5 0/0 d'azote; mais en revanche leur richesse en phosphate de chaux atteint de 60 à 70 0/0. La porosité, qui résulte du traitement que ces os ont subi, les rend plus faciles à pulvériser et plus assimilables que les os verts.

Des os dégélatinés, provenant d'os analogues à ceux précédemment analysés, nous ont donné la composition suivante :

Eau	7,90 0/0
Phosphate de chaux	63,31 —
Carbonate de chaux	12,93 —
Osséine	9,37 —
Matière grasse	1,22 —

III. Phosphate précipité. — L'industrie de la gélatine dite *alimentaire* fournit comme résidu du phosphate précipité. Les os sont traités méthodiquement par de l'acide chlorhydrique étendu et débarrassés de leur phosphate avant d'être traités par l'eau sous pression. Les eaux acides sont ensuite additionnées de chaux, de façon à former du phosphate bicalcique. Ces phosphates renferment de 35 à 40 0/0 d'acide phosphorique, dont la majeure partie est soluble dans le citrate d'ammoniaque.

IV. Résidus de noir. — La composition de ces résidus a été donnée (Dict., **1**, 1241). Il a été dit plus haut que la quantité de noir employée dans l'industrie devenait de plus en plus restreinte. L'agriculture ne trouve plus, par conséquent, qu'une quantité minime de résidus de noir à utiliser comme engrais.

V. Superphosphates d'os. — On peut fabriquer le superphosphate d'os soit avec de la poudre d'os verts, soit avec de la poudre d'os dégélatinés. Ces superphosphates sont naturellement plus assimilables que les poudres d'os correspondantes.

Les superphosphates d'os, ne contenant ni alumine ni fer en quantité appréciable, ne rétrogradent pas. Ils ont encore sur les superphosphates minéraux l'avantage de renfermer une certaine quantité d'azote.

Rarement on fait usage, pour cette fabrication, des malaxeurs dont nous avons parlé plus haut. L'attaque se faisant sans dégagement sensible d'odeur et de gaz nuisibles, on préfère en général fabriquer le superphosphate sur le sol. Les poudres d'os sont étalées, puis au moyen de râteaux on les dispose en couronne circulaire ou rectangulaire, comme les maçons disposent le mélange de chaux et de sable destiné à la fabrication du mortier. L'acide est introduit au centre, et les ouvriers, munis de ringards, démolissent peu à peu la couronne en faisant absorber l'acide sulfurique par les parties qui se trouvent immédiatement en contact avec lui, pour n'achever le nivellement que quand la pâte a pris une certaine consistance et ne menace plus de se répandre dans l'atelier.

Quand on fabrique le superphosphate avec un mélange d'os verts et d'os dégélatinés, on a soin de placer les premiers aux bords internes de la couronne; ils sont en effet plus difficilement attaquables par l'acide et restent de cette façon plus longtemps en contact avec lui.

Ces superphosphates sont mis en tas, de façon que le sulfate de chaux se solidifie; ils sont ensuite séchés et pulvérisés comme les superphosphates minéraux.

SANG DESSÉCHÉ.

Le procédé indiqué (Dict., **1**, 1236), et qui consiste à coaguler le sang par le chauffage, est aujourd'hui très peu répandu; l'odeur qui se dégage pendant une semblable manipulation l'a fait presque partout abandonner. On lui substitue un procédé, le seul qui soit d'ailleurs, dans le voisinage des villes, autorisé par l'administration, qui consiste à coaguler le sang au moyen des sels ferriques et à le rendre ainsi imputrescible.

Le sang frais est mélangé, dans des bassins en fer, d'une quantité soit de perchlorure de fer, soit de sulfate ferrique, soit de nitroso-sulfate, qui représente 10 grammes de fer par litre de sang à coaguler. Les caillots se séparent immédiatement du sérum; on les recueille en les jetant à l'intérieur de cases en maçonnerie ou en bois. Ces cases sont fermées à la partie inférieure par une claie en bois que l'on garnit de branchages ou de fagots pour assurer une meilleure filtration. Au-dessous de ce faux fond se trouve un caniveau qui conduit le sérum à l'égout. En général, il y a dans l'atelier plusieurs de ces cases, à côté les unes des autres, que l'on remplit successivement, de façon à laisser aux caillots qui sont logés dans l'une d'elles le temps de s'égoutter pendant que l'on garnit les autres.

Quand les caillots sont égouttés, on peut, ou bien les sécher en les mélangeant à du terreau, à de la tourbe ou à de la sciure de bois, ou bien les déshydrater soit au soleil, soit artificiellement.

Le torréfacteur Ruel, dont nous avons parlé plus haut, convient fort bien à ce travail de dessiccation. Le sang sec est ensuite moulu au moyen de meules verticales enfermées dans une enveloppe de tôle, de façon à éviter la dissémination des poussières de sang sec dans l'atelier.

Cet engrais renferme de 12 à 13 0/0 d'azote, environ 1 0/0 d'acide phosphorique et 0,8 0/0 de potasse.

SELS DE POTASSE.

La consommation des sels de potasse en agriculture s'est considérablement accrue depuis 1876. En 1894, la France a importé 12000 tonnes de chlorure de potassium et 1350 tonnes de sulfate de potasse provenant des mines de Stassfurth et d'Anhalt (Saxe).

C'est en effet soit à l'état de chlorure de potassium d'une richesse de 80 à 85 0/0, soit à l'état de sulfate de potasse riche à 90 0/0, que les mines allemandes exportent leurs produits.

Le chlorure de potassium est retiré de la carnallite (chlorure double de potassium et de magnésium). La carnallite grossièrement pulvérisée est traitée sous pression à 120° par une lessive saturée de chlorure de magnésium (cette lessive est constituée par les eaux mères, les eaux de lavage des opérations précédentes, et marque 25° B.); quand la lessive a dissous le chlorure de potassium, la liqueur est évacuée. Le résidu de la chaudière est lessivé une seconde fois pour faire un liquide de qualité inférieure qui servira pour le lavage des produits bruts, puis est évacué hors de l'usine.

Les liquides magnésiens au contact desquels le chlorure de potassium s'est dissous, et qui marquent maintenant 31-33° B., sont, après décantation, abandonnés à la cristallisation. Le chlorure de potassium est extrait, lavé et séché.

Quant aux eaux mères, elles sont concentrées jusqu'à 35°. Il se dépose un sel impur, pauvre en chlorure de potassium, riche au contraire en sel marin et en sulfate de magnésium; puis les liquides son abandonnés à la cristallisation. Cette fois, à cause de la grande quantité de chlorure de magnésium, il se dépose le *sel double*, c'est-à-dire de la carnallite artificielle. Cette carnallite est retirée des bacs de cristallisation; elle est ensuite traitée pour en extraire le chlorure de potassium.

Le sulfate de potasse est obtenu en général en faisant réagir la kiesérite (sulfate de magnésium) sur le chlorure de potassium; il se dépose tout d'abord, en même temps que de la carnallite, du sulfate double de potassium et de magnésium (schönite), qu'une nouvelle addition de chlorure de potassium convertit en sulfate de potassium et carnallite artificielle.

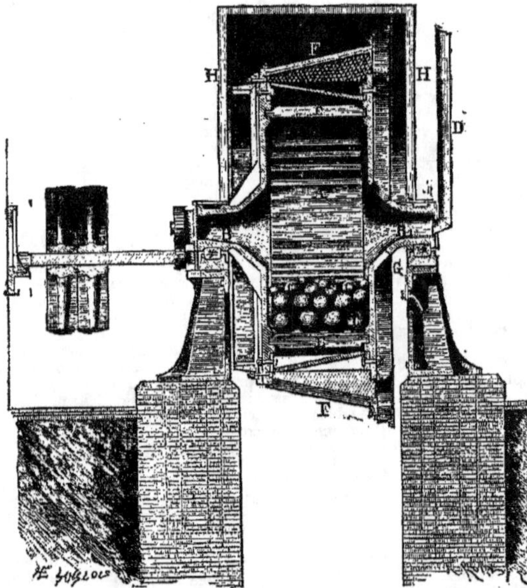

Fig. 287. — Broyeur à boulots.

SCORIES DE DÉPHOSPHORATION.

Les scories que l'on obtient en déphosphorant les fontes dans les appareils Bessemer (procédé Thomas et Gilchrist) ont été depuis quelques années employées comme engrais. La cornue est, dans ce procédé, revêtue intérieurement de briques de dolomie; pendant l'affinage, on jette, de plus, des fragments de dolomie ou de chaux, en sorte que l'acide phosphorique produit par l'oxydation du phosphure de fer de la fonte s'unit à la fois à la chaux, à la magnésie et au fer. Les scories renferment de 12 à 16 0/0 d'acide phosphorique et représentent de 20 à 25 0/0 de l'acier obtenu.

Au moment de la coulée, on décante la scorie surnageante; celle-ci se solidifie. On abandonne la masse à l'air, où elle se délite d'autant plus facilement que les scories sont moins siliceuses. Celles qui sont très chargées de silice ne se délitent pas. Les scories sont tout d'abord concassées, puis soumises au broyage.

On ne saurait employer à ce broyage les meules de pierre et même les meules métalliques, qui seraient rapidement détériorées par les grains d'acier disséminés dans la masse de scories. On fait alors usage d'un broyeur à boulets (fig. 287). Ce broyeur est formé d'un tambour rotatif A, de 0m,80 de diamètre, garni extérieurement de barreaux d'acier très rapprochés; entourant ce tambour se trouve disposée une toile métallique, F, qui sépare les parties moulues, et rejette, par le jeu de colimaçons, les gros fragments à l'intérieur du broyeur. Le travail du broyage est effectué par une série de boulets d'acier, de grosseurs différentes, qui roulent à l'intérieur du tambour rotatif et écrasent progressivement les fragments de scories qui pénètrent par le tuyau D.

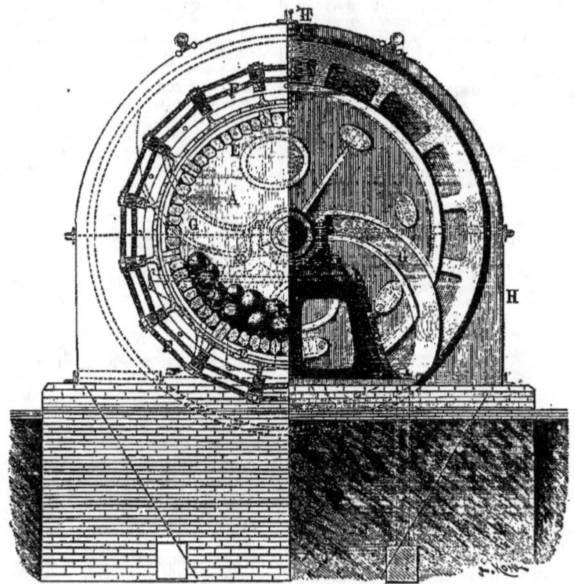

Fig. 288. — Broyeur à boulets.

On estime que la quantité de scories phosphoreuses consommées en France représente annuellement 50 000 tonnes. L. Lindet.

ÉNIGMATITE (Min.) (Breithaupt). — Voyez Kœlbingite, Dict., **2**, 173.

ÉNOPHITE (Min.). — Variété de serpentine.

ÉOSITE (Min.) (Schrauf). — Molybdate et vanadate de plomb en mélange isomorphe, $[Mo, Va]O^4Pb$; $a:c = 1:1,376$ (voyez Wulfénite et Scheelitine). Petits octaèdres quadratiques $b^{4/7}$, rouge-orangé foncé, avec cérusite, à Leadhills (Écosse).

ÉOSPHORITE (Min.) (Brush et Dana). — Phosphate alumino-manganoso-ferreux hydraté,

$$2[Mn, Fe]O, Al^2O^3, P^2O^5 + 4H^2O,$$

isomorphe avec la childrénite, dont elle ne diffère que par la prédominance du manganèse. Petits prismes finement striés ou masses compactes presque incolores, rose pâle, parfois verdâtres; avec divers phosphates et albite dans le granite de Branchville (Connecticut).

Caractères. — Soluble dans les acides. Dans le tube, décrépite et donne de l'eau. Colore la flamme en vert pâle et fournit difficilement sur le charbon un globule noir magnétique.

Dureté = 5. Densité = 3,134.

Forme cristalline. — Prisme orthorhombique : $b^{1/2} b^{1/2}$ (culminant) = 133°32′ et 118°58′; mm = 104°19′. Faces $m, h^1, g^1, g^3, b^{1/2}, (b^1 b^{1/4} g^{1/2}), e_3$. Clivage h^1 parfait. L. Bourgeois.

ÉPICHLORHYDRINE. — Voyez Glycérine.

ÉPICHLORITE (Min.). — Voyez Euralite, Suppl., **1**, 719.

ÉPIDIDYMITE (Min) (Flink). — Silicate hydraté de glucinium et de sodium, Si^3O^8GlNaH ou $2GlO . Na^2O . H^2O . 6SiO^2$, dimorphe de l'eudidymite (voyez ce mot). Cristaux bacillaires, striés longitudinalement, atteignant 2 millimètres de longueur, incolores, souvent transparents, éclat nacré sur les bases; dans les filons de pegmatite de Narsasik, près Igaliko (Groenland).

Caractères. — Inattaquable aux acides, sauf à l'acide fluorhydrique, aisément fusible au chalumeau en un verre incolore, avec perte d'eau. Dureté un peu inférieure à 6. Densité = 2,548.

Forme cristalline — Prisme orthorhombique : $a:b:c = 1,7367:1:0,9274$. Les cristaux sont allongés suivant la zone ph^1 et striés suivant cette direction. Faces : $a^{1/2}\, m\, p\, h^1\, h^2\, a^{3/4}\, a^{1/4}\, a^1\, a^{4/3}\, g^1\, h^3\, a^{3/2}\, b^{1/4}$. Macles m Clivages p parfait, g^1 facile. L. Bourgeois.

ERBIUM. — D'après MM. Krüss et Nilson [*D. chem. G.*, **20**, 2160], l'erbium est composé d'au moins deux éléments, Erα caractérisé par la bande 654,7 et Erβ par la bande 523,1.

Phosphate d'erbium et de sodium, $NaErP^2O^7$. — Ce sel a été obtenu par M. Wallroth [*Bull. Soc. Chim.*, (2), **39**, 320] en dissolvant l'erbine (Er = 166) dans le métaphosphate de sodium en fusion. Poudre couleur de rose, formée de cristaux microscopiques.

Tungstate d'erbium et de sodium,

$$3Na^2O . 2Er^2O^3, 9TuO^3.$$

— M. Högbom [*Œfvers af. Sv. Vetensk. Akad. Förhandl.*, 1884, 5, 121] a préparé ce sel par la fusion de l'erbine (Er = 166) avec un excès d'acide tungstique et du sel marin. Octaèdres réguliers possédant une belle couleur rouge. Plus tard, M. Krüss [*Zeit. f. anorg. Chem.*, 3, 353] a annoncé que l'erbine (Er = 166) pouvait être scindée au moyen de précipitations par l'aniline. Mais il n'est pas prouvé que son erbine ait été exempte d'ytterbine et d'holmine.

P.-T. Cleve.

ERGOSTÉRINE, $C^{26}H^{40}O$. — Il existe dans le seigle ergoté une substance cristallisée qui rappelle la cholestérine par l'ensemble de ses propriétés, et qui, pour cette raison, a reçu le nom d'*ergostérine*. Ce principe immédiat nouveau, qui diffère par sa composition de la cholestérine animale et de ses isomères végétaux, a été découvert par M. C. Tanret.

Préparation. — On épuise le seigle ergoté avec de l'alcool; la solution alcoolique, soumise à la distillation pour chasser l'alcool, donne un extrait qu'on lave à l'éther; la liqueur éthérée, distillée à son tour, laisse un résidu huileux rempli de cristaux. Après avoir essoré la masse à la trompe et au papier buvard, on purifie le produit en le faisant cristalliser d'abord dans de l'alcool alcalin pour saponifier l'huile dont il est encore imprégné, ensuite dans de l'alcool pur. Le corps ainsi obtenu a pour formule

$$C^{26}H^{40}O, H^2O;$$

il perd son eau de cristallisation quand on le chauffe à 110° ou qu'on le fond dans le vide.

Le rendement est de 2 pour 1000.

Propriétés. — L'ergostérine cristallise dans l'alcool en paillettes nacrées, et dans l'éther en fines aiguilles. Elle est complètement insoluble dans l'eau, soluble dans 32 parties d'alcool à 96° bouillant, dans 500 parties d'alcool froid, dans 38 parties d'éther bouillant, dans 80 parties d'éther froid, dans 45 parties de chloroforme froid; le chloroforme la dissout beaucoup plus facilement à chaud.

Ce corps fond à 154°, et bout à 185° sous une pression de 20 millimètres de mercure. Il est lévogyre; $[\alpha]_D = -114°$ en solution chloroformique. La densité du corps fondu = 1,040.

L'ergostérine s'oxyde lentement à l'air, en se colorant et en devenant odorante; son altération est rapide à 100°; les solutions alcalines bouillantes ne l'attaquent pas.

Comme la cholestérine, l'ergostérine est un alcool monatomique.

Éther acétique, $C^{26}H^{39}O.COCH^3$. — On l'obtient par l'action de l'anhydride acétique sur l'ergostérine. Il cristallise de sa solution éthérée en paillettes nacrées; il est insoluble dans l'eau, peu soluble dans l'alcool, plus soluble dans l'éther; il fond entre 169 et 176° en se décomposant; il est lévogyre; $[\alpha]_D = -80°$ [C. Tanret, *C. R.*, 1889, 98].

Éther formique, $C^{26}H^{39}O.COH$. — Il cristallise en paillettes par évaporation de sa solution dans l'éther; il fond à 154°; il est lévogyre; $[\alpha]_D = -93°,4$.

Éther butyrique, $C^{26}H^{39}O.CO.C^3H^7$. — Ce corps, très soluble dans l'éther, cristallise quand on ajoute de l'alcool à sa solution éthérée. Il commence à fondre en se décomposant à 95°. Lévogyre; $[\alpha]_D = -57°$.

Réactions. — L'acide azotique, l'acide chlorhydrique, le chlorure ferrique donnent avec l'ergostérine les réactions colorées de la cholestérine; mais l'action de l'acide sulfurique et celle du chloroforme sont absolument différentes.

Alors que l'acide sulfurique concentré colore en brun la cholestérine en la dissolvant incomplètement, et que l'agitation du mélange avec du chloroforme fait passer la plus grande partie du produit coloré dans le chloroforme, qui devient jaune-orangé, puis vire à l'air au rouge et au violet, l'acide, au contraire, dissout complètement l'ergostérine, et le chloroforme, qui, agité avec le mélange, reste à peu près incolore, n'abandonne par évaporation qu'une trace de substance violette, si la quantité de matière employée a été notable.

La réaction de l'acide sulfurique et du chloroforme différencie nettement l'ergostérine de la cholestérine [C. Tanret, *loc. cit.*]

M. E. Gérard, dans l'étude de matières grasses d'origines diverses, a isolé des substances cristallisées qui, par leurs réactions et surtout par leur facile altérabilité à l'air, se rapprochent de l'ergostérine; l'une d'elles en particulier est identique au produit de M. Tanret. Et, fait intéressant, ces principes immédiats n'existent que dans les plantes cryptogames, et se différencient nettement de la cholestérine animale et de la phytostérine de M. Hesse provenant des végétaux supérieurs.

C'est ainsi que l'auteur a retiré d'un champignon hyménomycète, le *Lactarius piperatus* (Scop.) [*J. pharm. chim.*, (5), **23**, 249], une cholestérine s'altérant à l'air et fondant, comme l'ergostérine de M. Tanret, à 154°. Son pouvoir rotatoire a été déterminé sur une solution chloroformique renfermant une très petite quantité de matière et la plus petite erreur commise dans les lectures justifie bien l'écart qui existe entre le chiffre de M. Gérard ($[\alpha]_D = -103°$) et celui de M. Tanret ($[\alpha]_D = -114°$).

Le même auteur a extrait du *Penicillium glaucum* [*C. R.*, **114**, 1544, 1892], du *Lactarius vellereus*, de la levure de bière, du *Mucor mucedo* et du Lichen pulmonaire, des cholestérines présentant les mêmes propriétés chimiques et les mêmes réactions différentielles que celles de l'ergostérine. Il a pu, pour quelques-unes de ces substances, déterminer le point de fusion, qui est de 135 à 137°; le produit retiré de la levure de bière et du *Penicillium glaucum* a le même pouvoir rotatoire que l'ergostérine.

De l'étude des cholestérines provenant de diverses familles de cryptogames, M. Gérard conclut que les cholestérines existant dans les végétaux inférieurs appartiennent toutes à un groupe bien spécial, qu'il appelle : *groupe de l'ergostérine* (*Thèse*, Toulouse, 1895).

M. Gérard a signalé d'autres réactions servant à la différenciation des cholestérines appartenant à ce groupe. La plus nette et la plus sensible est la suivante : La cholestérine animale ou la phytostérine traitée par l'acide sulfurique concentré donne une coloration jaunâtre; le mélange étendu d'eau donne un précipité blanc.

Au contraire, les produits du groupe de l'ergostérine se colorent en rouge par l'acide sulfurique et l'addition d'eau donne un précipité vert.

Ch. Moureu.

ERGOT DE SEIGLE. — Les recherches de M. R. Kobert [*Pharm. Centralb.*, **52**, 607-612; *D. chem. G.*, **18**, *Ref.*, 77] sur l'ergot de seigle ont amené la découverte dans ce champignon de deux corps organiques nouveaux, l'acide ergotique et l'acide sphacélique.

Acide ergotique. — Ce corps existe dans l'ergotine de Bonjean et dans les extraits aqueux d'ergot de seigle en général. L'acide décrit par Draggendorff sous le nom d'*acide sclérotique* est de l'acide ergotique impur.

Pour préparer l'acide ergotique, on suit le mode opératoire suivant : Le seigle ergoté, préalablement épuisé d'abord avec de l'éther, ensuite avec de l'alcool acidulé par l'acide sulfurique, est mis à digérer à 80° avec une grande quantité d'eau. On ajoute à l'extrait aqueux de l'acétate neutre de plomb; la liqueur filtrée renferme l'acide ergotique, qu'on précipite par le sous-acétate de plomb ammoniacal. Le précipité plombique, bien lavé à l'eau, est traité par l'acide sulfhydrique; on filtre, on concentre dans le vide la solution aqueuse obtenue et on précipite l'acide par l'alcool absolu; le produit, bien lavé à l'alcool absolu, est séché sur l'acide sulfurique.

L'acide ergotique est hygroscopique et s'altère facilement. La solution concentrée donne des précipités avec un excès d'eau de baryte ou d'eau de chaux et avec l'acide phosphotungstique.

C'est un glucoside acide azoté. Chauffé en tubes scellés au bain de chlorure de sodium avec de l'acide chlorhydrique ou de l'acide sulfurique dilués, il se dédouble en deux produits : 1° un sucre réducteur, dextrogyre; 2° une base soluble dans l'eau, à réaction faiblement alcaline, difficilement cristallisable, donnant les réactions générales des alcaloïdes, précipitable par l'acide phosphotungstique, qui peut servir à l'isoler, et sans action physiologique.

Injecté sous la peau ou dans l'appareil circulatoire, l'acide ergotique abaisse la pression sanguine et paralyse le cerveau et la moelle épinière; il est sans influence sur les contractions de l'utérus [R. Kobert, *Arch. f. Experim. Pathol.*, **18**, 316; *D. chem. G.*, **18**, *Ref.*, 482].

Acide sphacélique. — Le seigle ergoté, préalablement traité par de l'acide chlorhydrique à 3 0/0 froid, puis par de l'eau pure, est, après expression et dessiccation à l'air sec, épuisé à l'éther dans un appareil à extraction continue, jusqu'à ce que l'extrait laissé par l'évaporation de l'éther commence à devenir solide. Cet extrait est repris par l'alcool; la solution, colorée en rouge, est décolorée par l'addition d'eau de baryte saturée et chaude, qui détermine la formation d'un précipité entraînant un peu d'acide sphacélique. La liqueur, débarrassée de la baryte par l'acide sulfurique, puis de l'acide sulfurique par l'oxyde de plomb, est évaporée à 40-50°; le résidu, broyé avec du carbonate de sodium en solution concentrée, est lavé avec de l'alcool éthéré, puis dissous à chaud dans une solution de carbonate de sodium, d'où l'acide chlorhydrique précipite l'acide sphacélique sous la forme de flocons.

L'acide sphacélique est un corps résineux, insoluble dans l'eau et dans les acides dilués, soluble dans l'alcool, difficilement soluble dans les huiles grasses, le chloroforme et l'éther; ses sels alcalins sont solubles dans l'eau, insolubles dans l'alcool éthéré. L'acide sphacélique ne renferme pas d'azote. Ses propriétés physiologiques sont encore mal définies.

Outre l'acide ergotique et l'acide sphacélique, M. K. Robert a trouvé dans l'ergot de seigle un hydrate de carbone optiquement inactif, non fermentescible, non réducteur, qui se dédouble, au contact des acides dilués, en donnant un sucre différent du mycose [*Arch. f. Experim. Pathol.*, **18**, 316; *D. chem. G.*, 18, *Ref.*, 482].

Ch. Moureu.

ERGOTININE. — La question du principe alcaloïdique de l'ergot de seigle a été traitée par un certain nombre d'auteurs, qui ont tous donné des noms différents à des produits en général mal définis; il importe donc, pour faire disparaître toute confusion, de préciser les faits.

En 1865, M. Wengel avait extrait du seigle ergoté deux corps basiques, qu'il avait appelés *ergotine* et *ecboline*, mais qui étaient beaucoup trop impurs pour pouvoir être considérés comme des espèces chimiques. Dix ans plus tard, en 1875, M. Tanret retira du même champignon un alcaloïde bien défini, qui ne rappelait en rien l'*ergotine* ou l'*ecboline* de Wengel et qu'il nomma *ergotinine* (Suppl., **1**, 681). Plus tard, MM. Dragendorff et Padwissosky, reprenant l'étude d'une matière colorante rouge, la sclérérythrine, qu'ils avaient trouvée dans l'ergot en 1875, firent connaître une base, la *picrosclérotine* [*Zeit. Pharm. Russland*, 15 octobre 1877], qui a été depuis identifiée avec l'ergotinine de M. Tanret par les recherches de M. Blumberg [*J. pharm. chim.*, janvier 1879] et de M. Keller [*J. pharm. chim.*, **30**, 68]. Enfin, en 1884, M. Kobert prépara une substance basique soi-disant nouvelle, la *cornutine*, qui se présentait sous l'aspect d'une poudre noirâtre, amorphe et hygrométrique. M. Tanret ne tarda pas à montrer, par des réactions d'une grande netteté, que la cornutine n'était autre chose que de l'ergotinine plus ou moins altérée [*J. pharm. chim.*, 1885].

En résumé, le seul alcaloïde qui ait été trouvé jusqu'ici dans l'ergot de seigle est l'ergotinine de M. Tanret, espèce chimique nettement définie, et facile à reconnaître à la réaction suivante, qui est tout à fait caractéristique : en présence d'éther et d'acide sulfurique nitrique ($0^{gr},50$ d'acide nitrique p. 1000) étendu de 1/8 d'eau environ, des traces d'ergotinine donnent immédiatement une coloration jaune-rouge, qui passe rapidement au violet et au bleu, et qu'une addition d'eau ne fait pas disparaître [*J. pharm. chim.*, **30**, 230].

L'ergotinine, purifiée par plusieurs cristallisations, est absolument neutre vis-à-vis des réactifs colorés [*loc. cit.*].

Le moyen le plus simple pour préparer les sels d'ergotinine à acide minéral consiste à précipiter la solution acétique de la base par les acides chlorhydrique ou bromhydrique étendus, ou par une solution concentrée de sulfate, d'azotate ou de chlorhydrate alcalin.

L'ergotinine possède à un haut degré les propriétés hémostatiques (hémorrhagies internes ou externes) du seigle ergoté, dont elle représente incontestablement le véritable principe actif. On l'administre principalement en injections hypodermiques. La dose toxique est de 6 à 7 milligrammes par kilogramme d'animal.

Ch. Moureu.

ÉRICOLINE, $C^{34}H^{56}O^{21}$ (?). — Cette substance se rencontre dans un certain nombre de plantes de la famille des Éricacées et principalement dans l'*Arbutus uva-ursi* (Busserole); dans les feuilles et les tiges de *Ledum palustre*, d'après M. Lowalus; on peut la retirer des eaux mères de la préparation de l'arbutine, en les chauffant avec de l'acide sulfurique, redissolvant dans l'alcool la matière résineuse qui se précipite, et traitant cette solution alcoolique par l'eau.

L'éricoline est une matière résineuse de couleur jaune-brun, inodore, très amère, fusible à 100°. Chauffée avec de l'acide sulfurique étendu, elle se dédouble en glucose et en *éricinol*.

Ce dernier, $C^{10}H^{16}O$, qui se forme aussi par dédoublement de la pinipicrine, se présente sous la forme d'une huile volatile de couleur bleue légèrement verdâtre, à odeur désagréable, de saveur amère et nauséabonde. Cette huile bout à 240-242°; chauffée avec de la potasse, elle donne un hydrocarbure $C^{10}H^{16}$.

E. Burcker.

ÉRUBESCITE (Min.). — Voyez Bornite, 2° Suppl., **1**, 786.

ÉRUCIQUE (ACIDE), $C^{22}H^{42}O^{2}$. — L'acide érucique et son isomère stéréochimique l'acide brassidique constituent les termes les plus élevés qu'on connaisse actuellement dans la série de l'acide oléique. Ces deux acides existent, le premier dans l'essence de moutarde, le second dans l'huile de colza, à l'état d'éthers de la glycérine [voyez, pour leur préparation et leurs propriétés, Dict., **1**, 660, 1255; Suppl., **1**, 370, 681; 2° Suppl., **1**, 786].

ACIDE ÉRUCIQUE.

Propriétés. — L'acide érucique cristallise en aiguilles fusibles à 33-34° [Otto, *Ann. Chem.*, **127**, 184]. Il distille à 264°,5 sous 10 millimètres, à 264° sous 15 millimètres et à 281° sous 30 millimètres [Krafft et Nördlinger, *D. chem. G.*, **22**, 819]. Sa chaleur moléculaire de combustion est égale à 3291^{cal},7 [Stohmann et Langbein, *J. prakt. Chem.*, (2), **42**, 368].

L'acide érucique se transforme en acide bénique, $C^{22}H^{44}O^2$, lorsqu'on le chauffe à 200-210° avec du phosphore rouge et de l'acide iodhydrique [Goldschmidt, *Jahresb.*, 1876, 579]. Par contre, ni l'amalgame de sodium et l'alcool, ni le sodium et l'alcool, ni le zinc et l'acide chlorhydrique ne réduisent l'acide érucique ou l'acide brassidique [Holt, *D. chem. G.*, **25**, 961].

DÉRIVÉS DE L'ACIDE ÉRUCIQUE. — Pour les sels et les dérivés bromés, voyez Dict., **1**, 1255; Suppl., **1**, 681.

L'érucate d'éthyle a été préparé en saturant d'acide chlorhydrique une solution alcoolique d'acide érucique. C'est un liquide incolore, qui distille vers 360° [Reimer et Will, *D. chem. G.*, **19**, 3324]. Il se transforme en brassidate lorsqu'on le traite par l'acide azotique et l'azotite de potassium (voyez 2e Suppl., **1**, 786).

La *dიérucine (diérucate de glycérine, stéarine)*, $C^3H^6O^3(C^{22}H^{41}O)^2$, a été isolée par MM. Reimer et Will dans les dépôts semi-solides qui se forment au fond des tonneaux d'huile de colza. On la purifie en traitant ces résidus par l'éther et en précipitant l'extrait éthéré par l'alcool froid. La diérucine cristallise en paillettes soyeuses, fusibles à 47°, solubles dans l'éther, la ligroïne et l'alcool bouillant [*D. chem. G.*, **19**, 3323]. Sa chaleur moléculaire de combustion est égale à 6968^{cal},2 [Stohmann et Langbein, *J. prakt. Chem.*, (2), **42**, 370].

La *triérucine*, $C^3H^5O^3(C^{22}H^{41}O)^3$, ne paraît pas exister dans l'huile de colza. On l'obtient en chauffant la diérucine à 300° avec la quantité calculée d'acide érucique. Elle se présente sous la forme d'une masse cristalline blanche, soluble dans l'éther, le benzène et la ligroïne, peu soluble dans l'alcool froid, fusible à 31°. La baryte et la potasse alcoolique saponifient facilement la triérucine [Reimer et Will, *D. chem. G.*, **20**, 2386]. L'acide azotique et le nitrite de potassium la transforment à chaud en tribrassidine. Sa chaleur de combustion est égale à 10248^{cal},6 [Stohmann et Langbein, *J. prakt. Chem.*, (2), **42**, 371].

L'anhydride érucique, $(C^{22}H^{41}O)^2O$, se prépare en chauffant l'acide avec du trichlorure de phosphore à 100°. Avec le perchlorure de phosphore, on obtient des produits chlorés. Cet anhydride est un liquide visqueux qui se dissout dans l'éther, le benzène et le chloroforme, mais non dans l'alcool, et qui se solidifie dans un mélange réfrigérant [Reimer et Will, *D. chem. G.*, **19**, 3325].

Amide érucique, $C^{22}H^{41}O \cdot AzH^2$. — Ce composé s'obtient en saturant de gaz ammoniac une solution éthérée de l'anhydride. Il cristallise dans l'alcool en aiguilles blanches, fusibles à 84°, solubles dans l'éther et dans le benzène, peu solubles dans l'alcool et insolubles dans l'eau.

L'anilide, $C^{22}H^{41}O \cdot AzH \cdot C^6H^5$, se prépare en chauffant l'anhydride avec un excès d'aniline. C'est une masse cristalline soluble dans l'éther et dans le benzène, peu soluble dans l'alcool, qui fond à 55°.

En distillant l'érucamide avec de l'anhydride phosphorique sous la pression normale, MM. Reimer et Will ont obtenu un liquide huileux qui paraît être le *nitrile érucique* [*D. chem. G.*, **19**, 3327].

M. Holt a obtenu la *phénylhydrazide* de l'acide érucique $C^{22}H^{41}O \cdot Az^2H^2C^6H^5$ en chauffant à 140-145° des quantités équimoléculaires d'acide érucique et de phénylhydrazine. Ce composé est en poudre cristalline et fond à 82°. Le mélange chromique le colore en rouge de sang [*D. chem. G.*, **25**, 2667].

La distillation sèche de l'érucate de calcium fournit une certaine quantité d'une *acétone* cristallisée, peu soluble dans l'alcool, dont la constitution n'a pas encore été élucidée [Reimer et Will, *D. chem. G.*, **19**, 3327].

Produits d'oxydation de l'acide érucique. — L'action de l'acide azotique (d = 1,48) à 70° sur l'acide érucique donne naissance principalement aux *acides nonylique, brassylique* et *arachique*, ainsi qu'à un *composé nitré* répondant à la formule $C^9H^{18}Az^2O^4$ [Fileti, *J. prakt. Chem.*, (2), **48**, 72].

Tout autre est l'action du permanganate en solution alcaline. Lorsqu'on traite l'acide érucique (30 grammes) par une solution diluée de permanganate à 1,5 0/0 (2 litres) en présence de potasse (36 centimètres cubes d'une lessive de densité 1,27), on obtient, presque quantitativement, un *acide dioxybénique* $C^{22}H^{44}O^4$, cristallisant en paillettes fusibles à 132-133°, solubles dans l'alcool bouillant, insolubles dans l'éther et dans l'eau.

Cette réaction est caractéristique des acides de la série oléique. Elle s'effectue également bien à 0°, avec une solution de permanganate à 5 0/0.

Le même acide dioxybénique a été obtenu par M. Hausknecht en traitant le dibromure de l'acide érucique par l'oxyde d'argent humide [*Ann. Chem.*, **143**, 51].

La chaleur de omoustion de cet acide est égale à 3230^{cal},6 [Stohmann et Langbein, *J. prakt. Chem.*, (2), **42**, 382].

Le *sel de sodium*, $C^{22}H^{43}O^4Na$, est peu soluble dans l'eau et dans l'alcool. Il fond à 205° et se présente en grains cristallins. Les *sels de calcium*, $(C^{22}H^{43}O^4)^2Ca$, et *de baryum*,

$$(C^{22}H^{43}O^4)^2Ba,$$

sont insolubles dans l'alcool et dans l'eau. Ceux *de zinc* et *de cuivre* sont anhydres à 100°. Le *sel d'argent* est un précipité blanc assez stable à la lumière [Hazura et Grüssner, *Mon. f. Chem.*, **9**, 948. — Urwanzoff, *J. prakt. Chem.*, (2), **39**, 336].

DÉRIVÉS HALOGÉNÉS DE L'ACIDE ÉRUCIQUE. — *Acide dichlorobénique.* — L'acide érucique fixe le chlore à froid et en solution chloroformique pour donner un *acide dichlorobénique*,

$$C^{22}H^{42}O^2Cl^2$$

qui cristallise en paillettes blanches fusibles à 46°, solubles dans l'alcool.

L'éther méthylique fond à 30°,5.

Si l'on chauffe cet acide pendant 3 heures avec de l'alcool et du sodium ou de l'amalgame de sodium, on régénère l'acide érucique; il se forme en même temps une petite quantité d'un *corps chloré* fusible à 32°, qui fournit un *dibromure* fondant à 41° [Brunck et Holt, *D. chem. G.*, **24**, 412].

La potasse alcoolique réagit à 120-130° sur cet acide dichlorobénique pour donner de l'*acide monochlorobrassidique* $C^{22}H^{41}O^2Cl$, fusible à 42°. En effet, ce dernier se transforme en acide brassidique lorsqu'on le chauffe avec de l'amalgame de sodium et de l'alcool.

Si l'on traite l'acide dichlorobénique par un excès de potasse alcoolique à 150°, on obtient de l'acide bénoléique $C^{22}H^{40}O^2$ [Brunck et Holt, *loc. cit.*].

L'acide érucique fixe facilement le brome pour donner un *dibromure* $C^{22}H^{42}O^2Br^2$, qui a déjà été décrit (voyez Suppl., 1, 681).

En traitant ce dibromure par l'oxyde d'argent humide, M. Haussknecht a obtenu un mélange d'*acide dioxybénique* fusible à 133° (voyez plus haut) et d'*acide oxyérucique* $C^{22}H^{42}O^3$. Ce dernier est un liquide jaunâtre, insoluble dans l'eau, soluble dans l'alcool et dans l'éther. Ses *sels* sont amorphes et insolubles dans l'eau, sauf ceux des métaux alcalins. Celui *de baryum* est soluble dans l'éther [*Ann. Chem.*, **143**, 51].

Le dibromure érucique régénère l'acide érucique lorsqu'on le traite par l'amalgame de sodium en solution alcoolique. La potasse alcoolique le transforme d'abord en *acide monobromobrassidique* fusible à 34°, puis en acide bénoléique [Holt, *D. chem. G.*, **24**, 4123]. Cet acide monobromobrassidique fournit lui-même par réduction de l'acide brassidique.

L'acide érucique ne fixe pas l'iode directement; l'acide bromhydrique ne réagit qu'à 100°, et l'acide chlorhydrique donne naissance principalement à un oxyacide par suite d'une réaction secondaire. L'acide iodhydrique, par contre, se fixe à froid sur l'acide érucique pour donner un *acide iodobénique* $C^{22}H^{43}O^2I$ liquide [Talanzeff, *J. prakt. Chem.*, (2), **50**, 71]. Ce même acide a été préparé par M. Urwanzoff en chauffant l'acide dioxybénique avec de l'acide iodhydrique [*J. prakt. Chem.*, (2), **39**, 337]. Il donne de l'acide bénique lorsqu'on le réduit par le zinc et l'acide chlorhydrique.

ACIDE BRASSIDIQUE.

Cet isomère de l'acide érucique existe dans l'huile de colza à côté des acides érucique, rapique et arachique [Ponzio, *Gazz. chim. ital.*, **23**, 2, 595].

On peut le préparer : 1° En isomérisant l'acide érucique ou un de ses dérivés par l'action de l'acide nitreux (voyez Dict., **1**, 660; Suppl., **1**, 370; **2**, 786];

2° En chauffant pendant 10 heures l'acide érucique à 175-180° avec une solution saturée de bisulfite de sodium, ou à 200° pendant 24 heures avec une solution saturée d'acide sulfureux [A. Saytzeff, *J. prakt. Chem.*, (2), **50**, 73].

3° En réduisant l'acide bénoléique à chaud par le zinc et l'acide chlorhydrique ou l'acide acétique. La réduction ne se fait pas avec l'alcool et le sodium [Holt, *D. chem. G.*, **25**, 961];

4° En réduisant par l'alcool et l'amalgame de sodium les acides monochlorobrassidique ou monobromobrassidique qui ont été préparés à partir de l'acide érucique [Holt, *D. chem. G.*, **24**, 4125].

L'acide brassidique cristallise en paillettes fusibles à 79° [Talanzeff, *J. prakt. Chem.*, (2), **50**, 71]. Sa chaleur moléculaire de combustion est égale à 3284^{cal},6 [Stohmann et Langbein. *J. prakt. Chem.*, (2), **42**, 368].

Pour les autres propriétés physiques et les principaux composés de l'acide brassidique, voy. 2e Suppl., **1**, 786.

Dibrassidine, $C^3H^6O^3(C^{22}H^{41}O)^2$. — Cet isomère de la diérucine s'obtient en traitant cette dernière par un mélange de 5 parties d'acide azotique (d = 1,2) et de 1 partie d'azotite de sodium. La dibrassidine cristallise en paillettes nacrées fusibles à 65°, peu solubles dans l'alcool et dans l'éther. La potasse alcoolique la saponifie facilement [Reimer et Will, *D. chem. G.*, **19**, 3324].

Sa chaleur moléculaire de combustion est égale à 6942^{cal},4 [Stohmann et Langbein, *J. prakt. Chem.*, (2), **42**, 370].

La *tribrassidine*, $C^3H^5O^3(C^{22}H^{41}O)^3$, peut être préparée en traitant directement l'huile de colza par le mélange d'acide azotique et d'azotite de sodium indiqué plus haut. C'est une poudre cristalline qui fond à 47°, mais dont le point de fusion s'abaisse à 36° après une première solidification. La tribrassidine est insoluble dans l'alcool éthylique, mais soluble dans le chloroforme et dans l'alcool amylique bouillant. La potasse alcoolique la saponifie à chaud [Reimer et Will, *loc. cit.*]. MM. Stohmann et Langbein ont déterminé sa chaleur de combustion, qui est égale à 10219 calories [*J. prakt. Chem.*, (2), **42**, 372].

L'acide brassidique forme un anhydride comme l'acide érucique (voyez 2e Suppl., **1**, 786). Il se combine à la phénylhydrazine vers 140-145° pour donner une *phénylhydrazide*

$$C^{22}H^{41}OAzH.AzHC^6H^5$$

qui fond à 95°.

Produits d'oxydation de l'acide brassidique. — L'acide brassidique se comporte vis-à-vis de l'acide azotique et de la potasse fondante absolument comme l'acide érucique.

Avec le permanganate à 5 0/0 et en solution alcaline, on obtient par contre un *acide dioxybénique* $C^{22}H^{44}O^4$, différent de celui que fournit l'acide érucique. Cet acide fond à 99-100°. Son *sel de sodium* est cristallisé en aiguilles [Joukowsky, *J. prakt. Chem.*, (2), **50** 687]. (Voyez aussi 2e Suppl., **1**, 786.)

DÉRIVÉS HALOGÉNÉS DE L'ACIDE BRASSIDIQUE. — L'acide brassidique fixe le chlore en solution chloroformique à — 18°, pour donner un *acide dichlorobénique* isomérique avec celui qu'on obtient à partir de l'acide érucique. Cet acide cristallise en paillettes nacrées fusibles à 65°, insolubles dans l'alcool. Son *éther méthylique* fond à 42°,5. Le sodium et l'alcool réduisent cet acide dichlorobénique en donnant de l'acide brassidique, ainsi qu'un peu d'acide monochlorérucique

La potasse alcoolique le transforme à 120-130° en *acide monochlorérucique* $C^{22}H^{41}ClO^2$, fusible à 37°,5-38°. Ce dernier est réduit lui-même en acide érucique par l'amalgame de sodium et l'alcool. Si l'on chauffe l'acide dichlorobénique avec un excès de potasse alcoolique à 220°, on obtient de l'acide bénoléique. La réaction s'effectue toutefois plus difficilement qu'avec le dichlorure de l'acide érucique.

L'acide bénoléique fixe le chlore en solution chloroformique en donnant un *acide dichlorobrassidique*, $C^{22}H^{40}Cl^2O^2$. Cet acide s'obtient plus facilement en chauffant pendant 10 heures le dérivé bromé correspondant avec du chlorure mercurique. C'est un liquide huileux, soluble dans l'alcool chaud, insoluble dans l'eau, et qui donne naissance, par réduction au moyen de l'amalgame de sodium et de l'alcool, à un mélange d'acides bénique et bénoléique.

L'*acide tétrachlorobénique* correspondant, $C^{22}H^{40}Cl^4O^2$, n'a pas été obtenu directement; on le prépare en chauffant l'acide tétrabromobénique avec du chlorure mercurique en présence d'alcool. Ce composé cristallise dans l'alcool en aiguilles fusibles à 41° et fournit de l'acide bénoléique par réduction [Holt, *D. chem. G.*, **25**, 2667].

MM. Liebermann et Sachse ont réussi à fixer de l'iode sur l'acide bénoléique en opérant en solution dans le sulfure de carbone, et en présence d'iodure de fer [*D. chem. G.*, **24**, 4117].

L'*acide diiodobrassidique*, $C^{22}H^{40}O^2I^2$, ainsi obtenu cristallise en paillettes fusibles à 47°, solubles dans l'alcool. Le *sel d'argent* est un précipité blanc. En chauffant une solution alcoolique de l'acide avec de l'amalgame de sodium à 2 0/0, on régénère l'acide bénoléique.

Il est à remarquer qu'on ne peut pas fixer plus de deux atomes d'iode sur un acide acétylénique, et qu'on n'en peut pas fixer du tout sur un acide éthylénique.

Les *dibromures*, *tribromures* et *tétrabromures* qui dérivent de l'acide brassidique ont été décrits (Suppl., **1**, 370). Ils se comportent comme les dérivés chlorés correspondants vis-à-vis des agents réducteurs et de la potasse alcoolique.

Ainsi ce dernier réactif transforme le dibromure brassidique en un *acide monobromérucique* $C^{22}H^{41}O^2Br$, qui cristallise en aiguilles fusibles à 41°,5.

L'*éther méthylique* de cet acide fond à 18-19° [Brunck et Holt, *D. chem. G.*, **24**, 4123]. L'acide monobromérucique est transformé en acide érucique par l'amalgame de sodium et l'alcool.

L'acide bénoléique s'unit au brome pour donner un *acide dibromobrassidique* $C^{20}H^{40}O^2Br^2$ (voyez Suppl., **1**, 370).

L'*éther méthylique* du tétrabromure,

$$C^{20}H^{40}O^2Br^4,$$

est une masse circuse qui fond vers 29°.

Tous ces composés fournissent par réduction de l'acide bénoléique, mais jamais de l'acide érucique [Holt, *D. chem. G.*, **25**, 961].

L'acide bromhydrique ne se fixe pas à froid sur l'acide brassidique. A 100°, on obtient de l'*acide monobromobrassidique*.

Avec l'acide chlorhydrique, la réaction est beaucoup plus complexe. Il se forme un peu d'acide dioxybénique et de l'*acide cétobénique* (voyez plus loin).

Enfin, l'acide brassidique fixe l'acide iodhydrique à froid pour donner un *acide iodobénique* $C^{20}H^{43}IO^2$, identique à celui que l'acide érucique fournit dans les mêmes conditions [N. Saytzeff, *J. prakt. Chem.*, (2), **50**, 65].

ACIDE ISOÉRUCIQUE.

Ce deuxième isomère de l'acide érucique a été obtenu par MM. P. Alexandroff et N. Saytzeff en traitant l'acide iodobénique par la potasse alcoolique à froid [*J. prakt. Chem.*, (2), **49**, 58; **50**, 81].

Cet acide isoérucique cristallise en tables brillantes qui fondent à 14° et sont peu solubles dans l'alcool et dans l'éther. Son *sel de sodium* se dépose à l'état cristallin de ses solutions alcooliques. Les *sels de calcium*, *de baryum* et *d'argent* sont des précipités blancs.

L'acide isoérucique fixe le brome pour donner un nouvel *acide dibromobénique* $C^{22}H^{42}O^2Br^2$, qui fond à 44-46°. Il fournit aussi un *acide dioxybénique* nouveau, qui fond à 86-88°. Par contre, il s'unit à l'acide iodhydrique à froid, en régénérant l'acide iodobénique dont on est parti.

ACIDE BÉNOLÉIQUE.

L'acide bénoléique, $C^{22}H^{40}O^2$, est l'acide acétylénique correspondant aux acides érucique et brassidique, puisqu'on l'obtient en chauffant les dibromures de ces deux acides avec de la potasse alcoolique (voyez Suppl., **1**, 265; 2e Suppl., **1**, 786).

Le meilleur procédé pour l'obtenir consiste à triturer dans l'eau l'acide érucique (1 molécule) avec du brome (1 molécule), puis à chauffer le dibromure ainsi obtenu avec 2 parties de potasse et 68 parties d'alcool au réfrigérant ascendant pendant 9 heures [Holt, *D. chem. G.*, **25**, 961]. On peut également chauffer dans une capsule, à 180°, l'acide monobromobrassidique avec un excès de potasse aqueuse [Grossmann, *D. chem. G.*, **26**, 640].

Pour les propriétés de l'acide bénoléique, voyez Suppl., **1**, 265; 2e Suppl., **1**, 786).

Sa chaleur moléculaire de combustion est égale à 3249^{cal},9, tandis que celle de l'acide bénique fusible à 78° est égale à 3332^{cal},5 [Stohmann et Langbein, *J. prakt. Chem.*, (2), **42**, 379 et 380].

L'*éther méthylique* cristallise en aiguilles dures, fusibles à 22° [Holt, *loc. cit.*].

L'oxydation de l'acide bénoléique par l'acide azotique saturé de vapeurs nitreuses fournit un mélange d'acides pélargonique, brassylique, arachique et dioxybénoléique (voyez ce nom).

Par fusion de l'acide bénoléique avec la potasse, à 250-270°, on obtient de l'acide eicosénique (voyez ce mot) et de l'acide acétique. Si on pousse la réaction plus loin, il se forme également de l'acide stéarique [M. Bodenstein, *D. chem. G.*, **27**, 3402].

En chauffant l'acide bénoléique à 220° avec un excès d'aniline, on obtient son *anilide*, en cristaux fusibles à 73°, solubles dans l'alcool. Cette anilide est dédoublée à froid par l'acide chlorhydrique et l'acide bromhydrique fumants, mais elle n'est saponifiée par la potasse qu'après 10 heures de chauffe.

La *phénylhydrazide*, $C^{22}H^{39}OAz^2H^2C^6H^5$, s'obtient en chauffant à 140-145° un mélange équimoléculaire de phénylhydrazine et d'acide bénoléique. Elle cristallise dans l'alcool en aiguilles fusibles à 86°,5 et réduit les solutions ammoniacales d'azotate d'argent. L'acétate de cuivre la transforme, en solution alcoolique, en acide bénoléique et en *diphénylhydrazide*,

$$C^{21}H^{39}CO\,AzH\,.\,Az(C^6H^5)^2,$$

qui se dissout dans l'acide sulfurique avec une coloration bleue.

L'acide bénoléique se dissout dans l'acide sulfurique concentré froid. Si l'on chauffe après quelque temps cette solution au bain-marie, et si l'on verse la masse dans un excès d'eau, on obtient un précipité cristallin qui est constitué par de l'*acide cétobénique* $C^{22}H^{42}O^3$, fusible à 83°.

Constitution et isomérie des acides érucique et brassidique. — Ces acides ont évidemment une structure linéaire, puisqu'ils donnent par oxydation ménagée de l'*acide pélargonique* $C^9H^{18}O^2$ et de l'*acide brassylique* $C^{13}H^{24}O^4$, et, par réduction, de l'*acide bénique* $C^{22}H^{44}O^2$. Il ne reste donc qu'à déterminer la position de la double liaison, et cette position est déjà indiquée par la réaction précédente : la rupture doit se faire entre le treizième et le quatorzième atome de carbone pour permettre la formation des acides pélargonique et brassylique, et l'acide érucique possédera la constitution

$$CH^3\,.\,(CH^2)^7\,.\,CH=CH\,.\,(CH^2)^{11}\,.\,CO^2H.$$

MM. Holt et Baruch ont démontré l'exactitude de cette formule par une méthode qui est applicable à tous les acides ou oxyacides du groupe oléique.

L'*acide cétobénique*, $C^{22}H^{42}O^3$, qui a été préparé en traitant l'acide bénoléique par l'acide sulfurique concentré (voyez plus haut), peut s'obtenir aussi en traitant par le même réactif les acides monochlorérucique, monobromérucique, monochlorobrassidique et monobromobrassidique [Fileti, *Gazz. chim. ital.*, **23**, 2, 382].

Le *sel d'argent* de cet acide est une poudre cristalline peu soluble dans l'alcool froid. L'*éther méthylique* fond à 57-58° [Fileti, *Gazz. chim. ital.*, **23**, 2, 398] et l'*éther éthylique* à 54°.

L'acide cétobénique que MM. Holt et Baruch

avaient appelé d'abord *acide oxybrassidique*, est en réalité un *acide cétonique*,

$$CH^3.(CH^2)^7.CO.CH^2.(CH^2)^{11}.CO^2H,$$

qui résulte de la fixation d'une molécule d'eau sur l'acide bénoléique. En effet, l'acide chlorhydrique et l'acide sulfurique ne l'altèrent pas, même à chaud. L'acide cétobénique ne fixe pas le brome, et ne donne pas de dérivé acétylé ni de dérivé benzoylé. Il faut donc écarter l'hypothèse d'un oxyacide non saturé ou d'un acide à fonction oxyde d'éthylène. L'acide cétobénique se combine à l'hydrazine à chaud, pour donner une *hydrazide* fusible à 56°,

$$\begin{array}{c} CH^3.(CH^2)^7.C.(CH^2)^{11}.CO^2H \\ \| \\ Az \\ | \\ Az \\ \| \\ CH^3.(CH^2)^7.C.(CH^2)^{11}.CO^2H \end{array}$$

Il s'unit vers 150° à la phénylhydrazine, en donnant naissance à une *phénylhydrazide*.

$$C^{22}H^{42}O^2.Az^2H^2C^6H^5,$$

$$\begin{array}{l} CH^3.(CH^2)^7.C.CH^2.(CH^2)^{11}.CO^2H \\ \qquad\qquad\quad \| \\ \qquad\quad HO.Az \end{array}$$

$$\begin{array}{l} \qquad\quad HO.C.CH^2.(CH^2)^{11}.CO^2H \\ \qquad\qquad\quad \| \\ CH^3.(CH^2)^7.Az \end{array}$$

$$CH^3.(CH^2)^7.AzH./.CO.CH^2.(CH^2)^{11}.CO^2H$$

En effet, lorsqu'on traite l'acide isomérisé par de l'acide chlorhydrique fumant, à 230°, on obtient les quatre produits suivants :

$CH^3.(CH^2)^7.AzH^2$,	$CH^3.(CH^2)^7.CO^2H$,
Octylamine normale.	Acide pélargonique.
$CO^2H.(CH^2)^{12}.CO^2H$,	$AzH^2.(CH^2)^{12}.CO^2H$.
Ac. dodécane-dicarbonique.	Ac. aminotridécanoïque.

Pour séparer ces quatre produits, on procède de la manière suivante : On enlève d'abord l'acide pélargonique par un courant de vapeur; on sursature ensuite par la soude et on entraîne l'octylamine de la même façon. Les deux acides restants sont séparés au moyen de l'acide chlorhydrique, qui précipite l'acide dodécane-dicarbonique.

L'*octylamine* normale bout à 183-187°; son *chloroplatinate*, $(C^8H^{17}AzH^2,HCl)^2.PtCl^4$, cristallise en paillettes jaunes peu solubles dans l'alcool et dans l'eau.

L'*acide dodécane-dicarbonique* se présente en paillettes blanches fusibles à 121-123°, solubles dans l'alcool, l'éther et l'eau bouillante. Le *sel de baryum*, $C^{12}H^{24}O^4Ba$, est une poudre amorphe insoluble dans l'eau.

Pour isoler l'*acide aminotridécanoïque*, on traite son chlorhydrate à l'ébullition par l'oxyde d'argent humide. Il se précipite un *sel d'argent*, qu'on décompose ensuite par l'hydrogène sulfuré. L'acide cristallise en prismes mal formés, fusibles à 163°, solubles dans l'alcool et dans l'eau bouillante. Les *sels de calcium, de baryum* et *d'argent* sont très peu solubles dans l'eau. Le *chlorhydrate*,

$$C^{13}H^{25}O^2.AzH^2.HCl,$$

est une poudre cristalline fusible à 132°; le *chloroplatinate* est soluble dans l'eau chaude. fusible à 111°. Avec l'hydroxylamine en solution alcaline, on obtient une *oxime*,

$$CH^3.(CH^2)^7.C(AzOH).CH^2(CH^2)^{11}.CO^2H,$$

que les acides dédoublent facilement, et dont l'*éther éthylique* fond à 28-29°.

Cet *acide cétoxime-bénique*, qui fond à 49-51°, est en réalité un mélange de deux isomères stéréochimiques

$$\begin{array}{l} CH^3.(CH^2)^7.C.CH^2.(CH^2)^{11}.CO^2H \\ \qquad\qquad\quad \| \\ \qquad\quad HO.Az \end{array}$$

et

$$\begin{array}{l} CH^3.(CH^2)^7.C.CH^2.(CH^2)^{11}.CO^2H \\ \qquad\qquad\quad \| \\ \qquad\qquad Az.OH \end{array}$$

Lorsqu'on le chauffe au bain-marie avec de l'acide sulfurique concentré, on obtient un nouvel acide isomérique avec le précédent, qui fond à 84-85°, et qui ne régénère plus d'hydroxylamine lorsqu'on le chauffe avec de l'acide chlorhydrique concentré. Cet acide, ou plutôt ce mélange de deux acides, a pris naissance par suite d'une migration moléculaire (Beckmann) :

$$\begin{array}{l} CH^3.(CH^2)^7.C.CH^2.(CH^2)^{11}.CO^2H \\ \qquad\qquad\quad \| \\ \qquad\qquad Az.OH \end{array}$$

$$\begin{array}{l} CH^3.(CH^2)^7.C.OH \\ \qquad\qquad\quad \| \\ \qquad\qquad Az.CH^2.(CH^2)^{11}.CO^2H \end{array}$$

$$CH^3.(CH^2)^7.CO./.AzH.CH^2.(CH^2)^{11}.CO^2H$$

L'*éther éthylique*, $CH^2AzH^2.(CH^2)^{11}.CO^2C^2H^5$, fond à 73°; son *chlorhydrate* cristallise en aiguilles blanches fusibles à 145°, très solubles dans l'eau, l'alcool, l'acétone, etc. Ce sel possède une saveur amère très prononcée [Holt et Baruch, *D. chem. G.*, **26**, 838. — Baruch, *D. chem. G.*, **26**, 1867; **27**, 172, 176. — Fileti, *Gazz. chim. ital.*, **23**, (2), 382, 398].

L'acide bénoléique répond donc à la formule $CH^3.(CH^2)^7.C\equiv C.(CH^2)^{11}.CO^2H$, et les acides érucique et brassidique à la suivante,

$$CH^3.(CH^2)^7.CH=CH.(CH^2)^{11}.CO^2H.$$

Quant à l'acide isoérucique, sa constitution n'a pas encore été élucidée. M. Saytzeff lui a attribué il est vrai la formule

$$CH^3(CH^2)^{18}.CH=CH.CO^2H,$$

mais les preuves sur lesquelles il s'appuie n'ont pas plus de valeur que celles qu'il a données à propos de l'acide isooléique (voyez ÉLAÏDIQUE).

La formule

$$CH^3.(CH^2)^7.CH=CH.(CH^2)^{11}.CO^2H$$

admet deux formes stéréo-isomériques :

$$\begin{array}{r} CH^3.(CH^2)^7.C.H \\ \| \;\; \\ CO^2H.(CH^2)^{11}.C.H \end{array}$$

et

$$\begin{array}{l} CH^3.(CH^2)^7.C.H \\ \qquad\qquad\quad \| \\ \qquad\quad H.C.(CH^2)^{11}.CO^2H \end{array}$$

Il est facile de voir que l'on doit attribuer la première à l'acide brassidique et l'autre à l'acide érucique. En effet, l'acide bénoléique ne fournit jamais que des dérivés brassidiques par addition directe de chlore ou d'hydrogène ; or on sait qu'un composé acétylénique donne naissance dans de pareilles conditions à des dérivés du type maléique.

On pourrait également se servir du fait que le dibromure de l'acide érucique donne bien plus facilement de l'acide bénoléique que celui de l'acide brassidique. Le raisonnement serait le même que dans le cas des acides oléique et élaïdique (voyez ce mot).

Une fois les configurations de ces acides déterminées, il est facile de comprendre pourquoi les dibromures et les dichlorures de l'un des acides fournissent toujours les dérivés chloré et bromé de l'autre acide lorsqu'on les traite par la potasse alcoolique.

Fixons une molécule de chlore sur chaque acide :

$$\begin{array}{r}
\mathrm{Cl} \\
| \\
\mathrm{CH^3 . (CH^2)^7 . C . H} \\
| \\
\mathrm{CO^2H . (CH^2)^{11} . C . H} \\
| \\
\mathrm{Cl}
\end{array}$$

Dichlorure brassidique.

$$\begin{array}{l}
\mathrm{Cl} \\
| \\
\mathrm{CH^3 . (CH^2)^7 . C . H} \\
| \\
\mathrm{H . C . (CH^2)^{11} . CO^2H} \\
| \\
\mathrm{Cl}
\end{array}$$

Dichlorure érucique.

Pour simplifier le mode de représentation, on admettra que les radicaux qui sont placés au-dessus l'un de l'autre, dans le plan, le sont aussi dans l'espace.

Enlevons une molécule d'acide chlorhydrique à chacun de ces composés, en remarquant que cette réaction peut s'effectuer de deux façons. Nous obtiendrons, à partir du dichlorure de l'acide brassidique,

$$\begin{array}{l}
\mathrm{Cl} \\
| \\
\mathrm{CH^3 . (CH^2)^7 . C . H} \\
| \\
\mathrm{Cl . C . (CH^2)^{11} . CO^2H} \\
| \\
\mathrm{H}
\end{array}$$

ou

$$\begin{array}{l}
\mathrm{Cl} \\
| \\
\mathrm{CH^3 . (CH^2)^7 . C . H} \\
| \\
\mathrm{H . C . Cl} \\
| \\
\mathrm{(CH^2)^{11} . CO^2H}
\end{array}$$

deux *acides monochloroérucique*s

$$\begin{array}{l}
\mathrm{CH^3 . (CH^2)^7 . C . H} \\
\| \\
\mathrm{Cl . C . (CH^2)^{11} . CO^2H}
\end{array}$$

et

$$\begin{array}{l}
\mathrm{CH^3 . (CH^2)^7 . C . Cl} \\
\| \\
\mathrm{H . C . (CH^2)^{11} . CO^2H}
\end{array}$$

et à partir du dichlorure érucique

$$\begin{array}{r}
\mathrm{Cl} \\
| \\
\mathrm{CH^3 . (CH^2)^7 . C - H} \\
| \\
\mathrm{CO^2H . (CH^2)^{11} . C - Cl} \\
| \\
\mathrm{H}
\end{array}$$

deux *acides monochlorobrassidiques*

$$\begin{array}{r}
\mathrm{CH^3 . (CH^2)^7 . C . Cl} \\
\| \\
\mathrm{CO^2H . (CH^2)^{11} . C . H}
\end{array}$$

$$\begin{array}{r}
\mathrm{CH^3 . (CH^2)^7 . C . H} \\
\| \\
\mathrm{CO^2H . (CH^2)^{11} . C . Cl}
\end{array}$$

Ce mode de passage d'un isomère à l'autre est commun à tous les acides éthyléniques.

P. Freundler.

ÉRYTHRÈNE (*Butadiène* 1.3),

$$\mathrm{CH^2{=}CH-CH{=}CH^2}.$$

— Le nom d'*érythrène* a été donné par MM. Grimaux et Ch. Cloëz au carbure C^4H^6, donnant un tétrabromure fusible vers 115°. Ce carbure s'obtient en faisant passer les vapeurs d'alcool amylique dans un tube chauffé au rouge (Caventou). On observe sa présence dans les produits gazeux de la réduction de l'érythrite par l'acide formique (Henninger) ou de l'action de la potasse sur l'iodure de triméthylpyrrolidylammonium [Ciamician et Magnaghi, *D. chem. G.*, **18**, 2081 et **19**, 599]. Enfin il est contenu en grande quantité dans les parties les plus volatiles des huiles condensées dans la préparation du gaz comprimé (S. Cloëz).

Ce corps avait été primitivement nommé *crotonylène* par Caventou ; mais ce savant confondait sous ce nom deux carbures très différents : l'un ayant pour formule probable $\mathrm{CH^3-C{\equiv}C-CH^3}$, dérivé du bromure de butylène ; c'est à lui qu'il faut réserver le nom de crotonylène. Le second, dont nous avons indiqué plus haut les modes de formation, a pour formule

$$\mathrm{CH^2{=}CH-CH{=}CH^2}.$$

C'est le *vinyléthylène*, que les chimistes s'accordent à désigner aujourd'hui sous le nom d'*érythrène* [Grimaux et Cloëz, *Bull. Soc. Chim.*, (2), **48**, 31].

Ce corps n'avait jamais été isolé dans un état complet de pureté avant les recherches de M. Griner [*C. R.*, **116**, 723 ; *Bull. Soc. Chim.*, (3), **9**, 218]. On admettait qu'il était contenu dans les parties des huiles du gaz comprimé qui distillent entre 18 et 24°, mais qu'on ne pouvait le séparer d'autres carbures bouillant à la même température. Par réduction de l'érythrite, M. Griner a obtenu un carbure unique bouillant régulièrement à + 1°, et il a montré que le même carbure peut s'obtenir en grande quantité par rectification des huiles du gaz comprimé passant entre 0 et + 5° (voyez ÉRYTHRITE).

TÉTRABROMURE D'ÉRYTHRÈNE,

$$\mathrm{CH^2Br . CHBr . CHBr . CH^2Br}.$$

— Ce corps cristallise soit en paillettes, soit en aiguilles. Il fond à 116° (Grimaux et Cloëz), à 112-114° (Colson), à 118° (Ciamician et Magnaghi).

Il passe facilement avec la vapeur d'eau et distille à 260-270° sans décomposition notable, mais en se transformant partiellement en un isomère fusible à 37°,5 (Grimaux et Cloëz), à 39-40° (Ciamician et Magnaghi), que l'on peut séparer du corps primitif en profitant de sa plus grande solubilité dans l'éther de pétrole.

Ce corps ou *isobromure d'érythrène* cristallise en grandes et belles tables monocliniques pouvant atteindre près d'un centimètre de largeur. On pourrait admettre que l'isobromure d'érythrène a pour formule $\mathrm{CH^3 . CBr^2-CBr^2 . CH^3}$. Cependant MM. Ciamician et Magnaghi [*D. chem. G.*, **24**, 1430] pensent que les deux tétrabromures d'érythrène ne présentent qu'un cas d'isomérie physique [G. Ciamician, *R. Accad. dei Lincei*, 3, 242].

Cette opinion est appuyée par le travail de M. Griner [*loc. cit.*], qui a obtenu simultanément les deux tétrabromures en fixant directement le brome sur l'érythrène pur.

La potasse alcoolique transforme le tétrabromure d'érythrène en une huile insoluble dans l'eau, soluble dans l'éther et dans l'alcool et facilement entraînable par les vapeurs de ce dernier liquide.

Cette huile n'est stable qu'en présence de ses solvants. Aussitôt isolée, elle se transforme en une matière blanche, amorphe, infusible, insoluble, ayant pour composition $n(C^4H^4Br^2)$; c'est donc un polymère de l'*érythrène dibromé*.

Le brome est absorbé énergiquement par la solution éthérée de ce corps avant qu'il se soit polymérisé; on obtient ainsi le *dibromure d'érythrène dibromé* $C^4H^4Br^2.Br^2$, très soluble dans l'alcool, l'éther et la ligroïne, cristallisant en prismes fusibles à 67°, et le *tétrabromure d'érythrène dibromé* $C^4H^4Br^2.Br^4$, très peu soluble dans l'éther, fusible à 170° en se décomposant partiellement (Grimaux et Cloëz).

En traitant le tétrabromure d'érythrène par le brome en excès à 175-180°, M. Colson [*Bull. Soc. Chim.*, (2), 48, 52] a obtenu deux corps possédant la formule $C^4H^4Br^6$ qui doivent être considérés comme des tétrabromures d'érythrène dibromé. L'un d'eux est liquide, très soluble dans l'éther et dans le chloroforme; sa densité est de 2,9 à 15°; la potasse étendue le transforme en acide érythrique.

Le second bromure obtenu par M. Colson cristallise en paillettes nacrées, fusibles à 169°, peu solubles dans l'éther et dans le chloroforme.

Dibromure d'érythrène. — Le dibromure $C^4H^6Br^2$ bout à 74-75° sous 20 millimètres de mercure. Lentement à la température ordinaire, mais rapidement à 100°, il se transforme en un mélange d'un corps solide fusible à 53-54°, bouillant à 92-93° sous 15 millimètres et d'un liquide d'odeur piquante passant vers 70° sous 20 millimètres.

Ces deux nouveaux bromures ont la même composition que celui qui leur a donné naissance [Griner, *loc. cit.*]. Ch. Cloëz.

ÉRYTHRIQUE (ACIDE). — L'acide érythrique est encore peu connu. D'après M. Colson [*Bull. Soc. Chim.*, (2), 47, 290], on pourrait l'obtenir en traitant par l'eau le tétrabromure d'érythrène dibromé liquide.

MM. Iwig et Hecht [*D. chem. G.*, 19, 468 et 1561] l'ont préparé en oxydant la mannite par le permanganate en solution alcaline. Il faut employer un poids d'oxydant capable de fournir 5 atomes d'oxygène pour 1 molécule de mannite.

L'acide érythrique est cristallisable et réduit énergiquement la liqueur de Fehling.

Le *sel de calcium*, $(C^4H^7O^5)^2Ca, 2H^2O$, perd à 100° toute son eau de cristallisation; il est très soluble dans l'eau, peu soluble dans l'alcool.

Le *sel de baryum*, $(C^4H^7O^5)^2Ba, 2H^2O$, s'obtient en faisant digérer l'acide érythrique avec du carbonate de baryum. Si l'on neutralise l'acide par de la baryte hydratée, on obtient un précipité volumineux constitué par un sel basique,

$$C^4H^6O^5Ba, 2H^2O.$$

La composition de l'acide érythrique n'est pas établie avec certitude; toutes les analyses sont insuffisantes pour établir si on doit le représenter par

$$CO^2H.CHOH.CHOH.CH^2OH$$

ou par

$$CO^2H.CHOH.CHOH.COH.$$

Cette dernière formule aurait le grand avantage d'expliquer son pouvoir réducteur.

Ch. Cloëz.

ÉRYTHRITE. — L'érythrite empêche la précipitation des sels de fer par la potasse [Grimaux, *Bull. Soc. Chim.*, (2), 42, 209]. Elle n'est pas attaquée par le *bacterium aceti*, même en solution étendue et après 3 mois de contact [J. Brown, *Chem. Soc.*, 51, 638].

La chaleur de dissolution de l'érythrite est de — 5,2 calories [Colson, *Bull. Soc. Chim.*, (2), 47, 146].

M. Griner [*C. R.* 116, 723] a réalisé la synthèse de l'érythrite à partir de l'érythrène (*butadiène* 1.3) extrait des huiles du gaz comprimé. Il a, en outre, découvert une seconde érythrite isomérique avec l'érythrite naturelle.

En opérant la fixation du brome sur le butadiène 1.3 à basse température, il a pu séparer deux dibromures, isomères stéréochimiques, l'un solide, fusible à 53-54°, l'autre liquide, qui se forme en plus faible quantité, bout à 70° sous 20 millimètres. Leur isomérie est vraisemblablement de l'ordre de celle des acides fumarique et maléique, car ils conduisent à deux érythrites différentes.

Traité par le permanganate, le bibromure liquide fournit une *dibromhydrine* fusible à 135°; dans les mêmes conditions, le bibromure solide fournit une dibromhydrine fusible à 83°. La première traitée par la potasse sèche fournit le dioxyde liquide

```
CH²-CH-CH-CH²
  \ /   \ /
   O     O
```

décrit par M. Przibytek [*D. chem. G.*, 17, 1092], qui s'hydrate facilement en donnant l'érythrite naturelle symétrique.

L'action de la potasse sèche sur la dibromhydrine fusible à 83° conduit à un dioxyde différent, auquel on doit assigner la formule dyssymétrique

```
  O
 / \
CH²-CH-CH-CH².
         \ /
          O
```

Il conduit par hydratation à un alcool tétratomique nouveau qui doit être considéré comme l'érythrite racémique. Cette nouvelle érythrite se présente sous la forme de petites houppes soyeuses, fusibles à 72°, déliquescentes. Leur solubilité dans l'alcool est plus grande que celle de l'érythrite ordinaire. La tétracétine correspondante fond à 53°.

Dans des expériences antérieures, M. Griner avait obtenu l'érythrite naturelle en suivant une autre voie. En soumettant l'érythrène à l'action du brome, il obtint un bibromure liquide, bouillant à 74-76° sous une pression de 26 millimètres.

Ce corps, instable sous sa forme liquide, se transforme rapidement, à 100°, en un produit solide de même composition, bouillant à 92-93° sous 15 millimètres, fondant à 53-54°. Ce produit, traité par l'acétate d'argent et l'anhydride acétique à 125-130°, fournit une diacétine non saturée $C^4H^6(C^2H^3O^2)^2$, qui fixe facilement le brome en donnant un corps $C^4H^6Br^2(C^2H^3O^2)^2$ fusible à 87°.

Cette dibromodiacétine traitée à son tour par l'acétate d'argent fournit un corps fusible à 85°, possédant la composition et toutes les propriétés de la tétracétine de l'érythrite $C^4H^6(C^2H^3O)^4$.

Saponifiée à l'aide de l'eau de baryte, elle fournit un composé fusible à 118°, qui présente tous les caractères de l'érythrite naturelle.

Comme on le voit, c'est l'érythrite isomérique qui aurait dû être obtenue par ce moyen. Il est vraisemblable qu'il s'est produit une transposition moléculaire par suite de la température assez élevée employée dans le passage du bromure à l'acétine.

Action des réactifs. — La potasse donne avec l'érythrite un composé cristallisé (Colson).

Le protochlorure de soufre transforme l'érythrite en un corps distillant à 160° sous une pression de 100 millimètres. Après purification, ce corps cristallise en aiguilles déliées, fusibles à 111°,5, mais déjà sublimables à 100°.

Action de l'acide azotique. — L'acide azotique (densité 1,18) oxyde aisément l'érythrite à la température du bain-marie. On obtient ainsi un liquide qui réduit la liqueur de Fehling. Ce liquide, traité par la phénylhydrazine, donne la *phénylérythrosazone*, $C^{16}H^{18}Az^4O^2$, fusible à 166-167°, peu soluble dans l'eau bouillante, mais très soluble dans l'alcool, l'acétone et l'acide acétique cristallisable [E. Fischer, *D. chem. G.*, **20**, 1090].

Action de l'acide formique. — L'étude de cette réaction, due à Henninger, a été déjà en majeure partie publiée dans le 1er Supplément du Dictionnaire (voyez ÉRYTHRITE).

Lorsque l'on traite 1 kilogramme d'érythrite par 2kg,500 d'acide formique (densité 1,18), on obtient à la distillation :

Erythrène (à l'état de tétrabromure)	350	grammes.
Dihydrofurfurane	167	—
Aldéhyde crotonique	26	—
Formines de l'érythrol	177	—

Le résidu pèse 126 grammes et se trouve formé par un mélange d'érythrite et d'érythrane.

ÉTHERS DE L'ÉRYTHRITE [Henninger, *Ann. Chim. Phys.*, (6), 7, 1886].

La *tétraformine*, $C^4H^6(O.COH)^4$, s'obtient en traitant les formines brutes par 20 fois leur poids d'acide formique (densité 1,18) ; après plusieurs heures de chauffe, on distille et on traite de nouveau le résidu par 10 fois son poids d'acide formique cristallisable. La tétraformine cristallise en aiguilles très fines, fusibles à 150°.

La *tétracétine* obtenue par M. Griner en chauffant à 140-150° pendant 6 heures un mélange de dibromodiacétine, d'acétate d'argent et d'anhydride acétique est un corps bien cristallisé, fusible à 85°.

La *diéthylérythrite*

$$C^4H^6 \lessgtr \begin{cases}(OC^2H^5)^2 \\ (OH)^2\end{cases}$$

s'obtient en traitant la dichlorhydrine de l'érythrite par l'éthylate de sodium au bain-marie ; on distille ensuite, en recueillant les portions qui passent à 150-160° sous une pression de 35 millimètres.

Cette diéthyline fond à 13°,5 et bout à 144° sous 22 millimètres, à 152° sous une pression de 35 millimètres. Les corps qui, dans la préparation de ce composé, distillent au-dessus de 160° sous la pression de 35 millimètres, sont constitués en majeure partie par le second anhydride de l'érythrite $C^4H^6O^2$.

ÉRYTHROL. — L'érythrol, que l'on obtient dans l'action de l'acide formique sur l'érythrite, est un glycol non saturé, $C^4H^6(OH)^2$; il bout à 196°,5 sous la pression normale. Son poids spécifique = 1,06165 à 0°, 1,04653 à 20° ; il absorbe énergiquement le brome en solution chloroformique ; par évaporation très lente du dissolvant, on obtient de belles tables fusibles à 61°. Ce corps, $C^4H^6Br^2(OH)^2$, ne peut être identifié avec les dibromhydrines actuellement connues de l'érythrite.

M. Griner [*Bull. Soc. Chim.*, (3), **9**, 218] a obtenu la diacétine d'un glycol non saturé et de même formule que l'érythrol en chauffant le bibromure d'érythrène avec un excès d'acétate d'argent et une petite quantité d'anhydride acétique (voir plus haut).

Cette diacétine $C^4H^6(C^2H^3O^2)^2$ bout vers 110° sous 20 millimètres. Elle fixe une molécule de brome en donnant une dibromodiacétine de l'érythrite qui fond à 87°.

ANHYDRIDES DE L'ÉRYTHRITE. — 1er *anhydride : Érythrane.* — L'érythrane, $C^4H^8O^3$, peut se préparer en chauffant au bain-marie pendant 12 heures un mélange de

Érythrite	50	grammes.
Acide sulfurique	50	—
Eau	50	—

Au bout de ce temps, on étend de 2 volumes d'eau, on chauffe pendant 1 heure à l'ébullition, puis on sature par le carbonate de baryum, on évapore et on rectifie.

L'érythrane distille à 154-155° sous une pression de 18 millimètres. Elle ne fixe pas d'eau pour régénérer l'érythrite, mais, traitée par l'acide chlorhydrique, elle se transforme en dichlorhydrine (Henninger).

2° *anhydride : Oxyde d'érythrène*, $C^4H^6O^2$. — Cet anhydride se forme dans la préparation de la diéthylérythrite, ou dans l'action à froid de la soude pure sur la dichlorhydrine pulvérisée. Il se présente en belles lames orthorhombiques, fusibles à 175° (Henninger).

Lorsque l'on traite la dichlorhydrine fusible à 125° par la potasse caustique, on obtient un liquide dont la densité = 1,1323 à 0°, bouillant à 138° sous une pression de 767 millimètres [Przybyteck, *Bull. Soc. Chim.*, (2), **41**, 393 ; **42**, 322].

Cet oxyde a pour formule $C^4H^6O^2$ et doit s'écrire

$$\underbrace{CH^2-CH}_{O}-\underbrace{CH-CH^2}_{O}$$

car traité par l'eau il régénère l'érythrite ; traité par l'acide chlorhydrique, il se transforme en dichlorhydrine. Il réduit les solutions ammoniacales d'argent, se combine avec l'acide cyanhydrique pour donner le nitrile de l'acide dioxyadipique ; il s'unit à l'ammoniaque et à l'aniline en donnant des corps confusément cristallins.

Par l'addition du brome à froid, on obtient une masse vitreuse qui devient cristalline au bout de quelque temps et qui constitue le bromure $C^4H^6O^2Br^2$. Ce corps se détruit facilement en perdant de l'acide bromhydrique ; il est insoluble dans l'eau, l'alcool et le chloroforme [Przybyteck, *D. chem. G.*, **20**, 3234].

Le dioxyde d'érythrène se combine avec le bisulfite de sodium pour donner le composé

$$C^4H^6(OH)^2(SO^3Na)^2, H^2O,$$

cristallisant en prismes brillants, solubles à 22° dans 8g,4 d'eau. Traité par l'acide oxalique, ce sel fournit l'acide $C^4H^6(OH)^2(SO^3H)^2$. Cet acide est soluble dans l'eau, mais la moindre élévation de température le décompose instantanément.

Le dioxyde d'érythrène est assez stable ; néanmoins si on le chauffe pendant quelque temps à 110-130°, et surtout à 140-150°, il se transforme en un polymère amorphe, incolore, insoluble dans tous les solvants, et qui se décompose avant de fondre.

L'acide chlorhydrique concentré et bouillant transforme ce polymère en une dichlorhydrine fusible à 125°.

Il est très probable que le corps fusible à 175°, découvert par Henninger dans les produits accessoires de la préparation de la diéthylérythrite, est également un polymère de l'oxyde d'érythrène bouillant à 138°

Ch. Cloëz.

ÉRYTHROGLUCIQUE (ACIDE). — Synonyme d'ACIDE ÉRYTHRIQUE.

ÉRYTHROPHLÉINE (Suppl., 1, 683). — L'érythrophléine, soumise à l'action des alcalis ou des acides minéraux bouillants, fournit un acide exempt d'azote, non vénéneux, et une base vénéneuse volatile, la *manconine*, dont l'action physiologique rappelle à la fois celles de la pyridine et de la nicotine [Harnack et Zabrocki, en extrait, *D. chem. G.*, 15, 2623].

ESCULÉTINE,

$$C^6H^2 \begin{cases} CH{=}CH{-}CO \\ -O_{(1)} \\ -OH_{(3)} \\ OH_{(4)} \end{cases}$$

L'esculétine existe à l'état de liberté dans les semences d'*Euphorbia Lathyris* [Yoshisumi Tahara, *D. chem. G.*, 23, 3347].

On trouve dans un grand nombre de Solanées une substance particulière, la *scopolétine*, qui fournit de l'esculétine et de l'iodure de méthyle quand on la chauffe avec de l'acide iodhydrique; la scopolétine est donc une méthylesculétine [Ernst Schmith, *Arch. Pharm.*, 228, 435].

Constitution. — La coumarine, l'ombelliférone et l'esculétine ont respectivement pour formules

$$C^6H^4 \begin{cases} CH{=}CH{-}CO \\ O \end{cases}$$

$$C^9H^6O^3, \qquad C^9H^6O^4,$$

ces trois formules ne différant entre elles que par un atome d'oxygène. On sait que l'ombelliférone est une oxycoumarine; les travaux de MM. F. Tiemann et W. Will [*D. chem. G.*, 15, 2072], puis ceux de MM. W. Will et W. Pukall [*D. chem. G.*, 20, 1134], ont montré que l'esculétine est elle-même une dioxycoumarine.

1° L'esculétine donne un éther diacétique, un éther diméthylique, un éther diéthylique; sa molécule renferme donc deux oxhydryles.

2° Lorsqu'on chauffe la diméthylesculétine, $C^9H^4O^2(OCH^3)^2$, avec de la soude et de l'iodure de méthyle, on obtient un éther tétraméthylé qui est une fois éther-sel et trois fois éther-oxyde, comme le montre la formule

$$C^8H^4 \begin{cases} CO^2CH^3 \\ (OCH^3)^3 \end{cases}$$

et qui, par saponification, fournit l'acide correspondant

$$C^8H^4 \begin{cases} CO^2H \\ (OCH^3)^3 \end{cases}$$

appelé *acide triméthylesculétique.* Sous l'influence de la soude, l'esculétine a fixé une molécule d'eau à la façon des olides, et l'iodure de méthyle a transformé les deux groupes OH et CO^2H en groupes OCH^3 et CO^2CH^3. En remplaçant, dans la réaction précédente, la diméthylesculétine par la diéthylesculétine, et l'iodure de méthyle par l'iodure d'éthyle, on obtient de même le triéthylesculétate d'éthyle et l'acide triéthylesculétique.

3° A l'oxydation, l'acide triéthylesculétique donne de l'aldéhyde triéthoxybenzylique

$$C^6H^2 \begin{cases} CHO \\ (OC^2H^5)^3 \end{cases}$$

et de l'acide triéthoxybenzoïque

$$C^6H^2 \begin{cases} CO^2H \\ (OC^2H^5)^3 \end{cases}$$

L'esculétine est donc un composé aromatique possédant une seule chaîne latérale carbonée, et cette chaîne est à 3 atomes de carbone.

4° De même que l'acide coumarique fixe 2 atomes d'hydrogène sous l'influence de l'amalgame de sodium pour se transformer en acide hydrocoumarique, de même l'acide triéthylesculétique

$$C^8H^4 \begin{cases} CO^2H \\ (OC^2H^5)^3 \end{cases}$$

est un acide non saturé et donne par réduction l'acide triéthyldihydroesculétique

$$C^8H^6 \begin{cases} CO^2H \\ (OC^2H^5)^3 \end{cases}$$

Nous pouvons donc, dès maintenant, représenter l'acide triéthylesculétique, l'acide triéthyldihydroesculétique et l'esculétine par les formules suivantes :

$$C^6H^2 \begin{cases} CH{=}CH{-}CO^2H \\ (OH)^3 \end{cases}$$

$$C^6H^2 \begin{cases} CH^2{-}CH^2{-}CO^2H \\ (OH)^3 \end{cases}$$

$$C^6H^2 \begin{cases} CH{=}CH{-}CO \\ -O \\ (OH)^2 \end{cases}$$

5° Enfin, chauffé en présence d'un excès de chaux, l'acide triéthoxybenzoïque provenant de l'oxydation de l'acide triéthylesculétique

$$C^6H^2 \begin{cases} CO^2H \\ (OC^2H^5)^3 \end{cases}$$

perd une molécule d'acide carbonique et donne un triéthoxylbenzène, $C^6H^3(OC^2H^5)^3$, différent de la triéthylphloroglucine et du triéthylpyrogallol, et dans lequel les trois groupes OC^2H^5 ne peuvent par conséquent occuper que les positions 1, 3, 4, trois trioxyéthylbenzènes, et trois seulement, étant possibles. Si donc, dans l'esculétine, nous attribuons la position 1 à l'atome d'oxygène du groupe olide, les deux oxhydryles seront en position 3 et 4.

La constitution de l'esculétine se trouve ainsi établie, sauf en ce qui concerne la position du résidu non saturé. Comme ce résidu doit, à cause de la fonction olide, se trouver en position ortho par rapport à l'atome d'oxygène anhydridique, l'esculétine ne peut être que l'une des quatre dioxycoumarines suivantes

(Quatre formules développées à noyau hexagonal : OH, OH / CH=CH-CO, O ; OH, OH / O, CH=CH-CO ; CO-CH=CH, O / OH, OH ; OH / O, CO-CH=CH / OH.)

Monométhylesculétine,

$$C^6H^2 \begin{cases} CH{=}CH{-}CO \\ -O \\ -OCH^3 \\ OH \end{cases}$$

— En chauffant au réfrigérant à reflux 1 molécule d'esculétine avec 2 molécules d'iodure de méthyle et 2 molécules de potasse, en solution dans l'alcool méthylique, on obtient à la fois la monométhylesculétine et la diméthylesculétine. Pour les séparer, on traite le produit de la réaction par l'eau et l'acide chlorhydrique, qui précipite le dérivé monométhylé. Le dérivé diméthylé, soluble dans l'acide, se sépare à son tour quand on ajoute de l'ammoniaque à la liqueur [F. Tiemann et W. Will, *D. chem. G.*, 15, 2072].

La monométhylesculétine, purifiée par cristallisation dans l'alcool étendu, fond à 184°. Elle est un peu soluble dans l'eau bouillante, insoluble dans la ligroïne, soluble dans l'alcool, l'éther, le benzène.

Comme ce corps est différent de la scopolétine, autre éther méthylique de l'esculétine (voyez plus haut), les deux monométhylesculétines possibles sont connues.

Diméthylesculétine,

$$C^6H^2 \begin{cases} CH=CH-CO \\ O \text{———} \\ (OCH^3)^2 \end{cases}$$

— En la faisant cristalliser dans l'eau bouillante ou dans l'alcool étendu, on l'obtient sous la forme d'aiguilles blanches, brillantes, fusibles à 144°, solubles dans l'alcool, l'éther, le benzène, presque insolubles dans la ligroïne.

Triméthylesculétate de méthyle,

$$C^6H^2 \begin{cases} CH=CH-CO^2CH^3 \\ (OCH^3)^3 \end{cases}$$

— On évapore à siccité un mélange de 1 molécule de diméthylesculétine et de 2 molécules de soude caustique en solution aqueuse, on chauffe le résidu avec 2 molécules d'iodure de méthyle en tubes scellés à 100° pendant 3 heures; le produit de la réaction est dissous dans l'eau et la solution alcalinisée est épuisée à l'éther; par évaporation du dissolvant, on obtient une huile qu'on fait cristalliser dans l'alcool étendu.

Cristaux jaunâtres, à éclat vitreux, fusibles à 109°, solubles dans l'alcool, l'éther, le benzène, le chloroforme; insolubles dans l'eau.

Acide triméthylesculétique,

$$C^6H^2 \begin{cases} CH=CH-CO^2H \\ (OCH^3)^3 \end{cases}$$

— On l'obtient en saponifiant par la potasse alcoolique son éther méthylique et faisant cristalliser le produit dans l'alcool étendu. C'est un corps fusible à 168°, soluble dans l'eau chaude, l'alcool, l'éther, le benzène; sa solution ammoniacale neutre précipite par les sels de plomb, de cuivre, d'argent, de zinc; l'acide sulfurique le dissout sans altération.

On n'a obtenu aucun isomère de cet acide.

Monoéthylesculétine,

$$C^6H^2 \begin{cases} CH=CH-CO \\ O \text{———} \\ OH \\ OC^2H^5 \end{cases}$$

— La préparation est analogue à celle du dérivé méthylé correspondant; il suffit de remplacer l'alcool méthylique et l'iodure de méthyle par l'alcool éthylique et l'iodure d'éthyle. Purifiée par cristallisation dans l'alcool faible, la monoéthylesculétine fond à 143°; elle est soluble dans l'eau chaude, les alcalis faibles, l'alcool, le benzène; sa solution alcoolique possède une fluorescence bleue.

Diéthylesculétine,

$$C^6H^2 \begin{cases} (OC^2H^5)^2 \\ CH=CH-CO. \\ O \text{———} \end{cases}$$

— Ce corps prend naissance, en même temps que le précédent, dans l'action sur l'esculétine de la potasse alcoolique et de l'iodure d'éthyle. Il fond à 109°; l'alcool, l'éther, le benzène, le sulfure de carbone le dissolvent facilement; la solution alcoolique possède une fluorescence bleue; l'acide sulfurique le dissout sans altération.

β *Triéthylesculétate d'éthyle*

$$C^6H^2 \begin{cases} CH=CH-CO^2C^2H^5 \\ (OC^2H^5)^3 \end{cases}$$

— La préparation est analogue à celle du dérivé méthylé correspondant. Cet éther, très soluble dans l'alcool, l'éther, le benzène, fond à 75° et bout sans altération au-dessus de 360°.

Acide β-triéthylesculétique,

$$C^6H^2 \begin{cases} CH=CH-CO^2H \\ (OC^2H^5)^3 \end{cases}$$

— Cet acide, obtenu par saponification de l'éther précédent, fond à 144°; il est insoluble dans l'eau et très soluble dans l'alcool, l'éther, le benzène.

La solution ammoniacale donne des précipités colorés avec les sels métalliques; le précipité est jaune avec le nitrate de plomb, blanc-jaunâtre avec le nitrate de mercure, vert-bleu avec le sulfate de cuivre, blanc, noircissant à chaud, avec le nitrate d'argent [W. Will, *D. chem. G.*, **16**, 2106; *Bull. Soc. Chim.*, (3), **1**, 541].

α-Triéthylesculétate d'éthyle,

$$C^6H^2 \begin{cases} CH=CH-CO^2C^2H^5 \\ (OC^2H^5)^3 \end{cases}$$

— On l'obtient en opérant exactement comme pour le dérivé β, mais en évitant avec soin un excès d'iodure d'éthyle.

Il est très soluble dans l'alcool, l'éther, le benzène. Chauffé au-dessus de 230°, il se transforme en son isomère β.

Acide α-triéthylesculétique,

$$C^6H^2 \begin{cases} CH=CH-CO^2H \\ (OC^2H^5)^3 \end{cases}$$

— Il fond à 102-103°; il donne avec les sels métalliques des précipités semblables à ceux que fournit le dérivé β.

Quand on le chauffe avec de l'acide chlorhydrique, l'acide α fondant à 102-103° se transforme en acide β fondant à 144°.

L'isomérie qui existe entre les deux triéthylesculétates d'éthyle α et β d'une part, et les deux acides triéthylesculétiques α et β d'autre part, est sans doute une isomérie stéréochimique, comparable à celle qui existe entre l'acide fumarique et l'acide maléique. La preuve en est dans la facilité avec laquelle les dérivés α se transforment en dérivés β, qui constituent la modification stable sous l'influence de la chaleur et de l'acide chlorhydrique.

Aldéhyde triéthoxybenzoïque,

$$C^6H^2 \begin{cases} CHO \\ (OC^2H^5)^3 \end{cases}$$

— Elle prend naissance dans l'oxydation, par un excès de permanganate de potasse à froid, de l'un quelconque des acides triéthylesculétiques.

Elle fond à 95° et est soluble dans l'alcool et dans l'éther [W. Will, *D. chem. G.*, **16**, 2106].

Acide triéthoxybenzoïque,

$$C^6H^2 \begin{cases} CO^2H \\ (OC^2H^5)^3 \end{cases}$$

— On l'obtient en oxydant par le permanganate

de potasse, à la température de 60°, les acides triéthylesculétiques ou l'aldéhyde précédente [W. Will, *D. chem. G.*, **16**, 2106].

Il fond à 134°. La solution ammoniacale précipite en bleu clair par le sulfate de cuivre, et en blanc par les sels d'argent, de plomb et de mercure.

Distillé en présence d'un excès de chaux, l'acide triéthoxybenzoïque donne le triéthoxylbenzène 1.3.4, fondant à 34° [W. Will et K. Albrecht, *D. chem. G.*, **17**, 2108; W. Will et W. Pukall, *D. chem. G.*, **20**, 1134].

Monobromodiéthylesculétine, $C^{13}H^{13}O^4Br$. — On prépare ce corps en mélangeant des solutions sulfocarboniques de diéthylesculétine et de brome.

Il fond à 169°. La potasse alcoolique le convertit en acide diéthoxycoumarilique $C^{13}H^{14}O^5$, fusible à 195°; ce dernier, réduit par l'amalgame de sodium, donne un produit fusible à 122° qui paraît correspondre à l'acide hydrocoumarilique.

Acide triéthoxyphénylpropionique,

$$C^6H^2 \begin{cases} CH^2-CH^2-CO^2H \\ (OC^2H^5)^3 \end{cases}$$

— Lorsqu'on fait réagir un excès d'amalgame de sodium à froid sur l'un quelconque des acides triéthylesculétiques, on obtient l'acide saturé correspondant ou acide triéthoxyphénylpropionique, fusible à 77°, très soluble dans l'alcool, l'éther et le benzène; sa solution ammoniacale neutre précipite en jaune verdâtre par le sulfate de cuivre, en blanc par les sels d'argent, de mercure et de plomb [W. Will., *D. chem. G.*, **16**, 2106; *Bull. Soc. Chim*, (3), **1**, 541].

Le sulfite double de sodium et de para-esculétine (voyez Dict, **1**, 1260) forme avec l'ammoniaque une matière colorante à reflets métalliques violets [C. Liebermann et H. Mastbaum, *D. chem. G.*, **14**, 475]. La solution aqueuse, qui est bleue, donne un précipité bleu avec l'acétate de plomb ammoniacal; le composé plombique, traité par l'acide sulfhydrique, fournit le produit de réduction de la matière colorante, produit qui est incolore et dont la solution se colore par la soude en vert, virant bientôt au bleu avec fluorescence rouge. La matière colorante et son produit de réduction sont insolubles dans l'éther.

La matière colorante s'altère à la longue; ainsi modifiée, elle se dissout dans l'eau, qui devient très fluorescente quand on y ajoute un alcali; la solution est alors rose et la fluorescence de couleur cinabre. L'alcalinité d'une eau calcaire suffit pour produire cette fluorescence, qui est facile à percevoir même dans une solution colorée (par exemple une solution de carmin d'indigo), et qui est susceptible d'applications en alcalimétrie.

Ch. Moureu.

ESSENCES. — Essence d'Abies balsamea. — Buchner a désigné sous ce nom une essence retirée des fruits de l'*Abies Reginæ Amaliæ* et plus connue sous ce dernier nom (voy. Suppl., **1**, 684).

Selon M. C. G. Hunckel [*Am. Journ.*, **67**, 9], cette essence, obtenue par distillation avec l'eau des aiguilles et des bourgeons jeunes, a une densité de 0,8892 à 20°, un pouvoir rotatoire de 29° 03' (l = 100 millimètres) à 20°. Elle renferme un terpène passant de 160 à 165°, et de l'acétate de bornéol.

Essence d'Abies Canadensis L. — Obtenue par distillation des aiguilles, cette essence a pour densité 0,907 à 15°, un pouvoir rotatoire de — 20° 54', et renferme du pinène gauche, du cadinène, de l'acétate de bornyle gauche et du camphène gauche — 36° 10' [*Arch. Pharm.*, **231**, 294].

Essence d'Abies pectinata (D. C.) (*Abies excelsa* Lisk.). — Suivant qu'on distille les aiguilles ou les jeunes bourgeons, on obtient des essences différentes.

L'essence de bourgeons de sapin, qui est la plus estimée, a pour densité 0,875 à 15°, un pouvoir rotatoire variant de — 20° à — 50°, et est constituée par du pinène gauche, du limonène gauche, du cadinène et environ 4,5 0/0 d'acétate de bornyle gauche.

L'essence obtenue au moyen des aiguilles a pour densité 0,854 à 15°, un pouvoir rotatoire qui varie de — 55° à — 80°, et est composée de pinène et de limonène gauches avec environ 0,5 0/0 d'un éther composé [Schimmel, *Bericht*, avril 1893, 30].

Essence d'absinthe (*Artemisia absynthium* L.). — Extraite de l'*Artemisia absynthium*, cette essence est très fluide quand elle est préparée avec les feuilles, mais est épaisse quand elle est préparée à l'aide des fleurs et des semences.

Les principaux centres de production de cette essence sont l'Algérie, la France, l'Espagne, les Etats-Unis d'Amérique (Etats de New York, du Wisconsin, du Michigan, de Nebraska). On vient de faire des plantations d'absinthe dans les environs de Miltitz, pour fabriquer cette essence [Schimmel, *Bericht*, octobre 1894].

La densité de l'essence varie de 0,877 à 0,94; ce dernier chiffre se rapporte à l'essence extraite des fleurs.

Elle distille entre 180 et 205°.

Au-dessous de 160°, il distille un terpène $C^{10}H^{16}$; la majeure partie de l'essence se compose d'*absinthol* $C^{10}H^{16}O$, bouillant vers 205°.

Si l'on continue la distillation au delà de cette température, il passe vers 270-300° des vapeurs d'un beau bleu indigo, qui deviennent violettes à une température supérieure, et enfin se décolorent. Le résidu de la distillation constitue un produit goudronneux noir. Toutes les portions distillant au-dessus de 270° ont une réaction acide, et ne possèdent pas une composition constante, même après lavage à la soude et dessiccation sur le chlorure de calcium.

La portion distillant entre 210 et 255° a une composition qui la rapproche de l'*azulène* $C^{10}H^{20}O$ de Piesse.

On peut admettre que l'huile bleue renfermée dans l'essence d'absinthe est un mélange d'un terpène bouillant à haute température avec un camphre polymérisé $(C^{10}H^{16}O)^3$ analogue à celui de l'essence de camomille (voy. Camomille).

D'après MM. Beilstein et Kupfer, l'acide contenu dans cette essence serait de l'acide acétique.

M. Wright a trouvé dans l'essence d'absinthe, outre l'absinthol, un terpène bouillant à 150°, et un hydrocarbure bouillant à 170-180°.

Enfin MM. Schimmel [*Bericht*, octobre 1894] considèrent le produit oxygéné comme étant de la *thuyone*.

Cette essence renfermerait donc principalement de l'absinthol $C^{10}H^{16}O$ (ou thuyone), mélangé à une petite quantité d'un terpène bouillant à 150° et d'un hydrocarbure bouillant à 170-180°, le tout additionné de *céruléine* ou huile bleue.

L'iode se dissout dans l'essence d'absinthe récente, sans l'échauffer sensiblement, en donnant un liquide vert, épais, qui plus tard devient brun foncé. Si l'essence a été exposée pendant quelques jours au contact de l'air, l'iode s'y dissout avec une élévation de température considérable, qui peut aller jusqu'à l'inflammation, et donne naissance à une masse résineuse verte.

Falsifications. — L'essence d'absinthe est falsifiée par addition d'alcool, d'essence de térébenthine et de baume de copahu. Dans ces conditions, elle prend rapidement une coloration jaune en se résinifiant.

ESSENCES D'ACHILLEA. — Le genre Achillea, de la famille des Composées, renferme un certain nombre d'espèces, dont l'*Achillea millefolium* ou millefeuille est la plus répandue : chacune de ces espèces fournit une essence particulière.

L'essence de fleurs d'*Achillea millefolium* a une couleur qui va du jaune au vert et au bleu; son odeur aromatique est pénétrante, sa saveur âcre rappelle celle du camphre. Elle est épaisse et devient pâteuse par le refroidissement.

Sa densité varie de 0,85 à 0,92; elle est très soluble dans l'alcool, un peu soluble dans l'eau. L'iode s'y combine avec élévation de température; les acides nitrique et sulfurique la colorent en brun rouge et la résinifient à chaud.

A cause de sa couleur bleue, cette essence sert surtout à falsifier ou à remplacer l'essence de camomille romaine. Elle se distingue cependant de cette dernière en ce qu'elle devient verdâtre à la longue, tandis que l'essence de camomille garde indéfiniment sa couleur bleue [Fr. Zacher, *Chem. Zeit.*, 1895, 358].

Les rhizomes de l'*Achillea millefolium* renferment aussi une essence (environ 0,032 0/0) qui paraît différer de la précédente : c'est un liquide jaunâtre, d'une odeur désagréable rappelant la valériane; son étude chimique n'est pas encore faite.

L'*Achillea nobilis* fournit à la distillation environ 0,25 0/0 d'une huile essentielle jaunâtre, visqueuse, d'une odeur agréable, camphrée, pénétrante. Sa densité est de 0,97 à 0,98 (Husemann).

L'*Achillea moschata* fournit une essence appelée généralement essence d'Iva [voyez Suppl., **1**, 684].

L'*Achillea ageratum* est une plante cultivée dans le nord de l'Italie : elle renferme une essence très aromatique. Sa densité à 24° = 0,849. Soumise à la distillation, elle commence à bouillir de 165 à 170°; une seconde portion distille entre 180 et 182°. Cette dernière possède la composition $C^{20}H^{44}O^{3}$.

La première portion ne se solidifie pas encore à — 18°.

L'essence brute est très stable à l'air, et n'a guère de tendance à se résinifier : avec le bisulfite de sodium, elle donne un trouble peu accentué [S. de Luca, *Ann. Chim. Phys.*, (5), **4**, 132].

L'*Achillea coronopifolia* fournit, quand on distille la plante au moment de sa floraison, une huile bleue de densité 0,924 à 15° et qui possède une odeur rappelant celle de la tanaisie [Schimmel, *Bericht*, octobre 1893].

ESSENCE D'ACORE OU DE ROSEAU [Dict., **1**, 1276]. — Cette essence se retire de l'*Acorus calamus*, dont les racines en renferment jusqu'à 1,3 0/0. Au Japon, on l'extrait également de l'*Acorus gramineus* (Ait), qui en contient jusqu'à 5 0/0.

Sa densité est égale à 0,926 (Symes), 0,962 (Martius) et 0,962 (Gladstone). L'essence est soluble dans l'alcool et dans l'éther.

L'essence du Japon se dissout plus facilement; elle a pour densité 0,991 à 16° et distille de 210 à 290° [Schimmel, *Chem. Zeit.*, **13**, 451].

L'essence préparée avec les racines fraîches aurait, d'après MM. Schimmel, une densité = 0,960-0,970 à 15° et un pouvoir rotatoire de + 20°-31°.

Les racines sèches fournissent une essence de densité = 0,960-0,980, donnant une déviation de + 15° à + 21°.

M. A. Kurbatoff [*Bull. Soc. Chim.*, (2), **21**, 325] a extrait de l'essence d'acore deux terpènes : l'un, passant de 158 à 159°, a pour densité 0,8793, fournit une combinaison cristallisable avec l'acide chlorhydrique, et est probablement constitué par du pinène; l'autre, bouillant de 250 à 255°, est bleuâtre, difficilement soluble dans l'alcool, facilement dans l'éther et ne se combine pas avec l'acide chlorhydrique. Chauffée pendant longtemps à 150°, l'essence de calamus s'épaissit et devient facilement soluble dans la potasse alcoolique.

Elle est souvent falsifiée par de l'essence de térébenthine et de l'alcool anhydre.

ESSENCE D'AIL. — Voyez Dict., **1**, 156. — D'après MM. Schimmel [*Bericht*, octobre 1890], l'essence d'ail a pour densité 1,057 à 15°. Elle se dissout difficilement dans l'eau, mais facilement dans l'alcool et dans l'éther. Le rendement est de 10 grammes d'essence pour 16 kilogr. d'aulx.

D'après les recherches récentes de M. Semmler [*Arch. Pharm.*, **231**, 434], l'essence d'ail ne serait pas composée de sulfure et d'oxyde d'allyle à peu près purs, ainsi que l'avait cru M. Wertheim.

En la distillant dans le vide, M. Semmler en a isolé :

1° 6 0/0 environ d'un liquide bouillant à 66-69° sous une pression de 16 millimètres, constitué par un sulfure répondant à la formule $C^{6}H^{12}S^{2}$, que l'auteur considère comme un bisulfure de propyle et d'allyle

$$\begin{array}{c} C^{3}H^{5}S \\ | \\ C^{3}H^{7}S \end{array}$$

Traité par le zinc en poudre, ce bisulfure donne un dérivé moins sulfuré, $C^{6}H^{12}S$.

2° 60 0/0 d'un bisulfure $C^{6}H^{10}S^{2}$, peut-être du bisulfure de diallyle

$$\begin{array}{c} C^{3}H^{5}S \\ | \\ C^{3}H^{5}S \end{array}$$

Ce composé bout entre 70 et 80° sous une pression de 16 millimètres, et fournit le corps $C^{6}H^{10}S$ sous l'influence de la poudre de zinc.

3° Enfin 20 0/0 d'un mélange du corps $C^{6}H^{10}S^{3}$, bouillant à 112-122° (H = 16 mill.), qui aurait pour constitution $C^{3}H^{5}S-S-C^{3}H^{5}S$ et $C^{6}H^{10}S^{4}$, bouillant au-dessus de 122°.

L'essence d'ail ne renferme donc ni sulfure d'allyle, ainsi que le croyait M. Wertheim, ni un sesquiterpène $C^{15}H^{24}$, bouillant à 253°, ainsi que l'avaient avancé MM. Wright et Beckett [*Jahresb. Chem.*, 1876, 398]; les dérivés sulfurés qu'elle renferme se rapprochent de ceux que l'on trouve dans l'*Asa fœtida* (voy. ESSENCE D'ASA FŒTIDA).

ESSENCE D'AJOWAN. — Aussi appelée essence de *Ptychotis* (voy. Dict., **1**, 1281). D'après M. Stohmann, elle renferme de 30 à 40 0/0 de thymol, de 30 à 40 0/0 de thymène $C^{10}H^{16}$, hydrocarbure bouillant à 160-165°, et de 15 à 20 0/0 de cymène $C^{10}H^{14}$, plus de petites quantités d'un phénol liquide qui est peut-être du carvacrol.

Cette essence ressemble beaucoup à celle de thym, mais contient plus de thymol que cette dernière. Elle ne sert d'ailleurs qu'à l'extraction de ce phénol.

ESSENCE D'ALLIUM URSINUM (*ail des ours, ail des bois*). — L'essence brute retirée des bulbes de cette plante est colorée en brun foncé; elle est très réfringente; son odeur rappelle celle de l'essence d'ail et sa saveur est brûlante. A 13°, sa densité est de 1,015.

Très peu soluble dans l'eau, elle se dissout facilement dans l'alcool et dans l'éther. Elle se volatilise à la température ordinaire, en laissant un résidu insignifiant, d'une odeur très pénétrante. Elle est inaltérable à l'air.

Les acides azotique, sulfurique, chlorhydrique, agissent sur elle comme sur l'essence d'ail ordinaire. Elle donne avec le brome des produits d'addition, mais ne renferme ni azote, ni oxygène.

Soumise à la distillation, elle commence à

bouillir vers 96°, puis à 140° elle se décompose comme l'essence d'ail. On peut cependant en isoler un produit volatil en la distillant au bain-marie : on obtient ainsi environ les 2/3 de l'essence brute, sous la forme d'un liquide jaunâtre, bouillant à 90-100° ; après cette portion passe une petite quantité d'un liquide brunâtre, bouillant à 101-107°, ayant une odeur désagréable. Le résidu (environ 30 0/0) est visqueux et fortement coloré.

Les portions distillées, traitées par le potassium et soumises à une nouvelle distillation, fournissent toutes deux un liquide bouillant à 101° (densité 0,9125), dont l'odeur rappelle celle de la fleur de l'*Allium ursinum*, et dont la composition est celle du sulfure de vinyle $(C^2H^3)^2S$.

D'après les recherches de M. F. Semmler [*Ann. Chem.*, **241**, 90], l'essence d'*Allium ursinum* renfermerait encore, outre le sulfure de vinyle, des polysulfures de ce même radical, et de petites quantités d'un mercaptan et d'un dérivé aldéhydique.

ESSENCE D'AMANDES AMÈRES. — Cette essence, autrefois extraite exclusivement du tourteau d'amandes amères, s'obtient aujourd'hui industriellement, non seulement en distillant à la vapeur les amandes privées de leur huile fixe, mais encore en traitant de la même manière les amandes des noyaux de pêche, d'abricot, de cerise, les feuilles de laurier-cerise, l'écorce du *Prunus padus* L., etc. Le rendement varie dans ces conditions de 0,48 à 0,87 0/0.

L'essence obtenue renferme toujours une assez grande quantité d'acide cyanhydrique, de 4,15 à 10,07 0/0, d'après M. J.-O. Braitwaite [*Chem. Zeit.*, **10**, 77]. Aussi la densité de l'essence peut-elle varier de 1,058 à 1,093 ; la proportion de l'acide cyanhydrique croît avec le rendement en essence : c'est ainsi que les amandes amères fournissent 0,3 0/0 d'acide cyanhydrique, les noyaux de pêche décortiqués 0,2, les noyaux de cerise 0,16 0/0.

Pour débarrasser l'essence d'amandes amères de l'acide cyanhydrique qui a pris naissance en même temps qu'elle, divers procédés ont été recommandés : le plus employé consiste à agiter pendant un temps assez long l'essence brute, 10 parties, avec un mélange de 3 parties de chlorure ferreux (ou de sulfate ferreux), 6 parties de chaux éteinte, et une quantité suffisante d'eau. On peut aussi diminuer la teneur en acide cyanhydrique par des distillations répétées à la vapeur d'eau.

On a essayé, mais sans résultat pratique, de se débarrasser de l'acide cyanhydrique en combinant l'aldéhyde benzoïque avec le bisulfite de sodium, pour éliminer l'acide cyanhydrique dans les eaux mères.

L'acide cyanhydrique renfermé dans l'essence d'amandes amères ne s'y trouve pas, comme on l'a cru pendant longtemps, à l'état de simple mélange, mais bien à l'état de combinaison.

D'après M. Fileti, la constitution de ce corps devrait être représentée par $CH(OH)(C^6H^5)CAz$: ce serait le phénylоxyacétonitrile (*phène-éthylolnitrile*). Cette hypothèse paraît justifiée par ce fait que l'essence d'amandes amères brute, traitée par du zinc et de l'acide chlorhydrique en présence d'alcool, fournit de la phényléthylamine $C^6H^5.C^2H^4.AzH^2$, tandis qu'un mélange d'acide cyanhydrique et d'aldéhyde benzoïque donne, dans les mêmes conditions, de la méthylamine.

En admettant, pour l'essence d'amandes amères brute, une teneur de 5 0/0 en moyenne d'acide cyanhydrique, correspondant à 24,26 0/0 de phénуloxyacétonitrile, on peut dire que l'essence brute est composée de 76 0/0 d'aldéhyde et de 24 0/0 de phénуloxyacétonitrile.

On trouve dans le commerce de l'essence d'amandes amères artificielle, qui n'est autre chose que de l'aldéhyde benzoïque obtenue en général par le procédé de MM. Ch. Lauth et E. Grimaux, fondé sur l'oxydation du chlorure de benzyle à l'aide de l'acide azotique.

Cette essence artificielle a une odeur beaucoup moins agréable, moins fine, que l'essence naturelle, et a d'ailleurs une valeur commerciale bien moindre. L'odeur désagréable qu'elle possède est probablement due à des traces de produits chlorés qu'elle renferme encore, et qu'on peut facilement mettre en évidence de la manière suivante : on enflamme quelques gouttes de cette essence dans une petite capsule de porcelaine, qu'on recouvre aussitôt d'un verre dont les parois internes ont été mouillées ; on constate alors que l'eau adhérente aux parois est devenue acide, et qu'elle donne avec le nitrate d'argent la réaction de l'acide chlorhydrique.

On peut distinguer l'essence vraie d'avec l'essence artificielle en la chauffant avec une solution alcoolique de potasse. Après refroidissement, on neutralise l'excès d'alcali et on obtient avec l'essence naturelle un dépôt de benzoïne représentant 40 à 50 0/0 du poids de l'essence employée ; l'essence artificielle ne donnerait pas de dépôt de benzoïne dans ces conditions (???). L'essence d'amandes amères retirée des noyaux d'abricots donne beaucoup moins de benzoïne que l'essence vraie ; l'essence de laurier cerise n'en fournit pas du tout [A. Kremel, *Chem. Zeit.*, **13**, 46]. Parmi les autres falsifications de l'essence d'amandes amères, citons encore celle qui consiste dans l'addition de nitrobenzène. Outre les divers procédés qui ont été déjà indiqués pour la recherche de cette fraude (voyez Dict., **1**, 1277), mentionnons celui préconisé par M. K. List [*Chem. Zeit.*, **12**, 1727], et qui consiste à oxyder l'essence d'amandes amères, préalablement débarrassée de son acide cyanhydrique par un traitement au carbonate de sodium et au sulfate de fer, à l'aide du permanganate de potassium employé en excès : dans ces conditions l'odeur de l'essence disparaît complètement ; seule celle du nitrobenzène persiste.

L'essence est encore falsifiée avec de l'alcool. Une simple distillation au bain-marie, suivie d'un traitement du produit distillé par du dichromate de potassium et de l'acide sulfurique qui prend une couleur verte avec production d'aldéhyde, permet de reconnaître cette falsification.

Enfin, on a aussi additionné l'essence d'amandes amères d'essence de térébenthine. Pour déceler le terpène, on agite l'essence avec un excès de bisulfite de sodium concentré, on recueille le précipité et on le dissout dans l'eau ; on obtient deux couches : la supérieure est constituée par l'essence de térébenthine, facile à reconnaître à son odeur.

Enfin, pour doser l'acide cyanhydrique dans cette essence, le procédé suivant est simple et donne de bons résultats : 1 gramme d'essence est dissous dans 5 grammes d'alcool et étendu de 45 grammes d'eau ; on ajoute un excès de nitrate d'argent ammoniacal, on neutralise par l'acide nitrique et on recueille le précipité de cyanure d'argent formé.

ESSENCE D'AMBRETTE. — Cette essence, fournie par la graine d'ambrette ou musc végétal (*Hibiscus Abelmoschus* L., de la famille des Malvacées), est solide à la température ordinaire. Sa densité à + 25° est 0,90 ; elle se solidifie à + 10°. Elle a une très forte odeur de musc et est sans action sur la lumière polarisée (Schimmel). Elle paraît renfermer de l'acide palmitique, et ne peut être distillée sans décomposition ; débarrassée de son acide palmitique, elle reste liquide même à 0° [*Chem. Zeit.*, 1887, 1369].

ESSENCE D'AMBROSIA ARTEMISIÆFOLIA L. — Cette essence est extraite par distillation de la plante en fleurs et se présente sous la forme d'une huile d'un vert foncé, possédant une odeur aromatique non désagréable. Sa densité = 0,870 et son pouvoir rotatoire est de — 26° [Schimmel, *Bericht*, 1894, 73].

ESSENCE DE GOMME AMMONIAQUE. — Quand on soumet la gomme ammoniaque (suc laiteux évaporé du *Dorema ammoniacum* Don.) à la distillation avec l'eau, on obtient de 0,25 à 0,40 0/0 d'une huile à odeur très forte, déviant faiblement à droite, de densité = 0,891 à 15° et bouillant de 250 à 290°. Ce produit ne renferme pas de soufre [Schimmel, *Bericht*, oct. 1893, 3, *Appendice*; Bornemann, 218].

ESSENCE D'ANDROMEDA LESCHENAULTII. — Voir plus loin ESSENCE DE GAULTHERIA.

ESSENCES D'ANDROPOGON. — Le genre *Andropogon*, de la famille des Graminées, fournit un certain nombre d'huiles essentielles recherchées pour leur odeur aromatique particulière. Malheureusement les plantes de cette famille susceptibles de donner des essences sont originaires des pays tropicaux, de sorte que trop souvent les indications précises manquent sur leur origine et leur identité.

De là une regrettable confusion dans les désignations habituelles, et un nombre trop souvent exagéré de synonymes pour désigner un seul et même produit.

Quoi qu'il en soit, il semble qu'on puisse aujourd'hui rattacher les essences dérivant du genre Andropogon à cinq types botaniques bien caractérisés, malgré les confusions qui ont pu se produire entre eux au point de vue de l'étude des essences qui en dérivent :

1° L'*Andropogon nardus* L., qui fournit un produit appelé souvent essence de citronnelle ou mélisse de l'Inde ;

2° L'*Andropogon schœnanthus* L., dont l'essence porte dans le commerce les noms de géranium de l'Inde, verveine de l'Inde, gingembre de l'Inde (*Palmarosa oil, Lemon oil*) ;

3° L'*Andropogon muricatus* L. fournit l'essence communément appelée essence de vétiver ou d'*Iwarancusa* ;

4° L'*Andropogon laniger* ;

5° L'*Andropogon odoratus*.

C'est à cette classification que nous nous tiendrons pour l'étude de ces diverses essences.

ESSENCE D'ANDROPOGON NARDUS L. (*essence de citronnelle* ou *de mélisse de l'Inde*). — Cette essence est fabriquée en grande quantité dans l'île de Ceylan : elle se retire, par distillation de la plante fraîche dans un courant de vapeur d'eau.

Cette essence, dont la production annuelle a augmenté dans des proportions considérables depuis quelques années, est tantôt colorée en jaune brunâtre ou verdâtre, tantôt incolore, suivant l'origine. Son odeur agréable rappelle celle de l'essence de mélisse.

Sa densité est de 0,893-0,897 à 15°,55 (Williams), de 0,877 à 16° et 0,875 à 20° (Dodge). Elle bout entre 213-219° suivant les uns, entre 200 et 240° (Dodge). D'après MM. Schimmel, l'essence pure doit se dissoudre par une agitation vigoureuse dans 10 fois son poids d'alcool à 80°, et sa densité ne doit pas descendre au-dessous de 0,895 à 15°.

D'après M. J.-H. Gladstone [*Chem. News*, 24, 283], l'essence de citronnelle renferme un composé oxygéné qu'il appelle *citronellol* $C^{10}H^{18}O$ (densité = 0,8742-0,875), bouillant à 200° et déviant à gauche le plan de polarisation. Ce composé aurait beaucoup d'analogie avec l'absinthol.

D'après M. C. T. Kingzett [*Chem. News*, 32, 138], cette essence ne renferme pas de terpène et, par oxydation à l'air au contact de l'eau, ne cède à cette dernière pas traces de peroxyde d'hydrogène.

D'après M. E. Kremers [*Chem. Centralb.*, 49, 898] cette essence renfermerait de l'heptylaldéhyde $C^6H^{13}-COH$, un terpène $C^{10}H^{16}$ et du citronellol $C^{10}H^{18}O$, avec une petite quantité d'acides acétique et valérianique. Ces derniers paraissent provenir de l'oxydation de l'aldéhyde heptylique et fournir des éthers avec le citronellol faisant fonction d'alcool.

D'après M. Dodge [*Am. Chem. Journ.*, 13, 456; *D. chem. G.*, 23, *Ref.*, 175; 24, *Ref.*, 90], l'essence de citronnelle distille entre 200 et 240°, sa densité = 0,859 à 25°; elle laisse un résidu huileux épais d'environ 10 0/0. Dans les portions volatiles, ce savant a caractérisé une aldéhyde bouillant à 202-207°, d'une odeur aromatique particulière, légèrement dextrogyre. Cette aldéhyde, que M. Dodge appelle *aldéhyde citronellique*, répond à la composition $C^{10}H^{18}O$, analogue à celle du citronellol de M. Kremers. Sa solution acétique, réduite par l'amalgame de sodium, donne l'alcool citronellique $C^{10}H^{20}O$, liquide incolore, d'une odeur agréable rappelant l'essence de rose, bouillant à 222-230° (densité = 0,874 à 26°,5).

La constitution de cet alcool et de cette aldéhyde serait, d'après M. Dodge, représentée par les formules

$$C^4H^9-CH=CH-CH(CH^3)CH^2CH^2OH$$

et

$$C^4H^9-CH=CH\cdot CH(CH^3)CH^2COH,$$

ce qui ferait de cette dernière une β-méthyl-δ-isobutylallylacétaldéhyde (*diméthyl* 2.7-*octène* 4-*al* 1).

En dehors de cette aldéhyde et de petites quantités de l'alcool correspondant qui préexistent dans l'essence, M. Dodge y a encore caractérisé la présence d'un terpène bouillant à 172-177°, et qui est du dipentène d'après MM. Bertram et Wahlbaum (voyez plus bas).

L'essence de citronnelle sature de 3gr,35 à 3gr,43 0/0 de potasse caustique et absorbe 186,3 à 191,26 0/0 d'iode (Williams).

L'acide azotique l'attaque énergiquement à chaud, en la transformant en une résine jaune, soluble dans l'alcool avec une coloration jaune d'or.

M. Semmler a aussi trouvé dans cette essence du *citral* ou *géranial* [*D. chem. G.*, 24, 202].

MM. Bertram et Wahlbaum, en étudiant les terpènes contenus dans l'essence de citronnelle, ont constaté que les parties (10 à 15 0/0) qui bouillent à 157-164° sont constituées par du camphène qu'ils ont transformé en isobornéol au moyen de l'acide acétique et de l'acide sulfurique étendu.

Le carbure passant à 172-177° a été caractérisé comme étant du dipentène [*J. prakt. Chem.*, (2), 49, 15].

Enfin, dans les portions élevées, les auteurs ont trouvé du bornéol gauche, $[\alpha]_D = -31°82'$, produit qui passe de 231 à 232° et qui donne avec le chlorure de calcium une combinaison cristalline. Ce composé a été identifié avec le *géraniol*. En résumé, l'essence de citronnelle renfermerait du camphène, du dipentène, de l'heptaldéhyde, du citronellol ou citronellone ou aldéhyde citronellique, du géraniol, du citral ou géranial, du bornéol et des acides acétique et valérianique.

Citronellal, citronellol, citronellone ou *aldéhyde citronellique*, $C^{10}H^{18}O$. — Ce composé a encore été trouvé par M. Semmler [*D. chem. G.*, 24, 208] dans l'essence de mélisse allemande et par M. Edw. Kremers [*Am. Chem. Journ.*, 14, 203] dans l'essence d'*Eucalyptus maculata*, var. *citriodora*, fournie par la maison Schimmel de Leipzig. MM. Semmler et Kremers l'extraient des essences au moyen du bisulfite de soude. Il bout à 204-209° (Semmler), d=0,8681 à 15° (S.), 0,875 à 17°,5 (K.), possède le pouvoir rotatoire $[\alpha]_D = -4°50'$ (Dodge), $[\alpha]_D = -8°18'$ (Kremers), et la réfraction moléculaire $R_\alpha = 47,6$ (Dodge), $R_D = 48,59$ (Semmler), théorie 47,87. Il se combine à deux atomes de brome pour donner un dibromure qui, chauffé avec de l'eau, se décompose en cymène et acide bromhydrique (Semmler, Kremers, Dodge).

Il forme avec le bisulfite de sodium une combinaison cristallisable. Avec l'anhydride phosphorique, il donne naissance à du cymène et à un acide monobasique, susceptible de fournir des sels bien cristallisés et dont les solutions dévient la lumière polarisée à droite. M. Dodge [*Am. Chem. Journ.*, **12**, 553] attribue à ce composé la formule

$$C^9H^{17}CH \langle {}^{O}_{O} \rangle PhO.O^2H.$$

L'oxyde d'argent transforme le citronellol en un acide $C^{10}H^{18}O^2$, l'*acide citronellique* (Semmler), dont le *sel d'argent* répond à la formule

$$C^{10}H^{17}O^2Ag.$$

Cet acide, qu'on peut aussi obtenir par saponification du nitrile citronellique, distille à 143°,5 (H = 10 mm); son indice de réfraction $n_D = 1,4545$; d'où l'on tire pour le pouvoir réfringent moléculaire 49,50; le calcul donne pour une double liaison 49,60. Cet acide a une odeur rappelant celle de l'acide caprique.

L'aldéhyde citronellique se combine à l'hydroxylamine pour fournir une *oxime* bouillant à 135-136° (H = 14 mm).

Son indice $n_D = 1,4763$, d'où l'on tire comme pouvoir réfringent moléculaire 52,67; théorie pour une double liaison 51,95.

Chauffée avec de l'anhydride acétique, cette oxime se convertit en *nitrile citronellique* bouillant à 94° (H = 14 mm); $n_D = 1,4545$, d'où R = 47,43; théorie pour $C^{10}H^{17}Az$ avec une double liaison = 47,54.

Elle se combine aussi à la phénylhydrazine (Dodge).

Mis en contact à 0° avec une solution étendue de permanganate de potasse, l'acide citronellique donne naissance à de l'acide *dihydroxycitronellique* $C^{10}H^{18}O^2(OH)^2$, sirop épais dont le sel d'argent se présente sous la forme d'une poudre blanche très stable à la lumière.

Cet acide se dissout instantanément dans le carbonate de sodium et ne paraît pas former de lactone.

Chauffé avec le mélange chromique, l'acide dihydroxycitronellique est oxydé et converti en acide *citronellopimélique*, $C^7H^{12}O^4$. Cet acide cristallise en aiguilles fondant à 82-83° et ne correspond à aucun des acides connus.

M. Semmler conclut de ces recherches que le citronellol ne peut avoir la constitution

$$CHO.CH^2.\underset{\displaystyle CH^3}{CH}.CH{=}CH.CH^2.\underset{\displaystyle CH^3}{CH}{-}CH^3$$

qu'il lui avait attribuée primitivement, et qu'on pourrait peut-être le représenter par la formule

$$CHO.\underset{\displaystyle CH^3}{CH}{-}CH^2.CH^2.CH^2.CH{=}C(CH^3)^2$$

[Semmler, *D. chem. G.*, **26**, 2254].

Quand on chauffe pendant 3 heures dans un appareil à reflux 100 parties de citronellol avec 12 grammes d'acide pyruvique, 20 grammes de β naphtylamine et de l'alcool absolu, on obtient l'acide *citronellal-β-naphtocinchonique*,

$$C^{10}H^6 \begin{cases} Az = C.C^9H^{17} \\ \quad\; C = CH \\ \quad\; | \\ \quad\; CO^2H \end{cases}$$

qu'on fait cristalliser dans une solution alcoolique concentrée d'acide chlorhydrique. Les aiguilles d'un jaune vert de ce chlorhydrate sont dissoutes dans l'ammoniaque et la solution est sursaturée par de l'acide acétique. Le précipité qui se forme est mis à cristalliser dans l'alcool étendu. Aiguilles incolores fondant à 225° et donnant un sel d'argent blanc, difficilement soluble, $C^{23}H^{24}AzO^2Ag$. L'acide citronellal-β-naphtocinchonique perd de l'acide carbonique quand on le chauffe au delà de son point de fusion, et donne naissance à de la *citronellal-β-naphtoquinoléine* qui cristallise en aiguilles soyeuses, fondant à 53°. Son chloroplatinate $(C^{22}H^{25}AzHCl)^2PtCl^4$ se présente sous la forme de feuillets jaunes [O. Dœbner, *D. chem. G.*, **27**, 2024].

L'essence de citronnelle est fréquemment falsifiée par addition d'huiles grasses ou d'huile de pétrole. D'après MM. Schimmel, l'essence pure doit se dissoudre intégralement, par agitation, dans 10 parties d'alcool à 80° C.; si le liquide reste louche, il se produit, après repos suffisant, un dépôt ou une couche surnageante d'huile [Schimmel, *Bericht*, oct. 1894, 10].

En la traitant par 1 ou 2 parties seulement d'alcool à 80°, on obtient un liquide clair si elle renferme du pétrole, et un louche en présence d'huile grasse. De plus, sa densité ne doit jamais être inférieure à 0,895.

Les principales applications de l'essence de citronnelle consistent dans la préparation des savons, cosmétiques, et huiles aromatiques destinés à la parfumerie.

On l'emploie souvent au lieu et place d'essence de verveine, et quelquefois pour falsifier l'essence de roses.

Essence d'Andropogon schœnanthus L. (*essence de mélisse de l'Inde, de verveine de l'Inde, de géranium de l'Inde, de lemon grass*). — Cette essence est connue dans le commerce sous différents noms : certains auteurs admettent son identité avec l'essence d'*Andropogon nardus* ou essence de citronnelle; d'autres prétendent que la plante qui la fournit est, non pas l'*Andropogon schœnanthus*, mais une ou plusieurs espèces voisines.

D'après M. Bornemann (*Die flüchtigen Oele*, 213), il règne encore une certaine incertitude sur l'origine réelle de cette essence, qui nous arrive sous différents noms des îles de la Malaisie, de Ceylan et des Indes Orientales, où on l'emploie comme excitant, sudorifique, antirhumatismal et anticholérique.

L'essence fournie par l'*Andropogon schœnanthus* est un liquide verdâtre ou brunâtre; son odeur rappelle celle de la mélisse, ou du citron, de la verveine et quelquefois de la poire. Il est probable que ces différences dans les propriétés organoleptiques sont dues à des modes d'extraction plus ou moins perfectionnés, ce qui expliquerait encore le grand nombre de dénominations commerciales sous lesquelles est connue cette essence.

L'essence qui nous arrive de Singapore et de Ceylan a une densité de 0,874 à 20° et bout à 200° (Gladstone); d'après M. Williams, elle distillerait à 222° et aurait une densité de 0,897-0,898 à 20°.

La variété connue sous le nom d'essence de *géranium de l'Inde*, et qu'il ne faut pas confondre avec l'essence de géranium d'Afrique (voyez plus loin), nous vient de la région de Bombay. Celle du district de Namar ou Nimor est appelée *Grass oil of Namar*; d'après M. Mierzinski, les Turcs lui donnent le nom d'*Idris Yaghi* ou *Entersha*.

Elle est jaune-verdâtre ou jaune-brunâtre, et possède une odeur aromatique rappelant celle de la rose, mais moins forte.

Sa saveur âcre, mais agréable, rappelle celle du citron.

D'après M. Gladstone, cette essence aurait une densité de 0,884 et serait faiblement lévogyre.

La composition des diverses variétés d'essences d'*Andropogon schœnanthus* est aussi peu connue que leur origine; elles ont des points d'ébullition très différents les unes des autres, ce qui permet d'admettre que telle variété n'est autre chose qu'une portion de l'essence brute totale fournie par la plante.

Seule, la variété dite essence de géranium de l'Inde a donné des résultats précis à l'analyse. M. O. Jacobsen [*Ann. Chem.*, **157**, 232] y a en effet démontré la présence d'un corps qui existe dans l'essence de géranium vrai, le *géraniol* $C^{10}H^{18}O$, bouillant à 232-233° (voyez Suppl., **1**, 685) et auquel il a cru reconnaître une fonction alcoolique.

Cette opinion est partagée par M. Semmler [*D. chem. G.*, **23**, 1098, 2965; **24**, 201], qui a étudié d'une façon spéciale ce composé ainsi que son produit d'oxydation ménagée, $C^{10}H^{16}O$, auquel il donne le nom de *géranial*. Avec M. Tiemann, il considère ce dernier comme identique avec le citral [*Bull. Soc. Chim.*, (3), **9**, 979].

MM. Barbier et Bouveault affirment au contraire que le géraniol, que MM. Bertram et Gildemeister [*J. prakt. Chem.*, (2), **49**, 185] regardent de leur côté comme identique au produit $C^{10}H^{18}O$ de l'essence de pélargonium et de l'essence de roses, en diffère totalement et que ces derniers isomères constituent des espèces chimiques parfaitement distinctes [*C. R.*, **119**, 281].

Les travaux de MM. Bertram et Gildemeister semblent toutefois être confirmés partiellement par ceux de M. Hesse [*J. prakt. Chem.*, (2), **50**, 472] qui a trouvé que l'essence de pélargonium de la Réunion ainsi que les essences de pélargonium française, africaine et espagnole, de même que l'essence de roses allemande, contiennent réellement du géraniol à côté d'un autre isomère auquel il donne le nom de *réuniol*.

Cette constatation explique également, en les justifiant, les résultats de MM. Barbier et Bouveault.

En dehors du géraniol, l'essence d'*Andropogon schœnanthus* renferme encore de petites quantités d'acide valérianique.

On l'emploie à la fabrication de produits de parfumerie en remplacement de l'essence de roses: elle sert de plus fréquemment à falsifier cette dernière.

Essence d'Andropogon muricatus. — *Essence de vétiver* ou d'*Iwarancusa*, *Kuskusoil*. — D'après M. Stenhouse, cette essence serait plus légère que l'eau (Dict., **1**, 1283); selon M. Gladstone, au contraire, elle aurait à 19° une densité de 1,007 [*Jahresb.*, 1872, 813]. Ses propriétés et sa composition sont encore peu connues.

Bouillie avec la potasse, elle se colore en rouge brun; l'acide sulfurique concentré la carbonise et en sépare une résine verte, soluble dans l'éther, insoluble dans l'alcool.

L'acide nitrique à froid la colore en vert et la résinifie en la décomposant complètement à chaud.

Elle sert en parfumerie; les principales dénominations des préparations à base de vétiver sont : bouquet du roi, maréchale, etc.

Essence d'Andropogon laniger. — Cette essence, obtenue par distillation de l'herbe fraîche (rendement 1 0/0), aurait pour densité 0,915, et comme pouvoir rotatoire $\alpha = + 34° 38'$. Elle passe à la distillation de 170 à 250° et renferme du phellandrène.

Essence d'Andropogon odoratus. — Également obtenue par distillation de l'herbe fraîche, cette essence a pour densité 0,945, dévie à gauche, $\alpha = -23° 10'$, et possède une odeur d'essence de pin [Schimmel, *Bericht*, 1893].

Essence d'aneth. — Les semences de l'*Anethum graveolens* L., fournissent par la distillation avec l'eau, des quantités d'essences qui varient avec leur provenance.

Les semences d'origine allemande donnent de 2,5 à 4 0/0; d'origine russe 4 0/0; d'origine roumaine de 3 à 4 0/0; de l'Inde de 2 à 2,5 0/0.

Liquide d'un jaune clair, devenant brun-rougeâtre avec le temps, d'une odeur particulière et pénétrante; sa saveur, chaude et douceâtre d'abord, devient brûlante et forte.

Cette essence a une densité qui varie de 0,881 à 0,915 à 15°,5. Son pouvoir rotatoire oscille entre + 70° et + 80°. Elle est soluble dans 10 parties d'alcool et d'éther et dans 1500 parties d'eau.

En dehors du terpène bouillant à 173° (limonène selon M. Wallach), et du carvol qu'y a trouvés M. Gladstone (voyez Suppl., **1**, 684), M. R. Nietzki y a caractérisé un second terpène bouillant de 155 à 160° [*Ann. Chem.*, **227**, 292].

L'essence de l'Inde, dont le pouvoir rotatoire = 41° 30', contiendrait en outre un produit plus lourd que l'eau.

L'essence d'aneth s'unit à l'iode avec assez d'énergie, en donnant un liquide brun-rouge.

L'acide azotique la colore en brun à froid et la résinifie à chaud.

L'acide sulfurique la colore en rouge brun. Enfin il y a, comme caractères d'identité, les réactions particulières au limonène (formation de tétrabromure) et au carvol (combinaisons avec l'acide sulfhydrique).

Essence d'angélique. — La *racine* fraîche d'angélique (*Angelica archangelica* L.), soumise à la distillation dans un courant de vapeur, fournit une huile essentielle étudiée par MM. F. Beilstein et E. Wiegand [*D. chem. G.*, **15**, 1741], puis par M. Naudin [*Bull. Soc. Chim.*, (2), **39**, 114, 406]. Le rendement des racines fraîches serait de 0,35 à 0,45 0/0. La densité de l'essence = 0,855 à 0,905, 0,857 à 0,866 (Schimmel), son pouvoir rotatoire $\alpha = + 26° 45'$ à $30° 7'$. Les racines sèches fournissent de 0,35 à 1 0/0 d'essence dont la densité serait de 0,876 à 0,902. Elle renferme 75 0/0 d'un terpène, le *térébangélène* (qui, d'après Schimmel, serait du phellandrène), bouillant à 166°, ayant de grandes tendances à se polymériser; en plus de ce terpène, l'essence renferme une certaine quantité de polymères de celui-ci, dont des distillations répétées, même sous pression réduite, ne font qu'augmenter la proportion (voyez Suppl., **1**, 684; voyez aussi à ce sujet le mémoire de MM. Beilstein et Wiegand (*D. chem. G.*, **15**, 1741).

Les *semences* d'angélique soumises à la distillation dans un courant de vapeur d'eau fournissent de 1 à 1,2 0/0 d'une huile essentielle (densité 0,85 à 0,90), distillant en majeure partie (81 0/0) entre 176 et 280°, soit 22 0/0 entre 176-178°, 16 0/0 entre 178-182°, 19 0/0 entre 182-200°, 15 0/0 entre 240-280°.

La plante fraîche (feuilles et tiges avant la floraison) fournit à la distillation 0,09 0/0 d'une essence qui ressemble à celle des racines. Sa densité à 15° = 0,886 et son pouvoir rotatoire = + 20° 25' (l = 100 mm.) [Schimmel, *Bericht*, 1895].

Toutes les portions distillant au-dessous de

182° renferment de l'oxygène (4,5 à 7,86 0/0), et leur séparation par distillation fractionnée n'est pas possible.

Par ébullition au réfrigérant ascendant, avec une solution alcoolique de potasse, elle fournit de l'acide valérianique (acide méthyléthylacétique $CH(CH^3 . C^2H^5) . COOH$).

Cet acide semble provenir de l'acide angélique qui préexiste dans l'essence, et dont la présence paraît caractérisée par la réaction acide de cette dernière. L'acide angélique se transforme en effet facilement en acide méthylcrotonique, et ce dernier en acide méthyléthylacétique.

Les relations existant entre ces divers acides sont représentées par les formules suivantes :

Acide angélique..........	$C^4H^7-CO^2H$,
Acide crotonique.........	$C^3H^5-CO^2H$,
Acide méthylcrotonique....	$C^3H^4(CH^3)-CO^2H$,
Acide méthyléthylacétique..	$CH(CH^3 . C^2H^5)-CO^2H$.

Les fractions bouillant au-dessus de 280° (environ 12 0/0), contenues dans l'essence de semences d'angélique, après traitement à la potasse alcoolique, ont fourni un acide solide, l'*acide oxymyristique* $C^{13}H^{26}(OH)-COOH$, le terme le plus élevé de la série lactique.

En dehors de ces divers composants, l'essence de semences d'angélique renferme un terpène, le térébangélène (phellandrène d'après Schimmel), identique à celui que fournit la racine de la même plante.

Ce terpène est un liquide incolore, d'une odeur rappelant celle du citron, d'une densité de 0,8487, bouillant à 172°,5, très oxydable [R. Muller, *D. chem. G.*, **14**, 2476].

D'après M. Naudin [*Bull. Soc. Chim.*, (2), **37**, 107], l'essence de semences d'angélique fournit à la distillation fractionnée 70 0/0 d'un liquide bouillant de 174 à 184°, 25 0/0 d'un liquide bouillant de 184 à 330°, et laisse un résidu visqueux peu volatil, coloré en bleu.

L'élévation rapide du point d'ébullition paraît être due à une polymérisation : il est d'ailleurs reconnu que l'essence absorbe l'oxygène de l'air avec la plus grande facilité.

Rectifiée dans le vide, la même essence donne 75 0/0 d'un terpène bouillant à 175°, et qui se colore en jaune à la lumière, en même temps qu'il prend une odeur rappelant le houblon et l'huile de pommes de terre. Ses autres propriétés ont déjà été signalées (voyez Suppl., **1**, 684).

En résumé, l'essence de semences d'angélique paraît constituée par un mélange d'un terpène, le *térébangélène* $C^{10}H^{16}$, avec peut-être des produits de polymérisation de ce dernier, d'acide méthyléthylacétique (valérianique) et d'acide oxymyristique.

Il est permis de supposer, quoique les preuves certaines manquent à l'appui de cette hypothèse, que le térébangélène renferme du *limonène*.

ESSENCE D'ANGÉLIQUE DU JAPON. — Cette essence serait fournie par l'*Angelica anomala* (Lall?) dans la proportion de 1 0/0. Elle a pour densité 0,910 à 20°. A 0°, elle devient butyreuse et distille de 170 à 300°. Elle contient des acides gras fondant de 62 à 63° et du phellandrène [Schimmel, *Bericht*, 1893].

ESSENCE D'ANGUSTURE. — L'écorce d'angusture vraie (*Galipea cusparia*, Saint-Hilaire) fournit à la distillation dans un courant de vapeur d'eau environ 1 1/2 0/0 d'une essence colorée en jaune, d'une odeur aromatique douce, d'une densité de 0,956 à 15°, inactive vis-à-vis de la lumière polarisée. Elle est soluble dans l'éther, l'alcool, l'éther de pétrole, le chloroforme, l'acide acétique cristallisable; elle rougit le papier bleu de tournesol. Elle ne cristallise ni ne se solidifie à basse température.

Le perchlorure de fer ne colore pas sa solution alcoolique. Elle ne cède rien à la potasse aqueuse. Elle ne réduit pas le nitrate d'argent, et ne donne de combinaisons ni avec la phénylhydrazine, ni avec le bisulfite de soude; elle ne renferme donc ni phénols, ni cétones, ni aldéhydes. Soumise à l'action de la chaleur, elle se décompose à la pression ordinaire.

Sous une pression de 40 millimètres, elle distille inaltérée entre 200 et 220°; mais la majeure partie passe à 203°.

Cette portion possède la composition suivante : C 0/0 = 79,12, H 0/0 = 10,25, ce qui correspond à la formule $C^{12}H^{18}O$.

Les portions distillant vers 230-240° cristallisent dans un mélange réfrigérant. A 258° la décomposition du résidu est complète [H. Beckurts et P. Nehring, *Arch. der Pharm.*, **229**, 612].

ESSENCE D'ANIS. — Cette essence existe dans toutes les parties du *Pimpinella anisum* L., de la famille des Ombellifères, mais les fruits, improprement appelés *semences*, en fournissent la plus forte proportion. Elle s'extrait par distillation dans un courant de vapeur d'eau, sans broyage préalable des fruits, qui amènerait une résinification rapide de l'huile essentielle. Le rendement est de 2,4 à 3,5 0/0 des fruits desséchés, et varie avec l'origine du fruit, comme l'indique le tableau suivant, tiré du *Bericht* de la maison Schimmel, du mois d'octobre 1893 :

Origine.	Rendement 0/0.
—	—
Anis de Bologne................	3,5
Anis de Syrie..................	2,6
Anis de Salonique..............	2,2
Anis de la Prusse Orientale.......	2,4
Anis de la Thuringe.............	2,4
Anis russe.....................	2,4-3,2
Anis espagnol..................	3,0
Anis du Mexique................	1,9-2,1

La *balle* ou paille d'anis, obtenue dans le vannage des fruits, fournit de 0,34 à 1,0 0/0 d'essence.

L'essence d'anis vraie est incolore ou jaune pâle, liquide à la température ordinaire, se solidifie entre + 5 et + 15°, suivant sa provenance, et fond entre + 6 et + 18°.

Elle perd la propriété de se solidifier lorsqu'elle a été chauffée pendant quelque temps à une température voisine de son point d'ébullition, ou lorsqu'elle est de préparation ancienne.

L'essence récemment préparée a une densité de 0,98 à 0,995; celle de l'essence ancienne est de 1,0285.

L'essence d'anis Mitcham et Hitchin, de bonne qualité, a une densité de 0,976-0,984 à 15°,5.

Elle bout de 222° à 228°, d'après M. Williams.

Elle se dissout dans 5 parties d'alcool à 90° et dans 3,5 parties d'éther de pétrole; une plus grande quantité de ce dernier dissolvant provoque une précipitation partielle de l'essence. Sa réaction est neutre, mais elle se résinifie rapidement au contact de l'air.

Elle est sans action sur la lumière polarisée, ou tout au plus très faiblement dextrogyre.

Son point de solidification exact serait de 15°, d'après M. Umney [*Chem. Zeit.*, **13**, 60].

L'essence d'anis, ainsi qu'il a été dit (Dict., **1**, 328], se compose en majeure partie (environ 4/5) d'un stéaroptène solide, $C^{10}H^{12}O$, appelé *anéthol* par Gerhardt, et dont la constitution est représentée par la formule

$$C^6H^4 <^{OCH^3}_{C^3H^5}$$

[A. Ladenburg et E. Leverkus, *Ann. Chem.*, **141**,

1867, 260]. L'étude de ce composé a été faite plus haut (voyez Suppl., 1, 148).

En dehors de l'anéthol, l'essence d'anis renferme de 5 à 10 0/0 d'un terpène encore peu étudié, et que certains auteurs prétendent même être non un hydrocarbure, mais un anéthol liquide (Husemann).

Outre les réactions chimiques de l'essence d'anis déjà signalées dans le cours de cet ouvrage, citons encore les suivantes :

L'iode est absorbé par l'essence d'anis, sans réaction particulièrement vive, dans la proportion de 186 à 274 d'iode 0/0 d'essence : le produit obtenu a l'apparence résineuse.

L'acide chlorhydrique en solution alcoolique colore l'essence d'anis en rose chair, coloration analogue à celle du sulfure de manganèse.

L'acide sulfurique en excès la dissout en se colorant en rouge.

L'acide chromique l'oxyde en la transformant en acides anisique et acétique.

Le sodium se dissout dans une solution éthérée d'essence d'anis, en donnant un liquide clair qui, au bout d'un certain temps, laisse déposer des flocons jaunâtres.

D'après M. O. Hesse, une dissolution alcoolique bouillante de 5 parties de quinine et 1 partie d'essence d'anis laisse déposer par refroidissement des cristaux répondant à la composition

$$2C^{20}H^{24}Az^2O^2, C^{10}H^{12}O, 2H^2O$$

Ce composé ne possède plus l'odeur d'anis à la température ordinaire, mais l'odeur reparaît quand on le chauffe, et il perd toute l'essence d'anis qui entre dans sa composition quand on le chauffe à 100-110°. Les cristaux ainsi obtenus sont blancs, soyeux, fondent au-dessus de 100°, mais se liquéfient au sein de l'eau au-dessous de cette température. L'acide chlorhydrique les décompose [Ann. Chem., 123, 382].

L'essence d'anis est fréquemment falsifiée par de l'essence de badiane ou essence d'anis étoilé : dans ce cas, l'acide chlorhydrique en solution alcoolique la colore en jaune brunâtre ou en brun. De plus, une solution de dix gouttes d'essence dans 4 ou 5 centimètres cubes d'éther, traitée par du sodium ($0^{gr},15$), donne avec l'essence d'anis pure une solution limpide et incolore, tandis qu'en présence d'essence de badiane il se forme un dépôt jaune et le liquide surnageant est coloré de même.

D'après MM. Schimmel, l'essence d'anis doit son parfum exclusivement à l'anéthol qu'elle contient, et quand ce dernier est pur, son odeur est plus fine et d'un dixième plus forte que celle de l'essence même. Aussi ce produit est-il livré au commerce en guise d'essence d'anis, dont on le distingue nettement par son point de fusion, qui est plus élevé, 21-22°.

Il arrive d'autre part aussi que les résidus d'essence d'anis provenant de l'extraction de l'anéthol sont livrés au commerce comme essence. MM. Schimmel [*Bericht*, octobre 1894, 7] recommandent le procédé suivant pour déceler cette falsification : On introduit l'essence dans de l'eau glacée et on amorce la cristallisation avec une trace d'essence concrète. Le tout doit se prendre en une bouillie cristalline ne se liquéfiant pas au-dessous de 15°.

Sous le nom d'*essence d'écorce d'anis* la maison Schimmel signale un produit extrait d'écorces d'origine inconnue, qui en renfermeraient 3,5 0/0, et dans la composition duquel entrerait du p-méthoxyallylbenzène (*propénylbenzène-oxyméthane*) et de l'anéthol [*Bericht*, oct. 1893].

Essence d'aristoloche. — L'*Aristolochia clematitis* L. et l'*Aristolochia serpentaria* renferment toutes deux de petites quantités d'essence dans leurs racines.

Ces essences sont peu étudiées : celle de l'*Aristolochia serpentaria*, originaire de l'Amérique du Nord, mérite d'être mentionnée en raison de la propriété qu'on lui attribue de guérir la morsure des serpents venimeux.

La racine de la plante partagerait le même privilège : tout ce qu'on en sait de certain, c'est qu'elle constitue un excitant, diurétique et sudorifique très puissant. La racine fournit par distillation 2 0/0 d'essence, qui a une densité de 0,988 (Schimmel) [Bornemann, *Die flücht. Oele*, 428].

Essence d'armoise. — Cette essence se trouve dans les feuilles et la racine de l'*Artemisia vulgaris* L. C'est un liquide épais, jaune-verdâtre clair, d'une odeur pénétrante, d'une saveur d'abord brûlante et amère, puis fraîche. Elle est neutre au tournesol. Elle bout entre 195 et 210° ; sa densité est de 0,920 [Schimmel, *Chem. Zeit.*, 11, 451].

La maison Schimmel extrait l'essence de l'*Artemisia glacialis*. Cette essence a une densité de 0,964 à 20° ; elle laisse déposer à 0° un produit butyreux qui paraît être un acide gras fondant à 61°.

Elle bout à 195-310°, possède une forte odeur aromatique et convient à la fabrication des liqueurs [*Chem. Zeit.*, 13, 1889, 452].

Sous le nom d'essence d'*Artemisia Barellieri*, MM. Schimmel décrivent en outre un produit extrait des fleurs et des jeunes pousses de la plante, d'une densité de 0,923 à 15° et bouillant de 180 à 210° [*Bericht*, oct. 1893].

Enfin, l'*Artemisia maritima* fournirait 2 0/0 d'une essence de densité 0,93 qui renfermerait du cinéol et du dipentène.

Essence d'arnica (fleurs). — L'essence d'arnica du commerce est retirée des racines de la plante ; ses propriétés ont été indiquées (Suppl., 1, 203). Il faut lire, dans l'article cité : « Siegel a reconnu qu'elle renferme de l'isobutyrate de phlorol (1/5) et les éthers méthyliques de la thymo hydroquinone et du phénol. »

Les fleurs d'arnica fournissent de 0,04 à 0,07 0/0 d'une essence dont les caractères physiques diffèrent de ceux de l'essence commerciale : l'essence de fleurs d'arnica est un liquide bleu, bleu-verdâtre, ou vert, devenant brun avec le temps. Son odeur et sa saveur sont aromatiques, fortes et rappellent celle de l'essence de camomille. Sa densité $= 0,905$ à $+15°$; elle est épaisse, presque butyreuse, et très peu soluble dans l'alcool. La teneur de cette essence en stéaroptène, comme de beaucoup d'autres d'ailleurs, varie avec la récolte, la région et le climat [Schimmel, *Bericht*, oct. 1893].

Essence d'asa fœtida. — Cette essence s'extrait par distillation dans un courant de vapeur d'eau de la gomme résine *Asa fœtida*, fournie par le genre *Ferula* de la famille des Composées.

Cette essence a été étudiée d'abord par M. Hlasiwetz (Dict., 1, 427), qui l'a considérée comme formée d'un mélange, en proportions variables, des sulfures $(C^6H^{11})^2S$ et $(C^6H^{11})^2S^2$.

Plus récemment, M. F. Semmler a repris l'étude de cette huile essentielle [*D. chem. G.*, 23, 3530 ; 24, 78] et est arrivé aux résultats suivants :

L'essence brute d'*Asa fœtida* est un liquide jaune-brunâtre, doué d'une odeur alliacée particulière, repoussante : sa densité varie, selon son mode de préparation, de 0,9843 à 22°, à 0,9789 à 12°,5. Son pouvoir rotatoire varie avec sa provenance et sa composition : elle renferme en effet des composés qui sont, les uns dextrogyres, les autres lévogyres, ces derniers ayant un point d'ébullition plus élevé que les premiers.

L'essence d'*Asa fœtida* ne renferme pas d'azote,

mais les recherches précises de M. Semmler permettent de conclure à la présence de l'oxygène dans la proportion de 3 à 3,5 0/0.

Soumise à l'action des agents oxydants, elle donne, d'après Hlasiwetz, de l'acide valérianique, des acides oxalique, carbonique et sulfurique. M. Flückiger prétend en avoir retiré par oxydation ménagée un acide sulfoné très instable. Sous l'influence du permanganate de potassium en solution alcaline, M. Semmler l'a partiellement transformée en *acide angélique*.

Le sodium, et mieux encore le potassium, se dissolvent dans l'essence d'*Asa fœtida* avec dégagement d'hydrogène; mais même avec le potassium la réaction n'est complète qu'à la condition d'opérer sous pression réduite et à une température d'environ 60°. Soumise à l'action de la chaleur, l'essence d'*Asa fœtida* entre en ébullition vers 140°, mais elle se décompose à cette température avec dégagement de gaz sulfurés et se colore en brun noir : il est impossible de la rectifier dans ces conditions. Soumise à la distillation sous pression très réduite, elle commence à distiller à 48°, et passe presque tout entière entre 48 et 165°.

Après plusieurs rectifications consécutives, M. Semmler est arrivé, en opérant sous une pression de 9 millimètres, à isoler les portions suivantes :

1° De 48 à 66° renfermant de 10 à 21 0/0 de soufre,
2° De 80 à 85° — —
3° De 120 à 130° — —
4° De 133 à 145° renfermant 5 0/0 de soufre et de 7 à 10 0/0 d'oxygène.

La première portion traitée par le potassium dans le vide fournit un liquide incolore, bouillant à 48-56° (H = 9 millimètres), dextrogyre, répondant à la formule $(C^5H^8)^n$, appartenant par conséquent à la catégorie des terpènes. Il est encore constitué par un mélange de deux isomères que M. Semmler appelle *férulène* et *isoférulène* : ils se distinguent par l'action du brome.

Les portions distillant entre 133 et 145° donnent sous l'influence du sodium un résultat analogue : on obtient ainsi en effet un liquide incolore ne renfermant plus ni soufre ni oxygène, et auquel l'analyse et la densité de vapeur assignent la formule $C^{15}H^{24}$. Il bout à 254° à la pression ordinaire; le rendement est d'environ 20 0/0 de l'essence brute.

La formation de ce terpène par l'action du sodium ne peut s'expliquer qu'en admettant dans la portion de l'essence qui lui donne naissance, la présence d'un composé oxygéné $(C^{10}H^{16}O)^n$, analogue à ceux qu'on a trouvés dans de nombreuses huiles essentielles (absinthe, valériane, matricaire, etc.), et appelés *azulène*, *cérulène*, etc., mais dont la constitution est encore inconnue.

La portion recueillie à la distillation de l'essence entre 80 et 85° est lévogyre (12° 30′ sous une épaisseur de 200 millimètres) : elle distille sans décomposition à 210-212° à la pression ordinaire. Elle est constituée presque exclusivement par un corps $C^7H^{14}S^2$, que le zinc en poudre transforme en $C^7H^{14}S$. Ce bisulfure, de constitution probablement analogue à ceux de l'essence d'ail, représente environ 45 0/0 de l'essence brute.

Enfin, la portion de l'essence distillant dans le vide entre 120 et 130° renferme aussi un bisulfure possédant la composition $C^{11}H^{20}S^2$ et représentant 20 0/0 de l'essence brute.

Réduit par la poudre de zinc, il donne un monosulfure $C^{11}H^{20}S$.

Enfin le même auteur a encore isolé de l'essence d'*Asa fœtida*, mais en petites quantités, deux autres corps : l'un $C^8H^{16}S^2$ bout à 92-96° (H = 9 millimètres) et l'autre $C^{10}H^8S^2$ bout à 112-116° à la même pression.

Essence d'Asarum Canadense [Fr.-B. Power, *Dissert. inaug.*, Strasbourg, 1880]. — Cette essence, d'origine américaine, a été obtenue par distillation des rhizomes avec l'eau. Le rendement varie de 1,15 à 3,12 0/0.

Ainsi les rhizomes pourvus de leurs racines fournissent 1,75 0/0 d'une essence de couleur jaune-verdâtre. Sa densité = 0,933 à 12°,5 et sa rotation est de — 1°3′ à 15° pour une colonne de 100 millimètres.

Les rhizomes dépourvus de racines fournissent 3,12 0/0 d'une essence plus claire et d'une odeur plus fine. Sa densité = 0,942 à 12°,5 et sa rotation = — 2°4′ à 15°.

Enfin des rhizomes récemment desséchés ont fourni jusqu'à 5 0/0 d'essence [*loc. cit.*, 16].

L'auteur a constaté dans cette essence la présence des corps suivants :

1° Un terpène inactif, $C^{10}H^{16}$, de densité 0,844 à 13° et ne donnant pas de composé cristallisé avec l'acide chlorhydrique, ni de terpine avec l'acide azotique dilué. Il possède une faible odeur de citron. L'auteur lui donne le nom d'*asarène*. M. A.-S. Petersen [*D. chem. G.*, **21**, 1064] l'a identifié avec le pinène.

2° D'un composé $C^{10}H^{18}O$ liquide, l'*asarol*, isomère avec le bornéol, bouillant à 196-198°, ne se solidifiant pas à — 27°, ayant pour densité 0,8745 à 17° et donnant avec l'acide acétique un éther $C^{10}H^{17}O \cdot C^2H^3O$, bouillant à 236-239°.

Traité par le chlorure de benzoyle, ce corps fournit un terpène $C^{10}H^{16}$ inactif, bouillant à 170° et paraissant identique avec celui qui se trouve dans l'essence.

Soumis à l'action de l'acide phosphorique, il fournit encore un carbure $C^{10}H^{16}$, distillant à 170°, doué d'une faible odeur de citron et ayant pour densité 0,884 à 11°.

3° D'un composé $C^{10}H^{18}O$, bouillant à 222-226° (corr.) et que l'auteur considère comme un isomère du précédent. L'odeur de ce dérivé se rapproche de celle du *Pelargonium roseum*; sa densité = 0,919 à 10° et son pouvoir rotatoire $\alpha = - 7°,2$ à 15° pour une longueur de 100 millimètres.

Ce corps donne par oxydation avec le mélange chromique de l'acide acétique et de l'acide camphoronique (?)

4° De l'éther acétique et de petites quantités d'éther valérianique de l'*asarol*.

5° Un composé $C^{12}H^{16}O^2$, indifférent, liquide (densité = 1,021 à 12°) et devenant visqueux à 27° sans cristalliser. Ce corps distille à 254-257°.

Oxydé par le mélange chromique, il fournit de l'acide acétique et un autre acide fondant à 171-172° répondant à la composition $C^9H^{10}O^4$.

L'auteur donne à ce corps le nom d'*asarine*.

M. Andreas S.-F. Petersen [*loc. cit.*] considère ce produit comme identique à celui qui se trouve dans l'essence d'*Asarum europæum* et lui attribue la formule $C^{11}H^{14}O^2$ (2° Suppl., 1, 378). Ce serait l'éther méthylique de l'eugénol

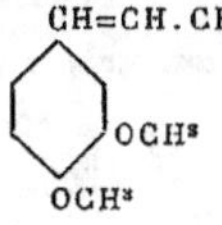

tandis que l'acide obtenu par l'oxydation de ce produit ne serait autre chose que de l'acide vératrique.

6° Un liquide visqueux, d'odeur empyreumatique et ne possédant pas de point d'ébullition constant, d'une couleur bleuâtre et paraissant se confondre avec l'*azulène* ou le *cérulène*.

ESSENCE D'ASARUM EUROPÆUM. — La distillation dans un courant de vapeur d'eau des rhizomes d'*Asarum europæum* fournit environ 1,08 0/0 d'une huile essentielle, épaisse, jaune ou brunâtre, d'une odeur forte et aromatique. Sa densité est peu supérieure à celle de l'eau : 1,046 à 1,068 (Schimmel). Elle commence à distiller à 170° et se décompose complètement à 300°.

Soumise à l'action du froid, elle devient pâteuse et, au bout d'un temps assez long, laisse déposer des cristaux d'asarone.

Elle se compose, d'après M. A.-S. Petersen :

1° D'un carbure $C^{10}H^{16}$, lévogyre, identique avec le *pinène* de M. Wallach;

2° D'asarone, $C^6H^2(OCH^3)^3-C^3H^5$;

3° D'un corps $C^6H^3(OCH^3)^2-C^3H^5$, qui paraît être l'éther méthylique de l'eugénol ou de l'isoeugénol [voyez 2e Suppl., **1**, 378, ASARIQUE (AC.) et ASARONE] [Bornemann, *Die flüchtigen Oele*, 428].

ESSENCE D'ASPIC. — Voyez plus loin ESSENCE DE LAVANDE.

ESSENCE D'ATAMANTHE. — Voyez Dict., **1**, 1277.

ESSENCE D'ATHEROSPERMA MOSCHATA. — Voyez Suppl., **1**, 684.

ESSENCE D'AUNÉE. — Quand on soumet à la distillation, dans un courant de vapeur d'eau, la racine d'aunée (*Inula Helenium*, L.), on obtient une petite quantité (environ 0,6 0/0) d'une huile essentielle qui, après refroidissement, se présente sous la forme d'une masse cristalline d'une odeur aromatique agréable.

Cette essence est constituée par un mélange d'*alantol* $C^{10}H^{16}O$, liquide distillant vers 200°, et d'*anhydride alantique* $C^{15}H^{20}O^2$ (voyez Suppl., **1**, 53).

D'après MM. Schimmel, l'hélénine serait constituée par de l'anhydride alantique (alantolactone), fondant à 66°. Quant à l'alantol, il posséderait la formule $C^{20}H^{32}O$ et constituerait un liquide aromatique déviant la lumière polarisée à gauche, bouillant à 200° et se combinant au bout de quelque temps avec l'eau en s'ozonisant [Bornemann, *Die flüchtigen Oele*, 425].

ESSSENCE DE BADIANE (*essence d'anis étoilé*). — L'essence de badiane se compose des mêmes éléments que l'essence d'anis, mais en proportions différentes.

D'après M. E. Schmidt [*Chem. Centralbl.*, (3), **18**, 1379], elle renferme de l'anéthol, un terpène $C^{10}H^{16}$ peu étudié, de petites quantités de safrol $C^{10}H^{10}O^2$ et d'un phénol encore inconnu.

Plus récemment, M. F. Oswald [*Arch. Pharm.*, **229**, 84], en agitant pendant longtemps l'essence de badiane avec une solution de potasse, en a retiré de l'acide anisique en assez grande quantité, puis une assez faible proportion d'un phénol qu'il a pu caractériser et qui n'est autre que l'éther éthylique de l'hydroquinone

$$C^6H^4 < {OC^2H^5 \atop OH}$$

fusible à 64°, et que l'acide sulfurique concentré colore en un violet pourpre intense.

D'après MM. Schimmel, l'essence de badiane de Chine (*Illicium anisatum*) a pour densité 0,980 à 0,990, fond à 12-18°, et renferme du pinène droit, du phellandrène, du safrol, de l'anéthol et de l'éther éthylique de l'hydroquinone.

L'essence du Japon (*Illicium religiosum*) a pour densité 0,984 à 0,994 et renferme également du safrol [*Bericht*, octobre 1893].

ESSENCE DE BASILIC (voyez Dict., **1**, 1277). — Obtenue par distillation de l'*Ocymum basilicum*, cette essence, préparée dans le sud de la France, nous vient aussi de la Réunion et de Java. La plante fraîche en fournit 0,04 0/0, et la plante sèche 1 1/2 0/0. L'essence obtenue avec la plante fraîche a pour densité 0,918-0,928 à 15°, et celle provenant de l'île de la Réunion a pour poids spécifique 0,946-0,967; son pouvoir rotatoire = + 16° (Schimmel).

D'après Dumas et Peligot, cette essence renferme un stéaroptène $C^{10}H^{22}O^3 = C^{10}H^{16}.3H^2O$, cristallisant en tables transparentes ou en prismes à quatre pans, suivant que la cristallisation se fait au sein de l'eau ou de l'alcool.

Ce produit est sans odeur ni saveur; il est neutre et se dissout dans l'eau et dans l'alcool chauds, dans l'ammoniaque et dans l'acide acétique, ainsi que dans 6 parties d'éther. L'acide sulfurique colore les cristaux en rouge.

ESSENCE DE BAUME DU PÉROU. — Ce corps n'est pas, à proprement parler, une huile essentielle; il est constitué par la partie liquide qu'on peut isoler du baume du Pérou par différents procédés, en particulier en traitant ce produit par une lessive alcaline. Ce n'est, somme toute, que ce que Fremy avait appelé la *cinnaméine*, mélange assez complexe dans lequel on a trouvé de l'alcool benzylique, du benzoate de benzyle et du cinnamate de benzyle. M. Delafontaine y avait même caractérisé la présence de la styracine ou cinnamate de cinnamyle (voyez Dict., **1**, 519).

Cependant M. Th. Peckolt a retiré des feuilles du *Myroxylon Pereiræ* Baill., arbre qui fournit le baume du Pérou, une huile essentielle d'une densité de 0,874, et du bois de cet arbre une autre essence dont l'odeur rappelle celle du sassafras, dont la densité = 0,892. Ces essences ne sont pas encore étudiées [Bornemann, *Die flüchtigen Oele*, 359].

ESSENCE DE BAUME DE TOLU. — Le baume de Tolu, soumis à la distillation dans un courant de vapeur d'eau, donne un liquide huileux, renfermant de la cinnaméine, de l'acide benzoïque et un hydrocarbure que M. Deville a appelé *tolène* (Dict., **1**, 520). Ce dernier, après plusieurs rectifications, constitue un liquide incolore, mobile, d'une saveur piquante, dont l'odeur rappelle celle de l'élémi, et bouillant à 170° (Deville), à 154-160° (Kopp). M. Deville lui avait attribué la formule $C^{12}H^{18}$; d'après M. Kopp, ce serait un terpène possédant la composition $C^{10}H^{16}$.

ESSENCE DE BERGAMOTE (*Citrus Bergamia*, var. *Vulg.*). — Cette essence a été l'objet de recherches récentes de la part de M. Wallach [*Ann. Chem.*, **227**, 290], de MM. Tiemann et Semmler [*D. chem. G.*, **25**, 1182], de MM. Bertram et Wahlbaum [*J. prakt. Chem.*, (2), 25, 669], de M. Pomeranz [*Mon. f. Chem.*, **12**, 379; **14**, 28]. Elle a pour densité 0,883-0,886 à 15°; son pouvoir rotatoire $\alpha_D = + 9°$ à 15°.

M. Wallach, ainsi que MM. Semmler et Tiemann, ont constaté dans cette essence la présence de limonène et de dipentène. Ces derniers auteurs ont, en outre, trouvé qu'elle contient un linalol identique à celui qui a été trouvé dans l'essence du bois de linaloès et dans l'essence de lavande.

Les mêmes auteurs, ainsi que MM. Bertram et Wahlbaum, ont constaté qu'elle renferme aussi de l'acétate de linalol.

L'étude du bergaptène, entrevu par M. Crismer [*Bull. Soc. Chim.*, (3), **6**, 32], a été entreprise par M. Pomeranz (2e Suppl., **1**, 930). Les nouvelles recherches de l'auteur ont montré que ce principe, dissous dans l'acide acétique cristallisable, donne avec l'acide azotique (d = 1,47) un dérivé nitré $C^{12}H^7(AzO^2)O^4$, le *nitrobergaptène*, qui cristallise en aiguilles d'un jaune clair, brunit à 230°, et fond à 256° en se décomposant. Ce composé nitré, broyé avec de l'acide acétique cristallisable et traité à nouveau par 20 fois son poids d'acide azotique fumant, donne : 1° des aiguilles d'un jaune clair, fondant à 200° en se décomposant et répondant à la composition de l'acide nitrométhoxycoumarone-carbonique,

$$\underbrace{CH = CH - C^6}_{O} \begin{cases} OH \\ OCH^3 \\ AzO^2 \\ CO^2H \end{cases}$$

2° Des petits cristaux d'un jaune rouge, qui deviennent d'un brun foncé à 200°, et qui sont constitués par l'aldéhyde correspondant à l'acide ci-dessus $C^{10}H^7(AzO^2)O^4$.

En résumé, l'essence de bergamote renfermerait environ, d'après MM. Tiemann et Semmler, 40 0/0 de limonène, 10 de dipentène, 25 de linalol, 20 d'acétate de linalol, 5 de bergaptène.

Selon les mêmes auteurs, il ne faudrait cependant pas inférer de ces résultats qu'un mélange de cette composition possède la même odeur et le même parfum que le produit naturel. Bien que l'essence doive en partie son odeur à l'éther acétique du linalol, et non au bergaptène, elle n'en contient pas moins en outre d'autres produits en quantités très minimes, et qui contribuent pour une grande part à lui donner son parfum.

Les chimistes de la maison Schimmel ont déterminé l'*indice de saponification* d'un certain nombre d'échantillons d'essence de bergamote. Cette opération consiste à saponifier un poids donné d'essence avec une solution demi-normale de potasse alcoolique. On chauffe le mélange au bain-marie pendant 1 ou 2 heures, on étend d'eau et on dose l'excédent d'alcali. L'*indice de saponification* représente ensuite, en milligrammes, la quantité de potasse nécessaire pour décomposer les éthers contenus dans 1 gramme d'essence.

Connaissant la nature de ces éthers, on peut ensuite calculer leur teneur.

Exemples.

	Poids d'essence employee.	Potasse neutralisée.	Indice.	Quantité d'éther 0/0.
1.	2,68	0,2688	100,0	35,0
	1,69	0,1680	99,9	35,0
2.	2,16	0,2212	102,4	35,7
	1,15	0,1176	102,2	35,7
3.	2,10	0,2212	105,3	36,8
	1,28	0,1344	105,0	36,7
4.	1,30	0,1540	118,0	41,3
	2,20	0,2604	118,0	41,3
5.	1,40	0,1512	108,0	37,8
	1,15	0,1232	107,0	37,45
6.	1,30	0,1316	101,2	35,35
	1,70	0,1680	99,0	34,65
7.	1,72	0,1932	112,0	39,2
	1,22	0,1344	110,0	38,50

Chaque couple d'essais a été faite avec le même échantillon d'essence.

Ces résultats montrent que les essences examinées par MM. Schimmel sont plus riches en acétate de linalol que celle analysée par MM. Tiemann et Semmler.

L'essence de bergamote fixe l'iode en grande quantité, 248 à 283 0/0.

L'acide azotique concentré la colore en brun jaunâtre à froid et la résinifie à chaud. La potasse alcoolique la dissout avec une coloration d'un jaune d'or.

L'essence de bergamote est souvent falsifiée avec de l'essence de térébenthine et des essences de citron et d'oranger. On y ajoute aussi des essences de bergamote de qualité inférieure, obtenues par expression des écorces des fruits tombés, ou encore par distillation des fruits déjà pressés, ou des écorces des fruits de petites dimensions.

La première a pour densité 0,829 et contient 23,5 0/0 d'éther.

La seconde a pour densité 0,865 et contient 12 0/0 d'éther.

La troisième a pour densité 0,868 et en contient 6,3 0/0.

Essence de bétel (*Piper Betle* L.) (voyez 2e Suppl., **1**, 676). — D'après MM. Schimmel, l'essence de Bangkok obtenue avec les feuilles séchées au soleil ou sur des pierres chaudes, et qui ne fournissent que de 0,62 à 0,90 0/0 d'essence, aurait pour densité 1,034 et renfermerait du bételphénol, du cadinène et quelquefois du chavicol ou p-oxyallylphénol.

L'essence obtenue avec les feuilles fraîches et venant de Java aurait pour densité 0,958 à 15°, et comme pouvoir rotatoire + 2° 53′

Essence de bigarade. — Voir plus loin Essence d'oranges.

Essence de bois rose ou bois de Rhodes (voyez aussi Dict., **1**, 1277). — D'après MM. Schimmel, l'essence de bois rose du commerce n'est autre qu'un mélange de différentes essences, dont l'essence de roses.

L'essence de bois rose pure est, d'après ces auteurs, un liquide jaune d'or, d'une odeur de rose très agréable, et qui cristallise déjà à 12° en fines aiguilles [*Chem. Zeit.*, **11**, 450].

Essence de boldo. — S'extrait des feuilles du *Boldoa fragrans* Gay, de la famille des Monimiacées, plante originaire du Chili.

Cette essence constitue un liquide limpide, d'un jaune rougeâtre, de saveur âcre et d'une odeur aromatique pénétrante (Bourgoin et Berne).

Sa densité est 0,918; elle bout entre 175 et 250°.

Entre autres éléments peu connus qui entrent dans sa composition, terpènes et corps oxygénés, elle renferme un alcaloïde, la *boldine*, qu'on peut en isoler à l'aide des alcalis (Husemann).

D'après MM. Schimmel, les feuilles de boldo récemment importées renferment jusqu'à 2 0/0 d'essence.

On l'emploie dans les affections du foie, contre les calculs biliaires, et plus récemment on l'a préconisée contre la gonorrhée, la dyspepsie et le rhume [*Chem. Zeit.*, **12**, 547].

M. P. Chapoteaut, en épuisant les feuilles de boldo par l'alcool, et évaporant ce dissolvant, a obtenu un liquide transparent, de couleur ambrée et ayant la composition $C^{30}H^{52}O^8$. Ce produit, chauffé avec de l'acide chlorhydrique étendu, a donné du chlorure de méthyle, un sucre et une substance sirupeuse répondant à la formule $C^{19}H^{28}O^3$ [*C. R.*, **98**, 1052]

Essence de bornéo. — Voyez Dict., **1**, 657 et 1277.

Essence de bouleau. — On désignait autrefois sous ce nom le produit brut de la distillation du goudron obtenu par la distillation sèche de l'écorce de bouleau. Cette essence était composée en majeure partie d'un terpène $C^{10}H^{16}$, associé à des produits phénoliques et empyreumatiques nombreux.

Si on soumet, au contraire, à la distillation dans un courant de vapeur d'eau de l'écorce et même du bois de bouleau (*Betula lenta* L.), on obtient une huile essentielle, incolore, possédant une odeur aromatique agréable, rappelant celle de l'essence de wintergreen. D'après Procter, l'écorce de bouleau ne renfermerait pas d'huile essentielle, mais une espèce de glucoside, la *gaulthérine*, qui, sous l'influence de l'eau et d'un ferment particulier, se décomposerait en donnant naissance à l'essence, qu'il a reconnue être idenlique avec l'essence de *Gaultheria procumbens* [*Rapport de Berzélius sur les progrès de la Chimie*, traduction de M. Plantamour, 6ᵉ année, 358].

MM. A. Schneegans et J. E. Gerock ont confirmé les travaux de Procter et isolé la gaulthérine $C^{14}H^{18}O^8+H^2O$, sous la forme d'aiguilles incolores, de saveur amère, dont la solution réduit la liqueur de Fehling et dévie la lumière polarisée à gauche.

L'équation de son dédoublement peut s'écrire

$$C^{14}H^{18}O^8+H^2O = C^6H^{12}O^6+C^6H^4 \begin{cases} OH \\ CO^2CH^3 \end{cases}$$

[*Arch. der. Pharm.*, **232**, 437].

L'essence de bouleau a une densité de 1,173 (Procter), de 1,0318 (Pettigrew), de 1,18 (G. W. Kennedy). Elle bout à 217° et est inactive.

D'après M. J. H. Gladstone, elle renfermerait un principe huileux, dont l'odeur rappelle celle du cuir de Russie, et dont le point d'ébullition, assez élevé, ne serait pas constant, et un hydrocarbure bouillant à 171°, paraissant être du cymène[1] [*Jahresb. d. Chem.*, 1863, 545].

D'après Cahours, cette essence renfermerait environ 90 0/0 de salicylate de méthyle, et 10 0/0 d'un carbure $C^{10}H^{16}$, auquel il donne le nom de *gaulthérylène* [*Ann. Chim. Phys.*, (3) **10**, 327].

La présence de ce terpène a été contestée par MM. Pettigrew et Kennedy [*Chem. Zeit.*, 1883, 1400].

MM. Trimble et Schröter ont saponifié l'essence de bouleau avec de la potasse, puis traité la masse par de l'éther de pétrole, qui dissout environ 0,447 0/0 d'un carbure $C^{15}H^{24}$, bouillant à 200° et auquel ils donnent également le nom de *gaulthérylène*.

Dans la solution alcaline, ils ont trouvé de l'acide salicylique, de l'acide benzoïque et un alcool passant de 62 à 73° [*Chem. Centralbl.*, **61**, 396]. F. B. Power nie l'existence d'un alcool et d'un terpène dans cette essence [*Chem. News*, **62**, 67, 75, 91].

L'essence d'écorce de bouleau se colore en rouge au contact de l'air, se dissout en toutes proportions dans l'alcool et l'éther, et colore les sels ferriques en rouge.

Son emploi est le même que celui de l'essence de gaulthéria, dont elle diffère cependant par son inactivité vis-à-vis de la lumière polarisée.

Essence de bouleau (goudron) [F. Vigier, *Rép. Pharm.*, 1891, 348]. — Le commerce fournit deux variétés de cette essence : l'une connue sous le nom d'*essence brune*, ou *huile brute de bouleau*, provient de la distillation avec l'eau du goudron obtenu par la distillation pyrogénée ; elle est fortement colorée, très aromatique, mais a l'inconvénient de colorer tous les tissus avec lesquels elle est en contact.

Cette essence brute, soumise à la rectification, fournit l'*essence blonde*, presque incolore, de couleur paille, dont le pouvoir tinctorial est bien atténué, mais dont l'arome particulier, si estimé dans les emplois industriels de la peausserie, est considérablement affaibli : de là une dépréciation notable du produit rectifié.

La partie non phénolique du goudron de bouleau, qui distille entièrement avec la vapeur d'eau, renferme :

1° Des acétones non saturées;

2° Des carbures $(C^5H^8)^n$, terpènes et polyterpènes qui ne fournissent pas de combinaisons cristallisées avec l'acide chlorhydrique ;

3° Des carbures C^nH^{2n} qui possèdent les réactions des hydrures aromatiques.

1. Dans le Dictionnaire (**1**, 1278), cette même composition a été attribuée par erreur à l'essence de bouleau provenant du goudron de bouleau.

C'est dans cette partie insoluble dans les alcalis que se trouve la matière odorante qui communique son odeur spéciale au cuir de Russie. Elle n'est donc pas constituée par une matière phénolique [J. Dupont et J. Guerlain, *Communication particulière*].

Essence de buccu. — Se retire des feuilles de diverses variétés de *Diosma* de la famille des Rutacées, originaires du cap de Bonne-Espérance : elles portent dans le commerce le nom de feuilles de Buccu ou Bucco.

D'après M. A. Flückiger [*Chem. Centralbl.*, **12**, 372], ce serait plus particulièrement le *Diosma* (ou *Barosma*) *betulina* qui les fournirait. Ces feuilles, distillées avec de l'eau, donnent de 0,5 à 2 0/0 d'une essence (d = 0,969) dont l'odeur rappelle celle de la menthe, et qui est employée comme médicament aux États-Unis.

Abandonnée à l'évaporation spontanée, cette essence donne un corps cristallin, le *diosphénol* $C^{14}H^{22}O^3$, fusible à 83°, bouillant à 233°, très soluble dans les alcalis. Soumise à la distillation, l'essence fournit un liquide bouillant à 205-210°, ayant une forte odeur de menthe, inactif, et possédant la composition $C^{10}H^{18}O$.

D'après les recherches plus récentes de M. Y. Shimoyama, le diosphénol répondrait à la formule $C^{10}H^{16}O^2$; bouilli avec les alcalis, il donne de l'*acide diolique* $C^{10}H^{18}O^3, H^2O$, solide, peu soluble dans l'eau, fusible à 96-97°, tandis que l'amalgame de sodium, agissant sur le diosphénol dissous dans l'alcool, le transforme en *alcool diolique* $C^{10}H^{18}O^2$, cristallisé en prismes fusibles à 159°, peu solubles dans l'alcool et dans l'éther [voyez 2ᵉ Suppl., **2**, 215].

D'après M. Schimmel [*Bericht*, octobre 1893], le *Barosma serratifolia* fournirait également une essence de densité 0,944 renfermant peu de diosphénol.

Essence de cade. — Par distillation sèche du bois du *Juniperus oxycedrus* L. on obtient un liquide brun, d'aspect goudronneux, d'odeur empyreumatique, et qu'on appelle *huile de cade*.

En soumettant cette huile à la distillation dans un courant de vapeur sous pression, M. O. Wallach [*Ann. Chem.*, **238**, 82] en a retiré, outre des phénols, une certaine quantité d'hydrocarbure bouillant à 260-280°, qu'il a caractérisé comme étant un sesquiterpène $C^{15}H^{24}$.

C'est ce produit qui a été dénommé, assez improprement d'ailleurs, essence de cade.

Essence de cajeput. — Extraite de l'écorce, des tiges et surtout des feuilles d'un certain nombre de Melaleuca, parmi lesquels domine le *Melaleuca leucodendron* L (voyez Dict., **1**, 698]. Les autres variétés sont : le *Melaleuca uncinata*, qui fournit une essence dextrogyre + 1° 40′; le *Melaleuca acuminata*, dont l'essence a pour densité 0,892 et est lévogyre — 15° 20′; le *Melaleuca leucodendron*, variété *lancifolia*, dont l'essence a pour densité 0,955 et est lévogyre — 3° 38′.

Elle est colorée en vert autant par des traces de cuivre que par de la chlorophylle, dont le spectre d'absorption démontre la présence [W.-A. Tichomiroff, *Chem. Centralbl.*, **19**, 1437].

Elle est assez fluide; sa densité = 0,934 à 0° (Voiry), 0,889-0,918 à 15°,5 (Williams), 0,922-0,926 à 16°,5 pour l'huile pure (A. Cripps), 0,925 à 15° (Schimmel). Ces variations sont dues à l'origine des diverses variétés de Melaleuca ou au mode de préparation.

Son point d'ébullition aussi est loin d'être constant : 252-254° d'après M. Williams, alors que M. Blanchet indique 175°; M. Voiry prétend que la majeure partie de l'essence distille entre 175 et 180°.

L'essence de cajeput se solidifie entre — 25 et — 50°, pour entrer en fusion à — 8°. Elle est faiblement lévogyre. Au point de vue de sa composition, l'essence de cajeput renferme environ 67 0/0 de cinéol ou cajeputol $C^{10}H^{18}O$ (voyez Suppl., 1, 685), une certaine quantité d'un terpène bouillant à 155° et donnant un chlorhydrate solide fusible à 127-128°, du terpilénol $C^{10}H^{18}O$ bouillant entre 130 et 140°, et une petite quantité de diverses aldéhydes (butyrique et valérianique), éthers et polyterpènes.

Le terpène de cette essence n'a pu être identifié; mais le terpilénol est sans aucun doute identique avec le terpinéol de M. Wallach [Voiry, *Bull. Soc. Chim.*, (2), **50**, 108].

L'essence de cajeput rectifiée oxyde le potassium sans se colorer en brun. Elle absorbe de 0,35 à 0,41 0/0 de potasse caustique et jusqu'à 151 0/0 d'iode, sans donner lieu à une réaction trop vive (Williams). L'acide sulfurique lui communique une coloration rouge-brunâtre, en se colorant lui-même en jaune rouge. L'acide chlorhydrique la colore en rouge bleuâtre, puis en rouge sale.

L'essence de cajeput est fréquemment falsifiée par des essences de térébenthine, de lavande, de romarin; l'essai le plus concluant consiste à faire agir l'iode sur l'essence suspecte : la combinaison doit se faire sans tumulte, à plus forte raison sans explosion. L'alcool doit la dissoudre complètement (essence de térébenthine) et elle doit brûler sans laisser de résidu.

Elle n'a plus guère aujourd'hui d'emploi dans la thérapeutique; on en a conseillé l'usage au lieu et place de l'essence de girofle dans les préparations micrographiques : elle pénétrerait mieux que cette dernière les surfaces coupées, et se dissoudrait mieux ultérieurement dans le baume de Canada.

Essence de camomille commune. — Fournie par la *Matricaria chamomilla* L. Son étude a été commencée par MM. Bornträger et Bizio (voyez Dict., 1, 1278).

D'après M. J.-H. Gladstone [*Jahresb. der. Chem.*, 1863, 550], cette essence donne à la rectification une petite quantité d'un terpène non étudié, puis vers 200° un alcool spécial qu'il appelle *camillol* $C^{10}H^{16}O$ et entre 200 et 320° un liquide huileux d'une belle couleur bleue, qu'il appelle *céruléine*. Ce corps est soluble dans l'éther, l'alcool, le benzène et les huiles essentielles. Cette huile bleue a été appelée *azuléine* par M. S. Piesse, qui lui attribue la formule $C^{16}H^{24}, H^2O$, et une densité de 0,91; elle aurait la propriété de dégager des vapeurs bleues qui donneraient une forte bande d'absorption dans le spectre entre les raies A et B de Fraunhofer.

Selon M. J. Kachler [*D. chem. G.*, **4**, 36], l'essence de camomille commencerait à bouillir à 105°, dégagerait à partir de 225° de belles vapeurs bleues, et donnerait à 295° un liquide huileux coloré en un beau bleu. Toutes les portions recueillies à la distillation renfermeraient de petites quantités d'acide caprique $C^{10}H^{20}O^2$. La matière colorante bleue paraît répondre à la composition $(C^{10}H^{16}O)^2$ ou mieux $(C^{10}H^{16}O)^3$.

Les propriétés de ce corps le rapprochent beaucoup de l'*huile bleue* retirée par M. Mössmer du galbanum, sauf la présence d'un terpène que renferme cette dernière (voyez Essence de galbanum).

Distillée sur du potassium, cette huile bleue fournit un triterpène $C^{30}H^{48}$.

MM. Schimmel ont repris l'étude de cette essence et ont trouvé qu'elle possède l'indice de saponification 45 (c'est-à-dire qu'il faut 0gr,045 de KHO pour saponifier les éthers contenus dans 1 gramme d'essence) et que la propriété qu'elle a de devenir butyreuse à basse température est due à une paraffine soluble dans l'éther et fusible à 53-54°.

MM. Schimmel indiquent en outre comme densité à 15° les nombres 0,930 à 0,945 pour les essences d'origine allemande, hongroise et russe [*Bericht*, oct. 1893].

En résumé, l'essence de camomille commune se compose essentiellement d'un alcool, le *camillol* $C^{10}H^{16}O$, d'une petite quantité d'un terpène, de l'huile bleue (céruléine ou azulène) qu'on peut considérer comme un produit de polymérisation du camillol, et qu'on a dénommée *tricamillol* $C^{30}H^{48}O^3$, et enfin d'une paraffine.

L'essence de camomille a été falsifiée par addition d'essences de térébenthine, de citron, de bois de cèdre, de copahu, d'alcool. L'essai à l'iode, qui doit se dissoudre sans réaction tumultueuse, donne des indications à cet égard. De plus, elle doit, après agitation avec une solution saturée de chlorure de sodium, se séparer intégralement et inaltérée (recherche de l'alcool).

Essence de camomille romaine (voyez Groupe angélique, Dict., 1, 299). — L'essence se retire des fleurs récemment séchées de l'*Anthemis nobilis* L., qui en fournissent de 0,52 à 0,8 0/0 suivant la provenance. Elle a une couleur bleu foncé ou bleu-verdâtre, une odeur forte, agréable, une saveur brûlante.

MM. Schimmel lui attribuent la densité 0,905 à 0,915. Elle commence à bouillir à 160°, puis la température monte à 190°, où elle reste assez longtemps stationnaire, et enfin elle atteint 210°. Elle possède une réaction acide.

Gerhardt [*Ann. Chim. Phys.*, (3), **24**, 96] avait considéré l'essence de camomille romaine comme formée d'un mélange d'aldéhyde angélique et d'un hydrocarbure qu'il considérait comme un terpène; les recherches plus récentes de M. Demarçay [*C. R.*, **77**, 360] ont démontré qu'il n'existait dans cette essence ni terpène, ni aldéhyde. En la saponifiant par la potasse alcoolique, il en a retiré des alcools butylique et amylique, alors que, dans le résidu alcalin de la distillation, il a caractérisé la présence de l'acide angélique, avec de petites quantités d'acide valérianique.

Il considérait dès lors cette essence comme un mélange d'éthers butyliques et amyliques de l'acide angélique et de l'acide valérianique.

Ces conclusions ont été combattues depuis par MM. Fittig et Kopp d'une part [*D. chem. G.*, **9**, 1195; **10**, 513] et par M. J. Köbig d'autre part [*Ann. Chem.*, **195**, 79, 92], dont les recherches ont abouti aux résultats suivants :

L'essence de camomille romaine renferme :

1° Dans la portion bouillant à 147-148°, un hydrocarbure non déterminé et de l'isobutyrate d'isobutyle $C^3H^7.COOC^4H^9$;

2° Dans la portion bouillant à 177-178°, l'éther isobutylique de l'acide angélique;

3° Dans celle bouillant à 200-201°, l'éther amylique de l'acide angélique;

4° Dans celle bouillant à 204-205°, l'éther amylique de l'acide tiglique;

5° De petites quantités d'acide métacrylique $C^2H^2(CH^3)COOH$, à l'état d'éther;

6° Les éthers angélique et tiglique d'un alcool hexylique, et un alcool particulier, l'*anthémol* $C^{10}H^{15}OH$;

7° Probablement de l'acide angélique à l'état de liberté.

Enfin, M. van Romburgh a reconnu que l'alcool hexylique contenu dans l'essence est dextrogyre, $\alpha_D = +8°2'$, et que sa constitution répond à

$$\begin{matrix} CH^3 \\ C^2H^5 \end{matrix} > CH-CH^2-CH^2-OH,$$

ce qui en fait un alcool ββ-méthyl-éthyl-propylique (*méthyl 3-pentanol*) [*Rec. trav. chim. Pays-Bas*, **5**, 219; **6**, 151].

Essence de camphre (*huile de camphre*) (voyez Suppl., 1, 721 et 2e Suppl., 1, 894). — D'après MM. Schimmel, l'essence de camphre ne renfermerait pas de camphorogénol, comme l'avait indiqué M. H. Yoshida; les produits distillant au-dessus de 212° renfermeraient du camphre ordinaire $C^{10}H^{16}O$, du safrol $C^{10}H^{10}O^2$, et un autre produit encore inconnu bouillant à 230°.

L'essence de camphre renferme aussi de petites quantités d'eugénol $C^{10}H^{12}O^2$ [*Chem. Zeit.*, 10, 419].

La maison Schimmel, de Leipzig, extrait de l'essence de camphre de grandes quantités de safrol, et livre au commerce, sous le nom d'*essence légère de camphre*, les portions les plus légères de l'essence brute qui distillent vers 175°. Cette essence légère renferme du cinéol $C^{10}H^{18}O$, du pinène, du phellandrène, du dipentène, et probablement aussi du terpinéol $C^{10}H^{17}OH$ [*Bericht*, avril 1889].

Les portions bouillant au-dessus de 175°, dépouillées de la majeure partie de leur safrol, sont vendues comme *huiles lourdes de camphre* (point d'ébullition 240-270°). Elles renferment du camphre, du safrol, de l'eugénol, un sesquiterpène et probablement du terpinéol [*Chem. Zeit.*, 12, 499, 1345; 13, 451].

L'essence légère est un liquide incolore, de densité $=0,895$ à 0,920, bouillant à 175°. Elle s'enflamme à 44°,5 sous la pression de 763 millimètres.

Elle dissout très bien les corps gras, les résines, le caoutchouc.

Elle sert dans l'industrie des vernis comme succédané de l'essence de térébenthine, dont le prix de revient est supérieur.

L'huile lourde de camphre est un liquide verdâtre, de densité $=0,96$ à 0,97, bouillant de 240 à 270°, soluble en toute proportion dans l'alcool à 95°. Elle se mélange aux huiles grasses et aux huiles minérales.

Elle est très peu inflammable et possède des propriétés antiseptiques [Schimmel, *Bericht*, octobre 1890].

M. Kingzett a trouvé que l'essence de camphre est oxydée par l'air et donne naissance à de l'eau oxygénée [*Chem. Soc. Ind. Journ.*, 7, 67].

MM. H. Trimble et Schröter ont fractionné huit sortes d'essences de camphre, et étudié les différentes portions isolées. Les résultats obtenus sont les suivants :

		Point d'ébullition.	Tenour 0/0.	Composition.
1.	de 145 à 155°	150°	0,40	$C^{10}H^{16}$
2.	158 - 161	159	12,00	$C^{10}H^{16}$
3.	167 - 169	168	13,00	$C^{10}H^{16}$
4	170 - 171	171	5,00	$C^{10}H^{16}$
5.	175 - 177	176	15,00	$C^{10}H^{18}O$
6.	180 - 182	180	4,00	$C^{10}H^{16}$
7.	202 - 206	204	10,00	$C^{10}H^{16}O$
8.	212 - 214	213	30,00	$C^{10}H^{18}O^2$
9.	230 - 235	232	7,00	$C^{10}H^{10}O^2$
10.	245 - 248	247	2,00	$C^{10}H^{12}O^2$
11.	250 - 280		19,60	—

[*Pharm. J. Trans.*, (3), 30, 145; *Jahresbericht f. Chem.*, 1889, 2126].

M. G. Bornemann a déterminé comparativement le degré de solubilité de différents corps dans un certain nombre d'essences et d'autres solvants, et a trouvé les nombres suivants :

100 parties des essences et des huiles suivantes dissolvent :	Succin.	Colophane.	Copal.	Gomme damar.	Gomme mastic.	Gomme laque.	Cire jaune.
Essence de camphre légère...	9,73	46,16	9,16	34,95	35,04	1,33	»
— de camphre lourde...	6,50	31,35	2,81	50,08	37,93	0,83	»
— de cajeput..........	6,53	43,70	5,52	42,49	41,16	0,66	4,40
— de copahu..........	»	24,95	0,00	34,57	»	»	»
— de lavande..........	»	52,86	0,00	33,07	»	»	9,34
— de girofle..........	»	79,79	»	18,27	»	»	»
— de romarin..........	10,16	48,94	4,81	99,44	21,39	0,79	»
— d'aspic..........	8,90	40,98	9,51	41,66	33,47	3,67	»
— de térébenthine......	7,47	51,84	»	64,28	52,79	12,94	»
— — rectifiée.	10,30	»	6,47	»	»	»	8,10
Huile de paraffine..........	»	»	»	9,27	»	»	4,46
— de cire(?)..........	2,87	»	»	67,31	»	»	5,64

Ces nombres font voir que les essences de camphre ont un grand pouvoir dissolvant, qui dans certains cas atteint celui de l'essence de térébenthine.

Le même auteur a fait d'autres déterminations à l'effet de comparer la vitesse de volatilisation de l'essence de camphre et de l'essence de térébenthine, et a trouvé qu'il n'y avait pas un très grand écart entre les nombres observés [*Technische Mittheilungen für Malerei de Ad. W. Keim à Grünwald*, Munich 1892].

Essence de cananga de Java. — Cette essence est fournie par les fleurs fraîches et les fleurs sèches (1,2 0/0) du *Cananga odorata*, de la famille des Anonacées.

L'essence importée en Hollande est d'une couleur jaune, semi-fluide, et possède une odeur résineuse rappelant celle de l'essence de copahu. D'après MM. Schimmel, le soin donné à la distillation et au choix des fleurs permet cependant d'avoir une essence d'une odeur plus agréable.

L'essence obtenue avec des fleurs fraîches a pour densité de 0,910 à 0,920 à 15°; celle préparée avec des fleurs sèches a pour densité 0,922.

M. Reychler donne les constantes suivantes : $D_{21^\circ}=0,9058$, $n=1,49655$ et $[\alpha]_D=-28°5'$, tandis que MM. Schimmel attribuent à l'essence le pouvoir rotatoire $[\alpha]_D=-32°6'$.

Une solution alcoolique étendue de l'essence donne, avec le perchlorure de fer, une coloration violette. L'indice de saponification du produit est 33. Abandonnée à elle-même, l'essence laisse déposer des cristaux blancs qui sont probablement de l'acide benzoïque.

M. Reychler a trouvé dans cette essence du linalol, de l'acide benzoïque, de l'acide acétique probablement combinés au linalol, un composé $C^8H^{10}O$ qui donne par oxydation de l'acide anisique et que l'auteur considère comme du p-méthylphénol $CH^3.C^6H^4.OCH^3$ et un sesquiterpène.

D'après le même auteur, l'essence de cananga ressemblerait qualitativement à l'essence d'ylang-ylang, et il ajoute : il est très possible que les deux essences appartiennent à la même espèce végétale, et que les différences quantitatives constatées soient dues à certaines influences, telles que le perfectionnement des plantes par la culture, les conditions de climat (Manille, Java), et surtout les procédés industriels [*Bull. Soc. Chim.*, (3), **11**, 1045 et **13**, 140].

ESSENCE DE CANNELLE BLANCHE (voyez Dict., **1**, 726). — Provient de l'écorce de *Canella alba* Mun., de la famille des Laurinées, qui en fournit 1 0/0 à la distillation (d = 0,922 à 15°). Cette essence est plus légère que l'eau et possède une odeur aromatique très forte. Après traitement à la potasse et lavage à l'eau, elle fournit à la distillation des fractions bouillant à 165, 180 et 245°, mais qui ne paraissent pas être des produits homogènes.

Les seuls produits définis dont la présence ait été nettement caractérisée dans cette essence sont l'eugénol [W. Meyer et Reiche, *Ann. Chem.*, **47**, 234] et le cinéol [Schimmel, *Bericht*, octobre 1890, 53].

M. Robert Williams y a en outre caractérisé le pinène et le caryophyllène $C^{15}H^{24}$ [*Pharm. Rundschau*, 1894, 183]

ESSENCE DE CANNELLE DE CEYLAN. — Se retire par la distillation au sein de l'eau salée des écorces du *Laurus cinnamomum* L., originaire de Ceylan, et cultivé à Java et dans d'autres régions intertropicales.

L'essence fraîche est incolore, mais se colore avec le temps en jaune d'or, puis en brun. Elle est assez peu fluide; sa densité varie de 1,025 à 1,060 (Stohmann), de 1,021 à 1,031 (Williams).

Son point d'ébullition est à 220°, et d'après Williams à 240-241°. D'après F. E. Ballard, l'essence fine, préparée avec les écorces de choix, aurait une densité très faible, 1,019 à 1,021; l'élévation de la densité indiquerait que l'essence a été préparée avec des matériaux de second choix (déchets, débris de bois et d'écorce, etc.).

L'essence de cannelle de Ceylan est assez soluble dans l'eau, très soluble dans l'alcool. Elle n'a pas de pouvoir rotatoire.

La composition et les propriétés de l'essence de cannelle de Ceylan sont celles de l'essence de cannelle de Chine (voyez ESSENCE DE CANNELLE DE CHINE). Elle n'en diffère que par son parfum plus fin, plus agréable, qui rend sa valeur commerciale plus grande. Toutefois MM. Schimmel y signalent en outre la présence du phellandrène et de l'eugénol.

Sous le nom d'*essence de feuilles de cannellier*, on livre au commerce un liquide brunâtre d'une odeur aromatique plutôt désagréable, de densité = 1,060, et dont l'origine est encore douteuse.

Cette essence renfermerait principalement de l'eugénol (90 0/0), de l'acide benzoïque, et un terpène rappelant le cymène par son odeur [E. Schaer, *D. chem. G.*, **15**, 2625].

MM. Schimmel y ont en outre constaté la présence du safrol [*Bericht*, octobre 1893]. M. J. Weber [*Arch. Pharm.*, **230**, 232] y a trouvé un terpène et de l'aldéhyde cinnamique en petites quantités, mais surtout de l'eugénol, fait qui a été confirmé par M. E. Schmidt.

L'essence de *racine de cannellier* est un liquide mobile, d'une odeur rappelant celle de la cannelle et du girofle. Elle ne renferme pas d'aldéhyde, mais environ 50-70 0/0 d'eugénol, du safrol et un éther benzoïque (Stohmann). Cette essence paraît être extraite de la racine du cannellier d'Amérique.

D'après M. E. Schmidt [*Chem. Zeit.*, 1891, 1376], cette essence contiendrait un terpène, de l'eugénol, du safrol et de l'aldéhyde benzoïque, fait qui est confirmé par M. Weber [*loc. cit.*].

Enfin, l'essence de *fleur de cannellier*, extraite des fleurs plus ou moins ouvertes du *Cinnamomum Lourierii* Nees., a une composition analogue à celle de l'essence de cannelle de Chine. Elle ne s'en distingue que par son odeur, qui est un peu différente (Mulder).

ESSENCE DE CANNELLE DE CHINE [Syn. *Essence de Cassia*]. (Voyez Dict., **1**, 726.) — Extraite du *Laurus cassia* Bl. D'après MM. Schimmel, les centres de production de l'essence seraient les districts de Taï-wo et Yung-shun au Kwang-si, préfecture de Loting, province de Kwang-tang [*Beritch*, avril 1893, 11].

Récemment préparée, cette essence est jaune clair, puis elle devient jaune-brunâtre, assez visqueuse. Sa densité varie avec les parties de la plante qui ont servi à la préparer:

L'essence de feuilles et de bourgeons a une densité de	1,058 à	1,065 à 15°.
Celle de feuilles	—	1,056 —
Celle de tiges et de fleurs	—	1,046 —
Celle de bourgeons	—	1,045 —
Celle d'écorces	—	1,035 à 20°.
Celle de fleurs	—	1,026 —

et ces essences renferment respectivement 75, 93, 92, 90, 88,9 et 80,4 0/0 d'aldéhyde cinnamique.

L'essence bout à 252-254°. Exposée au contact de l'air, elle s'oxyde au point de fournir à la distillation un résidu fixe de 20 0/0, composé d'acide cinnamique et de polymères de l'aldéhyde cinnamique.

Elle se solidifie à 0° et se liquéfie à + 15°.

Elle possède un pouvoir rotatoire très faible, mais un pouvoir réfringent considérable (1,6045 pour la raie A). Elle est soluble dans l'alcool et possède une réaction acide.

Ainsi que nous l'avons dit plus haut, suivant son origine l'essence de cannelle de Chine renferme de 72,9 à 93 0/0 d'aldéhyde cinnamique, un peu d'acétate de cinnamyle $CH^3-COO(C^9H^9)$ et de l'acétate de propylphénol

$$CH^3 . COOC^6H^4 . C^3H^7,$$

de petites quantités de sesquiterpènes et de polyterpènes, mais peu de terpènes.

Quand elle est de date récente, elle ne renferme que très peu d'acide cinnamique et de résine, mais par oxydation lente la proportion de ces derniers augmente considérablement [Schimmel, *Chem Zeit.*, **13**, 1889, 1357].

En 1850, M. Rochleder [*Wien. Acad. Ber.* 1850], puis MM. Rochleder et Schwarz [*ibid.*, **12**, 192], signalèrent dans l'essence de cassia la présence d'un corps cristallisé, auquel ils donnèrent la formule $C^{28}H^{30}O^5$. MM. Schimmel [*Bericht*, octobre 1894, 9] ont repris l'étude de ce corps et ont trouvé qu'il cristallise dans l'alcool en tables hexagonales, légèrement jaunâtres, à odeur presque désagréable. Il fond à 45-46° et bout à 160-161° sous une pression de 12 millimètres. Il est soluble dans la plupart des solvants usuels, peu soluble dans l'eau. Abandonné à l'air et à la lumière, il fonce en couleur en prenant une odeur piquante.

Les auteurs le considèrent comme une aldéhyde de l'acide β-méthoxycoumarique,

$$C^6H^4 \begin{array}{l} \diagup OCH^3_{(1)} \\ \diagdown CH=CH.COH_{(2)} \end{array}$$

Ce corps se combine, en effet, avec le bisulfite de sodium et la phénylhydrazine. L'hydrazone fond à 117-118°. L'oxime fond à 125-126°. Pour identifier ce corps, les auteurs en ont fait la synthèse au moyen de l'aldéhyde méthylsalicylique et de l'aldéhyde en présence de la soude, et ont trouvé que le produit de synthèse avait les mêmes propriétés que le produit naturel [J. Bertram et R. Kürsten, *J. prakt. Chem.*, (2), **51**, 316].

Cette essence dissout lentement l'iode sans échauffement sensible : elle peut en absorber de 72 à 75 0/0. Elle absorbe de 9,6 à 10,2 de potasse caustique.

Outre les réactions générales des aldéhydes qu'elle possède naturellement, citons encore l'action d'une solution alcoolique de phloroglucine qui, en présence d'un excès d'acide chlorhydrique, la colore en rouge foncé; la résorcine, dans les mêmes conditions, la colore en rouge vermillon; avec l'aniline elle se colore en jaune, à chaud, et avec l'α-naphtylamine en jaune-orange [A. Ihl, *Chem. Zeit.*, **13**, 264].

L'essence de cannelle de Chine est souvent falsifiée : nous verrons plus loin quelles sont les matières qui servent à ces falsifications.

Les caractères d'une essence marchande doivent être les suivants : Sa densité doit être de 1,050 à 1,070 à 15°; soumise à la distillation, elle ne doit laisser que 6,7 à 10 0/0 tout au plus d'un résidu visqueux et non résineux. Elle doit renfermer 75 0/0 au moins d'aldéhyde cinnamique, dosage qu'il est facile d'effectuer à l'aide du bisulfite de sodium.

Les falsifications consistent dans l'addition de résine et d'huile de pétrole, d'essence de girofle et d'essence de copahu.

Différents procédés ont été préconisés pour la recherche de ces falsifications, mais aucun d'eux ne peut être considéré comme absolument rigoureux. Le seul essai vraiment exact consiste dans le dosage de l'aldéhyde cinnamique. Pour cela on introduit 75 grammes d'essence et 300 grammes d'une solution à 30 0/0 de bisulfite de sodium dans un vase d'Erlenmeyer; on agite vigoureusement, puis on ajoute 200 grammes d'eau distillée et on chauffe au bain-marie, en agitant fréquemment.

Après refroidissement, on épuise avec 200 centimètres cubes, puis une seconde fois avec 100 centimètres cubes d'éther; les solutions éthérées sont réunies, évaporées, et le résidu pesé, après dessiccation, donnera le poids des substances autres que les aldéhydes contenues dans l'essence [Schimmel, *Bericht*, octobre 1890].

Essence de caoutchouc. — Ce corps n'est pas, à proprement parler, une huile essentielle : il s'obtient par la distillation sèche du caoutchouc brut : il renferme un carbure, l'*isoprène* C^5H^8, bouillant à 35-39°, qui, chauffé à 250-270°, se transforme en *diisoprène* $C^{10}H^{16}$, identique avec le *cinène*. Outre l'isoprène, l'huile de caoutchouc renferme encore de notables quantités de *cinène*.

Essence de capucine. — Voyez Dict., **1**, 1278; Suppl., **1**, 684.

Essence de cardamome (voyez aussi Dict., **1**, 768). — D'après MM. Schimmel, la densité de cette essence serait de 0,895 à 0,905 (à 15°) et son pouvoir rotatoire + 13° environ. D'après M. E. Weber [*Ann. Chem.*, **238**, 89], l'essence de cardamome fournit d'abord à la distillation un mélange d'acides formique et acétique, puis à 170-180° passe un terpène $C^{10}H^{16}$ qui paraît être du dipentène. Dans les portions bouillant entre 182 et 190° et entre 205 et 220°, M. Weber constate la présence de *terpinène* $C^{10}H^{16}$, grâce à la formation d'un composé cristallisé que fournit ce corps sous l'influence de l'acide azoteux. C'est entre 205 et 220° que distille la majeure partie de l'essence, et cette portion est constituée principalement par du terpinéol $C^{10}H^{18}O$. Enfin le résidu de la distillation fournit par refroidissement de belles écailles soyeuses blanches, fusibles à 60-61°, et dont l'étude n'est pas encore faite.

Parmi les réactions de l'essence de cardamome, citons sa grande affinité pour l'iode, l'action énergique, explosive même, de l'acide nitrique concentré, la coloration brun-rouge foncé que lui communique l'acide sulfurique à chaud, enfin la formation d'un nitrite cristallisé sous l'influence de l'acide azoteux (réaction caractéristique de la présence du terpinène).

Essence de carline. — Fournie par la racine de la *Carlina acaulis* L., de la famille des Composées.

Elle a une couleur d'un brun rouge foncé, une densité de 1,0286 à 21°,9 ou 1,030 à 18°. Elle commence à distiller en se décomposant à 265° à la pression ordinaire; sous une pression de 22 millimètres, elle commence à distiller à 143°; entre 143 et 155° passe un hydrocarbure mélangé de composés oxygénés et qui fournit, après traitement par le sodium, un sesquiterpène $C^{15}H^{24}$, de densité 0,873 à 22°,8. Ce terpène ne représente qu'environ 12 à 15 0/0 de l'essence brute; celle-ci renferme en grande quantité des produits volatils entre 169 et 171° dans le vide et dont la composition n'est pas encore connue [F.-W. Semmler, *Chem. Zeit.*, **13**, 452, 1158].

Essence de carotte. — La *racine* de la carotte ordinaire (*Daucus carotta* L.) a fourni à M. Wackenröder une petite quantité d'huile essentielle (0,012 0/0), incolore, douée d'une odeur pénétrante, d'une saveur forte, ayant une densité de 0,886 à 11°.

Les *fruits* de la même plante ont fourni à MM. Schimmel, par distillation dans de la vapeur d'eau surchauffée, une essence de couleur jaune, d'une odeur agréable et franche de carotte, soluble dans l'alcool, l'éther, le chloroforme, etc., et d'une densité de 0,87 à 0,93 à 15°. La présence d'un peu d'acide acétique la rend acide; elle ne se solidifie pas à — 15° et est lévogyre (α = — 13° pour 100 millimètres).

Elle se compose essentiellement : 1° d'un *terpène* $C^{10}H^{16}$ qui paraît identique au pinène droit, ou très rapproché de lui, incolore, bouillant à 156-165°, d'une densité de 0,8525 à 20°, dextrogyre α = + 32° 3′ pour 100 millimètres; 2° d'un corps possédant la composition $C^{10}H^{18}O$, paraissant être du *cinéol*, liquide jaune clair, d'une odeur faiblement aromatique, densité = 0,9028 à 20°, lévogyre (α = — 9° pour 100 millimètres).

Essence de carvi (voyez aussi Dict., **1**, 773; Suppl., **1**, 436; 2° Suppl., **1**, 1019). — La densité de l'essence varie de 0,8845 à 0,9745. Une essence de bonne qualité doit avoir une densité de 0,91 à 0,925 à 15°. Une densité plus faible permettrait de soupçonner la soustraction à l'essence d'une certaine quantité de carvol, dont la densité est 0,965. Cependant l'origine a une certaine influence sur la densité : ainsi l'essence originaire de Norvège n'a qu'une densité de 0,904 à 0,906.

L'essence de carvi est lévogyre (α = — 11° 7′ pour 100 millimètres), ce qui est d'autant plus remarquable que la portion principale de l'essence, le carvol, est fortement dextrogyre, $[\alpha]_D = + 62° 07'$ [Beyer, *Chem. Centralbl.*, **14**, 713].

L'hydrocarbure, le *carvène* $C^{10}H^{16}$, que renferme encore l'essence de carvi, a été identifié avec le *limonène* : pour faire apparaître l'odeur de citron de ce dernier, il suffit de débarrasser le carvène des traces de carvol qu'il renferme encore par agitation avec l'acétate de phénylhydrazine, puis de laver avec une solution étendue de permanganate de potassium : l'odeur de cumin disparaît pour faire place à celle de citron [O. Wallach, *Ann. Chem.*, **227**, 291].

L'essence de carvi se compose donc de *carvol* $C^{10}H^{14}O$ (60-65 0/0 dans l'essence hollandaise, 45-50 0/0 dans l'essence d'Allemagne et de Norvège) et de *limonène* $C^{10}H^{16}$ ou *carvène*.

C'est au carvol que cette essence doit son odeur. Elle sera d'autant plus estimée qu'elle en renfermera davantage.

L'essence de carvi est falsifiée avec de l'essence de térébenthine, de l'alcool, etc., ou par soustraction d'une partie de son carvol. Dans tous ces cas, la densité donnera, par son abaissement, des indications précieuses.

ESSENCE DE CASCARILLE (voyez Dict., 1, 1278).

ESSENCE DE CASCA PRETIOSA (*Mespilodaphne pretiosa*, Laurinées). Cette essence a été extraite par MM. Schimmel d'une écorce venue du Brésil. L'arbre qui la fournit croît sur les bords du Rio Negro.

Cette écorce fournit à la distillation 1,16 0/0 d'une essence à odeur de cannelle dont la densité = 1,118 à 15°. On n'a cependant pu isoler d'aldéhyde cinnamique de ce produit au moyen du bisulfite de sodium [*Bericht*, avril 1893].

ESSENCE DE CÉDRAT. — Cette essence se retire par distillation ou mieux par simple expression du zeste mûr du *Citrus medica* L.

D'après M. Gladstone, elle se compose presque essentiellement d'un terpène [*Jahresb. Chem.*, 1863, 545]. Elle est très fluide, légèrement jaunâtre, et possède une odeur de citron très agréable et très prononcée. Sa densité varie de 0,851 à 0,869. Elle a une réaction légèrement acide et reste liquide même à — 20°. Par oxydation à l'air, elle se résinifie partiellement et devient visqueuse.

ESSENCE DE CÈDRE (*Juniperus virginiana*) (voyez Dict., 1, 778). — Sous le nom d'essence de cèdre de Virginie, on trouve dans le commerce une essence originaire d'Amérique, qui s'obtient par la distillation, non pas du bois de cèdre (*Juniperus virginiana* L.), mais des feuilles de cet arbre. Elle a pour densité 0,884 et son pouvoir rotatoire = + 8° 15'.

Cette essence, d'une odeur pénétrante et désagréable, beaucoup moins estimée que la vraie essence de cèdre, en diffère par ce qu'elle est à peu près exclusivement composée de *cédrène*, l'hydrocarbure volatil qui existe aussi dans l'essence vraie, et qui paraît être un sesquiterpène.

En revanche, elle ne renferme pas ou presque pas de camphre de cèdre, qui constitue la partie solide de cette essence.

De nouvelles recherches, entreprises par MM. Fritsche de Garfield N. J., ont démontré que l'essence distillée en Amérique possède une odeur aromatique, rappelant celle de l'essence d'orange, une densité = 0,886 à 15° et le pouvoir rotatoire + 59° 5' pour une longueur de 100 millimètres [Schimmel, *Bericht*, avril 1894, 56].

Cette essence de qualité inférieure est employée comme vermifuge, abortif, mais paraît jouir de propriétés toxiques assez prononcées.

Quant à l'essence de bois de cèdre, MM. Schimmel en ont examiné un certain nombre d'échantillons et ont constaté la présence du cadinène et du camphre de cèdre dans l'essence de cèdre du *Juniperus virginiana*. Ils ont trouvé en outre à cette essence une densité de 0,940 à 0,960 et un pouvoir rotatoire de — 20° à — 40°.

Pour l'essence de cèdre du Liban (*Cedrus Libanotica*), ils donnent l'indice de réfraction

$n_D = 1,50567$ à 17° (essence ordinaire),

$n_D = 1,51682$ à 17° (essence épaissie),

la densité = 0,985 et le pouvoir rotatoire — 10° 58'.

A une essence de bois venant de Corinthe ils attribuent la densité 0,906 et le pouvoir rotatoire — 17° 23'; à une autre, échantillon provenant de Cuba, la densité 0,923 et le pouvoir rotatoire + 18° 6'.

Une essence extraite du bois provenant de la Plata a accusé la densité 0,928 et aucun pouvoir rotatoire. La couleur du produit était en outre d'un bleu pâle.

Enfin un produit obtenu avec un bois de Punta Arenas a donné comme densité 0,915 et comme pouvoir rotatoire — 5° 53'.

ESSENCE DE CÈDRE DE SIBÉRIE. — Cette essence se retire des aiguilles fraîches du *Pinus cembro* L., conifère originaire de Sibérie, et est par conséquent faussement dénommée essence de cèdre. Elle est fortement dextrogyre.

Elle renferme un terpène bouillant à 156°, de densité = 0,8746 à 0° ou 0,8585 à 20°, et dont le pouvoir rotatoire est $[\alpha]_D = + 45°04'$. Ce terpène donne avec l'acide chlorhydrique un chlorhydrate solide, fusible à 125°, un dichlorhydrate cristallisé et avec le brome un bibromure liquide, ce qui l'identifie avec le pinène droit [F. Flawitsky, *J. prakt. Chem.*, (2), 45, 115].

ESSENCE DE CÉLERI. — Extraite des semences du céleri (*Apium graveolens* L.).

Liquide incolore, limpide, de densité 0,881, d'une odeur pénétrante, très soluble dans l'eau (d'après M. Bornemann).

MM. Schimmel, qui ont étudié cette essence, lui attribuent la densité de 0,880 à 0,890, le pouvoir rotatoire + 67° 4' à + 71° 18' et y ont trouvé du limonène en assez grande quantité [*Bericht*, oct. 1894, 56].

ESSENCE DE CÉVADILLE (voyez 2e Suppl., 1, 1042). — Cette essence peut se retirer directement des semences de cévadille (*Veratrum sabadilla* Retz) par distillation à la vapeur d'eau; mais il vaut mieux soumettre à la distillation à la vapeur sous pression la matière grasse retirée de ces semences par épuisement à l'éther de pétrole avant le traitement qui a pour but l'extraction des alcaloïdes de la cévadille.

Cette essence est liquide, incolore, possède une odeur aromatique particulière; elle commence à bouillir à 180° et se décompose vers 250°. Sa densité est 0,917 à 15°.

Par agitation avec du bisulfite de sodium, elle donne naissance à un dépôt assez abondant, cristallin, d'où l'on a isolé les aldéhydes formique, acétique et isobutyrique.

L'essence de cévadille renferme, outre les aldéhydes, un hydrocarbure bouillant entre 220 et 250°, d'une densité de 0,907, d'une odeur rappelant celle de la térébenthine, lévogyre, $[\alpha]_D = - 9° 10'$, mais qui n'est ni un terpène, ni un sesquiterpène : il paraît être un produit de polymérisation de ces derniers.

Enfin, cette essence renferme encore les éthers éthylique et méthylique des acides oxymyristique $C^{14}H^{28}O^3$ et vératrique $C^9H^{10}O^4$. Il est même probable que l'acide oxymyristique se trouve à l'état de combinaison éthylique, l'acide vératrique sous la forme d'éther méthylique. La séparation de ces acides se fait assez facilement en saponifiant l'essence par la potasse alcoolique, transformant le savon alcalin en sel de plomb et séparant les sels de plomb par l'éther, qui dissout facilement celui de l'acide vératrique [E. Opitz, *Arch. Pharm.*, 229, 265].

ESSENCE DE CHAMPACA. — Il résulte d'une communication faite à MM. Schimmel par le baron Quarles de Salatiga (Java) que cette essence est fournie par les fleurs du *Michelia Champaca* ou Champaca jaune, et celles du *Michelia longifolia* L. (Champaca blanche), de la famille des Magnoliacées.

Essence d'un jaune clair, dont l'odeur rappelle celle de l'iris.

D'autres échantillons étaient de même couleur, possédaient une odeur de fleurs de cassia et laissaient déposer des cristaux.

La densité de ces essences variait de 0,907 à 0,904 et leur pouvoir rotatoire de — 12° 18' à — 13° 14' pour une longueur de 100 millimètres.

MM. Schimmel ont trouvé dans cette essence un alcool cristallisé, fusible à 91°, auquel ils attribuent la composition $C^{14}H^{24}O$ ou $C^{15}H^{26}O$.

Une autre essence de champaca est livrée au commerce, mais, selon MM. Schimmel, elle ne serait pas fournie par le *Michelia Champaca*.

Toutefois M. Merck décrit sous le nom de *champacol* un produit $C^{17}H^{30}O$, fusible à 86-88°, qu'il aurait extrait d'une essence de champaca [*Chem. Zeit.*, 1893, n° 3. — Schimmel, *Bericht*, avril 1893, 33; octobre 1893, 47; avril 1894, 33; octobre 1894, 10].

ESSENCE DE CHANVRE (*Cannabis sativa* L.). — Sous ce nom, M. Valente a décrit une huile de provenance italienne. La plante, de la famille des Urticacées, en fournit environ 3 0/0. L'essence est d'un jaune pâle et contient principalement un carbure bouillant de 256 à 258°, de densité 0,9299 et ayant le pouvoir rotatoire spécifique — 10° 81′ pour la lumière jaune. Ce carbure a une odeur agréable, est soluble dans l'alcool, l'éther et le chloroforme. Il fournit un chlorhydrate cristallisable. L'auteur le considère comme un sesquiterpène $C^{15}H^{24}$.

M. Valente a constaté que l'essence extraite des plantes mâles du *Cannabis gigantea*, cultivé dans le Jardin botanique de Berne avec des graines venant de l'Inde, avait la même composition [*Gazz. chim. ital.*, **10** et **11**].

ESSENCE DE CHANVRE INDIEN (*Cannabis indica*). — Cette essence, extraite des tiges, a été distillée avec de la vapeur d'eau, et le produit distillé soumis à l'action de l'éther. Les solutions éthérées, préalablement abandonnées sur du chlorure de calcium, ont donné par évaporation une huile qui a été rectifiée dans le vide, puis sur du sodium. On a obtenu ainsi une masse poisseuse (combinaison d'un stéaroptène avec le sodium, d'après l'auteur) et un produit passant à 256°, de densité = 0,897 à 15°,3, déviant faiblement à gauche la lumière polarisée.

Ce composé $C^{15}H^{24}$ se combine au brome, en donnant un produit solide et de l'acide bromhydrique; il ne donne point de combinaison cristallisable avec l'acide chlorhydrique. Avec l'acide sulfurique, ce carbure donne la réaction des sesquiterpènes [G. Vignolo, *Atti d. R. Acc. d. Lincei*, 1894, 1er sem., 404].

ESSENCE DE CHENOPODIUM AMBROSIOIDES L. (var. *anthelminticum*). — L'essence obtenue par distillation des feuilles, qui en fournissent environ 0,35 0/0, a une densité de 0,879 à 15° et dévie la lumière polarisée de — 32° 55′ pour une colonne de 100 millimètres.

Elle est insoluble dans 10 fois son volume d'alcool à 70° [Schimmel, *Bericht*, avril 1894]. L'essence préparée avec la plante entière a pour densité 0,901 et possède une odeur de triméthylamine [Schimmel, *Bericht*, octobre 1893]. Enfin, l'essence extraite par distillation des semences, qui en produisent 1,03 0/0, est d'un jaune clair quand elle a été soumise à une nouvelle rectification, possède la densité de 0,900 à 15° et dévie à gauche de — 18° 55′ pour une colonne de 100 millimètres.

Elle ne donne pas de mélange limpide avec 10 fois son volume d'alcool à 70°. MM. Schimmel présument que les caractères de cette essence varient avec son âge, car ils ont trouvé des échantillons dont le pouvoir rotatoire variait entre — 6° 20′ et — 5° 25′ et qui se dissolvaient parfaitement dans l'alcool à 70°.

Il résulte de recherches faites en 1854 que cette essence renferme un carbure bouillant à 176° que MM. Schimmel soupçonnent être du limonène et un composé liquide de la formule $C^{10}H^{16}O$ [*Bericht*, avril 1894].

ESSENCE DE CIGUË (voyez Dict., **1**, 1278; Suppl., **1**, 496 et 1045). — Dans un nouveau mémoire [*Arch. Pharm.*, **231**, 212], M. J. Trapp revient sur ses anciennes recherches pour confirmer la présence du cymène et de l'aldéhyde cuminique dans l'essence de semences de *Cicuta virosa*.

ESSENCE DE CISTUS. — Sous ce nom, MM. Schimmel décrivent une essence retirée des feuilles du *Cistus ladaniferus*, de la famille des Cistacées, et qui possède une densité de 0,925 à 15°.

ESSENCE DE CITRON (voyez Dict., **1**, 935). — La densité de cette essence, comme de beaucoup d'autres, varie avec la provenance, le mode de préparation, l'état de maturité des fruits, etc.

Elle est de 0,851 à 15° (Flückiger), 0,855-0,871 à 15°,5 (Williams), 0,854 pour l'essence brute et 0,861 à 20° pour l'essence rectifiée (Hoffmann et Soltsien), 0,849 pour cette dernière (Mierzinski).

La déviation mesurée au polarimètre à pénombre pour une colonne de 100 millimètres varie de + 56° 30′ à + 60° 32′, et atteint + 62° 57′ pour l'essence rectifiée (Hoffmann et Soltsien), + 64° (Schimmel).

L'essence extraite par distillation a une densité de 0,85 à 20°, et donne dans le polaristrobomètre de M. Wild une déviation de + 58° 34′ à + 59° 16′ pour une longueur de 100 millimètres [W. A. Tilden, *Jahresb. Chem.*, 1879, 943].

D'après M. Oppenheim, cette essence distille en majeure partie entre 173 et 174°; à 185°, tout a distillé, sauf un résidu poisseux peu abondant. Traitée par le brome, elle donne un bibromure $C^{10}H^{16}Br^2$, qui, chauffé à 190° avec de l'aniline, fournit du cymène [*D. chem. G.*, **5**, 1872, 627].

D'après M. Tilden [*loc. cit.*], l'essence soumise à la distillation fournit un terpène qui serait identique à la portion principale de l'essence de térébenthine française, c'est-à-dire du *pinène* gauche; puis à 176° distille du citrène (limonène de Wallach), et enfin du cymène $C^{10}H^{14}$. Au-dessus de 200° il passe encore une petite quantité d'un corps dextrogyre possédant la composition $C^{10}H^{18}O$.

Le résidu renfermerait des polyterpènes et probablement un éther acétique

$$CH^3 . COOC^{10}H^{17},$$

que la chaleur décompose en acide acétique et terpène.

C. A. Wright a trouvé dans cette essence une proportion assez considérable d'un camphre $C^{10}H^{18}O$ bouillant de 199 à 205° et qui, traité par l'anhydride phosphorique, donne un terpène, et par le brome du cymène (Husemann).

En étudiant les chlorhydrates fournis par les différentes portions de l'essence, MM. Bouchardat et Lafont [*C. R.*, **101**, 383] ont trouvé que l'élément principal de l'essence de citron était le *citrène* (limonène), bouillant à 178°, possédant un pouvoir rotatoire très élevé, et donnant avec l'acide chlorhydrique un chlorhydrate solide. De plus, il existe encore un certain nombre de terpènes bouillant au-dessus de 162°, et donnant avec l'acide chlorhydrique des monochlorhydrates; enfin ils y ont trouvé un peu de cymène. Ces mêmes savants, en traitant le citrène par de l'acide sulfurique concentré, ont obtenu un diterpilène ou colophène, puis un mélange de cymène et de pseudocumène dans la proportion d'un cinquième du citrène employé. Ces carbures, d'après les auteurs, ne seraient pas des produits provenant de l'action de l'acide sur le citrène, mais préexisteraient dans l'essence de citron [*Journ. de Pharm. et de Chim.*, **27**, 49].

M. Lafont a isolé de 6 kilogrammes d'essence de citron environ 100 grammes d'un hydrocarbure lévogyre bouillant à 164°, à côté d'une grande quantité de limonène droit ($[\alpha]_D = + 93°$)

bouillant à 175-178° [*Bull. Soc. Chim.*, (2), **48**, 777 et **49**, 17].

M. O. Wallach [*Ann. Chem.*, **227**, 290] a retiré des portions de cette essence bouillant jusqu'à 200° deux terpènes, dont l'un, bouillant au-dessous de 170°, ne donne pas de bromure solide par action directe du brome, mais se transforme, quand on le chauffe à 250-270°, en un hydrocarbure qui donne facilement avec le brome un tétrabromure fusible à 124-125°, et qui est par conséquent du *pinène*, tandis que l'autre terpène bouillant de 175 à 180° donne directement un tétrabromure fondant à 104-105° et se trouve donc identifié avec le *limonène*.

M. Crismer [*Bull. Soc. Chim.*, (3), **6**, 30], en reprenant par de l'éther de pétrole les résidus de la distillation de l'essence de citron, y a trouvé un produit cristallisé fondant à 143-144° et répondant à la formule $C^{10}H^{10}O^{4}$. Dans les liquides mères du pétrole se trouve en outre une masse butyreuse fondant à 50°.

Pour M. Olivieri [*Gazz. Chim. ital.*, **21**, 318], l'essence de citron renfermerait, indépendamment du limonène (90 0/0), un autre terpène bouillant à 170-170°,5, de densité = 0,8867, possédant un pouvoir rotatoire spécifique $[\alpha]_D = + 64° 82'$, et dont le tétrabromure fond à 31°, tandis que son dichlorhydrate possède les propriétés du dichlorhydrate de limonène.

Dans les portions de l'essence qui distillent au-dessus, l'auteur a trouvé un sesquiterpène $C^{15}H^{24}$ bouillant à 240-242°, d = 0,9847, dont la quantité augmente dans l'essence avec le temps. Les tétrabromure et dichlorhydrate de ce terpène sont liquides.

D'après MM. Schimmel, l'essence de citron renfermerait une aldéhyde $C^{10}H^{16}O^{2}$, le *citral*, de densité 0,899 à 15° et bouillant à 228-229°.

C'est à la présence de ce composé que l'essence de citron doit son parfum.

Il semblerait en outre que l'essence de citron renfermât du citronellol, car, en traitant l'essence de citron par l'acide pyruvique et la β-naphtylamine, M. Dœbner a obtenu un mélange d'acide citryl-β-naphtocinchonique et d'acide citronellone-β-naphtocinchonique [*D. chem. G.*, **27**, 354].

M. R. L. Ladell [*Chem. News*, **69**, 20] a d'ailleurs isolé par rectification un produit $C^{10}H^{18}O$, de densité 0,962, bouillant à 206° et ayant un pouvoir rotatoire de + 6° 42'.

En résumé, l'essence de citron renferme principalement du *limonène* $C^{10}H^{16}$, une petite quantité de *pinène* (1,67 0/0 d'après Lafont), dont l'action sur la lumière polarisée n'est pas encore bien établie, puis un ou plusieurs composés oxygénés, parmi lesquels le *citral*, le *citronellol* et enfin une petite quantité de cymène.

Les falsifications de l'essence de citron consistent surtout dans l'addition d'alcool et d'essence de térébenthine.

D'après MM. Schimmel, une bonne essence de citron obtenue par expression doit posséder une densité comprise entre 0,858 et 0,859 à 15°, son pouvoir rotatoire doit être + 60° pour une longueur de 100 millimètres. Toute essence qui ne posséderait pas ces propriétés serait un produit de qualité inférieure ou un mélange.

La recherche de l'alcool peut se faire par distillation; plus simplement, il suffit d'introduire quelques gouttes de l'essence suspecte dans le fond d'un tube à essai, sans en mouiller les parois, puis, en tenant le tube presque horizontal, d'écraser sur la paroi, et vers le milieu de la hauteur, un cristal de fuchsine. On chauffe alors doucement, jusqu'à commencement d'ébullition : les vapeurs d'alcool, en se condensant sous forme de légère buée, humectent la fuchsine et forment autour de chaque parcelle une auréole rouge [T. Salzer, *Chem. Centralbl.*, **15**, 1884, 447].

Pour la recherche de l'essence de térébenthine, le moyen le plus pratique consiste à prendre le pouvoir rotatoire. Si l'essence de térébenthine ajoutée est d'origine française, elle est gauche, tandis que tous les produits entrant dans la composition de l'essence de citron sont droits.

M. Olivieri [*loc. cit.*] a déterminé l'abaissement du pouvoir rotatoire de l'essence de citron mélangée d'essence de térébenthine; il a employé pour cela de l'essence de citron ayant un pouvoir rotatoire de + 120° pour 200 millimètres, et de l'essence de térébenthine déviant de — 55° sous la même épaisseur.

L'observation a été faite à la température de 15 à 25° dans un tube de 200 millimètres :

Proportion d'essence de térébenthine.	Déviation observée.
0 0/0	120°,00
1	118°,25
2	116°,50
3	114°,75
4	113°,00
5	111°,25
6	109°,50
7	107°,75
8	106°,00
9	104°,25
10	102°,50
11	100°,75
12	99°,00
13	97°,25
14	95°,50
15	93°,75
16	92°,00
17	90°,25
18	88°,50
19	86°,75
20	85°,00

Mais si l'essence de térébenthine ajoutée est russe ou américaine, les observations ci-dessus n'auront plus aucune valeur; le mieux serait alors de distiller, de recueillir les premiers produits qui passent et de caractériser le pinène; on peut encore se fonder sur la propriété que possède l'essence de citron de ne pas voir son pouvoir rotatoire se modifier quand on la chauffe à 300° en tube scellé, tandis que, dans ces conditions, celui de l'essence de térébenthine s'abaisse d'une façon notable.

Essence de citron artificielle. — M. Deville avait déjà observé qu'en traitant par le potassium à très basse température le chlorhydrate obtenu par l'action de l'acide chlorhydrique sur l'hydrate d'essence de térébenthine, on obtenait un terpène ayant l'odeur agréable de l'essence de citron [*Ann. Chim. Phys.*, (3), **25**, 80]. Plus récemment, MM. Bouchardat et Lafont, en traitant par l'acide chromique un mélange à poids égaux d'acide acétique cristallisable et des portions de l'essence de térébenthine française bouillant à 155-157°, ont obtenu un corps bouillant à 174-178°, qu'ils ont appelé *terpilène gauche*, qui a presque toutes les propriétés et l'odeur de l'essence de citron. Cependant ils n'ont pu le débarrasser d'environ 16 0/0 de cymène qu'il renferme.

Essence de citron doux. — Se retire du zeste du *Citrus lumia* Risso, très répandu dans les Calabres et la Sicile. Les fruits ressemblent au citron ordinaire, mais ont une saveur sucrée et aromatique; leur odeur rappelle un peu celle des bergamotes; en Italie, on les appelle souvent *citrons d'Espagne*.

Cette essence, obtenue par expression, est jaune foncé, et devient incolore après distillation. Elle commence à distiller à partir de 130°, mais la majeure partie passe entre 180 et 190°.

Elle renferme un terpène bouillant à 180°, d = 0,853 à 18°, insoluble dans l'eau, peu soluble dans l'alcool, soluble dans l'éther et dans le sulfure de carbone.

Ce terpène est dextrogyre. Avec l'acide chlorhydrique il donne un dichlorhydrate solide fusible à basse température et un chlorhydrate incristallisable. Il est probable que ce n'est autre chose que du limonène [de Luca, *C. R.*, **51**, 258].

Essence de Coca (*Erythroxylon Coca* Lam., var. *Spruceanum* Brck). — La quantité d'essence obtenue par la distillation des feuilles dépend beaucoup de l'âge de ces dernières. La teneur des petites feuilles terminales non déployées est de 0,13 0/0, les jeunes feuilles fournissent 0,05 à 0,07 0/0, les vieilles feuilles quelquefois moins de 0,02 0/0.

L'essence brute a pour densité 1,15 à 29°. D'abord incolore, elle brunit à la longue. Son odeur est faiblement piquante, rappelant un peu le thé et en même temps l'essence d'amandes amères. Elle est en majeure partie constituée par du salicylate de méthyle [P. van Romburgh, *Rec. des Pays-Bas*, **15**, 425].

L'eau séparée de l'essence contient de l'alcool méthylique, de l'*acétone* et une substance qui réduit la solution ammoniacale d'argent. M. van Romburgh [*loc. cit.*] a également trouvé du salicylate de méthyle (0,004 0/0) dans les feuilles d'*Erythroxylon Bolivianum* Brck.

Essence de cochléaria. — Est identique avec l'isosulfocyanate de l'alcool butylique secondaire

$$C \begin{cases} CH^3 \\ C^2H^5 \\ H \\ Az = C = S \end{cases}$$

qui la remplace maintenant dans le commerce, en raison du faible rendement et du prix élevé de l'essence naturelle [Dict., 3, 118].

Elle a une odeur irritante, provoquant le larmoiement, une saveur forte. Elle a pour densité 0,954 à 15° et bout à 159-160°.

On trouve souvent dans le commerce sous le nom d'essence de cochléaria un mélange d'essence de rue avec un peu d'essence de moutarde. Le rendement de la plante en essence n'est que de 0,025 à 0,0089 0/0.

Essence de comptonia. — Cette essence, obtenue par distillation des feuilles du *Comptonia asplenifolia* (Podostemmées), plante appelée *sweet-fern* (fougère odorante) en Amérique, a une densité de 0,926 [Schimmel, *Bericht*, oct. 1893].

Essence de copahu (voyez Dict., **1**, 1278, 975; Suppl., **1**, 519). — Cette essence est fournie par un certain nombre de variétés de *Copaïfera* de la famille des Césalpiniées. Ses propriétés physiques et même sa composition varient avec son origine. Sa densité peut varier de 0,878 à 0,898, 0,91 et même 0,921. Son pouvoir rotatoire va de — 28° 55′ à — 34° 18′. Elle bout entre 245 et 260°.

Elle est en majeure partie constituée par un terpène qui donne avec l'acide chlorhydrique un dichlorhydrate cristallisé fondant à 77° et se décomposant à 140-150°; la solution alcoolique de ce chlorhydrate est inactive (Soubeyran et Capitaine).

L'acide azotique étendu et chaud l'oxyde lentement et la transforme en résine et en un acide cristallisé, non étudié [Posselt, *Ann. Chem.*, **69**, 69]. L'acide azotique concentré la colore en un rouge intense; avec l'acide fumant elle s'enflamme avec explosion.

D'après M. R. Brix [*Jahresb. Chem.*, 1881, 1028], qui a étudié une essence retirée d'un copahu de Maracaïbo, elle renfermerait : 1° un diterpène $C^{20}H^{32}$, bouillant à 250-260°, incapable de donner avec l'acide chlorhydrique un camphre solide, et qui par oxydation se transformerait en acide acétique et acide téréphtalique;

2° Une huile bleue possédant la composition $3C^{20}H^{32} + H^2O$, bouillant entre 252 et 260°, se comportant comme le diterpène avec l'acide chromique et régénérant ce diterpène par distillation sur l'acide phosphorique.

Il semble que cet hydrate ne préexisterait pas dans l'essence et ne prendrait naissance que pendant la rectification d'un produit renfermant encore de l'eau.

Enfin M. S. Lévy a obtenu, par l'oxydation de l'essence de copahu à l'aide de l'acide chromique un acide diméthylsuccinique asymétrique,

$$\begin{array}{l} C(CH^3)^2 - CO^2H \\ | \\ CH^2 —— CO^2H \end{array}$$

fondant à 139-140° [S. Lévy, *D. chem. G.*, **18**, 3206]

L'essence de copahu, en raison de sa valeur commerciale insignifiante, sert à falsifier bon nombre d'autres essences. D'après M. H. R. Schramm, le meilleur moyen de reconnaître cette fraude consiste à diluer dans un peu d'alcool l'essence suspecte, d'y tremper une mèche de coton et de l'allumer. Quand l'alcool est consumé et que la mèche fume encore en charbonnant, on observe nettement l'odeur de copahu (*Dingler's Journ.*, **201**, 375].

Essence de copal. — En soumettant à la distillation sèche de la résine de copal, M. L. H. Friedburg [*Am. Chem. Soc.*, New York, 1890, 285] a obtenu un carbure qu'il a considéré comme du limonène.

MM. Wallach et Th. Rheindorff ont repris cette étude et ont constaté que la résine de copal fournit environ 22 0/0 d'une huile mobile, qui bout entre 210 et 350°. Parmi les produits de la rectification, ils ont isolé le *pinène* et le *dipentène* [*Ann. Chem.*, **271**, 308].

Essence de coriandre. — La densité de l'essence de coriandre avait été indiquée, d = 0,871 à 14°, par Kawalier (voyez Dict., **1**, 977). Elle varierait, selon MM. Schimmel, de 0,874 à 0,882 à 15°, 0,8719 à 15° (Grosser) et aurait un pouvoir rotatoire de + 4° à + 13°. M. Kawalier lui avait attribué la formule $C^{10}H^{18}O$, et en avait isolé un terpène par distillation sur l'acide phosphorique.

D'après les recherches de M. Grosser [*D. chem. G.*, **14**, 2485], la composition de cette essence répond bien à la formule de M. Kawalier; mais M. Grosser a pu constater l'élimination d'eau pendant la distillation de l'essence entre 150 et 170°; le produit recueilli à cette température (environ 20 0/0) a pour composition $C^{20}H^{34}O$, ce qui peut s'expliquer de la manière suivante :

$$2C^{10}H^{18}O = C^{20}H^{34}O + H^2O.$$

Entre 190 et 196° il distille une nouvelle portion (environ 1/3), répondant à la formule primitive $C^{10}H^{18}O$.

Le sodium, agissant à froid sur l'essence de coriandre, s'y unit peu à peu pour donner naissance au composé $C^{10}H^{17}NaO$, qui, traité par l'acide chlorhydrique, régénère le produit de condensation $C^{20}H^{34}O$. Entre 150 et 170°, le sodium réagissant sur l'essence de coriandre la transforme en un terpène bouillant à 178-180°.

L'acide chlorhydrique déshydrate d'abord l'essence, puis donne un chlorhydrate liquide,

$$C^{10}H^{16}.HCl,$$

de densité = 0,9527 à 15°.

L'acide iodhydrique la transforme en cymène.

Le permanganate de potasse l'oxyde avec formation d'acide acétique et d'un acide $C^6H^{10}O^4$, probablement un acide diméthylsuccinique.

En résumé, l'essence de coriandre est constituée par un composé unique auquel M. R. Grosser donne le nom de *coriandrol*, isomère du bornéol, et auquel il attribue la formule de constitution

$$C^8H^{13}CHOH.CH^3, \text{ ou mieux } \begin{matrix} C^7H^{13}\equiv C \\ CH^3 \end{matrix}\!\!>CHOH.$$

M. Semmler a repris l'étude de l'essence de coriandre et a confirmé la présence dans cette essence d'un terpène qui, selon MM. Schimmel, est du pinène droit, et d'environ 90 0/0 d'un composé $C^{10}H^{18}O$, auquel il donne également le nom de *coriandrol* [*D. chem. G.*, **24**, 206]. Enfin M. Barbier [*C. R.*, **116**, 1453] a trouvé que le coriandrol n'est autre chose que la modification droite du licaréol gauche. Les deux corps possèdent le même pouvoir rotatoire, mais de signe contraire, et en général les mêmes propriétés physiques.

Parmi les réactions de l'essence de coriandre, citons les suivantes :

La teinture d'iode la colore en vert, puis en vert foncé; l'acide azotique très étendu la colore en un rouge framboise, qui passe au lilas et au bleu si on chauffe. Ces colorations sont très fugaces quand l'essence est additionnée d'essence de bigarade ou d'alcool.

L'acide sulfurique la colore en brun rouge.

L'essence de coriandre ne dissout pas la fuchsine.

Une bonne essence, exempte de terpène et d'essence de cèdre, doit se dissoudre dans 3 fois son volume d'alcool à 70° à une température de 20°.

Essence de Costus speciosus (Zingibéracées). — Sous ce nom MM. Schimmel décrivent [*Bericht*, oct. 1893] une essence extraite des racines, qui en fournissent 1 0/0, laquelle a pour densité 0,982 et comme pouvoir rotatoire + 15°24′.

Essence de coto (para). — On n'est pas encore fixé sur l'origine de l'écorce de coto, Flückiger ayant mis en doute [*Apoth. Zeit.*, 1893, n° 5] les assertions de M. Schuchardt qui prétend qu'elle provient du *Drimys Winteri* Forst. [*Zeit. d. œsterr. Apoth. Ver.*, 1891, 124].

L'écorce jaune de coto fournit par la distillation avec la vapeur d'eau surchauffée environ 1 1/2 0/0 d'une huile essentielle, qu'on peut aussi en extraire par l'éther. Cette huile est un liquide mobile, incolore, doué d'une odeur très agréable. Densité à 15° = 0,9275. Déviation pour une longueur de 100 millimètres = — 2°12′.

Une essence distillée par MM. Schimmel [*Bericht*, avril 1894] avait pour densité 1,018, déviait à droite de + 5°40′ et se dissolvait dans 3 fois son volume d'alcool à 70°.

Soumise à la distillation fractionnée, elle fournit une faible portion à 160°, puis successivement d'autres portions à 170-175°, à 220-235°, enfin à 240-245°. Ces différentes parties sont désignées par les noms suivants :

α-Paracotène $C^{12}H^{18}$. — Liquide mobile, distillant à 160°. Densité = 0,8727; $[\alpha]_D$ = + 9°34′. N'absorbe pas l'acide chlorhydrique sec. L'acide sulfurique concentré le colore en rouge et en sépare une huile fluorescente bleue.

β-Paracotène $C^{11}H^{18}$. — Point d'ébullition 170-172° (non corrigé). Densité = 0,8845; $[\alpha]_D$ = — 0°63′. N'absorbe pas l'acide chlorhydrique.

α-Paracotol $C^{15}H^{24}O$. — Point d'ébullition 220-222°. Densité 0,9262 à 15°; $[\alpha]_D$ = — 11°87′.

β-Paracotol $C^{28}H^{40}O^2$. — Point d'ébullition 236°. D = 0,9526 à 15°; $[\alpha]_D$ = — 5°98′.

γ-Paracotol $C^{23}H^{40}O^2$. — Isomérique avec le précédent. Bout à 240-242°. D = 0,965; $[\alpha]_D$ = — 0°52′. [Jobst et Hesse, *Ann. Chem.*, **199**, 78; *Bull. Soc. Chim.*, (2), **35**, 278].

MM. Wallach et Rheindorff ont repris l'étude de cette essence et admettent qu'elle renferme un sesquiterpène $C^{15}H^{24}$, le *cadinène*, identique à celui qui se trouve dans les esssences de cade, de sabine, de patchouli et de galbanum, et du méthyleugénol

$$C^6H^3\begin{cases} OCH^3_{(1)} \\ OCH^3_{(2)} \\ C^3H^5_{(4)} \end{cases}$$

Quant aux α, β et γ paracotol de MM. Jobst et Hesse, ils considèrent ces corps comme des mélanges de sesquiterpène et de méthyleugénol.

En ce qui concerne le paracotol α, ils n'excluent cependant pas la possibilité de l'existence d'un hydrate de *cadinène*, qui serait alors $C^{15}H^{26}O$ et non $C^{15}H^{24}O$ [*Ann. Chem.*, **271**, 300].

Essence de cresson. — 1° *Cresson de fontaine* (*Nasturtium officinale* L.). — Voyez Suppl., **1**, 684.

2° *Cresson alénois ou cresson des jardins* (*Lepidium sativum* L.). — Cette crucifère distillée avec la vapeur d'eau fournit une petite quantité d'essence qu'il faut rassembler avec du benzène : c'est un liquide jaune clair, qui se décolore par la rectification. Elle bout à 231°,5; elle renferme, comme la précédente, un nitrile, le phénylacétonitrile $C^6H^5.CH^2.CAz$, et de petites quantités d'un composé sulfuré qui n'a pas été isolé.

3° *Cresson ou passerage des murailles* (*Lepidium ruderale* L.). — Cette essence est plus dense que l'eau, et possède la saveur brûlante de l'essence de cresson de fontaine. Elle est incolore, mais se colore en jaune à la lumière. L'acide sulfurique la dissout en se colorant en rouge.

A l'encontre des deux précédentes essences qui, traitées par la potasse, dégagent de l'ammoniaque, celle-ci n'est pas attaquée d'une façon appréciable par les alcalis; elle doit donc différer d'avec ses congénères au point de vue de sa composition : tout ce que l'on sait d'elle aujourd'hui, c'est qu'elle renferme un principe sulfuré.

4° Enfin par distillation des feuilles fraîches du passerage à larges feuilles (*Lepidium latifolium* L.), on obtient une essence sulfurée plus lourde que l'eau, qui n'a pas été étudiée.

Essence de cubèbe (voyez Dict., **1**, 1006). — Cette essence, obtenue avec des cubèbes vieux, a donné, par exposition au froid, naissance à un camphre auquel MM. Sell et Blanchet (voyez Dict.) ont attribué la formule $C^{15}H^{24},H^2O$; d'après MM. Schär et Wyss, il aurait la composition

$$C^{30}H^{52}O^2 = 2\,C^{15}H^{14} + 2\,H^2O.$$

Ce camphre n'existe, d'après M. E. Schmidt, que dans l'essence préparée avec de vieux cubèbes : les fruits jeunes n'en renferment pas et ce n'est qu'au bout d'un certain temps et sous l'influence de l'air humide qu'il se forme [Schmidt, *D. chem. G.*, **10**, 188].

L'essence de cubèbes vieux, soumise à des distillations fractionnées nombreuses, a donné à M. Oglialoro [*D. chem. G.*, **8**, 1357] une petite quantité d'un terpène $C^{10}H^{16}$ bouillant à 156-163°, lévogyre, et un sesquiterpène bouillant à 264-265°, de densité 0,9289 à 0°, donnant avec l'acide chlorhydrique un dichlorhydrate $C^{15}H^{24}.2HCl$ cristallisé fusible à 118°, et décomposable en ses éléments lorsqu'on le chauffe avec de l'eau à 170-180°. L'essence de cubèbes frais ne renferme que deux sesquiterpènes [E. Schmidt, *loc. cit.*], dont l'un bouillant à 220°, de densité = 0,915, dévie fortement à gauche ($[\alpha]_D$ = — 40°); le second bout à 250°, a une densité de 0,937, est lévogyre aussi, mais moins que le premier.

Ils ont tous deux une odeur aromatique faible et une saveur camphrée brûlante.

Ils sont peu solubles dans l'eau et dans l'alcool étendu, très solubles dans l'alcool absolu, l'éther, le benzène, le chloroforme, les huiles grasses.

L'essence de cubèbe traitée par l'acide chlorhydrique donne un dichlorhydrate $C^{15}H^{24},2HCl$, fondant de 120 à 125°. Elle absorbe l'iode avec une élévation notable de température : le mélange chauffé devient d'abord bleu-verdâtre, puis bleu et enfin violet.

L'acide sulfurique la colore en jaune verdâtre, orangé, brun rouge, et à chaud en rouge cramoisi. L'acide nitrique la résinifie.

Un mélange à parties égales d'acides sulfurique et nitrique concentrés colore en bleu une solution sulfocarbonique d'essence de cubèbe.

Enfin, d'après M. O. Wallach [*Ann. Chem.*, **238**, 78], l'essence de cubèbe soumise à la distillation fournirait au-dessous de 200° une petite quantité de dipentène; entre 250 et 270° passe la portion principale, composée surtout de sesquiterpène bouillant à 274-275° et donnant avec l'acide chlorhydrique un dichlorhydrate fondant à 117-118°; ces résultats semblent confirmer ceux de M. Oglialoro mentionnés plus haut.

MM. Schimmel attribuent à l'essence de cubèbe une densité de 0,910 à 0,930, un pouvoir rotatoire de —25°55′ et y signalent la présence de dipentène, de cadinène et de camphre de cubèbe [*Bericht*, oct., 1893].

Essence de culilawan. — On l'extrait de l'écorce du *Cinnamomum culilawan* Nees, qu'on soumet à la distillation à la vapeur d'eau après l'avoir concassée et fait macérer dans l'eau. C'est un liquide brunâtre, d'une odeur aromatique forte rappelant celle de l'essence de cajeput et de girofle. MM. Schimmel y ont trouvé de l'eugénol. Elle est très soluble dans l'alcool; l'acide sulfurique concentré la colore en un brun rouge foncé; l'acide nitrique l'attaque violemment et la résinifie [Mierzinski d'après Bornemann, p. 242].

Essence de cumin. — Est fournie par les fruits du *Cuminum cyminum* L., de la famille des Ombellifères.

Récemment distillée, elle est incolore, très mobile, d'une densité de 0,9034 à 24°. Au contact de l'air, elle ne tarde pas à se colorer en jaune; elle devient moins fluide et sa densité monte à 0,9727 à 13°,4 : c'est celle de l'essence du commerce. Elle est relativement assez soluble dans l'eau.

Son odeur aromatique est pénétrante et désagréable, sa saveur forte et un peu amère.

Elle se compose d'environ 33 0/0 de cymène et 77 0/0 d'aldéhyde cuminique (voyez Dict., **1**, 1045).

Un des principaux caractères de l'essence de cumin est de donner un abondant précipité cristallin avec le bisulfite de sodium : ce qui permet d'y faire un dosage suffisamment exact de l'aldéhyde cuminique qu'elle renferme.

L'acide sulfurique concentré la colore en rouge foncé.

Essence de Cunila mariana L. (Labiées). — Cette plante, appelée *dittany* dans l'Amérique du Nord, fournit, à l'état sec, environ 0,7 0/0 d'une essence rouge-jaune (densité = 0,915 à 15°) et possédant une odeur rappelant celle de l'essence de thym. Un examen sommaire a montré à MM. Schimmel [*Bericht*, oct. 1893] qu'elle renfermait environ 40 0/0 d'un phénol qui paraît être du thymol.

Essence de curcuma. — Se retire par distillation à la vapeur de la racine de *Curcuma longa* L. Liquide mobile, jaune-citron, d'une odeur pénétrante, d'une saveur brûlante. Elle est moins dense que l'eau : d = 0,942.

La majeure partie de l'essence distille entre 220 et 250° et est constituée presque exclusivement par du *curcumol* $C^{10}H^{14}O$, isomère du thymol et du carvol [Bolley et Suida, *J. prakt. Chem.*, **103**, 474].

D'après M. Flückiger, le curcumol se distingue du carvol en ce qu'il ne se combine pas à l'hydrogène sulfuré.

En dehors de ce phénol, l'essence de curcuma renfermerait encore du phellandrène [Schimmel, *Bericht*, oct. 1890].

Essence de cyprès (*Cupressus sempervirens*). — Les feuilles et les jeunes pousses de cyprès ont fourni à la distillation environ 0,60 0/0 d'une essence jaune, à odeur agréable rappelant celle de cyprès, de densité = 0,887 à 15° et de pouvoir rotatoire + 5°37′. Quand on évapore le produit, on observe qu'il dégage une odeur ambrée agréable rappelant celle de l'essence de ladanum.

D'après MM. Schimmel, cette essence renfermerait du pinène droit, du sylvestrène, un sesquiterpène, et de petites quantités d'éthers.

Essence de cade. — Voir plus loin Essence de genièvre.

Essence de dahlia. — Voyez Dict., **1**, 1278.

Essence de damiana. — Cette essence s'extrait des feuilles de *Turnera diffusa*, ou *Turnera aphrodisiaca* ou *microphylla*, de la famille des Turnéracées, et connue dans le commerce sous le nom de Damiana. Le rendement en est très faible, 0,09 0/0. C'est un liquide verdâtre, visqueux, d'une odeur rappelant celle de la camomille. Densité = 0,970-0,986; elle bout de 250 à 310°; les portions supérieures sont fortement colorées en bleu.

Cette plante passe pour avoir des propriétés excitantes aphrodisiaques très prononcées [Schimmel, *Chem. Zeit.*, **12**, 547].

Essence de dilem ou dilam (?). — Cette essence a été retirée par MM. Schimmel des feuilles de *Dilem*, plantes originaires de Java, et dont le genre se rapproche de celui du *Pogostemon patchouli*.

Elle a une odeur rappelant celle du patchouli, mais plus fine.

Elle est jaune-verdâtre, assez épaisse, de densité = 0,960 et bout de 250 à 300° [Schimmel, *Chem. Zeit.*, **12**, 1397].

Essence d'élémi. — Voyez Dict., **1**, 1278.

La résine élémi fournit par distillation de 15 à 18 0/0 d'une essence incolore, liquide, très fluide et dont l'odeur rappelle celle du fenouil, du macis et de l'aneth.

Sa densité est 0,816 (Stenhouse), 0,849 à 11°,5 (Deville), 0,880 [Schimmel, *Chem. Zeit.*, **10**, 419]. Elle bout entre 166 et 176° : la portion principale passe entre 172 et 176°. Elle est très soluble dans l'alcool et dans l'éther et fortement lévogyre.

D'après M. O. Wallach [*Ann. Chem.*, **252**, 94], l'essence aurait une densité de 0,90, et renfermerait dans les portions bouillant jusqu'à 175° une quantité appréciable de *phellandrène* $C^{10}H^{16}$, dextrogyre, caractérisé par la formation du nitrite $C^{10}H^{16}.Az^2O^3$, alors qu'après traitement à l'acide sulfurique en solution alcoolique on n'obtient plus que du nitrite de terpinène.

Les portions passant de 175 à 180° sont constituées presque exclusivement par du *dipentène* $C^{10}H^{16}$: elles donnent avec le brome, après dilution dans l'acide acétique cristallisable, un tétrabromure fondant à 125°, avec le nitrite d'amyle et l'acide chlorhydrique un nitrosochlorure, qui donne naissance à de la carvoxime fondant à 93°, toutes réactions caractéristiques du dipentène.

La portion bouillant au-dessus de 180° renferme des polyterpènes et des composés oxygénés.

Enfin, au cours de la rectification, il se sépare de fines aiguilles cristallines, qui paraissent être de l'amyrine : on obtient ce même corps comme résidu de l'épuisement de l'élémi par l'alcool froid. Il fond à 177°, et se sublime sans décomposition.

Sa constitution n'est pas connue encore (voyez Dict., Suppl., 1, 133).

Il est à remarquer que M. H. Deville avait constaté dans cette essence la présence d'un phellandrène gauche; il avait même trouvé un pouvoir rotatoire de —90° 30′ pour l'essence d'élémi [*Ann. Chim. Phys.*, (3), 27, 88].

Celui qui a été isolé par M. Wallach est au contraire du phellandrène droit.

L'essence d'élémi dissout l'iode avec une élévation considérable de température; elle se colore en rouge avec l'acide sulfurique à froid, et se carbonise à chaud. L'acide nitrique l'attaque violemment à chaud en la résinifiant.

Essence d'encens ou d'oliban. — L'*oliban* ou *encens* est une gomme résine fournie par deux ou trois espèces de Térébinthacées. Par distillation avec la vapeur d'eau, l'oliban fournit de 4 à 7 0/0 d'huile essentielle, limpide, incolore. Son odeur rappelle celle de l'essence de térébenthine, mais est plus agréable. Sa densité est 0,866 à 24° ou 0,872 à 20°; elle bout à 160-170°. Elle est légèrement lévogyre, et se dissout en toutes proportions dans l'alcool absolu et dans l'éther.

Les premières recherches sur cette essence ont été faites par M. Stenhouse (voyez Dict., 1, 1226), qui lui a attribué la formule invraisemblable

$$C^{68}H^{110}O^{3}$$

M. Kurbatoff en a retiré un hydrocarbure $C^{10}H^{16}$ qu'il a appelé *olibène*, bouillant à 156-158°, de densité =0,863 à 12°, fournissant avec l'acide chlorhydrique un monochlorhydrate fondant à 127° [*Ann. Chem.*, 173, 1].

D'après les recherches plus récentes de M. O. Wallach [*Ann. Chem.*, 252, 94], l'essence d'oliban est légèrement lévogyre; sa densité à 20° est 0,872.

Les portions bouillant au-dessous de 165° sont constituées par du *pinène* gauche, caractérisé par la formation, sous l'influence du nitrite d'amyle et de l'acide chlorhydrique, du nitrosochlorure fondant à 100-101°.

Les portions bouillant au-dessus de 175° renferment principalement un composé oxygéné qui n'a pas été étudié.

L'essence d'oliban se comporte vis-à-vis des réactifs généraux des essences comme l'essence d'élémi.

L'encens, soumis à la distillation sèche, fournit environ 7 0/0 d'une essence dans laquelle MM. Wallach et Th. Rheindorff ont pu isoler du pinène [*Ann. Chem.*, 271, 310].

Essence d'érechtitis. — Fournie par l'*Erechtitis hieracifolia* Raf.

Cette essence rectifiée est incolore, très réfringente et commence à bouillir à 185-190° [F. Power, *Chem. Centralbl.*, (3), 18, 1294].

Sa densité est de 0,845 à 0,855.

D'après MM. F. Beilstein et E. Wiegand [*D. chem. G.*, 15, 2854], elle est composée presque exclusivement de terpènes : au-dessous de 200° passe une petite quantité d'un terpène qui a été identifié avec le limonène; la majeure partie de l'essence bout au-dessus de 200° et renferme probablement un sesquiterpène.

Essence d'erigeron. — Cette essence se retire de la racine d'*Erigeron Canadense* L., de la famille des Composées. L'herbe fraîche en fournit à la distillation environ 0,33 0/0.

C'est un liquide incolore, neutre, d'une odeur agréable, bouillant à 176° (densité = 0,8498) [F. Power, *Chem. Centralbl.*, (3), 18, 1294].

Elle se compose essentiellement d'un terpène $C^{10}H^{16}$ bouillant à 176°, dont le dichlorhydrate fond à 47-48°, c'est-à-dire de limonène [Beilstein et Wiegand, *D. chem. G.*, 15, 2854].

D'après M. A. Todd, cette essence est lévogyre, mais devient inactive après rectification : les premières portions passant à la distillation seraient même dextrogyres; la densité de l'essence rectifiée est de 0,855 à 0,865 [*Chem. Zeit.*, 11, 191].

D'après MM. Schimmel [*Bericht*, octobre 1894], la densité d'une essence préparée par eux serait de 0,868, et son pouvoir rotatoire de +52° (H = 100 millimètres).

Essence d'érysimum. — Voyez Dict., 1, 1279.

Essence d'estragon (*Artemisia dracunculus*). — La plante séchée fournit à la distillation environ 0,25 à 0,55 0/0 d'essence, dont la densité et le pouvoir rotatoire varient suivant les régions où l'herbe a été cultivée et aussi suivant l'époque où elle a été cueillie. C'est ainsi que MM. Schimmel ont obtenu, avec des plantes provenant de leurs plantations de Miltitz, des essences qui possédaient les propriétés suivantes :

Densité à 15°	= 0,923	p. r. + 5°15′
—	= 0,932	— + 8°10′
—	= 0,906	— + 5°45′
		(l = 100 millim.)

tandis que d'autres essences du commerce leur ont donné

Densité à 15°	= 0,944	p. r. + 2°50′
—	= 0,935	— + 2°32′

Cette essence renferme, indépendamment de petites quantités d'hydrocarbure, un composé isomère de l'*anéthol* et qu'on a pris pour ce dernier, et parfois de l'acide anisique $C^{8}H^{8}O^{3}$, provenant sans doute de l'oxydation du corps $C^{10}H^{12}O$.

Le composé $C^{10}H^{12}O$ a été trouvé dans cette essence ainsi que dans celle de l'écorce d'anis, par MM. Schimmel [*Bericht*, avril 1892, 17 et 41], et a été reconnu être identique au méthylchavicol que M. Eykman a obtenu par méthylation du *chavicol* [*D. chem. G.*, 22, 2743].

M. Grimaux [*C. R.*, 117, 1189] a également isolé ce composé de l'essence d'estragon et lui donne le nom d'*estragol*. Il a de plus reconnu l'absence d'anéthol dans l'essence, et constaté que l'estragol par ébullition avec de la potasse alcoolique se convertit en son isomère l'*anéthol* :

$$C^6H^4 \begin{cases} OCH^3_{(4)} \\ CH^2-CH=CH^2_{(1)} \end{cases}$$

Estragol ou paraméthoxyallylbenzène.

$$= C^6H^4 \begin{cases} OCH^3_{(4)} \\ CH=CH-CH^3_{(1)} \end{cases}$$

Paraméthoxypropénylbenzène ou anéthol.

Bien que l'estragol de M. Grimaux ait le point d'ébullition 215-216°, et que le méthylchavicol de M. Eykman distille à 226-230°, MM. Schimmel considèrent ces deux corps comme identiques [*Bericht*, avril 1894, 28].

Essence d'Eugenia cheken. — Fournie par les feuilles de l'*Eugenia Cheken* ou *Myrtus Cheken* L., de la famille des Myrtacées : le rendement est de 2 à 3,7 0/0.

L'essence a une coloration jaune pâle, quelquefois verdâtre, et son odeur tient le milieu entre celles des essences de myrte d'Espagne et de Corse. Elle dévie légèrement la lumière polarisée à droite.

Elle renferme 75 0/0 de pinène $C^{10}H^{16}$ bouillant à 156-157°, et 25 0/0 de cinéol $C^{10}H^{18}O$ bouillant à 176° [F. Weiss, *Chem. Zeit.*, 12, 1397].

Essence d'evodia. — Liquide jaune clair, (densité = 0,84), d'une odeur rappelant celle des essences de géranium et de bergamote, fournie par les fruits du *Xanthoxylum Hamiltonianum*.

de la famille des Simaroubées, originaire de Java. Cette essence est employée pour masquer l'odeur de l'iodoforme (H. Helbing).

Une variété voisine, le *X. piperitum* DC., fournit l'essence dite de poivre du Japon, qui a une odeur de citron, une densité de 0,973, et qui bout de 160 à 230° [Schimmel, *Bericht*, octobre 1890].

Essences d'eucalyptus (voyez Suppl., **1**, 716). — Le Sud de la France, l'Afrique, l'Australie et la Californie sont les principaux centres de production des essences d'eucalyptus. Tandis qu'en France et en Algérie on exploite surtout l'*Eucalyptus globulus*, dans les autres contrées on s'adresse à de nombreuses variétés de cette espèce de Myrtacées et les produits qu'on en tire diffèrent souvent notablement entre eux, tant comme parfum qu'au point de vue de la composition.

Les feuilles d'*Eucalyptus globulus* fournissent à l'état sec de 1,6 à 3 0/0 d'essence brute, qui, rectifiée, est la plus appréciée parmi toutes ses congénères. Selon Cloëz, elle a pour densité 0,905 et distille vers 175° [*C. R.*, **70**, 687].

E. Jahns a trouvé que l'essence d'*Eucalyptus globulus* avait une densité de 0,921 à 15° et que les trois quarts du produit bouillaient entre 170 et 180° [*D. chem. G.*, **17**, 294].

D'après M. R. Voiry, cette essence est jaune-verdâtre, a une odeur désagréable; elle dévie à droite de + 4° 24′ sous une épaisseur de 100 millimètres, a une densité de 0,934 à 0°; elle cristallise à — 50° et fond à — 10° [*Bull. Soc. Chim.*, (2), **50**, 106].

D'après MM. Schimmel, la densité des principales essences commerciales oscille de 0,915 à 0,925, et le pouvoir rotatoire à droite varie beaucoup avec la provenance [*Chem. Zeit.*, **12**, 546].

Signalons enfin les indications de deux autres auteurs : M. R. Williams lui attribue la densité 0,888 à 0,91 à 15° et le point d'ébullition 175°,6-176°,7 [*Chem. News*, **60**, 175] et M. P. M. Squirn la densité 0,904-0,921 et le pouvoir rotatoire + 4 à + 17°.

Les premières recherches sur cette essence ont été faites par Cloëz (voyez Suppl., **1**, 716], qui avait attribué la formule $C^{12}H^{20}O$ à la portion principale bouillant à 170-178°, qu'il avait appelée *eucalyptol*.

Après lui, MM. A. Faust et J. Hofmeyer ont conclu que cet eucalyptol n'était qu'un mélange de terpène (70-80 0/0) et de cymène (30-20 0/0), avec de petites quantités d'un camphre $C^{10}H^{14}O$, voisin du cymène [*D. chem. G.*, **7**, 1429].

M. E. Jahns [*loc. cit.*], en opérant sur de l'essence d'eucalyptus de provenance certaine, a identifié avec le *cinéol* $C^{10}H^{18}O$ les portions recueillies à la distillation entre 175 et 180°, et que Cloëz avait appelées *eucalyptol*.

M. O. Wallach y a démontré l'existence de dipentène bouillant à 180°. D'après MM. Schimmel, cette essence a une densité de 0,91 à 0,93, un pouvoir rotatoire de + 1° à + 20°; elle renferme de 50 à 70 0/0 d'eucalyptol ou cinéol, de petites quantités d'aldéhydes de la série grasse (aldéhyde butyrique, valérianique), un pinène droit de densité 0,88 à 0°, bouillant à 158-160°, de pouvoir rotatoire $[\alpha]_D = + 40°$, et donnant un chlorhydrate cristallisé dextrogyre [*Chem. Zeit.*, **12**, 546].

MM. Bouchardat et Oliviero [*Bull. Soc. Chim.* (3), **9**, 419] ont confirmé la présence d'aldéhydes butyrique et valérique dans l'essence, mais ont trouvé qu'elle renfermait en outre des alcools éthylique et amylique, ainsi que de l'aldéhyde caproïque.

Indépendamment des autres procédés qui permettent de retirer l'*eucalyptol* des essences d'eucalyptus, M. Scammel, d'Adélaïde, vient de démontrer que ce produit se combine avec l'acide phosphorique (d = 1,8) pour donner un composé cristallisé qu'on essore et qu'on décompose ensuite au moyen de l'eau chaude [Schimmel, *Bericht*, avril 1895].

L'essence d'eucalyptus dissout l'iode sans explosion, dans la proportion de 61-68 à 110,65 0/0; elle absorbe de 0,35 à 0,52 0/0 de potasse caustique. Ses usages sont exclusivement médicaux : elle agit comme antiseptique non caustique, soit en inhalations, soit en injections hypodermiques, principalement dans les cas de tuberculose pulmonaire ou autres affections du système respiratoire. Elle a aussi été préconisée contre l'influenza.

Essences d'Eucalyptus d'Australie. — Les variétés en sont nombreuses.

L'essence fournie par l'*Eucalyptus amygdalina* L. se présente sous la forme d'un liquide jaune clair, mobile, d'une odeur pénétrante, rappelant un peu celle du citron.

Densité = 0,881 à 15°, 0,874 à 0,897 (Squirn); elle bout à 165-188°. Au contact de l'air elle se résinifie. Son pouvoir rotatoire varie, selon sa provenance et son mode de fabrication, de — 24 à — 38° et même — 120° (Squirn).

Débarrassée par la potasse de sa résine, cette essence fournit à 172-175° de l'*eucalyptène* $C^{10}H^{16}$ (phellandrène, selon Schimmel), terpène que l'acide chlorhydrique ne transforme pas en chlorhydrate solide, mais que l'iode transforme en cymène.

Sous l'influence de l'air humide, l'essence fournit de l'eau oxygénée et des dérivés du camphre, ce qui expliquerait ses propriétés antiseptiques [T. Kingzett, *Chem. News*, **40**, 183].

Elle ne donne pas avec le brome la réaction caractéristique de l'essence d'*Eucalyptus globulus* : en humectant de cette dernière l'intérieur d'un verre à expérience et exposant ensuite aux vapeurs de brome, il se forme aussitôt des cristaux; cette réaction n'a pas lieu avec l'essence d'Australie [E. Jahns, *Chem. Centralbl.*, (3), **16**, 188].

Cette essence renferme du cinéol (eucalyptol), mais en assez faible quantité, et il est assez difficile de l'y retrouver; il faut pour cela dissoudre dans l'éther de pétrole la portion distillant à 176° et y faire passer un courant d'acide bromhydrique : le composé $C^{10}H^{18}O \cdot HBr$, fusible à 56-57°, se dépose par refroidissement.

Les portions bouillant au-dessous de 175° renferment principalement du *phellandrène* $C^{10}H^{16}$ [O. Wallach et E. Gildmeister, *Ann. Chem.*, **246**, 278].

Essence d'Eucalyptus oleosa. — Liquide mobile, jaune pâle, d'odeur camphrée, à saveur de menthe, densité = 0,917, bouillant à 149-177°; a beaucoup d'analogie avec l'essence de cajeput (Gladstone).

Essence d'Eucalyptus sideroxylon. — Liquide jaune clair, analogue au précédent. Dans un travail publié dans le *Bull. of Pharm.* (1892) de Sydney, M. J. M. Maidus rapporte que les feuilles de cette variété d'eucalyptus sont seules employées pour la fabrication d'une essence de qualité supérieure. Densité = 0,918. Point d'ébullition 152-175°.

Essence d'Eucalyptus corymbosa — Huile incolore, douée d'une odeur de rose et de citron. Densité = 0,881, renferme beaucoup de cinéol.

Essence d'Eucalyptus obliqua. — Liquide jaune-rougeâtre, d'odeur douce; d = 0,899, bout à 171-195°; se trouble à — 18° sans se solidifier.

Essence d'Eucalyptus fissilis. — Jaune-rougeâtre, d'odeur douce; d = 0,903, bout à 177-196°

Essence d'Eucalyptus odorata. — Huile jaune-verdâtre, d = 0,899 à 0,922. Est plus riche en cinéol que l'essence d'*Eucalyptus amygdalina*, et moins chère; elle sert à l'extraction du cinéol et a d'ailleurs beaucoup d'analogie avec l'essence d'Australie. Elle contient aussi de l'aldéhyde cuminique.

Essence d'Eucalyptus longifolia. — Huile assez visqueuse, ayant une forte odeur de campure ; d = 0,94, bout à 194-215°.

Essence d'Eucalyptus rostrata. — Jaune pâle, remarquable par son point d'ébullition très bas, 131-181° ; d = 0,918-0,921 ; pouvoir rotatoire + 12° 58'. Renferme de l'aldéhyde valérique et du cinéol.

Essence d'Eucalyptus viminalis. — D'une odeur très désagréable, bout à 159-182°. Densité = 0,918-0,921.

Essence d'Eucalyptus resinifera Sm. — Est composée principalement d'un hydrocarbure ayant l'odeur de l'essence de térébenthine [Gladstone, *Jahresb. Chem.*, 1853, 545]. Elle est d'un jaune clair et très riche en cinéol (Schimmel).

Essence d'Eucalyptus Bayleyana. — Densité = 0,94, bout à 160-185° ; renferme environ 30 0/0 de cinéol et 70 0/0 de terpène (probablement du pinène droit).

Essence d'Eucalyptus microcorys. — Densité = 0,935, bout à 160-200° ; a une composition analogue à la précédente.

Essence d'Eucalyptus dumosa. — Est très riche en cinéol.

Essence d'Eucalyptus dealbata. — D = 0,875, bout à 206-216°, a une odeur agréable de mélisse. Elle ne renferme pas de terpène, mais une cétone $C^{10}H^{16}O$, d'odeur agréable, et un alcool $C^{10}H^{18}O$ (?) qui a une odeur de géranium. Elle est inactive.

Essence d'Eucalyptus maculata. — D = 0,9, bout à 210-220° ; renferme de l'aldéhyde citronellique et peut-être du géraniol.

Essence d'Eucalyptus maculata (var. *citriodora*) (essence de gommier à odeur de citron). — Broyées entre les doigts, les feuilles de cet arbre dégagent une odeur rappelant le citron, la mélisse et la citronnelle. L'essence qu'on en retire a une densité de 0,905, bout à 209-220° et a une composition analogue aux deux précédentes (Staiger).

D'après MM. Schimmel, elle est constituée principalement (jusqu'à 95 0/0) par une cétone ou aldéhyde bouillant à 205-210°, identique à celle de l'essence de citronnelle $C^{10}H^{18}O$ et à laquelle on a donné le nom de *citronellone*. Cette essence renferme en outre du géraniol, mais pas de cinéol [Schimmel, *Bericht*, avril et oct. 1890, oct. 1893]. Elle se dissout dans 4 ou 5 parties d'alcool à 70°.

Essence d'Eucalyptus staigeriana. — Densité = 0,88, bout à 170-230° ; a une odeur très prononcée de citron et de verveine ; renferme un corps à fonction aldéhydique $C^{10}H^{16}O$, d'une odeur aromatique très pénétrante, que MM. Schimmel considèrent comme du citral, et une quantité notable de terpène [*Bericht*, oct. 1893].

Essence d'Eucalyptus backhousia (Backhousia citriodora). — D = 0,9, bout à 223-233°, ressemble à la précédente, mais renferme moins de terpène. MM. Schimmel ont constaté que le composé $C^{10}H^{16}O$ renfermé dans ces essences n'est autre que le *citral* (voyez plus haut ESSENCE DE CITRONNELLE).

Essence d'Eucalyptus hæmastoma. — A une odeur d'essence de cumin. D = 0,89, bout à 170-250°. Elle renferme un terpène et du cymène, plus un corps à odeur de menthe, peut-être de la menthone (?), de l'aldéhyde cuminique et d'autres composés oxygénés.

Essence d'Eucalyptus risdonia. — L'essence possède une densité de 0,915 et un pouvoir rotatoire = — 4° 49' (l = 100 millimètres). Elle renferme de l'eucalyptol et du phellandrène [Schimmel, *Bericht*, avril 1894, 29].

La maison Schimmel et Cie décrit encore la série suivante d'essences d'Australie [*Bericht*, avril 1893].

Essence d'Eucalyptus tereticornis, Smith. — Essence rougeâtre, à odeur difficile à définir et qui ne renferme pas de cinéol.

Essence d'Eucalyptus Stuartiana F. v. Mueller. — Huile d'un jaune d'or, à odeur de cymène, ne paraissant pas renfermer de cinéol.

Essence d'Eucalyptus tessellaris F. v. Mueller. — Liquide à odeur balsamique rappelant le benjoin. Ne contient pas de cinéol.

Essence d'Eucalyptus crebra F. v. Mueller. — Essence d'un jaune clair, rappelant beaucoup celle d'*Eucalyptus globulus*. Renferme beaucoup de cinéol.

Essence d'Eucalyptus hemphloia F. v. Mueller. — Liquide d'un rouge brun, renfermant de grandes quantités d'aldéhyde cuminique et de cinéol.

Essence d'Eucalyptus populifolia Hooker. — Huile d'un rouge clair, ayant beaucoup de ressemblance avec la précédente.

Enfin M. W. P. Wilkinson, dans un travail publié par la *Royal Society of Victoria* [*D. chem. G.*, 27, *Ref.*, 516], a soumis à l'étude 87 sortes d'essences d'eucalyptus et a trouvé que leur densité varie de 0,85 à 0,93, que les moins denses dévient à gauche, tandis que les plus denses dévient à droite.

ESSENCE DE FENOUIL (Dict., 1, 330). — L'essence du commerce est retirée indifféremment des fruits du fenouil amer (*Fœniculum officinale* All. ; *Fœniculum capillaceum* L.) ou du fenouil doux (*Fœniculum dulce* DC.), qui est le plus développé et croît surtout dans les pays méridionaux. Le rendement en essences varie avec le climat et l'origine de ces fruits. Voici, selon MM. Schimmel [*Bericht*, oct. 1893), un tableau rendant compte de ces rendements ainsi que de la densité de l'essence obtenue :

	Rendement 0/0.	Densité à 15°.	Pouvoir rotatoire.
Fenouil de Saxe......	4,4 à 5,5	0,965 à 0,975	
— de Galicie......	4,5 à 6,0	0,960 à 0,970	Varie de + 7° à + 22°.
— de Roumanie...	4,6	0.965 à 0,975	
— de Macédoine...	3,4 à 3,8	0,970 à 0,975	
— de Syrie (Damas).	1,6	0,972	
— d'Asie Mineure (Alep).......	0,75	0,987	
— de Milan.......	4.2	0,957	
— du Japon	»	0,976	
— de France (doux).	2,5	0,976	
— — (amer).	4,3	0,951	
— d'Espagne	»	0,020	
— des Indes......	1,2	0,973	
— de Sicile.......	2.9	0,951	

Selon MM. Schimmel, l'essence des Indes serait fournie par le *Fœniculum panmorium* DC. et celui de Sicile par le *Fœniculum piperitum*.

C'est un liquide jaune foncé, qui devient incolore ou jaune clair après rectification.

Sa densité varie de 0,940 à 1,00, en général 0,96 à 0,99 : elle paraît augmenter avec le temps.

Elle se solidifie à + 10° ; cependant certaines variétés sont encore liquides à — 18°. Elle distille presque complètement entre 190 et 225°. Elle est soluble dans 1-2 parties d'alcool à 90°.

Cahours y avait trouvé un terpène et de l'anéthol liquide, qui diffère de celui de l'essence d'anis par les produits de l'action du brome (voyez Dict.).

M. R. Bunge n'a pu reproduire la combinaison cristalline que Cahours avait obtenue par l'action du bioxyde d'azote sur le terpène de cette essence; mais, en faisant agir sur elle le nitrite de sodium et l'acide acétique, il a obtenu des cristaux répondant à la composition $C^{10}H^{15}Az^2O^3$ ou $C^{10}H^{14}AzO^2Cl$ en présence d'acide chlorhydrique [*Chem. Zeit.*, **12**, 579].

M. O. Wallach a repris l'étude de l'essence de fenouil et a démontré que le terpène qu'elle renferme, et qui est compris dans les portions passant à 170°, est du phellandrène qui, avec l'acide azoteux, donne le nitrite de phellandrène

$$C^{10}H^{16}Az^2O^3,$$

fusible à 94°. Il est à remarquer que le phellandrène de l'essence de fenouil est fortement dextrogyre, alors que son nitrite est lévogyre [*Ann. Chem.*, **239**, 40].

D'après MM. Schimmel, les portions les plus légères de cette essence renferment des acides, des aldéhydes, du pinène droit; la partie bouillant à 180° est composée de dipentène.

Enfin elle renferme un principe très amer et d'odeur camphrée distillant à 190-192° [Schimmel, *Bericht*, avril 1890]. Ce principe aurait pour composition $C^{10}H^{16}O$; il serait liquide et aurait une densité de 0,934 à 23°. MM. Wallach et F. Hartmann l'ont appelé *fenolone* [*Ann. Chem.*, **259**, 324].

En résumé, l'essence de fenouil renferme principalement de l'anéthol (60-70 0/0), avec de petites quantités de phellandrène, de pinène, de dipentène et de fenolone; si Cahours n'a obtenu que de l'anéthol liquide, il faut attribuer ce fait à l'échauffement du liquide jusqu'à son point d'ébullition, conditions dans lesquelles l'anéthol ne cristallise plus; il est au contraire très facile de l'isoler par refroidissement de l'essence brute.

Il existe dans le commerce une essence provenant de Moravie, et qui est fournie par la distillation fractionnée des essences de fenouil de Pologne et de Galicie. Les premières portions ont une odeur douce, agréable; puis vient une partie plus importante ayant l'odeur de fenouil, et qui est vendue sous le nom d'*essence de fenouil fine* (12-16 0/0); enfin passe l'anéthol (60-70 0/0). Cette dernière portion est surtout employée, après exposition suffisante à l'air qui lui permet de perdre l'odeur de fenouil, pour falsifier ou pour remplacer l'essence d'anis.

Les falsifications de l'essence de fenouil consistent dans l'addition d'alcool, d'essence de térébenthine, ou dans la soustraction d'anéthol. La densité et le point d'ébullition permettront de reconnaître ces fraudes.

Essence de fougère mâle. — Extraite des rhizomes de fougère mâle par distillation à la vapeur d'eau : rendement de 0,04 à 0,045 0/0.

Liquide jaune clair, de densité 0,85 à 0,86 à 15°, distillant en majeure partie entre 140 et 250°; au delà de 250° elle se décompose.

Elle renferme des acides gras libres (acide butyrique principalement) et des éthers des alcools hexylique et octylique, unis aux acides butyriques jusqu'à l'acide pélargonique. On y rencontre des traces de produits aromatiques non étudiés.

D'après M. Kobert, c'est à elle, et non à l'acide filicique, que la racine de fougère mâle doit ses propriétés antihelminthiques [*Arch. Pharm.*, **31**, 343].

Essence de frêne américain [*Fraxinus americana*, Oléacées). — Sous ce nom MM. Schimmel décrivent une essence extraite des écorces (qui en fournissent 0,03 0/0) et dont la consistance est butyreuse à la température ordinaire [*Bericht*, oct. 1893].

Essence de galanga. — Cette essence est extraite ordinairement des rhizomes de l'*Alpinia officinarum* Hance, de la famille des Zingibéracées, et de quelques autres plantes de la même famille. C'est un liquide jaunâtre, d'une odeur aromatique rappelant plutôt l'essence de cajeput que le galanga (Maier); d'après M. Vogel, elle serait colorée en jaune brunâtre et d'après M. Mierzinski en jaune verdâtre.

Elle est mobile, peu volatile, très soluble dans l'alcool et dans l'éther. Sa densité = 0,85. D'après MM. Schimmel [*Bericht*, oct. 1890], sa densité est de 0,921 à 15°; elle bout à 170-275° et renferme des quantités notables de cinéol, auquel elle doit son odeur. Elle dévie la lumière polarisée légèrement à gauche. Le rendement est de 0,75 à 1,5 0/0.

Essence de galbanum. — La résine de galbanum (*Ferula galbaniflua* Boiss.) soumise à la distillation avec 4 parties d'eau fournit une huile essentielle incolore ou jaunâtre, d'une densité de 0,884 à 0,961, 0,914 à 15° (Schimmel), bouillant à 160-170°, 165-300° (Schimmel), dextrogyre, et dont l'odeur rappelle à la fois le galbanum et le camphre. Le rendement varie de 3,4 à 7,0 0/0 et atteint exceptionnellement 22 0/0.

Les premières recherches sur cette essence ont été faites par M. P. Mössmer [*Ann. Chem.*, **119**, 257], qui en a isolé un terpène $C^{10}H^{16}$ bouillant à 160-165°, faiblement dextrogyre; avec l'essence brute, il a obtenu un chlorhydrate cristallisé, ayant l'odeur de cajeput et identique à celui qu'on obtient avec l'essence de térébenthine.

Par distillation sèche du galbanum, on obtient un liquide huileux d'un vert bleuâtre, d'odeur très aromatique, cristallisant au bout de peu de temps, et presque exclusivement composé d'*ombelliférone* $C^9H^6O^3$; la partie restée liquide a beaucoup d'analogie avec l'essence bleue de camomille.

M. O. Wallach a trouvé dans l'essence de galbanum une petite quantité de sesquiterpène (cadinène) dans les portions bouillant à 270-280°; ce sesquiterpène, en solution éthérée, donne un dichlorhydrate fusible à 117-118° [*Ann. Chem.*, **238**, 81].

L'acide sulfurique colore cette essence en violet, en l'échauffant fortement.

Essence de Gaultheria procumbens (voyez Dict., **1**, 1279). — L'essence de gaultheria (ou essence de wintergreen) est légèrement colorée en rouge, mais devient incolore par la rectification dans un courant de vapeur d'eau.

Elle possède une odeur forte, qui n'est agréable que quand elle est très diluée; l'eau ne la dissout pas, mais elle est très soluble dans l'alcool et dans l'éther.

Sa densité = 1,173 (Procter), 1,1819 à 16° (Kopp), 1,18 (Pharmacopée des États-Unis), 1,0318 (Petitgrew), 1,181 (Kennedy), 1,1759-1,1835 à 15° (Power et Werbke), et enfin 1,1838-1,1845 à 15° (Trimble et Schrötter).

Le point d'ébullition trouvé par les différents auteurs est encore plus variable : Cahours le place à 200-222°, Procter à 211°, Power à 218-221°.

Cahours le premier a démontré que cette essence se composait presque exclusivement de salicylate de méthyle, avec environ 10 0/0 d'un terpène qu'il a appelé *gaulthérylène*; d'après d'autres auteurs, la proportion de cet hydrocarbure ne dépasserait pas 0,31 0/0 dans l'essence, et d'un autre côté MM. H. Trimble et H. Schrötter attribuent à cet hydrocarbure la composition $C^{15}H^{24}$: ce sesquiterpène aurait son point d'ébullition à 200°, se solidifierait par le refroidissement et fondrait vers + 10 ou + 15° [*Chem. Centralbl.*, **61**, 396]. Ces indications sont contredites par M. F. Power, qui, plus récemment, n'a trouvé dans l'essence de gaultheria que du salicylate de méthyle avec 0,3 0/0 au plus de terpène possédant ce point d'ébullition élevé, de couleur jaunâtre et d'une densité de 0,94 [*Chem. News*, **62**, 67, 75, 91].

Enfin, M. Berthelot a trouvé dans cette essence, après l'action des alcalis, quelques millièmes d'un isomère cristallisé du bornéol $C^{10}H^{18}O$ [*Bull. Soc. Chim.*, (2), **45**, 71].

On substitue maintenant généralement à l'essence de gaultheria l'essence de bouleau qui, comme elle, ne renferme guère que du salicylate de méthyle, avec fort peu de terpène, ou plus simplement encore du salicylate de méthyle. La Pharmacopée des Etats-Unis autorise l'emploi du salicylate de méthyle synthétique au lieu et place de l'essence de gaultheria.

D'après MM. Schimmel, on peut distinguer l'essence de *gaultheria* de celle de *Betula lenta* et du salicylate de méthyle par son faible pouvoir rotatoire — 0°22′ (l = 100 millimètres), les deux autres produits étant inactifs [*Bericht*, octobre 1893, 42].

On a signalé la falsification de cette essence par de l'huile de camphre; cette addition aurait pour résultat d'abaisser beaucoup la densité du produit ainsi obtenu : l'acide nitrique permettrait de caractériser l'essence de camphre, qu'il colore en rouge.

Essence de bois de gayac. — Cette essence, extraite d'une variété de bois de gayac de l'Amérique du Sud qui en fournit à la distillation environ 6 0/0, constitue une huile visqueuse qui prend une structure cristalline au bout de quelque temps. Son odeur rappelle celle de la violette et en même temps celle du thé.

Elle se dissout dans l'alcool à 90 0/0. Elle renferme un produit cristallisé qui fond à 91°, distille à 148° sous une pression de 10 millimètres, et répond à la formule $C^{14}H^{24}O$ [Schimmel, *Bericht*, avril 1892, avril 1893].

M. Wallach, qui a repris l'étude de cette combinaison, lui attribue la formule $C^{15}H^{26}O$ et la considère comme un alcool.

Chauffé avec du chlorure de zinc, cet alcool fournit une huile colorée en bleu qui bout à 124-128° sous la pression de 13 millimètres et dont la densité est de 0,910 à 20°. Ce corps a la composition d'un sesquiterpène $C^{15}H^{24}$ [*Ann. Chem.*, **279**, 395].

Essence de genièvre (voyez Dict., **1**, 1279). — Cette essence, fournie par les baies du *Juniperus communis* L., jouit de propriétés physiques très variables, suivant la saison, la manière dont elle a été préparée et la maturité plus ou moins avancée des baies; pour les mêmes raisons le rendement varie de 0,32 à 2 0/0.

L'essence brute est un liquide jaunâtre, brunâtre ou verdâtre : elle est incolore lorsqu'elle a été récemment rectifiée; mais au contact de l'air elle perd rapidement sa fluidité et sa limpidité par suite de la facilité avec laquelle elle se résinifie.

Elle est peu soluble dans l'eau, soluble dans 10 parties d'alcool à 80° et miscible avec la moitié de son poids d'alcool absolu; une plus grande quantité de ce dernier trouble le mélange.

Sa densité = 0,872-0,881 à 15°,55 (Williams). M. H. Unger a trouvé au commencement d'octobre d = 0,873 à 13°, à la fin d'octobre d = 0,862 à 15°, et en novembre d = 0,858 à 17°. Il semble donc que la densité diminue à mesure que la maturité avance.

Elle bout de 150 à 282°.

MM. Blanchet et Sell ont trouvé dans l'essence de genièvre deux terpènes, l'un bouillant à 155-163°, l'autre de 163 à 280° [*Journ. Pharm.*, (2), **26**, 78].

D'après M. O. Wallach, cette essence se compose pour un tiers de pinène faiblement lévogyre.

Par exposition à l'air, l'essence absorbe de l'oxygène, et au bout de quelque temps laisse déposer un stéaroptène, cristallisé en longues aiguilles. Ce *camphre de genièvre* est plus lourd que l'eau, neutre, inodore et insipide; il est volatil sans décomposition; il possède la composition $C^{10}H^{16}O . H^2O$.

Par contact prolongé avec l'eau, surtout chaude, il se produit un hydrate d'essence de genièvre, en même temps que de l'acide formique.

L'acide chlorhydrique sec colore en brun cette essence, mais ne donne pas de chlorhydrate cristallisé : la combinaison obtenue est distillable sans décomposition, incolore, lévogyre; sa densité = 1,029; elle possède la composition

$$C^{15}H^{24} . 2HCl$$

D'après MM. Schimmel [*Bericht*, avril 1890], l'odeur de cette essence est due à une substance bouillant au-dessus de 180°, et qui paraît être l'éther acétique d'un corps voisin des terpènes. Les portions les moins volatiles de l'essence renfermeraient un sesquiterpène (cadinène) donnant un chlorhydrate fusible à 118°.

Sous le nom d'*Huile de cade*, on trouve dans le commerce de la droguerie un liquide brun foncé, épais, d'apparence goudronneuse, d'odeur empyreumatique et qu'on obtient par la distillation sèche du *Juniperus oxycedrus* L. Ce produit a servi à M. O. Wallach à l'extraction d'un sesquiterpène $C^{15}H^{24}$, auquel il a donné le nom de *cadinène*; ce terpène, séparé par l'alcool des phénols qui l'accompagnent, bout à 260-280° [*Ann. Chem.*, **238**, 82].

Essence de géranium, de roses d'Afrique, de feuilles de rose géranium, de palmarosa. — Cette essence est fournie par différentes plantes de la famille des Géraniacées appartenant particulièrement au genre *Pelargonium*.

Les principaux lieux de production sont l'Algérie, le sud de la France, la Réunion, l'île Maurice, l'Espagne, la Turquie et l'Inde.

La composition de ces essences n'est pas toujours la même, la parfumerie n'emploie pas indifféremment l'une ou l'autre, et il semble que l'essence d'Afrique soit la plus estimée.

L'essence de l'Inde est cotée à un prix inférieur et nous arrive sous le nom de *palmarosa oil*.

D'après MM. Schimmel [*Bericht*, oct. 1894], l'essence de l'Inde, de bonne qualité, proviendrait de variétés de géranium, mais les qualités inférieures seraient extraites de variétés d'Andropogon inconnues.

L'essence de géranium renfermerait de petites quantités d'acide pélargonique C^8H^7COOH (voyez Dict., **2**, 777), surtout après oxydation au contact de l'air, et du *géraniol* $C^{10}H^{18}O$ [Suppl., **1**, 685].

Suivant MM. Schimmel, elle renfermerait également de l'acide *tiglique* sous la forme de *tiglate de géraniol*, de l'acide butyrique et de l'acide valérianique. La quantité de ces éthers composés contenus dans les essences de géranium varie avec l'origine de ces essences. Celle de la Réunion paraît être la plus riche en éthers.

MM. Schimmel ont proposé une méthode approximative de dosage du géraniol dans les essences. Le procédé consiste à acétyler cet alcool au moyen de l'anhydride acétique, et à saponifier ensuite les éthers composés fournis au moyen d'une solution titrée de potasse caustique. L'indice de saponification ainsi obtenu est d'autant plus élevé que l'essence renferme plus de géraniol [*Bericht*, avril 1894, 32].

Les auteurs ont réuni sous la forme de tableau les constantes physiques observées et les indices de saponification trouvés avec un certain nombre d'essences de géranium de provenances diverses.

ORIGINE DES ESSENCES	Densité à 15°	Solubilité dans 3 volumes d'alcool à 70 0/0	Pouvoir rotatoire pour une longueur de 100 mm.	Éthers composés calculés comme éther tiglique	Indice de saponification de l'essence acétylée	Teneur en géraniol
Géraniol chimiquement pur	0,8835	Soluble.	± 0°	—	287,2	100,4 0/0
Palmarosa oil	0,894	Id.	— 1°55′	15 0/0	259	90,5
Essence de géranium de la Réunion	0,890	Id.	— 9°55′	31,3	241	84,3
	0,891	Id.	— 9°	31,1	242	84,6
	0,893	»	— 8°32	33,3	243	84,9
	0,891	»	— 8°8	32,5	229	80,0
	0,891	»	— 8°57′	34,1	227	79,3
— — d'Afrique	0,898	»	— 8°45′	29,1	235	82,1
— — d'Espagne	0,898	»	— 8°12′	23,7	233,5	81,5
— — obtenue par distillation de géranium de la plantation Schimmel	0,906	»	—16°	27,9	212	74,1

Ces données sont modifiées de la façon suivante, quand on falsifie l'essence avec une huile grasse ou avec de l'essence de térébenthine :

ORIGINE DES ESSENCES	Densité à 15°	Solubilité dans 3 volumes d'alcool à 70 0/0	Pouvoir rotatoire pour une longueur de 100 mm.	Éthers composés calculés comme éther tiglique	Indice de saponification de l'essence acétylée	Teneur en géraniol
Essence de la Réunion additionnée de 20 0/0 d'essence de térébenthine	0,885	Insoluble.	—13°28′	25,7 0/0	94	67,9 0/0
Essence de la Réunion mélangée de 30 0/0 d'huile	0,894	Id.	— 5°48′	48,2	234	81,8

Dans le cas d'une falsification avec l'essence de térébenthine toutes les données sont modifiées. Il n'en est pas de même lorsqu'il s'agit d'une addition d'huile. Dans ce cas l'insolubilité dans l'alcool à 70 0/0 est le meilleur criterium.

Ces déterminations quant à la teneur en géraniol ne sont exactes qu'à la condition qu'il n'existe pas d'autre alcool que ce dernier dans les essences.

MM. Barbier et Bouveault ont soumis les essences de géranium, et en particulier celle de palmarosa et de la Réunion, à une étude très approfondie. Dans la première, ils ont nettement caractérisé la présence du géraniol et ont démontré qu'une oxydation ménagée le convertit en géranial ou citral, méthylhepténone, cymène, et finalement acide méthylhepténone-carbonique.

Le mélange chromique donne au contraire de l'acétone, des acides formique, acétique, carbonique et térébique. Ces produits d'oxydation étant identiques avec ceux obtenus avec le citral, il en résulte que l'identité de ce corps avec le géranial établie par M. Semmler [*D. chem. G.*, **23**, 2965 et 24, 201] se trouve confirmée.

Dans l'essence de pelargonium de la Réunion, MM. Barbier et Bouveault ont trouvé à la distillation dans le vide : 1° des portions (1/8) volatiles et d'odeur désagréable qui passent à basse température; 2° des fractions (1/8) passant de 80 à 100° sous une pression de 10 millimètres; 3° une partie (3/4) qui distille de 115 à 116° sous la même pression; 4° enfin un résidu visqueux constitué par des éthers d'un alcool qui a été trouvé identique à celui qui forme la portion principale.

La première portion n'a pas été examinée. La deuxième portion donne, après de nouvelles rectifications, un produit qui distille à 94° (H = 10 millimètres). Ce corps, isolé de son oxime qui bout à 135-140° (H = 10 millimètres), possède une très vive et très agréable odeur de menthe et donne à l'analyse des nombres compris entre $C^{10}H^{16}O$ et $C^{10}H^{18}O$. Les auteurs présument que ce composé est un mélange de deux cétones, dont l'une $C^{10}H^{18}O$, identique ou isomérique avec la menthone, serait saturée, et l'autre $C^{10}H^{16}O$, qui serait différente de la pulégone. Le mélange de ces deux cétones donne, quand on l'oxyde, de la diméthylcétone et de l'acide β-méthyladipique $C^7H^{12}O^4$ fusible à 84°.

Enfin ce mélange contient, en outre, un alcool $C^{10}H^{18}O$, qui a beaucoup de ressemblance avec le licaréol, qui se combine avec l'acide acétique en donnant un éther qui bout à 125° dans le vide, en même temps qu'il se forme un carbure distillant de 60 à 80°. Quand on régénère l'alcool de cet acétate, ses propriétés physiques sont considérablement modifiées, bien qu'il ait gardé la même composition. Il bout à 117° sous 10 millimètres et possède une odeur assez indistincte. Cet alcool serait identique au licarhodol, de même que l'alcool primitif est identique au licaréol, car l'oxydation par le mélange chromique le transforme en un acide fixe qui est l'acide térébique fusible à 174°.

La troisième portion est un liquide incolore, un peu huileux, possédant une très forte odeur de roses, bouillant à 115-116° sous 10 millimètres. Sa densité = 0,8866 et il donne, sous une épaisseur de 20 centimètres, une déviation de — 12°28′. Quand on traite cet alcool par de l'anhydride acétique, on obtient un acétate bouillant à 120° (H = 10 millimètres), en même temps qu'un carbure bouillant à 60-80° sous la même pression. Oxydé par le mélange chromique, ce composé fournit une aldéhyde $C^{10}H^{16}O$ et un acide $C^{10}H^{16}O^2$. Oxydé plus profondément, il fournit un acide $C^7H^{10}O^3$, que les auteurs appellent acide α-méthyladipique. Traité par du bisulfate de potassium, il est converti en produits visqueux avec une faible quantité d'hydrocarbure.

MM. Barbier et Bouveault donnent à cet alcool le nom de *rhodinol* de l'essence de pelargonium et lui assignent la formule de constitution

```
    CH³   CH³
      \   /
        C
        ‖
        C
      /   \
  H²C       CH²
  H²C       CH.CH²OH
      \   /
       CH²
```

Les auteurs ont encore trouvé, parmi les acides résultant du traitement de l'essence brute par la potasse, les acides acétique, isobutyrique, isovalérianique, tiglique, et une petite quantité d'un acide bouillant à 250°, probablement $C^9H^{15}CO^2H$. Ils ont ainsi confirmé une partie des données fournies par MM. Schimmel.

Ils ont enfin isolé un composé liquide fortement coloré en bleu, bouillant vers 165-170° sous 10 millimètres, qui paraît être un éther oxyde $(C^{10}H^{17})^2O$; dans les portions liquides qui distillent en dernier lieu, ils ont constaté la présence d'une substance cristalline fusible à 63°, qui paraît se comporter comme le stéaroptène de l'essence de roses [*C. R.*, **118**, 1159; **119**, 281, 334].

MM. Schimmel [*Bericht*, oct. 1894, 23] ont fait une étude comparative des parties à fonction alcoolique contenues dans les essences de roses, de palmarosa, de géranium d'Afrique, de géranium de la Réunion, de citronnelle [*J. prakt. Chem.*, (2), **49**, 485] et ont constaté que toutes ces essences renferment du *géraniol*, facile à isoler au moyen de sa combinaison avec le chlorure de calcium, qui est cristallisée. Ce géraniol a été caractérisé non seulement par ses constantes physiques, mais par sa transformation en géranial ou citral, dont ils ont préparé l'acide citryl-β-naphto-cinchonique fondant à 197°. Indépendamment du géraniol, MM. Schimmel ont entrevu, dans l'essence de pélargonium de la Réunion, de notables quantités d'un autre alcool, qui possède à peu près le même point d'ébullition que l'alcool $C^{10}H^{18}O$ et à la présence duquel ils attribuent les divergences qui existent entre leurs résultats et ceux de MM. Barbier et Bouveault. Ils en concluent que le rhodinol des savants français n'est pas une substance unique, mais un mélange. Ils ont, en outre, trouvé que le géraniol existe en bien plus faibles quantités dans l'essence de la Réunion que dans celles de palmarosa, de roses et de géranium d'Afrique.

Ce second alcool contenu dans l'essence de géranium de la Réunion a été mis en évidence et isolé par M. Hesse [*J. prakt. Chem.*, (2), **49**, 474]. C'est un liquide bouillant à 225,5-226°, dont la densité = 0,865 à 20° et qui dévie à droite de + 1°45′ pour une longueur de 100 millimètres. Sa composition est comprise entre $C^{10}H^{18}O$ et $C^{10}H^{20}O$. Son éther acétique bout à 124-125° sous une pression de 17 millimètres et a pour densité 0,899 à 20°, tandis que l'acétate de géranyle bout dans les mêmes conditions à 129° et a pour densité 0,914 à 20°.

Comme conclusion à ses recherches, l'auteur propose de faire disparaître de la science le nom de *rhodinol* employé pour dénommer l'alcool contenu dans les essences de roses et de pélargonium, ce dernier étant reconnu être un mélange de géraniol et de l'alcool nouvellement découvert auquel M. Hesse donne le nom de *réuniol*.

Les falsifications de l'essence de géranium consistent dans l'addition d'essences d'andropogon et de copahu, d'huiles grasses, d'huile de coco.

Elle doit se dissoudre complètement dans l'alcool à 70° (6 gouttes d'essence pour 5 centimètres cubes d'alcool); l'iode colore en brun les essences d'andropogon et ne colore pas l'essence de géranium : celle-ci se colore en vert avec l'acide azoteux, l'autre en jaune foncé.

L'huile de coco se sépare sous la forme de flocons blancs, quand on refroidit énergiquement l'essence falsifiée.

Essence de gingembre (voyez Dict., **1**, 1279). — Cette essence, retirée de la racine de *Zingiber officinale* Rosc., se prépare aujourd'hui en Chine d'une façon particulière : les racines sont mécaniquement séchées et débarrassées de leur amidon; la poudre obtenue comme résidu (10 0/0 environ) représente la partie réellement active et aromatique de la racine et fournit une essence d'un arome bien plus fin que celle retirée de la racine fraîche [Schimmel, *Chem. Zeit.*, **12**, 546].

L'essence de gingembre est un liquide jaune plus ou moins foncé, doué d'une odeur pénétrante, d'une saveur brûlante, un peu amère; d = 0,893; elle bout à 246°; les produits du commerce offrent des différences notables avec ces nombres, selon la provenance et le mode de préparation.

D'après les recherches récentes de M. J.-E. Tresch, cette essence se compose d'un mélange de sesquiterpènes bouillant de 245 à 270°; elle renferme de plus environ 1/6 d'un terpène dextrogyre, bouillant à 160°, des produits d'oxydation de ce dernier, un peu de cymène, et des traces d'acides formique et acétique dans les essences vieilles [Bornemann, *Die flüchtigen Oele*, 1891].

D'après des recherches de MM. Bertram et Wahlbaum [*J. prakt. Chem.*, (2), **49**, 18], cette essence renfermerait du camphène et du phellandrène. Son pouvoir rotatoire varie de — 25° à — 40°.

L'acide azotique la colore en rouge, puis en violet, et la résinifie; avec l'acide azotique fumant, elle détone.

L'acide sulfurique la colore en brun rouge à une chaleur modérée; après ce traitement, elle se dissout dans l'alcool froid avec une coloration brun-chocolat trouble, et dans l'alcool chaud avec une coloration rouge-framboise.

Essence de girofle. — Cette essence se retire des fruits du *Caryophyllus aromaticus* L., qu'on recueille avant la maturité : ils sont très riches en huile essentielle, au point qu'on en a préconisé l'extraction par expression pure et simple.

Le plus souvent, c'est par distillation à l'eau salée ou à la vapeur d'eau que l'extraction s'opère : le rendement atteint 18, 20 et même 25 0/0.

L'essence récente est jaunâtre et peu fluide; en vieillissant, elle devient jaune foncé, puis brune. Elle a une odeur aromatique spéciale, une saveur brûlante.

Sa densité varie de 1,055 pour l'essence brute, à 1,061 pour l'essence rectifiée (Bonastre); la densité habituelle est 1,067 à 15°. D'autres auteurs ont trouvé de 1,0426 à 1,0494 à 15°,5 (Beringer), de 1,041 à 1,046 à 15°,55 (Williams); enfin une essence de provenance française aurait eu la densité extraordinaire de 1,24.

L'essence de girofle bout à 247° (Williams); elle ne se solidifie pas à — 20°. Elle a généralement une réaction faiblement acide et est légèrement lévogyre.

Cette essence se compose, d'après M. Ettling, d'un mélange de terpène et d'eugénol (voyez Dict., **1**, 1279, 1393).

L'hydrocarbure contenu dans l'essence de girofle serait identique à ceux des essences de copahu et de cubèbe; sa densité = 0,9016 à 14°; il bout à 251° (Williams).

D'après MM. A. Jorissen et E. Hairs, l'essence de girofle contient de la vanilline [*Chem. Centralbl.*, **61**, 828].

Enfin, M. H. Church a démontré que le terpène de l'essence de girofle (caryophyllène) est un sesquiterpène identique à celui du patchouli, du cubèbe et du copahu, dont la densité est, d'après M. Wallach, 0,921 à 16° et le point d'ébullition 274-275° [*Ann. Chem.*, **270**, 285].

Cette essence attaque le zinc et le cuivre assez rapidement, en donnant un dépôt blanchâtre très abondant; le fer est moins vivement attaqué.

L'iode s'y dissout sans élévation de température dans la proportion de 155 à 180 0/0. Elle absorbe de 2,4 à 2,6 0/0 de potasse caustique. Mélangée avec son volume d'acide sulfurique concentré, elle donne naissance au bout de quelque temps à une résine de couleur pourpre qui se dissout en rouge dans l'alcool à 50 0/0 bouillant; cette dissolution est fluorescente (Beringer).

L'acide nitrique fumant enflamme l'essence; l'acide ordinaire la transforme à chaud en une résine et en acide oxalique.

Le bichlorure de mercure la colore en rouge en se réduisant. Une solution alcoolique de phloroglucine, en présence d'acide chlorhydrique, colore l'essence en rouge feu, la résorcine à chaud en violet rouge, l'acide pyrogallique en violet.

Les solutions de sulfate d'aniline et d'α-naphtylamine dans les mêmes conditions donnent des colorations jaune et orangé.

L'essence de girofle est falsifiée avec les essences de copahu et de bois de cèdre, l'huile d'amandes douces ou de ricin, avec des extraits alcooliques de clous de girofle, des solutions de colophane, de l'essence de griffes de girofle, de térébenthine, etc.

Il serait trop long d'indiquer ici les nombreux procédés de recherche qui ont été indiqués pour ces diverses falsifications : nous nous bornerons à indiquer les caractères que doit posséder une essence de bonne qualité.

Son odeur doit être franche; sa solubilité dans l'alcool et dans l'éther complète; sa densité doit varier de 1,045 à 1,075; par évaporation sur une feuille de papier buvard, elle ne doit pas laisser de résidu fixe, huileux ou solide; agitée avec de l'eau, elle ne doit rien lui céder en quantité appréciable, ni surtout abandonner un liquide plus léger que l'eau qui viendrait surnager.

Elle doit donner avec une solution concentrée de potasse un liquide clair qui, après 2 ou 3 heures, doit se prendre en une masse cristalline sans séparation de gouttelettes huileuses à la surface.

Essence de griffes de girofle. — Cette essence s'obtient avec les pédoncules et les déchets des clous de girofle. Elle est d'un jaune verdâtre, le plus souvent d'un rouge brunâtre; son odeur est celle de l'essence de girofle, avec quelque chose de désagréable. Elle est moins soluble que l'essence de fruits.

Sa densité = 1,009 (Maier), 1,051 (Mierzinski), 1,055-1,063 à 15° (Schimmel).

Elle renferme moins d'eugénol et plus de sesquiterpène que l'essence de girofle vraie.

Essence de graine de paradis. — Extraite des semences de l'*Amomum melegueta* Rosc. Liquide jaunâtre, d'odeur agréable, d'une saveur très aromatique, densité = 0,825. Elle est soluble dans l'alcool et dans le sulfure de carbone, bout à 235-258°; elle est lévogyre.

Sa composition répondrait à la formule $C^{20}H^{32}O$ [Husemann, d'après Bornemann, *Die flüchtigen Oele*].

Essence de gurjun. — Le baume de gurjun, fourni par diverses variétés de *Dipterocarpus* et en particulier par le *Dipterocarpus turbinetus*, renferme 65 0/0 d'une huile essentielle qui, par distillation en présence d'un peu d'hypochlorite de chaux, se condense en un liquide bleu; si l'extraction se fait à la vapeur d'eau, on obtient un liquide incolore bouillant à 255-256°, d = 0,918, ayant un pouvoir rotatoire $[\alpha]_D = -32°5'$ à $-35°$, composé de diterpène $C^{20}H^{32}$ ou de sesquiterpène, et qui a une odeur analogue à celle de l'essence de copahu.

Essence de Hedeoma pulegioides L. — Fournie par la Labiée de ce nom originaire du Canada et des États-Unis. Récemment préparée, elle constitue un liquide jaune clair, d = 0,94, bouillant de 150 à 280°, d'une odeur forte particulière, ayant beaucoup d'analogie avec celle de l'essence de menthe. D'après M. Kremers, elle renfermerait un alcool bouillant à basse température, deux corps isomériques répondant à la formule $C^{10}H^{18}O$, et les acides formique, acétique et isoheptylique [*Chem. Zeit.*, 12, 547].

Un autre auteur, M. F. W. Frantz, lui attribue le point d'ébullition 180-206°; il prétend de plus y avoir trouvé 33 0/0 d'un corps $C^{10}H^{12}O$ bouillant à 217-218°, qu'il appelle *hédéomol*; 12 0/0 d'un autre produit $C^{10}H^{17}O$ bouillant à 220-225°; un troisième corps $C^{6}H^{12}O$ bouillant à 165-170°, et enfin de petites quantités d'acides formique et acétique [*Chem. Centralbl.*, 19, 1273]. Ces résultats, peu admissibles à priori, sont, comme on le voit, en désaccord à peu près complet avec ceux de M. Kremers. Cette étude est à reprendre.

Essence de Hedychium coronarium L. — Les fleurs de cette plante des tropiques cultivée à Java fournissent une essence à odeur très faible mais très agréable, de densité = 0,869 à 15° et dont la déviation = − 0°28' pour une longueur de 100 millimètres [Schimmel, *Bericht*, octobre 1894].

Essence d'Heracleum spondylium L. — Dans cette essence, M. T. Zincke a caractérisé la présence de l'acétate d'octyle (voyez Dict., 1, 1279), de l'alcool octylique et du caproate d'octyle. L'essence qui a servi à ses recherches avait une densité de 0,864 à 20° et distillait presque complètement entre 190 et 270°.

En opérant sur une essence préparée avec des fruits un peu moins mûrs, ce qui a amené quelques légères différences dans les propriétés physiques, M. Möslinger a obtenu :

de 110-175°,	0,56 0/0	de butyrate d'éthyle,
— 175-203°,	4,5	d'un mélange du précédent et d'acétate d'octyle,
— 203-206°,	60,0	
— 206-210°,		un mélange de produits non définis,
— 210-240°,	1,0 —	d'acétate et de caproate d'éthyle,
— 240-275°,	3,0 —	de caproate d'éthyle,

et au delà de 320°, un résidu d'acide laurique.

[*Ann. Chem.*, 185, 26].

Plus tard le même auteur y a trouvé du caproate et du laurate d'octyle.

En opérant sur des fruits bien mûrs, MM. Schimmel ont obtenu 3 0/0 d'une essence d'un jaune clair, à réaction acide, d = 0,80, distillant entre 80 et 300° et renfermant du butyrate, de l'acétate d'éthyle, de l'alcool hexylique, du caproate d'octyle et, dans les portions volatiles entre 275 et 320°, un corps qui paraît être de l'acide caprique [*Chem. Zeit.*, 10, 1324].

En étudiant l'essence d'une autre variété d'heracleum, l'*Heracleum giganteum* L., MM. A. Franchimont et T. Zincke ont trouvé dans la portion principale, celle bouillant à 201-203°, du butyrate d'hexyle et de l'acétate d'octyle [*Ann. Chem.*, 163, 193].

M. G. Gutzeit a préparé lui-même l'essence et a constaté la présence d'une quantité notable d'alcools méthylique et éthylique dans le produit de la distillation : le liquide éthéré renfermait principalement du butyrate d'éthyle isolé de la fraction distillant entre 130 et 170°. Il a observé de plus ce fait remarquable que l'essence préparée avec des fruits bien mûrs fournit beaucoup moins de produits à faible teneur en carbone que celle obtenue avec les fruits non mûrs; de plus, ces derniers donnent à la distillation surtout de l'alcool éthylique, tandis que les fruits mûrs donnent surtout de l'alcool méthylique [*Ann. Chem.*, 177, 344].

Les essences d'heracleum offrent cette particularité rare de renfermer exclusivement des éthers de la série grasse, et, chose plus rare encore, des alcools de la série saturée.

Essence d'Hedwigia balsamifera. — Voyez Dict., 1, 1279.

Essence de houblon. — Existe surtout dans les

semonces du houblon (lupulin), qui en fournissent environ 2 0/0 à la distillation.

Préparée avec les cônes entiers et frais du houblon, elle est verte ; celle qu'on obtient avec le lupulin est brun clair, mais on peut l'obtenir incolore par rectification dans un courant de vapeur d'eau.

Sa densité = 0,908 à + 16° ; elle ne se solidifie pas à — 17°.

Elle est lévogyre, insoluble dans l'eau, soluble dans l'alcool ; elle devient rouge au contact prolongé de l'air.

M. R. Wagner avait cru y trouver un terpène bouillant à 175-180° et un camphre $C^{10}H^{18}O$ bouillant vers 200° (voyez Dict., 1, 1279). D'après Personne, le lupulin fournit par distillation avec l'eau de l'acide valérianique et une huile volatile ayant pour composition $C^{10}H^{18}O$, que la fusion avec la potasse dédouble en un hydrocarbure $C^{6}H^{8}$ et en acides valérianique et carbonique. La distillation ménagée des résidus avec la chaux fournit de l'aldéhyde valérique. L'essence serait faiblement dextrogyre (+ 2° 7′ pour 80 millimètres) [*C. R.*, 38, 311] ; enfin M. Kühnemann admet dans l'essence de houblon la présence de plusieurs hydrocarbures et de plusieurs composés oxygénés, dont la nature et la proportion varient avec l'âge, la qualité, la maturité des houblons [*D. chem. G.*, 10, 2231].

M. J. Ossipoff a constaté que les produits d'oxydation de l'essence de houblon sous l'influence du mélange chromique sont l'acide acétique et l'acide isovalérique [*J. prakt. Chem.*, (2), 28, 448].

M. A.-C. Chapman a étudié l'essence de houblon de provenance authentique, obtenue avec des houblons de Bourgogne, d'Alsace, d'Allemagne et d'Angleterre, et est arrivé aux résultats suivants : Densité à 15° = 0,866 à 0,880. Pouvoir rotatoire $[\alpha]_D = + 0° 41'$ à $+ 0° 58'$.

L'essence est neutre au tournesol, devient visqueuse, mais ne se solidifie pas à — 20°, ne cède rien ni au bisulfite de sodium, ni à la potasse en solution concentrée. L'acide sulfurique la dissout à froid en se colorant en rouge de sang, et, par addition d'eau, il se sépare une huile rougeâtre ayant une odeur d'acide valérique.

Elle ne réduit pas le nitrate d'argent ammoniacal.

Soumise à la distillation, elle commence à bouillir à 170°, mais le thermomètre monte rapidement à 230° et la majeure partie distille entre 230 et 270°.

Après de nombreux fractionnements, M. Chapman a isolé une portion bouillant à 166-171°, constituée probablement par un mélange d'hydrocarbures, de densité = 0,799 à 20°. En effet, on n'obtient pas de résultats précis à l'analyse, pas plus que pour le chlorhydrate de cet hydrocarbure.

Par oxydation à l'aide du permanganate, elle fournit les acides carbonique, acétique, oxalique et valérique.

Le brome ne fournit pas de bromure comparable à ceux des terpènes.

Toutes ces raisons ont amené M. Chapman à admettre dans cet hydrocarbure la présence d'un mélange de deux carbures, l'un $C^{10}H^{16}$, pouvant se rapporter aux terpènes *oléfiniques* de M. Semmler [*D. chem. G.*, 24, 682], l'autre $C^{10}H^{18}$, probablement un *tétrahydrocymène*. Un fait certain, c'est que la majeure partie, si ce n'est la totalité, des portions les plus volatiles de l'essence de houblon ne renferme pas d'hydrocarbure analogue aux terpènes ordinaires.

La présence d'un hydrocarbure $C^{10}H^{18}$ dans les essences naturelles a d'ailleurs été confirmée par MM. Andrès et Andréeff, qui ont constaté sa présence dans l'essence de menthe russe [*D. chem. G.*, 25, 609].

La portion la plus importante de l'essence de houblon est celle qui distille à 256-261°, et qui représente environ les deux tiers du produit brut.

Elle est constituée par un sesquiterpène bouillant à 263-266° (corr.), de densité 0,9001 à 15°, de 0,8977 à 20°.

Ce sesquiterpène dévie à gauche de — 0° 5′ pour 20 millimètres, et paraît devoir être inactif à l'état de pureté absolue.

Il fournit avec le brome un tétrabromure incristallisable, et avec l'acide chlorhydrique un dichlorhydrate liquide.

Il donne une combinaison chloronitrosée assez stable, fondant à 164-165° en se décomposant, une *nitrolpipéride* fusible à 153°, dont le *chlorydrate* $C^{15}H^{24}AzOAzC^{5}H^{10}HCl$ fond à 187-189°, une *nitrolbenzylamine* $C^{15}H^{24}AzOAzHC^{7}H^{7}$ fusible à 136°, dont le *chlorhydrate* fond à 187-189°, un *nitrosate* $C^{15}H^{22}Az^{2}O^{4}$ fondant à 162-163°, un *nitrosite* $C^{15}H^{22}Az^{2}O^{3}$, aiguilles bleues fondant à 120°, ainsi qu'un *isomère* de ce corps fondant à 166-168° et se présentant sous la forme d'aiguilles blanches.

Cet hydrocarbure, qui n'est identifiable avec aucun des sesquiterpènes connus jusqu'ici, a reçu de l'auteur le nom de *humulène*.

En dehors de ces deux hydrocarbures principaux, l'essence de houblon n'a fourni à M. Chapman que des quantités très faibles de produits plus ou moins oxygénés, dans lesquels il a cru reconnaître du géraniol [A.-C. Chapman, *Journ. Chem. Soc.*, 67, 54 et 780, 1895].

L'essence de houblon traitée par l'iode à froid se colore en brun ; à chaud la réaction est très vive et suivie d'une résinification complète.

Le brome agit de même : une solution alcoolique de potasse la colore en brun et ce mélange soumis à la distillation fournit, outre de l'alcool, un liquide huileux ayant l'odeur de romarin ; plus tard, il se produit un abondant dégagement de gaz, et on trouve dans le résidu du carbonate de potassium et des acides gras (caprylique et pélargonique?) unis à la potasse (Maier).

Essence d'hysope. — Fournie par l'*Hyssopus officinalis* L., de la famille des Labiées. Le rendement est de 0,4 à 1 0/0.

L'essence récemment obtenue est incolore, mais elle se colore peu à peu en jaune en se résinifiant à l'air. Sa densité varie de 0,889 à 0,986, et elle distille entre 142 et 168° (Stenhouse) : les dernières portions renferment une notable proportion de composés oxygénés.

Elle est soluble dans son poids d'alcool (d = 0,85).

MM. Schimmel lui attribuent la densité 0,928 et le pouvoir rotatoire — 22° 30′ [*Bericht*, octobre 1894].

Essence d'impératoire. — L'*Imperatoria astruthium* L. donne à la distillation avec l'eau de 0,2 à 0,8 0/0 d'une essence assez soluble dans l'eau, ce qui nécessite son extraction des liquides distillés au moyen de l'éther. L'essence rectifiée est incolore, limpide, mobile, d'une odeur agréable, d'une saveur piquante et chaude. Sa densité est 0,877 à 15°.

Elle commence à bouillir à 170° et distille d'une façon à peu près régulière et presque complètement jusqu'à 220°.

La portion passant à 170-180° possède la composition $C^{40}H^{66}O$; celle passant à 200-220° a une odeur désagréable empyreumatique et se rapproche de la composition $C^{15}H^{26}O$.

Distillée sur de l'anhydride phosphorique, elle fournit un terpène $C^{10}H^{16}$, qui avec l'acide chlorhydrique donne un chlorhydrate liquide possédant la formule $C^{15}H^{24}.HCl$, ce qui fait admettre par M. H. Hirtzel [*J. prakt. Chem.*, (2), **46**, 292] que l'essence se compose d'un mélange de divers hydrates d'un même hydrocarbure C^5H^8, tels que

$$C^{15}H^{26}O = 3\,C^5H^8,H^2O \quad \text{et} \quad C^{40}H^{66}O = 8\,C^5H^8,H^2O,$$

etc., etc.

D'après M. R. Wagner [*Journ. prakt. Chem.*, **62**, 280], l'essence d'impératoire renfermerait une aldéhyde, car, chauffée avec de l'eau légèrement ammoniacale et du nitrate d'argent, elle donne un dépôt miroitant d'argent. De plus, chauffée avec le chlorure de platine, elle dégage une odeur d'acide angélique, ce qui permettrait de supposer qu'elle renferme de l'aldéhyde angélique $C^4H^7 \cdot COH$.

Essence d'Indigofera galegoïdes. — Les feuilles de cette plante fournissent à la distillation environ 0,2 0/0, d'une essence d'un jaune clair, douée d'une odeur rappelant celle de l'essence d'amandes amères, avec en plus l'odeur d'herbes.

Suivant M. van Romburgh, la plante renferme une substance (probablement de l'amygdaline ou de la laurocérasine) qui, sous l'influence de l'émulsine, se scinde en acide cyanhydrique et aldéhyde benzoïque [Schimmel, *Bericht*, octobre 1894, 74].

Essence d'iris. — Extraite de la racine de l'*Iris florentina* L. et de l'*I. pallida* Lam. par distillation prolongée avec l'eau ou la vapeur d'eau.

Le rendement est de 0,1 à 0,8 0/0 au maximum.

Dumas en a retiré un corps cristallisé fondant à 32°, possédant la composition C^4H^8O, que M. Vogel avait entrevu avant lui et appelé *camphre d'iris*.

M. Flückiger a démontré que cette essence se compose presque exclusivement d'acide myristique $C^{13}H^{27}COOH$, fondant à 51°, associé à une petite quantité d'un produit liquide, huileux, incristallisable et qui est le véhicule du parfum.

D'après M. Hager [*Chem. Centralbl.*, (3), **6**, 688], cette essence est solide, d'un jaune d'or, fond à 38-40°, se solidifie à + 28°, est soluble dans 5-6 parties d'alcool. En opérant sur de petites quantités, on peut la distiller dans le vide sans décomposition.

Elle agit sur l'épiderme comme caustique, irritant, presque à la façon du phénol.

Cette essence a été soigneusement étudiée par MM. Tiemann, de Laire et Krüger. Au lieu d'extraire l'essence par la vapeur d'eau, le produit odorant fut enlevé à la racine au moyen de l'éther et la solution éthérée soumise à la distillation. Le résidu fut ensuite distillé à la vapeur d'eau. On obtint ainsi des produits volatils, parmi lesquels on isola l'acide myristique, ainsi que son éther méthylique, l'acide oléique et son éther, et le principe aromatique de la racine d'iris auquel on donna le nom d'*irone*. Le résidu non volatil se compose d'irigénine, d'acides myristique, iridique, ainsi que d'éthers des acides myristique et oléique.

L'*irone* pure a pour composition $C^{13}H^{20}O$, elle bout à 144° sous une pression de 16 millimètres et possède une densité de 0,939 à 20°. Presque insoluble dans l'eau, elle se dissout facilement dans l'alcool, l'éther, le chloroforme, le benzène, la ligroïne. Elle dévie la lumière polarisée à droite de + 40° pour 100 millimètres. Elle fournit une oxime qui cristallise, bien que difficilement, et qui peut servir à la préparation de l'irone pure. Traitée par les agents déshydratants, elle fournit de l'*irène* $C^{13}H^{18}$ [*Bull. Soc. Chim.*, (3), **9**, 87].

Quand on traite la racine d'iris par de l'alcool, on obtient, par un traitement approprié, un glucoside, l'*iridine*, qui cristallise en aiguilles fondant à 208°. Chauffé avec les acides étendus, ce composé se scinde en glucose et en *irigénine*,

$$\underset{\text{Iridine.}}{C^{24}H^{26}O^{13}} + H^2O = C^6H^{12}O^6 + \underset{\text{Irigénine.}}{C^{18}H^{16}O^8}.$$

L'irigénine cristallise dans l'alcool en rhomboèdres fusibles à 186°. Chauffée avec de la potasse caustique, elle se scinde en acides formique, iridique, et en un phénol, l'*iretol* [Tiemann et de Laire, *D. chem. G.*, **26**, 2010].

Essence d'iva (*Achillea moschata*). — MM. Schimmel ont caractérisé dans cette essence (Suppl., **1**, 685) la présence de cinéol au moyen de la réaction de Hirschsohn [*Bericht*, octobre 1894].

Essence de jaborandi. — Les feuilles de jaborandi (*Pilocarpus pennatifolius* L.), de la famille des Diosmacées, fournissent de 0,4 à 0,8 0/0 d'huile essentielle; celle-ci possède une odeur très forte, une saveur douce agréable; sa densité est 0,875; elle bout entre 170 et 290°. Elle renferme, d'après M. Hardy [*Bull. Soc. Chim.*, (2), **24**, 298], un terpène, le *pilocarpène* (D = 0,852, $[\alpha]_D$ = + 1°21′), dont le chlorhydrate $C^{10}H^{16},2HCl$ fond à 49°,5, et un produit distillant à 290° qui cristallise par refroidissement; cette espèce de paraffine fond à 27-28°.

Le pilocarpène paraît n'être autre chose que du limonène, car M. Pöhl a identifié la portion bouillant à 174° avec le *carvène*, qui n'est autre que du limonène [*Jahresb. f. Chem.*, (2), 1880, 1074].

Essence de jasmin. — Voyez Dict., **1**, 1279.

Essence de jonquille. — Les fleurs récentes du *Narcissus jonquilla* L. (Amaryllidées), épuisées à l'éther dans un appareil à déplacement, fournissent, après évaporation de l'éther, une petite quantité d'un produit butyreux, fondant à la chaleur de la main, qui ne distille qu'au-dessus de 100°, mais dont l'étude n'a pas été faite (Robiquet).

Une autre variété de *Narcissus*, le *N. Poeticus* L., originaire, comme le précédent, du midi de la France, fournit, par macération dans des corps gras, des produits aromatisés employés comme cosmétiques, mais dont le principe actif n'est pas encore connu [Bornemann, *Die flüchtig. Oele*, 208].

Essence de Kæmpferia rotunda L. — Cette plante, cultivée dans les jardins de différentes contrées de l'Inde à cause de sa beauté et de son parfum, possède un rhizome qui à la distillation fournit environ 0,2 0/0 d'une essence dont la densité varie de 0,886 à 0,894 à 26° (van Romburgh), 0,945 à 15° [Schimmel, *Bericht*, avril 1894].

Déviation pour 100 millimètres : $[\alpha]_D = +13°4'$.

L'essence possède une couleur jaune et une odeur d'abord camphrée, puis rappelant celle de l'estragon, propriétés sans doute dues à la présence de méthylchavicol, l'isomère de l'anéthol.

Elle contient aussi du cinéol.

Essence de kesso ou valériane du Japon. — Voyez plus loin Essence de valériane.

Essence de kuro-moji. — Cette essence est sécrétée par les parties ligneuses d'une Laurinée, le *Lindera sericea* L., originaire du Japon. Une autre variété de la même espèce se différencie de la première par son écorce, qui, au lieu d'être presque noire, est d'un bleu grisâtre et s'appelle dans le pays d'origine Schiro-moji.

L'essence obtenue indistinctement au moyen de l'une ou de l'autre de ces deux variétés est un liquide jaune foncé; d = 0,901 à 18°; elle est à peu près inactive.

Elle fournit, par distillation sur du sodium, deux terpènes : l'un, dextrogyre, bout à 175-178°, donne un tétrabromure fondant à 104°, et est par conséquent identique au citrène ou limonène de M. Wallach. Le second terpène est inactif; il bout à 180°, donne un tétrabromure fusible à 124° et un dichlorhydrate fusible à 50°; c'est du dipentène selon MM. Schimmel.

Elle renferme de plus deux composés oxygénés : 1° un terpinéol inactif $C^{10}H^{18}O$, bouillant à 218°, d'une odeur agréable, identique à celui que l'on extrait de l'essence de kesso (voyez ESSENCE DE KESSO); 2° du carvol lévogyre $C^{10}H^{14}O$, bouillant à 225° et fournissant avec l'hydrogène sulfuré une combinaison cristalline [W. Kwasnick *D. chem. G.*, **24**, 81].

ESSENCE DE LADANUM. — Cette essence, obtenue par distillation de la gomme-résine de ladanum (*Cistus Creticus* L.), qui en fournit environ 0,91 0/0, possède une couleur d'un jaune d'or et une odeur très prononcée d'ambre. Sa densité est de 1,011 à 15°. Abandonnée à elle-même pendant quelques mois, elle se remplit de cristaux [Schimmel, *Bericht*, avril 1893, 63].

ESSENCE DE LAURIER. — Cette essence se retire soit des *baies*, soit des *feuilles* du laurier (*Laurus nobilis* L.); celle-ci ne se distingue de la première que par la finesse plus grande de son arome. Dans le commerce, c'est en général de l'essence de baies de laurier qu'on rencontre sous le nom d'essence de laurier, quoique le rendement des feuilles atteigne 2,4 0/0, tandis qu'il ne dépasse pas 1 0/0 pour les baies.

L'essence de laurier a été étudiée tout d'abord par M. Gladstone (voyez Dict., **1**, 1279), qui y a trouvé un terpène lévogyre (laurène) et un sesquiterpène faiblement lévogyre, puis par M. Blas, qui y indique de l'acide laurique $C^{12}H^{24}O^2$, au lieu d'eugénol qu'y avait signalé M. Gladstone.

Plus récemment, M. O. Wallach a constaté que l'essence de *feuilles* de laurier renfermait une petite quantité de *pinène* lévogyre, dans les portions passant à 158-168°; quant au laurène de M. Gladstone, bouillant à 170-178°, ce n'est autre chose que du cinéol. Le même pinène et le cinéol ont été retrouvés dans l'essence de baies de laurier.

Les portions bouillant au-dessus de 180° renferment un sesquiterpène et de l'acide laurique [O. Wallach, *Ann. Chem.*, **252**, 94]. L'essence de laurier est souvent falsifiée par l'essence de térébenthine : elle donne dans ces conditions une coloration rouge-framboise par addition d'acide sulfurique, puis d'alcool. L'essence pure se colore en brun avec l'acide sulfurique.

ESSENCE DE LAURIER DE CALIFORNIE. — Préparée avec les feuilles du *Laurus* ou *Umbellularia*, ou *Orodaphne Californica*. Liquide d'un jaune clair, mobile, inaltérable à l'air, doué d'une odeur aromatique très agréable, à l'état de grande dilution, mais irritant les muqueuses et provoquant le larmoiement à l'état concentré.

Sa densité = 0,94 à 11°; elle commence à bouillir à 167°. M. Heamy y a trouvé un hydrocarbure bouillant à 175°, dont la densité = 0,894, un corps oxygéné bouillant à 210° (d = 0,96), tandis que M. J. M. Stillmann [*D. chem. G.*, **13**, 629] a isolé dans les portions distillant à 167-168° du *terpinol* $C^{20}H^{32},H^2O$, liquide aromatique d'une odeur très agréable, et à 215-216° de l'*ombellol* $C^8H^{12}O$, liquide incolore, mobile, irritant les yeux, mais d'une odeur agréable à l'état de dilution, peu volatil, se colorant en rouge de sang avec l'acide sulfurique et que l'acide nitrique attaque énergiquement.

Suivant MM. Schimmel, l'essence renfermerait du cinéol [*Bericht*, octobre 1893].

ESSENCE DE LAURIER-CERISE. — Les feuilles du laurier-cerise (*Prunus lauro-cerasus* L.), de la famille des Drupacées, renferment une huile essentielle, qu'on en extrait par distillation à la vapeur, après les avoir contusées et fait macérer pendant 24 heures dans l'eau tiède. Cette essence est jaune, possède une odeur et une saveur rappelant celle de l'essence d'amandes amères. Sa densité est 1,061.

D'après Lehmann, les feuilles de laurier-cerise renfermeraient un corps appelé par lui *laurocérasine* et qu'il considère comme une combinaison d'amygdaline et d'acide amygdalique :

$$\underset{\text{Laurocérasine.}}{C^{40}H^{67}AzO^{30}} = \underset{\text{Amygdaline.}}{C^{20}H^{27}AzO^{11}} + \underset{\text{Acide amygdalique.}}{C^{20}H^{28}O^{13}} + 6H^2O$$

(voyez Suppl., **1**, 129).

Le dédoublement de l'amygdaline en acide cyanhydrique et aldéhyde benzoïque s'effectue dans les mêmes conditions que pour les amandes amères, ce qui rendrait ces deux essences identiques. En effet, M. Fileti [*Jahresb., Chem.*, 1879, 332], en traitant l'essence de laurier-cerise par l'hydrogène naissant, a obtenu de la phényléthylamine, ce qui prouve que l'acide cyanhydrique s'y trouve sous la forme de phényl-oxyacétonitrile $C^6H^5CH(OH)CAz$.

Cependant la différence marquée qui existe entre l'odeur de l'essence de laurier-cerise et celle de l'essence d'amandes amères serait due, d'après M. Tilden, à de petites quantités d'alcool benzylique que renfermerait l'essence de laurier-cerise.

Celle-ci renferme en général 3 0/0 d'acide cyanhydrique.

Au point de vue pratique, elle n'a pas d'applications : on la remplace par l'essence d'amandes amères. Le seul usage des feuilles de laurier-cerise consiste dans la préparation de l'eau distillée de ce nom, qui a en médecine et en pharmacie des applications fréquentes.

ESSENCE DE LAURUS OU LINDERA BENZOIN. — Sous le nom d'*oil of Spice-bush* ou de *Spicewood oil* (essence de bois d'épice), on rencontre dans l'Amérique du Nord des essences fournies par les écorces, les baies, les feuilles et les rejetons du Lindera benzoin, connu sous les noms de *Feverbush, Benjamin-bush* ou *Wild Allspice*.

L'essence extraite des *écorces* possède une odeur rappelant celle de l'essence de gaulthéria; sa densité = 0,923; elle distille entre 170 et 300°. Elle renferme de 8 à 9 0/0 de salicylate de méthyle.

L'essence de *baies* a une odeur aromatique d'épices, rappelant celle du camphre, possède la densité 0,855 et distille entre 160 et 270°.

L'*essence de feuilles* possède une odeur très agréable, rappelant celle de la lavande, et a pour densité 0,888.

L'odeur de l'essence extraite des *rejetons* se rapproche de celle du camphre et du calamus. Elle a pour densité 0,923 [Schimmel, *Bericht*, octobre 1890 et *Descriptive catalogue of Essent. oils*, par Fr. B.-Power, 73].

ESSENCE DE LAVANDE. — Cette essence est fournie par les sommités fleuries ou les fleurs de la *Lavandula vera* DC., de la famille des Labiées. Quand les fleurs seules ont servi à l'extraction, on obtient un produit beaucoup plus estimé, possédant une odeur plus fine.

Le rendement est d'environ 0,6 0/0 d'essence de première qualité et 0,2 0/0 d'essence de deuxième choix. Cette dernière constitue les portions recueillies dans la dernière phase de la distillation et à une température supérieure à celle qui fournit l'essence de premier choix. Le rendement descend à 0,33 0/0 pour les fleurs sèches.

L'essence de lavande récente est jaunâtre et mobile, mais se colore peu à peu en épaississant. Par rectification dans un courant de vapeur d'eau, elle devient incolore. Elle possède une odeur forte, agréable, une saveur brûlante, aromatique et amère. Son parfum augmente de finesse au bout d'un an de repos. Sa réaction est acide, surtout quand elle est récemment rectifiée. Sa densité = 0,870-0,936 pour l'huile brute, 0,872-0,875 pour l'essence rectifiée. MM. Schimmel ont trouvé 0,895 à 15° et 0,891 à 0,897 pour des essences d'origine française [Schimmel, *Bericht*, 1890]. M. H. Eckenroth indique de 0,885 à 0,895 [*Chem. Zeit.*, 12, 955]; M. Williams donne 0,883 à 0,887 à + 15°,5 pour de l'essence Mitcham, 0,878 pour de l'essence Hitchin et 0,881 à 0,893 pour de l'essence française.

On sait d'ailleurs que l'essence d'origine anglaise est moins dense et plus réfringente que l'essence française.

L'essence française bout à 186-192°, l'essence anglaise à 190-192° (Williams).

L'essence de lavande est lévogyre (— 4°15′ à 9°20′ pour 100 millimètres [*Journ. Pharm. Chim.*, (6), 1, 49], soluble en toute proportion dans l'alcool à 90°. D'après MM. Schimmel, l'essence pure doit se dissoudre dans 3 fois son volume d'alcool à 70°.

Elle se dissout facilement dans l'éther et dans les huiles fixes ou essentielles. D'après M. H. Eckenroth, 10 cent. cubes d'essence de lavande doivent donner avec 10 centimètres cubes d'alcool à 68° un liquide trouble, mais le mélange doit devenir limpide par addition de 20 autres centimètres cubes d'alcool au même titre.

Soumise à la distillation, l'essence de lavande ne donne rien au-dessous de 160°; de 185 à 190°, il passe à peu près 6,5 0/0 de son volume; de 190 à 250° il passe 78,5 0/0 : soit au total 85 0/0 de l'essence au-dessous de 250°.

D'après M. E. Bruylants [*Bull. de l'Acad. royale de médecine de Belgique* (3), 13], l'essence de lavande se composerait d'environ 25 0/0 de terpène, 65 0/0 d'un mélange de quatre cinquièmes de bornéol $C^{10}H^{18}O$ et un cinquième de camphre des Laurinées $C^{10}H^{16}O$, enfin de 10 0/0 de résine.

D'autres auteurs, parmi lesquels Proust, prétendent que l'essence conservée dans des flacons incomplètement bouchés, ou énergiquement refroidis, laisse déposer 25 0/0 de stéaroptène, alors que MM. Schimmel n'ont jamais pu constater pareil fait.

Des recherches faites sur 2 kilogrammes d'essence en vue de l'extraction du camphre et du bornéol qu'elle doit contenir d'après M. Bruylants, ont été sans résultat en opérant sur une essence du Midi d'une authenticité non douteuse [A. Haller, *Expériences inédites*].

Ces différences d'allures, comme celles qu'on observe dans la densité et le pouvoir rotatoire, proviennent probablement de circonstances de climat, de la saison plus ou moins pluvieuse, de l'époque de la récolte, etc.

Parmi les réactions propres à l'essence de lavande, citons les suivantes : L'iode s'y combine avec déflagration, dégagement de vapeurs jaunes, et il reste une masse résineuse d'un brun foncé.

L'indice d'iode serait, d'après M. Williams, de 230 à 248,6 0/0 pour l'essence de Mitcham, 233 pour l'essence de Hitchin, et 199 à 237 pour l'essence française. Elle absorbe de 3 à 4,8 et 4,9 de potasse caustique.

L'acide azotique la résinifie, avec production d'acide oxalique.

L'acide sulfurique la colore en un jaune orangé foncé.

L'essence dissout de grandes quantités d'acide chlorhydrique et de gaz ammoniac.

MM. Bertram et Wahlbaum [*J. prakt. Chem.*, (2), 45, 590] ont constaté que l'essence française distille de 185 à 230° à la pression ordinaire et à 95-105° sous une pression de 16 millimètres. La portion principale de cette essence est constituée par du *linalol* $C^{10}H^{18}O$ et des éthers de cet alcool, parmi lesquels domine l'acétate. On trouve aussi des homologues supérieurs jusqu'au valérianate et des éthers d'acides non saturés.

Indépendamment de ces composés, l'essence de lavande contient encore du *géraniol*, un sesquiterpène, du cinéol [Schimmel, *Bericht*, oct. 1894], du pinène en petites quantités et un autre corps oxygéné.

Suivant les auteurs, la qualité de l'essence de lavande dépend de sa teneur en éthers du linalol. Plus une essence est riche en éthers, plus elle est estimée.

Selon MM. Schimmel, les essences d'origine française sont les plus riches en éthers et seraient supérieures aux essences de Mitcham. Leur teneur en éthers, calculée en acétate, varie de 30 à 40 0/0. Les bonnes qualités sont jaunâtres et les essences extra sont un peu verdâtres. Quant aux essences incolores, c'est-à-dire rectifiées, elles sont moins riches en éthers et par suite moins fines, la rectification ayant pour effet de détruire une certaine quantité d'éthers [*Bericht*, oct. 1894].

L'essence de lavande anglaise a été étudiée par MM. Tiemann et Semmler [*D. chem. G.*, 25, 1186], qui ont constaté qu'elle dévie également à gauche. Parmi les produits de la rectification, ils ont constaté la présence du limonène, du lavandol (linalol) $C^{10}H^{18}O$, de l'acétate de lavandol et de petites quantités d'un sesquiterpène. Ils ajoutent que l'essence renferme encore d'autres composés oxygénés qui contribuent à la production du parfum.

MM. Schimmel ont encore trouvé du cinéol dans cette essence, en plus grandes quantités que dans celle d'origine française. D'autre part, le produit anglais ne renferme que de 5 à 10 0/0 d'éthers du linalol.

Les principales falsifications de l'essence de lavande consistent dans l'addition d'essence d'aspic et d'essence de térébenthine.

Il est à peu près impossible d'y déceler l'essence d'aspic : sa composition est sensiblement celle de l'essence de lavande, de même que son point d'ébullition et sa densité. Elle ne s'en distingue guère que par son odeur moins agréable, mais difficile à caractériser dans un mélange.

MM. Schimmel ont cependant préconisé un moyen. Il consiste à prendre l'indice de saponification de l'essence de lavande, qui conduit à trouver environ 30 à 33 0/0 d'éthers du linalol calculés en acétate; comme l'essence d'aspic ne renferme que très peu d'éthers de cet alcool, un abaissement dans l'indice trouvé permettrait de conclure à la présence d'une falsification. D'autre part, l'essence d'aspic renferme du cinéol, qui n'existe pas dans celle de lavande.

L'addition d'essence de térébenthine est surtout reconnaissable par l'abaissement du point d'ébullition et l'augmentation de la proportion d'hydrocarbure contenue dans l'essence.

Essence de Lavandula spica (*essence d'aspic*). — La grande lavande (*Lavandula spica* DC.) se trouve partout où pousse la lavande officinale. Elle fournit, comme cette dernière, une essence incolore, brunissant à l'air, douée d'une odeur aromatique pénétrante.

Sa densité = 0,9206 (Brande), 0,9172 (Kane) avant la rectification, 0,873 à 0,904 à 15°,55 (Williams), 0,920 (Voiry et Bouchardat), 0,935 (Massol) après rectification. Elle bout à 186°; d'après M. Williams à 165°,6-171°. Elle est faiblement lévogyre ou dextrogyre, selon sa provenance.

M. Massol a trouvé récemment que le pouvoir rotatoire était + 9°66′ pour 100 millimètres pour une essence fabriquée dans le département de l'Hérault [*Journ. Pharm. Chim.*, (6), **1**, 49]. Elle est très soluble dans l'alcool et, par refroidissement, laisse déposer de grandes quantités de stéaroptène (Kane).

Après M. Lallemand (Dict., **1**, 1280), M. G. Bruylants a repris l'étude de l'essence d'aspic et prétend y avoir trouvé, outre 37 à 70 0/0 d'un terpène $C^{10}H^{16}$, de 55 à 20 0/0 d'un mélange de bornéol et de camphre et 10 0/0 de résine [*Bull. Acad. royale de médecine de Belgique*, (3), **13**, n° 1].

MM. Voiry et Bouchardat ont retiré de l'essence d'aspic une petite quantité d'un terpène bouillant entre 150 et 160°, dont le chlorhydrate fond à 129°, et qui n'est par conséquent que du pinène droit.

De 176 à 180° passe la portion principale, qui répond à la composition $C^{10}H^{18}O$ et que les auteurs appellent *spicol*. Par refroidissement à — 25°, le spicol laisse déposer des cristaux d'*eucalyptol* ou *cinéol* inactif [*C. R.*, **106**, 551].

De nouvelles recherches de M. Bouchardat ont démontré que l'essence d'aspic renferme en effet de l'eucalyptol, mais en outre du linalol ou licaréol gauche, du camphre droit, du bornéol gauche, du terpilénol, du géraniol, un térébenthène, un copahuvène et un camphène dextrogyre provenant sans doute de la destruction des éthers du bornéol, soit pendant la vie de la plante, soit même par la simple distillation de la plante avec l'eau [*C. R.*, **117**, 53, 1094].

Selon MM. Schimmel, l'essence d'aspic renfermerait aussi des éthers du linalol, mais en moindres quantités que l'essence de lavande.

Des dosages effectués au moyen de l'anhydride acétique semblent démontrer que l'essence pure renferme de 36 à 37 0/0 de linalol [*Bericht*, oct. 1894].

L'essence d'aspic se comporte avec l'iode comme l'essence de lavande; son indice varie de 207 à 288 (Williams).

L'acide azotique la colore légèrement en jaune et la résinifie à chaud. L'acide sulfurique la colore en jaune brun.

Sous les noms d'essences de *Lavandula dentata* et de *Lavandula stœchas* L., MM. Schimmel décrivent deux essences extraites de fleurs, dont la première a une densité = 0,942 et distille de 180 à 245°, et la seconde une densité = 0,926 à 15° et passe à la distillation de 170 à 200°. Toutes deux ont une odeur rappelant celles du camphre et du romarin et renferment du cinéol [*Bericht*, oct., 1893; *Descript. catal. of Ess. oils*, Fr.-B. Power, 21].

Essence de lédon. — Les sommités fleuries du *Ledum palustre* L., de la famille des Éricacées, fournissent à la distillation par la vapeur une essence sur l'origine, les propriétés et la composition de laquelle les nombreux auteurs qui l'ont étudiée n'ont encore pu se mettre d'accord.

D'après M. Rochleder, cette essence ne préexiste pas dans la plante, mais prend naissance dans le dédoublement d'un glucoside particulier, l'*éricoline*, qu'on rencontre dans un certain nombre d'Éricacées (voyez Dict., **1**, 1255). Il avait aussi signalé la présence dans cette essence d'un stéaroptène qui se dépose par refroidissement. M. Grossmann prétend même que l'essence de lédon renferme une telle proportion de ce stéaroptène, qu'elle est solide à la température ordinaire.

M. J. Trapp a constaté aussi sa présence dans l'essence [*Zeits. f. Chem.*, **12**, 350], tandis que MM. Willik et Frœhde prétendent que l'essence n'en renferme pas [*J. prakt. Chem.*, **82**, 181]. M. Frœhde a trouvé dans l'essence un terpène et de l'*éricinol* (voyez Dict., **1**, 1254).

Plus récemment M. Iwanoff a retiré de l'essence de lédon une grande quantité d'un camphre dextrogyre, fondant à 101° et bouillant à 174°. Il lui attribuait la formule $C^5H^8O^2$, tandis que M. Trapp lui assigne la composition $C^{28}H^{48}O$ [*D. chem. G.*, **8**, 542].

D'autre part MM. E. Hjelt et U. Collan lui attribuent la formule $C^{25}H^{44}O^2$ [*D. chem. G.*, **15**, 2500], tandis que M. B. Rizza déduit de la moyenne de 14 analyses la composition $C^{15}H^{24}O$ ou $C^{16}H^{26}O$ [*D. chem. G.*, **16**, 2311] et indique 104-105° comme point de fusion.

D'après MM. B. Rizza et A. Gorboff [*Chem. Centralbl.*, (3), **18**, 1257], l'essence de lédon bout à 270° et se compose presque exclusivement de camphre de lédon : ce dernier, chauffé sous pression avec de l'anhydride acétique à 150°, fournit un sesquiterpène $C^{15}H^{24}$, dont la densité = 0,9349 à 0°, qui bout vers 264°, et peut par conséquent être considéré comme l'hydrate de ce sesquiterpène $C^{15}H^{26}O = C^{15}H^{24}, H^2O$.

Ce même sesquiterpène constitue d'ailleurs la partie liquide de l'essence de lédon, de sorte que cette dernière peut être envisagée comme un mélange d'une petite quantité de sesquiterpène bouillant à 264-270°, avec l'hydrate de ce sesquiterpène, ou camphre de lédon, hydrate fusible à 104-105°.

Essence de limette. — Les fruits et les feuilles du *Citrus limetta* Riss. fournissent, les uns par expression du péricarpe, les autres par distillation avec l'eau, une essence qui a beaucoup d'analogie avec celle de bergamote au point de vue de l'odeur.

C'est un liquide jaune, à réaction acide, de densité = 0,877 (Mierzinski) ou 0,931 (Maier), peu soluble dans l'alcool, et dont le pouvoir rotatoire varie de + 30° à + 40° (l = 100 millimètres).

Elle renferme du limonène droit $C^{10}H^{16}$, bouillant à 176°, du terpinol $C^{10}H^{17}, OH$, du diterpène $C^{20}H^{32}$ et de la méthylnonylacétone $CH^3-CO-C^9H^{19}$ [Mierzinski, *Riechstoffe*]. Selon MM. Schimmel [*Bericht*, oct. 1893], elle renferme aussi du citral. Des recherches plus récentes ont montré au contraire qu'elle ne renferme pas de citral, mais du limonène droit, du linalol gauche et de l'acétate de linalol gauche [*Bericht*, avril 1895, 45; Gildmeister, *Arch. Pharm.*, **233**, 174].

D'après MM. Tilden et R. Beck, l'essence de limette, obtenue par expression ménagée des fruits, laisse déposer des cristaux de *limettine* $C^{16}H^{14}O^6$; ce corps fond à 121-122° et donne, par fusion avec de la potasse, de la phloroglucine, de l'acide acétique et de l'acide formique.

L'essence de citron ordinaire fournit un corps analogue $C^{14}H^{14}O^6$, fondant à 116°; celui de l'essence de bergamote fond à 270-271° [*Chem. Zeit.*, **14**, 377].

Selon le *Bulletin of miscellaneous information, Royal Gardens Kew*, n° 88, avril 1894, une variété de *Citrus limetta* appelée *Citrus medica* L., var. *acida*, fournit, 1° une essence acide, obtenue par décantation du jus extrait du fruit, et de qualité inférieure; 2° un produit extrait par le procédé à l'écuelle et qui possède une odeur très agréable et très prononcée de citral. La première de ces essences est vendue sous le nom d'*oil of limes*, et la seconde sous le nom d'*oil of limette*.

La première a pour densité 0,868, dévie à droite de + 38° 35′ et bout entre 175 et 220°.

La seconde a pour densité 0,882 et possède le pouvoir rotatoire + 35° 40′-37° 55′ [Schimmel, *Bericht*, oct. 1894].

Essence de lierre terrestre. — Cette essence, obtenue par distillation des feuilles du *Glechoma hederaceum* (*Herba hederæ terrestris*), qui en fournissent environ 0,03 0/0, est d'un vert foncé, possède une odeur indéfinissable non agréable et une densité = 0,925 à 15° [Schimmel, *Bericht*, avril 1894, 55].

Essence de linaloé. — *Essence de Likari kanali* (linalol ou licaréol). — Les données qu'on possède sur l'origine de cette essence sont essentiellement contradictoires; pour certains auteurs, le linalol est un produit bien différent du licaréol; pour d'autres, ces deux corps sont identiques.

D'après M. Roscoë, l'aloès cité dans la Bible serait le bois de l'*Aquilaria agallochum* Roxb., de la famille des Aquilarinées, originaire des Indes Orientales. Ce bois d'aloès (*lignum aloes*, d'où on a fait *Lignaloé, Linaloé*) est encore employé comme parfum en Orient.

Dès le XVIIe siècle, on importe du Mexique un bois odorant désigné sous le nom de bois d'aloès. Le produit vendu sous ce nom provient de l'*Icica altissima*, de la famille des Burséracées.

D'après M. Mierzinski (*die Riechstoffe*, 145), c'est une autre plante de la famille des Burséracées, l'*Elaphrium graveolens* Knuth, le citronnier du Mexique, qui fournit l'essence appelée *linaloé*. D'après M. Piesse, c'est bien du citronnier du Mexique que dérive cette essence; mais il faut observer que sous le nom de bois de citronnier ou bois de rose des Indes Occidentales on désigne aussi le bois de l'*Amyris balsamifera* L.

L'essence extraite du bois du Mexique a pour densité 0,988 à 15°; elle dévie à gauche de — 7°33′ et se dissout dans 2 parties d'alcool à 70 0/0 [Schimmel, *Bericht*, octobre 1894].

D'autres espèces végétales, assez nombreuses, ont été considérées comme fournissant cette essence.

L'essence importée en France sous le nom de *linalol* ou essence de Likari kanali est originaire de la Guyane française; elle se prépare à Cayenne en distillant le bois de Likari kanali, fourni par l'*Acrodiclidium*, de la famille des Laurinées.

C'est un liquide incolore, d'une odeur agréable de citron et de rose, inaltérable à l'air, densité = 0,868 à 15°, distillant intégralement entre 198 et 200°; il dévie à gauche: $[\alpha]_D = -19^0$ (Morin); —18°21′ (Barbier). Ses indices pour le bleu et le rouge sont $n = 1,4775$ et $n = 1,4625$ à la température de 15°,4.

Le produit commercial renferme toujours de l'eau en dissolution, ce qui fait que, par refroidissement à —20°, l'essence se trouble par suite de la congélation de celle-ci.

L'essence anhydre ne se solidifie pas. Sa composition répond à la formule $C^{10}H^{18}O$, ce qui en fait un isomère du bornéol et du géraniol. Le coriandrol en serait le stéréo-isomère droit.

M. Barbier a donné à ce corps le nom de *licaréol*, mais il est identique au linalol qui existe dans les essences de lavande, d'aspic et, sous forme d'acétate, dans l'essence de bergamote.

Chauffé à 150° avec l'anhydride acétique, il donne du *licarène* $C^{10}H^{16}$, qui, selon M. Barbier, est identique avec le limonène droit. Suivant MM. Schimmel, ce carbure serait plutôt un mélange de limonène, de dipentène et de terpinène [*Bericht*, avril 1894, 26].

Indépendamment de ce carbure, l'anhydride acétique fournit encore l'éther acétique d'une modification isomérique du licaréol ou linalol, et à laquelle M. Barbier donne le nom de *licarhodol*.

Comme le linalol, le licarhodol fournit par oxydation ménagée une aldéhyde, particulière selon M. Barbier, le *licaréal*, mais qui n'est autre chose que du *citral* ou *géranial* selon MM. J. Bertram et Wahlbaum [*J. prakt. Chem.* (2), 45, 590], Tiemann et Semmler [*D. chem. G.*, 26, 2713] et Schimmel [*Bericht*, octobre 1894, 35].

Quant au *licarhodol*, M. Bouchardat a montré que ce composé est identique au *géraniol*. Ce savant avait en effet obtenu ce dernier isomère en partant du linalol de l'essence de lavande qu'il avait soumis à l'action de l'anhydride acétique.

Ces données ont été confirmées par MM. J. Bertram et Gildemeister, qui ont comparé le licarhodol de M. Barbier au géraniol provenant : 1° de l'essence de palmarosa (Andropogon); 2° de l'essence de pélargonium; 3° des essences de roses turque et allemande; 4° de l'essence de citronelle. Les constantes physiques observées sont identiques pour les six produits.

Indépendamment du linalol, l'essence de likari kanali contient encore des traces de méthylhepténone (identique avec celle obtenue par M. Wallach en partant de l'acide cinéolique [*Ann. Chem.*, 258, 319], et souvent aussi du géraniol [Schimmel, *Bericht*, octobre 1894, 35].

D'après les récentes recherches de MM. Barbier et Bouveault, l'essence de linaloé du Mexique renfermerait environ

1/1000 d'un terpène diatomique,
1/1000 — — tétratomique,
1/1000 de méthylhepténone $C^8H^{14}O$,
90/000 de licaréol,
2/100 de licarhodol (géraniol),

et un sesquiterpène bouillant de 135 à 136° (H = 10 millimètres) et fixant 4 atomes de brome [*C. R.* 121, 168].

Voir pour le linalol ou licaréol, article Linalol et M. Barbier [*C. R.*, 116, 883, 993, 1062, 1200, 1459], MM. Barbier et Bouveault [*C. R.*, 118, 1208 et *Bull. Soc. Chim.*, (3), 9, 802, 904, 998].

Essence de livèche. — Les racines de livèche (*Ligusticum levisticum* L.) fournissent à la distillation dans un courant de vapeur d'eau une essence jaune-brunâtre, épaisse, douée d'une odeur aromatique particulière. Elle est très soluble dans l'alcool et a pour densité 1,03-1,04 à 15°.

L'acide sulfurique la colore en brun rouge foncé, l'acide nitrique en rouge. Le rendement en est très faible, et elle est presque toujours falsifiée dans le commerce avec de l'essence d'oranges, de copahu et de térébenthine (Mierzinski).

Les fruits de la même plante donnent aussi une essence (1,1 0/0) de densité = 0,935 [Schimmel, *Bericht*, avril 1890].

Enfin l'herbe fraîche fournit également à la distillation environ 0,15 0/0 d'une essence de densité 0,928.

Essence de macis. — Liquide incolore ou jaunâtre, devenant rougeâtre par une exposition prolongée à l'air.

Sa densité varie de 0,886 à 0,890 à 15°,5 (Williams), à 0,930 à 14° (Semmler) et 0,9266 à 0,947 (Maier).

Elle commence à bouillir à 174° (Williams), à 190-200° (Maier).

Elle est dextrogyre : + 18°8′; + 10° (Schimmel).

M. Mulder y a trouvé une huile légère (probablement un terpène) et un stéaroptène (voy. Dict., 1, 1280).

M. O. Wallach y a trouvé du pinène, et une portion passant à 165°, de densité = 0,854 à 20°, sensiblement inactive, ce qui fait admettre qu'elle se compose de quantités de pinène droit et gauche qui se neutralisent mutuellement. Les parties bouillant entre 175 et 180° renfermeraient, d'après lui, du dipentène.

D'après M. Semmler, cette essence renfermerait : 52 0/0 de terpènes, 15 0/0 d'un mélange de terpène et de myristicol $C^{10}H^{16}O$, 9 0/0 de myristicol et d'acide myristique, 22 0/0 de myristicine [*D. chem. G.*, 23, 1803].

Ces résultats concordent avec l'opinion généralement admise que l'essence de macis est identique ou sensiblement identique à l'essence de muscade.

Essence de mandarines. — Les mandarines sont le fruit d'une variété d'oranger, le *Citrus bigaradia sinensis* et le *C. B. myrtifolia*, originaire de l'Italie méridionale, de la Sicile et de l'Algérie. Par expression de l'écorce de ces fruits, on obtient une huile essentielle limpide, colorée en jaune d'or, mobile, d'une odeur très agréable. Elle distille presque sans résidu à 178° et dévie à droite d'environ + 70°.

Le produit distillé est incolore, a une densité de 0,852 à 10°; il se compose presque exclusivement d'un terpène $C^{10}H^{16}$ (limonène?) et de citral [Schimmel, *Bericht*, octobre 1893].

L'essence est insoluble dans l'eau, soluble dans 10 volumes d'alcool, dans le sulfure de carbone, l'éther et l'acide acétique cristallisable.

Elle dissout l'iode, le brome, les résines, les huiles, etc.

L'acide sulfurique la colore en rouge, coloration qui passe au jaune par addition d'eau.

L'acide chlorhydrique donne avec elle, au bout de quelques jours, un dichlorhydrate

$$C^{10}H^{16}.2HCl$$

cristallisé en petites tables transparentes.

Elle est fortement dextrogyre [S. de Luca, *J. prakt. Chem.*, 75, 187.

Essence de marc de raisin [Syn. *Essence de vin, essence de cognac*]. — Sous ce nom on désigne un produit volatil obtenu en soumettant à l'action d'un courant de vapeur d'eau les marcs de raisin, d'où on a exprimé le moût avant la fermentation. Il est certain que ce corps est un produit secondaire de la fermentation qui s'établit dans les marcs après le pressurage, et que c'est à lui qu'est due l'odeur particulière de l'eau-de-vie qu'on retire de ces résidus et qui est connue sous le nom d'eau-de-vie *de marc*.

Le rendement en huile essentielle est d'environ 0,04 0/0.

Ce produit rectifié constitue un liquide incolore, doué d'une odeur forte, peu agréable, insoluble dans l'eau, soluble dans l'alcool, auquel il communique l'odeur et la saveur du cognac.

Liebig d'une part et Pelouze de l'autre s'étaient occupés de l'étude de ce corps qui communique au vin son odeur particulière (odeur qu'il ne faut pas confondre avec le bouquet), et lui avaient attribué la composition $C^{14}H^{26}O^{2},H^{2}O$. Ils l'avaient appelé *éther œnanthique*. MM. Faget et Fischer ont démontré que cet éther œnanthique n'était autre chose qu'un mélange d'éthers éthyliques des acides caproïque et caprylique, ce dernier en très petite quantité. Le caproate d'éthyle

$$C^{9}H^{19}.COOC^{2}H^{5}$$

a une densité de 0,862 et bout à 243-245°.

Essence de marjolaine. — La distillation des sommités fleuries de l'*Origanum majorana* L. fournit environ 1,6 0/0 d'une huile essentielle jaunâtre ou verdâtre, que la rectification rend incolore. Sa densité = 0,895-0,921; elle entre en ébullition à 163° et dévie à droite de + 17°10'. Elle est soluble dans son volume d'alcool à 90°.

Outre le stéaroptène étudié par M. Mulder (voyez Dict., **1**, 1280), et auquel il attribue la formule $C^{14}H^{30}O^{5}$, l'essence de marjolaine renferme environ 5 0/0 d'un terpène dextrogyre bouillant à 160-162°, 85 0/0 d'un mélange dextrogyre de camphre et de bornéol, et enfin 10 0/0 de résine [G. Bruylants, *Bull. Acad. roy. méd. de Belgique*, (3), **13**, 1].

D'après MM. Beilstein et Wigand, ce camphre de marjolaine répond à la formule $C^{15}H^{26}O$, et ne doit pas renfermer d'hydroxyle, puisque des distillations répétées sur le sodium n'en modifient pas la composition [*D. chem. G.*, **15**, 2854].

D'autres chimistes persistent cependant à croire que ce corps n'est qu'un hydrate d'un sesquiterpène.

L'essence de marjolaine, traitée par l'iode, fait explosion; l'acide sulfurique par agitation se colore en rouge santal, tandis que l'essence se colore en rouge de sang, sans se dissoudre ni s'épaissir.

Essence de massoy. — Fournie par la distillation avec l'eau d'une écorce de Laurinée, le *Cinnamomum kiamis* Nees, originaire de Java (Bonastre).

D'après M. Maier, ce serait le *Laurus Burmanni*, de la Nouvelle-Guinée, qui lui donnerait naissance.

A la distillation, on obtient deux huiles essentielles, l'une plus légère, l'autre plus lourde que l'eau.

L'essence légère est limpide, presque incolore, très mobile, et possède une odeur aromatique rappelant le sassafras. Elle est très soluble dans l'alcool, l'éther et l'acide acétique cristallisable; elle représente environ le vingtième de l'essence totale.

L'essence lourde a presque la même odeur que l'autre, un peu plus atténuée.

Une autre essence de massoy est celle qui a été décrite sous ce nom par F.-R. Woy [*Chem. Centralbl.*, **64**, 1, 526], et qui est fournie par l'écorce du *Cinnamomum piamis* Nees.

C'est un liquide limpide, jaune, d'une odeur de girofle, dextrogyre, d'une densité de 1,0514 à 10°, 1,040 (Schimmel), bouillant entre 200 et 300°.

Elle renferme un terpène (massoyène) bouillant à 172°, de densité = 0,8581, dextrogyre, et dont le tétrabromure fond à 93°; ce terpène donne un nitrosochlorure $C^{10}H^{16}AzOCl$ fondant à 98°, un monochlorhydrate liquide, de densité = 0,959 à 15°, et un dichlorhydrate solide fondant à 50°.

Chauffé en tube scellé à 280°, il se transforme en dipentène; l'iode le transforme à chaud en cymène.

Ce terpène renferme un groupe $C^{3}H^{7}$, un groupe CH^{3}, deux doubles liaisons et un carbone asymétrique.

Outre ce terpène, l'essence de massoy de Woy renferme encore du *safrol* $C^{10}H^{10}O^{3}$, bouillant à 232-233°; mais la partie principale, environ 80 0/0 est de l'*eugénol*.

M. Wallach a démontré que le massoyène était un mélange de limonène avec de petites quantités de pinène. Selon MM. Schimmel, il renfermerait aussi du dipentène [*Bericht*, octobre 1893].

D'après MM. Schimmel [*Bericht*, 1890, 80], les écorces de massoy de la Nouvelle-Guinée seules fournissent une essence d'une odeur agréable, rappelant le girofle ou la muscade. Celle qui est originaire des Indes Néerlandaises donne de petites quantités d'une essence douée d'une odeur très désagréable.

Essence de mastic. — La résine de mastic, fournie par le *Pistaccia lentiscus* L., de la famille des Térébinthacées, soumise à la distillation avec de l'eau, donne environ de 0,9 à 2,5 0/0 d'une essence jaunâtre, possédant une odeur forte et agréable, une densité de 0,858 à 15° et un pouvoir rotatoire variant de + 24 à + 28°.

Cette essence bout à 155° et distille presque en totalité à 160°. Elle est constituée par un terpène $C^{10}H^{16}$, qui donne un chlorhydrate difficilement cristallisable [A. Flückiger, *Chem. Centralbl.*, (3), **12**, 696].

Essence de matico. — Les feuilles du *Piper angustifolium* Ruiz fournissent à la distillation avec l'eau environ de 1 à 3,5 0/0 d'une huile essentielle jaunâtre, d'une odeur particulière et d'une saveur rappelant celle de la térébenthine et de la menthe. Sa densité = 0.953 à 15°. Elle est soluble dans l'alcool et dans l'éther, légèrement dextrogyre, et distille en grande partie vers 200°.

Par refroidissement, elle laisse déposer un stéaroptène fusible à 103°, à l'état brut. Les portions liquides de cette essence n'ont pas encore été étudiées. Quant au stéaroptène, il jouit des propriétés suivantes : Après purification par cristallisation pour en séparer les matières résineuses qui y sont mélangées, il a un point de fusion de 94°; son odeur est celle de l'essence et des feuilles de matico, mais est presque nulle après purification. Projeté sur l'eau, il présente les mêmes mouvements giratoires que le camphre ordinaire.

Les lessives alcalines aqueuses sont sans action sur lui.

Traité par le gaz chlorhydrique, il se colore en violet foncé, puis en bleu et en vert; si on le fait cristalliser dans l'éther après traitement à l'acide chlorhydrique, il fournit des cristaux bruns, à fluorescence verte.

L'acide sulfurique le colore en jaune, puis en rouge et en violet; un mélange d'acides sulfurique et nitrique le colore en jaune, en violet, puis en un bleu intense.

Soumis à l'action de la chaleur, il se décompose en partie, en donnant naissance à un sublimé de belles aiguilles blanches non étudiées.

Sa composition répond à la formule $C^{12}H^{20}O$, ce qui a fait supposer que ce stéaroptène pouvait être un produit éthylé de substitution du camphre $C^{10}H^{15}(C^2H^5)O$ [C. Kügler, *D. chem. G.*, 16, 2841]; 2° Suppl., 1, 930].

Par distillation des fleurs, on obtient environ 5,5 0/0 d'une essence de densité = 1,13 à 15° et qui renferme également du camphre de matico [Schimmel, *Bericht*, octobre 1893].

Essence de matricaire (voyez Dict., 1, 1280). — Une essence de couleur verte préparée par la maison Schimmel avait pour densité 0,960 à 15°, et laissait déposer à la température ordinaire des cristaux hexagonaux qui ont été caractérisés comme étant du bornéol gauche $[\alpha]_D = -36°1'$. L'indice de saponification de cette essence étant 1,31, les auteurs en concluent qu'elle renferme aussi des éthers [*Bericht*, octobre 1894].

Essence de mélisse. — Cette essence est fournie par la distillation de la mélisse (*Melissa officinalis* L.); le rendement varie de 0,026 0/0 pour la plante fraîche à 0,163 pour la plante sèche. Elle est limpide, en général incolore ou à peine jaunâtre, et possède une odeur agréable de citron. Sa densité varie de 0,854 à 0,975. Elle se dissout dans 5-6 parties d'alcool à 80°. Soumise à l'action du froid, elle laisse déposer un stéaroptène.

L'étude chimique de cette essence n'a pas encore été faite.

Suivant MM. Schimmel [*Bericht*, octobre 1894, 37], l'essence de mélisse du commerce serait obtenue en distillant l'herbe avec de l'essence de citron ou de l'essence de citronnelle. Le peu de rendement de l'herbe de mélisse en essence et le bas prix de cette dernière excluent la possibilité d'avoir un produit pur.

La maison Schimmel est toutefois arrivée à obtenir par distillation une petite quantité d'essence pure et y a reconnu la présence de citral.

Essence de Mentha Canadensis. — L'herbe de cette plante, appelée *Wild mint* dans l'Amérique du Nord, fournit à l'état sec environ 1,23 0/0 d'une essence de couleur jaune-rouge, et possédant une odeur rappelant fortement celle de la menthe pouliot.

Elle a pour densité 0.943 à 15°, et se dissout dans 2 fois son volume d'alcool à 15°.

Essence de menthe crépue. — Cette essence, fournie par une variété de menthe (*Mentha crispa* L.) voisine de la menthe poivrée, a une couleur jaune clair ou verdâtre, devenant jaune-rouge avec le temps.

Sa densité est 0,93 à 0,975 ; d'après MM. Schimmel, 0,925 à 15°.

Par un refroidissement énergique, elle laisse déposer du menthol.

Elle se dissout en toutes proportions dans l'alcool (d = 0,85).

Elle provient d'Amérique, d'Allemagne, de Corse, de Norvège, de Russie; cette dernière est la moins estimée.

Sa composition, peu connue d'ailleurs, paraît se rapprocher beaucoup de celle de l'essence de *Mentha viridis*; M. A. Bayer en a extrait un *carvol* liquide de densité = 0,959, bouillant à 224° et dont le pouvoir rotatoire = $[\alpha]_D = -62°45'$ [*Chem. Centrabl.*, (3), 14, 713].

L'iode s'y dissout avec élévation de température et dégagement de vapeurs violettes. L'acide sulfurique la colore en brun rouge foncé; l'acide azotique l'attaque énergiquement, surtout à chaud, et la résinifie.

Cette essence, quoique falsifiée elle-même par addition de produits divers, en particulier d'essence de térébenthine, sert surtout à falsifier l'essence de menthe poivrée.

Essence de menthe poivrée. — Cette essence, la plus estimée des essences de menthe, est fournie par la *Mentha piperita* L., de la famille des Labiées.

La culture de cette plante est extrêmement répandue en vue de l'extraction de l'essence. En Angleterre, ce sont les comtés de Lincoln et de Surrey qui en fournissent le plus; l'essence de Mitcham est celle qui a la plus grande valeur commerciale et est la plus recherchée.

Aux Etats-Unis, les États de New-York, d'Ohio, de Michigan, de Mississipi, sont les principaux centres de culture de la menthe : le comté de Saint-Joseph, dans le Michigan, en fournit à lui seul de 27 à 31 000 kilogrammes par an.

En France, c'est à Grasse et à Cannes qu'est surtout circonscrite la production de cette essence, quoique depuis quelques années la culture de la menthe ait été entreprise en grand dans la plaine de Gennevilliers. C'est le Japon qui tient, et de beaucoup, la tête de la production de l'essence de menthe; mais l'odeur et surtout la saveur désagréable, amère, de l'essence de cette origine, ne permettent pas de l'employer pour la fabrication de produits de consommation ; elle sert surtout à l'extraction du menthol ou stéaroptène de l'essence de menthe.

L'exportation du Japon a atteint pour cette essence 8606 kilogrammes en 1885; 34 020 kilogrammes en 1886.

La production totale a été de 72 000 kilogrammes en 1887, 64 000 kilogrammes en 1889.

En 1889, le Japon a exporté 18 960 kilogrammes d'essence privée de son stéaroptène, 11 230 kilogrammes de menthol et 6630 kilogrammes d'essence entière, soit au total 96 820 kilogrammes.

L'Italie et la Russie en fournissent aussi de petites quantités, et l'Allemagne commence à donner à cette production une extension croissante. La maison Schimmel a en effet entrepris la culture des meilleures sortes de menthe Mitcham dans son domaine de Miltitz, en Saxe.

L'essence de menthe brute est colorée en jaune ou en vert : on peut la décolorer par rectification.

Sa densité varie de 0,84 à 0,961; elle augmente avec le temps.

D'après M. Williams, la densité serait pour l'essence Mitcham : d = 0,903-0,908 à 15°,55 ; pour l'essence américaine 0,904-0,911 à 15°,5, pour l'essence du Japon 0,896-0,90 à 15°,5.

Son point d'ébullition est à 188-193° (Kane), 211°,5 (Mierzinski). M. Williams indique les points d'ébullition suivants : 206°,7 pour l'essence Mitcham ; 204,4-205°,6 pour l'essence d'Amérique ; 203 à 204°,4 pour l'essence du Japon.

L'essence de menthe est très soluble dans l'alcool à 90°, dans l'acide acétique cristallisable, et cette dernière solution prend peu à peu au contact de l'air une coloration bleue, fluorescente (Polenske, Schimmel).

Par un refroidissement suffisant, l'essence laisse déposer une quantité plus ou moins considérable de stéaroptène : à 0° une essence de bonne qualité doit être presque complètement solidifiée.

L'essence de menthe poivrée est lévogyre, mais son pouvoir rotatoire varie avec son origine : pour l'essence anglaise $[\alpha]_D = -34°29'$, pour l'essence française — 14°3', et pour l'essence du Japon de — 105 à — 106°.

Au point de vue de la composition chimique, les recherches faites sur l'essence de menthe ont porté principalement sur son stéaroptène, le *menthol* $C^{10}H^{20}O$ (voyez ce mot, Dict., 2, 336), qui en constitue la majeure partie.

Les parties liquides de l'essence de menthe renferment, d'après MM. Flückiger et Power, un terpène $(C^{10}H^{16})^n$, dont l'étude n'a pas été faite et qui est d'ailleurs difficile à isoler ; ces auteurs ont trouvé de plus, dans l'essence de Mitcham, de petites quantités d'un corps s'unissant au bisulfite de sodium, c'est-à-dire une aldéhyde [*Jahresb. Chem.*, 1880, 1080] ; M. Todd admet, mais sans pouvoir nettement le prouver, que l'essence de menthe renferme de petites quantités d'aldéhydes ou d'acétones, mélangées à un peu de carvol [*Chem. Zeit.*, 9, 1885, 1406].

Enfin, il paraît probable que l'essence du Japon renferme une certaine quantité de *menthone* $C^{10}H^{18}O$.

Une seule essence de menthe poivrée a été l'objet d'une étude approfondie : c'est celle provenant de la distillation d'herbe fraîche et sèche, cultivée dans Wayne County (État de New York). Cette étude a été faite par MM. F.-B. Power et Cl. Kleber. Les auteurs ont en outre comparé les constantes physiques de cette essence avec celles des essences de menthe d'autres provenances, et ont donné un procédé de dosage du menthol ou des menthols, car il est probable qu'il y a plusieurs isomères dans les essences, ces alcools constituant la partie principale de ces produits [*Arch. Pharm.*, 232, 639].

L'essence de menthe américaine étudiée par MM. Power et Kleber contenait :

1. de l'aldéhyde éthylique...	$CH^{3}.CHO$
2. de l'aldéhyde isovalérique.	$\frac{CH^{3}}{CH^{3}}>CH.CH^{2}.CHO$
3. de l'acide acétique.......	$CH^{3}.COOH$
4. de l'acide isovalérianique.	$(CH^{3})^{2}.CH.CH^{2}.COOH$
5. du pinène (inactif).......	$C^{10}H^{16}$
6. du phellandrène	$C^{10}H^{16}$
7. du limonène gauche......	$C^{10}H^{16}$
8. du cinéol	$C^{10}H^{18}O$
9. de la menthone..........	$C^{10}H^{18}O$
10. du menthol	$C^{10}H^{20}O$
11. de l'acétate de menthyle..	$C^{10}H^{19}.C^{2}H^{3}O^{2}$
12. de l'isovalérianate de menthyle	$C^{10}H^{19}.C^{5}H^{9}O^{2}$
13. l'éther menthylique d'un acide $C^{8}H^{16}O^{2}$	$C^{10}H^{19}O.C^{8}H^{15}O$
14. une lactone..............	$C^{10}H^{16}O^{2}$
15. du cadinène.............	$C^{15}H^{24}$

Le procédé choisi pour doser le menthol dans les essences de menthe repose sur les mêmes principes que celui qui sert à doser le géraniol dans l'essence de géranium. Il consiste à transformer les alcools en éthers acétiques et à saponifier ensuite ces composés avec un volume déterminé d'alcali dont on titre l'excès à la fin de l'expérience.

L'expérience a démontré que l'éthérification se produit aussi bien sur un mélange de menthol avec le limonène, le pinène et le cinéol qu'avec le menthol seul.

On opère de la façon suivante :

20 grammes d'essence sont additionnés de 30 centimètres cubes d'une solution alcoolique normale de soude caustique (obtenue en dissolvant 23 grammes de sodium pur dans 950 centimètres cubes d'alcool à 95°, et étendant à un litre avec de l'eau). On chauffe le mélange pendant une heure dans un ballon muni d'un réfrigérant ascendant pour saponifier les éthers du menthol, et on titre l'alcali restant en se servant de la phénolphtaléine comme indicateur. L'essence est ensuite lavée à plusieurs reprises avec de l'eau et chauffée pendant une heure avec son volume d'anhydride acétique et 2 parties d'acétate de sodium anhydre dans un ballon communiquant, au moyen d'un tube rodé, avec un réfrigérant ascendant. Après refroidissement, on lave l'essence à plusieurs reprises avec de l'eau alcalinisée au moyen du carbonate de soude, puis on sèche sur du chlorure de calcium et on filtre. 8 ou 10 centimètres cubes du liquide sont enfin traités par 50 centimètres cubes de soude normale, et l'opération est conduite comme ci-dessus. Après saponification, on titre l'alcali restant. Comme chaque centimètre cube de soude employé correspond à 0,156 de menthol ou à 0,198 d'acétate de menthyle, il est facile de connaître la teneur en menthol de l'essence, ainsi d'ailleurs que la quantité de menthol existant sous forme d'éthers calculés en acétates.

Cette méthode peut même servir à doser la menthone contenue dans l'essence. Après un premier dosage conduit comme nous venons de l'exposer, on prend un autre échantillon, qu'on dissout dans deux fois son volume d'alcool et qu'on traite par du sodium. La menthone se trouve ainsi transformée en menthol. On lave à l'eau, on soumet la moitié du produit lavé à l'action de l'anhydride acétique et on opère comme précédemment. L'autre moitié est de nouveau traitée par du sodium et soumise, après lavage et dessiccation, au même traitement.

Une essence analysée de la sorte a accusé une teneur en menthol de 54,5 0/0, puis, après un premier traitement au sodium, une teneur de 67 0/0 qui est montée à 67,3 0/0 après la seconde réduction au métal alcalin. Ces données permettent de conclure que l'essence renfermait 12,3 0/0 de menthone. MM. Power et Cl. Kleber ont encore fait la série d'essais suivants sur un certain nombre d'essences de menthe poivrée. Ils les ont soumis à la distillation fractionnée dans un rectificateur spécial muni d'un thermomètre plongeant dans la vapeur. La distillation a été conduite de telle sorte qu'il passait une goutte de liquide par seconde. On a recueilli les produits de 5 en 5 degrés. Nous donnons, sous la forme de tableau, l'ensemble des déterminations faites avec les principaux échantillons étudiés.

L'origine des différentes essences inscrites au tableau ci-après est la suivante :

F. B. avec de l'herbe sèche : essence distillée par la maison Fritsche Brothers avec une herbe demi-sèche de Wayne County (État de New-York).

Ia. F. B. avec herbe fraîche : essence obtenue par la même maison avec de l'herbe fraîche cueillie dans Wayne County.

Ib. Wayne Co., N. Y. 92. Essence provenant de la récolte de 1892.

I*c*. Wayne Co., N. Y. 93. Essence provenant de la première récolte de 1893.

I*d*. Wayne Co., N. Y. Essence rectifiée de Fritsche Brothers; marque F. S. et C°.

I*e*. V. B. Co., Mich. 93. Essence de Van Buren County (État de Michigan). 1re coupe de 1893.

I*f*. Wayne Co., Mich. 93. Essence de Wayne County (État de Michigan).

II. St. J. Co., Mich. 93. I. Essence de Saint-Joseph County (État de Michigan). 1re coupe de 1893.

II*a*. St. J. Co., Mich. 93. II. Essence de Saint-Joseph County (État de Michigan). 2e coupe de 1893.

II*b*. « Rose Mitcham ». Essence de plants de menthe Mitcham, qu'on cultive dans le Michigan.

II*c*. « Crystale White » et

II*d*. « Redistilled Oil », de la même source que II *b*. Produit commercial.

III. Mississippi. Essence de l'État de Mississippi.

IV. Essence du Japon normale.

V. Essence du Japon partiellement débarrassée de menthol.

VI. Mitcham. Essence de Mitcham rectifiée.

VII. Saxe. Essence distillée avec des plantes cultivées à Miltitz, en Saxe.

INDICATION de l'essence	Poids spécifique à 15° C.	Déviation (colonne de 100mm)	Menthol contenu à l'état d'éther	Menthol libre	Totalité du menthol	50 c. c. d'essence soumise à la distillation donnent aux différentes températures indiquées, exprimés en c. c. :								
						?-200°	200-205°	205-210°	210-215°	215-220°	220-225°	225-230°	230-235°	Résidu
			0/0	0/0	0/0									
I. F.B. avec herbe sèche..	0,9140	—32°0	14,12	45,5	59,6	1,3	1,2	4,3	9,4	12,0	9,8	4,5	1,8	6,1
I*a*. F.B — fraiche.	0,9130	—30,0	11,25	43,2	54,5	0,6	1,2	5,7	8,5	11,6	9,2	4,2	2,2	6,7
I*b*. Wayne Co. N. Y. 92..	0,9158	—26,45	9,32	40,8	50,1	1,4	1,8	6,3	10,0	12,9	7,3	2,4	1,8	6,3
I*c*. — N. Y. 93..	0,9110	—32,30	9,04	46,1	55,1	1,1	1,4	5,0	10,7	13,9	7,6	2,9	1,6	5,4
I*d*. — N. Y. Essence rectifiée (F. S. et C°).	0,9110	—32,45	8,61	51,0	59,6	1,5	3,7	8,8	14,7	12,2	4,2	»	»	5,2
I*e*. V. B. Co., Mich. 93...	0,9067	—29,20	6,39	43,6	50,0	1,9	5,0	9,4	13,2	12,4	2,3	»	»	5,1
I*f*. Wayne Co, Mich. 93...	0,9135	—28,30	7.73	50,3	58,0	1,7	1,6	1,5	9,6	12,2	8,9	3,2	3,1	5,8
II. St J. Co, Mich. 93. I..	0,9135	— 9,45	3,63	28,9	32,6	1,9	2,6	12,0	14,0	11,6	4,4	»	»	3,3
II*a*. — Mich. 93. II.	0,9083	—19,30	4,23	29,6	35,8	3,4	7,0	7,6	13,2	10,1	3,3	1,5	»	4,1
II*b*. « Rose Mitcham » Mich.	0,9050	—23,35	4,37	44,2	48,6	4,4	9,6	13,4	17,1	3,2	»	»	»	2,5
II*c*. « Crystal White » — ..	0,9105	—23,55	6,74	44,2	50,9	1,7	5,8	9,9	15,4	9,4	3,4	»	»	4,1
II*d*. « Redistilled Oil » — .	0,9105	—23,30	8,59	46,5	55,1	3,3	6,5	8,1	8,8	9,9	5,2	»	»	8,7
III. Mississippi	0,9250	—13,40	11,47	24,2	35,7	0,9	0,3	1,2	6,5	16,2	11,8	4,8	2,4	6,6
IV. Japon. Essence normale.	0,9100	—34,45	3,45	72,7	76,2	0,7	0,4	3,4	22,0	17,2	2,1	1,0	»	3,5
V. — — dementholée.	0,9030	—31,20	5,71	55,1	60,8	0,5	1,6	10,2	20,7	12,0	3,3	»	»	2,4
VI. Mitcham	0,9070	—27,55	4,92	53,9	58,8	1,4	0,7	12,2	24,7	8,6	»	»	»	3,7
VII. Essence de Saxe.......	0,9100	—26,00	6,38	61,2	67,6	1,7		10,9	21,3	11,6	2,1	»	»	2,1

Les chiffres inscrits dans ce tableau montrent que la densité de l'essence de menthe oscille entre 0,905 et 0,916. L'essence du Mississippi seule à un poids spécifique plus élevé, et une essence du Japon privée partiellement de menthol possède une densité inférieure.

Le pouvoir rotatoire est variable et ne peut donner aucune indication quant à la teneur en menthol. Toutefois on peut regarder la déviation des essences normales comme comprise entre —25 et — 35°.

La teneur en éthers mentholiques (acétique et autres) oscille entre 3,45 et 14,12 0/0. Pour les essences d'origine américaine, la limite normale est comprise entre 6 et 10 0/0.

La quantité de menthol libre varie considérablement, puisqu'elle peut être comprise entre 24,2 et 72,7 0/0. Une essence normale d'Amérique doit en contenir de 40 à 50 0/0.

Les essences de Mitcham, de Saxe et surtout du Japon sont plus riches en menthol que les américaines. Les essences II, II*a* et III doivent être considérées comme des essences privées partiellement de menthol [Schimmel, *Bericht* octobre 1894, 46].

Bien que cet alcool puisse être regardé comme le produit le plus important de l'essence, il ne constitue cependant pas l'unique facteur à considérer dans l'estimation d'une essence de menthe. Le parfum, la saveur jouent également un rôle important, puisque les essences de Mitcham et de Saxe, qui ne renferment pas autant de menthol que celle du Japon, sont de beaucoup plus appréciées que cette dernière et sont estimées à un prix plus élevé.

L'essence de menthe, en dehors de son odeur et de ses propriétés physiques, n'offre pas de réactions spéciales bien nettes : ainsi que nous l'avons fait remarquer plus haut, suivant son origine elle absorbe des quantités variables de potasse caustique : 1,83-1,97 0/0 (Mitcham) ; 2,71 à 4,37 (essence américaine) ; 2,22 à 2,29 (essence américaine).

Il en est de même pour l'iode (36,85 à 71,7 0/0); il est à remarquer cependant que toutes les essences de menthe poivrée dissolvent l'iode sans élévation appréciable de température, et cela quelle que soit leur provenance.

L'essence de menthe, étendue d'alcool, additionnée de sucre de betteraves et traitée par l'acide chlorhydrique, donne naissance à une coloration bleu-verdâtre [A. Ihl, *Chem. Zeit.*, **13**, 264].

Une coloration analogue se produit dans l'espace d'une demi-heure lorsque à 25 gouttes d'alcool on ajoute 1 goutte d'acide nitrique et 1 goutte d'essence de menthe; la coloration est bien plus intense quand on ajoute 1 goutte d'acide azotique concentré à 50 ou 60 gouttes d'essence. Ces colorations sont assez fugaces.

L'essence de menthe poivrée est l'objet de nombreuses falsifications ou altérations, qu'on peut classer en : 1° addition de corps étrangers; 2° soustraction de menthol; 3° redistillation avec des plantes étrangères, ce qui équivaut à une dénaturation.

Les falsifications de la première catégorie consistent en général dans l'addition à l'essence de menthe d'alcool, d'essences de térébenthine, d'eucalyptus, de copahu, de gingembre et souvent d'essence de camphre.

L'alcool sera décelé par l'essai au tannin et la distillation. L'action de l'iode permettra de caractériser l'essence de térébenthine. L'essence falsifiée avec l'essence d'eucalyptus donne avec l'acide sulfurique un abondant dégagement gazeux, et n'est pas soluble après ce traitement dans 20 fois son poids d'alcool.

L'essence de copahu se caractérise par l'action ménagée de l'acide nitrique à chaud, qui donne à l'essence de copahu, après refroidissement, une consistance butyreuse, tandis que l'essence de menthe se colore à peine en brun clair [S. Martin, *Deutsch. Indust. Gesells.*, 1869, 9].

La falsification la plus usuelle dans ce genre consiste dans l'addition d'essence de camphre à de l'essence de menthe privée d'une partie de son stéaroptène : l'action de l'acide nitrique ou de l'iode sur un pareil mélange est moins probante que la détermination du pouvoir rotatoire, étant donné que l'essence de menthe a un pouvoir rotatoire de — 38° à — 55° suivant la provenance, tandis que l'essence de camphre dévie de + 34° [Stevens, *Zeit. f. Ang. Chem.*, 1889, 404].

La soustraction de menthol peut se reconnaître par l'action de l'alcool aqueux : si à 10 centimètres cubes d'essence de menthe on ajoute 20 centimètres cubes d'alcool à 94°, puis 10 centimètres cubes d'eau à la température de 10°, la couche surnageante, après repos suffisant, occupe un volume de 14 centimètres cubes pour l'essence pure et un volume moindre pour l'essence privée d'une partie de son stéaroptène, ou falsifiée par addition d'autres essences.

Au point de vue de la soustraction du menthol, le meilleur essai consiste à soumettre l'essence suspecte à l'action du froid, et à observer le volume du dépôt de menthol qui pourra se produire. Ou bien on peut titrer le menthol comme on l'a vu plus haut.

Enfin un autre genre de falsification, qui souvent n'est qu'une impureté accidentelle, consiste dans le mélange de l'essence de menthe avec des essences étrangères, tout particulièrement celle de l'*Erigeron Canadense*.

Ce mélange peut provenir de ce que, surtout en Amérique, les plants de menthe poivrée sont mélangés à des plants d'érigeron, et que le triage n'a pas été effectué avec soin avant la distillation.

La proportion d'essence d'érigeron atteint souvent de 8 à 13 0/0 dans l'essence de menthe d'Amérique. Comme elle n'est que faiblement lévogyre, le pouvoir rotatoire de l'essence de menthe pourra par sa diminution donner une indication : de plus un mélange de ce genre n'est pas complètement soluble dans l'alcool à 85° et la lessive de soude le colore en rouge [Vigier et Cloëz, *Chem. Centralbl.*, (3), **18**, 416].

L'essai le plus pratique de l'essence de menthe consiste, d'après MM. Schimmel, à presque remplir d'essence un tube à essai, qu'on refroidit dans un mélange à parties égales de glace et de sel. Au bout de 10 ou 15 minutes le liquide doit passer à l'état pâteux épais, opaque, presque gélatineux. On y ajoute alors 4 ou 5 petits cristaux de menthol pur, on bouche, on agite soigneusement et on replace dans le mélange réfrigérant. Au bout de quelques minutes tout le liquide doit être pris en masse cristalline. Si tout ou partie reste liquide, c'est que l'essence a été privée d'une partie de son menthol. Certains échantillons d'origine italienne ne renferment pour ainsi dire plus de menthol du tout [Schimmel, *Chem. Zeit.*, **10**, 420; **13**, 451].

Essence de menthe pouliot (*Mentha pulegioides* L., famille des Labiées). — Liquide jaunâtre, de densité = 0,925 - 0,939 à 15°,55, entrant en ébullition à 214°,4-215°,5 (Williams). M. Kremers indique 183-188° comme point d'ébullition, et d'après MM. Schimmel l'essence de pouliot d'Espagne rectifiée a une densité de 0,945 à 15° et distille presque entièrement entre 180 et 230° : la portion principale (80 0/0) passe de 220 à 230° [*Chem. Zeit.*, **12**, 547].

Elle est très soluble dans l'alcool. Son pouvoir rotatoire = + 18° à + 23°. Les essences de pouliot les plus estimées viennent d'Espagne, d'Algérie et du midi de la France. La Russie fournit une essence de pouliot extraite du *Pulegium micranthum*, qui a sensiblement les mêmes propriétés physiques que l'essence de pouliot ordinaire et qui, de plus, a la même composition $C^{10}H^{16}O$; par oxydation le composé $C^{10}H^{16}O$, qui bout entre 202 et 227°, donne des acides acétique, propionique, etc. [A. Bouttleroff, *Chem. Centralbl.*, **25**, 359].

MM. Beckmann et Pleissner, en étudiant cette essence, trouvèrent qu'elle renferme du pulégone $C^{10}H^{16}O$ [*Ann. Chem.*, **262**, 1].

Ce composé fut étudié plus tard par M. Wallach [*Ann. Chem.*, **272**, 122; **277**, 160], puis par M. Semmler, qui, en l'oxydant avec ménagement, le transforma en acétone et acide β-méthyladipique ; puis, en oxydant plus fortement en γ-valérolactone γ-acétique $C^7H^{10}O^4$ [*D. chem. G.*, 25, 3515].

Dans le commerce on trouve souvent sous le nom d'essence de pouliot l'essence de *Hedeoma pulegioides* (voyez ce mot).

Essence de menthe verte, fournie par la *Mentha viridis* L. — Liquide de densité 0,91 à 0,98, d'une odeur et d'une saveur analogues à celles de l'essence de menthe poivrée, mais moins agréables.

Sa composition est sensiblement celle de cette dernière ; cependant MM. H. Gladstone d'abord, H. Trimble ensuite, y ont constaté la présence d'un isomère du carvol $C^{10}H^{14}O$, isomère qui reste liquide même à — 23° et qui se précipite sous l'influence du sulfure ammonique en solution alcoolique [*Jahresb. Chem.*, 1863, 545]. Elle renferme de plus une petite quantité d'un terpène identique à celui de l'essence de menthe poivrée, et une minime proportion de résine.

Essence de Meum athamanticum Jaqu. — Fournie par la plante de ce nom appartenant à la famille des Ombellifères. C'est un liquide jaune foncé, dont l'odeur rappelle celle de l'essence de livèche [*Chem. Zeit.*, **13**, 452]. Sa densité = 0,999 à 15°. Elle distille entre 170 et 300°

Essence de mirbane. — On désigne sous ce nom le *nitrobenzène*, dont l'odeur rappelle celle de l'essence d'amandes amères. Elle n'est employée que comme succédanée de cette dernière, fréquemment aussi pour la falsifier (voyez Essence d'amandes amères).

Essence de monarde. — La monarde (*Monarda punctata* L.), de la famille des Labiées, fournit à la distillation une huile essentielle qui ne tarde pas à se concréter en partie : ce dépôt est constitué par du thymol $C^{10}H^{14}O$, dont l'essence renferme de 25 à 30 0/0 de son poids [E. Arppe, *Ann. Chem.*, **58**, 41 ; Schimmel, *Chem. Zeit.*, 9, 1326].

Outre ce thymol, l'essence de monarde renferme encore environ 50 0/0 d'un terpène gauche, une certaine quantité d'un camphre droit $C^{10}H^{18}O$ et des éthers formique, acétique et butyrique.

Une particularité remarquable du thymol extrait de cette essence est qu'il est *dextrogyre*, alors que le thymol ordinaire est inactif [Schrötter, *Chem. Zeit.*, **12**, *Rep.*, 102].

Les données sur les propriétés physiques de cette essence manquent encore.

Essence de moutarde blanche. — Les semences de moutarde blanche (*Sinapis alba* L.), broyées et mises en contact avec l'eau, prennent une saveur forte, mais sans qu'il se dégage d'odeur appréciable due à une huile essentielle, analogue à l'essence de moutarde noire.

Robiquet et Boutron étaient parvenus à isoler le principe âcre qui se forme dans ces conditions, mais sans pouvoir le caractériser.

MM. H. Will et Laubenheimer ont extrait des semences dégraissées de moutarde blanche un glucoside qu'ils ont appelé *sinalbine*, possédant la composition $C^{30}H^{44}Az^2S^2O^{16}$ [*Ann. Chem.*, **199**, 150]. Ce glucoside, traité par une solution aqueuse de myrosine, donne un précipité floconneux qu'on épuise à l'alcool; les solutions alcooliques étendues d'eau sont traitées par l'éther qui dissout le *sinalbine-sénevol* ou essence de moutarde blanche, dont la formation peut se représenter par la formule

$$C^{30}H^{44}Az^2S^2O^{16}$$
Sinalbine.

$$= C^7H^7OAzCS + C^{16}H^{23}AzO^5, H^2SO^4 + C^6H^{12}O^6$$
Ess. de moutarde blanche. Sulfate de sinapine. Glucose.

En dépit du moyen détourné permettant d'obtenir cette essence, et qui nécessite l'isolement préalable de la sinalbine, l'essence de moutarde blanche doit être considérée comme une huile essentielle au même titre que celle de moutarde noire : seulement les difficultés matérielles de sa préparation en rendent l'obtention onéreuse et par conséquent l'étude difficile.

Aussi les données qu'on possède sur ce corps sont-elles peu nombreuses et assez peu précises.

C'est un liquide jaune, d'une saveur extrêmement forte, et provoquant sur l'épiderme des phlyctènes, mais à un degré bien moindre que l'essence de moutarde noire.

Elle est à peu près insoluble dans l'eau, très soluble dans l'alcool et dans l'éther. Sa solution alcoolique ne colore pas le perchlorure de fer, mais, après ébullition avec de la soude ou de l'ammoniaque, on constate la formation de sulfocyanate alcalin.

Cette essence est indistillable : la chaleur la décompose.

D'après les recherches récentes de M. H. Salkowski [*D. chem. G.*, **22**, 2137], l'essence de moutarde blanche serait un isosulfocyanate de p-oxybenzyl ou p-oxybenzylsénevol,

$$C^6H^4 \left\langle \begin{matrix} OH_{(1)} \\ CH^2-Az=C=S_{(4)} \end{matrix} \right. \quad \text{ou} \quad Az \left\{ \begin{matrix} CS \\ CH^2 . C^6H^4OH \end{matrix} \right.$$

D'après le même auteur, ce produit aurait, à froid, une odeur rappelant un peu celle de l'anis, et à chaud celle de l'essence de moutarde ordinaire.

On peut l'obtenir artificiellement en faisant réagir la p-oxybenzylamine sur le sulfure de carbone et traitant le produit obtenu par le bichlorure de mercure.

Essence de moutarde noire (voyez Dict., **1**, 155). — Les semences de moutarde noire (*Brassica nigra* Kch.), de la famille des Crucifères, broyées et mises en contact avec de l'eau froide ou à peine tiède, dégagent une odeur irritante que Lefèvre le premier (1660) a reconnue être due à une huile essentielle. Thibierge en 1819 montra que l'essence renfermait du soufre; Boutron et Robiquet, puis Fauré en 1831, reconnurent que l'essence ne préexistait pas dans les semences de moutarde.

Peu après, Boutron et Fremy caractérisèrent dans les graines la présence d'une matière albuminoïde, la *myrosine*, et M. Bussy isola le glucoside qui, sous l'influence de cette dernière, donne naissance à l'essence de moutarde, et qu'il appela improprement *myronate de potasse*.

M. Th. Williams, en 1845 [*Ann. Chem.*, **5**, 297], établit que l'essence de moutarde se composait de sulfocyanate d'allyle, et MM. Ludwig et Lange reconnurent en 1861, dans les produits de décomposition du myronate de potasse sous l'influence de la myrosine, le sulfate de potasse, du glucose et du sulfocyanate d'allyle. Ce dédoublement peut se représenter par la formule suivante :

$$C^{10}H^{18}AzKSO^{10} = C^3H^5CSAz + C^6H^{12}O^6 + SO^4KH.$$
Myronate de potasse. Essence de moutarde

Cependant on a reconnu que le glucose existait tout formé dans le myronate de potasse, et que de même une partie du soufre s'y trouvait à l'état d'acide sulfurique.

Il ne paraît pas en être de même de l'essence de moutarde, et pour celle-ci le groupement des éléments peut donner naissance aussi bien à du sulfocyanate d'allyle qu'à du cyanure d'allyle et à du soufre; or il a été observé que c'est surtout le sulfocyanate qui se forme quand la fermentation du myronate de potasse a lieu en solution neutre, et que le cyanure prenait au contraire naissance dans la fermentation en solution alcaline, le soufre restant uni au métal alcalin. Sous l'influence de la myrosine, les deux dédoublements paraissent se produire simultanément; en effet, en soumettant des semences de moutarde noire débarrassées de leur huile grasse à la distillation avec l'eau, on obtient deux huiles essentielles : l'une plus dense que l'eau, qui constitue la vraie essence de moutarde, l'autre plus légère (d = 0,965 d'après Zeise), qui n'est autre que du cyanure d'allyle.

Peut-être aussi ce dernier doit-il sa production à l'action désulfurante du cuivre des alambics dans lesquels se fait la distillation.

Quoi qu'il en soit, l'essence de moutarde du commerce renferme toujours des quantités notables de cyanure d'allyle. M. E. Oeser [*Ann. Chem.*, **134**, 7] a fait observer le premier que l'essence de moutarde dont la composition répondait à celle d'un sulfocyanate d'allyle différait cependant, par un certain nombre de ses propriétés, des éthers sulfocyaniques proprement dits, en particulier par l'action de l'ammoniaque qui donne de la *thiosinnamine* ou *allylsulfo-urée* $CS(AzH^2)(AzHC^3H^5)$; de l'eau de baryte à l'ébullition, qui la transforme en *sinapoline* ou *diallylurée* $CO(AzHC^3H^5)^2$; de l'hydrogène naissant qui, provoquant la fixation des éléments de l'eau, fournit de l'*allylamine*,

$$C^3H^5 . CSAz + 2H^2O = C^3H^5AzH^2 + CO^2 + H^2S.$$

Tous ces caractères, joints à de nombreux autres, démontrent que l'essence de moutarde n'est pas un éther sulfocyanique vrai, mais rentre dans la catégorie des éthers isosulfocyaniques, ou éthers de la sulfocarbimide, encore appelés *sénevols* (voyez Dict., **3**, 109, 116).

L'essence de moutarde naturelle est donc constituée par de l'isosulfocyanate d'allyle, mélangé à de très petites quantités de cyanure d'allyle; MM. Schimmel y admettent en outre la présence de traces de sulfure de carbone [*Bericht*, oct. 1894].

Elle est liquide, incolore, jaunissant peu à peu à l'air, très réfringente; elle possède une odeur forte, irritante, provoquant le larmoiement. Sa densité = 1,018-1,029 à 15°.

Elle bout à 149°,6-150°,7.

Elle se dissout dans 50 parties d'eau, et est très soluble dans l'alcool, l'éther, etc.

Elle a été obtenue synthétiquement par plusieurs procédés (voyez Dict., **1**, 155).

Elle est souvent falsifiée par addition d'alcool, de sulfure de carbone, de pétrole, d'huile de ricin, d'essences de girofle, de romarin, etc.

La densité et le point d'ébullition donneront des indications pour certaines de ces falsifications.

L'essence pure doit se dissoudre sans coloration appréciable dans 8 ou 10 fois son poids d'acide sulfurique concentré et froid; la présence d'autres huiles essentielles ou fixes donnerait une coloration brune ou rouge.

Toute l'essence de moutarde du commerce est aujourd'hui de l'essence artificielle. Celle-ci renferme fréquemment de petites quantités de sulfure d'allyle, dont l'odeur fétide apparaît si on laisse évaporer à l'air libre sur une feuille de papier à filtrer une ou deux gouttes de l'essence suspecte.

L'essence de moutarde peut être dosée en l'agitant avec une solution alcaline de permanganate de potasse, puis avec un peu d'alcool pour décomposer l'excès de manganate. Dans ces conditions, le soufre est transformé en sulfate, mais, ce dernier pouvant être réduit partiellement par l'aldéhyde formée dans l'oxydation de l'alcool, M. A. Schlicht ajoute au liquide un peu d'iode avant d'introduire le chlorure de baryum destiné à précipiter le sulfate [*Zeit. f. anal. Chem.*, **30**, 661].

Essence de muscade (voyez Dict., **1**, 1280; 2ᵉ Suppl., **1**, 685). — D'après M. Flückiger, la myristicine de MM. Semmler et de Mulder, le stéaroptène de l'essence de muscade et de macis, fond à 54° et possède la composition $C^8H^{16}O$.

L'essence de muscade renferme, comme l'essence de macis, des terpènes (pinène), du myristicol, un peu de cymène, de la myristicine et de petites quantités de résine.

Selon MM. Schimmel, elle a pour densité 0,865 à 15° et dévie à droite de +45°2′ [*Bericht*, oct, 1893].

Essence de Myrcia acris (*Bay-öl*). — Cette essence, originaire de Saint-Thomas, fit son apparition en Europe en 1878; elle s'obtient par distillation des feuilles du *Pimenta acris* (Wight) ou *Myrcia acris* DC., qui en fournissent environ 2,3 à 2,5 0/0.

Elle se présente sous la forme d'un liquide d'un jaune foncé pouvant aller jusqu'au brun, possède une odeur agréable rappelant celle du girofle. Densité à 15° = 0,97 [O. Mittmann, *Arch. Pharm.*, (3), **27**, 529] et 0,9672-0,9828 à 15°,5 (G. M. Beringer) [*Chem. Zeit.*, **12**, 1888, *Rep.*, 283], densité qui est confirmée par les déterminations de MM. Schimmel.

L'essence de myrcia se dissout facilement dans l'éther, le chloroforme et l'éther de pétrole, mais elle ne se dissout pas complètement dans son volume d'alcool absolu.

M. Mittmann a trouvé que cette essence renferme du pinène, probablement aussi du dipentène; le mélange de ces deux carbures constitue environ de 60 à 70 0/0 de l'huile. La portion qui distille de 240 à 250° (environ 40 à 50 0/0) est constituée par de l'eugénol et de petites quantités de méthyleugénol. Au-dessus de cette température il reste probablement des diterpènes $C^{20}H^{32}$ et des polyterpènes.

De récentes recherches de MM. Power et Kleber [*Pharm. Rundschau*, 1895, 13, New York] ont montré que l'essence de *Myrcia acris* contient :

de l'eugénol	$C^{10}H^{12}O^2$;
du myrcène	$C^{10}H^{16}$;
du chavicol	$C^9H^{10}O$;
du méthyleugénol	$C^{11}H^{14}O^2$;
du méthylchavicol	$C^{10}H^{12}O$;
du phellandrène	$C^{10}H^{16}$;
du citral	$C^{10}H^{16}O$.

L'essence de myrcia traitée par une lessive alcoolique de potasse se transforme en une bouillie cristalline. Mélange-t-on 3 gouttes de l'essence avec 3 gouttes d'acide sulfurique concentré et abandonne-t-on ensuite ce mélange à lui-même jusqu'à résinification complète, on n'obtient pas, par addition de 3 centimètres cubes d'alcool à 50°, de coloration rouge quand on chauffe à l'ébullition. Les essences de piment ou de girofle se colorent en rouge dans les mêmes conditions. L'essence de myrcia réduit les solutions ammoniacales d'argent.

Essence de Myrica gale L. — Les feuilles fraîches de cette Myricacée fournissent 0,65 0/0 d'une essence jaune-brunâtre, se concrétant entièrement à +12°; elle possède une odeur balsamique agréable. Sa densité = 0,875 à +17°.

Elle se dissout dans 40 parties d'alcool (d = 0,875), et renferme environ 70 0/0 d'un stéaroptène non étudié [Husemann, d'après Bornemann, *Die flüchtigen Oele*].

Sous le nom d'essence de *Myrica cerifera* L. (Myricacées), M. Schimmel décrit un produit verdâtre obtenu par distillation des feuilles, qui en fournissent environ 0,921 0/0, et qui possède une odeur d'épices assez agréable. La densité de cette essence = 0,886 et son pouvoir rotatoire = −5°5′ [Schimmel, *Bericht*, oct. 1894, 73].

Essence de myrrhe. — L'essence de myrrhe s'obtient en plus grande quantité (de 5 à 7 0/0) en distillant directement la gomme résine avec de l'eau qu'en soumettant à l'action de la vapeur d'eau l'extrait alcoolique préparé avec la myrrhe (voyez Dict., **1**, 1280).

C'est un liquide incolore, jaunissant à la longue, assez mobile, mais s'épaississant à l'air, d'une odeur de myrrhe, d'une saveur aromatique camphrée. Elle se dissout dans 2-3 parties d'alcool à 80°, facilement dans l'éther et dans l'acide acétique cristallisable. Sa densité = 1,0189 à 7°,5. Selon MM. Schimmel, l'essence de myrrhe aurait pour densité de 0,990 à 1,010 à 15°.

Elle dévie fortement à gauche, et commence à bouillir à 266°. Cette essence est oxygénée et absorbe l'oxygène de l'air jusqu'à résinification complète : cette oxydation paraît être accompagnée d'une production notable d'acide formique [Ruickholdt, *loc. cit.*].

M. O. Köhler en a retiré un corps $C^{10}H^{14}O$, mais il n'a pu l'identifier ni avec le carvol, ni avec le thymol : peut-être est-ce un de leurs isomères [*Chem. Zeit.*, **14**, *Rep.*, 194].

L'acide sulfurique la colore en rouge foncé, l'acide nitrique en rouge pâle. Sa solution dans le sulfure de carbone est colorée en violet intense par le brome; le résidu de l'évaporation de cette dissolution colore la potasse alcoolique en bleu (Husemann).

Essence de myrte. — Fournie par les feuilles fraîches du *Myrtus communis* L. L'essence la plus estimée est originaire de la Corse; puis vient celle d'Espagne.

C'est un liquide d'un jaune clair, de densité = 0,91 à 16°, fortement dextrogyre. Elle distille en majeure partie entre 160 et 240°.

Elle renferme un terpène droit bouillant à 158-160° qui semble être du pinène, du cinéol bouillant à 176°, et une petite quantité d'un corps $C^{10}H^{16}O$ paraissant être un camphre [E. Jahns, *Chem. Zeit.*, **13**, *Rep.*, 79].

MM. Schimmel y admettent encore la présence du dipentène.

Ces résultats ont été en partie confirmés par M. Bartolotti, qui y a trouvé un terpène proprement dit, bouillant à 154-155°, ayant une odeur de myrte très prononcée, et un corps oxygéné bouillant à 175-176°, d'une odeur de menthe poivrée, répondant à la composition $C^{10}H^{16}O$ [*Gazz. chim. ital.*, **21**, 276].

La portion de l'essence de myrte bouillant de 160 à 180° a été introduite dans la thérapeutique sous le nom de *myrtol*.

On l'emploie comme antiseptique dans les

affections pulmonaires, à la manière de l'essence d'eucalyptus (Schimmel). Ce myrtol jouirait, de plus, de propriétés ténifuges, qui seraient dues au cinéol qu'il renferme.

Essence de Nepeta cataria (Labiées). — Les feuilles de cette plante, appelée Catnep en Amérique, fournissent une essence de densité =1,041 [Schimmel, *Bericht*, oct. 1893].

Essence de néroli. — Cette essence est fournie par les pétales de diverses variétés de fleurs d'oranger. L'essence la plus estimée provient des pétales du *Citrus vulgaris* Risso et est connue dans le commerce sous le nom d'essence de *néroli bigarade*. Puis vient l'essence des fleurs du *Citrus aurantium* R. ou essence de *néroli Portugal*. Enfin vient en dernière ligne l'essence de *néroli petit-grain*, qu'on retire principalement des feuilles et des fruits verts de diverses Aurantiacées.

La finesse et la valeur d'une essence de néroli ne sont pas, d'après les spécialistes, l'apanage de telle ou telle variété d'oranger d'où on l'extrait, mais sont dues au soin qu'on a apporté à l'émondage des pétales, à la maturité plus ou moins avancée de ces derniers, et à la manière dont la distillation à la vapeur d'eau est conduite.

Le rendement en essence varie avec l'époque de la récolte : on a constaté à Vallauris, un des principaux centres de production, que les fleurs récoltées fin avril fournissaient en général 0,05 0/0 d'essence, tandis que celles cueillies fin mai donnaient un rendement double.

L'essence de néroli récemment préparée est presque incolore, mais, sous l'influence de la lumière, elle se colore assez rapidement en rouge. Elle a une odeur très pénétrante et très agréable de fleurs d'oranger. Sa densité = 0,881-0,887 à 15°.

D'autres échantillons, préparés par MM. Schimmel avec des fleurs du midi de la France conservées dans le sel, ont une densité de 0,872-0,876 à 15° et un pouvoir rotatoire de — 0°40′ à — 0° 52′ pour une longueur de 100 millimètres. Les produits commerciaux ont au contraire un pouvoir rotatoire variant de + 5° à + 16°.

Elle est neutre au papier de tournesol, presque insoluble dans l'eau, très soluble dans l'alcool concentré. Cette solution alcoolique, additionnée d'alcool faible, laisse déposer au bout de quelque temps des cristaux de stéaroptène que MM. Boullay et Plisson avaient déjà observés dans l'essence pure (voyez Dict., 1, 1280).

La composition de ce stéaroptène n'est pas encore connue, pas plus d'ailleurs que celle de l'essence de néroli, à laquelle on attribue jusqu'à présent, d'après les recherches déjà anciennes de MM. Soubeyran et Capitaine, de Gladstone, la composition suivante : environ 99 0/0 d'un hydrocarbure (terpène) bouillant à 173° et qui paraît être du limonène, avec environ 1 0/0 d'un stéaroptène appelé *auradine* ou *aurade* qui semble être le principe odorant de l'essence de néroli.

L'essence de néroli ne possède pas de réactions bien nettes ; l'iode réagit sur elle avec énergie : il se produit une élévation considérable de température avec dégagement de vapeurs jaune-rougeâtre et violettes ; le résidu est brunâtre, de consistance pâteuse, d'une odeur balsamique acide.

L'acide nitrique la colore à froid en rouge brun foncé, et la résinifie rapidement à chaud.

L'acide sulfurique la colore en brun rouge foncé sans la dissoudre, tout en se colorant lui-même de la même manière. La solution alcoolique ou aqueuse de l'essence est colorée en rouge par l'acide sulfurique.

La potasse alcoolique dissout l'essence de néroli en se colorant en jaune brunâtre.

L'acide chlorhydrique donne avec l'essence de néroli un chlorhydrate cristallisé $C^{10}H^{16}2HCl$, identique à celui que fournit l'essence de citron.

En raison de son prix élevé, l'essence de néroli est sujette à de nombreuses falsifications, telles que addition d'alcool, d'huile de ricin, d'essence de petit-grain, de bergamote, de copahu, etc.

La recherche de l'alcool et des huiles fixes ne présente aucune difficulté : le point d'ébullition et la volatilité complète du produit renseigneront à cet égard ; pour les mélanges avec d'autres huiles essentielles, à défaut de réactions de coloration caractéristiques, il faudra recourir aux propriétés physiques, densité, pouvoir rotatoire, point d'ébullition, etc.

L'addition d'essence de petit-grain et de bergamote peut encore se reconnaître dans une certaine mesure en déterminant l'indice de saponification de l'essence de néroli (nombre de milligrammes de potasse nécessaire pour opérer la saponification des éthers contenus dans 1 gramme d'essence).

L'indice d'une essence authentique n'a pas dépassé 38, tandis que des essences falsifiées ont donné de 50 à 80 [Schimmel, *Bericht*, oct. 1894, 41].

Sous le nom de *néroline* la maison Schimmel et Cie de Leipzig a lancé dans le commerce un produit solide d'apparence cristalline, assez soluble dans l'alcool concentré et les huiles grasses, d'une odeur très pénétrante de fleurs d'oranger, et qui serait le stéaroptène de l'essence de néroli, l'*aurade*, auquel est dû le parfum de cette essence [*Chem. Zeit.*, 9, 1326].

Sous le nom de *néroline*, il se vend aussi dans le commerce un produit qui est l'éther éthylique ou méthylique du β-naphtol

Essence de niaouli. — Cette essence, fournie par le *Melaleuca grandiflora* (Brong.), a été considérée comme identique avec l'essence de cajeput par M. G. Robinet (voyez Suppl., 1, 685).

D'après M. G. Bertrand [*Bull. Soc. Chim.*, (3), 9, 292, 432], cette essence, de consistance épaisse, a une densité de 0,922 à + 12° ; elle dévie légèrement à droite ($[\alpha]_D = + 0°42′$). Elle contient des traces d'acide valérianique d'aldéhyde benzoïque et d'éther valérianique.

Chauffée, elle commence à distiller régulièrement vers 167°. Les 4/5 de l'essence passent au-dessous de 180° et peuvent être scindés en deux produits, l'un passant à 155-156°, l'autre à 173-175°.

Le premier est un *terpène* (pinène) ; le second est constitué par de l'*eucalyptol* fondant à + 1° en un liquide d'odeur camphrée, inactif, bouillant à 175°, de densité = 0,930 à + 12°, et par un carbure lévogyre paraissant être du citrène (limonène).

La portion passant au-dessus de 180° est un liquide sirupeux, bouillant vers 220° et rappelant par sa composition et ses propriétés le terpilénol de MM. Bouchardat et Lafont ; seulement le terpilénol de l'essence de niaouli est faiblement lévogyre : $[\alpha]_D = -2°10′$, tandis que le terpilénol synthétique est inactif.

Cette essence renferme de plus des traces de composé sulfuré.

Essence de Nigella sativa L. — Cette plante, de la famille des Renonculacées, est originaire du midi de l'Europe. Ses semences distillées avec de l'eau fournissent de 0,8 à 1,5 0/0 d'une essence limpide, incolore, douée d'une fluorescence bleue, d'une odeur de fenouil et d'amandes amères, d'une saveur aromatique agréable. Elle est très soluble dans l'alcool, neutre aux réactifs.

Distillée avec une lessive de potasse, elle donne un terpène $C^{10}H^{16}$, et le résidu de la distillation renferme un produit ayant les allures d'un camphre, répondant à la composition $C^{20}H^{24}O$, mais dont la constitution n'est pas connue [Husemann, d'après Bornemann, *Die flüchtig. Oele*, 255].

Des recherches faites par MM. Schimmel [*Bericht*, avril 1895, 74], il résulte que cette essence est jaunâtre et possède une odeur désagréable. Sa densité = 0,875; elle donne une déviation de + 1°25′ à 15°. Elle distille de 170 à 260°.

Sous le nom d'essence de *Nigella Damascena* L., MM. Schimmel décrivent un produit également extrait des semences, qui a pour densité 0,899 et qui renfermerait de la *damascénine* [*Bericht*, octobre 1893].

Cette damascénine a été extraite des semences de *Nigella Damascena* par M. Alfred Schneider [*Dissert. inaug.*, Dresde, 1890], qui lui attribue la formule $C^{10}H^{15}AzO^3$. Elle se dépose de sa solution alcoolique en beaux cristaux fondant à 27° et distillant à 168°. Ses solutions présentent une belle fluorescence bleue. Elle fournit avec les acides chlorhydrique, sulfurique, etc., des sels cristallisés; avec les chlorures de platine, d'or et de mercure des combinaisons doubles également cristallisées. La damascénine possède en outre la plupart des réactions des alcaloïdes. Sa solution dans l'acide azotique se colore à la longue en un beau violet. Lorsqu'on le chauffe, l'azotate se convertit en bleu de damascénine.

Essence de feuilles de noyer (*Juglans regia*). — Ces feuilles fournissent à la distillation avec l'eau environ 0,03 d'une essence qui est solide à la température ordinaire.

Essence d'oignon. — L'essence d'oignon se retire par la distillation à la vapeur d'eau du bulbe de l'*Allium cepa* L. C'est une essence mobile brun foncé, d'une densité = 1,0410 à 8°,7, déviant à gauche la lumière polarisée ($\alpha = -5°$ pour 100 millimètres), ce qui la différencie nettement d'avec l'essence d'ail, inactive, mais qui possède une odeur sulfureuse, désagréable, analogue à celle de l'oignon.

L'essence brute renferme du soufre, mais ne contient ni azote, ni oxygène; le potassium et le sodium s'y dissolvent avec élévation de température, au point que souvent le mélange s'enflamme. Chauffée à 160°, l'essence d'oignon se décompose à la pression ordinaire. Distillée sous une pression de 10 millimètres, elle passe inaltérée entre 64 et 125°, en laissant un résidu assez abondant, visqueux, brun foncé, possédant une odeur infecte.

Les portions les plus volatiles renferment un corps qui, rectifié sur du potassium, bout à 68-69° sous la pression de 10 millimètres et possède la composition $[(C^3H^7)S]^n$; d'après sa densité de vapeur, sa formule serait $C^6H^{14}S^2$ (densité de vapeur calculée = 5,19; trouvée = 5,23).

Les portions les moins volatiles, distillant dans le vide entre 100 et 125°, renferment un sulfure $C^6H^{12}S^2$, auquel la poudre de zinc enlève un atome de soufre pour donner le composé $C^6H^{12}S$, bouillant à 130°, analogue à celui que l'on retire dans les mêmes conditions de l'essence d'ail.

Dans le résidu de la distillation de l'essence d'oignon on trouve des composés plus sulfurés, mais renfermant les mêmes radicaux (C^3H^7) et (C^6H^{13}), qu'une distillation sur la poudre de zinc ramène au type $C^6H^{12}S$ que nous avons déjà signalé dans l'essence d'ail (voyez Essence d'ail) [F.-W. Semmler, *Arch. Pharm.*, 1892, 443].

Essence d'opopanax. — Extraite par distillation à la vapeur de la gomme-résine opopanax fournie par le *Ferula opopanax* L., de la famille des Ombellifères. Elle a été étudiée par M. J. Vigier (voyez Dict., **2**, 624).

D'après MM. Schimmel, elle a une densité de 0,860 à 0,901 à 15° et distille entre 200 et 300°. Les portions les plus volatiles renferment le principe odorant.

Essence d'orange (essence d'écorce d'orange). — L'essence de bigarade s'extrait du zeste ou écorce d'orange.

L'extraction de cette essence ne se fait pas par les procédés habituels, c'est-à-dire la distillation dans un courant de vapeur d'eau : ce procédé fournirait un produit de qualité inférieure. L'essence fine s'obtient en découpant l'écorce en lanières qu'on froisse entre les doigts pour rompre les cellules à essence et en exprimer celle-ci, qu'on recueille sur une éponge. Quand l'éponge est bien imbibée, on l'exprime dans un vase où se fait la clarification. On obtient ainsi l'*essence préparée à l'éponge*.

L'essence dite *à l'écuelle* ou *au zeste*, tout aussi estimée que la précédente, s'obtient en frottant les fruits mûrs et entiers contre une série de fines pointes acérées fixées au fond d'une écuelle en étain d'environ 20 centimètres de diamètre : l'essence mise en liberté s'écoule dans le fond du vase, d'où elle se rend dans un récipient à clarification.

Le procédé à l'écuelle est surtout employé dans le midi de la France pour l'extraction de l'essence de citron.

Enfin on peut encore râper l'écorce des fruits, loger la pulpe dans des sacs et passer à la presse.

Le commerce fournit deux variétés d'essences d'orange, identiques il est vrai au point de vue de la composition et des propriétés, mais qui diffèrent par leur odeur : la première, la plus estimée et la plus fine, est l'essence d'oranges amères fournie par les fruits du *Citrus vulgaris* R.; l'autre est l'essence d'oranges douces ou *essence de Portugal*, fournie par les fruits du *Citrus aurantium* R.

L'essence d'écorces d'orange est un liquide jaune ou brunâtre, que la distillation rend incolore; elle possède une odeur particulière très agréable.

Extraite des fruits mûrs, elle a une densité de 0,8508 à 20° et de 0,842 après rectification; celle de fruits incomplètement mûrs a une densité de 0,845 à 20° avant rectification (Hofmann-Pinther et Soltsien). Elle bout vers 174-180°. Elle se dissout dans son volume d'alcool à 95°, mais la solution ne devient limpide qu'au bout d'un certain temps.

Elle est dextrogyre : $\alpha = 94°13'$ pour l'essence brute et $\alpha = 98°45'$ pour l'essence rectifiée, pour une longueur de 100 millimètres.

L'essence d'écorces d'orange rectifiée distille presque intégralement à 178° : cette portion est constituée par un terpène que M. Wright a nommé *hespéridène* [*Chem. News*, **27**, 82, 180] et qui n'est autre que du limonène (O. Wallach).

L'essence brute renferme encore de petites quantités (0,3 0/0) de *myristicol* $C^{10}H^{16}O$, et environ 2-3 0/0 d'un corps $C^{20}H^{30}O^3$, qui ne distille pas encore à 300°, non solidifiable, et qui constitue le résidu de la distillation : il paraît être un produit d'oxydation à l'air de l'essence d'orange.

Parmi les réactions caractéristiques de l'essence d'orange, citons la facilité avec laquelle elle donne avec le brome le tétrabromure de limonène. Il est vrai que cette réaction ne s'applique qu'à l'essence pure. L'iode s'y combine énergiquement dans la proportion de 342 à 348 0/0 (Williams).

L'acide azotique l'attaque très vivement, en donnant surtout de l'acide oxalique; l'oxydation par l'acide chromique fournit de l'acide acétique (Wright).

La potasse caustique n'est absorbée que dans la proportion de 0,38 à 0,39 0/0. Une solution alcoolique de potasse dissout l'essence d'orange, mais à chaud seulement; par refroidissement, la majeure partie de l'essence se sépare sous la forme d'un liquide huileux d'un jaune d'or.

Les falsifications de l'essence d'orange sont nombreuses : la plus facile à déceler est celle qui consiste dans l'addition d'alcool ; mais, le plus souvent, elle est falsifiée par de l'essence de térébenthine ou des essences d'aurantiacées de qualité inférieure. Il faudra dans ces cas vérifier le pouvoir rotatoire, et surtout chercher à obtenir le tétrabromure cristallisé, réaction caractéristique de l'essence pure.

On trouve dans le commerce, parmi les essences de fabrication allemande, des essences dites *sans terpène*; il en existe une de ce genre pour l'essence d'orange. Ce produit a une densité de 0,9004 à 0,909 à 15°, distille en majeure partie à 215° et dévie à droite de + 36° pour 100 millimètres [*Chem. Centralbl.*, (3), **12**, 505 ; **19**, 982]. Il se dissout en toute proportion dans l'alcool à 88 0/0 et dans 60-70 parties d'alcool à 70°.

L'iode est à peu près sans action sur ce liquide, mais le sodium l'attaque énergiquement.

Cette essence soi-disant concentrée s'obtient par rectifications successives de l'essence naturelle, mais en détruisant les qualités de finesse qui font le prix de cette dernière. Son emploi n'est pas à recommander [Schimmel, *Chem. Zeit.*, **13**, 451].

En résumé, selon MM. Schimmel, une bonne essence d'oranges amères doit avoir un pouvoir rotatoire $\alpha = +92°$ environ et celle provenant des oranges douces $[\alpha] = +95°$ à 97°. Des déterminations faites sur un grand nombre d'essences pures de Messine, de Reggio, de la Floride, et sur des échantillons préparés par la maison même, ont toujours donné les nombres indiqués plus haut.

Essence d'origan. — Les sommités fleuries ou les fleurs de l'*Origanum vulgare* L., de la famille des Ombellifères, distillées avec de l'eau, fournissent de 0,5 à 3 0/0 d'une huile essentielle d'un jaune clair, devenant brunâtre avec le temps, mobile, douée d'une odeur aromatique agréable, d'une saveur forte et amère. Sa densité = 0,8673 à 0,909. Après rectification, elle distille presque sans variation à 161°. Elle est neutre aux réactifs, et très soluble dans l'alcool absolu ; l'alcool de densité 0,85 n'en dissout que 1/12 à 1/15.

Sa composition est peu connue encore : elle renfermerait un terpène, avec de très petites quantités (0,1 0/0) d'un phénol paraissant être du carvacrol [E. Jahns, *Jahresb.*, 1880, 1081].

L'iode s'y combine avec réaction très vive ; l'acide nitrique la colore à froid en brun rouge et la résinifie à chaud ; l'acide sulfurique l'épaissit en la colorant en rouge sang.

Essence d'origan de Crète. — Cette essence est retirée d'un assez grand nombre de variétés d'origan originaires du midi de l'Europe, en particulier de l'Espagne (*Origanum hirtum* Koch. ; *Origanum Smyrneum* Barth. ; *Origanum Creticum*) ; aussi les renseignements fournis par les auteurs sur ses propriétés et sa composition sont-ils souvent contradictoires.

Le produit connu dans le commerce sous le nom d'essence d'origan de Crète est en général un liquide jaunâtre, devenant brun-rouge avec le temps, doué d'une odeur aromatique pénétrante.

D'après M. E. Jahns, l'essence de l'*Origanum hirtum* renferme principalement du *carvacrol* $C^6H^3(OH)C^3H^7.CH^3$, identique à celui de l'essence de cumin, une variété isomérique de celui-ci, des terpènes, et peut-être de petites quantités de cymène.

Selon leur provenance, les échantillons d'essence d'origan de Crète varient dans leurs propriétés physiques, mais leur caractéristique est toujours une teneur assez élevée en carvacrol (quelquefois de 50 à 60 0/0).

Cependant l'essence d'origine française paraît renfermer très peu et quelquefois pas du tout de carvacrol [*Chem. industr.*, **2**, 287].

Essence d'Orodaphne californica. — Voyez p. 517, Essence de laurier de Californie.

Essence d'osmitopsis (voyez Dict., **1**, 1281). — Le composé distillant entre 178 et 182° et répondant à la formule $C^{10}H^{18}O$ d'après Gorup-Besanez n'est autre que du cinéol (cajeputol). Cette essence a d'ailleurs les plus grandes analogies avec l'essence de cajeput.

Essence de panais (voyez Suppl., **1**, 685). — Outre le butyrate d'octyle $C^3H^7.COOC^8H^{17}$, qui constitue la majeure partie de l'essence, on trouve, dans les portions bouillant au-dessous et au-dessus de 244-245°, des éthers propioniques et butyriques d'alcools divers. M. H. Gutzeit a trouvé de l'alcool éthylique dans l'eau condensée avec l'essence lors de sa préparation [*Ann. Chem.*, **177**, 344].

Essence de Pastinaca sativa (Ombellifères). — Les fruits fournissent par distillation environ 2,4 0/0 d'une essence de densité = 0,870 à 890, et qui renferme du propionate et du butyrate d'octyle.

Essence de patchouli. — Les feuilles du *Pogostemon patchouli* Pell. et de quelques variétés voisines donnent à la distillation dans un courant de vapeur de 2,5 à 3 0/0 d'essence, dans les pays d'origine où on la prépare sur place ; en Europe on retire des feuilles sèches de 3 à 4 0/0 de produit brut.

La variété la plus recherchée est celle qui provient de Penang.

L'essence de patchouli a une couleur vert-jaunâtre ou vert-olive, elle est de consistance assez épaisse ; son odeur pénétrante, persistante, rappelle le moisi quand elle n'est pas suffisamment diluée.

La densité varie avec la provenance : l'essence verte de Penang a une densité de 0,957, la brune de 0,958 à 29°,4. L'essence française a une densité de 1,012.

Ces différences de densité sont dues à la proportion plus ou moins considérable de camphre de patchouli que renferme l'essence, et dont la densité est de 1,051 à 4°,5

Selon MM. Schimmel, l'essence obtenue avec des feuilles fraîches aurait pour densité 0,943, et celle obtenue avec des feuilles sèches de 0,97 à 0,99 à 15°. Elle posséderait en outre un pouvoir rotatoire de — 11°30′ pour 100 millimètres.

Elle distille presque en entier entre 282 et 294° ; elle est soluble dans son volume d'alcool à 90°.

L'essence de patchouli renferme un sesquiterpène (cadinène) $C^{15}H^{24}$, bouillant à 274-275°, et dont le dichlorhydrate fond à 117-118° [J.-H. Gladstone, *Jahresb. Chem.*, 1863, 545]. M. Gal y a trouvé en outre un camphre dit *camphre de patchouli* (voyez Suppl., **1**, 1143), auquel il attribuait la composition $C^{15}H^{26}O$, ce qui en ferait un homologue supérieur du bornéol [*C. R.*, 68, 406). D'après les recherches de M. de Montgolfier [*C. R.*, 84, 88], la composition de ce camphre est représentée par la formule $C^{15}H^{26}O$, et cette hypothèse est appuyée sur la facilité avec laquelle il se scinde, sous l'influence par exemple de l'acide chlorhydrique en solution alcoolique, de l'acide acétique bouillant, etc., en eau et en un hydrocarbure $C^{15}H^{24}$ appelé *patchoulène*.

Cet hydrocarbure a une densité de 0,946 à 0° ou 0,937 à 13°,5 ; 0,939 à 20° [Wallach, *Ann. Chem.*, **279**, 394] ; il bout à 252-255° ; son pouvoir rotatoire $[\alpha]_D = -42°10'$.

Il ne se combine pas avec l'acide chlorhydrique gazeux ; en présence de l'eau, l'acide chlorhydrique le colore en rouge. Il est peu soluble dans l'alcool.

M. O. Wallach a d'ailleurs caractérisé dans cette essence la présence d'un sesquiterpène qu'il a identifié avec le cubébène ou cadinène dans l'essence de patchouli elle-même; il le retire des portions bouillant à 270-280° : ce sesquiterpène bout à 274-275° [*Ann. Chem.*, **238**, 81].

Les portions les moins volatiles de l'essence de patchouli renferment enfin une quantité notable d'huile bleue ou *céruléine*.

ESSENCE DE PELARGONIUM. — Voyez ESSENCE DE GÉRANIUM.

ESSENCE DE PERSEA GRATISSIMA (Gärt.). — Obtenue par distillation, avec la vapeur d'eau, des feuilles qui en fournissent environ 0,5 0/0, cette essence possède une couleur légèrement verdâtre; une densité de 0,9607 à 15°, le pouvoir rotatoire + 1°50′ et l'indice $n_D = 1{,}5164$ à 18°,2. L'odeur de ce produit rappelle celle de l'essence d'estragon.

Il ne renferme pas d'anéthol, mais probablement du *méthylchavicol*. Oxydé au moyen du permanganate de potassium, il fournit de l'acide anisique [Schimmel, *Bericht*, oct. 1894, 71].

ESSENCE DE PERSIL. — Cette essence se retire par distillation à la vapeur des semences de *Petroselinum sativum* L., de la famille des Ombellifères. Le rendement atteint de 2 à 6 0/0. C'est un liquide assez épais, d'une odeur pénétrante de persil, d'une saveur aromatique piquante. Sa densité, d = 1,0515, augmente peu à peu à mesure que l'oxydation se produit. Elle est très soluble dans l'alcool et dans l'éther.

Elle se compose d'un terpène $C^{10}H^{16}$ bouillant vers 160° (pinène) (voyez Suppl., **1**, 685) et d'un stéaroptène, l'*apiol* ou camphre de persil, dont la description a été faite plus haut (voyez 2e Suppl., **1**, 349).

L'apiol est employé en médecine comme diurétique; on l'a préconisé comme fébrifuge.

Par distillation de l'herbe, on obtient aussi environ 30 0/0 d'essence. Enfin la racine fournit également environ 0,08 0/0 d'une essence de densité = 1,049.

ESSENCE DE PETIT-GRAIN (*essence de néroli petit-grain*). — Sous ce nom on livre au commerce une huile essentielle provenant de la distillation à la vapeur des fruits non mûrs, des fleurs, des feuilles des jeunes pousses, etc., de différentes variétés de *Citrus*.

On distingue les variétés commerciales de *petit-grain doux*, dans lesquelles dominent les feuilles de *Citrus aurantium* Risso; celle de *petit-grain bigaré*, retiré des fragments de feuilles et tiges du *Citrus bigaradia* Duham. Cette dernière est la plus estimée.

L'essence de petit-grain a une odeur analogue à celle de l'essence de néroli; sa couleur est jaunâtre. Ses propriétés physiques sont variables, selon les matières premières qui ont servi à la préparer. Cependant on lui attribue une densité moyenne de 0,8765 à 15° (Gladstone), 0,894-0,900 (Schimmel). Elle est dextrogyre et soluble dans son volume d'alcool à 95°.

On n'a pas de données précises sur sa composition, qui est d'ailleurs variable avec son origine : le limonène paraît en constituer la majeure partie.

Selon MM. Schimmel [*Bericht*, avril 1894, 39], l'essence de petit-grain renfermerait un alcool isomérique ou identique avec le linalol, ainsi que son éther acétique. Suivant une série de déterminations faites sur des essences du Paraguay qui toutes étaient solubles dans 2 fois leur volume d'alcool à 80°, la teneur en éther acétique a varié de 50 à 86,7 0/0.

C'est l'essence française qui est la plus estimée; après elle vient celle d'Amérique, dont le Paraguay fournit des quantités considérables, supérieures même aux besoins de la consommation, ce qui a provoqué une baisse notable du prix de cette essence [Schimmel, *Chem. Zeit.*, **9**, 1326; **12**, 1396; **13**, 451, 1359].

ESSENCE DE PEUCEDANUM OFFICINALE L. (Ombellifères). — Obtenue par distillation de la racine, qui en fournit environ 0,2 0/0, cette essence se présente sous la forme d'une huile d'un jaune brun, à odeur très intense et peu agréable. Abandonnée au repos, elle laisse déposer un corps cristallisé en feuillets, qui fond à 100°.

Sa densité = 0,992 à 15° et sa déviation + 29° 4′ à 15° [Schimmel, *Bericht*, avril 1895, 73].

ESSENCE DE BOURGEONS DE PEUPLIER. — Cette essence a été étudiée par M. J. Piccard [*D. chem. G.*, **6**, 890; **7**, 1485], qui la considère comme un diterpène $C^{20}H^{32}$ (voyez Suppl., **1**, 685).

Elle bout entre 255 et 265° et a pour densité 0,900 [Schimmel, *Chem. Zeit.*, **11**, 451].

ESSENCE DE PHELLANDRIUM. — Les fruits du *Phellandrium aquaticum* L., ou fenouil d'eau, donnent à la distillation de 1,00 à 1,8 0/0 d'essence.

Celle-ci est jaune, mobile, possède une odeur particulière; sa densité = 0,852-0,89 à 15°.

M. L. Pesci y a trouvé un terpène bouillant à 171-172°, dont la densité = 0,8558 à 10°, qu'il a appelé *phellandrène*.

Cet hydrocarbure chauffé en tube scellé à 140-150° se polymérise et donne le diterpène $C^{20}H^{32}$ [*Jahresb.*, 1883, 1424). M. O. Wallach a identifié le terpène de l'essence de phellandrium avec celui de l'essence de fenouil : les deux essences ne diffèrent guère que par la proportion de phellandrène, qui domine dans l'essence de phellandrium.

Suivant MM. Schimmel, elle renfermerait en outre du pinène et du dipentène.

On attribue des propriétés toxiques à cette dernière, mais elles ne peuvent être dues au phellandrène, qui est inoffensif.

M. Maier, en distillant des fruits de phellandrium avec de l'eau alcaline, a obtenu une huile essentielle, possédant une odeur ammoniacale, et qui jouirait de propriétés narcotiques très accentuées [d'après Bornemann, *Die flüchtig. Oele*, 307].

ESSENCE DE PICEA VULGARIS Link. — Les aiguilles de ce pin fournissent environ 0,15 0/0 d'une essence de densité 0,888, de pouvoir rotatoire + 21°40′, et qui est constituée par du pinène gauche, du dipentène, du phellandrène gauche, du cadinène et de l'acétate de bornyle gauche. L'indice de saponification de cette essence accuse environ 8,3 0/0 d'éthers.

ESSENCE DE PICHURIM. — Cette essence existe, dans la proportion de 0,7 0/0, dans les fèves de Pichurim (*Nectandra puchury* Nees.), de la famille des Laurinées, originaire du Brésil. Cette essence est un liquide jaune verdâtre, d'une odeur particulière, soluble dans l'alcool concentré; soumise à la rectification, elle laisse passer entre 180 et 200° un liquide incolore, doué d'une odeur piquante, possédant la composition $C^{14}H^{22}O^3$, qui paraît être constitué par un hydrocarbure plus ou moins oxydé à l'air. A 250°, passe un corps $C^{19}H^{29}O$, ayant l'odeur caractéristique des fruits qui ont fourni l'essence. Le résidu de la distillation, repris par la soude, se sépare en deux couches, dont l'une, d'un bleu foncé, bout à 255-265° en émettant des vapeurs bleues. M. Muller lui attribue la composition $C^{38}H^{58}O$; enfin la solution alcaline renferme de l'acide laurique $C^{11}H^{23}COOH$, avec de petites quantités d'acide valérianique [*J. prakt. Chem.*, **58**, 463. — Bornemann, *Die flüchtig. Oele*, 1891, 234].

ESSENCE DE PIMENT. — Les fruits mûrs du piment de la Jamaïque (*Myrtus pimenta* L. ou *Eugenia pimenta* DC., famille des Myrtacées) et de quelques variétés voisines fournissent à la distillation avec la vapeur d'eau de 1 à 4 0/0 d'huile essentielle.

Celle-ci est incolore ou jaunâtre, possède une odeur rappelant celle du girofle, une saveur âcre et brûlante. Sa densité varie de 1,0374 à 10° (Gladstone) à 1,0485 ou 1,0525 à 15° (Beringer).

Elle est de consistance assez épaisse et très réfringente.

Elle distille en majeure partie vers 243°; cette portion est constituée par de l'eugénol, puis, à 255°, passe un sesquiterpène $C^{15}H^{24}$, de densité 0,98 à + 8° [J.-H. Gladstone, *Chem. News*, **24**, 283. — E. Oeser, *Ann. Chem.*, **131**, 277].

La proportion de ces deux corps varie dans l'essence de piment, suivant son origine. M. Oeser a trouvé 67 0/0 de sesquiterpène et 33 0/0 seulement d'eugénol, tandis que d'après M. Gladstone l'eugénol dominerait dans cette essence. M. Stohmann indique de 50 à 70 0/0 d'eugénol et de 50 à 30 0/0 de sesquiterpène.

L'essence de piment récente est insoluble dans l'ammoniaque aqueuse; mais, si elle est de préparation ancienne, elle s'y combine en tout ou en partie, pour donner une masse cristalline jaune (Mierzinski). Traitée par une solution alcoolique de phloroglucine et l'acide chlorhydrique, elle donne une coloration rose, avec la résorcine à l'ébullition une coloration violet sale, avec le sulfate d'aniline une coloration jaune, et avec l'α-naphtylamine une coloration orange [A. Ihl, *Chem. Zeit.*, **13**, 264].

Essence de pimprenelle. — Cette essence, extraite du *Pimpinella saxifraga* L. ou *P. Magna* L. (Ombellifères), est un liquide d'un jaune d'or, mobile, très volatil, doué d'une odeur désagréable de persil. Sa densité = 0,959 à 15°. Elle commence à bouillir à 240° [Schimmel, *Bericht*, avril 1890].

La *Pimpinella nigra* Willd. fournit une huile essentielle d'un bleu clair, qui passe peu à peu au vert. Son odeur est plus agréable que celle de la précédente, mais elle a une saveur extrêmement âcre. Les deux essences sont transformées par l'acide nitrique en une résine brune, inodore [Bornemann, *die Flüchtig. Oele*, 304].

Essences de pin. — Voyez plus loin Essence de térébenthine.

Essence de Pinus cembro L. — M. Flavitzky [*J. prakt. Chem.*, (2), **45**, 115] a isolé de cette essence un carbure de densité 0,861 à 18°, de pouvoir rotatoire + 38°74′ (l = 100 millim.), qui fournit un chlorhydrate fondant à 125°, et que l'auteur nomme *terpène droit*. Il est probable que ce carbure n'est autre chose que du pinène droit.

Essence de Pinus nigra. — Les bourgeons et les pommes de ce pin ont fourni à la distillation une essence de densité = 0,922 à 20°, de pouvoir rotatoire $[\alpha]_D$ = — 39°45′ et qui renfermerait de l'acétate de bornyle [Kremers, *Pharm. Rundschau*, **13**, 135]. Le même auteur a encore étudié les essences de *Pinus palustris* et de *Pinus Cubensis* (Gries) et a constaté pour la première d = 0,8612 et $[\alpha]_D$ = + 23°93′, pour la seconde d = 0,865 à 20° et $[\alpha]_D$ = + 9°6′.

Essence de Pinus pumilio (Hœnke). — Les aiguilles et les jeunes pousses de cette espèce de pin fournissent par distillation avec l'eau environ 0,260 0/0 d'une essence d'une odeur forte et aromatique. Elle a pour densité de 0,865 à 0,892 à 15° et pour déviation de — 8° à — 9° (l = 100 millim.).

Selon MM. Schimmel [*Bericht*, avril 1893], cette essence renferme du pinène gauche, du phellandrène gauche, du silvestrène, un sesquiterpène et de 5 à 8,7 0/0 d'acétate de bornéol gauche [A. Atterberg, *D. chem. G.*, **14**, 2530].

Essence de Pinus ou Abies Sibirica. — Cette variété d'essence de Sibérie a été étudiée par M. Golubeff [*Chem. Centralblatt*, **19**, 1632], qui l'a obtenue par la distillation avec de la vapeur d'eau de la térébenthine de cet abies. Dans les portions passant vers 162°, il a pu isoler par refroidissement à 0° un carbure solide fondant à 30° et bouillant à 159°. Ce produit n'est sans doute autre chose que du camphène inactif. Dans les fractions qui passent à 230°, il se dépose une substance cristalline non étudiée.

Enfin M. Hirschsohn a isolé de cette essence de l'acétate de bornéol gauche. [*Ph. Zeits. f. Russl.*, 1892, n° 38.]

Essence de Pinus silvestris L. — Les aiguilles de cette variété de pins fournissent une essence dont la composition varie avec l'origine.

L'essence *suédoise* a pour densité 0,872 à 15°, le pouvoir rotatoire + 10°40′ (l = 100 millim) et renferme du pinène droit, du silvestrène et environ 3,5 0/0 d'acétate de bornyle.

L'essence de provenance allemande a pour densité 0,886 à 15°, un pouvoir rotatoire de + 10° et est constituée par du pinène droit, du silvestrène, du dipentène (?), un sesquiterpène (cadinène) et environ 3,5 0/0 d'acétate de bornyle [Schimmel, *Bericht*, avril 1893; *Arch. Pharm.*, **231**, 290].

Essence de poivre noir. — (Voyez aussi Dict., **1**, 1281.) — Cette essence est jaunâtre, mobile, d'une odeur et d'une saveur fortes et piquantes.

Sa densité = 0,864 (Maier), 0,8735 à 15° (Eberhardt), 0,973 (Schimmel), 0,993 (Stohmann). Elle bout à 167° et ne se solidifie pas à — 20°; elle est faiblement lévogyre. Elle renferme un terpène $C^{10}H^{16}$ bouillant à 167°,5 (?). La portion bouillant à 176°, traitée par l'acide azotique et l'alcool méthylique, fournit un hydrate de terpène cristallisé $C^6H^8(OH)^2 \cdot C^3H^7 \cdot CH^3, H^2O$, qui commence à fondre à 104°, perd son eau d'hydratation à 114° et reste dès lors liquide [L.-A Eberhardt, *Chem. Centralbl*, (3), **18**, 1085].

Les portions bouillant à 176-180° renferment du *phellandrène* $C^{10}H^{16}$ [Schimmel, *Bericht*, octobre 1890]. Selon les mêmes auteurs, elle renfermerait encore du *cadinène* $C^{15}H^{24}$.

Le *Piper longum* L. donne une essence épaisse d'un vert clair, dont l'odeur rappelle le poivre et le vétiver. Sa densité est 0,861 à 15°; elle bout entre 250 et 300° [Schimmel, *Bericht*, avril 1890].

Enfin les fruits du poivrier du Japon (*Xanthoxylum piperitum* DC.) donnent par distillation 3 0/0 d'une essence de densité = 0,973, bouillant de 160 à 225°, et renfermant du citral [Schimmel, *Bericht*, octobre 1893].

Essence de polygala. — Les racines fraîches de *Polygala senega* L., de la famille des Polygalées, renferment de petites quantités (0,33 0/0) d'une huile essentielle, constituée par un mélange de salicylate et de valérianate de méthyle (Langbeck, *Jahr. Fortschritte d. Pharm.*, 1882, 246. — Reuter, *Arch. Pharm.*, **227**, 313].

Les racines de *Polygala alba* n'en renferment que des traces; celles du *Polygala tenuifolia* ou polygala du Japon n'en renferment pas du tout; elles ont une odeur de patchouli [Reuter, *loc. cit.*].

M. P. van Romburgh, en étudiant l'essence de racines de *Polygala variabilis* HBK, β-*albiflora* DC., a également trouvé qu'elle renfermait du salicylate de méthyle. Il en est de même de l'essence de racines de *Polygala oleifera* (Heckel) et de celle de racines de *Polygala Javana* [*Rec. Pays-Bas*, **13**, 421].

M. Bourquelot a de son côté caractérisé le salicylate de méthyle dans les essences de racines de *Polygala vulgaris* L., *Polygala depressa* (Wenderoth), *Polygala calcarea* F. Schulz, et dans les tiges de *Monotropa hypopitys* L. Comme Procter, l'auteur admet que cet éther ne préexiste pas, mais qu'il est dû au dédoublement, sous l'influence d'un ferment, de la *gaultérine* contenue dans la plante [*C. R.*, **119**, 802].

ESSENCE DE PORTUGAL. — Voyez plus haut ESSENCE D'ORANGE.

ESSENCE DE POULIOT. — Voyez plus haut ESSENCE DE MENTHE POULIOT.

ESSENCE DE PRUNUS VIRGINIANA. — Voyez plus haut, ESSENCE DE LAURIER CERISE.

ESSENCE DE PYCNANTHEMUM INCANUM Michaux. — La plante appelée *Mountain Mint* ou *Basil* en Amérique fournit à l'état sec, par distillation à la vapeur d'eau, environ 0,98 0/0 d'une essence d'un jaune rougeâtre, dont la densité =0,935 à 15° et qui se dissout dans le double de son volume d'alcool à 70° [Schimmel, *Bericht*, octobre 1893. — F.-B. Power, *Descriptive catalogue of Essent. Oils*, 64].

ESSENCE DE PYRETHRUM INDICUM, *essence de Kiku*. — Les feuilles de cette plante, originaire du Japon, renferment une huile essentielle d'odeur camphrée. Sa densité est 0,885; elle bout à 165-175°.

L'essence fournie par les fleurs de Kiku bout à 180-220° [Schimmel, *Bericht*, octobre 1893].

ESSENCE DE RADIS. — La racine et les semences du radis (*Raphanus sativus* L.) donnent à la distillation de très minimes quantités d'une huile essentielle, plus dense que l'eau, d'une odeur forte, assez soluble dans l'eau.

Elle a été considérée comme un mélange de sulfure et de sulfocyanate d'allyle (voyez Dict., **1**, 1281), mais sa composition n'est pas encore bien connue : tout ce que l'on en sait, c'est qu'elle renferme un produit sulfuré.

ESSENCE DE RAIFORT. — Cette essence, fournie par la racine du *Cochlearia armoracia* L., est jaunâtre, plus dense que l'eau. Après rectification elle est limpide, incolore; sa densité=1,01. Son odeur est irritante, provoque le larmoiement comme celle de l'essence de moutarde; elle produit, comme cette dernière, des phlyctènes par application sur la peau. Elle est peu soluble dans l'eau, très soluble dans l'alcool et dans l'éther.

Sa composition est la même que celle de l'essence de moutarde, c'est-à-dire celle d'un allylsénevol C^3H^5AzCS. Cependant, au lieu de se former dans des conditions particulières comme l'essence de moutarde, elle semble préexister dans la racine du raifort [E. Hubatka, *Ann. Chem.*, **47**, 153].

ESSENCE DE REINE DES PRÉS (voyez Dict., **1**, 1281; **2**, 1392). — Il est à remarquer que, de toutes les variétés très nombreuses des Spirées, seules les variétés fournissant des plantes herbacées donnent à la distillation de l'aldéhyde salicylique, ce qui paraît indiquer dans la plante la présence de salicine.

Toutes les variétés ligneuses ou arborescentes du même genre, telles que le *Spirea aruncus*, *Spirea sorbifolia*, fournissent à la distillation de l'acide cyanhydrique, et renferment par conséquent de l'amygdaline.

Ce fait paraîtra moins étonnant, si on se rappelle que le genre *Spirea* appartient à la famille des Rosacées.

ESSENCE DE RÉSÉDA. — Les fleurs de *Reseda odorata* L. (Résédacées) fournissent à la distillation environ 0,002 0/0 d'un produit solide à la température ordinaire et de la consistance de l'essence d'iris. Cette essence possède au plus haut degré l'odeur de réséda et est soluble dans l'alcool [Schimmel, *Bericht*, octobre 1893, 44].

Les racines de réséda fournissent à la distillation une essence ayant une odeur de raifort. M. Vollroth, qui le premier constata le fait, conclut à la présence de sulfocyanate d'allyle [*Arch. Pharm.*, **198**, 156].

MM. Bertram et H. Wahlbaum ont repris cette étude et ont distillé 1300 kilogrammes de racines. Ils ont obtenu 310 grammes d'une essence de densité = 1,067 à 15°, et déviant de + 1°30′ (l=100 millimètres). Elle est constituée en majeure partie par de l'isosulfocyanate d'éthylphényle

$$Az \lessgtr \begin{matrix} CS \\ CH^2CH^2C^6H^5 \end{matrix}$$

Traitée par de l'acide chlorhydrique à 200°, elle donne de la phénoéthylamine. Soumise à l'action de l'ammoniaque, elle fournit de la phénoéthylsulfo-urée [*J. prakt. Chem.*, (2), **50**, 555].

ESSENCE DE ROMARIN. — Le romarin (*Rosmarinus officinalis* L., Labiées) est très répandu sur les côtes de la Méditerranée occidentale, et la majeure partie de l'essence est préparée sur place par distillation des feuilles à la vapeur d'eau, et cela dans des appareils tellement rudimentaires, que fréquemment, au mois d'avril, la contrée entière est embaumée par l'odeur de l'essence de romarin échappée par les joints de l'alambic.

Dans le midi de la France, on distille non pas les feuilles de la plante, mais les sommités fleuries, ce qui donne à cette essence un arome plus recherché et une valeur plus grande.

Le rendement varie suivant la contrée et suivant qu'on emploie la plante fraîche ou sèche.

L'essence de romarin est incolore, mais se colore et s'épaissit au contact de l'air. Son odeur pénétrante est agréable, surtout à un état de diffusion suffisant.

Le produit commercial a une densité de 0,88 à 0,920; après rectification sa densité est 0,885-0,887.

D'après MM. Schimmel [*Bericht*, avril 1890, 39], l'essence française a une densité de 0,881 à 0,883; pour l'espagnole, d=0,892; pour l'italienne ou l'essence de Dalmatie, d=0,901 à 0,907.

Son point d'ébullition varie aussi, avec la provenance et la densité, de 150° (Bruylants) à 168° (Williams).

D'après MM. Schimmel, l'essence française renferme de 39 à 46 0/0 de produits volatils au-dessous de 170°; l'essence italienne de 4,5 à 13 0/0 seulement.

L'essence de romarin est dextrogyre et doit se dissoudre complètement dans une fois et demie son volume d'alcool à 90°.

Elle est neutre au tournesol quand elle est récente; plus tard elle devient acide.

M. Lallemand d'une part et M. Kane de l'autre ont retiré de l'essence de romarin un terpène $C^{10}H^{16}$ et un camphre (voyez Dict., **1**, 1281). Ce camphre serait un mélange de camphre droit et de camphre gauche, d'où son pouvoir rotatoire plus faible de 0°33′ que celui du camphre ordinaire (Montgolfier).

M. E. Bruylants a retiré de l'essence de romarin, dans les portions bouillant entre 150 et 180°, environ 80 0/0 d'un terpène gauche bouillant à 157-160° (pinène); entre 180 et 210°, il passe un liquide qui, rectifié à 200-205°, laisse déposer par refroidissement du camphre ordinaire $C^{10}H^{16}O$, fondant à 176° et bouillant à 204° (6 à 8 0/0); enfin, dans les portions passant entre 210 et 260°, on trouve du bornéol (4-5 0/0).

D'après le même auteur, l'essence de romarin soumise à l'action de l'acide sulfurique se transforme en terpène et en cymène [*Jahresb.*, 1879, 944].

M. E. Weber a trouvé des quantités notables de cinéol dans une essence de romarin d'origine italienne [*Ann. Chem.*, **238**, 89].

Enfin M. Haller [*C. R.*, **108**, 1308] a nettement séparé le camphre et le bornéol de l'essence de romarin, en mettant à profit la propriété que possède le bornéol, en sa qualité d'alcool, de fournir avec les acides bibasiques, tels que l'acide succinique, un éther acide soluble dans les alcalis et dans les carbonates alcalins. Le succinate de bornéol séparé du camphre par dissolution dans le carbonate de sodium est saponifié et le bornéol recueilli purifié par sublimation. Ce bornéol constitue environ 0,05 du camphre de romarin; il fond à 207°,5; son pouvoir rotatoire $[\alpha]_D = -23°59'$ indique un mélange de bornéols droit et gauche, comme le camphre proprement dit de l'essence de romarin est un mélange de camphres droit et gauche.

L'essence de romarin dissout de 142 à 162 0/0 d'iode, en s'échauffant fortement; elle absorbe l'acide chlorhydrique en grande quantité.

L'acide sulfurique la colore en brun rouge en l'épaississant. L'acide nitrique l'oxyde énergiquement; l'acide chromique la transforme en une masse résineuse ayant des propriétés acides (acide limettique de Vohl).

Les falsifications de l'essence de romarin consistent dans l'addition d'essence de térébenthine, d'essence d'aspic, de pétrole, d'alcool, etc.; l'essence de térébenthine est en général distillée sur des feuilles de romarin et vendue comme essence de romarin : l'action de l'iode et du nitroprussiate de cuivre permettra de reconnaître cette falsification, ainsi que la faible solubilité d'un pareil produit dans l'alcool à 90°.

L'addition de pétrole est surtout fréquente en Angleterre : ce mélange est beaucoup moins soluble dans l'alcool à 90° que l'essence pure, et la dissolution obtenue par addition d'une quantité suffisante d'alcool est généralement fluorescente.

La recherche de l'alcool n'offre aucune difficulté et se fera comme d'ordinaire.

Essence de roses (voyez aussi Dict., 1, 1281). — Les principaux centres de production de l'essence de roses sont la Bulgarie, le midi de la France et Miltitz dans les environs de Leipzig. La composition de l'essence de roses, en raison du prix élevé de la matière première, a été pendant longtemps peu connue. On savait cependant qu'elle renfermait, outre une portion liquide, un stéaroptène solide, dont la proportion dans l'essence devait varier avec la provenance de celle-ci.

En effet, l'essence de roses se solidifie à des températures variant de + 10 à + 20°, et ce point de *solidification* s'élève à + 32° pour l'essence de roses de provenance allemande. En Bulgarie, en Turquie, on évalue même le degré de pureté de l'essence d'après l'élévation de son point de solidification : indication erronée et qui prouve seulement que l'essence de roses n'a pas été additionnée d'une autre huile non solidifiable.

Ce stéaroptène s'isole facilement de l'essence de roses par dissolution dans 10 parties d'alcool à 75° et refroidissement de la solution : le stéaroptène cristallise. On le purifie par deux ou trois cristallisations dans l'alcool.

L'essence de roses turque en renferme de 9 à 14 0/0, l'essence allemande de 28 à 32 0/0.

Il se présente en paillettes cristallines, incolores, fondant à 32°,5; il émet des vapeurs à 150°, commence à bouillir à 273°, puis se décompose.

L'acide chromique l'attaque difficilement : cependant on perçoit une odeur d'acroléine. L'acide nitrique fumant et chaud le transforme en acide succinique, avec de petites quantités d'acides oxalique, butyrique et peut-être valérianique.

Sa composition est celle d'un hydrocarbure C^nH^{2n} ou C^nH^{2n+2}; mais on ne connaît pas encore son poids moléculaire, dans l'impossibilité où l'on s'est trouvé de prendre sa densité de vapeur. M. Flückiger le considère comme une paraffine [*Zeit. f. Chem.*, 13, 126].

Des recherches plus récentes de MM. Schimmel, il résulterait que ce stéaroptène est un mélange de deux hydrocarbures, l'un fondant à + 22°, l'autre à 40-41° [*D. chem. G.*, 23, 1099, 3191].

M. R. Baur prétend que le stéaroptène et l'éléoptène de l'essence de roses sont vis-à-vis l'un de l'autre dans le rapport d'un hydrocarbure à une aldéhyde [*Dingl. Journ.*, 204, 253]. Il aurait, en effet, observé que le stéaroptène parfaitement pur, inodore, s'oxyde au contact de l'air ou sous l'influence d'agents oxydants modérés, et acquiert de nouveau l'odeur de l'essence de roses. En même temps son point de fusion s'abaisse. On pourrait ainsi transformer en éléoptène, qui est le principe odorant, ce stéaroptène inerte, et augmenter par conséquent la valeur de l'essence de roses. Mais, comme dans le commerce le point de solidification sert de base pour l'évaluation de la qualité de l'essence, on arriverait dans ces conditions à un résultat diamétralement opposé. Le même chimiste aurait réussi à transformer l'éléoptène en stéaroptène en soumettant l'essence de roses, préalablement débarrassée du stéaroptène contenu naturellement, à l'action de l'hydrogène naissant.

Au bout de quelques jours, il se sépare une écume solide qui, après purification, fond à 33° et possède les propriétés du stéaroptène de l'essence de roses. Ces expériences auraient besoin d'être confirmées.

MM. Reformatsky et Markownikoff [séance de la Société physico-chimique russe du 5-17 novembre 1892; *Chem. Zeit.*, 16, 1923; *D. chem. G.*, 3191] ont étudié trois échantillons d'essence de roses fournis par le gouvernement bulgare. Ces trois produits avaient respectivement pour densité et pouvoir rotatoire :

	$D_{27°}$	α à 25°
I...............	0,8563	— 3°34′
II...............	0,8603	— 3°53′
III...............	0,8639	— 3°20′

Leur point de fusion était situé entre 23°,5 et 24°.

Le stéaroptène extrait de l'essence soumise à une température de 0° à — 55° serait constitué par un carbure cristallisé $C^{16}H^{34}$, inodore, fondant à 36°,5-36°,8 et se solidifiant à 34°.

Quant à la partie liquide, elle passe de 222° à 225°,5 et distille après une série de rectifications à 224°,7. C'est un alcool primaire $C^{10}H^{20}O$, auquel les auteurs donnent le nom de *roséol*; il est incolore, se combine à 2 atomes de brome, fournit un éther acétique bouillant à 235-236° qui, par saponification, régénère le roséol. Oxydé au moyen du permanganate de potassium, le roséol fournirait une glycérine $C^{10}H^{19}(OH)^3$, qui bout à 240° sous une pression de 100 millimètres et possède une densité $d_0 = 1{,}0445$ et $d_{20} = 1{,}0343$. Cette glycérine est facilement soluble dans l'eau, plus difficilement dans l'alcool et dans l'éther et ne se combine pas au brome. Son éther acétique bout à 215-220° sous 40 millimètres.

L'acide iodhydrique transforme le roséol en un carbure $C^{10}H^{20}$, bouillant à 158-159°.

Les agents déshydratants le convertissent en un carbure $C^{10}H^{18}$. Oxydé au moyen du mélange chromique, il donne naissance à une aldéhyde possédant une odeur se rapprochant de celle du citron ou de la mélisse. Cette aldéhyde fournit avec le bisulfite de sodium une combinaison cristallisable [*Pharm. Zeitsch.*, *f. Russl.*, 32, 102; *J. prakt. Chem.*, (2), 48, 293].

M. Eckardt [*Arch. Pharm.*, 229, 355; *Moniteur scient.*, 1891, 1146] a également étudié l'essence de roses, et y a caractérisé la présence de carbures et d'un alcool $C^{10}H^{18}O$ auquel il a donné le nom de *rhodinol*. Ce composé fournit avec les déshydratants du *dipentène*. Ces résultats ont été confirmés par M. Barbier, qui prépara non seulement l'éther acétique du rhodinol $C^{10}H^{17}OC^2H^3O$, mais encore le dipentène, qu'il caractérisa par sa transformation en dichlorhydrate et en tétrabromure fondant à 124° [*C. R.*, **117**, 177].

Plus tard MM. Monnet et Barbier démontrèrent que le rhodinol existe encore dans les essences de géranium d'Afrique et de France [*C. R.*, **117**, 1092].

Enfin des recherches plus récentes ont montré que l'essence de roses renferme du géraniol comme certaines essences d'andropogon et de géranium. En effet, en soumettant les essences de roses turque ou allemande à une rectification fractionnée, MM. Bertram et Gildemeister ont pu isoler le géraniol grâce à la combinaison cristallisée que forme cet alcool avec le chlorure de calcium (Jacobsen).

Ce géraniol a été identifié avec celui des essences de palmarosa (*Andropogon*), de pélargonium, de citronnelle et avec le produit de transformation du linalol, appelé *licarhodol* par M. Barbier (voyez ESSENCE DE LINALOÉ).

Les constantes physiques de ces produits sont données dans le tableau ci-dessous :

GÉRANIOL extrait des essences de :	Point d'ébullition dans le vide partiel.	Point d'ébullition à la pression de 756mm.	Pouvoir rotatoire.	Poids spécifique à 15°.	Indice n_D à 15°.	Pouvoir réfringent molécre observé.	Pouvoir réfringent molécre calculé.
Andropogon Schœnanthus.	107,4-108,2 sous 8mm	220-230	0	0,8834	1,4786	49,28	Calculé pour la formule $C^{10}H^{18}O$ avec deux liaisons éthyléniques 48,78.
Pelargonium..........	109,0-109,5 sous 9mm	228,5-229,5	0	0,8801	1,4766	49,31	
Roses turques.........	106,8-107,2 sous 8mm	229-230	0	0,8817	1,4771	49,25	
Roses allemandes......	106,5-107,6 sous 8mm	229-230	0	0,8829	1,4773	49,20	
Citronnelle............	106,5-107,0 sous 8mm	229-230	0	0,8826	1,4766	49,16	
Linalol (licarhodol)....	110,0-111,2 sous 9mm	229,0-230,5	0	0,8830	1,4786	49,30	

Il est facile de se rendre compte qu'il y a identité complète entre ces alcools, quelle que soit leur origine.

L'identité du rhodinol et du géraniol a encore été établie chimiquement par les auteurs. Les deux corps fournissent des terpènes (dipentène et terpinène) quand on les soumet à l'action des agents déshydratants, tous deux fournissent par oxydation ménagée du citral, et par une oxydation plus énergique de l'acide valérianique [*J. prakt. Chem.*, (2), 49, 185].

Indépendamment du géraniol, l'essence de roses contient encore une petite quantité d'un ou de plusieurs produits à odeur de miel et qui n'ont pas encore été isolés à l'état de pureté.

MM. Markownikoff et Reformatzky [*Journ. Soc. phys. chim. russe*, 1894, 195; *D. chem. G., Ref.*, 27, 625], dans de nouvelles recherches, admettent qu'il existe une différence chimique entre l'essence de roses bulgare et l'essence allemande. La première contiendrait réellement un composé $C^{10}H^{20}O$, le *roséol*, et la seconde du géraniol $C^{10}H^{18}O$. Ils s'appuient sur la différence qui existe entre les constantes physiques de ces corps et de leurs acétates.

Roséol.

Densité à 20°......................	= 0,87846
Point d'ébullition....................	224°,7
— — de l'acétate.......	237-238°

Géraniol.

Densité à 15°..............	= 0,880 à 0,883
Point d'ébullition............	229-230°,7
— — de l'acétate.	243-245°

MM. Bertram et Gildemeister font remarquer avec raison que les écarts observés ne sont pas suffisants pour conclure à une différence, d'autant plus que l'éther acétique du géraniol se décompose partiellement à l'ébullition. D'autre part, l'essence de roses allemande a été retirée de fleurs dont les plants sont originaires de Bulgarie [Schimmel, *Bericht*, avril 1895, 62].

Enfin M. Hesse admet également la présence du géraniol dans l'essence de roses; mais, outre cet alcool, elle contiendrait du *réuniol* $C^{10}H^{18}O$, produit qui se trouve aussi dans l'essence de géranium de la Réunion [*J. prakt. Chem.*, (2), 50, 475].

En résumé, il semble prouvé que l'essence de roses, de quelque provenance qu'elle soit, contient du géraniol, à côté d'un autre alcool $C^{10}H^{18}O$ ou $C^{10}H^{20}O$, qui a été successivement appelé *roséol*, *rhodinol*, *réuniol*, *pélargoniol*, et qui est peut-être identique à un produit qui existe dans l'essence de pelargonium de la Réunion.

Signalons enfin la présence, dans quelques essences de roses de pureté constatée, d'une certaine quantité d'alcool éthylique.

MM. Schimmel et Eckardt en ont trouvé dans des essences de roses de Turquie et d'Allemagne, et considèrent sa présence comme normale.

M. Poleck a remarqué que l'essence de roses distillée dans le pays même de production ne renfermait jamais d'alcool : il attribue sa formation à une fermentation qui se produirait au sein des pétales pendant leur transport au lieu de distillation [*D. chem. G.*, **26**, 38].

Les falsifications de l'essence de roses consistent, comme on l'a déjà vu, dans l'addition d'essences de géranium, d'andropogon, de bois de rose, de santal, et, pour masquer la fraude, on relève le point de solidification par addition de paraffine, de blanc de baleine, ou de corps gras.

Aux moyens déjà préconisés pour la recherche de l'essence de géranium, ajoutons ceux qui ont été indiqués par M. Panajatoff [*Bull. Soc. Chim.*, (3), 8, 528].

1° A 2 ou 3 gouttes de l'essence on ajoute 2 centimètres cubes d'une solution de fuchsine décolorée par l'acide sulfureux. Si l'essence est pure, elle se colore lentement (24 heures) en *rouge*; si elle contient de l'essence de géranium, elle se colore en moins de 2 heures en *bleu*.

2° L'acide sulfurique donne avec l'essence de géranium une masse brune, qui ne se dissout pas entièrement dans l'alcool à 95°; la solution alcoolique est rouge et passe au jaune après quelques heures; la partie insoluble est jaune.

L'essence de roses, dans ces conditions donne un produit entièrement soluble dans l'alcool, et la solution est incolore.

La présence constante de géraniol dans l'essence de roses rend le procédé de M. Panajatoff illusoire [Jedermann, *Zeit. anal. Chem.*, 1895, 51].

D'après M. A. Kremel, l'essence de roses doit être sans action sur une solution alcoolique de phtaléine du phénol légèrement colorée en rouge.

Enfin l'examen du stéaroptène donnera d'utiles indications sur la qualité de l'essence. On isole ce stéaroptène avec de l'alcool à 75°, comme il a été dit plus haut, et on détermine son point de fusion, qui est toujours supérieur à 33° dans le cas de la paraffine ou du blanc de baleine. S'il est mélangé à un corps gras, on pourra le saponifier par la potasse et extraire les acides gras, dont on prendra le point de fusion.

La présence dans le stéaroptène de produits solides étrangers indiquera toujours l'addition à l'essence d'une certaine quantité d'huiles essentielles ou autres qui auraient abaissé le point de solidification.

Essence de rue. — L'essence de rue (*Ruta graveolens* L., de la famille des Rutacées) est un liquide quelque peu visqueux, verdâtre ou jaunâtre, selon qu'elle a été préparée avec la plante fraîche ou sèche.

Son odeur forte, désagréable, rappelle celle de la plante.

Sa densité varie de 0,837 à 18° (Will.) à 0,860-0,871 à 15° (Williams).

Elle bout habituellement vers 218-230°; à 170-195° (Williams).

Elle est complètement soluble dans son volume d'alcool à 85°.

Elle dévie faiblement à droite de 1 à 2° et se solidifie à une basse température (Schimmel).

La composition de cette essence a été indiquée dans la première partie de cet ouvrage (voyez Dict., 2, 1376).

L'essence de rue dissout de 121 à 192 0/0 d'iode et de 0,29 à 0,56 de potasse caustique. L'acide sulfurique la dissout en se colorant en brun-rouge, mais l'addition d'eau en sépare l'essence inaltérée.

L'acide nitrique l'oxyde énergiquement à chaud.

Le chlore est absorbé par elle en grande quantité, avec dégagement d'acide chlorhydrique.

L'acide chlorhydrique aqueux la colore en brun.

Les applications de l'essence de rue sont peu nombreuses en dehors de l'extraction de l'acide caprique destiné à la fabrication du caprate d'éthyle (éther œnanthique) qui entre dans la composition des eaux-de-vie de cognac artificielles.

Essence de sabine. — L'essence de sabine se retire par les procédés habituels des tiges, feuilles et bourgeons du *Juniperus sabina* L. (Conifères); les feuilles sèches donnent le rendement le plus élevé (de 2 à 4,5 0/0).

L'essence récemment préparée est incolore, mobile, mais se colore et s'épaissit assez rapidement au contact de l'air.

Elle a une odeur pénétrante et peu agréable, une saveur aromatique brûlante, d'une amertume désagréable.

Sa densité varie de 0,91 à 0,94; récemment rectifiée, sa densité n'est plus que de 0,89 à 0,91. Elle bout vers 155-161°.

L'alcool à 90° en dissout son volume. Elle dévie de + 40° à + 50° pour une longueur de 100 millimètres.

Sa composition répond à celle d'un terpène $C^{10}H^{16}$, isomère de l'essence de térébenthine (voyez Dict., 1, 1282). M. O. Wallach y a trouvé, en plus un terpène qu'il considère comme du pinène, de petites quantités de sesquiterpène $C^{15}H^{24}$ (cadinène), caractérisé par ses réactions colorées et la formation du dichlorhydrate $C^{15}H^{24}.2HCl$.

Appliquée sur l'épiderme, l'essence de sabine provoque de l'inflammation; à l'intérieur, elle jouit de propriétés emménagogues et abortives; à haute dose elle est toxique.

Essence de safran. — Les stigmates de safran (*Crocus sativus* L.) fournissent, soit à la distillation à la vapeur, soit à l'épuisement à l'éther, environ 9 0/0 d'huile essentielle, liquide jaune à odeur spéciale, plus dense que l'eau. Au contact de l'air, elle s'épaissit assez rapidement et finit par prendre une consistance cireuse.

L'essence de safran bout à 208-210°; elle est très soluble dans l'alcool et dans l'éther et paraît beaucoup plus soluble dans l'eau que les autres essences.

La potasse la décompose; l'iode s'y dissout en assez grande quantité. Après rectification, elle possède la composition $C^{20}H^{14}O^2$ (Mierzinski).

Son étude complète n'est pas faite encore.

Essence de santal. — Un grand nombre de représentants de la famille des Santalacées fournissent par distillation à la vapeur d'eau l'essence de santal.

C'est le bois même qu'on emploie à cet usage, de préférence à l'aubier. Le rendement varie, suivant l'espèce et suivant la provenance, de 1,25 à 6,25 0/0.

L'essence la plus renommée est fournie par le *Santalum album* L., originaire de l'Inde et des îles de la Malaisie, où l'on n'opère que sur des arbres de dix-huit à vingt ans.

Puis vient l'essence fournie par le *Santalum myrtifolium* DC., du district de Madras; le *Santalum insulare* des îles Marquises et de la Société; le *Santalum Freycinetianum, ellipticum, paniculatum*, etc., des îles Sandwich; le *Santalum Homei*, des Nouvelles-Hébrides; le *Santalum Yasi*, des îles Fidji; le *Santalum austro-caledonicum*, de la Nouvelle-Calédonie; enfin les variétés *cygnorum, persicarium, lanceolatum*, d'Australie.

Les marchés les plus importants du bois de santal sont d'une part Tellicherry et Calcutta, Macassar d'autre part dans les Indes Néerlandaises.

L'essence de santal des Indes Orientales est un liquide presque sirupeux, jaune plus ou moins foncé, d'une odeur agréable rappelant celle de l'essence de roses.

Ses propriétés physiques sont assez variables avec son origine : l'essence du commerce a en général une densité de 0,945 à 0,983 et bout entre 210 et 340°.

D'après M. Chapoteau, sa densité à 15° est 0,945 et son point d'ébullition 300-340°; d'après MM. Schimmel, d = 0,97-0,975 à 15°; d'après M. Evan, d = 0,9826 pour l'essence de *Santalum Yasi* préparée à Madras, et le point d'ébullition = 289°; celle distillée en Europe bout à 277° et a une densité de 0,976.

L'essence de santal est lévogyre; celle de Madras dévie de — 9°3′, celle des îles Fidji de — 25°5′.

Les seules données qu'on ait sur la composition de l'essence de santal sont dues à M. P. Chapoteau [*Bull. Soc. Chim.*, (2), 37, 303], qui y a trouvé deux composés oxygénés : l'un, qui en constitue la majeure partie, possède la composition $C^{15}H^{24}O$ et bout à 300°; ce corps, appelé *santalal*, a les allures d'une aldéhyde : distillé sur l'anhydride phosphorique, il fournit un hydrocarbure $C^{15}H^{22}$ qui paraît identique avec le cédrène. L'autre composé répond à la formule $C^{15}H^{26}O$, bout à 310°, paraît être un alcool; traité par l'anhydride phosphorique, il fournit le *santalène* $C^{15}H^{24}$ bouillant à 260°.

L'essence de santal chauffée en tubes scellés à 310° perd de l'eau et de l'hydrogène, en donnant naissance à trois nouveaux corps : $C^{20}H^{30}O$ bouillant à 240°, $C^{40}H^{62}O^3$ bouillant à 340° et $C^{40}H^{60}O^2$

bouillant au-dessus de 350°; ils n'ont pas été étudiés plus complètement.

MM. Schimmel ont étudié une essence provenant du bois du *Santalum Præsii*, qui en fournit par la distillation jusqu'à 5 0/0 de son poids. Cette essence est solide à la température ordinaire et a pour densité 1,022 à 15° [*Bericht*, avril et octobre 1891].

Elle contient une substance cristallisée, que M. Berkenheim a étudiée. Ce corps $C^{15}H^{24}O^{2}$ fond à 101-103°. Traité par de l'acide acétique, il fournit un éther acétique cristallisant en tables hexagonales et fondant à 68-69°,5.

Le pentachlorure de phosphore est sans action sur l'acétate $C^{15}H^{23}O^{2}.COCH^{3}$; mais le trichlorure de phosphore fournit avec l'alcool $C^{15}H^{24}O^{2}$ un composé $C^{15}H^{23}OCl$, qui fond à 119-120°,5.

Traité par le sodium, le composé $C^{15}H^{24}O^{2}$ donne une combinaison qui a permis de préparer un dérivé méthylé liquide.

Oxydé avec le permanganate, l'alcool donne naissance à un acide $C^{7}H^{14}O^{2}$ [*Journ. Soc. chim. russe*, **24**, 688; *Chem. Soc.*, **64**, 666].

Sous le nom d'essence des Indes Occidentales on connaît dans le commerce une huile venant de Porto Cabello (Vénézuela) et qui paraît être fournie par le bois d'une Rutacée : elle est moins fine et moins estimée que celle des Indes Orientales. Sa densité est égale à 0,963-0,967 et son pouvoir rotatoire est de + 26°.

L'essence de santal pure donne avec l'acide sulfurique une masse visqueuse, puis pâteuse et enfin solide, adhérant au verre, de couleur grise ou gris-bleu clair.

Si elle est falsifiée avec les essences de cèdre, de copahu, de cubèbe ou de térébenthine, elle ne se solidifie pas complètement, et la masse conserve une teinte foncée avec reflets brillants [Mesnard, *C. R.*, **114**, 1546].

Selon M. Cripps [*Pharm. Journ. and Trans.*, 1891, 1862], la densité de l'essence de santal des Indes Orientales ne doit pas descendre au-dessous de 0,970; elle doit en outre se dissoudre à 15°,5 dans 5 fois son volume d'alcool à 75°. L'addition d'essence de cèdre augmente son pouvoir rotatoire à gauche, diminue sa densité, ainsi que sa solubilité dans l'alcool.

Selon MM. Schimmel [*Bericht*, avril 1893, 55], la même essence doit à 20° se dissoudre complètement dans 10 ou 12 parties d'alcool à 70°; l'essence des Indes Occidentales donnerait au contraire dans les mêmes conditions une solution opaline avec 50 ou 70 parties d'alcool, tandis que l'essence de cèdre ne se dissout même pas dans 100 parties d'alcool à 70°.

Essence de santal rouge. — Cette essence, fournie par le bois du *Pterocarpus santalinus* L., de la famille des Légumineuses, ne ressemble en rien à l'essence de santal vraie.

Elle sert comme succédané du baume de copahu, possède une couleur jaune foncé, une densité de 0,975 et bout à 293° (Bornemann, 427).

Essence de sarriette. — Deux variétés de *Satureia* fournissent l'essence de sarriette : l'une, la plus répandue, est la *Satureia hortensis* L, l'autre la *Satureia montana* L.

La première est un liquide jaune, mobile, possédant une odeur de thym, dont la densité = 0,898 à 15°. Son pouvoir rotatoire $[\alpha]_D = -0°62'$. Sa solution alcoolique est colorée en vert par le perchlorure de fer.

Traitée par la soude caustique, elle lui cède du carvacrol (environ 30 0/0), de densité = 0,981 à 15° et bouillant à 236-237°, identique avec celui qu'on extrait de l'essence d'origan de Crète, plus une petite quantité d'un autre phénol paraissant isomérique avec le carvacrol, mais colorant le perchlorure de fer en violet.

Les portions insolubles dans la soude sont constituées par du cymène (20 0/0) et environ 50 0/0 d'un terpène bouillant à 178-180°, dont la densité = 0,855 à 15° et pour lequel $[\alpha]_D = -0°2'$ [E. Jahns, *D. chem. G.*, **15**, 816].

L'essence de *Satureia montana* est un liquide jaune-orange d'une odeur aromatique, de densité = 0,7394 à 17°, $[\alpha]_D = -6°5'$ (l = 200 millimètres). Elle renferme comme la précédente du carvacrol, mais en plus grande quantité (35-40 0/0), un second phénol bouillant à 255°, puis deux terpènes, l'un bouillant à 172-175°, l'autre à 180-185° [A. Haller, *C. R.*, **94**, 132].

Sous le nom d'essence de *Satureia Thymbia* (Labiée), MM. Schimmel décrivent un produit de densité = 0,906 à 15° et qui renfermerait du pinène, du cymène, du dipentène, de l'acétate de bornéol et du thymol [*Bericht*, octobre 1893].

Essence de sassafras. — Cette essence est extraite des racines et des écorces des racines du *Laurus sassafras* L., de la famille des Laurinées. La racine en fournit 0,9 0/0 et l'écorce de racine 7,5 0/0.

C'est un liquide incolore, devenant jaune ou jaune-rougeâtre à l'air, doué d'une odeur agréable rappelant le fenouil. Récemment rectifiée, l'essence est très mobile, mais elle s'épaissit peu à peu. Sa densité varie de 1,056 à 1,090 à 15°; elle est très soluble dans l'alcool absolu, et se dissout dans 4 ou 5 parties d'alcool à 85 0/0. Elle bout à 221-231° (Williams), à 215° d'après M. Stohmann, et dévie à droite la lumière polarisée de + 3°16' (l = 100 millimètres).

Cette essence renferme une petite quantité de *safrène* $C^{10}H^{16}$ et du *safrol* $C^{10}H^{10}O^{2}$ (voyez Dict., **1**, 1282)

M. E. Pomeranz y a trouvé environ 0,23 0/0 d'eugénol [*Chem. Zeit.*, **14**, 232].

Par distillation avec la vapeur d'eau des feuilles du *Sassafras variifolium* ou *S. officinale* Nees, on obtient, selon MM. Schimmel [*Bericht*, octobre 1894, 73], 0,028 0/0 d'une essence différant de celle qui précède et qui possède une odeur très agréable rappelant celle du citron, et en aucune façon celle du safrol.

Cette essence est de couleur jaune clair, sa densité = 0,872 à 15° et son pouvoir rotatoire + 6°25' (l = 100 millimètres).

Essence de sauge. — Cette essence, fournie par la *Salvia officinalis* L., de la famille des Labiées, provient principalement de la Dalmatie.

C'est un liquide jaunâtre, souvent brunâtre, d'une odeur agréable; sa densité moyenne est 0,92 à 15°. Elle bout à 135° (Muir), à 182-184° (Williams). Elle est dextrogyre et soluble en toutes proportions dans l'alcool : récemment distillée, elle est neutre, mais devient acide avec le temps; par exposition prolongée au froid elle laisse déposer un stéaroptène.

Les données que nous possédons sur la composition de l'essence de sauge sont nombreuses, mais souvent contradictoires.

M. F. Rochleder [*Ann. Chem.*, **44**, 1,4] a trouvé dans cette essence deux corps répondant à la formule $C^{9}H^{15}O$ ou $C^{18}H^{30}O^{2}$ et $C^{12}H^{12}O$; il a constaté que, sans changer les proportions relatives du carbone et de l'hydrogène, l'âge influait sur la teneur en oxygène; les composés oxygénés qui se forment ainsi possèdent la formule

$$[(C^{6}H^{10})^{n} + xO],$$

et se font remarquer par la propriété qu'ils ont de fournir du camphre des Laurinées sous l'influence de l'acide azotique :

$$(C^{6}H^{10})^{2}O + 6O = C^{10}H^{16}O + 2CO^{2} + 2H^{2}O.$$

MM. P. Muir et S. Suguira [*Philosoph. Magaz.*, (5), 4, 336] ont retiré de l'essence de sauge par des rectifications successives : 1° un terpène $C^{10}H^{16}$ bouillant à 157-157°,5, de densité = 0,863, n'ayant que très peu l'odeur de la sauge, et dont toutes les propriétés concordent avec celles du *pinène gauche* ou térébenthène de l'essence de térébenthine française;

2° Un mélange probable de terpène avec un sesquiterpène; ce mélange bout à 166-168°;

3° Un liquide épais, incolore, d'une forte odeur de sauge, bouillant à 198-203°, répondant à la formule $C^{10}H^{16}O$, et que les auteurs ont appelé *salviol*. Ce salviol est dextrogyre,

$$[\alpha]_D = +16°19';$$

4° Enfin du camphre de sauge $C^{10}H^{16}O$, fondant à 184-186° et distillant à 210°.

Ce camphre est inactif, a une odeur de sauge, et n'est que difficilement attaqué par l'acide nitrique.

Un autre échantillon d'essence de sauge a donné aux mêmes chimistes des résultats bien différents : ils y ont trouvé deux terpènes *dextrogyres*, l'un bouillant à 152-156°, pour lequel

$$[\alpha]_D = +12°,4, \quad d = 0,843,$$

l'autre bouillant à 162-167°, pour lequel

$$[\alpha]_D = +13°4, \quad d = 0,865,$$

du cymène en petite quantité, du salviol et enfin un sesquiterpène $C^{15}H^{24}$ bouillant vers 270° et de densité = 0,913 à 12° [*Jahresb. Chem.*, 1878, 980].

M. P. Muir a d'ailleurs constaté que la composition de l'essence de sauge varie avec le temps, en raison même de la facilité avec laquelle elle s'oxyde à l'air.

M. O. Wallach a trouvé dans l'essence de sauge du pinène, de petites quantités de cinéol, et affirme que le salviol constitue la majeure partie de l'essence [*Ann. Chem.*, 227, 289], tandis que pour M. Muir c'est le cédrène (sesquiterpène) qui y domine.

D'après M. Williams, ces contradictions apparentes s'expliqueraient par ce fait que l'essence de sauge récente renfermerait peu de salviol et de camphre, et serait riche en cédrène, tandis que dans l'essence vieille les proportions de ces divers composants seraient renversées [*Chem. News*, 60, 175].

L'essence de sauge est violemment attaquée par l'acide nitrique, qui la résinifie. L'acide sulfurique la colore en brun rouge, en s'échauffant et en dégageant de l'acide sulfureux.

L'acide chlorhydrique n'a pas d'action bien nette sur elle; il semble polymériser les éléments qui la composent.

L'iode s'y dissout sans élévation de température, mais en proportion très variable suivant la nature et l'âge de l'essence (de 50 à 117 0/0).

Sous le nom d'essence de *sauge muscat*? (*Salvia sclarea* L.), MM. Schimmel [*Bericht*, octobre 1894, 38] décrivent une essence extraite de l'herbe en fleurs, qui possède une odeur de lavande, et exhale par évaporation un parfum d'ambre. Sa densité = 0,928 et elle dévie à gauche de — 24°1' pour une longueur de 100 millimètres. Son indice de saponification est 144. Les auteurs en concluent que ce produit renferme environ 50,4 0/0 d'acétate de linalol.

Essence de semen-contra. — Les semences de diverses plantes du genre *Artemisia*, notamment l'*A. maritima* L. ou *A. Cina*, de la famille des Composées, renferment, outre une huile essentielle, un principe actif, vermifuge très apprécié, la santonine. L'essence de semen-contra qu'on trouve dans le commerce est généralement un produit accessoire de l'extraction de la santonine : on l'obtient en condensant les vapeurs qui se dégagent des semences de semen-contra pendant le traitement à l'eau bouillante avec de la chaux. Aussi l'essence ainsi obtenue n'a-t-elle pas les mêmes caractères que celle qu'on prépare par l'action directe de la vapeur d'eau sur le semen-contra.

La première est assez épaisse, jaune foncé, a une densité de 0,945 à 8° (Hirzel), 0,927 à 16° (Wallach); soumise à la distillation, une moitié environ passe entre 175 et 180°, un tiers entre 180 et 185° et 1/10 entre 185 et 205° (Vœlkel).

La seconde est jaune clair, a une densité de 0,936 (Vœlkel), 0,946 à 11° (Hirzel), et distille presque en totalité entre 175 et 180°.

Les premières recherches sur l'essence de semen-contra ont été faites par M. E. Vœlkel (voyez Dict., 1, 1283), qui y avait trouvé deux composés oxygénés dont la formule n'a pas été établie d'une manière bien précise.

Plus tard, M. Hirzel [*Jahresb. Chem.*, 1854, 591; 1855, 655] en a isolé un hydrocarbure $C^{10}H^{16}$ qu'il appela *cinébène*, et un camphre $C^{10}H^{18}O$, avec de petites quantités d'acide propionique et d'acide angélique.

MM. Kraut et Wahlforst (voyez Dict., 1, 1283) ont démontré que ce camphre se décompose par distillation avec l'eau en donnant naissance à un terpène : $C^{10}H^{18}O = C^{10}H^{16} + H^2O$.

Ce fait a été confirmé par les travaux récents de MM. Wallach et W. Brass [*Ann. Chem.*, 225, 291], qui ont nettement établi que l'essence de semen-contra se compose presque exclusivement d'un corps oxygéné, le cinéol $C^{10}H^{18}O$, qui, sous l'influence de divers agents chimiques, et en particulier de l'anhydride phosphorique, donne du cinène $C^{10}H^{16}$, que l'acide sulfurique transforme facilement en cymène $C^{10}H^{14}$.

En plus du cinéol, l'essence de semen-contra renferme de petites quantités d'un terpène, de cymène, d'un composé plus oxygéné que le cinéol, des traces d'acide propionique et d'acétone.

Essence de Sequoia gigantea. — En épuisant à l'éther le liquide provenant de la distillation à la vapeur d'eau des aiguilles du *Sequoia gigantea* Torr. (Conifères), on obtient d'une part un hydrocarbure solide, le *séquoiène*, fondant à 105°, bouillant vers 290-300°, possédant la composition $C^{13}H^{10}$, ce qui en fait un isomère du fluorène; d'autre part, un terpène liquide $C^{10}H^{16}$, bouillant à 155°, d'une odeur agréable, rappelant celle de l'essence de térébenthine.

Sa densité = 0,852 à 15°, son pouvoir rotatoire $[\alpha]_D = +23°8'$.

Il donne avec l'acide chlorhydrique un chlorhydrate cristallisé.

Les portions de cette essence bouillant à 227-230° renferment un corps oxygéné $C^{18}H^{20}O^3$, non étudié, possédant une odeur aromatique très pénétrante, rappelant celle de l'essence de menthe [G. Lunge et Th. Steinkauler, *D. chem. G.*, 13, 1656; 14, 2202].

Essence de serpolet. — Les sommités fleuries du serpolet (*Thymus serpyllum* L.) donnent à la distillation à la vapeur de 0,2 à 0,4 0/0 d'essence; celle-ci est liquide, jaune ou jaune-brunâtre, et s'épaissit en devenant rouge foncé avec le temps. Son odeur agréable, qui est celle de la plante, rappelle l'essence de citron. Sa densité = 0,893 à 0,916; elle est très soluble dans l'alcool.

Les recherches de M. J.-H. Gladstone [*Jahresb. Chem.*, 1863, 545], de M. E. Buri [*Chem. industr.*, 1, 270] avaient démontré la présence dans cette essence d'un hydrocarbure non identifié et de deux phénols. M. P. Febve [*C. R.*, 92, 1290] en a retiré du cymène, $C^{10}H^{14}$ bouillant à 175-177°, mélangé de traces d'un terpène $C^{10}H^{16}$; les portions de l'essence bouillant au-dessus de 200° sont surtout constituées par des phénols qui, après rectification, distillent à 233-235° et possèdent la composition $C^{10}H^{14}O$. C'est un mélange de thymol avec des quantités assez faibles de carvacrol, mais suffisantes cependant pour empêcher le thymol de cristalliser [E. Jahns, *D. chem. G.*, **15**, 819].

L'essence de serpolet absorbe assez vivement l'iode, avec une élévation de température qui va jusqu'à l'inflammation.

L'acide nitrique la résinifie; l'acide sulfurique la colore en brun rouge ou rouge vif.

Essence de sikimi ou shikimi. — Cette essence est fournie par les fruits de l'*Ilicium religiosum*, plante originaire du Japon et qui ressemble beaucoup à celle qui fournit l'anis étoilé. Ce dernier est souvent mélangé de fruits de sikimi : ce qui n'est pas sans inconvénient, ceux-ci renfermant un principe toxique, la *sikimine*.

L'essence de sikimi a une densité de 1,006 et dévie faiblement à gauche. Elle renferme un terpène bouillant à 175°, densité = 0,885, fortement lévogyre, et qui est probablement identique avec le safrène; on y trouve de plus environ 25 0/0 d'anéthol, et enfin du *sikimol* $C^{10}H^{12}O^2$ qui, d'après M. Husemann, est identique avec le safrol [*Bull. Soc. Chim.*, (2), **44**, 459].

Cette essence peut se distinguer de l'essence d'anis étoilé vraie par les réactions suivantes : une solution alcoolique d'acide chlorhydrique la colore au bout de peu de temps en bleu clair; elle réduit au bout de quelques heures le nitrate d'argent ammoniacal.

10 gouttes d'essence dissoutes dans 70 gouttes d'éther et traitées par 0gr,15 de sodium donnent rapidement une coloration bleue.

L'hydrate de chloral la colore en jaune brun sale, tandis que l'essence d'anis vrai se colore en rouge après quelques minutes.

Essence de silaus (*Silaus pratensis* Bess. Ombell.). — Obtenue par distillation des fruits, cette essence possède une odeur rappelant celle de l'estragon. Elle a pour densité 0,982, dévie à droite de + 0° 7′ à 20° (l = 100) et possède l'indice de saponification 20,8. A froid, elle laisse déposer un stéaroptène qui cristallise en fines aiguilles [Schimmel, *Bericht*, octobre 1895, 59].

Essences de solidago. — Sous le nom de *Golden rod*, il n'existe pas moins de 42 espèces de solidagos dans le nord des États-Unis et à l'est des Montagnes Rocheuses. Beaucoup d'entre ces espèces possèdent, plus ou moins, des propriétés aromatiques.

L'essence de *Solidago odora* Aiton (Composées) a une couleur d'un jaune verdâtre et une odeur faiblement aromatique. Sa densité = 0,963 à 15°.

L'essence de *Solidago Canadensis* L. est également jaunâtre et possède une odeur aromatique très agréable. Sa densité = 0,859 à 15° et sa déviation — 11° 10′ (l = 100 millimètres). Un examen superficiel de cette essence a montré qu'elle renferme principalement des terpènes, parmi lesquels M. F.-B. Power a caractérisé le pinène et le phellandrène [*Descript. Catalogue Ess. Oil*, 57].

Enfin, M. Oberhauser a retiré des feuilles et des fleurs du *Solidago rugosa* une essence qui, par son odeur, rappelle celle d'origan, et qui a probablement une autre constitution que les essences qui précèdent [*Pharm. J. and. Trans.*, janvier 1894].

Essence de sorbes (*Sorbus aucuparia*). — Dans le suc des sorbes se développe, indépendamment de l'acide malique, une huile essentielle qu'on peut retirer en distillant le fruit avec de la vapeur d'eau. M. Münzel a observé que l'essence n'existe dans le fruit qu'à partir du moment où il commence à jaunir, et continue à exister jusqu'à ce que les sorbes passent au jaune rougeâtre. Il n'en serait pas de même de l'acide malique, qui disparaîtrait à mesure que le fruit mûrit, pour faire place à la sorbinose et à la sorbite.

L'essence de sorbes a été étudiée par A.-W. Hofmann [*Ann. Chem.*, **110**, 129], qui y a reconnu la présence d'un acide faible $C^6H^8O^2$, huileux, que l'ébullition avec les alcalis transforme en acide sorbique

$$CH^3.CH{=}CH.CH{=}CH.COOH$$

[O. Dœbner, *D. chem. G.*, **23**, 2376].

L'huile préparée par M. O. Dœbner provenait des produits secondaires de la fabrication de l'acide malique et distillait de 215 à 235°. Elle contenait de l'acide sorbique et le produit de Hofmann distillant à 221° à la pression ordinaire et à 136° sous une pression de 30 millimètres. La densité de ce composé est de 1,0628 à 21°, et son pouvoir rotatoire

$$[\alpha]_D = +40°8'.$$

M. O. Dœbner considère ce produit, auquel il conserve le nom d'acide parasorbique, comme une olide 1.4 ou 1.5 ayant l'une des deux formules de constitution suivantes :

```
CH³.CH²-CH-CH=CH.CO
         |        |
         O--------
      1.4 olide.

CH³.CH-CH².CH=CH
    |
    O-----------CO
      1.5 olide.
```

Chauffé avec un alcali, ce produit fournit environ 70 0/0 d'acide sorbique.

L'huile de sorbes chauffée dégage des vapeurs irritantes et stupéfiantes. Ingérée dans l'économie, elle agit à la façon de l'émétique et provoque la salivation, tandis que son isomère l'acide sorbique est sans action.

Essence de styrax. — Cette essence constitue le styrol de M. Bonastre (voyez Dict., **1**, 520), c'est-à-dire l'hydrocarbure qu'on obtient, mélangé à de l'acide cinnamique, quand on distille le baume de styrax avec de l'eau.

M. Simon avait cru reconnaître dans cet hydrocarbure un isomère du benzène, alors qu'en réalité c'est de l'éthényle-benzène ou phényléthylène $C^6H^5.C^2H^4$.

Essence ou huile de succin. — En soumettant le succin à la distillation sèche, en vue de l'extraction de l'acide succinique, on obtient en même temps une huile essentielle épaisse, d'un brun foncé, d'une odeur désagréable et pénétrante. Cette essence brute est un mélange de terpènes et de produits résineux oxygénés : elle renferme de plus des quantités appréciables d'acides acétique, butyrique, succinique et peut-être valérianique et caproïque.

Soumise à la rectification dans un courant de vapeur d'eau, cette essence fournit un liquide jaunâtre, très mobile, sans action sur la lumière polarisée, ou très faiblement dextrogyre, d'une odeur particulière peu agréable. Sa densité varie de 0,86 à 0,89. Cette essence rectifiée se dissout dans 10 ou 12 parties d'alcool à 90°. Elle commence à bouillir à 120° et distille sans interruption jusqu'à 300° sans point fixe. Elle renferme un mélange de terpènes $(C^{10}H^{16})^n$ impossibles à séparer par fractionnements, et probablement des hydrures d'hydrocarbures aromatiques, tels que l'hydroxylène $C^6H^{10}(CH^3)^2$ par exemple.

L'huile de succin ne paraît pas s'unir à l'acide chlorhydrique; l'acide azotique la transforme en une résine odorante, qui a été quelquefois employée comme *musc artificiel*.

Essence de sumbul. — En traitant les racines de Sumbul (*Angelica moschata* Wigg, ou *Ferula sumbul*, Hooker) par l'éther, reprenant l'extrait éthéré par l'alcool et laissant évaporer librement cette solution alcoolique, on obtient un résidu jaunâtre, résineux, d'une odeur aromatique, appelé quelquefois baume de sumbul, très riche en acides angélique et valérianique : par distillation sèche, ce baume fournit une huile bleue, renfermant de l'ombelliférone $C^9H^6O^3$ (Husemann).

MM. Schimmel ont obtenu par distillation à la vapeur d'eau des racines de sumbul environ 4 0/0 d'une huile essentielle (d = 0,954 à 15°) qui n'a pas été étudiée encore [Schimmel, *Bericht*, avril 1890].

Essence de sureau. — Les fleurs du *Sambucus nigra* L., de la famille des Caprifoliacées, fournissent à la distillation une essence composée en majeure partie d'un terpène; en rectifiant cette essence on constate d'abord le dégagement d'une certaine quantité d'hydrogène sulfuré, et, après le départ du terpène, il reste un résidu blanc cristallin, soluble dans l'éther, peu soluble dans l'alcool, insoluble dans les solutions alcalines. L'étude de ce corps n'a pas encore été faite [J.-H. Gladstone, *Jahresb. Chem.*, 1863, 545].

Essence de syringa. — Les fleurs du *Syringa vulgaris* L. (Oléacées), épuisées à l'éther, fournissent après évaporation de ce solvant une petite quantité d'un liquide visqueux, très aromatique, composé en grande partie d'un stéaroptène inodore : la portion liquide constitue le principe odorant; mais on n'a aucune donnée sur ses propriétés physiques et chimiques, en raison des difficultés que présente sa préparation et du faible rendement obtenu (Muir).

En France, on appelle souvent seringa les fleurs de *Philadelphus coronarius* L., ou jasmin sauvage, de la famille des Saxifragées. Ces fleurs, dont l'odeur pénétrante rappelle celle de la fleur d'oranger, n'ont pas encore servi à la préparation d'une huile essentielle; elles n'ont été employées qu'à la préparation de cosmétiques divers par le procédé de l'enfleurage.

Essence de tanaisie. — Cette essence se retire principalement des fleurs fraîches ou sèches du *Tanacetum vulgare* L. (Composées), qui en renferment environ de 0,15 à 0,25 0/0.

C'est un liquide mobile, jaunâtre, devenant brun à l'air et à la lumière, d'une odeur forte rappelant celle du camphre.

La densité de l'essence extraite de l'herbe sèche est 0,954 à 15°; celle obtenue avec l'herbe fraîche a pour densité 0,915-0,930; elle distille presque entièrement entre 192 et 280°.

Agitée avec du bisulfite de sodium, elle donne un composé cristallisé répondant à la formule $C^{10}H^{15}SO^3Na$, qui, chauffé avec du carbonate de sodium, met en liberté un corps $C^{10}H^{16}O$, liquide, incolore, ne se solidifiant pas à —15°, bouillant à 195-196°, et qui ne possède que fort peu l'odeur de l'essence brute.

Ce composé, appelé *hydrure de tanacétyle* (voyez aussi Suppl., **1**, 1508), jouit des propriétés du camphre ordinaire, mais s'unit directement à l'hydrogène pour donner un alcool. Il donne une combinaison avec le bisulfite de sodium, et agit sur le nitrate d'argent comme une aldéhyde [Bruylants, *D. chem. G.*, **11**, 450].

L'essence de tanaisie débarrassée par le bisulfite de sodium de l'hydrure de tanacétyle (70 0/0) donne à la rectification environ 1 0/0 d'un terpène $C^{10}H^{16}$ bouillant à 155-160°, et 25 0/0 d'alcool tanacétylique $C^{10}H^{18}O$ bouillant à 203-205°. Par oxydation ce dernier fournit du camphre des Laurinées, fait déjà observé par Persoz (Dict., **1**, 1283). Traité enfin par de l'anhydride phosphorique, il donne naissance à un terpène bouillant à 160-165°.

Outre ces produits, l'essence contient deux résines : l'une acide, l'autre sans action sur les bases [Bruylants, *loc. cit.*].

Pour M. F.-D. Dodge, l'hydrure de tanacétyle ou *tanacétol*, et l'alcool qui en dérive, appartiendraient au même groupe que le citronellol, le géraniol, etc. [*Chem. Zeit.*, **15**, *Rep.*, 5].

Le principe oxygéné de l'essence de tanaisie a aussi été étudié par M. Semmler [*D. chem. G.*, **25**, 3343, 3513; **27**, 429, 895], qui lui donne le nom de *tanacétone*, et le considère comme une méthylcétone $C^8H^{13}.CO.CH^3$.

Ce corps ne serait pas une aldéhyde, il serait identique à l'absinthone, mais pourrait tout au plus être considéré comme un isomère physique de la thuyone et de la salvione; selon M. Semmler, ces deux derniers corps ne se combineraient pas au bisulfite de sodium. MM. Schimmel [*Bericht*, oct., 1894] maintiennent au contraire que ces quatre cétones sont le même corps, qu'ils nomment *thuyone*.

Selon MM. Husemann et H. Peyraud [*C. R.*, **105**, 525], l'essence de tanaisie serait toxique : elle agirait tantôt à la manière de la strychnine, tantôt comme le camphre de l'essence d'absinthe; elle provoquerait l'épilepsie ou des accidents tétaniformes.

Selon M. Masoin, cité par M. Bruylants [*Bull. de l'Acad. roy. de Belgique*, (3), **11**, n° 4], l'essence paraît, au contraire, agir comme l'éther ou le chloroforme. On l'a préconisée comme antidote de la rage.

Essence de térébenthine. — Voyez aussi Dict., **3**, 308, 318, 319 et 1er Suppl., 1516.

On trouve dans le commerce trois variétés principales d'essence de térébenthine : l'essence française, l'essence anglaise ou américaine, et l'essence russe ou suédoise.

L'essence française provient à peu près exclusivement de la térébenthine fournie par le *Pinus pinaster* ou *Pinus maritima*, originaire de l'ouest de la France.

Sa densité est 0,864, elle bout à 160° et dévie à gauche : $[\alpha]_D = -60°$ à $-61°$ [Armstrong, *Chem. Centralbl.*, (3), **14**, 206].

D'après M. J. Lafont [*Bull. Soc. Chim.*, (2), **49**, 323], l'essence plusieurs fois rectifiée bout à 156-157° et possède un pouvoir rotatoire $[\alpha]_D = -39°50'$; d'après M. Berthelot, l'essence absolument pure bout à 161° et dévie de

$$[\alpha]_D = -42°3'.$$

M. Riban indique pour l'essence des Landes absolument pure d = 0,8685 à 10°; $[\alpha]_D = -40°3'$, point d'ébullition 156° (sous 760 millimètres) [*Ann. Chim. phys.*, (5), **6**, 5]; ses indices de réfraction sont : $n_r = 1,4622$; $n_j = 1,4648$; $n_v = 1,4693$; $n_b = 1,4759$.

MM. L. Pesci et C. Betteli ont trouvé des résultats sensiblement identiques : $[\alpha]_D = -37°92'$, point d'ébullition 156-158° [*Chem. Centralbl.*, (3), **18**, 11].

L'essence de térébenthine française se compose à peu près exclusivement d'un terpène $C^{10}H^{16}$, *lévogyre*, qu'on appelle généralement *térébenthène* ou pinène gauche, pour le distinguer de son isomère le pinène droit ou *australène*.

La plupart des propriétés du térébenthène ont déjà été indiquées (Dict., **3**, 308 et 1er Suppl., 1516); pour les compléter, voir 2e Suppl., Terpènes.

L'essence de térébenthine américaine, encore appelée essence anglaise, est fournie par le *Pinus australis* Michx. et le *Pinus tæda* L. Cette essence se compose, comme l'essence française, à peu près uniquement d'un hydrocarbure $C^{10}H^{16}$, l'*australène*, mais qui diffère de son isomère français par le sens de son pouvoir rotatoire : il dévie en effet à droite de $[\alpha]_D = +14°15'$ (Stohmann), $+14°4'$ (Lafont), $+13°94'$ (Pesci). Il bout à 156-157° (Pesci, Lafont), 159-161° pour l'essence commerciale (Wallach). Sa densité moyenne est 0,864. Pour ses propriétés chimiques, voyez 2e Suppl., TERPÈNES.

L'essence de térébenthine russe est extraite du térébenthène du *Pinus silvestris* L. et du *Pinus Ledebourii* Endl.; mais fréquemment aussi on l'obtient par la distillation sèche de copeaux résineux provenant de diverses variétés de Conifères. Dans ce dernier cas, elle renferme des produits goudronneux et possède une odeur empyreumatique très prononcée.

Cette essence renferme un terpène dextrogyre ou pinène droit bouillant à 161°, et du silvestrène bouillant à 170-180°, avec de petites quantités de dipentène bouillant au-dessus de 180° (O. Wallach).

L'essence de térébenthine russe a une densité de 0,8764 à 0°; de 0,86 à 20°; elle dévie à droite de $[\alpha]_D = +32°$.

Les propriétés générales de l'essence de térébenthine ont déjà été signalées (voyez Dict., et Suppl., *loc. cit.*). Mentionnons seulement l'affinité particulière de cette essence pour l'iode, qui s'y dissout dans la proportion de 377 0/0, la plus élevée de toutes les essences; de plus, si la température s'élève, la réaction devient tumultueuse et peut aller jusqu'à l'inflammation.

Parmi les substances qui servent à falsifier l'essence de térébenthine, citons particulièrement l'huile de pétrole ou l'éther de pétrole et l'huile de résine.

L'éther de pétrole peut se séparer par distillation fractionnée : il bout à une température bien inférieure à celle de l'essence de térébenthine; l'huile de pétrole au contraire distillera à une température plus élevée que l'essence et se reconnaîtra facilement à sa fluorescence bleue.

L'addition de ces produits à l'essence a d'ailleurs pour résultat de diminuer considérablement le pouvoir rotatoire de celle-ci.

On peut encore mettre à profit l'action de l'acide nitrique à 51 0/0, qui oxyde complètement l'essence de térébenthine, et qui est sans action sur les pétroles. La réaction terminée, on traite par l'eau chaude, qui sépare tout le pétrole; on n'a plus qu'à le recueillir et à le caractériser [W.-M. Burton, *Chem. Centralbl.*, **61**, 1, 882].

L'addition d'huile de résine ne peut se faire dans de fortes proportions, car l'essence ainsi falsifiée devient visqueuse, poisseuse, dès qu'elle en renferme plus de 5 0/0, et prend une odeur désagréable particulière.

Cette falsification se reconnaîtra par la distillation fractionnée, par l'abaissement du pouvoir rotatoire, et la variation considérable de l'indice de réfraction des diverses portions recueillies à la distillation fractionnée [A. Aignan, *C. R.*, **109**, 944, et M. Zune, *C. R.*, **114**, 490].

Il est bon cependant de faire observer que les falsifications de l'essence de térébenthine sont rares en général, tandis que cette essence, au contraire, sert fréquemment à falsifier les autres huiles essentielles.

ESSENCE DE TÉRÉBENTHINE DE CHIO. — Extraite de la térébenthine de Chio (*Pistacia terebenthus*), cette essence possède une odeur rappelant celle du macis, du camphre et du pinène. Elle a pour densité 0,862 à 0,868 et le pouvoir rotatoire $+11°5'$ (Flückiger, *Pharmacographia*), $+19°45'$ [Schimmel, *Bericht*, 1895, 57].

ESSENCE DE THÉ. — Cette essence se retire tout particulièrement du thé Hyswan, par épuisement à l'éther et distillation dans un courant de vapeur d'eau de l'extrait éthéré.

C'est un liquide jaune-citron, peu stable et se solidifiant par exposition au froid.

Son parfum est congestionnant; administrée à l'intérieur à dose moyenne, elle est toxique.

Associée au tannin, on l'a recommandée comme diurétique et sudorifique (Maier). (Voyez aussi Dict., **1**, 1283.)

ESSENCE DE THLASPI. — Les feuilles ou les semences du *Thlaspi arvense* L. (Crucifères) broyées, puis distillées avec de l'eau, fournissent une huile essentielle incolore, d'une odeur pénétrante particulière, rappelant à la fois l'essence d'ail et l'essence de moutarde. Cette essence est sulfurée, comme beaucoup d'essences de Crucifères; elle semble ne pas préexister dans la plante, mais se former, comme celle de moutarde, par le dédoublement d'un principe extractif sous l'influence de l'eau.

L'extrait alcoolique des semences, traité par la myrosine (le ferment particulier aux semences de moutarde) en présence de l'eau, donne naissance à de l'essence de moutarde [F. Plesz, *Ann. Chem.*, **58**, 36].

ESSENCE DE THUYA. — Les feuilles et jeunes tiges du *Thuya occidentalis* L. (Cupressinées), appelé aussi *Arbor vitæ* ou *cèdre blanc*, fournissent à la distillation à la vapeur d'eau environ 0,46 0/0 d'une huile essentielle plus ou moins colorée en jaune, à odeur agréable et caractéristique. Elle possède une densité de 0,915-0,925 à 15°, et un pouvoir rotatoire lévogyre de $-6°10'$ à $-14°$ ($l = 100$ millimètres).

Cette essence a été l'objet de recherches de M. Schweizer (voir Dict., **1**, 1283), qui n'est pas arrivé à des résultats concluants, à part la petite quantité de carvacrol qu'il y a caractérisée.

M. E. Jahns a repris cette étude et a trouvé dans les premières portions de l'essence de thuya un peu d'acide acétique et d'acide formique, un terpène (environ 10 0/0) de densité 0,852 et de pouvoir rotatoire $[\alpha]_D = +36°7'$, recueilli dans les portions bouillant entre 180 et 190°.

La majeure partie de l'essence (90 0/0) distille entre 190 et 210°, et a fourni à M. Jahns deux isomères $C^{10}H^{16}O$, dont l'un bout à 195-197° et est gauche, et dont l'autre distille entre 197 et 199° et dévie la lumière polarisée à droite.

L'auteur a donné à ces composés le nom de *thuyol* [*Arch. de Pharm.*, **221**, 748].

M. O. Wallach, qui a repris l'étude de cette essence [*Ann. Chem.*, **272**, 99; **275**, 164], y a caractérisé la présence du pinène droit, de la fénolone $C^{10}H^{16}O$ gauche, identique en tous points avec la fénolone droite qui se trouve dans l'essence de fenouil. Ce corps bout à 192-194°, fond à $+5°$, a pour densité 0,948 à 20°, pour indice $n_D = 1{,}46355$ et possède, en solution alcoolique, un pouvoir rotatoire moléculaire $[\alpha]_D = -66°94'$. Comme son isomère physique, il fournit une oxime, une fénolamine, un alcool $C^{10}H^{18}O$, le fénol, etc.

Le second dérivé contenu dans l'essence de thuya est une cétone $C^{10}H^{16}O$, à laquelle M. Wallach a donné le nom de *thuyone*. Elle bout à 195-200°, fournit avec l'hydroxylamine une oxime liquide, avec le sodium en solution alcoolique un alcool $C^{10}H^{18}O$, avec le formiate d'ammonium une thuyonamine $C^{10}H^{17}AzH^2$, par oxydation un acide $C^{10}H^{16}O^4$, isomère de l'acide camphorique, etc.

Indépendamment de ces composés, M. O. Wallach a trouvé dans les parties supérieures de l'essence de thuya une substance qui donne avec l'hydroxylamine une oxime fondant à 93-94°, et avec l'acide sulfhydrique en solution ammoniacale une combinaison cristalline. Ce corps serait probablement du carvol inactif (?)

ESSENCE DE RACINES DE THUYA. — Sous ce nom la maison Schimmel [*Bericht*, octobre 1893] décrit une essence obtenue par distillation, avec l'eau, des racines de *Thuya orientalis* L., qui en fournissent environ 2,75 0/0. Cette essence est plus dense que celle qui précède. Son poids spécifique est en effet de 0,979 à 15°.

ESSENCE DE THYM (*Thymus vulgaris*). — Cette essence, obtenue par distillation à la vapeur d'eau des sommités fleuries, est surtout préparée dans le midi de la France, en Espagne, en Saxe, à Mitcham en Angleterre, etc. Les rendements et la densité varient avec l'origine, comme le démontre le tableau suivant, emprunté au *Bericht* de la maison Schimmel (octobre 1893) :

	Rendement 0/0.	Densité à 15°.
	—	—
Herbe française sèche...	2,5 à 2,6	0,909 à 0,918
— espagnole........	»	0,925 à 0,950
— française fraîche (cultivée en Saxe).	0,9	0,934
Herbe allemande fraîche.	0,3 à 0,4	0,925 à 0,935
— — sèche..	1,7	0,909

M. Williams a trouvé pour l'essence de Mitcham de 0,892 à 0,893 à 15°. L'essence obtenue avec l'herbe fraîche a toujours une densité supérieure à celle préparée avec l'herbe sèche.

L'essence de thym renferme un certain nombre de produits déjà signalés (Dict., 3, 409).

Elle commence à distiller à 155-165° et fournit du *pinène*. De 195 à 230° passe un liquide qui, soumis à l'oxydation au moyen de l'acide chromique, a donné naissance à du *camphre* et à du *citral*, qui ont été caractérisés tous deux. MM. Schimmel [*Bericht*, octobre 1894) en concluent qu'indépendamment du *pinène*, du *cymène*, du *thymol* et du *carvacrol*, l'essence de *Thymus vulgaris* renferme encore du *bornéol* et probablement du *linalol*.

Sous le nom d'essence de *Thymus camphoratus*, MM. Schimmel signalent une essence qui a pour densité 0,904 et qui contiendrait du carvacrol.

Enfin l'herbe du *Thymus capitatus* fournit une essence de densité = 0,911 à 15° et qui contiendrait du pinène, du cymène, du dipentène, de l'acétate de bornéol, du thymol et du carvacrol [*Bericht*, octobre 1893, Suppl., 41].

ESSENCE DE TILLEUL. — Les fleurs de tilleul (*Tilia grandifolia* Ehrh.) donnent à la distillation, dans un courant de vapeur d'eau surchauffée, environ 0,05 0/0 d'une essence qu'on extrait par l'éther.

Cette essence est incolore, assez volatile, soluble dans l'alcool, peu oxydable et possède une odeur pénétrante de fleurs de tilleul [F.-L. Winkler, *Pharm. Centralbl.*, 8, 1837, 781]. Son étude n'a pas été faite.

ESSENCE DE TODDALIA ACULEATA Pers. (Rutacées). — L'herbe croissant sur les collines de Nilgheris, gouvernement de Madras, fournit une essence à odeur de verveine et de basilic. Selon MM. Schimmel [*Bericht*, avril 1893, 65], elle renferme de l'aldéhyde citronnellique, ainsi qu'un produit bouillant au-dessus de 200°.

Toutes les parties de cette plante sont employées : les feuilles et les écorces comme médicaments, la racine comme stomachique, et les baies comme succédané du poivre.

ESSENCE DE VALÉRIANE. — Cette essence se retire par la distillation dans un courant de vapeur d'eau des racines, pas trop âgées, de la valériane (*Valeriana officinalis* L.). Le rendement est en moyenne de 1 0/0.

Préparée avec des racines fraîches, elle est d'un beau vert-pré; les racines sèches fournissent une essence jaune-brunâtre. Elle s'épaissit au contact prolongé de l'air. Son odeur est celle de la valériane, mais plus pénétrante, plus désagréable.

Sa densité est de 0,936 à 10° (Pierlot), 0,969 (Zeller), 0,909-0,912 à 0° (Oliviero). Cette densité varie d'ailleurs avec l'âge de l'essence. Elle commence à bouillir vers 120-160° et distille jusqu'à 400°.

Soumise à un froid de — 15°, elle laisse déposer des flocons blancs d'acide valérianique, mais elle ne se solidifie pas, même à — 40°. Elle est très soluble dans l'alcool et dévie à gauche la lumière polarisée (— 15°5′), $[\alpha]_D$ — 13°4′ pour l'essence de racines sèches et — 8°48′ pour l'essence de racines fraîches [Oliviero, *Bull. Soc. Chim.*, (3), 13, 919].

Les premières recherches précises sur l'essence de valériane ont été faites par C. Gerhardt [*Ann. Chim. Phys.*, (3), 7, 275], qui y a trouvé un terpène $C^{10}H^{16}$ qu'il a appelé *bornéène* (valérène de Pierlot) et qui par fixation des éléments de l'eau se transformerait, d'après lui, en bornéol,

$$C^{10}H^{16} + H^2O = C^{10}H^{18}O.$$

Cet hydrocarbure bout à 160°.

En outre, l'essence de valériane renferme un composé oxygéné, $C^6H^{10}O$, donnant de l'acide valérianique par oxydation et que Gerhardt appela *valérol* (voyez Dict., 3, 618, 625).

M. Pierlot indique de plus comme partie constitutive de l'essence de valériane un stéaroptène $C^{12}H^{20}O$ [*Ann. Chim. Phys.*, (3), 56, 291].

D'après les recherches récentes de M. E. Bruylants [*D. chem. G.*, 11, 452], l'essence de valériane commence à distiller vers 155-160°. A cette température, il passe d'abord un peu d'acide acétique et d'acide valérianique, puis environ 25 0/0 d'un hydrocarbure (bornéène ou valérène) qui n'est autre que du pinène, ainsi que le démontre l'action de l'acide chlorhydrique. Puis à 205-215° passe un isomère du bornéol $C^{10}H^{18}O$ et qui est un alcool; par oxydation avec l'acide chromique, il donne du camphre ordinaire, les acides formique, acétique et valérique. Enfin à 225-240° distille un liquide qui par saponification a fourni du bornéol et les acides formique, acétique et valérianique C'est donc un mélange d'éthers formique, acétique et isovalérianique du bornéol, répondant aux formules :

$$C^{11}H^{18}O^2 = H-CO.OC^{10}H^{17},$$
$$C^{12}H^{20}O^2 = CH^3-CO.OC^{10}H^{17},$$
$$C^{15}H^{26}O^2 = C^4H^9-CO.OC^{10}H^{17}.$$

Le bornéol, ainsi que l'a montré M. A. Haller [*C. R.*, 103, 151], est un bornéol gauche identique avec celui qui se trouve dans l'alcool de garance.

Les dernières portions passant à 285-290° seraient constituées, suivant M. Bruylants, par de l'éther campholique $(C^{10}H^{17})^2O$?

Selon M. Oliviero [*C. R.*, 117, 1096; *Bull. Soc. Chim.*, (3), 13, 933], l'essence de valériane contient, outre les produits signalés, du butyrate de bornéol, du camphène, un sesquiterpène $C^{15}H^{24}$ droit (— 9°20′) et un alcool $C^{15}H^{26}O$. L'auteur a en outre trouvé, dans les eaux de lavage provenant de la saponification de l'essence, des cristaux fondant à 132°, lévogyres ($[\alpha]_D$ = — 96°) et dont la composition répond à la formule $C^{10}H^{20}O^2$, ce qui en fait un isomère de la terpine anhydre.

Comme réaction caractéristique de l'essence de valériane, citons la suivante : 1 goutte d'essence est additionnée de 15 gouttes de sulfure de carbone et de 1 goutte d'acide sulfurique concentré; on agite vigoureusement, puis on ajoute 1 goutte d'acide nitrique qui donne une coloration bleue très foncée [A. Flückiger, *Chem. Zeit.*, 1871, 66].

ESSENCE DE VALÉRIANE DU JAPON (*essence de kesso*). — Cette essence n'est pas fournie, comme on l'a cru longtemps, par le *Patrinia scabiosæfolia* Link, mais bien par une variété de *Valeriana officinalis* L., *Valeriana angustifolia*, dont les racines en fournissent jusqu'à 8 0/0.

L'essence est liquide, assez épaisse, verte, d'une odeur peu différente de l'essence de valériane ordinaire. Sa densité est 0,996 à 15°. Elle bout entre 150 et 305°. Elle renferme des quantités appréciables d'aldéhydes et d'acides gras, du pinène gauche $C^{10}H^{16}$ (bouillant à 160°), du dipentène bouillant à 170-180° qui se forme peut-être pendant la distillation; du bornéol gauche $C^{10}H^{18}O$ et du terpinéol $C^{10}H^{18}O$ bouillant entre 200 et 220°, puis entre 240 et 260° distillent des éthers acétique et isovalérique du bornéol gauche.

Enfin, vers 300°, on obtient un liquide incolore plus dense que l'eau, possédant la composition $C^{16}H^{26}O^{3}$, et qui est l'éther acétique d'un alcool nouveau, l'*alcool kessylique* $C^{14}H^{24}O^{2}$. Cet alcool, isolé de son éther par saponification, cristallise en volumineux cristaux ayant la forme d'un couvercle de cercueil, fond à 85° et distille à 300-302° sans décomposition. Sa solution alcoolique dévie à gauche : il est monatomique.

Son éther acétique est un liquide huileux, incolore, inodore, fortement lévogyre et qui distille à 178-179° sous une pression de 15 à 16 millimètres.

L'alcool kessylique oxydé par l'acide chromique donne un corps d'allures aldéhydiques $C^{14}H^{22}O^{2}$, cristallisant en aiguilles qui fondent à 104-105° et dont les solutions sont *dextrogyres*.

Enfin l'essence de kesso renferme encore une petite quantité de camphène [*J. prakt. Chem.*, (2), **49**, 18], de sesquiterpène, et dans les portions les moins volatiles de la céruléine [Schimmel, *Chem. Zeit.*, **11**, 449; **12**, 547. — J. Bertram et E. Gildemeister, *Arch. Pharm.*, **228**, 483].

Cette essence ne diffère de celle de valériane vraie que par la présence de l'acétate kessylique; les autres éléments sont les mêmes dans les deux essences.

ESSENCE DE VERVEINE. — Sous ce nom on trouve dans le commerce une essence fournie nominalement par une variété exotique de Verbénacées, la *Verbena triphylla* Herit.; mais la plupart du temps on colporte sous ce nom une essence tirée d'une des variétés d'andropogon et en particulier de l'*Andropogon nardus* (voyez plus haut).

D'après M. J.-H. Gladstone, l'essence de verveine vraie est un liquide coloré en rouge, fournissant à la distillation une huile oxygénée et un résidu qui, sous l'influence de la chaleur, dégage de l'hydrogène sulfuré.

D'après M. Williams, l'essence de verveine a une densité de 0,895-0,896 à 15°,5 et bout à 221°; elle absorbe de 248 à 261 0/0 d'iode et de 1,2 à 13,7 0/0 de potasse caustique.

ESSENCE DE VÉTIVER. — Voyez ESSENCE D'ANDROPOGON MURICATUS.

ESSENCE DE VIOLETTE. — Les fleurs et la racine de violette contiennent de faibles quantités d'un principe odorant identique à celui que renferme la racine d'iris, d'où on l'extrait habituellement.

On retire ce principe odorant par extraction à l'éther et on débarrasse par distillation à la vapeur l'extrait éthéré des acides gras qu'il contient. On obtient ainsi l'essence de violette constituée par de l'*irone* $C^{13}H^{20}O$ (voyez plus haut, ESSENCE D'IRIS).

ESSENCE DE VITEX TRIFOLIA L. — Cette essence, obtenue par distillation des feuilles, possède une odeur aromatique, rappelant le camphre. Elle paraît contenir du cinéol. Selon MM. Schimmel, les feuilles de cette plante, ajoutées à l'eau des bains, serviraient aux Indes contre différentes maladies.

ESSENCE D'YLANG-YLANG (*Anona odoratissima*, Anonacées) (voyez ESSENCE DE CANANGA DE JAVA). — Cette essence, qui nous vient de Manille, s'obtient par distillation des fleurs. Le rendement en qualité surfine n'atteint que 0,6 0/0 du poids des fleurs fraîches, au lieu de 1,2 0/0 qu'il est possible d'obtenir.

Étudiée d'abord par M. Gal [*C. R.*, **76**, 1482], qui constata que, par saponification, elle fournit de l'acide benzoïque et des alcools insolubles bouillant de 170 à 220°, cette essence fut successivement l'objet des recherches de MM. Flückiger et A. Couvert [*Arch. Pharm.*, (3), **18**, 24], puis de M. A. Reychler [*Bull. Soc. Chim.*, (3), **11**, 407, 576, 1045].

MM. Flückiger et A. Couvert ne trouvèrent dans cette essence que des traces d'acide benzoïque, avec un phénol et de petites quantités d'une aldéhyde et d'une cétone.

M. Reychler a soumis cette essence à une étude méthodique et a trouvé qu'elle renfermait sous la forme d'éthers acétique et benzoïque (de 7 à 9 0/0), du *linalol* $C^{10}H^{18}O$, qu'il avait d'abord pris pour un composé nouveau et auquel il avait donné le nom d'*ylangol* (environ 30 ou 32 0/0), du *géraniol*, un sesquiterpène (cadinène) de 30 à 32 0/0 et enfin 20 0/0 de produits non étudiés.

ESSENCE DE WINTER. — Les écorces de winter (*Drimys Winteri*, Magnoliacées) fournissent à la distillation avec la vapeur d'eau environ 0,64 0/0 d'une essence de densité = 0,945.

Selon MM. Avata et Canzoneri, [*Estudio de la Corteza de Winter verdadera*, Buenos-Ayres, 1888], cette essence contient un carbure bouillant entre 260 et 265° et auquel ils attribuent la formule $C^{15}H^{28}$.

ESSENCE DE ZÉDOAIRE (voyez Dict., **1**, 1283). — Cette essence, fournie par la distillation des racines de *Curcuma zedoaria* Roscoe, de la famille des Zingibéracées, a pour densité 0,992 à 15° et renfermerait, selon MM. Schimmel [*Bericht*, octobre 1893; Suppl., 45], du cinéol.

A. Haller et A. Held.

ESSENCES (INDUSTRIE). — Nous donnerons d'abord de brèves indications sur deux procédés d'extraction dont il n'a été fait mention que superficiellement (Dict., **1**, 1273 et Suppl., **1**, 686) : nous voulons parler des procédés d'extraction des essences dits « à l'éponge » et à « l'écuelle à piquer » pratiqués encore aujourd'hui.

Procédé à l'éponge. — Nous prendrons comme exemple l'extraction de l'essence de citron en usage courant à Messine (Sicile).

L'écorçage du fruit se fait à la main. A l'aide d'un couteau d'une forme spéciale, l'ouvrier pèle le fruit en trois coups. L'écorce tombe dans une cuve à moitié pleine d'eau froide, puis le fruit coupé en deux est jeté dans un récipient à part. Un homme peut ainsi peler de 1300 à 1400 citrons par jour. L'écorce fraîche séjourne pendant un quart d'heure dans l'eau froide, puis chaque fragment d'écorce est fortement frotté contre une petite éponge attachée à l'extrémité d'une tige de bois. L'éponge s'imprègne de l'essence contenue dans les cellules oléifères, et, lorsqu'elle est saturée de liquide, on l'exprime dans un vase. Le liquide obtenu laissé au repos forme deux couches, dont la plus légère représente l'essence, que l'on sépare de la plus dense (jus de citron) par simple décantation.

Le mode d'extraction de l'essence de bergamote diffère sensiblement du précédent (c'est à proprement parler le procédé par expression); il est plus industriel : il permet d'agir sur de plus grandes masses à la fois.

La peau du fruit est enlevée à l'aide d'un cylindre armé de lames tranchantes. Cette fine pelure est soumise à la presse dans des sacs placés entre des plaques d'étain.

Procédé à l'écuelle à piquer. — L'instrument dont on se sert à cet effet consiste en un récipient cylindrique de 20 centimètres de diamètre dont le fond porte à son centre un tube de 2 centimètres de diamètre sur 20 ou 25 centimètres de longueur, fermé à son extrémité.

Le fond du récipient est armé de cinq rangs concentriques de pointes de cuivre longues de 1 centimètre. La manipulation est des plus simple. Le fruit, citron, bergamote, est posé sur les pointes et l'appareil est soumis, à l'aide des mains, à un rapide mouvement de rotation. Les pointes déchirent la partie superficielle de l'écorce; l'essence contenue dans les cellules, mise en liberté, s'écoule alors dans le tube-réservoir, d'où on peut l'enlever en renversant l'écuelle.

Les procédés à l'éponge et à l'écuelle sont surtout appliqués à l'obtention des essences d'*Hespéridées*. Elles portent alors le nom d'*essences au zeste*, pour les distinguer des essences obtenues par distillation à la vapeur d'eau. Les essences de la première catégorie sont infiniment plus fines que celles de la seconde.

On a mis également en œuvre des appareils à écuelle pouvant agir sur sept ou huit fruits à la fois. Le dispositif diffère de celui qui vient d'être décrit.

Il consiste en un vase métallique cylindrique dont le fond est terminé par une gorge munie alternativement de trous et de pointes. C'est dans cette gorge que les fruits se trouvent engagés. Ceux-ci sont pressés légèrement sur le fond à l'aide d'un couvercle qui peut être animé d'un mouvement de rotation.

Extracteur thermopneumatique. — M. Domenico Montfalcone a, dans ces dernières années, mis en pratique un nouvel appareil, qui se trouve être une combinaison du procédé à l'écuelle et de celui à la distillation à l'eau. Il consiste (fig. 289) en un récipient cylindrique A en forte

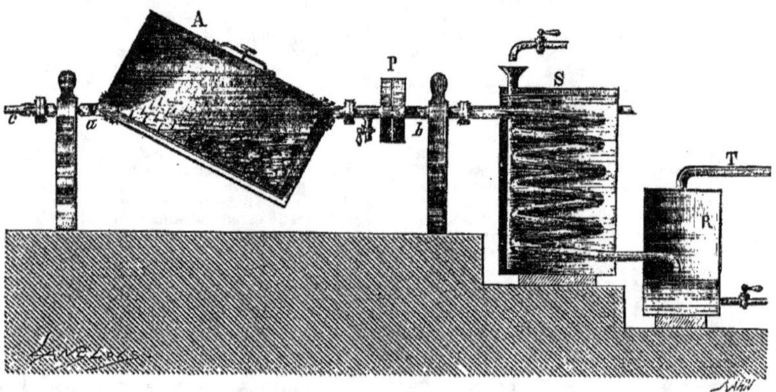

Fig. 289. — Extracteur thermopneumatique.

tôle, à double enveloppe de vapeur, tournant autour d'un axe placé suivant la diagonale *ab* au moyen d'une poulie P actionnée par un moteur quelconque. A l'intérieur, ce récipient est armé d'un grand nombre de pointes métalliques. L'axe *ab* est creux, afin de permettre, par l'extrémité *c*, l'introduction de vapeur dans la double enveloppe. Le cylindre A est en relation avec un serpentin S, lequel est joint à un récipient R, sur le couvercle supérieur duquel est adapté un tube d'aspiration T destiné à faire le vide dans l'ensemble du système.

Le fonctionnement de l'appareil est facile à comprendre. Le cylindre est rempli à moitié de citrons et d'une petite quantité d'eau, puis clos hermétiquement. La vapeur est lancée dans la double enveloppe, le vide est fait et l'appareil mis en mouvement.

Les cellules oléifères, déchirées et écrasées simultanément par les pointes et les chocs répétés, laissent échapper l'essence, qui distille aussitôt par entraînement de vapeur d'eau sous pression réduite.

L'auteur annonce un rendement double de celui fourni par le procédé *à l'écuelle*. Les essences ainsi obtenues seraient également de qualité supérieure.

Emploi du vide. — L'emploi du vide dans l'industrie des essences, préconisé dès 1879 par M. L. Naudin (voyez Suppl., 1, 685), a été appliqué pour le même objet, mais à l'aide d'un agencement différent, par MM. Schimmel de Leipzig. Ces derniers essais industriels confirment d'une manière décisive les vues de M. L. Naudin sur ce perfectionnement capital.

Voici ce que MM. Schimmel en disent :

« Les résultats obtenus jusqu'à ce jour nous permettent d'affirmer que la distillation des essences dans le vide est une conquête précieuse pour notre industrie. Le vide auquel nous atteignons nous permet de supprimer les inconvénients de l'emploi de la chaleur sur les essences délicates, facilement décomposables. Leur qualité est de beaucoup supérieure à celle des essences fabriquées par les anciens procédés. »

Appareil de MM. Schimmel pour extraire les essences par la vapeur d'eau. — MM. Schimmel ont également décrit un appareil à extraire les essences, basé sur l'entraînement de ces corps par la vapeur d'eau.

Le dispositif adopté a été imaginé en vue surtout d'une utilisation méthodique mieux entendue de la vapeur et d'une plus grande rapidité dans l'exécution du travail. L'économie de vapeur serait de 60 0/0.

Emploi de l'air chaud sec ou humide. — Des essais ont été tentés à l'effet de substituer l'air chaud à la vapeur d'eau. L'expérience a montré que les rendements sont faibles et que, pour certaines essences facilement oxydables, le procédé n'avait aucune valeur, ce qui, du reste, était facile à prévoir.

Emploi de l'acide carbonique et du chlorure de méthyle à l'état gazeux. — On a proposé également l'emploi de l'acide carbonique, puis de la vapeur de chlorure de méthyle. Nous ne saurions dire quel a été le résultat de ces tentatives, mais il est certain, à priori, que l'emploi de gaz inertes écarte tout au moins l'objection relative à l'oxydation par l'air, dont il a été fait mention plus haut.

Emploi du méthylal. — Ce corps a été proposé comme solvant des principes odorants. Son point d'ébullition peu élevé (42°) en fait évidemment un bon solvant. Ses propriétés ne présentent cependant rien de spécial comparativement à celles des solvants proposés pour le même but (voyez Suppl. **1**, 685).

Emploi de la vaseline. — La paraffine avait été, il y a une quinzaine d'années, substituée aux graisses dans l'enfleurage à chaud. Tout récemment la vaseline, qui n'est en somme qu'une paraffine de consistance différente, a été essayée dans les conditions suivantes :

Les fleurs sont étalées entre les plateaux d'un filtre-presse chauffé à 50° par une circulation d'eau chaude. On y fait passer lentement la vaseline fondue et chauffée à 60°. Au sortir du premier filtre, l'hydrocarbure fondu se rend dans un second, puis dans un troisième. On opère méthodiquement, c'est-à-dire que lorsque les fleurs du premier filtre sont épuisées, on les enlève pour les remplacer par des fleurs fraîches, et ce filtre devient troisième, tandis que le second devient premier, et ainsi de suite.

La vaseline saturée de parfum ou d'essence est recueillie dans des vases métalliques où elle se prend en gelée. On la conserve dans cet état sans aucune altération.

Pour extraire les essences dissoutes par la vaseline, on verse celle-ci dans un alambic où on fait barboter de la vapeur.

S'il s'agit de parfums altérables par la chaleur ou la vapeur d'eau, la vaseline est agitée avec de l'alcool, comme s'il s'agissait, dans la fabrication des extraits alcooliques, d'axonge enfleurée par la méthode de Grasse.

Mesure de l'intensité des parfums. — Olfactomètre de M. Henry. — Dans la pensée de l'auteur, cet appareil est destiné à déterminer par centimètre cube d'air le poids de vapeur odorante correspondant au minimum perceptible. Cet instrument, fondé sur la diffusion à travers une membrane flexible, comme le papier, consiste essentiellement en un tube en verre gradué glissant à l'intérieur d'un tube de papier qu'il découvre plus ou moins, laissant ainsi parvenir aux fosses nasales des quantités de vapeur qu'il est facile de calculer si l'on connaît le temps, la hauteur du soulèvement, la surface et le volume du tube, enfin le poids de substance évaporée à l'air libre dans l'unité de temps par unité de surface.

Pour pouvoir déterminer rapidement (ce qui est indispensable vu l'altération facile des odeurs à l'air) cette dernière donnée, M. Henry a dû recourir à un aréomètre très sensible qu'il appelle *pèse-vapeur*, qu'on gradue empiriquement et qui pèse à 1/50 de milligramme près si la température est constante. C'est par cette méthode que l'auteur a trouvé des *minima perceptibles* très différents, suivant les sujets et la nature des odeurs, variant par exemple de 1/1000 de milligramme pour un sujet avec l'essence de wintergreen à 2 milligrammes pour un autre sujet avec le même éther.

Les recherches de M. Ch. Passy sur le même sujet ont donné des résultats sensiblement différents de ceux obtenus par M. Henry. On lira aux *Comptes rendus*, **114**, 437, la discussion qui s'est établie entre ces deux auteurs et à laquelle nous renvoyons le lecteur pour de plus amples renseignements.

Procédé de M. Passy. — A ce propos il n'est pas inutile d'insister un instant sur la distinction établie par M. Passy entre la *puissance* odorante d'un corps et son *intensité* odorante.

On nomme tout d'abord *minimum* perceptible d'une odeur la plus petite quantité de matière odorante perçue par un sujet quelconque, ce *minimum* variant nécessairement avec les sujets.

La méthode de M. Passy est des plus simples. Il suffit de déposer sur un disque de verre chauffé, posé dans un flacon, une goutte de solution alcoolique odorante, puis de placer le nez à l'ouverture du flacon en augmentant successivement la dose jusqu'à ce qu'il y ait perception de l'odeur.

Voici, par exemple, quelques *minima* perceptibles exprimés en millioniémes de gramme :

Camphre	5	
Éther	1	
Citral	0,5	à 0,1
Pipéronal	0,1	à 0,005
Coumarine	0,01	à 0,005
Vanilline	0,005	à 0,0005
Musc naturel	0,0001	
— artificiel	0,000001	à 0,00000005

L'inspection de ce tableau montre qu'il faut distinguer entre la *puissance odorante* et l'*intensité odorante* du corps.

La puissance odorante ou pouvoir odorant se définit par l'inverse du *minimum* perceptible.

Le *minimum* perceptible de la vanilline est égal à 5/1000, celui du citral à 5/10 : donc la vanilline a un pouvoir odorant 100 fois plus grand que celui du citral.

Quant à l'intensité, on peut la définir en disant que la plus intense des deux odeurs est celle qui masque l'autre.

On pourrait croire tout d'abord qu'il existe quelque analogie entre ces deux qualités et que les odeurs les plus intenses sont aussi celles dont la perception persiste le plus longtemps lorsqu'on diminue la dose. Il n'en est rien. Il suffit, en effet, de jeter les yeux sur le tableau où les substances sont rangées dans l'ordre de leur puissance odorante pour constater que les odeurs les plus intenses, comme le camphre et le citral, sont précisément celles dont le pouvoir odorant est le plus faible.

Appareil de M. Mesnard. — Dans le même ordre d'idées, M. Mesnard a décrit récemment un appareil basé sur un principe nouveau.

Cette méthode repose sur l'emploi de l'odorat et de deux réactifs. Le rôle de l'odorat se réduit à celui de simple indicateur, comme la vue lorsqu'elle apprécie la couleur du tournesol dans l'alcalimétrie.

Le premier réactif est le phosphore, dont certaines essences (térébenthine, citron) ont la propriété, comme on le sait déjà, d'empêcher par leurs vapeurs la phosphorescence de se produire dans l'obscurité. Le réactif intermédiaire obligé entre les deux premiers, c'est l'essence de térébenthine, réactif très sensible, facile à obtenir pur.

Le phénomène de la phosphorescence suit une marche simple et régulière. Pour empêcher le phosphore de briller dans un espace donné, il faut y amener un volume d'air d'autant plus grand qu'il est chargé d'un poids moindre de vapeurs odorantes. Ce fait général se traduit par une courbe simple et régulière. Inversement, connaissant cette courbe, il suffit de mesurer le volume d'air qui produit l'extinction du phosphore pour savoir quelle quantité d'essence il contient.

Supposons maintenant que, dans un récipient donné, on introduise de l'air chargé d'un parfum inconnu, puis de l'air ayant passé sur de l'essence de térébenthine. On peut réaliser un mélange pour lequel l'odorat arrive à ne percevoir qu'une odeur neutre, c'est-à-dire une odeur telle qu'il suffit de faire varier un peu la proportion des essences dans un sens ou dans l'autre pour sentir soit le parfum, soit l'essence de térébenthine. On peut alors admettre que les deux odeurs s'équivalent et il suffit de doser l'intensité de l'essence de térébenthine au moyen de la phosphorescence pour avoir par cela même l'intensité du parfum.

L'essence de térébenthine devient ainsi un étalon commun et l'on peut appeler *intensité* du parfum dégagé par un poids donné d'essence, le rapport entre le poids d'essence de térébenthine qui neutralise le parfum dans le mélange et le poids de cette même essence qui, employée seule dans les mêmes conditions, agit sur la phosphorescence avec la même énergie.

On trouvera la description complète de l'appareil Mesnard aux *Comptes rendus*, **116**, 1461. Avant de terminer ce paragraphe, remarquons que les chiffres donnés par M. Passy et par M. Mesnard n'ont et ne peuvent avoir évidemment rien d'absolu. On ne perdra pas de vue que les résultats diffèrent considérablement d'un opérateur à l'autre, et que pour un même sujet l'éducation de l'organe et l'état de santé de ce dernier sont des facteurs dont il faut tenir compte.

Bref la question à résoudre ici nous paraît fort compliquée et peu susceptible de recevoir actuellement une solution satisfaisante.

Dosage des essences dans les matières premières qui les fournissent (bois, feuilles, fleurs, semences). — M. Osse a décrit une méthode d'analyse qui, bien que délicate, permet d'arriver à des résultats approchés s'il s'agit d'essais industriels.

Elle consiste à traiter la matière première par de l'éther de pétrole (bouillant à 40°) bien purifié par une distillation sur du saindoux. 2 centimètres cubes de cette solution sont évaporés dans une capsule. Lorsque tout le solvant est chassé, l'augmentation de poids de la capsule donne le rendement brut, duquel il faut déduire celui relatif à la matière grasse et à d'autres matières également solubles dans le pétrole.

On chauffe alors la capsule à 110° jusqu'à ce qu'elle ne perde plus de poids et l'on pèse à nouveau. La perte de poids indique la quantité d'essence volatilisée, le résidu étant la matière fixe.

A première vue cette méthode semble d'une pratique assez délicate; dans des mains expérimentées elle peut cependant rendre des services. Elle a donné de bons résultats pour le dosage des essences peu volatiles (cannelle, girofle), de moins bons pour celui des térébènes. Pour le détail des manipulations, se reporter aux *Arch. für Pharm.*, (3), 7, 104.

Recherche de la pureté des essences commerciales. — Il a déjà été donné quelques indications touchant les essais à tenter pour constater la pureté des essences. Sauf celles relatives à la recherche de l'alcool et des huiles fixes, très faciles à caractériser, il faut avouer que les méthodes proposées pour les mélanges d'essences avec la térébenthine ou bien ceux des essences entre elles sont plus délicates et incertaines. Dans tous les cas, ces essais doivent être faits comparativement avec une essence type authentique.

On ne doit pas oublier, en effet, que presque toutes les essences se modifient avec le temps sous l'influence simultanée de l'air et de la lumière ou même de la lumière seule; que, de plus, les essences pures étant toujours des mélanges naturels, ces derniers varient nécessairement avec l'habitat de la plante, la maturité de celle-ci au moment de l'extraction de la matière odorante, l'état de la récolte, les soins apportés à la distillation, enfin avec le mode d'extraction lui-même. Cette énumération prévient suffisamment le lecteur des causes d'erreur contre lesquelles il aura à se mettre en garde.

Densité des essences. — Il y a, au sujet des essences commerciales, peu d'indications sérieuses à tirer de cette constante. Les corps constituant les essences, carbures, aldéhydes, phénols, etc., étant altérables, il s'ensuit qu'une essence vieille a toujours une densité différente d'une essence fraîchement distillée.

M. L. Naudin a mis ce fait en évidence au sujet de l'essence d'angélique.

Pouvoir rotatoire. — Les essences possèdent presque toutes le pouvoir rotatoire, car depuis l'essence d'orange jusqu'à l'essence de térébenthine nous trouvons des valeurs très différentes pour $[\alpha]_D$ comprises entre + 105° et — 43°50′.

Cependant on n'oubliera pas que le pouvoir rotatoire des essences est la résultante du pouvoir rotatoire des divers composants; les proportions de ces divers composants étant variables, les essences ne peuvent avoir un pouvoir rotatoire constant.

Les essences des *Aurantiacées* sont presque toutes dextrogyres, et à un très haut degré; mais il y a lieu de remarquer en passant que les essences tirées des diverses parties d'une même plante diffèrent entre elles. Il suffit de citer le néroli, déviant de + 10°62′, et le petit-grain de — 4°14′.

Les essences des Labiées dévient à gauche, à quelques exceptions près. Celles des Ombellifères sont dextrogyres; celles des Conifères lévogyres, etc.

Voici, d'autre part, un tableau résumant les recherches récentes faites sur les densités et le pouvoir rotatoire des principales essences, réserve faite, bien entendu, des observations relatées ci-dessus :

Noms des essences. —	Densité à 15°,5. —	Pouvoir rotatoire pour 100 mm.
Absinthe	971	+ 17°,43
Acore	926	+ 14°,31
Ajowan	919	0
Aneth	860	— 6°,24
Angélique	897	+ 1°,78
Anis	936	+ 1°
— étoilé	980	— 0°,82
Amande amère	1049	0
Bergamote	846	+ 76°
Bigarade	856	— 2°,30
Bouleau	872	+ 2°,18
Cajeput	924	— 1°,52
Camomille anglaise	906	+ 0°,95
Cannelle	1025	0
— (feuilles)	1050	0
Cardamome	976	+ 14°,59
Carvi	940	— 20°,68
Cascarille	888	+ 8°,65
Cassia	1053	— 1°
Cédrat	969	— 3°
Cèdre	968	— 16°
Citron	901	+ 38°,81
Citronnelle	881	+ 0°,81
Cubèbe	924	— 29°,07
Cumin	933	+ 4°,29
Copahu	920	— 13°,50
Elémi	867	— 3°.60
Erigeron Canadense	885	+ 72°,41
Eucalyptus globulus	881	— 36°,30
— amygdalus	912	— 42°,27
Fenouil doux	998	+ 25°,71
Genièvre	882	— 5°

Noms des essences. —	Densité à 15°,5. —	Pouvoir rotatoire pour 100 mm.
Géranium français......	906	— 6°,73
— turc.........	880	+ 1°,72
— indien.......	896	0
— espagnol....	911	— 4°,45
Gingembre............	853	— 27°,15
Girofle...............	1064	+ 0°,50
— (écorce)........	1052	— 2°,25
Houblon..............	890	+ 1°,42
Hysope...............	1005	— 23°,63
Jaborandi............	879	— 4°,10
Lavande anglaise.......	887	— 8°,29
— aspic.........	880	+ 13°,75
Limette..............	887	— 43°,80
Linaloé...............	925	— 2°,45
Menthe poivrée........	912	— 21°,23
— pouliot.........	945	+ 7°,10
— verte..........	950	— 30°,28
Moutarde..............	1000	0
Muscade...............	988	+ 24°,22
Myrrhe...............	989	— 59°,06
Myrte................	898	+ 18°,79
Néroli...............	873	+ 10°,62
Oliban...............	872	— 4°,61
Origan...............	891	— 30°,27
Patchouli.............	988	+ 57°,10
Persil................	1000	— 8°,90
— (semences).......	945	— 14°,75
Petit-grain............	900	— 4°,14
Piment...............	1036	+ 2°,35
Pin sylvestre..........	886	— 9°,78
Portugal..............	848	— 16°,40
Romarin..............	881	— 16°,47
Rose.................	854	+ 2°,50
Rue..................	886	— 3°,61
Santal................	958	+ 2°,36
Sassafras.............	1072	+ 2°,64
Semen-contra..........	941	— 8°,53
Tanaisie..............	923	+ 29°,48
Térébenthine améric....	870	+ 14°,30
— française..	938	— 25°,35
Thym................	891	— 10°,60
Valériane.............	971	— 31°,50
Verveine..............	890	— 2°,61
Wintergreen...........	1162	+ 0°,81
Ylang-ylang...........	956	— 20°,18

Indice de réfraction pour les raies A, D, H. — Les essences ne présentent que des variations faibles au point de vue de leur indice de réfraction. Cependant, entre l'essence de cannelle de Chine, dont l'indice = 1,593, et celle de camomille = 1,462, il existe une différence de 0,131.

Les essences les plus denses sont ordinairement les plus réfringentes. En général, la mesure de l'indice de réfraction peut fournir d'utiles indications et compléter en quelque sorte les notions acquises par la détermination du pouvoir rotatoire.

A ce sujet, le nouveau réfractomètre de M. Ch. Féry nous semble appelé à rendre des services dans la recherche de cette constante; 2 ou 3 centimètres cubes de liquide suffisent pour une observation.

On trouvera la description de cet appareil dans l'*Agenda du Chimiste*, 1894, p. 469, et les indices de réfraction des essences dans l'article précédent.

Points d'ébullition. — Les essences, comme il a été dit d'autre part, étant naturellement des mélanges variables de corps presque toujours altérables, il y a lieu de n'attacher qu'une médiocre importance au point d'ébullition constaté à la pression ordinaire. Au contraire, pris dans le vide ou du moins sous pression très réduite, il peut donner d'utiles indications (voy. le travail de M. L. Naudin sur l'essence d'angélique, *C. R.*, **98**, 842.

Solubilité des essences dans l'alcool. — La solubilité des essences dans l'alcool est très variable; elle dépend de la proportion d'eau contenue dans le dissolvant. Dans le tableau ci-dessous, on indique la richesse de l'alcool nécessaire pour opérer en toutes proportions la dissolution de l'essence *pure*. Il s'ensuit que si, dans ces conditions, la dissolution n'a pas lieu, l'essence sur laquelle on opère est mélangée

Ces nombres ne se rapportent qu'à des essences distillées fraîches

Tableau de la richesse 0/0 de l'alcool nécessaire à la dissolution en toutes proportions des essences pures à 21°.

Noms des essences. —	Richesse 0/0 de l'alcool.	Noms des essences. —	Richesse 0/0 de l'alcool.
Anis..........	93	Marjolaine.....	82
Bergamote.....	98	Mélisse.........	90
Cajeput........	91	Menthe crépue..	86
Cannelle......	78	— poivrée.	86
Citron.........	97	Orange.........	98
Cubèbe........	90	Pin...........	96
Cumin........	88	Romarin......	82
Fenouil.......	93	Rose..........	93
Genièvre.......	95	Sabine........	92
Girofle........	74	Sauge.........	85
Lavande.......	88	Térébenthine...	96

Quand on fait usage d'un alcool plus faible, on peut également dissoudre les essences d'une manière complète, mais alors en augmentant le volume de l'alcool par rapport à celui de l'essence; on obtient ainsi des liquides limpides, en employant les proportions indiquées dans le tableau ci-dessous

Tableau du volume et de la richesse 0/0 de l'alcool nécessaire à la dissolution des essences

Noms des essences. —	Volume de l'alcool. —	Richesse 0/0 de l'alcool.
Anis....................	6,3	85
Bergamote..............	1,15	78
Cajeput................	2,5	65
Cannelle...............	3,0	65
Citron (distillé)..........	4,0	91
— (exprimé).........	2,8	92
Cumin.................	0,8	84
Fenouil................	2,9	85
Genièvre...............	3,0	93
Girofle................	2,7	60
Lavande...............	2,3	65
Marjolaine.............	1,45	78
Menthe crépue..........	2,7	70
— poivrée..........	2,2	78
Portugal...............	0,9	94
Romarin...............	1,4	78
Sauge..................	3,1	65
Térébenthine............	3,75	92

M. Hager s'est fondé également sur la solubilité des essences dans l'alcool pour en déterminer la pureté, mais à l'aide d'un mode opératoire différent de ceux dont il vient d'être question.

On mélange 1 volume d'essence à 15°,5 avec 2 volumes d'alcool absolu (D = 0,799), et lorsque le mélange est devenu limpide, on ajoute goutte à goutte de l'alcool contenant 70,9 0/0 d'alcool absolu (D = 0,889) jusqu'à ce que le mélange devienne opalescent au bout d'une minute, après agitation, sans cependant être laiteux.

Une goutte suffit dans la plupart des cas pour amener l'opalescence. Remarquons que cet essai donne des indications sur l'état de pureté de l'essence, mais n'indique pas la nature des essences additionnées.

Si l'opalescence est accompagnée de flocons, comme cela peut arriver avec l'essence d'anis, de rose, les matières ajoutées peuvent être du blanc de baleine, de la paraffine ou d'autres corps analogues.

Les résultats consignés dans le tableau suivant

sont les moyennes obtenues avec deux échantillons de chaque essence. La lettre S signifie que l'essence est complètement soluble dans l'alcool dilué. Si le mélange de l'essence avec 2 volumes d'alcool absolu est trouble ou laiteux, le fait est indiqué.

1 vol. essence. 2 vol. alcool absolu.	Volumes d'alcool à 70,9 exigés pour amener l'opalescence.
Absinthe	3,5 à 5,0
Amandes amères	0,8 à 0,9
Aneth	3,5 à 5,0
Angélique (racines)	0,5 à 0,7
— (semences)	Lactescent.
Anis russe	1,3 à 1,5
— très vieille	10,0 à S.
— étoilé	0,8 à 1,0
Bergamote	1,0 à 1,3
Cajeput	3,0 à 4,0
— très vieille	5,0 à 8,0
Calamus	0,9 à 1,1
Cardamome	1,5 à 2,0
Carvi	3,0 à 5,0
Citron	0,2 à 0,4
— vieille	8,0 à 10,0
— rectifiée	1,8 à 2,0
Copahu	0,3 à 3,5
Coriandre	5,0 à 10,0
Cubèbe	Trouble.
Eucalyptus	Lactescent.
Fenouil amer	0,8 à 1,1
— doux	1,3 à 1,5
Genièvre (baies)	Lactescent.
— (bois)	0,5 à 0,75
Girofle	10,0 à S.
Lavande	2,0 à 2,5
— vieille	10,0 à S.
Lemon grass	6,0 à 10,0
Macis	0,6 à 0,9
Marjolaine	1,5 à 2,5
Mélisse	3,0 à 3,3
Menthe	1,2 à 1,9
— très vieille	5,0 à 6,5
Moutarde	10,0 à S.
Néroli	2,5 à 3,3
Orange douce	0,3 à 0,5
— amère	0,3 à 0,5
Patchouli	0,4 à 0,5
Persil	1,0 à 1,35
Romarin français	2,5 à 2,8
— italien	4,0 à 5,0
Rose	0,4 à 1,2
Rue	4,0 à 5,0
Santal	4,0 à 5,0
Sassafras	1,7 à 1,8
— très vieille	3,5 à 4,0
Sauge	1,5 à 1,8
Térébenthine	Lactescent.
Thym	1,0 à 1,4
Vétiver	0,9 à 1,0
Wintergreen	7,0 à 10,0
Ylang-ylang	0,7 à 0,9

Caractéristiques des essences. — Les essences peuvent être plus ou moins bien caractérisées à l'aide d'un certain nombre de réactifs qui font naître des colorations spéciales et dont les plus saillantes sont fournies par le brome en solution chloroformique, le chloral, l'acide chlorhydrique concentré, le mélange de chlorure ferrique et d'acide sulfurique concentré, l'acide chromique. Nous donnerons quelques exemples de ces réactions colorées.

Brome en solution chloroformique.

Colorations.	Noms des essences.
Incolore	Térébenthine. — Cumin. — Citron. — Coriandre. — Cardamome.
Jaune	Bergamote. — Portugal. — Petit-grain.
Verdâtre	Lavande. — Cajeput. — Cascarille.
Brun-verdâtre ou brun.	Marjolaine. — Fenouil. — Valériane.
Rose-rouge ou rouge violacé.	Romarin. — Fenouil. — Anis. — Anis étoilé. — Cannelle. — Thym. — Menthe. — Myrrhe. — Persil.
Brun-violacé.	Macis.
Bleu ou bleu-violacé.	Cubèbe. — Copahu. — Laurier-cerise. — Santal. — Acore.
Orange	Camphre. — Cèdre. — Gingembre.

Acide sulfurique concentré et chlorure ferrique. (6 *vol. acide* + 1 *vol solution ferrique à* 5 0/0.)

3 gouttes de réactif pour 1 goutte d'essence.

Colorations.	Noms des essences.
Incolore	Anis. — Coriandre. — Fenouil. — Menthe pouliot. — Persil. — Sabine. — Térébenthine.
Rouge	Menthe poivrée.
Violette	Cajeput. — Capricum. — Copahu. — Cubèbe. — Galanga. — Genièvre. — Thym.
Vert ou vert-bleuâtre.	Cannelle. — Cumin. — Fenouil. — Girofle. — Marjolaine. — Muscade. — Serpolet. — Romarin.
Vert-olive	Bergamote.

Méthode de M. Langbeck par l'acide salicylique. — M. Langbeck a observé que l'acide salicylique est soluble dans les essences, mais d'autant plus que celles-ci contiennent plus d'oxygène. Ainsi les essences de Labiées en dissolvent de grandes quantités; les essences provenant des Ombellifères, à quelques exceptions près, en dissolvent de petites quantités; celles des Conifères, des Diptérocarpées, des Cassiées en moindre proportion encore.

Les essais de M. Langbeck ont visé surtout les essences adultérées par l'essence de térébenthine. Voici quelques exemples tirés des résultats obtenus par cette méthode :

Noms des essences.	Age approximatif.	Quantité 0/0 d'essence de térébenthine ajoutée.	Solubilité relative.
Anis	nouvellement rectifiée.	0	$\frac{1}{74}$
		5	$\frac{1}{94}$
		10	$\frac{1}{116}$
Bergamote	id.	0	$\frac{1}{30}$
		5	$\frac{1}{36}$
		10	$\frac{1}{42}$
Girofle	id.	0	$\frac{1}{56}$
		5	$\frac{1}{68}$
Lavande	id.	0	$\frac{1}{12}$
Citron	6 mois.	0	$\frac{1}{80}$
		5	$\frac{1}{104}$
		10	$\frac{1}{125}$
Térébenthine	nouvellement rectifiée.	0	$\frac{1}{625}$

A propos de l'adultération des essences par l'essence de térébenthine, nous citerons le travail de M. Olivieri sur la recherche de l'essence de térébenthine dans l'essence de citron. L'auteur emploie le polarimètre de Laurent : longueur 200 millimètres.

Pouvoir rotatoire de l'essence de citron pure :
= + 120°.

Pouvoir rotatoire de l'essence de térébenthine pure :
= — 55°.

Falsifications à		Falsifications à	
2 0/0	+ 116°,50	10 0/0	+ 102°,50
4 0/0	+ 113°	15 0/0	+ 93°,75
6 0/0	+ 109°,50	18 0/0	+ 88°,50
8 0/0	+ 106°	20 0/0	+ 85°

Essai par la méthode de M. Hübl. — Cette méthode, proposée depuis longtemps pour l'essai industriel des matières grasses, repose sur la détermination du poids d'iode absorbé par 100 parties d'essence.

Voici quelques nombres trouvés :

Anis	164	Girofle	270
Cannelle	100	Lavande	170
Carvi	265	Romarin	185
Citron	285	Térébenthine	300
Fenouil	140	Thym	170

A l'iode M. Levallois a substitué le brome. On pourra consulter son mémoire dans le *Moniteur Quesneville*, 83 (1885).

Méthode de M. Zeisel. — M. Kremmel emprunte le procédé de M. Zeisel pour déterminer le méthoxyle (OCH^3) dans les combinaisons organiques. Il appelle *indice méthylique* la quantité, exprimée en milligrammes, de méthyle qui se sépare d'une substance lorsqu'on chauffe celle-ci avec de l'acide iodhydrique.

Le mémoire de M. Kremmel, traduit dans le *Moniteur scientifique Quesneville*, 516 (1891), est accompagné d'un tableau indiquant les résultats obtenus sur une trentaine d'essences. Les chiffres insérés dans ce tableau devront être soigneusement vérifiés avec des essences authentiques. Il est clair, entre autres, que l'on ne peut examiner et analyser que des essences ne renfermant pas traces d'alcool.

Essai par la méthode de M. Maumené. — L'essai des huiles grasses par cette méthode consiste, comme on sait, à mélanger 50 grammes d'huile avec 10 centimètres cubes d'acide sulfurique concentré et à noter avec le thermomètre l'élévation de température.

Ce procédé a été appliqué aux essences par M. Williams. Les résultats ainsi obtenus avec un certain nombre d'essences sont consignés dans le tableau suivant :

Noms des essences. —	Élévation de température.
Anis	86,6
Bergamote	103,3 ; 98,8
Cajeput	50,5 ; 40,5
Cannelle	75,5
Carvi	66,6
Cassia	75,5
— falsifiée avec des proportions diverses d'huile de résine	81 ; 101 ; 96 ; 111
Cèdre	30,5 ; 25,5
Citron	92,2
Citronnelle	84,4
Eucalyptus	53,8 ; 54,4 ; 45,5
Géranium	53,3
Girofle	67,7 ; 72,2
Menthe anglaise	37
— américaine	40
— du Japon	37,7
Romarin	60,5 ; 74,4
Rue	83,8
Térébenthine	75,5 ; 88,8 ; 98,8
Thym	60
Verveine	66,6 ; 57,7

Figures de cohésion des essences. — Dans sa thèse de pharmacie, M. J. Chatin a montré que très souvent l'adhésion qui se manifeste entre liquides dissous — eau et alcool par exemple — est parfaite ; les deux liquides s'incorporent ; il y a dissolution complète. D'autres fois la cohésion des molécules de chacun des deux liquides peut balancer leur adhésion réciproque ; mais il est des cas où leur séparation est complète, comme pour l'eau et les huiles fixes.

M. Thomlinson a le premier attiré l'attention sur les effets curieux produits par l'espèce de lutte qui s'engage entre les forces de la cohésion et celles de l'adhésion. Si, par exemple, à la surface d'une eau pure, on dépose avec soin une goutte d'un liquide qui y est peu ou point soluble, l'adhésion de cette goutte pour l'eau la force à s'étaler à la surface en forme de membrane ; mais alors aussitôt la cohésion produit une réaction et le résultat final est une figure appelée *figure de cohésion*.

Chaque liquide a sa figure de cohésion : de sorte qu'à la simple vue du dessin produit, un œil exercé peut reconnaître la nature du liquide ajouté à l'eau.

Les études de M. Chatin ont porté sur les figures produites par les huiles fixes. Miss K. Crane a étendu ces expériences à l'essai pratique de pureté des essences en vue principalement de la recherche de l'essence de térébenthine dans les essences de cannelle, de noix muscade, de menthe et de bergamote.

Nouvelles données pour déterminer le titre des essences. — Les travaux actuels des chimistes sur les principes purs constituant les essences nous portent à appeler l'attention sur les nouvelles méthodes scientifiques qui tendent heureusement à se substituer aux méthodes empiriques dont il vient d'être question.

Ces dernières à la vérité peuvent donner d'utiles indications ; elles ne fourniront jamais de certitude comme un essai alcalimétrique ou une analyse immédiate. Sans doute l'analyse immédiate est quelquefois longue et seulement à la portée d'un chimiste expérimenté ; il n'en est pas moins vrai que ce sera le seul moyen de connaître la vérité.

Ces travaux scientifiques auxquels nous venons de faire allusion n'ont pas encore donné tout ce qu'ils pouvaient rendre ; aussi serons-nous sobres de renseignements. L'avenir est dans cette voie sûre et précise.

Détermination des éthers. — Un certain nombre d'essences contiennent des éthers composés formés des alcools terpéniques répondant aux formules $C^{10}H^{18}O$ et $C^{10}H^{20}O$ et des acides de la série grasse. On a donné à ces alcools les noms suivants :

Aurantiol,	tiré du	petit-grain.
Bornéol,	—	camphre.
Coriandrol,	tiré de la	coriandre.
Lavandol,	—	lavande.

Licaréol,	tiré du	likari.
Linalol,	—	linaloé.
Menthol,	tiré de la	menthe
Nérolol,	tiré du	néroli.
Rhodinol,	tiré de la	rose.
Géraniol,	tiré du	géranium.
Ylangol	—	ylang-ylang.

Les éthers de ces alcools forment la partie odorante principale des essences.

Ainsi l'éther acétique du linalol donne l'arome particulier à l'essence de bergamote. On le trouve également, mais en plus petite quantité et mélangé à d'autres corps, dans le petit-grain et la lavande.

Certains éthers du bornéol communiquent leurs odeurs aux essences de pin.

L'éther acétique du menthol se rencontre dans les essences de menthe; l'éther tiglique du géraniol, dans les essences de géranium.

La détermination quantitative de ces éthers donne certainement des indications précises sur la valeur d'une essence qui les contient à l'état naturel. Il suffit dès lors de procéder à la saponification d'une quantité connue d'essence par un volume connu de potasse titrée. Ce dosage s'effectue sur 1 ou 2 grammes d'essence dans un petit ballon de 100 centimètres cubes environ. On ajoute de 10 à 20 centimètres cubes de potasse demi-normale, on chauffe pendant quelques minutes à l'ébullition au bain-marie et l'on titre. Dans quelques cas l'acide libre doit être préalablement dosé. S'il s'agit des essences de bergamote et de lavande, cette précaution est inutile.

Cette méthode a permis à MM. Schimmel de donner avec certitude les quantités entre lesquelles doit osciller la proportion des éthers contenus dans deux essences importantes.

L'essence de bergamote doit contenir de 34 à 43 0/0 d'éthers; la lavande de 30 à 45 0/0.

Il est bon toutefois de ne pas accepter ces données sans réserve. La teneur en éthers n'est pas le seul facteur à faire intervenir dans la valeur des essences: par exemple certaines essences de lavande du Midi qui sont supérieures par la finesse de leur arome sont moins riches en éthers que des essences de qualité inférieure.

Détermination des alcools. — Ainsi que nous le disions plus haut, un assez grand nombre d'essences contiennent comme principal constituant l'un des alcools $C^{10}H^{18}O$ ou $C^{10}H^{20}O$: tels sont le bornéol dans le camphre, le menthol dans la menthe, le linalol dans la lavande, le géraniol dans le géranium, etc.

Le titrage de ces alcools se fait au moyen de l'acide acétique anhydre. Il y a cependant ici une cause d'erreur à signaler, par suite de la décomposition d'une portion de l'alcool sous l'influence de l'acide et de la température à laquelle on est obligé d'opérer pour obtenir la saponification.

Détermination des aldéhydes. — Bon nombre d'essences contiennent des aldéhydes comme produit principal : telles sont les essences d'amandes amères, de cannelle, de cumin. La réaction bien connue du bisulfite de sodium permet d'établir assez rapidement les proportions relatives d'aldéhydes pures contenues dans un poids donné d'essence. C'est ainsi qu'on a trouvé qu'une essence de cannelle pure ne doit pas contenir moins de 70 à 75 0/0 d'aldéhyde cinnamique.

Rendements des matières premières en essences. — Nous avons réuni en un tableau les rendements *moyens* en essences, pour 100 kilogrammes de matières premières, obtenus et publiés par différents industriels depuis quelques années :

Absinthe (grande)	0,12
— (petite)	0,10
Acore	2,80
Ail	0,24
Amande amère	4 à 7
Aneth, Allemagne	3,8
— Russie	4,0
Angélique (semences)	1,15
— (racines)	0,75
Anis, Russie	2,80
— Thuringe	2,40
— Moravie	2,60
— Chili	2,40
— Espagne	3,00
— Levant	1,30
— France	2,90
— Chine	1,00
Anis étoilé	5,00
Arnica (fleurs)	0,04
— (racines)	1,10
Artemisia absinthium	0,40
— abrotanum	0,04
Asa fœtida	3,25
Asarum Europæum	1,10
— Canadense	2,80
Basilic	0,04
Baume du Pérou	0,40
Bétel (feuilles)	0,55
Bois de rose	0,04
Bucu (feuilles)	2,6
Camomille (*Anthemis nobilis*)	1,0
Cannelle, Ceylan	0,75
— Chine	0,75
Capucine	0,025
Cardamome, Ceylan	4,60
— Madras	5,00
— Malabar	4,25
Carotte (semences)	1,65
Carvi (semences), Allemagne	4,00
— — Norvège	6,00
— — Russie	3,00
Cascarille	1,75
Cassia	1,35
Cerfeuil	0,028
Ciguë	1,30
Cochléaria	0,03
Copahu (baume)	4,50
Coriandre, Thuringe	0,80
— Russie	0,90
— Allemagne	0,60
— Inde	0,15
— Italie	0,70
— Maroc	0,60
Cresson	0,006
Criste marine	1,60
Cubèbe	1,40
Cumin, Maroc	3,40
— Malte	3,90
— Syrie	4,20
— Inde	2,25
Curcuma	5,20
Cyprès	3,26
Diosma crenata	6,50
Eucalyptus globulus	3,00
— citriodora	0,65
Élémi	17,00
Estragon	0,20
Fenouil, Saxe	5,60
— Galicie	6,00
Ferula sumbul	0,30
Galanga	0,75
Galbanum	6,50
Genièvre, Allemagne	0,60
— Hongrie	1,10
— Italie	1,10
Geranium, France	0,12
— Espagne	0,09
Gingembre, Afrique	2,60
— Bengale	2,00
— Japon	1,80
— Cochinchine	1,90
Girofle (fleurs)	17,00
— (racines)	0,04
— (tiges)	6,00
Gomart	4,70
Heracleum spondylium	1,00
Houblon (fleurs)	0,30
Hysope	0,70
Iris	0,002
Iva moschata	0,40
Laurier (feuilles)	2,40
Laurier-cerise	0,125
Lavande (fleurs)	0,60
Ledum	0,40

Linaloé (bois)	5,00
Macis	0,06
Marjolaine (origan)	0,135
Matico (feuilles)	2,40
Matricaire	0,06
Mélisse	0,10
Moutarde, Allemagne	0,75
— Inde	0,59
— Russie	0,50
Muscade (noix)	8 à 10
Myristica moschata	11 à 16
Myrrhe	2,50
Néroli, Provence	2,40
— Paris	0,125
Niaouli (feuilles)	2,50
Nigella sativa	0,30
Oliban	6,30
Opopanax	6,50
Patchouli	1,80
Persil (herbes)	0,30
— (semences)	3,00
Petit-grain	0,20
Pimprenelle	0,02
Poivre noir	2,20
— blanc	1,01
Populus nigra	0,50
Romarin	1,00
Rose, Paris	0,004
— Provence	0,007
Rue	0,18
— Orient	0,03
Sabine	0,96
Santal, Inde	4,50
— Macassar	2,50
Sassafras	0,75
Sauge	0,35
Serpolet	0,20
Storax	1,00
Tanaisie	0,15
Thym	0,30
Tolu	0,20
Valériane	0,95
Vétiver	0,35
Wintergreen	0,375
Ylang-ylang	0,50

Bibliographie. — P. Carles, Valeur des procédés classiques pour l'essai des essences. *J. Pharm. et Chim.*, 1885, 529. — F. Chatin, Figures de cohésion, *Thèse de pharm.*, 1872. — Miss Kate Crane, Figures de cohésion, *Am. Journ. of Pharm.*, 406, 1874. Caractéristique des essences, *Pharm. Journ.*, 681. — C. Henry, Olfactomètre, *C. R.*, 344-885, 1891. Sur les minimums perceptibles de quelques odeurs, *C. R.*, 306-786, 1892. — Hager, Recherches sur la solubilité des essences dans l'alcool, *Pharm. Centralhalle*, 1882. — Grussner, Analyse des essences, *Mon. Quesneville*, 516, 1891. — Langbeck, Recherche de la pureté des essences, *Pharm. Journ.*, 1885. — Levallois, Dosage des essences par le brome, 83, 1885. — E. Mesnard, Appareil nouveau pour la mesure de l'intensité des parfums, *C. R.*, 116, 1461. Nouvelle méthode pour déterminer la pureté de certaines essences végétales, *Rev. gén. de Botanique*, 114, 1893. Falsification de l'essence de santal, *C. R.*, 114, 1546. — L. Naudin, Méthode nouvelle d'extraction des parfums, *Dict. Wurtz*, Suppl. 1, 685. Sur l'essence d'angélique, *ibid.*, 684. *Bull. Soc. Chim.* (2), 37, 107; 39, 115-400. — Noel, Caractéristiques des essences d'aurantiacées, *J. Phar. et Chim.*, 415, 1886. — Osse, Méthode de dosage des essences contenues dans les plantes, *Encycl. chim. Fremy*, 18. — Passy, Remarque sur une communication de M. Henry concernant les minimums perceptibles des odeurs, *C. R.*, 437, 1892. — Perrot, Sur un nouveau réactif colorant des essences, *J. Pharm et Chim.*, 498, 1891. — Olivieri, Recherche de l'essence de térébenthine dans l'essence de citron, *Repert. de Pharm.*, 26, 1892. — Montfalcone, Nouvel appareil pour extraire les essences de citron et de bergamote, *A practical treatise on animal and vegetable fats and oils*, W. T. Brannt, 516. — Schimmel, Nouvel appareil pour extraire les essences par la vapeur d'eau, *Dingl. Journ.*, Schimmel, *Bericht*, 1890 à 1896, 238, 423. Recherche de la pureté de l'essence de rose. *Pharm. Journ.*, 894, 1891-1892. — Williams, Réaction de Maumené appliquée à la recherche de la pureté des essences, *Mon. Quesneville*, 713, 1890.

L. Naudin.

ESTRAGOL. — Le principe oxygéné de l'essence d'estragon ou *estragol*, $C^{10}H^{10}O^2$, distille entre 210°,5 et 212° (non corr.), et entre 215 et 216° (corr.), c'est-à-dire 16 ou 17° au-dessous de l'anéthol, qui bout à 228-229° (non corr.). Sa densité à 7° est 0,946. Indice de réfraction, $n = 1,523$.

On transforme facilement l'estragol en son isomère l'anéthol, en le maintenant au bain-marie pendant 24 heures, avec 3 ou 4 fois son volume de potasse alcoolique concentrée [Grimaux, *Bull. Soc. Chim.*, (3), **11**, 68].

L'isomérie de l'estragol et de l'anéthol doit tenir à la structure du groupe C^3H^5. Or l'anéthol renferme, d'après la synthèse de M. Perkin, un groupe propényle $-CH=CH-CH^3$, et correspond à l'isoeugénol et à l'isosafrol (voyez dans ce Supplément l'article Eugénol et l'article Safrol); il ne reste donc pour l'estragol que le groupe allyle $-CH^2-CH=CH^2$.

Comme vérification, on constate, entre les points d'ébullition de l'estragol et de l'anéthol, la même différence (16°) qu'entre les points d'ébullition de l'eugénol et de l'isoeugénol, du safrol et de l'isosafrol.

L'estragol et l'anéthol seront ainsi représentés par les formules suivantes :

$$C^6H^4 \begin{cases} CH^2-CH=CH^2 \\ OCH^3 \end{cases} \qquad C^6H^4 \begin{cases} CH=CH-CH^3 \\ OCH^3 \end{cases}$$

Estragol. Allylanisol.) — Anéthol ou isoestragol. Propénylanisol.)

Ch. Moureu.

ÉTAIN. — *Poids atomique.* — M. J.-D. van der Plaats a déterminé le poids atomique de l'étain en transformant le métal en anhydride stannique. Le poids atomique trouvé est 118,11-118,03; la réduction de l'anhydride stannique par l'hydrogène a conduit au même résultat, soit 118,02-118,14 [*C. R.*, **99**, 52].

MM. J. Bongartz et Alex. Classen sont arrivés à un chiffre beaucoup plus fort, 118,7606 (O = 15,96), en oxydant l'étain par l'acide azotique et calcinant l'acide métastannique obtenu. La quantité d'étain fournie par l'électrolyse du chlorostannate d'ammonium $SnCl^4.2AzH^4$, du chlorostannate de potassium $SnCl^4.2KCl$ et du tétrabromure d'étain a conduit à des résultats encore plus élevés, soit 118,809, 118,798 et 118,7309. Le chiffre moyen déduit de 26 observations est 118,7745, avec un écart de 0,2485 entre le maximum et le minimum.

Pour obtenir l'étain pur en vue de ces déterminations, ces auteurs ont transformé l'étain fin de Banca en tétrachlorure qui a été rectifié, puis dissous dans plusieurs fois son poids d'eau. La solution a été additionnée de sulfure de sodium jusqu'à redissolution du sulfure stannique, puis d'une quantité de soude caustique correspondant environ à la moitié du sulfure de sodium employé. L'électrolyse de cette solution claire (courant de 2 à 3 centimètres cubes de gaz tonnant par minute) fournit l'étain sous la forme d'un dépôt adhérent d'un blanc d'argent [*D. chem. G.*, **21**, 2900].

Étain cristallisé. — On obtient des cristaux d'étain en plongeant une tige d'étain dans une solution concentrée de chlorure stanneux au-dessus de laquelle se trouve une couche d'eau. Les cristaux se déposent au voisinage de la surface de séparation sur la partie de l'étain qui émerge de la couche aqueuse, dans laquelle se diffuse lentement la solution de chlorure. Ce phénomène est dû à une électrolyse, comme l'on établi MM. Ditte et Metzner [*C. R.*, **117**, 691].

Modifications moléculaires. — Rammelsberg distingue trois modifications moléculaires de l'étain :

1° Etain gris, de densité = 5,8;

2° Étain cristallin (quadratique), densité = 7,0;
3° Étain fondu, densité = 7,3.

La première modification passe à la seconde vers 200° et parfois, dans des conditions mal déterminées, à la troisième. La seconde n'est modifiée ni par le froid ni par la chaleur. La troisième passe à la première par un refroidissement à 0° [*Berl. Akad. Ber.*, 1880, 225].

Extraction de l'étain des déchets de fer-blanc. — Parmi les procédés assez nombreux proposés pour cette extraction, nous citerons les suivants :

M. W.-L. Brookway effectue la séparation de l'étain par voie de fusion, à une température très élevée, à l'abri de l'air [*Pat. all.*, n° 66350].

Les déchets sont employés comme anode dans un bain d'acide sulfurique étendu. L'étain se dépose par électrolyse sur le pôle négatif (cuivre), d'abord à l'état spongieux, puis sous la forme d'une poudre cristalline dense, très pure [J.-H. Smith, *Soc. Chem. Industr.*, 4, 312].

M. Alf. Lambotte soumet les déchets à l'action du chlore gazeux dilué, à une température supérieure au point d'ébullition du chlorure stannique. Les vapeurs sont condensées dans des chambres à parois humides ou reçues dans une solution de chlorure stannique [*Pat. all.*, 32517].

La précipitation de l'étain par le fer n'a lieu que dans certaines circonstances, notamment dans une solution de chlorure ou de sulfate stanneux parfaitement neutre et exempte de composés stanniques. Si l'on fait agir la solution stanneuse acide (acide sulfurique) sur un mélange de rouille, d'étain et de fer (déchets de fer-blanc en partie oxydés), l'acide en excès est employé à produire du sulfate ferreux et du sulfate stanneux. Ce dernier résulte de l'action de l'étain sur le sulfate stannique provenant de l'action de l'oxyde ferrique sur le sulfate stanneux d'abord formé :

$$Fe^2O^3 . 3H^2O + SO^4Sn + 2SO^4H^2 = 2SO^4Fe + (SO^4)^2Sn'' + 6H^2O,$$

$$(SO^4)^2Sn + Sn = 2SO^4Sn$$

Quand tout l'acide est ainsi neutralisé, le fer agit sur la solution et précipite tout l'étain, en partie spongieux, en partie cristallin [B. Schultze, *D. chem. G.*, 23, 975].

MM. Wortmann et Spitzer soumettent le fer-blanc à l'action de la soude et du soufre ou d'une solution de sulfure de sodium. Ils électrolysent ensuite la solution de sulfostannate de sodium ainsi produite, après addition d'ammoniaque et de sulfate d'ammonium [*Pat. All.*, 73826].

Propriétés chimiques. — L'étain maintenu fondu à l'air se recouvre à la surface de figures caractéristiques, produites par de l'anhydride stannique cristallisé. Ces cristaux sont tout à fait insolubles dans les acides. Leur densité est de 7,0096 et leur dureté de 6 à 7. Si l'étain est ferrifère, la première couche d'oxyde est brune [F. Emich, *Mon. f. Chem.*, 14, 345].

L'étain précipité par le zinc est très oxydable, si bien qu'après quelques jours il renferme de 20 à 33 0/0 d'oxyde stanneux. Une petite quantité d'oxyde stanneux diminue la fusibilité de l'étain et empêche le métal fondu de se réunir. Cette réunion peut être provoquée par l'addition de chlorure zinco-ammoniacal qui transforme l'oxyde en chlorure, ou de résine qui le réduit [Léo Vignon, *C. R.*, 107, 734; 108, 96].

L'étain s'unit au soufre ainsi qu'à l'arsenic sous l'influence d'une forte compression (W. Spring).

L'acide azotique faible (à 14 0/0 AzO^3H) n'attaque que faiblement l'étain entre 0 et 21°, avec production de sel stanneux et de sel stannique. La production de sel stanneux ne diminue que fort peu avec la température; elle est nulle avec un acide à 30 ou 40 0/0, à la température ordinaire. D'après M. C.-H. Walker, le dépôt jaunâtre obtenu par l'étain et l'acide azotique concentré est un azotate basique, de composition variable, se rapprochant de la formule $Sn(AzO^3)(OH)^3$ [*Soc. Chem. Industr.*, 1, 84].

L'acide sulfurique SO^4H^2, H^2O n'a qué peu d'action à 20° sur l'étain; il y a production de soufre et d'hydrogène sulfuré. Avec un acide $7SO^4H^2, H^2O$ il y a production d'anhydride sulfureux [Patt. Muir, *Chem. News*, 45, 69].

L'étain se dissout dans le pétrole aéré, par suite de la présence de composés acides [Engler, *D. chem. G.*, 12, 2186].

Alliages. — M. W.-F. Hadden a étudié les alliages de fer et d'étain $FeSn^2$, Fe^2Sn^3, Fe^3Sn^4, Fe^4Sn^5, Fe^5Sn^6 et $FeSn$, dont quelques-uns ont déjà été décrits. Ils sont tous solubles dans l'acide chlorhydrique, en laissant un faible résidu. Les alliages Fe^2Sn^3 à Fe^4Sn^5 sont tantôt magnétiques, tantôt dépourvus de cette propriété. L'alliage $FeSn^2$ offre seul une forme cristalline déterminable et cristallise en prismes orthorhombiques. Le point de fusion est très élevé pour tous ces alliages; ils peuvent être maintenus en fusion sans altération notable [*Amer. Journ.*, (3), 44, 464].

Étain et sodium. — M. H. Bayley a décrit un alliage Na^2Sn. C'est une masse fragile à cassure brillante et cristalline, bronzée, se recouvrant rapidement d'une poudre grise [*Chem. News*, 65, 18].

Étain et cuivre. — On obtient un dépôt cristallin gris, formé de l'alliage $SnCu$, par immersion de l'étain dans une solution neutre ou acide très étendue d'un sel de cuivre [F. Mylius et O. Fromm, *D. chem. G.*, 27, 936].

Étain et plomb. — Les alliages de plomb et d'étain, ainsi que les métaux isolés, sont attaqués par les acides organiques (acétique, tartrique, citrique); la corrosion diminue à mesure que la proportion d'étain augmente et, contrairement à ce que l'on admet souvent, les alliages résistent plus que les métaux isolés. L'attaque est incomparablement plus forte au contact qu'à l'abri de l'air. L'étamage des boîtes de conserves doit être fait avec de l'étain fin [Fr. Hall, *Amer. Chem. J.*, 4, 440].

COMBINAISONS HALOGÉNÉES.

Chlorure stanneux, $SnCl^2$. — Le chlorure stanneux bout à 617-628° d'après MM. Carlet. Williams et Th. Carnelley [*Chem. Soc.*, 1879, 563]; à 604,5-607°,7 d'après MM. H. Biltz et V Meyer [*D. chem. G.*, 21, 22].

De nouvelles déterminations de la densité de vapeur du chlorure stanneux ont été faites par MM. V. Meyer et H. Züblin [*D. chem. G.*, 13, 811] et par H. Biltz et V. Meyer [*loc. cit*]. Les premiers ont trouvé pour cette densité les nombres 6,67 vers 880° et 6,23 vers 970° (D. vap. pour $SnCl^2$ = 6,53). Les seconds tirent de leurs expériences la conclusion que les résultats qu'ils ont obtenus sont supérieurs à ceux exigés par la formule $SnCl^2$, mais inférieurs à ceux qui correspondent à Sn^2Cl^4. En résumé, quand on s'éloigne notablement du point d'ébullition, la molécule tend à devenir $SnCl^2$.

L'addition d'acide chlorhydrique à une solution concentrée de chlorure stanneux produit d'abord une séparation de chlorure (1 molécule $SnCl^2$ pour 1 molécule HCl); une nouvelle addition d'acide diminue la précipitation. Cette précipitation est due à la production d'un chlorure acide $SnCl^2 . HCl, 3H^2O$, sel que l'on obtient aussi en dirigeant à 0° un courant de gaz chlorhydrique sur le chlorure stanneux cristallisé $SnCl^2 . 2H^2O$. Le chlorure se liquéfie en partie, tandis qu'il se sépare des cristaux renfermant $SnCl^2, H^2O$. La partie liquéfiée constitue le sel acide, qui se concrète à la température de 40° et fond à 27° [R. Engel, *C. R.*, **106**, 1398].

Le chlorure stanneux cristallisé $SnCl^2 + 2H^2O$ est soluble dans l'éther et dans l'acétate d'éthyle.

100 parties d'éther dissolvent :

à 0°	16°	35°,5
11g,41	11g,38	11g,38

100 parties d'acétate d'éthyle en dissolvent :

à —2°	22°	82°
31g,20	35g,53	78g,44

[Stan. von Lasczynski, *D. chem. G.*, **27**, 2286].

Action sur les composés oxygénés de l'azote. — Le chlorure stanneux en solution chlorhydrique est sans action sur le protoxyde d'azote. Avec le bioxyde d'azote, il y a production d'hydroxylamine à la température ordinaire et d'ammoniaque à 100°; l'hydroxylamine est en effet convertie en ammoniaque par le chlorure stanneux à chaud. L'acide azoteux et le chlorure stanneux en solution moyennement concentrée donnent lieu à une réaction complexe, énergique, avec dégagement de gaz. Avec des solutions diluées, il y a production de protoxyde d'azote. L'acide azotique est réduit lentement à froid avec formation d'hydroxylamine, rapidement à chaud avec production d'ammoniaque. L'azotate d'éthyle est converti rapidement à chaud en hydroxylamine; le rendement est théorique [O. Dumreicher, *Mon. f. Chem.*, **1**, 724].

Suivant MM. Edv. Divers et Tamem-Haga [*Chem. Soc.*, 1885, 623], le bioxyde d'azote dirigé à travers une solution chlorhydrique de chlorure stanneux ne fournit pas trace d'ammoniaque, lorsque toutefois il n'y a pas eu intervention de l'air; même à 100° il n'y a pas de réaction. Une solution acide de chlorure stanneux est sans action sur l'acide azotique et il n'y a pas formation d'hydroxylamine s'il y a assez d'eau en présence pour que les acides chlorhydrique et azotique soient sans action l'un sur l'autre. Mais l'addition d'acide sulfurique étendu détermine la réaction qui fournit de l'hydroxylamine, le seul produit tant que le chlorure stanneux est en excès. La production d'hydroxylamine n'est pas due à l'action du chlorure stanneux sur l'acide azotique lui-même, mais bien sur ses produits de réaction avec l'acide chlorhydrique.

Action du soufre. — Si l'on fait bouillir une solution de chlorure stanneux avec de la fleur de soufre, la moitié de l'étain est précipitée à l'état de sulfure; l'autre moitié est convertie en chlorure stannique :

$$2SnCl^2 + S = SnS + SnCl^4.$$

S'il y a beaucoup d'acide chlorhydrique en présence, tout l'étain est converti en chlorure stannique et le soufre est dégagé à l'état d'hydrogène sulfuré [G. Vortmann et C. Padberg, *D. chem. G.*, **22**, 2642].

Chlorostannites. — *Chlorostannites de potassium.* — Le sel $SnKCl^3, H^2O$ se sépare en cristaux déliés d'une solution de chlorure de potassium additionnée de chlorure stanneux en excès. Il est soluble dans l'acide chlorhydrique et dans une solution de chlorure de potassium. Ces solutions fournissent par cristallisation le sel $SnK^2Cl^4, 2H^2O$, qui se dépose en grands cristaux orthorhombiques inaltérables à l'air. Dissous dans l'acide chlorhydrique bouillant, il donne par le refroidissement brusque une cristallisation de SnK^2Cl^4, H^2O, puis des cristaux du sel bihydraté.

Chlorostannites d'ammonium. — Le sel $Sn(AzH^4)Cl^3, H^2O$ s'obtient comme le sel potassique correspondant. Le sel diammonique, qui n'a été obtenu qu'avec $2H^2O$, est isomorphe avec celui de potassium (ces sels ont été décrits par Rammelsberg avec $1H^2O$).

Poggiale avait décrit les chlorostannites

$$SnCl^2 . 4KCl \quad \text{et} \quad SnCl^2 . 4AzH^4Cl + 3H^2O.$$

G.-M. Richardson, qui a étudié les sels ci-dessus, n'a pas obtenu ces derniers [*Ann. Chem.*, **14**, 81].

Chlorure stannique, $SnCl^4$. — Le chlorure stannique se produit par l'action à froid de l'étain sur la chlorhydrine sulfurique,

$$4SO^2 <^{OH}_{Cl} + Sn = SnCl^4 + 2SO^2 + 2SO^4H^2.$$

On peut aussi l'obtenir par conséquent en traitant par l'acide chlorhydrique l'étain en présence d'acide sulfurique fumant. Quant au chlorure de sulfuryle, il est à peine attaqué par l'étain, avec production de chlorure stannique et d'anhydride sulfureux [K. Heumann et P. Kœchlin, *D. chem. G.*, **15**, 419, 1737].

M. Czimatis [*Pat. all.*, 31550] propose de fabriquer le chlorure stannique en chauffant un mélange d'anhydride ou d'acide stannique avec du chlorure de magnésium ou en évaporant une solution chlorhydrique d'acide stannique et de chlorure de sodium ou de chlorure de magnésium. Le résidu sec est soumis à la distillation.

Un procédé analogue est recommandé par M. Fr. Mailly; il consiste à évaporer une solution chlorhydrique d'acide métastannique avec 10 parties de chlorure de magnésium pour 100 parties de chlorure stannique à produire, 5 parties de magnésie et 20 à 40 parties de sable. Le résidu desséché est ensuite distillé [*Pat. all.*, n° 33925].

On obtient encore du chlorure stannique dissous en électrolysant de l'acide chlorhydrique concentré avec du charbon au pôle négatif et de l'étain au pôle positif [René Tamine, *Pat. all.*, n° 35220].

L'acide sulfurique est sans action à froid sur le chlorure stannique; même à chaud l'action est très faible et on peut séparer par distillation le chlorure stannique de son mélange avec l'acide sulfurique. Si l'on ajoute du chlorostannate de sodium à de l'acide sulfurique, il se sépare du chlorure stannique que l'on peut ensuite distiller [H. Friedrich, *D. chem. G.*, **26**, 1436].

Le chlorure stannique se solidifie à —33° en petits cristaux blancs. Il peut absorber le chlore à basse température. Il augmente de volume et son point de solidification s'abaisse alors [Besson, *C. R.*, **109**, 941].

Le peroxyde d'azote est énergiquement absorbé par le chlorure stannique, y produisant un précipité cristallin qui, lavé avec du chloroforme, a pour composition $SnOCl^2 . 3SnCl^4 . Az^2O^5$. La chaleur dédouble ce composé en donnant un sublimé cristallin qui est le produit

$$3SnCl^4 . 4AzOCl$$

déjà signalé par Hampe. Ce dédoublement a lieu d'après l'équation

$$2SnOCl^2 . 3SnCl^4 . Az^2O^5$$
$$= 4SnO^2 + SnCl^4 + Cl^2 + 3SnCl^4 . 4AzOCl$$

[V. Thomas, *C. R.*, **122**, 32].

Le chlorure stannique en dissolution représente une solution d'acide stannique dans l'acide chlorhydrique; mais cette solution est instable par suite de la tendance que possède l'acide stannique à se polymériser. La présence d'un excès d'acide chlorhydrique ou de chlorures alcalins limite cette tendance, de sorte qu'il s'établit un équilibre dépendant de la dilution, de la température et de la composition de la solution [Léo Vignon, *C. R.*, **109**, 372].

Le chlorure stannique cristallisé $SnCl^4, 5H^2O$ traité par le gaz chlorhydrique se liquéfie; le liquide saturé d'acide chlorhydrique et refroidi à 0° abandonne des lamelles fusibles à 20° et renfermant $SnH^2Cl^6, 6H^2O$. Ce composé correspond à l'acide chloroplatinique [R. Engel, *C. R.*, **103**, 213].

M. C. Seubert prépare cet acide chlorostannique en ajoutant 2 molécules d'acide chlorhydrique dissous dans 6 molécules d'eau à 1 molécule de chlorure stannique (100 parties $SnCl^4$ et 62p,15 d'acide chlorhydrique de 1,166 de densité). Il y a élévation de température et dégagement d'acide chlorhydrique. Après avoir de nouveau saturé le mélange de gaz chlorhydrique, l'acide chlorostannique cristallise par le refroidissement sans laisser d'eau mère. Il fond à 19°,2 [*D. chem. G.*, **20**, 793].

Chlorostannates de lanthane, d'yttrium, de cérium et de didyme. — M. P.-T. Clève les a obtenus, par concentration sur de la potasse caustique, en grands cristaux déliquescents. Le sel de lanthane renferme $2La^2Cl^6 . 5SnCl^4, 45H^2O$ (correspondant au chloroplatinate d'yttrium). Ceux de cérium, de didyme et d'yttrium ont pour composition

$$Ce^2Cl^6 . 2SnCl^4, 18H^2O, \quad Di^2Cl^6 . 2SnCl^4, 21H^2O$$

et

$$Yt^2Cl^6 . 2SnCl^4, 16H^2O$$

[*Bull. Soc. Chim.*, (2), **31**, 195].

Bromure stanneux. — M. Richardson a obtenu les *bromostannites*

$$SnBr^3K, H^2O \quad \text{et} \quad SnBr^4K^2, 2H^2O,$$

les *sels d'ammonium* correspondants, ainsi que les *chlorobromures* $SnK^2Br^2Cl^2, 2H^2O$. Ces sels ressemblent aux chlorostannites et s'obtiennent de même [*Amer. Chem. J.*, **14**, 81].

Bromure stannique, $SnBr^4$. — Le brome, qui n'agit que très lentement sur l'étain dans le voisinage de son point de fusion, s'y combine par contre énergiquement lorsqu'on le fait tomber sur de l'étain en poudre grossière. On prépare ainsi facilement le bromure stannique [R. Lorenz, *Zeit. anorg. Chem.*, **9**, 365].

Le bromure stannique constitue une masse nacrée, blanche, fusible à 33° (Bœdecker a indiqué 30°), distillant à 203°,5 et se sublimant lentement à une température inférieure. D'après M. R. Lorenz, il bout à 201°. Il dissout l'iode et le soufre. Il absorbe le gaz ammoniac en donnant une masse blanche perdant de l'ammoniaque à chaud et donnant un sublimé $SnBr^4 . 2AzH^3$.

Le bromure stannique est déliquescent; le déliquium concentré sur l'acide sulfurique fournit des cristaux incolores de l'hydrate $SnBr^4 . 4H^2O$ [Boh. Rayman et C. Preis, *Ann. Chem.*, **223**, 323; *Bull. Soc. Chim.*, (2), **43**, 326].

Le bromure stannique traité par le peroxyde d'azote fournit une poudre blanche ayant pour composition $SnO^2 . 3SnOBr^2 . Az^2O^5$ et se décomposant par la chaleur en vapeur nitreuse, acide stannique et sans doute bromure d'azotyle [V. Thomas, *loc. cit.*].

Acide bromostannique. — M. C. Seubert le prépare en traitant 100 parties de bromure stannique fondu par 74 parties d'acide bromhydrique à 50 0/0. La solution se fait avec élévation de température, et la combinaison, de couleur ambrée, ne tarde pas à cristalliser. Ce sont des aiguilles jaunes ou, par un refroidissement lent, des tables d'apparence rhomboïdale, sans doute tricliniques, fumant à l'air et hygroscopiques. Les cristaux ont pour composition $SnH^2Br^6, 7H^2O$ [*D. chem. G.*, **20**, 794].

MM. Boh. Rayman et C. Preis avaient précédemment décrit cet acide comme formant des aiguilles ou des prismes très déliquescents renfermant $8H^2O$ [*Ann. Chem.*, **223**, 323].

Bromostannate de sodium. — Il est en grands cristaux prismatiques incolores, très solubles, d'après MM. Rayman et Preis; en aiguilles transparentes jaunes, très solubles mais non déliquescentes d'après M. Seubert, et renfermant $SnNa^2Br^6, 6H^2O$. Les cristaux deviennent opaques à 90° en perdant non seulement de l'eau, mais aussi du chlorure stannique. M. Leteur a obtenu le même sel, ainsi que le *bromostannate de lithium*, $SnLi^2Br^6, 6H^2O$ [*C. R.*, **113**, 540].

MM. Rayman et Preis ont encore décrit les sels suivants :

Bromostannate de calcium, $SnCaBr^6, 6H^2O$. — Fines aiguilles déliquescentes.

Bromostannate de strontium. — Comme le précédent.

Bromostannate de magnésium. — Tables déliquescentes renfermant $10H^2O$. Il a aussi été décrit par M. Leteur [*loc. cit.*].

Le *sel de manganèse* est en gros cristaux déliquescents, avec $6H^2O$, ainsi que le *sel de fer*, qui est en cristaux grenus.

Le *bromostannate de nickel* est en cristaux grenus vert-pomme contenant $8H^2O$. Celui de *cobalt* cristallise en tables orangées contenant $10H^2O$.

Oxybromures d'étain. — En traitant une solution de bromostannate de baryum par l'étain, on obtient de petits cristaux prismatiques, incolores, ayant pour composition $Sn^2Br^6O, 12H^2O$. Les eaux mères fournissent ensuite de fines aiguilles de l'oxybromure $Sn^3Br^8O^2, 10H^2O$ [Boh. Rayman et Preis, *loc. cit.*].

Iodure stannique, SnI^4. — Il se dissout dans le bromure d'arsenic en donnant un liquide mobile, rouge foncé, dont la densité, 3,73 à 15°, est supérieure à celle de tous les liquides connus.

L'iodure de méthylène dissout de même l'iodure stannique (22,9 0/0 à 10°); la solution a pour densité 3,481 [J.-W. Retgers, *Zeit. Phys. Chem.*, **11**, 328].

L'action du peroxyde d'azote sur l'iodure stannique fournit beaucoup d'iode libre et un composé amorphe incolore, insoluble dans l'eau, ayant pour composition $Sn^5O^{11}(AzO^3)^2 + 4H^2O$ [V. Thomas, *loc. cit.*]

Fluostannites. — En dissolvant l'hydrate stanneux récemment précipité dans les solutions des fluorhydrates de fluorures, M. Rich. Wagner [*D. chem. G.*, **19**, 896] a obtenu les sels bien cristallisés :

$$Sn(AzH^4)^2Fl^4, 2H^2O,$$
$$Sn^3K^2Fl^8, H^2O,$$
$$Sn^3Na^2Fl^8.$$

OXYDES D'ÉTAIN ET COMBINAISONS SALINES.

Oxyde stanneux. — Quand on projette un petit cristal de chlorure stanneux dans de l'eau en ébullition renfermant de l'hydrate stanneux, celui-ci se colore en rose, puis en rouge, et au bout de quelque temps il est entièrement converti en oxyde anhydre cristallisé, tantôt vert, tantôt violet. Si l'on continue à ajouter du chlorure stanneux par petites portions, en maintenant l'ébullition, l'oxyde se transforme en une poudre cristalline blanche. Finalement, avec un excès de bichlorure, on obtient une masse gélatineuse. Il se produit au début un oxychlorure

$$2\,SnCl^2 . 3\,SnO , 6\,H^2O,$$

mais celui-ci est immédiatement dédoublé par l'eau bouillante en bichlorure et oxyde anhydre; le chlorure stanneux, continuant son action, transforme progressivement tout l'hydrate stanneux en anhydride. Avec une plus grande quantité de chlorure stanneux, l'oxychlorure n'est plus dédoublé et le produit final est l'oxychlorure amorphe $SnCl^2 . SnO , 4\,H^2O$.

Une petite quantité d'acide chlorhydrique ou de chlorure d'ammonium agit comme le chlorure stanneux. Il en est de même de l'acide acétique. L'acide sulfurique n'agit pas de même, et cela tient à ce que le sulfate basique n'est pas dédoublé par l'eau [A. Ditte, *C. R.*, **94**, 79].

Les alcalis très étendus convertissent l'hydrate stanneux en anhydride, déjà à froid, l'hydrate se dissolvant d'abord, pour abandonner ensuite l'anhydride cristallin moins soluble. L'alcali poursuivant son action, cette transformation s'effectue peu à peu en totalité. Cette action est d'autant plus rapide que l'alcali est plus concentré. En même temps une partie de l'oxyde stanneux est convertie en stannate alcalin, tant par l'action de l'air que par l'action oxydante de l'alcali. Enfin, si la concentration dépasse une certaine limite, par exemple 400 grammes de potasse par litre, à 15°, l'oxyde stanneux se dédouble en étain et en acide stannique qui forme du stannate de potassium; celui-ci étant peu soluble dans la lessive concentrée, se dépose en cristaux. La soude, la baryte agissent comme la potasse, mais non l'ammoniaque, qui ne dissout pas l'hydrate stanneux [A. Ditte, *C. R.*, **94**, 864].

Azotate stanneux. — Il se dépose en cristaux limpides, ayant l'aspect du chlorate de potassium, lorsqu'on abandonne à — 20° une solution, faite à 0°, d'hydrate stanneux dans l'acide azotique de 1,20 de densité, dissolution qui renferme 1 molécule $Sn(OH)^2$ pour 2 molécules AzO^3H.

Les cristaux retirés de leur eau mère fondent immédiatement en un liquide incolore qui paraît avoir pour composition $(AzO^3)^2Sn , 20\,H^2O$.

Si l'on ajoute du carbonate de sodium à la solution de ce sel, en agitant, il se fait un précipité cristallin blanc, composé de petits prismes rectangulaires et ayant pour composition $Az^2O^7Sn^2$. Ce sel est partiellement décomposé et s'altère au contact de l'air. Chauffé, il se décompose violemment un peu au delà de 100°. Il détone aussi sous le choc ou par le frottement. Il prend également naissance quand on traite par l'étain les solutions des azotates dont les métaux sont précipitables par l'étain, notamment les azotates de cuivre et d'argent [R. Weber, *J. prakt. Chem.*, (2), **26**, 121].

L'azotate d'argent ajouté à une solution d'azotate stanneux en excès donne un précipité blanc, devenant rouge après quelque temps, de *métastannate d'argent* $Sn^5O^{11}Ag^2 , 3\,H^2O$. Avec un excès d'azotate d'argent, le précipité est rouge-brun et formé de stannate d'argent, SnO^3Ag^2 , H^2O. Avec une solution très étendue d'azotate d'étain et de l'azotate d'argent ajouté peu à peu en excès, le précipité a pour composition

$$Sn^5O^{11}Ag^2 . 2\,SnO^3Ag^2 , n\,H^2O.$$

On obtient de même les *métastannates de platine*, $Sn^5O^{11}Pt , 4\,H^2O$, et *de palladium*, $Sn^5O^{11}Pd , 4\,H^2O$. Ces réactions, qui sont très sensibles, sont caractéristiques des sels stanneux et ne se produisent pas avec les sels stanniques [A. Ditte, *C. R.*, **94**, 1114].

Arsénites stanneux,

$$2\,As^2O^3 . 3\,SnO = As^4O^9Sn^3.$$

— C'est un précipité caillebotté blanc produit par l'arsénite acide de potassium dans une solution de chlorure stanneux :

$$As^4O^7K^2 + 3\,SnCl^2 + 2\,H^2O$$
$$= 2\,KCl + 4\,HCl + As^4O^9Sn^3.$$

Il se manifeste en même temps une forte odeur d'hydrogène arsénié, dû à une réaction secondaire de l'acide chlorhydrique mis en liberté sur l'arsénite stanneux. La réaction principale est

$$As^4O^9Sn^3 + 12\,HCl$$
$$= 3\,SnCl^4 + As^2 + As^2O^3 + 6\,H^2O.$$

La potasse agit d'une manière analogue :

$$As^4O^9Sn^3 + 6\,KOH$$
$$= 3\,SnO^3K^2 + As^2 + As^2O^3 + 3\,H^2O.$$

Calciné, l'arsénite stanneux fournit un sublimé d'arsenic et d'anhydride arsénieux, et un résidu composé d'arsenic, d'arséniure de zinc et d'acide stannique [C. Reichard, *D. chem. G.*, **27**, 1025].

Anhydride stannique. — L'anhydride stannique pur fondu avec du carbonate de sodium se transforme en partie en lamelles hexagonales brillantes, ressemblant à l'or mussif, très difficilement attaquables par l'acide chlorhydrique. Le reste est converti en stannate cristallisé [M. Lévy et Bourgeois, *C. R.*, **94**, 1365].

La réduction de l'oxyde stannique par le magnésium se produit avec explosion, et l'expérience ne doit se faire que sur de petites quantités de matière [Cl. Winkler, *D. chem. G.*, **24**, 892].

Acide stannique. — L'électrolyse d'une solution étendue de chlorure de sodium, avec du charbon au pôle négatif et de l'étain au pôle positif, fournit de l'acide stannique gélatineux, devenant dense et cristallin quand on le chauffe [René Tamine, *Pat. all.*, n° 35220].

On obtient un acide stannique très dense en faisant passer un courant d'acide carbonique à travers une solution de stannate de sodium renfermant un excès d'alcali. Le même précipité se produit, suivant M. Auster, lorsqu'on fait bouillir une solution de stannate de sodium avec du carbonate de sodium, réaction qui, d'après M. A. Ditte, n'a pas lieu [Austen, *Chem. News*, **46**, 286. — A. Ditte, *Ann. Chim. Phys.*, (6), **30**, 282].

Le traitement d'un alliage d'étain et de bismuth Sn^3Bi^2 par l'acide azotique fournit un acide métastannique retenant 12,8 0/0 d'oxyde de bismuth. L'action de l'acide azotique sur un mélange de fer en excès et d'étain entraîne au contraire la dissolution complète de l'étain. C'est ce qu'avait déjà montré H. Rose. MM. C. Lepez et L. Storch ont étudié cette réaction (voyez plus loin Azotate stannique, p. 556).

L'acide stannique séché à l'air contient $2^{mol},6$ d'eau, à l'air sec 1 molécule et à 100° seulement $0^{mol},8$. Celui qui a été séché à l'air sec reprend de 2,3 à 2,0 H^2O à l'air. Après dessiccation à 100°, il en reprend de $1^{mol},7$ à $1^{mol},8$; enfin calciné, il en reprend $0^{mol},8$.

L'acide métastannique renferme de 2 molécules à $2^{mol},3$ d'eau à l'air et $0^{mol},8$ à l'air sec; enfin seulement $0^{mol},06$ à 100°. Dans ce dernier cas, il reprend 1,5 H^2O à l'air humide. Calciné, il reprend deux tiers de molécule [van Bemmelen, *D. chem. G.*, **13**, 1466].

M. G. Neumann a obtenu l'*ortho-hydrate* $Sn(OH)^4$ en mélangeant 2 parties d'une solution de chlorure stannique à 5 0/0 et 1 partie d'une solution saturée de sulfate ammonique. C'est un précipité blanc, soluble dans l'acide chlorhydrique, ayant la composition ci-dessus après dessiccation à l'air [*Mon. f. Chem.*, **12**, 515].

M. L. Vignon a étudié les variations de la fonction acide de l'acide stannique en observant les chaleurs de neutralisation de l'acide stannique SnO^3H^2, le seul hydrate donnant naissance à des sels cristallisables, de l'acide métastannique et de l'oxyde calciné.

L'acide SnO^3H^2, récemment préparé par l'action de la potasse sur le chlorure $SnCl^4$, est un acide énergique, décomposant les carbonates à froid et dégageant 32cal,7 par sa neutralisation par la potasse.

Si on le conserve pendant un mois, sa chaleur de neutralisation s'abaisse à 29cal,6, puis à 25cal,7, lorsqu'on le chauffe en tubes scellés avec de l'eau à 150°, enfin à 21cal,3 si on le chauffe de même avec de la potasse étendue.

L'acide métastannique $Sn^5O^{10}H^2$ séché à l'air dégage 11cal,5 par sa neutralisation ; chauffé à 110°, il ne dégage plus que 10cal,8, et après l'action de l'eau à 150°, seulement 5cal,3. Enfin l'acide calciné ne fournit plus que 1 calorie. Ces résultats tendent à montrer qu'il se forme successivement toute une série de polymères

$$Sn^n O^{2n+1} H^2 . (H^2O)^{n-1}$$

[*C. R.*, **108**, 1049].

D'après M. R. Lorenz [*Z. anorg. Chem.*, **9**, 369], les deux modifications de l'acide stannique ne sont pas dues à une différence dans le degré d'hydratation, car l'une et l'autre, dans des circonstances convenables, peuvent avoir pour composition SnO^3H^2 ou SnO^4H^4.

Stannates. — Les stannates alcalins donnent dans les solutions salines des précipités généralement amorphes; quelques-uns pourtant peuvent être obtenus cristallisés [A. Ditte, *C. R.*, **96**, 703].

Le précipité produit par les acides dans une solution de stannate alcalin est gélatineux ; mais si on le fait bouillir avec du bicarbonate de sodium, il devient dense et se dépose facilement. Le dosage de l'acide stannique devient ainsi aisé [P.-T. Austen, *Amer. Journ.*, **4**, 285].

Stannate de calcium, $SnO^3Ca, 5H^2O$. — Petits cristaux transparents d'apparence cubique, obtenus en précipitant le chlorure de calcium par le stannate de sodium et chauffant à 100°.

On l'obtient anhydre en chauffant au rouge blanc un mélange d'anhydride stannique, de chlorure de calcium et d'un peu de chaux, puis reprenant la masse par l'acide chlorhydrique. Il est en lamelles nacrées, en cubes ou octaèdres plus ou moins modifiés, inattaquables par les acides et par le carbonate de sodium fondu. Si l'on remplace la chaux par le sel ammoniac, on obtient de fines aiguilles d'anhydride stannique.

Stannate de strontium, $Sn^2O^7Sr^3, 10H^2O$. — Petits rhomboèdres groupés en feuilles de fougère, résultant de la transformation lente ou à chaud du précipité gélatineux obtenu par le stannate de potassium et le chlorure de strontium ou la strontiane.

Stannate de baryum, $SnO^4Ba^2, 10H^2O$. — Paillettes nacrées obtenues par le stannate de potassium et la baryte.

Stannate de nickel, $SnO^3Ni, 5H^2O$. — Il se dépose par le repos en petits cristaux vert clair, d'apparence cubique, du liquide obtenu en ajoutant du stannate de potassium à une solution très ammoniacale d'un sel de nickel jusqu'à ce que le précipité cesse de se redissoudre.

On obtient de même le *stannate de cobalt*, $SnO^3Co, 6H^2O$, en petits cristaux roses; le *stannate de zinc*, $Sn^2O^7Zn^3, 10H^2O$, en petits cristaux incolores; celui *d'argent*, SnO^3Ag, en petits cristaux, et celui *de cuivre*, $SnO^3Cu, 4H^2O$. Ce dernier se dépose de sa solution ammoniacale en petits cristaux qui, maintenus dans leur eau mère, se convertissent en cristaux plus volumineux renfermant $SnO^4Cu(AzH^4)^2, 2H^2O$.

Tous ces sels hydratés sont solubles à froid dans les acides chlorhydrique et azotique.

Métastannates. — La production des sels d'argent, de platine, de palladium a été indiquée plus haut (voyez Azotate stanneux).

Sels stanniques. — *Azotate stannique.* — L'étain en présence du fer en excès est totalement dissous avec celui-ci par l'action de l'acide azotique. Une solution d'azotate ferrique dissout également l'étain (à peu près 1 atome Sn pour 1 atome Fe). La solution évaporée dans le vide laisse un résidu jaune-brun, amorphe, soluble dans l'eau, ayant pour composition

$$1{,}8\,SnO^2 . H^2O . Fe^2O^3 . 1{,}8\,Az^2O^5.$$

Pour obtenir un produit plus riche en étain, MM. C. Lepez et L. Storch ont précipité par l'ammoniaque des solutions en proportions déterminées de chlorure stannique et d'azotate ferrique ; ils ont redissous le précipité dans l'acide azotique et évaporé la solution. Ils ont ainsi obtenu des résidus qui, lavés pour éliminer les sels ammoniacaux, avaient pour composition

$$4\,SnO^3H^2 . Fe^2O^3 . 1{,}1\,Az^2O^5$$

et

$$6\,SnO^3H^2 . Fe^2O^3 . 1{,}6\,Az^2O^5.$$

Ces résidus sont solubles dans l'eau en présence d'une petite quantité d'ammoniaque; la solution devient gélatineuse par la dialyse.

L'azotate chromique se comporte comme l'azotate ferrique; il n'en est pas de même de ceux d'aluminium, d'uranium, de nickel, de cobalt et de cuivre [*Mon. f. Chem.*, **10**, 283].

Sulfate stannique. — La solution de l'acide stannique gélatineux dans l'acide sulfurique étendu fournit par évaporation d'abord des aiguilles groupées en faisceaux, puis des lamelles rhomboïdales ou des rhomboèdres et finalement des cristaux plus compliqués du *sulfate normal* $(SO^4)^2Sn . 2H^2O$.

L'acide métastannique ainsi que l'anhydride stannique fournissent le même sel, qui est déliquescent et décomposable par une grande quantité d'eau.

Si la solution sulfurique chaude renferme un excès d'acide stannique, elle se prend par le refroidissement en une masse transparente qui, additionnée d'éther, abandonne des aiguilles microscopiques de *sulfate stannique basique*, $SO^4Sn(OH)^2$ [A. Ditte, *C. R.*, **104**, 172].

Séléniate stannique. — Le séléniate basique $SeO^4Sn(OH)^2$, obtenu comme le sulfate basique, est en lames rhomboïdales ou en prismes (A. Ditte).

Phosphates stanniques. — L'acide phosphorique fondu à une température insuffisante pour le déshydrater dissout de 2 à 5 0/0 d'acide stannique. Par l'addition de soude, il se sépare des cubes ou des cubo-octaèdres de la formule du pyrophosphate $P^2O^7Sn^{iv}$ [P. Hautefeuille et J. Margottet, *C. R.*, **102**, 1017].

M. Ouvrard a obtenu différents phosphates stanniques doubles par fusion de l'acide stannique avec les phosphates alcalins. Les métaphosphates lui ont fourni les composés :

$$3P^2O^5 . 4SnO^2 . K^2O,$$
$$3P^2O^5 . 4SnO^2 . Na^2O,$$
$$P^2O^5 . SnO^2 . Na^2O.$$

Avec les ortho- et pyrophosphates, il a obtenu les

sels $P^2O^5.2SnO^2.K^2O$ et $4P^2O^5.3SnO^2.6Na^2O$, soit $(PO^4)^8Sn^3Na^{12}$ [*C. R.*, **111**, 177].

Arsénite stannique. — L'arsénite acide de potassium fournit, dans une solution de chlorure stannique, un précipité volumineux blanc, jaunissant par la dessiccation, très soluble dans les acides et renfermant $2As^2O^3.5SnO^2$. Calciné, ce sel donne un sublimé d'anhydride arsénieux et un résidu brunâtre formé surtout d'anhydride stannique et d'arséniure d'étain [C. Reichard, *D. chem. G.*, **27**, 1024].

Oxalate stannique. — L'acide stannique se dissout facilement à chaud dans une solution d'acide oxalique. Par l'évaporation de la solution, il se dépose des cristaux clinorhombiques efflorescents, solubles dans l'eau, insolubles dans l'alcool, ayant pour composition

$$2(C^2O^4HK)SnO^2, 5H^2O.$$

L'acide sulfurique sépare de la solution de ce sel l'*acide oxalostannique* en cristaux peu solubles [E. Péchard, *C. R.*, **116**, 1516; *Bull. Soc. Chim.*, (3), **11**, 29].

Nouveau degré d'oxydation de l'étain. — Si l'on traite une solution concentrée de chlorure stanneux par l'hydrate de peroxyde de baryum, on la voit se troubler; elle renferme alors à l'état colloïdal un produit qui, séparé du chlorure de baryum par dialyse, se prend par la concentration d'abord à l'état gélatineux et finalement sous la forme d'une masse blanche renfermant $Sn^2O^7H^2$, soit $2SnO^3.H^2O$ [W. Spring, *Bull. Soc. Chim.*, (3), **1**, 180].

Sulfure stanneux. — Obtenu par fusion du soufre avec l'étain, le produit n'est pas homogène; mais si on le fond dans un courant d'hydrogène sec, il se forme au rouge vif, en avant et en arrière de la nacelle, du sulfure sublimé en losanges minces et brillants, offrant un angle voisin de 90°. Ces cristaux fondent à une température voisine de celle du point de sublimation en un liquide mobile. Fondu, le sulfure stanneux ressemble à la galène; sa cassure est lamelleuse et brillante. Sa solidification est accompagnée d'une forte dilatation. Densité à 0° = 5,0802. Sa volatilisation n'a pas lieu sans dissociation partielle, et, si on l'effectue dans un courant d'hydrogène, il y a dégagement d'hydrogène sulfuré et production d'étain métallique. Ce n'est pas là le fait d'une réduction, puisque inversement l'étain décompose l'hydrogène sulfuré [A. Ditte, *C. R.*, **96**, 1790].

Insoluble dans le sulfure K^2S à l'abri de l'air, le sulfure stanneux peut néanmoins s'y dissoudre en partie si la solution de sulfure renferme au delà de 200 grammes de K^2S par litre; il y a alors mise en liberté d'étain :

$$2SnS + K^2S = SnS^3K^2 + Sn.$$

L'étain lui-même, si le sulfure alcalin est très concentré, se dissout d'après l'équation

$$Sn + 3K^2S + 4H^2O = SnS^3K^2 + 4KOH + 4H.$$

La potasse en grand excès peut décomposer le sulfure stanneux en donnant du sulfure de potassium et de l'oxyde stanneux, qui lui-même peut être dédoublé en étain et stannate de potassium [A. Ditte, *C. R.*, **94**, 1419, 1470].

Le protosulfure d'étain n'est attaqué qu'à chaud par le gaz chlorhydrique sec. L'action de l'acide chlorhydrique dissous sur le sulfure anhydre doit avoir lieu, d'après les prévisions thermiques, même avec un acide très dilué. La réaction

$$\underset{78^{cal},6}{SnS + 2HCl\,(diss.)} = \underset{81^{cal},2}{SnCl^2\,(diss.)} + \underset{9^{cal},2}{H^2S\,(diss.)}$$

doit en effet se produire pourvu que la chaleur de formation de SnS soit inférieure à $11^{cal},8$ (90,4-78,6), ce qui est certainement le cas. En effet, l'attaque du sulfure commence déjà à froid avec un acide à 83 grammes HCl par litre. Il se forme $SnCl^2$ et H^2S jusqu'à un certain état d'équilibre qui a été étudié par M. A. Ditte et qui dépend nécessairement de la température et de la concentration.

L'attaque du sulfure stanneux hydraté commence déjà avec un acide à 10 grammes HCl par litre [A. Ditte, *C. R.*, **97**, 42].

L'hydrogène sulfuré produit d'abord, dans une solution saturée de chlorure stanneux, des paillettes d'un rouge brun qui sont constituées par un chlorosulfure, qu'un excès d'hydrogène sulfuré décompose, ainsi que l'eau.

Sulfure stannique. — Il se forme, comme l'a montré M. Spring, par une série de compressions à 6,500 atmosphères d'un mélange de soufre et d'étain [*Bull. Soc. Chim.*, (2), **39**, 641; *D. chem. G.*, **16**, 1002].

Le produit compact, d'un gris jaunâtre, se dissout dans le sulfure de sodium, lentement à froid, rapidement à chaud. Il renferme donc du sulfure stannique et de l'étain, et non du sulfure stanneux, bien que les proportions de soufre et d'étain aient été prises dans le rapport Sn^2S.

Lorsqu'on traite une solution de chlorure stannique par l'hydrogène sulfuré après l'avoir additionnée d'oxalate potassique ou ammonique, ou bien d'acide oxalique, on obtient un précipité volumineux rouge-brun qui, lavé et séché, renferme $2SnS^2, H^2O$, ainsi qu'une solution jaune-rouge très instable. On obtient cette même solution, mais plus stable, en saturant par l'acide oxalique une solution de sulfostannate de sodium. La solution jaune renferme l'étain et le soufre dans le rapport Sn : S^3, après expulsion de l'hydrogène sulfuré libre par un courant d'air; sans doute à l'état d'acide sulfostannique SnS^3H^2 avant l'élimination de l'hydrogène sulfuré. L'acide phosphorique et quelques autres acides agissent comme l'acide oxalique [L. Storch, *Mon. f. Chem.*, **10**, 255].

Sulfostannates. — On obtient le *sulfostannate de potassium*, $SnS^3K^2, 3H^2O$, en prismes transparents, incolores ou jaunâtres, en faisant bouillir une solution de sulfure de potassium avec du soufre et de l'étain et abandonnant la solution à la cristallisation dans le vide.

En remplaçant le soufre par le sélénium, on obtient une solution d'un rouge grenat qui fournit des cristaux très solubles et déliquescents du sel $SnSSe^2K^2, 3H^2O$, altérable à l'air. Avec le séléniure de potassium, le sélénium et l'étain, on obtient par cristallisation dans le vide le sel très altérable $SnSe^3K^2$.

Le *sulfostannate de sodium*, $SnS^3Na^2, 3H^2O$, et le *séléniosulfostannate*, $SnSe^2SNa^2, 3H^2O$, ressemblent aux sels potassiques.

Sulfostannate d'ammonium,

$$Sn^3S^7(AzH^4)^2, 6H^2O.$$

— Obtenu par digestion de l'étain avec du polysulfure d'ammonium, il cristallise dans le vide en lamelles jaunes, décomposables par l'eau pure.

Le *séléniosulfostannate*,

$$Sn^3Se^6S(AzH^4)^2, 3H^2O,$$

préparé par dissolution du séléniure d'étain hydraté dans le sulfhydrate d'ammoniaque, cristallise en lamelles très altérables.

Les polysulfures alcalino-terreux dissolvent l'étain pour donner les sulfostannates correspondants, qui cristallisent dans le vide.

Le *sel de baryum*, $SnS^3Ba, 8H^2O$, est en cristaux jaune-citron, inaltérables par l'eau froide.

Le *sel de strontium*, $SnS^3Sr, 12H^2O$, cristallise en prismes transparents incolores.

Le *sel de calcium*, $SnS^4Ca^2, 14H^2O$, est en cristaux transparents, d'un jaune citron [A. Ditte, *C. R.*, **95**, 641 et 1355].

Oxysulfure d'étain, $Sn^2S^3O, 12H^2O$. — Le sulfure stannique récemment précipité se dissout lentement dans l'ammoniaque ou dans le carbonate ammonique. La solution dans l'ammoniaque est complète après quelques jours. Neutralisée par l'acide sulfurique, elle fournit un volumineux précipité *blanc*, ayant la composition ci-dessous et se dissolvant facilement dans l'ammoniaque, le carbonate ou le sulfure ammoniques. Soumis à la dessiccation, il répand l'odeur du soufre précipité dont il renferme en effet une petite quantité. Sec, le produit prend une teinte jaune verdâtre et se dissout plus difficilement dans le carbonate ammonique. Après un ou deux mois de dessiccation à l'air, il renferme de 11,5 à 11 H^2O; après six mois, seulement 5 H^2O [F.-V. Schmidt, *D. chem. G.*, **27**, 2739].

Séléniure d'étain, SnSe. — M. Ditte l'a obtenu en fondant l'étain avec le sélénium et distillant le produit dans un courant d'hydrogène. Il est sublimable, mais les cristaux fondent facilement à la température de la sublimation, soit au rouge clair. Il se volatilise sans décomposition sensible. Il se comporte comme le sulfure stanneux à l'égard de l'acide chlorhydrique [*C. R.*, **96**, 1790].

Le *séléniostannate de potassium*,

$$SnSe^3K^2, H^2O,$$

est très soluble et inaltérable [*C. R.*, **95**, 1355].

Tellurure d'étain, SnTe. — La combinaison se fait avec production de lumière à la température de fusion de l'étain. C'est une masse grise, pulvérulente. Chauffé dans un courant d'hydrogène, il fond au rouge blanc et émet des vapeurs vertes, puis distille lentement et se condense en cristaux paraissant appartenir au type régulier. Densité = 6,478. Il n'est pas décomposé par la chaleur. Il est inattaquable par l'acide chlorhydrique gazeux, mais non par l'acide concentré [A. Ditte, *C. R.*, **96**, 1790].

Sulfophosphures d'étain. — M. Friedel a décrit deux sulfophosphures d'étain obtenus en faisant réagir en tube scellé, à la température de ramollissement du verre, un mélange de soufre et de phosphore sur l'étain.

Le composé PS^3Sn constitue une masse cristalline d'un jaune orangé. Il est attaqué par l'eau à l'ébullition avec dégagement d'hydrogène sulfuré; la potasse le dissout rapidement.

Le composé P^2S^6Sn est une masse cristalline rayonnée, d'un brun jaunâtre, s'altérant à l'air en devenant opaque et jaune et en dégageant de l'hydrogène sulfuré.

Ces corps appartiennent à une série de corps bien définis que M. Friedel envisage comme des *thiohypophosphates*, ayant pour formule générale

```
  ⁄S⟩M″
P–S⁄
   ⟩S
  ⁄
PS⟨S⟩M″
    S⁄
```

Le premier composé est le dérivé stanneux, le second le dérivé stannique [*C. R.*, **119**, 260].

M. A. Granger [*C. R.*, **122**, 322] a préparé un phosphosulfure Sn^3PS^2 en chauffant dans un tube de verre vert, au sein d'une atmosphère d'acide carbonique, du phosphore rouge et du sulfure stannique placés dans des nacelles. C'est un corps d'un gris noir, cristallisé en écailles brillantes, dont l'aspect rappelle l'oligiste micacé des volcans. L'acide chlorhydrique et l'acide azotique sont sans action sur lui, ainsi que l'eau régale. Le chlore et le brome l'attaquent à chaud.

Ed. Willm.

ÉTAIN (ANALYSE). — *Dosage électrolytique.* — L'étain forme au pôle négatif un dépôt d'un gris d'argent par l'électrolyse de l'oxalate ammoniacal. Avec l'oxalate d'étain et de potassium, il se dépose au pôle positif un sel basique [Alex. Classen et A.-V. Reis, *D. chem. G.*, **14**, 1628. — Al. Classen, *idem*, **27**, 2074]. Pour doser l'étain par électrolyse, après séparation de l'antimoine de la solution dans le chlorure de sodium, solution d'où l'étain ne se dépose pas (voyez 2e Suppl., **1**, 347), le mieux est de décomposer la solution par l'acide sulfurique étendu, d'oxyder le sulfure stannique par l'eau oxygénée, puis de dissoudre l'acide stannique dans l'acide oxalique à chaud et de soumettre enfin cette solution à l'électrolyse [Al. Classen et Schelle, *D. chem. G.*, **21**, 2897].

L'étain se dose aussi facilement, à l'aide de deux éléments Bunsen, dans une solution étendue de sulfure stannique dans le sulfure ammonique [Classen, *D. chem. G.*, **17**, 2476].

Séparation de l'antimoine et de l'arsenic. — Nous ajouterons les procédés suivants à ceux qui ont été indiqués (2e Suppl., **1**, 347 et 372]. Pour séparer l'étain de l'antimoine, M. H.-N. Warren attaque les sulfures par l'eau régale, concentre pour chasser l'excès d'acide azotique, puis ajoute à la solution de l'acide chlorhydrique et du ferrocyanure de potassium en excès. L'étain seul est précipité. On sèche, on calcine le précipité, puis on le réduit par un courant d'hydrogène et on redissout l'étain dans l'acide chlorhydrique [*Chem. News*, **37**, 124].

Le même auteur indique encore la méthode suivante : Le précipité des sulfures est introduit dans une lessive bouillante de soude. La moitié de la solution est additionnée d'acide oxalique jusqu'à redissolution de tout le sulfure d'étain, puis le sulfure d'antimoine est converti en peroxyde qu'on pèse. L'autre moitié est précipitée par l'acide chlorhydrique. Du poids des oxydes obtenus à l'aide des sulfures précipités, on retranche le poids de Sb^2O^4 précédemment trouvé. La différence est l'anhydride stannique [*Chem. News*, **62**, 216; **67**, 16].

M. J. Clark traite la solution des chlorures, privée le cas échéant du chlorure d'arsenic par distillation, par une solution concentrée et bouillante d'acide oxalique, puis sature pendant le refroidissement par l'hydrogène sulfuré, qui ne précipite que le sulfure d'antimoine. On décompose ensuite l'acide oxalique par le permanganate de potassium et on précipite l'étain à l'état de sulfure [*Chem. Soc.*, 1892, **1**, 424].

Th. Poleck traite le mélange des trois sulfures, séparés de leur solution sulfammonique, par une solution de peroxyde de sodium. Leur oxydation est très rapide. On procède ensuite à la séparation par les procédés usuels [*D. chem. G.*, **27**, 1052].

Pour séparer l'antimoine de l'étain, on pèse ces deux métaux sous la forme d'oxydes, puis on introduit ceux-ci dans un verre de Bohême avec de l'acide chlorhydrique et une lame d'étain. Celle-ci réduit l'antimoine à l'état métallique et l'oxyde stannique à l'état de chlorure stanneux. On recueille le précipité d'antimoine, on le lave à l'eau, puis à l'alcool et on le pèse après dessiccation. Du poids de l'antimoine et du mélange des oxydes on déduit facilement le poids de l'étain [Mengin, *C. R.*, **119**, 224].

Dosage du plomb dans les alliages d'étain. — On traite 1 gramme d'étain plombifère par

20 centimètres cubes d'acide chlorhydrique concentré, on y ajoute de l'eau de brome, dont on expulse ensuite l'excès; on étend à 100 centimètres cubes et on verse la solution froide dans 40 grammes de sulfure de sodium dissous dans 150 centimètres cubes d'eau. On filtre le sulfure de plomb et on le transforme en sulfate, que l'on pèse. Comme il peut renfermer de l'étain, on le dissout ensuite dans le tartrate d'ammonium, qui laisse l'acide stannique, dont le poids est à déduire [G. Schwarz, *Chem. Zeit.*, **12**, 52].

La volatilisation complète de l'étain dans un courant de gaz chlorhydrique à 200° permet de le séparer du plomb, dont le chlorure reste seul (avec les autres chlorures fixes s'il y en a) [Jannasch, *D. chem. G.*, **27**, 3336].

Dosage du chlorure stanneux. — D'après M. W. French, l'eau oxygénée agit sur la solution aussi neutre que possible de $SnCl^2$, en précipitant de l'acide stannique qui se dépose rapidement et se lave facilement [*Chem. News*, **65**, 133].

M. Jolles opère le dosage volumétrique à l'aide d'une solution titrée de permanganate alcalin (4 à 5 grammes $Mn^2O^7K^2$ et 8 à 10 grammes KOH par litre, puis établissement du titre). Il verse l'essai (de 0gr,2 à 0gr,4 de sel stanneux dans 250 centimètres cubes d'acide chlorhydrique étendu) dans 10 centimètres cubes de la solution de permanganate (ou plutôt manganate) jusqu'à décoloration de la liqueur clarifiée. La réaction est la suivante :

$$SnCl^2 + 2KOH + MnO^4K^2$$
$$= 2KCl + SnO^2 + MnO^3K^2 + H^2O$$

[*Chem. Zeit.*, **12**, 597].

M. Léon Crismer a proposé un autre procédé volumétrique, fondé sur les deux réactions

$$2CrO^4K^2 + 6KI + 16HCl$$
$$= Cr^2Cl^6 + 8H^2O + 10KCl + 3I^2,$$
$$I^2 + SnCl^2 + 2HCl = SnCl^4 + 2HI$$

[*D. chem. G.*, **17**, 646; *Bull. Soc. Chim.*, (2), **44**, 518].

Essai de la cassitérite. — Le minerai pulvérisé est pesé dans une nacelle de porcelaine, puis chauffé dans un courant d'hydrogène sec pendant 2 heures. On traite ensuite l'essai par l'acide chlorhydrique et on dose l'étain dissous par les procédés habituels [W. Hampe, *Chem. Zeit.*, 1887, 19].

Ed. Willm.

ÉTHAL. — Voyez CÉTYLIQUE (ALCOOL).

ÉTHANE. — En comprimant et en refroidissant énergiquement l'éthane en présence d'eau, M. Villard a obtenu un hydrate cristallisé, dont la tension de dissociation est à 0° de 6 atmosphères, et à 12° de 18 atmosphères, et qui se détruit au-dessus de 12° [*C. R.*, **106**, 1602].

Voici les points d'ébullition de l'éthane pur sous diverses pressions :

Températures.	Pressions.
+ 35° (temp. critique).	50,2 atm. (press. critique).
+ 29°	46,7 —
+ 23°,5	40,4 —
0°	23,8 —
— 93° (point d'ébull.).	1 —
—151°	encore liquide.

[K. Olszewski, *D. chem. G.*, **27**, 3306].

La température d'inflammation avec explosion de l'éthane mélangé à la quantité voulue d'oxygène a été déterminée par MM. Victor Meyer et A. Münch, qui donnent les chiffres suivants, 622°, 605°, 622°, obtenus dans diverses expériences [*D. chem. G.*, **26**, 2430].

MM. Fr. Freyer et V. Meyer ont trouvé, en opérant à la pression ordinaire 606° et 650°, et en vase clos 518° et 606° [*Zeitschr. f. physikal. Chem.*, **11**, 28].

La chaleur de combustion de l'éthane a été trouvée par MM. Berthelot et Matignon égale à 370cal,9 [*C. R.*, **116**, 1333].

Ch. Moureu.

ÉTHANE-TRICARBONIQUE (ACIDE) [Syn. *Acide éthényltricarbonique, acide vinyltricarbonique, acide butane-dioïque-méthyloïque* 2] (voyez 1er Suppl., **1**, 692),

$$\begin{array}{l} CH^2-CO^2H \\ | \\ CH-CO^2H \\ | \\ CO^2H \end{array}$$

— MM. Haller et Barthe [*Ann. Chim. Phys.*, (6), **18**, 284] obtiennent l'éther de cet acide en saturant de gaz chlorhydrique une solution dans l'alcool absolu d'éther cyano-succinique :

$$\begin{array}{l} CH^2-CO^2C^2H^5 \\ | \\ CH-CO^2C^2H^5 \\ | \\ CAz \end{array}$$

Le sel de potassium de l'acide prend naissance lorsqu'on traite par la potasse, en solution aqueuse, l'éther acétylène-tétracarbonique [C.-A. Bischoff, *D. chem. G.*, **13**, 2162] :

$$\begin{array}{l} CO^2C^2H^5 \\ | \\ CH-CO^2C^2H^5 \\ | \\ CH-CO^2C^2H^5 \\ | \\ CO^2C^2H^5 \end{array} + 5KOH = CO^3K^2 + 4C^2H^5OH + \begin{array}{l} CH^2-CO^2K \\ | \\ CH-CO^2K \\ | \\ CO^2K \end{array}$$

Enfin, quand on distille, sous la pression normale, l'éther oxalo-succinique, il se dédouble en oxyde de carbone et éther éthane-tricarbonique [W. Wisliscenus, *D. chem. G.*, **27**, 792] :

$$\begin{array}{l} CH^2-CO^2C^2H^5 \\ | \\ CH-CO-CO^2C^2H^5 \\ | \\ CO^2C^2H^5 \end{array} = CO + \begin{array}{l} CH^2-CO^2C^2H^5 \\ | \\ CH-CO^2C^2H^5 \\ | \\ CO^2C^2H^5 \end{array}$$

L'acide éthane-tricarbonique cristallise en prismes fusibles à 159°; pendant la fusion, le corps se décompose en acide carbonique et acide succinique. Il est soluble dans l'eau, dans l'alcool et dans l'éther; le benzène bouillant le dissout à peine; il est bon conducteur de l'électricité.

Le *sel de potassium* cristallise en tables rhombiques.

Le *sel de sodium*, $C^5H^3O^6Na^3$, est une poudre blanche, cristalline, légèrement hygroscopique.

Le *sel de baryum*, $(C^5H^3O^6)^2Ba^3$, cristallise avec une molécule d'eau.

Le *sel de calcium*, $(C^5H^3O^6)^2Ca^3$, est une masse vitreuse, moins soluble dans l'eau bouillante que dans l'eau froide.

Le *sel de zinc*, $(C^5H^3O^6)^2Zn^3$, se présente sous la forme de cristaux transparents, plus solubles dans l'eau froide que dans l'eau chaude.

Le *sel d'argent* séché à 100° a pour formule $C^5H^3O^6Ag^3$; il est amorphe.

L'*éther éthylique* parfaitement pur bout à 278°,3 (corr.) sous la pression atmosphérique, et à 156-158° sous la pression de 15 millimètres. Sa densité à 20° est 1,0953; l'indice de réfraction par rapport à la raie D est $n = 1{,}4315$; la dispersion est $D = 36{,}7$.

Réactions diverses. — Nous venons de voir que l'acide éthane-tricarbonique se décompose, à sa température de fusion, en acide carbonique et acide succinique. Ce dédoublement, qui s'effectue d'après l'équation suivante :

$$\begin{array}{l} CH^2-CO^2H \\ | \\ CH-CO^2H \\ | \\ CO^2H \end{array} = \begin{array}{l} CH^2-CO^2H \\ | \\ CH^2-CO^2H \end{array} + CO^2,$$

montre que l'acide éthane-tricarbonique se comporte, sous l'influence de la chaleur, comme un dérivé de l'acide malonique [C. A. Bischoff, *D. chem. G.*, **13**, 2162].

Lorsque l'on fait passer un courant de chlore dans de l'éther éthane-tricarbonique, il se dégage du gaz chlorhydrique, et on obtient l'éther monochloré :

$$\begin{array}{l} \quad\;\; CH^2-CO^2C^2H^5 \\ \quad\;\; | \\ Cl-C-CO^2C^2H^5 \\ \quad\;\; | \\ \quad\;\; CO^2C^2H^5 \end{array}$$

Ce composé est un liquide incolore, bouillant à 290° en se décomposant partiellement. Si on le chauffe avec de l'acide chlorhydrique aqueux au réfrigérant à reflux, on voit se dégager de l'acide carbonique, et on obtient, avec un rendement presque théorique, de l'acide fumarique. Voici l'équation de cette réaction :

$$\begin{array}{l} \quad\;\; CH^2-CO^2C^2H^5 \\ \quad\;\; | \\ Cl-C-CO^2C^2H^5 + 3H^2O \\ \quad\;\; | \\ \quad\;\; CO^2C^2H^5 \end{array}$$

$$= \begin{array}{l} CH-COOH \\ \| \\ CH-COOH \end{array} + CO^2 + HCl + 3C^2H^5OH.$$

Le même éther chloré, saponifié par la lessive de potasse, donne du carbonate de potassium et le sel de potassium de l'acide malique racémique :

$$\begin{array}{l} \quad\;\; CH^2-CO^2C^2H^5 \\ \quad\;\; | \\ Cl-C-CO^2C^2H^5 + 5KOH \\ \quad\;\; | \\ \quad\;\; CO^2C^2H^5 \end{array}$$

$$= \begin{array}{l} \quad\;\; CH^2-CO^2K \\ \quad\;\; | \\ OH-CH-CO^2K \end{array} + KCl + K^2CO^3 + 3C^2H^5OH$$

[*loc. cit.*]. Si l'on remplace la potasse aqueuse par la potasse alcoolique, on obtient l'éther éthoxyéthane-tricarbonique $C^2H^5O-C^5H^3O^6$.

Enfin, l'éther chloroéthane-tricarbonique réagit sur l'éther malonique sodé, pour donner l'éther propargylpentacarbonique (*pentane-dioïque-triméthyloïque* 2.3.3, liquide qui distille à 275-280° sous 188 millimètres :

$$\begin{array}{l} CH^2-CO^2C^2H^5 \\ | \\ C \begin{array}{l} \diagup CO^2C^2H^5 \\ \diagdown CO^2C^2H^5 \end{array} \\ | \\ CH \begin{array}{l} \diagup CO^2C^2H^5 \\ \diagdown CO^2C^2H^5 \end{array} \end{array}$$

[Bischoff, *D. chem. G.*, **21**, 2115].

L'acide éthane-tricarbonique, chauffé en tubes scellés avec du brome, produit un acide dibromosuccinique identique à celui que l'on obtient par l'addition de brome à l'acide maléique [Arthur Michael, *Amer. Chem. Journ.*, 9, 219-222].

L'éther éthane-tricarbonique possède 1 atome d'hydrogène facilement remplaçable par du sodium : c'est celui qui est lié au carbone tertiaire

$$\begin{array}{l} | \\ CH-. \\ | \end{array}$$

Le dérivé sodé qui se forme ainsi peut réagir sur les résidus halogénés pour donner des éthers éthane-tricarboniques substitués. C'est ainsi que, par l'action successive de l'éthylate de sodium et de l'éther monochloracétique sur l'éther éthane-tricarbonique, on obtient un composé désigné sous le nom d'éther *isoallylène-tétracarbonique*, qui prend naissance d'après l'équation suivante :

$$\begin{array}{l} \quad\;\;\; CH^2-CO^2C^2H^5 \\ \quad\;\;\; | \\ Na-C-CO^2C^2H^5 \\ \quad\;\;\; | \\ \quad\;\;\; CO^2C^2H^5 \end{array} + ClCH^2-CO^2C^2H^5$$

$$= NaCl + CO^2C^2H^5-CH^2-\begin{array}{l} CH^2-CO^2C^2H^5 \\ | \\ C-CO^2C^2H^5 \\ | \\ CO^2C^2H^5 \end{array}$$

Cet éther est une huile incolore qui bout à 199-201° sous 25 millimètres, et à 293-296° avec décomposition partielle sous 725 millimètres. Sa densité à 15° est 1,102 par rapport à l'eau à la même température. Traité par la potasse en solution aqueuse, il est complètement saponifié au bout de peu de temps. L'acide qui a pris naissance, ou acide *isoallylène-tétracarbonique*,

$$CO^2H-CH^2-\begin{array}{l} CH^2-CO^2H \\ | \\ C-CO^2H \\ | \\ CO^2H \end{array}$$

cristallise en longs prismes; il est soluble dans l'eau, l'alcool, l'éther, et donne des sels bien cristallisés. Chauffé pendant longtemps à la température de 151°, il se dédouble quantitativement en acide carbonique et acide tricarballylique [C. A. Bischoff, *D. chem. G.*, **13**, 2164],

$$CO^2H-CH^2-\begin{array}{l} CH^2-CO^2H \\ | \\ C-CO^2H \\ | \\ CO^2H \end{array} = CO^2 + \begin{array}{l} CH^2-CO^2H \\ | \\ CH-CO^2H \\ | \\ CH^2-CO^2H \end{array}$$

De même, si on traite l'éther éthane-tricarbonique successivement par l'éthylate de sodium et l'éther chlorosuccinique, on obtient un *éther pentacarbonique*, d'après l'équation

$$\begin{array}{l} \quad\;\;\; CH^2-CO^2C^2H^5 \\ \quad\;\;\; | \\ Na-C-CO^2C^2H^5 \\ \quad\;\;\; | \\ \quad\;\;\; CO^2C^2H^5 \end{array} + \begin{array}{l} CHCl-CO^2C^2H^5 \\ | \\ CH^2-CO^2C^2H^5 \end{array}$$

$$= NaCl + CO^2C^2H^5\cdot\begin{array}{l} \\ CH \\ | \\ CO^2C^2H^5-CH^2 \end{array} - \begin{array}{l} CH^2-CO^2C^2H^5 \\ | \\ C\cdot CO^2C^2H^5 \\ | \\ CO^2C^2H^5 \end{array}$$

Cet éther, qu'on écrit plus couramment sous la forme

$$\begin{array}{l} CH^2-CO^2C^2H^5 \\ | \\ C \begin{array}{l} \diagup CO^2C^2H^5 \\ \diagdown CO^2C^2H^5 \end{array} \\ | \\ CH-CO^2C^2H^5 \\ | \\ CH^2-CO^2C^2H^5 \end{array}$$

porte le nom d'*éther butane-pentacarbonique* (*hexane-dioïque-triméthyloïque* 3.4.4).

C'est une huile épaisse, incolore, distillant à 216-218° sous 16 millimètres, et ayant pour densité à 20° d=1,14088 [Émery, *D. chem. G.*, **23**, 3760].

L'éther éthane-tricarbonique sodé se condense avec l'éther fumarique pour donner un nouveau dérivé sodé, qui, par saponification, se dédouble en alcool, acide carbonique et acide tétracarbonique normal fusible à 189° [K. Auwers, *D. chem. G.*, **24**, 313] :

$$1^\circ\quad \begin{array}{l} CO^2C^2H^5-CH \\ \qquad\quad \| \\ CO^2C^2H^5-CH \end{array} + \begin{array}{l} \quad CH^2-CO^2C^2H^5 \\ \quad\; | \\ NaC-CO^2C^2H^5 \\ \quad\; | \\ \quad CO^2C^2H^5 \end{array}$$

$$= \begin{array}{l} \\ CO^2C^2H^5-CH \\ \qquad\quad | \\ CO^2C^2H^5-CHNa \end{array} - \begin{array}{l} CH^2-CO^2C^2H^5 \\ | \\ C-CO^2C^2H^5 \\ | \\ CO^2C^2H^5 \end{array}$$

$$2^\circ\quad \begin{array}{l} \\ CO^2C^2H^5-CH \\ \qquad\quad | \\ CO^2C^2H^5-CHNa \end{array} - \begin{array}{l} CH^2-CO^2C^2H^5 \\ | \\ C-CO^2C^2H^5 \\ | \\ CO^2C^2H^5 \end{array} + 5H^2O$$

$$= CO^2 + 5C^2H^5OH + \begin{array}{l} CH^2-CO^2H \\ | \\ CH-CO^2H \\ | \\ CH-CO^2H \\ | \\ CO^2H \end{array}$$

Lorsqu'on fait réagir l'iode sur la combinaison sodée de l'éther éthane-tricarbonique, on obtient l'éther d'un acide hexabasique, connu sous le nom d'acide *butone-hexacarbonique* [Bischoff, *D. chem. G.*, **16**, 1046] :

$$2\left(\begin{array}{l} \quad CH^2-CO^2C^2H^5 \\ \quad\; | \\ NaC-CO^2C^2H^5 \\ \quad\; | \\ \quad CO^2C^2H^5 \end{array}\right) + I^2$$

$$= 2NaI + \begin{array}{l} CO^2C^2H^5-CH^2 \\ \qquad\qquad\; | \\ CO^2C^2H^5-C \\ \qquad\qquad\; | \\ \qquad\quad CO^2C^2H^5 \end{array} - \begin{array}{l} CH^2-CO^2C^2H^5 \\ | \\ C-CO^2C^2H^5 \\ | \\ CO^2C^2H^5 \end{array}$$

Le même corps se forme encore quand on met en présence du dérivé sodé le dérivé chloré de l'éther éthane-tricarbonique :

$$\begin{array}{l} \quad CH^2-CO^2C^2H^5 \\ \quad\; | \\ NaC-CO^2C^2H^5 \\ \quad\; | \\ \quad CO^2C^2H^5 \end{array} + \begin{array}{l} \quad CH^2-CO^2C^2H^5 \\ \quad\; | \\ ClC-CO^2C^2H^5 \\ \quad\; | \\ \quad CO^2C^2H^5 \end{array}$$

$$= NaCl + \begin{array}{l} CO^2C^2H^5\;\; CH^2 \\ \qquad\qquad\quad | \\ CO^2C^2H^5-C \\ \qquad\qquad\quad | \\ \qquad\quad CO^2C^2H^5 \end{array} - \begin{array}{l} CH^2-CO^2C^2H^5 \\ | \\ C-CO^2C^2H^5 \\ | \\ CO^2C^2H^5 \end{array}$$

L'*éther butone-hexacarbonique* cristallise en tablettes hexagonales fusibles à 56°,5 [Bischoff et Rach, *D. chem. G.*, **17**, 2786].

Ch. Moureu.

ÉTHÉNYLAMIDINE. — Voyez Acétamidine.

ÉTHÉNYLAMIDO-NAPHTYLMERCAPTAN,

$$C^{10}H^6 \lessgtr \begin{array}{c} Az \\ S \end{array} \gtrless C.CH^3$$

[P. Jacobson, *D. chem. G.*, **20**, 1895 ; *Bull. Soc. Chim.*, (2), **48**, 750]. — Lorsqu'on fait couler une solution alcaline de thioacétyl-naphtalide dans la quantité théorique d'une solution aqueuse de ferrocyanure de potassium à 20 0/0, on voit le mélange se troubler et laisser déposer cette combinaison sous la forme d'aiguilles blanches, fusibles à 94,5-95°,5, facilement solubles dans l'alcool, douées d'une odeur aromatique agréable. L'éthényl-amido-naphtyl-mercaptan est une base assez forte ; son *chlorhydrate* cristallise en aiguilles incolores.

Hofmann [*D. chem. G.*, **20**, 1798] l'a aussi obtenu en même temps que de l'oxalyl-amido-naphtyl-mercaptan en chauffant l'α-naphtylacétamide avec du soufre, et Jacobson en chauffant à 200-220° le diacétyl-amido-naphtyl-mercaptan,

$$C^{10}H^6 \begin{array}{l} < AzH.CO.CH^3 \\ \searrow S.CO-CH^3 \end{array}$$

avec de l'acide chlorhydrique concentré.

F. Reverdin.

ÉTHÉNYLAMIDOXIME (DÉRIVÉS) (voyez Éthénylamidoxime, 2ᵉ Suppl., **1**, 228). — Les *éthers méthylique* et *éthylique* de l'éthénylamidoxime sont des corps solubles dans l'eau, facilement décomposables, hygroscopiques, et très difficiles à isoler à l'état de pureté.

Méthylcarbamido-benzyloxime [Syn. *Éthénylamidoxime-benzylique*],

$$CH^3-C \begin{array}{l} \lessgtr AzO-CH^2-C^6H^5 \\ \searrow AzH^2 \end{array}$$

— On prépare ce corps en faisant agir le chlorure de benzyle sur l'éthénylamidoxime sodée. A la solution de 1 molécule de chlorhydrate d'éthénylamidoxime dans l'alcool absolu, on ajoute peu à peu, en refroidissant fortement, 2 molécules d'éthylate de sodium. On filtre pour séparer le chlorure de sodium qui s'est formé, et on verse dans le liquide filtré 1 molécule de chlorure de benzyle. Le mélange est chauffé au bain-marie au réfrigérant à reflux pendant 16 ou 20 heures. Après une nouvelle filtration, on évapore la plus grande partie de l'alcool, on ajoute de l'acide chlorhydrique à la liqueur jusqu'à réaction faiblement acide, et on évapore la solution au bain-marie jusqu'à siccité. Le résidu salin est repris par l'alcool absolu, et la solution alcoolique additionnée d'éther qui précipite les chlorhydrates, tout en maintenant en solution l'éthénylamidoxime inattaquée, et l'éther benzylique produit. Pour séparer ces deux combinaisons, on traite le mélange par la lessive de soude étendue, qui dissout l'éthénylamidoxime et laisse intact l'éther benzylique sous la forme d'une huile jaune. On achève la purification par des dissolutions répétées dans l'acide chlorhydrique, suivies de précipitations par la lessive de soude. On obtient ainsi 20 0/0 du rendement théorique.

L'éther benzylique de l'éthénylamidoxime est une huile claire, possédant une odeur faible toute particulière, qui ne distille pas sans décomposition même dans le vide, et qui se détruit lorsqu'on la chauffe à 200° sous la pression ordinaire, avec production d'ammoniaque et d'aldéhyde benzylique.

Ce corps est presque insoluble dans l'eau, facilement soluble dans l'alcool, l'éther, le chloroforme, le benzène.

Cet éther résiste beaucoup mieux à l'action des acides que l'éthénylamidoxime elle-même, et ses propriétés ne sont plus acides, mais basiques, ce qui montre que, dans sa formation, l'hydrogène du résidu d'hydroxylamine contenu dans l'éthénylamidoxime a été remplacé par le benzyle.

Le *chlorhydrate*,

$$CH^3-C\lessgtr^{Az-OC^7H^7}_{AzH^2} HCl,$$

cristallise en écailles blanches, brillantes, fusibles à 163°, solubles dans l'eau et dans l'alcool.

Le *chloroplatinate* est rouge-brun et cristallisé en prismes [Ed. Nordmann, *D. chem. G.*, **17**, 2750].

ÉTHER BENZÈNE-SULFONIQUE DE L'ÉTHÉNYLAMIDOXIME, $C^2H^5Az^2O.SO^2C^6H^5$. — Obtenu dans l'action du sulfochlorure de benzène $C^6H^5-SO^2Cl$ sur l'éthénylamidoxime, ce corps fond à 130°. Il est soluble dans le chloroforme, l'alcool méthylique, soluble à chaud dans l'alcool éthylique et dans le benzène, moins soluble à froid dans l'alcool, le benzène et l'éther, insoluble dans l'eau et dans la ligroïne. L'eau bouillante le dissout en le décomposant; parmi les produits de décomposition de l'acide benzène-sulfonique, on trouve de l'acide acétique, de l'ammoniaque, mais pas trace d'hydroxylamine ni de méthylurée. L'alcool fait subir à cet éther la même décomposition [Joh. Pinnow, *D. chem. G.*, **26**, 606].

MÉTHYLCARBO-PHÉNYLAMIDOXIME. [Syn. *Éthényl-anilidoxime*],

$$CH^3-C\lessgtr^{AzOH}_{AzHC^6H^5}$$

Ce corps s'obtient dans l'action de l'aniline sur l'éthénylamidoxime. On chauffe avec précaution, à 80-90°, 2 molécules d'aniline et 1 molécule de chlorhydrate d'éthénylamidoxime; il se dégage de l'ammoniaque; la réaction est complète au bout de 5 ou 10 minutes. La masse brune, pâteuse, qu'on obtient ainsi, est traitée à plusieurs reprises par l'eau qui dissout le chlorhydrate d'aniline formé, et laisse un résidu solide qu'on peut faire cristalliser en l'abandonnant pendant quelque temps sous un dessiccateur. La nouvelle combinaison est purifiée par des cristallisations répétées dans l'eau bouillante [E. Nordmann, *D. chem. G.*, **17**, 2751].

On peut encore préparer l'éthénylamidoxime en faisant réagir l'hydroxylamine sur la thio-acétanilide :

$$CH^3-C\lessgtr^{S}_{AzHC^6H^5}+AzH^2OH$$
$$=H^2S+C^6H^5-C\lessgtr^{AzOH}_{AzHC^6H^5}.$$

A cet effet, on chauffe au bain-marie, dans un ballon muni d'un réfrigérant à reflux, la thioacétanilide en solution alcoolique avec la quantité théorique de chlorhydrate d'hydroxylamine et de carbonate de sodium, tant qu'il se dégage de l'hydrogène sulfuré; la réaction est complète en général au bout de 4 heures. Le produit de la réaction est ensuite évaporé à siccité. On dissout le résidu dans l'acide chlorhydrique dilué, et, en neutralisant la solution par le carbonate de sodium, on précipite l'éthénylanilidoxime sous la forme de cristaux, qu'on purifie par dissolution dans le benzène et précipitation ultérieure par la ligroïne [Heinrich Müller, *D. chem. G.*, **22**, 2408].

L'éthénylanilidoxime cristallise en gros feuillets brun-jaunâtre, brillants, fusibles à 121°, facilement solubles dans l'alcool, l'éther, le benzène, le chloroforme, solubles dans l'eau bouillante, à peine solubles dans l'eau froide et dans la ligroïne.

Ce corps peut former des sels cristallisables soit avec les acides, soit avec les bases.

Le *chlorhydrate*,

$$CH^3-C\lessgtr^{AzOH}_{AzHC^6H^5} HCl,$$

s'obtient à l'état de pureté en évaporant à siccité au bain-marie la solution chlorhydrique de la base, reprenant le résidu salin par l'alcool absolu, et précipitant la solution par l'éther. Il cristallise en aiguilles blanches brillantes.

Le *chloroplatinate*,

$$\left(CH^3\ C\lessgtr^{AzOH}_{AzHC^6H^5} HCl\right)^2, PtCl^4,$$

cristallise en fines aiguilles jaunâtres.

L'éthénylanilidoxime donne avec le perchlorure de fer une réaction colorée très sensible. Si on verse quelques gouttes de perchlorure de fer dans une solution alcoolique d'éthénylanilidoxime, on observe une coloration franchement violette, qui vire au vert olive par l'addition d'une plus grande quantité de réactif, et devient rouge sous l'influence de la chaleur [E. Nordmann, *D. chem. G.*, **17**, 2753. — Heinrich Muller, *D. chem. G.*, **22**, 2408].

BENZOYLÉTHÉNYLANILIDOXIME,

$$CH^3-C\lessgtr^{AzO-COC^6H^5}_{AzHC^6H^5}$$

— Pour préparer ce corps, on chauffe modérément l'éthénylanilidoxime avec la quantité théorique de chlorure de benzoyle. Le tout se prend bientôt en une masse solide, qu'on reprend par la lessive de soude étendue, pour décomposer le chlorure de benzoyle en excès. On filtre après quelques heures, et on dissout dans l'alcool le produit de la réaction. La solution alcoolique, additionnée d'eau, laisse précipiter la benzoyléthénylanilidoxime, qu'on purifie par des cristallisations répétées dans l'alcool faible.

La benzoyléthénylanilidoxime cristallise sous la forme d'aiguilles blanches fondant à 110°. Elle est soluble dans l'alcool, l'éther, le benzène, le chloroforme, et insoluble dans l'eau et dans la ligroïne.

Ce composé est neutre à l'égard des acides et des alcalis [Heinrich Muller, *D. chem. G.*, **22**, 2409].

MÉTHYL-PHÉNYL-FURO-M-DIAZOL [Syn. *Méthyl-phénylcarbazoxime*, *éthénylazoxime-benzényle*],

$$CH^3-C\lessgtr^{Az-O}_{Az}\gtrless C-C^6H^5.$$

— Ce corps se prépare en faisant réagir le chlorure de benzoyle sur l'éthénylamidoxime. On l'obtient pur en précipitant par l'eau sa solution alcoolique.

Le même composé prend naissance dans l'action de la chaleur, sur l'acide benzoyl-méthénylamidoxime-acétique (voyez MÉTHÉNYLAMIDOXIME).

Longues aiguilles blanches, fusibles à 57°; sublimable à 70-80°; entraînable par la vapeur d'eau.

Insoluble dans l'eau froide et la ligroïne; peu soluble dans l'eau bouillante; soluble dans l'alcool, l'éther, le chloroforme, le benzène.

Cette substance est très stable, elle résiste aux agents chimiques les plus actifs. L'acide sulfurique et l'acide azotique concentrés, par exemple, la dissolvent sans l'attaquer.

Isomérique avec le *phényl-méthyl-m-furo-diazol* ou benzénylazoxime-éthényle (voyez BENZÉNYLAMIDOXIME [Ed. Nordmann, *D. chem. G.*, **17**, 2755]. Ch. Moureu.

ÉTHÉNYL-CRÉSYLÈNE-DIAMINE [Syn. *Éthényl-diamidotoluène*, *éthényltoluylène-diamine*, *éthényl-crésylène-amidine*, *éthényl-toluylène-amidine*] (voyez Suppl., **1**, 548),

$$C^6H^3\begin{cases}CH^3_{(1)}\\AzH_{(3)}\\Az_{(4)}\end{cases}\gtrless C-CH^3$$

— Cette base prend naissance, à côté de l'éthyl-éthényl-crésylène-diamine, lorsqu'on fait réagir l'aldéhyde acétique sur la crésylène-diamine

$$C^6H^3 \begin{cases} CH^3{}_{(1)} \\ AzH^2{}_{(3)} \\ AzH^2{}_{(4)} \end{cases}$$

en solution dans l'acide acétique très dilué. Les deux équations suivantes rendent compte de la réaction :

$$1^\circ \quad CH^3-C^6H^3 \langle {AzH^2 \atop AzH^2} + CH^3-CHO$$

$$= H^2O + CH^3-C^6H^3 \langle {AzH \atop AzH} \rangle CH-CH^3 ;$$

$$2^\circ \quad CH^3-C^6H^3 \langle {AzH \atop AzH} \rangle CH-CH^3 + CH^3-CHO$$

$$= CH^3-CH^2OH + CH^3-C^6H^3 \langle {AzH \atop Az} \geqslant C-CH^3$$

[Hinsberg, *D. chem. G.*, **20**, 1589].

Le produit pur est d'un blanc de neige et fond à 203° [S. Niementowski, *D. chem. G.*, **25**, 862].

L'éthényl-crésylène-diamine, traitée par une solution saturée de gaz sulfureux dans l'acétone, fournit une combinaison qui se présente sous la forme de cristaux brillants, rhombiques, répondant à la formule $C^3H^6O . C^9H^{10}Az^2 . SO^2$ [Bösseck, *D. chem. G.*, **21**, 1909].

L'éthényl-crésylène-diamine peut former de nombreux dérivés par substitution. La substitution peut être faite soit dans le noyau aromatique, soit dans le groupe AzH, soit à la fois dans le noyau aromatique et dans le groupe AzH. Il existe en outre des dérivés d'addition. Nous allons décrire successivement les divers corps qui ont été obtenus.

Éthényl-bromo-crésylène-diamine

$$CH^3-C^6H^2Br \langle {AzH \atop Az} \geqslant C-CH^3.$$

— Il en existe deux isomères :

1° On prépare l'un d'eux en chauffant au-dessus de son point de fusion la diacétyl-bromo-crésylène-diamine,

$$C^6H^2 \begin{cases} CH^3{}_{(1)} \\ Br_{(5)} \\ AzH-CO-CH^3{}_{(3)} \\ AzH-CO-CH^3{}_{(4)} \end{cases}$$

ou en réduisant la nitro-bromo-acétyl-toluidine correspondante. Il cristallise dans l'alcool en prismes blancs, fusibles à 197-198°, peu solubles dans l'eau et dans le benzène [A. Hartmann, *D. chem. G.*, **23**, 1049].

2° Le second isomère se forme, à côté d'autres produits bromés, quand on traite par le brome une solution acétique fortement refroidie d'éthényl-crésylène-diamine. Il cristallise en aiguilles blanches, fondant à 216°. Il est très soluble à froid dans l'alcool et dans l'acétone, moins soluble dans l'éther acétique, très peu soluble dans le benzène et dans le chloroforme, presque insoluble dans l'eau bouillante et dans le sulfure de carbone. La potasse en solution dans l'eau ou dans l'alcool ne l'attaque pas, même à l'ébullition. Il en est de même du sodium en présence d'alcool amylique, et de l'étain en présence d'acide chlorhydrique. Le nitrate d'argent en solution alcoolique bouillante ne produit avec ce corps aucun précipité [S. Niementowski, *D. chem. G.*, **25**, 864].

Chlorhydrate d'éthényl-bromo-crésylène-diamine, $C^9H^9Az^2-Br . HCl, 2H^2O$. — Aiguilles longues, compactes, à point de fusion mal défini.

Bromhydrate d'éthényl-bromo-crésylène-diamine, $C^9H^9Az^2Br . HBr, 2H^2O$.

Nitrate d'éthényl-bromo-crésylène-diamine, $C^9H^9Az^2Br . AzO^3H$. — Se décompose à 228° [S. Niementowski, *D. chem. G.*, **25**, 866].

Éthényl-nitrocrésylène-diamine,

$$CH^3 . AzO^2 . C^6H^2 \langle {AzH \atop Az} \geqslant C-CH^3.$$

— On en connait deux isomères :

1° L'isomère α s'obtient en traitant l'éthényl-crésylène-diamine par l'acide nitrique fumant. Le nitrate de la base $C^9H^9 . AzO^2 . Az^2 . AzO^3H$, ainsi formé, corps très soluble dans l'eau bouillante, se décompose sans fondre à 183-185° [Ladenburg, *D. chem. G.*, **8**, 677].

L'éthényl-nitrocrésylène-diamine cristallise dans l'eau en aiguilles compactes. Cette base fond à 201-202° [Niementowski, *D. chem. G.*, **29**, 724]. Elle est assez soluble dans l'eau bouillante, très soluble à chaud dans l'alcool, l'éther, l'acétone, le benzène.

2° L'isomère β,

$$CH^3{}_{(1)} . AzO^2{}_{(3)} . C^6H^2 \langle {AzH_{(5)} \atop Az_{(4)}} \geqslant C-CH^3,$$

prend naissance dans la réduction par le sulfure d'ammonium alcoolique de la dinitro-p-acétyltoluidine.

Ce sont des aiguilles fusibles à 246°, très solubles dans l'alcool concentré, difficilement solubles dans l'éther [Bankiewicz, *D. chem. G.*, **21**, 2402].

Le *chlorhydrate*, séché à 100°, a pour formule $C^9H^9Az^3O^2 . HCl$. Il constitue de gros prismes très solubles dans l'alcool.

Le *sulfate* est très soluble dans l'alcool et dans l'alcool éthéré.

Le *nitrate* est assez soluble dans l'eau froide, très soluble dans l'eau bouillante. Il cristallise de sa solution aqueuse en grosses tablettes transparentes, jaunâtres, fondant à 207° en se décomposant.

Éthényloxy-nitrocrésylène-diamine,

$$CH^3 . AzO^2 . C^6H^3 \begin{cases} AzH \\ Az \end{cases} \begin{matrix} C-CH^3. \\ | \\ O \end{matrix}$$

— Ce corps se forme, à côté de l'éthényl-nitrocrésylène-diamine quand on traite la dinitro-p-acétyltoluidine par une quantité insuffisante de sulfure d'ammonium alcoolique. Le produit de la réaction ayant été additionné de carbonate de sodium, on filtre, et on neutralise la solution sodique par l'acide acétique. Il se dépose un précipité rouge-brun, qu'on traite par l'eau bouillante; par refroidissement, il se dépose des aiguilles vertes, brillantes, fusibles à 255-256°, très solubles dans l'eau chaude, très peu solubles dans l'alcool absolu, l'éther et le benzène, peu solubles dans le carbonate de sodium avec coloration rouge, solubles dans les acides, inattaquables par l'acide chlorhydrique concentré à 200° [Bankiewicz, *D. chem. G.*, **21**, 2404].

Le chlorhydrate cristallise en grosses tables, brunes, très caractéristiques, appartenant au système rhombique :

$$a : b : c = 0,91352 : 1 : 2,30154$$

$$p, \; b^{1/2}, \; a^2 \qquad \text{[loc. cit.].}$$

Éthényl-bromo-nitro-crésylène-diamine,

$$C^9Az^2BrH^8 . AzO^2.$$

— On l'obtient en traitant à l'ébullition 12 grammes de l'éthényl-bromo-crésylène-diamine de

M. Niementowski (voyez plus haut) par 50 grammes d'acide nitrique fumant (densité 1,53). Le produit de la réaction est versé dans 15 fois son poids d'eau froide, qui précipite le nitrate d'éthényl-bromo-nitro-crésylène-diamine sous la forme d'aiguilles blanches. La base est mise en liberté par ébullition avec une lessive alcaline. Elle forme des aiguilles fortement colorées en jaune, qui, après plusieurs cristallisations dans l'alcool, fondent à 219°.

L'éthényl-nitro-bromo-crésylène-diamine est soluble à chaud dans l'éther acétique, l'alcool, le chloroforme et l'acétone, moins soluble dans l'éther et dans le benzène, très peu soluble dans l'eau bouillante [Niementowski, *D. chem. G.*, **25**, 867].

Méthyléthényl-crésylène-diamine,

$$CH^3_{(1)} - C^6H^3 \begin{matrix} \diagup {}_{(3)}Az(CH^3) \\ \diagdown {}_{(4)}Az \end{matrix} \geqslant C - CH^3.$$

— Cette base prend naissance, en même temps que la méthyléthényloxy-crésylène-diamine, quand on traite la méthyl-m-nitro-p-acétyltoluidine

$$C^6H^3 \begin{matrix} \diagup CH^3_{(1)} \\ - AzO^2_{(3)} \\ \diagdown Az_{(4)} \begin{matrix} \diagup CH^3 \\ \diagdown COCH^3 \end{matrix} \end{matrix}$$

par l'étain et l'acide chlorhydrique.

La réduction une fois terminée, on étend la liqueur de beaucoup d'eau, et on précipite l'étain par l'hydrogène sulfuré. La base est mise en liberté dans la solution chlorhydrique par l'addition de soude en excès. On la dessèche sur de la porcelaine dégourdie et on la purifie par cristallisation dans le benzène ou dans l'éther.

Feuilles ou aiguilles longues et fines, sublimables et fusibles à 142°, très solubles dans l'alcool, l'éther, le chloroforme, le benzène, inattaquables à 200° par l'acide chlorhydrique concentré [Niementowski, *D. chem. G.*, **20**, 1878].

Le *chlorhydrate*, $C^{10}H^{12}Az^2HCl, 1/2H^2O$, est très soluble dans l'eau.

Le *chloroplatinate*, séché à 100°, a pour formule $(C^{10}H^{12}Az^2 . HCl)^2PtCl^4$. Il cristallise de sa solution aqueuse en petites tables brillantes, d'un jaune clair. Il fond en se décomposant entre 234 et 244°.

L'*iodométhylate*, $C^{10}H^{12}Az^2 - CH^3I$, se prépare en chauffant pendant 10 heures à 120-130° l'éthényl-crésylène-diamine (5 grammes) avec de l'iodure de méthyle (20 grammes) et un égal volume d'alcool méthylique. Après avoir chassé ce dernier par distillation, on dissout le résidu dans l'eau bouillante, et on filtre.

Par refroidissement, l'iodhydrate se dépose sous la forme de grosses feuilles grises, qu'on purifie par cristallisation dans l'eau bouillante; l'iodométhylate est ensuite mis en liberté par la soude. Il cristallise dans l'alcool en aiguilles courtes, fusibles à 221°. Il est très soluble à chaud dans l'eau et dans l'alcool, à peine soluble dans l'éther, le benzène et le chloroforme. Chauffé pendant quelque temps avec une lessive concentrée de potasse, il fournit l'*hydroxyméthylate* correspondant $C^{10}H^{12}Az^2 . CH^3OH$. Celui-ci cristallise dans l'alcool aqueux en feuilles très minces, qui fondent entre 115 et 135°; il distille sans décomposition. Insoluble dans l'eau froide, il se dissout facilement dans l'eau bouillante, l'alcool, l'éther, le chloroforme, le sulfure de carbone, et dans les acides. L'acide chlorhydrique concentré ne le décompose pas, même à chaud. Le *picrate* cristallise en longues aiguilles jaunes, fusibles à 110-112° [Niementowski, *D. chem. G.*, **20**, 1887].

Oxyméthyléthényl-crésylène-diamine,

$$CH^3_{(1)} - C^6H^3 \begin{matrix} \diagup Az - CH^3_{(3)} \\ \diagdown Az_{(4)} \end{matrix} > \begin{matrix} C - CH^3 \\ | \\ — O \end{matrix} + 2H^2O.$$

— Cette base se forme, à côté de la méthyléthényl-crésylène-diamine, dans la réduction de la méthyl-nitro-acétyltoluidine par l'étain et l'acide chlorhydrique. Elle est constituée par la partie du produit de la réduction qui est très peu soluble dans le benzène.

Elle cristallise dans l'alcool absolu en longues aiguilles, qui perdent de l'eau de cristallisation à 100°, et fondent alors à 163°. Elle est très soluble dans l'eau bouillante, l'alcool et le chloroforme, moins soluble dans le benzène et dans la ligroïne bouillante, presque insoluble dans l'éther. La potasse alcoolique bouillante ne l'attaque pas; il en est de même de l'acide chlorhydrique concentré à 180°. L'étain et l'acide chlorhydrique sont également sans action sur elle.

Le *chlorhydrate*, $C^{10}H^{12}Az^2O . HCl$, cristallise en aiguilles brillantes et est très soluble dans l'eau.

Le *chloroplatinate* est en feuilles jaunes, fondant à 220° en se décomposant, très peu solubles dans l'eau.

Éthyléthényl-crésylène-diamine. — On en connaît deux isomères :

1° L'*isomère* α,

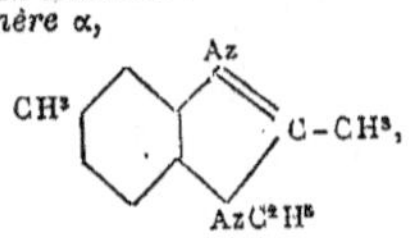

CH³ [noyau benzénique] — Az = C — CH³, — AzC²H⁵

a été obtenu de la façon suivante :

On dissout l'éthyl-crésylène-diamine

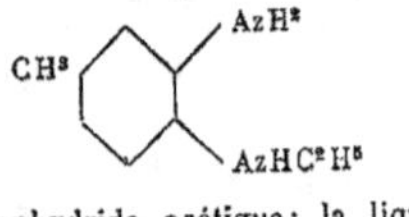

CH³ [noyau benzénique] — AzH², — AzHC²H⁵

dans de l'anhydride acétique; la liqueur, qui prend une coloration rouge foncé, est chauffée pendant quelques instants au réfrigérant à reflux et versée dans un excès d'eau. Après saturation de l'acide en excès par le carbonate de sodium, la base se sépare sous la forme d'une huile brune, qui ne tarde pas à se prendre en masse. Cristallisé dans l'alcool, le produit est en petites feuilles incolores, et fond à 165-166°; il est très soluble dans le benzène bouillant, difficilement soluble dans l'éther et dans la ligroïne [Otto Fischer, *D. chem. G.*, **26**, 200].

2° L'*isomère* β,

$$C^6H^3 . CH^3_{(1)} \begin{matrix} \diagup {}_{(3)}Az . C^2H^5 \\ \diagdown {}_{(4)}Az \end{matrix} \geqslant C - CH^3 + 3H^2O,$$

se forme quand on chauffe pendant 7 heures, à 150°, 1 partie de crésylène-diamine avec 4 parties d'iodure d'éthyle. On chauffe le produit de la réaction avec de l'eau; l'iodhydrate dissous est transformé en nitrate, d'où l'on précipite la base par la potasse [Hübner, *Ann. Chem.*, **210**, 351].

On l'obtient aussi, en même temps que l'éthényl-crésylène-diamine, en faisant réagir l'aldéhyde acétique sur une solution de crésylène-diamine dans de l'acide acétique très dilué. Après quelques heures de contact, on évapore au bain-marie, on décompose le résidu par l'ammoniaque, et on épuise à l'éther. On chasse l'éther par distillation, et le nouveau résidu est agité avec de l'acide iodhydrique concentré. L'iodhydrate d'éthényl-éthyl-crésylène-diamine se précipite, tandis que l'iodhydrate d'éthényl-crésylène-diamine reste dissous. On met finalement la base en liberté par un alcali [Hinsberg, *D. chem. G.*, **20**, 1588].

Enfin, l'éthyléthényl-crésylène-diamine prend naissance dans la réduction de l'éthyl-nitro-acétyltoluidine

$$CH^3_{(1)} - C^6H^3 \begin{cases} {}_{(3)}AzO^2 \\ {}_{(4)}Az \begin{cases} C^2H^5 \\ CO-CH^3 \end{cases} \end{cases}$$

par la poudre de zinc et l'acide acétique [Niementowski, *D. chem. G.*, **20**, 1884].

C'est une huile qui se solidifie par le refroidissement, mais qui se liquéfie de nouveau au-dessous de 30°. Elle cristallise de sa solution aqueuse refroidie en aiguilles, qui perdent de l'eau sur l'acide sulfurique, en donnant le produit anhydre $C^{11}H^{14}Az^2$. Celui-ci cristallise dans l'alcool absolu en petites tables. Il fond à 93°, et distille sans décomposition. Il n'est pas entraînable par la vapeur d'eau. Il est très peu soluble dans l'eau, très soluble dans l'alcool.

L'*iodhydrate*, $C^{11}H^{14}Az^2 . HI, H^2O$, cristallise en longues aiguilles, fusibles à 141°,5-143°,5. Il ne perd son eau de cristallisation qu'à 100-120°, et fond alors à 171°. Il est peu soluble dans l'eau froide, assez soluble dans l'eau bouillante. La lessive de potasse ne le décompose que difficilement.

Le *nitrate*, $C^{11}H^{14}Az^2 . AzO^3H, H^2O$, s'obtient par double décomposition entre le nitrate d'argent et l'iodhydrate de la base. Il constitue de longues aiguilles, peu solubles dans l'eau, fusibles à 94°.

Le *picrate*, $C^{11}H^{14}Az^2 . C^6H^3(AzO^2)^3O$, forme des cristaux très peu solubles dans l'alcool.

Diéthyléthényl-crésylène-diamine,

$$CH^3_{(1)} - C^6H^3 \begin{cases} Az_{(3)}(C^2H^5)^2OH \\ \quad \geqslant C-CH^3 \\ Az_{(4)} \end{cases}$$

— Le periodure de cette base se forme quand on chauffe à 200-230° l'éthényl-crésylène-diamine avec de l'iodure d'éthyle. On sépare par l'eau bouillante ce periodure de l'iodure d'éthyléthényl-crésylène-diamine qui a été produit en même temps [Hübner, *Ann. Chem.*, **210**, 376].

La base libre, précipitée de l'iodure par la potasse, est un corps huileux, qui laisse déposer à la longue des cristaux par refroidissement.

Le *chloroplatinate*, $(C^{13}H^{19}Az^2Cl)^2PtCl^4$, cristallise en longues aiguilles jaunes, fondant à 218°.

L'*iodhydrate*, $C^{13}H^{19}Az^2I$, qui s'obtient en chauffant le periodure avec de l'alcool et de l'hydrate de plomb, cristallise en aiguilles solubles dans l'eau, l'alcool, l'éther, le benzène.

Le *periodure*, $C^{13}H^{19}Az^2I^3$, cristallise dans l'alcool en longues aiguilles rouge-brun, fusibles à 111°, insolubles dans l'eau et dans la ligroïne, peu solubles dans l'alcool froid, plus solubles à chaud dans l'alcool, le benzène, l'éther et l'acide acétique. Ch. Moureu.

ÉTHÉNYL-CRÉSYLÈNE-DIAMINE (BROMO-ISO-). — L'éthényl-crésylène-diamine dont nous venons de faire l'histoire dérive de la crésylène-diamine

$$C^6H^3 \begin{cases} CH^3_{(1)} \\ AzH^2_{(3)} \\ AzH^2_{(4)} \end{cases}$$

On a donné le nom d'*isoéthényl-crésylène-diamine* à l'isomère

$$C^6H^3 \begin{cases} CH^3_{(1)} \\ AzH_{(2)} \\ \quad \geqslant C-CH^3 \\ Az_{(3)} \end{cases}$$

qui dérive de la crésylène-diamine

$$C^6H^3 \begin{cases} CH^3_{(1)} \\ AzH^2_{(2)} \\ AzH^2_{(3)} \end{cases}$$

L'isoéthényl-bromo-crésylène-diamine

$$C^6H^2 \begin{cases} CH^3_{(1)} \\ Br_{(5)} \\ AzH_{(2)} \\ \quad \geqslant C-CH^3 \\ Az_{(3)} \end{cases}$$

se forme dans la réduction de la bromo-nitro-acétyltoluidine

[Formule développée : noyau benzénique portant CH^3, $AzH-COCH^3$, AzO^2 et Br]

par l'étain et l'acide chlorhydrique [S. Niementowski, *D. chem. G.*, **25**, 872].

Ce composé, qui fond en se décomposant à 244-246°, cristallise dans l'alcool habituellement en petites tables incolores, appartenant au système rhombique; si la solution alcoolique saturée est soumise à un refroidissement énergique, la cristallisation se fait quelquefois en aiguilles. Il est très peu soluble dans l'eau et dans les dissolvants organiques.

Le *chlorhydrate*, $C^9H^9Az^2Br . HCl, H^2O$, cristallise dans l'alcool méthylique en écailles d'un jaune clair; dans l'eau, en aiguilles blanches.

Le *nitrate*, $C^9H^9Az^2Br . AzO^3H$, cristallise en fines aiguilles blanches, qui fondent à 217-219° en se décomposant [*loc. cit.*]. Ch. Moureu.

ÉTHÉNYL-DIAMIDOTOLUÈNE. — Voyez ÉTHÉNYL-CRÉSYLÈNE-DIAMINE.

ÉTHÉNYL-DICRÉSYL-DIAMINE [Syn. *Éthényl-dicrésyl-amidine, éthényl-ditolyl-diamine, éthényl-ditolyl-amidine*],

$$CH^3 - C \begin{cases} \geqslant Az_{(2)} - C^6H^4_{(1)} . CH^3 \\ AzH_{(2)} - C^6H^4_{(1)} . CH^3 \end{cases}$$

— Ce composé prend naissance dans l'action du trichlorure de phosphore sur un mélange d'o-toluidine et d'acide acétique [Ladenburg, *D. chem. G.*, **10**, 1262].

On l'obtient aussi en traitant l'o-toluidine par l'imidochlorure $CH^3 - CCl = Az - C^7H^7$ [Wallach, *Ann. Chem.*, **214**, 208].

MM. Wallach et Wüsten ont préparé le même produit en chauffant l'acétyl-o-toluidine avec du chlorhydrate d'o-toluidine, et en faisant réagir à froid l'o-toluidine sur l'éthyl-isothio-acétyl-o-toluidine,

$$CH^3 - C \begin{cases} \geqslant Az . C^7H^7 \\ SC^2H^5 \end{cases}$$

[*D. chem. G.*, **16**, 148].

Ce sont des aiguilles fusibles à 136° suivant MM. Wallach et Wüsten, à 141°,5 suivant M. Ladenburg, solubles dans l'acide chlorhydrique dilué. Ch. Moureu.

ÉTHÉNYL-DIÉTHYLAMIDINE. — Voyez AMIDINES.

ÉTHÉNYL-DINITRO-TÉTRAMIDO-DICRÉSYLE (DI-),

$$CH^3-C\lessgtr^{AzH}_{Az}\overset{CH^3}{\underset{}{\diagdown}} AzO^2 - C^6H - C^6H - AzO^2 \, CH^3 ... AzH \gtrless C-CH^3$$

— Dans la réduction de la dinitro-acétyl-toluidine par le sulfure d'ammonium alcoolique (voyez, p. 562, l'article ÉTHÉNYL-CRÉSYLÈNE-DIAMINE), il se forme, à côté du produit principal (nitro-éthényl-crésylène-diamine), l'hydrazine suivante :

$$\begin{matrix} CH^3\diagdown & & \diagup CH^3 \\ AzO^2 - C^6H^2 - AzH & - & AzH - C^6H^2 - AzO^2 \\ CH^3-CO-HAz\diagup & & \diagdown AzH-CO-CH^3 \end{matrix}$$

Celle-ci, qui constitue le résidu insoluble dans le carbonate de sodium, donne le diéthényl-dinitro-tétramido-dicrésyle, quand on la traite par l'acide chlorhydrique dilué :

$$\begin{matrix} CH^3\diagdown & & \diagup CH^3 \\ AzO^2 - C^6H^2 - AzH & - & AzH - C^6H^2 - AzO^2 \\ CH^2-CO-AzH\diagup & & \diagdown AzH-CO-CH^3 \end{matrix}$$

$$= 2H^2O + \begin{matrix} CH^3\diagdown & & \diagup CH^3 \\ AzO^2 - C^6H & - & C^6H - AzO^2 \\ CH^3-C\lessgtr^{HAz}_{Az}\diagup & & \diagdown {}^{AzH}_{Az}\gtrless C-CH^3 \end{matrix}$$

Le diéthényl-dinitro-tétramido-dicrésyle cristallise dans l'alcool en longs prismes fondant à 242° sans décomposition. A 100°, il se volatilise sans fondre.

Il est très soluble dans l'alcool; moins soluble dans l'eau bouillante, dont les solutions se sursaturent facilement, très soluble dans l'alcool méthylique, peu soluble dans l'éther et dans le carbonate de sodium.

Le *sulfate* est peu soluble dans l'alcool, très soluble dans l'eau.

Le *chlorhydrate* se sublime à 100°.

Le *nitrate* est légèrement jaunâtre. Il fond en se décomposant à 213-214°. Ch. Moureu.

ÉTHÉNYL-DIPHÉNYL-DIAMINE [Syn. *Éthényl-diphényl-amidine*],

$$CH^3-C\lessgtr^{AzHC^6H^5}_{AzC^6H^5}$$

Modes de formation. — On obtient ce corps :

1° En traitant par le trichlorure de phosphore un mélange d'aniline et d'acétanilide (Hofmann);

2° En faisant réagir le trichlorure de phosphore sur l'acétanilide (Lippmann),

$$6C^6H^5.AzH^2 + 3C^2H^4O^2 + 2PCl^3$$
$$= 3\left(CH^3-C\lessgtr^{AzHC^6H^5}_{AzC^6H^5}\cdot HCl\right) + 3HCl + 3PO^3H^3;$$

3° En chauffant l'acétonitrile avec le chlorhydrate d'aniline à 230-240° [Bernthsen, *Ann. Chem.*, **184**, 362];

4° En faisant passer un courant de gaz chlorhydrique sur de l'acétanilide chauffée à 150° [Wallach, *D. chem. G.*, **15**, 208],

$$2C^6H^5.AzH.COCH^3$$
$$= CH^3-C\lessgtr^{AzHC^6H^5}_{AzC^6H^5} + CH^3-CO^2H;$$

5° En chauffant l'acétanilide avec du chlorhydrate d'aniline (Wallach),

$$C^6H^5-AzH-COCH^3 + C^6H^5-AzH^2-HCl$$
$$= CH^3-C\lessgtr^{AzHC^6H^5}_{AzC^6H^5}\cdot HCl + H^2O,$$

6° En faisant réagir le pentasulfure de phosphore sur l'acétanilide [Jacobson, *D. chem. G.*, **19**, 1071];

7° En soumettant la thio-acétanilide à la distillation sèche (Jacobson).

Préparation. — On introduit peu à peu 2 parties de trichlorure de phosphore dans un mélange de 3 parties d'aniline et de 1 partie d'acide acétique, et on chauffe pendant quelques heures à 160°. On reprend la masse résineuse par l'eau bouillante, on filtre, et, après refroidissement, on ajoute à la liqueur filtrée du carbonate de sodium; le précipité produit est purifié par cristallisation dans l'alcool [Hofmann, *C. R.*, **62**, 729].

Propriétés. — Petites aiguilles fusibles à 131-132° [Biedermann, *D. chem. G.*, **7**, 540].

Ce corps est peu soluble dans l'alcool froid, facilement soluble dans l'alcool chaud, dans l'éther et dans les acides. Sa réaction est neutre. Il est attaqué par la potasse en fusion. L'acide sulfurique concentré le décompose en acide acétique et acide aniline-p-sulfonique. L'amalgame de sodium et l'acide chlorhydrique, ou l'étain et l'acide chlorhydrique, agissent simplement en régénérant l'acide acétique et l'aniline. Le brome donne des produits de substitution.

Le *chlorhydrate*, $C^{14}H^{14}Az^2.HCl$, cristallise en aiguilles.

Le *chloroplatinate*, $(C^{14}H^{14}Az^2.HCl)^2PtCl^4$, est très peu soluble dans l'eau froide.

Le *nitrate*, $C^{14}H^{14}Az^2.AzO^3H$, d'abord huileux, se prend rapidement en une masse cristalline (réaction caractéristique).

Action de l'oxychlorure de carbone. — Si l'on fait réagir sur l'éthényl-diphényl-diamine l'oxychlorure de carbone $COCl^2$ au-dessous de 60°, on obtient le composé

$$CH^3-C\lessgtr^{Az(C^6H^5)-COCl}_{Az-C^6H^4-COCl}$$

[Loeb, *D. chem. G.*, **18**, 2427; **19**, 2341].

Ce corps est indécomposable par l'eau, même à l'ébullition. Les acides et les alcalis régénèrent l'éthényl-diphényl-diamine. L'action de l'alcool bouillant produit de la diphénylurée, du chlorure et de l'acétate d'éthyle, avec dégagement d'acide carbonique :

$$C^{16}H^{12}Cl^2Az^2O^2 + 3C^2H^5OH$$
$$= CO\diagup^{AzHC^6H^5}_{\diagdown AzHC^6H^5} + CH^3-CO^2C^2H^5 + 2C^2H^5Cl + CO^2$$

Avec l'éthylate de sodium, on obtient l'éther $C^{16}H^{12}Az^2O^4(C^2H^5)^2$, corps fusible à 90°,5 et qui régénère l'éthényl-diphényl-diamine lorsqu'on le chauffe avec de l'ammoniaque.

Le gaz ammoniac sec régénère l'éthényl-diphényl-diamine, avec formation de chlorhydrate d'ammoniaque.

L'action de l'aniline produit de l'éthényl-diphényl-diamine, de la diphénylurée symétrique et du chlorhydrate d'aniline. Chauffé à 150°, le composé dégage de l'oxychlorure de carbone.

Quand on fait passer un courant d'oxychlorure de carbone dans une solution chloroformique bouillante d'éthényl-diphényl-diamine, on obtient un composé différent du précédent, *l'éthényl-imido-benzanilide*,

$$CH^3-C \begin{smallmatrix} \nearrow Az(C^6H^5) \searrow \\ \searrow Az-C^6H^4 \nearrow \end{smallmatrix} CO$$

[Loeb, *D. chem. G.*, **19**, 2342].

Ce corps cristallise dans le benzène en grosses tables brillantes, fondant à 118°. Il est soluble dans l'alcool, l'éther, le chloroforme, le benzène. L'acide chlorhydrique concentré le décompose à chaud en aniline, acide acétique et phényl-carbimide.

Action du cyanogène. — Lorsqu'on fait passer un courant de cyanogène dans une solution saturée d'éthényl-diphényl-diamine dans de l'éther aqueux, il se produit une combinaison particulière $C^{16}H^{16}Az^4O$. Après 16 heures de contact, on évapore à une douce chaleur la solution filtrée, et on lave le résidu à l'alcool faible. La poudre cristalline ainsi obtenue fond en se décomposant à 165°. Elle est très peu soluble dans l'éther froid et dans le benzène. Les différents dissolvants la résinifient à chaud.

p-Dibromo-éthényl-diphényl-diamine,

$$CH^3-C \begin{smallmatrix} \nearrow AzH(C^6H^4Br) \\ \searrow Az.C^6H^4Br \end{smallmatrix}$$

— On prépare ce corps en traitant un mélange d'acide acétique et de p-bromaniline par le trichlorure de phosphore [Dennstedt, *D. chem. G.*, **13**, 233].

Dinitroéthényl-diphényl-diamine,

$$CH^3-C \begin{smallmatrix} \nearrow AzH-C^6H^4-AzO^2 \\ \searrow Az-C^6H^4-AzO^2 \end{smallmatrix}$$

— Ce composé prend naissance dans l'action de l'acide nitrique fumant sur l'éthényl-diphényl-diamine. En diluant la liqueur avec de l'eau, il se précipite une poudre qui se décompose sans fondre à 182°. Le produit est insoluble dans l'eau, l'alcool, les acides et les alcalis. Traité par l'eau bouillante, ou mieux par les acides, il se décompose avec formation de p-nitraniline [Biedermann, *D. chem. G.*, **7**, 540].

Diméthyl-éthényl-diphényl-diamine. — Le chlorure, $C^2H^3Az^2(C^6H^5)^2(CH^3)^2Cl$, se forme quand on traite par le trichlorure de phosphore un mélange de méthylaniline et d'acide acétique [Hofmann, *loc. cit.*].

L'oxyde d'argent en sépare une base très alcaline.

Éthyl-éthényl-diphényl-diamine,

$$CH^3-C \begin{smallmatrix} \nearrow Az(C^2H^5)(C^6H^5) \\ \searrow AzC^6H^5 \end{smallmatrix}$$

— On l'obtient en faisant réagir l'iodure d'éthyle sur l'éthényl-diphényl-diamine. La base est mise en liberté par la soude caustique. C'est une huile insoluble dans l'eau, ne possédant pas de réaction alcaline.

Chauffée avec de l'iodure de méthyle à 100°, elle fournit l'iodométhylate de *méthyl-éthyl-diphényl-diamine*, $C^2H^3Az^2(C^6H^5)^2(C^2H^5)CH^3I$, corps décomposable par l'oxyde d'argent avec mise en liberté de la base diammoniée.

Ch. Moureu.

ÉTHÉNYL-DIPHÉNYL-DIAMINE (ISO-) [Syn. *Iso-éthényl-diphényl-amidine*],

$$CH^3-C \begin{smallmatrix} \nearrow AzH \\ \searrow Az(C^6H^5)^2 \end{smallmatrix}$$

— Ce corps se forme quand on fait réagir l'acétonitrile sur le chlorhydrate de diphénylamine à 140-150°. On reprend la masse par l'eau acidulée par l'acide chlorhydrique, on agite avec du chloroforme, et on précipite la solution aqueuse par le carbonate de sodium. On dissout le précipité dans le chloroforme, et, après évaporation du dissolvant, on fait cristalliser le produit dans la ligroïne.

Cristaux monocliniques, fondant à 62-63°. C'est une base énergique, qui fournit un *chloroplatinate*,

$$(C^{14}H^{14}Az^2.HCl)^2PtCl^4$$

[Bernthsen, *Ann Chem.*, **192**, 25].

ÉTHÉNYLGLYCOLIQUE (ACIDE) [Syn. *Acide butène* 1-*ol* 3-*oïque* 4],

$$CH^2=CH-CHOH-CO^2H.$$

— Cet acide se prépare en laissant en contact pendant très longtemps le nitrile correspondant avec un peu plus que la quantité calculée d'acide chlorhydrique à 25 0/0. La liqueur est agitée avec de l'éther, et le résidu de la solution éthérée distillée est saturé par le carbonate de zinc. Le sel de zinc, après dessiccation, lavage à l'alcool froid et purification par cristallisation dans l'alcool faible, est dissous dans l'acide sulfurique dilué, d'où l'on extrait finalement l'acide par agitation avec de l'éther.

L'acide éthénylglycolique est un sirop qui cristallise à la longue; le produit fond alors vers 40°. Il est très déliquescent; très soluble dans l'eau, l'alcool, l'éther, le chloroforme, insoluble dans le sulfure de carbone. Il se décompose au-dessus de 190° avec perte d'acide carbonique. Il absorbe directement 2 atomes de brome.

Le *sel de baryum* est amorphe.

Le *sel de zinc* cristallise avec 3 molécules d'eau; 100 parties d'eau à 24° en dissolvent 16 parties.

Le *sel de cuivre* est une poudre bleu-verdâtre, très soluble dans l'eau, peu soluble dans l'alcool [Lobry de Bruyn, *Rec. Pays-Bas*, **4**, 226].

Ch. Moureu.

ÉTHÉNYLGLYCOLIQUE (NITRILE) [Syn. *Butène* 1-*ol* 3-*nitrile* 4],

$$CH^2=CH-CHOH-CAz.$$

— Ce composé résulte de la fixation de l'acide cyanhydrique sur l'acroléine.

A une solution de 60 grammes d'acroléine bien desséchée dans 1 demi-litre d'éther, on ajoute 100 grammes de cyanure de potassium pulvérisé, puis, peu à peu, 90 grammes d'acide acétique. Si le mélange s'échauffe, on doit le refroidir. La réaction est complète lorsqu'une portion de la liqueur évaporée ne sent plus l'acroléine; dans le cas contraire, on ajoute au mélange une certaine quantité de cyanure de potassium et une proportion équivalente d'acide acétique. Finalement on verse la liqueur dans un excès d'eau, et on sépare la couche éthérée. Le nitrile, qui est en solution dans l'eau, est extrait à l'éther.

Le nitrile éthénylglycolique est un liquide qui se décompose à la distillation, mais moins dans le vide. L'acide chlorhydrique froid l'attaque en formant de l'ammoniaque et de l'acide éthénylglycolique [Lobry de Bruyn, *Rec. Pays-Bas*, **4**, 223].

Ch. Moureu.

ÉTHÉNYL - IMIDOBENZANILIDE. — Voyez plus haut, p. 567.

ÉTHÉNYL-NAPHTYLÈNE-DIAMINE. — Voyez NAPHTALÈNE.

ÉTHÉNYL-O-AMIDO-P-DITOLYLAMINE,

$$CH^3.C^6H^3 \begin{matrix} -Az-C^7H^7 \\ -Az \end{matrix} \gg C-CH^3$$

— On l'obtient en chauffant à l'ébullition pendant une demi-heure l'amidoditolylamine avec un mélange à parties égales d'acide acétique et d'anhydride acétique. La base est déplacée par un alcali et extraite à l'éther. Elle cristallise dans la ligroïne en groupes concentriques d'aiguilles blanches fondant à 94-95°; elle est très soluble dans l'alcool, le benzène, l'éther, moins soluble dans la ligroïne.

Le *chloroplatinate*, $(C^{16}H^{16}Az^2.HCl)^2PtCl^4$, cristallise en beaux prismes jaunes, et s'altère lorsqu'on le chauffe à 100° [Otto Fischer, *D. chem. G.*, 26, 187]. Ch. Moureu.

ÉTHÉNYL-PHÉNYLAMIDINE. — Voyez AMIDINES.

ÉTHÉNYL-PHÉNYLÈNE-DIAMINE (DÉRIVÉS). — Voyez 1er Suppl., 2, 1204.

L'*éthényl-éthyl-o-phénylène-diamine*

$$CH^3-C \begin{matrix} \nearrow AzC^2H^5 \\ \searrow Az \end{matrix} > C^6H^4$$

se forme :

1° Quand on traite l'éthyl-o-phénylène-diamine par l'anhydride acétique ou par le chlorure d'acétyle ;

2° Quand on réduit par l'étain et l'acide chlorhydrique le dérivé acétylé qui prend naissance dans l'action du chlorure d'acétyle sur l'o-nitro-éthyl-aniline;

3° Lorsqu'on chauffe l'acétyl-o-amido-phényl-méthyl-hydrazine avec de l'anhydride phosphorique.

Ce sont de petites tables ou des prismes fusibles à 179-180° [Hempel, *J. prakt. Chem.*, (2), 39, 200; *ibid.*, 44, 161].

Éthényl-nitrophénylène-diamine,

$$CH^3-C \lessgtr \begin{matrix} AzH \\ Az \end{matrix} > C^6H^3-AzO^2.$$

— On l'obtient en chauffant pendant 4 heures, à 190°, 1 partie de nitro-o-phénylène-diamine avec 5 parties d'anhydride acétique.

Ce corps cristallise dans l'eau en aiguilles jaune-brun, renfermant de l'eau. Il fond à 216°. Il est très soluble dans l'eau bouillante, l'alcool, le chloroforme, le benzène, et les acides dilués [Heim, *D. chem. G.*, 21, 2307]. Ch. Moureu.

ÉTHÉNYL-TÉTRAMIDOBENZÈNE,

$$(AzH)^2-C^6H^2 \begin{matrix} \nearrow AzH \\ \searrow Az \end{matrix} \geqslant C-CH^3.$$

— On l'obtient en réduisant l'éthényl-nitro-triamido-benzène par l'étain et l'acide chlorhydrique [Nietzki et Hagenbach, *D. chem. G.*, 20, 333]. Il s'oxyde à l'air.

ÉTHÉNYL-TÉTRAMIDOBENZÈNE (DI-). — On en connaît trois isomères.

1° *Isomère α*,

$$\left(CH^3-C \lessgtr \begin{matrix} AzH \\ Az \end{matrix} >\right)^2 C^6H^2 + H^2O.$$

— Ce corps répond à cette formule à la température de 100°.

On le prépare en réduisant par l'étain et l'acide chlorhydrique la diacétyl-dinitro-p-phénylène-diamine,

$$C^6H^2(AzO^2)^2(AzH.CO.CH^3)^2.$$

Ce sont de longues aiguilles, fusibles à 210°, peu solubles dans l'eau froide, très solubles dans l'eau bouillante et dans l'alcool, insolubles dans l'éther. Ce composé est très stable : il résiste à l'acide chlorhydrique concentré à 300°.

Chlorhydrate, $C^{10}H^{10}Az^4.2HCl, H^2O$.

Chloroplatinate,

$$C^{10}H^{10}Az^4.2HCl.PtCl^4, H^2O \text{ (à 100°)}.$$

Sulfate, $C^{10}H^{10}Az^4.SO^4H^2, H^2O$.

Picrate, $C^{10}H^{10}Az^4.C^6H^3(AzO^2)^3O$ [Nietzki et Hagenbach, *D. chem. G.*, 20, 329].

Le *dérivé nitré* (*éthényl-nitrotétramidobenzène*),

$$\left(CH^3-C \lessgtr \begin{matrix} AzH \\ Az \end{matrix} >\right)^2 C^6H-AzO^2 + 0,5H^2O,$$

se prépare en faisant réagir 5 parties d'acide azotique (densité 1,52) sur 1 partie d'éthényl-tétramido-benzène. Il cristallise en aiguilles rouge-orangé, et fond à 276°. Les agents de réduction le transforment en éthényl-tétramido-benzène.

Le *chloroplatinate*,

$$C^{10}H^9Az^5O^2, 2HCl.PtCl^4, 1/2H^2O,$$

cristallise en longues aiguilles jaune d'or [Nietzki et Hagenbach, *D. chem. G.*, 20, 331].

2° Le *second isomère* (*isomère β*),

$$(C^6H^2.(Az^2H \equiv C-CH^3)^2,$$

se forme dans les deux circonstances suivantes :

Quand on fait réagir l'anhydride acétique en présence d'acétate de sodium sur le sulfate de tétramido-benzène, on obtient un dérivé acétylé,

$$(AzH-CO-CH^3)^2.C^6H^2 \begin{matrix} \nearrow Az-CO-CH^3 \\ \searrow Az \end{matrix} \geqslant C-CH^3 + H^2O,$$

qui cristallise dans l'alcool en longues aiguilles brillantes, fusibles à 260°. Si l'on évapore la combinaison sulfurique de ce dérivé acétylé, le sulfate de diéthényl-tétramido-benzène β se dépose.

Si l'on dissout le composé acétylé dont nous venons de parler dans l'acide chlorhydrique dilué, et qu'on précipite par l'ammoniaque, on obtient un nouveau dérivé,

$$(AzH-CO-CH^3)^2.C^6H^2 \lessgtr \begin{matrix} AzH \\ Az \end{matrix} \geqslant C.CH^3,$$

fusible à 176°, capable de reproduire le précédent par l'action de l'anhydride acétique, et dont la solution sulfurique fournit de même par évaporation le sulfate de diéthényl-tétramido-benzène β.

Le diéthényl-tétramido-benzène β fond à 145°.

Chloroplatinate,

$$C^{10}H^{10}Az^4.2HCl.PtCl^4 \text{ (à 130°)}.$$

Picrate, $C^{10}H^{10}Az^4.2C^6H^3Az^3O^7$ [Nietzki et Schmidt, *D. chem. G.*, 22, 1650].

3° L'*isomère γ*, $C^6H^2(Az^2H \equiv C-CH^3)^2$, s'obtient en traitant la diacétyl-dinitro-m-phénylène-diamine $C^6H^2(AzO^2)^2(AzH-CO-CH^3)^2$ par l'étain et l'acide chlorhydrique.

Aiguilles fondant au-dessus de 360°.

Chloroplatinate,

$$C^{10}H^{10}Az^4.2HCl.PtCl^4 \text{ (à 120°)}.$$

Sulfate, $C^{10}H^{10}Az^4.SO^4H^2$ (à 120°) [Nietzki et Hagenbach, *D. chem. G.*, 20 337].

Ch. Moureu.

ÉTHÉNYL-TRIAMIDOBENZÈNE (NITRO-),

$$AzH^2-C^6H^2(AzO^2)\genfrac{}{}{0pt}{}{\diagup AzH \geqslant}{\diagdown Az \geqslant}C-CH^3.$$

— On prépare ce composé en chauffant la diacétyl-dinitro-p-phénylène-diamine

$$C^6H^2(AzO^2)^2(AzH.COCH^3)^2$$

avec de l'ammoniaque alcoolique à 150°.

Ce sont des aiguilles rouges, fondant à 295°, solubles dans l'eau bouillante et dans l'alcool, peu solubles dans l'éther.

Chloroplatinate, $(C^8H^6Az^4O^2.HCl^2)^2PtCl^4$ [Biedermann et Ledoux, *D. chem. G.*, 7, 1532. — Nietzki et Hagenbach, *D. chem. G.*, 20, 331].

ÉTHÉNYL-TRIAMIDO-NAPHTALÈNE. — Voyez NAPHTALÈNE.

ÉTHÉNYL-TRIAMIDOTOLUÈNE,

$$C^6H^2\begin{array}{l}\diagup CH^3_{(1)}\\ -AzH^2_{(5)}\\ -AzH_{(3)}\\ \diagdown Az_{(4)}\end{array}\geqslant C-CH^3+H^2O$$

— Pour préparer ce corps, on chauffe pendant 5 heures 5 parties d'étain avec 1 partie de dinitro-p-acétyl-toluidine et 10 parties d'acide chlorhydrique concentré [Niementowski, *D. chem. G.*, 19, 719].

Le produit cristallise dans l'eau en petites tables monocliniques. Il fond vers 100° en perdant son eau de cristallisation. Peu soluble dans l'eau froide, il est très soluble dans l'eau bouillante et dans l'alcool, difficilement soluble dans l'éther et dans le benzène.

Le *dérivé acétylé*,

$$C^6H^2\begin{array}{l}\diagup CH^3\\ -AzH^2\\ -Az-CO-CH^3,\\ \quad\geqslant C-CH^3\\ \diagdown Az\end{array}$$

s'obtient en faisant réagir l'anhydride acétique sur l'éthényl-triamido-toluène. Il cristallise dans le benzène en aiguilles brillantes fondant à 166°. Il régénère l'éthényl-triamido-toluène quand on le chauffe pendant longtemps avec de l'acide chlorhydrique concentré [Niementowski, *D. chem. G.*, 19, 72].

L'*oxy-éthényl-triamidotoluène* correspondant,

$$C^6H^2\begin{array}{l}\diagup CH^3\\ -AzH^2\\ -AzH >\\ \diagdown Az >\end{array}\begin{array}{l}C-CH^3\\ |\\ \diagdown O\end{array}+H^2O,$$

qui renferme 1 atome d'oxygène de plus que l'éthényl-triamido-toluène, se forme quand on réduit la dinitro-p-acétyl-toluidine (1 partie) par l'étain (3 parties) et l'acide chlorhydrique concentré (8 parties). Il cristallise dans l'alcool en bâtonnets brillants, qui deviennent anhydres à 140° et fondent en se décomposant à 258-260°. Il est insoluble dans l'eau, l'éther, le benzène, légèrement soluble dans l'acétone bouillante. L'acide chlorhydrique le transforme à chaud en éthényl-triamido-toluène. Avec l'anhydride acétique, il fournit l'acétyl-éthényl-triamido-toluène.

Le *chlorhydrate*, $C^9H^{11}Az^3O.HCl,1/2H^2O$, qui cristallise en aiguilles, est soluble dans l'eau, insoluble dans l'éther, l'acétone et le benzène [Niementowski, *D. chem. G.*, 19, 717].

Selon M. Bankiewicz [*D. chem. G.*, 21, 2406], il se formerait d'abord, dans la réduction de la dinitro-acétyl-toluidine ou de l'éthényl-nitro-oxy-crésylène-diamine, de la diamido-acétyl-toluidine,

$$C^6H^2\begin{array}{l}\diagup CH^3\\ -AzH.CO\ CH^3,\\ -AzH^2\\ \diagdown AzH^2\end{array}$$

qui s'oxyde très facilement en donnant l'oxy-éthényl-triamido-toluène. Celui-ci n'est pas attaqué, même à chaud, par l'étain et l'acide chlorhydrique. Ch. Moureu.

ÉTHÉNYL-TRIAMIDOTOLUÈNE (DI-P-CRÉSYL-),

$$C^6H^2\begin{array}{l}\diagup CH^3_{(1)}\\ \diagup Az_{(3)}-C^7H^7\\ \quad\geqslant C-CH^3\\ \diagdown Az_{(4)}\\ \diagdown Az_{(6)}H-C^7H^7\end{array}$$

— Ce composé s'obtient en chauffant le di-p-crésyl-triamido-toluène

$$C^6H^2\begin{array}{l}\diagup CH^3_{(1)}\\ -AzH-C^7H^7_{(3)}\\ -AzH^2_{(4)}\\ \diagdown AzH-C^7H^7_{(6)}\end{array}$$

avec de l'acide acétique.

Il cristallise dans l'éther de pétrole en petits prismes incolores, qui fondent à 162-163°

Chloroplatinate, $(C^{23}H^{23}Az^3)^2PtCl^6H^2$.

Le *nitrate* et le *chlorhydrate* sont très solubles et cristallisés en aiguilles incolores [Arthur G. Green, *D. chem. G.*, 26, 2779].

ÉTHÉNYL-TRICARBONIQUE (ACIDE). — Voyez ÉTHANE-TRICARBONIQUE.

ÉTHERS (INDUSTRIE). — Les éthers employés en industrie sont en nombre très restreint. Le plus important est l'*éther ordinaire* ou oxyde d'éthyle, dont la fabrication a pris une grande extension depuis la découverte des poudres sans fumée (voyez EXPLOSIFS).

A côté de cet éther, qui est le plus anciennement connu, il convient de mentionner les *chlorures d'éthyle* et *de méthyle* et l'*acétate d'éthyle*. Les premiers sont surtout utilisés dans les fabriques de matières colorantes organiques dérivées du goudron de houille; quant à l'acétate d'éthyle, il est employé concurremment avec l'éther ordinaire et l'acétone pour la fabrication de certaines poudres sans fumée.

A côté de ces substances, préparées sur une échelle réellement industrielle, il convient de mentionner certains éthers composés, tels que les *butyrates d'éthyle* et *d'amyle*, l'*acétate d'amyle*, quelques *formiates* alcooliques, etc., qui sont employés en quantités restreintes pour l'obtention des éthers de fruits.

La fabrication du *nitrate de méthyle*, usité autrefois pour la préparation des verts d'aniline, a été abandonnée à cause des dangers d'explosion que présente ce produit.

Nous décrirons successivement :

1° La préparation des chlorures de méthyle et d'éthyle;

2° Celle de l'éther ordinaire ou oxyde d'éthyle;

3° Celle de l'acétate d'éthyle ou éther acétique.

FABRICATION DU CHLORURE DE MÉTHYLE.

Le chlorure de méthyle a été préparé industriellement pour la première fois par M. Monnet en 1874.

Le procédé employé est des plus simples. Il consiste à chauffer dans un autoclave en fonte émaillée un mélange de 30 kilogrammes d'alcool méthylique et de 100 kilogrammes d'acide chlorhydrique à 23° B., à une température de 100°.

L'autoclave plonge dans un bain-marie chauffé par un barboteur de vapeur; la pression monte graduellement à 30-35 atmosphères. Lorsque la réaction est achevée, ce qui a lieu au bout de quelques heures, on fait communiquer l'autoclave générateur avec un récipient refroidi, et on provoque ainsi la distillation du chlorure de méthyle, qui se liquéfie dans le récipient refroidi sous la pression de 6-7 atmosphères. Le rendement est de 75 0/0 du rendement théorique.

On peut également préparer le chlorure de méthyle sans faire intervenir la pression, en chauffant l'alcool méthylique avec l'acide chlorhydrique du commerce; le gaz qui se dégage est lavé avec une dissolution de carbonate de sodium qui ne l'attaque pas, et liquéfié par compression.

Quant aux eaux mères qui renferment de l'alcool méthylique, on les sature par la chaux et on recueille l'alcool méthylique inattaqué par distillation et rectification dans des appareils analogues à ceux que l'on emploie en distillerie.

Il existe enfin un autre procédé de préparation du chlorure de méthyle, imaginé par M. Vincent. Il repose sur l'action de la chaleur sur le chlorhydrate de triméthylamine.

Par la calcination en vase clos des vinasses de betteraves, il se forme de la triméthylamine, aux dépens de la bétaïne (triméthylglycocolle) contenue dans la betterave.

Cette triméthylamine, mélangée de gaz ammoniac, est recueillie dans de l'acide chlorhydrique faible; la dissolution évaporée abandonne, par cristallisation, le chlorure d'ammonium qui est moins soluble que les sels correspondants des méthylamines.

Les eaux mères, dans lesquelles les sels de triméthylamine dominent, sont évaporées, et le sel est soumis à la décomposition pyrogénée à une température de 350° environ, en présence d'acide chlorhydrique.

La réaction qui a lieu est exprimée par l'équation suivante :

$$Az(CH^3)^3 . HCl + 3HCl = 3CH^3Cl + AzH^4Cl.$$

Le mélange gazeux est dirigé dans de l'eau qui retient le chlorure d'ammonium, et le chlorure de méthyle est recueilli dans un gazomètre. De là une pompe l'aspire et le dirige dans des appareils purificateurs recevant un liquide acide qui retient les traces d'ammoniaque ayant pu se former dans la distillation pyrogénée. Finalement, le chlorure de méthyle est desséché sous pression par le chlorure de calcium, liquéfié par compression et emmagasiné dans des cylindres en tôle.

Le chlorure de méthyle obtenu par la triméthylamine est doué souvent d'une odeur tenace rappelant son origine, ce qui n'est pas sans inconvénients au point de vue de ses applications thérapeutiques : il est toutefois possible, par des purifications convenables, de l'obtenir exempt de toute odeur ammoniacale, et ne se distinguant en rien du chlorure obtenu par l'alcool méthylique et l'acide chlorhydrique.

Usages. — Le chlorure de méthyle est employé dans l'industrie des matières colorantes artificielles, dans la préparation de la diméthylaniline, ainsi qu'en thérapeutique. Il est également employé pour la fabrication de la glace.

FABRICATION DU CHLORURE D'ÉTHYLE

D'après M. Monnet, on prépare le chlorure d'éthyle en chauffant à 130°, dans un autoclave en fonte émaillée, 100 kilogrammes d'acide chlorhydrique à 28° B. et 46 kilogrammes d'alcool éthylique à 92°.

Au bout de 5 heures l'opération est achevée; la pression atteint 25 atmosphères, et la transformation de l'alcool en chlorure d'éthyle est presque intégrale.

Quand la température est descendue par le refroidissement à 50-60°, on ouvre un robinet situé sur le couvercle de l'autoclave et qui communique avec un récipient métallique fermé et convenablement refroidi; le chlorure d'éthyle distille et vient se condenser dans ce récipient. Pour l'usage médical, il est rectifié sur de l'eau légèrement alcaline qui le prive complètement des traces d'acide chlorhydrique qu'il aurait pu entraîner. La préparation du chlorure d'éthyle peut également s'effectuer sans faire intervenir la pression, comme il a été dit pour le chlorure de méthyle.

Le chlorure d'éthyle est employé dans la fabrication des couleurs de goudron de houille et utilisé en médecine comme anesthésique local. Ses emplois sont du reste plus restreints que ceux du chlorure de méthyle.

FABRICATION DE L'ÉTHER ORDINAIRE (OXYDE D'ÉTHYLE).

Jusqu'à ces dernières années, les emplois de l'éther étaient des plus restreints. La pharmacie et la photographie n'en consommaient que des quantités relativement insignifiantes.

La découverte des poudres sans fumée, due à M. Vieille, est venue changer cet état de choses, et la production de l'éther est devenue une branche importante de l'industrie chimique. Nous la décrirons donc en détail, tant au point de vue des appareils usités en grand, que des procédés de fabrication[1].

Le seul procédé de fabrication généralement usité consiste dans l'action de l'acide sulfurique sur l'alcool.

Récemment, MM. Krafft et Roos ont pris un brevet tendant à substituer à l'acide sulfurique des dérivés sulfonés.

C'est ainsi qu'en ajoutant de l'alcool à de l'acide benzène-sulfonique $C^6H^5 . SO^3H$ chauffé à 135-145°, on recueille à la distillation un mélange d'éther, d'alcool inattaqué et d'eau; la formation de l'éther a lieu ici en deux phases.

Dans la première phase, il se forme de l'eau et l'éther éthylique de l'acide benzène-sulfonique,

$$C^6H^5 - SO^2OH + C^2H^5OH$$
$$= C^6H^5 - SO^2 - OC^2H^5 + H^2O.$$

Dans la deuxième phase, l'alcool agit sur le benzène-sulfonate d'éthyle, en régénérant l'acide benzène-sulfonique et en donnant de l'oxyde d'éthyle,

$$C^6H^5 - SO^2 . OC^2H^5 + C^2H^5OH$$
$$= C^2H^5 - O - C^2H^5 + C^6H^5 - SO^2OH.$$

Le procédé de MM. Krafft et Roos n'est pas sans présenter certains avantages sur le procédé à l'acide sulfurique. Il évite en effet l'action ultérieure de l'acide sulfurique sur l'alcool, et peut donner un rendement supérieur. Quoi qu'il en

1. Nous saisissons ici avec plaisir l'occasion de remercier M. Crepelle-Fontaine, un de nos plus habiles constructeurs, de l'obligeance avec laquelle il nous a donné tous les renseignements concernant la fabrication de l'éther, et pour la libéralité avec laquelle il a mis à notre disposition les dessins des appareils de production construits dans ses ateliers de la Madeleine-lès-Lille. Les appareils dont on trouvera plus loin la description fonctionnent en effet dans plusieurs usines de France et de l'étranger et donnent toute satisfaction aux producteurs.

soit, ce procédé est actuellement peu usité, et à notre connaissance toutes les grandes usines de production d'éther se servent exclusivement de l'acide sulfurique comme agent d'éthérification.

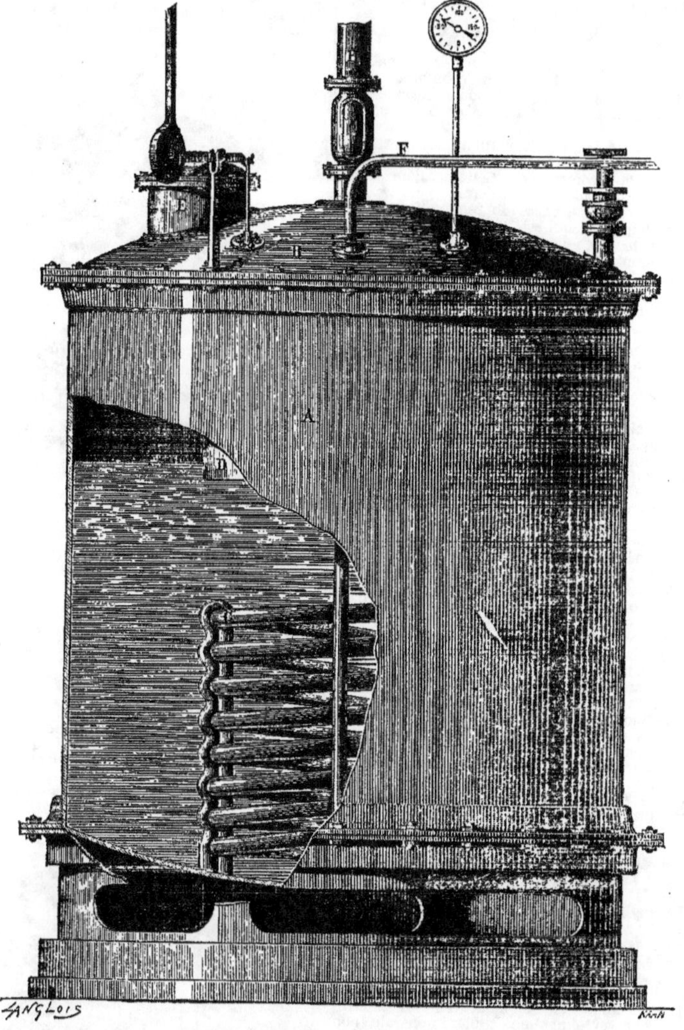

Fig. 290. — Éthérificateur. (Échelle 1 : 50.)

A, enveloppe de l'éthérificateur; — B, couvercle; — C, serpentin de chauffage; — D, flotteur réglant l'introduction de l'alcool dans l'éthérificateur; — E, trou d'homme; — F, entrée et sortie de la vapeur de chauffage; la sortie se fait dans un tuyau semblable, invisible dans le dessin; — G, entrée d'acide et d'alcool; — H, tubulure de dégagement des vapeurs d'éther brut.

Principes de la fabrication. — L'éther est constitué, comme on sait, par deux molécules d'alcool moins les éléments d'une molécule d'eau.

Cette déshydratation s'obtient à 130° en présence d'acide sulfurique; les vapeurs produites, constituées par un mélange en proportions variables d'alcool, d'éther et d'eau, forment après condensation ce que l'on appelle l'*éther brut*.

A côté de cette réaction principale, il se produit des réactions secondaires, dues à une action plus énergique de l'acide sulfurique; c'est ainsi que par une déshydratation plus avancée de la molécule alcoolique, ou plutôt par décomposition de l'acide éthylsulfurique, il se forme de l'éthylène,

$$C^2H^5OH = H^2O + C^2H^4.$$

En outre, on constate toujours la formation d'une certaine quantité d'anhydride sulfureux, due principalement à l'action de l'acide sulfurique sur les impuretés contenues dans l'alcool du commerce.

Enfin, le résidu de l'opération renferme une certaine quantité d'acide sulfovinique qui a échappé à la décomposition. Cette dernière perte a une importance assez considérable pour les fabricants français, à cause du régime fiscal qui leur est imposé et qui est loin de leur permettre d'épuiser la force d'éthérification de l'acide sulfurique employé dans la fabrication.

L'éther brut ainsi obtenu doit être soumis à une rectification; la fabrication de l'éther peut donc se diviser en deux grandes phases :

1° L'éthérification;

2° La rectification ou préparation de l'éther pur.

Nous verrons du reste plus loin qu'il est possible, à l'aide d'un procédé imaginé par M. Crepelle, de fondre en une seule ces deux opérations.

L'éthérification résulte de l'arrivée à jet continu de l'alcool sur l'acide sulfurique, maintenu à une température élevée; elle comprend en outre la neutralisation des vapeurs d'éther brut et leur condensation.

La rectification et la préparation de l'éther pur comprennent deux opérations distinctes. On sépare d'abord dans des appareils appropriés l'éther du mélange d'eau et d'alcool entraîné dans l'éthérification; ensuite le mélange d'eau et d'alcool subit une rectification qui sépare l'eau de l'alcool, ce dernier rentrant en fabrication. Cette double opération, comprenant la rectification de l'éther et la récupération de l'alcool non transformé, s'exécute d'une manière continue, en se fondant sur la différence des températures de volatilisation de ces trois liquides.

I. Description des appareils. — L'éthérification de l'alcool s'effectue dans des cylindres en tôle de 2 mètres de haut et de 1m,80 de diamètre (fig. 290) doublés d'une chemise intérieure en plomb épais, avec couvercle en cuivre. Le couvercle porte un trou d'homme, et une série de tubulures donnant passage aux tuyaux de vapeur de chauffage vive et condensée dans le serpentin, et aux tuyaux d'introduction d'acide et d'alcool. Il porte en outre un thermomètre à cadran, avec bain d'huile placé au sein du mélange éthérifiant, et un indicateur de niveau à flotteur. Le chauffage est produit par un serpentin en plomb épais dans lequel circule de la vapeur.

Le tuyau de prise de vapeur est muni d'un détendeur régulateur spécial, destiné à parer aux variations de pression de la vapeur aux générateurs, et qui est réglé à 3 kilogrammes, ce qui correspond à la température la plus convenable pour l'éthérification (130°).

Il est avantageux d'appliquer sur les éthérificateurs un revêtement en cellulose minérale (non indiqué sur la figure).

Ce matelas produit une économie de charbon qui n'est pas à dédaigner, mais il augmente surtout la capacité de production des appareils d'environ 6 0/0.

Les tuyaux d'alimentation des éthérificateurs sont pourvus chacun d'un robinet à cadran, dont l'ouverture est réglée suivant la marche de la réaction.

La vapeur d'éther brut sortant des éthérificateurs est fortement chargée d'acide; il est absolument indispensable de la neutraliser pour éviter une attaque rapide de tous les appareils de purification. Cette neutralisation s'exécute dans un *saturateur* (fig. 291) composé d'un cylindre en tôle garni de plomb à l'intérieur, ayant environ 1m,50 de haut et 1 mètre de diamètre. Cet appa-

Fig. 291. — Saturateur. (Échelle 1 : 30.)

A, tubulure d'entrée des vapeurs d'éther brut.
B, tubulure de sortie — —
C, entrée de la dissolution alcaline.
D, sortie — — .

reil porte sur la hauteur un certain nombre de plateaux en plomb, garnis d'une dissolution de carbonate de sodium, et déversant l'un sur l'autre par des trop-pleins la solution introduite à la partie supérieure.

Comme l'indique la figure 291, ces plateaux sont munis d'ouvertures tubulaires surmontées de calottes à dentelures spéciales, qui plongent dans le liquide alcalin; la vapeur d'éther brut est ainsi forcée de se diviser et de barboter dans le liquide alcalin en y abandonnant la majeure partie des composés acides qu'elle a entraînés.

Fig. 292. — Trou d'homme à joint hydraulique. (Échelle 1 : 10.)

Du neutraliseur, les vapeurs d'éther passent dans un réfrigérant composé d'un serpentin de plomb d'une très grande longueur; elles s'y condensent, et le liquide s'écoule dans un bac doublé en plomb. On intercale entre le serpentin réfrigérant et le bac-réservoir une éprouvette de coulage analogue à celles usitées en distillerie (2e Suppl., 2, 309), où l'on contrôle le degré aréométrique du liquide condensé. Le récipient d'éther brut, d'une capacité de 30-40 hectolitres,

LÉGENDE.

A, récupérateur de chaleur.
B, épurateur.
C, tronçon de concentration de l'éther.
D, partie supérieure du condenseur de l'épurateur.
E, partie inférieure —
F. entrée des flegmes épurés dans le rectificateur.
G, barboteur.
H, tronçon de rectification de l'alcool.
I, condenseur du rectificateur.
J, réfrigérant —
K, refrigérant pasteurisé.
L, éprouvette de l'alcool pasteurisé.
M, éprouvette des éthers du rectificateur.
N, éprouvette des éthers de l'épurateur.
O, communication des vinasses avec le récupérateur.
P, réfrigérant.
R, prise de vapeur pour le contrôle d'épuisement.
S, contrôle d'épuisement.
T, prise de vapeur pour le chauffage de l'épurateur.
U, manomètre.
V, thalpotasimètre.
X, régulateur de vapeur.
Z, bac d'alimentation du rectificateur.
W, plancher du bac à eau.

a, arrivée des flegmes bruts.
b, arrivée des flegmes à l'épurateur.
c, rétrogradation.
d, ascension des vapeurs de l'épurateur au condenseur E.
e, éthers de l'épuration.
f, alimentation du rectificateur.
g, ascension des vapeurs du rectificateur au condenseur I.
h, rétrogradation.
i, communication des vapeurs alcooliques du condenseur I au réfrigérant J.
j, éthers du rectificateur.
k, communication de la colonne avec le réfrigérant pasteurisé K.
l, alcool pasteurisé.
m, huiles.
n, epuisement.
p, collecteur d'eau.
q, conduite d'eau du réfrigérant.
r, communication de l'eau du réfrigérant J avec le condenseur I.
s, conduite d'eau du réfrigérant pasteurisé.
t, arrivée de vapeur à la colonne.
u, communication des vapeurs du rectificateur et de l'épurateur.
y, passage de la vinasse dans le récupérateur A.

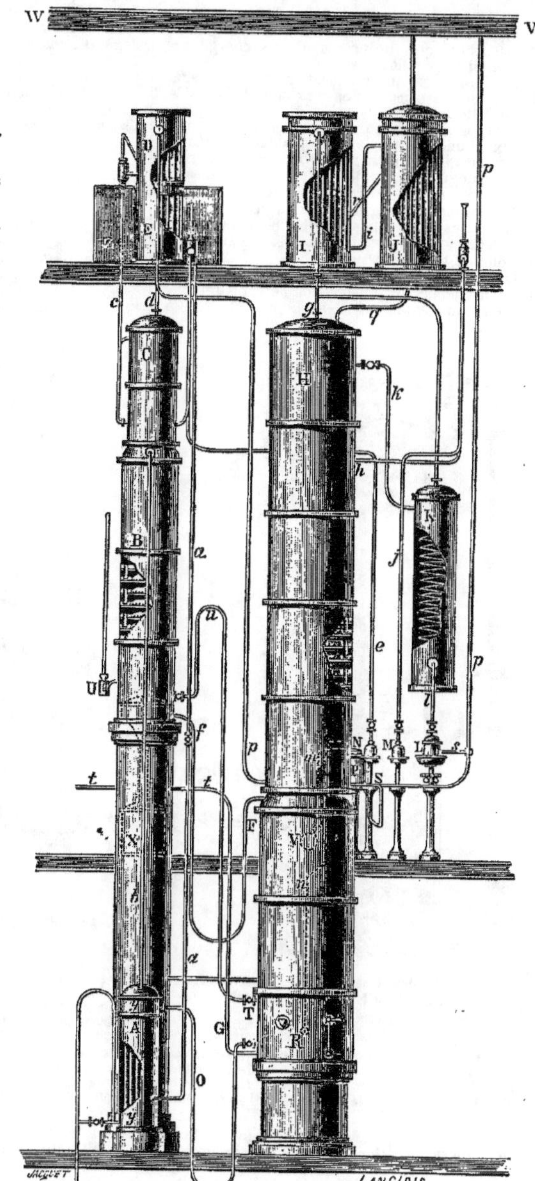

Fig. 293. — Rectificateur continu d'éther et récupérateur d'alcool. (Echelle 1 : 80.)

est en tôle doublée de plomb, et muni d'un trou d'homme à joint hydraulique, représenté par la figure 292.

L'éther brut est aspiré du bac-réservoir par une pompe, et refoulé dans un autre bac de même construction que le précédent, en charge sur l'appareil de rectification.

Ce dernier est un rectificateur continu, analogue comme construction aux appareils usités en distillerie.

Il se compose de deux colonnes en cuivre à plateaux : l'une est munie de 27 plateaux servant à la rectification de l'éther ; l'autre, d'une construction analogue à la première, contient 43 plateaux qui servent à la récupération de l'alcool.

Le régulateur à régime variable genre Savalle règle l'accès de la vapeur de chauffe dans le rectificateur par la pression même des vapeurs dans la colonne de rectification.

La figure 293 et la légende indiquent suffisamment les détails de construction de l'appareil.

Quant au régulateur, il est représenté par la figure 294.

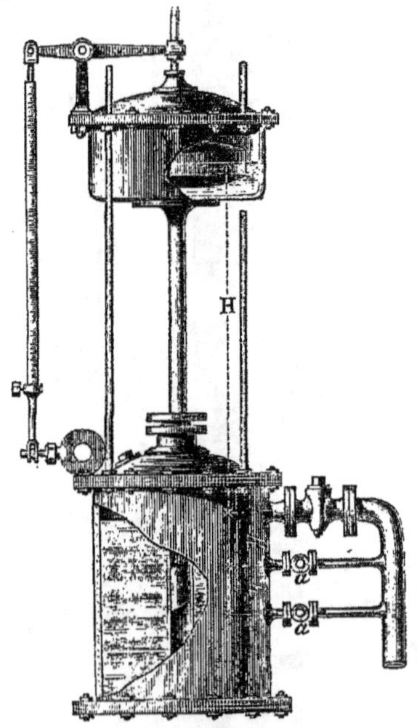

Fig. 294. — Régulateur de vapeur à régime variable, système Crepelle, Fontaine et Barbel.

(Échelle 1 : 20.)

a, a, robinets de réglage de la pression.

Les robinets *a, a* étant fermés, l'appareil fonctionne avec une pression H. — En ouvrant le premier robinet, l'appareil fonctionne avec une pression H + *h'*. — En ouvrant le second robinet, la pression devient H + *h'* + *h*.

Les vapeurs d'éther qui s'échappent de la colonne de rectification se rendent dans un réfrigérant tubulaire et s'y condensent à l'état d'éther à 65°, qui est recueilli dans un bac spécial.

Le liquide sortant de la partie inférieure des tronçons du rectificateur à éther est constitué par un mélange d'eau et d'alcool complètement dépouillé d'éther; il est introduit dans le récupérateur, qui opère la séparation de l'eau et de l'alcool; l'eau s'écoule au bas du récupérateur et est évacuée au dehors après constatation de son degré d'épuisement; les vapeurs d'alcool arrivent à un réfrigérant où elles se condensent; l'alcool recueilli rentre en fabrication.

Il est évident qu'on peut remplacer le rectificateur continu décrit ci-dessus par un appareil discontinu analogue à ceux usités en distillerie; dans ce cas la colonne de rectification de l'appareil à éther surmonte une chaudière cylindrique en tôle dans laquelle on introduit l'éther brut à rectifier; la distillation et la récupération de l'alcool s'effectuent d'une manière analogue à celle précédemment décrite. Ce mode de procéder est

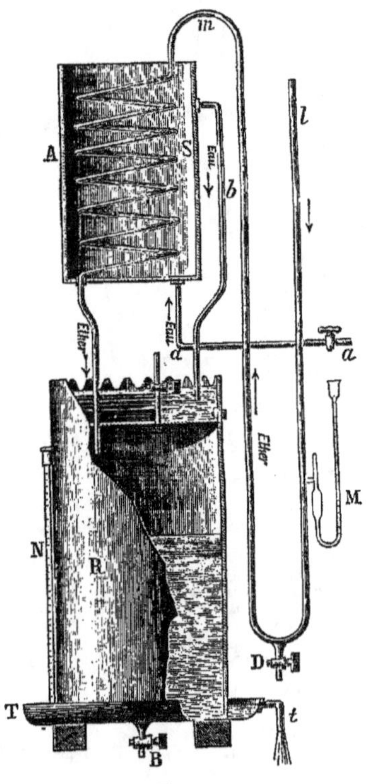

Fig. 295.

Appareil de condensation relié aux bacs à éther.

(Échelle 1 : 20.)

A, enveloppe du réfrigérant; — B, robinet servant à faire écouler l'alcool chargé d'éther du réservoir R; — D, robinet de purge; — M, manomètre à mercure; — N, tube de niveau; — R, réservoir contenant de l'alcool; — S, serpentin réfrigérant; — T, cuvette recevant l'eau qui a refroidi extérieurement le récipient R.

a, a, tube d'arrivée de l'eau de réfrigération; — *b*, tube de décharge de l'eau du réfrigérant; — *l, m*, tuyau amenant la vapeur d'éther du bac-réservoir; — *t*, trop-plein d'eau de réfrigération.

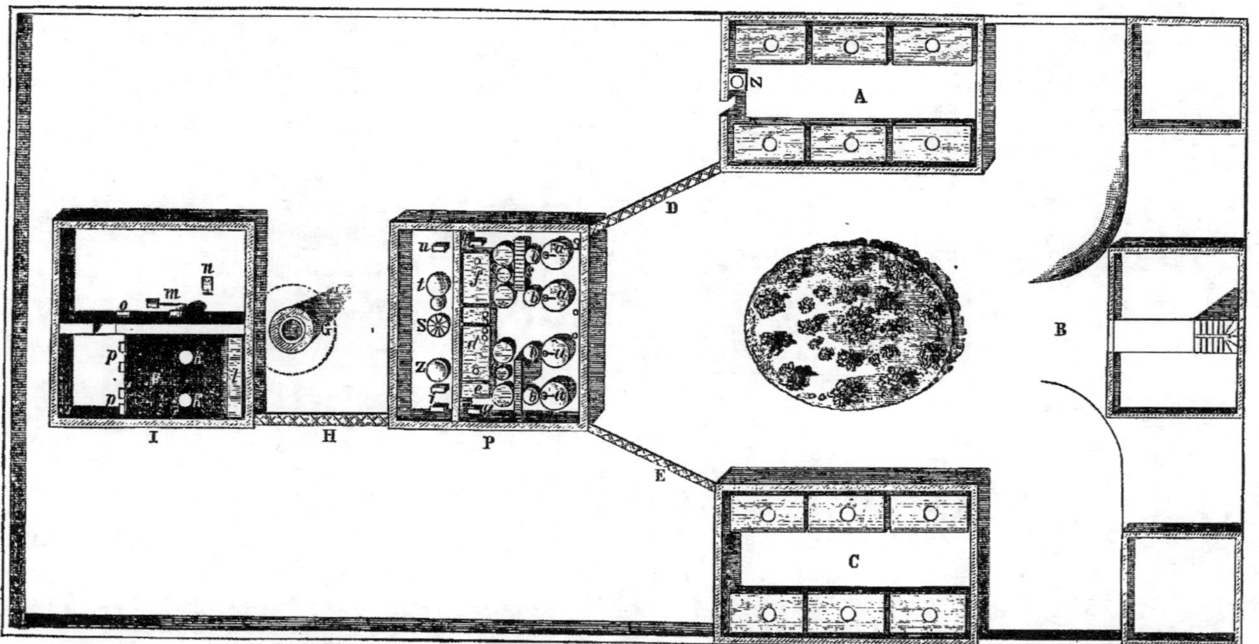

Fig. 296. — Plan d'une fabrique d'éther. (Échelle 1 : 450.)

A, magasin à alcool; — B, bâtiments d'administration. — C, magasin à éther; — D, coffre abritant les tuyaux à alcool. — E, coffre abritant les tuyaux à éther; — F, maçonnerie des générateurs; — G, cheminée; — H, coffre abritant les tuyaux de vapeur et d'eau d'alimentation; — I, bâtiments des générateurs et des machines; — P, atelier de fabrication d'éther; — Z, dépotoir du magasin à alcool. *a*, *a*, éthérificateurs; — *b*, *b*, extracteurs; — *c*, *c*, réfrigérants; — *d*, bac à éther brut; — *e*, bac à soude; — *f*, bac à alcool; — *g*, pompe à soude; — *h*, pompe à alcool; — *i*, pompes à eau; — *k*, *k*, dômes de vapeur des générateurs; — *l*, bac alimentaire des générateurs; — *m*, machine à vapeur; — *n*, dynamo; — *o* pompe alimentaire des générateurs; — *p*, *p*, générateurs; — S, *s*, escaliers; — *t*, récupérateur d'alcool; — *u*, pompe à éther brut; — Z, rectificateur.

toutefois moins avantageux, surtout avec un liquide aussi volatil que l'éther.

Le bac destiné à recevoir l'éther pur à 65° B. est en tôle et muni d'un orifice saillant en trou d'homme, fermé par un couvercle boulonné sur la bride de l'orifice. Le couvercle porte une soupape de sûreté se levant à 1/10 d'atmosphère. Quand le bac reçoit de l'éther, l'air confiné déplacé par le liquide s'échappe par la soupape et se dépouille des vapeurs d'éther condensées. Le remplissage du bac à éther pur s'effectue par un tuyau d'alimentation qui ne s'arrête qu'à 5 centimètres du fond. On opère ainsi le remplissage par un orifice noyé, car on ne vide que rarement le bac d'une façon complète. Ce dispositif s'oppose à la formation de vapeurs d'éther et réduit au minimum les pertes de remplissage.

L'éther étant un liquide très volatil, il importe d'éviter les pertes par évaporation, qui dans la saison chaude pourraient atteindre un chiffre élevé. On atteint ce but en arrosant les bacs avec de l'eau aussi froide que possible, et en adoptant en outre un appareil de condensation fondé sur le principe de la paroi froide et représenté par la figure 295.

Cet appareil se compose d'un serpentin relié avec le bac à éther pur par un tube *lm* de 1 centimètre de diamètre recourbé en siphon. Le serpentin est refroidi par un courant d'eau à 15°. La vapeur d'éther qui se condense dans le serpentin tombe dans le réservoir R qui contient de l'alcool et qui est refroidi extérieurement par l'eau qui s'écoule du trop-plein du récipient supérieur. L'éther se dissout dans l'alcool et un robinet B permet de soutirer le liquide quand le niveau est trop élevé.

II. Conduite de l'opération. — Nous venons de décrire sommairement les appareils spéciaux utilisés dans la fabrication de l'éther; il nous reste à donner les détails du mode opératoire, en même temps que l'ensemble des opérations depuis l'arrivée des matières premières jusqu'à l'embarillement des produits fabriqués. Nous nous reporterons pour ceci aux figures 296, 297 et 298, qui donnent une vue d'ensemble d'une fabrique d'éther, une coupe et un plan de l'atelier de fabrication proprement dit.

Une fabrique d'éther se compose de plusieurs parties distinctes, et séparées autant que possible les unes des autres par de grands espaces pour éviter la propagation des incendies.

Les bureaux et logements pour le personnel sont figurés sommairement en B sur le plan (fig. 296). A droite se trouve le magasin à alcool; à gauche, à une distance de 20 mètres du premier, le magasin à éther. Les tuyaux à éther et à alcool passent à environ 5 mètres au-dessus du sol dans des coffres D et E, pour aller d'un bâtiment à l'autre. La salle des appareils P est divisée en deux parties, pour faire la part des dégâts en cas d'incendie.

Le bâtiment des appareils est situé au milieu de la cour, c'est-à-dire entre les magasins. Derrière ce bâtiment, et à une distance d'environ 10 mètres, se trouve le bâtiment des générateurs, contenant les machines motrices, dynamos pour éclairage, etc. Les foyers des générateurs, ainsi que les portes de la chaufferie, sont disposés à l'opposé du bâtiment des appareils.

L'alcool arrive en fûts dans le magasin A, dont le sol se trouve à hauteur de haquet, comme d'ailleurs celui du magasin à éther. Le transvasement dans les bacs à alcool se fait au moyen d'une pompe à action directe; le dépotage des fûts permet d'en vérifier la contenance, chaque fût étant pesé à la bascule à son arrivée au magasin.

Du magasin une tuyauterie, passant dans un coffre-abri, conduit l'alcool à la salle des éthérificateurs (fig. 297 et 298) dans le bac K; de ce bac la pompe L élève l'alcool dans le bac G qui est en charge sur les éthérificateurs A.

La dissolution de carbonate du sodium destinée à la neutralisation des vapeurs d'éther s'exécute dans le bac I (fig. 298); une pompe J élève cette dissolution dans le bac réservoir H. Quant à l'acide sulfurique nécessaire au chargement des éthérificateurs, il est envoyé par une pompe dans le bac S.

On introduit dans chaque éthérificateur 3200 kilogrammes d'acide sulfurique à 66° et 1500 kilogrammes d'alcool à 95° et on chauffe le mélange à 130°; la formation de l'éther commence déjà vers 100°: les vapeurs d'éther, d'eau et d'alcool passent dans la cuvette à glace, qui permet de se rendre maître des emportements qui peuvent se produire par un chauffage exagéré, et de là dans le tuyau se rendant au saturateur C; elles traversent cet appareil de bas en haut en passant dans les plateaux à calottes qui les forcent à se mettre en contact intime avec la dissolution de carbonate de sodium, qui suit en cascadant de plateau en plateau le chemin inverse. Cette dissolution, introduite sur le plateau supérieur, descend en se neutralisant au fur et à mesure et sort à la partie inférieure pour se rendre dans un réfrigérant qui en abaisse la température; ce liquide renferme de faibles quantités d'éther brut condensé : il est recueilli dans les grands bacs à éther brut liquide, où le carbonate de sodium qu'on emploie en léger excès achève la saturation des dernières traces d'acide.

Des saturateurs, les vapeurs d'éther passent dans un réfrigérant à serpentin en plomb d'une grande longueur et s'y condensent; l'éther liquéfié s'écoule dans le bac à éther brut M, après avoir passé aux éprouvettes de contrôle F.

Au début de l'opération, le degré de l'éther qui traverse l'éprouvette est assez élevé; mais il baisse rapidement, car les vapeurs d'éther entraînent avec elles une certaine quantité d'alcool qui échappe à l'éthérification, ainsi que de l'eau provenant de la réaction.

A ce moment, on commence l'alimentation continue de l'alcool, que l'on règle en consultant le thermomètre, le niveau du liquide dans l'éthérificateur et l'aréomètre placé dans l'éprouvette, de façon à entraîner le moins possible d'alcool et le plus possible d'eau, le premier devant être l'objet de repasse et l'autre pouvant affaiblir le pouvoir éthérificateur du mélange contenu dans l'appareil générateur.

L'éther brut doit maintenant subir un raffinage, c'est-à-dire passer aux appareils de rectification continue, placés dans la salle contiguë à celle qui contient les éthérificateurs.

L'éther brut est aspiré des bacs à éther brut Z par la pompe N (fig. 298) et refoulé dans le bac M' en charge sur le rectificateur; son introduction a lieu immédiatement au-dessous du seizième plateau, et est réglée par un robinet *a* placé sur le tuyau reliant le bac M' au rectificateur O. La pression de la vapeur servant au chauffage de l'appareil est réglée par le régulateur X (fig. 293).

L'éther se volatilise et ses vapeurs montent dans les tronçons supérieurs de rectification, tandis que l'alcool et l'eau descendent de plateau en plateau jusqu'à la partie inférieure du rectificateur et sortent de là pour se rendre dans le récupérateur d'alcool P. Les vapeurs d'éther ayant traversé les tronçons de rectification passent dans le condenseur. Une partie de ces vapeurs se condense et rentre dans l'appareil pour servir de liquide laveur aux vapeurs d'éther, le reste passe au réfrigérant, où, après s'être condensées et refroidies, elles coulent à l'éprouvette d'éther rectifié à 65°. Un thalpotasimètre indique, par la température du milieu dans lequel se trouve plongée sa tige, le degré de chargement du rectificateur.

Le liquide, complètement dépouillé d'éther sorti

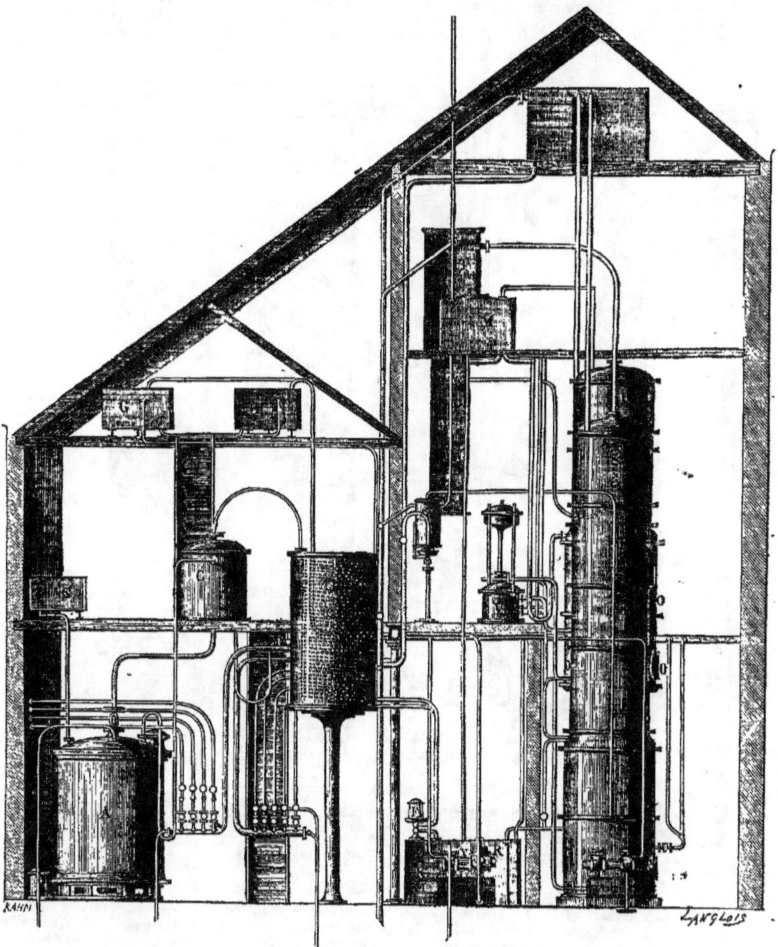

Fig. 297. — Coupe verticale de l'atelier de fabrication. (Échelle 1 : 100.)

A, éthérificateur; — C, saturateur; — D, réfrigérant à éther brut; — E, réfrigérant du liquide neutralisateur; — F, éprouvette de coulage; — G, bac à alcool; — H, bac renfermant la solution de carbonate de sodium; — I, K, M, bacs à alcool, à soude et à éther brut (ces bacs sont situés les uns derrière les autres); — M', bac à éther brut; — N, R, pompe à éther et pompe à alcool; — O, rectificateur à éther; — P, récupérateur d'alcool; — S, bac à acide sulfurique; — T, condenseur du rectificateur à éther et du récupérateur d'alcool; — U, enveloppe du réfrigérant à alcool et à éther rectifié; — V, régulateur; — X, réfrigérant d'épreuve; — Y, bac-réservoir à eau froide.

de la partie inférieure des tronçons du rectificateur, passe au récupérateur par un tuyau de communication muni d'un robinet. Il entre dans le récupérateur à la hauteur du onzième plateau, c'est-à-dire à la partie supérieure des tronçons d'épuisement. En descendant de plateau en plateau, il rencontre un courant ascendant de vapeur de chauffage réglé par le régulateur V (fig. 297). Les vapeurs d'alcool montent dans les tronçons supérieurs, tandis que l'eau est extraite à la partie inférieure par un appareil à flotteur. Cette eau est évacuée au dehors après constatation au contrôleur d'épuisement qu'il n'y a pas d'entraînement possible d'alcool; le contrôleur d'épuisement est une éprouvette spéciale portant un alcoomètre lesté de façon à affleurer au 0° dans un liquide exempt d'alcool et renfermant le même taux de matières salines que la moyenne des eaux d'évacuation. Pour graduer l'alcoomètre, on recueille un volume déterminé de liquide, représentant comme composition la moyenne du travail de la journée; on soumet ce liquide à une ébullition prolongée et on le ramène ensuite au volume primitif et à la température convenable; on marque alors 0° au point où affleure l'alcoomètre.

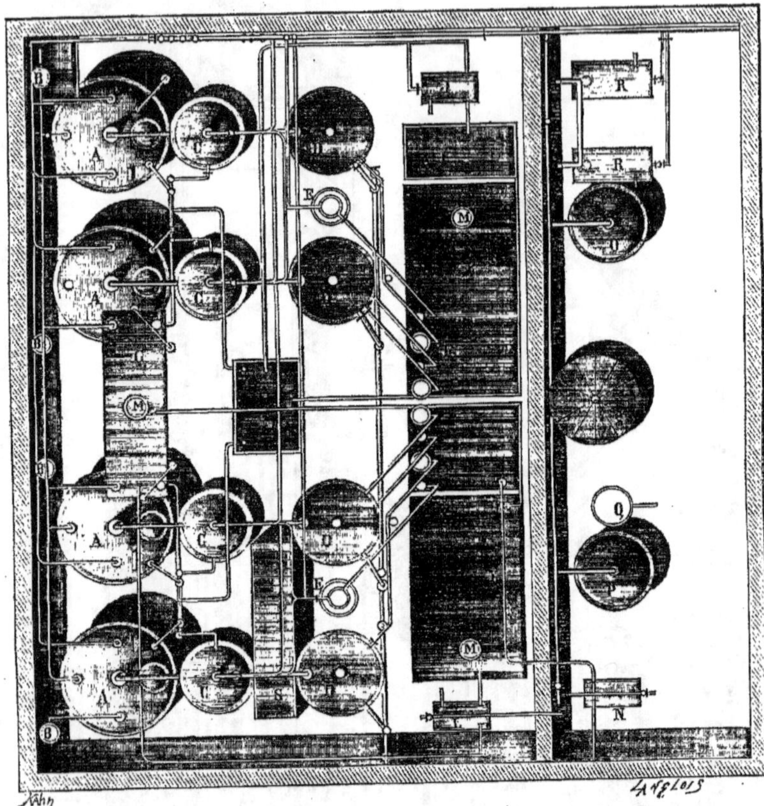

Fig. 298. — Plan du bâtiment des appareils. (Échelle 1 : 100.)

A, A, éthérificateurs; — B, B, extracteurs; — C, C, saturateurs; — D, D, réfrigérants à éther brut; — E, E, réfrigérants du liquide neutralisateur; — F, F, éprouvettes de coulage; — G, bac à alcool en charge sur les éthérificateurs; — H, bac à soude en charge sur les neutralisateurs; — I, bac pour dissoudre le carbonate de sodium; — J, pompe à soude; — K, bac à alcool; — L, pompe à alcool; — M, M, trou d'homme; — N, pompe à éther brut; — O, rectificateur d'éther; — P, récupérateur d'alcool; — Q, extracteur; — R, R, pompes à eau; — S, S, escaliers; — Z, bac à éther brut.

Une partie des vapeurs d'alcool passées dans le condenseur se liquéfie et rentre dans les tronçons supérieurs pour servir de liquide laveur. Le reste passe au condenseur réfrigérant pour couler à l'éprouvette. Une prise de vapeur faite dans le bas du récupérateur et condensée coule continuellement à l'éprouvette G, où elle indique l'état d'épuisement. En outre, un thalpotasimètre indique le degré de chargement de l'appareil en alcool.

Quant à l'alcool récupéré, il coule dans le bac de la salle des éthérificateurs pour rentrer en fabrication, tandis que l'éther à 65°, provenant du rectificateur, se rend au magasin à éther.

M. Crepelle a breveté en mars 1887 un procédé permettant de réaliser de notables économies de charbon, et de réduire en même temps au minimum les pertes d'éther.

Le principe de ce procédé consiste à envoyer directement la vapeur d'éther brut, s'échappant du saturateur dans l'appareil de rectification, sans la condenser au préalable.

Pour l'application de ce procédé qui supprime le travail de condensation de la vapeur d'éther, on peut se servir naturellement des appareils décrits ci-dessus, en dirigeant à volonté par un jeu de robinets la vapeur d'éther brut soit au réfrigérant, soit dans la colonne de rectification; dans ce dernier cas, la chaleur dégagée par la condensation de l'eau et de l'alcool suffit pour assurer le fonctionnement du rectificateur.

L'envoi de la vapeur d'éther brut dans le rectificateur augmente la tension intérieure dans les éthérificateurs; cette tension atteint 20 centimètres de mercure. Il importe pour le succès de la rectification que la température, et par suite la tension, ne croissent pas au delà de cette limite. Un tuyau spécial, qui prend origine sur le soubassement du rectificateur au-dessus du liquide précipité, remonte, aboutit à un régulateur Savalle et de là se rend au réfrigérant du premier éthérificateur. L'action du régulateur est ici renversée : la valve s'ouvre quand la pression intérieure s'élève; dans ce cas, qui est l'indice d'un excès de vapeur d'éther brut, cette vapeur passe dans le réfrigérant, tombe dans l'éprouvette de coulage, et de là dans le bac à éther brut : ce dispositif automatique règle d'une façon parfaite le rapport entre la quantité de vapeur d'éther brut condensée sans travail utile dans le réfrigérant et celle employée à la rectification.

Nous avons vu, au début de la description de la conduite des opérations, que l'on chargeait l'éthérificateur avec un mélange d'acide sulfurique et d'alcool. On exécute généralement cette opération en dehors de l'appareil, dans une espèce de monte-jus, pouvant être chauffé par un serpentin en plomb épais, dans lequel circule de la vapeur. Cette opération est notamment exigée par la régie française pour la dénaturation de l'alcool servant à la fabrication de l'éther (voyez plus loin *Législation*).

Le mélange d'alcool et d'acide sulfurique, qui a subi un commencement d'éthérification, est envoyé à l'aide d'air comprimé dans l'éthérificateur.

Théoriquement, une quantité quelconque d'acide sulfurique peut transformer en éther des quantités indéfinies d'alcool.

En pratique toutefois, les résidus s'accumulent dans l'acide sulfurique et finissent par le rendre impropre à une bonne éthérification; dans ce cas il peut également arriver que l'éther produit soit doué d'une odeur désagréable, qui oblige à une purification ultérieure; or cette purification est souvent plus coûteuse que l'emploi de quantités plus grandes d'acide sulfurique; il convient également de faire entrer en ligne de compte les impuretés des alcools d'industrie employés à la fabrication de l'éther. On admet généralement que 1 partie d'acide sulfurique peut servir à éthérifier de 20 à 30 parties d'alcool. Nous verrons plus loin qu'il est impossible en France d'atteindre ce résultat, par suite des lois fiscales qui régissent l'emploi de l'alcool dans l'industrie.

Le mode de fabrication que nous venons de décrire plus haut fournit directement de l'éther pur à 65°; mais il est utile pour certaines applications d'employer un éther mélangé d'alcool. C'est notamment le cas pour l'éther qui est employé dans la fabrication des poudres sans fumée. En effet, seul le mélange d'alcool et d'éther exerce sur le coton-poudre l'action gélatinisante cherchée.

Le mélange le plus important à ce point de vue est formé de 9 parties en poids d'éther à 65° et de 5 parties d'alcool à 95°. C'est l'éther dit à 56°.

Ce mélange, qu'il est avantageux de préparer aux usines de production, peut s'exécuter ou bien dans un mélangeur spécial clos, de grandes dimensions, muni d'un agitateur à palettes mû mécaniquement, ou plus simplement dans les fûts qui doivent servir au transport.

Dans ce dernier cas, on fait communiquer les tubulures de vidange des bacs à alcool et à éther des magasins de l'usine avec un tuyau collecteur unique, sur lequel est brasé un ajutage qu'on coiffe d'un tube en caoutchouc flexible; un jeu de robinets permet de faire couler par le tube en caoutchouc soit l'éther, soit l'alcool de l'un ou de l'autre bac. Le fût métallique à remplir est placé sur une balance-bascule et taré; on laisse couler l'éther ou l'alcool jusqu'à ce qu'un poids déterminé d'avance soit atteint. Pour éviter les pertes au remplissage, pertes qui pendant l'été peuvent atteindre 3 0/0 du poids d'éther enfûté, on se sert du raccord en bronze représenté par la figure 299, qu'on visse sur la bonde du fût; l'extré-

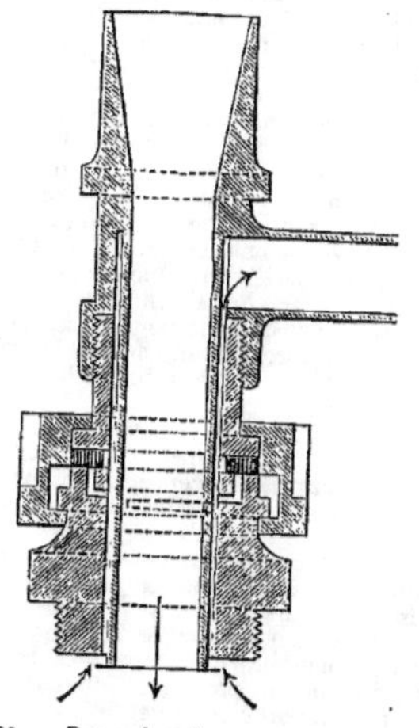

Fig. 299. — Raccord en bronze pour le remplissage des fûts d'éther. (Echelle 1 : 20.)

mité libre du tube en caoutchouc est pourvue d'un raccord également en bronze, et portant un écrou flottant et évidé; les deux raccords sont appliqués l'un sur l'autre et serrés à la main par le glissement de deux ergots en plan incliné sur deux saillies de la surface cylindrique de l'autre raccord. Pour permettre à l'air confiné de s'échapper sans retarder l'écoulement, on ménage dans le raccord fixé au tube de caoutchouc une gaine prolongée par un ajutage latéral, et un tube en caoutchouc qui conduit l'air chassé des fûts à une petite canalisation fixe aboutissant au sommet des bacs; l'air du fût vient ainsi remplacer dans le bac-réservoir le liquide qui s'en écoule.

Le remplissage de plusieurs fûts a pour conséquence d'élever la pression intérieure du bac que l'on vide; cette augmentation de pression, qui est d'autant plus forte que la température extérieure est plus élevée, ne se produit pas si on a soin de faire communiquer tous les bacs avec l'appareil de condensation décrit page 574, figure 295; dans ce cas, les vapeurs d'éther qui peuvent se dégager des bacs sont condensées et absorbées par l'alcool contenu dans le récipient R.

Frais de premier établissement et prix de revient de l'éther. — Une fabrique d'éther pouvant produire 10 000 kilogrammes d'éther brut par 24 heures, ce qui correspond à environ 5000 kilogrammes d'éther pur, comprend :

1° Maison d'habitation et bureaux;
2° Magasin à alcool;
3° Magasin à éther;
4° Atelier de fabrication proprement dit,
5° Bâtiments des générateurs, machines et cheminée.

Cette usine est représentée dans ses grandes lignes par la figure 296.

L'atelier de fabrication comprend :

1° 4 éthérificateurs, dont un de rechange;
2° 4 saturateurs;
3° 4 réfrigérants;
4° 1 rectificateur à éther;
5° 1 récupérateur d'alcool.

Plus les bacs, pompes, régulateurs, etc., indiqués au plan de l'atelier figure 298.

La disposition des bâtiments peut varier notablement, suivant la situation du terrain choisi pour édifier l'usine. De toutes façons, il est indispensable de disposer à proximité de grandes quantités d'eau pour les réfrigérants. L'eau de rivière est souvent trop chaude en été et condense difficilement les vapeurs d'éther; il est donc préférable d'employer l'eau d'un puits assez profond pour donner de l'eau à 12-15°, si les nappes souterraines le permettent.

L'emploi d'une matière aussi volatile et aussi inflammable que l'éther impose une construction en briques et fer. Nous connaissons à la vérité des usines construites en bois, mais nous ne saurions les envisager comme des installations modèles, quoiqu'elles n'aient donné lieu jusqu'ici à aucun accident.

De même l'éclairage électrique s'impose. Il est bien entendu qu'il ne peut être question que de l'éclairage par incandescence, du moins en ce qui concerne l'atelier de fabrication. Les lampes, généralement d'une intensité de 32-50 bougies, sont enfermées dans des globes à fermeture hermétique et scellées dans les murs; la manœuvre des interrupteurs se fait de l'extérieur des bâtiments, de sorte que, tous les fils étant extérieurs, il n'y a pas à craindre les étincelles de rupture ou les échauffements provenant de courts-circuits de la canalisation électrique.

La dynamo génératrice se trouve dans la salle des machines, à côté des générateurs. Toutes les pompes de l'atelier de fabrication sont à action directe, de sorte qu'il n'y a aucune transmission mécanique dans l'atelier.

Le coût de l'établissement de l'usine que nous venons de décrire sommairement sera d'environ 300 000 à 350 000 francs, terrains compris.

Le prix de revient de l'éther peut être calculé comme il suit : 100 kilogrammes d'éther à 65° exigent théoriquement 124 kilogrammes d'alcool à 100 0/0, ou 138 kilogrammes d'alcool à 90° et une quantité minime d'acide sulfurique. En pratique, ces chiffres montent à 142 d'alcool 100 0/0 ou 158 à 90°, ce qui correspond à une perte approximative de 12 1/2 0/0, perte dont nous avons indiqué plus haut les causes principales.

En supposant une production de 5000 kilogrammes par 24 heures, on peut établir le prix de revient comme il suit :

158 alcool à 90° à 33 fr.	52,25
5 acide sulfurique à 9 fr.	0,45
100 kilogr. charbon à 20 fr.	2,00
Main-d'œuvre et frais généraux	2,50
Amortissement et intérêt du capital engagé	3,00
Total	60,20

Ces chiffres ne peuvent être qu'approximatifs, car le coût des matières premières est variable, suivant les conditions locales; les cours pour l'alcool, par exemple, sont sujets à de grandes variations. Nous ne tenons pas compte non plus des droits de régie (voyez *Législation*).

On voit par les chiffres ci-dessus qu'abstraction faite des droits de régie, l'éther est un produit dont le prix de revient très modéré peut permettre l'emploi sur une grande échelle; il ne joue donc pas un rôle prépondérant dans le prix de revient des poudres sans fumée, et il est à ce point de vue plus avantageux que l'acétate d'éthyle ou l'acétone, qui peuvent le remplacer dans la fabrication des explosifs

Législation. — Nous donnerons maintenant en peu de mots quelques indications sur les législations française et allemande au point de vue de la fabrication de l'éther.

En France, l'alcool employé à la fabrication de l'éther doit être soumis à l'opération de la dénaturation et frappé d'une taxe de 37^fr^,50 par hectolitre d'alcool pur calculé en 100 0/0.

La dénaturation s'exécute en mélangeant l'alcool à dénaturer avec 10 0/0 de son volume du résidu d'éther ayant servi à une précédente opération. Les employés de la Régie, en présence desquels doit être faite la dénaturation, doivent s'assurer que le mélange est bien fait, en prélevant un échantillon de la masse, qui doit exhaler l'odeur forte et désagréable du résidu d'éther employé, et en outre prendre une teinte opaline par une addition d'eau. Ce trouble est le signe de la précipitation par l'eau des essences dissoutes dans le résidu d'éther par l'alcool concentré, qui compose en grande partie ces résidus.

On ajoute ensuite au liquide 10 0/0 d'acide sulfurique à 66° ou 20 0/0 d'acide à 54°, et on chauffe le mélange à 80°.

En Allemagne, l'alcool destiné à la fabrication de l'éther est exempt de droits; il est dénaturé en présence du service par l'addition de 10 0/0 d'éther ou de 0,025 0/0 d'huile animale de Dippel (*Thieroel*).

La dénaturation par l'huile de Dippel ne présente aucun inconvénient lorsque l'éther est destiné à la fabrication des matières explosives; en revanche, pour l'emploi en pharmacie, la dénaturation à l'éther est de beaucoup préférable, et il est regrettable qu'elle ne soit pas autorisée en France : l'emploi de résidu d'éther comme agent de dénaturation et l'addition successive d'acide sulfurique donne, d'une part, un produit de qualité inférieure et augmente, d'autre part, inutilement les dépenses d'acide sulfurique, qui est employé en grand excès.

FABRICATION DE L'ACÉTATE D'ÉTHYLE.

Le meilleur procédé pour préparer l'acétate d'éthyle consiste à faire agir un mélange d'acide sulfurique et d'alcool sur l'acétate de sodium fondu.

Voici quel est le mode opératoire :

Dans une chaudière en cuivre munie d'un double fond dans lequel peut circuler de la vapeur, et d'une capacité de 600 à 700 litres, on introduit 170 kilogrammes d'acétate de sodium fondu et pulvérisé. La chaudière est munie d'un agitateur robuste et d'un couvercle boulonné, qui porte un tube de dégagement en cuivre communiquant avec un serpentin réfrigérant.

L'agitateur étant en mouvement, on introduit peu à peu un mélange de 100 kilogrammes d'acide sulfurique à 66° et 100 kilogrammes d'alcool à 90°; on laisse tourner l'agitateur pendant 3 heures et on introduit ensuite la vapeur dans le double fond. Le tube qui surmonte le couvercle est mis en communication avec le bas du serpentin réfrigérant, ce qui permet de faire refluer dans la chaudière le liquide condensé qui renferme de l'acide acétique et de l'alcool non combinés. Lorsque la réaction est achevée, ce qui a lieu au bout de 2-3 heures, on fait communiquer le tube de dégagement avec la partie supérieure du serpentin, qui fonctionne dans ce cas comme condenseur, et on recueille le liquide qui passe à la distillation.

A la fin de l'opération, on introduit dans la chaudière de la vapeur d'eau, qui chasse les dernières traces d'alcool et d'acétate d'éthyle contenues dans la masse; on recueille à part le liquide condensé.

Le résidu de la chaudière est constitué par du sulfate de soude, qu'il est facile d'éliminer en le dissolvant dans l'eau.

L'acétate d'éthyle qui a passé à la distillation n'est pas pur; on le lave avec une certaine quantité d'eau qui enlève l'alcool qu'il renferme, et on le rectifie sur du carbonate de sodium qui retient la petite quantité d'acide acétique qu'il peut contenir.

Les eaux de lavage passent à un récupérateur qui permet de recueillir le mélange d'alcool et d'acétate d'éthyle qui a été dissous par l'eau. L'eau, en effet, dissout 9 0/0 d'acétate d'éthyle. Le mélange d'acétate d'éthyle et d'alcool obtenu au rectificateur rentre naturellement en fabrication et remplace une certaine quantité d'alcool neuf; il en est de même du résidu de la rectification constitué par de l'acétate de sodium.

Ici encore, comme dans la fabrication de l'éther, on constate certaines pertes, dues à l'action décomposante de l'acide sulfurique sur l'alcool et sur l'acétate employés.

L'éther acétique est utilisé principalement dans la fabrication de certaines poudres sans fumée.

Parmi les éthers composés qui jouent un certain rôle dans la fabrication des éthers de fruits, on peut citer l'acétate d'amyle, les formiates d'éthyle et d'amyle, les butyrates d'éthyle et d'amyle.

Le meilleur procédé pour préparer ces corps est analogue au procédé de fabrication de l'acétate d'éthyle décrit ci-dessus.

Pour les éthers dérivés des acides à poids moléculaires élevés, on emploie comme agent d'éthérification l'acide chlorhydrique gazeux. Nous croyons inutile de nous étendre sur la production de ces éthers, qui n'offrent qu'un intérêt industriel limité, et nous renvoyons pour leur préparation aux articles du Dictionnaire. G. de Bechi.

ÉTHINE-DIPHTALIDE [Syn. *Diolide de l'acide diphénylbutadiène* 1.3-*diol* 1.4-*diméthyloïque*,

$$\mathrm{CO}\langle{}^{C^6H^4}_{O}\rangle\mathrm{C=CH-CH=C}\langle{}^{C^6H^4}_{O}\rangle\mathrm{CO}.$$

Modes de formation. — L'éthine-diphtalide prend naissance dans l'action de l'acide chlorhydrique concentré ou de l'acide sulfurique sur l'acide o-éthylène dibenzoylcarbonique

$$\begin{array}{l}\mathrm{CH^2-CO-C^6H^4-CO^2H}\\ |\\ \mathrm{CH^2-CO-C^6H^4-CO^2H}\end{array}$$

et dans celle de l'acide succinique sur l'anhydride phtalique en présence d'acétate de sodium [Gabriel et Michael, *D. chem. G.*, **10**, 1559; **19**, 837. — Roser, *ibid.*, **17**, 2620].

Préparation. — On chauffe pendant 1 heure et demie ou 2 heures un mélange de 3 parties d'acide succinique, 3 parties d'anhydride phtalique et 1 partie d'acétate de sodium fondu. La réaction qui se produit est régulière et peut être exprimée par l'équation suivante :

$$2C^8H^4O^3 + C^4H^6O^4 = C^{18}H^{10}O^4 + 2CO^2 + 2H^2O.$$

Lorsque le dégagement de l'acide carbonique s'arrête, la réaction est achevée. On épuise alors le produit successivement par l'eau et par l'alcool bouillants et on fait cristalliser le résidu dans le nitrobenzène.

Propriétés. — L'éthine-diphtalide cristallise en longues aiguilles jaunes, fusibles au-dessus de 350°, insolubles dans l'eau et dans l'alcool bouillants, très peu solubles dans l'acide acétique cristallisable et bouillant, plus soluble dans l'aniline et le nitrobenzène à l'ébullition.

L'éthine-diphtalide, traitée par le méthylate de sodium, subit une transposition moléculaire et se transforme en *bis-dicétohydrindène*

$$C^6H^4\langle{}^{CO}_{CO}\rangle CH-CH\langle{}^{CO}_{CO}\rangle C^6H^4$$

[Nathanson, *D. chem. G.*, **26**, 2582].

L'éthine-diphtalide, traitée à 100° par le brome et l'acide acétique à 20 0/0, fournit l'*anhydride de l'acide dibromoéthylène - dibenzoylcarbonique*

$$CO^2H-C^6H^4-CO-CBr^2-CH\langle{}^{CO}_{CO}\rangle C^6H^4.$$

Isoéthine-diphtalide, $C^{18}H^{10}O^4$. — Ce corps se forme en petite quantité (1 0/0 de l'anhydride phtalique employé) dans la préparation de l'éthine-diphtalide; comme il est plus soluble que son isomère, il reste dans la liqueur mère de nitrobenzène : on filtre le liquide à chaud pour en séparer l'éthine-diphtalide; par complet refroidissement, il se dépose de l'isoéthine-diphtalide, que l'on purifie par cristallisation dans l'aniline bouillante.

L'isoéthine-diphtalide forme de belles aiguilles rouges à reflets verts, infusibles à 280°, insolubles dans l'eau et dans l'alcool, peu solubles dans l'acide acétique cristallisable, solubles dans le nitrobenzène et l'aniline bouillants [Roser, *D. chem. G.*, **17**, 2774].

L'isoéthine-diphtalide est douée de propriétés acides faibles; elle se dissout difficilement dans les alcalis à l'ébullition, en donnant une liqueur violette; par le refroidissement, il se dépose des sels violets, décomposables par l'eau.

L'anhydride acétique et le chlorure d'acétyle sont sans action sur l'isoéthine-diphtalide : il en est de même de la phénylhydrazine.

L'acide sulfurique dissout l'isoéthine-diphtalide en donnant une belle liqueur rouge.

L'acide nitrique fumant dissout l'éthine-diphtalide à chaud; l'eau précipite de cette dissolution des flocons d'un jaune clair qui, par cristallisation dans l'acide acétique cristallisable, donnent de l'isoéthine-diphtalide inaltérée.

Dinitryle-éthine-diphtalide,

$$\mathrm{CO}\langle{}^{C^6H^4}_{O}\rangle\mathrm{C(AzO^2)-CH(AzO^2)-CH=C}\langle{}^{C^6H^4}_{O}\rangle\mathrm{CO}.$$

— On prépare ce corps en faisant passer un courant de gaz nitreux dans une dissolution bouillante de 1 partie d'éthine-diphtalide dans 10 parties d'acide acétique cristallisable. Après refroidissement on filtre, on lave avec de l'acide acétique cristallisable et avec de l'alcool [Gabriel, *D. chem. G.*, **19**, 838].

On obtient ainsi de fines aiguilles incolores, presque insolubles dans les dissolvants usuels, solubles dans le nitrobenzène à l'ébullition. Ce corps est peu stable et fond à 160° en se décomposant et en dégageant des vapeurs nitreuses. Soumis à l'ébullition avec l'acide acétique cristallisable, il dégage des vapeurs nitreuses et forme de la nitroéthine-phtalide.

Nitroéthine-phtalide, $C^{16}H^9O^4(AzO^2)$. — On obtient ce corps à l'état de pureté en faisant cristalliser dans le nitrobenzène le produit de l'action de l'acide acétique bouillant sur la dinitryle-éthine-diphtalide.

La nitroéthine-phtalide forme des aiguilles jaunes, à peine solubles dans l'acide acétique cristallisable, l'alcool, l'éther, le sulfure de carbone et le chloroforme, solubles dans le nitrobenzène. Ce corps brunit au-dessus de 220° et fond en se décomposant à 240°; il se dissout dans une solution bouillante d'hydrate de potassium avec formation d'acide cyanhydrique.

G. de Bechi.

ÉTHOXYCROTONIQUE (ACIDE). — L'acide β-chlorisocrotonique (voyez ce mot), traité par la potasse alcoolique à 115-120°, se transforme en acide éthoxycrotonique,

$$CH^3.C(OC^2H^5)=CH.CO^2H.$$

Cet acide est insoluble dans l'eau, soluble dans l'alcool et dans l'éther; il fond à 137°,5 en se décomposant.

Le *sel de potassium*, $C^6H^9O^3K, 3H^2O$, cristallise en longues aiguilles, solubles dans l'eau et dans l'alcool.

L'éther éthylique, $C^6H^9O^3(C^2H^5)$, préparé par action de l'iodure d'éthyle sur le sel d'argent, fond à 30°.

L'acide éthoxycrotonique est décomposé par l'acide sulfurique étendu; il se forme de l'alcool, de l'acétone et il se dégage de l'acide carbonique. A 230°, la potasse le décompose en alcool et acide acétique.

ÉTHYLACÉTYLACÉTIQUE (ACIDE) [Syn. *Acide pentanone 2-méthyloïque* 3],

$$CH^3-CO-CH(C^2H^5)-CO^2H.$$

Éther méthylique. — On le prépare par l'action de l'iodure d'éthyle sur le dérivé sodé de l'acétylacétate de méthyle, en présence d'alcool méthylique. Il est nécessaire d'employer 15 parties d'alcool méthylique pour 1 partie d'éther, car l'éthylation du groupement $-CH^2-$ est volontiers accompagnée d'une substitution du groupe $-OC^2H^5$ au groupe $-OCH^3$ [Peters, *Ann. Chem.*, **257**, 342].

L'éther ainsi préparé distille à 186°; sa densité $= 0,995$ à 14°.

Éther éthylique (voyez 1er Suppl., **1**, 34). — Obtenu par l'action de l'iodure d'éthyle sur le dérivé sodé de l'acétylacétate de méthyle, il bout à 195-196°; sa densité $= 0,998$ à 12° (Geuther), 0,9834 à 16° (Frankland et Duppa). Il est presque insoluble dans l'eau, et se colore en bleu par le perchlorure de fer.

Le *dérivé sodé* se prépare en ajoutant du sodium en quantité théorique à l'éther dissous dans 3 ou 4 volumes d'éther absolu [James, *Ann. Chem.*, **226**, 204].

M. Elion [*Rec. Pays-Bas*, **3**, 234] le prépare avec un meilleur rendement en traitant la solution éthérée par de la soude anhydre.

C'est un corps amorphe, facilement soluble dans l'éther. En ajoutant de l'eau (1 molécule) à la solution éthérée on obtient un sel

$$C^8H^{11}NaO^3, H^2O$$

insoluble dans l'éther et dans le benzène, soluble dans l'eau et dans l'alcool.

En mélangeant l'éthylacétylacétate d'éthyle avec 5 fois son poids d'alcool isobutylique ou d'alcool isoamylique dans lesquels on a dissous un peu de sodium, on obtient l'*éthylacétylacétate d'isobutyle*, bouillant à 211-215°, et l'*éthylacétylacétate d'isoamyle*, bouillant à 226-230° [Peters, *Ann. Chem.*, **257**, 358].

Dérivés chlorés. — L'action du perchlorure de phosphore sur l'éther éthylique a fourni à M. Isbert [*Ann. Chem.*, **234**, 187], en même temps que le chlorure de l'acide chloréthylquarténylique $C^6H^8ClO.Cl$, deux *dérivés chlorés*, l'un

$$C^2H^3O-CCl(C^2H^5).CO^2C^2H^5$$

sous la forme d'une huile à odeur de menthe, bouillant à 192°,5, que l'acide chlorhydrique à 180° dédouble en acide carbonique, alcool et méthylpropylcétone chlorée, l'autre

$$C^6H^7Cl^2O^3C^2H^5,$$

bouillant à 220-225°.

Dérivés bromés. — Un dérivé

$$CH^3.CO.CBr(C^2H^5).CO^2C^2H^5$$

s'obtient par l'action du brome sur le dérivé sodé de l'éthylacétylacétate d'éthyle [Nef, *Ann. Chem.*, **266**, 94]. C'est un liquide bouillant à 110° sous 22 millimètres. Chauffé en tube scellé à 100°, il se décompose en bromure d'éthyle et acide *pentique* $C^6H^8O^3$ [Wedel, *Ann. Chem.*, **219**, 104].

Le dérivé

$$CH^3.CO.CH(CH^2.CH^2.Br)CO^2C^2H^5$$

a été préparé par l'action à basse température de l'acide bromhydrique sur l'éther éthylène-acétylacétique [Perkin et Freer, *Chem. Soc.*, **51**, 833]. La réaction qui lui donne naissance est la suivante :

$$CH^3.CO.C(C^2H^4).CO^2C^2H^5 + HBr$$
$$= CH^3.CO.CH(C^2H^4Br)CO^2.C^2H^5.$$

C'est une huile à odeur camphrée, qui ne distille pas sans décomposition. Traité par la poudre de zinc, ce corps fournit de l'acide acétique et de l'éther éthylacétylacétique. Chauffé avec de l'acide chlorhydrique étendu, il donne de l'acide bromhydrique, de l'alcool, de l'acide carbonique et l'alcool acétylpropylique $C^5H^{10}O^2$.

M. Wedel [*Ann. Chem.*, **219**, 102] a encore décrit un *dérivé dibromé* $C^6H^7Br^2O^3-C^2H^5$, huile jaune, facilement soluble dans l'alcool et dans l'éther, que le perchlorure de fer colore en rouge vineux, et un *dérivé tribromé*

$$C^6H^6Br^3O^3-C^2H^5,$$

liquide, qui semble, par l'action du brome à chaud, fournir un *dérivé tétrabromé*.

Action de l'ammoniaque. — Le gaz ammoniac sec, réagissant sur l'éthylacétylacétate de méthyle, a fourni à MM. Conrad et Epstein [*D. chem. G.*, **20**, 3052] le *β-amidoéthylcrotonate de méthyle* $CH^3.C(AzH^2)=C(C^2H^5)CO^2.CH^3$.

L'ammoniaque aqueuse fournit le même composé et de plus l'*amide éthylacétylacétique*,

$$CH^3.CO.CH(C^2H^5).COAzH^2,$$

fusible à 96°.

Avec le dérivé éthylique on obtient dans les mêmes conditions la même amide, fusible à 96°, et le *β-amidoéthylcrotonate d'éthyle*, fusible à 60° [Peters, *Ann. Chem.*, **257**, 339].

Traité par l'acide cyanhydrique, l'éther éthylacétylacétique fournit l'*acide éthylméthylmalique*, fusible à 132°. Par distillation sèche, cet acide donne un anhydride bouillant sans décomposition à 226° [Michael et Tissot, *D. chem. G.*, **24**, 2544].

Produits de condensation. — L'éthylacétylacétate d'éthyle se condense avec l'aldéhyde benzylique sous l'influence de l'acide chlorhydrique gazeux, pour donner l'*éther cinnamyléthylacétique* $C^6H^5.CH=CH.CO.CH(C^2H^5).CO^2C^2H^5$, liquide bouillant entre 205 et 220° sous 22 millimètres [Claisen et Matthews, *Ann. Chem.*, **218**, 170].

L'éthylacétylacétate d'éthyle se condense avec le mercaptan en donnant un *éther mercaptolique* qui, oxydé par le permanganate, fournit l'*α-éthyl-β-diéthylsulfone-butyrate d'éthyle*, cristallisé en lames fusibles à 87-88°, solubles dans l'alcool, peu solubles dans l'eau bouillante. Le mercaptan phénylique, dans les mêmes conditions, donne l'*α-éthyl-β-dithiophényl-butyrate d'éthyle*,

$$CH^3-C(C^6H^5S)^2CH(C^2H^5).CO^2C^2H^5,$$

cristallisant dans l'alcool en cristaux fusibles à 70-71°. Oxydé en solution benzénique par le permanganate, ce corps se transforme en l'éther *α-éthyl-β-diphénylsulfone butyrique*, fusible à 111° [W. Authenrieth, *Ann. Chem.*, **259**, 365].

Chauffé avec la tétrahydroquinoléine en présence d'acide sulfurique, l'éther éthylacétylacétique fournit l'*α_1-céto β_1-éthyl-γ-méthyljuloline*,

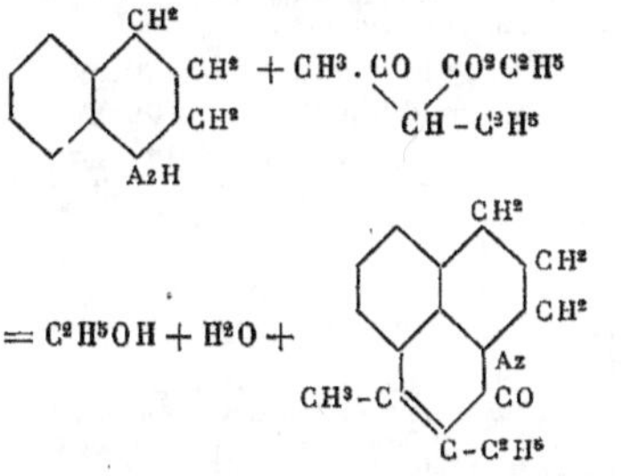

$$C_6H_4\text{(tétrahydroquinoléine: } CH^2, CH^2, CH^2, AzH) + CH^3.CO\diagdown CH-C^2H^5 \diagup CO^2C^2H^5$$

$$= C^2H^5OH + H^2O + \text{(juloline: } CH^2, CH^2, CH^2, Az, CO, CH^3-C=C-C^2H^5)$$

en aiguilles blanches, fusibles à 80°, donnant un *picrate* fusible à 89° [W. Kaiser et Reissert, *D. chem. G.*, **25**, 1190].

Condensé avec l'acide anthranilique, le même éther fournit un composé $C^{26}H^{24}Az^2O^5$ en aiguilles fusibles à 280°, et, avec l'acide m-homoanthranilique, un corps $C^{28}H^{28}Az^2O^5$ en aiguilles blanches, fusibles au-dessus de 345° [Niementowski, *Bull. Soc. Chim.*, (3), **12**, 87].

Il se condense également avec le chlorure de diazobenzène pour donner l'éther de l'acide *phénylhydrazine-propionylformique* ou *phényl-α-azobutyrique*,

$$CH^3-CH^2-C\begin{matrix}\nearrow CO^2H \\ \searrow Az-AzH.C^6H^5\end{matrix}$$

cristallisant dans le benzène en aiguilles soyeuses jaunes, fusibles à 152°. Réduit par l'amalgame de sodium, ce composé fournit l'acide phényl-α-hydrazobutyrique [R. Japp et F. Klingelmann, *Ann. Chem.*, **247**, 190; *Bull. Soc. Chim.*, (3), **1**, 816].

Avec la phénylhydrazine, MM. Knorr et Blank [*D. chem. G.*, **17**, 2049] ont obtenu un produit de condensation fusible à 108°, dont la description prendra place à l'article Pyrazolones.

J. Dupont.

ÉTHYLACÉTYLACÉTONE. — Voyez Acétylacétone, 2e Suppl., I, 67.

ÉTHYLACÉTYLCYANACÉTIQUE (AC.). — Voyez Cyanacétique.

ÉTHYLACÉTYLÈNE. — Voyez Butines, 2e Suppl., I, 802.

α-ÉTHYL-β-ACÉTYLPROPIONIQUE (AC.) [Syn. *Acide hexanone 5-méthyloïque 3*],

$$CH^3.CO.CH^2-CH(C^2H^5)-CO^2H.$$

— Cet acide prend naissance dans l'action de la lessive de potasse à 5 0/0 ou de l'acide chlorhydrique étendu (1 partie d'acide, 2 parties d'eau) sur l'éther β-éthylacétylsuccinique :

$$\begin{matrix} C^2H^5-CH.CO^2.C^2H^5 \\ | \\ CH^3.CO.CH.CO^2.C^2H^5 + 3KOH \end{matrix}$$
$$= CH^3.CO.CH^2.CH(C^2H^5)CO^2K + 2C^2H^6O + CO^3K^2$$

[Thorne, *Chem. Soc.*, **39**, 40; Young, *Ann. Chem.*, **216**, 39].

Il se présente sous la forme d'un liquide bouillant à 250-252°; un froid de 15° ne le solidifie pas. Il brunit à la lumière; il se mêle en toutes proportions à l'eau, à l'alcool et à l'éther. Par la distillation sèche il fournit un *anhydride*. Il se convertit par oxydation en acide éthylsuccinique. Ses sels sont solubles dans l'eau, incristallisables.

L'*éther éthylique*, obtenu en éthérifiant l'acide par l'alcool et l'acide sulfurique, est une huile bouillant à 221-226°.

L'*anhydride* est liquide, il bout à 219°; insoluble dans l'eau, il est soluble dans l'alcool et dans l'éther.

Le même acide semble se former quand on chauffe l'acide cétolactonique

$$\begin{matrix} CH^3-C-O-CO \\ \| \quad\quad | \\ CO^2H-C —— C.C^2H^5 \end{matrix}$$

avec la baryte :

$$C^8H\ O^4 + H^2O = CO^2 + C^7H^{12}O^3$$

[Young, *Ann. Chem*, **216**, 49]. J. Dupont.

ÉTHYLACÉTYLSUCCINIQUE (ACIDE). — Les deux isomères prévus par la théorie sont connus :

1° *Acide éthylacétylsuccinique α* [Syn. *Acide hexanone 2-diméthyloïque 3.4*],

$$\begin{matrix} C^2H^5-CH — CH-CO^2H \\ | \quad\quad | \\ CO^2H\ \ CO-CH^3 \end{matrix}$$

— Le radical éthyle est substitué dans l'un des deux groupes méthylène CH^2 de l'acide succinique $CO^2H-CH^2-CH^2-CO^2H$; le radical acétyle est substitué dans l'autre.

L'éther éthylique de cet acide, *éthylacétylsuccinate d'éthyle α*,

$$\begin{matrix} C^2H^5-CH —— CH-CO^2C^2H^5 \\ | \quad\quad | \\ CO^2C^2H^5\ \ CO-CH^3 \end{matrix}$$

prend naissance dans l'action de l'éther α-bromobutyrique sur l'éther acétylacétique sodé [Clowes, *D. chem. G.*, **8**, 1208].

Voici comment il convient d'opérer : On dissout 12 parties de sodium dans 120 grammes d'alcool absolu, et, après refroidissement, on ajoute à la solution d'abord 68 parties d'éther acétylacétique, puis peu à peu 102 parties d'éther bromobutyrique. On laisse le tout en contact jusqu'à ce que le mélange ait acquis une réaction neutre, et on distille. Le produit distillé est fractionné sous pression réduite (60-80 millimètres) [Thorne, *Chem. Soc.*, **39**, 337].

L'éthylacétylsuccinate d'éthyle α est un liquide à odeur agréable, qui bout à 263° en se décomposant partiellement. Sa densité est de 1,064 à 16-17°,5. Il est insoluble dans l'eau. La potasse en solution concentrée le décompose en alcool, acide acétique et acide éthylsuccinique.

Si l'on emploie, pour faire la réaction, une solution de potasse diluée ou de la potasse alcoolique, l'éther est dédoublé en alcool, acide carbonique et acide α-éthyl-β-acétylpropionique :

$$\begin{array}{l} CO^2C^2H^5 \\ | \\ CH-CO-CH^3 \\ | \\ CH-C^2H^5 \\ | \\ CO^2C^2H^5 \end{array} + 3KOH$$

$$\begin{array}{l} CH^2-CO-CH^3 \\ | \\ = CH-C^2H^5 \\ | \\ CO^2K \end{array} + CO^3K^2 + 2C^2H^6O.$$

L'éthylacétylsuccinate d'éthyle distille sous la pression normale, comme nous l'avons vu, avec destruction partielle; les produits de décomposition sont l'alcool et un éther particulier qui paraît posséder une fonction olide :

$$\begin{array}{l} CO^2C^2H^5 \\ | \\ CH-CO-CH^3 \\ | \\ CH-C^2H^5 \\ | \\ CO^2C^2H^5 \end{array} = C^2H^5OH + C^8H^9O^4 . C^2H^5.$$

L'acide monobasique correspondant à ce nouveau composé fond à 181°. Il est très instable. Il se décompose, lorsqu'on le chauffe avec de l'eau de baryte en acide carbonique et en un nouvel acide $C^7H^{12}O^3$ (acide éthylacétylpropionique, voy. p. 583). Si on le laisse en contact, à froid, avec de l'eau de baryte en excès, il fournit un acide bibasique $C^8H^{12}O^5$ [Young, *Ann. Chem.*, **216**, 45].

2° *Acide éthylacétylsuccinique* β [Syn. *Acide Éthyl 3-pentanone 4-oïque-méthyloïque* 3],

$$CH^3-CO-\overset{C^2H^5}{\underset{CO^2H}{C}}-CH^2-CO^2H.$$

— Dans cet acide, le radical éthyle C^2H^5 et le radical acétyle $CO-CH^3$ sont substitués dans le même groupement méthylène CH^2 de l'acide succinique.

Son *éther diéthylique*, $(C^8H^{10}O^5)(C^2H^5)^2$, se prépare en faisant réagir le sodium et l'iodure d'éthyle sur l'acétylsuccinate d'éthyle [Huggenberg, *Ann. Chem.*, **192**, 146].

Il distille, en se décomposant légèrement, à 263-265°. Le sodium ne l'attaque pas à la température ordinaire.

Chauffé à l'ébullition avec de la potasse alcoolique, il se dédouble en alcool, acide acétique et acide éthylsuccinique [*loc. cit.*]. Ch. Moureu.

α-**ÉTHYLALLYLIQUE (ALCOOL**, [Syn. *Alcool angélique*, *méthylol* 3-*butène* 3],

$$CH^2=C\begin{smallmatrix}\diagup C^2H^5 \\ \diagdown CH^2OH\end{smallmatrix}$$

— Le carbure correspondant, l α-méthyléthylène (*méthyl* 3-*butène* 3)

$$CH^2=C\begin{smallmatrix}\diagup C^2H^5 \\ \diagdown CH^3\end{smallmatrix}$$

existe dans l'amylène commercial [Wichnegradsky, *Ann. Chem.*, **190**, 366]. L'action du chlore sur ce carbure fournit le *chlorure*

$$CH^2=C(C^2H^5).CH^2Cl.$$

Chauffé pendant 25 heures avec une solution à 2 0/0 de carbonate de potassium, celui-ci donne naissance à l'alcool α-éthylallylique, liquide bouillant à 133-134°,5, dont la densité = 0,8714 à 0°, 0,8682 à 18°.

Cet alcool, traité par l'acide sulfurique à 1 0/0, fournit l'*aldéhyde* $CH^3-CH(C^2H^5).CHO$, bouillant à 87°. Oxydé par le permanganate, il se transforme en aldéhyde α-éthylacrylique, aldéhydes acétique et propionique, en penténylglycérine $C^5H^9(OH)^3$, acides formique, acétique, propionique et glycolique [Kondakoff, *D. chem. G.*, **24**, *Ref.*, 441].

ÉTHYLAMARINE. — Voyez AMARINE.

ÉTHYLAMINES. — ÉTHYLAMINE [Syn. *Aminoéthane*]. — Voyez Dict., et Suppl., **1**, 692.

Modes de formation. — On obtient facilement de l'éthylamine quand on chauffe à 100° du nitrate d'éthyle (2 parties) avec de l'ammoniaque alcoolique à 10 0/0 (2 parties); les rendements sont meilleurs qu'avec le chlorure d'éthyle [O. Wallach et Ernst Schulze, *D. chem. G.*, **14**, 421].

Il se forme de l'éthylamine, à côté de l'ammoniaque, dans l'action de l'éthylate de sodium sur l'acétamide à 170-200° :

$$CH^3-CO-AzH^2 + NaOC^2H^5$$
$$= C^2H^5AzH^2 + CH^3-COONa$$

[Richard Seifert, *D. chem. G.*, **18**, 1357].

L'éthylidène-phénylhydrazine, réduite par l'amalgame de sodium et l'acide acétique, fournit de notables quantités d'éthylamine :

$$CH^3-CH=Az-AzHC^6H^5 + 4H$$
$$= C^6H^5AzH^2 + CH^3.CH^2-AzH^2.$$

Lorsqu'on fait bouillir le dérivé bromé de la propionamide avec une solution de potasse ou de soude, il se forme du bromure et du carbonate alcalins et de l'éthylamine :

$$CH^3-CH^2-CO-AzHBr + 3NaOH$$
$$CH^3-CH^2-AzH^2 + CO^3Na^2 + NaBr + H^2O$$

[Hofmann, *D. chem. G.*, **15**, 752]

M. Gabriel prépare l'éthylamine en traitant la phtalimide sodée ou potassée par l'iodure d'éthyle, et saponifiant l'imide obtenue. Voici les deux réactions successives :

$$C^6H^4\begin{smallmatrix}\diagup CO \diagdown \\ \diagdown CO \diagup\end{smallmatrix}AzNa + IC^2H^5$$

Phtalimide sodée. Iodure d'éthyle.

$$= C^6H^4\begin{smallmatrix}\diagup CO \diagdown \\ \diagdown CO \diagup\end{smallmatrix}AzC^2H^5;$$

Phtalimide éthylée.

$$C^6H^4\begin{smallmatrix}\diagup CO \diagdown \\ \diagdown CO \diagup\end{smallmatrix}AzC^2H^5 + 2KOH$$

Phtalimide éthylée.

$$= C^6H^4\begin{smallmatrix}\diagup CO^2K \\ \diagdown CO^2K\end{smallmatrix} + \begin{smallmatrix}H \diagdown \\ H \diagup\end{smallmatrix}Az-C^2H^5$$

Phtalate de potassium. Éthylamine.

[*D. chem. G.*, **20**, 2224].

L'éthylamine prend encore naissance dans la réduction, par le zinc et l'acide chlorhydrique, de la combinaison ammoniacale de l'acétaldéhyde [Trillat et Fayollat, *Bull. Soc. Chim.*, (3), **11**, 22].

Modes de préparation. — On emploie aujourd'hui soit le procédé de M. Gabriel par la phtalimide sodée, soit la méthode d'Hofmann par la bromopropionamide.

Voici quelques détails sur cette dernière méthode. Le mélange de propionamide et de brome (1 molécule d'amide et 1 molécule de brome) est traité à froid par une solution de potasse à 10 0/0. La liqueur se colore en jaune; il se forme du bromure de potassium et de la monobromopropionamide. Pour transformer celle-ci en éthylamine, il faut employer la quantité calculée de potasse à 30 0/0 (3 molécules de KOH pour 1 molécule d'amide). La solution de potasse étant chauffée (60-70°) dans une cornue tubulée, on laisse couler lentement, au moyen d'un tube à brome, la solution de bromamide, et l'on continue l'action de la chaleur jusqu'à décoloration complète de la liqueur. On distille ensuite à feu nu et on reçoit le produit distillé dans de l'acide chlorhydrique pur. En évaporant à sec la solution, on obtient le chlorhydrate d'éthylamine sous la forme d'une masse cristalline [Hofmann, *D. chem. G.*, **15**, 767].

Propriétés physiques. — L'éthylamine pure a pour densité 0,708 à — 2°, 0,7013 à 4°, 0,6892 à 15°. Elle reste liquide à — 75° sous une pression de 19 millimètres. Son coefficient de compressibilité entre 5 et 7° est de 0,00012. Sa température critique est de — 185°,2 d'après Schmidt, de — 177° d'après MM. Vincent et Chappuis. Sa pression critique est de 66 atmosphères, sa chaleur de dissolution dans l'eau de 6^{cal},25, et sa chaleur de combustion à 18° de 415,670 calories. Elle est conductrice de l'électricité [Hofmann, *D. chem. G.*, **22**, 704. — Perkin, *Chem. Soc.*, **55**, 691. — Schmidt, *Ann. Chem.*, **266**, 287. — Vincent et Chappuis, *C. R.*, **103**, 379. — Isambert, *C. R.*, **105**, 1173. — Thomsen, *Thermochimie*, **4**, 137. — Berthelot, *Ann. Chim. Phys.*, (5), **23**, 244. — Ostwald, *J. prakt. Chem.*, (2), **33**, 360].

Propriétés chimiques et réactions diverses. — L'éthylamine forme avec l'eau un hydrate [L. Henry, *Bull. Acad. roy. des sc. de Belgique*, (3), **27**, 448]. Dirigée dans un tube de porcelaine chauffé au rouge (1200-1300°), elle se décompose en donnant de l'acide cyanhydrique, de l'éthylène et du carbone libre.

Si l'on fait réagir l'éthylamine sur le carbonate d'éthyle, on obtient une *uréthane substituée*

$$CO \begin{cases} OC^2H^5 \\ AzHC^2H^5 \end{cases}$$

C'est un liquide bouillant à 165°. Lorsqu'on traite ce dernier par l'acide azotique réel (acide ayant rigoureusement pour composition celle qui correspond à la formule AzO^3H, sans aucune trace d'eau ni d'impureté quelconque), il se forme un dérivé nitré,

$$CO \begin{cases} OC^2H^5 \\ Az - C^2H^5 \\ \quad | \\ AzO^2 \end{cases}$$

La solution, étendue d'eau, neutralisée par le carbonate de sodium, et soumise à l'action d'un courant de gaz ammoniac, fournit, par décomposition du dérivé nitré, de l'éthyluréthane et une combinaison ammoniacale de l'éthylnitramine. L'éthyluréthane est séparé par l'éther, qui le dissout. La combinaison ammoniacale, chauffée à l'ébullition avec de l'alcool, perd de l'ammoniaque et donne l'*éthylnitramine libre*,

$$C^2H^5AzH - AzO^2.$$

Celle-ci peut être solidifiée dans un mélange réfrigérant, et fond alors à + 3° [Franchimont, *Rec. Pays-Bas*, **7**, 343].

Si l'on fait passer, à la température de 250-270°, un courant de gaz phosgène sur du chlorhydrate d'éthylamine parfaitement desséché, il se forme de la *chloréthylformiamide*,

$$C^2H^5 . AzH^2 - HCl + COCl^2$$
$$= CO \begin{cases} Cl \\ AzHC^2H^5 \end{cases} + 2HCl.$$

Ce composé est liquide, incolore, doué d'une odeur très piquante, et bout à 92°. Il réagit sur les carbures aromatiques en présence du chlorure d'aluminium en donnant des amides substituées. Avec le toluène, le produit obtenu

$$C^6H^4 \begin{cases} CH^3 \\ CO - AzHC^2H^5 \end{cases}$$

fond à 96°; avec le benzène, on obtient de même l'*éthylbenzamide* $C^6H^5 . CO - AzHC^2H^5$, fusible à 67° [Gattermann et Schmidt, *D. chem. G.*, **20**, 119].

Le chlorocarbonate d'éthyle, $Cl - CO^2C^2H^5$, réagissant sur une solution aqueuse concentrée de méthylamine, fournit le *méthylamidoformiate d'éthyle*, liquide bouillant à 175-176° [L. Schreiner, *J. prakt. Chem.*, (2), **21**, 124].

L'anhydride sulfurique attaque très vivement l'éthylamine. La réaction se fait dans de bonnes conditions quand on fait arriver lentement la vapeur d'éthylamine dans un ballon contenant l'anhydride et fortement refroidi. Il se forme ainsi de l'*acide éthylsulfamique*

$$SO^2 \begin{cases} OH \\ AzHC^2H^5 \end{cases}$$

qu'on sépare facilement à l'état de sel de baryum. L'acide éthylsulfamique cristallise en aiguilles solubles dans l'eau, l'alcool et l'éther. Il n'est pas décomposable par l'eau bouillante. Le *sel de calcium* cristallise avec 2 molécules d'eau; il est soluble dans l'eau, l'alcool et l'éther. Le *sel de baryum* cristallise avec 1/2 molécule d'eau. Le *sel de plomb* a pour formule

$$Pb(C^2H^6AzSO^3)^2$$

après dessiccation à 120° [Beilstein et Wiegand, *D. chem. G.*, **16**, 1264].

Le chlorure de thionyle réagit sur l'éthylamine avec formation de *thionyléthylamine*,

$$3C^2H^5AzH^2 + SOCl^2$$
$$= 2C^2H^5AzH^2 . HCl + C^2H^5Az = SO.$$

L'action est très énergique; il faut opérer en présence d'éther absolu et refroidir fortement. La thionyléthylamine est un liquide incolore, bouillant à 73°, décomposable par l'eau à chaud. Les alcalis l'attaquent facilement en mettant en liberté l'éthylamine. Les acides dégagent avec la thionyléthylamine de l'acide sulfureux [Michaelis, *D. chem. G.*, **24**, 758].

Avec le sulfocyanate d'allyle, l'éthylamine fournit l'*éthylthiosinnamine*

$$CS \begin{cases} AzHC^2H^5 \\ AzHC^2H^5 \end{cases}$$

qui se présente sous la forme de belles tablettes incolores, fusibles à 41° [Avenarius, *D. chem. G.*, **24**, 260].

Traitée par le chlorure d'acryle

$$CH^2 = CH - COCl,$$

l'éthylamine donne l'*éthylacrylamide*

$$CH^2 = CH - CO - AzHC^2H^5,$$

liquide incolore, presque inodore, qui distille à 127-130° sous une pression de 25 millimètres, et qui a pour densité 0,978 à 0° [Ch. Moureu, *Ann. Chim. Phys.*, (7), 2, 179].

L'aldéhyde formique en solution aqueuse réagit violemment sur l'éthylamine. La potasse sèche sépare l'*éthylméthylène-amine*,

$$CH^2 = AzC^2H^5,$$

sous la forme d'un liquide bouillant à 207-208°, fusible après un refroidissement énergique entre —45 et —50°, et ayant pour densité à 18° 0,8923 [L. Henri, *Bull. Acad. roy. Belg.*, (3), 25, 439].

Lorsqu'on chauffe à 80° une solution aqueuse pure d'éthylamine avec de l'acétone, on obtient un composé qui a reçu le nom d'*éthyldiacétone-amine* $C^8H^{17}AzO$. C'est une substance peu stable, qui se décompose déjà à la température ordinaire.

Le *chloroplatinate*, $(C^8H^{17}AzO.HCl)^2PtCl^4$, est en cristaux jaunes, peu solubles dans l'eau.

Le *chloraurate* est en tablettes brillantes, quadratiques; le *nitrate* et le *sulfate* sont cristallisés en aiguilles, déliquescents [Oscar Eppinger, *Ann. Chem.*, 204, 50].

Chauffée en tubes scellés, à 100°, et en solution dans l'alcool aqueux, avec de l'anhydride diphénylmaléique, l'éthylamine fournit un produit qui a pour formule $C^{16}H^{10}O^2 = AzC^2H^5$, et qui cristallise dans l'alcool en aiguilles jaunes, fusibles à 108° [Gerhard Gysae, *D. chem. G.*, 26, 2478].

Lorsqu'on traite 3 molécules d'éthylamine par 2 molécules de chlorure de diazobenzène, on obtient un composé fusible à 70-71°, répondant à la formule

$$C^2H^5Az\begin{matrix}\diagup Az^2C^6H^5\\ \diagdown Az^2C^6H^5\end{matrix}$$

[H. Goldschmidt et Victor Badl, *D. chem. G.*, 22, 933].

L'éthylamine en solution aqueuse réagit de même sur le chlorure de diazotoluène d'après l'équation suivante :

$$3\,C^2H^5.AzH^2 + 2\,CH^3-C^6H^4-Az=AzCl$$
$$= 2\,C^2H^5AzH^2.HCl + C^2H^5-Az\begin{matrix}\diagup Az=Az-C^6H^4.CH^3\\ \diagdown Az-Az-C^6H^4.CH^3\end{matrix}$$

Le produit cristallise dans la ligroïne en petites aiguilles jaune clair, transparentes, et fond à 121° avec dégagement gazeux. Il est soluble dans l'éther et dans le benzène, moins soluble dans l'alcool et dans la ligroïne à froid. Chauffé à l'ébullition avec de l'acide sulfurique dilué, il se dissout avec dégagement gazeux. Si l'on fait passer dans le liquide un courant de vapeur d'eau, celle-ci entraîne du p-crésol. Le résidu renferme de l'éthylamine et de la paratoluidine en solution dans l'acide. Voici les équations de ces réactions :

$$a.\quad C^2H^5-Az\begin{matrix}\diagup Az^2C^7H^7\\ \diagdown Az^2C^7H^7\end{matrix} + H^2O$$
$$= Az^2 + C^7H^7OH + C^2H^5AzH-Az^2C^7H^7;$$

$$b.\ 1°\quad C^2H^5.AzH-Az^2C^7H^7 + H^2O$$
$$= Az^2 + C^7H^7OH + C^2H^5AzH^2,$$

$$2°\quad C^2H^5.AzH-Az^2C^7H^7 + H^2O$$
$$= Az^2 + C^7H^7-AzH^2 + C^2H^5.OH$$

[H. Goldschmidt et Julien Holm, *D. chem. G.*, 21, 1025].

On prépare également avec le chlorure d'o-diazoanisol le composé

$$C^2H^5-Az\begin{matrix}\diagup Az^2-C^6H^4OCH^3_{(2)}\\ \diagdown Az^2-C^6H^4OCH^3_{(2)}\end{matrix}$$

qui fond à 130°, et avec le chlorure de p-diazoanisol le composé

$$C^2H^5-Az\begin{matrix}\diagup Az^2-C^6H^4OCH^3_{(4)}\\ \diagdown Az^2-C^6H^4OCH^3_{(4)}\end{matrix}$$

qui fond à 114-115° [H. Goldschmidt et V. Badl, *D. chem. G.*, 22, 941].

Si l'on agite le dinitrochlorobenzène

$$C^6H^3\begin{matrix}\diagup Cl_{(1)}\\ -AzO^2_{(3)}\\ \diagdown AzO^2_{(4)}\end{matrix}$$

avec une solution alcoolique d'éthylamine, on le voit s'y dissoudre rapidement. Au bout de quelques minutes, il se dépose un produit solide, qui n'est autre que l'*éthylamidonitrochlorobenzène*,

$$C^6H^3\begin{matrix}\diagup Cl\\ -AzO^2\\ \diagdown AzHC^2H^5\end{matrix}$$

Ce corps, après quelques cristallisations dans l'alcool, se présente sous la forme d'aiguilles brillantes, d'un jaune d'or, fusibles à 83-84°, solubles dans l'éther. Il est presque insoluble dans l'eau, les acides chlorhydrique, azotique et sulfurique dilués, plus soluble dans l'acide acétique et dans l'acide chlorhydrique fumant [A. Laubenheimer, *D. chem. G.*, 11, 1155].

SELS D'ÉTHYLAMINE.

Sulfocyanate d'éthylamine, $CAzSC^2H^5$. — La potasse le décompose avec formation de cyanure de potassium, de cyanate de potassium et de disulfure diéthylique :

$$2\,C^2H^5CAzS + 2\,KOH$$
$$= KCAzO + KCAz + H^2O + \begin{matrix}C^2H^5-S\\ |\\ C^2H^5-S\end{matrix}$$

[Brüning, *Ann. Chem.*, 104, 198].

$C^2H^5.AzH^2.HCl.5\,HgCl^2$. — Cristaux de forme hexagonale rhomboédrique.

$(C^2H^5.AzH^2.HCl)^2.CuCl^2$ (Topsoë).

$2\,C^2H^7Az.PtCl^2$. — On mélange une solution de 10 parties de chlorure platineux dans 100 parties d'eau froide avec 30 centimètres cubes d'une solution aqueuse d'éthylamine à 33 0/0; on laisse le tout en contact jusqu'à ce que le précipité commence à devenir rouge, et on filtre. Il se dépose le sel $4\,C^2H^7Az.2\,PtCl^2$. Le premier précipité est lavé à l'eau et chauffé à l'ébullition avec un mélange de 50 centimètres cubes d'acide chlorhydrique et de 500 centimètres cubes d'eau. Le sel $2\,C^2H^7Az.PtCl^2$ demeure insoluble. Aiguilles microscopiques jaune pâle.

$4\,C^2H^7Az.2\,PtCl^2, 2\,H^2O$. — Prismes incolores, solubles dans l'eau.

$(C^2H^5.AzH^2)^4PtCl^2, 2\,(AzH^3.PtCl^2)$. — Prismes obtenus par le mélange de la solution sursaturée à chaud du sel $(C^2H^5.AzH^2)^4.PtCl^2$ et du sel $(AzH^3.PtCl^2)KCl$. Très soluble dans l'eau (Cossa).

$(AzH^3)^4.PtCl^2, 2\,[AzH^2.(C^2H^5)PtCl^2]$. — Petits prismes solubles dans l'eau (Cossa).

$(PtC^2H^5AzH^2Br)^2$. — Poudre cristalline jaune-citron, peu soluble dans l'eau et dans l'alcool.

$Br.C^2H^7Az.Pt.AzH^3Br$. — Tablettes jaunâtres, obtenues par l'action de l'acide bromhydrique sur le sel $2\,C^2H^7Az.2\,AzH^3.PtCl^2$.

$Br(Pt^2.2\,C^2H^7Az.2\,AzH^3)Br^3$. — Obtenu dans l'oxydation à l'air du sel

$$Br.C^2H^7Az.Pt.AzH^3.Br,$$

dissous dans l'acide bromhydrique. Tablettes brun-rougeâtre, microscopiques.

$AzH(C^2H^5)^2.C^2H^4.PtCl^2$ [Martius et Griess, *Ann. Chem.*, 120, 326].

$C^2H^5.AzH.HCl.AuCl^3$. — Prismes jaune d'or, monocliniques, solubles dans l'eau (Topsoë).

$2C^2H^7Az, H^2Ur^2O^7$. — Précipité jaune, gélatineux.

$C^2H^5AzH^2.HVdO^3$. — Cristallise avec 2 molécules d'eau et est déliquescent [Ditte, *Ann. Chim. Phys.*, (6), **13**, 233].

$C^2H^7Az.Vd^2O^5, 2,5H^2O$. — Prismes rouges (Ditte).

$(C^2H^5.AzH^3)^2O.3Vd^2O^5, 3H^2O$ (Bailey).

Pimélate d'éthylamine, $(AzH^2.C^2H^5)^2C^7H^{12}O^4$ [Wallach et Kamenski, *D. chem. G.*, **14**, 170].

Camphorate d'éthylamine,

$$(AzH^2.C^2H^5)^2C^{10}H^{16}O^4.$$

— Petites aiguilles. Traité par le perchlorure de phosphore, ce sel fournit une base liquide bouillant à 284-286°, dont la densité = 1,01 à 20° [Wallach et Kamenski, *D. chem. G.*, **13**, 520].

Mucate d'éthylamine,

$$(AzH^2.C^2H^5)^2C^6H^{10}O^8, 8H^2O.$$

— Prismes rhombiques [Bell, *D. chem. G.*, **10**, 1861].

Thiocarbamate,

$$CS{<}^{AzHC^2H^5}_{SAzH^3.C^2H^5}$$

— Quand on fait réagir l'iode sur ce sel d'éthylammonium, il se forme du sulfocyanate d'éthyle, de l'iodhydrate d'éthylamine, du soufre, du sulfure de carbone et de la diéthylthio-urée. Les équations suivantes rendent compte de cette réaction complexe :

1° $$CS{<}^{AzHC^2H^5}_{SAzH^3C^2H^5} + I^2$$
$$= CSAzC^2H^5 + C^2H^5AzH^2.HI + HI + S;$$

2° $$CS{<}^{AzHC^2H^5}_{SAzH^3C^2H^5} + HI$$
$$= CS{<}^{AzHC^2H^5}_{SH} + C^2H^5AzH^2.HI;$$

3° $$CS{<}^{AzHC^2H^5}_{SH} + HI$$
$$= CS^2 + C^2H^5AzH^2.HI;$$

4° $$CS{<}^{AzHC^2H^5}_{SAzH^3C^2H^5} + I^2$$
$$= CS{<}^{AzHC^2H^5}_{AzHC^2H^5} + 2HI + S.$$

L'ensemble de ces équations peut d'ailleurs être résumé dans l'équation suivante :

5° $$5CS{<}^{AzHC^2H^5}_{SAzH^3.C^2H^5} + 3I^2$$
$$= 2CSAzC^2H^5 + 2CS^2 + 6C^2H^5AzH^2.HI + CS(AzHC^2H^5)^2 + 3S$$

[W. Rudneff, *D. chem. G.*, **11**, 987].

DÉRIVÉS HALOGÉNÉS DE L'ÉTHYLAMINE

Nous diviserons les divers composés halogénés de l'éthylamine en deux catégories, suivant que l'élément halogène sera fixé au carbone ou à l'azote.

1° DÉRIVÉS HALOGÉNÉS OÙ L'ÉLÉMENT HALOGÈNE EST FIXÉ AU CARBONE.

β-Chloréthylamine [Syn. *Chloro 2-aminoéthane*], $CH^2Cl-CH^2-AzH^2$. — On obtient le *chlorhydrate* de ce composé en chauffant pendant 4 heures, à 180-200°, 12 grammes de β-oxéthylphtalimide

$$C^6H^4{<}^{CO}_{CO}{>}Az.CH^2-CH^2OH$$

ou de β-chloréthylphtalimide :

$$C^6H^4{<}^{CO}_{CO}{>}Az.CH^2-CH^2Cl$$

avec 48 centimètres cubes d'acide chlorhydrique fumant. La réaction étant accomplie, on ajoute au mélange un excès d'eau, on filtre pour séparer l'acide phtalique et on évapore au bain-marie [Gabriel, *D. chem. G.*, **21**, 573. — Seitz, *ibid.*, **24**, 2626].

On peut encore évaporer une solution de chlorhydrate de vinylamine en présence d'acide chlorhydrique en excès [Gabriel, *D. chem. G.*, **21**, 1053].

Le chlorhydrate de chloréthylamine,

$$CH^2Cl-CH^2.AzH^2.HCl,$$

fond à 119-123° (Seitz).

Le *chloroplatinate*, $(C^2H^6Cl.Az.HCl)^2PtCl^4$, est cristallisé en très petites feuilles hexagonales, de couleur orangée. Il est très soluble dans l'eau, peu soluble dans l'alcool et dans l'acide chlorhydrique concentré.

Le *picrate*,

$$C^2H^6Cl.Az.C^6H^3(AzO^2)^3O, 0,5H^2O,$$

cristallise en longues aiguilles jaunes. Le sel anhydre fond à 142-143°.

β-Brométhylamine [Syn. *Bromo 2-aminoéthane*], $CH^2Br-CH^2-AzH^2$. — On prépare le *bromhydrate* $CH^2Br-CH^2.AzH^2-HBr$ en chauffant à 180-200° 20 grammes de brométhylphtalimide

$$C^6H^4{<}^{CO}_{CO}{>}Az.CH^2-CH^2Br$$

avec 50 ou 60 centimètres cubes d'acide bromhydrique (densité = 1,49). La réaction étant terminée, on ajoute au mélange un excès d'eau froide, on évapore la solution filtrée et on fait cristalliser le produit dans 15 ou 20 centimètres cubes d'alcool bouillant [Gabriel, *D chem. G.*, **21**, 567].

On peut aussi évaporer une solution de bromhydrate de vinylamine en présence d'un excès d'acide bromhydrique fumant [Gabriel, *D. chem. G.*, **21**, 1054].

Le *bromhydrate* de brométhylamine se présente sous la forme de cristaux rhombiques, fusibles à 155-160°, solubles dans l'eau. La potasse concentrée, en réagissant sur ce sel, met en liberté la base, qui est liquide, facilement décomposable, très soluble dans l'eau et possède une odeur infecte.

L'action du sulfure de carbone produit la *mercaptothiazoline* $C^3H^5Az^2S$.

Avec l'anhydride acétique, on obtient la *méthyloxazoline*

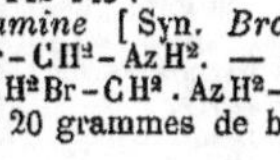

```
H²C ──── Az
H²C      C-CH³
   \    /
     O
```

et avec le chlorure de benzoyle, la *β-brométhylbenzamide* $CH^2Br-CH^2-AzH-CO.C^6H^5$.

Lorsqu'on traite à froid le bromhydrate de brométhylamine en solution aqueuse par l'éther acétylacétique et la lessive de soude, on obtient un corps cristallisé, fusible à 48-50°, soluble dans les acides, l'alcool et l'éther, insoluble dans les alcalis, et qui n'est autre que le *brométhylamidocrotonate d'éthyle*

```
CH³-C=CH-CO²C²H⁵
    |
AzH-CH²-CH²Br
```

formé d'après l'équation suivante :

$$C^6H^{10}O^3 + C^2H^6BrAz = H^2O + C^8H^{14}BrAzO^2$$

[Gabriel, *D. chem. G.*, **24**, 1119].

Le bromhydrate de brométhylamine, traité par l'oxyde d'argent, donne naissance à la vinylamine $C^2H^3AzH^2$ [Gabriel, *D. chem. G.*, **21**, 1049].

Avec le carbonate d'argent, on obtient le composé

$$C^2H^4 < \begin{matrix} O \\ AzH \end{matrix} > CO.$$

Avec le nitrate d'argent, on obtient le nitrate d'oxéthylamine $CH^2OH - CH^2 - AzH^2 . AzO^3H$, et avec le sulfate d'argent l'acide aminoéthylsulfurique $AzH^2 . C^2H^4 . OSO^3H$.

Le *picrate*, $C^2H^6BrAz , C^6H^3Az^3O^7 , 0,5H^2O$, est en aiguilles ou tablettes monocliniques, de couleur jaune-ambré [Fock, *D. chem. G.* **21**, 1054]. Le sel anhydre fond à 130-131°,5.

β-*Iodéthylamine* [Syn. *Iodo 2-aminoéthane*], $CH^2I - CH^2 - AzH^2$. — L'*iodhydrate* de cette base se forme dans l'évaporation de l'iodhydrate de vinylamine en présence d'un excès d'acide iodhydrique fumant [Gabriel, *D. chem. G.*, **21**, 1055].

Ce sel, après cristallisation dans l'alcool, fond en brunissant à 192-194°.

Le *picrate*, $C^2H^6IAz . C^6H^3Az^3O^7 , 0,5H^2O$, se présente sous la forme de cristaux jaunes, fondant à 129-131° après déshydratation.

2° Dérivés halogénés où l'élément halogène est fixé a l'azote.

Éthyldichloramine [Syn. *Dichloréthylamine*]. $CH^3 - CH^2 - AzCl^2$ (voyez Suppl., **1**, 694). — L'éthyldichloramine est décomposable par l'eau en éthylamine et acide hypochloreux [Seliwanoff, *D. chem. G.*, **25**, 3621].

Traitée par l'hydrogène sulfuré, elle régénère l'éthylamine [Baeyer, *Ann. Chem.*, **107**, 281].

Les alcalis la décomposent avec formation d'acide acétique et d'ammoniaque, d'après l'équation

$$C^2H^5AzCl^2 + 3KOH$$
$$= C^2H^3KO^2 + 2KCl + AzH^3 + H^2O.$$

Elle se comporte à l'égard de beaucoup de substances comme le chlore libre [Pierson et Heumann, *D. chem. G.*, **16**, 1047]. C'est ainsi, par exemple, qu'elle produit avec l'aniline de la dichloraniline et de la trichloraniline :

1° $$C^2H^5AzCl^2 + C^6H^5AzH^2$$
$$= C^6H^3Cl^2 - AzH^2 + C^2H^5AzH^2 ;$$

2° $$3C^2H^5AzCl^2 + 2C^6H^5AzH^2$$
$$= 2C^6H^2Cl^3 - AzH^2 + 3C^2H^5AzH^2.$$

Avec la p-toluidine, on obtient le p-azotoluène.

Avec l'hydrazobenzène, l'éthyldichloramine fournit l'azobenzène

$$C^2H^5AzCl^2 + C^6H^5AzH - AzHC^6H^5$$
$$= C^6H^5 - Az = Az - C^6H^5 + 2HCl.$$

Composés sulfurés se rattachant a l'éthylamine.

Aminomercaptan (*amino 1-éthane-thiol 2*), $CH^2SH - CH^2 . AzH^2$. — Le *chlorhydrate*,

$$CH^2SH - CH^2 - AzH^2 - HCl,$$

s'obtient en chauffant pendant 7 heures à l'ébullition la mercaptylphtalimide

$$C^6H^4 < \begin{matrix} CO \\ CO \end{matrix} > Az . CH^2 - CH^2SH \quad (1 \text{ gr.})$$

avec de l'acide chlorhydrique concentré (10 centimètres cubes). Cristaux rhombiques (dans l'alcool), fusibles à 70-72°, solubles dans l'eau et dans l'alcool [Gabriel, *D. chem. G.*, **22**, 1138; **24**, 1112].

Sulfure de benzylaminoéthyle,

$$CH^2AzH^2 - CH^2 - S - CH^2 - C^6H^5.$$

— On l'obtient en chauffant au réfrigérant à reflux, pendant 3 ou 4 heures, 6 grammes du composé phtalamique

$$C^6H^4 < \begin{matrix} COOH \\ COAzH - CH^2 - CH^2 - S - CH^2 - C^6H^5 \end{matrix}$$

avec 600 centimètres cubes d'acide chlorhydrique (densité = 1,13).

C'est une huile qui distille, avec décomposition partielle, à 270-272° sous une pression de 754mm,5. Elle est soluble dans l'eau, possède une saveur piquante et se carbonate à l'air.

Le *picrate*, $C^9H^{13}AzS . C^6H^3Az^3O^7$, fond à 125-127°.

Le *dérivé benzoylé*,

$$C^6H^5 - CO - AzH - CH^2 - CH^2 - S - CH^2 - C^6H^5,$$

fond à 78-80° [Michels, *D. chem. G.*, **25**, 3051].

Sulfure d'aminoéthyle (*thioéthylamine*),

$$\begin{matrix} CH^2AzH^2 - CH^2 \\ CH^2AzH^2 - CH^2 \end{matrix} > S.$$

— On prépare le chlorhydrate en chauffant à 190° pendant 3 heures 5 grammes de sulfure de phtalimidoéthyle,

$$\begin{matrix} C^6H^4 < \begin{matrix} CO \\ CO \end{matrix} > Az \cdot CH^2 - CH^2 \\ C^6H^4 < \begin{matrix} CO \\ CO \end{matrix} > Az - CH^2 - CH^2 \end{matrix} > S,$$

avec 20 centimètres cubes d'acide chlorhydrique (densité = 1,17). On peut aussi employer le sulfoxyde de phtalimidoéthyle,

$$\begin{matrix} C^6H^4 < \begin{matrix} CO \\ CO \end{matrix} > Az - CH^2 - CH^2 \\ C^6H^4 < \begin{matrix} CO \\ CO \end{matrix} > Az - CH^2 - CH^2 \end{matrix} > SO$$

[Gabriel, *D. chem. G.*, **24**, 3100].

C'est un liquide à réaction fortement alcaline. Il bout à 231-233°, et est soluble dans l'eau.

Le *chlorhydrate*, $C^4H^{12}Az^2S . 2HCl$, cristallise en aiguilles fondant à 131°. Il est très soluble dans l'eau.

Le *chloroplatinate*, $C^4H^{12}Az^2S . 2HCl . PtCl^4$, forme de belles aiguilles d'un jaune orangé.

Le *picrate*, $C^4H^{12}Az^2S . 2C^6H^2 . (AzO^2)^3OH$, fond en se boursouflant vers 213°.

Le *dérivé benzoylé*,

$$\begin{matrix} C^6H^5 - CO \cdot AzH \cdot CH^2 - CH^2 \\ C^6H^5 - CO - AzH - CH^2 - CH^2 \end{matrix} > S,$$

fond à 109-110°.

Diaminoéthylsulfine (*sulfoxyde d'aminoéthyle*)

$$SO < \begin{matrix} C^2H^4AzH^2 \\ C^2H^4AzH^2 \end{matrix}$$

— Ce composé prend naissance, en même temps que de la taurine, de la thioéthylamine, de l'acide phtalique et de l'ammoniaque, quand on chauffe à l'ébullition 250 centimètres cubes d'acide chlorhydrique concentré à 20 0/0 avec 18 grammes de sulfoxyde de phtalimidoéthyle (sulfine phtalimidoéthylique),

$$\begin{matrix} C^6H^4 < \begin{matrix} CO \\ CO \end{matrix} > Az-CH^2-CH^2 \\ C^6H^4 < \begin{matrix} CO \\ CO \end{matrix} > Az-CH^2-CH^2 \end{matrix} > SO$$

[Gabriel, *D. chem. G.*, 24, 1115, 3101].

Le *chlorhydrate*, $C^4H^{12}Az^2SO.2HCl$, cristallise en aiguilles très solubles dans l'eau.

Le *picrate*, $C^4H^{12}Az^2SO.2C^6H^2(AzO^2)^3OH$, cristallise en petites aiguilles jaunes, et fond en se boursouflant vers 200°.

Diaminoéthylsulfone,

$$\begin{matrix} AzH^2-CH^2-CH^2 \\ AzH^2-CH^2-CH^2 \end{matrix} > SO^2.$$

— Ce corps se forme quand on chauffe avec de l'acide chlorhydrique l'acide sulfone-diéthylphtalamique,

$$\begin{matrix} C^6H^4 < \begin{matrix} CO^2H \\ CO-AzH^2-CH^2-CH^2 \end{matrix} \\ C^6H^4 < \begin{matrix} CO^2H \\ CO-AzH^2-CH^2-CH^2 \end{matrix} \end{matrix} > SO^2$$

[Gabriel, *D. chem. G.*, 24, 3103]. Il est huileux.

Le *chlorhydrate*, $C^4H^{12}Az^2SO^2.2HCl$, cristallise en aiguilles brillantes, fusibles à 223°. Il est très soluble dans l'eau.

Le *chloroplatinate*,

$$C^4H^{12}Az^2SO^2.2HCl.PtCl^4$$

cristallise en tablettes hexagonales, d'un rouge orangé.

Le *picrate*, $C^4H^{12}Az^2SO^2.2C^6H^2(AzO^2)^3OH$, cristallise en longues aiguilles fondant aux environs de 185°.

Disulfure de diaminoéthyle,

$$\begin{matrix} AzH^2-CH^2-CH^2-S \\ | \\ AzH^2-CH^2-CH^2-S \end{matrix}$$

— On prépare ce composé en chauffant à 200°, pendant 3 heures, 9 grammes du dérivé phtalique correspondant

$$\begin{matrix} C^6H^4 < \begin{matrix} CO \\ CO \end{matrix} > Az-CH^2-CH^2-S \\ | \\ C^6H^4 < \begin{matrix} CO \\ CO \end{matrix} > Az-CH^2-CH^2-S \end{matrix}$$

avec 36 centimètres cubes d'acide chlorhydrique concentré [Coblentz et Gabriel, *D. chem. G.*, 24, 1123, 2132].

Le *chlorhydrate* cristallise en aiguilles insolubles dans l'alcool absolu, fusibles à 203°.

Le *picrate*, $C^4H^{12}Az^2S^2.2C^6H^3Az^3O^7$, cristallise dans l'alcool en aiguilles jaunes, fondant à 198-200°.

Le *dérivé benzoylé*

$$\begin{matrix} C^6H^5-CO-AzH-CH^2-CH^2-S \\ | \\ C^6H^5-CO-AzH-CH^2-CH^2-S \end{matrix}$$

fond à 132°.

Aminoéthylmercaptal méthylénique,

$$CH^2 < \begin{matrix} SCH^2-CH^2AzH^2 \\ SCH^2-CH^2AzH^2 \end{matrix}$$

— On l'obtient en chauffant à 180°, pendant 5 heures, 4 grammes du dérivé phtalique correspondant

$$\begin{matrix} C^6H^4 < \begin{matrix} CO \\ CO \end{matrix} > Az-CH^2-CH^2-S \\ C^6H^4 < \begin{matrix} CO \\ CO \end{matrix} > Az-CH^2-CH^2-S \end{matrix} > CH^2,$$

avec 40 grammes d'acide chlorhydrique de densité = 1,19 [Michels, *D. chem. G.*, 25, 3055].

Le *chlorhydrate*, $C^5H^{14}Az^2S^2.2HCl$, fond à 186-187°.

Aminoéthylmercaptal benzylidénique,

$$C^6H^5-CH < \begin{matrix} SCH^2-CH^2AzH^2 \\ SCH^2-CH^2AzH^2 \end{matrix}$$

— Pour préparer ce composé, on chauffe d'abord le dérivé phtalique correspondant

$$\begin{matrix} C^6H^4 < \begin{matrix} CO \\ CO \end{matrix} > Az-CH^2-CH^2-S \\ C^6H^4 < \begin{matrix} CO \\ CO \end{matrix} > Az-CH^2-CH^2-S \end{matrix} > CH-C^6H^5$$

avec une solution de potasse à 10 0/0 et on précipite par l'acide chlorhydrique dilué l'acide phtalamique formé. Ce dernier est ensuite chauffé pendant 2 heures au réfrigérant à reflux avec 10 fois son poids d'acide chlorhydrique à 25 0/0.

La base libre est huileuse.

Le *chlorhydrate*,

$$C^6H^5-CH(SC^2H^4.AzH^2)^2.2HCl,$$

fond à 195° [Michels, *D. chem. G.*, 25, 3053].

α-Méthyl-α' β'-β-thiazoline,

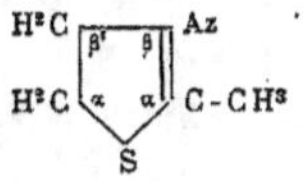

$$\begin{matrix} H^2C - Az \\ H^2C \quad C-CH^3 \\ S \end{matrix}$$

— On prépare ce composé en chauffant avec du perchlorure de phosphore le dérivé acétylé obtenu en faisant réagir l'acétate de sodium et l'anhydride acétique sur le chlorhydrate de disulfure de diaminoéthyle,

$$\begin{matrix} AzH^2-CH^2-CH^2-S \\ | \\ AzH^2-CH^2-CH^2-S \end{matrix}$$

On distille le produit avec de la soude en excès; dans la liqueur distillée additionnée de potasse sèche, il se sépare une huile qui constitue la méthylthiazoline [Gabriel, *D. chem G.*, 24, 1117].

La méthylthiazoline bout à 144°,5-145°. Elle est soluble dans l'eau. L'eau de brome la dédouble par oxydation en taurine et acide acétique :

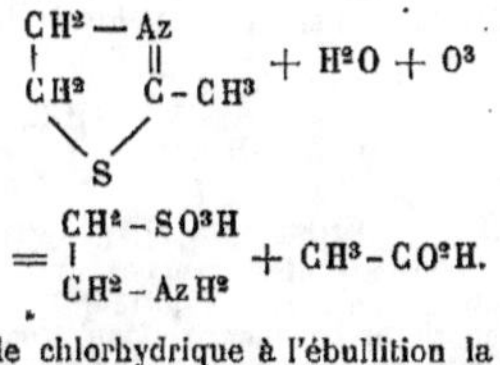

$$\begin{matrix} CH^2 - Az \\ | \quad\quad \| \\ CH^2 \quad C-CH^3 \\ \diagdown \diagup \\ S \end{matrix} + H^2O + O^3$$

$$= \begin{matrix} CH^2-SO^3H \\ | \\ CH^2-AzH^2 \end{matrix} + CH^3-CO^2H.$$

L'acide chlorhydrique à l'ébullition la décompose peu à peu, avec formation d'aminoéthylmercaptan et d'acide acétique :

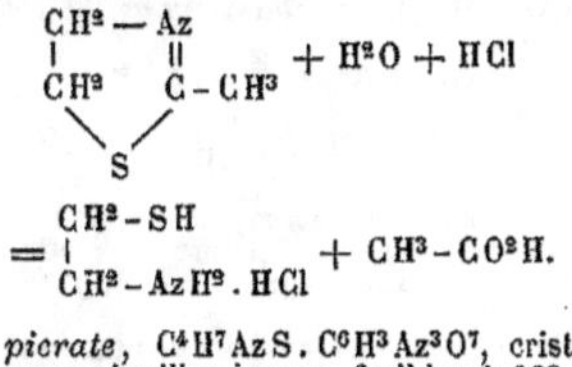

$$\begin{matrix} CH^2 - Az \\ | \quad\quad \| \\ CH^2 \quad C-CH^3 \\ \diagdown \diagup \\ S \end{matrix} + H^2O + HCl$$

$$= \begin{matrix} CH^2-SH \\ | \\ CH^2-AzH^2.HCl \end{matrix} + CH^3-CO^2H.$$

Le *picrate*, $C^4H^7AzS.C^6H^3Az^3O^7$, cristallise en longues aiguilles jaunes, fusibles à 169-170°

α-Phényl-α' β' β-thiazoline,

$$\begin{array}{l} H^2C \text{———} Az \\ H^2C \quad\quad C-C^6H^5 \\ \quad\quad S \end{array}$$

— Ce corps se forme dans l'action du perchlorure de phosphore sur le dérivé benzoylé

$$\begin{array}{l} C^6H^5-CO-AzH-CH^2-CH^2-S \\ C^6H^5-CO-AzH-CH^2-CH^2-S \end{array}$$

ou encore sur le dérivé benzoylé

$$C^6H^5-CO-AzH-CH^2-CH^2-S-CH^2-C^6H^5$$

[Coblentz et Gabriel, *D. chem. G.*, **24**, 1124. — Michels, *D. chem. G.*, **25**, 3051].

C'est une huile jaunâtre, soluble dans les acides, insoluble dans les alcalis, douée d'une odeur de quinoléine, bouillant sans décomposition à 275-277°. Elle est identique à la base obtenue par MM. Gabriel et Heymann [*D. chem. G.*, **23**, 158], en faisant réagir la thiobenzamide sur le bromure d'éthylène.

L'eau de brome l'oxyde avec formation de benzoyltaurine

$$\begin{array}{l} CH^2-AzH-CO-C^6H^5 \\ CH^2-SO^3H \end{array}$$

Le *picrate*, $C^9H^9AzS.C^6H^3Az^3O^7$, cristallise en longues aiguilles jaunes, fusibles à 171-172°.

COMPOSÉS SÉLÉNIÉS SE RATTACHANT A L'ÉTHYLAMINE.

Disélénieure de diaminoéthyle

$$\begin{array}{l} SeCH^2-CH^2AzH^2 \\ SeCH^2-CH^2AzH^2 \end{array}$$

— On chauffe à 180°, pendant 3 heures, 10 gr. d'acide diéthyldisélénioduphtalamique

$$\begin{array}{l} C^6H^4 < \begin{array}{l} COOH \\ COAzH-CH^2-CH^2-Se \end{array} \\ C^6H^4 < \begin{array}{l} COAzH-CH^2-CH^2-Se \\ COOH \end{array} \end{array}$$

avec 40 centimètres cubes d'acide chlorhydrique concentré. On obtient ainsi le *chlorhydrate* de la base

$$\begin{array}{l} Se-CH^2-CH^2AzH^2 \\ Se-CH^2-CH^2AzH^2 \end{array}, 2HCl,$$

qui fond à 188°.

Le *picrate*, $C^4H^{12}Az^2Se^2.2C^6H^3Az^3O^7$, cristallise en belles aiguilles orangées, fusibles à 178° [Coblentz, *D. chem. G.*, **24**, 2135].

M. Chabrié, en chauffant pendant 4 ou 5 heures à 130-140° un mélange d'éthylamine (5 parties) et d'anhydride sélénieux (6 parties), a obtenu un corps cristallisé, alcalin au tournesol, se décomposant vers 150° [*Ann. Chim. Phys.*, (6), **20**, 202].

ÉTHYLMÉTHYLAMINE,

$$AzH < \begin{array}{l} C^2H^5 \\ CH^3 \end{array}$$

— Cette base est obtenue en chauffant à 100° l'éthylamine avec de l'iodure de méthyle et de l'alcool [Skraup et Wiegmann, *Mon. f. Chem.*, **10**, 107].

Elle prend aussi naissance quand on chauffe pendant 4-6 heures, à 180°, 1 partie de morphine avec 10 ou 15 parties de potasse alcoolique à 20 0/0 (Skraup et Wiegmann).

M. Hinsberg [*Ann. Chem.*, **265**, 181] l'obtient encore en chauffant à 150° le composé

$$C^6H^5.SO^2.Az < \begin{array}{l} CH^3 \\ C^2H^5 \end{array}$$

avec de l'acide chlorhydrique concentré.

C'est un liquide bouillant à 34-35°.

Le *chlorhydrate*, $(C^3H^9Az.HCl)^2$, cristallise en aiguilles fusibles à 126-130°. Il est soluble dans le chloroforme, insoluble dans l'éther.

Le *chloroplatinate*, $(C^3H^9Az.HCl)^2PtCl^4$, fond à 207-208° [Lippitsch, *Mon. f. Chem.*, **10**, 111].

Le *chloraurate*, $C^3H^9Az.HCl.AuCl^3$, fond à 179-180°.

Le *dioxalate*, $C^3H^9Az.C^2H^2O^4$ fond à 154-155°.

DIÉTHYLAMINE,

$$AzH < \begin{array}{l} C^2H^5 \\ C^2H^5 \end{array}$$

(voyez Dict., et 1er Suppl., I, 694). — La diéthylamine se forme dans la fermentation de la chair de poisson (brochet) [Bocklisch, Brieger, *Ptomaïne*, **3**, 55].

Propriétés physiques. — La diéthylamine se solidifie à —50° et fond de nouveau à —40° [Hofmann, *D. chem. G.*, **22**, 705]. Elle bout à 55°,5 sous 759 millimètres. Sa température critique est à 223° [Schmidt, *Ann. Chem.*, **266**, 287].

D'après MM. Vincent et Chappuis, sa température critique est de 216°, et sa pression critique de 40 atmosphères.

Densité = 0,72623 à 0°; 0,7226 à 4°; 0,7159 à 10°; 0,7116 à 15°; 0,7055 à 20°; 0,7028 à 25° (Perkins); 0,6949 à 30°; 0,6844 à 40°; 0,6735 à 50°; 0,6685 à 56° [Schiff, *D. chem. G.*, **19**, 565].

Chaleur de combustion, 724 400 calories [A. Müller, *Bull. Soc. Chim.*, (2), **44**, 609).

Coefficient de dilatation [Oudemans, *Rec. Pays-Bas*, **1**, 59].

Conductibilité électrique [Ostwald, *J. prakt. Chem.*, (2), **33**, 363. — Bartoli, *Gazz. chim. ital.*, **15**, 397].

Propriétés chimiques et réactions. — La diéthylamine forme avec l'eau un véritable hydrate [L. Henry, *Bull. Acad roy. Sc. Belg.*, (3), **27**, 448-474].

En réagissant sur le sulfate d'éthyle, elle fournit l'éthylsulfate de triéthylamine [Peter Claesson et Carl Lundvall, *D. chem. G.*, **13**, 1704].

Lorsqu'on traite la diéthylamine par l'anhydride sulfurique, il se forme de l'*acide diéthylsulfamique*, qu'on isole à l'état de sulfaminate de baryum $[Az(C^2H^5)^2SO^3]^2Ba, 2H^2O$ [Beilstein et Wiegand, *D. chem. G.*, **16**, 1266.]

Par l'action de la diéthylamine en solution chloroformique sur le diméthylamidochlorure de sulfuryle

$$SO^2 < \begin{array}{l} Az(CH^3)^2 \\ Cl \end{array}$$

on obtient la *diméthyldiéthylsulfamide*

$$SO^2 < \begin{array}{l} Az(CH^3)^2 \\ Az(C^2H^5)^2 \end{array}$$

huile jaune, à odeur aromatique agréable, peu soluble dans l'eau, soluble dans l'alcool, l'éther, le chloroforme, le benzène, entraînable par la vapeur d'eau avec décomposition partielle, et bouillant à 229° avec décomposition partielle [Behrend, *D. chem. G.*, **15**, 1611].

Traitée par le chlorure de sulfuryle, la diéthylamine fournit le *diéthylamidochlorure de sulfuryle*,

$$SO^2 \begin{cases} Az(C^2H^5)^2 \\ Cl \end{cases}$$

C'est un composé huileux, qui bout à 208° [*loc. cit.*].

En chauffant en tubes scellés à 60° le diéthylamidochlorure de sulfuryle avec de la diéthylamine, on obtient la *tétréthylsulfamide*

$$SO^2 \begin{cases} Az(C^2H^5)^2 \\ Az(C^2H^5)^2 \end{cases}$$

substance huileuse qui distille à 249-251° en se décomposant partiellement [*loc. cit.*].

Enfin, si l'on fait réagir la diméthylamine sur le diéthylamidochlorure de sulfuryle

$$SO^2 \begin{cases} Az(C^2H^5)^2 \\ Cl \end{cases}$$

on obtient la même diéthyldiméthylsulfamide qu'en traitant la diéthylamine par le diméthylamidochlorure de sulfuryle

$$SO^2 \begin{cases} Az(CH^3)^2 \\ Cl \end{cases}$$

[*Ibid.*].

La diéthylamine (2 molécules) réagit énergiquement en solution aqueuse sur l'aldéhyde formique (1 molécule); il se forme ainsi la *méthylène-tétréthyldiamine*

$$CH^2 \begin{cases} Az(C^2H^5)^2 \\ Az(C^2H^5)^2 \end{cases}$$

liquide incolore, à odeur faible, peu soluble dans l'eau, ayant une densité = 0,8105 à 18°,7, et distillant à 168° [L. Henry, *Bull. Acad. roy. Sc. Belg.*, (3), **8**, 200].

La chlorhydrine du glycol, CH^2OH-CH^2Cl, réagit sur la diéthylamine avec formation de *triéthylalcamine*,

$$CH^2OH-CH^2-Az \begin{cases} C^2H^5 \\ C^2H^5 \end{cases}$$

Celle-ci est un liquide incolore, peu odorant, soluble dans l'eau, bouillant à 161° [Ladenburg, *D. chem. G.*, **14**, 1878]. Chauffée à 200° avec de l'acide iodhydrique et du phosphore, elle se transforme en une base qui paraît être la *vinyldiéthylamine*,

$$\begin{matrix} CH^2=CH \\ (C^2H^5)^2 \end{matrix} \geqslant Az,$$

dont le *chloraurate*, $C^6H^{13}Az.HCl.AuCl^3$, fond à 138-140°. Enfin l'*iodure de triéthylalcamine* $C^6H^{17}AzI^2$ ou $C^6H^{15}AzI^2$, qu'on obtient en chauffant l'alcamine à 140-150° avec de l'acide iodhydrique et du phosphore, fournit, lorsqu'on le traite par l'oxyde d'argent fraîchement précipité, une base qui paraît être l'*éthène-tétréthyldiamine*,

$$Az^2 \begin{cases} C^2H^4 \\ (C^2H^5)^2 \end{cases}$$

[Ladenburg, *D. chem. G.*, **15**, 1147 et 1149].

La chlorhydrine de la glycérine fournit de même, lorsqu'on la chauffe à 100°, une base liquide, la *diéthylpropylglycoline* $C^7H^{17}AzO^2$, qui bout à 233-235° et qui est soluble dans l'eau, l'alcool, l'éther et le chloroforme (Ladenburg).

L'acétone perchlorée, $CCl^3-CO-CCl^3$, réagit sur la diéthylamine avec production de chloroforme et de diéthyltrichloracétamide

$$CCl^3-COAz(C^2H^5)^2,$$

qui cristallise dans l'alcool en prismes fusibles à 90° [Ch. Cloëz, *Ann. Chim. Phys.*, (6), **9**, 217].

Nitrosodiéthyline, $(C^2H^5)^2Az-AzO$ (voyez 1er Suppl., **1**, 1308]. — Ce composé se forme quand on chauffe à 170° le nitrate de diéthylamine [Franchimont, *Rec. Pays-Bas*, **2**, 95; **5**, 249].

Avec l'anhydride phosphorique, il y a dégagement d'éthylène [Michaël, *D. chem. G.*, **14**, 210].

Nitrodiéthylamine, $(C^2H^5)^2Az.AzO^2$. — M. Franchimont a obtenu ce corps en chauffant avec de l'acide azotique très fumant la diéthyline dissymétrique

$$CO \begin{cases} AzH^2 \\ Az(C^2H^5)^2 \end{cases}$$

C'est un liquide qui bout à 206°,5 sous 757 millimètres [Franchimont, *Rec. Pays-Bas*, **6**, 149].

SELS DE DIÉTHYLAMINE.

Le *chlorhydrate*, $(C^2H^5)^2AzH.HCl$, cristallise en feuilles dans l'alcool éthéré. Il fond à 215-217° et bout à 320-330° [Wallach, *Ann. Chem.*, **214**, 275]. Il est très soluble dans l'eau, peu soluble dans l'alcool absolu, soluble dans le chloroforme [Pinner, *D. chem. G.*, **16**, 1650. — Behrend, *Ann. Chem.*, **222**, 119].

Chloromercurates :

1° $(C^2H^5)^2AzH.HCl.HgCl^2$ [Topsoë, *Zeits. Kryst.*, **8**, 246];

2° $[(C^2H^5)^2AzH.HCl]^2.5HgCl^2$. — Dimorphe; la modification α est monoclinique (Topsoë);

3° $(C^2H^5)^2AzH.HCl.5HgCl^2$. — Rhomboèdres (Topsoë).

Chloraurate, $(C^2H^5)^2AzH.HCl.AuCl^3$ (Topsoë).

Chloroplatinate, $[(C^2H^5)^2AzH.HCl]^2PtCl^4$. — Cristaux jaune-orangé, monocliniques (Topsoë).

Bromoplatinate, $[(C^2H^5)^2AzH.HBr]^2PtBr^4$. — Cristaux monocliniques (Topsoë).

Nitrate, $(C^2H^5)^2AzH.AzO^3H$. — Fond à 99-100° [Franchimont, *Rec. Pays-Bas*, **2**, 339].

Sulfhydrate, $(C^2H^5)^2AzH.H^2S$ (Isambert).

Uranate, $2C^4H^{11}Az, H^2Ur^2O^7$. — Précipité gélatineux de couleur orangé clair [Carson et Norton, *Am. Chem. Journ.*, **10**, 220].

Dioxalate, $(C^2H^5)^2AzH.C^2H^2O^4$. — Longues aiguilles, assez solubles dans l'eau [Duvillier et Buisine, *Ann. Chim. Phys.*, (5), **23**, 342].

DIÉTHYLMÉTHYLAMINE,

$$\begin{matrix} C^2H^5 \diagdown \\ C^2H^5 - Az. \\ CH^3 \diagup \end{matrix}$$

— Cette base se forme dans la distillation sèche du chlorure de diéthyl-diméthylammonium

$$\begin{matrix} (C^2H^5)^2 \diagdown\!\diagdown \\ (CH^3)^2 = Az, \\ Cl \diagup \end{matrix}$$

ou mieux encore de l'hydrate

$$\begin{matrix} (C^2H^5)^3 \diagdown\!\diagdown \\ CH^3 - Az \\ OH \diagup \end{matrix}$$

[Meyer et Lecco, *Ann. Chem.*, **180**, 184. — Lossen, *ibid.*, **181**, 379].

On obtient également la diéthylméthylamine en chauffant à 100° de la diéthylamine avec du méthylsulfate de potassium en excès et de l'eau, ou encore en chauffant à 70-80°, pendant 40 heures, de la méthylamine avec un excès d'éthylsulfate de potassium [Passon, *D. chem. G.*, **24**, 1681]. C'est un liquide bouillant à 63-65°, soluble dans l'eau.

Le *chlorhydrate* est en grosses feuilles déliquescentes.

Le *chloroplatinate*,

$$\left[\begin{matrix}(C^2H^5)^2\\CH^3\end{matrix} \geqq Az.HCl\right]^2 PtCl^4,$$

est en cristaux monocliniques.

Le *chloraurate*,

$$\begin{matrix}(C^2H^5)^2\\CH^3\end{matrix} \geqq Az.HCl.AuCl^3,$$

forme des aiguilles courtes, jaunes, assez solubles dans l'eau.

TRIÉTHYLAMINE,

$$\begin{matrix}C^2H^5 \searrow\\C^2H^5 - Az.\\C^2H^5 \nearrow\end{matrix}$$

— Voyez Suppl., 1, 695.

Propriétés physiques. — La triéthylamine demeure liquide à — 75° sous une pression de 10 millimètres.

Densité = 0,7426 à 4°; 0,7331 à 15°, et 0,735 d'après Hofmann; 0,7257 à 25°; 0,6621 à 89°.

La triéthylamine bout à 89°-89°,5 sous 736mm,5 (Brühl), à 88°,8-89° sous 758 millimèt. (R. Schiff).

Température critique, 267°,1 (Pawleski); 259° (Vincent et Chappuis). Pression critique, 30 atmosphères. Chaleur de combustion 1047,100 calories [Hofmann, *D. chem. G.*, **22**, 705. — Brühl, *Ann. Chem.*, **200**, 186. — R. Schiff, *D. chem. G.*, **19**, 566. — Pawleski, *ibid.*, **16**, 2633. — Vincent et Chappuis, *C. R.*, **103**, 379. — Perkin, *Chem. Soc.*, **55**, 692. — Müller, *Bull. Soc. Chim.*, (2), **44**, 609].

Propriétés chimiques et réactions. — La triéthylamine forme avec l'eau un hydrate [L. Henry, *Bull. Acad. roy. Sc. Belg.*, (3), **27**, 448]

L'anhydride sulfurique réagit avec beaucoup d'énergie sur la triéthylamine. Il y a formation d'*anhydride triéthylsulfamique*

$$(C^2H^5)^3 - Az \begin{matrix}\nearrow SO^2\\ \quad |\\ \searrow O\end{matrix}$$

C'est un corps cristallisé en tablettes brillantes, incolores, fondant à 91°,5. Il est très soluble dans l'acétone, l'alcool et l'eau chaude, peu soluble dans l'eau froide et dans l'éther. Sa réaction est neutre. A l'ébullition, l'eau le décompose en triéthylamine et acide sulfurique [Beilstein et Wiegand, *D. chem. G.*, **16**, 1267].

Le propylène bromé $CH^3-CH=CHBr$ (bouillant à 60°), chauffé à 100° avec de la triméthylamine, est décomposé en acide bromhydrique et allylène. La même réaction a lieu avec l'isomère $CH^3-CBr=CH^2$ (bouillant à 48°) [Reboul, *C. R.*, **92**, 1422].

Au contraire, le bromure d'allyle

$$CH^2=CH-CH^2Br$$

se comporte énergiquement avec la triméthylamine, avec formation de bromure de triéthylallylammonium. Le chlorure d'allyle donne de même, à 100°, le chlorure de triéthylallylammonium. L'iodure d'isopropyle, qui est un iodure secondaire, ne fournit pas avec la triméthylamine un ammonium quaternaire; il y a formation de propylène et d'iodhydrate de triéthylamine [*Ibid.*].

Si l'on chauffe à 100° la triéthylamine avec de l'iodure d'isopropyle en présence d'alcool absolu, il y a surtout production d'éther éthylisopropylique, en même temps que d'une petite quantité de propylène et d'iodhydrate de triéthylamine [Reboul, *C. R.*, **93**, 69].

De même, le bromure de butyle tertiaire $(CH^3)^3CBr$ réagit sur la triéthylamine, avec formation de bromhydrate de triéthylamine et d'isobutylène, tandis qu'en présence d'alcool absolu on obtient l'éther éthylique du triméthylcarbinol $(CH^3)^3C(OC^2H^5)$, qui bout à 68-69° [*loc. cit.*].

En chauffant la triéthylamine avec l'épichlorhydrine

$$\begin{matrix}CH^2-CH-CH^2Cl,\\ \searrow O \swarrow\end{matrix}$$

on obtient aisément le *chlorure d'oxallyltriéthylammonium*

$$\begin{matrix}C^3H^5O\\(C^2H^5)^3\end{matrix} \geqq AzCl,$$

composé sirupeux dont le sel de platine est très soluble dans l'eau, et dont l'*hydrate*

$$\begin{matrix}C^3H^5O \searrow\\(C^2H^5)^3 \equiv Az,\\OH \nearrow\end{matrix}$$

sirupeux lui-même, forme avec l'acide sulfurique et avec l'acide nitrique des sels déliquescents [Reboul, *C. R.*, **93**, 423.].

SELS DE TRIÉTHYLAMINE.

Chloromercurates :

1° $[(C^2H^5)^3Az.HCl]^2.HgCl^2$. — Cristaux hexagonaux (Topsoë);

2° $(C^2H^5)^3Az.HCl.2HgCl^2$. — Cristaux monocliniques (Topsoë);

3° $(C^2H^5)^3Az.HCl.5HgCl^2$. — Rhomboèdres (Topsoë).

Chloroplatinate, $[(C^2H^5)^3Az.HCl]^2PtCl^4$. — Cristaux monocliniques (Topsoë), très solubles dans l'eau.

Sel cuivrique, $(C^2H^5)^3Az.HCl.CuCl^2$. — Cristaux monocliniques (Topsoë).

Chloraurate, $(C^2H^5)^3Az.HCl.AuCl^3$. — Cristaux monocliniques (Topsoë).

Bromhydrate, $C^6H^{15}Az.HBr$. — Il fond à 248-250° en se décomposant (Garzino).

Bromoplatinate, $[(C^2H^5)^3Az.HBr]^2PtBr^4$. — Cristaux monocliniques (Topsoë).

Bismuthate, $(C^2H^5)^3HI.BiI^3$. — Prismes rouge-écarlate [Kraut, *Ann. Chem.*, **240**, 317].

Azotate, $(C^2H^5)^3Az.AzO^3H$. — Il fond à 98-99° (Franchimont).

Uranate, $2C^6H^{15}Az, H^2Ur^2O^7$. — Précipité brun-jaunâtre, gélatineux (Carson et Norton).

Acétate, $C^6H^{15}Az.4C^2H^4O^2$. — Huile bouillant à 162° [Gardner, *D. chem. G.*, **23**, 1589].

Oxalate, $(C^2H^5)^3Az.C^2H^2O^4$. — Feuilles rectangulaires (Loschmidt).

Oxyde de triéthylamine, $(C^2H^5)^3AzO$. — Ce composé se forme dans l'action du zinc-éthyle sur le nitroéthane [Bewad, *Journ. Soc. chim. russe*, **20**, 126],

$$Zn(C^2H^5)^2 + C^2H^5AzO^2 = (C^2H^5)^3AzO + ZnO.$$

On laisse en contact, pendant 2 ou 3 semaines, un mélange de zinc-éthyle et de nitroéthane (proportions équimoléculaires) en solution éthérée; on verse ensuite le mélange dans de l'eau glacée et on distille. Le produit distillé est agité avec de l'acide chlorhydrique, et la solution acide est évaporée à consistance sirupeuse; on décompose ensuite le résidu sec par un alcali.

L'oxyde de triéthylamine est une huile épaisse, qui bout à 154-157° sous 753 millimètres; sa densité à 0° est de 0,8935. Il est légèrement soluble dans l'eau, soluble dans l'alcool, l'éther et le benzène. Sa réaction est fortement alcaline. La base libre et ses sels réduisent les sels de cuivre, d'argent et de mercure. Réduite par le zinc et l'acide sulfurique, elle fournit de la triéthylamine.

Le *chlorhydrate*, $C^6H^{15}AzO . HCl$, cristallise en aiguilles très hygroscopiques.

Le *dioxalate*, $(C^6H^{15}AzO)^2C^2H^2O^4$, est une poudre cristalline.

ÉTHYL-AMMONIUMS.

Il ne sera question ici que des ammoniums quaternaires dans lesquels se trouveront au moins deux radicaux éthyle.

Diéthyl-diméthylammonium. — L'*iodure*,

$$\begin{matrix}(C^2H^5)^2 \\ (CH^3)^2\end{matrix} \equiv AzI,$$

se forme, soit dans l'action de l'iodure de méthyle sur la diéthylamine, soit dans l'action de l'iodure d'éthyle sur la diméthylamine :

1°
$$2(C^2H^5)^2AzH + 2CH^3I = (C^2H^5)^2(CH^3)^2AzI + (C^2H^5)^2AzH . HI;$$

2°
$$2(CH^3)^2AzH + 2C^2H^5I = (C^2H^5)^2(CH^3)^2AzI + (CH^3)^2AzH . HI.$$

Le *chlorure* $(C^2H^5)^2(CH^3)^2AzCl$ se décompose, à la distillation sèche, en chlorure de méthyle et diéthylméthylamine :

$$(C^2H^5)^2(CH^3)^2AzCl = (C^2H^5)^2(CH^3)Az + CH^3Cl$$

[Meyer et Lecco, *Ann. Chem.*, **180**, 177].

Chloromercurates. — 1° $2C^6H^{16}AzCl . HgCl^2$; 2° $C^6H^{16}AzCl . HgCl^2$; 3° $C^6H^{16}AzCl . 2HgCl^2$; 4° $C^6H^{16}AzCl . HgCl^2$, cristaux rhomboédriques (Topsoë).

Chloroplatinate, $(C^6H^{16}AzCl)^2PtCl^4$. — Cristaux tétragonaux (Topsoë).

Chloraurate, $C^6H^{16}AzCl . AuCl^3$. — Cristaux tétragonaux (Topsoë).

Le *picrate* forme de longues aiguilles rhombiques, qui fondent à 285-287° [Lossen, *Ann. Chem.*, **181**, 374].

Triéthylméthylammonium (voyez Dict., 3, 405). — L'*iodure*

$$\begin{matrix}(C^2H^5)^3 \\ CH^3\end{matrix} \geqslant AzI$$

se forme dans l'action de l'iodure de méthyle sur la triéthylamine [Hofmann, *Ann. Chem.*, **78**, 277]. Il est très soluble dans l'eau.

Chloromercurates :

1° $[(C^2H^5)^3CH^3 . AzCl]^2HgCl^2$. — Cristaux quadratiques (Topsoë);

2° $[(C^2H^5)^3CH^3 . AzCl]^4 . 5HgCl^2$. — Cristaux orthorhombiques;

3° $(C^2H^5)^3CH^3 . AzCl . 2HgCl^2$. — Cristaux clinorhombiques.

Chloroplatinate, $[(C^2H^5)^3CH^3 . AzCl]^2PtCl^4$. — Cristaux quadratiques.

Sel cuivrique, $[(C^2H^5)^3CH^3 . AzCl]^2CuCl^2$. — Cristaux quadratiques.

Chloraurate, $(C^2H^5)^3CH^3 . AzCl . AuCl^3$. — Cristaux quadratiques (Topsoë).

Penta-iodure, $(C^2H^5)^3CH^3 . AzI . I^4$. — Feuillets vert foncé, fusibles à 16° [Geuther, *Ann. Chem.*, **240**, 71].

Hepta-periodure, $(C^2H^5)^3CH^3 . AzI . I^6$. — Feuillets violet foncé, fusibles à 42°.

Le *picrate* fond à 267-268° [Lossen, *Ann. Chem.*, **181**, 374].

Le *dérivé iodé*,

$$\begin{matrix}(C^2H^5)^3 \\ CH^2I\end{matrix} \geqslant AzI,$$

se forme quand on chauffe à 100°, en solution alcoolique, de l'iodure de méthylène avec de la triméthylamine [Lermontoff, *D. chem. G.*, **7**, 1253]. Il cristallise sous la forme de tablettes quadratiques. Il est très soluble dans l'eau; la potasse caustique le précipite de cette solution. Les sels d'argent n'agissent que sur un atome d'iode. De même, avec l'oxyde d'argent on obtient l'*hydrate*,

$$CH^2I . Az(C^2H^5)^3OH.$$

Le *chloroplatinate*,

$$[CH^2I . Az(C^2H^5)^3 . Cl]^2PtCl^4,$$

cristallise en octaèdres et est assez soluble dans l'eau.

Tétréthylammonium,

$$(C^2H^5)^4 \equiv AzR.$$

Chloro-iodure, $(C^2H^5)^4AzI . Cl^2$. — Longues aiguilles fusibles à 146-148° [Zincke, *Ann. Chem.*, **240**, 124].

Chloromercurates :

1° $[(C^2H^5)^4AzCl]^2HgCl^2$. — Cristaux quadratiques [Topsoë, *Jahresb.*, 1883, 620];

2° $(C^2H^5)^4AzCl . HgCl^2$. — Cristaux anorthiques;

3° $(C^2H^5)^4AzCl . 2HgCl^2$. — Crist. anorthiques;

4° $(C^2H^5)^4AzCl . 3HgCl^2$. — Cristaux clinorhombiques;

5° $(C^2H^5)^4AzCl . 5HgCl^2$. — Rhomboèdres (Topsoë).

Chlorobismuthate, $3(C^2H^5)^4AzCl . 2BiCl^3$. — Tablettes hexagonales, incolores.

Chloroplatinate, $[(C^2H^5)^4AzCl]^2PtCl^4$. — Cristaux clinorhombiques (Topsoë).

Sel cuivrique, $[(C^2H^5)^4AzCl]^2CuCl^2$. — Cristaux quadratiques (Topsoë).

Chloraurate, $(C^2H^5)^4AzCl . AuCl^3$. — Cristaux clinorhombiques (Topsoë).

Bromobismuthate, $3(C^2H^5)^4AzBr . 2BiBr^3$. — Cristaux brun-jaunâtre.

Iodure $(C^2H^5)^4AzI$. — Cristaux volumineux très solubles dans l'eau à froid, solubles dans l'alcool, insolubles dans l'éther; densité = 1,559.

Hepta-iodure, $(C^2H^5)^4Az . I^7$. — Feuillets violet foncé; fond à 108° [Geuther, *Ann. Chem.*, **240**, 69].

Iodobismuthate, $3(C^2H^5)^4AzI . 2BiI^3$. — Cristaux rouge-brun.

Sels stanniques, $(C^2H^5)^4AzOH , 3SnO^2$ et $(C^2H^5)^4AzOH , 3,5SnO$.

Arséniate, $(C^2H^5)^4Az . AsO^3$.

Antimoniate, $[(C^2H^5)^4Az]^2SbO^4H$.

Chromates,

$$[(C^2H^5)^4Az]^2CrO^4 \quad \text{et} \quad [(C^2H^5)^4Az]^2Cr^2O^7.$$

Molybdate, $(C^2H^5)^4Az . MoO^4H$.

Tungstate, $[C^2H^5)^4Az . WO^4H$.

Le *picrate* fond à 249-251° [Lossen, *Ann. Chem.*, **181**, 375].

Bromure de β-bromméthyl-triméthylammonium,

$$\begin{matrix}CH^2Br - CH^2 \\ (CH^3)^3\end{matrix} \geqslant AzBr.$$

— Ce corps s'obtient en faisant réagir le bromure d'éthylène sur la triméthylamine [Hofmann, *Jahresb.*, 1859, 376]. Traité par l'ammoniaque, il fournit le bromure de vinyltriéthylammonium,

$$\begin{matrix}CH^2 = CH \\ (C^2H^5)^3\end{matrix} \geqslant AzBr.$$

Ch. Moureu.

ÉTHYLAMYLCÉTONE [Syn. *Octanone* 3],

$$CH^3 - CH^2 - CH^2 - CH^2 - CH^2 - CO - CH^2 - CH^3.$$

— Cette acétone a été obtenue par M. Béhal en

hydratant au moyen de l'acide sulfurique le caprylidène (*octène* 2),

$$CH^3-CH^2-CH^2-CH^2-CH^2-C\equiv C-CH^3.$$

Le produit de l'hydratation est constitué par un mélange de méthylhexylcétone (*octanone* 2) qui se forme en plus grande quantité, et d'éthylamylcétone. Pour les séparer, on combine le produit avec le bisulfite. La combinaison, d'abord gélatineuse, prend peu à peu l'état cristallin. Au bout de 10 jours, on exprime la masse dans un linge; le liquide aqueux recueilli est surnagé par une couche huileuse que l'on décante et que l'on rectifie. On obtient ainsi l'éthylamylcétone sous la forme d'un liquide bouillant à 164-166°, possédant une odeur très pénétrante, insoluble dans l'eau. Sa densité à 0° = 0,8502 [A. Béhal, *Bull. Soc. Chim.*, (2), 50, 359]. J. Dupont.

ÉTHYLANHYDROACÉTONE-BENZILE. — Voyez BENZILE, 2e Suppl., I, 516.

ÉTHYLANILINE. — Voyez PHÉNYLAMINE.

ÉTHYLAPOCINCHÈNE. — Depuis la rédaction de l'article de M. O. Saint-Pierre (2e Suppl., **1**, 1146) sur le CINCHÈNE, l'éthylapocinchène a été l'objet de nouvelles recherches, qui sont venues jeter un certain jour sur la constitution de l'apocinchène et de ses dérivés.

Tout d'abord, MM. W.-Y. Comstock et W. Kœnigs ont préparé de l'acide éthylapocinchénique pur, et ont élevé le point de fusion de cet acide de 161° à 163-164°; il en est de même du dérivé dibromé de l'éthylapocinchène, qui, après purification, fond non pas à 115-116°, mais à 116-118°.

Les mêmes auteurs ont oxydé l'éthylapocinchène par le permanganate de potassium à froid et en liqueur sulfurique. Cette opération fournit d'abord de l'acide éthylapocinchénique, puis un acide ayant pour formule

$$C^{18}H^{13}AzO^4 \quad \text{ou} \quad C^{19}H^{15}AzO^4.$$

Ce nouveau corps fond vers 230° en se décomposant, se dissout dans les acides minéraux étendus, et, lorsqu'on le chauffe au-dessus de 240°, perd de l'acide carbonique en donnant un autre acide $C^{17}H^{13}AzO^2$, qui est soluble à chaud dans les acides et dans les alcalis et fond à 223° [*D. chem. G.*, **20**, 2674; *Bull. Soc. Chim.*, (3), **1**, 232].

Si l'on oxyde l'éthylapocinchène par le bioxyde de plomb ou le bioxyde de manganèse et l'acide sulfurique dilué, on obtient, à côté de l'acide éthylapocinchénique, deux nouveaux produits cristallisés : 1° une acétone, qui est le *cétoéthylapocinchène*,

$$C^9H^6Az.C^6H^2\begin{array}{l}\diagup C^2H^5\\ -CO-CH^3;\\ \diagdown OC^2H^5\end{array}$$

2° une olide (lactone), qui est l'*olide d'un acide éthyloxyapocinchénique*,

$$C^9H^6Az.C^6H^3\begin{array}{l}\diagup OC^2H^5\\ -CH-CH^3\\ \quad >O\\ \diagdown CO\end{array}$$

[Wilhelm Kœnigs, *D. chem. G.*, **26**, 713].

Le cétoéthylapocinchène fond à 104-106°, et fournit une *oxime* cristallisée fondant à 181-184°. Si on le chauffe avec de l'acide bromhydrique concentré, on obtient non seulement du bromure d'éthyle, mais aussi de l'homoapocinchène

$$C^9H^6Az.C^6H^3\begin{array}{l}\diagup OH\\ \diagdown C^2H^5\end{array}$$

formé d'après l'equation suivante

$$C^9H^6Az.C^6H^2\begin{array}{l}\diagup C^2H^5\\ -CO-CH^3\\ \diagdown OC^2H^5\end{array} + H^2O + HBr$$

$$= C^9H^6Az.C^6H^3\begin{array}{l}\diagup C^2H^5\\ \diagdown OH\end{array} + CH^3-CO^2H + C^2H^5Br.$$

L'olide de l'acide éthyloxyapocinchénique, qui prend également naissance dans l'oxydation, par le bioxyde de plomb et l'acide sulfurique, de l'acide éthylapocinchénique, fond à 212-213°. Insoluble dans le carbonate de sodium, elle est transformée par la potasse alcoolique bouillante en sel de l'oxyacide correspondant, d'où elle peut être facilement régénérée par l'action à chaud de l'acide acétique en excès ou des acides minéraux.

Chauffée en tubes scellés au bain-marie avec du phosphore amorphe et de l'acide iodhydrique fumant, elle se transforme quantitativement en homoapocinchène

$$C^9H^6Az-C^6H^2\begin{array}{l}\diagup OC^2H^5\\ -CH-CH^3\\ \quad >O\\ \diagdown CO\end{array} + HI + H^2$$

$$= C^9H^6Az.C^6H^3\begin{array}{l}\diagup OH\\ \diagdown CH^2-CH^3\end{array} + C^2H^5I + CO^2.$$

L'action prolongée à chaud de l'acide bromhydrique concentré la dédouble en bromure d'éthyle et en un dérivé hydroxylé correspondant, qui constitue l'*olide de l'acide oxyapocinchénique* :

$$C^9H^6Az.C^6H^2\begin{array}{l}\diagup OH\\ -CH-CH^3\\ \quad >O\\ \diagdown CO\end{array}$$

Celle-ci, qui fond à 274°, est insoluble dans une solution froide de carbonate de sodium; traitée par la lessive de soude ou l'eau de baryte à l'ébullition, elle donne les sels de l'acide oxyapocinchénique; la solution neutre du sel de baryum se colore en rouge jaunâtre par le chlorure ferrique, et la coloration disparaît par l'addition d'acide chlorhydrique. Comme la précédente, cette nouvelle olide se transforme en homoapocinchène quand on la chauffe avec de l'acide iodhydrique et du phosphore.

L'olide de l'acide éthyloxyapocinchénique est très stable vis-à-vis des agents d'oxydation : l'acide azotique fumant, le dichromate de potassium et l'acide acétique, etc., l'attaquent à peine; il en est de même du brome en solution chloroformique.

La solution alcaline que l'on obtient en traitant cette olide par la potasse alcoolique bouillante résiste à l'action du permanganate de potassium; mais elle est attaquée quand on la chauffe modérément avec une solution, préparée à froid, de brome dans un excès de lessive de soude à 10 0/0; il s'élimine 1 atome de carbone à l'état de tétrabromure de carbone CBr^4, et il se forme un acide bibasique que l'auteur considère comme l'acide *quinoléine-phénétoldicarbonique*,

$$C^9H^6Az.C^6H^2\begin{array}{l}\diagup OC^2H^5\\ \diagdown (CO^2H)^2\end{array}$$

Dans cette réaction, le tétrabromure de carbone et l'acide bibasique prennent naissance en quantités presque théoriques

L'acide quinoléine-phénétoldicarbonique fond, avec dégagement gazeux, entre 230 et 240°. A peine soluble dans l'eau, il se dissout facilement dans les acides minéraux dilués, et les sels correspondants, qui cristallisent par refroidissement, sont dissociés par l'eau bouillante. Il forme en outre des sels métalliques bien cristallisés, dans lesquels 2 atomes d'hydrogène sont remplacés par des valences métalliques, K, Na, Ag, Ba, etc.; le *sel d'argent* est très peu soluble.

Par l'action du chlorure d'acétyle, l'acide quinoléine-phénétoldicarbonique

$$C^9H^6Az-C^6H^2\begin{array}{l}\diagup OC^2H^5\\ -CO^2H\\ \diagdown CO^2H\end{array}$$

se transforme facilement en *anhydride*

$$C^9H^6Az - C^6H^2 \begin{array}{l} \diagup OC^2H^5 \\ - CO \diagdown \\ \diagdown CO \diagup \end{array} \!\!\! O$$

Celui-ci, après cristallisation dans le chloroforme ou l'éther acétique, fond à 210-211°; il régénère l'acide sous l'influence d'une solution bouillante de carbonate de sodium, et produit avec la résorcine un corps qui possède une fluorescence analogue à celle que présente la fluorescéine.

La formation de l'anhydride, comme celle de l'olide d'où il provient, montre que les chaînes latérales correspondantes doivent être en position ortho.

De toutes les recherches précédentes, l'auteur déduit les formules suivantes pour l'éthylapocinchène et les corps qui en dérivent :

$$C^9H^6Az \, . \, C^6H^2 \begin{array}{l} \diagup C^2H^5_{(3)} \\ - C^2H^5_{(2 \text{ ou } 4)} \\ \diagdown OC^2H^5_{(1)} \end{array}$$

Éthylapocinchène.

$$C^9H^6Az \, . \, C^6H^2 \begin{array}{l} \diagup C^2H^5_{(3)} \\ - C^2H^5_{(2 \text{ ou } 4)} \\ \diagdown OH_{(1)} \end{array}$$

Apocinchène.

$$C^9H^6Az \, . \, C^6H^2 \begin{array}{l} \diagup C^2H^5_{(3)} \\ - CO \, . \, CH^3_{(2 \text{ ou } 4)} \\ \diagdown OC^2H^5_{(1)} \end{array}$$

Cétoéthylapocinchène.

$$C^9H^6Az \, . \, C^6H^2 \begin{array}{l} \diagup C^2H^5_{(4)} \\ - CO^2H_{(2 \text{ ou } 4)} \\ \diagdown OC^2H^5_{(1)} \end{array}$$

Acide éthylapocinchénique.

$$C^9H^6Az \, . \, C^6H^2 \begin{array}{l} \diagup CH - CH^3_{(3)} \\ \quad > O_{(2 \text{ ou } 4)} \\ - CO \\ \diagdown OC^2H^5_{(1)} \end{array}$$

Olide de l'acide éthyloxyapocinchénique.

$$C^9H^6Az \, . \, C^6H^2 \begin{array}{l} \diagup CO^2H_{(3)} \\ - CO^2H_{(2 \text{ ou } 4)} \\ \diagdown OC^2H^5_{(1)} \end{array}$$

Acide quinoléine-phénétoldicarbonique.

Étant donnée la formation de l'anhydride quinoléine-phénéthol-dicarbonique, et celle de la lactone éthyloxyapocinchénique, les deux groupes éthyle de l'apocinchène ne peuvent être qu'en position ortho l'un par rapport à l'autre; il reste à déterminer leur position par rapport à l'oxhydryle.

Ch. Moureu.

ÉTHYLBENZÈNE (*éthylbenzine, éthylphène*),

$$C^6H^5 - C^2H^5$$

— On ne traitera ici que du monoéthylbenzène. Les dérivés polyéthyliques du benzène font l'objet d'articles spéciaux.

Outre les modes de production de l'éthylbenzène indiqués Dict., 2, 888, la préparation ou la formation de ce carbure a été effectuée dans les conditions suivantes :

1° Dans l'action du chlorure d'éthyle sur le benzène en présence de chlorure d'aluminium [Friedel et Crafts, *C. R.*, **84**, 1453]. Les mêmes auteurs ont employé aussi l'iodure d'éthyle, le benzène et le chlorure ou l'iodure d'aluminium [*Ann. Chim. Phys.*, (6), **1**, 457; voyez aussi Söllscher, *D. chem. G.*, **15**, 1580; et Sempotowski, *ibid.*, **22**, 2662; *Bull. Soc. Chim.*, (3), **4**, 524].

2° L'éthylène, agissant entre 70 et 90° sur le benzène en présence de chlorure d'aluminium, donne de l'éthylbenzène accompagné de di- et de triéthylbenzène [Balsohn, *Bull. Soc. Chim.*, (2), **31**, 539].

Ces deux modes de préparation sont les meilleurs.

3° Balsohn a obtenu le même carbure en chauffant à 180°, pendant 12 heures, 1 partie d'éther, 2 parties de chlorure de zinc et 4 parties de benzène [*ibid.*, **32**, 618]

4° Il se fait une certaine proportion d'éthylbenzène quand on chauffe à 200° un mélange de benzène et de chlorure d'aluminium, ou quand on traite le benzène, en présence du même réactif, par le chloracétate ou le chloroxycarbonate d'éthyle [Friedel et Crafts, *Ann. Chim. Phys.*, (6), **1**, 527; *Bull. Soc. Chim.*, (2), **39**, 195, 306; **43**, 196].

5° De même Silva a obtenu un peu d'éthylbenzène par le benzène, le chlorure d'aluminium et le chlorure d'éthylène ou d'éthylidène [*Bull. Soc. Chim.*, (2), **36**, 25, 66].

6° L'α-chloréthylbenzène, traité à 0° par le chlorure d'aluminium délayé dans le benzène, donne comme produit secondaire de l'éthylbenzène [Schramm, *D. chem. G.*, **26**, 1706].

7° MM. A. Brochet et P. Le Boulenger ont indiqué une méthode de préparation qui est analogue à celle de Balsohn. Ils chauffent entre 175 et 200° 4 parties d'acide sulfurique concentré, 2 parties d'alcool et 1 partie de benzène. Il est à remarquer que, à l'encontre des méthodes au chlorure d'aluminium, ce procédé ne donne que du mono- et de l'hexéthylbenzène, faciles à séparer [*C. R.*, **117**, 235].

8° Le xylène du commerce renferme 10 0/0 d'éthylbenzène [M. Nœlting et G.-A. Palmar, *D. chem. G.*, **24**, 1955; *Bull. Soc. Chim.*, (3), **8**, 13].

Propriétés. — L'éthylbenzène a une densité de 0,88316 à 0°, de 0,876 à 10°, de 0,867 à 15°, de 0,76115 à l'ébullition.

Dilatation $V_t = V_0(1 + 0{,}00086172\,t + 0{,}0000025344\,t^2 + 0{,}000000018319\,t^3)$.

Point d'ébullition..........	135,8 sous 758mm,5.
Température critique......	346°,4.
Pression critique..........	38,1.
Chaleur spécifique.	0,39.
Chaleur de vaporisation...	76,4.

Réactions. — *Action de la chaleur.* — Les vapeurs d'éthylbenzène, en passant dans un tube chauffé au rouge, fournissent du benzène, du toluène, du cinnamène, d'après M. Berthelot [*Bull. Soc. Chim.*, (2), **10**, 344].

M. P. Ferko a obtenu en outre du naphtalène (11/500), du biphényle (3/500), du phénanthrène (13/500), de l'anthracène (2/500) [*D. chem. G.*, **20**, 660; *Bull. Soc. Chim.*, (2), **48**, 526].

Oxydation. — Le dichromate de potassium et l'acide sulfurique, l'acide azotique étendu convertissent l'éthylbenzène en acide benzoïque.

MM. Friedel et Balsohn sont parvenus, en ménageant l'oxydation, à obtenir de l'acétylbenzène. On dissout l'éthylbenzène dans l'acide acétique cristallisable et on ajoute au mélange une solution d'acide chromique dans le même dissolvant, l'acide chromique étant en quantité insuffisante pour oxyder tout l'éthylbenzène. La réaction commence à froid et se fait avec échauffement du mélange et dégagement d'une certaine quantité d'acide carbonique. On a soin de refroidir. Au bout de 10 ou 15 minutes, la réaction est terminée. On verse le mélange dans l'eau et on décante la couche surnageante, qui est formée en grande partie d'éthylbenzène non attaqué et d'un peu d'acétylbenzène (10 0/0) qu'on sépare par distillation fractionnée [*Bull. Soc. Chim.*, (2), **32**, 613].

La chlorhydrine chromique CrO^2Cl^2 donne avec l'éthylbenzène, dans le sulfure de carbone, une combinaison organo-métallique que l'eau décompose avec formation d'aldéhyde phénylacétique $C^6H^5-CH^2-CHO$ [Étard, *Ann. Chim. Phys.*, (5), **22**, 246].

MM. Friedel et Crafts ont étudié l'action du chlorure d'aluminium seul sur l'éthylbenzène [*Bull. Soc. Chim.*, (2), **43**, 196. — Cf. Anschütz et Immendorff, *D. chem. G.*, **18**, 657; *Bull. Soc. Chim.*, (2), **45**, 572. — R. Heise et A. Tœhl, *Ann. Chem.*, **270**, 155; *Bull. Soc. Chim.*, (3), **10**, 535]. Il se fait surtout du p-diéthylbenzène, très peu de m-diéthylbenzène, du triéthylbenzène et du benzène.

Le chlorure de sulfuryle, en présence de chlorure d'aluminium ajouté par petites portions, donne avec l'éthylbenzène du *p-éthylchlorobenzène* bouillant à 180-182°, transformable en acide p-chlorobenzoïque, du *chlorure p-éthylsulfonique*, dont l'*amide* fond à 108°, et de l'*éthylbenzène-sulfone*, cristallisant dans l'alcool en lamelles hexagonales transparentes, fondant à 102°, solubles dans l'éther et dans le chloroforme, peu solubles dans l'alcool, presque insolubles dans l'éther de pétrole [Tœhl et Eberhard, *D. chem. G.*, **26**, 2945].

Le bromure de propyle ou d'éthyle, agissant sur l'éthylbenzène en présence de chlorure d'aluminium, donne des dérivés *para* et *méta* [G. van der Becke, *D. chem. G.*, **23**, 3191; *Bull. Soc. Chim.*, (3), **5**, 417. — Widman, *D. chem. G.*, **24**, 436. — H. Fournier, *Bull. Soc. Chim.*, (3), **7**, 651].

Il se fait également du m-diéthylbenzène en même temps que des dicétones quand on fait réagir sur le benzène du chlorure d'aluminium et du chlorure de malonyle ou d'éthylmalonyle [Béhal et Auger, *Bull. Soc. Chim.*, (3), **3**, 244 et **10**, 700; *C. R.*, **110**, 194].

Pour l'action de l'*éther bichloré* sur l'éthylbenzène, voyez *Diéthylstilbène*, à l'article STILBÈNE.

PRODUITS DE SUBSTITUTION.

DÉRIVÉS CHLORÉS. — *Éthylchlorobenzène*,

$C^6H^4Cl-C^2H^5$.

— M. Istrati a obtenu un mélange de trois isomères en faisant passer un courant d'éthylène pur, lavé à la potasse et séché à l'acide sulfurique dans 500 grammes de benzène monochloré renfermant 100 grammes de chlorure d'aluminium. L'éthylène provenait d'un mélange de 150 grammes d'alcool et de 750 grammes d'acide sulfurique, placé dans un ballon de 8 litres. La charge était répétée six fois.

La réaction se faisait sous une pression de 10 centimètres de mercure. Le chlorobenzène était chauffé au bain-marie. L'éthylène est entièrement absorbé, et si l'air a été bien chassé, si le chlorure d'aluminium est bien sec, il ne se dégage aucun gaz.

La réaction étant terminée, on laisse refroidir et on verse le liquide dans l'eau froide. Il est avantageux d'employer peu d'eau, et surtout d'employer celle provenant d'une opération précédente, débarrassée de son alumine. Dans ces conditions, on peut séparer les deux couches avec un entonnoir à robinet.

On distille à l'appareil Le Bel-Henninger. La majeure partie passe entre 179 et 182°.

L'oxydation par le dichromate montre qu'on a surtout le dérivé *méta*, un peu d'*ortho* et très peu de *para*.

L'éthylbenzène monochloré est un liquide huileux, d'une odeur assez agréable, très volatil, ne laissant pas de tache sur le papier. $D_0 = 1,068$. Voyez plus loin, DÉRIVÉS SULFONÉS [*Bull. Soc. Chim.*, (2), **42**, 111; *Ann. Chim. Phys.*, (6), **6**, 395].

Chloro 1[1]*-éthylbenzène*, $C^6H^5-CHCl-CH^3$. — Ce composé, déjà obtenu au moyen du méthylphénylcarbinol (Dict., **2**, 889), s'obtient par l'action du chlore au soleil sur l'éthylbenzène ou du gaz chlorhydrique sur le cinnamène. Dans ce dernier cas, il se produit à l'exclusion du dérivé $C^6H^5-CH^2-CH^2Cl$.

Ce corps bout à 194° avec décomposition partielle; à froid, avec le chlorure d'aluminium délayé dans le benzène, il fournit du diphényléthane, de l'éthylbenzène et du dihydrodiméthylanthracène [Schramm, *D. chem. G.*, **26**, 1706]. Chauffé en solution alcoolique avec du cyanure de potassium, puis de la potasse, il donne l'éther éthylique du méthylphénylcarbinol [*Ibid.*, 1710].

Chloro 1[2]*-éthylbenzène*, $C^6H^5-CH^2-CH^2Cl$. — Obtenu par l'action du chlore à chaud sur le carbure [Fittig et Kiesoff, *Ann. Chem.*, **156**, 241], ce composé bout à 200-204° en se décomposant en grande partie en acide chlorhydrique et cinnamène. On a vu plus haut que ces deux corps, en se combinant, donnent le dernier isomère. Dans le vide, sous 17 millimètres, ce chlorure bout sans décomposition à 90-95°.

A froid, en présence de chlorure d'aluminium et de benzène, il donne du bibenzyle, du diphényléthane et de l'anthracène (Schramm).

Éthyl 1*-dichloro* 2.5*-benzène*, $C^6H^3Cl^2-C^2H^5$. — Ce corps a été préparé par M. Istrati dans les mêmes conditions que le dérivé monochloré, mais sans pression additionnelle de mercure, en ajoutant en deux fois 60 grammes de chlorure d'aluminium à 500 grammes de p-dichlorobenzène, et faisant passer l'éthylène produit par 15 fois le mélange de 150 grammes d'alcool et 750 grammes d'acide sulfurique. On chauffe entre 125 et 150°.

L'éthylbenzène p-dichloré est un liquide d'une densité de 1,239 à 0°, bouillant à 213°,5, facilement soluble dans l'éther de pétrole, l'éther ordinaire, le chloroforme, etc., moins soluble dans le benzène et l'alcool que le dérivé monochloré [*Ann. Chim. Phys.*, (6), **6**, 476].

Dichloro 1[1].1[2]*-éthylbenzène*,

$C^6H^5-CHCl-CH^2Cl$.

— Voyez Dict., **1**, 914.

Dichloro 1[1].1[1]*-éthylbenzène*, $C^6H^5-CCl^2-CH^3$. — Voyez Dict., **2**, 834.

Dichloro 1[2].1[2]*-éthylbenzène*, $C^6H^5-CH^2-CHCl^2$. — Ce corps s'obtient en traitant à 0° le phényléthanal par un excès de perchlorure de phosphore. On lave à l'eau et on distille dans un courant de vapeur d'eau. C'est une huile d'une odeur piquante, se décomposant assez facilement. La potasse alcoolique la transforme d'abord en chloro 2-cinnamène, puis en phénylacétylène [C. Forrer, *D. chem. G.*, **17**, 981; *Bull. Soc. Chim.*, (2), **44**, 67].

Éthyltrichlorobenzène, $C^6H^2Cl^3_{(2.3.5)}.C^2H^5$. — Ce liquide, obtenu par M. Istrati à 150-200° avec 400 grammes de trichlorobenzène, deux charges de 50 grammes de chlorure d'aluminium et dix fois l'éthylène provenant de 150 grammes d'alcool et 750 grammes d'acide sulfurique, a une densité de 1,389 et bout à 244°. Il est moins soluble dans le benzène et dans l'alcool que les dérivés mono- et dichlorés [*loc. cit.*, 489].

Éthyltétrachlorobenzène, $C^6HCl^4_{(2.3.4.5)}.C^2H^5$. — On l'obtient beaucoup plus facilement que son homologue. Il est liquide même à — 7° et bout à 270-275°. Sa densité à 0° est de 1,543 (Istrati).

Tétrachloroéthylbenzène, $C^6H^5-CCl^2-CHCl^2$. — Le cinnamène dichloré, $C^6H^5-CCl=CHCl$, se combine au chlore pour donner ce composé fort instable, qui perd facilement de l'acide chlorhydrique et donne du phényltrichloréthylène, $C^6H^5-CCl=CCl^2$ [Dyckerhoff, *D. chem. G.*, **10**, 531; *Bull. Soc. Chim.*, (2), **29**, 29].

Éthylpentachlorobenzène, $CCl^5-C^2H^5$. — Pour obtenir ce composé, M. Istrati a dû faire barboter l'éthylène dans de l'acide chlorhydrique concentré avant de l'introduire dans le ballon chauffé à 150° contenant le pentachlorobenzène et le chlorure d'aluminium. Les rendements sont très mauvais.

Ce corps fond à 85° et bout vers 300°. Sa densité = 1,7205. Il cristallise très bien par refroidissement dans un mélange d'alcool et de benzène. Il n'est soluble que dans 108 fois son volume d'alcool [*loc. cit.*, 502]

DÉRIVÉS BROMÉS. — La bromuration de l'éthylbenzène dans différentes conditions a été particulièrement étudiée par M. Schramm.

A froid et dans l'obscurité, le brome se fixe comme toujours sur le noyau aromatique, mais il faut un très grand excès de brome ou une addition d'un peu d'iode. De l'éthylbenzène légèrement teinté par le brome ne se décolore pas dans l'obscurité, même au bout d'un temps très long, ce qui laisse supposer que, si la réaction a lieu avec un excès de brome, cela tient à ce que, dans ce cas, une quantité d'iode suffisante pour amorcer la réaction a été apportée par le brome. Il se fait un mélange d'*ortho-* et de *paraéthylbromobenzène.*

Lorsque le brome est exempt d'iode, il ne réagit que sur la chaîne latérale, et cette substitution, qui s'effectue même à zéro, est exclusivement provoquée par la lumière. Si l'on fait réagir, à la lumière diffuse du jour et à froid, molécules égales de brome et d'éthylbenzène, il se fait le bromure $C^6H^5-CHBr-CH^3$. Sous l'action directe des rayons solaires, ou à la flamme du magnésium, la réaction s'accomplit avec beaucoup de rapidité et d'une manière presque tumultueuse.

L'introduction d'un second atome de brome se fait différemment, suivant les circonstances.

Lorsqu'on traite à la lumière directe du soleil le bromure $C^6H^5-CHBr-CH^3$ par 1 atome de brome, ou l'éthylbenzène par 2 atomes de réactif, le second atome d'hydrogène est remplacé par le brome avec moins de rapidité que le premier, et l'on obtient le dibromo 1¹.1¹-éthylbenzène $C^6H^5-CBr^2-CH^3$.

Lorsqu'on opère au contraire à la lumière diffuse du jour, le second atome de brome n'est absorbé qu'avec lenteur et la réaction ne s'achève qu'au bout de 24 heures. On obtient du dibromo 1¹.1¹-éthylbenzène $C^6H^5-CHBr.CH^2Br$.

Toutes ces réactions se passent à froid. Si l'on opère au bain-marie, mais à l'abri de la lumière, le second atome de brome est absorbé par le bromo 1¹-éthylbenzène de la même façon pour donner $C^6H^5-CHBr-CH^2Br$, ce qui montre que la chaleur a une autre influence que la lumière [*D. chem. G.*, **18**, 350, 1272; **24**, 279; *Bull. Soc. Chim.*, (2), **45**, 567; **46**, 365; (3), **6**, 279].

Tandis qu'à l'ébullition l'éthylbenzène donne avec le chlore le corps $C^6H^5-CH^2-CH^2Cl$; avec le brome, c'est le dérivé $C^6H^5-CHBr-CH^3$ qui se produit.

Éthylbromobenzène, $C^6H^4BrC^2H^5$. — On obtient un mélange de dérivés *ortho* et *para* en traitant le carbure par le brome en présence de 0,5 0/0 d'iode. Le dérivé *ortho*, liquide encore à — 20°, bout à 202-204°. Le dérivé *para* (Dict., **2**, 889) ne se solidifie pas à — 20°. $D_{13,5} = 1,34$. Il bout à 199° [Schramm, *loc. cit.*].

Le dérivé para a été également obtenu par le p-dibromobenzène, l'iodure d'éthyle et le sodium [Aschenbrandt, *Ann. Chem.*, **216**, 211; *Bull. Soc. Chim.*, (2), **40**, 225].

Pour la séparation des dérivés ortho et para, voyez DÉRIVÉS SULFONIQUES.

Bromo 1² - éthylbenzène, $C^6H^5-CHBr-CH^3$ (Dict., **2**, 889). — On a vu plus haut que c'est ce composé qui prend naissance sous l'influence de la lumière (Schramm). On l'obtient encore par l'action de l'acide bromhydrique sur le méthylphénylcarbinol ou sur le cinnamène.

C'est un liquide qui se décompose facilement en cinnamène et acide bromhydrique. Le brome au soleil le transforme en $C^6H^5-CBr^2-CH^3$. A l'obscurité, on obtient $C^6H^5-CHBr-CH^2Br$ [Schramm, *loc. cit.*]. La poudre de zinc le transforme en diméthyl 1.2-diphényléthtane,

$$\begin{array}{ccc} C^6H^5\ CH & — & CH-C^6H^5 \\ | & & | \\ CH^3 & & CH^3 \end{array}$$

MM. Bernthsen et Bender [*D. chem. G.*, **15**, 1982; *Bull. Soc. Chim.*, (2), **39**, 173] prétendent que par l'action de l'acide bromhydrique sur le cinnamène on obtient non ce dérivé, mais le suivant.

Bromo 2-éthylbenzène, $C^6H^5-CH^2-CH^2Br$. — MM. Bernthsen et Bender traitent 1 volume de cinnamène par 3 volumes d'une solution d'acide bromhydrique saturée à 0°; on agite, et, au bout de 3 ou 4 jours, on sépare le liquide: on lave à l'eau, puis au carbonate de sodium, et on sèche sur le chlorure de calcium. Le corps obtenu est un liquide jaune, d'une densité de 1,3108 à 23°, qui se décompose à la distillation en acide bromhydrique et cinnamène. Traité par le benzène et la poudre de zinc, il donne un produit qui fournit par oxydation un acide $C^{15}H^{12}O^3$, mais pas d'acide benzoïque, ni de benzophénone [*loc. cit.* Voyez aussi Hanriot et Guilbert, *Bull. Soc. Chim.*, (2), **49**, 242].

Dibromo 1.2-*éthylbenzène* (*bromure de cinnamène*), $C^6H^5-CHBr-CH^2Br$ (voyez Dict., **1**, 914; Suppl., **1**, 500). — L'éthylbenzène pur, traité à chaud par 2 molécules de brome, fournit immédiatement ce dérivé à l'état de pureté. On place l'éthylbenzène dans un ballon à long col muni d'un entonnoir à robinet à long tube effilé renfermant la quantité voulue de brome, et d'un tube de dégagement. Quand l'hydrocarbure est en ébullition, on baisse la flamme et on laisse tomber le brome par petites portions, en ayant soin d'attendre chaque fois que le mélange soit décoloré. La chaleur dégagée suffit pour assurer la bonne marche de l'opération. Quand on a ajouté tout le brome, on agite avec de l'eau chaude; le produit se solidifie par le refroidissement à l'état de pureté. Le rendement est presque théorique.

Traité par la potasse alcoolique à l'ébullition, ce corps donne du cinnamène bromé [Friedel et Balsohn, *Bull. Soc. Chim.*, (2), **32**, 613 et **35**, 34; voyez 2e Suppl., **1**, 1167].

On a vu plus haut que le bromo 1-éthylbenzène, traité à 100° et dans l'obscurité par le brome, donne le même dérivé dibromé [Schr.].

Ce corps, traité par le chlorure d'aluminium et le benzène, fournit du bromobenzène, du bibenzyle et de l'anthracène (Schramm).

Traité par une solution alcoolique bouillante de sulfhydrate de potassium, il est peu attaqué. En tubes scellés, à 130°, au bout de 30 heures, la transformation est complète. Il se fait sans doute d'abord le thioglycol $C^6H^5CHSH-CH^2SH$, qui se dédouble par les traitements à la potasse en *thiopinacoline* (thio 1. 2-éthylbenzène

$$\begin{array}{c} C^6H^5-CH-CH^2 \\ \diagdown S \diagup \end{array}$$

liquide d'une densité de 1,0988 à 16°, peu volatil [Spring et Marsenille, *Bull. Soc. Chim.*, (3), 3, 13].

Dibromo 1.1-*éthylbenzène*, $C^6H^5 - CBr^2 - CH^3$. — Ce corps se forme par l'action du brome au soleil sur l'éthylbenzène (Schramm).

Dibromo 1.2-*éthyl-p-bromobenzène*,

$$C^6H^4Br_{(4)} - CHBr - CH^2Br.$$

— On traite l'éthylbenzène d'abord par une molécule de brome en présence d'iode, puis l'éthylbromobenzène brut ainsi formé est traité par une molécule de brome au soleil, puis par une molécule de brome dans l'obscurité, à 100°. Le produit se concrète en partie par le refroidissement; on le fait cristalliser dans l'alcool. On obtient ainsi de longues aiguilles fusibles à 60°, très solubles dans l'éther et dans le benzène. Ce corps, traité par une solution bouillante de potasse, donne le glycol $C^6H^4Br - CH.OH - CH^2.OH$, ce qui fixe sa constitution (Schramm).

Tribromo 1.1.2-*éthylbenzène*,

$$C^6H^5 - CBr^2 - CH^2Br.$$

— Obtenu par l'action du brome sur le cinnamène bromé, en solution dans le sulfure de carbone, ce corps fond à 37-38° et se dissout dans l'éther de pétrole et dans le chloroforme (Fittig et Binder).

Tétrabromoéthylbenzène,

$$C^6H^5 - CBr^2 - CHBr^2.$$

— Le cinnamène dibromé (2e Suppl., **1**, 1167) est placé sous une cloche avec un excès de brome. Après 2 jours de contact, on lave à l'eau et l'on obtient une huile épaisse, soluble dans l'alcool, l'éther, le sulfure de carbone [Kinnicutt et Palmer, *Am. Chem. Journ.*, **5**, 383; *Bull. Soc. Chim.*, (2), **42**, 354].

Dérivé iodé, $C^6H^5 - CHI - CH^2I$. — Voyez Dict., **1**, 913.

Dérivés sulfoniques. — *Acide o-éthylbenzène-sulfonique*,

$$C^6H^4 \begin{cases} C^2H^5_{(1)} \\ SO^3H_{(2)} \end{cases}$$

— On verra plus loin que le mélange des brométhylbenzènes $C^6H^4Br - C^2H^5$ *ortho* et *para*, traité à chaud par l'acide sulfurique fumant, donne un mélange d'acides sulfoniques qu'on sépare facilement par cristallisations fractionnées des sels de baryum, l'un des sels étant beaucoup plus soluble que l'autre

Chacun de ces sels, ainsi préparés à l'état pur, est transformé en sel d'ammonium et traité en présence d'ammoniaque concentrée par un excès de poudre de zinc. Au bout de quelques semaines le brome a complètement disparu. On a obtenu ainsi l'*acide o-* et l'*acide m-éthylbenzène-sulfonique*.

L'*o-éthylbenzène-sulfonate de baryum*,

$$(C^6H^4 - C^2H^5_{(1)}SO^3_{(2)})^2Ba, H^2O$$

est en belles lamelles qui perdent leur eau à 160°.

Le *sel de cadmium* cristallise en magnifiques aiguilles, très solubles dans l'eau.

Le *sel de potassium* est très soluble.

L'*amide* cristallise en lamelles fusibles à 199-200°.

Le sel de potassium, fondu avec de la potasse, donne l'*o-éthylphénol*, liquide bouillant à 209-210°.

Acide m-éthylbenzène-sulfonique. — Le sel de baryum, obtenu comme on vient de le voir, est très soluble dans l'eau froide. Il contient $2H^2O$.

Le *sel de potassium* est très soluble.

L'*amide* fond à 85-86°.

Le sel de potassium, fondu avec la potasse, donne le *m-éthylphénol*, bouillant à 202-204°.

Acide p-éthylbenzène-sulfonique,

$$C^6H^4 \begin{cases} C^2H^5_{(1)} \\ SO^3H_{(4)} \end{cases}$$

— Pour préparer cet acide, il est inutile de passer par le dérivé bromé. On chauffe de l'éthylbenzène à l'ébullition et on l'additionne, en agitant fortement, de son volume d'acide sulfurique concentré, mais non fumant. On ajoute peu à peu de l'eau glacée et on obtient une masse cristalline, très soluble dans l'eau.

Le *sel de potassium* renferme $0,5H^2O$; il est en cristaux nacrés.

Le *sel de baryum*, ($1H^2O$), est en longues aiguilles incolores, peu solubles à froid dans l'eau, très solubles à chaud.

Le *sel de calcium* est plus soluble dans l'eau à froid qu'à chaud.

Le *sel de cadmium* renferme $7H^2O$. Il est très soluble.

Le *sel de cuivre* renferme $4,5H^2O$ et est également très soluble.

Tous ces sels se décomposent vers 150-170°.

L'*amide* cristallise dans l'alcool faible en prismes incolores, fusibles à 109°, très solubles dans l'alcool et dans l'éther, peu solubles dans l'eau.

Le sel de potassium, fondu avec 5 fois son poids de potasse, donne le *p-éthylphénol*, fondant à 45° et bouillant à 213-214° [Sempotowski, *D. chem. G.*, **22**, 2662; *Bull. Soc. Chim.*, (3), **4**, 524].

Dérivés chloro-sulfoniques. — Les éthylbenzènes monochlorés se dissolvent complètement après 5 heures d'ébullition dans l'acide sulfurique. On verse dans l'eau, on neutralise par le carbonate de baryum, on fait bouillir et on filtre.

On obtient ainsi un mélange de différents isomères $(C^2H^5 - C^6H^3Cl - SO^3)^2Ba$, inégalement solubles [Istrati, *Ann. Chim. Phys.*, (6), **6**, 411].

Dérivés bromo-sulfoniques. — Le bromoéthylbenzène brut, mélange d'ortho et de para, obtenu par l'action de 1p,5 de brome sur 1 partie d'éthylbenzène et 1 partie d'iode, à froid, dans l'obscurité, est chauffé à l'ébullition et on y introduit peu à peu une fois et demie son poids d'acide sulfurique fumant. En traitant ensuite par l'eau glacée, on obtient un mélange d'acides sulfoniques, qu'on sépare par cristallisation fractionnée des sels de baryum.

L'*éthyl* 1-*bromo* 2-*benzène-sulfonate* (3 ou 5) *de baryum* est très peu soluble dans l'eau froide et cristallise en grandes lames incolores. Il perd son eau de cristallisation ($3H^2O$) à 160°. Il se produit en moins grande quantité que son isomère.

Le *sel de potassium*,

$$C^6H^3 - C^2H^5_{(1)}Br_{(2)}SO^3K_{(3\ ou\ 5)}, 0,5H^2O,$$

est en lamelles très solubles dans l'eau.

La *sulfamide* cristallise dans l'alcool faible en prismes fusibles à 104-105°.

Le sel de potassium, chauffé pendant 4 heures à 200° avec l'acide chlorhydrique concentré, se dédouble et donne l'o-bromoéthylbenzène.

Le *sel d'ammonium* réduit par la poudre de zinc perd son brome (voyez plus haut).

L'*éthyl* 1-*bromo* 4-*benzène-sulfonate* 2 *de baryum*, $(C^6H^3.C^2H^5_{(1)}Br_{(4)}SO^3_{(2)})^2Ba, 4H^2O$, est beaucoup plus soluble dans l'eau que son isomère.

Le *sel de potassium*, ($1H^2O$), est en lamelles très solubles.

L'*amide* fond à 123-124°. Ce sel se dédouble et se réduit dans les mêmes conditions que l'autre [Sempotowski, *loc. cit.*].

Dérivés aminés. — Voyez Suppl., **2**, 217.

Dérivés nitrés. — Les nitroéthylbenzènes α et β décrits Dict., **2**, 889, sont : le premier, le dérivé *para*, car il donne par oxydation l'acide p-oxybenzoïque, et le second le dérivé *ortho* [Suida et Plohn, *Mon. f. Chem.*, **1**, 175; *Bull. Soc. Chim.*, (2), **35**, 444].

De même, M. Sempotowski a obtenu un mélange d'o- et de p-nitroéthylbenzène en traitant à froid 1 volume d'éthylbenzène par 2 volumes d'acide azotique fumant et 1 volume d'acide azotique ordinaire. Le premier, par réduction au moyen de l'étain et de l'acide chlorhydrique, et traitement à l'azotite de potassium, donne l'*o-éthylphénol*, bouillant à 209-210° [*D. chem. G.*, **22**, 2662; *Bull. Soc. Chim.*, (3), **4**, 524].

Dérivés chloronitrés et bromonitrés. — *Nitro* 2-*dichloro* 1.2-*éthylbenzène*,

$$C^6H^5-CHCl-CHClAzO^2.$$

— Le phénylnitroéthylène $C^6H^5-CH=CH_-AzO^2$, obtenu par l'action de l'aldéhyde benzylique sur le nitrométhane, fixe 2 atomes de chlore en solution chloroformique. On obtient ainsi une huile à odeur pénétrante de reinette, d'où se déposent lentement des cristaux volumineux, fusibles à 30°, déliquescents dans la vapeur de chloroforme ou d'éther. Ce corps se décompose par la distillation dans le vide et se volatilise dans la vapeur d'eau. Agité avec de la soude, il fournit le dérivé chloré $C^6H^5-CCl=CH-AzO^2$, fondant à 48-49°.

Le phénylnitréthylène dissous dans le sulfure de carbone fixe une molécule de brome. Le *dibromure* formé $C^6H^5-CHBr-CHBrAzO^2$ cristallise par évaporation du dissolvant en grands cristaux clinorhombiques, incolores et transparents, fondant à 86°.

Ce corps est soluble dans le benzène et le chloroforme, peu soluble dans l'alcool et dans l'éther de pétrole. L'alcool bouillant le décompose en acide bromhydrique et *nitrobromophényléthylène*

$$C^6H^5-CBr=CHAzO^2,$$

soluble dans la soude, fusible à 67°.

L'*o-nitrophénylnitréthylène*,

$$C^6H^4 \begin{cases} CH=CHAzO^2_{(1)} \\ AzO^2_{(2)} \end{cases}$$

fixe également 2 atomes de brome, pour donner le *nitro* 2-*dibromo* 1.2-*éthylnitro* 2-*benzène*,

$$C^6H^4 \begin{cases} CHBr-CHBrAzO^2 \\ AzO^2 \end{cases}$$

fusible à 90-90°,5, très peu soluble dans l'éther de pétrole, peu soluble dans l'acide acétique cristallisable froid, soluble dans le chloroforme et dans le benzène.

L'isomère *para*,

$$C^6H^4 \begin{cases} CHBr.CHBrAzO^2_{(1)} \\ AzO^2_{(4)} \end{cases}$$

fond à 102-103° et présente les mêmes solubilités que le corps précédent [Priebs, *Ann. Chem.*, **225**, 319; *Bull. Soc. Chim.*, (2), **44**, 571]

Éthylnitrodichloro 2.5-*benzène*. — Le p-dichloroéthylbenzène, chauffé au réfrigérant ascendant pendant 50 heures avec de l'acide azotique fumant mélangé d'acide sulfurique concentré, se transforme en une masse solide cristalline, totalement soluble dans le mélange acide. Le rendement est presque théorique.

En ajoutant beaucoup d'eau, on précipite un mélange qu'on peut scinder en le traitant par l'eau bouillante. Le plus soluble dans l'eau chaude est le *dérivé mononitré* $C^6H^2Cl^2_{(2.5)}.AzO^2C^2H^5_{(1)}$, soluble dans 1400 fois son poids d'eau à 20°, très soluble dans l'alcool et dans l'éther. Il fond à 175°. La solution aqueuse est faiblement acide. Le *dérivé trinitré*, $C^6Cl^2_{(2.5)}(AzO^2)^3C^2H^5_{(1)}$, est insoluble dans l'eau froide et dans l'eau bouillante, facilement soluble dans l'alcool, l'éther et le benzène. Les cristaux sont durs et fondent à 195° en se décomposant [Istrati, *Bull. Soc. Chim.*, (2), **48**, 41].

L'*éthylnitrotétrachlorobenzène*,

$$C^6Cl^4_{(2.3.4.6)}AzO^2_{(5)}C^2H^5_{(1)},$$

a été obtenu en faisant passer de l'éthylène en présence de chlorure d'aluminium sur le nitrotétrachlorobenzène. Le produit distille à 280-290° et fond à 24-25°. Il est très soluble dans l'éther et dans le chloroforme [Istrati, *Ann. Chim. Phys.*, (6), **6**, 498].

Dibromo 1.2-*éthylnitrobenzènes*. — L'*o-nitrocinnamène*, traité en solution dans le chloroforme par le brome, fixe 2 atomes de ce corps et donne le composé

$$C^6H^4 \begin{cases} CHBr-CH^2Br \\ AzO^2_{(2)} \end{cases}$$

fondant à 52° et distillant avec l'eau sans décomposition [Einhorn, *D. chem. G.*, **16** 2208; *Bull. Soc. Chim.*, (2), **42**, 383].

De même le *m-nitrocinnamène* donne le composé

$$C^6H^4 \begin{cases} CHBr-CH^2Br \\ AzO^2_{(3)} \end{cases}$$

fusible à 78-79°, soluble dans l'alcool [Prausnitz, *D. chem. G.*, **17**, 395; *Bull. Soc. Chim.*, (2), **43**, 480].

Enfin le dérivé *para*

$$C^6H^4 \begin{cases} CHBr-CH^2Br \\ AzO^2_{(4)} \end{cases}$$

obtenu au moyen du p-nitrocinnamène, fond à 72-73° et se dissout dans le benzène et dans l'alcool chauds, dans l'éther. Il est peu soluble dans l'éther de pétrole [Baseler, *D. chem. G.*, **16**, 3001; *Bull. Soc. Chim.*, (2), **42**. 283].

Paul Adam.

ÉTHYLBENZOÏQUES (ACIDES).

Acide o-éthylbenzoïque, $C^2H^5-C^6H^4-CO^2H$. — Il se prépare en chauffant à 180° l'acide acétophénylcarbonique, $CH^3-CO-C^6H^4-CO^2H$, ou l'acide phtalylacétique, $C^6H^4(CO)^2-CH-CO^2H$, avec de l'acide iodhydrique et du phosphore [*D. chem. G.*, **10**, 2206].

On l'obtient encore en traitant par l'amalgame de sodium l'acide-trichlorovinylbenzoïque, $C^2Cl^3-C^6H^4-CO^2H$, ou l'acide-dichlorobromovinylbenzoïque [Zincke et Frölich, *D. chem. G.*, **20**, 2056]. Il cristallise en petites aiguilles brillantes, fusibles à 68°.

Acide p-éthylbenzoïque. — Voyez Dict., **2**, 1658.

Acide nitro-p-éthylbenzoïque,

$$C^2H^5-C^6H^3(AzO^2)-CO^2H.$$

— Il se forme lorsqu'on laisse en contact à froid pendant plusieurs heures l'acide p-éthylbenzoïque avec de l'acide azotique fumant. Longues aiguilles fusibles à 155-156°, difficilement solubles dans l'eau froide, plus facilement dans l'eau bouillante, très facilement dans l'alcool, l'éther, le chloroforme et le benzène.

Le *sel d'argent*, soluble dans l'eau, cristallise avec $2H^2O$.

Le *sel de calcium* + $2H^2O$ forme de longues aiguilles difficilement solubles dans l'eau.

Les *sels de baryum* et *de strontium* cristallisent avec $4H^2O$.

Acide sulfamido-p-éthylbenzoïque,

$$C^6H^3-AzH^2-SO^2-C^2H^5-CO^2H.$$

— On l'obtient par oxydation de la p-diéthylbenzène-sulfimide à l'aide du mélange chromique [Remsen et Noyes, *Am. Chem. Soc.*, **4**, 201]. Longues aiguilles qui fondent vers 261-262°, en se décomposant partiellement.

Ce corps, oxydé par le permanganate de potassium, donne de l'acide sulfotéréphtalique.

Le *sel de baryum*, facilement soluble dans l'eau, cristallise en fines aiguilles renfermant $3H^2O$. E. Burcker.

ÉTHYLBENZOYLACÉTIQUE (ACIDE). — Voyez BENZOYLACÉTIQUE, 2e Suppl., I, 585.

ÉTHYLBIGUANIDE. — Voyez GUANIDINE.

ÉTHYLBUTÉNYLTRICARBONIQUE (ACIDE) (*hexane-triméthyloïque* 3.3.4),

$$(COOH)^2-C(C^2H^5)-CH(C^2H^5)-COOH.$$

L'*éther triéthylique* de cet acide se forme par l'action de l'éther éthylmalonique sur le dérivé bromé de l'acide α-butyrique en présence d'éthylate de sodium [Hjelt et Bischoff, *D. chem. G.*, **21**, 2089. — Bischoff et Mintz, *D. chem. G.*, **23**, 650].

On peut aussi le préparer par l'action de l'iodure de méthyle sur l'éther buténylcarbonique en présence d'éthylate de sodium [Hjelt et Bischoff, *D. chem. G.*, **21**, 2089].

L'acide éthylbuténylcarbonique est facilement soluble dans l'eau. La chaleur au-dessus de 150° le décompose en acide carbonique et en deux acides diéthylsucciniques isomériques.

Éther triéthylique,

$$\begin{matrix}C^2H^5O.CO \\ C^2H^5O.CO\end{matrix}>C-(C^2H^5)-CH(C^2H^5)-COOC^2H^5.$$

— C'est un liquide bouillant entre 280 et 282°. Poids spécifique = 1,050 à 20° (par rapport à l'eau à 4°) [Bischoff et Mintz, *D. chem. G.*, **23**, 650]. Ces savants étudient aussi dans ce travail le pouvoir réfringent et dispersif de cet éther.

L'éther triéthylique de l'acide éthylbuténylcarbonique chauffé avec l'acide sulfurique étendu se dédouble en acides *para-* et *anti*diéthylsucciniques fondant à 192 et à 129°, et en acide monoéthylsuccinique. G.-F. Jaubert.

ÉTHYLBUTYLCÉTONE (*éthylisobutylcétone méthyl 2-hexanone* 4),

$$\begin{matrix}CH^3 \\ CH^3\end{matrix}>CH-CH^2.CO.C^2H^5.$$

— Ce dérivé a été obtenu par M. Loos [*Ann. Chem.*, **202**, 327] en faisant passer un courant d'oxyde de carbone sur un mélange d'isovalérianate et d'éthylate de sodium chauffé à 160°.

M. Wagner [*Journ. Soc. russe*, **16**, 673] l'a obtenu par l'action du zinc-éthyle sur le chlorure d'isovaléryle.

L'éthylisobutylcétone est liquide à la température ordinaire; elle bout à 134°,8-135° sous une pression de 735 millimètres. Sa densité = 0,829 à 0° et 0,815 à 15°.

L'éthylisobutylcétone traitée par l'acide chromique en solution acétique ou sulfurique donne surtout de l'acide acétique et de l'acide isovalérianique à côté de petites quantités d'acide propionique et d'acide isobutyrique.

ÉTHYLBUTYLIQUE (ÉTHER),

$$\begin{matrix}C^4H^9 \\ C^2H^5\end{matrix}>O.$$

1° *Éther butylique normal.* — Liquide à la température ordinaire, bouillant à 91°,7 sous la pression de 742mm,7. Poids spécifique = 0,7694 à 0°, 0,7522 à 20°, 0,7367 à 40° [Lieben et Rossi, *Ann. Chem.*, **158**, 167].

2° *Éther éthylisobutylique.* — Cet éther ne se forme pas par l'action de la chaleur sur un mélange d'alcool éthylique, d'alcool isobutylique et d'acide sulfurique [Norton et Prescott, *Amer. Journ.*, **6**, 246].

Liquide à la température ordinaire, bouillant à 78-80°. Poids spécifique = 0,7507 [Wurtz, *Ann. Chim. Phys.*, (3), **42**, 156].

3° *Éther éthylpseudobutylique.* — Ce dérivé se forme lorsque l'on chauffe un mélange de 1 volume de bromure de pseudobutyle, 1vol,5 de triéthylamine et 2vol,5 d'alcool absolu à la température de 100° [Reboul, *C. R.*, **93**, 69].

Liquide à la température ordinaire, bout à 68-69°.

DÉRIVÉ CHLORÉ (*éther éthylchlorobutylique, chloréthyline du butylène-glycol, chloro 1-butane 2-oxyéthane*,

$$C^2H^5-CH.(OC^2H^5)CH^2.Cl.$$

— Ce dérivé prend naissance dans l'action du zinc-éthyle sur l'éther dichloré $CH^2Cl-CHCl.O.C^2H^5$ en solution éthérée. On obtient ainsi un liquide bouillant à 141°. Poids spécifique = 0,9735 à 0°.

L'éther éthylchlorobutylique traité par l'acide iodhydrique se dédouble en iodure d'éthyle et en iodure de butyle secondaire. Si on le traite par l'éthylate de sodium, on obtient l'éther diéthylique du butylène-glycol,

$$CH^2(OC^2H^5)CH.(C^2H^5)OC^2H^5,$$

liquide à la température ordinaire, bouillant à 147° [Lieben, *Ann. Chem.*, **123**, 130; **133**, 287].

L'éther éthylchlorobutylique, sous l'action du tribromure de phosphore, donne, d'après M. Lieben [*Ann. Chem.*, **146**, 220], du bromure d'éthyle, $C^2H^3(C^2H^5)ClBr$ et $C^2H^3(C^2H^5)Br$. Si dans la préparation de l'éther éthylchlorobutylique on met un excès de zinc-éthyle, on produit le dérivé $CH^2(C^2H^5)CH(C^2H^5).O.C^2H^5$.

G.-F. Jaubert.

ÉTHYLCÉTYLIQUE (ÉTHER),

$$\begin{matrix}C^{16}H^{33} \\ C^2H^5\end{matrix}>O.$$

— Petites paillettes fusibles à 20° en un liquide bouillant à 300° [Becker, *Ann. Chem.*, **102**, 220].

ÉTHYLCRÉSYLÈNE-DIAMINE. — Voyez CRÉSYLÈNE-DIAMINE, 2e Suppl., I, 1434.

ÉTHYLCROTONIQUE (ACIDE). — Voyez Suppl., **1**, 695.

L'acide éthylcrotonique s'unit à l'acide bromhydrique en solution saturée à froid. On obtient ainsi un *acide bromhydroéthylcrotonique*, fusible à 25° et peu stable, car le carbonate de sodium en solution concentrée le décompose à 0° en donnant de l'amylène bouillant à 37-38°,

$$C^5H^{10}BrCO^2Na = C^5H^{10} + CO^2 + NaBr.$$

L'acide bromé traité par l'amalgame de sodium se transforme en un *acide hydroéthylcrotonique* $C^6H^{12}O^2$, qui semble identique à l'*acide diéthylacétique* (*pentane-méthyloïque* 3),

$$CH^3.CH^2-\underset{\displaystyle CO.OH}{CH}-CH^2.CH^3$$

Cet acide bout à 194-195°.

Le *sel de calcium* cristallise avec une molécule d'eau en lamelles brillantes, un peu moins solubles dans l'eau bouillante que dans l'eau froide.

A 26°,5, 100 parties d'eau dissolvent 16 parties de sel.

L'*éther éthylique*, $C^6H^{11}(C^2H^5)O^2$, bout à 151°,5.

Acide dibrométhylcrotonique. — Cet acide, que l'on obtient par l'action du brome sur l'acide éthylcrotonique, cristallise par évaporation lente de sa solution sulfocarbonique en tables fusibles à 80°,5.

Le carbonate de sodium et même l'eau à 100° le décomposent en amylène bromé bouillant vers

-10° et acide oxycaproïque [B. Howe, *Ann. Chem.*, 200, 21]. Ch. Cloëz.

ÉTHYLCYANACÉTIQUE (ACIDE). — Voy. CYANACÉTIQUE, 2e Suppl., I, 1509.

ÉTHYLDIACÉTYLACÉTIQUE (ACIDE) [Syn. *Éthyl 3-pentane-dione 2.4-méthyloïque 3*],

$$\begin{matrix} CH^3-CO \searrow \\ CH^3-CO-C-CO^2H. \\ C^2H^5 \nearrow \end{matrix}$$

— On prépare l'*éther éthylique* $C^8H^{11}O^4.C^2H^5$ en faisant réagir le chlorure d'acétyle sur une solution éthérée d'éther éthylacétylacétique, obtenue en traitant l'éther acétylacétique par la soude caustique en grand excès en présence de beaucoup d'éther [Elion, *Rec. Pays-Bas*, 3, 265].

C'est un liquide qui distille en se décomposant à 224-235°. Il bout à 144-150° sous 50 millimètres. Sa densité à 150° est de 1,034. Il est insoluble dans la lessive de potasse. Il ne donne avec le perchlorure de fer aucune coloration. L'ammoniaque alcoolique l'attaque violemment, avec production d'acétamide et d'éther acétylacétique.

Ch. Moureu.

ÉTHYLDIALLYLCARBINOL [Syn. *Heptadiène 2.6-éthyl 4-ol 4*]

$$\begin{matrix} CH^2=CH-CH^2 \searrow \\ CH^2=CH-CH^2 \nearrow \end{matrix} \underset{\underset{OH}{|}}{C}-CH^2-CH^3.$$

— Cet alcool prend naissance dans l'action du zinc sur un mélange de propionate d'éthyle et d'iodure d'allyle. Il se présente sous la forme d'un liquide bouillant à 175-176° sous la pression normale, dont la densité à 8° = 0,8976. Oxydé au moyen du mélange chromique, il fournit de l'acide oxalique [Smirensky, *J. prakt. Chem.*, (2), 25, 59].

ÉTHYLDIMÉTHYLCRÉSYLAMINE. — Voyez TOLUIDINES.

ÉTHYLDIPROPYLCARBINOL [Syn. *Éthyl 4-heptanol 4*],

$$(CH^3-CH^2-CH^2)^2-C(OH)-C^2H^5.$$

— Cet alcool a été obtenu en maintenant en contact prolongé, en présence d'un excès de zinc, un mélange de butyrone (70 parties) et d'iodure d'éthyle (287 parties).

Il constitue un liquide bouillant à 179°,5; sa densité à 20° = 0,8349.

Oxydé par le mélange chromique, il fournit de l'anhydride carbonique et les acides acétique, propionique, butyrique, ainsi que de la butyrone [Tschebotareff et Saytzeff, *J. prakt. Chem.*, (2), 33, 198].

ÉTHYLE (DÉRIVÉS MÉTALLIQUES).

GERMANIUM-ÉTHYLE, $Ge(C^2H^5)^4$. — On le prépare en faisant réagir, à froid, le chlorure de germanium sur le zinc-éthyle.

C'est un liquide bouillant à 160°, inaltérable à l'air, insoluble dans l'eau. Quand on l'allume, il brûle, avec une flamme jaune-rougeâtre sombre, en répandant des fumées blanches [Winckler, *J. prakt. Chem.*, (2), 36, 204].

STANNÉTHYLES. — MM. Letts et Collie préparent le *stannotétréthyle* $Sn(C^2H^5)^4$ en chauffant avec de la poudre d'étain à 150-160° la combinaison $C^2H^5.ZnI$, obtenue par l'action du couple zinc-cuivre sur l'iodure d'éthyle.

ZINC-ÉTHYLE. — Le zinc-éthyle peut être solidifié dans un mélange réfrigérant; il fond alors à —28° [Haase, *D. chem. G.*, 26, 1053].

Chaleur de formation, 31 000 calories [Guntz].

Pouvoir réfringent [Bleekrode, *Rec. Pays-Bas*, 4, 80].

Si l'on fait passer un courant d'air dans une solution éthérée de zinc-éthyle, il se sépare le composé $C^2H^5Zn.O.OC^2H^5$. Celui-ci fait explosion lorsqu'on le chauffe, se décompose au contact de l'acide sulfurique dilué en donnant de l'alcool, et met de l'iode en liberté quand il réagit sur une solution acide d'iodure de potassium [Meyer et Demuth, *D. chem. G.*, 23, 396].

Le zinc-éthyle réagit sur l'iodure de cyanogène en donnant du cyanure de zinc et de l'iodure d'éthyle.

Lorsqu'on fait passer un courant de gaz ammoniac sec dans une solution éthérée de zinc-éthyle, il y a précipitation d'un composé amorphe et insoluble, la *zinc-amide*,

$$Zn(C^2H^5)^2 + 2\,AzH^3 = Zn(AzH^2)^2 + 2\,C^2H^6$$

On obtient de même, avec l'éthylamine et la diéthylamine, les combinaisons

$$Zn(AzHC^2H^5)^2 \quad \text{et} \quad Zn[Az(C^2H^5)^2]^2.$$

Les amides agissent d'une façon analogue. Avec l'oxamide, on obtient le composé

$$C^2O^2Az^2.ZnH^2,$$

et avec l'acétamide le composé

$$(C^2H^3O.AzH)^2Zn.$$

Le chloroforme produit avec le zinc-éthyle de l'amylène, et le bromoforme du propylène.

Le chlorure d'argent réagit sur le zinc-éthyle d'après l'équation suivante :

$$Zn(C^2H^5)^2 + 2\,AgCl = Ag^2 + (C^2H^5)^2 + ZnCl^2.$$

La réaction est analogue avec le chlorure de cuivre et l'iodure de fer.

Si l'on fait couler goutte à goutte du chlorure de titane $TiCl^4$ dans du zinc-éthyle fortement refroidi, on obtient un composé double

$$TiCl^4,\ Zn(C^2H^5)^2.$$

C'est une masse solide, brune, non volatile. L'eau le décompose violemment, avec formation d'un corps qui est peut-être le *titane-éthyle* $Ti(C^2H^5)^4$ et d'un octane C^8H^{18} [Paterno et Peratoner, *D. chem. G.*, 22, 467].

En laissant en contact pendant 5 jours une solution éthérée de zinc-éthyle (2 molécules) avec du nitropropane (1 molécule), M. Bewad a obtenu un composé solide

$$(C^3H^7)Az.(C^2H^5)^2(OZnC^2H^5)^2,$$

décomposable par l'eau en oxyde de diéthylaminopropane $C^3H^7Az(C^2H^5)^2O$, éthane et hydrate de zinc [*Soc. Chim. russe*, 21, 46].

En employant 2 molécules de zinc-éthyle et 1 molécule de nitro-isopropane, le même auteur a préparé la combinaison

$$(C^2H^5)^2Az(C^3H^7).(OZnC^2H^5)^2$$

qui est décomposée par l'eau avec formation d'oxyde de diéthylamino-isopropane (*ibid.*).

Si l'on abandonne pendant quelques jours à 0° et en tubes scellés un mélange de zinc-éthyle et de nitroéthane, et qu'on décompose par l'eau le produit de la réaction, on obtient l'oxyde de triéthylamine $(C^2H^5)^3AzO$.

Le zinc-éthyle, en réagissant sur le bromonitroéthane, fournit du nitrobutane

$$CH^3.CH(AzO^2).C^2H^5.$$

Le nitrobenzène est attaqué violemment par le zinc-éthyle; si l'on décompose par l'eau le produit formé, on obtient de l'aniline.

Le bioxyde d'azote est absorbé par une solution éthérée de zinc-éthyle avec formation du composé $Zn(C^2H^5)^2(AzO)^2$. Ce sel est cristallisé en rhomboèdres et fond au-dessous de 100°. Il est décomposé par l'eau en éthane et sel basique de zinc de l'*acide dinitroéthylique* (qu'il vaudrait mieux appeler *dinitrosoéthylique*),

$$C^2H^5Az^2O^2 . Zn(OH).$$

La solution aqueuse de ce dernier fournit avec l'acide carbonique un précipité de carbonate de zinc, le sel neutre de zinc restant dissous :

$$2\,C^2H^5Az^2O^2 . Zn(OH) + CO^2$$
$$= (C^2H^5Az^2O^2)^2Zn + ZnCO^3 + H^2O$$

[Frankland, *Ann. Chem.*, **99**, 342].

Le sel neutre de zinc cristallise avec une molécule d'eau en gros prismes rhombiques. On peut obtenir d'autres sels cristallisés en partant du sel de zinc; mais l'acide libre n'est connu qu'en solution aqueuse diluée.

Pour préparer ce genre de sels, le sel de cuivre par exemple, on projette avec précaution du sodium dans du zinc-éthyle, on ajoute du benzène et on fait passer dans le mélange un courant de bioxyde d'azote. On ajoute de l'éther ordinaire, puis un peu d'alcool, enfin de l'eau, et on fait passer dans le mélange un courant d'acide carbonique. On filtre, on évapore à sec le liquide filtré et on reprend par l'alcool absolu le sel de sodium de l'acide dinitroéthylique. La liqueur alcoolique est évaporée à sec, et le résidu, dissous dans l'eau, est additionné de sulfate de cuivre. La solution est évaporée dans le vide, et le sel de cuivre extrait du résidu par l'alcool [Frankland et Graham, *Chem. Soc.*, **37**, 570].

Le sel de zinc, traité par l'amalgame de sodium, fournit de l'ammoniaque et de l'éthylamine [Zuckschwerdt, *Ann. Chem.*, **174**, 302].

Avec la potasse alcoolique, il y a production d'éthylamine et d'acide azotique [Zorn, *D. chem. G.*, **15**, 1008].

Sels de l'acide dinitroéthylique,

$$Na . C^2H^5Az^2O^2, \quad Mg . (C^2H^5Az^2O^2)^2.$$

$Ca(C^2H^5Az^2O^2)^2, 3H^2O$. — Aiguilles perdant $2H^2O$ à 100°.

$Ba(C^2H^5Az^2O^2)^2$. — Très déliquescent.

$Cu(C^2H^5Az^2O^2)$, $0,5\,H^2O$. — Aiguilles rouge-pourpre.

$AgC^2H^5Az^2O^2$. — Lames; très facilement décomposables, très solubles dans l'eau.

$Ag(C^2H^5Az^2O^2)$, $AgAzO^3$. — Cristaux peu solubles dans l'eau.

Ch. Moureu.

ÉTHYLE (DÉRIVÉS SULFURÉS, SULFINES, SULFONES, ACIDES SULFINIQUES ET SULFONIQUES). — Voyez Suppl., **1**, 608

SULFHYDRATE D'ÉTHYLE (*éthane-thiol*, *éthylmercaptan*), $CH^3 . CH^2SH$. — M. Klason prépare ce corps de la façon suivante : On mélange peu à peu 1 litre d'alcool absolu avec 500 centimètres cubes d'acide sulfurique ordinaire et 500 centimètres cubes d'acide de Nordhausen. Après refroidissement, on ajoute de la glace et on verse le liquide dans une solution froide de carbonate de sodium (4 kilogr.). La solution faiblement alcaline est débarrassée par concentration de la plus grande partie du sulfate de sodium formé, et distillée au bain-marie en présence de sulfhydrate de potassium KSH, préparé en saturant par l'hydrogène sulfuré une solution de 800 parties de potasse dans 1600 parties d'eau. Il passe une huile qu'on agite avec de l'oxyde de mercure pour fixer l'hydrogène sulfuré qui l'accompagne; on la traite par la lessive de potasse concentrée, qui dissout le sulfhydrate d'éthyle et laisse insoluble le sulfure d'éthyle simultanément produit. La solution est finalement décomposée par l'acide chlorhydrique ou l'acide sulfhydrique [*D. chem. G.*, **20**, 3411].

L'éthane-thiol bout à 36°,2; sa densité à 20° (eau à 4°) est de 0,83907 [Nasini, *D. chem. G.*, **15**, 2882].

Il forme avec l'eau, à basse température, un *hydrate* $C^2H^6S, 18\,H^2O$, qui constitue des cristaux insolubles dans l'eau et dans l'éthane-thiol.

Le brome réagit d'après l'équation suivante :

$$C^2H^5SH + 3\,Br = C^2H^5Br + HBr + BrS$$

L'éthane-thiol se colore en bleu par le perchlorure de fer en solution alcoolique.

L'acide azotique (densité 1,23) l'oxyde avec production de l'éther éthylique de l'acide éthane-thiosulfonique; avec de l'acide plus concentré, on obtient l'acide éthane-sulfonique.

Le mercaptide de sodium est détruit, avec carbonisation partielle, par le chlorure de thionyle; il se fait en même temps du disulfure d'éthyle [Prinz, *Ann. Chem.*, **223**, 377].

Lorsqu'on fait réagir le chlorure $C^2H^5 . SO^2Cl$ sur une solution alcaline de mercaptan, il se forme du bisulfure d'éthyle, d'après l'équation

$$C^2H^5 . SO^2Cl + 2\,C^2H^5SK$$
$$= (C^2H^5S)^2 + KCl + C^2H^5SO^2K$$

[Otto, *D. chem. G.*, **24**, 713].

Le *mercaptide mercurique*, $Hg(C^2H^5S)^2$, cristallise dans l'alcool en feuillets fusibles à 76-77° [Otto, *D. chem. G.*, **13**, 1290; **15**, 125].

Avec l'acide azotique, il fournit le *sel sulfoné* $(C^2H^5SO^3)^2Hg . HgO$.

Chauffé avec de l'alcool à 190°, il se décompose en mercure métallique et disulfure d'éthyle [Otto, *D. chem. G.*, **13**, 1289].

Il donne avec l'iodoforme une combinaison

$$2\,Hg(C^2H^5S)^2, CHI^3,$$

cristallisée en aiguilles fusibles à 85°,5 [Jackson et Oppenheim, *D. chem. G.*, **8**, 1033].

Le mercaptan éthylique donne avec le *titane* deux combinaisons :

1° $C^2H^6S . TiCl^4$;

2° $2\,C^2H^6S . TiCl^4$ [Demarçay, *Bull. Soc. Chim.*, (2), **20**, 132].

Le *mercaptide d'étain*, $(C^2H^5S)^5Sn$, est une huile épaisse que l'eau détruit à l'ébullition avec formation d'oxyde d'étain, et qui à la distillation sèche se décompose en étain et disulfure d'éthyle.

Le trichlorure de phosphore, en réagissant sur le mercaptan, donne, à côté du chlorure de l'acide éthylthiophosphoreux, l'éther triéthylique de l'acide thiophosphoreux $P(SC^2H^5)^3$. Ce dernier est un liquide bouillant à 240-280°, dont la densité = 1,24 à 12°, décomposable par l'eau en acide phosphoreux et mercaptan [Michaëlis, *D. chem. G.*, **5**, 7].

D'après M. Claesson [*Bull. Soc. Chim.*, (2), **25**, 185], cet éther ne serait pas volatil et se décomposerait sous l'influence de la chaleur en phosphore et disulfure d'éthyle $(C^2H^5)^2S^2$. Le chlorure de l'acide éthylthiophosphoreux $PCl^2S(C^2H^5)$ est un liquide qui bout à 172-175°; il a pour densité 1,30 à 12°; l'eau le décompose en acide chlorhydrique, acide phosphoreux et mercaptan (Michaëlis).

En traitant le mercaptide de sodium par le chlorure d'arsenic $AsCl^3$, on prépare de même l'éther $As(SC^2H^5)^3$, huile à odeur repoussante, se décomposant à la distillation en arsenic et disulfure d'éthyle.

Le mercaptan forme avec le chlorure d'antimoine une combinaison huileuse $C^2H^6S.SbCl^3$.

Le *mercaptide de bismuth*, $Bi(SC^2H^5)^3$, fond à 79°.

Mercaptide de fer, $Fe(C^2H^5S)^2$.

Mercaptide de cobalt, $Co(C^2H^5S)^2$.

Mercaptide de nickel, $Ni(C^2H^5S)^2$.

Éthylnitrososulfure de fer, $C^2H^5S.Fe(AzO)^2$. — On mélange une solution alcoolique du sel $Fe(AzO)^2SK$ avec une grande quantité d'iodure d'éthyle, et on distille rapidement l'iodure en excès. Après avoir lavé le résidu à l'eau et à l'alcool aqueux, on le fait cristalliser dans le benzène. On obtient ainsi l'éthylnitrososulfure de fer sous la forme de cristaux noirs, brillants, monocliniques, fondant à 78°. Ce composé se boursoufle par la chaleur en dégageant des gaz. Il est insoluble dans l'eau pure, peu soluble dans l'alcool, soluble dans l'éther avec une coloration jaune-rougeâtre, dans le sulfure de carbone, le chloroforme, l'iodure d'éthyle, le benzène. La potasse concentrée, l'acide chlorhydrique, l'acide sulfurique, ne l'attaquent pas. L'acide azotique l'oxyde rapidement et donne de l'acide éthanesulfonique, de la diéthylsulfone, etc. [Pavel, *D. chem. G.*, **15**, 2607].

SULFURE D'ÉTHYLE, $(C^2H^5)^2S$. — Le sulfure d'éthyle prend naissance dans la distillation du mercaptide de mercure :

$$(C^2H^5S)^2Hg = (C^2H^5)^2S + HgS.$$

Il bout à 92°,2-93° (corr.) sous la pression de 754 millimètres. Densité = 0,83676 à 20° (eau à 4°).

Réfraction moléculaire

$$\frac{p\,(n^2-1)}{(n^2+2)\,d} = 27{,}64$$

[Nasini, *D. chem. G.*, **15**, 2882].

Ce corps n'est pas toxique [V. Meyer, *D. chem. G.*, **19**, 1729].

Le sulfure d'éthyle, dirigé dans un tube chauffé au rouge, donne du thiophène C^4H^4S.

Le chlorure de titane forme avec le sulfure d'éthyle deux combinaisons :

$$(C^2H^5)^2S.TiCl^4 \quad \text{et} \quad 2(C^2H^5)^2S.TiCl^4$$

[Demarçay, *Bull. Soc., Chim.*, (2), **20**, 132].

Avec le platine, on a préparé un certain nombre de combinaisons :

$2[(C^2H^5)^2S]PtCl^2$. — On obtient ce sel en faisant réagir le sulfure d'éthyle (2 molécules) sur le chloroplatinite de potassium. Il constitue des prismes courts jaunes, clinorhombiques [Blomstrand, *J. prakt. Chem.*, (2), **27**, 190; **38**, 352. — Weibull, *ibid.*, (2), **38**, 352].

Il fond à 81°, est très peu soluble dans l'eau, assez soluble dans l'alcool, moins soluble dans l'éther, très soluble dans le sulfure de carbone, extrêmement soluble dans le chloroforme. Si on l'agite avec de l'eau et du sulfure d'éthyle, on voit se séparer au bout de quelque temps un nouveau sel, isomérique avec le précédent, qui cristallise en grosses tables verdâtres, fusibles à 106°.

$[PtS(C^2H^5)^2Cl^2]^2$. — On prépare ce sel en chauffant du sulfure d'éthyle $(C^2H^5)^2S$ (1 molécule) avec du chloroplatinite de potassium K^2PtCl^4 [Blomstrand, *J. prakt. Chem.*, (2), **38**, 353]. Poudre jaune, insoluble dans l'alcool.

$2(C^2H^5)^2S.PtBr^2$. — Gros cristaux jaune-rouge, clinorhombiques, fondant à 118° (Blomstrand et Weibull).

$2(C^2H^5)^2S.PtI^2$. — Cristaux rouge foncé, fusibles à 136°.

$2(C^2H^5)^2S.Pt(AzO^3)^2$. — Cristaux rhombiques, solubles dans le chloroforme, à peine solubles dans l'eau.

$2(C^2H^5)^2S.PtSO^4, 7H^2O$. — Ce sel se forme dans l'action du sulfate d'argent sur le chloroplatinite $2[(C^2H^5)^2S].PtCl^2$. Cristaux volumineux, très solubles dans l'eau, solubles dans le chloroforme.

$[2S(C^2H^5)^2.Pt]^3(PO^4)^2, 4H^2O$. — Composé sirupeux (Blomstrand).

$Cl(CH^3)^2S.PtS(C^2H^5)^2Cl$. — En masses blanches [Blomstrand, *J. prakt. Chem.*, (2), **38**, 354].

$2S(C^2H^5)^2Cl.PtCl^2$. — Petites aiguilles jaunes, anorthiques, fondant à 175° en se décomposant [Blomstrand, *J. prakt Chem.*, (2), **38**, 357]. Ce sel est peut-être identique au sel

$$2(C^2H^5)^2S.PtCl^4$$

qui est fusible à 108° (Dict., **2**, 1328).

$2S(C^2H^5)^2Br.PtBr^2$. — Prismes rouges, clinorhombiques [Weibull].

$2S(C^2H^5)^2Cl.PtBr^2$ — Cristaux jaune-rougeâtre.

$2S(C^2H^5)^2I.PtI^2$. — Cristaux prismatiques, rouge-brun, bleu foncé par réflexion, fusibles à 104°.

Le *sulfure d'éthyle hexachloré*, $(C^2H^2Cl^3)^2S$ (Dict., **2**, 1328), se forme encore dans l'action du chlore sur le disulfure d'éthyle tétrachloré, $(C^2H^3Cl^2)^2$, qu'on obtient en faisant réagir le chlorure de soufre S^2Cl^2 sur l'éthylène [Guthrie, *Ann. Chem.*, **116**, 241].

Le sulfure d'éthyle peut fixer 2 atomes de brome en donnant un produit d'addition $(C^2H^5)^2SBr^2$, qui se présente en cristaux d'un jaune rouge, et est peu stable. Si l'on traite ce corps par l'iodure de potassium, on obtient l'iodure $(C^2H^5)^2SI^2$, liquide noir qui régénère le sulfure d'éthyle sous l'influence du zinc-éthyle [Rahke, *Ann. Chem.*, **152**, 214].

L'acide azotique (densité 1,2) oxyde le sulfure d'éthyle avec production d'*oxysulfure d'éthyle*, $(C^2H^5)^2SO$ (Dict., **2**, 1329). Le chlore sec réagit sur ce corps en donnant du chlorure d'éthyle et des acides éthane-sulfiniques chlorés. Si l'on fait passer un courant du même gaz à travers une solution aqueuse du produit, il se dégage de l'acide chlorhydrique, du chlorure d'éthyle, et il se forme du chlorure d'acide éthanesulfonique, $C^2H^5.SO^2Cl$ [Spring et Winssinger, *D. chem. G.*, **15**, 447].

L'oxysulfure d'éthyle $(C^2H^5)^2SO$ fournit un *azotate* $(C^2H^5)^2SO.AzO^3H$ sirupeux [Beckmann, *J. prakt. Chem.*, (2), **17**, 473].

La *diéthylsulfone*, $(C^2H^5)^2SO^2$, qui prend naissance dans l'action de l'acide azotique fumant sur le sulfure d'éthyle (Dict., **2**, 1329), se forme aussi dans l'action de l'anhydride sulfureux SO^2 sur le plomb-éthyle, $Pb(C^2H^5)^4$ [Frankland et Lawrance, *D. chem. G.*, **12**, 846] et dans la distillation sèche de l'acide α-sulfodipropionique,

$$SO^2[CO^2H-CH(CH^3)]^2$$

[Loven, *D. chem. G.*, **17**, 2823].

La diéthylsulfone se dissout à 16° dans 6p,4 d'eau. Chauffée avec du trichlorure d'iode à 150°, elle donne de la chloréthylsulfone $C^4H^9Cl.SO^2$, de l'éthane trichloré et de l'éthane tétrachloré; si le trichlorure d'iode est en excès, il se fait aussi de l'éthane perchloré C^2Cl^6 et du chlorure de sulfuryle SO^2Cl^2 [Spring et Winssinger, *D. chem. G.*, **15**, 446].

Le chlore est sans action sur la diéthylsulfone.

Sulfure de chloro2-éthyle (*éthane-thiochloro-2-éthane*), $C^2H^5-S-CH^2-CH^2Cl$. — MM. Demuth et V. Meyer ont obtenu ce corps en faisant réagir avec précaution, et en refroidissant, le trichlorure de phosphore PCl^3 sur le composé $C^2H^5-S-CH^2-CH^2OH$ [*Ann. Chem.*, **240**, 310].

C'est une huile possédant une odeur désagréable, bouillant à 157° (corr.). Elle est moins toxique que le sulfure de dichloro 2.2'-éthyle $(CH^2Cl.CH^2)S$.

Sulfure de dichloro 2.2'-éthyle (thiodiéthanol), $(CH^2Cl-CH^2)^2S$. — On le prépare en traitant le thiodiglycol par le trichlorure de phosphore PCl^3 [V. Meyer, *D. chem. G.*, **19**, 3260]. Il possède une odeur faible et se solidifie à 0° en longs prismes. Il bout avec légère décomposition à 217° et est entraînable par la vapeur d'eau. Il est insoluble dans l'eau. Traité par le sulfure de potassium en solution, il fournit le disulfure de diéthylène non décomposable $(C^2H^4S)^2$. Il est très toxique.

Iodure de triéthylsulfine, $S(C^2H^5)^3I$. — On obtient, en chauffant pendant 22 heures, à 180-185°, 1 partie de soufre et 15 parties d'iodure d'éthyle, l'iodure de triéthylsulfine, ou plutôt un periodure $(C^2H^5)^3SI^3$ auquel on enlève 2 atomes d'iode par l'action de l'hydrogène sulfuré en présence de l'eau. On traite ensuite par un excès d'iodure d'argent de manière à obtenir le corps $(C^2H^5)^3SOH$, que l'on transforme facilement dans le sel dérivé de la triéthylsulfine que l'on désire [Klinger, *D. chem. G.*, **10**, 1880. — Masson et Kirkland, *Chem. Soc.*, **55**, 135].

Ce corps cristallise en feuilles rhombiques. Densité à 20° (eau à 4°) = 1,56151. Il est très soluble dans l'eau. Par la distillation, il se dédouble en sulfure d'éthyle $S(C^2H^5)^2$ et iodure d'éthyle C^2H^5I. Le zinc-éthyle ne l'attaque pas. Si on le chauffe pendant longtemps avec de l'alcool méthylique à 130-150°, on obtient de l'iodure de triméthylsulfine [Klinger et Maassen, *Ann. Chem.*, **252**, 252].

Sels et composés divers. — $[S(C^2H^5)^3Cl]^2.PtCl^4$. Prismes clinorhombiques, jaune-rougeâtre foncé, solubles à 20°,7 dans 30 parties d'eau.

$S(C^2H^5)^3Cl.4HgCl^2$. — Soluble à 20° dans 65p,8 d'eau, à 80° dans 8 parties d'eau.

$S(C^2H^5)^3Br$. — Le sulfure d'éthyle et le bromure d'éthyle se combinent lentement à froid, en donnant le bromure $S(C^2H^5)^3Br$ [Otto et Rössing, *D. chem. G.*, **19**, 1839]. Ce sont des cristaux orthorhombiques, déliquescents, extrêmement solubles dans l'eau, peu solubles dans l'alcool absolu, insolubles dans l'éther.

$2(C^2H^5)^3I.CdI^2$. — Corps fusible à 145° [Klinger et Maassen, *Ann. Chem.*, **252**, 259].

$S(C^2H^5)^3I.HgI^2$. — Point de fusion, 106-107° [Patein, *Bull. Soc. Chim.*, (3), **2**, 161].

$S(C^2H^5)^3I.TlI^3$ [Jörgensen, *J. prakt. Chem.*, (2), **6**, 82].

$3S(C^2H^5)^3I, 2BiI^3$. — Précipité cristallin jaune-orangé. Il met en liberté de l'iodure de triéthylsulfine lorsqu'on le lave avec l'alcool [Kraut, *Ann. Chem.*, **210**, 321].

$S(C^2H^5)^3I, BiI^3$. — Aiguilles rouges, solubles sans décomposition dans l'alcool bouillant.

$2S(C^2H^5)^3I, 3BiI^3, 9H^2O$. — Précipité cristallin, rouge-carmin, insoluble dans l'alcool froid, très stable (Kraut).

$S(C^2H^5)^3AzO^3.AgAzO^3$.

Le *cyanure* $S(C^2H^5)^3CAz$ se forme dans l'action du cyanure d'argent sur l'iodure de triéthylsulfine. Il cristallise en aiguilles, et se décompose, lorsqu'on le chauffe à l'ébullition avec du carbonate de sodium, en sulfure d'éthyle $(C^2H^5)^2S$, ammoniaque et acide propionique [Gauhe, *Zeit. Chem.*, 1868, 622].

$(C^2H^5)^3S.CAz, AgCAz$. — Cristaux fusibles à 25-26° [Patein, *Bull. Soc. Chim.*, (2), **49**, 680; (3), **3**, 165].

Bisulfure d'éthyle, $(C^2H^5)^2S^2$. — M. Böttinger l'a obtenu en chauffant à 160° la thialdéhyde $(C^2H^4S)^3$ avec de l'acide iodhydrique bouillant à 127° [*D. chem. G.*, **11**, 2206].

C'est une huile bouillant à 152°,8-153°,4 (corr.) sous la pression de 730 millimètres. Sa densité à 20° par rapport à l'eau à 4° = 0,99267.

Réfraction moléculaire = 35,30. [Nasini, *D. chem. G.*, **15**, 2882].

L'acide azotique étendu le transforme en éther éthylique de l'acide éthane-thiosulfonique,

$$C^2H^5SO^2-SC^2H^5.$$

Avec l'iodure d'éthyle, le bisulfure d'éthyle fournit l'iodure de triéthylsulfine.

Chauffé avec du soufre à 150-180°, il donne naissance à des sulfures plus élevés.

Bisulfure de chloréthyle, $(CH^2Cl-CH^2)^2S^2$. — M. Guthrie l'a obtenu en faisant réagir à 100° le chlorure de soufre SCl sur l'éthylène.

Il se présente sous la forme d'une huile jaune pâle, dont la densité = 1,346 à 19°. Sous l'influence de la potasse alcoolique, il perd tout le chlore qu'il renferme; c'est le produit

$$(CH^2OH-CH^2)^2S^2$$

qui prend naissance.

Le chlore donne, avec le bisulfure de dichloréthyle, le sulfure de trichloréthyle $(C^2H^2Cl^3)^2S$. L'acide azotique l'oxyde en donnant l'acide β-chloroéthane-sulfonique $CH^2Cl-CH^2-SO^3H$.

Bisulfure de trichloréthyle, $(C^2H^2Cl^3)^2S^2$. — Il se forme quand on fait passer un courant d'éthylène dans du chlorure de soufre SCl bouillant [Guthrie, *Ann. Chem.*, **116**, 234]. C'est une huile d'un jaune pâle, dont la densité = 1,599 à 11°, distillant avec décomposition partielle, insoluble dans l'eau, et donnant sous l'action du chlore le chlorure $(C^2H^2Cl^3)^2S$.

Sulfure double d'éthyle et de méthyle,

$$C^2H^5-S-CH^3.$$

— Il bout à 65-66° [Krüger, *J. prakt. Chem.*, (2), **14**, 206], à 66°,9 [Klasson, *D. chem. G.*, **20**, 3413]. Sa densité à 20° = 0,837 (Klasson). Il fournit à l'oxydation l'oxysulfure $SO(C^2H^5)(CH^3)$.

$(CH^3S.C^2H^5)^2HgI^2$. — Poudre cristalline.

$Cl(CH^3)^2S.PtS(C^2H^5)^2Cl$. — Masses blanches [Blomstrand, *J. prakt. Chem.*, (2), **38**, 354].

Méthyléthylsulfone, $CH^3-SO^2-C^2H^5$. — M. Beckmann a préparé ce corps en oxydant le sulfure mixte $CH^3-S-C^2H^5$ soit par l'acide azotique, soit par le permanganate de potassium [*J. prakt. Chem.*, (2), **17**, 455].

Petites aiguilles, fusibles à 36°. Le corps bout sans décomposition. Il est facilement soluble dans l'eau et dans l'alcool, peu soluble dans l'éther froid, très soluble dans le benzène et le chloroforme.

Dibromo-méthyléthylsulfone, $C^3H^6Br^2SO^2$ — On l'obtient en traitant par le brome une solution aqueuse d'acide éthylsulfone-acétique,

$$C^2H^5.SO^2.CH^2CO^2H$$

[Otto, *D. chem. G.*, **21**, 993]. Aiguilles brillantes, fondant à 54°.

Iodure de méthyldiéthylsulfine,

$$(C^2H^5)^2CH^3.SI.$$

— Ce composé se forme quand on laisse en contact pendant 2 ou 3 heures le sulfure d'éthyle et l'iodure de méthyle, ou bien pendant longtemps le sulfure double d'éthyle et de méthyle et l'iodure d'éthyle [Klinger et Maassen, *Ann. Chem.*, **243**, 193. — Krüger, *J. prakt. Chem.*, (2), **14**, 207].

C'est un liquide sirupeux, qui cristallise au bout de quelque temps. Le corps fond alors en se décomposant à 104°. Il est extrêmement soluble dans l'eau et dans l'alcool, insoluble dans l'éther, déliquescent à l'air.

Il se décompose à la distillation en iodure de triméthylsulfine et iodure de triéthylsulfine [Klinger et Maassen, *Ann. Chem.*, **252**, 247].

La même décomposition a déjà lieu lorsqu'on fait bouillir pendant longtemps l'iodure avec de l'eau ou de l'alcool.

$2C^5H^{13}SI, CdI^2$. — Aiguilles fondant en se décomposant à 159-162°.

$C^5H^{13}SI, CdI^2$. — Longues aiguilles, fusibles à 74-75°. Si on fait cristalliser le corps dans l'eau, il se transforme en iodure double,

$$2C^5H^{13}SI + CdI^2.$$

$C^5H^{13}SCl, 2HgCl^2$. — Aiguilles fondant à 98-99°, peu solubles dans l'eau froide.

$C^5H^{13}SCl, 6HgCl^2$. — Cristaux fusibles à 203-204°.

$C^5H^{13}SCl.HgI^2$ [Patein, *Bull. Soc. Chim.*, (3), **2**, 164].

$(C^5H^{13}SCl)^2PtCl^4$. — Cristaux clinorhombiques, d'un rouge-orangé, peu solubles dans l'eau froide, insolubles dans l'alcool et dans l'éther, fondant à 210° lorsqu'on les chauffe brusquement [Laird, *Ann. Chem.*, **243**, 209].

$C^5H^{13}S.Cl, AuCl^3$. — Longues et fines aiguilles jaunes, très peu solubles dans l'eau, fondant à 190-191°.

$C^5H^{13}SI, HgCl^2, HgI^2$. — Ce corps fond à 55-56° (Patein).

$C^5H^{13}S.CAz, AgCAz$. — Corps très déliquescent. Fond à 45-46° [Patein, *Bull. Soc. Chim.*, (3), **3**, 165].

Lorsqu'on chauffe à 120° l'iodure de méthyle avec du sulfure d'éthyle, il ne se forme pas d'iodure de méthyldiéthylsulfine, mais l'iodure de triméthylsulfine et l'iodure de triéthylsulfine,

$$2(C^2H^5)^2S + 3CH^3I = (CH^3)^3SI + (C^2H^5)^3SI + C^2H^5I.$$

L'iodure d'éthyle ne réagit pas, même à la température de 150°, sur l'iodure de triméthylsulfine. Par contre, l'iodure de méthyle et l'iodure de triéthylsulfine réagissent, d'après l'équation

$$(C^2H^5)^3SI + 3CH^3I = (CH^3)^3SI + 3C^2H^5I$$

[Krüger, *J. prakt. Chem.*, (2), **14**, 205].

D'après MM. Nasini et Scala [*Gazz. chim. ital.*, **18**, 67], il se forme deux iodures isomériques $(C^2H^5)^2S.CH^3I$ dans l'action de l'iodure de méthyle sur le sulfure d'éthyle d'une part, et dans celle de l'iodure d'éthyle sur le sulfure mixte $CH^3-S-C^2H^5$ d'autre part.

Le *chloroplatinate*, $[(C^2H^5)^2.S-CH^3Cl]^2PtCl^4$, fond en se décomposant à 205°, et est en cristaux du type cubique [La Valle, *Gazz. chim. ital.*, **18**, 68].

Le sel isomère $(C^2H^5-S-CH^3.C^2H^5.Cl)PtCl^4$ fond en se décomposant à 211-212° et se présente en cristaux clinorhombiques (La Valle).

Iodure de diméthyléthylsulfine,

$$(CH^3)^2C^2H^5.SI.$$

— MM. Klinger et Maassen l'obtiennent en traitant le sulfure double de méthyle et d'éthyle par l'iodure de méthyle; la réaction est beaucoup plus lente si l'on fait réagir l'iodure d'éthyle sur le sulfure de méthyle [*Ann. Chem.*, **243**, 212].

Ce corps fond à 108-110° en se décomposant. Il est déliquescent. Il est très soluble dans l'alcool, et l'éther le précipite de sa solution alcoolique en aiguilles ou en tablettes.

Il se décompose par la distillation en iodure de triméthylsulfine et iodure de triéthylsulfine [Klinger et Maassen, *Ann. Chem.*, **252**, 246].

Cette réaction s'effectue déjà à la longue au contact de l'eau ou de l'alcool à l'ébullition.

$C^4H^{11}SCl, 2HgCl^2$. — Très fines aiguilles, fondant à 118-119°, assez solubles dans l'eau bouillante.

$C^4H^{11}SCl, 6HgCl^2$. — Ce sel double fond à 199-209°.

$(C^4H^{11}SCl)^2PtCl^4$. — Cristaux réguliers, d'un rouge orangé. Ce corps fond, lorsqu'on le chauffe lentement, à 212-215°, et lorsqu'on le chauffe rapidement, à 217-218°, en se boursouflant. Il est insoluble dans l'alcool et dans l'éther.

$C^4H^{11}SCl, AuCl^3$. — Précipité soluble dans l'eau bouillante, d'où il cristallise en fines et longues aiguilles jaunes. Lorsqu'on le chauffe lentement, il fond en se boursouflant à 240°; lorsqu'on le chauffe brusquement, il fond à 243-244°.

$2C^4H^{11}SI, CdI^2$. — Aiguilles fusibles à 179-180°, à peine solubles dans l'eau froide, peu solubles dans l'eau bouillante.

$C^4H^{11}SI, CdI^2$. — Fines et très longues aiguilles obtenues par cristallisation dans une solution d'iodure de cadmium. Le sel fond à 98-99°. Avec l'eau, il donne le sel précédent $2C^4H^{11}SI^2, CdI^2$.

$C^4H^{11}SI, HgI^2$. — Fond à 65-66° [Patein, *Bull. Soc. Chim.*, (3), **2**, 162].

$C^4H^{11}S.CAz, AgCAz$. — Sel très déliquescent, fondant à 78-79° (Patein).

Acide éthane-sulfinique (*acide éthylsulfinique*), $C^2H^5.SO^2H$. — Le sel de sodium se forme dans l'oxydation du mercaptide de sodium $C^2H^5.SNa$ par l'oxygène sec [Claesson, *J. prakt. Chem.*, (2), **15**, 199].

M. Autenrieth donne la préparation suivante de l'acide éthane-sulfinique : On dissout le chlorure d'acide éthane-sulfinique dans de l'alcool (4 parties); on introduit dans la solution de la poudre de zinc par petites portions, et on transforme le sel de zinc, après lavage à l'eau, en sel de sodium par le carbonate de sodium à l'ébullition [*Ann. Chem.*, **259**, 363].

L'acide libre est sirupeux; avec l'acide azotique et sous l'influence de la chaleur, il donne de l'acide sulfurique, de l'éthylsulfoné et de l'acide éthane-sulfonique.

D'après M. Zuckschwerdt, il se forme dans cette réaction de l'acide éthane-sulfonique et une combinaison particulière, $C^6H^{15}AzS^3O^7$ (voyez plus loin).

Si l'on chauffe une solution alcoolique du sel de sodium avec le chloracétate d'éthyle, on obtient l'*éthylsulfone-acétate d'éthyle*,

$$C^2H^5.SO^2-CH^2-CO^2C^2H^5.$$

$C^2H^5.SO^2Na$. — Ce sel cristallise anhydre dans l'alcool absolu (Claesson).

$Ba(C^2H^5SO^2)^2$. — Possède cette formule après dessiccation à 100°; cristaux très solubles dans l'eau, peu solubles dans l'alcool.

$Zn(C^2H^5SO^2)^2, H^2O$. — Écailles.

$Pb(C^2H^5SO^2)^2$. — Ce sel se forme dans l'action de l'anhydride sulfureux sur le plomb-tétréthyle $Pb(C^2H^5)^4$ [Frankland et Lawrance, *D. chem. G.*, **12**, 846].

$Cu(C^2H^5SO^2)^2, xH^2O$. — Croûtes cristallines d'un vert pâle. Ce corps est déliquescent et perd toute son eau de cristallisation dans le vide sulfurique (Wischin).

$Ag(C^2H^5SO^2)$. — Feuillets peu solubles dans l'eau.

Quand on traite l'acide éthane-sulfinique par l'acide azotique (densité 1,4), il se forme, en même temps que de l'acide éthane-sulfonique, un composé particulier répondant à la formule $C^6H^{15}AzS^3O^7$ (voyez Suppl., **1**, 700).

Acide éthane-disulfinique 1.2,

$$SO^2H-CH^2-CH^2-SO^2H.$$

— On obtient le *sel de zinc* de cet acide en traitant par de la poudre de zinc en excès et de l'eau le chlorure d'acide αβ-éthane-disulfonique [Otto, *J. prakt. Chem.*, (2), **36**, 439].

L'acide libre est très instable.

Le *sel disodique* cristallise, avec 4 molécules d'eau, en petits feuillets. Il est très soluble dans l'eau, moins soluble dans l'alcool.

Le *sel de zinc* cristallise en petites feuilles brillantes. Il est très peu soluble dans l'eau froide.

Acide éthane-sulfonique (*acide éthylsulfureux, acide éthylsulfonique*), $C^2H^5.SO^2.OH$ (Dict., **2**, 1350; Suppl., **1**, 700). — M. Autenrieth prépare cet acide en oxydant le mercaptan avec 4 molécules de permanganate de potassium [*Ann. Chem.*, **259**, 263].

Le *sel de sodium* se forme quand on chauffe pendant 3 ou 4 heures à 110-120° de l'éthylsulfate de sodium (1 partie) avec du sulfite de sodium (2 parties) dissous dans 2 parties d'eau [Mayer, *D. chem. G.*, **23**, 909].

MM. Franchimont et Klobbie recommandent, pour la préparation de l'acide éthane-sulfonique, de traiter le bisulfite d'éthyle par l'acide azotique à 50 0/0, d'abord à froid, puis à chaud [*Rec. Pays-Bas*, **5**, 275].

Lorsqu'on chauffe l'acide éthane-sulfonique avec du trichlorure d'iode à 150°, on obtient de l'acide dichloréthane-sulfonique. Si l'on emploie le trichlorure d'iode en excès, il se forme de l'éthane perchloré [Spring et Winssinger, *D. chem. G.*, **15**, 445]. Voici l'équation de la réaction :

$$C^2H^5SO^3H + 4ICl^3 = C^2Cl^6 + ClSO^3H + 5HCl + 4I.$$

D'après M. Berthelot, le sel de potassium, chauffé avec de la potasse sèche, se décompose d'après l'équation suivante :

$$C^2H^5SO^3K + KOH = C^2H^4 + K^2SO^3 + H^2O.$$

$C^2H^5SO^3.Na, H^2O$ (Mayer). — Quand on chauffe l'iodure d'éthyle avec une solution concentrée de sulfite de sodium Na^2SO^3 à 140°, on obtient le sel double $4C^2H^5SO^3Na, NaI$ (Bender).

Le *sel de potassium* cristallise avec 1 molécule d'eau; le *sel de baryum*, d'après Mayer, renfermerait, non pas 1, mais 2 molécules d'eau; le *sel de zinc*, 7 molécules d'eau; le *sel de plomb*, 1 molécule d'eau. Il existe une *combinaison mercurique* répondant à la formule

$$Hg(C^2H^5.SO^3)^2, HgO$$

[Claesson, *J. prakt Chem.*, (2), **15**, 206].

L'*éthylsulfonate d'éthyle*, $C^2H^5.SO^3C^2H^5$, a pour densité, à 20°, 1,14517 par rapport à l'eau à 4°.

Réfraction moléculaire = 29,79 [Nasini, *D. chem. G.*, **15**, 2884].

Le *chlorure d'acide éthane-sulfonique*,

$$C^2H^5.SO^2Cl$$

(voyez Suppl., **1**, 700), se forme encore quand on fait passer un courant de chlore dans une solution aqueuse d'oxysulfure d'éthyle,

$$(C^2H^5)^2SO + Cl^4 + H^2O = C^2H^5.SO^2Cl + C^2H^5Cl + 2HCl$$

[Spring et Winssinger, *D. chem. G.*, **15**, 447].

D'après M. Otto [*D. chem. G.*, **15**, 122], il bout à 171°. Le perchlorure de phosphore réagit sur le chlorure d'acide éthane-sulfonique, en donnant du chlorure d'éthyle, du chlorure de thionyle et de l'oxychlorure de phosphore,

$$C^2H^5.SO^2Cl + PCl^5 = C^2H^5Cl + SOCl^2 + POCl^3.$$

L'ammoniaque réagit sur le chlorure d'acide éthane-sulfonique, avec formation de l'amide correspondante ou *éthylsulfonamide*,

$$C^2H^5.SO^2.AzH^2.$$

C'est une substance qui cristallise dans l'éther en longs prismes brillants, fondant à 58° [James, *J. prakt. Chem.*, (2), **26**, 384].

Acide α-chloréthane-sulfonique (*acide chloro 1-éthane-sulfonique* 1), $CH^3.CHCl.SO^3H$. — On obtient cet acide à l'état de sel de sodium quand on fait réagir à 140° le chlorure d'éthylidène sur le sulfite de sodium en solution.

Acide β-chloréthane-sulfonique (*acide chloro 2-éthane-sulfonique* 1), $CH^2Cl-CH^2.SO^3H$. — M. James a obtenu ce corps en oxydant par l'acide azotique fumant le sulfocyanate de chloréthyle $CH^2Cl-CH.SCAz$ [*J. prakt. Chem.*, (2), **20**, 353].

Il se forme aussi dans l'oxydation du disulfure de dichloréthyle par l'acide azotique [Spring et Lecrenier, *Bull. Soc. Chim.*, (2), **48**, 629].

Pour isoler l'acide, on décompose son sel de baryum par l'acide sulfurique [James, *J. prakt. Chem.*, (2), **31**, 412].

Il constitue des cristaux très déliquescents. Ce corps n'est pas décomposable par l'eau à l'ébullition. Chauffé avec de l'ammoniaque à 100°, il donne la taurine, $CH^2AzH^2-CH^2SO^3H$.

$CH^2Cl.CH^2.SO^3AzH^4$. — Gros cristaux clinorhombiques, solubles dans l'eau [Hübner, *Ann. Chem.*, **223**, 213].

$CH^2Cl-CH^2.SO^3Na, H^2O$. — Tablettes fines, brillantes, déliquescentes.

$(CH^2Cl.CH^2.SO^3)^2Mg, 4H^2O$. — Cristaux très solubles dans l'eau.

$(CH^2Cl.CH^2.SO^3)^2Ca, 2H^2O$. — Masses cristallines, solubles dans l'eau (Hübner).

$(CH^2Cl.CH^2.SO^3)^2Sr, 2H^2O$. — Cristallise en aiguilles (James).

$(CH^2Cl.CH^2SO^3)^2Ba, 2H^2O$. — Aiguilles brillantes (James). D'après Hübner, il cristallise avec une molécule d'eau en lames monocliniques très solubles dans l'eau.

$(CH^2Cl.CH^2SO^3)^2Zn, 6H^2O$. — Feuillets insolubles dans l'alcool absolu et dans l'éther (James). D'après M. Hübner, le sel cristallise avec 4 molécules d'eau en grosses tables déliquescentes.

$(CH^2Cl.CH^2SO^3)^2Pb, 2H^2O$ (Hübner). — Il existe aussi un sel cristallisé anhydre (James).

$(CH^2Cl.CH^2SO^3)^2Mn, 4H^2O$.

$(CH^2Cl.CH^2SO^3)^2Fe, 4H^2O$. — Petits cristaux vert pâle (Hübner).

$(CH^2Cl.CH^2SO^3)^2Cu, 4H^2O$ — Aiguilles quadrangulaires, tricliniques, bleues. Ce sel est soluble dans l'eau et insoluble dans l'alcool (James). D'après M. Hübner, il cristallise avec 3 molécules d'eau en tablettes bleu pâle, monocliniques.

$CH^2Cl.CH^2.SO^3Ag$. — Gros prismes rhombiques.

Le *chlorure d'acide β-chlorosulfonique*,

$$CH^2Cl.CH^2.SO^2Cl,$$

se forme, en même temps que ses combinaisons isomériques, quand on fait réagir l'anhydride sulfurique sur le chlorure d'éthyle [Purgold, *D. chem. G.*, **6**, 502].

Il prend naissance aussi dans l'action du perchlorure de phosphore sur les sels de l'acide iséthionique $CH^2OH.CH^2SO^3H$, ou sur le chlorure de l'acide éthane-disulfonique. L'équation de la réaction, dans ce dernier cas, est la suivante :

$$CH^2SO^2Cl - CH^2SO^2Cl + PCl^5$$
$$= CH^2Cl - CH^2SO^2Cl + SOCl^2 + POCl^3.$$

M. James le prépare en traitant par le perchlorure de phosphore le sel de potassium de l'acide chloro-2 éthane-sulfonique $CH^2Cl - CH^2SO^3K$ [*J. prakt. Chem.*, (2), 26, 383].

C'est une huile à odeur de moutarde, qui distille à 200° sous la pression normale, et à 125-127° sous 30 millimètres (Königs). L'eau froide décompose le corps très lentement. Il ne fournit pas d'éther chloréthane-sulfonique quand on le traite par l'alcool absolu même à chaud. Le perchlorure de phosphore l'attaque lentement à 200° avec formation de chlorure d'éthylène.

Traité par le gaz ammoniac, le chlorure de l'acide β-chloréthane-sulfonique donne l'*éthane-sulfone-imide*,

$$\begin{matrix} CH^2 - CH^2 \\ | \quad\quad | \\ AzH - SO^2 \end{matrix}$$

Acide dichloréthane-sulfonique,

$$(C^2H^3Cl^2 - SO^3H).$$

— On obtient ce corps en chauffant à 150° l'acide éthane-sulfonique avec du trichlorure d'iode [Spring et Winssinger, *D. chem. G.*, 15, 446].

Traité par la baryte, il donne le sel de baryum et l'acide chloro-iséthionique,

$$OH . C^2H^3Cl . SO^3H.$$

Lorsqu'on le neutralise par le carbonate d'argent, on obtient de même le sel de l'acide chloro-iséthionique; on observe aussi la formation du sel argentique de l'acide éthane-sulfonique.

Si l'on chauffe à 100° l'acide dichloréthane-sulfonique avec de l'ammoniaque, il y a production de taurine, $CH^2AzH^2 - CH^2SO^3H$.

Acide éthane-thiosulfonique, $C^2H^5 . SO^2 . SH$. — On obtient le sel de sodium de cet acide en faisant réagir le chlorure d'acide éthylsulfonique $C^2H^5 . SO^2Cl$ sur le sulfure de potassium [Spring, *D. chem. G.*, 7, 1162].

Traité par le perchlorure de phosphore, il donne le sulfure $(C^2H^5 . SO^2)^2S^2$ [Otto et Rössing, *D. chem. G.*, 24, 1156].

L'*éther éthylique* de l'acide éthane-thiosulfonique, $C^2H^5 . SO^2 . SC^2H^5$, s'obtient en chauffant le mercaptan avec de l'acide azotique (densité 1,23), ou bien le bisulfure d'éthyle avec l'acide azotique dilué.

M. R. Otto le prépare en faisant réagir le bromure d'éthyle sur le sel de potassium de l'acide éthane-thiosulfonique [*D. chem. G.*, 15, 123].

Cet éther est un liquide possédant une odeur alliacée très désagréable. Il distille en se décomposant à 130-140°; sa densité est de 1,24. Il est entraînable par la vapeur d'eau, facilement soluble dans l'alcool et dans l'éther, insoluble dans la ligroïne, ce qui permet de le séparer du disulfure d'éthyle. Lorsqu'on le traite par une lessive de potasse (densité 1,2), il se forme du sulfure d'éthyle et les sels de potassium de l'acide éthane-sulfonique et de l'acide éthane-sulfinique [Pauly et Otto, *D. chem. G.*, 11, 2073].

Il est réduit par le zinc et l'acide sulfurique dilué à l'état de disulfure d'éthyle, puis de mercaptan. Lorsqu'on le chauffe à l'ébullition avec de l'alcool et de la poudre de zinc, il se décompose en donnant le sel de zinc de l'acide éthane-sulfinique et du mercaptide de zinc :

$$2\,C^2H^5 . SO^2 . SC^2H^5 + Zn^2$$
$$= (C^2H^5SO^2)^2Zn + (C^2H^5S)^2Zn.$$

ACIDE ÉTHANE-DISULFONIQUE αβ (*acide éthane-disulfonique* 1.2),

$$SO^3H . CH^2 - CH^2 . SO^3H, H^2O$$

(Dict., 2, 1372). — Ce composé se forme en petite quantité quand on chauffe l'éthane tribromé $CH^2Br - CHBr^2$ avec une solution de sulfite d'ammonium [Monari, *D. chem. G.*, 18, 1350]

$$CH^2Br - CHBr^2 + 3\,(AzH^4)^2SO^3 + H^2O$$
$$= C^2H^4(SO^3 - AzH^4)^2 + 2\,AzH^4Br + HBr$$
$$+ (AzH^4)^2SO^4.$$

L'acide anhydre fond à 104° (corr.) [Miolati, *Ann. Chem.*, 262, 67].

Ses *sels neutres* sont très solubles dans l'eau et insolubles dans l'alcool. Les *sels acides* sont difficiles à préparer.

Lorsqu'on fond le sel de sodium avec de la potasse caustique, il se forme de l'acétylène, de l'hydrogène et du sulfite.

$SO^3Na - CH^2 - CH^2 - SO^3Na, 2H^2O$. — Cristaux tricliniques, peu solubles dans l'eau. Une partie de sel anhydre se dissout dans 14269 p. d'alcool ordinaire à la température de 21° [Guareschi, *Gazz. chim. ital.*, 9, 88].

$KH . C^2H^4 . S^2O^6, 1,5H^2O$.

$K^2 . C^2H^4 . S^2O^6$. — Prismes clinorhombiques, solubles dans 2,64 parties d'eau à 17°.

$Mg . C^2H^4 . S^2O^6, 3H^2O$. — Prismes clinorhombiques.

$Ca . C^2H^4 . S^2O^6, 3H^2O$. — Tablettes rhombiques.

$Ba . C^2H^4 . S^2O^6$. — Cristallise anhydre de sa solution bouillante; prismes clinorhombiques. Soluble à 21° dans 21p,6 d'eau; à 17° dans 35p,1 d'eau (Guareschi). Cristallise également avec 2 molécules d'eau en petits octaèdres orthorhombiques, moins solubles que le sel anhydre.

$Pb . C^2H^4 . S^2O^6, 1,5H^2O$. — Feuillets.

Le *chlorure de l'acide éthane-disulfonique*,

$$C^2H^4(SO^2Cl)^2,$$

se prépare en faisant réagir sur le sel de potassium 2 molécules de perchlorure de phosphore [Königs, *D. chem. G.*, 7, 1163].

Ce corps cristallise dans l'éther en aiguilles; il fond à 91° et se charbonne dès 150°. Il résiste assez bien à l'eau bouillante. Traité par l'alcool absolu, il dégage de l'anhydride sulfureux et du chlorure d'éthyle C^2H^5Cl. Lorsqu'on le chauffe à 150-160° avec 1 molécule de perchlorure de phosphore, il donne le chlorure de l'acide β-chloréthane-sulfonique $CH^2Cl - CH^2 - SO^2Cl$; avec 2 molécules du même réactif, il fournit à 200° du chlorure d'éthylène.

ACIDE ÉTHANE-DISULFONIQUE αα (*acide éthane-disulfonique* 1.1), $CH^3 - CH(SO^3H)^2$. — M. Guareschi a préparé ce corps en oxydant par le permanganate la trithioaldéhyde $(C^2H^4S)^3$, fondant à 45-46°, ou la thialdine [*Gazz. chim. ital.*, 9, 75; *Ann. Chem.*, 222, 302].

Voici comment il convient d'opérer : On traite 10 grammes de thialdine par 30 ou 35 grammes de permanganate de zinc et 300 parties d'eau. On filtre, on ajoute au liquide filtré de la baryte, et on élimine la baryte en excès par l'acide carbonique. On précipite par l'alcool la solution de sel de baryum obtenue et on purifie le précipité par des dissolutions répétées dans l'eau, suivies de précipitations dans l'alcool.

Cet acide est huileux, très soluble dans l'eau et dans l'alcool. Il est très énergique et très stable. Le permanganate de potassium, l'acide azotique, le mélange chromique ne l'attaquent pas.

$Na^2C^2H^4 . S^2O^6 , H^2O$. — Petites tables allongées, brillantes. Une partie de sel anhydre se dissout à 24°,5 dans 6071 parties d'alcool à 90 0/0.

$K^2C^2H^4 . S^2O^6 , 2H^2O$. — Pour préparer ce sel, on délaye 10 parties de thialdine dans l'eau et on ajoute au mélange une solution de 45 parties de permanganate de potassium dans 1 litre d'eau. La liqueur se décolore aussitôt ; on filtre ; on concentre la solution filtrée et on la précipite par l'alcool. Le précipité est débarrassé du sulfate de potassium qu'il retient par dissolution dans l'eau et addition de baryte ; la baryte en excès est éliminée par l'acide carbonique. On concentre alors la solution, on la neutralise par l'acide acétique et on la précipite par l'alcool absolu. Le sel de potassium précipité est enfin purifié par des dissolutions répétées dans l'eau et des précipitations par l'alcool. Ce sel est précipité de sa solution aqueuse par l'alcool absolu en longues aiguilles prismatiques, anhydres. Il est très soluble dans l'eau, insoluble dans l'alcool absolu. Il cristallise par évaporation lente de sa solution aqueuse, avec 2 molécules d'eau, en gros prismes transparents. 1 partie de sel anhydre se dissout dans 1g,56 d'eau à 17°.

$Mg . C^2H^4 . S^2O^6 , 5H^2O$.

$Ca . C^2H^4 . S^2O^6$.

$Ba . C^2H^4 . S^2O^6 , 3H^2O$. — Tables brillantes, insolubles dans l'alcool, solubles dans l'eau. Si on précipite le sel par l'alcool, il contient, d'après M. Guareschi, 3mol,5 d'eau, d'après M. Mauzelius 4 molécules d'eau. Il cristallise de ses solutions bouillantes avec 1 molécule d'eau. 1 partie de sel anhydre se dissout à 17° dans 8g,95 d'eau, et à 22°,5 dans 7g,65 d'eau.

$Cd . C^2H^4 . S^2O^6 , 2H^2O$.

$Cu . C^2H^4 . S^2O^6 , H^2O$.

$Ag^2 . C^2H^4 . S^2O^6 , H^2O$. — Fines aiguilles, très solubles dans l'eau. Le sel peut aussi cristalliser anhydre [Mauzelius, *D. chem. G.*, **21**, 1551].

L'*éther diméthylique*, $C^2H^4(SO^3CH^3)^2$, est huileux (Mauzelius).

L'*éther diéthylique*, $C^2H^4(SO^3C^2H^5)^2$, a été obtenu en traitant le sel argentique par l'iodure d'éthyle. C'est une huile non volatile, soluble dans l'alcool et dans l'éther. Il donne, quand on le fait bouillir avec de l'éthylate de sodium et de l'iodure d'éthyle, un sel qui a pour formule $C^2H^3 . C(CH^3) . (SO^3Na)^2$.

Acide éthane-trisulfonique 1.1.2 (*acide éthényltrisulfonique*), $SO^3H . CH^2 . CH(SO^3H)^2$. — M. Monari a préparé cet acide en chauffant à l'ébullition le chlorure d'éthylène chloré

$$CH^2Cl - CHCl^2$$

avec du sulfite d'ammonium $(AzH^4)^2SO^3$. On décompose le produit de la réaction par la baryte et on obtient par évaporation d'abord quelques cristaux de méthane-disulfonate de baryum

$$CH^2 . (SO^3)^2 . Ba,$$

puis l'éthane-trisulfonate de baryum

$$(C^2H^3 . S^3H^3O^9)^2 Ba^3,$$

que l'on transforme ensuite en sel de sodium. Dans l'action du chlorure d'éthylène chloré sur le sulfite d'ammonium, il y a en même temps production, non seulement d'un peu d'acide méthanesulfonique $CH^2(SO^3H)^2$, mais encore d'une certaine quantité d'*acide éthanoldisulfonique*

$$OH . C^2H^3 . (SO^3H)^2$$

[*D. chem. G.*, **18**, 1346].

On peut encore faire réagir le sulfite d'ammonium sur l'éthane tribromé $C^2H^3Br^3$, évaporer le produit de la réaction et traiter le résidu par l'alcool. La solution alcoolique contient l'éthanetrisulfonate d'ammonium $C^2H^3S^3O^9(AzH^4)^3$, que l'on fait cristalliser dans le même solvant.

L'acide libre se solidifie, dans une atmosphère desséchée par l'acide sulfurique, en masses radiées, constituées par de longues et grosses tablettes hexagonales. Il est très déliquescent, très soluble dans l'alcool.

$C^2H^3 . S^3O^9(AzH^4)^3$. — Gros prismes.

$C^2H^3 . S^3O^9Na^3 , 4H^2O$. — Grosses tablettes hexagonales.

$(C^2H^3 . S^3O^9)^2Ba^3 , 5,5H^2O$. — Ce sel est obtenu sous la forme d'octaèdres par cristallisation dans l'eau. Lorsqu'on emploie comme solvant l'alcool, l'éthane-trisulfonate de baryum cristallise avec 3,5 molécules d'eau en petites aiguilles. L'ébullition prolongée avec du sulfite d'ammonium le décompose avec formation des sels de l'acide éthanoldisulfonique $OH . C^2H^3 . (SO^3H)^2$ et de l'acide méthane-disulfonique $CH^2(SO^3H)^2$.

Acide isÉthionique (*acide éthanol 1-disulfonique 2*, $CH^2OH - CH^2SO^3H$ (Suppl., **2**, 961). — M. James obtient ce corps en faisant bouillir le bromure d'éthylène ou le chlorobromure d'éthylène avec une solution aqueuse de sulfite de sodium,

$$C^2H^4Br^2 + Na^2SO^3 + H^2O$$
$$= C^2H^5SO^4Na + NaBr + HBr$$

[*Chem. Soc.*, **43**, 43].

Voici un bon procédé de préparation de l'acide iséthionique : On fait arriver à 0° 15 parties d'anhydride sulfurique dans 13 parties d'alcool absolu. On verse le mélange dans une grande quantité d'eau et on lave à l'eau la couche huileuse jusqu'à réaction neutre. Celle-ci est desséchée rapidement dans le vide sulfurique, et traitée à plusieurs reprises et de la même façon par l'anhydride sulfurique. On neutralise les liquides aqueux par le carbonate de baryum et on évapore. On obtient ainsi par cristallisation d'abord le méthionate de baryum, puis l'iséthionate de baryum [R. Hübner, *Ann. Chem.*, **223**, 211 — Stempnewsky, *Bull. Soc. Chim. russe*, **14**, 96].

M. Claesson prépare le même corps en saturant d'éthylène la monochlorhydrine sulfurique et décomposant ensuite par l'eau bouillante le chlorure d'acide iséthionique $CH^2OH - CH^2SO^2Cl$ ainsi formé [*J. prakt. Chem.*, (2), **19**, 254].

Les sels de l'acide iséthionique forment des combinaisons avec les éthers sulfuriques [Engelcke, *Ann. Chem.*, **218**, 270].

La combinaison avec le sulfate de méthyle a pour formule $Na . C^2H^5SO^4 , (CH^3)^2SO^4$. Pour la préparer, on triture 100 parties d'iséthionate de sodium avec 67 parties d'acide sulfurique, et on ajoute au mélange homogène un excès d'alcool méthylique absolu. Après quelques heures de contact, on sépare par filtration le sulfate de sodium et on évapore le liquide filtré. On dissout le résidu dans le moins d'eau possible, on neutralise la solution par le carbonate de sodium et on précipite la liqueur par l'alcool absolu. La solution alcoolique étant filtrée et distillée, on dessèche le résidu à 80° et on le fait cristalliser finalement dans l'alcool absolu bouillant. On obtient ainsi des tablettes brillantes, clinorhombiques, déliquescentes.

Le sel sec est stable à 80°. L'eau bouillante le décompose avec production d'alcool méthylique, d'acide iséthionique et de bisulfate de sodium. L'acide sulfurique et l'alcool méthylique ne l'attaquent pas. Si on précipite une solution aqueuse du sel par l'acide fluosilicique $2HFl . SiFl^4$, et qu'on neutralise l'acide libre par la baryte caustique, on obtient le sel double

$$2\,Ba(C^2H^5SO^4)^2,\ (CH^3)^2SO^4.$$

On prépare de même une combinaison de l'iséthionate de sodium avec le sulfate d'éthyle,

$$NaC^2H^5SO^4,\ (C^2H^5)^2SO^4.$$

Ce sont des cristaux déliquescents qui, bien desséchés, se décomposent à 65°. L'eau bouillante agit sur ce composé comme sur le composé méthylique correspondant. Le *sel* double *de baryum* $2(C^2H^5SO^4)^2Ba,\ (C^2H^5)^2SO^4$ est très instable [Engelcke, *Ann. Chem.*, **218**, 270].

L'*iséthionate d'éthyle* $CH^2OH-CH^2SO^3C^2H^5$ a été obtenu par M. Stempnewsky en faisant réagir l'iodure d'éthyle sur le sel argentique. C'est un sirop insoluble dans l'éther, soluble dans l'alcool.

Le *chlorure* d'acide iséthionique

$$CH^2OH-CH^2-SO^2Cl$$

se forme, en même temps que d'autres corps, dans l'action de l'anhydride sulfurique sur le chlorure d'éthyle, ou de la monochlorhydrine sulfurique

$$SO^2 \begin{matrix} \diagup OH \\ \diagdown Cl \end{matrix}$$

sur l'éthylène [Purgold, *D. chem. G.*, **6**, 504].

En faisant réagir l'anhydride sulfurique en excès sur la monochlorhydrine sulfurique

$$SO^2 \begin{matrix} \diagup OH \\ \diagdown Cl \end{matrix}$$

M. Claesson a obtenu le *chlorure d'acide éthionique* $SO^4H-CH^2-CH^2SO^2Cl$ [*J. prakt. Chem.*, (2), **19**, 253].

Lorsqu'on traite l'iséthionate de potassium par le perchlorure de phosphore, on obtient le chlorure de l'acide β-chloréthane-sulfonique

$$CH^2Cl-CH^2-SO^2Cl,$$

lequel, traité par l'alcoolate de sodium, fournit le sel de sodium de l'acide éthylisétbionique, $CH^2(OC^2H^5)CH^2-SO^3Na$.

Acide éthylisétbionique (*acide éthoxy-éthane-sulfonique*, $CH^2(OC^2H^5)-CH^2SO^3H$. — Sirop épais, qui cristallise à la longue. Densité = 1,359 à 21° [Hübner, *Ann. Chem.*, **223**, 218].

Le *sel de sodium* cristallise avec 1/2 molécule d'eau. Il cristallise anhydre dans l'alcool absolu. Très soluble dans l'eau, soluble à 15° dans 37 parties d'alcool absolu.

Le *sel de baryum* cristallise avec 1 molécule d'eau, le *sel de zinc* avec 6 molécules d'eau, le *sel de cuivre* avec 6 molécules d'eau.

L'*éther éthylique*, $CH^2(OC^2H^5)-CH^2SO^3C^2H^5$, se forme dans l'action de l'éthylate de sodium exempt d'alcool (2 molécules) sur le sulfochlorure de chloro 2-éthane. C'est un liquide non distillable, qui a pour densité 1,168 à 15° [Hübner, *Ann. Chem.*, **223**, 220].

Lorsqu'on traite le sel de sodium de l'acide éthylisétbionique $CH^2OC^2H^5-CH^2SO^3H$ (5gr,6) par l'acide sulfurique (7 parties) et l'alcool absolu, il se forme un composé particulier,

$$C^2H^5O.C^2H^4.SO(OH) \begin{matrix} \diagup O \diagdown \\ \diagdown O \diagup \end{matrix} SO(OH).OC^2H^5,$$

qui résulte de l'addition d'une molécule d'acide éthylisétbionique $CH^2OC^2H^5-CH^2SO^3H$ à une molécule d'acide éthylsulfurique

$$SO^2 \begin{matrix} \diagup OH \\ \diagdown OC^2H^5 \end{matrix}$$

[R. Hübner, *Ann. Chem.*, **223**, 224]. On évapore la solution filtrée, et on neutralise le résidu dissous dans l'eau par le carbonate de plomb.

L'acide libre peut être chauffé pendant quelque temps en solution aqueuse étendue sans se décomposer, mais à la longue il est détruit avec production d'acide éthylisétbionique, d'acide sulfurique et d'alcool.

Ses sels sont très solubles dans l'eau.

Lorsqu'ils sont bien desséchés, ils se décomposent vers 90°; mais leurs solutions aqueuses peuvent être évaporées sans décomposition.

Le *sel de sodium*, $C^6H^{14}Na^2S^2O^8$, après dessiccation sur l'acide sulfurique, renferme 1 molécule d'eau.

Dans les mêmes conditions, le *sel de baryum*, $C^6H^{14}BaS^2O^8$, cristallise avec 1 molécule d'eau.

Le *sel de zinc*, $C^6H^{14}ZnS^2O^8$, avec 5 molécules d'eau.

Le *sel de cuivre*, $C^6H^{14}CuS^2O^8$, cristallise avec 4 molécules d'eau.

Le *sel de plomb* et le *sel d'ammonium* sont anhydres.

Acide chlorisétbionique, $OH.C^2H^3Cl.SO^3H$. — On l'obtient en traitant par la baryte l'acide dichloréthane-sulfonique [Spring et Winssinger, *D. chem. G.*, **15**, 446].

Le *sel de baryum*, $Ba(C^2H^4ClSO^4)^2$, cristallise en tablettes rhombiques.

Le *sel d'argent* est anhydre.

Acide diiséthionique, $O(CH^2-CH^2SO^3H)^2$.

Le sel ammoniacal de cet acide prend naissance lorsqu'on soumet à l'action de la chaleur (230-240°) l'iséthionate d'ammonium. On le purifie par cristallisation dans l'alcool à 93° [Carl, *D. chem. G.*, **12**].

Le sel de baryum se forme quand on chauffe l'iséthionate de baryum à 190-200° [Carl, *D. chem. G.*, **14**, 65].

Le *sel ammoniacal*, $(AzH^4)^2C^4H^8S^2O^7$, cristallise en feuillets; il fond à 196-198°. Il est très soluble dans l'eau.

Le *sel de baryum*, $BaC^4H^8S^2O^7,\ H^2O$, cristallise en tablettes solubles à la température de 40° dans 979p,4 d'alcool à 60°.

Lorsqu'on chauffe à 230-240° le sel ammoniacal de l'acide iséthionique, il se forme, en même temps que le sel ammoniacal de l'acide diiséthionique, de petites quantités du sel ammoniacal d'un autre acide, qui reste dans l'alcool ayant servi à faire cristalliser le précédent. Ce nouvel acide a pour formule brute $C^4H^{10}S^2O^7$. Le sel ammoniacal $AzH^4.C^4H^9S^2O^7$ a une réaction acide; il est très hygroscopique [Carl, *D. chem. G.*, **12**, 1606].

Acide éthanol 1-disulfonique 1.2 (*acide oxy-éthane-disulfonique*),

$$OH-CH(SO^3H)-CH^2SO^3H.$$

— M. Mèves a obtenu ce corps en chauffant à 100° l'iséthionate de potassium avec 3 fois son poids d'acide sulfurique fumant [*Ann. Chem.*, **143**, 196].

L'acide libre est un liquide épais; il est très stable.

Le *sel de potassium*, $C^2H^4S^2O^7K^2$, cristallise avec 1/2 molécule d'eau en aiguilles très solubles dans l'eau. Il est insoluble dans l'alcool; il noircit lorsqu'on le chauffe au-dessus de 300°.

Un corps peut-être identique au précédent prend naissance en petite quantité, en même temps que d'autres acides, lorsqu'on fait bouillir longtemps le bromure d'éthylène bromé

$$CH^2Br-CHBr^2$$

avec une solution de sulfite d'ammonium. Pour isoler l'acide, on met à profit la grande solubilité dans l'eau et l'insolubilité dans l'alcool de son sel de baryum [Monari, *D. chem. G.*, **18**, 1347].

Le *sel ammoniacal* de cet acide cristallise avec 1/2 molécule d'eau en grandes tablettes prismatiques; il cristallise anhydre dans l'alcool.

Le *sel de sodium* cristallise avec $3^{mol},5$ d'eau en gros prismes allongés.

Le *sel de baryum* cristallise avec 2 molécules d'eau; il est très soluble dans l'eau; l'alcool le précipite de sa solution aqueuse sous la forme d'une poudre cristalline.

Acide éthionique,

$$SO^2 \begin{cases} OH \\ OCH^2-CH^2SO^3H \end{cases}$$

— M. Hübner a obtenu cet acide en faisant réagir l'anhydride sulfurique sur le sulfate diéthylique,

$$SO^2 \begin{cases} OC^2H^5 \\ OC^2H^5 \end{cases}$$

[*Ann. Chem.*, **223**, 208]. Ch. Moureu.

ÉTHYLE (DÉRIVÉS TELLURÉS).

Tellurure d'éthyle, $(C^2H^5)^2Te$. — Pour préparer ce composé, on fait réagir, comme l'a indiqué autrefois Wöhler, le sulfovinate de potassium $SO^4KC^2H^5$ sur le tellurure de potassium K^2Te. Le produit de la réaction est distillé et rectifié plusieurs fois dans un courant de gaz inerte. On recueille ce qui passe entre 137 et 140° [Marquardt et Michaëlis, *D. chem. G.*, **21**, 2045].

Chlorure de telluro-triéthyle, $(C^2H^5)^3TeCl$. — MM. Marquardt et Michaëlis ont obtenu ce corps en faisant couler goutte à goutte une solution éthérée de tétrachlorure de tellure dans une solution éthérée de zinc-éthyle. La réaction terminée, on distille l'éther, on dissout le résidu dans l'acide chlorhydrique dilué et on précipite le zinc à l'état de carbonate par le carbonate de sodium; on filtre, on évapore à sec la liqueur filtrée, et on fait cristalliser le résidu dans l'alcool [Marquardt et Michaëlis, *D. chem. G.*, **21**, 2043].

Le chlorure de telluro-triéthyle se présente sous la forme d'aiguilles déliquescentes. Il fond à 174°. Il est très soluble dans l'alcool, insoluble dans l'éther. Si l'on traite sa solution par l'oxyde d'argent humide, on obtient l'*hydrate* de telluro-triéthyle. Celui-ci, fortement alcalin, est abandonné par évaporation sous la forme d'une masse blanche, déliquescente; neutralisé par l'acide iodhydrique, il fournit aisément l'*iodure* $(C^2H^5)^3TeI$.

Lorsqu'on chauffe le chlorure de telluro-triéthyle avec du zinc-éthyle en excès, au lieu du composé tétréthylique $Te(C^2H^5)^4$, c'est le telluro-diéthyle $Te(C^2H^5)^2$ qui se forme, en même temps qu'un gaz qui paraît être du butane.

Bromure de telluro-triéthyle, $(C^2H^5)^3TeBr$. — On l'obtient en traitant l'iodure de telluro-triéthyle $(C^2H^5)^3TeI$ par le bromure d'argent [Marquardt et Michaëlis, *D. chem. G.*, **21**, 2046].

Ce produit cristallise dans l'alcool en tablettes déliquescentes et fond à 162°. Il est très soluble dans l'eau et dans l'alcool, insoluble dans l'éther.

Iodure de telluro-triéthyle, $(C^2H^5)^3TeI$. — Le produit, purifié par une série de cristallisations dans l'alcool, fond à 92° [Marquardt et Michaëlis, *D. chem. G.*, **21**, 2044]. Ch. Moureu.

ÉTHYLÈNE (*Éthène*), **ÉTHYLIDÈNE** (voyez 2e Suppl., I, 700). — Comme dans le 1er Supplément, les dérivés de l'éthylène et de l'éthylidène seront décrits côte à côte et dans le même ordre.

L'éthylène est liquide à — 1°,1 sous une pression de $42^{atm},5$; à + 1° sous 45 atm.; à 4° sous 50 atm.; à 8° sous 56 atm.; à 10° sous 60 atm. (Cailletet). Il se solidifie en cristaux à — 181° et fond à — 169° [Olszewski, *Mon. f. Chem.*, **4**, 338].

Il bout à — 105° [Cailletet, *C. R.*, **94**, 1224], de — 102 à — 103° [L. Wroblewski et Olszewski, *Mon. f. Chem.*, **4**, 338]; à — 150°,4 sous $9^{mm},8$; à — 139° sous 51 mm.; à — 126° sous 170 mm.; à — 115°,5 sous 246 mm.; à — 108° sous 441 mm.; à — 105° sous 546 mm.; à — 103° sous 750 mm. [Olszewski, *Jahresb.*, 1884, 198].

Température critique, 13°.

Densité de l'éthylène liquide, 0,386 à 3°; 0,361 à 6°; 0,335 à 8°.

Pouvoir réfringent de l'éthylène liquide [voyez Bleckrode, *Rec. Pays-Bas*, **4**, 180]; pouvoir réfringent du gaz [voyez Kanonnikoff, *J. prakt. Chem.*, **2**, 31, 361].

La chaleur de combustion de l'éthylène est, pour 1 molécule à 18°, de 333350 calories (Thomsen, Berthelot).

La température d'explosion d'un mélange d'oxygène et d'éthylène en proportions calculées pour la combustion complète est à 577-590° (V. Meyer et Münch).

L'éthylène se combine à froid, en présence de mousse de platine, à l'hydrogène, avec formation d'éthane [Wilde, *D. chem. G.*, **7**, 354].

Traité par le permanganate de potassium à froid, il fournit du glycol, CH^2OH-CH^2OH, en même temps qu'un peu d'acide formique, sans aucune trace d'acide acétique :

$$CH^2=CH^2+O+H^2O=CH^2OH-CH^2OH$$

[Wagner, *D. chem. G.*, **21**, 1234].

En présence de bromure d'aluminium, l'éthylène se combine, déjà à 0°, avec l'acide bromhydrique, pour donner du bromure d'éthyle C^2H^5Br. A la température de 60-70°, on observe la production en grande quantité de la combinaison $C^4H^8AlBr^3$ et de carbures saturés C^nH^{2n+2} (voyez Butylène, 2e Suppl., I, 810).

L'éthylène réduit à l'état métallique, par voie humide, les chlorures de palladium et d'or, l'acide osmique et le ruthéniate de potassium. Les chlorures de platine, d'iridium, de rhodium, de fer, l'azotate d'argent et le ferricyanure de potassium ne sont pas altérés. Le mélange chromique est sans action. Le permanganate est réduit, en présence d'acide sulfurique, avec dégagement d'acide carbonique. A 140°, l'oxyde d'argent est transformé en carbonate. L'acide iodique est réduit à 270° [Philipps, *Am. Journ.* **16**, 255; *Bull. Soc. Chim.*, (3), **12**, 1269].

D'après M. Landolph [*D. chem. G.*, **12**, 1586], le fluorure de bore, BFl^3, réagirait sur l'éthylène, au soleil et à la température de 25-30°, avec formation du composé $C^2H^5-BFl^2$, liquide bouillant à 124-125°, de densité = 1,0478 à 23° et décomposable par l'eau. M. V. Gasselin a repris le travail de M. Landolph : il a montré que le produit décrit par ce savant n'est autre chose qu'une combinaison moléculaire de fluorure de bore et d'oxyde d'éthyle, $BFl^3.(C^2H^5)^2O$; l'erreur de M. Landolph provenait de ce qu'il n'avait pas purifié assez soigneusement le gaz soumis à l'expérience [*Ann. Chim. Phys.*, (7), **3**, 5].

Bromoferrure d'éthylène, $C^2H^4.FeBr^2.2H^2O$. — Ce corps prend naissance quand on fait passer un courant d'éthylène dans une solution aqueuse concentrée de bromure ferreux. Ce sont des cristaux légèrement verdâtres, très déliquescents [Chojnacki, *Zeit. f. Chem.*, 1870, 420].

Chloroplatinite d'éthylène, $C^2H^4.PtCl^2$. — On obtient ce composé quand on traite le chlorure platinique $PtCl^4$ par l'alcool à l'ébullition (Zeise), ou que l'on fait absorber l'éthylène par une solution de chlorure platineux $PtCl^2$ dans l'acide chlorhydrique concentré [Birnbaum, *Ann. Chem.*, **145**, 69].

Pour le préparer, on distille, jusqu'à réduction au 1/6, une solution au dixième de chlorure platinique $PtCl^4$ dans l'alcool de densité = 0,823. Il reste un liquide rouge qui, par évaporation dans le vide, fournit le composé $C^2H^4 . PtCl^2$. Si le liquide rouge est étendu de 4 fois son volume d'eau, filtré et additionné de 1/6 de sel ammoniac ou de 1/4 de chlorure de potassium, et qu'on évapore la solution au 1/3 de son volume, celle-ci abandonne le *sel double d'ammonium* ou *de potassium* sous la forme de cristaux, qu'on purifie par dissolution dans un peu d'eau et évaporation dans le vide.

Le chloroplatinite d'éthylène est en masses jaunes; il est peu soluble dans l'eau, altérable à la lumière. L'eau bouillante en précipite tout le platine à l'état métallique. La solution aqueuse est stable en présence de beaucoup d'acide chlorhydrique. Si l'on traite à chaud la solution aqueuse par un excès de potasse, il se précipite une poudre noire qui, bien desséchée, fait explosion lorsqu'on la chauffe. Le nitrate d'argent ne précipite à froid qu'une partie du chlore du chloroplatinite d'éthylène à l'état de chlorure d'argent. Le chloroplatinite d'éthylène se combine directement à l'ammoniaque, au chlorure de potassium, au sel ammoniac.

$AzH^3 . PtCl^2 . C^2H^4$. — On obtient ce composé en précipitant le chloroplatinite d'éthylène libre ou son sel double par le carbonate d'ammonium ou l'ammoniaque. C'est une poudre jaune clair, très peu stable, que l'acide chlorhydrique transforme en sel double, $AzH^4Cl . PtCl^2 . C^2H^4$.

$AzH^4Cl . PtCl^2 . C^2H^4, H^2O$. — Cristaux obliques, rhombiques, jaune-citron.

$KCl . PtCl^2 . C^2H^4, H^2O$. — Cristaux jaunes, rhombiques, solubles dans 5 parties d'eau tiède, moins solubles dans l'alcool, noircissant à la lumière, se décomposant à 200° avec dégagement d'éthylène.

$KBr . PtBr^2 . C^2H^4, H^2O$. — Aiguilles jaune clair (Chojnacki).

Combinaisons iridiées $AzH^4Cl . C^2H^4 . IrCl^2$ et $(C^2H^4 . KCl)^2IrCl^2$. — On les obtient dans l'action du chlorure d'iridium sur l'alcool absolu, avec addition de chlorure de potassium ou de sel ammoniac. Cristaux rouge-brun, hydratés [Sadtler, *Bull. Soc. Chim.*, (2), **17**, 54].

DÉRIVÉ FLUORÉ.

FLUORURE D'ÉTHYLÈNE (*difluoro* 1.2-*éthane*), $CH^2Fl - CH^2Fl$. — On prépare ce composé en chauffant à 200°, en tubes scellés, du bromure d'éthylène avec du fluorure d'argent.

C'est un gaz absorbable par l'eau de chaux, avec formation de glycol :

$$C^2H^4Fl^2 + Ca(OH)^2 = C^2H^6O^2 + CaFl^2$$

[Chabrié, *Bull. Soc. Chim.*, (3), **7**, 25].

DÉRIVÉS CHLORÉS.

CHLORURE D'ÉTHYLÈNE (*dichloro* 1.2-*éthane*), $CH^2Cl - CH^2Cl$ (Suppl., **1**, 701). — Il se forme du chlorure d'éthylène lorsqu'on fait passer un courant d'éthylène sur du perchlorure d'antimoine ou sur du chlorure cuivrique fondu.

Si l'on chauffe à 100° le chlorure d'éthyle avec du perchlorure d'antimoine, il se produit également du chlorure d'éthylène [V. Meyer et Müller, *D. chem. G.*, **24**, 4249].

Densité à 0°, 1,28024; à 20°, 1,2562; à 9°,8, 1,2656 (eau à 4°); à 20°, 1,2521 (par rapport à l'eau à 4°); à 83°,3, 1,1576 (eau à 4°).

Densité à $t°$ (eau à 4°),

$$1,280\,149 - 0,001\,527\,7\,t + 0,000\,001\,36\,t^2.$$

Points d'ébullition, 84°,5-85° sous 750mm,9; 83°,3 sous 749 mm.

Indice de réfraction à $t°$,

$$n_D = 1,455\,464 - 0,000\,553\,86\,t$$

ou

$$n_A = 1,441\,446 - 0,000\,446\,t.$$

Réfraction moléculaire = 34,06 [Kanonnikoff].

La constante capillaire au point d'ébullition est donnée par la formule $a^2 = 4,198$ [R. Schiff, *Ann. Chem.*, **223**, 72].

Chaleur de combustion (vapr à 18°), 272 000 calories.

Le chlorure d'éthylène forme avec l'hydrogène sulfuré une combinaison cristallisée répondant à la formule $C^2H^4Cl^2, 2H^2S, 23H^2O$ [Forcrand, *Ann. Chim. Phys.*, (5), **28**, 27].

CHLORURE D'ÉTHYLIDÈNE (*dichloro* 1.1-*éthane*), $CH^3 - CHCl^2$ (Suppl., **1**, 701). — Il se forme du chlorure d'éthylidène lorsqu'on décompose l'acétylure de cuivre par l'acide chlorhydrique concentré [Sabanejeff, *Ann. Chem.*, **178**, 111].

On l'obtient également en faisant réagir le chlorure d'aluminium sur le composé

$$CClO^2 - CHCl - CH^3$$

[Müller, *Ann. Chem.*, **258**, 3].

Le chlorure d'éthylidène bout à 59°,9 (corr.); à 57°,4-57°,6 sous 750mm,9; à 56°,7-56°,9 sous 749 mm.

Densité à 0°, 1,2124; à 9°,8 (eau à 4°), 1,1895; à 12°,24 (eau à 4°), 1,1863 (Thorpe); à 20° (eau à 4°), 1,1743 (Brühl); à 56°,7 (eau à 4°), 1,11425. La densité par rapport à l'eau à 0° est donnée, à une température quelconque, par la formule

$$D_t = 1,206\,951 - 0,001\,599\,2\,t + 0,000\,000\,15\,t^2.$$

L'indice de réfraction à la température t, par rapport à la raie D, est donné par la formule

$$n^t_D = 1,428\,807 - 0,000\,601\,11\,t$$

[Weegmann, *Zeit. f. Phys. Chem.*, **2**, 650].

Température critique, 254°,5 [Pawlewski, *D. chem. G.*, **16**, 2633].

Constante capillaire au point d'ébullition, $a^2 = 3,684$ [R. Schiff, *Ann. Chem.*, **223**, 73].

Chaleur de combustion (pour 1 molécule à pression constante), 267cal,1 [Berthelot et Ogier, *Bull. Soc. Chim.*, (2), **36**, 68]; en vapeur à 18°, 272 050 calories (Thomsen).

Le chlorure d'éthylidène, en réagissant sur l'éthylamine à 180-190°, fournit de la collidine $C^8H^{11}Az$, du chlorure d'éthyle, de l'ammoniaque et de la triéthylamine. Voici les équations de ces réactions :

$$\text{I.} \quad 4C^2H^4Cl^2 + AzH^2C^2H^5 = C^8H^{11}Az + 7HCl + C^2H^5Cl;$$

$$\text{II.} \quad 3AzH^2(C^2H^5)HCl = 2AzH^4Cl + Az(C^2H^5)^3 . HCl$$

[Hofmann, *D. chem. G.*, **17**, 1907].

L'hydrogène sulfuré fournit avec le chlorure d'éthylidène une combinaison qui a pour formule $C^2H^4Cl^2 . 2H^2S, 23H^2O$ [Forcrand, *Ann. Chim. Phys.*, (5), **28**, 25].

ÉTHYLÈNE CHLORÉ OU CHLORURE DE VINYLE (*chloroéthène*), $CH^2 = CHCl$ (Suppl., **1**, 702). — Chaleur de combustion (à 18°), 286 160 calories (Thomsen).

ÉTHYLÈNE DICHLORÉ, $C^2H^2Cl^2$ (Suppl., **1**, 702).

1° *Symétrique* (*dichloro* 1.2-*éthène*, *dichlorure d'acétylène*), $CHCl = CHCl$. — Il se forme quand on soumet à la distillation la combinaison d'acétylène et de pentachlorure d'antimoine (Berthelot et Jungfleisch),

$$C^2H^2 . SbCl^5 = C^2H^2Cl^2 + SbCl^3.$$

M. Sabanejeff [*Ann. Chem.*, **216**, 262] n'a obtenu que du tétrachlorure d'acétylène dans l'action du pentachlorure d'antimoine sur l'acétylène.

On obtient du dichlorure d'acétylène quand on traite le chlorobromure $CHClBr-CHClBr$ par le zinc en solution alcoolique, ou bien en même temps que des produits secondaires quand on fait passer un courant d'éthylène dans une solution aqueuse de chlorure d'iode.

C'est un liquide bouillant à 55°.

2° *Dissymétrique* (*dichloro* 1-*éthène*),

$$CH^2 = CCl^2.$$

— On obtient ce composé soit en traitant le chlorure d'éthylène chloré $CH^2Cl - CHCl^2$ par la potasse alcoolique (voyez Dict., **1**, 1367), soit en faisant agir le même réactif sur le chlorobromure $CH^2Br - CHCl^2$, ou sur le chloro-iodure $C^2H^3Cl^2I$ [Henry, *Bull. Soc. Chim*, (2), **42**, 262].

Liquide bouillant à 37°.

ÉTHYLÈNE TRICHLORÉ (*trichloroéthène*),

$$CHCl = CCl^2.$$

— On le prépare en réduisant par le zinc et l'acide sulfurique le sesquichlorure de carbone $CCl^3 - CCl^3$ [Fischer, *Jahresb.*, 1864, 481].

Les deux composés isomériques répondant à la formule $C^2H^2Cl^4$ fournissent également de l'éthylène trichloré sous l'influence de la potasse alcoolique (Berthelot et Jungfleisch).

On en obtient également dans l'action du pentasulfure de phosphore sur le chloral anhydre à 160-170° [Paterno et Oglialoro, *D. chem. G.*, **7**, 81].

L'éthylène trichloré bout à 88°. Chauffé avec de la potasse alcoolique, il donne naissance au composé $C^2HCl^2 . OC^2H^5$.

ÉTHYLÈNE PERCHLORÉ (*perchloro-éthène*)

$$CCl^2 = CCl^2.$$

— Il se forme dans l'action prolongée, à chaud, du chlorure d'aluminium sur le chloral [Combes, *Ann. Chim. Phys.*, (6), **12**, 269] :

$$3 CCl^3 - CHO + AlCl^3 = 3 C^2Cl^4 + Al(OH)^3.$$

M. Besson le prépare en faisant passer à travers un tube de verre vert de gros diamètre, bourré de pierre ponce et chauffé sur une grille au-dessus du rouge, un courant rapide d'hydrogène chargé de vapeur de tétrachlorure de carbone ; il se dégage de l'acide chlorhydrique et on recueille un liquide coloré en brun, dont on retire par fractionnements environ 10 0/0 (du poids du tétrachlorure employé) d'éthylène perchloré C^2Cl^4 [*C. R.*, **118**, 1347].

L'éthylène perchloré bout à 120-121° sous 743mm,7.

Densité à 0°, 1,6595 ; à 9°,4 (eau à 4°) = 1,6312 ; à 20° 1,619 ; à 120° (eau à 4°), 1,44865 [R. Schiff, *Ann. Chem.*, **220**, 97).

L'éthylène perchloré n'est pas attaqué par la poudre d'argent à 300° [Goldschmidt, *D. chem. G.*, **14**, 929].

Chauffé avec l'anhydride sulfurique à 150°, il fournit du chlorure de trichloracétyle,

$$CCl^2 = CCl^2 + SO^3 = CCl^3 - COCl + SO^2.$$

L'oxygène ozonisé se fixe, dès la température de 10°, sur l'éthylène perchloré avec dégagement de petites quantités d'oxychlorure de carbone. Il se produit en même temps : 1° de l'aldéhyde perchlorée $CCl^3 - COCl$; 2° un corps solide volatil dans le vide à 100°, fusible vers 180° ; 3° un corps liquide, qui bout dans le vide vers 100°, qui est indécomposable par l'eau, et qui paraît être l'oxyde d'éthylène perchloré,

$$\begin{array}{c} Cl^2C - CCl^2 \\ \diagdown \; \diagup \\ O \end{array}$$

(Besson).

DÉRIVÉS CHLOROBROMÉS.

ÉTHYLÈNES CHLOROBROMÉS. — 1° 1.2 *Chlorobromoéthylène* (*chlorobromo* 1.2-*éthène*),

$$CHCl = CHBr.$$

— On l'obtient en faisant tomber goutte à goutte du brome (18 parties), en présence d'eau, sur du chloro-iodure d'acétylène (20 parties) [Plimpton, *Chem. Soc.*, **41**, 393].

Il prend naissance également quand on traite par le zinc le dichlorodibromure d'acétylène

$$CHCl^2 - CHBr^2$$

en solution alcoolique [Sabanejeff, *Ann. Chem.*, **218**, 259].

C'est un liquide bouillant à 81-82° (Plimpton), à 80-83° (Sabanejeff).

Densité à 0° = 1,8157 (Plimpton), 1,7787 (Sabanejeff) ; à 20° = 1,7467 (Sabanejeff).

Il ne se polymérise pas quand on l'abandonne à lui-même.

2° 1.1 *Chlorobromoéthylène* (*chlorobromo* 1.1-*éthène*), $CH^2 = CClBr$ (Suppl., **1**, 703). — Ce corps se forme quand on traite le bromure d'éthylène chloré $CH^2Br - CHClBr$ par le cyanure de potassium en solution alcoolique [H. Muller, *Ann. Chem.*, Suppl., **3**, 288], ou par la potasse alcoolique à froid [Dürr et Demole, *D. chem. G.*, **11**, 1304].

On l'obtient encore en traitant par la potasse alcoolique le chlorobromure $CH^3 - CBr^2Cl$ ou $CH^2Br - CHBrCl$ [Denzel, *Ann. Chem.*, **195**, 206].

Le même composé prend naissance quand on fait réagir la potasse alcoolique sur le chlorobromo-iodoéthane brut provenant de l'action du chlorure d'iode sur l'éthylène bromé [Henry, *Bull. Soc. Chim.*, (2), **42**, 263].

Il bout à 62-63° sous 750 millimètres (Denzel), à 55-58° (Muller).

Chloro 1-*dibromo* 1.2-*éthylène* (*chloro* 1-*dibromo* 1.2-*éthène*), $CHBr = CBrCl$ (Suppl., **1**, 703). — Il se forme quand on fait bouillir avec de l'eau de baryte l'acide chlorotribromopropionique,

$$C^3H^2ClBr^3O^2 = C^2HClBr^2 + HBr + CO^2$$

[Mabery, *Am. Journ.*, **5**, 255].

Trichlorobromoéthylène (*trichlorobromo-éthène*), $CCl^2 = CClBr$. — M. Besson a obtenu ce corps en traitant l'éthylène perchloré C^2Cl^4 par le bromure d'aluminium au bain-marie et dans une atmosphère de gaz inerte. Quand la réaction est terminée, on traite avec précaution par l'eau pour détruire le chlorure d'aluminium formé dans la réaction, on filtre à la trompe, on sépare l'eau de lavage et on sèche le liquide restant sur du chlorure de calcium. On distille dans le vide pour éviter la décomposition des produits les plus bromés, en recueillant d'abord ce qui passe jusqu'à 100° ; cette partie peut être alors fractionnée dans l'air sans inconvénient. On en retire un liquide qui distille à 145-148° ; c'est le composé C^2Cl^3Br. Il se solidifie sous l'influence du froid, et le solide obtenu fond de — 12 à — 13°.

Sa densité = 2,02 à 15°. Il absorbe facilement le brome à la lumière solaire, en donnant le composé $C^2Cl^3Br^3$ (voyez COMPOSÉS ÉTHYLIQUES) [A. Besson, *C. R.*, **119**, 87].

Chlorotribromoéthylène (*chlorotribromo-éthène*), C^2ClBr^3. — Ce composé dérive du chlorotétrabromoéthane C^2HClBr^4, auquel il suffit d'enlever les éléments de l'acide chlorhydrique.

M. Besson l'a obtenu en quantité notable en faisant réagir le bromure d'aluminium sur l'éthylène perchloré [*C. R.*, **119**, 88].

Il fond à 34° et bout à 203-205° sous 734 millimètres [Denzel, *D. chem. G.*, **12**, 2208], à 100° dans le vide (Besson).

Dichloro 1.1-*bromo* 2-*éthylène* (*dichloro* 1.1-*bromo* 2-*éthène*), $CHBr = CCl^2$. — Voyez Suppl., **1**, 703.

Dichloro 1.1-*dibromo* 2.2-*éthylène* (*dichloro* 1.1-*dibromoéthène* 2.2), $CCl^2 = CBr^2$. — M. Bourgoin l'a obtenu dans l'action de l'aniline sur le dibromotétrachloroéthane $CCl^3 - CClBr^2$ [*Bull. Soc. Chim.*, (2), **24**, 116].

Il se forme aussi dans l'action de la potasse alcoolique sur le dichlorotribromoéthane

$$CHBr^2 - CBrCl^2$$

[Denzel, *Ann. Chem.*, **195**, 208].

C'est un liquide solidifiable à 0°. Il se combine au chlore en donnant le composé $CCl^3 - CClBr^2$.

M. Besson, en faisant réagir le bromure d'aluminium sur l'éthylène perchloré C^2Cl^4 dans une atmosphère de gaz inerte, a obtenu, en même temps que le corps CCl^3Br, un composé $C^2Cl^2Br^2$, bouillant à 169-171°, solidifiable à basse température, fondant alors de +1 à +2°, et ayant pour densité 2,35 à 15°.

Ce corps, qui est peut-être identique au précédent, absorbe le brome lentement à la lumière solaire en donnant le chlorobromure $C^2Cl^2Br^4$ (voyez COMPOSÉS ÉTHYLIQUES). L'oxygène ozonisé se fixe directement sur le chlorobromure $C^2Cl^2Br^2$ de M. Besson, en donnant : 1° de l'oxychlorure de carbone ; 2° un chlorobromure $C^2Cl^2Br^4$; 3° un liquide bouillant à 150°, fumant à l'air, décomposable par l'eau avec formation d'un corps solide, blanc, déliquescent, sublimable dans le vide, et répondant à la formule $CCl^2Br^2 - CO^2H$ [Besson, *C. R.*, **119**, 87].

Chlorobromure d'éthylène (*chloro* 1-*bromo* 2-*éthane*), $CH^2Cl - CH^2Br$ (Suppl., **1**, 703). — MM. de Montgolfier et Giraud obtiennent ce corps en chauffant à 150-180° le bromure d'éthylène avec du chlorure mercurique [*Bull. Soc. Chim.*, (2), **33**, 12].

Densité à 0° = 1,79 ; à 11° = 1,705 ; à 19° = 1,689.

Chlorobromure d'éthylidène (*chlorobromo* 1.1-*éthane*), $CH^3 - CHClBr$. — Il réagit sur l'iodure de calcium en fournissant l'iodure d'éthylidène [Spindler, *Ann. Chem.*, **231**, 278].

DÉRIVÉS CHLORO-IODÉS.

1.2-*Chloro-iodoéthylène* ou *chloro-iodure d'acétylène* (*chloro-iodo* 1.2-*éthène*), $CHCl = CHI$. — On le prépare en faisant passer un courant d'acétylène dans une solution de chlorure d'iode dans 4 ou 5 volumes d'acide chlorhydrique [Plimpton, *Chem. Soc.*, **41**, 392].

Il se forme aussi quand on chauffe à 160° l'iodure d'acétylène avec une solution de bichlorure de mercure [Paterno et Peratoner, *Gazz. chim. ital.*, **19**, 593].

C'est un liquide bouillant à 119° ou à 114-116°, suivant les auteurs. On a donné pour les densités les chiffres suivants : à 0° 2,2298 et 2,1540 ; à 19°,5 2,1175 [*loc. cit.*; voyez aussi Sabanejeff, *Ann. Chem.*, **216**, 266].

Traité par le zinc en solution alcoolique, il produit un violent dégagement d'acétylène. L'eau à 150° le décompose en acide iodhydrique, oxyde de chloroéthylène C^2H^3ClO et acétylène chloré.

Le nitrate d'argent en solution alcoolique fournit avec le chloro-iodoéthylène une combinaison qui cristallise en aiguilles (Sabanejeff).

Chloro-iodure d'éthylène (*chloro* 1-*iodo* 2-*éthène*), $CH^2Cl - CH^2I$ (Suppl., **1**, 703). — Densité à 0° = 2,16439.

Chauffé avec de l'acide iodhydrique concentré, il fournit de l'éthylène et de l'iodure d'éthylène.

Chloro-iodure d'éthylidène (*chloro* 1-*iodo* 1-*éthane*), $CH^3 - CHClI$ (Suppl., **1**, 703).

DÉRIVÉS BROMÉS.

BROMURE D'ÉTHYLÈNE (*dibromo* 1.2-*éthane*),

$$CH^2Br - CH^2Br$$

(Suppl., **1**, 704). — Le bromure d'éthylène prend seul naissance quand on chauffe à 100° le bromure d'éthyle avec du brome et du fer en fil [V. Meyer et Muller, *D. chem. G.*, **24**, 4249].

Point de fusion, 7°,6-7°,8 (Schiff).

Point d'ébullition : 129°,5 sous 745 millimètres [Anschütz, *Ann. Chem.*, **221**, 137] ; 129° sous 760 millim. (Kahlbaum) ; 130°,3 sous 759mm,5 [Schiff, *D. chem. G.*, **19**, 564] ; 52°,1 sous 50mm,78 (Kahlbaum) ; 35° sous 18mm,9 ; 25°,5 sous 9mm,38 (Kahlbaum).

Densité à 0° = 2,21324 ; à 10°,9 (eau à 4°), 2,19011 (Thorpe) ; à 20° (eau à 4°), 2,1785 (Anschütz) ; à 130°,3 (eau à 4°), 1,9246 (Schiff). A une température quelconque t, la densité par rapport à l'eau à 4° est donnée par l'expression suivante :

$$D = 2{,}217\,490 - 0{,}001\,995\,0\, t - 0{,}000\,001\,94\, t^2.$$

L'indice de réfraction par rapport à la raie D, à une température quelconque t, trouvera de même son expression dans la formule

$$n = 1{,}549\,299 - 0{,}000\,570\,57\, t$$

[Weegmann, *Zeit. Physik. Chem.*, **2**, 236].

L'acide azotique fumant réagit énergiquement à chaud sur le bromure d'éthylène, en produisant de l'acide bromacétique, de l'acide oxalique et de l'oxybromure d'azote. Si l'on modère la réaction en refroidissant le mélange, on n'obtient pas du tout d'acide oxalique, mais seulement de l'acide bromacétique [Kachler, *Mon. f. Chem.*, **2**, 599]. Il se forme en même temps un peu de dibromodinitrométhane $CBr^2(AzO^2)^2$.

La potasse alcoolique attaque facilement le bromure d'éthylène avec formation d'éthylène bromé, et si elle est employée en grand excès, avec formation d'acétylène.

Chauffé à 220° avec un excès d'eau et de l'oxyde de plomb, le bromure d'éthylène fournit de l'aldéhyde provenant de la déshydratation du glycol qui a d'abord pris naissance :

$$C^2H^4 <^{OH}_{OH} = H^2O + C^2H^4O$$

[Eltekoff, *D. chem. G.*, **6**, 558. — Nevolé, *Bull. Soc. Chim.*, (2), **25**, 289.

L'action à chaud de l'oxyde d'argent et de l'eau engendre de l'aldéhyde, tandis qu'avec le carbonate d'argent, dans les mêmes conditions, on obtient du glycol [Beilstein et Wiegand, *D. chem. G.*, **15**, 1368].

Si l'on chauffe le bromure d'éthylène avec du sulfate d'argent en présence de benzène, il y a formation du sulfate de brométhyle

$$SO^4 <^{C^2H^4Br}_{C^2H^4Br}$$

En opérant en présence de l'eau, on obtient l'acide brométhylsulfurique,

$$SO^2 <^{OH}_{OC^2H^4Br}$$

[*loc. cit.* — C. Harries, *D. chem. G.*, **26**, 1865; *Bull. Soc. Chim.*, (2), **12**, 370].

Le bromure d'éthylène réagit lentement à froid, violemment à chaud, sur la phénylhydrazine. Pour modérer la réaction, on opère en solution alcoolique; on porte le mélange à la température du bain-marie pendant 10 minutes; on obtient un composé solide, qui, après plusieurs cristallisations dans le benzène, fond à 179-180°. Le produit, soluble dans le benzène bouillant, soluble dans l'alcool et dans l'éther, réduit à chaud la liqueur de Fehling et les solutions alcalines d'argent. Il est constitué par la *diéthylène-triphénylhydrazine*, $C^6H^5AzH-AzH-CH^2-CH^2-AzC^6H^5$.

La solution benzénique mère abandonne par évaporation des cristaux fusibles à 167-168°, possédant la même composition et les mêmes propriétés, mais plus solubles dans les dissolvants.

BROMURE D'ÉTHYLIDÈNE (*dibromo* 1.1-*éthane*), CH^3-CHBr^2 (Suppl., **1**, 704).

Densité à 15°, 2,102 94; à 17°,5, 2,100 06; à 20°,5, 2,089 05. La densité à *t*°, par rapport à l'eau à 4°, est donnée par la formule

$$D = 2{,}099.625 - 0{,}002.228.3\ t - 0{,}000.000.97\ t^2.$$

Indice de réfraction à *t*° par rapport à la raie D,

$$n = 1{,}524\,548 - 0{,}000\,589\,07\ t.$$

Point d'ébullition, 109-110° sous 751 millimètres; 112°,5 sous 755 millimètres [Denzel, *Ann. Chem.*, **195**, 202. — Anschütz, *ibid.*, **235**, 302. — Perkin, *Chem. Soc.*, **45**, 523. — Weegmann, *Zeit. Physik. Chem.*, **2**, 236].

Le pentachlorure d'antimoine réagit sur le bromure d'éthylidène en le transformant en chlorure d'éthylidène [Henry, *Bull. Soc. Chim.*, (2), **42**, 262].

Le bromure d'éthylidène donne avec l'hydrogène sulfuré une combinaison

$$C^2H^4Br^2,\ 2H^2S,\ 23H^2O$$

[Forcrand, *Ann. Chim. Phys.*, (5), **28**, 30].

ÉTHYLÈNE BROMÉ OU BROMURE DE VINYLE (*bromoéthène*), $CH^2=CHBr$ (Suppl., **1**, 704).

Le bromure de vinyle peut être produit par fixation directe de l'acide bromhydrique sur l'acétylène :

$$CH \equiv CH + HBr = CH^2=CHBr$$

(Reboul).

Densité à 11° (eau à 4°), 1,5286; à 14° (eau à 4°), 1,5167).

Point d'ébullition, 16° sous 750 millimètres [Anschütz, *Ann. Chem.*, **221**, 141. — Lwow, *D. chem. G.*, **11**, 1259].

Le cyanure de potassium et le cyanure d'argent sont sans action sur le bromure de vinyle.

Chauffé seul ou avec de l'eau à 160°, il donne des produits de condensation. Chauffé en présence d'eau et d'oxyde de plomb, ou en présence d'eau et d'acétate de potassium, il fournit de l'acétylène avec élimination d'acide bromhydrique [Koutcheroff, *D. chem. G.*, **14**, 1534].

Il est attaqué, quoique difficilement, par l'acide chromique avec production d'acide oxalique; avec le permanganate de potassium on obtient de l'aldéhyde glycolique $CH^2OH-CHO$, d'après l'équation suivante :

$$CHBr=CH^2 + O + H^2O = CH^2OH-CHO + HBr$$

[von Hœssle, *J. prakt. Chem.*, (2), **49**, 403].

La polymérisation de l'éthylène bromé au soleil (voyez Suppl., **1**, 704) est empêchée par l'addition d'une trace d'iode [Lwow, *D. chem. G.*, **11**, 1258].

Il donne avec l'hydrogène sulfuré la combinaison $C^2H^3Br,\ 2H^2S,\ 23H^2O$ [Forcrand, *Ann. Chim. Phys.*, (5), **28**, 31].

ÉTHYLÈNE DIBROMÉ, $C^2H^2Br^2$ (Suppl., **1**, 705).

Isomère α ou *dissymétrique* (*dibromo* 1.1-*éthène, bromure d'acétylidène*), $CH^2=CBr^2$. — Ce composé se forme quand on traite par le zinc, en agitant sans cesse, une solution alcoolique de bromure de dibromoéthylène CBr^3-CH^2Br [Sabanejeff, *Ann. Chem.*, **216**, 255].

On l'obtient également en faisant réagir la potasse alcoolique sur le chlorobromure

$$CH^2Cl-CHBr^2$$

[Henry, *Bull. Soc. Chim.*, (2), **42**, 262].

Pour le préparer, on fait bouillir pendant 24 heures un mélange de bromure de bromoéthylène $C^2H^3Br^3$ (1 molécule), d'acétate de potassium (2 molécules), de potasse (0mol,5), et d'alcool en excès (densité 0,825) [Demole, *Bull. Soc. Chim.*, (2), **29**, 205].

Le dibromoéthylène α bout à 91-92°, sous 754 millimètres.

Densité à 20°,6 (eau à 4°) = 2,1780 [Anschütz, *Ann. Chem.*, **221**, 142].

Lorsqu'on expose à l'air une solution benzénique de dibromoéthylène α, il se produit presque exclusivement un polymère particulier; en solution alcoolique, au contraire, c'est surtout l'éther bromacétique qui prend naissance (Suppl., **1**, 705) [Demole, *D. chem. G.*, **11**, 1307].

Isomère β ou *symétrique*, ou *dibromure d'acétylène* (*dibromo* 1.2-*éthène*), $CHBr=CHBr$ (Suppl., **1**, 706). — Ce corps prend naissance quand on fait réagir le brome sur une solution d'acétylène dans l'alcool absolu [Sabanejeff, *Ann. Chem.*, **178**, 116].

Pour le préparer, on met en contact un excès de zinc avec du tétrabromure d'acétylène $C^2H^2Br^4$ (2 parties), et on laisse couler goutte à goutte, en refroidissant, de l'alcool (1 partie). Dès que le mélange ne s'échauffe plus par l'agitation, on décante le liquide, on précipite par l'eau additionnée d'acide sulfurique, et on entraîne par la vapeur d'eau l'huile précipitée. On distille tant que l'eau et l'huile passent en proportions égales; le tétrabromure d'acétylène ne distille qu'à la fin de l'opération [Sabanejeff, *Ann. Chem.*, **216**, 252].

Le dibromure d'acétylène est un liquide bouillant à 110° sous 753mm,6.

Densité à 0° = 2,2983; à 170°,5 (eau à 4°) = 2,2714.

La dilatation trouve son expression dans la formule suivante :

$$V_t = 1 + 0{,}0_3\,99103\ t + 0{,}0_5\,17519\ t^2 + 0{,}0_8\,11776\ t^3.$$

La densité à *t*° par rapport à l'eau à 4° sera

$$D = 2{,}270\,785 - 0{,}001\,940\,3\ t - 0{,}000\,007\,72\ t^2.$$

Indice de réfraction à *t*° par rapport à la raie D,

$$n = 1{,}555\,620 - 0{,}000\,597\,60\ t$$

[Weegmann, *Zeit. Physik. Chem.*, **2**, 236].

Le dibromure d'acétylène, chauffé modérément avec 3 molécules de potasse alcoolique, fournit de l'acétylène et le composé $C^2HBr^2.OC^2H^5$, tandis qu'avec 2 molécules de soude alcoolique il y a production de bromoacétylène avec élimination d'acide bromhydrique [Sabanejeff, *Journ. Soc. Chim. russe*, **17**, 173].

Quand on chauffe à 110-120° le dibromure d'acétylène avec une solution alcoolique de triméthylamine, il se forme, à côté d'autres corps, de la diméthylamine et du bromure de tétraméthylammonium. On obtient de même, avec la triéthylamine, du bromure de tétréthylammonium et de la diéthylamine [Plimpton, *D. chem. G.*, **14**, 1822].

Le dibromure d'acétylène fournit du dibenzyle quand on le fait réagir sur le benzène en présence du bromure d'aluminium.

Chauffé avec de l'eau (40 ou 50 volumes) à 200-220°, il se décompose partiellement avec formation de bromacétylène. Le même dédoublement a lieu lorsqu'on fait bouillir le corps avec une solution aqueuse de carbonate ou de cyanure de potassium. En employant le cyanure de potassium en solution alcoolique, on obtient du bromacétylène et le nitrile d'un acide particulier $C^4H^6O^5$.

Avec l'acétate de potassium, il se forme l'acétate de bromovinyle $C^2H^2Br-C^2H^3O^2$, et avec le phénol sodé l'oxyde mixte de phényle et de bromovinyle $C^2H^2Br-O-C^6H^5$.

L'acétate d'argent donne avec le dibromure d'acétylène un produit d'addition qui paraît avoir pour formule $C^2H^2Br.2AgC^2H^3O^2$. Ce composé, par le contact prolongé de l'eau à l'ébullition, se dédouble en ses composants; chauffé avec de l'acide chlorhydrique, il fournit en abondance de l'acétylène (Sabanejeff).

Éthylène tribromé (*tribromoéthène*),

$$CHBr=CBr^2$$

(Suppl., **1**, 706). — Ce corps se forme quand on traite le tétrabromoéthane $CH^2Br-CBr^3$ par la potasse alcoolique [Lennox, *Ann. Chem.*, **122**, 125].

On l'obtient aussi quand on fait bouillir un mélange de bromure de dibromoéthylène, d'acétate de potassium, de potasse et d'alcool [Demole, *Bull. Soc. Chim.*, (2), **29**, 207].

Pour le préparer, on chauffe pendant 24 heures au réfrigérant à reflux un mélange de tétrabromure d'acétylène (1 molécule) en solution alcoolique, d'acétate de potassium (un peu plus de 2 molécules), et de la quantité correspondante de carbonate de sodium [Sabanejeff et Dworkowitch, *Ann. Chem.*, **216**, 280].

Liquide bouillant à 163-164°; à 75° sous 15 millimètres.

Densité à 20°,5 = 2,708; à $t°$ (eau à 4°), on a

$$D = 2,732\,812 - 0,002\,204\,8\,t - 0,000\,002\,74\,t^2.$$

Indice de réfraction par rapport à la raie D à la température t,

$$n = 1,610\,553 - 0,000\,567\,88\,t$$

[Anschütz, *Ann. Chem.*, **235**, 336. — Weegmann, *Zeit. Physik. Chem.*, **2**, 236].

Le tribromoéthylène, sous l'influence de la potasse alcoolique, ou du zinc et de l'alcool, se décompose en acide bromhydrique, acétylène et bromacétylène.

Chauffé à l'ébullition avec le phénol sodé en solution alcoolique, il fournit l'éther-oxyde mixte de phényle et de dibromovinyle,

$$C^2HBr^2-O-C^6H^5;$$

à la température de 160°, au contraire, on obtient de l'acide phénoxylacétique $C^6H^5-O-CH^2.CO^2H$.

A l'air il se transforme en pentabromoéthane C^2HBr^5.

Éthylène tétrabromé (*tétrabromoéthène* ou *dibromure de carbone*), $CBr^2=CBr^2$ (Dict., **2**, 757). — L'éthylène tétrabromé prend naissance quand on fait réagir à 250° le brome sur l'iodure d'éthyle, ou le brome, en présence d'un peu d'iode, sur le bromure d'éthylène; il se forme en même temps un peu d'éthane perbromé C^2Br^6 [Merz et Weith, *D. chem. G.*, **11**, 2238].

Ce sont des tablettes fusibles à 53°, volatiles avec la vapeur d'eau.

DÉRIVÉS BROMO-IODÉS.

Bromo-iodure d'éthylène (*bromo* 1-*iodo* 2-*éthane*), CH^2Br-CH^2I (Suppl., **1**, 706). — Le bromo-iodure d'éthylène est décomposé par la potasse alcoolique, à froid, en acide bromhydrique et iodure de vinyle C^2H^3I, et, à chaud, en acide bromhydrique, acide iodhydrique et acétylène [Lagermark, *Journ. Soc. chim. russe*, 5, 334].

Avec l'acétate d'argent, il fournit le glycol diacétique.

Chauffé à 100° avec de l'acétate de potassium en solution alcoolique, il donne beaucoup d'iodoforme.

Bromo-iodure d'éthylidène (*bromo* 1-*iodo* 1-*éthane*), $CH^3-CHBrI$ (Suppl., **1**, 707). — Il demeure liquide à — 20° et bout à 142-143°. Densité à 1° = 2,50; à 16° = 2,452. La potasse alcoolique le décompose en acide iodhydrique et bromure de vinyle C^2H^3Br; il en est de même de l'oxyde d'argent Ag^2O.

Avec le brome, il donne le bromure d'éthylidène. Chauffé avec de l'acétate d'argent à 125°, il fournit de l'aldéhyde.

DÉRIVÉS IODÉS.

Iodure d'éthylène (1.2-*diiodoéthane*),

$$CH^2I-CH^2I$$

(Suppl., **1**, 707). — Il se forme de l'iodure d'éthylène quand on chauffe à 80° le chlorure d'éthylène avec l'iodure de calcium cristallisé [Spindler, *Ann. Chem.*, **231**, 265].

Densité = 2,07.

Chauffé avec de l'alcool à 70°, il donne le dérivé éthoxylé $C^2H^4I-OC^2H^5$.

Iodure d'éthylidène (1.1-*diiodoéthane*),

$$CH^3-CHI^2.$$

— Il prend naissance quand on fait réagir l'iodure de calcium sur le chlorure d'éthylidène [Spindler, *Ann. Chem.*, **231**, 266].

M. Friedel produit le même composé en fixant l'acide iodhydrique sur le bromure de vinyle $CH^2=CHBr$.

Éthylène iodé ou iodure de vinyle (*iodoéthène*), $CH^2=CHI$ (Suppl., **1**, 707).

Éthylène diiodé (*diiodoéthène* 1.2, *diiodure d'acétylène*), $CHI=CHI$ (Suppl., **1**, 707). — On prépare ce corps en faisant passer un courant d'acétylène dans de l'alcool absolu tenant de l'iode en suspension.

Si l'on dirige le courant gazeux dans une solution acétique d'iode, le diiodure d'acétylène solide se produit seul; si au contraire l'acétylène agit sur un mélange d'iode (1 partie), d'acide iodique (2 parties) et d'un peu d'alcool absolu, il se forme une combinaison liquide, en même temps qu'un peu d'iodoacétylène [Paterno et Peratoner, *Gazz. chim. ital.*, **19**, 589].

L'éthylène diiodé se présente sous la forme d'aiguilles fusibles à 73° (Sabanejeff), à 71° (Paterno et Peratoner). Il bout à 192° (corr.) [Plimpton, *Chem. Soc.*, **41**, 392] avec décomposition partielle. Il est facilement entraînable par la vapeur d'eau.

Il possède une odeur forte, caractéristique.

La potasse alcoolique le décompose avec formation d'acétylène.

Chauffé avec une solution de bichlorure de mercure, il fournit le chloro-iodure d'acétylène C^2H^2ClI; le chlorure d'iode produit la même réaction.

La solution alcoolique mère de la préparation de l'éthylène diiodé abandonne, après addition d'eau, une huile qui renferme 1/5 d'éthylène diiodé, et qui contient en outre une combinaison liquide dont la formule probable paraît être

$$C^2H^3O^2 . CI = CHI$$

[Paterno et Peratoner, *Gazz. chim. ital.*, **20**, 670]. Cette substance fournit, quand on la réduit par l'amalgame de sodium, de l'acide acétique; avec le perchlorure de phosphore, elle donne du chlorure d'acétyle.

L'éthylène diiodé en solution alcoolique s'unit, sous l'influence de la chaleur, à 4 molécules d'azotate d'argent pour donner la combinaison moléculaire $C^2H^2I^2 . 4 AgAzO^3$ [Sabanejeff, *Ann. Chem.*, **216**, 275]. Ce sont de longues aiguilles, à peine attaquables par l'acide nitrique à 150-200°. L'action de l'eau bouillante régénère à la longue les deux composants. L'acide chlorhydrique produit un dégagement d'acétylène.

Éthylène tétra-iodé (*éthylène periodé, tétra-iodo-éthène*), $CI^2 = CI^2$. — MM. Homolka et Stolz ont obtenu ce corps en faisant réagir, soit sur l'acétylure de cuivre, soit sur la combinaison cuprique de l'acide propiolique $C^3H^2O^2$, une solution aqueuse d'iode dans de l'iodure de potassium [*D. chem. G.*, **18**, 2283].

M. Moissan prépare le même corps en décomposant le tétra-iodure de carbone en solution chloroformique par un métal, tel que le sodium, le mercure ou l'argent, qui lui enlève la moitié de son iode [*C. R.*, **115**, 152].

Enfin M. Maquenne a réussi à obtenir plus aisément ce corps en soumettant l'acétylène à l'action de l'iode en solution alcaline.

On agite l'acétylène gazeux ou dissous dans l'eau avec une solution étendue de potasse ou de soude et de l'iode en poudre, jusqu'à dissolution complète de ce dernier. Le diiodhydrate d'acétylène se précipite sous la forme de flocons cristallins blancs, que l'on sépare par le filtre. Les proportions à employer sont 32 parties d'iode, 18 parties de potasse et 850 centimètres cubes d'eau pour 1 litre d'acétylène.

Pour obtenir le tétra-iodo-éthène, on prend du liquide obtenu ci-dessus dans lequel le dérivé diiodé est en suspension, on y ajoute peu à peu de l'acide chlorhydrique pour mettre en liberté l'acide hypoiodeux de l'hypoiodite alcalin en excès, et on laisse le mélange en repos pendant plusieurs jours. La réaction peut être accélérée en chauffant à 60° pendant 2 heures environ, puis à 90° pendant 1 heure. Lorsqu'elle est terminée, ce dont on s'aperçoit à la disparition du dérivé biiodé, on lave le corps tétra-iodé d'abord avec de l'eau, puis avec une solution alcaline et on le fait cristalliser dans le benzène ou le toluène [*Mon. scient.*, 1893, 246].

L'éthylène periodé se présente en beaux cristaux jaune pâle; il fond à 192° et a pour densité 4,38. Il est inodore et possède les propriétés antiseptiques de l'iodoforme, circonstance qui lui a fait donner le nom de *diiodoforme*.

Il est très soluble dans le sulfure de carbone, dans le tétrachlorure de carbone et l'éther ordinaire, peu soluble dans l'alcool anhydre à froid, plus soluble dans ce même liquide à chaud.

La potasse fondante l'attaque en donnant de l'iodoforme, de l'iodure et du carbonate de potassium [Moissan, *loc. cit.*].

Avec la potasse alcoolique, M. Valeur a obtenu du *triéthoxyiodoéthène*, corps liquide cristallisant dans le chlorure de méthyle. En employant l'éthylate de sodium, il se forme, au contraire, du *diiodoéthène* (diiodoacétylène) [*Bull. Soc. Chim.*, (3), **15**, 467].

CYANURE D'ÉTHYLÈNE (*butane-dinitrile* 1.4),

$$\begin{array}{l} CH^2 - CAz \\ | \\ CH^2 - CAz \end{array}$$

(Suppl., **1**, 708). — On le prépare en chauffant à l'ébullition le bromure d'éthylène (300 parties) avec de l'alcool (500 parties), et laissant tomber goutte à goutte une solution aqueuse concentrée de 200 parties de cyanure de potassium [Fauconnier, *Bull. Soc. Chim.*, (2), **50**, 214].

Le cyanure d'éthylène bout à 158-160° sous 20 millimètres [Pinner, *D. chem. G.*, **16**, 360], à 185° sous 60 millimètres [Biltz, *D. chem. G.*, **25**, 2542], à 265-267° sous la pression normale avec décomposition partielle.

Densité à 45° = 1,023.

Chaleur de combustion, 546^{cal},1 [Berthelot et Petit, *Ann. Phys. Chim.*, (6), **17**, 131.]

Réduit par l'étain et l'acide chlorhydrique, il fournit la base $C^4H^8(AzH^2)^2$.

Avec le sodium et l'alcool, il donne la tétraméthylène-diamine $C^4H^8(AzH^2)^2$ et la pyrrholidine,

$$\begin{array}{ccc} CH^2 & - & CH^2 \\ | & & | \\ CH^2 & & CH^2 \\ & \diagdown \ \diagup & \\ & AzH & \end{array}$$

Traité par l'alcool et l'acide chlorhydrique, il fournit le chlorhydrate de l'éther iminosuccinique.

Le nitrate d'argent donne avec le cyanure d'éthylène une combinaison moléculaire qui a pour formule $C^2H^4(CAz)^2, 4 AgAzO^3$. Ce sont des tables solubles dans l'eau et dans l'alcool, insolubles dans l'éther, faisant explosion sous l'influence de la chaleur (Simpson).

OXYDE D'ÉTHYLÈNE ET DÉRIVÉS

(Dict., **2**, 1370). — La monochlorhydrine du glycol, en réagissant à 130° sur le glycol monosodé, donne de l'oxyde d'éthylène,

$$CH^2OH - CH^2Cl + CH^2ONa - CH^2OH$$
$$= C^2H^4O + CH^2OH - CH^2OH + NaCl.$$

Il se produit également de l'oxyde d'éthylène quand on chauffe à 150° l'iodure d'éthylène avec de l'oxyde d'argent, ou le bromure d'éthylène avec de l'oxyde d'argent à 250°, ou encore quand on fait réagir à 180° l'oxyde de sodium Na^2O sur le bromure d'éthylène ou le chlorobromure d'éthylène [Greene, *Jahresb.*, 1877, 522].

M. Demole indique le procédé suivant pour préparer l'oxyde d'éthylène : On sature à 100° le glycol monacétique brut (bouillant à 170-185°), de gaz chlorhydrique, et on décompose la chloracétine formée (bouillant entre 110 et 150°) par la potasse pure dans un ballon convenablement refroidi [*Ann. Chem.*, **173**, 125].

M. Roethner conseille de faire tomber goutte à goutte la chloracétine sur un mélange de potasse et de sable quartzeux. Il faut éviter pour la dessiccation l'emploi du chlorure de calcium, qui se combine avec l'oxyde d'éthylène, ce qui diminue le rendement. On remplace le chlorure de calcium par le carbonate de sodium récemment desséché, placé dans un tube que traverse l'oxyde d'éthylène [*Mon. f. Chem.*, **15**, 665; *Bull. Soc. Chim.*, (3), **14**, 615].

Rotation magnétique et pouvoir réfringent de l'oxyde d'éthylène [Perkin, *Chem. Soc.*, **63**, 488].

L'oxyde d'éthylène, traité par l'iodure de phosphore PI^2, donne l'iodure d'éthylène [Girard, *Bull. Soc. Chim.*, (2), **44**, 459].

Chauffé à 100° avec une solution de bisulfite de sodium, il fournit l'iséthionate de sodium.

Molécules égales de brome et d'oxyde d'éthylène, réagissant à la température de 0°, donnent entre autres corps de la bromhydrine

$$CH^2OH-CH^2Br$$

et du bromure d'éthylène [Demole, *D. chem. G.*, **9**, 47].

Le chlorure de calcium cristallisé, employé en excès, se combine avec l'oxyde d'éthylène en donnant un précipité blanc, qui, à chaud, se transforme en une masse solide.

L'iode, en solution dans l'iodure de potassium, donne de l'iodoforme [Roethner, *Mon. f. Chem.*, **15**, 665].

Lorsqu'on chauffe à 100° pendant 5 heures un mélange à molécules égales d'oxyde d'éthylène et de pipéridine, on obtient une base bouillant à 199° et dont le chlorhydrate fond à 120°. Cette base, identique à celle que M. Ladenburg a préparée en traitant la pipéridine par la monochlorhydrine du glycol, a pour formule

$$C^5H^{10}Az-CH^2.CH^2OH.$$

La pyridine, en agissant directement sur l'oxyde d'éthylène, donne une résine (Roethner).

En chauffant pendant 5 heures à 100° un mélange équimoléculaire de phénylhydrazine et d'oxyde d'éthylène, on obtient un liquide huileux, bouillant à 180-187° sous 10 millimètres, faiblement coloré en jaune, assez soluble dans l'eau, incristallisable, et répondant sensiblement à la formule $C^6H^5Az^2H^2(C^2H^4OH)$.

Si l'on chauffe à 100° la phénylhydrazine avec 4 ou 5 fois la quantité moléculaire correspondante d'oxyde d'éthylène, on obtient un produit qui bout à 230-240° sous 10 millimètres. C'est un liquide jaune, inodore, soluble dans l'eau, ayant pour formule $C^6H^5Az^2H^3.5C^2H^4O$.

On explique sa formation en admettant qu'il se forme d'abord de la trioxyéthylphénylhydrazine qui, en agissant sur l'oxyde d'éthylène, donne un glycol polyéthylénique, d'après l'équation

$$C^6H^5Az^2(C^2H^4OH)^3 + 2C^2H^4O$$
$$= C^6H^5-\underset{\displaystyle\overset{|}{C^2H^4}\!>\!O\atop C^2H^4OH}{Az}-Az<{C^2H^4O.C^2H^4OH \atop C^2H^4OH}$$

Ce corps est en effet décomposé par l'acide bromhydrique, à chaud, avec formation de bromure d'éthylène en quantité notable (Roethner).

L'éthylate de sodium, réagissant sur l'oxyde d'éthylène à 180° en tubes scellés, donne un produit à point d'ébullition mal défini qui, traité par l'acide iodhydrique concentré à 100°, fournit de l'iodure d'éthyle et de l'iodure d'éthylène; ce composé est donc un éther éthylique d'un alcool polyéthylénique.

Le phénol réagit à 150° sur l'oxyde d'éthylène. En chauffant pendant 10 heures molécules égales des corps, on obtient un produit qui bout à 237°. C'est un liquide à peu près incolore, épais, très soluble dans l'eau, soluble dans les lessives alcalines, de saveur brûlante, possédant une odeur de phénol. Sa formule est $C^8H^{10}O^2$.

Ce corps, chauffé à 150° avec un excès d'anhydride acétique, fournit une monacétine, liquide bouillant à 241-243°. Il donne, avec l'acide bromhydrique fumant à la même température, du bromure d'éthylène, du phénol et un peu de bromophénol, et avec l'acide iodhydrique fumant à 170° de l'iodure d'éthyle et du triiodophénol. Ces faits montrent que le composé en question est l'*éther phénylglycolique*,

$$\begin{array}{l}CH^2-OC^6H^5\\ |\\ CH^2-OH\end{array}$$

Il est d'ailleurs identique au produit obtenu en faisant réagir la chlorhydrine du glycol sur le phénol sodé (Roethner).

Polymère de l'oxyde d'éthylène. — Wurtz a montré que l'oxyde d'éthylène est transformé, après plusieurs mois, en un polymère solide, sous l'influence du chlorure de zinc ou d'un alcali caustique soluble. Ce corps, qui est soluble dans l'eau et dans l'alcool, et insoluble dans l'éther, fond à 56° et ne réduit pas la liqueur de Fehling. M. Roethner [*loc. cit.*] produit la même polymérisation en quelque temps en chauffant vers 50-60° l'oxyde d'éthylène avec une goutte de lessive de potasse.

Ce polymère n'est pas attaqué par le chlorure d'acétyle à 150°. L'amalgame de sodium en présence de l'eau ne le réduit pas. L'acide iodhydrique fumant le transforme complètement à 250° en iodure d'éthyle. Oxydé par le permanganate en solution alcaline, il fournit de l'acide carbonique et de l'acide oxalique. Ces faits prouvent que le polymère de l'oxyde d'éthylène est formé de groupements C^2H^4 réunis par des atomes d'oxygène, de façon à former une chaîne fermée, comme l'indique la formule

$$O<{CH^2-CH^2-O-CH^2-CH^2 \atop CH^2-CH^2-O-CH^2-CH^2}>O;$$

mais on ne sait rien de précis sur le nombre de groupements éthyléniques, la détermination du poids moléculaire par la méthode cryoscopique ne conduisant pas à des chiffres concordants.

Oxyde de chloroéthylène, C^2H^3ClO. — On obtient ce corps en chauffant pendant à 200-220° 20 heures du chloroiodure d'acétylène avec 40 ou 50 volumes d'eau [Sabanejeff, *Ann. Chem.*, **216**, 268], d'après l'équation

$$CHCl=CHI + H^2O = C^2H^3ClO + HI.$$

C'est un liquide qui bout à 70-80°. Il est peu soluble dans l'eau. Il ne réduit pas, à froid, la solution ammoniacale de nitrate d'argent [*loc. cit.*].

Oxyde de bromoéthylène, C^2H^3BrO. — Ce composé prend naissance quand on fait réagir la potasse caustique en solution méthylique sur la bromhydrine bromée du glycol, $CHBr^2-CH^2OH$ [Demole, *D. chem. G.*, **9**, 51].

C'est un liquide qui bout à 89-92°. Il est soluble dans l'eau, réduit la liqueur de Fehling, et paraît inattaquable par les alcalis.

SULFURES ET OXYSULFURES D'ÉTHYLÈNE.

SULFURE D'ÉTHYLÈNE, C^2H^4S. — Lorsqu'on traite le bromure d'éthylène par le sulfure de potassium en solution alcoolique, on obtient, au bout de peu de temps, un volumineux précipité amorphe. Ce produit, qui est presque insoluble dans l'alcool, l'éther, le sulfure de carbone, se transforme, quand on le chauffe à 160° seul ou avec du sulfure de carbone, ou avec du phénol à l'ébullition, en disulfure de diéthylène, $(C^2H^4S)^2$ (Crafts).

D'après M. Mansfield, cette substance amorphe serait un isomère du disulfure de diéthylène (point de fusion, 145°). D'après M. Masson, au contraire, il se formerait dans la réaction du sulfure d'éthylène amorphe et du disulfure de diéthylène (point de fusion 112°) [*Chem. Soc.*, **49**, 238].

Si l'on fait bouillir pendant longtemps le bromure d'éthylène avec une solution aqueuse concentrée de disulfure de potassium, on obtient un disulfure de diéthylène non décomposable [V. Meyer, *D. chem. G.*, **13**, 3262]. Le même produit se forme quand on fait bouillir le sulfure de dichloréthyle $(CH^2Cl-CH^2)^2S$ avec du sulfure de potassium dissous. C'est une poudre amorphe, insoluble dans l'eau et dans l'alcool, qui ne se transforme pas en disulfure de diéthylène cristallisé lorsqu'on la chauffe avec du phénol.

Lorsqu'on traite le dithioglycol sodé,

$$C^2H^4(SNa)^2,$$

par l'alcool et le bromure d'éthylène, il se forme un disulfure de diéthylène amorphe et décomposable. Si l'on fait la même opération en présence d'une très grande quantité d'alcool et en refroidissant, c'est le disulfure de diéthylène cristallisé qui prend naissance [V. Meyer, *D. chem. G.*, **20**, 3263].

Disulfure de diéthylène,

$$\begin{matrix} CH^2-S-CH^2 \\ | \qquad\quad | \\ CH^2-S-CH^2 \end{matrix}$$

— Voyez le chapitre précédent.

On l'obtient encore en chauffant à 150° le trithiocarbonate d'éthylène $C^2H^4.CS^3$ ou l'éthylène-mercaptan mercurique $C^2H^4.S^2Hg$ avec du bromure d'éthylène [Huseman, *Ann. Chem.*, **126**, 208].

M. Mansfield le prépare en faisant bouillir pendant plusieurs heures avec du phénol le produit brut provenant de l'action du bromure d'éthylène sur le sulfure de sodium [*D. chem. G.*, **19**, 699].

Le disulfure de diéthylène cristallise dans l'alcool en aiguilles ou en feuillets, dans l'éther en prismes épais, monocliniques. Il fond à 111-112° et bout à 199-200°. Il se sublime déjà à la température ordinaire et est entraînable par la vapeur d'eau. Il est soluble dans l'alcool, l'éther, très soluble dans le sulfure de carbone. Il se combine directement avec le brome et avec quelques sels, mais non avec l'ammoniaque. L'acide azotique l'oxyde en donnant l'oxysulfure $C^4H^8S^2O^2$.

$C^4H^8S^2.HgCl^2$. — Cette combinaison se précipite à l'état cristallin quand on mélange deux solutions alcooliques de sublimé et de disulfure de diéthylène. Insoluble dans l'eau.

$C^4H^8S^2.HgI^2$. — Tables microscopiques appartenant au système rhombique.

$C^4H^8S^2.PtCl^4$. — Poudre amorphe, jaune-orangé clair.

$C^4H^8S^2.2AuCl^3$. — Précipité amorphe.

$3C^4H^8S^2.4AgAzO^3$. — Cristaux clinorhombiques.

$C^4H^8S^2.Br^4$. — Ce composé s'obtient en précipitant par le brome sec une solution sulfocarbonique de disulfure de diéthylène [Huseman, *Ann. Chem.*, **126**, 287]. Poudre amorphe, jaune-citron, très instable, fusible à 96° avec décomposition, très altérable à l'air humide, décomposable aussi par l'alcool à l'ébullition.

$C^4H^8S^2.I^4$. — Aiguilles brunes, clinorhombiques, fondant à 132-133°, insolubles dans l'eau, très solubles dans l'alcool bouillant.

Iodométhylate, $C^4H^8S^2.CH^3I$. — Cristaux orthorhombiques, très solubles dans l'eau bouillante, peu solubles dans l'eau froide, très peu solubles dans l'alcool, insolubles dans l'éther. Se sublime sans fondre, en se décomposant [Rinne, et Mansfield, *D. chem. G.*, **19**, 701. — Masson, *Chem. Soc.*, **49**, 238].

L'oxyde d'argent ou la potasse met en liberté une base forte, $C^4H^8S^2.CH^3OH$, qui donne, au contact de l'eau bouillante, une huile à odeur vireuse ayant pour formule $C^5H^{10}S^2$.

$C^5H^{11}S^2Cl$. — Obtenu par double décomposition entre le sulfate et le chlorure de baryum. Cristallise dans l'eau bouillante en aiguilles, dans l'eau froide en grosses tables transparentes. Fond à 225° (Mansfield).

$C^5H^{11}S^2Cl.HgCl^2$. — Précipité cristallin.

$(C^5H^{11}S^2Cl)^2,PtCl^4$. — Précipité orangé, cristallin, insoluble dans l'alcool et dans l'éther. Ce corps se dissout sans décomposition dans une solution aqueuse du composé $C^5H^{11}S^2Cl$. Il se décompose, au contact de l'eau bouillante, d'après l'équation

$$2(C^5H^{11}S^2Cl)^2PtCl^4$$
$$= C^{10}H^{21}S^4Pt^2Cl^9 + HCl + 2C^5H^{11}S^2Cl.$$

Le sel $C^{10}H^{21}S^4,Pt^2Cl^9$ se présente sous la forme d'une poudre jaune, amorphe, insoluble.

Le bichlorure de platine fournit, avec une solution aqueuse bouillante du corps $C^5H^{11}S^2Cl$, d'abord un précipité de chloroplatinate

$$C^5H^{11}S^2Cl.PtCl^4,$$

puis un nouveau composé

$$4C^5H^{11}S^2Cl.3PtCl^4.$$

Ces deux sels doubles sont amorphes, insolubles dans l'eau, l'alcool et l'éther.

$C^5H^{11}S^2Cl.AuCl^3$. — Précipité jaune, amorphe d'après M. Masson, cristallisé selon M. Mansfield, peu soluble dans l'eau bouillante.

$C^5H^{11}S^2I^3$. — On l'obtient en fixant l'iode sur le corps $C^5H^{11}S^2I$, ou bien encore en chauffant directement en tubes scellés à 100° le disulfure de diéthylène avec de l'iodure de méthyle. Tablettes très fines, rouge-grenat, clinorhombiques, fusibles à 92-93°, peu solubles dans l'alcool froid, insolubles dans l'éther, perdant de l'iode au contact de l'eau chaude [Rinne, *D. chem. G.*, **19**, 2660].

$C^5H^{11}S^2.AzO^3$. — Tables fines, fondant à 172°, très solubles dans l'eau, moins solubles dans l'alcool.

$C^5H^{11}S^2.AzO^3,AgAzO^3$. — Cristaux très solubles dans l'eau, moins solubles dans l'alcool.

$(C^5H^{11}S^2)^2SO^4,7H^2O$. — Tables hygroscopiques lorsque la cristallisation a été faite dans l'eau ; aiguilles, si la cristallisation a été faite dans l'alcool. Le corps fond en se décomposant à 127°.

Picrate, $C^5H^{11}S^2.C^6H^2(AzO^2)^3O$. — On l'obtient en faisant réagir le picrate d'ammonium sur l'iodure $C^5H^{11}S^2I$. Fines aiguilles d'un jaune d'or. Fond à 192-194°.

Diiodométhylate, $C^4H^8S^2,2CH^3I$. — Ce sont des aiguilles fusibles à 207-208° [Mansfield, *D. chem. G.*, **19**, 2659].

Chloroplatinate, $C^4H^8S^2.(CH^3Cl)^2,PtCl^4$.

Le *picrate* fond à 182-184°.

Iodoéthylate, $C^4H^8S^2.C^2H^5I^3$. — On le prépare en faisant bouillir pendant longtemps un mélange d'iodure d'éthyle et de disulfure de diéthylène [Mansfield, *D. chem. G.*, **19**, 700].

C'est un sirop qui cristallise à la longue. Chauffé avec de la lessive de soude, il donne de l'éther vinylique $C^2H^3S.C^2H^4S.C^2H^5$.

Le *chloromercurate*,

$$C^4H^8S^2.C^2H^5Cl.2HgCl^2,$$

est cristallisé.

Combinaison $C^5H^{10}S^2$. — Lorsqu'on fait bouillir avec de l'eau la base $C^4H^8S^2 . CH^3OH$, il se volatilise une huile particulière répondant à la formule $C^5H^{10}S^2$ [Mansfeld, *D. chem. G.*, **19**, 2661. — Masson, *Chem. Soc.*, **49**, 233].

Le produit bout à 195-196°, et a pour densité 1,037 à 22°. Il est insoluble dans l'eau, soluble dans l'alcool et dans l'éther. Il fixe directement le brome.

L'*iodométhylate*, $C^5H^{10}S^2 . 2CH^3I$, qu'on obtient en chauffant à 100° la combinaison $C^5H^{10}S^2$ avec de l'iodure de méthyle, forme des cristaux brun-rouge, qui se décomposent sans fondre à 155°.

Oxyde $C^4H^8S^2 . O^2$. — On l'obtient en décomposant par l'eau le chlorure $C^4H^8S^2 . Cl^4$, ou le bromure, ou bien en traitant par l'acide azotique fumant le disulfure de diéthylène (Crafts).

Il est cristallisé en rhomboèdres. Chauffé, il se décompose sans fondre. Il est soluble dans l'eau, peu soluble dans l'alcool. Lorsqu'on fait passer un courant de chlore dans sa solution aqueuse, il se précipite un *dérivé bichloré* $C^4H^6Cl^2S^2O^2$, qui se présente sous la forme d'une poudre cristalline qui se décompose sans fondre sous l'action de la chaleur, et qui est très peu soluble dans l'alcool, plus soluble dans l'eau.

Dioxyde (*disulfone-diéthylénique*),

$$\begin{matrix} CH^2-SO^2-CH^2 \\ | \qquad\qquad | \\ CH^2-SO^2-CH^2 \end{matrix}$$

— Ce composé se forme dans l'action à 150° de l'acide azotique sur le disulfure de diéthylène (Crafts).

On l'obtient plus facilement en faisant réagir une solution de permanganate de potassium (9 parties) sur une solution acétique chaude de disulfure de diéthylène (2p,5) [Otto, *J. prakt. Chem.*, (2), **36**, 448].

Le même corps prend naissance quand on fait bouillir une solution alcoolique du sel de sodium de l'acide éthane-disulfinique

$$SO^2H-CH^2-CH^2-SO^2H$$

avec du bromure d'éthylène (Otto).

Le produit cristallise dans l'acide azotique concentré. Il est insoluble dans l'eau et dans les solvants usuels, très peu soluble dans l'acide azotique ordinaire, soluble dans la lessive de soude.

Sulfobromure de diéthylène,

$$C^2H^4S . C^2H^4Br^2.$$

— On chauffe à 124-130° molécules égales de sulfure d'éthyle et de bromure d'éthylène avec de l'eau ($0^{vol},5$ à 1 volume). Il y a production de bromure d'éthyle; on distille. On filtre le liquide aqueux pour séparer le disulfure de diéthylène.

La liqueur filtrée renferme le bromure, qu'on peut transformer en chlorure par l'oxyde d'argent et l'acide chlorhydrique. Si l'on ajoute à la solution bouillante du bichlorure de platine, il se précipite d'abord le composé

$$(C^2H^4S)(C^2H^4Cl^2)PtCl^4,$$

puis le *chloroplatinate d'éthylène-diéthylsulfine*

$$C^2H^4 . (C^2H^5)^2SCl^2 . PtCl^4.$$

Ces deux sels ne se forment qu'en petite quantité; le produit principal est le *chlorure de triéthylsulfine*, que le bichlorure de platine sépare après refroidissement de la liqueur [Dehn, *Ann. Chem.*, Suppl., **4**, 83].

Par conséquent, les deux réactions principales sont résumées dans les équations suivantes :

$$\text{I.} \quad (C^2H^5)^2S + C^2H^4Br^2 = C^2H^4S + 2C^2H^5Br;$$
$$\text{II.} \quad (C^2H^5)^2S + C^2H^5Br = (C^2H^5)^3S . Br.$$

Il se forme aussi des composés d'addition :

$$C^2H^4S . C^2H^4Br^2 \quad \text{et} \quad C^2H^4S . (C^2H^5Br)^2$$
$$\text{ou} \quad C^2H^4Br^2 . (C^2H^5)^2S.$$

D'après M. Masson [*Chem. Soc.*, **49**, 253], ces produits auraient pour formules

$$(C^2H^4S)^2 . C^2H^5Br \quad \text{et} \quad (C^2H^4S)^4C^2H^4Br^2.$$

Tétrasulfure de diéthylène,

$$C^2H^4 \langle {S-S \atop S-S} \rangle C^2H^4.$$

— Ce corps se forme quand on fait réagir le brome en solution chloroformique sur le dithioglycol $C^2H^4(SH)^2$ [Fasbender, *D. chem. G.*, **20**, 462], ou encore quand on traite le dithioglycol par l'acide sulfurique, le chlorure de sulfuryle et l'hydroxylamine [Fasbender, *D. chem. G.*, **21**, 1470].

L'équation de la réaction, dans ce dernier cas, est la suivante :

$$2\begin{pmatrix} CH^2SH \\ | \\ CH^2SH \end{pmatrix} + AzH^2OH$$
$$= \begin{matrix} CH^2-S-S-CH^2 \\ | \qquad\qquad | \\ CH^2-S-S-CH^2 \end{matrix} + H^2O + AzH^3.$$

Le même produit prend naissance, à côté de diverses autres substances, dans l'action de la potasse alcoolique sur l'éther éthylénique de l'acide benzène-thiosulfonique

$$(C^6H^5 . SO^2 . S)^2C^2H^4,$$

conformément à l'équation

$$3\left[{(C^6H^5 . SO^2)^2 \atop C^2H^4}\Big\{ S^2\right] + 8KOH$$
$$= \left[{C^2H^4(SO^2)^2 \atop K^2}\right] + 6(C^6H^5 . SO^2K) + [C^2H^4S^2]^2 + 4H^2O$$

[Otto et Rössing, *D. chem. G.*, **20**, 2082].

Enfin, on obtient également le tétrasulfure de diéthylène en traitant le sulfocyanate d'éthylène (2 molécules) par la potasse alcoolique à 25 0/0 [Hagelberg, *D. chem. G.*, **23**, 1084].

C'est une poudre amorphe, qui fond à 151-152°. Il est insoluble dans l'alcool, l'éther, le chloroforme, la ligroïne, le benzène. Il fournit un bromure $C^4H^8Br^4S^4$. La potasse alcoolique ne l'attaque pas. L'acide azotique l'oxyde en donnant l'acide éthane-disulfonique.

Le *bromure*, $C^4H^8Br^4S^4$, est en cristaux brun-rouge; il est peu stable [Fasbender, *D. chem. G.*, **21**, 1472].

Éthylène-diméthyldisulfone,

$$C^2H^4(CH^3 . SO^2)^2$$

— On obtient ce corps en faisant réagir le bromure de méthyle sur le sel de sodium de l'acide éthane-disulfinique [Otto, *J. prakt. Chem.*, (2), **36**, 445].

Il se présente sous la forme d'écailles brillantes. Il fond à 190°.

Diéthyldisulfure d'éthylène, $C^2H^4(SC^2H^5)^2$. — Densité à 15°,5 = 0,98705 [V. Meyer, *D. chem. G.*, **19**, 3266].

DIÉTHYLDIOXYSULFURE D'ÉTHYLÈNE,

$C^2H^4(SOC^2H^5)^2$.

— Ce composé provient de l'oxydation par l'acide azotique du diéthylsulfure éthylénique

$C^2H^4(SC^2H^5)^2$

[Ewerlöff, *D. chem. G.*, **4**, 717. — Beckmann, *J. prakt. Chem.*, (2), **17**, 469].

Écailles fusibles à 170°. Il donne avec les agents réducteurs le diéthylsulfure d'éthylène.

Son *azotate*, $(C^2H^5.SO)^2C^2H^4.AzO^3H$, est un sirop qui perd tout son acide azotique lorsqu'on le laisse séjourner dans une atmosphère limitée en présence de chaux [Beckmann, *J. prakt. Chem.*, (2), **17**, 474].

ÉTHYLÈNE-DIÉTHYLDISULFONE, $C^2H^4(C^2H^5SO^2)^2$. — Fourni par l'oxydation du diéthylsulfure d'éthylène par le permanganate (Suppl., **1**, 709), ce composé se forme aussi quand on traite par le bromure d'éthylène le sel de sodium de l'acide éthane-sulfinique [R. Otto, *J. prakt. Chem.*, (2), **36**, 437].

On peut aussi faire réagir le bromure d'éthyle à 100° sur le sel de sodium de l'acide éthane-disulfinique (Otto).

Ce corps cristallise dans l'alcool en petites aiguilles brillantes, fusibles à 136°,5. Il bout sans décomposition. Il est peu soluble à froid, plus soluble à chaud dans l'eau et dans l'alcool. Le perchlorure de phosphore ne l'attaque pas. L'amalgame de sodium le réduit en donnant de l'acide éthane-sulfinique. Chauffé avec de la lessive de potasse, il se décompose lentement avec production d'acide éthane-sulfinique et du composé $C^2H^5.SO^2.CH^2-CH^2OH$. L'ammoniaque aqueuse l'attaque rapidement en donnant de l'acide éthane-sulfinique.

Lorsqu'on fait réagir le bromure d'éthylène sur le sulfure d'éthyle, il se forme entre autres corps (voyez plus haut) un bromure $(C^2H^5)^2S.C^2H^4Br^2$ [Dehn, *Ann. Chem.*, Suppl., **4**, 102], dont le nitrate forme avec l'azotate d'argent un sel double, cristallisé en lames et très peu soluble dans l'eau.

Le *chloroplatinate* correspondant a pour formule $(C^2H^5)^2S.C^2H^4.Cl^2.PtCl^4$.

ÉTHYLÈNE-DIPROPYLDISULFONE, $(C^3H^7SO^2)^2C^2H^4$. — On la prépare par l'action du bromure de propyle sur le sel de sodium de l'acide éthane-disulfinique [Otto, *J. prakt. Chem.*, (2), **36**, 346].

Cristaux brillants, fondant à 155°.

TRIMÉTHYLÈNE-DISULFONE (*méthylène-éthylène-disulfone*),

$$CH^2\begin{cases}SO^2-CH^2\\ \quad\quad\ \ |\\ SO^2-CH^2\end{cases}$$

— En traitant le mercaptan éthylénique par l'aldéhyde méthylique en présence d'acide chlorhydrique, on obtient le mercaptal éthylénique. Celui-ci, oxydé par le permanganate en solution sulfurique, fournit la triméthylène-disulfone sous la forme de cristaux rhombiques fusibles à 204°, solubles dans l'eau chaude, et dans l'acide sulfurique concentré sans altération.

Les atomes d'hydrogène du groupe méthylène lié aux 2 atomes de soufre sont facilement remplaçables. Le corps $CCl^2(SO^2CH^2)^2$ fond vers 222°. Il cristallise et se dissout dans l'alcool. Le dérivé bromé correspondant fond à 271° [Baumann et Walter, *D. chem. G.*, **26**, 1124; *Bull. Soc. Chim.*, (3), **10**, 981].

ACIDE OXÉTHYLSULFONE-MÉTHYLÈNE-SULFINIQUE, $CH^2OH-CH^2-SO^2-CH^2-SO^2H$. — On saponifie par la baryte la solution du corps précédent. On obtient ainsi le *sel de baryum*, qui est cristallisé et déliquescent.

L'acide sulfurique étendu en déplace l'acide sous la forme d'un sirop qui, chauffé au bain-marie, perd de l'acide sulfureux.

Si on chauffe le sel de baryum avec un excès de baryte caustique, on obtient l'*oxéthylméthylsulfone* $CH^2OH-CH^2-SO^2-CH^3$, masse cristalline incolore, soluble dans l'éther et le chloroforme, fusible à 20°,5.

L'oxéthylméthylsulfone, oxydée, fournit un acide $CO^2H-CH^2-SO^2-CH^3$, lequel, soumis à l'action de la chaleur, donne la méthylsulfone connue.

En évaporant à une température inférieure à 40° une solution de l'acide sulfone-sulfinique, on voit se déposer des cristaux fondant à 164°, constitués par la *sulfinolide* correspondante,

$$CH^2\begin{cases}SO-O-CH^2\\ \quad\quad\quad\ /\\ SO^2-CH^2\end{cases}$$

Ce corps, saponifié par les alcalis, donne les mêmes produits que la disulfone-triméthylénique.

Oxydé par le permanganate en solution sulfurique, il fournit la *sulfinolide*

$$CH^2\begin{cases}SO^2-O-CH^2\\ \quad\quad\quad\ /\\ SO^2-CH^2\end{cases}$$

qui est cristallisée et fond à 206° en se carbonisant [*loc. cit.*].

ACIDE OXÉTHYLSULFONE-ÉTHYLÈNE-SULFINIQUE,

$CH^2OH-CH^2-SO^2-CH^2-CH^2SO^2H$.

— On dissout à chaud la diéthylène-disulfone

$$\begin{matrix}CH^2-SO^2-CH^2\\ |\quad\quad\quad\quad |\\ CH^2-SO^2-CH^2\end{matrix}$$

dans l'eau de baryte, on traite la solution par l'acide carbonique et on étend d'alcool jusqu'à commencement de précipitation. On filtre et on précipite par l'alcool absolu. On obtient ainsi le *sel de baryum*, qui, chauffé en solution aqueuse concentrée à l'ébullition, fournit un précipité de diéthylène-disulfone.

L'acide libre est sirupeux. Chauffé au bain-marie, il donne la *sulfinolide*

$$\begin{matrix}CH^2-SO-O-CH^2\\ |\quad\quad\quad\quad\quad |\\ CH^2-SO^2-CH^2\end{matrix}$$

Celle-ci est en cristaux solubles dans l'alcool, le benzène, le chloroforme; elle fond en se décomposant vers 220°, tandis que la diéthylène-disulfone isomérique ne fond pas, mais se décompose en partie à 330° sans se sublimer à une température plus élevée.

La sulfinolide chauffée se colore en vert, puis en noir, tandis que la disulfone isomérique reste inaltérable; l'olide est attaquée vivement par l'acide azotique; la disulfone ne réagit pas.

Dissoute dans l'eau chaude additionnée d'une trace de carbonate de sodium, la sulfinolide se saponifie partiellement, avec formation simultanée de disulfone isomérique.

L'olide sulfinique oxydée par le permanganate de potassium donne l'olide sulfonique

$$\begin{matrix}CH^2-SO^2-O-CH^2\\ |\quad\quad\quad\quad\quad |\\ CH^2-SO^2-CH^2\end{matrix}$$

Celle-ci est en cristaux solubles dans l'eau chaude, le benzène, fusibles à 255°.

Traitée par l'eau de baryte, elle fournit le *sel de baryum* de l'acide sulfonique,

$CH^2OH-CH^2-SO^2-CH^2-CH^2-SO^3H$,

qui est sirupeux.

L'olide oxéthyl-sulfone-éthylène-sulfinique

$$\begin{array}{l} CH^2-SO-O-CH^2 \\ \mid \qquad\qquad\quad \mid \\ CH^2-SO^2- \;\; CH^2 \end{array}$$

saponifiée par l'eau de baryte, fournit le *sel de baryum* de l'acide éthylène-disulfinique.

Le *sel de sodium* de ce dernier acide, traité par l'iodure d'éthyle, donne l'éthylène-diéthylsulfone ($CH^2-SO^2C^2H^5)^2$, fondant à 136°.

Dans cette saponification, il se fait en même temps de l'acide oxéthylsulfinique,

$$CH^2.OH-CH^2-SO^2H.$$

On rencontre enfin, dans les produits de la saponification de la diéthylène-sulfone, le corps

$$O \begin{array}{l} \diagup CH^2-CH^2 \diagdown \\ \diagdown CH^2-CH^2 \diagup \end{array} SO^2,$$

qui est soluble dans le chloroforme et fond vers 130° [Baumann et Walter, *D. chem. G.*, **26**, 1124; *Bull. Soc. Chim.*, (3), **10**, 982].

Éthylvinyldisulfure d'éthylène (*éthylsulfurone*), $C^2H^5-S-C^2H^4-S-C^2H^3$. — M. V. Meyer a préparé ce composé en faisant bouillir avec de la lessive de soude l'iodoéthylate de disulfure de diéthylène,

$$C^2H^4.S-S.C^2H^4.C^2H^5I = C^6H^{12}S^2 + HI$$

[*D. chem. G.*, **19**, 3266].

On l'obtient aussi en traitant à l'ébullition le composé $C^2H^5S.C^2H^4-CH^2-CH^2Cl$ (6 gr.) par la potasse (3gr,6) en solution alcoolique concentrée [Demuth et Meyer, *Ann. Chem.*, **240**, 313].

Liquide bouillant à 215° (corr.); densité à 7°,5 = 1,0254; à 150° = 1,0197. Entraînable par la vapeur d'eau.

Avec l'iodure d'éthyle à 100°, il donne, outre le disulfure de diéthylène, un composé qui paraît être l'iodure de triéthylsulfine [Braun, *D. chem. G.*, **20**, 2968].

$2C^6H^{12}S^2, 2HgCl^2, Hg^2Cl^2$. — Précipité obtenu en mélangeant des solutions alcooliques de bichlorure de mercure et d'éthylsulfurone. Il fond entre 60 et 70°.

Diséléniure d'éthylène, $C^2H^4Se^2$. — M. Hagelberg a obtenu ce corps en traitant le sélénio-cyanure d'éthylène $C^2H^4(SeCAz)^2$ par la potasse alcoolique [*D. chem. G.*, **23**, 1092].

C'est une poudre fusible à 130°,5, insoluble dans l'alcool et dans l'éther, peu soluble dans le benzène et dans l'acide acétique.

Dithiocyanate éthylénique, $C^2S^2Az^2(C^2H^4)$. — Ce corps, qui est isomérique avec le sulfocyanate d'éthylène, a été découvert par M. Parenti. Pour le préparer, on dissout dans le moins d'alcool possible quantités équimoléculaires d'acide persulfocyanique $C^2S^3Az^2H^2$ et de bromure d'éthylène; on y ajoute une solution alcoolique de potasse, et on fait bouillir pendant 6 heures. Il se dégage divers produits, notamment du mercaptan. Le liquide filtré chaud abandonne par refroidissement une masse cristalline qui, après plusieurs purifications, fond à 149-150°.

Le dithiocyanate éthylénique est peu soluble dans l'eau et dans l'alcool froids, plus soluble à chaud dans les mêmes solvants, soluble à chaud dans le chloroforme et le sulfure de carbone, insoluble dans l'éther et dans le benzène. Il se dissout dans l'acide sulfurique en jaune et en est précipité par l'eau.

Si l'on admet pour l'acide persulfocyanique et pour l'acide dithiocyanique les formules de constitution suivantes :

$$CS \begin{array}{l} \diagup AzH-CS \\ \qquad\quad\;\; \mid \\ \diagdown AzH-S \end{array}$$

Acide persulfocyanique.

$$CS \begin{array}{l} \diagup AzH \diagdown \\ \diagdown AzH \diagup \end{array} CS$$

Acide dithiocyanique.

celle du dithiocyanate éthylénique sera

$$CS \begin{array}{c} \diagup Az \diagdown \\ C^2H^4 \\ \diagdown Az \diagup \end{array} CS$$

Il s'est produit dans la réaction un autre corps fusible à 137-140°, dont les solutions possèdent une fluorescence bleue et laissent rapidement déposer du soufre. L'analyse conduit à la formule $C^4Az^4S^3(C^2H^4)^2$, et sa constitution est probablement la suivante :

$$CS \begin{array}{c} \diagup Az \diagdown \\ C^2H^4 \\ \diagdown Az \diagup \end{array} C \begin{array}{c} S \\ \diagup \;\; \diagdown \\ - \end{array} C \begin{array}{c} \diagup Az \diagdown \\ C^2H^4 \\ \diagdown Az \diagup \end{array} CS$$

[*Gazz. chim. ital.*, **20**, 178; *Bull. Soc. Chim.*, (3), **10**, 199].

Ch. Moureu.

ÉTHYLÈNE-AURAMINE. — Voyez 2e Suppl., **1**, 387

ÉTHYLÈNE-DIAMINOCROTONIQUE [Mason, *D. chem. G.*, **20**, 267]. — En traitant à froid une solution aqueuse d'éthylène-diamine par la quantité théorique d'éther acétylacétique, on obtient l'*éthylène-diaminocrotonate d'éthyle*,

$$C^2H^4\left(AzH-C \begin{array}{l} \diagup CH^3 \\ \diagdown CH.CO^2C^2H^5 \end{array}\right)^2,$$

qui cristallise en aiguilles fusibles à 126-127°, insolubles dans l'eau, mais solubles dans l'alcool, l'éther et le benzène.

L'acide chlorhydrique étendu dédouble ce corps en régénérant les composants.

Si l'on chauffe pendant une heure à 140° un mélange d'éthylène-diamine avec 3 fois son poids d'éther acétylacétique, on obtient des houppes soyeuses, fusibles à 167-168°, peu solubles à froid dans l'alcool, l'éther et le benzène, et qui constituent l'acide éthylène-diaminocrotonique. La solution aqueuse de cet acide prend avec le chlorure ferrique une belle coloration violette

Ch. Cloëz.

ÉTHYLÈNE-DIAMINE [Syn. *Diamino* 1.2-*éthane*] (voyez Dict., **2**, 1381). — L'éthylène-diamine est une des nombreuses bases dites *éthyléniques* [voyez Éthyléniques (bases)]. Étant donnée son importance prépondérante, nous l'étudions spécialement dans cet article, ainsi que ses dérivés de substitution immédiats.

Il se forme de l'éthylène-diamine lorsqu'on chauffe à 150° du chlorure de vinyle $CH^2=CHCl$ avec de l'ammoniaque alcoolique [Engel, *Bull. Soc. Chim.*, (2), **48**, 96].

M. Gabriel a obtenu de l'éthylène-diamine en décomposant par l'acide chlorhydrique l'éthylène-diphtalimide,

$$C^6H^4 \begin{array}{l} \diagup CO \diagdown \\ \diagdown CO \diagup \end{array} Az-CH^2-CH^2-Az \begin{array}{l} \diagup CO \diagdown \\ \diagdown CO \diagup \end{array} C^6H^4.$$

Ce composé, fusible à 232°, prend lui-même naissance quand on chauffe pendant 2 heures, à 200°, la phtalimide potassée avec du bromure d'éthylène [*D. chem. G.*, **20**, 2225].

HYDRATE,

$$CH^2AzH^2-CH^2AzH^2+H^2O.$$

Préparation. — On chauffe à 115-120° en tubes scellés, pendant 5 heures, du chlorure d'éthylène (42 parties) avec de l'ammoniaque aqueuse (510 centimètres cubes). Le produit de la réaction est évaporé jusqu'à commencement de cristallisation, et additionné ensuite de trois fois son volume d'alcool absolu. Il se dépose un sel qu'on lave à l'alcool, et qu'on soumet à la distillation en présence de soude caustique pulvérisée; on termine la déshydratation de l'éthylène-diamine en la chauffant à plusieurs reprises à 100° avec de la soude caustique récemment fondue [Hofmann, *D. chem. G.*, 4, 666. — Kraut, *Ann. Chem.*, **212**, 254. — Rhoussopoulos et Ferd. Meyer, *Ann. Chem.*, **242**, 251].

La baryte anhydre ne déshydrate pas l'éthylènediamine. Il faut distiller la base sur du sodium, et la chauffer à plusieurs reprises à 100°, en tubes scellés, avec du carbonate de sodium sec.

Propriétés physiques. — L'hydrate d'éthylène-diamine peut être solidifié dans un mélange réfrigérant en une masse cristalline fusible à + 10°.

Densité = 0,970 à 15°.

La base anhydre bout à 116°,5. Densité = 0,902 à 15°. Elle peut être solidifiée dans un mélange réfrigérant et fond alors à 8°,5.

Très soluble dans l'eau; l'éther n'enlève rien à la solution aqueuse. Insoluble dans l'éther et dans le benzène.

PROPRIÉTÉS CHIMIQUES ET RÉACTIONS. — L'éthylène-diamine est la plus simple des diamines connues. La situation voisine des deux groupements CH^2AzH^2 qui composent sa molécule imprime à celle-ci un caractère tout particulier, la rend apte à réagir sur une foule de substances appartenant aux fonctions les plus variées de la chimie organique.

Le chlorhydrate d'éthylène-diamine

$$C^2H^4(AzH^2)^2, 2HCl$$

se décompose à la distillation sèche en chlorhydrate d'ammoniaque et chlorhydrate de diéthylène-diamine ou pipérazine (voyez γ-DIAZINES).

Action de l'anhydride acétique. — Lorsqu'on chauffe un mélange d'éthylène-diamine (2 parties) et d'anhydride acétique (3 parties) jusqu'à ce que le point d'ébullition s'élève à 170-175°, on obtient l'*éthylène-di-acétamide*

$$\begin{array}{l} CH^2-AzHCOCH^3 \\ | \\ CH^2-AzHCOCH^3 \end{array}$$

Ce sont des aiguilles fusibles à 172°, entièrement solubles dans l'eau et dans l'alcool, peu solubles dans l'éther.

Le *chloroplatinate*, $(C^6H^{12}Az^2O^2 . HCl)^2PtCl^4$, se présente sous la forme de cristaux d'un rouge sombre.

Le *chloraurate*, $C^6H^{12}Az^2O^2 . HCl . AuCl^3$, est une poudre cristalline jaune [Hofmann, *D. chem. G.*, **21**, 2332].

L'éthylène-diacétamide se décompose partiellement, à la distillation sèche, en acide acétique et éthylène-éthényldiamine ou *lysidine* de M. Ladenburg (voy. plus bas),

$$CH^3-C \lessgtr {Az \atop AzH} > C^2H^4,$$

qu'on obtient plus facilement en chauffant l'éthylène-diacétamide dans un courant de gaz chlorhydrique et décomposant par le carbonate de sodium le produit de la réaction.

Action des anhydrides d'acides bibasiques. — Les anhydrides d'acides bibasiques réagissent à chaud sur l'éthylène-diamine et fournissent des produits de condensation compliqués.

L'éthylène-diamine et l'anhydride maléique donnent une masse blanche, légère, déliquescente, très soluble dans l'alcool, insoluble dans le benzène. Ce corps se gonfle vers 50°, fond et se décompose entre 90 et 110°, en donnant un liquide rouge. Chauffé avec de la poudre de zinc, il émet des vapeurs pyrrholiques.

Si l'on chauffe à 100°, en tubes scellés, de l'anhydride diphénylmaléique (1 gramme) avec de l'éthylène-diamine (1gr,5) et de l'alcool (20 centimètres cubes), on obtient l'*éthylène-di-diphénylmaléinimide*, $(C^{16}H^{10}O^2Az)^2 . C^2H^4$, corps presque insoluble dans les dissolvants usuels, qui fond au-dessous de 270°, et cristallise en petites et fines aiguilles jaunes quand on le traite par une grande quantité d'acide acétique bouillant [Gerhard Gysaë, *D. chem. G.*, **26**, 2478].

Le produit obtenu avec l'anhydride succinique se décompose et fond vers 120°, et redevient solide entre 130 et 140°. Il perd de l'eau dans le vide sur l'acide sulfurique, et, lorsqu'on le chauffe à l'ébullition avec du benzène ou de l'alcool absolu, donne la *succinyléthylène-diamine* (*butanedioyle* 1-2-*diamino-éthane*,

$$C^2H^4 < {COHAz \atop COHAz} > C^2H^4,$$

qui fond entre 160 et 170°, et se colore en rouge sous l'influence de la poudre de zinc à chaud.

On obtient de même la *phtalyléthylène-diamine*,

$$C^6H^4 < {COHAz \atop COHAz} > C^2H^4,$$

corps blanc, volumineux, hygroscopique, fondant à 125°, soluble dans l'eau et dans l'alcool. Ce composé, chauffé en tubes scellés à 100° pendant 2 heures, donne la *diphtalyléthylène-diimide*,

$$[C^6H^4(CO)^2]^2Az^2C^2H^4,$$

aiguilles incolores fondant à 243-244°, et très solubles dans le benzène même à froid [Anderlini, *R. Acad. d. Lincei*, 1894, 257].

Action du chlorure de benzoyle. — Le chlorure de benzoyle réagit sur l'éthylène-diamine en donnant le *dérivé dibenzoylé* correspondant:

$$\begin{array}{l} CH^2-AzHCOC^6H^5 \\ | \\ CH^2-AzHCOC^6H^5 \end{array}$$

C'est un corps bien cristallisé, insoluble dans l'eau, très peu soluble dans l'alcool bouillant, soluble à chaud dans l'acide acétique. Il fond à 249°.

La chaleur agit sur la dibenzoyléthylène-diamine comme sur le dérivé diacétylé. On termine en distillant dans un courant de gaz chlorhydrique, et l'on obtient ainsi le chlorhydrate d'*éthylène-benzényldiamine*, qui est une *phénylglyoxalidine*,

$$C^6H^5-C \lessgtr {Az \atop AzH} > C^2H^4.$$

La base libre cristallise dans le benzène en beaux prismes à 4 pans, qui fondent à 101° [Hofmann, *D. chem. G.*, **5**, 246; Kraut et Schwartz, *Ann. Chem.*, **223**, 43].

Action sur le carbonate d'éthyle. — Lorsqu'on chauffe pendant 6 heures à 180° molécules égales de carbonate d'éthyle et d'éthylène-diamine, on obtient l'*éthylène-carbamide*,

$$C^2H^4 < {AzH \atop AzH} > CO.$$

Ce corps fond à 131°. Il cristallise en aiguilles solubles dans l'eau, l'alcool bouillant, peu solubles dans l'éther.

Action sur le chlorocarbonate d'éthyle. — Une solution éthéro-alcoolique d'éthylène-diamine réagit sur une solution éthérée de chlorocarbonate d'éthyle, avec production d'*éthylène-di-uréthane*,

$$C^2H^4 \begin{cases} AzH-CO-OC^2H^5 \\ AzH-CO-OC^2H^5 \end{cases}$$

Celui-ci, purifié par distillation dans le vide, cristallise en aiguilles fusibles à 112°. Il est facilement soluble dans l'alcool et dans l'éther, beaucoup moins soluble dans l'eau, même bouillante [E. Fischer et Koch, *Ann. Chem.*, **232**, 222].

Action de l'éther cyanacétique. — L'éther cyanacétique réagit sur l'éthylène-diamine en donnant le corps suivant

$$CAz-CH^2-CO-AzH-CH^2-CH^2-AzH-CO-CH^2-CAz$$

ou *dicyanacétyléthylène-diamine* (*bis propanoyle 1-nitrile 3-diamino-éthane*), fusible à 190-191°,5 (Guareschi)

Action sur l'éther acétylacétique et ses dérivés. — L'éthylène-diamine en solution aqueuse réagit à froid sur la quantité théorique d'éther acétylacétique, pour donner l'*éthylène-di-β-amino-α-crotonate d'éthyle* (*bis butène 2-yle 2-oate d'éthyle diamino-éthane*),

$$C^2H^4 = \left(AzH-C \begin{cases} CH^3 \\ CH-CO^2C^2H^5 \end{cases}\right)^2.$$

Ce nouveau composé cristallise en aiguilles ou en prismes fusibles à 126-127°, insolubles dans l'eau, peu solubles dans l'éther de pétrole, assez solubles à chaud dans l'alcool, l'éther, le benzène. L'acide chlorhydrique le dédouble à froid en ses deux générateurs [Mason, *D. chem. G.*, **20**, 267; *Bull. Soc. Chim.*, (2), **47**, 804].

Si l'on chauffe pendant 1 heure à 140° un mélange d'éthylène-diamine avec 3 fois son poids d'éther acétylacétique, on obtient des houppes blanches, soyeuses, fusibles à 167-168°, qui constituent l'*acide éthylène-di-β-amino-α-crotonique*. Ce corps est peu soluble à froid dans l'alcool, l'éther, le benzène; sa solution aqueuse donne, avec le chlorure ferrique, une coloration violette intense [*loc. cit*].

L'éthylène-diamine réagit sur l'éther acétylacétique, à chaud et en solution alcoolique, avec production d'*éthylène-di-β-amino-α-éthylcrotonate d'éthyle* (*bis pentène 3-yle 4-méthyloate 3 d'éthyle diamino-éthane*),

$$C^2H^4 = \left[AzH-C \begin{cases} CH^3 \\ C(C^2H^5)-CO^2C^2H^5 \end{cases}\right]^2.$$

composé fusible à 106-107°

Le *dérivé méthylé* correspondant fond à 103-104°.

L'*éthylène-di-β-aminocrotonate de méthyle*, qui résulte de l'action de l'éthylène-diamine sur l'acétylacétate de méthyle, fond à 136-137° [Mason et Dryfoos, *Chem. Soc.*, 1893, 1310].

Action de l'éther bromocinnamique. — On obtient une huile qui, saponifiée par la potasse caustique, fournit le sel de potassium de l'acide phénylpropiolique, $C^6H^5-C \equiv C-CO^2K$ [Forssell, *D. chem. G.*, **24**, 1847; *Bull. Soc. Chim.*, (3), **8**, 212].

Action de l'éther dibromosuccinique. — Il se forme un composé qui a pour formule

$$\begin{matrix} C-COAzH-CH^2-CH^2-AzH^2 \\ \| \\ C-CO^2C^2H^5 \end{matrix}$$

l'éthylène-diamine agissant simplement pour éliminer l'acide bromhydrique [Forssell, *D. chem. G.*, **24**, 1847; *Bull. Soc. Chim.*, (3), **8**, 212].

Action de l'éther dicarboxyglutaconique. — L'éthylène-diamine réagit sur le dicarboxyglutaconate d'éthyle

$$\begin{matrix} CO^2C^2H^5 \\ CO^2C^2H^5 \end{matrix} > C=CH-CH < \begin{matrix} CO^2C^2H^5 \\ CO^2C^2H^5 \end{matrix}$$

avec formation d'*éthylène-diamino-di-éthylènetétracarbonate d'éthyle* (*bis propène 2-yle 3-oate méthyloate 2 d'éthyle-diamino-éthane*),

$$\begin{matrix} CO^2C^2H^5 \\ CO^2C^2H^5 \end{matrix} > C=CH-AzH-CH^2-CH^2-AzH-CH=C < \begin{matrix} CO^2C^2H^5 \\ CO^2C^2H^5 \end{matrix}$$

composé qui cristallise en prismes fusibles à 126°, solubles dans l'eau chaude [Ruhemann et Sedzwickz, *D. chem. G.*, **28**, 822; *Bull. Soc. Chim.*, (3), **14**, 116].

Action sur l'acide isatosique. — Lorsqu'on traite l'acide isatosique par une solution aqueuse d'éthylène-diamine, on obtient une masse grise, insoluble dans l'eau, qui cristallise dans un mélange d'alcool éthylique et d'alcool amylique, en feuillets rosés fusibles à 245°. Le corps a des propriétés basiques. C'est l'*o-aminobenzéthylèneamide*, possédant la formule

$$C^6H^4 < \begin{matrix} CO-AzH-CH^2-CH^2-AzH-CO \\ AzH^2 \qquad\qquad\qquad\qquad AzH^2 \end{matrix} > C^6H^4.$$

En solution chlorhydrique, il donne, quand on le traite par le nitrite de potassium, l'*éthylènebenzazimide*,

$$C^6H^4 \begin{matrix} \diagup CO-Az-CH^2-CH^2-Az-CO \diagdown \\ \qquad | \qquad\qquad\qquad\qquad | \\ \diagdown Az=Az \qquad\qquad\qquad Az=Az \diagup \end{matrix} C^6H^4.$$

Celle-ci cristallise dans l'alcool en aiguilles blanches fusibles à 216°. Elle est insoluble dans les alcalis. Chauffée vers 160° en tubes scellés avec de l'acide chlorhydrique, elle fournit un acide chloré fondant à 138° [H. Finger, *J. prakt. Chem.*, (2), **48**, 92; *Bull. Soc. Chim.*, (3), **12**, 736].

Action sur l'acide succinique. — En chauffant l'éthylène-diamine (1 molécule) avec l'acide succinique (2 molécules), M. Mason a obtenu un composé fusible à 250-251°, distillant sans décomposition à 395°. C'est l'*éthylène-di-succinimide*

$$\begin{matrix} CH^2-CO \diagdown \\ | \\ CH^2-CO \diagup \end{matrix} Az-CH^2-CH^2-Az \begin{matrix} \diagup CO-CH^2 \\ \qquad | \\ \diagdown CO \quad CH^2 \end{matrix}$$

L'ébullition avec la baryte ou la chaux transforme ce corps en un sel de l'*acide éthylène disuccinnamique*

$$\begin{matrix} CH^2-AzH-CO-CH^2-CH^2-CO^2H \\ | \\ CH^2-AzH-CO-CH^2-CH^2-CO^2H \end{matrix}$$

qui fond à 184-185°, et qui se dissout assez bien dans l'alcool bouillant, mais est insoluble dans l'alcool froid, l'éther, le benzène, l'acétone. Le *sel de calcium* $C^{10}H^{14}Az^2O^6Ca$ cristallise avec $3H^2O$ [*Chem. Soc.*, **28**, 110].

Action sur les nitrophénols, leurs éthers et leurs dérivés halogénés. — Si l'on chauffe à 180° pendant 10 heures, en tubes scellés, de l'o-nitranisol (5 p.) avec de l'éthylène-diamine à 75 0/0 de base (3 p.), on obtient l'*éthylène-di-o-nitrodiphényldiamine*,

$$C^2H^4(AzH-C^6H^4.AzO^2)^2,$$

qui se présente en aiguilles brun-rouge fusibles à 189-190°, insolubles dans l'eau, l'éther, l'alcool froid, soluble dans le benzène à chaud, peu soluble dans le benzène à froid [K. Jedlicka, *J. prakt. Chem.*, (2), 48, 193; *Bull. Soc. Chim.*, (3), 12, 974].

L'o-bromonitrobenzène (5 parties), chauffé avec l'éthylène-diamine (6 parties) en tubes scellés à 120-130° pendant 8 heures, fournit de même l'*éthylène-di-o-nitrodiphényldiamine*. Le chlorure d'acétyle donne avec ce corps l'*éthylène-diacétyl-di-o-nitrophényldiamine*,

$$C^2H^4=\left(Az\begin{matrix}\diagup CO-CH^3\\ \diagdown C^6H^4.AzO^2\end{matrix}\right)^2,$$

qui cristallise en prismes transparents jaunâtres, fusibles à 215-216°, insolubles dans l'eau, peu solubles dans l'alcool et dans le benzène froid, plus solubles à chaud. Le *dérivé dibenzoylé* correspondant,

$$C^2H^4=\left(Az\begin{matrix}\diagup CO-C^6H^5\\ \diagdown C^6H^4.AzO^2\end{matrix}\right)^2,$$

est une poudre jaunâtre fusible à 218-220°, insoluble dans l'eau, peu soluble à froid, plus soluble à chaud dans l'alcool et dans le benzène [*loc. cit.*].

Le p-nitranisol (5 parties), réagissant sur l'éthylène-diamine (3 parties) à 160-170° en tubes scellés pendant 6 heures, fournit l'*éthylène-di-p-nitrodiphényldiamine* sous la forme d'aiguilles brun-jaune fusibles à 216°, insolubles dans l'alcool, l'éther, le benzène, peu solubles à froid, assez solubles à chaud dans le nitrobenzène. Les propriétés basiques de ce corps sont presque nulles. Il se dissout dans les acides concentrés, mais l'eau le précipite de ces solutions.

Le p-bromonitrobenzène réagit à 130° sur l'éthylène-diamine comme la combinaison ortho correspondante. Le produit obtenu fond à 216°. C'est une poudre jaune, qui cristallise facilement dans le nitrobenzène bouillant [*loc. cit.*].

Avec le dinitranisol (1.2.4) et l'éthylène-diamine, on obtient, en chauffant simplement le mélange au bain-marie, l'*éthylène-tétranitrodiphényldiamine* (*bis dinitrophényle diamino-éthane*) $C^2H^4[AzH-C^6H^3(AzO^2)^2]^2$, sous la forme d'une poudre jaune-citron fondant à 302°, insoluble dans la plupart des dissolvants, soluble dans le nitrobenzène bouillant.

Le bromodinitrobenzène réagit à froid et en solution alcoolique sur l'éthylène-diamine, pour donner l'*éthylène-tétranitro-diphényldiamine* avec formation simultanée de bromhydrate d'éthylène-diamine.

Le nouveau corps possède exactement les mêmes propriétés que celui qui est préparé avec l'éther méthylique. Les rendements sont de 90 0/0 de la théorie.

L'éther méthylique au dinitrobutylphénol tertiaire se combine à l'éthylène-diamine au bain-marie, en donnant l'*éthylène-tétranitrodibutyl-diphényldiamine* (*bis butyldinitro-phényl-diamino-éthane*),

$$C^2H^4-[AzH-C^6H^2-C^4H^9=(AzO^2)^2]^2.$$

Celui-ci cristallise en aiguilles jaunes fondant à 174-175°, insolubles dans l'eau et dans l'alcool à froid, peu solubles à froid, plus solubles à chaud dans le benzène. Ses propriétés basiques sont presque nulles.

Si l'on chauffe au bain-marie l'éther méthylique de l'acide picriqué avec l'éthylène-diamine, on obtient la *dipicryléthylène-diamine*,

$$C^2H^4[AzH-C^6H^2(AzO^2)^3]^2,$$

qui se forme aussi dans l'action de l'éthylène-diamine sur le chloro-1-trinitro-2.4.6-benzène; ou encore (réaction violente) quand on traite à froid l'éthylène-diamine par l'acide picrique (rendement de 90 0/0 de la théorie). Ce sont des feuillets d'un jaune brillant, fondant à 230°. Le composé est insoluble dans les dissolvants ordinaires, peu soluble à froid, très soluble à chaud dans le nitrobenzène. Il se dissout en brun rouge dans les alcalis; la solution se décompose à chaud, avec formation d'acide picrique et d'éthylène-diamine [*J. prakt. Chem.*, (2), 48, 193; *Bull. Soc. Chim.*, (3), 12, 976].

Action sur la pyrocatéchine. — L'éthylène-diamine réagit sur la pyrocatéchine, avec production d'*éthylène-o-phénylène-diamine*, d'après l'équation suivante :

$$C^6H^4\begin{matrix}\diagup OH_{(1)}\\ \diagdown OH_{(2)}\end{matrix}+\begin{matrix}H^2Az\diagdown\\ H^2Az\diagup\end{matrix}C^2H^4$$

$$=2H^2O+C^6H^4{}_{(2)}^{(1)}\begin{matrix}\diagup AzH\diagdown\\ \diagdown AzH\diagup\end{matrix}C^2H^4.$$

On chauffe en tube scellé, à 200-210° pendant 15 heures, de la pyrocatéchine (3 grammes) avec de l'éthylène-diamine (3gr,2). On lave le produit de la réaction à l'eau froide, on sèche sur l'acide sulfurique, et on distille dans un courant d'hydrogène.

L'éthylène-o-phénylène-diamine distille à 287°,5-288°,5, et cristallise dans l'eau et dans l'éther en feuillets brillants, fusibles à 96°,5-97°. La solution aqueuse est colorée en bleu ou en violet, suivant la concentration, par le perchlorure de fer; cette coloration passe au vert, puis au rouge par l'addition d'un excès d'acide chlorhydrique.

C'est une base très soluble dans les acides forts [Merz et Ris, *D. chem. G.*, 20, 1190; *Bull. Soc. Chim.*, (2), 48, 329].

L'*oxalate*, $(C^8H^{10}Az^2)^2C^2H^2O^4$, cristallise en aiguilles incolores, fusibles à 184° en se décomposant; il est peu soluble dans l'alcool.

Le *picrate*, $(C^8H^{10}Az^2)^3.2[C^6H^2(AzO^2)^3OH]$, fond au-dessus de 120° en se décomposant.

Oxydée par le ferricyanure de potassium en solution alcaline, l'éthylène-phénylène-diamine se transforme en *quinoxaline* $C^8H^6Az^2$ (voyez l'article QUINOLÉINE)

$$C^6H^4\begin{matrix}\diagup Az\diagdown CH^2\\ \qquad\quad\ |\\ \diagdown Az\begin{matrix}\diagup CH^2\\ \diagdown H\end{matrix}\end{matrix}+2O$$

$$=C^6H^4\begin{matrix}\diagup Az-CH\\ \qquad\ \ \|\\ \diagdown Az-CH\end{matrix}+2H^2O.$$

Réciproquement, la quinoxaline régénère l'éthylène-phénylène-diamine sous l'action du sodium en solution alcoolique [*loc. cit.*].

Action sur les aldéhydes. — Les aldéhydes donnent facilement des produits de condensation avec l'éthylène-diamine.

La *dibenzylidène-éthylène-diamine* (*bis phène-méthényl-diamino-éthane*,

$$C^2H^4-(Az=CH-C^6H^5)^2,$$

prend naissance lorsqu'on chauffe à 120° pendant une demi-heure un mélange d'éthylène-diamine et d'aldéhyde benzylique. Ce corps cristallise dans l'éther en lamelles jaunâtres, fusibles à 53-54°, insolubles dans l'eau, solubles dans l'alcool et dans le benzène. L'eau bouillante le dédouble en ses deux générateurs [*D. chem. G.*, 20, 267; *Bull. Soc. Chim.*, (2), 47, 805].

La *di-p-isopropylbenzylidène-éthylène-diamine* (*bis phène-méthényl-méthoéthyl-diamino-éthane*), $C^2H^4(Az=CH_{(1)}.C^6H^4{}_{(4)}C^3H^7]^2$, obtenue de même avec l'aldéhyde cuminique, forme de longues aiguilles blanches, fusibles à 63-64°, très solubles dans l'alcool, le benzène, le chloroforme, l'éther de pétrole, moins solubles dans l'éther [*loc. cit.*].

La *diphényl-allylidène-éthylène-diamine* (*bis phène-propylidène* 1[1]-*yle* 3-*diamino-éthane*),

$$C^2H^4(Az=CH-CH=CH-C^6H^5)^2,$$

provenant de l'action de l'aldéhyde cinnamique sur l'éthylène-diamine, cristallise en lamelles incolores, fusibles à 109-110°, peu solubles dans l'éther, très solubles dans l'alcool et dans le benzène.

La *di-oxybenzylidène-éthylène-diamine* (*bis phénol-méthényl-diamino-éthane*),

$$C^2H^4.(Az=CH_{(1)}-C^6H^4_{(2)}.OH)^2,$$

obtenue en chauffant en solution alcoolique l'éthylène-diamine avec l'aldéhyde salicylique, forme de grandes lamelles jaunes, fusibles à 125-126°.

La *di-o-méthoxybenzylidène-éthylène-diamine* (*bis phène-oxyméthane-méthényl-diamino-éthane*), $C^2H^4(Az=CH_{(1)}-C^6H^4_{(2)}.OCH^3)^2$, prend naissance quand on chauffe à 120° un mélange d'éthylène-diamine et d'aldéhyde méthylsalicylique. On fait cristalliser le produit dans l'alcool. Rhomboèdres incolores, fusibles à 113°.

La *di-p-méthoxybenzylidène-éthylène-diamine*, $C^2H^4.(Az=CH_{(1)}-C^6H^4_{(4)}.OCH^3)^2$, obtenue avec l'aldéhyde anisique, cristallise en lamelles jaunâtres, fusibles à 110-111° [*loc. cit.*].

Action du chloral. — Le chloral réagit énergiquement sur l'éthylène-diamine en donnant la *diformyl-éthylène-diamine*, suivant l'équation

$$C^2H^4(AzH^2)^2 + 2CCl^3.CHO$$
$$= C^4H^8Az^2O^2 + 2CHCl^3.$$

La diformyl-éthylène-diamine est un sirop facilement décomposable par les acides et les alcalis en acide formique et éthylène-diamine [Hofmann, *D. chem. G.*, 5, 247].

Action sur l'acétylbenzène. — L'éthylène-diamine réagit à 120° sur l'acétylbenzène avec production de *diméthylbenzylidène-éthylène-diamine* (*bis phène-éthène* 1[1]-*yle* 1[1]-*diamino-éthane*),

$$C^2H^4\left(Az=C{<}^{CH^3}_{C^6H^5}\right)^2.$$

Ce corps cristallise en aiguilles blanches, qui se ramollissent à 95° et fondent à 103-105° [Mason, *D. chem. G.*, 20, 267; *Bull. Soc. Chim.*, (2), 47, 806]

Action sur la pentachloracétone et sur la perchloracétone. — Avec la pentachloracétone, l'éthylène-diamine fournit l'*amide* . .

$$C^2H^4.C^2HCl^3O.Az^2H^3,$$

et avec la perchloracétone la *base trichlorométhylée* correspondante, qui fond à 200° et se sublime [Cloëz, *Ann. Chim. Phys.*, (6), 9, 145].

Action sur la phorone et l'oxyde de mésityle. — L'éthylène-diamine en solution aqueuse réagit à la température ordinaire sur la phorone. Celle-ci est d'abord décomposée en oxyde de mésityle et acétone, et on a ensuite la réaction suivante :

```
CH³ >C                                CH³ >C - AzH - CH²
CH³ /                                 CH³ /|            |
      ‖                                    |            |
      CH        H²Az - CH²     =           CH²          |
      |    +           |                   |            |
CH³ - CO        H²Az - CH²          CH³ - C = Az ---- CH²
```

Le corps qui prend naissance est une base qu'on extrait par l'éther de la solution aqueuse préalablement alcalinisée. C'est une huile à odeur fortement alcaline.

Son *sel de platine* cristallise dans l'eau chaude en lames et en prismes aplatis ; ces cristaux renferment 2 molécules d'eau.

Le *sulfocyanate de platine* forme des aiguilles insolubles dans l'eau, l'alcool, l'éther, fondant à 151-152°.

Le *chlorhydrate* et le *bromhydrate* cristallisent lorsqu'on ajoute de l'éther avec précaution à leur solution alcoolique.

La même base se forme directement quand on traite l'oxyde de mésityle par l'éthylène-diamine. L'eau bouillante la dédouble très facilement en acétone et éthylène-diamine [Guareschi, *Atti. d. R. Acc. delle Scienze di Torino*, 1894].

Action sur le benzile. — Lorsqu'on chauffe à reflux, pendant une demi-heure, un mélange de benzile et d'éthylène-diamine en solution alcoolique, il se forme de la *diphényl-dihydropyrazine* $(C^6H^5)^2C^4H^4Az^2$ (voyez γ-DIAZINES). Le nouveau corps se dépose par refroidissement en beaux prismes jaunâtres, fusibles à 160-161°, insolubles dans l'eau, à peine solubles dans l'alcool froid, très solubles dans l'alcool chaud, l'éther, le benzène. L'acide chlorhydrique le dédouble à chaud en ses deux générateurs [Mason, *D. chem. G.*, 20, 267; *Bull. Soc. Chim.*, (2), 47, 805].

Action sur la phénanthrène-quinone. — L'éthylène-diamine, en réagissant sur la phénanthrène-quinone, fournit d'abord de la *dihydro-phénanthrène-pyrazine*, $C^{16}H^{12}Az^2$, fusible à 97-99°. Cette base perd très facilement 2 atomes d'hydrogène en donnant la *phénanthrène-pyrazine*, $C^{16}H^{10}Az^2$, fusible à 180°,5 (voyez γ-DIAZINE) [Mason, *D. chem. G.*, 20, 268; *Chem. Soc.*, 1889, 97; 1893, 1284].

La phénanthrène-pyrazine est une base faible; son chlorhydrate se dissocie à l'air sec, en perdant peu à peu tout son acide chlorhydrique.

Le *chloroplatinate*, $(C^{16}H^{12}Az.HCl)^2PtCl^4$, se présente en petites aiguilles jaune clair, presque insolubles dans l'alcool; il se décompose par ébullition avec l'eau; la base est mise en liberté.

La phénanthrène-pyrazine n'est pas attaquée par l'iodure de méthyle à 130°, ni par l'acide chlorhydrique à 230° [Mason, *D. Chem. G.*, 20, 267; *Bull. Soc. Chim.*, (2), 47, 805].

Action sur la rétène-quinone. — Il se forme d'abord de la *dihydro-méthylisopropyl-phénantrène-pyrazine*, fusible à 77-79°, qui, sous l'influence du chlorure ferrique en solution alcoolique, se transforme en *méthyl-isopropyl-phénantrène-pyrazine*, fusible à 110°.

Action sur la chrysoquinone. — On obtient de la même façon la *dihydrochrysopyrazine* fusible à 132°, puis la *chrysopyrazine* fusible à 128° [Mason, *Chem. Soc.*, 1893, 1284].

Action sur l'acétylacétone (2e Suppl., 1, 69).

Action sur l'acétonylacétone. — Voyez l'article PYRROL.

Action du sulfure de carbone. — L'éthylène-diamine réagit violemment sur le sulfure de carbone en présence d'alcool. Il y a simplement combinaison des deux corps, et formation du composé $C^2H^4(AzH^2)^2.CS^2$. Le produit est cristallisé, soluble dans l'eau, insoluble dans l'alcool et dans l'éther. L'eau bouillante le décompose. Chauffé à l'ébullition avec du bichlorure de mercure, il se décompose en hydrogène sulfuré et éthylène-thio-urée $CS(AzH^2)^2.C^2H^4$ [Hofmann, *D. chem. G.*, 5, 241].

Action du thiophosgène. — Le thiophosgène se combine à l'éthylène-diamine en solution chloroformique suivant l'équation

$$2CS.Cl^2 + 2C^2H^4(AzH^2)^2$$
$$= C^6H^{10}Az^4S + 4HCl + H^2S.$$

Le composé $C^6H^{10}Az^4S$ possède des propriétés

basiques. Il cristallise en aiguilles fusibles à 227° ou en prismes rhombiques qui se décomposent à 220°.

Le *chlorhydrate*, $C^6H^{10}Az^4S \cdot HCl$, fond à 270°. Il est constitué par des paillettes blanches peu solubles dans l'alcool.

Le *nitrate*, $C^6H^{10}Az^4S \cdot AzO^3H$, cristallise en fines aiguilles qui se décomposent à 246°.

Le *sulfate*, $C^6H^{10}Az^4S \cdot H^2SO^4$, fond à 230°. Ce sont des aiguilles blanches, solubles dans l'alcool.

Le *picrate* cristallise en belles aiguilles, fusibles à 229-230°.

Le *chloromercurate*, $C^6H^{10}Az^4S \cdot HCl \cdot 2HgCl$, s'obtient en solution alcoolique.

Le *chloromercurate*, $C^6H^{10}Az^4S \cdot HCl \cdot HgCl^2$, s'obtient en solution aqueuse.

Les agents oxydants, et même à la longue l'eau bouillante, enlèvent au composé $C^6H^{10}Az^4S$ le soufre qu'il contient, en donnant naissance à une nouvelle *base* $C^6H^{10}Az^4$, qui n'a pu être isolée, mais dont le *bromhydrate* cristallise en aiguilles très solubles dans l'eau.

Le composé $C^6H^{10}Az^4S$ peut être représenté par la formule suivante :

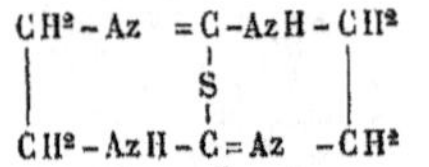

```
CH²-Az  =C-AzH-CH²
|         |        |
|         S        |
|         |        |
CH²-AzH-C=Az   -CH²
```

[M. Jaffé et B. Kühn, *D. chem. G.*, **27**, 1663; *Bull. Soc Chim.*, (3), **14**, 875].

Action du sulfocyanate de phényle. — Le sulfocyanate de phényle en excès, réagissant sur une solution alcoolique d'éthylène-diamine, donne naissance à de l'*éthylène-diphényl-dithiourée*,

$$C^2H^4 \begin{matrix} \diagup AzH-CS-AzH \cdot C^6H^5 \\ \diagdown AzH-CS-AzH \cdot C^6H^5 \end{matrix}$$

composé fusible à 193°, insoluble dans l'alcool, l'éther, le benzène, peu soluble dans l'acide acétique, et fournissant de la thiocarbanilide par simple fusion [Lellmann et Würthner, *Ann. Chem.*, **228**, 234].

Action sur les thioamides. — L'éthylène-diamine réagit facilement sur les thioamides aromatiques, molécule à molécule, en donnant un dérivé de la glyoxaline d'après le schéma suivant, où R représente un radical aromatique :

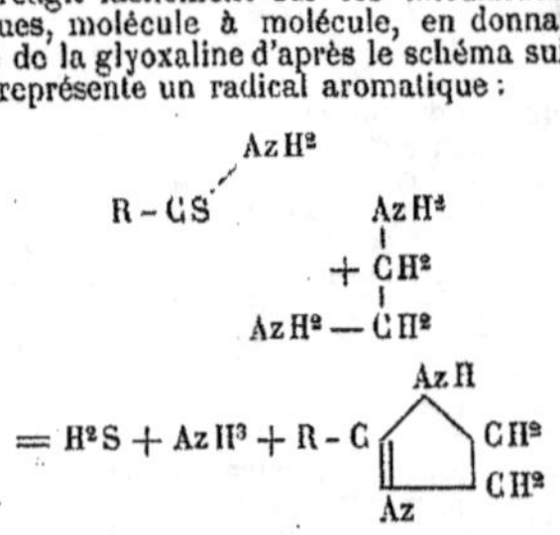

```
        AzH²
       /
R-CS       AzH²
            |
         + CH²
            |
   AzH² — CH²

                        AzH
                      /     \
= H²S + AzH³ + R-C           CH²
                    ||       |
                      \     CH²
                        Az
```

[Forssell, *D. chem. G.*, **25**, 2132; *Bull. Soc. Chim.*, (3), **8**, 1275].

Avec la thiobenzamide $C^6H^5-CS-AzH^2$, la condensation se fait quand on chauffe au bain-marie molécules égales de thiobenzamide et d'hydrate d'éthylène-diamine. La *phényldihydroglyoxaline* ainsi obtenue fond à 101°; elle est insoluble dans la ligroïne, très soluble dans le benzène et dans l'alcool; elle bleuit énergiquement le tournesol.

Son *chlorhydrate*, $C^9H^{10}Az^2HCl$, est peu soluble dans l'eau et dans l'alcool.

Le *chloroplatinate*, $(C^9H^{10}Az^2 \cdot HCl)^2PtCl^4$, fond à 200°.

Le *chloromercurate* forme des aiguilles blanches insolubles dans l'eau froide, fondant à 192-195°.

Le *sulfate* est soluble dans l'eau et dans l'alcool, ainsi que le *nitrate*.

Le *picrate* forme de belles aiguilles jaunes, fondant à 233°.

Le dérivé *nitrosé* fond à 66-67° [*loc. cit.*].

Avec la thio-α-naphtamide, le produit obtenu ou *α-naphtyldihydroglyoxaline* forme de fines aiguilles blanches, fondant à 131°.

Le *chloroplatinate* fond à 214°.

Le *chloromercurate* forme de fines aiguilles peu solubles dans l'eau, fondant à 185-190°.

Le *picrate* fond à 237°, le dérivé *nitrosé* à 155-156.

Si l'on cherche à préparer le dérivé benzoylé, on obtient une *α-naphtyldibenzoyléthylène-diamine* qui fond à 161° [*loc. cit.*].

De même, la *β-naphtyldihydroglyoxaline* est un composé cristallisé fondant à 116°, peu soluble dans l'eau, la ligroïne, l'éther, très soluble dans l'alcool, l'acide acétique et le benzène.

Le *chlorhydrate*, $C^{13}H^{12}Az^2 \cdot HCl$, forme de fines aiguilles solubles dans l'eau et dans l'alcool.

Le *chloroplatinate* fond à 219-221°.

Le *sulfate acide* est soluble dans l'eau et dans l'alcool, insoluble dans l'éther, ainsi que le *nitrate*.

Le *chloromercurate* fond à 180-186°; en outre, la base forme avec le chlorure mercurique un produit d'addition fondant à 230-250°.

Le *picrate* fond à 196°, le *nitrite* à 166-167°; l'acide acétique concentré le transforme en un *dérivé nitrosé* fondant à 101°; le *dérivé acétylé* est amorphe et fond à 160-166° [*loc. cit.*].

La dithioxamide (acide rubéanhydrique) réagit sur l'éthylène-diamine, comme l'indiquent les deux équations suivantes :

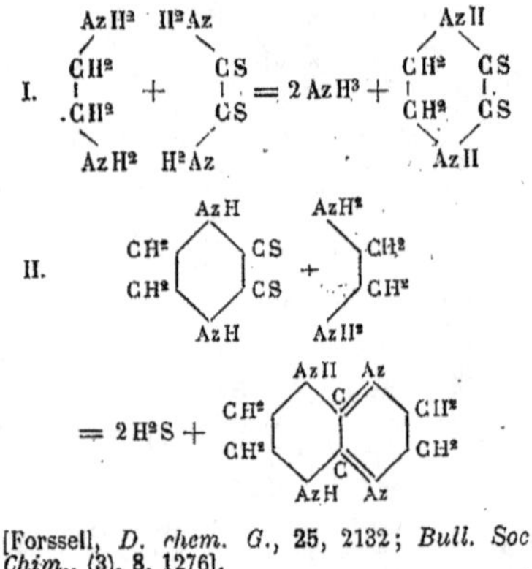

```
    AzH²  H²Az                          AzH
   /        \                          /   \
   CH²       CS                      CH²    CS
I. |    +    |   = 2AzH³ +           |      |
   CH²       CS                      CH²    CS
   \        /                          \   /
    AzH²  H²Az                          AzH

          AzH          AzH²
    CH² /     \ CS   /      CH²
II.     |      |  +         |
    CH² \     / CS   \      CH²
          AzH          AzH²

                AzH  Az
                  \C/
           CH² /    \\    \ CH²
= 2H²S +       |         |
           CH² \    //    / CH²
                  /C\
                AzH  Az
```

[Forssell, *D. chem. G.*, **25**, 2132; *Bull. Soc. Chim.*, (3), **8**, 1276].

D'après M. Bouveault, la réaction se passerait comme chez les thioamides, d'après le schéma

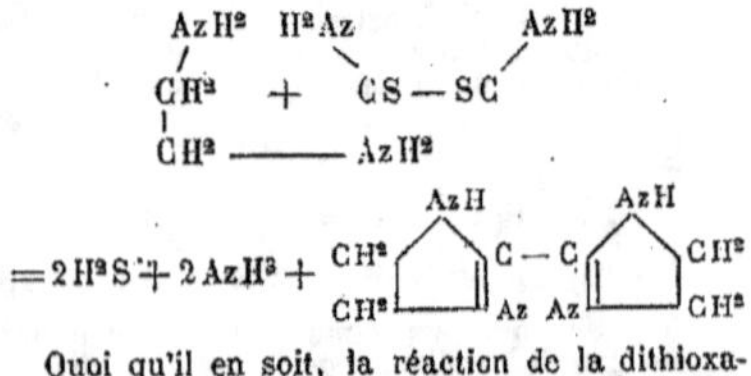

```
AzH²  H²Az          AzH²
/        \          /
CH²   +   CS — SC
|
CH² ———— AzH²

                         AzH           AzH
                  CH² /     \ C — C /     \ CH²
= 2H²S + 2AzH³ +      |      ||   ||      |
                  CH² \     / Az Az \     / CH²
```

Quoi qu'il en soit, la réaction de la dithioxamide sur l'éthylène-diamine se fait en mélangeant

1 molécule du premier corps et 2 molécules de l'hydrate du second, et chauffant le mélange au bain-marie tant qu'il se dégage du gaz. La substance obtenue cristallise dans l'alcool en fines aiguilles blanches se ramollissant vers 240-250° et fondant entre 290 et 300°. Elle est insoluble dans le benzène et dans l'éther, peu soluble dans l'eau et dans l'alcool froid, assez soluble dans l'alcool chaud.

Le *chlorhydrate*, $C^6H^{10}Az^4 . 2HCl$, est très soluble dans l'eau et insoluble dans l'alcool.

Le *chloroplatinate*, $C^6H^{10}Az^4 . 2HCl . PtCl^4$, forme des aiguilles jaune-paille.

Le *picrate* est un précipité d'un jaune verdâtre; le *dérivé dinitrosé* forme des aiguilles blanc-verdâtre, fondant à 173°; le *dérivé diacétylé* fond à 250° [*loc. cit.*].

Action sur la cantharidine. — Si l'on mélange des dissolutions alcooliques, en proportions équimoléculaires, d'éthylène-diamine et de cantharidine, il se forme un *produit d'addition* $C^{10}H^{12}O^4, C^2H^4(AzH^2)^2$ qui est une espèce chimique bien caractérisée. Il est très soluble dans l'eau froide, insoluble dans l'alcool, l'éther, le benzène, et fond à 195° en se décomposant.

L'acide chlorhydrique à l'ébullition le décompose. En chauffant en vase clos le mélange de solutions alcooliques d'éthylène-diamine et de cantharidine, on obtient une base énergique et un corps neutre. L'alcool abandonne par évaporation une masse cristalline que l'on traite par l'eau froide. Le résidu insoluble est constitué par le corps neutre formé dans la réaction. On le purifie par cristallisation dans l'eau bouillante. Il cristallise en lamelles nacrées, fusibles à 219-220°, solubles dans les dissolvants usuels et ayant pour formule $C^{11}H^{14}O^3Az$.

Le corps basique est très soluble dans l'eau. On le purifie au moyen de sa combinaison chlorhydrique, qu'on fait cristalliser dans l'alcool bouillant jusqu'à ce que le point de fusion soit de 258°. Ce chlorhydrate, décomposé par la potasse caustique, fournit la base libre, qu'on purifie par cristallisation dans l'éther anhydre. La base cristallisée renferme de l'éther de cristallisation, elle fond à 50-53°; elle perd son éther de cristallisation dans le vide, et fond alors à 94-95°. Sa formule est $C^{12}H^{18}O^3Az^2$. C'est une base énergique, qui forme des sels bien cristallisés. Le *chlorhydrate* est très soluble dans l'eau. Le *chloroplatinate* cristallise dans l'eau bouillante en lamelles orangées, qui se décomposent sans fondre à 257° [Anderlini, *Gazz. chim. ital.*, **23**, 128; *Bull. Soc. Chim.*, (3), **10**, 1188].

Action à chaud du chlorhydrate d'éthylène-diamine sur les sels de sodium des acides gras. Formation de glyoxalidines. — Comme toutes les o-diamines aromatiques, l'éthylène-diamine peut fournir des glyoxalidines par élimination de 2 molécules d'eau entre 1 molécule de base et 1 molécule d'un acide organique. Le schéma suivant explique cette formation :

$$\begin{array}{l} CH^2-Az\boxed{H\ H\ \ \ O} \\ | \\ CH^2-AzH\boxed{H\ HO} \end{array} \Big\rangle C-R = \begin{array}{c} CH^2 \quad Az \\ \boxed{\quad\quad} \\ CH^2 \quad AzH \end{array} \Big\rangle C-R.$$

Le meilleur moyen d'effectuer cette réaction consiste à distiller avec précaution un mélange de chlorhydrate d'éthylène-diamine et de sel de sodium de l'acide organique [Ladenburg, *D. chem. G.*, **27**, 2952].

Avec l'acétate de sodium, par exemple, on a la réaction suivante :

$$\begin{array}{l} CH^2-AzH^2 . HCl \\ | \\ CH^2-AzH^2 . HCl \end{array} + 2CH^3-CO^2Na$$

$$= \begin{array}{c} CH^2 \quad Az \\ \boxed{\quad\quad} \\ CH^2 \quad AzH \end{array} \Big\rangle C-CH^3 \begin{array}{l} +\ 2NaCl \\ +\ 2H^2O + C^2H^4O^2. \end{array}$$

La base obtenue, qui est la *méthylglyoxalidine* ou *lysidine*, fond à 105° et bout à 195-198°.

Elle est déliquescente, très soluble dans l'eau et dans l'alcool, presque insoluble dans l'éther.

C'est une base forte, monacide, qui forme des sels bien cristallisés.

Son *urate* est extrêmement soluble et cristallise très facilement dans le système anorthique. Une partie de ce sel se dissout à 18° dans 6 parties d'eau, solubilité 8 fois plus forte que celle de l'urate de pipérazine. Cette circonstance a fait entrer la lysidine comme médicament dans la thérapeutique.

Le *chloromercurate de lysidine*,

$$C^4H^8Az^2HCl . 3HgCl^2,$$

fond à 162-163°; il cristallise dans l'eau bouillante en beaux prismes blancs.

Le *bitartrate*, $C^4H^8Az^2 . C^4H^6O^6$, cristallise dans le système clinorhombique.

La *méthyllysidine*, $C^4H^7(CH^3)Az^2$, qu'on obtient très facilement en faisant réagir l'iodure de méthyle sur la lysidine en solution dans l'alcool méthylique, fond à 90° [Ladenburg, *D. chem. G.*, **27**, 2952].

Si l'on agite la lysidine en solution aqueuse étendue avec un excès de chlorure de benzoyle, et qu'on sature par le carbonate de potassium la liqueur, jusqu'à ce que l'odeur du chlorure de benzoyle ait disparu, on voit se séparer une huile qui se solidifie au bout de quelque temps. Purifié par cristallisation dans l'alcool, ce corps fond à 113-114°. C'est l'*acétyldibenzoyléthylène-diamine*, qui a pris naissance d'après l'équation suivante :

$$C^2H^4 \Big\langle \begin{array}{l} AzH \\ Az \end{array} \Big\rangle C-CH^3 + 2C^7H^5OCl + 2H^2O$$

$$= C^2H^4 \Big\langle \begin{array}{l} Az(C^7H^5O)(C^2H^3O) \\ AzH-C^7H^5O \end{array} + 2HCl + H^2O.$$

L'acétyldibenzoyléthylène-diamine, traitée par la lessive de soude fournit la *dibenzoyléthylène-diamine*

$$C^2H^4 \Big\langle \begin{array}{l} AzH-C^7H^5O \\ AzH-C^7H^5O \end{array}$$

fusible à 244°.

Le chlorhydrate de lysidine, soumis à la distillation sèche, se décompose en chlorure d'ammonium, acétonitrile et acétylène :

$$C^4H^8Az^2-HCl = AzH^4Cl + CH^3 . Az + C^2H^2$$

[Ladenburg, *D. chem. G.*, **28**, 3068].

Les homologues supérieurs de la lysidine se préparent par le même procédé que la lysidine elle-même.

En distillant un mélange de chlorhydrate d'éthylène-diamine (10 parties) et de propionate de sodium (18 grammes), on obtient l'*éthylglyoxalidine*,

$$\begin{array}{c} CH^2 \quad Az \\ \boxed{\quad\quad} \\ CH^2 \quad AzH \end{array} \Big\rangle C-CH^2-CH^3,$$

en même temps que de la *dipropionyléthylène-diamine*, $C^8H^{16}Az^2O^2$, fusible à 160-162°.

L'éthylglyoxalidine distille sous la pression de 95 millimètres à 144-148°. Elle cristallise par refroidissement. Elle est extrêmement hygroscopique.

Le *chlorhydrate*, $C^5H^{10}Az^2 . HCl$, cristallise en tablettes déliquescentes.

Le *bromhydrate* est une poudre blanche, très hygroscopique.

Le *chloraurate*, $C^5H^{10}Az^2 . HCl . AuCl^3$, forme un précipité floconneux, cristallin, et fond à 171-172°.

Le *chloroplatinate*, $(C^5H^{10}Az^2 . HCl)^2 . PtCl^4$, est assez soluble dans l'eau et cristallise en gros prismes jaune-rougeâtre, fusibles à 198° avec décomposition.

Le *chloromercurate*, $C^5H^{10}Az^2 . HCl . 5HgCl^2$, est en poudre, fondant à 169-171°.

Le *picrate*, $C^5H^{10}Az^2 . C^6H^2(OH)(AzO^2)^3$, fond à 134-136°.

L'*urate* est soluble dans 10 parties d'eau environ.

Le *dérivé benzoylé*, $C^{12}H^{14}Az^2O$, s'obtient en agitant la solution aqueuse de la base avec de la lessive de soude et du chlorure de benzoyle. Cristallisé dans l'alcool absolu, il fond à 240-242°; il commence à brunir dès 236° [Klingenstein, *D. chem. G.*, **28**, 1173].

La *propylglyoxalidine* provient de la distillation sèche d'un mélange de chlorhydrate d'éthylène-diamine (1 molécule) et de butyrate de sodium (2 molécules). Il se forme en même temps de la *butyryléthylène-diamine* $C^{10}H^{20}Az^2O^2$, qui distille à 230° sous la pression de 23 millimètres.

La propylglyoxalidine a pour formule de constitution

$$\begin{array}{l} CH^2 - Az \\ \quad | \qquad\quad \rangle C - CH^2 - CH^2 - CH^3. \\ CH^2 - AzH \end{array}$$

Elle distille sous 23 millimètres à 134-140°.

Le *chlorhydrate* et le *bromhydrate*,

$$C^6H^{12}Az^2 . HCl \quad \text{et} \quad C^6H^{12}Az^2 . HBr,$$

sont très hygroscopiques.

Le *chloraurate*, $C^6H^{12}Az^2 . HCl . AuCl^3$, fond à 126-127°.

Le *chloroplatinate*, $(C^6H^{12}Az^2 . HCl)^2 . PtCl^4$, cristallise en prismes rouges, fusibles à 162-164°.

Le *chloromercurate*, $C^6H^{12}Az^2 . HCl . 5HgCl^2$, fond à 163-165°.

Le *picrate*, $C^{12}H^{15}Az^5O^7$, cristallise en longues aiguilles fusibles à 124-126°.

L'*urate* est soluble dans 6 ou 7 parties d'eau à la température ordinaire. Il cristallise de ses solutions aqueuses en aiguilles microscopiques [Klingenstein, *D. chem. G.*, **28**, 1175].

(Pour le passage de l'éthylène-diamine à la γ-diazine, voyez l'article γ-Diazines.)

SELS D'ÉTHYLÈNE-DIAMINE.

Chlorhydrate, $C^2H^4(AzH^2)^2, 2HCl$. — Longues aiguilles, d'un éclat argentin, insolubles dans l'alcool. Ce sel se décompose à la distillation sèche, avec production de chlorhydrate d'ammoniaque et de chlorhydrate de diéthylène-diamine.

Chloroplatinate, $C^2H^4(AzH^2)^2 2HCl . PtCl^3$. — Feuillets jaunes, très peu solubles dans l'eau [Griess et Martius, *Ann. Chem.*, **120**, 327].

Bromhydrate, $C^2H^8Az^2 . 2HBr$. — Cristallise en écailles [Mason, *Chem. Soc.*, **55**, 12].

Succinate, $C^2H^8Az^2 . C^4H^6O^4$. — Prismes fusibles à 182-184°, peu solubles dans l'eau [Mason, *Chem. Soc.*, **55**, 10]. Cristaux fondant, selon M. Anderlini, en tube capillaire à 195°, avec décomposition [*R. Accad. Lincei*, 1894, 293].

Le *malate* fond à 198° (Anderlini), en se décomposant; de même le *fumarate*, qui est insoluble dans l'alcool bouillant, fond à 210°, et le *phtalate* à 225-227°.

Tartrate. $C^2H^8Az^2 . 2C^4H^6O^6$.

Bitartrate, $C^2H^8Az^2 . 2C^4H^6O^6$. — Soluble à 15° dans 30 parties d'eau; dextrogyre [Colson, *Bull. Soc. Chim.*, (3), **7**, 809].

L'éthylène-diamine communique à l'acide tartrique un pouvoir rotatoire sensiblement proportionnel à la teneur de ses dissolutions, ce qui permet d'opérer le dosage de cet acide [Colson, *Bull. Soc. Chim.*, (3), **15**, 158].

Diacétyltartrate neutre,

$$CO^2H - CH(OCOCH^3) - CH(OCOCH^3) - CO^2H$$
$$C^2H^8Az^2.$$

— Très soluble dans l'eau; lévogyre.

Diacétyltartrate acide,

$$2[CO^2H . CH(OCOCH^3) - CH(OCOCH^3)CO^2H]$$
$$C^2H^8Az^2.$$

— Longs prismes microscopiques; très soluble dans l'eau; lévogyre [Colson, *Bull. Soc. Chim.*, [3], **7**, 808].

Picrate, $C^2H^8Az^2 . 2C^6H^3Az^3O^7$. — Feuillets très difficilement solubles; fondent en se décomposant à 233-235° [Gabriel et Weiner, *D. chem. G.*, **21**, 2670].

COMBINAISONS DE L'ÉTHYLÈNE-DIAMINE AVEC LES SELS MÉTALLIQUES.

Chloromercurate, $(C^2H^8Az^2, 2HCl)^2HgCl^2$. — Petits prismes incolores fondant à 297°, assez solubles dans l'eau bouillante [P. Schneider, *D. chem. G.*, **28**, 3073].

Chloroplatinite d'éthylène-diamine

$$(PtCl^2 . C^2H^8Az^2)^2.$$

— A une solution froide de chloroplatinite de potassium K^2PtCl^4 (10 grammes dans 100 centimètres cubes d'eau) on ajoute une solution d'hydrate d'éthylène-diamine (3 grammes dans 25 centimètres cubes d'eau). On sépare le précipité par filtration.

La liqueur filtrée est fortement colorée en rouge. Elle laisse déposer un chloroplatinite de platinodiéthylène-diamine.

Aiguilles jaune foncé, brillantes, obtenues par cristallisation dans de l'eau additionnée d'acide chlorhydrique.

Chloroplatinite de diéthylène-diamine,

$$PtCl^2(C^2H^8Az^2)^2.$$

— On chauffe le chloroplatinite d'éthylène-diamine $(PtCl^2 . C^2H^8Az^2)^2$ avec une solution aqueuse d'éthylène-diamine. On concentre la solution, et on la précipite par l'alcool absolu.

Petites aiguilles, très solubles dans l'eau, insolubles dans l'alcool concentré [Jörgensen, *J. prakt. Chem.*, (2), **39**, 3].

Chloroplatinite de diamino-éthylène-diamine, $PtCl^2 . C^2H^8Az^2 . (AzH^3)^2$. — On chauffe le chloroplatinite d'éthylène-diamine, $(PtCl^2 . C^2H^8Az^2)^2$, avec de l'ammoniaque diluée, et on précipite la liqueur par l'alcool absolu et l'éther.

Larges lames brillantes, très solubles dans l'eau [Jörgensen, *J. prakt. Chem.*, (2), **39**, 6].

Chlorure d'éthylène-diamine lutéocobaltique, $Co . 3C^2H^8Az^2 . Cl^3, 3H^2O$. — On prépare ce composé en chauffant pendant plusieurs heures le chlorure chloropurpuréocobaltique (5 grammes) avec de l'eau (40 centimètres cubes) et de l'hydrate d'éthylène-diamine (5 à 8 grammes). On précipite finalement par l'alcool absolu.

Ce sont de très petites aiguilles jaunâtres lorsque la cristallisation est faite dans l'alcool dilué, et de gros prismes brillants lorsqu'elle est faite dans l'eau. Le sel est très soluble dans l'eau, qu'il colore fortement en brun jaunâtre. Il n'est pas attaqué par la lessive de soude bouillante, ni par l'acide azoteux. Le sulfure d'ammonium ne détermine dans ses solutions un précipité qu'au bout de quelque temps. Évaporé en présence d'acide azotique, il donne le *nitrate* correspondant. Il fournit, avec l'oxyde d'argent fraîchement précipité, un *hydrate* à réaction fortement alcaline [Jörgensen, *J. prakt. Chem.*, (2), 39, 8].

2 (Co . 3 $C^2H^8Az^2Cl^3$), 3 Pt Cl^2. — Cristallise dans l'acide chlorhydrique dilué bouillant en grosses tablettes brillantes d'un brun rouge. Insoluble dans l'alcool, presque insoluble dans l'eau.

2 (Co . 3 $C^2H^8Az^2Cl^3$), 3 Pt Cl^4, 12 H^2O. — Précipité cristallin, jaunâtre; insoluble dans l'eau et dans l'alcool; soluble dans l'acide chlorhydrique dilué.

Co ($C^2H^8Az^2$)^3 (Az O^3)^3. — Cristallise dans l'eau en grosses tablettes; peu soluble dans l'acide azotique dilué, très soluble dans l'eau pure.

Chlorure de dichlorodiéthylène-diamine cobaltique, Cl^2 (Co . 2 $C^2H^8Az^2$) Cl. — On traite une solution de chlorure de cobalt cristallisé (20 grammes dans 60 centimètres cubes d'eau) par une solution d'hydrate d'éthylène-diamine (15 grammes dans 10 centimètres cubes d'eau). On fait passer durant plusieurs heures un courant d'air dans le mélange, on ajoute 100 centimètres cubes d'acide chlorhydrique concentré, et on chauffe le tout au bain-marie pendant une heure. Au bout de 24 heures, il s'est déposé des cristaux; on les essore, on les lave d'abord à l'acide chlorhydrique, puis à l'alcool éthéré, finalement à l'éther.

Cristaux verts, solubles dans 3 ou 4 parties d'eau, insolubles dans l'alcool absolu, difficilement décomposables par les solutions alcalines. L'azotate d'argent précipite le tiers du chlore à l'état de chlorure d'argent. Le sel fournit, avec l'oxyde d'argent fraîchement précipité, une base énergique [Jörgensen, *J. prakt. Chem.*, (2), 39, 16].

Cl^2 (Co . 2 $C^2H^8Az^2$) Cl . H Cl, 2 H^2O. — Grosses tablettes, brun-verdâtre, très solubles dans l'eau, insolubles dans l'acide chlorhydrique concentré. Ce sel perd de l'eau et de l'acide chlorhydrique au contact de l'alcool éthéré, ou mieux encore de l'alcool absolu. L'azotate d'argent en précipite la moitié du chlore à l'état de chlorure d'argent.

Cl^2 (Co . 2 $C^2H^8Az^2$) Cl . Hg Cl^2. — Précipité cristallin, d'un vert malachite. Insoluble dans l'alcool. Soluble à l'ébullition dans l'acide chlorhydrique dilué avec une coloration violet-noirâtre, cristallise ensuite par refroidissement en cristaux vert foncé.

[Cl^2 . Co . 2 $C^2H^8Az^2$ Cl]^2 Pt Cl^4. — Feuillets microscopiques, vert pâle, insolubles dans l'alcool, à peine solubles dans l'eau.

Cl^2 . (Co . 2 $C^2H^8Az^2$) Az O^3. — Tablettes microscopiques, très fines, vert-émeraude.

Sels d'éthylène-diamine dichloropraséo-cobaltiques.

Chlorure dichloro-diéthylène-diamine-cobaltique, Cl^4 (Co^2 . 4 C^2H^4 . Az^2H^4) Cl^2. — On chauffe pendant plusieurs heures au bain-marie, et dans un courant d'air, 20 grammes de chlorure de cobalt, 15 grammes d'hydrate d'éthylène-diamine, et 60 centimètres cubes d'eau. La liqueur brun foncé est alors additionnée de 100 centimètres cubes d'acide chlorhydrique concentré, qui y produit un précipité gris-violacé. On continue à chauffer le tout jusqu'à ce que la solution soit devenue limpide et bleu foncé. Par le refroidissement, il se dépose du jour au lendemain des lamelles rhombiques vert foncé, qu'on purifie par des lavages à l'acide chlorhydrique, puis à l'alcool absolu.

En solution aqueuse à 5 0/0, ce sel présente des réactions caractéristiques avec certains acides ou sels métalliques. Ainsi, les acides bromhydrique, chlorhydrique et nitrique concentrés y produisent des précipités cristallins verts; le chlorure mercurique, un précipité vert-malachite; le ferrocyanure de potassium une coloration rouge de sang, etc.

Traitée par l'oxyde d'argent, la solution de ce chlorure perd tout son chlore, et donne une liqueur rouge-cramoisi, très alcaline et attirant l'acide carbonique de l'air, qui paraît renfermer un hydrate roséocobaltique [Jörgensen, *J. prakt. Chem.*, (2), 39, 1].

Le *chloromercurate de dichloro-diéthylène-diamine-cobaltique*, Cl^4 (Co^2 . 4 $C^2H^4Az^2H^4$) (Hg Cl^2)^3, se dépose de sa solution dans l'acide chlorhydrique dilué bouillant en gros cristaux vert foncé.

Le *chloroplatinate*,

$$Cl^4 (Co^2 . 4 C^2H^4Az^2H^4) Pt Cl^4,$$

est en lamelles microscopiques vert clair.

Le *nitrate*, Cl^4 (Co^2 . 4 $C^2H^4Az^2H^4$) 2 Az O^3, est en très petites lamelles rhombiques, vert-émeraude.

Le *chlorhydrate*,

$$Cl^4 (Co^2 . 4 C^2H^4 Az^2H^4) H^2 Cl^4, 4 H^2O,$$

cristallise en belles lamelles rhomboïdales vert-pré; à 100°, il perd de l'eau et de l'acide chlorhydrique, et se convertit en chlorure [Jörgensen, *J. prakt. Chem.*, (2), 39, 1; *Bull. Soc. Chim.*, (3), 3, 829].

[Cl^2 . Co ($C^2H^8Az^2$)^2 Cl]^2 Pt Cl^2. — Tablettes microscopiques, brillantes, vert foncé.

Cl^2 . Co ($C^2H^8Az^2$)^2 Br. — Précipité vert-jaunâtre.

Cl^2 . Co ($C^2H^8Az^2$)^2 Az O^3. — Précipité vert.

[Cl^2 . Co ($C^2H^8Az^2$)^2]^2 S^2O^6.

Sels d'éthylène-diamine-dibromopraséo-cobaltiques.

Br^2 Co ($C^2H^8Az^2$)^2 Br (à 100°). — Cristaux vert-serin, solubles dans 25 grammes d'eau froide, insolubles dans l'alcool absolu. Chauffé en solution aqueuse, ce composé se transforme en un sel roséo-cobaltique correspondant.

Br^2 . Co ($C^2H^8Az^2$) Br . H Br, 2 H^2O. — Larges feuilles brillantes, vert-émeraude. Perd immédiatement de l'acide bromhydrique au contact de l'eau.

Br^2 Co ($C^2H^8Az^2$)^2 Br . Hg Br^2. — Précipité cristallin, jaune-verdâtre clair.

[Br^2 . Co ($C^2H^8Az^2$)^2 Cl]^2 Pt Cl^4, 3 H^2O. — Longues aiguilles brillantes, jaune-verdâtre.

[Br^2 . Co ($C^2H^8Az^2$)^2 Br] Pt Br^4. — Précipité cristallin, brun-jaunâtre.

Br^2 . Co ($C^2H^8Az^2$)^2 Az O^3. — Tablettes vertes, brillantes, microscopiques [Jörgensen, *J. prakt. Chem.*, (2), 4, 442].

Sels d'éthylène-diamine-dichlorovioléo-cobaltiques.

Cl^2 . Co ($C^2H^8Az^2$)^2 Cl, H^2O. — On évapore à sec une solution de chlorure d'éthylène-diamine dichloropraséocobaltique (5 grammes du sel séché à 100° dans 50 centimètres cubes d'eau), on chauffe le résidu à 102-103°, et on le lave avec un peu d'eau froide.

Précipité violet, constitué par des aiguilles dichroïques, soluble dans 25 parties d'eau froide. En solution aqueuse, il se transforme lentement en sel roséocobaltique correspondant, et, par évaporation de sa solution chlorhydrique, en sel praséocobaltique correspondant.

Cl^2 . Co ($C^2H^8Az^2$)^2 . Cl . Hg Cl^2. — Aiguilles microscopiques, violettes.

[Cl^2 . Co ($C^2H^8Az^2$)^2 . Cl] Pt Cl^2. — Tablettes microscopiques brillantes, violettes.

$Cl^2 . Co(C^2H^8Az^2)^2AzO^3$. — Prismes microscopiques, brillants, violets.

$[Cl^2 . Co(C^2H^8Az^2)^2]^2S^2O^6$. — Prismes microscopiques [Jörgensen, *J. prakt. Chem.*, (2), 41, 448].

Sels d'éthylène-diamine-chloropurpuréo-cobaltiques.

$Cl[Co(AzH^3)(C^2H^8Az^2)^2]Cl^2, 2H^2O$. — On évapore une solution de chlorure d'éthylène-diamine-dichloropraséocobaltique additionnée d'ammoniaque.

Prismes dichroïques, assez solubles dans l'eau froide. L'azotate d'argent n'en précipite que 2 atomes de chlore.

$Cl . Co(AzH^3)(C^2H^8Az^2 .)^2Cl^2 . PtCl^4$. — Précipité rouge-cramoisi, formé de prismes microscopiques.

$Cl . Co(AzH^3)(C^2H^8Az^2)^2Cl^2 . PtCl^4, H^2O$. — Précipité cristallin, rouge vif, formé de tablettes microscopiques.

$Cl . Co(AzH^3)(C^2H^8Az^2)^2S^2O^6$. — Prismes dichroïques, rouges.

$Cl . Co(AzH^3)(C^2H^8Az^2)^2 2AzO^3$. — Fines aiguilles, rouge-cramoisi, très solubles dans l'eau [Jörgensen, *J. prakt. Chem.*, (2), 41, 453].

DÉRIVÉS NITRÉS DE L'ÉTHYLÈNE-DIAMINE.

Éthylène-dinitrodiamine, $C^2H^4(AzH . AzO^2)^2$. — MM. Franchimont et Klobbie ont obtenu ce corps en chauffant à l'ébullition 1 partie de dinitroéthylène-urée et 25 parties d'eau :

$$C^2H^4 \begin{matrix} < Az(AzO^2) > \\ < Az(AzO^2) > \end{matrix} CO + H^2O$$

$$= CO^2 + C^2H^6Az^4O^4$$

[*Rec. Pays-Bas*, 7, 17, 244].

Ce sont des aiguilles fusibles, avec décomposition, à 174-176°, très peu solubles dans l'eau, l'éther, le chloroforme, le benzène. L'eau bouillante n'altère pas ce composé. Chauffé avec de l'acide sulfurique dilué, il donne de l'aldéhyde et du glycol. Lorsqu'on le traite par la potasse concentrée et bouillante, on observe un dégagement d'azote.

Le *sel de potassium*, $K^2C^2H^4Az^4O^4$, cristallise dans l'alcool en longues et fines aiguilles. Sa solution aqueuse se colore en vert par le sulfate de cuivre; si le réactif est ajouté en excès, la coloration produite est bleue (réaction caractéristique).

Le *sel d'argent*, $Ag^2C^2H^4Az^4O^4$, est un précipité pulvérulent [*loc. cit.*].

Il se forme une combinaison véritable, particulière, lorsqu'on traite par l'ammoniaque saturée à 0° (20 parties) l'éthylène-dinitro-diamino-diformiate de méthyle (10 parties) :

$$C^2H^4[Az(AzO^2)CO^2CH^3]$$

[Franchimont et Klobbie, *Rec. Pays-Bas*, 7, 343].

Éthylène-méthyldinitro-diamine,

$$(CH^3) . (AzO^2)Az - C^2H^4 - AzH(AzO^2).$$

— Ce composé prend naissance, en même temps que l'éthylène-diméthyldinitro-diamine, lorsqu'on chauffe à 70°, pendant 6 heures, la dinitro-éthylène-diamine (1 molécule) avec de la lessive de potasse, de l'alcool et un peu plus de 2 molécules d'iodure de méthyle.

La réaction terminée, on chasse l'alcool par distillation. Après refroidissement, l'éthylène-dinitro-méthyldiamine cristallise tout d'abord.

L'éthylène-méthyldinitro-diamine fond à 121-122° [Franchimont et Klobbie, *Rec. P.-B.*, 7, 347].

Ethylène-diméthyldinitro-diamine,

$$C^2H^4[Az(CH^3) . (AzO^2)]^2.$$

— Se forme dans la réaction précédente.

Cristallise dans l'eau en écailles brillantes, fusibles à 127°. Moins soluble dans l'eau, plus soluble dans l'éther et dans le chloroforme que le corps précédent [*loc. cit.*].

ÉTHYLÈNE-DIAMINES SUBSTITUÉES.

Il sera question à cette place des dérivés de l'éthylène-diamine provenant de la substitution de résidus alcooliques ou phénoliques aux atomes d'hydrogène fixés à l'azote. En outre, les dérivés résultant de la substitution de résidus phénoliques aux atomes d'hydrogène des groupements CH^2, qui sont peu nombreux, seront également énumérés. Les composés tels que la *méthyléthylène-diamine*

$$\begin{matrix} AzH^2 - CH - CH^2 - AzH^2 \\ | \\ CH^3 \end{matrix}$$

et la *diméthyléthylène-diamine*

$$\begin{matrix} CH^3 - CH - AzH^2 \\ | \\ CH^3 - CH - AzH^2 \end{matrix}$$

seront étudiés dans des chapitres spéciaux, à propos des carbures éthyléniques correspondants.

PRODUITS DE SUBSTITUTION DE RÉSIDUS PHÉNOLIQUES AUX ATOMES D'HYDROGÈNE DES GROUPEMENTS CH^2.

PHÉNYLÉTHYLÈNE-DIAMINE (*phényl 1-diamino 1 2-éthane*), $AzH^2 - (C^6H^5)CH - CH^2AzH^2$. — M. Purgotti [*Gazz. chim. ital*, 24, (2), 427] a préparé, en traitant par l'étain et l'acide chlorhydrique la benzylamine-cyanée

$$C^6H^5 - CH(CAz)AzH^2,$$

une base huileuse qui paraît être la phényléthylène-diamine.

MM. Franz Feist et Hugo Arnstein ont obtenu, en réduisant au moyen du sodium et de l'alcool la phénylglyoxime $C^6H^5 - C = AzOH - CH = AzOH$, la phényléthylène-diamine sous la forme d'une huile jaune clair, distillant à 243-246° [*D. chem. G.*, 28, 425]

La phényléthylène-diamine attire vivement l'acide carbonique de l'air; elle est très soluble dans l'eau. Le *carbamate* est une poudre blanche, fusible à 155°, en se décomposant.

Le *picrate*, $C^8H^{12}Az . C^6H^2(AzO^2)^3OH$, cristallise dans l'eau bouillante en lamelles jaunes, fusibles à 160°.

Le *dérivé benzoylé*,

$$\begin{matrix} C^6H^5 - CH - AzH - COC^6H^5 \\ | \\ CH^2 - AzH - COC^6H^5 \end{matrix}$$

est une poudre blanche, soluble dans l'eau bouillante, fusible à 217°. Le produit correspondant de M. Purgotti fond à 84°.

La *trinitro-dibenzoyl-phényléthylène-diamine* est obtenue par la nitration, à froid, en présence d'acide sulfurique, du dérivé dibenzoylé précédent. C'est une poudre jaune, fusible à 117° [*loc. cit.*].

DIPHÉNYLÉTHYLÈNE-DIAMINE (*diphényl 1.2-diaminoéthane*), $AzH^2 - (C^6H^5)CH - CH(C^6H^5)AzH^2$. — M. Franz Feist a obtenu ce corps en réduisant la dioxime du benzile par le sodium en solution alcoolique, de la façon suivante : On mélange la benzildioxime (25 grammes) avec un peu d'alcool absolu dans une grande cornue, et on introduit par petites portions de 3 à 4 fois la quantité théorique de sodium (70 parties) sans refroidir. On ajoute, s'il y a lieu, de l'alcool pour éviter que le tout ne se prenne en masse. On étend d'eau le produit de la réaction, et on rend la solution faiblement acide par addition d'acide chlorhydrique. On chasse l'alcool par la vapeur d'eau; le sel marin précipité se redissout, et la dioxime inaltérée se précipite. On filtre; après refroidissement on concentre, on filtre encore, et on sature avec de la potasse très concentrée. La diamine se précipite, on l'extrait à l'éther. L'acide carbonique la précipite de sa solution éthérée sous forme de *carbaminate*, poudre blanche, qui, essorée, lavée à l'éther et séchée, fond à 106°.

Ce sel sert à préparer les autres.

Le *chlorhydrate*, $C^{14}H^{16}Az^2 . 2HCl, 2H^2O$, est soluble dans l'eau et fond à 248°.

Le *chloroplatinate*, $C^{14}H^{16}Az^2PtCl^6H^2, 2H^2O$, est formé d'aiguilles fines jaune pâle, se décomposant sans fondre à 222-225°, solubles dans l'eau chaude.

Le *picrate*, $C^{14}H^{16}Az^2 2[C^6H^2 . OH(AzO^2)^3]$, fond à 220°. Il est peu soluble dans l'alcool et dans l'éther.

La base libre s'obtient en traitant le carbaminate solide par une solution concentrée tiède de potasse. On extrait à l'éther, on évapore ce dernier dans un courant d'air privé d'acide carbonique, et on fait cristalliser le résidu dans la ligroïne.

La diphénylméthylène-diamine fond à 90-92°. Elle est peu volatile avec la vapeur d'eau, possède une odeur faiblement alcaline, bleuit fortement le tournesol, et donne des fumées avec l'acide chlorhydrique. A l'état sec, elle absorbe difficilement l'acide carbonique [*D. chem. G.*, **27**, 213; *Bull. Soc. Chim.*, (3), **12**, 501].

PRODUITS DE SUBSTITUTION DE RÉSIDUS ALCOOLIQUES OU PHÉNOLIQUES AUX ATOMES D'HYDROGÈNE DES GROUPEMENTS AzH^2.

ÉTHYLÈNE-DIMÉTHYLDIAMINE SYMÉTRIQUE,

$$\begin{array}{l} CH^2 - AzHCH^3 \\ | \\ CH^2 - AzHCH^3 \end{array}$$

— Pour obtenir cette base deux fois secondaire, on part de l'*éthylène-dibenzène-sulfamide*

$$\begin{array}{l} CH^2 - AzH(C^6H^5 . SO^2) \\ | \\ CH^2 - AzH(C^6H^5 . SO^2) \end{array}$$

composé fusible à 168-169°, qui provient, soit de l'action du bromure d'éthylène sur la benzènesulfamide en présence de lessive de potasse, soit de l'action du sulfochlorure de benzène sur l'éthylène-diamine.

L'éthylène-dibenzène-sulfamide (100 grammes), dissoute dans un léger excès de lessive de soude, est chauffée au réfrigérant à reflux pendant une heure avec de l'iodure de méthyle (90 grammes) et de l'alcool (50 grammes); après évaporation de l'alcool et lavage du résidu à la soude étendue, on obtient l'éthylène-diméthyl-dibenzène-sulfamide

$$\begin{array}{l} CH^2 - Az(CH^3)(C^6H^5 . SO^2) \\ | \\ CH^2 - Az(CH^3)(C^6H^5 . SO^2) \end{array}$$

sous la forme d'une masse blanche, cristalline, très peu soluble dans l'eau froide, un peu soluble dans l'eau bouillante, d'où elle cristallise en aiguilles fusibles à 131°.

On décompose enfin l'éthylène-diméthyl-dibenzène-sulfamide en la chauffant avec un excès d'acide chlorhydrique concentré. Le produit de la réaction, après avoir été alcalinisé, est soumis à l'action d'un courant de vapeur d'eau. On acidule par l'acide chlorhydrique la liqueur distillée, et on évapore à sec.

Le *chlorhydrate* d'éthylène-diméthyldiamine $C^2H^6Az^2 . (CH^3)^2, 2HCl$ ainsi obtenu est un sel blanc, en cristaux microscopiques, très soluble dans l'eau; il cristallise dans l'alcool étendu en lames blanches, brillantes. Il fond à 236° en noircissant et en se décomposant.

Pour isoler la base à l'état libre, on triture le chlorhydrate avec le double de la quantité théorique de potasse caustique finement pulvérisée, et on distille le mélange avec de la chaux sodée en poudre, dans une cornue en cuivre. Le produit jaunâtre obtenu à la distillation est ensuite chauffé avec de la potasse caustique à 110°, pour achever la dessiccation.

L'éthylène-diméthyldiamine ainsi obtenue constitue un liquide huileux, à odeur ammoniacale, bouillant à 119°, fumant à l'air, dont il attire avec énergie l'eau et l'acide carbonique, et soluble en toutes proportions dans l'eau chaude. Sa densité par rapport à l'eau à 4° est de 0,848, et de 0,828 à la température ordinaire [Paul Schneider, *D. chem. G.*, **28**, 3074].

Le *chloroplatinate d'éthylène-diméthyldiamine*, $C^2H^6Az^2 . (CH^3)^2 . 2HCl . PtCl^4$, noircit lorsqu'on le chauffe à 205°, et fond en se boursouflant à 209°. Il cristallise dans l'eau bouillante en longues et belles aiguilles rouge orangé.

Le *chloraurate*,

$$C^2H^6Az^2(CH^3)^2 . 2HCl . 2AuCl^3, H^2O,$$

se dépose en prismes jaune d'or de ses solutions aqueuses, acidulées par l'acide chlorhydrique.

Le *picrate*,

$$C^2H^6Az^2(CH^3)^2 . [C^6H^2 . (AzO^2)^3 . OH]^2,$$

cristallise dans l'eau bouillante en fines lames jaunes, brillantes; il fond à 215-216°.

L'*éthylène-diméthyldinitrosodiamine*,

$$\begin{array}{l} CH^2 - Az(AzO)(CH^3) \\ | \\ CH^2 - Az(AzO)(CH^3) \end{array}$$

qu'on prépare facilement en faisant réagir le nitrite de sodium et l'acide chlorhydrique sur le chlorhydrate d'éthylène-diméthyldiamine en solution concentrée, cristallise en feuillets d'un vert jaunâtre, fusibles à 60-61°.

L'existence de ce dérivé dinitrosé établit d'une façon indiscutable que l'éthylène-diméthyldiamine est une base deux fois secondaire [Paul Schneider, *D. chem. G.*, **28**, 3074].

Hydrate d'éthylène-dihexaméthylammonium

$$\begin{array}{l} CH^2 - Az(CH^3)^3OH \\ | \\ CH^2 - Az(CH^3)^3OH \end{array}$$

— On verse peu à peu, en refroidissant, 5 grammes d'éthylène-diamine en solution méthylalcoolique dans une solution alcoolique de 24 grammes d'iodure de méthyle (2 molécules), et on élimine ensuite l'iode par l'oxyde d'argent fraîchement préparé. Cette opération étant encore répétée deux fois, on chauffe finalement au bain-marie. Après avoir distillé l'alcool, on étend d'eau la liqueur, on l'acidule par l'acide chlorhydrique, et on l'agite avec un léger excès de chlorure d'argent, qui élimine complètement l'iode.

Par évaporation on obtient un sirop jaunâtre, qui, desséché dans le vide sulfurique, se solidifie en masses blanches, extrêmement hygroscopiques, répondant à la formule du *chlorure d'éthylène-dihexaméthylammonium*,

Le *chloroplatinate*, $C^8H^{22}Az^2Cl^2 . PtCl^4$, est peu soluble dans l'eau. Il cristallise dans l'acide chlorhydrique concentré bouillant en feuilles fines, qui noircissent à 260° et fondent en se décomposant à 286°.

Le *picrate*, $C^8H^{22}Az^2[O . C^6H^2 . (AzO^2)^3]^2$, cristallise dans l'eau bouillante en petits prismes fusibles à 262° [Paul Schneider, *D. chem. G.*, 28, 3072].

ÉTHYLÈNE-DIÉTHYLDIAMINE,

$$\begin{array}{l} CH^2 - AzH - C^2H^5 \\ \vert \\ CH^2 - AzH - C^2H^5 \end{array}$$

— Pour préparer cette base, on suit une méthode identique à celle qui a servi pour l'éthylène-diméthyldiamine (voyez plus haut).

L'*éthylène-diéthyldibenzène-sulfamide*

$$\begin{array}{l} CH^2 - Az(C^2H^5)(C^6H^5 . SO^2) \\ \vert \\ CH^2 - Az(C^2H^5)(C^6H^5 . SO^2) \end{array}$$

fond à 153°. Elle est peu soluble dans l'alcool et dans l'éther, assez soluble dans le chloroforme.

Le *chlorhydrate* d'éthylène-diéthyldiamine, $C^2H^6Az^2 . (C^2H^5)^2 . 2HCl$, cristallise dans l'alcool étendu en beaux feuillets blancs, fusibles à 259-261° en noircissant, très solubles dans l'eau.

On obtient la base libre en distillant le chlorhydrate en présence de potasse et de chaux sodée. Pour la sécher, on l'agite d'abord en solution éthérée avec de la potasse solide à la température ordinaire; on termine la dessiccation à 120°. L'éthylène-diéthyldiamine bout à 149-150° [Hinsberg et Strupple, *Ann. Chem.*, 287, 220. — Paul Schneider, *D. chem. G.*, 28, 3076].

Le *chloroplatinate*,

$$C^2H^6Az^2(C^2H^5)^2 . 2HCl . PtCl^3,$$

cristallise dans l'eau bouillante en petits prismes d'un rouge orangé, qui renferment 2 molécules d'eau de cristallisation. Il fond à 233-234°.

Le *chloraurate*,

$$C^2H^5Az^2(C^2H^5)^2 2HCl . 2AuCl^4,$$

cristallise avec 2 molécules d'eau; il fond à 220°.

Le *dérivé dinitrosé*

$$\begin{array}{l} CH^2 - Az - (AzO)(C^2H^5) \\ \vert \\ CH^2 - Az - (AzO)(C^2H^5) \end{array}$$

se décompose sous l'influence de la chaleur avec dégagement gazeux et en noircissant [Paul Schneider, *D. chem. G.*, 28, 3077],

ÉTHYLÈNE-PHÉNYLDIAMINE,

$$C^6H^5AzH - CH^2 - CH^2 - AzH^2.$$

— Ce composé est isomérique avec la phényl-éthylène-diamine étudiée plus haut. On le prépare en suivant une méthode générale qui a été découverte par M. Gabriel.

En faisant réagir le bromure d'éthylène sur la phtalimide potassée, on obtient la brométhylphtalimide

$$C^6H^4 \langle {}^{CO}_{CO} \rangle Az - \begin{array}{l} CH^2 \\ \vert \\ CH^2Br \end{array}$$

Celle-ci, traitée à 150° par l'aniline, donne la β-*anilidoéthylphtalimide*,

$$C^6H^4 \langle {}^{CO}_{CO} \rangle Az - CH^2 - CH^2 - AzHC^6H^5,$$

composé faiblement basique, soluble dans l'acide chlorhydrique étendu et fondant entre 120 et 130°.

La β-anilidoéthylphtalimide est dédoublée ensuite par l'acide chlorhydrique fumant en acide phtalique et chlorhydrate d'éthylène-phényldiamine $AzH^2 - CH^2 - CH^2 - AzHC^6H^5$.

La base libre constitue un liquide épais, bouillant à 262-264°. Elle forme un *mono-* et un *di-chlorhydrate*. Son *picrate* fond à 142-143° [Gabriel, *D. chem. G.*, 22, 2233; *Bull. Soc. Chim.*, (3), 3, 809].

L'éthylène-phényldiamine réagit sur le sulfure de carbone, avec élévation de la température, en donnant des cristaux d'un blanc jaunâtre, que l'on purifie par cristallisation dans l'eau. L'*éthylène-phénylsulfo-urée* ainsi obtenue

$$CS \langle {}^{AzC^6H^5}_{AzH} \rangle C^2H^4$$

fond à 155° et se dissout aisément dans l'alcool et dans le benzène. Le même corps se forme d'ailleurs dans l'action du sulfocyanate de potassium sur le chlorhydrate d'éthylène-diamine [Newmann, *D. chem. G.*, 24, 2191].

On obtient de même l'*éthylène-phénylurée*,

$$CO \langle {}^{AzC^6H^5}_{AzH} \rangle C^2H^4,$$

en employant le cyanate de potassium. Ce corps fond à 160-161°.

Le *dérivé benzoylé* de l'éthylène-phénylurée fond à 143°,5; il distille sans décomposition. Le *dérivé diacétylé* cristallise dans le benzène en prismes orthorhombiques fondant à 116°. Ces deux composés sont encore basiques, et donnent des *picrates* cristallisés. L'acide chlorhydrique sec transforme le dérivé diacétylé en un produit ayant la formule

$$C^2H^4 \langle {}^{Az . C^6H^5}_{Az} \rangle C - CH^3$$

qui donne un *chloroplatinate* peu soluble dans l'eau [*loc. cit.*].

ÉTHYLÈNE-MÉTHYLPHÉNYLDIAMINE,

$$AzH^2 - CH^2 - CH^2 - Az \langle {}^{CH^3}_{C^6H^5}$$

— On décompose par l'acide chlorhydrique concentré à chaud la *méthylanilidoéthylphtalimide*,

$$C^6H^4 \langle {}^{CO}_{CO} \rangle Az - CH^2 - CH^2 - Az \langle {}^{CH^3}_{C^6H^5}$$

composé fusible à 104-105°, très soluble dans le benzène, le sulfure de carbone et l'alcool bouillant, peu soluble dans l'éther et dans l'alcool froid, et qui provient de l'action à 160-170° de la monométhylaniline sur la brométhylphtalimide.

L'éthylène-méthylphényldiamine est une huile bouillant à 254-255°, soluble dans l'eau et dans l'alcool. C'est une base forte, qui se carbonate à l'air en se solidifiant. Le *picrate* fond à 173° [Newmann, *D. chem. G.*, 24, 2200].

ÉTHYLÈNE-O-CRÉSYLDIAMINE,

$$AzH^2 - CH^2 - CH^2 - AzH_{(1)}(C^6H^4 . CH^3)_{(2)}.$$

— On prépare de même avec l'o-toluidine l'*o-toluidoéthylphtalimide*

$$C^6H^4 \langle {}^{CO}_{CO} \rangle Az - CH^2 - CH^2 - AzH - C^6H^4 . CH^3,$$

qui fond à 153°, puis l'éthylène-o-crésyldiamine, qui bout à 267°.

Le *chlorhydrate* correspondant fond entre 168 et 173°, le *picrate* à 148°; le *dérivé dibenzoylé* fond à 164°,5 [Newmann, *D. chem. G.*, 24; *Bull. Soc. Chim.*, (3), 8, 138].

ÉTHYLÈNE-P-CRÉSYLDIAMINE,

$$AzH^2 - CH^2 - CH^2 - AzH_{(1)}(C^6H^4 . CH^3)_{(4)}.$$

— Avec la p-toluidine, on prépare de même la *p-toluidoéthylphtalimide*, qui fond à 96°, et, en outre, un *dérivé disubstitué*

$$CH^3 . C^6H^4 - Az(C^2H^4Az . C^8H^4O^2)^2,$$

fusible à 200°, insoluble dans l'eau et dans l'alcool.

Le *chlorhydrate* d'éthylène-p-crésyldiamine fond à 218°.

Le *chloroplatinate* est facilement soluble dans l'eau.

Le *dérivé dibenzoylé* fond à 161°; le *dérivé diacétylé* à 107°.

ÉTHYLÈNE-M-XYLYLDIAMINE,

$$AzH^2 - C^2H^4 - AzH . C^6H^3(CH^3)^2.$$

— La *m-xylidoéthylphtalimide* correspondante,

$$C^8H^9AzH - C^2H^4 - Az \langle {CO \atop CO} \rangle C^6H^4,$$

cristallise dans l'alcool en fines aiguilles fondant à 123°, solubles dans le benzène, l'acide acétique, le sulfure de carbone, peu solubles dans l'éther et dans l'alcool froids.

L'éthylène-m-xylyldiamine est une huile incolore, fortement alcaline, qui bout à 273-275° et se carbonate à l'air.

Son *chlorhydrate* est déliquescent; il fond à 173°.

Le *picrate* forme des aiguilles jaune-rouge qui fondent à 141° et sont très solubles dans l'alcool.

Le *chloroplatinate*, $C^{10}H^{16}Az^2 . HCl . PtCl^4$, est une poudre très soluble dans l'eau, insoluble dans l'alcool [Newmann, *D. chem. G.*, **24**, 2197].

ÉTHYLÈNE-α-NAPHTYLDIAMINE,

$$AzH^2 - C^2H^4 - AzHC^{10}H^7.$$

— L'*α-naphtylamidoéthylphtalimide*,

$$C^6H^4 \langle {CO \atop CO} \rangle Az . C^2H^4 - AzHC^{10}H^7,$$

fond à 158°. Ce sont des cristaux jaunes, solubles dans le benzène et dans l'acide acétique, peu solubles dans l'éther.

La décomposition de ce corps par l'acide chlorhydrique est beaucoup plus difficile que celle des composés analogues obtenus avec les autres bases aromatiques. On a cependant pu isoler à l'état de pureté le *picrate* d'éthylène-α-naphtyldiamine,

$$AzH^2 . C^2H^4 . AzH . C^{10}H^7 . C^6H^2(AzO^2)^3O,$$

qui cristallise en petites aiguilles rouges, fusibles à 211°.

ÉTHYLÈNE-O-MÉTHOXYPHÉNYLDIAMINE (*o-anisidoéthylène-diamine*),

$$AzH^2 - CH^2 - CH^2 - AzH_{(1)} - C^6H^4_{(2)} . OCH^3.$$

— On l'obtient de même en passant par le dérivé phtalimique.

Celui-ci, qui a pour formule

$$C^6H^4 \langle {CO \atop CO} \rangle Az - CH^2 - CH^2 - AzH_{(1)} - C^6H^4_{(2)} . OCH^3,$$

est en cristaux jaunes, fusibles à 118-119°.

L'éthylène-o-méthoxyphényldiamine est une huile bouillant à 277-280° sous 764 millimètres; elle se colore en rouge à l'air et répand une odeur de poisson fermenté.

Le *chlorhydrate* fond à 156°.

Le *picrate*, $C^9H^{14}Az^2O . 2C^6H^3 . Az^3O^7$, est en cristaux jaune clair.

La base libre se combine avec le sulfure de carbone pour donner le composé

$$CS^2(C^9H^{14}Az^2O)^2,$$

qui se dépose de ses solutions alcooliques en cristaux fondant à 123°.

Elle fournit de même avec le phénylsénevol l'*anisidoéthylphénylthio-urée*,

$$C^6H^5 - AzH - CS - AzH . C^2H^4 . AzH - C^6H^4 . OCH^3,$$

qui fond à 117-118°.

Le chlorure de benzoyle donne, en présence de la base additionnée de lessive de soude, la *dibenzoylamidoéthylanisidine*, $C^9H^{12}Az^2O(C^7H^5O)^2$, qui cristallise dans l'alcool éthéré et fond à 134-135° [Diefenbach, *D. chem. G.*, **27**, 928; *Bull. Soc. Chim.*, (3), **12**, 979].

ÉTHYLÈNE-O-PHÉNYLOL-DIAMINE,

$$AzH^2 - CH^2 - CH^2 - AzH - C^6H^4 . OH.$$

— L'acide iodhydrique déméthyle la base précédente, en donnant l'*éthylène-o-phénylol-diamine*, ou plutôt son *iodhydrate* souillé d'une assez forte proportion d'iode. Si l'on cherche à décolorer le produit brut au moyen de l'acide sulfureux, on obtient le *sulfate* de la base sous la forme de cristaux incolores, peu solubles dans l'eau froide. Le même sulfate peut d'ailleurs être obtenu plus facilement en traitant directement le dérivé phtalimique de l'éthylène-o-méthoxyphényldiamine par l'acide iodhydrique, qui saponifie à la fois le groupe méthoxyle et le groupe phtalyle; le produit brut, traité par l'acide sulfureux et le sulfate de sodium, laisse cristalliser le sulfate pur.

La base éthylène-o-phénylol-diamine est isolée à l'état libre par décomposition du sulfate au moyen du carbonate de baryum. On obtient ainsi une huile bouillant à 280-285°, et qui cristallise bientôt. Purifiée par cristallisation dans l'éther acétique, elle fond à 154-155°.

Le *picrate* est en cristaux jaunes, fusibles à 158-160°.

Le *chlorhydrate* est très soluble dans l'eau.

Le *dérivé tétrabenzoylé*, $C^8H^8Az^2O(C^7H^5O)^4$, fond à 63-65° [R. Diefenbach, *D. chem. G.*, **27**, 928; *Bull. Soc. Chim.*, (3), **12**, 980].

ÉTHYLÈNE-DIPHÉNYLDIAMINE (*diphényl 1.2-aminoéthane*), $C^6H^5 - AzHCH^2 - CH^2AzHC^6H^5$.

— Cette base est isomérique avec la diphényléthylène-diamine décrite plus haut.

Pour la préparer, on chauffe au bain-marie 1 molécule de bromure d'éthylène avec 8 molécules d'aniline; au bout de 20 minutes environ la réaction est achevée. On traite par l'eau qui dissout le bromhydrate d'aniline, et on élimine le bromure d'éthylène par un courant de vapeur d'eau. Par refroidissement, l'éthylène-diphényldiamine se prend en une masse cristalline, qu'on exprime fortement dans du papier à filtrer, et dont on achève la purification par une cristallisation dans l'alcool à 80°. Le rendement est de 83 0/0 du rendement théorique [L. Gazzino, *Gazz. chim. ital.*, **23**, 9].

Ce sont des cristaux fusibles à 65° [Bischoff et Nastvogel, *D. chem. G.*, **22**, 1783], très solubles dans l'alcool et dans l'éther.

Chlorhydrate, $C^{14}H^{16}Az^2 . 2HCl$.

Chloroplatinate, $C^{14}H^{16}Az^2 . 2HCl . PtCl^4$.

Bromhydrate, $C^{14}H^{16}Az^2 . 2HBr$. — Fond à 248-250°. Insoluble dans le benzène [Bischoff et Hausdörfer, *D. chem. G.*, **25**, 3255].

Le *dérivé dichloracétylé* de l'éthylène-diphényldiamine

$$C^2H^4 \langle {Az(CO - CH^2Cl)(C^6H^5) \atop Az(CO - CH^2Cl)(C^6H^5)}$$

fond à 153-154°, et le *dérivé dibromacétylé* à 136°.

Le *dérivé di-α-bromopropionylé*

$$C^2H^4 < \begin{matrix} Az(CO-CHBr-CH^3)(C^6H^5) \\ Az(CO-CHBr-CH^3)(C^6H^5) \end{matrix}$$

fond à 184°.

Le *dérivé butyrique* correspondant

$$C^2H^4 < \begin{matrix} Az(CO-CHBr-CH^2-CH^3)(C^6H^5) \\ Az(CO-CHBr-CH^2-CH^3)(C^6H^5) \end{matrix}$$

fond à 98°, et l'isomère *iso-*

$$C^2H^4 < \begin{matrix} Az\left(CO-CBr < \begin{matrix} CH^3 \\ CH^3 \end{matrix}\right)(C^6H^5) \\ Az\left(CO-CBr < \begin{matrix} CH^3 \\ CH^3 \end{matrix}\right)(C^6H^5) \end{matrix}$$

à 43° [Bischoff et Hausdörfer, *D. chem G.*, **25**, 3253].

L'oxychlorure de carbone réagit sur l'éthylène-diphényldiamine en solution benzénique, pour donner deux composés : l'un d'eux est l'*éthylène-diphénylurée*

$$\begin{matrix} CH^2-AzC^6H^5 \\ | \\ CH^2-AzC^6H^5 \end{matrix} > CO,$$

qui fond à 209°. Le second composé a pour formule de constitution

$$\begin{matrix} C^2H^4 < \begin{matrix} Az(C^6H^5)-COCl \\ \\ \end{matrix} \\ CO < \begin{matrix} AzC^6H^5 \\ AzC^6H^5 \end{matrix} \\ C^2H^4 < \begin{matrix} \\ Az(C^6H^5)-COCl \end{matrix} \end{matrix}$$

Il fond à 167°, en se transformant en éthylène-diphénylurée fusible à 209°. A la distillation sèche, il dégage de l'oxyde de carbone en donnant également de l'éthylène-diphénylurée. Il en est de même quand on le chauffe avec l'ammoniaque ou la lessive de soude [Michler et Keller, *D. chem. G.*, **14**, 2182].

Chauffée avec l'anhydride succinique à 180°, l'éthylène-diphényldiamine produit de la *diphénylpipérazine*,

$$C^6H^5-Az < \begin{matrix} CH^2-CH^2 \\ CH^2-CH^2 \end{matrix} > Az-C^6H^5$$

[Bischoff et Nastvogel, *D. chem. G.*, **23**, 2075].

Lorsque à une solution d'éthylène-diphényldiamine (5 grammes) dans l'acide chlorhydrique (25 parties) et l'eau (150 parties), on ajoute peu à peu du nitrite de sodium (2 molécules), on obtient un précipité d'*éthylène-diphényldinitrosamine*

$$C^2H^4 < \begin{matrix} Az < \begin{matrix} AzO \\ C^6H^5 \end{matrix} \\ Az < \begin{matrix} C^6H^5 \\ AzO \end{matrix} \end{matrix}$$

qui cristallise dans l'acide acétique en feuillets fusibles à 157°. Ce corps est insoluble dans l'eau froide, l'alcool et l'éther, soluble dans l'alcool bouillant, l'acide acétique, le benzène. Traité par les agents de réduction, il fournit l'éthylène-diphényldiamine [Morley, *D. chem. G.*, **12**, 1794].

On a préparé des dérivés de substitution nitrés de l'éthylène-diphényldiamine.

L'*éthylène-di-o-nitrodiphényldiamine*

$$C^2H^4 < \begin{matrix} AzH_{(1)}C^6H^4(AzO^2)_{(2)} \\ AzH_{(1)}C^6H^4(AzO^2)_{(2)} \end{matrix}$$

prend naissance dans l'action de l'o-nitranisol sur l'éthylène-diamine à 180°, ou de l'o-bromonitrobenzène sur l'éthylène-diamine à 120°. (Voyez plus haut l'action de l'éthylène-diamine sur les nitrophénols, leurs éthers, etc.)

L'*éthylène-di-m-nitrodiphényldiamine*,

$$C^2H^4 < \begin{matrix} AzH_{(1)}.C^6H^4.AzO^2_{(3)} \\ AzH_{(1)}.C^6H^4.AzO^2_{(3)} \end{matrix}$$

s'obtient en faisant réagir à 120-130° le bromure d'éthylène sur la m-nitraniline. Ce sont de larges aiguilles jaune-rougeâtre, ou des feuillets qui cristallisent bien dans l'acide acétique, et fondent à 206°. Le produit est insoluble dans l'alcool, très peu soluble dans le chloroforme, le benzène, assez soluble dans l'acide acétique bouillant. Il ne se combine qu'avec les acides forts, et ses sels sont dissociables par l'eau [Gattermann et Hager, *D. chem. G.*, **17**, 778].

Réduit par l'étain et l'acide chlorhydrique, il donne l'*éthylène-diphénylène-diamine*,

$$AzH^2-C^6H^4.AzH-C^2H^4-AzH.C^6H^4-AzH^2,$$

qui cristallise dans l'eau bouillante en lamelles ou en aiguilles douées d'un éclat argentin, renfermant 1 molécule d'eau de cristallisation, fondant à 107°, et dont le chlorhydrate renferme 4 molécules d'acide chlorhydrique [Gattermann et Hager, *D. chem. G.*, **17**, 1778].

L'*éthylène-di-p-nitro-diphényldiamine*

$$C^2H^4 < \begin{matrix} AzH_{(1)}.C^6H^4.AzO^2_{(4)} \\ AzH_{(1)}.C^6H^4.AzO^2_{(4)} \end{matrix}$$

se forme dans des conditions analogues à celles du dérivé ortho correspondant. Il en est de même de l'*éthylène-tétranitro-diphényldiamine*

$$C^2H^4 < \begin{matrix} AzH_{(1)}-C^6H^3(AzO^2)^2_{(2.4)} \\ AzH_{(1)}-C^6H^3(AzO^2)^2_{(2.4)} \end{matrix}$$

de l'*éthylène-tétranitro-dibutyldiphényldiamine*

$$C^2H^4 < \begin{matrix} AzH-C^6H^2(C^4H^9)(AzO^2)^2 \\ AzH-C^6H^2(C^4H^9)(AzO^2)^2 \end{matrix}$$

de l'*éthylène-hexanitro-diphényldiamine* (*dipicryléthylène-diamine*)

$$C^2H^4 < \begin{matrix} AzH-C^6H^2(AzO^2)^3 \\ AzH-C^6H^2(AzO^2)^3 \end{matrix}$$

(Voyez plus haut l'action de l'éthylène-diamine sur les nitrophénols, leurs éthers, etc.)

Hydrate d'éthylène-diphényl-tétraméthyl-diammonium

$$C^2H^4 < \begin{matrix} Az(C^6H^5)(CH^3)^2OH \\ Az(C^6H^5)(CH^3)^2OH \end{matrix}$$

— Le bromure de cette base ammoniée quaternaire prend naissance quand on chauffe, pendant 60 heures à 100°, molécules égales de diméthylaniline et de bromure d'éthylène. Les cristaux obtenus sont lavés à l'éther et purifiés par cristallisation dans l'alcool absolu. L'hydrate lui-même est mis en liberté au moyen de l'hydrate de plomb [Hübner, Tölle et Athenstädt, *Ann. Chem.*, **224**, 346].

La base libre est une huile qui cristallise lentement. Elle est très soluble dans l'eau et se carbonate à l'air.

Le *chlorure*, $C^{18}H^{26}Az^2Cl^2$, cristallise dans l'alcool en prismes déliquescents.

Le *chloromercurate*, $2C^{18}H^{26}Az^2Cl^2.3HgCl^2$, fond en se décomposant à 174-175°.

Il cristallise dans l'eau bouillante en grosses aiguilles. A 6°,2 il est soluble dans 317p,9 d'eau.

Le *chloroplatinate*, $C^{18}H^{26}Az^2Cl^2.PtCl^4$, se dépose de ses solutions aqueuses en cristaux rouge-brun. Il est soluble à 7°,4 dans 404p,8 d'eau.

Le *bromure*, $C^{18}H^{26}Az^2Br^2$, cristallise dans l'alcool absolu en aiguilles déliquescentes. Il est à peine soluble dans l'éther anhydre.

L'*iodure*, $C^{18}H^{26}Az^2I^2$, cristallise dans l'alcool absolu en grosses lames brillantes, insolubles dans l'éther, très solubles dans l'eau. 1 partie se dissout à 8°,2 dans 46p,4 d'alcool. Il est inattaquable par la lessive de potasse bouillante.

L'*anhydrochromate*, $C^{18}H^{26}Az^2 . Cr^2O^7$, se présente en aiguilles rouge-brique. Il fond à 190° et se décompose à 192°. Il est soluble dans 75 parties d'eau froide environ.

Le *picrate*, $C^{18}H^{20}Az^2 . 2C^6H^2Az^3O^7$, cristallise en aiguilles jaunes, fusibles à 124°. Il est très peu soluble dans l'alcool froid et encore moins soluble dans l'eau froide [*loc. cit.*].

ÉTHYLÈNE-DI-O-CRÉSYLDIAMINE,

$$C^2H^4 \begin{cases} AzH_{(1)} - C^6H^4_{(2)} - CH^3 \\ AzH_{(1)} - C^6H^4_{(2)} - CH^3 \end{cases}$$

— M. Colson a obtenu ce composé en chauffant un mélange d'o-toluidine et de bromure d'éthylène. Il est blanc, cristallisé, soluble dans 7 parties d'éther, dans 10 ou 12 parties d'alcool froid, dans 300 parties d'eau bouillante [*Bull. Soc. Chim.*, (2), 48, 799].

Le *dérivé diacétylé*,

$$C^2H^4 \begin{cases} Az(CO - CH^3)(C^7H^7) \\ Az(CO - CH^3)(C^7H^7) \end{cases}$$

fond à 152-153°.

Le *dérivé dibromacétylé*,

$$C^2H^4 \begin{cases} Az(CO - CH^2Br)(C^7H^7) \\ Az(CO - CH^2Br)(C^7H^7) \end{cases}$$

fond à 255°.

Le *dérivé di-α bromopropionique*,

$$C^2H^4 \begin{cases} Az(CO - CHBr - CH^3)(C^7H^7) \\ Az(CO - CHBr - CH^3)(C^7H^7) \end{cases}$$

fond à 181°.

Le *dérivé butyrique* correspondant,

$$C^2H^4 \begin{cases} Az(CO - CHBr - CH^2 - CH^3)(C^7H^7) \\ Az(CO - CHBr - CH^2 - CH^3)(C^7H^7) \end{cases}$$

fond à 190°, et l'isomère *iso*,

$$C^2H^4 \begin{cases} Az\left(CO - CBr \begin{cases} CH^3 \\ CH^3 \end{cases}\right)(C^7H^7) \\ Az\left(CO - CBr \begin{cases} CH^3 \\ CH^3 \end{cases}\right)(C^7H^7) \end{cases}$$

à 172-173° [Bischoff et Hausdörfer, *D. chem. G.*, 25. 3253].

ÉTHYLÈNE-DI-P-CRÉSYLDIAMINE,

$$C^2H^4 \begin{cases} AzH_{(1)} - C^6H^4_{(4)} - CH^3 \\ AzH_{(1)} - C^6H^4_{(4)} - CH^3 \end{cases}$$

— Cette base se forme, à côté de la triéthylènetricrésyltriamine, quand on chauffe à 150° la p-toluidine avec du bromure d'éthylène. On sépare les deux bases par l'alcool, dans lequel l'éthylène-dicrésyldiamine est très soluble.

Cristaux fusibles à 97°,5 [Gretillat, *Mon. Scient.*, (3), 3, 383].

Si l'on fait passer un courant de gaz phosgène dans une solution benzénique d'éthylène-di p-crésyldiamine, il se forme un composé uréique chloré particulier, fusible à 155°, très instable, et qui par la simple fusion se décompose en oxychlorure de carbone et *éthylène-dicrésylurée*,

$$\begin{matrix} CH^2 - Az(C^7H^7) \\ | \\ CH^2 - Az(C^7H^7) \end{matrix} \Big> CO.$$

Celle-ci cristallise dans l'alcool en aiguilles brillantes, fusibles à 228° [Michler et Keller, *D. chem. G.*, 14, 2184].

Éthylène-di-m-nitro-p-crésyldiamine (*bis métho-nitro-phényl-diamino-éthane*),

$$C^2H^4 \begin{cases} AzH_{(4)} - C^6H^3(AzO^2)_{(3)}(CH^3)_{(1)} \\ AzH_{(4)} - C^6H^3(AzO^2)_{(3)}(CH^3)_{(1)} \end{cases}$$

— MM. Gattermann et Hager ont obtenu ce composé en chauffant à 130° la m-nitro-p-toluidine avec du bromure d'éthylène [*D. chem. G.*, 17, 779].

Il cristallise dans le chloroforme en feuillets rouges, fusibles à 195°, peu solubles dans l'alcool.

La *base* correspondante, obtenue par réduction au moyen de l'étain et de l'acide chlorhydrique, fond à 158-159° [*loc. cit.*].

Éthylène-diméthyl-di-p-crésyldiamine,

$$C^2H^4 \begin{cases} Az(C^7H^7)(CH^3) \\ Az(C^7H^7)(CH^3) \end{cases}$$

— On chauffe le bromure

$$C^2H^4 \begin{cases} Az(C^7H^7)(CH^3)^2Br \\ Az(C^7H^7)(CH^3)^2Br \end{cases}$$

ou le carbonate (voyez plus bas) avec de l'ammoniaque concentrée. Le précipité obtenu est lavé à l'eau, et purifié par cristallisation dans l'alcool [Hübner et Athenstädt, *Ann. Chem.*, 224, 340].

Tablettes fusibles à 79°,5-80°,5, très peu solubles dans l'eau. Ce corps se décompose à la distillation en diméthyltoluidine et triéthylènetritolyltriamine.

Il ne fixe qu'une molécule d'iodure de méthyle. C'est une base faible.

Le *chloromercurate*, $C^{18}H^{24}Az^2 . 2HCl . HgCl^2$, fond en se décomposant à 190°.

Le *chloroplatinate*, $C^{18}H^{24}Az^2 . 2HCl . PtCl^4$, est une poudre jaune-orangé, presque insoluble dans l'éther.

L'*iodométhylate*,

$$C^2H^4 \begin{cases} Az(C^7H^7)(CH^3)^2I \\ Az(C^7H^7)(CH^3) \end{cases}$$

cristallise dans ses solutions aqueuses en aiguilles brillantes, et se décompose à 100°. Il est assez soluble dans l'eau bouillante [Hübner, Tölle et Athenstädt, *Ann. Chem.*, 224, 342].

Hydrate d'éthylène-tétraméthyl-di-p-crésyl-diamine (*bis métho-phényle-diméthyle-hydroxy-diammonio-éthane*),

$$C^2H^4 \begin{cases} Az(C^7H^7)(CH^3)^2(OH) \\ Az(C^7H^7)(CH^3)^2(OH) \end{cases}$$

Le *bromure* de cette base,

$$C^2H^4 \begin{cases} Az(C^7H^7)(CH^3)^2Br \\ Az(C^7H^7)(CH^3)^2Br \end{cases}$$

prend naissance quand on chauffe pendant 3 ou 4 jours, en tube scellé, à 100-110°, un mélange de diméthyltoluidine et de bromure d'éthylène. On dissout dans l'eau le contenu du tube, on distille le bromure d'éthylène et la diméthyltoluidine en excès. La solution ammoniacale filtrée est chauffée à l'ébullition de manière à chasser l'ammoniaque, puis traitée par le carbonate d'argent. On obtient ainsi en solution le *carbonate* d'éthylène-tétraméthyl-di-p-crésyldiamine, qu'on purifie par agitation avec de l'éther, dans lequel le carbonate est insoluble [Hübner, Tölle et Athenstädt, *Ann. Chem.*, 224, 337].

Le carbonate comme le bromure de cette base se décompose quand on le chauffe à l'ébullition avec de l'ammoniaque, d'après l'équation suivante :

$$C^2H^4 \begin{matrix} < Az(C^7H^7)(CH^3)^2CO^3H \\ < Az(C^7H^7)(CH^3)^2CO^3H \end{matrix}$$

$$= C^2H^4 \begin{matrix} < Az(C^7H^7)(CH^3) \\ < Az(C^7H^7)(CH^3) \end{matrix} + 2CO^2 + 2CH^3OH.$$

Le *chloromercurate*, $C^{20}H^{30}Az^2Cl^2 . 2HgCl^2$, cristallise dans l'acide chlorhydrique dilué en longues aiguilles fondant à 159-162°.

Le *chlorostannate*, $C^{20}H^{30}Az^2Cl^2 . SnCl^4$, forme de longues aiguilles à peine solubles dans l'eau.

Le *chloroplatinate*, $C^{20}H^{30}Az^2Cl^2 . PtCl^4$, forme des aiguilles rouge-orangé foncé.

Le *picrate*, $C^{20}H^{30}Az^2(C^6H^2Az^3O^7)^2$, fond à 195-197°. Il cristallise dans l'alcool en longues aiguilles jaune-paille, ou en lames [*loc. cit.*].

ÉTHYLÈNE-DI-α-NAPHTYL-DIAMINE (*bis naphtyl-diamino-éthane*),

$$C^2H^4 \begin{matrix} < AzH . C^{10}H^7 \\ < AzH . C^{10}H^7 \end{matrix}$$

— Pour préparer cette base, on ajoute peu à peu du bromure d'éthylène (33 grammes) à un mélange chauffé à 130° d'α-naphtylamine (50 grammes) et d'acétate de sodium desséché (19 grammes). On lave à l'eau le produit de la réaction ; on extrait l'éthylène-dinaphtyldiamine au moyen de l'alcool absolu [Reuter, *D. chem. G.*, 8, 23. — Bischoff et Nastvogel, *D. chem. G.*, 23, 2039].

Cristaux fusibles à 127°, peu solubles dans l'alcool ordinaire, très solubles dans l'alcool absolu et dans l'éther.

Le *bromhydrate*, $C^{22}H^{20}Az^2 . HBr$, cristallise dans l'alcool en petites aiguilles fusibles à 236-237° [Bischoff et Hausdörfer, *D. chem. G.*, 25, 3265].

Le *dibromhydrate*, $C^{22}H^{20}Az^2 . 2HBr$, fond à 205-207°. Il est insoluble dans le benzène.

Le *sulfate*, $C^{22}H^{20}Az^2 . H^2SO^4$, se présente en cristaux brillants, microscopiques. Il est très peu soluble.

Le *dérivé diacétylé*

$$C^2H^4 \begin{matrix} < Az(CO-CH^3)(C^{10}H^7) \\ < Az(CO-CH^3)(C^{10}H^7) \end{matrix}$$

qui prend naissance dans l'action de l'anhydride acétique sur la base, cristallise en feuillets incolores, fusibles à 239-241°.

Le *dérivé monobromacétylé* fond à 215° en se décomposant : il est obtenu au moyen du bromure de bromacétyle.

Le *dérivé di-α-bromopropionique*

$$C^2H^4 \begin{matrix} / Az \begin{matrix} < CO-CHBr-CH^3 \\ < C^{10}H^7 \end{matrix} \\ \backslash Az \begin{matrix} < C^{10}H^7 \\ < CO-CHBr-CH^3 \end{matrix} \end{matrix}$$

fond à 216°.

Le *dérivé di-α-bromobutyrique* (*iso-*) correspondant fond à 197°.

Le *dérivé di-α-bromobutyrique* (*normal*) fond à 233-234°.

L'éthylène-dinaphtyl-diamine, traitée par le chloroformiate d'éthyle, fournit l'*éthylène-naphtyluréthane*,

$$C^2H^4 \begin{matrix} < Az . C^{10}H^7CO-OC^2H^5 \\ < Az . C^{10}H^7CO-OC^2H^5 \end{matrix}$$

composé facilement soluble dans l'alcool et fondant à 156° [Reuter, *D. chem. G.*, 8, 25].

ÉTHYLÈNE-DI-β-NAPHTYLDIAMINE,

$$C^2H^4 \begin{matrix} < AzHC^{10}H^7 \\ < AzHC^{10}H^7 \end{matrix}$$

— Ce composé prend naissance à côté de la di-éthylène-di-β-naphtylamine, quand on fait réagir à 140° le bromure d'éthylène sur la β-naphtylamine en présence de carbonate de sodium desséché. Il cristallise dans l'alcool en feuilles ou aiguilles brillantes, fondant à 149-150°. Il est insoluble dans l'eau et dans l'éther, peu soluble dans le chloroforme, la ligroïne et l'acétone [Bischoff et Hausdörfer, *D. chem. G.*, 23, 1985].

L'*éthylène-di-acétyl-di-β-naphtyldiamine*,

$$C^2H^4 \begin{matrix} < Az(CO-CH^3)(C^{10}H^7) \\ < Az(CO-CH^3)(C^{10}H^7) \end{matrix}$$

fond à 175-176°.

Le *dérivé dimonobromo-acétylé* correspondant fond à 144°.

Le *dérivé propionique* correspondant fond à 196-197° ; il cristallise dans le benzène avec une molécule de dissolvant.

Le *dérivé butyrique* (*normal*) fond à 180°.

L'*éthylène-di-benzoyl-di-β-naphtyldiamine*, qu'on obtient par l'action du chlorure de benzoyle sur l'éthylène-di-β-naphtyldiamine en solution benzénique, est en aiguilles blanches, fusibles à 202-203°. Elle est soluble dans le chloroforme, dans l'acide acétique cristallisable et dans le benzène à chaud [Bischoff et Hausdörfer, *D. chem. G.*, 25, 3263 ; *Bull. Soc. Chim.*, (3), 10, 246].

Éthylène-di-β-oxy-tétrahydronaphtyldiamine,

$$\begin{matrix} CH^2-AzH-C^{10}H^{10} . OH \\ | \\ CH^2-AzH-C^{10}H^{10} . OH \end{matrix}$$

— Ce composé résulte de l'action de l'éthylène-diamine sur le tétrahydro-chloro-naphtalénol $C^6H^4[CH^2-CHCl-CH(OH)-CH^2]$. Il cristallise dans l'alcool en aiguilles fusibles à 201° et forme un *picrate* cristallisé $C^{34}H^{34}Az^8O^{16}$ [Bamberger et Lodter, *Ann. Chem.*, 288, 74].

ÉTHYLÈNE-O-PHÉNYLÈNE-DIAMINE (*tétrahydro-quinoxaline*),

$$C^6H^4 \begin{matrix} < (1)AzH > \\ < (2)AzH > \end{matrix} C^2H^4.$$

— MM. Merz et Ris ont obtenu ce composé en chauffant pendant 15 heures à 200-210° de la pyrocatéchine (3 parties) avec du chlorhydrate d'éthylène-diamine (3p,2).

On lave avec un peu d'eau froide le produit de la réaction, et on le rectifie dans un courant d'hydrogène [*D. chem. G.*, 20, 1191].

Le même corps se forme quand on traite par le sodium une solution alcoolique bouillante de quinoxaline

$$C^6H^4 \begin{matrix} / Az = CH \\ \quad\quad | \\ \backslash Az = CH \end{matrix}$$

(Merz et Ris). On l'obtient aussi par dédoublement, au moyen de l'acide chlorhydrique, du dérivé dibenzène-sulfonique correspondant (voyez plus bas).

L'éthylène-phénylène-diamine cristallise dans l'éther en feuilles brillantes fusibles à 96°,5-97°, et bout à 288°,5-289°,5. Elle est peu soluble dans l'eau froide, facilement soluble dans le chloroforme et dans le benzène, très soluble dans l'éther, peu soluble dans la ligroïne. Une solution aqueuse concentrée donne une coloration violette avec le chlorure ferrique ; en liqueur très étendue, la coloration obtenue est bleue. Le ferricyanure de potassium en solution alcaline l'oxyde en produisant de la quinoxaline.

Le *chlorhydrate*, $2C^8H^{10}Az^2 . 3HCl$, cristallise en feuillets brillants, très solubles dans l'eau et dans l'alcool. Il fond en se décomposant au-dessus de 150° [Ris, *D. chem. G.*, 21, 378].

L'*oxalate*, $(C^8H^{10}Az^2)^2 . C^2H^2O^4$, forme des

aiguilles ou des prismes fusibles à 184° avec décomposition. Il est peu soluble dans l'alcool, plus soluble dans l'eau.

Le *picrate*, $(C^8H^{10}Az^2)^3 2 C^6H^3(AzO^2)^3O$, est un précipité cristallin jaune, qui fond au-dessus de 120° en se décomposant. Il est peu soluble dans l'éther et dans le benzène, soluble dans l'alcool.

Le *dérivé dinitrosé*,

$$C^6H^4 < \begin{matrix} Az(AzO) \\ Az(AzO) \end{matrix} > C^2H^4,$$

fond à 168° en se décomposant [Hinsberg et Strupler, *Ann. Chem.*, 287, 220].

Le *dérivé dibenzène-sulfonique*,

$$C^6H^4 < \begin{matrix} Az(SO^2C^6H^5) \\ Az(SO^2C^6H^5) \end{matrix} > C^2H^4,$$

qui provient de l'action du bromure d'éthylène, en présence d'un alcali, sur le dérivé dibenzène-sulfonique de l'o-phénylène-diamine, fond à 180°. Chauffé à 110° avec l'acide chlorhydrique, il fournit l'éthylène-o-phénylène-diamine [Hinsberg et Strupler, *Ann. Chem.*, 287, 220].

Éthylène-o-phénylene-m_hyl-diamine,

$$C^6H^4 < \begin{matrix} (1)Az(CH^3) \\ (2)AzH \end{matrix} > C^2H^4.$$

— On prépare ce corps en chauffant à 100-110° l'éthylène-phénylène-diamine avec un grand excès d'iodure de méthyle [Ris, *D. chem. G.*, 21, 381].

Il se forme aussi dans la distillation sèche du dérivé triméthylique $C^6H^4 . Az^2(C^2H^4)(CH^3)^3I$ (voir plus bas).

C'est un liquide bouillant à 273-275°. Il produit avec l'eau et un peu de chlorure ferrique une coloration bleue, qui vire au rouge violet par l'addition d'une nouvelle quantité de réactif.

Iodure d'éthylène-o-phénylène-triméthyl-diamine, $(C^6H^4 . Az^2 . C^2H^4(CH^3)^2 . CH^3I$. — M. Ris a obtenu ce composé en chauffant pendant 6 heures à 100-110° de l'éthylène-phénylène-diamine (1 partie) avec de l'iodure de méthyle (4 parties) et de l'alcool méthylique (6 parties) [*D. chem. G.*, 21, 379].

Cristaux en barbes de plume ou en feuillets, fondant au-dessus de 200° en se décomposant, solubles dans l'eau bouillante, peu solubles dans l'alcool absolu froid, insolubles dans l'éther et dans le benzène. Il résiste à la lessive de soude bouillante et à l'acide chlorhydrique bouillant.

Le *chloroplatinate*, $(C^{11}H^{17}Az^2Cl)^2PtCl^4$, cristallise en feuillets jaunes, brillants. Il est peu soluble dans l'eau froide et dans l'alcool absolu.

Ch. Moureu.

ÉTHYLÈNE-DICARBANILIQUE (ACIDE),

$$C^6H^5-Az < \begin{matrix} CO^2H \\ CH^2 \end{matrix} \begin{matrix} CO^2H \\ \text{———} CH^2 \end{matrix} > Az-C^6H^5.$$

— On obtient le chlorure de cet acide par l'action de l'oxychlorure de carbone sur l'éthylène-diphényldiamine.

Il se forme en même temps de l'éthylène-diphénylurée,

$$CO \begin{matrix} \diagup Az(C^6H^5)-CH^2 \\ \diagdown Az(C^6H^5)-CH^2 \end{matrix}$$

On sépare mécaniquement les deux corps, qui cristallisent d'une manière très différente [Hanssen, *D. chem. G.*, 20, 784].

Le chlorure éthylène-dicarbanilique forme des prismes brillants, fusibles à 183° (l'urée cristallise en lamelles fusibles à 206°), doués d'une grande stabilité; il résiste même à l'action de la soude caustique à l'ébullition. Par l'action de l'éthylate de sodium en solution alcoolique sur le chlorure, on obtient l'*éther éthylique* correspondant,

$$C^6H^5-Az < \begin{matrix} CO^2C^2H^5 \\ CH^2-CH^2 \end{matrix} > Az < \begin{matrix} CO^2C^2H^5 \\ COH^5 \end{matrix}$$

qui cristallise dans l'alcool en aiguilles fusibles à 87-88°.

ÉTHYLÈNE-DICRÉSYLDIAMINES. — Voyez ÉTHYLÈNE-DIAMINE, p. 633.

ÉTHYLÈNE-DICRÉSYLÈNE-DIAMINE. — Voyez 2° Suppl., 1, 1434.

ÉTHYLÈNE-DIMÉTHYLPHÉNYLAMINE. — Voyez PHÉNYLAMINE.

ÉTHYLÈNE-DIPHÉNYLDIAMINE. — Voyez ÉTHYLÈNE-DIAMINE, p. 631.

ÉTHYLÈNE-DIPHTALIMIDE,

$$\begin{matrix} CH^2-Az=C^8H^4O^2 \\ | \\ CH^2-Az=C^8H^4O^2 \end{matrix}$$

— On prépare ce corps en chauffant pendant 2 heures à 200°, en vase clos, 10 parties du composé potassique de la phtalimide avec 12 grammes de bromure d'éthylène; le produit de la réaction est soumis à l'ébullition avec une lessive étendue de soude caustique, jusqu'à élimination de l'excès de bromure d'éthylène, et le résidu insoluble est épuisé par 50 parties d'alcool bouillant; finalement la partie non dissoute est purifiée par cristallisation dans l'acide acétique cristallisable bouillant [S. Gabriel, *D. chem. G.*, 20, 2225].

L'éthylène-diphtalimide cristallise en longues aiguilles brillantes, fusibles à 232°; l'acide chlorhydrique fumant scinde nettement, à la température de 200°, ce corps en acide phtalique et en éthylène-diamine, d'après l'équation

$$C^2H^4(AzC^8H^4O^2)^2 + 2H^2O = 2C^8H^6O^4 + C^2H^4(AzH^2)^2.$$

L'éthylène-diphtalimide, chauffée avec une lessive concentrée de potasse caustique, se dissout peu à peu; par addition d'acide chlorhydrique, on obtient un précipité blanc, cristallin, constitué par l'*acide éthylène-diphtalamique*,

$$\begin{matrix} CH^2-AzH-CO-C^6H^4-CO^2H \\ | \\ CH^2-AzH-CO-C^6H^4-CO^2H \end{matrix}$$

que l'on obtient en aiguilles aplaties par cristallisation dans l'eau bouillante [Gabriel et Weiner, *D. chem. G.*, 21, 2670].

G. de Bechi.

ÉTHYLÈNE-GLYCOL. — Voyez GLYCOL.

ÉTHYLÈNE-PHÉNYLÈNE-DIAMINE. — Voyez ÉTHYLÈNE-DIAMINE, p. 634.

ÉTHYLÉNIQUES (BASES) [Dict., 2, 1376]. — Il ne sera pas question ici de l'*éthylène-diamine*, la plus importante des bases éthyléniques, étudiée avec détail dans un article spécial (voyez ÉTHYLÈNE-DIAMINE).

Nous laisserons de côté également la *diéthylène-diamine*, qui est identique à la pipérazine ou pipérazidine, et à l'éthylène-imine de MM. Ladenburg et Abel. Cette base, qui n'est autre chose que l'hexahydro-γ-diazine, a été décrite avec tous les développements nécessaires à propos des γ-diazines [voyez, dans ce Suppl., l'article de M. Bouveault, 2, 98]. Elle est d'ailleurs différente, contrairement à ce que l'on avait cru tout d'abord, de la *spermine*, base que M. Schreiner avait retirée du sperme humain, et à laquelle il avait donné la formule C^2H^5Az.

[Ladenburg et Abel, *D. chem. G.*, **21**, 758; *Bull. Soc. Chim.*, (2), **50**, 443; *D. chem. G.*, **21**, 2106; *Bull. Soc. Chim.*, (3), **1**, 389. — Hofmann, *D. chem. G.*, **23**, 3297. — Majert et Schmidt, *D. chem. G.*, **23**, 3718; *Bull. Soc. Chim.*, (3), **6**, 60].

Action de la chaleur sur les chlorhydrates des bases éthyléniques. — Le chlorhydrate de *diéthylène-triamine*, soumis à l'action de la chaleur, fournit un mélange de chlorhydrate d'ammoniaque et de chlorhydrate de diéthylène-diamine, d'après l'équation suivante :

$$\begin{array}{l} C^2H^4 < AzH^2 - HCl \\ \qquad\quad AzH \;\; - HCl \\ C^2H^4 < AzH^2 - HCl \end{array}$$

$$= C^2H^4 \left\langle \begin{array}{l} AzH \\ AzH \end{array} \right\rangle C^2H^4 . 2HCl + AzH^4Cl.$$

Dans les mêmes conditions, le chlorhydrate de *triéthylène-tétramine* se décompose avec formation de chlorhydrate de diéthylène-diamine. Il est probable qu'il se produit simultanément du chlorhydrate d'éthylène-diamine, d'après l'équation

$$\begin{array}{l} C^2H^4 < AzH^2 - HCl \\ C^2H^4 \left\langle \begin{array}{l} AzH \;\; - HCl \\ AzH \;\; - HCl \end{array} \right. \\ C^2H^4 < AzH^2 - HCl \end{array}$$

$$= C^2H^4 \left\langle \begin{array}{l} AzH \\ AzH \end{array} \right\rangle C^2H^4 - 2HCl$$

$$+ C^2H^4 \left\langle \begin{array}{l} AzH^2 - HCl \\ AzH^2 - HCl \end{array} \right.$$

mais ce dernier produit n'a pas été mis en évidence, sans doute parce qu'il est transformé dans la réaction en chlorhydrate de diéthylène-diamine, fait qui a été constaté directement [Hofmann, *D. chem. G.*, **23**, 3723; *Bull. Soc. Chim.*, (3), **6**, 48].

Triéthylène-tétramine. — La triéthylène-tétramine

$$\begin{array}{l} C^2H^4 < AzH^2 \\ C^2H^4 \left\langle \begin{array}{l} AzH \\ AzH \end{array} \right. \\ C^2H^4 < AzH^2 \end{array}$$

se produit, en même temps que l'éthylène-diamine, la diéthylène-diamine, la diéthylène-triamine, etc., dans l'action du chlorure ou du bromure d'éthylène sur l'ammoniaque; on peut l'isoler des produits bouillant entre 250 et 300°, en mettant à profit l'insolubilité dans l'alcool de son bromhydrate.

On la prépare aussi en chauffant au bain-marie un mélange de chlorure d'éthylène (3 parties) et d'hydrate d'éthylène-diamine (5 parties) jusqu'à réaction neutre de la masse. On l'isole en saturant par l'acide bromhydrique les produits de la réaction bouillant entre 250 et 300°, et en purifiant le bromhydrate par des lavages à l'alcool.

La triéthylène-tétramine, isolée de son bromhydrate par la soude, se présente sous la forme d'un liquide jaunâtre, qui, après dessiccation sur la potasse fondue, renferme encore de l'eau; cet hydrate se dissocie par la distillation. La base anhydre bout à 266-267°. C'est un liquide visqueux, incolore, très alcalin, très soluble dans l'alcool et dans l'eau ; sa densité à 15° = 0,9817. Elle se prend à —18° en une masse cristalline rayonnée, qui fond à + 12°.

Le *bromhydrate*, $C^6H^{18}Az^4 . 4HBr$, forme de beaux cristaux orthorhombiques, presque insolubles dans l'alcool, très solubles dans l'eau, à réaction fortement acide.

Le *bromhydrate neutre*, $C^6H^{18}Az^4 . 3HBr$, peut être obtenu en opérant en solution neutre.

Le *chlorhydrate*, $C^6H^{18}Az^4 . 4HCl$, ressemble au bromhydrate.

Le *chloroplatinate*, $C^6H^{18}Az^4 . 4HCl . 2PtCl^4$, cristallise en fines lamelles.

Le *chloraurate*, $C^6H^{18}Az^4 . 4HCl . 4AuCl^3$, se précipite sous la forme de petites lamelles chatoyantes, lorsqu'on traite une solution de chlorhydrate de la base par une quantité insuffisante de chlorure d'or; avec un excès de réactif, on obtient un autre sel, qui a pour formule

$$C^6H^{18}Az^4 . 4HCl . 8AuCl^3.$$

Les autres sels, *sulfate, nitrate*, etc., sont très solubles dans l'eau, peu solubles dans l'alcool; l'*oxalate* est peu soluble.

La triéthylène-tétramine réagit violemment sur l'iodure de méthyle en donnant des produits encore mal connus.

Avec le chlorure de benzoyle, à la température ordinaire, elle fournit un *dérivé tétrabenzoylé* $C^6H^{14}Az^4(C^7H^5O)^4$, qui cristallise dans l'alcool méthylique en petites aiguilles fusibles à 228-229° [Hofmann, *D. chem. G.*, **23**, 3711].

Diéthylène-phényltriamine

$$C^6H^5Az \left\langle \begin{array}{l} CH^2 - CH^2 - AzH^2 \\ CH^2 - CH^2 - AzH^2 \end{array} \right.$$

— Lorsqu'on fait réagir la brométhylphtalimide

$$C^6H^4 \left\langle \begin{array}{l} CO \\ CO \end{array} \right\rangle Az - CH^2 - CH^2 - Br$$

sur l'aniline, il se forme, à côté de la β-anilido-éthylphtalimide

$$C^6H^4 \left\langle \begin{array}{l} CO \\ CO \end{array} \right\rangle Az - CH^2 - CH^2 - AzHC^6H^5,$$

une substance provenant de la réaction de 2 molécules de brométhylphtalimide sur 1 molécule d'aniline. Cette substance, qui possède la formule

$$C^6H^5Az \left\langle \begin{array}{l} CH^2 - CH^2 - Az \left\langle \begin{array}{l} CO \\ CO \end{array} \right\rangle C^6H^4 \\ CH^2 - CH^2 - Az \left\langle \begin{array}{l} CO \\ CO \end{array} \right\rangle C^6H^4 \end{array} \right.$$

forme des aiguilles d'un jaune de soufre, fondant à 210-211°. Elle est peu soluble dans l'alcool. C'est un dérivé diphtalique de la *diéthylène-phényltriamine*.

Lorsqu'on chauffe ce composé pendant 2 heures au réfrigérant à reflux avec de l'acide bromhydrique concentré (densité 1,49), on le dédouble en acide phtalique et bromhydrate de diéthylène-phényltriamine.

La nouvelle base est une huile incolore, distillant au-dessus de 300° ; son *bromhydrate* cristallise aisément; son *picrate* fond à 200-202° [Gabriel, *D. chem. G.*, **22**, 2223; *Bull. Soc. Chim.*, (3), **3**, 810].

BASES DITES HYDROXÉTHYLÉNIQUES.

(Dict., **1**, 1378

Ethoxylamine (*oxyéthylamine*, *amino* 1-*éthanol* 2)], $AzH^2 - CH^2 - CH^2 - OH$. — M. Gabriel prépare cette base en chauffant pendant 3 heures, à 200-220°, la β-brométhylphtalimide

$$C^6H^4 \left\langle \begin{array}{l} CO \\ CO \end{array} \right\rangle AzH - CH^2 - CH^2 - Br$$

(10 grammes) avec de l'acide sulfurique (14 centimètres cubes) et de l'eau (28 centimètres cubes) [*D. chem. G.*, **21**, 569].

Le *nitrate* d'éthoxylamine prend naissance

quand on évapore la vinylamine $CH^2 = CH - AzH^2$ avec de l'acide azotique ; ou encore quand on chauffe à l'ébullition le bromhydrate de β-bromé-thylamine $AzCH^2 - CH^2AzH^2 - HBr$ (1 molécule) avec du nitrate d'argent (2 molécules) [Gabriel, *D. chem. G.*, **21**, 2668].

Le *bromhydrate*, $C^2H^7AzO . HBr$, cristallise en aiguilles fusibles au-dessous de 100°.

L'*azotate*, $C^2H^7AzO . AzO^3H$, fond à 52-55°.

Le *picrate*, $C^2H^7AzO . C^6H^3(AzO^2)^3O$, cristallise dans l'alcool en tablettes hexagonales fusibles à 159°,5 (Gabriel).

L'*acide aminoéthylsulfurique*,

$$AzH^2 - CH^2 - CH^2 - SO^4H,$$

s'obtient en chauffant pendant plusieurs heures une solution au centième de bromhydrate de β-brométhylamine $CH^2Br - CH^2 . AzH^2 . HBr$ (1 molécule) avec du sulfate d'argent (1 molécule) [Gabriel, *D. chem. G.*, **21**, 2666].

Le même corps se forme quand on évapore au bain-marie une solution de vinylamine sursaturée par l'acide sulfurique [Gabriel, *D. chem. G.*, **21**, 1056].

L'acide aminoéthylsulfurique se dépose de ses solutions aqueuses en tablettes brillantes, clinorhombiques [Fock, *D. chem. G.*, **21**, 2667].

β-Méthyléthoxylamine (*méthylamino 1-éthanol 2*), $CH^3AzH . CH^2 - CH^2OH$. — Ce composé prend naissance quand on chauffe à 110° la chlorhydrine du glycol avec de la méthylamine [Knorr, *D. chem. G.*, **22**, 2088].

C'est un liquide bouillant à 130-140°, très soluble dans l'eau, l'alcool et l'éther.

Le *chloraurate*, $C^3H^9AzO . HCl . AuCl^3$, cristallise en prismes fondant à 110-120°. Il est très soluble dans l'eau.

β-Diméthyléthoxylamine (*aminodiméthyl 1-éthanol 2*), $Az(CH^3)^2CH^2 - CH^2OH$. — M. Ladenburg a obtenu ce corps en faisant réagir la chlorhydrine glycolique sur la diméthylamine [*D. chem. G.*, **14**, 2408].

C'est un liquide bouillant à 130-134° d'après M. Ladenburg, à 128-130° d'après M. Knorr.

Le *chloroplatinate*, $(C^4H^{11}AzO . HCl)^2PtCl^4$, cristallise en prismes très solubles dans l'eau.

Le *chloraurate*, $C^4H^{11}AzO . HCl . AuCl^3$, cristallise en aiguilles brillantes assez solubles dans l'eau chaude. Il fond à 197° [Knorr, *D. chem. G.*, **22**, 2092].

Le *dérivé acétylé*, $C^4H^{10}AzO . C^2H^3O$, prend naissance quand on chauffe à 160-190° la méthylmorphiméthine avec de l'anhydride acétique.

Le *chloraurate* correspondant,

$$C^4H^{10}AzO . C^2H^3O . HCl . AuCl^3,$$

cristallise en feuilles [Knorr, *D. chem. G.*, **22**, 1115].

Hydrate de triméthyléthoxylium,

$$Az \begin{cases} CH^3 \\ CH^3 \\ CH^3 \\ CH^2 - CH^2OH \\ OH \end{cases}$$

— Voyez Névrine.

Chlorure de triméthylchloréthoxylium,

$$(CH^3)^3Az \begin{cases} C^2H^3Cl . OH \\ Cl \end{cases}$$

— Cette substance provient de la fixation de l'acide hypochloreux sur le chlorure de triméthylvinylammonium,

$$\begin{matrix} CH^2 = CH - Az(CH^3)^3 \\ Cl \diagup \end{matrix}$$

[Bode, *Ann. Chem.*, **267**, 289].

Traitée par l'étain et l'acide chlorhydrique, elle fournit le *chlorure de triméthylchloréthylammonium*.

$$\begin{matrix} C^2H^4Cl - Az(CH^3)^3 \\ Cl \diagup \end{matrix}$$

Le *chloroplatinate*, $(C^5H^{13}Cl^2AzO)^2PtCl^4$, forme de longs prismes de couleur orangée, et fond à 205-207°. Il est assez soluble dans l'eau froide.

Diéthyléthoxylamine [*diéthylamino 1-éthanol 2*], $(C^2H^5)^2Az - CH^2 - CH^2 - OH$. — Cette base se forme quand on fait réagir la monochlorhydrine de glycol sur la diéthylamine [Ladenburg, *D. chem. G.*, **14**, 1878].

C'est un liquide faiblement odorant, bouillant à 161°, soluble dans l'eau.

Chauffé à 150° avec de l'acide iodhydrique saturé à 0° et du phosphore rouge, la base fournit un *iodure* $C^6H^{16}AzI^3$, cristallisé en feuilles brillantes, que l'oxyde d'argent transforme en une nouvelle base $C^{10}H^{24}Az^2$, qui est peut-être la *tétréthyl-éthylène-diamine* [Ladenburg, *D. chem. G.*, **15**, 1147].

Lorsqu'on chauffe à 200° la diéthyléthoxylamine avec de l'acide iodhydrique et du phosphore, il se forme une base particulière qui a pour formule $C^6H^{13}Az$, dont le *chloraurate*

$$C^6H^{13}Az . HCl . AuCl^3$$

fond à 138-140° [Ladenburg, *D. chem. G.*, **15**, 1147].

Méthyldiéthoxylamine (*diéthylolamino-méthane*),

$$CH^3Az \begin{cases} CH^2 - CH^2OH \\ CH^2 - CH^2OH \end{cases}$$

— M. Morley a obtenu ce corps en chauffant à 100° la chlorhydrine glycolique avec un grand excès de méthylamine [*D. chem. G.*, **13**, 222].

Il se forme aussi quand on fait réagir à 120° la chlorhydrine glycolique sur la β-méthyléthoxylamine $AzH(CH^3) - CH^2 - CH^2OH$ [Knorr, *D. chem. G.*, **22**, 2088].

C'est une huile visqueuse, bouillant à 250-255°. Elle n'est pas entraînable par la vapeur d'eau, et est très soluble dans l'eau. Chauffé à 160° avec de l'acide chlorhydrique fumant, ce corps fournit la méthylmorpholine (voyez plus bas).

Le *chlorhydrate*, $C^5H^{13}AzO^2 . HCl$, est sirupeux.

Le *chloroplatinate*, $(C^5H^{13}AzO^2 . HCl)^2PtCl^4$, cristallise en prismes rouge-orangé.

Méthylmorpholine,

$$CH^3Az \begin{cases} CH^2 - CH^2 \\ CH^2 - CH^2 \end{cases} O$$

— M. Knorr a obtenu ce composé en chauffant pendant 12 heures, à 160°, la méthyldiéthoxylamine

$$CH^3Az \begin{cases} CH^2 - CH^2OH \\ CH^2 - CH^2OH \end{cases}$$

avec de l'acide chlorhydrique fumant [*D. chem. G.*, **22**, 2090].

C'est un liquide bouillant à 117°, soluble dans l'eau, l'alcool et l'éther. Il distille en présence de sodium sans décomposition.

Le *chlorhydrate*, $C^5H^{11}AzO . HCl$, cristallise dans l'alcool absolu en longs prismes fusibles à 205°.

Le *chloroplatinate*, $(C^5H^{11}AzO . HCl)^2PtCl^4$, cristallise en aiguilles. Il se décompose quand on le chauffe à 199°. Il est très soluble dans l'eau.

Le *chloraurate*, $C^5H^{11}AzO^2 . HCl . AuCl^3$, cristallise en petites aiguilles qui fondent à 183°.

L'*iodométhylate*, $I(CH^3)^2 . Az(C^2H^4)^2O$, cristallise dans l'alcool absolu en longues aiguilles [Knorr, *D. chem. G.*, 22, 2091].

L'*hydrate* correspondant, qui se forme dans l'action de l'oxyde d'argent sur l'iodométhylate, se décompose, sous l'influence de la chaleur, en aldéhyde et diméthyléthoxylamine,

$$(CH^3)^2Az-CH^2-CH^2OH.$$

Le *chloraurate* a pour formule

$$C^5H^{11}AzO . CH^3Cl . AuCl^3.$$

Hydrate de diméthyldiéthoxylammonium,

$$OH . Az \leqslant \begin{matrix}(CH^3)^2 \\ (CH^2-CH^2OH)^2\end{matrix}$$

— Le chlorhydrate de cette base prend naissance dans l'action, à 100°, de la monochlorhydrine glycolique sur la diméthylamine en solution [Morley, *D. chem. G.*, 13, 223], ou encore dans l'action de la monochlorhydrine glycolique sur la diméthyléthoxylamine [Knorr, *D. chem. G.*, 22, 2089].

La base libre, obtenue en traitant le chlorure par l'oxyde d'argent, se décompose, à chaud, en aldéhyde et diméthyléthoxylamine :

$$Az(CH^3)^2-CH^2-CH^2OH.$$

Le *chlorure*, $C^6H^{16}AzO^2Cl$, est un sirop épais.

Le *chloroplatinate*,

$$(C^6H^{16}AzO^2 . Cl)^2 . PtCl^4, H^2O,$$

forme de petits cristaux jaunes fondant à 217-218°. Il est très soluble dans l'eau, peu soluble dans l'alcool.

Le *chloraurate*, $C^6H^{16}AzO^2Cl . AuCl^3$, cristallise en lamelles fusibles à 233° [*loc. cit.*].

ÉTHOXYLDIALLYLAMINE,

$$(C^3H^5)^2Az-CH^2-CH^2OH.$$

— M. Ladenburg a préparé ce composé en faisant réagir la chlorhydrine glycolique sur la diallylamine $AzH(C^3H^5)^2$.

C'est un liquide bouillant à 217°, très peu soluble dans l'eau.

Ce corps est une base forte, qui forme des sels d'or et de platine très solubles dans l'eau [Ladenburg, *D. chem. G.*, 14, 1879].

OXYDE DE DIAMINOÉTHYLE, $(CH^3-CHAzH^2)^2O$. — M. Hanriot a obtenu ce corps à l'état de chlorhydrate en faisant passer un courant de gaz ammoniac dans une solution éthérée d'oxyde d'éthyle bichloré $(CH^3-CHCl)^2O$.

Le *chlorhydrate*, $(CH^3-CHAzH^2)^2O . 2HCl$, est très instable; il perd facilement de l'acide chlorhydrique [*Ann. Chim. Phys.*, (5), 25, 224].

Ch. Moureu.

ÉTHYLÉTHÉNYLDIAMIDOTOLUÈNE [Syn. *Ethyléthénylcrésylène-diamine*]. — Voyez ÉTHÉNYLCRÉSYLÈNE-DIAMINE, 2e Suppl., 2, 564.

ÉTHYLÉTHOXYMALONIQUE (ACIDE). — Voyez MALONIQUE (ACIDE).

ÉTHYLÉTHYLÈNE. — Voyez BUTYLÈNES.

ÉTHYLHEPTYLCARBINOL. — Voyez ALCOOLS NONYLIQUES.

ÉTHYLHEPTYLIQUES (ÉTHERS),

$$C^7H^{15}-O-C^2H^5$$

(voyez Dict., 2. 18; 1er Suppl., 910). — L'éther correspondant à l'alcool heptylique primaire se forme quand on chauffe l'iodure d'heptyle avec de l'alcool et du cyanure de potassium, et qu'on porte ensuite le produit de la réaction à l'ébullition avec de la lessive de potasse. Dans ces conditions, on n'obtient que de petites quantités d'une matière basique, et principalement un liquide à odeur citronnée qui n'est autre que l'éther éthylheptylique, bouillant à 165° sous 788mm,3; d = 0,790 à 16° [Cross, *Ann. Chem.*, 189, 5].

D'après M. Dobriner [*Ann. Chem.*, 243, 5], il bout à 176°,6; sa densité à 0° = 0,7949, sa dilatation est donnée par la formule

$$V = 1 + 0,0^3098742\,t + 0,0^616850\,t^2 + 0,0^922357\,t^3.$$

ÉTHYLHEXYLCARBINOL. — Voyez ALCOOLS OCTYLIQUES.

ÉTHYLHEXYLCÉTONE (*nonane-one* 3),

$$C^2H^5-CO-C^6H^{13}.$$

— Cette acétone a été obtenue par M. Wagner [*J. prakt. Chem.*, (2), 44, 267] en oxydant l'alcool éthylhexylique secondaire (bouillant à 194°,5-195°). Longs prismes fondant à — 8° en un liquide limpide bouillant à 190°. Sa densité = 8,840 à 0°, 0,825 à 20° (par rapport à l'eau à 0°). Oxydée par le mélange chromique, elle fournit un peu plus de 30 0/0 de l'acétone employée d'un mélange d'acides acétique, propionique, caproïque et œnanthique.

ÉTHYLHOMOPHTALIQUE (ACIDE). — On ne connait pas cet acide à l'état libre, mais seulement deux de ses dérivés, l'*imide* et le *nitrile* correspondants.

Nitrile éthylhomophtalique (*propylphène diméthylnitrile* 2-1[1]),

$$C^6H^4 \begin{matrix} \diagup CH \begin{matrix} \diagup C^2H^5 \\ \diagdown CAz \end{matrix} \\ \diagdown CAz \end{matrix}$$

— On prépare ce corps en chauffant 5 grammes d'homophtalonitrile

$$C^6H^4 \begin{matrix} \diagup CH^2 . CAz \\ \diagdown CAz \end{matrix}$$

avec 3 centimètres cubes et demi d'iodure d'éthyle et 50 centimètres cubes d'une dissolution d'éthylate de sodium à 1,7 0/0 de sodium; on distille l'alcool lorsque la réaction du liquide n'est plus alcaline et on ajoute de l'eau au résidu; on épuise par l'éther, on décante, on évapore le dissolvant et on soumet le résidu à la distillation; il passe une huile qui ne tarde pas à se solidifier en prismes fusibles à 39-40°, et qui constitue le nitrile éthylhomophtalique. Ce corps bout à 293-295°.

Imide éthylhomophtalique,

$$C^6H^4 \begin{matrix} \diagup CH(C^2H^5)-CO \\ \diagdown CO \text{———} AzH \end{matrix}$$

— On obtient ce corps par l'action de l'acide sulfurique concentré sur le nitrile ci-dessus.

On dissout 1 partie de nitrile dans 3 parties d'acide sulfurique concentré et on chauffe au bain-marie; on verse dans l'eau, on épuise par l'éther, on décante et on distille; après élimination de l'éther, l'imide passe à la distillation sous la forme d'une huile épaisse qui se solidifie peu à peu. On la purifie par cristallisation dans le sulfure de carbone bouillant.

On obtient ainsi de petites aiguilles incolores, fusibles à 97-99°, solubles dans les alcalis en donnant une dissolution de couleur jaune; ce liquide, additionné de potasse caustique concentrée, fournit un précipité pulvérulent jaune, constitué par le *sel potassique* [Gabriel, *D. chem. G.*, 20, 2485].

G. de Bechi.

ÉTHYLIDÈNE. — Voyez ÉTHYLÈNE.

ÉTHYLIDÈNE-ACÉTYLACÉTIQUE (AC.). — Voyez ACÉTYLACÉTIQUE (ACIDE), p. 53.

ÉTHYLIDÈNE-DIACÉTIQUE (ACIDE) [Syn. *Acide β-méthylglutarique, méthyl 3-pentane-dioïque*],

$$CO^2H.CH^2.\underset{\displaystyle CH^3}{CH}.CH^2.CO^2H,$$

— Ce composé peut être préparé de plusieurs façons :

1° En chauffant un mélange de crotonate d'éthyle (25 grammes), d'éthylate de sodium (5 grammes de sodium dans 60 grammes d'alcool absolu) et de malonate d'éthyle (35 grammes); on saponifie ensuite le produit de la réaction par la potasse alcoolique [Auwers, *D. chem. G.*, **24**, 308] ou par l'acide chlorhydrique dilué [Auwers, Köbner et Meyenburg, *D. chem. G.*, **24**, 2888].

2° L'anhydride éthylidène-diacétique prend naissance lorsqu'on chauffe pendant quelques jours au bain-marie un mélange d'acide malonique (100 grammes), de paraldéhyde (88 grammes) et d'anhydride acétique (100 grammes) :

$$2CH^2 \lessgtr \begin{matrix} CO^2H \\ CO^2H \end{matrix} + CH^3.CHO$$

$$= 2CO^2 + H^2O + CH^3.CH \lessgtr \begin{matrix} CH^2.CO^2H \\ CH^2.CO^2H \end{matrix}$$

ou encore lorsqu'on distille l'acide éthylidène-dimalonique brut [Komnenos, *Ann. Chem.*, **218**, 150],

$$CH^3.CH[CH(CO^2H)^2]^2$$
$$= CH^3.CH(CH^2.CO^2H)^2 + 2CO^2.$$

L'acide éthylidène-diacétique cristallise en prismes courts ou en tables, doués d'un éclat vitreux, qui fondent à 85-86°. Il se dissout facilement dans l'eau, dans l'alcool et dans l'éther; il est moins soluble dans le benzène froid, dans le chloroforme, dans le sulfure de carbone et dans la ligroïne. Il se décompose à la distillation en anhydride et eau.

Le *sel de calcium*, $CaC^6H^8O^4$, se présente sous la forme d'une masse cristalline assez soluble dans l'eau. Celui *de plomb* cristallise en aiguilles anorthiques qui répondent à la formule

$$PbC^6H^8O^4, 0,5H^2O.$$

Le *sel d'argent*, $Ag^2C^6H^8O^4$, est un précipité pulvérulent, insoluble dans l'eau.

L'*anhydride éthylidène-diacétique*, $C^6H^8O^3$, cristallise en prismes aciculaires, fusibles à 46°, solubles dans l'alcool, dans le chloroforme, dans l'acide acétique cristallisable et dans le sulfure de carbone bouillant, peu solubles dans la ligroïne et dans l'eau froide. L'eau bouillante le dissout en l'hydratant.

L'*acide dibrométhylidène-diacétique* n'est pas connu ; son *éther diéthylique*

$$CH^3.CHBr \lessgtr \begin{matrix} CH^2.CO^2C^2H^5 \\ CHBr.CO^2C^2H^5 \end{matrix}$$

a été obtenu par M. P. Genvresse en faisant réagir le brome sur une solution benzénique d'acétylcrotonate d'éthyle. C'est un sirop incristallisable [*Ann. Chim. Phys.*, (6), **24**, 120].

P. Freundler.

ÉTHYLIDÈNE-DIMALONIQUE (ACIDE). — Voyez MALONIQUE (ACIDE).

ÉTHYLIDÈNE-DINAPHTOL,

$$CH^3.CH(C^{10}H^6.OH)_{(2)}.$$

— Cette combinaison a été préparée sous la forme de son anhydride (dérivé β) :

$$CH^3.CH \lessgtr \begin{matrix} C^{10}H^6 \\ C^{10}H^6 \end{matrix} \gtrless O.$$

Oxyde d'éthylidène-β-dinaphtyle [Claisen, *Ann. Chem.*, **237**, 261 ; *Bull. Soc. Chim.*, (2), **47**, 720]. — On l'obtient en chauffant à 200° le β-naphtol avec la paraldéhyde et l'acide acétique cristallisable. Il se présente sous la forme de prismes incolores, fusibles à 173°, facilement solubles dans le chloroforme et dans le sulfure de carbone, peu solubles dans les autres véhicules.

F. Reverdin.

ÉTHYLIDÈNE-DIPHÉNOL [Syn. *Diphénoléthane*]. — Voyez 2e Suppl., **2**, 266.

ÉTHYLIDÈNE-DIPHÉNYLSULFONE. — Voyez SULFONES.

ÉTHYLIDÈNE-ÉTHÉNYLTRICARBONIQUE (ACIDE) (*acide pentène 3-oïque-diméthyloïque* 2.3),

$$CH^3-CH=\underset{\displaystyle CO^2H}{C}-CH \lessgtr \begin{matrix} CO^2H \\ CO^2H \end{matrix}$$

— M. Hjelt a obtenu l'*éther triéthylique* de cet acide en faisant réagir l'α-chlorocrotonate d'éthyle $CH^3-CH=CCl-CO^2C^2H^5$ sur le malonate d'éthyle sodé :

$$CHNa \lessgtr \begin{matrix} CO^2C^2H^5 \\ CO^2C^2H^5 \end{matrix}$$

L'acide libre est cristallisé et fond à 185° en perdant de l'acide carbonique. Il est assez soluble dans l'eau, moins soluble dans l'éther.

Les *sels de calcium* et *de baryum* sont très solubles dans l'eau froide, moins solubles dans l'eau bouillante [*D. chem. G.*, **17**, 2833].

L'*éther monoéthylique* se forme quand on saponifie l'éther triéthylique par une quantité insuffisante de potasse. Il constitue des cristaux anorthiques fondant à 70°.

L'*éther triéthylique* est liquide, et bout à 285-287° [*loc. cit.*].

Ch. Moureu.

ÉTHYLIDÈNE-GLYCOL-DINAPHTYLIQUE. — Voyez NAPHTALÈNE.

ÉTHYLIDÈNE-PHTALIDE,

$$C^6H^4 \begin{matrix} \diagup C=CH-CH^3 \\ \diagdown CO \end{matrix} \gtrless O$$

— Ce corps doit être envisagé comme l'anhydride de l'*acide o-propiophénone-carbonique* (*propanoyle-phène-méthyloïque*),

$$CH^3-CH^2-CO-C^6H^4.CO^2H.$$

Il prend naissance par l'action de la chaleur sur l'anhydride β-benzoylpropione-o-carbonique

$$CO^2H-C^6H^4-CO-CH^2-CH^2-CO^2H$$

[Roser, *D. chem. G.*, **18**, 3117].

Il se forme également dans l'action de l'acide succinique sur l'anhydride phtalique en présence d'acétate de sodium fondu [Gabriel, *D. chem. G.*, **19**, 838]. On opère de la manière suivante : On chauffe pendant quelques heures, à 250-260°, 3 parties d'anhydride phtalique, 3 parties d'acide succinique et 1 partie d'acétate de sodium fondu; le produit de la réaction est soumis à l'action d'un courant de vapeur d'eau qui entraîne l'éthylidène-phtalide. On la purifie par cristallisation dans l'eau bouillante.

L'éthylidène-phtalide forme des lamelles brillantes, fusibles à 67-69° (Roser), à 63-64° (Gabriel). Elle est peu soluble dans l'eau bouillante, soluble dans l'alcool. Soumise à l'ébullition avec les alcalis, l'éthylidène-phtalide se transforme en acide propiophénone-carbonique.

L'éthylidène-phtalide, traitée à l'ébullition par une dissolution de sodium dans l'alcool méthylique, subit une transposition moléculaire et se transforme en *méthyldicétohydrindène*,

$$C^6H^4 < {CO \atop CO} > CH - CH^3$$

[Nathanson, *D. chem.* G., 26, 2581].

Diazotyl-éthylidène-hydrindène,

$$C^6H^4 \langle C(AzO^2)-CH(AzO^2)-CH^3 ; O ; CO \rangle$$

— On ajoute de l'hypoazotide a une dissolution benzénique d'éthylidène-phtalide; on abandonne le liquide à l'évaporation spontanée et on additionne le résidu de trois fois son volume d'alcool; le dérivé nitré se sépare sous la forme cristalline; on le purifie par cristallisation dans l'alcool (Gabriel). Il constitue des prismes incolores, fusibles a 90°. G. de Bechi.

ÉTHYLIDÈNE-PROPIONIQUE (ACIDE) (*acide pentène 2-oïque* 5),

$$CH^3-CH=CH-CH^2-CO^2H.$$

— Cet acide prend naissance, en même temps que divers autres corps, lorsqu'on chauffe à 210-220° l'acide méthylparaconique,

$$CH^3-CH-CH(CO^2H)-CH^2-CO \quad (\text{—O—})$$

On distille. Le produit distillé est étendu d'eau, sursaturé par le carbonate de sodium, et agité avec de l'éther. La solution alcaline est additionnée d'acide sulfurique dilué jusqu'à réaction fortement acide, et épuisée à l'éther. La liqueur éthérée est évaporée, et le résidu distillé dans un courant de vapeur d'eau; celle-ci entraîne l'acide, qu'on sépare sous forme de sel de baryum [Fränkel, *Ann. Chem.*, 255, 27].

Le même acide se forme en petite quantité dans la préparation de l'acide propylidène-acétique, quand on chauffe un mélange d'acide malonique, d'aldéhyde propionique et d'acide acétique [Ott, *D. chem. G.*, 24, 2602. — Fittig et Mackenzie, *Ann. Chem.*, 283, 82].

L'acide éthylidène-propionique est un liquide qui ne se solidifie pas à — 15°. Il bout à 193-194°, et est facilement entraînable par la vapeur d'eau. Il est soluble dans 10 ou 12 parties d'eau.

Il se combine avec l'acide bromhydrique en donnant un mélange d'acides β et γ bromovalériniques [Mackenzie, *Ann. Chem.*, 283, 82. — Fränkel, *ibid.*, 255, 30].

Il fixe de même une molécule de brome, et fournit ainsi le *dibromure* de l'acide éthylidène-propionique, fusible à 64-65° [Ott, *D. chem. G.*, 24, 2603].

Le *sel de calcium*,

$$Ca(CH^3-CH=CH-CH^2-CO^2)^2, H^2O,$$

cristallise en lames. Il est très soluble dans l'alcool.

Le *sel de baryum*,

$$Ba(CH^3-CH=CH-CH^2-CO^2)^2,$$

forme de petites aiguilles beaucoup moins solubles dans l'eau bouillante que dans l'eau froide; il est très soluble dans l'alcool.

Le *sel d'argent*, $AgCO^2-CH^2-CH=CH-CH^3$, cristallise dans l'eau bouillante en lames brillantes.

Transformation de l'acide éthylidène-propionique en acide propylidène-acétique. — On a cru longtemps que l'acide éthylidène-propionique, $CH^3-CH=CH-CH^2-CO^2H$, était identique à l'acide propylidène-acétique (*pentène 2-oïque* 1),

$$CH^3-CH^2-CH=CH-CO^2H.$$

Mais ces deux corps, tout en ayant des propriétés très voisines, sont nettement différents [Viefhaus, *D. chem. G.*, 26, 915. — Mackenzie, *Ann. Chem.*, 283, 82. — Spenzer, *Chem. Soc.*, (1895), 1].

L'acide éthylidène-propionique est l'acide β-γ-*penténique*; l'acide propylidène-acétique est l'acide α-β-*penténique* :

$$CH^3-CH=CH-CH^2-CO^2H,$$

Acide β-γ-penténique.

$$CH^3-CH^2-CH=CH-CO^2H.$$

Acide α-β-penténique.

Conformément à une réaction générale découverte par M. Fittig, le premier se transforme dans le second, la double liaison se rapprochant du carboxyle lorsqu'on le chauffe avec de la soude étendue (10 molécules de soude en solution aqueuse à 10 0/0 pour 1 molécule d'acide; ébullition pendant 10-20 heures). La transformation n'est d'ailleurs jamais complète. La séparation des deux acides se fait de la façon suivante : Après avoir acidulé le produit de la réaction, on extrait les acides par l'éther, et on distille l'extrait éthéré dans un courant de vapeur d'eau, qui entraîne un mélange de l'acide modifié avec plus ou moins de l'acide primitif. Les acides volatils avec la vapeur d'eau sont transformés en sels de baryum, qui, desséchés et épuisés par l'alcool bouillant, laissant un résidu de sel β-γ; le sel soluble dans l'alcool est transformé en sel de sodium, et celui-ci est traité par l'acide sulfurique étendu (volumes égaux d'eau et d'acide sulfurique de 1,84 de densité), qui transforme en *olide γ-oxyvalérianique*

$$CH^3-CH-CH^2-CH^2-CO \quad (\text{—O—})$$

le reste de l'acide β-γ.

Dans l'action de la soude étendue bouillante sur l'acide β-γ-penténique, il se fait en outre un β-*oxyacide* $CH^3-CH^2-CH(OH)-CH^2-CO^2H$, qui est de nouveau converti partiellement en acides α-β et β-γ, de sorte qu'il s'établit un équilibre entre les produits

$$CH^3-CH^2-CH(OH)-CH^2-CO^2H,$$
$$CH^3-CH=CH-CH^2-CO^2H,$$

et $$CH^3-CH^2-CH=CH-CO^2H$$

[Fittig et Spenzer, *Ann. Chem.*. 283, 66].

Ch. Moureu.

ÉTHYLIDÈNE-SUCCINIQUE (ACIDE).

$$CH^3-CH < {CO^2H \atop CO^2H}$$

— Ce corps est en réalité un acide méthylmalonique. Il sera décrit à propos de l'acide malonique (voyez ACIDE MALONIQUE).

ÉTHYLIQUES (ÉTHERS) (1er Suppl., 709). — On suivra exactement l'ordre adopté dans le 1er Suppléme

ÉTHERS OXYDES

OXYDE D'ÉTHYLE (*éthane-oxyéthane*). — Un nouveau procédé de préparation de l'oxyde d'éthyle, qui n'est qu'un cas particulier d'une méthode générale découverte par M. Krafft, est le suivant : On fait couler de l'alcool dans un acide sulfoné, maintenu à une température convenable. La partie qui distille renferme de l'éther, de l'eau et de l'alcool non décomposé, tandis que l'acide sulfoné est régénéré. En employant l'acide benzène-sulfonique, par exemple, la réaction se passe en vertu des équations suivantes :

1° $C^6H^5.SO^3H + C^2H^5OH$
$= C^6H^5.SO^2.OC^2H^5 + H^2O$;

2° $C^6H^5.SO^2.OC^2H^5 + C^2H^5OH$
$= C^6H^5.SO^2.OH + C^2H^5.O.C^2H^5$

[*D. chem. G.*, **26**, 2829].

L'éther aqueux se colore en rouge lorsqu'on l'agite avec de l'acétate de rosaniline pulvérisé [Squibb, *Jahresb.*, 1885, 1162].

L'éther pur cristallise à —129° et fond à 117°,4 [Olszewski, *Mon. f. Chem.*, **5**, 128].

Il bout à 34°,6 sous 762 millimètres.

Densité à 4° (eau à 4°) 0,73128 ; à 15° (eau à 4°) 0,71908 ; à 25° (eau à 4°) 0,70788 [Squibb, *Jahresb.*, 1885, 1162].

Densité à 15° = 0,72008 ; à 25° = 0,70991 [Perkin, *J. prakt. Chem.*, (2), **31**, 513].

Densité à 34°,6 (eau à 4°), 0,6950 [R. Schiff, *Ann. Chem.*, **220**, 232].

Température critique, 194°.

Pression critique, 35^{atm},61 [Ramsay et Kœnig, *Jahresb.*, 1886, 203].

Constante capillaire au point d'ébullition, $a^2 = 4{,}521$ [Schiff, *Ann. Chem.*, **223**, 74].

Réfraction moléculaire, 35,82 [Kanonnikoff, *J. prakt. Chem.*, (2), **31**, 361].

D'après M Richardson, il se formerait de l'eau oxygénée, quand on expose à la lumière de l'éther pur en présence d'oxygène humide [*Chem. Soc.*, **59**, 51].

Un morceau de potasse caustique ajouté à de l'éther prend, ainsi que l'éther, une coloration jaunâtre au bout de 24 heures en présence d'alcool.

Au contact d'une spirale de platine rougie, l'éther forme du peroxyde de trioxyméthylène $(CH^2O)^3O^3$.

L'éther, saturé d'acide iodhydrique à 0°, donne très facilement de l'iodure d'éthyle (Silva).

L'iodure de phosphonium PH^4I fournit avec l'éther aqueux un *iodhydrate* $2C^4H^{10}O, HI$. C'est un liquide insoluble dans l'éther. Il se décompose à la distillation en éther, iodure d'éthyle et acide iodhydrique aqueux. Traité par l'eau, il donne de l'iodure d'éthyle [Messinger et Engels, *D. chem. G.*, **24**, 327].

Le brome réagit sur l'éther, en présence de soufre, au bain-marie, avec dégagement d'acide bromhydrique, et formation de bromure d'éthyle et d'aldéhyde bibromée :

$$(C^2H^5)^2O + 3Br^2 = C^2H^2Br^2O + C^2H^5Br + 3HBr$$

[Genvresse, *Bull. Soc. Chim.*, (3), **11**, 889].

Combinaisons organo-métalliques ou métalloïdiques. — $GlCl^2, 2C^4H^{10}O$. — Gros prismes [Atterberg, *D. chem. G.*, **9**, 856].

$3PCl^5, 2C^4H^{10}O$. — Feuillets solubles dans l'éther. Ce corps est violemment décomposé par l'eau, avec formation d'acide phosphorique et d'acide éthylphosphorique, sans qu'il y ait mise en liberté d'éther. Sous l'influence de la chaleur, il donne de l'acide chlorhydrique et du trichlorure de phosphore [Liebermann et Landshoff, *D. chem. G.*, **13**, 690].

$SbCl^5, C^4H^{10}O$. — Composé fusible à 66° [Williams, *D. chem. G.*, **9**, 1135].

Éthers monochlorés. — 1° *Chloro* 1-*éthane-oxyéthane* $CH^3-CHCl-O-C^2H^5$. — Il se forme dans l'action du perchlorure de phosphore sur l'acétal diéthylique ou sur l'acétal méthyléthylique :

$$CH^3-CH\genfrac{<}{}{0pt}{}{OCH^3}{OC^2H^5} + PCl^5$$
$$= CH^3-CHCl-OC^2H^5 + CH^3Cl + POCl^3$$

[Bachmann, *Ann. Chem.*, **218**, 39].

L'eau le décompose en acide chlorhydrique, aldéhyde et alcool [Laatsch, *Ann. Chem.*, **218**, 36].

Les alcalis et l'alcool agissent de la même façon.

Il se décompose à la longue, après plusieurs mois, en chlorure d'éthyle et en un liquide chloré bouillant entre 75 et 79° (Laatsch).

L'acide sulfurique le décompose en acide chlorhydrique, aldéhyde et alcool.

2° *Chloro* 2-*éthane-oxyéthane*,

$$CH^2Cl-CH^2-O-C^2H^5.$$

— M. Henry l'a obtenu en traitant l'éther iodé correspondant $CH^2I-CH^2-O-C^2H^5$ par le perchlorure d'antimoine, ou mieux par le chlorure d'iode [*Bull. Soc. Chim.*, (2), **44**, 459].

C'est un liquide qui bout à 107-108° et qui a pour densité 1,0572 à 0°.

Éthers dichlorés. — 1° *Dichloro* 1.2-*éthane-oxyéthane*, $CH^2Cl-CHCl-O-C^2H^5$. — Ce corps se forme quand on fait passer un courant de gaz chlorhydrique dans un mélange d'aldéhyde chlorée et d'alcool, ou dans du chloracétal chauffé,

$$CH^2Cl-CH\genfrac{<}{}{0pt}{}{OC^2H^5}{OC^2H^5} + HCl$$
$$= CH^2Cl-CHCl-O-C^2H^5 + C^2H^5OH$$

[Natterer, *Mon. f. Chem.*, **5**, 496].

En fixant les éléments de l'acide chlorhydrique sur l'éther β-chlorovinyléthylique

$$CHCl=CH-O-C^2H^5,$$

on obtient un produit qui paraît être l'éther dichloré [Godefroy, *C. R.*, **102**, 869].

Chauffé en tubes scellés à 180°, l'éther dichloré se décompose avec production de charbon et de chlorure d'éthyle [Natterer, *Mon. f. Chem.*, **5**, 491].

Il réagit sur l'ammoniaque avec formation d'alcool, d'aldéhyde chlorée et de divers autres corps.

Traité par l'acide sulfurique concentré, l'éther dichloré se décompose en acide chlorhydrique, acide sulfurique et aldéhyde monochlorée.

Chauffé avec de l'eau à 115-120°, il fournit de l'acide chlorhydrique et de l'alcoolate d'aldéhyde chlorée $CH^2Cl-CHOH-OC^2H^5$, lequel, réagissant ensuite sur l'eau, se dédouble en alcool, aldéhyde chlorée et aldéhyde glycolique

$$CH^2(OH)-CHO.$$

Lorsqu'on fait réagir sur l'éther dichloré une lessive de potasse concentrée, il se forme de l'alcool, deux produits isomériques ayant pour formule $C^4H^9ClO^2$, un composé $C^8H^{16}Cl^2O^3$, et en outre un peu d'acide glycolique, sans trace d'acide acétique [Abeljanz, *Ann. Chem.*, **164**, 218].

L'un des composés $C^4H^9ClO^2$ (composé α) a pour formule de constitution

$$CH^2Cl-CHOH-OC^2H^5.$$

C'est un alcoolate d'aldéhyde chlorée. Il bout à 93-95°. Il se décompose à la distillation en eau et en un composé huileux bouillant à 163-165°,

$$\begin{array}{l}CH^2Cl-CH—OC^2H^5\\ \qquad\quad >O\\ CH^2Cl-CH—OC^2H^5\end{array}$$

lequel, sous l'influence de l'acide sulfurique concentré, se dédouble en aldéhyde chlorée et alcool. C'est ce même composé huileux qui se forme lorsqu'on fait réagir directement la lessive de potasse sur l'éther dichloré (voyez plus haut).

Le second corps $C^4H^9ClO^2$ (composé β) a pour formule de constitution $CH^2OH-CHCl-OC^2H^5$. Il bout à 151-155° et ne fournit pas de produits de condensation. L'acide sulfurique le dédouble en alcool, acide chlorhydrique et aldéhyde glycolique [Jacobsen, *D. chem. G*, **4**, 217].

L'action du méthylate de potassium est analogue à celle de l'éthylate de potassium (voyez Dict., 2, 1323).

Avec l'acétate d'argent, il y a formation de chlorure d'argent et du composé

$$CH^2Cl-CH\begin{cases}OC^2H^5\\O-COCH^3\end{cases}$$

[Bauer, *Ann. Chem.*, **134**, 176].

L'éther dichloré est inattaquable par le sodium. Par contre, avec le zinc il y a production d'acide chlorhydrique, de chlorure d'éthyle, d'alcool éthylique, d'aldéhyde chlorée, d'alcoolate d'aldéhyde chlorée, et d'un produit de condensation qui a pour formule $C^8H^{10}Cl^2O^3$ [Wislicenus, *Ann. Chem.*, **226**, 263].

En présence d'eau, l'action du zinc est également très violente; de l'alcool, de l'aldéhyde, de l'éther et de l'aldéhyde chlorée prennent naissance [Wislicenus, *Ann. Chem.*, **226**, 272].

L'éther dichloré se combine énergiquement avec 3 molécules d'un phénol monatomique ou diatomique. Voici les équations de ces réactions, en prenant comme exemples le phénol ordinaire et un dioxybenzène :

1° $C^4H^8Cl^2O + 3C^6H^6O = 2HCl + C^2H^5OH$
$$+ C^6H^4\begin{cases}OH\\CH^2-CH\begin{cases}C^6H^4(OH)\\C^6H^4(OH)\end{cases}\end{cases}$$

2° $C^4H^8Cl^2O + 3C^6H^4(OH)^2 = 2HCl + C^2H^5OH$
$$+ C^6H^3\begin{cases}OH\\OH\\CH^2-CH\begin{cases}C^6H^3(OH)^2\\C^6H^3(OH)^2\end{cases}\end{cases}$$

[Wislicenus, *Ann. Chem.*, **243**, 151. — Bückner, *Ann. Chem.*, **257**, 322].

Avec le naphtol-β, on obtient un composé particulier $C^{22}H^{15}ClO$, qui dérive de 2 molécules de phénol seulement.

2° *Dichloro* 1.1-*éthane-oxyéthane*,

$$CH^3-CHCl-O-CHCl-CH^3.$$

— Ce corps n'est autre que l'oxychlorure d'éthylidène.

ÉTHERS TRICHLORÉS. — 1° *Trichloro* 1.2.2-*éthane-oxyéthane*, $CHCl^2-CHCl-O-C^2H^5$. — D'après Jacobsen, il prend naissance dans l'action du chlore sur l'éther [*D. chem. G.*, **4**, 217].

M. Godefroy l'a obtenu en fixant le chlore sur l'oxyde mixte non saturé, $CHCl=CH-O-C^2H^5$ [*C. R.*, **102**, 869].

Il bout en se décomposant partiellement à 157°. Traité par l'éthylate de sodium, il fournit l'acétal dichloré

$$CHCl^2-CH\begin{cases}OC^2H^5\\OC^2H^5\end{cases}$$

dédoublé par l'acide sulfurique concentré en alcool et aldéhyde dichlorée.

L'eau décompose l'éther trichloré avec formation d'alcoolate de dichloraldéhyde (Fritsch et Schumacher, *Ann. Chem.*, **279**, 301].

2° En traitant le dichloracétal par le perchlorure de phosphore, M. Krey a obtenu un *éther trichloré*, qui bout à 167-168° [*Jahresb.*, 1876, 475].

ÉTHER TÉTRACHLORÉ (*tétrachloro* 1.2.2.2-*éthane-oxyéthane*),

$$CCl^3-CHCl-O-C^2H^5.$$

— Il se forme dans l'action du chlore sur le composé $CCl^2=CH-O-C^2H^5$ [Godefroy, *C. R.*, **102**, 869].

Il bout à 189°,7 sous la pression de 758mm,7; sa densité à 0° est de 1,4379, et à 15° de 1,4182.

Chauffé avec de l'eau en tube scellé, ou traité par l'acide sulfurique concentré, il se dédouble en alcool, acide chlorhydrique et chloral.

Chauffé avec de l'alcool, il fournit de l'acétal trichloré.

ÉTHERS PENTACHLORÉS (voyez 1er Suppl., 711).

Pentachloro-éthane-oxyéthane,

$$CCl^3-CCl^2-O-C^2H^5.$$

— Ce composé provient de la fixation du chlore sur l'éther trichlorovinyléthylique,

$$CCl^2=CCl-O-C^2H^5.$$

Il bout vers 190°, fume à l'air, et possède une odeur aromatique très piquante [Godefroy, *C. R.*, **102**, 269].

ÉTHER HEXACHLORÉ (*trichloro* 1.2.2-*éthane-oxy-trichloro* 1.2.2-*éthane*),

$$CHCl^2-CHCl-O-CHCl-CHCl^2.$$

— MM. Paterno et Pisati l'ont obtenu en traitant par le perchlorure de phosphore l'aldéhyde dichlorée préalablement saturée de gaz chlorhydrique [*Jahresb.*, 1871, 508]. Ce corps bout à 250°.

ÉTHER OCTOCHLORÉ, $C^4H^2Cl^8O$. — Il se forme dans l'action du chlore et de l'acide chlorhydrique sur l'aldéhyde à la lumière solaire. C'est un composé cristallisé, à odeur de camphre, sublimable [Roth, *D. chem. G.*, **8**, 1017].

ÉTHERS MONOBROMÉS. — 1° *Bromo* 2-*éthane-oxyéthane*,

$$CH^2Br-CH^2-O-C^2H^5.$$

— Il se forme dans l'action du brome en excès sur la combinaison iodée correspondante. C'est un liquide incolore, inattaquable par l'eau. Densité = 1,3704 à 0°; point d'ébullition, 127-128° sous 750 millimètres [Henry, *C. R.*, **100**, 1007].

2° *Bromo* 1-*éthane-oxyéthane*,

$$CH^3-CHBr-O-C^2H^5.$$

— Obtenu également par M. Henry. Liquide incolore, très altérable, bouillant vers 105°; densité = 1,0632 à 12°; soluble dans l'eau, qui le décompose très rapidement [*loc. cit.*].

ÉTHER DIBROMÉ (*dibromo* 1.2-*éthane-oxyéthane*),

$$CH^2Br-CHBr-O-C^2H^5.$$

— Il résulte de la fixation du brome sur l'éther vinyléthylique $CH^2=CH-O-C^2H^5$. C'est un liquide très instable, qui, traité par l'alcoolate de sodium, fournit l'acétal monobromé

$$CH^2Br-CH\begin{cases}OC^2H^5\\OC^2H^5\end{cases}$$

ÉTHERS TÉTRABROMÉ, OCTOBROMÉ et PERBROMÉ (voyez 1er Suppl., 711).

ÉTHERS CHLOROBROMÉS (*chloro* 2-*dibromo* 1.2-*éthane-oxyéthane*),

$$CHClBr-CHBr-O-C^2H^5.$$

— M. Godefroy l'a obtenu en fixant le brome sur l'éther vinyléthylique chloré,

$$CHCl=CH-O-C^2H^5.$$

C'est une huile jaune, qui bout sans décomposition à 170-180° [*C. R.*, **102**, 869].

Trichloro 1.2.2 - *dibromo* 1.2 - *éthane - oxy - éthane*,

$CCl^2Br - CClBr - O - C^2H^5$.

— Ce composé provient de la fixation du brome sur l'éther trichlorovinyléthylique,

$CCl^2 = CCl - O - C^2H^5$.

C'est un liquide qui cristallise à basse température, et fond alors à + 17° [Busch, *D. chem. G.*, **11**, 446].

ÉTHER IODÉ (*iodo* 2-*éthane-oxyéthane*),

$CH^2I - CH^2 - O - C^2H^5$.

— M. Demole l'a préparé en faisant réagir l'iodure de phosphore PI^3 sur l'éther monoéthylique du glycol $OH - CH^2 - CH^2 - OC^2H^5$ [*D. chem. G.*, **9**, 746].

Le même corps se forme quand on chauffe à 70-75° l'iodure d'éthylène avec de l'alcool [Baumstark, *D. chem. G.*, **7**, 1172].

C'est un liquide possédant une odeur de moutarde, bouillant à 154-155°. Sa densité à 0° est de 1,6924 [Henry, *Bull. Soc. Chim.*, (2), **44**, 458].

Traité par l'éthylate de sodium, il fournit un mélange de glycol, d'éther diéthylique

$C^2H^5OCH^2 - CH^2OC^2H^5$

et d'éther vinyléthylique $CH^2 = CH - O - C^2H^5$

ÉTHER CYANÉ (*propane-nitrile* 3-*oxyéthane*), $CH^2(CAz) - CH^2 - O - C^2H^5$. — M. Henry a préparé ce composé en faisant réagir le cyanure de potassium sur l'éther bromé $CH^2Br - CH^2 - O - C^2H^5$. Il bout à 172° [*Bull. Soc. Chim.*, (2), **44**, 458].

ÉTHER DIAMINÉ (*amino-éthane-oxy-amino-éthane*),

$CH^3 - CHAzH^2 - O - CHAzH^2 - CH^3$.

— Lorsqu'on fait passer un courant de gaz ammoniac dans une solution d'oxychlorure d'éthylidène $(CH^3 - CHCl)^2O$ dans l'éther absolu, on obtient le chlorhydrate d'éther diaminé, sel très instable, qui perd très facilement de l'acide chlorhydrique [Hanriot, *Ann. Chim. Phys.*, (5), **25**, 224].

ÉTHER MÉTHYLÉTHYLIQUE (*méthane-oxy-éthane, oxyde de méthyle et d'éthyle*),

$CH^3 - O - C^2H^5$.

— Ce corps prend naissance, en même temps que de l'oxyde de méthyle et de l'oxyde d'éthyle, quand on chauffe à 140°, avec de l'acide sulfurique, un mélange à molécules égales d'alcool méthylique et d'alcool éthylique [Norton et Prescott, *Am. Journ.*, **6**, 244].

Il bout à 10°,8 et a pour densité 0,7252 à 0°.

Sa température d'ébullition absolue est 167°,7 [Dobriner, *Ann. Chem.*, **243**, 2. — Nadechdine, *Journ. Soc. Chim. russe*, **15**, 27].

Éther-méthyléthylique-chloré (*méthane-oxy-chloro* 1-*éthane*),

$CH^3 - O - CHCl - CH^3$.

— M. Rübencamp a obtenu ce composé en faisant passer un courant de gaz chlorhydrique dans un mélange fortement refroidi d'un volume d'aldéhyde et d'un volume et demi d'alcool méthylique.

C'est un liquide fumant à l'air. Il bout à 72-75° et a pour densité 0,996 à 17° [*Ann. Chem.*, **225**, 269].

On connaît un isomère de ce composé, qui prend naissance quand on fait réagir l'acide chlorhydrique sur un mélange d'alcool et d'aldéhyde formique. Il a pour formule $CH^2Cl - O - C^2H^5$ [Camille Favre, *Bull. Soc. Chim.*, (3), **11**, 879].

Méthane-oxy-tétrachloro 1.2.2.2-*éthane*,

$CCl^3 - CHCl - O - CH^3$.

— Il résulte de l'action du perchlorure de phosphore sur le méthylate de chloral

$CCl^3 . CHO - CH^4O$.

Liquide bouillant à 178° (corr.); densité = 1,54 à 0°; 1,39 à 100° [Magnanini, *Gazz. chim. ital.*, **16**, 332].

ÉTHER VINYLÉTHYLIQUE (*éthène-oxyéthane*),

$CH^2 = CH - O - CH^2 - CH^3$.

— Ce corps a d'abord été obtenu par M. Wislicenus, dans l'action du sodium sur le monochloracétal [*Ann. Chem.*, **192**, 106].

M. Henry l'a préparé normalement en faisant réagir l'éthylate de sodium sur l'éther éthylique iodé $CH^2I - CH^2 - O - C^2H^5$ [*Bull. Soc. Chim.*, (2), **44**, 458].

Il bout à 35°,5; sa densité = 0,7625 à 14°,5.

Il est peu soluble dans l'eau.

Le chlore se fixe avec énergie sur l'éther vinyléthylique en donnant l'*éther dichloré*

$CH^2Cl - CHCl - O - C^2H^5$.

Le brome agit d'une façon analogue.

L'iode, employé même en très petite quantité, donne des polymères.

L'acide sulfurique dilué dédouble l'éther vinyléthylique en aldéhyde et alcool.

Éther monochlorovinyléthylique-α (*chloro* 1-*éthène-oxyéthane*),

$CH^2 = CCl - O - C^2H^5$.

— Il se forme dans l'action à 120° de l'éthylate de sodium sur le méthylchloroforme $CH^3 - CCl^3$.

Liquide bouillant à 122-123°.

Densité = 1,02 à 22° [Geuther, *Zeit. f. Chem.*, 1871, 128].

Éther monochlorovinyléthylique-β (*chloro* 2-*éthène-oxyéthane*),

$CHCl = CH - O - C^2H^5$.

— M. Godefroy a obtenu ce dérivé en traitant par l'eau et la poudre de zinc la combinaison

$C^6H^{12}Cl^2O^3$,

qui résulte de l'action du chlore sur un mélange de dichromate de potassium et d'alcool :

$$C^6H^{12}Cl^2O^3 + Zn^2 + H^2O$$
$$= 2ZnO + HCl + C^2H^5OH$$
$$+ CHCl = CH - O - C^2H^5.$$

Cet éther chlorovinyléthylique est un liquide incolore, bouillant à 123°, dont la densité = 1,0361 à 19°; il est insoluble dans l'eau, soluble dans l'éther et dans l'alcool.

L'acide azotique bouillant l'oxyde avec formation d'acide acétique et d'acide monochloracétique.

A l'air humide, il se transforme peu à peu en une masse vitreuse $(C^4H^7ClO^2)^2, H^2O$.

Il réduit la solution ammoniacale de nitrate d'argent avec formation d'un miroir [Godefroy, *C. R.*, **102**, 869].

Éther dichlorovinyléthylique-α (*dichloro* 2.2-*éthène-oxyéthane*),

$CCl^2 = CH - O - C^2H^5$.

— L'éther trichloré, $CHCl^2 - CHCl - O - C^2H^5$, chauffé à l'ébullition avec une solution de potasse à 50 0/0, fournit ce composé, qui bout à

145°, et qui possède les propriétés générales de l'éther monochlorovinyléthylique [Godefroy, *loc. cit.*].

Éther dichlorovinyléthylique-β (*dichloro* 1.2-*éthène-oxyéthane*),

$$CHCl=CCl-O-C^2H^5.$$

— Ce composé résulte soit de l'action de l'éthylate de sodium sur le chlorure d'éthylidène chloré $CH^2Cl-CHCl^2$, soit de l'action de la potasse alcoolique sur l'éthylène trichloré [Geuther et Brockhoff, *J. prakt. Chem.*, (2), 7, 112. — Paterno et Oglialoro, *D. chem. G.*, 7, 81].

Liquide bouillant à 128°,2 (corr.); densité = 1,08 à 10°.

Chauffé à 180° avec un grand excès d'eau, il fournit de l'acide chlorhydrique, du chlorure d'éthyle et de l'acide glycolique. Avec l'éthylate de sodium, il donne l'éthoxylacétate de sodium.

Éther trichlorovinyléthylique (*trichloro* 1.2.2-*éthène-oxyéthane*),

$$CCl^2=CCl-O-C^2H^5.$$

— L'éthylène perchloré, traité à 100-120° par l'éthylate de sodium, fournit de l'éther trichlorovinyléthylique (Geuther et Fischer).

L'éther tétrachloré $CCl^3-CHCl-O-C^2H^5$, traité par une solution aqueuse de potasse à 50 0/0, donne également l'éther trichlorovinyléthylique. C'est un liquide bouillant à 154°,8 sous 755 millimètres; sa densité = 1,3725 à 0°, 1,3322 à 19°, 1,2354 à 99°,9; il est soluble dans l'alcool et dans l'éther, insoluble dans l'eau, et capable de fixer 2 atomes de brome ou de chlore [Paterno et Pisati, *Jahresb.*, 1872, 303. — Godefroy, *loc. cit.*].

Éther dibromovinyléthylique (*dibromo-éthène-oxyéthane*),

$$C^2HBr^2-O-C^2H^5.$$

— M. Sabanejeff a obtenu ce corps en laissant couler goutte à goutte, très lentement (durée 5 à 7 heures), du dibromure d'acétylène (75 grammes) sur une solution de potasse (65 grammes) dans de l'alcool à 96 0/0 (180 centimètres cubes). Voici l'équation de la réaction :

$$2\,CHBr=CHBr+2\,KOH+C^2H^5OH$$
$$=C^2HBr^2-O-C^2H^5+2\,KBr+C^2H^2+2\,H^2O.$$

C'est un liquide bouillant à 170-172°, sous une pression de 747 millimètres.

Il est insoluble dans l'eau.

Il fournit avec le brome un produit d'addition cristallisé [*Bull. Soc. Chim. russe*, 17, 173].

ÉTHERS SIMPLES

FLUORURE D'ÉTHYLE (*fluo-éthane*), C^2H^5Fl. — M. Moissan a obtenu le fluorure d'éthyle en faisant réagir l'iodure d'éthyle sur le fluorure d'argent [*Ann. Chem.*, (6), 19, 272].

C'est un gaz qui se liquéfie à —32°; sa densité = 1,7. Il brûle avec une flamme bleue. 100 centimètres cubes d'eau en dissolvent 198 centimètres cubes à 14°; 100 centimètres cubes d'iodure d'éthyle en dissolvent 1480 centimètres cubes.

Il existe un *hydrate* de fluorure d'éthyle qu'on obtient, dans l'appareil Cailletet, par compression suivie de détente amenant la formation d'un peu de glace; en comprimant de nouveau, on voit se former une masse de cristaux incolores. Cet hydrate se détruit, même sous de fortes pressions, à 22°,8 [Villard, *C. R.*, 111, 183].

CHLORURE D'ÉTHYLE (*chloro-éthane*),

$$CH^3-CH^2Cl.$$

— Densité = 0,9214 à 0°; 0,92295 à 2°; 0,19708 à 6°; 0,9176 à 8° [Perkin, *J. prakt. Chem.*, (2), 31, 491].

Chaleur de combustion (à 18°) = 321930 calories [Thomsen, *Thermoch.*, 4, 91].

Il existe un *hydrate* de chlorure d'éthyle qu'on peut obtenir dans l'appareil Cailletet. Il ne peut se conserver au-dessus de 0° qu'en présence d'un gaz inerte mélangé à la vapeur de chlorure d'éthyle [Villard, *C. R.*, 111, 183].

Le chlorure d'éthyle, chauffé au bain-marie en tube scellé, avec du brome, en présence de fer, donne du bromure d'éthyle et du bromure d'éthylène [V. Meyer et Petrenko-Kritchenko, *D. chem. G.*, 25, 3304].

DÉRIVÉS CHLORÉS DU CHLORURE D'ÉTHYLE.

Dichloro 1.2-*éthane*, CH^2Cl-CH^2Cl (*chlorure d'éthylène*). — Voyez dans ce Supplément l'article ÉTHYLÈNE.

Dichloro 1.1-*éthane*, CH^3-CHCl^2 (*chlorure d'éthylidène*). — Voyez dans ce Supplément l'article ÉTHYLÈNE.

TRICHLOROÉTHANES, $C^2H^3Cl^3$. — 1° *trichloro* 1.1.2-*éthane* (*chlorure de chloroéthylène*),

$$CH^2Cl-CHCl^2.$$

— Ce corps prend naissance dans l'action du perchlorure de phosphore sur l'alcool éthylique bichloré $CHCl^2-CH^2OH$. Ce dernier est obtenu lui-même en réduisant à froid l'aldéhyde dichlorée $CHCl^2-CHO$ par le zinc-éthyle en solution éthérée; il constitue un liquide incolore, visqueux, bouillant à 146°, dont la densité = 1,145 [M. Delacre, *C. R*, 104, 1184].

MM. Colson et Gautier ont obtenu également le trichloro 1.1.2-éthane en faisant réagir à 190° le perchlorure de phosphore sur le chlorure d'éthylène [Colson et Gautier, *C. R.*, 102, 1076].

Il se forme aussi dans l'action du chlorure d'aluminium sur le chloroformiate d'éthyle dichloré $CClO^2-CHCl-CH^2Cl$ [Muller, *Ann. Chem.*, 258, 58].

Liquide bouillant à 113°,5-114° sous 753mm,2.

Densité = 1,4784 à 0°; 1,4577 à 9°,4 (eau à 4°); 1,4406 à 25°,5 (eau à 0°); 1,29453 à 113°,5 (eau à 4°).

Indice de réfraction = 1,471928 à 22°.

Réfraction moléculaire = 42,26.

Chaleur de combustion (vapeur à 18°) = 262480 calories [R. Schiff, *Ann. Chem.*, 220, 97. — Pierre, *Ann. Chim. Phys.*, (2), 31, 118. — Städel, *D. chem. G.*, 15, 2563. — Thomsen, *Thermoch.*, 4, 110].

La potasse alcoolique dédouble ce corps en acide chlorhydrique et éthylène dichloré dissymétrique $CH^2=CCl^2$.

Il en est de même quand on emploie l'ammoniaque en solution aqueuse ou alcoolique. Le rendement en éthylène bichloré est théorique [Engel, *Bull. Soc. Chim.*, (2), 48, 97].

Avec le sodium, on obtient de l'hydrogène, de l'acétylène, de l'éthylène et de l'éthylène bichloré [Brunner et Brandebourg, *D. chem. G.*, 10, 1496; 11, 61].

2° *Trichloro* 1.1.1-*éthane* (*trichlorure d'éthényle, méthyl-chloroforme*), CH^3-CCl^3 [Dict., 2, 1317]. — Il bout à 74°,5 et a pour densité 1,3657 à 0°, et 1,3249 à 26° (eau à 4°).

Indice de réfraction, n_A = 1,419861 à 21°.

Réfraction moléculaire = 42,0 [Städel, *D. chem. G.*, 15, 2563].

Chauffé à 100° avec de l'éthylate de sodium, il fournit, en même temps que de l'acide acétique, les *composés oxéthylés*

$$C^2H^3Cl\,.\,(OC^2H^5)^2 \text{ et } C^2H^3(OC^2H^5)^3.$$

L'hydrogène sulfuré forme avec ce composé une combinaison cristallisée qui a pour formule

$$C^2H^3Cl^3 + 2H^2S + 23H^2O$$

[Forcrand, *Ann. Chim. Phys.*, (5), 28, 25].

TÉTRACHLOROÉTHANES, $C^2H^2Cl^4$.

1° 1.1.1.2 *tétrachloroéthane* (*tétrachloroéthane dissymétrique*), $CH^2Cl - CCl^3$.

M. Muller l'a obtenu dans l'action du chlorure d'aluminium sur le composé

$$CClO^2 - CCl^2 - CH^2Cl,$$

qui est un chloroformiate d'éthyle trichloré. Il y a en même temps dégagement d'acide carbonique (*Ann. Chem.*, **258**, 597; *Bull. Soc. Chim.*, (3), 5, 609].

Il bout à 129°,5-130°; à 130°,5 [Städel, *D. chem. G.*, **15**, 2563].

Densité = 1,5825 à 0°; 1,5424 à 26° (eau à 0°).

Indice de réfraction, $n_A = 1,477156 - 0,000437t$ à $t°$.

Réfraction moléculaire, 50,72.

Traité par l'éthylate de sodium, il fournit les deux *composés oxéthylés*

$$C^2HCl^4.OC^2H^5 \text{ et } CH^2(OC^2H^5).CO^2Na.$$

Il forme avec l'hydrogène sulfuré une combinaison cristallisée répondant à la formule

$$C^2H^2Cl^4 + 2H^2S + 23H^2O$$

[Forcrand, *Ann. Chim. Phys.*, (5), **28**, 26].

Tétrachloro 1.1.2.2-*éthane* (*tétrachloroéthane symétrique, tétrachlorure d'acétylène*),

$$CHCl^2 - CHCl^2.$$

— Obtenu par MM. Berthelot et Jungfleisch dans l'action du perchlorure d'antimoine sur l'acétylène, ce composé se forme aussi quand on traite l'aldéhyde dichlorée $CHCl^2-CHO$ par le perchlorure de phosphore (Paterno et Pisati), ou le chlorure d'éthylène par le chlorure de phosphore à 190° [Colson et Gautier, *C. R.*, **102**, 1076].

Il a pour densité 1,614 à 0° et 1,578 à 24°,3 suivant les uns; 1,6258 à 0° et 1,5897 à 26° (eau à 4°) suivant les autres.

Indice de réfraction, $n_A = 1,490509 - 0,000443t$ à $t°$.

Réfraction moléculaire, 50,60.

Traité par la potasse alcoolique, il donne l'éthylène chloré $CHCl = CCl^2$, bouillant à 88°.

Chauffé pendant 100 heures à 300°, il se décompose en acide chlorhydrique et benzène perchloré C^6Cl^6.

Le zinc en présence d'alcool le transforme en acétylène.

Pentachloroéthane, $CHCl^2 - CCl^3$. — Ce composé se forme quand on fait réagir le perchlorure de phosphore sur le chloral [Paterno, *Ann. Chem.*, **151**, 117].

Il se solidifie au-dessous de —18°. Il bout à 159°,1 (corr.) et a pour densité 1,70893 à 0°, 1,69263 à 10°,15 (eau à 4°) [Thorpe, *Chem. Soc.*, **37**, 192].

Indice de réfraction, $n_A = 1,487094$ à 25°,1.

Réfraction moléculaire, 59,05.

Ce corps, sous l'influence de la potasse alcoolique, se dédouble en acide chlorhydrique et éthylène perchloré C^2Cl^4.

Perchloroéthane (*trichlorure de carbone, sesquichlorure de carbone*), $CCl^3 - CCl^3$ (1er Suppl., 420). — Il prend naissance quand on chauffe à 120° le tétrachlorure de carbone avec de la poudre de cuivre [Radziszewski, *D. chem. G.*, **17**, 834].

On en obtient également en chauffant à 200° le tétrachlorure de carbone avec de la poudre d'argent [Goldschmidt, *D. chem. G.*, **14**, 928].

Il prend encore naissance dans l'action du trichlorure d'iode ICl^3 en excès à 200° sur le chlorure de propyle ou sur le chlorure d'isobutyle [Krafft et Merz, *D. chem. G.*, **8**, 1298].

Le trichlorure de carbone se forme enfin dans l'action du chlorure d'aluminium sur le composé $CClO^2 - C^2Cl^5$, qui est un chloroformiate d'éthyle perchloré [Muller, *Ann. Chem.*, **258**, 63].

Ce corps se dépose de ses solutions dans l'alcool éthéré en tablettes rhombiques, possédant une odeur de camphre. Il cristallise sous trois formes différentes, qui peuvent se transformer les unes dans les autres sous l'influence des variations de température [Lehmann, *Jahresb.*, 1883, 369]. Aux températures élevées, il se forme des cristaux réguliers qui, par refroidissement, se convertissent d'abord en cristaux anorthiques, puis en cristaux orthorhombiques. Réciproquement, ceux-ci, soumis à l'action de la chaleur, donnent d'abord les cristaux anorthiques, qui passent eux-mêmes à la forme rhombique.

Le trichlorure de carbone bout à 185° (corr.) et fond en tubes capillaires à 187-188° (corr.) [Hahn, *D. chem. G.*, **11**, 1735].

Il se volatilise sans fondre à la pression ordinaire, parce que sa pression critique est supérieure à 760 millimètres. Sous une pression de 776mm,7, il bout à 185°,5.

Sa densité est de 2,011 [Schröder, *D. chem. G.*, **13**, 1070].

DÉRIVÉS BROMÉS ET CHLOROBROMÉS DU CHLORURE D'ÉTHYLE.

Chloro 1-*bromo* 1-*éthane* (*chlorobromure d'éthylidène*), $CH^3 - CHClBr$. — Voyez dans ce Suppl. l'article ÉTHYLÈNE.

Chloro 1-*bromo* 2-*éthane* (*chlorobromure d'éthylène*), $CH^2Br - CH^2Cl$. — Voyez dans ce Suppl. l'article ÉTHYLÈNE.

Chloro 1-*dibromo* 1.1-*éthane* (*chlorodibromure d'éthényle*), $CH^3 - CClBr^2$. — Voyez 1er Suppl., 712.

Il fournit, sous l'influence de la potasse alcoolique, de l'éthylène chlorobromé $CH^2 = CClBr$.

Chloro 1-*dibromo* 1.2-*éthane* (*bromure d'éthylène chloré*), $CH^2Br - CHClBr$. — M. Henry l'a obtenu en faisant réagir le brome sur le chlorobromo-iodoéthane brut C^2H^3ClBrI, obtenu lui-même par la fixation du chlorure d'iode ICl sur l'éthylène bromé [*Bull. Soc. Chim.*, (2), **42**, 263].

Sous l'influence de la potasse alcoolique, il fournit l'éthylène chlorobromé $CH^2 = CClBr$.

Le perchlorure d'antimoine le transforme en bromodichloroéthane $CH^2Br - CHCl^2$.

Chloro 1-*dibromo* 2.2-*éthane*,

$$CH^2Cl - CHBr^2.$$

— Il se forme dans l'action du brome sur le chlorobromo-iodoéthane brut C^2H^3ClBrI.

La potasse alcoolique le transforme en éthylène dibromé $CH^2 = CBr^2$ [Henry, *Bull. Soc. Chim.*, (2), **42**, 263].

Chloro 1-*tribromo* 1.1.2-*éthane*,

$$CH^2Br - CClBr^2$$

(1er Suppl., 712). — Ce composé résulte de l'addition d'une molécule de brome à l'éthylène chlorobromé $CH^2 = CClBr$ [Henry, *Bull. Soc. Chim.*, (2), **42**, 262].

La potasse alcoolique l'attaque immédiatement avec formation d'éthylène chlorobromé,

$$CHBr = CBrCl.$$

Avec le perchlorure d'antimoine, on obtient

l'éthane bromotrichloré $CH^2Br-CCl^3$ ou bromométhylchloroforme.

Chloro 1-*tétrabromo* 1.1.2.2-*éthane*,

$CHBr^2-CClBr^2$.

— M. Wallach l'a obtenu en fixant le brome sur l'acétylène chloré C^2HCl [*Ann. Chem.*, **203**, 89].

Il provient également de la fixation du brome sur l'éthylène chlorodibromé $CHBr=CBrCl$ [Mabery, *Am. Journ.*, **5**, 255].

Ce corps est très soluble dans l'alcool, l'éther et le chloroforme. Il a une odeur de camphre. Il attaque violemment les muqueuses des yeux et du nez.

Chloropentabromoéthane, C^2ClBr^5. — Voyez 1er Suppl., 712.

Dichlorobromo 1.1.1-*éthane*, $CH^3-CBrCl^2$. — Voyez 1er Suppl., 712.

Dichloro 1.1-*bromo* 2-*éthane*,

$CH^2Br-CHCl^2$.

— Ce corps se forme dans l'action du perchlorure d'antimoine sur le chlorodibromoéthane

$CH^2Br-CHClBr$,

ou sur le tribromoéthane $CH^2Br-CHBr^2$ [Henry, *Bull. Soc. Chim.*, (2), **42**, 262].

Il constitue l'éther bromhydrique de l'alcool éthylique dichloré $CH^2OH-CHCl^2$ [Delacre, *Bull. Soc. Chim.*, (2), **47**, 959].

Il bout à 138°. Avec la potasse alcoolique, il fournit l'éthylène dichloré dissymétique $CH^2=CCl^2$.

Dibromo 1.2-*dichloro* 1.1-*éthane*,

$CH^2Br-CBrCl^2$

— Voyez 1er Suppl., 712.

Dichloro 1.1-*dibromo* 2.2-*éthane*,

$CHBr^2-CHCl^2$.

— M. Sabanejeff a obtenu ce corps en traitant par le perchlorure d'antimoine à froid le dibromure d'acétylène. C'est un liquide bouillant à 195-200°, dont la densité $=2,391$ à 19°. Traité par le zinc en solution alcoolique, il fournit le chlorobromure d'acétylène C^2H^2ClBr. Avec l'acétate de potassium en solution alcoolique, on obtient l'éthylène bromodichloré $CCl^2=CHBr$ [Sabanejeff, *Ann. Chem.*, **216**, 257].

Dichloro 1.1-*tribromo* 1.2.2-*éthane*,

$CHBr^2-CBrCl^2$.

— Voyez 1er Suppl., 712.

Dichloro 1.1-*tétrabromo* 1.2.2.2-*éthane*,

CBr^3-CCl^2Br.

— Voyez 1er Suppl., 712.

Dichloro 1.2-*bromo* 1-*éthane* (*chlorure de bromoéthylène*), $CH^2Cl-CHBrCl$. — Ce corps est l'un des trois isomères qui se forment dans l'action du chlore sur le bromure d'éthyle [Lescœur, *Bull. Soc. Chim.*, (2), **29**, 485]. L'un de ces isomères bout à 137° et a pour densité 1,88 à 0°; le second bout à 151° et a pour densité 1,998 a 0°: le troisième bout à 158-159° et a pour densité 2,113 à 0°.

Dichloro 1.2-*dibromo* 1.2-*éthane* (*dichlorodibromure d'acétylène*), $CHClBr-CHClBr$. — M. Sabanejeff a obtenu ce composé en fixant le brome sur le dichlorure d'acétylène, ou en traitant l'acétylène par le chlorure de brome en solution [*Ann. Chem.*, **216**, 262].

Pour le préparer, le meilleur moyen consiste à diriger un courant de chlore dans du dibromure d'acétylène refroidi.

C'est un liquide bouillant à 190-195°.

Traité par le zinc en solution alcoolique, il fournit le dichlorure d'acétylène.

Trichloro 1.1.1-*bromo* 2-*éthane* (*bromométhylchloroforme*), $CH^2Br-CCl^3$. — M. Henry l'a préparé en traitant par le perchlorure d'antimoine le chlorotribromoéthane, $CH^2Br-CClBr^2$ [*Bull. Soc. Chim.*, (2), **42**, 262].

Liquide bouillant à 151-153°; densité $=1,8839$.

La potasse alcoolique l'attaque, en éliminant seulement du chlore.

Trichloro 1.1.1-*dibromo* 2.2-*éthane* (*dibromométhylchloroforme*), $CHBr^2-CCl^3$. — Ce composé se forme dans l'action du chlorobromure de phosphore PCl^3Br^2 sur le chloral [Paterno, *Jahresb.*, 1871, 512].

Liquide bouillant, avec décomposition partielle, à 200°, et distillant à 93-95° sous 14 ou 15 millimètres de pression.

Densité $=2,317$ à 0°; 2,295 à 19°,5. Traité par la potasse alcoolique, il fournit un composé CCl^3Br^2, bouillant à 143-160°.

Tétrachloro 1.1.2.2-*dibromoéthane symétrique*, $CCl^2Br-CCl^2Br$. — Il se forme dans l'action du brome sur l'éthylène perchloré C^2Cl^4 au soleil [Bourgoin, *Bull. Soc. Chim.*, (2), **24**, 114].

Il cristallise dans l'alcool éthéré en tablettes rectangulaires.

Chauffé à 200°, il se décompose en brome et éthylène perchloré. Il en est de même lorsqu'on le chauffe avec l'aniline ou quand on le traite par le zinc et l'acide sulfurique.

Tétrachloro 1.1.1.2-*dibromo* 2.2-*éthane*,

$CCl^3-CClBr^2$.

— M. Bourgoin l'a obtenu en faisant réagir le chlore sur le tétrabromure d'acétylène

$CHBr^2-CHBr^2$

[*Bull. Soc. Chim.*, (2), **23**, 4].

Il se forme aussi dans l'action du brome sur le pentachloroéthane à 200° [Paterno, *Jahresb.*, 1871, 259].

Ce corps cristallise dans l'alcool en prismes rectangulaires. Chauffé avec précaution, il se sublime avant de fondre. Il est peu soluble dans l'alcool froid, très soluble dans l'alcool bouillant et dans l'éther.

Chauffé à 185°, il dégage du chlore.

Chauffé avec l'aniline, il se décompose en chlore et éthylène chlorobromé $C^2Cl^2Br^2$.

DÉRIVÉS IODÉS ET CHLORO-IODÉS DU CHLORURE D'ÉTHYLE.

Chloro 1-*iodo* 2-*éthane* (*chloro-iodure d'éthylène*), CH^2Cl-CH^2I. — Voyez ÉTHYLÈNE.

Chloroiodo 1.1-*éthane* (*chloro-iodure d'éthylidène*), $CH^3-CHClI$. — Voyez ÉTHYLÈNE.

Dichloro 1.1-*iodo* 2-*éthane*, $CH^2I-CHCl^2$. — M. Henry l'a obtenu en faisant réagir le chlorure d'iode sur l'éthylène chloré $CH^2=CHCl$.

Liquide bouillant à 171-172°; densité $=2,2187$.

La potasse alcoolique le décompose avec production d'iodure de potassium, de chlorure de potassium, et de dichloro 1.1-éthène, $CCl^2=CH^2$ [Henry, *Bull. Soc. Chim.*, (2), **42**, 263].

BROMURE D'ÉTHYLE (*bromo-éthane*). — L'acide bromhydrique se fixe sur l'éthylène, en présence du bromure d'aluminium, même à la température de 0°, en donnant du bromure d'éthyle [Gustavson, *Bull. Soc. Chim. russe*, **16**, 95].

Il se forme une certaine quantité de bromure d'éthyle, en même temps que de bromure d'éthylène, lorsqu'on fait réagir en tube scellé, au bain-marie, le brome sur le chlorure d'éthyle [V. Meyer et Petrenko-Kritchenko, *D. chem. G.*, **25**, 3304].

Du bromure d'éthyle prend également naissance, en même temps qu'il y a dégagement d'acide bromhydrique et formation d'aldéhyde bibromée, lorsqu'on chauffe au bain-marie l'oxyde d'éthyle avec du brome, en présence de soufre [Genvresse, *Bull. Soc. Chim.*, (3), **4**, 889].

Densité = 1,44988 à 15°; 1,43250 à 25°; 1,4134 à 38°,4 (eau à 4°) [Perkin, *J. prakt. Chem.*, (2), **31**, 497. — R. Schiff, *D. chem. G.*, **19**, 563].

La densité à t^0 (eau à 4°) est donnée par la formule D = 1,496439 — 0,0020450 *t*.

Indice de réfraction à $t°$, n_D = 1,436464 — 0,00062995 *t* [Weegmann, *Zeit. Phys. Chem.*, **2**, 234].

Température critique = 236° [Pawleski, *D. chem. G.*, **16**, 2633].

Le bromure d'aluminium est sans action à froid sur le bromure d'éthyle. A la température de l'ébullition, il se forme de l'acide bromhydrique, des carbures saturés, et une combinaison qui a pour formule $C^4H^8AlBr^3$ (voyez 2e Suppl., BUTYLÈNES.)

Le bromure d'éthyle forme avec l'hydrogène sulfuré une combinaison cristallisée, qui a pour formule $C^2H^5Br, 2H^2S, 23H^2O$ [Forcrand, *Ann. Chim. Phys.*, (5), **28**, 29].

DÉRIVÉS BROMÉS DU BROMURE D'ÉTHYLE.

Dibromo 1.2-*éthane* (*bromure d'éthylène*),

$$CH^2Br - CH^2Br.$$

— Voyez ÉTHYLÈNE.

Dibromo 1.1-*éthane* (*bromure d'éthylidène*),

$$CH^3 - CHBr^2.$$

— Voyez ÉTHYLÈNE.

Tribromo 1.1.2-*éthane* (*bromure de bromé-thylène, tribromure de vinyle*), $CH^2Br - CHBr^2$ (1er Suppl., 711). Ce corps se solidifie dans un mélange réfrigérant et fond alors à — 26° (Bouchardat).

Il bout à 187-188° sous une pression de 721 millimètres; à 73° sous 11mm,5; à 83° sous 18 millimètres [Denzel, *Ann. Chem.*, **195**, 202].

Densité = 2,6189 (eau à 4°) à 17°,5; 2,6107 (eau à 4°) à 21°,5 [Anschütz, *Ann. Chem.*, **221**, 138].

La densité à $t°$ (eau à 4°) est donnée par la formule suivante : D = 2,623483 — 0,0022513 *t* + 0,00000126 t^2.

L'indice de réfraction à la température *t* est donné par la formule

$$n_D = 1,599911 - 0,00054444\ t$$

[Weegmann, *Zeit. Phys. Chem.*, **2**, 236].

Chauffé à 150° avec l'acétate de potassium alcoolique, le tribromure de vinyle se décompose avec production d'éthylène bibromé $CH^2 = CBr^2$ et d'acide bromhydrique.

La même réaction a lieu quand on emploie l'hydrate de plomb.

Avec l'éthylate de sodium, on obtient de l'éthylène bibromé $CH^2 = CBr^2$ dissymétrique et de l'éthylène bibromé symétrique $CHBr = CHBr$ [Tawildaroff, *Ann. Chem.*, **176**, 22].

Chauffé à 160-180° avec un grand excès d'alcool absolu, le tribromure de vinyle se décompose avec formation de bromure d'éthyle et d'un corps qui paraît être l'aldéhyde bromée,

$$C^2H^3Br^3 + C^2H^5OH$$
$$= C^2H^5Br + H\ Br + C^2H^3BrO$$

[Glöckner, *Ann. Chem.*, Suppl., **7**, 110].

Avec le perchlorure d'antimoine, il y a production d'éthane monobromo-dichloré,

$$CH^2Br - CHCl^2.$$

Le cyanure d'argent en présence d'alcool réagit, à la température de 120-130°, sur le tribromure de vinyle en donnant une combinaison

$$C^2H^3(CAz)^3, 3AgCAz.$$

Celle-ci cristallise dans l'alcool en tablettes jaunes. L'éther la décompose en cyanure d'argent et en un composé huileux encore mal connu [Orlowsky, *Bull. Soc. Chim. russe*, **9**, 282].

Si l'on fait bouillir pendant longtemps le tribromure de vinyle avec une solution concentrée de sulfite d'ammonium, on obtient de l'acide éthanetrisulfonique $C^2H^3(SO^3H)^3$; en même temps les acides

$$C^2H^3 \lessgtr {OH \atop (SO^3H)^2}$$

$$C^2H^4(SO^3H^2)^2 \quad \text{et} \quad CH^2(SO^3H)^2$$

prennent naissance en petite quantité [Monari, *D. chem. G.*, **18**, 1343].

Tétrabromo 1.1.1.2-*éthane*, $CH^2Br - CBr^3$. — Ce corps peut être solidifié dans un mélange réfrigérant. Il bout sans décomposition à 200°. Il bout à 103°,5 sous 13mm,5.

Densité = 2,9292 à 17°,5 (eau à 4°); 2,9216 à 21°,5 (eau à 4°) [Anschütz, *Ann. Chem.*, **221**, 140].

Densité à $t°$ (eau à 4°),

$$D = 2,919824 - 0,0022500\ t.$$

Indice de réfraction à t^0,

$$n_D = 1,638465 - 0,00053718\ t$$

[Weegmann, *Zeit. Physik. Chem.*, **2**, 232].

Tétrabromo 1.1.2.2-*éthane* (*tétrabromure d'acétylène*), $CHBr^2 - CHBr^2$. — M. Anschütz prépare ce corps de la façon suivante : On transforme le produit brut provenant de l'action du brome sur l'acétylène en dibromure d'acétylène par l'action de l'alcool et de la poudre de zinc; en même temps, le bromure d'éthylène bromé qui accompagne le tétrabromure d'acétylène passe à l'état d'éthylène bromé. On purifie par distillation le dibromure d'acétylène, et on le combine alors avec une molécule de brome [*Ann. Chem.*, **221**, 138].

Le tétrabromure d'acétylène bout à 114° sous 12 millimètres; à 137-137°,2 sous 36 millimètres.

Sa densité est de 2,9710 à 17°,5 (eau à 4°); 2,9629 à 21°,5 (eau à 4°). A $t°$, la densité (eau à 4°) est donnée par la formule

$$D = 3,013830 - 0,0024050\ t + 0,00000379\ t^2.$$

Indice de réfraction à $t°$,

$$n_D = 1,647884 - 0,00049663\ t$$

[Anschütz, *D. chem. G.*, **12**, 2074; *Ann. Chem.*, **221**, 139. — Weegmann, *Zeit. Physik. Chem.*, **2**, 236].

Chauffé à 190°, le tétrabromure d'acétylène se décompose en acide bromhydrique, brome et éthylène tribromé.

Le zinc, en solution alcoolique, enlève successivement tout le brome au tétrabromure d'acétylène, en donnant d'abord le dibromure d'acétylène, puis, à chaud, l'acétylène lui-même.

L'eau et le brome à 180° produisent de l'éthylène perbromé C^2Br^4 et un peu d'éthane perbromé C^2Br^6.

Chauffé avec du chlorure d'aluminium sous une pression de 14 millimètres de mercure, le tétrabromure d'acétylène fournit de l'éthane tribromé $CH^2Br - CHBr^2$, de l'éthane perbromé C^2Br^6 et de l'acide bromhydrique [Anschütz, *Ann. Chem.* **235**, 169].

Le tétrabromure d'acétylène réagit sur le benzène en présence du chlorure d'aluminium, en donnant de l'anthracène, réaction qui établit nettement la constitution de ce dernier composé :

```
       CH                 CH                 CH
CH  /     \  C [H   Br]  /  |  \  [Br   H] C  /     \  CH
                   —
CH  \     /  C [H   Br]  \  |  /  [Br   H] C  \     /  CH
       CH                 CH                 CH

                       CH      CH      CH
                 CH       C          C       CH
= 4HBr +
                 CH       C          C       CH
                       CH      CH      CH
```

Avec les homologues du benzène, on obtient de même des homologues de l'anthracène [Anschütz, *Ann. Chem.*, **235**, 171].

Remarque. — M. Tawildaroff, en chauffant le bromure d'éthyle avec du brome à 180°, a obtenu un éthane tétrabromé $C^2H^2Br^4$, qui bout en se décomposant légèrement à 208-211°, et qui ne se solidifie pas à —20°.

D'après M. Denzel, le brome, en réagissant sur l'éthane tribromé $CH^2Br-CHBr^2$, fournit un tétrabromoéthane qui bout sans décomposition à 225-227° sous 732 millimètres [*D. chem. G.*, **12**, 2207].

M. Bourgoin, en chauffant à 130° 6 parties d'acide pyruvique avec 30 parties de brome et 50 parties d'eau, a obtenu un tétrabromo-éthane, qui bout à 200° avec décomposition partielle et se solidifie à —17°; densité = 2,93 à 0° [*Ann. Chim. Phys.*, (5), **12**, 427].

Enfin, en faisant réagir le brome sur l'éthylate de sodium, MM. Sell et Salzmann ont obtenu un tétrabromo-éthane bouillant à 150° et se solidifiant à 0° [*D. chem. G.*, **7**, 496].

Pentabromoéthane, $CHBr^2-CBr^3$. — Ce composé se prépare par la fixation du brome soit sur l'éthylène tribromé (Lennox), C^2HBr^3, soit sur l'acétylène bromé (Reboul).

Il se produit également, à côté de l'acide dibromacétique, quand on expose à l'air l'éthylène tribromé,

$$3C^2HBr^3 + 3O + H^2O = C^2HBr^5 + 2C^2H^2Br^2O^2$$

[Demole, *Bull. Soc. Chim.*, (2), **34**, 204].

M. Bourgoin l'a obtenu en faisant réagir à 165° le brome sur le tétrabromure d'acétylène [*Bull. Soc. Chim.*, (2), **23**, 173].

Il prend naissance aussi quand on chauffe à 120° l'acide succinique avec du brome et de l'eau [Orlowsky, *Bull. Soc. Chim.*, (3), **9**, 280].

Aiguilles prismatiques fusibles à 56-57° (Bourgoin), à 54° (Denzel), à 48-50° (Reboul), solubles dans l'alcool, très solubles dans l'éther.

Éthane perbromé (*tribromure de carbone, sesquibromure de carbone*), CBr^3-CBr^3. — M. Gustavson a obtenu ce composé en traitant par le brome et l'aluminium le tétrachlorure de carbone CCl^4, l'éthylène perchloré C^2Cl^4, ou le sesquichlorure de carbone C^2Cl^6 [*Bull. Soc. Chim.*, (3), **13**, 287].

DÉRIVÉS IODÉS ET BROMO-IODÉS DU BROMURE D'ÉTHYLE.

Bromo 1-iodo 2-éthane (*bromo-iodure d'éthylène*), CH^2Br-CH^2I. — Voyez ÉTHYLÈNE.

Bromo-iodo 1.1-éthane (*bromo-iodure d'éthylidène*), $CH^3-CHBrI$. — Voyez ÉTHYLÈNE.

Iododibromoéthane, $C^2H^3IBr^2$. — Ce corps provient de la fixation du bromure d'iode BrI sur l'éthylène-bromé.

Liquide bouillant à 170-180°; densité = 2,86 à 29°. L'oxyde d'argent Ag^2O le dédouble en bromure d'iode et éthylène-bromé [Simpson, *Jahresb.*, 1874, 327].

IODURE D'ÉTHYLE (*iodo-éthane*), C^2H^5I. — L'iodure d'éthyle bout à 72°,34.

Densité = 1,9795 à 0°; 1,96527 à 4°; 1,9444 à 14°,5; 1,94332 à 15°; 1,92431 à 25°; 1,1810 à 72°,2 (eau à 4°) [Linnemann, *Ann. Chem.*, **160**, 204. — Perkin, *J. prakt. Chem.*, (2), **31**, 501. — R. Schiff, *D. chem. G.*, **19**, 564].

Dilatation :

$$V = 1 + 0,0^2 1152\,t + 0,0^6 26031\,t^2 + 0,0^7 14181\,t^3$$

[Dobriner, *Ann. Chem.*, **243**, 24].

L'iodure d'éthyle forme avec l'hydrogène sulfuré une combinaison cristallisée qui a pour formule $C^2H^5I, 2H^2S, 23H^2O$. Ce sont des octaèdres réguliers [Forcrand, *Ann. Chim. Phys.*, (5), **28**, 33].

DÉRIVÉS IODÉS DE L'IODURE D'ÉTHYLE.

Di-iodo 1.2-éthane (*iodure d'éthylène*),

$$CH^2I-CH^2I.$$

— Voyez ÉTHYLÈNE.

Di-iodo 1.1-éthane (*iodure d'éthylidène*),

$$CH^3-CHI^2.$$

— Voyez ÉTHYLÈNE.

Tri-iodo 1.1.1-éthane (*méthyl-iodoforme*),

$$CH^3-CI^3.$$

— Ce corps se forme quand on fait réagir l'iodure d'aluminium sur le méthyl-chloroforme.

Il cristallise dans l'alcool en octaèdres jaunes, qui fondent à 95° en se décomposant. Le méthyl-iodoforme est très soluble dans l'éther, le sulfure de carbone, le benzène, un peu moins soluble dans la ligroïne, peu soluble dans l'alcool froid [Boissieu, *Bull. Soc. Chim.*, (2), **49**, 16].

ÉTHERS COMPOSÉS

HYPOCHLORITE D'ÉTHYLE, $ClOC^2H^5$. — M. Sandmeyer a obtenu ce corps en faisant passer un courant de chlore dans un mélange refroidi de 1 partie de soude caustique, 1 partie d'alcool et 9 parties d'eau [*D. chem. G.*, **18**, 1768; **19**, 858].

C'est un liquide jaune, à odeur forte d'acide hypochloreux. Il bout à 36° sous 752 millimètres.

Il fait explosion lorsque sa vapeur est surchauffée, ou quand on le met en contact avec de la poudre de cuivre.

Il se décompose violemment, et finalement avec explosion, lorsqu'on l'expose au soleil.

Il est soluble dans l'éther, le chloroforme, le benzène.

Lorsqu'on le fait réagir sur l'acide bromhydrique ou l'acide iodhydrique, on voit se séparer immédiatement du brome ou de l'iode.

C'est un agent d'oxydation et de chloruration énergique vis-à-vis de l'ammoniaque, de l'aniline et du phénol.

NITRITE D'ÉTHYLE, $C^2H^5AzO^2$. — On obtient ce produit très pur en versant un mélange d'alcool (100 grammes), d'acide sulfurique (200 grammes) et d'eau (1 litre et demi) dans un autre mélange préparé à l'avance d'alcool (100 grammes), d'azotite de sodium (250 grammes) et d'eau (1 litre) (Wallach et Otto, *Ann. Chem.*, **253**, 251. — Dunstan et Dymond, *D. chem. G.*, **21**, 315].

Densité = 0,900 à 15°,5.

Le nitrite d'éthyle est fréquemment employé pour produire des combinaisons diazoïques avec les amines aromatiques.

HYPOAZOTITE D'ÉTHYLE.

$$\begin{matrix} Az - OC^2H^5 \\ \| \\ Az - OC^2H^5 \end{matrix}$$

— Huile plus légère que l'eau, explosible, insoluble dans l'eau, l'acide chlorhydrique, la lessive de soude, soluble dans l'éther.

Chauffé avec de l'eau, l'hypoazotite d'éthyle se décompose d'après l'équation suivante, avec dégagement d'azote et production d'alcool et d'aldéhyde :

$$(C^2H^5)^2Az^2O^2 = Az^2 + C^2H^6O + C^2H^4O.$$

AZOTATE D'ÉTHYLE, $C^2H^5AzO^3$. — Lorsqu'on chauffe à l'ébullition l'iodure d'éthyle ou le bromure d'éthyle avec du nitrate d'argent et de l'alcool, il se forme, non pas de l'azotate d'éthyle, mais de l'azotite d'éthyle et de l'aldéhyde, d'après l'équation

$$C^2H^5AzO^2 + C^2H^6O = C^2H^5AzO^2 + C^2H^4O + H^2O$$

[Bertrand, *Bull. Soc. Chim.*, (2), **33**, 566].

Densité = 1,1322 à 0°; 1,1305 à 4°; 1,1159 à 15°; 1,1123 à 15°,5; 1,1044 à 25° [Kopp, *Ann. Chem.*, **98**, 367. — Perkin, *Chem. Soc.*, **55**, 682].

Réfraction moléculaire = 31,26 [Kanonnikoff, *J. prakt Chem.*, (2), **31**, 359. — Löwenberg, *D. chem. G.*, **23**, 2180].

Réduit par l'étain et l'acide chlorhydrique, l'azotate d'éthyle fournit, entre autres bases, de l'hydroxylamine (Lossen).

Lorsqu'on distille le sulfovinate de calcium avec du nitrate de potassium, il se forme, non pas de l'éther azotique libre, mais une combinaison de ce corps avec l'aldéhyde.

L'*éther azotique chloré*,

$$CH^2Cl . CH^2 - O . AzO^2,$$

qui est à la fois un éther azotique et un éther chlorhydrique du glycol, prend naissance quand on fait réagir l'acide nitrosulfurique sur la monochlorhydrine de glycol.

C'est un liquide qui bout sans décomposition à 149°-150°; sa densité = 1,378 à 21° [Henry, *Ann. Chim. Phys.*, (4), **27**, 257].

L'*éther azotique dichloré*,

$$CHCl^2 . CH^2 - O . AzO^2,$$

se forme de même dans l'action de l'acide nitrosulfurique sur l'alcool éthylique dichloré,

$$CHCl^2 - CH^2OH.$$

Liquide bouillant à 155-156° [Delacre, *Bull. Soc. Chim.*, (2), **47**, 959].

Le dérivé bromé, $CH^2Br - CH^2 - OAzO^2$, bout à 164°-165° et a pour densité 1,735 à 8° [Henry, *Ann. Chim. Phys.*, (4), **27**, 258].

HYPOSULFITE ACIDE D'ÉTHYLE (*acide éthylhyposulfureux*),

$$SO^2 \lt \begin{matrix} OH \\ SC^2H^5 \end{matrix}$$

— On obtient le sel de sodium correspondant

$$SO^2 \lt \begin{matrix} ONa \\ SC^2H^5 \end{matrix}$$

lorsqu'on chauffe pendant 2 ou 3 jours, à 80° et en tubes scellés, de l'hyposulfite de sodium avec du bromure d'éthyle (1 molécule), en présence d'alcool très étendu [Bunte, *D. chem. G.*, **7**, 646. — Otto et Rossing, *ibid.*, **25**, 989].

On peut aussi faire réagir l'iode sur un mélange de mercaptan et de sulfite de sodium [Spring, *D. chem. G.*, **7**, 1162].

Le *sel de sodium* se présente sous la forme de feuillets hexagonaux. Cristallisé dans l'alcool, il forme de longues et fines aiguilles renfermant 1 molécule d'eau [Schwicker, *D. chem. G.*, **22**, 1734]. Lorsqu'on le fait bouillir avec de l'acide chlorhydrique, il se décompose en mercaptan et sulfure de sodium.

A la distillation sèche, il fournit du disulfure d'éthyle, de l'acide sulfureux et du sulfate de sodium.

Le chlorure mercurique produit un précipité blanc, qui se transforme bientôt en un corps ayant pour formule $C^2H^5 . SH . HgCl$.

L'action du sodium donne naissance à du mercaptan et à du sulfite de sodium.

Traité par le perchlorure de phosphore, l'éthylhyposulfite de sodium fournit un chlorure qui se décompose, sous l'influence de la chaleur, avec formation de bisulfure d'éthyle, d'acide sulfureux et de chlorure de sulfuryle :

$$2C^2H^5S^2O^2Cl = (C^2H^5)^2S^2 + SO^2 + SO^2Cl^2$$

(Spring).

D'après M. Ramsay, il doit se former dans cette réaction, non pas du chlorure de sulfuryle, mais de l'oxychlorure de phosphore et du bisulfure d'éthyle [*D. chem. G.*, **8**, 764].

L'*éthylhyposulfite de potassium*,

$$KC^2H^5 . S^2O^3,$$

se présente en cristaux brillants, orthorhombiques [Fock et Krüss, *D. chem. G.*, **23**, 538].

Le *sel de baryum*, $Ba(C^2H^5 . S^2O^3)^2, 2H^2O$, cristallise en tablettes rectangulaires.

SULFITE ACIDE D'ÉTHYLE (*acide éthylsulfureux*),

$$SO \lt \begin{matrix} OC^2H^5 \\ OH \end{matrix}$$

— On prépare le *sel de potassium* en traitant par la potasse, à froid, le sulfite diéthylique [Warlitz, *Ann. Chem.*, **143**, 74].

Il se présente sous la forme d'écailles nettement cristallisées; il est très instable.

Le *chlorure* d'acide éthylsulfureux

$$SO \lt \begin{matrix} OC^2H^5 \\ Cl \end{matrix}$$

se forme lorsqu'on traite le sulfite diéthylique

$$SO \lt \begin{matrix} OC^2H^5 \\ OC^2H^5 \end{matrix}$$

par le perchlorure de phosphore. Il bout à 122°.

L'eau le décompose en acide chlorhydrique, acide sulfureux et alcool. Chauffé à 180° avec du perchlorure de phosphore, il fournit du chlorure de thionyle et du chlorure d'éthyle,

$$SO \lt \begin{matrix} OC^2H^5 \\ Cl \end{matrix} + PCl^5 = SOCl^2 + POCl + C^2H^5Cl$$

[Michaëlis et Schumann, *D. chem. G.*, **7**, 1074].

SULFITE DIÉTHYLIQUE.

$$SO \lt \begin{matrix} OC^2H^5 \\ OC^2H^5 \end{matrix}$$

— Voyez Dict., **2**, 1352.

Il bout à 161°,3.

Densité = 1,1063 à 0° [Carius, *J. prakt. Chem.*, (2), **2**, 279].

Il se décompose à 200° en acide sulfureux et oxyde d'éthyle [Prinz, *Ann. Chem.*, **223**, 374].

Traité par le perchlorure de phosphore, il donne un *chlorure d'acide*

$$SO \lt \begin{matrix} OC^2H^5 \\ Cl \end{matrix}$$

qui se décompose à la distillation en chlorure d'éthyle et acide sulfureux [Michaëlis et Wagner, *D. chem. G.*, 7, 1074. — Geuther, *Ann. Chem.*, 224, 223].

Chauffé à 120° avec du chlorure de thionyle, le sulfite diéthylique fournit de l'acide sulfureux et du chlorure d'éthyle.

ACIDE ÉTHYLSULFURIQUE (*acide sulfovinique, sulfate acide d'éthyle*). — Le sel de sodium, chauffé avec du sulfite de sodium, fournit l'éthanesulfonate de sodium.

Sels divers. — $SO^4 \lessdot {AzH^4 \atop C^2H^5}$. — Fond à 99° (Krafft et Bourgeois).

$SO^4 \lessdot {C^2H^5 \atop K}$. — Densité = 1,843 à 19°,6 [Illingworth et Howard, *Jahresb*, 1884, 203].

$Gl(SO^4C^2H^5)^2, 12H^2O$. — Lames déliquescentes, solubles dans l'alcool.

$Ca(SO^4C^2H^5)^2, 2H^2O$. — Cristaux clinorhombiques, solubles dans 0g,8 d'eau à 17°.

$Ba(SO^4C^2H^5)^2, 2H^2O$. — Cristaux clinorhombiques; densité 2,08 à 21°,7; solubles dans 0g,92 d'eau à 17°.

$Zn(SO^4C^2H^5)^2, 2H^2O$.

$Sm(SO^4C^2H^5)^3, 9H^2O$. — Très soluble. Densité 1,88 [Cleve, *Bull. Soc. Chim.*, (2), **43**, 171].

$Yt(SO^4C^2H^5)^3, 18H^2O$. — Longs prismes [Alen, *Jahresb.*, 1883, 1238].

$La(SO^4C^2H^5)^3, 18H^2O$. — Longs prismes.

$Co(SO^4C^2H^5)^2, 10H^2O$.

$Pb(SO^4C^2H^5)^2, 2H^2O$. — Grosses tablettes rhombiques.

$Pb(SO^4C^2H^5)^2 . PbO$. — Corps amorphe, soluble à 17° dans 0g,54 d'eau.

$Di(SO^4C^2H^5)^3, 9H^2O$. — Cristaux rougeâtres, hexagonaux. Densité = 1,863 [Morton, *Bull. Soc. Chim.*, (2), **43**, 366. — Alen, *Jahresb.*, 1883, 1238. — Cleve, *Bull. Soc. Chim.*, (2), **43**, 366].

$Er(SO^4C^2H^5)^3, 18H^2O$. — Cristaux rosés.

$Mn(SO^4C^2H^5)^2, 4H^2O$.

$Cu(SO^4C^2H^5)^2, 4H^2O$.

Chlorure éthylsulfurique,

$$SO^2 \lessdot {Cl \atop OC^2H^5}$$

— Ce composé se forme dans l'action de l'acide sulfurique fumant sur le chloroformiate d'éthyle.

M. Müller l'a obtenu en combinant l'éthylène avec la monochlorhydrine sulfurique

$$SO^2 \lessdot {OH \atop Cl}$$

[*D. chem. G.*, **6**, 227]. Il se forme en même temps dans cette réaction du chlorure éthionique $SO^4H - C^2H^4 - SO^2Cl$.

Enfin, il se forme du chlorure éthylsulfurique quand on fait passer un courant d'acide sulfureux dans de l'hypochlorite d'éthyle [Sandmeyer, *D. chem. G.*, **19**, 860].

Le chlorure éthylsulfurique bout à 151-154° (corr.), avec décomposition partielle.

Il distille sans décomposition à 93-95° sous la pression de 100 millimètres.

Si on le traite par l'alcool méthylique ou l'alcool éthylique, on voit se dégager du chlorure de méthyle ou du chlorure d'éthyle, et il se forme de l'acide éthylsulfurique.

Avec l'alcool isoamylique, il y a production de chlorure d'éthyle et d'acide isoamylsulfurique.

Sous l'influence de l'alcool absolu, le chlorure éthylsulfurique se transforme en sulfate diéthylique.

Acide brométhylsulfurique. — Ce composé, qui paraît répondre à la formule

$$SO \lessdot {OH \atop OCH^2 - CH^2Br}$$

a été obtenu en 1868 par M. Wroblewsky, en faisant réagir l'anhydride sulfurique sur le bromure d'éthylène.

Le *sel de baryum*, qui est anhydre, se décompose quand on le chauffe longtemps à l'ébullition avec de l'eau, avec précipitation de sulfate de baryum, sans formation de glycol [Beilstein et Wiegand, *D. chem. G.*, **15**, 1370].

Le *sel de plomb*, $(C^2H^4Br . SO^4)Pb, 3H^2O$, cristallise en écailles. Lorsqu'on chauffe à l'ébullition sa solution aqueuse, on voit se précipiter du sulfate de plomb.

Il existe un isomère du précédent acide, qui a été obtenu par MM. Beilstein et Wiegand en chauffant le bromure d'éthylène avec du sulfate d'argent [*D. chem. G.*, **15**, 1369]. Son *sel de baryum* est bien cristallisé et très soluble dans l'eau. Il est très instable; l'eau chaude le décompose, avec précipitation de sulfate de baryum, mise en liberté d'acide bromhydrique et formation de glycol.

SULFATE D'ÉTHYLE (*sulfate diéthylique*),

$$SO^2 \lessdot {OC^2H^5 \atop OC^2H^5}$$

— Le sulfate d'éthyle cristallise et fond à 24°,5 (Villiers).

Il bout avec décomposition partielle à 208°.

Il distille à 113°,5 sous 31 millimètres, à 118° sous 40 millimètres, à 120°,5 sous 45 millimètres. Densité = 1,1837 à 19°.

Chauffé avec de l'eau de baryte, il se décompose en alcool et éthylsulfate de baryum (Villiers).

Traité par l'anhydride sulfurique, il fournit de l'éther éthionique et de l'éther méthionique [Hübner, *Ann. Chem.*, **223**, 208].

Le *dérivé dibromé*,

$$SO^2 \lessdot {OCH^2 - CH^2Br \atop OCH^2 - CH^2Br}$$

se forme quand on chauffe le bromure d'éthylène avec du sulfate d'argent en présence de benzène [Beilstein et Wiegand, *D. chem. G.*, **15**, 1369].

C'est une huile lourde, qui bout en se décomposant, insoluble dans l'eau, soluble dans le benzène et dans l'éther.

Il se décompose, sous l'influence de l'eau bouillante, avec formation d'acide brométhylsulfurique, et finalement d'acide bromhydrique, d'acide sulfurique et de glycol.

SÉLÉNITE D'ÉTHYLE,

$$SeO \lessdot {OC^2H^5 \atop OC^2H^5}$$

— Ce composé se forme quand on fait réagir le chlorure de sélényle $SeOCl^2$, en solution dans l'éther bien sec, sur l'éthylate de sodium desséché à 180°; ou encore quand on chauffe à 85°, en tubes scellés, le sélénite d'argent Ag^2SeO^3 et l'iodure d'éthyle (Michaëlis et Landmann).

Liquide épais, bouillant avec décomposition partielle à 183-185°.

Densité = 1,49 à 16°,5.

L'eau le décompose facilement et complètement en alcool et acide sélénieux.

Chauffé à 200° en tube scellé, il est détruit avec mise en liberté de sélénium.

Éthoxychlorure de sélényle (*chlorure éthylsélénieux*),

$$SeO \lessdot {Cl \atop OC^2H^5}$$

— MM. Michaëlis et Landmann ont obtenu ce corps en faisant réagir le chlorure de sélényle $SOCl^2$ (1 partie) sur l'alcool absolu (10 parties). On chauffe pendant 1 demi-heure au bain-marie, on distille l'alcool, et on rectifie le résidu dans un courant d'acide carbonique [*Ann. Chem.*, **241**, 156].

Liquide épais, se solidifiant dans un mélange réfrigérant, et fondant alors à + 10°. Il bout avec légère décomposition à 175°.

Chauffé en tubes scellés à 200°, il se détruit, avec mise en liberté de sélénium et formation de chlorure d'éthyle et d'acide chlorhydrique.

ACIDE ÉTHYLSÉLÉNIQUE,

$$SeO^2 \begin{cases} OH \\ OC^2H^5 \end{cases}$$

— M. Fabian a obtenu ce composé en faisant réagir l'acide sélénique sur l'alcool [*Ann. Chem.*, Suppl., **1**, 244).

Il est très instable. Ses sels peuvent cristalliser avec les éthylsulfates.

Le *sel de potassium*, $KC^2H^5SeO^4$, est insoluble dans l'alcool absolu; il cristallise en écailles.

Le *sel de strontium*, $Sr(SeO^4C^2H^5)^2$, cristallise en tablettes.

Le *sel de cuivre*, $Cu(SeO^4C^2H^5)^2,4H^2O$, cristallise en feuillets.

ACIDE DIÉTHYLPHOSPHOREUX,

$$P \begin{cases} OC^2H^5 \\ OC^2H^5 \\ OH \end{cases}$$

— MM. Thorpe et North l'ont obtenu en laissant tomber goutte à goutte de l'alcool absolu sur de l'anhydride phosphoreux fortement refroidi [*Chem. Soc.*, **57**, 634].

C'est un liquide qui bout à 184-185°.

Densité = 1,0749 à 15°,5 (eau à 4°).

L'eau le dédouble rapidement en alcool et acide phosphoreux.

Avec le brome, il fournit du bromure d'éthyle et de l'acide métaphosphorique.

Le *chlorure d'acide* correspondant,

$$P \begin{cases} Cl \\ OC^2H^5 \\ OC^2H^5 \end{cases}$$

qui prend naissance dans l'action du trichlorure de phosphore (1 molécule) sur l'alcool (2 molécules), est un liquide qui bout en se décomposant, et qui, sous l'influence du chlore, fournit du chlorure d'éthyle et du chlorure d'acide éthylphosphoreux,

$$P \begin{cases} Cl^2 \\ OC^2H^5 \end{cases}$$

[Wichelhaus, *Ann. Chem.*, Suppl., **6**, 264].

PHOSPHITE D'ÉTHYLE,

$$P \begin{cases} OC^2H^5 \\ OC^2H^5 \\ OC^2H^5 \end{cases}$$

— Le phosphite d'éthyle distille à 189-192° dans un courant d'hydrogène [Jähne, *Ann. Chem.*, **256**, 272].

Traité par l'éthylate de sodium, il donne du diéthylphosphite de sodium et de l'éthylène.

Chauffé avec du chlorure d'acétyle à 190°, ou bien avec de l'anhydride acétique à 240°, il fournit de l'acétate d'éthyle, du chlorure d'éthyle, et probablement du métaphosphite d'éthyle $PO^2C^2H^5$ [*loc. cit.*].

Il absorbe directement l'oxygène, avec formation de phosphate triéthylique.

Avec le perchlorure de phosphore, il donne le *chlorure*

$$PO \begin{cases} OC^2H^5 \\ Cl^2 \end{cases}$$

du trichlorure de phosphore et du chlorure d'éthyle [Geuther, *Jahresb.*, 1876, 207].

Le brome l'attaque avec formation de bromure d'éthyle et de *bromophosphate diéthylique*,

$$P(OC^2H^5)^3 + Br^2 = C^2H^5Br + P \begin{cases} O \\ Br \\ (OC^2H^5)^2 \end{cases}$$

[Wichelhaus, *Ann. Chem.*, Suppl., **6**, 269].

Chloroplatinite, $P(OC^2H^5)^3 . PtCl^2$. — On fait réagir l'alcool absolu sur le corps $PCl^3 . PtCl^2$, obtenu lui-même dans l'action à chaud du perchlorure de phosphore sur la mousse de platine [Schützenberger, *Bull. Soc. Chim.*, (2), **13**, 483].

Gros prismes fondant à 83°.

Une solution alcoolique bouillante de nitrate d'argent en précipite tout le chlore à l'état de chlorure d'argent.

Traité par le perchlorure de phosphore, ce corps fournit du chlorure d'éthyle, de l'oxychlorure de phosphore et le composé $PCl^3 . PtCl^2$ [Pomey, *Bull. Soc. Chim.*, (2), **35**, 420].

Il se combine directement au chlore et au brome. En solution dans l'éther, il absorbe l'éthylène et l'oxyde de carbone, avec formation des composés

$$2[(OC^2H^5)^3P . PtCl^2]C^2H^4$$

et

$$P(OC^2H^5)^3 . PtCl^2 . CO$$

qui sont huileux.

On prépare de même une combinaison huileuse $P(OC^2H^5)^3 . PtCl^2 . PCl^3$, qui, traitée par l'alcool absolu, se décompose avec production d'acide chlorhydrique et du composé $2(OC^2H^5)^3P . PtCl^2$.

La solution éthérée du chloroplatinate

$$P(OC^2H^5)^3PtCl^2,$$

traitée par le gaz ammoniac, fournit un précipité formé par le corps $P(OC^2H^5)^3 . PtCl^2 . 2AzH^3$.

On connait encore les composés suivants :

$2P(OC^2H^5)^3 . PtCl^2$, cristallisé en prismes.

$2[P(OC^2H^5)^3]PtCl^2 . 2AzH^3$ [Schützenberger, *Bull. Soc. Chim.*, (2), **18**, 158].

Le corps $2P(OC^2H^5)^3 . PtCl^2 . Br$ est jaune foncé, insoluble dans l'eau, soluble dans l'alcool.

Le composé $P(OC^2H^5)^3 . 2PtCl^2$ a été obtenu par M. Cochin, en faisant réagir l'alcool sur le corps $PCl^3 . 2PtCl^2$. Traité par l'aniline, il fournit le *chloroplatinite* $2C^6H^7Az . PtCl^2$ [*Bull. Soc. Chim.*, (2), **31**, 499].

Chloroplatinate, $P(OC^2H^5)^3PtCl^4$. — Ce corps se forme quand on fait passer un courant de chlore dans une solution du chloroplatinite $P(OC^2H^5)^3 . PtCl^2$ dans le tétrachlorure de carbone.

C'est un précipité jaune, très altérable à l'air humide [Pomey, *Bull. Soc. Chim.*, (2), **35**, 421].

Le *bromure*, $P(OC^2H^5)^3PtCl^2 . Br^2$, se prépare par le même procédé que le chlorure.

C'est un précipité rouge, pulvérulent.

Il existe un autre *chlorobromure* qui a pour formule $2P(OC^2H^5)^3 . PtCl^2Br^2$; il est jaune foncé, insoluble dans l'eau, soluble dans l'alcool.

Combinaison aurique, $P(OC^2H^5)^3 . AuCl$. — — M. Lindet a obtenu ce composé en faisant réagir l'alcool absolu sur la combinaison

$$PCl^3 . AuCl,$$

et aussi en laissant tomber goutte à goutte du trichlorure de phosphore sur un mélange de chlorure d'or et d'alcool absolu [*Ann. Chim. Phys.*, (6), **11**, 185].

C'est un liquide qui cristallise à —10°.

Densité = 2,025.

Il est insoluble dans l'eau, qui d'ailleurs ne le décompose pas; soluble dans l'alcool, l'éther, le benzène.

Il est soluble dans la lessive de potasse, et les acides le précipitent de cette solution.

Il est soluble dans l'ammoniaque. Si l'on évapore la solution à la température de 35-40°, on obtient une combinaison cristallisée qui a pour formule $P(OC^2H^5)^3AuCl, 2AzH^3$. Celle-ci est soluble dans l'eau, et les acides précipitent de cette solution aqueuse le corps $P(OC^2H^5)^3AuCl$.

Chlorure d'acide éthylphosphoreux,

$$P \lesssim {OC^2H^5 \atop Cl^2}$$

— Ce corps se forme dans l'action du trichlorure de phosphore sur le phosphite triéthylique. Un excès de phosphite d'éthyle produit une décomposition avec formation de chlorure d'éthyle et de phosphate triéthylique $PO^4(C^2H^5)^3$, et mise en liberté de phosphore [Chambon, *Jahresb.*, 1876, 205].

C'est un liquide qui distille en se décomposant à 117°,5.

Densité = 1,30526 à 0° (eau à 4°).

Chauffé à 165°, il se décompose avec formation de chlorure d'éthyle, de trichlorure de phosphore, d'anhydride phosphorique, et mise en liberté de phosphore.

L'eau le dédouble en acide chlorhydrique, alcool et acide phosphoreux.

Le brome l'attaque avec production de bromure d'éthyle et de chlorobromure phosphorique,

$$C^2H^5O-PCl^2 + Br^2 = C^2H^5Br + PO \lesssim {Cl^2 \atop Br}$$

Avec le perchlorure de phosphore, il fournit de l'oxychlorure de phosphore, du trichlorure de phosphore et du chlorure d'éthyle [Geuther et Hergt, *Jahresb.*, 1876, 206].

Phosphite tri-trichloroéthylique (*phosphite d'éthyle trichloré*),

$$P \begin{cases} OCH^2-CCl^3 \\ OCH^2-CCl^3 \\ OCH^2-CCl^3 \end{cases}$$

— M. Delacre a obtenu cet éther en traitant par le trichlorure de phosphore l'alcool trichloré CCl^3-CH^2OH.

C'est un liquide qui bout à 263°. A l'air, il se transforme en un éther phosphorique correspondant [*Bull. Soc. Chim.*, (2), **48**, 787].

Éther trisulfophosphoreux, $P(SC^2H^5)^3$. — Densité = 1,24 à 12°.

L'eau le décompose en acide phosphoreux et mercaptan.

D'après M. Claesson, ce corps ne serait pas volatil; il se décomposerait sous l'influence de la chaleur, avec mise en liberté de phosphore et formation de bisulfure d'éthyle $(C^2H^5)^2S^2$.

HYPOPHOSPHATE MONOÉTHYLIQUE,

$$P^2O^4 \lesssim {(OH)^3 \atop OC^2H^5}$$

— M. Sänger a préparé cet éther en chauffant pendant 8 heures à 40° l'éther tétréthylique (voyez plus bas) avec de l'eau et du carbonate de calcium [*Ann. Chem.*, **232**, 14].

Le *sel de calcium*, $(P^2C^2H^6O^6)Ca, 5H^2O$, cristallise en petites aiguilles.

HYPOPHOSPHATE TÉTRÉTHYLIQUE,

$$P^2O^2(OC^2H^5)^4.$$

— On le prépare en laissant en contact, à froid, pendant 40 jours, l'hypophosphate d'argent (5 grammes) avec de l'iodure d'éthyle (11 grammes).

C'est un liquide épais, dont la densité = 1,1170 à 15° [*loc. cit.*].

PHOSPHATES D'ÉTHYLE. — PHOSPHATE TRIÉTHYLIQUE, $PO \equiv (OC^2H^5)^3$. — Il bout à 203° dans un courant d'hydrogène.

Le phosphate triéthylique forme avec le phosphite triéthylique et l'alcool une combinaison particulière,

$$P(OC^2H^5)^3, C^2H^6O, PO(OC^2H^5)^3,$$

qu'on prépare de la façon suivante : Sur de l'éthylate de sodium (6 grammes) desséché à 180° et délayé dans de l'éther absolu, on laisse couler goutte à goutte du trichlorure de phosphore (1 partie) dissous dans son volume d'éther absolu, et on chauffe le mélange au bain-marie pendant une demi-heure. On distille ensuite dans un courant d'hydrogène. L'éther passe d'abord, puis la combinaison qui a pris naissance [Geuther, *Ann. Chem.*, **224**, 275].

Ce produit est un liquide à odeur éthérée, bouillant à 157°,5. Densité = 0,960 à 14°.

A la distillation, il se décompose lentement en ses composants.

L'eau le décompose peu à peu.

Chauffée à 100° avec une lessive de soude étendue, la combinaison est saponifiée; la solution renferme de l'acide phosphoreux, avec des traces seulement d'acide phosphorique.

Si la saponification est faite avec de la soude solide, il se forme immédiatement de l'acide phosphorique.

Le trichlorure de phosphore détruit la combinaison, avec formation de phosphate d'éthyle, de phosphite d'éthyle, de chlorure d'éthyle et d'acide phosphoreux,

$$3[PO(OC^2H^5)^3 + P(OC^2H^5)^3 + C^2H^6O] + PCl^3 = 3PO(OC^2H^5)^3 + 3P(OC^2H^5)^3 + 3C^2H^5Cl + P(OH)^3$$

[Jähne, *Ann. Chem.*, **256**, 275].

Chlorure éthylphosphorique,

$$PO \lesssim {Cl^2 \atop OC^2H^5}$$

— On l'obtient en traitant l'oxychlorure de phosphore par la quantité équivalente d'alcool.

M. Chambon l'a obtenu en traitant le phosphate triéthylique par l'oxychlorure de phosphore,

$$PO^4(C^2H^5)^3 + 2POCl^3 = 3PO(C^2H^5O)Cl^2.$$

C'est une huile insoluble dans l'eau, qui distille à 167° dans un courant d'hydrogène. L'eau décompose ce corps en acide chlorhydrique et acide éthylphosphorique. Chauffé à 160°, il se détruit avec formation de chlorure d'éthyle, d'oxychlorure de phosphore et d'anhydride phosphorique.

Chlorure diéthylphosphorique

$$PO \lesssim {Cl \atop (OC^2H^5)^2}$$

— Il se forme quand on fait réagir 2 molécules d'alcool sur 1 molécule d'oxychlorure de phosphore.

Il prend naissance aussi dans l'action du chlore sur le phosphate triéthylique.

Ce corps distille avec décomposition partielle (Wichelhaus).

Bromure diéthylphosphorique,

$$PO \lesssim {Br \atop O(C^2H^5)^2}$$

— Ce composé résulte de l'action du brome sur le phosphite triéthylique. Il n'est pas volatil (Wichelhaus).

Phosphate tri-trichloroéthylique (phosphate d'éthyle trichloré), $PO(OCH^2-CCl^3)^3$. — M. Delacre a obtenu ce composé en faisant réagir sur l'alcool trichloré CCl^3-CH^2OH (5 grammes) le perchlorure de phosphore (80 grammes), d'abord à froid, puis à 140°. Par le refroidissement, une grande quantité de pentachlorure de phosphore cristallise. La partie liquide, versée peu à peu dans l'eau, laisse déposer un liquide très lourd, qui, après lavage et traitement alcalin, se prend en une masse cristalline. Celle-ci est purifiée par l'action d'un courant de vapeur d'eau, qui entraîne une petite quantité du corps CCl^3-CH^2Cl.

Le corps solide est cristallin, d'un blanc pur, très soluble dans l'éther, peu soluble dans la ligroïne. Il fond à 73-74° en se sublimant [*Bull. Soc. Chim.*, (2), **48**, 787].

PHOSPHATE MÉTHYLDIÉTHYLIQUE,

$$PO\begin{cases}OCH^3\\OC^2H^5\\OC^2H^5\end{cases}$$

— MM. Lössen et Köhler ont obtenu ce composé en faisant réagir soit l'iodure d'éthyle sur le méthylphosphate d'argent $PO^4Ag^2CH^3$, soit l'iodure de méthyle sur le diéthylphosphate d'argent

$$PO^4Ag(C^2H^5)^2.$$

C'est un liquide qui bout à 208°,2. Densité = 1,1228 à 0°.

Saponifié par l'eau de baryte, il fournit de l'acide méthyléthylphosphorique [*Ann. Chem.*, **262**, 217].

PHOSPHATE DIMÉTHYLÉTHYLIQUE,

$$PO\begin{cases}OCH^3\\OCH^3\\OC^2H^5\end{cases}$$

— Il résulte de l'action de l'iodure d'éthyle sur le diméthylphosphate d'argent $PO^4Ag(CH^3)^2$.

C'est un liquide bouillant à 203°,3.

Densité = 1,1752 à 0°.

Dilatation :

$$V_t = 1 + 0{,}0^38681\,t + 0{,}0^698786\,t^2 + 0{,}0^819971\,t^3.$$

L'eau de baryte le saponifie avec formation d'acide méthyléthylphosphorique [Weger, *Ann. Chem.*, **221**, 90. — Lössen et Köhler, *ibid.*, **262**, 214].

THIOPHOSPHATE TRIÉTHYLIQUE, $PSO^3(C^2H^5)^3$. — Il se forme dans l'action du sulfobromure de phosphore $PSBr^3$ sur l'alcool [*D. chem. G.*, **5**, 4].

C'est un liquide à odeur de térébenthine, insoluble dans l'eau, entraînable par la vapeur d'eau.

Avec l'acide sulfurique concentré, il fournit des thiodérivés des acides méta et pyrophosphorique.

DITHIOPYROPHOSPHATE TÉTRÉTHYLIQUE,

$$P^2O^5S^2(C^2H^5)^4.$$

— Ce composé prend naissance dans l'action de l'acide sulfurique concentré sur le thiophosphate triéthylique; il se forme en même temps de l'acide éthylsulfurique,

$$2(C^2H^5)^3PO^3S + 2SO^4H^2$$
$$= P^2S^2O^5(C^2H^5)^4 + 2C^2H^5SO^4H + H^2O$$

[Carius, *Jahresb.*, 1861, 585].

C'est une huile assez soluble dans l'eau, qui distille avec décomposition. Avec la potasse alcoolique, elle fournit le sel $P^2O^5S^2K(C^2H^5)^3$.

MÉTAPHOSPHATE D'ÉTHYLE, $PO^3C^2H^5$. — Ce composé a été préparé par M. Carius en faisant réagir l'iodure d'éthyle sur le métaphosphate de plomb.

C'est un liquide qui bout à 100°. L'eau le transforme en acide éthylphosphorique [*Jahresb.*, 1861, 586].

Thiométaphosphate d'éthyle, $PO^2SC^2H^5$. — Il prend naissance dans l'action de l'acide sulfurique concentré sur le thiophosphate triéthylique, $PO^3S(C^2H^5)^3$ [Carius, *Jahresb.*, 1861, 586].

BORATE MÉTHYLDIÉTHYLIQUE, $BO^3(C^2H^5)^2(CH^3)$. — On l'obtient en chauffant à 100° le borate monométhylique BO^3CH^3 avec de l'alcool absolu.

Liquide bouillant à 100°-105°; densité = 0,904 à 0°.

SILICATES D'ÉTHYLE. — MONOCHLORHYDRINE ÉTHYLSILICIQUE,

$$SiCl(OC^2H^5)^3.$$

— Chauffé à 180° en tube scellé avec du chlorure de phosphoryle, ce corps réagit d'après l'équation suivante :

$$4SiCl(OC^2H^5)^3 + 6POCl^3$$
$$= 3SiP^2O^6Cl^2 + SiCl^4 + 12C^2H^5Cl$$

Il se forme du chlorure de silicium, du chlorure d'éthyle et un *chlorure silicophosphorique*. Ce dernier est une poudre blanche, amorphe, soluble sans résidu dans l'alcool absolu, très hygroscopique, partiellement soluble dans l'eau, qui le décompose avec dépôt de silice [Stokes, *D. chem. G.*, **24**, 933; *Bull. Soc. Chim.*, (3), **5**, 275].

La monochlorhydrine éthylsilicique est décomposée par le simple contact du chlorure d'aluminium. Les produits de la réaction varient avec la proportion de chlorure d'aluminium mis en œuvre. Si l'on n'en emploie qu'une trace, la décomposition se fait à peu près exclusivement, d'après l'équation suivante :

$$SiCl(OC^2H^5)^3 + AlCl^3$$
$$= SiO^2 + C^2H^5Cl + (C^2H^5)^2O + AlCl^3$$

[Stokes, *Am. Journ.*, **14**, 438].

DICHLORHYDRINE ÉTHYLSILICIQUE, $SiCl^2(OC^2H^5)^2$. — Le chlorure de phosphoryle agit sur ce corps dans les mêmes conditions que sur la monochlorhydrine, d'après l'équation suivante :

$$2SiCl^2(OC^2H^5)^2 + 2POCl^3$$
$$= SiP^2O^6Cl^2 + SiCl^4 + 4C^2H^5Cl$$

[Stokes, *loc. cit.*].

TRICHLORHYDRINE ÉTHYLSILICIQUE, $SiCl^3(OC^2H^5)$. — Chauffé en tube scellé à 180° avec du chlorure de phosphoryle, ce corps réagit d'après l'équation suivante :

$$4SiCl^3(OC^2H^5) + 2POCl^3$$
$$= SiP^2O^6Cl^2 + 3SiCl^4 + 4C^2H^5Cl$$

[Stokes, *D. chem. G.*, **24**, 933; *Bull. Soc. Chim.*, (3), **5**, 275].

La trichlorhydrine éthylsilicique est facilement et complètement décomposée par le chlorure d'aluminium, et la réaction est entièrement indépendante de la proportion de cet agent, une trace étant suffisante. Les produits de la réaction sont du chlorure d'éthyle exempt d'oxyde d'éthyle, et un résidu solide composé de chlorure d'aluminium et d'un mélange d'oxychlorures et de silice [Stokes, *Am. Journ.*, **14**, 438].

SILICATE D'ÉTHYLE NORMAL, $Si(OC^2H^5)^4$. — Pouvoir réfringent moléculaire, 84,38 [Kanonnikoff, *J. prakt. Chem.*, (2), **31**, 359].

Le silicate d'éthyle réagit à 180° sur l'oxychlorure de phosphore, d'après l'équation suivante :

$$Si(OC^2H^5)^4 + 2POCl^3 = SiP^2O^6Cl^2 + 4C^2H^5Cl$$

[*Bull. Soc. Chim.*, (3), **6**, 275].

Le silicate d'éthyle est détruit par le chlorure d'aluminium, et cette décomposition, contrairement à ce qui a lieu pour les chlorhydrines éthylsiliciques, est strictement proportionnelle à la quantité de chlorure d'aluminium mise en œuvre, d'après l'équation suivante :

$$6\,Si(OC^2H^5)^4 + 2\,AlCl^3$$
$$= (SiO^2)^6Al^2O^3 + 6\,C^2H^5Cl + 9\,(C^2H^5)^2O.$$

Le chlorure ferrique agit comme le chlorure d'aluminium, mais beaucoup plus difficilement. Le chlorure de zinc anhydre est sans action à 165° (Stokes, *Am. Journ.*, **13**, 244).

DISILICATE HEXÉTHYLIQUE, $Si^2O(OC^2H^5)^6$. — Si l'on sature de gaz ammoniac sa solution éthérée, on obtient :

1° Un huile bouillant à 280° dans le vide, constituée par le *corps aminé*

$$Si^2O^6AzH^2(C^2H^5)^5;$$

2° Un autre *composé aminé* qui a pour formule

$$Si^2O^6(AzH^2)^2(C^2H^5)^4$$

[Troost et Hautefeuille, *Ann. Chim. Phys.*, (5), **7**, 472].

En traitant l'oxychlorure $Si^4O^4Cl^8$ par l'alcool absolu, MM. Troost et Hautefeuille ont obtenu un *polymère* du silicate diéthylique, répondant à la formule $[SiO^3(C^2H^5)^2]^2$. C'est un liquide bouillant à 270-290° ; sa densité = 1,071 à 0°.

Un courant de gaz ammoniac, en solution éthérée, produit les *combinaisons aminées*

$$(C^2H^5)^7Si^4O^{11}(AzH^2) \quad \text{et} \quad (C^2H^5)^8Si^4O^{10}(AzH^2)^2.$$

Chauffé à 180° avec du chlorure de phosphoryle, le disilicate hexéthylique fournit du chlorure d'éthyle et un *chlorure silicophosphorique* ayant une composition différente de celui dont il a été parlé plus haut.

SILICATE MÉTHYLTRIÉTHYLIQUE,

$$Si(OC^2H^5)^3(OCH^3).$$

— Liquide bouillant à 155-157° ; densité = 0,989 à 0°.

SILICATE DIMÉTHYLDIÉTHYLIQUE,

$$Si(OC^2H^5)^2(OCH^3)^2.$$

— Bout à 143-147°.

SILICATE ÉTHYLTRIMÉTHYLIQUE,

$$Si(OC^2H^5)(OCH^3)^3.$$

— Bout à 133-135° ; densité = 1,023 à 0°.

Ch. Moureu

ÉTHYLISOBUTYLCARBINOL,

$$\begin{matrix}CH^3\\CH^3\end{matrix}\!>CH.CH^2-CH(OH)-C^2H^5.$$

— Ce dérivé se forme, d'après M. Wagner [*Journ. Soc. Chim. russe*, **16**, 287], par l'action du zincéthyle sur l'aldéhyde isovalérique.

L'éthylisobutylcarbinol est liquide à la température ordinaire. Il bout à 147-148° sous la pression de 756mm,3.

Si l'on traite l'éthylisobutylcarbinol par l'acide chromique en solution acétique ou sulfurique, on obtient de l'éthylisobutylcétone, de l'acide acétique et de l'acide isovalérianique.

ÉTHYLMALONIQUE (ACIDE). — Voyez ACIDES PYROTARTRIQUES.

α-ÉTHYL-γ-MÉTHYLVALÉROLACTONE. — C'est l'anhydride de l'acide éthylméthylvalérianique (voyez cet acide).

ÉTHYLNAPHTALÈNE. — Cet hydrocarbure, homologue du naphtalène, est connu sous deux formes isomériques : l'α-éthylnaphtalène

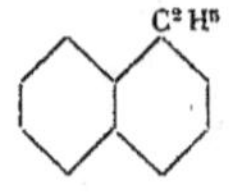

C^2H^5

et le β-éthylnaphtalène

C^2H^5

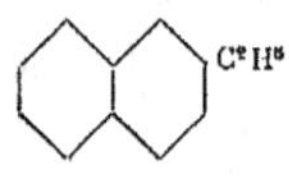

L'éthylnaphtalène, décrit Dict., **2**, 510, est le dérivé α.

α-ÉTHYLNAPHTALÈNE. — M. Carnelutti [*D. chem. G.*, **13**, 1671 ; *Bull. Soc. Chim.*, (2), **36**, 247], qui l'a préparé par la méthode de MM. Fittig et Remsen, et qui l'a en outre absolument purifié par distillation dans le vide, indique comme points d'ébullition sous 2-3 millimètres de pression 100° et 257-259°,5 sous 757mm,7. Sa densité = 1,0204 à 0° et 1,0123 à 11°,9.

Son *picrate* cristallise en aiguilles fines, d'un jaune orange, fusibles à 98°.

Acide α-éthylnaphtalène-sulfonique [Fittig et Remsen, *Ann. Chem.*, **155**, 119]. — Cet acide, qui correspond à la formule brute

$$C^{10}H^6 <\begin{matrix}C^2H^5\\SO^3H\end{matrix}$$

se prépare en dissolvant l'α-éthylnaphtalène dans de l'acide sulfurique fumant, de faible concentration. On emploie des volumes égaux d'α-éthylnaphtalène et d'acide sulfurique. Le *sel de baryum*, qui se présente sous la forme d'une poudre amorphe, correspond à la formule

$$(C^{12}H^{11}SO^3)^2Ba.$$

Par double décomposition avec le sulfate de cuivre, on obtient le *sel de cuivre*, qui cristallise bien en petites paillettes verdâtres retenant 2 molécules d'eau. Il correspond à la formule $(C^{12}H^{11}SO^3)^2Cu, 2H^2O$. Chauffé à 100°, il perd son eau de cristallisation et prend une couleur brun foncé (Fittig et Remsen).

L'α-éthylnaphtalène, traité par l'acide nitrique ou le brome, donne des produits de substitution mal définis et qui n'ont pas été étudiés (Fittig et Remsen). Il en est de même de l'oxydation au moyen de l'acide chromique ou de l'acide nitrique étendu, qui dans les deux cas a laissé l'α-éthylnaphtalène non transformé.

Tribromoéthylnaphtalène. — Un grand excès de brome transforme l'éthylnaphtalène en un agrégat de fines aiguilles blanches, qui, cristallisées dans l'éther, fondent à 127°. Le picrate de l'éthylnaphtalène cristallisé dans l'alcool, de même que le dérivé tribromé fusible à 127°, suffisent à caractériser dans tous les cas l'α-éthylnaphtalène, et à le reconnaître d'entre ses isomères (Carnelutti).

Dichloro-α-éthylnaphtalène,

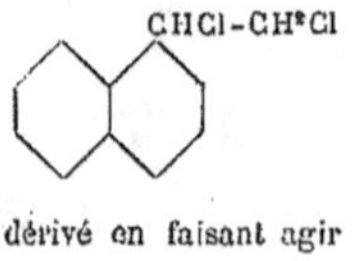

$CHCl-CH^2Cl$

— On obtient ce dérivé en faisant agir un courant de chlore sur de l'α-éthylnaphtalène. On fait l'opération au soleil. Ce dérivé dichloré est un liquide bouillant à 185°, sous une pression de 40 millimètres [Leroy, *Bull. Soc. Chim.*, (3), **7**, 647].

Dibromo-α-éthylnaphtalène (*bibromure d'α-naphtalène-styrol*),

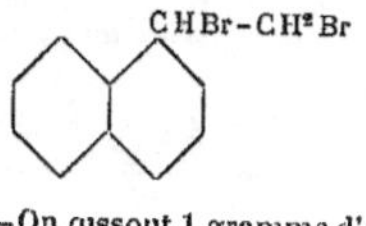

CHBr-CH²Br

Préparation. — On dissout 1 gramme d'α-naphtalène-styrol dans le chloroforme, puis, en ayant soin de refroidir, on verse goutte à goutte un peu plus que la quantité théorique de brome dissous également dans le chloroforme. Au commencement de l'opération, la solution est décolorée instantanément, puis peu à peu plus lentement, et enfin plus du tout. On évapore alors lentement la solution chloroformique et le bibromure reste comme résidu sous la forme de paillettes, que l'on purifie par cristallisation dans le chloroforme. Point de fusion 168°; très soluble dans l'alcool [Brandis, *D. chem. G.*, **22**, 2155].

β-Éthylnaphtalène,

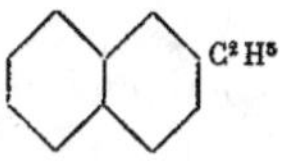

C^2H^5

— M. Marchetti [*Gazz. chim. ital.*, **11**, 265, 439] a obtenu cet hydrocarbure au moyen de la réaction de MM. Friedel et Crafts, en faisant réagir le chlorure d'éthyle sur le naphtalène en présence de chlorure d'aluminium.

On mélange 100 grammes de naphtalène avec 50 grammes de chlorure d'éthyle. On fait l'opération dans un ballon d'où l'on a eu soin de chasser l'air par un courant de gaz chlorhydrique sec, puis on ajoute peu à peu 15 grammes de chlorure d'aluminium.

On laisse digérer le mélange pendant un certain temps, puis on le distille au moyen d'un courant de vapeur d'eau sous 2 atmosphères de pression. Le liquide qui distille est d'abord rectifié, puis purifié de la manière suivante : On dissout dans 10 parties d'alcool bouillant 1 partie du liquide passant entre 245-260° et 1p,5 d'acide picrique. Il se forme un picrate, que l'on purifie par des cristallisations répétées dans l'alcool. Le picrate est ensuite décomposé par l'ammoniaque, qui met en liberté le β-éthylnaphtalène.

On mélange, d'après M. Roux, 200 grammes de naphtalène avec 200 grammes d'iodure d'éthyle; on chauffe jusqu'à ce que ce mélange soit liquide, puis on ajoute environ 10 grammes de chlorure d'aluminium, de telle manière que l'iodure d'éthyle entre en ébullition; on agite de temps en temps, et lorsque le dégagement d'acide iodhydrique se ralentit, on ajoute de nouveau par petites portions du chlorure d'aluminium. Lorsque les trois quarts environ de l'acide iodhydrique correspondant à l'iodure d'éthyle se sont dégagés, ce qui exige environ 5 heures, on laisse reposer pendant quelques instants, puis on verse le produit de la réaction dans l'eau; on recueille la partie la plus fluide, qui se concrète par le refroidissement en un goudron dont on extrait l'hydrocarbure au moyen du sulfure de carbone. On le purifie par distillation fractionnée et l'on obtient finalement un liquide huileux passant entre 249 et 254°, incolore, très réfringent, possédant une légère fluorescence violette et une odeur d'anis [Roux, *Ann. Chim. Phys.*, (6), **12**, 308].

On prépare le β-éthylnaphtalène, d'après M. Brunel [*D. chem G.*, **17**, 1179], en traitant le β-monobromonaphtalène, fusible à 56-57° et bouillant à 277-278°, par le bromure d'éthyle en présence d'un excès de sodium. On fait l'opération dans un ballon muni d'un réfrigérant ascendant, chauffé à 60°, et l'on ajoute le bromure d'éthyle peu à peu, en attendant chaque fois que le bromure ajouté précédemment ait été complètement décomposé. On extrait ensuite à l'éther et on distille. 24 grammes de β-monobromonaphtalène ont donné 13 grammes d'un liquide passant entre 240 et 270°. On rectifie plusieurs fois, puis on distille sur le sodium.

Le β-éthylnaphtalène distille à 248° sous la pression de 725 millimètres (dans ces conditions le naphtalène passe à 216°). Le point d'ébullition du β-éthylnaphtalène est donc compris entre 250 et 251°. Le β-éthylnaphtalène plongé dans un mélange réfrigérant à — 19° se solidifie bientôt, ce qui le différencie de l'α-éthylnaphtalène, qui dans ces conditions reste fluide.

Sa densité = 1,0078 à 0°.

La *combinaison picrique* fond à 69° (Brunel), 71° (Marchetti); elle cristallise dans l'alcool en aiguilles jaune d'or. La combinaison picrique de l'α-éthylnaphtalène est fusible à 98°.

Tétrabromo-β-éthylnaphtalène,

CBr²-CHBr²

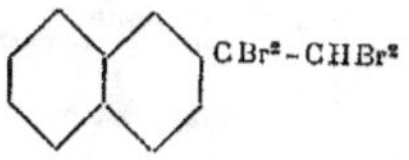

— D'après M. Leroy [*Bull. Soc. Chim.*, (3), **7**, 649], on obtient ce dérivé en faisant réagir le brome sur le β-naphtylacétylène. Ce dérivé se présente sous la forme de cristaux fusibles à 80°.

Acide β-éthylnaphtalène-sulfonique,

$$C^{10}H^6 \begin{cases} C^2H^5 \\ SO^3H \end{cases}$$

— On obtient ce dérivé sulfonique en faisant agir, à la température de 70-80°, 2 parties d'acide sulfurique concentré sur 1 partie de β-éthylnaphtalène. On transforme en sel de plomb,

$$\left[C^{10}H^6 \begin{cases} C^2H^5 \\ SO^3 \end{cases}\right]^2 Pb.$$

Par fusion avec la potasse caustique de l'acide β-éthylnaphtalène sulfonique, on obtient l'*éthylnaphtol*

$$C^{10}H^6 \begin{cases} OH \\ C^2H^5 \end{cases}$$

qui cristallise dans l'éther en paillettes blanches fusibles à 98°.

Dans la sulfonation du β-éthylnaphtalène, il se forme un second acide sulfonique isomérique qui reste dans les eaux mères [*Jahresb.*, 1881, 367].

G.-J. Jaubert.

ÉTHYLOXALACÉTIQUE (ACIDE) [Syn. *Pentanone 2-oïque 1-méthyloïque-3*],

$$CO^2H.CO\ \underset{\displaystyle CO^2H}{\underset{|}{CH}}.CH^2.CH^3.$$

— L'*éther diéthylique* de cet acide a été préparé en faisant réagir le sodium ou l'alcool sodé sur un mélange d'oxalate et de butyrate d'éthyle, et en décomposant le produit de la réaction par un acide.

Cet éther constitue un liquide incristallisable, qui bout à 136-138° sous 20 millimètres [Arnold, *Ann. Chem.*, **246**, 337].

ÉTHYLOXALIQUE. — Voyez OXALIQUE.

ÉTHYLOXYBUTYRIQUES (ACIDES). — On connaît deux acides éthyloxybutyriques :

1° *Acide α éthyl-β oxybutyrique (acide pentanol 2-méthyloïque 3)*,

$$CH^3-\underset{OH}{CH}-\underset{CO^2H}{CH}-CH^2-CH^3$$

— M. Waldschmidt a obtenu ce composé en traitant par l'amalgame de sodium l'éthylacétylacétate d'éthyle,

$$CH^3-CO-\underset{C^2H^5}{CH}-CO^2C^2H^5$$

[*Ann. Chem.*, **188**, 240].

Il se forme également dans la réduction par l'amalgame de sodium de l'acide éthylène-acétylacétique,

$$CH^3-CO-C\begin{matrix}\diagup CH^2\\ |\\ \diagdown CH^2\end{matrix}-CO^2H$$

[Marshall et Perkin, *Chem. Soc.*, **59**, 872].

C'est un liquide sirupeux qui, exposé dans le vide sec, se transforme en un *anhydride*.

Il se décompose à la distillation sèche en eau et acide éthylcrotonique.

Le *sel de sodium*, $Na\,C^6H^{11}O^3$, est cristallisé et déliquescent.

Le *sel de cuivre* est une poudre bleue, insoluble.

Le *sel d'argent*, $Ag\,C^6H^{11}O^3$, cristallise en lames; il est à peine soluble dans l'eau froide.

2° *Acide α éthyl-γ oxybutyrique (pentanol 1-méthyloïque 3)*,

$$CH^2OH-CH^2-\underset{CO^2H}{CH}-CH^2-CH^3$$

— M. Chanlaroff a obtenu ce corps en faisant bouillir avec de l'eau de baryte l'éther éthyloxéthyl-acétylacétique, préparé lui-même en chauffant pendant 30 heures à l'ébullition un mélange d'éther éthylacétylacétique (40 grammes), de monochlorhydrine du glycol (20gr,4), et d'éthylate de sodium (5gr,8 de sodium dans 70 grammes d'alcool absolu) :

$$CH^3-CO-\underset{C^2H^5}{C}\begin{matrix}\diagup CH^2-CH^2OH\\ \diagdown CO^2C^2H^5\end{matrix}+2H^2O$$

$$=CH^2OH-CH^2-\underset{CO^2H}{CH}-CH^2-CH^3+CH^3-CO^2H+C^2H^5OH.$$

L'eau de baryte en excès est éliminée par l'acide carbonique, et la solution filtrée est évaporée à sec : le résidu est dissous dans l'eau, la liqueur acidulée par l'acide sulfurique, et agitée à plusieurs reprises avec de l'éther. Le produit dissous par l'éther est fractionné. La portion qui distille entre 214 et 218° est constituée par l'anhydride de l'acide éthyloxybutyrique [*Ann. Chem.*, **226**, 335].

Liquide épais, qui ne se solidifie pas à — 17°. Il se transforme facilement en un anhydride quand on le fait bouillir avec de l'eau acidulée par l'acide chlorhydrique, ou quand on le soumet à la distillation.

Le *sel de calcium*, $Ca(C^6H^{11}O^3)^2$, $1/2H^2O$, est en cristaux très solubles dans l'eau, très peu solubles dans l'alcool absolu.

Le *sel de baryum*, $Ba(C^6H^{11}O^3)^2$ (à 100°), se dépose de ses solutions alcooliques en petits cristaux peu solubles dans l'alcool absolu. A l'évaporation, ses solutions aqueuses se décomposent en partie, avec précipitation de carbonate de baryum.

Le *sel d'argent*, $Ag\,C^6H^{11}O^3$, cristallise en fines aiguilles, très solubles dans l'eau bouillante.

L'anhydride interne correspondant à l'acide α éthyl-γ oxybutyrique, autrement dit l'*α-éthylbutyrolactone* (*olide de l'acide pentanol 1-méthyloïque 3*),

$$\underbrace{CH^2-CH^2-CH(C^2H^5)-CO,}_{O}$$

est un liquide possédant une odeur aromatique, qui ne se solidifie pas à — 17°. Il bout à 215° et a pour densité 1,0348 à 16°. Il est soluble à 0° dans 10-11 parties d'eau, facilement soluble dans l'alcool et dans l'éther. La solution aqueuse saturée à froid se trouble dès qu'on la chauffe à 80-90°. Le carbonate de potassium sépare le produit de ces solutions dans l'eau. Il régénère lentement l'acide quand on le fait bouillir avec de l'eau ou de la soude; cette transformation est rapide quand on emploie l'eau de baryte [Chanlaroff, *Ann. Chem.*, **226**, 338].

Ch. Moureu.

ÉTHYLPARACONIQUE (ACIDE) (*hexanolide 1.4-méthyloïque 3*),

$$CH^3-CH^2-CH-\overset{CO^2H}{CH}-CH^2-CO \quad (\text{O reliant } CH \text{ et } CO)$$

— Ce corps, qui est l'olide de l'acide éthylitamalique, s'obtient en chauffant pendant 30 heures, en tube scellé, une molécule de succinate de sodium séché à 140°, une molécule de propanal et une molécule d'anhydride acétique. On évapore à sec, on acidule par l'acide chlorhydrique et on reprend par l'éther. La solution éthérée est évaporée; on reprend par le chloroforme et on fait cristalliser ensuite dans le benzène.

Cet acide cristallise dans l'eau en aiguilles feutrées, grasses au toucher, qui fondent à 85°; dans le benzène, il cristallise en lamelles soyeuses.

Soluble dans l'eau, le chloroforme, l'éther, peu soluble dans la ligroïne, presque insoluble dans le sulfure de carbone, il donne à la distillation sèche (entre 200 et 300°) la *caprolactone* $C^6H^{10}O^2$ et l'*acide hydrosorbique* de même formule brute.

Neutralisé à froid par les bases, il donne des *éthyl-paraconates*; neutralisé à l'ébullition, il fixe de l'eau et donne des éthylitamalates $C^7H^{10}O^5M^2$.

Le *sel d'argent* cristallise anhydre.

Le *sel de calcium*, $(C^7H^9O^4)^2Ca$, $2H^2O$, est en aiguilles brillantes, très solubles.

Le *sel de baryum* cristallise en prismes renfermant $3H^2O$ [Delisle, *Ann. Chem.*, **255**, 56; *Bull. Soc. Chim.*, (3), **4**, 41].

Paul Adam.

ÉTHYLPENTÈNE-OÏQUE (ACIDE) [Syn. *β-Diéthylacrylique*], $(C^2H^5)^2.C=CH.CO^2H$. — Cet acide s'obtient en distillant l'acide β-diéthyléthylénolactique $(C^2H^5)^2.C(OH).CH^2.CO^2H$, avec de l'acide sulfurique dilué [Reformatsky, *Journ. Soc. chim. russ.*, **22**, 56]. Il est incristallisable.

Son *sel de sodium* répond à la formule

$$C^7H^{11}O^2Na;$$

celui *de calcium*, $(C^7H^{11}O^2)^2Ca$, se présente sous la forme de croûtes solubles dans l'eau. Le *sel d'argent* cristallise en paillettes peu solubles dans l'eau.

ÉTHYLPENTÉNYLIQUE (ÉTHER). — Voyez AMYLÈNE (Suppl., **1**, 236)

ÉTHYLPHÉNOLS. — Les trois éthylphénols prévus par la théorie sont connus. Le *dérivé para* seul a été partiellement décrit (Dict., 2, 830).

O-ÉTHYLPHÉNOL,

$$C^6H^4 <^{C^2H^5_{(1)}}_{OH_{(2)}}$$

— Ce composé a été préparé synthétiquement bien avant d'être retiré de la créosote.

Préparation. — MM. Beilstein et Kühlberg l'ont obtenu en fondant l'acide éthylbenzène-sulfonique 1.2 avec un alcali [*Ann. Chem.*, **156**, 211].

La distillation de certaines résines (gomme ammoniaque) avec de la poudre de zinc fournirait, d'après M. Ciamician, un mélange d'éther méthylique de l'o-éthylphénol et de plusieurs carbures benzéniques [*D. chem. G.*, **12**, 1653]. Le mémoire de M. Ciamician renferme cependant des indications étranges : l'éther méthylique en question dissout le sodium métallique avec effervescence; il est saponifié par la potasse alcoolique à 200-250° (?). De plus, le point d'ébullition du produit de cette saponification (c'est-à-dire de l'éthylphénol lui-même) varie entre 200 et 218°.

Il est donc probable que M. Ciamician a eu entre les mains un mélange de plusieurs phénols et de leurs éthers méthyliques, qu'il n'aura pu séparer.

L'o-éthylphénol prend naissance lorsqu'on distille le phlorétate de baryum avec de la chaux [Oliveri, *Gazz. Chim.*, **13**, 264. — Hlasiwetz, *Ann. Chem.*, **102**, 166].

MM. Suida et Plohn [*Mon. f. Chem.*, **1**, 175], et plus récemment M. Sempotowski [*D. chem. G.*, **22**, 2673], MM. Béhal et Choay [*Bull. Soc. Chim.*, (3), **11**, 209], ont fait la synthèse de l'o-éthylphénol en partant du nitroéthylbenzène.

On décrira ici rapidement la méthode de MM. Béhal et Choay, qui a permis de préparer les éthylphénols à l'état pur et de les différencier nettement les uns des autres.

On prépare d'abord le mélange d'o- et de p-nitroéthylbenzène d'après le procédé de MM. Beilstein et Kühlberg [*loc. cit.*], puis on réduit le produit brut par la limaille de fer et l'acide acétique, en ajoutant de temps en temps de nouvelles quantités de limaille avec un peu d'eau. Lorsque la réaction est terminée, on ajoute de la soude, et l'on soumet à l'entraînement par un courant de vapeur. Le mélange d'amines ainsi obtenu est alors chauffé avec de l'acide acétique en excès : on les transforme ainsi en dérivés acétylés qu'on sépare par cristallisation dans l'eau bouillante [Beilstein et Kühlberg, *loc. cit.*]. Chaque dérivé acétylé est ensuite saponifié par l'acide chlorhydrique bouillant, et la base correspondante est diazotée en solution sulfurique.

La purification complète de l'o-éthylphénol peut se faire par l'intermédiaire des benzoates (voyez plus loin). Ces phénols sont toutefois tellement hygroscopiques, qu'on ne peut guère les obtenir tout à fait anhydres.

En chauffant à 180° un mélange de phénol et d'alcool absolu avec le double de son poids de chlorure de zinc, M. Errera a obtenu un éthylphénol bouillant entre 190 et 215° et dont la densité à 14° est de 0,986 [*Gazz. Chim.*, **14**, 484]. M. Auer a répété la même expérience avec le même résultat, et il a considéré l'éthylphénol ainsi obtenu comme identique à celui de MM. Beilstein et Kühlberg, c'est-à-dire au dérivé *para* [*D. chem. G.*, **17**, 670]. Si l'on compare le point d'ébullition et la densité du phénol de MM. Errera et Bauer avec les constantes indiquées par MM. Béhal et Choay pour les trois isomères, on verra que le produit de l'action du chlorure de zinc sur l'alcool et le phénol est constitué par de l'o-éthylphénol à peu près pur, renfermant probablement une petite quantité d'eau.

L'o-éthylphénol prend naissance comme produit accessoire dans la réduction de la coumarone par le sodium et l'alcool bouillant [Alexander, *D. chem. G.*, **25**, 2410]. Cette réaction peut être représentée par l'équation suivante :

$$C^6H^4 <^{CH}_{O} > CH + 2H^2 = C^6H^4 <^{C^2H^5}_{OH}$$

Enfin l'o-éthylphénol existe en proportion notable dans la créosote (voyez plus loin).

Propriétés. — L'o-éthylphénol est un liquide assez épais, qui ne se solidifie pas à — 20°, et qui distille à 206,5-207°,5 sous la pression de 756 millimètres. Sa densité à 0° est de 1,0371. Il est insoluble dans l'eau, soluble en toutes proportions dans l'alcool et dans l'éther.

L'éthylphénol n'est pas attaqué par le mélange chromique. Lorsqu'on le fond avec de la potasse, on le transforme en acide salicylique. Il donne avec le brome un précipité jaune analogue au tribromophénol

L'o-éthylphénol forme un *dérivé barytique* $(C^8H^9O)^2Ba, 2H^2O$, qui cristallise en paillettes et qui est décomposé par la chaleur et par l'acide carbonique.

On a vu que l'existence de l'éther méthylique de M. Ciamician est fort douteuse.

Par contre, l'*éther éthylique*

$$C^6H^4 <^{OC^2H^5_{(1)}}_{C^2H^5_{(2)}}$$

aurait été obtenu par MM. Errera et Auer [*loc. cit.*] comme produit accessoire, dans la préparation de l'éthylphénol au moyen du phénol, de l'alcool et du chlorure de zinc. On le sépare de l'éthylphénol en utilisant son insolubilité dans la potasse. Cet *éthylphénétol* est un liquide insoluble dans l'eau, soluble dans l'alcool et dans l'éther, et qui distille vers 200°.

L'*éther acétique*,

$$C^6H^4 <^{OCOCH^3}_{C^2H^5}$$

est liquide, et bout vers 223-226° [Errera, *loc. cit.*].

Le *benzoate*,

$$C^6H^4 <^{C^2H^5}_{OCOC^6H^5}$$

a été préparé par MM. Béhal et Choay, en traitant à froid l'éthylphénol par la soude et le chlorure de benzoyle. Il cristallise en prismes brillants, fusibles à 38-39°, solubles dans l'alcool, dans l'acide acétique, dans le benzène et dans la ligroïne, et distille sans décomposition à 314-315°.

En chauffant l'o-éthylphénol avec du sodium et de l'acide carbonique sous pression, M. Oliveri a obtenu un *acide o-éthyloxybenzoïque*,

$$C^6H^3 \begin{cases} CO^2H \\ C^2H^5 \\ OH \end{cases}$$

qui cristallise en aiguilles soyeuses, fusibles à 112°, peu solubles dans l'eau, solubles dans l'alcool et dans l'éther. Les dissolutions de cet acide sont colorées en violet par le chlorure ferrique.

Son *sel de baryum*,

$$\left(C^6H^3 \begin{cases} CO^2 \\ C^2H^5 \\ OH \end{cases}\right)^2 Ba + H^2O,$$

se présente sous la forme de paillettes.

L'o-éthylphénol se dissout dans l'acide sulfurique concentré bouillant en donnant naissance à un *acide o-éthylphénol-m-sulfonique*

C^2H^5 ; OH ; SO^3H (noyau benzénique)

qui n'a pas été isolé à l'état de liberté, mais dont les *sels de baryum* et *de potassium* cristallisent en paillettes anhydres.

En fondant ce dernier sel avec de la potasse, on obtient un mélange d'acide salicylique et d'acide m-oxysalicylique. Cette réaction a permis de fixer la constitution de l'acide o-éthylphénolsulfonique.

Les solutions de cet acide sont colorées en violet par le perchlorure de fer. Son sel de baryum ne précipite pas lorsqu'on le chauffe avec un excès d'hydrate de baryte [Suida et Plohn, *Mon. f. Chem.*, **1**, 179. — Sempotowsky, *D. chem. G.*, **22**, 2673].

Parmi les dérivés de l'o-éthylphénol, il en est un certain nombre qu'on obtient indirectement.

Le *dibromoéthylphénol*,

$$C^6H^3Br \begin{cases} C^2H^4Br \\ OH \end{cases}$$

a été préparé en traitant à froid l'éthylphenol par un excès de brome. Il se décompose lorsqu'on cherche à le distiller, en donnant de l'acide bromhydrique et de l'*oxybromostyrolène*,

$$C^6H^3Br \begin{cases} OH \\ CH{=}CH^2 \end{cases}$$

[Suida et Plohn, *loc. cit.*].

Le *tribromoéthylphénol* n'est pas connu.

Son *éther éthylique*

$$C^6H^4 \begin{cases} OC^2H^5 \\ CHBr.CHBr^2 \end{cases}$$

s'obtient en traitant une solution d'o-éthoxybromostyrolène

$$C^6H^4 \begin{cases} CH=CHBr \\ OC^2H^5 \end{cases}$$

(2 grammes) dans le sulfure de carbone (20 grammes) par du brome (1er,4), également dissous dans le sulfure de carbone [Fittig et Claus, *Ann. Chem.*, **269**, 5]. Cet éther cristallise en grands prismes fusibles à 51°, qui sont solubles dans l'alcool, l'éther, le sulfure de carbone et le benzène.

Le *nitroéthylphénol*,

$$C^6H^3 \begin{cases} AzO^2 \\ OH \\ C^2H^5 \end{cases}$$

a été obtenu comme produit secondaire dans la préparation de l'éthylphénol à partir du nitroéthylbenzène [Suida et Plohn, *loc. cit.*]. En nitrant l'éthylbenzène, ces chimistes ont opéré à une température trop élevée, de sorte qu'ils ont obtenu une certaine quantité de dinitroéthylbenzène, et par réduction incomplète ce dernier a donné de l'éthylnitraniline.

Le nitroéthylphénol est un liquide jaunâtre, qui bout à 212-215°.

Son *dérivé barytique*, $Ba(C^8H^8AzO^3)^2, H^2O$, cristallise en paillettes orangées qui détonent à chaud.

Le *dinitroéthylphénol*,

$$C^6H^2 \begin{cases} (AzO^2)^2 \\ OH \\ C^2H^5 \end{cases}$$

est le produit de l'action à froid de l'acide azotique fumant sur l'éthylphénol [Suida et Plohn, *loc. cit.*]. Il n'a pas été isolé à l'état de pureté, mais il forme des sels assez bien cristallisés. Celui *de baryum* se dépose de ses solutions alcooliques sous la forme de paillettes jaunes.

Le *sel de plomb* est insoluble dans l'eau. Il détone lorsqu'on le chauffe avec de l'acide sulfurique, ou même par le simple choc.

Lorsqu'on traite un mélange d'o-éthylphénol et de p-aminodiméthylaniline par le dichromate de potassium, on obtient un précipité d'*éthylindophénol*, qu'on purifie par des cristallisations dans l'alcool tiède. La réaction est représentée par l'équation suivante :

$$HO{-}C^6H^3(C^2H^5) + AzH^2{-}C^6H^4{-}Az(CH^3)^2 + O$$
$$= O{=}C^6H^3(C^2H^5){=}Az{-}C^6H^4{-}Az(CH^3)^2 + H^2O.$$

Cet indophénol cristallise en tables rhombiques d'un jaune d'or, qui fondent à 83-84° [H.-P. Bayrac, *Bull. Soc. Chim.*, (3), **11**, 1131].

M-ÉTHYLPHÉNOL,

$$C^6H^4 \begin{cases} C^2H^5_{(1)} \\ OH_{(3)} \end{cases}$$

— Ce composé a été obtenu par M. Sempotowski en fondant le m-éthylbenzène-sulfonate de potassium avec de la potasse [*D. chem. G.*, **22**, 2673].

M. Béhal le prépare en traitant le m-aminoéthylbenzène par le nitrite de sodium en présence d'acide sulfurique.

La préparation du m-aminoéthylbenzène est assez délicate : elle consiste à nitrer à froid le dérivé acétylé du p-aminoéthylbenzène par l'acide azotique fumant, et à enlever ensuite le radical acétique par l'acide chlorhydrique bouillant. Le m-nitro-p-aminoéthylbenzène ainsi obtenu est transformé en m-nitroéthylbenzène au moyen du nitrite d'amyle, de l'alcool et de l'acide sulfurique. Il ne reste plus qu'à réduire ce m-nitroéthylbenzène par le fer et l'acide acétique, et à diazoter l'amine comme on l'a indiqué à propos de l'o-éthylphénol [Béhal, *Bull. Soc. Chim.*, (3), **11**, 209].

Le m-éthylphénol ressemble beaucoup à son isomère ortho. Il distille à 214° et possède une densité de 1,0250 à 0° [Béhal, *loc. cit.*]. Il se solidifie dans un mélange réfrigérant et fond alors à — 4°.

Le m-éthylphénol est soluble en toutes proportions dans l'alcool et dans l'éther; il se dissout à peine dans l'eau.

Le perchlorure de fer le colore en violet. L'eau de brome précipite de ses dissolutions une poudre cristalline jaune qui constitue un *dérivé bromé*.

En fondant le m-éthylphénol avec de la potasse, on obtient de l'acide *m-oxybenzoïque*.

Ce phénol se dissout à chaud dans l'acide sulfurique concentré en se transformant en un acide *m-éthylphénolsulfonique*,

$$C^6H^3 \begin{cases} C^2H^5_{(1)} \\ OH_{(3)} \\ SO^3H \end{cases}$$

qui n'a pas été isolé.

Le *sel de baryum* de cet acide cristallise en paillettes solubles dans l'eau. La dissolution aqueuse de ce sel est colorée en violet par le chlorure ferrique et précipite par l'acétate de plomb; mais elle reste limpide lorsqu'on la chauffe avec un excès d'hydrate de baryte [Sempotowski, *loc. cit.*].

L'*éther benzoïque* du m-éthylphénol cristallise en aiguilles prismatiques, solubles dans l'alcool, fusibles à 52°. Il bout sans décomposition vers 322-323°.

P-ÉTHYLPHÉNOL,

$$C^6H^4 < \begin{matrix} C^2H^5_{(1)} \\ OH_{(4)} \end{matrix}$$

Ce composé a été obtenu par MM. Fittig et Kiesoff, puis par MM. Beilstein et Kühlberg (Dict., 1, 830).

M. Sempotowski a repris et perfectionné la méthode de ces deux derniers chimistes (fusion de l'éthylbenzène-sulfonate de potassium avec la potasse) [*D. chem. G.*, **22**, 2673].

Enfin M. Béhal a fait la synthèse du p-éthylphénol en partant du p-nitroéthylbenzène (voyez plus haut o-ÉTHYLPHÉNOL).

Le p-éthylphénol fond à 45-46°, bout à 218,5-219°,5 [Béhal, *loc. cit.*]. Il est soluble dans les dissolvants organiques et dans l'eau chaude.

Lorsqu'on traite le p-éthylphénol par l'acide azotique concentré, on obtient de l'acide carbonique, de l'acide oxalique et des produits analogues; mais il ne se forme pas de dérivés nitrés [Beilstein et Kühlberg, *loc. cit.*].

L'anhydride phosphorique dédouble le p-éthylphénol en phénol et éthylène [Chroutchoff, *D. chem. G.*, 7, 1166].

L'action de l'acide carbonique et du sodium sur le p-éthylphénol a été signalée (voyez Dict., 1, 830).

Le p-éthylphénol se dissout à chaud dans l'acide sulfurique concentré, en se transformant en un *acide p-éthylphénolsulfonique*

$$C^6H^3 \begin{matrix} \diagup C^2H^5_{(1)} \\ - OH_{(4)} \\ \diagdown SO^3H_{(3)} \end{matrix}$$

qui se présente sous la forme d'un liquide rougeâtre, très acide et très soluble dans l'eau. Cet acide est coloré en bleu par le chlorure ferrique [Sempotowski, *loc. cit.*].

Le *sel de baryum* cristallise en tables hexagonales qui se décomposent à 120° et qui sont peu solubles dans l'eau (21p,5 d'eau à 17° dissolvent une partie du sel). L'acétate de plomb donne avec ce sel de baryum un précipité blanc, soluble dans l'acide acétique. L'hydrate de baryte précipite, à l'ébullition, un *sel basique* qui répond à la formule $BaC^8H^8SO^4$ [Baumann et Hoppe-Seyler, *Zeit. f. physiol. Chem.*, **4**, 313]. Les acides isomériques ortho et méta ne précipitent pas par la baryte; il y a donc là un moyen de les séparer de l'acide p-éthylphénolsulfonique.

Le *sel de calcium*, $Ca(C^8H^9SO^4)^2$, cristallise en aiguilles solubles dans l'eau.

Celui *de potassium* se présente sous la forme d'aiguilles soyeuses.

Lorsqu'on fond ce sel avec de la potasse, on obtient de l'acide protocatéchique et un peu d'acide p-oxybenzoïque. Le radical SO^3H est donc substitué en position méta.

L'*éther benzoïque* du p-éthylphénol cristallise en lamelles nacrées, fusibles vers 59-60°, solubles dans l'alcool. Il distille sans décomposition à 328°.

En traitant le p-éthylphénol par un excès de brome, à froid, MM. Fittig et Kiesoff ont obtenu un mélange de *tribromoéthylphénol* et de *tétrabromoéthylphénol*. Ils ont séparé ces deux composés par des cristallisations dans l'alcool. Le dérivé tribromé, plus soluble, reste dans les eaux mères; on le débarrasse des dernières traces de tétrabromoéthylphénol en combinant ce dernier avec la chaux.

Le *tribromoéthylphénol* $C^8H^7Br^3O$ fond à 53-55°. Il est très soluble dans l'alcool et se volatilise facilement avec la vapeur d'eau.

Le *dérivé tétrabromé* a été déjà mentionné (voyez Dict., 1, 830).

Parmi les dérivés substitués alcoylés de l'éthylphénol, on connaît les suivants :

1° Le *p-éthylméthylphénol*

$$CH^3 . C^6H^3 < \begin{matrix} C^2H^5 \\ OH \end{matrix}$$

qui a été obtenu par M. Mazzari en fondant l'acide p-méthyléthylbenzène-sulfonique avec la potasse [*Jahresb.*, 1880, 663].

C'est un liquide incristallisable, qui bout à 215°.

2° Le *diéthylphénol* 1.3.4

$$C^6H^3 \begin{matrix} \diagup C^2H^5_{(1)} \\ - C^2H^5_{(3)} \\ \diagdown OH_{(4)} \end{matrix}$$

préparé par M. Voswinkel en fondant avec la potasse l'acide diéthyl-1.3-benzène-sulfonique-4 [*D. chem. G.*, **21**, 2830]. Ce diéthylphénol est liquide et bout à 225°. Il est coloré en violet par le chlorure ferrique.

3° Le *diéthylphénol* 1.4.2

$$C^6H^3 \begin{matrix} \diagup C^2H^5_{(1)} \\ - C^2H^5_{(4)} \\ \diagdown OH_{(2)} \end{matrix}$$

obtenu par le même auteur à partir de l'acide diéthyl-1.4 benzène-sulfonique-2. Ce phénol bout à 226-237°. Il est incristallisable.

4° L'*éthyl 2-diméthyl* 1.4-*phénol* (*éthyl-p-xylénol*)

$$C^6H^2 \begin{matrix} \diagup CH^3_{(1)} \\ - CH^3_{(4)} \\ - C^2H^5_{(2)} \\ \diagdown OH \end{matrix}$$

préparé par M. Stahl en fondant avec la potasse l'acide éthyldiméthylbenzène-sulfonique correspondant [*D. chem. G.*, **23**, 990]. Ce phénol est solide et fond à 37°. Il distille vers 245°. Le chlorure ferrique le colore en violet. P. Freundler.

ÉTHYLPHÉNYLCARBINOL [Syn. *Phènepropylol* 1[1]], $C^6H^5 . CHOH . C^2H^5$. — Ce composé a été découvert par M. Barry [*Jahresb.*, 1874, 535], (voyez 1er Suppl., 1211). M. Errera l'a préparé en réduisant la phényléthylcétone par l'amalgame de sodium [*Gazz. chim. ital.*, **16**, 320]. On l'obtient également en faisant tomber goutte à goutte de l'aldéhyde benzoïque sur du zinc-éthyle, et en décomposant par l'eau le produit de la réaction, après l'avoir laissé reposer pendant quelques jours [Wagner, *Journ. Soc. Chim. russe*, **16**, 322].

L'éthylphénylcarbinol est un liquide qui bout en se décomposant vers 219-220°; il distille sans altération à 143° sous une pression de 87 millimètres. Sa densité est égale à 1,016 à 0° et à 0,994 à 23°.

Il fournit par oxydation un mélange d'éthylphénylcétone et d'allylbenzène. Ce dernier fixe l'acide chlorhydrique à froid pour donner le *chlorure* $C^6H^5 . CHCl . C^2H^5$ correspondant au carbinol.

Si l'on fait réagir ce chlorure sur l'acétate d'argent, on obtient l'*acétate* correspondant, $C^6H^5 . CH . (OCOCH^3) . C^2H^5$, qui est liquide, et qui bout sans décomposition vers 227-228° [Errera, *loc. cit.*]. P. Freundler.

ÉTHYLPHÉNYLÈNE-DIAMINE. — Voyez PHÉNYLÈNE-DIAMINE.

ÉTHYLPIPÉRIDÉINE. — Voyez PIPERIDÉINE.

ÉTHYLPROPARGYLIQUE (ÉTHER), (*propine 1-oxy 3-éthane*), $CH \equiv C \cdot CH^2OC^2H^5$. — La préparation et les propriétés de cet éther ont été décrites à peu près complètement (voyez Dict., 2, 1193).

C'est un liquide qui est un peu soluble dans l'eau, et qui se dissout en toute proportion dans l'alcool. Sa densité à 20° est égale à 0,8326 [Brühl, *Ann. Chem.*, **235**, 78], et son indice de réfraction $n_D = 0{,}40390$ à la même température [Brühl, *Ann. Chem.*, **200**, 218].

Lorsqu'on chauffe l'éther éthylpropargylique avec de l'acide sulfurique à 1 0/0, il se dédouble en alcool éthylique et alcool propargylique [Eltekoff, *D. chem. G.*, **10**, 1903].

ÉTHYLPROPÉNYLTRICARBONIQUE [Syn. *Méthyl 2-pentane-oïque 1-diméthyloïque 3.3*],

$$CO^2H \cdot \underset{\displaystyle CH^3}{CH} - \overset{\displaystyle CO^2H}{\underset{\displaystyle CO}{C}} - CH^2 \cdot CH^3.$$

L'*éther triéthylique* de cet acide peut être préparé de deux façons :

1° En faisant réagir l'α-bromopropionate d'éthyle sur le dérivé sodé de l'éthylmalonate d'éthyle :

$$CO^2C^2H^5 \cdot \underset{\displaystyle CH^3}{CHBr} + \overset{\displaystyle CO^2C^2H^5}{\underset{\displaystyle CO^2C^2H^5}{CNa}}(C^2H^5)$$

$$= NaBr + CO^2C^2H^5 \cdot \underset{\displaystyle CH^3}{CH} - \overset{\displaystyle CO^2C^2H^5}{\underset{\displaystyle CO^2C^2H^5}{C}} - C^2H^5$$

2° En traitant le dérivé sodé du propényltricarbonate d'éthyle par l'iodure d'éthyle :

$$CO^2C^2H^5 \cdot \underset{\displaystyle CH^3}{CH} - \overset{\displaystyle CO^2C^2H^5}{\underset{\displaystyle CO^2C^2H^5}{CNa}} + C^2H^5I$$

$$= NaI + CO^2C^2H^5 \cdot \underset{\displaystyle CH^3}{CH} - \overset{\displaystyle CO^2C^2H^5}{\underset{\displaystyle CO^2C^2H^5}{C}} - C^2H^5$$

[Bischoff et Mintz, *D. chem. G.*, **23**, 648].

Cet éther distille à 282°,8 ; sa densité à 20° est égale à 1,0608 et son indice de réfraction à 1,4374.

Lorsqu'on chauffe l'éther éthylpropényltricarbonique avec de l'acide sulfurique dilué, il se décompose, en donnant principalement de l'acide p-méthyléthylsuccinique.

P. Freundler.

ÉTHYLPROPIOXYLPARATOLUIDE. — Voyez TOLUIDINE.

ÉTHYLPROPYLACÉTYLÈNE (*heptine* 3), $C^2H^5 - C \equiv C - CH^2 - CH^2 - CH^3$. — M. Béhal a obtenu ce carbure acétylénique en chauffant à 130-150° avec la potasse alcoolique le composé bichloré $C^3H^7 \cdot CCl^2 - C^3H^7$, provenant de l'action du perchlorure de phosphore sur la butyrone.

C'est un liquide qui bout à 105-106° et a pour densité 0,76 à 0°. Il peut régénérer la butyrone sous l'influence du bichlorure de mercure et de l'acide chlorhydrique dilué, ou bien encore sous l'influence de l'acide sulfurique et de l'eau [*Ann. Chim. Phys.*, (6), **15**, 415].

Traité par une solution aqueuse très refroidie d'acide hypochloreux, l'éthylpropylacétylène fixe 2ClOH, d'après l'équation suivante :

$$C^3H^7 - C \equiv C - C^2H^5 + 2ClOH$$
$$= C^7H^{12}Cl^2O + H^2O.$$

Le composé $C^7H^{12}Cl^2O$ est une *acétone dichlorée* renfermant le groupement $CCl^2 - CO$; il bout à 174-178° et a pour densité 1,1176 à 0° [Faworsky, *Bull. Soc. Chim.*, (3), **14**, 1188].

Ch. Moureu.

ÉTHYLPROPYLANILINE. — Voyez PHÉNYLAMINE.

ÉTHYLPROPYLCARBINOL,

$$C^2H^5 \cdot CHOH \cdot C^3H^7.$$

— Cet alcool a été étudié par M. Oechsner de Koninck (voyez Dict., 2, 915).

Sa densité est égale à 0,8335 à 0° et à 0,8188 à 20° [Völker, *D. chem. G.*, **8**, 1019].

On ne peut pas le préparer, comme on pourrait s'y attendre, en traitant l'éther dichloré par le zinc-éthyle ; il ne se forme dans ces conditions que du méthylbutylcarbinol [Lieben, *Ann. Chem.*, **178**, 22].

ÉTHYLPROPYLIQUE (ÉTHER) [Syn. *Propane-oxyéthane*],

$$C^2H^5 \cdot O \cdot C^3H^7.$$

— Ce composé a été décrit partiellement (voyez Dict., 2, 1213).

On peut l'obtenir en chauffant un mélange équimoléculaire d'alcool éthylique et d'alcool propylique normal avec de l'acide sulfurique concentré [Norton et Prescott, *Am. Journ.*, **6**, 245], ou en faisant réagir l'oxyde d'éthyle-méthyle chloré sur le zinc-éthyle :

$$2\,CH^2Cl \cdot O \cdot C^2H^5 + Zn(C^2H^5)^2$$
$$= ZnCl^2 + 2\,C^3H^7 \cdot O \cdot C^2H^5$$

[Henry, *D. chem. G.*, **24**, 858].

L'éther éthylpropylique bout à 63°,6, et possède à 0° une densité égale à 0,7545. Son coefficient de dilatation est donné par une formule assez complexe :

$$\alpha = 1 + 0{,}0013116 + 0{,}0000026162\,t^2$$
$$+ 0{,}000000015617\,t^3$$

[Dobriner, *Ann. Chem.*, **243**, 4].

La température critique de cet éther est 233°,4 [Pawlewski, *D. chem. G.*, **16**, 2634].

ÉTHYLPYRROL-DIBENZOÏQUE (AC.). — On prépare ce corps en chauffant en vase clos à 100°, pendant 1 heure, l'acide éthylène-dibenzoylcarbonique (*diphénylbutanone-diméthyloïque*),

$$CO^2H - C^6H^4 - CO - CH^2 - CH^2 - CO - C^6H^4 - CO^2H,$$

avec une dissolution aqueuse à 33 0/0 d'éthylamine et de l'alcool. On élimine au bain-marie l'alcool et on précipite l'acide qui a pris naissance en sursaturant la liqueur avec de l'acide chlorhydrique. On obtient ainsi une résine d'un brun jaune, qui se solidifie au bout de quelques heures et que l'on purifie par cristallisation dans l'alcool étendu [Baumann, *D. chem. G.*, **20**, 1488].

L'acide éthylpyrroldibenzoïque forme des lamelles d'un jaune clair, fusibles à 220°, insolubles dans l'eau et dans le chloroforme, peu solubles dans l'éther, le benzène et le sulfure de carbone, plus solubles dans l'alcool, le nitrobenzène et l'acide acétique cristallisable. Sa formule de structure est la suivante :

$$CO^2H - C^6H^4 - C = CH - CH = C - C^6H^4 - CO^2H.$$
$$\llcorner\!\!-\!\!-\!\!-\; Az \;-\!\!-\!\!-\!\!\lrcorner$$
$$|$$
$$C^2H^5$$

Le *sel d'argent*, $C^{20}H^{15}Ag^2AzO^3$, se prépare en ajoutant du nitrate d'argent à une dissolution neutre du sel ammoniacal.

L'*éther éthylique*, obtenu au moyen du sel d'argent et de l'iodure d'éthyle, forme une masse résineuse incristallisable.

ÉTHYLPYRUVIQUE (ACIDE) [Syn. *Butyrylformique, pentanonoïque*],

$$CH^3-CH^2-CH^2-CO-CO^2H.$$

— Cet acide, qui n'a pas été obtenu pur, se forme quand on chauffe le cyanure de butyryle au bain-marie avec de l'acide chlorhydrique.

C'est un liquide bouillant sous la pression ordinaire à 180-185° avec décomposition partielle, et sans décomposition à 115° sous une pression de 82 millimètres [Moritz, *Chem. Soc.*, **39**, 13; *Bull. Soc. Chim.*, (2), **38**, 511]. Paul Adam.

ÉTHYLQUARTÉNYLIQUE (ÉTHER),

$$C^6H^{10}O^2.$$

— Éther éthylique de l'acide isocrotonique ou quarténylique. Liquide bouillant à 136°; densité = 0,927 à 19° [Geuther, *Zeit. f. Chem.*, 1871, 243].

ÉTHYLSUCCINIQUE (ACIDE) (*acide pentanoïque-méthyloïque* 3),

$$CH^3-CH^2-\underset{\displaystyle CO^2H}{\underset{|}{CH}}-CH^2-CO^2H.$$

Modes de formation. — Ce corps prend naissance dans l'action de la potasse alcoolique concentrée sur l'*éthylacétylsuccinate d'éthyle*,

$$CO^2C^2H^5-\overset{\displaystyle CO-CH^3}{\overset{|}{\underset{\displaystyle C^2H^5}{\underset{|}{C}}}}-CH^2-CO^2C^2H$$

composé qui résulte lui-même de l'action successive du sodium et de l'iodure d'éthyle sur l'acétylsuccinate d'éthyle [Huggenberg, *Ann. Chem.*, **192**, 146].

L'acide éthylsuccinique se forme encore quand on traite par une lessive de potasse très concentrée l'éther (isomérique avec le précédent) éthylacétylsuccinate d'éthyle,

$$\underset{\displaystyle CO-CH^3}{\underset{|}{CO^2C^2H^5-CH}} \text{———} \underset{\displaystyle C^2H^5}{\underset{|}{CH}}-CO^2C^2H^5,$$

qui prend lui-même naissance dans l'action de l'éther α-bromobutyrique

$$CO^2C^2H^5-CHBr-CH^2-CH^3$$

sur l'éther acétylacétique sodé [Clowes, *D. chem. G.*, 8. 1208; Thome, *Chem. Soc.*, **39**, 338].

Il s'en forme également dans l'oxydation de l'acide éthylacétylpropionique,

$$CO^2H-\underset{\displaystyle C^2H^5}{\underset{|}{CH}}\ CH^2-CO\ CH^3.$$

On obtient encore de l'acide éthylsuccinique dans les circonstances suivantes :

Quand on soumet à l'action de la chaleur l'acide éthyléthényltricarbonique,

$$(CO^2H)^2=\underset{\displaystyle C^2H^5}{\underset{|}{C}}-CH^2-CO^2H,$$

obtenu lui-même dans l'action de l'éthylate de sodium et de l'iodure d'éthyle à 120-170° sur l'éthényltricarbonate triéthylique,

$$\begin{matrix}CO^2C^2H^5\\CO^2C^2H^5\end{matrix}\!\!>CH-CH^2-CO^2C^2H^5$$

[Damsky, *D. chem. G.*, **19**, 3284];

Quand on distille l'acide (isomérique avec le précédent) éthyléthényltricarbonique,

$$C^2H^5-\underset{\displaystyle CO^2H}{\underset{|}{CH}}-CH<\begin{matrix}CO^2H\\CO^2H\end{matrix}$$

[Polko, *Ann. Chem.*, **242**, 121];

Quand on chauffe à l'ébullition avec l'acide sulfurique dilué le buténYltricarbonate triéthylique [Bischoff et Walden, *D. chem. G.*, **22**, 1818];

Quand on réduit par l'amalgame de sodium l'acide méthylitaconique

$$CH^3-CH=\underset{\displaystyle CO^2H}{\underset{|}{C}}-CH^2-CO^2H$$

ou l'acide méthylcitraconique (éthylmaléique)

$$C^2H^5-\underset{\displaystyle CO^2H}{\underset{|}{C}}=CH-CO^2H$$

[Fränkel, *Ann. Chem.*, **255**, 41]. — Demarçay, *Ann. Chim. Phys.*, (5), **20**, 488].

Propriétés. — L'acide éthylsuccinique cristallise en petits prismes fondant à 98°. Il est très soluble dans l'eau, l'alcool, l'éther, le chloroforme, insoluble dans la ligroïne. Sa chaleur de combustion est de 671^{cal},9 [Stohmann, *J. prakt. Chem.*, (2), **40**, 213]

Lorsqu'on fait tomber goutte à goutte du brome dans de l'acide éthylsuccinique chauffé vers 200°, on produit de l'*anhydride éthylmaléique*, d'après l'équation suivante :

$$\begin{matrix}C^2H^5\cdot CH-CO^2H\\ |\\ CH^2-CO^2H\end{matrix} + Br^2$$

$$= 2HBr + H^2O + \begin{matrix}C^2H^5-C-CO\\ \|\\ H-C-CO\end{matrix}\!\!>O$$

[Bischoff, *D. chem. G.*, **24**, 2001].

Le *sel acide de potassium*, $C^6H^9O^4K$, est très soluble dans l'eau, insoluble dans l'alcool.

Le *sel neutre*, $K^2C^6H^8O^4$, cristallise avec 0^{mol},5 d'eau.

Le *sel de calcium acide*, $Ca(C^6H^9O^4)^2, 3H^2O$, est une poudre très peu soluble dans l'eau, insoluble dans l'alcool.

Le *sel neutre*, $CaC^6H^8O^4$, cristallise en prismes renfermant 2 molécules d'eau.

Le *sel de baryum*, $BaC^6H^8O^4, 1,5H^2O$, cristallise en prismes. Il est très soluble dans l'eau, insoluble dans l'alcool.

Le *sel de strontium*, $SrC^6H^8O^4$, est cristallin, soluble dans l'eau, insoluble dans l'alcool.

Le *sel de zinc*, $ZnC^6H^8O^4, 2H^2O$, est très soluble dans l'eau, insoluble dans l'alcool.

Le *sel d'argent*, $Ag^2C^6H^8O^4$, est pulvérulent [Huggenberg, *Ann. Chem.*, **192**, 148. — Polko, *ibid.*, **242**, 122].

Le brome, en réagissant sur l'acide buténYltricarbonique,

$$\begin{matrix}C^2H^5-CH-CO^2H\\ |\\ H-C<\begin{matrix}CO^2H\\CO^2H\end{matrix}\end{matrix}$$

fournit, avec dégagement d'acide bromhydrique et d'acide carbonique, deux *acides éthylsucciniques bromés*

$$\begin{matrix}C^2H^5-CH-CO^2H\\ |\\ H-CBr-CO^2H\end{matrix}$$

L'un d'eux fond à 202°; l'autre à 111-116° [Bischoff, *D. chem. G.*, **23**, 3414].

L'*éther diméthylique*, $C^6H^8O^4(CH^3)^2$, est un liquide qui ne se congèle pas à — 19°. Il bout à 202-205°; sa densité à 34° = 1,051.

L'*éther diéthylique*, $C^6H^8O^4(C^2H^5)^2$, se prépare en chauffant pendant plusieurs heures l'acide avec de l'alcool absolu et quelques gouttes d'acide sulfurique concentré. Il bout à 223-226° et a pour densité 1,030 à 21° [*loc. cit.*].

L'*anhydride éthylsuccinique*,

$$\begin{matrix} C^2H^5-CH-CO \searrow \\ | \quad\quad\quad O, \\ CH^2-CO \nearrow \end{matrix}$$

se forme dans la distillation de l'acide éthylsuccinique. C'est un liquide qui ne se solidifie pas à — 19°. Il bout à 243° et a pour densité à 34° 1,165 [Polko, *Ann. Chem.*, **242**, 125].

Lorsqu'on chauffe pendant 5 heures à 130-140° l'anhydride éthylsuccinique (36 grammes) avec du brome (46 grammes) dissous dans du chloroforme (40 grammes), on obtient entre autres produits de l'acide méthylitaconique et de l'acide éthylmaléique [Bischoff, *D. chem. G.*, **24**, 2001; *Bull. Soc. Chim.*, (3), **8**, 460].

Le dérivé hydroxylé ou acide δ-oxyéthylsuccinique (*pentanol 1-oïque-méthyloïque* 3),

$$\begin{matrix} CO^2H-CH^2-CH-CO^2H \\ | \\ CH^2 \\ | \\ CH^2OH \end{matrix}$$

se forme, en même temps que l'anhydride $C^6H^8O^4$, quand on traite par l'amalgame de sodium à 4 0/0 une solution bouillante d'isonicotate de sodium (30 gr.) dans 1200 centimètres cubes d'eau [Weidel, *Mon. f. Chem.*, **11**, 517].

Le même dérivé hydroxylé prend naissance, à côté de l'acide cinchonique, dans l'action de l'amalgame de sodium sur l'acide cinchoméronique [Weidel et Hoff, *Mon. f. Chem.*, **13**, 601].

Il se présente en cristaux déliquescents. Son *sel de baryum*, $Ba.C^6H^8O^5$ (à 220°), est amorphe et très soluble dans l'eau.

Le *dérivé chloré* correspondant

$$\begin{matrix} CH^2Cl-CH^2-CH-CH^2-CO^2H \\ | \\ CO^2H \end{matrix}$$

se forme, en même temps que l'éther

$$C^6H^7O^4C^2H^5,$$

quand on fait passer un courant de gaz chlorhydrique dans une solution d'acide δ-oxyéthylsuccinique dans l'alcool absolu [Weidel, *Mon. f. Chem.*, **11**, 518]. C'est une huile qui bout à 189° sous 63 millimètres, et qui est soluble dans l'alcool, l'éther et le benzène.

L'*acide δ-iodoéthylsuccinique* (*iodo 5-pentanoïque-méthyloïque* 3),

$$\begin{matrix} CH^2I-CH^2-CH-CH^2-CO^2H \\ | \\ CO^2H \end{matrix}$$

se prépare en traitant par l'iodure de phosphore et l'eau l'acide δ-oxyéthylsuccinique. Il cristallise dans l'éther acétique en petits cristaux clinorhombiques, fondant à 152°. Il est soluble dans l'eau, l'alcool, l'éther acétique et le benzène [Weidel, *Mon. f. Chem.*, **11**, 520].

L'*acide 2-bromoéthylsuccinique* (*bromo 2-pentanoïque-méthyloïque* 3),

$$\begin{matrix} C^2H^5 \cdot CH-CO^2H \\ | \\ CHBr-CO^2H \end{matrix}$$

prend naissance quand on chauffe à 70° une solution aqueuse d'acide buténvltricarbonique

$$\begin{matrix} C^2H^5-CH-CO^2H \\ | \\ CH=(CO^2H)^2 \end{matrix}$$

(20 grammes dans 50 centimètres cubes d'eau) en présence de brome (17gr,1). Il se forme ainsi deux isomères, qu'on sépare par cristallisation fractionnée dans le chloroforme.

L'*isomère* α fond à 111-116°. Il est plus soluble dans le chloroforme que l'isomère β.

L'*acide* β fond à 202°,5.

L'un ou l'autre des deux acides brométhylsucciniques, chauffé à l'ébullition avec de l'acide chlorhydrique concentré, fournit de l'acide éthylfumarique et de l'acide éthylmaléique [Bischoff, *D. chem. G.*, **23**, 3421; **24** 2014].

Ch. Moureu.

ÉTHYLSUCCINYLSUCCINIQUE. — Voyez SUCCINYLSUCCINIQUE.

ÉTHYLTARTRONIQUE (ACIDE) (*acide butanol 2-oïque-méthyloïque* 2),

$$\begin{matrix} CH^3-CH^2-COH-CO^2H \\ | \\ CO^2H \end{matrix}$$

— Cet acide a été obtenu, soit en décomposant par l'eau de baryte l'éther chloroéthylmalonique

$$\begin{matrix} CO^2C^2H^5 \\ | \\ CCl-C^2H^5 \\ | \\ CO^2C^2H^5 \end{matrix}$$

[Conrad et Guthzeit, *Ann. Chem.*, **209**, 231; *D. chem. G.*, **15**, 605; *Bull. Soc. Chim.*, (2), **38**, 198], ou l'*éther iodéthylmalonique* [Bischoff et Hausdörfer, *Ann. Chem.*, **239**, 110; *Bull. Soc. Chim.*, (2), **49**, 490], soit en traitant pendant 24 heures par l'acide chlorhydrique fumant le dicyanure de dipropionyle. Le rendement est de 72 0/0. La réaction a lieu suivant l'équation

$$2\,C^4H^5AzO + 5\,H^2O$$
$$= 2\,AzH^3 + C^2H^5CO^2H + C^5H^8O^5.$$

L'acide cristallise dans le système triclinique avec une molécule d'eau, et fond dans cet état à 64-70°. Il perd son eau à 60° et fond alors à 115-116° avec dégagement de gaz.

Il est soluble dans l'eau, dans l'alcool et dans l'éther.

A 180° il se décompose en acide carbonique et acide α-oxybutyrique.

Le *sel de baryum*, $C^5H^6O^5Ba, 2\,H^2O$, est soluble dans l'eau.

Le *sel d'argent* est anhydre [Brunner, *Mon. f. Chem.*, **14**, 120].

L'*éther éthylacétyltartronique*,

$$\begin{matrix} CH^3-CH^2-C(OCOCH^3)-CO^2C^2H^5 \\ | \\ CO^2C^2H^5 \end{matrix}$$

s'obtient en traitant l'acétyltartronate d'éthyle en solution éthérée par le sodium, puis chauffant pendant 10 heures au bain-marie avec de l'iodure d'éthyle.

C'est un liquide huileux, bouillant à 151-153° sous 30 millimètres [Conrad et Brückner, *D. chem. G.*, **24**, 2993; *Bull. Soc. Chim.*, (3), **10**, 557]

Paul Adam.

ÉTHYLTAURINE. — Voyez TAURINE.

ÉTHYLTOLUÈNE [Syn. *Ethylméthylbenzène*],

$$C^6H^4 <^{C^2H^5}_{CH^3}$$

(voyez Suppl., 1, 716). — On connaît actuellement les trois isomères prévus par la théorie.

O-ÉTHYLTOLUÈNE. — Ce corps prend naissance quand on fait agir le sodium sur un mélange d'o-bromotoluène et de bromure d'éthyle; la réaction est assez énergique pour qu'il soit nécessaire de la calmer par affusion d'eau froide. On purifie le produit obtenu par la distillation fractionnée [Claus et Mann, *D. chem. G.*, **18**, 1121].

L'o-éthyltoluène constitue un liquide incolore bouillant à 158-159° et ne se solidifiant pas à — 17°; sa densité à 16° = 0,8731. Soumis à l'action de l'acide azotique étendu, il fournit l'acide o-toluique; le permanganate de potassium à froid donne de l'acide toluique, de l'acide phtalique et une petite quantité d'acide téréphtalique formé par transposition moléculaire; en opérant rapidement et à chaud, on n'obtient pas d'acide téréphtalique [Claus et Pieszcek, *D. chem. G.*, **19**, 3084].

M-ÉTHYLTOLUÈNE. — Outre le mode de formation indiqué à l'article du Suppl., 1, 716, on obtient le méthyltoluène par distillation de l'acide abiétique avec le zinc en poudre [Ciamician, *D. chem. G.*, **11**, 270].

P-ÉTHYLTOLUÈNE. — Ce corps prend naissance à côté des hydrocarbures $C^{16}H^{18}$ et $C^{18}H^{20}$ par l'action du chlorure d'aluminium sur un mélange de toluène et de chlorure d'éthylène [Anschütz, *Ann. Chem.*, **235**, 314].

Le meilleur procédé de préparation du p-éthyltoluène consiste à faire agir le sodium sur un mélange de bromure d'éthyle et de p-bromotoluène en dissolution dans l'éther absolu. Le rendement atteint 30-35 0/0 du rendement théorique [Defren, *D. chem. G.*, **28**, 2648].

Il est liquide et bout à 161°,9-162°,1 sous la pression de 756°,3; sa densité à 11°,3, rapportée à l'eau à 4°, est de 0,8694; elle s'abaisse à 0,73935 au point d'ébullition. Sa constante capillaire au point d'ébullition est $a^2 = 4,184$ [R. Schiff, *Ann. Chem.*, **220**, 93; **223**, 68].

Il ne se solidifie pas à — 20° (Defren).

PRODUITS DE SUBSTITUTION DES ÉTHYLTOLUÈNES.

DÉRIVÉS CHLORÉS. — Dans la distillation sèche du pentachlorothymol $C^{10}H^9Cl^5O$, il se forme, à côté de propylène et de chlorocrésylols, un *dichloroéthyltoluène*.

C'est une huile bouillant à 365°, dont la constitution n'est pas connue [Lalemand, *Jahresb.*, 1856, 621]. L'étude de ce corps aurait besoin d'être reprise.

Dérivés chlorés du p-éthyltoluène. — Ces corps ont été étudiés tout récemment par M. Defren [*D. chem. G.*, **28**, 2651], qui a préparé un dérivé monochloré et un dérivé dichloré

Le *monochloro-p-éthyltoluène*,

$$C^6H^3Cl\ CH^3 . C^2H^5,$$

se prépare en faisant passer un courant de chlore à travers du p-éthyltoluène refroidi à 0° et additionné d'une certaine quantité d'iode. On sépare par distillation fractionnée le dérivé monochloré du dérivé dichloré formé en même temps. Le monochloro-p-éthyltoluène est liquide, ne se solidifie pas à — 10° et bout à 200-203°. Son odeur est agréable et rappelle celle du p-bromotoluène.

Le *dérivé dichloré*, $C^6H^2Cl^2 . CH^3 . C^2H^5$, se prépare en prolongeant l'action du chlore. C'est un liquide épais, qui bout à 240-243° en se décomposant légèrement.

DÉRIVÉS BROMÉS. — *Bromo-o-éthyltoluène*, $C^6H^3(CH^3)_{(1)}(C^2H^5)_{(2)}Br_{(4)}$. — On obtient ce corps en traitant l'o-éthyltoluène par le brome à froid. Le produit purifié par deux distillations sur la potasse caustique est une huile incolore, bouillant à 220-221°; il est doué d'une stabilité remarquable; il résiste à l'acide nitrique étendu à l'ébullition; en revanche l'acide nitrique (D = 1,1) l'attaque sous pression à la température de 190-200° en le transformant en acide bromo-o-toluique fusible à 118° [Claus et Pieszcek, *D. chem. G.*, **19**, 3088].

Dibromo-m-éthyltoluène,

$$C^6H^4 \begin{cases} CH^3 \\ CHBr - CH^2Br \end{cases}$$

— On le prépare en ajoutant la quantité théorique de brome à une dissolution chloroformique de m-méthylstyrol $CH^3 - C^6H^4 - CH = CH^2$. Par évaporation spontanée de la dissolution, le dérivé dibromé se dépose en cristaux jaunâtres, qui se décolorent à l'air et entrent en fusion à 45° [Müller, *D. chem. G.*, **20**, 1216].

Bromo-p-éthyltoluène,

$$C^6H^3 \begin{cases} Br_{(2)} \\ CH^3_{(1)} \\ C^2H^5_{(4)} \end{cases}$$

— On l'obtient en traitant par le brome le p-éthyltoluène refroidi vers 0°. Il est liquide, bout à 215-217° en se décomposant légèrement, et est transformé en acide m-bromo-p-toluique par le mélange chromique [Remsen et Morse, *D. chem. G.*, **11**, 225].

Il ne se solidifie pas à — 17° [Defren, *D. chem. G.*, **28**, 2651].

Dibromo-p-éthyltoluène,

$$C^6H^2Br^2 \begin{cases} CH^3 \\ C^2H^5 \end{cases}$$

— On le prépare par l'action du brome sur le p-éthyltoluène en présence d'iode. Il bout à 260-265° [Defren, *D. chem. G.*, **28**, 2652].

Bromo-p-éthyltoluène,

$$C^6H^4 \begin{cases} CH^3 \\ CHBr - CH^3 \end{cases}$$

— On prépare ce corps par l'action de la quantité théorique de brome sur le p-éthyltoluène sous l'influence de la lumière solaire. On obtient ainsi le dérivé monobromé sous la forme d'un liquide incongelable à — 20°, et qui ne peut être distillé sans décomposition; la soude alcoolique le transforme partiellement en p-méthylstyrol,

$$CH^3 - C^6H^4 - CH = CH^2$$

[Schramm, *D. chem. G.*, **24**, 1332].

Dibromo-p-éthyltoluène,

$$CH^3 - C^6H^4 - CHBr - CH^2Br.$$

— On obtient ce corps par l'action du brome sur le p-méthylstyrol, ou en traitant le p-éthyltoluène d'abord par 1 molécule de brome, exposant au soleil le vase où se fait la réaction, puis ajoutant une nouvelle molécule de brome et laissant agir le réactif dans l'obscurité à la température du bain-marie [Schramm, *loc. cit.*].

En purifiant le produit par cristallisation dans l'alcool, on l'obtient en fines aiguilles, fusibles à 44°,5.

Dibromo-p-éthyltoluène,

$$CH^3 - C^6H^4 - CBr^2 - CH^3.$$

— Ce corps paraît se former dans l'action du brome sur le p-éthyltoluène exposé à la lumière solaire. C'est une huile incongelable à — 20° (Schramm).

DÉRIVÉS NITRÉS. — L'o-éthyltoluène, traité à froid par l'acide nitrique fumant, fournit un mélange d'un *dérivé mononitré* et d'un *dérivé dinitré* qu'on peut séparer à l'aide d'un courant de vapeur d'eau, le dérivé mononitré passant en premier lieu à la distillation.

Ces deux corps forment des huiles jaunâtres qui ne se solidifient pas au-dessous de 0° [Claus et Pieszcek, *D. chem. G.*, **19**, 309].

Les dérivés nitrés du p-éthyltoluène ont été déjà décrits [1er Suppl., 716].

DÉRIVÉS SULFONÉS. — *Dérivés de l'o-éthyltoluène.* — On chauffe au bain-marie l'o-éthyltoluène avec un mélange de 3 parties d'acide sulfurique concentré et de 1 partie d'acide pyrosulfurique; on transforme le mélange des acides sulfonés qui ont pris naissance en sels barytiques que l'on soumet à des cristallisations fractionnées. On isole ainsi deux isomères : l'un, l'*acide o-éthyltoluène-α-sulfonique*, donne un sel barytique peu soluble; il ne se forme du reste qu'en très petite quantité; le second isomère, l'*acide o-éthyltoluène-β-sulfonique*, fournit un sel barytique beaucoup plus soluble.

L'acide o-éthyltoluène-β-sulfonique,

$$C^6H^3(CH^3)_{(1)}(C^2H^5)_{(2)}(SO^3H)_{(4)},$$

s'obtient difficilement à l'état solide; c'est une masse cristalline très déliquescente, qui donne des sels bien caractérisés [Claus et Pieszcek, *D. chem. G.*, **19**, 3090].

Le *sel sodique*,

$$C^6H^3(CH^3)_{(1)}(C^2H^5)_{(2)}(SO^3Na)_{(4)}, H^2O,$$

cristallise dans l'eau en lamelles nacrées, incolores, solubles dans l'eau, insolubles dans l'alcool.

Le *sel de potassium*, $C^9H^{11}SO^3K, H^2O$, cristallise en lamelles incolores, brillantes, solubles dans l'eau.

Le *sel de calcium*, $(C^9H^{11}SO^3)^2Ca, 2H^2O$, est en lamelles groupées, très solubles dans l'eau.

Le *sel de baryum*, $(C^9H^{11}SO^3)^2Ba, 3H^2O$, cristallise en lamelles groupées en forme de chouxfleurs, très solubles dans l'eau.

Le *sel de plomb*, $(C^9H^{11}SO^3)^2Pb, 3H^2O$, cristallise en lamelles très solubles, à réaction acide.

Le *sel de cuivre*, $(C^9H^{11}SO^3)^2Cu, H^2O$, cristallise en lamelles d'un bleu clair, douées d'une réaction acide, très solubles dans l'eau.

Le *sel d'argent* forme de petits cristaux incolores, solubles dans l'eau et décomposables à l'état humide par la lumière.

Le *sulfochlorure* $C^6H^3(CH^3)_{(1)}(C^2H^5)_{(2)}(SO^2Cl)_{(4)}$ est une huile incristallisable.

La *sulfamide* $C^6H^3(CH^3)_{(1)}(C^2H^5)_{(2)}(SO^2AzH^2)_{(4)}$ obtenue par le sulfochlorure et le gaz ammoniac forme une huile brune qui se solidifie par un repos prolongé en une masse cristalline butyreuse (Claus et Pieszcek).

Les *acides sulfonés* dérivés du *m-éthyltoluène* ont été décrits précédemment (1er Suppl., 716).

DÉRIVÉS DU P-ÉTHYLTOLUÈNE. — *Acide p-éthyltoluène sulfonique*, $C^6H^3.CH^3.C^2H^5.SO^3H$. — On chauffe à 130° un mélange de 10 parties de p-éthyltoluène, 13 parties d'acide sulfurique concentré et 1 partie d'acide sulfurique fumant jusqu'à dissolution complète de l'hydrocarbure.

On isole le sel de baryum, que l'on décompose par la quantité calculée d'acide sulfurique; on filtre, on évapore et on expose, pendant quelques jours, le sirop obtenu dans le vide au-dessus d'acide sulfurique concentré. L'acide p-éthyltoluène sulfonique forme des lamelles déliquescentes, fusibles à 59-60°, qui répondent à la formule $C^9H^{11}SO^3H, 1,5H^2O$.

Le *sel de baryum*,

$$(C^6H^3.CH^3.C^2H^5.SO^3)^2Ba, 2H^2O,$$

est soluble dans l'eau; il cristallise en fines aiguilles. A l'état anhydre, il est insoluble dans l'alcool et dans l'éther.

Le *sel sodique*,

$$C^6H^3.CH^3.C^2H^5.SO^3Na, 1,5H^2O,$$

obtenu par le sulfate de sodium et le sel barytique, cristallise en lamelles très solubles dans l'eau. Ce sel fournit par distillation sèche avec du cyanure de potassium un *nitrile*,

$$C^6H^3.CH^3.C^2H^5.CAz,$$

liquide qui se décompose à 235° et résiste à l'acide chlorhydrique à 200°.

Le *sulfochlorure*, $C^6H^3.CH^3.C^2H^5.SO^2Cl$, est une huile jaune, se solidifiant à — 11° en tables brillantes, fusibles à 13°, solubles dans l'alcool et dans l'éther. Traité par le carbonate d'ammonium, il fournit une *sulfamide*,

$$C^6H^3.CH^3.C^2H^5.SO^2AzH^2,$$

soluble dans l'eau bouillante, l'alcool et l'éther. La dissolution ammoniacale fournit avec le nitrate d'argent un *sel argentique* blanc, cristallin, qui a probablement pour formule

$$C^7H^4SO^2AzHAg.$$

Acide chloro-p-éthyltoluène-sulfonique,

$$C^6H^2Cl.CH^3.C^2H^5.SO^3H.$$

— On le prépare comme l'acide p-éthyltoluène sulfonique en partant du chloro-p-éthyltoluène. Il cristallise en lamelles brillantes, déliquescentes. Son *sel barytique* renferme $4H^2O$; il est très soluble dans l'eau.

Le *sel sodique* est anhydre; il est très soluble dans l'eau.

Le *sulfochlorure*, $C^6H^2Cl.CH^3.C^2H^5.SO^2Cl$, est une huile jaunâtre ne se solidifiant pas à — 17°.

Acide o-bromo-p-éthyltoluène-sulfonique,

$$C^6H^2(Br)_{(2)}(CH^3)_{(1)}(C^2H^5)_{(4)}(SO^3H)_{(5)}.$$

— Il cristallise dans le vide, au-dessus d'acide sulfurique, en minces lamelles déliquescentes.

Le *sel barytique* renferme $5H^2O$ et cristallise en lamelles minces, extrêmement solubles dans l'eau.

Le *sulfochlorure*, $C^6H^2Br.CH^3.C^2H^5.SO^2Cl$, est une huile jaunâtre qui ne se solidifie pas à — 10°.

La *sulfamide*, $C^6H^2.CH^3Br.C^2H^5.SO^2AzH^2$, est peu soluble dans l'eau, soluble dans l'alcool et dans l'éther, et fond à 143°. Sa dissolution ammoniacale donne un précipité blanc avec le nitrate d'argent [Defren, *D. chem. G.*, **28**, 2649].

AMINOÉTHYLTOLUÈNE, $(C^6H^3)(CH^3)(C^2H^5)(AzH^2)$. — Voyez Suppl., **2**, 219. G. de Bechi.

ÉTHYLTOLUIDINE. — Voyez TOLUIDINE.

EUCALYPTOL. — Voyez CINÉOL.

EUCHLORINE (Min.) (Scacchi). — Paraît être un sous-sulfate alcalino-cuivrique,

$$SO^4Cu.2CuO.SO^4KNa.$$

Croûtes minces d'un beau vert-émeraude, souvent avec hydrocyanite (SO^4Cu) sur les laves du Vésuve, très rarement en cristaux distincts. En partie soluble dans l'eau avec décomposition, soluble dans les acides, inaltérable à l'air lorsque le minéral est pur. Poussière vert-pistache. Prisme orthorhombique : $a:b:c = 0,7616:1:1,8755$. Faces $pg^1e^1a^1a^3$.

EUCRYPTITE (Min.) (Brush et Dana). — Orthosilicate alumino-lithique,

$$LiAlSiO^4 \text{ ou } Li^2O, Al^2O^3, 2SiO^2,$$

correspondant à la néphéline. Produit de transformation du triphane de Branchville (Connecticut). Prisme hexagonal.

EUDIDYMITE (Min.) (Brögger). — Silicate hydraté de glucinium et sodium Si^3O^8GlNaH ou $2GlO.NaO.H^2O.6SiO^2$, dimorphe de l'épididymite (voyez ce mot). Cristaux tabulaires incolores, à éclat nacré sur la base, avec zéolithes, etc., dans la syénite éléolithique de Langesundfjord (Norvège). Dureté = 6. Densité = 2,253.

Forme cristalline. — Prisme clinorhombique : $d^{1/2}d^{1/2} = 84°2'$; $ph^2 = 86°42'$; $pd^{1/2} = 50°50'$. Faces $pg^1h^2o^{2/5}o^{1/10}a^{2/5}e^{3/10}d^{5/6}d^{1/2}d^{1/5}b^{2/3}b^{1/10}$. Clivages p facile, $b^{1/10}$ difficile.

EUGÉNOL (voyez Suppl., 1, 716). — L'essence de clous de girofle n'est pas la seule huile volatile naturelle qui contienne de l'eugénol. La présence de ce phénol dans l'essence de sassafras, depuis longtemps soupçonnée par MM. Grimaux et Ruotte, a été nettement démontrée par M. C. Pomeranz; la proportion en est d'ailleurs très faible, 2,5 0/00 environ [*Pharm. Post.*, 23, 1880, 533]. L'eugénol constitue le produit principal de l'essence de feuilles de cannellier (*Cinnamomum zeylanicum*) [E. Schaër, *Arch. Pharm.*, 17, 492], et aussi du produit commercial primitivement désigné sous le nom d'essence de racines de cannelle [J. Weber, *Arch. Pharm.*, 230, 232]. L'huile essentielle d'écorce de massoy n'en renferme pas moins de 80 0/0 [E.-F.-R. Woy, *Arch. Pharm.*, 228, 22]. Enfin, l'éther méthylique de l'eugénol ou méthyleugénol

$$C^6H^3 \begin{cases} C^3H^5 \\ OCH^3 \\ OCH^3 \end{cases}$$

a été rencontré dans l'huile essentielle d'écorce de paracoto [A. Wallach, *Ann. Chem.*, 199, 75. — O. Hesse, *D. chem. G.*, 26, 2794], dans l'essence d'*Asarum europæum* [Petersen, *D. chem. G.*, 21, 1060] et dans l'essence de bay [Mittmann, *D. chem. G.*, 22, 505].

L'eugénol a acquis dans ces dernières années une grande importance. Il constitue, en effet, la matière première de la préparation industrielle de la vanilline synthétique, qui a presque complètement remplacé dans ses applications la vanilline naturelle, et que l'industrie fabrique aujourd'hui en quantités considérables. Aussi ce corps a-t-il donné lieu à un grand nombre de travaux.

I. — CONSTITUTION. — EUGÉNOL ET ISOEUGÉNOL.

La constitution de l'eugénol est aujourd'hui complètement connue.

Il a été démontré (Suppl., 1, 718) que l'eugénol était l'éther monométhylique d'un o-diphénol possédant une chaîne latérale non saturée C^3H^5, celle-ci étant située en position para par rapport à l'un ou l'autre des deux groupes OH et OCH^3. Écrivons donc l'eugénol

$$C^6H^3 \begin{cases} C^3H^5_{(1)} \\ OCH^3_{(3 \text{ ou } 4)} \\ OH_{(4 \text{ ou } 3)} \end{cases}$$

Il reste à fixer définitivement : 1° la position du groupe C^3H^5; 2° sa véritable structure.

1° On sait que l'on peut, en oxydant l'eugénol dans des conditions particulières, obtenir de la vanilline ou aldéhyde méthylprotocatéchique,

$$C^6H^3 \begin{cases} CHO \\ OCH^3 \\ OH \end{cases}$$

par la simple transformation du groupe C^3H^5 en groupe aldéhydique CHO. Le problème revient donc à déterminer la position du groupe CHO par rapport aux groupes OH et OCH^3 dans la vanilline. On y parvient notamment par la méthode suivante, qui est tout à fait rigoureuse.

On prépare la vanilline en partant de l'aldéhyde m-nitrobenzoïque,

$$C^6H^4 \begin{cases} CHO_{(1)} \\ AzO^2_{(3)} \end{cases}$$

(voyez Suppl., 1, 1648). Ce corps, réduit, donne une amine que l'acide azoteux transforme en aldéhyde m-oxybenzoïque,

$$C^6H^4 \begin{cases} CHO_{(1)} \\ OH_{(3)} \end{cases}$$

L'acide nitrique produit avec cette aldéhyde-phénol un dérivé nitré dont on transforme par éthérification le groupe OH en groupement OCH^3. Enfin, l'éther méthylique ainsi obtenu fournit, par réduction, un dérivé amidé que l'acide azoteux convertit en un phénol correspondant, et ce phénol n'est autre que la vanilline elle-même.

Donc, dans la vanilline et, par suite, dans l'eugénol, le groupe OCH^3 est situé en méta, et le groupe OH en para par rapport au groupe CHO ou C^3H^5, et l'eugénol sera représenté par le schéma suivant :

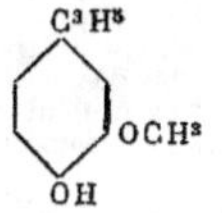

C^3H^5 — OCH³ — OH

2° M. Ch. Moureu a établi par synthèse directe que l'eugénol est un *dérivé allylique*. Il a fixé le radical allyle ($-CH^2-CH=CH^2$) sur l'éther diméthylique de la pyrocatéchine ou vératrol

$$C^6H^4 \begin{cases} OCH^3_{(1)} \\ OCH^3_{(2)} \end{cases}$$

et montre ensuite que l'allylvératrol ainsi obtenu était identique avec l'éther méthylique de l'eugénol (méthyleugénol). La constitution de l'eugénol en découle immédiatement : ce phénol est un *allylgaïacol*

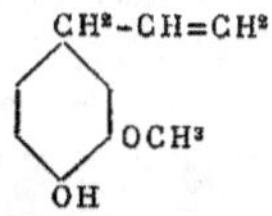

$CH^2-CH=CH^2$ — OCH³ — OH

Eugénol.

Le procédé consiste à faire réagir à 100° l'iodure d'allyle $ICH^2-CH=CH^2$ sur le vératrol en présence de poudre de zinc, qui provoque l'élimination de HI; ce dernier, au lieu de se dégager, déméthyle une partie du vératrol en donnant de l'iodure de méthyle, du gaïacol et de la pyrocatéchine [Ch. Moureu, *C. R.*, 121, 721].

3° On prépare (voyez Suppl., 1, 1648), en suivant une méthode synthétique qui ne laisse aucun doute sur sa constitution, un isomère de l'eugénol appelé *isoeugénol*,

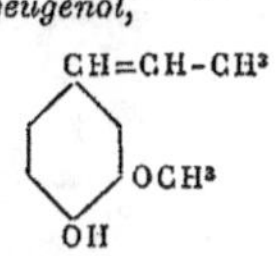

$CH=CH-CH^3$ — OCH³ — OH

Isoeugénol.

Ce corps, qui peut être obtenu aussi en chauffan l'eugénol ordinaire avec la potasse alcoolique, est un *propénylgaïacol.*

Ainsi, l'eugénol est un *allylgaïacol,* et l'isoeugénol un *propénylgaïacol.*

Une relation analogue existe d'ailleurs entre d'autres corps d'origine naturelle ou artificielle : par exemple entre le safrol et l'isosafrol, l'estragol et l'isoestragol ou anéthol.

Remarque. — Comme nous le montrerons plus loin, le radical non saturé C^3H^5 dans l'isoeugénol est beaucoup plus facilement transformé par les agents d'oxydation en groupement CHO que le radical correspondant de l'eugénol; et cette observation, qui est journellement mise à profit dans la préparation industrielle de la vanilline, trouve son explication toute naturelle dans ce fait expérimental bien connu, que les oxydants produisent toujours la rupture des chaînes latérales à l'endroit des doubles liaisons.

II. — Isomère de position de l'eugénol ou chavibétol,

$$C^6H^3 \begin{cases} CH^2-CH=CH^2_{(1)} \\ OH_{(3)} \\ OCH^3_{(4)} \end{cases}$$

L'eugénol est l'éther monométhylique d'une allylpyrocatéchine; le groupement OCH^3 y est situé en méta et le groupement OH en para, par rapport à la chaîne latérale non saturée. Si l'on intervertit l'ordre des positions des deux groupes OCH^3 et OH, on obtient un isomère de position de l'eugénol. Cet isomère est connu; il existe dans l'huile essentielle de feuilles de *Piper betel,* et a reçu le nom de *chavibétol* [Bertram et Gildmeister, *J. prakt. Chem.*, (2), 39, 349].

Pour le préparer, l'essence de bétel est agitée avec de la lessive de soude étendue. La liqueur alcaline est acidulée par l'acide sulfurique, et le produit huileux ainsi déposé distillé dans le vide.

Le chavibétol est un liquide fortement réfringent, bouillant à 254-255° sous la pression normale; à 131-132° sous 12 ou 13 millimètres de pression.

Densité =1,067 à 15°.

Chaleur de combustion moléculaire = 1286^cal,9 [Stohmann, *Zeits. Physik. Chem.*, 10, 415].

En solution alcoolique, il est coloré en bleu violet par le perchlorure de fer.

Son *dérivé acétylé* bout à 275-277°, et son *dérivé benzoylé* cristallise en lames fusibles à 49-50°.

Oxydé par le permanganate de potassium, le dérivé acétylé fournit l'acide acétylisovanillique.

III. — Eugénol et ses dérivés.

Caractères de l'eugénol. — L'eugénol est un liquide qui bout entre 247 et 249°. Sa densité à la température de 14° est de 1,0703. Il donne avec le perchlorure de fer en solution alcoolique une coloration bleu foncé, qui devient rouge sale par l'addition d'ammoniaque [Tiemann et R. Kraaz, *D. chem. G.*, 15, 2059].

L'eugénol fraîchement distillé est incolore; il se colore rapidement au contact de l'air, en devenant brun-rouge et même vert foncé.

Propriétés physiologiques. — L'eugénol est un antiseptique plus puissant que le phénol; il empêche la fermentation de l'urine et du bouillon à la dose de 0^gr,25 0/0. Par petites doses, un homme adulte peut en prendre 3 grammes en 12 heures; des doses plus élevées provoquent des accidents. L'eugénol passe dans l'urine sous la forme d'éther sulfurique, composé très instable qui ne tarde pas à se détruire en dégageant une odeur de girofle. Son absorption produit généralement un abaissement de température de 1° [de Piero Giacosa, *Ann. Chim. e di Farmacol.* (4), 3, 273-293].

Chaleur de neutralisation. — 1 molécule de soude réagissant sur 1 molécule d'eugénol dégage 5^cal,77; une deuxième molécule de soude dégage 0^cal,86. Ces chiffres confirment l'existence dans l'eugénol d'une fonction phénolique et d'une fonction éther-oxyde [Berthelot, *Bull. Soc. Chim.*, (2), 43, 74].

Action du brome. — Si l'on ajoute goutte à goutte de 1 à 2 molécules de brome à 1 molécule d'eugénol en solution éthérée, on voit se déposer bientôt une masse solide qui, après lavage à l'alcool et cristallisation dans l'eau bouillante, fournit de belles lamelles quadratiques brillantes, fusibles à 118-119°, présentant la composition d'un *bibromure de bibromoeugénol,*

$$C^6HBr^2 \begin{cases} OCH^3 \\ OH \\ C^3H^5Br^2 \end{cases}$$

Ce dernier fournit un *dérivé acétylé*

$$OCH^3-C^9H^6Br^4-C^2H^3O^2,$$

qui cristallise dans l'alcool en petits prismes, et dans l'éther en tablettes fusibles à 91°, très solubles dans l'éther [Boyen, *D. chem. G.*, 21, 1395]. Il perd 2 atomes de brome sous l'influence de la poudre de zinc et de l'alcool bouillant, et se transforme ainsi en *bibromoeugénol,*

$$C^6HBr^2 \begin{cases} OCH^3 \\ OH \\ C^3H^5 \end{cases}$$

corps très soluble dans l'alcool, qui cristallise en prismes hexagonaux fusibles à 59° [L. Chasanowitz et C. Hell, *D. chem. G.*, 18, 823; *Bull. Soc. Chim.*, (2), 43, 821], et dont le *dérivé acétylé* cristallise dans l'éther en prismes hexagonaux fusibles à 66° [Boyen, *D. chem. G.*, 21, 1395].

Si l'on chauffe pendant 4 heures à 100° en tubes scellés le bibromure de bibromoeugénol avec du brome, on obtient un produit solide qui refuse de cristalliser, mais qui, d'après l'analyse, est constitué par le *bibromure de tribromoeugénol,*

$$C^6Br^3 \begin{cases} OCH^3 \\ OCH^3 \\ C^3H^5Br^2 \end{cases}$$

[Carl Hell, *D. chem. G.*, 28, 2085].

Le bibromure de tribromoeugénol, chauffé au réfrigérant à reflux avec un excès de chlorure d'acétyle, fournit l'*acétylbibromure de tribromoeugénol,*

$$C^6Br^3 \begin{cases} OCH^3 \\ OCOCH^3 \\ C^3H^5Br^2 \end{cases}$$

qui cristallise dans l'éther en petites aiguilles ou en lames, et dans le chloroforme en masses mamelonnées, fusibles à 137° [*loc. cit.*].

L'acétylbibromure de tribromoeugénol, perdant 2 atomes de brome, donne l'*acétyltribromoeugénol*

$$C^6Br^3 \begin{cases} OCH^3 \\ OCH^3 \\ C^3H^5 \end{cases}$$

[*loc. cit.*].

Action de l'iode sur l'eugénol. — Si l'on traite l'eugénol par l'iode en solution alcaline, en opérant sur des quantités équivalentes d'eugénol, de soude et d'iode, on obtient un produit jaune clair, inodore, fusible à 150°. Si l'on emploie une plus forte proportion d'iode et d'alcali, le produit formé est brunâtre; il fond vers 85° et contient dans sa molécule le groupement OI (éther hypoiodeux). Ces substances iodées, sortes d'*aristols* (voyez dans ce Supplément l'article THYMOL), sont utilisables en pharmacie [Brevet Heyden Nachfolger et Radebeul, *D. chem. G., Ref.*, **26**, 915].

Déméthylation de l'eugénol. — L'eugénol peut être facilement déméthylé par l'acide bromhydrique. Si l'on fait passer un courant de gaz bromhydrique dans de l'eugénol en présence d'un peu d'eau (5 à 10 0/0), la liqueur ne tarde pas à s'échauffer notablement, et du bromure de méthyle se dégage en abondance. On arrête l'opération un peu avant que le dégagement de bromure de méthyle ait complètement cessé. On fait passer dans la masse un courant de vapeur d'eau, qui entraîne l'eugénol en excès, et on épuise le résidu à l'eau bouillante. La solution aqueuse, filtrée après refroidissement, est agitée à plusieurs reprises avec de l'éther. Celui-ci dissout une substance qui distille dans le vide à 175-180°. Le produit est sirupeux et d'une consistance comparable à celle du collodion. Abandonné à lui-même pendant quelques semaines, ou soumis à l'influence d'un mélange réfrigérant, il se solidifie en masses compactes, très dures, fondant à 52-55°. L'analyse élémentaire conduit à la formule $C^9H^{12}O^3$. Cette substance paraît être un mélange d'isomères [Ch. Moureu, *Expériences inédites*].

NITROEUGÉNOL,

$$C^6H^2\begin{cases}C^3H^5{}_{(1)}\\ OCH^3{}_{(3)}\\ OH_{(4)}\\ AzO^2{}_{(5)}\end{cases}$$

— Il se forme dans l'action de l'acide nitrique fumant (4 centimètres cubes) sur une solution éthérée (500 centimètres cubes) d'eugénol (10 parties).

On précipite par la potasse alcoolique, d'abord l'acide azotique en excès, puis le nitroeugénol produit. Le sel de potassium précipité est décomposé par l'acide sulfurique dilué. Le nitroeugénol mis en liberté est purifié par cristallisation dans la ligroïne [Weselsky et Benedikt, *Mon. f. Chem.*, **3**, 388].

Cristaux brillants, analogues à ceux du dichromate de potassium, asymétriques :

$$a : b : c = 1 : 0{,}5471 : 0{,}6572$$
$$\text{Faces} : h^1, g^1, p, m, t, a^1.$$

Ce corps fond à 43-44°, et distille sans décomposition; il est entraînable par la vapeur d'eau.

Il est soluble dans l'alcool et dans l'éther, et donne avec les alcalis caustiques des dérivés bien cristallisés.

Le *dérivé potassique*, dont les cristaux sont doués d'un éclat métallique, se dissout dans l'eau avec une coloration jaune-orangé.

Chauffé avec l'anhydride acétique, il donne le *dérivé acétylé* correspondant

$$C^6H^2\begin{cases}C^3H^5{}_{(1)}\\ OCH^3{}_{(3)}\\ OCOCH^3{}_{(4)}\\ AzO^2{}_{(5)}\end{cases}$$

qui cristallise dans l'alcool en tablettes brillantes, asymétriques, et qui, oxydé par le permanganate de potassium et saponifié, produit un *acide nitrovanillique* $C^8H^7AzO^6$. Celui-ci se présente sous la forme d'aiguilles jaunes, fondant à 202° sans décomposition; sa solution aqueuse est colorée en jaune par l'ammoniaque.

Réduit par l'étain et l'acide chlorhydrique, le nitroeugénol fournit le corps suivant :

CHLORHYDRATE D'AMIDOCHLORHYDROEUGÉNOL,

$$C^6H^2\begin{cases}C^3H^6Cl_{(1)}\\ OCH^3{}_{(3)}\\ OH_{(4)}\\ AzH^2.HCl_{(5)}\end{cases} + H^2O.$$

— Ce composé cristallise en aiguilles ou en lames; traité par la quantité calculée d'ammoniaque, il donne l'amidochlorhydroeugénol, $C^{10}H^{14}AzO^2Cl$, qui cristallise dans l'alcool en feuillets nacrés et brillants [P. Weselsky et R. Benedikt, *Mon. f. Chem.*, **3**, 386].

SULFATE DOUBLE D'ÉTHYLE ET D'EUGÉNYLE,

$$SO^2\begin{cases}OC^2H^5\\ O-C^6H^3\begin{cases}OCH^3\\ C^3H^5\end{cases}\end{cases}$$

— Ce composé résulte de l'action du chlorure éthylsulfurique

$$SO^2\begin{cases}OC^2H^5\\ Cl\end{cases}$$

sur l'eugénol en présence d'un alcali. Il bout à 240°, et possède une action physiologique puissante [Farbenfabriken vorm. Fr. Bayer und C°. in Elberfeld, *D. chem. G.*, **27**, *Ref.*, 328].

PHOSPHATE D'EUGÉNYLE,

$$\left(C^6H^3\begin{cases}C^3H^5{}_{(1)}\\ OCH^3{}_{(3)}\\ O_{(4)}\end{cases}\right)^3 PO.$$

— On prépare ce corps en versant peu à peu 15 grammes d'oxychlorure de phosphore dans une solution aqueuse étendue, fortement refroidie, contenant 5 grammes d'eugénol et 80 centimètres cubes de lessive de soude (densité 1,25). Comme l'éther phosphorique se décompose rapidement en liqueur alcaline, on l'extrait aussitôt au moyen de l'éther, qui, après évaporation, l'abandonne sous la forme d'une huile épaisse d'un brun jaunâtre, à odeur agréable et aromatique. Le produit se décompose à la distillation dans le vide [Alf. Einhorn et Carl Frey, *D. chem. G.*, **27**, 2456].

CARBONATE ET CARBAMATE D'EUGÉNOL. — Le carbonate et le carbamate d'eugénol, comme les carbonates et carbamates de la plupart des phénols, sont neutres, inodores, insipides et n'agissent pas sur les muqueuses.

Pour préparer le carbonate, on fait réagir 1 molécule de gaz phosgène, ou bien sur 2 molécules d'eugénol à chaud, suivant l'équation

$$2X.OH + COCl^2 = \begin{matrix}XO\\ XO\end{matrix}\Big\rangle CO + 2HCl,$$

ou bien sur 2 molécules de sel sec ou dissous.

Pour obtenir le carbamate, ou bien on traite 1 molécule d'eugénol ou d'un de ses sels par 1 molécule d'amide chlorocarbonique,

$$XOH + Cl-COAzH^2 = XO-COAzH^2 + HCl,$$

ou bien on fait réagir 1 molécule d'eugénol, ou d'un de ses sels, sur 1 molécule de gaz phosgène, et on traite ensuite avec précaution par l'ammoniaque le produit ainsi obtenu

$$XOH + COCl^2 = XO.COCl + HCl,$$
$$XO.COCl + 2AzH^3 = XO.COAzH^2 + AzH^4Cl$$

[Brevet F. von Heyden Nachfolger, *D. chem G.*, **25**, *Ref.*, 186].

PHÉNYLCARBAMATE D'EUGÉNOL,

$$C^6H^3\begin{cases}C^3H^5{}_{(1)}\\ OCH^3{}_{(3)}\\ O\cdot CO-AzHC^6H^5{}_{(4)}\end{cases}$$

— Ce corps, qui est une uréthane, se prépare en chauffant à 100°, pendant 10 heures, le cyanate de phényle avec l'eugénol. Il cristallise dans la ligroïne en aiguilles fusibles à 95°,5, solubles dans l'alcool, l'éther, l'éther acétique, le chloroforme. Il se sublime en se décomposant partiellement [H. Lloyd Snape, *D. chem. G.*, **18**, 2428; *Bull. Soc. Chim.*, (2), **46**, 26].

Chaleur de combustion moléculaire, 1498^{cal},5 [Stohmann, *Zeits. Physik. Chem.*, **10**, 421]

Acétyleugénol (*acétate d'eugényle*),

$$C^6H^3 \begin{cases} C^3H^5_{(1)} \\ OCH^3_{(3)} \\ OCOCH^3_{(4)} \end{cases}$$

— Du mélange des diverses combinaisons (acide α-homovanillique, acide vanillique, vanilline, etc.) qui se forment dans l'oxydation de l'acétyleugénol par le permanganate de potassium (voyez 1er Suppl., 718), M. Tiemann a retiré avec beaucoup de difficulté une substance nouvelle, l'*acétovanillone*,

$$C^6H^3 \begin{cases} CO-CH^3_{(1)} \\ OCH^3_{(3)} \\ OH_{(4)} \end{cases}$$

corps fusible à 115°, et qui est à la vanilline ce que l'acétylbenzène est à l'aldéhyde benzylique [*D. chem. G.*, **24**, 2856].

Le même savant a rencontré de l'acide vanilloylcarbonique

$$C^6H^3 \begin{cases} CO-CO^2H_{(1)} \\ OCH^3_{(3)} \\ OH_{(4)} \end{cases}$$

dans quelques préparations de vanilline par oxydation de l'acétyleugénol à l'aide du permanganate.

L'*acide vanilloylcarbonique* s'extrait au moyen du bisulfite de sodium aussi facilement que la vanilline elle-même. On le sépare de la vanilline en traitant la solution éthérée des deux combinaisons par l'eau additionnée de carbonate de magnésium qui dissout l'acide. On décompose le sel magnésien par l'acide sulfurique et on épuise à l'éther; la solution éthérée est évaporée et le résidu chauffé à 50-60° dans l'air raréfié. L'acide vanilloylcarbonique ainsi obtenu cristallise dans le benzène en prismes anhydres, renfermant du benzène de cristallisation qu'ils perdent rapidement à l'air. Séché à 100°, il fond à 133-134°. Il est soluble dans l'eau, qu'il colore en jaune, soluble dans l'alcool, l'éther, le benzène, le chloroforme, peu soluble dans la ligroïne. Il résiste assez bien à l'action de l'eau, des alcalis et des acides; mais, chauffé au-dessus de son point de fusion, il se décompose en acide carbonique et vanilline. Il peut aussi être séparé de la vanilline par précipitation fractionnée, à l'aide de l'alcool, des solutions aqueuses des combinaisons bisulfitiques.

Benzoyleugénol (*benzoate d'eugényle*),

$$C^6H^3 \begin{cases} C^3H^5_{(1)} \\ OCH^3_{(3)} \\ OCOC^6H^5_{(4)} \end{cases}$$

(voyez Benzeugényle, Dict., **1**, 1393). — Le benzoyleugénol pur fond à 69-70°. Inattaquable par les alcalis à l'ébullition, il est décomposé par les alcalis en fusion. Traité par le dichromate de potassium et l'acide acétique, il donne, par combustion du groupe C^3H^5, l'*acide benzoylvanillique*,

$$C^6H^3 \begin{cases} CO^2H_{(1)} \\ OCH^3_{(3)} \\ OC^7H^5O_{(4)} \end{cases}$$

qui cristallise en lamelles miroitantes, fusibles à 178°, et que les alcalis bouillants dédoublent en acide benzoïque et acide vanillique [Tiemann et R. Kraaz, *D. chem. G.*, **15**, 2059].

Il fournit avec le brome un *bibromure*,

$$C^6H^3 \begin{cases} CH^2-CHBr-CH^2Br_{(1)} \\ OCH^3_{(3)} \\ O-C^7H^5O_{(4)} \end{cases}$$

qui fond à 97° [E.-F.-R. Woy, *Arch. Pharm.*, **228**, 22].

Le benzoyleugénol a été employé en médecine sous le nom de *benzeugénol*.

p-Nitrobenzoyleugénol (*p-nitrobenzoate d'eugényle*),

$$C^6H^3 \begin{cases} C^3H^5_{(1)} \\ OCH^3_{(3)} \\ O-CO_{(4)}-C^6H^4_{(1)}AzO^2_{(4)} \end{cases}$$

— Pour le préparer, on fait réagir le chlorure de p-nitrobenzoyle ou l'anhydride p-nitrobenzoïque sur l'eugénol ou l'un de ses sels alcalins ou alcalino-terreux; ou bien on traite par le pentachlorure de phosphore ou par l'oxychlorure de phosphore le mélange d'eugénol ou d'un de ses sels et d'acide p-nitrobenzoïque.

Ce corps est faiblement jaunâtre; il fond à 80°,5 et se dissout facilement dans les dissolvants usuels.

Par réduction, il donne l'amine correspondante ou *p-amidobenzoyleugénol* qui fond à 156°, et dont le *dérivé acétylé*, fusible à 160-161°, possède des propriétés thérapeutiques [Brevet J.-D. Riedel, *D. chem. G.*, **26**, *Ref.*, 518].

Cinnamyleugénol (*cinnamate d'eugényle*),

$$C^6H^3 \begin{cases} C^3H^5_{(1)} \\ OCH^3_{(3)} \\ CO-CH=CH-C^6H^5_{(4)} \end{cases}$$

— Cristallise en aiguilles brillantes, fusibles vers 90°; à peine soluble dans l'eau; facilement soluble dans l'alcool chaud, le chloroforme, l'éther, l'acétone. Il possède des propriétés médicinales [H. Thoms, *Pharm. Centralhalle*, **32**, 365].

Acide eugénolglycolique (*acide oxyeugénylacétique, acide eugénolacétique*),

$$C^6H^3 \begin{cases} C^3H^5_{(1)} \\ OCH^3_{(3)} \\ OCH^2-CO^2H_{(4)} \end{cases}$$

— MM. Ch. Gassmann et Krafft préparent ce corps de la façon suivante : On fait bouillir pendant 20 heures, au réfrigérant à reflux, 65 parties d'eugénol avec 130 parties de lessive de soude à 30,6 0/0 et 37^{gr},5 d'acide monochloracétique. L'acide est mis en liberté par l'addition de 111 grammes d'acide chlorhydrique à 14 0/0.

Ce corps cristallise dans l'eau chaude et dans l'alcool dilué en aiguilles, fusibles à 75°.

Il est facilement soluble dans l'alcool, l'acétone, le benzène, la ligroïne, l'éther [*D. chem. G.*, **28**, 1870].

Lorsqu'on traite cet acide en solution alcoolique par l'acide sulfurique ou le gaz chlorhydrique, on obtient l'*éther* correspondant, composé liquide que l'ammoniaque alcoolique ou l'ammoniaque aqueuse concentrée transforme en *amide*. Celle-ci cristallise dans l'eau ou dans l'alcool en aiguilles brillantes, fusibles à 110°; elle possède des propriétés anesthésiques et antiseptiques [Brevet Meister Lucius et Bruning, *D. chem. G.*, **26**, *Ref.*, 116].

Il est soluble dans 856 parties d'eau [Denozza, *Gazz. chim. ital.*, **23**, (1), 553].

On le sépare de l'eugénol au moyen d'une solution de carbonate de sodium, qui le dissout.

Le *sel de sodium*, $NaC^{12}H^{13}O^4, 1,5H^2O$, cristallise en aiguilles lancéolées, solubles dans l'eau froide et dans l'alcool bouillant.

ACIDE EUGÉNOLCINNAMIQUE,

$$C^6H^3 \begin{cases} C^3H^5_{(1)} \\ OCH^3_{(3)} \\ O-C-CO^2H_{(4)} \\ \quad \| \\ \quad CH-C^6H^5 \end{cases}$$

— Pour préparer ce corps, on chauffe l'eugénol-glycolate de sodium avec l'aldéhyde benzylique en présence d'anhydride acétique. Le produit de la réaction, transformé en sel de sodium, est épuisé d'abord à l'eau bouillante, ensuite à l'éther; le sel de sodium de l'acide eugénolcinnamique, qui reste insoluble, fournit l'acide par un simple traitement à l'acide sulfurique dilué.

L'acide eugénolcinnamique se présente en prismes épais, tricliniques, insolubles dans l'eau et dans l'acide acétique. Il fond à 142°. Son *sel de baryum* cristallise dans l'alcool avec 1/2 molécule d'eau. Le sel de sodium ne renferme pas d'eau de cristallisation; il est très peu soluble dans l'eau, qui n'en dissout que 1/182 de son poids [M. Denozza, *Gaz. chim. ital.*, 23, 1 553; *D. chem. G.*, 26, *Ref.*, 602].

MÉTHYLEUGÉNOL,

$$C^6H^3 \begin{cases} C^3H^5_{(1)} \\ OCH^3_{(3)} \\ OCH^3_{(4)} \end{cases}$$

— Il prend naissance quand on fait réagir l'iodure de méthyle en présence d'un alcali soit sur l'eugénol, soit sur l'isomère de position de l'eugénol ou chavibétol [Bertram et Gildmeister, *J. prakt. Chem.*, (2), 39, 353].

Cet éther existe dans les essences de paracoto, d'*Asarum europæum* et de bay.

Sa synthèse a été réalisée par M. Ch. Moureu, en faisant réagir l'iodure d'allyle sur le vératrol en présence de poudre de zinc (voyez plus haut : *Constitution de l'eugénol*).

Il bout à 248-249°. Densité = 1,055 à 15°; chaleur de combustion moléculaire = 1459^{cal},1.

Oxydé par le permanganate de potassium dans des conditions particulières, il fournit un *glycol*

$$C^6H^3 \begin{cases} CH^2-CHOH-CH^2OH \\ OCH^3 \\ OCH^3 \end{cases}$$

fusible à 68-69°, dont l'*éther diacétique* bout à 248° (H = 35 millimètres) [G. Wagner, *D. chem. G.*, 24, 3488].

Dans d'autres conditions, c'est de l'acide diméthylprotocatéchique ou vératrique qui prend naissance.

Le *dibromométhyleugénol*

$$C^6HBr^2 \begin{cases} OCH^3_{(4)} \\ OCH^3_{(3)} \\ C^3H^5_{(1)} \end{cases}$$

s'obtient en chauffant pendant longtemps au réfrigérant à reflux, au bain-marie, le dibromoeugénol

$$C^6HBr^2 \begin{cases} OH_{(4)} \\ OCH^3_{(3)} \\ C^3H^5_{(1)} \end{cases}$$

dissous dans un excès de lessive de soude, avec un grand excès d'iodure de méthyle. Après avoir distillé l'iodure de méthyle en excès, on lave à l'eau le produit huileux obtenu, qui cristallise au bout de plusieurs heures, et qu'on purifie en l'exprimant à la presse entre des doubles de papier buvard et le faisant cristalliser dans l'alcool. Ce sont des cristaux blancs, fondant à 29°,5, solubles dans l'alcool, l'éther, l'acide acétique et le benzène [Carl Hell, *D. chem. G.*, 28, 2082].

Si l'on ajoute peu à peu, en refroidissant avec soin, du brome (50 centimètres cubes) à une solution de dibromométhyleugénol (30 grammes) dans de l'éther absolu (50 grammes), et qu'on évapore l'éther rapidement et avec précaution, on obtient un résidu cristallin, qui, purifié par cristallisation dans l'alcool, se présente sous la forme de feuilles blanches, douées d'un éclat argenté, fondant à 65°. Ce nouveau corps est le *dibromure de dibromométhyleugénol*,

$$C^6HBr^2 \begin{cases} OCH^3 \\ OCH^3 \\ C^3H^5Br^2 \end{cases}$$

Il est soluble dans l'alcool, l'éther, l'acide acétique et l'éther de pétrole [*loc. cit.*].

Le dibromure de dibromométhyleugénol, chauffé en solution alcoolique avec de l'acétate de potassium, fournit, par substitution d'un radical acétyle à un atome de brome, l'*acétylbromure de dibromométhyleugénol*,

$$C^6HBr^2 \begin{cases} OCH^3_{(4)} \\ OCH^3_{(3)} \\ C^3H^5Br-OCOCH^3_{(1)} \end{cases}$$

corps huileux qui refuse de cristalliser.

Si l'on oxyde ce dérivé acétylé par l'acide chromique en solution acétique, on obtient l'*aldéhyde dibromodiméthylprotocatéchique* (*dibromovératrique*),

$$C^6HBr^2 \begin{cases} OCH^3_{(4)} \\ OCH^3_{(3)} \\ CHO_{(1)} \end{cases}$$

fusible à 122° [Carl Hell, *D. chem. G.*, 28, 2087].

Le même dérivé acétylé, oxydé par le permanganate de potassium en solution alcaline, fournit l'acide *dibromodiméthylprotocatéchique* (*dibromovératrique*),

$$C^6HBr^2 \begin{cases} OCH^3_{(4)} \\ OCH^3_{(3)} \\ CO^2H_{(1)} \end{cases}$$

qui cristallise dans le chloroforme en lames ou en écailles fusibles à 181° [Anwandter, *D. chem. G.*, 28, 2087].

On prépare aussi un *dibromure de monobromométhyleugénol*,

$$C^6H^2Br \begin{cases} OCH^3 \\ OCH^3 \\ C^3H^5Br^2 \end{cases}$$

de la façon suivante : On dissout 50 parties de méthyleugénol dans 100 parties d'éther absolu, et on ajoute, en refroidissant très énergiquement, 30 centimètres cubes de brome, qu'on laisse tomber goutte à goutte. Après avoir ensuite évaporé l'éther à une aussi basse température que possible, on purifie le résidu cristallin jaune par une série de cristallisations dans l'alcool. On obtient ainsi des aiguilles blanches, brillantes, fusibles à 77°.

Le dibromure de monobromométhyleugénol, traité par la poudre de zinc en solution alcoolique, perd 2 atomes de brome en donnant le *monobromométhyleugénol*,

$$C^6H^2Br \begin{cases} OCH^3 \\ OCH^3 \\ C^3H^5 \end{cases}$$

liquide huileux, qui distille sans décomposition à 185°, sous la pression de 40 millimètres [*loc. cit.*].

On a préparé un corps qui résulte de l'addition de 1 molécule de Az^2O^3 à 1 molécule de méthyleugénol. Il fond à 118° [Petersen, *D. chem. G.*, **21**, 1061], à 125° [Wallach, *Ann. Chem.*, **199**, 75].

MÉTHYLÈNE-BIEUGÉNOL,

$$\begin{matrix} & \diagup C^3H^5_{(1)} \\ C^6H^3 & - OCH^2_{(3)} \\ & \diagdown O_{(1)} \diagdown \\ & \qquad > CH^2 \\ & \diagup O_{(1)} \diagup \\ C^6H^3 & - OCH^3_{(3)} \\ & \diagdown C^3H^5_{(1)} \end{matrix}$$

— On prépare cet éther méthylénique en faisant réagir le chlorure, le bromure, ou l'iodure de méthylène sur l'eugénol en présence d'un alcali. Il fond à 28°, et bout dans le vide à 262°. Chauffé avec de la potasse alcoolique, il se transforme en méthylène-biisoeugénol, qui est le dérivé propénylique correspondant [Auger et de Boissieu, *Bull. Soc. Chim.*, (3), **13** 519].

ETHYLEUGÉNOL,

$$C^6H^3 \begin{matrix} \diagup OCH^3_{(3)} \\ - OC^2H^5_{(4)} \\ \diagdown C^3H^5_{(1)} \end{matrix}$$

— On obtient facilement de l'éthyleugénol en chauffant, jusqu'à ce que la réaction soit complète, 76 grammes d'eugénol, 26 grammes de potasse, 60 centimètres cubes d'alcool et 50 grammes de bromure d'éthyle.

On précipite par l'eau l'éthyleugénol qui a pris naissance, et on le purifie par distillation dans un courant de vapeur d'eau [Wallach et Pond, *D. chem. G.*, **28**, 2720].

En chauffant le bibromoeugénol avec de l'iodure d'éthyle en présence d'un alcali, on obtient le bibromoéthyleugénol sous la forme d'une huile qui cristallise à la longue et fond alors à 20°.

Le bibromoéthyleugénol peut fixer facilement 2 atomes de brome; mais le corps obtenu ne cristallise pas. Si on chauffe ce composé d'addition brut avec de l'acétate de potassium en solution alcoolique, on remplace 1 atome de brome par un radical acétyle, mais le produit est encore huileux. Celui-ci, oxydé par le permanganate de potassium en solution alcaline, fournit l'acide *dibromométhyléthylprotocatéchique*,

$$C^6HBr^2 \begin{matrix} \diagup OCH^3_{(3)} \\ - OC^2H^5_{(4)} \\ \diagdown CO^2H_{(1)} \end{matrix}$$

fondant à 171-172° [Carl Hell, *D. chem. G.*, **28**, 2086. — Anwandter, *ibid.*].

AMYLEUGÉNOL,

$$C^6H^3 \begin{matrix} \diagup C^3H^5_{(1)} \\ - OCH^3_{(3)} \\ \diagdown OC^5H^{11}_{(4)} \end{matrix}$$

— Le produit préparé par Cahours (voyez Suppl., 1, 717) n'était pas pur. L'amyleugénol pur est un liquide incolore, à odeur de girofle; il bout à 300°,6-301°,7 [T. Costa, *Gazz. chim. ital.*, **19**, 478-498].

GLUCOSIDE DE L'EUGÉNOL,

$$C^6H^3 \begin{matrix} \diagup C^3H^5_{(1)} \\ - OCH^3_{(3)} \\ \diagdown O - C^6H^{11}O^5_{(4)} \end{matrix}$$

— Ce composé prend naissance dans l'action de l'acétochlorhydrose sur l'eugénol potassé en solution dans l'alcool absolu; il y a formation de chlorure de potassium, d'acétate d'éthyle et de glucoside, d'après l'équation suivante :

$$C^6H^3 \begin{matrix} \diagup C^3H^5 \\ - OCH^3 \\ \diagdown OK \end{matrix} + C^6H^7ClO^5(C^2H^3O)^4 + 4C^2H^6O$$

$$= KCl + 4C^2H^3O^2 . C^2H^5 + C^6H^3 \begin{matrix} \diagup C^3H^5 \\ - OCH^3 \\ \diagdown OC^6H^{11}O^5 \end{matrix}$$

Voici comment il convient d'opérer : On dissout dans l'alcool absolu des poids équivalents d'eugénol potassique et d'acétochlorhydrose, et on mélange les solutions froides. Le liquide filtré laisse, par évaporation, déposer le corps, qu'on purifie par cristallisation dans l'eau. Il se présente sous la forme d'aiguilles blanches fondant à 132°. Il est facilement soluble à chaud et peu soluble à froid dans l'alcool absolu, insoluble dans l'éther bouillant et dans le benzène froid, soluble dans le benzène bouillant, d'où il se sépare sous la forme d'une masse gélatineuse ayant le même point de fusion que le corps cristallisé. Sa solution aqueuse réduit la liqueur de Fehling sous l'influence d'une ébullition prolongée; elle est sans action sur le nitrate d'argent ammoniacal; cependant, si on ajoute de la potasse, on a, à chaud, un précipité d'argent métallique.

Les acides étendus dédoublent ce glucoside en dextrose et eugénol [Arthur Michaël, *Am Journ.* **6**, 336; *Bull. Soc. Chim.*, (2), **46**, 68].

DINITROPHÉNATE D'EUGÉNYLE,

$$\begin{matrix} {}_{(1)}C^3H^5 \diagdown \\ {}_{(3)}CH^3O \diagup \end{matrix} C^6H^3_{(4)} - O_{(1)} \cdot C^6H^3(AzO^2)^2_{(2.4)}.$$

— On verse peu à peu 1gr,7 de potasse caustique en solution alcoolique dans un mélange chauffé au bain-marie de 5 grammes d'eugénol et de 6gr,17 de dinitrochlorobenzène dissous dans de l'alcool absolu; par refroidissement, l'éther dinitrophénylique de l'eugénol cristallise. Ce sont des aiguilles jaunes, qu'on purifie par cristallisation dans l'alcool absolu et qui fondent à 114-115° [Alf. Einhorn et Carl Frey, *D. chem. G.*, **27**, 2457.

PICRATE D'EUGÉNYLE,

$$\begin{matrix} {}_{(1)}C^3H^5 \diagdown \\ {}_{(3)}CH^3O \diagup \end{matrix} C^6H^3_{(4)} - O - C^6H^2(AzO^2)^3.$$

— Ce produit s'obtient en faisant réagir le chlorure de picryle sur l'eugénol en présence de potasse; la préparation est calquée sur la précédente. Petites aiguilles jaunes, facilement solubles dans l'éther, qu'on purifie par cristallisation dans l'alcool absolu ou mieux dans l'acide acétique; le corps fond à 92-93° [*loc. cit.*].

ACÉTONYLEUGÉNOL,

$$C^6H^3 \begin{matrix} \diagup C^3H^5_{(1)} \\ - OCH^3_{(3)} \\ \diagdown OCH^2 - CO - CH^3_{(4)} \end{matrix}$$

— On chauffe pendant 2 heures au bain-marie, en solution alcoolique, 10 grammes d'eugénol, 5gr,7 de chloracétone et 4 grammes de potasse caustique. Après évaporation de l'alcool, on épuise le résidu à l'éther et on lave la solution éthérée avec de la lessive de soude diluée tant que celle-ci se colore en rouge. Comme l'acétonyleugénol ne donne pas de combinaison bisulfitique, et que la solution éthérée renferme des impuretés solubles dans le bisulfite de sodium, on purifie chaque fois la solution en l'agitant à plusieurs reprises avec une solution de ce sel. Finalement, après avoir distillé l'éther, on obtient une huile épaisse, à odeur de fruits, brun-jaunâtre, qui n'est pas entraînable par la vapeur d'eau et qui ne distille pas sans décomposition : c'est l'acétonyl-eugénol à peu près pur.

L'*hydrazone* cristallise en aiguilles blanches, fusibles à 93° [Alf. Einhorn et Christian von Hofe, *D. chem. G.*, **27**, 2465].

PHÉNACYLEUGÉNOL (*eugénolacétophénone*),

$$C^6H^3 \begin{cases} C^3H^5_{(1)} \\ OCH^3_{(3)} \\ OCH^2-CO-C^6H^5_{(4)} \end{cases}$$

— On verse peu à peu, à la température du bain-marie, une solution alcoolique de potasse dans une solution alcoolique d'eugénol et de bromacétylbenzène, tous les produits étant pris en proportions moléculaires. Après distillation de l'alcool, on épuise le résidu à l'éther; on lave la solution éthérée avec de la soude diluée, qui enlève les traces d'eugénol n'ayant pas réagi; on distille l'éther et on obtient le phénacyleugénol sous la forme d'une huile brune; celle-ci s'épaissit lentement et est complètement prise en masse au bout de six mois. Les cristaux, après expression et cristallisation dans l'alcool méthylique, sont constitués par des aiguilles blanches, fusibles à 47°,5 [Alf. Einhorn et Christian von Hofe, *D. chem. G.*, **27**, 2461].

Le phénacyleugénol ne se transforme pas en phénacylisoeugénol quand on le chauffe avec de la potasse alcoolique; on obtient dans ce cas de l'eugénol et de l'acide benzoïque.

L'*hydrazone* du phénacyleugénol cristallise en aiguilles blanches légèrement jaunâtres, agglomérées, fusibles à 82°.

L'*oxime* fond à 81-82°.

ACTION DE L'HEXAMÉTHYLÈNE-AMINE SUR L'EUGÉNOL. — L'hexaméthylène-amine réagit sur l'eugénol en donnant une combinaison cristallisée $C^6H^{12}Az^4 . C^{10}H^{12}O^2$, fusible à 80-85°. Pour l'obtenir, on dissout 7 parties d'hexaméthylène-amine dans 8 grammes d'eau; on agite la solution avec 8 grammes d'eugénol, en plongeant dans l'eau froide le vase où l'on fait la réaction. Au bout de quelque temps, un corps blanc cristallisé se dépose; après l'avoir séparé et lavé à l'eau, on l'essore sur du papier à filtrer et on le sèche sur l'acide sulfurique. Il possède une forte odeur de girofle [H. Moschatus et B. Tollens, *Ann. Chem.*, **272**, 271].

CYANURATE TRIEUGÉNYLIQUE,

$$(CAz . O - C^9H^8 . OCH^3)^3.$$

— M. Otto a obtenu ce corps en faisant réagir le chlorure cyanurique sur l'eugénol sodé. Il cristallise dans l'alcool en feuillets microscopiques, fondant à 122°. Il est à peine soluble dans l'eau bouillante, très peu soluble dans l'alcool et dans l'éther, facilement soluble dans l'acide acétique [*D. chem. G.*, **20**, 2238].

EUGÉNOL-CARBINOL,

$$C^6H^2 \begin{cases} C^3H^5_{(1)} \\ OCH^3_{(3)} \\ OH_{(4)} \\ CH^2OH \end{cases}$$

— Ce corps a été obtenu par M. Lederer, en condensant l'eugénol avec le méthanal. Il cristallise en lames fusibles à 37°, et se dissout facilement dans l'éther et dans le benzène. Sa solution alcoolique est colorée en vert-émeraude par le chlorure ferrique [Lederer, *J. prakt. Chem.*, (2), **50**, 223].

IV. — ISOEUGÉNOL ET SES DÉRIVÉS.

Sous l'influence des alcalis, et dans des conditions d'ailleurs variables, l'eugénol et ses dérivés se convertissent en isoeugénol et dérivés correspondants, dont nous allons maintenant nous occuper.

L'isoeugénol et ses dérivés constituent, au point de vue industriel, le terme de passage de l'eugénol à la vanilline. L'eugénol et ses dérivés, en effet, ne donnent à l'oxydation que des traces de vanilline. Si, au contraire, on traite, avant de les oxyder, ces composés allyliques par la potasse, dans des conditions particulières, pour les transformer en corps propényliques, les rendements en vanilline, pour les raisons théoriques exposées plus haut (voyez *Constitution de l'eugénol*), sont notablement améliorés, et deviennent suffisants pour permettre la fabrication en grand de la vanilline. On n'oxyde pas l'isoeugénol lui-même, on le transforme d'abord en un éther d'acide organique afin de protéger le groupement phénolique, et c'est cet éther qu'on soumet ensuite à l'oxydation (voyez VANILLINE).

Cependant MM. Marius Otto et Verley ont breveté un procédé consistant à traiter directement soit l'isoeugénol, soit l'eugénol lui-même, par l'ozone, qui transforme en groupement aldéhydique CHO le radical non saturé C^3H^5 [*Moniteur scientifique*, 1896, 28].

ISOEUGÉNOL,

$$C^6H^3 \begin{cases} CH=CH-CH^3_{(1)} \\ OCH^3_{(3)} \\ OH_{(4)} \end{cases}$$

— On a vu (Suppl., **1**, 1648) que ce corps prend naissance lorsqu'on fait réagir l'anhydride propionique sur la vanilline en présence de propionate de sodium sec, et qu'on distille avec de la chaux le produit de la réaction. Ce mode de formation établit la constitution chimique de l'isoeugénol, mais il ne saurait servir à sa véritable préparation.

Pour préparer l'isoeugénol, on part de l'eugénol, auquel on fait subir la transformation isomérique dont nous avons parlé plus haut (voyez *Constitution de l'eugénol*) à l'aide des alcalis.

L'ébullition de l'eugénol avec la potasse en solution dans l'alcool éthylique ne le convertit que partiellement en isoeugénol. La transformation se fait au contraire facilement si l'on opère sous pression ou avec des alcools supérieurs.

On chauffe l'eugénol, ou bien avec de la potasse en solution dans un alcool bouillant au-dessus de 95°, l'opération étant faite à la pression atmosphérique, ou bien avec de la potasse en solution dans l'alcool méthylique ou éthylique, l'opération étant faite sous pression entre 130 et 140°. Par exemple, on prend : eugénol 500 grammes, potasse 1250 grammes, alcool amylique 2500 grammes. On chauffe à l'ébullition au réfrigérant à reflux pendant 16 ou 24 heures. Après avoir séparé l'alcool amylique par un courant de vapeur d'eau, on précipite par l'acide chlorhydrique l'isoeugénol sous la forme d'une huile, qu'on purifie par lavage à l'eau et par distillation [Brevet Haarmann et Reimer, *D. chem. G.*, **25**, *Ref.*, 94].

M. Ferd. Tiemann indique le procédé suivant : On chauffe 12^{gr},5 de potasse avec 18 parties d'alcool amylique, et on sépare du liquide le carbonate de potassium insoluble. On ajoute 5 parties d'eugénol, et on chauffe le mélange pendant 16 ou 20 heures dans un bain de paraffine à 140°. Après s'être débarrassé de l'alcool amylique par un courant de vapeur d'eau, on acidule la liqueur par l'acide sulfurique. L'isoeugénol est séparé de la solution acide par décantation, lavé au carbonate de sodium et entraîné par la vapeur d'eau [*D. chem. G.*, **24**, 2870].

MM. Alfred Einhorn et Carl Frey ont montré qu'on pouvait convertir l'eugénol en isoeugénol en traitant simplement l'eugénol par la potasse fondante; la transformation, qui commence à s'effectuer au delà de 195°, est quantitative si l'on règle convenablement la température. On chauffe, en agitant constamment, 1 partie d'eugénol avec 4 parties de potasse en fusion à la température de 220°; l'opération doit être faite aussi rapidement que possible. Le produit fondu est dissous dans l'eau, refroidi par de la glace, acidulé par l'acide sulfurique dilué, et épuisé à l'éther. La solution éthérée, d'abord lavée au carbonate de sodium, laisse, après évaporation de l'éther, l'isoeugénol sous la forme d'une huile brune qui est pure après une seule distillation dans le vide; l'isoeugénol ainsi obtenu bout à 150-152° sous une pression de 20 millimètres et peut cristalliser facilement. Rappelons à ce propos que MM. Hlasiwetz et Grabowski [*Ann. Chem.*, **139**, 96] ont montré, il y a déjà longtemps, que l'eugénol se décompose, sous l'influence de la potasse fondante à la température de 280°, en acide protocatéchique et acide acétique. L'expérience de MM. Einhorn et Carl Frey permet de concevoir facilement la formation de ces deux produits de dédoublement en partant de l'eugénol

$$C^6H^3 \begin{cases} OH \\ OCH^3 \\ CH^2-CH=CH^2, \end{cases}$$

puisqu'il se forme d'abord de l'isoeugénol

$$C^6H^3 \begin{cases} OH \\ OCH^3 \\ CH=CH-CH^3 \end{cases}$$

dont la molécule se scinde ensuite à l'endroit de la double liaison [*D. chem. G.*, **27**, 2455].

L'isoeugénol est une huile épaisse (D à 16° = 1,08), incolore, bouillant à 258-262°. Il se solidifie dans un mélange réfrigérant en un amas d'aiguilles; la masse solidifiée se liquéfie de nouveau peu à peu à la température ordinaire. Sa chaleur de combustion moléculaire = 1278^{cal},1 [Stohmann, *Zeits. Physik. Chem.*, **10**, 415].

Très peu soluble dans l'eau, il se dissout facilement dans l'alcool et dans l'éther. Son odeur est analogue à celle de l'eugénol. Il se colore faiblement en jaune à l'air, mais plus lentement que l'eugénol. Il est fortement réfringent :

n_d = 1,5728 (Tiemann, avec l'isoeugénol provenant de l'eugénol);

n_d = 1,568 (Eykmann, avec l'isoeugénol synthétique).

La solution alcoolique est colorée en gris-olive par le chlorure ferrique.

L'isoeugénol a une grande tendance à se polymériser; aussi est-il très sensible à l'action des agents de condensation (voyez plus loin *Diisoeugénol*).

Si l'on mélange peu à peu, en refroidissant énergiquement, de l'isoeugénol dissous dans l'éther absolu avec du brome (2 molécules), et qu'on évapore avec précaution l'éther, on obtient un produit qui, après cristallisation dans l'acide acétique, fond à 138-139°. C'est un *bibromure de monobromoisoeugénol*,

$$C^6H^2Br \begin{cases} OCH^3_{(3)} \\ OH_{(4)} \\ C^3H^5Br^2_{(1)} \end{cases}$$

On peut aussi, en opérant avec le plus grand soin, éviter tout dégagement d'acide bromhydrique, et fixer une seule molécule de brome sur l'isoeugénol. Le produit obtenu est très altérable à l'air, où il se colore en violet, puis en bleu foncé. Il cristallise dans l'éther de pétrole en cristaux blancs, fusibles à 86-87°, qui prennent rapidement une coloration violette lorsqu'on les expose à l'air libre [Carl Hell et B. Portmann, *D. chem. G.*, **28**, 2088].

Carbonate, méthylcarbonate, éthylcarbonate d'isoeugénol. — La préparation de ces corps est analogue à celle des composés correspondants de l'eugénol.

Le carbonate d'isoeugénol fond à 112-113°.

Le méthylcarbonate d'isoeugénol bout à 285-287°.

L'éthylcarbonate d'isoeugénol bout à 338-342° [Brevet Heyden Nachfolger, *D. chem. G.*, **25**, *Ref.*, 486].

Sulfate double d'éthyle et d'isoeugényle,

$$SO^2 \begin{cases} OC^2H^5 \\ OC^6H^3 \begin{cases} OCH^3 \\ C^3H^5 \end{cases} \end{cases}$$

— On obtient ce corps en traitant l'isoeugénol par le chlorure éthylsulfurique en présence d'un alcali. Il bout à 235° et possède des propriétés physiologiques très actives [Farbenfabrik. vorm. Fr. Bayer und C° in Eberfeld, *D. chem. G.*, **27**, 327].

Phosphate d'isoeugényle,

$$\left(C^6H^3 \begin{cases} C^3H^5_{(1)} \\ OCH^3_{(3)} \\ O_{(4)} \end{cases} \right)^3 PO.$$

— Il prend naissance, avec un rendement de 75 0/0, dans l'action de l'oxychlorure de phosphore sur l'isoeugénol en présence de soude; la préparation est analogue à celle de l'éther correspondant de l'eugénol. Le produit est une huile d'un jaune clair, épaisse, à odeur agréable et aromatique, non distillable dans le vide sans décomposition [Alf. Einhorn et Carl Frey, *D. chem. G.*, **27**, 2456].

On obtient les éthers d'acides organiques de l'isoeugénol en chauffant l'isoeugénol avec les anhydrides d'acides organiques, ou bien en traitant avec précaution les solutions alcalines d'isoeugénol par les chlorures d'acides; dans ce dernier cas, il faut éviter avec soin que la liqueur ne prenne à un moment quelconque de l'opération une réaction acide.

Dans d'autres conditions, et principalement quand on chauffe l'isoeugénol avec les chlorures d'acides organiques, il se forme constamment des produits de polymérisation (voyez plus loin *Diisoeugénol*) [Brevet Haarmann et Reimer, *D. chem. G.*, **25**, *Ref.*, 93; Ferd. Tiemann, *D. chem. G.*, **24**, 2870].

Acétylisoeugénol,

$$C^6H^3 \begin{cases} C^3H^5_{(1)} \\ OCH^3_{(3)} \\ O\cdot COCH^3_{(4)} \end{cases}$$

— Précipité par la ligroïne de sa solution benzénique, ce corps se présente sous la forme d'aiguilles blanches brillantes, fondant à 79-80°; il bout à 282-283°. Sa chaleur de combustion moléculaire = 1489 calories (Stohmann).

Les alcalis dilués régénèrent à chaud l'isoeugénol.

L'acétylisoeugénol peut fournir par oxydation, comme l'acétyleugénol et dans les mêmes conditions, de l'acide vanilloylcarbonique,

$$C^6H^3 \begin{cases} CO-CO^2H_{(1)} \\ OCH^3_{(3)} \\ OH_{(4)} \end{cases}$$

(voyez plus haut *Acétyleugénol*).

BENZOYLISOEUGÉNOL,

$$C^6H^3 \begin{cases} C^3H^5_{(1)} \\ OCH^3_{(3)} \\ O-COC^6H^5_{(4)} \end{cases}$$

— Il cristallise en prismes blancs, fusibles à 103-104°; il est soluble dans l'alcool et dans l'éther. Il est à peine attaqué par les solutions alcalines aqueuses; les alcalis en solution alcoolique le saponifient plus facilement, en régénérant l'isoeugénol et l'acide benzoïque.

ACIDE ISOEUGÉNOLGLYCOLIQUE (*acide isoeugénolacétique*),

$$C^6H^3 \begin{cases} C^3H^5_{(1)} \\ OCH^3_{(3)} \\ OCH^2-CO^2H_{(4)} \end{cases}$$

— Cet acide se forme quand on traite l'isoeugénol par le carbonate de sodium et l'acide monochloracétique.

On prépare encore l'acide isoeugénolacétique :

1° En chauffant au réfrigérant à reflux, pendant 15 heures, de l'acide monochloracétique (10 grammes) avec de l'isoeugénol (16 grammes) et de la lessive de soude à 30,6 0/0 (27 grammes). L'acide est mis en liberté par addition à la liqueur refroidie d'acide chlorhydrique à 30 0/0 (30 parties) [Ch. Gassmann et Eug. Krafft, *D. chem. G.*, **28**, 1871];

2° En faisant réagir à chaud la potasse alcoolique sur l'acide eugénolacétique. L'acide isoeugénolacétique est séparé des produits non transformés par dissolution fractionnée et cristallisation dans l'eau;

3° En chauffant à 145°, au réfrigérant à reflux, pendant 20 heures, de l'acide eugénolacétique (40 parties) avec de l'hydrate de potasse (84 parties) et de l'alcool amylique (122 parties). Après avoir distillé l'alcool amylique dans un courant de vapeur d'eau, on verse peu à peu sur le résidu refroidi à 0-5° de l'acide chlorhydrique à 30 0/0 également refroidi (200 grammes) et de l'eau (100 grammes), afin de mettre l'acide isoeugénolacétique en liberté. La masse cristalline, séparée par filtration, est lavée à l'eau; on la fait cristalliser dans l'alcool dilué [*loc. cit.*];

4° On ajoute 1 partie d'acide eugénolacétique à une solution de 2p,5 d'hydrate de potasse dans 5 parties d'eau. Le mélange évaporé est chauffé pendant 10 heures à 150°, ou pendant 1 demi-heure à 200°. Le produit de la réaction, repris par l'eau, est versé dans 6 parties d'acide chlorhydrique refroidi à 0-5°. On sépare par filtration l'acide isoeugénolglycolique et on le purifie par cristallisation [*loc. cit.*].

L'acide isoeugénolglycolique cristallise en aiguilles fondant à 116° (Denozza), à 92-94° (Gassmann et Krafft). Il se dissout dans 172 parties d'eau, tandis que l'acide eugénolglycolique en exige 856 parties. Il est soluble dans l'alcool, l'éther, l'acétone, le benzène et la ligroïne.

Ses *sels alcalins*, solubles dans l'eau, sont précipités par un excès d'alcali.

Son *sel de baryum* cristallise avec 2 molécules d'eau.

Son *éther méthylique* fond à 90°, son *amide* à 213°.

Il fournit un *dérivé nitré* cristallisé, fusible à 105° [M. Denozza, *Gazz. chim. ital.*, **23**, 553; *D. chem. G.*, **26**; *Ref.*, 602].

A l'oxydation, il fournit l'acide vanilline-acétique

$$C^6H^3 \begin{cases} CHO_{(1)} \\ OCH^3_{(3)} \\ OCH^2-CO^2H_{(4)} \end{cases}$$

fusible à 189°.

ACIDE ISOEUGÉNOLPHÉNYLGLYCOLIQUE,

$$C^6H^3 \begin{cases} OCH^3_{(3)} \\ O-CH(C^6H^5)-CO^2H_{(4)}. \\ OC^3H^5_{(1)} \end{cases}$$

— On l'obtient par divers procédés, notamment en faisant réagir sur un sel d'isoeugénol un sel d'acide phénylacétique halogéné. Ce produit fond à 91-92°. Oxydé par le permanganate en solution alcaline ou acide, il fournit l'acide *vanilline-phénylglycolique*, fusible à 81-82° [Brevet Majert, *D. chem. G.*, **28**; *Ref.*, 878].

ACIDE ISOEUGÉNOL-ω PARATOLUIQUE,

$$C^6H^3 \begin{cases} OCH^3_{(3)} \\ O-CH^2-C^6H^4.CO^2H_{(4)}. \\ C^3H^5_{(1)} \end{cases}$$

— On le prépare comme le précédent, par exemple en traitant un sel de l'isoeugénol par un sel d'acide paratoluique-ω chloré. Il fond à 185°. L'acide *vanilline-ω paratoluique* fond à 195° [*loc. cit.*].

MÉTHYLISOEUGÉNOL,

$$C^6H^3 \begin{cases} C^3H^5_{(1)} \\ OCH^3_{(3)} \\ OCH^3_{(4)} \end{cases}$$

— On l'obtient facilement en chauffant le méthyleugénol avec la potasse alcoolique à l'ébullition. Il bout à 263°. Chaleur de combustion moléculaire = 1448 calories (Stohmann).

Oxydé par le dichromate de potassium et l'acide sulfurique, il fournit de l'aldéhyde vératrique ou méthylvanilline,

$$C^6H^3 \begin{cases} CHO_{(1)} \\ (OCH^3)^2_{(3.4)} \end{cases}$$

et l'acide correspondant.

Le permanganate de potassium en solution alcaline le convertit en un mélange d'acide vératrique et d'acide *vératroylcarbonique* (*acide dioxyméthylphénylglyoxylique*),

$$C^6H^3 \begin{cases} CO-CO^2H_{(1)} \\ (OCH^3)^2_{(3.4)} \end{cases}$$

Ce dernier corps fond à 137° et se combine à la phénylhydrazine; sa solution aqueuse est colorée en jaune.

Oxydé dans d'autres conditions, suivant la méthode générale de M. Wagner, le méthylisoeugénol fournit un *glycol*,

$$C^6H^3 \begin{cases} CHOH-CHOH-CH^3_{(1)} \\ OCH^3_{(3)} \\ OCH^3_{(4)} \end{cases}$$

fusible à 88° [G. Wagner, *D. chem. G.*, **24**, 3488].

Réduit par le sodium et l'alcool étendu, il donne un dérivé d'addition

$$C^6H^3 \begin{cases} C^3H^7_{(1)} \\ (OCH^3)^2_{(3.4)} \end{cases}$$

qui bout à 246°. C'est l'*hydrométhyleugénol*, composé qui possède une odeur analogue à celle du safrol, et qui se dissout à chaud dans l'acide sulfurique concentré avec une faible coloration rouge.

Le méthylisoeugénol fixe le brome, en donnant le *dibromure*

$$C^6H^3 \begin{cases} CHBr-CHBr-CH^3_{(1)} \\ (OCH^3)^2_{(3.4)} \end{cases}$$

Celui-ci, après cristallisation dans la ligroïne, fond à 101-102°. Il est soluble dans l'éther, le chloroforme, l'éther de pétrole, le benzène. L'ébullition avec de l'eau ou avec de l'alcool lui fait perdre de l'acide bromhydrique [G. Ciamician et P. Silber, *D. chem. G.*, 23, 1164; *Bull. Soc. Chim.*, (3), 6, 99].

Lorsqu'on traite le dibromure d'isométhyleugénol par l'éthylate de sodium, une réaction violente se déclare, et il se sépare du bromure de sodium. L'alcool ayant été distillé, on verse de l'eau sur le résidu. On obtient ainsi une huile qui bout à 192-193°, sous 15 millimètres. Cette huile dégage une grande quantité de chaleur au contact des acides dilués, et se prend bientôt en une masse cristalline. Celle-ci, après cristallisation dans l'alcool, fond à 58-59°. Le nouveau corps, qui est soluble dans l'éther et dans la ligroïne, répond à la formule d'un *hydroxyméthylisoeugénol*;

$$C^6H^3\begin{cases} CH=C(OH)-CH^3_{(1)} \\ OCH^3_{(3)} \\ OCH^3_{(4)} \end{cases}$$

[Carl Hell et Portmann, *D. chem. G.*, 28, 2088].

MM. O. Wallach et F.-J. Pond pensent que l'hydroxyméthylisoeugénol de MM. Carl Hell et Portmann n'est autre que l'acétone suivante :

$$C^6H^3\begin{cases} CO-CH^2-CH^3_{(1)} \\ OCH^3_{(3)} \\ OCH^3_{(4)} \end{cases}$$

(voyez plus loin *Ethylisoeugénol*).

Peroxyde de diisonitroso-méthylisoeugénol, $C^{11}H^{12}Az^2O^4$. — On connaît deux isomères de ce composé.

1° *Isomère α*,

$$C^6H^3\begin{cases} OCH^3_{(4)} \\ OCH^3_{(3)} \\ C_{(1)} - C-CH^3 \\ \;\Vert \quad\;\; \Vert \\ AzO-AzO \end{cases}$$

— Pour le préparer, on verse goutte à goutte une solution concentrée de 15 parties d'azotite de potassium dans une solution de 15 parties d'isométhyleugénol dans 30 parties d'acide acétique. Après 24 heures de contact, on précipite par l'eau. On fait cristalliser le produit dans l'alcool.

Ce sont des cristaux d'un jaune d'or, fondant à 118°. Ce corps est insoluble dans la potasse. Chauffé avec de la potasse alcoolique, il se transforme en une combinaison isomérique soluble dans la potasse (isomère β).

Réduit par l'étain et l'acide chlorhydrique, il fournit le composé $C^{11}H^{12}Az^2O^3$ (voyez plus loin); si l'on emploie la poudre de zinc et l'acide acétique, on obtient la *dioxime* $C^{11}H^{14}Az^2O^2$ (voyez plus loin).

Le *dérivé bromé*,

$$C^6H^2Br\begin{cases} OCH^3_{(4)} \\ OCH^3_{(3)} \\ {}_{(1)}C^3H^3Az^2O^2 \end{cases}$$

prend naissance quand on chauffe à 70° le peroxyde α (1gr,77) avec une solution acétique de brome (2 grammes). On fait cristalliser ce produit dans l'alcool. Il fond vers 153°.

Le *dérivé nitré*,

$$C^6H^2-AzO^2\begin{cases} OCH^3_{(4)} \\ OCH^3_{(3)} \\ {}_{(1)}C^3H^3Az^2O^2 \end{cases}$$

s'obtient en ajoutant peu à peu, en refroidissant, 1 gramme de peroxyde α à 10 parties d'acide azotique (densité 1,45). Le corps cristallise dans le benzène en longs cristaux brillants, soyeux, fondant à 189° [Angeli, *Gazz. chim. ital.*, 22, (2), 337. — Malagnini, *Gazz. chim. ital.*, 22, (2), 8; 24 (2), 7 et 9].

2° *Isomère β*,

$$C^6H^3\begin{cases} OCH^3_{(4)} \\ OCH^3_{(3)} \\ C_{(1)} — C=AzOH \\ \;\Vert \qquad\;\; \vert \\ Az-O-CH^2 \end{cases}$$

— On fait bouillir pendant 5 minutes une solution alcoolique de l'isomère α avec la potasse alcoolique concentrée. Le produit de la réaction étant versé dans l'eau, on précipite la solution filtrée par l'acide acétique.

Le corps fond à 171-172° en se décomposant. Il est très soluble dans la potasse.

Son *dérivé acétylé*,

$$C^6H^3\begin{cases} OCH^3_{(4)} \\ OCH^3_{(3)} \\ {}_{(1)}C^3H^2.AzO.AzO.C^2H^3O \end{cases}$$

cristallise dans l'acétone en petites aiguilles fusibles à 115° [Malagnini, *Gazz. chim. ital.*, 24, (2), 10].

Combinaison $C^{11}H^{12}Az^2O^3$,

$$C^6H^3\begin{cases} OCH^3_{(4)} \\ OCH^3_{(3)} \\ C_{(1)} - C-CH^3 \\ \;\Vert \qquad \Vert \\ Az \quad Az \\ \;\;\diagdown \diagup \\ \;\;\; O \end{cases}$$

— On prépare ce corps en faisant réagir l'étain sur un mélange de peroxyde α (voyez ci-dessus) et d'acide chlorhydrique. On termine l'opération à chaud et on précipite par l'eau. Le précipité séparé par filtration est dissous dans la potasse alcoolique et précipité par l'eau. On l'obtient encore en chauffant avec la lessive de potasse diluée le diacétate de dioxime α $C^{11}H^{14}Az^2O^4$ (voyez plus loin).

Cristaux fondant à 75°, très solubles dans l'alcool absolu [*loc. cit.*].

Dioximes $C^{11}H^{14}Az^2O^4$. — On en connaît deux isomères.

1° *Isomère α*.

$$C^6H^3\begin{cases} OCH^3_{(4)} \\ OCH^3_{(3)} \\ C_{(1)} —— C-CH^3 + H^2O \\ \;\Vert \qquad\quad \Vert \\ AzOH \;\; OHAz \end{cases}$$

— A une solution chaude de peroxyde de diisonitroso-méthylisoeugénol α (3 p.) dans l'alcool (40 centimètres cubes), on ajoute 5 grammes de poudre de zinc, puis, peu à peu, 1gr,53 d'acide acétique dilué dans 2 fois son volume d'alcool. On filtre la liqueur chaude, on évapore dans le vide, et on précipite par l'acide chlorhydrique dilué. On fait cristalliser le précipité dans le benzène, et on précipite finalement sa solution dans l'éther acétique par la ligroïne. Une dernière cristallisation dans l'alcool fournit le corps fondant à 112° [*loc. cit.*].

A haute température, il se transforme en dérivé β. Oxydé par le ferricyanure de potassium en solution alcaline, il perd 2 atomes d'hydrogène en donnant le peroxyde $C^{11}H^{12}Az^2O^4$.

L'éther diacétique, $C^{11}H^{12}Az^2O^2(C^2H^3O^2)^2$, cristallise en petits prismes fusibles à 98°. Chauffé avec une lessive de potasse étendue, il fournit la combinaison $C^{11}H^{12}Az^2O^3$.

2° *Isomère β*,

$$C^6H^3\begin{cases} OCH^3_{(4)} \\ OCH^3_{(3)} \\ C_{(1)} - C-CH^3 \\ \;\Vert \qquad \Vert \\ OH.Az \quad Az.OH \end{cases}$$

— Il prend naissance quand on chauffe pendant longtemps au-dessus de 112° l'isomère α. Ce sont des cristaux fusibles à 196°, moins solubles que le dérivé α. Oxydé par le ferricyanure de potassium en solution alcaline, il fournit le peroxyde

$$C^{11}H^{12}Az^{2}O^{4}$$

[Malagnini, *Gazz. chim. ital.*, **24**, (2), 16].

L'éther diacétique, $C^{11}H^{12}Az^{2}O^{2}(C^{2}H^{3}O^{2})^{2}$, fond à 105°. La potasse étendue le dédouble en acide acétique et dioxime β.

Nitrosite d'isométhyleugénol,

$$C^{6}H^{3}\begin{cases} OCH^{3}{}_{(4)} \\ OCH^{3}{}_{(3)} \\ {}_{(1)}CH - CH - CH^{3} \end{cases}$$

$$\begin{array}{ccc} CH & \text{——} & CH \\ | & & | \\ Az & - O - & Az \\ | & & | \\ O & \text{——} & O \end{array}$$

— On prépare ce composé en mélangeant une solution de méthylisoeugénol dans la ligroïne avec une solution d'azotite de sodium, et ajoutant goutte à goutte de l'acide sulfurique dilué. C'est une poudre instable, qui fond à 107° en se décomposant, et qui est peu soluble dans l'alcool et dans l'éther [Malagnini, *Gazz. chim. ital.*, **24**, (2), 19].

Méthylène-biisoeugénol,

$$\begin{array}{l} C^{6}H^{3}\begin{cases} C^{3}H^{5}{}_{(1)} \\ OCH^{3}{}_{(3)} \\ O_{(4)} \end{cases} \\ \qquad\qquad\qquad > CH^{2} \\ C^{6}H^{3}\begin{cases} O_{(1)} \\ OCH^{3}{}_{(3)} \\ C^{3}H^{5}{}_{(1)} \end{cases} \end{array}$$

— Ce composé résulte de l'action de la potasse alcoolique sur le méthylène-bieugénol (voyez plus haut), qui subit la transformation isomérique ordinaire.

Il fond à 50-52° et bout à 272-273°.

Oxydé par l'acide chromique en solution acétique, il fournit la méthylène-bivanilline,

$$\begin{array}{l} C^{6}H^{3}\begin{cases} CHO_{(1)} \\ OCH^{3}{}_{(3)} \\ O_{(4)} \end{cases} \\ \qquad\qquad\qquad > CH^{2} \\ C^{6}H^{3}\begin{cases} O_{(4)} \\ OCH^{3}{}_{(3)} \\ C^{3}H^{5}{}_{(1)} \end{cases} \end{array}$$

qui fond à 155-156° [Auger et de Boissieu, *Bull. Soc. chim.*, (3), **13**, 519].

Dinitrophénate d'isoeugényle,

$$\begin{matrix} {}_{(1)}C^{3}H^{5} \\ {}_{(3)}CH^{3}O \end{matrix} > C^{6}H^{3}{}_{(4)} - O_{(1)} - C^{6}H^{3}(AzO^{2})^{2}{}_{(2.4)}.$$

— On prépare ce corps comme le dérivé correspondant de l'eugénol (voyez plus haut); les rendements sont de 70 0/0. Il cristallise dans l'alcool absolu en aiguilles jaunes brillantes, fusibles à 129-130°, solubles dans l'éther et dans l'acide acétique.

Si l'on traite le dinitrophénate d'isoeugényle en présence des différents solvants par les agents d'oxydation, on obtient une masse verte soluble dans l'acétone; en ajoutant de la ligroïne à la solution acétonique, et en répétant plusieurs fois la même opération, on sépare l'éther dinitrophénylique de la vanilline sous la forme d'aiguilles blanches fondant à 131°, cristallisant facilement dans l'acide acétique dilué, difficilement solubles dans l'éther et à peu près insolubles dans l'eau et dans la ligroïne. Ce corps, qui a pour formule

$$\begin{matrix} {}_{(1)}CHO \\ {}_{(3)}CH^{3}O \end{matrix} > C^{6}H^{3}{}_{(4)} - O_{(1)} - C^{6}H^{3} < \begin{matrix} AzO^{2}{}_{(2)} \\ AzO^{2}{}_{(4)} \end{matrix}$$

a été identifié avec celui qui prend naissance quand on traite directement la vanilline en solution alcoolique par le dinitrochlorobenzène et la potasse alcoolique [Alf. Einhorn et Carl Frey, *D. chem. G.*, **27**, 2457].

Picrate d'isoeugényle,

$$\begin{matrix} {}_{(1)}C^{3}H^{5} \\ {}_{(3)}CH^{3}O \end{matrix} > C^{6}H^{3}{}_{(4)} - O - C^{6}H^{2}(AzO^{2})^{3}.$$

— La préparation est analogue à celle du picrate d'eugényle; les rendements sont de 65 0/0. Le produit est peu soluble dans l'alcool; il cristallise facilement dans l'acide acétique en aiguilles brillantes, d'un jaune d'ambre, prismatiques, fusibles à 145-146°.

Oxydé par l'acide chromique en solution acétique, le picrate d'isoeugényle donne la *picrylvanilline*,

$$\begin{matrix} {}_{(1)}CHO \\ {}_{(3)}CH^{3}O \end{matrix} > C^{6}H^{3}{}_{(4)} - O - C^{6}H^{2}(AzO^{2})^{3},$$

qui cristallise sous la forme de tablettes volumineuses fondant à 114-116°. Ce corps est identique à celui qui prend naissance dans le traitement de la vanilline, en solution alcoolique et en présence de potasse caustique, par le chlorure de picryle.

La picrylvanilline est dédoublée par la potasse alcoolique en acide picrique et vanilline. Lorsqu'on ajoute à une solution alcoolique de picrylvanilline la quantité théorique de phénylhydrazine, on obtient non pas l'hydrazone attendue, mais la picrylphénylhydrazine, qui forme de beaux prismes rouges fusibles à 181°.

Si l'on fait réagir sur la picrylvanilline en solution acétique la quantité calculée d'aniline, il se forme de la vanilline et de la *picrylanilide*,

$$C^{6}H^{5}.AzH.C^{6}H^{2}(AzO^{2})^{3},$$

qui se présente sous la forme d'aiguilles rouges fusibles à 177-178°.

Des produits d'oxydation du picrylisoeugénol on peut extraire par le carbonate de sodium l'*acide picrylvanillique*,

$$\begin{matrix} {}_{(1)}CO^{2}H \\ {}_{(3)}CH^{3}O \end{matrix} > C^{6}H^{3}{}_{(4)}.O - C^{6}H^{2}(AzO^{2})^{3},$$

qu'on met en liberté dans la solution alcaline par l'addition d'un acide minéral. Cet acide cristallise dans l'acétone en masses jaunâtres; il est très soluble dans l'éther, l'alcool, l'acide acétique, et fond à 184-186°. Chauffé avec de la potasse alcoolique, il se décompose en acide picrique et acide vanillique [Alf. Einhorn et Carl Frey, *D. chem. G.*, **27**, 2459].

Acétonylisoeugénol,

$$C^{6}H^{3}\begin{cases} C^{3}H^{5}{}_{(1)} \\ OCH^{3}{}_{(3)} \\ OCH^{2} - CO - CH^{3}{}_{(4)} \end{cases}$$

— Ce composé s'obtient par la même méthode que le produit isomérique correspondant à l'eugénol (voyez plus haut). C'est également une huile épaisse non entraînable par la vapeur d'eau, non distillable sans décomposition.

L'hydrazone, qui se prépare en solution benzénique, cristallise dans l'alcool méthylique en aiguilles blanches brillantes, fusibles à 145° [Alf. Einhorn et Christian von Hofe, *D. chem. G.*, **27**, 2465].

Phénacylisoeugénol (*isoeugénolacétophénone*),

$$C^6H^3\begin{cases} C^3H^5_{(1)} \\ OCH^3_{(3)} \\ OCH^2-CO-C^6H^5_{(4)} \end{cases}$$

— On prépare ce corps comme l'isomère correspondant de l'eugénol.

C'est d'abord une huile brun-jaunâtre, qui ne tarde pas à se solidifier partiellement et qui cristallise dans l'alcool méthylique en aiguilles blanches fondant à 83°.

L'*hydrazone* fond à 115°,5.

L'*oxime* fond à 141-142° [*loc. cit.*]

Lorsqu'on oxyde la solution acétonique de phénacylisoeugénol par le permanganate de potassium en solution à 5 0/0, on obtient, avec un rendement de 25 0/0, la *phénacylvanilline* ou *acétophénone-vanilline*,

$$C^6H^3\begin{cases} CHO_{(1)} \\ OCH^3_{(3)} \\ OCH^2-CO-C^6H^5_{(4)} \end{cases}$$

qui cristallise en fines aiguilles blanches fusibles à 128°, et qui est identique au composé provenant de l'action de la potasse alcoolique sur un mélange de vanilline et de bromacétylbenzène. La phénacylvanilline traitée à chaud et en solution alcoolique par 2 molécules de phénylhydrazine donne une hydrazone et non pas une dihydrazone; le résidu d'hydrazine est fixé au groupement aldéhydique de la molécule et non au groupement cétonique, car on obtient le même corps en faisant réagir sur l'hydrazone de la vanilline le bromacétylbenzène en présence de potasse alcoolique. Cette hydrazone a donc pour formule

$$C^6H^3\begin{cases} CH=Az^2HC^6H^5_{(1)} \\ OCH^3_{(3)} \\ OCH^2-CO-C^6H^5_{(4)} \end{cases}$$

elle fond à 161°.

A côté de la phénacylvanilline, il se forme, dans l'oxydation du phénacylisoeugénol, de l'*acide phénacylvanillique*,

$$C^6H^3\begin{cases} CO^2H_{(1)} \\ OCH^3_{(3)} \\ OCH^2-CO-C^6H^5_{(4)} \end{cases}$$

qu'on peut isoler en traitant d'abord le mélange par le carbonate de sodium, et la solution sodique par l'acide sulfurique, puis en épuisant la solution acide par l'éther. Cet acide fond à 169° [*loc. cit.*].

Éthylisoeugénol,

$$C^6H^3\begin{cases} C^3H^5_{(1)} \\ OCH^3_{(3)} \\ OC^2H^5_{(4)} \end{cases}$$

— On l'obtient facilement en chauffant à l'ébullition pendant 24 heures l'éthyleugénol avec de la potasse alcoolique très concentrée. Il cristallise en feuillets blancs, brillants, fondant à 63° [Eykmann).

L'éthylisoeugénol, fixant 1 molécule de brome en solution éthérée, fournit le *bibromure d'éthylisoeugénol*,

$$C^6H^3\begin{cases} C^3H^5Br^2_{(1)} \\ OCH^3_{(3)} \\ OC^2H^5_{(4)} \end{cases}$$

composé soluble dans l'éther, l'éther de pétrole, l'alcool, et qui cristallise dans l'acide acétique en cristaux blancs, fusibles à 101-104° [Carl Hell et Portmann, *D. chem. G.*, 28, 2090].

Si l'on fait bouillir pendant quelque temps le bibromure d'isoeugénol en solution alcoolique avec un excès d'éthylate de sodium, jusqu'à ce que le bromure de sodium cesse de se déposer, on obtient, après avoir distillé l'alcool et ajouté de l'eau au résidu, une huile qui distille à 177°,5 sous 16 millimètres, et qui a pour densité 1,039 à 20°. Ce nouveau corps est un *éthoxyl-éthylisoeugénol*,

$$C^6H^3\begin{cases} C(OC^2H^5)=CH-CH^3_{(1)} \\ OCH^3_{(3)} \\ OC^2H^5_{(4)} \end{cases}$$

[Carl Hell et Portmann, *D. chem. G.*, 28, 2088].

Au contact des acides dilués, il fournit en quelques minutes, avec élimination d'alcool, le composé cétonique

$$C^6H^3\begin{cases} CO-CH^2-CH^3_{(1)} \\ OCH^3_{(3)} \\ OC^2H^5_{(4)} \end{cases}$$

qui provient d'une transposition moléculaire du corps hydroxylé

$$C^6H^3\begin{cases} C(OH)=CH-CH^3_{(1)} \\ OCH^3_{(3)} \\ OC^2H^5_{(4)} \end{cases}$$

formé lui-même par substitution de OH à OC^2H^5 dans le composé éthoxylé.

Cette acétone avait d'abord été préparée directement par MM. O. Wallach et F.-J. Pond, en chauffant au bain-marie, pendant 3 heures, le bibromure d'éthylisoeugénol avec une solution méthylique de méthylate de sodium. Elle cristallise dans l'éther sous la forme de prismes incolores, tricliniques, fondant à 62°, et distille à 155° sous 13 millimètres de pression. L'oxime cristallise en aiguilles blanches, fusibles à 114°. La semi-carbazone fond à 175° [*D. chem. G.*, 28, 2720].

Lorsqu'on fait réagir sur le bibromure d'éthylisoeugénol une seule molécule d'éthylate de sodium en présence d'une grande quantité d'alcool, il perd 1 molécule d'acide bromhydrique, et on obtient le dérivé monobromé

$$C^6H^3\begin{cases} CH=CBr^2-CH^3_{(1)} \\ OCH^3_{(3)} \\ OC^2H^5_{(4)} \end{cases}$$

Celui-ci fond à 72°. Il cristallise dans l'alcool, l'éther et l'acide acétique en lames fines, brillantes, nacrées, et dans l'éther de pétrole en cristaux assez gros pour être mesurés, et offrant l'aspect de véritables gradins.

Ce bromoéthylisoeugénol s'est formé avec élimination d'une molécule d'alcool, par destruction du dérivé saturé éthoxylé

$$C^6H^3\begin{cases} CH(OC^2H^5)-CHBr-CH^3_{(1)} \\ OCH^3_{(3)} \\ OC^2H^5_{(4)} \end{cases}$$

qui avait d'abord pris naissance [Carl Hell et Portmann, *D. chem. G.*, 29, 676].

En fixant 2 atomes de brome en solution éthérée, le bromoéthylisoeugénol donne le *bromure de bromoéthylisoeugénol*,

$$C^6H^3\begin{cases} CHBr-CBr^2-CH^3_{(1)} \\ OCH^3_{(3)} \\ OC^2H^5_{(4)} \end{cases}$$

composé à peine soluble dans l'éther et dans la ligroïne, et qui fond à 107° [*loc. cit.*].

Traité par une deuxième molécule d'éthylate de sodium, il perd une dernière molécule d'acide bromhydrique, et fournit ainsi un composé acétylénique, qui est un allylène substitué,

$$C^6H^3 \begin{cases} C \equiv C - CH^3_{(1)} \\ OCH^3_{(3)} \\ OC^2H^5_{(4)} \end{cases}$$

Ce nouveau corps cristallise dans l'alcool en cristaux blancs, transparents, appartenant au système rhombique, et fusibles à 71°. Il est peu soluble à froid dans l'éther, l'alcool et l'éther de pétrole, facilement soluble dans les mêmes solvants chauds.

Il fixe 1 molécule de brome, au lieu de 2, sans dégagement d'acide bromhydrique, en donnant un produit d'addition bromé

$$C^6H^3 \begin{cases} CBr = CBr - CH^3_{(1)} \\ OCH^3_{(3)} \\ OC^2H^5_{(4)} \end{cases}$$

Celui-ci cristallise dans l'éther de pétrole en grosses tablettes hexagonales [Carl Hell et Portmann, *D. chem. G.*, **29**, 680].

V. — DIISOEUGÉNOL ET SES DÉRIVÉS.

L'isoeugénol et ses dérivés ont la propriété de se polymériser sous l'influence de certains agents de condensation, tels que les acides minéraux. Comme les produits de polymérisation ainsi formés ne sont d'aucune utilité pour la fabrication de la vanilline, on doit toujours chercher à en éviter la formation dans la préparation de l'isoeugénol et de ses dérivés. On connaît avec certitude les conditions dans lesquelles prennent naissance quelques polymères doubles, dont les poids moléculaires ont été déterminés par la méthode cryoscopique de M. Raoult.

Diisoeugénol, $C^{20}H^{22}O^2(OH)^2$. — Il prend naissance dans l'action des acides minéraux ou des sels métalliques à réaction acide sur l'isoeugénol. Il donne avec les chlorures d'acides des éthers diatomiques; sa molécule renferme donc deux groupes OH.

On l'obtient à l'état de pureté en saponifiant son éther diacétique par une solution alcaline alcoolique à 5 0/0. Après avoir étendu d'eau la liqueur, on l'acidifie par l'acide chlorhydrique, qui précipite le diisoeugénol en flocons. Par des cristallisations répétées dans l'alcool à 50/100, on obtient le produit sous la forme de fines aiguilles fondant à 180-181°. Le diisoeugénol est très peu soluble dans l'eau, la ligroïne, le benzène, soluble dans l'alcool, l'éther, le chloroforme. Sa solution alcoolique se colore en vert-olive par le chlorure ferrique [Ferd. Tiemann, *D. chem. G.*, **24**, 2870].

Diacétyldiisoeugénol, $C^{20}H^{22}O^2(OCOCH^3)^2$. — Pour le préparer, on laisse couler avec précaution du chlorure d'acétyle (1 molécule et demie) sur l'isoeugénol (1 molécule) préalablement chauffé à 54°. On élève peu à peu la température jusqu'à 80°, et on chauffe aussi longtemps qu'il se dégage des vapeurs chlorhydriques. Par refroidissement, le produit se prend en masse. On lave les cristaux avec un peu d'éther froid, qui les débarrasse de produits huileux. Après une cristallisation dans l'alcool bouillant, on obtient des aiguilles blanches, fondant à 150-151°, à peine solubles dans l'eau et dans l'éther.

Le diacétyldiisoeugénol donne par saponification le diisoeugénol à l'état de pureté [Ferd. Tiemann, *loc. cit.* — Denozza, *Gazz. chim. ital.*, **23**, (1), 556].

Dibenzoyldiisoeugénol, $C^{20}H^{22}O^2(OCOC^6H^5)^2$. — Il se forme quand on chauffe à 120-125° un mélange de 1 volume d'isoeugénol et de 2 volumes de chlorure de benzoyle. En versant le produit de la réaction dans une petite quantité d'alcool, on sépare une huile qui ne tarde pas à cristalliser. Pour la débarrasser du chlorure de benzoyle en excès, on la chauffe avec une solution de carbonate de sodium : on termine la purification par des cristallisations répétées dans l'alcool bouillant.

Le dibenzoyldiisoeugénol fond à 161°. Il est peu soluble dans l'alcool froid, soluble dans l'alcool chaud, dans l'éther et dans le benzène. Il est stable vis-à-vis des solutions alcalines aqueuses; mais les alcalis en solution alcoolique le saponifient [Ferd. Tiemann, *loc. cit.*].

Diphénacylisoeugénol (*diisoeugénolacétylbenzène*), $(C^{18}H^{18}O^3)^2$. — Ce corps se forme quand on fait bouillir la solution alcoolique de phénacylisoeugénol avec de l'acide chlorhydrique concentré. Par refroidissement, le produit se dépose sous la forme de flocons blancs, qui, après cristallisation dans l'alcool dilué, fondent à 119-120° [Alfred Einhorn et Christian von Hofe, *D. chem. G.*, **27**, 2461].

Ch. Moureu.

EUPHORBONE, $C^{30}H^{36}O$. — L'euphorbone est un corps blanc, cristallisé, neutre aux réactifs, sans saveur, fusible à 67-68°, sublimable sans décomposition. Très soluble dans le chloroforme, l'alcool, l'éther, l'acétone, le benzène et la ligroïne, cette substance est presque insoluble dans l'eau. Ses solutions sont dextrogyres : $[\alpha]_D = +15°88'$ à 18°.

L'euphorbone se dissout à chaud dans l'anhydride acétique, et est précipitée sans altération par l'eau. Le brome la résinifie.

Le mélange chromique donne, entre autres produits, une poudre jaune, amère, neutre au tournesol. L'anhydride phosphorique, à chaud, fournit de l'heptane bouillant à 55-100°, de l'octane bouillant à 122-126°, du p-xylène et enfin une petite quantité de carbures passant au-dessus de 350°.

Pour obtenir l'euphorbone, on épuise la résine d'euphorbe par l'éther de pétrole froid, on distille la solution et on reprend le résidu cristallin par l'éther anhydre qui dissout l'euphorbone; on précipite alors par l'alcool faible et on purifie le produit par plusieurs cristallisations dans le benzène bouillant [Henke, *Arch. Pharm.*, **24**, 729; *Bull. Soc. Chim.*, (2), **46**, 779].

L'euphorbone a été rencontrée dans un très grand nombre d'espèces différentes d'Euphorbiacées.

L. Maquenne.

EUPITTONIQUE (ACIDE),

$$(CH^3O)^6 . C^{19}H^8O^3.$$

— Cet acide a été découvert dans les portions lourdes de la créosote par A.-W. Hofmann, qui en a d'ailleurs fait la synthèse à partir de l'éther diméthylique du pyrogallol et de l'hexachlorure de carbone (voyez Créosote, 1er Suppl., 537).

L'acide eupittonique cristallise en fines aiguilles orangées, peu solubles dans l'alcool, qui fondent en se décomposant vers 200°. Il se dissout facilement dans l'acide acétique et dans les alcalis avec une coloration bleue. Si l'on ajoute un excès de potasse à cette dernière dissolution, on en précipite un sel bleu et la liqueur devient incolore.

L'acide eupittonique se décompose en chlorure de méthyle et pyrogallol lorsqu'on le chauffe à 100° avec de l'acide chlorhydrique. Traité par l'eau sous pression à 260-270°, il se dédouble en donnant l'éther diméthylique du pyrogallol et un corps cristallisé qui n'a pas été étudié.

L'acide eupittonique est bibasique. Son *sel de sodium* $C^{25}H^{24}O^9Na^2$ s'obtient en précipitant par la soude une solution alcoolique de l'acide. Il cristallise en petits prismes verdâtres, solubles dans l'eau, insolubles dans l'alcool. Le *sel de baryum*, $BaC^{25}H^{24}O^{9}$, se précipite sous la forme d'aiguilles lorsqu'on traite l'acide par une solution ammoniacale de chlorure de baryum.

L'acide eupittonique fixe l'iode en solution acétique ou alcoolique, pour donner un *tétraiodure* $C^{25}H^{26}O^{9}I^{4}$ cristallisé en prismes bruns; les acides forts et les alcalis décomposent cet iodure en régénérant l'acide.

Le *bromure* correspondant est très instable.

En chauffant à 100°, le sel de sodium avec de l'iodure de méthyle, on obtient l'*éther diméthylique* $C^{25}H^{24}O^{9}(CH^{3})^{2}$, sous la forme d'aiguilles jaune d'or fusibles à 242°, solubles dans l'alcool.

L'*éther diéthylique* fond à 201-202°.

Les solutions alcooliques de ces éthers sont douées d'une saveur amère.

L'*éther diacétique*, $C^{25}H^{24}O^{9}(COCH^{3})^{2}$, s'obtient en chauffant avec de l'anhydride acétique le sel de sodium de l'acide. Il cristallise en aiguilles jaunes solubles dans l'alcool, qui fondent vers 265° en se décomposant. Les alcalis saponifient facilement ce composé.

Si l'on emploie l'acide lui-même au lieu de son sel, on obtient, outre l'éther diacétique, un composé amorphe, soluble dans l'alcool, dans l'éther et dans l'acide acétique, mais à partir duquel on ne peut plus régénérer l'acide eupittonique par aucun procédé.

L'*éther dibenzoïque*, $C^{25}H^{24}O^{9}(C^{7}H^{5}O)^{2}$, se prépare comme l'éther acétique. Il cristallise en petites aiguilles jaune d'or fusibles à 232°, solubles dans le chloroforme, insolubles dans l'alcool.

Le chlorure de benzoyle transforme l'acide eupittonique en une poudre cristalline blanche.

Hofmann a obtenu un homologue supérieur de l'acide eupittonique en chauffant avec de la soude un mélange d'éther diéthylique du pyrogallol et d'éther diméthylique du méthylpyrogallol.

Ce composé qui répond à la formule

$$C^{19}H^{18}(OCH^{3})^{2}(OC^{2}H^{5})^{4}O^{3},$$

cristallise en petits prismes rouges solubles dans l'éther, et se combine avec l'ammoniaque pour former un sel dissociable par l'eau.

En chauffant cet acide avec de l'ammoniaque à 150-160°, on obtient une *triamine* analogue à celle qui dérive de l'acide eupittonique (voyez Suppl., **1**, 538), et qui se présente sous la forme de paillettes.

La constitution de l'acide eupittonique a été discutée en détail [*loc. cit.*; Hofmann, *D. chem. G.*, **11**, 1455; **12**, 1377]. P. Freundler.

EUPYROCHROÏTE (Min.). — Variété de phosphorite.

EURHODINE. — Depuis l'impression de l'article publié en 1894 par M. Bouveault au mot DIAZINES, la question *eurhodine*, *safranine* et *induline* a fait de remarquables progrès. La formule de constitution des safranines a été établie d'une façon définitive, et l'adoption de la formule symétrique[1] a entraîné la suppression de la classe des *mauvéines*, rattachant ces dernières aux *safranines* :

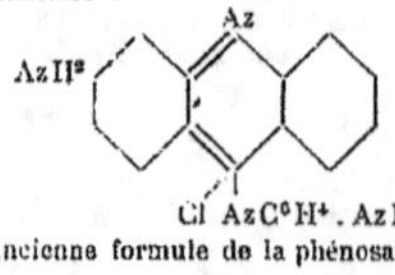

Az — AzH^{2} — Cl $AzC^{6}H^{4}.AzH^{2}$

Ancienne formule de la phénosafranine.

Az — $HCl.AzH^{2}$ — $= AzH$ — $AzC^{6}H^{5}$

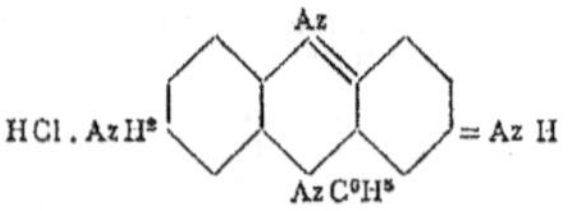

Formule actuelle de la phénosafranine.

Les récents travaux publiés par MM. Fischer et Hepp, Ris, Kehrmann et Jaubert sur les rapports existant entre les *safranines* et les *indulines* ont démontré avec évidence l'étroite parenté de ces deux classes de matières colorantes. Il résulte de l'ensemble de ces recherches que les safranines ne doivent être envisagées que comme les dérivés aminés des indulines :

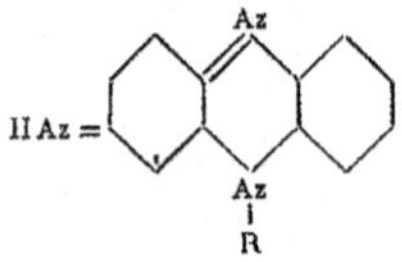

Az — $HAz=$ — Az — R

Induline.

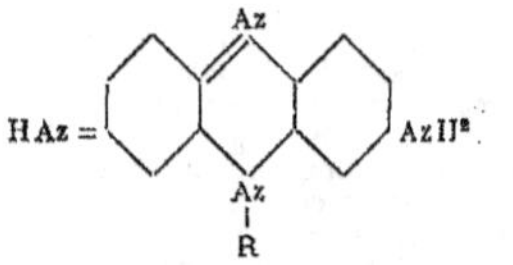

Az — $HAz=$ — AzH^{2} — Az — R

Safranine.

Nous pouvons ainsi, à l'heure actuelle, ramener tous les colorants de la série de la γ-diazine aux trois types suivants, ces trois types étant nettement différenciés les uns des autres par des réactions caractéristiques, propres à chacun :

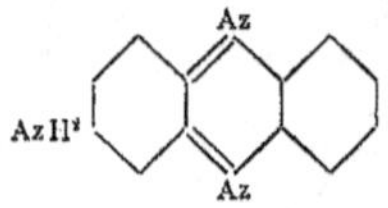

Az — AzH^{2} — Az

Eurhodine.

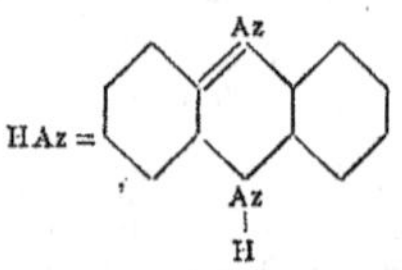

Az — $HAz=$ — Az — H

Induline.

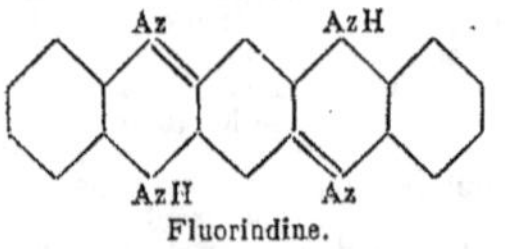

Az — AzH — AzH — Az

Fluorindine.

Les safranines et les mauvéines qui correspondent à la formule générale

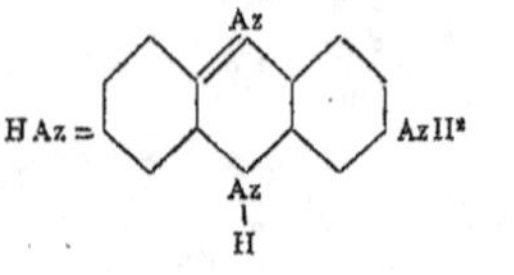

Az — $HAz=$ — AzH^{2} — Az — H

1. Elle n'est pas, à parler exactement, *symétrique*, mais la position des atomes d'azote l'est.

ne sont que de simples dérivés aminés de l'induline, et de ce fait *ne constituent pas de classe à part.* Ils possèdent, il est vrai, certains caractères qui les différencient nettement des indulines, comme, par exemple, la fluorescence ou la couleur verte de leur solution sulfurique, mais ils se rattachent aussi nettement à la classe des indulines que le vert malachite et la fuchsine aux dérivés du triphénylméthane.

Le point de départ des nombreux travaux publiés au cours de ces dernières années sur la constitution des indulines et des safranines a été la démonstration de la formule symétrique de la safranine, venant remplacer l'ancienne formule asymétrique proposée par MM. O.-N. Witt et R. Nietzki. L'adoption de la formule symétrique supprimait du même coup la classe des mauvéines et simplifiait ainsi beaucoup le problème, que l'on peut regarder aujourd'hui comme entièrement résolu.

M. C. Ris le premier a admis la probabilité de la formule symétrique de la safranine [*D. chem. G.*, **28**, 220].

En effet, par oxydation d'une indamine avec la monoacétyl-p-phénylène-diamine, il a obtenu une acétamino-safranine, qui par saponification donne la safranine suivante :

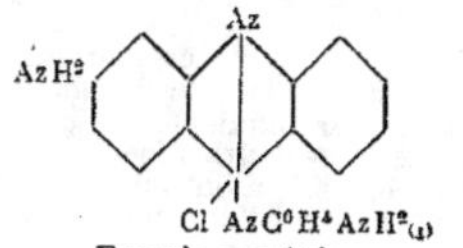

Az
AzH^2
Cl $AzC^6H^4AzH^2_{(4)}$

Formule asymétrique.

ou

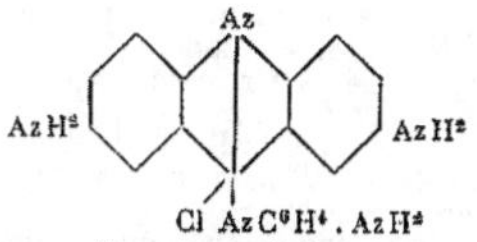

Az
AzH^2 AzH^2
Cl $AzC^6H^4 . AzH^2$

Formule symétrique.

M. C. Ris, s'appuyant sur les propriétés tinctoriales inattendues de cette safranine, qui auraient dû être différentes de celles des safranines connues, en conclut que le troisième groupe AzH^2 n'est pas contenu dans le noyau chromogène azinique, car il aurait eu une influence sur la nuance ; que, par conséquent, il se trouve dans le radical phényle substitué à l'azote azinique, et que par suite la formule de la safranine est symétrique.

M. G.-F. Jaubert [*D. chem. G.*, **28**, 270], en faisant agir une p-nitrosamine sur la m-oxydiphénylamine, ou en oxydant ce dernier corps avec une p-diamine, a obtenu des matières colorantes qu'il appelle *safraninones*, et qui possèdent les réactions et tous les caractères des safranines.

Par condensation des alcoyl-m-aminophénols — ou crésols — avec le chlorhydrate de nitroso-diméthylaniline ou la quinone-dichlorimine, on obtient des colorants basiques doués d'une belle couleur bleue (bleu Capri). Si l'on remplace dans cette réaction les alcoyl-m-aminophénols par des m-aminophénols aromatiquement substitués, comme la m-oxydiphénylamine par exemple, on obtient des colorants noirs, basiques, se rattachant à la classe des oxazines, mais possédant une constitution plus compliquée. L'un de ces colorants se trouve dans le commerce sous le nom de *noir solide* [Leonhart et Cᵒ *D.R.P.* 50612, Friedländer, **2**, 184] ; il prend naissance par condensation de la m-oxydiphénylamine avec le chlorhydrate de nitrosodiméthylaniline. Dans cette réaction, le groupe nitroso entre en para par rapport au groupe AzH^2 substitué, d'après l'équation suivante :

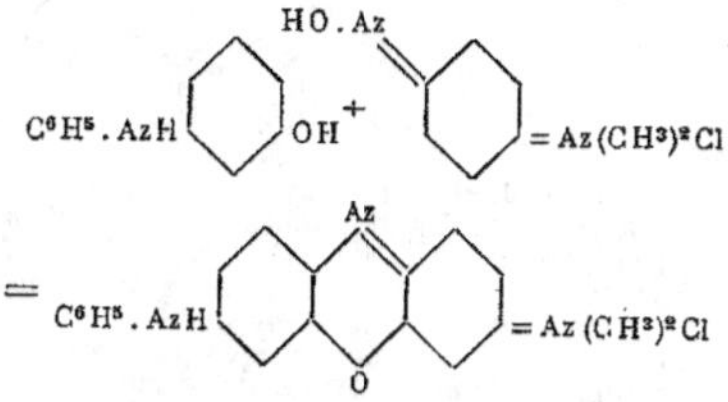

HO . Az
$C^6H^5 . AzH$ OH + $= Az(CH^3)^2Cl$

Az
$= C^6H^5 . AzH$ $= Az(CH^3)^2Cl$
O

M. G.-F. Jaubert a trouvé que cette réaction se passe d'une façon tout à fait différente, si l'on opère en l'absence d'un acide minéral. Dans ce dernier cas, le groupe nitroso de la nitrosodiméthylaniline entre en position para par rapport au groupe hydroxyle de l'aminophénol d'après l'équation

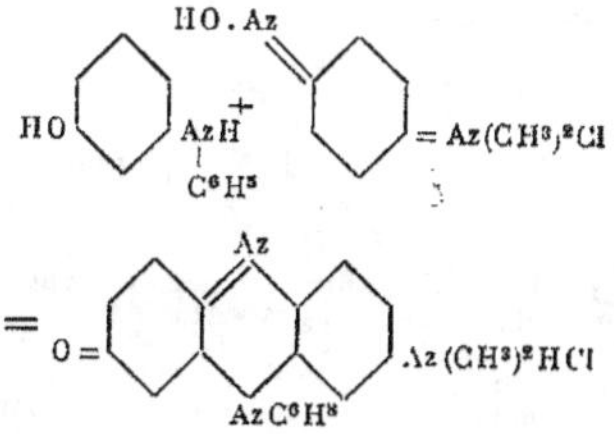

HO . Az
HO AzH + $= Az(CH^3)^2Cl$
C^6H^5

Az
$= O =$ $Az(CH^3)^2HCl$
AzC^6H^5

On obtient ainsi un colorant rouge appartenant à la classe des azines, et qui possède toutes les réactions des safranines.

Cette formation de dérivés de la safranine a lieu en deux phases distinctes. En premier lieu, d'une façon analogue à la formation du *bleu de toluylène*, il se forme un indophénol de la constitution suivante :

Az
$O =$ AzH $Az(CH^3)^2HCl$
C^6H^5

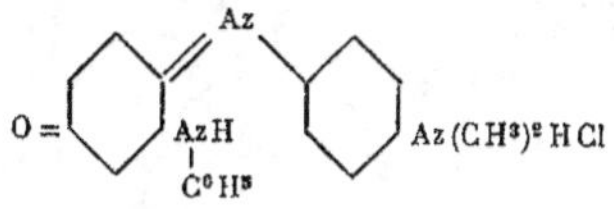

Puis la réaction se poursuit, et le colorant rouge prend naissance, en même temps que la chaîne azinique se ferme :

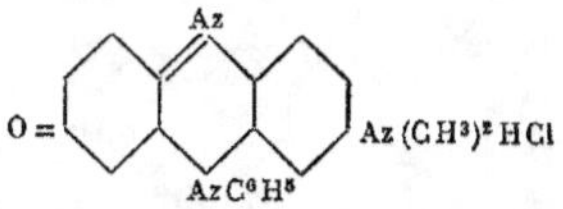

Az
$O =$ $Az(CH^3)^2HCl$
AzC^6H^5

Les réactions particulières du nouveau colorant montrent qu'il contient un groupe quinonique, mais pas de groupe hydroxyle. Cette migration de la liaison quinoïdique n'a en soi rien de bien étonnant, car ces nouveaux colorants de la série de la safranine doivent être envisagés comme de simples indophénols. Jusqu'à présent, nous ne connaissons pas d'indophénol de la constitution suivante :

Az
$HAz =$ OH

mais seulement des indophénols répondant à la formule isomérique

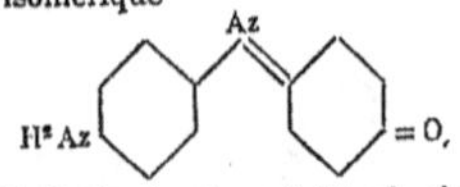

Az
H^2Az … $=O$,

M. G.-F. Jaubert a trouvé [*Arch. des sciences phys. et nat.*, **34**, novembre 1895] que si, dans la préparation du « noir solide » (*D.R.P.* 50612) par condensation du chlorhydrate de nitrosodiméthylaniline avec la m-oxydiphénylamine, on neutralise l'acide chlorhydrique par l'acétate de sodium, en d'autres termes si l'on fait la condensation en l'absence de tout acide minéral, on forme un dérivé azinique appartenant à la famille des *amino-indones* de MM. O. Fischer et E. Hepp [*Ann. Chem.*, **286**, 211; *D. chem. G.*, **28**, 2284].

Le rendement est peu satisfaisant.

M. Jaubert propose de nommer ce nouveau colorant *dyméthylaposafraninone* [voyez O. Fischer et E. Hepp, *D. chem. G.*, **28**, 2285] et lui assigne la constitution

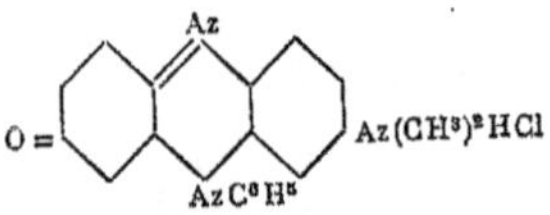

Az
$O=$ … $Az(CH^3)^2HCl$
AzC^6H^5

La diméthylaposafraninone se présente sous la forme de belles aiguilles vertes de plusieurs millimètres de longueur, solubles dans l'eau en rouge-carmin, dans l'acide chlorhydrique en violet et dans l'acide sulfurique concentré en vert sale. Cette solution sulfurique présente le caractère de dichroïsme des dérivés de la rosindone de MM. O. Fischer et Hepp.

Le nouveau colorant se dissout facilement dans l'alcool avec une couleur rouge-orangé et une belle fluorescence jaune.

Si, dans le procédé de préparation de la diméthylaposafraninone indiqué ci-dessus, on remplace la nitrosodiméthylaniline par la quinone-dichlorimine, on obtient l'*aposafraninone* non méthylée

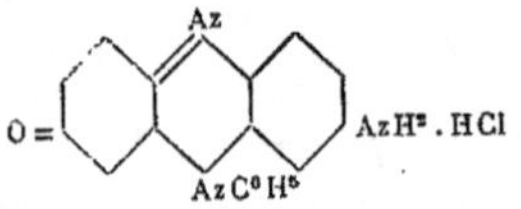

Az
$O=$ … $AzH^2.HCl$
AzC^6H^5

En remplaçant la nitrosodiméthylaniline par le nitrosophénol, on forme une *oxyaposafranone* possédant la formule suivante :

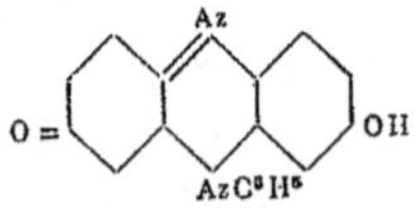

Az
$O=$ … OH
AzC^6H^5

Ce corps est identique avec le safranol de MM. R. Nietzki et Otto.

Cette nouvelle synthèse du safranol fixe d'une manière définitive la position des groupes aminogènes dans le noyau de la safranine. La safranine, d'après M. Jaubert, possède donc, à l'encontre des recherches de MM. O.-N. Witt et R. Nietzki, l'une des formules suivantes :

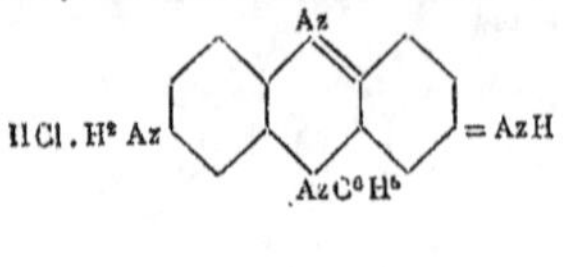

Az
$HCl.H^2Az$ … $=AzH$
AzC^6H^5

ou

Az
H^2Az … AzH^2
$ClAzC^6H^5$

La position des groupes aminogènes dans le noyau de la safranine une fois fixée, il était facile de tenter la synthèse de ce colorant. M. Jaubert a atteint ce but en condensant un dérivé de la m-aminodiphénylamine avec la p-nitrosoaniline ou la quinone-dichlorimine :

$HO.Az$
H^2Az … $+$ … $=AzH$
$AzHC^6H^5$

Az
$=$ H^2Az … $=AzH$ $+H^2O+H^2$.
AzC^6H^5

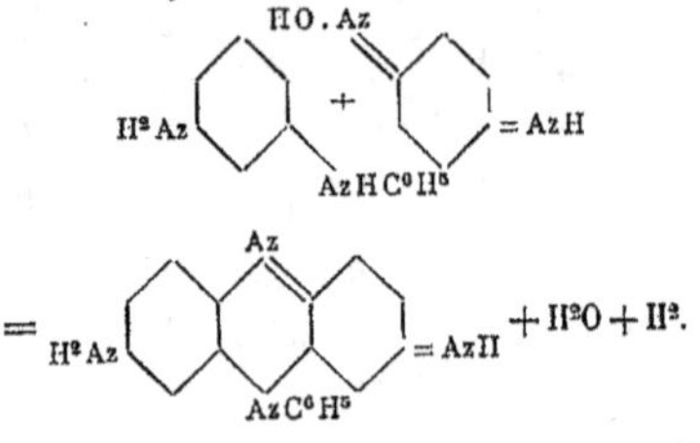

Jusqu'à présent on ne connaît pas encore le dérivé m-aminé de la diphénylamine ou de la ditolylamine. Par nitration de la combinaison benzoylée de la p-ditolylamine, M. Lellmann [*D. chem. G.*, **15**, 831] a obtenu un dérivé o-nitré qui par réduction conduit à un dérivé p-aminé de la ditolylamine. L'auteur a trouvé que, si l'on nitre directement la p-ditolylamine en solution sulfurique avec la quantité théorique d'acide nitrique concentré, on obtient le dérivé m-nitré cherché, et que ce dérivé donne par réduction la *m-amino-p-ditolylamine* cherchée, base cristallisant très bien dans la ligroïne et fondant à 71° [G.-F. Jaubert, *D. chem. G.*, **28**, 1647].

Si l'on condense cette nouvelle base avec la quinone-dichlorimine, ou si on l'oxyde avec de la p-phénylène-diamine, on obtient une nouvelle safranine, isomère de la safranine T du commerce, que l'on prépare par oxydation d'un mélange en quantités moléculaires de p-crésylène-diamine, d'o-toluidine et d'aniline.

La safranine T possède la constitution suivante :

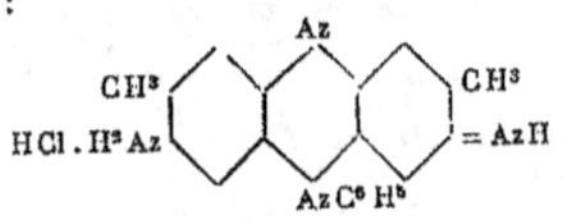

Az
CH^3 … CH^3
$HCl.H^2Az$ … $=AzH$
AzC^6H^5

La nouvelle safranine obtenue par condensation de la quinone-dichlorimine avec la m-amino-p-ditolylamine répond à la formule

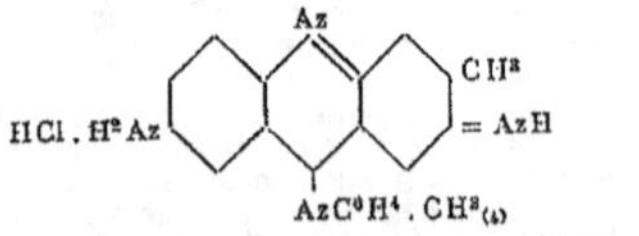

Az
… CH^3
$HCl.H^2Az$ … $=AzH$
$AzC^6H^4.CH^3_{(4)}$

A l'état pur, ce colorant se présente sous la forme d'une poudre cristalline verte, à reflets rougeâtres, formant le chlorhydrate de la base. Il se dissout facilement dans l'eau avec une belle couleur rouge et une fluorescence jaune. La fluorescence s'observe avec plus de facilité en solution alcoolique. Le nouveau colorant se dissout en bleu dans l'acide chlorhydrique concentré, et en vert dans l'acide sulfurique à 66° B. La solution aqueuse acidifiée donne, par adjonction de nitrite de sodium, une combinaison monodiazoïque de couleur bleue; cette dernière, copulée avec le β-naphtol, donne un bleu. Ce bleu est isomérique avec le « bleu indoïne » du commerce. La nouvelle safranine possède des propriétés basiques énergiques et teint en rouge le coton mordancé au tannin et à l'émétique. Les nuances que l'on obtient sont identiques à celles que donne la safranine T. Ce fait démontre avec évidence que la position relative des groupes CH^3 dans le noyau de la safranine est sans influence sur la teinte des colorations obtenues. La nuance varie suivant le nombre des groupes CH^3, en allant du rouge au rouge-bleuâtre et au violet.

Comme il a été dit plus haut, la formation de la safranine a lieu en deux phases bien distinctes. Il y a d'abord, d'une façon analogue à la préparation du bleu de toluylène, formation d'une indamine ou d'un indophénol, puis la réaction se poursuit, l'anneau azinique se ferme et le colorant rouge prend naissance.

Dans la condensation de la quinone-dichlorimine ou de la p-nitrosoaniline avec la m-amino-p-ditolylamine, la réaction se poursuit trop rapidement pour qu'il soit possible d'isoler le produit de la première phase, c'est-à-dire l'indamine. Si l'on remplace par contre dans cette réaction le dérivé nitrosé ou la quinone-dichlorimine par une p-diamine, c'est-à-dire si l'on oxyde à froid un mélange de p-phénylène-diamine et de m-amino-p-ditolylamine, on obtient, avec un rendement théorique, l'indamine produit de la première phase. La m-amino-p-ditolylamine obtenue par nitration directe étant assez difficile à préparer en grande quantité, à cause du mauvais rendement, M. Jaubert l'a remplacée par la dinitro-m-aminodiphénylamine ou la dinitro-diméthyl-m-aminodiphénylamine. Ces deux corps sont très faciles à préparer par condensation du dinitrochlorobenzène avec la m-phénylène-diamine ou son dérivé diméthylé asymétriquement. Ces dérivés nitrés de la diphénylamine possèdent la constitution suivante :

$$\mathrm{AzH^2}\text{–}C_6H_4\text{–Az–}C_6H_3(\mathrm{AzO^2})\text{–}\mathrm{AzO^2}$$

Si l'on oxyde à froid en solution acétique, avec une quantité de dichromate de potassium correspondant à 2 atomes d'oxygène, un mélange de 1 molécule de p-phénylène-diamine et de 1 molécule de dinitro-m-aminodiphénylamine, on obtient avec un rendement théorique un *bleu de dinitrophénylphénylène* possédant la constitution suivante :

$$\mathrm{H^2Az}\text{–}C_6H_3(\mathrm{AzH}\ldots)\text{–Az}=C_6H_4=\mathrm{AzH}\quad;\quad \mathrm{AzH}\text{–}C_6H_3(\mathrm{AzO^2})(\mathrm{AzO^2})$$

Si l'on vient à chauffer ce corps en solution aqueuse, ou mieux en solution alcoolique, il se transforme théoriquement en dinitrophénosafranine.

Ce colorant doit être regardé comme le dérivé dinitré de la phénosafranine de M. O.-N. Witt.

Le produit intermédiaire (bleu de dinitrophénylphénylène), séché d'abord à la température ordinaire, puis dans le vide, se présente sous la forme d'une poudre cristalline bleue à reflets cuivrés. Chauffé sur la lame de platine, il détone en laissant un léger résidu d'oxyde de chrome. La purification de cette indamine n'est pas facile, car elle est presque insoluble dans l'eau, et quand on laisse évaporer à la température ordinaire sa dissolution alcoolique, elle se transforme déjà en partie en safranine.

Une série de dosages d'azote faits avec cette indamine ont donné tous des chiffres trop faibles.

L'indamine est presque insoluble dans l'eau froide, un peu plus soluble dans l'eau chaude en se transformant en safranine. Elle se dissout facilement avec une belle couleur bleue dans l'alcool froid; si on chauffe cette solution, la couleur vire au rouge pur. L'indamine est décomposée par les acides minéraux en se colorant en jaune.

En oxydant en solution acétique, par 20 grammes de dichromate, un mélange de 27 grammes de dinitro-m-aminodiphénylamine et de 18 grammes de chlorhydrate de p-phénylène-diamine, on obtient 40 grammes d'indamine.

On transforme cette dernière en safranine en chauffant au réfrigérant ascendant un mélange de 5 grammes d'indamine et 100 centimètres cubes d'alcool.

Au bout de 2 heures, on distille l'alcool, on dissout dans l'eau et on précipite par le sel. On obtient ainsi 2gr,5 de dinitrophénosafranine contenant un peu de sel; pour la purifier, on épuise le chlorhydrate brut par l'alcool absolu.

La solution alcoolique laisse déposer par le refroidissement de petits cristaux brillants de chlorhydrate de dinitrophénosafranine, dont le poids atteint 1gr,8.

Ces cristaux séchés à 150° ont donné à l'analyse des résultats correspondant à la formule $C^{18}H^{13}Az^6O^4Cl$.

Le chlorhydrate de dinitrophénosafranine se dissout très facilement dans l'eau et dans l'alcool avec une couleur rouge-carmin, dans l'acide chlorhydrique avec une couleur bleue et dans l'acide sulfurique concentré avec une teinte vert pur. Par l'action de l'acide nitreux, il se transforme en un dérivé monodiazoïque.

La dinitrophénosafranine teint le coton mordancé au tannin et à l'émétique en nuances d'un rouge plus bleuâtre que celui que donne la safranine T. Ceci montre que l'introduction de groupes AzO^2 dans le radical phényle substitué à l'azote azinique amène un changement de nuance allant du rouge au bleu.

Dinitrotétraméthylsafranine (*D.R.P.* n° 54157 de la Société anonyme des matières colorantes et produits chimiques de Saint-Denis). — Ce colorant, d'après des recherches récentes, possède la formule de constitution

$$(\mathrm{CH^3})^2\mathrm{Az}\text{–}[\text{noyau azinique, Az}]=\mathrm{Az(CH^3)^2Cl}\quad;\quad \mathrm{AzC^6H^3\,.\,(AzO^2)^2}$$

Il prend naissance par oxydation d'un mélange de 1 molécule de dinitro-diméthyl-m-aminodiphénylamine et de 1 molécule de sulfate de p-amino-diméthylaniline.

Phénosafranol. — Ce corps, obtenu pour la première fois par MM. Nietzki et Otto, par ébullition prolongée de la safranine avec une solution alcoolique de potasse caustique, a été obtenu synthétiquement par M. Jaubert, par condensation de la m-oxydiphénylamine avec le p-nitrosophénol ou par oxydation d'un mélange de m-oxydiphénylamine et de p-aminophénol [Jaubert, *loc. cit.*].

Le safranol possède donc la formule suivante :

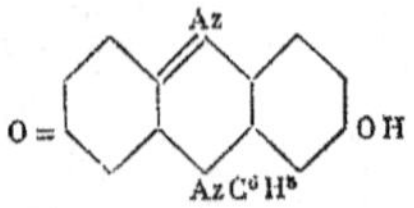

Az
O = OH
AzC^6H^5

Si l'on remplace dans cette réaction le p-aminophénol par l'acide p-aminosalicylique,

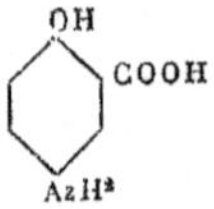

OH
COOH
AzH^2

on obtient un phénosafranol carboxylé possédant la constitution

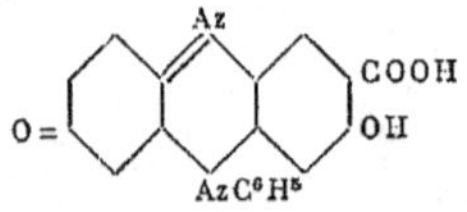

Az
COOH
O = OH
AzC^6H^5

Ce corps, grâce à la position en ortho des groupes OH et COOH, jouit de la propriété de former des laques avec les oxydes métalliques. Il teint la laine chromée en rouge.

Dans la préparation du safranol au moyen du nitrosophénol, on obtient un rendement de 82 0/0 de la théorie ; dans la préparation avec le p-aminophénol, on obtient 70 0/0 de la théorie.

Le phénosafranol est insoluble dans l'eau, peu soluble dans l'éther et dans l'alcool, très soluble dans les alcalis en rouge vif; les acides le précipitent de cette solution sous la forme de paillettes cristallines. Le safranol donne un *sel monosodique*,

$$C^{18}H^{11}Az^2O^2Na.$$

Safraninones. — On désigne sous ce nom les colorants de la série de la safranine contenant un groupe quinonique et un groupe aminogène. Ces colorants sont probablement identiques avec les amino-indones de MM. O. Fischer et E. Hepp; ils prennent naissance par condensation d'une p-nitrosamine avec un m-aminophénol monosubstitué (voyez plus haut).

La *phénosafraninone* correspond à la formule

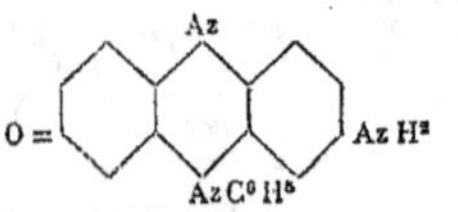

Az
O = Az H^2
AzC^6H^5

Ce colorant se forme encore plus facilement par oxydation de quantités moléculaires de p-phénylène-diamine et de m-oxydiphénylamine.

Par cette réaction, on obtient, avec un rendement peu satisfaisant, la safraninone sous la forme d'un chlorhydrate, que l'on purifie par dissolution dans l'acide acétique étendu, d'où il cristallise au bout de quelques jours en belles aiguilles vertes. Il se dissout facilement dans l'eau avec une belle couleur carmin et une fluorescence jaune, dans l'acide chlorhydrique avec une couleur violette, dans l'acide sulfurique concentré avec une teinte vert sale; cette solution sulfurique montre le dichroïsme des dérivés de la rosindone de MM. O. Fischer et Hepp.

La phénosafraninone se dissout dans l'alcool avec une couleur orange et une fluorescence jaune.

Une solution aqueuse du colorant est précipitée par l'addition de soude caustique étendue; cette solution teint le coton tanné en nuances rouges peu solides.

La safraninone contient un groupe aminogène qui se laisse diazoter; la combinaison diazoïque combinée avec le β-naphtol donne un colorant bleu.

La phénosafraninone se forme aussi, mais en très petite quantité, et mélangée à une matière colorante violette, quand on chauffe à 180° le safranol avec de l'ammoniaque.

La safraninone chauffée à 180° avec de l'ammoniaque donne une petite quantité de safranine. Si on traite la safraninone par la potasse alcoolique, ou par l'acide sulfurique à 75 0/0, à la température de l'ébullition, on obtient le safranol. Par diazotation en solution alcoolique, la safraninone se transforme en safranone.

Safranone. — La safranone ou aposafranone prend naissance par échange du groupe AzH de l'aposafranine de MM. O. Fischer et Hepp contre le groupe O, quand on chauffe cette dernière avec de l'acide sulfurique à 75 0/0. La safranone possède donc la constitution suivante :

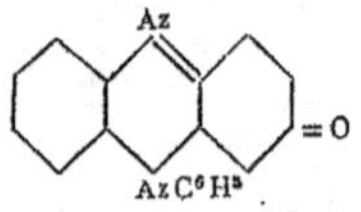

Az
= O
AzC^6H^5

50 grammes d'aposafranine donnent 7 grammes de safranone brute, que l'on purifie en la dissolvant dans un acide minéral étendu, et en la précipitant par l'acétate de sodium. On l'obtient ainsi sous la forme de petites aiguilles brunes ne contenant pas de chlore.

L'aposafranone se dissout facilement dans l'eau chaude avec une couleur rouge-fuchsine; elle se dissout très facilement dans l'alcool, mais sans fluorescence, comme tous les dérivés monosubstitués de la phénylphénazine ; elle se dissout dans l'acide sulfurique concentré avec une couleur rouge-brunâtre par transparence et verte par réflexion.

M. R. Nietzki [*D. chem. G.*, **28**, 1354] a contesté la valeur des preuves apportées par les expériences décrites ci-dessus, pensant que la synthèse d'un dérivé de la safranine par condensation d'une p-nitrosamine avec un dérivé m-aminé de la diphénylamine peut avoir lieu de deux manières différentes, et conduire ainsi à deux formules, l'une symétrique,

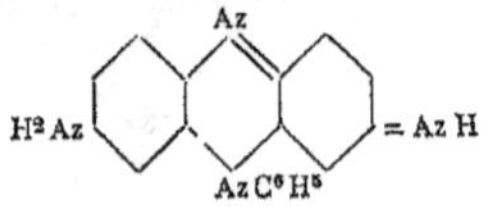

Az
H^2Az = AzH
AzC^6H^5

l'autre asymétrique.

Az
H^2Az
Az - OH
C^6H^5

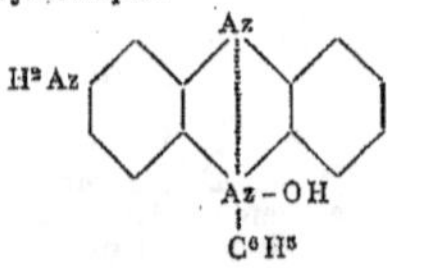

M. Nietzki fait remarquer que, pour obtenir une safranine *symétrique*, il faut que la p-diamine renferme des hydrogènes substituables en ortho par rapport à un groupe AzH^2, et que, par conséquent, si un corps qui ne remplit pas ces conditions donne une safranine, il faut forcément qu'elle ait une constitution *asymétrique*. M. Nietzki, en oxydant le diaminodurène avec la m-amino-p-dicrésylamine, a obtenu, avec un mauvais rendement, une matière colorante rouge, qui doit être un représentant de la classe des safraninones de M. Jaubert :

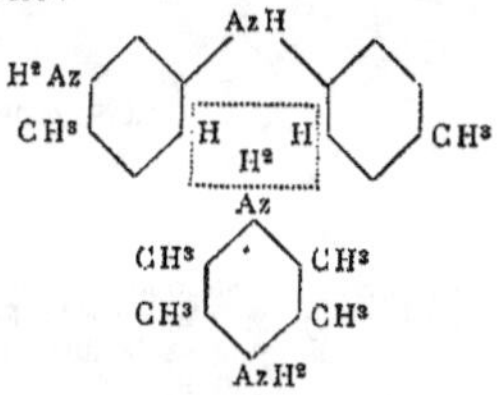

AzH — H^2Az, CH^3 — H H H^2 — CH^3 — Az — CH^3 CH^3 CH^3 CH^3 — AzH^2

Le corps obtenu par M. Nietzki n'est pas fluorescent, tandis que les safraninones le sont.

Il est donc très probable que le produit de M. Nietzki est une safraninone *asymétrique*, isomère des safraninones ordinaires, ce qui n'infirme en rien la symétrie de la formule de la safranine.

M. Jaubert [*D. chem. G.*, **28**, 1578] a répondu à la critique de M. Nietzki, en faisant voir que la formule de celui-ci est inadmissible dans le cas de la formation de safranine à partir de la méthyl-m-crésylène-diamine :

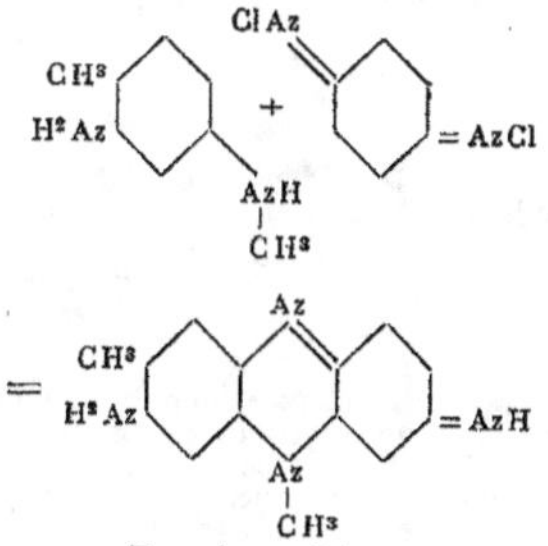

CH^3, H^2Az — AzH — CH^3 + ClAz = AzCl

= CH^3, H^2Az — Az — = AzH — Az — CH^3

Formule symétrique.

H^2Az, CH^3 — $AzH.CH^3$ + Cl Az — Az Cl

= H^2Az, CH^3 — Az-CH^3 — Az — AzH^2

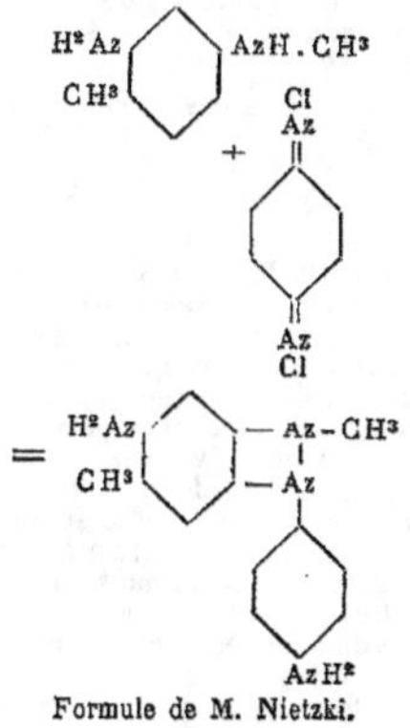

Formule de M. Nietzki.

Ces recherches ont amené à la préparation de safranines très simples, contenant un radical alcoolique relié à l'azote azinique [*C. R.*, **121**, 947].

Métho 1-*tolusafranine*. — Cette safranine a été préparée par oxydation d'un mélange de p-phénylène-diamine et de monométhyle-m-crésylène-diamine :

Az — H^2Az — CH^3 = AzH — Az — CH^3

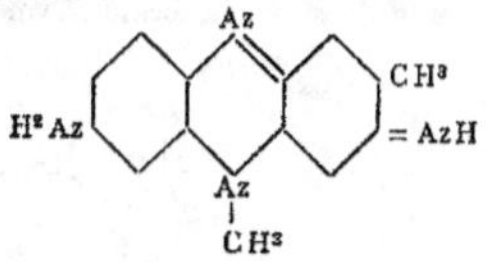

Ce dérivé est une belle matière colorante, teignant en rouge ponceau le coton mordancé au tannin et à l'émétique. Il présente tous les caractères des safranines, c'est-à-dire qu'il se dissout dans l'eau avec une belle couleur rouge et une fluorescence jaune, dans l'acide chlorhydrique en bleu et dans l'acide sulfurique en vert. Avec l'acide nitreux, on obtient un dérivé diazoïque.

L'*étho* 2-*tolusafranine* s'obtient par la même méthode, mais en partant de la monoéthyle-m-crésylène-diamine.

L'*éthosafranol*

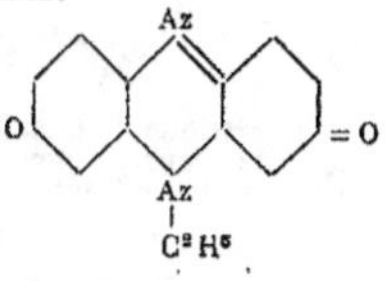

Az — HO — =O — Az — C^2H^5

se forme quand on fait réagir le p-nitrosophénol sur le monoéthyle-m-aminophénol.

Une des synthèses qui établissent d'une manière irréfutable la constitution symétrique des safranines est celle de la trinitrophénosafranine [Lefèvre, *Matières colorantes*, **2**, 1549] par condensation de la trinitro-m-aminodiphénylamine avec la p-nitrosoaniline. Cette condensation conduit forcément à la formule symétrique, car elle ne pourrait pas avoir lieu si l'on adoptait les vues de M. Nietzki :

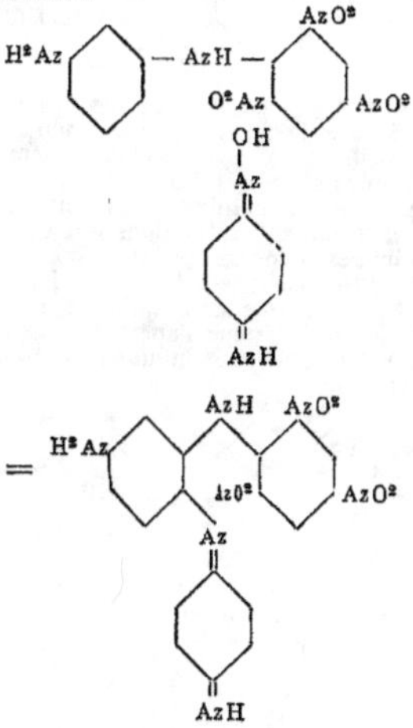

H^2Az — AzH — AzO^2, O^2Az, AzO^2 — OH — Az — AzH

= H^2Az — AzH AzO^2 — AzO^2 — AzO^2 — Az — AzH

La formule asymétrique, comme le montre ce

schéma, ne permet pas la fermeture de la chaîne azinique, car la position ortho (par rapport à l'AzH de la diphénylamine) où devrait se souder par une valence l'atome d'azote de l'indamine est occupée par un groupe AzO^2.

Cette trinitrophénosafranine, se formant au contraire avec une grande facilité, conduit à admettre, comme seule possible, la formule symétrique

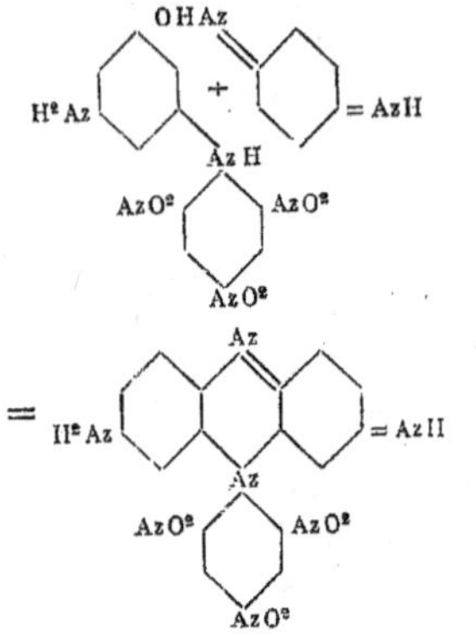

La formule symétrique de la safranine une fois établie, il ne reste plausible pour l'aposafranine que l'une des formules suivantes :

I.

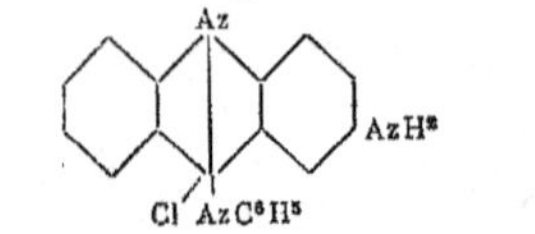

II.

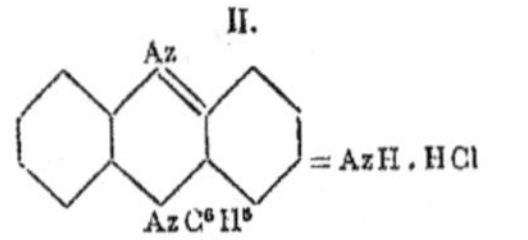

Mais nous voyons aussitôt que la formule I est isomérique et la formule II identique avec la formule attribuée par MM. Fischer et Hepp à l'induline la plus simple, $C^{18}H^{13}Az^3$. Les deux corps aposafranine et induline, étant différents, comment déterminer les relations qui existent entre les indulines et les safranines?

MM. Otto Fischer et Ed. Hepp [*Ann. Chem.*, 286, 187; *Bull. Soc. Chim.*, (3), 14, 1319], admettant la formule I pour l'aposafranine, ont transformé cette dernière en induline par transposition moléculaire :

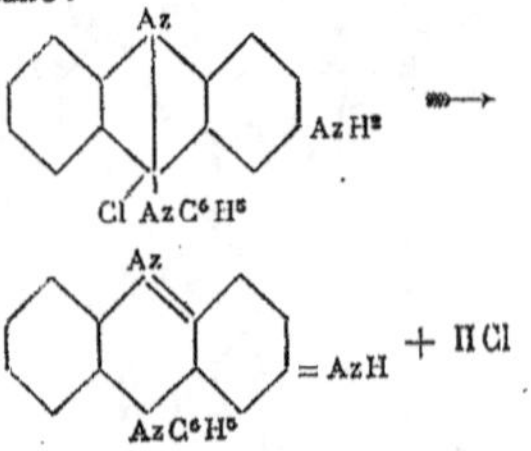

$$+ HCl$$

Pour cela on chauffe le chlorhydrate d'aposafranine avec deux ou trois fois son poids d'aniline à 100°, pendant quelques heures, jusqu'à ce qu'un essai se dissolve dans l'acide sulfurique avec une couleur rouge-violet pur. Par le refroidissement, le mélange se prend en un magma cristallin qu'on épuise par le benzène froid, lequel enlève l'aniline et une certaine quantité de phénylinduline $C^{24}H^{17}Az^3$, fusible à 131° :

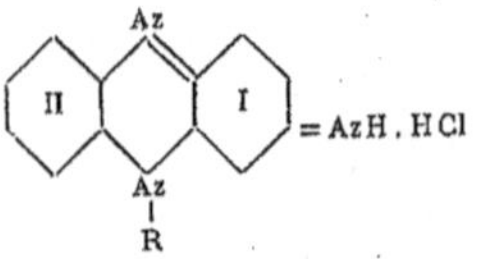

Le *chlorhydrate de mésophénylinduline* (le préfixe *méso* indiquant, d'après MM. Fischer et Hepp, la position du groupe substitué R) qui reste est purifié par cristallisation dans l'alcool additionné d'acide chlorhydrique, qui l'abandonne en aiguilles à reflets verts; le *nitrate*, peu soluble, s'obtient par précipitation. Le *chloroplatinate* et le *chloraurate* sont cristallins et très peu solubles. La base libre $C^{18}H^{13}Az^3$ cristallise dans la ligroïne additionnée de benzène en aiguilles aplaties, rouges par transparence et à reflets métalliques bleuâtres. Elle fond à 203-204°; ses sels se dissolvent avec une couleur rose sans fluorescence. Elle donne, en bain acide, une teinture rouge. Chauffée à 160° avec de l'acide acétique et de l'acide chlorhydrique, elle est dédoublée en aniline et hydrate de benzolindone :

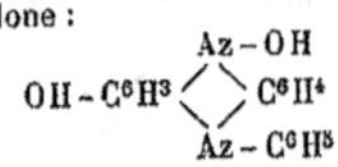

$$OH - C^6H^3 \left\langle \begin{matrix} Az - OH \\ \\ Az - C^6H^5 \end{matrix} \right\rangle C^6H^4$$

La baryte la dédouble en ammoniaque et benzolindone :

$$O = C^6H^3 \lessgtr \begin{matrix} Az \\ Az \end{matrix} \gtrless C^6H^4, \quad Az-C^6H^5$$

(voyez plus bas l'interprétation de M. Kehrmann).

Phénylmésophénylinduline, $C^{24}H^{17}Az^3$. — Elle se forme dans l'action de l'aniline sur la mésophénylinduline qu'elle accompagne dans sa préparation, et se forme exclusivement lorsqu'on chauffe trop haut l'aposafranine avec l'aniline. Avec la phényltoluidine, on obtient de même la phénylcrésylinduline, qui fond à 227-228°.

Aminophénylinduline,

$$C^6H^5 - Az = C^6H^3 \lessgtr \begin{matrix} Az \\ Az \end{matrix} \gtrless C^6H^4, \quad Az - C^6H^4 - AzH^2$$

— Cette induline, qui est un produit fréquent de l'oxydation de la phénylphénylène-diamine en présence d'aniline, a été déjà plusieurs fois signalée. On l'obtient lorsque l'on chauffe à 146° l'azophénine (4 grammes) avec de l'aniline (10 grammes), du chlorhydrate de phénylphénylène-diamine (2 grammes) et de l'alcool (50 grammes).

L'azophénine agit évidemment à la manière d'un oxydant. La dianilidoquinone agit de même. On pourrait assigner à cette induline diverses autres formules de constitution que discutent les auteurs (voyez plus bas); mais ce qui est certain, c'est qu'elle se comporte comme une amine primaire. Elle donne avec l'acide formique un dérivé qui est précipité par l'ammoniaque, et qui cristallise dans l'alcool en lamelles d'un vert bleuâtre, fusibles à 230°, solubles dans l'eau avec une couleur rouge et dédoublables par l'acide sulfurique étendu en acide formique et amino-induline. Elle fournit de même un *dérivé acétylé*,

$$C^{18}H^{17}Az^{4}(COCH^{3}),$$

fusible à 160° et qui s'obtient à l'état d'*acétate*, formant des cristaux bronzés fusibles à 183°.

L'action de la baryte à 180-200° sur l'aminophénylinduline, en présence d'un peu d'alcool, donne naissance à deux corps : l'*oxyphénylinduline*

$$C^{6}H^{5}Az = C^{6}H^{3} \lessgtr \begin{matrix} Az \\ Az \end{matrix} \gtrless C^{6}H^{4} \quad (C^{6}H^{4}-OH)$$

et l'*oxybenzolindone asymétrique*

$$O = C^{6}H^{3} \lessgtr \begin{matrix} Az \\ Az \end{matrix} \gtrless C^{6}H^{4} \quad (C^{6}H^{4}-OH)$$

L'addition d'acide chlorhydrique à la solution alcaline en précipite l'oxyinduline à l'état de chlorhydrate, tandis que l'oxyindone reste dissoute et ne se dépose que par la concentration.

Le *chlorhydrate*, $C^{24}H^{17}Az^{3}O.HCl$, forme des paillettes miroitantes vertes, solubles dans l'alcool avec une couleur rouge, dans la potasse avec une couleur rouge-bleuâtre, dans l'acide sulfurique avec une couleur verte. La base libre cristallise en cristaux bruns.

L'*oxyindone asymétrique*, $C^{18}H^{12}Az^{2}O^{2}$, peut être précipitée directement de la solution alcaline par l'acide acétique; elle cristallise très bien. Sa solution dans la potasse est rouge, avec fluorescence verdâtre. La solution dans l'acide sulfurique est brune et devient orangée par addition d'eau.

INDULINES SYMÉTRIQUES (mauvéines, indazines). — De cette catégorie est la *phénomauvéine* ou *phénylmésophénylinduline symétrique*, qui se forme par oxydation de l'aniline (Perkin) et, en outre, par l'action de la nitrosaniline sur la diphényl-m-phénylène-diamine [*Bull. Soc. Chim.*, (3), **10**, 1013].

Dans cette réaction, il se forme une seconde matière colorante soluble dans l'acide sulfurique avec une couleur bleue et qui, par sa composition $C^{30}H^{23}O^{5}$, est, ou une *anilidophénomauvéine* ou la *p-aminophénylphénomauvéine* :

AzH² – (C⁶H⁴) – Az = [Az ; AzC⁶H⁵] – AzH – (C⁶H⁵)

C'est cette dernière interprétation qui doit prévaloir.

Nitrosodiméthylaniline et diphényl-m-phénylène-diamine. — Trois molécules de la base nitrosée réagissent à 80° sur deux molécules de la diamine en solution alcoolique. Par le refroidissement, le chlorhydrate de la matière colorante $C^{28}H^{26}Az^{5}$ se dépose, tandis qu'il reste en solution une autre matière colorante $C^{16}H^{22}Az^{4}$, qu'on précipite par la soude après addition d'eau. Ces deux bases peuvent être séparées par cristallisation dans le benzène; la base $C^{26}H^{22}Az^{4}$ se sépare d'abord. C'est le corps connu sous le nom d'*indazine*. Il fond à 218-220° et cristallise avec une molécule de dissolvant. Il se dissout dans l'acide sulfurique avec une couleur verte, qui passe au bleu-violet par l'addition d'eau. La base $C^{28}H^{27}Az^{5}$ se sépare de sa solution benzénique avec une molécule de benzène de cristallisation sous la forme d'une poudre cristalline, fusible à 178°; après élimination du benzène, elle fond à 210-212°. Elle se dissout dans l'acide sulfurique avec une couleur violette, qui tire sur le bleu par la dilution. Sa constitution est, d'après MM. Fischer et Hepp, représentée par la formule

$$(CH^{3})^{2}Az-C^{6}H^{4}-Az=C^{6}H^{3} \lessgtr \begin{matrix} Az \\ Az \end{matrix} \gtrless C^{6}H^{3}-Az(CH^{3})^{2}. \quad (C^{6}H^{5})$$

Il serait possible aussi que la condensation allât plus loin et qu'il se formât le corps

Cl(CH³)²Az = [Az ; AzC⁶H⁵ ; Az ; AzC⁶H⁵] = Az(CH³)²Cl

[voyez Schultz et Julius, *Organic Colouring Matters*, by H. G. Green. London, 1894, Mac Milliam.]

On obtient de même deux matières colorantes par l'emploi de la nitrosodiéthylaniline, des nitrosomonométhyl- et monoéthylaniline et de la nitrosodiphénylamine. Avec cette dernière, on obtient les deux matières colorantes $C^{30}H^{22}Az^{4}$ et $C^{36}H^{27}Az^{5}$. Cette dernière se dépose, par addition de ligroïne à sa solution benzénique, en petits cristaux bronzés, qui fondent à 202° en se décomposant. Elle se dissout avec une couleur bleue dans l'acide sulfurique. C'est la *phénylaminophénylmauvéine* :

HAz < C⁶H⁴ / C⁶H⁵ – Az = [Az ; AzC⁶H⁵] AzH . C⁶H⁵

La base $C^{30}H^{22}Az^{4}$ est la phénylmauvéine, qui fond à 256-257° et peut cristalliser dans le benzène, dans lequel elle est peu soluble; elle se dissout dans l'acide sulfurique avec une couleur vert d'herbe qui tire sur le bleu par la dilution.

Mauvindone (B. II. 4 *anilidobenzolindone symétrique*),

O = [Az ; AzC⁶H⁵] AzH (C⁶H⁵)

— La transformation des benzolindulines en benzolindones n'est pas très nette, et on obtient plus facilement ces dernières en partant des nitrosophénols. On obtient la *mauvindone* $C^{24}H^{17}Az^{3}O$ en dissolvant 6 grammes de nitrosophénol et 7 grammes de diphényl-m-phénylène-diamine dans 150 grammes d'alcool additionné de 4 grammes d'acide chlorhydrique concentré. Après 40 heures, il se sépare un précipité cristallin, qui augmente par une courte ébullition. On dissout ce précipité dans l'alcool bouillant, on le traite par la soude et on étend d'eau la solution; la base cristallise par le refroidissement. Elle cristallise dans un mélange de benzène et d'alcool et forme une poudre cristalline bronzée, soluble dans l'acide sulfurique avec une couleur d'un bleu violet.

La mauvindone est dédoublée par les alcalis en aniline et *oxybenzolindone symétrique* :

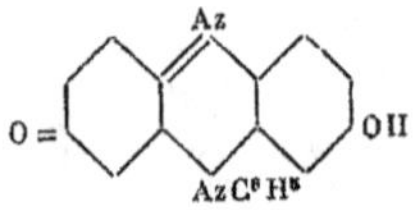

Mais ce dédoublement est incomplet et s'obtient plus facilement avec la phénylmauvéine en chauffant celle-ci avec de la baryte alcoolique. L'oxybenzolindone se précipite en flocons rouges lorsqu'on sature la solution alcoolique par l'acide acétique. Elle est identique avec le *safranol*,

$$C^{18}H^{12}Az^2O^2,$$

de MM. Nietzki et Otto [*Bull. Soc. Chim.*, (2), **50**, 421; voyez aussi plus haut les travaux de M. Jaubert]. Ce safranol est accompagné d'un produit intermédiaire insoluble dans les alcalis, qui est l'*aminobenzolindone symétrique* $C^{18}H^{13}Az^3O$ (AzH^2 à la place de OH) et qui cristallise dans le benzène avec un peu d'alcali, en prismes à reflets verts. MM. Nietzki et Otto ont admis la présence de deux OH dans le safranol; MM. Fischer et Hepp montrent qu'il n'y en a qu'un : les éthers monométhyliques sont en effet insolubles dans les alcalis.

L'*éther* $C^{18}H^{11}Az^2O^2(C^2H^5)$ cristallise dans l'alcool en beaux prismes bronzés, fusibles à 265°; l'*éther méthylique* fond à 240°.

Rosinduline. — La *phénylrosinduline* donne par l'action du mélange sulfonitrique un *dérivé mononitré* $C^{28}H^{18}Az^3(AzO^2)$, cristallisé en lamelles presque noires, fusibles à 270° et donnant des sels dissociables par l'eau. Par l'action de l'acide azotique fumant sur la phénylrosinduline en solution acétique, on obtient la *trinitrophénylrosinduline* $C^{28}H^{16}Az^3(AzO^2)^3$, qui cristallise dans le nitrobenzène en lamelles ou en aiguilles rouges. Le dédoublement de ces dérivés nitrés par l'acide chlorhydrique à 200° fournit de la rosindone et des nitranilines, ce qui montre que la nitration se fait dans le seul noyau benzénique :

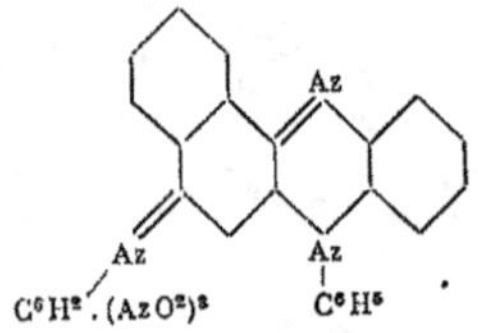

La *rosindone* fournit facilement un dérivé mononitré $C^{22}H^{13}(AzO^2)Az^2O$, qui cristallise dans l'acide acétique en aiguilles rouges peu solubles, plus solubles dans le benzène et dans le nitrobenzène.

Sa réduction par la poudre de zinc et l'acide acétique fournit l'*aminorosindone*,

$$C^{22}H^{13}(AzH^2)Az^2O,$$

qui cristallise dans l'éther en tables brillantes d'un bleu foncé. Elle donne des sels bleus et des sels orangés.

On connaît plusieurs dérivés sulfonés de la rosinduline et de la rosindone, notamment l'*acide phénylrosinduline sulfonique* 1 : 2 : 4 : 6 et l'*acide rosindone sulfonique* 1 : 2 : 4 : 7. Ces acides fournissent facilement, par l'action de la soude à 10 0/0, sous pression à 220°, les *oxyrosindones* correspondantes :

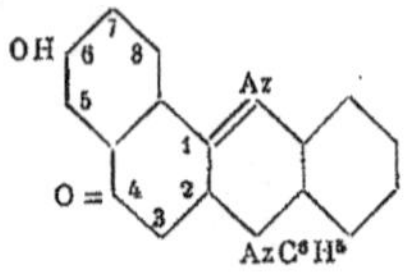

et

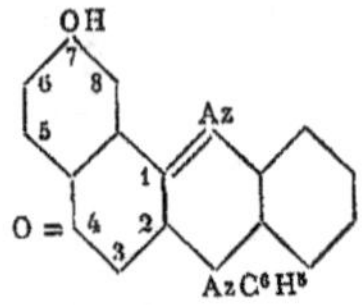

L'*oxyrosindone* 1 : 2 : 4 : 6 donne un sel de sodium qui est peu soluble et se sépare par le refroidissement en lamelles rouges; décomposé par l'acide acétique, il donne l'oxyrosindone libre qui cristallise dans l'alcool en prismes d'un vert brun.

L'*oxyrosindone* 1 : 2 : 4 : 7 donne un sel de sodium très peu soluble (1 : 400); elle-même cristallise dans l'alcool en lamelles orangées dont la solution offre une fluorescence jaune-vert, ainsi que celle du chlorhydrate qui cristallise en gros prismes rouges à reflets verts.

Rosindulines symétriques. — Le représentant le plus simple de cette classe, la B-II-4-aminorosinduline,

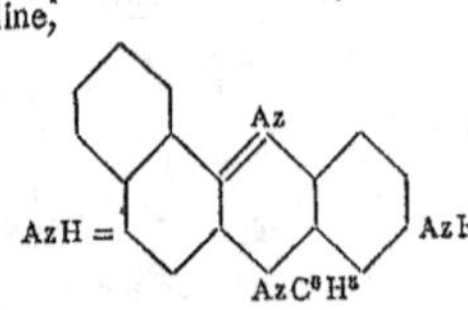

est encore inconnu.

On en obtient des dérivés substitués par l'action des dérivés nitrosés des α-naphtylamines substituées sur la diphényl-m-phénylène-diamine. Avec la nitrosométhyl-α-naphtylamine, on obtient au moins deux matières colorantes, dont l'une cristallise en lamelles vertes. Avec la nitrosophényl-α-naphtylamine [*Bull. Soc. Chim.*, (2), **48**, 412], le produit principal est l'*anilidophénylinduline* $C^{36}H^{34}Az^3$, qui cristallise dans le benzène en lamelles à reflets verdâtres, solubles dans l'alcool avec une couleur bleue, dans l'acide sulfurique avec une couleur verte; le *chlorhydrate* est une poudre cristalline bleue. L'acide sulfurique à 200-220° le dédouble avec production d'*oxyrosindone* B-II-4, dont le *chlorhydrate* $C^{22}H^{14}Az^2O^2HCl$ cristallise en beaux cristaux rouges. Cette oxyrosindone est identique avec celle que fournit l'*aminophénylrosinduline* [*Bull. Soc. Chim.*, (3), **10**, 1013].

Aux rosindulines symétriques appartient aussi la B-I-*diméthylrosinduline*, que les auteurs ont déjà décrite (*loc. cit.*) en lui assignant la composition erronée $C^{24}H^{23}Az^3$; celle qui lui appartient est $C^{32}H^{29}Az^5$, soit,

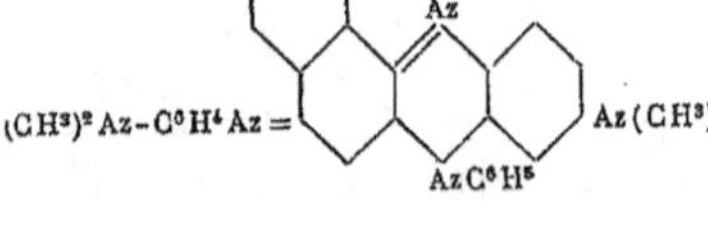

Son *nitrate*, $C^{32}H^{29}Az^{5}(AzO^{3}H)^{2}$, est soluble dans l'alcool avec une couleur bleue que les acides minéraux font virer au violet; en outre, la solution est dichroïque et paraît rouge par transparence. La formule ci-dessus en fait un dérivé de la phényl-β-naphtylamine et la base se produit, en effet, par l'action de la nitrosodiméthylaniline sur cette amine. La phényl-α-naphylamine donne une matière colorante douée de caractères différents.

Isorosindulines. — Ces composés se forment par l'action des bases nitrosées sur la 2-7-diphénylnaphtylène-diamine; les isoindones correspondantes, par l'action des nitrosophénols sur la même diamine.

Nt-II-7-*anilidoisorosindone*,

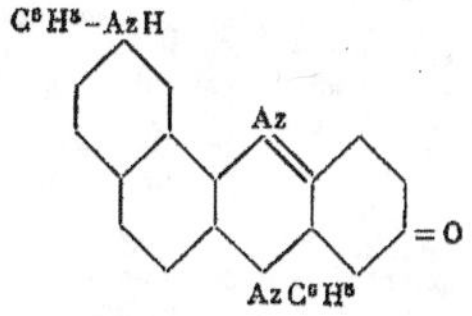

$C^{6}H^{5}$-AzH

Az

=O

Az$C^{6}H^{5}$

— On ajoute à froid 8 centimètres cubes d'acide chlorhydrique à un mélange de 5 grammes de p-nitrosophénol et de 8 grammes de diamine dissous dans 150 grammes d'alcool; après quelques heures on porte à l'ébullition, on dissout le précipité dans l'alcool chaud, on additionne de potasse, puis on étend d'eau et on fait bouillir. Le précipité cristallin qui se forme se dissout dans l'alcool avec une couleur violette, que l'acide chlorhydrique fait passer au vert. Cette anilidoisorosindone est dédoublée par l'acide chlorhydrique à 200° en aniline et Nt-II-7-*oxyisorosindone*.

Naphtindulines. — *Rouge de naphtyle*,

$$C^{26}H^{18}Az^{4}.$$

— Lorsqu'on chauffe à 120° 1 gramme de benzène-azo-α-naphtylamine avec 3 grammes de phénol, on obtient du sel ammoniac et un produit fondu rouge, en grande partie soluble dans l'eau. L'addition du sel marin à la solution en précipite une poudre brune à éclat métallique, composée de rosinduline $C^{22}H^{15}Az^{3}$ et de rouge de naphtyle. Pour les séparer, on ajoute de l'acide chlorhydrique à leur solution alcoolique : le rouge se précipite à l'état de chlorhydrate en aiguilles d'un jaune d'or; l'addition de potasse à la solution en précipite alors la rosinduline, en lamelles fusibles à 198-199° [*Ann. Chem.*, **286**, 187].

Le *chlorhydrate*, $C^{26}H^{18}Az^{4}.HCl$, est peu soluble; sa solution est rouge-violet avec une belle fluorescence. Il se dissout dans l'acide sulfurique avec une couleur jaune-vert, qui vire au violet-rouge par la dilution. La base est un produit cristallin brun, à reflets verdâtres, peu soluble, très avide d'acide carbonique.

Chauffé à 200° avec de l'acide chlorhydrique concentré, le rouge de naphtyle est converti en chlorhydrate de Nt-II-4-*aminonaphtindone*,

$$C^{26}H^{17}Az^{3}O.HCl,$$

cristallisable en aiguilles bronzées. L'aminonaphtindone libre cristallise en tables vertes, solubles dans l'alcool, insolubles dans le benzène; sa solution offre une belle fluorescence rouge. Une action plus prolongée de l'acide chlorhydrique fournit l'*oxynaphtindone* déjà décrite, $C^{26}H^{16}AzO^{2}$. Ce dédoublement conduit à admettre pour le *rouge de naphtyle* la constitution

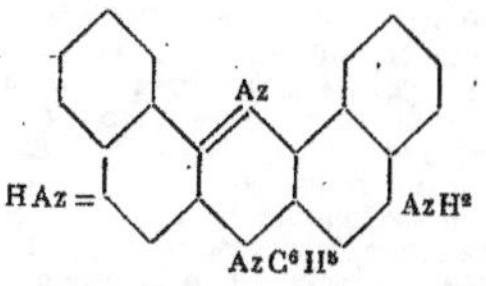

Az

HAz=

AzH²

Az$C^{6}H^{5}$

Rouge de Magdala ou *rose de naphtaline*. — Hofmann lui avait assigné la composition $C^{30}H^{19}Az^{3}$, tandis M. P. Julius est arrivé par l'analyse du sulfate à la formule $C^{30}H^{20}Az^{4}$ [*Bull. Soc. Chim.*, (2), **47**, 285]. En réalité, comme l'ont reconnu MM. Fischer et Hepp [*Ann. Chem.*, **286**, 187], le produit commercial est un mélange de ces deux bases :

I.

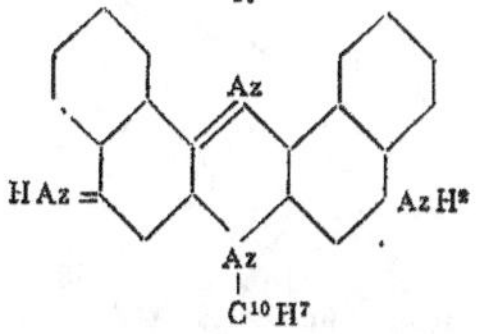

Az

HAz=

AzH²

Az
|
$C^{10}H^{7}$

II.

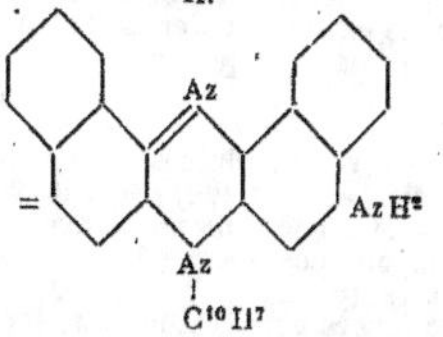

Az

=

AzH²

Az
|
$C^{10}H^{7}$

Pour les séparer, on délaye le produit dans le benzène chaud, on y ajoute de la potasse alcoolique et l'on fait bouillir pendant 10-15 minutes; on épuise le résidu par le benzène bouillant qui dissout la totalité de la base $C^{30}H^{19}Az^{3}$, qui se sépare par la concentration en mamelons rouge-brun. Cette base se dissout dans l'acide sulfurique avec une couleur bleue, qui vire au rouge violet après addition d'eau. La base $C^{30}H^{20}Az^{4}$, qui constitue le résidu, donne une solution jaune-vert, que l'addition d'eau fait virer au rouge. Les sels de la base $C^{30}H^{19}Az^{3}$ teignent en rouge violet. Cette base est tout à fait analogue à l'α-β-*naphtinduline* symétrique $C^{16}H^{17}Az^{3}$, mais renferme un groupe $C^{10}H^{7}$ à la place (méso) du phényle (formule I). Son dédoublement par l'acide chlorhydrique à 220° fournit la mésonaphtylnaphtindone (formule II), petits cristaux prismatiques solubles dans l'acide sulfurique avec une couleur bleu-vert, devenant jaune, puis rose par la dilution; la solution alcoolique offre une fluorescence rouge de feu.

La base $C^{30}H^{20}Az^{4}$ (rouge de Magdala préparé d'après le procédé de M. Julius à l'état de sulfate) a été mise en liberté en dissolvant 2 grammes de ce sel dans 1,5 litre d'eau, ajoutant 3/4 de litre d'éther et de la potasse pure. Par l'agitation, la base se dissout dans l'éther et cristallise par la concentration en petits prismes renfermant $C^{30}H^{20}Az^{4}$, et 1,5 molécule d'éther; privée d'éther, elle est un peu soluble dans l'eau bouillante, soluble dans l'alcool; ces solutions ne sont pas fluorescentes : cette propriété n'appartient qu'aux sels.

La base $C^{30}H^{20}Az^{4}$ fournit, par l'action de l'acide chlorhydrique concentré, à 210-220°, l'*amino-mésonaphtylnaphtindone* $C^{30}H^{19}Az^{3}O$ et l'*oxy-mésonaphtylnaphtindone* $C^{30}H^{18}Az^{2}O^{2}$.

La première est insoluble dans les alcalis et forme une poudre cristalline soluble dans l'acide sulfurique avec un dichroïsme bleu et rouge; l'addition d'eau fait virer la couleur au rouge avec précipité rouge.

La seconde, soluble dans la potasse avec fluorescence rouge, cristallise dans l'alcool en prismes à reflets verts, solubles en bleu pur dans l'acide sulfurique. Son *chlorhydrate* $C^{30}H^{18}Az^{2}O^{2}, HCl$ cristallise en cristaux rouges à reflets verts et donne une solution orangée à fluorescence verte. Le rouge de Magdala est le dérivé aminé de la base $C^{30}H^{19}Az^{3}$ et fournit en effet cette base par l'action de l'acide nitreux. Il a donc pour constitution

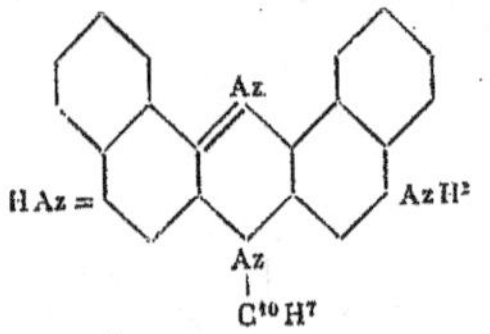

HAz= ... Az ... AzH² ... Az—C¹⁰H⁷

[Fischer et Hepp, *Ann. Chem.*, **286**, 187].

Les travaux publiés par MM. Fischer et Hepp et résumés ci-dessus ont été repris par M. Kehrmann [*D. chem. G.*, **28**, 1709]; il a répété les recherches en question et, selon lui, les résultats en ont été mal interprétés.

Tandis que MM. Fischer et Hepp admettent que les indulines et les safranines sont les représentants de diverses classes de combinaisons qui, par l'action des réactifs, peuvent passer de l'une à l'autre, M. Kehrmann pense que les bases indulines dépourvues d'oxygène et les indones ne sont autre que des anhydrides p-quinoïdiques de bases aminées ou oxyazoniums, tandis que leurs sels ou leurs hydrates dériveraient de la forme azonium o-quinoïdique :

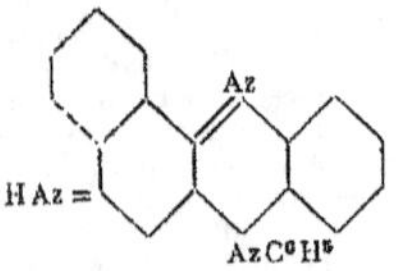

HAz= ... Az ... AzC⁶H⁵

Forme p-quinoïde (base).

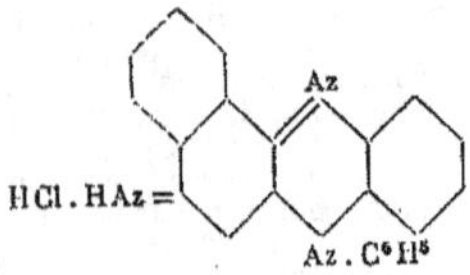

HCl.HAz= ... Az ... Az.C⁶H⁵

Forme p-quinoïde (sel).

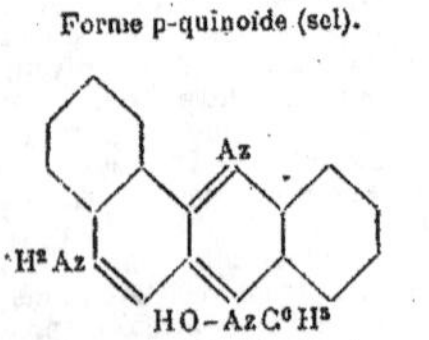

H²Az ... Az ... HO-AzC⁶H⁵

Forme o-quinoïde (base).

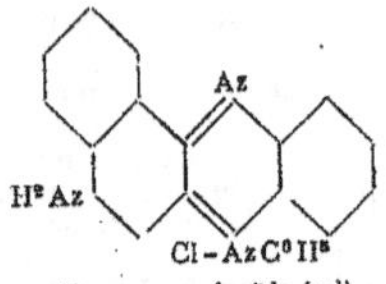

H²Az ... Az ... Cl-AzC⁶H⁵

Forme o-quinoïde (sel).

Les safranines peuvent être considérées d'une manière générale comme des bases azoniums aminées; les bases indulines dépourvues d'oxygène apparaissent comme des anhydrides p-quinoïdiques des safranines, renfermant au moins un groupe aminogène en position para relativement à l'atome d'azote azinique non alcoylé, tandis que les safranines, ainsi que les bases indulines, qui ne forment qu'une série de sels monacides, et tous les autres sels de safranine appartiennent à la forme azonium o-quinoïdique.

La confirmation ou la réfutation des résultats de MM. Fischer et Hepp sur la transposition de la safranine la plus simple, l'aposafranine, en benzène-induline la plus simple, pourrait résoudre la question en faveur de l'une ou de l'autre des opinions en présence; les recherches de M. Kehrmann en collaboration avec M. Fickhwiusky montrent, selon ces savants, que leurs idées sur ce sujet sont plus vraisemblables. Ils ont constaté que :

1° Lorsque l'on fait réagir l'aniline sur le chlorhydrate d'aposafranine, on obtient de l'anilido-aposafranine et de l'hydro-aposafranine; cette dernière, étant facilement transformée par l'action de l'oxygène de l'air en aposafranine, fournit finalement l'*anilido-aposafranine* :

Az ... =AzH ... AzC⁶H⁵ + $C^{6}H^{5}AzH^{2}$ + O

= Az ... -AzH.C⁶H⁵ ... =AzH ... AzC⁶H⁵ + $H^{2}O$.

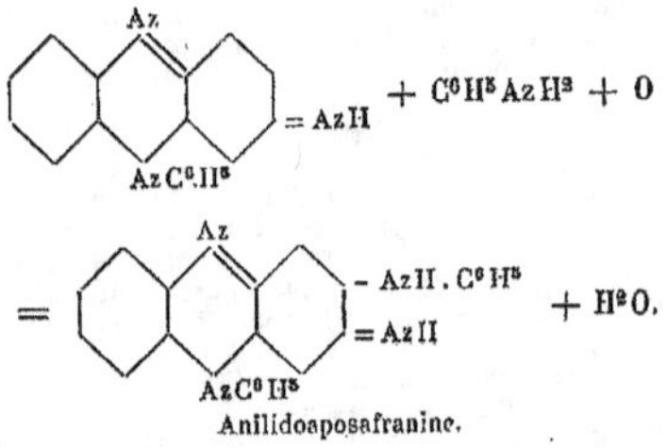

Anilidoaposafranine.

2° En chauffant ce dérivé en tube scellé avec de l'acide acétique cristallisable et de l'acide chlorhydrique, on provoque l'élimination d'aniline et d'ammoniaque avec formation d'*oxybenzolindone* :

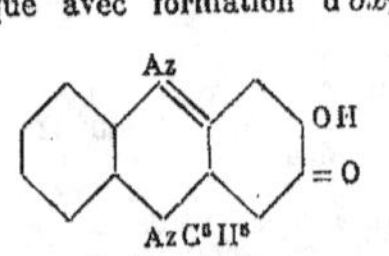

Az ... OH ... =O ... AzC⁶H⁵

Oxybenzolindone.

ce qui prouve que le résidu de l'aniline était entré en position ortho, relativement au groupe imine.

3° La *benzolindone* se forme au moyen de l'anilido-aposafranine par l'action de la solution alcoolique de baryte à 140-145°, par réduction.

4° L'anilido-aposafranine n'est pas identique, mais isomérique avec le produit d'oxydation de l'o-aminodiphénylamine.

5° La benzolindone prend naissance d'une manière nette en partant de l'aposafranine lorsqu'on la chauffe pendant quelques minutes à l'ébullition avec une lessive de soude très étendue ; cette réaction montre que l'aposafranine est à la benzolidone dans le même rapport que la rosinduline à la rosindone.

6° Lorsqu'on traite le chlorhydrate d'aposafranine par la p-toluidine, on n'obtient pas le composé considéré par MM. Fischer et Hepp comme l'induline la plus simple, mais la p-toluidine-aposafranine, qui est décomposée par l'acide chlorhydrique en p-toluidine, oxybenzolindone et ammoniaque :

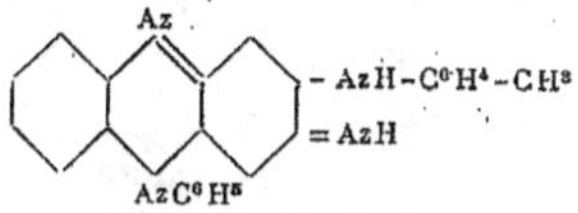

Az
$- AzH-C^6H^4-CH^3$
$= AzH$
AzC^6H^5

P-toluidine-aposafranine

MM. Fischer et Hepp, dans un récent mémoire, ont de nouveau discuté les relations qui existent entre les indulines et les safranines [*D. chem. G.*, **28**, 2283].

Ces savants avaient déjà prouvé que la mauvéine, l'indazine, la rosinduline, le rouge et le bleu de naphtyle, ainsi que le rouge de Magdala, appartiennent à une même classe de colorants. Les recherches de ces auteurs et celles de M. Jaubert ont montré que la mauvéine est une phénylsafranine, et le safranol une oxyaposafranone. Le safranol ne contenant pas d'eau, on doit envisager la base de la phénosafranine comme une base anhydre, et par suite regarder comme substance mère du groupe des indulines et des safranines l'aposafranine (safranide de Jaubert) possédant la constitution suivante :

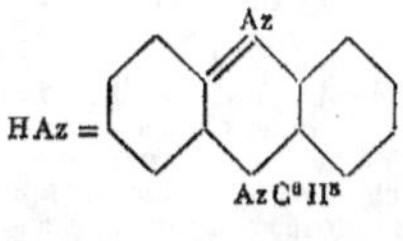

Az
$HAz =$
AzC^6H^5

Il n'est pas possible d'envisager les sels de safranine comme des sels de bases ammoniées, car une solution d'un sel de safranine est précipitée par un alcali caustique (exempt de carbonate) et l'on peut extraire la base par l'éther ou le méthylal. De même l'aposafranine ne contient pas d'eau, mais est une base anhydre, ce qui ressort des analyses de la *benzoylaposafranine* :

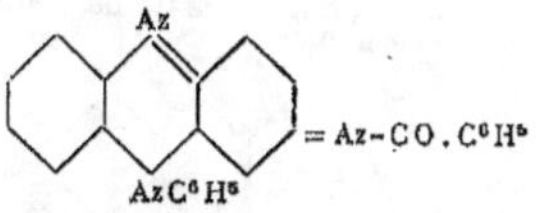

Az
$= Az-CO.C^6H^5$
AzC^6H^5

Cette combinaison benzoylée cristallise dans le benzène en petites paillettes violettes et possède la composition suivante : $C^{25}H^{17}Az^3O, C^6H^6$. Elle est fortement basique et forme des sels colorés en jaune.

L'aposafranine chauffée à 180° en solution aqueuse se transforme en *aposafranone* :

Az
$= O$
AzC^6H^5

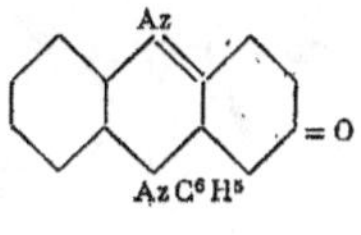

Cette dernière, chauffée au bain-marie avec de l'aniline et du chlorhydrate d'aniline, se transforme en un produit bien cristallisé fondant à 256°, regardé autrefois comme une benzolindone $C^{18}H^{12}Az^2O$, mais qui est en fait une *anilidoaposafranone* $C^{24}H^{27}Az^3O$. Si l'on chauffe cette anilidoaposafranone avec de l'acide sulfurique à 75 0/0, on obtient une oxyaposafranone fondant entre 230 et 280°. L'anilidoaposafranone, après réduction par le zinc et l'acide acétique, puis oxydation de la solution obtenue au moyen du bioxyde de plomb, se transforme en aposafranone.

La phénylinduline doit donc avoir la formule $C^{30}H^{22}Az^4$ au lieu de $C^{24}H^{17}Az^3$ et l'aminophénylinduline la formule $C^{30}H^{23}Az^5$. D'une manière générale, les indulines doivent être regardées comme les dérivés anilidés des safranines.

Dans un travail plus récent encore [*D. chem. G.*, 29, 361], MM. Fischer et Hepp démontrent à nouveau que les indulines, mauvéines, etc., appartiennent à la classe des p-quinones et rangent les safranines dans la même série.

Tous ces colorants réagissent plus ou moins facilement sur les bases aromatiques, comme l'aniline, les toluidines, la p-phénylène-diamine, etc., pour donner des indulines dont le type le plus simple est, d'après les auteurs :

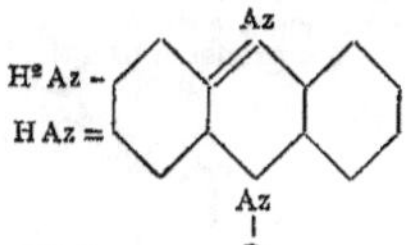

Az
$H^2Az -$
$HAz =$
Az
R

(R = radical méthyle, éthyle, phényle, etc.). Ces représentants simples de la série des indulines n'ont pas encore été préparés, mais les auteurs pensent y parvenir par oxydation de la monométhyl-triamidophénylamine, qui donnera probablement le corps suivant :

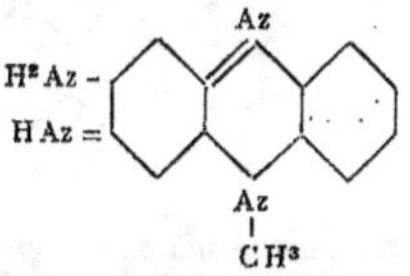

Az
$H^2Az -$
$HAz =$
Az
CH^3

Les indulines et les safranines se distinguent très nettement par leur dissolution dans l'acide sulfurique concentré. Autant que nos connaissances nous permettent de généraliser, on peut admettre que toutes les safranines simples, comme l'aposafranine, la phénosafranine, la mauvéine, l'indazine, la rosinduline, se dissolvent en vert dans l'acide sulfurique, et leurs dérivés anilidés en bleu et en violet.

Les auteurs, en outre, estiment que, du moment que l'on admet pour les safranines et pour les indulines la forme p-quinoïde, il est inutile d'admettre avec M. Kehrmann que les sels des bases induliniques et les indones sont des bases azoniums (o-quinoïdes), tandis que les bases induliniques dépourvues d'oxygène et les indones seraient les anhydrides p-quinoïdes des bases azoniums aminées ou hydroxylées. Il est beaucoup plus probable que la forte basicité des colorants tels que l'aposafranine ou la rosinduline, provient de la présence du groupe imine AzH, et non pas du noyau phénazique, autrement il serait impossible de comprendre pourquoi

l'aposafranone de M. Jaubert,

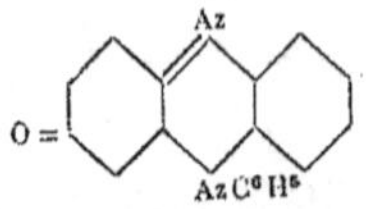

Az — O = — AzC⁶H⁵

de même que la rosindone et l'oxyindone, présente si peu de propriétés basiques. L'aposafranone et la rosindone ne donnent pas d'acétates, lors même qu'elles contiennent le groupe azinique = Az · C^6H^5, qui, d'après M. Kehrmann, doit être l'origine de la forte basicité. D'après ce dernier, le chlorhydrate d'aposafranine devrait avoir la formule suivante :

Az — H^2Az — Cl - AzC^6H^5

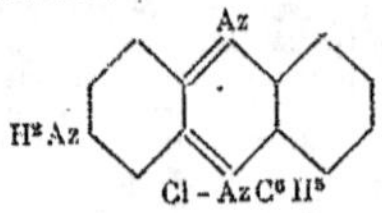

La présence d'un groupe AzH^2 libre ne peut pas être décelée dans ce dérivé. L'aposafranine, même après avoir été plusieurs jours en présence d'acide nitreux, ne se laisse pas diazoter.

L'aposafranine doit donc avoir la formule suivante, qui a été proposée par M. Jaubert :

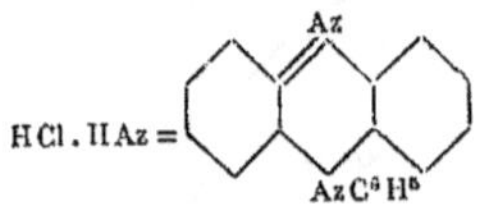

Az — HCl . HAz = — AzC^6H^5

A l'appui de son hypothèse, M. Kehrmann donne comme exemple l'hydrate de rosinduline, qu'il représente par la formule suivante :

Az — H^2Az — HOAz C^6H^5

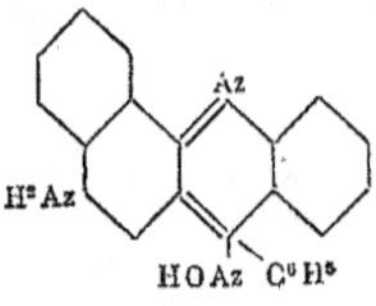

Les auteurs du mémoire, MM. Fiscner et Hepp, font tout d'abord observer qu'il arrive souvent aux bases de se séparer en retenant 1 molécule d'eau, comme les hydrates des diamines grasses, de l'hydrazine, etc. ; de même encore dans la série du triphénylméthane. Ainsi, si l'on traite à froid une solution de fuchsine par l'ammoniaque, on obtient un hydrate de fuchsine qui possède les mêmes propriétés que l'hydrate de rosinduline. L'hydrate de fuchsine est coloré, mais par dessiccation dans le vide il se transforme peu à peu en base de rosaniline incolore. MM. Fischer et Hepp proposent de représenter l'hydrate de rosinduline par la formule suivante :

Az — HAz = (OH, H) — AzC^6H^5

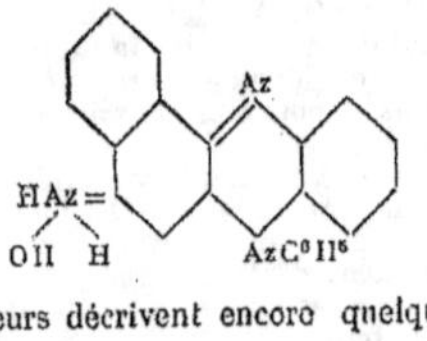

Les auteurs décrivent encore quelques nouveaux colorants, que nous allons rapidement examiner :

Si l'on chauffe l'aposafranine avec de l'aniline, on obtient deux corps :

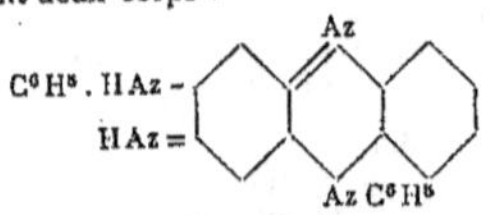

Az — C^6H^5 . HAz - — HAz = — Az C^6H^5

Anilidoaposafranine.

et

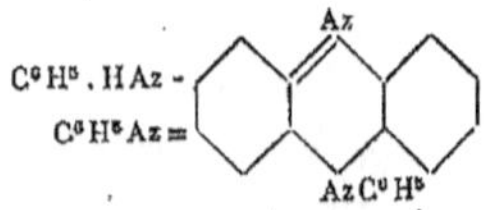

Az — C^6H^5 . HAz - — C^6H^5Az = — AzC^6H^5

Phénylanilidoaposafranine.

La constitution de ces deux corps a été établie par la transformation qu'ils subissent, quand on les traite par un acide sous pression, en

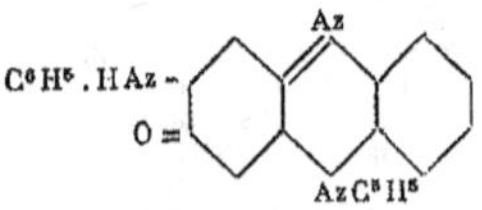

Az — C^6H^5 . HAz - — O = — AzC^6H^5

Anilidoaposafranone.

et

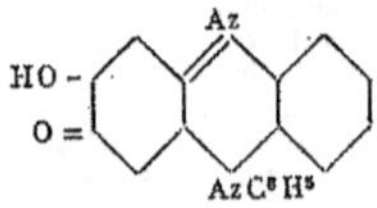

Az — HO - — O = — AzC^6H^5

Oxyaposafranone.

L'anilidoaposafranine se prépare facilement en chauffant pendant quelques heures, au réfrigérant à reflux, 1 partie de chlorhydrate d'aposafranine, 1 partie d'aniline, 1 partie et demie de chlorhydrate d'aniline et 20 parties d'alcool. Après refroidissement, l'anilidoaposafranine se sépare en cristaux verts brillants. L'anilidoaposafranine, traitée par les acides à chaud, fournit l'oxyaposafranone, qui est caractérisée par son éther méthylique.

Méthoxyaposafranone (1 molécule oxyaposafranone, 1 molécule KOH, 1 molécule CH^3I, le tout en solution dans l'alcool méthylique, à 100°). — Cet éther cristallise bien en prismes rouges, fusibles à 246-248°.

Il est maintenant certain, d'après la synthèse de M. Kehrmann, que l'hydrate de benzolindone possède la constitution

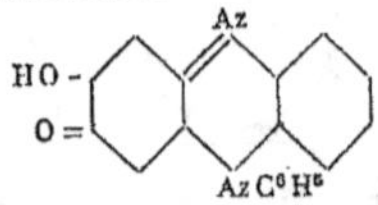

Az — HO - — O = — AzC^6H^5

En remplaçant dans cette réaction l'aniline par la p-toluidine, on obtient de même la p-toluidoaposafranine, qui fond à 218°. Si on emploie la p-phénylène-diamine, on obtient une induline fondant à 227° et possédant la constitution

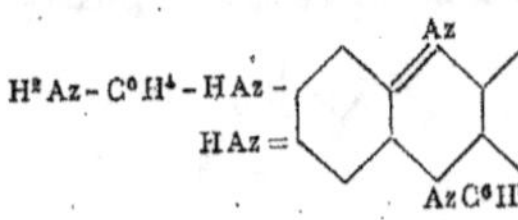

Az — H^2Az - C^6H^4 - HAz - — HAz = — AzC^6H^5

Action de l'o-phénylène-diamine sur l'aposafranine. — L'étude de cette réaction a conduit à une nouvelle synthèse de la fluorindine (phénylfluorindine).

On chauffe pendant 6 heures, au réfrigérant ascendant, 10 grammes de chlorhydrate d'aposafranine, 5 grammes d'o-phénylène-diamine, 10 grammes de chlorhydrate d'o-phénylène-diamine avec 200 centimètres cubes d'alcool. Le sel de fluorindine se sépare bientôt : on en isole la base par ébullition avec de la potasse alcoolique; puis, comme cette base est peu soluble dans les dissolvants ordinaires, on la fait cristalliser dans l'éther benzoïque.

En présence d'acides minéraux, la phénylfluorindine se dissout en bleu avec une belle fluorescence rouge. La réaction qui donne naissance à la phénylfluorindine peut être exprimée par le schéma suivant, étant supposée déjà faite la première condensation avec l'o-phénylène-diamine :

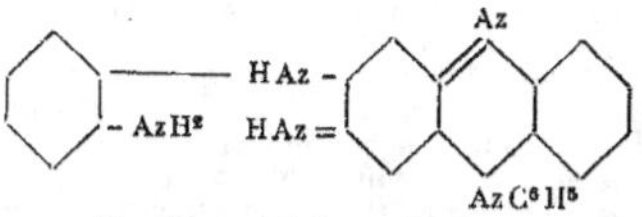

Premier produit de condensation.

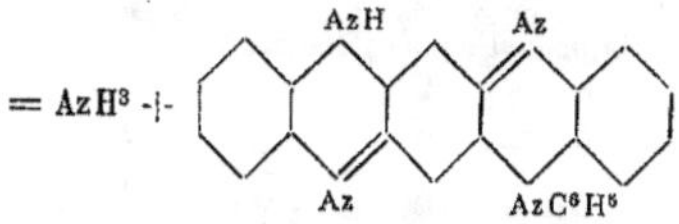

Phénylfluorindine.

Cette nouvelle synthèse confirme les synthèses précédentes effectuées par les auteurs. On possède maintenant la série fluorindine, phénylfluorindine et diphénylfluorindine.

Anilidophénylaposafranine, $C^{30}H^{22}Az^4$. — Ce dérivé est l'ancienne phénylinduline de MM. Fischer et Hepp ($C^{24}H^{17}Az^3$), qui, après en avoir pris le poids moléculaire dans le naphtalène, ont reconnu que leur premier poids moléculaire était d'un cinquième trop faible.

Aminophénylinduline. — Cette induline possède la constitution suivante :

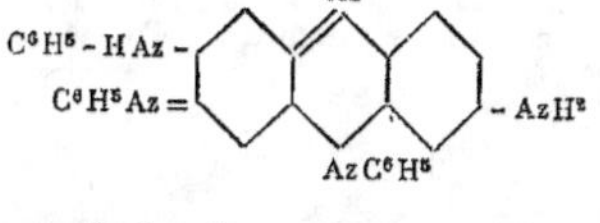

La constitution de ce colorant est très importante à connaître, car cette induline prend naissance dans la fusion indulinique de l'aminoazobenzène (D.R.P., n° 50534).

MM. Fischer et Hepp, dans leurs précédents travaux, ont publié des analyses du nitrate de cette induline correspondant exactement avec la formule $C^{24}H^{18}Az^4 . HAzO^3$. Avec leur nouvelle manière de voir, le résultat des analyses n'ayant pas changé, pour le mettre d'accord avec leurs nouvelles théories, ces auteurs admettent que le chlorhydrate d'induline, qui doit avoir la composition $C^{36}H^{23}Az^5$, cristallise avec une demi-molécule d'eau et le nitrate avec 1 molécule d'eau.

Cette induline, traitée à 170° par l'acide sulfurique étendu, donne l'amino-oxyaposafranone possédant la constitution suivante :

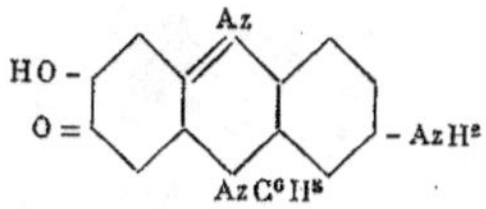

Ce corps peut être diazoté et transformé par la réaction de Griess en oxyaposafranone. Traité à 170° par l'acide sulfurique étendu, il fournit une dioxyaposafranone fusible à 280°. Ce dérivé se dissout en rouge jaunâtre dans la lessive de soude. L'oxyaposafranone qui prend naissance dans cette réaction n'est pas autre chose que le safranol. La position du groupe amino dans cette induline est très importante à déterminer (cette induline est désignée par les auteurs par le nom d'anilidophénylphénosafranine) et sa relation avec la phénosafranine, la mauvéine et la phénylmauvéine a été constatée en faisant réagir ces différentes matières colorantes sur l'aniline. Dans cette réaction, on obtient toujours le même produit : l'anilidophénylphénosafranine. C'est donc l'induline bleu-verdâtre qui est le produit ordinaire de l'action de l'aniline sur l'amino-azobenzène. La base de cette induline est fusible à 286-288°; elle donne un acétate très caractéristique.

D'après MM. Fischer et Hepp [*loc. cit.*], les indulines en C^{30} et C^{36} posséderaient la constitution suivante :

Induline en C^{30}.

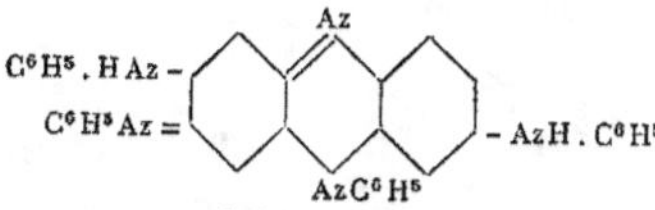

Induline en C^{36}.

M. Kehrmann, dans un important travail publié tout récemment [*Ann. Chem.*, **290**, 247], a exposé ses vues sur les relations qui existent entre les indulines et les safranines. Il a particulièrement étudié l'action des o-diamines alcoylées sur l'oxynaphtoquinone-imine. Le produit de condensation de la phényl-o-phénylène-diamine avec l'oxynaphtoquinone s'est trouvé être identique avec la rosindone de MM. Fischer et Hepp [*Ann. Chem.*, **256**, 233 et 236]. En remplaçant l'oxynaphtoquinone par l'oxynaphtoquinone-imine, M. Kehrmann a obtenu la rosinduline. Cette nouvelle synthèse des indones et des indulines montre d'une façon très nette les rapports qui existent entre les eurhodines, les eurhodols, les indulines et les indones. Ces dernières sont des produits alcoylés à l'azote azinique, mais dérivés de la forme p-quinoïde :

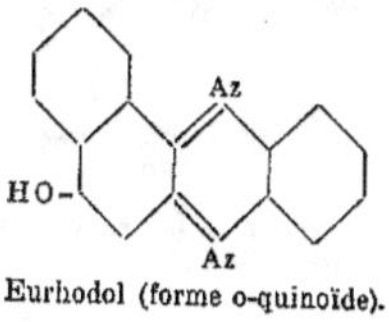

Eurhodol (forme o-quinoïde).

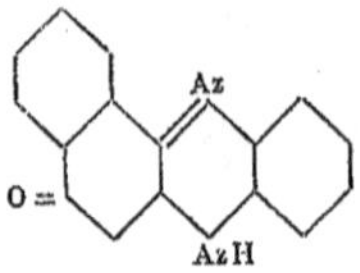

Indone.

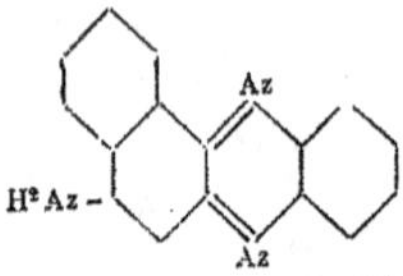

Eurhodine (forme o-quinoïde).

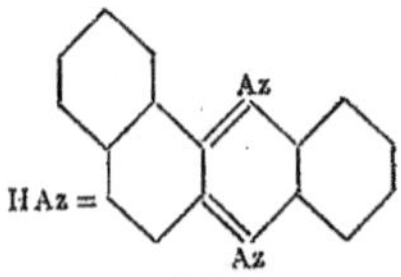

Induline.

L'étude de ces phénomènes de desmotropie dans la série de la rosinduline et de ses homologues a conduit M. Kehrmann à admettre que, si les formules proposées par MM. Fischer et Hepp sont exactes pour les bases induliniques et indoniques dépourvues d'oxygène, elles ne le sont plus pour les sels d'indulines et de safranines. Ces considérations sur les relations entre les indulines et les safranines sont basées sur l'étude des phénomènes de desmotropie des quinones de la forme suivante :

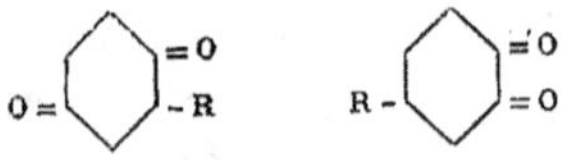

M. Kehrmann, après avoir admis la formule symétrique de la safranine et montré qu'elle explique beaucoup mieux les faits connus que la formule asymétrique de MM. Witt et Nietzki, discute les deux formules suivantes qui toutes deux sont admissibles :

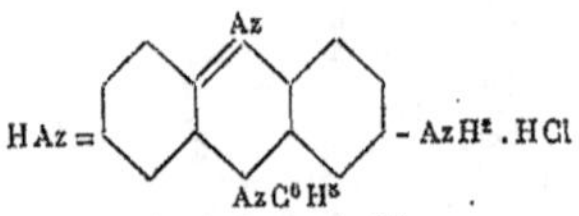

Formule p-quinoïde.
(Jaubert.)

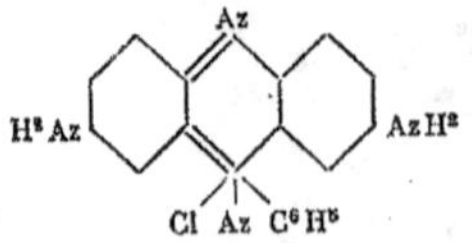

Formule o-quinoïde.
(Bernthsen.)

M. Kehrmann admet la seconde des hypothèses et pour cela se base sur les travaux de M. Hinsberg, qui le premier a constaté la formation d'azines par la condensation des o-diamines avec les o-quinones. La condensation d'une o-quinone avec une ortho-diamine a lieu, d'après M. Kehrmann, de la façon suivante :

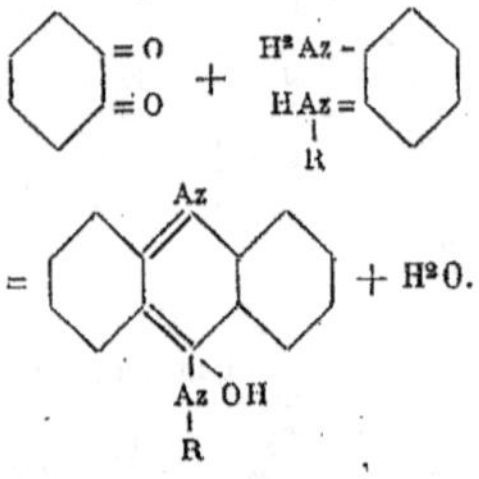

$+ H^2O.$

D'après cette équation, les bases azoniums doivent appartenir à la série o-quinoïde.

Les bases azoniums, préparées d'abord par M. O.-N. Witt au moyen de la phénanthrène-quinone, puis par MM. Kehrmann et Messinger au moyen du benzile, présentent une analogie remarquable avec les safranines connues; ces bases ne possèdent pourtant pas les caractères d'une matière colorante, mais plutôt ceux d'un chromogène. On arrive, en effet, à de véritables safranines si l'on condense le benzile avec des dérivés aminés de la phényl-o-phénylène-diamine :

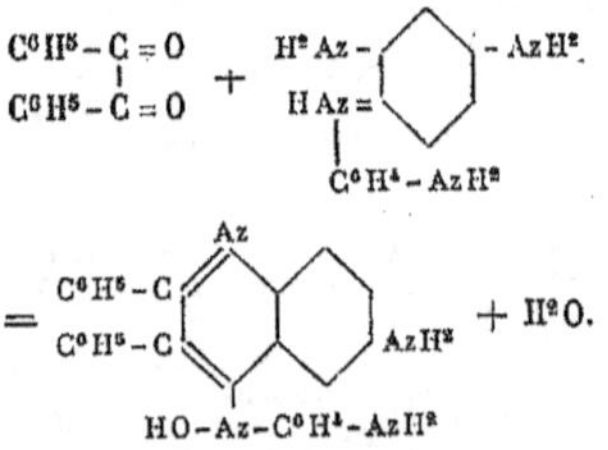

$+ H^2O.$

Ces colorants présentent en partie les caractères de la safranine ; ils sont rouges, fortement basiques, possèdent un goût amer, mais sont de faibles colorants, ce qui proviendrait, d'après M. Kehrmann, de la différence de constitution. M. Kehrmann, en commun avec M. Hertz, a étudié la condensation de l'acéto 4-amino 1.2-naphtoquinone avec le chlorhydrate d'o-phénylène-diamine :

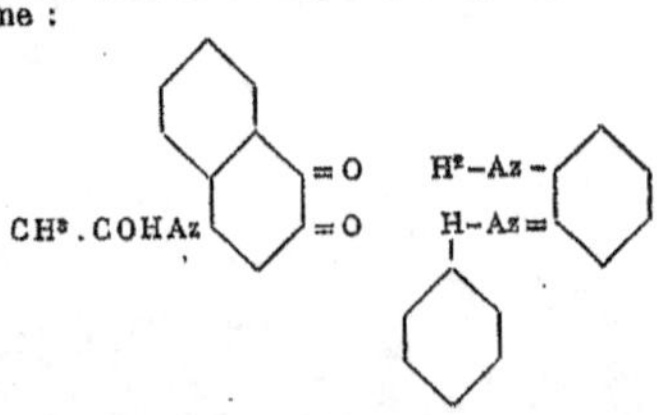

On obtient dans cette réaction deux chlorhydrates de bases ammoniées différents, qui par saponification donnent deux chlorures différents de naphtosafranine. L'un de ces chlorures est identique au chlorhydrate de rosinduline qui, par ce fait, est classé définitivement dans la série des bases ammoniées.

MM. Fischer et Hepp ont attribué à la base de

la rosinduline et à la rosindone les formules suivantes :

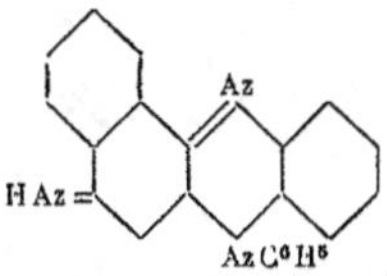

Az
HAz =
Az C^6H^5

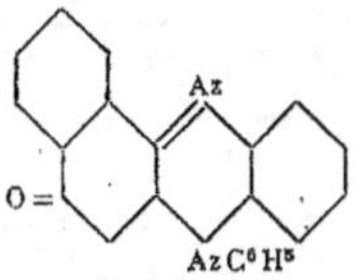

Az
O =
Az C^6H^5

ce qui forçait ces savants à les classer dans la série des indulines. MM. Kehrmann et Messinger, ayant démontré [*D. chem. G.*, **24**, 1240] que les bases azoniums non aminées peuvent exister sous la forme d'hydrates avec la liaison o-quinoïde, ont admis que les bases azoniums aminées ou hydroxylées, par suite les rosindulines et les safranines, passent, par simple élimination d'eau, de la forme o-quinoïde à la forme p-quinoïde, quand il existe un groupe AzH^2 ou un groupe OH libre, en position para par rapport à l'azote azinique non substitué.

Voici donc, si l'on peut s'exprimer ainsi, le théorème de M. Kehrmann [*Ann. Chem.*, **290**, 256] : Tous les colorants aziniques se rattachent à une grande classe de corps : les bases azoniums et leurs produits de substitution aminés et hydroxylés. Les bases azoniums non substituées n'existent que sous la forme d'hydrates ; de même les dérivés substitués où la position même des groupes substituants empêche la transposition en forme p-quinoïde. Il y a enfin les bases azoniums substituées de telle façon que la formation d'anhydride est possible, comme c'est le cas pour la rosinduline, l'aposafranine et la phénosafranine.

Les indulines et les indones qui prennent naissance dans cette réaction donnent des sels qui, toujours d'après M. Kehrmann, ne sont que des sels correspondant aux hydrates des bases azoniums. Les sels des deux formes de bases sont identiques, car, en même temps qu'il y a formation du sel, il y a transposition de la forme p-quinoïde en la forme o-quinoïde.

M. R. Nietzki, dans une publication toute récente [*D. chem. G.*, **29**, 1442], expose aussi ses vues sur la relation qui existe entre les indulines et les safranines, mais sans apporter une solution définitive au problème, qui en somme ne revient qu'à savoir si oui ou non les sels des indulines et des safranines sont des sels de bases azoniums.

M. G.-F. Jaubert penche pour la négative [*Arch. des sciences phys. et nat.*, (3), **34**], et voici ses conclusions :

L'hypothèse de l'existence d'un groupe ammonium (chloro-phénylammonium) dans la molécule de la safranine a été formulée pour expliquer les faits suivants :

1° La forte basicité du colorant ;

2° La présence d'eau dans la base de la safranine.

Basicité de la safranine. — C'est à tort que la safranine est regardée comme une base d'une énergie extraordinaire ; en effet :

1° L'addition de soude caustique à une dissolution de chlorhydrate de safranine ne précipite la base du colorant que d'une façon incomplète, à l'encontre de faits observés pour les colorants de la série de l'eurhodine ;

2° La diacétylsafranine, de même que l'acétylsafranol, possède encore des propriétés basiques, c'est-à-dire se combine aux acides minéraux.

Ces deux faits sont parfaitement explicables sans avoir recours à l'hypothèse de la base ammonium. Le fait de la base ne précipitant pas en présence d'alcalis caustiques provient simplement de la grande solubilité de cette dernière, soit dans l'eau, soit dans les solutions alcalines. Mais le fait le plus positif tendant à faire admettre l'hypothèse de la base ammonium est la solubilité de la diacétylsafranine et de l'acétylsafranol dans les acides minéraux. Nous connaissons pourtant des faits analogues, précisément dans les séries de substances contenant une liaison quinoïde : ainsi, par exemple, dans les dérivés de la fluorescéine étudiés dernièrement par M. Nietzki [*D. chem. G.*, **28**, 56]. Ces dérivés ne possèdent aucune propriété basique, et pourtant ils se combinent aux acides minéraux. On pourrait citer d'autres exemples, comme l'aurine, l'hématéine, la brasiline, etc. ; tous ces corps se dissolvent dans l'acide chlorhydrique et donnent même avec ce dernier les combinaisons bien définies.

M. A. Miolati a comparé la conductibilité électrique des solutions de safranine, de fuchsine, de bleu méthylène et de jaune d'acridine. Voici les résultats obtenus :

Les déterminations du pouvoir conducteur moléculaire ont été faites à la température de 25° et ont donné des résultats suivants :

(γ désigne le nombre de litres d'eau dans lequel a été dissoute la safranine ; μ désigne le pouvoir conducteur.)

γ =	128	256	512	1024
μ =	79,41	81,69	82,61	83,13

Ces chiffres montrent que la safranine est une base forte dont le chlorhydrate est normalement dissocié en solution aqueuse par l'action du courant électrique. Ces chiffres correspondent à ceux que donnerait la formule de constitution suivante :

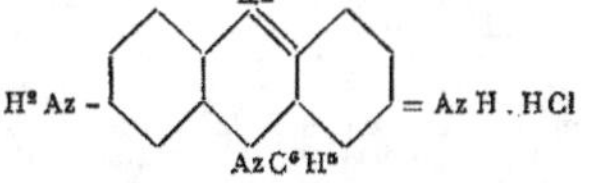

Az
H^2Az - = AzH . HCl
Az C^6H^5

Quant à la basicité, *la phénosafranine se range à côté de la parafuchsine, du bleu méthylène et du jaune d'acridine.* Le pouvoir conducteur de ces colorants, mesuré aussi à 25°, a été le suivant :

Parafuchsine :

γ =	128	256	512	1024
μ =	84,24	87,29	91,28	93,27

Bleu méthylène :

γ =	128	256	512	1024
μ =	88,97	93,66	95,76	96,60

Jaune d'acridine :

γ = 1024 (en raison de sa faible solubilité).
μ = 86,45

La manière tout à fait analogue dont se comportent ces quatre colorants conduit à admettre dans leur molécule une position identique de l'atome de chlore. Admettant donc l'hypothèse d'une liaison quinoïdique dans la molécule de la parafuchsine

$$C\begin{array}{l} \diagup\!\!\!\diagup C^6H^4 = AzH \,.\, HCl \\ - C^6H^4 - AzH^2 \\ \diagdown C^6H^4 - AzH^2 \end{array}$$

du bleu de méthylène

$$Az\begin{array}{l} \diagup\!\!\!\diagup C^6H^3 = Az(CH^3)^2Cl \\ \qquad\quad > S \\ \diagdown C^6H^3 - Az(CH^3)^2 \end{array}$$

et du jaune d'acridine

$$CH\begin{array}{l} \diagup\!\!\!\diagup C^6H^3 = Az(CH^3)^2Cl \\ \qquad\quad > Az \\ \diagdown C^6H^3 - Az(CH^3)^2 \end{array}$$

nous sommes naturellement conduits à l'admettre pour la phénosafranine :

$$Az\begin{array}{l} \diagup\!\!\!\diagup C^6H^3 = AzH \,.\, HCl \\ \qquad\quad > Az - C^6H^5 \\ \diagdown C^6H^3 - AzH^2 \end{array}$$

Présence d'eau dans la base de la safranine. — Jusqu'à présent on a admis la présence d'une molécule d'eau dans la base de la safranine ; cette hypothèse est inexacte, comme nous allons essayer de le démontrer. Si l'on compare le mode de formation de la safranine, par condensation de la quinone-dichlorimine avec la monophényl-m-phénylène-diamine, avec celui de l'indazine la plus simple (anilido-induline de M. R. Wolf), obtenue par condensation de la nitrosoaniline avec la diphényl-m-phénylène-diamine, on voit d'une façon très nette que cette indazine ne doit être regardée que comme une simple phénylsafranine (mauvéine ou violet de Perkin).

D'après MM. Fischer et Hepp [*Ann. Chem.*, **262**, 258], cette indazine est une base anhydre ; si donc la base de l'indazine ne contient pas d'eau, il va sans dire que la base de la safranine, la substance mère, ne contient pas d'eau non plus.

D'après MM. R. Nietzki et Otto [*D. chem. G.*, **21**, 1593], la base analysée avait été préparée par précipitation d'une solution de sulfate de phénosafranine par la quantité calculée d'hydrate de baryum. Les dosages d'azote dans la substance séchée à 100° donnèrent tous des résultats trop faibles.

La quantité d'eau décelée par l'analyse était aussi extrêmement variable. La base, simplement chauffée à 150°, perd déjà une demi-molécule d'eau, et, par des cristallisations répétées dans l'eau bouillante, elle en perd la totalité. Cette petite quantité d'eau décelée par l'analyse ne doit donc être comptée que comme humidité (on sait que le chlorhydrate de phénosafranine n'est complètement sec qu'à 150°) ou comme eau de cristallisation.

Il est fort possible aussi que cette petite quantité d'eau décelée par l'analyse provienne de l'acide carbonique de l'air, que la base de la safranine absorbe avec avidité.

En résumé, les deux seules formules admissibles aujourd'hui pour les safranines sont les suivantes, et il est probable que c'est la seconde qui est la seule vraie :

I

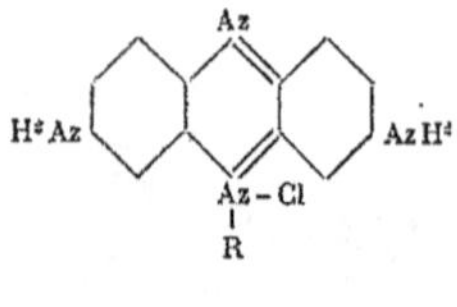

Az

H²Az — — AzH²

Az - Cl
|
R

II.

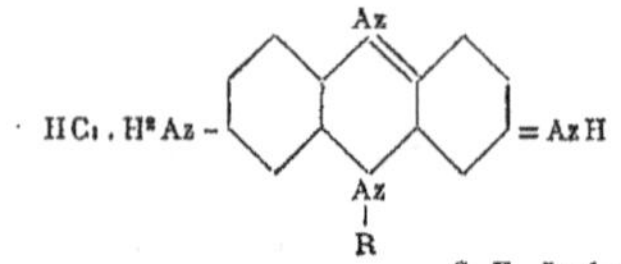

Az

HCl . H²Az — — = AzH

Az
|
R

G.-F. Jaubert.

EUTHALITE (Min.) (Esmark). — Variété compacte d'analcime de Brevig (Norvège).

EUXANTHIQUE (ACIDE), $C^{19}H^{18}O^{11}$ (voyez Dict., **1**, 1395). — Les matières colorantes du jaune indien ont été dans ces derniers temps l'objet de travaux approfondis de la part de M. Graebe (voyez EUXANTHONE), qui est parvenu à réaliser entre autres la synthèse de l'euxanthone.

L'acide euxanthique se trouve à l'état de sel magnésien ou calcique dans le jaune indien du commerce (voyez JAUNE INDIEN), qui renferme de 9 à 34 0/0 d'acide euxanthique. On le prépare en épuisant du jaune indien de qualité supérieure par l'acide chlorhydrique ; le résidu est épuisé par le carbonate d'ammonium qui dissout l'acide euxanthique. La liqueur filtrée, précipitée par l'acide chlorhydrique, fournit l'acide euxanthique pur [Graebe, *Ann. Chem.*, **254**, 274].

L'acide euxanthique est cristallin, d'un jaune clair ; il fond à 156-158° en commençant à se décomposer. Cette décomposition, qui donne naissance à l'euxanthone, est complète à 180°.

L'acide euxanthique, chauffé à 120-125° pendant quelques heures avec de l'eau en grand excès (100-200 parties), se transforme en euxanthone et en acide glycuronique ; 23 parties d'acide euxanthique donnent ainsi 10 parties d'acide glycuronique calculé en anhydride [Thierfelder, *Zeit. physik. Chem.*, **11**, 388. — Günther, de Chalmot et Rollens, *D. chem. G.*, **25**, 2570].

La formule de structure de l'acide euxanthique paraît être la suivante :

$$C^6H^3(OH) \begin{array}{c} < O > \\ < CO > \end{array} C^6H^3\text{-}O\text{-}CH(OH)(CHOH)^4CO^2H$$

Il forme deux séries de sels répondant aux formules générales $C^{19}H^{17}O^{11}R$ et $C^{19}H^{16}O^{11}R^2$.

Le *sel potassique*, $C^{19}H^{17}O^{11}K$, s'obtient par l'action du bicarbonate de potassium sur l'acide euxanthique. Une dissolution alcoolique d'acide euxanthique, additionnée d'une dissolution alcoolique de potasse caustique, donne un précipité gélatineux, paraissant correspondre à la formule $C^{19}H^{16}O^{11}K^2$.

Le *sel de magnésium* renferme 5 molécules d'eau de cristallisation, et a pour formule

$$C^{19}H^{16}O^{11}Mg, 5H^2O.$$

G. de Bechi.

EUXANTHONE. — Voyez Dict., **1**, 1396 ; Suppl., **1**, 719.

Préparation. — La préparation de l'euxanthone en partant du jaune indien a été indiquée par M. Graebe [*Ann. Chem.*, **254**, 295]. Voici comment il convient d'opérer :

On part du jaune indien de qualité inférieure (jaune indien G) qui renferme relativement plus d'euxanthone et est d'un prix beaucoup moins élevé (voyez JAUNE INDIEN).

On épuise la matière colorante par l'acide chlorhydrique étendu ; on filtre et on traite le résidu humide par une dissolution de carbonate d'ammonium ; on filtre, on lave, on dissout l'euxanthone dans la soude caustique en dissolution étendue et on précipite par l'acide chlorhydrique. On purifie le produit, soit par cristallisation dans l'alcool, soit en le redissolvant dans la soude caustique et en précipitant par l'anhydride carbonique jusqu'à formation de bicarbonate de sodium.

Synthèse de l'euxanthone. — On obtient l'euxanthone par l'action de l'anhydride acétique sur un mélange d'acide hydroquinone-carbonique

$$C^6H^3 \begin{cases} OH_{(5)} \\ OH_{(2)} \\ CO^2H_{(1)} \end{cases}$$

et d'acide β-résorcylique

$$C^6H^3 \begin{cases} OH_{(4)} \\ OH_{(2)} \\ CO^2H_{(1)} \end{cases}$$

On chauffe pendant 4 heures, au réfrigérant à reflux, 5 parties d'acide β-résorcylique avec 6 parties d'acide hydroquinone-carbonique et 12 parties d'anhydride acétique.

On distille le produit de la réaction; lorsque les produits acétiques ont été entièrement éliminés, on élève rapidement la température; l'euxanthone se sublime en aiguilles; on la reprend par une lessive de soude caustique, on filtre et on sursature la liqueur d'acide carbonique.

Cette réaction conduit à attribuer à l'euxanthone la formule de structure suivante :

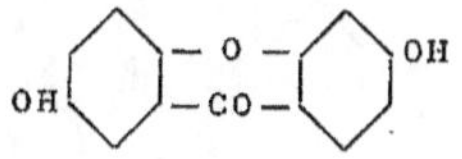

OH ⟨C⁶H³⟩ — O — ⟨C⁶H³⟩ OH
  — CO —

[Graebe, *loc. cit.*, 298; *D. chem. G.*, **22**, 1405].

L'euxanthone se forme encore quand on distille un mélange d'anhydride acétique, d'acide hydroquinone-carbonique et de résorcine [Kostanecki et Nessler, *D. chem. G.*, **24**, 3981].

D'après ce mode de formation, une deuxième formule de structure est admissible pour l'euxanthone :

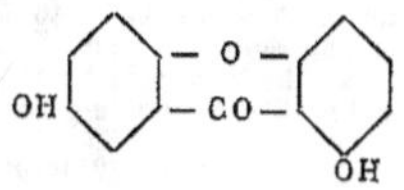

OH ⟨C⁶H³⟩ — O — ⟨C⁶H³⟩
  — CO —   OH

Les nouvelles recherches de M. de Kostanecki [*D. chem. G.*, **27**, 1989] paraissent même établir avec quelque certitude l'exactitude de cette dernière formule.

Propriétés de l'euxanthone. — L'euxanthone forme des lamelles ou des aiguilles d'un jaune pâle, fusibles à 240° (corr.). Sa densité de vapeur à la température de l'ébullition est de 8 (densité calculée 7,9) [Graebe et Ebrard, *D. chem. G.*, **15**, 1677; *Ann. Chem.*, **254**, 293].

L'euxanthone, fondue avec de la potasse caustique, fournit de l'acide euxanthonique, de la résorcine et de l'hydroquinone. L'acide nitrique en dissolution dans l'acide acétique cristallisable paraît donner un *dérivé mononitré* (Graebe).

L'euxanthone ne se combine directement ni à la phénylhydrazine ni à l'hydroxylamine [Spiegel, *D. chem. G.*, **17**, 808]; toutefois on parvient à obtenir des dérivés par voie détournée en partant de l'acide euxanthonique [Herzig, *Mon. f. Chem.*, **13**, 417].

Action de la poudre de zinc sur l'euxanthone. — D'après MM. Wichelhaus et Salzmann (1er Suppl., 719), l'euxanthone traitée par le zinc en poudre fournit du *carbodiphénylène*,

$$CO \begin{cases} C^6H^4 \\ | \\ C^6H^4 \end{cases}$$

De nouvelles recherches ont montré que le produit de réduction de l'euxanthone doit être envisagé comme l'oxyde de méthylène-diphénylène,

$$CH^2 \begin{cases} C^6H^4 \\ C^6H^4 \end{cases} O,$$

identique au corps obtenu par MM. Merz et Weith dans l'action du chlorure d'aluminium sur le phénol [*D. chem. G.*, **14**, 187; Graebe et Ebrard, *D. chem. G.*, **15**, 1677].

MONOMÉTHYLEUXANTHONE,

$$C^{13}H^6O^2(OCH^3)_{(7)}(OH)_{(1)}.$$

— On l'obtient par l'action de l'iodure de méthyle et de la potasse alcoolique en quantité calculée sur l'euxanthone.

La monométhyleuxanthone cristallise dans l'alcool en tables jaunes, fusibles à 129° [Kostanecki, *D. chem. G.*, **27**, 1992].

Sel sodique, $C^{13}H^6O^2(OCH^3)(ONa)$. — On le prépare en ajoutant une dissolution de soude caustique à la dissolution alcoolique de monométhyleuxanthone. C'est une substance jaune, insoluble dans l'alcool et décomposable par l'eau qui en régénère la méthyleuxanthone (Kostanecki).

Dibromomonométhyleuxanthone,

$$C^{13}H^4Br^2O^2(OCH^3)_{(7)}(OH)_{(1)}.$$

— On ajoute à froid la quantité calculée de brome à de la monométhyleuxanthone en suspension dans l'acide acétique cristallisable; on laisse reposer et on précipite par l'eau; le précipité est repris par l'alcool et le résidu insoluble purifié par cristallisation dans l'acide acétique cristallisable.

On obtient également la dibromomonométhyleuxanthone en chauffant pendant quelques heures, à 100-110°, la dibromoeuxanthone avec de l'iodure de méthyle et une dissolution de potasse dans l'alcool méthylique [König et Kostanecki, *D. chem. G.*, **27**, 1995].

La dibromomonométhyleuxanthone forme des aiguilles jaunes, fusibles à 196°. Le *sel sodique*, $C^{13}H^4O^2Br^2(OCH^3)(ONa)$, est insoluble dans l'eau et possède une couleur jaune intense.

DIMÉTHYLEUXANTHONE, $C^{13}H^6O^2(OCH^3)^2$. — On prépare ce corps en chauffant l'euxanthone avec de l'iodure de méthyle et une dissolution de potasse dans l'alcool méthylique. Par des cristallisations répétées dans le chloroforme, on obtient la diméthyleuxanthone sous la forme d'aiguilles d'un jaune pâle, fusibles à 130°, solubles dans l'éther, le chloroforme et l'alcool bouillants. L'alcool froid la dissout plus difficilement. La diméthyleuxanthone est saponifiée à froid par les alcalis [Graebe et Ebrard, *D. chem. G.*, **15**, 1677].

MONOÉTHYLEUXANTHONE, $C^{13}H^6O^2(OH)(OC^2H^5)$. — Ce corps existe sous deux modifications isomériques.

La première se prépare par l'action de l'iodure d'éthyle et de l'hydrate de potassium sur l'euxanthone. Elle cristallise dans l'alcool en longues aiguilles jaunes, fusibles à 144-145°, insolubles dans les alcalis, peu solubles dans l'alcool.

La monoéthyleuxanthone, traitée par l'anhydride acétique en présence d'acétate de sodium, fournit l'*acétyléthyleuxanthone*,

$$C^{13}H^6O^2(OCOCH^3)(OC^2H^5),$$

qui cristallise dans l'alcool absolu, dans lequel elle est peu soluble, en longues aiguilles blanches, brillantes, fusibles à 180-182° [Herzig, *Mon. f. Chem.*, **12**, 163].

La deuxième monoéthyleuxanthone s'obtient par l'action de l'acide sulfurique concentré sur la diéthyleuxanthone. Pour 1 partie de diéthyleuxanthone, on emploie 20 parties d'acide sulfurique concentré; on chauffe pendant 3 heures au bain-marie, on précipite par l'eau et on purifie le précipité par cristallisation dans l'alcool.

La monoéthyleuxanthone isomérique forme des aiguilles incolores, fusibles à 223-225°, solubles dans la potasse caustique étendue. Traitée par l'anhydride acétique en présence d'acétate de sodium, elle fournit une *acétyléthyleuxanthone*, qui cristallise en aiguilles blanches, fusibles à 164-166°, peu solubles dans l'alcool [Herzig, *Mon. f. Chem.*, **12**, 167; **13**, 419].

L'existence de deux monoéthyleuxanthones isomériques, l'une soluble, l'autre insoluble dans les alcalis, s'explique difficilement si l'on admet pour l'euxanthone la formule

$$CO \begin{cases} C^6H^3-OH \\ \quad > O \\ C^6H^3-OH \end{cases}$$

M. Herzig admet que l'euxanthone peut exister sous deux formes, l'une moins stable correspondant à la formule

$$HO-C \begin{cases} C^6H^3-OH \\ \quad > O \\ C^6H^2 \end{cases}$$

Il serait même possible que cette dernière forme de l'euxanthone n'existât qu'à l'état de composé alcoylé.

DIÉTHYLEUXANTHONE, $C^{13}H^6O^2(OC^2H^5)^2$. — La diéthyleuxanthone prend naissance en même temps que le dérivé monoéthylique dans l'action de l'iodure d'éthyle sur l'euxanthone (Graebe et Ebrard). Toutefois la formation de ce corps a lieu beaucoup plus difficilement que celle du dérivé monoéthylique. Pour l'obtenir à l'état de pureté et avec un rendement satisfaisant, il est préférable de partir de la monoéthyleuxanthone et de la traiter à plusieurs reprises par l'iodure d'éthyle et la potasse alcoolique [Herzig, *Mon. f. Chem.*, **12**, 165].

La diéthyleuxanthone cristallise dans l'alcool en longues aiguilles blanches, brillantes, fusibles à 124-126°.

Ce corps présente un certain intérêt, en ce sens qu'il peut donner naissance à deux monoéthyleuxanthones, suivant le réactif employé pour éliminer un des groupes éthyle.

En effet, la potasse alcoolique en vase clos à 130-150° transforme la diéthyleuxanthone en monoéthyleuxanthone *jaune*, fusible à 144-145° et insoluble dans la potasse caustique.

En revanche, l'acide sulfurique concentré transforme la diéthyleuxanthone en monoéthyleuxanthone *blanche*, fusible à 223-225° et soluble dans les alcalis (Herzig).

DIBENZOYLEUXANTHONE, $C^{13}H^6O^4(COC^6H^5)^2$. — Elle se prépare en chauffant pendant 3-4 heures à 180° l'euxanthone avec du chlorure de benzoyle en excès; on reprend par l'alcool et on fait cristalliser le résidu insoluble dans l'aniline bouillante; par refroidissement, le dérivé dibenzoylique cristallise; on filtre et on lave à l'éther pour enlever l'aniline adhérente aux cristaux.

La dibenzoyleuxanthone forme des cristaux d'un jaune brun, fusibles à 214°, insolubles dans les dissolvants organiques usuels, très solubles dans l'aniline bouillante (Graebe et Ebrard).

EUXANTHONE-OXIME, $C^{13}H^9AzO^4$. — Nous avons vu plus haut que l'hydroxylamine ne réagissait pas sur l'euxanthone; mais, l'acide euxanthonique (voyez plus loin) étant traité par le chlorhydrate d'hydroxylamine, il y a élimination de 2 molécules d'eau, de sorte que le produit obtenu paraît se rattacher, non à l'acide euxanthonique, mais bien à l'euxanthone; l'euxanthone se combinerait en quelque sorte à l'état naissant avec l'hydroxylamine pour donner l'oxime. Cette dernière cristallise dans l'alcool étendu en aiguilles blanches, fusibles à 233-235° en se décomposant légèrement; elle est à peu près insoluble dans l'eau, soluble dans l'alcool et dans l'acide acétique cristallisable (Herzig).

DIBROMOEUXANTHONE, $C^{13}H^6Br^2O^4$. — On l'obtient par l'action du brome sur une dissolution d'euxanthone dans l'acide acétique cristallisable. Elle cristallise en aiguilles jaunes, fusibles à 280°.

ISOMÈRES DE L'EUXANTHONE OU ISOEUXANTHONES.

On connaît plusieurs isomères de l'euxanthone; la plupart ont été obtenus lors des recherches faites dans le but d'arriver à la synthèse de l'euxanthone.

I. ISOEUXANTHONE 1.8. — Dérivé de l'*oxyde de carbodiphénylène* (*xanthone*). — En traitant à la température du bain-marie la xanthone par l'acide nitrique fumant, on obtient un mélange de deux dérivés dinitrés, l'un plus soluble dans le benzène (α dérivé, fusible à 190°), l'autre fusible à 260°, qui a pour formule $C^{13}H^6O^2(AzO^2)^2$ 2.4, 2.5, ou 2.7 [1] :

```
        5                      4
      /   \                  /   \
    6       \ — O —        /       3
    |       |              |       |
    7       / — CO —       \       2
      \   /                  \   /
        8                      1
```

Ce dernier peut être transformé en dérivé diaminé par l'étain et l'acide chlorhydrique; le chlorhydrate chauffé à 220-260° avec de l'acide chlorhydrique étendu en vase clos se transforme en *dioxyxanthone* ou isoeuxanthone [Graebe, *D. chem. G.*, **254**, 287].

L'isoeuxanthone 1.8 est en aiguilles jaunes, fusibles au-dessous de 330°, sublimables sans décomposition, solubles dans l'alcool et dans l'éther; les alcalis la dissolvent en jaune comme l'euxanthone. Elle donne un *dérivé diacétylé* fusible à 175°.

II. ISOEUXANTHONE 3.6, $C^{13}H^6O^2(OH)^2_{(3.6)}$. — Ce corps se forme par l'action de l'anhydride acétique sur l'acide β-résorcylique. On chauffe au bain de sable 1 partie d'acide résorcylique avec 1 partie 1/2 d'anhydride acétique. Il distille d'abord de l'acide acétique et de l'anhydride acétique inattaqué; le résidu est soumis par petites portions à la distillation sèche. On obtient ainsi, entre autres produits, l'isoeuxanthone sous la forme de longues aiguilles d'un jaune clair, que l'on purifie par sublimation et par des cristallisations répétées dans l'alcool étendu [Bistrzycki et Kostanecki, *D. chem. G.*, **18**, 1986].

L'isoeuxanthone 3.6 est insoluble dans l'eau, soluble dans l'éther, l'alcool et les alcalis en solution étendue, ainsi que dans l'acide sulfurique concentré. Les dissolutions sont d'un jaune moins intense que celles de l'euxanthone.

L'isoeuxanthone fond à 246° (Graebe); son *dérivé diacétylique* fond à 124-130°.

Par fusion avec la potasse caustique, l'isoeuxanthone se transforme en un *acide isoeuxanthonique* fusible à 201° (Graebe).

Une solution alcoolique d'isoeuxanthone est

1. Ces isoméries de position se rapportent au schéma suivant adopté par l'auteur pour la xanthone ou oxyde de carbodiphénylène :

$$CO < \begin{matrix} C^6H^4 \\ C^6H^4 \end{matrix} > O.$$

colorée par le chlorure ferrique en vert sale; avec l'acétate de plomb, on obtient un précipité légèrement jaunâtre. Une dissolution ammoniacale bouillante d'isoeuxanthone, additionnée d'une dissolution de sulfate de magnésium, donne un précipité d'un jaune clair constitué par un sel magnésien (le sel magnésien de l'euxanthone est d'un jaune beaucoup plus foncé).

L'amalgame de sodium donne avec l'euxanthone 3.6 une solution d'un rouge de sang; l'acide chlorhydrique précipite de cette solution des flocons bruns, solubles en jaune dans l'alcool et en jaune rouge dans l'acide sulfurique concentré.

Isoeuxanthone monométhylée,

$$C^{13}H^6O^2(OCH^3)_{(6)}(OH)_{(1)}.$$

— Ce corps cristallise dans l'alcool étendu en lamelles jaunes, fusibles à 143-133°. Il fournit un *sel sodique* $C^{13}H^6O^2(OCH^3)(ONa)$, qui est jaune et insoluble dans l'alcool.

Son *dérivé acétylé,*

$$C^{13}H^6O^2(OCH^3)_{(6)}(OCOCH^3)_{(1)},$$

cristallise dans l'alcool étendu en lamelles blanches, fusibles à 150° [Kostanecki, *D. chem. G.*, 27, 1991].

III. Isoeuxanthone 1.3. — On prépare ce corps, qui renferme les deux hydroxyles dans le même noyau, par l'action de l'anhydride acétique sur un mélange d'acide salicylique et de phloroglucine [Kostanecki et Nessler, *D. chem. G.*, 24, 1896].

Le produit de la distillation est épuisé par une dissolution étendue de potasse caustique et la dissolution précipitée par un acide; le précipité est purifié par cristallisation dans l'alcool étendu.

L'isoeuxanthone 1.3 cristallise en aiguilles jaunâtres, fusibles à 247°, solubles en jaune dans les alcalis. Sa dissolution alcoolique est colorée en brun par le chlorure ferrique; sa dissolution ammoniacale précipite en jaune clair par le sulfate de magnésium; l'amalgame de sodium donne en premier lieu une légère coloration rouge de sang, puis le liquide se décolore et les acides y font naître un précipité rouge-brique.

L'isoeuxanthone ne teint pas les mordants.

Dérivé diacétylé, $C^{13}H^6O^2(OCOCH^3)^2$. — S'obtient par l'action de l'anhydride acétique et de l'acétate de sodium sur l'isoeuxanthone. Il cristallise en aiguilles d'un blanc éclatant, fusibles à 144° [Kostanecki et Nessler, *D. chem. G.*, 24, 3981].

Monométhylisoeuxanthone,

$$C^{13}H^6O^2(OCH^3)_{(3)}(OH)_{(1)}.$$

— On prépare ce corps en faisant agir l'iodure de méthyle et une dissolution de potasse dans l'alcool méthylique sur l'isoeuxanthone 1.3.

La méthylisoeuxanthone cristallise dans l'acide acétique cristallisable en aiguilles jaunes, groupées, fusibles à 145°, peu solubles dans l'alcool; elle forme un *sel sodique* jaune, très peu soluble dans l'eau [Dreher et Kostanecki, *D. chem. G.*, 26, 77].

Dibromo-isoeuxanthone,

$$C^{13}H^4O^2Br^2(OH)_{(1)}(OH)_{(3)}.$$

— Ce corps prend naissance dans l'action du brome sur une dissolution d'isoeuxanthone 1.3 dans l'acide acétique cristallisable. On laisse digérer pendant quelque temps la solution, on précipite par l'eau, on filtre, on épuise le précipité par l'alcool et on fait cristalliser le résidu dans l'acide acétique.

La dibromo-isoeuxanthone cristallise en aiguilles jaunâtres fusibles à 245° [König et Kostanecki, *D. chem. G.*, 27, 1995].

Méthyleuxanthone,

$$C^{13}H^5O^2(CH^3)_{(3)}(OH)_{(1)}(OH)_{(7)}.$$

— Cet homologue de l'euxanthone se prépare en chauffant pendant quelques heures au bain d'huile à 115° des quantités équimoléculaires d'orcine et d'acide hydroquinone-carbonique, en présence de chlorure de zinc. On lave à l'eau pour éliminer le chlorure de zinc et on reprend par une lessive alcaline; le liquide filtré est traité par l'acide chlorhydrique; on obtient un précipité d'un rouge brun, qu'on purifie par la sublimation.

La méthyleuxanthone 3.1.7 se présente sous la forme de longues aiguilles d'un jaune intense, fusibles à 252°, très solubles dans l'alcool bouillant. Elle se comporte avec l'amalgame de sodium comme l'euxanthone.

Son *dérivé diacétylé,*

$$C^{13}H^5O^2(CH^3)_{(3)}(OCOCH^3)^2_{(1.7)},$$

cristallise en fines aiguilles blanches, fusibles à 163°.

Diméthyleuxanthone,

$$C^{13}H^4O^2(CH^3)^2_{2.4}(OH)^2_{1.7}.$$

— Ce corps prend naissance quand on chauffe la m-xylorcine $C^6H^2(CH^3)^2(OH)^2$ avec l'acide hydroquinone-carbonique et l'anhydride acétique; on obtient la diméthyleuxanthone par distillation et sublimation du produit de la réaction. Ce corps ressemble à l'euxanthone et se comporte comme cette dernière avec l'amalgame de sodium [Kostanecki, *D. chem. G.*, 27, 1993].

Acide euxanthonique (*tétroxybenzophénone*). — La constitution de l'acide euxanthonique peut être exprimée par le schéma suivant:

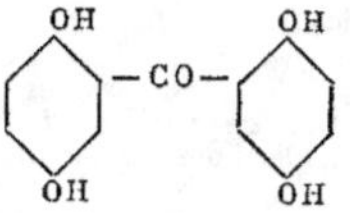

OH OH — CO — OH OH

ce qui en fait un produit d'hydratation de l'euxanthone n'en différant que par H^2O en plus.

On le prépare de la manière suivante : On chauffe au bain d'huile 1 partie d'euxanthone avec 3 parties de potasse caustique et une petite quantité d'eau; vers 230-240° la masse se colore en rouge et devient liquide; on agite avec soin, on laisse la température du bain d'huile s'élever à 260-270° et on l'y maintient pendant 5 minutes. On laisse refroidir, on reprend par l'eau, on ajoute de l'acide chlorhydrique, et on purifie le produit par cristallisation dans l'eau bouillante [Graebe, *Ann. Chem.*, **254**, 296].

L'acide euxanthonique fond à 200-202° en se transformant en euxanthone; il est beaucoup plus soluble dans l'eau que l'euxanthone; sa dissolution dans la potasse brunit rapidement à l'air.

Acide tétracétyleuxanthonique,

$$CO[C^6H^3(CO^2CH^3)^2]^2.$$

— On l'obtient par l'action de l'anhydride acétique et de l'acétate de sodium sur l'acide euxanthonique; on précipite par l'eau et on fait cristalliser dans l'alcool [Herzig, *Mon. f. Chem.*, **13**, 412].

L'acide tétracétyleuxanthonique cristallise en lamelles blanches, fusibles à 118-119°. L'acide sulfurique le saponifie et le transforme en même temps en son anhydride, l'euxanthone.

Acide tétraéthyleuxanthonique,

$$CO[C^6H^5(C^2H^5)^2]^2.$$

— On le prépare par l'action de l'iodure d'éthyle et de la potasse alcoolique sur l'acide euxanthonique (Herzig).

Il cristallise dans l'alcool, dans lequel il est peu soluble, en lamelles ou en aiguilles aplaties, blanches, fusibles à 93-95°.

Par l'action du chlorhydrate d'hydroxylamine sur l'acide euxanthonique, on obtient une *oxime* fusible à 233-235° qui paraît se rattacher à l'euxanthone.

Avec la phénylhydrazine, on obtient une *hydrazone*, qui cristallise dans l'alcool étendu en aiguilles fusibles à 203-205°. Ce corps se rattache probablement à l'euxanthone plutôt qu'à l'acide euxanthonique (Herzig).

Acide isoeuxanthonique. — Par fusion avec la potasse de l'isoeuxanthone 3.6 fusible à 246°, on obtient un isomère de l'acide euxanthonique qui renferme une molécule d'eau de cristallisation et fond à 200° [Graebe, *Ann. Chem.*, 254, 302] en se retransformant en isoeuxanthone.

L'acide isoeuxanthonique est peu soluble dans l'eau froide, soluble dans l'eau bouillante.

G. de Bechi.

ÉVERNIQUE (ACIDE). — Lorsqu'on traite à froid l'acide évernique par un excès de brome, on obtient un *dérivé tétrabromé* $C^{17}H^{12}Br^4O^7$, qui cristallise dans l'alcool en prismes fondant à 161°. Ce composé est soluble dans l'éther, assez soluble dans l'alcool, peu soluble dans le benzène bouillant, insoluble dans l'eau et dans le sulfure de carbone [Stenhouse, *Ann. Chem.*, 155, 56].

EVIGTOKITE (Min.). — Voyez Géarksutite, Dict., 1, 1552.

EXANTHALITE (Min.). — Voyez Mirabilite, Dict., 2, 437.

EXPLOSIFS. — Depuis la publication de l'article Poudres et matières explosives (Dict., 2, 1166-1188), de grands progrès ont été réalisés, tant au point de vue de la fabrication qu'à celui des applications des matières explosives. Nous nous efforcerons, dans les pages suivantes, de donner une idée aussi complète que possible des récentes découvertes qui se rattachent à cette catégorie de substances.

Nous diviserons notre article en deux grandes parties :

I. Généralités et partie théorique ;
II. Fabrication et applications des explosifs.

I. — PARTIE THÉORIQUE [1].

L'étude des matières explosives présente au point de vue purement abstrait un très grand intérêt. En effet, cette étude nous montre les états extrêmes de la matière, comme pression, température, force vive, états que nous ne sommes pas accoutumés à mettre en jeu dans nos expériences ordinaires. En général, nous opérons sous la pression atmosphérique, pression voisine de 1 kilogramme par centimètre carré, c'est-à-dire, après tout, peu éloignée du vide ; nous opérons à une température peu élevée, à laquelle les gaz ne possèdent qu'une force vive bien faible, si on la compare à celle qu'on peut leur communiquer. C'est à cette limite inférieure des phénomènes que se rapportent la plupart de nos connaissances chimiques et la plupart des lois de notre Physique.

Or ce sont là des conditions bien éloignées de celles que la matière réalise effectivement, soit dans la profondeur de la terre, où les pressions se chiffrent par des millions d'atmosphères, soit à la surface des astres qui nous entourent, où les températures se comptent par milliers de degrés, soit encore dans les vitesses cosmiques, qui atteignent jusqu'à des centaines de kilomètres par seconde.

Sans prétendre atteindre ces limites extrêmes, placées hors de la portée de notre expérimentation, et dont l'analyse spectrale nous permet seule d'entrevoir les effets chimiques, nous pouvons cependant étendre nos études bien au delà des données de nos expériences ordinaires, en nous attachant aux phénomènes offerts par les matières explosives.

Les pressions qu'elles développent se chiffrent par milliers d'atmosphères ; leur température semble approcher de celles des astres eux-mêmes ; enfin la vitesse avec laquelle se propagent leurs mouvements peut atteindre plusieurs milliers de mètres par seconde. Nous saisissons ainsi sur le vif une multitude de phénomènes inaccessibles par toute autre méthode. De là une physique, une chimie, une mécanique spéciales, qui sortent de nos habitudes et de nos conceptions communes, et dont nous examinerons d'une manière détaillée les effets et les applications.

Définitions. — Un explosif est constitué par une substance ou un mélange de substances susceptible de développer subitement une force expansive considérable. Cette force est due à un dégagement de gaz ou de vapeurs, accompagné d'une élévation énorme de température ; la force vive des molécules gazeuses résulte des réactions chimiques, qui déterminent par conséquent la force explosive des corps soumis à l'expérience.

Cette réaction chimique est accompagnée de dégagement de lumière, de bruit et d'effets mécaniques violents ; elle constitue l'*explosion*. Quand l'explosion atteint son plus haut degré de vitesse et d'énergie, elle prend le nom de *détonation*.

Les effets mécaniques sont dus à l'acte même de l'explosion et à la détente qu'elle détermine ; une portion de la force vive possédée par les molécules gazeuses se communique alors soit aux projectiles, soit aux parois fracturées de l'enceinte et aux corps environnants, lesquels se trouvent ébranlés, renversés, disloqués, brisés en morceaux et projetés dans diverses directions.

Il convient de distinguer ici deux ordres d'effets, les uns dus à la pression, les autres au travail développé. Ainsi la rupture des projectiles creux et la dislocation des roches, par exemple, résultent surtout de la pression, tandis que le déblaiement des matériaux dans les mines et la projection des projectiles dans les armes représentent surtout le travail dû à la détente. Or la pression dépend à la fois de la nature des gaz formés, de leur volume et de leur température. Le travail, au contraire, dépend surtout de la quantité de chaleur dégagée par la transformation chimique de la matière explosive, laquelle mesure son énergie potentielle.

Cette énergie potentielle E d'un poids P d'explosif, exprimée en kilogrammètres, est donnée par le produit du nombre n de calories dégagées dans la réaction par l'unité de poids et de l'équivalent mécanique de la chaleur :

$$E = 425\,Pn.$$

La transformation effective de cette énergie en

1. Nous empruntons la plupart des considérations qui vont suivre et qui ont trait à l'étude théorique des matières explosives au magistral ouvrage de M. Berthelot *Sur la force des matières explosives d'après la Thermochimie.*

travail dépend du volume des gaz, de la température et de la loi de la détente; elle est toujours incomplète; il y a plus, une portion seulement de ce travail lui-même est utilisée dans les applications. Par exemple, dans les armes, le travail qui communique au projectile sa force vive est le seul dont on tire parti; il représente le rendement véritable, tandis que les travaux effectués tant aux dépens de la masse de l'arme (recul, etc.) que par les gaz et l'air projetés sont perdus. Une portion notable de l'énergie demeure d'ailleurs inutile sous forme de chaleur emmagasinée dans les gaz ou communiquée au projectile, à l'arme, etc.

Le *temps* nécessaire à l'accomplissement et à la propagation des réactions chimiques joue un rôle essentiel dans les applications. Si, en effet, la durée de la réaction est excessivement courte, comme cela a lieu pour les explosifs dits *brisants*, l'élasticité de l'enveloppe contenant l'explosif n'a pas le temps d'entrer en jeu, et les actions sont locales et des plus intenses : les gaz produits par l'explosion et les gaz environnants se trouvent projetés avec des vitesses énormes, et produisent des effets de choc et de cisaillement analogues à ceux qui résulteraient du choc ou de la pression d'un corps solide extrêmement dur; on arrrive ainsi à produire dans l'acier le plus dur, par la simple action des gaz doués d'une grande force vive, des sillons assez profonds, tout comme on les produirait avec des outils résistants, burins, etc.

La figure 300 montre les effets produits par des réactions explosives de faible durée.

Fig. 300. — Action des explosifs brisants.
B, cylindre de plomb avant l'explosion; — A, effet de la détonation de 10 grammes de dynamite. C, effet de la détonation de 10 grammes de panclastite au nitrotoluène.

On voit que le cylindre en plomb A a été simplement aplati à la partie supérieure, tandis qu'un plissement du métal montre l'action ultérieure du choc produit par l'explosion.

En revanche le plomb C, soumis à l'action d'un explosif très brisant, a été profondément affouillé et déchiqueté par les molécules gazeuses, avant que les couches profondes du métal aient eu le temps de se mettre en mouvement.

Il ne faudrait pas croire qu'un seul et même explosif jouisse, au point de vue de la durée des réactions, toujours des mêmes propriétés. On peut au contraire observer, avec une même matière explosive, prise sous une forme identique, des durées extrêmement inégales dans la combustion, et par suite dans les effets. Ces diversités résultent de l'établissement de deux régimes très différents : le régime de la combustion ordinaire, lentement communiquée, et le régime de la détonation, c'est-à-dire le régime de l'onde explosive, laquelle se propage avec une vitesse foudroyante.

Par exemple, la dynamite enflammée à l'air libre brûle tranquillement, sans explosion, tandis que dans les mêmes conditions, sous l'influence d'une amorce au fulminate de mercure, cet explosif se décompose brusquement avec détonation et production d'effets mécaniques très énergiques.

Enfin la décomposition de la dynamite peut avoir une durée intermédiaire entre celle de la simple combustion à l'air libre et celle de la détonation provoquée par le fulminate de mercure; elle peut subir une combustion progressive plus ou moins rapide en donnant lieu à une explosion proprement dite, tantôt modérée, tantôt susceptible de disloquer les roches, comme le fait la poudre noire. Notons en passant qu'on ne connaît pas le moyen de provoquer avec cette dernière substance la détonation proprement dite.

En résumé, la réaction provoquée par un premier choc dans une matière explosive donnée se propage avec une vitesse qui dépend de l'intensité du premier choc, attendu que la force vive de celui-ci, transformée en chaleur, détermine l'intensité de la puissance explosive, et par suite celle de la série entière des effets consécutifs. Plus le choc initial sera violent, plus la décomposition qu'il provoque sera brusque et plus les pressions exercées pendant le cours entier de cette décomposition seront considérables. Une seule et même substance explosive pourra donc donner lieu aux effets les plus divers, suivant le procédé de mise de feu.

Il suit des considérations qui précèdent que, pour définir la puissance d'une matière explosive, on doit connaître les données suivantes : d'une part la *nature de la réaction chimique*, laquelle détermine la *chaleur développée* et le *volume des gaz*, d'autre part la *vitesse de la réaction*.

Avant d'exposer en détail ces différents points, nous tenons à faire remarquer que, pour mesurer pratiquement la force d'une matière explosive, le calcul ne suffit point; on a recours pour cela à une série de procédés particuliers d'épreuves, qui se rapprochent autant que possible des conditions de son emploi en pratique.

Nous ne nous occuperons pour le moment que des données théoriques applicables à l'étude des phénomènes explosifs, et nous traiterons dans la seconde partie des procédés d'épreuves usités pour la détermination de la valeur des explosifs dans leurs différentes applications.

Réaction chimique. — La réaction chimique se caractérise par la composition initiale de la matière explosive et par la composition des produits de l'explosion. Dans le cas d'une combustion totale, c'est-à-dire lorsque l'explosif renferme une dose d'oxygène suffisante, la composition des produits de l'explosion peut être déterminée à priori; c'est le cas, par exemple, pour la nitroglycérine, composé dont le carbone et l'hydrogène sont entièrement transformables en eau et en anhydride carbonique d'après l'équation

$$2\,C^3H^5(O\,Az\,O^2)^3 = 6\,CO^2 + 5\,H^2O + 6\,Az + O.$$

Si l'oxygène au contraire fait défaut, comme c'est le cas pour le coton-poudre, même au maximum de nitration, les produits de l'explosion varient avec les conditions de l'expérience, et il se produit souvent plusieurs réactions simultanées.

Dans un cas comme dans l'autre, il convient de tenir compte de ce fait que les produits développés au moment de l'explosion et à la haute température de celle-ci ne sont pas nécessairement les mêmes que les produits observés après le refroidissement. Une partie de l'eau, par exemple, pourra se trouver décomposée en oxygène et hydrogène, une partie de l'anhydride carbonique en oxygène et oxyde de carbone. Tels sont les effets de la dissociation : elle tend à diminuer la pression du système au moment de l'explosion, à cause de la moindre chaleur développée. Mais la chaleur se régénère pendant le refroidissement par la recombinaison des éléments dissociés; c'est ce qui modère la détente et ramène le travail total à la même valeur que s'il n'y avait pas eu dissociation.

Chaleur dégagée. — La chaleur dégagée se calcule d'après la connaissance des produits de la réaction, soit à pression constante, soit à volume constant; ce calcul ne concorde jamais avec la chaleur réellement dégagée, car il y a toujours transformation partielle de cette chaleur en travail; c'est du reste cette transformation qu'on se propose de réaliser dans l'emploi des matières explosives.

La fraction utilisable en principe ne dépasse guère de 25 à 30 0/0 de l'énergie mise en liberté par l'explosion, c'est-à-dire que de 25 à 30 0/0 de la chaleur dégagée sont transformés en travail mécanique.

Le calcul de la chaleur dégagée se fait d'après les données thermochimiques, en retranchant de la chaleur dégagée par la formation des produits qui prennent naissance pendant l'explosion la somme de chaleur dégagée par la formation du corps explosif depuis ses éléments.

Soit, par exemple, à déterminer la chaleur dégagée par la détonation de la nitroglycérine opérée sous pression constante à l'air libre. La chaleur dégagée par la réunion des éléments de la nitroglycérine est

$$C^3 + H^5 + Az^3 + O^9 = C^3H^5(Az\,O^3)^3$$
$$= 98 \text{ calories.}$$

D'autre part, la formation des produits

$3(C + O^2) = 3\,CO^2$ dégage......	$94 \times 3,0 =$	282,0
$5(O + 2,5\,O) = 2,5\,H^2O$ dégage..	$89 \times 2,5 =$	172,5
Somme..........		454,5

La chaleur dégagée par l'explosion sera donc

$$454,5 - 98 = 356^{cal},5$$

pour 227 grammes de nitroglycérine, ce qui correspond à 1576 calories pour 1 kilogramme de nitroglycérine.

Si la décomposition a lieu sous volume constant, dans une capacité contenant de l'air, où la nitroglycérine a été renfermée avant l'obturation, la chaleur dégagée sera un peu plus grande; le calcul montre qu'elle sera équivalente à $360^{cal},6$ pour 227 grammes ou 1590 calories par kilogramme de nitroglycérine.

Le calcul donné ci-dessus est facile à effectuer lorsqu'on connaît les produits de l'explosion, c'est-à-dire lorsque la matière éprouve une combustion totale. Il en est tout autrement quand l'oxygène fait défaut; dans ce cas, comme il est impossible de déterminer à priori la composition des produits de l'explosion, il faut avoir recours à l'expérience en mesurant effectivement la chaleur dégagée par l'explosion d'une quantité déterminée de la matière.

En mesurant la chaleur dégagée par l'explosion de la nitroglycérine en vase clos, MM. Sarrau et Vieille ont trouvé 1600 calories par kilogramme, ce qui concorde très suffisamment avec le chiffre prévu par la théorie (1590). Quoi qu'il en soit, la chaleur dégagée mesure le travail maximum que puisse accomplir la matière explosive agissant sous la pression atmosphérique.

Il suffit de multiplier cette quantité de chaleur par le nombre 425, c'est-à-dire par l'équivalent mécanique de la chaleur, pour évaluer ce travail en kilogrammètres. Telle est la valeur de son énergie potentielle. En appliquant cette règle à la nitroglycérine, on voit que l'énergie potentielle E de 1 kilogramme de cet explosif est donnée par l'expression

$$E = 1600 \times 425 = 650\,000 \text{ kilogrammètres.}$$

On conçoit que cette énergie mécanique produite dans un temps très court, inférieur à 1/1000 de seconde dans le cas de la détonation franche, et dans un espace restreint, puisse produire des effets considérables sur les corps environnants.

Volume des gaz. — Le volume des gaz résulte également de la réaction chimique; il se déduit aisément de l'équation qui exprime cette réaction. On l'évalue soit à la température de 0° et sous la pression normale, soit pour toutes températures et pressions. Dans le calcul, il convient de joindre aux gaz permanents le volume des corps tels que l'eau et le mercure, susceptibles d'acquérir l'état gazeux à la température de l'explosion. Le rôle joué par la vapeur d'eau est des plus importants avec les composés organiques nitrés, tels que le coton-poudre et la nitroglycérine.

Lorsqu'un corps explosif, tel que le coton-poudre, renferme une quantité insuffisante d'oxygène, on ne peut pas déterminer le volume des gaz par le simple calcul; ce volume doit être observé par expérience, et naturellement dans ce cas la composition des gaz est susceptible de varier dans des limites assez étendues, suivant le régime d'explosion.

Ce qu'il importe le plus de connaître pour déterminer la puissance d'un explosif n'est pas le volume des gaz ramenés à 0° et 760 millimètres, mais bien le volume des gaz à la température de l'explosion. Ce volume se calcule en se basant sur les lois ordinaires des gaz, lois dont l'extension à de pareilles conditions réclame toutefois les plus grandes réserves.

D'après ces lois, le volume des gaz dégagés par l'explosion à la température t serait donné par l'expression

$$V_t = V_0\left(1 + \frac{t}{273}\right).$$

La température t de l'explosion se détermine

comme suit. Soient p, p', p'' les poids des corps formés par l'explosion, s, s', s'' leurs chaleurs spécifiques, et enfin C la chaleur dégagée en calories : on a

$$t = \frac{C}{ps + p's' + p''s''}$$

Pression des gaz. — La pression des gaz fournis par l'explosion est donnée théoriquement par l'expression

$$P = \frac{V_0 + \left(1 + \frac{t}{273}\right)}{V - v},$$

où V_0 représente le volume des gaz à 0° et 760 millimètres, t la température, V le volume occupé par l'explosif, et v le volume des résidus non gazéifiables.

Dans le cas des explosifs organiques, tels que le coton-poudre et la nitroglycérine, $v = 0$; pour la dynamite à base de kieselguhr, v est le volume de la silice contenue dans l'explosif.

La pression P donnée par l'expression précédente représente la pression due à l'explosif détonant dans son propre volume; c'est l'effort maximum d'une matière explosive. En raison de cette circonstance, l'effet sera d'autant plus grand que la matière possédera une plus grande densité. Telle est la circonstance qui, jointe à la vivacité de la décomposition chimique, paraît donner au fulminate de mercure la prépondérance sur tous les autres corps employés comme amorces; la densité du fulminate est en effet presque 5 fois aussi grande que celle de la poudre ordinaire et triple de celle de la nitroglycérine. Cette circonstance permet au fulminate d'exercer un effort de 27 000 kilogrammes environ par centimètre carré, valeur presque triple de l'effort exercé par les autres substances connues. En réalité, les pressions peuvent atteindre des chiffres beaucoup plus élevés, dépassant même toute grandeur connue, en prenant en considération la notion du *co-volume*.

La pression devient théoriquement infinie lorsque la densité de chargement atteint une valeur égale à l'inverse du co-volume, ce qui signifie que dans tous les cas où cette densité limite est inférieure à celle de la matière explosive elle-même, il est possible de développer dans l'espace occupé par cette matière une pression supérieure à toute grandeur expérimentale donnée.

Le tableau suivant donne ces valeurs limites pour quelques explosifs :

Poudre noire	2,05
Nitroglycérine	1,40
Coton-poudre	1,16
Acide picrique	1,14
Fulminate de mercure	3,18

Ces chiffres nous conduisent à des conséquences intéressantes. Par exemple, la densité réelle de la poudre noire varie de 1,75 à 1,82; elle n'atteint pas la densité limite. On peut donc la faire détoner dans son propre volume sans occasionner des ruptures de l'enveloppe si on la choisit d'une résistance suffisante; dans ce cas, la pression dépasserait 29 000 kilos. Pour la poudre en grain dont la densité gravimétrique est = 1, la pression n'est que de 6000 kilos.

La densité du coton-poudre comprimé = 1,2 est sensiblement égale à la densité limite; les densités de la nitroglycérine et de l'acide picrique sont notablement supérieures aux densités limites; il n'est pas possible de faire détoner ces explosifs dans leur propre volume sans rupture de l'enveloppe, quelle que soit sa résistance.

La densité limite du fulminate de mercure est exceptionnellement grande, en raison de la petitesse du co-volume, mais la substance, ayant une densité réelle ou apparente encore plus grande, peut développer comme les précédentes des pressions indéfiniment croissantes.

Nous avons dit plus haut qu'il était difficile de calculer à priori la pression; il est préférable, pour les applications, de mesurer directement la pression des gaz d'après certains de leurs effets mécaniques et spécialement d'après l'écrasement de petits cylindres en cuivre ou en plomb appelés *crushers* (voyez pour la description de ces appareils l'article POUDRES, 1er Suppl.).

La pression dépend de la nature de l'explosif et du régime d'explosion, et surtout de la *densité de chargement*, c'est-à-dire du rapport du poids de l'explosif au volume intérieur de l'éprouvette.

Il convient de remarquer ici que les mesures ainsi obtenues répondent seulement à une certaine moyenne des pressions, moyenne susceptible d'être dépassée notablement sur certains points.

En réalité, les gaz brusquement développés par la réaction chimique représentent de véritables tourbillons, dans lesquels il existe des filets de matière sous des états de compression très différents et une fluctuation intérieure. C'est ce que montrent les effets mécaniques produits par ces gaz sur les matières solides, et spécialement sur les métaux, qui se trouvent creusés et sillonnés par places comme s'ils avaient reçu l'empreinte d'un corps solide extrêmement dur.

Pression ondulatoire. — Certaines anomalies observées dans le fonctionnement des bouches à feu de gros calibre ont conduit M. Vieille à étudier d'une façon approfondie les pressions ondulatoires.

Ces anomalies de fonctionnement, observées principalement dans les tirs de poudres très lentes à faible charge, se traduisent par des écrasements parfois considérables des cylindres des appareils crushers placés au voisinage de la bouche du canon; ces écrasements conduiraient dans certains cas à évaluer à 2400 kilogrammes les pressions à la bouche de l'arme, au lieu du chiffre moyen normal de 600 kilogrammes.

Ces phénomènes se produisent avec toutes les poudres, mais sont plus accentués avec les poudres sans fumée qu'avec les poudres noires; ils sont dus à un mode spécial de répartition des pressions résultant d'une sorte de balancement périodique de la masse gazeuse suivant le grand axe de l'arme, comme l'ont prouvé les expériences exécutées par M. Vieille avec des éprouvettes d'essai d'une certaine longueur.

Les condensations résultant de ce mouvement ondulatoire se produisent alternativement aux deux extrémités de l'éprouvette à des intervalles proportionnels à sa longueur et très voisins de la durée de propagation du son dans les produits de la décomposition à la température de déflagration (1100 à 1200 mètres par seconde pour les poudres B (poudre Vieille) et 600 à 700 mètres pour les poudres noires). Ces condensations peuvent atteindre, dans une éprouvette de 887 millimètres de longueur, jusqu'au triple de la pression normale correspondant à l'entière combustion de la charge.

Pour éviter ces pressions ondulatoires, on cherche à assurer autant que possible la régularité de la charge.

Ces anomalies disparaissent dans le tir des poudres B à grande charge et à grande vitesse, car dans ce cas la combustion de la charge est plus rapide et se trouve terminée avant que la dissymétrie de chargement favorable à l'établissement du régime ondulatoire se soit accentuée par suite du déplacement du projectile. En résumé, ces anomalies, que la théorie n'avait pu prévoir, prouvent la nécessité de procéder à des mesures dans l'application des explosifs, au lieu de s'en rapporter aux calculs théoriques. C'est surtout pour les applications militaires que les mesures qui doivent être effectuées dans les conditions de l'emploi des explosifs sont indispensables.

Densité de chargement et pression spécifique. — Comme nous l'avons dit plus haut, on appelle *densité de chargement* le rapport entre le nombre de grammes qui exprime le poids de la matière explosive et le nombre de centimètres cubes qui exprime la capacité où se fait l'explosion.

Or, si l'on opère sur des corps susceptibles de se transformer complètement en gaz à la température de l'explosion, la loi de Mariotte indique que la pression développée doit être proportionnelle à la densité de chargement.

Cette relation peut être regardée comme exacte pour les densités de chargement très faibles, les lois ordinaires des gaz étant applicables entre ces limites; mais elle cesse de l'être pour les densités moyennes à partir de 0,1 à 0,2, ainsi qu'on devait s'y attendre en raison de l'inexactitude des lois de Mariotte et de Gay-Lussac pour les pressions correspondantes.

Cependant, circonstance singulière, la relation tend à exister de nouveau pour les fortes densités de chargement, qui sont les plus intéressantes dans la pratique. Cet accord approché résulte sans doute de quelque compensation entre la variation des pressions plus rapide que ne l'indique la loi de Mariotte, et la variation des chaleurs spécifiques, qui vont croissant avec la température et la pression au lieu de demeurer constantes comme on le suppose dans le calcul; de sorte que le gain dû à l'augmentation de pression par suite de la moindre compressibilité est compensé par une absorption de chaleur plus considérable qui tend à réduire le volume gazeux. Quant à la dissociation, elle doit être nulle ou réduite au minimum pour des pressions aussi considérables.

La valeur-limite de la pression ramenée à l'unité de densité de chargement paraît être une constante. *s* étant la pression observée pour une densité de chargement *d*, nous aurons pour valeur de la constante *f* :

$$f = \frac{s}{d}.$$

Cette constante est caractéristique pour chaque substance explosive; on la désigne sous le nom de *pression spécifique*. C'est, en peu de mots, la *pression développée par l'unité de poids de la substance détonant dans l'unité de volume*.

Il convient d'observer que la pression spécifique ne représente pas l'effort maximum qu'une substance explosive puisse développer. Nous avons vu plus haut que pour les explosifs d'une densité supérieure à l'unité, et c'est le cas général, sauf pour les explosifs gazeux et quelques explosifs liquides de peu d'importance, le maximum d'effort est donné par l'explosif détonant dans son propre volume, cet effort étant fonction de la densité de l'explosif qui dans certains cas, comme celui du fulminate de mercure, joue un rôle prépondérant pour la détermination de la pression.

Mais, en réalité, un explosif tel que le coton-poudre par exemple, donnerait, si on pouvait le faire détoner dans son propre volume, des pressions qui dépasseraient toute grandeur assignable, car la vitesse de propagation de l'onde explosive devient infinie lorsque la densité des produits de la décomposition atteint la densité de l'explosif qui leur a donné naissance.

Il est facile de comprendre que ce cas extrême ne saurait être atteint, l'enveloppe ayant, quelle que soit son épaisseur, une résistance limitée, et finissant par céder à la pression.

Ces phénomènes peuvent être expliqués en partant de la notion du *co-volume*, volume-limite au-dessous duquel les gaz ne peuvent être comprimés, notion introduite par M. Sarrau dans l'étude des phénomènes explosifs [Vieille, *Mémorial des Poudres et Salpêtres*, **4**, 20]. (Voir plus loin, au chapitre de l'*onde explosive*.)

Durée de l'explosion. — Nous avons mentionné plus haut l'importance de la durée de l'explosion; cette donnée est des plus importantes, car elle détermine les effets utiles des matières explosives dans leurs diverses applications.

La vitesse de la transformation chimique dans une masse qui fait explosion détermine en effet, d'une part, la vitesse de dégagement des gaz, et de l'autre l'utilisation plus ou moins parfaite de la chaleur dégagée par l'explosion.

Si la réaction est très rapide, la chaleur dégagée peut être employée presque entièrement à échauffer le gaz et à en accroître la pression; si au contraire la réaction est lente, la chaleur dégagée se dissipe, sans fruit, par rayonnement et par conductibilité.

Lors d'une décomposition instantanée, une quantité donnée de matière explosive brise sur place les portions de roche avec lesquelles elle est en contact. Son énergie est consommée par là dans un travail presque stérile au point de vue industriel, mais que le génie militaire recherche parfois en vue de creuser une première chambre destinée à loger une plus forte dose d'explosif.

Si le développement des gaz est moins subit tout en demeurant extrêmement rapide, la même quantité d'explosif pourra au contraire disloquer la roche en y développant des fissures étendues et en écartant brusquement les portions de roche les plus voisines, ce qui est le résultat généralement poursuivi par les mineurs. Cette action se transforme, dans certains cas, en un ébranlement général qui fait trembler la terre, déplace notablement les centres de gravité des pierres et autres objets et détruit ainsi la stabilité des maçonneries et ouvrages fortifiés.

Enfin la même quantité d'explosif réduit parfois ses effets à des déplacements élastiques et à une commotion ondulatoire du sol qui se propagent au loin sans grande destruction locale, les pressions développées s'étant exercées assez lentement pour que la roche ou le mur ait eu le temps de se déplacer en masse d'une quantité très petite, en revenant ensuite à sa position originelle : la matière explosive se trouve alors n'avoir produit presque aucun effet utile.

Origine des réactions. — Pour déterminer une réaction explosive, il est nécessaire d'effectuer un travail préliminaire qui a pour but de porter la matière explosive à une certaine *température initiale*; ce premier échauffement se transmet de proche en proche, en portant successivement toutes les parties de la matière à la température de la décomposition.

Au moment de l'explosion, la pression développée d'abord autour du point enflammé tend à diminuer par suite de l'expansion des gaz et à mesure que les produits se répartissent dans un espace plus considérable; si on s'oppose par un moyen quelconque à cette expansion, et c'est là le rôle du bourrage dans les mines, la pression monte rapidement et avec elle la vitesse de la décomposition. On arrive au même résultat en augmentant la masse de la matière explosive, les gaz dégagés par l'action initiale n'ayant pas le temps de s'écouler au dehors et exerçant une pression qui va croissant à mesure que la réaction se propage vers le centre de la masse. C'est ainsi que la dynamite, le coton-poudre, l'acide picrique, substances susceptibles d'être enflammées sans danger à l'aide d'un corps en ignition, lorsqu'on opère sur de petites quantités, ont donné lieu parfois à des explosions terribles, par suite de l'inflammation générale d'une masse considérable. Cela prouve, pour le dire en passant, le peu de valeur que l'on doit attribuer aux essais faits sur une faible échelle pour démontrer la soi-disant innocuité de tel ou tel explosif.

Il est encore un cas où, sans le moindre bourrage, les matières explosives peuvent produire des effets puissants : c'est lorsqu'on a affaire à des corps dont la durée de décomposition est si courte que l'air lui-même oppose par sa force d'inertie une résistance suffisante au dégagement des gaz produits par l'explosion; c'est le cas, par exemple, du fulminate de mercure. Si toutefois on provoque la mise de feu par un courant électrique rougissant un fil de platine au contact du fulminate maintenu dans le vide, la réaction ne se propage pas : ce qui montre que c'est bien l'air qui agit dans le cas ordinaire comme bourrage. Cette propriété est utilisée dans l'industrie pour opérer la dessiccation des explosifs sans danger dans un espace chauffé et vide d'air.

Dans le cas d'un explosif détonant par le choc, la force vive se transforme en chaleur au point choqué et élève jusqu'au degré de la décomposition explosive la température des parties frappées tout d'abord ; leur brusque décomposition produit un nouveau choc plus violent que le premier sur les parties voisines, et cette alternative régulière de chocs et de décompositions transmet la réaction de couche en couche dans la masse entière, en développant une véritable *onde explosive*, laquelle chemine avec une vitesse incomparablement plus grande que celle d'une simple inflammation. On voit par là toute l'importance des amorces, regardées autrefois comme de simples agents de mise de feu.

De là aussi la distinction entre la combustion progressive, telle qu'elle se produit dans les armes, et la détonation presque instantanée provoquée par un choc violent, tel que celui d'une amorce au fulminate de mercure. Ce dernier corps, en effet, par la rapidité de sa décomposition et la pression qu'il développe en détonant dans son propre volume, est éminemment apte à servir d'amorce.

Onde explosive. — Il a été fait allusion à plusieurs reprises, dans les pages précédentes, à l'*onde explosive*. Ce phénomène, qui joue un rôle important dans la décomposition des explosifs, mérite qu'on s'y arrête avec quelques détails.

L'onde explosive peut se développer aussi bien dans des mélanges gazeux explosifs que dans des liquides ou des solides.

Les effets de l'onde explosive sont comparables à ceux d'une onde sonore, mais avec cette différence capitale que l'onde sonore est transmise de proche en proche avec une force vive peu considérable, un excès de pression très petit et une vitesse déterminée par la seule constitution physique du milieu vibrant, vitesse qui est la même pour toute espèce de vibration. Au contraire, c'est le changement de constitution chimique qui se propage dans l'onde explosive et qui communique au système en mouvement une force vive énorme et un excès de pression considérable. Aussi la vitesse de l'onde explosive est-elle tout à fait différente de celle des ondes sonores transmises dans le même milieu. Par exemple, tandis que la vitesse de l'onde sonore dans le mélange oxhydrique est à 0° de 514 mètres par seconde, la vitesse de l'onde explosive dans ce mélange est de 2841 mètres.

Avec les explosifs liquides ou solides, la vitesse de l'onde explosive est encore plus considérable : pour le coton-poudre on a constaté des vitesses de près de 7000 mètres à la seconde et 7700 mètres pour la nitromannite.

L'onde explosive se propage uniformément; sa vitesse dans les mélanges explosifs gazeux dépend essentiellement de la nature de l'explosif, et non de la matière du tube qui le contient; cette vitesse est également à peu près indépendante du diamètre du tube, surtout lorsque les dimensions de ce dernier atteignent une certaine grandeur (5-10 millimètres de diamètre). La vitesse de l'onde explosive est indépendante de la pression.

La propagation de l'onde explosive est un phénomène tout à fait distinct de la combustion ordinaire. Elle a lieu seulement lorsque la tranche enflammée exerce la pression la plus grande possible sur la tranche voisine, c'est-à-dire lorsque les molécules gazeuses enflammées possèdent la vitesse et par conséquent la force vive de translation maxima : ce qui n'est autre chose que la traduction mécanique de ce fait, qu'elles conservent la presque totalité de la chaleur développée par la réaction chimique. Si, au contraire, la vitesse de translation des molécules, dans le cas d'un explosif gazeux, excède la vitesse élémentaire de la réaction explosive, la chaleur dégagée est perdue presque en totalité par rayonnement, conductibilité, contact des corps environnants et des gaz inertes, à l'exception de la très petite quantité indispensable pour porter les parties voisines à la température de combustion; c'est le régime de combustion ordinaire, dont les vitesses sont incomparablement moindres, par exemple de 34 mètres par seconde pour le mélange oxhydrique.

On conçoit d'ailleurs l'existence de vitesses intermédiaires entre ces deux limites; mais elles ne constituent aucun régime régulier. En effet, le passage d'un régime à l'autre est accompagné, comme il arrive en général dans les transitions de cette espèce, par des mouvements violents, des déplacements de matières étendus et irréguliers, pendant lesquels la propagation de la combustion s'opère en vertu d'un mouvement vibratoire d'amplitude croissante et avec une vitesse de plus en plus considérable. C'est ainsi que le régime de combustion développé dans des conditions de pression nécessairement longues finit par passer au régime de détonation.

Ces deux régimes, et les conditions générales qui définissent l'établissement de chacun d'eux et la transition de l'un à l'autre, ne s'appliquent pas seulement aux mélanges gazeux explosifs, mais aussi aux systèmes explosifs solides et liquides, attendu que ces derniers se transforment en tout ou en partie en gaz au moment de la détonation.

Toutefois, dans le cas des explosifs liquides ou solides, le régime de la détonation dépend dans une assez large mesure de la nature des enveloppes et de leur résistance. C'est ainsi, par exemple, que le nitrate de méthyle détonant dans un tube en caoutchouc entoilé de 5 millimètres de diamètre intérieur et de 3mm,5 d'épaisseur donne une vitesse de propagation de l'explosion de 1616 mètres par seconde. Avec le même explosif et des tubes en verre d'épaisseurs différentes, on a obtenu les chiffres suivants :

Diamètre intérieur.	Épaisseur.	Vitesse par seconde.
3 millim.	4mm,5	2482 mèt.
3 —	2mm,0	2191 —
5 —	1mm,0	1890 —

Des tubes d'acier de 3 millimètres de diamètre intérieur et de 6 millimètres d'épaisseur donnent des vitesses de 2100 mètres, inférieures, comme on le voit, à celles obtenues par l'emploi de tubes en verre épais, circonstance attribuable à la rigidité de la matière de ces derniers.

La fracture de tubes d'acier aussi épais montre qu'il n'y a pas d'espérance de réussir à produire la détonation d'une matière explosive liquide dans un vase métallique sans le briser, quelle qu'en soit l'épaisseur; nous avons signalé cette propriété des explosifs en parlant des pressions développées, et nous ne croyons pas inutile de revenir avec quelques détails sur ce point important.

La théorie de l'élasticité établit d'abord que la résistance d'un tube métallique ne croît pas indéfiniment avec son épaisseur. La résistance tend vers une limite déterminée, au delà de laquelle la paroi métallique se déchire, quelle qu'en soit l'épaisseur. Or les matières explosives liquides ou les solides amenés, si c'est nécessaire, par compression, à une densité suffisante, offrent une particularité remarquable : le volume défini par leur densité est plus petit que le volume-limite au-dessous duquel les gaz ou les liquides produits par leur explosion ne sont pas susceptibles d'être réduits par la pression développée dans les limites de nos expériences. On sait en effet que les gaz ne peuvent pas être réduits indéfiniment par la compression, leur compressibilité diminuant de plus en plus à partir d'une certaine limite. A fortiori en est-il de même des liquides, tels que l'eau, et des solides, que l'on ne saurait guère amener à un volume notablement moindre que celui qu'ils possèdent sous la pression normale : c'est ce qui avait fait croire autrefois que l'eau est incompressible, et ce que l'on cherche à représenter par la notion du *co-volume* des gaz; la matière tend en quelque sorte vers un état limite qui la rapprocherait d'un état de continuité absolue, les forces répulsives entre les particules croissant au delà de toute limite au fur et à mesure que le rapprochement des molécules ultimes devient plus considérable.

Supposons, pour préciser, que les gaz produits par l'explosion du nitrate de méthyle, anhydride carbonique, oxyde de carbone, azote, eau gazeuse, à la température de 3000° environ développée par l'explosion, tendent vers une densité voisine de l'unité, densité qui paraît du reste excessive dans ces conditions, mais dont ils paraissent approcher aux basses températures de leur liquéfaction. D'après ce chiffre, le volume possible de la masse gazeuse demeurera supérieur de près de 1/5 à celui du nitrate de méthyle dont la densité atteint 1,182. Il en résulte que les gaz développeront dans l'espace occupé par l'explosif une pression supérieure à toute grandeur expérimentale donnée; dès lors le vase sera nécessairement rompu avant que la totalité de la matière ait détoné; il le sera à un moment qui variera suivant sa propre *résistance instantanée*, résistance d'ailleurs différente de la *résistance statique* du même vase, telle qu'elle est mesurable par exemple au moyen de la presse hydraulique.

Les considérations exposées à l'occasion du nitrate de méthyle s'appliquent d'une façon générale aux matières explosives dont on cherche à provoquer la décomposition dans leur propre volume.

En nous basant sur ces considérations, examinons de plus près ce qui se passe lorsqu'une matière explosive détone dans un tube, la détonation étant provoquée à l'origine par le choc violent du fulminate de mercure qui porte aussitôt à l'extrême la pression initiale, la chaleur qu'elle dégage et les réactions chimiques développées de tranche en tranche qui en sont la conséquence.

Aucun régime régulier répondant à l'explosion de la matière dans son propre volume ne saurait s'établir, puisque le tube est nécessairement rompu; si cependant le tube est homogène et la matière uniformément répandue et douée d'une structure telle que les pressions et les réactions puissent s'y propager de couche en couche d'une façon régulière, le tube se rompra aussi régulièrement, de proche en proche, au fur et à mesure que la pression propagée atteindra une certaine limite, et il pourra s'établir un régime de détonation spécial qui dépendra des conditions réalisées dans le système. On observera alors une vitesse de propagation peu différente pour chaque système donné, mais très variable d'un système à l'autre même avec une matière explosive déterminée.

Ces conditions de régularité de la charge sont très faciles à réaliser avec des liquides.

Le régime de détonation dépend donc beaucoup de la nature de l'enveloppe, mais il dépend aussi de la structure propre de la matière explosive.

Soit, en effet, la nitroglycérine. Elle donne, dans des tubes en plomb d'une dimension déterminée, des vitesses de 1300 mètres; la dynamite, qui doit son caractère explosif uniquement à la présence de la nitroglycérine, donne, dans les mêmes conditions d'expérience que cette dernière, des vitesses de 2700 mètres environ, doubles de celles données par l'explosif à l'état de pureté, sous sa forme liquide.

Comme explosifs solides à grande vitesse de détonation, citons la nitromannite, qui donne des vitesses de 7700 mètres, et l'acide picrique, dont la vitesse de détonation atteint 6500 mètres.

Le coton-poudre, suivant la densité de chargement, donne des vitesses très différentes. A des densités de chargement de 0,73, on a obtenu 3800 mètres dans des tubes de plomb de 4 millimètres de diamètre. A une densité de chargement de 1-1,25, cette vitesse monte à 5400 mèt.

La résistance de l'enveloppe peut être remplacée par une plus grande masse d'explosif, laquelle s'oppose, dans la partie centrale surtout, à l'écoulement instantané des gaz. En effet, M. Abel, avec des cartouches en coton-poudre comprimé sec de 30 millimètres de diamètre, placées bout à bout à l'air libre, a observé des vitesses de 5300 à 6000 mètres.

Il résulte de ces expériences que l'onde explosive n'existe avec ses caractères simples et ses lois définies que dans la détonation des gaz. Ces lois et ces caractères ne subsistent qu'en partie dans la détonation des explosifs liquides et solides, à cause de la grande densité de chargement par rapport à celle réclamée par l'emploi des explosifs gazeux [Berthelot, *Mémorial des Poudres et Salpêtres*, 4, 7].

Explosions par influence. — L'existence de l'onde explosive explique aisément les explosions par influence, singuliers phénomènes qui ont éveillé au plus haut degré l'attention des artilleurs et des ingénieurs.

Une cartouche de dynamite ou de coton-poudre provoquée à détoner au moyen d'une amorce de fulminate de mercure, fait détoner les cartouches voisines non seulement au contact et par choc direct, mais même à distance; c'est ce que l'on nomme *explosion par influence*. On peut ainsi faire détoner un très grand nombre de cartouches disposées suivant une ligne droite ou suivant une courbe régulière.

Les distances auxquelles l'explosion se propage sont relativement considérables. Ainsi, par exemple, les cartouches étant contenues dans des enveloppes métalliques rigides et posées sur un sol résistant, la détonation produite par 100 grammes de dynamite ordinaire à 75 0/0 de nitroglycérine se communique à 30 centimètres de distance; les cartouches étant appuyées sur un rail, cette distance s'élève à 70 centimètres.

Si, au contraire, les cartouches sont suspendues en l'air, la détonation par influence ne se produit à une même distance qu'avec des charges beaucoup plus considérables. Si on emploie des enveloppes métalliques moins résistantes, la distance à laquelle se propage l'explosion est également augmentée. La dynamite simplement répandue sur le sol cesse même de propager l'explosion.

L'explosion propagée par influence peut aller en s'affaiblissant d'une cartouche à l'autre et même changer de caractère.

L'eau transmet également très bien le choc explosif, du moins jusqu'à une certaine distance, à la façon d'un corps solide. C'est ainsi qu'une forte charge de coton-poudre fait détoner par son explosion les torpilles dormantes situées dans son voisinage. Les pressions transmises par l'eau vont en décroissant régulièrement autour du centre d'explosion.

En résumé, la propagation des explosions par influence se fait en vertu d'un mouvement ondulatoire, mouvement complexe, d'ordre chimique et physique au sein de la substance explosive qui se transforme, tandis qu'il est purement physique au sein des matières intermédiaires qui ne changent pas de nature. Ce qui distingue encore ce genre de mouvement des vibrations sonores proprement dites, c'est son extrême intensité, c'est-à-dire la grandeur de la force vive qu'il transmet.

C'est ainsi que l'onde explosive se propage dans la matière qui détone, non par suite d'un choc unique dont la force vive s'affaiblirait au fur et à mesure de la propagation, mais par suite d'une série de chocs semblables, incessamment reproduits, et qui régénèrent à mesure la force vive sur le trajet de l'onde. Au contraire, la propagation par l'air ou par les supports se fait uniquement en vertu de la force vive du dernier choc communiqué par la matière explosive, force vive qui n'est plus régénérée et qui s'affaiblit rapidement avec la distance.

En somme, la matière explosive ne détone pas parce qu'elle transmet le mouvement, mais au contraire parce qu'elle l'arrête et qu'elle en transforme sur place l'énergie mécanique en une énergie calorifique capable d'élever subitement la température de la matière jusqu'au degré qui en provoque la décomposition.

Jusqu'ici nous n'avons envisagé que le régime de détonation utilisé pour les explosifs brisants dans les applications industrielles et dans certaines applications militaires.

Mais, dans ce dernier ordre d'idées, on utilise, pour le lancement des projectiles par exemple, le régime de déflagration ou combustion simple, caractérisé par une durée beaucoup plus grande de la réaction explosive. Nous allons donc exposer sommairement le mode de combustion des matières explosives. Le facteur le plus important, c'est-à-dire la vitesse de *combustion* des explosifs, dépend de la pression sous laquelle ils se décomposent : elle augmente rapidement avec cette pression; un autre élément est la vitesse maxima de développement de la pression; l'exposant de la puissance de la pression, qui permet de passer d'une valeur à l'autre de cette vitesse d'accroissement des pressions, se nomme *module de progressivité*. Il caractérise la matière explosive.

C'est ainsi que le module de progressivité des poudres noires varie de 1,25 à 1,50, tandis qu'il atteint de 1,86 à 1,87 pour les poudres sans fumée.

Avec l'acide picrique, le module est de 2,82 et il monte à 3,25 pour l'explosif Favier, composé de 12 0/0 de dinitronaphtalène et 88 0/0 de nitrate d'ammonium; ces deux derniers explosifs présentent une aptitude dangereuse à fournir des surpressions accidentelles, résultant des phénomènes ondulatoires qui accompagnent toujours la combustion de matières difficilement inflammables.

La progressivité modérée des poudres colloïdales sans fumée, bien que supérieure à celle des poudres noires, semble donc devoir être signalée comme une propriété exceptionnelle parmi les explosifs de puissance similaire. Cette propriété présente une grande importance au point de vue de la sécurité du fonctionnement dans les armes [Vieille, *Mémorial des Poudres et Salpêtres*, 6, 256]. (Voir au chapitre *Poudres sans fumée.*)

Avant de passer à l'étude spéciale de chaque explosif, il ne sera pas inutile de résumer, à l'aide des considérations exposées dans les pages précédentes, les *données générales relatives à l'emploi d'un explosif déterminé.*

DONNÉES THÉORIQUES.

Les données théoriques se rattachent à huit ordres de mesures, savoir :

1. L'équation chimique de la transformation;
2. Les chaleurs de formation des composants et des produits;
3. Leurs chaleurs spécifiques;
4. Leurs densités;
5. Les pressions développées;
6. Le travail initial qui détermine la réaction (température d'inflammation, nature du choc, etc.);
7. La loi qui détermine la vitesse de la transformation en fonction de la température et de la pression;
8. Le travail total qu'une matière explosive peut effectuer (énergie potentielle).

Chacun de ces ordres de mesures embrasse lui-même plusieurs déterminations distinctes.

1° L'*équation chimique* de la transformation explosive comprend :

a. La connaissance des *corps primitifs* et celle des *produits* comme nature et comme poids relatifs.

b. La connaissance du *volume des gaz permanents* réduits à 0° et 760 millimètres que développe la transformation.

c. La connaissance du *volume gazeux réduit par le calcul à* 0° *et* 760 *millimètres* des produits actuellement liquides ou solides, mais susceptibles d'acquérir l'état gazeux à la température de l'explosion.

d. La connaissance de l'*état de dissociation* des produits au moment de l'explosion et pendant la période de refroidissement. En fait, cette donnée n'est connue jusqu'à présent avec précision pour presque aucun corps composé, et notre ignorance à cet égard est l'une des principales causes des divergences observées entre les résultats de la pratique et les données du calcul théorique.

e. La connaissance du *poids de l'oxygène actuellement employé* dans la réaction explosive.

f. La connaissance du *poids de l'oxygène nécessaire* pour une combustion totale se déduit de la précédente.

Notons ici que, pour les nombreux explosifs renfermant une quantité d'oxygène insuffisante pour la combustion complète, l'équation chimique ne peut être déterminée que par l'expérience et l'analyse. Encore faudrait-il se mettre dans les mêmes conditions de densité de chargement, ce qui est presque impossible à réaliser pratiquement dans les appareils d'essai qui sont décrits plus loin.

2° Les *chaleurs de formation des composants et des produits* comprennent :

a. La connaissance des *chaleurs de formation* de ces divers corps depuis leurs éléments (voyez THERMOCHIMIE).

b. Leur *chaleur de combustion totale par l'oxygène libre ou par les composés oxydants* (nitrates, chlorates, oxydes, etc.), laquelle s'en conclut.

c. La connaissance de la *chaleur de vaporisation des corps* actuellement *liquides* ou *solides*, mais susceptibles de prendre l'état gazeux dans les conditions de l'explosion.

d. La *chaleur dégagée par la transformation explosive* se conclut aussi des données précédentes supposées connues. Au contraire, elle peut être mesurée directement et employée dans le calcul inverse de ces mêmes données.

3° Les *chaleurs spécifiques* des composants et des produits sont généralement connues, du moins pour la température ordinaire. Pour les hautes températures, telles que celles développées pendant l'explosion, nos connaissances à cet égard sont fort imparfaites. Il semble toutefois très vraisemblable que les chaleurs spécifiques augmentent avec la pression et avec la température. Nous avons vu plus haut que ce fait tend à réduire les pressions théoriques des gaz dégagés par l'explosion, par suite d'une plus grande absorption de chaleur qui diminue *la température développée pendant l'explosion*. Le calcul théorique de cette dernière donnée se fait d'après la connaissance des quantités de chaleur. Les procédés de mesure directe des températures qui seraient préférables n'ont pu être tentés jusqu'à présent avec quelque probabilité que pour la poudre noire.

4° Les *densités des composants et des produits* peuvent être mesurées à la température ordinaire. Pour connaître le volume théorique exact des produits à la température de l'explosion, il serait nécessaire de connaître les coefficients de dilatation des divers corps solides, liquides ou gazeux; ces données sont malheureusement peu connues, et l'on se contente d'ordinaire des densités prises à froid pour les solides et les liquides, et des densités calculées d'après les lois de Mariotte et de Gay-Lussac pour les gaz.

Ces données sont nécessaires pour calculer à priori d'après les mêmes lois la pression théorique que l'explosif développerait en détonant dans son propre volume. Elles seraient également utiles pour calculer la pression théorique sous toute densité de chargement, c'est-à-dire le volume réel occupé par les gaz au moment de l'explosion. Mais il faudrait pour cela que l'on connût exactement la densité réelle des produits solides, liquides et gazeux à cette température.

5° Les *pressions développées* sont calculées théoriquement, comme il vient d'être dit, à l'aide des lois de Mariotte et de Gay-Lussac, en tenant compte dans le calcul du volume occupé par les produits solides ou liquides.

Une donnée plus certaine, facile à calculer à priori et à vérifier expérimentalement, est la pression permanente exercée par les gaz de l'explosion ramenés à 0° dans une capacité déterminée et suffisamment résistante. Elle est souvent limitée par la liquéfaction des produits, tels que l'acide carbonique.

Nous avons déjà dit que, pour se rendre compte des pressions développées, on a recours à la méthode expérimentale à l'aide des crushers, en faisant varier la densité de chargement. Les pressions spécifiques données par les différents explosifs servent de terme de comparaison entre eux.

On peut également donner comme terme de comparaison sinon absolu, du moins relatif, le produit de la chaleur dégagée C multiplié par le volume réduit des gaz V_0 et divisé par la chaleur spécifique des corps formés *c*.

Ce produit P, que l'on nomme *produit caractéristique*, est donc exprimé par la formule

$$P = \frac{V_0 C}{c}.$$

6° Le *travail initial* qui détermine la réaction paraît se résumer dans la connaissance des données suivantes : la *température de réaction commençante*, température qu'il est nécessaire de mesurer directement, et *le plus petit choc* qui détermine la décomposition. Cette dernière donnée ne peut pas être déduite de la théorie; on se contente de la déterminer expérimentalement d'une manière approximative, comme nous le verrons plus loin.

7° La *loi des vitesses* de décomposition dans les cas d'inflammation simple, et la vitesse de propagation de l'onde explosive dans les autres cas, présentent une importance capitale. Cette loi n'est pas connue la plupart du temps et la vitesse de décomposition ne peut être déterminée que par l'expérience.

8° Le *travail total* exercé par une matière explosive dans des conditions données répond à la différence entre la chaleur dégagée par la transformation chimique effectuée sans travail extérieur et la chaleur réellement dégagée dans les conditions de l'expérience.

En principe, le travail maximum est donné par la chaleur même dégagée. C'est ce qui mesure l'*énergie potentielle* ou le *potentiel* de la matière explosive. Quant au *travail utile* produit en pratique dans les différentes applications, il ne peut guère être calculé et seule la méthode expérimentale permet de le déterminer d'une manière approximative.

EMPLOI DES MATIÈRES EXPLOSIVES.

Dans la pratique, une matière explosive doit satisfaire à un certain nombre de conditions que nous allons résumer. Ces conditions concernent *l'emploi, la fabrication, la conservation* et *la stabilité* de la matière explosive.

Nous ne nous occuperons dans ce chapitre que des données générales, en renvoyant à la seconde partie pour la description des appareils et du mode d'essai des explosifs dans la pratique.

Emploi. — La matière explosive, mise sous un petit volume et sous un poids modéré, doit développer un volume de gaz considérable et une grande quantité de chaleur, circonstances qui excluent les gaz explosifs par eux-mêmes, tels que l'acétylène, par exemple, et les mélanges gazeux détonants.

La transformation chimique que la matière subit doit être produite dans un temps très court, afin que la chaleur ne se dissipe pas à mesure, ce qui réduirait extrêmement la pression.

Observons en outre que l'effort d'une pression brusque produit de tout autres effets de rupture sur une matière donnée que si la même pression est lentement exercée. Dans les travaux de mines ou dans les armes, une réaction lente exposerait en outre à ce que les gaz s'échappassent peu à peu à travers les interstices de la terre ou du chargement.

Toutefois il y a des degrés à observer dans la

durée de la transformation chimique de l'explosif, suivant ses divers emplois. Un explosif brisant ne saurait être, par exemple, employé comme agent propulsif dans les armes, tandis qu'il donnera d'excellents résultats appliqué au chargement des projectiles creux. Nous reviendrons du reste en détail sur cette question, lors de la description des poudres de guerre.

La mesure empirique de la force d'une matière explosive s'effectue à l'aide d'un système d'épreuves aussi rapprochées que possible des conditions de son emploi pratique. Ces conditions sont très variables et le nombre d'appareils usités pour ces essais est très grand.

La matière explosive doit pouvoir être maniée et transportée par voiture et par chemin de fer avec une sécurité relative et elle ne doit pas être trop sensible à la friction et aux chocs.

La matière doit détoner seulement *dans des conditions exactement connues*, susceptibles d'être produites ou évitées à volonté, telles que mise de feu spéciale, usage de capsules et d'amorces déterminées, réaction chimique déterminée, etc. Ces conditions doivent être réalisables sans trop de difficultés; c'est ainsi que la détonation du coton-poudre paraffiné devient presque impossible au delà d'une certaine dose de paraffine; les avantages que procure cette addition, c'est-à-dire l'insensibilité, sont compensés à un certain degré par l'excès même de stabilité de la substance, qu'il est impossible d'arriver à faire détoner à coup sûr.

L'explosion doit produire des effets prévus à l'avance, surtout comme intensité, et son régime de décomposition explosive doit être le même dans des cas identiques : c'est ainsi qu'une poudre de guerre apte à communiquer aux projectiles de grandes vitesses doit être progressive, et que le régime de décomposition ne doit en aucun cas passer de la déflagration à la détonation proprement dite, qui ferait infailliblement éclater l'arme.

A un point de vue plus particulier, la matière explosive ne doit pas détériorer les armes, ni par réaction chimique (sulfuration, oxydation, etc.), ni par encrassage (cendres et matières fixes, emplombage, etc.), ni enfin par usure mécanique.

Dans les travaux souterrains, la matière explosive ne doit pas produire de gaz délétères susceptibles d'asphyxier les ouvriers (oxyde de carbone, hydrogène sulfuré, vapeurs nitreuses, vapeurs cyanhydriques, etc.). En général, elle ne doit pas produire trop de fumée à la guerre. Ce dernier problème n'a été résolu que tout récemment par M. Vieille, par la découverte des poudres sans fumée. Toutefois, dans certaines opérations militaires, il peut être utile au contraire de produire beaucoup de fumée, pour masquer un mouvement ou des ouvrages par exemple.

Il peut aussi être utile de produire des gaz délétères pour rendre impraticable pendant quelque temps une galerie de mine, etc.

Citons enfin l'emploi des matières fulminantes sous forme de capsules, d'amorces, de détonateurs destinés à provoquer l'explosion d'une masse considérable d'une autre substance. On les met alors en œuvre par petites quantités, en se tenant en garde contre les dangers que présentent leur préparation et leur manipulation, dangers qui ne seraient pas acceptés dans l'industrie et dans l'art militaire pour une matière fabriquée ou employée en grandes masses.

FABRICATION DES MATIÈRES EXPLOSIVES.

La fabrication d'une matière explosive doit pouvoir être faite dans des conditions de prix de revient appropriées à leurs usages industriels, un même effet dans les mines et dans l'industrie en général devant être produit au plus bas prix possible. Dans les usages militaires, cette condition intervient aussi, mais à un degré beaucoup moindre, la facilité et la sécurité relative d'emploi, et surtout la puissance, dominant tout. Les poudres sans fumée modernes reviennent à un prix beaucoup plus élevé que la poudre noire, qui a été pourtant abandonnée par toutes les armées modernes.

La fabrication doit pouvoir être installée régulièrement et sans danger, ou avec le moindre danger possible, tant pour les opérateurs que pour le voisinage.

CONSERVATION DES MATIÈRES EXPLOSIVES.

Les matières explosives doivent pouvoir être conservées sans aucune décomposition spontanée dans les conditions atmosphériques ordinaires, sous les divers climats, dans des circonstances, de température et de lumière modérées, d'état hygrométrique moyen, etc.

Examinons sommairement l'action des divers agents atmosphériques.

La lumière vive est particulièrement à redouter pour les composés nitrés, car elle en détermine souvent l'altération.

Les variations étendues de température exercent aussi une influence importante, particulièrement si elles déterminent la congélation de certains ingrédients, tels que la nitroglycérine dans les dynamites, ou si elles augmentent la fluidité de certains corps, tels que cette même nitroglycérine, et par suite leur tendance à l'exsudation. La séparation entre la nitroglycérine et son absorbant peut aussi avoir lieu surtout par le fait de variations de la température, par des congélations et des dégels réitérés.

Sous l'influence d'une température un peu élevée, telle que celle que l'on peut observer sous les tropiques par exemple, certains composés peuvent s'évaporer lentement, ce qui diminue la puissance de la matière explosive : ce peut être le cas notamment pour les dynamites.

La conservation doit demeurer satisfaisante même dans les conditions hygrométriques très diverses de l'atmosphère ambiante. C'est cette condition qui rend parfois difficile l'emploi des explosifs à base de nitrate d'ammonium par exemple, corps très déliquescent. Nous verrons plus loin à l'aide de quels artifices on obvie à ce grave inconvénient. Les sels dont est imprégnée l'atmosphère marine constituent une cause spéciale d'altération dont il faut tenir compte, surtout pour les explosifs destinés à être employés sur les navires, ou même transportés par eux, l'air finissant par pénétrer dans le récipient le mieux clos, par suite des variations de température et de pression.

A ce même point de vue il est utile de savoir si une matière explosive résiste à l'action massive de l'eau liquide, qui peut mouiller les matières explosives par accident, sur mer en particulier. On sait, par exemple, que l'eau détruit la poudre noire en dissolvant son principal composant, le nitrate de potassium; elle déplace peu à peu par une sorte de liquation la nitroglycérine dans la dynamite siliceuse; cette dernière, déposée dans une eau courante, perd peu à peu sa nitroglycérine par voie de dissolution, la nitroglycérine étant un peu soluble dans l'eau.

Au contraire, l'eau courante n'altère nullement le coton-poudre; l'inflammabilité de la matière, restreinte par la présence de l'eau, reparaît avec tous ses caractères après dessiccation.

Au point de vue de la résistance à l'eau, les nouvelles poudres sans fumée présentent une immense supériorité sur l'ancienne poudre de guerre. Grâce en effet à la gélatinisation du coton-poudre, qui constitue leur principal ingrédient, l'eau ne les pénètre même pas.

L'exsudation lente de la nitroglycérine dans les dynamites fabriquées avec de mauvais matériaux constitue un obstacle à leur conservation ainsi qu'un danger grave, car elle a pour effet de substituer, à une matière peu sensible aux chocs et aux frottements, la nitroglycérine pure, qui est au contraire extrêmement sensible.

On a dit comment la congélation suivie de dégel et l'action même de l'eau pouvaient aussi donner lieu à cette exsudation.

Finalement il faut encore faire entrer en ligne de compte l'influence des secousses, dues au transport, sur la séparation des divers ingrédients d'un mélange explosif.

ÉPREUVES DE STABILITÉ.

Les épreuves de stabilité que l'on fait subir dans la pratique à une matière explosive donnée résument les conditions les plus essentielles parmi celles qui viennent d'être énumérées. Ce sont les suivantes :

1° *Stabilité à l'air.* — La matière doit se maintenir au contact de l'air sans évaporation ni liquation, ni altération apparente, même après plusieurs jours de conservation; elle ne doit pas attirer l'humidité atmosphérique.

2° *Neutralité.* — Elle doit être neutre en général et conserver cette neutralité; surtout elle ne doit pas dégager de vapeurs acides, même quand on l'échauffe pendant quelques instants dans une étuve maintenue vers 60°.

3° *Exsudation.* — Elle ne doit pas laisser exsuder les substances liquides, la nitroglycérine par exemple, qu'elle renferme, ni spontanément, ni même par une pression modérée, telle que celle que l'on exerce en refoulant doucement la matière avec un piston de bois dans un tube de laiton percé de trous latéraux. La tige du piston dans cet essai est munie d'un plateau qu'on charge successivement de poids de plus en plus forts, jusqu'à exsudation.

Chauffée vers 55-60° dans une étuve, la matière ne doit pas donner lieu à la séparation de petites gouttelettes, même par une légère pression.

Soumise à une température inférieure à 0°, puis ramenée à la température ordinaire, et cela à plusieurs reprises, elle ne doit pas non plus produire d'exsudation.

L'exsudation ne doit pas avoir lieu davantage sous l'influence d'un air saturé d'humidité : par exemple, en abandonnant la matière pendant 15 jours dans un coffre garni d'étoupes humides.

Il convient encore de rechercher si la matière, soumise pendant quelques jours à une série de trépidations, dans des conditions analogues à celles du transport par terre ou par mer, ne donne pas lieu à la séparation de quelques-uns de ses composants.

Les épreuves d'exsudation sont surtout essentielles pour les dynamites, la séparation de la nitroglycérine ayant pour effet de les rendre extrêmement dangereuses.

4° *Choc.* — On cherche si la matière détone par le choc du marteau sur une enclume, ou mieux par la chute d'un poids déterminé tombant de hauteurs variables sur une parcelle de matière posée sur une enclume.

Une matière explosive ne doit pas détoner par le choc, ni par la friction de bois sur bois ou de bois sur métal. Il en est qui ne détonent pas par le choc de bronze sur bronze, mais qui détonent par celui du fer sur le fer.

L'introduction accidentelle de quelque grain ou fragment de sable siliceux ou autre roche dure rend la détonation plus facile, surtout lorsqu'on procède par frottement.

L'action du choc de la balle à diverses distances doit être étudiée spécialement pour les matières destinées aux opérations militaires.

5° *Immersion.* — On place la matière explosive sous l'eau, sans enveloppe, pendant 15 ou 20 minutes. Elle ne doit ni s'y dissoudre, ni s'y déliter, ni donner lieu à une séparation de gouttelettes liquides. Cette épreuve n'est appliquée qu'aux matières susceptibles de se trouver en contact avec l'eau pendant leur emploi.

6° *Chaleur.* — On examine d'abord si la matière s'enflamme au contact d'un corps en ignition et comment elle brûle dans cette condition. On recherche aussi l'influence d'un échauffement progressif très lent, afin de voir s'il donne lieu à une évaporation partielle de quelques-uns des composants.

On procède enfin à un échauffement rapide, en plaçant par exemple une petite quantité de matière dans une capsule en platine que l'on dépose à la surface d'un bain d'huile ou de mercure porté à l'avance et maintenu à une température fixe. On détermine à quelle température se produit l'explosion et s'il existe une température plus basse à laquelle il se développe une inflammation simple ou même une décomposition progressive.

II. — APPLICATIONS.

Il est assez difficile d'établir une classification rationnelle des explosifs. Nous adopterons avec de légères modifications celle de M. J.-P. Cundill [*Dictionnaire des Explosifs*, traduction de M. Désortiaux, *Mémorial des Poudres et Salpêtres*, 5, 235].

M. Cundill divise les explosifs en 8 classes, dont voici l'énumération :

I. *Poudres noires ordinaires.*
II. *Poudres nitratées autres que les poudres noires ordinaires.*
III. *Poudres chloratées.*
IV. *Dynamites.*
V. *Pyroxyles* ou *cotons-poudres.*
VI. *Poudres sans fumée.*
VII. *Poudres picriques et picratées* (à base d'acide picrique ou de picrates).
VIII. *Explosifs du type Sprengel*, qui s'obtiennent par le mélange d'un agent oxydant avec un agent combustible, les composants du mélange étant inexplosibles par eux-mêmes (on pourrait donner à ces corps le nom d'*explosifs par juxtaposition*).
IX. *Explosifs divers.*

Dans un grand nombre de cas une classe se confond avec une autre; on prendra alors pour base les principaux traits distinctifs de l'explosif.

Nous réunirons en outre dans une X^e classe tous les explosifs à température de détonation relativement basse, qui ont été proposés pour l'emploi dans les mines grisouteuses, tout en faisant remarquer que cette X^e classe contient des explosifs appartenant à peu près à toutes les autres.

Nous n'avons pas non plus l'intention d'énumérer tous les explosifs connus; nous nous bornerons à étudier d'une façon détaillée les représentants les plus saillants de chacune des catégories ci-dessus, nous référant d'une part à ce qui a déjà paru à ce sujet dans le Dictionnaire, et d'autre part à la remarquable traduction de M. Désortiaux citée plus haut.

I. — POUDRES NOIRES ORDINAIRES.

Cette catégorie a énormément perdu d'importance depuis l'invention des poudres sans fumée. La poudre noire en effet n'est plus employée pour les usages militaires; sa fabrication a été du reste suffisamment décrite dans l'article POUDRES du Dictionnaire. Nous estimons inutile d'y revenir et nous nous bornons à mentionner ici la *poudre chocolat*, variété spéciale de poudre à canon qui paraît être encore en usage dans la grosse artillerie étrangère.

Cette poudre est préparée au moyen d'un charbon incomplètement torréfié, qui lui communique sa couleur. Le type employé pour les usages militaires présente la composition suivante :

Nitrate de potassium.....	79	parties.
Soufre..................	3	—
Charbon................	18	—

La poudre chocolat communique aux projectiles de très grandes vitesses et développe en même temps des pressions modérées. Elle s'enflamme bien moins rapidement que la poudre ordinaire et brûle sans explosion à l'air libre. Les gargousses préparées avec cette poudre nécessitent l'emploi d'une petite amorce de poudre noire pour provoquer l'inflammation de la charge.

La poudre chocolat donne une fumée moins épaisse et se dissipant plus rapidement que la fumée de la poudre noire, ce qui est dû à sa faible teneur en soufre.

Comparée à poids et pression égaux dans les armes avec la poudre prismatique, elle communique aux projectiles une vitesse initiale supérieure, qui se traduit par une augmentation de force vive de 20 0/0.

II. — POUDRES NITRATÉES.

Les poudres nitratées, qui ont été employées autrefois sur une certaine échelle, renferment du nitrate de sodium ou de baryum à la place du salpêtre.

On a proposé également le remplacement partiel du salpêtre par le nitrate d'ammonium ; une poudre de ce genre fraîchement préparée donne des résultats sensiblement supérieurs à ceux que l'on obtient avec la poudre noire, mais elle ne tarde pas à s'altérer par l'absorption rapide de l'humidité de l'air [1].

En résumé, tout ce qui a été proposé en ce genre de poudre ne présente plus qu'un intérêt historique et ne saurait trouver place ici.

III. — POUDRES CHLORATÉES.

Le nombre des explosifs à base de chlorate est très grand ; toutefois cette catégorie ne nous arrêtera pas longtemps, car elle ne comprend aucun explosif employé sur une grande échelle.

D'une manière générale, les poudres chloratées peuvent se diviser en deux classes : celles où l'on n'a fait aucune tentative spéciale pour diminuer la sensibilité dangereuse des composés du chlorate, et celles dans lesquelles on a cherché à atténuer cette sensibilité par l'addition de quelque substance diluante, ou par un traitement mécanique spécial.

Le principal inconvénient de la majeure partie des poudres chloratées réside dans leur instabilité, qui amène souvent l'inflammation spontanée du mélange ; de plus certains agents, notamment les acides, décomposent avec facilité les poudres chloratées et peuvent donner lieu à des explosions.

Les explosifs à base de chlorate les plus dangereux sont ceux qui renferment du soufre.

Dans certains cas, on a proposé de conserver séparément jusqu'au moment de l'emploi les substances qui composent les mélanges au chlorate. Ce principe a été appliqué pour le *rack-a-rock*, la *romite*, etc. Dans ce cas, ces explosifs rentrent dans la classe VIII, explosifs du type Sprengel.

Nous allons décrire brièvement ci-dessous quelques explosifs se rattachant aux poudres chloratées.

Asphaline. — L'asphaline est un mélange de son de froment ou d'orge soigneusement nettoyé, imprégné de chlorate de potassium mélangé avec du nitrate et du sulfate de potassium. La proportion de chlorate atteint jusqu'à 54 0/0, celle de son ou de farine 42 0/0.

L'asphaline est un explosif peu dangereux, mais sa consistance légère et volumineuse exige des trous de mine relativement très grands.

Poudre verte. — Cette poudre est une modification de la poudre d'Augendre (Dict., 2, 1173). Elle se compose de

Chlorate de potassium........	14	parties.
Acide picrique..............	4	—
Ferrocyanure de potassium...	3	—

Chaque substance est finement pulvérisée séparément ; le mélange se fait dans des tonnes en bois avec des gobilles en bois.

La poudre verte est très énergique, mais d'une sensibilité dangereuse.

Poudre à double effet. — Cette poudre est sans contredit la plus intéressante et la meilleure des poudres chloratées ; elle a été inventée, il y a une quinzaine d'années, par M. Turpin.

Le principe de la poudre à double effet consiste à éviter les dangers dus à la sensibilité des chlorates par l'emploi de *combustibles plastiques*, tels que les goudrons, qui, en cas de choc, absorbent suffisamment de force vive pour entraver l'explosion. L'emploi du goudron comme combustible présente en outre l'avantage de permettre une fabrication à peu près exempte de dangers.

On peut naturellement varier la teneur en chlorate des poudres à double effet. Nous donnons ci-dessous une des meilleures compositions, que nous avons eu occasion d'expérimenter et qui donne d'excellents résultats :

Chlorate de potassium....	80	parties.
Goudron.................	15	—
Charbon de bois........	5	—

La poudre à double effet peut, sous l'influence d'une amorce au fulminate, donner une détonation franche, analogue à celle du coton-poudre ou de la dynamite. Par inflammation simple, au contraire, elle présente le mode de décomposition normal des poudres noires ; de là le nom de *poudre à double effet* qui lui a été donné par l'inventeur.

La poudre à double effet produit, sous l'influence d'une amorce au fulminate, des effets de rupture nettement caractérisés, quoique un peu inférieurs à ceux que l'on obtient avec la dynamite.

1. Il paraît toutefois que ces difficultés n'existent qu'à un faible degré pour la *poudre amide*, composée de 40 parties de nitrate de potassium, 38 parties de nitrate d'ammonium et 22 parties de charbon de bois. Ce mélange explosif revient à un prix modéré et semble être un bon succédané des poudres noires, tout en étant bien inférieur aux poudres sans fumée actuelles.

Une cartouche en fer-blanc contenant 130 gr. d'explosif, appliquée contre un rail de chemin de fer, le brise comme un pétard réglementaire de dynamite.

Toutefois la poudre à double effet s'est montrée nettement inférieure à la dynamite dans les mines de fer, par exemple, où il s'agit d'employer un explosif très brisant, à courte durée de détonation. En outre, par suite d'un tassage énergique, son aptitude à détoner devient médiocre.

Un avantage de la poudre à double effet sur la dynamite est son prix de revient, qui est inférieur à force égale, étant donné le prix actuel du chlorate de potassium.

Le prix de revient de la poudre à double effet peut être estimé à 90 francs les 100 kilogrammes. Vu son innocuité et sa facilité de préparation, l'étude de ses applications mériterait d'être reprise.

On a proposé d'employer comme poudre propulsive pour les armes de guerre du papier imprégné d'un mélange salin à base de chlorate de potassium (Molland). Ce papier-poudre, qui a été préparé à Wetteren sur une grande échelle, donne une pression très élevée dans les armes, et produit une croûte dure qui ne tarde pas à les encrasser.

D'après les expériences exécutées en Suisse, on a obtenu avec 2^{gr},9 de papier-poudre et un fusil de 8 millimètres une vitesse initiale de 574 mètres et une pression de 3410 atmosphères.

Nous verrons plus loin que les poudres sans fumée donnent des vitesses plus considérables encore avec des pressions moindres, et ne laissent aucun résidu dans les armes après le tir.

IV. — DYNAMITES.

On nomme *dynamite* un explosif composé de nitroglycérine et d'une substance absorbante. Suivant que cette dernière est un corps inerte, inorganique, ou un composé organique susceptible de prendre part à la réaction, on a soit une *dynamite à base inerte*, soit une *dynamite à base active*.

Données générales sur la nitroglycérine. — Avant d'aborder les détails de la préparation de la nitroglycérine, il ne sera pas inutile de rappeler les propriétés principales de cette matière explosive.

La nitroglycérine est liquide à la température ordinaire de nos climats tempérés; elle se solidifie à + 12°. Cette solidification est un des plus graves inconvénients de cet explosif, comme nous le verrons plus tard.

La nitroglycérine liquide a une densité de 1,6; elle est soluble dans l'alcool et dans l'éther, mais très peu soluble dans l'eau. Elle est très sensible au choc; on connaît même des exemples d'explosion à la suite d'un choc de bois sur bois. Pure, la nitroglycérine se conserve indéfiniment; mais il suffit d'un peu d'humidité ou d'une trace d'acide libre pour provoquer une décomposition, qui, une fois commencée, s'accélère parfois jusqu'à l'inflammation, et même jusqu'à l'explosion de la matière.

L'action de la lumière solaire détermine aussi la décomposition de la nitroglycérine.

La détonation de 1 kilogramme de nitroglycérine fournit un volume de gaz permanents correspondant à 465 litres à 0°. Ce volume, si l'on considère l'eau à l'état gazeux, monte à 713 litres.

Un litre de nitroglycérine donne donc 747 litres de gaz, l'eau étant supposée liquide, et 1141 litres de gaz si on admet pour l'eau l'état gazeux.

La nitroglycérine est brisante, et cependant elle fracture les roches sans les écraser en menus fragments. Les faits observés pendant l'étude des pressions à l'aide du manomètre crusher sous diverses densités de chargement concordent avec cette propriété. Elle s'explique encore par les phénomènes de dissociation.

En effet, grâce à la température élevée de l'explosion, les éléments de l'eau et de l'anhydride carbonique doivent être en partie séparés dans les premiers moments, ce qui diminue les pressions initiales; mais la formation de l'eau et de l'anhydride carbonique, se complétant pendant la détente, reproduisent nécessairement de nouvelles quantités de chaleur, qui régularisent la chute des pressions.

La nitroglycérine agira donc pendant la détente à la façon de la poudre ordinaire; cependant la dissociation doit être moindre avec la nitroglycérine, parce que les composés formés sont plus simples et la pression initiale plus forte.

En un mot, la nitroglycérine réunit les propriétés en apparence contradictoires des diverses matières explosives: elle est brisante comme par exemple le chlorure d'azote, dont la détonation fournit des gaz simples non susceptibles de dissociation; elle disloque et fractionne les roches sans les écraser tout comme la poudre ordinaire, quoique avec une bien plus grande intensité, et enfin elle produit des effets excessifs de projection. Toutes ces propriétés peuvent être prévues et expliquées par la théorie.

PRÉPARATION INDUSTRIELLE DE LA NITROGLYCÉRINE.

La préparation industrielle de la nitroglycérine se divise en six opérations distinctes :

1. Préparation du mélange acide;
2. Nitration ;
3. Séparation de la nitroglycérine ;
4. Lavage;
5. Filtration;
6. Régénération du mélange acide.

Les matières premières nécessaires pour la fabrication sont au nombre de trois : la glycérine, l'acide sulfurique et l'acide nitrique[1].

La *glycérine* servant à la fabrication de la nitroglycérine doit être incolore, avoir une densité de 1,262 (30° B.). Elle ne doit contenir ni chaux, ni acide sulfurique, ni chlore, ni arsenic. Mélangée avec son volume d'une dissolution à 10 0/0 de nitrate d'argent, elle ne doit pas se colorer en noir au bout de 10 minutes de contact à l'abri de la lumière. De plus on procède à un essai pratique de nitration, qu'on effectue de la manière suivante :

On introduit dans un verre de Bohême un mélange de 72^{gr},5 d'acide sulfurique ($d = 1,840$) et 37^{gr},5 d'acide nitrique ($d = 1,500$) ; on ajoute goutte à goutte et en agitant 10 grammes de la glycérine à essayer, en ayant soin de refroidir extérieurement le verre de Bohême en le plongeant dans l'eau froide. La nitration étant achevée, on introduit le liquide dans un entonnoir à robinet et on sépare le mélange acide de la nitroglycérine qui surnage. Au bout de 10 minutes, la séparation doit être à peu près complète, et on ne doit pas constater de flocons d'impuretés à la surface de séparation des deux couches. On recueille les deux liquides dans des burettes graduées et on mesure, au bout d'une demi-heure de repos, les volumes respectifs des liquides. Généralement il se reforme une certaine quantité de nitroglycérine, qui vient surnager dans la burette à acide, tandis qu'une certaine

1. Il convient toutefois de faire remarquer que toutes les fabriques de dynamite préparent elles-mêmes l'acide nitrique nécessaire à leurs besoins, de sorte que leur véritable matière première est le nitrate de sodium.

quantité d'acide gagne le fond de la burette à nitroglycérine. On effectue les corrections nécessaires et on multiplie par 1,6 le nombre de centimètres cubes de nitroglycérine. 10 grammes de glycérine apte à une bonne fabrication doivent donner au moins 20 grammes de nitroglycérine; la quantité théorique est de 24gr,6, $C^3H^8O^3 = 92$ donnant

$$C^3H^5(OAzO^2)^3 = 227.$$

L'*acide sulfurique* utilisable pour la fabrication de la nitroglycérine doit titrer au minimum 97 0/0, être autant que possible exempt de fer et ne pas renfermer plus de 0,1 0/0 d'arsenic.

L'*acide nitrique* doit titrer au minimum 95 0/0 d'acide pur (48° B.) et ne doit renfermer ni sulfate de sodium, ni fer, ni chlore. La quantité d'hypoazotide ne doit pas dépasser 2 0/0, et il est préférable pour la fabrication de la nitroglycérine d'employer un acide nitrique à peu près incolore, c'est-à-dire ne renfermant que des traces de vapeur nitreuse[1].

1. *Préparation du mélange acide.* — La préparation du mélange d'acides sulfurique et nitrique s'effectue dans des réservoirs en fonte munis de trous d'homme et d'agitateurs, en ajoutant par filet l'acide sulfurique à l'acide nitrique et en évitant une trop grande élévation de température. Lorsqu'on a besoin d'élever le mélange acide, on se sert ou de monte-jus en fonte ou d'émulseurs Kuhlmann, que nous décrirons plus loin en parlant de la régénération des acides. Les proportions généralement employées sont de 5 parties d'acide sulfurique pour 3 parties d'acide nitrique.

2. *Nitration de la glycérine*[2]. — Théoriquement, 92 p. de glycérine exigent 189 p. d'acide nitrique, ce qui correspond pour 100 de glycérine à 217 d'acide nitrique à 95 0/0. La quantité d'acide nitrique employée est beaucoup plus grande dans la pratique; elle atteint généralement 300 parties pour 100 parties de glycérine, ce qui s'explique par le fait que, vers la fin de l'opération, les acides sont dilués par l'eau produite par la réaction et n'agissent qu'imparfaitement sur la glycérine.

L'appareil dans lequel s'effectue la nitration est représenté par la figure 301.

Il consiste en un récipient cylindrique en plomb A, revêtu d'une enveloppe en bois B et muni à l'intérieur d'un serpentin réfrigérant en plomb dans lequel circule de l'eau froide amenée par le tuyau D. Le couvercle I est mobile, mais ne s'enlève que de temps en temps; il est généralement fixé au vase A par un joint en ciment; il est muni de regards vitrés L, qui permettent de suivre de l'extérieur la marche de la réaction.

On introduit la quantité nécessaire de mélange acide, soit 800 kilogrammes, par le tuyau G, qui communique avec un réservoir supérieur; la glycérine (100 kilogr.) est introduite dans un réservoir M, qui est muni d'un niveau gradué et qui communique avec le vase A par le tuyau H. Ce dernier va jusqu'au fond de l'appareil et est terminé par un serpentin perforé en plomb.

Lorsque la totalité de l'acide a été introduite dans l'appareil, on ouvre le robinet à air comprimé O et les robinets C, C, qui amènent l'air comprimé dans le liquide; on détermine ainsi une agitation énergique qui amène en contact intime la glycérine avec le mélange acide; comme la réaction est accompagnée d'un dégagement de

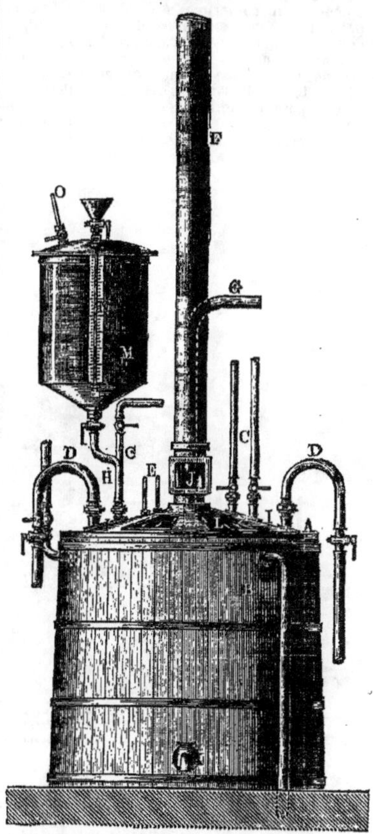

Fig. 301. — Appareil pour la fabrication de la nitroglycérine.

A, récipient en plomb; — B, cuve-enveloppe en bois; — C, C, C, conduites amenant l'air comprimé servant à l'agitation du mélange; — D, conduite amenant l'eau au serpentin réfrigérant; — E, thermomètres; — F, tuyau servant à l'évacuation des vapeurs; — G, entrée des acides; — H, entrée de la glycérine; — I, couvercle mobile; — J, L, regards vitrés; — K, robinet en grès de vidange et de sûreté; — M, récipient de glycérine en tôle; — N, tube de niveau; — O, tuyau amenant l'air comprimé au réservoir à glycérine.

chaleur, on la modère en faisant circuler de l'eau dans le serpentin D, D. L'air comprimé, refroidi par la détente, contribue de son côté à l'abaissement de la température du liquide; en outre, de l'eau circule continuellement entre le vase en plomb et son enveloppe en bois B. L'air comprimé, qui entraîne des gaz nitreux, s'échappe

1. La purification de l'acide nitrique chargé de vapeurs nitreuses s'effectue aisément à l'aide d'un courant d'air qu'on fait barboter dans le liquide et qui entraîne l'hypoazotide, beaucoup plus volatil que l'acide nitrique. Les vapeurs nitreuses entraînées sont transformées en acide nitrique dans un appareil à colonne.

2. Nous mentionnerons ici pour mémoire le procédé dit *de Vonges*, qui consistait à préparer la nitroglycérine en mélangeant des dissolutions préparées à l'avance de glycérine dans l'acide sulfurique et d'acide nitrique dans l'acide sulfurique.

Ce procédé présentait de nombreux inconvénients, qui l'ont fait abandonner dans toutes les usines qui l'avaient adopté au début. Il ne présente plus qu'un intérêt historique.

par le tuyau F; la lunette vitrée J permet de voir la couleur des gaz dégagés. Au début de la nitration, la température du liquide acide doit être de 15°; elle ne doit pas, pendant l'opération, dépasser 25°. Lorsque la température tend à s'élever au delà de cette limite, on diminue l'afflux de glycérine et on ouvre davantage les robinets qui amènent l'air comprimé. Au cas où, malgré ces précautions, la température dépasserait 30°, on ouvre le robinet K, qui laisse écouler rapidement le liquide dans un réservoir dit de sûreté, où tout est noyé dans une grande quantité d'eau. En même temps l'ouvrier s'éloigne rapidement et le plus possible de l'atelier, car, lorsque la température s'élève au delà de 50°, il y a toujours lieu de craindre une explosion.

Nous avons vu plus haut que l'on se servait de l'air comprimé pour agiter intimement le liquide, et que cet agent avait en outre l'avantage de refroidir le mélange et de modérer la réaction. On a proposé dans ce même but l'emploi d'acide carbonique liquide, qui peut avoir une certaine utilité lorsqu'on ne dispose que d'une eau insuffisamment froide comme moyen de réfrigération. Il faut toutefois noter que l'emploi d'acide carbonique produit par l'ébullition du gaz liquéfié n'est pas sans quelque inconvénient, car il peut abaisser la température du mélange au-dessous du point de solidification de la nitroglycérine, ce qui peut troubler l'opération. L'emploi de l'acide carbonique est plutôt à envisager comme pouvant parer, le cas échéant, aux dangers résultant d'une élévation trop brusque de la température.

3. *Séparation de la nitroglycérine.* — Dans les débuts de la fabrication de la nitroglycérine, la séparation s'effectuait en versant le mélange nitré dans une grande quantité d'eau; on décantait ensuite la nitroglycérine, qui gagnait le fond du vase. Ce mode de procéder présente de nombreux inconvénients qui en ont amené l'abandon. En premier lieu, les acides sont perdus, et secondement le dégagement de chaleur produit par l'action de l'eau sur le mélange acide détermine des destructions par oxydation et des dangers d'explosion. On opère actuellement comme il suit :

Le fond du vase à nitration A (fig. 301) est incliné et est muni à sa partie inférieure d'un robinet K en grès qui permet de le vider complètement dans le décanteur (fig. 302).

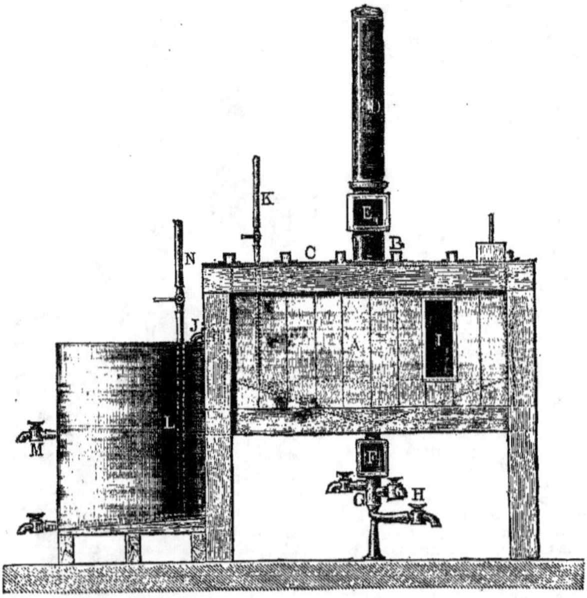

Ce dernier se compose d'un récipient rectangulaire en plomb épais, figuré en pointillé sur la figure et soutenu par une robuste charpente en bois A. Ce récipient, qui se termine à sa partie inférieure par une pyramide en plomb, est muni d'un tuyau de décharge G et d'une lunette en verre F.

Fig. 302. — Décanteur à nitroglycérine.

A, support en bois; — B, traverses supportant les lames de plomb C; — C, lames de plomb formant couvercle; — D, tuyau de dégagement des gaz; — E, F, I, lanternes permettant de suivre l'opération; — G, tuyau d'évacuation; — H, robinets d'évacuation; — J, robinet servant à l'écoulement de la nitroglycérine; — K, N, tuyaux amenant l'air comprimé; — L, laveur; — M, robinet de vidange de l'eau de lavage.

Avec des matières premières pures et en observant avec soin la température pendant toute la durée de l'opération, il n'y a pas lieu de craindre d'accidents; il en est autrement, par exemple, avec une glycérine impure, sur laquelle l'acide nitrique peut agir à la manière d'un oxydant énergique en donnant lieu à une réaction violente accompagnée d'un fort dégagement de chaleur. Dans ce cas il se dégage des torrents de vapeurs nitreuses, dont on constate aisément la formation par la lunette J.

L'opération de la nitration proprement dite dure environ une demi-heure, ou une heure, si on fait entrer en ligne de compte le temps de charge et de vidange de l'appareil. Chaque appareil de la dimension donnée par la figure 301 peut donc produire environ 2000 kilogrammes de nitroglycérine par journée de travail.

Sur le tuyau G se branchent trois robinets H qui permettent de diriger à volonté les liquides contenus dans le décanteur dans différentes conduites, suivant la nature du liquide décanté.

Le couvercle est en plomb et muni de glaces permettant de voir dans l'intérieur. La glace I située sur le côté de l'appareil permet de se rendre compte des progrès de la décantation.

Le liquide provenant des appareils de nitration est composé d'acide sulfurique contenant : 1° l'eau formée dans la réaction; 2° l'excès d'acide nitrique et la glycérine non entrée en réaction. Le mélange acide de composition normale a une densité de 1,7, tandis que la nitroglycérine a une densité de 1,6. La séparation des deux couches de liquide s'effectue donc facilement; toutefois, lorsqu'on emploie des matières premières dont la pureté laisse à désirer, la séparation s'effectue moins nettement : on observe alors à la surface de séparation des deux liquides une couche de matières floconneuses qui entravent la purification.

Avec des matières premières de qualité convenable, la séparation s'effectue en une demi-heure environ. On fait écouler la nitroglycérine dans le réservoir L en ouvrant le robinet J; lorsque la majeure partie de la nitroglycérine a été ainsi décantée, on laisse l'acide s'écouler par un des robinets H jusqu'à l'apparition dans le regard F d'un liquide trouble, composé de produits nitrés et d'impuretés; on laisse écouler ce liquide en ouvrant le robinet inférieur H et on le recueille dans des seaux *ad hoc* pour le reverser dans le récipient L.

Le décanteur reçoit à sa partie inférieure un tube en plomb perforé qui communique avec la conduite d'air comprimé K, et qui a pour but de s'opposer à une élévation de température du liquide à décanter, si elle venait accidentellement à se produire.

4. *Lavage de la nitroglycérine.* — Nous avons vu plus haut que la nitroglycérine provenant du décanteur s'écoulait dans le récipient L (fig. 302) par le robinet J. Ce récipient est en plomb épais, muni de deux robinets MM et d'un tuyau N amenant l'air comprimé. On introduit dans ce récipient de l'eau à 15° environ et on fait couler la nitroglycérine par mince filet en maintenant constamment le liquide en agitation violente au moyen de l'air comprimé. En hiver, il est nécessaire d'employer de l'eau préalablement amenée à 15° pour éviter la congélation de la nitroglycérine.

Lorsque la totalité de la nitroglycérine a été introduite dans l'appareil, on laisse l'air comprimé agir pendant quelques minutes, pour amener en contact intime l'eau et la totalité de la nitroglycérine; on laisse reposer et on décante l'eau, que l'on remplace par de l'eau pure; on répète trois ou quatre fois cette opération et on additionne l'eau du dernier lavage d'une certaine quantité d'une dissolution de carbonate de sodium, de manière à neutraliser complètement l'acide. Finalement on décante la couche inférieure de nitroglycérine dans un second appareil analogue au premier, dans lequel elle est soumise encore à une série de lavages à l'eau pure.

Toutes les eaux de lavage traversent, avant de s'écouler à la rivière, une série de cuves en plomb à chicanes, communiquant les unes avec les autres alternativement par la partie supérieure et par la partie inférieure, de manière à provoquer l'écoulement des eaux en zigzag et à permettre à la nitroglycérine en suspension dans le liquide de gagner plus facilement le fond des cuves; ce fond est lui-même incliné; la nitroglycérine se rassemble à la partie la plus basse et est recueillie par un robinet dans des seaux qui servent à la transporter à l'atelier de lavage.

5. *Filtration de la nitroglycérine.* — La ni-

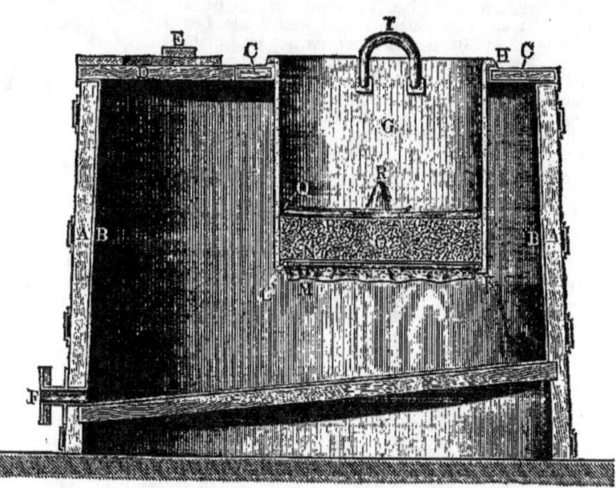

Fig. 303. — Filtre à nitroglycérine.

A, cuve en bois à fond incliné; — B, garniture en plomb; — C, couvercle en bois doublé de plomb; — D, partie mobile du couvercle; — E, poignée servant à soulever la partie mobile D; — F, tubulure de vidange de la nitroglycérine; — G, cylindre en plomb; — H, rebords du cylindre G reposant sur le couvercle C; — I, poignée du cylindre G; — K, rebords inférieurs du cylindre; — L, armure en bronze; — M, toile métallique; — N, P, toile filtrante; — O, couche de sel marin; — Q, armure en plomb; — R, cône en plomb servant à tenir la toile de l'armure Q en place.

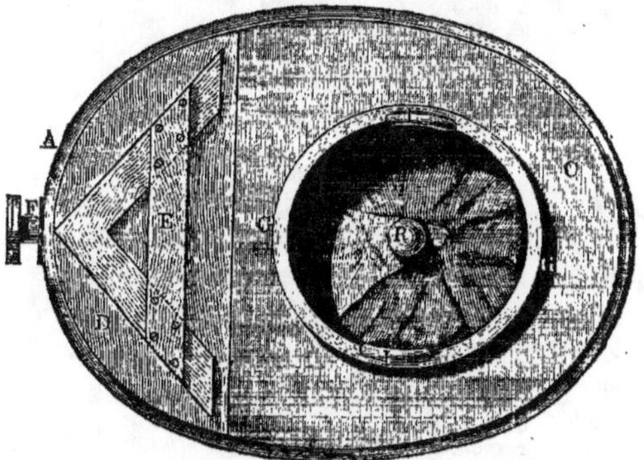

Fig. 304. — Filtre à nitroglycérine.

A, cuve en bois; — C, couvercle fixe; — D, couvercle mobile; — E, poignée; — F, tubulure de sortie du produit filtré; — G, cylindre en plomb; — I, I, poignées; — R, poids en plomb.

troglycérine provenant des appareils de lavage est trouble et renferme, à côté d'impuretés insolubles, tant minérales qu'organiques, une certaine quantité d'eau.

Pour éliminer ces diverses impuretés, on filtre le produit sur une couche de sel marin sec. Les figures 303 et 304 représentent un appareil usité dans les usines anglaises pour cette filtration. La cuve en bois A à fond incliné et doublée de plomb est munie d'un couvercle dans lequel s'engage sans frottement le cylindre en plomb G qui sert de filtre. Ce dernier est muni à sa partie inférieure d'un anneau en bronze sur lequel re-

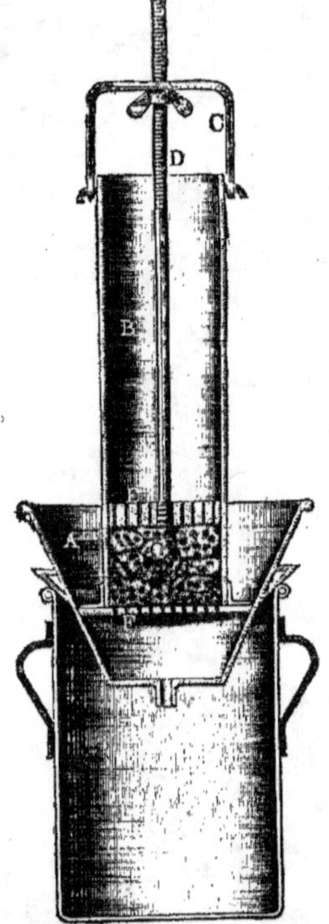

Fig. 305. — Filtre à nitroglycérine.
A, entonnoir en tôle; — B, cylindre en tôle; — C, étrier; D, vis de serrage; — E, disque perforé en tôle; — *d*, écrou; — G, éponges.

pose une toile métallique et un disque en molleton N; au-dessus du molleton se place une couche de sel marin O, puis de nouveau un disque de molleton maintenu par un anneau en plomb et un poids en plomb R.

Un appareil un peu différent, employé à la poudrerie de Vonges, est représenté par la figure 305. Il se compose d'un entonnoir en tôle A où vient s'engager un cylindre également en tôle B dans lequel on introduit des éponges G. Cette matière retient l'eau contenue dans la nitroglycérine sans absorber notablement cette dernière; la vis D sert à maintenir les éponges entre le disque en bois perforé E et le fond également perforé F du récepteur B.

Dans certains cas, on expose la nitroglycérine filtrée à une douce chaleur pendant 1 ou 2 jours,

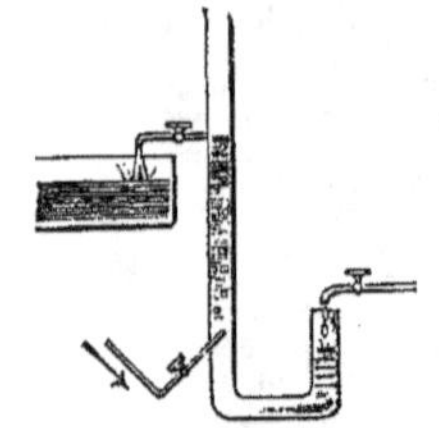

Fig. 306. — Principe de l'émulseur Kühlmann.

ce qui détermine la séparation de l'eau qui surnage et qu'on peut facilement décanter; cette

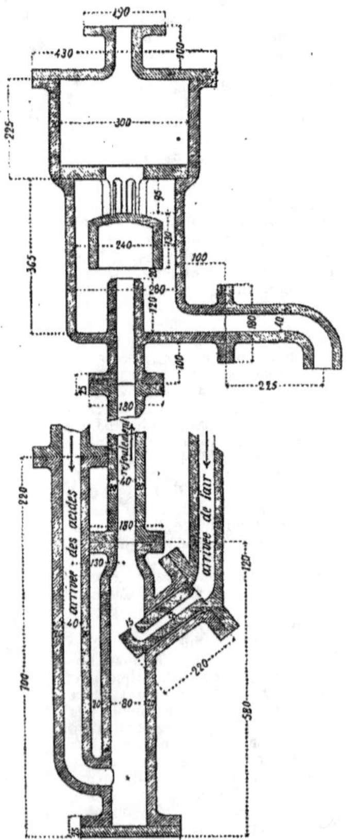

Fig. 307. — Émulseur Kühlmann.
Détails d'exécution.

décantation se fait en effet beaucoup plus rapidement vers 50° qu'à la température ordinaire.

Ce chauffage doit naturellement être fait avec précaution, afin d'éviter des accidents.

6. *Régénération du mélange acide.* — Le mélange acide provenant de la décantation de la nitroglycérine renferme toujours une certaine quantité d'explosif; de plus, la formation de ce corps se continue lentement aux dépens de l'acide nitrique et de la glycérine contenus dans le mélange.

Ce liquide est abandonné pendant quelques jours à lui-même et on décante tous les jours la nitroglycérine qui vient surnager. On emploie comme décanteurs des appareils analogues aux appareils de nitration, si ce n'est que leurs dimensions sont beaucoup plus grandes.

Le liquide acide, aussi exempt que possible de nitroglycérine, est ensuite traité en vue de la régénération des acides sulfurique et nitrique.

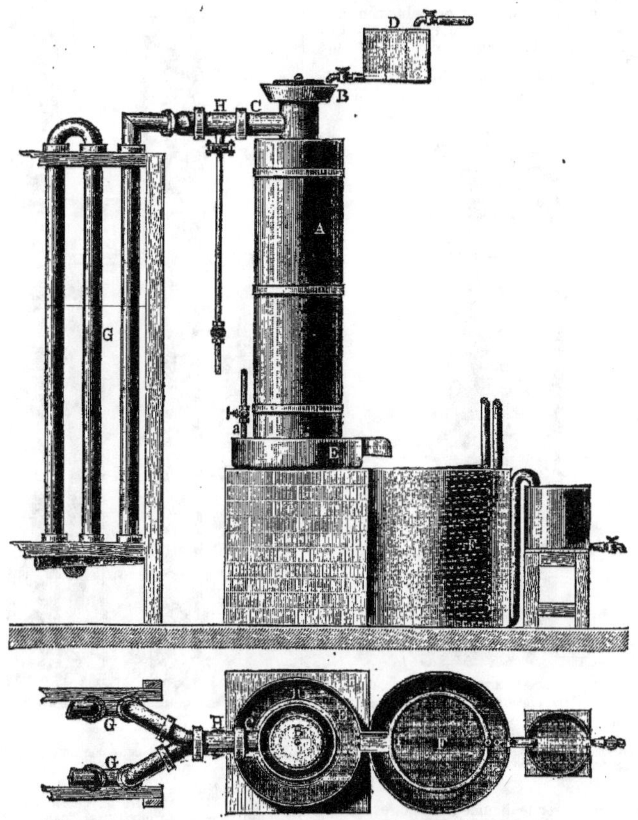

Fig. 308 et 309. — Dénitrificateur.

A, cylindre en pierre de Volvic; — *a*, conduite de vapeur; — B, entonnoir servant à l'introduction de l'acide à dénitrer; — C, tuyau de dégagement des vapeurs nitreuses; — D, réservoir à acide; — E, trop-plein recueillant l'acide dénitré; — F, enveloppe du serpentin réfrigérant; — *f*, serpentin réfrigérant en plomb; — GG, batterie de dénitrification; — H, injecteur.

Ce mélange présente en moyenne la composition suivante :

Acide sulfurique.........	70	parties.
— nitrique...........	10	—
Eau.....................	20	—

La première opération consiste dans l'élimination de l'acide nitrique; cette *dénitrification* s'effectue comme il suit : L'acide qui est contenu dans un réservoir en fonte est élevé dans un bac par un monte-jus actionné par l'air comprimé. On peut remplacer le monte-jus par un appareil dit émulseur Kuhlmann (fig. 306 et 307).

Le fonctionnement de l'émulseur repose sur le principe suivant : Lorsqu'un liquide de densité ou plutôt de viscosité convenable est enfermé dans un tuyau en forme de siphon renversé à branches inégales et ouvert à ses deux extrémités, si on insuffle de l'air par un trou percé au bas de la branche la plus longue, on émulsionne le liquide contenu dans cette branche; il se forme entre le liquide et les bulles d'air un mélange intime, dont la densité moyenne est inférieure à celle du liquide non émulsionné, et l'on voit le niveau du liquide émulsionné dépasser notablement le niveau du liquide à l'état naturel. Si on fait arriver par le haut de la courte branche un courant continu de liquide venant d'un réservoir, on obtient dans la longue branche un courant également continu de liquide émulsionné, que l'on recueille dans le bac en charge sur le dénitrificateur.

L'émulseur Kuhlmann agit probablement à la fois en vertu de la force vive fournie par l'air comprimé et par la différence de densité des deux liquides.

La petite branche doit avoir une longueur de 3/5 à 1/2 de la grande branche ; en d'autres

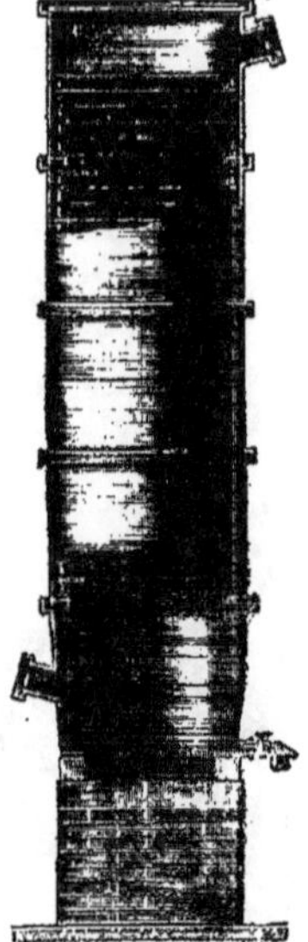

Fig. 310. — Tour Lunge-Rohrmann pour la condensation des vapeurs nitreuses.

A, chambre d'arrivée des gaz; — B, tronçons superposés contenant les plateaux; — C, tronçon supérieur donnant issue aux gaz; — b_1 b_1, plateaux perforés; — b_2 b_2, anneaux en grès séparant les plateaux les uns des autres.

termes, pour élever le liquide à 5 mètres, il faut d'abord le descendre de 2m,50 à 3 mètres; l'appareil fonctionnera du reste d'autant mieux que la longueur de la partie descendante sera plus grande.

La figure 306 donne une idée du principe de l'appareil et la figure 307 donne à l'échelle de 1/15 les détails de construction de l'émulseur.

Les tuyaux d'arrivée et de refoulement des acides formant les deux branches du siphon ont 4 centimètres de diamètre intérieur; l'air comprimé a une pression de 1 kilogramme et demi à son arrivée à l'émulseur. Cet appareil peut élever par heure 800 kilogrammes de vieux acides à 4 à 5 mètres de hauteur. Quoique le rendement mécanique de l'émulseur ne soit que de 2 0/0 du travail mis en œuvre, cet appareil peut rendre de grands services, grâce à sa marche continue et à la simplicité extrême de ses organes.

Le *dénitrificateur* proprement dit est représenté par les figures 308 et 309. Il se compose d'une tour en lave de Volvic A remplie de fragments de silex, poterie, etc., dans laquelle s'écoule le mélange acide provenant du bac D. L'acide en descendant dans la tour rencontre un jet de vapeur provenant du tube *a* ; l'élévation de température qui en résulte oxyde les matières orga-

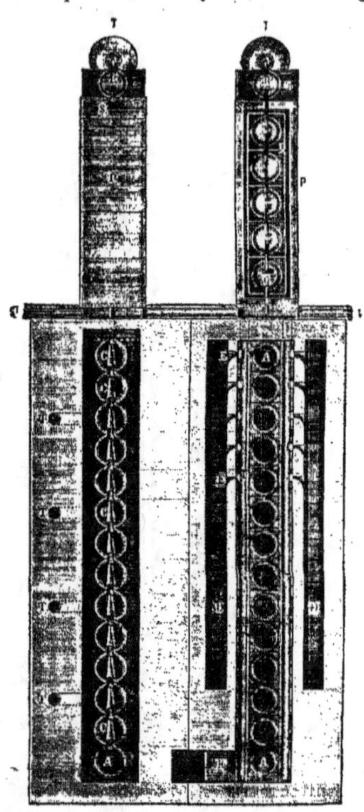

Fig. 311. — Appareil pour concentrer l'acide sulfurique régénéré.

A A, récipients en porcelaine recevant l'acide à concentrer; — C C, allonges en porcelaine; — D D, carneaux; — E E, ouvertures donnant accès aux gaz chauds en G; — F F, plaques protectrices en fonte; — G G, carneaux dans lesquels circulent les gaz chauds; — H, évacuation des gaz de foyer; — O O, cuvettes en grès pour refroidir l'acide; — P P, bac réfrigérant en bois; — Q, récipient en plomb contenant les cuvettes O; — R R, collecteur d'acide concentré; — S, arrivée de l'eau de réfrigération; — T', tourie recevant l'acide régénéré; — U U, rigole d'évacuation de l'acide en cas d'accident.

niques aux dépens de l'acide nitrique qui se transforme en oxydes d'azote; les vapeurs nitreuses s'échappent par le tuyau C pour se rendre dans l'appareil G, où elles se mélangent avec l'air entraîné par l'injecteur H et se transforment en acide nitrique. Cette transformation se complète dans la tour Lunge-Rohrmann, représentée par la figure 310, qui communique avec les tubes G.

L'acide nitrique ainsi obtenu par régénération a une densité de 38 à 40° B.; il rentre dans la fabrication de l'acide nitrique. Quant à l'acide sulfurique qui s'écoule dans la cuvette E, il se rend dans le vase F, muni d'un serpentin en plomb dans lequel circule de l'eau froide. Cet acide sulfurique est coloré en brun par des matières organiques; il a généralement une densité de 56° B. (1,635).

Pour le faire servir à une nouvelle opération de nitration, il est nécessaire de le concentrer. Cette opération se pratique généralement dans des appareils à cascade où l'acide sulfurique circule constamment et arrive à la partie inférieure à l'état d'acide à 97 0/0.

Les figures 311 à 313 représentent en détail un appareil de concentration basé sur le principe ci-dessus.

Il se compose d'une série de vases en porcelaine[1] A, A, contenus dans un canal en maçonnerie, où circule l'acide sulfurique provenant du bac M; ces vases reposent dans des capsules en fonte remplies de sable pour éviter l'action trop brusque de la chaleur; chaque récipient est séparé de son voisin par une sorte de cage en fonte; les vapeurs qui se dégagent sont évacuées par les tuyaux en grès I, I. Les allonges en porcelaine C, C qui servent à la circulation de l'acide sont munies de fentes à la partie supérieure et à la partie inférieure, pour éviter des ruptures dues à la dilatation inégale des parois.

Les gaz du foyer se divisent dans les deux carneaux DD et CC; ils pénètrent dans ces derniers par les ouvertures EE, vis-à-vis desquelles se trouvent des plaques en fonte qui protègent les vases en porcelaine contre le contact direct de gaz trop chauds. Les chances de rupture sont ainsi réduites au minimum.

La vapeur d'eau, qui entraîne toujours une certaine quantité d'acide, se rend dans une tour à coke et s'écoule à l'état de petites eaux sulfuriques.

Quant à l'acide sulfurique qui circule dans les vases en porcelaine, il a atteint le maximum de concentration dans le dernier vase, et il s'écoule

Fig. 312. — Appareil pour concentrer l'acide sulfurique régénéré.

A A, récipients en porcelaine recevant l'acide à concentrer; — BB, cuvettes en fonte reposant sur des dalles en pierre et contenant du sable; — CC, allonges en porcelaine; — II, tuyaux en grès pour l'évacuation des vapeurs; — K, collecteur des vapeurs arrivant par I; — L, tuyau d'écoulement des produits de la condensation des vapeurs (petites eaux); — M, réservoir recevant l'acide à concentrer; — N, robinet de réglage de l'écoulement de l'acide; — O O, cuvettes en grès servant à refroidir l'acide; — P, récipient en bois recevant le récipient Q doublé en plomb; — Q, récipient en plomb recevant les cuvettes O; — R, collecteur d'acide concentré; — S, amenée d'eau de refroidissement; — T, tourie recevant l'acide régénéré.

de là dans une série de cuvettes en poterie, refroidies extérieurement par un courant d'eau. Si l'un des vases en porcelaine se brise pendant l'opération, son contenu s'écoule au dehors par les carneaux CC et la rigole VV.

L'appareil représenté par les figures 311 à 313 peut concentrer par 24 heures plus de 2000 kilogrammes d'acide à 95,5 0/0. Si l'on veut obtenir de l'acide à 97,5 0/0, sa capacité de production s'abaisse à 1500 kilogrammes; dans ce dernier cas la quantité de petites eaux produite se trouve naturellement augmentée d'autant.

La consommation de combustible est de 250 kilogrammes de coke pour 1000 kilogrammes d'acide sulfurique à 97,5 0/0; elle s'abaisse à 120 kilogrammes si on ne produit que de l'acide à 95,5 0/0.

Données générales sur les dynamites. — Comme nous l'avons vu plus haut, la réaction explosive de la nitroglycérine donne lieu à la mise en liberté d'oxygène, qui est en excès dans la molécule; on conçoit qu'on puisse utiliser cet oxygène pour la combustion de matières organiques. Comme nous le verrons plus loin, un autre explosif, le coton-poudre, ne renferme pas suffisamment d'oxygène pour brûler le carbone et l'hydrogène qu'il contient; en associant dans des proportions convenables ces deux explosifs, on obtiendra des mélanges de grande puissance, donnant lieu à une combustion complète. C'est le cas pour la dynamite-gomme, exemple d'une dynamite à base active; de plus, le coton-poudre agit ici comme agent de solidification, en transformant la nitroglycérine liquide en un explosif solide, qui peut seul être d'un usage pratique.

On aurait toutefois tort de croire que les proportions relatives de nitroglycérine et de base combustible, qui sont les plus utiles dans la pratique, sont toujours celles qui répondent à une combustion totale; il intervient en effet d'autres facteurs, tels que le volume des gaz dégagés par l'explosion, la vitesse de décomposition, la loi de la détente, qui viennent souvent modifier les vues théoriques sur la nature des dynamites à base active.

Parmi les exigences pratiques, un des rôles les plus essentiels est naturellement joué par le prix de revient du mélange, à puissance égale.

1. On ne peut employer le platine, à cause de la teneur de l'acide sulfurique en acide nitrique.

En ce qui concerne la puissance, il convient de remarquer que les additions de matière active, et à plus forte raison des absorbants inactifs, ont pour effet de diminuer la force de l'explosif en abaissant la dose de nitroglycérine. On cherche ainsi à ralentir la décomposition, de façon à transformer l'explosif brisant en agent propulsif; mais si le ralentissement est trop grand, on obtient des poudres lentes et l'on perd les avantages dus à la présence de la nitroglycérine.

L'homogénéité et la stabilité du mélange sont chose capitale; il convient en effet que la nitroglycérine soit entièrement absorbée par la matière qui sert de base, et que ce mélange se conserve uniforme sans altération chimique et sans exsudations sous l'influence des secousses du transport ou des variations de la température.

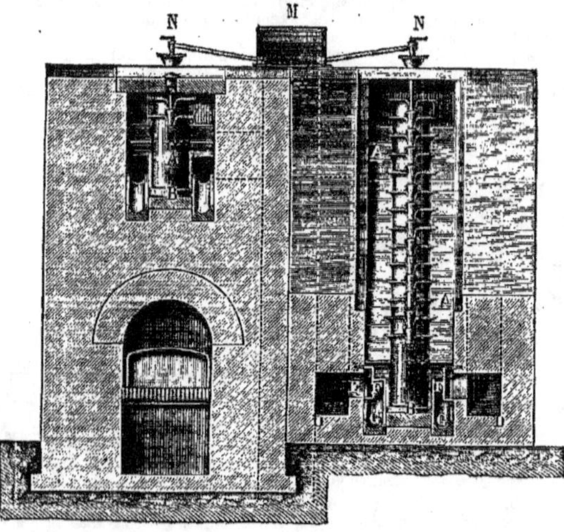

Fig. 813. — Appareil pour concentrer l'acide sulfurique régénéré.

A A, récipients en porcelaine recevant l'acide à concentrer; — B B, cuvettes en fonte reposant sur des dalles en pierre; — D D, carneaux; — E E, ouvertures donnant accès au gaz de foyer; — F F, plaques en fonte protégeant la porcelaine contre l'atteinte directe des gaz chauds; — M, réservoir recevant l'acide à concentrer; — N N, robinets de réglage d'écoulement de l'acide; — G G, carneaux de chauffage.

Toutes ces conditions sont difficiles à réaliser, surtout avec les absorbants minéraux, qui ont une tendance à mettre en liberté de la nitroglycérine avec tous ses dangers et inconvénients.

La matière absorbante doit avoir une structure spéciale, qui s'oppose à la séparation spontanée de la nitroglycérine. Les dynamites à base de sable, cendres, coke en poudre, brique pilée, ont dû être écartées à cause de leur instabilité.

La présence d'un excès de nitroglycérine au delà du terme de saturation peut même diminuer la puissance d'une dynamite au lieu de l'accroître, à cause de la différence du mode de propagation de l'onde explosive dans le liquide et dans le mélange poreux.

La tendance à la séparation des composants dans les dynamites est accrue par la propriété que possède la nitroglycérine de se congeler par un abaissement relativement faible de température, vers + 12°.

En se solidifiant, l'explosif se sépare plus ou moins complètement de son absorbant et constitue dès lors un système nouveau, doué de propriétés différentes.

D'une part, la nitroglycérine solidifiée semble moins sensible aux chocs et exige des amorces plus fortes pour détoner; or, pratiquement, des amorces inutilement puissantes sont d'un prix plus élevé et peu employées, sauf pour les usages militaires, où la question de prix de revient ne joue qu'un rôle effacé. Il en résulte qu'on est amené, pour assurer la détonation franche et certaine de la dynamite, à réchauffer les cartouches pour liquéfier la nitroglycérine; or cette opération, qui ne présente aucun danger si l'on prend les précautions voulues, a donné lieu, par suite de l'imprudence des ouvriers préposés au maniement de l'explosif, à d'innombrables accidents.

D'autre part, la nitroglycérine ainsi liquéfiée, après avoir été séparée en partie de son absorbant par refroidissement, peut ne pas s'y mélanger de nouveau d'une façon aussi intime que précédemment, et pour peu que ces gels et dégels successifs se soient produits un certain nombre de fois, on arrivera à obtenir une dynamite suintant fortement et par là très dangereuse.

Le degré de sensibilité des dynamites au choc est une circonstance fondamentale, principalement pour les applications militaires. En effet, il importe de mettre entre les mains des soldats une matière qui ne détone pas pendant le transport ni sous le choc de la balle; il en est de même pour la charge intérieure des projectiles explosifs; il est de toute nécessité que la matière explosive introduite dans les obus résiste au choc violent du départ, sous peine d'avoir des éclatements prématurés pouvant mettre le canon hors de service et provoquer les plus graves accidents.

Les dynamites ne satisfont à aucune de ces conditions; aussi les découvertes récentes d'explosifs peu sensibles (mélinite, etc.) ont-elles amené l'exclusion complète de la dynamite de toute application militaire.

Nous n'avons pas l'intention de décrire les innombrables variétés de dynamites préconisées par différents inventeurs; nous nous bornerons à donner à titre d'exemple la préparation de la *dynamite à la guhr*, considérée comme type de *dynamite à base inactive*, et celle de la *dynamite-gomme* comme type de dynamite à base active.

Les matières premières qui servent à la préparation de ces deux types de dynamites sont la silice d'une part, le fulmicoton de l'autre. Nous ne nous occuperons en ce moment que de la première, en nous réservant de revenir sur les cotons-poudres pour dynamite en décrivant la préparation des pyroxyles (classe V).

Préparation de la randanite ou kieselguhr. — La silice fossile est soumise en premier lieu à une lévigation; le produit possédant une finesse suffisante est ensuite légèrement calciné au four réverbère, ou mieux dans un four à moufle; cette matière s'agglomère sous l'influence de la chaleur et il est nécessaire de la soumettre à une pulvérisation, sans toutefois pousser celle-ci trop loin, pour ne pas diminuer son pouvoir absorbant.

La silice fossile doit être introduite au sortir du four dans des récipients clos, et employée aussi rapidement que possible, car elle a une tendance à absorber rapidement de notables quantités d'humidité. Or une silice humide ne peut donner qu'une dynamite de qualité inférieure.

Préparation industrielle de la dynamite a la guhr. — La préparation industrielle de la dynamite se divise en trois opérations :

1. Mélange des matières;
2. Encartouchage;
3. Emballage des cartouches.

1° *Mélange des matières.* — Le mélange de kieselguhr et de nitroglycérine s'effectue à la main; on verse d'abord la quantité nécessaire de nitroglycérine sur la silice dans une cuve doublée en plomb et on mélange aussi intimement que possible en malaxant avec les mains; on tamise ensuite le produit deux fois : en premier lieu avec un tamis à 2 mailles par centimètre carré, ensuite avec un tamis à 9 mailles; ces tamisages contribuent à assurer l'homogénéité du mélange.

La dynamite ainsi préparée ne doit être ni trop sèche, ni trop grasse; la pratique seule indique à l'ouvrier si le mélange possède les qualités requises. Le produit terminé est recueilli dans des caisses en bois doublées de zinc et transporté à l'atelier d'encartouchage.

2° *Encartouchage.* — La figure 314 représente une presse continue à main pour la fabrication des cartouches de dynamite. Elle consiste en un bâti en fonte *a* qui se fixe par des boulons sur une paroi de l'atelier; ce bâti est muni de trois bras, *b b b*, venus de fonte; le bras supérieur porte un levier *i*, relié par la tige *d* à un cylindre *f* pouvant s'abaisser et qu'un ressort intérieur tend toujours à ramener vers le haut; la tige *d* est reliée à un sac en toile *m* qui reçoit la dynamite. Voici maintenant comment fonctionne l'appareil : L'ouvrier exécute avec le levier *i* un mouvement de va-et-vient d'une amplitude telle que le piston *p* ne se déplace que de 20 millimètres environ à chaque fois; la dynamite tombe dans le tube *l*, et en sort grâce à la pression exercée par le piston *p* sous la forme d'un boudin continu, qui est divisé en sections de 10 centimètres par un autre ouvrier placé à côté de la presse. Généralement une équipe se compose de trois personnes : l'ouvrier qui manie le levier de la presse et deux autres qui divisent le boudin en portions égales et enveloppent les cartouches dans du papier.

La presse continue est beaucoup plus avantageuse que les appareils intermittents et présente également de moindres dangers d'explosion, par suite d'un moindre frottement du piston, qui ne pénètre à chaque fois que de 20 millimètres dans le moule *l*.

3° *Emballage des cartouches.* — Le papier qui sert à l'emballage des cartouches de dynamite est du papier ordinaire, qui est paraffiné dans l'usine même de la manière suivante : Le rouleau de papier fixé sur un arbre est déroulé dans un bain composé de 20 parties de paraffine, 60 parties de résine et 30 parties de suif; ce mélange est plastique et préférable à la paraffine pure, qui est trop cassante. En sortant de ce bain, le papier est enroulé de nouveau sur un arbre *ad hoc*.

Les cartouches de dynamite sont emballées dans des boîtes en carton qui renferment 2^kgr^,5 d'explosif; 10 boîtes sont emballées dans une caisse en bois qui renferme ainsi 25 kilogrammes de dynamite; ces caisses sont clouées avec des clous en laiton ou en zinc, à l'exclusion des clous en fer.

L'emballage des cartouches ainsi que des boîtes s'effectue généralement dans des ateliers distincts de l'atelier de fabrication proprement dit.

Dynamites a base active. — Le représentant le plus important de cette classe d'explosifs est la *dynamite-gomme*. Ce produit consiste en un mélange ou plutôt en une dissolution de coton-

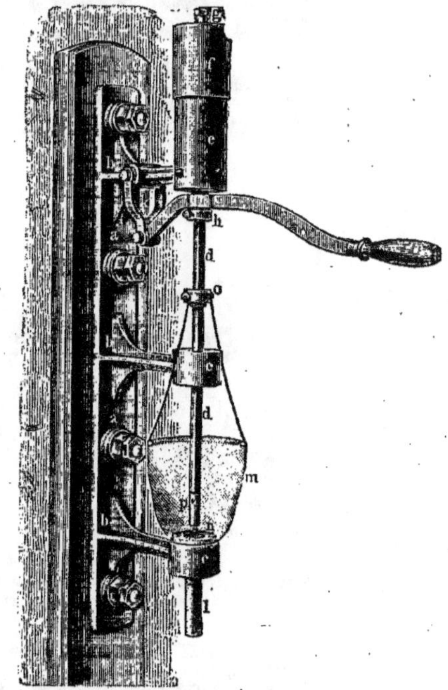

Fig. 314. — Presse continue pour la fabrication des cartouches de dynamite.

a, support mural en fonte; — *b b*, bras venus de fonte; *c c*, anneaux guidant la tige *d*; — *e f*, cylindres contenant un ressort; — *g*, contre-écrou; — *h*, anneaux; — *i*, levier de manœuvre; — *k*, charnière; — *l*, moule à cartouche; — *m*, sac en toile fixé par la plaque *n* et relié par des courroies à l'anneau *o* fixé sur la tige *d*; — *p*, piston conique en ivoire.

poudre dans la nitroglycérine. La quantité de coton-poudre employée varie de 7 à 10 0/0; elle est suffisante pour amener la solidification de la nitroglycérine.

Nous ne décrirons que plus tard la préparation du coton-poudre destiné à la fabrication de la dynamite-gomme; contentons-nous d'énumérer les conditions auxquelles doit satisfaire le coton-poudre pour cette fabrication.

Ces conditions sont multiples et assez difficiles à réunir en un seul et même produit; en effet, le coton-poudre doit être aussi riche que possible en azote, extrêmement soluble dans l'éther à 56° ainsi que dans la nitroglycérine; de plus, le mélange de nitroglycérine avec la quantité voulue de coton-poudre doit être stable, c'est-à-dire ne pas laisser exsuder la nitroglycérine. Le coton qui correspond à ces propriétés est un mélange de cellulose octonitrique et de cellulose ennéanitrique.

Le mélange s'effectue généralement dans des pétrins mécaniques semblables à ceux qui servent à la fabrication des poudres sans fumée à base de nitroglycérine (voyez plus loin); on opère à une température de 40-45° qui facilite la dissolution du coton-poudre.

L'encartouchage de la dynamite-gomme s'effectue dans un appareil spécial, représenté par la figure 315.

La dynamite-gomme est introduite par l'entonnoir *b* et amenée par une vis sans fin *f* dans la filière *d*, d'où elle s'échappe en boudin continu. On dispose généralement un certain nombre de filières sur chaque appareil. Les boudins de dynamite-gomme qui sortent de l'appareil sont découpés avec un couteau en bronze à la longueur voulue et empaquetés comme il a été dit pour la dynamite à la guhr.

La dynamite-gomme est notablement plus puissante que la dynamite ordinaire; elle se présente sous la forme d'une masse élastique, transparente, d'un jaune d'umbre; elle est très plastique et remplit bien les trous de mine. Sa densité est de 1,6, sensiblement égale à celle de la nitroglycérine.

Elle résiste parfaitement à l'action de l'eau, ainsi qu'à des congélations et à des dégels répétés. Sa tendance à l'exsudation est beaucoup moindre que celle de la dynamite à la guhr.

La dynamite-gomme est peu sensible aux chocs; on a évalué le travail du choc initial nécessaire pour amener la détonation de cet explosif à 6 fois celui qui serait exigé pour faire détoner la dynamite ordinaire, toutes choses égales d'ailleurs. Cette différence est attribuable sans doute à la cohésion de la matière, c'est-à-dire à la masse plus grande des parcelles au sein desquelles la force vive du choc, transformée en

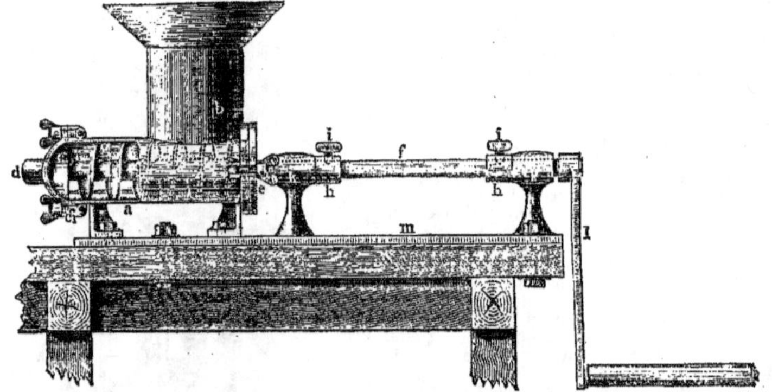

Fig. 315. — Boudineuse pour la préparation des cartouches de gélatine explosive.
b, entonnoir pour l'introduction de la matière dans le cylindre *a*; — *c*, *d*, filière; — *e*, couvercle mobile; — *f g*, hélice de distribution; — *h h*, bagues de serrage; — *i i*, vis de serrage; — *k k*, coussinets; — *l*, manivelle; — *m*, plaque de fondation.

chaleur, détermine la première explosion, origine de l'onde explosive.

En raison de ces circonstances, la dynamite-gomme est bien moins sensible aux explosions par influence.

On peut exalter cette insensibilité par des additions de 1 à 4 0/0 de camphre; on rend ainsi l'explosif insensible aux actions mécaniques de l'ordre de celles qui déterminent l'explosion de la dynamite ordinaire, telles que frottements, choc de la balle à courte distance, etc. La dynamite-gomme camphrée exige toutefois, pour détoner, l'emploi de très fortes amorces, contenant 1gr,5 de fulminate de mercure pur; même avec ces amorces, la détonation n'est pas encore très assurée. En pratique, on a trouvé que, pour assurer d'une manière certaine la détonation de la dynamite-gomme, il faut employer une cartouche-amorce de dynamite à la guhr, mise en action par une amorce ordinaire au fulminate. Il convient de remarquer ici l'influence du coton-poudre sur l'aptitude à la transmission de la détonation dans la dynamite-gomme. En effet, on observe qu'en augmentant graduellement la proportion du fulmicoton, la détonation se transmet de plus en plus difficilement et devient pratiquement impossible à partir d'une teneur en coton-poudre de 15 à 20 0/0.

On s'explique ainsi comment les poudres sans fumée à base de nitroglycérine, telles que la cordite et la balistite, ne peuvent pas détoner par l'amorce au fulminate, leur teneur en pyroxyle, qui varie de 30 à 50 0/0 s'y opposant. Ces explosifs ne peuvent plus que déflagrer à la façon des poudres noires et sont éminemment aptes à la propulsion des projectiles, qui nécessite des efforts gradués, produits par une vitesse de combustion relativement peu élevée (voir poudres sans fumée).

Dynamite gélatinée. — La dynamite-gomme, composée de nitroglycérine et de fulmicoton, ne s'emploie dans les mines que lorsqu'on a affaire à des roches très dures, qui nécessitent un explosif brisant et très énergique.

Dans la majeure partie des cas, il suffit d'employer un explosif moins puissant. On atteint ce but par des explosifs fabriqués avec une dynamite-gomme semi-liquide qu'on additionne de mélanges divers. Nous donnerons comme exemple la composition de la *gélignite*. Cet explosif est préparé avec 65 0/0 de dynamite-gomme renfermant 4 0/0 de coton-poudre, et 35 0/0 d'un mélange de 75 parties de nitrate de sodium, 24 parties de poudre de bois et 1 partie de carbonate de sodium. On prépare séparément ces deux composants et on opère le mélange de la gomme avec la poudre de bois dans des pétrins semblables à ceux qui servent pour la préparation de la poudre sans fumée.

La composition de la gélignite est en définitive la suivante :

Nitroglycérine	62,50 0/0
Coton-poudre	2,50 —
Nitrate de sodium	26,25 —
Poudre de bois	8,40 —
Carbonate de sodium	0,35 —

Le carbonate de sodium agit ici comme agent conservateur, en neutralisant l'acide qui peut se former par une légère altération de la matière.

On conçoit que la composition des dynamites puisse varier à l'infini et qu'il soit possible d'obtenir ainsi toutes les gradations de force qu'on peut désirer.

Si l'on remplace le nitrate de sodium par le nitrate d'ammonium, on obtient une dynamite plus énergique, qui est employée dans les mines grisouteuses, en vertu de sa basse température de détonation, et que nous décrirons plus loin.

V. PYROXYLES OU COTONS-POUDRES.

Depuis la publication de l'article Poudres dans le Dictionnaire (**1**, 1174), où l'on envisageait les pyroxyles comme des explosifs incertains, dangereux et de peu d'importance, il s'est produit une révolution complète, due principalement aux travaux de M. Vieille sur les poudres sans fumée. On peut affirmer actuellement qu'au point de vue militaire surtout, le fulmicoton sous ses différentes formes est un explosif des plus importants, qu'il paraît même difficile de remplacer par une matière plus avantageuse. Nous croyons donc utile de revenir en détail sur la préparation et les applications de ce produit.

Au point de vue des applications des nitrocelluloses, on peut distinguer trois périodes nettement caractérisées.

Au début de la première période, qui va de la découverte du coton-poudre en 1845 jusque vers 1875, on commence par accueillir le coton-poudre avec un enthousiasme au moins exagéré. Des essais se poursuivent dans les poudreries de tous les États civilisés et l'on entrevoit le remplacement total de la vieille poudre noire par le pyroxyle. Peu à peu, les difficultés du problème apparaissent et on reconnaît l'impossibilité d'appliquer le coton-poudre aux usages militaires. Les essais dans ce sens sont même complètement abandonnés à la suite d'explosions désastreuses et inexpliquées, jusqu'au jour où M. Abel, en Angleterre, par un procédé de purification plus complet, prouve que l'instabilité tant reprochée au coton-poudre est due à une élimination incomplète des acides qui ont servi à sa préparation. Les essais de fabrication sont alors repris à nouveau et le coton-poudre entre dans les usages militaires comme *explosif brisant*, sans que l'on parvienne toutefois à l'appliquer comme agent propulsif dans les armes de guerre. Au point de vue industriel, la dynamite, nouvellement apparue sur le marché, l'empêche de prendre pied dans la pratique des mines. Cette seconde période s'étend de 1875 à 1885.

De 1884 à 1886, M. Vieille, en étudiant d'une manière approfondie les propriétés du coton-poudre, arrive à changer son mode de détonation, de manière à permettre son emploi dans les armes. La poudre sans fumée est adoptée en premier lieu en France en 1886, et peu après introduite dans les différentes armées européennes. C'est la troisième période, qui dure encore de nos jours.

Avant 1885, on a vu apparaître, il est vrai, quelques poudres de chasse sans fumée, à base de coton-poudre; mais ce ne sont là que des essais incomplets, sur lesquels nous reviendrons en détail plus tard, et qui ne jouent qu'un rôle effacé dans l'histoire du coton-poudre au point de vue de ses applications militaires.

Nous diviserons la partie de notre article qui a trait aux pyroxyles en trois chapitres :

1. *Généralités sur les nitrocelluloses;*
2. *Fabrication des nitrocelluloses;*
3. *Fabrication des poudres sans fumée*

I. — GÉNÉRALITÉS SUR LES NITROCELLULOSES.

Il y a en général beaucoup d'analogie entre le coton-poudre et les explosifs à base de nitroglycérine en ce qui touche la manière dont ils se comportent pendant la combustion, l'explosion ou la détonation, ou sous l'action du choc; une grande différence entre ces deux classes de corps réside dans l'action de l'eau. En effet, le coton-poudre absorbe l'eau d'une manière homogène dans toute la masse, et ainsi saturé est ininflammable; il ne détone que sous l'influence d'une amorce de fulminate exceptionnellement énergique ou d'une charge de coton-poudre sec, mise en action elle-même par une amorce au fulminate beaucoup moins forte. Il n'en est pas de même, comme nous l'avons vu, pour la dynamite-gomme, dans laquelle l'eau ne pénètre pas. Cette dernière, retirée de l'eau, redevient facilement inflammable ou explosible dans les conditions ordinaires. Pour les travaux de mine, le coton-poudre présente sur les dynamites l'avantage de ne pas se congeler, de ne pas laisser exsuder de liquide explosif; d'autre part, sa consistance rigide le rend moins approprié que les explosifs plastiques, comme les dynamites, pour charger les trous de mine de forme irrégulière.

Le fulmicoton ne renferme pas, comme la nitroglycérine, une quantité d'oxygène suffisante pour la combustion complète de ses éléments, le carbone étant supposé transformé en anhydride carbonique. Dans la détonation du coton-poudre, il se forme toujours de grandes quantités d'oxyde de carbone; pour obvier à cet inconvénient, qui présente une certaine gravité pour l'emploi dans les galeries souterraines, on peut additionner le coton-poudre de nitrates, tels que les nitrates de sodium ou d'ammonium, en quantité suffisante pour fournir l'oxygène nécessaire à une combustion complète.

D'après M. Vieille, qui a étudié avec soin la formation des nitrocelluloses avec des acides de différentes concentrations, le maximum de nitration s'obtient avec les mélanges nitrosulfuriques et répond sensiblement à la formule d'une *cellulose endécanitrique*,

$$C^{24}H^{29}(AzO^2)^{11}O^{20}.$$

Avec l'acide nitrique seul, on obtient une *cellulose décanitrique*,

$$C^{24}H^{30}(AzO^2)^{10}O^{20},$$

corps complètement soluble dans l'éther acétique, mais presque insoluble dans un mélange d'alcool et d'éther.

Les celluloses déca- et endécanitriques représentent les *cotons-poudres de guerre*.

Avec des acides plus étendus, on obtient les *collodions*, qui correspondent aux *celluloses octonitrique* et *ennéanitrique*,

$$C^{24}H^{32}(AzO^2)^8O^{20} \quad \text{et} \quad C^{24}H^{31}(AzO^2)^9O^{20}.$$

Ces corps sont solubles dans l'éther acétique et dans un mélange d'alcool et d'éther.

La *cellulose heptanitrique*,

$$C^{24}H^{33}(AzO^2)^7O^{20},$$

conserve encore l'aspect du coton; elle devient gélatineuse, sans se dissoudre véritablement, dans un mélange d'alcool et d'éther et dans l'acétate d'éthyle.

Si l'on emploie enfin un acide nitrique encore plus dilué, le coton s'y dissout; la dissolution précipite par l'eau et fournit, suivant la concentration de l'acide employé, les *celluloses hexanitrique, pentanitrique* et *tétranitrique*.

Avec des acides encore plus étendus, la nitration demeure incomplète, les produits conservant la propriété de noircir par l'iode; c'est-à-dire qu'il n'est plus possible de distinguer les composés nitriques proprement dits de leur mélange avec la cellulose inaltérée.

Voici le tableau des volumes de bioxyde d'azote obtenus par le procédé Schlœsing au moyen des diverses celluloses nitriques rapportées à 1 gr. d'explosif :

I. *Coton-poudre :*		
Cellulose endécanitrique.	214 cc.	AzO
— décanitrique...	203	—
II. *Collodion :*		
Cellulose ennéanitrique.	190 cc.	AzO
— octonitrique..	178	—
III. *Produits inférieurs de nitrification :*		
Cellulose heptanitrique..	162 cc.	AzO
— hexanitrique...	146	—
— pentanitrique..	128	—
— tétranitrique...	108	—

Les recherches de M. Eder sur les pyroxyles l'ont conduit à des résultats un peu différents, du moins en ce qui concerne le produit ultime de nitration

M. Eder admet que l'on peut préparer une *cellulose dodécanitrée* renfermant 14,14 0/0 d'azote, la cellulose endécanitrée ne renfermant que 13,75 0/0 d'azote.

Mais les chiffres donnés par M. Eder pour la cellulose dodécanitrée, soit en 0/0 d'azote,

13,82, 13,91, 13,74,

peuvent presque aussi bien s'appliquer à une cellulose endécanitrée. La cellulose dodécanitrée, d'après M. Eder, est insoluble dans l'éther acétique et ne se dissout que dans l'acétone.

De nouvelles recherches ne seraient pas inutiles pour élucider complètement la question.

Nous avons vu plus haut que le coton-poudre, même au maximum de nitration, ne renferme pas suffisamment d'oxygène pour brûler entièrement son hydrogène et son carbone à l'état d'anhydride carbonique. L'expérience a montré que l'équation de décomposition du fulmicoton dépend de la densité de chargement, comme il résulte du tableau suivant, qui donne la composition des gaz provenant de l'explosion de 1 gr. de coton endécanitrique sous les densités de chargement 0,01, 0,023, 0,2 et 0,3 :

Densité de chargement.		0,01	0,023	0,2	0,3
Volume des gaz (réduit).		658,5	670,8	682,4	»
Composition des gaz. — 100 volumes.	CO....	49,3	43,3	37,6	34,7
	CO^2...	21,7	24,6	27,7	30,6
	H.....	12,7	17,2	18,4	17,4
	Az....	16,3	15,9	15,7	15,6
	CH^4...	»	traces	0,6	1,6

Il résulte de ce tableau que l'acide carbonique et l'hydrogène augmentent avec la densité de chargement, tandis que l'oxyde de carbone diminue. On remarque que, dans la décomposition en vase clos, il ne se produit ni bioxyde d'azote ni vapeur nitreuse; il en est autrement lorsqu'on se borne à enflammer le coton-poudre à l'aide d'un fil rougi en laissant un libre écoulement aux gaz, et sous une pression très voisine de la pression atmosphérique, de façon à les empêcher de s'échauffer.

Dans ces conditions, qui sont celles d'un raté de détonation, on a obtenu sur 100 volumes :

AzO	24,7
CO	41,9
CO^2	18,4
H	7,9
Az	5,8
CH^4	1,3

On voit donc combien il est important d'assurer, par l'emploi d'une amorce suffisante, une détonation complète de l'explosif.

Nous avons vu qu'il peut être utile dans certains cas d'éviter la formation d'oxyde de carbone; on y parvient par l'adjonction au coton-poudre d'un nitrate. Soit par exemple le nitrate d'ammonium : ce corps se décompose d'après l'équation

$$AzH^4.AzO^3 = Az^2 + 2H^2O + O.$$

Pour que l'oxygène fourni par le nitrate transforme la totalité du carbone du fulmicoton endécanitrique en anhydride carbonique, il faut l'employer dans les proportions indiquées par l'équation

$$2C^{24}H^{29}(AzO^2)^{11}O^{20} + 41AzH^4AzO^3 = 48CO^2 + 111H^2O + 52Az^2,$$

ce qui correspond à 2286 parties de coton-poudre pour 3280 parties de nitrate d'ammonium, ou

Coton-poudre endécanitrique....	41,5 0/0
Nitrate d'ammonium...........	58,5 —

En faisant détoner un mélange de 40 parties de coton-poudre et de 60 parties de nitrate d'ammonium, MM. Sarrau et Vieille ont vérifié que, dans ces conditions, il ne se produit que de l'anhydride carbonique et de l'azote; au contraire, dans un raté de détonation, la combustion cesse d'être totale, et il se forme, à côté de bioxyde d'azote, 2 volumes d'oxyde de carbone pour 3 volumes d'anhydride carbonique.

La chaleur dégagée par la détonation de 1 kilogramme de coton-poudre pur est de 1071 calories (eau liquide) et le volume des gaz est de 743 litres (eau liquide) ou de 982 litres (eau gazeuse).

Avec le mélange de coton-poudre et de nitrate d'ammonium, la chaleur dégagée est de 1273 calories (eau liquide) et le volume des gaz de 401 litres (eau liquide), ou 862 litres (eau gazeuse).

On voit que ces chiffres diffèrent peu de ceux donnés par le fulmicoton pur, de sorte qu'il y aurait grand avantage, surtout au point de vue du prix de revient, à employer le mélange nitraté, n'était l'extrême hygroscopicité du nitrate d'ammonium.

Les autres nitrates, tels que le nitrate de baryum et le nitrate de potassium, qu'on peut associer au coton-poudre, donnent naturellement des résultats beaucoup moins favorables au point de vue de la force de la matière explosive. Nous ne nous étendrons pas sur le calcul relatif à ce genre de poudre, dont nous parlerons lors de la description des poudres de chasse pyroxylées.

On a proposé également d'additionner le fulmicoton de chlorate de potassium; le fulmicoton chloraté ne présente aucun avantage au point de vue de la force sur les autres variétés de fulmicoton. Il est en outre beaucoup plus sensible aux chocs et à la friction, et les dangers que présente son emploi l'ont fait généralement abandonner.

II. — FABRICATION DES NITROCELLULOSES.

La fabrication du coton-poudre est beaucoup plus délicate que celle de la nitroglycérine; elle comprend une série d'opérations aussi importantes les unes que les autres et qu'il est nécessaire d'effectuer avec le plus grand soin si on veut obtenir un explosif stable et puissant. Ces opérations sont les suivantes :

1. Préparation mécanique et purification de la matière première ;
2. Nitration ;
3. Lavage et déchiquetage ;
4. Compression et séchage ;
5. Régénération des acides.

Nous examinerons successivement en détail chacune de ces phases et nous terminerons par quelques renseignements sur la préparation des explosifs nitrés analogues au coton-poudre, tels que le fulmibois, l'amidon nitré, la nitromannite, etc.

1° *Préparation mécanique et purification du coton.* — Pour la préparation du coton-poudre, on se sert généralement de déchets de filatures; ces déchets sont au préalable soigneusement triés et dégraissés; on recherche le coton à fils longs, mélangés le moins possible d'ouate.

La graisse contenue dans le coton provient généralement des machines; elle doit être éliminée avec le plus grand soin.

Ce dégraissage peut s'effectuer par un lessivage avec une dissolution de carbonate de sodium à 2 0/0. On opère à la température de l'ébullition.

On peut encore chauffer sous pression le coton avec une lessive faible de soude caustique.

Après le dégraissage, on lave le coton à fond jusqu'à cessation de réaction alcaline; on fait quelquefois précéder le lavage d'un traitement au chlore et aux acides étendus.

Finalement le coton est desséché à l'étuve, à une température modérée.

On fait passer ensuite le coton dans une carde qui sépare les fils du coton et le met sous la forme d'une toison qu'on enroule à la sortie en rouleaux ayant le diamètre des cylindres sécheurs, dans lesquels ils sont ensuite chargés, au nombre de trois par cylindre, pour éliminer l'eau absorbée pendant le traitement.

Le coton une fois séché est introduit encore chaud dans des récipients en fer-blanc hermétiquement fermés, où il se refroidit à l'abri de l'air.

2° *Nitration.* — La nitration du coton s'effectue avec un mélange de 1 partie d'acide nitrique à 95 0/0 et 3 parties d'acide sulfurique à 97 0/0. Ce mélange acide est préparé et emmagasiné comme il a été dit pour la fabrication de la nitroglycérine.

La quantité de mélange acide nécessaire à la transformation du coton en pyroxyle est beaucoup plus grande que pour la nitroglycérine, à cause de l'état physique de la matière première ; c'est ainsi qu'on emploie pour 1 partie de coton en moyenne 50 parties de mélange acide.

Le *trempage* peut s'exécuter de plusieurs manières : tantôt on introduit le coton dans des pots en fonte contenant le liquide acide, tantôt on se sert de récipients en plomb. Il est nécessaire, pour la préparation du coton de guerre, de ne pas laisser s'élever la température; les pots à nitration sont donc immergés dans une cuve où circule constamment un courant d'eau froide; en été, il est nécessaire de refroidir artificiellement l'eau de réfrigération à l'aide d'une machine à glace. Si on néglige cette précaution, on obtient un coton-poudre moins nitré et plus soluble, l'élévation de la température ayant pour effet de faire rétrograder la teneur en azote, sans compter que souvent la réaction devient violente au point que toute la matière est entièrement détruite par oxydation, avec production de torrents de vapeur nitreuse.

Comme il est d'usage de turbiner le coton-poudre au sortir de l'acide, on a songé à réunir en une seule ces deux opérations : d'où l'emploi des *essoreuses à nitration*, que nous allons décrire sommairement.

L'essoreuse à nitration de Selwig et Lange, représentée par la figure 316, est une essoreuse ordinaire, avec certaines modifications nécessaires pour le traitement d'un mélange acide susceptible de dégager des vapeurs. Le panier *d* est muni d'une tôle perforée et le couvercle de l'enveloppe porte un tuyau en poterie *fl* qui est mis en communication avec un aspirateur.

Pour exécuter une nitration, on commence par faire fonctionner l'aspirateur; on introduit ensuite le mélange acide en ouvrant le robinet *h*, jusqu'à ce que le niveau du liquide arrive à 2 centimètres au-dessous du trop-plein. On introduit alors par le trou d'homme 7^{kgr},500 de coton et on l'enfonce dans l'acide à l'aide d'une fourche en fer, pendant que l'on communique à l'essoreuse un lent mouvement de rotation. On abandonne ensuite le tout au repos pendant une demi-heure. Lorsque la nitration est achevée, on ouvre le robinet de décharge pour laisser écouler l'acide en excès; on met l'appareil en mouvement. Lorsque l'essorage est terminé et que le liquide cesse de couler, on retire le coton avec des pinces et on le porte immédiatement à l'atelier de lavage.

En admettant que la durée de la nitration soit d'une demi-heure, l'essoreuse représentée par la figure 316, dont le panier a 850 millimètres de diamètre, peut produire 140 kilogrammes de coton-poudre par journée de 10 heures.

Le travail avec l'essoreuse à nitration présente de nombreux avantages sur l'ancien mode opératoire; mais d'autre part cet appareil n'échappe pas aux inconvénients inhérents à l'emploi de mécanismes nécessairement en fer, animés d'une grande vitesse et soumis à l'action de liquides et de vapeurs corrosifs.

La Société Nobel de Vienne a fait breveter récemment un mode opératoire reposant sur l'emploi du vide et qui paraît appelé à faire disparaître en grande partie ces inconvénients.

L'appareil Nobel consiste en un récipient en fonte épaisse, muni d'un trou d'homme pour l'introduction du coton et dans lequel on peut faire le vide; ce récipient communique avec un réservoir d'acide et avec un monte-jus inférieur qui reçoit le liquide épuisé. L'appareil étant rempli de coton, on commence par faire le vide aussi complet que possible dans le récipient à coton et dans le monte-jus; l'air contenu dans les fibres du coton est entièrement éliminé. On ouvre alors le robinet qui amène l'acide du réservoir supérieur et on ferme le robinet de communication avec le monte-jus. Grâce au vide, le récipient se remplit rapidement et l'acide pénètre immédiatement jusqu'au cœur des fibres du coton. On observe la température, et si elle tend à s'élever, on ouvre le robinet du monte-jus, ce qui a pour effet de remplacer l'acide qui a réagi en partie sur le coton par de l'acide neuf et refroidi qui modère la réaction si cela est nécessaire.

Lorsqu'on a atteint le degré voulu de nitration, on fait écouler l'acide dans le monte-jus et on enlève le coton nitré du récipient, tout en maintenant l'aspiration qui entraîne les vapeurs nuisibles et facilite la vidange de l'appareil.

Théoriquement, le mode de procéder ci-dessus

décrit est excellent; il ne paraît pas toutefois exempt de certains dangers : en effet, si l'ouvrier chargé de l'opération ne surveille pas suffisamment la température, il peut se produire un échauffement dangereux, surtout avec des quantités importantes de matières, et la réaction peut devenir explosive, ce qui est particulièrement grave avec un appareil clos de grande résistance.

3° *Lavage et déchiquetage du coton-poudre.* — Le lavage du coton-poudre au sortir de l'essoreuse s'exécute dans des cuves ovales en bois, analogues comme forme à la pile à défiler. Ces cuves ont 3 mètres de long, 1m,50 de large et 0m,60 de hauteur; elles sont munies d'une cloison en bois interrompue et de roues à palettes qui agitent le liquide et l'amènent en contact aussi intime que possible avec le coton-poudre.

Au lavage à froid, qui enlève la majeure partie de l'acide, succèdent une série de lavages à l'eau bouillante. Pour ces lavages, il est nécessaire de se rendre compte de la nature de l'eau qu'on a à sa disposition et qui doit contenir une certaine quantité de bicarbonate de calcium pour donner un bon lavage. Si la teneur en chaux est trop faible, il convient d'additionner l'eau de lavage d'une petite quantité de carbonate d'ammonium

Fig. 316. — Essoreuse à nitration de Selwig et Lange.

a, tuyau d'évacuation des acides; — *b*, poulie; — *c*, arrivée des acides réglée par le robinet *h*; — *d*, panier recevant le coton; — *e*, axe vertical de l'essoreuse; — *f*, cheminée communiquant avec l'aspirateur; — *h*, robinet réglant l'arrivée des acides; — *i*, robinet de vidange du liquide entraîné; — *l*, tuyau d'évacuation des vapeurs nitreuses; — *u*, trop-plein.

(200 à 300 grammes par mètre cube d'eau employée).

On exécute de 10 à 12 lavages d'une durée de 2 heures, en faisant agir à chaque opération 1 mètre cube d'eau pour 100 kilogrammes de coton-poudre.

L'emploi du carbonate de sodium pour la neutralisation est à rejeter, car son action est trop puissante : il altère le produit en diminuant sa stabilité et sa teneur en azote par une sorte de saponification. Il ne faut pas oublier en effet que le fulmicoton n'est pas un dérivé nitré, mais bien un éther nitrique de la cellulose.

Le lavage à chaud s'exécute dans des tonnes en bois munies de doubles fonds perforés sur lesquels se place le coton-poudre. L'eau de lavage est chauffée dans un réservoir spécial, en dehors de l'appareil; on se borne à maintenir l'ébullition du liquide à l'aide d'un courant de vapeur arrivant dans le fond de la cuve.

Quelque bien lavé que soit le coton, il retient toujours avec ténacité, en vertu de sa structure spéciale, des traces d'acide; c'est justement cet inconvénient qui, au début des applications du coton-poudre, en a fait abandonner l'emploi.

M. Abel, qui se proposait, en détruisant la structure physique du coton par la pile à défiler, d'amener l'explosif à un état analogue à celui de la poudre noire, pouvant être par conséquent grené et comprimé, ne tarda pas à reconnaître l'influence bienfaisante exercée par le déchiquetage sur la conservation du coton-poudre.

L'opération du déchiquetage s'exécute dans des appareils analogues à ceux employés dans la fabrication du papier.

La figure 317 représente en perspective une

pile défileuse pour coton-poudre : les figures 318 et 319 représentent l'une le plan, l'autre une coupe d'une pile défileuse d'une construction un peu différente.

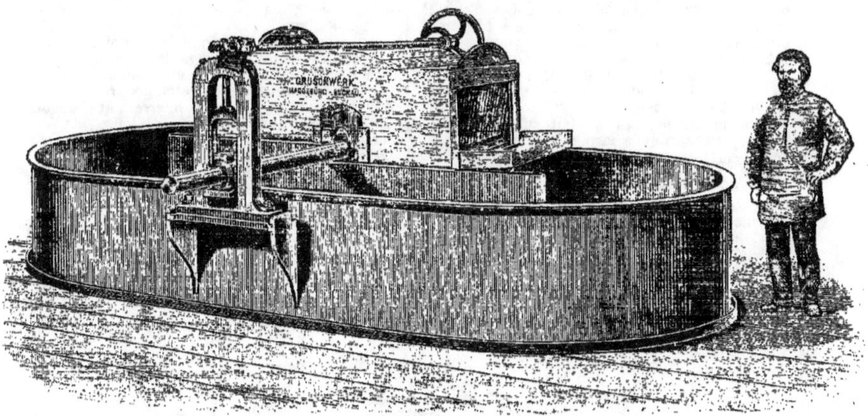

Fig. 317. — Pile défileuse pour le lavage du coton-poudre. Aspect extérieur.

Voici comment fonctionnent ces appareils : On introduit dans l'auge environ 200 kilogrammes de coton-poudre lavé et la quantité nécessaire d'eau tiède, et on commence par faire

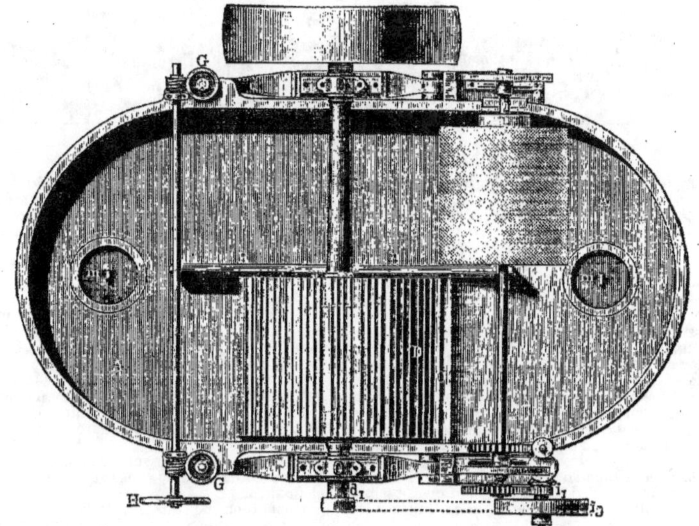

Fig. 318. — Pile défileuse pour le lavage du coton-poudre.

A A, auge en fonte ; — B B, cloison de séparation ; — C, surélévation de l'auge ; — D, cylindre armé de couteaux ; — G H, appareil de réglage de la hauteur du cylindre ; — I, tambour de lavage ; — d, supports à levier dont la hauteur est réglée par G et H ; — d_1, arbre du cylindre ; — i, arbre du tambour de lavage ; — i_1, roue dentée ; — i_2 poulie actionnant la roue dentée i_1 ; — m m, trous de vidange de la pile.

fonctionner pendant un certain temps l'appareil en maintenant le cylindre assez éloigné de la platine ; au fur et à mesure de l'opération, on diminue cette distance, de manière à obtenir un déchiquetage de plus en plus complet. L'opération est prolongée jusqu'à ce que le coton soit réduit en une pâte très ténue. Pour se rendre compte de l'état physique du produit, on a adopté un mode d'épreuve basé sur l'observation du volume occupé au bout d'une heure par 10 grammes de pâte dans une éprouvette graduée contenant 250 centimètres cubes d'eau et dans laquelle la pâte, après avoir été bien imbibée, est abandonnée au repos.

Le déchiquetage peut s'effectuer de deux manières, en employant toujours la même eau, ou en évacuant le liquide au fur et à mesure de son arrivée dans la cuve.

Dans le premier cas, on fait subir au coton-poudre, au sortir de la pile défileuse, un nouveau lavage.

Dans le second, l'eau est éliminée au dehors en passant par le tambour de lavage I ; ce tambour consiste en un bâti fixe muni de toile métallique à mailles serrées. La hauteur d'immersion de l'appareil se règle par le levier K ; à l'intérieur de cette cage se trouve une série de palettes en spirale en tôle l fixées sur un axe mis en rotation par un engrenage relié à la poulie motrice. Ces palettes puisent l'eau claire à l'intérieur du tambour et la déversent au dehors, le coton-poudre étant retenu par la toile métallique.

Avec ce mode opératoire, qui réunit à la fois le déchiquetage et le lavage de la pâte, on n'a plus qu'à envoyer la pulpe à l'essoreuse ; on obtient ainsi directement le coton-poudre en pâte, prêt à être comprimé. On intercale quelquefois un épurateur entre la pile défileuse et l'essoreuse ; cet épurateur consiste, en principe, en un tamis en bronze à fentes de 1 millimètre animé d'un mouvement de trépidation et qui laisse passer la pâte de coton-poudre en retenant les corps étrangers, les fibres imparfaitement pilées et une certaine quantité de grumeaux qu'on repasse aux piles après triage.

Enfin, pour assurer la stabilité, le coton-poudre doit être additionné d'une certaine quantité de

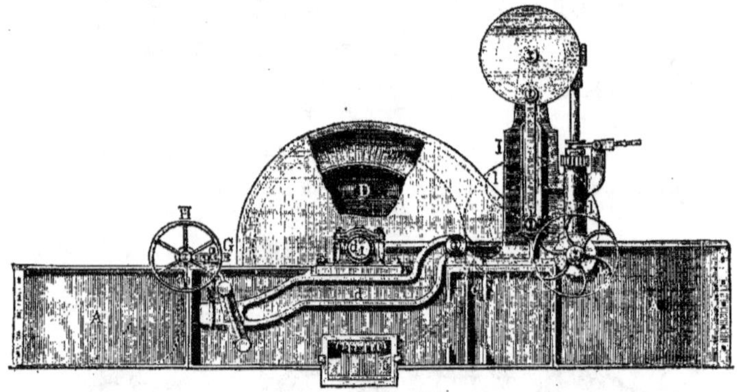

Fig. 319. — Pile défileuse pour le lavage du coton-poudre. Coupe verticale.

A A, auge en fonte ; — D, cylindre armé de couteaux ; — F, platine ; — G H, appareil servant à régler la distance du cylindre à la platine ; — i, axe du tambour de lavage I ; — d, supports à levier à hauteur variable par G et H ; — d_1, arbre du cylindre ; — i_2, poulie de transmission actionnant le tambour de lavage I ; — l l, palettes en tôle situées dans le tambour de lavage I ; — k, levier de réglage de la hauteur du tambour.

carbonate de calcium. Cette addition s'exécute lors du dernier lavage ou dans la pile défileuse elle-même, à la fin de l'opération, si on travaille avec circulation d'eau, comme il a été exposé ci-dessus.

Quant à la finesse de la pâte, on la règle d'après la destination du coton-poudre ; pour le coton-poudre destiné à être comprimé et employé comme explosif brisant, par exemple dans la marine pour la charge des torpilles, on opère avec une pâte moins ténue, qui nécessite une pression moindre au galetage. Au contraire, si le coton-poudre est destiné à servir à la fabrication de la poudre sans fumée, il est utile de l'obtenir dans un état de division aussi grand que possible pour faciliter la gélatinisation et sa transformation en colloïde.

4° *Compression et séchage du coton-poudre.* — Le coton-poudre purifié sort de l'essoreuse avec une teneur de 25-30 0/0 d'eau. Pour l'amener à la forme sous laquelle il est employé, il est nécessaire de le sécher ou de le comprimer.

La compression est employée pour la préparation des pétards et pour celle des disques servant au chargement des torpilles ; dans ce dernier cas, les disques comprimés sont superposés les uns aux autres pour obtenir le poids d'explosif demandé. Il en effet impossible de comprimer également le coton-poudre au delà d'une certaine épaisseur.

Le moulage s'effectue à la presse hydraulique. On opère généralement en deux phases : dans la première, la pâte est soumise à une pression de 2-3 kilogrammes par centimètre carré ; la forme définitive de la charge explosive est obtenue ensuite à l'aide d'une pression beaucoup plus énergique qui atteint jusqu'à 1000 kilogrammes par centimètre carré. Le coton-poudre ainsi comprimé a une densité de 1,1.

La figure 320 représente une presse hydraulique à coton-poudre, construite par MM. Taylor et Challen.

L'opération de la compression n'est pas exempte de dangers ; en effet, malgré toutes les précautions prises pendant la fabrication, il peut arriver qu'un corps étranger reste dans le coton-poudre et détermine, par le frottement dû à la pression, l'inflammation partielle du coton-poudre comprimé ou même son explosion. Il est donc nécessaire de mettre les ouvriers à l'abri de ces accidents en adoptant un dispositif qui leur permette de conduire l'appareil en dehors de l'atelier à l'abri d'un masque convenable. En outre, le bloc compresseur est muni de canaux qui peuvent donner issue aux gaz s'il se produit un commencement de combustion par suite d'un frottement avec un corps étranger.

La dessiccation du coton-poudre a été envisagée à bon droit comme l'opération la plus dangereuse de la fabrication. Elle doit être effectuée

Fig. 320. — Presse hydraulique à coton-poudre.

A, piston; — B, cylindre hydraulique; — c, tuyau amenant l'eau dans le cylindre B; — D, colonnes; — E, matrice; — F, tête de la presse supportant la pièce creuse G, qui reçoit le disque d'explosif comprimé; — H, poignée; — L, guides de la matrice; — *a*, pièces guidant le piston A; — *i i*, wagonnet; — *m*, supports maintenant la matrice E; — *o*, rails guidant le wagonnet *i*.

à une température aussi basse que possible, ne dépassant en aucun cas 50°. On opère généralement à 40°.

Le chauffage de l'étuve à dessiccation s'exécute par l'eau chaude ou la vapeur. Il est toutefois plus avantageux de sécher à l'aide d'un courant d'air chauffé avant son introduction dans l'étuve. On y arrive en chassant l'air par un ventilateur à travers un faisceau tubulaire muni d'une enveloppe dans laquelle circule de la vapeur à basse pression, par exemple de la vapeur d'échappement; l'air pénètre ensuite dans l'étuve et est aspiré au dehors par une cheminée. On peut également employer l'étuve à vide (voyez *Poudres sans fumée*).

Le coton-poudre sec possède des propriétés électriques très marquées; le frottement de l'air chaud suffit à l'électriser, et comme le coton-poudre sec est très sensible, il s'ensuit que la moindre étincelle électrique peut l'enflammer et amener la destruction complète de toute l'étuve. Il est probable même que des accidents imprévus et inexpliqués survenus au cours de cette opération sont dus à la production d'étincelles électriques. Il faut donc avoir soin de relier à la terre toutes les parties métalliques du séchoir pour éviter ces accidents.

Le coton une fois desséché est emballé, dans le séchoir même, dans des sacs en caoutchouc ou dans des boites en fer-blanc, afin d'éviter qu'il n'attire l'humidité de l'atmosphère. En effet, exposé à l'air, le coton-poudre absorbe 2 0/0 d'eau avec facilité. Ce mode de procéder n'est toutefois pas exempt de dangers et les règlements de plusieurs poudreries prescrivent de ne faire l'emballage qu'en dehors de l'étuve.

La durée de la dessiccation du coton-poudre à 30 0/0 d'humidité varie de 48 à 60 heures lorsqu'on donne aux couches à dessécher une épaisseur maxima de 30 millimètres.

On peut abréger beaucoup la durée du séchage par l'emploi de l'alcool; on élimine d'abord 80 0/0 de l'eau par simple séchage et on humecte ensuite le coton-poudre, qui ne renferme plus que 6 0/0 d'eau, avec de l'alcool. Ce dernier s'empare de l'eau, et le coton ainsi traité, quoique renfermant une plus grande quantité de liquide, sèche beaucoup plus rapidement, à cause de la plus grande volatilité de l'alcool. Ce procédé a l'avantage d'abréger la période dangereuse du séchage. Nous verrons plus loin que dans la fabrication des poudres sans fumée on supprime tout séchage.

5° *Régénération du mélange acide.* — Le mélange acide provenant de la fabrication du coton-poudre présente en moyenne la composition suivante :

Acide sulfurique	75 parties.
— nitrique	14 —
Eau, etc................	11 —

Comme la quantité employée pour la nitration du coton est en très grand excès, on régénère le mélange par addition d'acide nitrique et d'acide sulfurique en proportions déterminées, après avoir enlevé le quart du mélange provenant de la première opération.

Après quatre opérations, il convient de changer la totalité du mélange acide. Quant aux vieux acides, on peut les régénérer comme il a été dit pour les acides provenant de la fabrication de la nitroglycérine. Toutefois les acides résiduels contenant dans le cas du coton-poudre très peu de matière explosive, on peut sans aucun danger les utiliser pour la fabrication de l'acide nitrique destiné aux opérations ultérieures. L'acide sulfurique du mélange réagit sur le nitrate de sodium et l'acide nitrique libre passe à la distillation en même temps que celui qui provient de cette réaction.

La présence de matières organiques dans le mélange acide détermine une production abondante de composés nitreux; il est donc nécessaire d'avoir de bons appareils de condensation pour transformer entièrement ces composés en acide nitrique. Si l'acide nitrique obtenu en premier lieu renferme trop de vapeurs nitreuses, on le purifie par un courant d'air et on envoie aux tours de condensation les vapeurs qui se dégagent.

Un autre mode de régénération, qui paraît être surtout usité en Allemagne, consiste à régénérer les vieux acides par une addition d'anhydride sulfurique. Dans ce cas, on détermine par l'analyse la teneur exacte en eau et en acide nitrique du résidu, et on l'additionne d'une part de la quantité d'anhydride sulfurique nécessaire pour ramener la totalité de l'eau à l'état de H^2SO^4, et d'autre part de l'acide nitrique nécessaire pour ramener le mélange à sa composition initiale avant la nitration de la cellulose.

Lorsque la teneur en matière organique du mélange est devenue trop forte par suite d'une série d'opérations, on envoie le vieil acide à l'atelier de fabrication d'acide nitrique, où il remplace une certaine quantité d'acide sulfurique neuf. Suivant la valeur relative des vieux acides qui peuvent servir à d'autres fabrications de ce genre (par exemple, nitronaphtalène, etc.), on emploie l'un ou l'autre de ces procédés. Le procédé à l'anhydride est incontestablement le plus rationnel, mais il convient de faire remarquer que le prix de SO^3 est bien moindre dans H^2SO^4 que dans l'anhydride ou dans l'acide fumant à haut titre.

Nous avons décrit dans les pages précédentes la fabrication du coton de guerre, c'est-à-dire du coton-poudre au maximum de nitration.

Nous allons examiner maintenant d'une façon sommaire la fabrication du coton pour collodion, en insistant principalement sur les différences que présente cette fabrication avec celle du coton de guerre.

Le coton pour collodion est encore beaucoup moins que le coton de guerre un produit uniforme. En effet, suivant les emplois, on a intérêt à produire un coton nitré allant de l'hexanitrocellulose à l'ennéanitrocellulose.

Pour les applications photographiques, par exemple, il est nécessaire d'avoir un coton entièrement soluble dans l'éther et donnant des dissolutions limpides; c'est principalement l'hexanitrocellulose qui convient pour cette application.

Pour la fabrication de certaines poudres sans fumée, il suffit d'avoir un produit soluble en majeure partie dans l'éther, ou retenant bien la nitroglycérine. On emploie dans ce cas des mélanges de celluloses octo- et ennéanitriques, contenant même une certaine quantité de cellulose décanitrée, car on a intérêt à produire le maximum de nitration compatible avec une gélatinisation facile du produit.

La principale différence entre la fabrication du coton-collodion et celle du coton de guerre réside principalement dans la composition de l'acide et dans la température de la réaction.

On emploie généralement pour la fabrication du coton-collodion un mélange à parties égales d'acide nitrique à 75 0/0 ($d = 1,440$) et d'acide sulfurique à 66°; la nitration s'effectue à une température de 30° environ et la durée de l'opération est de 1 heure à 1 heure et demie.

La fabrication des cotons pour collodion s'exécute, au point de vue des appareils, comme celle du coton de guerre. La régénération des acides est rendue plus facile par la moindre concentration exigée. Il est vrai cependant que l'acide ayant servi est beaucoup plus riche en eau; sa composition est la suivante :

Acide nitrique	30	parties
— sulfurique	50	—
Eau	20	—

Rendements de la fabrication du coton-poudre. — Théoriquement, 100 kilogrammes de coton devraient donner 183kgr,5 de coton-poudre de guerre. En pratique on en obtient environ 160 kilogrammes. La consommation réelle d'acide nitrique est de 2kg,75 par kilogramme de coton-poudre produit; celle de l'acide sulfurique est de 5 à 6 kilogrammes.

En résumé, le prix de revient des matières employées pour la fabrication du coton-poudre se calcule à l'aide des coefficients suivants, se rapportant à 100 kilogrammes d'explosif :

62	kilogr.	de coton purifié.
240	—	d'acide nitrique.
550	—	— sulfurique.

On peut admettre que, dans des conditions exceptionnellement favorables, le prix de revient du coton-poudre ne doit pas dépasser 3 francs à 3 fr. 50 le kilogramme. Le prix moyen est de 4 francs environ.

Nitrohydrocelluloses. — M. Aimé Girard a trouvé que, sous l'influence des acides minéraux, la cellulose fixe les éléments de l'eau et se transforme en hydrocellulose.

Ce corps peut être nitré tout comme la cellulose ordinaire; les produits de la réaction sont les mêmes que ceux obtenus avec le coton; ils n'en diffèrent que par l'aspect et la facilité avec laquelle on peut les réduire en poudre.

Pour préparer l'hydrocellulose, on imbibe le coton avec une dissolution d'acide chlorhydrique à 3 0/0 (1 0/0 de HCl gazeux), on passe le produit à l'essoreuse, on le dessèche à l'air libre et on l'introduit dans des pots en grès qu'on chauffe pendant 3 heures à l'étuve à 70°. L'hydrocellulose est soumise ensuite à un broyage, qu'on exécute de la manière suivante : Une table carrée, de 0m,80 de côté, reçoit dans une feuillure un cadre sur lequel est tendue une double toile de cuivre, l'une supérieure très fine, l'autre au-dessous beaucoup plus grosse, immédiatement en contact avec la première et servant à la soutenir. Une trémie en toile forte est disposée au-dessous. Le coton est retiré de l'eau sous forme de masse pâteuse, placé sur la toile métallique et, au moyen de deux fortes brosses à poil raide et court, on le fait passer à travers la toile.

L'opération pour 500 grammes se fait en deux ou trois minutes.

La poussière de coton entraînée par un excès d'eau tombe dans un baquet, au fond duquel elle se rassemble complètement au bout d'un quart d'heure environ; on décante, on renouvelle l'eau et on continue jusqu'à ce que les eaux ne soient plus acides au tournesol.

On filtre alors sur un tamis garni de toile fine, et la matière épurée est étendue en couches minces sur des toiles reposant sur des cadres garnis de toiles métalliques placés dans une étuve. La dessiccation, qui s'opère à 60° environ, dure 72 heures.

L'hydrocellulose se présente sous la forme d'une poussière impalpable qui, examinée au microscope, se résout en une quantité de fragments irréguliers provenant de la rupture de la lanière aplatie et longue qui constitue la fibre du coton.

La nitration s'effectue en ajoutant peu à peu 1 partie d'hydrocellulose à 12 parties d'un mélange de 3 parties d'acide sulfurique à 66° et de 1 partie d'acide nitrique à 48°.

La masse se transforme en une bouillie très claire avec une faible élévation de température; le mélange est abandonné à lui-même pendant 12 ou 13 heures, puis on le noie dans 40 fois son poids d'eau.

La matière se rassemble et se lave par décantation exactement comme l'hydrocellulose et avec la même facilité; mais, pour obtenir un produit stable, il convient de pousser les lavages beaucoup plus loin que celui qui assure la neutralité absolue des eaux surnageant au tournesol. C'est par des lavages prolongés à l'eau chaude et en présence de carbonate d'ammonium qu'on arrive à une élimina ion totale des acides. Le rendement dépasse 95 0/0 du rendement théorique : 100 de cellulose sèche donnent 167 de fulmicoton.

L'hydrocellulose nitrée présente un aspect farineux ; fortement tassée à la main, elle atteint une densité gravimétrique de 0,700 ; comprimée à l'état humide avec une presse, même de faible puissance, elle atteint une densité de 1,310, notablement supérieure à celle obtenue avec le coton-poudre ordinaire, même avec des pressions très énergiques.

En général, les propriétés du pyroxyle obtenu en passant par l'hydrocellulose sont les mêmes que celles du coton-poudre ordinaire, si ce n'est que l'on remarque pour le premier produit une sensibilité un peu plus grande sous le choc du marteau. Le passage par l'hydrocellulose ne produit donc que la substitution d'un procédé chimique de déchiquetage à un procédé mécanique, ce qui n'est pas sans simplifier les opérations.

En outre, cette nitrocellulose pulvérulente est susceptible d'applications spéciales auxquelles ne se prête pas le fulmicoton ordinaire, comme celle de la fabrication des cordeaux porte-feu obtenus par étirage, comme nous le verrons plus loin en parlant des amorces et artifices de mise de feu [Vieille, *Mém. des Poudres et Salpêtres*, **2**, 21].

On a proposé également l'emploi de la soude caustique pour hydrater la cellulose et changer sa structure.

On sait que lorsqu'on fait digérer pendant quelques minutes, à la température ordinaire, du coton ou de la pâte à papier pure dans une dissolution de soude caustique à une densité de 1,3, ce qui correspond à 27 0/0 de $NaOH$, les fibres de cellulose se gonflent, et que l'addition d'eau précipite une cellulose hydratée.

D'après MM. Cross et Bevan, si on additionne le mélange de coton et de soude d'une certaine quantité de sulfure de carbone et d'eau, on obtient un liquide clair qui, additionné de sel marin et chauffé à 90°, fournit une cellulose pulvérulente facile à nitrer, et qui possède les propriétés de l'hydrocellulose de M. Aimé Girard.

Ce procédé paraît n'avoir qu'un intérêt théorique, car il ne présente guère d'avantages sur le procédé à l'acide chlorhydrique.

III. — NITROCELLULOSES DÉRIVÉES DES CELLULOSES IMPURES.

Nous n'avons envisagé dans les pages précédentes que les nitrocelluloses fabriquées avec le coton, qui n'est autre chose que de la cellulose pure.

On a proposé de remplacer le coton par des celluloses impures, d'un prix moins élevé ; ces recherches ne présentent toutefois qu'un intérêt relatif, car le rôle joué par le prix du coton dans la fabrication des nitrocelluloses n'est pas prépondérant : il ne représente guère que 20 ou 30 0/0 du prix de revient total. En outre, les nitrocelluloses étant principalement employées pour des usages militaires, où la question de prix, sans être indifférente, ne joue pourtant qu'un rôle effacé, il n'y a pas grand avantage à remplacer le coton, corps pur, par des celluloses plus impures et de composition inégale.

Quoi qu'il en soit, nous dirons quelques mots du procédé préconisé par la fabrique de Waldhof pour l'application de la pâte à papier à la production du pyroxyle. Ce procédé consiste dans l'emploi d'un désintégrateur, composé de deux peignes circulaires tournant en sens inverse à une vitesse de 1500 tours par minute dans un bâti approprié, dans lequel on introduit de la pâte à papier très pure, préalablement desséchée. On répète plusieurs fois cette opération à l'aide d'une série de 4 ou 5 désintégrateurs, qui amènent le produit à un état d'extrême division, éminemment propre à la nitration. La transformation en cellulose nitrée s'exécute du reste comme pour le coton.

On a également repris, dans ces dernières années, l'étude des *xyloïdines* ou amidons nitrés.

En dissolvant l'amidon ordinaire dans 10 fois son poids d'acide nitrique (d = 1,5), et en précipitant la dissolution par le mélange d'acide nitrique et d'acide sulfurique, résidu de la fabrication de la nitroglycérine, on obtient une xyloïdine, qui, purifiée convenablement par des lavages alcalins, donne un dérivé nitré stable et apte à la fabrication de la poudre sans fumée. Pour augmenter sa stabilité, on l'additionne parfois de 1 0/0 d'aniline, qui retient les traces d'acide nitrique qui pourraient prendre naissance par suite d'un commencement de décomposition.

IV. — NITROMANNITE ET NITROPENTAÉRYTHRITE.

Pour terminer le chapitre des éthers nitriques des hydrates de carbone, nous dirons quelques mots de la nitromannite, dont on a décrit la préparation dans le Dictionnaire (**2**, 314), et de la nitropentaérythrite qui a fait l'objet d'un brevet récent de la Rheinisch-Westfählische Sprengstoff Actien Gesellschaft à Cologne.

Nitromannite. — La nitromannite

$$\begin{array}{c} CH^2(OAzO^2) \\ | \\ [CH(OAzO^2)]^4 \\ | \\ CH^2(OAzO^2) \end{array}$$

est un explosif très puissant ; purifiée avec soin par des cristallisations dans l'alcool et mise à l'abri de la lumière solaire, elle peut être conservée pendant plusieurs années sans altération.

L'instabilité attribuée à la nitromannite est due à la présence de produits d'une nitration incomplète qui restent dans les eaux mères lors de la purification.

La nitromannite dégage par sa combustion 1512 calories par kilogramme ; ce chiffre ne diffère que peu de celui donné par la nitroglycérine (1600 calories).

La nitromannite, tout en possédant une vitesse très grande de détonation lorsqu'elle est mise en action par une amorce au fulminate, se comporte tout autrement dans les armes lorsqu'elle est simplement enflammée.

D'après les recherches de M. Vieille, la nitromannite, amenée par la compression à une densité suffisamment élevée, est une excellente poudre propulsive, supérieure à toutes les poudres sans fumée connues à ce jour. Malheureusement sa grande sensibilité s'oppose à son emploi pratique.

Nitropentaérythrite. — En laissant en contact pendant longtemps 20 parties d'aldéhyde formique, 6 parties d'aldéhyde ordinaire, 900 parties d'eau et 16 parties de chaux, on obtient un produit de condensation particulier, la pentaérythrite, d'après l'équation

$$4H.COH + CH^3-COH + H^2O = H-CO^2H + C(CH^2OH)^4.$$

La chaux fixe l'acide formique formé dans la réaction. On l'élimine par l'acide oxalique, on filtre et on abandonne à l'évaporation [Tollens et Wigand, *Ann. Chem.*, **265**, 319].

La pentaérythrite est en cristaux tétragonaux, fusibles à 253°. Soumise à l'action d'un mélange d'acides sulfurique et nitrique, la pentaérythrite fournit un *éther tétranitrique*, $C(CH^2OAzO^2)^4$, qui se dépose sous la forme d'une matière cristalline. On filtre, on essore et on lave successivement à l'eau, puis avec une dissolution étendue de carbonate de sodium pour neutraliser toute trace d'acidité.

La nitropentaérythrite fond à 143°; elle est douée d'une remarquable stabilité, car elle paraît résister même à l'action d'une lessive de potasse caustique à l'ébullition.

La simple inspection de la formule montre que la nitropentaérythrite tient le milieu, au point de vue de sa teneur en oxygène, entre le coton-poudre au maximum de nitration et la nitromannite.

En effet, si on cherche à réaliser une combustion complète du carbone à l'état d'anhydride carbonique par l'oxygène de la matière explosive elle-même, on trouve que la cellulose endécanitrique exige un supplément d'oxygène égal à environ 28 0/0 de son poids; cette quantité s'abaisse à 10 0/0 environ pour la nitropentaérythrite. En revanche, la nitromannite renferme un excès d'oxygène de 7 0/0. Le maximum de puissance que pourrait produire ce dernier explosif exigerait l'intervention d'un corps combustible.

On a proposé d'ajouter la nitropentaérythrite aux poudres sans fumée à base de nitrocellulose, pour les rendre aptes à l'emploi dans les armes de gros calibre. Il est possible que cette substitution présente quelques avantages, surtout si la stabilité de la nitropentaérythrite est aussi grande qu'on le dit; mais, au point de vue du prix de revient, cette addition ne pourra que l'augmenter, vu le coût élevé de la matière première.

En nous reportant à ce qui a été dit pour la nitromannite, nous voyons qu'on pourrait sans doute employer dans les armes de guerre de la nitroérythrite pure comprimée, sans passer par la gélatinisation.

VI. — POUDRES SANS FUMÉE.

Historique. — La fumée produite par la poudre noire, explosif qui a régné sans partage dans l'art militaire pendant plus de cinq siècles, n'est pas sans présenter souvent de graves inconvénients.

Les expériences entreprises en vue de faire disparaître, ou tout au moins de diminuer dans une certaine mesure, la fumée produite par la combustion de la poudre, remontent à une cinquantaine d'années.

Nous avons vu plus haut comment les recherches effectuées lors de l'apparition du fulmicoton n'avaient abouti qu'à démontrer l'incompatibilité absolue de cet explosif avec les armes de guerre.

A la suite de l'échec de ces tentatives, les efforts des inventeurs se portèrent d'un autre côté et on chercha d'abord à perfectionner la vieille poudre noire.

On n'avait pas tardé à reconnaître que le soufre est le principal agent producteur de fumée de cet explosif; la suppression totale de cette partie constitutive de la poudre noire paraissant impossible, on s'appliqua à en diminuer la dose. Une solution, quoique fort incomplète, du problème a été l'invention de la *poudre chocolat*, qui produit déjà beaucoup moins de fumée que la poudre ordinaire.

On songea également à remplacer partie du nitrate de potassium par le nitrate d'ammonium, mais sans succès, principalement à cause de l'hygroscopicité de ce sel.

Enfin, on s'adressa aux picrates. La poudre Brugère, composée de picrate d'ammonium et de nitrate de potassium (Dict., **2**, 1175), réalisa un progrès considérable sur la poudre noire au point de vue de l'absence de fumée.

Mais, en résumé, ces recherches n'avaient nullement conduit au but désiré, qui était la suppression de la fumée, combinée avec une augmentation de la puissance.

Il était réservé à M. Vieille d'apporter une heureuse modification à la constitution physique du coton-poudre en le rendant apte à servir de poudre propulsive et de résoudre ainsi le problème de la manière la plus satisfaisante.

Une vingtaine d'années avant la découverte de la poudre Vieille, le capitaine Schultze avait imaginé une poudre à base de pyroxyle préparé par la nitration du bois convenablement purifié et contenant des nitrates métalliques. La poudre Schultze avait pu à la vérité être employée dans les armes de chasse, mais s'était montrée trop brisante pour les fusils de guerre. Il en a été de même de la poudre de chasse pyroxylée préparée vers 1882, et qui différait de la poudre primitive de Schultze par la gélatinisation superficielle des grains.

Ce n'est qu'en 1884 que M. Vieille, après des études approfondies sur le mode de détonation des explosifs, découvrit qu'il suffisait de dissoudre entièrement le coton-poudre de façon à détruire sa structure et de comprimer le produit ainsi obtenu, pour lui communiquer des propriétés toutes nouvelles, qui rendaient possible son emploi dans les armes. Des études ultérieures montrèrent qu'il était possible d'appliquer ce procédé à la fabrication de poudres sans fumée pour les armes de tous calibres.

La véritable poudre sans fumée était trouvée; elle n'a subi depuis que des modifications relativement insignifiantes.

Quelques années plus tard, Nobel imagina de combiner les propriétés du coton-poudre avec celles de la nitroglycérine, en produisant la gélatinisation du fulmicoton par ce dernier explosif.

De là deux grandes catégories de poudres sans fumée : celles *à base de coton-poudre pur*, et celles formées, dans leurs parties principales, par un *mélange de coton-poudre et de nitroglycérine*.

La principale difficulté à surmonter lorsqu'on veut transformer un explosif en poudre progressive, consiste dans l'atténuation de la rapidité de décomposition des explosifs.

On arrive à atténuer cette vitesse de combustion, qui a une tendance à faire passer du régime de la simple déflagration à celui de l'onde explosive, au moyen d'une compression appropriée de la matière détonante.

C'est ainsi que l'amidon-poudre, et même la nitrocellulose dérivée de l'hydrocellulose, peuvent, grâce à leur structure physique, être amenées par compression à une densité élevée : des cartouches comprimées de ces matières peuvent être parfaitement employées dans les armes de guerre.

En revanche, ce résultat est impossible à obtenir avec le coton-poudre préparé avec les déchets de coton ; en effet, quelle que soit la pression employée, on n'arrive jamais à une densité suffisante, et la combustion de la matière ne tarde pas à se changer en détonation.

Pourtant il paraît qu'en soumettant le coton-poudre ordinaire à une pression de 4000 kilogr. par centimètre carré, et en le laissant s'écouler par un étroit orifice, on arrive à changer sa structure et à obtenir une substance cornée, analogue à la poudre sans fumée, et qui peut être employée comme poudre propulsive. Ce procédé, qui peut avoir un certain intérêt théorique, ne saurait toutefois soutenir la comparaison avec les procédés actuels de fabrication des poudres sans fumée.

Une propriété précieuse des colloïdes réside dans leur rétractilité, qui leur fait pour ainsi dire suer le dissolvant employé pour leur fabrication; c'est cette propriété qui joue un rôle décisif lors de la mise en filaments et en plaques du coton-poudre gélatinisé.

L'emploi d'une pression énergique pour modifier la nature de la combustion des explosifs destinés à être employés comme poudres propulsives n'est pas limité au seul coton-poudre.

On peut en effet employer d'autres corps, tels que l'acide picrique, par exemple, même dans des canons, si on l'amène à un état physique convenable. Mais le défaut de ces sortes de poudres réside dans leur module de progressivité, qui a une valeur beaucoup plus élevée que celui des poudres sans fumée usuelles, et qui fait que le degré de sécurité qu'elles présentent n'est pas suffisant pour un emploi régulier dans l'art militaire. Dans les pages suivantes nous ne parlerons donc que des poudres sans fumée usuelles, soit à base de coton-poudre pur, soit à base de coton-poudre et de nitroglycérine.

Nous nous bornerons à décrire les principaux représentants de ces catégories d'explosifs, sans nous arrêter aux innombrables brevets qui ont été pris depuis l'invention de la poudre Vieille, et qui sont pour la plupart dénués de toute valeur pratique.

Matières premières. — Les matières premières employées pour la fabrication de la poudre sans fumée sont le coton-poudre et la nitroglycérine d'une part, les dissolvants organiques de l'autre. Les plus usités parmi ces derniers sont l'*éther mélangé d'alcool* (éther à 56° B.), l'*acétate d'éthyle* et l'*acétone*.

Pour les poudres de chasse, on emploie encore les nitrates de potassium et de baryum et le dichromate d'ammonium.

La préparation du nitrate de potassium a été décrite dans le Dictionnaire (2, 558). Nous dirons quelques mots de la préparation du nitrate de baryum et du dichromate d'ammonium.

Préparation du nitrate de baryum. — Le nitrate de baryum se prépare par double décomposition entre le chlorure de baryum et le nitrate de sodium.

Le chlorure est obtenu par traitement au four à réverbère d'un mélange de sulfate de baryum, de chlorure de calcium, résidu de la fabrication de la soude à l'ammoniaque et de poussier de charbon.

Lorsqu'on mélange des dissolutions bouillantes de chlorure de baryum et de nitrate de sodium, le nitrate de baryum, beaucoup moins soluble à chaud qu'à froid, se dépose en grande partie par le refroidissement de la liqueur. On l'essore et on le raffine par cristallisation dans une eau saturée de nitrate à froid et provenant d'une opération précédente.

Les eaux mères sont évaporées, et le chlorure de sodium est enlevé par pêchage. On obtient ainsi une nouvelle cristallisation de nitrate.

Un procédé plus simple consiste à arroser avec une dissolution froide de nitrate de sodium du chlorure de baryum pulvérisé contenu dans une cuve en bois munie d'un faux-fond perforé; en faisant circuler pendant un certain temps le même liquide, on transforme successivement le chlorure de baryum en nitrate, et les eaux ne renferment plus que du chlorure de sodium et la quantité de nitrate de baryum qui peut se dissoudre à froid.

Le précipité de nitrate qui est imprégné d'eau mère est soumis à un clairçage à l'eau pure, qui déplace l'eau mère en dissolvant une nouvelle quantité de nitrate de baryum. Les eaux de clairçage sont employées pour dissoudre une nouvelle quantité de nitrate de sodium. Le nitrate de baryum est purifié par cristallisation.

Préparation du dichromate d'ammonium. — Ce sel se prépare le plus économiquement par double décomposition entre le dichromate de sodium et le chlorure d'ammonium. Voici les détails du mode opératoire : Dans une chaudière en fonte émaillée de 200 litres de capacité chauffée dans un bain de chlorure de calcium ou munie d'un double fond chauffé à la vapeur, on dissout 37 kilogrammes de chlorure d'ammonium et 90 kilogrammes de dichromate sodique dans 160 litres d'eaux mères provenant d'opérations antérieures. Après une ébullition de 2 heures, le liquide marque 40° Baumé, et il s'est déposé du sel marin. On fait couler le tout sur un filtre formé d'une caisse en bois à double fond garnie d'une toile surmontant un vase en fonte émaillée. On introduit au préalable dans ce vase 55 litres d'eaux mères de raffinage saturées de dichromate d'ammonium et peu riches en sel marin. Par le refroidissement, il se sépare du dichromate d'ammonium en petits cristaux si on a soin d'agiter de temps en temps la dissolution.

Fig. 321. — Chaudière pour la production d'acétone brute par distillation de l'acétate de calcium.

On essore les cristaux dans une essoreuse à panier en caoutchouc avec armature intérieure en cuivre, et on lave le produit avec des eaux mères de raffinage pour éliminer le sel marin aussi complètement que possible.

Les eaux mères de fabrication et celles de clairçage servent au lavage du résidu salin qui est resté sur le filtre et qui contient encore une notable proportion de dichromate d'ammonium.

Le raffinage du produit sortant de l'essoreuse s'effectue en dissolvant 150 kilogrammes de sel brut dans 90 litres d'eau à l'ébullition. Après une demi-heure de repos, on décante dans des cristallisoirs en fonte émaillée dans lesquels on trouble la cristallisation en agitant fréquemment le liquide. Le sel est essoré et soumis à un clairçage à l'eau pure et froide; il sort de l'essoreuse renfermant environ 4 0/0 d'eau. On le dessèche à l'air libre, car il est sensible à la chaleur et prend feu très facilement en se transformant en une masse très volumineuse d'oxyde de chrome vert.

Le dichromate d'ammonium préparé d'après le procédé qui vient d'être décrit titre 99,50 de pureté; il renferme environ 0,25 0/0 de chlorure de sodium, et 0,25 0/0 de matières insolubles.

Le dichromate attaque très rapidement les métaux; on ne doit donc se servir dans la fabrication que de récipients et ustensiles émaillés. Il exerce en outre sur l'organisme une action nocive plus ou moins marquée, suivant le tempérament des ouvriers; on ne doit pas le manipuler si on a des coupures aux mains ou aux avant-bras, sinon on s'expose à ce que ces plaies s'enveniment très gravement; il est prudent de manipuler le produit, pendant sa fabrication, en revêtant des gants en caoutchouc.

Préparation de l'acétone. — En ce qui concerne les dissolvants organiques, nous avons décrit en détail dans le Supplément la fabrication de l'éther et de l'acétate d'éthyle [voyez ÉTHERS (INDUSTRIE)]; nous dirons ici quelques mots de la fabrication de l'acétone.

L'acétone se prépare industriellement par la distillation sèche de l'acétate de calcium.

L'acétate employé est obtenu accessoirement dans la distillation sèche du bois; il est d'un gris sale et renferme généralement de 80 à 82 0/0 d'acétate réel, ainsi que de l'eau et des matières goudronneuses.

L'appareil dans lequel s'effectue la production de l'acétone est représenté par la figure 321.

Il se compose d'une marmite en fonte munie d'un robuste agitateur mû mécaniquement et d'un trou d'homme pour l'introduction de l'acétate. Les vapeurs qui se dégagent de l'appareil traversent d'abord un collecteur de poussières et se rendent ensuite dans un réfrigérant approprié.

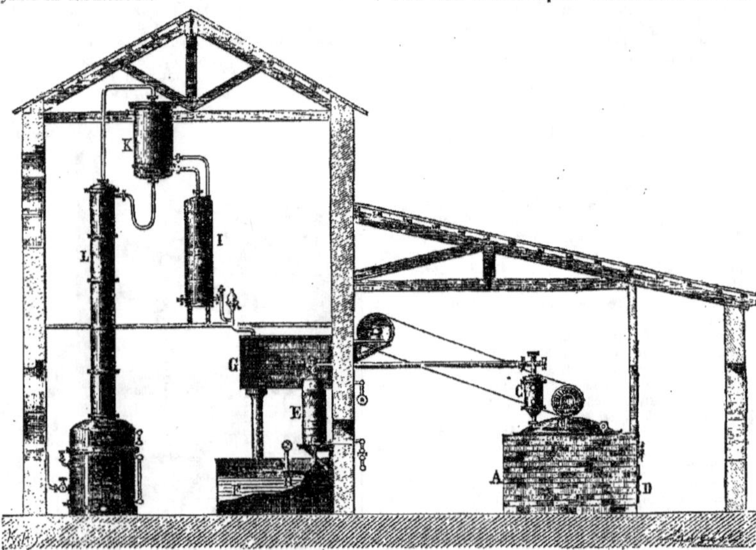

Fig. 322. — Coupe d'un atelier pour la fabrication de l'acétone.

A, massif de la chaudière de distillation d'acétate de calcium B; — C, collecteur de poussières; — D, foyer de la chaudière de distillation situé à l'extérieur; — E, serpentin réfrigérant pour les vapeurs d'acétone brute; — F, bac-réservoir à acétone brute; — G, bac-réservoir à acétone rectifiée; — H, flotteur indicateur de niveau; — I, serpentin réfrigérant pour condenser les vapeurs d'acétone rectifiée; — K, condenseur; — L, M, chaudière et colonne de rectification.

Théoriquement, 100 kilogrammes d'acétate de calcium à 80 0/0 doivent donner 29kgr,5 d'acétone. En pratique, on obtient 22 kilogrammes d'acétone brute, qui fournissent à la rectification 21 kilogrammes d'acétone pure. Le rendement est donc de 71 0/0 environ. La température de décomposition atteint 400°; elle est mesurée par un pyromètre plongeant dans l'appareil distillatoire.

Quant à la rectification, elle s'effectue dans des appareils analogues à ceux usités pour l'alcool, en additionnant l'acétone brute d'une petite quantité de chaux vive, pour retenir l'acide acétique.

La figure 322 montre l'ensemble d'un atelier destiné à la production industrielle de l'acétone.

Cet atelier se compose de plusieurs appareils producteurs d'acétone brute A, B, C, D, dans lesquels on distille l'acétate de chaux industriel à 80 0/0. Les vapeurs d'acétone entraînent de l'eau et des matières goudronneuses; elles se rendent par un tube *ad hoc* dans le serpentin réfrigérant E où elles se condensent; le liquide se rassemble dans le bac F.

Les appareils de production sont séparés de l'atelier de rectification par un mur, afin d'éviter tout danger d'incendie, les vapeurs d'acétone étant très inflammables. En outre, le foyer D de l'appareil est en dehors de l'atelier, dans un couloir extérieur, comme l'indique la figure.

Le collecteur de poussière C est surmonté d'un

tube à T; en cas d'obstruction, il suffit de démonter les brides des deux extrémités pour opérer le nettoyage avec une brosse appropriée.

L'acétone brute est reprise par une pompe et introduite dans la chaudière de rectification M. L'appareil de rectification est analogue à ceux usités dans la fabrication de l'alcool. L'acétone redistillée se rassemble dans le bac G, d'où on la soutire au fur et à mesure des besoins.

La construction de ces divers bacs et appareils est analogue à celle des appareils à éther; il faut prendre les mêmes précautions, vu la volatilité de l'acétone [voyez ÉTHERS, (INDUSTRIE)].

M. Squibb a étudié récemment un procédé de préparation de l'acétone qui a pour point de départ l'acide acétique; il consiste à faire passer les vapeurs d'acide acétique dans un tube en fer chauffé au rouge et animé d'un mouvement de rotation autour de son axe horizontal.

Ce procédé ne paraît guère avantageux, vu le rendement assez élevé qu'on obtient en partant d'acétate de calcium; il peut cependant être appliqué d'une façon continue, ce qui n'est pas le cas pour le procédé à l'acétate.

L'acétone employée pour la fabrication des poudres sans fumée doit satisfaire aux conditions suivantes : Sa densité à 15° doit être de 0,800; elle doit être incolore, limpide et miscible à l'eau en toutes proportions en donnant un liquide clair. Elle doit être neutre, renfermer au moins 98 0/0 d'acétone pure, ne laisser aucun résidu à 100° et distiller à raison de 95 0/0 jusqu'à 58°.

L'acétone ne doit renfermer que 0,1 0/0 au maximum d'aldéhyde; 1 centimètre cube ajouté à 100 centimètres cubes d'une dissolution de permanganate à 1 0/00 doit donner un liquide qui ne se décolore pas avant 2 minutes de contact.

Comme on le voit, ces conditions rigoureuses correspondent à l'emploi d'un produit d'une pureté presque parfaite.

POUDRES DE CHASSE A BASE DE PYROXYLE.

La première poudre pyroxylée a été fabriquée par Schultze (Dict., 2, 1175). L'emploi de cellulose impure, telle que celle contenue dans le bois, ne présente guère d'avantages, la différence de prix de la matière première étant de peu d'importance. On utilise généralement les déchets de coton au lieu du bois.

Nous décrirons ici à titre d'exemple la fabrication de la poudre pyroxylée française S, qui est analogue à la poudre Schultze.

Le dosage moyen de cette poudre correspond à peu près à la formule suivante :

Coton-poudre soluble	28
— — insoluble	37
Nitrate de baryum	29
— de potassium	6

Les matières, dosées par charges de 10 kilogrammes, sont grossièrement mélangées à la main dans une tine, puis triturées pendant trois quarts d'heure aux meules légères, avec addition de 4 0/0 d'eau environ. Elles sont ensuite tamisées à la perce de 2^{mm},5.

Le mélange de grains et de poussiers est porté au séchoir, où on le laisse jusqu'à ce que son taux d'humidité soit inférieur à 1 0/0.

A ce mélange desséché on incorpore 65 0/0 d'éther à 56° (mélange d'alcool et d'éther). La pâte obtenue est grenée sur un tamis en laiton de 1^{mm},8 de perce.

Le mélange de grains et de poussiers provenant de cette opération est lissé pendant 45 minutes dans une tonne en bois de 0^{m},60 de longueur et de 0^{m},40 de diamètre marchant à 27 tours, puis humecté à 50 0/0 d'eau et porté au séchoir; après séchage on égalise à la perce de 1^{mm},6 et on époussète à la perce de 1 millimètre.

Les grains obtenus subissent enfin, par charges de 10 kilogrammes, un lissage, avec addition de 15 0/0 d'éther, dans une tonne en cuivre de 0^{m},40 de longueur et de 0^{m},60 de diamètre, marchant à 10 tours par minute, dans laquelle l'éther arrive sous la forme de pluie fine obtenue à l'aide d'un pulvérisateur.

Tamisée à la perce de 1^{mm},5, pour détruire les galles qui ont pu se produire au lissage, puis séchée, égalisée, époussetée aux perces indiquées plus haut, la poudre est complètement terminée.

La proportion de grains obtenus par le traitement des compositions est de 33 0/0 environ. Les poussiers doivent donc rentrer en fabrication, ce qui s'effectue de la manière suivante :

Les déchets sont repassés aux meules pendant 30 minutes, puis tamisés comme la composition sur un tamis en laiton de 2^{mm},5.

Le mélange de grains et de poussiers est porté au séchoir, puis égalisé et épousseté aux mêmes perces que les compositions.

Le grain obtenu est lissé comme le grain des compositions avec addition de 50 0/0 d'éther, puis séché, égalisé et épousseté de nouveau.

Les poussiers sont repassés jusqu'à complet épuisement.

Les grains provenant des compositions sont mélangés dans la proportion de 1 contre 2 avec les grains provenant des repassages, et le mélange ainsi obtenu forme la poudre destinée à la consommation.

Comme nous le verrons plus loin, cette poudre pyroxylée de chasse ne diffère de la poudre Vieille que par l'addition des nitrates métalliques et surtout par un traitement incomplet à l'éther. La gélatinisation est imparfaite et les propriétés brisantes du coton-poudre ne sont pas suffisamment atténuées pour permettre l'emploi de cette poudre dans les armes de guerre.

Notons ici que l'idée d'associer un dissolvant à la fabrication des poudres à base de pyroxyle n'est pas nouvelle; en effet, dès 1847, Hartig avait étudié l'action de l'acétate d'éthyle sur le coton-poudre. Chose curieuse, cet inventeur paraissait craindre de diminuer par trop la force explosive par un traitement trop énergique; nous savons actuellement que le contraire est vrai et que la transformation du pyroxyle en poudre progressive ne peut s'effectuer qu'en combinant la gélatinisation avec la compression. Il n'en est pas moins intéressant de constater que l'idée de tous les perfectionnements qui ont conduit à la découverte de la poudre sans fumée existait en germe déjà dans les premiers temps de la découverte du fulmicoton.

La poudre pyroxylée française, dont nous avons indiqué ci-dessus la préparation, n'est pas sans présenter quelques inconvénients : elle a une tendance à donner de longs feux, et si on augmente sa sensibilité en modifiant sa composition, elle devient trop vive et convient mal au tir à fortes charges de poudre et de plomb que l'on pratique beaucoup aujourd'hui à la chasse, surtout dans le calibre 12; en outre, cette poudre laisse dans le canon et dans la douille des résidus contenant des petits grains durs qui se glissent dans les mécanismes de fermeture et peuvent les détériorer.

Poudre J. — Cette poudre, imaginée par M. Bruneau, ingénieur des Poudres, est exempte de ces inconvénients; elle est composée de :

Coton-poudre	83 0/0
Dichromate d'ammonium	17 0/0

Sa préparation s'exécute d'une manière analogue à celle de la poudre S.

Avec cette préparation, la fabrication de numéros de vivacité différente n'offre pas de difficultés sérieuses, car il suffit, comme pour les poudres noires, de faire varier la grosseur des grains.

La poudre J se présente sous la forme de grains anguleux, ayant à peu près la même forme et la même grosseur que ceux de la poudre de chasse ordinaire n° 0. Ses dimensions sont comprises entre 1 millimètre et 1mm,6; le grain est brun-rougeâtre; il est beaucoup plus dur que celui de la poudre noire.

La poudre J est douée d'une stabilité remarquable : elle résiste plus de 10 heures sans s'altérer à une température de 110° et n'attire que peu l'humidité. Sa combustion ne donne qu'un peu de fumée sombre, qui se dissipe rapidement; le résidu se compose d'une poussière verte impalpable d'oxyde de chrome, sans adhérence au canon.

Plastoménite. — Cette poudre est constituée par du fulmibois dissous dans le dinitrotoluène. M. Güttler a découvert en effet que le coton-poudre se dissout dans les dérivés nitrés des hydrocarbures aromatiques.

On prépare la plastoménite en fondant au bain-marie 5 parties de dinitrotoluène et en y incorporant à chaud 1 partie de nitrocellulose; lorsque la dissolution est complète, on soumet le produit à un grenage.

La plastoménite est douée d'une grande stabilité; elle peut être employée dans les armes de guerre et paraît avoir donné de bons résultats aux tirs d'essai exécutés en 1893 pour le compte du gouvernement roumain.

Nous devons faire remarquer que la formule donnée ci-dessus doit donner une poudre relativement peu énergique; en effet, si l'oxygène fait déjà défaut dans la nitrocellulose pure, à plus forte raison cela est-il le cas pour un produit renfermant jusqu'à 83 0/0 de dinitrotoluène, corps relativement pauvre en oxygène.

Si l'on veut combiner le dinitrotoluène en moindre quantité avec la nitrocellulose, il faut renoncer à la dissolution directe, qui n'est plus possible, la masse tendant à se solidifier avec peu de nitrocellulose (c'est, rappelons-le, le même phénomène qui se produit avec la dynamite-gomme).

On peut opérer dans ce cas d'après le procédé Lundholm et Sayers dont il sera question plus loin (Romocki, *Geschichte der Explosivstoffe*, 2, 299) et assurer l'homogénéité du mélange par des laminages répétés à chaud.

Ce qui fait l'intérêt de la plastoménite, c'est que l'agent de gélatinisation du coton-poudre n'est pas volatil; il demeure et fait partie intégrante de l'explosif achevé.

La stabilité d'une poudre de ce genre est évidemment très grande, mais ce résultat n'est atteint qu'aux dépens de la force. Pour obvier à cet inconvénient, il faudrait pouvoir opérer avec des corps très nitrés, tels que l'acide picrique par exemple; mais alors on se heurte à une autre difficulté. Le point de fusion de ces corps nitrés est trop élevé, et si, comme cela est absolument nécessaire pour la gélatinisation, on opère avec l'agent gélatinisant à l'état liquide, la température est trop élevée, et la nitrocellulose risque de subir une altération par trop profonde.

On ne connaît pas actuellement de corps fortement nitré fusible à une température relativement basse et dont de petites quantités suffiraient à amener la gélatinisation du coton-poudre.

POUDRES DE GUERRE SANS FUMÉE.

Les poudres de guerre sans fumée peuvent se diviser, comme nous l'avons dit plus haut, en deux catégories :

1° Celles à base de nitrocelluloses pures;
2° Celles renfermant de la nitroglycérine.

Nous décrirons d'abord les premières.

La première poudre sans fumée à base de nitrocellulose pure, découverte par M. Vieille, remonte à l'année 1884.

Les résultats des premiers tirs effectués avec une poudre de cette espèce, dans un canon de 65 millimètres, ont été signalés au ministre de la guerre le 23 décembre 1884.

Le type de la poudre du fusil modèle 1886 (fusil Lebel) a été établi dans les premiers mois de 1885; ce type, qui n'a subi depuis aucune modification, a permis d'accroître de 100 mètres, pour les mêmes pressions, les vitesses qui pouvaient être pratiquement utilisées dans cette arme avec la poudre noire, et c'est grâce à ce gain de vitesse et aux tensions de trajectoire qui en résultent que la supériorité de l'arme de petit calibre s'est trouvée hors de conteste.

La poudre sans fumée, le fusil de petit calibre et l'emploi dans les projectiles creux des explosifs de grande puissance sont les trois grandes découvertes récentes qui ont révolutionné les conditions de la guerre moderne.

Ces trois inventions ont été faites et appliquées en France sur une grande échelle, avant même que les armées étrangères en soupçonnassent l'existence.

Leur emploi est général aujourd'hui dans les armées de tous les peuples civilisés.

La fabrication de la poudre sans fumée comprend quatre opérations :

1. Le malaxage et la gélatinisation du coton-poudre;
2. Le laminage;
3. Le découpage en filaments ou en lamelles;
4. Le séchage.

Nous allons décrire en détail ces quatre opérations.

1° *Gélatinisation.* — Le coton-poudre destiné à la gélatinisation doit être aussi sec que possible avant d'être mélangé avec un dissolvant approprié. Toutefois, lorsque le dissolvant est de l'éther à 56° B., on peut employer sans inconvénient du pyroxyle imbibé d'alcool, comme nous le verrons plus loin. Nous rappellerons ici que, suivant le degré de nitration du coton, on emploie un dissolvant différent :

Le coton-poudre au maximum de nitration n'est soluble que dans l'acétone; cette propriété a été indiquée en premier lieu par de Vrij en 1847.

La cellulose décanitrée est insoluble dans l'éther et dans l'alcool purs, mais elle se dissout dans un mélange d'éther et d'alcool (éther à 56°), ainsi que dans l'éther acétique.

Les mêmes dissolvants peuvent être employés pour les celluloses ennéa- et octonitriques.

En résumé, les trois dissolvants qui jouent un rôle prépondérant dans la gélatinisation du coton-poudre sont : en première ligne l'éther à 56°, ensuite l'acétone, et enfin l'acétate d'éthyle.

Le malaxeur le plus répandu à l'étranger pour la fabrication de la poudre sans fumée est celui de Werner et Pfleiderer, représenté par la figure 323.

Il se compose d'une auge A en tôle d'acier, en fonte ou en bronze, suivant les matières qu'on se propose de traiter, formée de deux parties de cylindre juxtaposées ayant une génératrice commune.

L'auge A peut être munie d'une double enveloppe dans laquelle circule soit de la vapeur, soit de l'eau chaude lorsqu'on doit opérer à chaud, ou de l'eau froide si au contraire il est nécessaire de refroidir la masse à pétrir.

Les palettes ou organes pétrisseurs B sont

Fig. 323. — Malaxeur à poudre sans fumée.

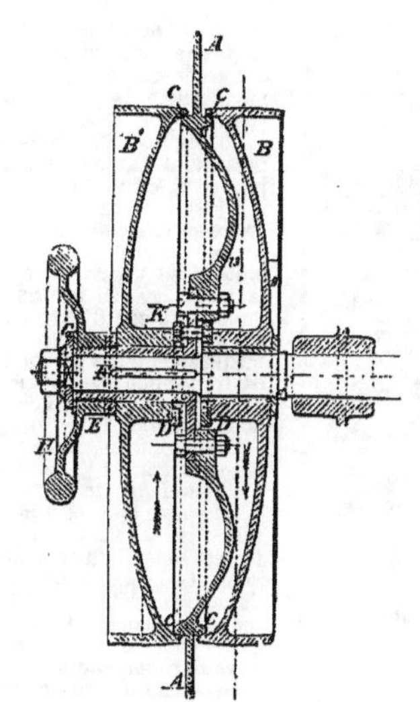

Fig. 324. — Appareil de réversion. (Coupe.)

A A, plateau évidé; — B D, B' D', poulies; — C C', cônes de friction; — E, vis; — F, arbre; — G H, volant; — K, boulon de serrage.

fixées sur des axes C. C. tournant à des vitesses différentes et pouvant être actionnés dans les deux sens au moyen de l'appareil de réversion (fig. 324). On donne à ces palettes des formes différentes, suivant le travail à réaliser. La

Fig. 325.
Palette pour malaxeur à poudre sans fumée.

figure 325 représente une des formes des palettes. Les axes sont creux ainsi que les palettes, ce qui permet de les chauffer ou de les refroidir à volonté par circulation de liquides appropriés.

Lorsque les opérations du malaxage sont achevées, on renverse le contenu de l'auge dans un wagonnet ou dans tout autre récipient *ad hoc*;

le renversement de l'auge s'effectue en faisant tourner les palettes en arrière, l'une s'éloignant de l'autre, et en appuyant sur le levier D. La figure 323 montre l'appareil au moment du renversement de l'auge.

L'appareil de réversion (fig. 324) se compose d'un plateau évidé A A qui, par l'intermédiaire du volant G H, actionne soit la poulie B D, soit la poulie B' D', et permet ainsi de changer le sens de rotation des palettes. Lorsque le plateau A A se trouve dans le milieu, l'appareil est au repos.

Fig. 326. — Malaxeur Chaudel-Page à poudre sans fumée. Vue d'ensemble de l'appareil.

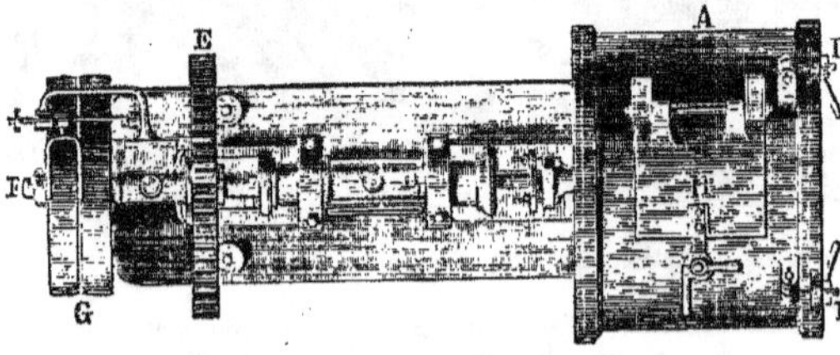

Fig. 327. — Malaxeur Chaudel-Page à poudre sans fumée. Plan.

A, cylindre en fonte recevant le mélange; — D, écrou à double filet; — E, train d'engrenages; — F, arbre des poulies G; — H, trou d'homme; — I, vis de fermeture du couvercle antérieur du cylindre A.

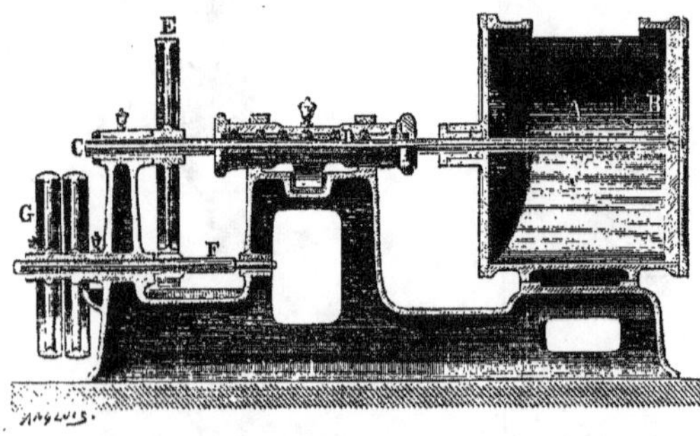

Fig. 328. — Malaxeur Chaudel-Page à poudre sans fumée. Coupe.

A, cylindre en fonte recevant le mélange; — B, lame rectiligne animée d'un double mouvement servant au mélange; — C C, arbre; — D, écrou à double filet; — E, engrenage; — F, arbre de commande; — G, poulies de commande.

Les dissolvants généralement employés pour la fabrication de la poudre sans fumée étant très volatils, il importe d'opérer en vase clos. L'auge du pétrin reçoit dans ce cas un couvercle en bois muni d'un réservoir en métal pour le dissolvant; le couvercle est muni d'un joint en caoutchouc qui assure une fermeture hermétique et s'oppose à l'évaporation du dissolvant.

Voici maintenant comment s'exécute l'opération : On introduit d'abord le coton-poudre dans l'auge, on fixe le couvercle étanche et on fait écouler la quantité nécessaire de dissolvant pour obtenir une pâte de consistance moyenne; après quelques tours des palettes, la nitrocellulose se trouve convenablement divisée dans toute la masse et commence à se dissoudre. La durée de l'opération varie suivant le dissolvant employé et le degré de nitration du coton : elle est généralement de 6 à 8 heures.

L'opération de la gélatinisation est absolument exempte de dangers d'explosion, du moins avec les poudres qui ne renferment pas de nitroglycérine.

Le pétrin-malaxeur construit par M. Chaudel-Page pour les poudreries françaises est d'une construction différente. C'est une modification du pétrin à pâte de pain.

Les figures 326, 327 et 328 représentent l'aspect extérieur, le plan et la coupe de cet appareil.

Il est constitué par un bâti creux en fonte qui supporte les divers organes et le cylindre en fonte alésé A dans lequel se fait le malaxage, au moyen d'une lame rectiligne B fixée sur l'arbre C C animé de deux mouvements simultanés de rotation et de translation. Ce double mouvement s'obtient par l'écrou D à double filet.

Ces deux filets, à pas inverses (droit et gauche), sont réunis aux extrémités de l'écrou.

Une pièce appelée *navette* formant saillie sur l'arbre C C est forcée, sous l'influence du mouvement de rotation de cet arbre, de suivre les filets de l'écrou; mais, en changeant de filet aux extrémités de la course, cette navette change aussi le sens du mouvement de translation.

En faisant tourner les palettes en sens inverse, c'est-à-dire se rapprochant l'une de l'autre, et en appuyant sur le levier D, l'auge reprend sa position normale et l'appareil est prêt pour une nouvelle charge.

Un renvoi, constitué par une paire d'engrenages E, un arbre F et deux poulies fixe et folle G, permet de mettre en marche ou d'arrêter l'appareil par un débrayage.

Le pétrin Chaudel-Page est remarquable par la

grande simplicité de ses organes. Le cylindre A est à fermeture hermétique et permet l'emploi de dissolvants très volatils, avec le minimum de perte; le travail se faisant à l'abri de l'air, il n'y a pas à craindre l'introduction accidentelle d'impuretés dans la pâte. En outre, le nettoyage du cylindre et de la lame sans angles rentrants peut s'effectuer facilement avec une grande rapidité.

Les figures 326 à 328 représentent le malaxeur avec un cylindre sans enveloppe. On construit également des appareils à double enveloppe qui permettent, le cas échéant, le refroidissement ou le chauffage de la matière à malaxer.

Lorsque le dissolvant employé est l'éther à 56°, il n'est pas nécessaire d'opérer avec du coton-poudre sec.

En effet, en nous reportant à ce que nous avons dit au sujet de la fabrication du coton-poudre, nous voyons que cet explosif, après lavage et essorage, renferme 30 0/0 d'eau; si sur ce coton-poudre humide on fait arriver par un artifice quelconque un courant d'alcool aussi finement divisé que possible, ce dernier dissout et entraîne l'eau sans agir sensiblement sur le coton-poudre; au bout d'un certain temps, toute l'eau est éliminée et le coton-poudre est imprégné d'alcool pur. A ce moment on essore la matière, ce qui enlève la majeure partie de l'alcool, et on l'introduit telle quelle dans le malaxeur; une analyse sommaire détermine sa teneur en alcool. On n'a alors qu'à introduire dans le malaxeur la quantité d'éther à 65° B. nécessaire pour donner avec l'alcool contenu dans le coton-poudre le mélange dissolvant approprié.

On conçoit facilement un appareil continu basé sur ce principe. Le coton peut être, par exemple, contenu dans un récipient en tôle muni d'un faux-fond, et arrosé d'alcool arrivant à la partie supérieure par une pomme d'arrosoir. Le mélange qui s'écoule se rend à la partie inférieure d'un appa-

Fig. 329. — Presse Morane pour la fabrication de la poudre sans fumée.

A, vis de serrage; — B, matrice en acier recevant la masse traitée au malaxeur; — D, vis sans fin pour basculer la matrice; — E, tablier recevant la plaque de poudre; — F, plaque de poudre sans fumée; — G, cylindre hydraulique; — H, tuyau amenant l'eau sous pression dans le cylindre hydraulique G; — I, vis commandant le robinet de vidange; — K, robinet d'arrivée d'eau dans le tube H; — L, tuyau amenant l'eau sous pression à l'arrière du cylindre hydraulique G; — M, appareil d'injection et de vidange.

reil de rectification continue, les vapeurs d'alcool se concentrent dans les tronçons supérieurs et se rendent à un condenseur, d'où elles s'écoulent à l'état d'alcool à 97 0/0 sur le coton-poudre.

Au bout d'un certain temps que la pratique enseigne, on dirige l'alcool condensé dans un second appareil contenant du coton-poudre humide, et on retire le coton-poudre du premier appareil après l'avoir essoré par l'action du vide.

On arrive ainsi avec un minimum d'alcool à éliminer l'eau du coton-poudre à froid et d'une manière très rapide. Le seul alcool employé est celui qui reste dans le produit et qui est du reste nécessaire à la gélatinisation, l'eau étant éliminée d'une façon continue au bas de la colonne de rectification[1].

Ce procédé d'élimination de l'eau présente sur la dessiccation d'immenses avantages pratiques; en effet, la manipulation du coton-poudre sec est relativement dangereuse et exige des précautions spéciales; par suite des parcelles ténues qui se détachent de la matière sèche et qui constituent des poussières douées d'une grande sensibilité, le séchage du coton-poudre a déjà donné lieu à de nombreux accidents.

1. Nous avons admis plus haut que le coton-poudre était insoluble dans l'alcool; pratiquement, toutefois, il en entre de petites quantités en dissolution, et il est nécessaire d'intercaler entre l'appareil de lavage et la colonne de rectification un bac dans lequel on dilue les liqueurs alcooliques avec de l'eau; les traces de fulmicoton qui ont pu se dissoudre sont précipitées et on alimente alors la colonne de rectification avec le liquide filtré provenant de ce bac. Si on négligeait cette precaution, le coton-poudre contenu dans l'alcool injecté s'accumulerait sur le plateau d'alimentation et sur les plateaux inférieurs et serait difficilement éliminé par les lavages.

On peut également opérer la déshydration par l'alcool d'une manière discontinue et se servir pour la régénération d'un appareil également discontinu, avec chaudière à la base (Messier, *Mém. des Poudres et Salpêtres*, 6, 181; 8, 52).

Il est donc bien préférable de ne dessécher que la poudre entièrement fabriquée, qui n'a aucune tendance à produire des poussières, et qui, étant douée d'une bien plus grande stabilité, est beaucoup moins inflammable.

Par l'emploi du procédé de lavage à l'alcool, on réduit de telle façon les dangers de fabrication, que la production des poudres sans fumée devient une opération aussi inoffensive que celle d'un produit chimique quelconque. Ce n'est pas là un des moindres avantages des poudres sans fumée à base de fulmicoton pur sur celles renfermant de la nitroglycérine, et même sur les anciennes poudres noires.

2° *Laminage.* — Le produit sortant du malaxeur doit subir l'opération du laminage, qui a pour but d'augmenter la densité du produit, de lui donner une texture uniforme, et d'opérer en même temps un commencement de dessiccation.

Cette opération peut s'exécuter de deux manières différentes : au moyen de la presse hydraulique, ou à l'aide d'un laminoir proprement dit.

Les laminoirs sont surtout usités dans les poudreries étrangères, tandis qu'en France on donne la préférence à la presse hydraulique.

L'opération du laminage à la presse hydraulique s'effectue dans l'appareil représenté par la figure 329, construit par M. Morane jeune, de Paris.

Cet appareil se compose de deux parties principales : le cylindre à pression hydraulique A et la matrice B recevant l'explosif en pâte sortant du malaxeur.

Une vis sans fin D permet, le piston hydraulique étant ramené à fond de course vers L, de faire basculer la matrice, qui prend alors la position verticale. On introduit le produit malaxé dans la matrice, et on le tasse à l'aide d'un bourroir en bois.

Fig. 330. — Laminoir dégrossisseur pour poudre sans fumée.

A, trémie-entonnoir pour l'introduction de la pâte sortant du malaxeur ; — B, axe de l'agitateur ; — C, D, cylindres lamineurs ; — E, contrepoids de la raclette F ; — G, tablier recevant l'explosif laminé.

En ouvrant le robinet K, l'eau sous pression, provenant soit d'une pompe, soit d'un accumulateur, ce qui est préférable pour la régularité du travail, pénètre par les tubes K et L dans le cylindre hydraulique, et comme la section à l'arrière est plus grande qu'à l'avant, grâce à la tige du piston compresseur qui diminue la section, le piston s'avance vers B et comprime l'explosif, qui sort, comme le représente la figure, par une fente pratiquée à l'avant de la matrice, et prend la forme d'une lame sans fin F. Cette lame est reçue sur le tablier D et peut être amenée directement à la trancheuse qui la découpe, soit en filaments prismatiques, soit en lamelles, comme nous le verrons plus loin. Il va sans dire qu'on peut donner à l'ouverture de la matrice une section triangulaire, circulaire, etc., et produire la poudre sous telle forme qu'on désire. On peut également, si on veut laminer à chaud, faire circuler de la vapeur ou de l'eau chaude dans une double enveloppe autour des parois de la matrice.

Lorsque le piston est à fond de course et que toute la charge introduite dans la matrice a été chassée par la pression hydraulique, on laisse s'écouler l'eau de l'arrière par un jeu de robinets, et la pression à l'avant ramène le piston à sa position initiale en permettant à nouveau le basculage de la matrice.

Lorsqu'on emploie des laminoirs, l'opération s'exécute généralement en deux phases : la masse pâteuse sortant du pétrin est passée en premier lieu à un laminoir dégrossisseur, et les plaques ainsi obtenues sont passées ensuite au laminoir finisseur.

Le laminoir dégrossisseur est représenté par la figure 330.

Il se compose de trois cylindres creux, en fonte

durcie, dans lesquels circule de la vapeur. La masse sortant du pétrin est introduite dans l'entonnoir A qui est muni d'un agitateur, elle passe successivement entre les deux cylindres supérieurs, et entre un cylindre supérieur et le cylindre inférieur en ressortant sur la table C.

Cette opération augmente la densité de la poudre et élimine une partie du dissolvant.

Les plaques obtenues sont passées à plusieurs reprises au laminoir finisseur représenté par la figure 331.

Cet appareil se compose de deux cylindres en fonte dure, chauffés par circulation intérieure d'eau chaude, entre lesquels passent les plaques provenant du dégrossisseur. La distance entre les deux cylindres est réglable à volonté, suivant l'épaisseur des plaques que l'on veut obtenir.

On peut également opérer en ramenant toutes les plaques à une épaisseur uniforme très faible, et en produisant les diverses épaisseurs requises pour les différents types de poudre par laminage ultérieur de deux ou plusieurs plaques minces; ces plaques se soudent entièrement l'une à l'autre pendant le laminage, de manière à donner l'épaisseur voulue.

Pour la poudre de chasse, on lamine à $0^{mm},1$ d'épaisseur; pour la poudre de guerre à fusil l'épaisseur est de $0^{mm},3$, et elle atteint $0^{mm},7$ pour la poudre destinée aux canons de campagne.

Dans l'opération du laminage, on ne doit chauffer que modérément les cylindres lamineurs, c'est-à-dire ne pas dépasser la température de 60°; sans compter qu'une température plus élevée pourrait avoir une fâcheuse influence sur la conservation du coton-poudre, il pourrait se produire un durcissement superficiel des plaques, ce

Fig. 331. — Laminoir finisseur pour la fabrication de la poudre sans fumée.
C, C, cylindres lamineurs; — E, contrepoids des raclettes F; — G, tablier recevant l'explosif laminé; — *k*, *k*, vis pour le réglage de l'épaisseur des lames.

qui s'opposerait à la facile élimination du dissolvant des couches centrales.

Après avoir décrit en détail les deux modes de laminage employés pour la production des poudres sans fumée, il ne sera pas inutile de dire en quelques mots les avantages et les inconvénients des deux modes opératoires.

Le travail au laminoir nécessite moins de main-d'œuvre et est plus rapide; la capacité de production est plus élevée pour chaque unité d'appareil, ce qui réduit au minimum les frais de premier établissement.

D'autre part, la presse hydraulique donne lieu à une perte moindre de dissolvant et fournit un produit plus dense et plus uniforme, ce que l'on reconnaît à l'aspect de la poudre.

Le travail par laminoir est surtout employé à l'étranger; en France on donne la préférence à la presse hydraulique, et cette préférence nous paraît justifiée, car on obtient parfois par l'emploi du laminoir des poudres à compacité défectueuse, ayant une tendance à donner dans les armes de guerre des pressions trop élevées. Notons toutefois que, par un travail très soigné, on peut arriver au même résultat favorable avec les deux sortes d'appareils.

3° *Découpage.* — Les lames qui sortent de l'appareil finisseur doivent être découpées d'abord en rubans, qui sont à leur tour coupés en lamelles. Cette opération s'exécute dans des découpoirs représentés fig. 332 et 333, la figure 334 donnant le détail de construction des lames découpeuses. Cet appareil est de fabrication allemande. M. Morane jeune construit en France des appareils un peu différents, représentés par les figures 335 à 339.

La figure 335 donne le plan de la trancheuse Morane. La lame de poudre sans fumée arrive sur le tablier M, est entraînée par les rouleaux AA entre deux découpoirs BB, formés de couteaux circulaires représentés en coupe par la figure 337. Les couteaux découpent la plaque en filaments qui, continuant leur chemin vers K, sont découpés par des couteaux *c* portés par une roue C. Cette roue est représentée en coupe verticale par la figure 339. Son fonctionnement se comprend à la simple inspection de la figure.

Lorsqu'on découpe des lamelles de faible épaisseur, telles que celles servant à la fabrication de la poudre à fusil, le mouvement d'entraînement des couteaux BB est continu, car la section est exécutée dans un temps très court par les couteaux c. Si, au contraire, on fabrique de la poudre pour canon de gros calibre dont les éléments ont une épaisseur pouvant atteindre 1 centimètre, et qu'on veut obtenir en filaments d'une certaine longueur, le mouvement est discontinu.

La figure 336 représente la coupe verticale de la trancheuse; la poudre découpée aux dimensions voulues s'écoule par le plan incliné K. La figure 338 montre l'aspect des couteaux circulaires B.

4° *Séchage.* — La poudre ainsi amenée à son état définitif renferme encore une certaine quantité du dissolvant qui a servi à la préparer, et qu'elle retient avec ténacité.

Or l'élimination des dernières traces du dissolvant présente une très grande importance. En effet, si cette élimination n'est pas complète lors de la fabrication, elle s'effectue petit à petit dans

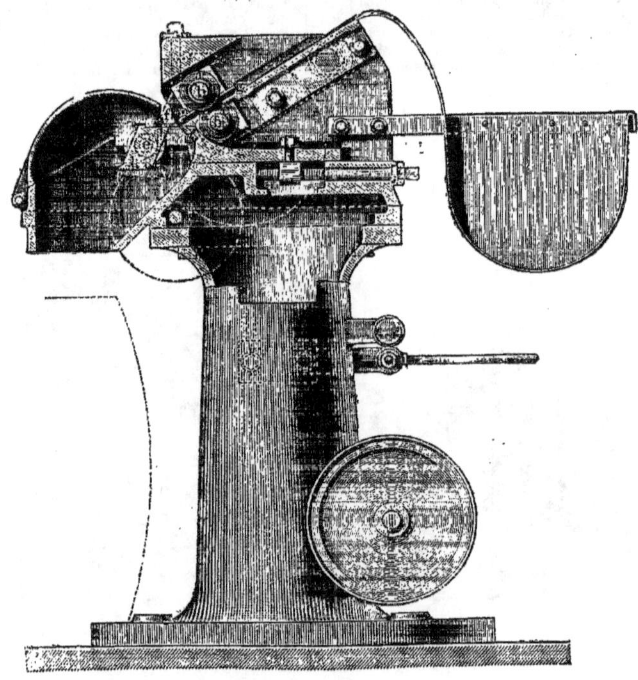

Fig. 332. — Machine à découper.

a, *a*, couteaux circulaires pour découper les plaques; — *b*, b_1, axes portant les couteaux; — *c*, *c*, anneaux de séparation; — *e*, cylindre de guidage de la lame; — *f*, couteau pour découper les rubans; — *g*, peigne.

les magasins à poudre; cette volatilisation change naturellement les propriétés de l'explosif qui a une tendance à devenir plus poreux et par conséquent plus brisant : d'où des variations de la vitesse initiale communiquée aux projectiles qui peuvent devenir très gênantes, sans compter l'inconvénient résultant de l'accroissement éventuel de pression dans les armes, qui peut se traduire parfois par de réels dangers.

Pour éliminer le dissolvant, on dessèche la poudre dans des étuves chauffées à 40°, et énergiquement ventilées.

On peut encore opérer la dessiccation dans le vide; ce procédé est de beaucoup le plus avantageux : il exige toutefois des appareils de séchage assez compliqués.

Nous décrivons ci-dessous un de ces appareils, dû à M. Passburg, de Berlin, et qui est très employé en Allemagne. Mais, avant de passer à cette description, il ne sera pas inutile d'exposer en peu de mots les raisons qui doivent faire préférer l'emploi du vide pour la dessiccation des matières explosives.

On sait depuis plus de cent ans que la combustion de la poudre, seul explosif connu à cette époque, se fait tout autrement dans l'air raréfié qu'à la pression ordinaire. Sa combustion est d'autant plus difficile à réaliser que le vide est plus parfait (Dict., 2, 1174).

Il en est de même, quoique à un degré un peu moindre, pour les explosifs modernes de grande puissance, tels que le coton-poudre et même le fulminate de mercure; l'aptitude à la transmission de la décomposition explosive devient très faible dans le vide.

Les choses se passent toutefois un peu différemment si on a affaire à une notable quantité d'explosif. Dans ce cas, même dans le vide, il y a propagation de la combustion; mais, grâce à l'absence de tout bourrage, ce phénomène a lieu avec une certaine lenteur, et les dangers provenant de la décomposition brusque de l'explosif sont réduits au minimum; en outre, les gaz de l'explosion, pouvant se détendre librement, absorbent une grande quantité de chaleur, ce qui contribue à diminuer les effets destructeurs de la réaction.

Il résulte de ces faits qu'en desséchant les explosifs dans le vide, et en opérant dans une capacité suffisamment grande par rapport à la quantité d'explosif introduite dans l'appareil, on peut réduire au minimum les dangers de cette délicate partie de la fabrication. Un autre avantage résulte encore de l'emploi du vide : à température égale, l'élimination des corps volatils, eau, alcool, éther, acétone, etc., s'effectue beaucoup plus rapidement. La durée de l'opération dangereuse étant réduite au minimum, la sécurité devient beaucoup plus grande, les explosifs demeurant un temps moindre à la température critique qui produit parfois, à la longue, de lentes décompositions.

Enfin, la dessiccation des matières s'opérant plus rapidement, la charge à sécher en une fois est moindre, et en cas d'accident les suites en sont beaucoup moins graves.

Toutes ces considérations expliquent pourquoi, malgré le prix d'achat relativement élevé de l'appareil, on a avantage à opérer dans le vide. Nous verrons du reste que, dans certains cas, la régénération des matières

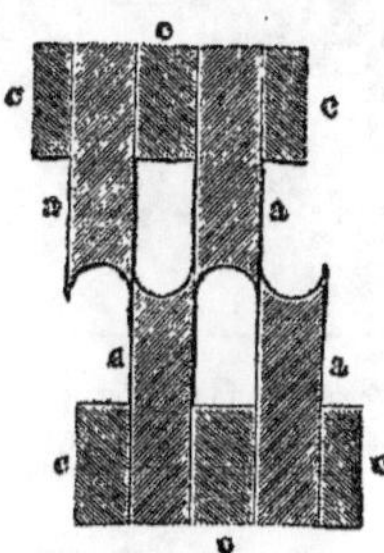

Fig. 334. — Détail des couteaux.
a, *a*, lames coupantes;
c, *c*, anneaux de séparation.

volatiles, rendue facile par l'emploi du vide, permet d'amortir rapidement la dépense de premier établissement.

L'étuve à vide Passburg représentée par la figure 340, et dont la figure 341 donne le plan, se compose de deux parties dis-

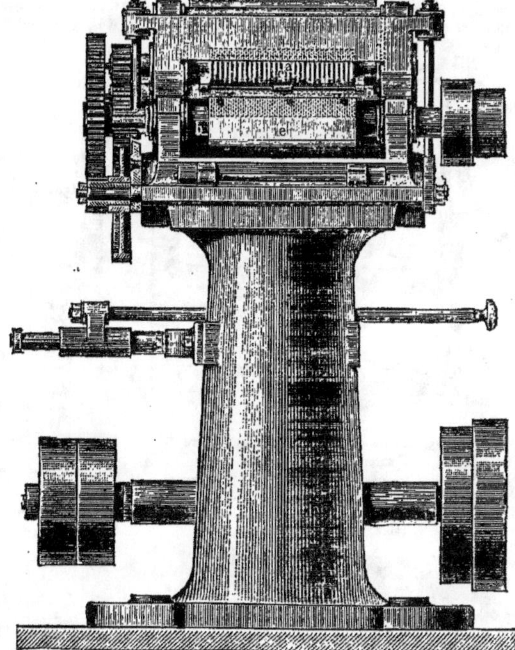

Fig. 333. — Machine à découper.
a, couteaux à découper les plaques; — *b*, axe; — *c*, anneaux de séparation.

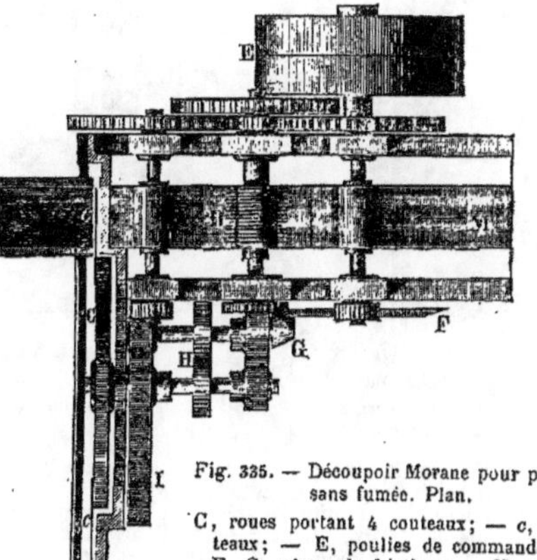

Fig. 335. — Découpoir Morane pour poudre sans fumée. Plan.
C, roues portant 4 couteaux; — *c*, couteaux; — E, poulies de commande; — F, G, cônes de friction; — H, engrenages; — I, bâti de la machine.

Le mouvement pour couper les lamelles de poudre à fusil est continu. — Pour les plaques de 1 centimètre d'épaisseur, il est discontinu.

tinctes, reliées ensemble par deux cadres venus de fonte, munis de robustes boulons : la première, BB, constitue l'étuve proprement dite; la seconde, AA, est une capacité vide servant à l'expansion des gaz en cas d'explosion accidentelle.

L'étuve est munie d'une porte tournant librement sur les gonds GG; elle est garnie intérieurement d'un cadre en caoutchouc qui s'applique dans une gorge du cadre en fonte de l'appareil; les vis à manivelle MM permettent de serrer la

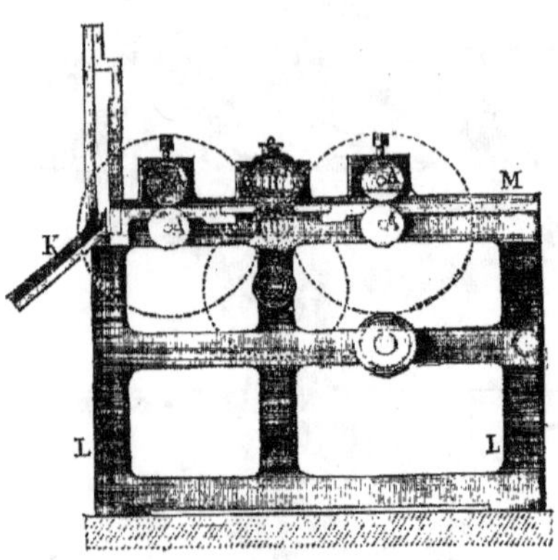

Fig. 336. — Découpoir Morane pour poudre sans fumée. Coupe.

A, A, rouleaux d'entraînement de la plaque a couper; — B, B, couteaux circulaires; — K, plan incliné sur lequel descendent les lamelles; — L L, bâti de la machine; — M, table.

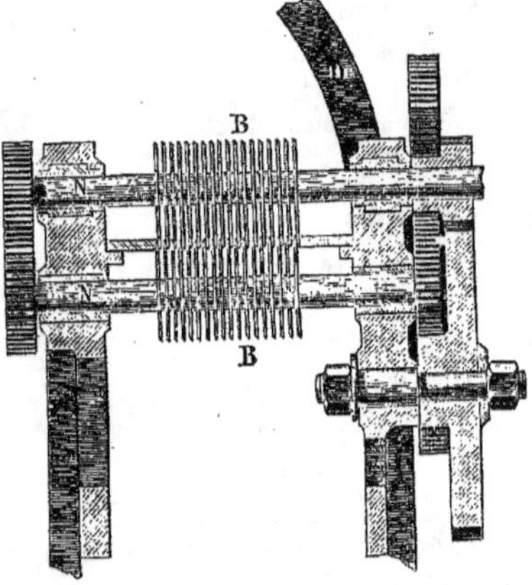

Fig. 337. — Découpoir Morane pour poudre sans fumée. Coupe verticale.

B, B, couteaux circulaires; — D, entourage de la roue; N, N, axes des couteaux.

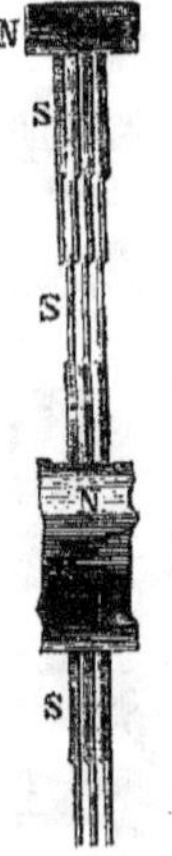

Fig. 338. Détail des couteaux.

N, N, axes des cylindres portant les couteaux S, S.

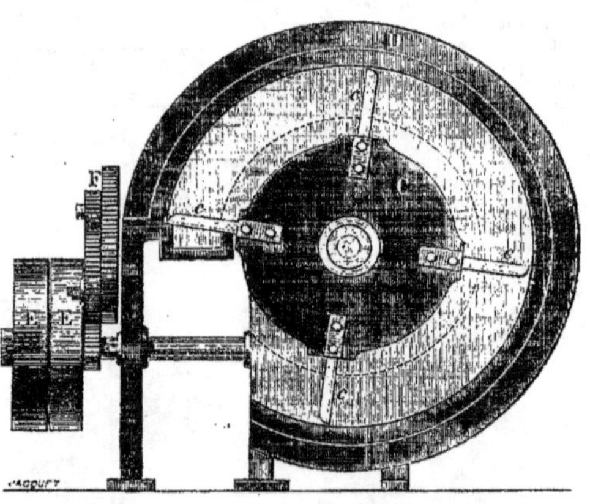

Fig. 339. — Découpoir Morane pour poudre sans fumée.

C, roue portant 4 couteaux; — c, c, couteaux; — D, entourage de la roue; — E, poulie de commande; — F, engrenage de commande.

porte. Dès que le vide commence à se produire dans l'appareil, la pression atmosphérique extérieure détermine un joint parfait entre la porte et le cadre de l'étuve. L'intérieur de l'étuve BB contient un certain nombre de plateaux creux, dans lesquels on peut faire circuler à volonté de l'eau ou de la vapeur qui provient de l'échappement d'un moteur à vapeur, ou qui est empruntée directement à un générateur.

La matière explosive est posée sur des châssis appropriés qu'on introduit entre les plaques sécheuses.

L'espace AA, qui sert à la détente, est vide; la caisse porte extérieurement 44 soupapes de sûreté SS, d'une construction très simple. Les soupapes sont constituées par des disques en fonte garnis de caoutchouc. Lorsqu'on fait le vide, ils sont fixés sur leurs sièges par la pression atmosphérique, et il n'y a ainsi aucune rentrée d'air.

Les deux parties de l'étuve AA et BB sont séparées l'une de l'autre par une cloison en bois PP (fig. 341). Si, lors d'une explosion accidentelle, les soupapes SS sont projetées, elles ne peuvent retomber dans la chambre antérieure, et le personnel de service est ainsi à l'abri de tout danger. Du reste toute la robinetterie est située à l'extérieur, dans la salle des machines, séparée de l'étuve par une cloison DD. Lorsque l'étuve a été chargée de l'explosif, on n'y pénètre à nouveau que lorsque la dessiccation est achevée et que la matière a été refroidie par le courant d'eau circulant dans les plaques sécheuses.

Lorsqu'on dessèche dans cette étuve de la poudre sans fumée, on fait communiquer l'appareil avec un condenseur spécial, qui permet de recueillir le dissolvant volatil employé pour la fabrication.

Dans le cas d'une poudre obtenue par l'acétate d'éthyle, par exemple, on retrouve environ 20 litres d'acétate pour les 70 kilogrammes de poudre qui constituent la charge normale de l'appareil

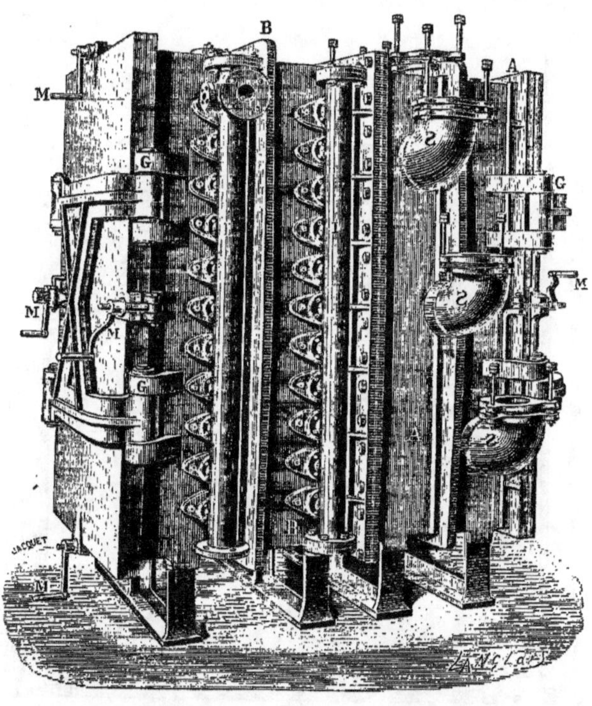

Fig. 340. — Étuve Passburg pour dessécher les explosifs dans le vide.

A, réservoir à détente; — B, séchoir proprement dit; — G, gonds de la porte de l'étuve; — I, I, tuyaux amenant la vapeur de chauffage; — M, vis de fermeture des portes de l'étuve; — S, S, soupapes de sûreté.

représenté par les figures 340 et 341. L'opération durant 3 heures en moyenne, cette étuve peut sécher en 24 heures environ 500 kilogrammes de poudre, et permet la régénération de 140 litres environ d'éther acétique.

La poudre ainsi desséchée complètement est soumise à un lissage au graphite, qui s'exécute comme pour la poudre noire.

La poudre sans fumée dont nous venons de décrire la fabrication est celle qui a prévalu dans les armements européens; elle est, en somme, constituée par de la nitrocellulose pure.

On a préparé également des poudres colloïdales nitratées, exemptes de nitroglycérine, dans lesquelles le colloïde, formé de coton-poudre et d'un dissolvant quelconque, est associé à une proportion variable d'un nitrate métallique ou d'un mélange de nitrates.

Ces poudres présentent certains avantages d'inflammabilité, qui balancent les inconvénients résultant de leur force inférieure à celle des poudres au fulmicoton pur, et de la production d'une certaine quantité de fumée.

Ces poudres, qui se rapprochent en somme des poudres de chasse pyroxylées, sont fabriquées comme la poudre Vieille, en ajoutant les nitrates dans le malaxeur. Les opérations du malaxage et du laminage assurent suffisamment l'homogénéité du mélange.

La poudre dite BN, pour le tir des canons

de grande puissance, se rattache à ce type; sa composition est la suivante :

Coton-poudre	70
Nitrate de baryum	20
— de potassium	10

Des poudres analogues sont utilisées en Allemagne pour le tir à blanc dans le fusil modèle 1889; elles ont même constitué les premières poudres dites sans fumée fabriquées à Wetteren et en Allemagne pour les armes de guerre de petit calibre, à la suite de la transformation de l'armement français.

Récemment on a proposé d'associer au coton-poudre la nitropentaérythrite dans la fabrication des poudres sans fumée.

Les opérations du malaxage et du laminage sont les mêmes que pour les autres poudres sans fumée.

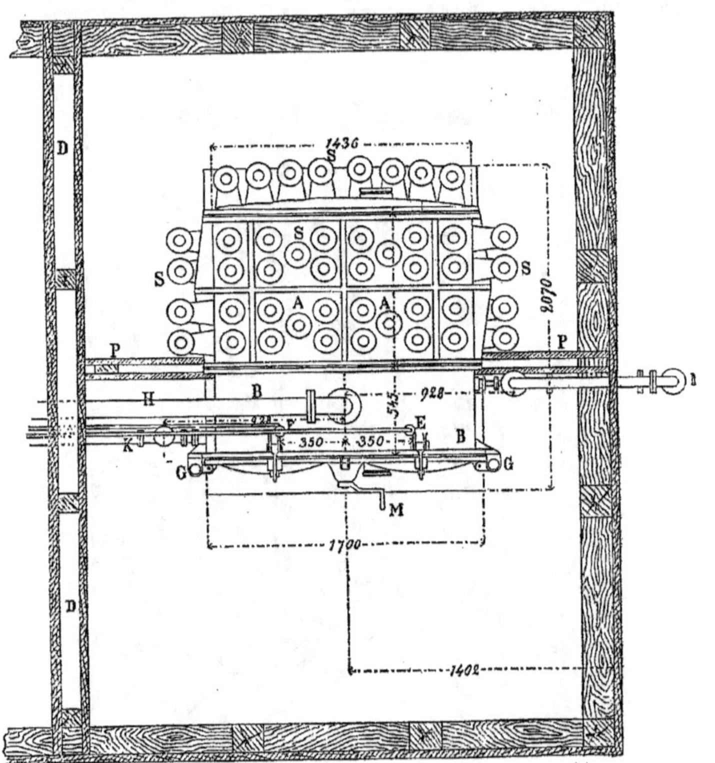

Fig. 341. — Étuve Passburg pour la dessiccation des explosifs dans le vide

A A, réservoir à détente; — B B, étuve proprement dite; — D D, cloison en bois séparant l'étuve de la salle des machines; — E, tuyau conduisant au robinet de prise d'air; — F, tuyau communiquant avec l'indicateur de vide; — G G, gonds de la porte de l'étuve; — H, tuyau d'évacuation communiquant avec la pompe à vide; — I, tuyau amenant la vapeur de chauffage; — K, tuyau d'évacuation de l'eau condensée et de l'excès de vapeur de chauffage; — M M, vis de fermeture des portes de l'étuve; — P P, cloison en bois séparant les deux parties de l'appareil; — S S, soupapes de sûreté.

Il paraît que l'addition de la nitropentaérythrite régularise la combustion, et que ce genre de poudre est particulièrement apte à être employé dans l'artillerie de gros calibre.

Nous rappellerons ici que la nitropentaérythrite est douée d'une stabilité beaucoup plus grande que celle des pyroxyles, et se rapproche à ce point de vue des dérivés nitrés de la série aromatique.

Poudres sans fumée renfermant de la nitroglycérine. — Les poudres sans fumée à base de nitroglycérine dérivent de la dynamite-gomme; elles s'en distinguent par une teneur beaucoup plus forte en coton-poudre, ce qui les rend insensibles à l'action des chocs brusques, et permet de les employer dans les armes comme agent propulsif. En effet, nous avons vu que la présence de quantités relativement faibles de nitrocellulose communiquait à la nitroglycérine une certaine stabilité relativement aux chocs, et rendait beaucoup plus difficile sa détonation par l'amorce. Il en est de même, à un degré bien plus élevé, pour les poudres sans fumée, qui renferment jusqu'à

80 0/0 de coton-poudre. Ces explosifs sont devenus totalement insensibles aux amorces de fulminate les plus énergiques : leur aptitude à la détonation est pratiquement nulle. Nous savons que cette insensibilité est indispensable pour l'emploi d'un explosif dans les armes où il doit subir la décomposition explosive par simple flagration, qui ne doit, en aucun cas,

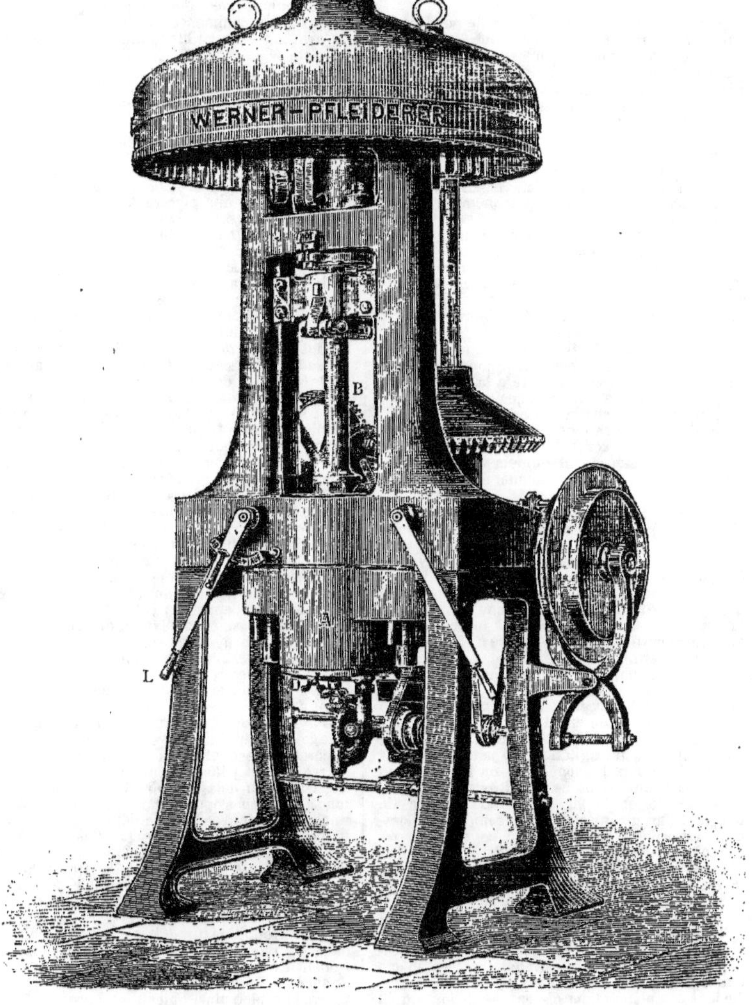

Fig. 342. — Presse à découper la balistite.

A, récipient recevant la poudre — B, tige de piston ; — D, filière ; — L, levier de changement de marche.

passer au régime de la détonation proprement dite.

La préparation des poudres sans fumée à base de nitroglycérine repose sur les mêmes principes que celle des poudres à base de fulmicoton pur. Nous indiquerons les différences entre les deux préparations au fur et à mesure de la description des différents produits utilisés actuellement.

La première poudre sans fumée à base de nitroglycérine a été imaginée par Nobel, l'inventeur des dynamites. Une autre variété, la *cordite*, est due aux recherches de MM. Abel et Dewar.

Poudre Nobel [Syn. *Balistite*, *filite*]. La composition de la poudre Nobel est la suivante

Coton nitré pour collodion......	50
Nitroglycérine................	50

Pour augmenter la stabilité de cette poudre, on y incorpore quelquefois 1 0/0 d'une base organique, telle que l'aniline par exemple. L'incorporation d'une aussi forte quantité de coton-poudre à la nitroglycérine n'est pas sans présenter de sérieuses difficultés; comme nous l'avons vu à propos de la dynamite-gomme, il suffit de 8-10 0/0 de coton-poudre pour provoquer la solidification de la nitroglycérine; il était à craindre que l'emploi de quantités aussi fortes de coton-poudre ne donnât qu'un mélange incomplet, renfermant de la nitroglycérine libre, et par cela même très dangereux.

Au début de la fabrication des poudres nitroglycérinées, on commençait par effectuer le mélange des composants à une température de 6 à 8°, en employant un excès (6-8 parties) de nitroglycérine, qui n'agissait pas à cette basse température, et se bornait à imprégner uniformément la masse de coton-poudre.

L'excès de nitroglycérine était ensuite éliminé à la presse ou à l'essoreuse, et le tourteau résultant de l'opération était malaxé à la température de 60° environ, ce qui provoquait la dissolution du coton-poudre dans la nitroglycérine.

Les dangers de ce mode de procéder sont évidents. l'énorme excès de nitroglycérine employée, qu'il faut nécessairement éliminer à l'aide d'opérations délicates, pouvant amener des explosions terribles.

On opère actuellement d'une manière différente, d'après un procédé dû à MM. Lundholm et Sayers.

Ce procédé repose sur le principe suivant : Opérer la combinaison des quantités voulues de nitroglycérine et de nitrocellulose en présence d'un liquide ne dissolvant ni l'une ni l'autre de ces substances. On arrive ainsi à incorporer jusqu'à 85-90 parties de coton-poudre à 15-10 parties de nitroglycérine.

Voici maintenant les détails du mode opératoire : Le coton-poudre en pâte à 30 0/0 d'eau, tel qu'il sort de l'essoreuse, est introduit dans un récipient en tôle contenant de l'eau chauffée vers 60°. Au moyen de l'air comprimé on maintient la masse en violente agitation, de manière à avoir un liquide laiteux homogène, et on introduit peu à peu la quantité voulue de nitroglycérine finement divisée, en la faisant arriver au fond du récipient par un injecteur à air comprimé. Lorsque l'absorption est complète, ce que l'on reconnaît par l'examen du liquide qui ne doit plus renfermer de nitroglycérine libre, on essore la masse pour éliminer l'eau, et on la passe à plusieurs reprises au laminoir, comme il a été dit pour la poudre à base de fulmicoton pur. Les cylindres du laminoir sont chauffés à 50-60°; par le laminage, l'eau est éliminée en partie mécaniquement, en partie par évaporation; en même temps la combinaison des deux matières explosives devient complète, et on obtient des plaques qu'il ne reste plus qu'à découper suivant la forme définitive que l'on désire donner à la poudre.

Pour obtenir la balistite en petits disques, on se sert de la presse représentée par la figure 342.

Le cylindre A reçoit le produit sortant du malaxeur; ce produit est comprimé par un piston relié à la tige B, et s'écoule par le fond D formé d'une plaque percée de trous coniques. Un couteau, tournant à une vitesse réglable à volonté, vient découper à la longueur voulue les boudins qui s'échappent du fond du cylindre A.

Lorsque ce cylindre est vide, on change par le levier L le sens de la rotation, et la tige B actionnée par une vis sans fin remonte en entraînant le piston compresseur. On dégage alors le cylindre A qui est mobile autour d'une charnière verticale, on le remplit avec une nouvelle quantité d'explosif et on recommence l'opération.

Cordite. — La cordite présente la composition suivante :

Coton de guerre à 90 0/0 d'insoluble.	37
Nitroglycérine......................	58
Vaseline............................	5

La vaseline est supprimée pour la fabrication des poudres pour le tir à blanc.

Le coton de guerre, qui est insoluble dans le mélange d'alcool et d'éther, est également insoluble dans la nitroglycérine. Mais si l'on fait intervenir un dissolvant commun aux deux corps, il y a formation d'un colloïde qui persiste après l'évaporation du dissolvant.

On emploie dans ce but de l'acétone, à raison de 19-20 kilogrammes pour 100 kilogrammes du mélange, et on opère de la manière suivante : Le coton-poudre desséché est mélangé à la main avec la nitroglycérine, le mélange est introduit dans le malaxeur, additionné de la quantité indiquée d'acétone, et soumis à un malaxage de 3 heures et demie.

Le malaxeur est en bronze ainsi que l'agitateur; il est muni d'une double enveloppe dans laquelle circule de l'eau froide. Un couvercle en bois à joints en caoutchouc, muni d'une glace qui permet de suivre la marche de l'opération, s'oppose à l'évaporation du dissolvant.

En outre, il est nécessaire, eu égard à la sensibilité de la nitroglycérine, d'apporter une légère modification à la construction de l'axe qui supporte les palettes. Cet axe pénètre librement dans les parois de la cuve et est séparé du métal par un demi-millimètre de jeu, de manière à éviter tout frottement; les coussinets se trouvent en dehors de l'appareil; entre les parois de la cuve et le coussinet est fixé un disque métallique qui arrête les matières qui pourraient être entraînées par l'arbre après avoir filtré par l'espace libre existant entre l'arbre et les parois. Ces matières s'écoulent le long du disque dans un récipient et sont reversées dans le malaxeur.

Au bout de 3 heures et demie de malaxage, on introduit la vaseline et on prolonge l'opération pendant le même laps de temps; la masse devient pâteuse, d'un brun clair, et tend à s'échauffer au delà du point d'ébullition de l'acétone (56°); on s'oppose à cet échauffement par une circulation d'eau froide dans la double enveloppe, et au besoin dans les palettes.

La cordite est ensuite comprimée dans une presse munie d'une filière qui la transforme en un fil continu, de diamètre variable à volonté. Cette opération s'exécute dans la presse représentée en coupe par les figures 343 et 344.

On introduit le produit sortant du malaxeur dans un moule en bois et on le comprime légèrement avec un piston en bois, de manière à lui donner la forme approchée du cylindre E de la presse. Le bloc ainsi obtenu est introduit dans le cylindre E par l'entonnoir I, et la presse est mise en mouvement. Le piston M' s'abaisse lentement en comprimant la masse et la force ainsi à sortir par le trou de la filière H en un cylindre continu : il va sans dire que l'on peut donner à la filière toutes sortes de sections, de manière à produire la poudre sous forme de prismes, de fils de différents diamètres, etc.

Lorsque le piston M est à fond de course, la

pièce V vient buter contre le levier W qui, par l'intermédiaire de la tige X, actionne le changement de marche; le piston M se relève et permet l'introduction d'une nouvelle quantité de cordite dans l'appareil. Pour éviter que, par suite de l'introduction accidentelle d'un corps dur ou d'une obstruction de la filière, la pression ne

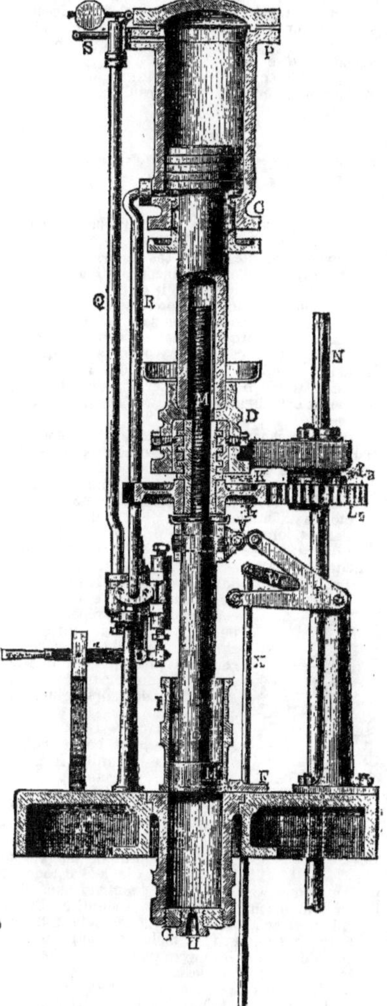

Fig. 343. — Presse à cordite.

A. C. bâti; — D, partie mobile; — E, récipient à cordite; — F, bride fixant le récipient E sur le bâti A; — G, fond inférieur portant la filière H; — I, entonnoir à cordite; — K, contre-écrou; — L_1, L_2, L_3, engrenages; — M', piston; — M, vis reliée au piston du frein hydraulique P; — N, arbre; — Q, R, tuyaux amenant l'eau sous pression au frein P; — S, soupape de sûreté; — W T, levier de changement de marche; — V, bouton actionnant le levier W; — X, tige de changement de marche.

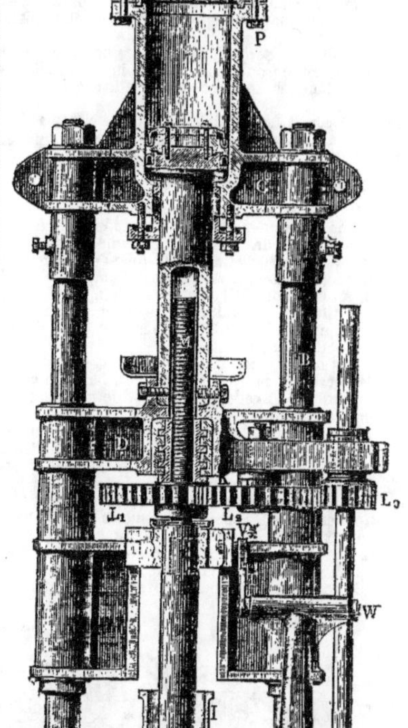

Fig 344. — Presse à cordite.

A, B, C, bâti de l'appareil; — D, partie mobile dans les colonnes B; — E, récipient à cordite; — F, bride fixant le récipient E sur le bâti A; — G, fond inférieur du cylindre E recevant la filière H; — I, entonnoir à cordite, — K, vis; — L_1, L_2, L_3, engrenages; — M, vis pressant à la partie inférieure le piston M'; — P, frein hydraulique; — W T, levier de changement de marche; — V, bouton actionnant le levier W.

dépasse la limite qui lui est assignée, le piston M est relié au cylindre à frein P. Le piston qui se meut dans ce dernier a une section inférieure un peu moindre que la section supérieure; si la pression croît au delà de la limite assignée, la soupape de sûreté S s'ouvre et le piston remonte.

Le fil, qui sort d'une manière continue de la presse, est enroulé sur des bobines métalliques, et les bobines sont séchées à l'étuve à 40°.

La dessiccation dure de 3 à 8 jours, car la cordite retient avec ténacité des traces du dissolvant qui ont servi à la produire.

Pour des poudres à grande section, on découpe le fil au fur et à mesure de sa production, et on en forme des bottes de filaments, que l'on dessèche à l'étuve.

La cordite employée dans l'armée anglaise présente les dimensions suivantes d'après la nature de l'arme :

Poudre à fusil. Filaments courts de 0,95 mm. de diamètre.
— pour canon à tir rapide de 120 mm. Filaments de 350 mm. de longueur et 5 mm. de diamètre.
— — — de 150 mm. — de 350 mm. — et 7,5 —
— pour gros canons de 300 mm. — de 350 mm. — et 12,25 —

On a proposé à plusieurs reprises de remplacer le coton-poudre par l'amidon nitré pour la fabrication des poudres sans fumée. Il ne paraît pas que ces efforts aient été jusqu'ici couronnés de succès; mais il ne serait pas impossible qu'il en fût autrement à l'avenir, car l'emploi de l'amidon nitré présenterait certains avantages sur celui de la nitrocellulose, si on parvenait à lui donner une stabilité suffisante.

Les deux sortes de poudres dont nous venons de décrire la fabrication, celles à base de coton-poudre pur et celles renfermant de la nitroglycérine, ont donné lieu à d'innombrables brevets de détail; mais les différences de composition sont de trop peu d'importance pour nous permettre de nous étendre davantage sur les différents produits qui ont été proposés. On a également imaginé l'emploi de dissolvants autres que ceux mentionnés précédemment, tels que le nitrobenzène par exemple. Le résultat obtenu est toujours le même : le fulmicoton est transformé en un colloïde plus ou moins stable, suivant la nature des additions pratiquées. En somme, la meilleure poudre sans fumée reste toujours la poudre Vieille à base de coton-poudre pur, gélatinisé par l'éther ou par l'éther acétique.

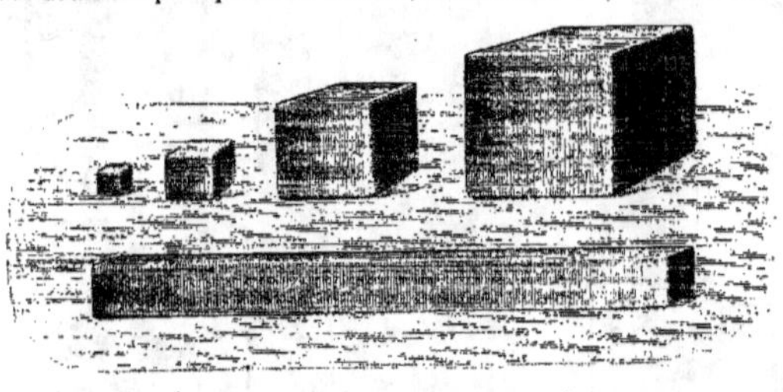

Fig. 345. — Différentes formes des poudres Nobel.

Jusqu'ici nous avons vu que le dissolvant utilisé pour produire le colloïde était employé à l'état liquide. M. Maxim a proposé de substituer au dissolvant liquide un corps en vapeur; il opère comme suit :

Dans un cylindre qui contient le coton-poudre et dans lequel on a fait le vide, on introduit l'acétone ou l'éther acétique, etc., à l'état de vapeur; lorsque la quantité de vapeur est suffisante, on fait sortir le produit gélatinisé par une filière appropriée, au moyen d'un piston hydraulique qui se meut dans le cylindre.

Ce procédé ne paraît pas présenter d'avantages sur l'emploi des dissolvants liquides.

PROPRIÉTÉS GÉNÉRALES DES POUDRES SANS FUMÉE.

Nous distinguerons ici entre les propriétés physiques, aspect, consistance, etc., les propriétés chimiques, stabilité, etc., et les propriétés balistiques des poudres sans fumée.

Suivant l'emploi auquel ces explosifs sont destinés, l'aspect et les dimensions des poudres sans fumée sont variables; il en était du reste de même pour les anciennes poudres noires.

Les poudres sans fumée se présentent en général sous la forme de lamelles ou de grains parallélépipédiques pour les poudres à fusil; ces lamelles sont de faible épaisseur, 0mm,3 à 0mm,1, et ont de 1 à 2 mm. de côté. Certaines poudres sont en petits cylindres ou disques de dimensions analogues.

Pour les canons de campagne, on emploie des cubes de petite dimension, découpés dans des prismes; ces derniers sont obtenus soit en découpant les plaques sortant des laminoirs, soit à l'aide d'une sorte de filière. La figure 345 représente les différentes formes de la poudre Nobel.

Parfois, lorsque la forme prismatique est adoptée, la gargousse est formée d'une botte de filaments prismatiques attachés ensemble.

Les poudres à base de nitrocellulose pure sont très dures lorsqu'elles ont été convenablement préparées. Les poudres à base de nitroglycérine, en revanche, sont beaucoup plus plastiques, ce qui s'explique aisément par l'état physique d'un de leurs principaux composants.

Jusqu'ici on n'est pas parvenu à produire une bonne poudre sans fumée en grains. Il est incontestable pourtant que, pour la poudre à fusil notamment, la forme de grain sphérique présente de nombreux avantages pratiques.

D'après le procédé imaginé par MM. Wolf et Cie, à Walsrode, on ajoute au pyroxyle gélatinisé contenu dans l'appareil malaxeur un liquide qui s'unit au dissolvant, tout en étant sans action sur la nitrocellulose. En continuant le malaxage, la gélatine se trouve divisée en grains réguliers, que l'on peut sécher et assortir à la perce. Par exemple, on introduit dans le malaxeur 10 kilogrammes de fulmicoton et 10 kilogrammes d'éther acétique, on malaxe pendant 1 heure et on ajoute ensuite 5 kilogrammes d'eau chauffée à 60°, en laissant l'appareil en marche; au bout de quelques minutes, la gélatine est transformée en grains, qui s'arrondissent par une agitation prolongée.

Ce procédé de grenage fournit une excellente poudre de chasse, mais il ne peut être employé pour la fabrication des poudres de guerre, la compression qui est nécessaire pour augmenter la densité et pour diminuer les propriétés brisantes du coton-poudre faisant défaut ici.

Les poudres à base de fulmicoton pur sont

d'un gris jaune; celles contenant de la nitroglycérine sont d'une teinte plus foncée.

Les poudres sans fumée résistent parfaitement à l'action de l'eau et attirent peu l'humidité; cette résistance à l'eau n'est pas un de leurs moindres avantages sur les anciennes poudres noires, que l'eau détruisait complètement.

La densité absolue de ces poudres atteint et dépasse 1,6, tandis que le fulmicoton comprimé n'atteint même pas 1,4; la densité apparente varie de 0,25 à 0,40.

Elles s'électrisent facilement par le frottement; un lissage au graphite atténue cette propriété; pendant le lissage, si l'air est sec, on constate un abondant dégagement d'électricité; il est prudent de relier tous les appareils à la terre, pour éviter des inflammations dues à des étincelles électriques.

Cette propriété avait du reste été remarquée avec la poudre noire; on l'attribue au soufre qu'elle contient, et mainte explosion n'a pu être expliquée que par l'effet d'une étincelle électrique pendant la fabrication.

Les poudres sans fumée à base de fulmicoton pur sont douées d'une remarquable stabilité, ainsi que l'ont prouvé les dernières campagnes de l'armée française aux colonies. Il a été démontré, à cette occasion, que la poudre Vieille se conserve aussi bien sous les tropiques que dans nos climats tempérés.

La stabilité est peut-être moindre pour les poudres à base de nitroglycérine, qui est en somme un corps volatil, ayant une tendance à s'évaporer petit à petit. Cette perte de nitroglycérine, si elle existe, est toutefois très faible.

En revanche, si on expose successivement la poudre sans fumée à base de nitroglycérine à l'action d'une atmosphère saturée d'humidité et à celle d'une atmosphère chaude et sèche, on constate une certaine perte de nitroglycérine, perte qui peut atteindre un chiffre très élevé si on répète ces expositions successives dans l'air froid et humide et dans une atmosphère chaude et sèche. On arrive même à éliminer ainsi la presque totalité de la nitroglycérine par une sorte de distillation à la vapeur d'eau. Il convient toutefois de faire remarquer que ces conditions très défavorables ne sauraient se rencontrer qu'à titre tout à fait exceptionnel dans la pratique.

Les poudres sans fumée ne sont pas susceptibles de détoner, même avec les plus fortes amorces de fulminate de mercure; elles résistent parfaitement au choc de la balle. Comme on le voit, on n'y retrouve à ce point de vue aucune des propriétés caractéristiques du coton-poudre et de la nitroglycérine, qui sont tous deux, quoique à des degrés différents, très sensibles aux chocs.

Comme leur nom l'indique, les poudres sans fumée ne donnent par la combustion que de la vapeur d'eau, de l'azote, de l'oxyde de carbone et de l'anhydride carbonique; seule la vapeur d'eau donne une légère fumée, qui se dissipe très rapidement. Le résidu de la combustion est également nul, et par conséquent nul aussi l'encrassement des armes après le tir.

Les poudres sans fumée sont difficilement inflammables; lorsque, par suite d'un accident, un dépôt de poudre sans fumée vient à s'enflammer, l'explosif brûle simplement avec une grande flamme, et si le dépôt est formé de matériaux légers, le dégagement des gaz se fait suffisamment par soulèvement de la toiture, sans qu'il en résulte d'autres dégâts que ceux produits par l'incendie. En revanche, avec l'ancienne poudre noire il y a explosion, les bâtiments et tous les objets environnants sont complètement rasés et les dégâts peuvent devenir très importants.

Les poudres sans fumée exigent pour la mise de feu l'emploi d'amorces plus énergiques que celles employées pour la poudre noire.

On sait, en effet, que l'inflammation joue un rôle capital dans le bon fonctionnement balistique des explosifs : toutes les fois que cette inflammation se trouve gênée par la petitesse des interstices qui subsistent dans la charge, interstices qui sont de l'ordre de grandeur des grains qui la composent, et que l'émission gazeuse, au lieu d'être uniforme, se localise en certains points, les pressions cessent d'être régulièrement réparties dans la chambre à poudre, des phénomènes ondulatoires prennent naissance, et l'on constate la production de surpressions locales parfois énormes et susceptibles de compromettre la résistance de la bouche à feu.

C'est en vue d'éviter ces inconvénients que le mode de chargement par bottes de filaments ou de lanières à grand aplatissement, disposés parallèlement à l'axe de la chambre à poudre, a été adopté à l'origine de l'utilisation des poudres colloïdales sans fumée.

Les poudres colloïdales brûlent par surfaces parallèles; leurs vitesses moyennes de combustion sous des pressions maxima de 2500 kil. environ varient dans de larges limites, suivant la composition de la substance.

Cette vitesse, qui est de 5 à 6 centimètres par seconde pour les poudres au pyroxyle pur, s'élève à 20 et 40 centimètres pour les poudres à base de nitroglycérine de compacité défectueuse.

Si l'on rapproche ces vitesses de combustion des durées trouvées pour la combustion des poudres noires ou brunes destinées aux pièces de gros calibre, soit 20 à 25 millièmes de seconde, on reconnaît que la production à l'aide de matières colloïdales de poudres présentant cet ordre de lenteur exige que l'une au moins des dimensions de ces poudres ne dépasse pas 2 à 3 millimètres pour les poudres à base de pyroxyle pur ou 8 à 12 millimètres pour les poudres à base de nitroglycérine. La nécessité de ces dimensions très faibles par rapport aux calibres de 27 à 42 centimètres auxquels elles correspondent, rend compte du caractère filiforme ou lamellaire de toutes les poudres colloïdales actuellement en usage. L'emploi de poudres cubiques de dimensions aussi faibles eût présenté en effet de graves inconvénients dans le tir de grandes charges, en raison des difficultés d'inflammation que ces grandes charges comportent.

La vitesse de combustion des poudres sans fumée varie notablement avec la pression et s'accroît plus rapidement que pour les poudres noires.

Les exposants de la pression qui permettent de passer d'une vitesse à l'autre sont les suivants :

Poudre brune	1/4
— noire	1/3
— à base de pyroxyle pur	2/3
— — de nitroglycérine	5/9

Ces chiffres sont entre eux dans les rapports de 9 pour la poudre brune, 12 pour la poudre noire, 20 pour la poudre à base de fulmicoton pur et 24 pour les poudres à base de nitroglycérine. Les mesures effectuées par M. Vieille ont prouvé que les vitesses de combustion de la poudre sans fumée, inférieures à celles des poudres noires sous les pressions les plus faibles, arrivent à être doubles de ces dernières, sous les pressions de l'ordre de 3 000 kil. (Vieille, *Mémorial des Poudres et Salpêtres*, 6, 372).

La *combustion normale* des poudres sans fumée ne s'effectue que sous une certaine pression; dans le tir à blanc, par exemple, les poudres sans fumée ont une tendance à se décomposer autrement que lorsqu'elles ont à effectuer le travail nécessaire pour communiquer une grande force vive aux projectiles; si la poudre n'effectue qu'un travail insignifiant, on constate la formation de vapeurs nitreuses facilement décelables à leur couleur et à leur odeur : bref, la poudre brûle dans les conditions d'un raté de détonation.

On doit donc employer pour le tir à blanc des poudres de plus grande surface, de manière à accélérer la combustion; on évite ainsi la production de vapeurs acides susceptibles de détériorer les armes. Il convient également de donner à la bourre la plus grande résistance possible.

Il nous reste à exposer les différences qui existent entre les deux sortes de poudre sans fumée généralement employées, celles à base de cellulose nitrée pure et celles qui renferment de la nitroglycérine.

Les poudres à base de fulmicoton dégagent par leur combustion 1050 calories par kilogramme en moyenne ; ce chiffre s'élève à 1300 environ pour les poudres à base de nitroglycérine. Nous avons vu que la vitesse de combustion de ces dernières est plus considérable ; la chaleur de combustion étant plus élevée pour les poudres à la nitroglycérine, il en résulte que la température des gaz est beaucoup plus élevée. Cette différence de température, qu'on peut estimer à 800° au moins, exerce une influence des plus fâcheuses sur le métal des armes, pour les gros calibres surtout; en effet, lors de la mise de feu, les gaz qui se dégagent en passant entre le projectile et les parois de l'arme avant que le projectile se soit mis en mouvement, déterminent, grâce à leur température et à leur pression élevée, d'énormes érosions qui nuisent à la justesse de l'arme et ne tardent pas à la mettre hors de service. Ces effets sont très atténués avec les armes de petit calibre; en effet, dans celles-ci, le rapport entre la surface de métal et le poids de poudre est beaucoup plus grand, et par conséquent le refroidissement du métal beaucoup plus rapide.

Un autre désavantage des poudres à base de nitroglycérine réside dans les dangers de leur fabrication, qui sont incomparablement plus grands que ceux que présente la fabrication de la poudre à base de nitrocellulose pure, surtout lorsqu'on supprime le séchage du pyroxyle.

Les inconvénients des poudres renfermant de la nitroglycérine ont assuré la prépondérance aux poudres analogues à la poudre Vieille qui est à base de pyroxyle pur, et ceci malgré leur énergie moindre; on peut estimer, en effet, que l'énergie relative des poudres sans fumée à base de fulmicoton pur et de celles renfermant en moyenne 50 0/0 de nitroglycérine est dans le rapport de 23 à 31, si 10 représente la puissance de la poudre noire. Ce rapport s'applique il est vrai à l'emploi dans les armes portatives et dans les canons courts, car le rapport basé sur la chaleur dégagée est moins défavorable pour les poudres à base de nitrocellulose pure : il devient égal à 23 : 28.

En définitive, on peut résumer comme suit les avantages et les inconvénients de la poudre nitroglycérinée :

1° Prix de revient moindre;
2° Force plus grande à poids égal;
3° Usure plus rapide des armes;
4° Dangers de fabrication plus grands;
5° Stabilité moindre.

Comme on le voit, les inconvénients de la poudre contenant de la nitroglycérine l'emportent de beaucoup sur les avantages, car le prix de revient, seul facteur favorable à la poudre à la nitroglycérine, ne joue, au point de vue militaire, qu'un rôle très effacé; en ce qui concerne la force de propulsion, on arrive à obtenir les mêmes vitesses avec des charges un peu plus fortes de poudre au fulmicoton pur. Au point de vue militaire, le plus grand inconvénient des poudres renfermant de la nitroglycérine réside dans leur peu de stabilité relative, due principalement à la volatilité de l'un de leurs composants. Nous avons vu plus haut quelle néfaste influence exercent des alternatives d'humidité et de sécheresse sur la conservation de cette sorte de poudres.

On a proposé à plusieurs reprises de diminuer jusqu'à 8 à 10 0/0 la proportion de nitroglycérine; mais dans ce cas il est peu logique, pour une augmentation problématique de force, de faire intervenir dans la fabrication un corps aussi dangereux que la nitroglycérine.

Nous ne nous occuperons donc pas des brevets pris dans ce sens pour les poudres sans fumée, et nous renverrons le lecteur désireux de les connaître aux publications spéciales.

VII. — POUDRES PICRATÉES.

Nous comprendrons dans cette catégorie les explosifs ayant pour base les dérivés nitrés des phénols et des hydrocarbures.

Les plus importants représentants de cette catégorie sont, sans contredit, l'acide picrique et ses sels.

Un explosif à base d'acide picrique a été imaginé vers 1400, ainsi qu'il résulte des nouvelles recherches bibliographiques de M. de Romocki; on le préparait par l'action d'un mélange d'eau régale et d'acide sulfurique sur l'huile de goudron brute. Les propriétés explosives du mélange des dérivés nitrés et chloronitrés obtenus par cette réaction sont nettement indiquées par l'alchimiste du XVe siècle, qui mentionne même la substitution possible de ce mélange à la poudre noire dans les armes.

Ces expériences étaient toutefois entièrement tombées dans l'oubli, et les propriétés explosives de l'acide picrique et de ses sels n'ont été retrouvées que beaucoup plus tard; on a cherché jusque dans ces dernières années à appliquer l'acide picrique et ses sels à la fabrication de poudre propulsive et d'explosifs brisants. Il n'y a guère qu'une dizaine d'années environ que le problème a été résolu par la découverte de la mélinite. Quant aux poudres propulsives à base d'acide picrique, leur étude a été entièrement abandonnée depuis la découverte de la poudre Vieille à base de coton-poudre pur.

Fabrication de l'acide picrique. — On prépare en grand l'acide picrique par nitration de l'acide phénol-sulfonique.

On chauffe d'abord à 100-120° un mélange à poids égaux d'acide sulfurique à 66° B. et de phénol pur; l'opération s'exécute dans des chaudières en fonte munies de doubles-fonds, chauffées à la vapeur et munies d'agitateurs. On prélève de temps en temps un échantillon sur la masse et on le traite par l'eau; lorsqu'il ne se sépare plus de phénol, on cesse de chauffer, et on verse le liquide dans 2 parties d'eau froide.

La dissolution d'acide phénol-sulfonique ainsi préparée est ajoutée peu à peu à de l'acide nitrique (D = 1,400) contenu dans des jarres en grès. Pour 1 partie de phénol on emploie environ 3 parties 1/2 d'acide nitrique, la quantité théorique étant de 310 d'acide nitrique (D = 1,400, à 65 0/0 AzO^3H) pour 100 de phénol.

Ces jarres plongent dans un bain-marie chauffé par la vapeur, et communiquent avec une tour destinée à la régénération des vapeurs nitreuses.

Au début, la réaction est violente et accompagnée d'un abondant dégagement de vapeurs nitreuses; elle ne tarde pas à se calmer par suite de la dilution de l'acide, et vers la fin il est nécessaire de chauffer à l'ébullition l'eau dans laquelle plongent les jarres.

Sous l'influence de l'acide nitrique, l'acide phénol-sulfonique se transforme en acide picrique avec régénération d'acide sulfurique :

$$C^6H^4 \left\langle \begin{matrix} SO^3H \\ OH \end{matrix} \right. + 3\,HAzO^3$$

$$= C^6H^2 \left\langle \begin{matrix} (AzO^2)^3 \\ (OH) \end{matrix} \right. + H^2SO^4 + 2\,H^2O.$$

Par le refroidissement, l'acide picrique se prend en un tourteau jaune, que l'on essore et qu'on lave avec une petite quantité d'eau. On le purifie par une cristallisation dans l'eau bouillante. Pour l'obtenir à l'état de pureté parfaite, on le transforme en sel de sodium, que l'on décompose ensuite par l'acide sulfurique.

Dans la préparation de l'acide picrique, on peut remplacer l'acide nitrique neuf par les vieux acides provenant de la préparation de la nitroglycérine ou mieux encore du coton-poudre. Les deux fabrications se complètent ainsi avec économie. C'est généralement ainsi que l'on opère dans les poudreries militaires.

Propriétés de l'acide picrique et des picrates au point de vue explosif. — L'acide picrique, soumis à l'action de la chaleur, fond, et peut même être sublimé sans décomposition lorsqu'on opère sur de petites quantités; mais si la quantité est un peu notable, ou si l'acide est brusquement chauffé, il peut détoner très violemment. Dans la fabrication industrielle de l'acide, on a eu souvent à déplorer des accidents de ce genre à la suite d'incendies; il suffit qu'en un point de la masse il se produise un centre d'explosion par suite de la difficulté d'écoulement du gaz, pour que la combustion simple se change en une détonation avec tous ses effets destructifs.

L'acide picrique est peu sensible au choc, surtout à l'état fondu; pour l'amener à la détonation, il est nécessaire de se servir d'amorces énergiques, telles que du fulmicoton sec ou du picrate de plomb, mis en action lui-même par une forte amorce au fulminate.

Pour assurer la détonation, l'acide picrique doit être contenu dans une enveloppe résistante, de façon à permettre à la pression de s'établir : c'est le cas pour un obus; dans ces conditions, l'acide picrique détone avec une violence extrême, en produisant des effets brisants bien plus marqués que ceux de la dynamite; le caractère brisant de l'explosif est dû à sa grande vitesse de détonation, qui est le double environ de la vitesse de détonation de la dynamite.

L'acide picrique ne renferme pas la quantité d'oxygène suffisante pour éprouver une combustion complète, mais il en renferme assez pour brûler tout le carbone à l'état d'oxyde de carbone et la majeure partie de l'hydrogène à l'état d'eau; son équation de décomposition n'est pas exactement connue. On peut admettre la suivante, qui est la plus vraisemblable sous les fortes densités de chargement utilisées pour cet explosif :

$$C^6H^2 \left\langle \begin{matrix} (AzO^2)^3 \\ OH \end{matrix} \right. = 6\,CO + H^2O + 3\,Az + H.$$

Cette équation n'est toutefois qu'approximative, car en réalité il se forme une petite quantité de méthane CH^4 et d'anhydride carbonique, ainsi qu'un peu plus d'hydrogène que ne l'indique l'équation ci dessus

Quand on emploie l'acide picrique pour le chargement des projectiles creux, on le soumet à la fusion dans un récipient en fer étamé, et on verse l'acide picrique fondu directement dans le projectile, qui est également étamé à l'intérieur.

L'emploi de l'acide picrique pur pour le chargement des projectiles creux n'est pas sans présenter quelques inconvénients. Si en effet l'acide picrique fondu résiste bien au choc violent du départ, il n'en est pas de même pour l'acide en poudre ou en cristaux, qui est beaucoup plus sensible. Or, par suite des transports répétés des munitions, il peut se former contre les parois de l'obus, par le frottement intérieur, une certaine quantité d'acide picrique en poudre, qui peut donner lieu à des éclatements prématurés; en outre, il y a à craindre une certaine attaque des parois par l'acide, qui forme dans ce cas des picrates métalliques, très sensibles aux chocs.

On donne donc actuellement la préférence aux picrates, principalement au picrate d'ammonium, doué d'une stabilité beaucoup plus grande.

Picrates. — Le *picrate de potassium*,

$$C^6H^2(AzO^2)^3OK,$$

cristallise en longues aiguilles d'un jaune orangé, peu solubles dans l'eau; il est beaucoup plus sensible au choc que l'acide picrique, et n'est pas employé, justement à cause de cette grande sensibilité. Parmi les produits de la détonation du picrate de potassium, nous mentionnerons le carbonate de potassium, accompagné d'une certaine quantité de cyanure.

Le *picrate d'ammonium*, $C^6H^2(AzO^2)^3OAzH^4$, brûle à l'air libre comme l'acide picrique; cependant, lorsqu'il brûle sous une forte densité de chargement, ou dans un espace confiné, d'où les gaz ne s'échappent que par un faible orifice, sa combustion peut se changer en détonation. En raison de ces propriétés fusantes et de son peu d'aptitude à la détonation, le picrate d'ammonium est employé dans les feux d'artifice de salon. Associé au nitrate de baryum, il donne des feux verts, et au nitrate de strontium des feux rouges. Ces feux d'artifice, qui sont exempts de soufre, brûlent sans odeur et avec une faible fumée.

Trinitrocrésylol,

$$C^6H \begin{cases} CH^3 \\ (AzO^2)^3. \\ OH \end{cases}$$

— De même que le phénol, le mélange des crésylols isomériques contenus dans l'huile de goudron de houille peut être transformé en dérivés trinitrés (*crésylite*).

Le sel ammoniacal du trinitrocrésylol paraît être employé en Autriche, sous le nom d'*écrasite*, pour le chargement des torpilles et des projectiles creux. L'écrasite est insensible au choc même de la balle, et exige pour détoner de très fortes amorces.

En somme, les explosifs à base de phénols nitrés peuvent être envisagés comme des poudres puissantes, éminemment aptes au chargement des obus lorsqu'on les manipule avec les précautions voulues.

Notons ici une propriété assez curieuse de l'acide picrique : c'est sa sensibilité en présence du plomb ou de ses oxydes. Si, par exemple, comme cela a été constaté en Angleterre lors de l'incendie d'une fabrique d'acide picrique, du plomb fondu coule dans de l'acide picrique en combustion simple, il y a détonation de la masse; il en est de même si des oxydes de plomb viennent en contact avec l'acide. Cette exaltation des propriétés détonantes de l'acide picrique par le plomb est tellement marquée, qu'il suffit de poser l'acide en poudre sur une feuille de plomb pour amener sa détonation au choc, beaucoup plus facilement que si l'acide picrique est simplement posé sur l'enclume; c'est ainsi qu'un mouton de

4 kilogrammes, tombant librement sur de l'acide picrique posé sur une enclume en acier, ne le fait détoner franchement que lorsque la hauteur de chute atteint environ 1m,50, tandis que l'explosion se produit déjà avec une hauteur de chute de 0m,75 si l'acide picrique est simplement posé sur une feuille de plomb mince.

Cette propriété du plomb et de ses composés doit être prise en sérieuse considération dans la fabrication, le transport et l'emploi de l'acide picrique et de ses homologues.

Parmi les autres dérivés nitrés aromatiques proposés comme explosifs, nous signalerons l'*hexanitrodiphénylamine* $AzH[C^6H^2(AzO^2)^3]^2$, le *tétranitronaphtalène* $C^{10}H^4(AzO^2)^4$, le *dérivé pentanitré de l'oxyde de phényle* $C^6H^5 . O . C^6H^5$, fusible à 210° et l'*acide trinitrobenzoïque* $C^6H^2(CO^2H)(AzO^2)^3$. La simple inspection de la formule de ces dérivés nitrés montre qu'ils doivent être, l'acide trinitrobenzoïque excepté, inférieurs comme puissance à l'acide picrique, qui est plus riche en oxygène et qu'on peut manier avec sécurité en opérant avec les précautions voulues. En outre, le prix de revient de ces produits est bien supérieur à celui de l'acide picrique ou du trinitrocrésylol. Pour ces diverses raisons, ces explosifs ne nous paraissent appelés à jouer un rôle important ni dans l'industrie ni dans l'art militaire.

VIII. — EXPLOSIFS DU TYPE SPRENGEL.

En 1871, M. H. Sprengel, guidé par cette idée qu'en général l'explosion est une combustion soudaine, fut amené à proposer comme explosifs des mélanges d'un corps combustible et d'un comburant, les composants du mélange étant inexplosibles par eux-mêmes. Il proposait en outre, afin d'éviter les dangers de transport et de manutention, de préparer les explosifs au moment même de l'emploi. Cette idée a été reprise plus tard par M. Hellhoff, qui employait principalement des mélanges d'acide nitrique et d'hydrocarbures nitrés, et par M. Turpin, qui remplaçait l'acide nitrique par l'hypoazotide.

Aucun de ces explosifs n'est sorti jusqu'ici du domaine des expériences; on a fait des essais d'application plus ou moins heureux, comme nous le verrons plus tard, mais les composés préparés au moment de l'emploi n'ont pu entrer dans la pratique courante.

En revanche, il est une autre catégorie d'explosifs qu'on peut rattacher en quelque sorte aux explosifs de Sprengel, et qui a acquis dans ces dernières années une grande importance industrielle. Nous voulons parler des explosifs à base de nitrate d'ammonium, qu'on emploie dans les mines en quantité croissante, depuis qu'on est parvenu à parer aux inconvénients résultant de l'extrême hygroscopicité de ce sel.

Comme nous l'avons dit dans l'introduction, on pourrait donner aux explosifs du type Sprengel le nom d'*explosifs de juxtaposition*, car le principe comburant n'est que mélangé, et non combiné, au combustible, comme c'est le cas pour la nitroglycérine ou le coton-poudre.

A ce point de vue, ces explosifs se rapprochent de la poudre noire, dans laquelle les éléments constitutifs sont simplement mélangés; mais ils en diffèrent par leur incombustibilité relative et par leur aptitude à la détonation proprement dite, caractérisée, comme nous l'avons exposé dans la partie théorique, par une grande vitesse de réaction. En un mot, les explosifs Sprengel demandent, pour être mis en action, une impulsion beaucoup plus violente que la poudre noire, et produisent des effets de 4 à 6 fois supérieurs.

Nous étudierons les principaux explosifs de cette classe, en nous étendant principalement sur la poudre Favier qui en est le plus important représentant[1].

Poudre Favier. — Il existe dans le commerce plusieurs sortes de poudres Favier; elles sont toutes composées d'un mélange de nitrate d'ammonium et de dérivés nitrés du naphtalène; certaines qualités sont en outre additionnées de nitrate de sodium.

Nous donnerons plus loin la composition des différentes sortes de poudres Favier; mais nous devons d'abord dire quelques mots de la préparation des matières premières qui entrent dans leur composition.

Le *nitrate de sodium* employé est celui du Chili titrant environ 95-96 0/0 de nitrate pur; il ne subit aucun traitement spécial.

Le *nitrate d'ammonium* peut se préparer de plusieurs manières; nous citerons les principales :

1° Par double décomposition entre le nitrate de sodium et le sulfate d'ammonium;

2° Par l'action de l'anhydride carbonique sur une dissolution de nitrate de sodium dans l'eau ammoniacale;

3° Par saturation directe des eaux ammoniacales par les acides nitriques faibles, provenant de la fabrication du coton-poudre, de celle de la nitroglycérine ou d'autres explosifs nitrés.

A notre connaissance, le seul procédé actuellement usité est le troisième; il est surtout avantageux lorsqu'on possède des eaux faibles nitriques provenant d'industries similaires; mais, au cas où l'on serait obligé de préparer de toutes pièces le nitrate d'ammonium avec les produits du commerce, les procédés 1 et 2 paraissent plus avantageux.

Lorsqu'on opère avec le sulfate d'ammonium et le nitrate de sodium, il faut refroidir fortement les solutions, ainsi que l'a proposé M. Benker. En amenant la température à — 15°, la totalité du sulfate de sodium se dépose, et il ne reste que du nitrate d'ammonium pur dans la dissolution.

Par le procédé 2, l'acide carbonique transforme le sodium du nitrate en bicarbonate presque insoluble, qu'on sépare par filtration; les eaux renferment principalement du nitrate d'ammonium, qu'on amène à l'état pur par une série de cristallisations. Ce procédé est en somme analogue au procédé usité dans la fabrication de la soude à l'ammoniaque.

Pour préparer le nitrate d'ammonium avec l'acide nitrique faible, on introduit d'abord l'acide dans des vases en grès de 200 litres environ, et on ajoute ensuite petit à petit la dissolution d'ammoniaque. Le vase en grès plonge dans une cuve en bois dans laquelle circule un courant d'eau froide : il faut autant que possible éviter toute élévation de température, qui est une cause de perte d'ammoniaque. On ajoute ensuite à la liqueur une petite quantité de dissolution d'hydrate de baryum, pour éliminer la petite quantité d'acide sulfurique que renferme généralement l'acide nitrique employé.

On laisse reposer pendant la nuit, et on évapore la liqueur décantée dans des chaudières en fonte émaillée à double fond, chauffées à la vapeur. On alimente la chaudière au fur et à mesure de l'évaporation de l'eau, avec des liqueurs neuves ou des eaux mères d'une opération précédente, jusqu'à ce que le degré Baumé atteigne 35-36°.

1. Nous saisissons ici avec plaisir l'occasion de remercier M. Barthélemy, directeur de la Société française des Poudres de sûreté, pour l'obligeance avec laquelle il nous a fourni tous les renseignements relatifs à la fabrication des explosifs Favier, en nous mettant à même de suivre tous les détails de la fabrication dans son usine de Saint-Denis.

On fait couler alors la dissolution chaude dans des bacs en fonte émaillée, et on y ajoute une petite quantité d'ammoniaque, afin que les cristaux se déposent dans un milieu alcalin; pour éviter la formation de gros cristaux, on agite la liqueur de temps en temps.

Lorsque la cristallisation est achevée, on décante l'eau mère, qui rentre en fabrication, et on passe les cristaux à l'essoreuse. Ils ne retiennent ainsi que 2 0/0 d'humidité en moyenne, et peuvent être employés dans cet état pour la fabrication de la poudre Favier.

Préparation des nitronaphtalènes. — Dans la fabrication des explosifs Favier, on se sert des naphtalènes mono-, bi- et trinitrés, suivant l'usage auquel on destine l'explosif, comme nous le verrons plus loin. Nous dirons donc quelques mots de la préparation de ces substances.

Préparation du mononitronaphtalène,

$$C^{10}H^{7}.AzO^{2}.$$

— On commence par passer aux meules pendant un quart d'heure un mélange ayant la composition suivante :

Nitrate de sodium	44,5
Naphtaline raffinée	55,5

Ce mélange peut s'effectuer sur un malaxeur

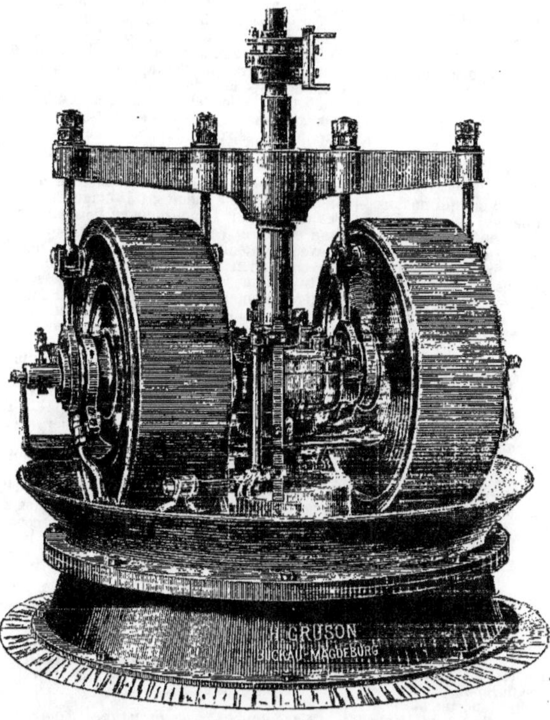

Fig. 346. — Meules verticales pour la fabrication des mélanges à poudre.

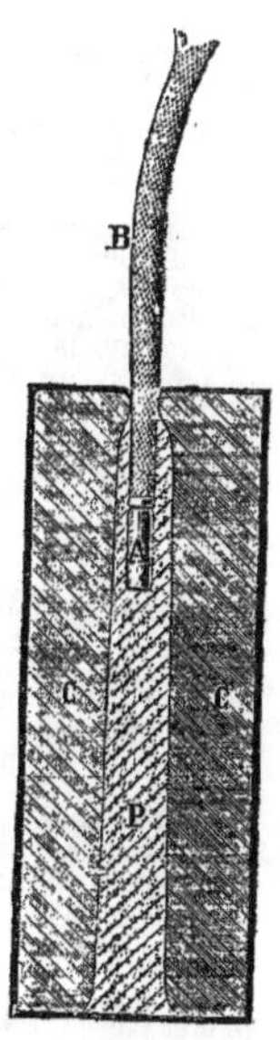

Fig. 347. Cartouche Favier. Coupe.

A, amorce; — P, détonateur en poudre; — B, mèche Bickford; — C, poudre Favier comprimée.

tel que celui que représente la figure 346, analogue de tous points à ceux employés dans la fabrication de l'ancienne poudre noire. Il consiste en deux meules verticales de 5500 kilogr. environ, de 1500 millimètres de diamètre et 470 de largeur; chaque meule tourne sur un arbre de manivelle, dont les tourillons reposent dans la tête croisée de l'arbre principal, ce qui assure l'indépendance absolue de chaque meule; le dispositif de suspension des meules, indiqué dans la figure, a ici moins d'importance que dans la fabrication de la poudre noire, qui est beaucoup plus sensible aux chocs.

Lorsque le mélange de nitrate et de naphtalène est suffisamment intime, on l'introduit peu à peu dans le mélange acide, résidu de la fabrication du binitronaphtalène. Pour 60 kilogr. de cet acide on emploie 54 kilogr. de mélange.

L'acide est contenu dans une jarre en grès de la contenance de 200 litres, munie de joints hydrauliques et d'un tube de dégagement des vapeurs nitreuses. Il porte, en outre, un tube servant à amener de l'air comprimé dans le liquide.

On associe plusieurs jarres, de manière à diriger les vapeurs dans une tour d'absorption commune.

L'introduction des 54 kilogr. de mélange dans l'acide dure environ 3 heures. Si la température de la masse s'élève au-dessus de 50°, on chasse de l'air comprimé à travers le liquide, ce qui le refroidit rapidement. On laisse digérer le tout pendant 10 jours, en agitant 4 ou 5 fois par jour. On décante, on lave le nitronaphtalène, on l'exprime et on le sèche à une température modérée.

Préparation du binitronaphtalène,

$C^{10}H^{6}(AzO^{2})^{2}$.

— Dans une jarre en grès de 200 litres, analogue à celles usitées dans la préparation du mononitronaphtalène, on introduit 78 kilogr. d'acide sulfurique à 66° et 36 kilogr. de mononitronaphtalène. Lorsque la dissolution est complète, on ajoute au liquide 30 kilogr. d'acide nitrique à 40° par petites portions à la fois; l'addition d'acide nitrique s'effectue en 10 heures environ; la température ne doit pas dépasser 50-55°. On agite fréquemment pendant 10 jours; on décante, on exprime, on lave et on sèche.

Préparation du trinitronaphtalène,

$C^{10}H^{5}(AzO^{2})^{3}$.

— On passe aux meules le mélange suivant jusqu'à ce qu'il soit bien intime :

Nitrate de sodium	79
Mononitronaphtalène	12
Binitronaphtalène	9

25 kilogr. de ce mélange sont introduits dans un excès d'acide sulfurique à 66° B., préalablement chauffé à 90°. Pendant l'introduction, qui ne dure que deux minutes, on insuffle de l'air comprimé pour ralentir la réaction; la température s'élève jusque vers 120°, et la réaction s'achève d'elle-même en une demi-heure. On insuffle alors de l'air pour chasser complètement les vapeurs nitreuses, et on ajoute à la masse 80 litres d'eau pour dissoudre le bisulfate de sodium formé par l'action de l'acide sulfurique sur le nitrate de sodium.

On siphonne le liquide acide, on lave à plusieurs reprises le trinitronaphtalène à l'eau chaude, on exprime et on sèche.

Fabrication des explosifs Favier. — La fabrication des explosifs Favier comprend deux opérations distinctes : 1° la préparation du mélange de nitrate et de nitronaphtalène ; 2° l'encartouchage.

La deuxième opération présente dans ce cas spécial une importance capitale, et doit être effectuée avec le plus grand soin.

En effet, comme le montre la figure 347, la cartouche Favier se compose de trois parties distinctes.

1° L'enveloppe extérieure en papier paraffiné, figurée par un trait noir sur la figure;

2° Le corps même de la cartouche C, formé de poudre Favier comprimée;

3° Le détonateur central P, formé d'explosif Favier en poudre, qui reçoit le choc de l'amorce et le transmet à l'explosif comprimé.

Cet encartouchage nécessite donc un outillage spécial assez compliqué, dont il sera parlé plus loin.

Préparation du mélange explosif. — La fabrication des explosifs Favier s'exécute comme suit à la Poudrerie nationale d'Esquerdes.

Le mélange de nitrate d'ammonium et de nitrate de sodium avec les nitronaphtalènes s'exécute dans les meules ordinaires analogues à celles représentées par la figure 346. Ces meules sont toutefois notablement plus légères et ne pèsent que 1300 kilogrammes environ; elles portent six bras, qui relient le moyeu à la jante; les grattoirs, les repoussoirs et les appareils de suspension sont les mêmes que pour les meules à poudre noire.

La pièce de support du tamis des anciennes meules à poudre est remplacée par un massif en maçonnerie de briques, dans lequel on a ménagé un logement pour deux rangs de tuyaux à ailettes rectangulaires, superposés, formant un circuit carré. On peut ainsi chauffer le bassin sur lequel on étend la matière soumise à l'action des meules. Ce chauffage n'a de l'intérêt que pour les poudres à base de mononitronaphtalène ramollissable au-dessous de 40°; il ne présente aucun avantage pour les fabrications actuellement usitées en France, qui sont principalement à base de bi- ou de trinitronaphtalène à point de fusion élevé.

La charge au dosage voulu est de 35 kilogrammes; la trituration dure 1 heure, chargement et déchargement compris; on ne fait pas de galetage; les poussiers sont repassés pendant 30 minutes.

Le travail de la matière sous les meules est d'autant meilleur que la charge contient moins de corps fusible à basse température.

Les matières des meules, essorées pendant 24 heures, sont concassées à la main et vont de là à la tonne-grenoir. Cet appareil est une tonne ordinaire avec toile de 2,5 millimètres. A la vitesse de 30 tours, elle débite facilement en 10 heures 1000 kilogrammes environ de matières. Les poussiers sont séparés du grain par un tamisage à bras sur des tamis à la perce de $0^{mm},55$. Le rendement est de 40 à 50 0/0.

A Esquerdes le séchoir est installé dans une ancienne usine à meules. Des étagères reçoivent des cadres dont le pourtour en bois supporte un fond de verre; ces cadres ont $0^{m},60$ sur $0^{m},50$ et peuvent contenir de 5 à 7 kilogr. de matières. Une circulation de vapeur dans une double rangée de tuyaux à ailettes disposés au-dessous des étagères permet d'atteindre de 60 à 70°; mais on règle la température vers 40°, et au bout de 7 ou 8 heures les matières sont ramenées à l'humidité de 0,2 à 0,4 0/0.

La question de la teneur en eau présente pour les poudres à base de nitrate d'ammonium une importance capitale ; il suffit en effet de 1 0/0 d'humidité pour rendre très difficile la détonation franche de la poudre Favier avec les amorces employées normalement. Aussi chauffe-t-on tous les ateliers de fabrication de manière à arriver à une teneur maxima de 0,2 0/0 d'eau pour le produit prêt à être embarillé. L'embarillage s'effectue dans des caisses en zinc munies d'une ouverture carrée de $0^{m},14$ de côté et recouverte d'une plaque de zinc qui est soudée sur la caisse à l'alliage Darcet au moyen d'un fer creux à circulation de vapeur.

La poudre Favier ainsi préparée se présente sous la forme d'une matière jaune; ses constantes physiques sont en moyenne les suivantes :

Densité gravimétrique	0,650
— réelle	1,600
Grains au gramme	1,200
Humidité 0/0	0,2

Encartouchage de la poudre Favier. — La figure 348 montre l'ensemble d'un atelier pour l'encartouchage de la poudre Favier. La poudre est apportée à proximité des presses C et D dans une bassine en tôle; de là une ouvrière la puise avec une cuiller et la pèse sur une petite balance Roberval qu'on voit en C; le poids varie, suivant la grosseur et la longueur des cartouches, de 50 à 300 grammes.

La pesée étant effectuée, ce qui a lieu très rapidement, on fait basculer le plateau de la balance où se trouve la poudre et qui est monté sur charnières; la poudre glisse et tombe dans la chambre de la presse où se moule la cartouche.

La presse, qui est l'appareil principal de production, est représentée par les figures 349 à 351.

L'arbre de commande A communique un mouvement de va-et-vient au bloc E qui sert à guider le piston F qui comprime la charge, tout en laissant au centre de la cartouche un evidement qui sert à loger le détonateur.

Pendant que l'ouvrière pèse une nouvelle charge, le piston remonte avec la cartouche à la partie supérieure, et une seconde ouvrière la retire et la dépose dans une boite *ad hoc*, comme l'in-

Fig. 348. — Aspect d'un atelier de préparation de cartouches Favier.
A, hotte de tirage; — B, transmission; — C D, presses à cartouches; — E, bac de trempage rempli de paraffine et chauffé à la vapeur. — F F, table à encartouchage.

dique la figure 348. Le cylindre évidé qui constitue la cartouche est porté sur la table FF, qui est munie sur toute sa longueur d'un bassin de faible profondeur, rempli de paraffine maintenue en fusion par un serpentin dans lequel circule de la vapeur. L'ouvrière commence par tremper dans la paraffine un morceau de papier destiné à envelopper la cartouche et la recouvre rapidement de papier en fermant un des bouts de la cartouche pendant que la paraffine est encore en fusion. De la table FF les cartouches sont transportées sur une autre table à proximité, où elles sont remplies de la poudre devant servir de détonateur, et fermées.

Un certain nombre de cartouches sont mises dans un panier à treillis et plongées dans le bac E, qui contient de la paraffine; le panier est mis à égoutter sur le plan incliné qui surmonte le récipient E, comme cela est indiqué sur la figure.

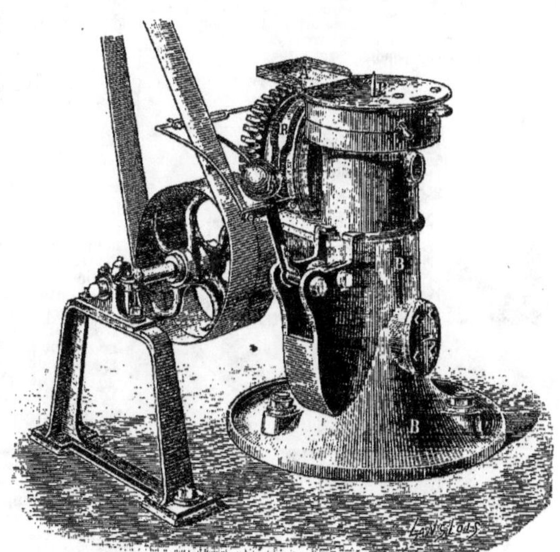

Fig. 349. — Presse pour la fabrication des cartouches Favier.
A, planchette recevant la balance; — B B, bâti; — F, débrayage; — P, extrémité du piston formant la partie évidée de la cartouche.

Pour la préparation de certaines cartouches, on ne peut employer le mélange comprimé; la poudre présentant en effet une moindre aptitude à la détonation, la compression la rendrait tout à fait insensible. C'est le cas pour les *grisounites*, dont nous parlerons à propos de la Xe catégorie.

Pour ce cas spécial, on prépare des cartouches remplies de poudre à l'aide d'un appareil nommé *boudineuse*, qui sera décrit plus loin (p. 765).

Les cartouches, une fois préparées comme il a été dit ci-dessus, sont enveloppées de papiers de couleurs différentes suivant la nature de l'explosif, et mises dans une boite en carton A qui en renferme 2kgr,500.

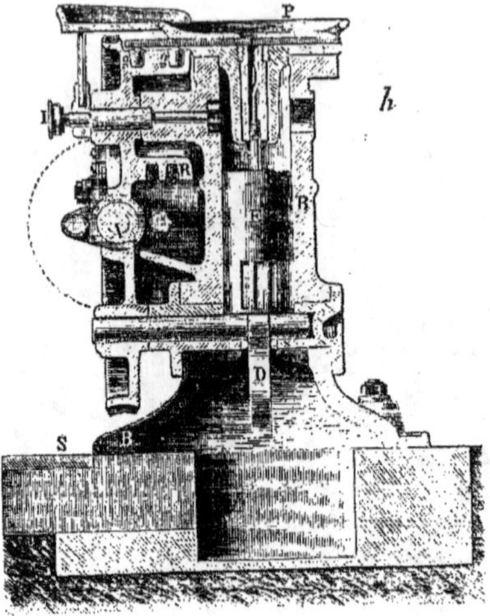

Fig. 350. — Presse à cartouches Favier. (Coupe.)

A, arbre de commande; — B B, bâti; — D, came donnant le mouvement au bloc; — E, bloc de guidage du piston F; — *g g*, godets de guidage des glissières; — *h*, chambre où se fait la cartouche; — I, graisseur; — B, roue à glissière pour comprimer la masse; — S, couvercle du récipient à poudre.

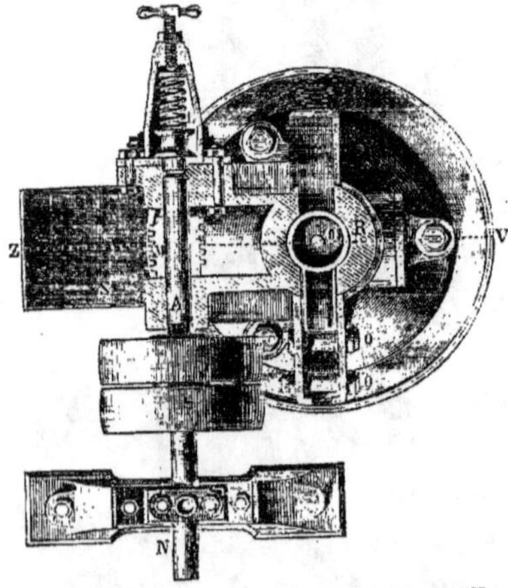

Fig. 351. — Presse à cartouches Favier. (Coupe ZV.)

A, arbre de commande; — L, ressort de débrayage automatique; — M, vis sans fin de commande des engrenages; — N, palier; — O O, fourchette de rappel du bloc Q; — R, bâti; — S, couvercle du récipient à poudre.

Cette boîte est elle-même enveloppée de papier et plongée tout entière dans un bain de paraffine, ce qui assure la conservation indéfinie des cartouches, même dans une atmosphère très humide.

L'appareil qui sert à paraffiner les boîtes de cartouches est représenté par les figures 352 et 353. Il se compose d'un chariot C roulant sur rails auquel est fixé un panier P qui reçoit la boîte A. La descente et la remonte du paquet paraffiné se font à l'aide d'un treuil M.

Le bain de paraffine B est chauffé à la vapeur par le serpentin S.

Les boîtes en carton sont ensuite emballées par dix dans des caisses en bois.

Les ateliers d'encartouchage doivent être bien aérés et très secs; des tuyaux de ventilation qui s'arrêtent à 50 centimètres du sol de l'atelier sont en communication avec un ventilateur qui aspire poussière et humidité.

Composition des explosifs Favier. — La Société française des Poudres de sûreté fabrique six sortes de produits, dont voici les noms et la composition :

1. Poudre Favier n° 1 A.	Nitrate d'ammonium.	88
	Binitronaphtalène....	12
2. Poudre Favier n° 1 B.	Nitrate d'ammonium.	67
	— de sodium...	18
	Mononitronaphtalène.	15
3. Poudre Favier n° 2.	Nitrate d'ammonium.	44
	— de sodium...	37,5
	Mononitronaphtalène.	18,5
4. Poudre Favier n° 3.	Nitrate de sodium....	75
	Mononitronaphtalène.	25
5. Grisounite-roche...	Nitrate d'ammonium,	92
	Binitronaphtalène...	8
6. Grisounite-couche..	Nitrate d'ammonium.	95,5
	Trinitronaphtalène...	4,5

Les quatre premières compositions présentent une force décroissante, le n° 1 équivalant sensiblement à la dynamite à 75 0/0, le n° 4 se rapprochant des dynamites faibles ou d'une bonne poudre noire. Nous parlerons des n° 5 et 6, destinés aux travaux d'abatage dans les mines grisouteuses, dans le chapitre X.

Propriétés des explosifs Favier (Syn. *Nitramites* ou *ammonites*). — Les compositions 1 à 4, qui seules nous intéressent ici, exigent pour détoner franchement des amorces contenant 1 gramme de fulminate de mercure. La force de l'amorce nécessaire pour amener la détonation augmente rapidement avec la compression de la matière. C'est ainsi que l'explosif Favier n° 1, amené par compression à une densité de 1,00, détone avec 0,75 de fulminate; il exige des amorces à 2 grammes de fulminate quand on l'amène à une densité de 1,25 par une compression plus avancée.

Les explosifs Favier sont insensibles aux chocs. L'explosif 1A par exemple, qui est le plus puissant, ne détone pas sous le choc d'un mouton de 4 kil. tombant de 4 m. de hauteur. — Leur transport ne présente par conséquent aucun danger. C'est là un sérieux avantage sur les dynamites. Ils sont également insensibles aux changements de température. — Ils sont très difficilement inflammables et non vénéneux.

Toutefois ils présentent certains inconvénients par rapport aux dynamites : leur consistance rigide les empêche de se mouler dans les trous de mine, comme le fait la dynamite; de plus, leur densité étant notablement inférieure à celle des dynamites, ils exigent, pour produire le même effet, des trous de mine plus volumineux; enfin ils sont très sensibles à l'action de l'eau, car une teneur de 1 0/0 suffit pour rendre très difficile la détonation.

L'insensibilité des explosifs Favier à la gelée les rend particulièrement aptes à la rupture des embâcles qui se forment parfois sur les fleuves pendant les hivers rigoureux. Les expériences effectuées en 1891 sur la Seine et sur la Loire ont montré tout le parti qu'on pouvait tirer de ces propriétés.

Bellite. — Elle se compose de 26 parties de m-dinitrobenzène pour 74 parties de nitrate d'ammonium.

Sa préparation et ses propriétés sont analogues de tous points à celles des explosifs Favier. Les propriétés toxiques du dinitrobenzène se sont jusqu'ici opposés à l'utilisation de cet explosif sur une grande échelle.

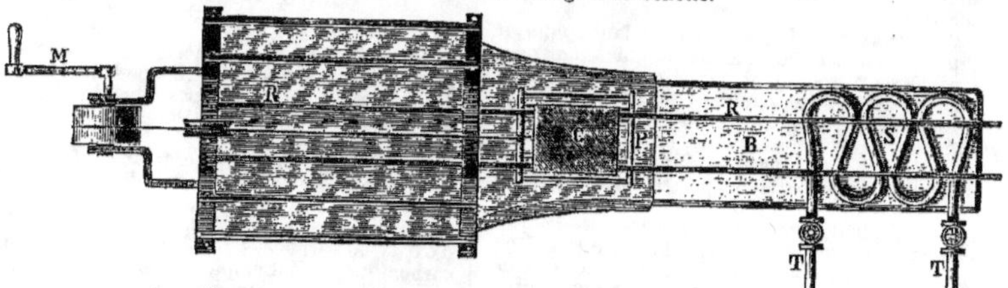

Fig. 352. — Machine à paraffiner les caisses de cartouches. (Plan.)
B, bain de paraffine; — C, chariot glissant sur les rails R R; — M, manivelle et treuil; — S, serpentin de chauffage. — T, robinet de vapeur.

Roburite. — D'après le brevet de l'inventeur (Roth), la roburite consiste en un mélange de naphtalène ou de benzène chloronitrés et de nitrate d'ammonium.

Cet explosif doit nécessairement donner lieu à la formation d'acide chlorhydrique, qui, mélangé aux gaz de l'explosion, doit être très gênant par ses propriétés irritantes; l'emploi de cet explosif dans les mines présente donc de sérieux inconvénients.

Romite. — La romite est constituée par un mélange de nitrate d'ammonium, de paraffine ou de naphtalène et de chlorate de potassium.

On l'expédie en paquets séparés, l'un renfer-

Fig. 353. — Machine à paraffiner les caisses de cartouches.
A, Caisse à paraffiner contenue dans le panier en treillis P; — B, bain de paraffine; — C, chariot glissant sur le plan incliné formé par les rails R R; — M, manivelle et treuil; — S, serpentin dans lequel circule de la vapeur; — T, robinet de vapeur.

mant le nitrate paraffiné, et l'autre le chlorate de potassium. Le mélange s'exécute à la main au moment de l'emploi.

Tandis qu'un mélange de nitrate d'ammonium et de naphtalène détone très difficilement, même avec une amorce puissante, le chlorate donne au mélange une sensibilité beaucoup plus grande, et permet son emploi pratique.

La romite une fois fabriquée doit être consommée immédiatement, car elle se décompose et s'enflamme spontanément au bout de quelques jours.

Elle présente les inconvénients et les avantages des explosifs au nitrate d'ammonium, mais elle paraît moins sensible à l'humidité. L'obligation de faire le mélange au moment de s'en servir s'oppose à son emploi sur une grande échelle. Sa puissance équivaut à celle de la dynamite et des explosifs Favier.

Rack-a-rock. — Cet explosif est formé de cartouches de chlorate de potassium comprimé qui doivent être trempées, avant l'emploi, dans certains liquides inexplosibles par eux-mêmes, tels que l'huile lourde de goudron de houille, le sulfure de carbone seul ou tenant en dissolution du soufre, les dérivés nitrés des hydrocarbures aromatiques, etc.

Le meilleur rack-a-rock est formé par un mélange de chlorate de potassium et de nitrobenzène.

Pour la combustion complète, il faut employer 5 parties environ de chlorate de potassium pour 1 partie de nitrobenzène; dans ces conditions, le carbone est brûlé entièrement à l'état d'anhydride carbonique. Si la présence de gaz oxyde de carbone est sans inconvénients, on peut employer un mélange de 1 partie de nitrobenzène pour 3 parties de chlorate de potassium. C'est cette dernière composition qui a servi au sautage des rochers de Hell Gate, près New York.

Il va sans dire que le nitrobenzène peut être remplacé par un mélange de nitrobenzène et de nitrotoluène. On peut encore utiliser avec avantage le produit de nitration de l'huile lourde de houille, composée d'un mélange de nitrobenzène, nitrotoluène, acide picrique, etc., vu le moindre prix des matières premières.

Quoi qu'il en soit, le rack-a-rock n'est guère entré dans la pratique des mines, car son emploi est bien plus compliqué que celui de la dynamite. Mais il peut rendre de bons services pour le sautage des grosses mines, ainsi que dans des cas spéciaux, si l'on peut apporter le soin voulu à sa préparation.

La puissance du rack-a-rock aux dérivés nitrés équivaut presque à celle de la dynamite n° 1, à 75 0/0 de nitroglycérine.

Pour se rendre compte de la force des explosifs renfermant du chlorate de potassium, il ne faut pas oublier que cet agent comburant renferme seulement 39 0/0 d'oxygène, le reste étant constitué par un corps inerte, le chlorure de potassium, qui contribue à diminuer la puissance explosive du mélange.

HELLHOFFITE. — La hellhoffite se compose d'un mélange de dérivés nitrés d'hydrocarbures et d'acide nitrique fumant.

En employant le dinitrobenzène et l'acide nitrique au maximum de concentration, on a les chiffres suivants :

Pour la formation d'oxyde de carbone	Dinitrobenzène..	100
	Acide nitrique..	63
Pour la formation d'anhydride carbonique	Dinitrobenzène..	100
	Acide nitrique..	150

Ces deux mélanges sont ceux qui donnent le maximum de puissance. Ils sont peu sensibles et demandent une très forte amorce pour détoner.

Leur sensibilité est augmentée par la présence d'hypoazotide dans l'acide nitrique.

La hellhoffite est un explosif plus puissant que la dynamite. Son peu de sensibilité l'a fait employer comme chargement pour les projectiles creux (Grüson).

Les deux substances sont placées dans le projectile en deux réceptacles séparés, et elles se mélangent automatiquement, soit pendant le trajet du projectile, soit au moment où il touche l'obstacle, suivant les cas.

Les propriétés éminemment corrosives de la hellhoffite se sont jusqu'ici opposées à son emploi dans la pratique.

PANCLASTITE. — On désigne sous ce nom différents mélanges proposés par M. E. Turpin. Le corps comburant est l'hypoazotide, AzO^2, qu'on additionne au moment de l'emploi d'un combustible liquide, tel que le sulfure de carbone, le nitrobenzène, le nitrotoluène, le pétrole, etc.

Les panclastites présentent de grandes différences au point de vue de leur sensibilité, suivant leur composition. Par exemple, la panclastite au sulfure de carbone, formée de 10 volumes de sulfure de carbone et de 15 volumes d'hypoazotide, ce qui correspond à la formation d'anhydride sulfureux et d'anhydride carbonique, d'après l'équation

$$CS^2 + 3AzO^2 = CO^2 + 3Az + 2SO^2,$$

est très sensible au choc.

En revanche, une panclastite composée de 10 volumes de sulfure de carbone et de 5 volumes d'hypoazotide ne détone pas sous le choc d'un mouton de 6 kilogrammes tombant de 4 mètres de hauteur.

La panclastite la plus énergique est formée par un mélange de 10 volumes de nitrotoluène et de 12 volumes d'hypoazotide, ce qui correspond à peu près à la combustion du carbone à l'état d'oxyde de carbone. Pour former de l'anhydride carbonique, il faut employer, pour 10 volumes de nitrotoluène, 22 volumes d'hypoazotide.

La panclastite au nitrotoluène est notablement plus puissante que la dynamite.

Sa vitesse de détonation étant de beaucoup supérieure, elle produit des effets brisants qu'il est impossible d'obtenir avec la dynamite (voyez fig. 300, p. 701).

Malheureusement, les propriétés corrosives de l'hypoazotide et sa grande volatilité se sont jusqu'ici opposées à son emploi dans les mines et dans l'art militaire.

IX. — EXPLOSIFS DIVERS.

Cette catégorie ne comprend aucun explosif important. On peut dire que la presque totalité de ces substances ne sont que des curiosités chimiques ou des mélanges plus ou moins saugrenus où l'imagination des inventeurs s'est donné libre carrière.

M. Cundill range dans cette catégorie les compositions servant d'amorces, le fulminate de mercure, etc., dont nous parlerons dans un chapitre spécial.

Nous renvoyons donc le lecteur pour les autres explosifs de la IXe catégorie au *Dictionnaire des Explosifs*, traduit par M. Desortiaux [*Mém. des Poudres et Salpêtres*, 5, 235].

EXPLOSIFS POUR MINES GRISOUTEUSES.

Cette catégorie d'explosifs est caractérisée par une température de détonation relativement peu élevée. Elle comprend des composés détonants de composition variable et renfermant à peu près toutes les matières premières utilisées pour la fabrication des autres explosifs.

Avant de passer à la description des divers explosifs de sûreté pour mines grisouteuses, nous devons dire quelques mots du mode d'inflammation des mélanges grisouteux.

MM. Mallard et Le Chatelier ont déterminé la température à laquelle il est nécessaire de porter le grisou pour en produire l'inflammation. Il résulte de leurs recherches qu'en présence d'un corps poreux, tel que la mousse de platine, la combustion lente, sans dégagement de lumière, commence déjà à 200°; la température de combustion lente s'élève à 450° sans l'intervention d'un corps poreux; quant à la température d'inflammation proprement dite, elle est de 650°.

Mais l'inflammation du grisou présente une particularité capitale, qui semble très atténuée chez les autres gaz combustibles : les mélanges dans lesquels le méthane est l'élément combustible n'entrent en combustion vive qu'après avoir été maintenus pendant un certain nombre de secondes à une température au moins égale à leur température d'inflammation.

Pour les mélanges grisouteux, le retard peut

s'élever à une dizaine de secondes aux environs de 650°. Il diminue à mesure que s'accroît la température à laquelle on porte le mélange; à 1000°, ce retard d'inflammation n'atteint pas une seconde. Le retard à l'inflammation permet de comprendre la possibilité de ce fait, en apparence paradoxal, qu'au milieu d'un mélange gazeux inflammable à 650° il peut se produire, sans que l'inflammation en résulte, des gaz résultant de l'explosion d'une mine et dont la température dépasse 2000°, surtout si l'on considère que la détonation d'un explosif brisant est produite dans un temps pratiquement nul.

En effet, dans ce cas, les gaz produits par la détonation ne conservent leur température élevée que pendant une faible fraction de seconde, car ils se refroidissent rapidement par leur détente, qui absorbe une grande quantité d'énergie calorifique, ainsi que par le mélange avec l'atmosphère ambiante. Or la dilution avec les gaz de l'atmosphère sera d'autant plus rapide que la quantité d'explosif employée aura été moindre; on en conclut que les chances d'inflammation du grisou croissent avec la charge employée.

Des considérations précédentes on déduit plusieurs autres conséquences. En premier lieu apparaît l'importance de toute cause susceptible de faire produire à l'explosif un travail maximum; c'est ce qui a lieu lorsque le bourrage du trou de mine est effectué avec soin. Au contraire, avec un trou de mine faisant canon, le danger est incomparablement plus grand, le travail effectué, et par suite la quantité de chaleur absorbée pour débourrer, étant incomparablement moindre que celui nécessaire à la dislocation de la roche. Dans cet ordre d'idées, la détonation à l'air libre présente le maximum de danger.

Comme corollaire, on déduit la nécessité d'employer de fortes amorces, qui seules produisent à coup sûr la détonation franche et complète de l'explosif.

En second lieu se manifeste toute l'importance que présente au point de vue de la sécurité la durée de la réaction explosive. On sait qu'avec la poudre noire la déflagration se propage beaucoup plus lentement qu'au sein des explosifs brisants; il en résulte que la poudre noire doit être absolument proscrite dans les mines grisouteuses.

Connaissant la composition de l'explosif, on peut déterminer par le calcul sa température de détonation; en effet, les explosifs destinés à l'industrie minière doivent renfermer suffisamment d'oxygène pour produire de l'acide carbonique à l'exclusion d'oxyde de carbone; on peut donc déterminer à l'avance, avec une approximation suffisante, la nature des produits de la réaction. Nous renverrons le lecteur désireux de se rendre compte de ces calculs théoriques au mémoire de MM. Mallard et Le Chatelier [*Mém. des Poudres et Salpêtres*, 2, 442].

Appareils pour l'essai des explosifs destinés aux mines grisouteuses. — Il est toutefois bien préférable d'avoir recours à des essais pratiques pour déterminer la sécurité d'un explosif destiné aux mines grisouteuses. Des essais de ce genre ont été effectués par la Commission française du grisou et dans plusieurs charbonnages à l'étranger [*Mém. des Poudres et Salpêtres*, 2, 355-518]. Nous donnerons à titre d'exemple la description du champ d'expériences des Charbonnages des Produits à Flenu (Belgique). Le dispositif adopté à Flenu se rapproche autant que possible des conditions de la pratique.

Le fourneau de mine est constitué par un canon d'acier doux au creuset K (fig. 354 et 325). Il mesure 55 millimètres d'âme et 58 centimètres de profondeur. Ses parois ont 172 millimètres d'épaisseur, ce qui correspond à un diamètre extérieur de 50 centimètres. La largeur extérieure du culot est de 70 centimètres, laissant 20 centimètres d'épaisseur d'acier pour fond au canon. La galerie d'expérience est constituée par une vieille chaudière CC de $1^m,50$ de diamètre et $10^m,90$ de longueur.

Ouverte à l'une de ses extrémités, elle pénètre par l'autre sur 30 centimètres de longueur dans un lourd massif de maçonnerie M, qui lui sert de fond. C'est dans ce massif qu'est couché le canon, parallèlement à l'axe de la chaudière, mais à 20 centimètres au-dessous de cet axe. Le canon est légèrement incliné de l'avant à l'arrière, de telle sorte que le jet gazeux frappe le ciel de la galerie à l'extrémité de la chambre à gaz qu'on peut y ménager. Celle-ci s'arrête à $4^m,55$ du parement du mur de fond sur lequel la gueule du canon affleure.

De cette façon les flammes jaillissant du canon traversent dans leurs couches les plus inflammables les mélanges gazeux qui n'auraient pas été bien brassés.

Pour donner plus de stabilité à la galerie, la chaudière est enterrée de 60 centimètres; elle est en outre rivée par l'intermédiaire d'une cornière à un lourd collier encastré dans la maçonnerie. Une tranchée de dégagement de 12 mètres de longueur est pratiquée dans le prolongement de la chaudière; la détente des gaz se trouve ainsi facilitée, et les ressauts de l'appareil réduits en cas d'explosion du mélange gazeux.

La capacité totale de la galerie est de 19 mètres cubes environ. Un écran tendu transversalement à $4^m,55$ du fond sert à isoler devant la mine une chambre à gaz de 8 mètres cubes. La manœuvre est des plus simples et se fait en moins d'une minute. A la distance voulue, un cercle de fer en double U est rivé extérieurement sur le pourtour de la galerie et forme ainsi une gorge de 2 centimètres environ. Une feuille de papier paraffiné, dont les bords sont rentrés dans la gorge, y est fixée par un lien élastique sans fin. On prend celui-ci assez court pour que sa tension assure l'étanchéité du joint. La couture de la gorge avec la chaudière a également été rendue étanche en y chassant des étoupes enduites de minium ou de plomb.

Pour plus de simplicité, le mélange explosif est fait avec le gaz d'éclairage; cette substitution n'enlève rien à la valeur des expériences, car les mélanges de gaz d'éclairage et d'air sont plus explosifs que le grisou. Un compteur G, placé sur la conduite, permet d'introduire rapidement la proportion voulue de gaz. Le tuyau à gaz *gg* débouche à hauteur de l'âme du canon à 50 centimètres du fond. Pour opérer le mélange du gaz et de l'air, un agitateur à charnière A est suspendu au ciel de la galerie; au moyen d'un fil de cuivre attaché à son bord inférieur, on le met en mouvement à l'aide de la poignée E; ce brassage suffit pour le but qu'on se propose.

Pour pouvoir observer ce qui se passe à l'intérieur de la galerie, on a coupé une série d'ouvertures de 12 sur 24 centimètres le long d'une génératrice du plan diamétral horizontal de la chaudière. Ces ouvertures règnent, comme l'indique le dessin, sur toute la longueur de la galerie, et sont espacées de 60 centimètres d'axe en axe; six de ces regards donnent vue dans la chambre à gaz. Ils sont fermés au moyen de glaces polies de 2 1/2 à 3 centimètres d'épaisseur, saisies entre un cadre en bois de forme convenable, qui s'applique sur la chaudière, et un châssis en tôle mince tendu par quatre boulons aux angles du cadre. Des joints en caoutchouc sont interposés entre ces pièces. Deux abris sont ménagés pour les expérimentateurs. L'un est un simple hangar, non figuré sur le dessin, adossé au mur d'enclos, assez loin de la galerie pour qu'on y soit suffisamment protégé contre les atteintes des débris projetés par les explosions. Il convient mieux pour observer les effets extérieurs, tels que fumées, grandes flammes, projections. L'autre est une chambre casematée de 5 mètres sur 2m,30 (fig. 355). Elle est placée à 5 mètres de la galerie, parallèlement à son axe. Une fente de 2 centimètres de largeur pratiquée dans la cloison, à hauteur d'homme, forme le sommet d'une meurtrière *m m* coupée dans le parapet de l'abri sous un angle tel, que le champ de vision embrasse toute la chaudière et ses abords. Des glaces, glissant dans une coulisse devant la fente, protègent les yeux contre les projections de toute sorte qui peuvent être lancées jusqu'au fond de la meurtrière malgré sa profondeur, dans le cas où l'explosion du mélange gazeux est particulièrement violente. Dans cet abri casematé est installé le gazomètre G et le coup de poing P. Le courant électrique est conduit à *u* par le câble *e*.

Enfin un serpentin en fer de cinq spires d'égal diamètre, non visible sur la figure, est fixé contre le mur de fond de la chaudière. Ce serpentin communique avec un tuyau de vapeur *v v* et sert à chauffer la chambre à gaz, afin d'étudier l'influence de la température sur la facilité d'explosion. Trois trous d'homme sont situés sur la partie supérieure de la chambre à gaz. Les couvercles qui les ferment reposent simplement sur des rondelles de caoutchouc, et des chaînes les retiennent à de forts anneaux rivés à la chaudière. On lute convenablement les couvercles avec de l'argile chaque fois qu'on admet du gaz dans l'appareil.

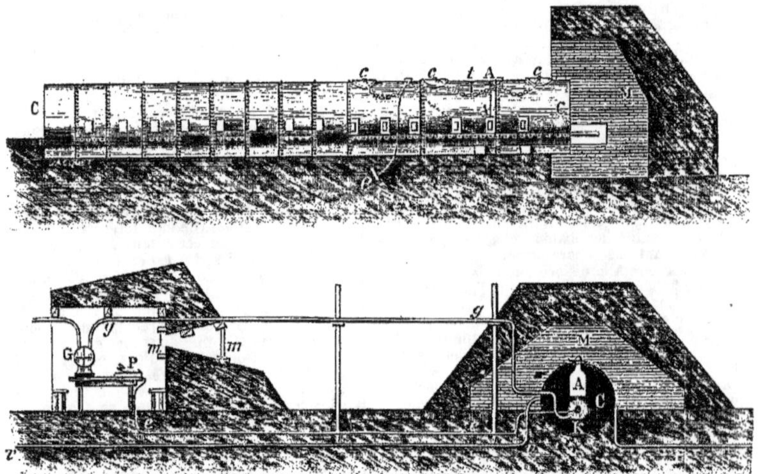

Fig. 354-355. — Appareil pour l'essai des explosifs dans les mines grisouteuses.

A, agitateur pour le brassage du gaz explosif; — C C, galerie; — G, gazomètre; — K, canon; — M, massif en maçonnerie; — P, coup de poing; — *c*, *c*, clapets; — *e e*, ligne électrique; — *g g*, conduite de gaz; — *m m*, meurtrières; — *v v*, conduite de vapeur.

Ainsi disposés, les couvercles forment clapets de sûreté et servent plus ou moins de dynamomètres. On juge de l'intensité des explosions par la manière dont ils sont déplacés, soulevés, projetés ou arrachés [Macquet, *Sécurité du minage à la grisoutite*, Mons, 1889].

Voici maintenant quel est le mode opératoire : On commence par charger le trou de mine, c'est-à-dire l'âme du canon, avec l'explosif à essayer, et on procède au bourrage soit avec de l'argile, soit avec de la terre, soit encore avec du poussier de charbon, si on veut procéder à des essais présentant le maximum possible de danger. Parfois même on supprime tout bourrage; dans ces conditions, l'explosif, n'ayant aucun travail à effectuer, donne les gaz à la température la plus élevée; si, malgré cela, le mélange de la chambre ne fait pas explosion, on peut affirmer que la substance essayée présente un haut degré de sécurité.

La détonation sans bourrage se rapproche de la détonation à l'air libre ou à celle effectuée dans une capacité relativement grande, comme l'a opérée la Commission française du grisou dans ses études, en faisant détoner l'explosif à essayer dans une chaudière en tôle de 10 mètres cubes. C'est même là la véritable expérience à outrance, qui devrait servir de base à la détermination de la valeur d'un explosif destiné à être employé dans les mines grisouteuses. Notons en passant que l'appareil ci-dessus décrit peut parfaitement se prêter à ces expériences. Il suffit de faire détoner la cartouche simplement suspendue dans la chambre à gaz.

Pour de plus grands détails sur les expériences effectuées à ces divers points de vue, nous renverrons à l'ouvrage de M. Macquet et au Rapport de la Commission française du grisou.

Généralités sur les explosifs destinés aux mines grisouteuses. — Les prescriptions administratives qui réglementent en France l'emploi des explosifs dans les chantiers où, d'après l'avis des ingénieurs des mines, l'inflammation du grisou ou des poussières de charbon est à craindre, sont les suivantes :

« Il est interdit à l'exploitant de faire usage d'explosifs autres que les explosifs satisfaisant aux conditions suivantes :

« 1° Les produits de leur détonation ne contiendront aucun élément combustible, tel que hydrogène, oxyde de carbone, carbone solide, etc.

« 2° Leur température de détonation (calculée selon une formule spéciale) ne devra pas être supérieure à 1900° pour les explosifs employés au travail du percement du rocher, ni à 1500° pour ceux qui seront employés dans les travaux en couche [*Mém. des Poudres et Salpêtres*, 5, 40]. »

Ces dispositions rigoureuses, mais dont on ne saurait méconnaître la sagesse, ne sont pas appliquées à l'étranger. Nous verrons pourtant qu'il existe des explosifs qui satisfont pleinement aux conditions exigées par la Commission française.

Il résulte du § 1 qu'en France un explosif pour mines grisouteuses ne doit donner par sa détonation que des produits au maximum d'oxydation; il sera même préférable qu'il renferme un excès d'oxygène.

Reprenant la question à un point de vue plus général, nous allons examiner en premier lieu les divers artifices qui ont été employés pour abaisser la température de détonation des gaz de l'explosion.

Les plus anciens consistent à surmonter ou à entourer la charge d'une certaine masse d'eau. C'est le procédé Mac-Nab. La charge explosive est bourrée avec des cylindres en carton, remplis d'eau en quantité double ou triple de la charge. Plus tard, M. Galloway proposa de placer directement au-dessus de l'explosif de la mousse imbibée d'eau. Dans ce même ordre d'idées, mentionnons les bourres de M. Caen, contenant 99 0/0 d'eau et qu'on emploie comme les bourres ordinaires; celles de MM. Chalon et Guérin, formées de gélosine provenant d'algues marines et renfermant 98 0/0 d'eau, etc.

La cartouche Settle, imaginée dans le but de maintenir l'explosif au sein de l'eau, consiste en un sac en papier imperméable rempli d'eau, dans lequel la cartouche se trouve fixée et isolée des parois par des ailettes métalliques.

Une variante des procédés ci-dessus consiste à bourrer le trou de mine avec un sel renfermant de grandes quantités d'eau de cristallisation. Outre que ce procédé est coûteux, il ne paraît guère conduire au but désiré, le bourrage étant projeté sans que l'eau de cristallisation du sel employé ait été volatilisée.

En résumé, l'emploi de l'eau en nature ou à l'état d'eau de cristallisation n'est pas entré dans la pratique courante des mines.

Un second procédé pour abaisser la température des gaz de la détonation dérive indirectement du premier. — Il repose sur l'emploi des sels à grande teneur en eau de cristallisation, non comme bourrage, mais mélangés intimement à l'explosif lui-même. Dans ce cas, lors de la détonation, chaque particule de sel se trouve environnée d'une atmosphère gazeuse très chaude, qui vaporise pour ainsi dire instantanément l'eau du sel, et par là abaisse la température.

On a proposé également l'emploi du chlorure d'ammonium, dont la dissociation absorbe de la chaleur et qui rentre en quelque sorte, à ce point de vue, dans la catégorie des sels à eau de cristallisation.

Enfin, un troisième procédé consiste dans l'emploi d'explosifs à base de nitrate d'ammonium.

Le nitrate d'ammonium produit par sa décomposition explosive de la vapeur d'eau, de l'azote et de l'oxygène, d'après l'équation

$$AzH^4 . AzO^3 = 2Az + 2H^2O + O.$$

La température des gaz produits par l'explosion est très basse, car elle dépasse de peu 1000° (exactement 1130°).

Malheureusement, ce sel possède une aptitude à la détonation tout à fait insuffisante et ne saurait être employé seul, d'autant plus que sa force explosive est peu considérable. Il faut donc recourir nécessairement à un explosif binaire. Ici nous devons distinguer deux cas : ou bien les deux substances mélangées sont toutes deux explosives et comburantes, ou bien, l'une des substances étant explosive et comburante, l'autre, explosive ou non, est susceptible d'être brûlée par l'excès d'oxygène que donne la décomposition de la première. Le mélange de dynamite et de nitrate d'ammonium rentre dans le premier cas; l'explosif Favier et la poudre-coton à l'ammoniaque, dans le second.

En résumé, la présence du nitrate d'ammonium dans les explosifs abaisse la température des gaz, en vertu de la faible température des gaz produits par sa propre décomposition explosive, qui viennent diluer les gaz provenant de la détonation de l'explosif qu'on y associe et en ramener ainsi la température à une moyenne compatible avec la non-inflammation du mélange grisouteux.

Il est bien évident que les deux principes exposés plus haut peuvent être combinés : c'est ainsi qu'on fabrique en Belgique un explosif, l'*anti-grisou Favier*, qui renferme à la fois un corps dissociable, tel que le chlorure d'ammonium, et du nitrate d'ammonium.

La Commission française du grisou a expérimenté de nombreux mélanges au point de vue de leur application dans la pratique des mines. Il nous est impossible de les mentionner ici, même en partie, et nous renverrons le lecteur que la question intéresse spécialement au mémoire original [*Mémorial des Poudres et Salpêtres*, 2, 355]. Nous nous bornerons à décrire sommairement les principaux représentants de cette classe qui sont employés couramment dans la pratique des mines. Nous les diviserons en deux groupes :

1° Explosifs ne contenant pas de nitrate d'ammonium;

2° Explosifs à base de nitrate d'ammonium.

I. Les explosifs à base de sels cristallisés les plus importants sont la *grisoutite* et la *wetter-dynamite*.

Grisoutite. — Cet explosif présente la composition suivante pour 100 parties :

Nitroglycérine	44
Cellulose	12
Sulfate de magnésium cristallisé	44

On fabrique également des grisoutites qui renferment du kieselguhr à la place de cellulose; ce sont alors de véritables dynamites, diluées par le sulfate de magnésium.

La préparation et l'encartouchage de la grisoutite s'effectuent comme pour la dynamite; nous ne reviendrons pas sur ces opérations.

D'après M. Henrotte, la grisoutite détonant à l'air libre donne une température de 2029°, si on admet avec la Commission française que le sulfate de magnésium ne prend pas part à la réaction. De plus, il faut noter que les gaz de la détonation renferment, pour le cas de la grisoutite à la cellulose, une assez forte proportion d'oxyde de carbone. Cet explosif ne satisfait donc pas aux prescriptions françaises. Il n'en est pas de même de la grisoutite à la guhr, qui, ne renfermant que de la nitroglycérine sans corps combustibles, ne donne que de l'anhydride carbonique par sa détonation.

Si la grisoutite détone en vase clos, on peut admettre que la déshydratation du sulfate de magnésium est à peu près complète; dans ce cas la température des gaz de l'explosion s'abaisse à 1295° [Henrotte, *Étude sur les explosifs de sécurité. Annales des Mines de Belgique*, t. I].

Wetterdynamite. — La wetterdynamite, qui a été employée sur une certaine échelle dans les charbonnages allemands, est analogue à la grisoutite; c'est une dynamite qui contient des quantités variables de carbonate de sodium cristallisé. On emploie généralement parties égales de dynamite et de carbonate de sodium, de sorte que la teneur de l'explosif en agent actif, qui est la nitroglycérine, n'est guère que de 36-37 0/0.

La puissance des dynamites additionnées de sels cristallisés est médiocre; de plus, leur conservation n'est rien moins qu'assurée, car elles présentent une plus grande tendance à l'exsudation que les bonnes dynamites du commerce; en outre, la gelée paraît influer beaucoup sur l'homogénéité du mélange.

II. *Explosifs à base de nitrate d'ammonium.* — Nous pouvons distinguer ici entre les explosifs contenant un produit explosif par lui-même et ceux qui ne renferment, associé au nitrate d'ammonium, qu'un simple combustible non susceptible de détoner par lui-même.

Les premiers renferment de la nitroglycérine ou du coton-poudre, qui sont à proprement parler les corps actifs; les seconds contiennent en général des dérivés faiblement nitrés des hydrocarbures aromatiques et quelquefois même des hydrocarbures non nitrés. Les mélanges formés par le nitrate d'ammonium et les hydrocarbures aromatiques non nitrés, tels que le naphtalène, possèdent généralement une aptitude insuffisante à la détonation. Une addition de 2-3 0/0 de dichromate ou de permanganate de potassium leur communique une plus grande sensibilité. Ces additions nous semblent peu recommandables et ne sauraient assurer une conservation suffisante de l'explosif; il est bien préférable d'avoir recours aux hydrocarbures légèrement nitrés qui ne présentent pas ces inconvénients.

On a proposé également comme explosifs des mélanges de résines et de nitrate d'ammonium ou des mélanges de paraffine, d'huiles grasses et de nitrate d'ammonium. Tous ces mélanges sont difficiles à faire détoner franchement, même avec de fortes amorces. Ils ne sont guère employés dans la pratique industrielle, car ils sont inférieurs sur tous les points aux explosifs à base de naphtalènes nitrés.

Nous décrirons les principaux représentants des deux séries, en commençant par ceux renfermant de la nitroglycérine ou du pyroxyle.

Grisoutine. — Il existe dans le commerce plusieurs espèces de grisoutines, préparées par les différentes Sociétés de dynamite. Les unes ne renferment pas de kieselguhr; d'autres renferment du coton-poudre, pour assurer le plus possible l'homogénéité du mélange.

La *grisoutine* M. de Paulilles, est un mélange de 80 parties de nitrate d'ammonium et de 20 parties de dynamite à la guhr à 75 0/0 de nitroglycérine; la *grisoutine* B est une dynamite-gomme, contenant 88 parties de nitrate d'ammonium pour 12 parties de nitrogélatine, contenant elle-même 2 0/0 de coton octonitrique et 98 0/0 de nitroglycérine. Ces deux explosifs renferment un excès d'oxygène et satisfont donc aux prescriptions de la loi française.

La température de détonation est à peu près la même, et est comprise entre 1450 et 1500°. Avec un mélange de 70 parties de nitrate d'ammonium et de 30 parties d'une nitrogélatine à 2 0/0 de coton octonitrique, on obtient un explosif notablement plus puissant, dont la température de détonation est de 1815°.

La *dynamite-gélatine à l'ammoniaque*, étudiée par M. Henrotte, rentre dans cette catégorie; sa composition est la suivante pour 100 parties :

Nitroglycérine	27,3
Coton-collodion	0,7
Nitrate d'ammonium	72,0

Sa température de détonation est de 1800°.

La préparation de tous ces produits s'effectue comme celle de la dynamite ordinaire. Quant à leur stabilité, elle est encore moindre que celle des dynamites additionnées de sels cristallisés, car le nitrate d'ammonium, attirant fortement l'humidité atmosphérique, peut donner lieu à une forte exsudation de nitroglycérine; en outre, ces explosifs sont sensibles au froid, comme tous ceux à base de nitroglycérine.

Explosifs renfermant du coton-poudre et du nitrate d'ammonium. — Depuis 1890, les poudreries nationales livrent aux exploitants des mines de houille des cartouches comprimées de deux explosifs, qui satisfont aux conditions imposées par les règlements. L'*explosif dit n° 1* est destiné aux travaux dans la couche; l'*explosif n° 2* doit être réservé pour les travaux au rocher.

Voici comment s'exécute la préparation de ces explosifs et leur encartouchage [*Mém. des Poudres et Salpêtres*, 4, 164] :

Le coton-poudre est employé à l'état humide, renfermant de 30 à 35 0/0 d'eau; le nitrate d'ammonium renferme de 1 1/2 à 2 1/2 0/0 d'eau : il est broyé aux meules légères de 0,75 de diamètre et d'un poids de 500 kil. chacune, à la vitesse de 10 tours par minute, et tamisé à la perce de 2 millimètres.

Après avoir déterminé le taux d'humidité du coton-poudre et du nitrate, on les pèse, de manière à former des charges de 10 kilogr., contenant en poids sec :

	N° 1.	N° 2.
Nitrate d'ammonium	90,5	80
Coton-poudre	9,5	20

Le coton-poudre employé dégage de 170 à 180 centimètres cubes de bioxyde d'azote par gramme, ce qui correspond à un coton octonitrique. Les charges sont additionnées d'eau, de façon à obtenir une proportion d'humidité de 7 à 7 1/2 0/0 avec la matière n° 1 et 15 0/0 avec la matière n° 2. La trituration par les meules légères, qui dure trois quarts d'heure, chargement et déchargement compris, est terminée par une compression obtenue en faisant mouvoir lentement les meules à la main.

La matière provenant des meules est soumise à un premier grenage sur des tamis en peau à la perce de 12 millimètres; elle est ensuite séchée pendant 24 heures consécutives; durant ce séchage elle se prend en mottes. On la concasse alors en la faisant passer entre 2 cylindres en bois, puis on tamise aux perces de 3 millimètres et de $0^{mm},65$. La matière, formée des grains compris entre ces deux perces, est séchée de nouveau pendant 6 ou 7 heures, puis conservée dans un endroit sec jusqu'au moment de son envoi à la presse.

Le poussier, séparé par le tamisage à $0^{mm},65$, est repassé aux meules à l'état sec pendant 5 minutes; il est de nouveau surégalisé à la perce de $0^{mm},65$; il possède alors une densité gravimétrique de 0,530 à 0,570 pour le n° 1, de 0,440 à 0,470 pour le n° 2. Ce poussier est employé comme détonateur pulvérulent dans la confection des cartouches.

Les grains compris entre $0^{mm},65$ et 3 millimètres ont en moyenne les qualités physiques suivantes :

	N° 1.	N° 2.
Densité réelle	1,520	1,425
— gravimétrique	0,520-0,540	0,435-0,460

Ces grains sont comprimés sous la forme de cylindres de 30 ou 25 millimètres de diamètre, percés d'un trou central légèrement conique, au moyen de presses mues mécaniquement (voyez *Encartouchage de l'explosif Favier*) ; ces cylindres sont groupés de manière à constituer des cartouches de 50 grammes ou de 100 grammes.

L'encartouchage s'effectue en roulant les cylindres qui doivent constituer la cartouche dans une feuille de papier phormium, découpée à l'avance et portant le numéro de la poudre avec l'indication du dosage.

Le bord extérieur du rectangle de papier est préalablement recouvert de colle, ce qui permet de fixer immédiatement l'enveloppe. On ferme de suite l'une des extrémités de la cartouche en repliant le papier, et cette extrémité est alors plongée dans un bain de paraffine fondue ; puis on frotte légèrement cette extrémité sur la table pour obtenir une fermeture étanche.

La matière pulvérulente est introduite dans le vide central par petites quantités, que l'on tasse en frappant légèrement la cartouche sur la table, la seconde extrémité de l'enveloppe est alors fermée, puis paraffinée.

Enfin on plonge la cartouche successivement par les deux bouts dans un bain de paraffine, de manière à enduire toute la surface. Cette opération terminée, on s'assure par une pesée que chaque cartouche renferme bien le poids indiqué de matière explosive.

Les cartouches ainsi obtenues sont enfermées dans une seconde enveloppe en papier parchemin, collée suivant une génératrice et portant, comme la précédente, le numéro de la poudre, avec l'indication du dosage.

Ce papier, plus résistant que le précédent, dont les longueurs repliées à chacune des extrémités de la cartouche sont également plus grandes, permet, au moment de l'emploi, de fixer la cartouche par une ligature sur la mèche munie du détonateur que l'on a fait pénétrer dans la matière pulvérulente ; mais il est utile dans le chargement de ne laisser cette deuxième enveloppe qu'à la cartouche portant l'amorce.

Les cartouches sont disposées dans une caisse en zinc, placée elle-même dans une caisse en bois; le couvercle de la caisse en zinc est soudé à l'alliage Darcet.

Dans leur enveloppe paraffinée, les cartouches peuvent être conservées très longtemps ; il importe de ne les sortir de la caisse que juste au moment de l'emploi, pour éviter toute détérioration de l'enveloppe, qui aurait pour conséquence un ramollissement de la cartouche, et la rendrait insensible à l'amorce.

Les explosifs 1 et 2, placés sur une enclume, ne détonent sous le choc du marteau qu'à la condition d'être étendus en couche mince ; la détonation est faible : elle se produit seulement au point frappé et ne se transmet pas aux particules environnantes. Les cartouches peuvent être traversées par un fer porté au rouge sans qu'il y ait inflammation ; le nitrate fond, le coton se carbonise, mais la fusion et la combustion sont limitées aux points touchés avec le fer. Si l'on fait agir une flamme sur une cartouche de l'explosif n° 1, la matière se boursoufle, noircit, mais ne brûle pas ; dans les mêmes conditions, l'explosif n° 2 s'enflamme et brûle avec une lenteur extrême en laissant un faible résidu.

L'explosif n° 1 ne détone franchement que sous l'influence d'une amorce à 1gr,5 de fulminate ; l'explosif n° 2 est plus sensible, une amorce à 1 gramme suffit à produire sa détonation, même à l'air libre ; les amorces à 0,75 agissent de même, mais moins sûrement.

La température de détonation de l'explosif n° 1 est d'environ 1530°, celle de l'explosif n° 2 atteint 1930°.

En ce qui concerne la puissance, en admettant égale à 100 la puissance de la dynamite à la guhr à 75 0/0 de nitroglycérine, l'explosif n° 1 vaut 75 et l'explosif n° 2, 88. Le n° 1 convient pour le travail au charbon, le n° 2 doit être réservé pour le travail au rocher.

De toutes façons, les cartouches de ces deux explosifs, comme en général celles formées d'explosifs à basse température de détonation, ne produisent leur effet que sous un fort bourrage ; l'argile mouillée et bien tassée convient parfaitement.

Fig. 356. — Travail à la boudineuse pour la préparation des cartouches de poudre Favier.

A, explosif à encartoucher ; — C, C, cartouches en préparation ; — D, bielle de commande de l'agitateur ; — E, bassine servant à amener la poudre Favier ; — F, caisse recevant les cartouches pleines ; — H, tiroir recevant l'excédent de poudre Favier ; — T, trémie de chargement.

Explosifs de juxtaposition à base de nitrate d'ammonium. — Dans cette catégorie d'explosifs, la matière ajoutée au nitrate d'ammonium n'est pas explosive par elle-même. Seul son mélange avec un corps fournissant de l'oxygène peut faire explosion.

Les explosifs de ce genre sont caractérisés par une grande insensibilité ; leur aptitude à la détonation est généralement médiocre, comparée à celle des explosifs à base de nitroglycérine.

Westphalite. — La westphalite est un mélange de nitrate d'ammonium et de résine. On la prépare de la manière suivante : On dissout dans 3 parties 1/2 d'alcool 6 parties 1/2 de résine, on verse la dissolution sur 90 parties de nitrate d'ammonium, et on mélange intimement à l'aide d'un broyeur à boulets. Le produit est desséché, pulvérisé à nouveau et mis en cartouches avec les précautions usitées pour les explosifs contenant du nitrate d'ammonium.

Bellite. — La bellite est constituée par un mélange en proportions variables de dinitrobenzène et de nitrate d'ammonium. Cet explosif a été étudié en détail par la Commission française du grisou. Lorsque la quantité de nitrate d'ammonium est suffisante, il n'enflamme pas le grisou.

Le dinitrobenzène est malheureusement doué de propriétés toxiques accentuées, qui se sont jusqu'ici opposées à son emploi dans une exploitation régulière; il est en effet impossible d'éviter les intoxications lors de l'encartouchage.

La bellite ne présente du reste aucun avantage sur les explosifs Favier, dont il sera question ci-après.

Sécurite. — La sécurite est une bellite qui renferme de l'oxalate d'ammonium, afin d'abaisser encore la température de détonation. On la prépare en mélangeant à la meule en présence d'eau les deux sels, et en ajoutant ensuite l'hydrocarbure nitré. Les mêmes critiques que celles mentionnées ci-dessus peuvent lui être appliquées.

Grisounites Favier. — Nous avons déjà parlé en détail des explosifs Favier dans la classe VIII; nous ne reviendrons sur leur préparation qu'en ce qu'elle a de spécial relativement aux qualités destinées à être employées dans les mines grisouteuses.

Le tableau suivant résume les différentes sortes d'explosifs Favier employés dans les houillères françaises, belges et allemandes.

Nos d'ordre	Nom donné à l'explosif	Nitrate d'ammonium	Dinitro-naphtalène	Trinitro-naphtalène	Chlorure d'ammonium
1	Antigrisou Favier n° 1	88	12		»
2	— — n° 2	81,5	11,1	»	7,4
3	— — n° 3	82	»	5	13
4	Grisounite-roche	92	8	»	»
5	— -couche	95,5	»	4,5	»

Les trois premiers produits sont fabriqués et employés en Belgique et en Allemagne; les deux derniers sont fabriqués en France.

En ce qui concerne les exploitations françaises, seuls les nos 3, 4, 5 satisfont aux exigences des circulaires ministérielles.

La préparation de ces divers types d'explosifs

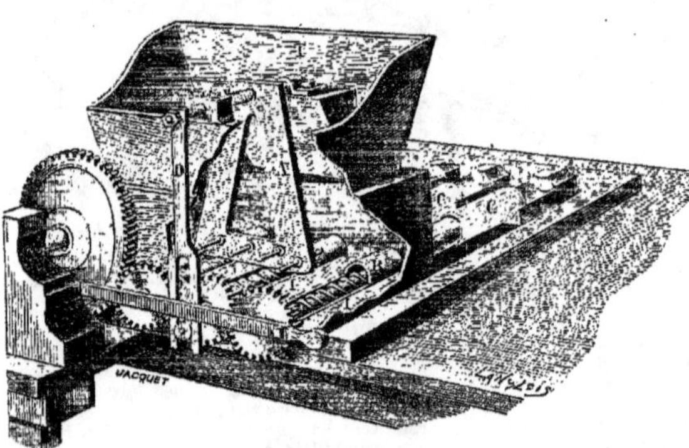

Fig. 357. — Détails de la boudineuse.

A, agitateur; — B, tube de distribution de la poudre; — C, étui à cartouche; — D, bielle de commande de l'agitateur; — I, récipient à poudre; — T, trémie de chargement.

se confond avec celle des explosifs Favier (voyez p. 754), nous n'y reviendrons pas. Seul l'encartouchage de la grisounite-couche diffère de celui des autres produits. En effet, on ne peut comprimer un produit aussi riche en nitrate d'ammonium sans s'exposer à avoir de nombreux ratés de détonation; il faut donc procéder à l'encartouchage en poudre.

Cette opération s'exécute dans une machine appelée *boudineuse,* qui est représentée par les figures 356 et 357.

Les cartouches une fois remplies, on les enveloppe de la même manière que les cartouches contenant l'explosif comprimé, et on les paraffine complètement pour éviter toute action de l'humidité.

La température de détonation de la grisounite-roche est de 1875°, et celle de la grisounite-couche de 1445°.

Tous ces explosifs, sauf l'antigrisou n° 1, qui

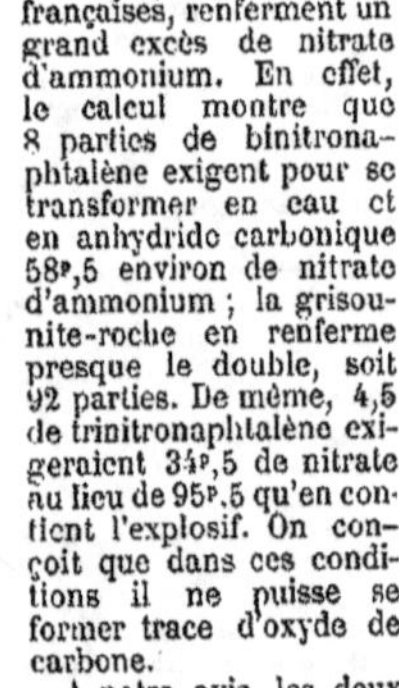

n'est pas employé dans les mines grisouteuses françaises, renferment un grand excès de nitrate d'ammonium. En effet, le calcul montre que 8 parties de binitronaphtalène exigent pour se transformer en eau et en anhydride carbonique 58p,5 environ de nitrate d'ammonium; la grisounite-roche en renferme presque le double, soit 92 parties. De même, 4,5 de trinitronaphtalène exigeraient 34p,5 de nitrate au lieu de 95p,5 qu'en contient l'explosif. On conçoit que dans ces conditions il ne puisse se former trace d'oxyde de carbone.

A notre avis, les deux grisounites Favier sont les meilleurs explosifs que l'on puisse employer dans les mines grisouteuses, étant donné que l'inconvénient de l'hygroscopicité est commun à tous les explosifs de sûreté et que les grisounites Favier ont la supériorité de l'absence de tout danger dans la fabrication et la manipulation.

Le tableau suivant résume les propriétés des principaux explosifs employés dans les mines grisouteuses. Les chiffres de ce tableau concernant la force proportionnelle des divers explosifs considérés ne doivent être accueillis qu'avec une certaine réserve. En effet, d'autres facteurs interviennent dans la pratique et modifient les données théoriques. C'est ainsi qu'une pratique de plusieurs années a conduit à attribuer à l'explosif Favier n° 1 une force au moins égale à celle de la dynamite, bien que le calcul lui assigne un rang légèrement inférieur.

Désignation de l'explosif	Température de détonation		Travail maximum effectué par 1 kilogr. d'explosif, exprimé en kilogrammètres	Chiffre proportionnel indiquant la force théorique	Observations relatives aux produits de la détonation en vase clos
	à l'air libre	en vase clos			
Grisoutite à la cellulose.	2029°	1295°	154 037	37	Les produits de la détonation contiennent de l'oxyde de carbone, gaz combustible et toxique.
Antigrisou Favier n° 1.	2139	2139	360 162	87	Les produits de la détonation ne contiennent que des gaz simples ou complètement brûlés.
Antigrisou Favier n° 2.	2040	inférieure à 2040	330 990	80	Les produits de la détonation ne contiennent que des gaz non combustibles. — Ils sont inconnus en partie.
Antigrisou Favier n° 3.	1420	inf. à 1420	185 460	45	Idem.
Dynamite à l'ammoniaque à 72 0/0 de nitrate.	1800	1800	252 195	61	Les produits de la détonation ne contiennent que des gaz simples ou incombustibles.
Dynamite 75 0/0........	2900	2900	413 000	100	Idem.
Grisounite-couche	1445	1445	240 000	58	Idem.
Grisounite-roche........	1875	1875	303 900	74	Idem.
Explosif n° 1. — Coton-poudre à l'ammoniaque.	1530	1530	290 000	75	Idem.
Explosif n° 2. — Coton-poudre à l'ammoniaque.	1930	1930	340 000	88	Idem.

Si l'on examine les valeurs des températures de détonation, sans distinguer le cas de la détonation à l'air libre et celui de la détonation en vase clos, on constate que l'explosif qui jouit de la température de détonation la plus basse est la grisoutite au sulfate de magnésium détonant en vase clos. Le seul explosif dont la température de détonation soit encore inférieure est le nitrate d'ammonium (1130°), qui ne saurait être employé dans l'industrie à l'état pur, pour les raisons que nous avons exposées plus haut.

Ainsi s'explique que, dans les expériences où l'on provoque la détonation au fond d'un canon en acier, la grisoutite essayée à outrance ait fourni des résultats supérieurs aux autres produits employés. Dans ces conditions, même sans bourrage, il est à supposer que le sulfate de magnésium cristallisé est bien près d'être entièrement déshydraté. Mais, comme le fait remarquer M. Henrotte, il ne suffit pas qu'un mode de décomposition présente de la sécurité, tous les modes possibles de détonation doivent donner les mêmes garanties.

Les expériences effectuées dans un canon, au lieu d'être des expériences à outrance, sont particulièrement favorables aux explosifs qui contiennent des sels refroidissants. La véritable expérience à outrance pour de tels explosifs, c'est la détonation à l'air libre, ou tout au moins dans une grande capacité, comme l'a effectuée la Commission française. Si la grisoutite, par exemple, détone à l'air libre, la température de détonation, au lieu d'être 1295°, peut s'élever à 2029°. C'est ce dernier chiffre qui doit servir de mesure à la sécurité de ce produit. Ne pas vouloir en tenir compte, ce serait commettre la même erreur que de tolérer une seule maille trop large dans le tissu métallique de la lampe de sûreté. La supériorité des explosifs Favier résulte donc des chiffres du tableau ci-dessus. Seuls les explosifs à base de coton-poudre peuvent leur être comparés.

En outre, il est un facteur dont il faut tenir grand compte : c'est la puissance relative des divers explosifs, car le danger d'inflammation augmente indubitablement avec le poids des charges.

Des expériences soit au canon, soit à l'air libre, devraient, pour être rigoureusement comparables, se faire en employant des charges inversement proportionnelles à la puissance des divers explosifs.

Pour terminer, nous devons dire qu'une certaine part d'incertitude repose sur les calculs théoriques de la température de détonation. On ne doit donc envisager ces diverses données que comme de simples indications permettant un classement approximatif des divers explosifs.

AMORCES ET PROCÉDÉS DE MISE DE FEU.

Nous avons décrit dans les pages précédentes la fabrication des principaux explosifs usités dans l'industrie et dans l'art militaire. Il nous reste maintenant à dire quelques mots des amorces.

L'emploi d'amorces d'une composition spéciale est relativement récent. On se servait autrefois, pour la mise de feu dans les armes ou dans les trous de mine, du même produit employé comme agent propulsif ou de rupture, c'est-à-dire de la poudre noire; l'inflammation était produite soit par une étincelle due au choc du fer sur un silex, soit par un corps incandescent, mèche, amadou, etc.

L'emploi dans les armes des amorces à base de fulminate de mercure marque un réel progrès sur les anciennes méthodes d'inflammation. Mais ce n'est que depuis l'introduction des explosifs brisants dans l'industrie qu'on a appris à connaître le véritable rôle de l'amorce; elle ne se borne pas en effet à enflammer simplement l'explosif, mais elle détermine, par le choc violent qu'elle produit, la naissance de l'onde explosive, avec tous les effets propres à ce régime de détonation.

Il y a donc lieu de distinguer nettement deux cas : Lorsqu'il s'agit d'enflammer simplement l'explosif, comme c'est le cas dans les armes, le rôle de l'amorce est purement calorifique. Si, au contraire, il s'agit de faire partir un coup de mine chargé à la dynamite, ou de faire détoner une torpille ou un obus à mélinite, le rôle de l'amorce est beaucoup plus important, car c'est à elle qu'il appartient de faire naître l'onde explosive, caractérisée par une vitesse de détonation énorme, nécessaire pour produire les effets mécaniques violents recherchés pour certaines applications.

On conçoit aisément qu'il y ait avantage à employer, dans l'un ou dans l'autre cas, des amorces de composition différente.

C'est ainsi que, pour donner naissance à l'onde explosive, on emploie des amorces exclusivement formées de fulminate de mercure *pur*, amené par une compression énergique au maximum possible de densité : on réalise ainsi la mise en liberté d'une grande quantité d'énergie dans un très petit espace. Au contraire, s'il s'agit de déterminer la déflagration pure et simple de l'explosif, comme c'est le cas pour les armes, on mélange le fulminate avec d'autres substances, telles que la poudre noire, le salpêtre, le chlorate de potassium, etc., destinées à ralentir la décomposition de la matière fulminante, à rendre son action plus progressive, à augmenter le volume et la température des produits gazeux; on obtient ainsi un jet de flamme allongé, qui pénètre plus profondément dans les interstices de la charge et qui en produit plus sûrement et plus complètement l'inflammation. Il va sans dire que la force de l'amorce variera suivant la charge à enflammer et suivant la nature de la poudre employée; c'est ainsi, par exemple, que les poudres sans fumée, beaucoup plus difficilement inflammables que la poudre noire, exigent des amorces spéciales, si on veut leur faire rendre le maximum d'effet.

Fulminate de mercure. — La préparation de ce corps ayant été décrite dans le Dictionnaire (**2**, 1180), nous n'y reviendrons pas. Le fulminate de mercure se décompose par l'explosion en azote, vapeur de mercure et oxyde de carbone. La durée de la détonation est excessivement courte; il produit des actions locales extrêmement intenses.

Lorsqu'on veut obtenir le fulminate de mercure à l'état sec, il convient d'opérer avec la plus grande précaution pour éviter des accidents. Le mieux est d'opérer la dessiccation dans une étuve à vide, analogue à celle employée dans la fabrication de la poudre sans fumée (voyez fig. 340 et 341).

Les mélanges à base de fulminate employés pour la composition des amorces sont assez variables. Nous donnons ci-dessous à titre d'exemple quelques formules de mélanges :

Amorces pour fusils.

Fulminate de mercure	37,5
Chlorate de potassium	37,5
Sulfure d'antimoine	25,0

Amorces pour canons.

Fulminate de mercure	50,0
Chlorate de potassium	25,0
Sulfure d'antimoine	25,0

On effectue parfois le mélange des matières avec une dissolution de gomme arabique, et on introduit dans les amorces ou capsules une portion déterminée de la masse. Les capsules sont ensuite séchées dans le vide. Ce mode de procéder est moins dangereux que le mélange à sec.

Dans ce dernier cas, on emploie l'appareil représenté par les figures 358 à 360.

Ce mélangeur se compose d'un récipient en cuir *e*, dans le milieu duquel flotte librement un sac en soie *f*, dont le cadre en gutta *g* est fixé aux parois du récipient par des lanières de cuir *h*. Ce sac est muni d'un certain nombre de cordons *m*, dans lesquels sont enfilées une série de rondelles en caoutchouc de diamètre différent,

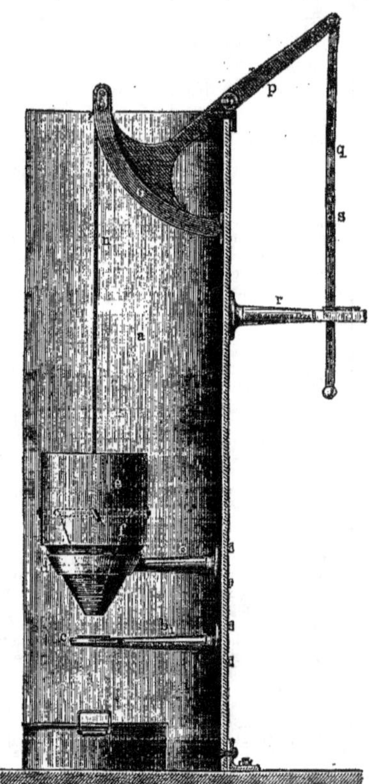

Fig. 358. — Mélangeur à fulminate.

a, écran protecteur en tôle; — *b*, b_1, bras en bronze garnis de cuir; — *c*, support du récipient recevant le mélange; — *d*, anneau en bronze recouvert de cuir; — *e*, récipient en cuir; — *f*, poche en soie; — *n*, corde servant à la manœuvre de l'agitateur; — *o p*, levier à gorge en bois; — *q*, tige de manœuvre; — *s*, cheville limitant la course du levier *p*; — *r*, tige de graissage.

alternées régulièrement; la manœuvre se fait derrière un écran protecteur en tôle *a*, au moyen du levier *p* actionné par la tige *q*, et relié par la cordelette *n* au sac en soie.

On introduit successivement les divers ingrédients dans le sac, en finissant par le fulminate de mercure, et on produit le mélange en imprimant à la main un mouvement de va-et-vient à la tige *q*. L'opération s'effectue rapidement grâce aux rondelles en caoutchouc *m*, et lorsque le mélange est bien intime, on abaisse la tige *q* en retirant la cheville *s*; le sac *f* se trouve soulevé complètement et le mélange pénètre dans le récipient; ce récipient est percé d'un trou à sa partie inférieure, de sorte que le mélange vient

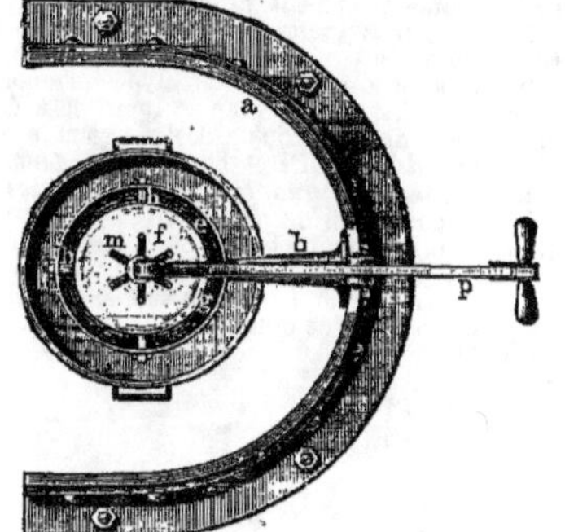

Fig. 359. — Mélangeur à fulminate. (Plan.)

a, écran protecteur en tôle; — *b*, bras en bronze garni de cuir; — *e*, récipient en cuir; — *f*, poche en soie; — *g*, anneau en gutta; — *h*, lanières en cuir; — *l*, pièce en cuir fixant les courroies *h* au récipient *e*; — *p*, levier; — *m*, agitateur.

se rassembler dans un récipient *ad hoc*. Cet appareil réduit au minimum les frottements, et par conséquent les chances d'accident

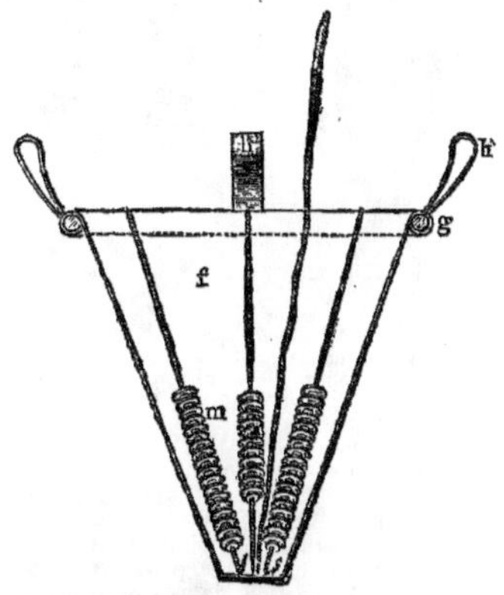

Fig. 360. — Mélangeur à fulminate. Détails de la poche en soie *f*.

f, poche en soie; — *g*, anneau en gutta; — *h*, courroie en cuir; — *m*, cordelettes recevant des anneaux en caoutchouc de différentes dimensions.

Dérivés de l'acide azothydrique. — Les propriétés explosives des dérivés de l'acide azothydrique, Az^3H, ont été étudiées récemment par MM. Berthelot et Vieille [*Mém. des Poudres et Salpêtres*, 8, 7].

L'*azoture mercurique*, Az^6Hg, cristallise en longues aiguilles blanches, solubles dans l'eau, surtout à chaud; il est beaucoup plus sensible et partant plus dangereux que le fulminate de mercure.

L'azoture mercurique offre un certain intérêt au point de vue théorique, en raison de son analogie avec le fulminate.

En effet, ces deux corps ont le même poids moléculaire 284, et renferment la même dose centésimale de mercure; leur décomposition fournit les mêmes volumes de gaz permanents, ainsi qu'il résulte des équations suivantes :

$$\underset{}{C^2Az^2O^2Hg} = \underset{2\text{ vol.}}{2CO} + \underset{1\text{ vol.}}{Az^2} + \underset{1\text{ vol.}}{Hg},$$

$$Az^6Hg = \underset{3\text{ vol.}}{3Az^2} + \underset{1\text{ vol.}}{Hg}.$$

En outre, les densités de ces deux corps sont voisines, ainsi que leurs chaleurs de décomposition.

Il est donc probable que les effets de ces deux explosifs sont à peu de chose près identiques; mais, au point de vue pratique, les dérivés de l'acide azothydrique ne sauraient être appelés à remplacer le fulminate, vu leur prix de revient élevé.

L'*azoture mercureux*, Az^6Hg^2, est moins dangereux que le sel mercurique; sa décomposition explosive est d'une extrême rapidité, analogue à celle du fulminate de mercure.

L'*azoture d'ammonium*, $Az^3(AzH^4)$, est également explosif, mais son mode de combustion est relativement lent et présente les plus grandes analogies avec celui de la poudre sans fumée à base de pyroxyle pur. Dans la réaction explosive, le sel tend à se dissocier en acide azothydrique et ammoniaque; seul l'acide azothydrique subit la décomposition explosive; toutefois une certaine quantité d'ammoniaque est décomposée en azote et hydrogène; cette quantité est d'autant plus grande que la densité de chargement est plus élevée.

Au mode de décomposition observé, correspond un volume gazeux (réduit à 0° et 760 millimètres) de 1148 litres par kilogramme. Ce chiffre est *supérieur* à celui qu'on obtient pour *tous les autres explosifs connus*. Le nitrate d'ammonium, en particulier, ne donne que 976^{lit},5.

Dans l'hypothèse d'une décomposition complète de l'ammoniaque qui paraît probable aux plus hautes densités de chargement, le volume gazeux total s'élèverait même à 1488 litres; mais la chaleur dégagée serait réduite.

Dans les conditions de l'expérience, la température de déflagration peut être évaluée à 1400° environ.

Quoi qu'il en soit, les dérivés de l'acide azothydrique ne présentent actuellement qu'un intérêt théorique et ne paraissent pas appelés à se substituer aux explosifs généralement usités.

Poudres pour amorces électriques. — La plupart des poudres destinées aux amorces électriques de tension sont à base de chlorate de potassium et de sulfure d'antimoine; on y ajoute quelquefois du soufre ou du phosphore amorphe. Voici, à titre d'exemple, la composition de quelques-unes de ces poudres :

	I.	II.	III.	IV.	V.
Chlorate de potassium.	43	47	44	52	61
Sulfure d'antimoine...	43	47	44	48	36
Soufre................	14	»	»	»	»
Plombagine..........	»	»	12	»	»
Charbon de cornue....	»	6	»	»	3

Seules les poudres IV et V correspondent à une combustion complète.

Capsules d'artifice. — Ces capsules, destinées aux jouets, consistent en rondelles d'une composition explosive à base de chlorate de potassium et de phosphore amorphe, placées entre deux morceaux de papier rose. Chaque capsule renferme en général de 5 à 10 milligrammes d'explosif. Ces artifices, inoffensifs en petite quantité, sont dangereux si le poids de l'explosif dépasse quelques centaines de grammes. L'accident de la rue Béranger, du 14 mai 1878, qui coûta la vie à 14 personnes et détruisit presque entièrement deux maisons, était dû à l'explosion de 6 à 8 millions d'amorces contenant environ 64 kilogrammes d'explosif.

Amorces à friction. — Les amorces à friction sont généralement composées de deux tubes concentriques en métal; le tube central renferme la composition fulminante, formée d'un mélange de 1/3 de chlorate de potassium et de 2/3 de sulfure d'antimoine; l'intervalle entre les deux tubes est rempli de poudre noire bien tassée; le tube central est muni sur toute sa longueur d'un fil de laiton dentelé, qu'on nomme le *rugueux*, et qui dépasse l'extrémité supérieure de l'amorce. Par une traction brusque exercée sur le rugueux, on détermine l'inflammation de la composition fulminante, qui met elle-même le feu à la charge.

Amorces à dynamite. — Ces amorces diffèrent de celles dont la fabrication a été décrite dans le Dictionnaire [2, 1180], et qui sont de simples amorces d'inflammation. Les amorces à dynamite s'en distinguent par la nature de la charge, qui est formée de fulminate de mercure pur, et surtout par la quantité d'explosif qui atteint jusqu'à 1gr,5 et même davantage.

L'emploi d'aussi fortes quantités d'une matière aussi dangereuse que le fulminate de mercure exige des précautions spéciales dans le maniement des appareils de fabrication, car l'explosion d'une seule amorce peut blesser sérieusement le manipulateur. A plus forte raison ces précautions sont-elles nécessaires lorsqu'on manipule à la fois une centaine d'amorces.

Les presses sont séparées de l'ouvrier par une paroi solide en tôle faisant l'office de bouclier. Le fulminate est comprimé dans des tubes en cuivre à une pression de 260 kilogrammes environ par centimètre carré.

Lorsque le fulminate est pur et que la pression est *graduée* de façon à éviter tout choc brusque, les accidents sont très rares.

Il n'en est pas de même si un corps étranger, tel que du sable, une parcelle métallique, etc., se trouve mêlée à la composition; dans ce cas une explosion est toujours à craindre, même en observant les plus grandes précautions.

Il va sans dire que les amorces à dynamite peuvent être employées pour provoquer la détonation des autres explosifs; la force des amorces doit être d'autant plus grande que l'explosif est moins sensible. En général, une économie sur les amorces est une économie mal entendue, car on a le plus grand intérêt à assurer par une impulsion initiale violente la détonation complète des explosifs, de manière à leur faire produire le maximum d'effet utile.

L'inflammation des amorces est provoquée généralement de deux manières différentes : à l'aide des amorces électriques, ou par la mèche sous ses différentes formes (cordeau Bickford, cordeau détonant, etc.). Nous parlerons en premier lieu des amorces électriques.

Amorces électriques. — Les amorces électriques sont des artifices de mise de feu que l'on combine généralement avec l'emploi des amorces à dynamite. Elles sont très utiles pour le tirage des coups de mine dans une atmosphère où l'on soupçonne la présence du grisou, qui risquerait d'être enflammé par les gaz produits par la combustion des mèches, et pour réaliser des explosions simultanées. On a remarqué, en effet, que l'effet produit par l'explosion de plusieurs mines à la fois est plus grand que la somme des effets produits par l'explosion isolée de chaque charge. En outre, l'emploi des amorces électriques permet de provoquer l'explosion à un moment nettement déterminé, à la volonté de l'opérateur. Cette propriété, comme on peut aisément le concevoir, présente le plus grand intérêt pour les applications militaires.

On a proposé de nombreux types d'amorces électriques; ils peuvent tous se ramener à deux genres bien distincts, qu'on désigne sous le nom d'*amorces de quantité* et d'*amorces de tension*.

Les *amorces de quantité* sont constituées en principe par un fil de platine très mince, noyé dans du fulmicoton, et qui peut être porté au rouge par le passage d'un courant électrique d'intensité modérée. La figure 361 A donne une coupe de l'amorce de quantité utilisée par le génie militaire.

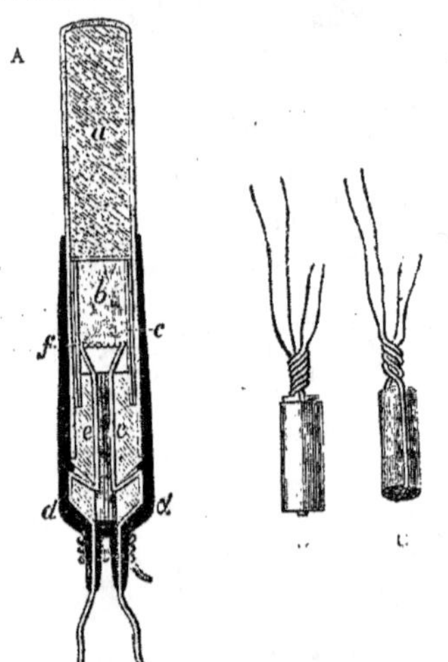

Fig. 361. — Amorces électriques.

A, amorce de quantité : *a*, capsule au fulminate; — *b*, coton-poudre; — *c*, tube en papier; — *d*, enduit Chatterton; — *e e*, noyau en bois; — *f*, spirale en fil de platine.
B, amorce de tension.
C, noyau de l'amorce de tension.

Les amorces électriques de quantité peuvent être mises en action par le courant produit par une pile, ou mieux par une petite dynamo mue à la main. La fabrication de ces amorces est délicate, surtout à cause de la fragilité de la spirale en platine qui, une fois rompue, ne laisse plus passer le courant; en revanche elles sont faciles à vérifier à l'aide d'un courant faible, impuissant à échauffer la spirale, mais suffisant pour faire dévier l'aiguille d'un galvanomètre sensible. Elles permettent ainsi avec une grande facilité la vérification du bon état du circuit électrique.

Les amorces de quantité ne sont guère employées que dans l'art militaire. On leur préfère dans l'industrie les amorces de tension, plus simples et moins coûteuses.

Les *amorces de tension* sont mises en action par une étincelle électrique, qui met le feu à une poudre à base de chlorate et de sulfure d'antimoine. Les figures 361 B et C représentent l'amorce

Scola, qui est une des plus simples et des meilleures. Elle se compose d'un noyau en bois C sur lequel les deux fils conducteurs se trouvent fixés comme l'indique la figure; sur la portion des fils appliquée contre la base on donne un léger coup de lime ou de rabot, et c'est entre les deux surfaces métalliques ainsi découvertes que la décharge se produit. L'écartement, de $0^{mm},1$ environ, est simplement constitué par l'épaisseur des deux enveloppes de soie. Sur le noyau C on enroule, en la collant, une bande de papier plus large que le noyau et qui constitue ainsi à l'extrémité un tube que l'on remplit de la composition fulminante bien tassée.

Les amorces de tension peuvent être mises en action par deux genres différents d'appareils électriques que l'on nomme *exploseurs*. On distingue entre les exploseurs *à friction*, analogues à une machine électrique à étincelles, dont la disposition est appropriée au travail des mines, et les exploseurs dits *coup de poing*, qui utilisent les courants induits. Ces deux appareils sont les plus répandus dans la pratique des mines.

Les figures 362 et 363 représentent l'exploseur Bornhardt.

Exploseur Bornhardt. — Cet appareil est une machine électrique à frottement, dont le plateau de verre est remplacé par un plateau en ébonite. Elle est enfermée dans une robuste boite en bois et munie d'une bouteille de Leyde. Le plateau est mis en mouvement au moyen d'un pignon, d'une roue dentée et d'une manivelle M.

Il existe également des machines plus puissantes, munies de deux plateaux et de deux bouteilles de Leyde.

Les dispositifs particuliers de l'exploseur sont suffisamment indiqués par le dessin et par la légende qui l'accompagne.

Pour que la machine soit tenue aussi complètement que possible à l'abri de l'humidité atmosphérique, une espèce de double-fond garni de chlorure de calcium est situé à la partie supérieure de la boîte en *ee*.

Avant d'opérer, il est utile de s'assurer du bon fonctionnement de l'appareil. A cet effet on fixe aux bornes *a* et *a'* deux petites chainettes en laiton qui aboutissent aux extrémités *cc* d'une rangée de 15 clous de tapissier fixés sur un des côtés du compartiment ouvert, et dont les têtes laissent entre elles des intervalles de 2 millimètres. Puis on fait tourner la manivelle avec une vitesse d'environ 2 tours par seconde. Une machine en bon état doit donner une étincelle en appuyant sur le bouton *b* après 10 ou 12 tours; en cas de temps très humide, on peut aller jusqu'à 20 tours. S'il ne se produit pas d'étincelle après 20 tours, l'appareil a besoin d'être réparé.

Pour procéder à la mise de feu, on détache les chainettes des bornes *a* et *a'*, et on les remplace par les extrémités des conducteurs.

Il ne reste plus alors qu'à faire tourner le plateau le nombre de tours voulu, et en appuyant ensuite sur le bouton *m* on lance le courant dans le circuit. Par mesure de sûreté, la manivelle M s'enlève à volonté; l'opérateur garde cette manivelle dans sa poche, afin d'être à l'abri de l'imprudence ou de la curiosité des ouvriers, et peut ainsi vaquer en toute sécurité à l'organisation des coups de mine.

Coup de poing Bréguet. — Cet appareil est plus commode et moins encombrant que le précédent; il est insensible à l'humidité atmosphérique et fonctionne aisément par tous les temps. En revanche, il est moins puissant et exige l'emploi d'amorces plus sensibles.

La figure 364 représente un coup de poing perfectionné, avec isolateur d'étincelle, construit par M. Ducretet.

Cet appareil est constitué par un aimant à armatures feuilletées A, sur la prolongation desquelles sont enroulées les bobines EE'; l'induction sur les bobines est produite par l'arrachement brusque d'une armature mobile *c*, en contact intime avec les noyaux fixes des bobines.

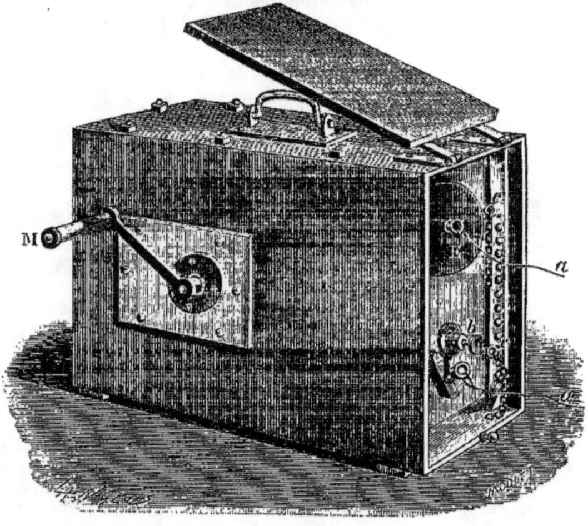

Fig. 362. — Exploseur Bornhardt.
E, disque isolant en ébonite; — M, manivelle; — *a*, *a*, conducteurs; — *b*, bouton de mise de feu; — *c*, chaîne de contrôle de l'étincelle.

Cette armature bascule sur un levier coudé L, dont on abaisse le grand bras par un énergique coup de poing appliqué sur le bouton P. L'emploi des armatures feuilletées diminue la résistance magnétique des noyaux polaires, et augmente la rapidité du déplacement du flux magnétique lors de l'arrachement du contact C.

Un ressort situé au-dessous du levier coudé L ramène la pièce C à sa position primitive. Un verrou V, qui vient se fixer dans la gâche *r*, permet de caler l'armature mobile C lorsqu'on transporte l'appareil.

Lors de l'arrachement de l'armature C, l'étincelle se produit entre R et la tige T, dans un tube en verre M, bouché par une monture flexible en caoutchouc. Ce dispositif est employé dans les mines grisouteuses.

Pour produire le maximum de longueur d'étincelle, ou, ce qui revient au même, un courant de force électromotrice maxima, il faut produire l'arrachement de l'armature C par un choc aussi brusque que possible.

Rappelons ici la cause de ces étincelles d'extra-courant et l'utilité du circuit sur lequel elles éclatent. C'est à Bréguet qu'on doit cette combinaison. Elle a pour but de ne lancer le courant de l'exploseur dans le circuit extérieur qu'à une certaine limite de la course d'arrachement de l'armature mobile, au moment où l'on rompt un court-circuit placé en dérivation sur les extrémités du fil induit, et dans lequel un courant intense était déjà produit pendant la première phase de l'arrachement. La rupture du court-circuit donne naissance à une force contre-électromotrice d'induction, de sens contraire à celle du courant actuel, qui, par suite, ajoute ses effets à ceux du courant direct des bobines de l'exploseur dans le circuit extérieur. Les deux courants d'induction directe et de self-induction sont lancés dans les amorces.

Les effets de la charge statique du câble qui relie l'exploseur aux trous de mine, agissant comme condensateur pendant la première phase de l'arrachement de l'armature, et les dispositions du circuit des amorces influent sur la valeur de la décharge totale. Aussi est-il nécessaire de régler le mécanisme qui commande la rupture du court-circuit d'après les conditions du circuit extérieur. Ce réglage s'effectue très facilement en cherchant la position correspondante au maximum de longueur d'étincelle, le câble étant monté sur l'exploseur.

Pour cela, on agit sur une vis de réglage située en R, et non visible sur la figure, et on détermine le maximum de longueur d'étincelle à l'aide d'un mesureur micrométrique d'étincelles.

Nous ne devons pas omettre de dire qu'ici, comme pour la force des amorces, il est utile de se servir d'un appareil beaucoup plus puissant que ne l'exigerait la pratique courante. On diminue ainsi dans une large mesure les ratés.

Mèches et cordeaux détonants. — Nous venons de décrire ci-dessus les procédés électriques pour la transmission du feu; ce qui caractérise ce mode d'opérer, c'est l'instantanéité de la réaction, qui peut toujours être produite à volonté.

Malgré l'avantage des procédés électriques de mise de feu, on se sert plus souvent, dans la pratique des mines, de mèches à combustion lente.

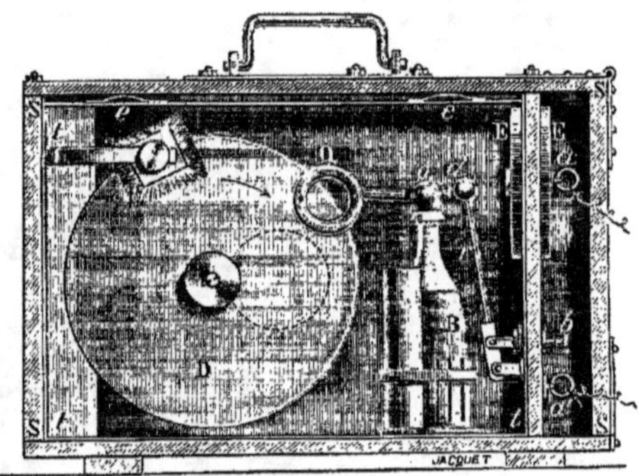

Fig. 363. — Exploseur Bornhardt. (Coupe.)

B, bouteille de Leyde; — D, disque en ébonite; — P, frottoirs en peau de chat; — Q, collecteur; — E E, disques en ébonite; — S, cage en bois; — *t t*, cage intérieure en tôle; — *a*, *a'*, conducteurs; — *b*, bouton de mise de feu; — *d*, excitateur; — *e*, couvercle en ébonite; — *o*, armature intérieure du condensateur; — *r*, tige de l'excitateur.

Pour les applications militaires, on emploie, tantôt les artifices à combustion lente, tantôt ceux à combustion rapide; de toutes manières, les procédés pyrotechniques par lesquels on donne le feu à un fourneau de mine doivent être agencés de telle sorte qu'entre le moment de l'inflammation des artifices de transmission et celui de l'explosion il s'écoule un laps de temps nettement déterminé, variable à volonté et suffisant dans tous les cas pour permettre à l'opérateur de se mettre à l'abri des effets de l'explosion.

Fusée lente ou *cordeau Bickford.* — Cet artifice est formé par un filet continu de poudre fine fortement tassée dans un canal de 2 millimètres existant au centre d'une corde, composée elle-même de deux enveloppes en étoupe, en jute, ou en fil de coton, enroulées l'une sur l'autre en spirale et en sens contraire. Le diamètre extérieur de la corde est d'environ 5 millimètres.

Elle se fabrique en laissant s'écouler la poudre par un entonnoir dans un tube formé de fils enroulés en spirale par une machine appropriée, au fur et à mesure de l'enroulement du fil. La mèche ainsi formée est recouverte d'une seconde tresse dans une autre machine, passée dans un bain de goudron et saupoudrée de kaolin.

Lorsqu'il s'agit de préparer le cordeau destiné à être employé sous l'eau, on le recouvre d'une couche de gutta-percha.

La fusée lente brûle régulièrement avec une vitesse de 1 mètre en 90 secondes. Pour amorcer un fourneau de mine avec le cordeau Bickford, on le coupe nettement avec un outil approprié qu'on nomme *pince de mineur.* On l'introduit dans l'amorce au fulminate et on sertit l'amorce avec la pince, de manière à la fixer solidement au cordeau; l'amorce ainsi munie du cordeau est ensuite introduite dans la cartouche de dynamite qui sert de détonateur.

Lorsqu'il s'agit de mettre le feu à une mine chargée de poudre noire, on supprime naturellement l'amorce de fulminate et on plonge le cordeau Bickford au sein de la charge de poudre.

Fusée instantanée ou *cordeau porte-feu.* — Cette fusée est formée de trois brins de *mèche à étoupilles* serrés dans une première enveloppe de toile cirée par un tressage de brins de coton ou par un fil tourné en hélice. Le tout est recouvert d'une enveloppe de caoutchouc soudée à la benzine, puis consolidée par une armature extérieure de fortes ficelles, disposées les unes longitudinalement pour résister à la traction, les autres en un tressage protégeant la gaine de caoutchouc; son diamètre est d'environ 10 millimètres.

La fusée instantanée supporte sans se rompre un poids de 140 kilogrammes, et résiste à une immersion dans l'eau prolongée pendant plusieurs mois. Allumée, elle détone sans fuser, en produisant un bruit analogue à celui d'un fort coup de fouet; sa vitesse de combustion est d'environ 100 mètres par seconde.

Par les temps très froids, l'enveloppe devient dure et parfois cassante; on lui rend sa souplesse par un séjour de quelques heures dans un endroit chaud.

La *mèche à étoupilles*, qui sert à confectionner la fusée instantanée, se compose de 3 ou 4 fils de coton, complètement imprégnés de pâte de pulvérin dense et saupoudrés de pulvérin. La pâte de pulvérin se prépare avec l'eau-de-vie gommée, pour assurer l'adhérence du pulvérin à la fibre textile; la dessiccation de la mèche se fait à la température ordinaire. Cet artifice brûle à l'air libre avec une vitesse de 6 centimètres et demi par seconde.

Tubes et cordeaux détonants. — Les tubes détonants sont composés d'une âme en coton-poudre comprimé par étirage et enfermé dans un tube en plomb ou en étain.

Le coton-poudre est préparé en partant d'hydrocellulose; il n'est pas possible en effet d'employer dans ce but le coton-poudre ordinaire, qui, malgré le déchiquetage qu'il subit à la pile à défiler, est encore en filaments microscopiques qui ont une tendance à se feutrer à la compression; au contraire, le fulmicoton provenant de l'hydrocellulose est amorphe, et se prête très bien à la fabrication des tubes détonants.

La fabrication de cet artifice est relativement simple: On remplit un tube en plomb ou en étain, d'un certain diamètre, de coton-poudre pulvérulent et on le passe à une filière à trous de diamètre régulièrement décroissant, jusqu'à ce que le tube ait un diamètre extérieur de 4 millimètres. Si on veut obtenir un bon résultat, il est nécessaire d'effectuer avec le plus grand soin

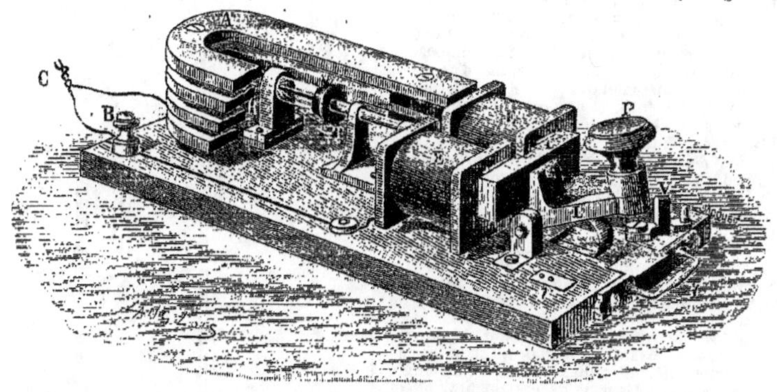

Fig. 364. — Coup de poing Bréguet.

A, aimant à armatures feuilletées; — B, borne; — C, conducteurs; — c, armature mobile; — E, E', bobines; — L, P, levier coudé fixé à l'armature; — M, tube en verre pour isoler l'étincelle; — R, pièce métallique en communication avec une extrémité du fil des bobines; — T, tige mobile rappelée en arrière par un ressort en communication avec l'autre extrémité du fil des bobines; — Y, poignée servant au transport; — r, gâche du verrou de sûreté V.

et très régulièrement le remplissage à l'origine.

On y arrive en introduisant l'explosif par petites portions et en tassant soigneusement par des coups répétés sur les parois du tube, autant que possible au niveau de la charge. Le chargement est effectué à une densité moyenne de 0,4; il doit se faire à l'abri de l'humidité, et le coton-poudre doit être très sec et chaud.

Le tube en plomb une fois terminé est recouvert d'une enveloppe tressée en chanvre. Les tubes en étain peuvent être employés sans enveloppes protectrices.

Les tubes détonants se distinguent des artifices de mise de feu ci-dessus décrits par leur mode d'emploi. Ils exigent en effet l'intervention d'une amorce au fulminate. Si on se borne à enflammer l'âme de coton-poudre au moyen d'un corps en ignition, l'explosif brûle en fusant, et la combustion s'arrête à quelques centimètres du bout enflammé. Si, au contraire, on fixe par un artifice quelconque au bout d'un tube détonant une capsule de fulminate, munie de son moyen de mise de feu, bout de mèche lente Bickford ou amorce électrique, la détonation se propage dans le tube avec une vitesse de 3500 à 5000 mètres par seconde; elle est accompagnée de la production d'un nuage blanchâtre, dû à la pulvérisation de l'enveloppe métallique; en un mot, l'artifice fait explosion sous le régime de l'onde explosive et peut, par conséquent, transmettre la détonation à d'autres explosifs, tels que la dynamite, ou simplement enflammer la poudre noire.

On peut, avec certaines précautions et dispositions spéciales, embrancher et ramifier les tubes ou cordeaux; la détonation provoquée sur l'une des branches se transmet aux autres avec la même rapidité [*Mémorial des Poudres et Salpêtres*, 2, 36].

Cordeau détonant au fulminate. — Si dans la préparation de la fusée instantanée on remplace le pulvérin de la mèche à étoupilles par du fulminate de mercure, on obtient un cordeau détonant, dont la vitesse de détonation atteint 5000 mètres par seconde. Cet artifice est en usage dans l'armée autrichienne.

ANALYSE ET MODE D'ESSAI DES EXPLOSIFS.

Nous avons examiné sommairement dans la partie théorique les conditions auxquelles doit satisfaire une matière explosive, tant au point de vue de sa fabrication que de ses propriétés, pour permettre son emploi sur une échelle industrielle, aussi bien dans l'industrie proprement dite que dans l'art militaire. Nous reviendrons dans ce chapitre avec plus de détails sur l'analyse chimique et sur le mode d'essai des explosifs.

L'analyse chimique est complétée d'autre part par certaines mesures d'ordre physique, telles que chaleur dégagée, volume gazeux, ainsi que par l'analyse des produits de l'explosion.

Le mode d'essai proprement dit varie suivant l'emploi de l'explosif et sa nature; il se rapproche autant que possible du mode d'emploi pratique et nécessite un outillage spécial à ces sortes de recherches; il en est de même, dans une certaine mesure, pour la détermination des constantes physiques.

L'analyse chimique, en revanche, n'exige généralement que le matériel usuel des laboratoires, ou tout au moins des appareils constitués par les éléments ordinaires de l'outillage du chimiste.

Deux cas peuvent se présenter relativement à l'analyse d'un explosif : 1° la composition ou mieux la nature de l'explosif est connue, au moins qualitativement ; 2° on a affaire à un explosif dont on ne connaît pas la nature. Dans le premier cas, on applique les méthodes propres à la détermination quantitative des éléments composant l'explosif. Dans le second, on procède d'abord à une analyse immédiate, qui permet de déterminer la nature de l'explosif, et on dose ensuite, si cela est nécessaire, chaque élément actif séparément.

L'analyse quantitative d'un explosif est une opération délicate, qui demande à être conduite avec prudence; elle n'est pas exempte de dangers, surtout lorsqu'on opère sur une certaine quantité de substance.

Il importe donc en premier lieu de se débarrasser le plus rapidement possible de la partie explosive par elle-même, par exemple dans le cas d'une analyse de dynamite; on peut alors procéder en toute sécurité à l'examen de la partie restante.

Pour les explosifs de juxtaposition, le danger de l'analyse est beaucoup moindre, car le dissolvant employé détruit ordinairement le mélange, dont les composants sont généralement inoffensifs : c'est le cas, par exemple, pour l'analyse des poudres noires et des explosifs à base de nitrate d'ammonium, exempts de coton-poudre ou de nitroglycérine.

Nous décrirons successivement l'*analyse des dynamites, des cotons-poudres et de leurs dérivés* (poudres sans fumée), des *poudres au nitrate d'ammonium*, en tant que ces analyses exigent des méthodes spéciales, ne rentrant pas dans le cadre des méthodes analytiques usuelles.

Analyse des dynamites. — *Analyse de la dynamite à base inerte.* — L'analyse de la dynamite à base inerte repose sur l'emploi de l'éther comme dissolvant ; ce corps, mis en contact avec la dynamite, s'empare de la nitroglycérine et des corps organiques; par évaporation du dissolvant, on obtient la nitroglycérine, qu'il est facile de caractériser par ses propriétés explosives.

Il est bon, avant de procéder à l'analyse qualitative de la dynamite, de s'assurer par un essai préliminaire du genre d'explosif auquel on a affaire. En général, pour un chimiste exercé à ce genre de manipulation, le simple aspect de la substance donne des indications suffisantes.

L'analyse quantitative de la dynamite ordinaire, formée de kieselguhr et de nitroglycérine, s'exécute comme suit : La dynamite est pesée dans un petit verre de Bohême et séchée sur le chlorure de calcium dans un dessiccateur jusqu'à poids constant. Le verre de Bohême est ensuite introduit dans le tube B de l'appareil d'extraction représenté par la figure 365. On remplit le ballon A à moitié avec de l'éther et on le chauffe en le plongeant dans de l'eau maintenue à 50°; les vapeurs d'éther montent dans le réfrigérant E par le tube D, se condensent et l'éther s'écoule dans le verre de Bohême renfermant la dynamite. Lorsque le niveau de l'éther dans le tube B atteint la branche supérieure du siphon C, celui-ci s'amorce et la totalité du liquide contenu dans B et chargé de nitroglycérine s'écoule dans le ballon A. L'éther s'évapore en abandonnant la nitroglycérine, et cette opération, qui se répète automatiquement un certain nombre de fois, enlève la totalité de la nitroglycérine contenue dans la dynamite. Le contenu du ballon A est versé dans un verre de Bohême, et l'éther évaporé au bain-marie à une douce température; le verre de Bohême contenant la nitroglycérine est abandonné dans le vide au-dessus de chlorure de calcium, jusqu'à poids constant.

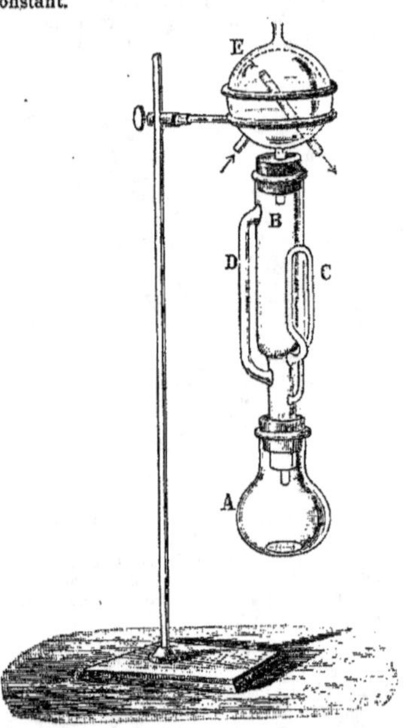

Fig. 365. — Appareil pour l'analyse de la dynamite.

A, ballon recevant l'éther chargé de nitroglycérine ; — B, tube d'extraction ; — C, siphon de déversement ; — D, tube de dégagement des vapeurs ; — E, réfrigérant ascendant.

Si la dynamite à analyser renferme des résines et de la paraffine, on traite la nitroglycérine obtenue par extraction à l'éther par une dissolution de carbonate de sodium à la température du bain-marie; la résine se dissout, on décante, on lave à l'eau distillée, on précipite la résine par l'acide chlorhydrique, on filtre, on lave et on pèse après dessiccation.

La paraffine restant en dissolution dans le résidu du traitement au carbonate de sodium peut être isolée par l'alcool, qui ne dissout que la nitroglycérine.

Examen du résidu insoluble dans l'éther. — La partie insoluble dans l'éther peut renfermer les corps suivants : nitrates ou chlorates métalliques, carbonates, matières organiques, telles que bois, sciure, etc. On commence par sécher ce résidu à 100° et on le pèse; on le traite ensuite par l'eau bouillante, qui dissout les sels solubles. Le résidu est séché, pesé et incinéré : la différence de poids entre les cendres et le résidu extrait à l'eau bouillante donne la matière organique. Quant aux sels contenus dans l'extrait aqueux, on en fait l'analyse quantitative par les méthodes usuelles, que nous pouvons nous dispenser de décrire ici.

Analyse des dynamites à base active. — Nous supposerons le cas le plus complexe, c'est-à-dire l'examen d'une dynamite formée de nitroglycérine, de nitrocellulose et d'autres corps, tels que la *gélignite*.

On pèse 5 grammes de substance convenablement divisée à l'aide d'une spatule en corne et on l'introduit dans une fiole contenant 200 centimètres cubes d'éther à 56° (mélange d'éther et d'alcool).

La nitroglycérine et le coton-poudre entrent en dissolution; on abandonne le liquide à la température ordinaire pendant 24 heures, pour être certain de dissoudre la totalité de la matière explosive; on précipite les nitrocelluloses par le chloroforme en excès, on filtre et on détermine la teneur en nitroglycérine du liquide filtré, comme il a été dit ci-dessus. Le résidu, insoluble dans l'éther à 56°, est traité par l'eau bouillante, qui dissout les sels métalliques; si l'explosif renferme des carbonates insolubles ou de la magnésie, on opère l'extraction avec de l'eau acidulée à l'acide chlorhydrique; le résidu insoluble dans l'eau renferme la poudre de bois.

Quant à la matière saline, elle est analysée par les méthodes usuelles.

Pour déterminer la nature de la nitrocellulose employée, on procède à un dosage d'azote, comme nous le verrons plus loin à propos de l'analyse du coton-poudre.

Si la dynamite renferme du camphre, ce qui est le cas pour certaines dynamites-gommes, on évapore l'extrait éthéré et on traite le résidu par le sulfure de carbone; le camphre seul se dissout; on sépare la nitroglycérine par décantation.

Épreuve de chaleur. — L'épreuve de chaleur s'effectue comme pour le coton-poudre (voyez plus loin) à l'aide du papier à l'amidon ioduré. Pour cela, il est nécessaire de mettre en liberté la nitroglycérine, ce qui s'exécute en se basant sur le déplacement de cette dernière par l'eau.

Dans un tube à essai, effilé d'un bout, on introduit de la dynamite, qu'on comprime légèrement de manière à constituer une sorte de couche filtrante. On verse sur la dynamite une certaine quantité d'eau distillée, chauffée vers 80-90°; l'eau s'infiltre dans la dynamite, déplace couche par couche la nitroglycérine qui s'écoule par le bout effilé du tube, et qui est recueillie dans un tube à essai. L'épreuve de chaleur s'exécute avec 2 centimètres cubes. Une nitroglycérine de bonne qualité résiste pendant 1 heure à une température de 80° sans dégager de vapeur nitreuse.

Le mode d'extraction de la nitroglycérine mentionné ci-dessus est un moyen commode pour se procurer de la nitroglycérine avec un produit commercial, tel que la dynamite. En opérant avec précaution sur des quantités assez grandes, on obtient une nitroglycérine très pure et exempte d'eau, si on a soin de recueillir à part les trois premiers quarts de la nitroglycérine déplacée par l'eau.

Analyse du coton-poudre. — Le coton-poudre n'est jamais constitué par une espèce chimique unique : c'est un mélange d'éthers nitriques de la cellulose; l'éthérification est plus avancée pour les cotons de guerre que pour le coton-poudre à dynamite ou coton-collodion. On pourra donc, par une détermination de la teneur en azote, reconnaître à quelle sorte de coton-poudre on a affaire.

Le dosage d'azote s'effectue par la méthode due à M. Schlœsing, qui repose sur la transformation par le chlorure ferreux des éthers nitriques en bioxyde d'azote.

Voici quel est le mode opératoire : Dans un ballon de 150 centimètres cubes muni d'un tube de dégagement pour les gaz et d'un tube d'arrivée plongeant profondément, on introduit 25 grammes de sulfate ferreux pur en poudre et 0gr,7 à 0gr,8 de coton-poudre imbibé d'acide chlorhydrique. On achève de laver la capsule dans laquelle on a pesé l'explosif, l'agitateur et le col du ballon, avec 70-80 centimètres cubes d'acide chlorhydrique. Après avoir mélangé le tout par agitation et mis en place le bouchon muni de ses tubes, on fait arriver un courant d'acide carbonique et on réunit le tube de dégagement à un tube gradué placé dans une cuve à mercure. On introduit dans ce tube à l'aide d'une pipette recourbée une certaine quantité de potasse caustique en dissolution concentrée, et on maintient le courant d'acide carbonique jusqu'à ce que le gaz soit complètement absorbé par la potasse. On chauffe alors doucement le ballon en agitant de temps en temps; l'attaque du coton-poudre se produit à l'ébullition; le liquide devient d'un noir intense et le dégagement de bioxyde d'azote se produit rapidement; au bout de 10 minutes environ, il est terminé et le liquide du ballon, privé par ébullition du bioxyde d'azote, prend la teinte rouge des sels ferriques. On balaye alors les traces de gaz qui peuvent rester dans le ballon par un courant d'acide carbonique, et on transporte la cloche graduée dans une grande éprouvette contenant de l'eau ordinaire; la lessive de potasse et le mercure s'écoulent et sont remplacés par de l'eau pure; on peut faire la lecture du volume gazeux et calculer les résultats par les méthodes usuelles.

On a proposé plusieurs autres méthodes pour le dosage de l'azote dans le coton-poudre : les unes ne sont que des modifications de la méthode Schlœsing; les autres sont moins exactes et plus difficiles à appliquer. Il nous paraît inutile de nous étendre davantage sur ce chapitre, la méthode ci-dessus décrite étant exacte à 1 0/0 près, ce qui est suffisant pour tous les besoins de la pratique.

Détermination du coton-poudre soluble. — Les cotons de guerre renferment souvent une certaine proportion de coton-collodion, soluble dans l'éther à 56° Baumé. Pour déterminer la proportion de nitrocellulose soluble, on fait digérer pendant 6 heures 3-3gr,5 de coton-poudre dans 150 centimètres cubes d'éther alcoolisé contenu dans une éprouvette bouchée de 200 centimètres cubes; on agite fréquemment pour faciliter la dissolution du coton-poudre et on laisse déposer. A l'aide d'une pipette jaugée, on soutire une portion aliquote, par exemple 50 centimètres cubes du liquide, en ayant soin de prélever ces 50 centimètres cubes sur la couche supérieure limpide; on évapore le dissolvant, on pèse le résidu et on multiplie par 3 le résultat; la teneur en pyroxyle insoluble est déterminée par différence.

Détermination de la cellulose non nitrée. — Dans le cas des cotons à collodion, on peut avoir par insuffisance de nitration une certaine quantité de cellulose non éthérifiée, qui a échappé à la réaction.

Pour déterminer la teneur d'un pyroxyle en cellulose non nitrée, on pèse 5 grammes du produit à analyser et on le fait bouillir pendant une demi-heure avec une dissolution saturée de sulfure de sodium ; on abandonne au repos pendant 24 heures, on décante et on répète le traitement du résidu insoluble comme ci-dessus avec une nouvelle quantité de dissolution de sulfure de sodium. Le liquide est jeté sur un filtre en toile taré, on lave le précipité successivement à l'eau bouillante, à l'acide chlorhydrique étendu et de nouveau à l'eau bouillante, on le dessèche à l'étuve chauffée à 50-60°.

Épreuve de chaleur. — Cette épreuve a pour but de constater la rapidité d'altération du coton-poudre sous l'influence de la chaleur. Elle repose sur la mise en liberté de la vapeur nitreuse, que l'on décèle par un papier ioduré. Ce mode d'essai s'applique en général à tous les explosifs constitués par des éthers nitriques (nitroglycérine, nitromannite, etc.).

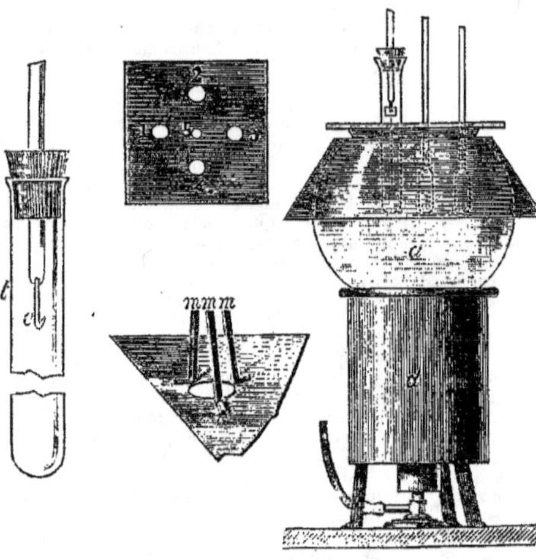

Fig. 366. — Épreuve de chaleur.

a, vase sphérique en verre ; — *d*, support du vase *a* ; — 5, trou recevant le thermomètre ; — 3, trou recevant un régulateur de température ; — 4, trou recevant un entonnoir ; 1, 2, trous recevant les tubes d'épreuve contenant le coton-poudre à essayer ; — *m m m*, fils de cuivre servant à soutenir les tubes d'épreuve ; — *t*, tube d'épreuve ; — *c*, crochet en platine supportant le papier d'épreuve.

L'outillage usité par ces sortes d'essais est représenté par la figure 366.

Le vase sphérique en verre *a*, sans col, a environ 20 centimètres de diamètre ; on le remplit d'eau jusqu'à 1 centimètre du bord supérieur ; il est muni d'un couvercle, formé d'une simple feuille de cuivre percée de trous et chauffé par une lampe à gaz ou à alcool. Une toile métallique régularise la température et le foyer est entouré en outre d'un manchon cylindrique *d*.

Le couvercle a cinq trous, disposés comme le montre la figure 366.

Le trou central reçoit un thermomètre, un second trou reçoit un régulateur de température, le troisième trou un petit entonnoir, et les deux derniers les tubes d'épreuve contenant le coton-poudre à essayer.

Autour de ces deux derniers trous, sur la face inférieure du couvercle, sont soudés trois bouts de fil de cuivre *m, m, m*, qui vont en se rapprochant légèrement vers le bas et, agissant comme ressorts, servent à soutenir les tubes d'épreuve à la hauteur que l'on désire.

La partie supérieure du vase est recouverte d'un abat-jour en papier gris commun.

Les tubes d'épreuve *t* ont 15 millimètres de diamètre et 120 à 150 millimètres de longueur ; ils sont munis de bouchons traversés par une baguette en verre se terminant par un crochet en platine destiné à supporter le papier d'épreuve. Ce papier est préparé comme suit : 3 grammes d'amidon blanc sont additionnés de 250 centimètres d'eau et le mélange est agité et chauffé jusqu'à l'ébullition ; on dissout, d'autre part, 1 gramme d'iodure de potassium dans 250 centimètres cubes d'eau et on mélange les deux dissolutions. On plonge dans le mélange ainsi préparé des feuilles de papier filtre blanc, on fait égoutter et sécher et on conserve dans des flacons bien bouchés. On prend ensuite 1gr,3 de coton-poudre lavé et bien sec, on l'introduit dans le tube d'épreuve en le tassant légèrement ; on ferme le tube avec un bouchon librement ajusté.

L'eau du vase *a* est chauffée à 64-65°, le tube est engagé dans le trou du couvercle et plongé dans l'eau chaude jusqu'à la profondeur de 7 centimètres environ. On fixe une bandelette de papier d'épreuve au crochet *c* de la baguette de verre et on mouille la partie inférieure de la bandelette avec une goutte d'eau distillée additionnée de 1/10 de glycérine pure, de façon à mouiller seulement la moitié du papier.

Le premier bouchon est ensuite retiré du tube d'épreuve et remplacé par le bouchon portant la baguette, et l'on maintient le papier d'épreuve aussi près que possible du haut du tube, jusqu'à ce que le tube d'épreuve ait subi 5 ou 6 minutes d'immersion.

Au bout de ce temps, un anneau de vapeur d'eau se dépose sur le tube d'épreuve, un peu au-dessus du couvercle du bain ; on doit alors abaisser la baguette de verre jusqu'à ce que la limite inférieure de la partie mouillée du papier soit au niveau du bas de l'anneau humide du tube. On observe alors ce papier attentivement ; l'épreuve est terminée quand une très faible coloration brune fait son apparition sur la ligne de démarcation entre la partie sèche et la partie mouillée du papier.

L'intervalle de temps entre le premier moment où l'on plonge dans l'eau à 65° le tube contenant le coton-poudre et le moment où se produit la coloration brune du papier est ce qui constitue l'épreuve.

Le coton-poudre de bonne qualité résiste à l'épreuve à 80° pendant une demi-heure.

Analyse des poudres sans fumée. — Nous prendrons comme exemple le cas le plus complexe, c'est-à-dire l'analyse d'une poudre renfermant de la nitroglycérine, du pyroxyle à différents degrés de nitration et des nitrates métalliques.

On commence par pulvériser la poudre, ce qui peut s'exécuter aisément dans un moulin à café ordinaire. Si la poudre est molle, on la divise aussi bien que possible par un procédé quelconque ; on dose l'humidité par exposition dans le vide sur l'acide sulfurique. La matière sèche est alors traitée par l'éther pur, qui dissout la nitroglycérine, — le résidu insoluble dans l'éther pur est traité par le mélange d'alcool et d'éther, ce qui donne la teneur en pyroxyle soluble, — enfin le résidu, qui est constitué par le pyroxyle à haute teneur en azote et les nitrates métalliques est épuisé par l'eau bouillante. La dissolution est évaporée et les matières minérales y sont dosées par les procédés analytiques usuels. Le résidu du traitement à l'eau bouillante ne renferme plus que le pyroxyle insoluble dans le mélange d'alcool et d'éther; il peut contenir également de la cellulose non nitrée ou toute matière organique insoluble dans les dissolvants qui ont été employés. Dans ce cas, et un dosage d'azote met sur la voie de ces impuretés, on traite le résidu par l'acétone, qui dissout le coton de guerre et laisse les autres matières.

Nous renvoyons pour les détails du mode opératoire à ce qui a été dit pour l'analyse des cotons-poudres et des explosifs à base de nitroglycérine.

Analyse des poudres à base de nitrate d'ammonium. — En nous reportant à ce qui a été dit précédemment, il sera facile d'adopter un mode d'analyse des poudres à base de nitrate d'ammonium.

Dans le cas d'un mélange à base de nitroglycérine, la première opération est une extraction par l'éther.

Si on a affaire à un mélange de nitrate d'ammonium et de pyroxyle, on traite le produit successivement par l'éther alcoolisé et par l'acétone pour éliminer la matière organique.

Pour un explosif Favier, on traite par l'éther; les hydrocarbures nitrés se dissolvent. On évapore l'éther et on cherche à caractériser la nature de la matière organique par ses propriétés physiques et chimiques en la comparant à un type.

Le traitement aux dissolvants organiques laisse comme résidu les matières minérales (nitrate et chlorure d'ammonium, nitrate de sodium, etc.). Nous rentrons ici de nouveau dans le cas de l'analyse quantitative usuelle.

Analyse des amorces. — Sauf les amorces renfermant du fulminate de mercure, ces artifices sont formés par des explosifs de juxtaposition qui sont détruits par l'eau. L'analyse de ces mélanges est donc ramenée à celle d'une matière minérale quelconque.

En ce qui concerne les amorces à base de fulminate de mercure, on peut déterminer la teneur en matières étrangères en mélangeant l'explosif avec un poids déterminé et en grand excès d'un corps inerte, tel que le sable, et en incinérant le tout. ce qui, en éliminant le fulminate, permet de déterminer d'une manière approximative la composition du mélange par l'examen des produits de la déflagration.

En général, l'essai des amorces, surtout des amorces à dynamite, se fait principalement au point de vue de l'aptitude à provoquer la détonation et d'une manière empirique, comme nous le verrons plus loin.

Analyse d'un explosif de composition inconnue. — Avant de procéder à la détermination chimique de la nature de l'explosif à examiner, il est très important de procéder à des essais préliminaires.

Le chimiste quelque peu familiarisé avec l'étude des matières explosives reconnaîtra généralement à première vue le genre d'explosif auquel il aura affaire par l'examen sommaire de ses propriétés physiques, aspect, densité, etc.

Les précautions nécessaires pour l'analyse d'un explosif de composition connue s'imposent avec encore plus de force pour l'examen d'une matière dont on ignore la nature.

On détermine d'abord la sensibilité de l'explosif au choc à l'aide du mouton, qu'on fait tomber de hauteurs variables sur la matière contenue dans une petite capsule hémisphérique en tôle très mince. On examine ensuite l'influence de la chaleur en opérant comme il a été dit précédemment. Ces essais préliminaires permettent de se rendre compte de la nature de l'explosif. La détermination de la densité apparente et réelle et l'examen des cendres provenant de la déflagration donnent également des indications importantes.

On traite alors une petite quantité de matière par l'éther, qui dissout la plupart des matières organiques, sauf toutefois les nitrocelluloses.

L'examen du résidu d'évaporation de la dissolution éthérée permet de se rendre compte si l'explosif renferme de la nitroglycérine, facilement reconnaissable à ses propriétés détonantes.

On épuise par l'eau le résidu du traitement par l'éther, et on examine le résidu insoluble au microscope; la présence du coton-poudre se manifeste avec facilité par un examen attentif, les fibres du coton qui a subi la nitration conservant en partie leur aspect caractéristique.

Si la dissolution éthérée évaporée donne un résidu ne contenant pas de nitroglycérine, on a affaire à un explosif de juxtaposition, probablement à base de nitrate d'ammonium; l'extrait aqueux permet de se renseigner sur ce point.

Les résultats obtenus par l'extraction à l'eau et à l'éther sont suffisants pour déterminer la classe de l'explosif à analyser. On procède alors à la détermination quantitative, comme il a été exposé ci-dessus.

Au cas où l'on soupçonne la présence de fulminate de mercure, on traite la matière par l'acide chlorhydrique qui détruit le fulminate avec formation de chlorure mercurique, et on recherche le mercure dans la dissolution.

Mode d'essai des explosifs. — La détermination de la valeur d'un explosif comprend une série de déterminations assez complexes dont nous citerons les principales : Mesure de la chaleur dégagée, du volume des gaz, des pressions aux différentes densités de chargement, de la vitesse de détonation; étude de la sensibilité au choc et à la chaleur, de l'aptitude à la détonation, mesure de la force.

Comme nous le verrons plus loin, cette dernière détermination est susceptible de beaucoup varier quant au mode opératoire, suivant que l'on se propose d'appliquer l'explosif dans les armes comme poudre propulsive, dans les carrières de roches tendres ou dures, etc.

Nous allons passer en revue ces différentes déterminations.

Mesure de la chaleur dégagée. — La mesure de la chaleur dégagée par la décomposition explosive présente une très grande importance; en effet c'est cette quantité de chaleur qui détermine le potentiel de l'explosif par la dilatation des gaz produits par l'explosion et le travail qu'ils sont susceptibles d'effectuer par leur détente.

Cette détermination s'exécute au moyen de la bombe calorimétrique de M. Berthelot.

La figure 367 représente cet appareil. Il est composé de deux parties principales, le calorimètre et la bombe proprement dite A A'. Le dessin représente la bombe servant à la détermination de la chaleur dégagée par les mélanges gazeux explosifs, qui sont enflammés à l'aide d'une étincelle électrique; pour les corps solides ou liquides, on emploie un dispositif un peu différent, représenté par la figure 368.

La bombe calorimétrique pour l'étude des gaz détonants est formée d'un récipient A' et d'un couvercle A vissé sur le premier; les deux parties de l'appareil sont en tôle d'acier fortement dorée à l'intérieur ou munies d'une chemise en platine mince. Ce revêtement en métal précieux est indispensable pour éviter une attaque rapide des parois par les vapeurs corrosives qui se produisent souvent pendant les expériences; la surface extérieure de la bombe est nickelée pour en empêcher l'oxydation.

Le couvercle porte latéralement un ajutage d'ivoire isolant traversé par un fil de platine *f*, lequel est pourvu d'un petit pas de vis qui l'assujettit dans l'ivoire. C'est par ce fil que l'on fait passer l'étincelle électrique qui met le feu au mélange détonant.

Un dispositif de tubes et de robinets permet d'introduire le mélange gazeux dans la bombe et d'évacuer ensuite les gaz formés par l'explosion, afin de les analyser.

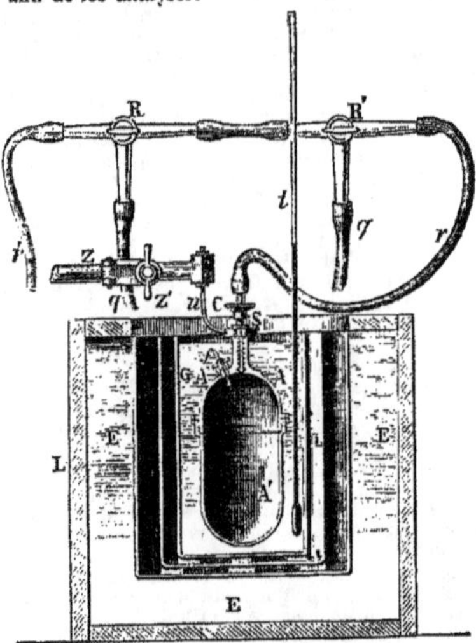

Fig. 367. — Bombe calorimétrique suspendue dans le calorimètre.

A', corps de la bombe; — A A, couvercle de la bombe; — *f*, fil de platine servant à conduire l'étincelle électrique; — E E, double enceinte en fer-blanc remplie d'eau; — G, calorimètre en platine; — C, couvercle du calorimètre; — *t*, thermomètre; — L, enveloppe de feutre épais appliquée sur l'enceinte de fer-blanc; — L, enceinte argentée; — S, robinet à vis.

Lorsqu'on veut étudier la chaleur dégagée par la détonation des explosifs solides, on se sert de l'appareil représenté par la figure 368. La bombe calorimétrique se compose d'une boîte cylindrique H terminée à une de ses extrémités par une calotte sphérique. Cette pièce en fer forgé, obtenue par emboutissage, présente une grande résistance malgré son peu d'épaisseur. Elle est fermée à sa partie supérieure par une cuvette à fond plat E. Le joint s'établit par les surfaces coniques ménagées sur les deux pièces et rodées l'une sur l'autre; le serrage est fait au moyen de l'écrou E. La cuvette porte un appendice dans lequel est disposé un robinet à pointe C, percé d'un canal intérieur; elle présente également un renflement dans lequel est percé un trou conique qui reçoit le cône de mise de feu. Ce cône est métallique et isolé du corps de la bombe par une mince couche de vernis à la gomme laque, de sorte qu'il est possible de faire rougir au moyen d'un courant électrique un fil fin tendu entre la tige du cône isolé et la borne G fixée sur la cuvette. On met ainsi le feu à la charge. Cet appareil permet de recueillir les gaz provenant de l'explosion et d'en mesurer le volume.

Les appareils que nous venons de décrire sont d'un prix élevé, à cause de la quantité relativement grande de platine qu'ils exigent. M. Malher a imaginé une bombe calorimétrique basée sur les mêmes principes et qui diffère de la bombe calorimétrique de M. Berthelot principalement par la substitution de l'émail au platine. La bombe est en acier supérieur, doux, forgé; sa capacité est de 654 centimètres cubes, et les parois ont 8 millimètres d'épaisseur; elle est nickelée extérieurement et émaillée à l'intérieur. L'obturation se fait par un bouchon à vis, qui vient serrer une rondelle de plomb. Le bouchon est muni d'un robinet à vis; il est traversé par une élec-

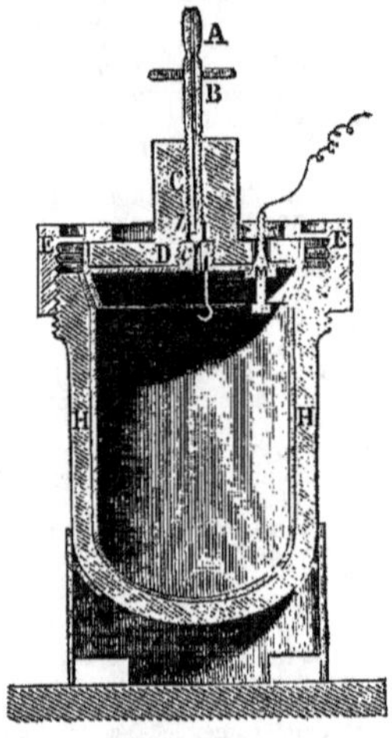

Fig. 368. — Bombe calorimétrique pour l'essai des explosifs.

A, tête recevant le tube en caoutchouc; — B, bouton moletté; — C, robinet à pointe; — D, cuvette à fond plat servant de couvercle; — E, écrou de serrage; — H, récipient en tôle emboutie; — M, cône de mise de feu.

trode en platine bien isolée, prolongée à l'intérieur par une tige en platine; une autre tige de platine, également fixée au bouchon, soutient une petite capsule plate en platine, destinée à recevoir l'explosif. L'inflammation s'opère en faisant rougir par un courant électrique une spirale en fil de fer fin qui relie les deux tiges en platine et est noyée dans la charge à enflammer. La bombe calorimétrique peut servir également pour la détermination de la valeur des combustibles.

Nous ne nous étendrons pas ici sur le mode opératoire, qui a été décrit au point de vue des mesures thermométriques à l'article THERMOCHIMIE (Dict., 3, 373).

Toutefois il est une précaution que nous ne devons pas passer sous silence : c'est la nécessité d'employer dans certains cas une atmosphère inerte.

En effet, dans le cas d'un explosif tel que le coton-poudre, qui ne renferme pas suffisamment d'oxygène pour donner une combustion complète, il y a toujours formation de gaz combustibles (hydrogène et oxyde de carbone). Ces derniers viennent brûler au contact de l'air contenu dans le récipient, et faussent les résultats des mesures calorimétriques en apportant un supplément d'énergie extérieure à celle de l'explosif.

Il faut donc dans ce cas opérer la décomposition dans une atmosphère d'azote; l'anhydride carbonique ne saurait remplacer l'azote, car sa présence pourrait modifier l'équilibre entre les produits de la réaction qui renferment de l'oxyde de carbone et de l'anhydride carbonique.

Il n'en est plus de même lorsque l'explosif renferme l'oxygène nécessaire à une combustion complète, comme c'est le cas pour la nitroglycérine et ses dérivés; la formation d'oxyde de carbone n'ayant pas lieu, on peut opérer dans une atmosphère d'air commun, sans s'exposer à fausser les résultats.

Il est encore un point que nous devons prendre en considération. Dans la pratique, les explosifs brisants sont mis en action par une amorce de fulminate et se décomposent sous le régime de l'onde explosive. Or dans les mesures calorimétriques on opère, comme nous l'avons dit, par simple ignition; il importait donc de déterminer l'influence que ce dernier mode de décomposition exerçait sur la nature des produits de la réaction, qui déterminent dans une certaine mesure la chaleur dégagée. Or les expériences de MM. Sarrau et Vieille ont montré que les produits de l'état final sont sensiblement identiques dans la détonation et dans la déflagration simple, à condition d'opérer avec une densité de chargement suffisamment élevée.

Il n'en est plus de même si l'on opère à la pression ordinaire, en laissant les gaz se détendre librement; dans ces conditions, la décomposition est tout autre, et les explosifs azotés fournissent des quantités considérables de vapeur nitreuse, comme nous l'avons vu en parlant du pyroxyle.

Il peut être intéressant, dans certains cas spéciaux, de connaître l'échauffement d'une arme, canon de fusil, etc., par un feu rapide et prolongé.

Dans cet ordre d'idées, des expériences ont été exécutées sur des fusils de guerre; elles ne présentent qu'un intérêt relatif et ne peuvent donner que des résultats approximatifs, vu la grande variété des conditions de l'emploi des armes portatives; nous renverrons donc le lecteur que la question intéresse au mémoire original [*Mém. des Poudres et Salpêtres*, 6, 15].

Mesure des volumes de gaz dégagés dans les réactions explosives. — On peut distinguer deux cas, suivant que l'explosif est décomposé sous une pression élevée, ou que la décomposition s'effectue sous des pressions voisines de la pression atmosphérique.

Pour les pressions supérieures à 500 atmosphères, on opère dans une éprouvette manométrique ou manomètre Crusher, qui indique en même temps ces pressions (voyez plus loin *Mesure des pressions*).

Pour des pressions comprises entre 1 et 500 atmosphères, on opère dans l'éprouvette calorimétrique décrite ci-dessus.

Enfin, pour opérer à la pression ordinaire, on se sert d'un simple tube, relié à une poche en caoutchouc, qui reçoit les gaz dégagés.

Nous allons examiner successivement ces trois cas.

I. L'éprouvette manométrique, qui sera décrite plus loin, doit subir, pour être appropriée à la mesure des gaz, une modification; cette modification porte sur le bouchon de mise de feu, qui est remplacé par le bouchon représenté par la figure 369.

Après l'explosion, on enlève la tige de mise de feu et on visse à fond la pièce E, de façon à faire joint sur le cuir gras F, puis, au moyen de la tige filetée et creuse C, on repousse légèrement la tige du cône de mise de feu. Les gaz s'échappent autour du cône et se rendent par le canal de la tige C dans un gazomètre, relié par un caoutchouc à l'ajutage E.

Pour éviter la chute du cône à l'intérieur de l'éprouvette et permettre de régler l'écoulement gazeux, ce cône est rappelé par le petit ressort D bandé au moyen de l'écrou A.

II. L'éprouvette calorimétrique, dans laquelle on produit les gaz, est identique à l'appareil représenté par la figure 368; l'extrémité supérieure A du canal qui forme ajutage, peut être coiffée d'un tube en caoutchouc et reliée à un gazomètre.

Si on desserre la vis au moyen du bouchon mobile B, les gaz renfermés dans l'éprouvette se dégagent autour du cône et s'échappent par le canal.

On évite toute fuite en filetant la tige en vis à pas très fin, suffisamment longue; le dégagement s'opère d'ailleurs très régulièrement, sous

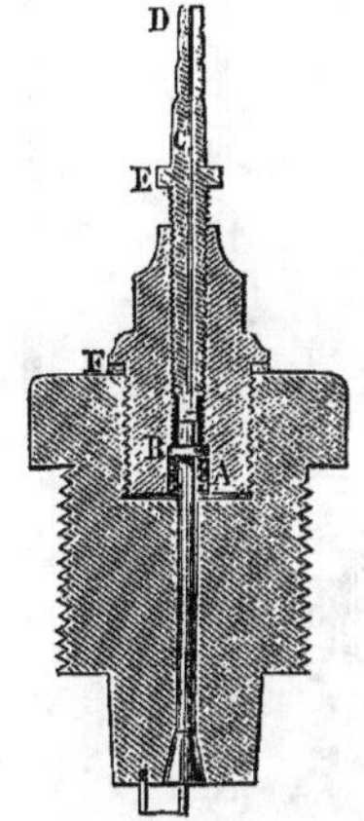

Fig. 369. — Bouchon de mise de feu.

A, ressort bandé par l'écrou B; — C, canal de dégagement des gaz; — D, ajutage recevant le tube de caoutchouc; — E, écrou de serrage; — F, cuir gras pour joint.

une pression de quelques millimètres de mercure.

Le gazomètre dans lequel on recueille les gaz de l'explosion se compose d'une cuve à mercure NN à section annulaire, dans laquelle plonge une cloche en verre M qui sert à recueillir les gaz. Cette cloche se meut à l'intérieur d'une deuxième grande cloche fixe en verre, remplie d'eau, et munie à sa partie supérieure d'un entonnoir à déversoir C (fig. 370).

Le volume des gaz introduits dans la cloche M est mesuré par la quantité d'eau qui s'écoule par le déversoir C.

La cloche M est guidée dans son mouvement par la tige AO qui coulisse avec un jeu de plusieurs millimètres, d'une part, dans le tube cylindrique de la cuve à mercure, et d'autre part dans la tubulure de l'entonnoir supérieur.

On peut, au moyen de cette tige, exercer à volonté une traction ou une compression sur la cloche et modifier la pression des gaz qu'elle renferme. Le relèvement de la cloche peut s'effectuer au moyen d'une sorte de vis de rappel B, montée sur le châssis en fer FF qui maintient l'appareil.

Les gaz sont introduits dans la cloche par le robinet D et le tube flexible J, qui vient coiffer une tubulure K, ménagée sur la douille de la cloche mobile.

Voici maintenant quelle est la marche de l'opération : La déflagration ayant été produite dans la bombe ou dans l'éprouvette manométrique, on relie par un fort tube de caoutchouc la tubulure du récipient H au robinet D, avec interposition d'un petit manomètre E à robinet; on fait le vide par un tube en T disposé près de la bombe en G,

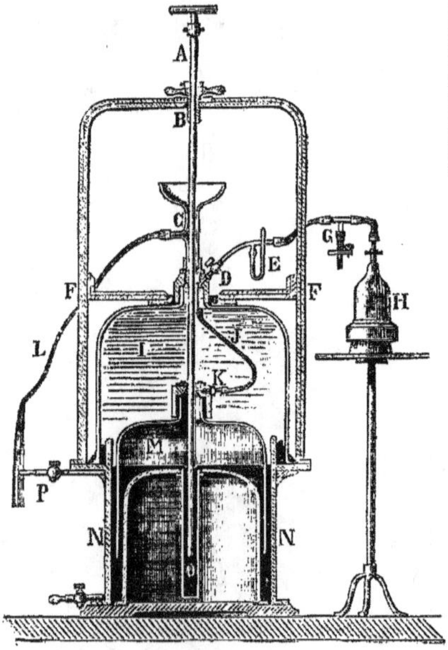

Fig. 370. — Gazomètre pour l'étude des gaz dégagés par l'explosion.

A O, tige guidant la cloche M; — B, vis de rappel; — C, entonnoir à déversoir; — D, robinet d'introduction des gaz; — E, manomètre; — F F, châssis en fer; — G, tube en T pour faire le vide; — H, éprouvette calorimétrique; — I, cloche en verre remplie d'eau; — J, tube flexible servant à l'introduction des gaz par la tubulure K; — L, tube de vidange de l'eau déplacée par les gaz; — M, cloche en verre pour recueillir les gaz; — N N, cuve à mercure; — P, robinet servant à insuffler de l'air comprimé.

jusqu'au moment où le mercure aspiré de la cuve arrive en E.

On ferme par une pince et l'on remplit d'eau l'appareil par l'entonnoir, jusqu'au moment où cette eau s'écoule par le déversoir. On peut uniformiser la température de cette eau par un courant d'air insufflé par le robinet P. A ce moment le gazomètre est prêt à fonctionner. On desserre le robinet à pointe de la bombe et l'eau s'écoule par le déversoir dans un vase taré. En ouvrant le robinet du manomètre E, on vérifie sous quelle pression se fait l'écoulement du gaz. Lorsque l'eau cesse de couler, le volume recueilli est égal au volume du gaz sorti de la bombe, sous une pression indiquée par le manomètre et à la température de l'eau de l'enceinte. Il est commode de supprimer toute correction de pression, et de ramener le gaz à la pression atmosphérique en soulevant la cloche par la vis de rappel B d'après les indications du manomètre, et en recueillant la nouvelle quantité d'eau qui s'écoule.

III. Lorsqu'on veut produire les gaz de la déflagration à la pression ordinaire, on se sert du dispositif représenté par la figure 371.

La substance explosive (1 gramme environ) est tassée dans un petit tube taré de 4 millimètres de diamètre intérieur, et de 50 à 60 millimètres de longueur.

La partie supérieure de ce tube est fermée par un petit robinet Bunsen; à cet effet elle s'engage dans un tube de caoutchouc, bouché par un petit morceau de baguette de verre *i* amené au contact de l'explosif.

La partie inférieure communique avec une poche de caoutchouc AC, par l'intermédiaire d'un tube CD de 150 millimètres de longueur. Le joint des tubes CD et *fg* s'obtient au moyen d'un anneau de caoutchouc. Une tubulure laté-

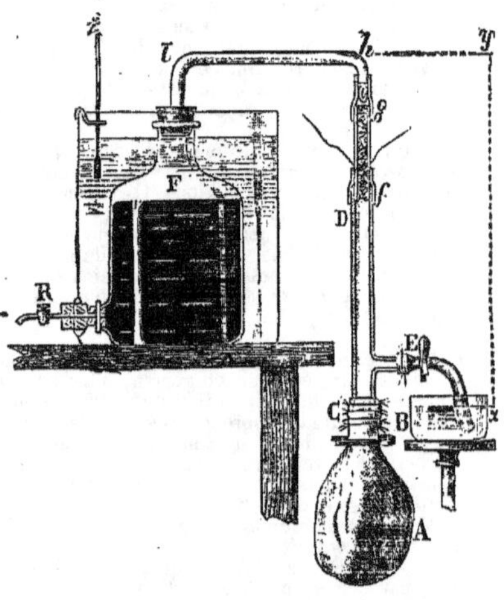

Fig. 371. — Appareil pour recueillir les gaz de la déflagration à la pression ordinaire.

A, poche en caoutchouc; — B, vase rempli d'eau; — C D, tube reliant le tube *fg* à la poche A; — E, tubulure d'aspiration; — F, flacon plein de mercure servant de gazomètre; — R, robinet d'écoulement du mercure; — *fg*, tube recevant la matière explosive; — *h l*, tube conduisant les gaz dans le flacon F; — *t*, thermomètre; — *i*, baguette en verre.

rale capillaire C reçoit un tube de caoutchouc fermé par une pince.

Pour chasser l'air de l'appareil, on introduit dans la poche 10 à 15 centimètres cubes d'eau; on aspire par E en desserrant la pince jusqu'à ce que le liquide arrive au niveau de la tubulure et l'on place une pince en E, ce qui permet de cesser l'aspiration. On fait alors arriver par E un courant d'anhydride carbonique. On donne issue au gaz en pinçant le caoutchouc en *g* sur le robinet Bunsen. Un jaugeage a donné le volume compris entre le niveau E et l'extrémité *f* du petit tube, de façon à permettre de tenir compte du volume d'anhydride carbonique introduit.

Lorsque l'air est chassé, il ne reste qu'à assurer

tous les joints par des ligatures et à retirer la pince en C.

La substance explosive, enflammée par un fil rougi, brûle lentement, et les gaz qui en résultent dilatent la poche, en donnant lieu à une pression intérieure très faible.

Dès que les gaz se sont refroidis, on les conduit par un tube capillaire *hl* dans un flacon plein de mercure, placé dans une enceinte d'eau.

Il suffit pour cela de coiffer l'extrémité du tube *hl* par un caoutchouc *g*; on pince le robinet Bunsen et l'on ouvre le robinet R en recueillant le mercure qui s'écoule; la poche se contracte et l'eau qu'elle renferme arrive en E. On met alors une pince en C et on retire celle de la tubulure E que l'on met en communication avec un verre B plein d'eau ; on continue l'écoulement du mercure jusqu'à ce que l'eau s'élève en *h*. A ce moment, on a recueilli tout le gaz sous un volume mesuré par le poids du mercure écoulé à la température du bain, et sous une pression égale à la pression atmosphérique diminuée du poids d'une colonne d'eau de hauteur égale à la distance *xy*, entre les niveaux du tube *hl* et du liquide dans le vase B.

Il importe de noter ici que certains explosifs, comme le picrate de potassium, se décomposent avec une trop grande vivacité pour qu'on puisse opérer dans l'appareil ci-dessus; d'autres au contraire, comme les poudres à base de nitrate d'ammonium, sont difficiles à enflammer et à faire brûler régulièrement. Pour ces cas extrêmes, force est de renoncer à étudier les produits de la déflagration sous la pression ordinaire. On ne peut, dans ces cas spéciaux, qu'opérer sous des pressions élevées.

Mesure des pressions. — Quand un explosif se décompose dans une capacité close et immuable, les gaz se produisent plus ou moins rapidement, suivant la nature de l'explosif et les conditions de l'expérience, et la pression atteint, après la décomposition totale, un maximum qui subsisterait indéfiniment dans une enveloppe imperméable à la chaleur. En fait, cette pression ne reste constante que pendant un temps généralement très court; elle décroît ensuite rapidement, par suite du refroidissement des gaz par les parois du récipient dans lequel a lieu la décomposition explosive.

La mesure des pressions en vase clos est d'une haute importance pour l'étude des explosifs; elle présente des difficultés spéciales, tenant à la grandeur des pressions qui atteignent des milliers d'atmosphères et à la rapidité avec laquelle ces pressions se développent.

On emploie généralement pour la mesure des pressions le *manomètre à écrasement* ou manomètre Crusher. Cet appareil, dont nous allons donner la description, permet de déterminer les pressions produites par les explosifs par la mesure de l'écrasement d'un petit cylindre de cuivre, placé entre une enclume fixe et la tête d'un piston de section connue, dont la base reçoit l'action des gaz.

L'éprouvette manométrique, représentée par la figure 372, se compose d'un tube cylindrique en acier doux C, fretté extérieurement par un fil d'acier de 0mm,8 de diamètre, enroulé sur le tube sous une tension de 35 kilogrammes.

Le frettage se compose de 15 rangs de fil.

Le cylindre est fermé à ses deux extrémités par deux bouchons en acier, vissés dans des disques en fer forgé D et D' indépendants du tube C et réunis par 6 boulons, tels que BB. Le joint entre les bouchons et le tube est obtenu au moyen d'obturateurs annulaires en cuivre rouge *i*.

Les pressions développées sur les bouchons par l'explosion sont ainsi reportées sur les disques et équilibrées par les boulons, sans que le tube travaille par traction.

Le bouchon supérieur A porte la mise de feu; à cet effet, ce bouchon est percé d'un canal central qui s'évase coniquement vers l'intérieur de l'éprouvette. Ce canal reçoit une tige exactement rodée dans le logement correspondant du bouchon, et qui peut être isolée par l'interposition d'une feuille de baudruche ou d'une mince couche de gomme laque. Deux bornes *bb* sont fixées

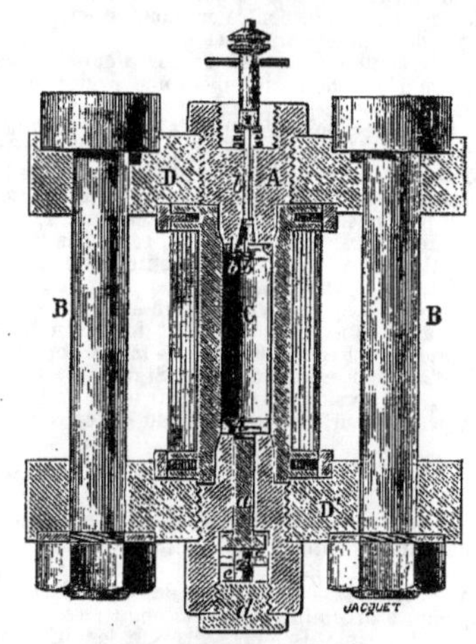

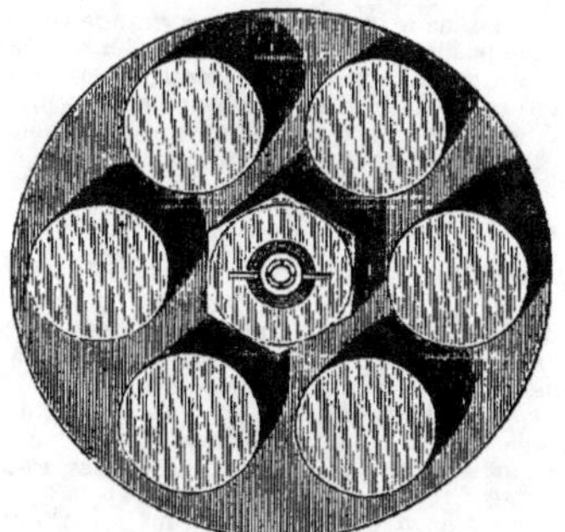

Fig. 372. — Manomètre Crusher.

A, bouchon de mise de feu, en acier; — *a*, piston en acier trempé; — *b b*, bornes électriques; — B B, boulons; — C, tube cylindrique en acier doux; — D D', disques en fer forgé; — *d*, tampon-enclume en acier; — *e e*, bague en caoutchouc; — Z, cylindre en cuivre rouge; — *i*, obturateur annulaire en cuivre rouge.

l'une sur la tige, l'autre sur le bouchon; elles sont reliées par un fil fin de fer ou de platine.

Un courant électrique peut donc circuler par la tige isolée, le fil et le corps du bouchon; le fil rougit, enflamme la charge et, la pression refoulant avec force le cône dans son logement, toute fuite est rendue impossible.

Le bouchon inférieur renferme la partie principale de l'appareil, c'est-à-dire le manomètre à écrasement. Ce manomètre se compose d'un piston *a* en acier trempé, de section connue, 1 centimètre carré par exemple, qui se meut à frottement doux dans un canal cylindrique percé dans le bouchon.

Ce piston, soumis à l'action des gaz, agit directement sur un petit cylindre de cuivre rouge Z.

Le cylindre représenté figure 373, presque en grandeur naturelle, a 8 millimètres de diamètre et 13 millimètres de hauteur. Il repose par une de ses bases sur la tête du piston, où il est maintenu cintré par une bague en caoutchouc *ee*; l'autre base bute contre un tampon en acier *d*, vissé dans la tête du bouchon.

Sous l'action de la pression, le cylindre s'écrase, et l'on déduit de l'écrasement une évaluation du maximum de la pression.

A cet effet, on établit préalablement comme il suit une table de tarage : On écrase le cylindre lentement et progressivement, par quantités très petites, jusqu'à ce qu'il supporte sans déformation permanente une charge déterminée T, et on mesure l'écrasement *e*. Deux séries de valeurs corrélatives de T et de *e* constituent une table de tarage.

Lorsque l'appareil fonctionne sous la pression des gaz, le maximum P de la force qui lui est appliquée est égal à la force de tarage correspondant à l'écrasement mesuré *e*. Si donc on désigne par *p* la pression maximum par unité de surface et par *s* la surface de la base du piston, on a

$$p = \frac{T}{s}.$$

Cette relation est exacte lorsque le fonctionnement de l'appareil est *statique*, comme dans le cas du tarage. Pour ce cas, il est nécessaire que la durée de la décomposition de l'explosif dépasse quelques dix-millièmes de seconde; c'est le cas pour les explosifs lents, tels que les différentes poudres propulsives.

Mais dans le cas d'explosifs à grande vitesse de décomposition, tels que les explosifs azotés pulvérulents, par exemple le picrate de potassium, la nitrocellulose, etc., la pression est mesurée par la force de tarage correspondant à la moitié de l'écrasement final. L'expression ci-dessus devient donc

$$p = \frac{T}{2s}.$$

On emploie pour le tarage des manomètres à écrasement soit une balance équilibrée, sorte de romaine, due à M. Joessel, ingénieur de la marine, soit un manomètre à piston libre de M. Amagat, modifié par M. Vieille. Pour les détails du mode opératoire nous renvoyons aux mémoires originaux [Sarrau et Vieille, *Mém. des Poudres et Salpêtres*, 1, 375; 5, 20].

Le piston *a* est la pièce la plus importante du manomètre Crusher; il doit être ajusté dans son logement avec la plus grande précision. Il importe, en effet, que d'une part les frottements développés dans le mouvement du piston soient assez doux pour ne pas fausser les indications de l'appareil, et que d'autre part l'ajustage soit assez parfait pour éviter toute fuite de gaz. A cet effet, on munit le piston d'une série de cannelures, que l'on remplit soigneusement de graisse; elles lubrifient les surfaces pendant le mouvement et paraissent remplir, au point de vue des fuites, un rôle analogue à celui que jouent les cannelures du piston libre de la machine pneumatique de Deleuil. On place en outre, en avant du piston, un obturateur en cuivre mince.

La question de l'obturation est une des plus importantes dans les recherches sur les explosifs. La moindre fuite de gaz non seulement fausse l'expérience, mais met l'appareil hors de service.

Ces gaz, aux températures de 2 ou 3000° et sous des pressions de plusieurs milliers d'atmosphères, qui sont celles des expériences, creusent en une seule fois, même dans l'acier, quand ils s'écoulent à grande vitesse, de profondes érosions.

Quand les obturateurs fonctionnent bien, la déflagration de la charge ne produit aucun bruit; à peine perçoit-on un léger cliquetis, résultant de la mise en tension des pièces métalliques sous les pressions considérables qui leur sont appliquées. Puis les gaz se refroidissent, la pression tombe au dixième environ de sa valeur primitive, et les bouchons peuvent être dévissés sans fuite dangereuse; l'écrasement du petit cylindre de cuivre, représenté à ses différents degrés par la figure 373, reste le témoin des hautes pressions de l'explosion, et permet de les évaluer, ainsi qu'il a été exposé plus haut.

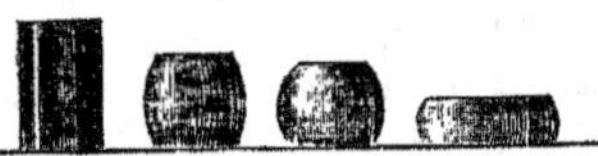

Fig. 373. — Aspect des cylindres de cuivre avant et après l'action de la pression.

Quand on veut mesurer les pressions dans les armes, on visse le bouchon Crusher dans les parois de l'arme, ou dans la vis de culasse s'il s'agit d'un canon.

Pour avoir des résultats exacts, il faut même relier le manomètre Crusher à la chambre à poudre, et non en avant de la position initiale du culot du projectile, comme on l'a fait quelquefois à tort [*Mém. des Poudres et Salpêtres*, 1, 422].

Mesure de la vitesse de détonation. — Comme nous l'avons dit dans l'introduction, la vitesse de décomposition des explosifs joue un rôle important dans leurs applications.

La mesure exacte de cette vitesse de réaction présente de grandes difficultés, car elle dépend dans une large mesure de la résistance de l'enveloppe. Toutefois on peut se rendre compte, par comparaison, des différences de vitesse dans les divers explosifs en opérant dans les mêmes conditions, par exemple avec des cartouches de l'explosif placées bout à bout. Dans ce cas, la vitesse de propagation de la réaction peut être mesurée en disposant, à des points de la charge suffisamment éloignés, un fil métallique qui sera rompu lorsque la détonation parviendra jusqu'à lui. On fait passer un courant électrique dans chaque fil, et on évalue, à l'aide d'appareils analogues à celui qui sert à la mesure de la vitesse d'un projectile, le temps qui s'écoule entre la rupture des deux courants; en divisant par ce temps la distance des fils, on a la vitesse de propagation. Nous décrirons plus loin, sous le nom de chronographe Le Boulengé, un appareil pouvant servir à ces mesures.

En général, un explosif sera d'autant plus apte à servir de détonateur, c'est-à-dire à provoquer la naissance de l'onde explosive, qu'il aura une vitesse de décomposition plus grande.

Mesure de la sensibilité d'une matière explosive. — La mesure de la sensibilité des matières explosives s'exécute au moyen d'expériences plus ou moins empiriques.

On doit distinguer plusieurs genres de sensibilité : sensibilité au choc, au frottement, à l'action de la chaleur.

Dans cet ordre de mesures rentre la détermination de la plus ou moins grande aptitude à la détonation.

Pour mesurer la sensibilité au choc, on emploie un mouton d'un poids déterminé, tombant d'une hauteur également déterminée et variable à volonté.

La figure 374 représente un appareil de ce genre.

L'explosif qu'il s'agit d'essayer est contenu dans une petite coupelle en tôle mince *l*, des-

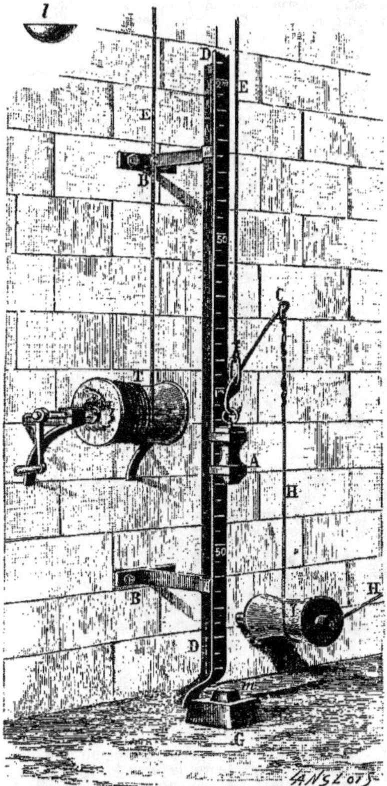

Fig. 374. — Mouton à hauteur de chute variable pour l'essai de la sensibilité des explosifs au choc.

A, mouton en acier de 4 kilogrammes; — BB, supports servant à fixer la règle D sur un mur; — C, déclic actionné par la cordelette H; — EE, corde supportant le mouton et venant s'enrouler sur la poulie; — G, enclume; — I, tambour guidant la cordelette H et permettant une traction verticale du déclic; — *l*, coupelle en tôle recevant l'explosif; — *m*, tête de l'enclume en acier; — T, treuil servant à remonter le mouton et à le fixer à une hauteur de chute déterminée.

sinée en grandeur naturelle sur le haut de la figure 374.

L'appareil se compose d'un fer à T de 4 mètres de hauteur, boulonné solidement contre un mur. Le mouton A, du poids de 4 kilogrammes, est retenu par une cordelette EE qui passe sur une poulie à la partie supérieure de l'appareil et s'enroule ensuite sur le treuil T. Les détails de l'appareil se comprennent du reste aisément à la simple inspection de la figure.

On détermine la hauteur minima de chute à laquelle l'explosif détone franchement 1 fois sur 2, et on répète l'expérience 8 à 10 fois de suite.

On arrive ainsi, par une série de tâtonnements, à déterminer d'une manière assez exacte la limite de sensibilité au choc. Nous devons dire toutefois que ces mesures sont influencées d'une manière notable par les conditions atmosphériques. Il est bon de toujours opérer comparativement avec quelques explosifs-types.

Pour la sensibilité au frottement, on opère d'une manière tout empirique, en se servant d'un petit mortier en porcelaine ou en métal (cuivre, bronze, fer), et d'un pilon en bois, porcelaine, fer ou bronze. Une mesure du coefficient de sensibilité est ici presque impossible, et on doit se contenter d'une grossière classification des explosifs au point de vue de la sensibilité au frottement.

L'influence de la chaleur peut être déterminée en projetant une parcelle de l'explosif sur un bain de mercure chauffé à une température régulièrement croissante, et en notant le minimum de température à laquelle se produit la déflagration au bout d'un temps déterminé. Cette détermination présente également un certain caractère d'incertitude, car la sensibilité dépend largement des quantités d'explosif mises en œuvre, du mode de chauffage, etc. On peut également remplacer ce bain de mercure par un bain d'huile, sur lequel surnage une capsule très mince en platine. On peut encore employer concurremment la capsule en platine et le bain de mercure, etc.

L'aptitude à la détonation se mesure en faisant usage d'amorces au fulminate, de force croissante, en commençant par des amorces chargées à $0^{gr},25$ de fulminate, et en allant jusqu'à $1^{gr},5$. Pour s'assurer que l'explosif a franchement détoné, on place la cartouche debout, sur une tôle de 2 à 3 millimètres d'épaisseur, qui repose sur un bloc en fonte de 15 centimètres de côté, percé de part en part d'un trou de 20 millimètres au centre; on s'arrange pour que la cartouche se trouve sur le prolongement de l'axe du canal cylindrique du bloc.

Lorsque la détonation est complète, la plaque de tôle est perforée comme à l'emporte-pièce par le choc des gaz. Lorsqu'une partie seulement de la cartouche a détoné, la plaque est projetée sans être percée, et on retrouve même parfois des débris inaltérés de l'explosif.

La facilité de transmission de la détonation est également une propriété importante à déterminer. Il peut arriver en effet, dans un trou de mine, qu'une partie seulement de la charge détone par suite de la présence d'un corps étranger, ou d'une aptitude insuffisante de l'explosif à la transmission de la détonation; dans ce cas, la présence d'explosif inaltéré au fond du trou de mine peut amener les plus graves accidents à la reprise du travail. Il est donc de toute nécessité qu'un explosif industriel détone franchement sous l'influence d'une amorce de force convenable, et soit apte à transmettre et à propager la détonation dans une charge allongée.

On s'assure de cette aptitude à la transmission de la détonation en faisant détoner une série de cartouches de l'explosif placées bout à bout à l'air libre sur un madrier en bois.

Si les dernières cartouches n'ont pas détoné et ont été simplement projetées et pulvérisées par l'explosion des premières, l'empreinte des gaz sur le bois, qui se traduit par un déchiquetage des fibres sur une certaine profondeur, s'arrête à l'endroit où s'est arrêtée la transmission de la détonation; si au contraire toutes les cartouches ont détoné, l'empreinte des gaz est visible sur toute la longueur occupée par l'explosif sur la pièce de bois.

Si l'explosif détone difficilement à l'air libre et exige un espace confiné pour assurer la détonation complète, on opère dans un tube en plomb d'une certaine longueur et d'épaisseur convenable, fermé à une extrémité, et dans lequel on introduit l'explosif qu'on surmonte de la capsule de fulminate et qu'on bourre comme dans un trou de mine.

Si une partie de la charge de détone pas, on retrouve une longueur correspondante du tube en plomb encore bourrée d'explosif; la partie qui a détoné a pulvérisé l'enveloppe. Cette expérience s'exécute dans une cave voûtée, ou dans une fosse recouverte d'un robuste couvercle en bois qui retient les débris projetés par l'explosion.

Mesure de la force des explosifs. — La mesure de la force des explosifs n'est pas une opération aussi simple que la mesure des pressions ou des gaz dégagés; le mode d'essai est, suivant le mode d'application de l'explosif, variable dans une large proportion, et on peut dire en général qu'il est toujours préférable d'opérer dans les conditions de la pratique; le meilleur mode d'essai est celui qui se rapproche le plus de ces conditions.

C'est ainsi que, pour les poudres propulsives, la mesure des pressions dans l'arme même et celle des vitesses initiales donnent toute satisfaction, ainsi que des résultats rigoureusement comparatifs, même en employant les agents propulsifs les plus divers. C'est que, dans ce cas, l'essai a été exécuté exactement dans les conditions de l'emploi pratique.

Il n'en est plus de même pour les explosifs destinés à être employés dans les mines. On ne connaît jusqu'ici aucun mode d'essai se rapprochant suffisamment des conditions d'emploi dans la pratique, et on doit se borner à des expériences approximatives, qui ne peuvent donner qu'une idée sommaire des avantages de telle ou telle matière explosive.

On a attribué des sens différents au mot *force*, appliqué à la caractérisation d'une matière explosive. Nous appellerons, avec M. Sarrau, force d'un explosif, le produit du volume des gaz ramenés à 0° et 760 millimètres de pression par la température absolue de l'explosion divisée par 273. On a ainsi la relation

$$f = \frac{p_0 w_0 T}{273},$$

où f indique la force, p_0 la pression atmosphérique normale, exprimée en kilogrammes par centimètre carré, w_0 le volume des gaz produits par l'unité de poids de l'explosif, ramenés à 0° et 760 millimètres, et T la température absolue des gaz à l'instant du maximum de température, qui est déterminée par le calcul (voyez Sarrau, *Théorie des explosifs*) [*Mém. des Poudres et Salpêtres*, 7, 148].

Nous avons, d'autre part, exposé dans l'introduction ce que l'on entend par « potentiel » d'un explosif.

Nous allons examiner maintenant les principaux appareils employés pour la mesure de la force des explosifs.

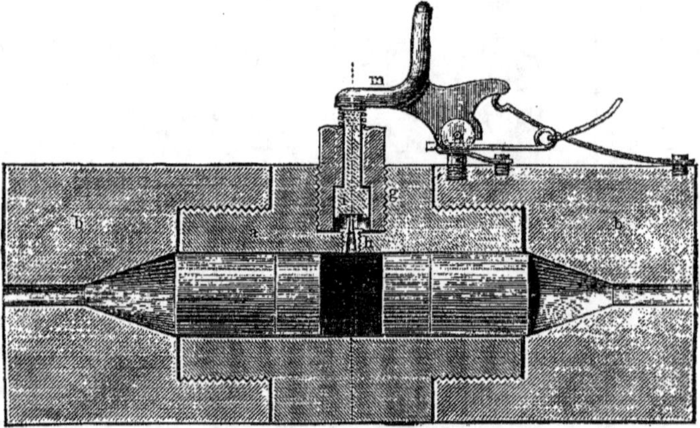

Fig. 375. — Appareil de M. Guttmann pour la détermination de la force des matières explosives. (Coupe verticale.)

a, éprouvette en acier; — *b b*, bouchons, — *g*, bouchon de mise de feu; — *h*, cheminée recevant l'amorce; — *i*, piston percuteur; — *m*, chien.

L'appareil imaginé par M. Guttmann sert principalement pour mesurer la force des poudres propulsives lentes; il se compose d'une éprouvette en acier *aa* d'un diamètre intérieur de 35 millimètres, sur laquelle sont vissés deux bouchons BB, ainsi que le bouchon de mise de feu *g*.

Pour exécuter une expérience, on dévisse un des bouchons *b* et on introduit successivement dans l'éprouvette : 1° un cylindre en plomb massif de 35 millimètres de diamètre et 40 millimètres de hauteur; 2° un disque en acier d'épaisseur variable, suivant la densité de la poudre employée; 3° un joint formé d'une rondelle en carton de 1 millimètre d'épaisseur; 4° 20 grammes de la poudre à essayer; 5° une rondelle en carton; 6° un disque en acier; 7° un cylindre en plomb identique au premier. On coiffe ensuite la cheminée d'une amorce à fusil ordinaire, on revisse le bouchon *g*, on arme le chien *m* et on détermine l'inflammation en faisant déclencher à distance le chien au moyen d'une ficelle. Le percuteur *i* enflamme l'amorce, qui met le feu à la poudre; les gaz produits par l'explosion chassent par leur force expansive les cylindres en plomb, dans les trous coniques ménagés dans le bouchon, en se moulant sur les parois. Il n'y a aucune déperdition de gaz par le bouchon, car le piston percuteur *i* assure un joint hermétique par la pression même qui règne dans la chambre à poudre.

La force de la poudre est mesurée par la hauteur du cône produit par l'explosion, comparée avec celle donnée par un explosif-type, comme la poudre noire.

L'appareil Guttmann donne d'excellents résultats avec les poudres propulsives. Il ne pourrait être employé pour les explosifs brisants qu'avec de grandes modifications.

L'essai au bloc de plomb Trauzl, que nous décrivons ci-dessous donne pour ces derniers des résultats suffisamment approchés.

Pour déterminer la force relative des explosifs brisants, on se sert d'un bloc cylindrique de plomb, perforé sur une partie de la hauteur, dans lequel on fait détoner la charge.

Le cylindre de plomb a 200 millimètres de diamètre et autant de hauteur. Il est foré en son centre d'un canal de 20 millimètres de diamètre et de 110 millimètres de profondeur. On obtient généralement ce bloc d'un seul coup, en coulant le plomb en fusion dans un moule approprié.

L'expérience s'exécute comme suit : On introduit au fond du canal 15 ou 20 grammes de l'explosif à essayer; on noie dans la charge l'amorce de fulminate, munie de son moyen de mise de feu et on bourre avec du sable et de l'argile. Après l'explosion, on mesure la capacité formée au sein du bloc de plomb, en y versant de l'eau contenue dans une éprouvette graduée.

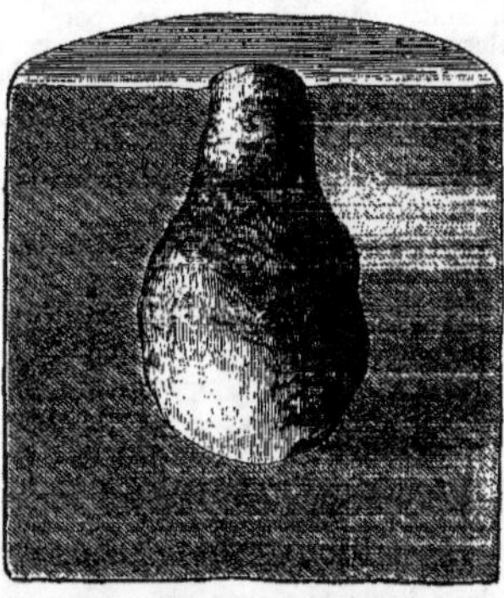

Fig. 376. — Cylindre en plomb gonflé par l'explosion et scié en deux.

La figure 376 montre une des moitiés d'un bloc de plomb dans lequel on a fait exploser 15 grammes de dynamite à 75 0/0 de nitroglycérine. Le volume de la cavité est de 720 centimètres cubes, sur lesquels 30 représentent la capacité initiale du trou, et 30 environ sont dus à l'action de l'amorce à 1gr,5 de fulminate. Le volume de plomb déplacé par la dynamite est donc de $720 - 60 = 660$ centimètres cubes, ce qui équivaut à 44 centimètres cubes par gramme.

Ce résultat n'a rien d'absolu : en opérant dans des conditions différentes, avec des charges moindres ou plus fortes de dynamite, on obtient par gramme d'explosif des valeurs sensiblement différentes. Pour exécuter des essais comparatifs, il est nécessaire d'opérer exactement dans les mêmes conditions avec les divers explosifs. C'est là le côté faible de la méthode, elle ne peut en aucun cas donner des résultats absolus, rapportés à l'unité de poids de l'explosif. C'est ainsi, par exemple, que dans les expériences effectuées par la Commission des substances explosives, on a obtenu pour 1 gramme de dynamite à 75 0/0 29 centimètres cubes, alors que nous avons obtenu dans des expériences personnelles 44 centimètres cubes. Ces différences sont trop fortes pour pouvoir être attribuées à des erreurs d'expérience.

En outre, la vitesse de décomposition de l'explosif joue ici un rôle prépondérant; c'est ainsi qu'avec la poudre noire, le bourrage, même fait avec soin, est chassé avant que la chambre se soit agrandie.

Comme essais empiriques servant à déterminer la force des matières explosives brisantes, nous citerons encore :

1° La rupture des pierres de taille, des rails, des fers à T, des poutrelles de divers bois et de différents équarissages par des charges posées à leur surface;

2° La forme et la grandeur des chambres formées au sein d'une masse d'argile par l'explosion intérieure, ou l'effet produit par une torpille sèche de poids déterminé;

3° La courbure imprimée à des plaques de tôle épaisses, etc.

Dans toutes ces expériences, on se sert comparativement d'un explosif-type ; on emploie en général de la dynamite à 75 0/0 de nitroglycérine.

Tous ces essais ne peuvent donner que des indications approximatives, et en définitive il faut toujours faire subir à un explosif l'épreuve pratique, qui consiste dans son emploi régulier pendant plusieurs semaines, en lieu et place de l'explosif-type qu'on se propose de remplacer.

Essai des amorces. — Les meilleures amorces sont celles composées de fulminate de mercure pur; mais il n'est guère commode d'en faire l'analyse, et à moins qu'il ne s'agisse de quantités importantes, on procède à des essais empiriques. On peut déterminer la force relative des amorces, toujours en les comparant à un type connu, en les faisant détoner au contact de tôles de fer d'épaisseurs croissantes, posées sur un bloc de fonte perforé; on examine ainsi quelle épaisseur maxima de tôle l'amorce est capable de perforer.

On peut encore essayer l'amorce en s'en servant comme détonateur pour un explosif de juxtaposition à base de nitrate d'ammonium, dont on augmente progressivement la teneur en nitrate; il arrive un moment où l'amorce ne détermine plus la détonation que d'une manière incertaine. La meilleure amorce sera naturellement celle qui provoque la détonation de l'explosif le plus riche en nitrate d'ammonium.

Enfin, on peut essayer l'amorce au bloc de plomb; on se sert dans ce cas naturellement d'un bloc de dimensions moindres que celui décrit précédemment, et perforé de façon que l'amorce s'y engage sans trop de jeu; on achève de remplir le trou avec de l'eau, en se servant pour la mise de feu soit d'une amorce électrique, soit d'une mèche imperméable, le fulminate de mercure, explosif très brisant, n'ayant nul besoin de bourrage pour produire tout son effet.

Essai des poudres propulsives. — Dans ce cas, nous rentrons dans une catégorie d'essais qui peuvent se faire avec une grande exactitude, et en suivant fidèlement les conditions de l'emploi dans la pratique.

Dans les armes, les deux facteurs qu'il importe le plus de connaître exactement sont, d'une part, les pressions produites par la combustion de la poudre, d'autre part la vitesse initiale communiquée au projectile.

En ce qui concerne la pression, on se sert du manomètre Crusher, qu'on adapte dans les parois de la chambre à poudre. Nous ne reviendrons pas sur ces mesures.

La vitesse communiquée aux projectiles peut être

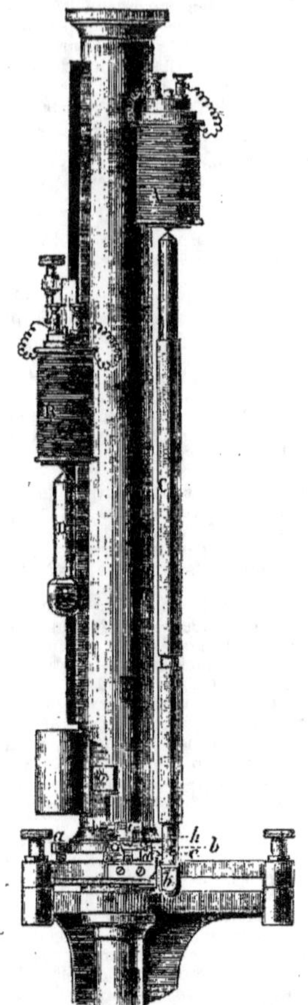

Fig. 377. — Chronographe Le Boulangé.

A, électro-aimant actionné par le courant du 1er cadre; — B, électro-aimant actionné par le courant du 2e cadre; — C, chronomètre; — D, enregistreur; — *b*, quillon en acier; — *a*, plateau muni d'une griffe *b*; *d*, ressort muni d'un couteau carré *e*; — *h*, empreinte de rupture simultanée des deux circuits; — *i*, contact par lequel passe le courant du chronomètre.

mesurée de diverses manières; nous décrirons ici à titre d'exemple l'appareil universellement employé dans ce but, qui est le *chronographe Le Boulengé*.

Cet appareil est destiné à mesurer le temps T qui s'écoule entre les ruptures successives de deux courants électriques. On place devant la bouche à feu deux cadres verticaux, sur chacun desquels est tendu le fil conducteur de l'un des deux courants; en traversant les cadres le projectile rompt les circuits, ce qui fait fonctionner le chronographe; la distance D des cadres étant connue, la vitesse moyenne V du projectile pendant le temps T est donnée par la formule

$$V = \frac{D}{T}.$$

En général, et pour être dans des conditions favorables, on s'arrange de façon que T soit compris entre 5 et 15 centièmes de seconde; néanmoins l'appareil peut servir à mesurer des temps plus courts.

Le chronographe (fig. 377) se compose d'une colonne verticale, à laquelle sont fixés deux électro-aimants; celui de droite A est actionné par le courant du premier cadre et supporte une armature C appelée *chronomètre*; celui de gauche B est actionné par le courant du deuxième cadre, et supporte une armature D appelée *enregistreur*.

Le chronomètre est un tube cylindrique long, en laiton, portant à sa partie supérieure un fer doux et à sa partie inférieure un quillon en acier *b*; il est revêtu d'un cylindre mince en zinc ou en cuivre portant le nom de *cartouche-récepteur*.

L'enregistreur, de même poids que le chronomètre, est aussi formé d'un corps cylindrique, d'un fer doux et d'un quillon.

Les noyaux des électro-aimants et les fers doux des armatures sont terminés par des cônes qui se touchent par leur sommet légèrement émoussé; cette disposition permet aux armatures de se placer verticalement sous l'action de la pesanteur.

Lorsque l'enregistreur tombe, par le fait de l'interruption du courant électrique actionnant l'électro-aimant, il rencontre dans sa chute un plateau horizontal *a*, muni d'une griffe *b* qui tourne autour de l'axe *c* et déclenche le ressort *d* préalablement bandé à la main; ce ressort est muni d'un couteau carré *e* qui va frapper le cartouche-récepteur, et y laisse une empreinte.

Si les deux courants viennent à être rompus simultanément, l'empreinte se trouvera sur le cartouche à une hauteur *h*, indiquant que, depuis que le chronomètre a commencé à tomber, il s'est écoulé un temps *t* tel, que

$$t = \sqrt{\frac{2h}{g}}.$$

Il est clair que *t* n'est autre chose que le temps employé par l'appareil pour fonctionner : c'est un retard systématique propre à l'instrument; un organe spécial, nommé *disjoncteur*, permet de produire l'ouverture simultanée des circuits, en sorte que le temps *t* est toujours connu.

Si le courant de l'enregistreur n'est rompu qu'après celui du chronomètre et qu'il s'écoule un temps T entre ces deux ruptures, celui pendant lequel tombera le chronomètre, avant de recevoir l'empreinte du couteau, sera simplement augmenté de T et, en appelant H la hauteur de l'empreinte, on aura

$$t + T = \sqrt{\frac{2H}{g}}.$$

Ainsi, la détermination d'un temps T comprend toujours deux opérations : la mesure du temps de fonctionnement de l'appareil *t* et celle du temps *t* + T; la différence de ces deux mesures donne le temps cherché. Cette façon indirecte d'arriver au résultat est la caractéristique de l'instrument, elle en explique la précision.

Lorsque la rupture des courants aura été produite par un projectile, on pourra considérer comme rectiligne la portion de trajectoire D comprise entre les deux fils électriques coupés, et sa vitesse moyenne V sera donnée par la relation

$$V = \frac{D}{\sqrt{\frac{2}{g}}(\sqrt{H} - \sqrt{h})}.$$

Voici maintenant comment on exécute une expérience : On arme le couteau et le disjoncteur et on suspend avec précaution le chronomètre et l'enregistreur aux électro-aimants. Le chronographe repose sur une caisse en bois (fig. 378), ou mieux sur un pied en fonte muni de vis calantes.

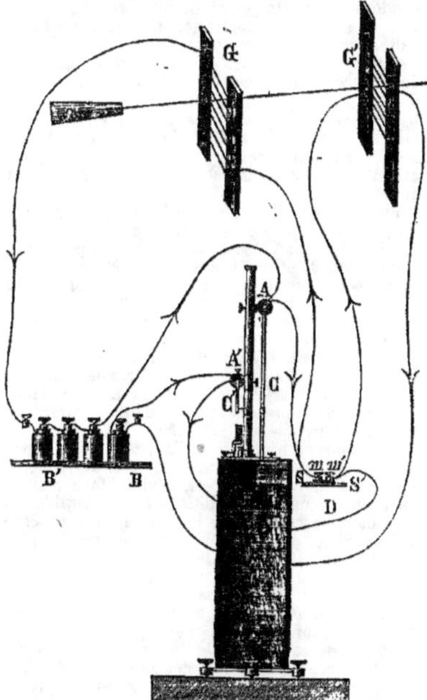

Fig. 378. — Chronographe Le Boullangé.

A A', électro-aimants; — C, chronomètre; — C', enregistreur; — D, disjoncteur; — S S', circuits électriques; — m m', bornes; — B B', piles; — G G', cadres traversés par le projectile.

On procède alors au réglage de la force attractive, en intercalant dans le circuit, au moyen d'un dispositif spécial, une mine de crayon dont on peut faire à volonté, à l'aide d'un chariot mobile, varier la longueur et par suite la résistance du circuit. On suspend successivement les deux armatures, munies d'une petite surcharge, à leur électro-aimant, puis on fait marcher le chariot à la main jusqu'à ce que la chute se produise; ce réglage est nécessaire afin de conserver pour la force attractive une valeur constante, car de cette valeur dépend le retard de désaimantation.

On prend ensuite une disjonction; les deux courants ayant été rompus par le disjoncteur, les armatures tombent, et on trouve sur le cartouche une empreinte dont la hauteur doit être de 110mm,37; elle correspond à un temps de 0s,15; si la hauteur diffère de ce chiffre, on la règle en déplaçant l'électro-aimant B qui peut coulisser dans des guides fixés à la colonne.

La pièce ayant fait feu, on trouve sur le chronomètre une empreinte, dont il n'y a plus qu'à mesurer la hauteur avec un pied à coulisse muni d'un vernier dont la pointe donne le 1/10 de millimètre.

La distance de la bouche à feu au premier cadre doit être de 150 à 200 calibres; la distance entre les deux cadres varie de 20 à 50 mètres. Cette distance doit être mesurée à 1/1000 près et les cadres doivent être bien verticaux.

Quand on veut déterminer la vitesse initiale des projectiles lancés par les armes portatives (pistolets, revolvers, fusils, etc.), on assujettit le premier cadre, qui n'est muni que d'un simple fil transversal, à la bouche de l'arme, et on remplace le second cadre par une cible munie d'une plaque de contact; le fusil est maintenu solidement dans des mâchoires fixées sur un support *ad hoc*.

EMPLOIS DES EXPLOSIFS.

La description des divers modes d'emploi des explosifs sortirait du cadre de cet article. Il ne sera pas inutile toutefois de donner des indications sommaires sur quelques applications des explosifs.

On distingue au point de vue des applications deux genres bien nettement caractérisés d'explosifs. Les explosifs lents, tels que la poudre noire et ses succédanés, caractérisés par une faible vitesse de réaction, en un mot les explosifs à déflagration, et les explosifs brisants, du type de la dynamite, qui sont toujours mis en action par une amorce au fulminate.

Les premiers sont employés dans certains travaux de mines et de carrières, là où il importe de débiter les matières en morceaux volumineux.

Les seconds servent surtout lorsqu'il s'agit de produire des effets locaux puissants.

Travaux de mines. — Pour l'emploi des explosifs dans les travaux de mines, on introduit la quantité voulue de matière détonante en cartouches l'une au-dessus de l'autre; on munit la dernière cartouche de l'amorce de fulminate et de son moyen de mise de feu; elle sert ainsi de détonateur et entraîne par le choc qu'elle détermine l'explosion totale de la charge.

Dans le cas de la poudre noire, la mèche est simplement noyée dans l'explosif. Dans les deux cas on procède à un bourrage soigneux, en versant d'abord du sable dans le trou de mine et en finissant de le remplir avec de l'argile qu'on tasse de plus en plus fortement.

En ce qui concerne la position relative et les dimensions du trou de mine, il n'existe pas de règles précises, et la bonne conduite du travail dépend dans une large mesure de l'intelligence et de la pratique du chef mineur.

Lorsqu'il s'agit du sautage de grosses mines, on pratique d'abord une cavité, dans laquelle on loge l'explosif.

Quand ces chambres sont de petites dimensions, on peut les pratiquer en faisant exploser au fond des trous de mine une petite quantité de dynamite qui broie la roche environnante. Il n'y a plus alors qu'à balayer les débris avec un courant d'eau pour dégager une cavité capable de loger une plus grande quantité d'explosif.

Torpilles et travaux sous-marins. — Les explosifs employés dans l'art militaire pour produire des explosions sous-marines doivent être aussi brisants que possible, l'action des torpilles devant se produire surtout au contact. On a donné pendant longtemps la préférence au coton-poudre humide, qui est peu dangereux à manier et très puissant. On tend actuellement à remplacer le coton-poudre par des explosifs nitrés de la série aromatique, dont la stabilité est encore plus grande et dont les dangers de manipulation sont pour ainsi dire nuls.

Les torpilles dormantes et les torpilles automobiles sont généralement munies du même explosif.

Les travaux sous-marins qu'on peut effectuer à l'aide des explosifs sont très nombreux et des plus variés. Nous citerons entre autres : le recépage des pieux et la destruction des piles en bois et en maçonnerie, le sautage des navires échoués dans des passes, de roches faisant obstacle à la navigation, etc. Dans certaines de ces applications, on se contente de poser simplement l'explosif sur ou contre l'obstacle à détruire; on procède suivant les cas par charges compactes, ou par charges allongées; c'est ici l'eau qui agit comme bourrage. Si l'on veut faire sauter des roches volumineuses, il est nécessaire de creuser une galerie et une chambre de mine par les procédés usuels.

Rupture des pièces de bois ou de fer. — Pour déterminer la rupture de pièces de bois ou de fer, telles que palissades, rails de chemin de fer, pièces de pont, etc., on applique l'explosif contre l'objet à briser et on le recouvre d'un bourrage sommaire en terre. Pour un rail, par exemple, on applique la cartouche entre le patin et le champignon. On peut ainsi détruire rapidement une voie ferrée sur une certaine longueur. Pour l'abatage des arbres, on entoure le tronc d'un saucisson formé de cartouches de dynamite et faisant un ou plusieurs tours, suivant le diamètre du tronc, ou on fore dans le tronc d'arbre un trou de mine que l'on bourre avec soin.

Pour détruire les loupes des hauts fourneaux, il est nécessaire d'y forer des trous de mine dans lesquels on fait détoner l'explosif.

Rupture des glaces. — Les explosifs ont été employés avec succès à la rupture des glaces qui s'accumulent pendant l'hiver à la surface des fleuves et entravent la navigation. Pour déterminer la rupture, on peut disposer l'explosif sur la glace en le recouvrant d'un bourrage sommaire, ou bien le loger dans une fente pratiquée dans la glace, ou enfin le faire détoner dans l'eau au contact de la surface inférieure de la couche de glace.

Il se produit généralement autour du centre d'explosion des fentes, qui rayonnent en tous sens et amènent la désagrégation de la couche solide.

Il va sans dire que cette application n'est possible qu'avec les explosifs brisants. L'emploi de la dynamite présente ici certains inconvénients, dus à la facile congélation de la nitroglycérine, ce qui amène des ratés de détonation ; il convient d'opérer rapidement, afin d'éviter autant que possible cette congélation. Mais il est bien préférable d'employer un explosif insensible à l'action du froid, tel que l'explosif Favier.

Emploi des explosifs en agriculture. — On emploie avec avantage les explosifs pour le défoncement des terres; l'ameublissement du sol peut s'effectuer ainsi beaucoup plus profondément qu'avec les instruments aratoires. Parfois le sol contient de nombreuses roches disséminées sur de grandes surfaces et qui s'opposent à tout travail à la charrue. Dans ces sols, le travail aux explosifs est particulièrement avantageux, car il permet de faire disparaître les masses rocheuses avec facilité. On place simplement l'explosif contre le rocher, autant que possible dans une partie concave, et on opère avec un bourrage aussi soigneux que possible.

Dans un essai exécuté aux environs d'Aix, le coût du défrichement n'a pas dépassé 200 francs par hectare [*Mém. des Poudres et Salpêtres*, 2, 227].

Emploi des explosifs dans les fondations tubulaires. — Quand on creuse les fondations d'une pile de pont par l'air comprimé, on surcharge les colonnes d'évacuation, pour leur permettre de pénétrer peu à peu jusqu'au terrain solide. Mais lorsqu'il se produit des coincements, la descente devient difficile, car la surcharge qu'on peut donner aux colonnes est limitée.

Dans ce cas, on fait détoner des cartouches de dynamite ou de tout autre explosif brisant au-dessous du tubage et assez loin pour éviter de l'endommager. On provoque ainsi la désagrégation du sol et la pénétration s'opère sans difficulté.

Battage des pieux. — Dans les applications des explosifs que nous venons de passer en revue, il a été seulement question de leurs effets destructifs sur les matières avec lesquelles ils sont mis en contact. Dans l'emploi que nous allons décrire au contraire, l'explosif est employé pour exécuter un travail mécanique, sans destruction aucune.

Pour enfoncer les pieux à l'aide des explosifs, on place sur la tête du pieu une plaque en fer forgé d'un diamètre notablement supérieur à celui du pieu, et de 10 à 15 centimètres d'épaisseur; sur le centre de la plaque, on place une charge d'un explosif brisant sous la forme d'une galette. Pour des pieux de 30 centimètres de diamètre, on emploie de 300 à 400 grammes de dynamite ou de tout autre explosif de force équivalente en une galette de 15 centimètres de diamètre, et on recouvre la charge avec de la terre glaise.

L'explosion produit l'effet d'un gigantesque coup de marteau-pilon et enfonce le pieu.

Toutefois ce procédé ne dispense pas de l'emploi préalable de la sonnette, car si le pieu émerge beaucoup au-dessus du sol, il vibre fortement et se trouve dans des conditions peu favorables. Il faut dans ce cas réduire la charge, et le procédé ne présente plus d'avantages. Le cas le plus avantageux est celui où le pilotis est déjà enfoncé aux trois quarts de sa longueur.

Destruction des explosifs. — Il arrive parfois qu'il est nécessaire de détruire de grandes quantités d'explosifs, soit à la guerre pour éviter qu'ils ne tombent au pouvoir de l'ennemi, soit au contraire parce qu'ils commencent à subir une décomposition et représentent alors un danger de tous les instants.

Cette destruction s'exécute généralement en opérant à la fois sur des quantités aussi faibles que possible.

Suivant la nature de l'explosif, on emploie des procédés différents.

Les poudres noires et les explosifs de juxtaposition sont simplement noyés, l'eau ayant pour effet de détruire complètement le mélange explosif.

Le coton-poudre est enflammé par petites portions. Il brûle alors sans danger et très rapidement. Le coton-poudre mouillé s'enflamme plus difficilement; on peut le détruire en l'enterrant dans un terrain humide, mais la combustion est préférable à tous égards. On peut également l'arroser de pétrole pour faciliter la combustion.

La dynamite avariée qui dégage des vapeurs nitreuses se détruit de même par combustion à l'air libre. Il faut toutefois prévoir le cas où la combustion simple se changerait en détonation. Il est donc indispensable de disséminer l'explosif sur une traînée d'une grande longueur, simplement à même le sol; en cas d'explosion, il n'y a pas d'accidents à redouter si on est à une certaine distance des lieux habités.

Les poudres picratées sont enterrées par petites portions dans un terrain humide.

Il en est de même pour les amorces à base de fulminate de mercure. (Pour plus de détails voir *Mém. des Poudres et Salpêtres*, 1, 44.)

AVENIR DES MATIÈRES EXPLOSIVES.

Nous avons énuméré dans les pages précédentes les progrès qui ont été réalisés dans les trente dernières années sur les matières explosives. Il nous reste à examiner l'avenir théorique de ces substances et les progrès qu'on peut espérer réaliser dans cette branche d'industrie.

Si on examine les forces comparatives des principaux types d'explosifs connus, on trouve pour l'unité de poids les valeurs suivantes :

Poudre noire	3 193
Cellulose endécanitrique (coton de guerre)	9 701
Nitroglycérine	10 084
Dynamite-gomme	10 275
Explosif Favier (dinitronaphtalène et nitrate d'ammonium)	8 635
Mélange tonnant ($H^2 + O$)	18 145

Les chiffres de ce tableau nous montrent en première ligne l'énorme écart existant entre la force de la poudre noire et celle des explosifs modernes.

L'écart entre l'explosif le plus puissant actuellement connu et le mélange tonnant d'oxygène et d'hydrogène est également très considérable. Or le mélange d'hydrogène et d'oxygène constitue la source d'énergie la plus grande à poids égal qu'on puisse mettre en liberté par le phénomène de l'explosion, et l'emploi de ce mélange à une densité de chargement suffisante est pratiquement impossible.

On voit donc qu'un progrès comparable à celui qui a été réalisé par la substitution des explosifs nitrés à l'ancienne poudre noire est impossible, à moins qu'on ne découvre de nouvelles formes de l'énergie, dont nous ne pouvons nous faire aucune idée à l'aide de nos connaissances actuelles. Il paraît donc probable que les explosifs futurs ne dépasseront pas beaucoup comme puissance les explosifs azotés organiques, et que le règne de ces derniers ne semble pas près de prendre fin.

Il en est toutefois autrement en ce qui concerne les applications. On n'utilise en effet qu'une faible fraction de l'énergie contenue dans les explosifs, et on conçoit que des modifications profondes dans leur mode d'emploi puissent réaliser un progrès comparable à celui dû à l'introduction dans la pratique des explosifs brisants et des poudres propulsives sans fumée.

Il nous semble donc que les efforts des chercheurs devront plutôt se porter sur les applications que sur la recherche de nouveaux explosifs. La matière première pour ces applications existe en effet sous une forme qui approche de la perfection compatible avec les conditions de manifestation de l'énergie à la surface du globe terrestre; la mise en œuvre de cette matière première laisse en revanche beaucoup à désirer.

Bibliographie. — Outre le traité de M. Berthelot, dont nous avons parlé dans la première partie, nous signalerons tout particulièrement les deux ouvrages suivants : O. Guttmann, *Die Industrie der Explosivstoffe*, et S. von Romocki, *Geschichte der Explosivstoffe*. Le Traité de M. Guttmann, auquel nous avons fait de nombreux emprunts, renferme en appendice une bibliographie très complète de tous les ouvrages et opuscules relatifs aux matières explosives qui ont paru jusqu'en 1894.

Nous avons encore fréquemment utilisé la remarquable publication périodique le *Mémorial des Poudres et Salpêtres*, qui renferme des travaux très importants de MM. Berthelot, Sarrau, Vieille, etc.

G. de Bechi.

FIN DU TOME III.

www.ingramcontent.com/pod-product-compliance
Lightning Source LLC
LaVergne TN
LVHW020123030726
842520LV00001B/23

9782013409919